建设工程消防设计审查验收标准条文摘编

专用标准分册 1

孙 旋 主编

中国建筑工业出版社

图书在版编目（CIP）数据

建设工程消防设计审查验收标准条文摘编.4，专用标准分册.1／孙旋主编.—北京：中国建筑工业出版社，2021.12

ISBN 978-7-112-26987-7

Ⅰ.①建… Ⅱ.①孙… Ⅲ.①建筑工程－消防－工程验收－国家标准－汇编－中国 Ⅳ.①TU892－65

中国版本图书馆 CIP 数据核字（2021）第 260437 号

目　录

3.1 房屋建筑工程	1
1. 《汽车库、修车库、停车场设计防火规范》GB 50067—2014	2
2. 《人民防空工程设计防火规范》GB 50098—2009	9
3. 《农村防火规范》GB 50039—2010	18
4. 《民用建筑设计统一标准》GB 50352—2019	23
5. 《住宅建筑规范》GB 50368—2005	26
6. 《住宅设计规范》GB 50096—2011	29
7. 《住宅装饰装修工程施工规范》GB 50327—2001	30
8. 《智能建筑设计标准》GB 50314—2015	32
9. 《智能建筑工程质量验收规范》GB 50339—2013	49
10. 《智能建筑工程施工规范》GB 50606—2010	50
11. 《人民防空地下室设计规范》GB 50038—2005	52
12. 《洁净厂房设计规范》GB 50073—2013	53
13. 《中小学校设计规范》GB 50099—2011	55
14. 《数据中心设计规范》GB 50174—2017	57
15. 《冰雪景观建筑技术标准》GB 51202—2016	59
16. 《体育场馆公共安全通用要求》GB 22185—2008	60
17. 《汽车加油加气加氢站技术标准》GB 50156—2021	63
18. 《锅炉房设计标准》GB 50041—2020	75
19. 《建筑地面设计规范》GB 50037—2013	79
20. 《电子会议系统工程设计规范》GB 50799—2012	80
21. 《建筑工程施工质量评价标准》GB/T 50375—2016	81
22. 《村庄整治技术标准》GB/T 50445—2019	84
23. 《试听室工程技术规范》GB/T 51091—2015	87
24. 《急救中心建筑设计标准》GB/T 50939—2013	88
25. 《文物建筑防火设计导则（试行）》	89
26. 《殡仪馆建筑设计规范》JGJ 124—99	94
27. 《看守所建筑设计规范》JGJ 127—2000	95
28. 《展览建筑设计规范》JGJ 218—2010	96
29. 《档案馆建筑设计规范》JGJ 25—2010	98
30. 《体育建筑设计规范》JGJ 31—2003	99
31. 《图书馆建筑设计规范》JGJ 38—2015	102
32. 《托儿所、幼儿园建筑设计规范》JGJ 39—2016（2019 年版）	103
33. 《老年人照料设施建筑设计标准》JGJ 450—2018	104
34. 《商店建筑设计规范》JGJ 48—2014	105

35.《剧场建筑设计规范》JGJ 57—2016 ·· 107
36.《电影院建筑设计规范》JGJ 58—2008 ·· 110
37.《旅馆建筑设计规范》JGJ 62—2014 ·· 112
38.《饮食建筑设计标准》JGJ 64—2017 ·· 113
39.《博物馆建筑设计规范》JGJ 66—2015 ·· 114
40.《科研建筑设计标准》JGJ 91—2019 ·· 117
41.《轻型钢结构住宅技术规程》JGJ 209—2010 ······································ 120
42.《低层冷弯薄壁型钢房屋建筑技术规程》JGJ 227—2011 ······················ 121
43.《办公建筑设计标准》JGJ/T 67—2019 ·· 122
44.《公墓和骨灰寄存建筑设计规范》JGJ/T 397—2016 ···························· 123
45.《文化馆建筑设计规范》JGJ/T 41—2014 ··· 124
46.《施工现场临时建筑物技术规范》JGJ/T 188—2009 ···························· 125
47.《中小学校体育设施技术规程》JGJ/T 280—2012 ······························· 126

3.1

房屋建筑工程

1. 《汽车库、修车库、停车场设计防火规范》GB 50067—2014

1 总则

1.0.2 本规范适用于新建、扩建和改建的汽车库、修车库、停车场的防火设计,不适用于消防站的汽车库、修车库、停车场的防火设计。

1.0.3 汽车库、修车库、停车场的防火设计,应结合汽车库、修车库、停车场的特点,采取有效的防火措施,并应做到安全可靠、技术先进、经济合理。

1.0.4 汽车库、修车库、停车场的防火设计,除应符合本规范外,尚应符合国家现行有关标准的规定。

3 分类和耐火等级

3.0.2 汽车库、修车库的耐火等级应分为一级、二级和三级,其构件的燃烧性能和耐火极限均不应低于表 3.0.2 的规定。

表 3.0.2 汽车库、修车库构件的燃烧性能和耐火极限(h)

建筑构件名称		耐火等级		
		一级	二级	三级
墙	防火墙	不燃性 3.00	不燃性 3.00	不燃性 3.00
	承重墙	不燃性 3.00	不燃性 2.50	不燃性 2.00
	楼梯间和前室的墙、防火隔墙	不燃性 2.00	不燃性 2.00	不燃性 2.00
	隔墙、非承重外墙	不燃性 1.00	不燃性 1.00	不燃性 0.50
柱		不燃性 3.00	不燃性 2.50	不燃性 2.00
梁		不燃性 2.00	不燃性 1.50	不燃性 1.00
楼板		不燃性 1.50	不燃性 1.00	不燃性 0.50
疏散楼梯、坡道		不燃性 1.50	不燃性 1.00	不燃性 1.00
屋顶承重构件		不燃性 1.50	不燃性 1.00	可燃性 0.50
吊顶(包括吊顶格栅)		不燃性 0.25	不燃性 0.25	难燃性 0.15

注:预制钢筋混凝土构件的节点缝隙或金属承重构件的外露部位应加设防火保护层,其耐火极限不应低于表中相应构件的规定。

3.0.3 汽车库和修车库的耐火等级应符合下列规定:
1 地下、半地下和高层汽车库应为一级;
2 甲、乙类物品运输车的汽车库、修车库和Ⅰ类汽车库、修车库,应为一级;
3 Ⅱ、Ⅲ类汽车库、修车库的耐火等级不应低于二级;
4 Ⅳ类汽车库、修车库的耐火等级不应低于三级。

4 总平面布局和平面布置

4.1 一般规定

4.1.1 汽车库、修车库、停车场的选址和总平面设计,应根据城市规划要求,合理确定汽车库、修车库、停车场的位置、防火间距、消防车道和消防水源等。

4.1.2 汽车库、修车库、停车场不应布置在易燃、可燃液体或可燃气体的生产装置区和贮存区内。

4.1.3 汽车库不应与火灾危险性为甲、乙类的厂房、仓库贴邻或组合建造。

4.1.4 汽车库不应与托儿所、幼儿园,老年人建筑,中小学校的教学楼,病房楼等组合建造。当符合下列要求时,汽车库可设置在托儿所、幼儿园,老年人建筑,中小学校的教学楼,病房楼等的地下部分:
1 汽车库与托儿所、幼儿园,老年人建筑,中小学校的教学楼,病房楼等建筑之间,应采用耐火极限不低于 2.00h 的楼板完全分隔;
2 汽车库与托儿所、幼儿园,老年人建筑,中小学校的教学楼,病房楼等的安全出口和疏散楼梯应分别独立设置。

4.1.5 甲、乙类物品运输车的汽车库、修车库应为单层建筑,且应独立建造。当停车数量不大于 3 辆时,可与一、二级耐火等级的Ⅳ类汽车库贴邻,但应采用防火墙隔开。

4.1.6 Ⅰ类修车库应单独建造;Ⅱ、Ⅲ、Ⅳ类修车库可设置在一、二级耐火等级建筑的首层或与其贴邻,但不得与甲、乙类厂房、仓库,明火作业的车间或托儿所、幼儿园、中小学校的教学楼,老年人建筑,病房楼及人员密集场所组合建造或贴邻。

4.1.7 为汽车库、修车库服务的下列附属建筑,可与汽车库、修车库贴邻，但应采用防火墙隔开，并应设置直通室外的安全出口。

1 贮存量不大于1.0t的甲类物品库房；

2 总安装容量不大于5.0m³/h的乙炔发生器间和贮存量不超过5个标准钢瓶的乙炔气瓶库；

3 1个车位的非封闭喷漆间或不大于2个车位的封闭喷漆间；

4 建筑面积不大于200m²的充电间和其他甲类生产场所。

4.1.8 地下、半地下汽车库内不应设置修理车位、喷漆间、充电间、乙炔间和甲、乙类物品库房。

4.1.9 汽车库和修车库内不应设置汽油罐、加油机、液化石油气或液化天然气储罐、加气机。

4.1.10 停放易燃液体、液化石油气罐车的汽车库内，不得设置地下室和地沟。

4.1.11 燃油或燃气锅炉、油浸变压器、充有可燃油的高压电容器和多油开关等，不应设置在汽车库、修车库内。当受条件限制必须贴邻汽车库、修车库布置时，应符合现行国家标准《建筑设计防火规范》GB 50016 的有关规定。

4.2 防火间距

4.2.1 除本规范另有规定外，汽车库、修车库、停车场之间及汽车库、修车库、停车场与除甲类物品仓库外的其他建筑物的防火间距，不应小于表 4.2.1 的规定。其中，高层汽车库与其他建筑物，汽车库、修车库与高层建筑的防火间距应按表 4.2.1 的规定值增加3m；汽车库、修车库与甲类厂房的防火间距应按表 4.2.1 的规定值增加2m。

表 4.2.1 汽车库、修车库、停车场之间及汽车库、修车库、停车场与除甲类物品仓库外的其他建筑物的防火间距（m）

名称和耐火等级	汽车库、修车库		厂房、仓库、民用建筑		
	一、二级	三级	一、二级	三级	四级
一、二级汽车库、修车库	10	12	10	12	14
三级汽车库、修车库	12	14	12	14	16
停车场	6	8	6	8	10

注：1 防火间距应按相邻建筑物外墙的最近距离算起，如外墙有凸出的可燃物构件时，则应从其凸出部分外缘算起，停车场从靠近建筑物的最近停车位置边缘算起。

2 厂房、仓库的火灾危险性分类应符合现行国家标准《建筑设计防火规范》GB 50016 的有关规定。

4.2.2 汽车库、修车库之间或汽车库、修车库与其他建筑之间的防火间距可适当减少，但应符合下列规定：

1 当两座建筑相邻较高一面外墙为无门、窗、洞口的防火墙或当较高一面外墙比较低一座一、二级耐火等级建筑屋面高15m及以下范围内的外墙为无门、窗、洞口的防火墙时，其防火间距可不限；

2 当两座建筑相邻较高一面外墙上，同较低建筑等高的以下范围内的墙为无门、窗、洞口的防火墙时，其防火间距可按本规范表 4.2.1 的规定值减小50%；

3 相邻的两座一、二级耐火等级建筑，当较高一面外墙的耐火极限不低于2.00h，墙上开口部位设置甲级防火门、窗或耐火极限不低于2.00h的防火卷帘、水幕等防火设施时，其防火间距可减小，但不应小于4m；

4 相邻的两座一、二级耐火等级建筑，当较低一座的屋顶无开口，屋顶的耐火极限不低于1.00h，且较低一面外墙为防火墙时，其防火间距可减小，但不应小于4m。

4.2.3 （略）

4.2.4 汽车库、修车库、停车场与甲类物品仓库的防火间距不应小于表 4.2.4 的规定。

表 4.2.4 汽车库、修车库、停车场与甲类物品仓库的防火间距（m）

名 称		总容量（t）	汽车库、修车库		停车场
			一、二级	三级	
甲类物品仓库	3、4项	≤5	15	20	15
		>5	20	25	20
	1、2、5、6项	≤10	12	15	12
		>10	15	20	15

注：1 甲类物品的分项应符合现行国家标准《建筑设计防火规范》GB 50016 的有关规定。

2 甲、乙类物品运输车的汽车库、修车库、停车场与甲类物品仓库的防火间距应按本表的规定值增加5m。

4.2.5 甲、乙类物品运输车的汽车库、修车库、停车场与民用建筑的防火间距不应小于25m，与重要公共建筑的防火间距不应小于50m。甲类物品运输车的汽车库、修车库、停车场与明火或散发火花地点的防火间距不应小于30m，与厂房、仓库的防火间距应按本规范表 4.2.1 的规定值增加2m。

4.2.6 汽车库、修车库、停车场与易燃、可燃液体储罐，可燃气体储罐，以及液化石油气储罐的防火间距，不应小于表 4.2.6 的规定。

表 4.2.6 汽车库、修车库、停车场与易燃、可燃液体储罐，可燃气体储罐，以及液化石油气储罐的防火间距（m）

名称	总容量（积）（m³）	汽车库、修车库		停车场
		一、二级	三级	
易燃液体储罐	1～50	12	15	12
	51～200	15	20	15
	201～1000	20	25	20
	1001～5000	25	30	25
可燃液体储罐	5～250	12	15	12
	251～1000	15	20	15
	1001～5000	20	25	20
	5001～25000	25	30	25
湿式可燃气体储罐	≤1000	12	15	12
	1001～10000	15	20	15
	>10000	20	25	20

续表 4.2.6

名称	总容量（积）(m^3)	汽车库、修车库 一、二级	汽车库、修车库 三级	停车场
液化石油气储罐	1～30	18	20	18
	31～200	20	25	20
	201～500	25	30	25
	>500	30	40	30

注：1 防火间距应从距汽车库、修车库、停车场最近的储罐外壁算起，但设有防火堤的储罐，其防火堤外侧基脚线距汽车库、修车库、停车场的距离不应小于10m。
  2 计算易燃、可燃液体储罐总容量时，$1m^3$ 的易燃液体按 $5m^3$ 的可燃液体计算。
  3 干式可燃气体储罐与汽车库、修车库、停车场的防火间距，当可燃气体的密度比空气大时，应按本表对湿式可燃气体储罐的规定增加25%；当可燃气体的密度比空气小时，可执行本表对湿式可燃气体储罐的规定。固定容积的可燃气体储罐与汽车库、修车库、停车场的防火间距，不应小于本表对湿式可燃气体储罐的规定。固定容积的可燃气体储罐的总容积按储罐几何容积（m^3）和设计储存压力（绝对压力，10^5Pa）的乘积计算。
  4 容积小于 $1m^3$ 的易燃液体储罐或小于 $5m^3$ 的可燃液体储罐与汽车库、修车库、停车场的防火间距，当采用防火墙隔开时，其防火间距可不限。

4.2.7 汽车库、修车库、停车场与可燃材料露天、半露天堆场的防火间距不应小于表4.2.7的规定。

表4.2.7 汽车库、修车库、停车场与可燃材料露天、半露天堆场的防火间距（m）

名称	总储量	汽车库、修车库 一、二级	汽车库、修车库 三级	停车场
稻草、麦秸、芦苇等（t）	10～5000	15	20	15
	5001～10000	20	25	20
	10001～20000	25	30	25
棉麻、毛、化纤、百货（t）	10～500	10	15	10
	501～1000	15	20	15
	1001～5000	20	25	20
煤和焦炭（t）	1000～5000	6	8	6
	>5000	8	10	8
粮食 筒仓（t）	10～5000	10	15	10
	5001～20000	15	20	15
粮食 席穴囤（t）	10～5000	15	20	15
	5001～20000	20	25	20
木材等可燃材料（m^3）	50～1000	10	15	10
	1001～10000	15	20	15

4.2.8 汽车库、修车库、停车场与燃气调压站、液化石油气的瓶装供应站的防火间距，应符合现行国家标准《城镇燃气设计规范》GB 50028 的有关规定。

4.2.9 汽车库、修车库、停车场与石油库、汽车加油加气站的防火间距，应符合现行国家标准《石油库设计规范》GB 50074 和《汽车加油加气站设计与施工规范》GB 50156 的有关规定。

4.2.10 停车场的汽车宜分组停放，每组的停车数量不宜大于50辆，组之间的防火间距不应小于6m。

4.2.11 屋面停车区域与建筑其他部分或相邻其他建筑物的防火间距，应按地面停车场与建筑的防火间距确定。

4.3 消防车道

4.3.1 汽车库、修车库周围应设置消防车道。

4.3.2 消防车道的设置应符合下列要求：
  1 除Ⅳ类汽车库和修车库以外，消防车道应为环形，当设置环形车道有困难时，可沿建筑物的一个长边和另一边设置；
  2 尽头式消防车道应设置回车道或回车场，回车场的面积不应小于12m×12m；
  3 消防车道的宽度不应小于4m。

4.3.3 穿过汽车库、修车库、停车场的消防车道，其净空高度和净宽度均不应小于4m；当消防车道上空遇有障碍物时，路面与障碍物之间的净空高度不应小于4m。

5 防火分隔和建筑构造

5.1 防火分隔

5.1.1 汽车库防火分区的最大允许建筑面积应符合表5.1.1的规定。其中，敞开式、错层式、斜楼板式汽车库的上下连通层面积应叠加计算，每个防火分区的最大允许建筑面积不应大于表5.1.1规定的2.0倍；室内有车道且有人员停留的机械式汽车库，其防火分区最大允许建筑面积应按表5.1.1的规定减少35%。

表5.1.1 汽车库防火分区的最大允许建筑面积（m^2）

耐火等级	单层汽车库	多层汽车库、半地下汽车库	地下汽车库、高层汽车库
一、二级	3000	2500	2000
三级	1000	不允许	不允许

注：除本规范另有规定外，防火分区之间应采用符合本规范规定的防火墙、防火卷帘等分隔。

5.1.2 设置自动灭火系统的汽车库，其每个防火分区的最大允许建筑面积不应大于本规范第5.1.1条规定的2.0倍。

5.1.3 室内无车道且无人员停留的机械式汽车库，应符合下列规定：
  1 当停车数量超过100辆时，应采用无门、窗、洞口的防火墙分隔为多个停车数量不大于100辆的区域，但当采用防火隔墙和耐火极限不低于1.00h的不燃性楼板分隔成多个停车单元，且停车单元内的停车数量不大于3辆时，应分隔为停车数量不大于300辆的区域；
  2 汽车库内应设置火灾自动报警系统和自动喷水灭火系统，自动喷水灭火系统应选用快速响应喷头；
  3 楼梯间及停车区的检修通道上应设置室内消火栓；
  4 汽车库内应设置排烟设施，排烟口应设置在运输车辆的通道顶部。

5.1.4 甲、乙类物品运输车的汽车库、修车库，每个防火分区的最大允许建筑面积不应大于500m²。

5.1.5 修车库每个防火分区的最大允许建筑面积不应大于2000m²，当修车部位与相邻使用有机溶剂的清洗和喷漆工段采用防火墙分隔时，每个防火分区的最大允许建筑面积不应大于4000m²。

5.1.6 汽车库、修车库与其他建筑合建时，应符合下列规定：

    1 当贴邻建造时，应采用防火墙隔开；

    2 设在建筑物内的汽车库（包括屋顶停车场）、修车库与其他部位之间，应采用防火墙和耐火极限不低于2.00h的不燃性楼板分隔；

    3 汽车库、修车库的外墙门、洞口的上方，应设置耐火极限不低于1.00h、宽度不小于1.0m、长度不小于开口宽度的不燃性防火挑檐；

    4 汽车库、修车库的外墙上、下层开口之间墙的高度，不应小于1.2m或设置耐火极限不低于1.00h、宽度不小于1.0m的不燃性防火挑檐。

5.1.7 汽车库内设置修理车位时，停车部位与修车部位之间应采用防火墙和耐火极限不低于2.00h的不燃性楼板分隔。

5.1.8 修车库内使用有机溶剂清洗和喷漆的工段，当超过3个车位时，均应采用防火隔墙等分隔措施。

5.1.9 附设在汽车库、修车库内的消防控制室、自动灭火系统的设备室、消防水泵房和排烟、通风空气调节机房等，应采用防火隔墙和耐火极限不低于1.50h的不燃性楼板相互隔开或与相邻部位分隔。

5.2 防火墙、防火隔墙和防火卷帘

5.2.1 防火墙应直接设置在建筑的基础或框架、梁等承重结构上，框架、梁等承重结构的耐火极限不应低于防火墙的耐火极限。防火墙、防火隔墙应从楼地面基层隔断至梁、楼板或屋面结构层的底面。

5.2.3 三级耐火等级汽车库、修车库的防火墙、防火隔墙应截断其屋顶结构，并应高出其不燃性屋面不小于0.4m；高出可燃性或难燃性屋面不小于0.5m。

5.2.4 防火墙不宜设在汽车库、修车库的内转角处。当设在转角处时，内转角两侧墙上的门、窗、洞口之间的水平距离不应小于4m。防火墙两侧的门、窗、洞口之间最近边缘的水平距离不应小于2m。当防火墙两侧设置固定乙级防火窗时，可不受距离的限制。

5.2.5 可燃气体和甲、乙类液体管道严禁穿过防火墙，防火墙内不应设置排气道。防火墙或防火隔墙上不应设置通风孔道，也不宜穿过其他管道（线）；当管道（线）穿过防火墙或防火隔墙时，应采用防火封堵材料将孔洞周围的空隙紧密填塞。

5.2.6 防火墙或防火隔墙上不宜开设门、窗、洞口，当必须开设时，应设置甲级防火门、窗或耐火极限不低于3.00h的防火卷帘。

5.2.7 设置在车道上的防火卷帘的耐火极限，应符合现行国家标准《门和卷帘的耐火试验方法》GB/T 7633有关耐火完整性的判定标准；设置在停车区域上的防火卷帘的耐火极限，应符合现行国家标准《门和卷帘的耐火试验方法》GB/T 7633有关耐火完整性和耐火隔热性的判定标准。

5.3 电梯井、管道井和其他防火构造

5.3.1 电梯井、管道井、电缆井和楼梯间应分别独立设置。管道井、电缆井的井壁应采用不燃材料，且耐火极限不应低于1.00h；电梯井的井壁应采用不燃材料，且耐火极限不应低于2.00h。

5.3.2 电缆井、管道井应在每层楼板处采用不燃材料或防火封堵材料进行分隔，且分隔后的耐火极限不应低于楼板的耐火极限，井壁上的检查门应采用丙级防火门。

5.3.3 除敞开式汽车库、斜楼板式汽车库外，其他汽车库内的汽车坡道两侧应采用防火墙与停车区隔开，坡道的出入口应采用水幕、防火卷帘或甲级防火门等与停车区隔开；但当汽车库和汽车坡道上均设置自动灭火系统时，坡道的出入口可不设置水幕、防火卷帘或甲级防火门。

5.3.4 汽车库、修车库的内部装修，应符合现行国家标准《建筑内部装修设计防火规范》GB 50222的有关规定。

6 安全疏散和救援设施

6.0.1 汽车库、修车库的人员安全出口和汽车疏散出口应分开设置。设置在工业与民用建筑内的汽车库，其车辆疏散出口应与其他场所的人员安全出口分开设置。

6.0.2 除室内无车道且无人员停留的机械式汽车库外，汽车库、修车库内每个防火分区的人员安全出口不应少于2个，Ⅳ类汽车库和Ⅲ、Ⅳ类修车库可设置1个。

6.0.3 汽车库、修车库的疏散楼梯应符合下列规定：

    1 建筑高度大于32m的高层汽车库、室内地面与室外出入口地坪的高差大于10m的地下汽车库应采用防烟楼梯间，其他汽车库、修车库应采用封闭楼梯间；

    2 楼梯间和前室的门应采用乙级防火门，并应向疏散方向开启；

    3 疏散楼梯的宽度不应小于1.1m。

6.0.4 除室内无车道且无人员停留的机械式汽车库外，建筑高度大于32m的汽车库应设置消防电梯。消防电梯的设置应符合现行国家标准《建筑设计防火规范》GB 50016的有关规定。

6.0.5 室外疏散楼梯可采用金属楼梯，并应符合下列规定：

    1 倾斜角度不应大于45°，栏杆扶手的高度不应小于1.1m；

    2 每层楼梯平台应采用耐火极限不低于1.00h的不燃材料制作；

    3 在室外楼梯周围2m范围内的墙面上，不应开设除疏散门外的其他门、窗、洞口；

    4 通向室外楼梯的门应采用乙级防火门。

6.0.6 汽车库室内任一点至最近人员安全出口的疏散距离不应大于45m，当设置自动灭火系统时，其距离不应大于60m。对于单层或设置在建筑首层的汽车库，室内任一点至室外最近出口的疏散距离不应大于60m。

6.0.7 与住宅地下室相连通的地下汽车库、半地下汽车库，人员疏散可借用住宅部分的疏散楼梯；当不能直接进入住宅部分的疏散楼梯间时，应在汽车库与住宅部分的疏散楼梯之

间设置连通走道,走道应采用防火隔墙分隔,汽车库开向该走道的门均应采用甲级防火门。

6.0.8 室内无车道且无人员停留的机械式汽车库可不设置人员安全出口,但应按下列规定设置供灭火救援用的楼梯间:

   1 每个停车区域当停车数量大于100辆时,应至少设置1个楼梯间;

   2 楼梯间与停车区域之间应采用防火墙进行分隔,楼梯间的门应采用乙级防火门;

   3 楼梯的净宽不应小于0.9m。

6.0.9 除本规范另有规定外,汽车库、修车库的汽车疏散出口总数不应少于2个,且应分散布置。

6.0.13 汽车疏散坡道的净宽度,单车道不应小于3.0m,双车道不应小于5.5m。

6.0.14 除室内无车道且无人员停留的机械式汽车库外,相邻两个汽车疏散出口之间的水平距离不应小于10m;毗邻设置的两个汽车坡道应采用防火隔墙分隔。

6.0.15 停车场的汽车疏散出口不应少于2个;停车数量不大于50辆时,可设置1个。

6.0.16 除室内无车道且无人员停留的机械式汽车库外,汽车库内汽车之间和汽车与墙、柱之间的水平距离,不应小于表6.0.16的规定。

表6.0.16 汽车之间和汽车与墙、柱之间的水平距离(m)

项目	汽车尺寸(m)			
	车长≤6或车宽≤1.8	6<车长≤8或1.8<车宽≤2.2	8<车长≤12或2.2<车宽≤2.5	车长>12或车宽>2.5
汽车与汽车	0.5	0.7	0.8	0.9
汽车与墙	0.5	0.5	0.5	0.5
汽车与柱	0.3	0.3	0.4	0.4

注:当墙、柱外有暖气片等突出物时,汽车与墙、柱之间的水平距离应从其凸出部分外缘算起。

7 消防给水和灭火设施

7.1 消防给水

7.1.1 汽车库、修车库、停车场应设置消防给水系统。消防给水可由市政给水管道、消防水池或天然水源供给。利用天然水源时,应设置可靠的取水设施和通向天然水源的道路,并应在枯水期最低水位时,确保消防用水量。

7.1.3 当室外消防给水采用高压或临时高压给水系统时,汽车库、修车库、停车场消防给水管道内的压力应保证在消防用水量达到最大时,最不利点水枪的充实水柱不小于10m;当室外消防给水采用低压给水系统时,消防给水管道内的压力应保证灭火时最不利点消火栓的水压不小于0.1MPa(从室外地面算起)。

7.1.4 汽车库、修车库的消防用水量应按室内、外消防用水量之和计算。其中,汽车库、修车库内设置消火栓、自动喷水、泡沫等灭火系统时,其室内消防用水量应按需要同时开启的灭火系统用水量之和计算。

7.1.5 除本规范另有规定外,汽车库、修车库、停车场应设置室外消火栓系统,其室外消防用水量应按消防用水量最大的一座计算,并应符合下列规定:

   1 Ⅰ、Ⅱ类汽车库、修车库、停车场,不应小于20L/s;

   2 Ⅲ类汽车库、修车库、停车场,不应小于15L/s;

   3 Ⅳ类汽车库、修车库、停车场,不应小于10L/s。

7.1.6 汽车库、修车库、停车场的室外消防给水管道、室外消火栓、消防泵房的设置,应符合现行国家标准《消防给水及消火栓系统技术规范》GB 50974的有关规定。

停车场的室外消火栓宜沿停车场周边设置,且距离最近一排汽车不宜小于7m,距加油站或油库不宜小于15m。

7.1.7 室外消火栓的保护半径不应大于150m,在市政消火栓保护半径150m范围内的汽车库、修车库、停车场,市政消火栓可计入建筑室外消火栓的数量。

7.1.8 除本规范另有规定外,汽车库、修车库应设置室内消火栓系统,其消防用水量应符合下列规定:

   1 Ⅰ、Ⅱ、Ⅲ类汽车库及Ⅰ、Ⅱ类修车库的用水量不应小于10L/s,系统管道内的压力应保证相邻两个消火栓的水枪充实水柱同时到达室内任何部位;

   2 Ⅳ类汽车库及Ⅲ、Ⅳ类修车库的用水量不应小于5L/s,系统管道内的压力应保证一个消火栓的水枪充实水柱到达室内任何部位。

7.1.9 室内消火栓水枪的充实水柱不应小于10m。同层相邻室内消火栓的间距不应大于50m,高层汽车库和地下汽车库、半地下汽车库室内消火栓的间距不应大于30m。

室内消火栓应设置在易于取用的明显地点,栓口距离地面宜为1.1m,其出水方向宜向下或与设置消火栓的墙面垂直。

7.1.10 汽车库、修车库的室内消火栓数量超过10个时,室内消防管道应布置成环状,并应有两条进水管与室外管道相连接。

7.1.11 室内消防管道应采用阀门分成若干独立段,每段内消火栓不应超过5个。高层汽车库内管道阀门的布置,应保证检修管道时关闭的竖管不超过1根,当竖管超过4根时,可关闭不相邻的2根。

7.1.12 4层以上的多层汽车库、高层汽车库和地下、半地下汽车库,其室内消防给水管网应设置水泵接合器。水泵接合器的数量应按室内消防用水量计算确定,每个水泵接合器的流量应按10L/s～15L/s计算。水泵接合器应设置明显的标志,并应设置在便于消防车停靠和安全使用的地点,其周围15m～40m范围内应设室外消火栓或消防水池。

7.1.13 设置高压给水系统的汽车库、修车库,当能保证最不利点消火栓和自动喷水灭火系统等的水量和水压时,可不设置消防水箱。

设置临时高压消防给水系统的汽车库、修车库,应设置屋顶消防水箱,其容量不应小于12m³,并应符合现行国家标准《消防给水及消火栓系统技术规范》GB 50974的有关规定。消防用水与其他用水合用的水箱,应采取保证消防用水不作他用的技术措施。

7.1.14 采用临时高压消防给水系统的汽车库、修车库,其消防水泵的控制应符合现行国家标准《消防给水及消火栓系统技术规范》GB 50974 的有关规定。

7.1.15 采用消防水池作为消防水源时,其有效容量应满足火灾延续时间内室内、外消防用水量之和的要求。

7.1.17 供消防车取水的消防水池应设置取水口或取水井,其水深应保证消防车的消防水泵吸水高度不大于 6m。消防用水与其他用水共用的水池,应采取保证消防用水不作他用的技术措施。严寒或寒冷地区的消防水池应采取防冻措施。

7.2 自动灭火系统

7.2.1 除敞开式汽车库、屋面停车场外,下列汽车库、修车库应设置自动灭火系统:
1 Ⅰ、Ⅱ、Ⅲ类地上汽车库;
2 停车数大于 10 辆的地下、半地下汽车库;
3 机械式汽车库;
4 采用汽车专用升降机作汽车疏散出口的汽车库;
5 Ⅰ类修车库。

7.2.2 对于需要设置自动灭火系统的场所,除符合本规范第 7.2.3 条、第 7.2.4 条的规定可采用相应类型的灭火系统外,应采用自动喷水灭火系统。

7.2.3 下列汽车库、修车库宜采用泡沫-水喷淋系统,泡沫-水喷淋系统的设计应符合现行国家标准《泡沫灭火系统设计规范》GB 50151 的有关规定:
1 Ⅰ类地下、半地下汽车库;
2 Ⅰ类修车库;
3 停车数大于 100 辆的室内无车道且无人员停留的机械式汽车库。

7.2.4 地下、半地下汽车库可采用高倍数泡沫灭火系统。停车数量不大于 50 辆的室内无车道且无人员停留的机械式汽车库,可采用二氧化碳等气体灭火系统。高倍数泡沫灭火系统、二氧化碳等气体灭火系统的设计,应符合现行国家标准《泡沫灭火系统设计规范》GB 50151、《二氧化碳灭火系统设计规范》GB 50193 和《气体灭火系统设计规范》GB 50370 的有关规定。

7.2.5 环境温度低于 4℃时间较短的非严寒或寒冷地区,可采用湿式自动喷水灭火系统,但应采取防冻措施。

7.2.6 设置在汽车库、修车库内的自动喷水灭火系统,其设计除应符合现行国家标准《自动喷水灭火系统设计规范》GB 50084 的有关规定外,喷头布置还应符合下列规定:
1 应设置在汽车库停车位的上方或侧上方,对于机械式汽车库,尚应按停车的载车板分层布置,并应在喷头的上方设置集热板;
2 错层式、斜楼板式汽车库的车道、坡道上方均应设置喷头。

7.2.7 除室内无车道且无人员停留的机械式汽车库外,汽车库、修车库、停车场均应配置灭火器。灭火器的配置设计应符合现行国家标准《建筑灭火器配置设计规范》GB 50140 的有关规定。

8 供暖、通风和排烟

8.1 供暖和通风

8.1.1 汽车库、修车库、停车场内不得采用明火取暖。

8.1.6 风管应采用不燃材料制作,且不应穿过防火墙、防火隔墙,当必须穿过时,除应符合本规范第 5.2.5 条的规定外,尚应符合下列规定:
1 应在穿过处设置防火阀,防火阀的动作温度宜为 70℃;
2 位于防火墙、防火隔墙两侧各 2m 范围内的风管绝热材料应为不燃材料。

8.2 排 烟

8.2.1 除敞开式汽车库、建筑面积小于 1000m² 的地下一层汽车库和修车库外,汽车库、修车库应设置排烟系统,并应划分防烟分区。

8.2.2 防烟分区的建筑面积不宜大于 2000m²,且防烟分区不应跨越防火分区。防烟分区可采用挡烟垂壁、隔墙或从顶棚下突出不小于 0.5m 的梁划分。

8.2.4 当采用自然排烟方式时,可采用手动排烟窗、自动排烟窗、孔洞等作为自然排烟口,并应符合下列规定:
1 自然排烟口的总面积不应小于室内地面面积的 2%;
2 自然排烟口应设置在外墙上方或屋顶上,并应设置方便开启的装置;
3 房间外墙上的排烟口(窗)宜沿外墙周长方向均匀分布,排烟口(窗)的下沿不应低于室内净高的 1/2,并应沿气流方向开启。

8.2.5 汽车库、修车库内每个防烟分区排烟风机的排烟量不应小于表 8.2.5 的规定。

表 8.2.5 汽车库、修车库内每个防烟分区排烟风机的排烟量

汽车库、修车库的净高 (m)	汽车库、修车库的排烟量 (m³/h)	汽车库、修车库的净高 (m)	汽车库、修车库的排烟量 (m³/h)
3.0 及以下	30000	7.0	36000
4.0	31500	8.0	37500
5.0	33000	9.0	39000
6.0	34500	9.0 以上	40500

注:建筑空间净高位于表中两个高度之间的,按线性插值法取值。

8.2.6 每个防烟分区应设置排烟口,排烟口宜设在顶棚或靠近顶棚的墙面上。排烟口距该防烟分区内最远点的水平距离不应大于 30m。

8.2.7 排烟风机可采用离心风机或排烟轴流风机,并应保证 280℃时能连续工作 30min。

8.2.8 在穿过不同防烟分区的排烟支管上应设置烟气温度大于 280℃时能自动关闭的排烟防火阀,排烟防火阀应联锁关闭相应的排烟风机。

8.2.9 机械排烟管道的风速,采用金属管道时不应大于 20m/s;采用内表面光滑的非金属材料风道时,不应大于 15m/s。排烟口的风速不宜大于 10m/s。

8.2.10 汽车库内无直接通向室外的汽车疏散出口的防火分区,当设置机械排烟系统时,应同时设置补风系统,且补风量不宜小于排烟量的 50%。

9 电 气

9.0.1 消防水泵、火灾自动报警系统、自动灭火系统、防排烟设备、电动防火卷帘、电动防火门、消防应急照明和疏散指示标志等消防用电设备，以及采用汽车专用升降机作车辆疏散出口的升降机用电，应符合下列规定：

    1 Ⅰ类汽车库、采用汽车专用升降机作车辆疏散出口的升降机用电应按一级负荷供电；

    2 Ⅱ、Ⅲ类汽车库和Ⅰ类修车库应按二级负荷供电。

9.0.2 按一、二级负荷供电的消防用电设备的两个电源或两个回路，应能在最末一级配电箱处自动切换。消防用电设备的配电线路应与其他动力、照明等配电线路分开设置。消防用电设备应采用专用供电回路，其配电设备应有明显标志。

9.0.3 消防用电的配电线路应满足火灾时连续供电的要求，其敷设应符合现行国家标准《建筑设计防火规范》GB 50016 的有关规定。

9.0.4 除停车数量不大于50辆的汽车库，以及室内无车道且无人员停留的机械式汽车库外，汽车库内应设置消防应急照明和疏散指示标志。用于疏散走道上的消防应急照明和疏散指示标志，可采用蓄电池作备用电源，但其连续供电时间不应小于30min。

9.0.5 消防应急照明灯宜设置在墙面或顶棚上，其地面最低水平照度不应低于1.0Lx。安全出口标志宜设置在疏散出口的顶部；疏散指示标志宜设置在疏散通道及其转角处，且距地面高度1m以下的墙面上。通道上的指示标志，其间距不宜大于20m。

9.0.6 甲、乙类物品运输车的汽车库、修车库以及修车库内的喷漆间、电瓶间、乙炔间等室内电气设备的防爆要求，均应符合现行国家标准《爆炸危险环境电力装置设计规范》GB 50058 的有关规定。

9.0.7 除敞开式汽车库、屋面停车场外，下列汽车库、修车库应设置火灾自动报警系统：

    1 Ⅰ类汽车库、修车库；

    2 Ⅱ类地下、半地下汽车库；

    3 Ⅱ类高层汽车库、修车库；

    4 机械式汽车库；

    5 采用汽车专用升降机作汽车疏散出口的汽车库。

9.0.8 气体灭火系统、泡沫-水喷淋系统、高倍数泡沫灭火系统以及设置防火卷帘、防烟排烟系统的联动控制设计，应符合现行国家标准《火灾自动报警系统设计规范》GB 50116 等的有关规定。

9.0.9 设置火灾自动报警系统和自动灭火系统的汽车库、修车库，应设置消防控制室，消防控制室宜独立设置，也可与其他控制室、值班室组合设置。

2. 《人民防空工程设计防火规范》GB 50098—2009

1 总 则

1.0.2 本规范适用于新建、扩建和改建供下列平时使用的人防工程防火设计：

    1 商场、医院、旅馆、餐厅、展览厅、公共娱乐场所、健身体育场所和其他适用的民用场所等；

    2 按火灾危险性分类属于丙、丁、戊类的生产车间和物品库房等。

1.0.3 人防工程的防火设计，应遵循国家的有关方针、政策，针对人防工程发生火灾时的特点，立足自防自救，采用可靠的防火措施，做到安全适用、技术先进、经济合理。

1.0.4 人防工程的防火设计，除应符合本规范外，尚应符合国家现行有关标准的规定。

2 术 语

2.0.7 疏散出口 evacuation exit

用于人员离开某一区域至疏散通道的出口。

2.0.8 安全出口 safe exit

供人员安全疏散用的楼梯间出入口或直通室内外安全区域的出口。

2.0.9 疏散走道 evacuation walk

用于人员疏散通行至安全出口或相邻防火分区的走道。

2.0.10 避难走道 fire-protection evacuation walk

走道两侧为实体防火墙，并设置有防烟等设施，仅用于人员安全通行至室外的走道。

2.0.11 防烟楼梯间 smoke prevention staircase

在楼梯间入口处设置有防烟前室，且通向前室和楼梯间的门均为不低于乙级的防火门的楼梯间。

2.0.12 消防疏散照明 lighting for fire evacuation

当人防工程内发生火灾时，用以确保疏散出口和疏散走道能被有效地辨认和使用，使人员安全撤离危险区的照明。它由消防疏散照明灯和消防疏散标志灯组成。

2.0.13 消防疏散照明灯 light for fire evacuation

当人防工程内发生火灾时，用以确保疏散走道能被有效地辨认和使用的照明灯具。

2.0.14 消防疏散标志灯 marking lamp for fire evacuation

当人防工程内发生火灾时，用以确保疏散出口或疏散方向标志能被有效地辨认的照明灯具。

2.0.15 消防备用照明 reserve lighting for fire risk

当人防工程内发生火灾时，用以确保火灾时仍要坚持工作场所的照明，该照明由备用电源供电。

3 总平面布局和平面布置

3.1 一般规定

3.1.1 人防工程的总平面设计应根据人防工程建设规划、规模、用途等因素，合理确定其位置、防火间距、消防水源和消防车道等。

3.1.2 人防工程内不得使用和储存液化石油气、相对密度（与空气密度比值）大于或等于0.75的可燃气体和闪点小于60℃的液体燃料。

3.1.3 人防工程内不应设置哺乳室、托儿所、幼儿园、游乐厅等儿童活动场所和残疾人员活动场所。

3.1.4 医院病房不应设置在地下二层及以下层，当设置在地下一层时，室内地面与室外出入口地坪高差不应大于10m。

3.1.5 歌舞厅、卡拉OK厅（含具有卡拉OK功能的餐厅）、夜总会、录像厅、放映厅、桑拿浴室（除洗浴部分外）、游艺厅（含电子游艺厅）、网吧等歌舞娱乐放映游艺场所（以下简称歌舞娱乐放映游艺场所），不应设置在地下二层及以下层；当设置在地下一层时，室内地面与室外出入口地坪高差不应大于10m。

3.1.6 地下商店应符合下列规定：

    1 不应经营和储存火灾危险性为甲、乙类储存物品属性的商品；

    2 营业厅不应设置在地下三层及三层以下；

    3 当总建筑面积大于20000m²时，应采用防火墙进行分隔，且防火墙上不得开设门窗洞口，相邻区域确需局部连通时，应采取可靠的防火分隔措施，可选择下列防火分隔方式：

      1）下沉式广场等室外开敞空间，下沉式广场应符合本规范第3.1.7条的规定；

      2）防火隔间，该防火隔间的墙应为实体防火墙，并应符合本规范第3.1.8条的规定；

      3）避难走道，该避难走道应符合本规范第5.2.5条的规定；

      4）防烟楼梯间，该防烟楼梯间及前室的门应为火灾时能自动关闭的常开式甲级防火门。

3.1.7 设置本规范第3.1.6条3款1项的下沉式广场时，应符合下列规定：

    1 不同防火分区通向下沉式广场安全出口最近边缘之间的水平距离不应小于13m，广场内疏散区域的净面积不应小于169m²。

    2 广场应设置不少于一个直通地坪的疏散楼梯，疏散楼梯的总宽度不应小于相邻最大防火分区通向下沉式广场计算疏散总宽度。

    3 当确需设置防风雨棚时，棚不得封闭，并应符合下列规定：

1) 四周敞开的面积应大于下沉式广场投影面积的25%，经计算大于40m²时，可取40m²；
   2) 敞开的高度不得小于1m；
   3) 当敞开部分采用防风雨百叶时，百叶的有效通风排烟面积可按百叶洞口面积的60%计算。
  4 本条第1款最小净面积的范围内不得用于除疏散外的其他用途；其他面积的使用，不得影响人员的疏散。

  注：疏散楼梯总宽度可包括疏散楼梯宽度和90%的自动扶梯宽度。

3.1.8 设置本规范第3.1.6条3款2项的防火隔间时，应符合下列规定：
  1 防火隔间与防火分区之间应设置常开式甲级防火门，并应在发生火灾时能自行关闭；
  2 不同防火分区开设在防火隔间墙上的防火门最近边缘之间的水平距离不应小于4m；该门不应计算在该防火分区安全出口的个数和总疏散宽度内；
  3 防火隔间装修材料燃烧性能等级应为A级，且不得用于除人员通行外的其他用途。

3.1.9 消防控制室应设置在地下一层，并应邻近直接通向（以下简称直通）地面的安全出口；消防控制室可设置在值班室、变配电室等房间内；当地面建筑设置有消防控制室时，可与地面建筑消防控制室合用。消防控制室的防火分隔应符合本规范第4.2.4条的规定。

3.1.10 柴油发电机房和燃油或燃气锅炉房的设置除应符合现行国家标准《建筑设计防火规范》GB 50016的有关规定外，尚应符合下列规定：
  1 防火分区的划分应符合本规范第4.1.1条第3款的规定；
  2 柴油发电机房与电站控制室之间的密闭观察窗除应符合密闭要求外，还应达到甲级防火窗的性能；
  3 柴油发电机房与电站控制室之间的连接通道处，应设置一道具有甲级防火耐火性能的门，并应常闭；
  4 储油间的设置应符合本规范第4.2.4条的规定。

3.1.11 燃气管道的敷设和燃气设备的使用还应符合现行国家标准《城镇燃气设计规范》GB 50028的有关规定。

3.1.12 人防工程内不得设置油浸电力变压器和其他油浸电气设备。

3.1.14 设置在人防工程内的汽车库、修车库，其防火设计应按现行国家标准《汽车库、修车库、停车场设计防火规范》GB 50067的有关规定执行。

3.2 防火间距

3.2.1 人防工程的出入口地面建筑物与周围建筑物之间的防火间距，应按现行国家标准《建筑设计防火规范》GB 50016的有关规定执行。

3.2.2 人防工程的采光窗井与相邻地面建筑的最小防火间距，应符合表3.2.2的规定。

表3.2.2 采光窗井与相邻地面建筑的最小防火间距（m）

防火间距 人防工程类别	地面建筑类别和耐火等级 民用建筑			丙、丁、戊类厂房、库房			高层民用建筑		甲、乙类厂房、库房
	一、二级	三级	四级	一、二级	三级	四级	主体	附属	—
丙、丁、戊类生产车间、物品库房	10	12	14	10	12	14	13	6	25
其他人防工程	6	7	9	10	12	14	13	6	25

注：1 防火间距按人防工程有窗外墙与相邻地面建筑外墙的最近距离计算；
  2 当相邻的地面建筑物外墙为防火墙时，其防火间距不限。

3.3 耐火极限

3.3.1 除本规范另有规定者外，人防工程的耐火极限应符合现行国家标准《建筑设计防火规范》GB 50016的相应规定。

4 防火、防烟分区和建筑构造

4.1 防火和防烟分区

4.1.1 人防工程内应采用防火墙划分防火分区，当采用防火墙确有困难时，可采用防火卷帘等防火分隔设施分隔，防火分区划分应符合下列要求：
  1 防火分区应在各安全出口处的防火门范围内划分；
  2 水泵房、污水泵房、水池、厕所、盥洗间等无可燃物的房间，其面积可不计入防火分区的面积之内；
  3 与柴油发电机房或锅炉房配套的水泵间、风机房、储油间等，应与柴油发电机房或锅炉房一起划分为一个防火分区；
  5 工程内设置有旅店、病房、员工宿舍时，不得设置在地下二层及以下层，并应划分为独立的防火分区，且疏散楼梯不得与其他防火分区的疏散楼梯共用。

4.1.2 每个防火分区的允许最大建筑面积，除本规范另有规定者外，不应大于500m²。当设置有自动灭火系统时，允许最大建筑面积可增加1倍；局部设置时，增加的面积可按该局部面积的1倍计算。

4.1.3 商业营业厅、展览厅、电影院和礼堂的观众厅、溜冰馆、游泳馆、射击馆、保龄球馆等防火分区划分应符合下列规定：
  1 商业营业厅、展览厅等，当设置有火灾自动报警系统和自动灭火系统，且采用A级装修材料装修时，防火分区允许最大建筑面积不应大于2000m²；
  2 电影院、礼堂的观众厅，防火分区允许最大建筑面积不应大于1000m²。当设置有火灾自动报警系统和自动灭火系统时，其允许最大建筑面积也不得增加；

3 溜冰馆的冰场、游泳馆的游泳池、射击馆的靶道区、保龄球馆的球道区等，其面积可不计入溜冰馆、游泳馆、射击馆、保龄球馆的防火分区面积内。溜冰馆的冰场、游泳馆的游泳池、射击馆的靶道区等，其装修材料应采用A级。

4.1.4 丙、丁、戊类物品库房的防火分区允许最大建筑面积应符合表4.1.4的规定。当设置有火灾自动报警系统和自动灭火系统时，允许最大建筑面积可增加1倍；局部设置时，增加的面积可按该局部面积的1倍计算。

表4.1.4 丙、丁、戊类物品库房防火分区允许最大建筑面积（m²）

储存物品类别		防火分区最大允许建筑面积
丙	闪点≥60℃的可燃液体	150
	可燃固体	300
丁		500
戊		1000

4.1.5 人防工程内设置有内挑台、走马廊、开敞楼梯和自动扶梯等上下连通层时，其防火分区面积应按上下层相连通的面积计算，其建筑面积之和应符合本规范的有关规定，且连通的层数不宜大于2层。

4.1.6 当人防工程地面建有建筑物，且与地下一、二层有中庭相通或地下一、二层有中庭相通时，防火分区面积应按上下多层相连通的面积叠加计算；当超过本规范规定的防火分区最大允许建筑面积时，应符合下列规定：

1 房间与中庭相通的开口部位应设置火灾时能自行关闭的甲级防火门窗；

2 与中庭相通的过厅、通道等处，应设置甲级防火门或耐火极限不低于3h的防火卷帘；防火门或防火卷帘应能在火灾时自动关闭或降落；

3 中庭应按本规范第6.3.1条的规定设置排烟设施。

4.1.7 需设置排烟设施的部位，应划分防烟分区，并应符合下列规定：

1 每个防烟分区的建筑面积不宜大于500m²，但当从室内地面至顶棚或顶板的高度在6m以上时，可不受此限；

2 防烟分区不得跨越防火分区。

4.1.8 需设置排烟设施的走道、净高不超过6m的房间，应采用挡烟垂壁、隔墙或从顶棚突出不小于0.5m的梁划分防烟分区。

4.2 防火墙和防火分隔

4.2.1 防火墙应直接设置在基础上或耐火极限不低于3h的承重构件上。

4.2.2 防火墙上不宜开设门、窗、洞口，当需要开设时，应设置能自行关闭的甲级防火门、窗。

4.2.3 电影院、礼堂的观众厅与舞台之间的墙，耐火极限不应低于2.5h，观众厅与舞台之间的舞台口应符合本规范第7.2.3条的规定；电影院放映室（卷片室）应采用耐火极限不低于1h的隔墙与其他部位隔开，观察窗和放映孔应设置阻火闸门。

4.2.4 下列场所应采用耐火极限不低于2h的隔墙和1.5h的楼板与其他场所隔开，并应符合下列规定：

1 消防控制室、消防水泵房、排烟机房、灭火剂储瓶室、变配电室、通信机房、通风和空调机房、可燃物存放量平均值超过30kg/m²火灾荷载密度的房间等，墙上应设置常闭的甲级防火门；

2 柴油发电机房的储油间，墙上应设置常闭的甲级防火门，并应设置高150mm的不燃烧、不渗漏的门槛，地面不得设置地漏；

3 同一防火分区内厨房、食品加工等用火用电用气场所，墙上应设置不低于乙级的防火门，人员频繁出入的防火门应设置火灾时能自动关闭的常开式防火门；

4 歌舞娱乐放映游艺场所，且一个厅、室的建筑面积不应大于200m²，隔墙上应设置不低于乙级的防火门。

4.3 装修和构造

4.3.1 人防工程的内部装修应按现行国家标准《建筑内部装修设计防火规范》GB 50222的有关规定执行。

4.3.2 人防工程的耐火等级应为一级，其出入口地面建筑物的耐火等级不应低于二级。

4.3.3 本规范允许使用的可燃气体和丙类液体管道，除可穿过柴油发电机房、燃油锅炉房的储油间与机房间的防火墙外，严禁穿过防火分区之间的防火墙；当其他管道需要穿过防火墙时，应采用防火封堵材料将管道周围的空隙紧密填塞，通风和空气调节系统的风管还应符合本规范第6.7.6条的规定。

4.3.4 通过防火墙或设置有防火门的隔墙处的管道和管线沟，应采用不燃材料将通过处的空隙紧密填塞。

4.3.5 变形缝的基层应采用不燃材料，表面层不应采用可燃或易燃材料。

4.4 防火门、窗和防火卷帘

4.4.1 防火门、防火窗应划分为甲、乙、丙三级。

4.4.2 防火门的设置应符合下列规定：

1 位于防火分区分隔处安全出口的门应为甲级防火门；当使用功能上确实需要采用防火卷帘分隔时，应在其旁设置与相邻防火分区的疏散走道相通的甲级防火门；

2 公共场所的疏散门应向疏散方向开启，并在关闭后能从任何一侧手动开启；

3 公共场所人员频繁出入的防火门，应采用能在火灾时自动关闭的常开式防火门；平时需要控制人员随意出入的防火门，应设置火灾时不需使用钥匙等任何工具即能从内部易于打开的常闭防火门，并应在明显位置设置标识和使用提示；其他部位的防火门，宜选用常闭的防火门；

4 用防护门、防护密闭门、密闭门代替甲级防火门时，其耐火性能应符合甲级防火门的要求；且不得用于平战结合公共场所的安全出口处；

5 常开的防火门应具有信号反馈的功能。

4.4.3 用防火墙划分防火分区有困难时，可采用防火卷帘分隔，并应符合下列规定：

1 当防火分隔部位的宽度不大于30m时，防火卷帘的宽度不应大于10m；当防火分隔部位的宽度大于30m时，防火卷帘的宽度不应大于防火分隔部位宽度的1/3，且不应大于20m；

2 防火卷帘的耐火极限不应低于3h；

当防火卷帘的耐火极限符合现行国家标准《门和卷帘耐

火试验方法》GB 7633有关背火面温升的判定条件时,可不设置自动喷水灭火系统保护;

当防火卷帘的耐火极限符合现行国家标准《门和卷帘耐火试验方法》GB 7633有关背火面辐射热的判定条件时,应设置自动喷水灭火系统保护;自动喷水灭火系统的设计应符合现行国家标准《自动喷水灭火系统设计规范》GB 50084的有关规定,但其火灾延续时间不应小于3h;

3 防火卷帘应具有防烟性能,与楼板、梁和墙、柱之间的空隙应采用防火封堵材料封堵;

4 在火灾时能自动降落的防火卷帘,应具有信号反馈的功能。

5 安全疏散

5.1 一般规定

5.1.1 每个防火分区安全出口设置的数量,应符合下列规定之一:

1 每个防火分区的安全出口数量不应少于2个;

2 当有2个或2个以上防火分区相邻,且将相邻防火分区之间防火墙上设置的防火门作为安全出口时,防火分区安全出口应符合下列规定:

1) 防火分区建筑面积大于1000m²的商业营业厅、展览厅等场所,设置通向室外、直通室外的疏散楼梯间或避难走道的安全出口个数不得少于2个;

2) 防火分区建筑面积不大于1000m²的商业营业厅、展览厅等场所,设置通向室外、直通室外的疏散楼梯间或避难走道的安全出口个数不得少于1个;

3 建筑面积不大于500m²,且室内地面与室外出入口地坪高差不大于10m,容纳人数不大于30人的防火分区,当设置有仅用于采光或进风用的竖井,且竖井内有金属梯直通地面、防火分区通向竖井处设置有不低于乙级的常闭防火门时,可只设置一个通向室外、直通室外的疏散楼梯间或避难走道的安全出口;也可设置一个与相邻防火分区相通的防火门;

4 建筑面积不大于200m²,且经常停留人数不超过3人的防火分区,可只设置一个通向相邻防火分区的防火门。

5.1.3 歌舞娱乐放映游艺场所的疏散应符合下列规定:

1 不宜布置在袋形走道的两侧或尽端,当必须布置在袋形走道的两侧或尽端时,最远房间的疏散门到最近安全出口的距离不应大于9m;一个厅、室的建筑面积不应大于200m²;

2 建筑面积大于50m²的厅、室,疏散出口不应少于2个。

5.1.4 每个防火分区的安全出口,宜按不同方向分散设置;当受条件限制需要同方向设置时,两个安全出口最近边缘之间的水平距离不应小于5m。

5.1.5 安全疏散距离应满足下列规定:

1 房间内最远点至该房间门的距离不应大于15m;

2 房间门至最近安全出口的最大距离:医院应为24m;旅馆应为30m;其他工程应为40m。位于袋形走道两侧或尽端的房间,其最大距离应为上述相应距离的一半;

3 观众厅、展览厅、多功能厅、餐厅、营业厅和阅览室等,其室内任意一点到最近安全出口的直线距离不宜大于30m;当该防火分区设置有自动喷水灭火系统时,疏散距离可增加25%。

5.1.6 疏散宽度的计算和最小净宽应符合下列规定:

1 每个防火分区安全出口的总宽度,应按该防火分区设计容纳总人数乘以疏散宽度指标计算确定,疏散宽度指标应按下列规定确定:

1) 室内地面与室外出入口地坪高差不大于10m的防火分区,疏散宽度指标应为每100人不小于0.75m;

2) 室内地面与室外出入口地坪高差大于10m的防火分区,疏散宽度指标应为每100人不小于1.00m;

3) 人员密集的厅、室以及歌舞娱乐放映游艺场所,疏散宽度指标应为每100人不小于1.00m。

2 安全出口、疏散楼梯和疏散走道的最小净宽应符合表5.1.6的规定。

表5.1.6 安全出口、疏散楼梯和疏散走道的最小净宽(m)

工程名称	安全出口和疏散楼梯净宽	疏散走道净宽	
		单面布置房间	双面布置房间
商场、公共娱乐场所、健身体育场所	1.40	1.50	1.60
医院	1.30	1.40	1.50
旅馆、餐厅	1.10	1.20	1.30
车间	1.10	1.20	1.50
其他民用工程	1.10	1.20	—

5.1.7 设置有固定座位的电影院、礼堂等的观众厅,其疏散走道、疏散出口等应符合下列规定:

1 厅内的疏散走道净宽应按通过人数每100人不小于0.80m计算,且不宜小于1.00m;边走道的净宽不应小于0.80m;

2 厅的疏散出口和厅外疏散走道的总宽度,平坡地面应分别按通过人数每100人不小于0.65m计算,阶梯地面应分别按通过人数每100人不小于0.80m计算;疏散出口和疏散走道的净宽均不应小于1.40m;

3 观众厅座位的布置,横走道之间的排数不宜大于20排,纵走道之间每排座位不宜大于22个;当前后排座位的排距不小于0.90m时,每排座位可为44个;只一侧有纵走道时,其座位数应减半;

4 观众厅每个疏散出口的疏散人数平均不应大于250人。

5.1.8 公共疏散出口处内、外1.40m范围内不应设置踏步,门必须向疏散方向开启,且不应设置门槛。

5.1.9 地下商店每个防火分区的疏散人数,应按该防火分区内营业厅使用面积乘以面积折算值和疏散人数换算系数确定。面积折算值宜为70%,疏散人数换算系数应按表5.1.9确定。经营丁、戊类物品的专业商店,可按上述确定的人数减少50%。

表 5.1.9 地下商店营业厅内的
疏散人数换算系数（人/m²）

楼层位置	地下一层	地下二层
换算系数	0.85	0.80

5.1.10 歌舞娱乐放映游艺场所最大容纳人数应按该场所建筑面积乘以人员密度指标来计算，其人员密度指标应按下列规定确定：
  1 录像厅、放映厅人员密度指标为 1.0 人/m²；
  2 其他歌舞娱乐放映游艺场所人员密度指标为 0.5 人/m²。

5.2 楼梯、走道

5.2.1 设有下列公共活动场所的人防工程，当底层室内地面与室外出入口地坪高差大于 10m 时，应设置防烟楼梯间；当地下为两层，且地下第二层的室内地面与室外出入口地坪高差不大于 10m 时，应设置封闭楼梯间。
  1 电影院、礼堂；
  2 建筑面积大于 500m² 的医院、旅馆；
  3 建筑面积大于 1000m² 的商场、餐厅、展览厅、公共娱乐场所、健身体育场所。

5.2.2 封闭楼梯间应采用不低于乙级的防火门；封闭楼梯间的地面出口可用于天然采光和自然通风，当不能采用自然通风时，应采用防烟楼梯间。

5.2.3 人民防空地下室的疏散楼梯，在主体建筑地面首层应采用耐火极限不低于 2h 的隔墙与其他部位隔开并应直通室外；当必须在隔墙上开门时，应采用不低于乙级的防火门。
  人民防空地下室与地上层不应共用楼梯间；当必须共用楼梯间时，应在地面首层与地下室的入口处，设置耐火极限不低于 2h 的隔墙和不低于乙级的防火门隔开，并应有明显标志。

5.2.4 防烟楼梯间前室的面积不应小于 6m²；当与消防电梯间合用前室时，其面积不应小于 10m²。

5.2.5 避难走道的设置应符合下列规定：
  1 避难走道直通地面的出口不应少于 2 个，并应设置在不同方向；当避难走道只与一个防火分区相通时，避难走道直通地面的出口可设置一个，但该防火分区至少应有一个不通向该避难走道的安全出口；
  2 通向避难走道的各防火分区人数不等时，避难走道的净宽不应小于设计容纳人数最多一个防火分区通向避难走道各安全出口最小净宽之和；
  3 避难走道的装修材料燃烧性能等级应为 A 级；
  4 防火分区至避难走道入口处应设置前室，前室面积不应小于 6m²，前室的门应为甲级防火门；其防烟应符合本规范第 6.2 节的规定；
  5 避难走道的消火栓设置应符合本规范第 7 章的规定；
  6 避难走道的火灾应急照明应符合本规范第 8.2 节的规定；
  7 避难走道应设置应急广播和消防专线电话。

5.2.6 疏散走道、疏散楼梯和前室，不应有影响疏散的突出物；疏散走道应减少曲折，走道内不宜设置门槛、阶梯；疏散楼梯的阶梯不宜采用螺旋楼梯和扇形踏步，但踏步上下两级所形成的平面角小于 10°，且每级离扶手 0.25m 处的踏步宽度大于 0.22m 时，可不受此限。

5.2.7 疏散楼梯间在各层的位置不应改变；各层人数不等时，其宽度应按该层及以下层中通过人数最多的一层计算。

6 防烟、排烟和通风、空气调节

6.1 一般规定

6.1.1 人防工程下列部位应设置机械加压送风防烟设施：
  1 防烟楼梯间及其前室或合用前室；
  2 避难走道的前室。

6.1.2 下列场所除符合本规范第 6.1.3 条和第 6.1.4 条的规定外，应设置机械排烟设施：
  1 总建筑面积大于 200m² 的人防工程；
  2 建筑面积大于 50m²，且经常有人停留或可燃物较多的房间；
  3 丙、丁类生产车间；
  4 长度大于 20m 的疏散走道；
  5 歌舞娱乐放映游艺场所；
  6 中庭。

6.1.4 设置自然排烟设施的场所，自然排烟口底部距室内地面不应小于 2m，并应常开或发生火灾时能自动开启，其自然排烟口的净面积应符合下列规定：
  1 中庭的自然排烟口净面积不应小于中庭地面面积的 5%；
  2 其他场所的自然排烟口净面积不应小于该防烟分区面积的 2%。

6.2 机械加压送风防烟及送风量

6.2.1 防烟楼梯间送风系统的余压值应为（40～50）Pa，前室或合用前室送风系统的余压值应为（25～30）Pa。防烟楼梯间、防烟前室或合用前室的送风量应符合下列规定：
  1 当防烟楼梯间和前室或合用前室分别送风时，防烟楼梯间的送风量不应小于 16000m³/h，前室或合用前室的送风量不应小于 13000m³/h；
  2 当前室或合用前室不直接送风时，防烟楼梯间的送风量不应小于 25000m³/h，并应在防烟楼梯间和前室或合用前室的墙上设置余压阀。
  注：楼梯间及其前室或合用前室的门按 1.5m×2.1m 计算，当采用其他尺寸的门时，送风量应根据门的面积按比例修正。

6.2.2 避难走道的前室送风余压值应为（25～30）Pa，机械加压送风量应按前室入口门洞风速（0.7～1.2）m/s 计算确定。
  避难走道的前室宜设置条缝送风口，并应靠近前室入口门，且通向避难走道的前室两侧宽度均应大于门洞宽度 0.1m（图 6.2.2）。

6.2.3 避难走道的前室、防烟楼梯间及其前室或合用前室的机械加压送风系统宜分别设置。当需要共用系统时，应在支风管上设置压差自动调节装置。

6.2.4 避难走道的前室、防烟楼梯间及其前室或合用前室的排风应设置余压阀，并应按本规范第 6.2.1 条的规定值整定。

6.2.7 机械加压送风系统和排烟补风系统应采用室外新风，采风口与排烟口的水平距离宜大于 15m，并宜低于排烟口。

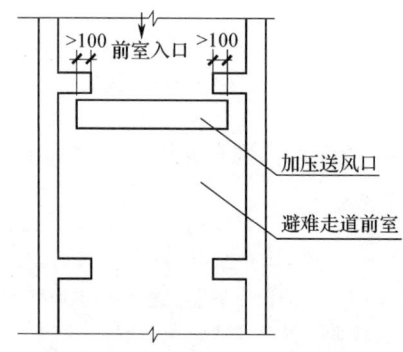

图 6.2.2 避难走道前室加压
送风口布置图

当采风口与排烟口垂直布置时，宜低于排烟口 3m。

6.3 机械排烟及排烟风量

6.3.1 机械排烟时，排烟风机和风管的风量计算应符合下列规定：

1 担负一个或两个防烟分区排烟时，应按该部分面积每平方米不小于 60m³/h 计算，但排烟风机的最小排烟风量不应小于 7200m³/h；

2 担负三个或三个以上防烟分区排烟时，应按其中最大防烟分区面积每平方米不小于 120m³/h 计算；

3 中庭体积小于或等于 17000m³ 时，排烟量应按其体积的 6 次/h 换气计算；中庭体积大于 17000m³ 时，其排烟量应按其体积的 4 次/h 换气计算，但最小排烟风量不应小于 102000m³/h。

6.3.2 排烟区应有补风措施，并应符合下列要求：

1 当补风通路的空气阻力不大于 50Pa 时，可采用自然补风；

2 当补风通路的空气阻力大于 50Pa 时，应设置火灾时可转换成补风的机械送风系统或单独的机械补风系统，补风量不应小于排烟风量的 50%。

6.3.3 机械排烟系统宜单独设置或与工程排风系统合并设置。当合并设置时，应采取在火灾发生时能将排风系统自动转换为排烟系统的措施。

6.4 排烟口

6.4.1 每个防烟分区内必须设置排烟口，排烟口应设置在顶棚或墙面的上部。

6.4.2 排烟口宜在该防烟分区内均匀布置，并应与疏散出口的水平距离大于 2m，且与该分区内最远点的水平距离不应大于 30m。

6.4.3 排烟口可单独设置，也可与排风口合并设置；排烟口的总排烟量应按该防烟分区面积每平方米不小于 60m³/h 计算。

6.4.4 排烟口的开闭状态和控制应符合下列要求：

1 单独设置的排烟口，平时应处于关闭状态；其控制方式可采用自动或手动开启方式；手动开启装置的位置应便于操作；

2 排风口和排烟口合并设置时，应在排风口或排风口所在支管设置自动阀门；该阀门必须具有防火功能，并应与火灾自动报警系统联动；火灾时，着火防烟分区内的阀门仍应处于开启状态，其他防烟分区内的阀门应全部关闭。

6.5 机械加压送风防烟管道和排烟管道

6.5.2 机械加压送风防烟管道、排烟管道、排烟口和排烟阀等必须采用不燃材料制作。

排烟管道与可燃物的距离不应小于 0.15m，或应采取隔热防火措施。

6.5.3 排烟管道的厚度应按现行国家标准《通风与空调工程施工质量验收规范》GB 50243 的规定执行，但当金属风道为钢制风道时，钢板厚度不应小于 1mm。

6.5.4 机械加压送风防烟管道和排烟管道不宜穿过防火墙。当需要穿过时，过墙处应符合下列规定：

1 防烟管道应设置温度大于 70℃ 时能自动关闭的防火阀；

2 排烟管道应设置温度大于 280℃ 时能自动关闭的防火阀。

6.5.5 人防工程内厨房的排油烟管道宜按防火分区设置，且在与垂直排风管连接的支管处应设置动作温度为 150℃ 的防火阀。

6.6 排烟风机

6.6.1 排烟风机可采用普通离心式风机或排烟轴流风机；排烟风机及其进出口软接头应在烟气温度 280℃ 时能连续工作 30min。排烟风机必须采用不燃材料制作。排烟风机入口处的总管上应设置当烟气温度超过 280℃ 时能自动关闭的排烟防火阀，该阀应与排烟风机联锁，当阀门关闭时，排烟风机应能停止运转。

6.6.2 排烟风机可单独设置或与排风机合并设置；当排烟机与排风机合并设置时，宜选用变速风机。

6.6.3 排烟风机的全压应按排烟系统最不利环管路进行计算，排烟量应按本规范第 6.3.1 条计算确定，并应增加 10%。

6.6.5 排烟风机应与排烟口联动，当任何一个排烟口、排烟阀开启或排风口转为排烟口时，系统应转为排烟工作状态，排烟风机应自动转换为排烟工况；当烟气温度大于 280℃ 时，排烟风机应随设置于风机入口处防火阀的关闭而自动关闭。

6.7 通风、空气调节

6.7.1 电影院的放映机室宜设置独立的排风系统。当需要合并设置时，通向放映机室的风管应设置防火阀。

6.7.2 设置气体灭火设备的房间，应设置有排除废气的排风装置；与该房间连通的风管应设置自动阀门，火灾发生时，阀门应自动关闭。

6.7.3 通风、空气调节系统的管道宜按防火分区设置。当需要穿过防火分区时，应符合本规范第 6.7.6 条的规定。穿过防火分区前、后 0.2m 范围内的钢板通风管道，其厚度不应小于 2mm。

6.7.4 通风、空气调节系统的风机及风管应采用不燃材料制作，但接触腐蚀性气体的风管及柔性接头可采用难燃材料制作。

6.7.5 风管和设备的保温材料应采用不燃材料；消声、过滤材料及粘结剂应采用不燃材料或难燃材料。

6.7.6 通风、空气调节系统的风管，当出现下列情况之一时，应设置防火阀：
 1 穿过防火分区处；
 2 穿过设置有防火门的房间隔墙或楼板处；
 3 每层水平干管同垂直总管的交接处水平管段上；
 4 穿越防火分区处，且该处又是变形缝时，应在两侧各设置一个。

6.7.7 火灾发生时，防火阀的温度熔断器或与火灾探测器等联动的自动关闭装置一经动作，防火阀应能自动关闭。温度熔断器的动作温度宜为70℃。

7 消防给水、排水和灭火设备

7.1 一般规定

7.1.1 消防用水可由市政给水管网、水源井、消防水池或天然水源供给。利用天然水源时，应确保枯水期最低水位时的消防用水量，并应设置可靠的取水设施。

7.1.2 采用市政给水管网直接供水，当消防用水量达到最大时，其水压应满足室内最不利点灭火设备的要求。

7.2 灭火设备的设置范围

7.2.1 下列人防工程和部位应设置室内消火栓：
 1 建筑面积大于300m²的人防工程；
 2 电影院、礼堂、消防电梯间前室和避难走道。

7.2.2 下列人防工程和部位宜设置自动喷水灭火系统；当有困难时，也可设置局部应用系统，局部应用系统应符合现行国家标准《自动喷水灭火系统设计规范》GB 50084 的有关规定。
 1 建筑面积大于100m²，且小于或等于500m²的地下商店和展览厅；
 2 建筑面积大于100m²，且小于或等于1000m²的影剧院、礼堂、健身体育场所、旅馆、医院等；建筑面积大于100m²，且小于或等于500m²的丙类库房。

7.2.3 下列人防工程和部位应设置自动喷水灭火系统：
 1 除丁、戊类物品库房和自行车库外，建筑面积大于500m²丙类库房和其他建筑面积大于1000m²的人防工程；
 3 符合本规范第4.4.3条第2款规定的防火卷帘；
 4 歌舞娱乐放映游艺场所；
 5 建筑面积大于500m²的地下商店和展览厅；
 6 燃油或燃气锅炉房和装机总容量大于300kW柴油发电机房。

7.2.4 下列部位应设置气体灭火系统或细水雾灭火系统：
 1 图书、资料、档案等特藏库房；
 2 重要通信机房和电子计算机机房；
 3 变配电室和其他特殊重要的设备房间。

7.2.5 营业面积大于500m²的餐饮场所，其烹饪操作间的排油烟罩及烹饪部位应设置自动灭火装置，且应在燃气或燃油管道上设置紧急事故自动切断装置。

7.2.6 人防工程应配置灭火器，灭火器的配置设计应符合现行国家标准《建筑灭火器配置设计规范》GB 50140 的有关规定。

7.3 消防用水量

7.3.1 设置室内消火栓、自动喷水等灭火设备的人防工程，其消防用水量应按需要同时开启的上述设备用水量之和计算。

7.3.2 室内消火栓用水量，应符合表7.3.2的规定。

表7.3.2 室内消火栓最小用水量

工程类别	体积V（m³）	同时使用水枪数量（支）	每支水枪最小流量（L/s）	消火栓用水量（L/s）
展览厅、影剧院、礼堂、健身体育场所等	V≤1000	1	5	5
	1000<V≤2500	2	5	10
	V>2500	3	5	15
商场、餐厅、旅馆、医院等	V≤5000	1	5	5
	5000<V≤10000	2	5	10
	10000<V≤25000	3	5	15
	V>25000	4	5	20
丙、丁、戊类生产车间、自行车库	≤2500	1	5	5
	>2500	2	5	10
丙、丁、戊类物品库房、图书资料档案库	≤3000	1	5	5
	>3000	2	5	10

注：消防软管卷盘的用水量可不计算入消防用水量中。

7.3.3 人防工程内自动喷水灭火系统的用水量，应按现行国家标准《自动喷水灭火系统设计规范》GB 50084 的有关规定执行。

7.4 消防水池

7.4.1 具有下列情况之一者应设置消防水池：
 1 市政给水管道、水源井或天然水源不能满足消防用水量；
 2 市政给水管道为枝状或人防工程只有一条进水管。

7.4.2 消防水池的设置应符合下列规定：
 1 消防水池的有效容积应满足在火灾延续时间内室内消防用水总量的要求；火灾延续时间应符合下列规定：
  1）建筑面积小于3000m²的单建掘开式、坑道、地道人防工程消火栓灭火系统火灾延续时间应按1h计算；
  2）建筑面积大于或等于3000m²的单建掘开式、坑道、地道人防工程消火栓灭火系统火灾延续时间应按2h计算；改建人防工程有困难时，可按1h计算；
  3）防空地下室消火栓灭火系统的火灾延续时间应与地面工程一致；
  4）自动喷水灭火系统火灾延续时间应符合现行国家标准《自动喷水灭火系统设计规范》GB 50084 的有关规定；

2 消防水池的补水量应经计算确定，补水管的设计流速不宜大于 2.5m/s；在火灾情况下能保证连续向消防水池补水时，消防水池的容积可减去火灾延续时间内补充的水量；

3 消防水池的补水时间不应大于 48h；

4 消防用水与其他用水合用的水池，应有确保消防用水量的措施；

5 消防水池可设置在人防工程内，也可设置在人防工程外，严寒和寒冷地区的室外消防水池应有防冻措施；

6 容积大于 500m³ 的消防水池，应分成两个能独立使用的消防水池。

7.5 水泵接合器和室外消火栓

7.5.1 当人防工程内消防用水总量大于 10L/s 时，应在人防工程外设置水泵接合器，并应设置室外消火栓。

7.5.2 水泵接合器和室外消火栓的数量，应按人防工程内消防用水总量确定，每个水泵接合器和室外消火栓的流量应按 (10～15)L/s 计算。

7.5.3 水泵接合器和室外消火栓应设置在便于消防车使用的地点，距人防工程出入口不宜小于 5m；室外消火栓距路边不宜大于 2m，水泵接合器与室外消火栓的距离不应大于 40m。水泵接合器和室外消火栓应有明显的标志。

7.6 室内消防给水管道、室内消火栓和消防水箱

7.6.1 室内消防给水管道的设置应符合下列规定：

1 室内消防给水管道宜与其他用水管道分开设置；当有困难时，消火栓给水管道可与其他给水管道合用，但当其他用水达到最大小时流量时，应仍能供应全部消火栓的消防用水量；

2 当室内消火栓总数大于 10 个时，其给水管道应布置成环状，环状管网的进水管宜设置两条，当其中一条进水管发生故障时，另一条应仍能供应全部消火栓的消防用水量；

3 在同层的室内消防给水管道，应采用阀门分成若干独立段，当某段损坏时，停止使用的消火栓数不应大于 5 个；阀门应有明显的启闭标志；

4 室内消火栓给水管道应与自动喷水灭火系统的给水管道分开独立设置。

7.6.2 室内消火栓的设置应符合下列规定：

1 室内消火栓的水枪充实水柱应通过水力计算确定，且不应小于 10m；

2 消火栓栓口的出水压力大于 0.50MPa 时，应设置减压装置；

3 室内消火栓的间距应由计算确定；当保证同层相邻有两支水枪的充实水柱同时到达被保护范围内的任何部位时，消火栓的间距不应大于 30m；当保证有一支水枪的充实水柱到达室内任何部位时，不应大于 50m；

4 室内消火栓应设置在明显易于取用的地点；消火栓的出水方向宜向下或与设置消火栓的墙面相垂直；栓口离室内地面高度宜为 1.1m；同一工程内应采用统一规格的消火栓、水枪和水带，每根水带长度不应大于 25m；

5 设置有消防水泵给水系统的每个消火栓处，应设置直接启动消防水泵的按钮，并应有保护措施；

6 室内消火栓处应同时设置消防软管卷盘，其安装高度应便于使用，栓口直径宜为 25mm，喷嘴口径不宜小于 6mm，配备的胶带内径不宜小于 19mm。

7.6.3 单建掘开式、坑道式、地道式人防工程当不能设置高位消防水箱时，宜设置气压给水装置。气压罐的调节容积：消火栓系统不应小于 300L，喷淋系统不应小于 150L。

7.7 消防水泵

7.7.1 室内消火栓给水系统和自动喷水灭火系统，应分别独立设置供水泵；供水泵应设置备用泵，备用泵的工作能力不应小于最大一台供水泵。

7.7.2 每台消防水泵应设置独立的吸水管，并宜采用自灌式吸水，吸水管上应设置阀门，出水管上应设置试验和检查用的压力表和放水阀门。

7.8 消防排水

7.8.1 设置有消防给水的人防工程，必须设置消防排水设施。

7.8.2 消防排水设施宜与生活排水设施合并设置，兼作消防排水的生活污水泵（含备用泵），总排水量应满足消防排水量的要求。

8 电 气

8.1 消防电源及其配电

8.1.1 建筑面积大于 5000m² 的人防工程，其消防用电应按一级负荷要求供电；建筑面积小于或等于 5000m² 的人防工程可按二级负荷要求供电。

消防疏散照明和消防备用照明可用蓄电池作备用电源，其连续供电时间不应少于 30min。

8.1.2 消防控制室、消防水泵、消防电梯、防烟风机、排烟风机等消防用电设备应采用两路电源或两回路供电线路供电，并应在最末一级配电箱处自动切换。

当采用柴油发电机组作备用电源时，应设置自动启动装置，并应能在 30s 内供电。

8.1.3 消防用电设备的供电回路应引自专用消防配电柜或专用供电回路。其配电和控制线路宜按防火分区划分。

8.1.4 消防配电设备应采用防潮、防霉型产品；电缆、电线应选用铜芯线；蓄电池应采用封闭型产品。

8.1.5 消防用电设备的配电线路应符合下列规定：

1 当采用暗敷设时，应穿在金属管中，并应敷设在不燃烧体结构内，且保护层厚度不应小于 30mm；

2 当采用明敷设时，应敷设在金属管或封闭式金属线槽内，并应采取防火保护措施；

5 消防用电设备的配电线路除矿物绝缘类不燃性电缆外，宜与其他配电线路分开敷设。当敷设在同一电缆沟、井内时，宜分别布置在电缆沟、井的两侧；当敷设在同一线槽内时，应采用不燃隔板分开。

8.1.6 消防用电设备、消防配电柜、消防控制箱等应设置有明显标志。

8.2 消防疏散照明和消防备用照明

8.2.1 消防疏散照明灯应设置在疏散走道、楼梯间、防烟前室、公共活动场所等部位的墙面上部或顶棚下，地面的最低照度不应低于5lx。

8.2.2 消防疏散标志灯应设置在下列部位：
1 有侧墙的疏散走道及其拐角处和交叉口处的墙面上；
2 无侧墙的疏散走道的上方；
3 疏散出入口和安全出口的上部。

8.2.3 歌舞娱乐放映游艺场所、总建筑面积大于500m²的商业营业厅等公众活动场所的疏散走道的地面上，应设置能保持视觉连续发光的疏散指示标志，并宜设置灯光型疏散指示标志。当地面照度较大时，可设置蓄光型疏散指示标志。

8.2.4 消防疏散指示标志的设置位置应符合下列规定：
1 沿墙面设置的疏散标志灯距地面不应大于1m，间距不应大于15m；
2 设置在疏散走道上方的疏散标志灯的方向指示应与疏散通道垂直，其大小应与建筑空间相协调；标志灯下边缘距室内地面不应大于2.5m，且应设置在风管等设备管道的下部；

8.2.5 消防备用照明应设置在避难走道、消防控制室、消防水泵房、柴油发电机室、配电室、通风空调室、排烟机房、电话总机房以及发生火灾时仍需坚持工作的其他房间。其设置应符合下列规定：
1 建筑面积大于5000m²的人防工程，其消防备用照明照度值宜保持正常照明的照度值；
2 建筑面积不大于5000m²的人防工程，其消防备用照明的照度值不宜低于正常照明照度值的50%。

8.2.6 消防疏散照明和消防备用照明在工作电源断电后，应能自动投合备用电源。

8.3 灯 具

8.3.1 人防工程内的潮湿场所应采用防潮型灯具；柴油发电机房的储油间、蓄电池室等房间应采用密闭型灯具；可燃物品库房不应设置卤钨灯等高温照明灯具。

8.3.2 卤钨灯、高压汞灯、白炽灯、镇流器等不应直接安装在可燃装修材料或可燃构件上。

8.3.3 卤钨灯和大于100W的白炽灯泡的吸顶灯、槽灯、嵌入式灯的引入线应采用瓷管、石棉等不燃材料作隔热保护。

开关、插座和照明灯具靠近可燃物时，应采取隔热、散热等保护措施。

8.4 火灾自动报警系统、火灾应急广播和消防控制室

8.4.1 下列人防工程或部位应设置火灾自动报警系统：
1 建筑面积大于500m²的地下商店、展览厅和健身体育场所；
2 建筑面积大于1000m²的丙、丁类生产车间和丙、丁类物品库房；
3 重要的通信机房和电子计算机机房，柴油发电机房和变配电室，重要的实验室和图书、资料、档案库房等；
4 歌舞娱乐放映游艺场所。

8.4.2 火灾自动报警系统和火灾应急广播系统的设计应按现行国家标准《火灾自动报警系统设计规范》GB 50116 的规定执行。

8.4.3 设置有火灾自动报警系统、自动喷水灭火系统、机械防烟排烟设施等的人防工程，应设置消防控制室，并应符合本规范第3.1.9条和第4.2.4条的规定。

8.4.4 燃气浓度检测报警器和燃气紧急自动切断阀的设置，应符合现行国家标准《城镇燃气设计规范》GB 50028 的有关规定。

3. 《农村防火规范》GB 50039—2010

1 总 则

1.0.2 本规范适用于下列范围：
1 农村消防规划；
2 农村新建、扩建和改建建筑的防火设计；
3 农村既有建筑的防火改造；
4 农村消防安全管理。

除本规范规定外，农村的厂房、仓库、公共建筑和建筑高度超过 15m 的居住建筑的防火设计应执行现行国家标准《建筑设计防火规范》GB 50016 等的规定。

1.0.3 农村的消防规划、建筑防火设计、既有建筑的防火改造和消防安全管理，应结合当地经济发展状况、民族习俗、村庄规模、地理环境、建筑性质等，采取相应的消防安全措施，做到安全可靠、经济合理、有利生产、方便生活。

1.0.4 农村的消防规划应根据其区划类别，分别纳入镇总体规划、镇详细规划、乡规划和村庄规划，并应与其他基础设施统一规划、同步实施。

1.0.5 村民委员会等基层组织应建立相应的消防安全组织，确定消防安全管理人，制定防火安全制度，进行消防安全检查，开展消防宣传教育，落实消防安全责任，配备必要的消防力量和消防器材装备。

1.0.6 农村的消防规划、建筑防火设计、既有建筑的防火改造和消防安全管理，除应符合本规范的规定外，尚应符合国家现行标准的规定。

2 术 语

2.0.3 消防点 firefighting spot

设置在农村的集中放置消防车辆、器材，并配有专职、义务或志愿消防队员的固定场所。

3 规划布局

3.0.1 农村建筑应根据建筑的使用性质及火灾危险性、周边环境、生活习惯、气候条件、经济发展水平等因素合理布局。

3.0.2 甲、乙、丙类生产、储存场所应布置在相对独立的安全区域，并应布置在集中居住区全年最小频率风向的上风侧。

可燃气体和可燃液体的充装站、供应站、调压站和汽车加油加气站等应根据当地的环境条件和风向等因素合理布置，与其他建（构）筑物等的防火间距应符合国家现行有关标准的要求。

3.0.4 甲、乙、丙类生产、储存场所不应布置在学校、幼儿园、托儿所、影剧院、体育馆、医院、养老院、居住区等附近。

3.0.5 集市、庙会等活动区域应规划布置在不妨碍消防车辆通行的地段，该地段应与火灾危险性大的场所保持足够的防火间距，并应符合消防安全要求。

3.0.6 集贸市场、厂房、仓库以及变压器、变电所（站）之间及与居住建筑的防火间距应符合现行国家标准《建筑设计防火规范》GB 50016 等的要求。

3.0.7 居住区和生产区距林区边缘的距离不宜小于 300m，或应采取防止火灾蔓延的其他措施。

3.0.8 柴草、饲料等可燃物堆垛设置应符合下列要求：
3 不应设置在电气线路下方；
5 村民院落内堆放的少量柴草、饲料等与建筑之间应采取防火隔离措施。

3.0.9 既有的厂（库）房和堆场、储罐等，不满足消防安全要求的，应采取隔离、改造、搬迁或改变使用性质等防火保护措施。

3.0.10 既有的耐火等级低、相互毗连、消防通道狭窄不畅、消防水源不足的建筑群，应采取改善用火和用电条件、提高耐火性能、设置防火分隔、开辟消防通道、增设消防水源等措施。

3.0.11 村庄内的道路宜考虑消防车的通行需要，供消防车通行的道路应符合下列要求：
3 满足配置车型的转弯半径；
4 能承受消防车的压力；
5 尽头式车道满足配置车型回车要求。

3.0.12 村庄之间以及与其他城镇连通的公路应满足消防车通行的要求，并应符合 3.0.11 条的有关规定。

3.0.13 消防车道应保持畅通，供消防车通行的道路严禁设置隔离桩、栏杆等障碍设施，不得堆放土石、柴草等影响消防车通行的障碍物。

3.0.14 学校、村民集中活动场地（室）、主要路口等场所应设置普及消防安全常识的固定消防宣传点；易燃易爆等重点防火区域应设置防火安全警示标志。消防安全常识宣传教育的主要内容宜采用附录B。

4 建 筑 物

4.0.1 农村建筑的耐火等级不宜低于一、二级，建筑耐火等级的划分应符合现行国家标准《建筑设计防火规范》GB 50016 的规定。

4.0.2 三、四级耐火等级建筑之间的相邻外墙宜采用不燃烧实体墙，相连建筑的分户墙应采用不燃烧实体墙。建筑的屋顶宜采用不燃材料，当采用可燃材料时，不燃烧体分户墙应高出屋顶不小于 0.5m。

4.0.3 住宿与生产、储存、经营合用场所应符合本规范附录A 的相关规定。

4.0.6 既有建筑密集区的防火间距不满足要求时，应采取下列措施：

1 耐火等级较高的建筑密集区，占地面积不应超过5000m²；当超过时，应在密集区内设置宽度不小于6m的防火隔离带进行防火分隔；

2 耐火等级较低的建筑密集区，占地面积不应超过3000m²；当超过时，应在密集区内设置宽度不小于10m的防火隔离带进行防火分隔。

4.0.7 存放柴草等材料和农具、农用物资的库房，宜独立建造；与其他用途房间合建时，应采用不燃烧实体墙隔开。

4.0.8 建筑物的其他防火要求应符合现行国家标准《建筑设计防火规范》GB 50016等的相关要求。

5 消防设施

5.0.1 农村应根据规模、区域条件、经济发展状况及火灾危险性等因素设置消防站和消防点。

5.0.3 消防点的设置应满足以下要求：

1 有固定的地点和房屋建筑，并有明显标识；

2 配备消防车、手抬机动泵、水枪、水带、灭火器、破拆工具等全部或部分消防装备；

3 设置火警电话和值班人员；

4 有专职、义务或志愿消防队员；

5 寒冷地区采取保温措施。

5.0.4 农村应充分利用满足一定灭火要求的农用车、洒水车、灌溉机动泵等农用设施作为消防装备的补充。

5.0.5 农村应设置消防水源。消防水源应由给水管网、天然水源或消防水池供给。

5.0.6 具备给水管网条件的农村，应设室外消防给水系统。消防给水系统宜与生产、生活给水系统合用，并应满足消防供水的要求。

不具备给水管网条件或室外消防给水系统不符合消防供水要求的农村，应建设消防水池或利用天然水源。

5.0.7 室外消防给水管道和室外消火栓的设置应符合下列要求：

1 当村庄在消防站（点）的保护范围内时，室外消火栓栓口的压力不应低于0.1MPa；当村庄不在消防站（点）保护范围内时，室外消火栓应满足其保护半径内建筑最不利点灭火的压力和流量的要求；

3 消防给水管道的埋设深度应根据气候条件、外部荷载、管材性能等因素确定；

5 寒冷地区的室外消火栓应采取防冻措施，或采用地下消火栓、消防水鹤或将室外消火栓设在室内；

6 室外消火栓应沿道路设置，并宜靠近十字路口，与房屋外墙距离不宜小于2m。

5.0.8 江河、湖泊、水塘、水井、水窖等天然水源作为消防水源时，应符合下列要求：

1 能保证枯水期和冬季的消防用水；

2 应防止被可燃液体污染；

3 有取水码头及通向取水码头的消防车道；

4 供消防车取水的天然水源，最低水位时吸水高度不应超过6.0m。

5.0.9 消防水池应符合下列要求：

2 应采取保证消防用水不作它用的技术措施；

3 宜建在地势较高处。供消防车或机动消防泵取水的消防水池应设取水口，且不宜少于2处；水池池底距设计地面的高度不应超过6.0m；

6 寒冷和严寒地区的消防水池应采取防冻措施。

5.0.11 农村应根据给水管网、消防水池或天然水源等消防水源的形式，配备相应的消防车、机动消防泵、水带、水枪等消防设施。

5.0.12 机动消防泵应储存不小于3.0h的燃油总用量，每台泵至少应配置总长不小于150m的水带和2支水枪。

5.0.13 农村应设火灾报警电话。农村消防站与城市消防指挥中心、供水、供电、供气等部门应有可靠的通信联络方式。

5.0.14 农村未设消防站（点）时，应根据实际需要配备必要的灭火器、消防斧、消防钩、消防梯、消防安全绳等消防器材。

5.0.15 公共消防设施、消防装备不足或者不适应实际需要的，应当增建、改建、配置或者进行技术改造。

6 火灾危险源控制

6.1 用 火

6.1.2 用于炊事和采暖的灶台、烟道、烟囱、火炕等应采用不燃材料建造或制作。与可燃物体相邻部位的壁厚不应小于240mm。

烟囱穿过可燃或难燃屋顶时，排烟口应高出屋面不小于500mm，并应在顶棚至屋面层范围内采用不燃烧材料砌抹严密。

烟道直接在外墙上开设排烟口时，外墙应为不燃烧体且排烟口应突出外墙至少250mm。

6.1.3 烟囱穿过可燃保温层、防水层时，在其周围500mm范围内应采用不燃材料做隔热层，严禁在闷顶内开设烟囱清扫孔。

6.1.4 多层居住建筑内的浴室、卫生间和厨房的垂直排风管，应采取防回流措施或在支管上设置防火阀。

6.1.5 柴草、饲料等可燃物堆垛较多、耐火等级较低的连片建筑或靠近林区的村庄，其建筑的烟囱上应采取防止火星外逸的有效措施。

6.1.6 燃煤、燃柴炉灶周围1.0m范围内不应堆放柴草等可燃物。

6.1.7 燃气灶具的设置应符合下列要求：

1 燃气灶具宜安装在有自然通风和自然采光的厨房内，并应与卧室分隔；

2 燃气灶具的灶面边缘和烤箱的侧壁距木质家具的净距离不应小于0.5m，或采取有效的防火隔热措施；

3 放置燃气灶具的灶台应采用不燃材料或加防火隔热板；

4 无自然通风的厨房，应选用带自动熄灭保护装置的燃气灶具，并应设置可燃气体探测报警器和与其连锁的自动切断阀和机械通风设施；

5 燃气灶具与燃气管道的连接胶管应采用耐油燃气专用

胶管，长度不应大于2m，安装应牢固，中间不应有接头，且应定期更换。

6.1.8 既有厨房不满足第6.1.1条的规定时，炉灶设置应符合下列要求：

　　1 与炉灶相邻的墙面应做不燃化处理，或与可燃材料墙壁的距离不小于1.0m；

　　2 灶台周围1.0m范围内应采用不燃地面或设置厚度不小于120mm的不燃烧材料隔热层；

　　3 炉灶正上方1.5m范围内不应有可燃物。

6.1.9 火炉、火炕（墙）、烟道应当定期检修、疏通。炉灶与火炕通过烟道相连通时，烟道部分应采用不燃材料。

6.1.10 明火使用完毕后应及时清理余火，余烬与炉灰等宜用水浇灭或处理后倒在安全地带。炉灰宜集中存放于室外相对封闭且避风的地方，应设置不燃材料围挡。

6.1.11 使用蜡烛、油灯、蚊香时，应放置在不燃材料的基座上，距周围可燃物的距离不应小于0.5m。

6.1.12 燃放烟花爆竹、吸烟、动用明火应当远离易燃易爆危险品存放地和柴草、饲草、农作物等可燃物堆放地。

6.1.13 五级及以上大风天气，不得在室外吸烟和动用明火。

6.2 用　电

6.2.1 电气线路的选型与敷设应符合下列要求：

　　1 导线的选型应与使用场所的环境条件相适应，其耐压等级、安全载流量和机械强度等应满足相关规范要求；

　　2 架空电力线路不应跨越易燃易爆危险品仓库、有爆炸危险的场所、可燃液体储罐、可燃、助燃气体储罐和易燃、可燃材料堆场等，与这些场所的间距不应小于电杆高度的1.5倍；1kV及1kV以上的架空电力线路不应跨越可燃屋面的建筑；

　　3 室内电气线路的敷设应避开潮湿部位和炉灶、烟囱等高温部位，并不应直接敷设在可燃物上；当必须敷设在可燃物上或在有可燃物的吊顶内敷设时，应穿金属管、阻燃套管保护或采用阻燃电缆；

　　4 导线与导线、导线与电气设备的连接应牢固可靠；

　　5 严禁乱拉乱接电气线路，严禁在电气线路上搭、挂物品。

6.2.2 用电设备的使用应符合下列要求：

　　1 用电设备不应过载使用；

　　2 配电箱、电表箱应采用不燃烧材料制作；可能产生电火花的电源开关、断路器等应采取防止火花飞溅的防护措施；

　　3 严禁使用铜丝、铁丝等代替保险丝，且不得随意增加保险丝的截面积；

　　4 电热炉、电暖器、电饭锅、电熨斗、电热毯等电热设备使用期间应有人看护，使用后应及时切断电源；停电后应拔掉电源插头，关断通电设备；

　　5 用电设备使用期间，应留意观察设备温度，超温时应及时采取断电等措施；

　　6 用电设备长时间不使用时，应采取将插头从电源插座上拔出等断电措施。

6.2.3 照明灯具的使用应符合下列要求：

　　1 照明灯具表面的高温部位应与可燃物保持安全距离，当靠近可燃物时，应采取隔热、散热等防火保护措施；

　　2 卤钨灯和额定功率超过100W的白炽灯泡的吸顶灯、槽灯、嵌入式灯，其引入线应采用瓷管、矿棉等不燃材料作隔热保护；

　　3 卤钨灯、高压钠灯、金属卤灯光源、荧光高压汞灯、超过60W的白炽灯等高温灯具及镇流器不应直接安装在可燃装修材料或可燃构件上。

6.3 用　气

6.3.1 沼气的使用应符合下列要求：

　　1 沼气池周围宜设围挡设施，并应设明显的标志，顶部应采取防止重物撞击或汽车压行的措施；

　　2 沼气池盖上的可燃保温材料应采取防火措施，在大型沼气池盖上和储气缸上，应设置泄压装置；

　　3 沼气池进料口、出料口及池盖与明火散发点的距离不应小于25m；

　　4 当采用点火方式测试沼气时，应在沼气炉上点火试气，严禁在输气管或沼气池上点火试气；

　　5 沼气池检修时，应保持通风良好，并严禁在池内使用明火或可能产生火花的器具；

　　6 水柱压力计"U"型管上端应连接一段开口管并伸至室外高处；

　　7 沼气输气主管道应采用不燃材料，各连接部位应严密紧固，输气管应定期检查，并应及时排除漏气点。

6.3.2 瓶装液化石油气的使用应符合下列要求：

　　1 严禁在地下室存放和使用；

　　2 液化石油气钢瓶不应接近火源、热源，应防止日光直射，与灶具之间的安全距离不应小于0.5m；

　　3 液化石油气钢瓶不应与化学危险物品混放；

　　4 严禁使用超量罐装的液化石油气钢瓶，严禁敲打、倒置、碰撞钢瓶，严禁随意倾倒残液和私自灌气；

　　5 存放和使用液化石油气钢瓶的房间应通风良好。

6.3.3 管道燃气的使用应符合下列要求：

　　1 燃气管道的设计、敷设应符合现行国家标准《城镇燃气设计规范》GB 50028的要求，并应由专业人员设计、安装、维护；

　　2 进入建筑物内的燃气管道应采用镀锌钢管，严禁采用塑料管道，管道上应设置切断阀，穿墙处应加设保护套管；

　　3 燃气管道不应设在卧室内。燃气计量表具宜安装在通风良好的部位，严禁安装在卧室、浴室等场所；

　　4 使用燃气场所应通风良好，发生火灾应立即关闭阀门，切断气源。

6.4 用油（可燃液体）

6.4.1 汽油、煤油、柴油、酒精等可燃液体不应存放在居室内，且应远离火源、热源。

6.4.2 使用油类等可燃液体燃料的炉灶、取暖炉等设备必须在熄火降温后充装燃料。

6.4.3 严禁对盛装或盛装过可燃液体且未采取安全置换措施的存储容器进行电焊等明火作业。

6.4.4 使用汽油等有机溶剂清洗作业时，应采取防静电、防撞击等防止产生火花的措施。

6.4.5 严禁使用玻璃瓶、塑料桶等易碎或易产生静电的非金属容器盛装汽油、煤油、酒精等甲、乙类液体。

6.4.6 室内的燃油管道应采用金属管道并设有事故切断阀，严禁采用塑料管道。

6.4.7 含有有机溶剂的化妆品、充有可燃液体的打火机等应远离火源、热源。

6.4.8 销售、使用可燃液体的场所应采取防静电和防止火花发生的措施。

附录A 住宿与生产、储存、经营合用场所防火要求

A.1 基本规定

A.1.1 住宿与生产、储存、经营合用场所（以下简称"合用场所"）严禁设置在下列建筑内：
1 有甲、乙类火灾危险性的生产、储存、经营的建筑；
2 建筑耐火等级为三级及三级以下的建筑；
3 厂房和仓库；
4 建筑面积大于 2500m² 的商场市场等公共建筑；
5 地下建筑。

A.1.2 符合下列情形之一的合用场所应采用不开门窗洞口的防火墙和耐火极限不低于 1.50h 的楼板将住宿部分与非住宿部分完全分隔，住宿与非住宿部分应分别设置独立的疏散设施；当难以完全分隔时，不应设置人员住宿：
1 合用场所的建筑高度大于 15m；
2 合用场所的建筑面积大于 2000m²；
3 合用场所住宿人数超过 20 人。

A.1.3 除 A.1.2 条以外的其他合用场所，应执行 A.1.2 条的规定；当有困难时，应符合下列规定：
1 住宿与非住宿部分应设置火灾自动报警系统或独立式感烟火灾探测报警器；
2 住宿与非住宿部分之间应进行防火分隔；当无法分隔时，合用场所应设置自动喷水灭火系统或自动喷水局部应用系统；
3 住宿与非住宿部分应设置独立的疏散设施；当确有困难时，应设置独立的辅助疏散设施。

A.1.4 合用场所的疏散门应采用向疏散方向开启的平开门，并应确保人员在火灾时易于从内部打开。

A.1.6 合用场所中应配置灭火器、消防应急照明，并宜配备轻便消防水龙。

A.1.8 合用场所内的安全出口和辅助疏散出口的宽度应满足人员安全疏散的需要。

A.2 防火分隔措施

A.2.1 A.1.3 条中的防火分隔措施应采用耐火极限不低于 2h 的不燃烧体墙和耐火极限不低于 1.5h 的楼板，当墙上确需开门时，应为常闭乙级防火门。

当采用室内封闭楼梯间时，封闭楼梯间的门应采用常闭乙级防火门，且封闭楼梯间首层应直通室外或采用扩大封闭楼梯间直通室外。

A.2.2 住宿内部隔墙应采用不燃烧体，并应砌筑至楼板底部。

A.2.3 两个合用场所之间或者合用场所与其他场所之间应采用不开门窗洞口的防火墙和耐火极限不低于 1.5h 的楼板进行防火分隔。

A.3 辅助疏散设施

A.3.1 室外金属梯、配备逃生避难设施的阳台和外窗，可作为合用场所的辅助疏散设施。逃生避难设施的设置应符合有关建筑逃生避难设施配置标准。

A.3.2 合用场所的外窗或阳台不应设置金属栅栏，当必须设置时，应能从内部易于开启。

A.3.3 用于辅助疏散的外窗，其窗口高度不宜小于 1.0m，宽度不宜小于 0.8m，窗台下沿距室内地面高度不应大于 1.2m。

A.4 自动灭火和火灾自动报警

A.4.1 合用场所自动喷水灭火系统和自动喷水局部应用系统的设置应符合现行国家标准《自动喷水灭火系统设计规范》GB 50084 的规定。

A.4.2 合用场所火灾自动报警系统和独立式感烟火灾探测报警器的设置应符合现行国家标准《火灾自动报警系统设计规范》GB 50116 和《独立式感烟火灾探测报警器》GB 20517 的规定。

A.4.3 火灾探测报警器应安装在疏散走道、住房、具有火灾危险性的房间、疏散楼梯的顶部。

A.4.4 设置非独立式感烟火灾探测报警器的场所，应设置应急广播扬声器或火灾警报装置。

A.4.5 独立式感烟火灾探测报警器、应急广播扬声器或火灾警报装置的播放声压级应高于背景噪声的 15db，且应确保住宿部分的人员能听到火灾警报音响信号。

A.4.6 使用电池供电的独立式感烟火灾探测报警器，必须定期更换电池。

A.5 其他要求

A.5.1 合用场所火源控制应符合本规范的有关要求。

A.5.2 灭火器的配置应符合现行国家标准《建筑灭火器配置设计规范》GB 50140 的规定。消防应急照明的设置应符合现行国家标准《建筑设计防火规范》GB 50016 的规定。

A.5.3 合用场所的内部装修材料应符合现行国家标准《建筑内部装修设计防火规范》GB 50222 和《建筑内部装修防火施工及验收规范》GB 50354 的规定。

A.5.4 室外广告牌、遮阳棚等应采用不燃或难燃材料制作，且不应影响房间内的采光、排风、辅助疏散设施的使用、消防车的通行以及灭火救援行动。

A.5.5 合用场所集中的地区，当市政消防供水不能满足要求时，应充分利用天然水源或设置室外消防水池，消防水池容量不应小于 200m³。

A.5.6 合用场所集中的地区，应建立专、兼职消防队伍，并应配备相应的灭火车辆装备和救援器材。

A.5.7 合用场所的消防安全除符合本标准外，尚应符合国家现行有关标准的规定。

附录 B 消防安全常识

B.1 火灾预防

B.1.1 应教育小孩不要玩火,不要玩弄电器和燃气设备。

B.1.2 不应乱扔烟头和火柴梗,丢弃前应熄灭。

B.1.3 不应躺在床上或沙发上吸烟。

B.1.4 不应在禁放区及楼道、阳台、柴草垛旁等地燃放烟花爆竹。

B.1.5 大风天严禁在室外动用明火。

B.1.6 使用蜡烛、油灯、蚊香时应放置在不燃材料的基座上和不燃材料制作的防护罩内。

B.1.7 电暖气和火炉等产生高温或明火的设备附近不应放置可燃物。

B.1.8 不得乱拉乱接电线,严禁用铜丝、铁丝等代替保险丝,不得随意增加保险丝的截面积。

B.1.9 严禁在电气线路上搭、挂物品。

B.1.10 使用电熨斗、电热炉、电暖器、电饭锅、电热毯等应有人看护,使用后应及时切断电源;停电后应拔掉电源插头,关断通电设备。

B.1.11 用电设备长时间不使用时,应切断电源。

B.1.12 照明灯具与窗帘等可燃物之间应保持安全距离。

B.1.13 燃气炉灶使用时应有人看管,防止溢锅、干锅等引起火灾或爆炸。

B.1.14 严禁超量充装液化气钢瓶,液化气瓶应远离火源、热源,严禁随意倾倒液化气残液。

B.1.15 严禁在地下室存放和使用液化气。

B.1.16 严禁携带易燃易爆危险品乘坐公共交通工具。

B.1.17 发现燃气泄漏,应及时关断气源阀门,打开门窗通风,不应开关电气设备和动用明火。

B.2 初起火灾扑救

B.2.1 发现火灾,必须立即报警并采取措施迅速灭火,火警电话119。

B.2.2 拨打火警电话时,应讲清着火场所的详细地址、起火部位、着火物质、火势大小、是否有人员被困、报警人姓名及电话号码,并派人到路口迎候消防车。

B.2.3 扑救初起火灾,应根据情况及时利用灭火器、消火栓或用盆、桶盛水等方法灭火。

B.2.5 燃气失火,应关闭燃气阀门、切断气源,迅速灭火。

B.2.6 油锅着火,应盖上锅盖,窒息灭火。

B.2.7 身上着火,应就地打滚,压灭火苗。

B.3 逃生自救

B.3.1 疏散走道、楼梯和安全出口应保持畅通。

B.3.2 外窗或阳台不应设置金属栅栏,当必须设置时,不应影响逃生和灭火救援,应能从内部易于开启。

B.3.3 进入宾馆、饭店、商场、医院、歌舞厅等公共场所时,应了解和熟悉疏散路线、安全出口与周围环境。

B.3.4 遇火灾时不应乘坐电梯,应通过疏散楼梯逃生。

B.3.5 受到火灾威胁时,不应留恋财物,可用浸湿的衣物、被褥等披围身体,迅速向安全出口疏散。

B.3.7 逃生线路受阻时,应保持镇静,及时发出求救信号并积极采取自救措施,等待救援。

B.3.8 房间内起火逃生时,应随即关闭房间门。

B.3.9 房间外起火难以逃生时,应立即关闭房间门,用毛巾、被单等织物将门缝等开口部位严密封堵,并在房门上浇水冷却,打开外窗,等待救援。

4. 《民用建筑设计统一标准》GB 50352—2019

1 总 则

1.0.3 民用建筑设计除应执行国家有关法律、法规外,尚应符合下列规定:
  1 应按可持续发展的原则,正确处理人、建筑和环境的相互关系。
  2 必须保护生态环境,防止污染和破坏环境。
  3 应以人为本,满足人们物质与精神的需求。
  4 应贯彻节约用地、节约能源、节约用水和节约原材料的基本国策。
  5 应满足当地城乡规划的要求,并与周围环境相协调。宜体现地域文化、时代特色。
  6 建筑和环境应综合采取防火、抗震、防洪、防空、抗风雪和雷击等防灾安全措施。
  7 应在室内外环境中提供无障碍设施,方便行动有障碍的人士使用。

2 术 语

2.0.18 避难层 refuge storey
  在高度超过100.0m的高层建筑中,用于人员在火灾时暂时躲避火灾及其烟气危害的楼层。

3 基 本 规 定

3.1 民用建筑分类

3.1.2 民用建筑按地上建筑高度或层数进行分类应符合下列规定:
  1 建筑高度不大于27.0m的住宅建筑、建筑高度不大于24.0m的公共建筑及建筑高度大于24.0m的单层公共建筑为低层或多层民用建筑;
  2 建筑高度大于27.0m的住宅建筑和建筑高度大于24.0m的非单层公共建筑,且高度不大于100.0m的,为高层民用建筑;
  3 建筑高度大于100.0m为超高层建筑。
  注:建筑防火设计应符合现行国家标准《建筑设计防火规范》GB 50016有关建筑高度和层数计算的规定。

4 规 划 控 制

4.2 建筑基地

4.2.3 建筑物与相邻建筑基地及其建筑物的关系应符合下列规定:

  3 当相邻基地的建筑物毗邻建造时,应符合现行国家标准《建筑设计防火规范》GB 50016的有关规定。

5 场 地 设 计

5.1 建筑布局

5.1.2 建筑间距应符合下列规定:
  1 建筑间距应符合现行国家标准《建筑设计防火规范》GB 50016的规定及当地城市规划要求。

5.2 道路与停车场

5.2.2 基地道路设计应符合下列规定:
  4 道路转弯半径不应小于3.0m,消防车道应满足消防车最小转弯半径要求。
5.2.3 基地道路与建筑物的关系应符合下列规定:
  1 当道路用作消防车道时,其边缘与建(构)筑物的最小距离应符合现行国家标准《建筑设计防火规范》GB 50016的相关规定。

5.5 工程管线布置

5.5.13 当室外消防水池设有消防车取水口(井)时,应设置消防车到达取水口(井)的消防车道和消防车回车场地。

6 建 筑 物 设 计

6.1 建筑标定人数的确定

6.1.1 有固定座位等标明使用人数的建筑,应按照标定人数为基数计算配套设施、疏散通道和楼梯及安全出口的宽度。

6.4 地下室和半地下室

6.4.6 地下室和半地下室的耐火等级、防火分区、安全疏散、防排烟设施、房间内部装修等应符合现行国家标准《建筑设计防火规范》GB 50016的有关规定。

6.5 设备层、避难层和架空层

6.5.2 避难层的设置应符合现行国家标准《建筑设计防火规范》GB 50016的规定,并应符合下列规定:
  1 避难层在满足避难面积的情况下,避难区外的其他区域可兼作设备用房等空间,但各功能区应相对独立,并应满足防火、隔振、隔声等的要求;
  2 避难层的净高不应低于2.0m。当避难层兼顾其他功能时,应根据功能空间的需要来确定净高。

6.8 楼 梯

6.8.3 梯段净宽除应符合现行国家标准《建筑设计防火规范》GB 50016 及国家现行相关专用建筑设计标准的规定外，供日常主要交通用的楼梯的梯段净宽应根据建筑物使用特征，按每股人流宽度为 0.55m＋（0～0.15）m 的人流股数确定，并不应少于两股人流。(0～0.15)m 为人流在行进中人体的摆幅，公共建筑人流众多的场所应取上限值。

6.9 电梯、自动扶梯和自动人行道

6.9.1 电梯设置应符合下列规定：
  1 电梯不作为安全出口；
  10 电梯机房应有隔热、通风、防尘等措施，宜有自然采光，不得将机房顶板作水箱底板及在机房内直接穿越水管或蒸汽管；
  11 消防电梯的布置应符合现行国家标准《建筑设计防火规范》GB 50016 的有关规定。

6.9.2 自动扶梯、自动人行道应符合下列规定：
  10 设置自动扶梯或自动人行道所形成的上下层贯通空间，应符合现行国家标准《建筑设计防火规范》GB 50016 的有关规定。

6.11 门 窗

6.11.6 窗的设置应符合下列规定：
  5 当防火墙上必须开设窗洞口时，应按现行国家标准《建筑设计防火规范》GB 50016 执行。

6.14 屋 面

6.14.6 屋面构造应符合下列规定：
  1 设置保温隔热层的屋面应进行热工验算，应采取防结露、防蒸汽渗透等技术措施，且应符合现行国家标准《建筑设计防火规范》GB 50016 的相关规定。

6.16 管道井、烟道和通风道

6.16.2 管道井的设置应符合下列规定：
  3 管道井壁、检修门、管井开洞的封堵做法等应符合现行国家标准《建筑设计防火规范》GB 50016 的有关规定。

6.17 室内外装修

6.17.1 室内外装修设计应符合下列规定：
  2 装修工程应根据使用功能等要求，采用节能、环保型装修材料，且应符合现行国家标准《建筑设计防火规范》GB 50016 的相关规定。

8 建筑设备

8.1 给水排水

8.1.8 室内消火栓应设置在明显易于取用及便于火灾扑救的位置。消火栓箱暗装在防火墙或承重墙上时，应采取不能减弱本墙体耐火等级的技术措施。

8.1.9 消防水池的设计应符合下列规定：
  1 消防水池可室外埋地设置、露天设置或在建筑内设置，并靠近消防泵房或与泵房同一房间，且池底标高应高于或等于消防泵房的地面标高；
  2 消防用水等非生活饮用水水池的池体宜根据结构要求与建筑物本体结构脱开，采用独立结构形式。钢筋混凝土水池，其池壁、底板及顶板应做防水处理，且内表面应光滑易于清洗。

8.1.10 消防水泵房设置应符合下列规定：
  1 不应设置在地下 3 层及以下，或室内地面与室外出入口地坪高差大于 10.0m 的地下楼层；
  2 消防水泵房应采取防水淹的技术措施；
  3 疏散门应直通室外或安全出口。

8.1.11 高位消防水箱设置应符合下列规定：
  1 水箱最低有效水位应高于其所服务的水灭火设施；
  2 严寒和寒冷地区的消防水箱应设在房间内，且应保证其不冻结。

8.1.12 设置气体灭火系统的房间应符合下列规定：
  3 围护结构上应设置泄压口，泄压口应开向室外或公共走道，泄压口下沿应位于房间净高 2/3 以上的位置，泄压口面积应经计算确定；
  4 门应向疏散方向开启，并应能自动关闭。

8.3 建筑电气

8.3.1 民用建筑物内设置的变电所应符合下列规定：
  3 变电所宜设在一个防火分区内。当在一个防火分区内设置的变电所，建筑面积不大于 200.0m² 时，至少应设置 1 个直接通向疏散走道（安全出口）或室外的疏散门；当建筑面积大于 200.0m² 时，至少应设置 2 个直接通向疏散走道（安全出口）或室外的疏散门；当变电所长度大于 60.0m 时，至少应设置 3 个直接通向疏散走道（安全出口）或室外的疏散门。
  4 当变电所内设置值班室时，值班室应设置直接通向室外或疏散走道（安全出口）的疏散门。
  5 当变电所设置 2 个及以上疏散门时，疏散门之间的距离不应小于 5.0m，且不应大于 40.0m。

8.3.2 变电所防火门的级别应符合下列规定：
  1 变电所直接通向疏散走道（安全出口）的疏散门，以及变电所直接通向非变电所区域的门，应为甲级防火门；
  2 变电所直接通向室外的疏散门，应为不低于丙级的防火门。

8.3.3 柴油发电机房应符合下列规定：
  4 发电机间的门应向外开启。发电机间与控制及配电室之间的门和观察窗应采取防火措施，门应开向发电机间。
  5 柴油发电机房宜靠近变电所设置，当贴邻变电所设置时，应采用防火墙隔开。
  6 当柴油发电机房设在地下时，宜贴邻建筑外围护墙体或顶板布置，机房的送、排风管（井）道和排烟管（井）道应直通室外。室外排烟管（井）的口部下缘距地面高度不宜小于 2.0m。
  8 建筑物内设或外设储油设施设置应符合现行国家标准

《建筑设计防火规范》GB 50016 的规定。

8.3.4 智能化系统机房应符合下列规定：

4 消防控制室、安防监控中心的设置应符合有关国家现行消防、安防标准的规定。消防控制室、安防监控中心宜设在建筑物的首层或地下一层。

8.3.5 电气竖井的设置应符合下列规定：

3 电气竖井井壁、楼板及封堵材料的耐火极限应根据建筑本体耐火极限设置，检修门应采用不低于丙级的防火门。

5.《住宅建筑规范》GB 50368—2005

1 总 则

1.0.2 本规范适用于城镇住宅的建设、使用和维护。
1.0.4 本规范的规定为对住宅的基本要求。当与法律、行政法规的规定抵触时，应按法律、行政法规的规定执行。
1.0.5 住宅的建设、使用和维护，尚应符合经国家批准或备案的有关标准的规定。

2 术 语

2.0.3 住宅单元 residential building unit
由多套住宅组成的建筑部分，该部分内的住户可通过共用楼梯和安全出口进行疏散。

3 基本规定

3.1 住宅基本要求

3.1.6 住宅应具有防火安全性能。
3.1.7 住宅应具备在紧急事态时人员从建筑中安全撤出的功能。

3.3 既有住宅

3.3.2 既有住宅进行改造、改建时，应综合考虑节能、防火、抗震的要求。

4 外部环境

4.1 相邻关系

4.1.1 住宅间距，应以满足日照要求为基础，综合考虑采光、通风、消防、防灾、管线埋设、视觉卫生等要求确定。

4.3 道路交通

4.3.1 每个住宅单元至少应有一个出入口可以通达机动车。
4.3.2 道路设置应符合下列规定：
  1 双车道道路的路面宽度不应小于6m；宅前路的路面宽度不应小于2.5m；
  2 当尽端式道路的长度大于120m时，应在尽端设置不小于12m×12m的回车场地；
  3 当主要道路坡度较大时，应设缓冲段与城市道路相接。

5 建 筑

5.2 公共部分

5.2.1 走廊和公共部位通道的净宽不应小于1.20m，局部净高不应低于2.00m。
5.2.2 外廊、内天井及上人屋面等临空处栏杆净高，六层及六层以下不应低于1.05m；七层及七层以上不应低于1.10m。栏杆应防止攀登，垂直杆件间净距不应大于0.11m。
5.2.3 楼梯梯段净宽不应小于1.10m。六层及六层以下住宅，一边设有栏杆的梯段净宽不应小于1.00m。楼梯踏步宽度不应小于0.26m，踏步高度不应大于0.175m。扶手高度不应小于0.90m。楼梯水平段栏杆长度大于0.50m时，其扶手高度不应小于1.05m。楼梯栏杆垂直杆件间净距不应大于0.11m。楼梯井净宽大于0.11m时，必须采取防止儿童攀滑的措施。
5.2.4 住宅与附建公共用房的出入口应分开布置。住宅的公共出入口位于阳台、外廊及开敞楼梯平台的下部时，应采取防止物体坠落伤人的安全措施。

5.3 无障碍要求

5.3.4 供轮椅通行的走道和通道净宽不应小于1.20m。

5.4 地下室

5.4.2 住宅地下机动车库应符合下列规定：
  2 库内不应设置修理车位，并不应设置使用或存放易燃、易爆物品的房间。

6 结 构

6.4 上部结构

6.4.7 住宅的普通钢结构、轻型钢结构构件及其连接应采取有效的防火、防腐措施。
6.4.8 住宅木结构构件应采取有效的防火、防潮、防腐、防虫措施。

8 设 备

8.5 电 气

8.5.1 电气线路的选材、配线应与住宅的用电负荷相适应，并应符合安全和防火要求。
8.5.2 住宅供配电应采取措施防止因接地故障等引起的火灾。

9 防火与疏散

9.1 一般规定

9.1.1 住宅建筑的周围环境应为灭火救援提供外部条件。

9.1.2 住宅建筑中相邻套房之间应采取防火分隔措施。

9.1.3 当住宅与其他功能空间处于同一建筑内时,住宅部分与非住宅部分之间应采取防火分隔措施,且住宅部分的安全出口和疏散楼梯应独立设置。

经营、存放和使用火灾危险性为甲、乙类物品的商店、作坊和储藏间,严禁附设在住宅建筑中。

9.1.4 住宅建筑的耐火性能、疏散条件和消防设施的设置应满足防火安全要求。

9.1.5 住宅建筑设备的设置和管线敷设应满足防火安全要求。

9.1.6 住宅建筑的防火与疏散要求应根据建筑层数、建筑面积等因素确定。

> 注:1 当住宅和其他功能空间处于同一建筑内时,应将住宅部分的层数与其他功能空间的层数叠加计算建筑层数。
> 2 当建筑中有一层或若干层的层高超过3m时,应对这些层按其高度总和除以3m进行层数折算,余数不足1.5m时,多出部分不计入建筑层数;余数大于或等于1.5m时,多出部分按1层计算。

9.2 耐火等级及其构件耐火极限

9.2.1 住宅建筑的耐火等级应划分为一、二、三、四级,其构件的燃烧性能和耐火极限不应低于表9.2.1的规定。

9.2.2 四级耐火等级的住宅建筑最多允许建造层数为3层,三级耐火等级的住宅建筑最多允许建造层数为9层,二级耐火等级的住宅建筑最多允许建造层数为18层。

表9.2.1 住宅建筑构件的燃烧性能和耐火极限(h)

构件名称		耐火等级			
		一级	二级	三级	四级
墙	防火墙	不燃性 3.00	不燃性 3.00	不燃性 3.00	不燃性 3.00
	非承重外墙、疏散走道两侧的隔墙	不燃性 1.00	不燃性 1.00	不燃性 0.75	难燃性 0.75
	楼梯间的墙、电梯井的墙、住宅单元之间的墙、住宅分户墙、承重墙	不燃性 2.00	不燃性 2.00	不燃性 1.50	难燃性 1.00
	房间隔墙	不燃性 0.75	不燃性 0.50	不燃性 0.50	难燃性 0.25
柱		不燃性 3.00	不燃性 2.50	不燃性 2.00	难燃性 1.00
梁		不燃性 2.00	不燃性 1.50	不燃性 1.00	难燃性 1.00

续表9.2.1

构件名称	耐火等级			
	一级	二级	三级	四级
楼板	不燃性 1.50	不燃性 1.00	不燃性 0.75	难燃性 0.50
屋顶承重构件	不燃性 1.50	不燃性 1.00	难燃性 0.50	难燃性 0.25
疏散楼梯	不燃性 1.50	不燃性 1.00	不燃性 0.75	难燃性 0.50

注:表中的外墙指除外保温层外的主体构件。

9.3 防火间距

9.3.1 住宅建筑与相邻建筑、设施之间的防火间距应根据建筑的耐火等级、外墙的防火构造、灭火救援条件及设施的性质等因素确定。

9.3.2 住宅建筑与相邻民用建筑之间的防火间距应符合表9.3.2的要求。当建筑相邻外墙采取必要的防火措施后,其防火间距可适当减少或贴邻。

表9.3.2 住宅建筑与相邻民用建筑之间的防火间距(m)

建筑类别			10层及10层以上住宅或其他高层民用建筑		10层以下住宅或其他非高层民用建筑		
			高层建筑	裙房	耐火等级		
					一、二级	三级	四级
10层以下住宅	耐火等级	一、二级	9	6	6	7	9
		三级	11	7	7	8	10
		四级	14	9	9	10	12
10层及10层以上住宅			13	9	9	11	14

9.4 防火构造

9.4.1 住宅建筑上下相邻套房开口部位间应设置高度不低于0.8m的窗槛墙或设置耐火极限不低于1.00h的不燃性实体挑檐,其出挑宽度不应小于0.5m,长度不应小于开口宽度。

9.4.2 楼梯间窗口与套房窗口最近边缘之间的水平间距不应小于1.0m。

9.4.3 住宅建筑中竖井的设置应符合下列要求:

1 电梯井应独立设置,井内严禁敷设燃气管道,并不应敷设与电梯无关的电缆、电线等。电梯井井壁上除开设电梯门洞和通气孔洞外,不应开设其他洞口。

2 电缆井、管道井、排烟道、排气道等竖井应分别独立设置,其井壁应采用耐火极限不低于1.00h的不燃性构件。

3 电缆井、管道井应在每层楼板处采用不低于楼板耐火极限的不燃性材料或防火封堵材料封堵;电缆井、管道井与房间、走道等相连通的孔洞,其空隙应采用防火封堵材料封堵。

4 电缆井和管道井设置在防烟楼梯间前室、合用前室时，其井壁上的检查门应采用丙级防火门。

9.4.4 当住宅建筑中的楼梯、电梯直通住宅楼层下部的汽车库时，楼梯、电梯在汽车库出入口部位应采取防火分隔措施。

9.5 安全疏散

9.5.1 住宅建筑应根据建筑的耐火等级、建筑层数、建筑面积、疏散距离等因素设置安全出口，并应符合下列要求：

 1 10 层以下的住宅建筑，当住宅单元任一层的建筑面积大于 650m²，或任一套房的户门至安全出口的距离大于 15m 时，该住宅单元每层的安全出口不应少于 2 个。

 2 10 层及 10 层以上但不超过 18 层的住宅建筑，当住宅单元任一层的建筑面积大于 650m²，或任一套房的户门至安全出口的距离大于 10m 时，该住宅单元每层的安全出口不应少于 2 个。

 3 19 层及 19 层以上的住宅建筑，每个住宅单元每层的安全出口不应少于 2 个。

 4 安全出口应分散布置，两个安全出口之间的距离不应小于 5m。

 5 楼梯间及前室的门应向疏散方向开启；安装有门禁系统的住宅，应保证住宅直通室外的门在任何时候能从内部徒手开启。

9.5.2 每层有 2 个及 2 个以上安全出口的住宅单元，套房户门至最近安全出口的距离应根据建筑的耐火等级、楼梯间的形式和疏散方式确定。

9.5.3 住宅建筑的楼梯间形式应根据建筑形式、建筑层数、建筑面积以及套房户门的耐火等级等因素确定。在楼梯间的首层应设置直接对外的出口，或将对外出口设置在距离楼梯间不超过 15m 处。

9.5.4 住宅建筑楼梯间顶棚、墙面和地面均应采用不燃性材料。

9.6 消防给水与灭火设施

9.6.1 8 层及 8 层以上的住宅建筑应设置室内消防给水设施。

9.6.2 35 层及 35 层以上的住宅建筑应设置自动喷水灭火系统。

9.7 消防电气

9.7.1 10 层及 10 层以上住宅建筑的消防供电不应低于二级负荷要求。

9.7.2 35 层及 35 层以上的住宅建筑应设置火灾自动报警系统。

9.7.3 10 层及 10 层以上住宅建筑的楼梯间、电梯间及其前室应设置应急照明。

9.8 消防救援

9.8.1 10 层及 10 层以上的住宅建筑应设置环形消防车道，或至少沿建筑的一个长边设置消防车道。

9.8.2 供消防车取水的天然水源和消防水池应设置消防车道，并满足消防车的取水要求。

9.8.3 12 层及 12 层以上的住宅应设置消防电梯。

11 使用与维护

11.0.8 必须保持消防设施完好和消防通道畅通。

6.《住宅设计规范》GB 50096—2011

3 基本规定

3.0.8 住宅设计应符合相关防火规范的规定,并应满足安全疏散的要求。

6 共用部分

6.2 安全疏散出口

6.2.1 十层以下的住宅建筑,当住宅单元任一层的建筑面积大于650m²,或任一套房的户门至安全出口的距离大于15m时,该住宅单元每层的安全出口不应少于2个。

6.2.2 十层及十层以上且不超过十八层的住宅建筑,当住宅单元任一层的建筑面积大于650m²,或任一套房的户门至安全出口的距离大于10m时,该住宅单元每层的安全出口不应少于2个。

6.2.3 十九层及十九层以上的住宅建筑,每层住宅单元的安全出口不应少于2个。

6.2.4 安全出口应分散布置,两个安全出口的距离不应小于5m。

6.2.5 楼梯间及前室的门应向疏散方向开启。

6.2.6 十层以下的住宅建筑的楼梯间宜通至屋顶,且不应穿越其他房间。通向平屋面的门应向屋面方向开启。

6.2.7 十层及十层以上的住宅建筑,每个住宅单元的楼梯均应通至屋顶,且不应穿越其他房间。通向平屋面的门应向屋面方向开启。各住宅单元的楼梯间宜在屋顶相连通。但符合下列条件之一的,楼梯可不通至屋顶:

    1 十八层及十八层以下,每层不超过8户、建筑面积不超过650m²,且设有一座共用的防烟楼梯间和消防电梯的住宅;

    2 顶层设有外部联系廊的住宅。

6.9 地下室和半地下室

6.9.6 直通住宅单元的地下楼、电梯间入口处应设置乙级防火门,严禁利用楼、电梯间为地下车库进行自然通风。

7. 《住宅装饰装修工程施工规范》GB 50327—2001

1 总 则

1.0.2 本规范适用于住宅建筑内部的装饰装修工程施工。
1.0.3 住宅装饰装修工程施工除应执行本规范外，尚应符合国家现行有关标准、规范的规定。

3 基本规定

3.1 施工基本要求

3.1.6 施工人员应遵守有关施工安全、劳动保护、防火、防毒的法律、法规。

3.2 材料、设备基本要求

3.2.3 住宅装饰装修所用的材料应按设计要求进行防火、防腐和防蛀处理。

3.3 成品保护

3.3.2 施工过程中应采取下列成品保护措施：
3 对邮箱、消防、供电、电视、报警、网络等公共设施应采取保护措施。

4 防火安全

4.1 一般规定

4.1.1 施工单位必须制定施工防火安全制度，施工人员必须严格遵守。
4.1.2 住宅装饰装修材料的燃烧性能等级要求，应符合现行国家标准《建筑内部装修设计防火规范》（GB 50222）的规定。

4.2 材料的防火处理

4.2.1 对装饰织物进行阻燃处理时，应使其被阻燃剂浸透，阻燃剂的干含量应符合产品说明书的要求。
4.2.2 对木质装饰装修材料进行防火涂料涂布前应对其表面进行清洁。涂布至少分两次进行，且第二次涂布应在第一次涂布的涂层表干后进行，涂布量应不小于 $500g/m^2$。

4.3 施工现场防火

4.3.1 易燃物品应相对集中放置在安全区域并应有明显标识。施工现场不得大量积存可燃材料。
4.3.2 易燃易爆材料的施工，应避免敲打、碰撞、摩擦等可能出现火花的操作。配套使用的照明灯、电动机、电气开关、应有安全防爆装置。
4.3.3 使用油漆等挥发性材料时，应随时封闭其容器。擦拭后的棉纱等物品应集中存放且远离热源。
4.3.4 施工现场动用电气焊等明火时，必须清除周围及焊渣滴落区的可燃物质，并设专人监督。
4.3.5 施工现场必须配备灭火器、砂箱或其他灭火工具。
4.3.6 严禁在施工现场吸烟。
4.3.7 严禁在运行中的管道、装有易燃易爆的容器和受力构件上进行焊接和切割。

4.4 电气防火

4.4.1 照明、电热器等设备的高温部位靠近非 A 级材料、或导线穿越 B_2 级以下装修材料时，应采用岩棉、瓷管或玻璃棉等 A 级材料隔热。当照明灯具或镇流器嵌入可燃装饰装修材料中时，应采取隔热措施予以分隔。
4.4.2 配电箱的壳体和底板宜采用 A 级材料制作。配电箱不得安装在 B_2 级以下（含 B_2 级）的装修材料上。开关、插座应安装在 B_1 级以上的材料上。
4.4.3 卤钨灯灯管附近的导线应采用耐热绝缘材料制成的护套，不得直接使用具有延燃性绝缘的导线。
4.4.4 明敷塑料导线应穿管或加线槽板保护，吊顶内的导线应穿金属管或 B_1 级 PVC 管保护，导线不得裸露。

4.5 消防设施的保护

4.5.1 住宅装饰装修不得遮挡消防设施、疏散指示标志及安全出口，并且不应妨碍消防设施和疏散通道的正常使用。不得擅自改动防火门。
4.5.2 消火栓门四周的装饰装修材料颜色应与消火栓门的颜色有明显区别。
4.5.3 住宅内部火灾报警系统的穿线管，自动喷淋灭火系统的水管线应用独立的吊管架固定。不得借用装饰装修用的吊杆和放置在吊顶上固定。
4.5.4 当装饰装修重新分割了住宅房间的平面布局时，应根据有关设计规范针对新的平面调整火灾自动报警探测器与自动灭火喷头的布置。

8 吊顶工程

8.1 一般规定

8.1.2 吊杆、龙骨的安装间距、连接方式应符合设计要求。后置埋件、金属吊杆、龙骨应进行防腐处理。木吊杆、木龙骨、造型木板和木饰面板应进行防腐、防火、防蛀处理。

8.2 主要材料质量要求

8.2.3 防火涂料应有产品合格证书及使用说明书。

9 轻质隔墙工程

9.3 施 工 要 点

9.3.3 木龙骨的安装应符合下列规定：
    3 安装饰面板前应对龙骨进行防火处理。

9.3.6 胶合板的安装应符合下列规定：
    1 胶合板安装前应对板背面进行防火处理。

9.3.7 板材隔墙的安装应符合下列规定：

    5 板材隔墙拼接用的芯材应符合防火要求。

14 地面铺装工程

14.2 主要材料质量要求

14.2.2 地面铺装时所用龙骨、垫木、毛地板等木料的含水率，以及防腐、防蛀、防火处理等均应符合国家现行标准、规范的有关规定。

8. 《智能建筑设计标准》GB 50314—2015

3 工程架构

3.4 系统配置

3.4.2 智能化系统工程的系统配置分项应符合下列规定:

　　2 应与基础设施层相对应,且基础设施的智能化系统分项宜包括信息接入系统、布线系统、移动通信室内信号覆盖系统、卫星通信系统、建筑设备监控系统、建筑能效监管系统、火灾自动报警系统、入侵报警系统、视频安防监控系统、出入口控制系统、电子巡查系统、访客对讲系统、停车库(场)管理系统、安全防范综合管理(平台)系统、应急响应系统及相配套的智能化系统机房工程。

4 设计要素

4.1 一般规定

4.1.3 智能化系统工程的设计要素应符合国家现行标准《火灾自动报警系统设计规范》GB 50116、《安全防范工程技术规范》GB 50348 和《民用建筑电气设计规范》JGJ 16 等的有关规定。

4.4 信息设施系统

4.4.4 布线系统应符合下列规定:

　　6 应根据缆线敷设方式和防火的要求,选择相应阻燃及耐火等级的缆线。

4.4.11 公共广播系统应符合下列规定:

　　1 应包括业务广播、背景广播和紧急广播;

　　4 紧急广播应满足应急管理的要求,紧急广播应播发的信息为依据相应安全区域划分规定的专用应急广播信令。紧急广播应优先于业务广播、背景广播。

4.6 公共安全系统

4.6.3 火灾自动报警系统应符合下列规定:

　　1 应安全适用、运行可靠、维护便利;

　　2 应具有与建筑设备管理系统互联的信息通信接口;

　　4 应作为应急响应系统的基础系统之一;

　　6 系统设计应符合现行国家标准《火灾自动报警系统设计规范》GB 50116 和《建筑设计防火规范》GB 50016 的有关规定。

4.6.5 应急响应系统应符合下列规定:

　　1 应以火灾自动报警系统、安全技术防范系统为基础。

　　2 应具有下列功能:

　　　　1) 对各类危及公共安全的事件进行就地实时报警;

　　　　2) 采取多种通信方式对自然灾害、重大安全事故、公共卫生事件和社会安全事件实现就地报警和异地报警;

　　　　3) 管辖范围内的应急指挥调度;

　　　　4) 紧急疏散与逃生紧急呼叫和导引;

　　　　5) 事故现场应急处置等。

　　4 应配置下列设施:

　　　　1) 有线/无线通信、指挥和调度系统;

　　　　2) 紧急报警系统;

　　　　3) 火灾自动报警系统与安全技术防范系统的联动设施;

　　　　4) 火灾自动报警系统与建筑设备管理系统的联动设施;

　　7 应纳入建筑物所在区域的应急管理体系。

4.6.6 总建筑面积大于 20000m² 的公共建筑或建筑高度超过 100m 的建筑所设置的应急响应系统,必须配置与上一级应急响应系统信息互联的通信接口。

4.7 机房工程

4.7.2 机房工程的建筑设计应符合下列规定:

　　4 当火灾自动报警系统、安全技术防范系统、建筑设备管理系统、公共广播系统等的中央控制设备集中设在智能化总控室内时,各系统应有独立工作区;

　　10 与机房无关的管线不应从机房内穿越。

4.7.3 机房工程的结构设计应符合下列规定:

　　2 机房主体结构应具有防火、避免温度变形和抗不均匀沉降的性能,机房不应穿过变形缝和伸缩缝。

4.7.6 机房工程紧急广播系统备用电源的连续供电时间,必须与消防疏散指示标志照明备用电源的连续供电时间一致。

4.7.10 机房工程的安全系统设计应符合下列规定:

　　1 应设置与机房安全管理相配套的火灾自动报警和安全技术防范设施。

5 住宅建筑

5.0.2 住宅建筑智能化系统应按表 5.0.2 的规定配置,并应符合现行行业标准《住宅建筑电气设计规范》JGJ 242 的有关规定。

表 5.0.2　住宅建筑智能化系统配置表

智能化系统		非超高层住宅建筑	超高层住宅建筑
信息化应用系统	公共服务系统	⊙	⊙
	智能卡应用系统	⊙	⊙
	物业管理系统	⊙	●
智能化集成系统	智能化信息集成(平台)系统		
	集成信息应用系统	⊙	⊙

续表 5.0.2

智能化系统		非超高层住宅建筑	超高层住宅建筑
信息设施系统	信息接入系统	●	●
	布线系统	●	●
	移动通信室内信号覆盖系统	●	●
	无线对讲系统	⊙	⊙
	信息网络系统	●	●
	有线电视系统	●	●
	公共广播系统	⊙	⊙
	信息导引及发布系统	⊙	⊙
建筑设备管理系统	建筑设备监控系统	⊙	⊙
	建筑能效监管系统	○	○
公共安全系统	火灾自动报警系统	按国家现行有关标准进行配置	
	安全技术防范系统 入侵报警系统		
	视频安防监控系统		
	出入口控制系统		
	电子巡查系统		
	访客对讲系统		
	停车库（场）管理系统	⊙	⊙
机房工程	信息接入机房	●	●
	有线电视前端机房	●	●
	信息设施系统总配线机房	●	●
	智能化总控室	●	●
	消防控制室	⊙	●
	安防监控中心	●	●
	智能化设备间（弱电间）	●	●

注：1 超高层住宅建筑：建筑高度为100m或35层及以上的住宅建筑。
　　2 ●—应配置；⊙—宜配置；○—可配置。

5.0.7 超高层住宅建筑应设置消防应急广播，消防应急广播可与公共广播系统合用，但应满足消防应急广播的要求。

5.0.9 超高层住宅建筑的消防控制室可与物业管理室合用，但应有独立的火灾自动报警系统工作区域。

6 办公建筑

6.2 通用办公建筑

6.2.1 通用办公建筑智能化系统应按表6.2.1的规定配置。

表6.2.1 通用办公建筑智能化系统配置表

智能化系统		普通办公建筑	商务办公建筑
信息化应用系统	公共服务系统	●	●
	智能卡应用系统	●	●
	物业管理系统	●	●

续表 6.2.1

智能化系统		普通办公建筑	商务办公建筑
信息化应用系统	信息设施运行管理系统	⊙	●
	信息安全管理系统	⊙	●
	通用业务系统 基本业务办公系统	按国家现行有关标准进行配置	
	专业业务系统 专用办公系统		
智能化集成系统	智能化信息集成（平台）系统		●
	集成信息应用系统	⊙	●
信息设施系统	信息接入系统	●	●
	布线系统	●	●
	移动通信室内信号覆盖系统	●	●
	用户电话交换系统	⊙	⊙
	无线对讲系统	⊙	⊙
	信息网络系统	●	●
	有线电视系统	●	●
	卫星电视接收系统	○	⊙
	公共广播系统	●	●
	会议系统	●	●
	信息导引及发布系统	●	●
	时钟系统	○	⊙
建筑设备管理系统	建筑设备监控系统	●	●
	建筑能效监管系统	⊙	⊙
公共安全系统	火灾自动报警系统	按国家现行有关标准进行配置	
	安全技术防范系统 入侵报警系统		
	视频安防监控系统		
	出入口控制系统		
	电子巡查系统		
	访客对讲系统		
	停车库（场）管理系统	⊙	●
	安全防范综合管理（平台）系统	⊙	●
	应急响应系统	○	⊙
机房工程	信息接入机房	●	●
	有线电视前端机房	●	●
	信息设施系统总配线机房	●	●
	智能化总控室	●	●
	信息网络机房	⊙	⊙
	用户电话交换机房	⊙	⊙
	消防控制室	●	●
	安防监控中心	●	●
	应急响应中心	○	⊙
	智能化设备间（弱电间）	●	●
	机房安全系统	按国家现行有关标准进行配置	
	机房综合管理系统	○	⊙

注：●—应配置；⊙—宜配置；○—可配置。

6.3 行政办公建筑

6.3.1 行政办公建筑智能化系统应按表6.3.1的规定配置。

表6.3.1 行政办公建筑智能化系统配置表

智能化系统		其他职级职能办公建筑	地市级职能办公建筑	省部级及以上职能办公建筑
信息化应用系统	公共服务系统	⊙	●	●
	智能卡应用系统	●	●	●
	物业管理系统	⊙	●	●
	信息设施运行管理系统	⊙	●	●
	信息安全管理系统	●	●	●
	通用业务系统 / 基本业务办公系统	按国家现行有关标准进行配置		
	专业业务系统 / 行政工作业务系统	按国家现行有关标准进行配置		
智能化集成系统	智能化信息集成(平台)系统	○	⊙	●
	集成信息应用系统	○	⊙	●
信息设施系统	信息接入系统	●	●	●
	布线系统	●	●	●
	移动通信室内信号覆盖系统	●	●	●
	用户电话交换系统	⊙	●	●
	无线对讲系统	⊙	●	●
	信息网络系统	●	●	●
	有线电视系统	●	●	●
	公共广播系统	●	●	●
	会议系统	●	●	●
	信息导引及发布系统	⊙	●	●
建筑设备管理系统	建筑设备监控系统	⊙	●	●
	建筑能效监管系统	⊙	●	●
公共安全系统	火灾自动报警系统	按国家现行有关标准进行配置		
	安全技术防范系统 / 入侵报警系统	按国家现行有关标准进行配置		
	安全技术防范系统 / 视频安防监控系统	按国家现行有关标准进行配置		
	安全技术防范系统 / 出入口控制系统	按国家现行有关标准进行配置		
	安全技术防范系统 / 电子巡查系统	按国家现行有关标准进行配置		
	安全技术防范系统 / 访客对讲系统	按国家现行有关标准进行配置		
	停车库(场)管理系统	⊙	●	●
	安全防范综合管理(平台)系统	⊙	●	●
	应急响应系统	⊙	●	●
机房工程	信息接入机房	●	●	●
	有线电视前端机房	●	●	●
	信息设施系统总配线机房	●	●	●
	智能化总控室	●	●	●
	信息网络机房	⊙	●	●
	用户电话交换机房	⊙	●	●
	消防控制室	●	●	●
	安防监控中心	●	●	●
	应急响应中心	⊙	●	●
	智能化设备间(弱电间)	●	●	●
	机房安全系统	按国家现行有关标准进行配置		
	机房综合管理系统	⊙	●	●

注：●—应配置；⊙—宜配置；○—可配置。

7 旅馆建筑

7.0.2 旅馆建筑智能化系统应按表7.0.2的规定配置。

表7.0.2 旅馆建筑智能化系统配置表

智能化系统		其他服务等级旅馆	三星及四星级服务等级旅馆	五星级及以上服务等级旅馆
信息化应用系统	公共服务系统	⊙	●	●
	智能卡应用系统	●	●	●
	物业管理系统	⊙	●	●
	信息设施运行管理系统	○	⊙	●
	信息安全管理系统	⊙	●	●
	通用业务系统 / 基本旅馆经营管理系统	按国家现行有关标准进行配置		
	专业业务系统 / 星级酒店经营管理系统	按国家现行有关标准进行配置		
智能化集成系统	智能化信息集成(平台)系统	⊙	●	●
	集成信息应用系统	⊙	●	●
信息设施系统	信息接入系统	●	●	●
	布线系统	●	●	●
	移动通信室内信号覆盖系统	●	●	●
	用户电话交换系统	●	●	●
	无线对讲系统	⊙	●	●
	信息网络系统	●	●	●
	有线电视系统	●	●	●
	卫星电视接收系统	○	⊙	●
	公共广播系统	●	●	●
	会议系统	○	⊙	●

续表7.0.2

智能化系统		其他服务等级旅馆	三星及四星级服务等级旅馆	五星级及以上服务等级旅馆
信息设施系统	信息导引及发布系统	⊙	●	●
	时钟系统	○	⊙	●
建筑设备管理系统	建筑设备监控系统	⊙	●	●
	建筑能效监管系统	⊙	●	●
	客房集控系统	⊙	●	●
公共安全系统	火灾自动报警系统	按国家现行有关标准进行配置		
	安全技术防范系统 入侵报警系统			
	安全技术防范系统 视频安防监控系统			
	安全技术防范系统 出入口控制系统			
	安全技术防范系统 电子巡查系统			
	安全技术防范系统 停车库(场)管理系统	⊙	●	●
	安全防范综合管理(平台)系统	○	⊙	●
	应急响应系统	○	⊙	●
机房工程	信息接入机房	●	●	●
	有线电视前端机房	●	●	●
	信息设施系统总配线机房	●	●	●
	智能化总控室	●	●	●
	信息网络机房	⊙	●	●
	用户电话交换机房	●	●	●
	消防控制室	●	●	●
	安防监控中心	●	●	●
	应急响应中心	○	⊙	●
	智能化设备间(弱电间)	●	●	●
	机房安全系统	按国家现行有关标准进行配置		
	机房综合管理系统	○	⊙	●

注：●—应配置；⊙—宜配置；○—可配置。

8 文化建筑

8.2 图 书 馆

8.2.1 图书馆智能化系统应按表8.2.1的规定配置。

表8.2.1 图书馆智能化系统配置表

智能化系统		专门图书馆	科研图书馆	高等学校图书馆	公共图书馆
信息化应用系统	公共服务系统	⊙	●	●	●
	智能卡应用系统	●	●	●	●

续表8.2.1

智能化系统		专门图书馆	科研图书馆	高等学校图书馆	公共图书馆
信息化应用系统	物业管理系统	⊙	⊙	●	●
	信息设施运行管理系统	⊙	●	●	●
	信息安全管理系统	●	●	●	●
	通用业务系统 基本业务办公系统	按相关管理等级要求配置			
	专业业务系统 图书馆数字化管理系统				
智能化集成系统	智能化信息集成(平台)系统	○	⊙	●	●
	集成信息应用系统	○	⊙	●	●
信息设施系统	信息接入系统	●	●	●	●
	布线系统	●	●	●	●
	移动通信室内信号覆盖系统	●	●	●	●
	用户电话交换系统	⊙	●	●	●
	无线对讲系统	●	●	●	●
	信息网络系统	●	●	●	●
	有线电视系统	●	●	●	●
	公共广播系统	●	●	●	●
	会议系统	⊙	⊙	●	●
	信息导引及发布系统	●	●	●	●
建筑设备管理系统	建筑设备监控系统	⊙	⊙	●	●
	建筑能效监管系统	⊙	⊙	●	●
公共安全系统	火灾自动报警系统	按国家现行有关标准进行配置			
	安全技术防范系统 入侵报警系统				
	安全技术防范系统 视频安防监控系统				
	安全技术防范系统 出入口控制系统				
	安全技术防范系统 电子巡查系统				
	安全技术防范系统 安全检查系统				
	安全技术防范系统 停车库(场)管理系统	⊙	⊙	●	●
	安全防范综合管理(平台)系统	○	⊙	●	●
机房工程	信息接入机房	●	●	●	●
	有线电视前端机房	●	●	●	●
	信息设施系统总配线机房	●	●	●	●
	智能化总控室	●	●	●	●
	信息网络机房	⊙	●	●	●
	用户电话交换机房	⊙	●	●	●
	消防控制室	●	●	●	●
	安防监控中心	●	●	●	●
	智能化设备间(弱电间)	●	●	●	●
	机房安全系统	按国家现行有关标准进行配置			
	机房综合管理系统	○	⊙	●	●

注：●—应配置；⊙—宜配置；○—可配置。

8.4 文化馆

8.4.1 文化馆智能化系统应按表8.4.1的规定配置。

表8.4.1 文化馆智能化系统配置表

智能化系统		小型文化馆	中型文化馆	大型文化馆
信息化应用系统	公共服务系统	⊙	●	●
	智能卡应用系统	⊙	●	●
	物业管理系统	○	⊙	●
	信息设施运行管理系统	○	⊙	●
	信息安全管理系统	⊙	⊙	●
	通用业务系统 基本业务办公系统	按相关管理等级要求配置		
	专业业务系统 文化馆信息化管理系统			
智能化集成系统	智能化信息集成(平台)系统	○	⊙	●
	集成信息应用系统	○	⊙	●
信息设施系统	信息接入系统	●	●	●
	布线系统	●	●	●
	移动通信室内信号覆盖系统	●	●	●
	用户电话交换系统	⊙	●	●
	无线对讲系统	⊙	●	●
	信息网络系统	●	●	●
	有线电视系统	●	●	●
	公共广播系统	●	●	●
	会议系统	⊙	●	●
	信息导引及发布系统	⊙	●	●
建筑设备管理系统	建筑设备监控系统	⊙	⊙	●
	建筑能效监管系统	⊙	⊙	●
公共安全系统	火灾自动报警系统	按国家现行有关标准进行配置		
	安全技术防范系统 入侵报警系统			
	安全技术防范系统 视频安防监控系统			
	安全技术防范系统 出入口控制系统			
	安全技术防范系统 电子巡查系统			
	安全技术防范系统 安全检查系统			
	安全技术防范系统 停车库(场)管理系统	○	⊙	●
	安全防范综合管理(平台)系统	○	⊙	●
机房工程	信息接入机房	●	●	●
	有线电视前端机房	●	●	●
	信息设施系统总配线机房	●	●	●
	智能化总控室	●	●	●
	信息网络机房	⊙	●	●
	用户电话交换机房	⊙	●	●
	消防控制室	●	●	●
	安防监控中心	●	●	●
	智能化设备间(弱电间)	●	●	●
	机房安全系统	按国家现行有关标准进行配置		
	机房综合管理系统	○	⊙	●

注：●—应配置；⊙—宜配置；○—可配置。

9 博物馆建筑

9.0.2 博物馆智能化系统应按表9.0.2的规定配置。

表9.0.2 博物馆智能化系统配置表

智能化系统		小型博物馆	中型博物馆	大型博物馆
信息化应用系统	公共服务系统	⊙	●	●
	智能卡应用系统	⊙	●	●
	物业管理系统	○	⊙	●
	信息设施运行管理系统	○	⊙	●
	信息安全管理系统	●	●	●
	通用业务系统 基本业务办公系统	按相关管理等级要求配置		
	专业业务系统 博物馆业务信息化系统			
智能化集成系统	智能化信息集成(平台)系统	○	⊙	●
	集成信息应用系统	○	⊙	●
信息设施系统	信息接入系统	●	●	●
	布线系统	●	●	●
	移动通信室内信号覆盖系统	●	●	●
	用户电话交换系统	⊙	●	●
	无线对讲系统	⊙	●	●
	信息网络系统	●	●	●
	有线电视系统	●	●	●
	公共广播系统	⊙	●	●
	会议系统	⊙	●	●
	信息导引及发布系统	⊙	●	●
建筑设备管理系统	建筑设备监控系统	⊙	●	●
	建筑能效监管系统	⊙	●	●
公共安全系统	火灾自动报警系统	按国家现行有关标准进行配置		
	安全技术防范系统 入侵报警系统			
	安全技术防范系统 视频安防监控系统			
	安全技术防范系统 出入口控制系统			
	安全技术防范系统 电子巡查系统			
	安全技术防范系统 安全检查系统			
	安全技术防范系统 停车库(场)管理系统	⊙	⊙	●
	安全防范综合管理(平台)系统	○	⊙	●

续表 9.0.2

智能化系统		小型博物馆	中型博物馆	大型博物馆
机房工程	信息接入机房	●	●	●
	有线电视前端机房	●	●	●
	信息设施系统总配线机房	●	●	●
	智能化总控室	●	●	●
	信息网络机房			○
	用户电话交换机房			⊙
	消防控制室	●	●	●
	安防监控中心	●	●	●
	智能化设备间(弱电间)	●	●	●
	机房安全系统	按国家现行有关标准进行配置		
	机房综合管理系统	○	⊙	●

注：●—应配置；⊙—宜配置；○—可配置。

10 观演建筑

10.2 剧 场

10.2.1 剧场智能化系统应按表10.2.1的规定配置。

表 10.2.1 剧场智能化系统配置表

智能化系统		小型剧场	中型剧场	大型剧场	特大型剧场
信息化应用系统	公共服务系统	⊙	●	●	●
	智能卡应用系统	●	●	●	●
	物业管理系统		⊙	⊙	●
	信息设施运行管理系统	○	⊙	●	●
	信息安全管理系统	○	⊙	●	●
	通用业务系统 基本业务办公系统	按国家现行有关标准进行配置			
	专业业务系统 舞台监督通信指挥系统				
	舞台监视系统				
	票务管理系统				
	自助寄存系统				
智能化集成系统	智能化信息集成(平台)系统	○	⊙	●	●
	集成信息应用系统	○	⊙	●	●
信息设施系统	信息接入系统	●	●	●	●
	布线系统	●	●	●	●
	移动通信室内信号覆盖系统	●	●	●	●
	用户电话交换系统	○	⊙	●	●

续表 10.2.1

智能化系统		小型剧场	中型剧场	大型剧场	特大型剧场
信息设施系统	无线对讲系统	○	⊙	●	●
	信息网络系统	●	●	●	●
	有线电视系统	⊙	⊙	●	●
	公共广播系统	●	●	●	●
	会议系统	⊙	⊙	●	●
	信息导引及发布系统	⊙	⊙	●	●
建筑设备管理系统	建筑设备监控系统	○	●	●	●
	建筑能效监管系统		○	●	●
公共安全系统	火灾自动报警系统	按国家现行有关标准进行配置			
	入侵报警系统				
	安全技术防范系统 视频安防监控系统				
	出入口控制系统				
	电子巡查系统				
	安全检查系统				
	停车库(场)管理系统	○	⊙	●	●
	安全防范综合管理(平台)系统	○	⊙	●	●
机房工程	信息接入机房	●	●	●	●
	有线电视前端机房	●	●	●	●
	信息设施系统总配线机房	●	●	●	●
	智能化总控室	●	●	●	●
	信息网络机房	○	⊙	●	●
	用户电话交换机房	○	⊙	●	●
	消防控制室	●	●	●	●
	安防监控中心	●	●	●	●
	智能化设备间(弱电间)	●	●	●	●
	机房安全系统	按国家现行有关标准进行配置			
	机房综合管理系统	○	⊙	●	●

注：●—应配置；⊙—宜配置；○—可配置。

10.3 电 影 院

10.3.1 电影院智能化系统应按表10.3.1的规定配置。

表 10.3.1 电影院智能化系统配置表

智能化系统		小型电影院	中型电影院	大型电影院	特大型电影院
信息化应用系统	公共服务系统	⊙	●	●	●
	智能卡应用系统	●	●	●	●

续表 10.3.1

智能化系统			小型电影院	中型电影院	大型电影院	特大型电影院
信息化应用系统		物业管理系统	⊙	●	●	●
		信息安全管理系统	○	⊙	●	●
	通用业务系统	基本业务办公系统	按国家现行有关标准进行配置			
	专业业务系统	票务管理系统				
		自助寄存系统				
智能化集成系统		智能化信息集成(平台)系统	○	⊙	●	●
		集成信息应用系统	○	⊙	●	●
信息设施系统		信息接入系统	●	●	●	●
		布线系统	●	●	●	●
		移动通信室内信号覆盖系统	●	●	●	●
		用户电话交换系统	○	⊙	●	●
		无线对讲系统	○	⊙	●	●
		信息网络系统	●	●	●	●
		有线电视系统	●	●	●	●
		公共广播系统	⊙	⊙	●	●
		信息导引及发布系统	●	●	●	●
建筑设备管理系统		建筑设备监控系统	○	⊙	●	●
		建筑能效监管系统	○	⊙	●	●
公共安全系统		火灾自动报警系统	按国家现行有关标准进行配置			
	安全技术防范系统	入侵报警系统				
		视频安防监控系统				
		出入口控制系统				
		电子巡查系统				
		安全检查系统				
		停车库(场)管理系统	○	⊙	●	●
	安全防范综合管理(平台)系统		○	⊙	●	●
机房工程		信息接入机房	●	●	●	●
		有线电视前端机房	●	●	●	●
		信息设施系统总配线机房	●	●	●	●
		智能化总控室	●	●	●	●
		信息网络机房	⊙	⊙	●	●
		用户电话交换机房	○	⊙	●	●
		消防控制室	●	●	●	●
		安防监控中心	●	●	●	●
		智能化设备间(弱电间)	●	●	●	●
		机房安全系统	按国家现行有关标准进行配置			
		机房综合管理系统	○	⊙	●	●

注：●—应配置；⊙—宜配置；○—可配置。

10.4 广播电视业务建筑

10.4.1 广播电视业务建筑智能化系统应按表10.4.1的规定配置。

表10.4.1 广播电视业务建筑智能化系统配置表

智能化系统			区、县级广电业务建筑	地、市级广电业务建筑	省部级及以上广电业务建筑
信息化应用系统		公共服务系统	⊙	●	●
		智能卡应用系统	●	●	●
		物业管理系统	●	⊙	●
		信息设施运行管理系统	○	⊙	●
		信息安全管理系统	⊙	●	●
	通用业务系统	基本业务办公系统	按国家现行有关标准进行配置		
	专业业务系统	广播、电视业务信息化系统			
		演播室内部通话系统			
		演播室内部监视系统			
		演播室内部监听系统			
智能化集成系统		智能化信息集成(平台)系统	⊙	●	●
		集成信息应用系统	⊙	●	●
信息设施系统		信息接入系统	●	●	●
		布线系统	●	●	●
		移动通信室内信号覆盖系统	●	●	●
		用户电话交换系统	⊙	●	●
		无线对讲系统	●	●	●
		信息网络系统	●	●	●
		有线电视系统	●	●	●
		卫星电视接收系统	⊙	●	●
		公共广播系统	●	●	●
		会议系统	●	●	●
		信息导引及发布系统	⊙	●	●
		时钟系统	⊙	●	●
建筑设备管理系统		建筑设备监控系统	⊙	●	●
		建筑能效监管系统	⊙	●	●
公共安全系统		火灾自动报警系统	按国家现行有关标准进行配置		
	安全技术防范系统	入侵报警系统			
		视频安防监控系统			
		出入口控制系统			
		电子巡查系统			
		访客对讲系统			
		停车库(场)管理系统	○	⊙	●
	安全防范综合管理(平台)系统		○	⊙	●

续表10.4.1

智能化系统		区、县级广电业务建筑	地、市级广电业务建筑	省部级及以上广电业务建筑
机房工程	信息接入机房	●	●	●
	有线电视前端机房	●	●	●
	信息设施系统总配线机房	●	●	●
	智能化总控室	●	●	●
	信息网络机房	●	●	●
	用户电话交换机房	⊙	●	●
	消防控制室	●	●	●
	安防监控中心	●	●	●
	应急响应中心	○	⊙	●
	智能化设备间(弱电间)	●	●	●
	机房安全系统	按国家现行有关标准进行配置		
	机房综合管理系统	○	⊙	●

注：●—应配置；⊙—宜配置；○—可配置。

11 会展建筑

11.0.2 会展建筑智能化系统应按表11.0.2的规定配置，并应符合现行行业标准《会展建筑电气设计规范》JGJ 333的有关规定。

表11.0.2 会展建筑智能化系统配置表

智能化系统			小型会展中心	中型会展中心	大型会展中心	特大型会展中心
信息化应用系统	公共服务系统		⊙	●	●	●
	智能卡应用系统		●	●	●	●
	物业管理系统		⊙	●	●	●
	信息设施运行管理系统		⊙	●	●	●
	信息安全管理系统		⊙	●	●	●
	通用业务系统	基本业务办公系统	按国家现行有关标准进行配置			
	专业业务系统	会展建筑业务运营系统				
		售检票系统				
		自助寄存系统				
智能化集成系统	智能化信息集成(平台)系统		⊙	●	●	●
	集成信息应用系统		⊙	●	●	●
信息设施系统	信息接入系统		●	●	●	●
	布线系统		●	●	●	●
	移动通信室内信号覆盖系统		●	●	●	●

续表11.0.2

智能化系统		小型会展中心	中型会展中心	大型会展中心	特大型会展中心
信息设施系统	用户电话交换系统	⊙	●	●	●
	无线对讲系统	●	●	●	●
	信息网络系统	●	●	●	●
	有线电视系统	●	●	●	●
	公共广播系统	●	●	●	●
	会议系统	⊙	●	●	●
	信息导引及发布系统	●	●	●	●
	时钟系统	○	⊙	●	●
建筑设备管理系统	建筑设备监控系统	⊙	●	●	●
	建筑能效监管系统	⊙	●	●	●
公共安全系统	火灾自动报警系统	按国家现行有关标准进行配置			
	安全技术防范系统 入侵报警系统				
	视频安防监控系统				
	出入口控制系统				
	电子巡查系统				
	安全检查系统				
	停车库(场)管理系统	○	⊙	●	●
	安全防范综合管理(平台)系统	⊙	●	●	●
	应急响应系统	○	⊙	●	●
机房工程	信息接入机房	●	●	●	●
	有线电视前端机房	●	●	●	●
	信息设施系统总配线机房	●	●	●	●
	智能化总控室	●	●	●	●
	信息网络机房	●	●	●	●
	用户电话交换机房	⊙	●	●	●
	消防控制室	●	●	●	●
	安防监控中心	●	●	●	●
	应急响应中心	○	⊙	●	●
	智能化设备间(弱电间)	●	●	●	●
	机房安全系统	按国家现行有关标准进行配置			
	机房综合管理系统	○	⊙	●	●

注：●—应配置；⊙—宜配置；○—可配置。

12 教育建筑

12.2 高等学校

12.2.1 高等学校智能化系统应按表12.2.1的规定配置，并应符合现行行业标准《教育建筑电气设计规范》JGJ 310的有关规定。

表 12.2.1 高等学校智能化系统配置表

智能化系统			高等专科学校	综合性大学
	公共服务系统		⊙	●
	校园智能卡应用系统		●	●
	校园物业管理系统		⊙	●
	信息设施运行管理系统		⊙	●
	信息安全管理系统		●	●
信息化应用系统	通用业务系统	基本业务办公系统	按国家现行有关标准进行配置	
	专业业务系统	校务数字化管理系统		
		多媒体教学系统		
		教学评估音视频观察系统		
		多媒体制作与播放系统		
		语音教学系统		
		图书馆管理系统		
智能化集成系统	智能化信息集成(平台)系统		⊙	●
	集成信息应用系统		⊙	●
信息设施系统	信息接入系统		●	●
	布线系统		●	●
	移动通信室内信号覆盖系统		●	●
	用户电话交换系统		●	●
	无线对讲系统		●	●
	信息网络系统		●	●
	有线电视系统		●	●
	公共广播系统		●	●
	会议系统		●	●
	信息导引及发布系统		●	●
建筑设备管理系统	建筑设备监控系统		⊙	●
	建筑能效监管系统		⊙	●
公共安全系统	火灾自动报警系统		按国家现行有关标准进行配置	
	安全技术防范系统	入侵报警系统		
		视频安防监控系统		
		出入口控制系统		
		电子巡查系统		
		停车库(场)管理系统	⊙	●
	安全防范综合管理(平台)系统		○	●
机房工程	信息接入机房		●	●
	有线电视前端机房		●	●
	信息设施系统总配线机房		●	●
	智能化总控室		●	●
	信息网络机房		●	●
	用户电话交换机房		●	●
	消防控制室		●	●
	安防监控中心		●	●
	智能化设备间(弱电间)		●	●
	机房安全系统		按国家现行有关标准进行配置	
	机房综合管理系统		○	●

注：●—应配置；⊙—宜配置；○—可配置。

12.3 高级中学

12.3.1 高级中学智能化系统应按表12.3.1的规定配置，并应符合现行行业标准《教育建筑电气设计规范》JGJ 310 的有关规定。

表 12.3.1 高级中学智能化系统配置表

智能化系统			职业学校	普通高级中学
	公共服务系统		○	⊙
	校园智能卡应用系统		●	●
	校园物业管理系统		⊙	●
	信息设施运行管理系统		○	⊙
	信息安全管理系统		⊙	●
信息化应用系统	通用业务系统	基本业务办公系统	按国家现行有关标准进行配置	
	专业业务系统	校务数字化管理系统		
		多媒体教学系统		
		教学评估音视频观察系统		
		多媒体制作与播放系统		
		语音教学系统		
		图书馆管理系统		
智能化集成系统	智能化信息集成(平台)系统		⊙	●
	集成信息应用系统		⊙	●
信息设施系统	信息接入系统		●	●
	布线系统		●	●
	移动通信室内信号覆盖系统		●	●
	用户电话交换系统		⊙	●
	无线对讲系统		⊙	⊙
	信息网络系统		●	●
	有线电视系统		●	●
	公共广播系统		●	●

续表12.3.1

智能化系统		职业学校	普通高级中学
信息设施系统	会议系统	●	●
	信息导引及发布系统	●	●
建筑设备管理系统	建筑设备监控系统	⊙	●
	建筑能效监管系统	⊙	●
公共安全系统	火灾自动报警系统	按国家现行有关标准进行配置	
	安全技术防范系统 入侵报警系统		
	视频安防监控系统		
	出入口控制系统		
	电子巡查系统		
	安全防范综合管理(平台)系统	⊙	●
机房工程	有线电视系统	●	●
	公共广播系统	●	●
	信息设施系统总配线机房	●	●
	智能化总控室	●	●
	信息网络机房	●	●
	用户电话交换机房	⊙	●
	消防控制室	●	●
	安防监控中心	●	●
	智能化设备间(弱电间)	●	●
	机房安全系统	按国家现行有关标准进行配置	
	机房综合管理系统	○	⊙

注：●—应配置；⊙—宜配置；○—可配置。

12.4 初级中学和小学

12.4.1 初级中学和小学智能化系统应按表12.4.1的规定配置，并应符合现行行业标准《教育建筑电气设计规范》JGJ 310 的有关规定。

表12.4.1 初级中学和小学智能化系统配置表

智能化系统		小学	初级中学
信息化应用系统	公共服务系统	⊙	⊙
	校园智能卡应用系统	⊙	●
	校园物业管理系统	○	⊙
	信息安全管理系统	⊙	●
	通用业务系统 基本业务办公系统	按国家现行有关标准进行配置	
	专业业务系统 多媒体教学系统		
	教学评估音视频观察系统		
	语音教学系统		
智能化集成系统	智能化信息集成(平台)系统	○	⊙
	集成信息应用系统	○	⊙

续表12.4.1

智能化系统		小学	初级中学
信息设施系统	信息接入系统	●	●
	布线系统	●	●
	移动通信室内信号覆盖系统	●	●
	用户电话交换系统	○	⊙
	无线对讲系统	○	⊙
	信息网络系统	●	●
	有线电视系统	●	●
	公共广播系统	●	●
	会议系统	○	⊙
	信息导引及发布系统	⊙	●
建筑设备管理系统	建筑设备监控系统	○	⊙
	建筑能效监管系统	○	⊙
公共安全系统	火灾自动报警系统	按国家现行有关标准进行配置	
	安全技术防范系统 入侵报警系统		
	视频安防监控系统		
	出入口控制系统		
	电子巡查系统		
	安全防范综合管理(平台)系统	○	○
机房工程	信息接入机房	●	●
	有线电视前端机房	●	●
	信息设施系统总配线机房	●	●
	智能化总控室	●	●
	信息网络机房	○	⊙
	用户电话交换机房	○	⊙
	消防控制室	●	●
	安防监控中心	●	●
	智能化设备间(弱电间)	●	●

注：●—应配置；⊙—宜配置；○—可配置。

13 金融建筑

13.0.2 金融建筑智能化系统应按表13.0.3的规定配置，并应符合现行行业标准《金融建筑电气设计规范》JGJ 284 的有关规定。

表13.0.2 金融建筑智能化系统配置表

智能化系统		基本金融业务建筑	综合金融业务建筑
信息化应用系统	公共服务系统	●	●
	智能卡应用系统	●	●
	物业管理系统	⊙	●
	信息设施运行管理系统	●	●
	信息安全管理系统	●	●
	通用业务系统 基本业务办公系统	按国家现行有关标准进行配置	
	专业业务系统 金融业务系统		

续表 13.0.2

智能化系统		基本金融业务建筑	综合金融业务建筑
智能化集成系统	智能化信息集成(平台)系统	⊙	●
	集成信息应用系统	⊙	●
信息设施系统	信息接入系统	●	●
	布线系统	●	●
	移动通信室内信号覆盖系统	●	●
	卫星通信系统	○	⊙
	用户电话交换系统	●	●
	无线对讲系统	●	●
	信息网络系统	●	●
	有线电视系统	●	●
	公共广播系统	●	●
	会议系统	⊙	●
	信息导引及发布系统	●	●
建筑设备管理系统	建筑设备监控系统	⊙	●
	建筑能效监管系统	⊙	●
公共安全系统	火灾自动报警系统	按国家现行有关标准进行配置	
	安全技术防范系统 入侵报警系统		
	视频安防监控系统		
	出入口控制系统		
	电子巡查系统		
	安全检查系统		
	停车库(场)管理系统	⊙	●
	安全防范综合管理(平台)系统	⊙	●
机房工程	信息接入机房	●	●
	有线电视前端机房	●	●
	信息设施系统总配线机房	●	●
	智能化总控室	●	●
	信息网络机房	⊙	●
	用户电话交换机房	●	●
	消防控制室	●	●
	安防监控中心	●	●
	智能化设备间(弱电间)	●	●
	机房安全系统	按国家现行有关标准进行配置	
	机房综合管理系统	⊙	●

注：●—应配置；⊙—宜配置；○—可配置。

14 交通建筑

14.2 民用机场航站楼

14.2.1 民用机场航站楼智能化系统应按表 14.2.1 的规定配置，并应符合现行行业标准《交通建筑电气设计规范》JGJ 243 的有关规定。

表 14.2.1 民用机场航站楼智能化系统配置表

智能化系统		支线航站楼	国际航站楼
信息化应用系统	公共服务系统	●	●
	智能卡应用系统	●	●
	物业管理系统	●	●
	信息设施运行管理系统	●	●
	信息安全管理系统	●	●
	通用业务系统 基本业务办公系统	按国家现行有关标准进行配置	
	专业业务系统 航站业务信息化管理系统		
	航班信息综合系统		
	离港系统		
	售检票系统		
	泊位引导系统		
智能化集成系统	智能化信息集成(平台)系统	⊙	●
	集成信息应用系统	⊙	●
信息设施系统	信息接入系统	●	●
	布线系统	●	●
	移动通信室内信号覆盖系统	●	●
	用户电话交换系统	●	●
	无线对讲系统	●	●
	信息网络系统	●	●
	有线电视系统	●	●
	公共广播系统	●	●
	会议系统	⊙	●
	信息导引及发布系统	●	●
	时钟系统	●	●
建筑设备管理系统	建筑设备监控系统	●	●
	建筑能效监管系统	●	●
公共安全系统	火灾自动报警系统	按国家现行有关标准进行配置	
	安全技术防范系统 入侵报警系统		
	视频安防监控系统		
	出入口控制系统		
	电子巡查系统		
	安全检查系统		
	停车库(场)管理系统	⊙	●
	安全防范综合管理(平台)系统	●	●
	应急响应系统	⊙	●
机房工程	信息接入机房	●	●
	有线电视前端机房	●	●

续表14.2.1

智能化系统		支线航站楼	国际航站楼
机房工程	信息设施系统总配线机房	●	●
	智能化总控室	●	●
	信息网络机房	●	●
	用户电话交换机房	●	●
	消防控制室	●	●
	安防监控中心	●	●
	应急响应中心	⊙	●
	智能化设备间(弱电间)	●	●
	机房安全系统	按国家现行有关标准进行配置	
	机房综合管理系统	⊙	●

注：●—应配置；⊙—宜配置；○—可配置。

14.3 铁路客运站

14.3.1 铁路客运站智能化系统应按表14.3.1的规定配置，并应符合现行行业标准《交通建筑电气设计规范》JGJ 243的有关规定。

表14.3.1 铁路客运站智能化系统配置表

智能化系统		铁路客运三等站	铁路客运一等站、二等站	铁路客运特等站
信息化应用系统	公共服务系统	●	●	●
	智能卡应用系统	●	●	●
	物业管理系统	⊙	●	●
	信息设施运行管理系统	⊙	●	●
	信息安全管理系统	●	●	●
	通用业务系统 基本业务办公系统	按国家现行有关标准进行配置		
	专业业务系统 公共信息查询系统			
	专业业务系统 旅客引导显示系统			
	专业业务系统 售检票系统			
	专业业务系统 旅客行包管理系统			
智能化集成系统	智能化信息集成(平台)系统	⊙	●	●
	集成信息应用系统	⊙	●	●
信息设施系统	信息接入系统	●	●	●
	用户电话交换机房	●	●	●
	布线系统	●	●	●
	移动通信室内信号覆盖系统	●	●	●

续表14.3.1

智能化系统		铁路客运三等站	铁路客运一等站、二等站	铁路客运特等站
信息设施系统	用户电话交换系统	●	●	●
	无线对讲系统	●	●	●
	信息网络系统	●	●	●
	有线电视系统	●	●	●
	公共广播系统	●	●	●
	会议系统	⊙	⊙	●
	信息导引及发布系统	●	●	●
	时钟系统	●	●	●
建筑设备管理系统	建筑设备监控系统	⊙	●	●
	建筑能效监管系统	⊙	●	●
公共安全技术防范系统	火灾自动报警系统	按国家现行有关标准进行配置		
	入侵报警系统			
	视频安防监控系统			
	出入口控制系统			
	电子巡查系统			
	安全检查系统			
	停车库(场)管理系统	⊙	●	●
	安全防范综合管理(平台)系统	⊙	●	●
	应急响应系统	⊙	●	●
机房工程	信息接入机房	●	●	●
	有线电视前端机房	●	●	●
	信息设施系统总配线机房	●	●	●
	智能化总控室	●	●	●
	信息网络机房	●	●	●
	用户电话交换机房	●	●	●
	消防控制室	●	●	●
	安防监控中心	●	●	●
	应急响应中心	⊙	●	●
	智能化设备间(弱电间)	●	●	●
	机房安全系统	按国家现行有关标准进行配置		
	机房综合管理系统	⊙	●	●

注：●—应配置；⊙—宜配置；○—可配置。

14.4 城市轨道交通站

14.4.1 城市轨道交通站智能化系统应按表14.4.1的规定配置，并应符合现行行业标准《交通建筑电气设计规范》JGJ 243的有关规定。

表14.4.1 城市轨道交通站智能化系统配置表

智能化系统			一般轨道交通站	枢纽轨道交通站
信息化应用系统	公共服务系统		⊙	●
	智能卡应用系统		●	●
	物业管理系统		⊙	●
	信息设施运行管理系统		●	●
	通用业务系统	基本业务办公系统	按国家现行有关标准进行配置	
	专业业务系统	公共信息查询系统		
		旅客引导显示系统		
		售检票系统		
智能化集成系统	智能化信息集成(平台)系统		⊙	●
	集成信息应用系统		⊙	●
信息设施系统	信息接入系统		●	●
	布线系统		●	●
	移动通信室内信号覆盖系统		●	●
	用户电话交换系统		⊙	●
	无线对讲系统		●	●
	信息网络系统		●	●
	有线电视系统		●	●
	公共广播系统		●	●
	会议系统		⊙	●
	信息导引及发布系统		●	●
	时钟系统		⊙	●
建筑设备管理系统	建筑设备监控系统		●	●
	建筑能效监管系统		●	●
公共安全系统	火灾自动报警系统		按国家现行有关标准进行配置	
	安全技术防范系统	入侵报警系统		
		视频安防监控系统		
		出入口控制系统		
		电子巡查系统		
		安全检查系统		
	停车库(场)管理系统		⊙	●
	安全防范综合管理(平台)系统		●	●
	应急响应系统		⊙	●
机房工程	信息接入机房		●	●
	有线电视前端机房		●	●
	信息设施系统总配线机房		●	●
	智能化总控室		●	●
	信息网络机房		⊙	●
	用户电话交换机房		⊙	●
	消防控制室		●	●

续表14.4.1

智能化系统		一般轨道交通站	枢纽轨道交通站
机房工程	安防监控中心	●	●
	应急响应中心	⊙	●
	智能化设备间(弱电间)	●	●
	机房安全系统	按国家现行有关标准进行配置	
	机房综合管理系统	⊙	●

注：●—应配置；⊙—宜配置。

14.4.10 火灾自动报警系统应符合下列规定：
　　1 应能接收火灾信息，并执行车站防烟和排烟模式控制；
　　2 应能接收列车区间停车位置信号，并应根据列车火灾部位信息，执行隧道防烟和排烟模式控制；
　　3 应能接收列车区间阻隔信息，执行阻塞通风模式；
　　4 应配备车控室紧急控制盘，作为火灾工况自动控制的后备措施。

14.5 汽车客运站

14.5.1 汽车客运站智能化系统应按表14.5.1的规定配置，并应符合现行行业标准《交通建筑电气设计规范》JGJ 243的有关规定。

表14.5.1 汽车客运站智能化系统配置表

智能化系统			四级汽车客运站	三级汽车客运站	二级汽车客运站	一级汽车客运站
信息化应用系统	公共服务系统		⊙	⊙	●	●
	智能卡应用系统		○	⊙	●	●
	物业管理系统		○	⊙	●	●
	信息设施运行管理系统		○	⊙	●	●
	公共信息查询系统		⊙	●	●	●
	通用业务系统	基本业务办公系统	按国家现行有关标准进行配置			
	专业业务系统	旅客引导显示系统				
		售检票系统				
智能化集成系统	智能化信息集成(平台)系统		○	⊙	⊙	●
	集成信息应用系统		○	⊙	⊙	●
信息设施系统	信息接入系统		⊙	●	●	●
	布线系统		●	●	●	●
	移动通信室内信号覆盖系统		●	●	●	●
	用户电话交换系统		○	⊙	●	●
	无线对讲系统		○	⊙	●	●
	信息网络系统		●	●	●	●

续表 14.5.1

智能化系统		四级汽车客运站	三级汽车客运站	二级汽车客运站	一级汽车客运站
信息设施系统	有线电视系统	○	⊙	●	●
	公共广播系统	⊙	●	●	●
	会议系统	○	⊙	●	●
	信息导引及发布系统	○	⊙	●	●
建筑设备管理系统	建筑设备监控系统	○	⊙	●	●
	建筑能效监管系统	○	○	⊙	●
公共安全系统	火灾自动报警系统	按国家现行有关标准进行配置			
	安全技术防范系统 入侵报警系统	按国家现行有关标准进行配置			
	安全技术防范系统 视频安防监控系统				
	安全技术防范系统 出入口控制系统				
	安全技术防范系统 电子巡查系统				
	安全技术防范系统 安全检查系统				
	停车库(场)管理系统	⊙	⊙	●	●
	安全防范综合管理(平台)系统	○	⊙	●	●
	应急响应系统	○	⊙	●	●
机房工程	信息接入机房	⊙	●	●	●
	有线电视前端机房	○	⊙	●	●
	信息设施系统总配线机房	⊙	●	●	●
	智能化总控室	○	⊙	●	●
	信息网络机房	○	⊙	●	●
	用户电话交换机房	○	⊙	●	●
	消防控制室	○	⊙	●	●
	安防监控中心	○	⊙	●	●
	应急响应中心	○	⊙	●	●
	智能化设备间(弱电间)	○	⊙	●	●
	机房安全系统	按国家现行有关标准进行配置			
	机房综合管理系统	○	⊙	●	●

注：●—应配置；⊙—宜配置；○—可配置。

15 医疗建筑

15.2 综合医院

15.2.1 综合医院智能化系统应按表 15.2.1 的规定配置，并应符合现行行业标准《医院建筑电气设计规范》JGJ 312 的有关规定。

表 15.2.1 综合医院智能化系统配置表

智能化系统		一级医院	二级医院	三级医院
信息化应用系统	公共服务系统	⊙	●	●
	智能卡应用系统	⊙	●	●

续表 15.2.1

智能化系统		一级医院	二级医院	三级医院
信息化应用系统	物业管理系统	⊙	●	●
	信息设施运行管理系统	○	●	●
	信息安全管理系统	⊙	●	●
	通用业务系统 基本业务办公系统	按国家现行有关标准进行配置		
	专业业务系统 医疗业务信息化系统			
	专业业务系统 病房探视系统			
	专业业务系统 视频示教系统			
	专业业务系统 候诊呼叫信号系统			
	专业业务系统 护理呼应信号系统			
智能化集成系统	智能化信息集成(平台)系统	○	⊙	●
	集成信息应用系统	○	⊙	●
信息设施系统	信息接入系统	●	●	●
	布线系统	●	●	●
	移动通信室内信号覆盖系统	●	●	●
	用户电话交换系统	⊙	●	●
	无线对讲系统	●	●	●
	信息网络系统	●	●	●
	有线电视系统	●	●	●
	公共广播系统	●	●	●
	会议系统	⊙	●	●
	信息导引及发布系统	●	●	●
建筑设备管理系统	建筑设备监控系统	⊙	●	●
	建筑能效监管系统	○	⊙	●
公共安全系统	火灾自动报警系统	按国家现行有关标准进行配置		
	安全技术防范系统 入侵报警系统			
	安全技术防范系统 视频安防监控系统			
	安全技术防范系统 出入口控制系统			
	安全技术防范系统 电子巡查系统			
	停车库(场)管理系统	○	⊙	●
	安全防范综合管理(平台)系统	○	⊙	●
	应急响应系统	○	⊙	●
机房工程	信息接入机房	●	●	●
	有线电视前端机房	●	●	●
	信息设施系统总配线机房	●	●	●
	智能化总控室	●	●	●
	信息网络机房	⊙	●	●
	用户电话交换机房	⊙	●	●
	消防控制室	●	●	●

续表 15.2.1

智能化系统		一级医院	二级医院	三级医院
机房工程	安防监控中心	●	●	●
	智能化设备间(弱电间)	●	●	●
	应急响应中心	○	⊙	●
	机房安全系统	按国家现行有关标准进行配置		
	机房综合管理系统	⊙	●	●

注：●—应配置；⊙—宜配置；○—可配置。

15.3 疗养院

15.3.1 疗养院智能化系统应按表15.3.1的规定配置，并应符合现行行业标准《医疗建筑电气设计规范》JGJ 312 的有关规定。

表 15.3.1 疗养院智能化系统配置表

智能化系统		专科疗养院	综合性疗养院
公共服务系统		⊙	●
智能卡应用系统		●	●
物业管理系统		⊙	●
信息设施运行管理系统		⊙	⊙
信息安全管理系统		⊙	●
信息化应用系统	通用业务系统 基本业务办公系统	按国家现行有关标准进行配置	
	专业业务系统 医疗业务信息化系统		
	医用探视系统		
	视频示教系统		
	候诊排队叫号系统		
	护理呼应信号系统		
智能化集成系统	智能化信息集成(平台)系统	○	⊙
	集成信息应用系统	○	⊙
信息设施系统	信息接入系统	●	●
	布线系统	●	●
	移动通信室内信号覆盖系统	●	●
	用户电话交换系统	⊙	●
	无线对讲系统	⊙	●
	信息网络系统	●	●
	有线电视系统	●	●
	公共广播系统	●	●
	会议系统	⊙	⊙
	信息导引及发布系统	●	●

续表 15.3.1

智能化系统		专科疗养院	综合性疗养院
建筑设备管理系统	建筑设备监控系统	⊙	●
	建筑能效监管系统	○	⊙
公共安全系统	火灾自动报警系统	按国家现行有关标准进行配置	
	安全技术防范系统 入侵报警系统		
	视频安防监控系统		
	出入口控制系统		
	电子巡查系统		
	停车库(场)管理系统	○	⊙
	安全防范综合管理(平台)系统	○	⊙
	应急响应系统	○	○
机房工程	信息接入机房	●	●
	有线电视前端机房	●	●
	信息设施系统总配线机房	●	●
	智能化总控室	●	●
	信息网络机房	⊙	●
	用户电话交换机房	⊙	●
	消防控制室	●	●
	安防监控中心	●	●
	应急响应中心	○	○
	智能化设备间(弱电间)	●	●
	机房安全系统	按国家现行有关标准进行配置	
	机房综合管理系统	⊙	⊙

注：●—应配置；⊙—宜配置；○—可配置。

16 体育建筑

16.0.2 体育建筑智能化系统应按表16.0.2的规定配置，并应符合现行行业标准《体育建筑电气设计规范》JGJ 351 的有关规定。

表 16.0.2 体育建筑智能化系统配置表

智能化系统		丙级体育建筑	乙级体育建筑	甲级体育建筑	特级体育建筑
公共服务系统		⊙	●	●	●
智能卡应用系统		●	●	●	●
物业管理系统		⊙	●	●	●
信息设施运行管理系统		○	●	●	●
信息安全管理系统		⊙	⊙	●	●
信息化应用系统	通用业务系统 基本业务办公系统	按国家现行有关标准进行配置			
	专业业务系统 计时记分系统				
	现场成绩处理系统				
	售验票系统				
	电视转播和现场评论系统				
	升旗控制系统				

续表 16.0.2

智能化系统		丙级体育建筑	乙级体育建筑	甲级体育建筑	特级体育建筑
智能化集成系统	智能化信息集成(平台)系统	○	⊙	●	●
	集成信息应用系统	○	⊙	●	●
信息设施系统	信息接入系统	●	●	●	●
	布线系统	●	●	●	●
	移动通信室内信号覆盖系统	●	●	●	●
	用户电话交换系统	○	⊙	●	●
	无线对讲系统	●	●	●	●
	信息网络系统	●	●	●	●
	有线电视系统	●	●	●	●
	公共广播系统	●	●	●	●
	会议系统	●	●	●	●
	信息导引及发布系统	●	●	●	●
建筑设备管理系统	建筑设备监控系统	⊙	●	●	●
	建筑能效监管系统	⊙	●	●	●
公共安全系统	火灾自动报警系统	按国家现行有关标准进行配置			
	安全技术防范系统 入侵报警系统	按国家现行有关标准进行配置			
	安全技术防范系统 视频安防监控系统	按国家现行有关标准进行配置			
	安全技术防范系统 出入口控制系统	按国家现行有关标准进行配置			
	安全技术防范系统 电子巡查系统	按国家现行有关标准进行配置			
	安全技术防范系统 安全检查系统	按国家现行有关标准进行配置			
	停车库(场)管理系统	⊙	●	●	●
	安全防范综合管理(平台)系统	○	⊙	●	●
	应急响应系统	○	⊙	●	●
机房工程	信息接入机房	●	●	●	●
	有线电视前端机房	●	●	●	●
	信息设施系统总配线机房	●	●	●	●
	智能化总控室	●	●	●	●
	信息网络机房	●	●	●	●
	用户电话交换机房	●	⊙	●	●
	消防控制室	●	●	●	●
	安防监控中心	●	●	●	●
	应急响应中心	○	⊙	●	●
	智能化设备间(弱电间)	●	●	●	●
	机房安全系统	按国家现行有关标准进行配置			
	机房综合管理系统	○	⊙	●	●

注：●—应配置；⊙—宜配置；○—可配置。

16.0.9 火灾自动报警系统对报警区域和探测区域的划分应满足体育赛事和其他活动功能分区的需要。

17 商店建筑

17.0.2 商店建筑智能化系统应按表17.0.2的规定配置。

表 17.0.2 商店建筑智能化系统配置表

智能化系统		小型商店	中型商店	大型商店
信息化应用系统	公共服务系统	⊙	●	●
	智能卡应用系统	●	●	●
	物业管理系统	⊙	●	●
	信息设施运行管理系统	○	⊙	●
	信息安全管理系统	⊙	●	●
	通用业务系统 基本业务办公系统	按国家现行有关标准进行配置		
	专业业务系统 商店经营业务系统	按国家现行有关标准进行配置		
智能化集成系统	智能化信息集成(平台)系统	○	⊙	●
	集成信息应用系统	○	⊙	●
信息设施系统	信息接入系统	●	●	●
	布线系统	●	●	●
	移动通信室内信号覆盖系统	●	●	●
	用户电话交换系统	⊙	●	●
	无线对讲系统	⊙	●	●
	信息网络系统	●	●	●
	有线电视系统	●	●	●
	公共广播系统	●	●	●
	会议系统	○	⊙	●
	信息导引及发布系统	●	●	●
建筑设备管理系统	建筑设备监控系统	⊙	●	●
	建筑能效监管系统	○	⊙	●
公共安全系统	火灾自动报警系统	按国家现行有关标准进行配置		
	安全技术防范系统 入侵报警系统	按国家现行有关标准进行配置		
	安全技术防范系统 视频安防监控系统	按国家现行有关标准进行配置		
	安全技术防范系统 出入口控制系统	按国家现行有关标准进行配置		
	安全技术防范系统 电子巡查系统	按国家现行有关标准进行配置		
	停车库(场)管理系统	⊙	⊙	●
	安全防范综合管理(平台)系统	○	⊙	●
	应急响应系统	○	⊙	●
机房工程	信息接入机房	●	●	●
	有线电视前端机房	●	●	●
	信息设施系统总配线机房	●	●	●
	智能化总控室	●	●	●
	信息网络机房	⊙	●	●
	用户电话交换机房	⊙	●	●
	消防控制室	●	●	●
	安防监控中心	●	●	●
	应急响应中心	○	⊙	●
	智能化设备间(弱电间)	●	●	●
	机房安全系统	按国家现行有关标准进行配置		
	机房综合管理系统	○	⊙	●

注：●—应配置；⊙—宜配置；○—可配置。

18 通用工业建筑

18.0.2 通用工业建筑智能化系统应按表18.0.2的规定配置。

表18.0.2 通用工业建筑智能化系统配置表

智能化系统			辅助型作业环境	加工生产型作业环境
信息化应用系统	公共服务系统		⊙	●
	智能卡应用系统		⊙	●
	物业管理系统		⊙	●
	信息安全管理系统		⊙	●
	通用业务系统	基本业务办公系统	●	●
	专业业务系统	企业信息化管理系统	⊙	●
智能化集成系统	智能化信息集成(平台)系统		○	⊙
	集成信息应用系统		○	⊙
信息设施系统	信息接入系统		●	●
	布线系统		●	●
	移动通信室内信号覆盖系统		●	●
	用户电话交换系统		⊙	⊙
	无线对讲系统		●	●
	信息网络系统		●	●
	有线电视系统		●	●
	公共广播系统		●	●
	信息导引及发布系统		○	⊙
建筑设备管理系统	建筑设备监控系统		●	●
	建筑能效监管系统		⊙	●

续表18.0.2

智能化系统		辅助型作业环境	加工生产型作业环境
公共安全系统	火灾自动报警系统	按国家现行有关标准进行配置	
	安全技术防范系统 — 入侵报警系统		
	视频安防监控系统		
	出入口控制系统		
	电子巡查系统		
	停车库(场)管理系统	⊙	⊙
	安全防范综合管理(平台)系统	○	⊙
机房工程	信息接入机房	●	●
	有线电视前端机房	●	●
	信息设施系统总配线机房	●	●
	智能化总控室	●	●
	信息网络机房	⊙	⊙
	用户电话交换机房	⊙	⊙
	消防控制室	●	●
	安防监控中心	●	●
	智能化设备间(弱电间)	●	●
	机房安全系统	按国家现行有关标准进行配置	
	机房综合管理系统	○	⊙

注：●—应配置；⊙—宜配置；○—可配置。

18.0.10 火灾自动报警系统应根据生产厂房面积大、空间和结构复杂性等特点，采取合适的火灾探测方式及有效的灭火措施。

9.《智能建筑工程质量验收规范》GB 50339—2013

12 公共广播系统

12.0.2 当紧急广播系统具有火灾应急广播功能时,应检查传输线缆、槽盒和导管的防火保护措施。

12.0.6 公共广播系统检测时,应检测紧急广播的功能和性能,检测结果符合设计要求的应判定为合格。当紧急广播包括火灾应急广播功能时,还应检测下列内容:
1 紧急广播具有最高级别的优先权;
2 警报信号触发后,紧急广播向相关广播区播放警示信号、警报语声文件或实时指挥语声的响应时间;
3 音量自动调节功能;
4 手动发布紧急广播的一键到位功能;
5 设备的热备用功能、定时自检和故障自动告警功能;
6 备用电源的切换时间;
7 广播分区与建筑防火分区匹配。

13 会议系统

13.0.8 会议讨论系统和会议同声传译系统应检测与火灾自动报警系统的联动功能。检测结果符合设计要求的应判定为合格。

18 火灾自动报警系统

18.0.1 火灾自动报警系统提供的接口功能应符合设计要求。

18.0.2 火灾自动报警系统工程实施的质量控制、系统检测和工程验收应符合现行国家标准《火灾自动报警系统施工及验收规范》GB 50166 的规定。

19 安全技术防范系统

19.0.5 安全防范综合管理系统的功能检测应包括下列内容:
4 与火灾自动报警系统和应急响应系统的联动、报警信号的输出接口。

20 应急响应系统

20.0.1 应急响应系统检测应在火灾自动报警系统、安全技术防范系统、智能化集成系统和其他关联智能化系统等通过系统检测后进行。

21 机房工程

21.0.2 机房工程实施的质量控制除应符合本规范第 3 章的规定外,有防火性能要求的装饰装修材料还应检查防火性能证明文件和产品合格证。

10.《智能建筑工程施工规范》GB 50606—2010

3 基本规定

3.8 安全、环保、节能措施

3.8.1 安全措施应符合下列规定：

7 施工现场应注意防火，并应配备有效的消防器材。

4 综合管线

4.3 管路安装

4.3.1 桥架安装应符合下列规定：

7 敷设在竖井内和穿越不同防火分区的桥架及管路孔洞，应有防火封堵。

4.5 质量控制

4.5.1 主控项目应符合下列规定：

1 敷设在竖井内和穿越不同防火分区的桥架及线管的孔洞，应有防火封堵。

9 广播系统

9.3 质量控制

9.3.1 主控项目除应符合现行国家标准《智能建筑工程质量验收规范》GB 50339—2003 第 4.2.10 条的规定外，尚应符合下列规定：

1 扬声器、控制器、插座板等设备安装应牢固可靠，导线连接应排列整齐，线号应正确清晰；

2 当广播系统具有紧急广播功能时，其紧急广播应由消防分机控制，并应具有最高优先权；在火灾和突发事故发生时，应能强制切换为紧急广播并以最大音量播出。系统应能在手动或警报信号触发的 10s 内，向相关广播区播放警示信号（含警笛）、警报语声文件或实时指挥语声。以现场环境噪声为基准，紧急广播的信噪比不应小于 15dB。

12 建筑设备监控系统

12.4 系统调试

12.4.6 送排风机的调试应符合下列规定：

3 排烟风机由消防系统和建筑设备监控系统同时控制时，应能实现消防控制优先方式。

12.5 自检自验

12.5.5 空调与通风系统的检验应符合下列规定：

8 应对空调与通风系统进行消防联动试验，火灾报警系统报警时，空调与通风系统的运行应符合相关规范及设计要求。

13 火灾自动报警系统

13.1 施工准备

13.1.1 火灾自动报警系统的施工必须由具有相应资质等级的施工单位承担。

13.1.2 火灾自动报警系统与应急指挥系统和智能化集成系统进行集成时，应对外提供通信接口和通信协议，并应符合本规范第 15.1.1 条的规定。

13.1.3 材料与设备准备应符合下列规定：

1 火灾自动报警系统的主要设备和材料选用应符合设计要求，并应符合现行国家标准《火灾自动报警系统施工及验收规范》GB 50166—2007 第 2.2 节的规定；

2 火灾应急广播与广播系统共用一套系统时，广播系统共用的设备应是通过国家认证（认可）的产品，其产品名称、型号、规格应与检验报告一致；

3 桥架、线缆、钢管、金属软管、阻燃塑料管、防火涂料以及安装附件等应符合防火设计要求；

4 应根据现行国家标准《火灾自动报警系统设计规范》GB 50116 的有关规定，对线缆的种类、电压等级进行检查。

13.2 设备安装

13.2.1 桥架、管线敷设除应执行现行国家标准《火灾自动报警系统施工及验收规范》GB 50166—2007 第 3.2 节的规定和本规范第 4 章的规定外，尚应符合下列规定：

1 火灾自动报警系统的线缆应使用桥架和专用线管敷设；

2 报警线缆连接应在端子箱或分支盒内进行，导线连接应采用可靠压接或焊接；

3 桥架、金属线管应作保护接地。

13.2.2 设备安装除应执行现行国家标准《火灾自动报警系统施工及验收规范》GB 50166—2007 第 3.3 节～第 3.10 节的规定外，尚应符合下列规定：

1 端子箱和模块箱宜设置在弱电间内，应根据设计高度固定在墙壁上，安装时应端正牢固；

2 消防控制室引出的干线和火灾报警器及其他的控制线路应分别绑扎成束，汇集在端子板两侧，左侧应为干线，右侧应为控制线路。

13.2.3 设备接地除应执行现行国家标准《火灾自动报警系统施工及验收规范》GB 50166 有关规定外，尚应符合下列规定：

1 工作接地线应采用铜芯绝缘导线或电缆，不得利用镀锌扁铁或金属软管；

　　2 消防控制设备的外壳及基础应可靠接地，接地线应引入接地端子箱；

　　3 消防控制室应根据设计要求设置专用接地箱作为工作接地。接地电阻应符合本规范第16.2.1的要求；

　　4 保护接地线与工作接地线应分开，不得利用金属软管作保护接地导体。

13.3 质量控制

13.3.1 主控项目应符合下列规定：

　　1 探测器、模块、报警按钮等类别、型号、位置、数量、功能等应符合设计要求；

　　2 消防电话插孔型号、位置、数量、功能等应符合设计要求；

　　3 火灾应急广播位置、数量、功能等应符合设计要求，且应能在手动或警报信号触发的10s内切断公共广播，播出火警广播；

　　4 火灾报警控制器功能、型号应符合设计要求；

　　5 火灾自动报警系统与消防设备的联动应符合设计要求。

13.3.2 一般项目应符合下列规定：

　　1 探测器、模块、报警按钮等安装应牢固、配件齐全，不应有损伤变形和破损；

　　2 探测器、模块、报警按钮等导线连接应可靠压接或焊接，并应有标志，外接导线应留余量；

　　3 探测器安装位置应符合保护半径、保护面积要求。

13.4 系 统 调 试

13.4.1 系统调试应按现行国家标准《火灾自动报警系统施工及验收规范》GB 50166—2007 第4章的规定执行。

13.5 自 检 自 验

13.5.2 系统自检自验应符合下列规定：

　　1 应先分别对器件及设备逐个进行单机通电检查（包括报警控制器、联动控制盘、消防广播等），正常后方可进行系统检验；

　　2 火灾自动报警系统通电后，应按现行国家标准《消防联动控制系统》GB 16806 的要求对设备进行功能检测；

　　3 单机检测和各消防设备检测完毕后，应进行系统联动检测；

　　4 消防应急广播与公共广播系统共用时，应能在手动或警报信号触发的10s内切换并播放火警广播；

　　5 火灾自动报警系统与安全防范系统的联动应符合现行行业标准《民用建筑电气设计规范》JGJ 16—2008 第13.4.7条的规定。

13.6 质 量 记 录

13.6.1 火灾自动报警系统质量记录除应执行本规范第3.7节的规定外，还应执行现行国家标准《火灾自动报警系统施工及验收规范》GB 50166 有关规定。

14 安全防范系统

14.4 系 统 调 试

14.4.6 系统的联调、联动与功能集成应符合下列规定：

　　3 视频监控系统、出入口控制系统应与火灾自动报警系统联动，联动功能应符合设计要求。

14.5 自 检 自 验

14.5.1 视频安防监控系统检验除应按现行国家标准《智能建筑工程质量验收规范》GB 50339—2003 第8.3.4条的规定、《安全防范工程技术规范》GB 50348—2004 第7章和《视频安防监控系统工程设计规范》GB 50395 有关规定执行，尚应符合下列规定：

　　3 应检验视频安防监控系统与火灾自动报警的联动控制功能，联动控制功能应符合现行行业标准《民用建筑电气设计规范》JGJ 16—2008 第13.4.7条的规定或者设计文件要求。

15 智能化集成系统

15.1 施 工 准 备

15.1.1 技术准备应符合下列规定：

　　2 智能化集成系统应实现下列功能：

　　　6）智能化集成系统不得对火灾自动报警系统进行控制，并不得影响火灾自动报警系统的独立运行。

16 防雷与接地

16.1 设 备 安 装

16.1.6 火灾自动报警系统的防雷与接地应执行现行国家标准《建筑物电子信息系统防雷技术规范》GB 50343—2004 第5.4.7条和《火灾自动报警系统施工及验收规范》GB 50166—2007 第3.11节的规定。

17 机 房 工 程

17.4 系 统 调 试

17.4.4 消防系统的调试应执行现行国家标准《电子信息系统机房施工及验收规范》GB 50462—2008 第9章、《气体灭火系统施工及验收规范》GB 50263 和本规范第13章的规定。

11.《人民防空地下室设计规范》GB 50038—2005

3 建 筑

3.1 一般规定

3.1.3 防空地下室距生产、储存易燃易爆物品厂房、库房的距离不应小于50m；距有害液体、重毒气体的贮罐不应小于100m。

注："易燃易爆物品"系指国家标准《建筑设计防火规范》(GBJ 16)中"生产、储存的火灾危险性分类举例"中的甲乙类物品。

3.9 内部装修

3.9.2 室内装修应选用防火、防潮的材料，并满足防腐、抗震、环保及其它特殊功能的要求。平战结合的防空地下室，其内部装修应符合国家有关建筑内部装修设计防火规范的规定。

12. 《洁净厂房设计规范》GB 50073—2013

5 建 筑

5.2 防火和疏散

5.2.1 洁净厂房的耐火等级不应低于二级。

5.2.2 洁净厂房内生产工作间的火灾危险性，应符合现行国家标准《建筑设计防火规范》GB 50016 的有关规定。洁净厂房生产工作间的火灾危险性分类举例应符合本规范附录 B 的规定。

5.2.3 生产类别为甲、乙类生产的洁净厂房宜为单层厂房，其防火分区最大允许建筑面积，单层厂房宜为 3000m²，多层厂房宜为 2000m²。丙、丁、戊类生产的洁净厂房的防火分区最大允许建筑面积应符合现行国家标准《建筑设计防火规范》GB 50016 的有关规定。

5.2.4 洁净室的顶棚、壁板及夹芯材料应为不燃烧体，且不得采用有机复合材料。顶棚和壁板的耐火极限不应低于 0.4h，疏散走道顶棚的耐火极限不应低于 1.0h。

5.2.5 在一个防火分区内的综合性厂房，洁净生产区与一般生产区域之间应设置不燃烧体隔断措施。隔墙及其相应顶棚的耐火极限不应低于 1h，隔墙上的门窗耐火极限不应低于 0.6h。穿隔墙或顶板的管线周围空隙应采用防火或耐火材料紧密填堵。

5.2.6 技术竖井井壁应为不燃烧体，其耐火极限不应低于 1h。井壁上检查门的耐火极限不应低于 0.6h；竖井内在各层或间隔一层楼板处，应采用相当于楼板耐火极限的不燃烧体作水平防火分隔；穿过水平防火分隔的管线周围空隙应采用防火或耐火材料紧密填堵。

5.2.7 洁净厂房每一生产层，每一防火分区或每一洁净区的安全出口数量不应少于 2 个。当符合下列要求时可设 1 个：

　　1 对甲、乙类生产厂房每层的洁净生产区总建筑面积不超过 100m²，且同一时间内的生产人员总数不超过 5 人。

　　2 对丙、丁、戊类生产厂房，应按现行国家标准《建筑设计防火规范》GB 50016 的有关规定设置。

5.2.8 安全出入口应分散布置，从生产地点至安全出口不应经过曲折的人员净化路线，并应设有明显的疏散标志，安全疏散距离应符合现行国家标准《建筑设计防火规范》GB 50016 的有关规定。

5.2.9 洁净区与非洁净区、洁净区与室外相通的安全疏散门应向疏散方向开启，并应加闭门器。安全疏散门不应采用吊门、转门、侧拉门、卷帘门以及电控自动门。

5.2.10 洁净厂房同层洁净室（区）外墙应设可供消防人员通往厂房洁净室（区）的门窗，其门窗洞口间距大于 80m 时，应在该段外墙的适当部位设置专用消防口。

　　专用消防口的宽度不应小于 750mm，高度不应小于 1800mm，并应有明显标志。楼层的专用消防口应设置阳台，并从二层开始向上层架设钢梯。

5.2.11 洁净厂房外墙上的吊门、电控自动门以及装有栅栏的窗，均不应作为火灾发生时提供消防人员进入厂房的入口。

5.3 室内装修

5.3.10 室内装修材料的燃烧性能必须符合现行国家标准《建筑内部装修设计防火规范》GB 50222 的有关规定。装修材料的烟密度等级不应大于 50，材料的烟密度等级试验应符合现行国家标准《建筑材料燃烧或分解的烟密度试验方法》GB/T 8627 的有关规定。

7 给水排水

7.4 消防给水和灭火设备

7.4.1 洁净厂房必须设置消防给水设施，消防给水设施设置设计应根据生产的火灾危险性、建筑物耐火等级以及建筑物的体积等因素确定。

7.4.2 洁净厂房的消防给水和固定灭火设备的设置应符合现行国家标准《建筑设计防火规范》GB 50016 的有关规定。

7.4.3 洁净室的生产层及可通行的上、下技术夹层应设置室内消火栓。消火栓的用水量不应小于 10L/s，同时使用水枪数不应少于 2 只，水枪充实水柱长度不应小于 10m，每只水枪的出水量应按不小于 5L/s 计算。

7.4.4 洁净厂房内各场所必须配置灭火器，配置灭火器设计应符合现行国家标准《建筑灭火器配置设计规范》GB 50140 的有关规定。

7.4.5 洁净厂房内设有贵重设备、仪器的房间设置固定灭火设施时，除应符合现行国家标准《建筑设计防火规范》GB 50016 的有关规定外，还应符合下列规定：

　　2 当设置气体灭火系统时，不应采用卤代烷 1211 以及能导致人员窒息和对保护对象产生二次损害的灭火剂。

8 工业管道

8.1 一般规定

8.1.8 洁净厂房内、生产类别为现行国家标准《建筑设计防火规范》GB 50016 规定的甲、乙类气体、液体入口室或分配室的设置应符合下列规定：

　　1 当毗连布置时，应设在单层厂房靠外墙或多层厂房的最上一层靠外墙处，并应与相邻房间采用耐火极限大于 3.0h 的隔墙分隔。

　　2 应有良好的通风。

　　3 泄压设施和电气防爆应按现行国家标准《建筑设计防火规范》GB 50016、《爆炸和火灾危险环境电力装置设计规范》GB 50058 的有关规定执行。

9 电 气

9.1 配 电

9.1.3 洁净厂房消防用电设备的供配电设计应按现行国家标准《建筑防火设计规范》GB 50016 有关规定执行。

9.2 照 明

9.2.6 洁净厂房内应设置供人员疏散用的应急照明。在安全出口、疏散口和疏散通道转角处应按现行国家标准《建筑设计防火规范》GB 50016 的有关规定设置疏散标志。在专用消防口处应设置疏散标志。

9.3 通 信

9.3.3 洁净厂房的生产层、技术夹层、机房、站房等均应设置火灾报警探测器。洁净厂房生产区及走廊应设置手动火灾报警按钮。

9.3.4 洁净厂房应设置消防值班室或控制室，并不应设在洁净区内。消防值班室应设置消防专用电话总机。

9.3.5 洁净厂房的消防控制设备及线路连接应可靠。控制设备的控制及显示功能应符合现行国家标准《火灾自动报警系统设计规范》GB 50116 的有关规定。洁净区内火灾报警应进行核实，并应进行下列消防联动控制：

1 应启动室内消防水泵，接收其反馈信号。除自动控制外，还应在消防控制室设置手动直接控制装置。

2 应关闭有关部位的电动防火阀，停止相应的空调循环风机、排风机及新风机，并应接收其反馈信号。

3 应关闭有关部位的电动防火门、防火卷帘门。

4 应控制备用应急照明灯和疏散标志灯燃亮。

5 在消防控制室或低压配电室，应手动切断有关部位的非消防电源。

6 应启动火灾应急扩音机，进行人工或自动播音。

7 应控制电梯降至首层，并接收其反馈信号。

9.3.6 洁净厂房中易燃、易爆气体、液体的贮存和使用场所及入口室或分配室应设可燃气体探测器。有毒气体、液体的贮存和使用场所应设气体检测器。报警信号应联动启动或手动启动相应的事故排风机，并应将报警信号送至消防控制室。

13.《中小学校设计规范》GB 50099—2011

1 总 则

1.0.2 本规范适用于城镇和农村中小学校(含非完全小学)的新建、改建和扩建项目的规划和工程设计。

1.0.4 中小学校的设计除应符合本规范的规定外,尚应符合国家现行有关标准的规定。

2 术 语

2.0.8 安全设计 safety design
安全设计应包括教学活动的安全保障、自然与人为灾害侵袭下的防御备灾条件、救援疏散时师生的避难条件等。

2.0.9 本质安全 intrinsic safety
本质安全是从内在赋予系统安全的属性,由于去除各种早期危险及潜在隐患,从而能保证系统与设施可靠运行。

2.0.10 避难疏散场所 disaster shelter for evacuation
用作发生意外灾害时受灾人员疏散的场地和建筑。

3 基本规定

3.0.5 中小学校设计应满足国家有关校园安全的规定,并应与校园应急策略相结合。安全设计应包括校园内防火、防灾、安防设施、通行安全、餐饮设施安全、环境安全等方面的设计。

4 场地和总平面

4.3 总平面

4.3.8 中小学校的广场、操场等室外场地应设置供水、供电、广播、通信等设施的接口。

8 安全、通行与疏散

8.2 疏散通行宽度

8.2.2 中小学校建筑的疏散通道宽度最少应为2股人流,并应按0.60m的整数倍增加疏散通道宽度。

8.2.3 中小学校建筑的安全出口、疏散走道、疏散楼梯和房间疏散门等处每100人的净宽度应按表8.2.3计算。同时,教学用房的内走道净宽度不应小于2.40m,单侧走道及外廊的净宽度不应小于1.80m。

表8.2.3 安全出口、疏散走道、疏散楼梯和房间疏散门每100人的净宽度(m)

所在楼层位置	耐火等级		
	一、二级	三级	四级
地上一、二层	0.70	0.80	1.05
地上三层	0.80	1.05	—
地上四、五层	1.05	1.30	—
地下一、二层	0.80	—	—

8.2.4 房间疏散门开启后,每樘门净通行宽度不应小于0.90m。

8.3 校园出入口

8.3.1 中小学校的校园应设置2个出入口。出入口的位置应符合教学、安全、管理的需要,出入口的布置应避免人流、车流交叉。有条件的学校宜设置机动车专用出入口。

8.4 校园道路

8.4.2 中小学校校园应设消防车道。消防车道的设置应符合现行国家标准《建筑设计防火规范》GB 50016的有关规定。

8.4.6 校园道路设计应符合现行国家标准《建筑设计防火规范》GB 50016的有关规定。

8.5 建筑物出入口

8.5.1 校园内除建筑面积不大于200m²,人数不超过50人的单层建筑外,每栋建筑应设置2个出入口。非完全小学内,单栋建筑面积不超过500m²,且耐火等级为一、二级的低层建筑可只设1个出入口。

8.5.3 教学用建筑物出入口净通行宽度不得小于1.40m,门内与门外各1.50m范围内不宜设置台阶。

8.6 走 道

8.6.1 教学用建筑的走道宽度应符合下列规定:
1 应根据在该走道上各教学用房疏散的总人数,按照本规范表8.2.3的规定计算走道的疏散宽度;
2 走道疏散宽度内不得有壁柱、消火栓、教室开启的门窗扇等设施。

8.7 楼 梯

8.7.1 中小学校建筑中疏散楼梯的设置应符合现行国家标准《民用建筑设计通则》GB 50352、《建筑设计防火规范》GB 50016和《建筑抗震设计规范》GB 50011的有关规定。

8.7.2 中小学校教学用房的楼梯梯段宽度应为人流股数的整数倍。梯段宽度不应小于1.20m,并应按0.60m的整数倍增加梯段宽度。每个梯段可增加不超过0.15m的摆幅宽度。

8.7.4 疏散楼梯不得采用螺旋楼梯和扇形踏步。

8.7.9 教学用房的楼梯间应有天然采光和自然通风。

8.8 教室疏散

8.8.1 每间教学用房的疏散门均不应少于2个，疏散门的宽度应通过计算；同时，每樘疏散门的通行净宽度不应小于0.90m。当教室处于袋形走道尽端时，若教室内任一处距教室门不超过15.00m，且门的通行净宽度不小于1.50m时，可设1个门。

8.8.2 普通教室及不同课程的专用教室对教室内桌椅间的疏散走道宽度要求不同，教室内疏散走道的设置应符合本规范第5章对各教室设计的规定。

10 建筑设备

10.3 建筑电气

10.3.3 学校建筑应设置人工照明装置，并应符合下列规定：

　1 疏散走道及楼梯应设置应急照明灯具及灯光疏散指示标志。

14.《数据中心设计规范》GB 50174—2017

1 总　则

1.0.1 为规范数据中心的设计,确保电子信息系统安全、稳定、可靠地运行,做到技术先进、经济合理、安全适用、节能环保,制定本规范。

1.0.2 本规范适用于新建、改建和扩建的数据中心的设计。

1.0.4 数据中心的设计除应符合本规范外,尚应符合国家现行有关标准的规定。

2 术语和符号

2.1 术　语

2.1.4 支持区　support area

为主机房、辅助区提供动力支持和安全保障的区域,包括变配电室、柴油发电机房、电池室、空调机房、动力站房、不间断电源系统用房、消防设施用房等。

6 建筑与结构

6.3 围护结构热工设计和节能措施

6.3.2 数据中心围护结构的材料选型应满足保温、隔热、防火、防潮、少产尘等要求。外墙、屋面热桥部位的内表面温度不应低于室内空气露点温度。

8 电　气

8.1 供配电

8.1.11 电子信息设备的电源连接点应与其他设备的电源连接点严格区别,并应有明显标识。

8.1.12 A级数据中心应由双重电源供电,并应设置备用电源。备用电源宜采用独立于正常电源的柴油发电机组,也可采用供电网络中独立于正常电源的专用馈电线路。当正常电源发生故障时,备用电源应能承担数据中心正常运行所需要的用电负荷。

8.1.13 B级数据中心宜由双重电源供电,当只有一路电源时,应设置柴油发电机组作为备用电源。

8.2 照　明

8.2.5 主机房和辅助区应设置备用照明,备用照明的照度值不应低于一般照明照度值的10%;有人值守的房间,备用照明的照度值不应低于一般照明照度值的50%;备用照明可为一般照明的一部分。

8.2.6 数据中心应设置通道疏散照明及疏散指示标志灯,主机房通道疏散照明的照度值不应低于5lx,其他区域通道疏散照明的照度值不应低于1lx。

11 智能化系统

11.1 一般规定

11.1.1 数据中心应设置总控中心、环境和设备监控系统、安全防范系统、火灾自动报警系统、数据中心基础设施管理系统等智能化系统,各系统的设计应根据机房的等级,按本规范附录A执行,并应符合现行国家标准《智能建筑设计标准》GB 50314、《安全防范工程技术规范》GB 50348、《火灾自动报警系统设计规范》GB 50116、《视频显示系统工程技术规范》GB 50464的有关规定。

11.3 安全防范系统

11.3.2 火灾等紧急情况时,出入口控制系统应能接受相关系统的联动控制信号,自动打开疏散通道上的门禁系统。

12 给水排水

12.1 一般规定

12.1.2 数据中心内安装有自动喷水灭火设施、空调机和加湿器的房间,地面应设置挡水和排水设施。

12.2 管道敷设

12.2.4 数据中心内的给排水管道及其保温材料应采用不低于B_1级的材料。

13 消防与安全

13.1 一般规定

13.1.1 数据中心防火和灭火系统设计应符合现行国家标准《建筑设计防火规范》GB 50016、《气体灭火系统设计规范》GB 50370、《细水雾灭火系统技术规范》GB 50898和《自动喷水灭火系统设计规范》GB 50084的规定,并应按本规范附录A执行。

13.1.4 总控中心等长期有人工作的区域应设置自动喷水灭火系统。

13.1.5 数据中心应设置火灾自动报警系统,并应符合现行国家标准《火灾自动报警系统设计规范》GB 50116的有关规定。

13.1.6 数据中心应设置室内消火栓系统和建筑灭火器,室内消火栓系统宜配置消防软管卷盘。

13.2 防火与疏散

13.2.1 数据中心的耐火等级不应低于二级。

13.2.2 当数据中心按照厂房进行设计时，数据中心的火灾危险性分类应为丙类，数据中心内任一点到最近安全出口的直线距离不应大于表13.2.2的规定。当主机房设有高灵敏度的吸气式烟雾探测火灾报警系统时，主机房内任一点到最近安全出口的直线距离可增加50%。

表13.2.2 数据中心内任一点到最近安全出口的最大直线距离（m）

单层	多层	高层	地下室、半地下室
80	60	40	30

13.2.3 当数据中心按照民用建筑设计时，直通疏散走道的房间疏散门至最近安全出口的直线距离不应大于表13.2.3-1的规定。各房间内任一点至房间直通疏散走道的疏散门的直线距离不应大于表13.2.3-2的规定。建筑内全部采用自动灭火系统时，采用自动喷水灭火系统的区域，安全疏散距离可增加25%。

表13.2.3-1 直通疏散走道的房间疏散门至最近安全出口的最大直线距离（m）

疏散门的位置	单层、多层	高层
位于两个安全出口之间的疏散门	40	40
位于袋形走道两侧或尽端的疏散门	22	20

表13.2.3-2 房间内任一点至房间直通疏散走道的疏散门的最大直线距离（m）

单层、多层	高层
22	20

13.2.4 当数据中心与其他功能用房在同一个建筑内时，数据中心与建筑内其他功能用房之间应采用耐火极限不低于2.0h的防火隔墙和1.5h的楼板隔开，隔墙上开门应采用甲级防火门。

13.2.5 建筑面积大于120m²的主机房，疏散门不应少于两个，并应分散布置。建筑面积不大于120m²的主机房，或位于袋形走道尽端、建筑面积不大于200m²的主机房，且机房内任一点至疏散门的直线距离不大于15m，可设置一个疏散门，疏散门的净宽度不应小于1.4m。主机房的疏散门应向疏散方向开启，应自动关闭，并应保证在任何情况下均能从机房内开启。走廊、楼梯间应畅通，并应有明显的疏散指示标志。

13.2.6 主机房的顶棚、壁板和隔断应为不燃烧体，且不得采用有机复合材料。地面及其他装修应采用不低于B₁级的装修材料。

13.2.7 当单罐柴油容量不大于50m³，总柴油储量不大于200m³时，直埋地下的卧式柴油储罐与建筑物和园区道路之间的最小防火间距除应符合表13.2.7的规定外，并应符合现行国家标准《建筑设计防火规范》GB 50016、《汽车加油加气站设计与施工规范》GB 50156和《石油化工企业设计防火规范》GB 50160的有关规定。

表13.2.7 直埋地下的柴油卧式储罐与建筑物和园区道路之间的最小防火间距

柴油种类及储量V (m³)	防火间距（m）						
	建筑物					从储油罐边沿到园区道路边沿	
	一、二级			三级	四级	主要道路	次要道路
	高层民用建筑	高层厂房	裙房/其他建筑				
闪点≥45℃ 1≤V<50	20	13	6	7.5	10	3	3
闪点≥45℃ 50≤V<200	25	13	7.5	10	12.5	3	3
闪点≥55℃ 5≤V≤200	20	13	6	7.5	10	3	3

13.3 消防设施

13.3.1 采用管网式气体灭火系统或细水雾灭火系统的主机房，应同时设置两组独立的火灾探测器，火灾报警系统应与灭火系统和视频监控系统联动。

13.3.2 采用全淹没方式灭火的区域，灭火系统控制器应在灭火设备动作之前，联动控制关闭房间内的风门、风阀，并应停止空调机、排风机，切断非消防电源。

13.3.3 采用全淹没方式灭火的区域应设置火灾警报装置，防护区外门口上方应设置灭火显示灯。灭火系统的控制箱（柜）应设置在房间外便于操作的地方，并应有保护装置防止误操作。

13.3.4 当数据中心与其他功能用房合建时，数据中心内的自动喷水灭火系统应设置单独的报警阀组。

13.3.5 数据中心内，建筑灭火器的设置应符合现行国家标准《建筑灭火器配置设计规范》GB 50140的有关规定。

13.4 安全措施

13.4.1 设置气体灭火系统的主机房，应配置专用空气呼吸器或氧气呼吸器。

13.4.2 数据中心应采取防鼠害和防虫害措施。

15.《冰雪景观建筑技术标准》GB 51202—2016

4 冰雪景观建筑设计

4.2 景区规划设计

4.2.1 景区选址应符合下列规定：

2 景区应满足展示功能要求，并应具备设置大型停车场地，保证人流集中、疏散安全的条件；

4.2.6 景区应设置应急指示标志，规划紧急疏散通道、防火通道，制定应急预案和抢险措施。

16.《体育场馆公共安全通用要求》GB 22185—2008

3 术语和定义

3.5 洁净气体灭火剂

具有良好电绝缘性、易挥发的或气态的灭火材料,其在挥发后不留残余物。

3.6 疏散指示标志

用于指示疏散方向和(或)位置、引导人员疏散的标识物,一般由疏散通道方向标志和/或疏散出口标志组成。

3.7 疏散导流标志

疏散指示标志的一种,能保持疏散人员视觉连续并引导人员通向疏散出口和安全出口的疏散指示标识物。

3.8 蓄光型消防安全疏散标志

通过光源照射,并在光源消失后仍能在规定时间内自发光的消防安全疏散标识物。

5 体育场馆风险等级、防护级别及安全防护系统的配置

5.3 各防护级别安全防护系统配置

各防护级别应按要求配置安全防护系统,具体见表3。

表3 各防护级别安全防护系统的配置

防护系统名称	子系统名称	一级防护的配置		二级防护的配置		三级防护的配置	
		应设置	宜设置	应设置	宜设置	应设置	宜设置
管理系统	安全管理/应急指挥中心	√		√			√
消防系统	火灾自动报警	√		√		√	
	自动灭火	√		√			
	消火栓及附属设施	√		√		√	
	紧急广播	√		√		√	
	其他消防设施	√		√			
安防系统	入侵报警	√		√		√	
	视频安防监控	√		√		√	
	停车库(场)及场馆道路智能管理	√		√			√
	实体防护设施	√		√		√	
	出入口控制		√	√		√	
	电子巡查		√	√		√	
	防爆安全检查		√	√			
	声音复核		√	√			

续表3

防护系统名称	子系统名称	一级防护的配置		二级防护的配置		三级防护的配置	
		应设置	宜设置	应设置	宜设置	应设置	宜设置
其他系统	疏散引导	√		√		√	
	有线和无线通讯	√		和/或		或	
	竞赛信息处理	√		√			
	防雷及接地	√		√		√	
	电子售检票		√		√		

注:配置项中的选项分为"应设置"、"宜设置",其中打"√"的为应选项,对于三级防护配置中两选项为空白的,是自由选项,即可选其中之一或两项都不选。

6 体育场馆公共安全防护系统的基本要求

6.1 消防安全系统

6.1.1 消防安全系统包括火灾自动报警子系统、自动灭火子系统、消火栓及附属设施、紧急广播子系统、防火封堵及其他消防设施。

6.1.2 消防安全系统的设计和建设除应符合现行国家消防法规及 GB 50016—2006 和 JGJ 31—2003 的要求外(见附录A),还应符合以下要求:

a) 观众厅、比赛厅或训练厅等区域内各种墙体和楼板上的孔洞应做防火封堵处理,防火封堵处理系统墙体的耐火极限应不低于3.0h,楼板的耐火极限应不低于1.5h。

b) 比赛和训练建筑的照明控制室、声控室、配电室、发电机房、空调机房、重要库房、控制中心等部位,应采用耐火墙体、耐火楼板、耐火孔洞、耐火门窗和/或设自动水喷淋、自动气体灭火等系统作为防火保护措施。自动水喷淋灭火系统应符合 GB 50084—2001(2005年版)的有关要求。

8 疏散引导及标志子系统

8.1 疏散引导子系统

8.1.1 疏散引导子系统应能适应现代体育场馆规模性和复杂性的要求,疏散引导标志应在观众进场与出场时均能起到醒目引导作用。

8.1.2 观众席的安全出口上方和疏散走道出口、转折处应设疏散标志灯。疏散走道内应设疏散指示标志。疏散路线的疏散指示、导向标志灯、疏散标志灯,必须满足疏散时视觉连

续的需要。

8.1.3 疏散引导子系统,包括标识,如:文字、颜色、图形、走道、楼梯、疏散门等的要求以及缓冲区的确定应符合 JGJ 31—2003 中 8.2 等有关条款的要求。

8.1.4 疏散引导子系统应与视频安防监控、紧急广播、应急照明、停车库(场)及场馆道路智能管理等子系统有机配合使用。

8.2 标志的设置

8.2.1 消防安全疏散标志应设在醒目位置,不应设置在经常被遮挡的位置,疏散出口、安全出口等疏散指示标志不应设置在可开启的门、窗扇上或其他可移动的物体上。

8.2.2 疏散走道上的消防安全疏散指示标志(不含设置在地面上的消防安全疏散指示标志或疏散导流带)宜设置在疏散走道及其转角处距地面高度 1.0m 以下的墙面或地面上,且应符合下列要求:

    a) 当设置在墙面上时,其间距不应大于 10m;
    b) 当设置在地面上时,其间距不应大于 5m;
    c) 当与疏散导流标志联合设置时,其底边应高于疏散导流标志上边缘 5cm;
    d) 当联合设置电光源型和蓄光型标志时,电光源型标志的间距应符合本标准 8.3.2 中 d) 项的规定,蓄光型标志的间距应符合视觉连续的要求。

附录 A (规范性附录) 体育场馆的防火设计要求

A1 体育建筑主体结构设计使用年限和建筑物耐火等级

体育建筑等级应根据其使用要求分级,不同等级体育建筑结构设计使用年限和耐火等级应符合表 A.1 的规定。

表 A.1 体育建筑结构设计使用年限和建筑物耐火等级

等级	主要使用要求	主体结构设计使用年限	耐火等级
特级	举办亚运会、奥运会及世界级比赛主场	>100 年	不低于一级
甲级	举办全国性和国际单项比赛	50 年~100 年	不低于二级
乙级	举办地区性和全国单项比赛	50 年~100 年	不低于二级
丙级	举办地方性、群众性运动会	25 年~50 年	不低于二级

[JGJ 31—2003 中 1.0.8]

建筑物的耐火等级分为四级,其构件的燃烧性能和耐火极限应不低于表 A.2 的规定。

表 A.2 建筑物构件的燃烧性能和耐火极限 单位为小时

构件名称		耐火等级			
		一级	二级	三级	四级
墙	防火墙	不燃烧体 3.00	不燃烧体 3.00	不燃烧体 3.00	不燃烧体 3.00
	承重墙	不燃烧体 3.00	不燃烧体 2.50	不燃烧体 23.00	难燃烧体 0.50

续表 A.2

构件名称		耐火等级			
		一级	二级	三级	四级
墙	非承重外墙	不燃烧体 1.00	不燃烧体 1.00	不燃烧体 0.50	燃烧体
	楼梯间的墙、电梯井的墙	不燃烧体 2.00	不燃烧体 2.00	不燃烧体 1.50	难燃烧体 0.50
	疏散走道两侧的隔墙	不燃烧体 1.00	不燃烧体 1.00	不燃烧体 0.50	难燃烧体 0.25
	房间隔墙	不燃烧体 0.75	不燃烧体 0.50	不燃烧体 0.50	难燃烧体 0.25
柱		不燃烧体 3.00	不燃烧体 2.50	不燃烧体 2.00	难燃烧体 0.50
梁		不燃烧体 2.00	不燃烧体 1.50	不燃烧体 1.00	难燃烧体 0.50
楼板		不燃烧体 1.50	不燃烧体 1.00	不燃烧体 0.50	燃烧体
屋顶承重构件		不燃烧体 1.50	不燃烧体 1.00	燃烧体	燃烧体
疏散楼梯		不燃烧体 1.50	不燃烧体 1.00	不燃烧体 0.50	燃烧体
吊顶(包括吊顶搁栅)		不燃烧体 0.25	难燃烧体 0.25	难燃烧体 0.15	燃烧体

注 1:以木柱承重且以非燃烧材料作为墙体的建筑物,其耐火等级按四级确定。

注 2:二级耐火等级的建筑吊顶采用不燃烧体时,其耐火极限不限。

注 3:在二级耐火等级的建筑中,面积不超过 100m² 的房间隔墙,如执行本表的规定有困难时,可采用耐火极限不低于 0.3h 的不燃烧体。

注 4:一、二级耐火等级民用建筑疏散走道两侧的隔墙,按本表规定执行有困难时,可采用 0.75h 不燃烧体。

[GB 50016—2006 中表 5.1.1]

A2 体育建筑的防火设计

A2.1 消防安全设计

消防安全除应按照现行国家消防法规及 GB 50016—2006 执行外,还应符合以下规定:

    a) 体育建筑防火分区尤其是比赛大厅、训练厅和观众休息厅等大空间处应结合建筑布局、功能分区和使用要求加以划分,并应报当地公安消防部门认定;
    b) 观众厅、比赛厅或训练厅的安全出口应设置乙级防火门;
    c) 位于地下室的训练用房应按规定设置足够的安全出口;
    d) 比赛和训练建筑的照明控制室、声控室、配电室、发电机房、空调机房、重要库房、控制中心等部位,应采用耐火墙体、耐火楼板、耐火孔洞、耐火门窗和/或设自动水喷淋、自动气体等灭火系统应作为防火保护措施。自动水喷淋灭火系统应符合 GB 50084—2001（2005 年版）的有关要求；

e) 比赛、训练大厅设有直接对外开口时，应满足自然排烟的条件；没有直接对外开口的或无外窗的地下训练室、贵宾室、裁判员室、重要库房、设备用房等应设机械排烟系统；

f) 有特殊消防需要的体育场馆应按照现行国家消防法规执行。

A.2.2 看台结构的耐火要求

室内、外观众看台结构的耐火等级，应与表 1 规定的建筑等级和耐久年限相一致，室外观众看台上面的罩棚结构的金属构件可无防火保护，其屋面板可采用经阻燃处理的燃烧材料。

A.2.3 墙面装修和顶棚的耐火要求

用于比赛、训练大厅的室内墙面装修和顶棚（包括吸声、隔热和保温处理）应采用不燃烧材料，当此场所内设有火灾自动灭火系统和火灾自动报警系统时，室内墙面和顶棚装修可采用难燃烧材料。

固定座位应采用烟密度指数 50 以下的难燃烧材料制作，地面可采用不低于难燃等级的材料制作。

A.2.5 马道的设置与防火要求

比赛、训练大厅的顶棚内可根据顶棚结构、检修要求、顶棚高度等因素设置马道，其宽度不应小于 0.65m，马道应采用不燃烧材料，其垂直交通可采用钢质梯。

A.2.6 重要机房、监控中心（室）的防火要求

比赛和训练建筑的照明控制室、声控室、配电室、发电机房、空调机房、重要库房、消防控制室（中心）等部位，按不同的防护级别采取不同的防护措施。

对于一级防护级别的场所，应同时采取下列措施作为防火保护：

a) 应采用耐火极限不低于 3.0h 的墙体和耐火极限不小于 1.5h 的楼板，同其他部位分隔的门、窗耐火极限不应低于 1.2h。

b) 应做防火封堵处理，防火封堵处理后的墙体和楼板的耐火极限应分别不低于 3.0h 和 1.5h。

c) 设自动喷水灭火系统。当不宜设水系统时，可设气体自动灭火系统，但不应采用卤代烷 1211 和 1301 灭火系统。应采用洁净气体或二氧化碳灭火系统。

对于二级防护级别和三级防护级别的场所，应采取下列措施中的一种作为防火保护：

a) 采用耐火极限不低于 2.0h 的墙体和耐火极限不小于 1.5h 的楼板，同其他部位分隔的门、窗耐火极限不应低于 1.2h。

b) 设自动喷水灭火系统。当不宜设水系统时，可设气体自动灭火系统，但不得采用卤代烷 1211 和卤代烷 1301 灭火系统。应采用洁净气体或二氧化碳灭火系统。

A.3 消防设施要求

A.3.1 消火栓的设置

消火栓应按 GB 50016—2006 的规定设置。消火栓宜设在门厅、休息厅、观众厅的主要入口及靠近楼梯的明显位置。

A.3.2 自动喷水灭火系统的设置

贵宾室、器材库、运动员休息室等应按 GB 50016—2006 中对体育馆的规定设置自动喷水灭火系统，可按 GB 50084—2001（2005 版）的中危险级 I 级设计；

赛后用做其他用途的房间，应按平时使用功能确定设置自动喷水灭火系统。

A.4 其他消防要求

甲级以上体育馆中当消火栓、自动喷水灭火系统还不能满足消防要求时，应设其他可行的自动灭火设施。消防设施的设置可参照 GB 50140—2005 及 GB 50338—2003 的相关要求执行。

有特殊消防需要的体育场馆应按现行国家消防规范执行，并应报当地消防监督部门认定。

17.《汽车加油加气加氢站技术标准》GB 50156—2021

3 基本规定

3.0.7 CNG加气站与天然气输气管道场站合建站的设计与施工,除应符合本标准的规定外,尚应符合现行国家标准《石油天然气工程设计防火规范》GB 50183 的有关规定。

4 站址选择

4.0.1 汽车加油加气加氢站的站址选择应符合有关规划、环境保护和防火安全的要求,并应选在交通便利、用户使用方便的地点。

4.0.4 加油站、各类合建站中的汽油、柴油工艺设备与站外建(构)筑物的安全间距,不应小于表4.0.4的规定。

表4.0.4 汽油(柴油)工艺设备与站外建(构)筑物的安全间距(m)

站外建(构)筑物		站内汽油(柴油)工艺设备			
		埋地油罐			加油机、油罐通气管口、油气回收处理装置
		一级站	二级站	三级站	
重要公共建筑物		35 (25)	35 (25)	35 (25)	35 (25)
明火地点或散发火花地点		21 (12.5)	17.5 (12.5)	12.5 (10)	12.5 (10)
民用建筑物保护类别	一类保护物	17.5 (6)	14 (6)	11 (6)	11 (6)
	二类保护物	14 (6)	11 (6)	8.5 (6)	8.5 (6)
	三类保护物	11 (6)	8.5 (6)	7 (6)	7 (6)
甲、乙类物品生产厂房、库房和甲、乙类液体储罐		17.5 (12.5)	15.5 (11)	12.5 (9)	12.5 (9)
丙、丁、戊类物品生产厂房、库房和丙类液体储罐以及单罐容积不大于 $50m^3$ 的埋地甲、乙类液体储罐		12.5 (9)	11 (9)	10.5 (9)	10.5 (9)
室外变配电站		17.5 (15)	15.5 (12.5)	12.5 (12.5)	12.5 (12.5)
铁路、地上城市轨道线路		15.5 (15)	15.5 (15)	15.5 (15)	15.5 (15)
城市快速路、主干路和高速公路、一级公路、二级公路		7 (3)	5.5 (3)	5.5 (3)	5 (3)
城市次干路、支路和三级公路、四级公路		5.5 (3)	5 (3)	5 (3)	5 (3)
架空通信线路		1.0 (0.75) H,且≥5m	5 (5)	5 (5)	5 (5)
架空电力线路	无绝缘层	1.5 (0.75) H,且≥6.5m	1.0 (0.75) H,且≥6.5m	6.5 (6.5)	6.5 (6.5)
	有绝缘层	1.0 (0.5) H,且≥5m	0.75 (0.5) H,且≥5m	5 (5)	5 (5)

注:1 表中括号内数字为柴油设备与站外建(构)筑物的安全间距。站内汽油工艺设备是指设置有卸油和加油油气回收系统的工艺设备。
  2 室外变配电站指电力系统电压为35kV～500kV,且每台变压器容量在10MV·A以上的室外变配电站,以及工业企业的变压器总油量大于5t的室外降压变电站。其他规格的室外变配电站或变压器应按丙类物品生产厂房确定。
  3 汽油设备与重要公共建筑物的主要出入口(包括铁路、地铁和二级及以上公路的隧道出入口)的安全间距尚不应小于50m。
  4 一、二级耐火等级民用建筑物面向加油站一侧的墙为无门窗洞口的实体墙时,油罐、加油机和通气管管口与该民用建筑物的距离,不应低于本表规定的安全间距的70%,且不应小于6m。
  5 表中一级站、二级站、三级站包括合建站的级别。
  6 H 为架空通信线路和架空电力线路的杆高或塔高。

4.0.5 LPG加气站、加油加气合建站中的LPG设备与站外建（构）筑物的安全间距，不应小于表4.0.5的规定。

表4.0.5 LPG设备与站外建（构）筑物的安全间距（m）

站外建（构）筑物		地上（埋地）LPG储罐			LPG卸车点	LPG放空管管口	LPG加气机、LPG泵（房）、LPG压缩机（间）
		一级站	二级站	三级站			
重要公共建筑物		100（100）	100（100）	100（100）	100	100	100
明火地点或散发火花地点		45（30）	38（25）	33（18）	25	18	18
民用建筑物保护类别	一类保护物	45（30）	38（25）	33（18）	25	18	18
	二类保护物	35（20）	28（16）	22（14）	16	14	14
	三类保护物	25（15）	22（13）	18（11）	13	11	11
甲、乙类物品生产厂房、库房和甲、乙类液体储罐		45（25）	45（22）	40（18）	22	20	20
丙、丁、戊类物品生产厂房、库房和丙类液体储罐，以及单罐容积不大于50m³的埋地甲、乙类液体储罐		32（18）	32（16）	28（15）	16	14	14
室外变配电站		45（25）	45（22）	40（18）	22	20	20
铁路、地上城市轨道线路		45（22）	45（22）	45（22）	22	22	22
城市快速路、主干路和高速公路、一级公路、二级公路		15（10）	13（8）	11（8）	8	8	6
城市次干路、支路和三级公路、四级公路		12（8）	11（6）	10（6）	6	6	5
架空通信线路		1.5（1.0）H	1.0（0.75）H	1.0（0.75）H	0.75H		
架空电力线路	无绝缘层	1.5（1.5）H	1.5（1.0）H	1.5（1.0）H	1.0H		
	有绝缘层	1.5（1.0）H	1.0（0.75）H	1.0（0.75）H	0.75H		

注：1 表中括号内数字为埋地LPG储罐与站外建（构）筑物的安全间距。
　　2 室外变配电站指电力系统电压为35kV～500kV，且每台变压器容量在10MV·A以上的室外变配电站，以及工业企业的变压器总油量大于5t的室外降压变电站。其他规格的室外变配电站或变压器应按丙类物品生产厂房确定。
　　3 液化石油气设备与站外一、二、三类保护物地下室的出入口、门窗的距离，应按本表一、二、三类保护物的安全间距增加不低于50%。
　　4 一、二级耐火等级民用建筑物面向加气站一侧的墙为无门窗洞口实体墙时，LPG设备与该民用建筑物的距离不应低于本表规定的安全间距的70%。
　　5 容量小于或等于10m³的地上LPG储罐整体装配式的加气站，其罐与站外建（构）筑物的距离不应低于本表三级站的地上罐安全间距的80%，且不应小于11m。
　　6 LPG储罐与站外建筑面积不超过200m²的独立民用建筑物的距离，不应低于本表三类保护物安全间距的80%，且不应小于三级站的安全间距。
　　7 表中一级站、二级站、三级站包括合建站的级别。
　　8 H为架空通信线路和架空电力线路的杆高或塔高。

4.0.6 CNG加气站、各类合建站中的CNG工艺设备与站外建（构）筑物的安全间距，不应小于表4.0.6的规定。

表4.0.6 CNG工艺设备与站外建（构）筑物的安全间距（m）

站外建（构）筑物		站内CNG工艺设备		
		储气瓶	集中放空管管口	储气井、加（卸）气设备、脱硫脱水设备、压缩机（间）
重要公共建筑物		50	30	30
明火地点或散发火花地点		30	25	20
民用建筑物保护类别	一类保护物	30	25	20
	二类保护物	20	20	14
	三类保护物	18	15	12

续表 4.0.6

站外建（构）筑物	站内CNG工艺设备		
	储气瓶	集中放空管管口	储气井、加（卸）气设备、脱硫脱水设备、压缩机（间）
甲、乙类物品生产厂房、库房和甲、乙类液体储罐	25	25	18
丙、丁、戊类物品生产厂房、库房和丙类液体储罐以及单罐容积不大于$50m^3$的埋地甲、乙类液体储罐	18	18	13
室外变配电站	25	25	18
铁路、地上城市轨道线路	30	30	22
城市快速路、主干路和高速公路、一级公路、二级公路	12	10	6
城市次干路、支路和三级公路、四级公路	10	8	5
架空通信线路	1.0H	0.75H	0.75H
架空电力线路　无绝缘层	1.5H	1.5H	1.0H
架空电力线路　有绝缘层	1.0H	1.0H	1.0H

注：1 室外变配电站指电力系统电压为35kV～500kV，且每台变压器容量在100MV·A以上的室外变配电站，以及工业企业的变压器总油量大于5t的室外降压变电站。其他规格的室外变配电站或变压器应按丙类物品生产厂房确定。
2 与重要公共建筑物的主要出入口（包括铁路、地铁和二级及以上公路的隧道出入口）的安全间距尚不应小于50m。
3 长管拖车固定停车位与站外建（构）筑物的防火间距，应按本表储气瓶的安全间距确定。
4 一、二级耐火等级民用建筑物面向加气站一侧的墙为无门窗洞口实体墙时，站内CNG工艺设备与该民用建筑物的距离，不应低于本表规定的安全间距的70%。
5 H为架空通信线路和架空电力线路的杆高或塔高。

4.0.7 LNG加气站、各类合建站中的LNG工艺设备与站外建（构）筑物的安全间距，不应小于表4.0.7的规定。

表 4.0.7 LNG工艺设备与站外建（构）筑物的安全间距（m）

站外建（构）筑物	站内LNG工艺设备			
	地上LNG储罐			放空管管口、LNG加气机、LNG卸车点
	一级站	二级站	三级站	
重要公共建筑物	80	80	80	50
明火地点或散发火花地点	35	30	25	25
民用建筑保护物类别　一类保护物	35	30	25	25
民用建筑保护物类别　二类保护物	25	20	16	16
民用建筑保护物类别　三类保护物	18	16	14	14
甲、乙类生产厂房、库房和甲、乙类液体储罐	35	30	25	25
丙、丁、戊类物品生产厂房、库房和丙类液体储罐，以及单罐容积不大于$50m^3$的埋地甲、乙类液体储罐	25	22	20	20
室外变配电站	40	35	30	30
铁路、地上城市轨道线路	80	60	50	50
城市快速路、主干路和高速公路、一级公路、二级公路	12	10	8	8
城市次干路、支路和三级公路、四级公路	10	8	8	6
架空通信线路	1.0H	0.75H		0.75H

续表 4.0.7

站外建（构）筑物		站内LNG工艺设备			
		地上LNG储罐			放空管管口、LNG加气机、LNG卸车点
		一级站	二级站	三级站	
架空电力线路	无绝缘层	1.5H	1.5H		1.0H
	有绝缘层	1.5H	1.0H		0.75H

注：1 室外变配电站指电力系统电压为35kV～500kV，且每台变压器容量在10MV·A以上的室外变配电站，以及工业企业的变压器总油量大于5t的室外降压变电站。其他规格的室外变配电站或变压器应按丙类物品生产厂房确定。
  2 地下LNG储罐和半地下LNG储罐与站外建（构）筑物的距离，分别不应低于本表地上LNG储罐的安全间距的70%和80%，且不应小于6m。
  3 一、二级耐火等级民用建筑物面向加气站一侧的墙为无门窗洞口实体墙时，站内LNG设备与该民用建筑物的距离，不应低于本表规定的安全间距的70%。
  4 LNG储罐、放空管管口、加气机、LNG卸车点与站外建筑面积不超过200m² 的独立民用建筑物的距离，不应低于本表的三类保护物的安全间距的80%。
  5 表中一级站、二级站、三级站包括合建站的级别。
  6 H 为架空通信线路和架空电力线路的杆高或塔高。

4.0.8 加氢合建站中的氢气工艺设备与站外建（构）筑物的安全间距，不应小于表4.0.8的规定。

表4.0.8 加氢合建站中的氢气工艺设备与站外建（构）筑物的安全间距（m）

项目名称		储氢容器（液氢储罐）			放空管管口	氢气储气井、氢气压缩机、加氢机、氢气卸气柱、氢气冷却器、液氢卸车点
		一级站	二级站	三级站		
重要公共建筑物		50（50）	50（50）	50（50）	35	35
明火或散发火花地点		40（35）	35（30）	30（25）	30	20
民用建筑物保护类别	一类保护物	35（30）	30（25）	25（20）	25	20
	二类保护物	30（25）	25（20）	20（16）	20	14
	三类保护物	30（18）	25（16）	20（14）	20	12
甲、乙类物品生产厂房、库房和甲、乙类液体储罐		35（35）	30（30）	25（25）	25	18
丙、丁、戊类物品生产厂房、库房和丙类液体储罐以及单罐容积不大于50m³的埋地甲、乙类液体储罐		25（25）	20（20）	15（15）	15	12
室外变配电站		35（35）	30（30）	25（25）	25	18
铁路、地上城市轨道线路		25（25）	25（25）	25（25）	25	22
城市快速路、主干路和高速公路、一级公路、二级公路		15（12）	15（10）	15（8）	15	6
城市次干路、支路和三级公路、四级公路		10（10）	10（8）	10（8）	10	5
架空通信线路		1.0H			0.75H	
架空电力线路	无绝缘层	1.5H			1.0H	
	有绝缘层	1.0H			1.0H	

注：1 加氢设施的橇装工艺设备与站外建（构）筑物的防火距离，应按本表相应设备的防火间距确定。
  2 氢气长管拖车、管束式集装箱与站外建（构）筑物的防火距离，应按本表储氢容器的防火距离确定。
  3 表中一级站、二级站、三级站包括合建站的级别。
  4 当表中的氢气工艺设备与站外建（构）筑物之间设置有符合本标准第10.7.15条规定的实体防护墙时，相应安全间距（对重要公共建筑物除外）不应低于本表规定的安全间距的50%，且不应小于8m，氢气储气井、氢气压缩机间（箱）、加氢机、液氢卸车点与城市道路的安全间距不应小于5m。
  5 表中氢气设备工作压力大于45MPa时，氢气设备与站外建（构）筑物（不含架空通信线路和架空电力线路）的安全间距应按本表安全间距增加不低于20%。
  6 液氢工艺设备与明火或散发火花地点的距离小于35m时，两者之间应设置高度不低于2.2m的实体墙。
  7 表中括号内数字为液氢储罐与站外建（构）筑物的安全间距。
  8 H 为架空通信线路和架空电力线路的杆高或塔高。

4.0.9 本标准表4.0.4~表4.0.8中，设备或建（构）筑物的计算间距起止点应符合本标准附录A的规定。

4.0.10 本标准表4.0.4~表4.0.8中，重要公共建筑物及民用建筑物保护类别划分应符合本标准附录B的规定。

4.0.11 本标准表4.0.4~表4.0.8中，"明火地点"和"散发火花地点"的定义及"甲、乙、丙、丁、戊类物品"和"甲、乙、丙类液体"的划分应符合现行国家标准《建筑设计防火规范》GB 50016的有关规定。

4.0.12 架空电力线路不应跨越汽车加油加气加氢站的作业区。架空通信线路不应跨越加气站、加氢合建站中加氢设施的作业区。

4.0.13 与汽车加油加气加氢站无关的可燃介质管道不应穿越汽车加油加气加氢站用地范围。

5 站内平面布置

5.0.1 车辆入口和出口应分开设置。

5.0.2 站区内停车位和道路应符合下列规定：

1 站内车道或停车位宽度应按车辆类型确定。CNG加气母站内单车道或单车停车位宽度不应小于4.5m，双车道或双车停车位宽度不应小于9m；其他类型汽车加油加气加氢站的车道或停车位，单车道或单车停车位宽度不应小于4m，双车道或双车停车位宽度不应小于6m。

2 站内的道路转弯半径应按行驶车型确定，且不宜小于9m。

3 站内停车位应为平坡，道路坡度不应大于8%，且宜坡向站外。

4 作业区内的停车场和道路路面不应采用沥青路面。

5.0.3 作业区与辅助服务区之间应有界线标识。

5.0.5 加油加气加氢站作业区内，不得有"明火地点"或"散发火花地点"。

5.0.6 柴油尾气处理液加注设施的布置应符合下列规定：

1 不符合防爆要求的设备应布置在爆炸危险区域之外，且与爆炸危险区域边界线的距离不应小于3m；

3 当柴油尾气处理液的储液箱（罐）或橇装设备布置在加油岛上时，容量不得超过1.2m³，且储液箱（罐）或橇装设备应在岛的两侧边缘100mm和岛端1.2m以内布置。

5.0.7 电动汽车充电设施应布置在辅助服务区内。

5.0.8 加油加气加氢站的变配电间或室外变压器应布置在作业区之外。变配电间的起算点应为门窗等洞口。

5.0.9 站房不应布置在爆炸危险区域。站房部分位于作业区内时，建筑面积等应符合本标准第14.2.10条的规定。

5.0.10 当汽车加油加气加氢站内设置非油品业务建筑物或设施时，不应布置在作业区内，与站内可燃液体或可燃气体设备的防火间距，应符合本标准第4.0.4条~第4.0.8条有关三类保护物的规定。当站内经营性餐饮、汽车服务、司机休息室等设施内设置明火设备时，应等同于"明火地点"或"散发火花地点"。

5.0.11 汽车加油加气加氢站内的爆炸危险区域，不应超出站区围墙和可用地界线。

5.0.12 汽车加油加气加氢站的工艺设备与站外建（构）筑物之间，宜设置不燃烧体实体围墙，围墙高度相对于站内和站外地坪均不宜低于2.2m。当汽车加油加气加氢站的工艺设备与站外建（构）筑物之间的距离大于本标准表4.0.4~表4.0.8中安全间距的1.5倍，且大于25m时，可设置非实体围墙。面向车辆入口和出口道路的一侧可设非实体围墙或不设围墙。与站区毗邻的一、二级耐火等级的站外建（构）筑物，其面向加油加气加氢站侧无门、窗、孔洞的外墙，可视为站区实体围墙的一部分，但站内工艺设备与其的安全距离应符合本标准表4.0.4~表4.0.8的相关规定。

5.0.13 加油加气加氢站站内设施的防火间距不应小于表5.0.13-1和表5.0.13-2的规定。

表5.0.13-1 加油站、LPG加气站、加油与LPG加气合建站站内设施的防火间距（m）

设施名称		汽油罐	柴油罐	汽油通气管管口	柴油通气管管口	加油机	油品卸车点	LPG地上罐 无固定喷淋装置	LPG地上罐 有固定喷淋装置	LPG埋地罐	LPG卸车点	LPG泵（房）、压缩机（间）	LPG加气机	消防泵房和取水口
汽油罐		0.5	0.5	—	—	—	—	不应合建	不应合建	3	5	5	4	10
柴油罐		0.5	0.5	—	—	—	—			3	3.5	3.5	3	7
汽油通气管管口		—	—	—	—	—	3			6	8	6	8	10
柴油通气管管口		—	—	—	—	—	2			4	6	4	6	7
加油机		—	—	—	—	—	—			4	6	4	6	6
油品卸车点		—	—	3	2	—	—			3	4	4	4	10
LPG地上罐	无固定喷淋装置	不应合建						D	D	×	8	8	8	30
	有固定喷淋装置	不应合建						D	D	×	6	6	6	20
LPG埋地罐		3	3	6	4	4	3	×	×	2	3	3	4	12
LPG卸车点		5	3.5	8	6	6	4	8	6	3	—	5	5	8
LPG泵（房）、压缩机（间）		5	3.5	6	4	4	4	8	6	4	5	—	4	8

续表 5.0.13-1

设施名称	汽油罐	柴油罐	汽油通气管管口	柴油通气管管口	加油机	油品卸车点	LPG地上罐 无固定喷淋装置	LPG地上罐 有固定喷淋装置	LPG埋地罐	LPG卸车点	LPG泵(房)、压缩机(间)	LPG加气机	消防泵房和取水口
LPG加气机	4	3	8	6	4	4	8	6	4	5	4	—	6
消防泵和取水口	10	7	10	7	6	10	30	20	12	8	8	6	—
站房	4	3	4	3.5	5(4)	5	8	8	6	6	6	5.5	—
自用燃煤锅炉房和燃煤厨房	12.5	10	12.5	10	12.5(10)	15	33	33	18	25	25	18	12
自用有燃气（油）设备的房间	8	6	8	6	8(6)	8	16	12	8	12	12	12	—
站区围墙	2	2	2	2	—	—	5	5	3	3	2	—	—

注：1 D 为LPG地上罐相邻较大罐的直径。
  2 括号内数值为对应于柴油加油机的相关间距。
  3 橇装式加油装置的油罐与站内设施的防火间距应按本表汽油罐、柴油罐增加不低于30%。
  4 LPG储罐放空管管口与LPG储罐距离不限，与站内其他设施的防火间距应按LPG埋地储罐确定。
  5 LPG泵和压缩机露天布置或布置在开敞的建筑物内时，起算点应为设备外缘；LPG泵和压缩机设置在非开敞的室内时，起算点应为该类设备所在建筑物的门窗等洞口。
  6 容量小于或等于10m³的地上LPG储罐的整体装配式加气站，其储罐与站内其他设施的防火间距不应低于本表地上储罐防火间距的80%。
  7 站房、有燃煤或燃气（油）等明火设备的房间的起算点应为门窗等洞口。站房内设置有变配电间时，变配电间的布置应符合本标准第5.0.8条的规定。
  8 表中"—"表示无防火间距要求，"×"表示该类设施不应合建。

表5.0.13-2 CNG加气站、LNG加气站、加油与CNG加气和LNG加气合建站站内设施的防火间距（m）

设施名称	CNG储气设施	CNG放空管管口	CNG加气机、加(卸)气柱	天然气压缩机(间)	天然气调压器(间)	天然气脱硫和脱水设备	LNG储罐	LNG放空管管口	LNG卸车点	LNG加气机	LNG潜液泵池	LNG柱塞泵	LNG高压气化器
汽油罐	6	6	4	6	6	5	10	6	6	4	6	6	5
柴油罐	4	4	3	4	4	3.5	8	6	6	4	6	6	5
汽油通气管管口	8	6	8	6	6	5	8	6	8	6	8	8	5
柴油通气管管口	6	4	6	4	4	3.5	8	6	6	4	6	6	5
油品卸车点	6	6	4	6	6	5	8	6	6	4	6	6	5
加油机	6	6	4	4	6	5	6	6	6	2	6	6	6
CNG储气设施	1.5(1)	—	—	—	—	—	4	3	6	6	6	6	3
CNG放空管管口							4	—	4	6	4	4	—
CNG加气机、加(卸)气柱							4	8	6	2	6	6	5
LNG储罐	4	4	4	4	4	4	2	—	2	2	—	—	3
LNG放空管管口	3	—	8	—	3	3	4		3				
LNG卸车点	6	4	6	3	3	3	2	3	—	—	—	2	4
LNG加气机	6	6	2	6	6	6	2						5
LNG潜液泵池	6	4	6	6	6	6							5
LNG柱塞泵	6	4	6	6	6	6	2		2				2
LNG高压气化器	3	—	5	6	6	6	3		4	5	5	2	
站房	5	5	5	5	5	5	6	8	6	6	6	6	8

续表 5.0.13-2

设施名称	CNG储气设施	CNG放空管管口	CNG加气机、加(卸)气柱	天然气压缩机(间)	天然气调压器(间)	天然气脱硫和脱水设备	LNG储罐	LNG放空管管口	LNG卸车点	LNG加气机	LNG潜液泵池	LNG柱塞泵	LNG高压气化器
消防泵房和消防水池取水口	6	6	6	8	8	15	15	12	15	15	15	15	15
自用燃煤锅炉房和燃煤厨房	25	15	18	25	25	25	25	15	25	18	25	25	25
自用有燃气(油)设备的房间	14	14	12	12	12	12	12	12	12	8	8	8	8
站区围墙	3	3	—	2	2	—	4	3	2	—	2	2	2

注：1 天然气压缩机（间）、天然气调压器（间）、天然气脱硫和脱水设备之间无防火间距要求。
2 加油设备之间及加油设备与站房等建（构）筑物的防火间距应符合本标准表5.0.13-1的规定。
3 CNG加气站的橇装设备、LNG加气站的橇装设备与站内其他设施的防火间距，应按本表相应设备的防火间距确定。
4 括号内数值为储气井与储气井的间距。
5 天然气压缩机、天然气调压器、天然气脱硫和脱水设备露天布置或布置在开敞的建筑物内时，起算点应为设备外缘；天然气压缩机、天然气调压器设置在非开敞的室内时，起算点应为该类设备所在建筑物的门窗等洞口。
6 站房、有燃煤或燃气（油）等明火设备的房间的起算点应为门窗等洞口。站房内设置有变配电间时，变配电间的布置应符合本标准第5.0.8条的规定。
7 站房、自用燃煤锅炉房和燃煤厨房、自用有燃气（油）设备的房间、站区围墙之间无防火间距要求。
8 表中"—"表示无防火间距要求。

5.0.14 加氢合建站站内设施的防火间距不应小于表5.0.14的规定。

表 5.0.14 加氢合建站站内设施的防火间距

设施名称	储氢容器	氢气储气井	液氢储罐	氢气放空管管口	氢气压缩机	加氢机	氢气冷却器	液氢柱塞泵	液氢汽化器	液氢卸车点	氢气卸气柱	消防泵和取水口
储氢容器	—	2	4	—	—	6	—	6	3	6	—	10
氢气储气井	2	1	4	—	—	4	—	4	3	4	—	10
液氢储罐	4	4	2	—	—	4	—	—	3	2	—	15
氢气放空管管口	—	—	—	—	—	6	—	—	—	3	6	15
氢气压缩机	—	—	—	—	—	4	—	—	—	—	—	15
氢气卸气柱	—	—	—	6	—	—	—	—	—	—	—	6
加氢机	6	4	4	6	4	—	—	6	5	6	—	6
氢气冷却器	—	—	—	—	—	—	—	—	—	—	—	6
埋地汽油罐	3	3	10	6	9	6	6	6	5	6	6	10
埋地柴油罐	3	3	5	3	5	3	3	3	3	3	3	5
油罐通气管管口	6	4	8	6	9	6	6	8	5	6	6	10
加油机	6	4	6	6	9	4	4	6	6	6	4	10
油品卸车点	8	6	8	8	6	4	4	4	5	6	4	10
CNG储气设施	5	4	8	—	3	6	6	6	3	6	6	15
CNG压缩机	9	6	8	6	9	4	4	4	—	4	4	15
CNG、LNG加气机	8	6	8	6	6	4	4	4	5	6	4	6
LNG储罐、泵	8	6	8	6	9	10	10	8	6	8	10	15
LNG卸车点	8	6	8	6	6	6	6	6	6	8	4	15
CNG、LNG放空管	8	6	8	—	9	8	8	8	6	8	8	15

续表 5.0.14

设施名称	储氢容器	氢气储气井	液氢储罐	氢气放空管管口	氢气压缩机	加氢机	氢气冷却器	液氢柱塞泵	液氢汽化器	液氢卸车点	氢气卸气柱	消防泵和取水口
站房	8	6	6	5	5	5	5	6	8	8	5	—
自用燃煤锅炉房和燃煤厨房	25	25	35	15	25	18	18	25	25	25	18	12
自用有燃气（油）设备的房间	14	14	20	14	12	12	12	8	8	12	12	6
站区围墙	4.5	4.5	7.5	4.5	4.5	4.5	4.5	7.5	7.5	7.5	4.5	—

注：1 消防水储水罐埋地设置和消防泵设置在地下时，其与站内其他设施的防火间距不应低于本表中相应防火间距的50%。
2 表中柴油加油机与其他设施的防火间距不应低于本表中相应防火间距的70%，且不应小于4m。
3 作为站内储氢设施使用的氢气长管拖车或管束式集装箱应按本表储氢容器确定防火间距。
4 压缩机冷却水机组、加氢机冷冻液机组等设备的非防爆电器设备，应布置在爆炸危险区域之外。
5 表中设备露天布置或布置在开敞的建筑物内时，起算点应为设备外缘；表中设备设置在非开敞的室内或箱柜内时，起算点应为该类设备所在建筑物的门窗等洞口。
6 表中"—"表示无防火间距要求。

5.0.15 本标准表 5.0.13-1、和表 5.0.13-2 和表 5.0.14 中，工艺设备与站区围墙的防火间距还应符合本标准第 5.0.11 条的规定。设备或建（构）筑物的计算间距起止点应符合本标准附录 A 的规定。

6 加油工艺及设施

6.1 油 罐

6.1.1 除橇装式加油装置所配置的防火防爆油罐外，加油站的汽油罐和柴油罐应埋地设置，严禁设在室内或地下室内。

6.3 工艺管道系统

6.3.14 加油站内的工艺管道除必须露出地面的以外，均应埋地敷设。当采用管沟敷设时，管沟必须用中性沙子或细土填满、填实。

6.3.18 工艺管道不应穿过或跨越站房等与其无直接关系的建（构）筑物；与管沟、电缆沟和排水沟相交叉时，应采取相应的防护措施。

7 LPG 加气工艺及设施

7.1 LPG 储 罐

7.1.5 LPG 储罐严禁设置在室内或地下室内。在加油加气合建站和城市建成区内的加气站，LPG 储罐应埋地设置，且不应布置在车行道下。

7.1.6 地上 LPG 储罐的设置应符合下列规定：
1 储罐应集中单排布置，储罐与储罐之间的净距不应小于相邻较大罐的直径；
2 罐组四周应设置高度为 1m 的防护堤，防护堤内堤脚线至罐壁净距不应小于 2m；
3 储罐的支座应采用钢筋混凝土支座，耐火极限不应低于 5h。

8 CNG 加气工艺及设施

8.1 CNG 常规加气站和加气母站工艺设施

8.1.22 CNG 加（卸）气设备设置应符合下列规定：
1 加（卸）气设施不得设置在室内；
2 加气设备额定工作压力不应大于 35MPa；
3 加气机流量不应大于 0.25m³/min（工作状态）；
4 加（卸）气柱流量不应大于 0.5m³/min（工作状态）；
5 加（卸）气枪软管上应设安全拉断阀，加气机安全拉断阀的分离拉力宜为 400N~600N，加（卸）气柱安全拉断阀的分离拉力宜为 600N~900N，软管的长度不应大于 6m；
6 向车用储气瓶加注 CNG 时，应控制车用储气瓶内的气体温度不超过 65℃；
7 额定工作压力不同的加气机，其加气枪的加注口应采用不同的结构形式。

8.2 CNG 加气子站工艺设施

8.2.5 储气瓶（组）的管道接口端不宜朝向办公区、加气岛和邻近的站外建筑物。不可避免时，应符合本标准第 8.1.23 条的规定。

9 LNG 和 L-CNG 加气工艺及设施

9.1 LNG 储罐、泵和气化器

9.1.3 地上 LNG 储罐等设备和非箱式 LNG 橇装设备的设置，应符合下列规定：
1 LNG 储罐之间的净距不应小于相邻较大罐的直径的 1/2，且不应小于 2m。
2 LNG 储罐组四周应设防护堤，堤内的有效容量不应小于其中一个最大 LNG 储罐的容量。防护堤内地面应至少低于周边地面 0.1m，防护堤顶面应至少高出堤内地面 0.8m，且应至少高出堤外地面0.4m。防护堤内堤脚线至LNG储罐外壁的净距不应小于2m。防护堤应采用不燃烧实体材料建造，应能承受所容纳液体的静压及温度变化的影响，且不应渗漏。防护堤的雨水排放口应有封堵措施。

3 防护堤内不应设置其他可燃液体储罐、CNG储气瓶（组）或储气井。非明火气化器和LNG泵可设置在防护堤内。

9.1.4 箱式LNG橇装设备的设置应符合下列规定：

1 LNG橇装设备的主箱体内侧应设拦蓄池，拦蓄池内的有效容量不应小于LNG储罐的容量，且拦蓄池侧板的高度不应小于1.2m，LNG储罐外壁至拦蓄池侧板的净距不应小于0.3m；

2 拦蓄池的底板和侧板应采用耐低温不锈钢材料，并应保证拦蓄池的强度和刚度能满足容纳泄漏的LNG的需要；

3 LNG橇装设备主箱体应能容纳橇体上的储罐、潜液泵池、加注系统、管路系统、计量与防爆控制系统等设备，主箱体侧板高出拦蓄池侧板以上的部位和箱顶应设置百叶窗，百叶窗应能有效防止雨水淋入箱体内部；

4 LNG橇装设备的主箱体应采取通风措施，并应符合本标准第14.1.4条的规定；

5 箱体材料应为金属材料，不得采用可燃材料。

9.1.5 地下或半地下LNG储罐的设置应符合下列规定：

2 储罐应安装在罐池中，罐池应为不燃烧实体防护结构，应能承受所容纳液体的静压及温度变化的影响，且不应渗漏；

3 储罐的外壁距罐池内壁的距离不应小于1m，同池内储罐的间距不应小于1.5m；

4 罐池深度大于或等于2m时，池壁顶应至少高出罐池外地面1m，当池壁顶高出罐池外地面1.5m及以上时，池壁可设置用不燃烧材料制作的实体门；

5 半地下LNG储罐的池壁顶应至少高出罐顶0.2m；

6 储罐应采取抗浮措施；

9.1.6 储罐基础的耐火极限不应低于3.00h。

10 高压储氢加氢工艺及设施

10.7 工艺系统的安全防护

10.7.14 设置有储氢容器、氢气储气井、氢气压缩机、液氢储罐、液氢气化器的区域应设实体墙或栅栏与公众可进入区域隔离。实体墙或栅栏与加氢设施设备之间的距离不应小于0.8m。应使用不燃材料制作实体墙或栅栏，高度不应小于2m。

10.7.16 氢气压缩机间或箱柜应有泄压结构，并应符合现行国家标准《建筑设计防火规范》GB 50016的有关规定。

11 液氢储存工艺及设施

11.1 液氢储存设施

11.1.8 箱式液氢橇装设备箱体的设置应符合下列规定：

1 液氢橇装设备主箱体内应能容纳液氢储罐、液氢增压泵、管路系统、计量与防爆控制系统等设备，主箱体侧板和箱顶应设置有利于氢气扩散的结构；

2 液氢橇装设备的主箱体应采取通风措施，并应符合本标准第14.1.4条的规定；

3 箱体不得采用可燃材料，且主体材料应为金属材料；

4 箱体内设备之间的防火间距应符合本标准第5.0.14条的规定。

11.1.9 储罐基础的耐火极限不应低于3.00h，储罐支座的耐火极限不应低于2.00h。

12 消防设施及给排水

12.2 消防给水

12.2.1 加油加气站的LPG设施和加氢合建站中的储氢容器应设置消防给水系统。

12.2.2 设置有地上LNG储罐的一、二级LNG加气站和地上LNG储罐总容积大于60m³的合建站应设消防给水系统，但符合下列条件之一时可不设消防给水系统：

1 LNG加气站位于市政消火栓保护半径150m以内，且能满足一级站供水量不小于20L/s或二级站供水量不小于15L/s时；

2 LNG储罐之间的净距不小于4m，且在LNG储罐之间设置耐火极限不低于3.00h的钢筋混凝土防火隔墙，防火隔墙顶部高于LNG储罐顶部，长度至两侧防护堤，厚度不小于200mm；

3 LNG加气站位于城市建成区以外，且为严重缺水地区；LNG储罐、放空管、储气瓶（组）、卸车点与站外建（构）筑物的安全间距不小于本标准表4.0.7规定的安全间距的2倍；LNG储罐之间的净距不小于4m；灭火器材的配置数量在本标准第12.1节规定的基础上增加1倍。

12.2.3 加油站、CNG加气站、三级LNG加气站和采用埋地、地下、半地下LNG储罐的各级LNG加气站及合建站，可不设消防给水系统。合建站中地上LNG储罐总容积不大于60m³时，可不设消防给水系统。

12.2.4 消防给水宜利用城市或企业已建的消防给水系统。当无消防给水系统可依托时，应自建消防给水系统。

12.2.5 LPG、LNG设施的消防给水管道可与站内的生产、生活给水管道合并设置，消防水量应按固定式冷却水量和移动水量之和计算。

12.2.6 LPG设施的消防给水设计应符合下列规定：

1 LPG储罐采用地上设置的加气站，消火栓消防用水量不应小于20L/s；总容积大于50m³的地上LPG储罐还应设置固定式消防冷却水系统，冷却水供给强度不应小于0.15L/(m²·s)，着火罐的供水范围应按全部表面积计算，距着火罐直径与长度之和0.75倍范围内的相邻储罐的供水范围，可按相邻储罐表面积的一半计算；

2 采用埋地LPG储罐的加气站，一级站消火栓消防用水量不应小于15L/s；二级站和三级站消火栓消防用水量不应小于10L/s；

3 LPG储罐地上布置时，连续给水时间不应少于3h；LPG储罐埋地敷设时，连续给水时间不应少于1h。

12.2.7 按本标准第10.2.2条规定应设消防给水系统的

LNG加气站及加油加气合建站，消防给水设计应符合下列规定：

  1 一级站消火栓消防用水量不应小于20L/s，二级站消火栓消防用水量不应小于15L/s；

  2 连续给水时间不应少于2h。

12.2.8 为储氢容器设置的消防给水系统应符合下列规定：

  1 加氢合建站内用于储氢容器的消火栓消防用水量不应小于15L/s，消火栓供水压力应保证移动式水枪出口处水压不小于0.2MPa；

  2 当没有可依托的城市或邻近企业已建消火栓时，加氢合建站应设置消防水泵和消防储水罐（池），容积不宜小于30m³，消防水宜回收循环使用。

12.2.9 消防水泵宜设2台。当设2台消防水泵时，可不设备用泵。当计算消防用水量超过35L/s时，消防水泵应设双动力源。

13 电气、报警和紧急切断系统

13.1 供配电

13.1.3 汽车加油加气加氢站的消防泵房、罩棚、营业室、LPG泵房、压缩机间等处均应设应急照明，连续供电时间不应少于90min。

13.1.4 当引用外电源有困难时，汽车加油加气加氢站可设置小型内燃发电机组。内燃机的排烟管口应安装阻火器。排烟管口至各爆炸危险区域边界的水平距离，应符合下列规定：

  1 排烟口高出地面4.5m以下时，不应小于5m；

  2 排烟口高出地面4.5m及以上时，不应小于3m。

13.1.5 汽车加油加气加氢站的电缆宜采用直埋或电缆穿管敷设。电缆穿越行车道部分应穿钢管保护。

13.1.6 当采用电缆沟敷设电缆时，作业区内的电缆沟内必须充沙填实。电缆不得与氢气、油品、LPG、LNG和CNG管道以及热力管道敷设在同一沟内。

13.1.7 爆炸危险区域内的电气设备选型、安装、电力线路敷设应符合现行国家标准《爆炸危险环境电力装置设计规范》GB 50058的有关规定。

14 采暖通风、建（构）筑物、绿化

14.1 采暖通风

14.1.3 设置在站房内的热水锅炉房（间）应符合下列规定：

  2 当采用燃煤锅炉时，宜选用具有除尘功能的自然通风型锅炉。锅炉烟囱出口应高出屋顶2m及以上，并应采取防止火星外逸的有效措施。

  3 当采用燃气热水器采暖时，热水器应设有排烟系统和熄火保护等安全装置。

14.1.4 汽车加油加气加氢站内爆炸危险区域中的房间或箱体应采取通风措施，并应符合下列规定：

  1 采用强制通风时，通风设备的通风能力在工艺设备工作期间应按每小时换气12次计算，在工艺设备非工作期间应按每小时换气5次计算。通风设备应防爆，并应与可燃气体浓度报警器联锁。

  2 采用自然通风时，通风口总面积不应小于300cm²/m²（地面），通风口不应少于2个，且应靠近可燃气体积聚的部位设置。

14.1.5 汽车加油加气加氢站室内外采暖管道宜直埋敷设，当采用管沟敷设时，管沟应充沙填实，进、出建筑物处应采取隔断措施。

14.2 建（构）筑物

14.2.1 作业区内的站房及其他附属建筑物的耐火等级不应低于二级。罩棚顶棚可采用无防火保护的钢结构。

14.2.2 汽车加油加气加氢场地宜设罩棚，罩棚的设计应符合下列规定：

  1 罩棚应采用不燃烧材料建造；

  2 进站口无限高措施时，罩棚的净空高度不应小于4.5m；进站口有限高措施时，罩棚的净空高度不应小于限高高度；

  7 设置于CNG设备、LNG设备和氢气设备上方的罩棚应采用避免天然气和氢气积聚的结构形式；

14.2.5 **布置有LPG或LNG设备的房间的地坪应采用不发生火花地面。**

14.2.6 加气站的CNG储气瓶（组）间宜采用开敞式或半敞式钢筋混凝土结构或钢结构。屋面应采用不燃烧轻质材料建造。储气瓶（组）管道接口端朝向的墙应为厚度不小于200mm的钢筋混凝土实体墙。

14.2.7 汽车加油加气加氢站内的工艺设备不宜布置在封闭的房间或箱体内；工艺设备需要布置在封闭的房间或箱体内时，房间或箱体内应设置可燃气体检测报警器和强制通风设备，并应符合本标准第14.1.4条的规定。

14.2.8 当压缩机间与值班室、仪表间相邻时，值班室、仪表间的门窗应位于爆炸危险区范围之外，且与压缩机间的中间隔墙应为无门窗洞口的防火墙。

14.2.10 站房的一部分位于作业区内时，该站房的建筑面积不宜超过300m²，且该站房内不得有明火设备。

14.2.11 辅助服务区内建筑物的面积不应超过本标准附录B中三类保护物标准，消防设计应符合现行国家标准《建筑设计防火规范》GB 50016的有关规定。

14.2.12 站房可与设置在辅助服务区内的餐厅、汽车服务、锅炉房、厨房、员工宿舍、司机休息室等设施合建，但站房与餐厅、汽车服务、锅炉房、厨房、员工宿舍、司机休息室等设施之间应设置无门窗洞口，且耐火极限不低于3.00h的实体墙。

14.2.13 站房可设在站外民用建筑物内或与站外民用建筑物合建，并应符合下列规定：

  1 站房与民用建筑物之间不得有连接通道；

  2 站房应单独开设通向汽车加油加气加氢站的出入口；

  3 民用建筑物不得有直接通向汽车加油加气加氢站的出入口。

14.2.14 站内的锅炉房、厨房等有明火设备的房间与工艺设备之间的距离符合表5.0.13的规定，但小于或等于25m时，朝向作业区的外墙应为无门窗洞口且耐火极限不低于3.00h的实体墙。

14.2.15 加油站、LPG加气站、LNG加气站和L-CNG加气站内不应建地下和半地下室，消防水池应具有通风条件。

14.2.16 埋地油罐和埋地LPG储罐的操作井、位于作业区的排水井应采取防渗漏措施，位于爆炸危险区域内的操作井和排水井应有防止产生火花的措施。

15 工程施工

15.7 电气仪表安装工程

15.7.2 电缆施工除应符合现行国家标准《电气装置安装工程电缆线路施工及验收标准》GB 50168的有关规定外，尚应符合下列规定：

1 电缆进入电缆沟和建筑物时应穿管保护；保护管出入电缆沟和建筑物处的空洞应封闭，保护管管口应密封；

2 作业区内的电缆沟应充沙填实；

3 有防火要求时，在电缆穿过墙壁、楼板或进入电气盘、柜的孔洞处进行防火和阻燃处理，并应采取隔离密封措施。

15.7.7 爆炸及火灾危险环境电气装置的施工除应符合现行国家标准《电气装置安装工程 爆炸和火灾危险环境电气装置施工及验收规范》GB 50257的有关规定外，尚应符合下列规定：

1 接线盒、接线箱等的隔爆面上不应有砂眼、机械伤痕；

2 电缆线路穿过不同危险区域时，在交界处的电缆沟内应充沙、填风火堵料或加设防火隔墙，保护管两端的管口处应将电缆周围用非燃性纤维堵塞严密，再填塞密封胶泥；

3 钢管与钢管、钢管与电气设备、钢管与钢管附件之间的连接应满足防爆要求。

15.8 防腐绝热工程

15.8.5 进行防腐蚀施工时，严禁在站内距作业点18.5m范围内进行有明火或电火花的作业。

附录 A 计算间距的起止点

A.0.1 站址选择、站内平面布置的安全间距和防火间距起止点应为以下所示：

1 道路——机动车道路面边缘；
2 铁路——铁路中心线；
3 管道——管子中心线；
4 储罐——罐外壁；
5 储气瓶——瓶外壁；
6 储气井——井管中心；
7 加油机、加气机——中心线；
8 设备——外缘；
9 架空电力线、通信线路——线路中心线；
10 埋地电力、通信电缆——电缆中心线；
11 建（构）筑物——外墙轴线；
12 地下建（构）筑物——出入口、通气口、采光窗等对外开口；
13 卸车点——接卸油、LPG、LNG、液氢罐车的固定接头；
14 架空电力线杆高、通信线杆高和通信发射塔塔高——电线杆和通信发射塔所在地面至杆顶或塔顶的高度；
15 地铁——车辆和人员出入口、通风口。

A.0.2 本标准中的安全间距和防火间距未特殊说明时，均应为平面投影距离。

附录 B 民用建筑物保护类别划分

B.0.1 重要公共建筑物应包括下列内容：

1 地市级及以上的党政机关办公楼。

2 设计使用人数或座位数超过1500人（座）的体育馆、会堂、影剧院、娱乐场所、车站、证券交易所等人员密集的公共室内场所。

3 藏书量超过50万册的图书馆，地市级及以上的文物古迹、博物馆、展览馆、档案馆等建筑物。

4 省级及以上的银行等金融机构办公楼，省级及以上的广播电视建筑。

5 设计使用人数超过5000人的露天体育场、露天游泳场和其他露天公众聚会娱乐场所。

6 使用人数超过500人的中小学校及其他未成年人学校；使用人数超过200人的幼儿园、托儿所、残障人员康复设施；150张床位及以上的养老院、医院的门诊楼和住院楼；这些设施有围墙者，从围墙中心线算起；无围墙者，从最近的建筑物算起。

7 总建筑面积超过20000m²的商店（商场）建筑，商业营业场所的建筑面积超过15000m²的综合楼。

8 地铁的车辆出入口和经常性的人员出入口、隧道出入口。

B.0.2 除重要公共建筑物以外的下列建筑物应划分为一类保护物：

1 县级党政机关办公楼。

2 设计使用人数或座位数超过800人（座）的体育馆、会堂、会议中心、电影院、剧场、室内娱乐场所、车站和客运站等公共室内场所。

3 文物古迹、博物馆、展览馆、档案馆和藏书量超过10万册的图书馆等建筑物。

4 分行级的银行等金融机构办公楼。

5 设计使用人数超过2000人的露天体育场、露天游泳场和其他露天公众聚会娱乐场所。

6 中小学校、幼儿园、托儿所、残障人员康复设施、养老院、医院的门诊楼和住院楼等建筑物。这些设施有围墙者，从围墙中心线算起；无围墙者，从最近的建筑物算起。

7 总建筑面积超过6000m²的商店（商场）、商业营业场所的建筑面积超过4000m²的综合楼、证券交易所；总建筑面积超过2000m²的地下商店（商业街）以及总建筑面积超过10000m²的菜市场等商业营业场所。

8 总建筑面积超过10000m²的办公楼、写字楼等办公建筑。

9 总建筑面积超过 10000m² 的居住建筑。
10 总建筑面积超过 15000m² 的其他建筑。
11 地铁的临时性人员出入口和通风口。

B.0.3 除重要公共建筑物和一类保护物以外的下列建筑物应为二类保护物：

1 体育馆、会堂、电影院、剧场、室内娱乐场所、车站、客运站、体育场、露天游泳场和其他露天娱乐场所等室内外公众聚会场所；

2 地下商店（商业街），总建筑面积超过 3000m² 的商店（商场）、商业营业场所的建筑面积超过 2000m² 的综合楼，总建筑面积超过 3000m² 的菜市场等商业营业场所；

3 支行级的银行等金融机构办公楼；

4 总建筑面积超过 5000m² 的办公楼、写字楼等办公类建筑物；

5 总建筑面积超过 5000m² 的居住建筑；

6 总建筑面积超过 7500m² 的其他建筑物；

7 车位超过 100 个的汽车库和车位超过 200 个的停车场；

8 城市主干道的桥梁、高架路等。

B.0.4 除重要公共建筑物、一类和二类保护物以外的建筑物（包括通信发射塔）应为三类保护物。

18. 《锅炉房设计标准》GB 50041—2020

3 基本规定

3.0.4 地下、半地下、地下室和半地下室锅炉房,严禁选用液化石油气或相对密度大于或等于0.75的气体燃料。

4 锅炉房的布置

4.1 位置的选择

4.1.3 当锅炉房和其他建筑物相连或设置在其内部时,不应设置在人员密集场所和重要部门的上一层、下一层、贴邻位置以及主要通道、疏散口的两旁,并应设置在首层或地下室一层靠建筑物外墙部位。

4.2 建筑物、构筑物和场地的布置

4.2.5 锅炉间、煤场、灰渣场、贮油罐之间以及和其他建筑物、构筑物之间的间距应符合现行国家标准《建筑设计防火规范》GB 50016 的有关规定,并应满足安装、运行和检修的要求;燃气调压站、箱(柜)和其他建筑物、构筑物之间的间距应符合现行国家标准《城镇燃气设计规范》GB 50028 的有关规定,并应满足安装、运行和检修的要求。

4.3 锅炉间、辅助间和生活间的布置

4.3.7 锅炉间出入口的设置应符合下列规定:
　　1 出入口不应少于2个,但对独立锅炉房的锅炉间,当炉前走道总长度小于12m,且总建筑面积小于200m² 时,其出入口可设1个;
　　2 锅炉间人员出入口应有1个直通室外;
　　3 锅炉间为多层布置时,其各层的人员出入口不应少于2个;楼层上的人员出入口应有直接通向地面的安全楼梯。

4.3.8 锅炉间通向室外的门应向室外开启,锅炉房内的辅助间或生活间直通锅炉间的门应向锅炉间内开启。

5 燃煤系统

5.2 煤、灰渣和石灰石的贮运

5.2.3 煤场(库)型式设计应符合下列规定:
　　1 应符合国家和项目所在地的环境保护要求;采用封闭煤库时,应有防止可燃气体和可燃粉尘积聚的措施;
　　2 有自燃性的煤堆应有压实、洒水或其他防止自燃的措施;

6 燃油系统

6.1 燃油设施

6.1.2 燃用重油的锅炉房,当冷炉启动点火缺少蒸汽加热重油时,应采用重油电加热器或设置轻油、燃气的辅助燃料系统。

6.1.3 燃油锅炉房采用电热式油加热器时,应限于启动点火或临时加热,不宜作为经常加热燃油的设备。

6.1.5 不带安全阀的容积式供油泵,在其出口的阀门前靠近油泵处的管段上,必须装设安全阀。

6.1.7 燃油锅炉房室内油箱的总容量,重油不应超过5m³,轻柴油不应超过1m³;室内油箱及其附属设施应安装在单独的房间内;当锅炉房总蒸发量大于或等于30t/h,或总热功率大于或等于21MW时,室内油箱应采用连续进油的自动控制装置;当锅炉房发生火灾事故时,室内油箱应自动停止进油。

6.1.9 室内油箱应采用闭式油箱;油箱上应装设直通室外的通气管,通气管上应设置阻火器和防雨设施;油箱上不应采用玻璃管式油位表。

6.1.11 室内油箱应装设将油排放到室外贮油罐或事故贮油罐的紧急排放管;排放管上应并列装设手动和自动紧急排油阀;排放管上的阀门应装设在安全和便于操作的地点;对地下(室)锅炉房,室内油箱直接排油有困难时,应设事故排油泵;对非独立锅炉房,自动紧急排油阀应有就地启动、集中控制室遥控启动或消防救灾中心遥控启动的功能。

6.1.12 室外事故贮油罐的容积应大于或等于室内油箱的容积,且宜埋地安装。

6.1.13 室内重油箱的油加热后的温度不应大于90℃。

6.2 燃油的贮运

6.2.4 重油贮油罐内油被加热后的温度应低于当地大气压力下水沸点5℃,且应低于罐内油闪点10℃,并应按两者中的较低值确定。

6.2.5 地上、半地下贮油罐或贮油罐组区应设置防火堤,防火堤的设计应符合现行国家标准《建筑设计防火规范》GB 50016 的有关规定;轻油贮油罐与重油贮油罐不应布置在同一个防火堤内。

6.2.9 油泵房至贮油罐之间的管道及接入锅炉房的室外油管道宜采用地上敷设;当采用地沟敷设时,地沟与建筑物外墙连接处应填砂或用耐火材料隔断。

7 燃气系统

7.0.3 燃用液化石油气的锅炉间和有液化石油气管道穿越的室内地面处,严禁设有能通向室外的管沟(井)或地道等

设施。

7.0.4 锅炉房点火用的液化石油气罐应存放在用非燃烧体隔开的专用房间内；液化石油气钢瓶应采用自然气化方式，钢瓶的总容积应小于$1m^3$。

7.0.5 当锅炉房使用城镇燃气作为气源时，燃气质量应符合现行国家标准《城镇燃气技术规范》GB 50494 的有关规定；当锅炉房采用其他类型燃气作为气源时，燃气的质量、压力、流量应满足相关要求及用气设备的要求。

7.0.6 锅炉房燃气调压站、调压装置和计量装置设计应符合现行国家标准《城镇燃气设计规范》GB 50028 的有关规定。

11 监测和控制

11.1 监　　测

11.1.8 锅炉房报警信号的装设，应符合表 11.1.8 的规定。

表 11.1.8 锅炉房报警信号的装设

报警项目名称	报警信号		
	设备故障停运	参数过高	参数过低
锅筒水位	—	√	√
锅筒出口蒸汽压力	—	√	—
省煤器出口水温	—	√	—
热水锅炉出口水温	—	√	—
过热蒸汽温度	—	√	√
连续给水调节系统给水泵	√	—	—
炉排	√	—	—
给煤（粉）系统	√	—	—
循环流化床、煤粉、燃油和燃气锅炉的风机	√	—	—
煤粉、燃油和燃气锅炉炉膛熄火	√	—	—
燃油锅炉房贮油罐和中间油箱油位	—	√	√
燃油锅炉房贮油罐和中间油箱油温	—	√	√
燃气锅炉燃烧器前燃气干管压力	—	√	√
煤粉锅炉制粉设备出口气粉混合物温度、贮粉仓温度	—	√	—
煤粉锅炉炉膛负压	—	√	√
循环流化床锅炉床温度	—	√	√
循环流化床锅炉返料器温度	—	√	—
循环流化床锅炉返料器堵塞	√	—	—
热水系统的循环水泵	√	—	—
热交换器出水温度	—	√	—
热水系统中高位膨胀水箱水位	—	√	√

续表 11.1.8

报警项目名称	报警信号		
	设备故障停运	参数过高	参数过低
热水系统中蒸汽、氮气加压膨胀水箱压力和水位	—	√	√
除氧水箱水位	—	√	√
自动保护装置动作	√	—	—
液化石油气气瓶间、燃气调压间、燃气锅炉间、油泵间的可燃气体浓度	—	√	—

注：表中符号："√"为需装设，"—"为可不装设。

11.1.9 液化石油气气瓶间、燃气调压间、燃气锅炉间及油泵间的可燃气体浓度报警装置，应与房间事故通风机联动，并应与燃气供气母管或燃油供油母管的总切断阀联动；设有防灾中心时，应将信号传至防灾中心。

11.2 控　　制

11.2.6 燃用煤粉、油、气体的锅炉应装设燃烧过程自动调节装置；单台额定蒸发量大于或等于 10t/h 的燃煤蒸汽锅炉或单台额定热功率大于或等于 7MW 的燃煤热水锅炉，宜装设燃烧过程自动调节装置。

11.2.12 燃用煤粉、油或气体的锅炉应设置点火程序控制和熄火保护装置。

11.2.14 燃用煤粉、油或气体的锅炉应设置下列电气连锁装置：
　1 当引风机故障时，应自动切断鼓风机和燃料供应；
　2 当鼓风机故障时，应自动切断燃料供应；
　3 当燃油、燃气压力低于规定值时，应自动切断燃油、燃气供应；
　4 当室内空气中可燃气体浓度高于规定值时，应自动切断燃气供应和开启事故通风机。

13 锅炉房管道

13.2 燃油管道

13.2.13 室内油箱间至锅炉燃烧器的供油管和回油管宜采用地沟敷设，地沟内宜填砂，地沟上面应采用不燃材料封盖。

13.2.14 燃油管道垂直穿越建筑物楼层时，应设置在管道井内，并宜靠外墙敷设；管道井的检查门应采用丙级防火门；燃油管道穿越每层楼板处，应设置不低于楼板耐火极限的防火隔断；管道井底部应设深度为 300mm 的填砂集油坑。

13.2.17 燃油管道穿越楼板或隔墙时，应敷设在套管内，套管的内径与油管的外径四周空隙不应小于 20mm；套管内管段不得有接头，管道与套管之间的空隙应用麻丝填实，并应用不燃材料封口；管道穿越楼板的套管，上端应高出楼板 60mm～80mm，套管下端与楼板底面（吊顶底面）平齐。

13.3 燃气管道

13.3.2 在引入锅炉房的室外燃气母管上，在安全和便于操作的地点应装设与锅炉房燃气浓度报警装置联动的紧急切断阀，阀后应装设气体压力表。

13.3.3 锅炉房燃气管道宜架空敷设；输送相对密度小于 0.75 的燃气的管道，应设在空气流通的高处；输送相对密度大于或等于 0.75 燃气的管道，宜装设在锅炉房外墙和便于检测的位置。

13.3.4 燃气管道上应装设放散管、取样口和吹扫口，并应符合下列规定：

　　1 其位置应能将管道与附件内的燃气或空气吹净；

　　2 放散管可汇合成总管引至室外，其排出口应高出锅炉房屋脊 2m 以上，并应使放出的气体不致窜入邻近的建筑物和被通风装置吸入；

　　3 密度比空气大的燃气放散，应采用高空或火炬排放，并应满足最小频率上风侧区域的安全和环境保护要求；当工厂有火炬放空系统时，宜将放散气体排入该系统中。

13.3.5 燃气放散管管径应根据吹扫段的容积和吹扫时间确定；吹扫量可按吹扫段容积的 10 倍～20 倍计算，吹扫时间可采用 15min～20min；吹扫气体可采用氮气或其他惰性气体。

13.3.6 锅炉房内燃气管道不应穿越易燃或易爆品仓库、值班室、配变电室、电缆沟（井）、电梯井、通风沟、风道、烟道和具有腐蚀性质的场所。

13.3.7 每台锅炉燃气干管上应配套性能可靠的燃气阀组，阀组前燃气供气压力和阀组规格应满足燃烧器最大负荷需要；阀组基本组成和顺序应为切断阀、压力表、过滤器、稳压阀、波纹接管、2 级或组合式检漏电磁阀、阀前后压力开关和流量调节蝶阀；点火用的燃气管道宜从燃烧器前燃气干管上的 2 级或组合式检漏电磁阀前引出，并应在其上装设切断阀和 2 级电磁阀。

13.3.8 锅炉燃气阀组切断阀前的燃气供气压力应根据燃烧器要求确定，并宜设定在 5kPa～20kPa 之间，燃气阀组供气质量流量应能使锅炉在额定负荷运行时，燃烧器稳定燃烧。

13.3.9 锅炉房内燃气管道设计应符合现行国家标准《城镇燃气设计规范》GB 50028 和《工业金属管道设计规范》GB 50316 的有关规定。

13.3.10 燃气管道穿越楼板或隔墙时，应符合本标准第 13.2.17 条的规定。

13.3.11 燃气管道垂直穿越建筑物楼层时，应设置在独立的管道井内，并应靠外墙敷设；穿越建筑物楼层的管道井，每隔 2 层或 3 层应设置不低于楼板耐火极限的防火隔断；相邻 2 个防火隔断的下部应设置丙级防火检修门；建筑物底层管道井防火检修门的下部，应设置带有电动防火阀的进风百叶；管道井顶部应设置通大气的百叶窗；管道井应采用自然通风。

13.3.12 管道井内的燃气立管上不应设置阀门。

13.3.13 燃气管道与附件严禁使用铸铁件；在防火区内使用的阀门，应具有耐火性能。

15 土建、电气、供暖通风和给水排水

15.1 土　　建

15.1.1 锅炉房的火灾危险性分类和耐火等级应符合下列规定：

　　1 锅炉间应属于丁类生产厂房，建筑不应低于二级耐火等级；当为燃煤锅炉间且锅炉的总蒸发量小于或等于 4t/h 或热水锅炉总额定热功率小于或等于 2.8MW 时，锅炉间建筑不应低于三级耐火等级；

　　2 油箱间、油泵间和重油加热器间应属于丙类生产厂房，其建筑均不应低于二级耐火等级；

　　3 燃气调压间及气瓶专用房间应属于甲类生产厂房，其建筑不应低于二级耐火等级。

15.1.2 锅炉房的外墙、楼地面或屋面应有相应的防爆措施，并应有相当于锅炉间占地面积 10% 的泄压面积，泄压方向不得朝向人员聚集的场所、房间和人行通道，泄压处也不得与这些地方相邻。地下锅炉房采用竖井泄爆方式时，竖井的净横断面积应满足泄压面积的要求。

15.1.3 燃油、燃气锅炉房锅炉间与相邻的辅助间之间应设置防火隔墙，并应符合下列规定：

　　1 锅炉间与油箱间、油泵间和重油加热器间之间的防火隔墙，其耐火极限不应低于 3.00h，隔墙上开设的门应为甲级防火门；

　　2 锅炉间与调压间之间的防火隔墙，其耐火极限不应低于 3.00h；

　　3 锅炉间与其他辅助间之间的防火隔墙，其耐火极限不应低于 2.00h，隔墙上开设的门应为甲级防火门。

15.1.4 锅炉房和其他建筑物贴邻时，应采用防火墙与贴邻的建筑分隔。

15.1.5 调压间的门窗应向外开启并不应直接通向锅炉间，地面应采用不产生火花地坪。

15.1.14 锅炉间外墙的开窗面积应满足通风、泄压和采光的要求。

15.1.18 平台和扶梯应选用不燃烧的防滑材料；操作平台宽度不应小于 800mm，扶梯宽度不应小于 600mm；平台上部净高不应小于 2m，扶梯段上部净高不应小于 2.2m；经常使用的钢梯坡度不宜大于 45°

15.2 电　　气

15.2.7 电气线路宜采用穿金属管或电缆布线，且不应沿锅炉热风道、烟道、热水箱和其他载热体表面敷设；当需要沿载热体表面敷设时，应采取隔热措施；在煤场（库）下不应有电缆通过。

15.2.8 控制室、变压器室和高（低）压配电室不应设在潮湿的生产房间、淋浴室、卫生间、用热水加热空气的通风室和输送有腐蚀性介质管道的下面。

15.2.16 燃油锅炉房贮存重油和轻柴油的金属油罐，当其顶板厚度大于或等于 4mm 时，可不装设接闪器，但应接地，接地点不应少于 2 处；当油罐装有呼吸阀和放散管时，其防雷设施应符合现行国家标准《石油库设计规范》GB 50074 的有关规定；覆土在 0.50m 以上的地下油罐，当有通气管引出地面时，在通气管处应做局部防雷处理。

15.2.17 气体和液体燃料管道应有静电接地装置；当其管道为金属材料，且与防雷或电气系统接地保护线相连时，可不设静电接地装置。

17 消 防

17.0.1 锅炉房的消防设计应符合现行国家标准《建筑设计防火规范》GB 50016 的有关规定。

17.0.2 锅炉房内灭火器的配置应符合现行国家标准《建筑灭火器配置设计规范》GB 50140 的有关规定。

17.0.3 油泵间、日用油箱间宜采用泡沫灭火系统、气体灭火系统或细水雾灭火系统，其系统设计应符合现行国家标准《泡沫灭火系统设计规范》GB 50151、《气体灭火系统设计规范》GB 50370 和《细水雾灭火系统技术规范》GB 50898 的有关规定。

17.0.4 燃油罐区的消防系统设计应符合现行国家标准《石油库设计规范》GB 50074 的有关规定。

17.0.5 燃油及燃气的非独立锅炉房的灭火系统，当建筑物内设有防灾中心时，应由防灾中心集中监控。

17.0.6 非独立锅炉房和单台蒸汽锅炉额定蒸发量大于或等于 10t/h，或总额定蒸发量大于或等于 40t/h 及单台热水锅炉额定热功率大于或等于 7MW，或总额定热功率大于或等于 28MW 的独立锅炉房，应设置火灾探测器和自动报警装置；火灾探测器的选择及其设置的位置、火灾自动报警系统的设计和消防控制设备及其功能，应符合现行国家标准《火灾自动报警系统设计规范》GB 50116 的有关规定。

19.《建筑地面设计规范》GB 50037—2013

2 术　语

2.0.1 建筑地面 building ground
建筑物底层地面和楼层地面的总称。

2.0.2 面层 surface course
建筑地面直接承受各种物理和化学作用的表面层。

3 地面类型

3.1 基本规定

3.1.6 木板、竹板地面，应采取防火、防腐、防潮、防蛀等相应措施。

3.1.12 建筑地面面层类别及其材料选择，应符合表3.1.12的有关规定。

表3.1.12 面层类别及其材料选择

面层类别	材料选择
水泥类整体面层	水泥砂浆、水泥钢（铁）屑、现制水磨石、混凝土、细石混凝土、耐磨混凝土、钢纤维混凝土或混凝土密封固化剂
树脂类整体面层	丙烯酸涂料、聚氨酯涂层、聚氨酯自流平涂料、聚酯砂浆、环氧树脂自流平涂料、环氧树脂自流平砂浆或干式环氧树脂砂浆

续表3.1.12

面层类别	材料选择
板块面层	陶瓷锦砖、耐酸瓷板（砖）、陶瓷地砖、水泥花砖、大理石、花岗石、水磨石板块、条石、块石、玻璃板、聚氯乙烯板、石英塑料板、塑胶板、橡胶板、铸铁板、网纹钢板、网络地板
木、竹面层	实木地板、实木集成地板、浸渍纸层压木质地板（强化复合木地板）、竹地板
不发火花面层	不发火花水泥砂浆、不发火花细石混凝土、不发火花沥青砂浆、不发火花沥青混凝土
防静电面层	导静电水磨石、导静电水泥砂浆、导静电活动地板、导静电聚氯乙烯地板
防油渗面层	防油渗混凝土或防油渗涂料的水泥类整体面层
防腐蚀面层	耐酸板块（砖、石材）或耐酸整体面层
矿渣、碎石面层	矿渣、碎石
织物面层	地毯

20.《电子会议系统工程设计规范》GB 50799—2012

3 基本规定

3.0.7 设备的人身安全和防火要求,应按现行国家标准《音频、视频及类似电子设备 安全要求》GB 8898 的有关规定执行。

3.0.8 会议讨论系统和会议同声传译系统必须具备火灾自动报警联动功能。

13 会议室、控制室要求

13.3 建筑声学要求

13.3.3 会议室应选用阻燃型吸声材料进行建筑声学装修处理。

21.《建筑工程施工质量评价标准》GB/T 50375—2016

5 主体结构工程质量评价

5.2 钢结构工程

5.2.1 钢结构工程性能检测项目及评分应符合表5.2.1的规定。

表5.2.1 钢结构工程性能检测项目及评分

工程名称					
施工单位		评价单位			
序号	检查项目	应得分	判定结果 100% / 70%	实得分	备注
1	焊缝内部质量	60			
2	高强度螺栓连接副紧固质量				
3	防腐涂装	20			
4	防火涂装	20			
合计得分					
核查结果	性能检测项目分值40分。应得分合计：实得分合计：钢结构工程性能检测得分＝$\frac{实得分合计}{应得分合计}×40=$				

评价人员：   年 月 日

5.2.3 钢结构工程质量记录项目及评分应符合表5.2.3的规定。

表5.2.3 钢结构工程质量记录项目及评分

工程名称						
施工单位			评价单位			
序号	检查项目		应得分	判定结果 100% / 70%	实得分	备注
1	材料合格证、进场验收记录及复试报告	钢材、焊材、紧固连接件出厂合格证，进场验收记录，复试报告	30			
		加工件出厂合格证（出厂检验报告）及进场验收记录				
		防火及防腐涂装材料出厂合格证、出厂检验报告、进场验收记录、耐火极限、涂层附着力试验报告				
2	施工记录	焊接施工记录	30			
		预拼装及构件吊装记录				
		网架结构屋面施工记录				
		高强度螺栓连接副施工记录				
		焊缝外观及焊缝尺寸检查记录				
		隐蔽工程验收记录				
3	施工试验	网架结构节点承载力试验报告	40			
		高强度螺栓预拉力复验报告及螺栓最小荷载试验报告、高强度大六角头螺栓连接副扭矩系数复试报告、摩擦面抗滑移系数检验报告				
		焊接工艺评定报告				
		金属屋面系统抗风能力试验报告				
合计得分						
核查结果	质量记录项目分值30分。应得分合计：实得分合计：钢结构工程质量记录得分＝$\frac{实得分合计}{应得分合计}×30=$					

评价人员：   年 月 日

5.2.7 钢结构工程观感质量项目及评分应符合表5.2.7的规定。

表5.2.7 钢结构工程观感质量项目及评分

工程名称			建设单位			
施工单位			评价单位			
序号	检查项目	应得分	判定结果		实得分	备注
			100%	70%		
1	焊缝外观质量	10				
2	普通紧固件连接外观质量	10				
3	高强度螺栓连接外观质量	10				
4	主体钢结构构件表面质量	10				
5	钢网架结构表面质量	10				
6	普通涂层表面质量	15				
7	防火涂层表面质量	15				
8	压型金属板安装质量	10				
9	钢平台、钢梯、钢栏杆安装外观质量	10				
	合计得分					

核查结果：

观感质量项目分值10分。
应得分合计：
实得分合计：

$$钢结构工程观感质量得分 = \frac{实得分合计}{应得分合计} \times 10 =$$

评价人员：　　　　　　年　月　日

7 装饰装修工程质量评价

7.2 质量记录

7.2.1 装饰装修工程质量记录项目及评分应符合表7.2.1的规定。

表7.2.1 装饰装修工程质量记录项目及评分

工程名称			建设单位			
施工单位			评价单位			
序号	检查项目		应得分	判定结果		实得分 备注
				100%	70%	
1	材料合格证、进场验收记录及复试报告	装饰装修、地面、门窗保温、阻燃防火材料合格证及进场验收记录，保温、阻燃材料复试报告	30			
		幕墙的玻璃、石材、板材、结构材料合格证及进场验收记录				
		有环境质量要求材料合格证、进场验收记录及复试报告				
2	施工记录	幕墙、外墙饰面砖（板）、预埋件及粘贴施工记录	30			
		门窗、吊顶、隔墙、地面、饰面砖（板）施工记录				
		抹灰、涂饰施工记录				
		隐蔽工程验收记录				
3	施工试验	有防水要求房间地面坡度检验记录	40			
		结构胶相容性试验报告				
		有关胶料配合比试验单				
	合计得分					

核查结果：

质量记录项目分值20分。
应得分合计：
实得分合计：

$$装饰装修工程质量记录得分 = \frac{实得分合计}{应得分合计} \times 20 =$$

评价人员：　　　　　　年　月　日

8 安装工程质量评价

8.1 给水排水及供暖工程

8.1.1 给水排水及供暖工程性能检测项目及评分应符合表 8.1.1 的规定。

表 8.1.1 给水排水及供暖工程性能检测项目及评分

工程名称			建设单位			
施工单位			评价单位			
序号	检查项目	应得分	判定结果 100%	判定结果 70%	实得分	备注
1	给水管道系统通水试验、水质检测	10				
2	承压管道、消防管道设备系统水压试验	30				
3	非承压管道和设备灌水试验，排水干管管道通球、系统通水试验，卫生器具满水试验	30				
4	消火栓系统试射试验	10				
5	锅炉系统、供暖管道、散热器压力试验、系统调试、试运行、安全阀、报警装置联动系统测试	20				
	合计得分					
核查结果	性能检测项目分值 40 分。 应得分合计： 实得分合计： 给水排水及供暖工程性能检测得分＝$\dfrac{实得分合计}{应得分合计}\times 40=$ 评价人员：　　　　　　　　　　　　　　　　　　　　　年　月　日					

22.《村庄整治技术标准》GB/T 50445—2019

2 术 语

2.0.2 次生灾害 secondary induced disasters

自然灾害造成工程结构和自然环境破坏而引发的连锁性灾害。常见的有次生火灾、爆炸、洪水、有毒有害物质溢出或泄漏、传染病、地质灾害等。

3 安全与防灾

3.1 一般规定

3.1.1 村庄整治应综合考虑地震、火灾、洪（涝）灾、地质灾害、风灾、雷击、雪灾和冻融等灾害影响，贯彻预防为主，防、抗、避、救相结合的方针，坚持灾害综合防御、群防群治、区域统筹、以人为本的原则，保障民众生命安全和村庄可持续发展。

3.1.3 村庄整治应根据灾害危险性、灾害影响情况及防灾要求确定工作内容，并应符合下列规定：

1 火灾、洪灾和按表3.1.3确定的灾害危险性为C类和D类等对村庄具有较严重威胁的灾种，应进行重点整治；

表3.1.3 灾害危险性分类

灾害危险性灾种	划分依据	A	B	C	D
地震	地震基本加速度 a (g)	0.05	0.10～0.20		0.30～0.40
风	基本风压 W_0 (kN/m²)	$W_0<0.3$	$0.3{\leqslant}W_0<0.5$	$0.5{\leqslant}W_0<0.7$	$W_0{\geqslant}0.7$
地质	地质灾害分区	危险性小		危险性中等	危险性大
雪	基本雪压 S_0 (kN/m²)	$S_0<0.3$	$0.3{\leqslant}S_0<0.45$	$0.45{\leqslant}S_0<0.6$	$S_0{\geqslant}0.6$
冻融	最冷月平均气温(℃)	>0	-5～0	-10～-5	<-10

3.1.4 现状存在安全隐患的生命线工程和重要设施、学校和村民集中活动场所等公共建筑应进行整治改造，并应符合国家现行标准《建筑抗震设计规范》GB 50011、《建筑设计防火规范》GB 50016、《建筑结构荷载规范》GB 50009、《建筑地基基础设计规范》GB 50007、《冻土地区建筑地基基础设计规范》JGJ 118 等的相关规定。存在结构性安全隐患的村庄居住建筑应进行整治，消除危险因素。

3.1.5 村庄下列设施应作为重点保护对象，按照国家现行相关标准应优先整治：

2 应急指挥场所、卫生所（医务室）、消防站（点）、粮库（站）等应急服务设施。

3.2 消防整治

3.2.1 村庄消防整治应贯彻"以防为主、防消结合"的原则，针对消防安全布局、消防站（点）、消防供水、消防通信、消防通道、消防装备、建筑防火等内容进行综合整治，并符合现行国家标准《农村防火规范》GB 50039 的相关规定。

3.2.2 村庄应按照下列安全布局要求进行消防整治：

1 村庄内生产、储存易燃易爆化学物品的工厂、仓库应设在村庄边缘或相对独立的安全地带，并应布置在集中居住区全年最小频率风向的上风侧，应满足现行国家标准《危险化学品生产装置和储存设施风险基准》GB 36894 规定的外部防护距离要求；

2 严重影响村庄安全的工厂、仓库、堆场、储罐等必须迁移或改造，可采取限期迁移或改变生产使用性质等措施，消除不安全因素；

3 集贸市场、厂房、仓库以及变压器、变电所（站）之间及与居住建筑的防火间距应符合现行国家标准《建筑设计防火规范》GB 50016 的相关规定；

4 严禁在村庄输送甲、乙、丙类液体、可燃气体的干管上修建任何建筑物、构筑物或堆放物资，输送管道和阀门井盖应有明显标志；

5 可燃气体和可燃液体的充装站、供应站、调压站和汽车加油加气站等与其他建（构）物等的防火间距应符合现行国家标准《城镇燃气设计规范》GB 50028、《城镇燃气技术规范》GB 50494 的相关规定；

6 打谷场和易燃、可燃材料堆场，汽车、大型拖拉机车库，村庄的集贸市场或营业摊点的设置以及村庄与成片林的间距应符合现行国家标准《农村防火规范》GB 50039 的相关规定，并且不得堵塞消防通道和影响消火栓的使用；

7 村庄各类用地中建筑的防火分区、防火间距和消防通道的设置，均应符合现行国家标准《农村防火规范》GB 50039 的相关规定；在人口密集地区应规划布置避难区域；原有耐火等级低、相互毗连的建筑密集区或大面积棚户区，应采取防火分隔、提高耐火性能、开辟防火隔离带和消防通道、增设消防水源、改善消防条件等措施，消除火灾隐患。防火分隔宜按 30 户～50 户的要求进行，呈阶梯型布局的村庄，应沿坡纵向开辟防火隔离带。防火墙修建应高出建筑物50cm以上；

8 柴草、饲料等可燃物堆垛设置应符合现行国家标准《农村防火规范》GB 50039 的相关规定；

9 对煤气经营、储存、运输、使用等环节存在的安全隐患和薄弱环节进行整治，防止煤气泄漏，对腐蚀老化的煤气管道进行更新、维修，对户内煤气设施按期进行防腐、加固、检漏等正常维护保养，逐步强制淘汰没有熄火保护装置的燃气灶具，提升单位、场所和居民用户煤气安全使用意识和事故防范能力，确保煤气使用安全；

　　10 村庄宜设置普及消防安全常识的固定消防宣传栏；易燃易爆影响区域应设置消防安全警示标志。

3.2.3 村庄建筑整治应符合下列防火规定：

　　1 村庄厂（库）房和民用建筑的耐火等级、允许层数、允许占地面积及建筑构造防火要求应符合现行国家标准《农村防火规范》GB 50039 的相关规定；

　　2 重点改造现状存在火灾隐患的公共建筑，逐步改造三、四级耐火等级的村庄建筑，建筑耐火等级应符合现行国家标准《建筑设计防火规范》GB 50016、《农村防火规范》GB 50039 的相关规定；

　　3 村庄电气线路与电气设备的安装使用应符合国家现行标准《农村防火规范》GB 50039、《民用建筑电气设计规范》JGJ 16、《住宅建筑电气设计规范》JGJ 242 等的相关规定、村庄建筑电气应接地，配电线路应安装过载保护和漏电保护装置，电线宜采用线槽或穿管保护，不应直接敷设在可燃装修材料或可燃构件上，当必须敷设时应采取穿金属管、阻燃塑料管保护；

　　4 文物建筑应配置完善的消防设施。

3.2.4 村庄消防供水宜采用消防、生产、生活合一的供水系统，并应符合下列规定：

　　1 利用河湖、池塘、水渠等作为天然消防水源，并进行消防通道和消防供水设施整治，应保证枯水期最低水位和冬季消防用水的可靠性；

　　2 将给水管网供水作为主要消防水源时，管网及消火栓的布置、水量、水压应符合现行国家标准《建筑设计防火规范》GB 50016、《农村防火规范》GB 50039 的相关规定；利用给水管道设置消火栓，宜结合村庄公共设施及公共场地设置，间距不应大于 120m；

　　3 给水管网或天然水源不能满足消防用水时，宜设置消防水池，消防水池的容积应符合消防水量的要求；寒冷地区的消防水池应采取防冻措施；

　　4 利用天然水源或消防水池作为消防水源时，应配置消防泵或手抬机动泵等消防供水设备。

3.2.5 村庄整治应按照国家相关规定配置消防站（点），并符合下列规定：

　　1 消防站（点）的设置应根据村庄规模、区域位置、发展状况及火灾危险程度等因素确定。设置消防站（点）应有固定的地点和房屋建筑，并具有明显标识，其建设和装备配备应按国家现行标准《城市消防站设计规范》GB 51054、《城市消防站建设标准》（建标152）的相关规定执行；消防站（点）应设置火警电话和值班人员，并应与上一级消防站（点）、邻近地区消防站（点），以及供水、供电、供气、义务消防组织等部门建立消防通信联网；

　　2 村庄消防站（点）应有专职、义务或志愿消防队员，配备消防车、手抬机动泵、水枪、水带、灭火器、破拆工具等全部或部分消防装备。

3.4 其他防灾项目整治

3.4.2 村庄抗震防灾应符合下列规定：

　　3 对可能产生火灾、爆炸和溢出剧毒、细菌、放射物等生产和储存单位的地震次生灾害源，应迁出村庄或采取防止

灾害蔓延的措施。

3.4.6 村庄防雷应符合下列规定：

　　1 省级及以上重点文物保护单位、学校、老年活动站等公共建筑物、多层或高层建筑及易燃易爆场所和设施必须安装防雷设施，防雷工程的设计与施工应符合现行国家标准《建筑物防雷设计规范》GB 50057、《建筑物防雷工程施工与质量验收规范》GB 50601 的相关规定。

　　3 接闪器下方有易燃物品时，下方应设置水泥或石膏等阻燃材料的隔板，防止次生灾害发生。

3.5 避灾疏散

3.5.5 避难场所用地应避开易燃、易爆、有毒危险物品存放点、严重污染源以及其他易发生次生灾害的区域，距次生灾害危险源的距离应符合现行国家标准《危险化学品生产装置和储存设施风险基准》GB 36894、《农村防火规范》GB 50039 中对重大危险源和防火的相关规定；有火灾或爆炸危险源时，应设防火安全带。避灾场所内的应急功能区与周围易燃建筑等一般火灾危险源之间应设置不少于 30m 的防火安全带，距易燃易爆工厂、仓库、供气厂、储气站等重大火灾或爆炸危险源的距离不应小于 1000m。

4 道路桥梁及交通安全设施

4.1 一 般 规 定

4.1.3 道路桥梁及交通安全设施整治应利用现有条件和资源，恢复或改善其交通功能，使道路布局科学合理，并满足村庄内消防救灾的通行要求。

8 卫生厕所改造

8.4 卫生管理要求

8.4.2 三联通沼气池式卫生厕所卫生管理应符合下列规定：

　　3 使用和检查维修沼气池时，必须防范火灾、防爆和防止窒息事故发生。

9 公 共 环 境

9.2 街巷环境整治

9.2.3 街巷两侧入户电缆线路应在符合消防安全的前提下，沿两侧的建筑墙面或屋檐隐蔽敷设。

11 坑塘河道

11.1 一 般 规 定

11.1.1 严禁采用填埋方式占用村庄现有的坑塘河道。坑塘使用功能包括旱涝调节、养殖种植、消防水源、杂用水、水景观及污水净化等，河道使用功能包括排洪、取水和水景观等。

11.1.2 坑塘河道应符合下列规定：

2 水体容量、水深、控制水位及水质标准应符合相关使用功能；不同功能的坑塘河道对水体的控制标准应按表11.1.2确定；

表11.1.2 不同功能的坑塘河道水体的控制标准

功能类别	最小水面面积（m²）	河道宽度（m）	适宜水深（m）	水质类别
旱涝调节坑塘	50000	—	1.0～2.0	Ⅴ
渔业养殖坑塘	700	—	>1.5	Ⅲ
农作物种植坑塘	700	—	1.0	Ⅴ
消防与杂用水坑塘	1000	—	0.5～1.0	Ⅳ
水景观坑塘	500	—	>0.2	Ⅴ
污水处理坑塘（厌氧）	600	—	2.5～5.0	—
污水处理坑塘（好氧）	1500	—	1.0～1.5	—
行洪河道	—	≥自然河道宽度	—	—
生活饮用水河道	—	≥自然河道宽度	>1.0	Ⅱ～Ⅲ
工业取水河道	—	≥自然河道宽度	>1.0	Ⅳ
农业取水河道	—	≥自然河道宽度	>1.0	Ⅴ
水景观河道	—	≥自然河道宽度	>0.2	Ⅴ

注：坑塘河道水质类别不应低于表中规定的控制标准。

11.1.5 坑塘河道功能的利用应根据自然条件、环境要求、产业状况等因素进行调整和优化，并应符合下列规定：

1 临近湖泊的坑塘应以旱涝调节为主要功能，兼顾渔业养殖功能；临近村庄的坑塘应以水景观、消防备用水源、生活杂用水为主要功能；临近村庄集中排污方向的坑塘宜优先作为污水净化功能使用。

14 能源供应

14.3 能源供应设施

14.3.4 村级生物质成型燃料加工厂及大型沼气或生物质天然气制气厂宜单独选址，且距离村民住宅外墙应符合现行国家标准《建筑设计防火规范》GB 50016 的相关规定；生物质成型燃料加工厂及集中式供暖锅炉房应安排生物质或燃煤存放库。

23.《试听室工程技术规范》GB/T 51091—2015

6 公共专业设计要求

6.3 电气设计

6.3.1 供配电设计应符合下列要求:
　5 试听室内的配电线路应采用耐火阻燃铜芯缆线,缆线应穿管保护并暗敷,保护管应为不燃烧材料;

6.3.3 通信与安全设计应符合下列要求:
　2 试听室内应设置火灾自动报警系统,并应符合现行国家标准《火灾自动报警系统设计规范》GB 50116 及《建筑设计防火规范》GB 50016 的有关规定;
　3 试听室内应同时设置两种火灾探测器,火灾报警系统宜与灭火系统联动。

6.4 消防设计

6.4.1 试听室建筑物耐火等级为二级,其生产环境防火属性为丁、戊类。

6.4.2 试听室内吸声材料的燃烧等级不应低于 B_1 级,其中顶棚部不应低于 A_1 级。

6.4.3 试听室建筑防火除应符合本规范外,尚应符合现行国家标准《建筑设计防火规范》GB 50016 的有关规定。

7 施工与质量验收

7.1 施工准备

7.1.6 施工前,应按下列要求对材料进行检验,并应做进场验收记录。
　2 试听室工程所用材料的防火性能应符合本规范第 6.4 节的规定。

24.《急救中心建筑设计标准》GB/T 50939—2013

5 防火与疏散

5.0.1 急救中心的防火设计应符合现行国家标准《高层民用建筑设计防火规范》GB 50045、《建筑设计防火规范》GB 50016 和《汽车库、修车库、停车场设计防火规范》GB 50067 等的有关规定。调度指挥中心等重要用房应采用耐火极限为 2h 的不燃烧体隔墙，其隔墙上的门应采用乙级防火门窗。

5.0.2 急救中心建筑耐火等级不应低于二级。

6 建筑设备

6.1 给水排水、污水处理和消防

6.1.4 消防系统应符合国家现行有关标准的规定。

6.2 电 气

6.2.2 急救中心的供电电源应符合下列规定：
  1 急救中心的消防用电设备、通信指挥系统电源、保安系统电源、应急照明、值班照明、警卫照明、保证指挥系统正常工作的空调电源、隔离区的空调通风电源、污水处理、排污泵等应为一级负荷。其中直辖市、省会城市或规模大于或等于 30 辆救护车的急救中心，其通信指挥系统及应急照明电源、消防用电设备应为一级负荷中特别重要负荷。

6.2.5 急救中心应设置火灾自动报警系统，火灾自动报警系统的设计应符合国家现行有关标准的规定。

25.《文物建筑防火设计导则（试行）》

1 总　则

1.0.3 文物建筑防火设计时，应优先利用或者改造现有的消防基础设施，并避免对文物本体及其环境风貌造成影响或者破坏。

1.0.4 文物建筑防火设计前，应对防护对象进行现场勘查和火灾风险分析。

1.0.5 文物建筑防火设计选择的电器设备和线缆应适应当地自然环境条件。

1.0.6 本导则适用于不可移动文物中木结构、砖木结构等具有火灾危险性的文物建筑。

1.0.7 本导则中未提及的内容，应符合国家、行业的相关规定。

2 名　词

2.0.1 文物建筑防火保护区

依法划定的文物保护单位的保护范围。防护对象包括文物建筑本体及保护范围内与文物建筑毗邻的、不能进行防火分隔的其它建（构）筑物。

2.0.2 文物建筑防火控制区

依法划定的文物保护单位的建设控制地带。防护对象包括文物保护单位的保护范围以外、建设控制地带内需要提高消防能力的建（构）筑物。

2.0.3 消防道路

根据文物建筑防火需要和实际情况确定的，供一般消防车、小型消防车、消防摩托车以及手抬机动消防泵通行和人员疏散的道路。

2.0.4 消防分区

为避免火灾蔓延，对集中连片文物建筑群，采用适宜措施分隔的若干独立防火区域。

3 现场勘察与风险分析

3.0.1 现场勘察应全面详细地调查了解建筑防火、消防救援条件、消防设施现状及火灾危险源等有关情况，至少应包括表3.0.1的内容。

表3.0.1 现场勘察内容

类别	分项	勘察内容
建筑防火	火灾荷载	建筑本体，可燃家具，装饰，商业经营产品，仓储物品等
建筑防火	建筑参数	单体建筑高度、层数、面积、区域建筑面积或占地面积

续表3.0.1

类别	分项	勘察内容
建筑防火	耐火等级	单体建筑的墙、柱、梁、楼板等主要构件的材质
建筑防火	防火间距	单体建筑之间、院落之间、建筑群间
建筑防火	消防分区	防火隔离带、消防道路、防火墙等防火分隔措施
建筑防火	疏散条件	安全出口、疏散通道数量及宽度，最远疏散距离
消防救援条件	消防站、点	设备完善情况；能否满足5分钟到达火点要求
消防救援条件	消防控制室	位置、面积、设备配置能否满足使用要求
消防救援条件	救援场地	消防扑救面，消防扑救场地，消防装备到达条件
消防救援条件	消防道路	道路净尺寸、通行状况
消防设施现状	消防给水系统	消防水源，已有管网供水压力、流量、管道埋深等，管材，室内外消火栓数量、栓口压力、使用完好度；水带、水枪、轻便消防水龙等完整情况，必要时调研极端条件下管网压力、流量等
消防设施现状	消防灭火设施	自动喷淋系统，移动水喷雾灭火装置，消防水炮，气体灭火系统，建筑灭火器
消防设施现状	自动报警系统	是否设置火灾自动报警系统；已有火灾自动报警系统的火灾自动报警控制器、火灾探测器、手动报警、消防广播、火灾声光报警器等设备选型及设置是否合理，自动报警系统能否可靠工作
消防设施现状	配电系统	消防电源可靠性，备用电源设置；消防配电线路选型及敷设，消防设备的控制或保护电器等是否满足规范要求；消防联动控制的设置是否可靠；整体消防配电系统能否满足文物消防安全的需要
消防设施现状	应急照明	备用照明、疏散照明、疏散指示灯具或标识的设置情况；应急照明灯具自带电源的完好情况

续表3.0.1

类别	分项	勘察内容
火灾危险源	可燃物	易燃易爆场所和设施；炊事明火；烟囱设置；可燃物堆放；可燃液体的种类和储量
	燃气	燃气使用和存放场所；燃气钢瓶的容量，与灶具安全距离；进入建筑物内的燃气管道；沼气使用情况
	电气火灾隐患	配电箱材质及安装方式、配电线缆的敷设、配电系统绝缘、配电保护措施，终端用电设备是否满足电气火灾防范要求
	雷击	有无防直击雷保护装置；保护装置是否完整有效

注：现场勘察情况应附有相应现场照片及说明。现场勘察时，没有消防设施或者缺少某类消防设施的，应在勘察报告中予以说明。

4 消防总体布局

4.1 消防分区

4.1.1 设置消防分区，应保持文物建筑及其环境风貌的真实性、完整性，单个消防分区的占地面积宜为3000m²～5000m²。

4.2 消防道路与其消防装备

4.2.1 消防道路应满足消防装备安全、快捷通行的要求，宜设置环状消防道路。供一般消防车通行的尽端路应设置回车场地。

4.3 安 全 疏 散

4.3.1 文物建筑防火保护区内安全出口或安全疏散通道不宜少于两个；因客观条件限制不能满足前述要求时，应根据实际情况限制文物建筑的使用方式和同时在内的人数。

4.3.2 安全疏散通道均应在明显位置设置疏散指示标识。

4.4 消防点和消防控制室

4.4.1 距离最近的消防站接到出动指令后5分钟内不能到达的文物建筑所在区域，应合理设定消防点。消防点的设定应满足以下要求：

1 结合消防道路现状、消防救援装备配置情况，以5分钟内到达火点为标准选址、布置。

2 优先利用原有建筑及场地设置，建筑面积不宜小于15m²；严寒、寒冷地区应采取保温措施。

3 设有明显标识。

4 消防点消防装备配置应满足表4.4.1的要求。

表4.4.1 消防点消防装备配置

消防车配备数量	手抬机动消防泵	移动式水带卷盘或水带槽	水带	水枪	灭火器	人员配备数量	消防员配套装备
1辆（小型消防车、洒水车、消防摩托车）	2台	2个	50～300m	2套	≥2个	≥2人	手持移动式对讲机、呼吸器、头盔、面罩等

5 消防给水系统

5.1 一 般 规 定

5.1.1 消防给水系统的设置应根据文物建筑的火灾危险性、火灾特性和环境条件等因素综合确定。

5.1.2 寒冷和严寒地区及其它有结冻可能的地区，消防给水系统应采取可靠的防冻措施。

5.2 消 防 水 源

5.2.2 具备给水管网条件的，应充分利用给水管网条件设置消防给水系统。消防给水系统可与生产、生活给水系统合用，并应采取相应措施，防止生产、生活用水污染，且满足消防供水的要求。

不具备给水管网条件或给水管网条件不符合消防供水要求的，应利用天然水源或者设置消防水池。

5.2.3 当利用江河、湖泊、水塘、水井、水窖等天然水源作为消防水源时，应符合下列要求：

1 能保证枯水期的消防用水量，其保证率应为90%～97%。

2 防止被可燃液体污染。

3 采取防止冰凌、漂浮物、悬浮物等物质堵塞消防水泵的技术措施，并应采取确保安全取水的措施。

4 供消防车取水的天然水源，应有取水码头及通向取水码头的消防车道；当天然水源在最低水位时，消防车吸水高度不应超过6m。

5.2.4 当设置消防水池时，应符合下列要求：

1 消防水池的有效容积应按火灾延续时间内，将其作为消防水源的灭火系统用水量之和确定。不同灭火系统的火灾延续时间不应小于表5.2.4的规定：

表5.2.4 不同灭火系统的火灾延续时间

灭火系统		火灾延续时间（h）
室内、外消火栓灭火系统	具有火灾危险性的全国重点文物保护单位和省级文物保护单位	3
	其他具有火灾危险性的文物建筑	2
自动喷淋灭火系统		1
消防水炮灭火系统		2

2 消防用水与生产、生活用水合并的水池，应采取确保消防用水不作它用的技术措施。

3 供消防车或手抬机动消防泵取水的消防水池应设吸水口，且不宜少于2处，并宜设在建筑物外墙倒塌范围以外；当消防水池在最低水位时，消防车吸水高度不应大于6m。

4 寒冷和严寒地区及其它有结冻可能的地区，消防水池应采取防冻措施。

5.3 消防泵房

5.3.1 消防泵房的设置应使消防水泵能自灌吸水，泵组的吸水管不应少于2条，当其中一条损坏或检修时，其余吸水管应仍能满足全部消防给水设计流量。

5.3.2 消防泵房应有不少于2条的出水管直接与消防给水管网连接。当其中一条出水管关闭时，其余的出水管应仍能通过全部用水量。

5.4 室外消火栓系统

5.4.1 室外消火栓给水管应布置成环状。其埋深应根据气候条件、外部荷载、管材性能等因素确定。

5.4.3 向室外消火栓环状管网输水的进水管不应少于2条，当其中1条发生故障时，其余进水管应能满足消防用水总量的供给要求。环状管道应用阀门分成若干独立段，文物建筑防火保护区内，每段内消火栓数量不宜超过2个。

5.4.4 室外消火栓给水管道的直径不应小于DN100。室外消火栓应至少有DN100和DN65的栓口各1个，直接用于扑救室外火灾而非用于消防车取水的消火栓，可选用两个DN65的栓口。

5.4.5 室外消防给水采用低压给水系统时，室外消火栓栓口的压力从室外设计地面算起不应小于0.1MPa；室外消防给水采用常高压和临时高压给水系统时，室外消火栓宜配置消防水带和消防水枪；室外消火栓在庭院内设置时应采用室内消火栓，并符合GB 50974—2014《消防给水及消火栓系统技术规范》7.4节的规定。

5.4.6 室外消火栓布置间距和保护半径应符合表5.4.6的规定。

表5.4.6 室外消火栓布置间距和保护半径

类别	消火栓间距（m）	消火栓保护半径（m）
未设室内消火栓的文物建筑防火保护区	20~50	—
文物建筑防火控制区及设有室内消火栓的文物建筑防火保护区	30~60	80
文物建筑防火控制区以外区域	60~120	150

5.4.7 室外消火栓宜采用地上式消火栓；有可能结冰的地区宜采用干式地上式消火栓；严寒地区宜设置消防水鹤。当采用地下式室外消火栓时，应设明显的永久性标志；当地下式室外消火栓的取水口在冰冻线以上时，应采取可靠的保温措施。

5.4.8 道路条件许可时，室外消火栓距临街文物建筑的排檐垂直投影边线距离宜大于建筑物的檐高尺寸，且不应小于5m；文物建筑是重檐结构的，应按头层檐高计算。道路宽度受限时，在不影响平时通行和火灾使用的前提下，可灵活设置。

5.4.9 室外消火栓给水管道宜埋地敷设，且不得扰动破坏相临文物建筑基础。

5.4.10 室外消火栓用水量不应小于表5.4.10的规定，建筑体积按两座相邻建筑的体积V（m³）中最大者确定。

表5.4.10 室外消火栓用水量

建筑物体积（m³）	V≤1500	1500<V≤3000	3000<V≤5000	5000<V≤20000	V>20000
用水量（L/s）	15	20	25	30	40

注：文物建筑集中分布且占地面积大于1公顷时，按2次火灾计算用水量。

5.5 室内消火栓系统

5.5.1 文物建筑宜采取室内消火栓室外设置。当必须设置在文物建筑内部时，应减少对被保护对象的明显影响。有传统彩画、壁画、泥塑等的文物建筑内部，不得设置室内消火栓。

5.5.2 文物建筑内部有生活供水管道的，应在生活供水管道上设置消防软管卷盘或轻便消防水龙。

5.5.3 室内消火栓给水系统应采用常高压或临时高压给水系统。室内消火栓用水量不应小于表5.5.3的规定，火灾延续时间不应小于表5.2.4的规定。

表5.5.3 室内消火栓用水量

建筑体积	消火栓用水量（L/s）	同时使用水枪数量（支）
V≤10000m³	20	4
V>10000m³	25	5

5.5.4 设置室内消火栓时，各层任意部位应有两支水枪的充实水柱同时到达，充水柱不小于10m，消火栓间距不应大于30m、并置于便于使用的地方。

5.5.5 室内消火栓给水管道应布置成环状，与室外管网或消防水泵相连接的进水管不应少于2条。

6 消防灭火设施

6.2 自动灭火设施

6.2.2 文物建筑采用自动灭火系统时，优先采用无管网式系统。在有人值守的情况下，启动装置应为手动控制。

6.2.3 固定消防水炮灭火系统设计应符合下列规定：

1 数量不应少于两门，设置位置应使消防水炮的射流能够完全覆盖被保护文物建筑，并具备隐蔽性。

2 消防水炮平台的设计应满足消防水炮正常使用，结构强度应满足消防水炮喷射反作用力的要求。并应隐蔽设置，与周边建筑风貌相协调。

3 消防水炮应具有雾化功能。

6.2.4 自动喷淋灭火系统设计应按中危险级Ⅰ级，喷水强度6L/min/m²，作用面积160m²。自动喷水灭火系统宜与室内消火栓系统分开设置。当合用消防泵时，给水管路应在报警阀前分开设置。

6.2.5 气体灭火系统设计参数应按A类火灾场所选取。喷头的布置应使气体灭火剂喷放后在防护区内均匀分布；喷头出口射流方向离文物、文物建筑表面的距离不宜小于0.5m。

6.3 灭 火 器

6.3.1 文物建筑应按严重危险级配备灭火器。

6.3.2 应选择对受保护文物、文物建筑危害小的灭火器。

6.3.3 文物建筑每层配置的灭火器不应少于2具。

6.4 移动式高压水雾灭火装置

6.4.1 移动式高压水雾灭火装置的配置应按照现行有关标准执行。

7 火灾自动报警系统

7.1 一 般 规 定

7.1.2 火灾自动报警系统应将现场的实时报警信息完整、准确、可靠地传送到消防控制室。

7.1.3 火灾自动报警系统应在确认火灾后启动消防分区的所有声光报警器和消防广播。

7.1.4 火灾自动报警系统应有联网功能。

7.2 系 统 设 计

7.2.1 火灾自动报警系统的形式根据《火灾自动报警系统设计规范》GB 50116选择。

7.2.2 火灾探测器的选择和系统设备的设置应遵循人防与技防相结合的原则，根据被保护文物建筑的特点、自然环境等条件，采用简单、实用、可靠，且对文物建筑影响最小的形式。

7.2.4 火灾探测器的布置宜采用重点保护与区域监测相结合的方式，突出重点。特别重要的文物建筑或场所应采用双重保护。

7.2.5 手动火灾报警按钮宜设置在疏散通道或出入口，位置应明显和便于操作。

7.2.7 消防专用电话的设置应符合下列规定：

　　1 消防水泵房，文物建筑的重点部位应设置消防专用电话分机；

　　3 设有手动火灾报警按钮或消火栓按钮的重要部位宜同时设置消防电话插孔；并选择带有电话插孔的手动火灾报警按钮。

7.2.8 文物建筑的火灾自动报警设备与消防控制室报警总线采用有线方式连接有困难时，应设置人工火灾警报装置及独立式火灾探测器，报警信号应通过无线方式与消防控制室联网。

7.3 消防应急照明和疏散指示标志

7.3.1 为便于疏散，正常照明线路应在人员疏散后再切断。

7.3.2 文物建筑防火保护区应设置完善的安全疏散指示标志。

7.3.3 文物建筑内无自然照明且有人员活动的场所，对疏散距离超过20m的内走道，应设置疏散指示和疏散照明灯具，疏散走道的地面平均水平照度值不低于1Lx。

7.3.4 消防控制室、配电室及值班室等火灾时仍需正常工作的场所，应设置备用照明，其作业面的最低照度不应低于正常照明的照度。

8 消防备用电源

8.0.1 消防设备除正常电源外应设置备用电源。

8.0.2 备用电源采用柴油发电机组时，柴油发电机房设置应满足下列要求：

　　1 机房不应设于文物建筑内，且应与文物建筑保持安全距离；

　　2 机房应靠近消防泵房设置，且便于机组运输及安装；

　　3 机房内应设置储油间，总存储量不超过$1m^3$；

　　4 机组的烟气排放、噪音污染应达到环保要求。

9 配 电 设 计

9.1 一 般 规 定

9.1.1 文物建筑内应严格用电管理。元代以前早期建筑和具有极其重要价值的文物建筑内部，除展示照明和监测报警等用电外，不宜进行其他用电行为。

9.1.2 文物建筑内现有的配电设备、线路、保护电器等，当选型和安装不满足相关规范规定和防火要求时，应进行改造设计。

9.1.3 配电线路应装设短路保护和过负荷保护。

9.1.4 有电气火灾危险的文物建筑应设置电气火灾监控系统，且应将报警信息和故障信息传入消防控制室。

9.1.5 配电线路的保护导体或保护接地中性导体应在进入文物建筑时接地，进入文物建筑后的配电线路N线与PE线应严格分开。

9.1.6 文物建筑的配电箱外壳应为金属外壳，箱体电气防护等级室内不应低于IP54，室外不应低于IP65。

9.1.7 文物建筑的照明光源宜使用冷光源，且灯具附件无危险高温。各种开关应采用密闭型。

9.2 设备和管线安装

9.2.1 设备和管线宜明装，配电线路应穿金属导管保护。

9.2.2 室内配电线路埋地敷设时，应穿壁厚不小于2.0mm的热镀锌金属导管保护。管线应敷设在夯实的基础土层，并采取固定措施。

9.2.4 设备及管线不应在集中储存的柴草、饲料等可燃物堆垛附近安装。

9.2.5 设备和管线的安装应避开潮湿部位和炉灶、烟囱等高温部位。配电线路不宜直接敷设在可燃物上；当必须敷设在可燃物上或在有可燃物的吊顶内敷设时，应穿金属管敷设。

9.2.9 配电设备不应安装在明火和热源附近，亦不应安装在木质等可燃构件上。配电设备外壳距可燃构件不应小于0.3m。

9.2.10 开关、插座和照明灯具靠近可燃物时,应采取隔热、散热等防火措施。

9.2.14 导线与导线、导线与电气设备的连接应牢固可靠。配电线路接头两侧、箱盒两侧的金属导管以及金属导管与箱盒的跨接宜为焊接,明火焊接不应在文物建筑室内进行。

9.2.17 1kV 及以上等级的架空电力线路不应跨越文物建筑防火保护区和控制区。

9.3 接 地

9.3.1 用电设备的外露金属外壳应与线路的 PE 线做可靠的电气连接,穿线金属导管应相互可靠连接,且在用电设备、接线盒及配电箱处与 PE 线接线端子连接。

9.3.2 建筑物设有防雷击保护装置时,配电线路的 PE 线与防雷装置应做可靠的等电位连接。

26.《殡仪馆建筑设计规范》JGJ 124—99

7 防火设计

7.1 一般规定

7.1.1 殡仪馆建筑的耐火等级不应低于二级。

7.1.2 殡仪馆建筑的防火分区应依据建筑功能合理划分。

7.1.3 悼念用房应设消防水龙、水喉等设施。

7.1.4 殡仪馆内建筑灭火器设置应符合现行国家标准《建筑灭火器配置设计规范》(GBJ 140) 的规定。

7.1.5 殡仪区的防火分区安全出口数目应按每个防火分区不少于2个设置,且每个安全出口的平均疏散人数不应超过250人;室内任何一点至最近安全出口最大距离不宜超过20.0m。

7.1.6 悼念厅楼梯和走道的疏散总宽度应分别按每百人不少于0.65m计算,但最小净宽不宜小于1.8m。

7.1.7 悼念厅的疏散内门和疏散外门净宽度不应小于1.4m,并不应设置门槛和踏步。

7.1.8 室外应设消火栓灭火系统。

7.1.9 殡仪馆建筑内部装修防火设计应符合现行国家标准《建筑内部装修设计防火规范》(GB 50222) 的有关规定。

7.2 骨灰寄存区

7.2.1 骨灰寄存用房的储存物品的火灾危险性分类应按现行国家标准《建筑设计防火规范》(GBJ 16) 中的储存物品类型丙类第2项划分。

7.2.2 骨灰寄存用房不得采用水灭火设施,应按规模在明显位置设气体或干粉灭火设施,并设火灾探测器。

7.2.3 骨灰寄存用房的防火分区隔间最大允许建筑面积,当为单层时不应大于800m²;建筑高度在24.0m以下时,每层不应大于500m²;当建筑高度大于24.0m时,每层不应大于300m²。

7.2.4 骨灰寄存室与毗邻的其他用房之间的隔墙应为防火墙。

7.2.5 每个防火分区的安全出口不应少于2个,其中1个出口应直通室外。

7.2.6 骨灰寄存用房防火墙上的门,应为甲级防火门。骨灰寄存室防火门应向外开启,其净宽不应小于1.4m,且不应设置门槛。

7.2.7 骨灰寄存室内通道不应设置踏步。

7.2.8 骨灰寄存楼垂直连通的条形窗不应跨越上下防火隔层,水平连通的带形窗不应跨越相邻防火分区。

7.2.9 骨灰寄存室内的寄存架应采用阻燃材料。

7.2.10 骨灰寄存室内的装修材料应采用燃烧性能等级为A级的阻燃材料。

7.3 火化区

7.3.1 火化间应符合现行国家标准《建筑设计防火规范》(GBJ 16) 中丁类设防的规定。

7.3.2 火化间安全出口不应小于2个。

7.3.3 油库设计应符合现行国家标准《建筑设计防火规范》(GBJ 16) 的规定,寒冷地区应采取防冻措施。

7.3.4 火化间内储油箱与火化机之间的防火距离应符合现行国家标准《建筑设计防火规范》(GBJ 16) 的有关规定。

7.3.5 采用燃气式火化设备的火化间在建筑物外应设置气源紧急切断阀。

8 建筑设备

8.2 给水、排水

8.2.1 殡仪馆建筑应设给水、排水及消防给水系统。

8.4 电气、照明

8.4.6 消防控制室、空调机房、殡仪区、火化区和骨灰寄存区用房等均应设置应急照明。

8.4.11 骨灰寄存室的照明线路应采用铜芯导线穿金属管或采用护套为阻燃材料的铜芯电缆配线,并单独设置回路控制开关。

8.4.13 骨灰寄存用房应设火灾自动报警装置。

27.《看守所建筑设计规范》JGJ 127—2000

3 选址和总平面布局

3.1 选 址

3.1.1 看守所选址应符合下列条件:

2 与各种污染源、易燃易爆危险品、高噪声、高压电线和无线电干扰的距离应符合国家有关防护距离的规定;

3.7 通 道

3.7.2 监区内应设置环型消防车道;行政办公区应设置停车场。

28.《展览建筑设计规范》JGJ 218—2010

3 场地设计

3.3 总平面布置

3.3.3 交通应组织合理、流线清晰，道路布置应便于人员进出、展品运送、装卸，并应满足消防和人员疏散要求。

5 防火设计

5.1 一般规定

5.1.1 展览建筑的耐火等级应符合现行国家标准《建筑设计防火规范》GB 50016 和《高层民用建筑设计防火规范》GB 50045 的规定，并不应低于二级。建筑构件的燃烧性能和耐火极限应符合现行国家标准《建筑设计防火规范》GB 50016 和《高层民用建筑设计防火规范》GB 50045 的有关规定。

5.1.2 展览建筑之间的防火间距、展览建筑与其他建筑的防火间距应符合现行国家标准《建筑设计防火规范》GB 50016 和《高层民用建筑设计防火规范》GB 50045 的有关规定。

5.1.3 仓储空间应与展厅分开布置，公共服务空间和辅助空间宜与展厅分开布置。仓储空间、公共服务空间和辅助空间的防火设计应符合现行国家标准《建筑设计防火规范》GB 50016 和《高层民用建筑设计防火规范》GB 50045 的有关规定。

5.1.4 展览建筑的内部装修设计应符合现行国家标准《建筑内部装修设计防火规范》GB 50222 的有关规定。

5.2 防火分区和平面布置

5.2.1 对于设置在多层建筑内的地上展厅，防火分区的最大允许建筑面积应符合下列规定：

1 当展厅内未设置自动灭火系统时，防火分区的最大允许建筑面积不应大于 2500m²；

2 当展厅内设置自动灭火系统时，防火分区的最大允许建筑面积可增加 1.0 倍；

3 当展厅局部设置自动灭火系统时，防火分区增加的面积可按该局部面积的 1.0 倍计。

5.2.2 对于设置在单层建筑内或多层建筑首层的展厅，当设有自动灭火系统、排烟设施和火灾自动报警系统时，防火分区的最大允许建筑面积不应大于 10000m²。

5.2.3 对于设置在高层建筑内的地上展厅，防火分区的最大允许建筑面积不应大于 4000m²。

对于设置在多层或高层建筑内的地下展厅，防火分区的最大允许建筑面积不应大于 2000m²，并应设置自动灭火系统、排烟设施和火灾自动报警系统。

5.2.4 对于设置在高层建筑裙房的展厅，当裙房与高层建筑之间有防火分隔措施、未设置自动灭火系统时，展厅防火分区的最大允许建筑面积不应大于 2500m²；当裙房与高层建筑之间有防火分隔措施、且设有自动灭火系统时，防火分区的最大允许建筑面积可增加 1.0 倍。

5.2.6 设有展厅的建筑内不得储存甲类和乙类属性的物品。室内库房、维修及加工用房与展厅之间，应采用耐火极限不低于 2.00h 的隔墙和 1.00h 的楼板进行分隔，隔墙上的门应采用乙级防火门。

5.2.8 展览建筑内的燃油或燃气锅炉房、油浸电力变压器室、充有可燃油的高压电容器和多油开关室等不应布置于人员密集场所的上一层、下一层或贴邻，并应采用耐火极限不低于 2.00h 的隔墙和 1.50h 的楼板进行分隔，隔墙上的门应采用甲级防火门。

5.2.9 使用燃油、燃气的厨房应靠展厅的外墙布置，并应采用耐火极限不低于 2.00h 的隔墙和乙级防火门窗与展厅分隔，展厅内临时设置的敞开式的食品加工区应采用电能加热设施。

5.2.10 展位内可燃物品的存放量不应超过 1d 展览时间的供应量，展位后部不得作为可燃物品的储藏空间。

5.3 安全疏散

5.3.1 展厅的疏散人数应根据本规范第 4.1.3 条经计算确定。

5.3.2 多层建筑内的地上展厅、地下展厅和其他空间的安全出口、疏散楼梯的各自总宽度，应符合下列规定：

1 每层安全出口、疏散楼梯的净宽应按表 5.3.2 的规定经计算确定；当每层人数不等时，疏散楼梯的总宽度可分层计算，下层楼梯的总宽度应按其上层人数最多一层的人数计算；

2 首层外门的总宽度应按人数最多的一层人数计算确定；不供楼上人员疏散的外门，可按本层人数计算确定。

表 5.3.2 安全出口、疏散楼梯和
房间疏散门每 100 人的净宽度（m）

楼层位置	每100人的净宽度（m）
地上一、二层	≥0.65
地上三层	≥0.75
地上四层及四层以上各层	≥1.00
与地面出入口地坪的高差不超过10m的地下建筑	≥0.75
与地面出入口地坪的高差超过10m的地下建筑	≥1.00

5.3.3 高层建筑内的展厅和其他空间的安全出口、疏散楼梯间及其前室的门的各自总宽度，应符合下列规定：

1 疏散楼梯间及其前室的门的净宽应按通过人数计算，每 100 人不应小于 1.00m，且最小净宽不应小于 0.90m；

2 首层外门的总宽度应按人数最多的一层人数计算，每 100 人不应小于 1.00m，且疏散外门的净宽不应小于 1.20m。

5.3.5 展厅内的疏散走道应直达安全出口，不应穿过办公、厨房、储存间、休息间等区域。

5.3.6 建筑设置安全出口的形式应符合现行国家标准《建筑设计防火规范》GB 50016、《高层民用建筑设计防火规范》GB 50045 的有关规定。

7 建筑设备

7.1 给水排水

7.1.12 室内消火栓的设置应符合下列规定：

3 埋地型室内消火栓的井盖应设有明显的标志，并不应被遮挡。

7.1.14 自动水炮灭火系统的设计应符合现行国家标准《固定消防炮灭火系统设计规范》GB 50338 的规定。

7.2 采暖、通风、空气调节

7.2.12 展览建筑中展厅、等候厅、储藏室等经常有人停留或可燃物较多的部位以及疏散走道等应设置排烟系统，排烟系统的设计应按现行国家标准《建筑设计防火规范》GB 50016 或《高层民用建筑设计防火规范》GB 50045 的有关规定执行。

7.4 建筑电气

7.4.2 消防用电设备应按现行国家标准《高层民用建筑设计防火规范》GB 50045 和《建筑设计防火规范》GB 50016 的规定进行设计。

7.4.5 展厅应设置防火剩余电流动作报警系统。

7.4.6 展厅、疏散走道应设置灯光疏散指示标志，安全出口处应设置消防安全出口标志。

7.4.7 对于总建筑面积超过 8000m² 的展览建筑，其内部疏散走道和主要疏散路线的地面上应增设能保持视觉连续的灯光疏散指示标志或蓄光疏散指示标志，且指示标志的载荷能力应与周围地面的载荷能力一致，防护等级不应低于 IP54。

7.4.9 展厅、疏散走道、疏散楼梯等部位应设置消防应急照明灯具。展厅备用照明的照度值不应低于一般照明照度值的 10%。

7.4.10 消防应急照明系统宜采用集中电源型的系统，并应按消防设备回路供电。当应急照明灯具数量较少、布置分散时，可自带备用电源供电。应急照明灯具产品应符合现行国家标准《消防安全标志》GB 13495 和《消防应急灯具》GB 17945 的有关规定。

7.4.12 展厅和库房的照明线路应采用铜芯绝缘导线暗配线方式。库房的电源开关应统一设在库区内的库房总门外，并应装设防火剩余电流动作保护装置。

7.5 建筑智能化

7.5.9 火灾自动报警系统和消防控制室的设置应符合现行国家标准《高层民用建筑设计防火规范》GB 50045 和《建筑设计防火规范》GB 50016 的有关规定；火灾自动报警系统的设计应符合现行国家标准《火灾自动报警系统设计规范》GB 50116 的有关规定。

7.5.10 展厅宜选择智能型火灾探测器。在单一型火灾探测器不能有效探测火灾的场所，可采用复合型火灾探测器。展厅的高大空间场所应采取合适且有效的火灾探测手段。

7.5.12 广播系统应根据展厅空间合理选择和布置扬声器，宜配置背景噪声监测设备，并应根据背景噪声自动调节音量。广播系统与火灾应急广播系统合用时，广播系统应符合火灾应急广播的要求。

29.《档案馆建筑设计规范》JGJ 25—2010

1 总则

1.0.3 档案馆可分特级、甲级、乙级三个等级。不同等级档案馆的适用范围及耐火等级要求应符合表1.0.3的规定。

表1.0.3 档案馆等级与适用范围及耐火等级

等级	特级	甲级	乙级
适用范围	中央级档案馆	省、自治区、直辖市、计划单列市、副省级市档案馆	地（市）及县（市）档案馆
耐火等级	一级	一级	不低于二级

3 基地和总平面

3.0.2 档案馆的基地选址应符合下列规定：
  2 应远离易燃、易爆场所和污染源。

3.0.3 档案馆的总平面布置应符合下列规定：
  3 基地内道路应与城市道路或公路连接，并应符合消防安全要求。

5 档案防护

5.7 有害生物防治

5.7.1 管道通过墙壁或楼、地面处均应用不燃材料填塞密实，其他墙身孔洞也应采取防护措施，底层地面应采用坚实地坪。

6 防火设计

6.0.1 档案馆建筑防火设计，应符合现行国家标准《建筑设计防火规范》GB 50016、《高层民用建筑设计防火规范》GB 50045和《建筑内部装修设计防火规范》GB 50222的有关规定。

6.0.2 档案库区中同一防火分区内的库房之间的隔墙均应采用耐火极限不低于3.0h的防火墙，防火分区间及库区与其他部分之间的墙应采用耐火极限不低于4.0h的防火墙，其他内部隔墙可采用耐火极限不低于2.0h的不燃烧体。档案库中楼板的耐火极限不应低于1.5h。

6.0.3 供垂直运输档案、资料的电梯应临近档案库，并应设在防火门外；电梯井应封闭，其围护结构应为耐火极限不低于2.0h的不燃烧体。

6.0.5 特级、甲级档案馆和属于一类高层的乙级档案馆建筑均应设置火灾自动报警系统。其他乙级档案馆的档案库、服务器机房、缩微用房、音像技术用房、空调机房等房间应设置火灾自动报警系统。

6.0.6 馆区应设室外消防给水系统。特级、甲级档案馆中的特藏库和非纸质档案库、服务器机房应设惰性气体灭火系统。特级、甲级档案馆中的其他档案库房、档案业务用房和技术用房，乙级档案馆中的档案库房可采用洁净气体灭火系统或细水雾灭火系统。

6.0.7 档案库内不得设置明火设施。档案装具宜采用不燃烧材料或难燃烧材料。

6.0.8 档案馆库区建筑及每个防火分区的安全出口不应少于2个。

6.0.9 档案库区缓冲间及档案库的门均应向疏散方向开启，并应为甲级防火门。

6.0.10 库区内设置楼梯时，应采用封闭楼梯间，门应采用不低于乙级的防火门。

6.0.11 档案馆建筑应配置灭火器，并应符合现行国家标准《建筑灭火器配置设计规范》GB 50140的规定。

30. 《体育建筑设计规范》JGJ 31—2003

1 总 则

1.0.7 体育建筑等级应根据其使用要求分级,且应符合表1.0.7规定。

表1.0.7 体育建筑等级

等级	主要使用要求
特级	举办亚运会、奥运会及世界级比赛主场
甲级	举办全国性和单项国际比赛
乙级	举办地区性和全国单项比赛
丙级	举办地方性、群众性运动会

1.0.8 不同等级体育建筑结构设计使用年限和耐火等级应符合表1.0.8的规定。

表1.0.8 体育建筑的结构设计使用年限和耐火等级

建筑等级	主体结构设计使用年限	耐火等级
特级	>100年	不低于一级
甲级、乙级	50~100年	不低于二级
丙级	25~50年	不低于二级

3 基地和总平面

3.0.5 出入口和内部道路应符合下列要求:

2 观众疏散道路应避免集中人流与机动车流相互干扰,其宽度不宜小于室外安全疏散指标;

3 道路应满足通行消防车的要求,净宽度不应小于3.5m,上空有障碍物或穿越建筑物时净高不应小于4m。体育建筑周围消防车道应环通;当因各种原因消防车不能按规定靠近建筑物时,应采取下列措施之一满足对火灾扑救的需要:

  1) 消防车在平台下部空间靠近建筑主体;
  2) 消防车直接开入建筑内部;
  3) 消防车到达平台上部以接近建筑主体;
  4) 平台上部设消火栓。

4 观众出入口处应留有疏散通道和集散场地,场地不得小于0.2m²/人,可充分利用道路、空地、屋顶、平台等。

4 建筑设计通用规定

4.1 一般规定

4.1.5 根据功能分区应合理安排各类人员出入口。比赛用建筑和设施应保证观众的安全和有序入场及疏散,应避免观众和其他人流(如运动员、贵宾等)的交叉。

4.2 运动场地

4.2.4 场地的对外出入口应不少于二处,其大小应满足人员出入方便、疏散安全和器材运输的要求。

4.3 看 台

4.3.1 看台设计应使观众有良好的视觉条件和安全方便的疏散条件。

4.3.5 观众席尺寸不应小于表4.3.5的规定。

表4.3.5 观众席最小尺寸

席位种类 规格	无背 条凳	无背 方凳	有背 硬椅	有背 软椅	活动 软椅	扶手 软椅
座宽(m)	0.42	0.45	0.48	0.50	0.55	0.60
排距(m)	0.72	0.75	0.80	0.85	1.00	1.20

注:1 记者席占2座2排,前排放工作台;
2 评论员席占3座2排,前排放工作台;
3 看台排距指净距,如首末排遇栏杆或靠背后倾有影响应适当加大;
4 一般观众座椅高度不宜小于0.35m,且不应超过0.55m;
5 座椅应安装牢固,并便于看台清扫,室外座椅还应防止座椅面积水。

4.3.6 观众席纵走道之间的连续座位数目,室内每排不宜超过26个;室外每排不宜超过40个。当仅一侧有纵走道时,座位数目应减半。

4.3.8 看台安全出口和走道应符合下列要求:

1 安全出口应均匀布置,独立的看台至少应有二个安全出口,且体育馆每个安全出口的平均疏散人数不宜超过400~700人,体育场每个安全出口的平均疏散人数不宜超过1000~2000人。

注:设计时,规模较小的设施宜采用接近下限值;规模较大的设施宜采用接近上限值。

2 观众席走道的布局应与观众席各分区容量相适应,与安全出口联系顺畅。通向安全出口的纵走道设计总宽度应与安全出口的设计总宽度相等。经过纵横走道通向安全出口的设计人流股数应与安全出口的设计通行人流股数相等。

3 安全出口和走道的有效总宽度均应按不小于表4.3.8的规定计算。

表4.3.8 疏散宽度指标

宽度指标 (m/百人)	观众座位数(个)	室内看台				室外看台	
		3000 ~ 5000	5001 ~ 10000	10001 ~ 20000	20001 ~ 40000	40001 ~ 60000	60001 以上
疏散部位	耐火 等级	一、 二级	一、 二级	一、 二级	一、 二级	一、 二级	一、 二级
门和走道	平坡地面	0.43	0.37	0.32	0.21	0.18	0.16
	阶梯地面	0.50	0.43	0.37	0.25	0.22	0.19

续表 4.3.8

宽度指标(m/百人) \ 观众座位数(个) \ 疏散部位	室内看台				室外看台	
耐火等级	3000～5000	5001～10000	10001～20000	20001～40000	40001～60000	60001以上
	一、二级	一、二级	一、二级	一、二级	一、二级	一、二级
楼梯	0.50	0.43	0.37	0.25	0.22	0.19

注：表中较大座位数档次按规定指标计算出来的总宽度，不应小于相邻较小座位数档次按其最多座位数计算出来的疏散总宽度。

4 每一安全出口和走道的有效宽度除应符合计算外，还应符合下列规定：

 1）安全出口宽度不应小于1.1m，同时出口宽度应为人流股数的倍数，4股和4股以下人流时每股按0.55m计，大于4股人流时每股宽按0.5m计；

 2）主要纵横过道不应小于1.1m（指走道两边有观众席）；

 3）次要纵横过道不应小于0.9m（指走道一边有观众席）；

 4）活动看台的疏散设计应与固定看台同等对待。

4.4 辅助用房和设施

4.4.8 技术设备用房应符合下列要求：

 3 消防控制室宜位于首层并与比赛场内外联系方便，应有直通室外的安全出口。

5 体 育 场

5.7 看台、辅助用房和设施补充规定

5.7.4 比赛场地出入口的数量和大小应根据运动员出入场、举行仪式、器材运输、消防车进入及检修车辆的通行等使用要求综合解决。

6 体 育 馆

6.2 场地和看台

6.2.5 场地出入口的数量除满足本规范第4.2.4条要求外，还应考虑体育馆在多功能使用时，设备和器材的出入、场地内观众的疏散等。

6.2.8 体育馆看台观众席的布置形式应根据项目和使用特点、疏散方式、视觉质量、体育馆造型等多方面因素综合选定，其观众席、出入口、走道设置应符合本规范第4.3.4～第4.3.9条规定。

6.2.10 当体育馆内设置活动看台时，应考虑其分区、形状、走道设置、与固定看台的联系、疏散方式、看台收纳方式等要求。

6.2.11 看台应预留残疾人轮椅席位，其位置应便于残疾观众入席及观看，应有良好的通行和疏散的无障碍环境，并应在地面或墙面设置明显的国际通用标志。

7 游 泳 设 施

7.2 比赛池和练习池

7.2.8 水下观察窗应符合下列要求：

 2 观察窗和观察廊的构造做法和选用材料应性能良好，安全可靠，与游泳池和跳水池联系方便，其外部廊道应为封闭的防水结构，并应设紧急泄水设施和人员安全疏散口。

8 防 火 设 计

8.1 防 火

8.1.1 体育建筑的防火设计除应按照现行国家标准《建筑设计防火规范》GBJ 16执行外，还应符合本章的规定。

8.1.2 室内比赛设施的耐火等级，应符合本规范第1.0.8条的规定。

8.1.3 防火分区应符合下列要求：

 1 体育建筑的防火分区尤其是比赛大厅、训练厅和观众休息厅等大空间处应结合建筑布局、功能分区和使用要求加以划分，并应报当地公安消防部门认定；

 2 观众厅、比赛厅或训练厅的安全出口应设置乙级防火门；

 3 位于地下室的训练用房应按规定设置足够的安全出口。

8.1.4 室内、外观众看台结构的耐火等级，应与本规范第1.0.8条规定的建筑等级和耐久年限相一致。室外观众看台上面的罩棚结构的金属构件可无防火保护，其屋面板可采用经阻燃处理的燃烧体材料。

8.1.5 用于比赛、训练部位的室内墙面装修和顶棚（包括吸声、隔热和保温处理），应采用不燃烧体材料。当此场所内设有火灾自动灭火系统和火灾自动报警系统时，室内墙面和顶棚装修可采用难燃烧体材料。

固定座位应采用烟密度指数50以下的难燃材料制作，地面可采用不低于难燃等级的材料制作。

8.1.7 比赛训练大厅的顶棚内可根据顶棚结构、检修要求、顶棚高度等因素设置马道，其宽度不应小于0.65m，马道应采用不燃烧体材料，其垂直交通可采用钢质梯。

8.1.8 比赛和训练建筑的灯控室、声控室、配电室、发电机房、空调机房、重要库房、消防控制室等部位，应采取下列措施中的一种作为防火保护：

 1 采用耐火极限不低于2.0h的墙体和耐火极限不小于1.5h的楼板同其他部位分隔。门、窗的耐火极限不应低于1.2h；

 2 设自动水喷淋灭火系统。当不宜设水系统时，可设气体自动灭火系统，但不得采用卤代烷1211或1301灭火系统。

8.1.9 比赛、训练大厅设有直接对外开口时，应满足自然排烟的条件。没有直接对外开口时，应设机械排烟系统。

无外窗的地下训练室、贵宾室、裁判员室、重要库房、设备用房等应设机械排烟系统。

8.1.10 消火栓应按《建筑设计防火规范》GBJ 16 的规定设置。消火栓宜设在门厅、休息厅、观众厅的主要入口及靠近楼梯的明显位置。

8.1.11 自动喷水灭火系统的设置应符合下列要求：

    1 贵宾室、器材库、运动员休息室等应按《建筑设计防火规范》GBJ—16 对体育馆的规定设自动喷水灭火系统，可按《自动喷水灭火系统设计规范》GB 50084 的中危险级Ⅰ级设计。

    2 赛后用做其他用途的房间，应按平时使用功能确定设置自动喷水灭火系统；

8.1.12 甲级以上体育馆中当消火栓、自动喷水灭火系统还不能满足消防要求时，应设其他可行的消防给水设施。

8.2 疏散与交通

8.2.1 体育建筑应合理组织交通路线，并应均匀布置安全出口、内部和外部的通道，使分区明确，路线短捷合理。

8.2.2 体育建筑中人员密集场所走道的设置应符合本规范第 4.3.8 条的规定，其总宽度应通过计算确定。

8.2.3 疏散内门及疏散外门应符合下列要求：

    1 疏散门的净宽度不应小于 1.4m，并应向疏散方向开启；

    2 疏散门不得做门槛，在紧靠门口 1.4m 范围内不应设置踏步；

    3 疏散门应采用推闩外开门，不应采用推拉门，转门不得计入疏散门的总宽度。

8.2.4 观众厅外的疏散走道应符合下列要求：

    1 室内坡道坡度不应大于 1∶8，室外坡道坡度不应大于 1∶10，并应有防滑措施。为残疾人设置的坡道，应符合现行行业标准《城市道路和建筑物无障碍设计规范》JGJ 50 的规定。

    2 穿越休息厅或前厅时，厅内陈设物的布置不应影响疏散的通畅。

    3 当疏散走道有高差变化时宜做坡道。当设置台阶时应有明显标志和采光照明。疏散通道上的大台阶应设便于人员分流的护栏。

    4 疏散走道宜有天然采光和自然通风（设有排烟和事故照明者除外）。

8.2.5 疏散楼梯应符合下列要求：

    1 踏步深度不应小于 0.28m，踏步高度不应大于 0.16m，楼梯最小宽度不得小于 1.2m，转折楼梯平台深度不应小于楼梯宽度。直跑楼梯的中间平台深度不应小于 1.2m。

    2 不得采用螺旋楼梯和扇形踏步。踏步上下两级形成的平面角度不超过 10°，且每级离扶手 0.25m 处踏步宽度超过 0.22m 时，可不受此限。

8.2.6 观众席的安全出口上方和疏散走道出口、转折处应设疏散标志灯。疏散走道内应设疏散指示标志。疏散路线的疏散指示、导向标志灯、疏散标志灯，必须满足疏散时视觉连续的需要。

10 建筑设备

10.1 给水排水

10.1.1 体育建筑和设施应设室内外给排水及消防给水系统，并满足生活用水、空调用水、道路绿化用水、体育工艺用水及消防用水的要求，并选择与其等级和规模相适应的器具设备。

10.3 电气

10.3.1 体育建筑电力负荷应根据体育建筑的使用要求，区别对待，并应符合下列要求：

    2 体育建筑的电气消防用电设备负荷等级应为该工程最高负荷等级。

31.《图书馆建筑设计规范》JGJ 38—2015

3 基地和总平面

3.1 基 地

3.1.3 图书馆基地与易燃易爆、噪声和散发有害气体、强电磁波干扰等污染源之间的距离，应符合国家现行有关安全、消防、卫生、环境保护等标准的规定。

3.2 总平面

3.2.2 图书馆建筑的交通组织应做到人、书、车分流，道路布置应便于读者、工作人员进出及安全疏散，便于图书运送和装卸。

6 防火设计

6.1 耐火等级

6.1.1 图书馆建筑防火设计除应执行本规范规定外，尚应符合现行国家标准《建筑设计防火规范》GB 50016 的有关规定。

6.1.2 藏书量超过 100 万册的高层图书馆、书库，建筑耐火等级应为一级。

6.1.3 除藏书量超过 100 万册的高层图书馆、书库外的图书馆、书库，建筑耐火等级不应低于二级，特藏书库的建筑耐火等级应为一级。

6.2 防火分区及建筑构造

6.2.1 基本书库、特藏书库、密集书库与其毗邻的其他部位之间应采用防火墙和甲级防火门分隔。

6.2.2 对于未设置自动灭火系统的一、二级耐火等级的基本书库、特藏书库、密集书库、开架书库的防火分区最大允许建筑面积，单层建筑不应大于 1500m²；建筑高度不超过 24m 的多层建筑不应大于 1200m²；高度超过 24m 的建筑不应大于 1000m²；地下室或半地下室不应大于 300m²。

6.2.3 当防火分区设有自动灭火系统时，其允许最大建筑面积可按本规范规定增加 1.0 倍，当局部设置自动灭火系统时，增加面积可按该局部面积的 1.0 倍计算。

6.2.4 阅览室及藏阅合一的开架阅览室均应按阅览室功能划分其防火分区。

6.2.5 对于采用积层书架的书库，其防火分区面积应按书架层的面积合并计算。

6.2.6 除电梯外，书库内部提升设备的井道井壁应为耐火极限不低于 2.00h 的不燃烧体，井壁上的传递洞口应安装不低于乙级的防火闸门。

6.2.7 图书馆的室内装修应符合现行国家标准《建筑内部装修设计防火规范》GB 50222 的有关规定。

6.3 消防设施

6.3.1 藏书量超过 100 万册的图书馆、建筑高度超过 24m 的书库以及特藏书库，均应设置火灾自动报警系统。

6.3.3 建筑灭火器配置应符合现行国家标准《建筑灭火器配置设计规范》GB 50140 的有关规定。

6.3.4 特藏书库、系统网络机房和贵重设备等用房应设置自动灭火系统，其中不适合用水扑救的场所宜选用气体灭火系统。

6.4 安全疏散

6.4.1 图书馆每层的安全出口不应少于两个，并应分散布置。

6.4.2 书库的每个防火分区安全出口不应少于两个，但符合下列条件之一时，可设一个安全出口：
  1 占地面积不超过 300m² 的多层书库；
  2 建筑面积不超过 100m² 的地下、半地下书库。

6.4.3 建筑面积不超过 100m² 的特藏书库，可设一个疏散门，并应为甲级防火门。

6.4.4 当公共阅览室只设一个疏散门时，其净宽度不应小于 1.20m。

6.4.6 图书馆需要控制人员随意出入的疏散门，可设置门禁系统，但在发生紧急情况时，应有易于从内部开启的装置，并应在显著位置设置标识和使用提示。

8 建筑设备

8.1 给水排水

8.1.1 图书馆应设室内外给水排水系统和消防给水系统及相应的设施和设备。

8.1.2 珍善本书库不应有水管进入。除消防给水管道外，其他书库及开架阅览室内不应有给排水管道穿过，排水立管不宜安装在与书库相邻的内墙上。

8.2 采暖、通风与空气调节

8.2.10 通风、空气调节系统的风管在进出各类书库时，应设置防火阀。

8.4 建筑智能化

8.4.10 图书馆建筑火灾自动报警系统及应急广播系统的设计应按现行国家标准《火灾自动报警系统设计规范》GB 50116 的有关规定执行。

32.《托儿所、幼儿园建筑设计规范》JGJ 39—2016（2019年版）

1 总 则

1.0.3 托儿所、幼儿园的规模应符合表1.0.3-1的规定，托儿所、幼儿园的每班人数应符合表1.0.3-2的规定。

表 1.0.3-1 托儿所、幼儿园的规模

规模	托儿所（班）	幼儿园（班）
小型	1～3	1～4
中型	4～7	5～8
大型	8～10	9～12

表 1.0.3-2 托儿所、幼儿园的每班人数

名称	班别	人数（人）
托儿所	乳儿班（6月～12月）	10人以下
	托小班（12月～24月）	15人以下
	托大班（24月～36月）	20人以下
幼儿园	小班（3岁～4岁）	20～25
	中班（4岁～5岁）	26～30
	大班（5岁～6岁）	31～35

3 基地和总平面

3.2 总平面

3.2.2 四个班及以上的托儿所、幼儿园建筑应独立设置。三个班及以下时，可与居住、养老、教育、办公建筑合建，但应符合下列规定：
　　1A 合建的既有建筑应经有关部门验收合格，符合抗震、防火等安全方面的规定，其基地应符合本规范第3.1.2条规定；
　　2 应设独立的疏散楼梯和安全出口。

4 建筑设计

4.1 一般规定

4.1.3B 托儿所生活用房应布置在首层。当布置在首层确有困难时，可将托大班布置在二层，其人数不应超过60人，并应符合有关防火安全疏散的规定。

4.1.8 幼儿出入的门应符合下列规定：
　　6 生活用房开向疏散走道的门均应向人员疏散方向开启，开启的门扇不应妨碍走道疏散通行。

4.1.13 幼儿经常通行和安全疏散的走道不应设有台阶，当有高差时，应设置防滑坡道，其坡度不应大于1：12。疏散走道的墙面距地面2m以下不应设有壁柱、管道、消火栓箱、灭火器、广告牌等突出物。

4.1.18 托儿所、幼儿园建筑防火设计应符合现行国家标准《建筑设计防火规范》GB 50016的规定。

4.2 托儿所生活用房

4.2.3B 乳儿班和托小班宜设喂奶室，使用面积不宜小于10m²，并应符合下列规定：
　　2 应设置开向疏散走道的门。

4.5 供应用房

4.5.8 当托儿所、幼儿园场地内设汽车库时，汽车库应与儿童活动区域分开，应设置单独的车道和出入口，并应符合现行行业标准《车库建筑设计规范》JGJ 100和现行国家标准《汽车库、修车库、停车场设计防火规范》GB 50067的规定。

6 建筑设备

6.1 给水排水

6.1.3 托儿所、幼儿园建筑给水系统的压力应满足给水用水点配水器具的最低工作压力要求。当压力不能满足要求时，应设置系统增压给水设备，并应符合下列规定：
　　3A 消防水池、各种供水机房、各种换热机房及变配电房间等不得与婴幼儿生活单元贴邻设置。

6.1.10 消火栓系统、自动喷水灭火系统及气体系统灭火设计等，应符合国家现行有关防火标准的规定。当设置消火栓灭火设施时，消防立管阀门布置应避免幼儿碰撞，并应将消火栓箱暗装设置。单独配置的灭火器箱应设置在不妨碍通行处。

6.3 建筑电气

6.3.9 托儿所、幼儿园建筑的应急照明设计、火灾自动报警系统设计、防雷与接地设计、供配电系统设计、安防设计等，应符合国家现行有关标准的规定。

33.《老年人照料设施建筑设计标准》JGJ 450—2018

4 基地与总平面

4.2 总平面布局与道路交通

4.2.3 总平面交通组织应便捷流畅，满足消防、疏散、运输要求的同时应避免车辆对人员通行的影响。

6 专门要求

6.3 安全疏散与紧急救助

6.3.1 老年人照料设施的人员疏散应符合现行国家标准《建筑设计防火规范》GB 50016 的规定。

6.3.2 每个照料单元的用房均不应跨越防火分区。

6.3.5 建筑的主要出入口至机动车道路之间应留有满足安全疏散需求的缓冲空间。

7 建筑设备

7.3 建筑电气

7.3.8 低压配电导体应采用铜芯电缆、电线，并应采用阻燃低烟无卤交联聚乙烯绝缘电缆、电线或无烟无卤电缆、电线。

7.3.9 每个生活单元应设单元配电箱，照料单元的居室宜单设配电箱，配电箱内应设电源总开关，电源总开关应采用可同时断开相线和中性线的开关电器，配电箱内的插座回路应装设剩余电流动作保护器。

34.《商店建筑设计规范》JGJ 48—2014

1 总 则

1.0.4 商店建筑的规模应按单项建筑内的商店总建筑面积进行划分,并应符合表1.0.4的规定。

表1.0.4 商店建筑的规模划分

规模	小型	中型	大型
总建筑面积	<5000m²	5000m²～20000m²	>20000m²

3 基地和总平面

3.1 基 地

3.1.4 经营易燃易爆及有毒性类商品的商店建筑不应位于人员密集场所附近,且安全距离应符合现行国家标准《建筑设计防火规范》GB 50016的有关规定。

3.1.5 商店建筑不宜布置在甲、乙类厂(库)房,甲、乙、丙类液体和可燃气体储罐以及可燃材料堆场附近,且安全距离应符合现行国家标准《建筑设计防火规范》GB 50016的有关规定。

3.3 步行商业街

3.3.3 步行商业街除应符合现行国家标准《建筑设计防火规范》GB 50016的相关规定外,还应符合下列规定:
  2 新建步行商业街应留有宽度不小于4m的消防车通道;
  4 当有顶棚的步行商业街上空设有悬挂物时,净高不应小于4.00m,顶棚和悬挂物的材料应符合现行国家标准《建筑设计防火规范》GB 50016的相关规定,且应采取确保安全的构造措施。

4 建 筑 设 计

4.1 一般规定

4.1.1 商店建筑可按使用功能分为营业区、仓储区和辅助区等三部分。商店建筑的内外均应做好交通组织设计,人流与货流不得交叉,并应按现行国家标准《建筑设计防火规范》GB 50016的规定进行防火和安全分区。

4.2 营业区

4.2.7 自选营业厅内通道最小净宽度应符合表4.2.7的规定,并应按自选营业厅的设计容纳人数对疏散用的通道宽度进行复核。兼作疏散的通道宜直通至出厅口或安全出口。

表4.2.7 自选营业厅内通道最小净宽度

通道位置		最小净宽度(m)	
		不采用购物车	采用购物车
通道在两个平行货架之间	靠墙货架长度不限,离墙货架长度小于15m	1.60	1.80
	每个货架长度小于15m	2.20	2.40
	每个货架长度为15m～24m	2.80	3.00
与各货架相垂直的通道	通道长度小于15m	2.40	3.00
	通道长度不小于15m	3.00	3.60
货架与出入闸位间的通道		3.80	4.20

注:当采用货台、货区时,其周围留出的通道宽度,可按商品的可选择性进行调整。

4.2.9 大型和中型商店建筑内连续排列的商铺应符合下列规定:
  3 公共通道的安全出口及其间距等应符合现行国家标准《建筑设计防火规范》GB 50016的规定。

4.2.20 家居建材商店应符合下列规定:
  4 商品陈列和展示应符合国家现行有关卫生和防火标准的规定。

4.3 仓 储 区

4.3.2 储存库房设计应符合下列规定:
  1 单建的储存库房或设在建筑内的储存库房应符合国家现行有关防火标准的规定,并应满足防盗、通风、防潮和防鼠等要求。

5 防火与疏散

5.1 防 火

5.1.1 商店建筑防火设计应符合现行国家标准《建筑设计防火规范》GB 50016的规定。

5.1.2 商店的易燃、易爆商品储存库房宜独立设置;当存放少量易燃、易爆商品储存库房与其他储存库房合建时,应靠外墙布置,并应采用防火墙和耐火极限不低于1.50h的不燃烧体楼板隔开。

5.1.3 专业店内附设的作坊、工场应限为丁、戊类生产,其建筑物的耐火等级、层数和面积应符合现行国家标准《建筑设计防火规范》GB 50016的规定。

5.1.4 除为综合建筑配套服务且建筑面积小于1000m²的商店外,综合性建筑的商店部分应采用耐火极限不低于2.00h的隔墙和耐火极限不低于1.50h的不燃烧体楼板与建筑的其他部分隔开;商店部分的安全出口必须与建筑其他部分隔开。

5.1.5 商店营业厅的吊顶和所有装修饰面,应采用不燃材料或难燃材料，并应符合建筑物耐火等级要求和现行国家标准《建筑内部装修设计防火规范》GB 50222 的规定。

5.2 疏 散

5.2.1 商店营业厅疏散距离的规定和疏散人数的计算应符合现行国家标准《建筑设计防火规范》GB 50016 的规定。

5.2.2 商店营业区的底层外门、疏散楼梯、疏散走道等的宽度应符合现行国家标准《建筑设计防火规范》GB 50016 的规定。

5.2.3 商店营业厅的疏散门应为平开门，且应向疏散方向开启，其净宽不应小于 1.40m，并不宜设置门槛。

5.2.4 商店营业区的疏散通道和楼梯间内的装修、橱窗和广告牌等均不得影响疏散宽度。

5.2.5 大型商店的营业厅设置在五层及以上时，应设置不少于 2 个直通屋顶平台的疏散楼梯间。屋顶平台上无障碍物的避难面积不宜小于最大营业层建筑面积的 50%。

7 建筑设备

7.3 电 气

7.3.1 商店建筑的用电负荷应根据建筑规模、使用性质和中断供电所造成的影响和损失程度等进行分级，并应符合下列规定：

　　5 消防用电设备的负荷分级应符合现行国家标准《建筑设计防火规范》GB 50016 的规定。

7.3.10 大型商店建筑的疏散通道、安全出口和营业厅应设置智能疏散照明系统；中型商店的疏散通道和安全出口应设置智能疏散照明系统。

7.3.11 大型和中型商店建筑的营业厅疏散通道的地面应设置保持视觉连续的灯光或蓄光疏散指示标志。

7.3.12 商店建筑应急照明的设置应按现行国家标准《建筑设计防火规范》GB 50016 执行，并应符合下列规定：

　　1 大型和中型商店建筑的营业厅应设置备用照明，且照度不应低于正常照明的 1/10；

　　3 一般场所的备用照明的启动时间不应大于 5.0s；贵重物品区域及柜台、收银台的备用照明应单独设置，且启动时间不应大于 1.5s；

　　4 大型和中型商店建筑应设置值班照明，且大型商店建筑的值班照明照度不应低于 20lx，中型商店建筑的值班照明照度不应低于 10lx；小型商店建筑宜设置值班照明，且照度不应低于 5lx；值班照明可利用正常照明中能单独控制的一部分，或备用照明的一部分或全部。

7.3.14 对于大型和中型商店建筑的营业厅，线缆的绝缘和护套应采用低烟低毒阻燃型。

7.3.16 对于大型和中型商店建筑的营业厅，除消防设备及应急照明外，配电干线回路应设置防火剩余电流动作报警系统。

7.3.18 商店建筑的电子信息系统应根据其经营性质、规模、管理方式及服务对象的需求进行设置，并应符合下列规定：

　　7 大型和中型商店建筑的营业区应设置背景音乐广播系统，并应受火灾自动报警系统的联动控制。

35.《剧场建筑设计规范》JGJ 57—2016

1 总　则

1.0.5 剧场建筑的规模应按观众座席数量进行划分，并应符合表1.0.5的规定。

表1.0.5　剧场建筑规模划分

规　模	观众座席数量（座）
特大型	>1500
大　型	1201～1500
中　型	801～1200
小　型	≤800

1.0.6 剧场的建筑等级根据观演技术要求可分为特等、甲等、乙等三个等级。特等剧场的技术指标要求不应低于甲等剧场。

5 观 众 厅

5.2 座　席

5.2.1 观众厅的座席应紧凑，应满足视线、排距、扶手中距、疏散等要求，其面积应符合下列规定：
　　1 甲等剧场不应小于0.80m²/座。
　　2 乙等剧场不应小于0.70m²/座。

5.3 走　道

5.3.1 观众厅内走道的布局应与观众席片区容量相适应，并应与安全出口联系顺畅，宽度应满足安全疏散的要求。
5.3.4 走道的宽度除应满足安全疏散的要求外，尚应符合下列规定：
　　1 短排法：边走道净宽度不应小于0.80m；纵向走道净宽度不应小于1.10m，横向走道除排距尺寸以外的通行净宽度不应小于1.10m。
　　2 长排法：边走道净宽度不应小于1.20m。
5.3.6 观众厅的主要疏散走道、坡道及台阶应设置地灯或夜光装置。

8 防 火 设 计

8.1 防　火

8.1.1 大型、特大型剧场舞台台口应设防火幕。
8.1.3 防火幕开关应设置在上场口一侧舞台台口内墙上。
8.1.4 舞台区通向舞台区外各处的洞口均应设甲级防火门或设置防火分隔水幕，运景洞口应采用特级防火卷帘或防火幕。
8.1.5 舞台与后台的隔墙及舞台下部台仓的周围墙体的耐火极限不应低于2.5h。
8.1.6 舞台内的天桥、渡桥码头、平台板、栅顶应采用不燃烧材料，耐火极限不应低于0.5h。
8.1.7 当高、低压配电室与主舞台、侧舞台、后舞台相连时，必须设置面积不小于6m²的前室，高、低压配电室应设甲级防火门。
8.1.8 剧场应设消防控制室，并应有对外的单独出入口，使用面积不应小于12m²。大型、特大型剧场应设舞台区专用消防控制间，专用消防控制间宜靠近舞台，使用面积不应小于12m²。
8.1.9 观众厅吊顶内的吸声、隔热、保温材料应采用不燃材料。
8.1.10 观众厅和乐池的顶棚、墙面、地面等装修材料宜为不燃材料，当采用难燃性装修材料时，应设置相应的消防设施，并应符合本规范第8.4.1条和第8.4.2条的规定。
8.1.11 剧场检修马道应采用不燃材料。
8.1.12 观众厅及舞台内的灯光控制室、面光桥及耳光室的各界面构造均应采用不燃材料。
8.1.13 舞台内严禁设置燃气设备。当后台使用燃气设备时，应采用耐火极限不低于3.0h的隔墙和甲级防火门分隔，且不应靠近服装室、道具间。
8.1.14 当剧场建筑与其他建筑合建或毗连时，应形成独立的防火分区，并应采用防火墙隔开，且防火墙不得开窗洞；当设门时，应采用甲级防火门。防火分区上下楼板耐火极限不应低于1.5h。
8.1.15 舞台台板采用的材料燃烧性能不得低于B_1级。
8.1.16 舞台幕布应做阻燃处理，材料燃烧性能不得低于B_1级。
8.1.17 剧场的通风与空气调节系统的安全措施应符合下列规定：
　　1 穿越防火分区的通风管道应在防火墙处管道上设置防火阀。
　　2 风管、消声器及其保温材料应采用不燃材料。
8.1.18 剧场设计应符合现行国家标准《建筑设计防火规范》GB 50016的规定。

8.2 疏　散

8.2.1 观众厅出口应符合下列规定：
　　1 出口应均匀布置，主要出口不宜靠近舞台。
　　2 楼座与池座应分别布置安全出口，且楼座宜至少有两个独立的安全出口，面积不超过200m²且不超过50座时，可设一个安全出口。楼座不应穿越池座疏散。
8.2.2 观众厅的出口门、疏散外门及后台疏散门应符合下列规定：

1 应设双扇门，净宽不应小于 1.40m，并应向疏散方向开启。

　　2 靠门处不应设门槛和踏步，踏步应设置在距门 1.40m 以外。

　　3 不应采用推拉门、卷帘门、吊门、转门、折叠门、铁栅门。

　　4 应采用自动门闩，门洞上方应设疏散指示标志。

8.2.3 观众厅应设置地面自发光疏散引导标志。

8.2.4 观众厅外的疏散通道应符合下列规定：

　　1 室内部分的坡度不应大于 1：8，室外部分的坡度不应大于 1：10，并应采取防滑措施，室内坡道的装饰材料燃烧性能不应低于 B_1 级，为残疾人设置的通道坡度不应大于 1：12。

　　2 地面以上 2.00m 内不得有任何突出物，并不得设置落地镜子及装饰性假门。

　　3 当疏散通道穿过前厅及休息厅时，设置在前厅、休息厅的商品零售部及衣物寄存处不得影响疏散的畅通。

　　4 疏散通道的隔墙耐火极限不应小于 1.00h。

　　5 对于疏散通道内装修材料燃烧性能，顶棚不低于 A 级，墙面和地面不低于 B_1 级，并不得在燃烧时产生有毒气体。

　　6 疏散通道宜有自然通风及采光，当没有自然通风及采光时，应设人工照明，疏散通道长度超过 20m 时，应采用机械通风排烟。

8.2.5 疏散楼梯应符合下列规定：

　　1 踏步宽度不应小于 0.28m，踏步高度不应大于 0.16m。连续踏步不宜超过 18 级；当超过 18 级时，应加设中间休息平台，且平台宽度不应小于梯段宽度，并不应小于 1.20m。

　　2 不宜采用螺旋楼梯。当采用扇形梯段时，离踏步窄端扶手水平距离 0.25m 处的踏步宽度不应小于 0.22m，离踏步宽端扶手水平距离 0.25m 处的踏步宽度不应大于 0.50m。休息平台窄端不应小于 1.20m。

　　3 楼梯应设置坚固、连续的扶手，且高度不应低于 0.90m。

8.2.6 后台应设置不少于两个直接通向室外的出口。

8.2.7 舞台区宜设有直接通向室外的疏散通道，当困难时，可通过后台的疏散通道进行疏散，且疏散通道的出口不应少于 2 个。舞台区出口到室外出口的距离，当未设自动喷水灭火系统和自动火灾报警系统时，不应大于 30m，当设自动喷水灭火系统和自动火灾报警系统时，安全疏散距离可增加 25%。开向该疏散通道的门应采用能自行关闭的乙级防火门。

8.2.8 乐池和台仓的出口均不应少于两个。

8.2.9 舞台天桥、栅顶的垂直交通和舞台至面光桥、耳光室的垂直交通，应采用金属梯或钢筋混凝土梯，坡度不应大于 60°，宽度不应小于 0.60m，并应设坚固、连续的扶手。

8.2.10 剧场与其他建筑合建时，应符合下列规定：

　　1 设置在一、二级耐火等级的建筑内时，观众厅宜设在首层，也可设在第二、三层；确需布置在四层及以上楼层时，一个厅、室的疏散门不应少于 2 个，且每个观众厅的建筑面积不宜大于 400m²；设置在三级耐火等级的建筑内时，不应布置在三层及以上楼层。

　　2 应设独立的楼梯和安全出口通向室外地坪面。

8.2.11 疏散口的帷幕燃烧性能不应低于 B_1 级。

8.2.12 室外疏散及集散广场不得兼作停车场。

8.3　消防给水

8.3.1 特等、甲等剧场、超过 800 个座位的其他等级的剧场应设室内消火栓给水系统。

8.3.2 机械化舞台台仓部位，应设置消火栓。特大型剧场的观众厅吊顶内面光桥处，宜增设有消防卷盘的消火栓。

8.3.3 特大型剧场观众厅的闷顶内以及净空高度不超过 12m 的观众厅、屋顶采用金属构件的舞台上部、化妆室、道具室、储藏室和贵宾室，应设置闭式自动喷水灭火系统。

8.3.4 特等和甲等剧场、特大型剧场舞台栅顶下，应设雨淋自动喷水灭火系统。

8.3.6 剧场内水幕系统的设置应符合下列规定：

　　1 未按本规范第 8.1.1 条的规定设置防火幕的上部，应设防护冷却水幕系统。

　　3 按本规范第 8.1.1 条、第 8.1.4 条规定应设置防火幕和甲级防火门确有困难时，应设置防火分隔水幕；当运景洞口设置特级防火卷帘或防火幕有困难时，宜设防火分隔水幕。

8.3.7 剧场内的自动喷水灭火系统、雨淋自动喷水灭火系统和水幕系统的设计，应符合现行国家标准《自动喷水灭火系统设计规范》GB 50084 的规定。

8.3.8 雨淋自动喷水灭火系统和水幕系统应同时具备下列三种启动供水泵和开启雨淋阀的控制方式：

　　1 自动控制。

　　2 消防控制室盘手动远控。

　　3 水泵房现场应急操作、雨淋自动喷水灭火系统的雨淋阀和水幕系统的快开阀门，应位置明确、便于操作，并应设有明显的标志和保护装置。

8.3.9 剧场建筑灭火器配置应符合现行国家标准《建筑灭火器配置设计规范》GB 50140 的有关规定。

8.4　防　排　烟

8.4.1 主舞台上部的屋顶或侧墙上应设置排烟设施。

8.4.2 当舞台塔高度小于 12m 时，可采用自然排烟措施，且排烟窗的净面积不应小于主舞台地面面积的 5%。排烟窗应避免因锈蚀或冰冻而无法开启。在设置自动开启装置的同时，应设置手动开启装置。当舞台塔高度等于或大于 12m 时，应设机械排烟装置。

8.4.3 机械化舞台的台仓应设排烟系统。

8.4.4 观众厅闷顶或侧墙上部应设排烟系统。

8.5　火　灾　报　警

8.5.1 特等、甲等剧场，座位数超过 1500 座的一等剧场的下列部位应设有火灾自动报警系统：

　　1 观众厅、观众厅闷顶内、舞台。

　　2 服装室、布景库、灯光控制室、调光柜室、音响控制室、功放室。

　　3 发电机房、空调机房。

　　4 前厅、休息厅、化妆室。

5 栅顶、台仓、疏散通道及剧场中设置雨淋自动喷水灭火系统和机械排烟的部位。

10 建筑设备

10.1 给水排水

10.1.3 观众厅、乐池、台仓和机械化台仓底部应设置消防排水设施。

10.3 电气

10.3.13 剧场的观众厅、台仓、排练厅、疏散楼梯间、防烟楼梯间及前室、疏散通道、消防电梯间及前室、合用前室等，应设应急疏散照明和疏散指示标志，并应符合下列规定：

1 除应设置疏散走道照明外，还应在各安全出口处和疏散走道，分别设置安全出口标志和疏散走道指示标志。

2 应急照明和疏散指示标志连续供电时间不应小于30min。

10.3.14 消防控制室、变配电室、发电机室、消防泵房、消防风机房等，应设不低于正常照明照度的应急备用照明。特等、甲等剧场的灯控室、调光柜室、声控室、功放室、舞台机械控制室、舞台机械电气柜室、空调机房、冷冻机房、锅炉房等，应设不低于正常照明照度的50％的应急备用照明。用于观众疏散的应急照明，其照度不应低于5lx。

36.《电影院建筑设计规范》JGJ 58—2008

3 基地和总平面

3.1 基 地

3.1.2 基地选择应符合下列规定：
3 基地沿城市道路方向的长度应按建筑规模和疏散人数确定，并不应小于基地周长的1/6。

3.2 总 平 面

3.2.1 总平面布置应符合下列规定：
2 建筑布局应使基地内人流、车流合理分流，并应有利于消防、停车和人员集散。

3.2.2 基地内应为消防提供良好道路和工作场地，并应设置照明。内部道路可兼作消防车道，其净宽不应小于4m，当穿越建筑物时，净高不应小于4m。

3.2.6 综合建筑内设置的电影院，应符合下列规定：
1 楼层的选择应符合现行国家标准《建筑设计防火规范》GB 50016及《高层民用建筑设计防火规范》GB 50045中的相关规定。

4 建筑设计

4.1 一般规定

4.1.1 电影院的规模按总座位数可划分为特大型、大型、中型和小型四个规模。不同规模的电影院应符合下列规定：
1 特大型电影院的总座位数应大于1800个，观众厅不宜少于11个；

4.6 室内装修

4.6.1 室内装修不得遮挡消防设施标志、疏散指示标志及安全出口，并不得妨碍消防设施和疏散通道的正常使用。

6 防火设计

6.1 防 火

6.1.1 电影院建筑防火设计应符合现行国家标准《建筑设计防火规范》GB 50016及《高层民用建筑设计防火规范》GB 50045的规定。

6.1.2 当电影院建在综合建筑内时，应形成独立的防火分区。

6.1.3 观众厅内座席台阶结构应采用不燃材料。

6.1.4 观众厅、声闸和疏散通道内的顶棚材料应采用A级装修材料，墙面、地面材料不应低于B_1级。各种材料均应符合现行国家标准《建筑内部装修设计防火规范》GB 50222中的有关规定。

6.1.5 观众厅吊顶内吸声、隔热、保温材料与检修马道应采用A级材料。

6.1.6 银幕架、扬声器支架应采用不燃材料制作，银幕和所有幕帘材料不应低于B_1级。

6.1.7 放映机房应采用耐火极限不低于2.0h的隔墙和不低于1.5h的楼板与其他部位隔开。顶棚装修材料不应低于A级，墙面、地面材料不应低于B_1级。

6.1.8 电影院顶棚、墙面装饰采用的龙骨材料均应为A级材料。

6.1.9 面积大于100m²的地上观众厅和面积大于50m²的地下观众厅应设置机械排烟设施。

6.1.10 放映机房应设火灾自动报警装置。

6.1.11 电影院内吸烟室的室内装修顶棚应采用A级材料，地面和墙面应采用不低于B_1级材料，并应设有火灾自动报警装置和机械排风设施。

6.1.12 电影院通风和空气调节系统的送、回风总管及穿越防火分区的送回风管道在防火墙两侧应设防火阀；风管、消声设备及保温材料应采用不燃材料。

6.1.13 室内消火栓宜设在门厅、休息厅、观众厅主要出入口和楼梯间附近以及放映机房入口处等明显位置。布置消火栓时，应保证有两支水枪的充实水柱同时到达室内任何部位。

6.1.14 电影院建筑灭火器配置应按现行国家标准《建筑灭火器配置设计规范》GB 50140中的有关规定执行。

6.1.15 电影院建筑设置自动喷水系统时，应按现行国家标准《自动喷水灭火系统设计规范》GB 50084中的有关规定设计系统及水量。

6.2 疏 散

6.2.1 电影院建筑应合理组织交通路线，并应均匀布置安全出口、内部和外部的通道，分区应明确、路线应短捷合理，进出场人流应避免交叉和逆流。

6.2.2 观众厅疏散门不应设置门槛，在紧靠门口1.40m范围内不应设置踏步。疏散门应为自动推闩式外开门，严禁采用推拉门、卷帘门、折叠门、转门等。

6.2.3 观众厅疏散门的数量应经计算确定，且不应少于2个，门的净宽度应符合现行国家标准《建筑设计防火规范》GB 50016及《高层民用建筑设计防火规范》GB 50045的规定，且不应小于0.90m。应采用甲级防火门，并应向疏散方向开启。

6.2.4 观众厅外的疏散走道、出口等应符合下列规定：
1 电影院供观众疏散的所有内门、外门、楼梯和走道的各自总宽度均应符合现行国家标准《建筑设计防火规范》GB 50016及《高层民用建筑设计防火规范》GB 50045的规定；

2 穿越休息厅或门厅时，厅内存衣、小卖部等活动陈设物的布置不应影响疏散的通畅；2m 高度内应无突出物、悬挂物；

3 当疏散走道有高差变化时宜做成坡道；当设置台阶时应有明显标志、采光或照明；

4 疏散走道室内坡道不应大于 1：8，并应有防滑措施；为残疾人设置的坡道坡度不应大于 1：12；

5 电影院疏散走道的防排烟设置应符合现行国家标准《建筑设计防火规范》GB 50016 及《高层民用建筑设计防火规范》GB 50045 的有关规定。

6.2.5 疏散楼梯应符合下列规定：

1 对于有候场需要的门厅，门厅内供入场使用的主楼梯不应作为疏散楼梯；

2 疏散楼梯踏步宽度不应小于 0.28m，踏步高度不应大于 0.16m，楼梯最小宽度不得小于 1.20m，转折楼梯平台深度不应小于楼梯宽度；直跑楼梯的中间平台深度不应小于 1.20m；

3 疏散楼梯不得采用螺旋楼梯和扇形踏步；当踏步上下两级形成的平面角度不超过 10°，且每级离扶手 0.25m 处踏步宽度超过 0.22m 时，可不受此限；

4 室外疏散楼梯净宽不应小于 1.10m；下行人流不应妨碍地面人流。

6.2.6 疏散指示标志应符合现行国家标准《消防安全标志》GB 13495 和《消防应急灯具》GB 17945 中的有关规定。

6.2.7 观众厅内疏散走道宽度除应符合计算外，还应符合下列规定：

1 中间纵向走道净宽不应小于 1.0m；

2 边走道净宽不应小于 0.8m；

3 横向走道除排距尺寸以外的通行净宽不应小于 1.0m。

7 建筑设备

7.3 电 气

7.3.1 电影院用电负荷和供电系统电压偏移宜符合下列规定：

1 特级电影院应根据具体情况确定；甲级电影院（不包括空气调节设备用电）、乙级特大型电影院的消防用电，事故照明及疏散指示标志等的用电负荷应为二级负荷；其余均应为三级负荷。

7.3.2 疏散应急照明中疏散通道上的地面最低水平照度不应低于 0.5lx；观众厅内的地面最低水平照度不应低于 1.0lx；楼梯间内的地面最低水平照度不应低于 5.0lx。消防水泵房、自备发电机室、配电室以及其他设备用房的应急照明的照度不应低于一般照明的照度。电影院其他房间的照度应符合现行国家标准《建筑照明设计标准》GB 50034 的规定。

37.《旅馆建筑设计规范》JGJ 62—2014

3 选址、基地和总平面

3.3 总平面

3.3.5 旅馆建筑的交通应合理组织，保证流线清晰，避免人流、货流、车流相互干扰，并应满足消防疏散要求。

4 建筑设计

4.1 一般规定

4.1.3 旅馆建筑防火设计应符合现行国家标准《建筑设计防火规范》GB 50016、《建筑内部装修设计防火规范》GB 50222、《汽车库、修车库、停车场设计防火规范》GB 50067 的有关规定。

4.2 客房部分

4.2.2 无障碍客房应设置在距离室外安全出口最近的客房楼层，并应设在该楼层进出便捷的位置。

4.2.10 客房门应符合下列规定：

　　1 客房入口门的净宽不应小于 0.90m，门洞净高不应低于 2.00m。

4.2.11 客房部分走道应符合下列规定：

　　1 单面布房的公共走道净宽不得小于 1.30m，双面布房的公共走道净宽不得小于 1.40m；

　　2 客房内走道净宽不得小于 1.10m；

　　3 无障碍客房走道净宽不得小于 1.50m。

6 建筑设备

6.3 电 气

6.3.1 旅馆建筑供电电源除应符合国家现行标准《供配电系统设计规范》GB 50052、《民用建筑电气设计规范》JGJ 16 和《建筑设计防火规范》GB 50016 的有关规定外，尚应符合下列规定：

　　1 用电负荷等级应符合表 6.3.1 的规定。

表 6.3.1 用电负荷等级

用电负荷名称 \ 旅馆建筑等级	一、二级	三级	四、五级
经营及设备管理用计算机系统用电	二级负荷	一级负荷	一级负荷*
宴会厅、餐厅、厨房、门厅、高级套房及主要通道等场所的照明用电，信息网络系统、通信系统、广播系统、有线电视及卫星电视接收系统、信息引导及发布系统、时钟系统及公共安全系统用电，乘客电梯、排污泵、生活水泵用电	三级负荷	二级负荷	一级负荷
客房、空调、厨房、洗衣房动力	三级负荷	三级负荷	二级负荷
除上栏所述之外的其他用电设备	三级负荷	三级负荷	三级负荷

注：* 为一级负荷中特别重要负荷。

　　2 四级旅馆建筑宜设自备电源，五级旅馆建筑应设自备电源，其容量应能满足实际运行负荷的需求。

6.3.5 旅馆建筑除应根据现行国家标准《火灾自动报警系统设计规范》GB 50116 及相关国家现行建筑设计防火规范的要求，设置火灾自动报警系统及消防联动控制系统外，还应符合下列规定：

　　1 供残疾人专用的客房，应设置声光警报器；

　　2 当客房利用电视机播放背景音乐及广播时，宜另设置应急广播系统。独立设置背景音乐广播时，应能受火灾应急广播系统强制切换。

6.3.6 旅馆建筑应设置安全防范系统，除应符合现行国家标准《安全防范工程技术规范》GB 50348 的规定外，还应符合下列规定：

　　4 在安全疏散通道上设置的出入口控制系统应与火灾自动报警系统联动。

38.《饮食建筑设计标准》JGJ 64—2017

1 总 则

1.0.4 饮食建筑按建筑规模可分为特大型、大型、中型和小型，并应符合表1.0.4-1及表1.0.4-2的规定。

表1.0.4-1 餐馆、快餐店、饮品店的建筑规模

建筑规模	建筑面积（m²）或用餐区域座位数（座）
特大型	面积＞3000 或座位数＞1000
大型	500＜面积≤3000 或 250＜座位数≤1000
中型	150＜面积≤500 或 75＜座位数≤250
小型	面积≤150 或座位数≤75

注：表中建筑面积指与食品制作供应直接或间接相关区域的建筑面积，包括用餐区域、厨房区域和辅助区域。

表1.0.4-2 食堂的建筑规模

建筑规模	小型	中型	大型	特大型
食堂服务的人数（人）	人数≤100	100＜人数≤1000	1000＜人数≤5000	人数＞5000

注：食堂按服务的人数划分规模。食堂服务的人数指就餐时段内食堂供餐的全部就餐者人数。

4 建筑设计

4.1 一般规定

4.1.3 附建在商业建筑中的饮食建筑，其防火分区划分和安全疏散人数计算应按现行国家标准《建筑设计防火规范》GB 50016中商业建筑的相关规定执行。

4.3 厨房区域

4.3.10 厨房有明火的加工区应采用耐火极限不低于2.00h的防火隔墙与其他部位分隔，隔墙上的门、窗应采用乙级防火门、窗。

4.3.11 厨房有明火的加工区（间）上层有餐厅或其他用房时，其外墙开口上方应设置宽度不小于1.0m、长度不小于开口宽度的防火挑檐；或在建筑外墙上下层开口之间设置高度不小于1.2m的实体墙。

5 建筑设备

5.3 电 气

5.3.6 饮食建筑中使用或产生水或水蒸气的粗加工区（间）、细加工区（间）、热加工区（间）、洗消间等场所安装的电气设备外壳、灯具、插座等的防护等级不应低于IP54，操作按钮的防护等级不应低于IP55。

5.3.7 饮食建筑的应急照明应按现行国家标准《建筑设计防火规范》GB 50016设置，并应符合下列规定：

1 中型及中型以上饮食建筑的厨房区域应设置供继续工作的备用照明，其照度不应低于正常照明的1/5；用餐区域应设置供继续营业的备用照明，其照度不应低于正常照明的1/10；

2 小型饮食建筑的厨房区域、用餐区域，宜设置备用照明，其照度不应低于10lx；

3 一般场所的备用照明启动时间不应大于1.5s，贵重物品区域和收银台的备用照明应单独设置，其启动时间不应大于0.5s。

5.3.11 饮食建筑的弱电及智能化系统应根据其经营性质、规模等级及管理方式的需求进行设置，并应符合下列规定：

7 中型及中型以上饮食建筑的用餐区域和公共区域应设置背景音乐广播系统，该系统应受火灾自动报警系统的联动控制。

39.《博物馆建筑设计规范》JGJ 66—2015

1 总 则

1.0.4 博物馆建筑可按建筑规模划分为特大型馆、大型馆、大中型馆、中型馆、小型馆等五类，且建筑规模分类应符合表 1.0.4 的规定。

表 1.0.4 博物馆建筑规模分类

建筑规模类别	建筑总建筑面积（m²）
特大型馆	>50000
大型馆	20001～50000
大中型馆	10001～20000
中型馆	5001～10000
小型馆	≤5000

3 选址与总平面

3.2 总 平 面

3.2.2 博物馆建筑的总平面设计应符合下列规定：

4 观众出入口广场应设有供观众集散的空地，空地面积应按高峰时段建筑内向该出入口疏散的观众量的 1.2 倍计算确定，且不应少于 0.4m²/人。

6 建筑与相邻基地之间应按防火、安全要求留出空地和道路，藏品保存场所的建筑物宜设环形消防车道。

4 基 本 规 定

4.1 一 般 规 定

4.1.5 博物馆建筑的藏品保存场所应符合下列规定：

2 当用水消防的房间需设置在藏品库房、展厅的上层或同层贴邻位置时，应有防水构造措施和排除积水的设施。

4.1.6 公众区域应符合下列规定：

4 当综合大厅、报告厅、影视厅或临时展厅等兼具庆典、礼仪活动、新闻发布会或社会化商业活动等功能时，其空间尺寸、设施和设备容量、疏散安全等应满足使用要求，并宜有独立对外的出入口；

5 为学龄前儿童专设的活动区、展厅等，应设置在首层、二层或三层，并应为独立区域，且宜设置独立的安全出口，设于高层建筑内应设置独立的安全出口和疏散楼梯。

5 建筑设计分类规定

5.2 自然博物馆

5.2.3 藏品技术区的用房可包括清洗间、晾置间、冷冻消毒室、动物标本制作用房、植物标本制作用房、化石修理室、模型制作室、生物实验室等，并应符合下列规定：

4 动物标本制作用房可包括解剖室、鞣制室、制作室、缝合室等，并应符合下列规定：

　3）制作室净高不宜小于 4.0m，并应有良好的采光，焊接区应满足防火要求。

5 植物标本制作用房可包括蜡模制作室、浸泡室、消毒室、标本修复室、药品器材库房等，并应符合下列规定：

　2）使用火灾危险性为甲、乙类物品应满足防火要求。

6 化石修理室、模型制作室的净高及平面尺寸满足符合工艺要求，应有良好的采光、照明、通风条件，应配置污水处理设施，并宜配置露天制作场地；焊接区应满足防火要求。

6 藏品保存环境

6.0.1 藏品保存场所应符合下列规定：

3 应具备不遭受火灾危险的消防条件。

7 防 火

7.1 一 般 规 定

7.1.1 博物馆建筑各功能场所之间应进行防火分隔，建筑及各功能区的防火设计应符合现行国家标准《建筑设计防火规范》GB 50016 的规定。当设置人防工程时，应符合现行国家标准《人民防空工程设计防火规范》GB 50098 的有关规定。当利用古建筑作为博物馆建筑时，应符合国家现行有关古建筑防火的规定。

7.1.2 博物馆建筑的耐火等级不应低于二级，且当符合下列条件之一时，耐火等级应为一级：

1 地下或半地下建筑（室）和高层建筑；

2 总建筑面积大于 10000m² 的单层、多层建筑；

3 主管部门确定的重要博物馆建筑。

7.1.3 高层博物馆建筑的防火设计应符合一类高层民用建筑的规定。

7.1.4 除因藏品保存的特殊需要外，博物馆建筑的内部装修应采用不燃材料或难燃材料，并应符合现行国家标准《建筑内部装修设计防火规范》GB 50222 的规定。

7.1.5 博物馆建筑设计应满足博物馆对一切火源、电源和各

种易燃易爆物进行严格管理的要求,并应符合下列规定:

1 除工艺特殊要求外,建筑内不得设置明火设施,不得使用和储存火灾危险性为甲类、乙类的物品;

2 藏品技术区、展品展具制作与维修用房中因工艺要求设置明火设施,或使用、储藏火灾危险性为甲类、乙类物品时,应采取防火和安全措施,且应符合现行国家标准《建筑设计防火规范》GB 50016 的规定;

3 食品加工区宜使用电能加热设备,当使用明火设施时,应远离藏品保存场所且应靠外墙设置,应用耐火极限不低于 2.00h 的防火隔墙和甲级防火门与其他区域分隔,且应设置火灾报警和自动灭火装置。

7.2 藏品保存场所的防火设计

7.2.1 藏品库区、展厅和藏品技术区等藏品保存场所的建筑构件耐火极限不应低于表 7.2.1 的规定,并应为不燃烧体。

表 7.2.1 藏品保存场所建筑构件的耐火极限

建筑构件名称		耐火极限(h)
墙	防火墙	3.00
	承重墙、房间隔墙	3.00
	疏散走道两侧的墙、非承重外墙	2.00
	楼梯间、前室的墙,电梯井的墙	2.00
	珍贵藏品库房、丙类藏品库房的防火墙	4.00
柱		3.00
梁		2.50
楼板		2.00
屋顶承重构件,上人屋面的屋面板		1.50
疏散楼梯		1.50
吊顶(包括吊顶格栅)		0.30
防火分区、藏品库房和展厅的疏散门、库房区总门		甲级

7.2.2 藏品保存场所的安全疏散楼梯应采用封闭楼梯间或防烟楼梯间,电梯应前室或防烟前室;藏品库区电梯和安全疏散楼梯不应设在库房区内。

7.2.3 陈列展览区防火分区设计应符合下列规定:

1 防火分区的最大允许建筑面积应符合下列规定:

1) 单层、多层建筑不应大于 2500m²;
2) 高层建筑不应大于 1500m²;
3) 地下或半地下建筑(室)不应大于 500m²。

2 当防火分区内全部设置自动灭火系统时,其防火分区最大允许建筑面积可按本条第一款的规定增加一倍;当局部设置时,其防火分区增加面积可按设置自动灭火系统部分的建筑面积减半计算。

3 当裙房与高层建筑主体之间设置防火墙时,裙房的防火分区可按单层、多层建筑的要求确定。

4 对于科技馆和展品火灾危险性为丁、戊类物品的技术博物馆,当建筑内全部设置自动灭火系统和火灾自动报警系统时,其每个防火分区的最大允许建筑面积可适当增加,并应符合下列规定:

1) 设置在高层建筑内时,不应大于 4000m²;
2) 设置在单层建筑内或仅设置在多层建筑的首层,

不应大于 10000m²;
3) 设置在地下或半地下时,不应大于 2000m²。

5 防火分区内一个厅、室的建筑面积不应大于 1000m²;当防火分区位于单层建筑内或仅设置在多层建筑的首层,且展厅内展品的火灾危险性为丁、戊类物品时,该展厅建筑面积可适当增加,但不宜大于 2000m²。

7.2.4 陈列展览区每个防火分区的疏散人数应按区内全部展厅的高峰限值之和计算确定。

7.2.5 藏品库房区内藏品的火灾危险性应根据藏品的性质和藏品中可燃物数量等因素划分,并应符合现行国家标准《建筑设计防火规范》GB 50016 中关于储存物品火灾危险性分类的规定。

7.2.6 丙类液体藏品库房不应设在地下或半地下,以及高层建筑中;当设在单层、多层建筑时,应靠外墙布置,且应设置防止液体流散的设施。

7.2.7 当丁、戊类藏品库房的可燃包装材料重量大于物品本身重量1/4,或可燃包装材料体积大于藏品本身体积的 1/2 时,其火灾危险性应按丙类固体藏品类别确定;当丁、戊类藏品库房内采用木质护墙时,其防火设计应按丙类固体藏品库房的要求确定。

7.2.8 藏品库区的防火分区设计应符合下列规定:

1 藏品库区每个防火分区的最大允许建筑面积应符合表 7.2.8 的规定;

2 防火分区内一个库房的建筑面积,丙类液体藏品库房不应大于 300m²;丙类固体藏品库房不应大于 500m²;丁类藏品库房不应大于 1000m²;戊类藏品库房不宜大于 2000m²。

表 7.2.8 藏品库区每个防火分区的最大允许建筑面积

藏品火灾危险性类别		每个防火分区的允许最大建筑面积(m²)			
		单层或多层建筑的首层	多层建筑	高层建筑	地下、半地下建筑(室)
丙	液体	1000	700	—	—
	固体	1500	1200	1000	500
丁		3000	1500	1200	1000
戊		4000	2000	1500	1000

注:1 当藏品库区内全部设置自动灭火系统和火灾自动报警系统时,可按表内的规定增加 1.0 倍。
2 库房内设置阁楼时,阁楼面积应计入防火分区面积。

7.2.9 当藏品库区中同一防火分区内储藏不同火灾危险性藏品时,该防火分区最大允许建筑面积应按其中火灾危险性最大类别确定;当该防火分区内无甲、乙类或丙类液体藏品,且丙类固体藏品库房建筑面积之和不大于区内库房建筑面积之和的 1/3 时,该防火分区最大允许建筑面积可按本规范 7.2.8 条丁类藏品的规定确定。

7.2.10 藏品库区内每个防火分区通向疏散走道、楼梯或室外的出口不应少于 2 个,当防火分区的建筑面积不大于 100m² 时,可设一个出口;每座藏品库房建筑的安全出口不应少于 2 个;当一座库房建筑的占地面积不大于 300m² 时,可设置 1 个安全出口。

7.2.11 地下或半地下藏品库房的安全出口不应少于 2 个;当建筑面积不大于 100m² 时,可设 1 个安全出口。

— 115 —

当地下或半地下藏品库房有多个防火分区相邻布置，且采用防火墙分隔时，每个防火分区可利用防火墙上通向相邻防火分区的甲级防火门作为第二安全出口，但每个防火分区至少应有一个直通室外的安全出口。

10 结构与设备

10.2 给水排水

10.2.9 博物馆建筑的自动灭火系统设计应符合现行国家标准《建筑设计防火规范》GB 50016 的有关规定，并应符合下列规定：

1 珍贵藏品的库房和中型及以上建筑规模博物馆收藏纸质书画、纺织品等遇水即损藏品的库房，应设置气体灭火系统；

2 一级纸（绢）质文物的展厅应设置气体灭火系统；

3 除本条第 1 款、第 2 款外，设置自动灭火系统的藏品库房、展厅、藏品技术用房，宜选用自动喷水预作用灭火系统或细水雾灭火系统。

10.2.10 博物馆建筑应设置灭火器。灭火器的配置应符合现行国家标准《建筑灭火器配置设计规范》GB 50140 的有关规定。

10.3 供暖、通风与空气调节

10.3.16 博物馆建筑中经常有人停留或可燃物较多的房间及疏散走道、疏散楼梯间、前室等应设置防排烟系统，并应符合现行国家标准《建筑设计防火规范》GB 50016 的有关规定。

10.4 建筑电气

10.4.2 博物馆建筑内消防用电设备及系统的设计应符合现行国家标准《建筑设计防火规范》GB 50016 的相关规定。

10.4.3 火灾报警、防盗报警系统的用电设备应设置自备应急电源。

10.4.10 特大型、大型博物馆建筑内，成束敷设的电线电缆应采用低烟无卤阻燃电线电缆；大中型、中型及小型博物馆建筑内，成束敷设的电线电缆宜采用低烟无卤阻燃电线电缆。

10.4.13 展厅及疏散通道应设置能引导疏散方向的灯光疏散指示标志；安全出口处应设置消防安全出口灯光标志。

10.4.15 特大型、大型博物馆建筑的展厅内应设置应急照明，其照度值不应低于一般照明值的 10%。

10.4.16 展厅、疏散通道、疏散楼梯等部位应设置疏散照明，其地面平均水平照度不应低于 5lx。

10.5 智能化系统

10.5.4 博物馆建筑的公共安全系统应符合下列规定：

1 应设置火灾自动报警系统和入侵报警系统，并应符合现行国家标准《火灾自动报警系统设计规范》GB 50116 和《入侵报警系统工程设计规范》GB 50394 的相关规定；

2 藏品库房内应根据不同场所设置感烟或感温探测器，并宜设置灵敏度高的吸气式感烟器；

4 大中型及以上规模的博物馆建筑及木质结构古建筑应设置电气火灾监控系统。

40.《科研建筑设计标准》JGJ 91—2019

3 基地与总平面

3.1 基 地

3.1.5 基地应有消防安全保障条件及措施。

3.2 总 平 面

3.2.5 居住生活配套用房不应建在使用或储存有危险化学品的科研建筑内或贴邻建设。当邻近建设时,应符合本标准第3.2.7条的规定,并应同时符合现行国家标准《建筑设计防火规范》GB 50016 的相关规定。

3.2.7 使用有放射性、爆炸性、毒害性、极低温和污染性物质等危险化学品的区域宜与主体建筑分开设置,并应符合国家有关防火疏散、安全防护、环境保护的规定。当建在主体建筑内或贴邻建设时,应自成独立的防护单元,并应符合现行国家标准《建筑设计防火规范》GB 50016 的相关规定。

4 建筑设计

4.1 一般规定

4.1.5 实验室门应符合下列规定:
3 实验室的门扇应设观察窗、闭门器及门锁,门锁及门的开启方向宜开向疏散方向,并应符合本标准第5.2节的规定和其他相应实验环境的防火、防爆及防盗要求。

4.1.6 走道最小净宽不宜小于表4.1.6的规定,且应符合防火要求。当走道地面有高差,且高差不足两级踏步时,应设坡道,其坡度不宜大于1:8。

表 4.1.6 走道最小净宽

走道形式	走道最小净宽(m)	
	单面布房:1.50	双面布房:1.80
单走道		
双走道或多走道		

4.1.13 公用设施用房及管道空间应符合下列规定:
3 当公用设施用房布置于地下室时,应采取防潮、防水、防火及通风等措施。
4 实验用易燃、易爆、极低温、易泄漏等危险化学品的液体罐、气体罐,应设相应分类的液体室、气体室,宜靠外墙设置,并应设不间断机械通风及监测报警系统。

4.1.14 当实验室内产生有毒有害气体、蒸气、粉尘等污染物时,应优先设置通风柜。通风柜的设置应符合下列规定:
5 通风柜内衬板及工作台面,应具有耐腐、耐火、耐高温及防水等性能,应采用盘式工作台面并设杯式排水斗。通风柜外壳应具有耐腐、耐火及防水等性能。
6 通风柜内的公用设施管线应暗敷,向柜内伸出的龙头配件应具有耐腐及耐火性能,各种公用设施的开闭阀、电源插座及开关等应设于通风柜外壳上或柜体以外易操作部位。

4.1.15 实验台应符合下列规定:
2 实验台台面应根据使用性质不同,具有相应的耐磨、耐腐、耐火、耐高温、防水及易清洗等性能。

4.7 科研试验区

4.7.1 科研试验区应符合下列规定:
1 设备布置应根据试验流程、试验设备确定柱网、高度及结构形式,满足试验操作、维修、运输及安全疏散的要求,并应留有辅助作业和存放辅助试验设备的场地。

4.7.3 试验空间应符合下列规定:
6 根据工艺要求设置的大门及观察窗,应满足相应的防火、隔声、防爆、屏蔽等要求。

5 安全与防护

5.1 一般规定

5.1.1 科研建筑设计应执行国家现行有关安全、消防、卫生、辐射防护、环境保护的法规和规定。各类专用实验室应满足工艺对安全、消防、环保等的特殊规范和规定,对实验人员有潜在危害的科研建筑应设计逃生、避难路径。

5.2 安全与疏散

5.2.3 科研建筑内使用和储存的危险化学品的量应符合国家现行标准《建筑设计防火规范》GB 50016、《易燃和可燃液体防火规范》SY/T 6344、《常用化学危险品贮存通则》GB 15603 等的规定。

5.2.4 甲、乙类危险物品不应储存在科研建筑的地下室和半地下室内。

5.2.5 当易发生火灾、爆炸、极低温和其他危险化学品引发事故的实验室与其他用房相邻时,必须形成独立的防护单元,并应符合下列规定:

1 防护单元的围护结构，应采用耐火极限不低于1.5h的楼板和耐火极限不低于2.0h的隔墙与其他用房分隔。

2 门、窗应采用甲级防火门、窗，并应有防盗功能。

3 易发生火灾、爆炸或缺氧危险的实验室应设置独立的通风系统。

4 有爆炸危险的实验室应设置泄压设施。

5.2.6 易发生火灾、爆炸、缺氧、极低温和其他危险化学品引发事故的实验室，其房间的门必须向疏散方向开启，并应设置监测报警及自动灭火系统。

5.2.7 使用或储存有特殊贵重仪器设备的科研用房，应符合现行国家标准《建筑设计防火规范》GB 50016 的规定。

5.2.8 由两个及以上标准单元组成的通用实验室，疏散门的数量和宽度应符合现行国家标准《建筑设计防火规范》GB 50016 的规定，且疏散门不应少于两个。

5.2.9 科研展示区的藏品库和陈列区的建筑耐火等级不应低于二级。

5.2.10 科研试验建筑耐火等级不应低于二级，火灾危险性类别为甲、乙类的科研试验建筑应按厂房或仓库进行防火设计。

7 给水排水

7.1 一般规定

7.1.2 实验用房内，在遇水会迅速分解、燃烧、爆炸或损坏的物品的存储或实验区不得布置给水和排水管道。

7.1.3 室内消防给水系统设计，应符合现行国家标准《建筑设计防火规范》GB 50016 的规定，并应符合下列规定：

1 实验用房的消火栓宜设置在洁净区的楼梯出口附近或走廊，当必须设置在洁净区内时，应满足洁净区的洁净要求。

4 重要的档案室、信息中心以及特别重要的设备室应设置气体灭火系统。

7.1.5 藏品库房内不应设置除消防以外的给水点，给水排水管道不应穿越库区。

8 暖通空调

8.1 一般规定

8.1.1 科研建筑的供暖、通风与空气调节设计应符合现行国家标准《民用建筑供暖通风与空气调节设计规范》GB 50736 和《建筑设计防火规范》GB 50016 的有关规定。

8.3 通风

8.3.5 实验室排风系统的排风装置、风管、阀门、附件和风机等选材，应符合下列规定：

1 应采用不燃烧材料制作。

3 使用和产生易燃易爆物质的房间，送、排风系统应采取防爆措施和采用防爆型通风设备。

8.3.7 设在建筑物室内的竖向排风管应设在排风管井内。水平风管在与竖向排风管连接处应设防火阀。当接触强腐蚀性物质的排风管道采用分层设置独立系统，且其水平风管不跨越防火分隔，竖向风管安装在具有足够耐火极限的管井内时，系统风管可不设防火阀。

9 建筑电气

9.2 供配电

9.2.13 潮湿、有腐蚀性气体、蒸气、火灾危险和爆炸危险场所，应选用具有相应防护性能的供配电设备。

9.3 照明

9.3.10 潮湿、有腐蚀性气体和蒸气、火灾危险和爆炸危险等场所，应选用具有相应防护性能的灯具。

9.3.11 重要实验场所应设置应急照明，应急照明的设置应符合现行国家标准《建筑照明设计标准》GB 50034、《建筑设计防火规范》GB 50016 和《民用建筑电气设计规范》JGJ 16 的有关规定。国家重点实验室应设置警卫照明，警卫照明可与应急照明共用。

9.5 智能化

9.5.6 火灾自动报警系统和消防控制室的设置应符合现行国家标准《建筑设计防火规范》GB 50016 的有关规定；火灾自动报警系统的设计应符合现行国家标准《火灾自动报警系统设计规范》GB 50116 的有关规定。使用和产生易燃易爆物质的房间应根据可燃气体的类型，设置相应的可燃气体探测器。

9.5.7 科研建筑内火灾探测器的选择应与所进行的实验、试验环境相适应，如单一型火灾探测器不能有效探测火灾，可采用多种火灾探测器进行复合探测。

9.5.13 科研信息网络的安全应符合国家现行有关信息安全等级保护标准的规定，并应符合下列规定：

1 网络设备应放置在符合使用要求的场所，该场所应具备物理访问控制、防盗窃和防破坏、防雷击、防水、防火、防潮、防静电、防电磁干扰等基本条件。

10 气体管道

10.1 一般规定

10.1.5 引入室内的各种气体管道支管宜明敷。当管道井、管道技术层内敷设有可燃气体管道时，应有 6 次/h，事故时不少于 12 次/h 的通风措施。

10.1.6 穿过实验室墙体或楼板的气体管道应设套管，套管内的管段不应有焊缝。管道与套管之间应采用非燃烧材料严密封堵。

10.2 管道、阀门和附件

10.2.4 阀门与氧气接触部分应采用非燃烧材料。其密封圈应采用有色金属、不锈钢及聚四氟乙烯等材料。填料应采用经除油处理的石墨石棉或聚四氟乙烯。

10.4 安全技术

10.4.1 气体管道设计的安全技术应符合下列规定：

1 每台（组）用可燃气体设备的支管和放空管上应设置阻火器等安全控制装置。

2 使用可燃气体的房间应设置报警装置。

3 气瓶应放在主体建筑物之外的气瓶存放间。对日用气量不超过一瓶的气体，室内可放置一个该种气体的气瓶，但气瓶应有安全防护设施。

4 气瓶存放间应有不小于 3 次/h 换气的通风措施。

5 可燃气体存放间应有不小于 6 次/h 换气的通风措施。事故排风不小于 12 次/h 换气。

10.4.2 若使用高压气体或可燃气体，应有相应的安全措施，并应符合国家相关规定。

10.4.3 可燃气体管道连接用气设备支管应设置阻火器。

10.4.4 可燃气体及助燃气体的汇流排间应有浓度报警和联动排风措施。

10.5 气源站及气瓶库

10.5.1 氧气气源站宜布置成独立单层建筑物，耐火等级不应低于二级。如与其他建（构）筑物毗连，其毗连的墙应为耐火极限不低于 1.50h 的无门、窗、洞的防火墙，该氧气气源站至少应设一个直通室外的门。氧气供应源给水排水、照明、电气应符合现行国家标准《氧气站设计规范》GB 50030 的有关规定。

10.5.2 氮气、二氧化碳、氧化亚氮等气体供应源不应设在地下或半地下建筑内。可设在不低于三级耐火等级建筑内的靠外墙处，并应采用耐火极限不低于 1.50h 的墙和丙级防火门与建筑物的其他部分隔开。

10.5.3 氢气、乙炔、甲烷等可燃气体宜布置成独立单层建筑物，不得设在地下或半地下建筑内。耐火等级、泄压面积和可燃气体浓度报警，按可燃气体的相应标准执行。

10.5.4 气体的储存应设置有专用仓库，其平面布置、建筑物的耐火等级、安全通道及消防等应符合现行国家标准《建筑设计防火规范》GB 50016 的有关规定。当气体储存库与其他建（构）筑物毗连时，其毗连的墙应为无门、窗、洞的防火墙，并应有直通室外的门。其围护结构上的门窗应向外开启，并不应使用木质、塑钢等可燃材料制作。

41.《轻型钢结构住宅技术规程》JGJ 209—2010

3 材 料

3.2 围护材料

3.2.10 轻钢龙骨复合墙体材料应满足下列要求：
　　3 蒙皮用石膏板的厚度不应小于12mm，并应具有一定的防火和耐火性能。

3.3 保温材料

3.3.3 当使用EPS板、XPS板、PU板等有机泡沫塑料作为轻型钢结构住宅的保温隔热材料时，保温隔热系统整体应具有合理的防火构造措施。

4 建筑设计

4.4 轻质墙体与屋面设计

4.4.2 应根据保温或隔热的要求选择合适密度和厚度的轻质围护材料，轻质围护体系各部分的传热系数K和热惰性指标D应符合当地节能指标，并应符合建筑隔声和耐火极限的要求。

5 结构设计

5.7 钢结构防护

5.7.3 轻型钢结构住宅主体钢结构耐火等级：低层住宅应为四级，多层住宅应为三级。

8 验收与使用

8.2 使用与维护

8.2.1 建设单位在工程竣工验收合格后，应取得当地规划、消防、人防等有关部门的认可文件和准许使用文件，并应在道路畅通，水、电、气、暖具备的条件下，将有关文件交给物业后方可交付使用。

8.2.2 建设单位交付使用时，应提供住宅使用说明书，住宅使用说明书中包含的使用注意事项应符合表8.2.2的规定。

表 8.2.2 使用注意事项

房屋部位	注 意 事 项
主体结构	钢结构不能拆除，不能渗水受潮，涂装层不得铲除，装修不得在钢结构上施焊
墙体	墙体不能拆除，改动非承重墙应经原设计单位批准。不得在外墙上安装任何挂件，外围护墙体饰面层不得破坏、受潮或渗水
防水层	厨房或卫生间的防水层，装修时不得破坏
门、窗	不得更改或加设门窗
阳台	不得加设阳台附属设施
烟道	设有烟道的，抽油烟机管应接入烟道内，不得封堵或拆除烟道
空调机位	按原设计位置装置空调，不得随意打洞和安装空调或其他设备
供水设施	供水主立管不得移动、接分叉或毁坏
排水设施	排水主立管不得移动、接分叉或毁坏
供电设施	不得改动公共部位供配电设施
消防设施	消防设施不得遮掩或毁坏，不得阻碍消防通道，不得动用消防水源
保温构造	墙体、屋面、楼地面等的各类保温系统包括饰面层、加强层、保温层等均不得铲除和削弱。不得有渗水

42.《低层冷弯薄壁型钢房屋建筑技术规程》JGJ 227—2011

1 总　则

1.0.4 设计低层冷弯薄壁型钢房屋建筑时，应合理选用材料、结构方案和构造措施，应保证结构满足强度、稳定性和刚度要求，并符合防火、防腐要求。

3 材料与设计指标

3.1 材料选用

3.1.6 围护材料宜采用节能环保的轻质材料，并应满足国家现行有关标准对耐久性、适用性、防火性、气密性、水密性、隔声和隔热等性能的要求。

4 基本设计规定

4.3 建筑设计及结构布置

4.3.4 外围护墙设计应符合下列规定：
　　3 应满足防水、防火、防腐要求。
4.3.5 隔墙设计应符合下列规定：
　　1 应有良好的隔声、防火性能和足够的承载力。
4.3.6 吊顶应根据工程的隔声、隔振和防火性能等要求进行设计。

12 防　火

12.0.1 低层冷弯薄壁型钢房屋建筑的防火设计除应符合本规程的规定外，尚应符合现行国家标准《建筑设计防火规范》GB 50016 的有关规定。

12.0.2 建筑中的下列部位应采用耐火极限不低于 **1.00h** 的不燃烧体墙和楼板与其他部位分隔：
　　1 配电室、锅炉房、机动车库。
　　2 资料库（室）、档案库（室）、仓储室。
　　3 公共厨房。

12.0.3 附建于冷弯薄壁型钢住宅建筑并仅供该住宅使用的机动车库，与居住部分相连通的门应采用乙级防火门，且车库隔墙距地面 100mm 范围内不应开设任何洞口。

12.0.4 位于住宅单元之间的墙两侧的门窗洞口，其最近边缘之间的水平间距不应小于 1.0m。

12.0.5 由不同高度组成的一座冷弯薄壁型钢建筑，较低部分屋面上开设的天窗与相接的较高部分外墙上的门窗洞口之间的最小距离不应小于 4.0m。当符合下列情况之一时，该距离可不受限制：
　　1 较低部分安装了自动喷水灭火系统或天窗为固定式乙级防火窗。
　　2 较高部分外墙面上的门为火灾时能够自动关闭的乙级防火门，窗口、洞口设有固定式乙级防火窗。

12.0.6 浴室、卫生间和厨房的垂直排风管，应采取防回流措施或在支管上设置防火阀。厨房的排油烟管道与垂直排风管连接的支管处应设置动作温度为 150℃ 的防火阀。

12.0.7 建筑内管道穿过楼板、住宅建筑单元之间的墙和分户墙时，应采用防火封堵材料将空隙紧密填实；当管道为难燃或可燃材质时，应在贯穿部位两侧采取阻火措施。

12.0.8 低层冷弯薄壁型钢住宅建筑内可设置火灾报警装置。

43.《办公建筑设计标准》JGJ/T 67—2019

1 总则

1.0.3 办公建筑设计应依据其使用要求进行分类，并应符合表1.0.3的规定：

表1.0.3 办公建筑分类

类别	示例	设计使用年限
A类	特别重要办公建筑	100年或50年
B类	重要办公建筑	50年
C类	普通办公建筑	50年或25年

3 基地和总平面

3.1 基地

3.1.5 大型办公建筑群应在基地中设置人员集散空地，作为紧急避难疏散场地。

4 建筑设计

4.1 一般规定

4.1.8 办公建筑的门厅应符合下列规定：

2 楼梯、电梯厅宜与门厅邻近设置，并应满足消防疏散的要求。

4.1.9 办公建筑的走道应符合下列规定：

1 宽度应满足防火疏散要求，最小净宽应符合表4.1.9的规定。

表4.1.9 走道最小净宽

走道长度 (m)	走道净宽（m）	
	单面布房	双面布房
≤40	1.30	1.50
>40	1.50	1.80

注：高层内筒结构的回廊式走道净宽最小值同单面布房走道。

2 高差不足0.30m时，不应设置台阶，应设坡道，其坡度不应大于1:8。

4.3 公共用房

4.3.2 会议室应符合下列规定：

2 中、小会议室可分散布置。小会议室使用面积不宜小于30m²，中会议室使用面积不宜小于60m²。中、小会议室每人使用面积：有会议桌的不应小于2.00m²/人，无会议桌的不应小于1.00m²/人。

3 大会议室应根据使用人数和桌椅设置情况确定使用面积，平面长宽比不宜大于2:1，宜有音频视频、灯光控制、通信网络等设施，并应有隔声、吸声和外窗遮光措施；大会议室所在层数、面积和安全出口的设置等应符合国家现行有关防火标准的规定。

4.4 服务用房

4.4.4 汽车库应符合下列规定：

1 应符合国家现行标准《汽车库、修车库、停车场设计防火规范》GB 50067、《车库建筑设计规范》JGJ 100的规定。

4.4.8 技术性服务用房应符合下列规定：

4 消防控制室应按现行国家标准《建筑设计防火规范》GB 50016进行设置。

5 防火设计

5.0.1 办公建筑的耐火等级应符合下列规定：

1 A类、B类办公建筑应为一级；

2 C类办公建筑不应低于二级。

5.0.2 办公综合楼内办公部分的安全出口不应与同一楼层内对外营业的商场、营业厅、娱乐、餐饮等人员密集场所的安全出口共用。

5.0.3 办公建筑疏散总净宽度应按总人数计算，当无法额定总人数时，可按其建筑面积9m²/人计算。

5.0.4 机要室、档案室、电子信息系统机房和重要库房等隔墙的耐火极限不应小于2h，楼板不应小于1.5h，并应采用甲级防火门。

5.0.5 办公建筑的防火设计尚应符合现行国家标准《建筑设计防火规范》GB 50016、《建筑内部装修设计防火规范》GB 50222和《汽车库、修车库、停车场设计防火规范》GB 50067的有关规定。

7 建筑设备

7.3 建筑电气

7.3.8 办公建筑的消防设施设置及消防电气设计应符合现行国家标准《建筑设计防火规范》GB 50016及《火灾自动报警系统设计规范》GB 50116的相关规定。

44.《公墓和骨灰寄存建筑设计规范》JGJ/T 397—2016

3 基 本 规 定

3.0.9 基地内应设机动车和非机动车停车场,宜设停车库。停车场、停车库应预留电动汽车充电设施的位置。停车应依据地形地势采用多种停车方式,宜增设人流高峰时临时停车用场地。停车场、停车库的防火设计应符合现行国家标准《汽车库、修车库、停车场设计防火规范》GB 50067 的规定。

3.0.12 公墓和骨灰寄存建筑应设置灭火器,并应符合现行国家标准《建筑灭火器配置设计规范》GB 50140 的规定。

5 总 平 面

5.2 公 墓

5.2.9 停车场设计应符合下列规定:

1 机动车和非机动车停车场应设置在主出入口附近,且不应占用出入口内外的集散广场、消防车道和紧急疏散通道。

7 安 全

7.1 公 墓

7.1.1 公墓的安全设计内容应包括针对墓穴的防盗、耐久、防水设计;以及人们参与祭悼活动的安全疏散等设计。

7.2 骨灰寄存建筑

7.2.1 骨灰寄存建筑的安全设计内容应包括针对骨灰盒的防盗、防晒、防过热、防火、防虫、防鼠、防潮的防护设计,以及人们参与祭悼活动的防火、安全疏散、防滑设计;建筑物和构筑物主体建筑的安全性等设计。

7.2.3 人们参与祭悼活动的安全设计应符合下列规定:

1 祭悼人群的安全疏散应符合现行国家标准《建筑设计防火规范》GB 50016 中的有关规定;

2 骨灰廊和骨灰墙的直线长度大于 90m 时,两端应设安全出口;

3 骨灰安放间、骨灰塔、骨灰亭房间内任意一点至疏散门的直线距离不应大于 20m,并应符合现行国家标准《建筑设计防火规范》GB 50016 的有关规定;

8 建筑中作为等场的入口,不应作为疏散口。

7.2.4 骨灰楼、进入式骨灰塔建筑物和构筑物主体建筑的安全设计应符合下列规定:

3 骨灰楼和骨灰塔的储存物品的火灾危险性分类按现行国家标准《建筑设计防火规范》GB 50016 的规定,应属仓库丙类第二项,为可燃固体。骨灰楼和骨灰塔的建筑分类按现行国家标准《建筑设计防火规范》GB 50016 的规定,应属公共建筑。骨灰楼和骨灰塔的防火设计应同时满足仓库和公共建筑两种建筑类型的规定要求。当出现不一致时,应按设防要求高的确定。

5 骨灰安放间与毗邻的其他用房之间的隔墙应为防火墙。

6 骨灰楼和骨灰塔内设置祭悼场所时,不应设可使用明火的装置。

7 骨灰楼和进入式骨灰塔建筑防火分区的最大允许建筑面积应符合表 7.2.4 的要求。

表 7.2.4 防火分区最大允许建筑面积(m²)

名称	耐火等级	防火分区的最大允许建筑面积
高层建筑	一级	1000
多层建筑	二级	1200
单层	二级	1500
地下、半地下建筑	一级	300

注:1 建筑内设置自动灭火系统时,该防火分区的最大允许建筑面积可按本表的规定增加 1.0 倍,局部设置时,增加面积可按该局部面积的 1.0 倍计算;

2 当骨灰楼和骨灰塔内部设有上下层联通时,建筑面积应进行叠加计算。

8 骨灰楼和进入式骨灰塔内严禁设置员工宿舍。当业务办公用房设置在其内时,应采用耐火极限不低于 2.50h 的防火隔墙和 1.00h 的楼板与其他部位分隔,并应至少设置 1 个独立的安全出口。当隔墙上需开设相互连通的门时,应采用乙级防火门。

10 骨灰楼和进入式骨灰塔为高层建筑时,其楼梯应采用封闭楼梯间,楼、电梯间应设在骨灰安放间之外。

9 设备、设施

9.1 给水、排水

9.1.1 基地内生活及办公区应设置生活给水及消防给水系统,并应符合现行国家标准《室外给水设计规范》GB 50013 及《建筑设计防火规范》GB 50016 的规定。

9.2 供暖、通风、空调

9.2.3 骨灰寄存建筑的防排烟设计应符合现行国家标准《建筑设计防火规范》GB 50016 的规定。

9.2.6 骨灰安放间应根据灭火形式设置相应的通风方式。

9.3 电 气

9.3.3 骨灰安放间的建筑照明标准值宜为 150lx,其他业务用房应符合现行国家标准《建筑照明设计标准》GB 50034 的规定,并设置备用照明、消防应急照明及疏散指示标志。

9.3.6 骨灰安放间应设置自动灭火系统,并宜采用气体灭火系统。

9.3.7 骨灰楼、骨灰塔应设火灾自动报警系统,并应符合现行国家标准《火灾自动报警系统设计规范》GB 50116 的规定。

45.《文化馆建筑设计规范》JGJ/T 41—2014

2 基本规定

2.0.3 文化馆建筑的室外活动场地和建筑物的安全设计应包括防火、防灾、安防设施、通行安全、环境安全等，且防火应符合现行国家标准《建筑设计防火规范》GB 50016 的规定。

4 建筑设计

4.2 群众活动用房

4.2.2 门厅应符合下列规定：
1 位置应明显，方便人流疏散，并具有明确的导向性。

4.3 业务用房

4.3.4 研究整理室应符合下列规定：
6 档案室应采取防潮、防蛀、防鼠措施，并应设置防火和安全防范设施；门窗应为密闭的，外窗应设纱窗；房间门应设防盗门和甲级防火门。

4.4 管理、辅助用房

4.4.2 行政办公室的使用面积宜按每人 5m² 计算，且最小办公室使用面积不宜小于 10m²。档案室、资料室、会计室应设置防火、防盗设施。接待室、文印打字室、党政办公室宜设置防火、防盗设施。

46.《施工现场临时建筑物技术规范》JGJ/T 188—2009

6 建筑防火

6.0.1 临时建筑场地应设有消防车道,且消防车道的宽度不应小于4.0m,净空高度不应小于4.0m。

6.0.2 临时建筑的耐火等级、最多允许层数、最大允许长度、防火分区的最大允许建筑面积应符合表6.0.2的规定。

表6.0.2 临时建筑的耐火等级、最多允许层数、最大允许长度、防火分区的最大允许建筑面积

临时建筑	耐火等级	最多允许层数	最大允许长度(m)	防火分区的最大允许建筑面积(m^2)
宿舍	四级	2	60	600
办公用房	四级	2	60	600
食堂	四级	1	60	600

6.0.3 防火间距应符合下列规定:

1 临时建筑距易燃易爆危险物品仓库等危险源的距离不应小于16m。

2 对于成组布置的临时建筑,每组数量不应超过10幢,幢与幢之间的间距不应小于3.5m,组与组之间的间距不应小于8.0m。

6.0.4 安全疏散应符合下列规定:

1 临时建筑的安全出口应分散布置。每个防火分区、同一防火分区的每个楼层,其相邻两个安全出口最近边缘之间的水平距离不应小于5.0m。

2 对于两层临时建筑,当每层的建筑面积大于200m^2时,应至少设两个安全出口或疏散楼梯;当每层的建筑面积不大于200m^2且第二层使用人数不超过30人时,可只设置一个安全出口或疏散楼梯。当临时建筑超过两层时,应按现行国家规范《建筑设计防火规范》GB 50016执行。

3 房间门至疏散楼梯的距离不应大于25.0m,采用自熄性轻质材料做芯材的彩钢夹芯板作围护结构的房间门至疏散楼梯的距离不应大于15.0m。

4 疏散楼梯和走廊的净宽度不应小于1.0m,楼梯扶手高度不应低于0.9m,外廊栏杆高度不应低于1.05m。

6.0.5 使用温度超过80℃的场所,不应采用自熄性轻质材料做芯材的彩钢夹芯板。

6.0.6 厨房墙体的耐火极限不应低于0.50h。厨房灶具、烟道等高温部位应采取防火隔热措施。

6.0.7 每100m^2临时建筑应至少配备两具灭火级别不低于3A的灭火器,厨房等用火场所应适当增加灭火器的配置数量。

8 建筑设备

8.2 给水排水

8.2.23 临时建筑消防给水设置应根据各类用房的性质、面积、层数等因素,按照国家现行有关防火规范执行。

8.4 电 气

8.4.16 白炽灯、卤钨灯、荧光高压汞灯及其镇流器等不应直接安装在木构件等可燃材料上。

直接安装在可燃材料表面的灯具,应采用标有 ▽F 标志的灯具。

8.4.25 临时建筑的电气防火、应急照明和疏散指示标志应符合现行国家标准《建筑设计防火规范》GB 50016的有关规定。

9 施工安装

9.1 一般规定

9.1.4 进场的构件、设备和材料应根据施工顺序和场地情况合理布置堆放区域,分类堆放,避免挤压变形、冲击损伤,并应有防水、防火、防倾倒措施。

47.《中小学校体育设施技术规程》JGJ/T 280—2012

3 基本规定

3.0.4 中小学校体育设施中建筑的设计使用年限和耐火等级应符合国家现行相关标准的规定。

3.0.6 中小学校体育设施应符合消防、防灾、安全防范、水质安全、行为安全、环境安全等的规定。确定为避灾疏散场所的学校体育设施,在应急疏散、生命线系统等方面的规划、设计应符合国家现行相关标准的规定。

4 材料及器材

4.0.1 中小学校体育设施所选用的材料的品种、规格和质量等除应符合设计要求和国家现行有关标准的规定外,还应符合《建筑材料放射性核素限量》GB 6566、《民用建筑工程室内环境污染控制规范》GB 50325、《室内装饰装修材料 人造板及其制品中甲醛释放限量》GB 18580、《室内装饰装修材料 溶剂型木器涂料中有害物质限量》GB 18581、《室内装饰装修材料 内墙涂料中有害物质限量》GB 18582、《室内装饰装修材料 胶粘剂中有害物质限量》GB 18583、《室内装饰装修材料 木家具中有害物质限量》GB 18584、《室内装饰装修材料 壁纸中有害物质限量》GB 18585、《室内装饰装修材料 聚氯乙烯卷材地板中有害物质限量》GB 18586、《室内装饰装修材料 地毯、地毯衬垫及地毯胶粘剂有害物质释放限量》GB 18587、《混凝土外加剂中释放氨的限量》GB 18588、《建筑内部装修设计防火规范》GB 50222 的规定。

建设工程消防设计审查验收标准条文摘编
专用标准分册 2

孙　旋　主编

中国建筑工业出版社

图书在版编目（CIP）数据

建设工程消防设计审查验收标准条文摘编. 5，专用标准分册. 2 / 孙旋主编. —北京：中国建筑工业出版社，2021.12

ISBN 978-7-112-26987-7

Ⅰ. ①建… Ⅱ. ①孙… Ⅲ. ①建筑工程－消防－工程验收－国家标准－汇编－中国 Ⅳ. ①TU892-65

中国版本图书馆CIP数据核字（2021）第260435号

目 录

4.1 市政工程 1
1. 《地铁设计防火标准》GB 51298—2018 2
2. 《地铁设计规范》GB 50157—2013 13
3. 《城市轨道交通技术规范》GB 50490—2009 24
4. 《跨座式单轨交通设计规范》GB 50458—2008 28
5. 《跨座式单轨交通施工及验收规范》GB 50614—2010 36
6. 《电化学储能电站设计规范》GB 51048—2014 40
7. 《烟囱工程技术标准》GB/T 50051—2021 43
8. 《氧气站设计规范》GB 50030—2013 44
9. 《民用爆炸物品工程设计安全标准》GB 50089—2018 47
10. 《氢气站设计规范》GB 50177—2005 52
11. 《加氢站技术规范》GB 50516—2010（2021年版） 56
12. 《地铁安全疏散规范》GB/T 33668—2017 62
13. 《城市综合管廊工程技术规范》GB 50838—2015 69
14. 《城镇燃气技术规范》GB 50494—2009 71
15. 《城镇燃气设计规范》GB 50028—2006（2020年版） 72
16. 《生活垃圾卫生填埋处理技术规范》GB 50869—2013 80
17. 《生活垃圾卫生填埋场封场技术规范》GB 51220—2017 81
18. 《城市停车规划规范》GB/T 51149—2016 82
19. 《城镇综合管廊监控与报警系统工程技术标准》GB/T 51274—2017 83
20. 《城市地下空间规划标准》GB/T 51358—2019 84
21. 《城市轨道交通给水排水系统技术标准》GB/T 51293—2018 85
22. 《轻轨交通设计标准》GB/T 51263—2017 86
23. 《交通客运站建筑设计规范》JGJ/T 60—2012 89
24. 《动物园设计规范》CJJ 267—2017 90
25. 《城市地下道路工程设计规范》CJJ 221—2015 91
26. 《城镇污水处理厂污泥处理技术规程》CJJ 131—2009 93
27. 《城市公共厕所设计标准》CJJ 14—2016 94
28. 《燃气冷热电三联供工程技术规程》CJJ 145—2010 95
29. 《城市户外广告设施技术规范》CJJ 149—2010 97
30. 《污水处理卵形消化池工程技术规程》CJJ 161—2011 98
31. 《餐厨垃圾处理技术规范》CJJ 184—2012 99
32. 《直线电机轨道交通施工及验收规范》CJJ 201—2013 100
33. 《环境卫生设施设置标准》CJJ 27—2012 101
34. 《城镇供热管网工程施工及验收规范》CJJ 28—2014 102
35. 《粪便处理厂运行维护及其安全技术规程》CJJ 30—2009 103
36. 《生活垃圾堆肥处理技术规范》CJJ 52—2014 104
37. 《聚乙烯燃气管道工程技术标准》CJJ 63—2018 105

38. 《粪便处理厂设计规范》CJJ 64—2009 ·········· 106
39. 《生活垃圾堆肥处理厂运行维护技术规程》CJJ 86—2014 ·········· 107
40. 《城镇供热系统运行维护技术规程》CJJ 88—2014 ·········· 108
41. 《生活垃圾焚烧处理工程技术规范》CJJ 90—2009 ·········· 109
42. 《生活垃圾卫生填埋场运行维护技术规程》CJJ 93—2011 ·········· 111
43. 《生活垃圾填埋场填埋气体收集处理及利用工程技术规范》CJJ 133—2009 ·········· 112
44. 《二次供水工程技术规程》CJJ 140—2010 ·········· 114
45. 《中低速磁浮交通设计规范》CJJ/T 262—2017 ·········· 115
46. 《城市轨道交通站台屏蔽门系统技术规范》CJJ 183—2012 ·········· 122
47. 《城市桥梁设计规范》CJJ 11—2011（2019年版） ·········· 123
48. 《城市道路工程设计规范》CJJ 37—2012（2016年版） ·········· 124
49. 《快速公共汽车交通系统设计规范》CJJ 136—2010 ·········· 125
50. 《城市快速路设计规程》CJJ 129—2009 ·········· 126
51. 《家用燃气燃烧器具安装及验收规程》CJJ 12—2013 ·········· 127
52. 《埋地塑料给水管道工程技术规程》CJJ 101—2016 ·········· 128
53. 《城市人行天桥与人行地道技术规范》CJJ 69—95 ·········· 129
54. 《城市道路绿化规划与设计规范》CJJ 75—97 ·········· 130
55. 《城镇燃气埋地钢质管道腐蚀控制技术规程》CJJ 95—2013 ·········· 131
56. 《城市道路照明工程施工及验收规程》CJJ 89—2012 ·········· 132
57. 《建筑排水塑料管道工程技术规程》CJJ/T 29—2010 ·········· 134
58. 《镇（乡）村仓储用地规划规范》CJJ/T 189—2014 ·········· 135
59. 《镇（乡）村给水工程规划规范》CJJ/T 246—2016 ·········· 136
60. 《供热站房噪声与振动控制技术规程》CJJ/T 247—2016 ·········· 137
61. 《城镇燃气管道穿跨越工程技术规程》CJJ/T 250—2016 ·········· 138
62. 《中低速磁浮交通供电技术规范》CJJ/T 256—2016 ·········· 139
63. 《乡镇集贸市场规划设计标准》CJJ/T 87—2020 ·········· 140
64. 《建筑给水塑料管道工程技术规程》CJJ/T 98—2014 ·········· 142
65. 《居住绿地设计标准》CJJ/T 294—2019 ·········· 143
66. 《生活垃圾焚烧厂评价标准》CJJ/T 137—2019 ·········· 144
67. 《建筑垃圾处理技术标准》CJJ/T 134—2019 ·········· 149
68. 《城镇排水系统电气与自动化工程技术标准》CJJ/T 120—2018 ·········· 150
69. 《城镇燃气报警控制系统技术规程》CJJ/T 146—2011 ·········· 151
70. 《城镇燃气加臭技术规程》CJJ/T 148—2010 ·········· 154
71. 《城镇供水与污水处理化验室技术规范》CJJ/T 182—2014 ·········· 155
72. 《燃气热泵空调系统工程技术规程》CJJ/T 216—2014 ·········· 156
73. 《城镇供热系统标志标准》CJJ/T 220—2014 ·········· 157
74. 《城镇桥梁钢结构防腐蚀涂装工程技术规程》CJJ/T 235—2015 ·········· 160
75. 《垂直绿化工程技术规程》CJJ/T 236—2015 ·········· 161
76. 《城镇污水处理厂臭气处理技术规程》CJJ/T 243—2016 ·········· 162
77. 《城镇燃气自动化系统技术规范》CJJ/T 259—2016 ·········· 163
78. 《生活垃圾转运站技术规范》CJJ/T 47—2016 ·········· 164
79. 《植物园设计标准》CJJ/T 300—2019 ·········· 165

4.2 铁路工程 ... 167
- 80.《铁路车站及枢纽设计规范》GB 50091—2006 ... 168
- 81.《铁路旅客车站建筑设计规范》GB 50226—2007（2011年版）... 169
- 82.《铁路罐车清洗设施设计标准》GB/T 50507—2019 ... 171
- 83.《铁路工程设计防火规范》TB 10063—2016 ... 172
- 84.《铁路机务设备设计规范》TB 10004—2018 ... 182
- 85.《铁路给水排水设计规范》TB 10010—2016 ... 184
- 86.《铁路照明设计规范》TB 10089—2015 ... 186
- 87.《铁路旅客车站设计规范》TB 10100—2018 ... 188
- 88.《铁路瓦斯隧道技术规范》TB 10120—2019 ... 191
- 89.《高速铁路设计规范》TB 10621—2014 ... 192
- 90.《城际铁路设计规范》TB 10623—2014 ... 195
- 91.《重载铁路设计规范》TB 10625—2017 ... 198
- 92.《铁路隧道防灾疏散救援工程设计规范》TB 10020—2017 ... 199
- 93.《铁路工程劳动安全与卫生设计规范》TB 10061—2019 ... 204
- 94.《铁路工程基本作业施工安全技术规程》TB 10301—2020 ... 206

4.3 公路工程 ... 211
- 95.《公路工程质量检验评定标准 第二册 机电工程》JTG 2182—2020 ... 212
- 96.《公路隧道通风设计细则》JTG/T D70/2-02—2014 ... 214
- 97.《公路隧道设计规范 第二册 交通工程与附属设施》JTG D70/2—2014 ... 217
- 98.《高速公路改扩建设计细则》JTG/T L11—2014 ... 223
- 99.《高速公路改扩建交通工程及沿线设施设计细则》JTG/T L80—2014 ... 224
- 100.《公路隧道照明设计细则》JTG/T D70/2-01—2014 ... 225
- 101.《公路工程施工安全技术规范》JTG F90—2015 ... 226
- 102.《公路隧道施工技术规范》JTG/T 3660—2020 ... 228
- 103.《公路隧道养护技术规范》JTG H12—2015 ... 230
- 104.《公路路基施工技术规范》JTG/T 3610—2019 ... 234
- 105.《公路桥涵施工技术规范》JTG/T 3650—2020 ... 235
- 106.《公路隧道交通工程与附属设施施工技术规范》JTG/T F72—2011 ... 236

4.4 水利工程 ... 239
- 107.《水利工程设计防火规范》GB 50987—2014 ... 240
- 108.《水利水电工程厂（站）用电系统设计规范》SL 485—2010 ... 248
- 109.《水利水电工程施工通用安全技术规程》SL 398—2007 ... 249
- 110.《水利水电工程机电设备安装安全技术规程》SL 400—2016 ... 257

4.5 煤炭矿山工程 ... 261
- 111.《煤矿井下消防、洒水设计规范》GB 50383—2016 ... 262
- 112.《煤炭矿井设计防火规范》GB 51078—2015 ... 266
- 113.《钢筋混凝土筒仓设计标准》GB 50077—2017 ... 270
- 114.《煤炭工业露天矿设计规范》GB 50197—2015 ... 271
- 115.《煤炭工业矿井设计规范》GB 50215—2015 ... 272
- 116.《水煤浆工程设计规范》GB 50360—2016 ... 275
- 117.《煤矿井下车场及硐室设计规范》GB 50416—2017 ... 276
- 118.《煤矿主要通风机站设计规范》GB 50450—2008 ... 277

119. 《煤炭工业建筑结构设计标准》GB 50583—2020 ········· 278
120. 《煤矿矿井建筑结构设计规范》GB 50592—2010 ········· 281
121. 《煤炭工业半地下储仓建筑结构设计规范》GB 50874—2013 ········· 283
122. 《煤矿瓦斯发电工程设计规范》GB 51134—2015 ········· 284
123. 《矿山提升井塔设计规范》GB 51184—2016 ········· 288
124. 《煤矿建设项目安全设施设计审查和竣工验收规范》AQ/T 1055—2018 ········· 289
125. 《煤矿建设安全规范》AQ 1083—2011 ········· 290

4.6 水运工程 ········· 291

126. 《水运工程质量检验标准》JTS 257—2008 ········· 292
127. 《水运工程建设项目环境影响评价指南》JTS/T 105—2021 ········· 301
128. 《油气化工码头设计防火规范》JTS 158—2019 ········· 302
129. 《水运工程设计通则》JTS 141—2011 ········· 309
130. 《河港总体设计规范》JTS 166—2020 ········· 310
131. 《船厂水工工程设计规范》JTS 190—2018 ········· 316
132. 《船闸总体设计规范》JTJ 305—2001 ········· 317
133. 《船闸电气设计规范》JTJ 310—2004 ········· 318
134. 《海港总体设计规范》JTS 165—2013 ········· 319
135. 《液化天然气码头设计规范》JTS 165—5—2021 ········· 321
136. 《游艇码头设计规范》JTS 165—7—2014 ········· 322
137. 《邮轮码头设计规范》JTS 170—2015 ········· 323
138. 《海上固定转载平台设计规范》JTS 171—2016 ········· 324
139. 《三峡船闸设施安全检测技术规程》JTS 196—5—2009 ········· 325
140. 《长江三峡库区港口客运缆车安全设施技术规范》JTS 196—7—2007 ········· 326
141. 《内河液化天然气加注码头设计规范》JTS 196—11—2016 ········· 327
142. 《码头油气回收设施建设技术规范》JTS 196—12—2017 ········· 328
143. 《海岸电台总体及工艺设计规范》JTJ/T 341—96 ········· 329
144. 《港口地区有线电话通信系统工程设计规范》JTJ/T 343—96 ········· 330
145. 《甚高频海岸电台工程设计规范》JTJ/T 345—99 ········· 331
146. 《水运工程施工安全防护技术规范》JTS 205—1—2008 ········· 332
147. 《集装箱码头计算机管理控制系统设计规范》JTJ/T 282—2006 ········· 334
148. 《船舶交通管理系统工程技术规范》JTJ/T 351—96 ········· 335
149. 《危险货物港口建设项目安全验收评价规范》JTS/T 108—2—2019 ········· 336
150. 《危险货物港口建设项目安全预评价规范》JTS/T 108—1—2019 ········· 337

4.1 市政工程

1. 《地铁设计防火标准》GB 51298—2018

1 总 则

1.0.2 本标准适用于新建、扩建地铁和轻轨交通工程的防火设计。

2 术 语

2.0.1 安全出口 safety exit

供人员安全疏散，并能直接通向室内外安全区域的车站出口、楼梯或扶梯的出口、联络通道的入口、区间风井内直通地面的楼梯间入口。

2.0.3 路堑式车站、区间 open cut station, track

浅埋地下一层，外墙上方或顶板开窗、具备自然通风和排烟条件的车站、区间。

2.0.4 联络通道 cross-passageway

连接相邻两条单洞单线载客运营地下区间，可供人员安全疏散用的通道。

2.0.5 消防专用通道 fire access

供消防人员从地面进入站厅、站台、区间等区域进行灭火救援的专用通道和楼梯间。

2.0.6 纵向疏散平台 longitudinal evacuation walkway

在区间内平行于线路并靠站台侧设置、供人员疏散用的纵向连续走道。

3 总平面布局

3.1 车站与区间

3.1.1 地上车站建筑的周围应设置环形消防车道，确有困难时，可沿车站建筑的一个长边设置消防车道。

3.1.2 地下车站的出入口、风亭、电梯和消防专用通道的出入口等附属建筑，地上车站、地上区间、地下区间及其敞口段（含车辆基地出入线）、区间风井及风亭等，与周围建筑物、储罐（区）、地下油管等的防火间距应符合现行国家有关标准的规定。

地下车站的采光窗井与相邻地面建筑之间的防火间距应符合表3.1.2的规定，当相邻地面建筑物的外墙为防火墙或在采光窗井与地面建筑物之间设置防火墙时，防火间距不限。

表3.1.2 地下车站的采光窗井与相邻地面建筑之间的防火间距（m）

建筑类别	单层、多层民用建筑			高层民用建筑		丙、丁、戊类厂房、库房			甲、乙类厂房、库房
建筑耐火等级	一、二级	三级	四级	一、二级		一、二级	三级	四级	一、二级

续表3.1.2

建筑类别	单层、多层民用建筑	高层民用建筑	丙、丁、戊类厂房、库房			甲、乙类厂房、库房
地下车站的采光窗井	6 7 9	13	10	12	14	25

3.1.4 采用敞口低风井的进风井、排风井和活塞风井，风井之间、风井与出入口之间的最小水平距离应符合下列规定：

4 排风井、活塞风井与消防专用通道出入口之间不应小于5m。

3.1.6 独立建造的消防水泵房应符合现行国家标准《建筑设计防火规范》GB 50016的规定。地上车站的消防水泵房宜布置在首层，当布置在其他楼层时，应靠近安全出口；地下车站的消防水泵房应布置在站厅层及以上楼层，并宜布置在站厅层设备管理区内的消防专用通道附近。

3.2 控制中心与主变电所

3.2.1 独立建造的控制中心、地上主变电所应设置环形消防车道，确有困难时，可沿建筑的一个长边设置消防车道。

3.2.2 控制中心宜独立建造，不应与商业、娱乐等人员密集的场所合建，并应避开易燃、易爆场所；确需与其他建筑合建时，控制中心应采用无门窗洞口的防火墙与建筑的其他部分分隔。

3.3 车辆基地

3.3.1 车辆基地应避免设置在甲、乙类厂（库）房和甲、乙、丙类液体、可燃气体储罐及可燃材料堆场附近。

3.3.2 车辆基地的总平面布置应以车辆段（停车场）为主体，根据功能需要及地形条件合理确定基地内各建筑的位置、防火间距、运输道路和消防水源等。

3.3.3 车辆基地内的消防车道除应符合现行国家标准《建筑设计防火规范》GB 50016的规定外，尚应符合下列规定：

1 车辆基地内应设置不少于2条与外界道路相通的消防车道，并应与基地内各建筑的消防车道连通成环形消防车道。消防车道不宜与列车进入咽喉区前的出入线平交。

2 停车库、列检库、停车列检库、运用库、联合检修库、物资总库及易燃物品库周围应设置环形消防车道。

3 停车库、列检库、停车列检库、运用库、联合检修库每线列位在两列或两列以上时，宜在列位之间沿横向设置可供消防车通行的道路；当库房的各自总宽度大于150m时，应在库房的中间沿纵向设置可供消防车通行的道路。

3.3.4 车辆基地不宜设置在地下。当车辆基地的停车库、列检库、停车列检库、运用库、联合检修库等设置在地下时，应在地下设置环形消防车道；当库房的总宽度不大于75m时，可沿库房的一条长边设置地下消防车道，但尽头式消防车道应设置回车道或回车场，回车场的面积不应小于15m×15m。

地下消防车道与停车库、列检库、停车列检库、运用库、联合检修库之间应采用耐火极限不低于3.00h的防火墙分隔。防火墙上应设置消防救援入口，入口处应采用乙级防火门等进行分隔。

3.3.5 易燃物品库应独立布置，并应按存放物品的不同性质分库设置。

4 建筑的耐火等级与防火分隔

4.1 一般规定

4.1.1 下列建筑的耐火等级应为一级：
1 地下车站及其出入口通道、风道；
2 地下区间、联络通道、区间风井及风道；
3 控制中心；
4 主变电所；
5 易燃物品库、油漆库；
6 地下停车库、列检库、停车列检库、运用库、联合检修库及其他检修用房。

4.1.2 下列建筑的耐火等级不应低于二级：
1 地上车站及地上区间；
2 地下车站出入口地面厅、风亭等地面建（构）筑物；
3 运用库、检修库、综合维修中心的维修综合楼、物质总库的库房、调机库、牵引降压混合变电所、洗车机库（棚）、不落轮镟库、工程车库和综合办公楼等生活辅助建筑。

4.1.3 地下车站的风道、区间风井及其风亭等的围护结构的耐火极限均不应低于3.00h，区间风井内柱、梁、楼板的耐火极限均不应低于2.00h。

4.1.4 车站（车辆基地）控制室（含防灾报警设备室）、变电所、配电室、通信及信号机房、固定灭火装置设备室、消防水泵房、废水泵房、通风机房、环控电控室、站台门控制室、蓄电池室等火灾时需运作的房间，应分别独立设置，并应采用耐火极限不低于2.00h的防火隔墙和耐火极限不低于1.50h的楼板与其他部位分隔。

4.1.5 车站内的商铺设置以及与地下商业等非地铁功能的场所相邻的车站应符合下列规定：
1 站台层、站厅付费区、站厅非付费区的乘客疏散区以及用于乘客疏散的通道内，严禁设置商铺和非地铁运营用房。
2 在站厅非付费区的乘客疏散区外设置的商铺，不得经营和储存甲、乙类火灾危险性的商品，不得储存可燃性液体类商品。每个站厅商铺的总建筑面积不应大于$100m^2$，单处商铺的建筑面积不应大于$30m^2$。商铺应采用耐火极限不低于2.00h的防火隔墙或耐火极限不低于3.00h的防火卷帘与其他部位分隔，商铺内应设置火灾自动报警和灭火系统。
3 在站厅的上层或下层设置商业等非地铁功能的场所时，站厅严禁采用中庭与商业等非地铁功能的场所连通；在站厅非付费区连通商业等非地铁功能场所的楼梯或扶梯的开口部位应设置耐火极限不低于3.00h的防火卷帘，防火卷帘应能分别由地铁、商业等非地铁功能的场所控制，楼梯或扶梯周围的其他临界面应设置防火墙。

在站厅层与站台层之间设置商业等非地铁功能的场所时，站台至站厅的楼梯或扶梯不应与商业等非地铁功能的场所连通，楼梯或扶梯穿越商业等非地铁功能的场所的部位周围应设置无门窗洞口的防火墙。

4.1.6 在站厅公共区同层布置的商业等非地铁功能的场所，应采用防火墙与站厅公共区进行分隔，相互间宜采用下沉广场或连接通道等方式连通，不应直接连通。下沉广场的宽度不应小于13m；连接通道的长度不应小于10m、宽度不应大于8m，连接通道内应设置2道分别由地铁和商业等非地铁功能的场所控制且耐火极限均不低于3.00h的防火卷帘。

4.1.7 车辆基地建筑的上部不宜设置其他使用功能的场所或建筑，确需设置时，应符合下列规定：
1 车辆基地与其他功能场所之间应采用耐火极限不低于3.00h的楼板分隔；
2 车辆基地建筑的承重构件的耐火极限不应低于3.00h，楼板的耐火极限不应低于2.00h。

4.2 地下车站

4.2.2 站厅设备管理区应与站厅、站台公共区划分为不同的防火分区，设备管理区每个防火分区的最大允许建筑面积不应大于$1500m^2$。消防水泵房、污水和废水泵房、厕所、盥洗、茶水、清扫等房间的建筑面积可不计入所在防火分区的建筑面积。

4.2.3 地下一层侧式站台与同层站厅公共区可划为同一个防火分区，但站台上任一点至车站直通地面的疏散通道口的最大距离不应大于50m；当大于50m时，应在与同层站厅的邻接面处或站厅的适当位置采用耐火极限不低于2.00h的防火隔墙等进行分隔。

4.2.4 上、下重叠平行站台的车站应符合下列规定：
1 下层站台穿越上层站台至站厅的楼梯或扶梯，应在上层站台的楼梯或扶梯开口部位设置耐火极限不低于2.00h的防火隔墙；
2 上、下层站台之间的联系楼梯或扶梯，除可在下层站台的楼梯或扶梯开口处人员上下通行的部位采用耐火极限不低于3.00h的防火卷帘等进行分隔外，其他部位应设置耐火极限不低于2.00h的防火隔墙。

4.2.5 多线同层站台平行换乘车站的各站台之间应设置耐火极限不低于2.00h的纵向防火隔墙，该防火隔墙应延伸至站台有效长度外不小于10m。

4.2.6 点式换乘车站站台之间的换乘通道和换乘梯，除可在下层站台的通道或楼梯或扶梯口处人员上下通行的部位采用耐火极限不低于3.00h的防火卷帘等进行分隔外，其他部位应设置耐火极限不低于2.00h的防火隔墙。

4.2.7 侧式站台与同层站厅换乘车站，除可在站台连接同层站厅的通道口部位采用耐火极限不低于3.00h的防火卷帘等进行分隔外，其他部位应设置耐火极限不低于3.00h的防火墙。

4.2.8 通道换乘车站的站间换乘通道两侧应设置耐火极限不低于2.00h的防火隔墙，通道内应采用2道耐火极限均不低于3.00h的防火卷帘进行分隔。

4.2.9 站厅层位于站台层下方时，除可在站厅至站台的楼梯或扶梯开口部位人员上下通行的部位采用耐火极限不低于

3.00h 的防火卷帘等进行分隔外，其他部位应设置耐火极限不低于 2.00h 的防火隔墙。

4.2.10 在站厅层与站台层之间设置地铁设备层时，站台至站厅的楼梯或扶梯穿越设备层的部位周围应设置无门窗洞口的防火墙。

4.2.11 站台与站厅公共区之间除上下楼梯或扶梯的开口外，不应设置其他上下连通的开口。

4.3 地上车站

4.3.2 站厅设备管理区应与站台、站厅公共区划分为不同的防火分区，设备管理区每个防火分区的最大允许建筑面积不应大于 2500m²；对于建筑高度大于 24m 的高架车站，其设备管理区每个防火分区的最大允许建筑面积不应大于 1500m²。

4.3.3 站厅位于站台上方且站台层不具备自然排烟条件时，除可在站台至站厅的楼梯或扶梯开口处人员上下通行的部位采用耐火极限不低于 3.00h 的防火卷帘等进行分隔外，其他部位应设置耐火极限不低于 2.00h 的防火隔墙。

4.4 控制中心与主变电所

4.4.1 中央控制室应远离电源室、隔离变室、高压配电室等火灾危险性大的房间，中央控制室内不得穿越与指挥调度无关的管线。

4.4.2 设置在应急指挥室与中央控制室之间的观察窗，应采用甲级防火玻璃窗。

4.4.3 控制中心的设备用房宜集中布置，并应采用耐火极限不低于 2.00h 的防火隔墙和耐火极限不低于 1.50h 的楼板与其他部位进行分隔。

4.4.4 除直接开向室外的门外，变压器室、补偿装置室、蓄电池室、电缆夹层、配电装置室的门以及配电装置室中间隔墙上的门均应采用甲级防火门。

4.4.5 主变电所的消防控制设备应设置在主变电所有人值守的控制室内。

4.5 车辆基地

4.5.1 油漆库及其预处理库宜独立建造，且应符合下列规定：

1 油漆存放间、漆工间、干燥间等房间应采用防火墙和甲级防火门与其他部位分隔；

2 油漆库及其预处理库的屋顶或门、窗的泄压面积应符合要求，应采用不发火花的地面；

3 油漆库及其预处理库内不应设办公室、休息室或更衣室等用房；

4 油漆库及其预处理库中的设备坑内应采取降低气雾浓度的措施；

5 当油漆库与联合检修库合建时，应布置在联合检修库外墙一侧，并应采用无门窗洞口的防火墙与联合检修库分隔。

4.5.2 酸性蓄电池充电间宜独立建造，不应与值班室或其他经常有人的场所相邻布置；当与其他建筑合建时，应靠外墙单层设置，并应采用防火墙与其他部位隔开，当防火墙上必须设置门、窗时，应采用甲级防火门、窗。

4.5.4 地下停车库、列检库、停车列检库、运用库和联合检修库等场所应单独划分防火分区，每个防火分区的最大允许建筑面积不应大于 6000m²；当设置自动灭火系统时，每个防火分区的最大允许建筑面积不限。

4.5.5 地上停车库、列检库、停车列检库、运用库和联合检修库等场所的防火分区划分应符合现行国家标准《建筑设计防火规范》GB 50016 的规定。

5 安全疏散

5.1 一般规定

5.1.1 站台至站厅或其他安全区域的疏散楼梯、自动扶梯和疏散通道的通过能力，应保证在远期或客流控制期中超高峰小时最大客流量时，一列进站列车所载乘客及站台上的候车乘客能在 **4min** 内全部撤离站台，并应能在 **6min** 内全部疏散至站厅公共区或其他安全区域。

5.1.2 乘客全部撤离站台的时间应满足下式要求：

$$T = \frac{Q_1 + Q_2}{0.9[A_1(N-1) + A_2 B]} \leq 4\min \quad (5.1.2)$$

式中：Q_1——远期或客流控制期中超高峰小时最大客流量时一列进站列车的载客人数（人）；

Q_2——远期或客流控制期中超高峰小时站台上的最大候车乘客人数（人）；

A_1——一台自动扶梯的通过能力[人/(min·台)]；

A_2——单位宽度疏散楼梯的通过能力[人/(min·m)]；

N——用作疏散的自动扶梯的数量（台）；

B——疏散楼梯的总宽度（m）（每组楼梯的宽度应按 0.55m 的整倍数计算）。

5.1.3 在公共区付费区与非付费区之间的栅栏上应设置平开疏散门。自动检票机和疏散门的通过能力应满足下式要求：

$$A_3 + LA_4 \geq 0.9[A_1(N-1) + A_2 B] \quad (5.1.3)$$

式中：A_3——自动检票机门常开时的通过能力（人/min）；

A_4——单位宽度疏散门的通过能力[人/(min·m)]；

L——疏散门的净宽度（m）（按 0.55m 的整倍数计算）。

5.1.4 每个站厅公共区应至少设置 2 个直通室外的安全出口。安全出口应分散布置，且相邻两个安全出口之间的最小水平距离不应小于 **20m**。换乘车站共用一个站厅公共区时，站厅公共区的安全出口应按每条线不少于 **2 个**设置。

5.1.6 电梯、竖井爬梯、消防专用通道以及管理区的楼梯不得用作乘客的安全疏散设施。

5.1.7 站台设备管理区可利用站台公共区进行疏散，但有人值守的设备管理区应至少设置一个直通室外的安全出口。

5.1.8 站台的两端部均应设置从区间疏散至站台的楼梯。当站台设置站台门时，站台门的端门应向站台公共区方向开启。

5.1.9 站台每侧站台门上的应急门数量宜按列车编组数确定。当应急门设置在站台计算长度内的设备管理区和楼梯、扶梯段内时，应核算侧站台在应急门开启时的通过能力。

5.1.10 站厅公共区和站台计算长度内任一点到疏散通道口和疏散楼梯或用于疏散的自动扶梯口的最大疏散距离不应大于 50m。

5.1.11 站厅公共区与商业等非地铁功能的场所的安全出口应各自独立设置。两者的连通口和上、下联系楼梯或扶梯不得作为相互间的安全出口。

5.1.12 当站台至站厅和站厅至地面的上、下行方式采用自动扶梯时,应增设步行楼梯。
5.1.13 乘客出入口通道的疏散路线应各自独立,不得重叠或设置门槛、有碍疏散的物体及袋形走道。两个或以上汇入同一条疏散通道的出入口,应视为一个安全出口。

5.2 地下车站

5.2.1 有人值守的设备管理区内每个防火分区安全出口的数量不应少于2个,并应至少有1个安全出口直通地面。当值守人员小于或等于3人时,设备管理区可利用与相邻防火分区相通的防火门或能通向站厅公共区的出口作为安全出口。

5.2.2 地下一层侧式站台车站,每侧站台应至少设置2个直通地面或其他室外空间的安全出口。与站厅公共区同层布置的站台应符合下列规定:

1 当站台与站厅公共区之间设置防火隔墙时,应在该防火隔墙上设置至少2个门洞,相邻两门洞之间的最小水平距离不应小于10m;

2 当站台与站厅公共区之间未设置防火隔墙时,站台上任一点至地面或其他室外空间的疏散时间不应大于6min。

5.2.3 侧式站台利用站台之间的过轨地道作为安全疏散通道时,应在上、下行轨道之间设置耐火极限不低于2.00h的防火隔墙。

5.2.4 站台端部通向区间的楼梯不得用作站台区乘客的安全疏散设施。换乘车站的换乘通道、换乘梯不得用作乘客的安全疏散设施。

5.2.5 有人值守的设备管理用房的疏散门至最近安全出口的距离,当疏散门位于2个安全出口之间时,不应大于40m;当疏散门位于袋形走道两侧或尽端时,不应大于22m。

5.2.6 出入口通道的长度不宜大于100m;当大于100m时,应增设安全出口,且该通道内任一点至最近安全出口的疏散距离不应大于50m。

5.2.7 设备层的安全出口应独立设置。

5.2.8 地下车站应设置消防专用通道。当地下车站超过3层(含3层)时,消防专用通道应设置为防烟楼梯间。

5.3 地上车站

5.3.1 站厅通向天桥的出口可作为安全出口,且应符合下列规定:

1 应采用不燃材料制作,内部装修材料的燃烧性能应为A级;

2 应具有良好的自然排烟条件;

3 不得用于人行外的其他用途;

4 应能直接通至地面。

5.3.2 换乘车站的换乘通道和换乘梯应采用不燃材料制作,其装修材料的燃烧性能应为A级;当换乘通道和换乘梯具有良好的自然排烟条件时,换乘车站通向该换乘通道或换乘梯的出口可作为安全出口。

5.3.3 地面侧式站台车站的过轨地道可作为疏散通道,上跨轨道的通道不得作为疏散通道。

5.3.4 设备管理区内房间的疏散门至最近安全出口的疏散距离应符合现行国家标准《建筑设计防火规范》GB 50016的规定。

5.3.6 建筑高度超过24m且相连区间未设纵向疏散平台的高架车站,应在站台增设直达地面的疏散楼梯。

5.4 区 间

5.4.1 载客运营轨道区的道床面应平整、连续、无障碍物,并应满足人员疏散行走的要求。

5.4.2 两条单线载客运营地下区间之间应设置联络通道,相邻两条联络通道之间的最小水平距离不应大于600m,通道内应设置一道并列二樘且反向开启的甲级防火门。

5.4.3 载客运营地下区间内应设置纵向疏散平台。

5.4.4 单洞双线载客运营地下区间的线路间宜设置耐火极限不低于3.00h的防火墙;不设置防火墙且不能敷设排烟道(管)时,在地下区间内应每隔800m设置一个直通地面的疏散井,井内的楼梯间应采用防烟楼梯间。

5.4.5 当地下区间利用区间风井进行疏散时,风井内应设置直达地面的防烟楼梯间。

5.4.6 列车客室门应设置手动紧急解锁装置;需行驶于地下区间的列车的车头和车尾节应设置疏散门,各节车厢之间应贯通。

5.4.7 区间两端采用侧式站台车站的载客运营地上区间,应设置纵向疏散平台;区间两端采用岛式站台车站的地上载客运营区间,应在上、下行线路之间设置纵向疏散平台,并应符合下列规定:

1 对于上、下行线合一的载客运营地上区间,当列车车头、车尾节设置疏散门,且各节车厢相互贯通或车辆侧门设置乘客下到道床面的设施时,可不设置纵向疏散平台。

2 对于上、下行线分开的单向载客运营地上区间,当列车车头、车尾节设置疏散门,且各节车厢相互贯通时,可不设置纵向疏散平台。

5.5 控制中心、主变电所与车辆基地

5.5.1 中央控制室的安全出口不应少于2个,室内的设备布置应方便人员安全疏散。

5.5.2 建筑面积大于250m²的控制室和配电装置室、补偿装置室、电缆夹层应至少设置2个安全出口,并宜布置在设备室的两端。建筑长度大于60m的配电装置室,应在其中间适当部位增设1个安全出口。

5.5.3 地下停车库、列检库、停车列检库、运用库和联合检修库等场所内每个防火分区的安全出口不应少于2个,并应符合下列规定:

1 当室内外高差不大于10m,平面上有2个或2个以上的防火分区相邻布置时,每个防火分区可利用一个设置在防火墙上并通向相邻防火分区的甲级防火门作为第二个安全出口,但必须至少设置1个直通室外的安全出口。

2 采光竖井或进风竖井内设置直通地面的疏散楼梯,且通向竖井处设置常闭甲级防火门的防火分区,可设置另一个通向室外或避难走道的安全出口。

5.5.4 地下停车库、列检库、停车列检库、运用库和联合检修库的室内最远一点至最近安全出口的疏散距离不应大于45m;当设置自动灭火系统时,不应大于60m。

5.5.5 车辆基地和其建筑上部其他功能场所的人员安全出口应分别独立设置,且不得相互借用。

5.6 疏散指示标志

5.6.1 站台和站厅公共区、人行楼梯及其转角处、自动扶梯、疏散通道及其转角处、防烟楼梯间、消防专用通道、安全出口、避难走道、设备管理区内的走道和变电所的疏散通道等，均应设置电光源型疏散指示标志。

5.6.2 站台和站厅公共区内的疏散指示标志应设置在柱面或墙面上，标志的上边缘距地面不应大于1m，间距不应大于20m且不应大于两跨柱间距；在这些标志相对应位置的吊顶下宜增设疏散指示标志，其下边缘距地面不应小于2.2m，上边缘距吊顶面不应小于0.5m。

5.6.3 安全出口和疏散通道出口处的疏散指示标志应设置在门洞边缘或门洞的上部，标志的上边缘距吊顶面不应小于0.5m，下边缘距地面不应小于2m。

5.6.4 疏散通道两侧及转角处的疏散指示标志应设置在墙面上，标志的上边缘距地面不应大于1m，间距不应大于10m，通道转角处的标志间距不应大于1m；在这些标志相对应位置的吊顶下宜增设疏散指示标志，其下边缘距地面不应小于2.2m。设备管理区疏散走道内的疏散指示标志间距不应大于10m。

5.6.6 地下区间纵向疏散平台上应设置疏散指示标志和与疏散出口的距离标识。疏散指示标志和疏散出口的距离标识应设置在疏散平台的侧墙上，不应侵占疏散平台宽度，间距不宜大于15m。

5.6.7 地下区间之间的联络通道的洞口上部，应垂直于门洞设置具有双面标识常亮的疏散指示标志。

5.6.8 疏散指示标志应设置在不被遮挡的醒目位置，不应设置在可开启的门、窗和其他可移动的物体上。疏散指示标志的图形及其文字的尺寸应与空间大小及标志的设置间距匹配。

6 建筑构造

6.1 防火分隔设施

6.1.1 在所有管线（道）穿越防火墙、防火隔墙、楼板、电缆通道和管沟隔墙处，均应采用防火封堵材料紧密填实。在难燃或可燃材质的管线（道）穿越防火墙、防火隔墙、楼板处，应在墙体或楼板两侧的管线（道）上采取防火封堵措施。在管道穿越防火墙、防火隔墙、楼板处两侧各1.0m范围内的管道保温材料应采用不燃材料。

6.1.2 电缆至建筑物的入口或配电间和控制室的沟道入口处、电缆引至电气柜（盘）或控制屏的开孔部位，应采取防火封堵措施。

6.1.3 防火墙上、防烟楼梯间和避难走道的前室入口处、联络通道处的门均应采用甲级防火门，防火隔墙上的门、管道井的检查门及其他部位的疏散门均应采用乙级防火门。

6.1.4 疏散门及消防专用出入口、联络通道和区间风井处的防火门，应保证火灾时不需使用钥匙等工具即能向疏散方向开启，并应在显著位置设置标识和使用提示。

6.1.5 设置在建筑变形缝附近的防火门，门扇关闭时不应骑跨变形缝。

6.1.6 在过往列车及隧道通风的正、负压力作用下，区间风井内防烟楼梯间前室和联络通道处的防火门不应自动开启。

6.1.7 防火墙上的窗口应采用固定式甲级防火窗。

6.1.8 防火隔墙上的窗口应采用固定式乙级防火窗，必须设置活动式防火窗时，应具备火灾时能自动关闭的功能。

6.1.9 乘客的疏散通道上不应设置防火卷帘。

6.2 自动扶梯、楼梯间、管道井与纵向疏散平台

6.2.1 火灾时兼作疏散用的自动扶梯应符合下列规定：
1 应按一级负荷供电；
2 应采用不燃材料制造；
3 应能在事故时保持运行；
4 平时运行方向应与人员的疏散方向一致；
5 自动扶梯的下部空间与其他部位之间应采取防火分隔措施；
6 暴露在室外环境的自动扶梯应采取防滑措施；位于寒冷或严寒地区时，应采取防冰雪积聚和防冻的措施。

6.2.2 封闭楼梯间和防烟楼梯间的防火构造要求应符合现行国家标准《建筑设计防火规范》GB 50016的规定。

6.2.3 电缆井、管道井应分别独立设置。电缆井、管道井的井壁均应采用耐火极限不低于1.00h的不燃性实体墙。

6.2.4 区间纵向疏散平台应符合下列规定：
5 疏散平台的耐火极限不应低于1.00h。

6.3 建筑内部装修

6.3.1 地上车站公共区的墙面和顶棚装修材料的燃烧性能均应为A级，满足自然排烟条件的车站公共区，其地面装修材料的燃烧性能不应低于B_1级。

6.3.2 休息室、更衣室、卫生间等场所，其顶棚装修材料的燃烧性能均应为A级，墙面、地面装修材料的燃烧性能均不应低于B_1级。除架空地板的燃烧性能可为B_1级外，设备管理区用房的顶棚、墙面、地面装修材料的燃烧性能均应为A级。

6.3.3 中央控制室、应急指挥室、控制中心的顶棚和墙面装修材料的燃烧性能均应为A级，地面、隔断、调度台椅、窗帘及其他装饰材料的燃烧性能均不应低于B_1级。

6.3.4 除地面绝缘材料外，主变电所室内装修材料的燃烧性能应为A级。

6.3.5 除不燃性墙面和地面的饰面涂层外，停车库、列检库、停车列检库、运用库和联合检修库、物资库等建筑内部装修材料的燃烧性能均应为A级。

6.3.6 站厅、站台、人员出入口、疏散楼梯及楼梯间、疏散通道、避难走道、联络通道等人员疏散部位和消防专用通道，其墙面、地面、顶棚及隔断装修材料的燃烧性能均应为A级，但站台门的绝缘层和地上具有自然排烟条件的房间地面装修材料的燃烧性能可为B_1级。

6.3.7 疏散通道和疏散楼梯的地面材料应具有防滑特性。

6.3.8 广告灯箱、导向标志、座椅、电话亭、售检票亭（机）等固定设施的燃烧性能均不应低于B_1级，垃圾箱的燃烧性能应为A级。

6.3.9 车站内使用的玻璃应采用安全玻璃。在设备管理区设置的玻璃门、窗，其耐火性能不应低于该防火分隔部位的耐火性能要求。

6.3.10 室内装修材料不得采用石棉制品、玻璃纤维和塑料类制品。

7 消防给水与灭火设施

7.1 一般规定

7.1.1 除高架区间外，地铁工程应设置室内外消防给水系统。

7.1.2 消防用水宜由市政给水管网供给，也可采用消防水池或天然水源供给。利用天然水源时，应保证枯水期最低水位时的消防用水要求，并应设置可靠的取水设施。

7.1.3 室内消防给水应采用与生产、生活分开的给水系统。消防给水应采用高压或临时高压给水系统。当室内消防用水量达到最大流量时，其水压应满足室内最不利点灭火系统的要求，消防给水管网应设置防超压设施。

7.1.4 消防用水量应按车站或地下区间在同一时间内发生一次火灾时的室内外消防用水量之和计算，并应符合下列规定：
    1 地铁建筑内设置消火栓系统、自动喷水灭火系统等灭火设施时，其室内消防用水量应按同时开启的灭火系统用水量之和计算；
    2 控制中心和车辆基地的消防用水量应符合现行国家标准《消防给水及消火栓系统技术规范》GB 50974 的规定。

7.1.6 地铁工程地下部分室内外消火栓系统的设计火灾延续时间不应小于2.00h，地上建筑室内外消火栓系统的设计火灾延续时间应符合现行国家标准《消防给水及消火栓系统技术规范》GB 50974 的规定，自动喷水灭火系统的设计火灾延续时间应符合现行国家标准《自动喷水灭火系统设计规范》GB 50084 的规定。

7.1.7 地下车站和设置室内消火栓系统的地上建筑应设置消防水泵接合器，并应符合下列规定：
    1 消防水泵接合器的数量应按室内消防用水量经计算确定，每个消防水泵接合器的流量应按10L/s～15L/s计算；
    2 消防水泵接合器应设置在室外便于消防车取用处，地下车站宜设置在出入口或风亭附近的明显位置，距离室外消火栓或消防水池取水口宜为15m～40m；
    3 消防水泵接合器宜采用地上式，并应设置相应的永久性固定标识，位于寒冷和严寒地区应采取防冻措施。

7.2 室外消火栓系统

7.2.1 除地上区间外，地铁车站及其附属建筑、车辆基地应设置室外消火栓系统。

7.2.2 地下车站的室外消火栓设置数量应满足灭火救援要求，且不应少于2个，其室外消火栓设计流量不应小于20L/s。

7.2.3 地上车站、控制中心等地上建筑和地上、地下车辆基地的室外消火栓设计流量，应符合现行国家标准《消防给水及消火栓系统技术规范》GB 50974 的规定。

7.2.4 主变电所的室外消火栓设计流量不应小于表7.2.4的规定。

表7.2.4 主变电所的室外消火栓设计流量

主变电所体积（m³）	≤1500	1501～3000	3001～5000	5001～20000	20001～50000
设计流量（L/s）	10	15	20	25	30

7.2.5 车站消防给水系统的进水管不应少于2条，并宜从两条市政给水管道引入，当其中一条进水管发生故障时，另一条进水管应仍能保证全部消防用水量；当车站周边仅有一条市政枝状给水管道时，应设置消防水池。

7.2.6 车辆基地的室外消防给水系统宜与生产、生活给水管道合并，当生产、生活用水量达到最大小时用水量时，合并的给水管道系统仍应能保证全部消防用水量。

7.2.7 室外消火栓宜采用地上式。地上式消火栓应有1个DN150或DN100和2个DN65的栓口，地下式消火栓应有DN100和DN65的栓口各1个。位于寒冷和严寒地区时，室外消火栓应采取防冻措施。室外消火栓应设置相应的永久性固定标识。

7.2.8 室外消火栓的布置间距不应大于120m，每个消火栓的保护半径不应大于150m。检修阀之间的消火栓数量不应大于5个。

7.3 室内消火栓系统

7.3.1 车站的站厅层、站台层、设备层、地下区间及长度大于30m的人行通道等处均应设置室内消火栓。

7.3.2 地下车站的室内消火栓设计流量不应小于20L/s。地下车站出入口通道、地下折返线及地下区间的室内消火栓设计流量不应小于10L/s。

7.3.3 地上车站、控制中心等地上建筑和地上、地下车辆基地的室内消火栓用水量，应符合现行国家标准《消防给水及消火栓系统技术规范》GB 50974 的规定。

7.3.4 主变电所的室内消火栓设计流量不应小于表7.3.4的规定。

表7.3.4 主变电所的室内消火栓设计流量

主变电所高度、体积	消火栓用水量（L/s）	同时使用水枪数量（支）	每支水枪最小流量（L/s）	每根竖管最小流量（L/s）
高度≤24m，体积≤10000m³	5	2	2.5	5
高度≤24m，体积>10000m³	10	2	5	10
高度24m～50m	25	5	5	15

7.3.5 室内消火栓的布置应符合下列规定：
    1 消火栓的布置应保证每个防火分区同层有两支水枪的充实水柱同时到达任何部位，水枪的充实水柱不应小于10m；
    2 消火栓的间距应经计算确定，且单口单阀消火栓的间距不应大于30m，两只单口单阀为一组的消火栓间距不应大于50m，地下区间及配线区内消火栓的间距不应大于50m，人行通道内消火栓的间距不应大于20m；
    4 除地下区间外，消火栓箱内应配备水带、水枪和消防软管卷盘；

　　5 地下区间可不设置消火栓箱，但应将水带、水枪等配套消防设施设置在车站站台层端部的专用消防箱内，并应有明显标志；

　　7 消火栓口处的出水动压力大于 0.7MPa 时，应设置减压措施。

7.3.6 室内消防给水管道的布置应符合下列规定：

　　1 车站和地下区间的消火栓给水管道应连成环状；

　　2 地下区间上、下行线应各从地下车站引入一根消防给水管，并宜在区间中部连通，且在车站端部应与车站环状管网相接；

　　3 室内消防给水管道应采用阀门分成若干独立管段，阀门的布置应保证检修管道时关闭停用消火栓的数量不大于 5 个；

　　4 消防给水管道上的阀门应保持常开状态，并应有明显的启闭标志；

　　5 在寒冷和严寒地区，站厅与室外连通部分的明露消防给水管道应采取防冻措施或采用干式系统；

　　6 当车站、区间采用临时高压给水系统时，车站控制室及消火栓处应设置消火栓的水泵启动按钮。

7.4 自动灭火系统与其他灭火设施

7.4.1 下列场所应设置自动喷水灭火系统：

　　1 建筑面积大于 6000m² 的地下、半地下和上盖设置了其他功能建筑的停车库、列检库、停车列检库、运用库、联合检修库；

　　2 可燃物品的仓库和难燃物品的高架仓库或高层仓库。

7.4.2 下列场所应设置自动灭火系统：

　　1 地下车站的环控电控室、通信设备室（含电源室）、信号设备室（含电源室）、公网机房、降压变电所、牵引变电所、站台门控制室、蓄电池室、自动售检票设备室；

　　2 地下主变电所的变压器室、控制室、补偿装置室、配电装置室、蓄电池室、接地电阻室、站用变电室等；

　　3 控制中心的综合监控设备室、通信机房、信号机房、自动售检票机房、计算机数据中心、电源室等无人值守的重要电气设备用房。

7.4.3 除区间外，地铁工程内应配置建筑灭火器。车站内的公共区、设备管理区、主变电所和其他有人值守的设备用房设置的灭火器，应按现行国家标准《建筑灭火器配置设计规范》GB 50140 规定的严重危险级配置。

7.5 消防水泵与消防水池

7.5.1 当市政给水管网能满足消防用水量要求，但供水压力不能满足设计消防供水压力要求时，应设置消防水泵。消防水泵宜从市政给水管网取水加压，并应在消防进水管的起端设置倒流防止器或其他能防止倒流污染的装置。

7.5.2 当市政给水管网的供水量不能满足设计消防用水量要求时，应设置消防水池、消防水泵及增压装置。

7.5.3 地面车站、高架车站采用消防水泵加压供水的消火栓给水系统，应设置稳压装置及气压设备，可不设置高位水箱。

7.5.4 从给水管网直接吸水的消防水泵，其扬程计算应按市政给水管网的最低水压计，并以室外给水管网的最高水压校核管网压力。

7.5.5 当市政供水压力不能保证自动喷水灭火系统最不利点的工作压力或不能满足消火栓给水系统最不利点的静水压力时，车站及地铁附属建筑的消防给水系统应设置增压装置。对于无法利用市政给水管网的压力进行稳压的临时高压系统，应设置稳压泵和稳压罐。室内消火栓给水系统和自动喷水灭火系统的稳压罐的有效容积均不应小于 150L。

7.5.6 消火栓系统和自动喷水灭火系统的消防水泵均应设置备用泵，其工作能力不应小于其中最大一台消防水泵的要求。

7.5.7 符合下列情况之一时，车辆基地应设置消防水池：

　　1 当生产、生活用水量达到最大时，市政给水管网的进水管或天然水源不能满足室内外消防用水量；

　　2 市政给水管网为枝状或只有 1 条进水管，且室内外消防用水量之和大于 20L/s 或建筑高度大于 50m；

　　3 市政给水管网的流量小于车辆基地内一次火灾需要的室内外消防给水设计流量。

8 防烟与排烟

8.1 一般规定

8.1.1 下列场所应设置排烟设施：

　　1 地下或封闭车站的站厅、站台公共区；

　　2 同一个防火分区内总建筑面积大于 200m² 的地下车站设备管理区，地下单个建筑面积大于 50m² 且经常有人停留或可燃物较多的房间；

　　3 连续长度大于一列列车长度的地下区间和全封闭车道；

　　4 车站设备管理区内长度大于 20m 的内走道，长度大于 60m 的地下换乘通道、连接通道和出入口通道。

8.1.2 防烟楼梯间及其前室、避难走道及其前室应设置防烟设施。地下车站设置机械加压送风系统的封闭楼梯间、防烟楼梯间宜在其顶部设置固定窗，但公共区供乘客疏散、设置机械加压送风系统的封闭楼梯间、防烟楼梯间顶部应设置固定窗。

8.1.3 防烟、排烟系统的设计应符合下列规定：

　　1 当对站厅公共区进行排烟时，应能防止烟气进入出入口通道、换乘通道、站台、连接通道等邻近区域；

　　2 当对站台公共区进行排烟时，应能防止烟气进入站厅、地下区间、换乘通道等邻近区域；

　　3 当对地下区间进行纵向控烟时，应能控制烟流方向与乘客疏散方向相反，并应能防止烟气逆流和进入相邻车站、相邻区间；

　　4 对于设置自动灭火系统的设备用房，其防烟或排烟系统的控制应能满足自动灭火系统有效灭火的需要。

8.1.4 机械防烟系统和机械排烟系统可与正常通风系统合用，合用的通风系统应符合防烟、排烟系统的要求，且该系统由正常运转模式转为防烟或排烟运转模式的时间不应大于 180s。

8.1.5 站厅公共区和设备管理区应采用挡烟垂壁或建筑结构划分防烟分区，防烟分区不应跨越防火分区。站厅公共区内每个防烟分区的最大允许建筑面积不应大于 2000m²，设备管理区内每个防烟分区的最大允许建筑面积不应大于750m²。

8.1.6 公共区楼扶梯穿越楼板的开口部位、公共区吊顶与其他场所连接处的顶棚或吊顶面高差不足0.5m的部位应设置挡烟垂壁。

8.1.7 挡烟垂壁或划分防烟分区的建筑结构应为不燃材料且耐火极限不应低于0.50h，凸出顶棚或封闭吊顶不小于0.5m。挡烟垂壁的下缘至地面、楼梯或扶梯踏步面的垂直距离不应小于2.3m。

8.2 车站、控制中心、主变电所与车辆基地

8.2.1 地上车站宜采用自然排烟方式，其中不符合自然排烟要求的场所应设置机械排烟设施。

8.2.2 采用自然排烟的车站或路堑式车站，外墙上方或顶盖上可开启排烟口的有效面积不应小于所在场所地面面积的2%，且区域内任一点至最近自然排烟口的水平距离不应大于30m。常闭的自然排烟口（窗）应设置自动和手动开启的装置。

8.2.3 地下车站公共区的排烟应符合下列规定：

1 当站厅发生火灾时，应对着火防烟分区排烟，可由出入口自然补风，补风通路的空气总阻力应符合本标准第8.2.6条的规定；当不符合本标准第8.2.6条的规定时，应设置机械补风系统。

2 当站台发生火灾时，应对站台区域排烟，并宜由出入口、站厅补风。

3 车站公共区发生火灾、驶向该站的列车需要越站时，应联动关闭全封闭站台门。

8.2.4 排烟风机及风管的风量应符合下列规定：

1 排烟量应按各防烟分区的建筑面积不小于60m³/(m²·h)分别计算；

2 当防烟分区中包含轨道区时，应按列车设计火灾规模计算排烟量；

3 地下站台的排烟量除应符合本条第1款、第2款的要求外，还应保证站厅到站台的楼梯或扶梯口处具有不小于1.5m/s的向下气流；

4 排烟风机的风量应按所负担的防烟分区中最大一个防烟分区的排烟量、风管（道）的漏风量及其他防烟分区的排烟口或排烟阀的漏风量之和计算；

5 排烟风机的风量不应低于7200m³/h。

8.2.5 机械排烟系统中的排烟口和排烟阀的设置应符合下列规定：

1 排烟口和排烟阀应按防烟分区设置；

2 防烟分区内任一点至最近排烟口的水平距离不应大于30m，当室内净高大于6m时，该距离可增加至37.5m；

3 排烟口底边距挡烟垂壁下沿的垂直距离不应小于0.5m，水平距离安全出口不应小于3.0m；

4 正常为关闭状态的排烟口和排烟阀，应能在火灾时联动自动开启；

5 建筑面积小于或等于50m²且需要机械排烟的房间，其排烟口可设置在相邻走道内。

8.2.6 排烟区应采取补风措施，并应符合下列规定：

1 当补风通路的空气总阻力不大于50Pa时，可采用自然补风方式，但应保证火灾时补风通路畅通；

2 当补风通路的空气总阻力大于50Pa时，应采用机械补风方式，且机械补风的风量不应小于排烟风量的50%，不应大于排烟量；

3 补风口宜设置在与排烟空间相通的相邻防烟分区内；当补风口与排烟口设置在同一防烟分区内时，补风口应设置在室内净高1/2以下，水平距离排烟口不应小于10m。

8.2.7 车辆基地的地下停车库、列检库、停车列检库、运用库、联合检修库、镟轮库、工程车库等场所应设置排烟系统。

8.2.8 设置自动灭火系统的设备房应符合下列规定：

1 在穿越该房间开设风口的通风管上，应设置动作温度为70℃的防火阀；

2 防火阀应能与自动灭火系统的启动联动关闭；

3 当灭火介质的相对密度大于1时，排风口应设置在该房间的下部。

8.2.9 排烟风机应与排烟口（阀）联动，当任何一个排烟口（阀）开启或排风口转为排烟口时，系统应能自动转为排烟状态；当烟气温度大于280℃时，排烟风机应与风机入口处或干管上的防火阀关闭联动关闭。

8.3 区　　间

8.3.1 地下区间的排烟宜采用纵向通风控制方式，采用纵向通风方式确有困难的区段，可采用排烟道（管）进行排烟。地下区间的排烟尚应符合下列规定：

1 采用纵向通风时，区间断面的排烟风速不应小于2m/s，不得大于11m/s；

2 正线区间的通风方向应与乘客疏散方向相反，列车出入线、停车线等无载客轨道区间的通风方向应能使烟气尽快排至室外。

8.3.2 地下区间的排烟应考虑相邻区间及出入线、渡线、联络线等对着火区间气流的不利影响。

8.3.4 两座车站之间正常同时存在两列或两列以上列车同向运行的地下区间，排烟时应能使非着火列车处于无烟区。

8.3.5 设置隔声罩的地上区间和路堑式地下区间的排烟应采用自然排烟方式。自然排烟口的设置应符合下列规定：

1 排烟口应设于区间外墙上方或顶板上，有效面积不应小于该区间水平投影面积的5%；

2 常闭的自然排烟口应设置自动和手动开启装置。

8.4 排烟设备与管道

8.4.1 排烟风机宜设置在排烟区的同层或上层，并宜与补风机、加压送风机分别设置在不同的机房内，排烟管道宜顺气流方向向上坡或水平敷设。地下车站的排烟风机确需与补风机、加压送风机共用机房时，设置在机房内的排烟管道及其连接件的耐火极限不应低于1.50h。

8.4.2 地下车站的排烟风机在280℃时应能连续工作不小于1.0h，地上车站和控制中心及其他附属建筑的排烟风机在280℃时应能连续工作不小于0.5h。

8.4.3 地下区间的排烟风机的运转时间不应小于区间乘客疏散所需的最长时间，且在280℃时应能连续工作不小于1h。

8.4.4 排烟系统中烟气流经的风阀、消声器和软接头等辅助设备，其耐高温性能不应低于风机的耐高温性能。

8.4.5 火灾时需要运行的风机，从静态转换为事故状态所需

时间不应大于30s，从运转状态转换为事故状态所需时间不应大于60s。

8.4.6 火灾时用于风机的保护装置不应影响风机的排烟功能。

8.4.7 用于防烟与排烟的管道、风口与阀门应符合下列规定：

  1 管道、风口与阀门应采用不燃材料制作；

  2 排烟管道不应穿越前室或楼梯间，必须穿越时，管道的耐火极限不应低于2.00h。

8.4.8 除承担轨行区域的防排烟系统外，其他区域的防排烟系统管道应采用金属或其他非土建井道。金属防烟或排烟风管道内的风速不应大于20m/s，非金属防烟或排烟管道内的风速不应大于15m/s。

8.4.9 除隧道通风系统外，下列部位应设置防火阀，防火阀的动作温度应根据风管的用途确定：

  1 垂直风管与每层水平风管相接处的水平管段上；

  2 排烟风机的入口处；

  3 风管穿越防火分区的防火墙和楼板处；

  4 风管穿越有隔墙的变形缝处。

9 火灾自动报警

9.1 一般规定

9.1.1 车站、地下区间、区间变电所及系统设备用房、主变电所、控制中心、车辆基地应设置火灾自动报警系统。

9.1.2 正常运行工况需控制的设备，应由环境与设备监控系统直接监控；火灾工况专用的设备，应由火灾自动报警系统直接监控。

9.1.3 正常运行与火灾工况均需控制的设备，平时可由环境与设备监控系统直接监控，火灾时应能接收火灾自动报警系统指令，并应优先执行火灾自动报警系统确定的火灾工况。

9.1.4 换乘车站的火灾自动报警系统宜集中设置，按线路设置的火灾自动报警系统之间应能相互传输并显示状态信息。

9.1.5 车辆基地上部设置其他功能的建筑时，两者的控制中心应能实现信息互通。

9.1.6 地铁工程的火灾自动报警系统应由中央级、车站级或车辆基地级、现场级火灾自动报警系统及相关通信网络组成。

9.2 监控管理

9.2.1 中央级火灾自动报警系统，应具备显示全线火灾报警信息和对全线消防设备实行集中控制、故障报警、信息显示、查询打印等功能，并应靠近行车调度设置在控制中心的中央控制室内。中央控制室内的综合显示屏上应能显示全线的火灾信息。

9.2.2 车站级火灾自动报警系统，应具备对其所管辖范围内车站和相邻区间的消防设备实行监控管理、故障报警、信息显示、查询打印及信息上传控制中心等功能，并应设置在车站控制室内。主变电所宜设置区域报警控制盘，并应纳入邻近车站统一管理。

9.2.3 车辆基地级火灾自动报警系统应具备对其所辖范围独立执行消防监控管理，显示整个车辆基地火灾报警信息和对本辖区进行消防控制、故障报警、信息显示、查询打印及信息上传控制中心等功能，并应设置消防控制室。

9.2.4 车辆基地的消防控制室设置在综合楼或停车列检库等办公区域内。消防控制室内应设置火灾报警控制器、图形显示终端、打印机等设备，在重要房库或办公区域内应设置区域火灾报警控制器，其他建筑的火灾报警设备和消防联动设备均应纳入邻近的区域火灾报警控制器中。

9.2.5 控制中心建筑内的火灾自动报警系统应设置消防控制室。消防控制室宜与控制中心建筑的监控室合设，但应能对其所辖范围独立执行消防监控管理。

9.2.6 现场级火灾自动报警系统网络应独立设置，并应在总线回路中设置短路隔离器，回路中每只总线短路隔离器隔离的火灾探测器、手动火灾报警按钮和模块等消防设备的总数不宜大于32个。

9.2.7 设置在控制中心、车站、车辆基地的火灾报警控制器，应通过骨干信息传输网络连通。骨干信息传输网络宜采用独立的光纤网络或公共传输网络专用通道。

9.3 火灾探测器

9.3.1 下列场所应设置火灾探测器，并宜选用感烟火灾探测器：

  1 车站公共区；

  2 车站的设备管理区内的房间、电梯井道上部；

  3 地下车站设备管理区内长度大于20m的走道、长度大于60m的地下连通道和出入口通道；

  4 主变电所的设备间；

  5 车辆基地的综合楼、信号楼、变电所和其他设备间、办公室。

9.3.2 防火卷帘两侧应设置感烟火灾探测器。

9.3.3 茶水间应设置火灾探测器，并宜采用感温火灾探测器。

9.3.4 站台下的电缆通道、变电所电缆夹层的电缆桥架上应设置火灾探测器，并宜采用线型感温火灾探测器。

9.3.5 车辆基地的停车库、列检库、停车列检库、运用库、联合检修库及物资库等房库应设置火灾探测器，其中的大空间场所宜采用吸气式空气采样探测器、红外光束感烟火灾探测器及可视烟雾图像探测器等。

9.4 报警及警报装置

9.4.1 下列部位应设置带地址的手动报警按钮：

  1 车站公共区、设备管理区、车辆基地内的设备区和办公、主变电所；

  2 地下区间纵向疏散平台的侧壁上；

  3 其他长度大于30m的封闭疏散通道。

9.4.2 车站内的消火栓箱旁应设置带地址的手动报警按钮。

9.4.3 车站公共区和设备管理区内应设置火灾报警警铃。

9.4.4 火灾报警警铃应设置在走道靠近楼梯出口处和经常有人工作的部位。

9.5 消防联动控制

9.5.1 消防控制设备宜采用集中控制方式，其动作状态信号应能在消防控制室显示、记录。消防水泵、专用防烟和排烟风机的控制设备应具有自动控制和手动控制方式。

9.5.2 防烟和排烟系统的控制应能在火灾确认后实现下列功能：

1 控制防烟和排烟风机、排烟阀、防火阀，并接收其状态反馈信息；

2 直接向环境与设备监控系统发出报警信息及模式指令，由环境与设备监控系统自动启动防烟和排烟与正常通风合用的设备转入火灾控制模式，并接收模式控制反馈信息；

3 根据控制中心确定的地下区间乘客疏散方向，直接向环境与设备监控系统发出报警信息及模式指令，由环境与设备监控系统自动控制区间两端的事故风机及其风阀转入火灾控制模式，并接收模式控制反馈信息。

9.5.3 站台门的联动开启应由车站控制室值班人员确认后人工控制。自动检票机的联动控制应能联动控制自动检票机的释放，并应能接收自动检票机的状态反馈信息。

9.5.4 门禁的联动控制应符合下列规定：

1 火灾自动报警系统应能将火灾信息发送至门禁系统，由门禁系统控制门解禁；

2 门禁系统应能在车站控制室或消防控制室内手动控制；

3 当供电中断时，门禁系统应能自动解禁。

9.5.5 电梯应能在火灾时通过火灾自动报警系统或环境与设备监控系统联动控制返至疏散层，火灾自动报警系统或环境与设备监控系统应能接收电梯的状态反馈信息，不应直接控制站厅内自动扶梯的启停。

10 消防通信

10.0.1 消防通信应包括消防专用电话、防灾调度电话、消防无线通信、视频监视及消防应急广播。

10.0.2 控制中心应具有全线消防救援、调度指挥和上一级防灾指挥中心联网的功能。

10.0.3 控制中心防灾调度应设置119专用直拨电话、广播系统操作终端和视频监视系统独立的监视器及操作终端，车站和车辆基地的消防控制室或值班室等处应设置可直接报警的直拨电话。

10.0.4 地铁全线应设置独立的消防专用电话系统，其设置应符合下列规定：

1 控制中心的消防值班室、车站控制室、车辆基地的消防控制（值班）室应设置消防专用电话总机；

2 消防水泵房、变配电室、通风和排烟机房及其他与消防联动控制有关的机房、自动灭火系统手动操作装置及区域报警控制器或显示器处，应设置消防专用电话分机；

3 手动火灾报警按钮和消火栓按钮等的设置部位应设置电话插孔，电话插孔应按区域采用共线方式接入消防专用电话总机。

10.0.5 地铁全线应设置防灾调度电话系统和防灾无线通信系统，其设置应符合下列规定：

1 防灾调度电话、无线通信总机（台）应设置在控制中心防灾调度；

2 各车站、主变电所、车辆基地防灾值班室应设置防灾调度分机和无线手持台；

3 防灾无线通信系统应满足消防救援需要，且其无线信号应覆盖地铁全线范围。

10.0.6 地下线应设置消防无线引入系统，其设置应符合下列规定：

1 消防无线引入信号应覆盖地铁全线范围；

2 消防无线引入系统的制式应与地面消防无线通信系统保持一致，并应符合当地消防部门的要求；

3 消防无线引入系统应至少提供3个信道，并应提供集中网管界面。

10.0.7 车站、主变电所、车辆基地应设置消防应急广播系统，并宜与运营广播合用。站厅、站台、通道等公共区和设备管理区用房应设置消防应急广播扬声器。

10.0.8 与运营广播合用的消防应急广播系统应符合下列规定：

1 广播系统应具有优先级处理，且消防应急广播应具有最高优先级；

2 控制中心防灾调度台可对全线各车站进行遥控开关机、选站、选区广播或全线统一广播，并应具有接收各车站工作状态的反馈信息和同步录音功能；

3 车站防灾值班员可同时对本车站或分区、分路进行广播，并应设置自动、手动和紧急三种广播模式；

4 广播系统的功率放大器应每台对应一路负载，并应进行 $n+1$ 配置，备机可自动或手动切换。

10.0.9 车辆客室应设置供乘客与司机或控制中心紧急对讲的装置，并应设置明显的告示牌。

11 消防配电与应急照明

11.1 消防配电

11.1.1 地铁的消防用电负荷应为一级负荷。其中，火灾自动报警系统、环境与设备监控系统、变电所操作电源和地下车站及区间的应急照明用电负荷应为特别重要负荷。

11.1.2 火灾自动报警系统、环境与设备监控系统、消防泵及消防水管电保温设备、通信、信号、变电所操作电源、站台门、防火卷帘、活动挡烟垂壁、自动灭火系统、事故疏散兼用的自动扶梯、地下车站及区间的废水泵等应采用双重电源供电，并应在最末一级配电箱处进行自动切换。其中，火灾自动报警系统、环境与设备监控系统、变电所操作电源和地下车站及区间的应急照明电源应增设应急电源。

11.1.3 车站内设置在同一侧（端）的火灾事故风机、防排烟风机与相关风阀等一级负荷，其供电电源应由该侧（端）双重电源自切柜单回路放射式供电；当供电距离较长时，宜采用由变电所双重电源直接供电，并应在最末一级配电箱处自动切换。

11.1.5 应急照明应由应急电源提供专用回路供电，并应按公共区与设备管理区分回路供电。备用照明和疏散照明不应由同一分支回路供电。

11.1.6 消防用电设备作用于火灾时的控制回路，不得设置作用于跳闸的过载保护或采用变频调速器作为控制装置。

11.2 应急照明

11.2.1 变电所、配电室、环控电控室、通信机房、信号机房、消防水泵房、事故风机房、防排烟机房、车站控制室、站长室以及火灾时仍需坚持工作的其他房间，应设置备用照明。

11.2.2 车站公共区、楼梯或扶梯处、疏散通道、避难走道（含前室）、安全出口、长度大于20m的内走道、消防楼梯间、防烟楼梯间（含前室）、地下区间、联络通道应设置疏散照明。

11.2.4 应急照明的照度应符合下列规定：

1 车站疏散照明的地面最低水平照度不应小于3.0lx，楼梯或扶梯、疏散通道转角处的照度不应低于5.0lx；

2 地下区间道床面疏散照明的最低水平照度不应小于3.0lx；

3 变电所、配电室、环控电控室、通信机房、信号机房、消防水泵房、车站控制室、站长室等应急指挥和应急设备设置场所的备用照明，其照度不应低于正常照明照度的50%；

4 其他场所的备用照明，其照度不应低于正常照明照度的10%。

11.2.5 地下车站及区间应急照明的持续供电时间不应小于60min，由正常照明转换为应急照明的切换时间不应大于5s。

11.3 电线电缆的选择、敷设

11.3.1 消防用电设备的电线电缆选择和敷设应满足火灾时连续供电的需要，所有电线电缆均应为铜芯。

11.3.2 地下线路敷设的电线电缆应采用低烟无卤阻燃电线电缆，地上线路敷设的电线电缆宜采用低烟无卤阻燃电线电缆。

11.3.4 消防用电设备的配电线路应采用耐火电线电缆，由变电所引至重要消防用电设备的电源主干线及分支干线，宜采用矿物绝缘类不燃性电缆。

11.3.5 当电缆成束敷设时，应采用阻燃电缆，且电缆的阻燃级别不应低于B级，敷设在同一建筑内的电缆的阻燃级别宜相同。

2. 《地铁设计规范》GB 50157—2013

1 总 则

1.0.19 地铁工程设计应采取防火灾、水淹、地震、风暴、冰雪、雷击等灾害的措施。

2 术 语

2.0.36 视频监视系统 image monitoring system

为控制中心调度员、各车站值班员、列车司机等提供有关列车运行、防灾、救灾及乘客疏导等方面视觉信息的设备总称,又称闭路电视系统。

2.0.46 运营控制中心 (operation control center)(OCC)

调度人员通过使用通信、信号、综合监控(电力监控、环境与设备监控、火灾自动报警)、自动售检票等中央级系统操作终端设备,对地铁全线(多线或全线网)列车、车站、区间、车辆基地及其他设备的运行情况进行集中监视、控制、协调、指挥、调度和管理的工作场所,简称控制中心。

2.0.52 应急门 emergency escape door

站台门设施上的应急装置,紧急情况下,当乘客无法正常从滑动门进出时,供乘客由车内向站台疏散的门。

2.0.56 联络通道 connecting bypass

连接同一线路区间上下行的两个行车隧道的通道或门洞,在列车于区间遇火灾等灾害、事故停运时,供乘客由事故隧道向无事故隧道安全疏散使用。

4 车 辆

4.1 一般规定

4.1.3 车辆及其内部设施应使用不燃材料或无卤、低烟的阻燃材料。

4.2 车辆型式与列车编组

4.2.10 连接的两节车辆之间应设置贯通道,贯通道应密封、防火、防水、隔热、隔声,贯通道渡板应耐磨、平顺、防滑、防夹,用于贯通道的密封材料应有足够的抗拉强度,并应安全可靠、不易老化。

4.5 电气系统

4.5.9 由浮充电蓄电池供电的设备,其标称电压应选用110V及24V,其额定工作电压应符合现行行业标准《铁路应用 机车车辆电气设备 第1部分:一般使用条件和通用规则》GB/T 21413.1的有关规定。蓄电池容量应能满足车辆在故障及紧急情况下车门控制、应急通风、应急照明、外部照明、车载安全设备、广播、通信等设备工作不低于45min,以及45min后列车车门能开关门一次的要求。蓄电池箱应采用二级绝缘安装。蓄电池箱上应安装正极和负极短路保护用空气断路器。

4.7 安全与应急设施

4.7.1 当利用轨道中心道床面作为应急疏散通道时,列车端部车辆应设置专用端门和配置下车设施,且组成列车的各车辆之间应贯通。端门和贯通道的宽度不应小于600mm,高度不应低于1800mm。

4.7.2 列车应设置报警系统,客室内应设置乘客紧急报警装置,乘客紧急报警装置应具有乘务员与乘客间双向通信功能。当采用无人驾驶运行模式时,报警系统设置应符合现行国家标准《城市轨道交通技术规范》GB 50490的有关规定。

4.7.6 客室、司机室应配置便携式灭火器具,安放位置应有明显标识并便于取用。

5 限 界

5.2 基本参数

5.2.2 制定限界的基本参数应符合下列规定:

6 当区间设置疏散平台时,疏散平台应符合下列要求:
1) 疏散平台最小宽度应符合表5.2.2的规定;
2) 疏散平台高度(距轨顶面)应小于等于900mm。

表5.2.2 疏散平台最小宽度(mm)

区域及条件 设置位置	隧道内		隧道外	
	一般情况	困难情况	一般情况	困难情况
单线(设于一侧)	700	550	700	550
双线(设于中央)	1000	800	1000	800

5.3 建筑限界

5.3.6 隧道外建筑限界的确定,应符合下列规定:

2 无疏散平台时,建筑限界宽度的计算方法应按矩形隧道建筑限界制定方法确定;有疏散平台时,疏散平台和设备限界的安全间隙不应小于50mm。疏散平台宽度应符合本规范第5.2节的规定。

5.4 轨道区设备和管线布置原则

5.4.4 区间隧道内管线设备布置应符合下列要求:

2 疏散平台上方应保持不小于2000mm的疏散空间。

6 线 路

6.1 一般规定

6.1.6 线路敷设方式应符合下列规定:

3 高架线路应注重结构造型和控制规模、体量，并应注意高度、跨度、宽度的比例协调，其结构外缘与建筑物的距离应符合现行国家标准《建筑设计防火规范》GB 50016和《高层民用建筑设计防火规范》GB 50045的有关规定，高架线应减小对地面道路交通、周围环境和城市景观的影响。

9 车站建筑

9.1 一般规定

9.1.2 车站设计应满足客流需求，并应保证乘降安全、疏导迅速、布置紧凑、便于管理，同时应具有良好的通风、照明、卫生和防灾等设施。

9.2 车站总体布置

9.2.4 车站出入口与风亭的位置，应根据周边环境及城市规划要求进行布置。出入口位置应有利于吸引和疏散客流；风亭位置应满足功能要求，并应满足规划、环保、消防和城市景观的要求。

9.3 车站平面

9.3.12 付费区与非付费区的分隔宜采用不低于1.1m的可透视栅栏，并应设置向疏散方向开启的平开栅栏门。

9.3.13 自动扶梯的设置位置应避开结构诱导缝和变形缝。

9.3.15 车站各部位的最小宽度和最小高度，应符合表9.3.15-1、表9.3.15-2的规定。

表9.3.15-1 车站各部位的最小宽度（m）

名　　称		最小宽度
岛式站台		8.0
岛式站台的侧站台		2.5
侧式站台（长向范围内设梯）的侧站台		2.5
侧式站台（垂直于侧站台开通道口设梯）的侧站台		3.5
站台计算长度不超过100m且楼、扶梯不伸入站台计算长度	岛式站台	6.0
	侧式站台	4.0
通道或天桥		2.4
单向楼梯		1.8
双向楼梯		2.4
与上、下均设自动扶梯并列设置的楼梯（困难情况下）		1.2
消防专用楼梯		1.2
站台至轨道区的工作梯（兼疏散梯）		1.1

9.4 车站环境设计

9.4.2 装修应采用防火、防潮、防腐、耐久、易清洁的材料，同时应便于施工与维修，并宜兼顾吸声要求。地面材料应防滑、耐磨。

9.4.4 车站内应设置导向、事故疏散、服务乘客等标志。

9.4.5 车站公共区内可适度设置广告，其位置、色彩不得干扰导向、事故疏散、服务乘客的标志。

9.5 车站出入口

9.5.1 车站出入口的数量，应根据吸引与疏散客流的要求设置；每个公共区直通地面的出入口数量不得少于两个。每个出入口宽度应按远期或客流控制期分向设计客流量乘以1.1~1.25不均匀系数计算确定。

9.5.4 地下车站出入口、消防专用出入口和无障碍电梯的地面标高，应高出室外地面300mm~450mm，并应满足当地防淹要求，当无法满足时，应设防淹闸槽，槽高可根据当地最高积水位确定。

9.5.6 地下出入口通道应力求短、直，通道的弯折不宜超过三处，弯折角度不宜小于90°。地下出入口通道长度不宜超过100m，当超过时应采取能满足消防疏散要求的措施。

9.6 风井与冷却塔

9.6.5 风亭口部与其他建筑物口部之间的距离应满足防火及环保要求。

9.7 楼梯、自动扶梯、电梯和站台门

9.7.5 车站作为事故疏散用的自动扶梯，应采用一级负荷供电。

9.7.12 设置站台门的车站，站台端部应设向站台侧开启宽度为1.10m的端门。沿站台长度方向设置的向站台侧开启的应急门，每一侧数量宜采用远期列车编组数，应急门开启时应能满足人员疏散通行要求。

11 地下结构

11.1 一般规定

11.1.3 地下结构设计应以"结构为功能服务"为原则，满足城市规划、行车运营、环境保护、抗震、防水、防火、防护、防腐蚀及施工等要求，并应做到结构安全、耐久、技术先进、经济合理。

13 通风、空调与供暖

13.1 一般规定

13.1.4 地铁通风、空调与供暖系统应具有下列功能：

　　3 当列车在区间隧道发生火灾事故时，应具备排烟、通风功能；

　　4 当车站内发生火灾事故时，应具备排烟、通风功能。

13.1.13 通风、空调与供暖系统的管材及保温材料、消声材料，应采用A级不燃材料，当局部部位采用A级不燃材料有困难时，可采用B_1级难燃材料。管材及保温材料应具有防潮、防腐、防蛀、耐老化和无毒的性能。

13.2 地下线段的通风、空调与供暖

　　Ⅲ 地下车站设备与管理用房通风、空调系统

13.2.31 设置气体灭火的房间应设置机械通风系统，所排除

的气体必须直接排出地面。

14 给水与排水

14.1 一般规定

14.1.1 地铁给水系统设计应满足生产、生活和消防用水对水量、水压和水质的要求,并应坚持综合利用、节约用水的原则。

14.2 给 水

14.2.4 给水系统的选择,应根据生产、生活和消防等各项用水对水质、水压和水量的要求,结合给水水源等因素确定,并应按下列原则选择给水系统:
  1 车站室内生产、生活给水系统应与消防给水系统分开设置,并应根据当地自来水公司的要求设置计量设施。
14.2.5 管道布置和敷设应符合下列规定:
  7 严寒和寒冷地区的给排水管道、消火栓及消防水池有可能结冻时,应采取防冻保护措施。

14.3 排 水

14.3.7 其他排水设施应符合下列规定:
  6 硬聚氯乙烯排水管道穿越楼板及不同的防火分区时应设阻火圈。

14.4 车辆基地给水与排水

Ⅰ 给 水

14.4.1 车辆基地给水用水量定额应按下列规定确定:
  3 消防用水应根据现行国家标准《建筑设计防火规范》GB 50016及《高层民用建筑设计防火规范》GB 50045的有关规定执行。
14.4.2 给水水源应采用城市自来水。当城市自来水提供两根给水引入管时,生产、生活系统宜与室外消防给水系统共用且布置成环状;当城市自来水提供一根给水引入管时,生产、生活和室外消防给水系统应分开布置,室内外消防给水系统是否共用应经过技术经济比较确定。
14.4.6 车辆基地室外消火栓的间距不应大于120m,洒水栓的间距不应大于80m。
14.4.7 车辆基地室内、室外消防给水管道的布置,应符合现行国家标准《建筑设计防火规范》GB 50016及《高层民用建筑设计防火规范》GB 50045的有关规定。

15 供 电

15.1 一般规定

15.1.23 在地下使用的主要材料应选用无卤、低烟的阻燃或耐火的产品。

15.4 电 缆

15.4.1 系统采用的电力电缆应符合下列规定:
  1 地下线路应采用无卤、低烟的阻燃电线和电缆。
15.4.2 火灾时需要保证供电的配电线路应采用耐火铜芯电缆或矿物绝缘耐火铜芯电缆。
15.4.16 电缆构筑物中电缆引至电气柜、盘或控制屏的开孔部位,电缆贯穿隔墙、楼板的孔洞处,均应实施阻火封堵。

15.5 动力与照明

15.5.1 地铁用电设备的负荷分级应符合下列规定:
  1 下列负荷应为一级负荷:
    1)火灾自动报警系统设备、消防水泵及消防水管电保温设备、防排烟风机及各类防火排烟阀、防火(卷帘)门、消防疏散用自动扶梯、消防电梯、应急照明、主排水泵、雨水泵、防淹门及火灾或其他灾害仍需使用的用电设备;通信系统设备、信号系统设备、综合监控系统设备、电力监控系统设备、环境与设备监控系统设备、门禁系统设备、安防设施;自动售检票设备、站台门设备、变电所操作电源、地下站厅站台等公共区照明、地下区间照明、供暖区的锅炉房设备等;
    2)火灾自动报警系统设备、环境与设备监控系统设备、专用通信系统设备、信号系统设备、变电所操作电源、地下车站及区间的应急照明为一级负荷中特别重要负荷。
15.5.2 动力照明配电应符合下列规定:
  1 消防及其他防灾用电设备应采用专用的供电回路,消防配电设备应采用红色文字标识。
15.5.4 应急照明可包括备用照明和疏散照明,其设置应符合下列规定:
  2 当正常照明因故障熄灭或火灾情况下正常照明断电时,对需要确保人员安全疏散的场所应设置疏散照明。
15.5.5 当正常交流电源全部退出,地下线路应急照明连续供电时间不应小于60min;地上线路及建筑的应急照明供电时间,应符合现行国家标准《建筑防火设计规范》GB 50016和《高层民用建筑设计防火规范》GB 50045的有关规定。

16 通 信

16.2 传输系统

16.2.11 地下线路的通信主干电缆、光缆应采用无卤、低烟的阻燃材料,并应具有抗电气化干扰的防护层。

16.6 视频监视系统

16.6.1 视频监视系统应为控制中心调度员、各车站值班员、列车司机等提供有关列车运行、防灾、救灾及乘客疏导等方面的视觉信息。

16.7 广播系统

16.7.1 广播系统应保证控制中心调度员和车站值班员向乘客通告列车运行及安全、向导、防灾等服务信息,并应向工作人员发布作业命令和通知,发生灾害时可兼做救灾广播。
16.7.4 正线运营广播系统行车和防灾广播的区域应统一设

置。防灾广播应优先于行车广播。

18 自动售检票系统

18.1 一般规定

18.1.9 车站控制室应设置紧急控制按钮，并应与火灾自动报警系统实现联动；当车站处于紧急状态或设备失电时，自动检票机阻挡装置应处于释放状态。

18.7 系统接口

18.7.1 自动售检票系统设计时，应提供设备用房、设备布置、设备用电、设备维修、接地、传输通道、时钟、视频监控及预埋管线、箱、盒等相关接口技术要求，以及与城市交通"一卡通"、通信、火灾自动报警、门禁等系统的接口技术要求。

19 火灾自动报警系统

19.1 一般规定

19.1.1 车站、区间隧道、区间变电所及系统设备用房、主变电所、集中冷站、控制中心、车辆基地，应设置火灾自动报警系统（FAS）。

19.1.2 火灾自动报警系统的保护对象分级应根据其使用性质、火灾危险性、疏散和扑救难度等确定，并应符合下列规定：

1 地下车站、区间隧道和控制中心，保护等级应为一级；

2 设有集中空调系统或每层封闭的建筑面积超过2000m²，但面积不超过3000m²的地面车站、高架车站，保护等级应为二级，面积超过3000m²的保护等级应为一级。

19.1.3 火灾自动报警系统的设计除应符合本规范的规定外，尚应符合现行国家标准《火灾自动报警系统设计规范》GB 50116的有关规定。

19.2 系统组成及功能

19.2.1 火灾自动报警系统应具备火灾的自动报警、手动报警、通信和网络信息报警，并应实现火灾救灾设备的控制及与相关系统的联动控制。

19.2.2 火灾自动报警系统应由设置在控制中心的中央级监控管理系统、车站和车辆基地的车站级监控管理系统、现场级监控设备及相关通信网络等组成。

19.2.3 火灾自动报警系统的中央级监控管理系统宜由操作员工作站、打印机、通信网络、不间断电源和显示屏等设备组成，并应具备下列功能：

1 接收全线火灾灾情信息，对线路消防系统、设施监控管理；

2 发布火灾涉及有关车站消防设备的控制命令；

3 接收并储存全线消防报警设备主要的运行状态；

4 与各车站及车辆基地等火灾自动报警系统进行通信联络；

5 火灾事件历史资料存档管理。

19.2.4 火灾自动报警系统的车站级应由火灾报警控制器、消防控制室图形显示装置、打印机、不间断电源和消防联动控制器手动控制盘等组成，并应具备下列功能：

1 与火灾自动报警系统中央级管理系统及本车站现场级监控系统间进行通信联络；

2 管辖范围内实时火灾的报警，监视车站管辖内火灾灾情；

3 采集、记录火灾信息，并报送火灾自动报警系统中央监控管理级；

4 显示火灾报警点，防、救灾设施运行状态及所在位置画面；

5 控制地铁消防救灾设备的启、停，并显示运行状态；

6 接受中央级火灾自动报警系统指令或独立组织、管理、指挥管辖范围内的救灾；

7 发布火灾联动控制指令。

19.2.5 火灾自动报警系统现场控制级应由输入输出模块、火灾探测器、手动报警按钮、消防电话及现场网络等组成，并应具备下列功能：

1 监视车站管辖范围内灾情，采集火灾信息；

2 消防泵的低频巡检信号、运行状态、设备故障、管压力信号；

3 监视消防电源的运行状态；

4 监视车站所有消防救灾设备的工作状态。

19.2.6 地铁全线火灾自动报警与联动控制的信息传输网络宜利用地铁公共通信网络，火灾自动报警系统现场级网络应独立配置。

19.3 消防联动控制

19.3.1 消防联动控制系统应实现消火栓系统、自动灭火系统、防烟排烟系统，以及消防电源及应急照明、疏散指示、防火卷帘、电动挡烟垂帘、消防广播、售检票机、站台门、门禁、自动扶梯等系统在火灾情况下的消防联动控制。

19.3.2 消火栓系统的控制应符合下列要求：

1 应控制消防泵的启、停；

2 车站综控室（消防控制室）应能显示消防泵的工作、故障和手/自动开关状态、消火栓按钮工作位置，并应实现消火栓泵的直接手动启动、停止；

3 车站级火灾自动报警系统应控制消防给水干管电动阀门的开关，并应显示其工作状态；

4 设消防泵的消火栓处应设消火栓启泵按钮，并可向消防控制室发送启动消防泵的信号。

19.3.3 车站火灾自动报警系统应显示自动灭火系统保护区的报警、喷气、风阀状态，以及手/自动转换开关所处状态。

19.3.4 防烟、排烟系统的控制应符合下列规定：

1 应由火灾自动报警系统确认火灾，并应发布预定防烟、排烟模式指令；

2 应由火灾自动报警系统直接联动控制，也可由环境与设备监控系统或综合监控系统接收指令对参与防、排烟的非消防专用设备执行联动控制；

3 环境与设备监控系统或综合监控系统接受火灾控制指令后，应优先进行模式转换，并应反馈指令执行信号；

4 火灾自动报警系统直接联动的设备应在火灾报警显示器上显示运行模式状态。

19.3.5 车站火灾自动报警系统对消防泵和专用防烟、排烟风机，除应设自动控制外，尚应设手动控制；对防烟、排烟设备还应设手动和自动的模式控制装置。

19.3.6 消防电源、应急照明及疏散指示的控制，应符合下列规定：

1 火灾自动报警系统确认火灾后，消防控制设备应按消防分区在配电室或变电所切断相关区域的非消防电源；

2 火灾自动报警系统确认火灾后，应接通应急照明灯和疏散标志灯电源，并应监视工作状态的功能。

19.3.7 消防联动对其他系统的控制应符合下列要求：

1 应自动或手动将广播转换为火灾应急广播状态；

2 闭路电视系统应自动或手动切换至相关画面；

3 应自动或手动打开检票机，并应显示其工作状态；

4 应根据火灾运行模式或工况自动或手动控制车站站台门开启或关闭，并应显示工作状态；

5 应自动解锁火灾区域门禁，并宜手动解锁全部门禁；

6 防火卷帘门、电动挡烟垂帘应自动降落，并应显示工作状态；

7 电梯应迫降至首层，并应接收电梯的状态反馈信息；在人员监视的状态下应控制站内自动扶梯的停运或疏散运行。

19.3.8 消防联动控制器控制应通过多路总线回路连接带地址的各类模块，每一总线回路连接带地址模块的数量应留有一定的余量。

19.3.9 换乘车站分线路设置的各线路火灾自动报警系统之间，应通过互设信息模块、信息复示屏和消防电话分机（或插孔）的形式实现信息互通及消防联动。

19.4 火灾探测器与报警装置的设置

19.4.1 火灾自动报警系统应设有自动和手动两种触发装置。

19.4.2 报警区域应根据防火分区和设备配置划分。

19.4.3 火灾探测器的设置部位应与保护对象的等级相适应。

19.4.4 探测区域的划分应符合下列规定：

1 站厅、站台等大空间部位每个防烟分区应划分为独立的火灾探测区域。一个探测区域的面积不宜超过 1000m²。

2 其他部位探测区域的划分，应符合现行国家标准《火灾自动报警系统设计规范》GB 50116 的有关规定。

19.4.5 地下车站的站厅层公共区、站台层公共区、换乘公共区、各种设备机房、库房、值班室、办公室、走廊、配电室、电缆隧道或夹层，以及长度超过 60m 的出入口通道，应设置火灾探测器。

19.4.6 地面及高架车站封闭式的站厅、各类设备用房、管理用房、配电室、电缆隧道或夹层，应设置火灾探测器。

19.4.7 控制中心和车辆基地的车辆停放车间、维修车间、重要设备用房、可燃物品仓库、变配电室，以及火灾危险性较大的场所，应设置火灾探测器。

19.4.8 设气体自动灭火的房间应设置两种火灾自动报警探测器。

19.4.9 设置火灾探测器的场所应设置手动报警装置。

19.4.10 地下区间隧道、长度超过 30m 的出入口通道应设置手动报警按钮。区间手动报警按钮设置位置宜与区间消火栓的位置结合设置。

19.4.11 乘客活动的公共区域不宜设置警报音响，办公区走廊应设置警铃。

19.5 消防控制室

19.5.1 火灾自动报警系统中央级监控管理系统应设置在控制中心调度大厅内，并宜靠近行车调度。

19.5.2 车站消防控制室应与车站综合控制室结合设置。消防控制室应设置火灾报警控制器、消防联动控制器、消防控制室图形显示装置。

19.5.3 换乘车站的消防控制室宜集中设置。按线路设置的消防控制室之间应能相互传输、显示状态信息，但不宜相互控制。

19.5.4 消防控制室应能监控保护区域内的火灾探测报警及联动控制系统、消火栓系统、自动灭火系统、防烟排烟系统、防火门与卷帘系统、消防电源、消防应急照明与疏散指示系统、消防通信等各类消防系统和系统中的各类消防设施，并应显示各类消防设施的动态信息和消防管理信息。

19.5.5 消防控制室应能控制火灾声或光警报器的工作状态。

19.6 供电、防雷与接地

19.6.1 火灾自动报警系统应设有主电源和直流备用电源；主电源的负荷等级应为一级。

19.6.2 火灾自动报警系统直流备用电源宜采用专用蓄电池或集中设置的蓄电池组供电，其容量应保证主电源断电后连续供电 1h。采用集中设置蓄电池时，火灾报警控制器供电回路应单独设置。

19.6.4 消防用电设备应采用专用的供电回路，其配电线路和控制回路宜按防火分区划分。

19.6.5 火灾自动报警系统接地装置的接地电阻值，应符合下列要求：

1 采用综合接地装置时，接地电阻值不应大于 1Ω；

2 采用专用接地装置时，接地电阻值不应大于 4Ω。

19.6.6 火灾自动报警系统应设置等电位连接网络。电气和电子设备的金属外壳、机柜、机架、金属管、槽、浪涌保护器（SPD）接地端等，均应以最短的距离与等电位连接网络的接地端子连接。

19.7 布 线

19.7.1 火灾自动报警系统传输线路的线芯截面选择，除应满足自动报警装置技术条件要求外，尚应满足机械强度的要求。铜芯绝缘导线、铜芯电缆线芯的最小截面面积不应小于表 19.7.1 的规定。

表 19.7.1 铜芯绝缘导线和铜芯电缆线芯的最小截面面积（mm²）

序号	类　别	线芯的最小截面面积
1	穿管敷设的绝缘导线	1.00
2	线槽内敷设的绝缘导线	0.75
3	多芯电缆	0.50

19.7.2 火灾自动报警系统的传输线路应采用穿金属管或封闭式线槽保护方式布线。

19.7.3 水平敷设的火灾自动报警系统的传输线路，当采用穿管布线时，不同防火分区的线路不应穿入同一根管内。
19.7.4 火灾自动报警系统采用的电线和电缆应符合本规范第15.4.1条的规定。

20 综合监控系统

20.3 系统基本功能

20.3.7 火灾自动报警子系统功能应按本规范第19章的有关规定执行，在满足要求的基础上可增加其他功能。
20.3.10 综合监控系统应具备下列主要联动功能：
　2　火灾工况，区间火灾防排烟模式控制、车站火灾消防应急广播、车站火灾场景的视频监控和乘客信息系统的火灾信息发布功能。
20.3.11 综合后备盘（IBP）应支持在设备故障或火灾等情况下车站的关键手动控制功能。

20.7 其他

20.7.1 综合监控系统电线和电缆应符合下列规定：
　3　电缆贯穿隔墙、楼板的孔洞处均应实施阻火封堵。

21 环境与设备监控系统

21.1 一般规定

21.1.2 环境与设备监控系统的监控范围应包括车站、区间，也可包括控制中心及车辆基地。被监控的对象应包括车站通风、空调与供暖设备、隧道通风设备、给排水设备、自动扶梯及电梯、站台门及防淹门、照明和导向系统、车站应急照明电源、车站环境参数等。
21.1.4 环境与设备监控系统应按全线车站及区间同一时间只发生一次火灾的原则设定救灾模式，换乘站也应同一时间只发生一次火灾的原则设定救灾模式。

21.2 系统设置原则

21.2.4 环境与设备监控系统和火灾自动报警系统之间应设置通信接口；火灾工况应由火灾自动报警系统发布火灾模式指令，环境与设备监控系统应优先执行相应的控制程序。
21.2.5 防烟、排烟系统与正常通风系统合用的设备，在火灾情况下应由环境与设备监控系统统一监控。

21.3 系统基本功能

21.3.3 执行防灾和阻塞模式应具备下列功能：
　1　接收车站自动或手动火灾模式指令，执行车站防烟、排烟模式；
　2　接收列车区间停车位置、火灾部位信息，执行隧道防排烟模式；
　3　接收列车区间阻塞信息，执行阻塞通风模式；
　4　监控车站乘客导向标识系统和应急照明系统；
　5　监视各排水泵房危险水位。

21.4 硬件设备配置

21.4.1 环境与设备监控系统设备应选择具备高可靠性、容错性、可维护性的工业级控制设备；事故通风与排烟系统设备的监控应采取冗余措施。
21.4.3 车站级硬件设备应按下列要求配置：
　4　应在车站控制室配置综合后备控制盘，作为环境与设备监控系统火灾工况自动控制的后备措施，其操作权限应高于车站和中央操作工作站，盘面应以火灾工况操作为主，操作程序应力求简便、直接。

22 乘客信息系统

22.6 布线

22.6.3 数据线应采用无卤、低烟的阻燃屏蔽电缆。

23 门禁

23.1 一般规定

23.1.7 设有门禁装置的通道门、设备及管理用房门的电子锁，应满足防冲撞和消防疏散的要求。电子锁应具备断电自动释放功能，设备及管理用房门电子锁还应具备手动机械解锁功能。
23.1.8 门禁系统应实现与火灾自动报警系统的联动控制。车站控制室综合后备控制盘（IBP）上应设置门禁紧急开门控制按钮，并应具备手动、自动切换功能。

23.2 安全等级和监控对象

23.2.4 车站监控包括的对象应符合下列规定：
　1　设备用房应包括通信设备室、信号设备室、供电和低压配电设备室、综合监控设备室、自动售检票设备室、站台门设备室、应急照明设备室、自动灭火设备、环控电控室、通风空调机房和消防泵房等；
　3　通道门应包括设备管理区直通地面的紧急疏散通道门、设备管理区直通公共区的通道门等；设备管理区直通隧道区间的通道门应设三级安全等级的门禁。
23.2.5 车辆基地监控对象应包括通信设备室、信号设备室、供电和低压配电设备室、综合监控设备室、消防控制室、自动售检票维修及重要的管理用房等。

23.6 系统接口

23.6.1 门禁系统应具有与通信、综合监控（或安防）、火灾自动报警、低压配电等系统及建筑专业的接口等功能。

24 运营控制中心

24.1 一般规定

24.1.6 控制中心应兼作防灾和应急指挥中心，并应具备防灾和应急指挥的功能。

24.2 工艺设计

24.2.9 设备区各系统设备的布置及设计应符合下列要求：

3 大功率的强电设备不应与弱电设备混合安装和布置。除自动灭火系统外，各电气系统设备用房不应有水管穿过；风管穿过时应避免管道凝露滴到电气设备上。

24.3 建筑与装修

24.3.3 中央控制室应符合下列要求：
4 中央控制室内应设固定式双层密封、隔声和隔热窗；有防火、防爆等特殊要求时，应按特殊要求进行设计；阳光不应直射设备，受阳光直射时应采取遮光措施；

24.4 布　　线

24.4.2 综合布线和综合管线应为检修、更新改造预留空间；综合布线和综合管线应具有防火、防水和防鼠等安全功能。

24.7 照明与应急照明

24.7.1 控制中心应设置正常照明与应急照明。照明灯具应选择节能型、散射效果良好、使用寿命长及维修更换方便的灯具；灯具的布置宜与建筑装修和设备布置相协调。

24.8 消防与安全

24.8.1 控制中心应设置火灾自动报警、环境与设备监控、火灾事故广播、自动灭火、水消防、防排烟等系统。多线路中央控制室应设置自动灭火系统。
24.8.2 控制中心应设置消防控制室。
24.8.4 控制中心应设置保安值班室，保安值班室应与消防控制室合并设置。

25　站内客运设备

25.1　自动扶梯和自动人行道

Ⅱ　主要技术要求及参数

25.1.10 自动扶梯和自动人行道的传输设备应采用阻燃材料。

25.2　电　　梯

Ⅰ　一般规定

25.2.8 当电梯兼做消防梯时，其设施应符合消防电梯的功能，供电应采用一级负荷。

26　站　台　门

26.1　一般规定

26.1.7 站台门不得作为防火隔离装置。
26.1.8 地下车站站台门系统的绝缘材料、密封材料和电线电缆等应采用无卤、低烟的阻燃材料；地面和高架车站站台门系统的绝缘材料、密封材料和电线电缆等应采用低卤、低烟的阻燃材料。

27　车辆基地

27.1　一般规定

27.1.6 车辆基地设计应有完善的消防设施。总平面布置、房屋设计和材料、设备的选用等应符合现行国家标准《建筑设计防火规范》GB 50016 的有关规定。
27.1.9 车辆基地应具有外来物资、设备及新车进入的运输条件，有条件时应设连接国家铁路的专用线；车辆基地内应有运输、消防道路，并应有不少于两个与外界道路相连通的出入口。运输道路、消防道路与线路设有平交道时，应在道口前安装安全警示标识及限高、限载标识牌。

27.2　车辆段与停车场的功能、规模及总平面布置

27.2.16 产生噪声、冲击振动或易燃、易爆的车间宜单独设置；产生粉尘和有害气体的房间或设施宜布置在常年主导风向的下风侧，并宜远离生活、办公区；排出的有害气体、粉尘、废液应符合国家现行有关环境保护及卫生标准的规定。

27.4　车辆检修设施

27.4.14 油漆库应设置通风设备，并应采取消防和环保措施。库内电气设备均应符合防爆要求。

27.7　物资总库

27.7.5 不同性质的材料和设备宜按分库存放设计；存放易燃品的仓库宜单独设置，并应符合现行国家标准《建筑设计防火规范》GB 50016 及《高层民用建筑设计防火规范》GB 50045 的有关规定。

27.9　救援设施

27.9.1 车辆基地内应设救援办公室，并应配备相应的救援设备和设施。救援办公室应受地铁控制中心指挥。
27.9.2 救援办公室应设置值班室。值班室应设电钟、自动电话和无线通信设备，以及直通地铁控制中心的防灾调度电话。
27.9.3 救援用的轨道车辆宜利用车辆段和综合维修中心的车辆，并应根据救援需要设置专用地面工程车和指挥车。

28　防　　灾

28.1　一般规定

28.1.1 地铁应具有针对火灾、水淹、风灾、地震、冰雪和雷击等灾害的预防措施，并应以预防火灾为主。
28.1.2 地铁控制中心应具有所辖线路的防灾调度指挥功能。
28.1.3 地铁车站应配备防灾设施；车辆基地应配备防灾与救援设施。
28.1.4 地铁针对火灾应贯彻"预防为主，防消结合"的方针。一条线路、一座换乘车站及其相邻区间的防火设计应按同一时间发生一次火灾计。
28.1.5 车站站台、站厅和出入口通道的乘客疏散区内不得

设置商业场所，除地铁运营、服务设备、设施外，也不得设置妨碍乘客疏散的设备、设施及其他物体。

28.1.6 当地铁开发地下商业时，商业区与站厅间应划分成不同的防火分区，防火设计应符合现行国家标准《建筑设计防火规范》GB 50016 的有关规定。

28.2 建筑防火

28.2.1 地铁各建（构）筑物的耐火等级应符合下列规定：

1 地下的车站、区间、变电站等主体工程及出入口通道、风道的耐火等级应为一级；

2 地面出入口、风亭等附属建筑，地面车站、高架车站及高架区间的建、构筑物，耐火等级不得低于二级；

3 控制中心建筑耐火等级应为一级；

4 车辆基地内建筑的耐火等级应根据其使用功能确定，并应符合现行国家标准《建筑设计防火规范》GB 50016 的有关规定。

28.2.2 防火分区的划分应符合下列规定：

1 地下车站站台和站厅公共区应划为一个防火分区，设备与管理用房区每个防火分区的最大允许使用面积不应大于 1500m²；

2 地下换乘车站当共用一个站厅时，站厅公共区面积不应大于 5000m²；

3 地上的车站站厅公共区采用机械排烟时，防火分区的最大允许建筑面积不应大于 5000m²，其他部位每个防火分区的最大允许建筑面积不应大于 2500m²；

4 车辆基地、控制中心的防火分区的划分，应符合现行国家标准《建筑设计防火规范》GB 50016 的有关规定。

28.2.3 车站安全出口设置应符合下列规定：

1 车站每个站厅公共区安全出口数量应经计算确定，且应设置不少于 2 个直通地面的安全出口；

2 地下单层侧式站台车站，每侧站台安全出口数量应经计算确定，且不应少于 2 个直通地面的安全出口；

3 地下车站的设备与管理用房区域安全出口的数量不应少于 2 个，其中有人值守的防火分区应有 1 个安全出口直通地面；

4 安全出口应分散设置，当同方向设置时，两个安全出口通道口部之间净距不应小于 10m；

5 竖井、爬梯、电梯、消防专用通道，以及设在两侧式站台之间的过轨地道不应作为安全出口；

6 地下换乘车站的换乘通道不应作为安全出口。

28.2.4 区间的安全疏散应符合下列规定：

1 每个区间隧道轨道区均应设置到达站台的疏散楼梯；

2 两条单线区间隧道应设联络通道，相邻两个联络通道之间的距离不应大于 600m，联络通道内应设列反向开启的甲级防火门，门扇的开启不得侵入限界；

3 道床面应作为疏散通道，道床步行面应平整、连续、无障碍物。

28.2.5 两个防火分区之间应采用耐火极限不低于 3h 的防火墙和甲级防火门分隔，在防火墙设有观察窗时，应采用甲级防火窗；防火分区的楼板应采用耐火极限不低于 1.5h 的楼板。

28.2.7 站台和站厅公共区内任一点，与安全出口疏散的距离不得大于 50m。

28.2.8 公共区内设于付费区与非付费区之间的栏栅应设栏栅门，检票口和栅栏门的总通行能力应与站台至站厅疏散能力相匹配。

28.2.9 车站的装修材料应符合下列规定：

1 地下车站公共区和设备与管理用房的顶棚、墙面、地面装修材料及垃圾箱，应采用燃烧性能等级为 A 级不燃材料；

2 地上车站公共区的墙面、顶棚的装修材料及垃圾箱，应采用 A 级不燃材料，地面应采用不低于 B_1 级难燃材料。设备与管理用房区内的装修材料，应符合现行国家标准《建筑内部装修设计防火规范》GB 50222 的有关规定；

3 地上、地下车站公共区的广告灯箱、导向标志、休息椅、电话亭、售检票机等固定服务设施的材料，应采用不低于 B_1 级难燃材料。装修材料不得采用石棉、玻璃纤维、塑料类等制品。

28.2.10 安全出口、楼梯和疏散通道的宽度和长度，应符合下列规定：

1 供人员疏散的出口楼梯和疏散通道的宽度，应按本规范第 9 章的有关规定计算确定；

2 设备与管理用房区房间单面布置时，疏散通道宽度不得小于 1.2m，双面布置时不得小于 1.5m；

3 设备与管理用房直接通向疏散走道的疏散门至安全出口的距离，当房间疏散门位于两个安全出口之间时，疏散门与最近安全出口的距离不应大于 40m；当房间位于袋形走道两侧或尽端时，其疏散门与最近安全出口的距离不应大于 22m；

4 地下出入口通道的长度不宜超过 100m，当超过时应采取满足人员消防疏散要求的措施。

28.2.11 车站站台公共区的楼梯、自动扶梯、出入口通道，应满足当发生火灾时在 6min 内将远期或客流控制期超高峰小时一列进站列车所载的乘客及站台上的候车人员全部撤离站台到达安全区的要求。

28.2.12 提升高度不超过三层的车站，乘客从站台层疏散至站厅公共区或其他安全区域的时间，应按下式计算：

$$T = 1 + \frac{Q_1 + Q_2}{0.9[A_1(N-1) + A_2 B]} \leq 6\text{min}$$

(28.2.12)

式中：Q_1——远期或客流控制期中超高峰小时 1 列进站列车的最大客流断面流量（人）；

Q_2——远期或客流控制期中超高峰小时站台上的最大候车乘客（人）；

A_1——一台自动扶梯的通过能力（人/min·m）；

A_2——疏散楼梯的通过能力（人/min·m）；

N——自动扶梯数量；

B——疏散楼梯的总宽度（m），每组楼梯的宽度应按 0.55m 的整倍数计算。

28.2.13 地下车站消防专用通道及楼梯间应设置在有车站控制室等主要管理用房的防火分区内，并应方便到达地下各层。地下超过三层（含三层）时，应设防烟楼梯间。

28.2.14 地下车站的地面出入口、风亭等附属建筑，车辆基地出入线敞口段，以及地上车站、区间和附属建筑与相邻建筑的防火间距和消防车道的设置，应按现行国家标准《建筑设计防火规范》GB 50016 和《高层民用建筑设计防火规范》

GB 50045 的有关规定执行。与汽车加油加气站的防火间距应符合现行国家标准《汽车加油加气站设计与施工规范》GB 50156 的有关规定。

28.2.15 防火卷帘与建筑物之间的缝隙，以及管道、电缆、风管等穿过防火墙、楼板及防火分隔物时，应采用防火封堵材料将空隙填塞密实。

28.2.16 重要设备用房应以耐火极限不低于 2h 的隔墙和耐火极限不低于 1.5h 的楼板与其他部位隔开。

28.3 消防给水与灭火

28.3.1 地铁的消防给水水源应采用城市自来水，当沿线无城市自来水时，可采用其他消防给水水源。

28.3.2 地铁消防给水系统的设计，应符合本规范第 14.1 节的有关规定。

28.3.3 消火栓给水系统用水量定额应符合下列规定：
 1 地下车站（含换乘车站）应为 20L/s；
 2 地下车站出入口通道、折返线及地下区间隧道应为 10L/s；
 3 地面和高架车站应符合现行国家标准《建筑设计防火规范》GB 50016 的有关规定。

28.3.4 地铁消防给水系统，应结合地铁给水水源等因素确定，宜按下列要求确定：
 1 当城市自来水的供水量能满足消防用水的要求，而供水压力不能满足消防用水压力的要求时，应设消防增压、稳压设施，当地消防和市政部门许可时，可不设消防水池，从市政管网直接引水；
 2 当城市自来水的供水量不能满足消防用水量要求或城市自来水管网为枝状管网时，地下车站及地下区间应设消防增压、稳压设施和消防水池；地面和高架车站消防设施及消防水池的设置，应符合现行国家标准《建筑设计防火规范》GB 50016 的有关规定；
 4 地面车站、高架车站消火栓给水系统采用消防泵加压供水时，应设置稳压装置及气压罐，可不设高位水箱。

28.3.5 地下车站及其相连的地下区间、长度大于 20m 的出入口通道、长度大于 500m 的独立地下区间，应设室内消火栓给水系统。

28.3.6 地下车站设置的商铺总面积超过 500m² 时，应按现行国家标准《自动喷水灭火系统设计规范》GB 50084 的有关规定设置自动喷水灭火系统。

28.3.7 消防给水管道的设置应符合下列要求：
 1 地下车站和地下区间的室内消火栓给水系统应设计为环状管网；地下区间上下行线应各设置 1 根消防给水管，在地下车站端部和车站环状管网应相接；
 2 地下区间两条给水干管之间是否设置连通管应经过技术经济比较确定；
 3 地面和高架车站室内消火栓超过 10 个，且室外消防用水量大于 15L/s 时，应设计为环状管网；
 4 车站室内消火栓环状管网应有 2 根进水管与城市自来水环状管网或消防水泵连接；
 5 消防枝状管道上设置的消火栓数量不应超过 4 个。

28.3.8 地铁室内消火栓的设置应符合下列要求：
 1 消火栓口径应为 DN65，水枪喷嘴直径应为 19mm，每根水龙带长度应为 25m，栓口距地面、楼板或道床面高度应为 1.1m；
 3 地下区间隧道的消火栓，宜设消火栓口，可不设消火栓箱，但水龙带和水枪应放在邻近车站站台端部专用消火栓箱内；
 4 消火栓的布置应保证每个防火分区同层有两只水枪的充实水柱同时到达室内任何部位；
 5 地下车站水枪充实水柱长度不应小于 10m，地面、高架车站水枪充实水柱长度应符合现行国家标准《建筑设计防火规范》GB 50016 的有关规定；
 6 消火栓的间距应按计算确定，但单口单阀消火栓不应超过 30m，双口双阀消火栓不应超过 50m。地下区间隧道（单洞）内消火栓的间距不应超过 50m。人行通道内消火栓间距不应超过 30m；
 7 消火栓口的静水压力和出水压力应符合现行国家标准《建筑设计防火规范》GB 50016 的有关规定；
 8 车站、车辆基地的消火栓与灭火器宜共箱设置，箱内应配备衬胶水龙带和水枪、自救式消防软管卷盘和灭火器；
 9 当消火栓系统由消防水泵加压供给时，消火栓处应设水泵启动按钮。

28.3.9 消防给水系统管网上的阀门设置，应符合现行国家标准《建筑设计防火规范》GB 50016 的有关规定。

28.3.10 地下区间消防给水干管的布置，采用接触轨供电时，宜设在接触轨的对侧，必须与接触轨同侧时，管道与接触轨的最小净距，当接触轨电压为 750V 时不应小于 50mm，当接触轨电压为 1500V 时不应小于 150mm；采用架空接触网供电时，可设在隧道行车方向的任一侧。管道、阀门和消火栓的位置不得侵入设备限界。

28.3.11 在地下车站出入口或新风亭的口部等处明显位置应设水泵接合器，并应在距水泵接合器 15m～40 m 范围内设置室外消火栓或消防水池取水口。

28.3.12 当车站设消防泵和消防水池时，消防水池的有效容积应满足消防用水量的要求。消火栓系统的用水量火灾延续时间应按 2h 计算，当补水有保证时可减去火灾延续时间内连续补充的水量。

28.3.13 设置在地下的通信及信号机房（含电源室）、变电所（含控制室）、综合监控设备室、蓄电池室和主变电所，应设置自动灭火系统。地上运营控制中心通信、信号机房、综合监控设备室、自动售检票机房、计算机数据中心应设自动灭火系统。地面、高架车站、车辆基地自动灭火系统的设置，应按现行国家标准《建筑设计防火规范》GB 50016 及《高层民用建筑防火规范》GB 50045 的有关规定执行。

28.3.14 地铁工程应按现行国家标准《建筑灭火器配置设计规范》GB 50140 的有关规定配置灭火器。

28.3.15 管材及附件的设置应符合下列规定：
 4 当消防给水管道接口采用柔性连接方式明装敷设时，应在转弯处设置固定设施或采用法兰接口。

28.3.16 消防设备的监控应符合下列规定：
 1 消火栓泵组应在车站控制室显示消火栓泵的运行状态、手/自动状态、故障状态，在车站控制室应能控制消防泵的启停，消防泵应采用启泵按钮启动及车站控制室远程启动的启动方式；

2 自动灭火系统应具备自动控制、手动控制及紧急机械操作三种启动功能。

28.4 防烟、排烟与事故通风

28.4.1 地下车站及区间隧道内必须设置防烟、排烟和事故通风系统。

28.4.2 下列场所应设置机械防烟、排烟设施：
1 地下车站的站厅和站台；
2 连续长度大于300m的区间隧道和全封闭车道；
3 防烟楼梯间和前室。

28.4.3 下列场所应设置机械排烟设施：
1 同一个防火分区内的地下车站设备与管理用房的总面积超过200m², 或面积超过50m²且经常有人停留的单个房间；
2 最远点到车站公共区的直线距离超过20m的内走道；连续长度大于60m的地下通道和出入口通道。

28.4.4 连续长度大于60m, 但不大于300m的区间隧道和全封闭车道宜采用自然排烟；当无条件采用自然排烟时，应设置机械排烟。

28.4.5 地面和高架车站应采用自然排烟；当确有困难时，应设置机械排烟。

28.4.6 当防烟、排烟和事故通风系统与正常通风空调系统合用时，通风空调系统应采取防火措施，且应符合防烟、排烟系统的要求，并应具备事故工况下的快速转换功能。

28.4.7 防烟、排烟系统与事故通风应具有下列功能：
1 当区间隧道发生火灾时，应背着乘客主要疏散方向排烟，迎着乘客疏散方向送新风；
2 当地下车站的站厅、站台发生火灾时，应具备防烟、排烟、通风功能；
3 当列车阻塞在区间隧道时，应对阻塞区间进行有效通风；
4 当地面或高架车站发生火灾时，应具备排烟功能；
5 当设备与管理用房发生火灾时，应具备防烟、排烟、通风功能。

28.4.8 地下车站的公共区，以及设备与管理用房，应划分防烟分区，且防烟分区不得跨越防火分区。站厅与站台的公共区每个防烟分区的建筑面积不宜超过2000m², 设备与管理用房每个防烟分区的建筑面积不宜超过750m²。

28.4.9 防烟分区可采取挡烟垂壁等措施。挡烟垂壁等设施的下垂高度不应小于500mm。

28.4.10 地下车站站台、站厅火灾时的排烟量，应根据一个防烟分区的建筑面积按$1m^3/m^2 \cdot min$计算。当排烟设备需要同时排除两个或两个以上防烟分区的烟量时，其设备能力应按排除所负责的防烟分区中最大的两个防烟分区的烟量配置。当车站站台发生火灾时，应保证站厅到站台的楼梯和扶梯口处具有能够有效阻止烟气向上蔓延的气流，向下气流速度不应小于1.5m/s。

28.4.11 地下车站的设备与管理用房、内走道、长通道和出入口通道等需设置机械排烟时，其排烟量应根据一个防烟分区的建筑面积按$1m^3/m^2 \cdot min$计算, 排烟区域的补风量不应小于排烟量的50%。当排烟设备负担两个或两个以上防烟分区时，其设备能力应根据最大防烟分区的建筑面积按$2m^3/m^2 \cdot min$计算的排烟量配置。

28.4.12 区间隧道火灾的排烟量，应按单洞区间隧道断面的排烟流速不小于2m/s且高于计算的临界风速计算，但排烟流速不得大于11m/s。

28.4.13 区间隧道事故、排烟风机、地下车站公共区和车站设备与管理用房排烟风机，应保证在250℃时能连续有效工作1h；烟气流经的风阀及消声器等辅助设备应与风机耐高温等级相同。

28.4.14 地面及高架车站公共区和设备与管理用房排烟风机应保证在280℃时能连续有效工作0.5h, 烟气流经的风阀及消声器等辅助设备应与风机耐高温等级相同。

28.4.15 列车阻塞在区间隧道时的送排风量，应按区间隧道断面风速不小于2m/s计算，并应按控制列车顶部最不利点的隧道温度低于45℃校核确定，但风速不得大于11m/s。

28.4.16 地面和高架车站公共区和设备与管理用房采用自然排烟时，排烟口应设置在上部，其可开启的有效排烟面积不应小于该场所建筑面积的2%, 排烟口的位置与最远排烟点的水平距离不应超过30m。

28.4.17 区间隧道和全封闭车道采用自然排烟时，排烟口应设置在上部，其有效排烟面积不应小于顶部投影面积的5%, 排烟口的位置与最远排烟点的水平距离不应超过30 m。

28.4.18 在事故工况下参与运转的设备，从静止状态转换为事故工况状态所需的时间不应超过30s, 从运转状态转换为事故工况状态所需的时间不应超过60s。

28.4.19 在事故工况下需要开启或关闭的设备，启、闭所需的时间不应超过30s。

28.4.21 当排烟干管采用金属管道时，管道内的风速不应大于20m/s, 采用非金属管道时不应大于15m/s。

28.4.22 通风空调系统下列部位应设置防火阀：
1 风管穿越防火分区的防火墙及楼板处；
2 每层水平干管与垂直总管的交接处；
3 穿越变形缝且有隔墙处。

28.5 防灾通信

28.5.1 地铁公务电话交换机应具有火警时能自动转换到市话网"119"的功能；同时，地铁内应配备在发生灾害时供救援人员进行地上、地下联络的无线通信设施。

28.5.5 地铁应设置消防专用调度电话，防灾调度电话系统应在控制中心设调度电话总机，并应在车站及车辆基地设分机。

28.5.6 地铁通信系统的设计，应具备火灾时能迅速转换为防灾通信的功能。

28.6 防灾用电与疏散照明

28.6.1 消防用电设备应按一级负荷供电，并应在末级配电箱处设置自动切换装置。当发生火灾而切断生产、生活用电时，消防设备应能保证正常工作。

28.6.2 地下线路应急照明的连续供电时间不应小于60min。

28.6.3 防灾用电设备的配电设备应有明显标志。

28.6.4 照明器标明的高温部位靠近可燃物时，应采取隔热、散热等防灾保护措施。可燃物品库房不应设置卤钨灯等高温照明器。

28.6.5 下列部位应设置应急疏散照明：
1 车站站厅、站台、自动扶梯、自动人行道及楼梯；
2 车站附属用房内走道等疏散通道；
3 区间隧道；
4 车辆基地内的单体建筑物及控制中心大楼的疏散楼梯间、疏散通道、消防电梯间（含前室）。

28.6.6 下列部位应设置疏散指示标志：
1 车站站厅、站台、自动扶梯、自动人行道及楼梯口；
2 车站附属用房内走道等疏散通道及安全出口；
3 区间隧道；
4 车辆基地内的单体建筑物及控制中心大楼的疏散楼梯间、疏散通道及安全出口。

28.6.7 为防灾设备、应急照明和疏散指示灯供电采用的电缆或电线，应符合本规范第15.4.1条的规定。

28.6.8 疏散指示标志的设置应符合下列要求：
1 疏散通道拐弯处、交叉口、沿通道长向每隔不大于10m处，应设置灯光疏散指示标志，指示标志距地面应小于1m；
2 疏散门、安全出口应设置灯光疏散指示标志，并宜设置在门洞正上方；
3 车站公共区的站台、站厅乘客疏散路线和疏散通道等人员密集部位的地面上，以及疏散楼梯台阶侧立面，应设蓄光疏散指示标志，并应保持视觉连续。

3. 《城市轨道交通技术规范》GB 50490—2009

1 总 则

1.0.2 本规范适用于城市轨道交通的建设和运营。本规范不适用于高速磁浮系统的建设和运营。

1.0.3 城市轨道交通的建设和运营应满足安全、卫生、环境保护和资源节约的要求,并应做到以人为本、技术成熟、经济适用。

1.0.4 城市轨道交通应经验收合格后,才可投入使用。

3 基本规定

3.0.6 城市轨道交通应具有消防安全性能,应配备必要的消防设施,应具备乘客和相关人员安全疏散及方便救援的条件。

3.0.24 既有城市轨道交通达到设计使用年限或遭遇重大灾害后,当需要继续使用时,应进行技术鉴定,并应根据技术鉴定结论进行处理。

4 运 营

4.4 车辆基地

4.4.4 车辆基地中的危险品应有单独隔离的存放区域,与其他建筑物的安全距离应满足安全要求。

6 限 界

6.0.4 建筑限界宽度应符合下列规定:

1 对双线区间,当两线间无建(构)筑物时,两条线设备限界之间的安全间隙不应小于 100mm。

2 对单线地下区间,当无构筑物或设备时,隧道结构与设备限界之间的距离不应小于 100mm;当有构筑物或设备时,设备限界与构筑物或设备之间的安全间隙不应小于 50mm。

3 对高架区间,设备限界与建(构)筑物之间的安全间隙不应小于 50mm;当采用接触轨授电时,还应满足受流器与轨旁设备之间电气安全距离的要求。

4 当地面线外侧设置防护栏杆、接触网支柱等构筑物时,应保证与设备限界之间有足够的设备安装空间。

5 人防隔断门、防淹门的建筑限界与设备限界在宽度方向的安全间隙不应小于 100mm。

7 土建工程

7.3 建 筑

7.3.3 除有轨电车系统外,车站站台和乘降区的最小宽度应满足下列规定:

1 对岛式站台车站,站台乘降区(侧站台)2.5m。

2 对侧式站台车站,当平行于线路方向设置楼梯时,侧式站台的乘降区(侧站台)2.5m;当垂直于侧站台设置楼梯时,侧式站台的乘降区(侧站台)3.5m。

3 当站台计算长度小于 100m,且楼梯和自动扶梯设置在站台计算长度以外时,岛式站台 5m,侧式站台 3.5m。

4 设有站台屏蔽门的地面车站、高架车站的侧站台 2m。

7.3.4 站台应设置足够数量的进出站通道、楼梯或自动扶梯,同时应满足站台计算长度内任一点距通道口或梯口的距离不大于 50m。

7.3.5 楼梯和通道的最小宽度应符合下列规定:

1 天桥或通道 2.4m。

2 单向公共区人行楼梯 1.8m。

3 双向公共区人行楼梯 2.4m。

4 消防专用楼梯和站台至轨行区的工作梯 1.1m。

7.3.8 车站应至少设置一处无障碍检票通道,通道净宽不应小于 900mm。

7.3.10 地下车站的站台、站厅疏散区和通道内不得设置任何商业设施。

7.3.11 地面车站和高架车站应与相邻建筑物保持安全的防火间距,并应设置消防车通道。

7.3.13 车站内的顶棚、墙面、地坪的装饰应采用 A 级材料;当使用架空地板时,不应低于 B_1 级材料;车站公共区内的广告灯箱、休息椅、电话亭、售(检)票机等固定服务设施的材料应采用低烟、无卤的阻燃材料。地面材料应防滑耐磨;当使用玻璃材料时,应采用安全玻璃。

7.3.14 地下工程、出入口通道、风井的耐火等级应为一级;出入口地面建筑、地面车站、高架车站及高架区间结构的耐火等级不应低于二级。

7.3.15 控制中心建筑的耐火等级应为一级;当控制中心与其他建筑合建时,应设置独立的进出通道。

7.3.16 地下车站站台和站厅公共区应划为一个防火分区,其他部位每个防火分区的最大允许使用面积不应大于 $1500m^2$;地上车站不应大于 $2500m^2$;两个相邻防火分区之间应采用耐火极限不低于 3h 的防火墙分隔,防火墙上的门应采用甲级防火门。与车站相接的商业设施等公共场所,应单独划分防火分区。

7.3.17 消防专用通道应设置在含有车站控制室等主要管理用房的防火分区内,并应能到达地下车站各层;当地下车站超过 3 层(含 3 层)时,消防专用通道应设置为防烟楼梯间。

7.3.18 在地下换乘车站公共区的下列部位,应采取防火分隔措施:

1 上下层平行站台换乘车站:下层站台穿越上层站台时的穿越部分;上、下层站台联络梯处。

2 多线同层站台平行换乘车站:站台与站台之间。

3 多线点式换乘车站：换乘通道或换乘梯。

4 多线换乘车站共用一个站厅公共区，且面积超过单线标准车站站厅公共区面积 2.5 倍时，应通过消防性能化设计分析，采取必要的消防措施。

7.3.19 车站出入口的设置应满足进出站客流和应急疏散的需要，并应符合下列规定：

1 车站应设置不少于 2 个直通地面的出入口。

2 地下一层侧式站台车站，每侧站台不应少于 2 个出入口。

3 地下车站有人值守的设备和管理用房区域，安全出口的数量不应少于 2 个，其中 1 个安全出口应为直通地面的消防专用通道。

4 对地下车站无人值守的设备和管理用房区域，应至少设置一个与相邻防火分区相通的防火门作为安全出口。

5 当出入口同方向设置时，两个出入口间的净距不应小于 10m。

6 竖井爬梯、垂直电梯以及设在两侧式站台之间的过轨联络地道不得作为安全出口。

7 出入口的台阶或坡道末端至道路各类车行道的距离不应小于 3m。

8 地下车站出入口的地坪标高应高出室外地坪，并应满足站址区域防淹要求。

7.3.20 当地下出入口通道长度超过 100m 时，应采取措施满足消防疏散要求。

7.3.22 两条单线区间隧道之间应设置联络通道，相邻两个联络通道之间的距离不应大于 600m；联络通道内应设置甲级防火门。

7.3.23 当区间隧道设中间风井时，井内或就近应设置直通地面的防烟楼梯。

7.3.24 高架区间疏散通道应符合下列规定：

1 当高架区间利用道床做应急疏散通道时，列车应具备应急疏散条件和相应设施。

2 对跨座式单轨及磁浮系统的高架区间，应设置纵向应急疏散平台。

7.3.26 车站的站厅和站台公共区、自动扶梯、自动人行步道和楼梯口、疏散通道及安全出口、区间隧道、配电室、车站控制室、消防泵房、防排烟机房以及在发生火灾时仍需坚持工作的其他房间，应设置应急照明。

7.3.27 车站的站台、站厅公共区、自动扶梯、疏散通道、安全出口、楼梯转角等处应设置灯光或蓄光型疏散指示标志；区间隧道应设置可控制指示方向的疏散指示标志。

8 机电设备

8.1 供电系统

8.1.1 牵引供电系统，应急照明，通信、信号、自动售检票、消防用电设备，与防烟、排烟和事故通风有关的用电设备应为一级负荷。

8.1.10 在地下使用的电气设备及材料，应选用低损耗、低噪声、防潮、无自爆、低烟、无卤、阻燃或耐火的定型产品。

8.1.13 动力与照明应满足下列要求：

1 通信、信号、火灾自动报警系统及地下车站和区间隧道的应急照明应具备应急电源。

2 照明灯具应采用节能光源。

3 车站应具有总等电位联结或辅助等电位联结。

8.2 通信系统

8.2.1 通信系统应安全、可靠。在正常情况下应为运营管理、行车指挥、设备监控、防灾报警等进行语音、数据、图像等信息的传送。在非正常或紧急情况下，应能作为抢险救灾的通信手段。

8.2.4 隧道内的通信主干电缆、光缆应采用阻燃、无卤、防腐蚀、防鼠咬的防护层，并应符合防护杂散电流腐蚀的要求。

8.4 通风、空调与采暖系统

8.4.1 城市轨道交通的内部空气环境应采用通风、空调与采暖方式进行控制，并应符合下列规定：

1 当列车正常运行时，应保证内部空气环境的温度、湿度、气流速度和空气质量均应满足人员生理要求和设备正常运转需要。

2 当列车阻塞在隧道内时，应能对阻塞处进行有效的通风。

3 当列车在隧道发生火灾事故时，应能对事故发生处进行有效的排烟、通风。

4 当车站公共区和设备及管理用房内发生火灾事故时，应能进行有效的排烟、通风。

8.4.16 地下车站和隧道应设置防烟、排烟与事故通风系统。

8.4.17 地下车站站厅、站台公共区和设备及管理用房应划分防烟分区，且防烟分区不应跨越防火分区。站厅、站台公共区每个防烟分区的建筑面积不应超过 2000m²，设备及管理用房每个防烟分区的建筑面积不应超过 750m²。

8.4.18 地下车站公共区火灾时的排烟量应根据一个防烟分区的建筑面积按 $1m^3/(m^2 \cdot min)$ 计算；当排烟设备负担两个或两个以上防烟分区时，其设备能力应按同时排除其中两个最大的防烟分区的烟量配置；当车站站台发生火灾时，应保证站厅到站台的楼梯和扶梯口处具有能够有效阻止烟气向站厅蔓延的向下气流，且气流速度不应小于 1.5m/s。

8.4.19 当地下车站设备及管理用房、内走道、地下长通道和出入口通道需设机械排烟时，其排烟量应根据一个防烟分区的建筑面积按 $1m^3/(m^2 \cdot min)$ 计算，排烟区域的补风量不应小于排烟量的 50%。当排烟设备负担两个或两个以上防烟分区时，其设备能力应根据最大防烟分区的建筑面积按 $2m^3/(m^2 \cdot min)$ 的排烟量配置。

8.4.20 隧道火灾排烟时的气流速度应高于计算的临界风速，最低气流速度不应小于 2m/s，且不应高于 11m/s。

8.4.21 列车阻塞在隧道时的送风量，应保证隧道断面的气流速度不小于 2m/s，且不应高于 11m/s，并应控制列车顶部最不利点的隧道空气温度不超过 45℃。

8.4.22 隧道的排烟设备应保证在 150℃时能连续有效工作 1h；地下车站公共区和设备及管理用房的排烟设备应保证在 250℃时能连续有效工作 1h；地面及高架车站公共区和设备及管理用房的排烟风机应保证在 280℃时能连续有效工作 0.5h。烟气流经的辅助设备应与风机耐高温等级相同。

8.5 给水、排水与消防系统

8.5.1 城市轨道交通工程的给水系统应满足生产、生活和消防用水对水量、水压和水质的要求。

8.5.2 地下车站及地下区间隧道的消防给水系统应由城市两路自来水管各引一根消防给水管和车站或区间环状管网相接，每一路自来水管均应能满足全部消防用水量；当城市自来水管网为枝状管网时，应设消防泵和消防水池。

8.5.3 消火栓系统的设置应符合下列规定：

1 车站及超过200m的地下区间隧道应设消火栓系统。

2 车站消火栓的布置应保证每一个防火分区同层有两只水枪的充实水柱同时到达任何部位，水枪的充实水柱不应小于10m。

3 当消火栓口处出水压力大于0.5MPa时，应设置减压装置。

4 当供水压力不能满足消防所需压力时，应设消防泵增压设施。

8.5.4 设有消火栓系统的车站，应设水泵接合器。

8.5.5 地下车站的变电所、通信设备室、信号设备室应设自动灭火系统。

8.5.6 地下车站及地下区间隧道排水泵站（房）的设置应符合下列规定：

1 区间隧道线路实际坡度最低点应设排水泵站。

2 当出入线洞口的雨水不能按重力流方式排至洞外地面时，应在洞口内适当位置设排雨水泵站。

3 露天出入口及敞开风口应设排雨水泵房。

8.6 火灾自动报警系统

8.6.1 车辆基地、主变电站、控制中心、全封闭运行的城市轨道交通车站等建筑物应设置火灾自动报警系统。

8.6.2 全封闭运行的城市轨道交通设置的火灾自动报警系统应按中央级和车站级两级监控、管理方式设置；中央级火灾自动报警系统应设置在控制中心。

8.6.3 中央级火灾自动报警系统应具备下列功能：

1 实现全线消防集中监控管理。

2 接收由车站级火灾监控报警系统所发送的火灾报警信息，实现声光报警，进行火灾信息数据储存和管理。

3 接收、显示并储存全线火灾报警设备、消防设备的运行状态信息。

4 存储事件记录和人员的各项操作记录，具备历史档案管理功能；实时打印火灾报警发生的时间、地点等事件记录。

8.6.4 车站级火灾自动报警系统应具备下列功能：

1 接收、存储、打印监控区火灾报警信息，显示具体报警部位；向中央级火灾自动报警系统发送车站级火灾报警信息，接收中央级火灾自动报警系统发布的消防控制指令。

2 发生火灾时，车站级火灾自动报警系统应满足下列监控要求：

　　1) 直接控制专用排烟设备执行防排烟模式；启动广播系统进入消防广播状态；控制消防泵的启、停并监视其运行及故障状态；控制防火卷帘门的关闭并监视其状态；监视自动灭火系统的状态信号。

　　2) 直接向环境与设备监控系统发布火灾模式指令，由环境与设备监控系统自动启动防排烟与正常通风合用的设备执行相应火灾控制模式。控制其他与消防相关的设备进入救灾状态，切除非消防电源。

3 接收、显示、储存辖区内火灾自动报警系统设备及消防设备的状态信息，实现故障报警。

4 自动生成报警、设备状态信息的报表，并能对报警信息、设备状态信息进行分类查询。

8.6.5 火灾自动报警系统设备的设置应符合下列规定：

1 车站内管理用房、站厅及站台和通道等区域应设置感烟探测器或感温探测器；车辆基地、控制中心感烟探测器的设置应适应大空间的特点。

2 每个防火分区应至少设置一个手动报警按钮；从防火分区内的任何位置到最近的手动报警按钮的距离不应大于30m。

3 变电所、车站站台板下的电缆夹层应敷设缆式线型探测器。

4 车站公共区应设置应急广播；车站办公、设备区的走廊、控制中心、车辆基地及主变电站应设置警报装置。

5 车站、车辆基地、主变电站、控制中心应设置火灾自动报警控制盘。

6 重要设备室及值班室应设置消防电话。

8.6.6 火灾自动报警系统应设置维修工作站，并应具备下列功能：

1 接收、显示、储存、统计、查询、打印全线火灾监控报警系统设备的状态信息，发布设备故障报警信息，建立火灾监控报警系统设备维修计划及档案。

2 对车站级火灾自动报警控制盘进行远程软件下载、软件维护、故障查询和软件故障处理。

8.6.7 火灾监控报警系统应预留与拟建其他线路换乘站火灾自动报警系统接口的条件。

8.7 环境与设备监控系统

8.7.3 执行防灾和阻塞模式应具备下列功能：

1 接收车站自动或手动火灾模式指令，执行车站防烟、排烟模式。

2 接收列车区间停车位置、火灾部位信息，执行隧道防排烟模式。

3 接收列车区间阻塞信息，执行阻塞通风模式。

4 监控车站逃生指示系统和应急照明系统。

5 监视各排水泵房危险水位。

8.7.7 防排烟系统与正常通风系统合用的车站设备，应由环境与设备监控系统统一监控。环境与设备监控系统和火灾监控报警系统之间应设置可靠的通信接口，由火灾自动报警系统发布火灾模式指令，环境与设备监控系统优先执行相应的火灾控制程序。

8.7.8 在地下区间发生火灾或列车阻塞停车时，隧道通风、排烟系统应由控制中心发布模式控制命令，车站环境与设备监控系统接收命令并执行。

8.7.9 车站控制室应设置综合后备控制盘，盘面应以火灾工况操作为主，操作程序应简单、直接；作为环境与设备监控系统火灾工况自动控制的后备措施，其操作权限高于车站和中央工作站。

8.7.10 环境与设备监控系统应选择具备可靠性、容错性、可维护性、适应城市轨道交通使用环境的工业级标准设备；对事故通风与排烟系统的监控应采取冗余措施。

8.9 自动扶梯、电梯

8.9.2 自动扶梯应符合下列规定：

1 自动扶梯应采用公共交通型重载扶梯，其传动设备、结构及装饰件应采用不燃材料或低烟、无卤、阻燃材料。

2 自动扶梯应有明确的运行方向指示。

3 自动扶梯应配备紧急停止开关。

4. 《跨座式单轨交通设计规范》GB 50458—2008

1 总 则

1.0.19 跨座式单轨交通应配置对火灾及其他灾害的防范和救援设施。

2 术 语

2.0.2 跨座式单轨交通 straddle monorail transit

为单轨交通的一种型式,车辆采用橡胶车轮跨行于梁轨合一的轨道梁上。车辆除走行轮外,在转向架的两侧尚有导向轮和稳定轮,夹行于轨道梁的两侧,保证车辆沿轨道安全平稳地行驶。

4 车 辆

4.2 安全与应急设施

4.2.1 列车的两端必须设有紧急疏散门,组成列车的各车辆之间必须贯通。

4.2.2 车辆每个客室车门必须配备缓降装置。

4.2.4 列车必须具有纵向救援能力和横向救援能力并配备有相应的设施。纵向救援的渡板应安装在车辆上,同时,各车站应常备横向救援的跳板。

4.2.6 列车应设有报警系统,客室内应设有紧急时乘客报警装置。

6 线 路

6.1 一般规定

6.1.8 地面线路和高架线路距建筑物的距离,应根据行车安全、消防和景观等相关要求,以及采取相应的防范措施等因素,经综合比选确定。

7 车站建筑

7.1 一般规定

7.1.5 车站的防灾设计应按本规范第23章的规定执行。

7.1.8 地面和高架车站站台应设安全栏栅或安全门,地下车站站台应设安全门、安全栏栅或屏蔽门。高架车站行车轨道区底部应采用封闭结构。

7.2 车站平面

7.2.11 付费区与非付费区的分隔宜采用高度不小于1.1m的可透视栏栅,并应在适当部位安装可向疏散方向开启的栏栅门。栏栅门宽度宜按单开门设计,且不应小于1.2m,门的总量宽度应满足事故疏散要求。

7.2.12 地下车站有人值班的主要设备及管理用房应集中一端布置,如需设消防泵房宜设于主通道旁。

7.3 车站出入口

7.3.1 车站出入口的数量应根据分向客流和疏散要求设置,但每座车站不得少于两个。每个出入口宽度应按远期分向设计客流量乘以1.1~1.25的不均匀系数计算确定。特殊情况下当某一出入口宽度不能满足分向客流时,应调整其他出入口宽度,以满足总设计客流量的通过能力。

7.3.2 地下一层侧式站台车站每侧出入口不得少于两个。两侧式站台之间的过轨通道不应计入出入口数量。

7.5 安全门与屏蔽门

7.5.1 安全门或安全栏栅、屏蔽门的设置应满足限界的要求。

7.5.6 屏蔽门不应作为车站防火分隔设施。

7.7 车站环境设计

7.7.7 车站装修应采用防火、防潮、防腐、耐久、易清洁的环保材料,地面材料应防滑耐磨。

7.7.10 车站内应设置各种导向、事故疏散、服务乘客的标志标识,并应符合有关规定和要求。

7.7.11 车站公共区内(含出入口通道)设彩色灯箱广告时,其位置、色彩不得干扰导向、事故疏散、服务乘客的标志,且不应侵入乘客疏散空间。广告箱尺寸应模数化。

7.8 最小高度、最小宽度、最大通过能力

7.8.2 车站各部位的最小宽度应符合表7.8.2的规定。

表7.8.2 车站各部位的最小宽度(m)

名　　称	最小宽度
岛式站台	8(5)(注1)
岛式站台的侧站台	2.5
侧式站台(长向范围内设梯)的侧站台	2.5(注2)
侧式站台(垂直于侧站台开通道口设梯)的侧站台	3
通道或天桥	2.4
单向公共区人行楼梯	1.8
双向公共区人行楼梯	2.4
消防专用楼梯	1.2

注:1 括号内的数值系指站台计算长度小于100m;
　　2 侧式站台最小宽度不含楼扶梯宽度。

9 高架车站结构

9.4 构造要求

9.4.12 钢结构构件应做好防锈、防腐、防火处理。

12 通风、空调与采暖

12.1 一般规定

12.1.4 跨座式单轨交通通风、空调与采暖系统应具有下列功能:
　　3 当列车在地下区间发生火灾事故时,应具备防烟排烟、通风功能;
　　4 当车站内发生火灾事故时,应具备防烟排烟、通风功能。

12.1.11 通风、空调与采暖系统的管材及保温材料、消声材料应采用不燃材料,当局部部位采用不燃材料有困难时,应采用不低于 B_1 级的防火材料。管材及保温材料应具有防潮、防腐、防蛀、耐老化和无毒的性能。

12.3 地下线路

Ⅱ 地下车站设备及管理用房

12.3.18 采用气体灭火的房间应设置机械通风系统,排除的气体必须直接排出地面。

13 给水与排水

13.1 一般规定

13.1.1 跨座式单轨交通给水设计必须满足生产、生活和消防用水对水量、水压、水质的要求。

13.1.5 跨座式单轨交通的排水系统,除生活及粪便污水应单独排放外,结构渗漏水、冲洗及消防废水和地下工程的列车出入线洞口、敞开出入口及风口的雨水可按合流制排放,但生活及粪便污水的排放必须符合当地和现行国家排水标准的规定。

13.2 给水系统

13.2.1 给水系统主要分为生产及生活给水系统和消防给水系统。为保证工作人员饮用水的水质,车站内应采用生产及生活用水和消防用水分开的给水系统。地下区间隧道的冲洗用水宜采用和消防用水共用系统。

13.2.3 给水系统的用水量定额应符合下列规定:
　　5 消防用水应符合本规范第23章的有关规定。

13.2.4 给水系统的水质及防水质污染应符合下列规定:
　　2 生产和消防用水的水质,应按工艺要求确定;
　　3 由城市自来水管引入车站的消防给水管上应设倒流防止器。

13.2.5 给水系统的水压应符合下列规定:
　　3 消防用水的水压应符合本规范第23章的规定。

13.2.6 给水管道布置和敷设应符合下列规定:
　　1 地下车站生产、生活和消防用水的城市自来水引入管宜由风道或人行通道引入,并和车站给水系统管网相接;
　　2 区间隧道给水干管的布置,宜设在行车方向右侧,且管道阀门和消火栓的设置应满足限界的要求;
　　4 给水管处在环境温度3℃以下的场所及有可能结露的场所时,应有防冻或防结露措施,对消防给水管宜考虑电伴热保温。

13.3 排水系统

13.3.1 排水量标准应符合下列规定:
　　3 冲洗及消防废水排水量和用水量相同。

13.3.2 跨座式单轨交通的排水系统主要分为污水排水系统、冲洗、消防废水及结构渗漏水排水系统和列车出入洞口、敞开出入口及风口的雨水排水系统。

13.4 车辆基地给排水及消防系统

13.4.1 给水用水量定额应按现行国家标准《建筑给水排水设计规范》GB 50015 的规定执行。消防用水量应按现行国家标准《建筑设计防火规范》GB 50016 的规定执行。

13.4.3 给水系统及给水设施应符合下列规定:
　　2 室内应按生产、生活和消防给水分开设计;
　　5 车辆基地应设消防给水系统,其设计应按现行国家标准《建筑设计防火规范》GB 50016 的规定执行;
　　7 在必须设消防泵房和消防水池时,消防水池容积应满足室内外消防用水量的需要;
　　8 室外及室内消防给水管应布置为环状管网,室外每隔120m设一座室外消火栓井,每隔80m设一个给水栓,消防稳压方式宜采用高位水箱或水塔,如设置高位水箱或水塔有困难时,可另设稳压装置;
　　9 室外管材宜采用球墨铸铁给水管,室内消防水管应采用内外热镀锌钢管。

13.4.4 排水量定额应符合下列规定:
　　3 冲洗和消防废水排水量和用水量相同。

14 供　电

14.4 电　缆

14.4.1 供电系统所采用的电缆应具有无卤、低烟、阻燃等性能,其中地面区段所采用的电缆阻燃性能不应低于B级,地下区段所采用的电缆阻燃性能不应低于A级。电缆在地面或高架桥上敷设时,其外护套还应具有防紫外线的功能。

14.4.18 电缆从室外进入室内的入口处、电缆竖井的出入口处、电缆穿越建筑物隔墙楼板的孔洞处以及各供电设备与电缆夹层之间的电缆开孔处,应采取防止电缆火灾蔓延的阻燃封堵及分隔措施。

14.5 动力与照明

14.5.1 动力与照明用电设备的负荷分级应符合下列规定:
　　1 一级负荷:应急照明、变电所操作电源、火灾自动报警系统设备、消防系统设备、消防电梯、地下车站站厅与站台照明、地下区间照明、排烟系统用风机及电动阀门、通信系统设备、信号系统设备、道岔系统设备、电力监控系统设备、环境与设备监控系统设备、自动售检票系统设备、门禁系统设备、兼作疏散用的自动扶梯、安全门、屏蔽门、防护门、防淹门、排雨泵、地下车站及区间排水泵。

14.5.2 动力与照明负荷供电方式应符合下列规定：
  1 一级负荷由两回独立电源供电，两回电源在设备端进行切换。对于特别重要负荷，如变电所操作电源、火灾自动报警系统设备、通信系统设备、信号系统设备、电力监控系统设备、环境与设备监控系统设备、自动售检票系统设备，可另外设置蓄电池作为第三电源，容量应满足防灾和设备故障处理的要求。

14.5.9 车站应设站厅和站台照明、附属房间照明、广告照明、应急照明和导向标志照明等。照明配电箱宜集中设置。车站照明应分组控制。

14.5.11 应急照明应设置在车站的站台、站厅、出入口、疏散通道、紧急出口、车站控制室、站长室、公安用房、通信机房、信号机房、变电所设备房、自动售检票机房、防灾报警机房、设备监控机房、消防泵房和区间隧道内。应急照明的电源在主电源停电后应自动切换至应急电源，应急照明供电时间不应小于60min。

15 车站其他机电设备

15.1 电梯、自动扶梯和自动人行道

15.1.4 车站自动扶梯应采用公共交通重载型自动扶梯，在任何3h间隔内，持续重载时间应不少于0.5h，载荷应达到100%制动载荷，其传输设备应采用不燃或难燃材料。

15.1.7 电梯机房应为单独机房，应有通风和消防设施。有条件时可在机房设置空调。

15.2 安全门与屏蔽门

15.2.1 安全门与屏蔽门供电应采用一级负荷。

15.2.7 安全门与屏蔽门控制系统应保证在正常和非正常状态下的安全与可靠运行，在紧急状态下能保证乘客安全疏散。

15.2.14 安全门与屏蔽门系统使用的绝缘材料、密封材料和所用的电线电缆均应采用无毒、低烟、阻燃，且不含有放射性成分的产品。

16 道岔

16.3 道岔设备

16.3.13 道岔控制装置应符合下列要求：
  7 使用的电缆应为无卤、低烟、阻燃、防蚀、防潮和无放射性成分的产品。

17 通信

17.1 一般规定

17.1.4 通信系统在灾害、事故或突发事件的情况下应满足应急处理、抢险救灾的需要。

17.4 专用电话系统

17.4.7 防灾、环境与设备监控系统调度电话分机应设置在各车站、车辆基地行车值班室或综合控制室以及车辆基地和控制中心的消防控制室等地点。

17.5 无线通信系统

17.5.5 应按国家有关要求考虑地方公安、消防无线通信系统的设置。

17.6 广播系统

17.6.3 行车广播和防灾广播的区域应统一设置，并应符合现行国家标准《火灾自动报警系统设计规范》GB 50116 的规定。防灾广播应优先于行车广播。

17.8 闭路电视系统

17.8.1 闭路电视系统应为控制中心调度员、各车站值班员、列车司机、公安人员等提供有关列车运行、防灾、救灾及乘客疏导等方面的视频信息。

18 信号

18.2 列车自动控制（ATC）系统

18.2.4 ATC系统设计能力应符合下列要求：
  3 ATC系统应能与车辆、通信、电力监控、防灾报警、环境监控、乘客向导、屏蔽门（或安全门）、道岔和车辆段设备等系统接口。

18.9 其他

18.9.1 信号系统电缆应满足下列要求：
  1 地下区间、车站电缆应采用无卤、低烟、阻燃型电缆；地面、高架区间、车站宜采用低烟、防紫外线、难燃型电缆。

19 自动售检票系统

19.4 自动售检票系统与相关系统的接口

19.4.5 车站计算机系统应能接收防灾报警信号，控制车站售检票设备转入紧急运行模式。

20 环境与设备监控系统

20.2 系统设计原则

20.2.2 火灾自动报警系统（FAS）与BAS独立设置时，系统之间应设置高可靠性通信接口，防排烟系统与正常的通风系统合用的设备应由BAS统一监控，火灾工况应由FAS发布火灾模式指令，BAS优先执行相应的控制程序。

21 运营控制中心

21.1 一般规定

21.1.3 控制中心应设置信号、火(防)灾自动报警、环境与设备监控、电力监控、自动售检票和通信等系统中央级设备;也可根据需要配备其他与跨座式单轨交通运营、管理和安全有关的系统和设备。

21.2 功能分区与总体布置

21.2.6 设备区各系统设备用房的布置和设备房内设备的布置及设计应满足下列要求:
　　5 大功率的强电设备不得与弱电设备混合安装和布置;各电气系统设备用房不得有水管穿过,风管穿过时应安装防火阀。

21.3 建筑与装修

21.3.1 控制中心的建筑布局应符合下列规定:
　　2 控制中心建筑分类为多(高)层一类公共建筑,耐火等级为一级,屋面防水为二级;
　　4 中央控制室内各调度台之间应设有通道,当距门最远的调度台通道距离超过10m以上时,应设两个出入口与外部相连,至少有一个门的宽度为1.2m,高度为2.3m,并应符合国家现行消防规范的有关规定;
　　5 控制中心与其他建筑合建时,应具有独立性、安全性和可靠性,同时应设置独立的进出口通道,并满足紧急情况下的疏散要求。

21.3.2 控制中心的建筑装修在满足工艺要求的同时应符合下列规定:
　　2 建筑装饰装修工程所使用的材料应按设计要求进行防火、防腐和防虫处理,并应符合现行国家标准《建筑内部装修设计防火规范》GB 50222 的有关规定。

21.4 布 线

21.4.2 电缆的选择和管线的敷设除应满足各自系统的要求外,还应符合消防和电气等现行规范的规定。管线敷设应尽量做到线路短、交叉少。

21.5 供电、防雷与接地

21.5.4 控制中心宜设置综合接地装置,接地电阻值不应大于1Ω。通信、信号、防灾报警、环境与设备监控等弱电系统设备接地应从综合接地装置上单独接引,并应与强电系统接地装置分开设置。

21.6 照明与应急照明

21.6.4 应急照明包括安全疏散照明、事故照明和指示照明,应急照明的照度不应小于正常照度的10%;应急照明的备用电源容量应包括整个控制中心及远期预留房间不低于1h的使用容量。

21.8 消防与安全

21.8.1 控制中心应设置火灾自动报警、环境与设备监控、火灾事故广播、自动灭火、水消防、防排烟等消防系统。

21.8.2 控制中心应设置消防控制室。

21.8.5 控制中心给排水系统和消防设施,由给水、排水、水消防,以及配置的灭火器与自动灭火等系统组成。给排水系统宜利用城市既有设施。各系统的设计应符合国家现行有关规范的规定。

22 车辆基地

22.1 一般规定

22.1.7 车辆基地应有完善的消防设施。总平面布置、房屋设计和材料、设备的选用等应符合国家现行防火规范的有关规定。

22.1.9 车辆基地内应有运输道路及消防道路,并应有不少于两个与外界道路相连通的出口。

22.2 车辆基地的功能、规模及总平面设计

22.2.9 车辆基地的总平面布置应根据车辆段的作业要求,并考虑综合维修中心、物资总库和培训中心等设施的布局及道路、管线、绿化、消防、环保等要求合理设计。

22.2.12 产生噪声、冲击振动或易燃、易爆的车间宜单独设置;检修车间排出的有害气体、粉尘、废液等应符合环境保护及卫生标准。

22.7 物资总库

22.7.3 各种仓库的规模应根据所需存放材料、配件和设备的种类和数量确定,材料堆放场地应采用硬化地面。根据需要可设自动化立体仓库。
不同性质的材料、设备宜分库存放,其中存放易燃品的仓库宜单独设置,并应符合现行国家标准《建筑设计防火规范》GB 50016的有关规定。

22.9 救援设施

22.9.1 车辆基地内应有救援办公室,受跨座式单轨交通控制中心指挥,救援人员由车辆基地人员兼职。

22.9.2 救援办公室应设值班室。值班室应配置电钟、自动电话和无线通信设备,以及直通控制中心的防灾调度电话。

22.9.3 救援用的轨道车辆宜利用车辆段和综合维修中心的车辆,并应根据救援需要设置地面工程车和指挥车。

23 防 灾

23.1 一般规定

23.1.1 跨座式单轨交通应具有防火灾、冰雪、水淹、风灾、地震、雷击和事故停车等灾害的设施。

23.1.2 防火灾应贯彻"预防为主,防消结合"的方针。同一条线路按同一时间内发生一次火灾考虑。两条及两条以上线路的换乘站应按同一时间内发生一次火灾考虑。

23.1.3 地下车站站厅的乘客疏散区域、站台及疏散通道内不得设置商业用房。车站内的商店及车站周边连体开发的商

业服务设施等公共场所的防火灾设计，应符合现行国家标准《建筑设计防火规范》GB 50016 的有关规定。

23.1.4 与跨座式单轨交通相连接的商业等建筑物，必须采取防火分隔设施。

23.1.5 车站及区间应配备防灾救护设施，车辆基地应配备防灾救援设施。

23.1.6 控制中心应具备全线防灾及救援的调度指挥，以及和上一级防灾指挥中心联网通信的功能。

23.2 建筑防火

23.2.1 地下车站、地下区间、出入口、通风井的耐火等级应为一级，地面车站、高架车站及高架区间结构的耐火等级不应低于二级。

23.2.2 控制中心、车站控制室、变电所、配电室、通信及信号机房、通风及空调机房、消防泵房、气体灭火剂室、蓄电池室、安全门和屏蔽门的设备控制室等重要设备管理用房，应采用耐火极限不低于 2h 隔墙和耐火极限不低于 1.5h 楼板与其他部位隔开，隔墙上的门应采用乙级防火门。

23.2.3 车站内楼梯、自动扶梯和疏散通道的通过能力，应保证在远期高峰小时客流量时发生火灾情况下，6min 内将一列车乘客和站台上候车的乘客及工作人员全部撤离站台层。

23.2.4 地下车站站台和站厅公共区应划为一个防火分区，其他部位的每个防火分区的最大允许使用面积不应大于 1500m²。地上车站不应大于 2500m²。两个相邻防火分区之间应采用耐火极限不低于 3h 的防火墙和甲级防火门分隔。在防火墙设有观察窗时，应采用 C 类甲级防火玻璃。

23.2.5 换乘车站内的站台层和站厅层公共区宜划为一个防火分区。换乘通道和楼梯应作防火分隔，并在门洞处设防火卷帘。

23.2.6 穿过防火墙的管道、电缆、风管空隙处应采用防火封堵材料填塞密实。当风管穿越防火墙时应设防火阀。

23.2.7 车站公共区防烟分区的建筑面积不宜大于 2000m²，在站台与站厅公共区楼梯洞处，必须设置挡烟垂壁。车站的设备及管理用房每个防烟分区的建筑面积不宜大于 750m²。且防烟分区不得跨越防火分区。挡烟垂壁在吊顶面下突出高度不应小于 0.5m，其下缘至楼梯踏步面的垂直距离不应小于 2.3m，且其上部应升到结构顶板底部，挡烟垂壁的耐火极限不应小于 0.5h。

23.2.8 车站的主要设备及管理用房内应设宽度不小于 1.2m 直通地面消防专用出口。

23.2.9 车站的站厅、站台、出入口楼梯、疏散通道、封闭楼梯间等乘客集散部位，其墙、地及顶面的装修材料应采用 A 级防火材料，使用架空地板时，材料防火等级不应低于 B_1 级。广告灯箱、座椅、电话亭、售检票亭等固定设施应采用不低于 B_1 级防火材料。装修材料不得采用石棉、玻璃纤维制品和塑料类制品。

23.2.10 地面、高架车站应设置消防车道，并应符合现行国家标准《建筑设计防火规范》GB 50016 的规定。

23.3 安 全 疏 散

23.3.1 地下车站每个防火分区安全出入口设置应符合下列规定：

1 地下车站站台和站厅防火分区的安全出口的数量不应少于两个，并应直通外部空间；

2 其他各防火分区安全出入口的数量也不应少于两个，并应有一个为直通外部空间的安全出口，相邻的防火分区的防火门应作为第二安全出口；

3 防火分区安全出口应按不同方向分散设置，两个出口间的距离不应小于 10m；

4 对于地下一层侧式站台车站，过轨通道不得作为安全出口通道；

5 竖井爬梯和电梯不得作为安全出口；

6 消防专用通道不得作为乘客安全出口；

7 换乘车站内的换乘通道和楼梯不得作为安全出口。

23.3.2 地下车站管理用房区域宜集中一端布置，其区域内沟通各层的疏散楼梯应采用封闭楼梯间。

23.3.3 事故疏散时间应按下式计算，通行能力应符合本规范第 7 章的规定。

$$T = 1 + \frac{Q_1 + Q_2}{0.9[A_1(N-1) + A_2 B]} \leqslant 6\text{min} \quad (23.3.3)$$

式中 Q_1——该站一列车高峰小时断面客流通过量（人）；

Q_2——站台上候车乘客和站台上工作人员（人）；

A_1——自动扶梯通过能力[人/(min·台)]；

A_2——人行楼梯通过能力[人/(min·m)]；

N——自动扶梯台数；

B——人行楼梯总宽度（m）；

1——人的反应时间（min）。

23.3.4 设于公共区的付费区与非付费区的栏栅应设疏散门，疏散门的总宽度按下列公式计算：

$$L \geqslant \frac{0.9[A_1(N-1) + A_2 B] - A_3}{A_4} \quad (23.3.4)$$

式中 L——疏散门的总宽度（m）；

A_3——门式自动检票机通行能力（人/min）；

A_4——疏散门通行能力[人/(min·m)]；

其余符号同前。

当采用三杆式自动检票机时，其通行能力应按门式自动检票机的 50% 计算。

23.3.5 站台、站厅公共区任一点距疏散楼梯、自动扶梯或通道口的距离应小于 50m。

23.3.6 地下出入口通道宜少设弯道，疏散通道内不能设置门槛和有碍疏散的构筑物。长度大于 100m 的通道中应加设消防疏散口，通道内最远一点到疏散口距离应小于 50m，当加设消防疏散口困难时，也可采取保证人员安全疏散的其他措施。

23.3.8 两条单线区间隧道的连贯长度大于 600m 时，应设横向联络通道，联络通道内应并列设置双扇反向开启的甲级防火门。

23.3.9 当长区间隧道设中间风井时，井内应设直通地面的疏散梯，宽度应满足通过 2 股人流宽度的要求。

23.3.10 防灾疏散的自动扶梯应符合下列规定：

1 按一级负荷供电；

2 有逆向运转的功能。

23.3.11 安全出口、楼梯和疏散通道的设置应符合下列规定：

1 供人员疏散的出口楼梯和疏散通道宽度，应按本规范第 7 章有关规定计算；

2 有人值班的车站设备及管理用房的门至最近安全出口的距离不应大于 40m，位于袋形通道两侧或尽端房间，其最大距离不应大于上述距离的 1/2。

23.3.12 当地下车站站内上、下全部采用自动扶梯时，应增设一处人行楼梯，在侧式站台车站，每侧应设一处人行楼梯。

23.4 消防给水

23.4.1 消防给水系统的水源应优先采用城市自来水。当无城市自来水时，应选用其他可靠的水源。

23.4.2 车站消火栓给水系统应和生产、生活给水系统分开设置，但区间隧道冲洗用水宜和消防用水共用。

23.4.3 消火栓给水系统设计应符合下列规定：

1 地下车站消火栓用水量车站不小于 20L/s，地下区间、人行通道及折返线不小于 10L/s；

2 消火栓设置场所为站厅层、站台层、设备及管理用房区域、地下区间隧道、超过 20m 的人行通道。除空调及冷冻机房消火栓箱和区间消火栓口明装外，其他场所消火栓箱宜暗装。

23.4.4 消火栓设置应满足以下要求：

1 消火栓的布置应保证每一个防火分区同层有两支水枪的充实水柱同时到达室内任何部位，水枪充实水柱不应小于 10m，消火栓间距应按计算确定，但单口单阀消火栓间距不应大于 30m，双口双阀消火栓间距不应大于 50m；

2 消火栓的口径为 DN65，水枪喷嘴为 φ19，每根水带长为 25m，栓口距地面为 1.1m。出水方向宜向下或垂直于墙面；

3 除站台设单口消火栓有困难时可设双口双阀消火栓外，其他场所均应设单口消火栓；

6 地下区间的消火栓间距为 50m，应按单口设置，不设消火栓箱，水龙带及水枪设在相邻车站站台端部的专用消防器材箱内；

7 消火栓栓口的静水压不应大于 1.00MPa，当大于 1.00MPa 时，应采取分区给水系统，消火栓栓口的出水压力大于 0.50MPa 时，应采取减压措施；

8 设有消防泵的消火栓给水系统的消火栓箱内或区间消火栓口处应设水泵启动按钮。

23.4.5 消火栓给水系统构成应符合下列要求：

1 消火栓给水系统在车站及地下区间应设置为环状管网；

2 车站及沿线附属建筑物应由城市自来水管引入两路消防给水管和车站或附近建筑物环状管网相接；

3 地下车站及区间按水力计算确定消防给水系统供水区段。供水区段的两端宜设电动、手动阀门，发生火灾事故时应将两端相应阀门根据消防给水要求开启或关闭。

23.4.6 当城市自来水的供水量满足生产、生活和消防用水量的要求，而压力不能满足消防要求时，应设消防泵增压并宜直接从市政管网抽水，不设消防水池，但应得到当地自来水公司及消防部门认可，自来水压力能满足稳压要求则不设稳压装置。

23.4.7 地面或高架车站，消防给水系统的设置应按现行国家标准《建筑设计防火规范》GB 50016 的规定执行，并应满足下列规定：

1 车站室外消防用水量：

车站建筑体积≤1500m³ 时，为 10L/s；

车站建筑体积为 1501m³～5000m³ 时，为 15L/s；

车站建筑体积为 5001m³～20000m³ 时，为 20L/s；

车站建筑体积为 20001m³～50000m³ 时，为 25L/s；

车站建筑体积≥50000m³ 时，为 30L/s。

2 车站室内消防用水量：

车站建筑体积为 5001m³～25000m³ 时，为 10L/s；

车站建筑体积为 25001m³～50000m³ 时，为 15L/s；

车站建筑体积≥50000m³ 时，为 20L/s。

3 市政给水管道为枝状或只有一条水管，而且车站内外消防用水量之和超过 25L/s 时，应设消防泵和消防水池；消防水池的容积应满足火灾延续时间内的室内外消防用水总量的要求；

4 车站内消火栓超过 10 个，且站内消防用水量大于 15L/s 时，消防给水管至少有两条引入管和站外城市自来水管网相接，车站内也宜设置为环状管网。

23.4.8 地下车站的消防给水系统在车站地面适宜地点应设消防水泵接合器，并在 15～40m 范围内应有相对应的室外消火栓。

23.4.9 水泵接合器和室外消火栓设置可为地上式或地下式。

23.4.10 地面或高架车站水泵接合器的设置，应按现行国家标准《建筑设计防火规范》GB 50016 的规定执行。

23.4.11 寒冷地区的室外消火栓和水泵接合器及消防水池的设置应采取防冻措施。

23.4.12 消火栓给水系统火灾延续时间不应小于 2h。

23.5 灭火装置

23.5.1 地下车站的变电所、通信设备室和信号设备室应设置气体灭火系统。

23.5.2 地面及高架车站设置在地下的重要电气设备室，按地下车站的规定执行。

23.5.3 地面控制中心、车辆基地、主变电所、地面或高架车站的灭火装置的设置应按现行国家标准《建筑设计防火规范》GB 50016 和《高层民用建筑设计防火规范》GB 50045 的规定执行。

23.5.4 气体灭火系统的设计应按现行国家标准《气体灭火系统设计规范》GB 50370 的规定执行。

23.5.5 跨座式单轨交通应按现行国家标准《建筑灭火器配置设计规范》GB 50140 的规定配置灭火器。车站公共场所宜配置磷酸铵盐灭火器，变电所及综合控制室等电气房间宜配置二氧化碳灭火器，但不得选用装有金属喇叭筒的二氧化碳灭火器，人行通道宜配置水型或磷酸铵盐干粉灭火器。

23.6 消防设备配置与监控

23.6.1 消防泵的设置应符合下列要求：

1 两台消防泵，一台工作一台备用；

2 由车站控制室远程控制、就地控制；消火栓按钮控制；消防泵可自动和手动切换。设稳压装置时能自动控制，消防泵启动后停止时用手动控制。

23.6.2 气体灭火系统应有自动控制、手动控制和机械应急手动控制三种控制方式；控制盘可采用独立控制或集中控制方式。

23.6.3 消防泵、消防管道上的电动阀门及气体灭火系统的工作状态应在控制中心和车站控制室显示。

23.7 防烟、排烟与事故通风

23.7.1 跨座式单轨交通必须设置有效的防烟、排烟与事故通风系统。

23.7.2 地面和高架车站宜采用自然排烟方式，当无条件采用自然排烟方式时，应设置机械排烟系统。

23.7.3 地下线路应设置机械防烟、排烟系统，并应具有下列功能：

　　1 当区间隧道发生火灾时，应能背向乘客疏散方向排烟，迎向乘客疏散方向送新风；

　　2 当地下车站的站厅、站台、设备及管理用房发生火灾时，应具备防烟、排烟、通风功能；

　　3 当列车阻塞在区间隧道时，应能对阻塞区间进行有效通风。

23.7.4 地下线路的下列场所应设置机械防烟、排烟系统：

　　1 地下车站的站厅和站台；

　　2 地下区间隧道。

23.7.5 地下线路的下列场所应设置机械排烟系统：

　　1 同一个防火分区内的地下车站设备及管理用房的总面积超过200m²，或面积超过50m²且经常有人停留的单个房间；

　　2 最远点到地下车站公共区的直线距离超过20m的内走道；连续长度超过60m的长通道和出入口通道。

23.7.6 当防烟、排烟系统和事故通风、正常通风空调系统合用时，通风空调系统应符合防烟、排烟系统的要求，并应具备发生火灾事故时能够快速转换至防烟、排烟功能。

23.7.7 地面和高架车站采用自然排烟方式时，可开启外窗的面积应不小于地面面积的2%。

23.7.8 地下车站站台、站厅火灾时的排烟量，应根据一个防烟分区的建筑面积按60m³/(m²·h)计算。当排烟设备负担两个防烟分区时，其设备能力应按同时排除2个防烟分区的烟量配置。当车站站台发生火灾时，应保证站厅到站台的楼梯和扶梯口处具有不小于1.5m/s的向下气流。

23.7.9 地下车站设备及管理用房、内走道、地下长通道和出入口通道需设置机械排烟时，其排烟量应根据一个防烟分区的建筑面积按60m³/(m²·h)计算，排烟房间的补风量不应小于排烟量的50%。当排烟设备负担两个防烟分区时，其设备能力应根据最大防烟分区的建筑面积按120m³/(m²·h)计算的排烟量配置。

23.7.10 区间隧道火灾的排烟量应按单洞区间隧道断面的排烟流速高于计算的临界风速确定，但最低不应小于2m/s计算，排烟流速不应大于11m/s。

23.7.11 地下车站站厅、站台和车站设备及管理用房排烟风机应保证在250℃时能连续有效工作1h，烟气流经的辅助设备如风阀及消声器等应与风机耐高温等级相同。

23.7.12 地面及高架车站站厅、站台和车站设备及管理用房排烟风机应保证在280℃时能连续有效工作0.5h，烟气流经的辅助设备如风阀及消声器等应与风机耐高温等级相同。

23.7.13 区间隧道事故，排烟风机应保证在150℃时能连续有效工作1h，烟气流经的辅助设备如风阀及消声器等应与风机耐高温等级相同。

23.7.14 列车阻塞在区间隧道时的送风量应按区间隧道断面风速不小于2m/s计算，并应按控制列车顶部最不利点的隧道温度低于45℃校核确定，但风速不得大于11m/s。

23.7.16 当排烟干管采用金属管道时，管道内的风速不应大于20m/s，采用非金属管道时不应大于15m/s。

23.8 防灾用电与疏散指示标志

23.8.1 消防用电设备应按一级负荷供电，并应在末级配电箱处设置自动切换装置，当发生火灾切断生产、生活用电时，应能保证消防设备正常工作。

23.8.2 防灾用电设备的配电设备应有明显标志。

23.8.3 应急照明的连续供电时间不应少于1h，且其最低照度不应低于0.5lx。

23.8.4 下列部位应设置疏散应急照明：

　　1 站厅、站台、自动扶梯、自动人行道及楼梯口；

　　2 疏散通道及安全出口；

　　3 区间隧道。

23.8.5 应急照明和疏散指示灯用的电缆应采用耐火型或矿物电缆。

23.8.7 应急照明以及疏散指示标志的供电电源采用UPS方式供电时，UPS的工作状态应由火灾报警系统（FAS）或设备监控系统（BAS）对其进行远程监视。

23.8.8 下列部位应设置醒目的疏散指示标志：

　　1 站厅、站台、自动扶梯、自动人行道及楼梯口；

　　2 人行疏散通道拐弯处、交叉口及安全出口；沿通道长向每隔不大于20m处；

　　3 疏散通道和疏散门均应设置灯光疏散指示标志，并设有玻璃或其他不燃烧材料制作的保护罩；

　　4 疏散指示标志距地面应小于1m；

　　5 地下车站的站台、站厅、疏散通道等人员密集部位的地面，应设置保持视觉连续的发光疏散指示标志。

23.9 防灾通信

23.9.1 跨座式单轨交通公务电话系统程控交换机的分机应具有能自动拨号到市话网"119"的功能。同时，应配备在发生灾害时供救援人员进行地上、地下联络的无线通信设施。

23.9.2 控制中心应设置防灾无线控制台，列车司机室应设置无线通话台，车站控制室、站长室、保安室及车辆基地值班室应设置无线通信设备。

23.9.3 控制中心应设置防灾广播控制台，车站控制室、车辆基地值班室应设置广播控制台。在设有公共广播的车站区域，消防广播的功能应由通信系统广播子系统提供。

23.9.4 控制中心和车站控制室应设置监视器和控制键盘。

23.9.5 跨座式单轨交通应设消防专用调度电话。防灾调度电话系统应在控制中心设调度电话总机，在车站控制室及车辆基地设分机。

23.9.6 车站应设消防对讲电话。

23.9.7 通信系统应具备火灾时能迅速转换为防灾通信的功能。

23.10 火灾报警系统

23.10.1 车站、区间隧道、变电所、控制中心、车辆基地及停车场应设置火灾自动报警系统（FAS）。保护等级应为一级。

23.10.2 控制中心兼作全线防灾控制中心，火灾报警系统中央级应设在控制中心中央控制室；车站或车辆基地设防灾控制室，组成控制中心、车站两级管理，控制中心、车站、就地三级的控制模式。火灾报警系统的全线传输网络可利用公共通信传输网络，不宜单独配置。

23.10.3 火灾报警系统（FAS）应包括火灾报警装置、消防联动装置及与防灾相关的其他设备。

23.10.4 FAS应可直接操作联动控制消防设施和防烟、排烟系统设备，或通过环境与设备监控系统（BAS）联动控制防烟、排烟系统设备，当火灾工况排烟风机兼作正常运行工况时，通风空调系统回、排风机等设备应由BAS系统控制；仅用于火灾工况排烟设备应由FAS控制。

23.10.5 下列场所应设置火灾自动报警装置：
1 控制中心楼的各种设备机房、配电室（间）、电缆通道、电缆竖井、电缆夹层、走廊、会议室、办公室、控制室及其他管理用房；
2 地下车站的公共区、通道、各种设备机房、配电室（间）、电缆通道、电缆竖井、电缆夹层、走廊、办公室、控制室等管理用房；
3 地面和高架车站的各种设备机房、配电室（间）、电缆通道、电缆竖井、电缆夹层、控制室等重要管理用房；
4 主变电所、牵引变电所、降压变电所、混合变电所；
5 车辆基地与停车场的停车库、检修库、变电所、信号楼及火灾危险性较大的场所。

23.10.6 区间隧道应设手动报警按钮。手动报警按钮间距为50m，应靠区间消火栓设置。

23.10.7 车站级防灾控制应具有下列功能：
1 接收本车站及其所辖区间的火灾报警信号，显示火灾报警、故障报警部位，并将本站管辖区域的灾害信息及设备状态信息传送至控制中心；
2 接收与本站联建的物业火灾报警信号，统一协调疏散、救灾；
3 对室内消火栓系统、自动喷水灭火系统、气体自动灭火系统、防排烟系统和防火卷帘等进行控制和显示；
4 防灾控制室在确认火灾后应具备下列功能：
　1）启动消防广播，接通警报装置，接通应急照明和疏散指示灯，将电梯全部停于首层；
　2）手动将疏散用的自动扶梯强切于疏散方向运行；
　3）手动控制屏蔽门、安全门的开或关，手动或自动开启所有自动检票机闸门，切断相关区域非消防电源；
　4）消防水泵、防排烟风机的启、停，除自动控制外，还应能手动直接控制。
5 显示被控设备的工作状态，显示系统供电电源的工作状态；
6 显示保护对象的部位、疏散通道及消防设备所在位置的平面图或模拟图；
7 接收控制中心命令，强制BAS系统将防排烟风机按火灾工况运行。

23.10.8 控制中心控制室应具有下列功能：
1 接收并显示全线各车站和车辆基地送来的火灾报警和相关防灾设备的工作状态信号；
2 地下区间隧道火灾时，协调相邻两座车站的控制工况，向车站发布控制命令；
3 对全线相关消防设施进行监控；
4 对全线火灾事件、历史资料进行存档和管理。

23.10.9 防灾控制室应结合其他控制系统综合设置，并应符合下列规定：
4 FAS系统的专用面积不应小于6m²，在该区域内不应有与其无关的管线穿过。

23.10.10 FAS系统的时钟应与全线时钟系统同步。

23.10.11 FAS应设主电源和直流备用电源。FAS主电源应由一级负荷或相当于一级负荷的电源供电；FAS直流备用电源宜采用火灾报警控制器的专用蓄电池或集中设置蓄电池组供电，其容量应保证主电源断电后供电1h。采用集中设置蓄电池时，消防报警控制器供电回路应单独设置，保证控制器可靠工作。

23.10.12 FAS系统布线应采用无卤、低烟、阻燃或耐火电线电缆。

23.10.13 FAS系统设计除应执行本规范规定外，尚应符合现行国家标准《火灾自动报警系统设计规范》GB 50116的相关规定。

23.11 救援保障

23.11.2 控制中心应能对所有紧急状态下的应急预案和操作程序进行监控管理。发布相关消防设施的控制命令，负责全线防灾、救灾的指挥和协调；控制中心负责灾害情况下的对外联络及协调工作，应能通过电话或网络通信快速地同本地区的消防、公安、医疗救护部门建立联系；控制中心应具备接收本地区气象预报部门、地震预报部门的电话报警或网络通信报警功能。

23.11.5 当从车辆中撤离所有乘客时，列车驾驶员应按控制中心的统一安排，通过广播通知乘客实施撤离。

23.11.6 各车站控制室应综合设后备控制盘，在火灾或紧急情况下，在综合后备盘上能够执行各监控系统的关键控制功能并采用手动按键操作实现。

5. 《跨座式单轨交通施工及验收规范》GB 50614—2010

1 总 则

1.0.8 位于城市主干道、商业集中区、学校、医院等人口稠密区域的施工项目,在施工时应根据安全、环保与防灾要求设置施工围蔽、防尘、降噪、防火与疏散等设施。

7 供 电

7.2 变电所

7.2.14 变电所受电前下列项目应全部完成:

1 干粉灭火器、应急照明灯、安全警示牌、操作手柄、专用工具和钥匙应配置齐全。

10 给水排水

10.2 给水系统

10.2.2 消火栓、阀门、伸缩节等给水附件、管件应满足设计要求,安装前应按相关规范的要求进行检验,安装后应便于拆卸更换。

10.2.5 给水管道穿过防火墙时应进行防火封堵,并应加设防火套管;穿越楼板时应采取防水措施。

10.2.13 室外消火栓、水泵接合器应设置永久性固定标识,标识应明显、清晰。并宜采用反光标识;栓口的位置应便于操作;水泵接合器附近不应有障碍物,距最近一个市政消火栓的距离宜为15m~40m。

10.2.14 消防给水管道安装应符合消防的规定,明装消防管道表面应涂成红色,并应有水流方向标记。

10.2.15 室内消火栓及消火栓箱的安装可配合装修的要求进行,消火栓栓口中心距地面高度应为1.1m,箱门应能完全打开、开启灵活,箱门上应有明显的标识,箱内配件应齐全;金属箱体应无锈蚀、划伤。

10.2.16 室外地上式消火栓的安装位置距建筑物外墙不宜小于5m,距道路边缘不应大于2m。

10.2.17 明装消火栓箱体的规格类型应符合设计要求,箱体表面应平整、光洁、方正;箱体内外表面应作防腐处理,必要时宜采用防腐材料。

10.2.18 室内消火栓系统安装完成后,应取屋顶层或在水箱间内试验消火栓和首层取两处消火栓作试射试验,并应达到设计要求。

11 火灾自动报警系统

11.1 一般规定

11.1.1 火灾自动报警系统(FAS)应由具有相应施工资质的专业施工队伍施工,安装施工应按经批准的施工组织设计和安装施工措施计划作业书进行,并应与相关专业协调协同作业。

11.1.2 施工前应具备说明书、系统图、设备平面布置图、接线图、安装图以及其他必要的技术资料。

11.1.3 火灾自动报警系统工程设计图、施工资质应报经当地公安消防部门审批或备案。

11.1.4 火灾自动报警系统(FAS)施工及验收,除应执行本规范外,尚应符合现行国家标准《火灾自动报警系统施工及验收规范》GB 50166的有关规定。

11.1.5 火灾自动报警系统(FAS)的功能应逐项检测,检测应符合设计要求及有关规范的规定。

11.1.6 火灾自动报警系统在交付使用前应经公安消防监督机构验收。

11.2 管线敷设

11.2.1 管路敷设及布线除应符合本规范第8章的有关规定外,尚应满足下列要求:

1 管路和线槽敷设应与土建和装饰施工同步进行;

2 采用明敷的线路应使用金属管道、线槽和金属软管保护,不应有裸线;不同的系统、电压等级、电流类别的线路,不应穿在同一管内或线槽的同一槽孔内;

3 敷设在多尘或潮湿场所管路的管口和管道连接处,均应作密封处理;

4 管道入盒时,盒外侧应用锁紧螺母锁紧,内侧应有护口;在吊顶内敷设时,盒的内外侧均应用锁紧螺母锁紧;

5 采用接线盒连接的金属管道,其外壁应用可靠、牢固的连线连接,并应可靠接地;

6 消防控制、通信和报警管路采用明敷或在隧道内敷设时,金属管或金属线槽上应有防火保护措施;在隧道内敷设的铠装线缆或管路应固定在隧道壁上;

7 金属线槽应有槽盖;线槽盖安装后应平整,无翘角;在线路连接、转角、分支及终端处应采用相应的附件连接;

8 金属线槽垂直或倾斜敷设时,应防止电线或电缆在线槽内滑动;

9 三根及以上绝缘导线穿于同一管道时,其导线总截面积不应超过管内截面积的40%;

10 在线槽内布线时,其线缆的总截面积不应超过槽内截面积的50%;

11 电线、电缆在金属管或金属线桥内不应有接头或扭结;导线接头应在接线盒内焊接或利用端子连接,并应留有适当余量;

12 报警控制器线路总线采用屏蔽绝缘线时,其屏蔽金属层应相互连接,并应单点接地;

13 管线跨越沉降缝、伸缩缝、抗震缝等处时,应采取补偿措施,导线跨越变形缝的两侧应固定,并应留有适当

余量;

14 火灾自动报警系统(FAS)导线敷设后,用500V兆欧表测试每回路对地绝缘电阻值时不应小于20MΩ。

11.2.2 车辆基地及主变电所的火灾自动报警系统(FAS)电缆与通信线缆同沟敷设时,应符合本规范第8.3.4条的规定。

11.2.3 接地除应符合本规范第8.8节的规定外,尚应满足下列要求:

1 设备及管线应与工程综合接地网连接,接地电阻值不应大于1Ω;

2 电线管、槽、设备外壳均应等电位连接,并应牢固接至综合接地箱的端子上,其端子连接方式应采用压接或焊接。

11.3 设备安装

11.3.1 火灾自动报警系统(FAS)的主要设备应选用经国家定点消防电子产品质量检测中心检测合格的产品。

11.3.2 设备安装前应按设计要求检查集中报警控制器、区域报警控制器、探测器、手动报警按钮、I/O模块等报警设备的规格、型号及技术资料。

11.3.3 探测器安装应符合下列规定:

1 点型火灾探测器安装位置应符合下列要求:

　1)探测器宜水平安装在被保护空间的中央部位,安装后指示灯应朝向房间入口;当倾斜安装时,倾斜角不应大于45°;

　2)探测器周围水平距离0.5m内不应有遮挡物,探测器至墙壁、梁的边缘水平距离不应小于0.5m;

　3)探测器至空调送风口边的水平距离不应小于1.5m,至多孔送风顶棚孔门的水平距离不应小于0.5m;

　4)在宽度小于3m的内走道顶棚上安装探测器时,宜居中布置;感烟探测器的安装间距不应超过15m;感温探测器的安装间距不应超过10m;探测器至端墙的距离,不应大于探测器安装间距的一半。

2 线形感温探测器应以连续方式布设,宜用接触式按正弦波形状或用承缆索固定悬挂方式固定,不得抽头或分支。当采用接触式布设时,每隔1.8m应设一个正弦波形状,并应用阻燃扎带牢固绑扎于电力电缆上;

3 红外光束感烟探测器不得安装在易受环境温度变化或因其他物体振动而产生物理变形的物体上;发射器和接收器间光路上不应有遮挡物或干扰源,并应符合不同生产厂家、不同产品的安装要求。

11.3.4 火灾报警按钮的安装应符合下列规定:

2 火灾报警按钮应安装在明显和便于操作的部位,并应有明显标志;

3 火灾报警按钮安装应牢固,不得倾斜,其外接导线应留有不小于150mm的余量,且端部应有明显标志。

11.3.5 火灾自动报警控制器安装应符合下列规定:

1 安装应牢固,不得倾斜;当安装在轻质墙上时,应采取加固措施,其显示单元距地(楼)面高度宜为1.6m～1.8m;

2 主电源应直接与消防专用电源连接,不得使用电源插头,并应有明显标志;

3 引入的管线、缆应符合下列要求:

　1)配线应整齐、避免交叉,并应绑扎成束、固定牢靠;配线长度应留有不小于200mm的余量;线、缆的端部应标明编号;

　2)端子板的每个接线端子,接线不应超过两根;

　3)导线引入管在穿线后管口应封堵。

11.3.6 I/O模块及模块箱安装应符合下列规定:

2 模块的功能应符合设计要求;模块在模块箱内排列应整齐、美观,固定应牢固,内配接线排列应整齐,其接线应有不小于150mm的余量,接线端部应有明显标志;

3 模块的终端电阻应安装在最远端被监控设备的信号端子上;

4 模块箱宜安装在墙上,其底边距地面高度宜为1.5m;若需安装在吊顶内时,应在吊顶设维修孔;

5 模块箱尺寸应满足箱内模块安装的要求,防护等级不应低于IP53。

11.3.7 消防电话安装应符合下列规定:

1 每个车站应设置一套独立消防电话系统;电话总机、电话分机、电话插孔安装位置应符合设计要求;

2 每个分机电话应具有独立号码,公共区域的电话插孔应按区域或回路分配号码,区间电话插孔应按上行区间、下行区间各设置两个或两个以上号码;

3 消防电话安装应牢固,不得倾斜,外接导线应留有不小于150mm的余量,端部应有明显标志。

11.3.8 FAS的电源应为系统专用电源,不应接入其他用电设备。

11.4 调整试验

I 车站级调试

11.4.3 FAS调试开通前应作下列检查:

1 系统接线应正确,并应无错线、开路、虚焊和短路现象;

2 应分别对集中报警控制器、区域报警控制器、火灾报警装置和消防控制设备按厂家产品说明书的要求进行单机通电检查试验。

11.4.4 火灾自动报警控制器应按现行国家标准《火灾报警控制器》GB 4717的有关规定进行下列功能检查:

1 火灾报警自检功能;

2 消声、复位功能;

3 故障报警功能;

4 火灾优先功能;

5 报警记忆功能;

6 电源自动转换和备用电源的自动充电功能;

7 备用电源的欠压和过压报警功能。

11.4.6 消防专用电话调试时,电话分机、电话塞孔或手提电话机应逐个分别与电话总机互相呼叫,电话总机、电话分机、电话塞孔应灯亮、响铃,回铃音及通话应清晰、无噪声,呼叫回路应正确。

11.4.7 火灾应急广播调试应符合下列规定:

1 车站火灾应急广播可与通信系统合用;当火灾确认试验时,应能自动启动火灾应急广播控制设备或手动切换方式将通信系统的广播设备强制转入火灾应急广播状态,对站厅、站台、夹层的广播设备应分别进行调试；

  2 控制中心大楼火灾应急广播系统调试时应符合下列要求：

    1）人工与自动转换应正确、可靠，工作状态不得中断；

    2）应能自动启动或人工操作火灾疏散层应急广播，进行人工播音或播放录音，扬声器播放语音应清晰、无噪声、音量一致。

11.4.8 火灾复示盘应能正确、清楚地表示建筑物内火灾报警设备报警位置和故障。

11.4.9 FAS与相关专业联合调试应符合下列规定：

  1 火灾确认试验与建筑专业联合调试应满足下列要求：

    1）火灾自动报警控制器应能控制与火灾试验探测器联动的卷帘门按设计要求的方式可靠下降，并应正确显示卷帘门位置状态；

    2）防火分区内所有的常开防火门与控制器连锁应释放，防火门应可靠关闭；火灾自动报警控制器及工作站应能正确显示其位置状态；

    3）防火分区内的电梯应强制迫降到安全层并停止使用，电梯门在火灾报警信号消除前应敞开；火灾自动报警控制器及工作站应能正确显示其位置状态。

  2 与给水排水专业联合调试应满足下列要求：

    1）火灾确认试验时，应能启动消防泵、喷淋泵；按压每个消火栓按钮时，火灾自动报警控制器及工作站应能正确显示工作位置、启动消防泵的信号和泵的工作状态；

    2）火灾自动报警控制器应能控制每个消防给水干管电动阀门的开、关，并应正确显示其工作状态。

  3 火灾自动报警控制器应能接收并正确显示气体自动灭火系统保护区的报警、放气、风机和风阀状态以及手动/自动放气开关所处位置。

  4 与环境与设备监控系统（BAS）、环控防烟、排烟系统联合调试时应满足下列要求：

    1）与环境与设备监控系统（BAS）系统通信接口应可靠；通信临时中断时，1min内应能在FAS和BAS系统人机界面上报警，并应记录，在通信恢复后1min内应能自动恢复；

    2）火灾确认试验时，应能按设定的事故工况，对专用送、排风机或排烟机和阀门进行直接控制，并向环境与设备监控系统（BAS）发布指令，由环境与设备监控系统（BAS）执行对共用环控设备联动控制；火灾自动报警控制器及工作站应能正确显示直接控制专用环控设备工作及故障状态；

    3）火灾确认试验时，应能联动通风、空调系统停止运行。

  5 火灾确认试验与其他系统联合调试应满足下列要求：

    1）应能直接切断或向供电系统提供火灾信号，由供电系统切断车站有关部位的非消防电源，并应能监视其状态；

    2）应能向自动售检票系统提供火灾信号，由自动售检票系统开启所有进出闸门，并应能监视其状态；

    3）应能向门禁系统提供火灾信号，由门禁系统对车站级全部门禁电子锁解禁。

  6 换乘车站火灾确认试验时，应能按设计要求的方式得到对方火灾报警信息，并应给予确认信号。

  7 车站及相连商业建筑火灾确认试验时，应能按设计要求的方式得到对方火灾报警信息，并应给予确认信号。

  8 手动直接控制调试，应试验下列内容并满足要求：

    1）应能可靠控制消防泵及喷淋泵、消防给水干管电动阀门、防烟和排烟风机、正压风机开启和关闭，并应正确显示其工作状态；

    2）应能可靠控制屏蔽门/安全门开启和关闭，并应正确显示其工作状态；

    3）应能可靠控制自动售检票闸门开启，并应正确显示其工作状态；

    4）应能可靠解禁门禁系统电子锁，使其门开启，并应正确显示其工作状态。

11.4.10 车辆基地设有维修工作站时，应按设计要求进行下列调试：

  1 应能对全线火灾自动报警系统（FAS）设备状态进行查询、打印；

  2 应能接收全线火灾自动报警系统（FAS）设备及软件故障报警，故障统计应准确；

  3 对全线火灾自动报警系统（FAS）设备保养、维修计划及档案建立应符合要求。

    Ⅱ 中央级调试

11.4.11 中央级火灾自动报警系统（FAS）调试可与各车站级联调同时进行，也可在车站级联调完成后进行。

11.4.12 中央级调试应以控制中心报警控制器（网络型）或工作站为主体进行；调试应包括下列项目：

  1 车站级火灾确认试验，中央级应能接收各级火灾报警信息、有声光报警，模拟屏或投影仪上应能正确反映报警位置；

  2 应能接收全线火灾自动报警系统（FAS）设备运行状态、故障信息，并应在报警控制器及工作站上正确反映；

  3 应能按各车站级环控工艺图分别发布火灾运行模式控制命令，并能在报警控制器及工作站上监视其执行情况。

11.4.13 对发生的火灾事件应能按管理单位所定的格式、内容要求打印出存档资料。

11.4.14 中央级火灾自动报警系统（FAS）应能接收通信主时钟信息，并能使全线火灾自动报警系统（FAS）的时钟与通信主时钟同步。

11.4.15 网络与系统设备调试应符合下列规定：

  1 中央级和车站级操作工作站与报警控制器的信息显示应一致，通信应可靠；在排除信息中断故障后，应能自动恢复通信，并应能继续输送未曾传输的数据；

  2 中央级与某车站工作站间发生通信故障时，不应影响中央级与其他车站工作站间正常通信；当故障排除后，应能自动传送因故障未曾传输的数据；

  3 不应因设备单点开路、短路、接地不良等影响整个系统正常运转；

  4 系统设备应具有抗电磁干扰能力，监视器不得出现任何画面跳动和扰动；

5 中央级网络和设备故障,不应影响车站级设备正常工作。

11.4.16 火灾自动报警系统(FAS)在两级调试合格后,应进行不间断联合功能试验,试验时间宜为144h;试验时,FAS与其他相关系统的功能应符合设计要求;当产生关联性故障时应终止试验,排除故障后重新开始计时试验;为非关联性故障时,排除故障后继续试验,排除故障时间不应计入功能试验时间。

11.4.17 不间断联合功能试验完成后,应向当地公安消防部门申报验收。

11.4.18 火灾自动报警系统(FAS)应在模拟运营条件下进行试运行,并应符合下列规定:

2 所有系统和设备均需按实际操作模式无故障连续运行;

3 各系统不得出现系统性、可靠性故障。

11.5 工程验收

11.5.1 工程完工后应按表11.5.1规定竣工验收项目进行验收。

表11.5.1 竣工验收项目

名称	项目	检查内容
管线敷设	暗埋管件检查、安装	符合本规范第11.2节的规定
	明装管件检查、安装	
	配线(电缆)检查、敷设	
设备安装	设备检验	符合本规范第11.4.3条~第11.4.4条的规定
	智能感烟、感温探测器安装	符合本规范第11.3.3条的规定
	对射式感烟探测器安装	
	线性感温探测器	
	手动报警按钮安装	符合本规范第11.3.4条的规定
	消防电话插孔	安装位置和高度符合设计要求,与值班员通话清晰
	消防分机电话安装	安装位置符合设计要求,与电话主机通话清晰
	消防电话主机安装	安装位置符合设计要求,与电话分机通话清晰
	广播柜安装	安装位置符合设计要求,与基础固定牢固,接地可靠

续表11.5.1

名称	项目	检查内容
设备安装	扬声器安装	规格型号、安装部位符合设计要求
	模块箱安装	模块箱固定牢固,接地可靠,箱内配线整齐,无胶结现象,导线不伤芯线、无短股,每个端子接线不超过两根。标志、回路编号清晰、齐全,便于维修。箱体开孔与导管管径匹配
	输入/输出模块安装	符合本规范第11.3.6条的规定
	火灾报警控制器安装	符合本规范第11.3.5条的规定
	火警复示盘安装	盘面标志正确、清晰。部件完整齐全,固定牢固,超动部分动作灵活、准确。导线与电器端子排的连接可靠,箱内配线整齐,无胶结现象,每个端子接线不超过两根,标志、回路编号清晰、齐全,便于维修。接地可靠。复示盘开孔与导管管径匹配
	警铃	警铃壁挂安装,底座应与墙壁紧密连接,牢固。连接导线预留量不少于2次续接
	直流电源柜安装	盘面标志正确、清晰。符合设计要求,柜体接地可靠,器件排列整齐,动作可靠。柜内配线整齐,无胶结现象,每个端子接线不超过两根,标志、回路编号清晰,便于维修。箱体开孔与导管管径匹配
	接地	符合本规范第11.2.3条的规定
调试	车站级调试	符合本规范第11.4节的规定
	中央级调试	符合本规范第11.4节的规定

11.5.2 火灾自动报警系统(FAS)竣工验收时,施工单位应提交下列资料:

1 材料和设备合格证及说明书;
2 设计变更及工程洽商文字记录;
3 检验记录;
4 施工记录及隐蔽工程验收记录;
5 FAS消防联动关系资料及联动功能测试报告;
6 开工及竣工报告;
7 竣工图;
8 工程声像资料。

6.《电化学储能电站设计规范》GB 51048—2014

3 站址选择

3.0.1 站址选择应根据电力系统规划设计的网络结构、负荷分布、应用对象、应用位置、城乡规划、征地拆迁的要求进行，并应满足防火和防爆要求，且应通过技术经济比较选择站址方案。

4 站区规划和总布置

4.0.1 电站应按最终规模统筹规划。总体规划应与当地的城镇规划或工业区规划相协调，宜充分利用就近的交通、给排水及防洪等公用设施。站区内设备的布置应紧凑合理，方便操作，并应设置检修场地及放置备品备件、检修工具的场所，以及相应的消防及运输通道和起吊空间。

4.0.3 电化学储能电站内建、构筑物及设备的防火间距不应小于表 4.0.3 的规定。

表 4.0.3 电化学储能电站内建、构筑物及设备的防火间距（m）

建、构筑物名称			甲类生产建筑	乙类生产建筑	丙、丁、戊类生产建筑 耐火等级		屋外电池装置			屋外配电装置 每组断路器油量		事故油池	生活建筑 耐火等级	
					一、二级	三级	甲类	乙类	丙、丁、戊类	<1t	≥1t		一、二级	三级
甲类生产建筑			12	12	12	14	12	12	12	10	12	10	25	25
乙类生产建筑			12	10	10	12	12	10	10	5	10	5	25	25
丙、丁、戊类生产建筑	耐火等级	一、二级	12	10	10	12	12	10	10	—	10	5	10	12
		三级	14	12	12	14	14	12	12	—	10	5	12	14
屋外电池装置	甲类		12	12	12	14	—	—	—	10	12	10	12	14
	乙类		12	10	10	12	—	—	—	5	10	5	10	12
	丙、丁、戊类		12	10	10	12	—	—	—	5	10	5	10	12
屋外配电装置	每组断路器油量	<1t	10	5	—	—	10	5	5	—	—	5	10	12
		≥1t	12	10	10	10	12	10	10	—	—	5	10	12
油浸变压器	单台设备油量	5t~10t	12	10	10	10	12	10	10	根据GB 50229规定执行	根据GB 50229规定执行	5	15	20
		10t~50t											20	25
		>50t											25	30
事故油池			10	5	5	5	10	5	5	5	5	—	10	12
生活建筑	耐火等级	一、二级	25	25	10	12	12	10	10	10	10	10	6	7
		三级	25	25	12	14	14	12	12	12	12	12	7	8

注：1 建、构筑物防火间距应按相邻两建筑物外墙的最近距离计算，如外墙有凸出的燃烧构件时，则应从其凸出部分外缘算起。
2 相邻两座建筑两面的外墙为非燃烧体且无门窗洞口、无外露的燃烧屋檐，其防火间距可按本表减少 25%。
3 相邻两座建筑较高一面的外墙如为防火墙，且两座建筑门窗之间的净距不小于 5m 时，其防火间距不限，但甲类建筑之间不应小于 4m。
4 其他建、构筑物及屋外配电装置的防火间距应符合现行国家标准《火力发电厂与变电站设计防火规范》GB 50229 中变电站的有关规定。
5 本表中"—"表示不限制，该间距可根据工艺布置需要确定。

4.0.7 站区围墙、大门和站内道路应满足运行、检修、消防和设备安装要求。

4.0.8 站区道路宜布置成环形,如有困难时应具备回车条件;站内环形消防通道路面宽度宜为4m,站区运输道路宽度不宜小于3m;站内道路的转弯半径应根据行车要求确定,但不应小于7m。

5 储能系统

5.4 电池及电池管理系统

5.4.1 电池选型应符合下列要求:
 5 电池应具有安全防护设计。在充、放电过程中外部遇明火、撞击、雷电、短路、过充过放等各种意外因素时,不应发生爆炸。

5.5 布 置

5.5.8 电池的布置应满足电池的防火、防爆和通风要求。

6 电气一次

6.5 站用电源及照明

6.5.5 铅酸、液流电池室内的照明,应采用防爆型照明灯具,不应在室内装设开关熔断器和插座等可能产生火花的电器。

8 土 建

8.1 建 筑

8.1.2 建筑物设计应符合下列要求:
 2 应满足防酸、防爆、防火、防水、防潮的要求。

9 采暖通风与空气调节

9.0.2 位于严寒或寒冷地区的电站,应设置供暖设施;其他地区可根据工艺与设备需要设置供暖设施。电池室内不应采用明火采暖。铅酸电池、液流电池等有氢气析出的电池室,采用电采暖时应采用防爆型设备。

9.0.4 电池室内通风量应按空气中的最大含氢量不超过0.7%计算,且不应小于3次/h。铅酸电池、液流电池等有氢气析出的电池室,通风空调设备应采用防爆型设备。

11 消 防

11.1 一般规定

11.1.1 消防设计应贯彻"预防为主,防消结合"的方针,防治和减少火灾危害,保障人身和财产安全。

11.1.2 消防设计应根据电站的不同规模、各类电池不同特性采取相应的消防措施,从全局出发,统筹兼顾,做到安全适用、技术先进、经济合理。

11.1.3 站内各建、构筑物和设备的火灾危险分类及其最低耐火等级应符合表11.1.3的规定。

表11.1.3 建、构筑物和设备的火灾危险性分类及其耐火等级

建、构筑物及设备名称		火灾危险性分类	耐火等级
电池室	铅酸电池、锂离子电池、液流电池	戊	二级
	钠硫电池	甲	一级
屋外电池设备	铅酸电池、锂离子电池、液流电池	戊	二级
	钠硫电池	甲	一级
配电装置楼(室)	单台设备油量60kg以上	丙	二级
	单台设备油量60kg以下	丁	二级
	无含油电气设备	戊	二级
屋外配电装置	单台设备油量60kg以上	丙	二级
	单台设备油量60kg以下	丁	二级
	无含油电气设备	戊	二级
油浸变压器室		丙	一级
气体或干式变压器室		丁	二级
主控通信楼		戊	二级
继电器室		戊	二级
总事故贮油池		丙	一级
生活、消防水泵房		戊	二级
污水、雨水泵房		戊	二级
雨淋阀室、泡沫设备室		戊	二级

注:1 当不同性质的部分布置在一幢建筑物或联合建筑物内时,则其建筑物的火灾危险性分类及其耐火等级除另有防火隔离措施外,应按火灾危险性类别高者选用。
 2 当主控通信楼未采取防止电缆着火后延燃的措施时,火灾危险性应为丙类。

11.2 消防给水和灭火设施

11.2.1 电站内建筑物满足耐火等级不低于二级,体积不超过3000m³,且火灾危险性为戊类时,可不设消防给水。不满足以上条件时应设置消防给水系统,消防水源应有可靠保证。

11.2.2 电站消防给水系统的设计应符合现行国家标准《建筑设计防火规范》GB 50016 的有关规定,同一时间内的火灾次数应按一次设计。

11.2.4 电站消防给水量应按火灾时最大一次室内和室外消防用水量之和计算。消防水池有效容量应满足最大一次用水量火灾时由消防水池供水部分的容量。

11.2.5 建筑物灭火器配置应符合现行国家标准《建筑灭火器配置设计规范》GB 50140 的有关规定,电池室危险等级应为严重危险级。

11.3 建筑防火

11.3.1 钠硫电池室应采用单层建筑,液流电池室宜采用单层建筑,其他类型电池室可采用多层建筑。建筑宜采用钢筋混凝土柱承重的框架或排架结构;当采用钢柱承重时,钢柱

应采用防火保护,其耐火极限应符合现行国家标准《建筑设计防火规范》GB 50016 的有关规定。

11.3.2 电池室、主控制室、继电器室、配电装置室、电缆间的安全疏散应符合下列要求:

    1 建筑面积超过 250m² 时,其疏散出口不宜少于 2 个。当配电装置室的长度超过 60m 时,应增设 1 个中间疏散出口;

    2 钠硫电池室建筑面积超过 100m² 时,其疏散出口不应少于 2 个;

    3 门应向疏散方向开启,门的最小净宽不宜小于 0.9m;

    4 门外为公共走道或其他房间时,该门应采用乙级防火门,但钠硫电池室应采用甲级防火门。

11.3.3 电池室四周隔墙应符合下列要求:

    1 钠硫电池室隔墙耐火极限不应低于 4.00h,其他电池室隔墙耐火极限不应低于 3.00h;

    2 隔墙上除开向疏散走道及室外的疏散门外不应开设其他门窗洞口;当必须开设观察窗时,应采用甲级防火窗;

    3 隔墙上有管线穿过时,管线四周空隙应采用不燃材料填密实。

11.3.4 电池室、控制室的室内装修材料的燃烧性能等级不应低于 A 级。

11.4 火灾探测及消防报警

11.4.1 主控通信室、配电装置室、继电器室、电池室、PCS 室、电缆夹层及电缆竖井应设置火灾自动报警系统。

11.4.2 电站内主要建、构筑物和设备火灾报警系统应符合表 11.4.2 的规定。

表 11.4.2 电站内主要建、构筑物和设备火灾报警系统

建、构筑物和设备	火灾探测器类型
主控通信室	感烟或吸气式感烟
配电装置室	感烟、线型感烟或吸气式感烟
继电器室	感烟或吸气式感烟
PCS 室	感烟、线型感烟或吸气式感烟
电缆夹层及电缆竖井	感烟、线型感温或吸气式感烟

11.4.4 火灾探测及消防报警的设计应符合现行国家标准《火灾自动报警系统设计规范》GB 50116 的规定。

13 劳动安全和职业卫生

13.0.3 电站的生产场所和附属建筑、生活建筑和易燃、易爆的危险场所以及地下建筑物的防火分区、防火隔断、防火间距、安全疏散和消防通道的设计,应符合现行国家标准《建筑设计防火规范》GB 50016 的规定。

13.0.4 电站的安全疏散设施应有充足的照明和明显的疏散指示标志。

13.0.5 有爆炸危险的设备及设备室应有防爆保护措施。防爆设计应符合现行国家标准《爆炸危险环境电力装置设计规范》GB 50058 等的规定。

7.《烟囱工程技术标准》GB/T 50051—2021

10 钢 烟 囱

10.1 一般规定

10.1.3 无隔热层钢烟囱外壁温度大于70℃，应在底部2m高度内采取隔热措施或设置安全防护栏。

12 烟囱的防腐蚀

12.6 套筒式和多管式烟囱的钢内筒防腐蚀

12.6.2 钢内筒材料及结构构造应符合下列规定：

1 钢内筒的外表面和导流板下表面应采用耐高温防腐蚀涂料防护。

2 钢内筒的外保温层宜分2层铺设，接缝应错开。钢内筒采用泡沫玻璃砖内衬时，可不设外保温层。

3 钢内筒筒首保温层应采用不锈钢包裹，其余部位可采用铝板包裹。

8. 《氧气站设计规范》GB 50030—2013

1 总 则

1.0.3 氧气站内各类房间的火灾危险性类别及最低耐火等级,应符合本规范附录A的规定。

3 氧气站的布置

3.0.4 氧气站火灾危险性为乙类的建筑物及氧气贮罐与其他各类建筑物、构筑物之间的防火间距不应小于表3.0.4的规定。

表3.0.4 氧气站火灾危险性为乙类的建筑物及氧气贮罐与其他各类建筑物、构筑物之间的防火间距

建筑物、构筑物		氧气站的火灾危险性为乙类的建筑物	氧气贮罐总容积（m³）		
			≤1000	1000～50000	>50000
其他各类建筑物耐火等级	一、二级	10	10	12	14
	三级	12	12	14	16
	四级	14	14	16	18
民用建筑		25	18	20	25
明火或散发火花地点		25	25	30	35
重要公共建筑		50	50		
室外变、配电站（35kV～500kV且每台变压器为10000kV·A以上）以及总油量超过5t的总降压站		25	20	25	30
厂外铁路线中心线		25	25		
厂内铁路线中心线（氧气站专用线除外）		20	20		
厂外道路（路边）		15	15		
厂内道路（路边）	主要	10	10		
	次要	5	5		
电力架空线		1.5倍电杆高度	1.5倍电杆高度		

注：固定容积氧气贮罐的总容积按几何容量（m³）和设计压力（绝对压力为10^5Pa）的乘积计算。液氧贮罐以1m³液氧折合800m³标准状态氧气计算,按本表氧气贮罐相应贮量的规定确定防火间距。

3.0.5 氧气站的火灾危险性为乙类的建筑物,与火灾危险性为甲类的建筑物之间的最小防火间距,应按本规范表3.0.4对其他各类建筑物之间规定的间距增加2m。

3.0.6 湿式氧气贮罐与可燃液体贮罐（液化石油气储罐除外）、可燃材料堆场之间的最小防火间距,应符合表3.0.4对室外变、配电站之间规定的间距。氧气站和氧气贮罐与液化石油气储罐之间的防火间距,应符合现行国家标准《城镇燃气设计规范》GB 50028的有关规定。

3.0.7 氧气站火灾危险性为乙类的建筑物与相邻建筑物或构筑物的防火间距,应按其与相邻建筑物或构筑物的外墙、外壁、外缘的最近距离计算。两座生产建筑物相邻较高一面的外墙为无门、窗、洞的防火墙时,其防火间距不限。

3.0.9 氧气贮罐之间的防火间距不应小于相邻较大罐的半径。氧气贮罐与可燃气体贮罐之间的防火间距不应小于相邻较大罐的直径。

3.0.10 制氧站房、灌氧站房、氧气压缩机间宜布置成独立建筑物,但可与不低于其耐火等级的除火灾危险性属甲、乙类的生产车间,以及无明火或散发火花作业的其他生产车间毗连建造,其毗连的墙应为无门、窗、洞的防火墙,并应设不少于一个直通室外的安全出口。

3.0.11 输氧量不超过60m³/h的氧气汇流排间、氧气压力调节阀组的阀门室可设在不低于三级耐火等级的用户厂房内靠外墙处,并应采用耐火极限不低于2.0h的不燃烧体隔墙和丙级防火门,与厂房的其他部分隔开。

3.0.12 输氧量超过60m³/h的氧气汇流排间、氧气压力调节阀组的阀门室宜布置成独立建筑物,当与用户厂房毗连时,其毗连的厂房的耐火等级不应低于二级,并应采用耐火极限不低于2.0h的不燃烧体无门、窗、洞的隔墙与该厂房隔开。

3.0.13 氧气汇流排间可与同一使用目的的可燃气体供气装置或供气站毗连建造在耐火等级不低于二级的同一建筑物中,但应以无门、窗、洞的防火墙相互隔开。

3.0.14 液氧贮罐和输送设备的液体接口下方周围5m范围内不应有可燃物,不应铺设沥青路面,在机动输送液氧设备下方的不燃材料地面不应小于车辆的全长。

3.0.15 氧气站的乙类生产场所不得设置在地下室或半地下室。

3.0.16 液氧贮罐、低温液体贮槽宜室外布置,它与各类建筑物、构筑物的防火间距应符合表3.0.4的规定,当液氧贮罐的容积不超过3m³时,与所有使用建筑的防火间距可减为10m。当液氧贮罐、低温液体贮槽确需室内布置时,宜设置在单独的房间内,且液氧贮罐的总几何容积不得超过10m³,并应符合下列规定：

　1 当设置在独立的一、二级耐火等级的专用建筑物内,且与使用建筑一侧为无门、窗、洞的防火墙时,其防火间距不应小于6m；

　2 当设置在一、二级耐火等级的贮罐间内,且一面贴邻使用建筑物外墙时,应采用无门、窗、洞的耐火极限不低于2.0h的不燃烧体墙分隔,并应设直通室外的出口。

3.0.17 液氧贮罐和汽化器的周围宜设围墙或栅栏,并应明显的禁火标志。

4 工艺系统

4.0.8 离心式空气压缩机应设下列保护系统：
1 防喘振保护系统；
2 安全放散系统；
3 轴承温度、轴振动和轴位移测量、报警与停车系统；
4 入口导叶可调系统。

4.0.16 离心式氧气压缩机的设置应符合下列规定：
1 应设置符合本规范第4.0.8条规定的保护系统；
2 应设置氮气或干燥空气试车系统、氮气轴封系统；
3 应设置自动快速充氮灭火系统。

4.0.23 氧气、氮气、氩气充装台的设置应符合下列规定：
1 氧气、氮气、氩气充装台应有超压泄放用安全阀；
2 氧气、氮气、氩气充装台应设有吹扫放空阀，放空管应接至室外安全处；
3 应设有分组切断阀、防错装接头等；
4 应设有灌装气体压力和钢瓶内余气压力的测试仪表。

6 工艺布置

6.0.4 氧气压缩机的布置应符合下列规定：
3 氧气压缩机间应设有直接通向室外的安全出口。

6.0.5 灌氧站房的布置应符合下列规定：
1 氧气实瓶的贮量，每个防火分区不得超过1700瓶，防火分区的设置应符合现行国家标准《建筑设计防火规范》GB 50016的有关规定。
3 每个灌瓶间、实瓶间、空瓶间均应设有直接通向室外的安全出口。

6.0.6 独立氧气瓶库的气瓶贮量应根据氧气灌装量、气瓶周转量和运输条件等因素确定。独立氧气瓶库的最大贮量不应超过表6.0.6的规定。

表6.0.6 独立氧气瓶库的最大贮量（个）

建筑物的耐火等级	每座库房	每个防火分区
一、二级	13600	3400
三级	4500	1500

6.0.8 氧气站生产的多种空气分离产品需灌瓶和贮存时，应分别设置每种产品的灌瓶间、实瓶间和空瓶间。

6.0.9 氧气贮气囊宜布置在单独的房间内。当贮气囊总容量小于或等于100m³时，可布置在制氧间内，但贮气囊不得设置在氧气压缩机的顶部。贮气囊与设备的水平距离不应小于3m，并应设有安全和防火围护措施。

6.0.12 采用氢气进行空气分离产品纯化时，应符合下列规定：
1 加氢催化反应炉应布置在靠外墙的单独房间内，并不得与其他房间直接相通；
2 氢气实瓶应存放在靠外墙的单独房间内，不得与其他房间直接相通。并应符合现行国家标准《氢气站设计规范》GB 50177的有关规定；
3 氢气瓶的贮放量不得超过60瓶。

6.0.13 氧气站的氧气、氮气等放散管和液氧、液氮等排放管均应引至室外安全处，放散管口距地面不得低于4.5m。

7 建筑和结构

7.0.3 当制氧站房或液氧系统设施和灌氧站房布置在同一建筑物内时，应采用耐火极限不低于2.0h的不燃烧体隔墙和乙级防火门进行分隔，并应通过走廊相通。

7.0.4 氧气贮气囊间、氧气压缩机间、氧气灌瓶间、氧气实瓶间、氧气贮罐间、液氧贮罐间、氧气汇流排间、氧气调压阀间等房间相互之间应采用耐火极限不低于2.0h的不燃烧体隔墙和乙级防火门窗进行分隔。

7.0.5 氧气压缩机间、氧气灌瓶间、氧气贮气囊间、氧气实瓶间、氧气贮罐间、液氧贮罐间、氧气汇流排间、氧气调压阀间等与其他毗连房间之间应采用耐火极限不低于2.0h的不燃烧体隔墙和乙级防火门窗进行分隔。

7.0.6 氧气站的主要生产间，其围护结构上的门窗应向外开启，并不得采用木质等可燃材料制作。

7.0.8 灌瓶间的充灌台应设置高度不小于2m、厚度大于或等于200mm的钢筋混凝土防护墙。气瓶装卸平台应设置大于平台宽度的雨篷，雨篷和支撑应采用不燃烧体。

7.0.11 氧气站内的氢气瓶间应设置在靠外墙，且有直接通向室外的安全出口的专用房间内，氢气瓶间与相邻的房间应采用不低于2.0h耐火极限的无门、窗、洞的不燃烧体墙体分隔；氢气瓶间设计应符合现行国家标准《氢气站设计规范》GB 50177的有关规定。

8 电气和仪表

8.0.1 氧气站的供电负荷分级应符合现行国家标准《供配电系统设计规范》GB 50052的有关规定，除中断供气将造成较大损失者外，宜为三级负荷。

8.0.2 有爆炸危险、火灾危险的房间或区域内的电气设施应符合现行国家标准《爆炸和火灾危险环境电力装置设计规范》GB 50058的有关规定。催化反应炉部分和氢气瓶间应为1区爆炸危险区，离心式氧气压缩机间、液氧系统设施、氧气调压阀组间应为21区火灾危险区，氧气灌瓶间、氧气贮罐间、氧气贮气囊间等应为22区火灾危险区。

8.0.7 与氧气接触的仪表必须无油脂。

8.0.8 积聚液氧、液体空气的各类设备、氧气压缩机、氧气灌充台和氧气管道应设导除静电的接地装置，接地电阻不应大于10Ω。

9 给水、排水和消防

9.0.4 氧气站的消防用水设施应符合现行国家标准《建筑设计防火规范》GB 50016的有关规定。

9.0.5 制氧间、氧气贮罐间、液氧储罐间、氢气瓶间等有火灾危险、爆炸危险的房间，其灭火器的配置类型、规格、数量及其位置应符合现行国家标准《建筑灭火器配置设计规范》GB 50140的有关规定。

10 采暖和通风

10.0.1 制氧站房、灌氧站房、氧气压缩机间、氧气储罐间、液氧储罐间、氢气瓶间、液氧系统和氧气汇流排间等严禁采用明火或电加热散热器采暖。

10.0.4 催化反应炉部分、氢气瓶间、氮气压缩机间、氮气压力调节阀间、惰性气体贮气罐间和液体贮罐间等的自然通风换气次数，每小时不应少于3次；事故换气应采用机械通风，其换气次数不应少于12次。排风中有氢气的氢气瓶间等的事故排风机的选型应符合现行国家标准《氢气站设计规范》GB 50177 的有关规定。

11 氧气管道

11.0.2 厂区管道架空敷设时，应符合下列规定：
1 氧气管道应敷设在不燃烧体的支架上；
2 除氧气管道专用的导电线路外，其他导电线路不得与氧气管道敷设在同一支架上；
3 当沿建筑物的外墙或屋顶上敷设时，该建筑物应为一、二级耐火等级，并应是与氧气生产或使用有关的车间建筑物；
4 氧气管道、管架与建筑物、构筑物、铁路、道路等之间的最小净距应符合本规范附录B的规定；
5 氧气管道与其他气体、液体管道共架敷设时，宜布置在其他管道外侧，并宜布置在燃油管道的上面。各种管线之间的最小净距应符合本规范附录C的规定；

11.0.3 厂区管道直接埋地敷设或采用不通行地沟敷设时，应符合下列规定：
1 氧气管道严禁埋设在不使用氧气的建筑物、构筑物或露天堆场下面或穿过烟道；
2 氧气管道采用不通行地沟敷设时，沟上应设防止可燃物料、火花和雨水侵入的不燃烧体盖板；严禁氧气管道与油品管道、腐蚀性介质管道和各种导电线路敷设在同一地沟内，并不得与该类管线地沟相通；
3 直接埋地或不通行地沟敷设的氧气管道上不应装设阀门或法兰连接点，当必须设阀门时，应设独立阀门井；
4 氧气管道不应与燃气管道同沟敷设，当氧气管道与同一使用目的燃气管道同沟敷设时，沟内应填满沙子，并严禁与其他地沟直接相通；
6 氧气管道与建筑物、构筑物及其他埋地管线之间的最小净距应符合本规范附录D的规定。

11.0.4 车间内氧气管道的敷设应符合下列规定：
1 氧气管道不得穿过生活间、办公室；
3 氧气管道与其他管线共架敷设时，应符合本规范第11.0.2条第5款的规定；
4 当不能架空敷设时，可采用不通行地沟敷设，但应符合本规范第11.0.3条第2款～第4款和第8款的规定；
5 进入用户车间的氧气主管应在车间入口处装设切断阀、压力表，并宜在适当位置设放散管；
6 氧气管道的放散管应引至室外，并应高出附近操作面4m以上的无明火场所；
7 氧气管道不得穿过高温作业及火焰区域。当必须穿过时，应在该管段增设隔热措施，其管壁温度不应超过70℃；
8 穿过墙壁、楼板的氧气管道应敷设在套管内；套管内不得有焊缝，管子与套管间的间隙应采用不燃烧的软质材料填实；
9 氧气管道不应穿过不使用氧气的房间。当必须通过不使用氧气的房间时，其在房间内的管段上不得设有阀门、法兰和螺纹连接，并应采取防止氧气泄漏的措施；
10 供切割、焊接用氧的管道与切割、焊接工具或设备用软管连接时，供氧嘴头及切断阀应设置在用不燃烧材料制作的保护箱内。

11.0.7 氧气、氮气、氩气管道敷设在通行地沟或半通行地沟时，必须设有可靠的通风安全措施。

11.0.17 氧气管道应设置导除静电的接地装置，并应符合下列规定：
1 厂区架空或地沟敷设管道，在分岔处或无分支管道每隔80m～100m处，以及与架空电力电缆交叉处应设接地装置；
2 进、出车间或用户建筑物处应设接地装置；
3 直接埋地敷设管道应在埋地之前及出地后各接地一次；
4 车间或用户建筑物内部管道应与建筑物的静电接地干线相连接；
5 每对法兰或螺纹接头间应设跨接导线，电阻值应小于0.03Ω。

附录A 氧气站内各类房间的火灾危险性类别及最低耐火等级

表A 氧气站内各类房间的火灾危险性类别及最低耐火等级

站房/房间名称	火灾危险性类别	最低耐火等级
制氧站房、制氧间、气化站房	乙类	二级
液氧系统设施	乙类	二级
液氮、液氩系统设施	戊类	四级
氧气调节阀组的调压阀室	乙类	二级
氧气灌瓶站房	乙类	二级
氧气压缩机间	乙类	二级
氮气、氩气灌瓶间	戊类	四级
氮气、氩气压缩机间	戊类	四级
氩气净化间等（加氢催化）	甲类	二级
氧气汇流排间、氧气贮罐间	乙类	二级
氮气、氩气汇流排间、氮气贮罐间	戊类	三、四级
水泵间、水处理间、维修间	戊类	三、四级
润滑油间	丙类	二级
氧气站专用变配电站	丙类	二级
油浸变压器室	丙类	二级

注：1 液氧系统设施包括液氧贮罐、液氧泵、汽化器和阀门室；
2 氧气灌瓶站房包括氧气灌瓶间、氧气空、实瓶间以及相应辅助生产间；
3 氮气、氩气灌瓶间包括氮气和氩气空、实瓶间以及相应辅助生产间；
4 氧气贮罐间包括气态氧压力贮罐或液氧贮罐；
5 氮气贮罐间包括气态氮压力贮罐或液氮贮罐。

9. 《民用爆炸物品工程设计安全标准》GB 50089—2018

5 总平面布置和内部距离

5.2 危险品生产区内部距离

5.2.1 危险品生产区内各建（构）筑物之间的内部距离，应分别根据建（构）筑物的危险等级和计算药量所计算的距离和本节有关条款所规定的距离，取其大值确定。

5.2.2 危险品生产区内，除无雷管感度炸药的厂房外，1.1级建（构）筑物应设置防护屏障，1.1级建（构）筑物的内部距离应符合下列规定：

2 当包装材料库仅为单个1.1级装药包装厂房服务时，其与该厂房的距离，不应小于现行国家标准《建筑设计防火规范》GB 50016中甲类厂房防火间距的规定。

表5.2.2-1 1.1级建（构）筑物的内部距离

建（构）筑物危险等级	两个建（构）筑物均无防护屏障	两个建（构）筑物中仅有一方有防护屏障	两个建（构）筑物均有防护屏障
1.1	$1.8R_{1.1}$	$1.0R_{1.1}$	$0.6R_{1.1}$

注：1 $R_{1.1}$指单方有防护屏障不同计算药量的1.1级建（构）筑物内部距离。

2 $R_{1.1}$按梯恩梯当量值等于1时确定。当1.1级建（构）筑物内危险品梯恩梯当量值大于1时，应按本表计算距离再增加20%；当1.1级建（构）筑物内危险品梯恩梯当量值小于1时，应按本表计算距离再减少10%。

3 当厂房的防屏障高出爆炸物顶面1m，低于屋檐高度时，在计算该厂房与邻近建（构）筑物的距离时，该厂房应按有防护屏障计算；在计算邻近建（构）筑物与该厂房的距离时，该厂房应按无防护屏障计算。

4 抗（抑）爆间室的抗爆墙（外墙）应视为防护屏障。

表5.2.2-2 计算药量与$R_{1.1}$值表

计算药量（kg）	$R_{1.1}$（m）	计算药量（kg）	$R_{1.1}$（m）
≤50	9	600	30
100	12	650	31
150	15	700	32
200	17	750	33
250	19	800	34
300	21	850	35
350	23	900	36
400	25	950	37
450	27	1000	38
500	28	1050	39
550	29	1100	40

续表5.2.2-2

计算药量（kg）	$R_{1.1}$（m）	计算药量（kg）	$R_{1.1}$（m）
1150	41	4300	78
1200	42	4400	79
1250	43	4500	80
1300	44	4600	81
1350	45	4700	82
1400	46	4800	83
1450	47	4900	84
1500	48	5000	85
1550	49	5100	86
1600	50	5200	87
1650	51	5300	88
1700	52	5400	89
1800	53	5500	90
1900	54	5600	91
2000	55	5800	92
2100	56	5900	93
2200	57	6100	94
2300	58	6250	95
2400	59	6400	96
2500	60	6550	97
2600	61	6700	98
2700	62	6850	99
2800	63	7000	100
2900	64	7150	101
3000	65	7300	102
3100	66	7450	103
3200	67	7600	104
3300	68	7800	105
3400	69	8000	106
3500	70	8200	107
3600	71	8400	108
3700	72	8600	109
3800	73	8800	110
3900	74	9000	111
4000	75	9200	112
4100	76	9400	113
4200	77	9600	114

续表 5.2.2-2

计算药量（kg）	$R_{1.1}$（m）	计算药量（kg）	$R_{1.1}$（m）
9800	115	14500	135
10000	116	14750	136
10200	117	15000	137
10400	118	15250	138
10600	119	15500	139
10800	120	15750	140
11000	121	16000	141
11250	122	16250	142
11500	123	16500	143
11750	124	16750	144
12000	125	17000	145
12250	126	17300	146
12500	127	17500	147
12750	128	17900	148
13000	129	18200	149
13250	130	18500	150
13500	131	18800	151
13750	132	19100	152
14000	133	19400	153
14250	134	19700	154
		20000	155

7 1.1级建（构）筑物与公用建（构）筑物的内部距离应符合本标准表5.2.2-1和表5.2.2-2的规定，并应符合下列规定：

  1) 与烟囱不产生火星的锅炉房的距离，应按本标准表5.2.2-1和表5.2.2-2规定的计算值再增加50%，且不应小于50m；与烟囱产生火星的锅炉房的距离，应按本标准表5.2.2-1和表5.2.2-2规定的计算值再增加50%，且不应小于100m；
  2) 与35kV总配电所、总变电所的距离，应按本标准表5.2.2-1和表5.2.2-2规定的计算值再增加一倍，且不应小于100m；
  3) 与20kV及以下的总配电所、总变电所的距离，应按本标准表5.2.2-1和表5.2.2-2进行计算，且不应小于50m；与分变电所的距离，应按本标准表5.2.2-1和表5.2.2-2进行计算，且不应小于30m；仅为单个1.1级厂房服务无固定值班人员的独立变电所，与该厂房的距离不应小于现行国家标准《建筑设计防火规范》GB 50016中甲类厂房防火间距

的规定；
  4) 与钢筋混凝土结构水塔、消防水泵房的距离、应按本标准表5.2.2-1和表5.2.2-2规定的计算值再增加50%，且不应小于100m；
  5) 与地下或半地下消防水池的距离，不应小于50m；
  6) 与有明火或散发火星建筑物的距离，应按本标准表5.2.2-1和表5.2.2-2的规定计算，且不应小于50m；
  7) 与车间办公室、车间食堂（无明火）、辅助生产厂房的距离，应按本标准表5.2.2-1和表5.2.2-2规定的计算值再增加50%，且不应小于50m；
  8) 与厂部办公室、食堂、汽车库、消防车库的距离，应按本标准表5.2.2-1和表5.2.2-2规定的计算值再增加50%，不应小于150m。

5.2.3 危险品生产区内，不设置防护屏障的1.2级建筑物，与邻近建（构）筑物的内部距离，应符合下列规定：

  2 当射孔弹、穿孔弹厂房按1.1级计算出的内部距离小于表5.2.3中所列距离时，采用计算所得的距离，但不应小于30m。

  3 当包装材料库仅为1.2级装药包装厂房服务时，其与该厂房的距离，不应小于现行国家标准《建筑设计防火规范》GB 50016中甲类厂房防火间距的规定。

5.2.5 危险品生产区内，1.4级建（构）筑物的内部距离应符合下列规定：

  3 1.4级建（构）筑物与公用建（构）筑物的内部距离应符合下列规定：

  1) 与锅炉房、厂部办公室、食堂、汽车库、消防车库、有明火或散发火星建筑物及场所的距离，不应小于50m；
  2) 与35kV总配电所、总变电所，钢筋混凝土结构水塔、消防水泵房、地下或半地下消防水池的距离，不应小于50m；
  3) 与车间办公室、车间食堂（无明火）、辅助生产部分建筑物的距离，不应小于30m。

5.2.7 海上救生烟火信号生产区内各危险性建（构）筑物的内部距离应符合现行国家标准《烟花爆竹工程设计安全规范》GB 50161的规定。

5.3 危险品总仓库区内部距离

5.3.2 危险品总仓库区内，1.1级仓库应设置防护屏障，其内部距离应符合下列规定：

  1 有防护屏障1.1级仓库与邻近有防护屏障仓库的内部距离，不应小于表5.3.2-1的规定；

表 5.3.2-1 有防护屏障 1.1 级仓库距邻近有防护屏障仓库的内部距离（m）

序号	危险品名称	单库计算药量（kg）										
		200000	150000	100000	50000	30000	20000	10000	5000	2000	1000	500
1	黑索今、太安、奥克托今、黑梯药柱、导爆索、起爆具	—	—	100	80	70	60	50	40	35	30	25
2	梯恩梯及其药柱、苦味酸、震源药柱（高爆速）、爆裂管	50	45	40	35	30	25	20	20	20	20	20

续表 5.3.2-1

序号	危险品名称	单库计算药量（kg）										
		200000	150000	100000	50000	30000	20000	10000	5000	2000	1000	500
3	工业雷管（含电雷管、导爆管雷管、数码电子雷管、磁电雷管、地震勘探电雷管等）、基础雷管、继爆管	—	—	—	—	70	65	50	40	35	30	25
4	铵梯（油）类炸药、粉状铵油类炸药（含膨化硝铵炸药、改性铵油炸药、铵油炸药、铵松蜡炸药、铵沥蜡炸药）、多孔粒状铵油炸药、黏性粒状炸药、水胶炸药、浆状炸药、胶状和粉状乳化炸药等、含火药含水工业炸药、震源药柱（中低爆速）、射孔弹、穿孔弹、黑火药、小粒发射药（2/1樟等，水含量不小于12%）	45	40	35	30	25	25	20	20	20	20	20

注：1 计算药量为中间值时，内部距离应采用线性插入法确定。
  2 对单库计算药量小于或等于1000kg，在两仓库间各自设置防护屏障的部位难以满足构造要求时，该部位处应设置一道防护屏障。
  3 小量导爆索（导爆索药量小于炸药5%）与工业炸药同库存放时，应设单独隔间存放，且应将导爆索的药量按照梯恩梯当量值折合成同库工业炸药的药量计入仓库的计算药量，并应按相应工业炸药的要求确定仓库的内部距离。

7 危险品储存和运输

7.1 危险品储存

7.1.6 不同品种危险品同库存放应符合下列规定：

  3 硝酸铵仓库硝酸铵与硝酸钠可分隔间同库存放，隔墙应采用厚度不小于370mm实心砌体的防火墙。硝酸铵不应与任何其他物品同库存放。

8 建筑和结构

8.1 一般规定

8.1.1 危险性建筑物的耐火等级不应低于现行国家标准《建筑设计防火规范》GB 50016中规定的二级耐火等级。

8.1.2 危险性建筑物装饰材料的防火性能宜满足现行国家标准《建筑内部装修设计防火规范》GB 50222中A级的要求，不应低于B_1级的规定。

8.1.5 危险品厂房内辅助用室的设置应符合下列规定：

  3 1.2级、1.3级、1.4级厂房内可设置辅助用室；辅助用室应布置在厂房较安全的一端，且应设不小于370mm厚的实心砌体隔墙与危险工作间隔开，隔墙上的门应为钢制甲级防火门，层数不应超过二层。

8.2 危险性建筑物结构选型

8.2.3 不具有易燃易爆粉尘的危险品厂房和采取措施能防止积尘且危险品与钢材不会反应产生敏感危险物的厂房，可采用符合防火要求的钢刚架结构。

8.5 安全疏散

8.5.1 危险品厂房安全出口的设置应符合下列规定：

  4 通过非危险工作间的对外疏散出口，可计为安全出口，危险工作间最远点至此出口的距离应满足本标准第8.5.5条规定。

8.5.2 危险品厂房内非危险工作间的安全出口，应根据各工作间的生产类别按现行国家标准《建筑设计防火规范》GB 50016的规定执行。

8.6 危险性建筑物建筑构造

8.6.1 危险品厂房应采用平开门，不应设置门槛。供安全疏散用的封闭楼梯间，可采用向疏散方向开启的单向弹簧门。

8.6.2 危险品对撞击火花或静电火花敏感时，其厂房的门窗和配件应采用不发火材料和防静电材料制品。黑火药厂房应采用木质门窗。

8.6.3 危险品厂房门的设置应符合下列规定：

  1 疏散用门应向外开启，危险工作间的门不应与其他房间的门直对设置；

  2 设置门斗时，应采用外门斗；门斗的内门和外门中心应在一直线上，开启方向应和疏散用门一致；当危险品厂房为中间走廊，两边为生产间的布置形式时，可采用内门斗；内门斗隔墙不应突出于生产间内墙，且应砌到顶；

  3 危险品工作间的外门口应做防滑坡道，不应设置台阶。

8.6.4 安全窗应符合下列规定：

  1 可开启窗扇洞口宽度不应小于1.0m，不应设置中挺；

  2 窗扇高度不应小于1.5m；

  3 窗台距室内地面不应大于0.5m；

4 窗扇应向外平开，且一推即开；

5 保温窗宜采用单框双层玻璃或中空玻璃等透光材料。当采用双层框窗扇时，应能同时向外开启。

8.6.11 危险品库房和仓库门的设置应符合下列规定：

1 危险品库房、仓库的门应向外平开，门洞宽度不宜小于1.8m，不应小于1.5m，且不应设置门槛；

3 危险品仓库的门宜为双层，内层门为通风用门，外层门为甲级防火门且具有防盗功能，两层门均应向外开启。

8.9 覆土库

8.9.3 危险品覆土库出入口、门的设置应符合下列规定：

3 未定义覆土库出入口宜设前室，从外向内应依次设密闭门、钢网门，密闭门应采用具有防盗、密闭功能的甲级防火门。未定义覆土库密闭门、钢网门应向外开启。

9 消防给水

9.1 一般规定

9.1.1 民用爆炸物品工程必须设置消防给水系统。

9.1.2 消防储备水量应根据室内、室外消防设置要求，按一次火灾同时使用室内、室外消防设施用水量之和计算，并应符合下列规定：

1 消防雨淋系统用水量按最大一组计算，火灾延续时间为1h；

2 室内、室外消火栓系统火灾延续时间为3h；

3 室外硝酸铵水溶液储罐的室外消火栓和消防冷却水用水量、火灾延续时间应按现行国家标准《消防给水及消火栓系统技术规范》GB 50974中甲类可燃液体储罐计算；

4 工艺设备内部的消防用水量、水压应按技术转让方或制造商提供的参数确定。

9.1.3 当危险性建筑物有防护屏障时，室外消火栓不应设在防护屏障内，且应设在防护屏障的防护作用范围内。

9.1.4 远离城镇消防队的企业，其室外消火栓应配备消防水枪和水带。

9.1.5 消防水池应设消防水位控制和报警设施。消防水池中储水使用后的补水时间不应超过48h。

9.1.6 民用爆炸物品工程应按现行国家标准《建筑灭火器配置设计规范》GB 50140的规定配备灭火器，涉及危险品的场所应按严重危险级配备灭火器。

9.2 危险品生产区

9.2.4 危险品生产区内应设置室外消火栓。

9.2.5 危险品生产区危险性建筑物的室外消火栓用水量，应符现行国家标准《消防给水及消火栓系统技术规范》GB 50974中乙类厂房的要求，且不得小于20L/s。

9.2.6 危险品厂房应设室内消火栓，库房可不设室内消火栓。未设消防雨淋系统的危险品厂房，室内消火栓箱内宜设消防软管卷盘，消防软管卷盘用水量不计入室内消防用水量。

9.2.7 危险品厂房室内消火栓用水量不应小于现行国家标准《消防给水及消火栓系统技术规范》GB 50974的规定，水枪的充实水柱不应小于13m。

9.2.8 危险品厂房室内消火栓的设置应符合下列规定：

1 室内消火栓应布置在厂房出口附近明显且易于取用的地点；

2 室内消火栓之间的距离应按计算确定，但不应大于30m；

3 当易燃烧的危险品厂房开间较小，水带不易展开时，室内消火栓可安装在室外墙面上，对有冻结可能的地区，应采取防冻措施。

11 供暖、通风和空气调节

11.1 一般规定

11.1.1 民用爆炸物品工程建设的供暖、通风和空气调节设计除应符合本章规定外，尚应符合现行国家标准《建筑设计防火规范》GB 50016和《工业建筑供暖通风与空气调节设计规范》GB 50019等的规定。

11.2 供暖

11.2.2 散发有燃烧爆炸危险性粉尘或气体的危险性建筑物供暖系统的设计，应符合下列规定：

6 蒸汽、高温水管道的入口装置和换热装置不应设在危险工作间内。

11.2.3 当采用电热锅炉作为热源，且电蒸汽锅炉额定蒸发量不大于1t/h，或电热水锅炉额定热功率不大于0.7MW时，电热锅炉可贴邻危险品厂房布置，并应布置在危险品厂房较安全的一端，与危险工作间用防火墙隔离。电热锅炉间应设单独的外开门、窗。

12 电 气

12.2 电气设备

12.2.3 F0类电气危险场所电气设备选择应符合下列规定：

2 F0类电气危险场所电气照明应采用安装在窗外的可燃性粉尘环境用电气设备DIP A21或DIP B21型（IP65级）、爆炸性粉尘环境用电气设备ExⅢC的tD型灯具，设备最高表面温度不应超过135℃，安装灯具的窗户为不可开启的固定窗。门灯及安装在墙外侧的开关、配电箱等选型应与灯具相同。

12.5 20kV及以下变（配）电所和配电室

12.5.6 配电室（含电气室、电加热间、电机间、电源室）可附建于危险性建筑物内，并可在室内安装非防爆电气设备，且应符合下列规定：

1 配电室与电气危险场所相毗邻的隔墙应为密实防火墙，且不应设门、窗与电气危险场所相通。

12.5.8 应急柴油发电机房宜独立设置，不应附建于危险性建筑物。当条件受限时，可附建于非危险性建筑物，并应符合下列规定：

1 应急柴油发电机的排烟口应朝向安全的方向，且应有阻火措施；
  2 应急柴油发电机房、储油间、阀门间应按照现行国家标准《建筑设计防火规范》GB 50016 的规定，装设必要的检测、报警装置和消防设施。

13 自动控制和电信

13.5 火灾报警系统

13.5.1 生产、销售企业应设置火灾报警系统。
13.5.2 火灾报警系统的设计应符合下列规定：
  1 设置消防雨淋系统的生产工序应设置火灾自动报警系统，并应与消防雨淋系统联动；无控制室时，应在相应危险品厂房防护屏障外设置火灾报警按钮，并联锁启动消防雨淋系统；
  3 生产企业危险品总仓库区、地面站以及销售企业危险品仓库区应设置用于火灾报警的外线电话等火灾人工报警系统；火灾人工报警系统应设置在相应的值班室；
  4 火灾报警区域应按照单个危险品厂房划分；火灾探测区域应按照危险工作间划分，且探测区域的面积应覆盖生产工艺要求的保护面积；
  5 采用临时高压给水系统的厂房，其火灾报警信号应与压力开关等信号通过"或"逻辑组合方式启动消防水泵；
  6 火灾自动报警系统应选择点型火焰探测器、图像型火焰探测器等光电快速感应探测器。
13.5.3 各区域火灾报警控制器应设置在有人值班的工作间或消防控制室内。消防控制室应根据生产特点，具有火灾报警、联动以及消防水泵运行状态监视等功能。
13.5.4 可能散发可燃气体、可燃蒸气的场所，应设置可燃气体探测报警系统。可燃气体报警控制器报警信号应接入火灾自动报警系统，并联动控制排风机。
13.5.5 火灾报警系统设计除应符合本标准本节的规定外，尚应符合现行国家标准《火灾自动报警系统设计规范》GB 50116 的规定。

13.6 安全防范系统

13.6.3 安全防范系统的设计除应符合本标准本节的规定外，尚应符合现行国家标准《安全防范工程技术规范》GB 50348、《入侵报警系统工程设计规范》GB 50394、《视频安防监控系统工程设计规范》GB 50395、《出入口控制系统工程设计规范》GB 50396、《建筑物电子信息系统防雷技术规范》GB 50343 和《民用爆炸物品储存库治安防范要求》GA 837 的规定。

15 混装炸药车地面站

15.2 固定式地面站

15.2.1 地面站不应建设在危险品总仓库区内。
15.2.2 当地面站内未设有起爆器材和炸药库房时，地面站可按现行国家标准《建筑设计防火规范》GB 50016 执行。

15.3 移动式地面站

15.3.4 移动式地面站消防应符合现行国家标准《建筑设计防火规范》GB 50016 的规定。
15.3.5 移动式地面站电力装置应符合现行国家标准《爆炸危险环境电力装置设计规范》GB 50058 的规定。
15.3.6 移动式地面站防雷应符合现行国家标准《建筑物防雷设计规范》GB 50057 中二类防雷的规定。

10.《氢气站设计规范》GB 50177—2005

1 总　则

1.0.3 氢气站、供氢站的生产火灾危险性类别，应为"甲"类。

氢气站、供氢站内有爆炸危险房间或区域的爆炸危险等级应划分为1区或2区，并应符合本规范附录A的规定。

2 术　语

2.0.4 明火地点 open flame site
室内外有外露的火焰或赤热表面的固定地点。

2.0.5 散发火花地点 sparking site
有飞火的烟囱或室外的砂轮、电焊、气焊（割）等固定地点。

3 总平面布置

3.0.1 氢气站、供氢站、氢气罐的布置，应按下列要求经综合比较确定：

3 不得布置在人员密集地段和主要交通要道邻近处；

4 氢气站、供氢站、氢气罐区，宜设置不燃烧体的实体围墙，其高度不应小于2.5m；

3.0.2 氢气站、供氢站、氢气罐与建筑物、构筑物的防火间距，不应小于表3.0.2的规定。

表3.0.2 氢气站、供氢站、氢气罐与建筑物、构筑物的防火间距（m）

建筑物、构筑物		氢气站或供氢站	氢气罐总容积（m³）			
			≤1000	1001~10000	10001~50000	>50000
其他建筑物耐火等级	一、二级	12	12	15	20	25
	三级	14	15	20	25	30
	四级	16	20	25	30	35
民用建筑		25	25	30	35	40
重要公共建筑		50	50			
35~500kV且每台变压器为10000kV·A以上室外变配电站以及总油量超过5t的总降压站		25	25	30	35	40

续表3.0.2

建筑物、构筑物	氢气站或供氢站	氢气罐总容积（m³）			
		≤1000	1001~10000	10001~50000	>50000
明火或散发火花的地点	30	25	30	35	40
架空电力线	≥1.5倍电杆高度	≥1.5倍电杆高度			

注：1 防火间距应按相邻建筑物、构筑物的外墙、凸出部分外缘、储罐外壁的最近距离计算。
　　2 固定容积的氢气罐，总容积按其水容量（m³）和工作压力（绝对压力）的乘积计算。
　　3 总容积不超过20m³的氢气罐与所属厂房的防火间距不限。
　　4 与高层厂房之间的防火间距，应按本表相应增加3m。
　　5 氢气罐与氢气罐之间的防火间距，不应小于相邻较大罐直径。

3.0.3 氢气站、供氢站、氢气罐与铁路、道路的防火间距，不应小于表3.0.3的规定。

表3.0.3 氢气站、供氢站、氢气罐与铁路、道路的防火间距（m）

铁路、道路		氢气站、供氢站	氢气罐
厂外铁路线（中心线）	非电力牵引机车	30	25
	电力牵引机车	20	20
厂内铁路线（中心线）	非电力牵引机车	20	20
	电力牵引机车		15
厂外道路（相邻侧路边）		15	15
厂内道路（相邻侧路边）	主要道路	10	10
	次要道路	5	5
围墙		5	5

注：防火间距应从氢气站、供氢站建筑物、构筑物的外墙、凸出部分外缘及氢气罐外壁计算。

3.0.4 氢气罐或罐区之间的防火间距，应符合下列规定：

1 湿式氢气罐之间的防火间距，不应小于相邻较大罐（罐径较大者，下同）的半径；

2 卧式氢气罐之间的防火间距，不应小于相邻较大罐直径的2/3；立式罐之间、球形罐之间的防火间距，不应小于相邻较大罐的直径；

3 卧式、立式、球形氢气罐与湿式氢气罐之间的防火间距，应按其中较大者确定；

4 一组卧式或立式或球形氢气罐的总容积，不应超过30000m³。组与组的防火间距，卧式氢气罐不应小于相邻较大罐长度的一半；立式、球形罐不应小于相邻较大罐的直径，并不应小于10m。

3.0.5 氢气站需与其他车间呈L形、Π形或Ⅲ形毗连布置时，应符合下列规定：

1 站房面积不得超过1000m²；

2 毗连的墙应为无门、窗、洞的防火墙；

3 不得同热处理、锻压、焊接等有明火作业的车间相连；

4 宜布置在厂房的端部，与之相连的建筑物耐火等级不应低于二级。

3.0.6 供氢站内氢气实瓶数不超过60瓶或占地面积不超过500m²时，可与耐火等级不低于二级的用氢车间或其他非明火作业的丁、戊类车间毗连，其毗连的墙应为无门、窗、洞的防爆防护墙，并宜布置在靠厂房的外墙或端部。

4 工艺系统

4.0.2 水电解制氢系统应设有下列装置：

1 设置压力调节装置，以维持水电解槽出口氢气与氧气之间一定的压力差值，宜小于0.5kPa；

2 每套水电解制氢装置的氢出气管与氢气总管之间、氧出气管与氧气总管之间，应设放空管、切断阀和取样分析阀；

3 设有原料水制备装置，包括原料水箱、原料水泵等。原料水泵出口压力应与制氢系统工作压力相适应。

4 设有碱液配制、回收装置。水电解槽入口应设碱液过滤器。

4.0.3 水电解制氢系统制取的氧气，可根据需要进行回收或直接排入大气，并应符合下列规定：

1 当回收电解氧气时，必须设置氧中氢自动分析仪和手工分析装置，并设有氧中氢超浓度报警装置；

2 电解氧气回收或直接排入大气时，均应采取措施保持氧气与氢气压力的平衡。

4.0.8 氢气压缩机安全保护装置的设置，应符合下列规定：

1 压缩机出口与第1个切断阀之间应设安全阀；

2 压缩机进、出口应设高低压报警和超限停机装置；

3 润滑油系统应设油压过低或油温过高的报警装置；

4 压缩机的冷却水系统应设温度或压力报警和停机装置；

5 压缩机进、出口管路应设有置换吹扫口。

4.0.10 氢气站、供氢站的氢气罐安全设施设置，应符合下列规定：

1 应设有安全泄压装置，如安全阀等；

2 氢气罐顶部最高点，应设氢气放空管；

3 应设压力测量仪表；

4 应设氮气吹扫置换接口。

4.0.11 各类制氢系统中，设备及其管道内的冷凝水，均应经各自的专用疏水装置或排水水封排至室外。水封上的气体放空管，应分别接至室外安全处。

4.0.13 氢气站应按外销氢气量选择氢气灌装方式。氢气灌装系统的设置应符合下列规定：

1 应设有超压泄放用安全阀；

2 应设有氢气回流阀，氢气回流至氢气压缩机前管路或氢气缓冲罐；

3 应设有分组切断阀、压力显示仪表；

4 应设有吹扫放空阀，放空管应接至室外安全处；

5 应设有气瓶内余气及含氧量测试仪表。

4.0.15 各类制氢系统、供氢系统，均应设有含氧量小于0.5%的氮气置换吹扫设施。

6 工艺布置

6.0.2 氢气站工艺装置内的设备、建筑物平面布置的防火间距，不应小于表6.0.2的规定。

表6.0.2 设备、建筑物平面布置的防火间距（m）

项目	控制室、变配电室、生活辅助间	氢气压缩机或氢气压缩机间	装置内氢气罐	氢灌瓶间、氢实（空）瓶间
控制室、变配电室、生活辅助间	—	15	15	15
氢气压缩机或氢气压缩机间	15	—	9	9
装置内氢气罐	15	9	—	9
氢灌瓶间、氢实（空）瓶间	15	9	9	—

注：氢气站内的氢气罐总容积小于5000m³时，可按上表装置内氢气罐的规定进行布置。

6.0.3 氢气站工艺装置内兼作消防车道的道路，应符合下列规定：

1 道路应相互贯通。当装置宽度小于或等于60m，且装置外两侧设有消防车道时，可不设贯通式道路；

2 道路的宽度不应小于4m，路面上的净空高度不应小于4.5m。

6.0.4 当同一建筑物内，布置有不同火灾危险性类别的房间时，其间的隔墙应为防火墙。

同一建筑物内，宜将人员集中的房间布置在火灾危险性较小的一端。

6.0.5 氢气站内应将有爆炸危险的房间集中布置。有爆炸危险房间不应与无爆炸危险房间直接相通。必须相通时，应以走廊相连或设置双门斗。

6.0.6 制氢间、氢气纯化间、氢气压缩机间的电气控制盘、仪表控制盘的布置，应符合下列规定：

2 控制室应以防火墙与上述房间隔开。

6.0.7 当氢气站内同时灌充氢气和氧气时，灌瓶间等的布置应符合下列规定：

1 应分别设置氢气灌瓶间、实瓶间、空瓶间及氧气灌瓶间、实瓶间、空瓶间；

2 灌瓶间可通过门洞与空瓶间和实瓶间相通，并均应设独立的出入口。

6.0.8 当氢气实瓶数量不超过60瓶时，实瓶、空瓶和氢气灌充器或氢气汇流排，可布置在同一房间内，但实瓶、空瓶必须分开存放。

6.0.9 在同一房间内，可设置制氢装置、氢气纯化装置或各种型号的氢气压缩机。

6.0.10 当氢气站内同时设有氢气压缩机和氧气压缩机时，不得将氧气压缩机与氢气压缩机设置在同一房间内。

6.0.11 水电解制氢间内的主要通道不宜小于2.5m；水电解槽之间的净距不宜小于2.0m；水电解槽与墙之间的净距不宜小于1.5m。水电解槽与其辅助设备及辅助设备之间的净距，应按技术功能确定。

常压型水电解制氢装置的平面布置间距，应视规格、尺寸和检修要求确定。

6.0.12 氢气压缩机之间的净距不宜小于1.5m，与墙之间的净距不宜小于1.0m。当规定的净距不能满足零部件抽出时，则净距应比抽出零部件的长度大0.5m。

氢气压缩机与其附属设备之间的净距，可按工艺要求确定。

6.0.14 氢气灌瓶间、实瓶间、空瓶间和汇流排间的通道净宽度，应根据气瓶运输方式确定，但不宜小于1.5m，并应有防止瓶倒的措施。

6.0.15 氢气压缩机和电动机之间联轴器或皮带传动部位，应采取安全防护措施。当采用皮带传动时，应采取导除静电的措施。

7 建筑结构

7.0.1 氢气站、供氢站的耐火等级不应低于二级，并宜为单层建筑。

7.0.2 有爆炸危险房间，宜采用钢筋混凝土柱承重的框架或排架结构。当采用钢柱承重时，钢柱应设防火保护，其耐火极限不得低于2.0h。

7.0.3 氢气站、供氢站内有爆炸危险房间应按现行国家标准《建筑设计防火规范》GB 50016的规定，设置泄压设施。

7.0.4 氢气站、供氢站有爆炸危险房间的泄压设施的设置，应符合下列规定：

2 泄压面积的计算应符合现行国家标准《建筑设计防火规范》GB 50016的要求；

3 泄压设施的设置应避开人员密集场所和主要交通道路，并宜靠近有爆炸危险的部位。

7.0.5 有爆炸危险房间的安全出入口，不应少于2个，其中1个应直通室外。但面积不超过100m²的房间，可只设1个直通室外出入口。

7.0.6 有爆炸危险房间与无爆炸危险房间之间，应采用耐火极限不低于3.0h的不燃烧体防爆防护墙隔开。当设置双门斗相通时，门的耐火极限不应低于1.2h。

有爆炸危险房间与无爆炸危险房间之间，当必须穿过管线时，应采用不燃烧体材料填塞空隙。

7.0.7 有爆炸危险房间的门窗应向外开启，并宜采用撞击时不产生火花的材料制作。

7.0.8 氢气灌瓶间、空瓶间、实瓶间和氢气汇流排间，应设置气瓶装卸平台，其宽度不宜小于2m，高度应按气瓶运输工具高度确定，宜高出室外地坪0.6~1.2m，气瓶装卸平台，应设置大于平台宽度的雨篷，雨篷及其支撑材料应为不燃烧体。

7.0.9 氢气灌瓶间内，应设置高度不低于2m的防护墙。

氢气灌瓶间、氢气汇流排间和实瓶间，应采取防止阳光直射气瓶的措施。

7.0.10 有爆炸危险房间的上部空间，应通风良好。顶棚内表面应平整，避免死角。

8 电气及仪表控制

8.0.2 有爆炸危险房间或区域内的电气设施，应符合现行国家标准《爆炸和火灾危险环境电力装置设计规范》GB 50058的规定。

8.0.3 有爆炸危险环境的电气设施选型，不应低于氢气爆炸混合物的级别、组别（ⅡCT1）。有爆炸危险环境的电气设计和电气设备、线路接地，应按现行国家标准《爆炸和火灾危险环境电力装置设计规范》GB 50058的规定执行。

8.0.4 有爆炸危险房间的照明应采用防爆灯具，其光源宜采用荧光灯等高效光源。灯具宜装在较低处，并不得装在氢气释放源的正上方。

氢气站内宜设置应急照明。

8.0.5 在有爆炸危险环境内的电缆及导线敷设，应符合现行国家标准《电力工程电缆设计规范》GB 50217的规定。敷设导线或电缆用的保护钢管，必须在下列各处做隔离密封：

1 导线或电缆引向电气设备接头部件前；

2 相邻的环境之间。

8.0.6 有爆炸危险房间内，应设氢气检漏报警装置，并应与相应的事故排风机联锁。当空气中氢气浓度达到0.4%（体积比）时，事故排风机应能自动开启。

9 防雷及接地

9.0.1 氢气站、供氢站的防雷，应按现行国家标准《建筑物防雷设计规范》GB 50057、《爆炸和火灾危险环境电力装置设计规范》GB 50058的要求设置防雷、接地设施。

9.0.6 有爆炸危险环境内可能产生静电危险的物体应采取防静电措施。在进出氢气站和供氢站处、不同爆炸危险环境边界、管道分岔处及长距离无分支管道每隔50~80m处均应设防静电接地，其接地电阻不应大于10Ω。

9.0.7 氢气罐等有爆炸危险的露天钢质封闭容器，当其壁厚大于4mm时可不装设接闪器，但应有可靠接地，接地点不应小于2处；两接地点间距不宜大于30m，冲击接地电阻不应大于10Ω。氢气放散管的保护应符合现行国家标准《建筑物防雷设计规范》GB 50057的要求。

10 给水排水及消防

10.0.6 氢气站、供氢站的室内外消防设计，应符合现行国家标准《建筑设计防火规范》GB 50016的规定。

11 采暖通风

11.0.1 氢气站、供氢站严禁使用明火取暖。当设集中采暖时，应采用易于消除灰尘的散热器。

11.0.5 有爆炸危险房间的自然通风换气次数，每小时不得少于3次；事故排风装置换气次数每小时不得少于12次，并与氢气检漏装置联锁。

11.0.7 有爆炸危险房间，事故排风机的选型，应符合现行国家标准《爆炸和火灾危险环境电力装置设计规范》GB 50058的规定，并不应低于氢气爆炸混合物的级别、组别（ⅡCT1）。

12 氢气管道

12.0.6 氢气管道穿过墙壁或楼板时，应敷设在套管内，套管内的管段不应有焊缝。管道与套管间，应采用不燃材料填塞。

12.0.9 氢气放空管，应设阻火器。阻火器应设在管口处。放空管的设置，应符合下列规定：
 1 应引至室外，放空管管口应高出屋脊1m；
 2 应有防雨雪侵入和杂物堵塞的措施；
 3 压力大于0.1MPa时，阻火器后的管材，应采用不锈钢管。

12.0.10 氢气站、供氢站和车间内氢气管道敷设时，应符合下列规定：
 2 严禁穿过生活间、办公室，并不得穿过不使用氢气的房间；
 3 车间入口处应设切断阀，并宜设流量记录累计仪表；
 5 接至用氢设备的支管，应设切断阀，有明火的用氢设备还应设阻火器。

12.0.11 厂区内氢气管道架空敷设时，应符合下列规定：
 1 应敷设在不燃烧体的支架上。

12.0.13 厂区内氢气管道明沟敷设时，应符合下列规定：
 1 管道支架应采用不燃烧体；
 3 不应与其他管道共沟敷设。

附录A 氢气站爆炸危险区域的等级范围划分

A.0.1 爆炸危险区域的等级定义应符合现行国家标准《爆炸和火灾危险环境电力装置设计规范》GB 50058的规定。

A.0.2 氢气站厂房内爆炸危险区域的划分，应符合下列规定（图A.0.2）：
 1 制氢间、氢气纯化间、氢气压缩机间、氢气灌瓶间等爆炸危险房间为1区；
 2 从上述各类房间的门窗边沿计算，半径为4.5m的地面、空间区域为2区；
 3 从氢气排放口计算，半径为4.5m的空间和顶部距离为7.5m的区域为2区。

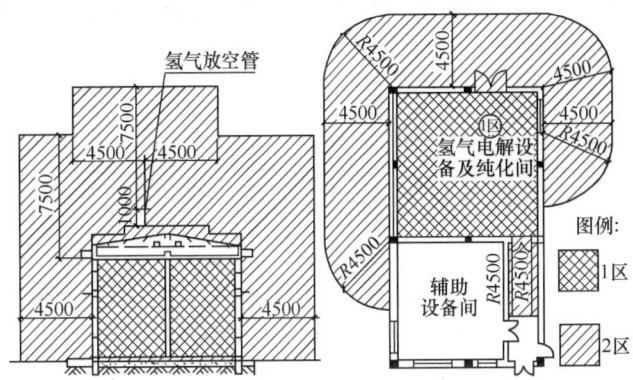

图A.0.2 氢气站厂房内爆炸危险区域划分

A.0.3 氢气站内的室外制氢设备、氢气罐爆炸危险区域划分，应符合下列规定（图A.0.3）：
 1 从室外制氢设备、氢气罐的边沿计算，距离为4.5m，顶部距离为7.5m的空间区域为2区；
 2 从氢气排放口计算，半径为4.5m的空间和顶部距离为7.5m的区域为2区。

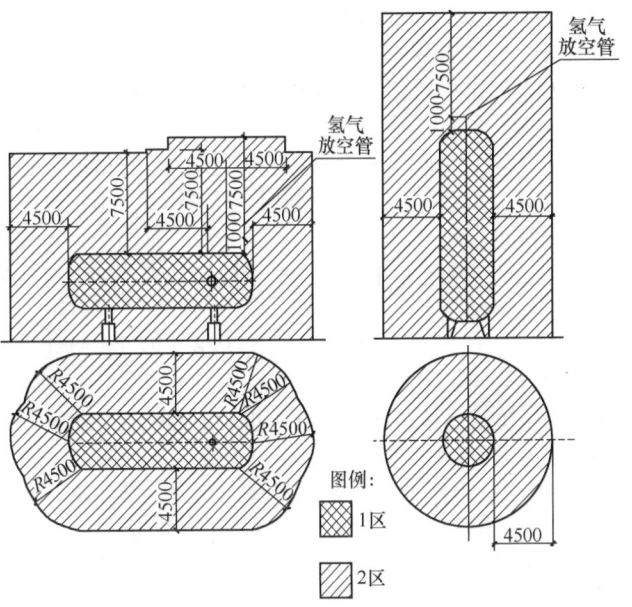

图A.0.3 氢气站内的室外制氢设备、氢气罐爆炸危险区域划分

11.《加氢站技术规范》GB 50516—2010（2021年版）

2 术 语

2.0.1 加氢站 hydrogen fuelling station

为氢燃料电池汽车或氢气内燃机汽车或氢气天然气混合燃料汽车等的储氢瓶充装氢燃料的专门场所。

2.0.2 站内制氢系统 the system of hydrogen produced on site

在加氢站内设置的制氢系统，通常是制氢、纯化、压缩及其配套设施的总称。

2.0.5 站房 station house

用于加氢站的管理和经营的建筑物。

2.0.6 加氢岛 hydrogen fuelling island

用于安装加氢机或氢气天然气混合燃料加气机的平台。

2.0.8 加氢机 hydrogen dispenser

给交通运输工具的储氢瓶充装氢气，并具有控制、计量、计价等功能的专用设备。

2.0.9A 固定式储氢压力容器 stationary pressure vessels for storage of hydrogen

固定安装、用于储存氢燃料的压力容器，包括氢气储存压力容器、液氢储存压力容器和固态储氢压力容器，简称为储氢容器。

2.0.10 氢气储存压力容器 pressure vessels for storage of gaseous hydrogen

用于储存气态氢的压力容器，包括必要的安全附件及压力检测、显示仪器等。

2.0.11 瓶式氢气储存压力容器组 cylinder assemblies for storage of gaseous hydrogen

由若干个瓶式氢气储存压力容器组装成整体的氢气储存设施，包括相应的连接管道、阀门、安全附件等。

2.0.11A 液氢储存压力容器 pressure vessels for storage of liquid hydrogen

用于储存液氢的压力容器，包括绝热系统，必要的安全装置及压力、液位显示仪表等。

2.0.11B 固态储氢压力容器 pressure vessels for storage of metal hydride

内装可逆金属氢化物的储氢压力容器，包括换热系统，必要的安全附件及压力检测、显示仪表等。

2.0.11C 液氢增压泵 liquid hydrogen booster pump

提升液态氢气压力至满足加氢机所需压力的设备。

2.0.14 撬装式氢气压缩机组 portable hydrogen compressor unit

设置在一个或多个可移动或搬运的底座（盘）上的氢气压缩机及其辅助设备、电气装置、连接管线等。

2.0.18 氢气长管拖车 tube trailers for gaseous hydrogen

由储氢气瓶通过支撑端板或框架与半挂车行走机构或定型底盘采用永久性连接组成的道路运输车辆。

3 基 本 规 定

3.0.1 加氢站应结合供氢方式进行设计。加氢站可采用氢气长管拖车运输、氢气管束式集装箱运输、液氢罐车运输、液氢罐式集装箱运输、管道输送或站内制氢系统等方式供氢。加氢站可与天然气加气站或加油站联合建站。

3.0.2A 加氢站的等级划分，应符合表3.0.2A的规定。

表3.0.2A 加氢站的等级划分

等级	储氢容器容量（kg）	
	总容量 G	单罐容量
一级	5000≤G≤8000	≤2000
二级	3000＜G＜5000	≤1500
三级	G≤3000	≤800

注：液氢罐的单罐容量不受本表中单罐容量的限制。

3.0.3 加氢站内储氢容器容量应根据氢气来源、氢燃料电池汽车及氢气天然气混合燃料汽车数量、每辆汽车的氢气充装容量和充装时间以及储氢容器压力等级等因素确定。氢气长管拖车、氢气管束式集装箱、液氢罐车、液氢罐式集装箱等运输氢的车辆作为加氢站内储氢设施固定使用时应设置固定措施，容量计入总容量中。

3.0.6 加氢站的火灾危险类别应为甲类。加氢站内有爆炸危险房间或区域的爆炸危险等级应为1区或2区。

3.0.7 加氢站的爆炸危险区域等级范围划分应符合本规范附录A的要求。

4 站 址 选 择

4.0.1 加氢站的站址选择，应符合城镇规划、环境保护和节约能源、消防安全的要求，并应设置在交通方便的位置。

4.0.2 在城市中心区不应建设一级加氢站。

4.0.3 城市中心区的加氢站，宜靠近城市道路，但不应设在城市主干道的交叉路口附近。

4.0.4A 加氢站的氢气工艺设施与站外建筑物、构筑物的防火距离，不应小于表4.0.4A的规定。

表4.0.4A 加氢站的氢气工艺设施与站外建筑物、构筑物的防火距离（m）

项目名称	储氢容量			氢气压缩机（间）、加氢机	放空管口
	一级	二级	三级		
重要公共建筑	50	50	50	35	50
明火或散发火花地点	40	35	30	20	30

续表 4.0.4A

项目名称		储氢容量			氢气压缩机（间）、加氢机	放空管口
		一级	二级	三级		
民用建筑物保护类别	一类保护物	35	30	25	20	25
	二类保护物	30	25	20	14	20
	三类保护物	30	25	20	12	20
生产厂房、库房耐火等级	一、二级	25	20	15	12	25
	三级	30	25	20	14	
	四级	35	30	25	16	
甲类物品仓库，甲、乙、丙类液体储罐，可燃材料堆场		35	30	25	18	25
室外变配电站		35	30	25	18	30
铁路		25	25	25	22	30
城市道路	快速路、主干路	15	15	15	6	15
	次干路、支路	10	10	10	5	10
架空通信线		不应跨越，且不得小于杆高的1倍				
架空电力线路		不应跨越，且不得小于杆高的1.5倍				

注：1 加氢站的撬装工艺设施与站外建筑物、构筑物的防火距离，应按本表相应设施的防火间距确定。
2 加氢站的工艺设施与郊区公路的防火距离应按城市道路确定；高速公路、Ⅰ和Ⅱ级公路应按城市快速路、主干路确定；Ⅲ和Ⅳ级公路应按城市次干路、支路确定。
3 氢气长管拖车、管束式集装箱固定车位与站外建筑物、构筑物的防火距离，应按本表储氢容器的防火距离确定。
4 铁路以中心线计，城市道路以相邻路侧计。

4.0.5 民用建筑物保护类别划分应符合现行国家标准《汽车加油加气站设计与施工规范》GB 50156 的有关规定。

5 总平面布置

5.0.1A 加氢站站内设施之间的防火距离，不应小于表 5.0.1A 的规定。

5.0.2 加氢站的围墙设置应符合下列规定：

1 加氢站的工艺设施与站外建筑物、构筑物之间的距离小于或等于本规范表4.0.4A的防火间距的1.5倍，且小于或等于25m时，相邻一侧应设置高度不低于2.5m的不燃烧实体围墙。

5.0.3 加氢站的车辆入口和出口应分开设置。

5.0.4 加氢站站区内的道路设置应符合下列规定：

1 单车道宽度不应小于 3.5m，双车道宽度不应小于6m。

2 站内的道路转弯半径应按行驶车型确定，且不宜小于9m，道路坡度不应大于6%。汽车停车位处可不设坡度。

5.0.7 加氢站内的氢气长管拖车、氢气管束式集装箱的布置应符合下列规定：

3 氢气长管拖车、氢气管束式集装箱的卸气端应设耐火极限不低于4.00h的防火墙，防火墙高度不得低于氢气长管拖车、氢气管束式集装箱的高度，长度不应小于0.5与1.5倍氢气长管拖车、氢气管束式集装箱车位数之和与单个长管拖车、氢气管束式集装箱车位宽度的乘积；

4 氢气长管托车、氢气管束式集装箱的卸气端的防火墙可作为站区围墙的一部分。

5.0.7A 液氢罐车、液氢罐式集装箱作为固定式储氢压力容器使用时，液氢罐车、液氢罐式集装箱车位的布置应符合下列规定：

2 液氢罐车、液氢罐式集装箱固定停放车位与站内设施之间的防火间距应按本规范表5.0.1A中储氢容器的防火间距确定。

表 5.0.1A 加氢站站内设施的防火间距（m）

设施名称		储氢容器			制氢间	氢气放空管管口	氢气压缩机间	氢气调压阀组间	加氢机	站房	消防泵房和消防水池取水口	其他建筑物、构筑物	燃气(油)热火炉间、燃气厨房	变配电间	道路	站区围墙
		一级	二级	三级												
储氢容器	一级	—	—	—	15.0	—	9.0	5.0	10.0	10.0	30.0	12.0	14.0	12.0	5.0	5.0
	二级	—	—	—	10.0	—	9.0	5.0	8.0	8.0	20.0	12.0	12.0	10.0	4.0	5.0
	三级	—	—	—	8.0	—	9.0	5.0	6.0	8.0	20.0	12.0	12.0	9.0	3.0	5.0
制氢间						9.0	9.0	4.0	15.0	15.0	15.0	14.0	12.0		5.0	3.0
氢气放空管管口							6.0	—	6.0	6.0	6.0	14.0	6.0	4.0	5.0	
氢气压缩机间								—	4.0	4.0	5.0	8.0	10.0	12.0	6.0	2.0	2.0
氢气调压阀组间										6.0	6.0	8.0	10.0	12.0	6.0	2.0	2.0
加氢机											5.0	6.0	8.0	12.0	6.0	—	—
站房												6.0					
消防泵房和消防水池取水口													6.0				
其他建筑物、构筑物														5.0			

续表 5.0.1A

设施名称	储氢容器 一级	储氢容器 二级	储氢容器 三级	制氢间	氢气放空管管口	氢气压缩机间	氢气调压阀组间	加氢机	站房	消防泵房和消防水池取水口	其他建筑物、构筑物	燃气(油)热火炉间、燃气厨房	变配电间	道路	站区围墙
燃气(油)热火炉间、燃气厨房	—	—	—	—	—	—	—	—	—	—	—	—	5.0	—	—
变配电间	—	—	—	—	—	—	—	—	—	—	—	—		—	—
道路	—	—	—	—	—	—	—	—	—	—	—	—	—		—
站区围墙	—	—	—	—	—	—	—	—	—	—	—	—	—	—	

注：1 加氢机与非实体围墙的防火间距不应小于5m。
2 撬装工艺设备与站内其他设施的防火间距，应按本表制氢间或相应设备的防火间距确定。
3 站房、变配电间的起算点应为门窗。其他建筑物、构筑物指根据需要独立设置的汽车洗车房、润滑油储存及加注间、小商品便利店、厕所等。

5.0.10 氢气长管拖车、氢气管束式集装箱车位与压缩机之间不应设置道路。氢气长管拖车、氢气管束式集装箱车位与相邻道路之间应设有安全防火措施。

6 加氢工艺及设施

6.2 氢气压缩工艺及设备

6.2.5 氢气压缩机的安全保护装置的设置，应符合下列规定：
1 压缩机进、出口与第一个切断阀之间，应设安全阀；
2 压缩机进、出口应设高压、低压报警和超限停机装置；
3 润滑油系统应设油压过高、过低或油温过高的报警装置；
4 压缩机的冷却系统应设温度和压力或流量的报警和停机装置；
5 压缩机进、出口管路应设置置换吹扫口；
6 采用膜式压缩机时，应设膜片破裂报警和停机装置。

6.2.7 氢气压缩机各级冷却器、气水分离器和氢气管道等排出的冷凝水，均应经各自的专用疏水装置汇集到冷凝水排放装置，然后排至室外。

6.2.9 氢气压缩机的布置，应符合下列规定：
1 设在压缩机间的氢气压缩机，宜单排布置，其主要通道宽度不应小于1.50m，与墙之间的距离不应小于1.00m；
2 当采用撬装式氢气压缩机时，在非敞开的箱柜内应设置自然排气、氢气浓度报警、事故排风及其联锁装置等安全设施。

6.3 氢储存系统及设备

6.3.5 氢气储存压力容器安全设施的设置应符合下列规定：
1 应设置安全阀，整定压力不得超过容器的设计压力；
2 容器应设置氢气放空管，放空管应设置2只切断阀和取样口；
3 应设置压力测量仪表、压力传感器；

4 应设置带记录功能的氢气泄漏报警装置和视频监测装置；
5 应设置氮气吹扫置换接口，氮气纯度不应低于99.2%。

6.3.8 储氢容器与站内汽车通道相邻时，相邻的一侧应设置安全防护栏或采取其他防撞措施。

6.4 氢气加氢机

6.4.1 氢气加氢机不得设在室内。

6.4.3 氢气加氢机应具有充装、计量和控制功能，并应符合下列规定：
3 加氢机应设置安全泄压装置或相应的安全措施，其中安全阀整定压力不应高于1.375倍额定工作压力。
6 加氢机进气管道上应设置自动切断阀。

6.4.4 氢气加氢机附近应设防撞柱（栏）。

6.4.5 氢气加氢机的加氢软管应设置拉断阀。

6.5 管道及附件

6.5.4 氢气放空排气装置的设置应保证氢气安全排放，并应符合下列规定：
2 不同压力等级的放空管不应直接连通，应分别引至放空总管。放空总管应垂直向上设置，管口应高出站内设施最高点2m以上，且应高出所在地面5m以上；
3 放空单管和放空总管应采取防止雨雪侵入和杂物堵塞的措施。

6.5.5 加氢站内的室外氢气管道宜明沟敷设或直接埋地敷设。直接埋地敷设时，应符合现行国家标准《氢气站设计规范》GB 50177的有关规定。

6.5.6 站区内氢气管道明沟敷设时，应符合下列规定：
1 不得与除氮气管道外的其他管线共同敷设；
2 当明沟设有盖板时，应保持沟内通风良好，并不得有积聚氢气的空间；
3 管道支架、盖板应采用不燃材料制作。

6.5.7 制氢间、氢气压缩机间等室内氢气管道的敷设、安装等，应符合现行国家标准《氢气站设计规范》GB 50177的有关规定。

7 消防与安全设施

7.1 消防设施

7.1.1 加氢站应设置消火栓消防给水系统。消火栓消防给水系统应符合现行国家标准《建筑设计防火规范》GB 50016 和《消防给水及消火栓系统技术规范》GB 50974 的有关规定。

7.1.2 加氢站灭火器材的配置，应符合现行国家标准《建筑灭火器配置设计规范》GB 50140 的有关规定，并应符合下列规定：

 1 每 2 台加氢机应至少配置 1 只 8kg 手提式干粉灭火器或 2 只 4kg 手提式干粉灭火器；加氢机不足 2 台应按 2 台计算；

 2 氢气压缩机间应按建筑面积每 50m² 配置 1 只 8kg 手提式干粉灭火器，总数不得少于 2 只；1 台撬装式氢气压缩机组应按建筑面积 50m² 折合计算配置手提式干粉灭火器。

7.3 报警装置

7.3.1 氢气设备应采取下列报警措施：

 1 储氢容器应按压力等级的不同，分别设有各自的超压报警和低压报警装置；

 2 氢气长管拖车卸气端、氢气管束式集装箱卸气端、撬装式氢气压缩机组、储氢容器邻近处和加氢机顶部，应设置火焰报警探测器。

7.3.2 氢气压缩机应按本规范第 6.2.5 条设置报警装置。

7.3.3 氢气压缩机间或撬装式氢气压缩机组、储氢容器、制氢间等易积聚、泄漏氢气的场所，均应设置空气中氢气浓度超限报警装置，当空气中氢气含量达到 0.4%（体积分数）时应报警并记录，启动相应的事故排风风机。

7.3.4 加氢站设置站内制氢系统时，各项报警设施应符合现行国家标准《氢气站设计规范》GB 50177 的有关规定。当采用撬装式制氢装置时，应符合现行国家标准《水电解制氢系统技术要求》GB/T 19774 或《变压吸附提纯氢系统技术要求》GB/T 19773 的有关规定。

8 建筑设施

8.0.1 加氢站内的建筑物耐火等级不应低于二级。

8.0.3 加氢岛、加氢机安装场所的上部罩棚应符合下列规定：

 1 罩棚应采用不燃材料制作。当罩棚的承重构件为钢结构时，其耐火极限不应低于 0.25h；

 2 罩棚内表面应平整，坡向外侧不得积聚氢气；

 3 当罩棚顶部设有封闭空间时，封闭空间内应采取通风措施，并应设置氢气浓度报警装置。

8.0.4 有爆炸危险房间，宜采用钢筋混凝土柱承重的框架或排架结构。当采用钢柱承重时，钢柱应采取防火保护措施，其耐火极限不得小于 2.00h。

8.0.5 有爆炸危险房间应按现行国家标准《建筑设计防火规范》GB 50016 的有关规定，设置泄压设施，其泄压面积不得小于屋顶面积或最长一面墙面积的 1.2 倍。

8.0.6 加氢站的门、窗均应向外开启，有爆炸危险房间的门、窗应采用撞击时不产生火花的材料制作。

8.0.8 加氢站内的储氢容器或瓶式氢气储存压力容器组与氢气压缩机间、氢气调压阀组间、变配电间相邻布置，且防火间距不能满足本规范第 5.0.1A 条的规定时，应采用钢筋混凝土防火墙隔开。隔墙顶部应比储氢容器或瓶式氢气储存压力容器组顶部高 1m 及以上，隔墙长度应为储氢容器或瓶式氢气储存压力容器组总长并在两端各增加 2m 及以上，隔墙厚度不得小于 0.20m。

8.0.9 有爆炸危险房间的上部空间，应通风良好。顶棚内表面应平整，且避免死角，不得积聚氢气。

8.0.10 有爆炸危险房间或区域内的地坪，应采用不发生火花地面。

8.0.11 加氢站内不得设有经营性的住宿、餐饮和娱乐等设施。

10 电气装置

10.1 供配电

10.1.2 有爆炸危险房间或区域，应按本规范附录 A 的要求确定设防等级。有爆炸危险房间或区域内的电气设施应符合现行国家标准《爆炸危险环境电力装置设计规范》GB 50058 的有关规定。

10.1.3 在氢气爆炸危险环境内的电气设施选型，不应低于氢气爆炸混合物的级别、组别。

10.1.4 有爆炸危险房间，应采用防爆灯具，灯具宜安装在较低处，并不得安装在可燃气体释放源的正上方。

10.1.5 加氢站的压缩机间、加氢岛、营业室等场所，均应设应急照明装置。

10.1.7 加氢站的电力线路，宜采用电缆直埋敷设。电缆穿越车道等场所，应穿钢管保护。在有爆炸危险环境区域内敷设的电缆，应在下列位置做隔离密封：

 1 电缆引向电气设备接头部件前；

 2 相邻的不同环境之间。

10.1.8 当采用电力电缆沟敷设电缆时，沟内应充沙填实。电缆不得与油品管道、氢气管道、天然气管道、热力管道敷设在同一地沟内。

10.2 防雷与接地

10.2.1 加氢站应按现行国家标准《建筑物防雷设计规范》GB 50057 和《爆炸危险环境电力装置设计规范》GB 50058 的有关规定设置防雷与接地设施。

10.3 防静电

10.3.1 加氢站氢系统中可能产生和积聚静电而造成静电危险的设备、管道、作业工具，均应采取防静电措施。

10.3.1A 氢气压缩机间、氢气压力调节阀组间、液氢泵等房间，氢气长管拖车、氢气管束式集装箱、液氢罐车、液氢罐式集装箱停泊区、管道区域，均应设置防静电金属接地板，接地板材质应与设备管道的金属外壳相近。接地板截面宽不宜小于 50mm，高不宜小于 10mm，接地板最小有效长度宜为60mm。

10.3.1B 加氢机、液氢汽化器、固定式储氢压力容器、气柜等设备应设防雷电接地；管道、阀门及装卸运输车辆或移动式储氢容器等设施应设防静电接地。

10.3.1C 氢气、液氢等可燃物管道、其他金属管道在不同爆炸危险区域边界、分叉处，长距离无分支管道氢气每隔50m处，液氢每隔20m处，管道始端、末端，均应设防静电接地。当平行管道净距小于100mm时，每隔20m应加跨接线。当管道交叉且净距小于100mm时，应加跨接线。

10.3.1D 静电接地宜与其他接地共用接地体。当采用专用静电接地体时，氢气接地电阻不得大于10Ω，液氢接地电阻不得大于1Ω，与其他接地体间距不得小于20m。

11 采暖通风

11.0.1 加氢站内有爆炸危险的房间严禁明火采暖。

11.0.4 站区内的采暖管道，宜采用直埋敷设。当采用地沟敷设时，地沟与可燃气体管道、油品管道之间的距离，应符合现行国家标准《锅炉房设计标准》GB 50041 的有关规定，其地沟应充沙填实，进、出建筑物处应采取隔断措施。

11.0.5 加氢站内有爆炸危险房间的自然通风换气次数不得少于5次/h；事故排风换气次数不得少于15次/h，并应与空气中氢气浓度报警装置连锁。

11.0.6 有爆炸危险房间，事故排风风机的选型，应符合现行国家标准《爆炸危险环境电力装置设计规范》GB 50058 的有关规定。

12 施工、安装和验收

12.4 电气仪表安装

12.4.5 加氢站中有爆炸和火灾危险环境电气装置的施工安装，除应符合现行国家标准《电气装置安装工程 爆炸和火灾危险环境电气装置施工及验收规范》GB 50257 的有关规定外，还应符合下列规定：

2 电缆线路穿过不同环境区域时，在交界处保护管两端的管口处应将电缆周围用不燃材料堵填严实，再涂塞密封胶泥；交界处采用电缆沟敷设时，应在沟内充沙、填阻火材料或加设防火隔墙；

3 钢管与钢管、钢管与电气设施和线缆、钢管与钢管附件之间的连接，应满足防爆要求。

12.4.6 电缆施工安装，除应符合现行国家标准《电气装置安装工程 电缆线路施工及验收标准》GB 50168 的有关规定外，还应符合下列规定：

1 电缆进入建筑物或电缆沟时，应穿保护管。保护管出入建筑物或电缆沟处的空隙应采取防火封堵措施，管口应密封；

2 有防火要求时，电缆穿越墙体或进入电气柜、盘的间隙处应采取防火封堵措施。

12.5 竣工验收

12.5.3 工程竣工验收时，施工单位应提交下列文件：

2 建筑工程：
  8) 钢结构安装记录；
  13) 隐蔽工程记录；
  14) 防腐工程施工检查记录。
3 安装工程：
  18) 防爆电气设备安装检查记录；
4 竣工图。
5 观感检查记录。

附录A 加氢站爆炸危险区域的等级范围划分

A.0.1 有爆炸危险区域的等级定义应符合现行国家标准《爆炸危险环境电力装置设计规范》GB 50058 的有关规定。

A.0.2 加氢机爆炸危险区域的划分，应符合下列规定（图A.0.2）：

1 加氢机内部空间为1区；

2 以加氢机外轮廓线为界面，以4.5m为半径的地面区域为底面和以加氢机顶部以上4.5m为顶面的圆台形空间为2区。

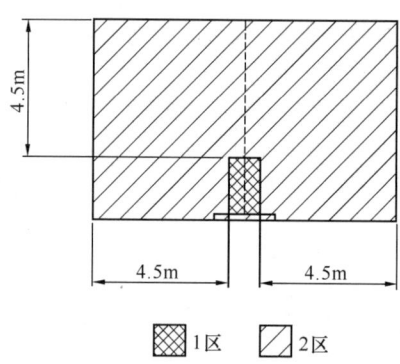

图 A.0.2 加氢机爆炸危险区域划分

A.0.3 室外或罩棚内储氢容器或瓶式储氢压力容器组的爆炸危险区域划分，应符合下列规定（图A.0.3）：

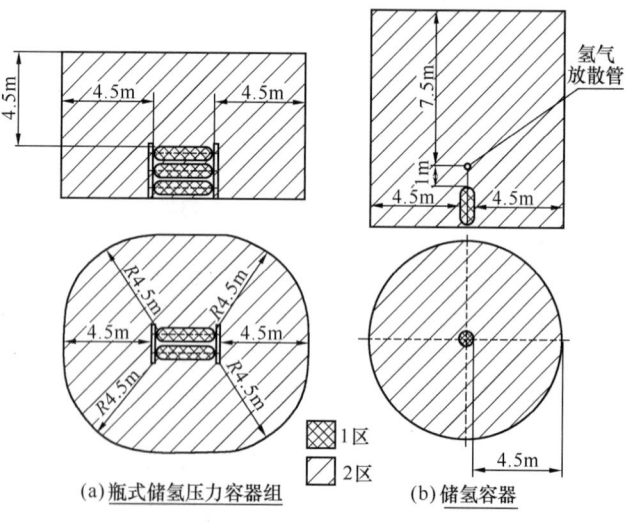

图 A.0.3 室外或罩棚内的瓶式储氢压力容器组或储氢容器爆炸危险区域划分

1 设备本身为1区；

2 以设备外轮廓线为界面,以4.5m为半径的地面区域、顶部空间区域为2区;

3 设备的放空管应集中设置。从氢气放空管管口计算,半径为4.5m的空间和顶部以上7.5m的空间区域为2区。

A.0.4 氢气压缩机间的爆炸危险区域划分,应符合下列规定(图A.0.4)。

2 以房间的门窗边沿计算,半径为4.5m的地面、空间区域为2区;

3 从氢气放空管管口计算,半径4.5m的区域和顶部以上7.5m的空间区域为2区。

A.0.5 撬装式氢气压缩机组爆炸危险区域的划分,应符合下列规定(图A.0.5):

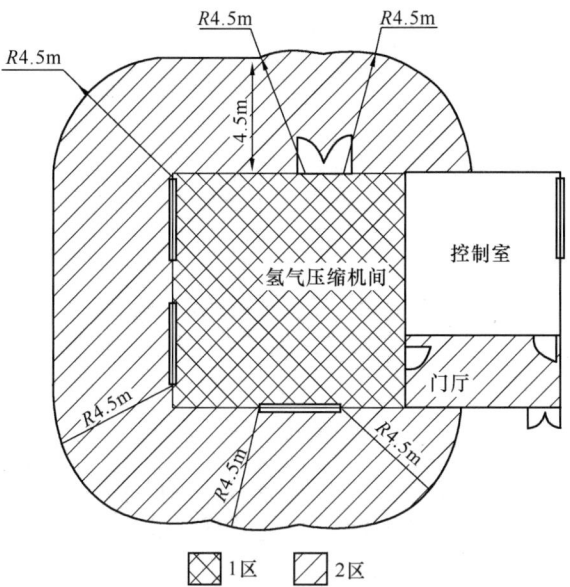

图A.0.4 氢气压缩机间的爆炸危险区域划分

1 房间内的空间为1区;

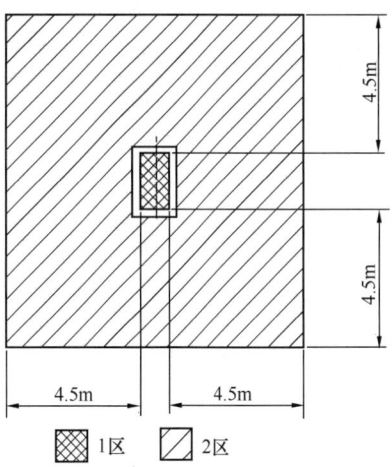

图A.0.5 撬装式氢气压缩机组爆炸危险区域划分

1 设备内为1区;

2 以撬装式氢气压缩机组的外轮廓线为界面,以4.5m为半径的地面区域、顶部空间为2区。

12.《地铁安全疏散规范》GB/T 33668—2017

3 术语和定义

3.8

安全区 safety zone

火灾或其他灾害情况下,灾害后果得到有效控制,可确保人员安全的室内或室外安全区域。

注:火灾时为控制无烟气进入,或烟气温度、可见度、有毒气体浓度等均保持对人员安全,且在人员向外界疏散方向上的区域、楼层、隧道或疏散用楼梯间。安全区分为临时安全区和最终安全区,临时安全区为疏散过程中经过的、能够提供确保人员全部撤离该安全区并疏散至最终安全区和救援救灾所需安全避难时间的区域或场所;最终安全区域为空间足够或无限大、灾害无法波及的区域。

3.9

安全出口 safety exit

供人员安全疏散用的直通室内、外安全区的出口。

注:如站厅火灾时的站厅出入口通道的出口,区间联络通道在未起火隧道的出口,区间隧道风井内直通地面的楼梯间出入口,轨道区到达站台层的疏散楼梯出口,车站站台门的端门或端部通道口,站台等起火层通向安全区的楼扶梯出口、通道和疏散用楼梯间出入口,设备与管理用房区域通向另一防火分区或直通室外的出口等。

3.10

总体疏散人员 occupant join in evacuation in total

火灾或其他灾害情况下参与疏散乘客的总数量。

注:包括灾害发生车站和区间必须疏散的乘客及其他区域参与疏散的乘客,对于换乘车站还包括与该站换乘的所有区域内参与疏散的乘客。

3.11

必须疏散人员 occupant need to be evacuated

火灾或其他灾害情况下必须疏散的乘客数量。

注:火灾情况下指的是位于起火的防火分区内、起火楼层内及疏散至外界需经过起火层的乘客。

3.12

疏散通道 evacuation passage

人员疏散所经过的路径的总称,为通向临时安全区域或最终安全区域的连续无障碍,同时配备有照明和应急照明、疏散导向指示,必要时配置广播和声光报警等辅助疏散装置的通道。

注:具体包括步行楼梯、疏散用自动扶梯和自动人行道、消防电梯,车站疏散用楼梯间、闸机通道、员工通道、出入口通道、安全出口、列车客室门和驾驶室端头门,站台门的滑动门、应急门和端门,区间疏散平台、断电后的轨道床面、区间联络通道、区间(隧道)通向车站站台的出口,区间中间风井内直通地面的楼梯间,轨道区到达站台层的疏散楼梯等。不包括换乘车站的换乘通道。正在检修和故障停用的自动扶梯不能作为疏散通道。

3.13

事故安全疏散 incident safety evacuation

火灾或其他灾害事故情况下的人员疏散。

3.14

事故安全疏散时间 safety evacuation time

火灾或其他灾害事故时必须疏散人员全部疏散至安全区的时间。

3.15

总体安全疏散时间 total safety evacuation time

总体疏散人员全部疏散至安全区的总时间。

3.16

联络通道 connecting bypass

连接同一线路上两条单线区间隧道的通道。

注:在列车于区间遇火灾等事故时,供乘客由事故隧通向无事故隧道疏散逃生的过道。

3.17

应急疏散平台 emergency evacuation walkway

在区间内平行于线路并宜靠站台侧设置,在列车遇火灾等灾害事故于区间停运时供人员疏散用的纵向连续走道。

3.18

站台门 platform edge door

安装在车站站台边缘,将行车的轨道区与站台候车区隔开,设有与列车门相对应、可多极控制开启与关闭滑动门的连续屏障。

注:门体为全高且全封闭的称全高封闭型站台门,门体为全高但未封闭的称全高站台门,门体半高的称半高站台门。

3.19

应急门 emergency escape door

站台门设施上的应急门体,紧急情况下,当乘客无法正常从滑动门进出时,供乘客由车内向站台疏散的门。

4 总则

4.1 地铁应具有针对火灾、水淹、风灾、地震、冰雪和雷击等灾害的预防措施,事故安全疏散以火灾事故下的安全疏散预防为主。

4.2 地铁安全疏散应按一条线路、一座换乘车站及其相邻区间同一时间只发生一处火灾及其他灾害事故原则考虑。

4.3 地铁车站安全疏散设计应按在 6min 内将必须疏散乘客全部疏散至安全区为原则。

4.4 地铁安全疏散设计应遵循国家有关方针政策，从全局出发，统筹兼顾，做到安全适用、技术先进、经济合理。

4.5 地铁安全疏散的设计和运营安全除应符合本标准的规定外，还应符合国家现行有关标准的规定。

5 车站安全疏散总体要求

5.1 地铁车站安全疏散需根据火灾及其他灾害情况、灾害发生位置组织乘客通过非灾害区域向安全区域疏散。

5.2 当列车在区间发生火灾等事故，在列车完好且未失去动力的情况下，应将列车继续行使至车站，在车站组织人员疏散。

5.3 车站的站台、站厅、出入口、通道、楼梯、自动扶梯、员工通道（栅栏门）、售检票口（机）等部位的规模和通过能力应相互匹配，当发生车站列车、站台及站厅公共区火灾事故时，应满足 6min 内将远期或客流控制期超高峰小时下的必须疏散人员全部疏散到达安全区的要求。

5.4 当车站站台发生火灾时，车站安全疏散应符合以下要求：

a) 站台列车火灾时，必须疏散人员为远期或客流控制期超高峰小时一列进站列车所载的乘客及站台上的候车乘客，应按式（1）计算：

$$Q = \lambda \Delta T (Q_1 + Q_2) \quad (1)$$

式中：Q——火灾时必须疏散人员，单位为人；

Q_1——远期或客流控制期高峰小时单向最大断面客流，单位为人/h；

Q_2——远期或客流控制期高峰小时上、下行站台的进站客流，换乘车站还包括其他线路换入起火线路站台的客流，单位为人/h；

ΔT——远期或客流控制期高峰小时行车间隔，单位为小时（h）；$\Delta T=1/N$，N 为小时行车对数；

λ——车站超高峰小时的客流系数，一般为 1.1~1.4。

b) 站台公共区发生火灾时，必须疏散人员为起火站台上的候车乘客，进站列车应过站不停车。

c) 站台火灾的安全区为自然排烟下或通风排烟系统事故模式正常启动后，无烟气进入或烟气温度、可见度、有毒气体浓度等均保持对人员安全的区域，如人员向外界疏散方向上的与站台层相邻的通道或楼层、站台内疏散用楼梯间、站台直接通向外界的出入口通道。

d) 疏散路径为从列车内至站台火灾时的安全区所经过的疏散通道路径。

5.5 当车站站厅公共区发生火灾时，车站安全疏散应符合以下要求：

a) 必须疏散人员为远期或客流控制期超高峰小时站台上的乘客及站厅乘客，共享站厅的换乘车站的必须疏散人员应包括所有线路站台的乘客及站厅乘客。每条线路的必须疏散人员应按式（2）计算：

$$Q = Q_p + Q_c \quad (2)$$

式中：Q——火灾时必须疏散人员，单位为人；

Q_p——站台乘客，单位为人；

Q_c——站厅乘客，单位为人。

站台乘客应按式（3）计算：

$$Q_p = \lambda \Delta T [\max\{Q_{u,\text{上}}, Q_{u,\text{下}}\} + \max\{Q_{d,\text{上}}, Q_{d,\text{下}}\}] \quad (3)$$

式中：$Q_{d,\text{上}}$——远期或客流控制期高峰小时上行站台的进站客流，单位为人/h；

$Q_{u,\text{上}}$——远期或客流控制期高峰小时上行站台的出站客流，单位为人/h；

$Q_{d,\text{下}}$——远期或客流控制期高峰小时下行站台的进站客流，单位为人/h；

$Q_{u,\text{下}}$——远期或客流控制期高峰小时下行站台的出站客流，单位为人/h；

$\max\{\}$——取进、出站客流的最大值；

ΔT——远期或客流控制期高峰小时行车间隔，单位为小时（h）；$\Delta T=1/N$，N 为小时行车对数；

λ——车站超高峰小时的客流系数，一般为 1.1~1.4。

站厅乘客应按式（4）计算：

$$Q_c = \frac{\left(\frac{L}{V}+1\right)\lambda Q_3}{60} \quad (4)$$

式中：Q_3——远期或客流控制期高峰小时上、下行线路的进、出站客流之和，换乘车站还包括线路间的相互换乘客流，单位为人/h；

λ——车站超高峰小时的客流系数，一般为 1.1~1.4。

$\dfrac{\left(\frac{L}{V}+1\right)\lambda Q_3}{60}$——正常运营时，站厅内行走客流，单位为人；

$\dfrac{L}{V}+1$——正常运营时，乘客在站厅内的平均滞留时间，单位为分（min），包括行走时间 $\dfrac{L}{V}$、购票检票和其他时间；购票检票和其他时间平均按 1min 计算；

L——正常运营时，人在站厅内的平均行走距离，单位为米（m），按照所有站厅客流流向的行走路线长度进行平均；

V——人员平均水平运动速度，单位为米每分（m/min），由式（15）计算。

b) 站厅火灾的安全区为自然排烟下或通风排烟系统的火灾事故模式正常启动后，无烟气进入或烟气温度、可见度、有毒气体浓度等均保持对人员安全的区域，如人员向外界疏散方向上的与站厅层相邻的通道或楼层、站厅内疏散用楼梯间、站厅直接通向外界的出入口通道。

c) 疏散路径为从站台远端至站厅火灾时的安全区所经过的疏散通道路径。

d) 站厅火灾时，通风排烟系统、供电系统、信号系统、车辆系统、应急调度指挥等具备防灾安全条件及站台有工作人员进行有效疏散引导措施下，站台乘客的疏散可采用运行车辆向相邻车站进行疏散。

5.6 站台楼梯和自动扶梯的数量和位置布置除应满足上、下乘客的需要外，还应按站台层的事故疏散时间不大于 6min 进行验算。消防专用梯及垂直电梯不计入事故疏散用。

5.7 站台层的事故安全疏散时间应按式（5）计算：

$$T_s = T_{s,1} + T_{s,2} + T_{s,3} + T_{s,4} + T_{s,5} < 6\min \quad (5)$$

a) 预反应时间按式（6）计算：
$$T_{s,1} = 1\min \quad (6)$$
式中：$T_{s,1}$——探测报警时间及人员预动作时间之和。

b) 疏散至楼扶梯入口时间应按式（7）计算：
$$T_{s,2} = \frac{L_p}{V} \quad (7)$$
式中：L_p——站台内疏散起始点距离楼扶梯入口最远点的距离，单位为米（m）；
V——人员平均水平运动速度，单位为米每分（m/min），由式（15）计算。

c) 通过楼扶梯时间应按式（8）计算：
$$T_{s,3} = \frac{Q}{0.9(A_1 N_1 + A_2 N_2 + A_3 B_3)} \quad (8)$$
式中：Q——火灾时必须疏散人员，单位为人，人员数量由5.4确定；
A_1——自动扶梯通过能力，单位为人/(min·台)；
A_2——自动扶梯停运作步行梯的通过能力，单位为人/(min·台)；
A_3——楼梯通过能力，单位为人/(min·米)；
N_1——与疏散方向相同的、用于疏散的自动扶梯数量，单位为台；如站台仅设置1台自动扶梯时，考虑1台自动扶梯检修，$N_1 = 0$；
N_2——停止做固定疏散梯使用的自动扶梯数量，单位为台；
$N_1 + N_2$——疏散使用的车站站台自动扶梯总数量，应考虑1台自动扶梯处于检修，$N_1 + N_2$ 应不大于车站站台的自动扶梯总数量 $N-1$（台）；
B_3——楼梯总宽度，单位为米（m），每组楼梯均按照0.55m的整倍数计算。

d) 楼扶梯上平均滞留时间应按式（9）计算：
$$T_{s,4} = \max\{L_s/V_s\} \quad (9)$$
式中：L_s——起火楼层内的楼扶梯有效长度，单位为米（m）；
V_s——人员在楼扶梯上绝对运动速度，单位为米每分（m/min），其中自动扶梯上的运动速度需考虑人相对于自动扶梯的速度；
max{}——起火楼层中所有楼扶梯上的平均滞留时间求最大值。

e) 通道非均匀性偏差时间应按式（10）计算：
$$T_{s,5} = L_e/V \quad (10)$$
式中：L_e——站台层中用于疏散的任意两组相邻、可发现的楼扶梯之间距离的最大值，单位为米（m）；
V——人员平均水平运动速度，单位为米每分（m/min），由式（15）计算。

f) 当车站站台层与上层中庭贯通时，事故安全疏散时间除了累计站台疏散时间外，站台上一层的疏散时间也需累计在内。

5.10 沿着疏散方向，前后疏散通道的通过能力应相匹配，后面疏散通道的通过能力宜大于前面疏散通道的通过能力。

5.11 车站自动检票口和栅栏门、站厅安全出口的总疏散通过能力应满足乘客安全疏散的需要，疏散通过能力应大于站台至站厅疏散通道的通过能力。

5.13 车站安全疏散的总体疏散人员包括5.4~5.5规定的必须疏散人员和其他区域的参与疏散人员，且不包括参与应急处置的车站工作人员。其他区域的参与疏散人员的疏散时间不计入事故安全疏散时间。

5.14 换乘车站的安全疏散，应符合下列规定：

a) 站台列车火灾、站台公共区火灾时的事故安全疏散时间应根据不同线路分别进行计算，且均需要小于6min。

b) 共享站厅的换车车站，站厅公共火灾时的必须疏散人员应包括所有线路站台的乘客和站厅乘客；不包括参与应急处置的车站工作人员。

c) 换乘车站的换乘通道、换乘楼梯（含自动扶梯）不应作为安全出口。

d) 节点换乘车站站台之间的换乘通道和换乘梯，应在下层站台的开口部位进行防火分隔，通道（梯）口应设置防火卷帘。通道换乘车站的站间换乘通道两侧及两端均应进行防火分隔，当通道两端采用防火卷帘分隔时，应能分线控制，且满足换乘通道内乘客疏散需要。

5.15 车站安全出口的设置应满足事故疏散的需要：

a) 车站每个站厅公共区应设置不少于2个直通地面的安全出口。

b) 地下一层侧式站台车站，每侧站台设置不应少于2个直通地面的安全出口。

c) 地下车站设备和管理用房区域安全出口的数量不应少于2个，其中有人值守的防火分区应有1个安全出口直通地面；无人值守的防火分区，2个安全出口可通向另一个防火分区。

d) 站台和站厅公共区内任一点，距安全出口的疏散距离不得大于50m。

e) 安全出口应分散设置，当同方向设置时，两个出口的口部之间净距不应小于10m。

f) 竖井、爬梯、电梯、消防专用通道以及设在两侧式站台之间的过轨通道不应作为安全出口。

g) 站台端部通向区间的楼梯，不得计作站台区的安全出口。

h) 站厅公共区与物业开发等非地铁运营相关建筑的安全出口应各自独立设置。两者的联络通道或上、下连接楼扶梯不得作为安全出口。当合用出入口时，必须保证每个站厅公共区具有不少于2个独立直通地面的安全出口，且满足站厅任一点距离安全出口的疏散距离不超过50m的要求。

i) 与机场航站楼、国铁车站等大型综合交通枢纽接驳的地铁车站，车站设置直通室外的安全出口有困难时，安全出口可设置为通向地铁车站外部、火灾时能够确保安全的区域。

5.16 地下出入口通道的长度不宜超过100m，当超过100m时应增设消防疏散出口、机械排烟和火灾探测报警等保障人员安全疏散的措施，长度超过60m的出入口通道应设置机械排烟和火灾探测报警等措施。

5.17 车站设备管理用房的疏散门位于2个安全出口之间时，至最近安全出口距离不应大于40m；当疏散门位于袋形走道两侧或尽端时，不应大于22m。

6 区间安全疏散总体要求

6.1 区间安全疏散可采用应急疏散平台疏散和道床疏散两种

方式，疏散路径需保证连贯性、无障碍、平整，当列车在区间内着火等不能行使到前方车站时，乘客可通过道床或应急疏散平台步行撤离至安全区。

6.2 区间疏散的安全区应设置为：
a) 地下区间隧道的通风排烟系统事故模式正常启动后，无烟气进入或烟气温度、可见度、有毒气体浓度等均保持对人员安全的区域，如车站站台、未起火隧道或区间风井内设置直接通向地面的防烟楼梯间。
b) 高架区间的车站站台。

6.3 区间疏散的安全出口应符合下列规定：
a) 区间疏散的安全出口应设置为与车站站台连接的站台门端门或端部通道口。
b) 地下区间隧道内起火隧道通向具有正压保护的未起火隧道的联络通道出口。
c) 当地下区间隧道设置区间风井内设置直接通向地面的防烟楼梯间，防烟楼梯间可作为安全出口。

6.4 采用道床作为区间疏散通道，列车端部车辆应设置专用前端门作为乘客紧急疏散门，并配置下车设施，组成列车的各车辆之间应贯通。

6.5 采用应急疏散平台作为区间疏散通道，列车的侧门应开启作为乘客紧急疏散门，组成列车的各车辆之间宜贯通。

6.6 区间列车火灾疏散应根据列车起火部位组织疏散方向，区间安全疏散应符合以下要求：
a) 车头火灾为行驶方向上的车头首节车辆起火，车尾火灾为行驶方向上的车尾末节车辆起火，列车中部火灾为行驶方向上的首、末节之间的车辆起火。
b) 地下区间隧道烟气控制方向一般按与多数乘客疏散相反的方向组织纵向通风。起火区间隧道内的人员疏散方向为迎着新风疏散：
1) 当车头起火时，区间通风排烟系统组织烟气向前方车站排烟，人员向后方车站、后方最近联络通道或后方区间隧道设置的通向地面的楼梯间等区间安全出口疏散；
2) 当车尾起火时，区间通风排烟系统组织烟气向后方车站排烟，人员向前方车站、前方最近联络通道或前方区间隧道设置的通向地面的楼梯间等区间安全出口疏散；
3) 当列车中部着火时，区间通风排烟系统应按下风向客流最少的原则组织纵向通风排烟，启动通风排烟的时间宜根据疏散完成情况确定；将上风向乘客疏散至上风向最近的区间疏散安全出口，下风向乘客疏散至下风向最近的区间安全出口；
4) 进入未起火隧道后，人员应向最近的车站或区间中间设置的通向地面的楼梯间疏散；
5) 当列车外部起火时，火灾初期有条件时，在司机有效引导下，车上人员可首先通过车辆内部的贯通道作为内部疏散通道，向上风向疏散；
6) 当列车中部火灾向列车两端组织疏散时，现场应有工作人员进行有效引导，先期可不启动纵向通风排烟，待一端人员疏散至安全区后，通过现场处置工作人员联系调度中心，再执行区间通风排烟模式，纵向送风方向应保证疏散未撤离至安全区一端的乘客迎着新风向疏散。

c) 高架区间疏散方向按照列车起火位置组织疏散：
1) 当车头起火时，人员向后方车站疏散；
2) 当车尾起火时，人员向前方车站疏散；
3) 当列车中部着火时，向两端车站疏散。

7 土建设施的疏散技术要求

7.1 区间隧道轨道区在车站均应设置到达站台的疏散楼梯。

7.2 区间联络通道设置应符合下列规定：
a) 横向平行设置的两条单线区间隧道，隧道长度超过600m，应设置联络通道，相邻两个联络通道之间的距离不应大于600m。联络通道内应并列设置反向开启的甲级防火门，门扇的开启不得侵入限界和阻挡人员疏散，防火门应能抵挡过往列车及隧道通风系统的正压和负压。
b) 单洞双线地下区间隧道的线路间宜设置耐火极限不低于3h的防火隔墙，中隔墙上宜设置联络通道，相邻两个联络通道之间的距离不应大于600m，联络通道上应设置A类隔热防火门。
c) 竖向平行设置的两条单线区间隧道，隧道长度超过600m，应在区间中间的侧面设置区间人员上下逃生通道，相邻两个逃生通道之间的距离不应大于600m。

7.3 当地下区间设置中间风井时，井内或就近应设置直达地面的防烟楼梯间，楼梯净宽不应小于1200mm。

7.4 当区间设置应急疏散平台时，应符合下列规定：
b) 应急疏散平台的最小宽度应符合下列规定：
1) 单线用疏散平台，设置在隧道内和隧道外，平台宽度一般情况下不应小于0.7m，困难情况下不应小于0.55m；
2) 双线用疏散平台，设置在隧道内和隧道外，平台的宽度一般情况下不应小于1.0m；困难情况下不应小于0.8m。
c) 疏散平台高度（距离轨道顶面）应不大于0.9m。
d) 靠区间壁的墙上应设置靠墙扶手及疏散指示灯，扶手高度宜为0.9m。
e) 疏散平台遇联络通道处的高差应采用坡道连接。
f) 疏散平台的耐火极限不应低于1h，并不应少于区间事故疏散时间。
g) 疏散平台设计在人防门、防淹门、道岔区地段外应保持连贯性、无障碍、平整性。

7.5 区间疏散用道床作为疏散通道时，道床面应满足人员疏散行走的要求，道床面应平整、连续、无障碍物。

7.6 车站和区间建（构）筑物的耐火等级应符合下列规定：
a) 地下车站、区间的主体建筑、出入口通道、联络通道、疏散楼梯间、区间防烟楼梯间、风道的耐火等级应为一级。
b) 地面出入口、风亭等附属建筑，地面车站、高架车站及高架区间的建（构）筑物，耐火等级不得低于二级。

7.7 车站和区间建（构）筑物的防火分区和防火分隔设置应满足火灾安全疏散的要求：
a) 车站防火分区设置应符合 GB 50157 的要求。
b) 两个防火分区之间应采用耐火极限不低于3h的防火墙和甲级防火门分隔，在防火墙设有观察窗时，应采用甲级防火窗；防火分区的楼板应采用耐火极限不低于1.5h的楼板。

7.8 车站公共区与物业开发层之间严禁采用中庭形式相通，当物业开发层与车站公共区之间设置楼扶梯时，楼扶梯开口部位应设置防火分隔和防火卷帘,其防火设计应符合 GB 50016 的规定。当物业开发层设于站厅层与站台层之间时,站台穿越开发层至站厅楼扶梯,应在开发层的楼扶梯开口部位采用耐火极限不低于 3h 的防火墙进行分隔。

8 设备系统的疏散技术要求

8.1 新建线路车站宜设站台门,站台门应满足人员安全疏散的要求:

a) 站台门应包括固定门、滑动门、应急门;每侧站台门两端应各设一樘端门,供司机、站台管理人员及区间事故疏散人员用,单扇端门的最小开度不应小于 1.1m。

b) 站台门的滑动门与列车客室门在位置、数量上均应对应,滑动门的最小开度不应小于列车门的开度。

c) 站台门每侧设置与远期列车编组数相等的应急门,单扇应急门的净开度不应小于 1.1m,应急门设置位置应满足安全疏散要求,宜对应每节车厢设置一樘应急门。

d) 滑动门、应急门、端门应能在站台侧用专用钥匙开启,在轨道侧应能手动开启。

e) 站台门不得作为防火隔离措施。

8.2 列车车辆应满足人员安全疏散的要求:

a) 除了应同时具备故障、事故和灾难情况下对人员疏散和车辆救助的条件;车辆及其内部设施应使用不燃材料或无卤、低烟的阻燃材料。

b) 当利用道床面作为区间疏散通道时,列车端部车辆应设置专用前端门作为乘客紧急疏散门,并配置下车设施,端门宽度不应小于 600mm,高度不小于 1800mm;组成列车的各车辆之间应贯通。

c) 采用应急疏散平台作为区间疏散通道,应开启车辆侧门作为乘客紧急疏散门;组成列车的各车辆之间宜贯通。

d) 组成列车的各车辆之间的贯通道的宽度不应小于 600mm,高度不小于 1800mm。

e) 列车客室内应设置乘客紧急报警装置,并应设置明显的告示牌。紧急报警装置应具有乘务员与乘客间双向通信功能。无人驾驶车辆的乘客紧急报警系统应具有乘客与控制中心或控制室的通信联络功能,实现值守人员与乘客的双向语音通信,值守人员与乘客通话应具有最高优先权。

f) 司机室应配备司机与车站控制室、控制中心联络的无线紧急通话设备,火灾情况下应能及时通知控制中心和车站值守人员。

g) 列车应具有火灾应急广播功能。

h) 司机室至少设置 1 具灭火器,每个客室应至少设置 2 具灭火器,安装位置应便于拿取且有明显标志。

i) 车辆应设置蓄电池,其容量应满足紧急状态下车门控制、应急照明、外部照明、车载安全设备、广播、通信、信号、应急通风等系统的供电时间不小于 45min,以及 45min 后车门能开关门一次的要求;蓄电池的供电时间应满足区间安全疏散的要求。

8.3 付费区和非付费区之间的自动检票机和栅栏门应满足人员安全疏散的要求:

a) 自动检票机应与火灾自动报警系统实现联动,并在车站控制室应设紧急控制按钮,当发生火灾时或设备失电时,自动检票机应处于释放状态。

b) 栅栏门应由工作人员人工打开用于疏散。

c) 自动检票机和栅栏门的总疏散通过能力应满足乘客安全疏散的需要。

d) 灾害情况下人工及自动售票机应停止售票,且应能自动提供灾害信息和疏散提示信息等告知功能。

8.4 设有门禁装置的通道门、设备和管理用房门的电子锁应满足安全疏散的要求,具有断电自动释放功能。门禁系统应与火灾自动报警系统实现联动控制,车站控制室综合后备控制盘(IBP)上应设紧急开门控制按钮,并应具备手动、自动切换功能。

8.5 防火卷帘、电动挡烟垂帘应能实现在火灾情况下的消防联动控制,防火卷帘、电动挡烟垂帘在火灾情况下自动降落。乘客的疏散路径上不应设置防火卷帘。

8.6 车站内应设置各种导向、应急疏散标志。车站公共区内设置广告、设备设施的位置、色彩不得干扰导向、事故疏散。

8.7 乘客信息系统(PIS)应能自动接收与显示灾害信息和疏散指示信息等功能。

8.8 视频监视系统应为控制中心调度员、各车站值班员、列车司机等提供有关灾害现场信息、救灾及乘客疏散等方面的视觉信息。

8.9 广播系统应保证控制中心调度员和车站值班员灾害情况下向乘客报播灾害信息和疏散指示信息。防灾广播应优先于行车广播,应具备人工和自动两种方式。

8.10 当站台至站厅以及站厅至地面的楼扶梯上、下行均采用自动扶梯时,应增设人行楼梯或备用自动扶梯。作为事故疏散用的自动扶梯,应采用一级负荷供电。自动扶梯主要驱动链、梯级链、扶手等功率传输部件的安全系数应不小于 8。

8.11 地铁通风、排烟系统应满足车站和区间隧道安全疏散时,及时有效的排除烟气提供有效可用安全疏散时间的要求:

a) 当列车在区间隧道发生火灾事故时,应具备纵向组织通风排烟的功能;当车站内发生火灾事故时,应具备防灾排烟、通风功能。

b) 地下车站站台、站厅和区间的排烟量设计应满足 GB 50157 的要求。

c) 地下车站火灾时启动通风排烟系统应能在 6min 内控制火灾烟气在起火楼层,不进入安全区,疏散路径内烟气层应不沉降到 1.5m 高度,在疏散楼扶梯开口形成 1.5m/s 的向下气流,阻止烟气向起火层以上楼层蔓延,人员逃生迎着新风向疏散。

d) 区间隧道火灾时启动通风排烟系统应能在隧道内控制火灾烟气定向流动,上风向人员逃生迎着新风向疏散,区间火灾排烟量按单洞区间隧道断面的排烟流速不小于 2m/s 且高于计算的临界烟气控制流速,但排烟流速不得大于 11m/s 设计。

e) 区间隧道火灾时,区间隧道通风排烟系统的排烟模式,应满足单线区间隧道内正常运行时两区间风井间只有一辆列车的要求,否则应设区间中间风井或与顶棚土建风道连接的区间中间排烟口;区间火灾时隧道排烟应保证烟气不进入车站隧道区域。

f) 地面和高架车站公共区和设备与管理用房采用自然排烟时,排烟口应设置在上部,其可开启的有效排烟面积不应小于该场所建筑面积的2%,排烟口距离最远火灾发生点的水平距离不应超过30m。地面和高架车站的楼扶梯开口、轨道区和站台区之间的结构缝均不应作为排烟口;地面和高架车站站台或站厅公共区采用自然排烟时,疏散用的楼扶梯开口处应设置有效的挡烟和防烟保护措施,确保火灾时楼扶梯开口为安全有效的疏散通道。

g) 区间隧道和全封闭车道采用自然排烟时,排烟口应设置在上部,其有效排烟面积不应小于顶部投影面积的5%。排烟口距离最远火灾发生点的水平距离不应超过30m。

h) 区间隧道事故、排烟风机、地下车站公共区和车站设备与管理用房排烟风机应保证在250℃时能连续有效工作1h,并不应少于区间事故疏散时间;烟气流经的辅助设备如风阀及消声器等应与风机耐高温等级相同。

i) 地面及高架车站公共区和设备及管理用房排烟风机应保证在280℃时能连续有效工作0.5h,烟气流经的辅助设备如风阀及消声器等应与风机耐高温等级相同。

j) 在事故工况下参与运转的设备,从静止状态转换为事故工况状态所需的时间不应超过30s,从运转状态转换为事故工况状态所需的时间不宜超过60s。

k) 在事故工况下需要开启或关闭的设备,启、闭所需的时间不应超过30s。

8.12 车站控制室作为乘客疏散时车站的指挥中心,应设置无线通信设备、防灾广播控制台、视频监视器和控制键盘、防灾专用调度电话分机;车站控制室综合后备控制盘(IBP)上应设置自动扶梯、自动检票机、站台门、门禁等疏散通道设施的手动操作按钮;观察窗应采用甲级防火窗。

8.13 地铁控制中心作为所辖线路的防灾调度指挥中心,应设置指挥疏散用的无线通信设备、防灾无线控制台、防灾广播控制台、视频监视系统和控制键盘、防灾专用调度电话总机。

8.14 地铁公务电话交换机应具有火警时能自动转换到市话网"119"的功能。同时,地铁内应配备在发生灾害时供救援人员进行地上、地下联络的无线通信设施。

8.15 与乘客疏散和救援相关的地铁用电设备的负荷分级及事故下切换应符合下列规定:

a) 与乘客疏散和救援相关的火灾自动报警系统设备、消防水泵及消防水管电保温设备、防排烟风机及各类防火排烟阀、防火门(卷帘)、消防疏散用自动扶梯、消防电梯、应急照明、主排水泵、雨水泵、防淹门及火灾或其他灾害需使用的用电设备应为一级负荷。

b) 通信系统、信号系统、综合监控系统、电力监控系统、环境与设备监控系统、专用通信系统、门禁系统、安防设施、自动售检票、站台门、地下站站厅等公共区照明、地下区间照明等应为一级负荷。

c) 乘客信息系统、地上站厅站台等公共区照明、附属房间照明、普通风机、排污泵、电梯、非消防疏散自动扶梯和自动人行道,应为二级负荷。

d) 消防用电设备的供电应在末级配电箱处设置自动切换装置,当发生火灾而切断生产、生活用电时,消防设备应能保证正常工作。

e) 发生火灾及其他灾害事故时,为保障疏散救援及相关应急设备的电源负荷,防止与乘客疏散和救援无关设备工作时造成灾害扩大等影响,应切断无关设备的电源。

8.16 应急照明设置应符合下列规定:

a) 车站站台、站厅、区间、自动扶梯、自动人行道、楼梯及疏散楼梯间、车站出入口、安全出口、附属用房内走道等疏散通道,车辆基地内单体建筑物及控制中心的疏散楼梯间、疏散通道、消防电梯间(含前室)等在正常照明因故失电后需确保人员疏散、撤离的场所应设置应急疏散照明。

b) 车站控制室、变电所、配电室、消防泵房、防排烟机房等重要设备房应设应急备用照明。

c) 应急疏散照明设置要求应符合GB 50016的要求。

d) 车站、区间、控制中心的应急照明的连续供电时间不应少于1h,且应大于1.1倍的事故疏散时间。

8.17 疏散指示标志设置应符合下列规定:

a) 车站的站台、站厅、区间、自动扶梯、自动人行道、楼梯口、安全出口、附属用房内走道等疏散通道,车辆基地内单体建筑物及控制中心的疏散楼梯间、楼梯转角、疏散通道及安全出口等处应设置疏散指示标志。

b) 车站的站台、站厅、楼梯转角,疏散通道拐弯处、交叉口,沿疏散通道长度方向每隔不大于10m处,应设置灯光疏散指示标志,指示标志距离地面应小于1m。

c) 房间疏散门、疏散楼梯间口、安全出口应设置灯光疏散指示标志,并宜设置在门洞正上方。

d) 车站公共区的站台、站厅乘客疏散路线和疏散通道等人员密集部位的地面上,应急疏散楼梯台阶侧立面,应设蓄光疏散指示标志,并应保持视觉连续。

e) 设置在车站的固定式疏散指示的指示方向要以指向最近安全出口为原则,设置智能疏散指示系统时,应与火灾自动报警系统实现联动控制,并根据火灾起火位置和烟气流动方向,指示有效疏散方向。

9 安全疏散运营管理要求

9.1 站台层、站厅付费区和站厅非付费区、出入口通道的乘客疏散区内,不得设置商业场所,也不得设置妨碍乘客疏散的设备及堆放可燃物。地铁开发商业时,商业区与地铁车站间应划分为不同防火分区,并应符合GB 50016的规定。

9.2 站厅非付费区内设置零星商铺,应符合下列规定:

a) 不得经营和储存火灾危险性为甲类、乙类和丙类的物质和商品。

b) 每个站厅非付费区内单处商铺的面积不得超过50m²,商铺总面积不应大于100m²。

c) 商铺总面积超过100m²应单独设置排烟系统,采用防火墙或防火卷帘与其他部位进行防火分隔,并设置自动喷水灭火系统、火灾自动报警系统。

d) 每个站厅至少应有两个出入口通道内不设置商铺及不与商业空间衔接。设置商铺和与商业空间衔接的通道,其防火设计应符合GB 50016的规定,通道与站厅公共区临界面应设置防火卷帘。

9.3 地铁运营企业应结合线路和运营管理具体情况编制涵盖人员疏散的综合应急预案、车站及区间火灾和其他灾害事故疏散专项应急预案,以及疏散的现场应急处置方案,并定期进行演练。综合应急预案应至少1个季度演练一次,车站及区间疏散专项应急预案应至少 2 个月演练 1 次，疏散现场处置方案应至少 1 个月进行一次桌面和实战演练。

9.4 疏散现场处置方案应结合车站特点和火灾及其他灾害场景风险分析，做到一站一方案，疏散路线图宜按照车站列车火灾、站台公共区火灾、站厅公共区火灾及其他灾害场景制定。

9.5 车站工作人员及司机应具备紧急情况下现场组织疏散职责，并定期进行应急能力培训。

9.6 当车站客流超过远期超高峰预测客流且事故安全疏散时间超过 6min 时，地铁运营企业应立即进行车站疏散能力提升改造。

9.7 地铁运营企业应在车站配备疏散和救援所需的应急物品，应急物品宜按照附录 A 配置。

9.8 在车站、车厢、隧道、站前广场等范围内设置广告、商业设施，应不影响安全标志和乘客导向标识的识别，不得挤占疏散通道，在疏散通道内应禁止堆放物品、设置摊点。

13.《城市综合管廊工程技术规范》GB 50838—2015

2 术语和符号

2.1.11 安全标识 safety mark

为便于综合管廊内部管线分类管理、安全引导、警告警示等而设置的铭牌或颜色标识。

2.1.12 舱室 compartment

由结构本体或防火墙分割的用于敷设管线的封闭空间。

3 基本规定

3.0.7 综合管廊应同步建设消防、供电、照明、监控与报警、通风、排水、标识等设施。

7 附属设施设计

7.1 消防系统

7.1.1 含有下列管线的综合管廊舱室火灾危险性分类应符合表 7.1.1 的规定：

表 7.1.1 综合管廊舱室火灾危险性分类

舱室内容纳管线种类		舱室火灾危险性类别
天然气管道		甲
阻燃电力电缆		丙
通信线缆		丙
热力管道		丙
污水管道		丁
雨水管道、给水管道、再生水管道	塑料管等难燃管材	丁
	钢管、球墨铸铁管等不燃管材	戊

7.1.2 当舱室内含有两类及以上管线时，舱室火灾危险性类别应按火灾危险性较大的管线确定。

7.1.3 综合管廊主结构体应为耐火极限不低于 3.0h 的不燃性结构。

7.1.4 综合管廊内不同舱室之间应采用耐火极限不低于 3.0h 的不燃性结构进行分隔。

7.1.5 除嵌缝材料外，综合管廊内装修材料应采用不燃材料。

7.1.6 天然气管道舱及容纳电力电缆的舱室应每隔 200m 采用耐火极限不低于 3.0h 的不燃性墙体进行防火分隔。防火分隔处的门应采用甲级防火门，管线穿越防火隔断部位应采用阻火包等防火封堵措施进行严密封堵。

7.1.7 综合管廊交叉口及各舱室交叉部位应采用耐火极限不低于 3.0h 的不燃性墙体进行防火分隔，当有人员通行需求时，防火分隔处的门应采用甲级防火门，管线穿越防火隔断部位应采用阻火包等防火封堵措施进行严密封堵。

7.1.8 综合管廊内应在沿线、人员出入口、逃生口等处设置灭火器材，灭火器材的设置间距不应大于 50m，灭火器的配置应符合现行国家标准《建筑灭火器配置设计规范》GB 50140 的有关规定。

7.1.9 干线综合管廊中容纳电力电缆的舱室，支线综合管廊中容纳 6 根及以上电力电缆的舱室应设置自动灭火系统；其他容纳电力电缆的舱室宜设置自动灭火系统。

7.1.10 综合管廊内的电缆防火与阻燃应符合国家现行标准《电力工程电缆设计规范》GB 50217 和《电力电缆隧道设计规程》DL/T 5484 及《阻燃及耐火电缆 塑料绝缘阻燃及耐火电缆分级和要求 第 1 部分：阻燃电缆》GA 306.1 和《阻燃及耐火电缆 塑料绝缘阻燃及耐火电缆分级和要求 第 2 部分：耐火电缆》GA 306.2 的有关规定。

7.2 通风系统

7.2.7 综合管廊舱室内发生火灾时，发生火灾的防火分区及相邻分区的通风设备应能够自动关闭。

7.3 供电系统

7.3.2 综合管廊的消防设备、监控与报警设备、应急照明设备应按现行国家标准《供配电系统设计规范》GB 50052 规定的二级负荷供电。天然气管道舱的监控与报警设备，管道紧急切断阀、事故风机应按二级负荷供电，且宜采用两回线路供电；当采用两回线路供电有困难时，应另设置备用电源。其余用电设备可按三级负荷供电。

7.3.3 综合管廊附属设备配电系统应符合下列规定：

2 综合管廊应以防火分区作为配电单元，各配电单元电源进线截面应满足该配电单元内设备同时投入使用时的用电需要。

7.4 照明系统

7.4.1 综合管廊内应设正常照明和应急照明，并应符合下列规定：

2 管廊内疏散应急照明照度不应低于 5 lx，应急电源持续供电时间不应小于 60min。

3 监控室备用应急照明照度应达到正常照明照度的要求。

4 出入口和各防火分区防火门上方应设置安全出口标志灯，灯光疏散指示标志应设置在距地坪高度 1.0m 以下，间距不应大于 20m。

7.5 监控与报警系统

7.5.2 监控与报警系统的组成及其系统架构、系统配置应根据综合管廊建设规模、纳入管线的种类、综合管廊运营维护管理模式等确定。

7.5.3 监控、报警和联动反馈信号应送至监控中心。

7.5.7 干线、支线综合管廊含电力电缆的舱室应设置火灾自动报警系统，并应符合下列规定：

 1 应在电力电缆表层设置线型感温火灾探测器，并应在舱室顶部设置线型光纤感温火灾探测器或感烟火灾探测器；

 2 应设置防火门监控系统；

 3 设置火灾探测器的场所应设置手动火灾报警按钮和火灾警报器，手动火灾报警按钮处宜设置电话插孔；

 4 确认火灾后，防火门监控器应联动关闭常开防火门，消防联动控制器应能联动关闭着火分区及相邻分区通风设备、启动自动灭火系统；

 5 应符合现行国家标准《火灾自动报警系统设计规范》GB 50116 的有关规定。

7.5.8 天然气管道舱应设置可燃气体探测报警系统，并应符合下列规定：

 1 天然气报警浓度设定值（上限值）不应大于其爆炸下限值（体积分数）的 20%；

 2 天然气探测器应接入可燃气体报警控制器；

 3 当天然气管道舱天然气浓度超过报警浓度设定值（上限值）时，应由可燃气体报警控制器或消防联动控制器联动启动天然气舱事故段分区及其相邻分区的事故通风设备；

 4 紧急切断浓度设定值（上限值）不应大于其爆炸下限值（体积分数）的 25%；

 5 应符合国家现行标准《石油化工可燃气体和有毒气体检测报警设计规范》GB 50493、《城镇燃气设计规范》GB 50028 和《火灾自动报警系统设计规范》GB 50116 的有关规定。

7.5.11 天然气管道舱内设置的监控与报警系统设备、安装与接线技术要求应符合现行国家标准《爆炸危险环境电力装置设计规范》GB 50058 的有关规定。

7.5.12 监控与报警系统中的非消防设备的仪表控制电缆、通信线缆应采用阻燃线缆。消防设备的联动控制线缆应采用耐火线缆。

7.5.13 火灾自动报警系统布线应符合现行国家标准《火灾自动报警系统设计规范》GB 50116 的有关规定。

7.5.16 监控与报警设备应由在线式不间断电源供电。

7.5.17 监控与报警系统的防雷、接地应符合现行国家标准《火灾自动报警系统设计规范》GB 50116、《电子信息系统机房设计规范》GB 50174 和《建筑物电子信息系统防雷技术规范》GB 50343 的有关规定。

7.7 标识系统

7.7.6 人员出入口、逃生口、管线分支口、灭火器材设置处等部位，应设置带编号的标识。

9 施工及验收

9.7 附属工程

9.7.7 火灾自动报警系统施工及验收应符合现行国家标准《火灾自动报警系统施工及验收规范》GB 50166 的有关规定。

14.《城镇燃气技术规范》GB 50494—2009

2 术 语

2.0.9 燃气燃烧器具 gas burning appliance

以燃气作燃料的燃烧用具,简称燃具。包括燃气热水器、燃气热水炉、燃气灶具、燃气烘烤器具、燃气取暖器具等。

2.0.10 用气设备 gas burning equipment

以燃气作燃料进行加热或制冷的燃气工业炉、燃气锅炉、燃气直燃机等较大型设备。

2.0.11 附属安全装置 accessory safety device

当燃气供气系统发生异常或发生燃气泄漏时,具有切断燃气气源、泄放或发出报警信号等功能的紧急切断阀、安全放散装置和可燃气体报警器等装置的总称。

3 基本性能规定

3.1 燃气设施基本性能要求

3.1.4 重要的燃气设施及存在危险的操作场所应有规范的、明显的安全警示标志。

5 燃气厂站

5.2 站区布置

5.2.2 厂站内的建(构)筑物与厂站外的建(构)筑物之间应有符合国家现行标准要求的防火间距,厂站边界应设置围墙或护栏。

5.2.3 厂站内的生产区和生产辅助区应分开布置;出入口设置应符合便于通行和紧急事故时人员疏散的要求。

5.2.4 不同类型的燃气储罐应分组布置,组与组之间、储罐之间及储罐与建(构)筑物之间应有符合国家现行标准要求的防火间距。

5.2.5 厂站的生产区内应设置消防车通道。

5.2.6 液化石油气和液化天然气厂站的生产区应设置高度不小于2m的不燃烧体实体围墙。

5.2.7 液化石油气厂站的生产区内,除地下储罐、寒冷地区的地下式消火栓和储罐区的排水管、沟外,不应设置地下和半地下建(构)筑物。生产区的地下管沟内应填满干砂。

5.4 燃气储罐

5.4.7 地上固定容积燃气储罐的金属支架应进行防火保护,其耐火极限不应小于2h。

5.5 安全和消防

5.5.1 厂站应根据介质特性和工艺要求制定运行操作规程和事故应急预案。

5.5.2 厂站内应根据规模、燃气气质、运行条件和火灾危险性等因素设置消防系统。

5.5.3 厂站内燃气储罐、设备的设置和管道的敷设应满足防火的要求。

5.5.4 液化石油气和液化天然气储罐区应设置周边封闭的不燃烧体实体防护墙。防护墙内不应设置钢瓶灌装装置和其他可燃液体储罐。

5.5.5 厂站建(构)筑物的耐火等级和具有爆炸危险生产厂房的防爆要求应符合国家现行标准的规定。

5.5.6 厂站的供电电源应满足正常生产和消防的要求。

5.5.7 厂站内具有爆炸和火灾危险建(构)筑物的电气装置,应根据运行介质、工艺特征、运行和通风等条件确定的爆炸危险区域等级和范围采取相应的措施。

5.5.8 厂站内具有爆炸和火灾危险的建(构)筑物及露天钢质燃气储罐应采取防雷接地措施。

5.5.10 厂站具有爆炸和火灾危险的建(构)筑物内不应有燃气聚积和滞留,严禁在厂房内直接放散燃气和其他有害气体。

5.5.11 厂站具有燃气泄漏和爆炸危险的场所应设置可燃气体泄漏检测报警装置。报警浓度不应高于可燃气体爆炸极限下限的20%。

5.5.12 低温燃气储罐区、气化区等可能发生低温燃气泄漏的区域应设置低温检测报警连锁装置。

6 燃气管道和调压设施

6.3 调压设施

6.3.1 城镇燃气调压站站址的选择应符合城乡规划和系统设置的要求,站内设置调压装置的建筑物或露天设置的调压装置与周围建(构)筑物之间的距离应符合国家现行标准的规定。

6.3.2 对调节燃气相对密度大于0.75的调压装置,不得设于地下室、半地下室内和地下单独的箱内。

7 燃气汽车运输

7.0.4 燃气运输车辆应按规定配备灭火器材;每具灭火器均应设置在方便取用的位置;灭火器应保持良好的性能。

8 燃具和用气设备

8.2 居民用燃具

8.2.3 燃具、用气设备与可燃或难燃的墙壁、地板、家具之间应采取有效的防火隔热措施。

8.2.4 安装直接排气式燃具的场所,应设置机械排烟设施。

15.《城镇燃气设计规范》GB 50028—2006（2020年版）

1 总 则

1.0.4 城镇燃气工程规划设计应遵循我国的能源政策，根据城镇总体规划进行设计，并应与城镇的能源规划、环保规划、消防规划等相结合。

2 术 语

2.0.25 重要的公共建筑 important public building
指性质重要、人员密集，发生火灾后损失大、影响大、伤亡大的公共建筑物。如省市级以上的机关办公楼、电子计算机中心、通信中心以及体育馆、影剧院、百货大楼等。

4 制 气

4.1 一般规定

4.1.3 制气车间主要生产场所爆炸和火灾危险区域等级划分应符合本规范附录A的规定。

5 净 化

5.1 一般规定

5.1.6 煤气净化车间主要生产场所爆炸和火灾危险区域等级应符合本规范附录B的规定。

5.3 煤气排送

5.3.6 鼓风机的布置，应符合下列要求：
  7 鼓风机房应设煤气泄漏报警及事故通风设备。
  8 鼓风机房应做不发火花地面。

6 燃气输配系统

6.5 门站和储配站

6.5.2 门站和储配站站址选择应符合下列要求：
  6 储配站内的储气罐与站外的建、构筑物的防火间距应符合现行国家标准《建筑设计防火规范》GB 50016的有关规定。站内露天燃气工艺装置与站外建、构筑物的防火间距应符合甲类生产厂房与厂外建、构筑物的防火间距的要求。

6.5.3 储配站内的储气罐与站内的建、构筑物的防火间距应符合表6.5.3的规定。

表6.5.3 储气罐与站内的建、构筑物的防火间距（m）

储气罐总容积（m³）	≤1000	>1000~≤10000	>10000~≤50000	>50000~≤200000	>200000
明火、散发火花地点	20	25	30	35	40
调压室、压缩机室、计量室	10	12	15	20	25
控制室、变配电室、汽车库等辅助建筑	12	15	20	25	30
机修间、燃气锅炉房	15	20	25	30	35
办公、生活建筑	18	20	25	30	35
消防泵房、消防水池取水口	20				
站内道路（路边）	10	10	10	10	10
围墙	15	15	15	15	18

注：1 低压湿式储气罐与站内的建、构筑物的防火间距，应按本表确定；
  2 低压干式储气罐与站内的建、构筑物的防火间距，当可燃气体的密度比空气大时，应按本表增加25%；比空气小或等于时，可按本表确定；
  3 固定容积储气罐与站内的建、构筑物的防火间距应按本表的规定执行。总容积按其几何容积（m³）和设计压力（绝对压力，10²kPa）的乘积计算；
  4 低压湿式或干式储气罐的水封室、油泵房和电梯间等附属设施与该储气罐的间距按工艺要求确定；
  5 露天燃气工艺装置与储气罐的间距按工艺要求确定。

6.5.4 储气罐或罐区之间的防火间距，应符合下列要求：
  1 湿式储气罐之间、干式储气罐之间、湿式储气罐与干式储气罐之间的防火间距，不应小于相邻较大罐的半径；
  2 固定容积储气罐之间的防火间距，不应小于相邻较大罐直径的2/3；
  3 固定容积储气罐与低压湿式或干式储气罐之间的防火间距，不应小于相邻较大罐的半径；
  4 数个固定容积储气罐的总容积大于200000m³时，应分组布置。组与组之间的防火间距：卧式储罐，不应小于相邻较大罐长度的一半；球形储罐，不应小于相邻较大罐的直径，且不应小于20.0m；
  5 储气罐与液化石油气罐之间防火间距应符合现行国家

标准《建筑设计防火规范》GB 50016 的有关规定。

6.5.5 门站和储配站总平面布置应符合下列要求：

1 总平面应分区布置，即分为生产区（包括储罐区、调压计量区、加压区等）和辅助区。

2 站内的各建构筑物之间以及与站外建构筑物之间的防火间距应符合现行国家标准《建筑设计防火规范》GB 50016 的有关规定。站内建筑物的耐火等级不应低于现行国家标准《建筑设计防火规范》GB 50016 "二级"的规定。

3 站内露天工艺装置区边缘距明火或散发火花地点不应小于 20m，距办公、生活建筑不应小于 18m，距围墙不应小于 10m。与站内生产建筑的间距按工艺要求确定。

4 储配站生产区应设置环形消防车通道，消防车通道宽度不应小于 3.5m。

6.5.12 高压储气罐工艺设计，应符合下列要求：

2 高压储气罐应分别设置安全阀、放散管和排污管；

3 高压储气罐应设置压力检测装置；

6 当高压储气罐罐区设置检修用集中放散装置时，集中放散装置的放散管与站外建、构筑物的防火间距不小于表 6.5.12-1 的规定；集中放散装置的放散管与站内建、构筑物的防火间距不应小于表 6.5.12-2 的规定；放散管管口高度应高出距其 25m 内的建构筑物 2m 以上，且不得小于 10m；

表 6.5.12-1　集中放散装置的放散管与
站外建、构筑物的防火间距

项　　目		防火间距（m）
明火、散发火花地点		30
民用建筑		25
甲、乙类液体储罐，易燃材料堆场		25
室外变、配电站		30
甲、乙类物品库房，甲、乙类生产厂房		25
其他厂房		20
铁路（中心线）		40
公路、道路（路边）	高速，Ⅰ、Ⅱ级，城市快速	15
	其他	10
架空电力线（中心线）	>380V	2.0 倍杆高
	≤380V	1.5 倍杆高
架空通信线（中心线）	国家Ⅰ、Ⅱ级	1.5 倍杆高
	其他	1.5 倍杆高

表 6.5.12-2　集中放散装置的放散管与站内建、
构筑物的防火间距

项　　目	防火间距（m）
明火、散发火花地点	30
办公、生活建筑	25
可燃气体储罐	20
室外变、配电站	30
调压室、压缩机室、计量室及工艺装置区	20
控制室、配电室、汽车库、机修间和其他辅助建筑	25

续表 6.5.12-2

项　　目	防火间距（m）
燃气锅炉房	25
消防泵房、消防水池取水口	20
站内道路（路边）	2
围墙	2

6.5.15 压缩机室的工艺设计应符合下列要求：

6 当压缩机采用燃气为动力时，其设计应符合现行国家标准《输气管道工程设计规范》GB 50251 和《石油天然气工程设计防火规范》GB 50183 的有关规定。

6.5.18 压缩机室、调压计量室等具有爆炸危险的生产用房应符合现行国家标准《建筑设计防火规范》GB 50016 的"甲类生产厂房"设计的规定。

6.5.19 门站和储配站内的消防设施设计应符合现行国家标准《建筑设计防火规范》GB 50016 的规定，并符合下列要求：

1 储配站在同一时间内的火灾次数应按一次考虑。储罐区的消防用水量不应小于表 6.5.19 的规定。

表 6.5.19　储罐区的消防用水量

储罐容积（m³）	>500～≤10000	>10000～≤50000	>50000～≤100000	>100000～≤200000	>200000
消防用水量（L/s）	15	20	25	30	35

注：固定容积的可燃气体储罐以组为单位，总容积按其几何容积（m³）和设计压力（绝对压力，10^2kPa）的乘积计算。

2 当设置消防水池时，消防水池的容量应按火灾延续时间 3h 计算确定。当火灾情况下能保证连续向消防水池补水时，其容量可减去火灾延续时间内的补水量。

3 储配站内消防给水管网应采用环形管网，其给水干管不应少于 2 条。当其中一条发生故障时，其余的进水管应能满足消防用水总量的供给要求。

6 门站和储配站内建筑物灭火器的配置应符合现行国家标准《建筑灭火器配置设计规范》GB 50140 的有关规定。储配站内储罐区应配置干粉灭火器，配置数量按储罐台数每台设置 2 个；每组相对独立的调压计量等工艺装置区应配置干粉灭火器，数量不少于 2 个。

注：1　干粉灭火器指 8kg 手提式干粉灭火器。
　　2　根据场所危险程度可设置部分 35kg 手推式干粉灭火器。

6.5.20 门站和储配站供电系统设计应符合现行国家标准《供配电系统设计规范》GB 50052 的"二级负荷"的规定。

6.5.21 门站和储配站电气防爆设计符合下列要求：

1 站内爆炸危险场所的电力装置设计应符合现行国家标准《爆炸和火灾危险环境电力装置设计规范》GB 50058 的规定。

3 站内爆炸危险厂房和装置区内应装设燃气浓度检测报警装置。

6.5.22 储气罐和压缩机室、调压计量室等具有爆炸危险的生产用房应有防雷接地设施，其设计应符合现行国家标准《建筑物防雷设计规范》GB 50057 的"第二类防雷建筑物"的规定。

6.5.23 门站和储配站的静电接地设计应符合国家现行标准《化工企业静电接地设计规程》HGJ 28 的规定。

6.6 调压站与调压装置

6.6.2 调压装置的设置应符合下列要求：

  6 液化石油气和相对密度大于 0.75 燃气的调压装置不得设于地下室、半地下室内和地下单独的箱体内。

6.6.3 调压站（含调压柜）与其他建筑物、构筑物的水平净距应符合表 6.6.3 的规定。

表 6.6.3 调压站（含调压柜）与其他建筑物、构筑物水平净距（m）

设置形式	调压装置入口燃气压力级制	建筑物外墙面	重要公共建筑、一类高层民用建筑	铁路（中心线）	城镇道路	公共电力变配电柜
地上单独建筑	高压（A）	18.0	30.0	25.0	5.0	6.0
	高压（B）	13.0	25.0	20.0	4.0	6.0
	次高压（A）	9.0	18.0	15.0	3.0	4.0
	次高压（B）	6.0	12.0	10.0	3.0	4.0
	中压（A）	6.0	12.0	10.0	2.0	4.0
	中压（B）	6.0	12.0	10.0	2.0	4.0
调压柜	次高压（A）	7.0	14.0	12.0	3.0	4.0
	次高压（B）	4.0	8.0	8.0	2.0	4.0
	中压（A）	4.0	8.0	8.0	1.0	4.0
	中压（B）	4.0	8.0	8.0	1.0	4.0
地下单独建筑	中压（A）	3.0	6.0	6.0	—	3.0
	中压（B）	3.0	6.0	6.0	—	3.0
地下调压箱	中压（A）	3.0	6.0	6.0	—	3.0
	中压（B）	3.0	6.0	6.0	—	3.0

注：1 当调压装置露天设置时，则指距离装置的边缘；
  2 当建筑物（含重要公共建筑）的某外墙为无门、窗洞口的实体墙，且建筑物耐火等级不低于二级时，燃气进口压力级别为中压A或中压B的调压柜一侧或两侧（非平行），可贴靠上述外墙设置；
  3 当达不到上表净距要求时，采取有效措施，可适当缩小净距。

6.6.4 地上调压箱和调压柜的设置应符合下列要求：
 1 调压箱（悬挂式）
  3）安装调压箱的墙体应为永久性的实体墙，其建筑物耐火等级不应低于二级；
 2 调压柜（落地式）
  2）距其他建筑物、构筑物的水平净距应符合表 6.6.3 的规定。

6.6.5 地下调压箱的设置应符合下列要求：
 1 地下调压箱不宜设置在城镇道路下，距其他建筑物、构筑物的水平净距应符合本规范表 6.6.3 的规定。

6.6.6 单独用户的专用调压装置除按本规范第 6.6.2 和 6.6.3 条设置外，尚可按下列形式设置，但应符合下列要求：
 1 当商业用户调压装置进口压力不大于 0.4MPa，或工业用户（包括锅炉）调压装置进口压力不大于 0.8MPa 时，可设置在用气建筑物专用单层毗连建筑物内。
  1）该建筑物与相邻建筑应用无门窗和洞口的防火墙隔开，与其他建筑物、构筑物水平净距应符合本规范表 6.6.3 的规定；
  2）该建筑物耐火等级不应低于二级，并应具有轻型结构屋顶爆炸泄压口及向外开启的门窗；
  3）地面应采用撞击时不会产生火花的材料；
  4）室内通风换气次数每小时不应小于 2 次；
  5）室内电气、照明装置应符合现行的国家标准《爆炸和火灾危险环境电力装置设计规范》GB 50058 的"1区"设计的规定。
 2 当调压装置进口压力不大于 0.2MPa 时，可设置在公共建筑的顶层房间内。
  1）房间应靠建筑外墙，不应布置在人员密集房间的上面或贴邻，并满足本条第1款2）、3）、5）项要求；
  2）房间内应设有连续通风装置，并能保证通风换气次数每小时不小于 3 次；
  3）房间内应设置燃气浓度检测监控仪表及声、光报警装置。该装置应与通风设施和紧急切断阀连锁，并将信号引入该建筑物监控室；
  4）调压装置应设有超压自动切断保护装置；
  5）室外进口管道应设有阀门，并能在地面操作；
  6）调压装置和燃气管道应采用钢管焊接和法兰连接。
 3 当调压装置进口压力不大于 0.4MPa，且调压器进出口管径不大于 DN100 时，可设置在用气建筑物的平屋顶上，但应符合下列条件：
  1）应在屋顶承重结构受力允许的条件下，且该建筑物耐火等级不应低于二级；
  2）建筑物应有通向屋顶的楼梯；
  3）调压箱、柜（或露天调压装置）与建筑物烟囱的水平净距不应小于 5m。
 4 当调压装置进口压力不大于 0.4MPa 时，可设置在生产车间、锅炉房和其他工业生产用气房间内，或当调压装置进口压力不大于 0.8MPa 时，可设置在独立、单层建筑的生产车间或锅炉房内，但应符合下列条件：
  1）应满足本条第1款2）、4）项要求；
  2）调压器进出口管径不应大于 DN80；
  4）调压装置除在室内设进口阀门外，还应在室外引入管上设置阀门。
 注：当调压器进出口管径大于 DN80 时，应将调压装置设置在用气建筑物的专用单层房间内，其设计应符合本条第1款的要求。

6.6.10 调压站（或调压箱或调压柜）的工艺设计应符合下列要求：
 1 连接未成环低压管网的区域调压站和供连续生产使用的用户调压装置宜设置备用调压器，其他情况下的调压器可不设备用。
  调压器的燃气进、出口管道之间应设旁通管，用户箱（悬挂式）可不设旁通管。

6.6.12 地上调压站的建筑物设计应符合下列要求：
 1 建筑物耐火等级不应低于二级；
 2 调压室与毗连房间之间应用实体隔墙隔开，其设计应符合下列要求：
　　1）隔墙厚度不应小于24cm，且应两面抹灰；
　　2）隔墙内不得设置烟道和通风设备，调压室的其他墙壁也不得设有烟道；
　　3）隔墙有管道通过时，应采用填料密封或将墙洞用混凝土等材料填实。
　3　调压室及其他有漏气危险的房间，应采取自然通风措施，换气次数每小时不应小于2次；
　4　城镇无人值守的燃气调压室电气防爆等级应符合现行国家标准《爆炸和火灾危险环境电力装置设计规范》GB 50058 "1区"设计的规定（见附录图D-7）；
　5　调压室内的地面应采用撞击时不会产生火花的材料；
　6　调压室应有泄压措施，并应符合现行国家标准《建筑设计防火规范》GB 50016 的有关规定；
　7　调压室的门、窗应向外开启，窗应设防护栏和防护网；
　8　设于空旷地带的调压站或采用高架遥测天线的调压站应单独设置避雷装置，其接地电阻值应小于10Ω。
6.6.13　燃气调压站采暖应根据气象条件、燃气性质、控制测量仪表结构和人员工作的需要等因素确定。当需要采暖时严禁在调压室内用明火采暖，但可采用集中供热或在调压站内设置燃气、电气采暖系统，其设计应符合下列要求：
　1　燃气采暖锅炉可设在与调压器室毗连的房间内；调压器室的门、窗与锅炉室的门、窗不应设置在建筑的同一侧；
　2　采暖系统宜采用热水循环式；采暖锅炉烟囱排烟温度严禁大于300℃；烟囱出口与燃气安全放散管出口的水平距离应大于5m；
　3　燃气采暖锅炉应有熄火保护装置或设专人值班管理；
　4　采用防爆式电气采暖装置时，可对调压器室或单体设备用电加热采暖。电采暖设备的外壳温度不得大于115℃。电采暖设备应与调压设备绝缘。

9　液化天然气供应

9.2　液化天然气气化站

9.2.4　液化天然气气化站的液化天然气储罐、集中放散装置的天然气放散总管与站外建、构筑物的防火间距不应小于表9.2.4的规定。

表9.2.4　液化天然气气化站的液化天然气
储罐、天然气放散总管与站外建、构筑物的防火间距（m）

名称\项目		储罐总容积（m³）							集中放散装置的天然气放散总管
		≤10	>10~≤30	>30~≤50	>50~≤200	>200~≤500	>500~≤1000	>1000~≤2000	
居住区、村镇和影剧院、体育馆、学校等重要公共建筑（最外侧建、构筑物外墙）		30	35	45	50	70	90	110	45
工业企业（最外侧建、构筑物外墙）		22	25	27	30	35	40	50	20
明火、散发火花地点和室外变、配电站		30	35	45	50	55	60	70	30
民用建筑，甲、乙类液体储罐，甲、乙类生产厂房，甲、乙类物品仓库，稻草等易燃材料堆场		27	32	40	45	50	55	65	25
丙类液体储罐，可燃气体储罐，丙、丁类生产厂房，丙、丁类物品仓库		25	27	32	35	40	45	55	20
铁路（中心线）	国家线	40	50	60	70		80		40
	企业专用线	25			30		35		30
公路、道路（路边）	高速，Ⅰ、Ⅱ级，城市快速	20			25				15
	其他	15			20				10
架空电力线（中心线）		1.5倍杆高					1.5倍杆高，但35kV以上架空电力线不应小于40m		2.0倍杆高
架空通信线（中心线）	Ⅰ、Ⅱ级	1.5倍杆高		30		40			1.5倍杆高
	其他	1.5倍杆高							

注：1　居住区、村镇系指1000人或300户以上者，以下者按本表民用建筑执行；
　　2　与本表规定以外的其他建、构筑物的防火间距应按现行国家标准《建筑设计防火规范》GB 50016执行；
　　3　间距的计算应以储罐的最外侧为准。

9.2.5 液化天然气气化站的液化天然气储罐、集中放散装置的天然气放散总管与站内建、构筑物的防火间距不应小于表 9.2.5 的规定。

表 9.2.5 液化天然气气化站的液化天然气储罐、天然气放散总管与站内建、构筑物的防火间距（m）

项 目 \ 名 称	储罐总容积（m^3）							集中放散装置的天然气放散总管
	≤10	>10~≤30	>30~≤50	>50~≤200	>200~≤500	>500~≤1000	>1000~≤2000	
明火、散发火花地点	30	35	45	50	55	60	70	30
办公、生活建筑	18	20	25	30	35	40	50	25
变配电室、仪表间、值班室、汽车槽车库、汽车衡及其计量室、空压机室 汽车槽车装卸台柱（装卸口）、钢瓶灌装台	15	18	20	22	25	30		25
汽车库、机修间、燃气热水炉间		25		30		35	40	25
天然气（气态）储罐	20	24	26	28	30	31	32	20
液化石油气全压力式储罐	24	28	32	34	36	38	40	25
消防泵房、消防水池取水口		30		40			50	20
站内道路（路边） 主要		10			15			2
站内道路（路边） 次要		5			10			2
围墙		15			20		25	2
集中放散装置的天然气放散总管	25							—

注：1 自然蒸发气的储罐（BOG 罐）与液化天然气储罐的间距按工艺要求确定；
2 与本表规定以外的其他建、构筑物的防火间距应按现行国家标准《建筑设计防火规范》GB 50016 执行；
3 间距的计算应以储罐的最外侧为准。

9.2.6 站内兼有灌装液化天然气钢瓶功能时，站区内设置储存液化天然气钢瓶（实瓶）的总容积不应大于 $2m^3$。

9.2.7 液化天然气气化站内总平面应分区布置，即分为生产区（包括储罐区、气化及调压等装置区）和辅助区。

生产区宜布置在站区全年最小频率风向的上风侧或上侧风侧。

液化天然气气化站应设置高度不低于 2m 的不燃烧体实体围墙。

9.2.8 液化天然气气化站生产区应设置消防车道，车道宽度不应小于 3.5m。当储罐总容积小于 $500m^3$ 时，可设置尽头式消防车道和面积不应小于 12m×12m 的回车场。

9.2.9 液化天然气气化站的生产区和辅助区至少应各设 1 个对外出入口。当液化天然气储罐总容积超过 $1000m^3$ 时，生产区应设置 2 个对外出入口，其间距不应小于 30m。

9.2.10 液化天然气储罐和储罐区的布置应符合下列要求：

1 储罐之间的净距不应小于相邻储罐直径之和的 1/4，且不应小于 1.5m；储罐组内的储罐不应超过两排；

2 储罐组四周必须设置周边封闭的不燃烧体实体防护墙，防护墙的设计应保证在接触液化天然气时不应被破坏；

3 防护墙内的有效容积（V）应符合下列规定：
  1）对因低温或因防护墙内一储罐泄漏着火而可能引起防护墙内其他储罐泄漏，当储罐采取了防止措施时，V 不应小于防护墙内最大储罐的容积；
  2）当储罐未采取防止措施时，V 不应小于防护墙内所有储罐的总容积。

4 防护墙内不应设置其他可燃液体储罐；

5 严禁在储罐区防护墙内设置液化天然气钢瓶灌装口；

6 容积大于 $0.15m^3$ 的液化天然气储罐（或容器）不应设置在建筑物内。任何容积的液化天然气容器均不应永久地安装在建筑物内。

9.2.11 气化器、低温泵设置应符合下列要求：

1 环境气化器和热流媒体为不燃烧体的远程间接加热气化器、天然气气体加热器可设置在储罐区内，与站外建、构筑物的防火间距应符合现行国家标准《建筑设计防火规范》GB 50016 中甲类厂房的规定。

9.2.12 液化天然气集中放散装置的汇集总管，应经加热将放散物加热成比空气轻的气体后方可排入放散总管；放散总管管口高度应高出距其 25m 内的建、构筑物 2m 以上，且距地面不得小于 10m。

9.4 管道及附件、储罐、容器、气化器、气体加热器和检测仪表

9.4.6 管道的保温材料应采用不燃烧材料，该材料应具有良好的防潮性和耐候性。

9.4.11 液化天然气储罐安全阀的设置应符合下列要求：

3 安全阀应设置放散管，其管径不应小于安全阀出口的管径。放散管宜集中放散；

4 安全阀与储罐之间应设置切断阀。

9.4.12 储罐应设置放散管，其设置要求应符合本规范第 9.2.12 条的规定。

9.4.13 储罐进出液管必须设置紧急切断阀，并与储罐液位控制连锁。

9.4.15 液化天然气气化器的液体进口管道上宜设置紧急切断阀，该阀门应与天然气出口的测温装置连锁。

9.4.19 储罐区、气化装置区域或有可能发生液化天然气泄漏的区域内应设置低温检测报警装置和相关的连锁装置，报

警显示器应设置在值班室或仪表室等有值班人员的场所。

9.4.20 爆炸危险场所应设置燃气浓度检测报警器。报警浓度应取爆炸下限的20%,报警显示器应设置在值班室或仪表室等有值班人员的场所。

9.4.21 液化天然气气化站内应设置事故切断系统,事故发生时,应切断或关闭液化天然气或可燃气体来源,还应关闭正在运行可能使事故扩大的设备。

液化天然气气化站内设置的事故切断系统应具有手动、自动或手动自动同时启动的性能,手动启动器应设置在事故时方便到达的地方,并与所保护设备的间距不小于15m。手动启动器应具有明显的功能标志。

9.5 消防给水、排水和灭火器材

9.5.1 液化天然气气化站在同一时间内的火灾次数应按一次考虑,其消防水量应按储罐区一次消防用水量确定。

液化天然气储罐消防用水量应按其储罐固定喷淋装置和水枪用水量之和计算,其设计应符合下列要求:

1 总容积超过50m³或单罐容积超过20m³的液化天然气储罐或储罐区应设置固定喷淋装置。喷淋装置的供水强度不应小于0.15L/(s·m²)。着火储罐的保护面积按其全表面积计算,距着火储罐直径(卧式储罐按其直径和长度之和的一半)1.5倍范围内(范围的计算应以储罐的最外侧为准)的储罐按其表面积的一半计算。

2 水枪宜采用带架水枪。水枪用水量不应小于表9.5.1的规定。

表9.5.1 水枪用水量

总容积(m³)	≤200	>200
单罐容积(m³)	≤50	>50
水枪用水量(L/s)	20	30

注:1 水枪用水量应按本表总容积和单罐容积较大者确定。
  2 总容积小于50m³且单罐容积小于等于20m³的液化天然气储罐或储罐区,可单独设置固定喷淋装置或移动水枪,其消防水量应按水枪用水量计算。

9.5.2 液化天然气立式储罐固定喷淋装置应在罐体上部和罐顶均匀分布。

9.5.3 消防水池的容量应按火灾连续时间6h计算确定。但总容积小于220m³且单罐容积小于或等于50m³的储罐或储罐区,消防水池的容量应按火灾连续时间3h计算确定。当火灾情况下能保证连续向消防水池补水时,其容量可减去火灾连续时间内的补水量。

9.5.4 液化天然气气化站的消防给水系统中的消防泵房,给水管网和供水压力要求等设计应符合本规范第8.10节的有关规定。

9.5.5 液化天然气气化站生产区防护墙内的排水系统应采取防止液化天然气流入下水道或其他以顶盖密封的沟渠中的措施。

9.5.6 站内具有火灾和爆炸危险的建、构筑物、液化天然气储罐和工艺装置区应设置小型干粉灭火器,其设置数量除应符合表9.5.6的规定外,还应符合现行国家标准《建筑灭火器配置设计规范》GB 50140的规定。

表9.5.6 干粉灭火器的配置数量

场所	配置数量
储罐区	按储罐台数,每台储罐设置8kg和35kg各1具
汽车槽车装卸台(柱、装卸口)	按槽车车位数,每个车位设置8kg、2具
气瓶灌装台	设置8kg不少于2具
气瓶组(≤4m³)	设置8kg不少于2具
工艺装置区	按区域面积,每50m²设置8kg、1具,且每个区域不少于2具

注:8kg和35kg分别指手提式和手推式干粉型灭火器的药剂充装量。

9.6 土建和生产辅助设施

9.6.1 液化天然气气化站建、构筑物的防火、防爆和抗震设计,应符合本规范第8.9节的有关规定。

9.6.2 设有液化天然气工艺设备的建、构筑物应有良好的通风措施。通风量按房屋全部容积每小时换气次数不应小于6次。在蒸发气体比空气重的地方,应在蒸发气体聚集最低部位设置通风口。

9.6.3 液化天然气气化站的供电系统设计应符合现行国家标准《供配电系统设计规范》GB 50052 "二级负荷"的规定。

9.6.4 液化天然气气化站爆炸危险场所的电力装置设计应符合现行国家标准《爆炸和火灾危险环境电力装置设计规范》GB 50058的有关规定。

9.6.5 液化天然气气化站的防雷和静电接地设计,应符合本规范第8.11节的有关规定。

附录A 制气车间主要生产场所爆炸和火灾危险区域等级

表A 制气车间主要生产场所爆炸和火灾危险区域等级

项目及名称	场所及装置	生产类别	耐火等级	易燃或可燃物质释放源、级别	等级 室内	等级 室外	说明
备煤及焦处理	受煤、煤场(棚)	丙	二	固体状可燃物	22区	23区	
	破碎机、粉碎机室	乙	二	煤尘	22区		
	配煤室、煤库、焦炉煤塔顶	丙	二	煤尘	22区		
	胶带通廊、转运站(煤、焦),水煤气独立煤斗室	丙	二	煤尘、焦尘	22区		
	煤、焦试样室、焦台	丙	二	焦尘、固状可燃物	22区	23区	
	筛焦楼、储焦仓	丙	二	焦尘	22区		
制气主厂房储煤层	封闭建筑且有煤气漏入	乙	二	煤气、二级	2区		包括直立炉、水煤气发生炉等顶上的储煤层
	敞开、半敞开建筑或无煤气漏入	乙	二	煤尘	22区		

续表 A

项目及名称	场所及装置	生产类别	耐火等级	易燃或可燃物质释放源、级别	等级 室内	等级 室外	说明
焦炉	焦炉地下室、煤气水封室、封闭煤气预热器室	甲	二	煤气、二级	1区		通风不好
焦炉	焦炉分烟道走廊、炉端台底层	甲	二	煤气、二级	无		通风良好，可使煤气浓度不超过爆炸下限值的10%
焦炉	煤塔底层计器室	甲	二	煤气、二级	1区		变送器在室内
焦炉	炉间台底层	甲	二	煤气、二级	2区		
直立炉	直立炉顶部操作层	甲	二	煤气、二级	1区		
直立炉	其他空间及其他操作层	甲	二	煤气、二级	2区		
水煤气炉、两段水煤气炉、流化床水煤气炉	煤气生产厂房	甲	二	煤气、二级	1区		
	煤气排送机间	甲	二	煤气、二级	2区		
	煤气管道排水器间	甲	二	煤气、二级	1区		
	煤气计量器室	甲	二	煤气、二级	1区		
	室外设备	甲	二	煤气、二级		2区	
发生炉、两段发生炉	煤气生产厂房	乙	二	煤气、二级	无		
	煤气排送机间	乙	二	煤气、二级	2区		
	煤气管道排水器间	乙	二	煤气、二级	2区		
	煤气计量器室	乙	二	煤气、二级	2区		
	室外设备	乙	二	煤气、二级		2区	
重油制气	重油制气排送机房	甲	二	煤气、二级	2区		
	重油泵房	丙	二	重油	21区		
	重油制气室外设备			煤气、二级		2区	
轻油制气	轻油制气排送机房	甲	二	煤气、二级	2区		天然气改制，可参照执行。当采用LPG为原料时，还必须执行本规范第8章中相应的安全条文
	轻油泵房、轻油中间储罐	甲	二	轻油蒸气、二级	1区	2区	
	轻油制气室外设备			煤气、二级		2区	
缓冲气罐	地上罐体			煤气、二级		2区	
	煤气进出口阀门室				1区		

注：1 发生炉煤气相对密度大于0.75，其他煤气相对密度均小于0.75。
2 焦炉为一利用可燃气体加热的高温设备，其辅助土建部分的建筑物可化为单元，对其爆炸和火灾危险等级进行划分。
3 直立炉、水煤气炉等建筑物高度满足不了甲类要求，仍按工艺要求设计。
4 从释放源向周围辐射爆炸危险区域的界限应按现行国家标准《爆炸和火灾危险环境电力装置设计规范》GB 50058 执行。

附录 B 煤气净化车间主要生产场所爆炸和火灾危险区域等级

表 B-1 煤气净化车间主要生产场所生产类别

生产场所或装置名称	生产类别
煤气鼓风机室室内、粗苯（轻苯）泵房、溶剂脱酚的溶剂泵房、吡啶装置室内	甲
1 初冷器、电捕焦油器、硫铵饱和器、终冷、洗氨、洗苯、脱硫、终脱萘、脱水、一氧化碳变换等室外煤气区； 2 粗苯蒸馏装置、吡啶装置、溶剂脱酚装置等的室外区域； 3 冷凝泵房、洗苯洗萘泵房； 4 无水氨（液氨）泵房、无水氨装置的室外区域； 5 硫磺的熔融、结片、包装区及仓库	乙
化验室和鼓风机冷凝的焦油罐区	丙

表 B-2 煤气净化车间主要生产场所爆炸和火灾危险区域等级

生产场所或装置名称	区域等级
煤气鼓风机室室内、粗苯（轻苯）泵房、溶剂脱酚的溶剂泵房、吡啶装置室内、干法脱硫箱室内	1区

续表 B-2

生产场所或装置名称	区域等级
1 初冷器、电捕焦油器、硫铵饱和器、终冷、洗氨、洗苯、脱硫、终脱萘、脱水、一氧化碳变换等室外煤气区； 2 粗苯蒸馏装置、吡啶装置、溶剂脱酚装置等的室外区域； 3 无水氨（液氨）泵房、无水氨装置的室外区域； 4 浓氨水（≥8%）泵房，浓氨水生产装置的室外区域； 5 粗苯储槽、轻苯储槽	2区
脱硫剂再生装置	10区
硫磺仓库	11区
焦油氨水分离装置及焦油储槽、焦油洗油泵房、洗苯洗萘泵房、洗油储槽、轻柴油储槽、化验室	21区
稀氨水（＜8%）储槽、稀氨水泵房、硫铵厂房、硫铵包装设施及仓库、酸碱泵房、磷铵溶液泵房	非危险区

注：1 所有室外区域不应整体划分某级危险区，应按现行国家标准《爆炸和火灾危险环境电力装置设计规范》GB 50058，以释放源和释放半径划分爆炸危险区域。本表中所列室外区域的危险区域等级均指释放半径内的爆炸危险区域等级，未被划入的区域则均为非危险区。
2 当本表中所列21区和非危险区被划入2区的释放源释放半径内时，则此区应划为2区。

附录 D 燃气输配系统生产区域用电场所的爆炸危险区域等级和范围划分

D.0.2 燃气输配系统生产区域用电场所的爆炸危险区域等级和范围划分应符合下列规定：

1 燃气输配系统生产区域所有场所的释放源属第二级释放源。存在第二级释放源的场所可划为2区，少数通风不良的场所可划为1区。其区域的划分宜符合以下典型示例的规定：

7） 城镇无人值守的燃气调压室的爆炸危险区域等级和范围划分见图 D-7。

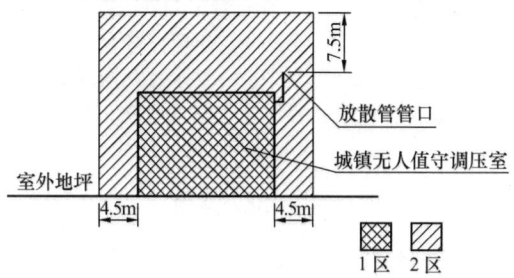

图 D-7 城镇无人值守的燃气调压室的爆炸危险区域等级和范围划分

16.《生活垃圾卫生填埋处理技术规范》GB 50869—2013

5 总体设计

5.3 总平面布置

5.3.5 渗沥液处理区的布置应符合下列规定：
    1 处理构筑物间距应紧凑、合理，符合现行国家标准《建筑设计防火规范》GB 50016 的要求，并应满足各构筑物的施工、设备安装和埋设各种管道以及养护、维修和管理的要求。

5.7 绿化及其他

5.7.3 填埋库区周围宜设安全防护设施及不少于 8m 宽度的防火隔离带，填埋作业宜设防飞散设施。

5.7.4 填埋场相关建（构）筑物应进行防雷设计，并应符合现行国家标准《建筑物防雷设计规范》GB 50057 的要求。

11 填埋气体导排与利用

11.6 填埋气体安全

11.6.1 填埋库区应按生产的火灾危险性分类中戊类防火区的要求采取防火措施。

11.6.2 填埋库区防火隔离带应符合本规范第 5.7.3 条的规定。

11.6.3 填埋场达到稳定安全期前，填埋库区及防火隔离带范围内严禁设置封闭式建（构）筑物，严禁堆放易燃易爆物品，严禁将火种带入填埋库区。

11.6.4 填埋场上方甲烷气体含量必须小于 5%，填埋场建（构）筑物内甲烷气体含量严禁超过 1.25%。

11.6.5 进入填埋作业区的车辆、填埋作业设备应保持良好的机械性能，应避免产生火花。

17.《生活垃圾卫生填埋场封场技术规范》GB 51220—2017

3 填埋场现状调查

3.4 填埋气体

3.4.1 应调查监测垃圾堆体上及其周边建（构）筑物内的甲烷气体浓度。

3.4.2 应对已有填埋气体收集导排和处理（利用）系统和垃圾堆体进行检查，并应确认有无填埋气体泄漏、火灾和爆炸等安全隐患。

4 总体设计

4.0.2 最终封场工程的工程内容应包括：
1 垃圾堆体整形、覆盖工程、地下水污染控制工程（当地下水受到填埋场污染时）；
2 当原系统不完善时，工程内容应包括填埋气体收集和处理与利用工程、渗沥液导排与处理工程、防洪与雨水导排工程；
3 垃圾堆体绿化、环境与安全监测、封场后维护与场地再利用等。

11 填埋场封场监测

11.1 监测设施的设置

11.1.3 垃圾堆体边界外附近有填埋气体迁移风险的建（构）筑物室内和填埋气体处理利用车间内，应设置甲烷监测报警设施，甲烷的报警浓度宜设定为1.25%。填埋气体抽气设备进气管上应设置甲烷和氧浓度监测设施。

11.3 安全监测

11.3.2 下列地点和情况应设置甲烷监测报警设备：
1 填埋气体地下迁移一侧20m范围内的建（构）筑物地下室和一层房间内；
2 填埋气体输送管道经过的房间或封闭空间；
3 填埋气体处理和利用车间内。

12 封场工程的施工与验收

12.1 一般规定

12.1.2 封场工程施工组织设计应针对填埋场特点制定环境保护、水土保持和安全措施，并制订施工过程中针对滑坡、火灾、爆炸等意外事件的应急措施和预案。

12.1.6 封场施工现场应配备消防器材。

12.1.8 在垃圾堆体上进行填埋气体导排井和导排盲沟施工，应采取防止气体爆炸的措施。

13 填埋场封场后维护与场地再利用

13.3 其他基础设施的维护

13.3.3 应每半年检查一次环境和安全监测设施，并确保监测设施的有效性。

13.4 场地再利用

13.4.3 填埋场封场设施运行期间，全场应严禁烟火，并对填埋气体和渗沥液收集处理设施采取安全保护措施。

18.《城市停车规划规范》GB/T 51149—2016

5 停车场规划

5.2 停车场规划要求

5.2.15 路内停车位宜设置在道路负荷度小于 0.7 的城市次干路及支路上，不得在城市规划确定的具备救灾和应急疏散功能的道路上设置路内停车位。在满足交通安全、综合防灾等条件下，停车供需矛盾突出的居住区周边道路可在夜间临时设置路内停车位。

5.2.16 路内停车位的设置应符合现行行业标准《城市道路工程设计规范》CJJ 37 的规定，不得影响非机动车通行、侵占消防通道及行人过街设施，在临近急救站、公共汽车站、交叉路口的路段上设置路内停车位应符合道路安全相关规定。

19.《城镇综合管廊监控与报警系统工程技术标准》GB/T 51274—2017

2 术 语

2.0.1 综合管廊 utility tunnel

建设于城市地下用于容纳两类及以上城市工程管线的构筑物及附属设施。

2.0.2 监控与报警系统 supervision and alarm system

对综合管廊本体环境、附属设施进行在线监测、控制,对非正常工况及事故进行报警并兼具与管线管理单位或相关管理部门通信功能的各种系统的总称。

2.0.3 监控与报警系统统一管理平台 unified management platform of supervision and alarm system

对综合管廊监控与报警系统各组成系统进行集成,满足对内管理、对外通信、与管线管理单位、相关管理部门协调等需求,具有综合处理能力的系统,以下简称为统一管理平台。

2.0.5 现场设备间 field equipment room

设置于综合管廊现场,用于综合管廊沿线区域监控与报警系统控制及汇聚设备集中安装的空间。

3 基本规定

3.1 一般规定

3.1.1 干线综合管廊、支线综合管廊应建立综合管廊监控与报警系统。

3.1.2 监控与报警系统应设置环境与设备监控系统、安全防范系统、通信系统、预警与报警系统和统一管理平台。预警与报警系统应根据入廊管线的种类设置火灾自动报警系统、可燃气体探测报警系统。

3.1.3 监控与报警系统的架构、系统配置应根据综合管廊的建设规模、入廊管线的种类、综合管廊运行维护管理模式等确定。

3.1.4 监控与报警系统应根据综合管廊运行管理需求,预留与各专业管线配套检测设备、控制执行机构或专业管线监控系统联通的信号传输接口。

3.1.5 综合管廊应根据规划、所属区域划分、运行管理要求设置监控中心。监控中心与综合管廊之间宜设置线路连接通路,监控、报警和联动反馈信号应传送至监控中心。

3.2 配套用房

3.2.2 监控中心用房应符合下列规定:

2 设备区设备的排列布置应便于操作与维护;火灾自动报警系统设备应集中设置,并应与其他系统设备有明显隔断;

3 控制区、设备区内不应穿越和监控与报警系统无关的管线;

4 控制区、设备区不应设置在电磁干扰较强及其他影响监控与报警系统设备正常工作的场所附近。

3.2.3 现场设备间的设置应符合下列规定:

2 服务于两个及以上防火分区或通风分区的设备集中安装处,应设置现场设备间,且应与综合管廊舱室防火分隔;

3.3 供配电

3.3.2 监控与报警系统中火灾自动报警系统、可燃气体探测报警系统应设置交流电源和蓄电池备用电源,并应符合下列规定:

1 火灾自动报警系统交流电源应采用消防电源,备用电源可采用火灾报警控制器自带的蓄电池电源;

2 可燃气体探测报警系统应采用专用的供电回路,当综合管廊具备消防电源时,可由消防电源供电;备用电源可采用可燃气体报警控制器自带的蓄电池电源。

3.5 设备与线路

3.5.2 监控与报警系统线缆与安装敷设应符合下列规定:

4 监控与报警系统配电、控制、通信等线路应采用阻燃线缆;在火灾时需继续工作的消防线路应采用阻燃耐火线缆,并应在敷设线路上采取防火保护措施。

20.《城市地下空间规划标准》GB/T 51358—2019

9 地下空间综合防灾

9.0.4 城市地下空间的综合防灾应符合下列规定：

    1 应保障国家安全、公共安全，满足防火、防水、抗震和人民防空等要求；

    4 大型城市地下空间宜建有灾害应急管理监控调度室，并应设置简洁清晰的疏散导向标识系统。

21.《城市轨道交通给水排水系统技术标准》GB/T 51293—2018

3 给水设计

3.3 系统设置

3.3.2 车辆基地及停车场生产、生活给水系统应符合下列规定:
2 室内生产、生活给水系统应与消防给水系统分开设置。

4 排水设计

4.1 一般规定

4.1.10 区间排水管道设置应符合区间管线综合布置要求,便于维修,且不应影响火灾时人员疏散。

4.2 排水量

4.2.2 消防排水量应与消防用水量相同。

4.3 管材、管道敷设和排水设施

4.3.7 当车站内或附属建筑室内塑料排水管穿越楼板及防火墙时,应设置阻火圈,穿越地下结构外墙或水池壁时应预埋柔性防水套管,穿越排热风道时应设置整体防护钢套管。

5 施 工

5.1 一般规定

5.1.9 当管道穿越防火墙及楼板的孔洞时,应进行防火封堵,封堵材料的耐火时间与所在部位楼板及墙体的耐火时间应相同,且立管周围应设置高出地面10mm~20mm的阻火圈,阻火圈的耐火等级不应低于楼板的耐火等级。

5.4 排水工程

5.4.2 室内管道及设施安装应符合下列规定:
4 排水塑料管伸缩节间距不得大于4m。明设排水塑料管底部应设置阻火圈;当排水塑料管穿过不同防火分区隔墙或楼板时,应在管道两侧采取防止火灾贯通措施。

22.《轻轨交通设计标准》GB/T 51263—2017

1 总 则

1.0.16 轻轨工程应具有对火灾、水淹、风灾、地震、冰雪和雷击等灾害的综合安全措施,并应配置相应的系统设备和救灾设施。

4 车 辆

4.1 一般规定

4.1.5 车辆及其内部设施应使用不燃材料或无卤、低烟的阻燃材料。

4.8 安全设施和应急措施

4.8.5 客室、司机室应配置适用于电气装置与油脂类的灭火器具,安放位置应有明显标识并便于取用。灭火材料在灭火时产生的气体不应对人体产生危害。

5 限 界

5.1 一般规定

5.1.6 建筑限界制定应计及纵向应急疏散通道。当车辆停止时,车辆轮廓外的应急疏散通道宽度不宜小于500mm。当车厢地板到疏散通道面高差大于1000mm时,宜设置疏散平台。

5.4 建筑限界

5.4.1 高架线或地面线、U形槽区间建筑限界的确定应符合下列规定:
 1 高架线或地面线、U形槽区间的建筑限界应按高架线设备限界及设备安装尺寸或应急疏散(或救援)通道宽度计算确定,纵向疏散通道和设备限界的安全间隙不得小于50mm;设备限界外无管线或设备时,设备限界与建筑限界的最小间隙不得小于100mm。

5.4.2 矩形隧道建筑限界应符合下列规定:
 1 直线段矩形隧道建筑限界应按设备限界及设备安装尺寸或应急疏散通道宽度计算确定,曲线地段矩形隧道建筑限界,应在直线段建筑限界基础上加宽及加高。

5.5 轨道区管线设备布置

5.5.4 区间隧道内管线设备布置应符合下列规定:
 2 在纵向疏散通道上方2000mm范围内不应敷设妨碍人员疏散的管线设备。

9 车 站 建 筑

9.1 一般规定

9.1.1 车站应满足预测客流需求,并应保证乘降安全、疏导迅速、布置紧凑、便于管理,同时应具有良好的通风、照明、卫生和防灾条件。

9.1.4 轻轨交通车站宜以地面站为主。高架站和地下站除应执行本标准外,尚应符合现行国家标准《地铁设计规范》GB 50157和《建筑设计防火规范》GB 50016的规定。地面站的附属用房和高架站及其附属用房的建筑围护结构的热工设计,应符合现行国家标准《公共建筑节能设计标准》GB 50189的规定。

9.2 地 面 站

9.2.3 地面站宜集中组织乘客进出车站。出入口的总净宽度和数量应根据计算确定,且应满足超高峰小时最大上下车设计客流量的要求。出入口通道的通行能力应为1800人/(h·m)。

9.2.13 地面站出入口宜设置坡道连接站台,并应经通道连接地面道路的步行系统。当设置人行天桥和地道连接地面道路的步行系统时,其人行天桥和地道的宽度应根据计算确定。

9.2.14 地面站的装修应采用防火、防腐、耐久、易清洁、安全的环保材料,并应便于施工与维修。构件宜标准化、模数化和工厂化。地面应采用防滑材料。

9.5 人行天桥和地道

9.5.3 楼梯的设计应符合下列规定:
 1 楼梯梯段的总净宽度大于人行天桥或地道净宽的1.2倍,且最小净宽不应小于1.8m。设置自动扶梯时,楼梯的总净宽应包含自动扶梯的宽度。
 2 楼梯踏步的宽度不应小于0.26m,高度不应大于0.17m。
 3 当梯段高差大于或等于3m时应设休息平台,平台长度不应小于1.5m。
 4 梯段两侧应设扶手,当梯段的宽度大于四股人流时,应加设中间扶手。扶手的高度不应小于1.1m。

9.5.5 人行天桥或地道的净宽,应根据超高峰小时单侧最大上、下车设计客流量及其通行能力经计算确定,且不应小于3m。人行天桥或地道的通行能力为2400人/(h·m)。

10 工 程 结 构

10.1 一般规定

10.1.3 结构设计应满足抗震设防、工程防水、结构防火、防腐蚀、防杂散电流等对结构的要求和耐久性的规定。

10.2 区间桥涵结构

10.2.21 桥涵的桥面宽度应根据建筑限界、应急疏散、设备布置等因素计算确定,并应预留设备的安装、检修和更换条件。

11 交通组织

11.1 一般规定

11.1.4 地面站应结合道路线形特征、行人过街、周边环境等条件设置,并应保证站台进出安全、疏导迅速、布置紧凑、便于管理。

11.4 车站与道路

11.4.5 车站内各类乘客集散设施的通行能力应与道路上的人行横道、人行天桥、地下通道等过街设施的通行能力相匹配。

12 供电系统

12.1 一般规定

12.1.10 地上线路供电系统使用的主要材料,应选用低卤、低烟的阻燃或耐火的产品。

13 机电设备

13.3 给水与排水

13.3.5 室内生活、生产给水系统与消防给水系统应分开设置。

13.4 自动扶梯与电梯

13.4.13 自动扶梯与电梯的传输设备及传动机构应采用不燃或难燃材料。

14 运营监控系统

14.1 一般规定

14.1.1 运营监控系统应由正线道岔控制系统、平交路口列车位置检测系统、车场联锁系统、运营调度指挥系统、数据承载网络系统、乘客信息系统、视频监视系统、信息化系统、火灾自动报警系统、设备监控系统及电力监控系统构成。

14.10 火灾自动报警及设备监控系统

14.10.1 火灾自动报警系统设计,除应执行本标准规定外,尚应符合现行国家标准《火灾自动报警系统设计规范》GB 50116 的规定。

14.10.5 运营调度中心应能直接与市防洪指挥部门、地震检测中心、消防局 119 火警报警部门进行通信联系。

15 售检票系统

15.1 一般规定

15.1.2 售检票系统的设计能力应满足轻轨超高峰客流量的需要;紧急情况下,应满足工作人员及乘客紧急疏散的要求。

15.5 其 他

15.5.2 售检票系统接口设计,应提出设备使用环境、设备布置、设备用电、设备维修、接地、网络传输、时钟、视频监控及预埋管线、箱、盒等接口技术要求,以及通信、火灾自动报警、门禁、城市公共交通一卡通或其他小额支付等系统的接口要求。

16 运营调度中心

16.4 布置分区及要求

16.4.3 各功能区的设置应符合下列规定:
 4 辅助设备区应包括安防室、变电所及通风空调与消防等楼宇配套设施。

16.6 附属设施

16.6.5 动力照明配电应选用无卤、低烟的阻燃型电缆、电线。

16.6.6 火灾状态下需继续运行的设备,应选用耐火电缆。

17 车 场

17.1 一般规定

17.1.5 车场总平面布置、房屋设计和材料设备选用等应符合现行国家标准《建筑设计防火规范》GB 50016 的有关规定。

17.6 救援设施

17.6.1 车场内应设救援办公室,并应配备相应的救援设备和设施。救援办公室受轻轨运营调度中心指挥。

17.6.2 救援办公室应设置值班室。值班室应设电钟、自动电话和无线通信设备以及直通轻轨运营调度中心的防灾调度电话。

17.6.3 救援用的车辆宜利用车场和维修中心的车辆,并应根据救援需要设置专用地面工程车和指挥车。

18 安全防护

18.1 一般规定

18.1.1 轻轨交通应具有对火灾、水淹、风灾、地震、冰雪和雷击等灾害的预防措施。

18.2 建筑防火

18.2.1 地面站及站亭的耐火等级以及地面车站附属用房为地面一层时的耐火等级均不应低于二级。各耐火等级建筑物的防火要求应符合现行国家标准《建筑设计防火规范》GB 50016 的规定。

18.2.2 地面站沿站台一个长边应具备消防车靠近的条件。

18.2.3 消防通道的净宽度和净空高度均不应小于4.0m。

18.2.4 车站装修材料应采用难燃或不燃材料,且不得采用石棉、玻璃纤维、塑料类等制品。

18.3 防火设备

18.3.1 地面站和高架站及高架区间应采用自然排烟。

18.3.2 当不具备自然排烟条件时,连续长度大于500m 的地下区间隧道和全封闭车道,应设置机械防烟、排烟系统。

18.3.3 当采用自然排烟时,自然排烟口的净面积应符合下列规定:

1 地面和高架站公共区、设备与管理用房、内走道自然排烟口的净面积不应小于排烟区域建筑面积的2%;

2 地下区间隧道和全封闭车道自然排烟口的净面积不应小于顶部投影面积的5%。

18.3.4 地面和高架站消火栓给水系统的设置应符合现行国家标准《建筑设计防火规范》GB 50016 和《消防给水及消火栓系统技术规范》GB 50974 的规定。

18.3.5 当城市自来水供水量能满足消防用水的要求而供水压力不能满足要求时,应采用消防泵从市政给水管网吸水的直接加压方式。

18.3.6 长度大于500m 的独立地下区间应设消火栓给水系统。

18.3.7 寒冷地区的消防水池(箱)、消防给水管道、室外消火栓及水泵接合器应有防冻措施。

18.3.9 当消防用电设备为一级负荷时,应由来自不同配电变压器的两个专用回路提供电源。当主电源断电时,备用电源应自动投入。

18.3.10 消防水泵、排烟风机、消防电梯等消防用电设备的两个供电回路,应在最末一级配电箱处自动转换。

18.3.11 专供消防用电设备用的配电箱、控制箱等主要电气设备宜采用耐热、耐火型,消防配电设备应有明显标志。

18.3.12 应急照明在正常供电电源停电后,其应急电源供电转换时间不应大于5s。

18.3.13 火灾时需继续工作场所的应急照明,其工作面上的照度值不应低于正常照明的照度。车站应急照明设置应符合现行国家标准《地铁设计规范》GB 50157 的规定。运营调度中心和车场单体建筑物内的应急照明设置应符合现行国家标准《建筑设计防火规范》GB 50016 的规定。

18.3.14 火灾自动报警系统设置要求应符合本标准第14.10节的规定。

18.3.15 公务电话交换机应具有火警时能自动转换到市话网"119"的功能,同时应配备在发生灾害时供救援人员进行地上、地下联络的无线通信设施。

20 景 观

20.3 车 站

20.3.6 车站的信息标志和服务设施宜集成化布置。靠近出入口时,不应妨碍乘客通行,且站内外宜整体统一。

23.《交通客运站建筑设计规范》JGJ/T 60—2012

3 基本规定

3.0.3 汽车客运站的站级分级应根据年平均日旅客发送量划分,并应符合表3.0.3的规定。

表3.0.3 汽车客运站的站级分级

分级	发车位（个）	年平均日旅客发送量（人/d）
一级	≥20	≥10000
二级	13～19	5000～9999
三级	7～12	2000～4999
四级	≤6	300～1999
五级	—	≤299

注：1 重要的汽车客运站，其站级分级可按实际需要确定，并报主管部门批准；
2 当年平均日旅客发送量超过25000人次时，宜另建汽车客运站分站。

3.0.6 港口客运站的站级分级应根据年平均日旅客发送量划分,并应符合表3.0.6的规定。

表3.0.6 港口客运站的站级分级

分级	年平均日旅客发送量（人/d）
一级	≥3000
二级	2000～2999
三级	1000～1999
四级	≤999

注：1 重要的港口客运站的站级分级，可按实际需要确定，并报主管部门批准；
2 国际航线港口客运站的站级分级，可按实际需要确定，并报主管部门批准。

7 防火与疏散

7.0.1 交通客运站的防火和疏散设计应符合国家现行有关建筑防火设计标准的有关规定。

7.0.2 交通客运站的耐火等级,一、二、三级站不应低于二级,其他站级不应低于三级。

7.0.3 交通客运站与其他建筑合建时,应单独划分防火分区。

7.0.4 汽车客运站的停车场和发车位除应设室外消火栓外,还应设置适用于扑灭汽油、柴油、燃气等易燃物质燃烧的消防设施。体积超过$5000m^3$的站房,应设室内消防给水。

7.0.5 候乘厅应设置足够数量的安全出口,进站检票口和出站口应具备安全疏散功能。

7.0.6 交通客运站内旅客使用的疏散楼梯踏步宽度不应小于0.28m,踏步高度不应大于0.16m。

7.0.7 候乘厅及疏散通道墙面不应采用具有镜面效果的装修饰面及假门。

7.0.8 交通客运站消防安全标志和站房内采用的装修材料应分别符合现行国家标准《消防安全标志设置要求》GB 15630和《建筑内部装修设计防火规范》GB 50222的有关规定。

24.《动物园设计规范》CJJ 267—2017

3 基本规定

3.2 选址

3.2.2 动物园选址应与易燃易爆物品生产存储场所、屠宰场等保持安全距离。

4 总体设计

4.1 功能分区

4.1.2 功能区划分应符合下列规定：
2 各功能分区应满足动物生活、游人观赏、园务管理、安全防火、卫生防疫等要求。

4.4 建（构）筑物

4.4.1 建（构）筑物布局设计应按动物园功能和景观要求，确定建（构）筑物的位置、朝向、出入口和空间关系，并应满足动物福利、采光、通风、防火、安全、防噪、防污染等要求。

8 建筑设计

8.4 饲料加工、贮存场和草库

8.4.8 草库周边设置消防水源，应符合现行国家标准《建筑设计防火规范》GB 50016 的有关规定。

25.《城市地下道路工程设计规范》CJJ 221—2015

3 基本规定

3.1 城市地下道路分类

3.1.4 城市地下道路可根据主线封闭段长度及交通情况，按防火设计要求分为4类，并应符合表3.1.4的规定。

表3.1.4 城市地下道路防火设计分类

用途	一类	二类	三类	四类
可通行危险化学品等机动车	$L>1500$	$500<L\leqslant1500$	$L\leqslant500$	—
仅限通行非危险化学品等机动车	$L>3000$	$1500<L\leqslant3000$	$500<L\leqslant1500$	$L\leqslant500$

注：L为主线封闭段的长度（m）。

7 交通设施

7.2 交通标志

7.2.3 城市地下道路在下列位置应设置主动发光或照明式指示标志：

1 设置应急停车港湾时，应在应急停车港湾前5m设置应急停车港湾指示标志，宜采用双面显示；
2 消火栓上方应设置消防设备指示标志；
3 紧急电话上方应设置紧急电话指示标志。

8 安全与运营管理设施

8.2 机电及其他设施

8.2.7 城市地下道路的电力负荷应分级，根据设施重要程度分为下列三级：

1 应急照明、道路基本照明、主动发光或照明式标志、交通监控设施、环境检测及设备监控设施、通信设施、有线广播设施、视频监控设施、火灾自动报警及消防联动设施、中央控制设施、消防水泵、排烟风机、雨（废）水泵、变电所自用电设施应为一级负荷，其中应急照明、主动发光或照明式标志、交通监控设施、环境检测及设备监控设施、通信设施、有线广播设施、视频监控设施、火灾自动报警及消防联动设施、中央控制设施应为特别重要负荷。

8.2.18 运营管理中心应符合交通管理、电力供给、防灾报警、设备监控，以及应急处理和全线信息的集散与交换等的要求。

8.3 防灾设计

8.3.1 城市地下道路应设置预防火灾、交通事故、水淹、地震、台风等灾害事故的设施。

8.3.2 城市地下道路防灾设计应针对灾害类型，结合地下道路功能、环境条件等因素制定设防标准。防灾系统设计应进行行车安全、灾害报警、交通控制、防灾通风与排烟、安全疏散与救援、防灾供电、应急照明、消防给水与灭火、防淹排水、防灾通信与监控、灾害时的结构保护等措施设计。

8.3.3 城市地下道路防火灾设计，应符合下列规定：

2 应根据交通功能、预测交通流量、交通组成状况，确定最大火灾热释放功率，并应据此进行火灾通风排烟设计，最大火灾热释放功率可按表8.3.3的规定取值。

表8.3.3 最大火灾热释放功率

车辆类型	小轿车	货车	集装箱车、长途汽车、公共汽车	重型车
火灾热释放功率（MW）	3~5	10~15	20~30	30~100

3 城市地下道路、地下附属设备用房、地面风井、出入口的耐火等级应为一级。地面重要设备用房、运营管理中心耐火等级不应低于二级。其他地面附属设备用房的耐火等级应为二级。
4 地下道路内附属设备用房、管廊、专用疏散通道应与车道孔之间采取防火分隔。
5 城市地下道路承重结构的耐火极限应符合现行国家标准《建筑设计防火规范》GB 50016的规定。
6 城市地下道路内装修材料除嵌缝材料外，应采用不燃材料。
7 特长城市地下道路应作防灾专项设计。

8.3.4 城市地下道路救援疏散设施设计应根据环境、排烟方式、管养模式等因素，设置疏散救援设施及应急救援站。应急救援站可就近设置，对于长距离地下道路不宜少于一处。

8.3.5 城市地下道路人员安全疏散设计应符合下列规定：

1 一、二、三类通行机动车的双孔地下道路应设置人行横通道或人行疏散通道。人行横通道间距及地下道路通向人行疏散通道的入口间距，宜为250m~300m。疏散净宽不应小于2.0m，净高不应小于2.2m。
2 双层地下道路或人行疏散通道与车道孔不在同层的单层地下道路，宜设置封闭楼梯间，楼梯净宽度不应小于0.8m，坡度不应大于60°。当人行疏散通道仅用作安全疏散时，净宽度不应小于1.2m，净高度不应小于2.1m。
3 地下道路与人行横通道或人行疏散通道的连通处应采取防火分隔措施。当人行疏散通道兼做救援通道时，宜根据救援流线、救援车辆类型、确定空间尺寸。

4 下滑逃生口可作为辅助疏散设施，滑道净高不应小于1.5m。

8.3.6 一、二、三类通行机动车的城市地下道路，车辆安全疏散设计应符合下列规定：

1 非水底地下道路应设置车行横通道或车行疏散通道，车行横通道间隔及通向车行疏散通道的入口间距宜为200m～500m。

4 车行横通道和车行疏散通道的净宽不应小于4.0m，净高不应小于地下道路的建筑限界高度。

5 地下道路与车行横通道或车行疏散通道的连接处及地下道路与其他地下空间连接处，应采取防火分隔措施。

8.3.7 城市地下道路防灾通风设计应符合下列规定：

1 火灾排烟系统应能及时有效控制烟气流动、排除烟气、减少烟气的影响范围。当火灾通风系统与正常通风系统合用时，应具备在火灾工况下的快速转换功能；

3 当采用纵向通风排烟时，纵向气流的速度应大于临界风速。

4 当采用重点排烟时，排烟量应根据火灾释热量计算确定，排烟口应设置在地下道路顶部。

8.3.8 城市地下道路的消防给水设计应符合下列规定：

1 消防给水系统应与生产生活给水系统分开设置；

2 消防灭火设施应根据地下道路的功能等级、服务车型、长度、交通量等设置；

3 同一城市地下道路的消防用水量应按同一时间内发生一次火灾考虑；

4 当城市供水管网的水量、水压不能满足消防用水量、水压要求时，应设置消防泵房。

8.3.9 城市地下道路防灾通信设计应符合下列规定：

1 运营管理中心、地下道路区域均应设置消防专用电话、手动报警按钮和对讲电话插孔；

3 应设置引入公安、消防无线信号，应满足公安、消防统一调度要求，运营管理中心应设置防灾无线调度通信台。

8.3.10 城市地下道路火灾自动报警设计应符合下列规定：

1 地下道路应设置火灾自动及手动报警系统，报警系统应能实时探测并输出报警，实时联动相关消防设备消灾；

2 消防联动灭火系统应具备良好的灭火、控火功能；

3 在地下道路入口前100m～150m处，应设置发生火灾事故提示车辆禁止进入的报警信号装置。

8.3.11 城市地下道路应设置主动发光或照明式安全疏散指示标志，并应符合下列规定：

1 地下道路车道两侧侧墙上应每隔50m设置疏散指示标志，安装净空高度不应大于1.3m；

2 安全通道、楼梯转角处的墙、柱上应设置疏散指示灯，安装部位距地面高度不应大于1.0m，间距不应大于15m；

3 人员安全疏散出口应设置安全出口标志灯，其安装高度距地面不应低于2.0m；

4 人行横洞及车行横洞处应分别设置人行横洞指示标志及车行横洞指示标志，并应双面显示。

8.3.12 城市地下道路应设置应急照明，并应符合下列规定：

1 除中短距离地下道路，启用应急照明时，洞内亮度不应小于中间段正常亮度的10%和0.2cd/m²；

2 横向人行通道、楼梯间、地面最低平均照度不应小于5lx；

3 配电室、消防水泵房、防排烟机房以及在发生火灾时仍需工作的房间，其应急照明照度应与正常照明照度值一致。

8.3.14 应急照明系统应设置EPS，保证照明中断时间不超过0.3s。长及特长距离地下道路连续供电时间不宜少于3h；中等距离地下道路连续供电时间不应少于1.5h；短距离地下道路连续供电时间不应少于0.5h。

8.3.15 城市地下道路设置的疏散标志和消防应急照明灯具，除应符合本规范外，还应符合现行国家标准《消防安全标志》GB 13495和《消防应急照明和疏散指示系统》GB 17945的规定。

8.3.16 运营管理中心应设置防灾广播控制台。

26.《城镇污水处理厂污泥处理技术规程》CJJ 131—2009

3 方案设计

3.3 设计要求

3.3.6 污泥处理厂必须按相关标准的规定设置消防、防爆、抗震等设施。

10 安全措施和监测控制

10.0.3 热干化工艺必须防止粉尘爆炸及火灾的发生,并应有相应的预防及控制措施。

27.《城市公共厕所设计标准》CJJ 14—2016

3 基本规定

3.0.11 公共厕所设计应符合现行国家标准《公共建筑节能设计标准》GB 50189、《建筑设计防火规范》GB 50016 和《建筑抗震设计规范》GB 50011 的有关规定。

6 活动式公共厕所

6.0.8 活动厕所的设计应有保温和器具防冻措施，主体材料应符合现行国家标准《建筑设计防火规范》GB 50016 的防火要求，防火等级应不低于 B_1 级。

28. 《燃气冷热电三联供工程技术规程》CJJ 145—2010

4 能源站

4.1 站址选择

4.1.2 能源站的防火间距应符合现行国家标准《建筑设计防火规范》GB 50016 的有关规定。能源站主机间应为丁类厂房，燃气增压间、调压间应为甲类厂房。

4.1.3 能源站宜独立设置或室外布置；当确有困难时可贴邻民用建筑布置，但应采用防火墙隔开，且不应贴邻人员密集场所。

4.1.4 当主机间受条件限制布置在民用建筑内时，应布置在建筑物的地下一层、首层或屋顶，并应符合下列规定：

 1 采用相对密度（与空气密度比值）大于或等于 0.75 的燃气作燃料时，不得布置在地下或半地下建筑（室）内；

 2 建筑物内地下室、半地下室及首层的主机间应靠外墙布置，且不应布置在人员密集场所的上一层、下一层或贴邻；

 5 能源站设置在屋顶上时，主机间距屋顶安全出口的距离应大于 6.0m。

4.1.7 能源站布置在室外时，燃气设备边缘与相邻建筑外墙面的最小水平净距应符合表 4.1.7 的规定。

表 4.1.7 室外布置能源站燃气设备边缘与相邻建筑外墙面的最小水平净距

燃气最高压力（MPa）	最小水平净距（m）	
	一般建筑	重要公共建筑、一类高层民用建筑
0.8	4.0	8.0
1.6	7.0	14.0
2.5	11.0	21.0

4.3 建筑与结构

4.3.1 能源站采用独立建筑时，建筑的耐火等级不得低于现行国家标准《建筑设计防火规范》GB 50016 中规定的二级。

4.3.2 设置于建筑物内的能源站与其他部位之间应采用耐火极限不低于 2.00h 的不燃烧体隔墙和耐火极限不低于 1.50h 的不燃烧体楼板隔开。在隔墙和楼板上不应开设洞口，当必须在隔墙上开设门窗时，应采用甲级防火门窗。

4.3.3 设置于建筑物内的能源站，其外墙上的门、窗等开口部位的上方应设置宽度不小于 1.0m 的不燃烧体防火挑檐或高度不小于 1.2m 的窗槛墙。

4.3.4 当燃气增压间、调压间设置在能源站内时，应采用防火墙与主机间、变配电室隔开，且隔墙上不得开设门窗及洞口。

4.3.6 主机间和燃气增压间、调压间、计量间应设置泄压设施。泄压口应避开人员密集场所和安全出口。

4.3.9 独立设置的能源站，主机间必须设置 1 个直通室外的出入口；当主机间的面积大于或等于 200m² 时，其出入口不应少于 2 个，且应分别设在主机间两侧。

4.3.10 设置于建筑物内的能源站，主机间出入口不应少于 2 个，且直通室外或通向安全出口的出入口不应少于 1 个。

4.3.11 燃气增压间、调压间、计量间直通室外或通向安全出口的出入口不应少于 1 个。变配电室出入口不应少于 2 个，且直通室外或通向安全出口的出入口不应少于 1 个。

4.3.12 主机间和燃气增压间、调压间、计量间的地面应采用撞击时不会发生火花的材料。

4.3.16 能源站内的疏散楼梯、走道、门的设置应符合现行国家标准《建筑设计防火规范》GB 50016 的有关规定。

4.4 消防

4.4.1 能源站应设置消火栓，并配置固定式灭火器。

4.4.2 消火栓的设置应符合现行国家标准《建筑设计防火规范》GB 50016 的有关规定。

4.4.3 固定式灭火器的配置应符合现行国家标准《建筑灭火器配置设计规范》GB 50140 对中危险级场所的规定。

4.4.4 能源站应设置火灾自动报警装置。火灾检测和自动报警应符合现行国家标准《火灾自动报警系统设计规范》GB 50116 的有关规定。

4.4.5 火灾自动报警装置的主控制器应设置在有人值守处。主控制器应能显示、储存、打印出相关报警及动作信号，同时发出声光报警信号，并应具有远程自动控制和就地手动操作灭火系统的功能。

4.4.6 能源站内有燃气设备和管路附件的场所，应设置可燃气体探测自动报警、控制装置，除应符合国家现行标准有关规定外，还应符合下列规定：

 1 当可燃气体浓度达到爆炸下限的 25% 时，必须报警并联动启动事故排风机；

 2 当可燃气体浓度达到爆炸下限的 50% 时，必须连锁关闭燃气紧急自动切断阀；

 3 自动报警应包括就地和主控制器处的声光提示。

4.4.7 建筑物内的能源站的主机间应设置自动灭火系统；发电机组宜采用自动气体灭火系统，其他可采用自动喷水灭火系统。

4.4.8 建筑物内的能源站火灾自动报警系统应接入所在建筑物消防控制室。

4.4.9 消防控制室或集中控制室应有显示燃气浓度检测报警器工作状态的装置，并能遥控操作紧急切断阀。

4.4.10 下列设备和系统应设置备用电源：

 1 火灾自动检测、报警及联动控制系统；

 2 燃气浓度检测、报警及自动连锁系统。

4.4.11 主机间、燃气增压间、调压间、计量间及燃气管道穿过的房间应采用防爆灯具、防爆电机及防爆开关，并应符合现行国家标准《爆炸和火灾危险环境电力装置设计规范》GB 50058 的有关规定。

4.4.12 能源站必须设置应急照明、疏散指示标志和火灾报警电话。

4.5 通风与排烟

4.5.1 主机间、燃气增压间、调压间、计量间应设置独立的机械通风系统。

4.5.2 敷设燃气管道的地下室、设备层和地上密闭房间应设机械通风设施。

6 供配电系统及设备

6.7 电缆选择与敷设

6.7.2 电缆的防火设计应符合现行国家标准《火力发电厂与变电所设计防火规范》GB 50229 的有关规定。

9 施工与验收

9.4 设备调试及试运行

9.4.4 可燃气体探测自动报警系统应按现行国家标准《火灾自动报警系统施工及验收规范》GB 50166 的规定进行测试。

9.5 竣工验收

9.5.4 竣工验收应在完成工程设计和合同约定的各项内容后进行，竣工验收应具备下列资料。

　3　消防部门、技术监督部门及其他相关部门的验收材料。

29.《城市户外广告设施技术规范》CJJ 149—2010

3 设置要求

3.2 公共设施上的户外广告设施

3.2.5 公交站牌、路名牌、消火栓、出租车停靠点招牌等设施 5m 范围之内不得设置独立式户外广告设施。

30.《污水处理卵形消化池工程技术规程》CJJ 161—2011

3 材 料

3.4 其他材料

3.4.3 卵形消化池的外保温材料应符合下列规定：

2 其燃烧性能等级应不低于 B_2。

6 防火、防腐、保温及饰面

6.0.1 污水处理卵形消化池防火应符合下列规定：

1 污水处理卵形消化池设计应符合现行国家标准《建筑设计防火规范》GB 50016 的规定；

2 保温层及饰面材料的可燃性及氧指数、耐火极限应符合现行国家标准《建筑设计防火规范》GB 50016 的相关规定。

31.《餐厨垃圾处理技术规范》CJJ 184—2012

8 辅助工程

8.3 消 防

8.3.1 餐厨垃圾处理厂应设置室内、室外消防系统，并应符合现行国家标准《建筑设计防火规范》GB 50016 和《建筑灭火器配置设计规范》GB 50140 的有关规定。

8.3.2 油脂储存间、燃料间和中央控制室等火灾易发设施应设消防报警设施。

8.3.3 设有可燃气体管道和储存设施的车间应设置可燃气体和消防报警设施。

8.3.4 餐厨垃圾处理厂的电气消防设计应符合现行国家标准《建筑设计防火规范》GB 50016 和《火灾自动报警系统设计规范》GB 50116 中的有关规定。

32. 《直线电机轨道交通施工及验收规范》CJJ 201—2013

9 区间给排水

9.1 一般规定

9.1.4 当隧道内的水消防系统给水干管采用沟槽式连接时，应采用柔性卡箍接头，卡箍间距应满足设计要求。当采用沟槽式连接时，泵房内承压排水管道应采用刚性接头，区间隧道内承压排水管应采用柔性接头。

9.1.5 组成卡箍件、橡胶密封圈和紧固件应由生产厂配套供应；产品应符合现行行业标准《沟槽式管接头》CJ/T 156 的规定，用于生活饮用水的橡胶密封圈和管配件的表面涂装还应符合现行国家标准《生活饮用水输配水设备及防护材料的安全性评价标准》GB/T 17219 的规定，用于消防管道上的管接头件应取得国家消防产品检测部门检验合格的文件。

9.1.9 给排水及水消防系统所有压力管外壁应外涂色环并喷涂相应的文字，其中色环宽度应为 50mm，直线管段色环间距应为 5m，在管道弯头及管道穿墙处应补加色环。管道涂色环及喷字应符合表 9.1.9 的规定。

表 9.1.9 管道涂色环喷字

管道类别	色环颜色	喷字	
		内容	颜色
消防管	红色	XF	红色
废水管	蓝色	P→	蓝色

9.2 安装

9.2.4 消火栓安装完成后应取区间端头及中部两处消火栓做试射试验，并应达到设计要求。

9.2.10 消防器材箱规格型号应符合设计要求，产品合格证、产品说明书及随机配件应齐全。箱体安装前应进行外观检查，合格后方可安装；安装后箱体上下角的水平位移不得超过 2mm。

9.2.11 消火栓安装前应作耐压强度试验。

9.2.12 消火栓口的安装应符合下列规定：
1 栓口应朝外；
2 栓口中心距地面应为 1.1m，允许偏差为 ±20mm。

9.2.15 过轨消防水管的安装应符合下列规定：
1 道床上预留的管槽应符合设计要求，检查合格后方可埋设套管；
2 过轨消防水管应采用不锈钢管，焊接连接。套管两端应安装止水翼环，应使用沥青油麻封堵，焊缝应刷防锈漆。

33.《环境卫生设施设置标准》CJJ 27—2012

3 环境卫生公共设施

3.2 废物箱

3.2.1 道路两侧或路口以及各类交通客运设施、公共设施、广场、社会停车场等的出入口附近应设置废物箱。废物箱应卫生、耐用、美观，并应能防雨、抗老化、防腐、阻燃。

34.《城镇供热管网工程施工及验收规范》CJJ 28—2014

5 管道安装

5.4 预制直埋管道

5.4.5 预制直埋管道在施工过程中应采取防火措施。

35. 《粪便处理厂运行维护及其安全技术规程》CJJ 30—2009

2 运行管理

2.8 厌氧消化池及附属设施

2.8.2 沼气罐运行应符合下列规定：

9 沼气应充分利用。需排放的沼气可采用火炬燃烧，或采取其他措施以消除安全隐患。

2.9 加氯间

2.9.3 加氯间的管理应符合下列规定：

1 加氯间应防火、防冻、通风良好，室内温度宜保持在15℃～25℃。

3 维护保养

3.1 一般规定

3.1.5 建、构筑物的避雷、防爆装置的测试、维修应符合电业、消防等部门的规定。

3.1.6 维修人员应定期检查和更换安全、急救及消防等防护设施和设备。

3.1.11 可燃性气体报警装置应每年检修一次。

4 安全

4.1 一般规定

4.1.5 粪便处理厂必须装备消防器材、保护性安全器具、呼吸设备、急救设备器材。

4.1.6 应制定火警、易燃及有害气体泄漏、爆炸、自然灾害等意外事件的紧急应急预案。

4.1.7 运行管理人员和安全监督人员应熟悉粪便处理厂存在的各种危险、有害因素与操作及维修工作的利害关系。

4.1.8 有电气设备的车间和易燃易爆的场所，应按消防部门的有关规定设置消防器材。消防器材设置应符合现行国家标准《建筑灭火器配置设计规范》GB 50140 有关规定，并定期检查、验核消器材效用，及时更换。

4.1.11 具有有害气体、易燃气体、异味、粉尘及环境潮湿的场所，必须通风良好。

4.4 加氯间

4.4.2 氯瓶使用应遵守下列安全操作规定：

4 氯瓶结霜应用自来水喷淋氯瓶的外壳，并应注意防止出氯总阀淋水受腐蚀。不得用热水或用火烘烤氯瓶。

4.4.4 加氯间维护保养时，严禁使用明火和撞击火花。

4.5 监测室

4.5.5 监测室适当地点应放置专用灭火器材。

36.《生活垃圾堆肥处理技术规范》CJJ 52—2014

9 辅助与公用设施

9.5 消 防

9.5.1 堆肥处理厂应设置室内外消防系统,消防系统的设置应符合现行国家标准《建筑设计防火规范》GB 50016 和《建筑灭火器配置设计规范》GB 50140 的有关规定。

9.5.2 堆肥处理厂厂房应按生产的火灾危险性分类划分为丁类,建筑耐火等级不应低于二级。

9.5.3 垃圾卸料间、筛上物储存间、电气设备间和中央控制室等火灾易发部位,应设消防报警设施。报警设施的设置应符合现行国家标准《火灾自动报警系统设计规范》GB 50116 的有关规定。

37.《聚乙烯燃气管道工程技术标准》CJJ 63—2018

4 管道设计

4.3 管道布置

4.3.1 聚乙烯燃气管道不得从建筑物或大型构筑物的下面穿越（不包括架空的建筑物和立交桥、城市轨道交通的高架桥等大型构筑物）；不得在堆积易燃、易爆材料和具有腐蚀性液体的场地下面穿越；不得与非燃气管道或电缆同沟敷设。

38.《粪便处理厂设计规范》CJJ 64—2009

3 厂址选择与总体布置

3.2 总体布置

3.2.3 处理构筑物的间距应紧凑、合理，符合现行国家标准《建筑设计防火规范》GB 50016 的要求，并应满足各构筑物的施工、设备安装和埋设各种管道，以及养护、维修和管理的要求。臭气集中处理设施、固体杂物及脱水污泥堆放间应布置在主导风向下风向。

3.2.7 厂区内各构筑物和建筑物应符合国家现行相关消防规范的要求。高架处理的构筑物应设置栏杆、防滑梯和避雷针等安全设施。

3.2.11 厂区道路的设计应符合下列规定：
　　1 主要车行道的宽度：单车道应为 3.5m～4.0m，双车道为 6.0m～7.0m，并应有回车道；车行道的转弯半径宜为 6.0m～10.0m。
　　2 人行道的宽度应为 1.5m～2.0m。
　　4 车道、通道的布置应符合有关规范防火安全的要求。

6 主处理设备与设施

6.2 厌氧消化设施

6.2.5 厌氧消化池、储气罐、配气管等设施设备及其辅助构筑物易燃易爆性强，其安全设计应符合现行国家标准《建筑设计防火规范》GB 50016 和《城镇燃气设计规范》GB 50028 中的相应规定。

11 环境保护与劳动卫生

11.0.6 粪便处理厂必须在醒目位置设置禁烟、防火、限速等警示标志，并应有可靠的防护设施设备。

11.0.7 与处理设施相关的封闭建、构筑物内必须设置强制通风设施和自动报警装置。

11.0.9 厂区内应设置消防设施和器材。

39. 《生活垃圾堆肥处理厂运行维护技术规程》CJJ 86—2014

2 基本规定

2.3 安全操作

2.3.19 垃圾堆肥厂灭火器配置场所的危险等级应按中危险级和轻危险级确定。其中化验室、回收废品储存库应按中危险级确定。

2.3.21 消防器材设置应符合现行国家标准《建筑灭火器配置设计规范》GB 50140 的有关规定,并应定期检查、验核。

40.《城镇供热系统运行维护技术规程》CJJ 88—2014

2 基本规定

2.2 运行维护安全

2.2.11 消防器材的设置应符合消防部门有关法规和国家现行有关标准的规定,并应定期进行检查、更新。

3 热 源

3.2 运行准备

3.2.5 燃煤锅炉本体和燃烧设备外部检查应符合下列规定:
　　7 平台、扶梯、围栏和照明及消防设施应完好。工作场地和设备周围通道应清洁、畅通。

41.《生活垃圾焚烧处理工程技术规范》CJJ 90—2009

1 总 则

1.0.2 本规范适用于以焚烧方法处理垃圾的新建和改扩建工程的规划、设计、施工及验收。

4 垃圾焚烧厂总体设计

4.5 厂区道路

4.5.2 垃圾焚烧厂区主要道路的行车路面宽度不宜小于6m。垃圾焚烧厂房周围应设宽度不小于4m的环形消防车道,厂区主干道路面宜采用水泥混凝土或沥青混凝土,道路的荷载等级应符合现行国家标准《厂矿道路设计规范》GBJ 22中的有关规定。

5 垃圾接收、储存与输送

5.3 垃圾储存与输送

5.3.2 垃圾池应处于负压封闭状态,并应设照明、消防、事故排烟及通风除臭装置。

6 焚烧系统

6.5 辅助燃烧系统

6.5.2 燃料的储存、供应设施应配有防爆、防雷、防静电和消防设施。

9 电气系统

9.5 照明系统

9.5.2 正常照明和事故照明应采用分开的供电系统,并宜采用下列供电方式:
  1 当低压厂用电系统的中性点为直接接地系统时,正常照明电源应由动力和照明网络共用的低压厂用变压器供电。事故照明宜由蓄电池组或与直流系统共用蓄电池组的交流不停电电源供电。

9.5.4 锅炉钢平台应设置保证疏散用的应急照明,正常照明可采用装设在钢平台顶端的大功率气体放电灯。

9.5.5 照明灯具应采用发光效率较高的灯具,环境温度较高的场所宜采用耐高温的灯具。锅炉房、灰渣间的照明灯具,防护等级不应低于IP54。渗沥液集中的场所应采用防爆设计,防爆设计应符合现行国家标准《爆炸和火灾危险环境电力装置设计规范》GB 50058、《爆炸性气体环境用电气设备》GB 3836及《可燃性粉尘环境用电气设备》GB 12476中的有关规定。有化学腐蚀性物质的环境,应进行防腐设计。

9.6 电缆选择与敷设

9.6.2 垃圾焚烧厂房及辅助厂房电缆敷设,应采取有效的阻燃、防火封堵措施。易受外部着火影响区段的电缆,应采取防火阻燃措施,并宜采用阻燃电缆。

9.6.3 同一路径中,全厂公用重要负荷回路的电缆应采取耐火分隔,或采取分别敷设在互相独立的电缆通道中的措施。

9.6.4 电缆夹层不应有热力管道和蒸汽管道进入。电缆建(构)筑物中,严禁有可燃气、油管穿越。

12 消 防

12.1 一般规定

12.1.1 垃圾焚烧厂应设置室内、室外消防系统,并应符合现行国家标准《建筑设计防火规范》GB 50016、《火力发电厂与变电站设计防火规范》GB 50229和《建筑灭火器配置设计规范》GB 50140的有关规定。

12.1.2 油库及油泵房消防设施应符合现行国家标准《石油库设计规范》GB 50074的有关规定。

12.2 消防水炮

12.2.1 垃圾池间的消防设施宜采用固定式消防水炮灭火系统,其设置应符合现行国家标准《固定消防炮灭火系统设计规范》GB 50338的要求,消防水炮应能实现自动或远距离遥控操作。

12.2.2 垃圾池间固定消防水炮设计消防水量不应小于60L/s,延续时间不应小于1h。

12.2.3 消防水炮室内供水系统宜采用独立的供水管网,其管网应布置成环状。

12.2.4 消防水炮室内供水系统应有不少于2条进水管与室外环状管网连接。当管网的1条进水管发生事故时,其余的进水管应能供给全部的消防水量。

12.2.5 消防水炮给水系统室内配水管道宜采用内外壁热镀锌钢管,管道连接应采用沟槽式连接件或法兰。

12.2.6 消防水炮的布置要求系统动作时整个垃圾间内的任意位置均应同时被水柱覆盖;充实水柱长度应通过计算确定;消防水炮的设置不应妨碍垃圾给料装置的运行;消防水炮设置场所应有设施维修通道。

12.2.7 暴露于垃圾池间内的消防水炮及其他消防设施的电机应采用防爆型电机。

12.3 建筑防火

12.3.1 垃圾焚烧厂房的生产类别应为丁类,建筑耐火等级不应低于二级。

12.3.2 垃圾焚烧炉采用轻柴油燃料启动点火及辅助燃料时，日用油箱间、油泵间应为丙类生产厂房，建筑耐火等级不应低于二级。布置在厂房内的上述房间，应设置防火墙与其他房间隔开。

12.3.3 垃圾焚烧炉采用气体燃料作为点火及辅助燃料时，燃气调压间应为甲类生产厂房，其建筑耐火等级不应低于二级，并应符合现行国家标准《城镇燃气设计规范》GB 50028的有关规定。

12.3.4 垃圾焚烧厂房地上部分的防火分区的允许建筑面积不宜大于4条焚烧线的建筑面积，地下部分不应大于一条焚烧线的建筑面积。汽轮发电机组间与焚烧间合并建设时，应采用防火墙分隔。

12.3.5 设置在垃圾焚烧厂房的中央控制室、电缆夹层和长度大于7m的配电装置室，应设两个安全出口。

12.3.6 垃圾焚烧厂房的疏散楼梯梯段净宽不应小于1.1m，疏散走道净宽不应小于1.4m，疏散门的净宽不应小于0.9m。

12.3.7 疏散用的门及配电装置室和电缆夹层的门，应向疏散方向开启；当门外为公共走道或其他房间时，应采用丙级防火门。配电装置室的中间门，应采用双向弹簧门。

12.3.8 垃圾焚烧厂房内部的装修设计，应符合现行国家标准《建筑内部装修设计防火规范》GB 50222的有关规定。

12.3.9 **中央控制室、电子设备间、各单元控制室及电缆夹层内，应设消防报警和消防设施，严禁汽水管道、热风道及油管道穿过。**

42.《生活垃圾卫生填埋场运行维护技术规程》CJJ 93—2011

3 一般规定

3.2 维护保养

3.2.1 填埋场场区内设施、设备维护应符合下列规定：

6 各种消防设施、设备应进行定期检查、维护，发现失效或缺失应及时更换或增补。

3.3 安全操作

3.3.10 消防器材设置应符合现行国家标准《建筑灭火器配置设计规范》GB 50140 的有关规定。

3.3.12 填埋场场区发生火灾时，应根据火情及时采取相应灭火对策。

3.3.14 场内防火隔离带应定期检查维护，每年不少于 2 次。

6 填埋气体收集与处理

6.3 安全操作

6.3.3 填埋气体收集井安装及钻井过程中应采用防爆施工设备。

6.3.4 填埋场区（填埋库区）上方甲烷气体浓度应小于 5%，临近 5% 时应立即采取相应的安全措施，及时导排收集甲烷气体，控制填埋区气体含量，预防火灾和爆炸。

6.3.5 填埋场区（填埋库区）及周边 20m 范围内不得搭建封闭式建筑物、构筑物。

43. 《生活垃圾填埋场填埋气体收集处理及利用工程技术规范》CJJ 133—2009

5 填埋气体导排

5.2 导气井

5.2.10 导气井降水所用抽水设备应具有防爆功能。

6 填埋气体输气管网

6.1 管网的布置与敷设

6.1.4 输气管道不得在堆积易燃、易爆材料和具有腐蚀性液体的场地下面或上面通过，不宜与其他管道同沟敷设。

6.1.6 输气管地面或架空敷设时，不应妨碍交通和垃圾填埋的操作，架空管应每隔300m设接地装置，管道支架应采用阻燃材料。

7 填埋气体抽气、处理和利用系统

7.1 一般规定

7.1.1 填埋气体抽气、处理和利用系统应包括抽气设备、气体预处理设备、燃烧设备、气体利用设备、建（构）筑物、电气、输变电系统、给水排水、消防、自动化控制等设施。

7.1.4 填埋气体抽气、预处理及利用设施应具有良好的通风条件，不得使可燃气体在空气中聚集。

7.2 填埋气体抽气及预处理

7.2.1 填埋气体抽气设备应选用耐腐蚀和防爆型设备。

7.3 火炬燃烧系统

7.3.1 设置主动导排设施的填埋场，必须设置填埋气体燃烧火炬。

7.3.2 填埋气体收集量大于100m³/h的填埋场，应设置封闭式火炬。

7.3.3 填埋气体火炬应有较宽的负荷适应范围，应能满足填埋气体产量变化、气体利用设施负荷变化、甲烷浓度变化等情况下填埋气体的稳定燃烧。

7.3.5 填埋气体火炬应具有点火、熄火安全保护功能。

7.3.6 封闭式火炬距地面2.5m以下部分的外表面温度不应高于50℃。

7.3.7 火炬的填埋气体进口管道上必须设置与填埋气体燃烧特性相匹配的阻火装置。

7.4 填埋气体利用

7.4.3 填埋气体用于锅炉燃料应符合下列规定：

4 锅炉房的设计、施工和运行应符合现行国家标准《锅炉房设计规范》GB 50041的有关规定。

8 电气系统

8.5 照明系统

8.5.1 照明设计应符合现行国家标准《建筑照明设计标准》GB 50034和《建筑设计防火规范》GB 50016中的有关规定。

8.5.3 照明灯具宜采用发光效率较高的灯具。有填埋气泄露可能的场所，灯具应采用防爆型；环境温度较高的场所，宜采用耐高温的灯具。

8.6 电缆选择与敷设

8.6.1 电缆选择与敷设，应符合现行国家标准《电力工程电缆设计规范》GB 50217的有关规定。

8.6.2 填埋气体发电厂房及辅助厂房的电缆敷设，应采取有效的阻燃、防火封堵措施。

9 仪表与自动化控制

9.4 检测与报警

9.4.3 填埋气体处理和利用车间应设置可燃气体检测报警装置，并应与排风机联动。

9.4.5 测量油、水、蒸汽、可燃气体等的一次仪表不应引入控制室。

9.8 防雷接地与设备安全

9.8.5 在危险场所装设的电气设备（包括现场仪表和控制装置），应符合现行国家标准《爆炸和火灾危险环境电力装置设计规范》GB 50058的有关规定。

10 配套工程

10.1 工程总体设计

10.1.4 厂区道路的设置应满足交通运输、消防、绿化及各种管线的敷设要求。道路设计应符合现行国家标准《厂矿道路设计规范》GBJ 22的有关规定。

10.2 建筑与结构

10.2.2 机器间通向室外的门应保证安全疏散、便于设备出入和操作管理。

10.2.4 发电机房应采用耐火极限不低于2h的隔墙和1.5h的楼板与其他部位隔开。

10.2.5 发电机房应有两个出入口，其中一个出口的大小应满足搬运机组的要求，门应采取防火、隔声措施，并应向外开启。

10.2.9 中央控制室应设吊顶。

10.4 消 防

10.4.1 填埋气体利用厂房应设置室内、室外消防系统，其设计应符合现行国家标准《建筑设计防火规范》GB 50016 和《建筑灭火器配置设计规范》GB 50140 的相关规定和要求。

10.4.2 填埋气体处理和利用厂房应属于甲类生产厂房，其建筑耐火等级不应低于二级，并应符合现行国家标准《城镇燃气设计规范》GB 50028 的有关规定。

10.4.3 设置在厂房内的中央控制室、电缆夹层和长度大于7m 的配电装置室，应设两个安全出口。

10.4.4 疏散用的门及配电装置室和电缆夹层的门应向疏散方向开启；当门外为公共走道或其他房间时，应采用丙级防火门。配电装置室的中间门应采用双向弹簧门。

10.4.5 厂房内部的装修设计应符合现行国家标准《建筑内部装修设计防火规范》GB 50222 的有关规定。

10.4.6 集装箱式填埋气体发电机组应有良好的通风措施，箱体应使用阻燃材料。

10.5 采暖通风

10.5.6 气体处理车间的通风换气设备应具有防爆功能。

12 工程施工及验收

12.2 工程施工及验收

12.2.1 施工准备应符合下列要求：

2 施工用临时建筑、交通运输、电源、水源、气（汽）源、照明、消防设施、主要材料、机具、器具等应准备充分。

12.2.7 竣工验收应具备下列条件：

1 生产性建设工程和辅助性设施、消防、环保工程、职业卫生与劳动安全、环境绿化工程已经按照批准的设计文件建设完成，具备运行、使用条件和验收条件。

44.《二次供水工程技术规程》CJJ 140—2010

5 系统设计

5.3 流量与压力

5.3.5 高位水池（箱）与最不利用水点的高差应满足用水点水压要求，当不能满足时，应采取增压措施。

45.《中低速磁浮交通设计规范》CJJ/T 262—2017

6 线 路

6.1 一般规定

6.1.3 中低速磁浮交通线路的走向应根据城市总体规划、地理环境、地形条件、线路所经区域特征等情况以及行车安全、消防、减振、降噪、景观、节能减排和居民隐私等相关要求，经综合比较后确定。

9 车站建筑

9.3 车站平面

9.3.7 人行楼梯和自动扶梯的总量布置除应满足上下乘客的要求外，还应按站台的事故疏散时间不大于6min进行验算。消防专用梯及垂直电梯不应计入事故疏散用设施。

9.3.17 地下车站的设备与管理用房布置应紧凑合理，主要管理用房应集中布置。消防泵房宜设于设备与管理用房有人区内的主通道或设备区疏散出口通道旁。

9.4 车站环境设计

9.4.6 有噪声源的房间，应采用隔声、吸声措施，房间门应采用隔声门。当有防火要求时，应采用防火隔声门。

9.5 车站出入口

9.5.6 出入口通道宜短直，通道的弯折不宜超过3处，转弯角不应小于90°。地下出入口通道长度不宜超过100m，超过时应采取能满足消防疏散要求的措施并设置通风设施，并宜设自动人行道。

9.6 风井与冷却塔

9.6.5 风亭口部与其他建筑的距离应满足防火及环保要求。

9.7 人行楼梯、自动扶梯、电梯、站台屏蔽门

9.7.17 站台屏蔽门的门体材料应符合现行行业标准《城市轨道交通站台屏蔽门》CJ/T 236的规定。站台屏蔽门不应作为车站防火分隔措施。

15 给水和排水

15.1 一般规定

15.1.1 给水工程设计应满足生产、生活和消防用水对水量、水压、水质的要求。

15.1.2 排水工程设计应满足收集和排除生活污水、生产废水、结构渗漏水、冲洗废水、消防废水和雨水，废水、污水排放应符合现行国家标准《污水综合排放标准》GB 8978的规定。

15.2 给 水

15.2.2 给水系统应根据生产、生活和消防用水对水质、水压和用水量的要求，按下列规定选择：
   2 车站室内生产、生活给水系统应与消防给水系统分开设置，并应根据当地自来水公司的要求设置计量设施。

15.2.3 给水设计用水量定额应符合下列规定：
   6 消防用水量应符合本规范第21章的规定。

15.2.5 生活用水的水压应符合现行国家标准《建筑给水排水设计规范》GB 50015的规定，生产用水的水压按生产工艺要求确定，消防用水的水压应符合本规范21章规定。

15.2.6 给水管道布置和敷设应符合下列规定：
   6 由市政自来水管网引入的消防给水管上应设倒流防止器。

15.4 给水排水监控

15.4.4 给水排水的监控应集中到环境与设备监控系统（BAS），消防给水系统的监控应集中到火灾自动报警系统（FAS）。

16 供 电

16.4 电 缆

16.4.1 供电系统采用的电力电缆与控制电缆，应采用无卤、低烟的阻燃电缆。火灾时需要保证供电的配电线路应采用耐火铜芯电缆或矿物绝缘耐火电缆。

16.5 动力与照明

16.5.1 中低速磁浮交通动力与照明用电设备的负荷分级应符合下列规定：
   1 应急照明、变电所操作电源、火灾自动报警系统设备、消防系统设备、消防电梯、地下站厅站台照明、地下区间照明、排烟系统用风机及电动阀门、通信系统设备、信号系统设备、道岔系统设备、电力监控系统设备、环境与设备监控系统设备、自动售检票系统设备、兼作疏散用的自动扶梯、站台门、防护门、防淹门、排雨泵、地下车站及区间排水泵等应为一级负荷，其中应急照明、变电所操作电源、火灾自动报警系统设备、专用通信系统设备、信号系统设备为特别重要负荷。

16.5.3 消防及其他防灾用电设备应采用专用的供电回路，消防配电设备应采用红色文字标识。

16.5.10 车站照明按功能可划分为正常照明、应急照明、值

班照明、安全照明、标志照明、广告照明。其中正常照明应包括公共区一般照明和附属房间照明,应急照明应包括备用照明和疏散照明,安全照明应包括变电所电缆夹层照明、站台板下照明及扶梯下检修通道照明。照明配电箱宜集中设置。车站照明应分组控制。

16.5.15 车站出入口、站厅、站台、车站控制室、值班室、公安用房、变电所、配电室、信号机械室、消防泵房、地下区间应设应急照明。

17 通 信

17.4 专用电话系统

17.4.6 各车站、车辆段综合控制室以及车辆段消防控制室应设置防灾、环境与设备监控系统调度电话分机。

17.7 视频监视系统

17.7.3 视频监视系统在下列场所应设监视摄像机:
——售检票大厅;
——乘客集散厅;
——上下行站台;
——自动扶梯等公共场所;
——设置消防设备、道岔设备及变电设备的地方。

19 电梯、自动扶梯与自动人行道

19.1 电 梯

19.1.8 当电梯兼做消防电梯时,其设施应符合消防电梯的功能,并应按一级负荷供电。

19.2 自动扶梯与自动人行道

19.2.6 事故疏散用自动扶梯,应按一级负荷供电。
19.2.11 自动扶梯和自动人行道的电线、电缆应采用阻燃材料。

20 自动售检票系统

20.1 一般规定

20.1.3 车站控制室应设置紧急控制按钮,并与火灾自动报警系统联动;当车站处于紧急状态或设备失电时,自动检票机阻挡装置应处于放行状态。

21 火灾自动报警系统(FAS)

21.1 一般规定

21.1.1 中低速磁浮交通车站、区间隧道、控制中心、停车场、主变电所、车辆基地应设火灾自动报警系统(FAS)。FAS设计应符合现行国家标准《火灾自动报警系统设计规范》GB 50116的规定。

21.1.2 FAS应直接控制消防专用设备,并可通过BAS、综合监控系统联动控制正常及火灾工况下均需运转的设备。
21.1.3 地下工程、出入口通道、风井的耐火等级应为一级;出入口地面建筑、地面车站、高架车站及高架区间的结构耐火等级不应低于二级。
21.1.4 控制中心建筑的耐火等级应为一级;当控制中心与其他建筑合建时,应设置独立的进出通道。

21.2 火灾自动报警系统的组成与功能

21.2.1 FAS应由中央级监控管理层、车站级(车站、车辆基地、控制中心大楼、停车场)监控管理层、现场控制层以及相关通信网络组成。监控管理层宜与综合监控系统合并设置。FAS现场控制层应独立配置。

21.2.2 FAS的中央监控管理层应由中央管理计算机、维修计算机、通信网络、打印机、不间断电源和显示屏设备组成,并应具备下列功能:
 1 与各站级FAS及操作员工作站、通信网络进行通信联络;
 2 接收、显示、存储全线火灾灾情信息;
 3 确认火灾灾情,发布消防、疏散、救灾控制命令,并通过消防通信系统、消防广播系统向乘客发布疏散信息;
 4 火灾事件历史资料存档管理;
 5 接收、显示、储存、统计、查询、打印全线主要火灾报警设备、消防设备的状态信息。

21.2.3 有人值班的建筑宜设FAS车站级监控管理层。FAS车站级监控管理层宜设置于各车站的车控室或车辆基地、控制中心大楼的消防控制室;FAS车站级监控管理层应由火灾报警控制器、图形显示装置、打印机、不间断电源及消防联动控制器、手动控制盘构成,应具有下列功能:
 1 与火灾自动报警系统中央监控管理层及本站现场控制层间进行通信联络;
 2 接收、显示、存储、并向控制中心转发辖区火灾报警信息;
 3 确认火灾灾情、发布对辖区与防火救灾有关的消防设备的控制命令,通过消防通信系统、消防广播系统对辖区发布救灾指令和安全疏散命令;
 4 接收、显示、存储、转发辖区主要消防设备运行状态信息;
 5 实施对辖区重要消防联动设备的手动控制;
 6 存储、打印事件记录和操作人员的各项操作记录。

21.2.4 现场控制层应由输入输出模块、火灾探测器、手动报警按钮、消防电话及现场网络组成,并应具备下列功能:
 1 监视管辖内火灾灾情,采集火灾信息;
 2 消防泵的低频巡检信号、运行状态、设备故障、管压力信号;
 3 监视消防电源的运行状态;
 4 监视车站所有消防救灾设备的工作状态。

21.2.5 全线火灾报警与联动控制的信息传输宜利用通信传输网络;FAS现场级网络应独立配置。
21.2.6 消防通信设施的设置应符合本规范第26.5节要求。

21.3 消防联动控制

21.3.1 车站控制室、消防控制室中的消防控制设备应具有下列功能：

1 能控制消防设备的启停，并显示其工作状态；

2 车站级FAS能控制消防给水干管电动阀门的开关并显示其工作状态；

3 车站FAS能显示气体自动灭火系统保护区的报警、确认报警、故障、放气、风机和风阀、手动/自动所处位置等状态。

21.3.2 对防烟、排烟系统的控制应符合下列规定：

1 应由FAS确认火灾，发布预定防烟、排烟模式指令；

2 应由FAS直接控制，也可由BAS或综合监控系统接收指令执行联动控制；

3 BAS或综合监控系统接受火灾控制指令后，应优先进行模式转换，并反馈指令执行信号；

4 运行模式状态应在火灾报警显示器装置上显示。

21.3.3 火灾时车站FAS（或BAS）应能根据火灾涉及区域，按供电配电范围，在配电室或变电所切断相关区域非消防电源，接通应急照明灯和疏散标志灯电源，监视工作状态。

21.3.4 车站FAS应联动自动检票机、门禁系统门锁处于开启状态。

21.3.5 车站FAS对消火栓泵除设自动控制外，还应在车站控制室设手动控制；对防烟、排烟设备除设置通过BAS的自动控制外，还应设手动和自动模式控制装置。

21.3.6 火灾时车站FAS应能联动广播系统强制转入火灾应急广播状态。

21.3.7 火灾时车站FAS应能自动控制防火卷帘的降落，并显示其工作状态。

21.3.8 火灾时车站FAS（或BAS）应能按疏散要求控制电梯运行，显示其工作状态，并应符合下列规定：

1 消防联动控制器应具有发出联动控制信号强制所有电梯停于首层或电梯转换层的功能；

2 电梯运行状态信息和停于首层或转换层的反馈信号，应传送给消防控制室显示，轿厢内应设置能直接与消防控制室通话的专用电话。

21.3.9 对消火栓系统的控制应符合下列规定：

1 应能控制消火栓泵的启停；

2 设消火栓泵的建筑物应在消火栓处设消火栓按钮；

3 消防控制室应能显示消防泵的工作和故障状态和手动/自动开关位置、消火栓按钮工作位置。

21.4 火灾探测器的设置

21.4.1 报警区域应根据防火分区和设备配置划分。

21.4.2 车站站厅、站台等大空间部位应按防烟分区划分火灾探测区域。

21.4.3 火灾探测器设置应符合下列规定：

1 火灾探测器设置应与保护对象等级相适应；

2 地下站的站厅、站台、各种设备机房、库房、值班室、办公室、走廊、配电室、电缆隧道或夹层、长度超过60m的出入口通道应设火灾探测器；

3 控制中心和车辆基地的车辆停放和维修车库、重要设备用房、存放和使用可燃气体用房、可燃物品仓库、变配电室及火灾危险性较大的场所应设火灾探测器；

4 设气体自动灭火的房间应设两种火灾探测器；

5 地面车站及高架车站封闭式的站厅、各类设备用房、管理用房、配电室、电缆隧道或夹层，应设置火灾探测器。

21.4.4 地下区间隧道、长度超过30m的出入口通道应设手动报警按钮。区间手动报警按钮的设置位置宜与区间消火栓的位置结合设置。

21.4.5 设置火灾探测器的场所应设置手动报警按钮。

21.4.6 乘客活动的公共区不宜设置警报音响，办公区走廊应设置警铃。

21.5 消防控制室

21.5.1 火灾自动报警系统中央级控制管理系统应设置在控制中心调度大厅内。

21.5.2 车站消防控制室应与车站综合控制室结合设置。消防控制室应设置火灾报警控制器、消防联动控制器、消防图形显示装置。

21.5.3 换乘车站的消防控制室宜集中设置。按线路设置的消防控制室之间应能相互传输、显示状态信息，但不宜相互控制。

21.5.4 消防控制室应能监控保护区域内的火灾报警及联动控制系统、消火栓系统、自动灭火系统、防烟排烟系统、防火门与卷帘系统、消防电源、消防应急照明与疏散指示系统、消防通信等各类消防系统和系统中的各类消防设施，并应显示各类消防设施的动态信息和消防管理信息。

21.5.5 消防控制室应能控制火灾声或光警报器的工作状态。

21.6 供电与布线

21.6.1 FAS应设有主电源和直流备用电源；主电源的负荷等级应为一级。

21.6.2 FAS直流备用电源宜采用专用蓄电池或集中设置的蓄电池组供电，其容量应保证火灾自动报警系统在主电源断电后连续供电3h。采用集中设置蓄电池时，消防报警控制器供电回路应单独设置。

21.6.3 FAS主电源的保护不应采用漏电保护开关。

21.6.4 FAS的信息传输线路、供电线路、控制线路应符合下列规定：

1 FAS的信息传输线路、供电线路、控制线路在地下敷设时应采用无卤、低烟的绝缘层及护套，线路在地上敷设时宜采用低卤、低烟的绝缘层及护套；

2 FAS的供电线路、消防联动控制线路应采用耐火铜芯电线电缆，报警总线、消防应急广播和消防专用电话等传输线路应采用阻燃或阻燃耐火电线电缆；

3 不同电压等级的线缆不应穿入同一根保护管内，当合用同一线槽时，线槽应有隔板分隔；

4 FAS线路暗敷时，应穿管并应敷设在不燃烧体结构内且保护层厚度不应小于30mm；明敷时（包括敷设在吊顶内），应穿金属管或封闭式金属线槽，并应采取防火保护措施；

21.6.5 FAS线路采用的电缆竖井，宜与电力、照明用的低压配电线路电缆竖井分别设置。如受条件限制需合用时，两种电缆应分别布置在竖井的两侧。

22 环境与设备监控系统（BAS）

22.2 系统设计原则

22.2.2 火灾自动报警系统、环境与设备监控系统独立设置时，系统之间应设置高可靠性通信接口。火灾工况应由FAS发布火灾模式指令，环境与设备监控系统优先执行相应的火灾控制程序。

22.2.3 防烟、排烟系统与正常通风系统合用的设备，在火灾情况下应由环境与设备监控系统统一监控。

22.3 系统的基本功能

22.3.3 执行防灾和阻塞模式应具有下列功能：
1 接收车站自动或手动火灾模式指令，执行车站防烟、排烟模式；
2 接收列车区间停车位置信号，根据列车火灾部位信息，执行隧道防排烟模式；
4 监控车站逃生指示系统和应急照明系统。

22.4 硬件设备配置

22.4.3 车站级硬件的配置应符合下列规定：
4 应配置车站控制室综合后备控制盘（IBP盘），作为环境与设备监控系统火灾工况自动控制的后备措施，其操作权限高于车站和中央工作站，盘面应以火灾工况操作为主，操作程序应简便。当环境与设备监控系统被综合监控系统集成时，IBP盘可由综合监控系统进行配置。

23 综合监控系统

23.1 一般规定

23.1.3 综合监控系统应采用集成和互联方式构建，集成和互联的范围应符合下列规定：
2 宜将火灾自动报警系统集成到综合监控系统中。

23.3 系统基本功能

23.3.4 综合监控系统应具有下列联动功能：
2 火灾工况，区间火灾防排烟模式控制、车站火灾防排烟模式控制、消防应急广播、车站火灾场景的视频监控和乘客信息系统的火灾、疏散信息发布等联动功能。

23.4 硬件要求

23.4.3 环境与设备监控子系统现场级设备应符合本规范第22章规定；电力监控子系统的现场级设备配置应符合本规范第16章规定；火灾自动报警子系统的现场级设备配置应符合本规范第21章规定。

24 运营控制中心

24.3 建筑与装修

24.3.3 中央控制室应符合下列规定：
4 室内应设固定式双层窗户，进行密封、隔声和隔热；如有防火、防爆等特殊要求，应按特殊要求进行设计；对遭受阳光直射的设备应采取遮光措施；
6 室内宜设吊顶，并应满足敷设通风管道和管线的要求。吊顶宜采用轻质、耐火材料。

24.4 结 构

24.4.1 控制中心结构设计应符合下列规定：
2 结构设计应分别按施工阶段和使用阶段进行强度、变形等计算，并应满足环保、防火、防水、防锈蚀、防雷的要求。

24.5 布 线

24.5.2 竖向布线宜采用电缆井敷线方式，并应符合强电、弱电和消防等专业要求。

24.9 消防与安全

24.9.1 控制中心应设置火灾自动报警、环境与设备监控、火灾事故广播、自动灭火、水消防、防排烟等系统。多线路中央控制室应设自动灭火系统。

24.9.2 控制中心应设置消防控制室。

25 车辆基地

25.1 一般规定

25.1.5 车辆基地总平面布置、房屋设计和材料、设备的选用等应符合现行国家标准《建筑设计防火规范》GB 50016的规定。

25.1.6 车辆基地内应设有运输、消防道路，并应有不少于两个与外界道路相连通的出入口。运输道路设计应符合磁浮车辆新车入段或厂修回送的运输要求。

25.2 车辆基地的功能、规模及总平面设计

25.2.5 车辆基地总平面设计应符合下列规定：
1 应根据车辆运用和检修的作业要求，综合材料及备品的存放、维修设施及设备的布置、道路管线布置及绿化、消防、环保要求，合理布局。

25.4 车辆检修设施

25.4.4 各检修作业区及检修测试间应根据具体工艺要求设计配套空调通风、动力、照明、给排水及消防设施。

25.7 物资总库

25.7.3 不同性质的材料、设备宜分库存放。存放易燃品的仓库宜单独设置，并应符合现行国家标准《建筑设计防火规范》GB 50016的有关规定。

26 防 灾

26.1 一般规定

26.1.1 中低速磁浮交通应具有防火灾、水淹、风灾、冰雪、

雷击、地震和非正常停车事故等灾害的设施,并以防火灾为主。

26.1.2 防火设计应按同一条线路同一时间发生一次火灾考虑。

26.1.3 车站站厅乘客疏散区、站台及疏散通道内不得设置商业场所。

26.1.4 当开发地下商业时,商业区与站厅间应划分成不同的防火分区,防火设计应符合现行国家标准《建筑设计防火规范》GB 50016 的规定。

26.1.5 车站及区间应配备防灾、疏散和救护设施,车辆段和综合基地应配备防灾救援设施。

26.1.6 运营控制中心应负责全线的防灾调度指挥、疏散及救援事宜。

26.2 建筑防火

26.2.1 地下车站、区间、变电所等主体工程及出入口通道、风道的耐火等级应为一级;地面出入口、风亭等附属建筑、地面车站、高架车站及高架区间结构的耐火等级不得低于二级。

26.2.2 控制中心建筑的耐火等级应为一级;当控制中心与其他建筑合建时,应设置独立的进出通道。

26.2.3 中低速磁浮交通与地上或地下商场等建筑物相连接时,必须采取防火分隔设施。

26.2.4 防火分区的划分应符合下列规定:

1 地下车站站台和站厅公共区域应划分为一个防火分区,其他部位每个防火分区的最大允许使用面积不应大于 1500m²;

2 地下换乘站当共用一个站厅时,站厅公共面积不应大于单线标准车站的 2.5 倍;

3 地上车站不应大于 2500m²;

4 车辆基地、控制中心的防火分区的划分,应符合现行国家标准《建筑设计防火规范》GB 50016 的有关规定。

26.2.5 两个防火分区之间应采用耐火极限 3h 的防火墙和甲级防火门,在防火墙上设有观察窗时,应采用甲级防火窗;防火分区的楼板应采用耐火极限不低于 1.5h 的楼板。

26.2.6 地下车站的行车值班室或车站控制室、变电所、配电室、通信及信号机房、通风和空调机房、消防泵房、灭火剂钢瓶室等重要设备用房,应采用耐火极限不低于 3h 的隔墙和耐火极限不低于 2h 的楼板与其他部位隔开,建筑吊顶应采用不燃材料。隔墙上的门及窗应采用甲级防火门及甲级防火窗。

26.2.7 站厅与站台间的楼扶梯口处应设挡烟垂壁。挡烟垂壁下缘至楼扶梯踏步面的垂直距离不应小于 2.3m,挡烟垂壁的高度不应小于 0.5m。

26.2.8 车站的装修材料应符合下列规定:

1 地下车站公共区和设备与管理用房的顶棚、墙面、地面装修材料以及垃圾箱,应采用燃烧性能等级为 A 级的不燃材料;

2 地上车站公共区的墙面、顶棚的装修材料以及垃圾箱,应采用 A 级不燃材料,地面应采用不低于 B_1 级难燃材料。设备管理区内的装修材料应符合现行国家标准《建筑内部装修设计防火规范》GB 50222 的规定;

3 地上、地下车站公共区的广告灯箱、导向标志、休息椅、电话亭、售检票机等固定服务设施的材料应采用不低于 B_1 级难燃材料。装修材料不得采用石棉、玻璃纤维、塑料类等制品。

26.2.9 防火卷帘与建筑物之间的缝隙以及管道、电缆、风管等穿过防火墙、楼板及防火分隔物时,应采用防火封堵材料将空隙封堵密实。

26.2.10 车站安全出入口的设置应符合下列规定:

1 车站每个站厅公共区安全出口数量应经计算确定,且应设置不少于 2 个直通地面的出入口;

2 地下单层侧式站台车站,每侧站台安全出口数量应经计算确定,且不应少于 2 个直通地面的安全出口;

3 地下车站的设备和管理用房区域,安全出口数量不应少于 2 个,其中有人值守的防火分区应有 1 个安全出口直通地面;

4 安全出入口应分散设置,当同方向设置时,两个出入口间的净距不应小于 10m;

5 竖井、爬梯、电梯、消防专用通道以及设在两侧式站台之间的过轨通道不应作为安全出口;

6 地下换乘车站的换乘通道不应作为安全出口。

26.2.11 站台和站厅公共区的任一点,距疏散楼梯口或通道口不得大于 50m。站台每端均应设置到达区间的楼梯。

26.2.12 设于公共区的付费区与非付费区的栅栏应设疏散门,应配置灾害时可自动释放开启装置,疏散门的总宽度应按下式计算:

$$L \geqslant \frac{0.9[A_1(N-1)+A_2B]-A_3}{A_4} \quad (26.2.12)$$

式中:A_1——自动扶梯通过能力(人/min·台);

A_2——人行楼梯通过能力(人/min·m);

A_3——自动检票机总通行能力(人/min);

A_4——疏散门通行能力(人/min·m),可按 80 人/min·m 计算;

B——人行楼梯总宽度(m);

L——疏散门的总宽度(m)。

26.2.13 供人员疏散时使用的楼梯及自动扶梯,其疏散能力均应按正常情况下的 90% 计算。

26.2.14 安全出口、楼梯和疏散通道的设置应符合下列规定:

1 供人员疏散的出口楼梯和疏散通道的宽度,应按本规范第 9 章的规定计算。

2 车站的设备及管理用房区域的安全出口、楼梯、疏散通道的最小净宽应符合下列规定:

　　1) 车站设备、管理用房区安全出口及楼梯宽度不应小于 1.2m;

　　2) 单面布置房间的疏散通道不应小于 1.2m;

　　3) 双面布置房间的疏散通道不应小于 1.5m。

3 设备及管理用房直接通向疏散走道的疏散门至最近安全出口的距离不应超过 40m;位于尽端封闭的通道两侧或尽端的房间,其疏散门与最近安全出口的距离不应超过 22m。

26.2.15 地下出入通道长度不宜超过 100m,如超过时应采取措施满足人员疏散的消防要求。

26.2.16 地下区间两条单线区间隧道之间应设联络通道,相邻两联络通道距离不应大于 600m,联络通道内应设并列反向开启的甲级防火门，门扇的开启不得倾入限界。

26.3 消防给水与灭火装置

26.3.1 消防给水水源应优先采用城市自来水。

26.3.2 消防给水系统应符合下列规定：

    1 地下车站及地下区间隧道的消防给水系统应由城市两路自来水管各引一根消防给水管和车站或区间环状管网相接，每一路自来水管均应满足全部消防用水量的要求；当城市自来水为枝状管网时，应设消防泵和消防水池；

    2 地面或高架车站的消防给水系统应符合现行国家标准《消防给水及消火栓系统技术规范》GB 50974 的规定；

    3 当城市自来水的供水量能满足消防用水量要求，而供水压力不能满足消防用水压力的要求时，应设消防增压、稳压设施。

26.3.3 地下车站及相连的地下区间、长度大于 20m 的各出入口通道、长度大于 200m 的区间隧道，应设室内消火栓给水系统。地面或高架车站室内消火栓的设置应符合现行国家标准《建筑设计防火规范》GB 50016 的规定。

26.3.4 消火栓用水量应符合下列规定：

    1 地下车站（含换乘车站）不应小于 20L/s；

    2 地下折返线及地下区间隧道不应小于 10L/s；

    3 地面车站及高架车站应符合现行国家标准《建筑设计防火规范》GB 50016 的规定。

26.3.5 消防给水管道的设置应符合下列规定：

    1 地下车站和区间的消防给水应设计为环状管网；

    2 每座地下车站应由城市两路自来水管各引一根消防给水管和车站环状管网相接。地下区间上下行线应各设置一根消防给水管，在车站端部和车站环状管网相接。

    3 地下区间两条给水干管之间连通管的设置，应经过技术经济比较确定；

    4 地面及高架车站的室内消火栓超过 10 个，且室外消防用水量大于 15L/s 时，应设计成环状管网；

    5 消防枝状管上设置的消火栓不应超过 4 个。

26.3.6 室内消火栓的设置应符合下列规定：

    1 消火栓口径应为 $DN65$，水枪喷嘴直径应为 19mm，每根水龙带长度应为 25m，栓口距地面或楼板高度应为 1.1m。

    3 消火栓的布置应保证有两只水枪的充实水柱同时到达室内任何部位。水枪充实水柱不应小于 10m。消火栓的间距应按计算确定，但单口单阀消火栓不应超过 30m，双口双阀消火栓不应超过 50m。地下区间隧道（单洞）内消火栓的间距不应超过 50m。人行通道内消火栓间距不应超过 30m。

    4 消火栓口的静水压力不超过 0.8MPa，消火栓口处出水压力不超过 0.5MPa。

    5 地下区间隧道的消火栓，可以不设消火栓箱、不配水龙带，但应将水龙带放在邻近车站端部专用消防箱内。

    6 当车站设有消防泵房时，消火栓处应设水泵启动按钮。

26.3.7 在地下车站出入口或通风亭的口部等处明显位置应设水泵接合器，并应在 15m~40m 范围内设置室外消火栓。地面或高架车站水泵接合器的设置应符合现行国家标准《消防给水及消火栓系统技术规范》GB 50974 的规定。

26.3.8 当车站需设消防泵和消防水池时，消防水池的有效容积应满足消防用水量的要求。消火栓系统的用水量火灾延续时间应按 2h 计算，当补水有保证时可减去火灾延续时间内连续补充的水量。

26.3.9 设置在地下的通信及信号机房（含电源室）、变电所（含控制室）、综合监控设备室、蓄电池室和主变电所，应设置自动灭火系统。地上运营控制中心通信、信号机房、综合监控设备室、自动售检票机房、计算机数据中心应设置自动灭火系统。地面、高架车站、车辆基地的自动灭火系统的设置，应按现行国家标准《建筑设计防火规范》GB 50016 规定执行。

26.3.10 灭火器的配置应符合现行国家标准《建筑灭火器配置设计规范》GB 50140 的规定。

26.4 防烟、排烟与事故通风

26.4.1 地下车站及区间隧道内必须设置防烟、排烟与事故通风系统。

26.4.2 中低速磁浮交通的下列场所应设置机械排烟设施：

    1 同一个防火分区内的地下车站设备及管理用房的总面积超过 200m²，或面积超过 50m² 且经常有人停留的单个房间；

    2 最远点到地下车站公共区的直线距离超过 20m 的内走道；连续长度大于 60m 的地下通道和出入口通道。

26.4.3 当防烟、排烟系统与事故通风和正常通风与空调系统合用时，通风与空调系统应采取防火措施，并应具有事故工况下能快速转换至防烟、排烟功能。

26.4.4 防烟、排烟系统与事故通风应具有下列功能：

    1 当区间隧道发生火灾时，能背着乘客疏散方向排烟，迎着乘客疏散方向送新风；

    2 当地下车站的站厅、站台发生火灾时，具有防烟、排烟和通风功能；

    3 当列车阻塞在区间隧道时，能对阻塞区间进行有效通风；

    4 当地面或高架车站发生火灾时，具有排烟功能；

    5 当设备与管理用房发生火灾时，具有防烟、排烟、通风。

26.4.5 地下车站的公共区，以及设备与管理用房，应划分防烟分区，且防烟分区不得跨越防火分区。站厅、站台公共区每个防烟分区的建筑面积不宜大于 2000m²，设备和管理用房的每个防烟分区的建筑面积不宜大于 750m²。

26.4.7 地下车站站台、站厅火灾时的排烟量，应根据一个防烟分区的建筑面积按 $1m^3/m^2 \cdot min$ 计算。当排烟设备负担两个或两个以上防烟分区时，其设备能力应按同时排除所负责防烟分区中最大的两个防烟分区的烟量配置。当车站站台发生火灾时，站厅到站台的楼梯和扶梯口处具有不小于 1.5m/s 的向下气流。

26.4.8 区间隧道火灾的排烟量，按单洞区间隧道断面的排烟流速不应小于 2m/s，且应大于计算的临界风速计算，但排烟流速不得大于 11m/s。

26.4.9 区间隧道排烟风机及烟气流经的辅助设备如风阀及消声器等，应保证在 150℃时能连续有效工作 1h。

26.4.10 地下车站站厅、站台和设备及管理用房排烟风机及烟气流经的辅助设备如风阀及消声器等，应在250℃时能连续有效工作1h。

26.4.11 列车阻塞在区间隧道时的送风量，应按区间隧道断面风速不小于2m/s计算，并应按控制列车顶部最不利点的隧道温度低于45℃校核确定，但风速不得大于11m/s。

26.4.13 当排烟干管采用金属管道时，管道内的风速不大于20m/s；当采用非金属管道时，管道内的风速不应大于15m/s。

26.4.14 通风与空调系统下列部位风管应设置防火阀：
1 穿越防火分区的防火墙及楼板处；
2 每层水平干管与垂直总管的交接处；
3 穿越变形缝且有隔墙处。

26.4.15 地面、高架车站的防排烟设计应符合现行国家标准《建筑设计防火规范》GB 50016的规定。

26.5 防灾通信

26.5.1 公用通信的程控电话应具有火警时能自动转换到市话网的"119"的功能。并应配备在发生灾害时供救援人员进行联络的无线通信设备。

26.5.4 控制中心、各车站、停车场、车辆基地均应设置消防专用电话。

控制中心应设置防灾广播控制台，各车站、停车场、车辆基地消防控制室应设防灾广播控制台。

26.6 防灾用电与疏散指示标志

26.6.1 防灾用电设备应按一级负荷供电，并应在末级配电箱处设置自动切换装置，切换时间应符合现行国家标准《消防应急照明和疏散指示系统》GB 17945的规定。

26.6.4 照明器标明的高温部位靠近可燃物时，应采取隔热、散热等防灾保护措施。可燃物品库房不应设置高温照明器。

26.6.5 下列部位应设置灯光型疏散指示标志：
1 车站站厅、站台、自动扶梯、自动人行道、楼梯口；
2 车站附属用房内走道等疏散通道及安全出口；
3 区间隧道；
4 车辆基地内的单体建筑物及控制中心大楼的疏散楼梯间、疏散通道及安全出口。

26.6.6 下列部位应设置应急照明：
1 车站站厅、站台、自动扶梯、自动人行道、楼梯；
2 车站附属用房内走道等疏散通道；
3 区间隧道；
4 车辆基地内的单体建筑物及控制中心大楼的疏散楼梯间、疏散通道、消防电梯间（含前室）。

26.7 纵向疏散平台

26.7.1 中低速磁浮交通的高架区间应设置纵向疏散平台。

26.7.2 纵向疏散平台最小宽度应符合表26.7.2的规定。

表26.7.2 纵向疏散平台最小宽度（mm）

设置位置	隧道内		隧道外	
	一般情况	困难情况	一般情况	困难情况
单线（设于一侧）	700	550	700	550
双线	1000	800	1000	800

26.7.3 纵向疏散平台高度不应大于磁浮列车非悬浮状态且车辆空气弹簧无气时的客室地板面。

26.7.4 纵向疏散平台的设置应符合本规范第5章限界的要求。

46. 《城市轨道交通站台屏蔽门系统技术规范》CJJ 183—2012

3 屏蔽门系统设计

3.1 一般规定

3.1.5 屏蔽门门体不应作为防火隔离设施。

47.《城市桥梁设计规范》CJJ 11—2011（2019年版）

4 桥位选择

4.0.9 桥位应与燃气输送管道、输油管道，易燃、易爆和有毒气体等危险品工厂、车间、仓库保持一定安全距离。当距离较近时，应设置满足消防、防爆要求的防护设施。

桥位距燃气输送管道、输油管道的安全距离应符合国家现行相关标准的规定。

5 桥面净空

5.0.1 城市桥梁的桥面净空限界、桥面最小净高、机动车车行道宽度、非机动车车行道宽度、中小桥的人行道宽度、路缘带宽度、安全带宽度、分隔带宽度应符合现行行业标准《城市道路设计规范》CJJ37的规定。

8 立交、高架道路桥梁和地下通道

8.2 立交、高架道路桥梁

8.2.5 当立交、高架道路桥下设置停车场时，不得妨碍桥梁结构的安全，应设置相应的防火设施，并应满足有关消防的安全规定。

48.《城市道路工程设计规范》CJJ 37—2012（2016年版）

3 基本规定

3.1 道路分级

3.1.3 当道路为货运、防洪、消防、旅游等专用道路使用时，除应满足相应道路等级的技术要求外，还应满足专用道路及通行车辆的特殊要求。

13 桥梁和隧道

13.3 隧道

13.3.9 对长度大于500m的隧道，应拟定发生交通或火灾事故的应急处理预案。

13.3.11 隧道必须进行防火设计，其防火要求应符合现行国家标准《建筑设计防火规范》GB 50016的规定。

49. 《快速公共汽车交通系统设计规范》CJJ 136—2010

3 基本规定

3.2 系统要求

3.2.7 安全防护、消防、行人过街、环境保护等设施的设计应符合相关标准,与系统同期建设、同期使用。

3.2.8 在发生自然灾害、重大交通事故等突发事件时,消防、警用、救护、抢险等车辆应能驶入快速公交车道。

6 车站及停车场

6.1 一般规定

6.1.1 车站设计必须满足客流和设备运行需求,并应保证乘降安全舒适、疏导迅速、布置紧凑、便于管理。

6.1.4 车站应根据需要设置供电、照明、消防、通信、通风、给排水等设施,并应符合相关标准的规定。

6.1.5 车站与危险品生产、储存及销售、高压电线等区域的安全距离,应符合相关标准的规定。

6.1.6 车站的站厅、站台、出入口通道、人行梯道、自动扶梯、售检票口或售检票机等部位的通行能力应按该站远期超高峰客流量确定。

6.4 建筑及结构

6.4.5 车站内部装饰应采用防火、防腐、耐久、易于清洁的环保建筑材料。

50.《城市快速路设计规程》CJJ 129—2009

8 高架快速路

8.3 平面设计

8.3.2 高架快速路与相邻建筑物的最小间距应满足下列要求：

3 预防火灾所需防护区；

4 消防车辆通行及架梯所需空间。

51. 《家用燃气燃烧器具安装及验收规程》CJJ 12—2013

4 燃具及相关设备的安装

4.1 一般规定

4.1.1 燃具不应设置在卧室内。燃具应安装在通风良好,有给排气条件的厨房或非居住房间内。

4.1.2 使用液化石油气的燃具不应设置在地下室和半地下室。使用人工煤气、天然气的燃具不应设置在地下室,当燃具设置在半地下室或地上密闭房间时,应设置机械通风、燃气/烟气(一氧化碳)浓度检测报警等安全设施。

4.2 灶 具

4.2.1 设置灶具的房间除应符合本规程第4.1.1条的规定外尚应符合下列要求:

1 设置灶具的厨房应设门并与卧室、起居室等隔开。
2 设置灶具的房间净高不应低于2.2m。

4.2.2 灶具的安装位置应符合下列要求:

1 灶具与墙面的净距不应小于10cm。
2 灶具的灶面边缘和烤箱的侧壁距木质门、窗、家具的水平净距不得小于20cm,与高位安装的燃气表的水平净距不得小于30cm。
3 灶具的灶面边缘和烤箱侧壁距金属燃气管道的水平净距不应小于30cm,距不锈钢波纹软管(含其他覆塑的金属管)和铝塑复合管的水平净距不应小于50cm。

4.2.3 放置灶具的灶台应采用不燃材料;当采用难燃材料时,应设防火隔热板。与燃具相邻的墙面应采用不燃材料,当为可燃或难燃材料时,应设防火隔热板。

4.3 热 水 器

4.3.1 设置热水器的房间除应符合本规程第4.1.1条或第4.7节的规定外,尚应符合下列要求:

1 设置在室外或未封闭的阳台时,应选用室外型热水器;室外型热水器的排气筒不得穿过室内。
2 有外墙的卫生间,可安装密闭式热水器。
3 安装热水器的房间净高不应低于2.2m。
4 热水器应安装在方便操作、检修、观察火焰且不易被碰撞的地方。

4.3.2 热水器的安装位置应符合下列要求:

1 热水器与相邻灶具的水平净距不得小于30cm。热水器与其他部位的防火间距可按本规程第4.8节的规定执行。
2 热水器的上部不应有明敷的电线、电器设备及易燃物,下部不应设置灶具等燃具。

4.3.3 安装热水器的地面和墙面应为不燃材料,当地面和墙面为可燃或难燃材料时,应设防火隔热板。

52.《埋地塑料给水管道工程技术规程》CJJ 101—2016

3 材 料

3.4 运输与贮存

3.4.2 埋地塑料给水管材、管件的贮存应符合下列规定:
　　2 管材、管件不得与油类或化学品混合存放,库区应有防火措施。

53.《城市人行天桥与人行地道技术规范》CJJ 69—95

1 总 则

1.0.3 天桥与地道设计与施工应符合下列要求：
1.0.3.6 应符合防火、防电、防腐蚀、抗震等安全要求。
1.0.4 天桥与地道的设计与施工，除应符合本规范外，在防火、防爆、防电、防腐蚀等方面尚应符合国家现行有关标准、规范的规定。

2 一 般 规 定

2.6 附属设施

2.6.6 在地道两端，应设置消火栓，配备消防器材。在长地道内，应按有关消防规范，设置消防措施和急救通讯装置。
2.6.8 天桥或地道结构不得敷设高压电缆、煤气管和其他可燃、易爆、有毒或有腐蚀性液（气）体管道过街。

4 地 道 设 计

4.2 建 筑 设 计

4.2.4 建筑装修标准应以节约与效果相统一的原则。
4.2.4.2 地道内的装修材料应采用阻燃材料。

4.5 照 明 通 风

4.5.5 地道内应根据需要设置应急电源及应急照明装置。重要地道可考虑双路电源。

54.《城市道路绿化规划与设计规范》CJJ 75—97

5 交通岛、广场和停车场绿地设计

5.2 广场绿化设计

5.2.1 广场绿化应根据各类广场的功能、规模和周边环境进行设计。广场绿化应利于人流、车流集散。

55.《城镇燃气埋地钢质管道腐蚀控制技术规程》CJJ 95—2013

6 阴极保护

6.3 阴极保护系统施工

6.3.5 电缆安装应符合下列规定：

    1 阴极保护电缆应采用铜芯电缆；

    4 电缆与管道连接宜采用铝热焊方式，并应连接牢固、电气导通，且在连接处应进行防腐绝缘处理。

56.《城市道路照明工程施工及验收规程》CJJ 89—2012

3 变压器、箱式变电站

3.1 一般规定

3.1.2 道路照明专用变压器及箱式变电站的设置应符合下列规定：

2 应避开具有火灾、爆炸、化学腐蚀及剧烈振动等潜在危险的环境，通风应良好。

3.3 箱式变电站

3.3.6 引出电缆芯线排列整齐，固定牢固，使用的螺栓、螺母宜采用不锈钢材质，每个接线端子接线不应超过两根。

3.3.7 箱体引出电缆芯线与接线端子连接处宜采用专门的电缆护套保护，引出电缆孔应采取有效的封堵措施。

3.3.8 二次回路和控制线应配线整齐、美观，无损伤，并采用标准接线端子排，每个端子应有编号，接线不应超过两根线芯。不同型号规格的导线不得接在同一端子上。

3.3.9 二次回路和控制线成束绑扎时，不同电压等级、交直流线路及监控控制线路应分别绑扎，且有标识；固定后不应影响各电器设备的拆装更换。

3.4 地下式变电站

3.4.1 地下式变电站绝缘、耐热、防护性能应符合下列规定：

1 变压器绕组绝缘材料耐热等级应达 B 级及以上；

2 绝缘介质、地坑内油面温升和绕组温升应符合国家现行标准《电力变压器 第 1 部分：总则》GB 1094.1 和《地下式变压器》JB/T 10544 要求；

3 设备应为全密封防水结构，防护等级应为 IP68。

3.4.5 地坑上盖宜采用热镀锌钢板或钢筋混凝土板，并应留有检修门孔。

3.4.6 地下式变电站送电前应进行检查，并应符合下列规定：

1 顶盖上应无遗留杂物，分接头盖封闭应紧固；

2 箱体密封应良好，防腐保护层应完整无损，接地可靠，无裸露金属现象；

3 高低压电缆与所要连接电缆及电器设备连接线相位应正确，接线可靠、不受力。外层护套应完整、防水性能良好；

4 监测系统和电缆分接头接线应正确；

5 地上设施应完整，井口、井盖、通风装置等安全标识应明显。

4 配电装置与控制

4.1 配 电 室

4.1.2 配电室的耐火等级不应低于三级，屋顶承重的构件耐火等级不应低于二级。其建筑工程质量应符合国家现行标准的有关规定。

4.1.3 配电室门应向外开启，门锁应牢固可靠。当相邻配电室之间有门时，应采用双向开启门。

4.1.8 配电室内电缆沟深度宜为 0.6m，电缆沟盖板宜采用热镀锌花纹钢板盖板或钢筋混凝土盖板。电缆沟应有防水排水措施。

4.1.9 配电室的架空进出线应采用绝缘导线，进户支架对地距离不应小于 2.5m，导线穿越墙体时应采用绝缘套管。

4.1.10 配电设备安装投入运行前，建筑工程应符合下列规定：

1 建筑物、构筑物应具备设备进场安装条件，变压器、配电柜等基础、构架、预埋件、预留孔等应符合设计要求，室内所有金属构件应采用热镀锌处理；

4 高低压配电装置前后通道应设置绝缘胶垫。

4.2 配电柜（箱、屏）安装

4.2.8 配电柜（箱、屏）的柜门应向外开启，可开启的门应以裸铜软线与接地的金属构架可靠连接。柜体内应装有供检修用的接地连接装置。

4.2.9 配电柜（箱、屏）的安装应符合下列规定：

1 机械闭锁、电气闭锁动作应准确、可靠；

2 动、静触头的中心线应一致，触头接触紧密；

3 二次回路辅助切换接点应动作准确，接触可靠；

4 柜门和锁开启灵活，应急照明装置齐全；

5 柜体进出线孔洞应做好封堵；

6 控制回路应留有适当的备用回路。

4.3 配电柜（箱、屏）电器安装

4.3.1 电器安装应符合下列规定：

3 发热元件应安装在散热良好的地方；两个发热元件之间的连线应采用耐热导线或裸铜线套瓷管；

4.3.3 引入柜（箱、屏）内的电缆及其芯线应符合下列规定：

1 引入柜（箱、屏）内的电缆应排列整齐、避免交叉、固定牢靠，电缆回路编号清晰；

2 铠装电缆在进入柜（箱、屏）后，应将钢带切断，切断处的端部应扎紧，并应将钢带接地；

3 橡胶绝缘芯线应采用外套绝缘管保护；

4 柜（箱、屏）内的电缆芯线应按横平竖直有规律地排列，不得任意歪斜交叉连接。备用芯线长度应有余量。

4.4 二次回路结线

4.4.1 端子排的安装应符合下列规定：

6 每个接线端子的每侧接线宜为 1 根，不得超过 2 根。对插接式端子，不同截面的两根导线不得接在同一端子上；

对螺栓连接端子，当接两根导线时，中间应加平垫片。

4.4.2 二次回路结线应符合下列规定：

2 导线与电气元件均应采用铜质制品，螺栓连接、插接、焊接或压接等均应牢固可靠，绝缘件应采用阻燃材料；

3 柜（箱、屏）内的导线不应有接头，导线绝缘良好、芯线无损伤；

6 强弱电回路不应使用同一根电缆，应分别成束分开排列。二次接地应设专用螺栓。

4.4.3 配电柜（箱、屏）内的配线电流回路应采用铜芯绝缘导线，其耐压不应低于500V，其截面不应小于2.5mm²，其他回路截面不应小于1.5mm²；当电子元件回路、弱电回路采取锡焊连接时，在满足载流量和电压降及有足够机械强度的情况下，可采用不小于0.5mm²截面的绝缘导线。

7 安 全 保 护

7.1 一 般 规 定

7.1.1 城市道路照明电气设备的下列金属部分均应接零或接地保护：

1 变压器、配电柜（箱、屏）等的金属底座、外壳和金属门；

2 室内外配电装置的金属构架及靠近带电部位的金属遮拦；

3 电力电缆的金属铠装、接线盒和保护管；

4 钢灯杆、金属灯座、Ⅰ类照明灯具的金属外壳；

5 其他因绝缘破坏可能使其带电的外露导体。

7.1.2 严禁采用裸铝导体作接地极或接地线。接地线严禁兼做他用。

57.《建筑排水塑料管道工程技术规程》CJJ/T 29—2010

3 材 料

3.3 材料运输和储存

3.3.6 堆放聚烯烃管材、管件的库房和现场应确保防火安全。

4 设 计

4.1 一般规定

4.1.3 敷设在高层建筑室内的塑料排水管道，当管径大于等于110mm时，应在下列位置设置阻火圈：
  1 明敷立管穿越楼层的贯穿部位；
  2 横管穿越防火分区的隔墙和防火墙的两侧；
  3 横管穿越管道井井壁或管廊围护墙体的贯穿部位外侧。

4.1.4 阻火圈应符合现行行业标准《硬聚氯乙烯建筑排水管道阻火圈》GA 304 的规定。

4.1.5 建筑排水塑料管道不宜布置在热源附近。排水立管与家用燃气灶具边缘的净距不得小于400mm。当管道表面长期受热、温度超过60℃时，管壁应采取隔热措施。

5 施 工

5.1 一般规定

5.1.17 高层建筑中的塑料排水管道系统，当管径大于等于110mm时，应根据设计要求在贯穿部位设置阻火圈。阻火圈的安装应符合产品要求，安装时应紧贴楼板底面或墙体，并应采用膨胀螺栓固定。

58.《镇（乡）村仓储用地规划规范》CJJ/T 189—2014

5 仓储用地防灾规划

5.1 一般规定

5.1.1 仓储用地防灾规划主要包括消防、防洪、抗震和其他灾害的安全防护规划。

5.1.2 镇（乡）村仓储用地的防灾规划，应根据上位规划有关安全防护的要求统一部署。

5.1.4 大型综合仓储用地应有备用电源及专用供电线路。

5.2 消防

5.2.1 仓储用地应与邻近消防站，镇区供水、供电、供气、灾害指挥部门，建立防灾通信联网。两条消防通道之间距离不应大于150m，消防通道车行道宽度不应小于4.0m，消防通道上方净高不应小于4.0m。

5.2.3 物资储备、危险品仓储用地为特级防火单位，其建筑设计应符合现行国家标准《建筑设计防火规范》GB 50016、《民用爆破器材工程设计安全规范》GB 50089、《城镇燃气设计规范》GB 50028、《石油库设计规范》GB 50074 的相关规定。

5.2.4 大、中型仓储用地应备有充足的消防水源、消防设施和消防通信专线。

5.2.5 中心村仓储设施应有自备消防水源、消防设施和灭火设备，并与附近消防站建立通信专线联系。

5.2.6 露天堆场堆放的秸秆垛、柴草垛、饲料垛，应符合下列规定：

1 严禁堆垛过密和连片，堆垛间、堆垛与建筑物间的最小距离不应小于25m，高度应小于4m；

2 严禁在大树、电力、通信架空线路下方，地下天然气、石油管线上方及防护距离内及村庄干路两侧10m以内设置堆垛；

3 危险品仓储用地和易燃可燃物堆场与邻近大面积人工、天然森林之间应设置50m宽的生土防火隔离带，并与森林内的防火通道相连，运输线路两侧应设15m宽的防火带。

5.5 防气象灾害

5.5.2 雷暴多发地区仓储设施的避雷防雷安全防护规划，应符合现行国家标准《建筑物防雷设计规范》GB 50057、《爆炸和火灾危险环境电力装置设计规范》GB 50058 的有关规定。

59.《镇(乡)村给水工程规划规范》CJJ/T 246—2016

5 给水水质和水压

5.0.3 室外消火栓最小服务水头不应小于10m。

7 集中式给水工程

7.1 给水系统

7.1.1 给水系统应满足水量、水质、水压、消防及安全供水的要求,并应根据规划布局、地形地质、城乡统筹、用水要求、经济条件、技术水平、能源条件、管网延伸可行性、水源等因素进行方案综合比较后确定。

7.3 输配水

7.3.7 消防给水管道最小直径不应小于100mm,集中居住点室外消火栓的间距不应大于120m,并应设在醒目处,且应符合现行国家标准《建筑设计防火规范》GB 50016的有关规定。

7.3.12 配水管网应按最高日最高时供水量及供水水压进行水力平差计算,并应分别按下列规定进行校核:
   1 发生消防时的流量和消防水压的要求。

7.4 安全性

7.4.3 给水工程设施选址时,消防间距应符合现行国家标准《建筑设计防火规范》GB 50016的有关规定。

7.4.5 给水系统中的调蓄总容积应按需设置,不宜小于供水规模的20%,并应按消防水量进行复核。必要时,应设置消防水池。

60.《供热站房噪声与振动控制技术规程》CJJ/T 247—2016

4 材料与设施

4.0.1 噪声与振动控制工程应根据工作环境选用耐温、耐酸碱、抗腐蚀、阻燃的环保材料。

4.0.11 隔声罩应符合下列规定：

2 隔声罩应具有阻燃、无毒、防潮、抗老化特性，不得选用易燃或可散发有毒气体以及会造成环境污染和危害人体健康的材料；

4 隔声罩内应设置通风散热系统。

7 工程验收

7.3 工程预验收

7.3.6 吸声吊顶、墙体验收应符合下列规定：

主控项目

5 吊杆、龙骨材质、规格、安装间距及连接方式应符合设计要求。金属吊杆、龙骨应经过表面防腐处理；木吊杆、龙骨应进行防腐、防火处理。

检验数量：吸声体总量的80%。

检验方法：检查产品合格证，钢尺检查，平整度检测尺。

61.《城镇燃气管道穿跨越工程技术规程》CJJ/T 250—2016

5 穿越工程施工

5.2 水域开挖法穿越

5.2.5 不带水开挖穿越的管道敷设应符合下列规定：

1 管道敷设的任何工序均应对管道进行保护。当采用钢管时，应对防腐层进行保护，不得损坏防腐层，管道下沟前应进行电火花检漏，发现漏点应及时补伤，合格后方可下沟。

5.3 水平定向钻法穿越

5.3.9 定向钻穿越燃气管道的地面安装应符合下列规定：

5 在穿越管道回拖前，钢管应采用电火花检漏仪对防腐层进行检验。

5.3.14 回拖作业应符合下列规定：

3 宜对钢管的外防腐层进行电火花测试，对防腐层的损伤部位应及时修补。

6 跨越工程设计

6.3 隧桥跨越

6.3.5 燃气管道的支座（架）应采用不燃烧材料制作。

62.《中低速磁浮交通供电技术规范》CJJ/T 256—2016

3 基本规定

3.6 动力与照明

3.6.2 各种动力与照明负荷的分级应符合下列规定：
   1 应急照明、变电所操作电源、火灾自动报警系统设备、消防系统设备、排烟风机及电动阀门、消防电梯、地下站厅站台照明、地下区间照明、通信系统设备、信号系统设备、道岔系统设备、综合监控系统设备、电力监控系统设备、环境与设备监控系统设备、自动售检票系统设备、安检设备、兼作疏散用的自动扶梯、站台门、防护门、防淹门、排雨泵、地下车站及区间的排水泵、供暖区的锅炉房设备，应为一级负荷。

3.6.3 一级负荷应由双电源双回路供电，两回电源在设备端切换。应急照明、火灾自动报警系统设备、通信系统设备、信号系统设备、变电所操作电源应增设应急电源。

4 变电所

4.3 房间及设备布置

4.3.4 变压器、开关设备、控制屏等设备与墙壁、门的间距及室内通道宽度应符合现行国家标准《35kV～110kV变电站设计规范》GB 50059、《3kV～110kV高压配电装置设计规范》GB 50060和《20kV及以下变电所设计规范》GB 50053的规定。建筑防火等级应符合现行国家标准《建筑设计防火规范》GB 50016的规定。

6 电缆

6.1 电缆选择

6.1.1 供电系统采用的电力电缆应符合下列规定：
   2 火灾时需要保证供电的配电线路应采用耐火铜芯电缆或矿物绝缘耐火铜芯电缆。

7 动力与照明

7.1 一般规定

7.1.9 车站照明应按功能划分为正常照明、应急照明、值班照明、特低电压照明、标志照明和广告照明。其中正常照明应包括公共区一般照明和附属房间照明，应急照明应包括备用照明、疏散照明和安全照明，特低电压照明应包括变电所电缆夹层照明、站台板下照明及扶梯下检修通道照明。

7.1.11 中央控制室、综合控制室、通信机房、信号机房、售票室、变电所、消防泵房等重要场所的备用照明照度值不应低于正常照明的50%；车站疏散照明的照度不应小于5lx；其他工作场所备用照明照度值不应低于正常照明照度值的10%。

7.1.12 电气火灾监控系统的设计应符合国家现行标准《火灾自动报警系统设计规范》GB 50116和《民用建筑电气设计规范》JGJ 16中防火剩余电流动作报警系统的规定。

7.1.13 为消防设备配电的供电回路末端应配置电源状态监视元件，并应满足火灾自动报警系统消防电源信息的监视要求。

7.3 照明

7.3.5 地下线路应急照明连续供电时间不应少于60min；地上线路及建筑的应急照明供电时间应符合现行国家标准《建筑设计防火规范》GB 50016的规定。

7.3.6 由正常照明转换为疏散照明的点亮时间以及备用照明切换时间不应大于5s。

7.3.8 车站公共区及区间的一般照明应设两级控制。设备管理用房照明可就地或就近设开关控制。备用照明应采用就地控制方式，设双控开关，火灾时应由火灾报警系统强行启动，不受就地开关的控制。非消防照明的供电在火灾时，应由火灾报警系统根据火源位置按消防分区切除。

63.《乡镇集贸市场规划设计标准》CJJ/T 87—2020

4 集贸市场布设与选址

4.2 集贸市场选址

4.2.1 集贸市场选址应符合交通便利、有利于人流和物流的集散、确保内外交通顺畅安全、符合消防安全要求、与建成区公共服务设施联系方便且互不干扰的原则,并应符合下列规定:

3 固定市场不应与消防站相邻布局,临时市场、庙会等活动区域应规划布置在不妨碍消防车辆通行的地段。

4 集贸市场应与燃气调压站、液化石油气气化站等火灾危险性大的场所保持50m以上的防火间距。应远离有毒、有害污染源,远离生产或储存易燃、易爆、有毒等危险品的场所,防护距离不应小于100m。

5 以农产品及农业生产资料为主要商品类型的市场,宜独立占地,且应与住宅区之间保持10m以上的间距。

5 集贸市场规划设计与改造

5.1 规划与场地设计

5.1.1 集贸市场规划设计应体现地域乡村特色,与周边用地功能、道路交通、空间环境等相协调,并应符合下列规定:

1 规划设计应合理组织人流、货流、车流,结合周边环境,统筹布置人流集散通道和停车场地,创造安全、方便的市场环境。

5 场地布局应利于集散,确保安全,并应符合国家现行标准《建筑设计防火规范》GB 50016、《农村防火规范》GB 50039、《无障碍设计规范》GB 50763、《商店建筑设计规范》JGJ 48等的相关规定。

6 市场出入口不应设置于交通性道路两侧。厅棚型市场、商业街型市场、商超型市场的主要入口宜设计为内凹式的广场空间,场地的面积和尺度应满足人员、车辆集散的要求。

7 固定市场应设置不少于表5.1.1规定数量的独立出入口,每个独立出入口的净宽不应小于7m,净高不应小于4m。有条件的市场可按客货分流的要求,单独设置进出货物的出入口。临时市场所在地段应确保有2个以上不同方向的出入口与城镇道路相连,出入口宽度和净高应符合场地防灾疏散要求。

表 5.1.1 集贸市场出入口数量

集市规模	小型	中型	大型、特大型
独立出入口数(个)	2~3	3~4	≥4,面积每增加3000m²,增加1个出入口

5.2 建筑设计

5.2.1 集贸市场的建筑设计与设施选型应满足相应的层高、采光、通风、环境卫生、防火与疏散等要求。

5.2.2 固定市场的建筑设计应符合下列规定:

2 商业街型市场、商超型市场建筑应体现传承与创新,建筑风格、材质应传承传统文化和地域特色,满足现代使用需求。建筑体量宜适中,并应注重建筑细部设计,采用本土建筑材料。建筑内营业厅的疏散门应为平开门,应向疏散方向开启,其净宽不应小于1.40m,且不应设置门槛。

3 集贸市场内部通道应满足购物、经营和疏散要求,并应结合不同商品类型和市场空间形式进行设计。主通道宽度不应小于3m,购物通道宽度不应小于2m。

6 集贸市场配套设施规划

6.1 一般规定

6.1.1 集贸市场配套设施按其使用性质可分为服务设施、安全防灾设施、物流仓储设施、环卫设施、公用工程设施五类,固定市场配套设施的配置应符合表6.1.1的规定。

表 6.1.1 固定市场主要配套设施配置项目

类别	项目名称		特大型市场	大型市场	中型市场	小型市场
服务设施	市场服务设施	管理用房	●	●	○	○
		服务站点	●	●	○	○
		计量设施	●	●	●	●
		信息服务中心	●	○	○	○
		检疫检测设施	●	●	○	○
		电子结算系统	●	○	○	○
	医疗救护设施	便民药箱	●	●	●	●
	休憩设施	座椅、绿化、建筑小品等	●	●	○	○
安全防灾设施	安全设施	门卫岗亭	●	●	○	○
		安全监控系统	●	●	●	○
	消防设施	消火栓	●	●	●	○
		灭火器	●	●	●	●
		其他(消防斧、消防钩、消防梯、消防安全绳)	○	○	○	○
物流仓储设施	仓储保管用房	仓库	●	●	○	○

续表 6.1.1

类别	项目名称		特大型市场	大型市场	中型市场	小型市场
环卫设施	环卫设施	公共厕所	●	●	●	○
		垃圾收集点	●	●	●	○
		废物箱	●	●	●	●
	消毒设备	冲洗消毒设备	●	●	●	●
公用工程设施	给水排水		●	●	●	●
	供电系统		●	●	●	●
	通信系统		●	●	○	○

注：表中●为应设的项目；○为可设的项目。

6.1.3 临时市场可根据实际需求，结合周边环境，按照本标准表 6.1.1 的规定进行设施配置。当临时市场受周围条件限制达不到表 6.1.1 的规定时，摊位集中摆设区应完善水电、安全防灾、环卫等设施的配置。

6.3 安全防灾设施配置要求及指标

6.3.1 特大型市场、大型市场的消火栓配置应符合现行国家标准《建筑设计防火规范》GB 50016、《农村防火规范》GB 50039 的规定；中型市场、小型市场应设置消防软管卷盘或轻便消防水龙。

6.3.2 灭火器配置应符合现行国家标准《建筑灭火器配置设计规范》GB 50140 的规定。

6.3.3 在未设消防站（点）的乡市场、村庄市场应补充具有一定灭火功能的农用车、洒水车、灌溉机动泵等农用设施作为消防装备，并应根据实际需要配备必要的灭火器、消防斧、消防桶、消防梯、消防安全绳等消防设施。

6.3.4 集贸市场的建筑防火设计应按现行国家标准《建筑设计防火规范》GB 50016、《农村防火规范》GB 50039 执行，并应符合下列规定：

1 集贸市场建筑耐火等级不应低于二级。

2 当相邻建筑之间防火间距不能满足现行国家标准《建筑设计防火规范》GB 50016 的规定时，应进行整改。

6.3.5 集贸市场规划设计应统筹考虑居民的应急避难场所和疏散通道，并符合国家有关应急防灾安全管理的要求。

64.《建筑给水塑料管道工程技术规程》CJJ/T 98—2014

3 材 料

3.4 材料运输和储存

3.4.5 管材堆放场地应平整,管材底部应有支垫,支垫物的间距不宜大于1.00m,宽度不应小于0.15m,管材外悬长度不宜超过0.50m,堆放高度不宜大于1.50m。管件堆放高度不得大于2.00m,金属管件的堆放高度不得大于1.20m。弹性密封圈应按规格码放整齐,不得无规则堆放。存放的库房、场地应远离热源,严禁明火,且应设有消防设施。

3.4.6 批量的溶剂型胶粘剂、清洁剂应存放在危险品库房中;运输时应防止激烈碰撞,不得重压、暴晒或雨淋,成箱包装不得拆箱运输;施工现场不得大量储存,使用时应随用随领,使用后必须拧紧盖子放置在阴凉、干燥、安全可靠和通风良好的场所。

4 设 计

4.1 一般规定

4.1.12 建筑给水塑料管道除氯化聚氯乙烯(PVC-C)可用于水喷淋消防系统外,其他给水塑料管材不得用于室内消防给水系统。

4.3 管道布置和敷设

4.3.8 管道不得沿灶台明敷,不得敷设在厨房间灶具或加热设备的上部。明敷立管与家用燃气热水器的净距不得小于200mm,与家用煤气灶具的边缘不得小于400mm,当不可避免且管道表面温度超过60℃时,应采取隔热措施。

5 施 工

5.1 一般规定

5.1.9 管道施工时的安全管理应符合下列规定:
  2 使用胶粘剂、清洁剂的施工现场不得有明火,在贮存场所应按消防规定设置消防设施。

65.《居住绿地设计标准》CJJ/T 294—2019

7 种植设计

7.4 配套公建绿地

7.4.3 对变电箱、通气孔、燃气调压站等存在一定危险且独立设置的市政公共设施,应进行绿化隔离,避免居民接近、进入;对垃圾转运站、锅炉房等应进行绿化隔离,并应选择改善局部环境、抗污染的植物。

9 构筑物、小品及其他设施设计

9.1 构筑物

9.1.2 亭、廊、棚架及膜结构等构筑物设施应符合下列规定:

4 膜结构设计不应对人流活动产生安全隐患,并应避开消防通道。

66.《生活垃圾焚烧厂评价标准》CJJ/T 137—2019

3 评价方法

3.2 工程建设水平评价

3.2.2 焚烧厂工程建设水平评价打分应符合表3.2.2的规定。

表3.2.2 焚烧厂工程建设水平评价打分表

分项编号	分项名称/满分分值	子项编号	子项名称/满分分值	分子项/满分分值	子(分子)项水平/给扣分原则	分值	得分	说明
1-1	垃圾计量设施/3	1-1-1	汽车衡数量/1		数量、规格合理	1		汽车衡数量2台及以上得1分，1台得0.5分；汽车衡规格按垃圾车最大满载重量的(1.3~1.7)倍配置算合理，达不到此要求算不合理，扣0.5分
					不合理	0.5		
		1-1-2	汽车衡精度/1		精度符合要求	1		准确度等级不低于Ⅲ级得满分，否则扣0.5分
					精度不符合要求	0.5		
		1-1-3	入炉垃圾计量设备/1		有计量	1		
					无计量	0		
1-2	垃圾接收系统/炉排炉8/流化床炉13	1-2-1	卸料大厅/2		封闭式，地面平整、防渗防腐性好、地面清洗、排水、照明设施齐全	2		地面清洗、排水、照明设施缺1项扣0.5分；地面不平整、防腐防渗性差扣0.5分；卸料区为敞开式(无棚)扣1分，卸料区为半封闭(有棚)扣0.5分
					卸料大厅未全封闭	1~1.5		
		1-2-2	垃圾池容量/2		够5d(含)~7d垃圾储存量	2		
					够3d(含)~5d垃圾量	1.5		
					3d以下垃圾量	1		
		1-2-3	臭气控制设施/4	垃圾池独立排风除臭系统/2	有垃圾池独立排风除臭系统，且风量满足垃圾池间换气次数大于等于2次/h	2		换气次数测算可不考虑垃圾占有的空间体积
					换气次数小于2次	1~1.5		
					无垃圾池独立排风除臭系统	0		
				卸料门密封性/1	密封性好	1		
					有欠缺	0~0.5		
				坡道及入口/1	坡道封闭、大厅入口有空气幕或其他封闭措施	1		无空气幕或其他封闭措施扣0.5分，坡道不封闭扣0.5分
					无空气幕或其他封闭措施，坡道不封闭	0~0.5		
		1-2-4	垃圾预处理系统(针对流化床焚烧厂)/5	破碎/3	配置破碎设备，破碎粒径100mm以下	3		
					粒径100mm以上	1~2		
					无破碎	0		
				分选/2	除铁设备得1分，轻重物质分选得1分，无分选不得分	0~2		轻重物质分选主要是将砖瓦、玻璃、陶瓷之类的垃圾分出的设备，主要包括风选、离心分选等

续表 3.2.2

分项编号	分项名称/满分分值	子项编号	子项名称/满分分值	分子项/满分分值	子(分子)项水平/给扣分原则	分值	得分	说明
1-3	垃圾焚烧系统/炉排炉35/流化床炉30	1-3-1	焚烧线设置/4		2条焚烧线以上或设置1条备用焚烧线	4		
					1条焚烧线	2		
		1-3-2	自动燃烧控制系统（ACC）/炉排炉6（/流化床炉3）	炉排炉/6	配置自动燃烧控制系统，且说明中的①～④功能均具备	6		炉排炉自动燃烧控制系统具备以下功能可被认为功能齐全：① 可根据炉膛主控温度区温度自动控制助燃燃烧器启停；② 下列参数均可自动调节：推料速度、炉排移动速度、一次风量（干燥段、燃烧段、燃烬段可单独调节）、二次风量；③ 可根据锅炉出口氧含量或排烟CO含量自动调节二次风量；④ 可根据锅炉蒸发量或蒸汽压力自动调节进料速度和一次风量
					配置自动燃烧控制系统，但功能不全，缺①项扣3分，缺②③④项分别扣1分	0～5		
				流化床炉/3	配置自动燃烧控制系统，且说明中的①～④功能均具备	3		流化床炉自动燃烧控制系统具备以下功能可被认为功能齐全：① 可根据炉膛主控温度区温度自动控制助燃燃烧器启停；② 可根据锅炉出口氧含量或CO浓度自动控制二次风量；③ 可自动调节垃圾进料量以稳定锅炉蒸发量；④ 可根据炉膛压力自动控制引风机风量
					配置自动燃烧控制系统，但功能不全，缺①项扣2分，缺②③④项分别扣0.5分	0～2		
		1-3-3	炉膛主控温度区设计（"3T"功能）/6	容积/3	炉膛主控温度区容积满足最不利条件下烟气在850℃以上停留时间大于2s	3		最不利条件包括：烟气量达到最大、垃圾热值最低、垃圾量最少（停炉过程中）等
					不能满足上述要求	0		
				卫燃带/2	炉膛主控温度区设置卫燃带	2		
					卫燃带不足或未设置卫燃带	0～1		
				二次风口布置/1	二次风口布置可使烟气在炉膛主控温度区形成较好的气流扰动（湍流）	1		查看二次风口布置平、立面图，如有相关炉膛流场模拟或湍流度计算，也可参考判断
					二次风口布置有缺陷	0.5		
		1-3-4	炉膛主控温度区温度监测/6	测温断面布置/3	布置3个及以上测温断面	3		少1个扣1分
					不足2个测温断面	0～2		
				测温点布置/3	每个测温断面布置3个测温点	3		少1个扣1分
					不足3个测温点	0～2		
		1-3-5	焚烧供风系统/炉排炉5（/流化床炉3）	炉排炉/5	风机最大风量满足焚烧炉最大供风量的要求，风量可调	5		一、二次风风机最大总风量大于焚烧炉最大实际供风量得2分，否则扣（0.5～1）分；一次风可分段调节得2分，否则扣1分；二次风风量可调节得1分，否则扣1分
					风机最大风量偏小，风量不易调节	0～4		
				流化床炉/3	风机最大风量满足焚烧炉最大供风量的要求，风量可调	3		一、二次风风机最大总风量大于焚烧炉最大实际供风量得2分，否则扣1分；一次风风量可调节得0.5分，否则不得分；二次风风量可调节得0.5分，否则不得分
					风机最大风量偏小，风量不易调节	0～1		

续表 3.2.2

分项编号	分项名称/满分分值	子项编号	子项名称/满分分值	分子项/满分分值	子(分子)项水平/给扣分原则	分值	得分	说明
1-3	垃圾焚烧系统/炉排炉35/流化床炉30	1-3-6	助燃燃烧器配置/8		助燃燃烧器配置数量合理，与点火燃烧器的总功率之和能够满足独立将炉膛主控温度区加热至850℃，且功率调节性能较好	8		助燃燃烧器配置数量不合理扣（2~3）分，总功率不满足独立将炉膛主控温度区加热至850℃扣（2~4）分，调节性能不好扣（0.5~1）分
					助燃燃烧器配置数量不合理或总功率不满足独立将炉膛主控温度区加热至850℃或调节性能不好	0~6		
1-4	热能利用系统/8				只发电或全部供热	8		
					不发电，只有部分热能得到利用	1~3		
					不发电，也无余热利用	0		
1-5	烟气净化系统/20	1-5-1	酸性气体脱除/5		半干法+干法 半干法+湿法 干法+湿法 半干法+干法+湿法 其他环评批复的先进工艺	5		1. 半干法脱酸塔最大烟气量下烟气停留时间不足15s扣（0.5~2）分（根据实际停留时间确定）；无石灰浆计量设备扣0.5分，无喷射量控制功能扣0.5分，无备用喷嘴扣0.5分，无石灰浆制备系统备用扣0.5分，无石灰浆输送管路备用扣0.5分。 2. 湿法污水处理处置措施不完善扣（0.5~2）分；无碱液计量设备扣0.5分，无喷淋量控制功能扣0.5分
					脱酸工艺有欠缺	0~3.5		只采用石灰半干法扣0.5分，只采用干法扣3分
		1-5-2	NO_x脱除/5		SCR SNCR+SCR 低NO_x燃烧技术+SNCR 脱NO_x新技术	5		无氨水或尿素溶液计量设备扣1分，无喷射量控制功能扣1分；用于垃圾焚烧的低NO_x燃烧技术包括火焰冷却、烟气循环等
					只有SNCR	4.5		采用二层及以上，每层2点以上喷射点得满分，一层的扣0.5分，每层只设1个喷射点的扣0.5分；无氨水或尿素溶液计量设备扣0.5分，无喷射量控制功能扣0.5分
					无任何NO_x脱除工艺	0		
		1-5-3	重金属与二噁英去除/5		活性炭采用气力输送，采用专用活性炭喷嘴，每条线有活性炭计量设备，活性炭喷射系统有备用功能	5		活性炭采用气力输送得2分，否则扣1分；采用专用活性炭喷嘴喷射得1分，否则扣0.5分；每条线有活性炭计量设备得1分，否则扣（0.5~1）分；活性炭喷射系统有备用功能得1分，否则不得分
					活性炭喷射系统配置有缺陷	0~4.5		
		1-5-4	颗粒物去除/5		额定工况下过滤风速（不计吹灰风室）合理，布袋材料采用PTFE加覆膜或更好材料	5		评价时需查看布袋除尘器设计计算书和布袋材料产品样本。一般布袋过滤风速在0.8m/min以下即认为合理
					过滤风速不合理，采用低质布袋材料	2~4.5		过滤风速不合理扣（0.5~1）分；采用低质布袋材料扣（1~2）分

续表 3.2.2

分项编号	分项名称/满分分值	子项编号	子项名称/满分分值	分子项/满分分值	子(分子)项水平/给扣分原则	分值	得分	说明
1-6	在线监测/10	1-6-1	在线监测系统配置/2		每条焚烧线配1套排放在线监测系统，具有自动校准功能	2		
					在线监测系统配置有缺陷	0~1		几条线合用1套在线监测系统扣1分；无自动校准功能扣1分
		1-6-2	在线监测指标数量/2		烟气排放在线监测指标数量齐全（烟气流量、H_2O、O_2、CO、颗粒物、HCl、SO_2、NO_x、小时均值、日均值、瞬时值曲线）	2		
					在线监测指标数量不齐全	0~1.8		少1项扣0.2分，扣完为止
		1-6-3	监测数据与监管部门联网/2		监测数据与监管部门联网数据齐全	2		有炉温、CO、HCl、SO_2、NO_x、颗粒物数据算是齐全；联网数据不全，缺1项扣0.2分；未联网不得分
					监测数据与监管部门联网数据不全	0~1.8		
		1-6-4	标准气配置/2		标准气配备齐全	2		有如下标准气算是配备齐全：CO、HCl、SO_2、NO_x、O_2
					标准气配备不齐全	0~1.5		少一个标准气扣0.5分，扣完为止
		1-6-5	公共显示牌/2		有公共显示牌，且数据齐全	2		显示数据有炉膛主控温度区温度瞬时值，CO、颗粒物、HCl、SO_2、NO_x的小时均值和日均值为数据齐全
					显示数据不齐全	0~1.5		显示数据少一项扣0.5分，无显示牌不得分
1-7	飞灰输送与处理/5	1-7-1	厂内输送/1		密闭化输送	1		
					密闭性不好	0~0.5		
		1-7-2	存储设施/1		存储设施满足要求，存储密闭性好	1		
					密闭性有欠缺	0~0.5		
		1-7-3	处理设施/3		运往危废处理设施处理（环保部门认可）或厂内稳定化后填埋处置，稳定化物养护暂存场地满足3d以上的量	3		螯合加水泥固化或螯合得1分，稳定化物有包装及生产时间标签得0.5分，厂内有检测设备或长期外委检测合同得0.5分，稳定化物养护暂存场地满足3d以上的量得1分
					处理设施有缺陷	0~2.5		只水泥固化扣0.5分，不能追溯稳定化物生产时间扣0.5分，厂内无检测设备或无长期外委检测扣0.5分，稳定化物养护暂存场地不满足3d以上的量扣0.5分

续表 3.2.2

分项编号	分项名称/满分分值	子项编号	子项名称/满分分值	分子项/满分分值	子(分子)项水平/给扣分原则	分值	得分	说明
1-8	渗沥液收集与处理/5	1-8-1	收集/2		收集通道与渗沥液储存池间有完善的防爆措施	2		收集通道与储存池间防爆措施同时符合下列3项才可认为是完善的，如不完全符合即认为是不完善的： ① 装设风机，将渗沥液收集通道与储存池空间内的气体排往垃圾间或除臭后排放，采用防爆风机，并设备用； ② 收集通道与储存池间内安装可燃气体在线监测装置，可燃气体在线监测设备应与排风风机联锁。内部照明采用防爆产品； ③ 送排风管道采用防静电材料
					防爆设施不完善	0		
		1-8-2	处理/3		采用生化＋纳滤或（和）反渗透，浓缩液妥善处理，有排放在线监测系统，且主要监测数据与政府部门联网或预处理后排往城市污水处理厂处理	3		采用生化处理、纳滤、反渗透处理技术分别得0.5分，浓缩液妥善处理得0.5分，有排放在线监测系统得0.5分，监测数据与政府部门联网得0.5分。 符合下列浓缩液处理措施之一可被认为是妥善处理，如不符合，则被认为没有妥善处理： ① 配置可靠的浓缩液深度处理系统； ② 具有完善可行的浓缩液入炉焚烧措施，包括与垃圾均匀混合、多点均匀喷入炉膛高温区等； ③ 具有完善可行且环保部门认可的浓缩液厂内处置措施； ④ 具有完善的输往（运往）厂外的处理处置措施； 预处理后排往城市污水处理厂处理的也要根据相应内容给分
					渗沥液处理设施不完善	0～2.5		根据实际设备配置缺项做相应扣分
1-9	安全设施/6				安全设施齐全	6		安全设施包括安全应急处置设施、安全护栏、安全标识、高压高温危险标识、紧急照明灯等，每缺1项，扣1分，扣完为止
					安全设施不够齐全	0～5		
合计	100							

67.《建筑垃圾处理技术标准》CJJ/T 134—2019

6 总体设计

6.1 一般规定

6.1.3 辅助设施构成应包括进厂（场）道路、供配电、给排水设施、生活和行政办公管理设施、设备维修、消防和安全卫生设施、车辆冲洗、通信、信息化及监控、应急设施（包括建筑垃圾临时存放、紧急照明）等。

6.2 总平面布置

6.2.7 堆填及填埋处置工程总平面布置应符合下列规定：
3 污水处理区处理构筑物间距应紧凑、合理，并应符合现行国家标准《建筑设计防火规范》GB 50016 的规定，同时应满足各构筑物的施工、设备安装和埋设各种管道以及养护、维修和管理的要求。

6.3 厂（场）区道路

6.3.3 道路应符合下列规定：

2 厂（场）区主要车间（预处理车间、资源化利用厂房、仓库、污水处理车间等）周围应设宽度不小于 4m 的环形消防车道。

11 公用工程

11.3 消防

11.3.1 消防设施的设置应符合现行国家标准《建筑设计防火规范》GB 50016 和《建筑灭火器配置设计规范》GB 50140 的有关规定。

11.3.2 电气消防设计应符合现行国家标准《建筑设计防火规范》GB 50016 和《火灾自动报警系统设计规范》GB 50116 中的有关规定。

68.《城镇排水系统电气与自动化工程技术标准》CJJ/T 120—2018

3 基本规定

3.2 爆炸危险环境的设备配置

3.2.1 在爆炸危险环境中，电气与自动化系统的设计及所使用电气设备的保护级别（EPL）应符合现行国家标准《爆炸危险环境电力装置设计规范》GB 50058 的有关规定。

3.2.2 不应在爆炸危险性环境1区内布置控制盘、配电盘，布置在爆炸危险性环境2区内的控制盘、配电盘应采用保护级别为 Gc 及以上的设备。

3.2.3 自动控制系统设备宜布置在爆炸危险环境外部。必须布置在爆炸危险环境内的自动控制装置和检测仪表，应根据危险区域的划分选择相应保护级别的设备。

3.2.4 爆炸危险环境中的配电和控制线路应采用铜芯电缆，其敷设和安装应符合下列规定：
 1 电缆敷设位置应在爆炸危险性较小的环境或远离释放源；
 2 可燃物质比空气的密度大时，电缆应埋地敷设或在较高处架空敷设，且对非铠装电缆采取穿管、托盘或槽盒等机械性保护；
 4 电缆及其管、沟穿过不同区域之间的墙、板孔洞处，应采用不燃性材料严密封堵。

3.2.5 爆炸危险环境中的照明配线及其敷设应符合下列规定：
 1 应采用铜芯电缆或电线；
 2 其额定电压不得低于工作电压；
 3 中性线的额定电压应与相线电压相等，并应在同一护套或保护管内敷设；
 4 电缆或电线应穿低压流体输送用镀锌焊接钢管明敷。

4 电气系统

4.4 变电所

4.4.10 电气设备室、值班室应设置通向室外或疏散通道的安全出口。电气设备室多层布置时，每一层均应设置通向室外或疏散通道的安全出口。

4.4.11 电气设备室的门应向外开启。

4.4.15 电气设备室宜采用自然通风。当不能满足温度要求时，电气设备室应设置机械通风。

4.4.16 变压器室、配电室和电容器室的耐火等级不应低于二级。

4.4.19 电力变压器室设计应符合下列规定：
 1 油量大于或等于100kg 的油浸变压器，应设在单独的变压器室内，并应设有储油或挡油、排油装置以及灭火装置。

4.9 导线、电缆的选择与敷设

4.9.11 消防配电线路应满足火灾时连续供电的要求，并应符合下列规定：
 1 明敷（包括吊顶内敷设）时，应穿金属导管或采用封闭式金属槽盒保护，金属导管或封闭式金属槽盒应采取防火保护措施；
 2 暗敷时，应穿管并应敷设在不燃性结构内，且保护层厚度不应小于30mm。

4.9.12 消防配电线路宜与其他配电线路分开敷设在不同的电缆井、沟内；确有困难需敷设在同一电缆井、沟内时，应分别布置在电缆井、沟的两侧，且消防配电线路应采用矿物绝缘类不燃性电缆。

4.9.22 在隧道、沟、浅槽、竖井、夹层等封闭式电缆通道中，不得布置热力管道，严禁有易燃气体或易燃液体的管道穿越。

4.10 照明

4.10.4 应急照明应包括备用照明、安全照明和消防照明。可由照明灯具内的可充电电池供电或由应急电源（EPS）集中供电，持续时间不应小于30min。总建筑面积大于20000m^2 的地下污水处理厂，应急照明持续时间不应小于60min。

8 安全和技术防范

8.0.13 设置火灾自动报警系统的排水泵站或污水处理厂，火灾报警信息应传送到自动化运行控制系统。

8.0.14 无人值守的排水泵站设置的火灾自动报警系统，报警信号应传送到当地消防部门和区域监控中心。

69.《城镇燃气报警控制系统技术规程》CJJ/T 146—2011

1 总 则

1.0.3 城镇燃气报警控制系统的设计、安装应由具有燃气工程设计资质和消防工程施工资质的单位承担。

3 设 计

3.1 一般规定

3.1.2 城镇燃气报警控制系统应根据燃气种类和用途选择可燃气体探测器、不完全燃烧探测器或复合探测器,并应符合下列规定:

    1 在使用天然气的场所,应选择探测甲烷的可燃气体探测器或复合探测器;

    2 在使用液化石油气的场所,应选择探测液化石油气的可燃气体探测器;

    4 为探测因不完全燃烧产生的一氧化碳,应选用探测一氧化碳的不完全燃烧探测器。

3.1.4 可燃气体探测器、不完全燃烧探测器、复合探测器的设置场所,应符合现行国家标准《城镇燃气设计规范》GB 50028 和《城镇燃气技术规范》GB 50494 的有关规定。

3.1.5 在具有爆炸危险的场所,探测器、紧急切断阀及配套设备应选用防爆型产品。

3.1.6 设置集中报警控制系统的场所,其可燃气体报警控制器应设置在有专人值守的消防控制室或值班室。

3.2 居住建筑

3.2.2 当设有采暖/热水两用炉或燃气快速热水器的居住建筑的地下室、半地下室需设置燃气报警控制系统时,应选用防爆型探测器,以及紧急切断阀和排气装置。并且紧急切断阀和排气装置应与探测器连锁。

3.2.3 当既有居住建筑使用燃气的暗厨房(无直通室外的门和窗)设置可燃气体探测器、不完全燃烧探测器或复合探测器时,应在使用燃气的同时启动排气装置。

3.2.4 当居住建筑内设置可燃气体探测器、不完全燃烧探测器或复合探测器时,应符合下列规定:

    1 探测器位置距灶具及排风口的水平距离均应大于 0.5m;

    2 使用液化石油气等相对密度大于 1 的燃气的场所,探测器应设置在距地面不高于 0.3m 的墙上;

    3 使用天然气、人工煤气等相对密度小于 1 的燃气的场所,或选用不完全燃烧探测器的场所,探测器应设置在顶棚或距顶棚小于 0.3m 的墙上。

3.2.5 居住建筑内设置的可燃气体探测器、不完全燃烧探测器或复合探测器应与紧急切断阀连锁。

3.3 商业和工业企业用气场所

3.3.2 在安装可燃气体探测器、不完全燃烧探测器或复合探测器的房间内,当任意两点间的水平距离小于 8m 时,可设 1 个探测器并应符合表 3.3.2-1 的规定;否则可设置两个或多个可燃气体气体探测器并应符合表 3.3.2-2 的规定。

表 3.3.2-1 单个探测器的设置(m)

燃气种类或相对密度	探测器与释放源中心水平距离 L_1	探测器与地面距离 H	探测器与顶棚距离 D	探测器与通气口及门窗距离 L_2
液化石油气或相对密度大于 1 的燃气	$1 \leq L_1 \leq 4$	$H \leq 0.3$	—	$0.5 \leq L_2$
天然气或相对密度小于 1 的燃气	$1 \leq L_1 \leq 8$	—	$D \leq 0.3$	$0.5 \leq L_2$
一氧化碳	$1 \leq L_1 \leq 8$	—	$D \leq 0.3$	$0.5 \leq L_2$

表 3.3.2-2 多个探测器的设置(m)

燃气种类或相对密度	探测器与释放源中心水平距离 L_1	两探测器间的距离 F	探测器与地面距离 H	探测器与顶棚距离 D	探测器与通气口及门窗距离 L_2
液化石油气或相对密度大于 1 的燃气	$1 \leq L_1 \leq 3$	$F \leq 6$	$H \leq 0.3$	—	$0.5 \leq L_2$
天然气或相对密度小于 1 的燃气	$1 \leq L_1 \leq 7.5$	$F \leq 15$	—	$D \leq 0.3$	$0.5 \leq L_2$
一氧化碳	$1 \leq L_1 \leq 7.5$	$F \leq 15$	—	$D \leq 0.3$	$0.5 \leq L_2$

3.3.3 当气源为相对密度小于 1 的燃气且释放源距顶棚垂直距离超过 4m 时,应设置集气罩或分层设置探测器,并应符合下列规定:

    1 当设置集气罩时,集气罩宜设于释放源上方 4m 处,集气罩面积不得小于 1m,裙边高度不得小于 0.1m,且探测器应设于集气罩内;

    2 当不设置集气罩时,应分两层设置探测器,最上层探测器距顶棚垂直距离宜小于 0.3m,最下层探测器应设于释放源上方,且垂直距离不宜大于 4m。

3.3.4 当安装可燃气体探测器的场所为长方形状且其横截面积小于 $4m^2$ 时,相邻探测器安装间距不应大于 20m。

3.3.5 当使用燃烧器具的场所面积小于全部面积的 1/3 时,可在燃烧器具周围设置可燃气体探测器、不完全燃烧探测器或复合探测器,并应符合下列规定:

    1 探测器的设置位置距释放源不得小于 1m 且不得大于 3m;

2 相邻两探测器距离应符合表3.3.2-2的规定；

3 可燃气体探测器、不完全燃烧探测器或复合探测器应对释放源形成环形保护。

3.3.6 在储配站、门站等露天、半露天场所，探测器宜布置在可燃气体释放源的全年最小频率风向的上风侧，其与释放源的距离不应大于15m。当探测器位于释放源的最小频率风向的下风侧时，其与释放源的距离不应大于5m。

3.3.7 当燃气输配设施位于密闭或半密闭厂房内时，应每隔15m设置一个探测器，且探测器距任一释放源的距离不应大于4m。

3.3.8 紧急切断阀的设置除应符合现行国家标准《城镇燃气设计规范》GB 50028的有关规定外，还应符合下列规定：

2 当用户安装集中燃气报警控制系统时，报警器控制的紧急切断阀自动控制的启动条件应为切断阀安装燃气管道的供气范围内有2个以上探测器同时报警，切断阀为自动控制时人工方式仍应有效。

3.3.9 液化石油气储瓶间应设置防爆型可燃气体探测器，并应与防爆型排风装置连锁，防爆型排风装置还应具备手动启动功能。

3.3.10 露天设置的可燃气体探测器，应采取防晒和防雨淋措施。

3.3.11 集中燃气报警控制系统应在被保护区域内设置一个或多个声光报警装置。

3.3.12 集中燃气报警控制系统应在被保护区域内设置一个或多个手动触发报警装置。

3.3.13 独立燃气报警控制系统中可燃气体探测器、不完全燃烧探测器、复合探测器连接紧急切断阀的导线长度不应大于20m。

4 安 装

4.2 独立燃气报警控制系统的安装

4.2.1 当独立燃气报警控制系统的可燃气体探测器的安装位置距离地面小于0.3m时，其上方不得安装洗涤水槽、洗碗机等用水设施，正前方不得有遮挡物。

4.2.2 可燃气体探测器、不完全燃烧探测器、复合探测器应安装牢固、接线可靠。探测器与紧急切断阀之间的连线除两端允许有不大于0.5m的导线外，其余应敷设在导管或线槽内，在导管和线槽内不应有接头和扭结。在外部若需接头，应采用焊接或专用接插件。焊接处应做绝缘和防水处理。

4.3 集中燃气报警控制系统的布线

4.3.1 报警控制系统应单独布线，系统内不同电压等级、不同电流类别的线路，不应布在同一导管内或线槽的同一槽孔内。

4.3.2 城镇燃气报警控制系统在非防爆区内的布线，应符合现行国家标准《建筑电气工程施工质量验收规范》GB 50303的规定。可燃气体报警控制系统的传输线路的线芯截面选择，除应满足设备使用说明书的要求外，还应满足机械强度的要求。铜芯绝缘导线和铜芯电缆线芯的最小截面面积不应小于表4.3.2的规定。

表4.3.2 铜芯绝缘导线和铜芯电缆线芯的最小截面面积

类 别	线芯的最小截面面积（mm²）
穿管敷设的绝缘导线	1.00
线槽内敷设的绝缘导线	0.75
多芯电缆	0.50

4.3.3 城镇燃气报警控制系统在防爆区域布线时，应符合现行国家标准《爆炸和火灾危险环境电力装置设计规范》GB 50058的规定。

4.3.4 城镇燃气报警控制系统的绝缘导线和电缆均应敷设在导管或线槽内，在暗设导管或线槽内的布线，应在建筑抹灰及地面工程结束后进行；导管内或线槽内不应有积水及杂物。

4.3.5 导线在导管内或线槽内不应有接头或扭结。导线的接头应在接线盒内焊接或用端子连接。

4.3.6 对从接线盒或线槽引至探测器或控制器等设备的导线，当采用金属软管保护时，金属软管长度不应大于2m。

4.3.7 敷设在多尘或潮湿场所管路的管口和管子连接处，应做密封处理。

4.3.8 当管路超过下列长度时，应在便于接线处装设接线盒：

1 管子长度每超过30m，无弯曲时；

2 管子长度每超过20m，有1个弯曲时；

3 管子长度每超过10m，有2个弯曲时；

4 管子长度每超过8m，有3个弯曲时。

4.3.9 金属导管在接线盒外侧应套锁母，内侧应装护口；在吊顶内敷设时，盒的内外侧均应套锁母。塑料导管在接线盒处应采取固定措施。

4.3.10 导管和线槽明设时，应采用单独的卡具吊装或支撑物固定。吊装线槽或导管的吊杆直径不应小于6mm。

4.3.11 卡具的吊装点或支撑物的支点应处于下列位置：

1 线槽始端、终端及接头处；

2 距接线盒0.2m处；

3 线槽转角或分支处；

4 直线段不大于3m处。

4.3.12 线槽接口应平直、严密，槽盖应齐全、平整、无翘角。当并列安装时，槽盖应便于开启。

4.3.13 管线跨越建筑物的结构缝处，应采取补偿措施，其两侧应固定。

4.3.14 城镇燃气报警控制系统导线敷设后，应采用500V兆欧表测量每个回路导线对地的绝缘电阻，绝缘电阻值不应小于20MΩ。

4.3.15 同一工程中的导线，应根据不同用途选择不同颜色进行区分，相同用途的导线颜色应一致。直流电源线正极应为红色，负极应为蓝色或黑色。

4.4 集中燃气报警控制系统的设备安装

4.4.2 可燃气体报警控制器安装应符合下列规定：

1 当可燃气体报警控制器安装在墙上时，其底边距地面高度宜为1.3m～1.5m，靠近门轴的侧面距墙不应小于0.5m。

4 可燃气体报警控制器应安装牢固，不应倾斜；当安装在轻质墙上时，应采取加固措施。

4.4.3 引入控制器的电缆或导线应符合下列规定：

1 电缆芯线和所配导线的端部均应标明编号,并应与图纸一致,字迹应清晰且不易褪色;
2 配线应整齐,不宜交叉,并应固定牢靠;
3 端子板的每个接线端,接线不得超过2根;
4 电缆和导线,应留有不小于200mm的余量;
5 导线应绑扎成束;
6 导线穿管、线槽后,应将管口、槽口封堵。

4.4.4 可燃气体探测器、不完全燃烧探测器、复合探测器的安装应符合下列规定:

1 探测器在即将调试时方可安装,在调试前应妥善保管,并应采取防尘、防潮、防腐蚀措施;
2 探测器应安装牢固,与导线连接必须可靠压接或焊接;当采用焊接时,不应使用带腐蚀性的助焊剂;
3 探测器连接导线应留有不小于150mm的余量,且在其端部应有明显标志;
4 探测器穿线孔应封堵;
5 非防爆型可燃气体探测器的安装还应符合本规程第4.2.1条的规定。

4.4.5 紧急切断阀的安装应符合产品说明书的规定,并应满足操作和维修更换的要求。

4.4.6 燃气报警控制系统的接地应符合下列规定:

1 非防爆区中使用36V以上交直流电源设备的金属外壳及防爆区内的所有设备的金属外壳均应有接地保护,接地线应与电气保护接地干线(PE)相连接;
2 接地装置安装完毕后,应测量接地电阻,并做记录;其接地电阻应小于4Ω。

4.4.7 配套设备的安装应符合下列规定:

1 输入模块、输出控制模块距离信号源设备和被联动设备导线长度不宜超过20m;当采用金属软管对连接线作保护时,应采用管卡固定,其固定点间距不应大于0.5m;
2 声光报警装置安装位置距地面不宜低于1.8m,并不应遮挡。

6 使用和维护

6.0.3 可燃气体探测器、不完全燃烧探测器、复合探测器及紧急切断阀不得超期使用。

70.《城镇燃气加臭技术规程》CJJ/T 148—2010

4 加臭装置的设计与布置

4.1 一般规定

4.1.6 加臭装置的供电系统设计应符合现行国家标准《供配电系统设计规范》GB 50052 中"二级负荷"的要求。

4.1.7 加臭装置的电气防爆设计应符合现行国家标准《城镇燃气设计规范》GB 50028 中对门站、储配站电气防爆设计的要求。防爆标志应明显。

4.3 加臭装置的布置

4.3.2 当加臭装置布置在室外时,应符合下列规定:

 1 对露天设置的加臭装置应采取遮阳、避雨等保护措施;

 3 加臭装置应与场站的防雷和静电接地系统相连接,且接地电阻应小于10Ω。

6 加臭装置的运行与维护

6.1 一般规定

6.1.2 使用单位应制定加臭装置的安全运行、操作、检修与维护管理制度。

6.1.6 加臭剂的使用、储存与运输应符合国家现行有关标准的规定。桶装加臭剂应储存在阴凉、干燥且通风良好的房间。加臭剂严禁同易燃物品共同存放。

6.3 加臭装置的维护与检修

6.3.5 加臭装置检修时,现场应备有消防器材、除臭剂、消除剂的稀释液和吸附剂等。

71.《城镇供水与污水处理化验室技术规范》CJJ/T 182—2014

4 化验室设计

4.2 设计要求

4.2.1 外出入通道的设置不应少于2个，每一楼层出入口不应少于2个。出入通道和出入口的设计应符合安全、消防的要求。

4.2.2 城镇供水与污水处理化验室为多层建筑或高层建筑时，宜安装电梯。电梯及电梯通道的设计应符合安全、消防的要求。

4.2.6 化验用房供配电系统应包括照明用电和设备用电，并应分别布线，形成回路。室内照明应符合现行国家标准《建筑照明设计标准》GB 50034的有关规定。精密仪器设备应配备不间断电源系统，并应设置接地保护。

4.2.7 化验用房供气系统应独立设计。压缩气体钢瓶应固定，并应远离火源，在阴凉处储存。易燃、易爆气体钢瓶应单独放置。

4.2.10 化验用房应采用耐火材料，隔断和顶棚应具有防火性能，并应设置火灾烟雾报警器、灭火设施等。

4.2.13 附属设施用房的设置应根据实际情况确定，并应符合下列规定：

　　2 气瓶室应设防爆墙；

　　3 库房应防明火、防潮湿、防高温、防日光直射。门窗应坚固，窗户设遮阳板，门应能向外打开；室内应设排气降温风扇，采用防爆型照明灯具；应备有消防器材。

5 化验室管理

5.5 安 全

5.5.1 应建立健全安全管理制度，有防火、防盗措施，并应建立安全应急预案。

5.5.2 应设安全员，负责日常监督检查。

5.5.3 应设置火灾烟雾报警器、灭火设施、紧急事故淋浴器、洗眼器和急救箱等安全防护设施和装备，并有警示标识。

72.《燃气热泵空调系统工程技术规程》CJJ/T 216—2014

2 设 计

2.2 空调系统

2.2.6 室外机可设置在屋顶、地面等场所，并应符合下列规定：

   2 室外机周围不应有易腐蚀、易燃、易爆等危险物品，且不应易积聚可燃气体。

2.2.9 燃气热泵空调系统的防火设计应按现行国家标准《建筑设计防火规范》GB 50016 的有关规定执行。

2.2.13 燃气热泵空调系统的绝热设计应符合下列规定：

   3 绝热材料的性能应按现行国家标准《设备及管道绝热设计导则》GB/T 8175 的有关规定执行，并应优先采用导热系数小、湿阻因子大、吸水率低、密度小、综合经济效益高的材料。绝热材料应采用不燃或难燃材料。

2.3 燃气系统

2.3.1 燃气系统的范围为建筑供燃气的接入点至室外机的燃气接入口，燃气系统的设计应符合现行国家标准《城镇燃气设计规范》GB 50028 的有关规定。

2.3.4 燃气系统应设置手动快速切断阀和紧急自动切断阀。

2.3.7 燃气管道不得穿过易燃易爆品仓库、配电间、变电室、电缆沟、烟道、进风道和电梯井等。

2.3.8 燃气管道的设置必须避开室外机的进、排风口。

3 安装与施工

3.5 燃气系统施工

3.5.1 燃气系统管道安装与验收应符合现行行业标准《城镇燃气输配工程施工及验收规范》CJJ 33 和《城镇燃气室内工程施工与质量验收规范》CJJ 94 的有关规定。

3.6 监控及电气系统施工

3.6.1 电气工程施工应符合现行国家标准《建筑电气工程施工质量验收规范》GB 50303 的有关规定和设备技术文件的要求。

73. 《城镇供热系统标志标准》CJJ/T 220—2014

4 安全标志

4.1 禁止标志

4.1.4 禁止标志的名称、图形符号应符合表4.1.4的规定。

表4.1.4 禁止标志的名称、图形符号

序号	名称及图形符号	主要设置范围和地点
1	禁止吸烟	禁止吸烟的场所
2	禁止明火	禁止明火的场所
3	禁止带火种	乙炔和液化石油气罐瓶、油漆存储区、燃气调压站等场所
4	禁止燃放	供热生产、输配等相关场所
5	禁止用水灭火	油库、用电设备等不可用水灭火的场所

续表4.1.4

序号	名称及图形符号	主要设置范围和地点
6	禁止启闭	水泵、风机、发动机、压缩机等禁止随意改变运行或停止状态的设备处
7	禁止合闸	变电室及移动电源开关处等禁止合闸的部位
8	禁止跨越	除渣机、传送带等禁止跨越处
9	禁止跳下	工作操作平台、脚手架等禁止跳下处
10	禁止堆放	锅炉房、热力站内设备之间、消防通道、埋地管道上方等处
11	禁止入内	禁止非工作人员进入的地点

— 157 —

续表 4.1.4

序号	名称及图形符号	主要设置范围和地点
12	禁止乘坐输送带	禁止乘坐物料输送带
13	禁止乱动消防器材	放置消防器材设备的专用场地
14	禁止吊物下通行	进行吊装操作的场所
15	禁止操作	禁止改变阀门开关状态的场所
16	禁止攀爬	禁止攀爬供热管道
17	禁止挖掘	有埋地供热管道的地点

续表 4.1.4

序号	名称及图形符号	主要设置范围和地点
18	禁止驶入	禁止机动车驶入的区域
19	禁止转动	转动设备检修过程中
20	禁止靠近	配电设备、锅炉排渣口、管道泄水口等不允许靠近的危险区域
21	禁止触摸	高温供热设备设施处
22	禁止伸入	皮带输送机、破碎机等易于夹住身体部位的装置处
23	禁止挂物	供热设施禁止挂物处

续表 4.1.4

序号	名称及图形符号	主要设置范围和地点
24	禁止抛锚	穿越通行河道的供热管道处
25	禁止带缆	禁止随架空供热管道敷设线缆处
26	禁止放易燃物	禁止存放易燃物的场所
27	禁止混放	禁止氧气、乙炔等助燃和易燃、易爆品混放的场所

74.《城镇桥梁钢结构防腐蚀涂装工程技术规程》CJJ/T 235—2015

5 施 工

5.6 安全文明施工

5.6.3 施工现场应采取防火、防爆措施。

7 维 护

7.0.6 桥梁钢结构防腐蚀维修施工应采取安全防护措施。

75.《垂直绿化工程技术规程》CJJ/T 236—2015

4 垂直绿化设计

4.3 垂直绿化支撑材料的选取

4.3.6 用于建筑外墙的垂直绿化支撑材料应满足防火和防腐的要求，不应使用易燃材料。

7 养护管理

7.1 一般规定

7.1.3 应定期检查修缮支撑框架的主体结构，并应符合下列规定：

　　2 应随时清理框架角落的枯枝落叶，清除易燃物，杜绝火灾隐患。

76.《城镇污水处理厂臭气处理技术规程》CJJ/T 243—2016

4 设 计

4.3 臭气收集

4.3.7 当架空管道经过人行通道时,净空不宜低于 2m。当架空管道经过道路时,不应影响设备和车辆通行,并应符合现行国家标准《建筑设计防火规范》GB 50016 的有关规定,管道支架与道路边的间距不宜小于 1m。

4.3.11 臭气处理装置吸风机的选择应符合下列规定:
    5 风机宜配备隔声罩,且面板应采用防腐材质,隔声罩内应设置散热装置。

5 排放和检测

5.0.5 有操作人员进入的加盖构筑物,应设置硫化氢、甲烷的监测和报警装置。

77.《城镇燃气自动化系统技术规范》CJJ/T 259—2016

3 基本规定

3.0.3 城镇燃气自动化系统运行环境应满足对防震、防爆、防火、防雷、防尘、防水、防腐、防电磁干扰、防第三方侵入的要求。

5 施工与调试

5.2 施 工

5.2.7 电缆施工应符合下列规定：
　　2 电缆施工中穿过非爆炸危险区和爆炸危险区之间的孔洞，应采用非可燃性材料严密堵塞。

78.《生活垃圾转运站技术规范》CJJ/T 47—2016

5 建筑与结构

5.0.7 转运站防火等级的确定应符合现行国家标准《建筑设计防火规范》GB 50016 和《建筑灭火器配置设计规范》GB 50140 的有关规定。

转运站火灾危险性类别应属丁类,其灭火器配置应按轻危险级考虑;对于具有分类收集及预处理功能综合型转运站的可回收物储存间(室)等存放易燃物品的设施,火灾危险性类别应为丙类,其灭火器配置应按中危险级考虑。

6 配套设施

6.0.3 转运站应按生产、生活与消防用水的要求确定供水方式与供水量。

79.《植物园设计标准》CJJ/T 300—2019

3 基本规定

3.1 一般规定

3.1.3 植物园设计应满足植物收集保护、科学研究、科普教育、观赏游憩和园务管理的需求,并应符合安全、防疫、防火、防灾的要求。

6 建筑、构筑物设计

6.1 温室建筑

6.1.4 温室结构与围护应符合下列规定:

　　3 温室围护结构材料应选择抗腐蚀的建材,应具有较好的保温隔热性能,并应做防火处理。

6.2 标本馆

6.2.4 标本馆应设置集中监控和火灾自动报警系统。

4.2 铁路工程

80.《铁路车站及枢纽设计规范》GB 50091—2006

3 车站设计的基本规定

3.1 一般规定

3.1.16 车站内应设置道路系统,区段站、编组站及其他大站应设置外包车场的道路,并应与城镇或地方道路有方便的联系。

线路跨越站内主要道路的跨线桥,其净空应满足消防和运输车辆通行的要求。

10 货运站、货场和货运设备

10.2 货运设备

10.2.17 在危险货物比较集中的城市,应设置专业性危险货物货场。如危险货物较少,也可在综合性货场内设置危险货物专用仓库或货区。

专业性危险货物货场和爆炸品仓库的设置地点及危险货物运输设备的布置,应符合国家现行的防火、防爆、防毒、卫生和环保等有关规定。

81. 《铁路旅客车站建筑设计规范》GB 50226—2007（2011年版）

1 总 则

1.0.5 客货共线和客运专线铁路旅客车站的建筑规模，应分别根据最高聚集人数和高峰小时发送量按表 1.0.5-1 和表 1.0.5-2 确定。

表 1.0.5-1 客货共线铁路旅客车站建筑规模

建筑规模	最高聚集人数 H（人）
特大型	$H \geqslant 10000$
大型	$3000 \leqslant H < 10000$
中型	$600 < H < 3000$
小型	$H \leqslant 600$

表 1.0.5-2 客运专线铁路旅客车站建筑规模

建筑规模	高峰小时发送量 pH（人）
特大型	$pH \geqslant 10000$
大型	$5000 \leqslant pH < 10000$
中型	$1000 \leqslant pH < 5000$
小型	$pH < 1000$

4 车站广场

4.0.3 客货共线铁路旅客车站专用场地最小面积应按最高聚集人数确定，客运专线铁路旅客车站专用场地最小面积应按高峰小时发送量确定，其最小面积指标均不宜小于 $4.8m^2/$人。

4.0.9 当城市轨道交通与铁路旅客车站衔接时，人员进出站流线应顺畅衔接。

5 站 房 设 计

5.1 一般规定

5.1.2 站房设计应符合国家有关安全、节约能源、环境保护和防火等规定的要求。

5.1.5 站房的进出站通道、换乘通道、楼梯、天桥和检票口应满足旅客进出站高峰通过能力的需要，其净宽度不应小于 0.65m/100 人；地道净宽度不应小于 1.00m/100 人。

5.1.8 站房内综合管线宜集中布置，并满足防火要求。

5.2 集 散 厅

5.2.1 中型及以上的旅客车站宜设进站、出站集散厅。客货共线铁路车站应按最高聚集人数确定其使用面积，客运专线铁路车站应按高峰小时发送量确定其使用面积，且均不宜小于 $0.2m^2/$人。

5.2.2 集散厅应有快速疏导客流的功能。

5.3 候车区（室）

5.3.2 客运专线铁路车站候车区总使用面积应根据高峰小时发送量，按不应小于 $1.2m^2/$人确定。各类候车区（室）的设置可按具体情况确定。

5.3.3 客货共线铁路旅客车站候车区总使用面积应根据最高聚集人数，按不应小于 $1.2m^2/$人确定。小型站候车区的使用面积宜增加 15%。

5.3.4 候车区（室）设计应符合下列规定：

4 候车室座椅的排列方向应有利于旅客通向进站检票口。普通候车室的座椅间走道净宽度不得小于 1.3m。

6 站场客运建筑

6.1 站台、雨篷

6.1.4 旅客站台设计应符合下列规定：

1 站台应采用刚性防滑地面，并满足行李、包裹车荷载的要求，通行消防车的站台还应满足消防车荷载的要求。

6.1.7 旅客站台雨篷设置应符合下列规定：

3 通行消防车的站台，雨篷悬挂物下缘至站台面的高度不应小于 4m。

6.2 站场跨线设施

6.2.1 旅客车站的地道、天桥设置数量应符合下列规定：

1 旅客用地道或天桥，特大型站不应少于 3 处，大型站不应少于 2 处，中型和小型站不应少于 1 处。当设有高架候车室时，出站地道或天桥不应少于 1 处。

6.2.2 旅客用地道、天桥的宽度和高度应通过计算确定，最小净宽度和最小净高度应符合表 6.2.2 的规定。

表 6.2.2 地道、天桥的最小净宽度和最小净高度（m）

项目	旅客用地道、天桥		行李、包裹地道
	特大型、大型站	中型、小型站	
最小净宽度	8.0	6.0	5.2
最小净高度	2.5（3.0）		3.0

注：表中括号内的数值为封闭式天桥的尺寸。

6.2.3 设置在站台上通向地道、天桥的出入口应符合下列规定：

1 旅客用地道、天桥宜设双向出入口，其宽度特大型站不应小于 4m，大型站不应小于 3.5m，中型、小型站不应小于 2.5m。当为单向出入口时，其宽度不应小于 3m。

6.2.4 地道、天桥的阶梯或坡道设计应符合下列规定：

1 旅客用地道、天桥的阶梯踏步高度不宜大于 0.14m，踏步宽度不宜小于 0.32m,每个梯段的踏步不应大于 18 级,直跑阶梯平台宽度不宜小于 1.5m,踏步应采取防滑措施。

  2 旅客用地道、天桥采用坡道时应有防滑措施,坡度不宜大于 1:8。

6.2.6 旅客用天桥设计应符合下列规定:

  2 天桥栏杆或隔断的净高度不应小于 1.4m。

6.4 检 票 口

6.4.5 旅客进站检票口和出站口必须具备安全疏散功能,并应符合现行国家标准《建筑设计防火规范》GB 50016 的有关规定

7 消防与疏散

7.1 建 筑 防 火

7.1.1 旅客车站的站房及地道、天桥的耐火等级均不应低于二级。站台雨篷的防火等级应符合国家现行标准《铁路工程设计防火规范》TB 10063 的有关规定。

7.1.2 其他建筑与旅客车站合建时必须划分防火分区。

7.1.3 旅客车站集散厅、候车区(室)防火分区的划分应符合国家现行标准《铁路工程设计防火规范》TB 10063 的有关规定。

7.1.4 特大型、大型和中型站内的集散厅、候车区(室)、售票厅和办公区、设备区、行李与包裹库,应分别设置防火分区。集散厅、候车区(室)、售票厅不应与行李及包裹库上下组合布置。

7.1.5 疏散安全出口、走道和楼梯的净宽度除应符合现行国家标准《建筑设计防火规范》GB 50016 的有关规定外,尚应符合下列要求:

  1 站房楼梯净宽度不得小于 1.6m;

  2 安全出口和走道净宽度不得小于 3m。

7.1.6 旅客车站消防安全标志和站房内采用的装修材料应分别符合现行国家标准《消防安全标志设置要求》GB 15630 和《建筑内部装修设计防火规范》GB 50222 的有关规定。

7.2 消 防 设 施

7.2.1 旅客车站站台消火栓的设置应符合国家现行标准《铁路工程设计防火规范》TB 10063 的有关规定。

7.2.2 旅客车站站房的室内消防管网应设消防水泵接合器,其数量应根据室内消防用水量计算确定。

7.2.3 特大型、大型、国境(口岸)站的贵宾候车室和综合机房、票据库、配电室,国境(口岸)站的联检和易发生火灾危险的房屋,应设置火灾自动报警系统。设有火灾自动报警系统的车站应设置消防控制室。

7.2.4 建筑面积大于 500m² 的地下包裹库,应设置自动喷水灭火系统;建筑面积大于 300m² 且独立设置的行李或包裹库,应设室内消火栓。

8 建 筑 设 备

8.3 电气、照明

8.3.3 除正常照明外,站房应设有疏散照明和安全照明系统。

8.3.4 旅客车站疏散和安全照明应有自动投入使用的功能,并应符合下列规定:

  1 各候车区(室)、售票厅(室)、集散厅应设疏散和安全照明;重要的设备房间应设安全照明。

  2 各出入口、楼梯、走道、天桥、地道应设疏散照明。

8.3.5 设有火灾自动报警系统及消防控制室的车站,当正常照明出现故障时,其设有疏散照明和安全照明的场所,应有自动开启和由消防控制室集中强行开启的功能。

82.《铁路罐车清洗设施设计标准》GB/T 50507—2019

2 术 语

2.0.1 铁路罐车 tank car

用于装运石油化工可燃液体产品的横卧圆筒形铁路专用车辆。

2.0.3 独立洗罐站 independent tank car cleaning station

距企业较远、无依托，公用设施自成系统的洗罐站。

4 站址选择与平面布置

4.1 站址选择

4.1.1 站址选择应符合地方或企业的总体规划，并应满足环保、防火、防洪等要求。

4.2 平面布置

4.2.7 洗罐站内各设施的防火间距不应小于表4.2.7的规定。

表4.2.7 洗罐站内各设施的防火间距（m）

设施名称	洗罐车库（棚）	污水缓冲池、隔油池及污油罐	铁路	有明火及散发火花的地点	化验室、配电室等建（构）建筑
洗罐车库（棚）	—	20	—	15	15
污水缓冲池、隔油池及污油罐	20	—	10	15	15
铁路	—	10	—	—	10
有明火及散发火花的地点	15	15	—	—	—
围墙（中心线）或用地边界线	10	10	—	—	—
其他建（构）筑物	15	15	10	—	—

注：表中"—"代表无防火间距要求或执行相关规范。

4.2.8 铁路附属洗罐站与铁路的防火距离不应小于15m。

4.2.10 洗罐站应设置检修和消防车道，消防车道的路面宽度不宜小于6m，路面内缘转弯半径不宜小于12m，路面上净空高度不应低于5m。

4.2.11 清洗作业区应设平行于洗罐线的消防车道，并宜与站内道路构成环形道路。当采用尽头式消防车道时，应设置回车场地。

4.2.13 独立洗罐站的围墙及出入口设计应符合下列规定：

1 四周应设高度不低于2.5m的非燃烧实体围墙。

6 给排水及消防

6.1 给 水

6.1.1 铁路罐车清洗设施的给水系统可分为生产给水系统、生活给水系统、循环清洗水给水系统、消防给水系统，消防给水系统可与生产给水系统或生活给水系统合并。

6.1.3 洗罐站供水量的确定应符合下列规定：

3 消防、生产及生活用水的供水量应按消防补充水量、生产用水量及生活用水量总和的1.2倍计算确定。

6.2 排 水

6.2.6 独立洗罐站应设事故排水储存设施，企业附属洗罐站宜依托企业的事故排水储存设施，事故排水储存设施的容积不应小于一次最大消防用水量。

6.3 消 防

6.3.1 消防用水量应为50L/s，火灾延续供水时间不应小于2h；消防补充水时间宜为48h～96h。

6.3.4 独立洗罐站的消防应符合现行国家标准《建筑设计防火规范》GB 50016的有关规定，灭火器的配置应符合现行国家标准《建筑灭火器配置设计规范》GB 50140的有关规定。

7 供 配 电

7.0.5 电缆桥架宜采用管架敷设，并应符合现行国家标准《电力工程电缆设计规范》GB 50217的有关规定；电缆应采用阻燃电缆。

7.0.6 洗罐站内电缆桥架通过道路时宜采用跨越形式，并应符合下列规定：

1 跨越消防道路时，桥架底部距路面净空高度不应低于5.0m。

8 安全、职业卫生和环境保护

8.1 安 全

8.1.4 洗车作业台扶梯入口处应设消除人体静电装置。

8.1.6 洗罐车库（棚）内、残油储罐区、清洗作业车位的地面及栈台应设置可燃气体和有毒气体浓度检测报警装置。

8.1.7 可燃气体或有毒气体的检测报警装置的设计应符合现行国家标准《石油化工可燃气体和有毒气体检测报警设计标准》GB/T 50493的规定。

8.2 职业卫生

8.2.3 洗罐站内应配备便携式氧气检测分析仪、可燃气体检测仪和有毒气体检测仪。

83.《铁路工程设计防火规范》TB 10063—2016

2 火灾危险性分类和耐火等级

2.0.1 机务段、车辆段、动车段（所）、供电段、综合维修基地（段）、大型养路机械段、行包快运基地、中转仓库、口岸站油罐车换轮线（库）等主要生产房屋的火灾危险性分类和主要生产场所爆炸、火灾危险环境等级分区应符合本规范附录A、附录B的规定。

2.0.2 旅客车站的站房及地道、天桥、站台雨棚，铁路物流中心库房、客车整备库及修车库、动车检修库（检查库）、机械保温车及加冰保温车检修库耐火等级不应低于二级。其他各类生产、生活房屋的耐火等级不宜低于二级。

2.0.3 机务段、车辆段及动车段（所）的喷漆库、油漆库、车体检修库，车站货物仓库、供电段变压器油过滤间采用钢结构时，受可燃气体或可燃液体火焰影响的部位应进行防火隔热保护，耐火等级不应低于二级。

3 防火间距

3.1 线路

3.1.1 除为铁路运输工具补充燃料的设施及办理危险货物运输外，在铁路线路两侧建造、设立生产、加工、储存或销售易燃、易爆或放射性物品等危险物品的场所、仓库的防火间距不应小于表3.1.1铁路线路与房屋建筑物防火间距的规定。

表3.1.1 铁路线路与房屋建筑物防火间距

序号	房屋名称	防火间距（m）	
		正线	其他线
1	散发可燃气体、可燃蒸气的甲类生产厂房	35	30
2	甲、乙类生产厂房（不包括序号1的厂房）	30	25
3	甲、乙类物品库房	50	40
4	其他生产性及非生产性房屋	20	10

注：1 防火间距起算点应符合本规范附录C的规定。
    2 生产烟花、爆竹、爆破器材的工厂和仓库与铁路线路之间的防护距离应符合国家标准的规定。
    3 本表序号4中的房屋，当面向铁路侧墙体为防火墙或设置耐火极限3.00h并高于轨面4.0m的防火隔墙时，防火间距可适当减小，但不应减小到50%。同时，非铁路房屋应建于铁路线路安全保护区之外。

3.1.2 铁路线路与可燃材料露天、半露天堆场的防火间距不应小于表3.1.2的规定。

3.1.3 铁路线路与石油库的防火间距不应小于表3.1.3-1的规定；与石油化工企业设施的防火间距不应小于表3.1.3-2的规定；与甲、乙、丙类液体储罐，可燃、助燃气体储罐，火炬，油气井等的防火间距不应小于表3.1.3-3的规定。

表3.1.2 铁路线路与可燃材料露天、半露天堆场的防火间距

序号	堆场名称和总储量		防火间距（m）	
			正线	其他线
1	稻草、麦秸、芦苇、打包废纸等 W（t）	10≤W<5000	40	30
		W≥5000	60	30
2	木材等 V（m³）	50≤V<1000	25	20
		1000≤V<10000	30	25
		V≥10000	35	30
3	棉、麻、毛、化纤、百货 W（t）	10≤W<500	25	20
		500≤W<1000	30	25
		1000≤W<5000	35	30
4	煤、焦炭 W（t）	W>100	20	10
5	粮食	席穴囤 W（t） 10≤W<5000	25	20
		5000≤W<20000	35	30
		土圆仓 W（t） 500≤W<10000	25	20
		10000≤W<20000	30	25

注：1 防火间距起算点应符合本规范附录C的规定。
    2 表中"W"为可燃材料质量；"V"为可燃材料体积。

表3.1.3-1 铁路线路与石油库的防火间距

石油库设施名称	石油库等级	防火间距（m）	
		正线	其他线
甲B、乙类液体地上罐组；甲B、乙类液体覆土立式油罐；无油气回收设施的甲B、乙A类液体装卸码头	三级、四级、五级	50	25
	二级	55	30
	一级	60	35
丙类液体地上罐组；丙类覆土立式油罐；乙B、丙类和采用油气回收设施的甲B、乙A类液体装卸码头；无油气回收设施的甲B、乙A类液体铁路或公路罐车装车设施；其他甲B、乙类液体设施	三级、四级、五级	38	20
	二级	40	23
	一级	45	26
覆土卧式油罐；乙B、丙类和采用油气回收设施的甲B、乙A类液体铁路或公路罐车装车设施；仅有卸车作业的铁路或公路罐车卸车设施；其他丙类液体设施	三级、四级、五级	25	15
	二级	28	15
	一级	30	18

注：1 Ⅰ、Ⅱ级毒性液体的储罐等设施与铁路线的最小安全距离，应按相应火灾危险性类别和所在石油库的等级在本表规定的基础上增加30%。
    2 特级石油库中，非原油类易燃和可燃液体的储罐等设施与铁路线的最小安全距离，应在本表规定的基础上增加20%。

表3.1.3-2 铁路线路与石油化工企业设施的防火间距

设施名称	储量	防火间距(m) 正线	防火间距(m) 其他线
液化烃罐组（罐外壁）	不分储量	55	45
甲、乙类液体罐组（罐外壁）	不分储量	45	35
甲、乙类工艺装置或设施（最外侧设备外缘或建筑物的最外轴线）	不分储量	35	30

注：1 丙类可燃液体罐组的防火间距，可按甲、乙类液体罐组的规定减少25％。
2 丙类工艺装置或设施的防火间距，可按甲、乙类工艺装置或设施的规定减少25％。

表3.1.3-3 铁路线路与液体、气体储罐、火炬、油气井的防火间距

序号	储罐种类及总储量V（m³）		防火间距(m) 正线	防火间距(m) 其他线
1	甲、乙类液体储罐	不分储量	35	25
	丙类液体储罐	不分储量	30	20
2	可燃、助燃气体储罐	不分储量	35	25
3	液化石油气储罐	30<V≤50（单罐≤20）	60	25
		50<V≤500（单罐≤100）	70	30
		500<V≤2500（单罐≤400）	80	35
		2500<V≤10000（单罐>1000）	100	40
4	可能携带可燃液体的火炬		80	80
5	自喷油井、气井、注气井		40	30
6	机械采油井		20	15

注：1 埋地单罐容积小于或等于100m³的甲、乙类液体卧式储罐和其他散发蒸气比空气重的甲、乙类液体储罐与铁路线路的防火间距可按本表减少50％，丙类液体储罐可在本表和本注的基础上再减少25％，但折减后的甲、乙、丙类储罐与铁路线路的水平距离不得小于15m。
2 埋地单罐容积小于或等于50m³且总容量不大于400m³的液化石油气储罐，与铁路线路的防火间距可按本表减少50％。
3 放空管可按本表中可能携带可燃液体的火炬间距减少50％。

3.1.4 为铁路运输生产作业服务的房屋、场所、仓库、储罐与铁路线路的防火间距可不受本规范第3.1.1条、3.1.2条、3.1.3条的限制，但储存桶装乙类柴油仓库及乙、丙类液体储罐与铁路线路的防火间距应符合国家标准的有关规定。

3.1.5 设置在铁路高架桥下或邻近铁路高架桥的建筑物、构筑物，应采用耐火极限不低于2.00h的不燃烧体墙体、不低于1.50h的不燃烧体屋面板，及乙级防火门窗。

3.1.6 铁路用地界内不应种植油脂性植物。

3.1.7 铁路通过林区时，距林木最近的铁路线路中心线至林木垂直投影边缘的防火隔离带宽度不应小于30m。

3.1.8 铁路通过重点草原防火区时，应设置自铁路用地界至草地边缘不小于20m的防火隔离带。

3.1.9 输送甲、乙、丙类液体的管道和可燃气体管道与铁路平行埋设时，原油、成品油管道距铁路线不应小于25m，液化石油气管道距铁路线不应小于50m，且距铁路用地界应大于3.0m，并应符合《铁路安全管理条例》中有关铁路安全保护区的规定。

直接为铁路运输服务的乙、丙类液体和低压可燃气体管道与邻近铁路线的防火间距不应小于5.0m。中压及次高压可燃气体管道与邻近铁路路堤坡脚的防火间距不应小于5.0m，困难条件下采取有效的安全防护措施后可适当缩小。

3.1.10 埋设输送甲、乙、丙类液体的管道和可燃气体管道与铁路房屋防火间距应符合《输气管道工程设计规范》GB 50251、《输油管道工程设计规范》GB 50253、《城镇燃气设计规范》GB 50028等国家相关标准的规定。

3.2 机务、车辆设施

3.2.1 洗罐线应为平坡尽端式，其终端车位的车钩至车挡的安全距离不应小于20m。

3.2.2 洗罐工艺装置（洗罐线）与周边建（构）筑物的防火间距不应小于表3.2.2的规定。

3.3 变电所

3.3.1 牵引变电所的室外油浸式牵引变压器，分区所、自耦变压器所或开闭所的室外油浸式自耦变压器，距最近铁路线路的防火间距不应小于25m。当设置防火隔墙时，防火间距可减少50％。防火墙的高度不宜低于变压器油枕的顶端高度，防火墙的两端应分别大于变压器贮油池外侧各1m。

3.3.2 牵引变电所的室外油浸式牵引变压器，分区所、自耦变压器所或开闭所的室外油浸式自耦变压器，以及10 kV及以上的室外油浸式电力变压器与易燃、易爆场所的防火间距不应小于表3.3.2的规定。

表3.2.2 洗罐工艺装置（洗罐线）与周边建（构）筑物的防火间距

建筑物、构筑物名称	明火及散发火花地点	铁路线路	道路 主要	道路 次要	污水处理设施	洗罐所围墙	铁路装卸设施	甲、乙类液体泵房	住宅区	工业企业	其他建筑物 耐火等级 一、二级	其他建筑物 耐火等级 三、四级	架空电力线路和不属于国家一、二级架空通信线路
防火间距(m)	23	15	15	10	20	12	10	8	38	23	14	18	1.5倍杆高

表 3.3.2　油浸变压器与易燃易爆场所的防火间距

序号	场所		防火间距 (m)
1	储罐埋地的加油站、加气站	一级站	25
		二级站	22
		三级站	18
2	液化石油气储罐地上设置的加气站	一级、二级站	45
		三级站	40
3	甲、乙丙类石油储罐总容量 V（m³）	$V \leq 5000$	23
		$5000 < V \leq 50000$	30
		$50000 < V$	50
4	非石油甲、乙类液体储罐总容量 V（m³）	$V < 50$	30
		$50 \leq V < 200$	35
		$200 \leq V < 1000$	40
		$1000 \leq V < 5000$	50
5	非石油丙类液体储罐总容量 V（m³）	$5 \leq V < 250$	24
		$250 \leq V < 1000$	28
		$1000 \leq V < 5000$	32
		$5000 \leq V < 25000$	40
6	可燃、助燃气体储罐总容量 V（m³）	$V < 1000$	20
		$1000 \leq V < 10000$	25
		$10000 \leq V < 50000$	30
		$50000 \leq V < 100000$	35
		$100000 \leq V < 300000$	40
7	液化石油气储罐总容量 V（m³）	$30 \leq V \leq 50$（单罐 $V \leq 20$）	45
		$50 < V \leq 200$（单罐 $V \leq 50$）	50
		$200 < V \leq 500$（单罐 $V \leq 100$）	55
		$500 < V \leq 1000$（单罐 $V \leq 200$）	60
		$1000 < V \leq 2500$（单罐 $V \leq 400$）	70
		$2500 < V \leq 5000$（单罐 $V \leq 1000$）	80
		$5000 < V \leq 10000$（单罐 $V > 1000$）	120

注：1　埋地单罐容积小于或等于 50m³ 的甲、乙、丙类液体卧式储罐和总容积小于或等于 200m³ 的储罐，防火间距可按本表减少 50%。

2　埋地单罐容积小于或等于 50m³ 且总容量不大于 400m³ 的液化石油气储罐，防火间距可按本表减少 50%。

4 可燃液体和可燃气体管道穿越铁路

4.1 管道穿越线路

4.1.1 管道不应跨越城际铁路、设计时速 200km 及以上的铁路、动车走行线。管道不宜在其他铁路上方跨越，确需跨越时应采取安全可靠的防护措施，并应符合下列规定：

1 管道跨越结构底面至铁路轨顶面距离不应小于 12.5m，且距离接触网带电体的距离不应小于 4.0m，其支撑结构的耐火等级应为一级。

5 消防车道

5.0.1 旅客车站、区段站、编组站、口岸站油罐车换轮线（库）、危险品集中的工业站、港湾站、动车段（所）、机务（折返）段、车辆段、客车整备所、综合维修基地（段）、行包快运基地及货场、大型养路机械段、洗罐所应设置消防车道，并应与公路、道路连通。

整备、存车、检修线数量在 15 条及以上的客车整备所或动车段（所），占地面积大于 1500m² 的乙、丙类仓库的货场，设有储量大于表 5.0.1 规定的堆场、储罐区的货场，路网性编组站，口岸站油罐车换轮线（库）等，宜设环行消防车道和两个与外部道路连通的消防车道出入口。

表 5.0.1　堆场或储罐区的储量

名称	棉、麻、毛、化纤（t）	秸秆、芦苇（t）	木材（m³）	甲、乙、丙类液体储罐（m³）	液化石油气储罐（m³）	可燃气体储罐（m³）
储量	1000	5000	5000	1500	500	30000

5.0.2 区段站或编组站的调车场，当调车线数量为 10～18 条时，应在调车场一侧设消防车道；当调车线数量为 19 条及以上时，应在调车场两侧设消防车道。调车场的消防车道应相互连通。区域性及以上编组站的出发场侧应设消防车道。消防车道宜靠近车场设置，距邻近线路不宜大于 25m。

调车场的消防车道可不设回车场。

5.0.3 设有易燃、易爆等危险品货区的货场，占地面积大于 30000m² 的可燃材料堆场和液化石油气罐区，甲、乙、丙类液体储罐区及可燃气体储罐区内的环形消防车道之间，应设置与环形消防车道相通的中间消防车道，消防车道间距不应大于 150m，并应符合《建筑设计防火规范》（GB 50016）的有关规定。

消防车道边缘距离可燃材料堆场堆垛边缘不应小于 5m。

5.0.4 大型、特大型旅客车站，当站房为线侧平式时，应利用基本站台作为消防车道。

5.0.5 消防车道净宽度和净空高度均不应小于 4.0m。

5.0.6 客车、机械保温车整备线和客车、动车组、大型养路机械存车线应与线路平行的消防车道，并应符合下列规定：

1 整备线、存车线区域最外两侧线路之间距离小于或等于 80m 时，应设一条消防车道，且应有回车场地。

2 最外两侧线路距离大于 80m 且小于或等于 160m 时，应设两条消防车道。

3 最外两侧线间距离大于 160m 时，应设三条消防车道。

4 设两条及以上消防车道时，消防车道应相互连通。

5 线路间硬化地面可兼作消防车道，其净宽不应小于 4m。

6 客货共线铁路客车备用车存放线数量大于 5 条时，与其他线群之间应设消防车道。

5.0.7 牵引变电所内、外消防道路应符合本规范第5.0.5条的要求。

5.0.8 当牵引变电所和10kV及以上变、配电所内建筑的火灾危险性为丙类，且建筑占地面积大于3000m²时，所内的消防车道宜布置成环形；当为尽端式车道时，应设回车场地或回车道。

5.0.9 高架候车厅（室）设置环形消防车道确有困难时，必须沿侧式站房设置环形消防车道，站台上应设置符合线路上方高架站房消防灭火要求的消火栓系统。

6 建筑防火分区和建筑构造

6.1 旅客车站

6.1.1 大型、特大型旅客车站高架候车厅（室）的耐火等级不应低于一级。

6.1.2 铁路旅客车站候车区及集散厅符合下列条件时，其每个防火分区建筑面积不应大于10000m²：

1 设置在首层、单层高架层，或有一半数量的直接对外疏散口且采用室内封闭楼梯间的二层。

2 设有自动喷水灭火系统、排烟设施和火灾自动报警系统。

3 内部装修设计符合《建筑内部装修设计防火规范》GB 50222的有关规定。

6.1.3 其他建筑与铁路旅客车站合建时，应划分独立的防火分区。

6.1.4 旅客车站站房公共区严禁设置娱乐、演艺等场所。设置为旅客服务的餐饮、商品零售点应符合下列规定：

1 顶板的耐火极限不应低于1.50h，隔墙的耐火极限不应低于2.00h，隔墙两侧沿走道门洞之间应设置宽度不小于2.0m的实体墙或A类防火玻璃。

2 固定设置的餐饮、商品零售点面积不应大于100m²，连续设置时，总建筑面积不应大于500m²。

3 应采用无明火作业。

4 中型及以上车站固定设置的餐饮、商品零售点应设置火灾自动报警系统和自动喷水灭火系统，连续设置且建筑面积大于100m²时，还应设置机械排烟系统。

6.1.5 中型及以上铁路旅客车站的站房公共区与集中设置的办公区、设备区等应划分为独立的防火分区。当行李（包裹）库与旅客车站合建时，行李（包裹）库应划分为独立的防火分区，且站房公共区不应与行李（包裹）库上下组合设置。

6.1.6 铁路旅客车站的疏散口、走道和楼梯的净宽度应符合《建筑设计防火规范》GB 50016的有关规定，且站房内所有为旅客疏散服务的楼梯梯段净宽度均不得小于1.6m。

6.1.8 当候车厅（室）位于旅客车站建筑顶层，且室内地面与集散厅地面或室外地面高差不大于10m，其建筑高度虽大于24m，其防火设计可按《建筑设计防火规范》GB 50016中单、多层民用建筑类别的规定执行。

6.1.9 旅客地道内地面、墙面、顶面装饰材料燃烧性能等级均不应低于A级，地道内广告灯箱等所用材料燃烧性能等级不应低于B1级。

6.1.10 旅客车站集散厅、售票厅和候车厅（室）等，其室内任一点至最近疏散门或安全出口的直线距离不应大于30m；当该场所设置自动喷水灭火系统时，室内任一点至最近安全出口的安全疏散距离可增加25%。

6.1.11 无商业设施旅客进出站地道的防火设计，应符合《建筑设计防火规范》GB 50016中城市交通隧道的相关规定。

6.2 电气设备房屋

6.2.1 下列房屋建筑应采用耐火极限不低于2.00h的隔墙和耐火极限不低于1.50h的楼板与其他部位隔开，与其他部位相连的门窗应采用乙级防火门窗：

1 铁路通信枢纽各通信机房、调度中心（所）通信机房、车站通信机房、区间通信机房（通信基站、信号中继站、各类牵引供电及电力所（亭）内通信机械室）。

2 调度中心（所）设备机房、车站、动车段（所）和区间的信号机械室（含信号设备机房、继电器室和电源室、防雷分线室）及运转室。

3 信息设备用房及消防控制室。

4 车辆安全防范预警系统机房。

5 自然灾害与异物侵限监测系统中心级机房。

6.2.2 牵引变电所、分区所、自耦变压器所、开闭所的主控制室、配电装置室、补偿装置室、变压器室，10kV及以上变、配电所的控制室应采用耐火极限不低于2.00h的隔墙和耐火极限不低于1.50h的楼板与其他部位隔开。

当牵引变电所、分区所、自耦变压器所、开闭所的主控制室、配电装置室、补偿装置室、变压器室，10kV及以上变、配电所的控制室与旅客站房或其他民用建筑合建时，其内部门窗应采用甲级防火门窗。独立设置时，其内部门窗防火要求应符合《火力发电厂与变电所设计防火规范》GB 50229、《20kV及以下变电所设计规范》GB 50053和《35kV～110kV变电站设计规范》GB 50059的相关规定。

6.2.3 通信机房、信号机械室、信息设备用房、调度中心（所）、车辆安全防范预警系统机房和变、配电所，牵引变电所、分区所、自耦变压器所、开闭所的电缆井应采用耐火极限不低于1.00h的围护结构，其检查门应采用乙级防火门。其他建筑内电缆井和井壁上检查门的防火要求应符合《建筑设计防火规范》GB 50016的有关规定。

6.3 厂房（仓库）

6.3.1 机务段、车辆段、动车段（所）、综合维修基地（段）、大型养路机械段的喷漆库、油漆库应单独设置。当设置在联合车间的端部时，必须采用耐火极限不低于3.00h的防火卷帘分隔，并应符合下列规定：

1 库内油漆存放间、漆工间、干燥间等附属房屋应采用耐火极限不低于3.00h的防火墙和甲级防火门。

2 采用轻质屋面或有足够的门、窗，保证泄压面积，地面应采用不产生火花的建筑材料。

3 库内不得设置办公室、休息室或更衣室。

4 库内设置检修坑时，坑内应采取降低气雾浓度措施。

6.3.2 酸性蓄电池充电间应单独建造。当与其他房屋合建时应将其设于外侧，并应采用耐火极限不低于3.00h的防火墙分隔，其上方不应建有其他房屋。

充电间不应设置与相邻值班室和配电室直通的门、窗；

当必须设置时，应采用甲级防火门、窗。当屋顶开有天窗或紧靠顶棚对称设置面积不小于 2.0m² 的通风窗，且屋顶无大于或等于 0.2m 高的梁隔断时，可不考虑泄压。

6.3.3 车辆段、动车段（所）联合车间内设置的漆工间、调漆间及甲、乙类油品存放间应靠近外墙布置。油漆、溶剂及甲、乙类油品的储量不应超过一昼夜的使用量。

6.3.4 机务段、车辆段、动车段（所）的柴油泵间和油脂发放间应设在地面。

6.3.5 危险化学品货物仓库的库房应按危险品货物分类分别建造，化学性质相近、灭火方法相同的物品可合建一个库房，并应符合下列规定：
 1 房屋顶面应采用双层隔热和易泄压的轻质材料做屋盖。
 2 地面应有从库门口向室内的下坡。
 3 库房应采用向外开启的非金属门、窗或悬开窗，当受到站台宽度限制时，可采用侧拉门，但应设宽度不小于 0.8m 无门槛向外开启的疏散门。
 4 地面和 3.0m 以下的内墙面应采用不产生火花的建筑材料。

6.3.6 铁路物流中心库房的生活、办公、仓储、分装、交易等不同功能场所，应按不同使用性质分别划分防火分区。防火设计应符合《建筑设计防火规范》GB 50016 的有关规定。

6.3.7 动车段（所）检查库内因工艺需要设置的横穿纵向检修地沟的通道可作为厂房内的辅助疏散通道，并应设置明显的疏散指示标志。

6.4 其 他

6.4.2 建筑物内防火分隔构件上的贯穿孔口、电缆沟槽缝隙及电缆构筑物中引至电气柜、盘或控制屏、台的开孔部位等处应按《建筑防火封堵应用技术规程》CECS 154 和《电力工程电缆设计规范》GB 50217 的有关规定采取防火封堵措施。

6.4.3 上跨铁路的人行天桥应设置防护网，并应符合下列规定：
 1 防护网应延伸至距最外铁路线路外侧轨道 6.0m 以外。
 2 与铁路贴邻的人行天桥应在天桥的铁路侧设置防护网。
 3 铁路站场范围内的天桥，防护网应延引至桥下。
 4 防护网高度不应小于 2.2m，网眼不应大于 0.25cm²。

6.4.4 洗罐线作业栈桥应采用不燃烧材料建造。

7 消防给水和灭火设施

7.1 室外消防给水

7.1.1 铁路工程应同时设计消防给水系统。
7.1.2 利用地表水作为消防水源时，应确保枯水期最低水位消防用水的需求。
7.1.4 具有下列情况时应设消防水池：
 2 设置消火栓系统的铁路隧道紧急救援站。
 3 客车给水、生产、生活用水量达到最大时，站区管网供水能力不能满足消防用水量要求时。
 4 给水系统流量、压力不满足扑灭列车火灾消防要求的车站。

7.1.5 消防水池应符合下列规定：
 1 消防水池容量应满足火灾延续时间内室内消防用水量与室外消防用水量不足部分之和的要求。
 2 消防水池的吸水高度不应大于 6.0m。
 3 扑灭列车火灾的消防水池应设在基本站台，并可与旅客车站站房的消防水池合建，具体位置可结合车站实际情况确定。
 4 设置水塔的站、段（所），水塔具备消防供水条件时，可根据具体情况核减消防水池容量。

7.1.6 不同场所火灾延续时间不应小于表 7.1.6 的规定。

表 7.1.6 不同场所火灾延续时间

序号	场所名称	火灾延续时间 (h)
1	中型及以下旅客车站和其他中间站、越行站、会让站站台、内燃机车检修库、集装箱货场	1.0
2	编组站调车场、大型及以上旅客车站站台、隧道紧急救援站、牵引变电所	2.0
3	铁路货场仓库、包裹房、火车装卸栈台、洗罐所、内燃机车整备库、动车检修库、客车检修库、客车整备线、客车停留线、备用客车存放线、机械保温车修车库、整备线、大型养路机械停留线	3.0
4	仓库总建筑面积 1000m² 及以上的危险品货场、长度 5km 及以上的客货共线铁路隧道、口岸站油罐车换轮线（库）	4.0

7.1.7 下列地点室外消防给水应采用高压或临时高压给水系统：
 1 超出城镇消防站保护范围的站、段（所）和货场仓库。
 2 既有客车整备线（库）及备用客车存放线无法保证消防车进入的。
 3 大型及以上客货共线铁路旅客车站和高速铁路、城际铁路旅客车站站台无法保证消防车进入的。

7.1.8 同一站区内的室外消防用水量，应按同一时间内火灾次数为一次的最大用水量确定。扑救列车火灾及其他消防用水量和水枪充实水柱不应小于表 7.1.8 的规定。

表 7.1.8 消火栓用水量及水枪充实水柱

序号	场所名称	消防用水量 (L/s)	水枪充实水柱 (m)
1	区段站、编组站调车场、区域性以上编组站出发场	15	10
2	洗罐所	15	13
3	大型及以下旅客车站和其他中间站、越行、会让站站台	15	10

续表7.1.8

序号	场所名称	消防用水量（L/s）	水枪充实水柱（m）
4	特大型旅客车站站台、动车运用所动车停留线、内燃机车整备库、客车整备线（库）、备用客车存放线、机械保温车整备线、大型养路机械停留线、客车停留线	20	10
5	长度5km及以上的客货共线铁路隧道	20	13
6	铁路隧道紧急救援站	20	13
7	口岸站油罐车换轮线、库（冷却用水）	20	13
8	集装箱货场	15	10
9	可燃液体火车装卸栈台	60	13

7.1.9 仓库建筑面积1000m²及以上的危险品货场、仓库建筑体积3000m³及以上的货场、客车整备线（库）、动车检查和检修库、动车运用所动车停留线、客车停留线、口岸站油品换轮线（库）的室外消防给水管道应布置成环状。其他场所当室外消防用水量不大于20 L/s时，可布置为枝状。

旅客车站室外消防给水管道可与客车给水系统共用管网。

当室外采用高压或临时高压消防给水系统时，宜与室内消防给水系统合用。

7.1.10 室外消火栓布置应符合下列规定：

1 采用高压、临时高压给水系统的处所应选用两个口径65mm出水口的消火栓。

2 管网供水能力满足消防要求时，中型及以下旅客车站和其他中间站、越行站、会让站应在基本站台两端设置消火栓。

3 客货共线、高速铁路、城际铁路大型旅客车站基本站台应设置消火栓，其间距不应大于100m。其他站台两端应各设置一座消火栓。无基本站台的高速铁路、城际铁路旅客车站应选定一个站台，并应按基本站台的标准设置消火栓。

4 特大型旅客车站各站台均应设置消火栓，消火栓间距不应大于100m。

5 区段站、编组站的调车场、区域性及以上编组站的出发场应沿消防车道设置消火栓。

6 客车整备线、动车组存放场（线）、客车存放线、备用客车存放线（场）、机械保温车整备线、大型养路机械存放线应每隔两条线在线路间设置消火栓，其间距不应大于50m。

7 卸油线、口岸站油罐车换轮线（库）、洗罐线旁侧的消防车道应设置消火栓。

8 长度5.0 km及以上的客货共线铁路隧道两侧洞口应各设置两座消火栓，消火栓距洞口距离不宜小于50m。

9 铁路隧道紧急救援站内消火栓间距不应大于50m。

7.1.11 卸油线室外消防用水量应符合《泡沫灭火系统设计规范》GB 50151的有关规定。

冷却用水量应按卸栈台一次灭火最大需水量和《消防给水及消火栓系统技术规范》GB 50974要求计算确定。

7.2 室内消防给水

7.2.1 下列建筑物和本规范附录A中规定的建筑占地面积大于300m²的甲、乙、丙类厂房、仓库应设室内消防给水：

1 内燃机车修车库、大型养路机械修车、停车库。

2 铁路站区内的车务、机务、车辆、工务、电务、生活等为铁路运输生产服务，体积大于等于10000m³或高度超过15m的建筑。

7.2.2 下列建筑或场所可不设置室内消防给水系统，但应采取其他消防措施。

3 无消防供水条件的牵引变电所应配置两套移动式高压细水雾灭火装置。

4 6台位及以下轨道车库、内燃叉车库应设置4具35kg推车式ABC干粉灭火器。

7.2.3 地下车站室内消防给水应符合《地铁设计规范》GB 50157的有关规定。

7.2.4 旅客车站集散厅、售票厅、候车厅（室）的消火栓箱内应设置消防软管卷盘。

7.3 灭火设施

7.3.1 消防器材配置应符合下列规定：

1 消防水带和水枪的配置应符合表7.3.1的规定。

表7.3.1 消防水带和水枪的配置

序号	场所名称	消防水带口径（mm）	水带（长度25m）	水枪（口径19mm）	消防器材箱设置位置
1	特大型旅客车站	65	8条	4支	各站台
2	大型旅客车站	65	8条	4支	各站台
3	中型及以下旅客车站和其他中间站、越行站、会让站	65	8条	4支	基本站台
4	区段站、编组站的出发场、集装箱货场、洗罐所、卸油线、口岸站油罐车换轮线（库）	65	8条	4支	消防车道旁
5	客车整备线、动车组停留线、备用客车存放线、客车存放线、机械保温车整备线、大型养路机械停车线	65	8条	4支	线束两端

注：每个消防器材箱宜配备直径65mm、长25m的消防水带4盘和喷嘴口径19mm的水枪2支。

2 中型及以下旅客车站和其他中间站、越行站、会让站在基本站台设置消防水池时，应配备手抬式机动消防泵两台，单台供水量不应小于7.5L/s，扬程不应大于50m，燃油应保证在额定功率下连续运转1h。

3 无消防水源的车站应配置50kg推车式ABC干粉灭火器和45L水型灭火器各5具，配8kg手提式ABC干粉灭火器和9L水型灭火器各10具，或配备移动式高压细水雾灭火装置两套。

5 动车检查库内应配备移动式高压细水雾灭火装置两套。

7.3.2 动车段（所）、客车技术整备所（客技站）、旅客列车检修所等客车集中检修或存放的库内布置消火栓时，其保护范围不应跨越两条铁路线。
7.3.3 设有电子设备的下列处所应设置气体灭火装置：
 1 铁路通信枢纽各通信机房。
 2 客货共线铁路区段站及以上车站、中型及以上旅客车站和高速铁路、城际铁路车站通信机房。
 3 客货共线铁路区段站及以上车站、中型及以上旅客车站和高速铁路、城际铁路旅客车站信号机械室（含信号设备机房、继电器室和电源室、防雷分线室）及区间中继站。
 4 调度中心（所）设备机房。
 5 铁路各级运营管理部门的信息机房，客货共线铁路区段站及以上车站、中型及以上旅客车站和高速铁路、城际铁路旅客车站信息机房。
 6 设计速度200km/h及以上铁路自然灾害与异物侵限监测系统中心级机房。
 7 牵引变电所主控制室，10kV～35kV地区或中心变、配电所的控制室，66kV及以上变、配电所的控制室。
7.3.4 下列部位应设置自动喷水灭火系统，并应符合《自动喷水灭火系统设计规范》GB 50084的有关规定：
 1 动车段（所）检查库、检修库。
 2 车站设置的建筑面积大于20m²且有防火隔墙、围合顶棚的固定餐饮、商品零售点。当车站未设自动喷水灭火系统时，可采用局部应用系统。
 3 建筑面积大于500m²或任一防火分区面积大于300m²的车站地下行李包裹库房或地下货物仓库。
 4 口岸站油罐车换轮库。
7.3.5 危险品货物仓库应根据储存物品种类和性质设置灭火装置。
7.3.6 灭火器配置除应符合《建筑灭火器配置设计规范》GB 50140的规定外，尚应符合下列规定：
 1 采用室内干式消火栓系统的仓库应按无消火栓配置灭火器。
 2 停留在各类车库内的车载灭火器不应计算在建筑物灭火器内。
 3 配置灭火器的主要生产场所危险等级分类应符合本规范附录D的规定。

8 通风、空气调节及防烟与排烟

8.0.1 喷漆库、油漆库、危险品仓库、口岸站油罐车换轮库、酸性蓄电池充电间、输送甲、乙类油品的泵房及在生产过程中使用甲、乙类油品进行配件清洗的滚动轴承间、空调机检修间、油压减振器检修间、燃料间、制动间等应设置防爆通风设施。
8.0.2 通风、空气调节系统风管穿越通信、信号、电力、信息设备用房等重要或火灾危险性大的房间隔墙和楼板处应设置防火阀。
8.0.3 下列场所应设置排烟设施：
 1 单层建筑总面积大于5000m²的机车检修库、货车修车库、大型养路机械修车及停车库、综合维修基地（段）的检修库等丁类厂房。
 2 单层建筑面积大于1000m²的行包快运基地及车站货物仓库、包裹库。
 3 建筑面积大于100m²的旅客车站候车厅（室）、集散厅、售票厅、中庭。
 4 建筑面积大于300m²的客车（动车）及机械（加冰）保温车的修车库和整备库，轨道车库、内燃叉车库，供电段、电力段的油浸变压器室等丙类厂（库）房。
 5 连续设置且总面积大于100m²的固定设置的餐饮、商品零售点。
 6 地下车站防排烟设计应符合《地铁设计规范》GB 50157的规定。

9 电 气

9.1 火灾自动报警

9.1.1 下列场所应设置火灾自动报警系统：
 1 设有自动气体灭火系统和自动喷水灭火系统的场所（不含隧道设备洞室）。
 2 建筑面积大于1000m²的物流中心仓库、行包快运基地、车站货物仓库和行李、包裹库。
 3 牵引变电所、分区所、自耦变压器所、开闭所主要设备用房，包括通信机械室、配电装置室、可燃介质补偿装置室、控制室、油浸变压器室、电缆夹层及电缆竖井。
 4 动车段（所）、客车技术整备所（客技站）、旅客列车检修所的客车集中存放场所。
 5 特大型及大型旅客车站、国境（口岸）站的综合机房、票据库、配电室，国境（口岸）站的联检和易发生火灾危险的房屋。
 6 设置机械排烟、防烟系统、雨淋或预作用自动喷水灭火系统、消防水炮灭火系统、自动射水灭火系统与火灾自动报警系统联锁动作的场所。
9.1.2 旅客车站客运广播系统作为消防应急广播系统的，应能不间断运行，并应能定向、分区域或集中广播。当环境噪声大于60dB时，播放声压级应大于背景噪声15dB。
9.1.3 下列场所应设置可燃气体探测装置，用于爆炸性气体环境的设备应采用防爆型：
 1 危险化学品货物仓库中可能产生可燃气体、可燃蒸气和易发生火灾的库房。
 2 采用低压燃气辐射采暖的厂房和库房。
 3 口岸站油罐车换轮库。
9.1.5 消防联动控制应符合下列规定：
 1 大型及以上铁路旅客车站消防控制室、设置防灾通风的铁路隧道紧急救援站应设置远程手动集中监控盘。
 2 当防排烟系统与正常通风系统合用的设备由机电设备监控系统（BAS）统一监控时，火灾自动报警和机电设备监控系统之间应联动，并应采用高可靠性通信接口。
 3 火灾自动报警系统应能根据不同区域的火灾信息控制相应区域的门禁、自动检票机释放。
 4 设有火灾自动报警系统及消防控制室的车站，正常照明出现故障时，疏散照明和安全照明应具有自动开启功能和由消防控制室火灾自动报警系统集中强行开启的功能。
 5 机务段、车辆段、动车段（所）、综合维修基地（段）中有多个建筑设置火灾自动报警及联动控制系统的，应在其中一个建筑内设置消防控制室。

6 设有消防水炮、自动射水灭火系统的检修库、整备库，其接触网开关应采用负荷开关，并与灭火系统联动。

7 火灾自动报警系统应与消防水炮、自动射水灭火系统消防联动。

9.2 消防配电及电线电缆

9.2.1 消防用电设备用电负荷分级应符合下列规定：

1 消防用电设备用电负荷分级应符合《供配电系统设计规范》GB 50052和《建筑设计防火规范》GB 50016的有关规定。

2 特大型、大型旅客车站、地下车站、调度所、通信站、长度为5km及以上或设有紧急出口的隧道消防用电应为一级负荷。

3 中小型客运站房、信号楼、动车检查库和检修库等铁路库房的消防用电应为二级负荷。

9.2.2 建筑内应急照明和灯光疏散指示标志备用电源的连续供电时间应符合《建筑设计防火规范》GB 50016的规定。

9.2.3 当不同电源的电缆或强、弱电电缆同沟、同井敷设时，应将不同电源的电缆或强、弱电电缆分别布置在两侧，其间距应符合《电力工程电缆设计规范》GB 50217的规定。当受条件限制必须相邻时，应采用阻燃型线缆，或采取阻燃防护和采用不燃材料物理隔离等措施。

9.2.4 可燃材料仓库配电应符合下列规定：

1 库房内宜采用低温照明灯具，并应对灯具的发热部件采取隔热等防火保护措施。

2 库房内不应采用卤钨灯等高温光源。

3 配电箱及开关应设置在仓库外。

9.2.5 电线、电缆、光缆的选择应符合下列规定：

1 站房，地下室，通信、信息、信号、火灾自动报警和机电设备监控系统、自然灾害与异物侵限监测系统设备机房，电力变、配电所，牵引变电所、分区所、自耦变压器所、开闭所，长度5km及以上或设有紧急出口的隧道等应采用阻燃型或采取阻燃防护措施。

2 站房和其他人员密集的建筑、地下室应采用低烟无卤型。

3 火灾时继续供电的线路和消防联动控制线路应采用耐火型。

9.2.6 铁路通信、信息、信号、火灾自动报警和机电设备监控系统、自然灾害与异物侵限监测系统设备房屋和信号楼的电缆槽应采用防火型盖板。

10 铁路隧道

10.1 隧道及隧道群

10.1.1 隧道内设置的紧急出口、避难所和紧急救援站等防灾救援疏散设施应符合《铁路隧道防灾救援疏散工程设计规范》TB 10020的规定。

10.1.2 长度5km及以上隧道内人员疏散口及通风、电力、通信、信号、牵引供电设备洞室均应设置防护门以及耐火极限不小于3.00h的隔墙。用于疏散的防护门均应向疏散方向开启，且不得设置门槛。设备洞室的防护门严禁侵入建筑限界。防护门应有明显的开启方向标志。客货共线铁路隧道防护门的抗爆荷载不应小于0.10MPa，高速铁路、城际铁路隧道防护门的抗爆荷载不应小于0.05MPa。

10.1.4 隧道控制室（值班室）应设置隧道应急电源强制启动装置，并应能显示隧道应急电源故障状态。

10.1.5 长度5.0km及以上客货共线铁路隧道应在洞口附近配备10套消防防护装备和直径65mm、长25m的消防水带8条及4支口径19mm的水枪。

10.1.6 5.0km及以上隧道内电力、电力牵引、通信、信号设备洞室应设置自动灭火装置，并应设置3具4.0kg的ABC干粉灭火器。

10.1.7 新建高速铁路、城际铁路、客货共线铁路隧道紧急救援站设置消火栓系统或细水雾灭火系统时，应符合下列规定：

1 采用消火栓系统时，用水量应按火灾延续时间2.0h计算；采用细水雾灭火系统时，喷雾时间不应小于0.5h。

2 细水雾消火栓灭火系统的喷雾强度不宜小于2.0 L/(min·m^2)，保护面积应按1辆客车车体水平投影面积计算。消火栓间距不宜大于50m。

10.1.8 客货共线铁路设置在前后相连两座隧道间的紧急救援站，洞口消防给水设施和救援站消防灭火系统应统一设计，消防用水量应按隧道洞口消防用水和救援站消防用水二者较大值计算。

10.2 隧道照明

10.2.1 隧道疏散照明地面平均水平照度值不应小于1.0lx，或最低照度值不应小于0.5lx。

10.2.2 隧道应急照明的连续供电时间不应小于60min。

11 地下车站

11.0.1 地下车站各建（构）筑物的耐火等级应符合下列规定：

1 地下车站主体工程及出入口通道、风道的耐火等级应为一级。

2 地面出入口、风亭等附属建筑耐火等级不得低于二级。

11.0.2 地下车站防火分区的划分应符合下列规定：

1 地下车站站台和集散厅应划为一个防火分区，其中集散厅建筑面积不应大于5000m^2。

2 设备与管理区每个防火分区的最大允许建筑面积不应大于1500m^2。

11.0.3 地下车站安全出口设置应符合下列规定：

1 车站每个集散厅的安全出口数量应经计算确定，且应设置不少于2个直通地面的安全出口。

2 地下单层侧式站台车站，每侧站台安全出口数量应经计算确定，且不应少于2个直通地面的安全出口。

3 设备与管理用房区域安全出口的数量不应少于2个，其中有人值守的防火分区应有1个安全出口直通地面。

4 公共区安全出口应分散设置，当同方向设置时，两个安全出口之间净距不应小于10m。

5 竖井、爬梯、电梯、消防专用通道，以及设在两侧式站台之间的过轨地道不应作为安全出口。

6 地下车站无直通室外安全出口的换乘通道不应作为安全出口。

11.0.4 两个防火分区之间应采用耐火极限不低于3.00h的防火墙和甲级防火门分隔，在防火墙设有观察窗时，应采用甲级防火窗；防火分区的楼板应采用耐火极限不低于1.50h的楼板。

11.0.5 地下车站装修除应符合《建筑内部装修设计防火规范》GB 50222的规定外，尚应符合下列规定：

1 地下车站公共区和设备与管理用房的顶棚、墙面、地面装修，应采用燃烧性能为A级的不燃材料。

2 地下车站公共区的广告灯箱、导向标志、休息椅、电话亭、售检票机等固定服务设施应采用不低于B_1级难燃材料。装修不得采用石棉、玻璃纤维、塑料类等制品。

11.0.6 地下车站公共区内任一点与最近安全出口的疏散距离不得大于50m。

11.0.7 地下车站站台公共区设置的楼梯、自动扶梯、出入口通道，应符合6min内将所有乘客及站台上的候车人员全部撤离站台到达安全区的要求。

11.0.8 地下车站安全出口、楼梯和疏散走道宽度和长度应考虑铁路旅客出行特点，并应符合下列规定：

1 疏散口、楼梯和疏散走道的宽度应经计算确定。

2 设备与管理区房间单面布置时，疏散通道宽度不得小于1.20m，双面布置时不得小于1.50m。

3 设备与管理用房的门应直接通向疏散走道。当房门位于两个安全出口之间时，其门至最近安全出口的距离不应大于40.0m，当房间位于袋形走道两侧或尽端时，不应大于22.0m。

4 疏散走道的长度不应大于100.0m，当大于时必须采取措施满足安全疏散要求。

11.0.9 地下车站内设置的疏散标志应符合现行国家标准的规定。

11.0.10 地下车站范围内严禁设置娱乐设施和餐饮类设施。设置的商业设施应符合下列规定：

1 有围护结构的商业设施面积不应大于100m²，且不得连续设置，设施间距不得小于8m。围护结构耐火极限不应低于2.00h，屋顶耐火极限不应低于1.00h，其内部应设置自动喷水灭火系统和火灾自动报警系统。

2 无围护结构的商业设施面积不应大于20m²，设施间距不得小于8m。

附录A 主要生产房屋的火灾危险性分类

A.0.1 铁路主要生产房屋火灾危险性分类应符合表A.0.1的规定。

表A.0.1 主要生产房屋火灾危险性分类

类别	生产房屋
甲	乙炔瓶存放间、酸性蓄电池充电间，危险品仓库，口岸站油罐车换轮库、洗罐库
乙	闪点<60℃的燃油库、油泵间、喷漆库、油漆库、漆工间、浸漆干燥间、配件油漆间、滤油毛线间，机务段、车辆段、动车段（所）、大型养路机械段、综合维修段（工区）的易燃品库（贮藏煤油、氧气瓶等）、氧气站、洗罐棚，制冰所内的氨压缩机间，喷漆及预处理库
丙	闪点≥60℃的燃油库、机油库、油泵间、油脂发放间、齿轮箱抱轴承间、油脂再生间、劳保用品库、杂品库、客车及机械（加冰）保温车修车库、客车及机械保温车整备库、动车检查库和检修库、空调车三机综合作业棚（库）、木工系统各车间，可燃材料仓库、车站行李房、包裹房、铁路货场中转库房、发电机间、配电装置室（每台设备油量60kg以上）、油浸变压器室，有可燃介质的补偿装置室、变压器油过滤间、变压器油库、内燃叉车库、客运备品库、电缆夹层（一般电缆）、货场和综合维修库段（工区）内的油库、试验组合（联合）车库、配送中心（或物资库）、轨道车库
丁	信息机房、通信机房、信号机械室、车辆安全防范预警系统机械室，机车中修库及小修库、机车停留库、空气压缩机间、干砂间、柴油机间、电机间、电器间、转向架间、轮轴间、清洗间（使用工业清洗剂）、货车修车库、站修棚（库）、大型养路机械检修库和停放库（棚）、锅炉房、锻工间、熔焊间、配件加修间、车电间、金属利材间、电瓶叉车库、化验室、调机库、滚动轴承间、空调车三机检修间、制动间、油压减振器检修间、燃系间、燃气器械间、小型配电装置室（每台装油量≤60kg的设备）、气体或干式变压器室、干式电抗器室、小五金库、检修组合（联合）车库、准备库
戊	机床间、冷却水制备间、轴承检查选配室、受电弓间、配件库，设备维修间、机械钳工间、工具间、材料仓库（非材料）、计量室、仪表间、碱性蓄电池间、钩缓间、检修交车棚、洗车库、变电所主控室、电缆夹层（阻燃电缆）

附录C 防火间距起算点

C.0.1 道路——路面边缘（指明者除外）。

C.0.2 铁路线路——最近铁路的线路中心线。

C.0.3 管道——管道的中心线（指明者除外）。

C.0.4 油罐——罐外壁。当有防火堤时，为防火堤中心线。

C.0.5 工业企业、住宅区、建筑物、构筑物——围墙外缘，无围墙者，建筑物和构筑物的外墙皮，如外墙有突出的可燃或难燃构件时，应从其凸出部分外缘算起。

C.0.6 铁路装卸油品设施——铁路作业中心或端部的装卸油品的鹤管。

C.0.7 铁路油罐车、汽车油罐车的装卸油品鹤管——鹤管的主管中心。

C.0.8 各类堆场——邻近铁路的最外边缘。

C.0.9 防火隔离带——铁路中心线或用地界与森林的林木投

影边缘或草原的草地边缘。

C.0.10 铁路车站——铁路车站设计用地界。

C.0.11 洗罐工艺装置——此装置最外侧设备边缘或建筑物的最外边线。洗罐工艺装置或洗罐线与建、构筑物的防火间距应以相互距离较近者确定。

附录 D 配置灭火器的主要生产场所危险等级分类

D.0.1 配置灭火器的主要生产场所危险等级分类应符合表 D.0.1 的规定。

表 D.0.1 配置灭火器的主要生产场所危险等级分类

危险等级	火灾种类	生产房屋
严重危险级	A 类	化学危险品库房
	B 类	喷漆库、油品库（乙类）、易燃品库、浸漆干燥间
	C 类	乙炔瓶存放间、氧气站、丙烷气站、液化石油气罐区
	E 类（带电火灾）	高速铁路和城际铁路的车站、区段站及以上的信号机械室、铁路枢纽通信站通信机房，调度中心（所）通信机房、信息机房，调度所
中危险级	A 类	木工间、客车整备库和修车库、动车检查车库和检修车库、货物仓库及堆场、机械保温车整备库和修车库、行李房
	B 类	油库（丙类）、汽车库、轨道车库，内燃机车库、油脂发放间、变压器油过滤间、燃油锅炉房
	C 类	燃气锅炉房
	E 类（带电火灾）	牵引变电所、分区所、自耦变压器所、开闭所、电力变、配电所的控制室、配电装置室、变（调）压器室、电容器室、发电机间、电源间、其他设备用房、其他机械室
轻危险级	—	除严重、中危险级以外的其他场所的生产车间

84. 《铁路机务设备设计规范》TB 10004—2018

5 总平面布置

5.1 一般规定

5.1.1 机务段（所）总平面布置应根据生产流程、交通运输、环境保护、自然条件及防火、安全、卫生、施工等要求，近远期兼顾、总体规划、分期实施；机务段（所）内建筑物、线群、道路、管线及绿化等设施应紧凑整齐。

5.5 围墙及道路

5.5.1 机务段（所）应设置围墙，其高度不宜低于2.2m。燃油库应设不低于2.5m的非燃烧材料的实体围墙，与机务段（所）毗邻一侧的围墙高度不宜低于1.8m。

围墙与机务段（所）内建筑物的最小间距应符合表5.5.1的规定。

表5.5.1 围墙与机务段（所）内建筑物的最小间距

序号	建筑物名称	最小间距（m）
1	一般建筑物外墙	5.0
2	危险品库	5.0
3	铁路中心线（有作业）	5.0
4	铁路中心线（无作业）	3.5
5	道路路面边缘	1.0
6	排水明沟边缘	1.5

注：1 围墙自中心线算起，建筑物自外墙轴线算起；
  2 围墙至建筑物的间距，条件困难时，可适当减少；设消防通道时，其应有净宽度不小于6m的平坦空地；
  3 门卫、闸楼与围墙的间距不限；
  4 条件困难时，铁路中心线至围墙的间距，有调车作业时，可为3.5m，无调车作业时，可为3m。

5.5.2 机务段（所）内道路应能适应生产工艺流程需要，与铁路平交的道口宜采用橡胶铺面板等新型材料。道路系统应与段总平面布置、竖向设计、线路、管线、绿化与环境布置相协调，并应满足安全、卫生、防火及其他特殊要求。

检修段内主干道宽度宜为9.0m～12.0m；机务段内主干道宽度宜为6.0m～9.0m；机务折返段主干道宽度宜为4.0m～6.0m；人行道路宽度宜为2.0m～2.5m；车间引道宽度应与车间大门宽度相适应。

道路与铁路平交及道路转弯时，应留有便于瞭望的视距。汽车道路的转弯半径（从路面内缘算起）不应小于9.0m，检修段、机务段主干道转弯半径不应小于13.0m。

道路至相邻建筑物、构筑物间距应符合表5.5.2的规定。

5.5.3 相邻建筑物之间的防火间距应符合国家现行《建筑设计防火规范》GB 50016 和《铁路工程设计防火规范》TB 10063 的规定。机务段（所）内主要生产房屋的火灾危险性分类应符合表5.5.3的规定。

表5.5.2 道路至相邻建筑物、构筑物间距

相邻建、构筑物		间距（m）
建筑物外墙	面向道路一侧无出入口时	1.5
	面向道路一侧有出入口，但不通行汽车时	3.0
	面向道路一侧有出入口，且有引道时	7.0
平行布置的铁路中心线		3.75

注：表中间距自路面边缘算起。

表5.5.3 主要生产房屋的火灾危险性分类

生产类别	生产房屋
甲	乙炔瓶存放间、酸性蓄电池充电间、危险品仓库
乙	闪点小于60℃的燃油库、油泵间，喷漆库、油漆间、漆工间、浸漆干燥间、配件油漆间、滤油毛线间，机务段的危险品库（储存煤油、氧气瓶等）、氧气站
丙	闪点大于或等于60℃的燃油库、机油库、油泵间，油脂发放间、齿轮箱抱轴承间、油脂再生间、劳保用品库、杂品库、可燃材料仓库、油浸变压器室，6辆及以上汽车库、变压器油过滤间、变压器油库、内燃叉车库
丁	机车中修库及小修库、机车停留库、空气压缩机间、干砂间、柴油机间、电机间、电器间、转向架间、轮轴间、清洗间（使用工业清洗剂）、锅炉房、锻工间、熔焊间、配件检修间、车电间、金属材利间、电瓶叉车库、化验室、制动间、油压减振器检修间、燃系间、燃料器械间、小型配电装置室（每台装油量小于或等于60kg的设备）、小五金库
戊	机床间、冷却水制备间、轴承检查选配间、受电弓间、配件库、设备维修间、机械钳工间、工具间、材料仓库（非燃材料）、计量室、仪表间、碱性蓄电池间、钩缓间

5.7 环境保护

5.7.1 机务设备设计中，其环境保护、水土保持、劳动安全、劳动卫生及消防等设施应与主体工程同时设计。

7 机车整备设备

7.2 内燃机车整备设备

7.2.3 燃油库宜采用地上式钢质油罐。燃油库应结合地形、地质、水文等具体情况布置，宜靠近整备场；有条件时，可利用油库高差为机车上油。

油库的防火安全距离应符合国家现行《石油库设计规范》GB 50074 及有关规定。

7.2.5 油库应设消防设施及值班室。油库区应设置安防监控系统。油罐应设泡沫灭火设施；缺水少电及偏远地区的四、五级石油库（油库总容量小于 10000m³）设置泡沫灭火设施困难时，亦可采用超细干粉灭火方式。

8 机车检修设备

8.8 喷漆库

8.8.3 机车喷漆库和喷漆干燥房屋布置应符合现行《铁路工程设计防火规范》TB 10063 的有关规定，喷漆库应设油漆备品存放室和调漆室，不得设置更衣室、休息室和办公室。

9 救援设备

9.0.3 救援列车停留线应设置铁路救援起重机停放库（棚）、检查坑、检查作业平台和全列车的地面给水、供电、供风、照明、消防、蹬车设施等。日常救援实作演练线路应紧邻救援列车停留线设置，线路两侧应设硬化地面。

9.0.4 救援列车基地应设置救援列车停留线，必要的办公、生产、生活房屋等地面建筑及设施和演练、体训等场地及设施，并应具备防暑、供暖和给排水条件。汽油、氧气、乙炔等易燃、易爆物品应单独存放，油脂存放地点应有加热保温设备，并应符合安全、防火的有关规定。

85.《铁路给水排水设计规范》TB 10010—2016

2 术 语

2.0.4 生活供水站 household water supply station

设有生活、消防给水设施,昼夜用水量小于 300m³(不含消防用水)的车站。

2.0.5 生活供水点 household water supply point

设有生活、消防给水设施的铁路沿线工区、桥隧守护点、警务区、线路所、牵引变电所、隧道消防点等处所。

2.0.7 铁路给水厂(所) railway water supply plant (post)

专供铁路运输、生产、生活和消防用水的水处理厂(所)。

3 基本规定

3.0.2 铁路给水站给水能力应满足运输、生产、生活、消防、浇洒道路和绿化等用水要求。

3.0.13 旅客列车给水、消防及地面卸污等设施严禁侵入铁路建筑限界。

4 给水站与生活供水站(点)

4.0.3 给水站以外的车站应按生活供水站设计;沿线工区、警务区、线路所、牵引变电所、桥隧守护点、隧道消防点等应按生活供水点设计。

5 用水量、水质和水压

5.1 用 水 量

5.1.4 消防用水量应根据《消防给水及消火栓系统技术规范》GB 50974、《建筑设计防火规范》GB 50016 和《铁路工程设计防火规范》TB 10063 确定。

5.3 水 压

5.3.3 消防水压应符合《消防给水及消火栓系统技术规范》GB 50974、《建筑设计防火规范》GB 50016 和《铁路工程设计防火规范》TB 10063 的有关规定。

6 水 源

6.0.4 地表水源的取水能力,给水站不应小于设计最大日用水量的 1.5 倍,生活供水站(点)不应小于设计最大日用水量的 1.3 倍。地下水源的产水量不应小于设计最大日用水量的 1.3 倍。水源供水能力应同时满足消防水池补水量及补水时间的要求。

7 给 水 泵 站

7.0.16 消防泵站设计应符合《消防给水及消火栓系统技术规范》GB 50974 的有关规定。

8 输配水管道

8.1 一般规定

8.1.9 无旅客运输用水的车站,其配水管网的管径、配水构筑物高度或水泵扬程应按全部生产、生活和消防用水的设计流量计算;有旅客运输用水的车站应按下列两种情况分别计算,并应取两者中较大值:

1 全部旅客运输、生产和生活用水的设计流量。

2 全部生产、生活、消防用水和 50% 旅客运输用水的设计流量。

8.2 管 道 铺 设

8.2.4 消防管道管顶最小埋设深度应在冰冻线以下 0.3m,其余管道管顶最小埋设深度应在冰冻线以下 0.2m;除岩石地层外,管顶覆土厚度不应小于 0.7m。在确保管道不受外部荷载损坏时,覆土厚度可适当减小。

9 贮配水构筑物

9.0.6 给水站的贮水设施总有效容积应满足调节不均匀用水量及消防备用水量的要求,并应符合下列规定:

2 消防水池宜单独设置,其容积应根据同一时间内火灾次数、消防水源情况及最大一次火灾灭火用水量确定。

3 消防用水与其他用水共用的水池应采取确保消防用水量不作他用的技术措施。

10 给水厂(所)

10.0.15 给水厂(所)内应设置通向各构筑物和生产房屋的道路。人行道路宽度宜为 1.5m~2.0m;车行道路宽度,单车道宜为 3.5m~4.0m,双车道宜为 6.0m~7.0m,车行道路的转弯半径不宜小于 6.0m,并应有回车场地。消防通道设置应符合《建筑设计防火规范》GB 50016 的规定。

11 排水管道及泵站

11.0.13 水下隧道排水泵站的设置位置应根据隧道纵断面布

置确定。排水能力应按消防最大排水量和结构渗水量之和计算确定,水泵扬水管不应少于两条。

14 污水处理站

14.0.11 污水处理站应设置照明、联络电话、给水及消防设施,并应配备必要的化验及检修设备。独立的污水处理站应设置必需的生活、卫生设施。

16 检测与控制

16.1 一般规定

16.1.2 给水厂(所)、污水处理站、旅客列车给水及卸污设施、给水排水泵站、消防泵站应采用集中监控、终端控制的计算机控制管理系统,水下隧道、地下车站和封闭式路堑的排水泵站及消防泵站还应设置视频监控和报警等设施。

16.2 检 测

16.2.6 贮水池、水塔、高位水箱应检测水位。

16.4 计算机控制管理系统

16.4.2 旅客列车给水站、给水厂(所)、污水处理站、卸污站及给水、排水泵站、消防泵站等应建立相应的数据库,并应预留数据通信接口。

86.《铁路照明设计规范》TB 10089—2015

2 术 语

2.0.19 应急照明 emergency lighting
因正常照明的电源失效而启用的照明。应急照明包括疏散照明、安全照明、备用照明。

2.0.20 疏散照明 escape lighting
用于确保疏散通道被有效地辨认和使用的应急照明。

3 基本规定

3.1 一般规定

3.1.4 照明种类分为正常照明、应急照明、值班照明、障碍照明、景观照明。照明种类的确定，应符合下列规定：
2 正常照明因故障熄灭后需确保正常工作或活动继续进行的场所应设置备用照明，正常照明因故障熄灭后需确保人员安全疏散的出口和通道应设置疏散照明。

3.3 照明灯具及其附属装置选择

3.3.5 铁路照明场所的灯具选择应符合下列规定：
4 在有爆炸或火灾危险场所使用的灯具，应符合国家现行相关标准的有关规定。

5 主要场所照明

5.1 旅客站房

5.1.2 旅客站房照明种类的确定应符合下列规定：
2 集散厅、候车区、售票厅等旅客聚集的场所和站房内的通道等部位，应设置应急照明。
3 集散厅、候车区、售票厅等大面积公共场所，应设置值班照明，可利用应急照明的一部分兼作值班照明。

5.3 典型办公及生产房屋

5.3.3 属于爆炸和火灾危险环境的房屋照明，应符合《爆炸危险环境电力装置设计规范》(GB 50058)和《铁路工程设计防火规范》(TB 10063)的有关规定。

5.4 站 场

5.4.8 油罐区照明应使油罐四周和消防通道均满足警卫、看护和救灾的要求，其照明灯柱应布置在防火防泄堤（墙）的外侧。

5.5 道 路

5.5.3 车站、场、段内的主干通道、设备运输通道、消防通道，宜按支路等级，其他道路宜按居住区道路等级进行照明设计；有特殊要求的道路，应按要求进行设计。

5.6 隧 道

5.6.1 铁路隧道应根据需要设置正常照明、应急照明、警卫照明及照明插座箱等，并应符合下列规定：
3 长度5000m及以上或设有紧急出口的隧道内应设置应急照明。

5.6.2 隧道应急照明应符合下列规定：
1 在救援通道、紧急救援站和其他救援疏散路线上，均应设置疏散照明。
2 在隧道洞口、紧急出口、横通道口、避难所口等处，均应设置相应的疏散指示标志。
3 在疏散和救援路线上，均应设置疏散指示标志，指示疏散方向和距离，其安装间距不宜大于30m，并应安装在距地面1.0m及以下的墙面上。

5.6.4 疏散指示标志应采用电光型灯具，并应符合《消防安全标志规范》(GB 13495)的有关规定。

5.6.5 正常照明光源宜选用发光二极管、高压钠灯、金属卤化物灯等；应急照明应选用能快速点燃的光源。

7 应急照明及疏散指示标志

7.1 应急照明设置及照度标准

7.1.1 应急照明包括备用照明、疏散照明，设置疏散照明的建筑或场所，应在其疏散通道、安全出口等处设置疏散指示标志。

7.1.2 铁路建筑的下列部位或场所应设置备用照明：
4 消防控制室、消防水泵房、防烟排烟机房、自备电源室、配电室、电话总机房以及火灾时仍需要坚持工作的其他场所。

7.1.5 备用照明的照度标准值应符合下列规定：
1 消防控制室、消防水泵房、防烟排烟机房、自备电源室、配电室以及火灾时仍需要坚持工作的消防设备房，其作业面的最低照度不应低于该场所正常照明的照度值。

7.1.6 铁路建筑的疏散照明及疏散指示标志设置、疏散照明照度标准应符合《建筑设计防火规范》(GB 50016)、《交通建筑电气设计规范》(JGJ 243)、《铁路工程设计防火规范》(TB 10063)及《铁路隧道防灾救援疏散工程设计规范》(TB 10020)的有关规定。

7.2 应急照明的光源和灯具选择

7.2.1 应急照明应选用荧光灯、发光二极管灯、卤钨灯等能快速点燃的光源，疏散指示标志宜采用发光二极管灯。

7.2.2 疏散指示标志的出口标志灯应采用电光源型，指向标志灯和导流标志灯可由电光源型和蓄光型标志灯组成，应利用一切可以利用的安装条件，优先采用电光源型疏散标志灯。

7.2.3 铁路建筑内设置的消防应急照明灯具和消防疏散指示标志，除应符合本规范的规定外，还应符合现行国家标准《消防安全标志》（GB 13495）和《消防应急照明和疏散指示系统》（GB 17945）的有关规定。

8 照明配电、控制与安全

8.1 照明配电

8.1.2 应急照明的供电应符合下列规定：

1 备用照明的应急电源宜采用供电系统中有效独立于正常照明电源的专用馈电线路或自备发电机组。其中消防设备处的备用照明的供电可靠性不应低于该消防设备的供电可靠性要求。

8.1.3 应急照明的连续供电时间应符合《建筑设计防火规范》（GB 50016）和《铁路工程设计防火规范》（TB 10063）等国家和行业标准的规定。

8.1.7 照明配电线路的导体选择除应符合《建筑设计防火规范》（GB 50016）、《铁路工程设计防火规范》（TB 10063）、《铁路电力设计规范》（TB 10008）的规定外，尚应符合下列规定：

1 照明配电干线和分支线应采用铜芯绝缘电线或电缆，分支线截面不应小于1.5mm²。

2 照明配电线路应按负荷计算电流和灯端允许电压值选择导体截面积。

3 主要供给气体放电灯的三相配电线路，其中性线截面应满足不平衡电流及谐波电流的要求，且不应小于相线截面。当3次谐波电流超过基波电流的33%时，应按中性线电流选择线路截面，并应符合《低压配电设计规范》（GB 50054）的有关规定。

4 接地线截面选择应符合国家和铁路行业现行标准的有关规定。

8.2 照明控制

8.2.6 设有火灾报警系统或消防控制室的建筑物，疏散照明和疏散标志灯应可以强行开启。其中，公共区域可通过强启线集中强启；办公、设备房间内可采用强启线与现场双控开关相结合的形式，保证在应急状态下可以被强行开启。

8.2.7 由接触器、继电器组成的应急照明控制电路，不应采用依赖不间断供电的电气式自保持接线。

8.2.10 大型及以上站房应设置智能照明控制系统，其他大中型建筑，可按具体条件采用集中或集散的、多功能或单一功能的自动控制系统。智能照明控制系统的设计应符合下列规定：

3 应配置与车站机电设备监控系统（BAS）和火灾报警系统（FAS）无缝互联的接口条件，并可接受FAS系统指令，强行启动应急照明。

8.2.11 隧道照明的控制应符合下列规定：

3 应急照明控制应采用现场手动与远动系统遥控相组合的方式，应具有现场紧急按钮一键全部开灯的功能，并应与工程总体方案相适应。

8.3 安全防护与接地

8.3.5 采用卤钨灯的吸顶灯、槽灯、嵌入式灯具，其引入线应采用瓷管、矿棉等不燃材料作隔热保护。卤钨灯、高压钠灯、金属卤化物灯、荧光高压汞灯（包括电感镇流器）、大于60W的白炽灯等不应直接安装在可燃装修材料或可燃构件上。

87.《铁路旅客车站设计规范》TB 10100—2018

2 术 语

2.0.5 集散厅 concourse
铁路客站站房内,对进站、出站旅客进行疏导的大厅。

3 总体设计

3.1 一般规定

3.1.7 铁路客站防火设计应符合国家现行标准《建筑设计防火规范》GB 50016、《铁路工程设计防火规范》TB 10063、《铁路隧道防灾疏散救援工程设计规范》TB 10020 及其他有关标准的规定。

4 总平面

4.1 总平面布置

4.1.1 铁路客站总平面布置应符合下列规定:
 1 铁路客站流线与功能布局便于旅客乘降和疏解。
4.1.4 铁路客站总平面流线设计应符合下列规定:
 1 旅客进站、出站和换乘流线应短捷。
 2 特大型、大型铁路客站的进站、出站旅客流线应分开设置。

5 站房建筑

5.1 一般规定

5.1.1 铁路客站站房内应按功能分为公共区、办公区和设备区,其设计应符合下列规定:
 1 公共区宜采用开敞空间布局,旅客流线应顺畅、有序。公共区的安全疏散必须符合现行国家标准《建筑设计防火规范》GB 50016 的有关规定。
5.1.2 铁路客站旅客流线设计应符合下列规定:
 1 大型、特大型铁路客站旅客进站流线、出站流线和换乘流线应相对独立设置,中型铁路客站宜相对独立设置,小型铁路客站可合并设置。
 2 旅客进站流线可按购票、实名制验票、安检、候车、进站检票等作业环节进行设计。
 3 旅客出站流线上应设置出站检票设施。
5.1.3 铁路客站进站、出站通道和换乘通道及楼梯宽度除应满足旅客高峰通过能力的需要外,尚应符合现行国家标准《建筑设计防火规范》GB 50016 的相关规定。

5.2 集散厅

5.2.1 铁路客站站房应设进站、出站集散厅。小型铁路客站站房的进站集散厅宜与候车区(厅、室)合并设置,进站集散厅使用面积不应小于 250m²;出站集散厅使用面积不宜小于 150m²;进出站厅合并设置时,使用面积不应小于 350m²。中型及以上铁路客站进站、出站集散厅应按高峰小时发送量确定其使用面积,进站集散厅使用面积应按不小于 0.25m²/人计算确定,出站集散厅使用面积宜按不小于 0.2m²/人计算确定。

5.3 候车区(厅、室)

5.3.1 候车区(厅、室)总使用面积应根据最高聚集人数按不小于 1.2m²/人计算确定。特大型、大型铁路客站候车区(厅、室)的使用面积应在计算结果基础上增加 5%。
5.3.2 特大型、大型铁路客站宜根据客运需求设置软席候车区。软席候车区候车人数,客货共线铁路可采用最高聚集人数的 4%,高速铁路和城际铁路可采用最高聚集人数的 10%;使用面积应按不小于 2m²/人计算确定。
5.3.3 中型及以上铁路客站应设置无障碍候车区,小型铁路客站应在候车区内设置轮椅候车席位。无障碍候车区设计应符合下列规定:
 2 无障碍候车区候车人数可采用最高聚集人数的 4%,使用面积应按不小于 2m²/人计算确定。
5.3.5 普通候车区(厅、室)座椅的排列方向应有利于旅客通向进站检票口,座椅间走道净宽不得小于 1.3m,并应满足军人(团体)候车的要求。

5.8 空间环境

5.8.2 铁路客站站房主要空间设计应具有视觉引导作用,方便旅客识别与疏散。

5.9 内部装修与构造

5.9.1 铁路客站站房室内装修应符合下列规定:
 3 采用防火、防腐、环保、易清洁的材料。
 4 导向标志、商业广告、消防等设施,给水排水、供暖、通风与空气调节、强弱电等终端设备应与室内装修结合设计、统筹布置。商业广告不应干扰铁路客站站房内各种标志的布置。
 5 符合现行国家标准《建筑内部装修设计防火规范》GB 50222 的相关规定。

5.13 地下车站

5.13.2 地下车站设计在满足功能及客流需求的同时,应采用保证乘降安全和管理方便的通风、照明、卫生、防水、防灾等措施。

5.13.7 地下车站建筑主要部位净宽和净高不应小于表5.13.7-1和表5.13.7-2的规定。

表5.13.7-1 地下车站主要部位最小净宽

部位名称	最小净宽（m）
公共区单向楼梯	1.8
公共区双向混行楼梯	2.4
公共区与自动扶梯并列设置的楼梯	1.6
站台至轨道区的工作梯（兼疏散梯）	1.1

表5.13.7-2 地下车站主要部位最小净高

部位名称	最小净高（m）
站厅公共区	3.0
站台公共区	3.0
站台、站厅管理用房	2.5
旅客出入口通道	3.0

5.13.8 地下车站出入口的设置应有利于客流吸引和疏散；风亭设置在满足功能要求的前提下，尚应满足规划、环保和城市景观等要求，地下车站出入口、风亭及冷却塔等附属建筑可参照现行国家标准《地铁设计规范》GB 50157 的相关规定设计。

6 客运服务设施

6.1 站台、雨棚

6.1.3 旅客站台面应符合下列规定：
1 站台应采用刚性防滑地面，并应满足行包、邮政车荷载要求，通行消防车的站台还应满足消防车荷载要求。

6.1.4 旅客站台雨棚设置应符合下列规定：
4 通行消防车的站台，雨棚悬挂物下缘至站台面的高度不应小于4.00m。

6.2 跨线设施

6.2.2 旅客进站、出站通道宽度和高度应计算确定，且净宽和净高应符合表6.2.2的规定。

表6.2.2 旅客进站、出站通道最小净宽和最小净高（m）

项目	特大型站	大型站	中、小型站
最小净宽	12	8～12	6～8
地道最小净高	3.0		2.5
封闭天桥最小净高	3.5		3.0

6.2.3 旅客天桥、地道通向站台出入口宽度应符合下列规定：
1 旅客天桥、地道通向站台宜设双向出入口。高速铁路和客货共线铁路旅客站台出入口宽度应符合表6.2.3-1的规定；城际铁路旅客站台出入口宽度应符合表6.2.3-2的规定。出入口设有自动扶梯或升降电梯时，其宽度应根据升降设备的数量和要求确定。

表6.2.3-1 高速铁路和客货共线铁路旅客站台出入口宽度（m）

名称	特大型、大型站	中型站	小型站
基本站台和岛式中间站台	5.0～5.5	4.0～5.0	3.5～4.0
侧式中间站台	5.0	4.0	3.5～4.0

表6.2.3-2 城际铁路旅客站台出入口宽度（m）

名称	中型站	小型站
站台	4.5～5.0	3.0～4.0

2 既有铁路客站改建时，可利用既有旅客进站、出站通道，并应符合本条第1款的规定。

6.2.5 旅客天桥、地道通向站台出入口之间的距离应符合下列规定：
3 当自动扶梯相对布置时，其出入口之间的距离应满足自动扶梯工作点间距相关要求。

6.2.6 天桥、地道出入口阶梯和坡道应符合下列规定：
2 旅客用天桥、地道采用坡道时应有防滑措施，且坡度不宜大于1∶8。

6.3 检票口

6.3.4 进站、出站检票口应满足安全疏散及无障碍通行要求。

6.5 公共信息导向系统

6.5.13 公共信息导向设施应符合下列规定：
3 导向设施不应采用对人体有伤害危险的材料。灯光型标志设施的材料应具有防火性能，电气材料应具有绝缘性能。

7 结 构

7.1 一般规定

7.1.6 结构遭遇火灾、飓风、爆炸、撞击等偶然作用时，应按国家现行有关标准要求进行相应结构分析，必要时应进行抗连续倒塌设计。

7.2 荷载与作用

7.2.3 偶然作用应包括爆炸、撞击、火灾及其他偶然出现的作用。

8 供暖、通风与空气调节

8.1 一般规定

8.1.2 铁路客站站房设备区空气调节系统应独立设置；公共区与办公区空气调节系统宜分开设置。

8.4 通 风

8.4.1 铁路客站站房的候车室、售票厅等房间宜采用自然通风，自然通风不能满足要求时，应辅助设置机械通风；公共厕所应设置机械通风。其换气次数宜符合表8.4.1的规定。

表 8.4.1 铁路客站站房换气次数

房间名称	换气次数（次/h）
候车区（厅、室）、售票厅	2～3
公共厕所（机械通风）	15～20

8.4.2 无外窗办公用房应设置机械通风。

8.4.4 铁路客站站房内公共区域的餐饮操作间应设独立通风系统。

8.4.5 铁路客站站房厕所应设置独立的机械排风系统，排出的气体应直接排至室外。

9 给水排水

9.1 一般规定

9.1.1 铁路客站给水系统应结合生产、生活、消防等用水及对水质、水压、水量要求进行设计。

10 电气与照明

10.1 一般规定

10.1.1 铁路客站应统筹考虑车站通信、信号、客服、火灾自动报警、设备监控、通风与空气调节、电梯与自动扶梯等用电设备及为旅客服务的商业设施等因素确定供电能力。

10.2 供配电

10.2.6 铁路客站低压配电干线系统应符合下列规定：
4 应急照明和消防负荷应采用专用配电回路。中型及以上铁路客站的区域总配电装置处，可根据防火分区和建筑布局分出专用配电回路。

10.3 照明

10.3.2 铁路客站站房照明种类应符合下列规定：
2 公共区以及与行车直接相关的信号设备、消防和报警设备机房等重要房间应设置应急照明。

11 客运服务信息系统

11.2 旅客服务信息系统

11.2.3 广播系统应符合下列规定：
5 广播系统兼作消防广播时应符合现行国家标准《火灾自动报警系统设计规范》GB 50116 消防应急广播的有关规定。

88.《铁路瓦斯隧道技术规范》TB 10120—2019

12 施工安全管理

12.1 一般规定

12.1.2 瓦斯工区应建立专门机构进行通风、防突、防爆及瓦斯检测工作,设置消防设施。高瓦斯工区、煤与瓦斯突出工区还应配备救护队或与附近有资质的矿山救护队签订服务协议。

12.4 消防管理

12.4.1 瓦斯工区消防设施应满足下列要求:

1 必须在洞外设置消防水池和消防用砂,水池中应保持不小于 $200m^3$ 储水量,保持一定的水压。

2 瓦斯工区内必须设置消防管路系统,并每隔 100m 设置一个阀门(消防栓)。

3 洞内各种作业区内、机电设备及其他施工设备安装洞室内应设置灭火设备或设施,并经常保持良好状态。

4 每季度应对洞、内外的消防管路系统、消防材料库和消防器材的设置情况进行 1 次检查。

12.4.2 瓦斯工区严禁火源进洞,洞口、洞口房、通风机房等附近 20m 范围内不得有火源,当通风机房不在洞口作业场内时,需另制订防火措施。

12.4.3 瓦斯工区动火作业安全管理应符合下列要求:

1 必须建立瓦斯隧道内动火作业审批制度,制定动火作业安全技术措施。

2 动火作业点附近必须配备灭火器、消防砂、消防用水等消防设施,瓦检员必须现场跟踪检查动火作业点 20m 范围内的瓦斯浓度。

3 高瓦斯工区、煤与瓦斯突出工区不应进行电焊、气焊、喷灯焊接、切割等工作。当情况特殊必须进行以上作业时,应制定安全措施,并遵守下列规定:

1)指定专人在现场检查和监督。

2)工作地点前后两端各 10m 范围内不得有可燃物,应有专人负责喷水并备有不少于 2 个灭火器。

3)工作地点附近 20m 风流中瓦斯浓度不得大于 0.5%;工作地点附近 20m 范围内隧道顶部等易于瓦斯积聚处无瓦斯积存。

4)工作完成后,再次用水喷洒作业地点,并应有专人至少检查 1h,确认无残火、高温物品后方可结束作业。

12.5 应急管理

12.5.1 瓦斯隧道应提前制定事故预防与应急救援预案,按计划配备安全防护用品、应急救援物资及消防设施等。并符合下列规定:

1 应急救援预案中应明确应急救援组织机构,分工明确,责任到人,联络通畅,外部救援满足最佳救援时间。

3 应设置洞内紧急撤离和避险设施,并与监测监控、人员位置监测、通信联络等系统结合,构成安全避险系统。

12.5.4 火灾处理应遵守下列规定:

1 瓦斯工区发生火灾时,应立即组织人员撤离,启动应急预案。

2 电气设备着火时,应首先切断电源。

3 不能直接灭火时,必须设置防火墙封闭火区。

89. 《高速铁路设计规范》TB 10621—2014

2 术语和符号

2.2 缩略语

FAS Fire Alarm System 火灾自动报警系统

7 桥涵

7.5 桥面布置及附属设施

7.5.2 救援疏散通道设计应符合下列规定:

1 桥长超过 3km 时,应结合地面道路条件,每隔 3km (单侧 6km)左右,在线路两侧交错设置一处可上下桥的救援疏散通道。

2 救援疏散通道应满足抗震设防的要求。

3 桥上应设置疏散导向标志,救援疏散通道侧对应的桥上栏杆或声屏障位置应预留出口。

4 桥梁救援疏散通道应与地面道路顺接。

7.8 接口设计

7.8.7 救援疏散通道的设置应和桥下维修通道、声屏障安全通道及地面道路统筹考虑。

8 隧道

8.7 运营通风

8.7.2 隧道的防灾通风应与运营通风统筹考虑,应采用可靠的防火安全措施,并符合现行铁路隧道防灾救援疏散工程设计标准的相关规定。

8.8 防灾救援疏散

8.8.1 隧道防灾救援疏散应采取"以人为本,应急有备,方便自救,安全疏散"的原则。健全防灾救援疏散系统,预防灾害发生,将列车发生灾害事故后所产生的危害降到最低程度。

8.8.2 铁路隧道防灾救援疏散工程应根据运输性质、环境条件、施工辅助坑道条件等因素进行设计,并符合现行铁路隧道防灾救援疏散工程设计标准的有关规定。

10 站场

10.4 客运设备

10.4.3 旅客进出站通道的设置应根据旅客站房设计、旅客进出站流线等情况综合考虑,并符合下列规定:

1 旅客进出站通道数特大型站不应少于 3 处,大型站不应少于 2 处,中型和小型站不应少于 1 处;设有高架候车室时,出站通道不应少于 1 处。

2 旅客进出站通道的最小宽度应符合表 10.4.3-1 的规定。

表 10.4.3-1 旅客进出站通道最小宽度 (m)

项目	旅客进出站通道		
	特大型站	大型站	中、小型站
最小宽度	12	8~12	6~8

11 电力牵引供电

11.3 牵引变电

11.3.7 27.5 kV GIS 开关柜屋内布置应符合下列规定:

1 采用单排布置时操作通道不应小于 1.5m,维护通道不应小于 0.8m。采用双排布置时操作通道不应小于 2m,维护通道不应小于 1m。

3 27.5kV GIS 室应设电缆夹层,净高不应小于 2m,夹层宜设固定式楼梯,有条件时宜设置检修维护通道。

11.3.18 27.5kV 专用电缆敷设方式应符合下列规定:

4 27.5kV 专用电缆在隧道内敷设时,宜沿隧道壁设置电缆爬架或穿管敷设,电缆爬架应满足防火防潮防腐要求。

11.3.22 所内防火要求应满足《火力发电厂与变电站设计防火规范》GB 50229 的有关要求,并符合下列规定:

1 消防用电设备、火灾应急照明应按Ⅱ类负荷供电。消防用电设备应采用单独的供电回路,应急照明可采用蓄电池电源,其连续供电时间不应小于 20min。

2 控制室、配电装置室、变压器室、建筑疏散通道和楼梯间应设置应急照明。

3 控制室、配电装置室、电缆夹层、电缆竖井应设置火灾自动报警系统,火警信号应分别传至安全监控系统和消防控制系统。

4 所内主要设备用房和设备火灾自动报警系统应按要求设置火灾探测器,其中电缆夹层、电缆竖井除设置感烟火灾探测器外,还应设线性感温火灾探测器。火灾探测器纳入安全监控系统。

7 所内建筑的火灾危险性为丙类且建筑占地面积超过 3000m² 时,所内的消防车道宜布置成环形。当为尽端式车道时,应设回车场地或回车道。

8 27.5kV 专用电缆从屋外进入屋内的入口处、电缆竖井的出入口处、电缆接头处、控制室与电缆夹层之间以及长度超过 100m 的电缆沟,均应采取防止电缆火灾蔓延的阻燃及分隔措施。

11.5 接 触 网

11.5.4 接触网主要设备零部件的选型应符合下列规定：

7 接触网支柱、下锚及拉线、吊柱等基础应采用土建预埋。隧道内安装基础宜采用安全、可靠、耐受动荷载、防火、经济、便于调整和接地的预埋结构。隧道内安装基础以及接触悬挂安装应保证火灾情况下不小于15min的列车通过能力，在隧道发生火灾情况下的最高温度及持续时间内，不应造成接触网或隧道结构坍塌。

11.6 电磁干扰防护

11.6.3 牵引供电系统对油气管道的电磁影响、交叉要求，与油库、液化气库等易燃易爆品库之间的安全距离，应符合《交流电气化铁道对油（气）管道（含油库）的影响容许值及防护措施》TB/T 2832、《油气输送管道穿越工程设计规范》GB 50423、《石油库设计规范》GB 50074、《汽车加油加气站设计与施工规范》GB 50156 及《城镇燃气设计规范》GB 50028 等技术标准的有关规定。

12 电 力

12.2 供配电系统

12.2.1 电力负荷应根据对供电可靠性的要求及中断供电所造成损失或影响的程度分为一、二、三级，并符合下列规定：

1 一级负荷应包括：与行车密切相关的通信、信号、信息、灾害监测系统；动车段（所）运用设备；电力及电力牵引供电各所操作电源；大型、特大型站公共区照明、应急照明及隧道应急照明；大型及特大型站、地下站建筑消防用电设备；隧道防灾救援设备等。

12.4 电力线路

12.4.7 长及特长隧道敷设的电力电缆应采用阻燃型或采取阻燃防护措施。

12.4.8 一级负荷供电的双电源电缆不宜敷设在同一径路或沟槽内，受条件限制设于同一沟槽内时，应采取防止火灾蔓延的阻燃或分隔措施，并根据其供电可靠性要求采取下列一种或数种措施：

1 采用不燃性隔板、墙、保护管等分隔措施。
2 电缆涂防火涂料。
3 一级负荷供电的两回电缆中的一回电缆采用耐火电缆。

12.6 机电设备监控系统及火灾自动报警系统

12.6.3 铁路建（构）筑物应根据《火灾自动报警系统设计规范》GB 50116 及有关防火规范设置火灾自动报警系统（FAS）。

12.6.4 防排烟系统与正常通风系统合用的设备由 BAS 统一监控时，FAS、BAS 系统之间应设置高可靠性通信接口，火灾工况由 FAS 发布火灾模式指令，BAS 优先执行相应的控制程序，但必须保证火灾时 BAS 的通信网络和供电的可靠性。

12.6.6 动车组检查检修库内火灾报警系统应满足先切除相关场所接触网等非消防电源，后启动消防水泵灭火的控制程序要求。

12.7 照 明

12.7.2 隧道照明分为固定检修照明和应急照明，其设置应符合下列规定：

2 长度5km以上或有紧急出口的隧道内应设置应急照明。

3 应急照明应设置在紧急出口、救援通道、紧急救援站、避难所、横通道。应急照明在疏散通道的地面最小水平照度不应低于 0.5lx。疏散指示照明标志安装间距不宜大于30m，并应安装在距地面1m以下的墙上。

5 应急照明应选用快速点燃的光源。

6 应急照明应至少由两路相互独立电源供电，其中一路宜为应急电源装置（EPS）。

7 消防疏散指示标志和消防应急照明灯具尚应符合《消防安全标志》GB 13495 和《消防应急照明和疏散指示系统》GB 17945 的有关规定。

13 通 信

13.2 通信线路

13.2.4 通信线路的防火性能应符合《铁路工程设计防火规范》TB 10063 等有关规定。

13.16 运行环境

13.16.1 通信设备房屋的温度、湿度及防震、防尘、防潮、防火、防鼠等应符合相关标准的规定。

13.17 接口设计

13.17.8 相关专业应按通信系统要求设置机房、通风、空调、消防及电力设施。

14 信 号

14.10 光电缆线路

14.10.4 信号光电缆的防火性能应符合《铁路工程设计防火规范》TB 10063 等有关规定。

14.10.9 室内光电缆线路应设置防护管槽，并采取防鼠、防火等措施。

14.12 信号房屋

14.12.3 信号设备房屋的温度、湿度及防震、防尘、防水、防潮、防火、防鼠等应符合相关标准的规定。

15 信 息

15.11 接口设计

15.11.1 信息专业应与房建、暖通、电力、通信等专业进行协调，接口设计应符合下列规定：

1 相关专业应按信息系统要求设置机房、通风、空调、消防及电力设施。

3 客票系统应实现与消防系统联动。应急状态下，进出站自动检票机可按照消防疏散指令完成自动开放。

4 客运广播系统与消防系统应在站房旅客活动区域共用广播声场线路和设备，客运广播系统应设置负载切换控制设备。

17 动车组设备

17.2 总平面布置

17.2.1 动车段（所、场）总平面布置应符合下列规定：

2 动车段（所、场）应根据生产工艺、环保、防火、卫生、通风、采光等方面的要求，结合地形、地质、水文、气象等自然条件，布置建筑物、线群、道路、管线及绿化设施。

17.2.3 动车段（所、场）内线路应符合下列规定：

3 存车线有效长应根据动车组长度、安全距离和信号设置要求确定。兼顾普速列车存放的存车线有效长应为550m。存车线线间距，有作业时不应小于4.6m，无作业且符合信号机设置要求时不应小于4.2m，设有接触网支柱或灯桥柱的存车线线间距不应小于6.5m，整备线线间距不应小于6.0m。存车线上方应设接触网，并应设照明设施和消防设施。

17.3 运用整备设施

17.3.11 动车组存车线应设视频监控装置、照明设备、消防设施、登车平台、停车标识牌，必要时可设动车组外接电源。

17.5 其他

17.5.6 动车段（所、场）应设置消防设施、污水处理设施和垃圾收集贮运设施。

18 维修设施

18.6 总平面布置

18.6.1 维修设施宜按照专业修、机械修、集中修进行设计，并应符合下列规定：

2 总平面布置应根据生产工艺、环境保护、消防、卫生、通风、采光等要求，结合地形、地质、水文、气象等自然条件，因地制宜布置建筑物、线路、道路、管线及绿化设施。

19 给水排水

19.3 排水

19.3.13 水下隧道区间应根据隧道纵断面设置废水排水泵站。排水能力应按消防时的最大排水量和结构渗水量之和确定。

22 环境保护

22.2 声屏障

22.2.8 声屏障吸、隔声材料的性能应符合下列规定：

5 非透明声屏障材料的防火等级应符合《建筑材料及制品燃烧性能分级》GB 8624规定的B级及以上要求。

22.2.9 声屏障附属设施设计应符合下列规定：

2 路桥连接段或路基声屏障连续长度大于500m时，应根据疏散和检修要求设置安全门（抢修门），门的净宽度不应小于1.0m。门外路基边坡处应有安全通行条件。

3 桥梁声屏障安全门的设置位置应与救援疏散通道相结合。

4 安全门应由线路内侧向外开启，并不应影响声屏障降噪效果。

90.《城际铁路设计规范》TB 10623—2014

9 地下车站结构

9.1 一般规定

9.1.10 地下车站结构设计应统筹考虑防灾救援疏散、通风排烟、消防、排水等要求。

12 电力牵引供电

12.3 牵引变电

12.3.5 牵引变电所所内道路布置除满足运行、检修、设备安装要求外，还应符合安全、消防、节约用地的有关规定。所内主干道最小宽度不应小于4m。

12.3.19 27.5kV专用电缆敷设方式应符合下列规定：

4 27.5kV专用电缆在隧道内敷设时，宜沿隧道壁设置电缆爬架或穿管敷设，电缆爬架应满足防火防潮防腐要求。

12.3.23 牵引变电所防火要求应符合现行《火力发电厂与变电站设计防火规范》GB 50229的有关规定，并应符合下列规定：

1 消防用电设备、火灾应急照明应按Ⅱ级负荷供电。消防用电设备应采用单独的供电回路，应急照明可采用蓄电池电源，其连续供电时间不应小于20min。

2 控制室、配电装置室、变压器室、建筑疏散通道和楼梯间应设置应急照明。

3 控制室、配电装置室、油浸变压器室、电缆夹层、电缆竖井应设置火灾自动报警，火警信号应分别传至安全监控系统和消防控制系统。

4 纳入安全监控系统中的火灾探测器与纳入消防控制系统的火灾探测器可分开设置。

5 所内主要设备用房和设备火灾自动报警系统应设置火灾探测器，其中电缆夹层、电缆竖井除设置感烟火灾探测器外，还应设线性感温火灾探测器。火灾探测器纳入安全监控系统。

7 当所内建筑的火灾危险性为丙类且建筑的占地面积超过3000m²时，所内的消防车道宜布置成环形；当为尽端式车道时，应设回车场地或回车道。

8 27.5kV专用电缆从屋外进入屋内的入口处、电缆竖井的出入口、电缆接头处、控制室与电缆夹层之间以及长度超过100m的电缆沟，均应采取防止电缆火灾蔓延的阻燃及分隔措施。

12.5 接触网

12.5.4 主要设备零部件的选型应符合下列规定：

7 支柱、下锚及拉线等的基础应采用土建预留。隧道内接触网安装基础应采用安全、环保、可靠、耐受动荷载、防火、经济、便于调整和接地的结构。

13 电 力

13.2 供配电系统

13.2.1 电力负荷应根据对供电可靠性的要求及中断供电所造成损失或影响的程度分为一、二、三级，并符合下列规定：

1 一级负荷应包括：与行车密切相关的通信、信号、信息、灾害监测、站台门、防淹门；动车段（所）运用设备；电力及电力牵引供电各所操作电源；大型站及地下站公共区照明、应急照明及隧道应急照明；大型站、地下站建筑消防用电设备；隧道防灾救援设备等。

13.4 电力线路

13.4.7 对一级负荷供电的双电源电缆不宜敷设在同一径路或沟、槽内时，当受条件限制设于同一沟、槽内时，应采取防止火灾蔓延的阻燃或分隔措施，并应根据其供电可靠性要求采取下列一种或数种措施：

1 采用不燃性隔板、墙、保护管等分隔措施。

2 电缆涂防火涂料。

3 一级负荷供电的两回电缆中的一回电缆采用耐火电缆。

13.4.9 长及特长隧道内的电力电缆应采用阻燃型或阻燃防护措施。

13.6 机电设备监控系统

13.6.5 正常运行工况需控制的设备，应由机电设备监控系统直接监控；火灾工况专用的设备，应由火灾自动报警系统直接监控；防排烟系统与正常通风系统合用的设备，宜由机电设备监控系统统一监控。

13.6.6 当防排烟系统与正常通风系统合用的设备由BAS统一监控时，机电设备监控系统和火灾自动报警系统之间应设置可靠的通信接口，由火灾自动报警系统发布火灾模式指令，机电设备监控系统优先执行相应的火灾控制程序，但必须保证火灾时BAS的系统设备、通信网络和供电的可靠性。

13.7 火灾自动报警系统

13.7.1 铁路建筑物应根据现行《火灾自动报警系统设计规范》GB 50116及有关防火标准的规定设置火灾自动报警系统。

13.7.2 具有多个地下车站及地下区间的火灾自动报警系统宜设置区域和车站级两级监控管理。区域监控管理级火灾自动报警系统宜由操作员工作站、打印机、通信网络、不间断电源和显示屏等设备组成；车站监控管理级火灾自动报警系统应由火灾报警控制器、消防控制室图形显示装置、打印机、不间断电源和消防联动控制器手动控制盘等设备组成。

13.7.3 火灾自动报警系统区域级与车站级之间的信息传输网络宜采用通信专业提供的通道，但火灾自动报警系统车站级网络应独立配置。

13.7.4 动车组检修库内火灾报警系统应满足先切除相关场所接触网等非消防电源，后启动消防水泵灭火的控制程序要求。

13.7.5 火灾自动报警系统应预留与拟建其他线路换乘站火灾自动报警系统接口的条件。

13.8 动力照明

13.8.1 隧道照明设置应符合下列规定：
  2 地下区间、长度5km及以上或有紧急出口的山岭隧道内应设置应急照明。
  3 应急照明应设置在紧急出口、救援通道、紧急救援站、避难所、横通道；应急照明在疏散通道的地面最小水平照度不应低于0.5lx；疏散指示照明标志安装间距不宜大于30m，并应安装在距地面1m以下的墙上。

13.8.2 消防疏散指示标志和消防应急照明灯具应符合现行《消防安全标志》GB 13495和《消防应急照明和疏散指示系统》GB 17945的有关规定。

13.10 接口设计

13.10.3 电力专业应向相关专业提出变、配电所防火、采暖与通风、建筑设计等有关要求，其中，通风空调应满足电力设备运行要求。

14 通　信

14.2 通信线路

14.2.3 通信线路的防火性能应符合现行《铁路工程设计防火规范》TB 10063等有关规定。

14.15 运行环境

14.15.1 通信设备房屋的设置及温度、湿度、防振、防尘、防潮、防火、防鼠等应符合铁路房屋建筑设计有关标准的规定。

14.16 接口设计

14.16.8 相关专业应按通信系统要求设置机房、通风、空调、消防及电力设施。

15 信　号

15.10 光电缆线路与防护

15.10.3 信号光电缆的防火性能应符合现行《铁路工程设计防火规范》TB 10063等有关规定。

15.12 信号房屋

15.12.3 信号设备房屋的温度、湿度及防振、防尘、防潮、防火、防鼠等应符合铁路房屋建筑设计有关标准的规定。

16 信　息

16.4 旅客服务信息系统

16.4.9 客运广播系统应在站前广场、进站、售票、候车、站台、出站等区域为旅客提供引导广播以及公共宣传广播，覆盖全部旅客服务区域。客运广播系统应具有分区广播功能，也能实现现场临时广播或应急广播。客运广播系统应与火灾自动报警系统联动，发生火灾等异常情况下应切换到消防控制系统，由消防广播进行控制。

16.10 接口设计

16.10.1 相关专业应按信息系统要求设置机房、通风、空调、消防及电力设施。

16.10.3 客票系统应实现与火灾自动报警系统联动。应急状态下，进出站自动检票机应按照消防疏散指令完成自动开放。

16.10.4 客运广播系统与火灾自动报警系统共用广播系统扬声器时，客运广播系统应设置负载切换控制设备。

18 动车组设备

18.2 总平面布置

18.2.1 动车段（所、场）总平面布置应符合下列规定：
  2 动车段（所、场）应根据生产工艺、环保、防火、卫生、通风、采光等方面的要求，结合地形、地质、水文、气象等自然条件，布置建筑物、线群、道路、管线及绿化设施，并预留发展条件。
  7 动车段（所）应有不少于两个与外界道路连通的出入口，并满足消防要求。

18.2.3 动车段（所、场）内线路应符合下列规定：
  2 存车线数量应根据动车组周转图确定，段（所）内检查库线数量应计入存车线数量。存车线有效长应根据动车组长度、安全距离和信号设置方式确定。
  存车线线间距不应小于4.6m，设有接触网支柱或灯桥柱的存车线线间距不应小于6.5m。
  存车线上方应设置接触网，并应设照明设施和消防设施。

18.3 运用整备设施

18.3.10 动车组存车线应设视频监控装置、照明设备、消防设施、登车平台、停车标识牌，必要时可设置动车组外接电源。

18.5 其　他

18.5.5 动车段（所、场）应设置消防设施、污水处理设施和垃圾收集贮运设施。

20 给水排水

20.1 一般规定

20.1.6 消防给水设计应符合现行《建筑设计防火规范》GB

50016、《消防给水及消火栓系统技术规范》GB 50974、《铁路工程防火设计规范》TB 10063 的有关规定，地下车站及区间隧道的消防给水设计尚应符合现行《地铁设计规范》GB 50157 的有关规定。

21 房屋建筑

21.1 一般规定

21.1.7 房屋建筑防火设计应符合现行《建筑设计防火规范》GB 50016、《铁路工程设计防火规范》TB 10063 的规定，地下车站的建筑防火按照现行《地铁设计规范》GB 50157 的有关规定进行设计。

21.4 建筑设备

21.4.3 自动扶梯的传输设备应采用阻燃材料，电线、电缆应采用无卤、阻燃、低烟材料。

21.4.9 站台门不得作为车站防火隔离装置。

21.4.10 站台门应满足正常运营时旅客方便上下车、故障或灾害时旅客安全疏散的需求。

22 采暖通风与空调

22.1 一般规定

22.1.6 车站进站、出站地道的通风防排烟系统，应符合现行《建筑设计防火规范》GB 50016 的相关规定。

22.1.7 房屋建筑防排烟设计应符合国家相关规范的规定，地下站的防排烟设计尚应符合现行《地铁设计规范》GB 50157 的相关规定。

91.《重载铁路设计规范》TB 10625—2017

11 电力牵引供电

11.3 牵引变电

11.3.1 牵引变电所、开闭所、分区所、自耦变压器所的所区总布置除应符合《铁路电力牵引供电设计规范》TB 10009 的规定外,还应符合下列规定:

　　2 变电所所内道路的布置除应满足运行、检修、设备安装要求外,还应符合安全、消防、节约用地的有关规定。变电所的主干道应布置成环形,如成环困难时,应具备回车条件。

　　所内道路宽度宜为 4.0m。大门至主控制室、主变压器的主干道的宽度,220kV 变电所可为 4.5m,330kV 变电所可为 5.5m。

11.5 电磁干扰防护

11.5.1 牵引供电系统对油气管道的电磁影响、交叉要求,与油库、液化气库等易燃易爆品库之间的安全距离,应符合国家现行相关标准的规定。

12 电 力

12.1 一般规定

12.1.2 危险环境和防火的电力设计应符合《爆炸危险环境电力装置设计规范》GB 50058、《建筑设计防火规范》GB 50016 和《铁路工程设计防火规范》TB 10063 等标准的规定。

12.3 火灾自动报警系统及机电设备监控系统

12.3.1 车站、段(所)等建(构)筑物应根据《建筑防火设计规范》GB 50016、《铁路工程设计防火规范》TB 10063 等的有关规定设置火灾自动报警系统。火灾自动报警系统设计应符合《火灾自动报警系统设计规范》GB 50116 的规定。

12.3.3 设置防灾通风的隧道应设置防灾救援设备监控系统。隧道防灾救援设备监控系统设计应符合《铁路隧道防灾疏散救援工程设计规范》TB 10020 的规定。

13 通 信

13.1 一般规定

13.1.5 通信采用的光电缆及室内配线防火性能应符合《铁路工程设计防火规范》TB 10063 的有关规定。

13.14 接口设计

13.14.7 相关专业应按通信系统要求设置机房、通风、空调、消防及电力等设施。

14 信 号

14.9 接口设计

14.9.6 信号与房建、暖通接口设计应符合下列要求:

　　1 信号房屋设计应符合信号设备及办公用房的要求,并配属相关通风、空调及消防设施。其中,信号机械室、机房宜配置专用空调。

15 信 息

15.9 接口设计

15.9.2 相关专业应根据信息系统要求设置机房、通风、空调、消防及电力等设施。

18 给水排水

18.2 给水排水

18.2.4 消防给水设计应符合《建筑设计防火规范》GB 50016、《消防给水及消火栓系统技术规范》GB 50974、《铁路工程设计防火规范》TB 10063 及国家相关标准的规定。

92.《铁路隧道防灾疏散救援工程设计规范》TB 10020—2017

1 总 则

1.0.2 本规范适用于新建高速铁路、城际铁路以及客货共线铁路隧道防灾疏散救援工程设计。

1.0.4 列车在隧道内发生火灾时，应控制列车驶出隧道进行疏散；当列车不能驶出隧道，应控制列车停靠在紧急救援站进行疏散和救援。

1.0.5 铁路隧道防灾疏散救援工程应加强总体方案设计，统筹接口设计，确保使用功能。

2 术 语

2.0.2 隧道内紧急救援站 emergency rescue station in tunnel

设置在隧道内，满足着火列车停靠、人员疏散及救援的站点。

2.0.3 隧道口紧急救援站 emergency rescue station between continuous tunnel portals

设置在隧道群明线及洞口段，满足着火列车停靠、人员疏散及救援的站点。

2.0.4 紧急出口 emergency exit

设置在隧道内，供事故列车内人员直接疏散到隧道外的坑道。

2.0.5 避难所 refuge

设置在隧道内，供事故列车内人员临时避难，并能疏散到隧道外的坑道。

2.0.6 疏散通道 evacuation walkway

隧道内纵向贯通设置，供人员应急疏散的通道。

2.0.7 横道 passage-way

连接两座并行隧道或隧道与平行导坑，供人员应急疏散的通道。

2.0.8 防灾通风 ventilation for disaster prevention

为满足着火列车人员安全疏散及救援所进行的供风、排烟。

2.0.9 必需安全疏散时间 required safety egress time

从着火列车停车开始到列车中所有人员疏散至安全区域所需的时间。

2.0.10 可用安全疏散时间 available safety egress time

从着火列车停车开始至火灾发展到对人员安全构成危险所需的时间。

3 基本规定

3.0.1 防灾疏散救援工程应综合考虑线路技术标准、工程分布、工程特征、环境条件、运营管理模式等因素进行总体方案设计。

3.0.2 隧道防灾疏散应以洞外疏散为主，疏散路径和设施应结合隧道线路运输性质、环境条件、辅助坑道条件等设置，并制定相应的疏散预案。

3.0.3 紧急救援站应满足着火列车停车后人员疏散要求；紧急出口、避难所及横通道应满足事故列车人员疏散要求。

3.0.4 隧道内应设置贯通的疏散通道，单线隧道单侧设置，多线隧道双侧设置。

3.0.5 长度 20km 及以上的隧道或隧道群应设置紧急救援站，紧急救援站之间的距离不应大于 20km。

3.0.6 长度 10km 及以上的单洞隧道，应在洞身段设置不少于 1 处紧急出口或避难所。

3.0.7 长度大于等于 5km 且小于 10km 的单洞隧道，宜结合施工辅助坑道，在隧道洞身段设置 1 处紧急出口或避难所。

3.0.8 互为疏散救援的两条并行隧道，应设置相互联络的横通道。

3.0.9 设置紧急救援站的隧道，其紧急出口、避难所、横通道等疏散设施的设置应符合本规范第 3.0.6～3.0.8 条的规定。

3.0.10 疏散救援土建工程设施应按永久工程进行结构及防排水设计。用于疏散的通道，其地面应平整、稳固，无积水。

3.0.12 隧道设计火灾规模应按同一隧道或隧道群同一时间段内只有一节旅客列车车厢发生火灾确定。火灾规模应按线路运行的列车类型确定，动车组可采用 15MW，普通旅客列车可采用 20MW。

3.0.13 隧道防灾通风设计应遵循人烟分离的原则。

3.0.14 人员安全疏散时间应符合下列规定：

1 可用安全疏散时间大于必需安全疏散时间。

3.0.15 防灾疏散救援工程设计应包括以下主要内容：

1 总体方案设计：防灾疏散救援工程设置形式、规模和数量。

2 土建工程技术参数确定：疏散通道尺寸；横通道的间距、断面净空尺寸；紧急救援站、紧急出口、避难所、防护门等相关技术参数。

3 相关设施配套：通风、应急照明、供电、应急通信、设备监控、消防等设备系统。

4 疏散救援设施及设备的接口设计。

3.0.16 防灾疏散救援配套设施及控制系统应纳入运营单位的应急管理系统。

4 土建工程设计

4.1 一般规定

4.1.1 防灾疏散救援土建工程应统筹隧道、通风、电力、牵引供电、通信、信号、房建、给排水、机械等相关专业进行系统设计。

4.1.2 紧急救援站应结合隧道及隧道群特点采用隧道内紧急救援站或隧道口紧急救援站。

4.1.3 隧道及隧道群内设有车站时，防灾疏散救援工程应结合车站设施统筹设计。

4.1.4 防灾疏散救援工程的机电设备安装处应采用一级防水标准，其他地段不应低于三级防水标准。

4.2 隧道内紧急救援站

4.2.2 隧道内紧急救援站设计应包括以下内容：
1 紧急救援站的位置、型式及规模。
2 紧急救援站站台长度、宽度、高度等。
3 横通道间距、尺寸。
4 横通道防护门的类型、通行净宽、净高。
5 待避区位置及尺寸。
6 防灾通风、供电、灭火、应急照明、应急通信、监控及标志等消防设施。

4.2.9 紧急救援站的平行导坑断面净空尺寸应综合疏散、通风、施工等因素确定，并不宜小于 4.5m×5.0m（宽×高）。

4.3 隧道口紧急救援站

4.3.2 隧道口紧急救援站设计应包括以下内容：
1 紧急救援站的位置、型式及规模。
2 疏散设施的设计参数。
3 待避区位置及面积。
4 防灾通风、供电、灭火、应急照明、应急通信、监控及标志等消防设施。

4.3.5 隧道口紧急救援站的长度应包括明线段与两端洞口段长度之和，且明线段与任意一端隧道洞口段长度之和不小于列车长度。

4.3.6 隧道口紧急救援站横通道、辅助坑道、防护门、待避区面积等应符合本规范第 4.2 节相关规定。

4.3.7 隧道口紧急救援站的站台可不予加宽，洞内外站台顺接，站台与待避区之间应设连接通道。

4.4 紧急出口及避难所

4.4.1 紧急出口设计应符合下列规定：
1 优先选择平行导坑或横洞。
3 当选择竖井作为紧急出口时，其垂直高度不宜大于 30m，楼梯总宽度不应小于 1.8m。
4 斜井、横洞式紧急出口断面净空尺寸不宜小于 3.0m×2.2m（宽×高）；平行导坑断面净空尺寸不宜小于 4.0m×5.0m（宽×高），竖井式紧急出口尺寸按照楼梯布置确定。

4.4.2 避难所设计应符合下列规定：
2 避难所内应设置待避区，待避面积不宜小于 0.5m²/人。

4.4.3 紧急出口及避难所内应设置通风、应急照明、应急通信、监控等设施。

4.5 横通道

4.5.1 并行的两座隧道或隧道与平行导坑之间的横通道间距不宜大于 500m，困难条件下不应大于 1000m。

4.5.2 横通道设计应符合下列规定：
2 横通道应设防护门。

4.5.3 横通道内应设置应急照明、应急通信等设施。

4.6 疏散通道

4.6.2 疏散通道走行面高度不应低于轨顶面，其宽度不应小于 0.75m，高度不应小于 2.2m。

4.7 防 护 门

4.7.1 紧急救援站的横通道与隧道连接处应设防护门，防护门净空尺寸不应小于 1.7m×2.0m（宽×高）。

4.7.2 紧急救援站以外的横通道应设防护门，防护门净空尺寸不应小于 1.5m×2.0m（宽×高）。

4.7.3 紧急出口、避难所与隧道连接处应设防护门，防护门净空尺寸不应小于 1.5m×2.0m（宽×高）。

4.7.4 防护门宜采用轻质结构，且不应设置门槛。

4.7.5 防护门应满足以下技术要求：
1 耐火性能满足甲级防火门要求。
2 高速铁路、城际铁路隧道防护门抗爆荷载不应小于 0.05MPa，客货共线铁路隧道防护门抗爆荷载不应小于 0.1MPa。
3 防护门手动开启力不应大于 80N。
4 防护门可采用平推门或横向滑移门，其正常工作状态为常闭状态。
5 防护门应能长期承受列车活塞风及瞬变压力的作用。

4.8 其 他

4.8.1 盾构隧道利用下部空间作为疏散廊道时，应符合下列规定：
1 疏散廊道两端应采用竖井、斜井等辅助坑道或通过地下车站与隧道外连通。
2 隧道行车空间与疏散廊道之间应设置竖向通道，竖向通道可采用封闭楼梯间、滑道等连接。竖向通道沿隧道长度方向的间距不宜大于 200m，竖向通道的疏散方向应朝向隧道与地面连接的最近出口或通道。
3 疏散廊道通行净空不应小于 0.75m×2.0m（宽×高），楼梯处可适当减小。
4 楼梯通行净空不应小于 0.75m×2.0m（宽×高），坡度不应大于 45°。
5 楼梯与疏散廊道之间应设置防护门，防护门净空尺寸不应小于 0.75m×2.0m（宽×高）。
6 竖向通道上部开孔口应高出道床面 20cm，并设置当心跌落警示标志或栏杆。
7 疏散廊道应设置通风、应急照明、应急通信及标志等设施。

4.8.2 双线及多线隧道设置中隔墙时，联络门洞应符合下列规定：
1 联络门洞处应安装防护门，间距不宜大于 200m，防护门的设置应满足本规范 4.7.5 条的要求。
2 门洞的通行净宽度不应小于 1.2m，净高度不应小于 2.0m，门洞地面应与隧道内疏散通道面齐平。

4.8.3 隧道内紧急救援站范围内站台一侧的隧道边墙宜设置

安全扶手。安全扶手距离疏散通道地面高度宜为0.75m～1.0m。安全扶手不得侵入疏散通道的空间。

4.8.4 隧道外设置的疏散台阶或通道宜设置安全扶手，安全扶手设置要求应符合国家现行相关标准规定。

5 通风设计

5.1 一般规定

5.1.1 紧急救援站应按火灾工况进行防灾通风设计，紧急出口、避难所应按列车故障工况进行通风设计。

5.1.2 紧急救援站防灾通风方案设计应综合考虑位置、类型、人员疏散路径及疏散方向等因素。

5.1.3 隧道火灾防排烟通风设计应根据隧道长度、断面大小、纵坡、洞内外环境条件、行车方式、人员疏散条件和火灾规模等因素计算确定。

5.1.4 隧道内紧急救援站防灾通风应满足横通道和待避区无烟气扩散的要求。

5.2 通风方式

5.2.2 隧道口紧急救援站应采用自然排烟或与机械加压防烟相结合的防灾通风方式。明线长度小于250m的隧道口紧急救援站，两端隧道洞口段宜采用机械加压防烟方式。

5.3 通风标准

5.3.1 紧急救援站通风应符合下列规定：
1 横通道防护门处风速不应小于2m/s。
2 待避区的新风量不应小于10m³/（人·h）。
3 当设置机械排烟系统时，应同时设置补风系统。当设置机械补风系统时，其补风量不宜小于排烟量的50%。

5.3.2 隧道口紧急救援站两端隧道内通风风速不应小于1.5m/s～2m/s，风向由洞内吹向明线段。

5.3.3 紧急出口、避难所应设置机械通风，防护门处通风风速不应小于1.5m/s，避难所的新风量不应小于10m³/（人·h）。

5.4 通风计算

5.4.2 隧道通风系统中的风机功率、风道面积及风速等参数应根据通风计算确定。

5.4.3 隧道内紧急救援站排烟量应取火灾烟气生成量和火灾区域进风量两者中的大值。

5.4.4 紧急救援站防灾通风力应计算自然风压力、沿程阻力、局部阻力、风机压力、火风压等。

5.4.5 紧急出口和避难所通风力应计算自然风压力、沿程阻力、局部阻力、风机压力等。

5.5 设备选型与布置

5.5.1 隧道防灾通风的设备、管道及配件应采用不燃材料。

5.5.2 排烟风机的排烟量应考虑10%～20%的漏风量。

5.5.3 火灾排烟轴流风机的绝缘等级不应低于F级，其他轴流风机的绝缘等级不应低于H级，轴流风机的防护等级不应低于IP54。

5.5.4 射流风机的纵向布置及设置间距应综合考虑风机效率、事故对策、经济性等因素。

5.5.5 射流风机安装应满足以下要求：
1 射流风机应设置于建筑限界以外，并与隧道轴线平行，且不得占用疏散通道。
2 隧道正洞内射流风机应采用堆放式或壁龛式，紧急出口、避难所射流风机宜安装在距离地面2.5m高的墙上或拱部。
3 射流风机安装应保证风机运转和列车风作用下的安全。
4 射流风机安装段应设置安全防护网。
5 防护网和射流风机支架等钢结构应接地。

5.6 通风机房、风道及通风井

5.6.1 风机房空间应满足轴流风机、电气设备、控制设备和其他辅助机电设备的布置要求，并应考虑设备安装、搬运及维修需要。

5.6.2 洞外风机房位置应根据洞口或通风井周围地形条件合理确定。

5.6.4 风机房与风道的连接不应漏风。

5.6.5 排烟井设置应考虑对周围环境的影响，并应设置在扩散效果良好的地带。

6 人员疏散设计

6.1 一般规定

6.1.1 隧道人员疏散设计应遵循方便自救、安全疏散的原则。

6.1.2 隧道内的疏散路径上应设置醒目的导向标志。

6.1.3 可用安全疏散时间和必需安全疏散时间应根据防灾疏散救援工程设计和通风排烟方案计算确定。

6.1.4 紧急救援站设计应满足着火列车人员在可用安全疏散时间内疏散到安全区域的要求。

6.1.5 紧急救援站人员疏散设计应制定应急疏散预案。

6.2 疏散模式及标准

6.2.1 疏散模式应包括火灾工况下紧急救援站停车疏散模式和列车故障工况下隧道内停车疏散模式。

6.2.2 火灾工况下停车疏散应采用隧道内紧急救援站停车疏散或隧道口紧急救援站停车疏散。

6.2.5 可用安全疏散时间的确定，应符合下列规定：
1 隧道内特征高度2.0m处，烟气温度不超过60℃。
2 隧道内特征高度2.0m处，可视度不小于10m。

6.3 安全疏散时间计算

6.3.1 必需安全疏散时间计算应考虑以下因素：
1 列车类型、列车参数、最大人员荷载。
2 人员组成比例、人员疏散速度、人员疏散路径。
3 紧急救援站长度、站台宽度及高度、横通道间距及断面、防护门通行尺寸等。

6.3.5 可用安全疏散时间及必需安全疏散时间均应自列车停车开门后开始计时。必需安全疏散时间的结束时间应为列上最后一个人进入安全区域的时间。

6.3.6 列车人员数量应按定员超员20%计算。

7 机电设施及其他

7.1 一般规定

7.1.1 疏散救援工程机电设施应包括应急照明、应急通信、设备监控、应急供电等，并按照安全可靠、方便实用的原则配备。

7.1.3 疏散救援工程机电设施应适应隧道现场环境要求，符合防腐、防潮、抗风压等相关技术标准。

7.1.4 通信、设备监控等系统应按统一指挥的原则设计。

7.1.5 紧急救援站应设置列车停车导向标志。

7.2 应急照明

7.2.1 长度为5km及以上或设有紧急救援站、紧急出口、避难所的隧道内应设置应急照明。

7.2.2 应急照明设置应满足以下要求：

1 疏散通道、紧急救援站和其他疏散路径上，均应设置疏散照明。

2 所有疏散路径上，均应设置指示标志指示疏散方向。每隔100m左右的指示标志应加标两个方向分别距洞口或紧急救援站、紧急出口、避难所等的距离。

3 应急照明在正常供电电源中断后，应能在5s内完成应急电源转换并恢复到规定的照度。

7.3 应急通信

7.3.1 长度5km及以上隧道应设置隧道应急通信设施。隧道应急通信设施应能实现救援指挥人员与事故现场人员、抢险人员之间的语音、图像通信等功能。

7.3.2 隧道应急通信应包括有线应急电话、视频监控等系统，同时应充分利用铁路专用移动通信、公众移动通信等无线通信设施。

7.3.3 有线应急电话终端宜按照500m间隔设置，单线隧道应单侧设置，双线及多线隧道应双侧设置，并统筹考虑紧急救援站、紧急出口、避难所、横通道、洞室、隧道洞口等情况设置。

7.3.4 隧道口、紧急救援站、紧急出口和避难所应设置视频采集点。

7.3.5 隧道内的应急通信电线、电缆、光缆及其防护材料应采用阻燃型或采取阻燃防护措施。

7.4 设备监控

7.4.1 隧道内的防灾救援设备应设监控系统，并具备远程监控功能。

7.4.2 防灾救援设备监控系统可由监控主站、主控制器、就地控制器、集中监控盘等全部或部分设备组成，并能对隧道内通风、照明、消防泵、排水泵等设备进行监控。

7.4.3 监控主站应结合防灾救援管理模式设置。主控制器与监控主站之间的通信通道宜为一主一备。

7.4.4 紧急救援站应设置集中监控盘，盘面以火灾工况操作为主，操作程序应简便直接。

7.5 应急供电

7.5.1 紧急救援站防灾救援设备的供电应采用一级负荷供电标准，其他采用二级负荷供电标准。

7.5.2 用电设备处的电源切换时间不应大于用电设备允许间断的供电时间，并满足供电持续时间要求。不允许瞬时停电的设备，应在靠近用电设备处设置不间断电源装置。

7.5.3 有应急照明、防灾救援设备的隧道内电线、电缆及其防护材料应符合《铁路工程设计防火规范》TB 10063的有关规定。

7.6 导向标志

7.6.1 导向标志应简洁明了、可视性好。

7.6.2 设有紧急救援站的隧道内应设紧急停车导向标志，导向标志的设置应符合下列规定：

1 导向标志设在列车行车方向左侧。

2 导向标志设置的起点距紧急救援站入口不应小于所运行列车的紧急制动距离。

3 隧道口紧急救援站导向标志的设置应满足着火车厢停靠在明线位置的要求。

7.6.3 导向标志设计应符合附录B的规定。

7.7 其 他

7.7.1 紧急救援站应设置水消防系统。隧道内紧急救援站宜采用细水雾消火栓灭火系统；隧道口紧急救援站宜采用高位水池或独立加压的消火栓灭火系统。

7.7.2 紧急救援站消火栓箱内应设置配套的防烟面具。

7.7.3 紧急救援站范围的接触网应具有独立停电功能。

7.7.4 监控主站、应急通信设备等应配置设备用房。

附录B 停车导向标志

B.0.2 导向标志牌上的文字内容应能清晰表达引导控车停车的目的，宜为"距救援站××km、救援站入口、救援站中心、救援站停车位"等字样。

B.0.3 标志牌表面应涂反光膜，底色为蓝色，字体为白色。字体可采用35cm～40cm高的黑体字。

B.0.4 普通旅客列车和动车组混运的线路，应分别针对普通旅客列车、8辆编组动车组、16辆编组动车组，设置不同的停车标志。

B.0.5 隧道内紧急救援站停车导向标志应符合下列规定：

2 标志牌底边距离疏散站台面不应小于2m。

3 标志牌安装后不得侵入隧道建筑限界，必要时应对隧道进行加宽。

4 标志牌应与隧道壁牢固连接，满足在高速活塞风作用下安全、稳定的要求，标志牌的迎风面与风流方向（线路中线）的夹角不宜大于30°，以满足诱导活塞风的要求。

5 着火列车均应以列车司机到达"救援站停车位"标志牌位置为准控制停车。

B.0.6 隧道口紧急救援站停车导向标志应符合下列规定：

1 根据隧道群的明线长度，设置固定的停车位置和多处停车标志，满足不同着火车厢停靠的需要。

2 标志内容应根据线路运行的列车类型制定，当普通旅客列车与动车组混运时，旅客列车的停车标志牌内容以"普"字开头，动车组的停车标志牌内容以"动"字开头，停车标志牌内容可为"动1节着火停位、动1~2节着火停位、普10节着火停位、普11~12节着火停位"等，如图 B.0.6 所示。

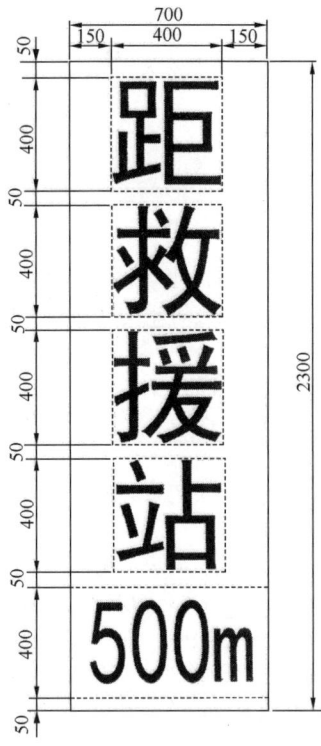

图 B.0.5-1 导向标志牌文字布置（一）（单位：mm）

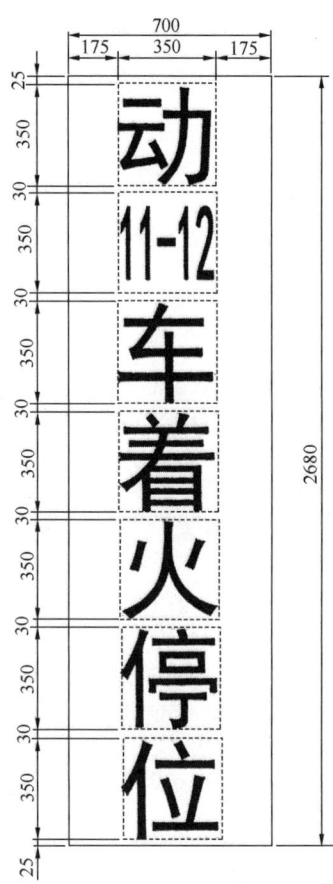

图 B.0.6 隧道口导向标志牌文字布置（单位：mm）

3 设置在隧道外的标志牌应安装牢固，满足在风荷载作用下安全、稳定的要求，标志牌表面与线路中线的夹角不宜大于30°，并不得侵入铁路建筑限界。

4 着火列车均应以列车司机到达"＊＊车着火停位"标志牌位置为准控制停车。

5 在疏散路径上设置的标志牌底边距离疏散站台面不应小于2m。

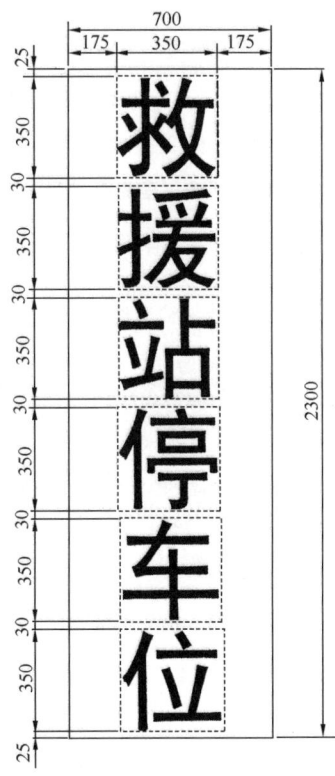

图 B.0.5-2 导向标志牌文字布置（二）（单位：mm）

93.《铁路工程劳动安全与卫生设计规范》TB 10061—2019

2 基本规定

2.0.9 铁路设施及设备的防火设计应符合现行《铁路工程设计防火规范》TB 10063 的有关规定。

3 选线(址)及平面布置

3.3 平面布置

3.3.1 站、段、所平面布置应符合下列规定：
2 易燃、易爆、可燃材料堆场及危险品生产设施的布置应保证人员的安全操作及疏散方便，其防火间距应符合国家现行有关标准的规定。
3 功能分区及道路网结构应有利于消防、停车和人员集散。

3.3.3 产生烟尘、有害气体的生产房屋，应布置在厂(场)、段区所在城市的全年最小风频的上风侧。

3.3.4 铁路物流中心功能区的布置应符合下列规定：
1 相互存在安全隐患的功能区应分开布置，危险性高的功能区应单独布置。
2 散装堆功能区宜采用立体化、封闭式堆存设施，有条件的应单独布置。
3 有扬尘污染的散堆装货物功能区宜独立设置，必需与其他功能区合设时，应布置在物流中心外侧、全年最小风频的上风侧，宜远离包装成件商品和汽车功能区。
4 危险货物功能区应远离其他功能区和生产办公及生活设施，并应设于全年最小风频的上风侧。

4 劳动安全

4.4 桥涵

4.4.3 铁路桥梁长度超过 3km 时，应设置救援疏散通道；桥上设置声屏障时应结合救援疏散通道设置安全门，救援疏散通道宜与地面道路顺接。

4.5 隧道

4.5.2 铁路隧道应根据需要设置正常照明、应急照明及照明插座箱等，其设置应符合现行《铁路隧道设计规范》TB 10003 和《铁路照明设计规范》TB 10089 的有关规定。

4.6 房屋建筑

4.6.1 当房屋无楼梯通达屋面时，应设上屋面的检修人孔；房屋高度低于 10m 时可设外墙爬梯，并应有安全防护措施。

4.8 电 力

4.8.5 变、配电所相邻配电装置室间的门应向人员疏散的方向开启，当门两侧的配电装置室均有向外出口时，该门应能双向开启。

4.8.9 火灾自动报警系统的设计应符合《火灾自动报警系统设计规范》GB 50116、《铁路工程设计防火规范》TB 10063 等现行相关标准的规定。

4.8.10 消防用电设备应采用单独的供电回路。用于消防的配电设备应有明显标志。

4.8.11 电线电缆的阻燃、耐火、无毒等性能应符合《铁路工程设计防火规范》TB 10063 等现行相关标准的规定。

4.8.12 应急照明、警卫照明、值班照明、障碍照明应符合《建筑照明设计标准》GB 50034、《铁路旅客车站设计规范》TB 10100 和《铁路照明设计规范》TB 10089 等现行相关标准的规定。

4.8.14 有爆炸或火灾危险性的场所，其电气装置应符合《爆炸危险环境电力装置设计规范》GB 50058、《建筑设计防火规范》GB 50016 等现行相关标准的规定。

4.9 电力牵引供电

4.9.6 牵引变电所控制室、配电装置室、电缆夹层、电缆竖井应设火灾自动报警系统，主控制室应设自动灭火装置。

4.10 通信、信息及信号

4.10.4 通信、信息(防灾)、信号机房内火灾自动报警系统和灭火装置的设置及防火封堵应符合《铁路工程设计防火规范》TB 10063、《火灾自动报警系统设计规范》GB 50116 等现行相关标准的规定。

4.10.5 铁路站房和其他人员密集的建筑、地下室的电线、电缆、光缆应采用低烟无卤阻燃型。

4.11 机务、车辆及动车组设备

4.11.2 油罐区应布置在厂(场)、段区全年最小频率风向的上风侧，其防火间距应符合国家现行有关标准的规定。

4.12 机 械

4.12.1 铁路工程的建筑安装、运输及养护维修设备，其机械结构应有足够的强度。设备应有防人身触电、防火、防过热的措施。设备产生的气体、X 射线、激光辐射和电磁辐射等应符合国家现行有关标准的规定。

4.13 起重、运输

4.13.1 油漆库、酸性蓄电池间及其他易燃、易爆场所的起重设备应选用防爆型。

5 劳动卫生

5.1 防尘、防毒

5.1.5 通风、除尘、排毒设计应符合下列规定:

1 采用机械通风装置的厂房,进风口应设置在室外空气清洁区,对有防火防爆要求的通风系统,进风口应避开有火花溅落的地点。

94. 《铁路工程基本作业施工安全技术规程》TB 10301—2020

1 总 则

1.0.10 建设各方应按规定编制实施应急预案，备齐备足应急物资、人员和设备，按规定组织培训和演练。

2 术 语

2.0.11 有限空间 limited space

封闭或者部分封闭，与外界隔离，进出口受到限制，自然通风不良，有毒有害、易燃易爆物质容易聚集或者氧含量不足的空间。

4 材料存储、运输与使用

4.1 一般规定

4.1.1 材料存储、运输与使用应考虑的主要危险源、危险因素：物体打击、危险化学品爆炸、火灾、运输侵限、偏载等。

4.3 危险化学品

4.3.3 根据危险化学品的种类、特性，库房等作业场所应设置相应的监测、通风、防晒、调温、防火、防爆、泄压、防毒、中和、防潮、防雷、防静电、防腐、防渗漏、防护围堤等隔离防护设施设备，并按照国家标准和有关规定进行维护保养。

4.3.4 危险化学品储存应符合下列规定：

4 储存危险化学品的建筑物、区域内严禁吸烟和使用明火。

5 危险化学品储存应满足危险化学品分类、分项、容器类型、储存方式和消防的要求，储存量及储存要求应符合有关规定。

4.3.12 根据危险化学品特性和仓库条件，应按规定配置相应的消防设备、设施和消防器材，并按规定配备消防人员。

5 施工机械

5.1 一般规定

5.1.15 机械集中停放的场所，应设专人看管，并应设置消防器材和工具。大型机械应配备灭火器。机房、操作室及机械四周不得堆放易燃、易爆品。

5.6 其他施工机械

5.6.3 焊接机械作业应符合下列规定：

1 焊接前应先进行动火审查，办理动火证，配备灭火器材并设置监火员。

2 焊割现场10m范围内及高空作业下方，不得堆放油类、木材、氧气瓶等易燃、易爆物品。高空焊接时应设置接火盆。

5 对压力容器和装有剧毒、易燃、易爆物品的容器及带电结构不得进行焊接和切割。

6 当需施焊受压容器、密封容器、油桶、管道、沾有可燃气体和溶液的工件时，应先卸除容器及管道内压力，清除可燃气体和溶液，然后冲洗有毒、有害、易燃物质。对存有残余油脂的容器，应先用蒸汽、碱水冲洗，并打开盖口，确认容器清洗干净后，再灌满清水方可进行焊接。

7 施工用电

7.1 一般规定

7.1.3 施工用电设备数量在5台及以上，或用电设备容量在50kW及以上时，应编制施工临时用电施工组织设计。施工用电设备数量在5台以下且用电设备容量在50kW以下时，应制定安全用电和电气防火措施。

7.3 配电设施

7.3.5 配电箱、开关箱应采用厚度为1.2mm～2.0mm的铁板或阻燃绝缘材料制作，应能防雨、防尘。配电箱、开关箱应装设端正、牢固。

7.3.12 接地装置的敷设应符合下列规定：

3 接地线应直接接至配电箱保护零线汇流排，接地线的截面应与水平接地体的截面相同。不得利用输送可燃液体、可燃气体或爆炸性气体的金属管道作为电气设备的接地保护零线。

7.5 照明用电

7.5.5 潮湿场所应选用密闭式或防水式照明器具。有爆炸和火灾危险的场所，应按危险等级选用防爆型照明器具。

7.5.6 施工照明使用的AC220V碘钨灯应固定安装，其高度不得低于3m，聚光灯、碘钨灯等高热灯具不得直接照射易燃物，不得使用简易碘钨灯作为照明灯具。

8 施工消防

8.1 一般规定

8.1.1 施工消防应考虑的主要危险源、危险因素：火灾、爆炸、粉尘浓度超标、气体泄漏、油料渗漏等。

8.1.2 应建立施工消防管理制度、防火安全责任制、动火审批制度、易燃易爆物品的管理制度。

8.1.3 施工现场应划分防火责任区，按照有关规定配备消防设施、器材，设置消防安全标志，并定期检验、维修，确保完好有效。

8.1.4 临时消防车道与在建工程、临时用房、可燃材料堆场及其加工场的距离应符合相关规定，并保持畅通。

8.1.5 应定期组织防火检查，及时消除火灾隐患。

8.1.6 施工现场发生火灾险情时，应立即启动应急预案，及时向当地消防部门报警。

8.2 办公生活区消防

8.2.1 临时用房的建筑构件和建筑材料防火性能应符合相关规定。

8.2.2 临时用房户门和安全出口的净宽度不应小于 0.9m，疏散走道、疏散楼梯的净宽度不应小于 1.1m。

8.2.3 临时用房层数不应超过 3 层，每层建筑面积不应大于 300m²，层数为 3 层或每层建筑面积大于 200m² 时，应设置至少 2 部疏散楼梯。

8.2.4 临时用房建筑面积之和大于 1000m²，应设置临时室外消防给水系统。

8.2.5 应定期对电器设备和线路的运行及维护情况进行检查。

8.2.6 施工现场办公生活区消防安全应按表 8.2.6 的内容进行检查。

表 8.2.6 办公生活区消防安全检查内容

序号	检查项目	对应条文号
1	危险源、危险因素辨识	8.1.1
2	管理制度	8.1.2
3	防火责任区划分及消防设施、器材配备	8.1.3
4	临时消防车道设置	8.1.4
5	建筑构件和建筑材料的防火性能	8.2.1
6	安全出口及疏散走道、楼梯	8.2.2
7	室外消防给水系统	8.2.4
8	电器设备和线路运行维护	8.2.5

8.3 生产、辅助生产区消防

8.3.1 施工现场应划分禁火区，并设置警示标志。

8.3.2 施工现场应设置灭火器、水桶、沙箱、锹、耙等防火专用工具，并配备防雨防冻设施，定期维护更新。

8.3.3 施工现场地面上的临时疏散通道，其净宽度不应小于 1.5m。疏散爬梯及脚手架上的临时疏散通道，其净宽度不应小于 0.6m。利用在建工程的水平结构、楼梯作临时疏散通道时，其净宽度不应小于 1m。

8.3.4 施工场所应符合下列规定：

1 在仓库、油库、配电室、木工作业及存放易燃易爆物品等场所不得动用明火，并应按规定设置安全警示标志、配备消防器材。

2 喷漆、涂漆的场所应通风良好。

3 熬制焊锡、绝缘胶、硫黄、石蜡及沥青防腐剂时，应选择空旷场地，避开地下管线，并远离易燃易爆物品。

8.3.5 易燃易爆物品应符合下列规定：

1 保温、防水、装饰及防腐等材料的燃烧性能等级应符合设计要求。

2 易燃易爆物品应限量进场。

3 易燃建筑垃圾或余料应及时清理。

4 易燃易爆物品库房、可燃材料堆场及其加工场、固定动火作业场与在建工程的防火间距应符合有关规定。

8.3.6 施工现场用电应符合下列规定：

1 电气设备与易燃易爆、腐蚀性物品应保持安全距离。

2 在易燃易爆环境中，应采用防爆电气设备，不得进行产生火花的施工和带电作业。

3 可燃物库房不应使用高热灯具，易燃易爆物品库房内应使用防爆灯具。

4 电气设备不应超负荷运行或带故障运转。

5 不得私自改装现场供用电设施。

6 电气设备和线路应经常检查。

8.3.7 施工现场用气应符合下列规定：

1 储装气体的罐瓶及其附件应合格。

2 气瓶与火源的距离不应小于 10m，并采取避免高温和防止暴晒的措施。

8.3.8 施工现场动火作业应符合下列规定：

1 焊、割作业开始前，应将作业现场下方和周围的易燃物清理干净或采取浇湿、隔离等安全措施。

2 焊、割作业结束或离开操作现场时，应切断电源、气源，检查现场，确认无余热引起燃烧危险。

3 不得与涂漆、喷漆、脱漆、木工等易燃操作同时同部位上下交叉作业。

4 炽热焊嘴、焊钳以及焊条头等，不得靠近易燃易爆物品。

5 风力五级及以上时，应停止焊接、切割等室外动火作业，确需动火作业时，应采取可靠的挡风措施。

6 野外动火作业应遵守护林防火的有关规定。

8.3.9 生产、辅助生产区消防安全应按表 8.3.9 的内容进行检查。

表 8.3.9 生产、辅助生产区消防安全检查内容

序号	检查项目	对应条文号
1	危险源、危险因素辨识	8.1.1
2	管理制度	8.1.2
3	防火责任区划分及消防设施、器材配备	8.1.3
4	临时消防车道设置	8.1.4
5	禁火区设置及警示标志	8.3.1
6	灭火器材的设置及维护	8.3.2
7	疏散通道设置	8.3.3
8	施工场所消防	8.3.4
9	易燃易爆物品消防	8.3.5
10	施工现场用电消防	8.3.6
11	施工现场用气消防	8.3.7
12	施工现场动火作业消防	8.3.8

12 爆破作业

12.1 一 般 规 定

12.1.1 爆破作业应考虑的主要危险源、危险因素：火灾、爆炸、被盗、丢失等。

12.1.2 施工现场应建立爆破器材安全管理制度、岗位安全责任制，制订安全防范措施和事故应急预案。

12.2 爆破器材储存库

12.2.1 爆破器材储存库应符合防爆、防雷、防静电、防潮、防火、防鼠和防盗等规定，并应有良好的通风和防爆照明设备。

12.2.5 库房管理应符合下列规定：
 1 爆破器材应码放整齐、稳固、不得倾斜。
 2 进入库区不得带烟火及其他引火物。
 3 进入库区不得穿带钉鞋和易产生静电衣服，不得使用能产生火花的工具开启炸药、雷管箱。
 4 库区的消防、通信设备、警报和防雷装置应定期检查。
 5 库区应昼夜警卫。

12.3 爆破器材管理

12.3.2 爆破器材运输应符合下列规定：
 4 手推车运输爆破器材时，载重量不得超过300kg，运输过程中应采取防滑、防摩擦和防止产生火花等措施。

12.3.3 爆破器材储存应符合下列规定：
 6 爆破器材的堆放要平稳、牢固、整齐，码放高度应符合规定，并留出安全通道。

14 特殊环境作业

14.7 有毒有害气体环境作业

14.7.2 有毒有害危险环境应设置通风、防突、防爆、消防等措施，作业环境经检测分析合格后，方可进入。

14.7.4 瓦斯作业区内严禁携带火种，不得存放易燃易爆物品，作业人员不得穿戴易产生静电的衣物。

14.9 有限空间作业

14.9.3 检测人员应配备有毒气体、可燃气体检测仪等检测设备，配备的有毒气体、可燃气体检测仪等检测设备应定期检测检验，符合《作业场所环境气体检测报警仪 通用技术要求》GB 12358的有关规定。

14.9.5 应配备个人防护和应急救援装备，按规定进行应急演练。

14.9.7 有限空间的坑、井、洼、沟或人孔、通道出入门口应设置防护栏、盖和警示标志，夜间应设警示红灯。

15 季节性与特殊天气施工

15.3 冬 期 施 工

15.3.4 冬期施工的一切取暖设施应满足防火和防煤气中毒要求。采取蓄热法浇筑混凝土的现场应有防火措施。定期检查消防设备、设施，确保完好有效。

15.3.6 冬期施工使用的储气罐、氧气瓶、乙炔瓶、连接胶管发生冻结时，不得使用明火烘烤或用金属器具敲击气阀。

15.3.8 冬期施工应按表15.3.8的内容进行检查。

表15.3.8 冬期施工安全检查内容

序号	检查项目	对应条文号
1	危险源、危险因素辨识	15.1.1
2	季节性施工方案、应急预案	15.1.2
3	物资、设备、器材及劳动防护用品	15.1.4
4	机具、设备、防护设施的检修、保养、防寒	15.3.2
5	防煤气中毒、防火措施、消防设施	15.3.4
6	防滑、防冻措施	15.3.5
7	储气罐、氧气瓶等的使用	15.3.6
8	冰面通行	15.3.7

17 临时工程与过渡工程

17.1 一 般 规 定

17.1.1 临时工程与过渡工程应考虑的主要危险源、危险因素：洪水、泥石流等不良地质、火灾、粉尘污染、水体污染、营业线侵限等。

17.1.4 选址应进行安全评估并应不受洪水和泥石流等自然灾害的威胁，避开坍方、落石、滑坡、危岩等地段，避让取土、弃土场地，避开高压线路及高大树木，距离爆破区、易燃易爆物品临时存放库的安全距离符合有关规定。

17.2 施工现场布置

17.2.1 施工现场应设置工程概况牌、管理人员名单及监督电话牌、消防保卫牌、安全生产牌、文明施工牌和施工现场平面图等，并按规定设置安全警示标志。

17.2.2 施工现场布置应满足消防要求。易燃、易爆危险化学品存放及使用场所、动火作业场所和其他具有火灾危险的场所，应依消防要求配备消防器材和设施。消防器材应有专人管理，定期检验。

17.2.3 临时油库设置应符合国家有关消防规定。库区应封闭管理，配足消防设备并设专人看守，严禁在库区存放其他易燃易爆品。

17.2.4 易燃易爆品库房耐火等级不低于二级，库房应干燥、易于通风、密闭和避光。库房内可能散发（或泄漏）可燃气体、可燃蒸汽的场所应安装可燃气体检测报警装置。

17.2.6 施工现场布置应按表17.2.6的内容进行检查。

表17.2.6 施工现场布置安全检查内容

序号	检查项目	对应条文号
1	危险源、危险因素辨识	17.1.1
2	环境调查及规划	17.1.3
3	选址勘察和安全评估	17.1.4
4	区域划分与隔离	17.1.5
5	污水、垃圾处理	17.1.6
6	抑尘和降噪措施	17.1.7
7	施工现场设置	17.2.1
8	现场消防要求	17.2.2
9	临时油库设置	17.2.3
10	易燃易爆品库房	17.2.4
11	有污染的材料、机具设备设置	17.2.5

17.3 临时用房和围挡

17.3.1 临时用房应符合下列规定：

1 满足结构安全、消防、环保、防雷、防风、卫生等有关要求。

17.6 临时给排水设施

17.6.1 临时给水设施应符合下列规定：

1 设计应满足施工期间的生产、生活用水和消防用水要求，应利用既有铁路车站、市政管网或工业企业的给水设施。

4.3 公路工程

95.《公路工程质量检验评定标准 第二册 机电工程》JTG 2182—2020

2 术 语

2.0.3 关键项目 dominant item

分项工程中对设备安全、耐久性和主要使用功能起决定性作用的检查项目,在本标准中以"△"标识。

9 隧道机电设施

9.5 手动火灾报警系统

9.5.1 手动火灾报警系统应符合下列基本要求:

1 手动火灾报警系统设备及配件的型号规格、数量应符合合同要求,部件完整。
2 手动火灾报警系统设备安装位置应正确,符合设计要求。
3 全部设备安装调试完毕,系统应处于正常工作状态。

9.5.2 手动火灾报警系统实测项目应符合表9.5.2的规定。

表9.5.2 手动火灾报警系统实测项目

项次	检查项目	技术要求	检查方法
1	火灾报警主机接地连接	机箱接地线可靠连接到隧道接地汇流排上	目测检查
2△	隧道共用接地电阻	≤1Ω	接地电阻测量仪测量
3	隧道管理站警报器音量	90~120dB(A)或符合设计要求	声级计测量
4	报警信号输出	能将报警器位置信息传送到隧道管理站	实操检验
5△	报警按钮与警报器的联动功能	按下报警按钮后能触发警报器启动	功能验证

9.5.3 手动火灾报警系统外观质量应符合下列规定:

1 不应存在本标准附录C所列限制缺陷。

9.6 自动火灾报警系统

9.6.1 自动火灾报警系统应符合下列基本要求:

1 火灾探测器、火灾报警器等设备应符合国家或行业现行相关标准的规定。
2 自动火灾报警系统设备及配件的型号规格、数量应符合合同要求,部件完整。
3 自动火灾报警系统设备安装位置应正确,符合设计要求。
4 全部设备安装调试完毕,系统应处于正常工作状态。

9.6.2 自动火灾报警系统实测项目应符合表9.6.2的规定。

表9.6.2 自动火灾报警系统实测项目

项次	检查项目	技术要求	检查方法
1	火灾报警主机接地连接	机箱接地线可靠连接到隧道接地汇流排上	目测检查
2△	隧道共用接地电阻	≤1Ω	接地电阻测量仪测量
3△	火灾探测器自动报警响应时间	≤60s	实操检验(火盆法)
4△	火灾探测器灵敏度	可靠探测火灾,不漏报。并能将探测数据传送到火灾控制器和上端计算机	实操检验
5	故障报警功能	火灾探测器、通信链路断路或火灾报警主机电源断电时,上端计算机能够报警	功能验证

9.6.3 自动火灾报警系统外观质量应符合下列规定:

1 不应存在本标准附录C所列限制缺陷。

9.14 消防设施

9.14.1 消防设施应符合下列基本要求:

1 消防设施的消防控制器、消火栓、灭火器、加压设施、供水设施及消防专用连接线缆、管道、配(附)件等设备应符合国家或行业现行相关标准的规定。

9.14.2 消防设施实测项目应符合表9.14.2的规定。

表9.14.2 消防设施实测项目

项次	检查项目	技术要求	检查方法
1	加压设施气压	符合设计要求	读取气压表数据
2	供水设施水压	符合设计要求	读取水压表数据
3	消防水池的有效容量	符合设计要求	卷尺测量
4	消防水池的水位显示功能	应设置本地水位显示装置,并能将水位信息传送到隧道管理站计算机系统	功能验证
5	消火栓的功能	打开阀门后在规定的时间内达到规定的流量	功能验证
6	水成膜泡沫灭火装置的功能	符合设计要求	功能验证
7	电伴热的功能	符合设计要求	功能验证

续表 9.14.2

项次	检查项目	技术要求	检查方法
8	人行横通道防火门的功能	正常情况为关闭状态,开启方向为疏散方向,能在门两侧开启,且具有自动关闭功能	功能验证
9	车行横通道防火卷帘的功能	能现场和远程控制卷帘的开闭,隧道管理站可监视卷帘的开闭状态	功能验证
10	火灾探测器与自动灭火设施的联动功能	符合设计要求	功能验证,或核查施工记录、历史记录

96.《公路隧道通风设计细则》JTG/T D70/2-02—2014

1 总 则

1.0.6 公路隧道通风设计应分别针对正常交通工况和火灾、交通阻滞等异常交通工况进行设计。

2 术语和符号

2.1.3 需风量 requested air volume
按保证隧道安全运营要求的环境指标，根据隧道条件计算确定需要的新鲜空气量。

2.2 符号

$Q_{req(f)}$——火灾排烟需风量

3 通风规划与调查

3.1 通风规划

3.1.1 公路隧道通风应结合路线平面、纵断面、隧道断面形式、工程分期建设情况、防灾救援与运营管理等进行整体规划。

3.1.3 公路隧道通风系统分期实施的设计应遵循下列原则：
2 各期安装的设备应满足隧道防灾通风需求。

3.1.7 公路隧道通风设计，应对日常运营通风与防灾通风设施进行统筹规划。

3.1.8 公路隧道通风设计应分别明确日常运营工况与火灾工况的风机数量和位置。

3.1.9 服务隧道和地下风机房的通风系统应采用正压通风方式。

3.3 交通量

3.3.3 火灾工况下交通量计算应遵循下列原则：
3 隧道交通量由洞内滞留的车辆数与后续进入洞内的车辆数之和确定。后续进入洞内的车辆数，单向通行隧道宜按5min计算，双向通行隧道宜按10min计算。

8 风 道

8.1 一般规定

8.1.7 风道隔板应具有良好的气密性、耐腐蚀性、耐火性；隔板结构应满足强度和耐久性的相关规定。

8.2 主风道

8.2.5 当主风道兼作排烟道时，应考虑火灾高温对风道结构的影响。主风道隔板的建筑耐火极限不应低于1.0h。

8.6 风 阀

8.6.3 主风道送（排）风孔的风阀应符合下列规定：
1 当主风道兼作火灾排烟道时，送（排）风孔应设置可调节的排烟阀。
3 风阀应能成组自动控制开、闭，并应满足现行《建筑设计防火规范》（GB 50016）的相关要求。

9 风机房与通风井

9.4 通风井

9.4.5 排烟风井不应作为隧道火灾情况下的逃生通道。

10 隧道火灾防烟与排烟

10.1 一般规定

10.1.1 长度 $L>1000m$ 的高速公路和一级公路隧道、长度 $L>2000m$ 的二、三、四级公路隧道应设置火灾机械防烟与排烟系统。

10.1.2 公路隧道防烟与排烟应结合隧道长度、交通量、交通组成、断面大小、平曲线半径、纵坡、交通条件、人员逃生条件、自然条件和火灾危险性等因素进行设计。

10.1.4 公路隧道火灾排烟方式的选择应综合考虑各种方式的技术难度、工程造价、运营维护和排烟效果等因素，经技术经济比较后确定。

10.1.5 公路隧道火灾防烟与排烟设计应遵循下列原则：
2 应利于人员安全疏散，避免火灾隧道的烟气侵入人行与车行横通道、相邻隧道或平行导洞以及附属用房等。
3 应能有效控制火场烟气的扩散。
4 应利于救援、灭火。

10.1.6 公路隧道火灾排烟设计应结合逃生避难设施和通风控制统一考虑。

10.1.7 公路隧道内的下列场所应设置机械加压送风防烟设施：
1 专用避难疏散通道及其前室；
2 独立避难所（洞室）；
3 火灾时暂时不能撤离的附属用房。

10.1.8 隧道附属用房应设置机械排烟系统。

10.1.9 隧道横通道门应具有防火、防烟功能，并应具有耐风压性能。

10.2 隧道火灾排烟

10.2.1 公路隧道火灾最大热释放率应按表10.2.1确定。

表10.2.1 隧道火灾最大热释放率（MW）

通行方式	隧道长度	公路等级		
		高速公路	一级公路	二、三、四级公路
单向交通	L>5000m	30	30	—
	1000m<L≤5000m	20	20	—
双向交通	L>4000m	—	—	20
	2000m<L≤4000m	—	—	20

注：运煤专用通道、客车专用通道等特殊隧道火灾最大热释放率取值宜根据实际条件具体确定。

10.2.4 公路隧道火灾排烟设计应考虑火风压的影响，火风压可按式（10.2.4-1）、式（10.2.4-2）计算：

$$\Delta p_\mathrm{f} = \rho \cdot g \cdot \Delta H_\mathrm{f} \cdot \frac{\Delta T_x}{T} \quad (10.2.4\text{-}1)$$

$$\Delta T_x = \Delta T_0 \cdot e^{-\frac{c}{G}x} \quad (10.2.4\text{-}2)$$

式中：Δp_f——火风压值（N/m²）；
ρ——通风计算点的空气密度（kg/m³）；
g——重力加速度，9.8m/s²；
ΔH_f——高温气体流经隧道的高程差（m）；
T——高温气体流经隧道内火灾后空气的平均绝对温度（K）；
x——沿烟流方向计算烟流温升点到火源点的距离（m）；
ΔT_x——沿烟流方向距火源点距离为 x 米处的气温增量（K）；
ΔT_0——发生火灾前后火源点的气温增量（K）；
G——沿烟流方向 x（m）处的火烟的质量流量（kg/s）；
c——系数，$c = \frac{k \cdot C_\mathrm{r}}{3600 C_\mathrm{p}}$；
C_r——隧道断面周长（m）；
k——岩石的导热系数，$k = 2 + k' \cdot \sqrt{v_1}$，$k'$ 值为 5~10，v_1 为烟流速度（m/s）；
C_p——空气的定压比热容，取 1.012kJ/(kg·K)。

10.2.6 采用纵向排烟的单洞双向交通隧道，火灾排烟设计应遵循下列原则：

1 隧道内排烟方向和排烟风速应根据洞内火灾位置、交通情况、自然排烟条件、通风井设置情况等因素确定，应缩短烟雾在隧道内的行程。

3 安全疏散阶段，纵向排烟风速不应大于 0.5m/s。

4 灭火救援阶段，纵向排烟风速不应小于火灾临界风速。

10.2.7 采用纵向排烟的单向交通隧道，火灾排烟设计应遵循下列原则：

1 隧道内排烟方向应与隧道行车方向相同，烟雾应由隧道出口或就近排烟口排出。

3 纵向排烟风速不应小于火灾临界风速。

4 起火点下风方向的横通道防火卷帘和防火门应关闭。

10.2.8 采用排烟道集中排烟的公路隧道，火灾排烟设计应遵循下列原则：

1 隧道内纵向风速不宜大于 2.0m/s；排烟分区内不应出现烟气回流。

2 排烟分区可按隧道通风区段划分，且每个排烟分区的长度不应大于 1000m。

3 采用横向和半横向通风方式的隧道应通过主风道排烟；烟气在隧道内蔓延长度不宜大于 300m。

4 每个排烟区段内应设置排烟口，排烟口纵向间距不宜小于 60m。

5 隧道内烟雾应通过沿隧道纵向布置的排烟口排出。排烟口应设置在隧道顶部或侧壁上部，排烟口可独立设置或与排风口合并设置。

6 全横向通风系统转换为排烟系统时，起火点附近应停止送入新鲜空气；隧道送风型半横向系统应转换为排风型半横向系统进行排烟。

10.3 隧道排烟风机

10.3.1 隧道排烟风机应符合下列规定：

1 隧道排烟风机在 250℃环境条件下连续正常运行时间不应小于 60min；排烟风机消声器应在 250℃的烟气中保持性能稳定。

2 隧道排烟风机应设置备用风机。

3 可逆式风机应能在 90s 内完成反向运转。

10.4 逃生通道、避难所的防烟

10.4.1 专用避难疏散通道、独立避难所的前室余压值不应小于 30Pa，专用避难疏散通道、独立避难所的余压值不应小于 50Pa。

10.4.2 专用避难疏散通道的防烟设计应根据其长度和净空，选择合理适用的机械正压送风方式；其前室加压送风量和送风口尺寸，应按其入口门洞风速不小于 1.2m/s 计算确定。

10.4.3 独立避难所防烟设计的加压送风量应按地面面积每平方米不小于 30m³/h 计算，新鲜空气供气时间不应小于火灾延续时间。

10.4.4 机械加压送风防烟系统送风口应靠近或正对避难疏散通道和避难所入口设置，其风速不宜大于 7.0m/s。

10.5 隧道内附属用房的防烟与排烟

10.5.1 地下风机房应设置独立的机械防烟与排烟系统。

10.5.2 隧道内附属用房设置的机械排烟系统与通风、空气调节系统宜分别设置；当合用时，通风与空调系统应采取可靠的防火安全措施，并应具备事故工况下的快速转换功能。

11 风机的选型与布置

11.2 射流风机的选型与布置

11.2.1 射流风机选型应满足下列要求：

5 当隧道内发生火灾时，在环境温度为 250℃情况下，射流风机应能正常可靠运转 60min。

11.2.3 射流风机在隧道纵向上的布置应满足下列要求：

1 射流风机的设置位置应结合隧道运营通风需求、火灾防烟与排烟、风机供配电系统的合理性等综合考虑。

11.3 轴流风机的选型、布置与风量调节

11.3.1 轴流风机的选型应满足下列要求：

4 火灾排烟轴流风机的绝缘等级不应低于 F 级，其他轴流风机的绝缘等级不应低于 H 级；轴流风机的防护等级不应低于 IP54。

12 通风控制设计原则

12.1 一般要求

12.1.2 公路隧道通风系统控制方案应根据采用的通风方式，分别针对正常运营工况、火灾及交通阻滞等异常工况、养护维修工况等通风需求制订。

12.1.3 通风控制系统应与照明控制系统、火灾报警与消防系统、交通监控系统、中央控制系统等实现联动控制。

12.2 隧道火灾工况下的防烟与排烟控制

12.2.1 火灾工况下的防烟与排烟控制应与隧道火灾报警、闭路电视监视、交通监控等隧道其他监控系统联合使用。

12.2.2 防烟与排烟监控系统应满足下列要求：

1 应具有风速、风向和火灾监控功能。

2 应具有安全疏散、灭火救援等不同阶段、不同排烟方式的防烟与排烟、逃生诱导、救援指挥等控制和运行模式。

3 应能根据起火点位置，合理确定相应系统的排烟量与风速控制模式。

4 应具备根据火灾现场的实际情况和要求，适时调整防烟排烟系统的控制功能。

12.2.3 防烟与排烟系统应设置自动控制和手动控制装置，应具有现场控制、远程控制和联动控制功能。火灾工况下，现场控制装置发出的控制指令应优于其他控制指令。

12.2.4 手动控制装置应设置在安全且便于操作的地方，并应有明显的标志和保护措施，其操作按钮距地面的高度不宜超过 1.5m。

12.2.5 排烟风机的电机启动器、驱动装置、断开装置及其控制装置应与风机气流隔离。

12.2.6 当双洞单向交通隧道其中一洞发生火灾需进行通风排烟和救援时，双洞均应进行交通管制，同时启动相应的通风排烟系统。

97. 《公路隧道设计规范 第二册 交通工程与附属设施》JTG D70/2—2014

3 公路隧道交通工程与附属设施配置等级

3.0.1 公路隧道交通工程与附属设施设计应符合下列规定:

3 交通监控设施、紧急呼叫设施、火灾探测报警设施、中央控制管理系统的设计年度取值不应低于隧道计划通车年后第5年。

4 消防灭火设施设计年度取值不应低于隧道计划通车年后第10年。

3.0.3 公路隧道交通工程与附属设施配置等级标准应满足表3.0.3-1~表3.0.3-3的要求。

表3.0.3-1 高速公路隧道交通工程与附属设施配置表

设施名称		各类设施分级				
		A+	A	B	C	D
交通安全设施		按第4章规定设置				
通风设施	风机	按第5章规定设置				
	能见度检测器	★	★	■	▲	—
	CO检测器	★	★	■	▲	—
	NO_2 检测器	■	■	■	▲	—
	风速风向检测器	★	★	★	▲	—
照明设施	灯具	按第6章规定设置				
	亮度检测器	★	★	★	■	—
交通监控设施	车辆检测器	★	★	■	▲	—
	视频事件检测器	★	★	■	▲	—
	摄像机	●	●	★	■	—
	可变信息标志	★	★	▲	▲	—
	可变限速标志	★	★	■	■	—
	交通信号灯	★	★	★	■	—
	车道指示器	●	●	★	★	▲
	交通区域控制单元	★	★	▲	▲	—
紧急呼叫设施	紧急电话	★	★	★	★	—
	隧道广播	★	★	★	▲	—
火灾探测报警设施	火灾探测器	●	●	★	▲	—
	手动报警按钮	●	●	●	▲	—
	火灾声光警报器	按第9章规定设置				
消防设施与通道	灭火器	●	●	●	●	—
	消火栓	●	●	●	■	—
	固定式水成膜泡沫灭火装置	●	●	●	■	—
	通道	按第10章规定设置				

续表3.0.3-1

设施名称		各类设施分级				
		A+	A	B	C	D
中央控制管理设施	计算机设备	★	★	★	▲	—
	显示设备	★	★	★	▲	—
	控制台	★	★	★	▲	—
供配电设施		根据以上用电设施配置情况设置				
接地与防雷设施		根据以上用电设施配置情况设置				
线缆及相关设施		根据以上各类设施配置情况设置				

注: 1. "●": 必须设; "★": 应设; "■": 宜设; "▲": 可设; "—": 不作要求。

2. 采用机械通风的隧道, 应按表中所列要求设置能见度检测器、CO检测器、NO_2检测器、风速风向检测器; 不采用机械通风的隧道则不作要求。

3. 长度小于500m的高速公路隧道, 可不设消火栓系统及固定式水成膜泡沫灭火装置。

表3.0.3-2 一级公路隧道交通工程设施配置表

设施名称		各类设施分级				
		A+	A	B	C	D
交通安全设施		按第4章规定设置				
通风设施	风机	按第5章规定设置				
	能见度检测器	★	★	▲	—	—
	CO检测器	★	★	▲	—	—
	NO_2 检测器	■	■	▲	—	—
	风速风向检测器	★	★	▲	—	—
照明设施	灯具	按第6章规定设置				
	亮度检测器	★	★	▲	—	—
交通监控设施	车辆检测器	★	■	▲	—	—
	视频事件检测器	★	★	▲	—	—
	摄像机	●	●	★	■	—
	可变信息标志	★	★	▲	—	—
	可变限速标志	★	★	▲	—	—
	交通信号灯	★	★	■	▲	—
	车道指示器	●	●	★	▲	—
	交通区域控制单元	★	★	▲	—	—
紧急呼叫设施	紧急电话	★	★	★	▲	—
	隧道广播	★	★	▲	—	—

续表 3.0.3-2

设施名称		各类设施分级				
		A+	A	B	C	D
火灾探测报警设施	火灾探测器	★	★	■	—	—
	手动报警按钮	●	●	■	—	—
	火灾声光警报器	按第9章规定设置				
消防设施与通道	灭火器	●	●	●	●	●
	消火栓	●	●	■	—	—
	固定式水成膜泡沫灭火装置	●	●	■	—	—
	通道	按第10章规定设置				
中央控制管理设施	计算机设备	★	★	▲	—	—
	显示设备	★	★	▲	—	—
	控制台	★	★	▲	—	—
供配电设施		根据以上用电设施配置情况设置				
接地与防雷设施		根据以上用电设施配置情况设置				
线缆及相关设施		根据以上各类设施配置情况设置				

注：1. "●"：必须设；"★"：应设；"■"：宜设；"▲"：可设；"—"：不作要求。
2. 采用机械通风的隧道，应按表中所列要求设置能见度检测器、CO检测器、NO_2检测器、风速风向检测器；不采用机械通风的隧道则不作要求。
3. 长度小于800m的一级公路隧道，可不设消火栓系统及固定式水成膜泡沫灭火装置。

表 3.0.3-3　二级及二级以下公路隧道交通工程设施配置表

设施名称		各类设施分级				
		A+	A	B	C	D
交通安全设施		按第4章规定设置				
通风设施	风机	按第5章规定设置				
	能见度检测器	★	■	▲	—	—
	CO检测器	★	▲		—	—
	NO_2检测器	■	▲		—	—
	风速风向检测器	■	▲		—	—
照明设施	灯具	按第6章规定设置				
	亮度检测器	■	▲		—	—
交通监控设施	车辆检测器	■	■	▲	—	—
	视频事件检测器	■	■	■	—	—
	摄像机	★	★	■	▲	—
	可变信息标志	▲	▲		—	—
	可变限速标志	▲	▲		—	—
	交通信号灯	★	★		—	—
	车道指示器	★	★		—	—
	交通区域控制单元	■	■	▲	—	—

续表 3.0.3-3

设施名称		各类设施分级				
		A+	A	B	C	D
紧急呼叫设施	紧急电话	★	■	▲	—	—
	有线广播	■	▲		—	—
火灾探测报警设施	火灾探测器	★	■	▲	—	—
	手动报警按钮	★	■	▲	—	—
	火灾声光警报器	按第9章规定设置				
消防设施与通道	灭火器	●	●	●	●	●
	消火栓	●	●	■	—	—
	固定式水成膜泡沫灭火装置	●	●	■	—	—
	通道	按第10章规定设置				
中央控制管理设施	计算机设备	■	■	▲	—	—
	显示设备	■	■	▲	—	—
	控制台	■	■	▲	—	—
供配电设施		根据以上用电设施配置情况设置				
接地与防雷设施		根据以上用电设施配置情况设置				
线缆及相关设施		根据以上各类设施配置情况设置				

注：1. "●"：必须设；"★"：应设；"■"：宜设；"▲"：可设；"—"：不作要求。
2. 单洞单向通车时，监控设施、火灾探测与报警设施可降一级配置。
3. 采用机械通风的隧道，应按表中所列要求设置能见度检测器、CO检测器、NO_2检测器、风速风向检测器；不采用机械通风的隧道则不作要求。
4. 长度小于1000m的二级及二级以下公路隧道，可不设消火栓系统及固定式水成膜泡沫灭火装置。

4　交通安全设施

4.2　标　志

4.2.6 消防设备指示标志的设计应符合下列规定：
1 公路隧道内应设置消防设备指示标志，版面样式与内容应符合本规范附录A的有关规定。
2 消防设备指示标志应设置于消防设备箱上方，底部与检修道高差宜为2.5m。

4.2.9 疏散指示标志的设计应符合下列规定：
1 长度大于500m的公路隧道内应设置疏散指示标志，版面样式与内容应符合本规范附录A的有关规定。
2 疏散指示标志应设置于隧道两侧墙上，底部与检修道高差不应大于1.3m，间距不应大于50m。

5　通 风 设 施

5.1　一 般 规 定

5.1.3 公路隧道通风设计应分别针对正常交通工况和火灾、

交通阻滞等异常交通工况进行系统设计，并应提出相应的通风设施运行方案。

5.4 排　烟

5.4.1 公路隧道排烟设计应符合下列规定：

1 长度 $L>1000m$ 的高速公路和一级公路隧道，长度 $L>2000m$ 的二、三、四级公路隧道应设置机械排烟系统。

5.4.2 公路隧道火灾最大热释放率应按表 5.4.2 取值。

表 5.4.2　隧道火灾最大热释放率取值（MW）

通行方式	隧道长度 L	公路等级		
		高速公路	一级公路	二级、三级、四级公路
单向交通	$L>5000m$	30	30	—
	$1000m<L≤5000m$	20	20	—
双向交通	$L>2000m$	—	—	20

注：运煤专用通道、客车专用通道等特殊隧道火灾最大热释放率取值宜根据实际条件具体确定。

5.4.5 采用排烟道集中排烟的公路隧道，排烟设计应符合下列规定：

2 排烟分区可按隧道长度划分，且每个排烟分区的长度不应大于 1000m。

5.4.7 单向交通隧道火点下游的横通道防火门应保持关闭状态。

5.4.8 隧道专用疏散通道、隧道附属建筑等排烟设计应满足相关规范的要求。

5.5 风　机

5.5.3 火灾排烟轴流风机的电机防护等级不应低于 IP55，绝缘等级不应低于 F 级；其他轴流风机的绝缘等级不应低于 H 级。

9　火灾探测报警设施

9.1 一般规定

9.1.1 火灾探测报警设施设计内容应包括报警区域和探测区域的划分、火灾探测器、手动报警按钮、火灾报警控制器、火灾声光警报器的设计等。

9.1.2 火灾探测报警设施设计应注重火灾检测的灵敏性、准确性、实时性、可靠性。

9.1.3 隧道内设置的火灾探测报警设备的防护等级不应低于 IP65。

9.2 报警区域和探测区域的划分

9.2.1 隧道报警区域应根据排烟系统或灭火系统的联动需要确定，长度宜为 50～100m。

9.2.2 隧道运营管理附属建筑报警区域应按现行《火灾自动报警系统设计规范》（GB 50116）确定。

9.2.3 点型火焰探测器、图像型火灾探测器的探测区域的长度不应大于报警区域长度；线型感温火灾探测器的探测区域长度宜按探测器保护区的长度确定。

9.2.4 平行通道、隧道运营管理附属建筑应分别单独划分探测区域。

9.3 火灾探测器

9.3.1 火灾探测器应能自动检测隧道、平行通道、隧道运营管理附属建筑等的火灾，探测范围应覆盖所有报警区域，无探测盲区。

9.3.2 隧道运营管理附属建筑、平行通道等处的火灾探测器应按照现行《火灾自动报警系统设计规范》（GB 50116）设置。

9.3.4 点型火焰探测器设置应满足下列要求：

1 单洞车行道少于四车道时，探测器宜单侧设置；单洞车行道为四车道时，探测器应双侧交错设置。

2 探测器宜从隧道洞口顶部以内 10m 处开始设置；应设置在隧道侧壁，底部距检修道高差宜为 2.5～3.5m。

9.3.5 线型感温火灾探测器设置应满足下列要求：

2 探测器宜从隧道洞口顶部以内 10m 处开始沿隧道连续设置，应设置在车道顶部，距隧道顶棚距离宜为 0.15～0.20m。

9.3.6 图像型火灾探测器设置应满足下列要求：

1 单洞车行道小于四车道时，探测器宜单侧设置，并设置在隧道侧壁，底部距路面高差不应小于 4.5m。

2 单洞车行道为四车道时，探测器宜设置在隧道中线上方，底部距路面高差不应小于 5.2m。

9.3.7 火灾探测器设备应为符合国家有关准入制度的产品，并满足下列技术要求：

1 应具有灵敏度调整功能。

2 线型感温火灾探测器应具有差、定温报警功能。

3 火灾探测器响应时间不应大于 60s。

9.4 手动报警按钮

9.4.1 隧道内手动报警按钮设置间距不应大于 50m，宜与消火栓等灭火设施同址设置，按钮距检修道高差应为 1.3～1.5m。

9.4.2 隧道运营管理附属建筑的手动报警按钮应按现行《火灾自动报警系统设计规范》（GB 50116）设置。

9.5 火灾报警控制器

9.5.1 火灾报警控制器应能接收、显示、记录和传递火灾报警等信息，并有控制自动消防装置的功能。

9.5.2 火灾报警控制器设置应符合下列规定：

1 室内的火灾报警控制器应设置在管理人员易于操作、视认方便的位置；安装在墙上时，控制器与门轴的距离不应小于 1m，正面操作空间宽度不应小于 1.2m。

2 落地式安装的火灾报警控制器，正面操作空间宽度不应小于 1.2m，设备侧面及后面的维修空间宽度均不应小于 1m。

3 设置在隧道内的火灾报警控制器应设有可靠的保护措施和明显标志。

9.6 火灾声光警报器

9.6.1 设置火灾探测器且未设置有线广播的隧道应设置火灾声光警报器；同时设置火灾探测器和有线广播的隧道宜设置

火灾声光警报器。

9.6.2 火灾声光警报器应设置于隧道中央控制室、隧道入口前方100～150m处、隧道内各报警区域，设置高度不宜小于2.5m。

9.6.3 环境噪声大于60dB的场所设置火灾声光警报器时，其声光警报器的声压级应比背景噪声至少高15dB，其他技术指标应符合现行《火灾声和/或光警报器》（GB 26851）的规定。

9.7 系统供电与通信要求

9.7.1 火灾探测报警系统应设有交流电源和蓄电池备用电源。

9.7.2 火灾探测报警系统主电源不应设置剩余电流动作保护和过负荷保护装置。

9.7.3 蓄电池备用电源宜采用专用蓄电池或集中设置的蓄电池，其电池维持供电时间不应小于3h。采用集中设置的蓄电池时，火灾报警控制器应采用单独的供电回路，并应保证在系统处于最大负载状态下不影响火灾报警控制器的正常工作。

9.7.4 火灾探测报警系统的隧道现场信息传输网络应采用独立传输网络；路段全线火灾探测报警系统的信息传输网络可利用公路专用通信网络。

10 消防设施与通道

10.1 一般规定

10.1.1 消防设施与通道的设计内容应包括消防灭火设施与通道的设计。

10.1.2 消防设施与通道设计应遵循下列原则：
1 以人员逃生为主，车辆疏散、财产保全、灭火为辅。
2 以自救为主，外部救援为辅。

10.2 消防灭火设施

10.2.1 消防灭火设施设计内容应包括灭火器、消火栓、固定式水成膜泡沫灭火装置、隧道消防给水设施及其他设施等。

10.2.2 灭火器设计应符合下列规定：
1 公路隧道内灭火器宜选用磷酸铵盐干粉手提式灭火器，灭火剂充装量不应小于5kg且不应大于8kg。
2 单洞双车道公路隧道应在隧道一侧设置灭火器，单洞三车道公路隧道宜在隧道两侧交错设置灭火器，单洞四车道公路隧道应在隧道两侧交错设置灭火器。灭火器单侧设置间距不应大于50m。
3 灭火器应成组设置在灭火器箱内，每组所设灭火器具数宜为2～3具。灭火器箱门上应注明"灭火器"字样。

10.2.3 消火栓设计应符合下列规定：
1 消火栓应成组安装在消防箱内，消防箱宜固定安装在隧道沿行车方向的右侧壁消防洞室内，单洞双向通行隧道可按单侧布设。
2 单洞双车道公路隧道消火栓间距不应大于50m，单洞三车道、四车道公路隧道消火栓间距不应大于40m。
3 消火栓应采用统一型号规格，隧道内宜选用减压稳压型消火栓。消火栓栓口直径应为65mm，水枪喷嘴口径不应小于19mm，水带长度不应超过30m。
4 消火栓栓口离地面或操作基面高度宜为1.1m，其出水方向宜与设置消火栓的墙面成90°角，栓口与消防箱内边缘的距离不应影响消防水带的连接。
5 消火栓的水枪充实水柱长度不应小于10m。
6 消火栓栓口处的出水压力大于0.5MPa时，应设置减压设施。
7 当消火栓系统压力由消防水泵直供时，每个消火栓处应设置直接启动消防水泵的按钮。
8 消防箱门上应注明"消火栓"字样。

10.2.4 固定式水成膜泡沫灭火装置设计应符合下列规定：
2 固定式水成膜泡沫灭火装置中的消防卷盘应选用长25m、口径19mm的胶管；泡沫枪应为带开关的吸气型泡沫枪，口径宜为9mm。
3 固定式水成膜泡沫灭火装置的泡沫混合液流量不应小于30L/min，连续供给时间不应小于20min，射程不应小于6m。
5 固定式水成膜泡沫灭火装置阀门应有明显启闭标志。
6 泡沫罐上醒目位置应注明泡沫液的有效使用期限。
7 固定式水成膜泡沫灭火装置箱门上应注明"泡沫消火栓"字样。

10.2.5 隧道消防用水可采用市政自来水、地下水或地表水。当采用地表水时，应有保证枯水期时消防用水的措施。

10.2.6 隧道消防用水量应按发生一次火灾的灭火用水量确定，且不应小于表10.2.6的规定值。

表10.2.6 隧道消防用水量

隧道长度 L_{en}（m）	隧道内消火栓一次灭火用水量（L/s）	同时使用水枪数量（支）	火灾延续时间（h）	用水量（m³）
$L_{en}<1000$	15	3	2	108
$1000 \leq L_{en}<3000$	20	4	3	216
$L_{en} \geq 3000$	20	4	4	288

注：每支水枪最小流量为5L/s。

10.2.7 隧道消防给水方式设计应满足下列要求：
2 供给隧道消防用水的消防水泵应采用自灌式引水，并在吸水管上设置检修阀门。
4 消防水池的容积除应能容纳隧道内一次消防用水量外，尚应能容纳隧道内冲洗所需的调节容量。
5 消防水池应有一次消防用水不被其他用途占用的措施。
6 消防水池应设水位遥测装置。

10.2.8 消防给水管道设计应满足下列要求：
2 双洞隧道的消防给水应采用环状供水管网。
3 隧道内消防给水管道应设检修阀。当管径大于或等于100mm时，宜采用软密封闸阀。
5 应设置管道伸缩器及自动排气阀等管道附属设施。
6 消防给水管道穿越路面时，应有保护措施。
7 寒冷地区的消防给水管道及消防水池应采用防冻保温措施。
8 沿海地区公路隧道消防给水管道应具有防盐雾腐蚀

措施。

10.2.9 设有消防给水设施的隧道，在洞口附近应设置室外消火栓和消防水泵接合器，其数量应根据隧道消防用水量计算确定。每个室外消火栓、水泵接合器流量均应按 10~15L/s 计算。

10.2.10 设有通风竖井的隧道，在联络风道口处宜设置能对火灾时产生的热空气进行降温的设施，地下机房内应设置室内消火栓系统。

10.2.11 在隧道管理用房内应设置消防器材储藏间，并应配置备用灭火器材。

10.3 通 道

10.3.5 人行横通道设计应符合下列规定：
3 人行横通道的两端应设防火门。

10.3.6 车行横通道设计应符合下列规定：
2 车行横通道应设防火卷帘，防火卷帘应具备现场和远程控制开闭功能。

10.3.7 防火门正常情况应关闭，开启方向应为疏散方向，应能在门两侧开启，且应具有自动关闭功能。

10.3.8 防火门各项性能除应符合现行《防火门》(GB 12955)的规定外，尚应满足下列要求：
1 应采用钢质A类隔热防火门。
2 隧道长度小于3000m时，防火门耐火隔热性、耐火完整性不应小于2.0h；隧道长度不小于3000m时，耐火隔热性、耐火完整性不应小于3.0h。

10.3.9 防火卷帘应采用钢质防火、防烟卷帘，其各项性能除应符合现行《防火卷帘》(GB 14102)的规定外，尚应满足下列要求：
1 卷帘材料及零部件应环保、耐腐蚀。
2 隧道长度小于3000m时，耐火极限不应小于2.0h；隧道长度不小于3000m时，耐火极限不应小于3.0h。

11 供配电设施

11.2 供电设施

11.2.1 隧道电力负荷应根据供电可靠性和中断供电对人身生命、生产安全造成的危害及对经济影响的程度确定负荷等级。公路隧道重要电力负荷的分级应符合表11.2.1的规定。

表 11.2.1 隧道重要电力负荷分级

序号	电力负荷名称	负荷等级
1	应急照明设施	一级[a]
	电光标志	
	交通监控设施	
	通风及照明控制设施	
	紧急呼叫设施	
	火灾检测与报警设施	
	中央控制设施	
2	消防水泵[b]	一级
	排烟风机	

续表 11.2.1

序号	电力负荷名称	负荷等级
3	非应急的照明设施	二级
	通风风机[c]	
	消防补水水泵[d]	
4	其余隧道电力负荷	三级

注：[a] 该一级负荷为特别重要负荷。
[b] 指为消防管道维持正常水压的加压水泵。
[c] 指除作为一级负荷以外的其他通风风机。
[d] 指为高、低位水池补水的给水泵。

11.6 配变电所及发电机房

11.6.2 可燃油油浸电力变压器室的耐火等级应为一级。非燃或难燃介质的电力变压器室、电压为10kV的配电装置室和电容器室的耐火等级不应低于二级。低压配电装置室和电容器室的耐火等级不应低于三级。

11.6.3 配变电所应配置防火门。隧道地面配变电所室内门应为乙级防火门。隧道内配变电所的门应为甲级防火门。

11.6.10 柴油发电机房宜设置发电机间、储油间、备品备件储藏间，并应设置移动式或固定式灭火设施。

附录A 隧道标志版面

A.0.1 隧道信息标志版面可按图A.0.1所示进行设计。

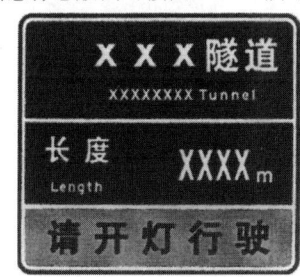

图 A.0.1 隧道信息标志版面示意图

A.0.2 消防设备指示标志版面可按图A.0.2所示进行设计。

图 A.0.2 消防设备指示标志版面示意图

A.0.3 人行横通道指示标志版面可按图A.0.3所示进行设计。

A.0.4 车行横通道指示标志版面可按图A.0.4所示进行设计。

A.0.5 疏散指示标志版面可按图A.0.5所示进行设计。

A.0.6 隧道出口距离预告标志版面可按图A.0.6所示进行设计。

图 A.0.3　人行横通道指示标志版面示意图

图 A.0.4　车行横通道指示标志版面示意图

图 A.0.5　疏散指示标志版面示意图

图 A.0.6　隧道出口距离预告标志版面示意图

A.0.7　紧急停车带位置提示标志版面可按图 A.0.7 所示进行设计。

图 A.0.7　紧急停车带位置提示标志版面示意图

98.《高速公路改扩建设计细则》JTG/T L11—2014

10 隧 道

10.1 一般规定

10.1.6 增建隧道、扩挖隧道与既有隧道互为逃生通道时,其横向通道的设置应符合新建隧道的规定。

99.《高速公路改扩建交通工程及沿线设施设计细则》JTG/T L80—2014

3 既有公路调查与评价

3.2 调 查

3.2.4 应调研相关单位对既有交通工程及沿线设施使用效果的评价、对各设施设置情况的反馈意见和其他需求,以及对改扩建的建议。应了解下列内容:

10 隧道风机设置及运营、当地消防救援机构的设置、消防设备的配置及使用,以及隧道火灾等情况。

3.2.5 应结合收集的资料和座谈的情况进行现场调查,了解系统运营及既有设备的情况,包括功能状态、锈蚀、老化和损坏情况。现场调查可采用拍照、录像、询问交流相结合的方式进行,应主要了解下列内容:

5 供配电照明设施的变压器、柴油发电机、高低压柜的型号及规格,照明设备的使用情况,隧道照明效果,隧道风机、消防设施的完好情况及扩容条件。

3.3 评 价

3.3.5 应根据现行标准结合运营管理的需求,对既有公路监控、收费、通信、供配电照明、通风消防等设施的技术水平、可靠性、再利用的可行性及扩容能力等进行评价。

3.3.7 应对建(构)筑物及场区绿化、环保、消防等配套设施的扩容能力及再利用的可行性进行评价。

4 总 体 设 计

4.0.6 总体设计应包含下列内容:

6 供配电系统的设计原则、标准、技术要求及供电方案等;照明系统的设计原则、标准及技术要求,照明区段的布设位置和功能等;隧道通风的设计原则、通风方式及技术要求等;隧道消防的设计原则、设计方案及技术要求等。

4.0.9 应根据调查与评价结果,通过技术经济比较,确定下列设施的再利用方案:

3 隧道交通工程与附属设施,包括通风、消防、供配电照明、监控等。

8 隧道交通工程与附属设施

8.0.1 应根据主体工程改扩建方案,结合调查与评价结果及总体设计方案,按照现行标准规范确定隧道监控、消防等级,对隧道照明、通风、供配电、消防、监控、通信等设施进行改扩建,使其满足运营需求。

8.0.2 当新建隧道设有专用逃生通道时,应设置必要的基本照明、应急照明、视频监视、火灾检测、隧道通风、隧道广播等设施。

8.0.4 隧道通风设施应根据调查评价结果及改扩建方案进行设计。对于采用分段通风的隧道,改扩建时应充分利用现有的通风设施。当设有专用逃生通道时,通风设计应确保逃生通道的风压大于主洞风压30～50Pa,避免火灾工况下的烟雾由主洞蔓延至逃生通道。

8.0.5 隧道消防及防灾设施扩建时,应结合水源情况调查和评价的结论,对既有公路消防水池、泵房、管道系统等加以充分利用。

100. 《公路隧道照明设计细则》JTG/T D70/2-01—2014

1 总　则

1.0.6 公路隧道照明设计应分别针对正常交通工况和异常交通工况进行设计。

2 术语和符号

2.1.9 应急照明　emergency lighting
因正常照明的电源失效而启用的照明，供人员疏散、保障安全的照明。

101.《公路工程施工安全技术规范》JTG F90—2015

3 基本规定

3.0.8 施工现场、生产区、生活区、办公区应按规定配备满足要求且有效的消防设施和器材。

3.0.14 施工现场出入口、沿线各交叉口、施工起重机械、临时用电设施以及脚手架等临时设施、民爆物品和易燃易爆危险品库房、孔洞口、基坑边沿、桥梁边沿、码头边沿、隧道洞口和洞内等危险部位，应设置明显的安全警示标志和必要的安全防护设施。

4 施工准备

4.1 驻地和场站建设

4.1.3 施工现场临时用房、临时设施、生产区、生活区、办公区的防火间距应符合现行《建设工程施工现场消防安全技术规范》（GB 50720）的相关要求。

4.1.9 储油罐的设置应符合下列规定：
　1　储油罐与在建工程的防火间距不小于15m，并应远离明火作业区、人员密集区、建（构）筑物集中区。
　3　应按要求配备泡沫灭火器、干粉灭火器、沙土袋、沙土箱等灭火消防器材及沙土等灭火消防材料。
　5　应悬挂醒目的禁止烟火等警示标识。

4.6 施工机械设备

4.6.5 机械设备集中停放的场所应设置消防通道，并应配备消防器材。

5 通用作业

5.4 混凝土工程

5.4.9 混凝土养护应符合下列规定：
　3　蒸汽、电热养护时，应设围栏和安全警示标志，并应配置足够、适用的消防器材，非作业人员不得进入养护区域。

5.5 电焊与气焊

5.5.4 储存、搬运、使用氧气瓶、乙炔瓶除应符合现行《焊接与切割安全》（GB 9448）的有关规定外，尚应符合下列规定：
　2　压力表、安全阀、橡胶软管和回火保护器等均应定期校验或试验，标识应清晰。
　4　气瓶与实际焊接或切割作业点的距离应大于10m，无法达到的应设置耐火屏障。
　6　电、气焊作业点和气瓶存放点应按规定配备灭火器材。

5.5.10 使用过危险化学品的容器、设备、桶槽、管道、舱室等，动火前必须清洗，并经测爆合格。

5.5.12 密闭空间焊接作业应设置通风、绝缘、照明装置和应急救援装备。

5.5.14 高处电焊、气割作业，作业区周围和下方应采取防火措施，按要求配备消防器材，并应设专人巡视。

5.8 水上作业

5.8.5 工程船舶应按规定配备有效的消防、救生、堵漏和油污应急设施，制订安全技术措施和应急预案，并应按规定定期演练。施工船舶应安装船舶定位设备，保证有效的船岸联系。

5.12 涂装作业

5.12.1 作业、储存场所严禁明火。

5.12.2 涂装作业除应符合现行《涂装作业安全规程　安全管理通则》（GB 7691）的规定外，尚应符合下列规定：
　3　储存、作业场所应设立安全警戒区，配备消防设备。

7 路面工程

7.1 一般规定

7.1.6 隧道内摊铺沥青混凝土路面应符合下列规定：
　1　应采用机械通风排烟，隧道内空气中的有毒气体和可燃气体的浓度不得超过相关规定。

7.3 沥青面层

7.3.2 沥青储存地点应配备灭火器、消防砂等消防设施，并应设置警示标志。

7.3.3 沥青脱桶、导热油加热沥青作业应采取防火、防烫伤措施。

7.3.4 沥青混合料拌和作业除应符合本规范第7.2.2条规定外，尚应符合下列规定：
　1　拌和机点火失效时，应关闭喷燃器油门，并应通风清吹后再行点火。
　3　沥青罐内检查不得使用明火照明。
　4　沥青拌和站应配备灭火器、消防砂等消防设施。

8 桥涵工程

8.13 斜拉桥

8.13.1 混凝土索塔施工应符合下列规定：
　11　索塔施工平台四周及塔腔内部应按要求配备消防器材。

器材。

8.13.2 索塔横梁及塔身合龙段施工应符合下列规定：

  7 在横梁、塔身合龙段内部空心段拼装、拆除模板时，应配备消防器材和照明设施，必要时应采取通风措施。

8.13.5 斜拉索施工应符合下列规定：

  6 塔腔内照明应采用安全电压，并应配备消防器材。塔腔内不得存放易燃易爆物品。

9 隧道工程

9.1 一般规定

9.1.11 隧道内应按要求配备消防器材。

9.1.12 应根据危险源辨识情况编制隧道坍塌、突水突泥、触电、火灾、爆炸、窒息、有害气体等应急预案并应配备相应的应急资源。

9.1.16 施工隧道内不得明火取暖。

9.1.17 隧道内严禁存放汽油、柴油、煤油、变压器油、雷管、炸药等易燃易爆物品。

9.5 支护

9.5.3 喷射混凝土、锚杆、钢筋网、超前小导管、管棚支护施工应符合现行《公路隧道施工技术规范》（JTG F60）的有关规定。焊接作业区域内不得有易燃易爆物品，下方不得有人员站立或通行。

9.6 衬砌

9.6.4 钢筋焊接作业在防水板一侧应设阻燃挡板。

9.8 防水和排水

9.8.1 隧道防水板施工作业台架应设置消防器材及防火安全警示标志，并应设专人负责。照明灯具与防水板间距不得小于0.5m，不得烘烤防水板。

9.11 不良地质和特殊岩土地段

9.11.8 含瓦斯隧道施工应符合下列规定：

  10 应按规定设置灭火器、消防水池、消防沙等消防设施。

9.16 附属设施工程

9.16.2 装饰工程施工应符合下列规定：

  2 各类装修原材料应分类存放并设置警示标志，并应配备防火、防爆消防设备；易燃、易爆等材料应设专人负责管理。

9.18 逃生与救援

9.18.4 隧道内交通道路及开挖作业等重要场所应设置安全应急照明和应急逃生标志，应急照明应有备用电源并保证光照度符合要求。

9.18.5 软弱围岩隧道开挖掌子面至二次衬砌之间应设置逃生通道，随开挖进尺不断前移，逃生通道距离开挖掌子面不得大于20m。逃生通道的刚度、强度及抗冲击能力应满足安全要求，逃生通道内径不宜小于0.8m。

10 交通安全设施

10.4 交通标线

10.4.1 运输、存放标线涂料、溶剂应采取防火措施。

10.6 防眩设施

10.6.1 运输、存放塑料防眩板应采取防火措施。

11 改扩建工程

11.3 加固

11.3.1 采用化学材料施工时，应采取防火措施。

12 特殊季节与特殊环境施工

12.2 冬季施工

12.2.1 冬季来临前，应检修、保养使用的船机、设备、机具及防护、消防、救生设施，并应采取防冻措施。

12.2.2 冬季施工现场的道路、工作平台、斜坡道、脚手板船舶甲板等均应采取防滑措施、及时清除冰雪。冬季施工现场应配备消防设施。

12.2.3 办公、生活区严禁使用电炉、碘钨灯等取暖，煤炭炉取暖必须采取防火、防一氧化碳中毒的措施。

12.2.6 严禁明火烘烤或开水加热冻结的储气罐、氧气瓶、乙炔瓶、阀门、胶管。

12.5 高温施工

12.5.3 施工现场的易燃易爆物品应采取防晒措施。

102.《公路隧道施工技术规范》JTG/T 3660—2020

1 总 则

1.0.4 隧道施工必须遵守国家和行业的安全生产法律法规，制定切实可行的安全制度，采取防火、照明、通信等安全保证措施。

4 施工准备

4.2 施工场地与临时工程

4.2.4 临时房屋应符合下列规定：
 3 应符合消防安全规定。

11 防水和排水

11.3 防排水结构施工

11.3.8 防水板铺设好后，应注意防水板的保护，并应符合下列规定：
 5 钢筋焊接作业时，防水板应采用阻燃材料进行隔离遮挡。

14 辅助坑道

14.1 一般规定

14.1.2 斜井和竖井施工，应根据风险评估采取水害火灾防治措施。有轨运输、绞车提升应编制专项施工方案。

16 不良地质和特殊性岩土地段施工

16.5 瓦 斯

16.5.5 瓦斯工区施工通风应符合下列规定：
 9 应采用抗静电、阻燃的风管。风管口到开挖工作面的距离应小于5m，风管安装应平顺，接头严密，每100m平均漏风率不应大于2%。

16.5.7 瓦斯监测与管理应符合下列规定：
 3 高瓦斯工区应严格按表16.5.7规定的甲烷浓度实行分级管理，甲烷浓度超限时应采取相应的瓦斯防治措施。

表 16.5.7 高瓦斯工区安全施工管理等级表

安全管理等级	开挖工作面回风流中甲烷浓度（%）	管理状态	安防措施与作业规定
一	<0.5%	正常	（1）正常施工作业； （2）按程序要求审批进行焊接等动火作业，瓦检员跟班随时检测动火点附近甲烷浓度； （3）连续通风。
二	0.5%～1.0%	警戒	（1）严禁焊接等明火作业； （2）加强通风或优化通风系统； （3）加强瓦斯检测，调查瓦斯发生源； （4）按程序及时上报，其他工序正常作业。
三	≥1.0%	应急	（1）停工、撤人； （2）断电，切断洞内全部非本质安全型电源； （3）加强通风或优化通风系统； （4）加强瓦斯监测，调查瓦斯发生源； （5）甲烷浓度进一步升高超过1.5%时，严禁任何非瓦斯专业人员进洞，采取专项安全措施。

20 隧道路面

20.0.6 隧道路面施工应设置满足施工需要的照明和通信系统。

20.0.7 隧道路面施工过程中，隧道内应保持良好通风，采取防火、防烟措施，制定疏散和消防救援预案。

20.0.10 阻燃沥青混凝土施工应符合下列规定：
 1 沥青混凝土阻燃剂的品种和技术指标应符合设计规定，阻燃剂储存应防潮、防曝晒。
 2 阻燃剂的用量和添加工艺应根据设计要求和产品说明书，通过试验确定。
 3 阻燃沥青混凝土的氧指数和烟密度等级应符合设计规定。
 4 阻燃改性沥青储存罐应带有搅拌装置。
 5 阻燃沥青混凝土拌和、储存、运输、摊铺碾压的时间和温度控制等工艺参数应根据试验选择，经过试验段验证并在施工时严格执行。
 6 加入阻燃剂后沥青混凝土的路用性能指标应符合设计和现行《公路沥青路面施工技术规范》(JTG F40)规定。

21 附属设施工程

21.1 各类洞室、横通道及其他

21.1.6 各类洞室应有明确的标识，防护门应符合下列规定：
   4 应开启方便，严密、防火、隔热。

21.2 防火涂料和洞门装饰

21.2.1 防火涂料材料应符合设计规定，并应符合现行《混凝土结构防火涂料》（GB 28375）的有关规定。储存运输时应防雨防潮，包装不应破损。

21.2.2 防火涂料施工前，应做好下列工作：
   1 渗漏水应经过处理，并应符合验收规定。
   3 衬砌表面应干燥无水。

21.2.3 防火涂料和洞门装饰施工前，应先进行试验段施工。

21.2.4 防火涂料施工应符合下列规定：
   2 界面处理、喷涂厚度、喷涂层次、施工温度等应符合产品说明书和设计规定。

103. 《公路隧道养护技术规范》JTG H12—2015

5 机电设施

5.2 日常巡查

5.2.1 日常巡查应检查机电设施是否处在正常工作状态和是否存在故障隐患，并应符合下列规定：

4 消防设施日常巡查，应观察各类消防设备的外观，并判断有无异常。

5.3 清洁维护

5.3.4 机电设施清洁应包括表5.3.4规定的设备。

表5.3.4 公路隧道机电设施清洁设备

设施名称	设备名称
供配电设备	配变电所内电力设备、箱式变电站、外场配电箱、插座箱、控制箱
照明设施	隧道灯具、洞外路灯
通风设施	轴流风机、射流风机
消防设施	消火栓及水泵接合器、灭火器、火灾报警设施、水喷雾控制阀及喷头、气体灭火设施、电光标志等
监控与通信设施	各类检测仪、闭路电视、有线广播、紧急电话、横通道门、交通控制和诱导设施、控制器（箱）、光端机、交换机等

5.7 消防设施检修

5.7.1 消防设施经常检修、定期检修主要项目及其检修频率可按表5.7.1确定。在检修期间应有相应的防灾措施。

表5.7.1 消防设施经常检修、定期检修主要项目及其检修频率

设施名称	检查项目	主要检查内容	经常检修 1次/1~3月	定期检修 1次/年
火灾报警设施*	点型感烟、感温探测器	1 清洁表面	√	
		2 各回路的报警随机抽检试验		√
	双/三波长火焰探测器	1 清洁表面	√	
		2 各回路的报警随机抽检试验		√
	线型感温光纤火灾探测系统	1 清洁表面	√	
		2 各回路的报警随机抽检试验		√
	光纤光栅感温火灾探测系统	1 清洁表面	√	
		2 各回路的报警随机抽检试验		√
	视频型火灾报警装置	1 清洁表面	√	
		2 各回路的报警随机抽检试验		√
	手动报警按钮	1 清洁表面	√	
		2 检查防水性能	√	
		3 报警信号及传输测试		√
		4 各回路的报警随机抽检试验		√
	火灾报警控制器	1 清洁表面	√	
		2 检查防水性能	√	
		3 线缆连接是否正常	√	
		4 报警试验		√
液体检测器	总体	1 电极棒液体控制装置检查		√
		2 浮球磁性液位控制器检查		√
		3 超声波液位计检查		√
		4 仪器检测精度标定		√

续表 5.7.1

设施名称	检查项目	主要检查内容	经常检修 1次/1~3月	定期检修 1次/年
消火栓及灭火器*	总体	1 有无漏水、腐蚀，软管、水带有无损伤	√	
		2 室外消火栓的放水试验及水压试验	√	
		3 泡沫消火栓的使用与防渣检查		√
		4 消火栓的放水试验及水压试验		√
		5 寒冷地区消防管道的防冻检修		√
		6 确认灭火器的数量及其有效期	√	
		7 灭火器腐蚀情况	√	
		8 设备箱体及标识检查	√	
阀门	总体	1 外观检查，有无漏水、腐蚀	√	
		2 操作试验是否正常	√	
		3 导通试验	√	
		4 保温装置的状况		√
水喷雾灭火设施*	总体	1 检查系统组件工作状态	√	
		2 检查设备外表	√	
		3 检查管路压力	√	
		4 检查报警装置	√	
		5 检查系统功能	√	
		6 清洗雨淋阀本体的密封圈		√
		7 检查阀瓣断头和锁紧销		√
		8 清洗控制阀和密封膜		√
		9 管网耐压试验		√
水泵接合器*	总体	1 清洁表面、内部	√	
		2 检查密封性	√	
		3 送水加压功能是否正常		√
水泵*	总体	1 运转时有无异响、振动、过热，压力上升时闸阀的动作是否正常	√	
		2 外观有无污染与损伤	√	
		3 轴承部位加油与排气检查	√	
		4 启动试验与自动阀同时进行	√	
		5 紧固泵体各部连接螺栓	√	
		6 消除离心泵泵内垃圾	√	
电动机	总体	1 运转时有无异响、振动、过热	√	
		2 外观有无污染、损伤	√	
		3 电压、电流检测	√	
		4 启动试验	√	
		5 各连接部情况		√
		6 绝缘试验		√
给水管	总体	1 有无漏水，闸阀操作是否灵活	√	
		2 管支架是否腐蚀、松动		√
		3 洞外及隧道内水管的防冻、防盐雾腐蚀		√
		4 管过滤器清洗		√

续表 5.7.1

设施名称	检查项目	主要检查内容	经常检修 1次/1~3月	定期检修 1次/年
气体灭火设施	总体	1 与火灾报警控制器联动试验		√
		2 检查气溶胶		√
消防车、消防摩托车	总体	1 车辆保养	√	
		2 检查灭火装备	√	
消防水池*	总体	1 有无渗漏水	√	
		2 水位是否正常及液位检测器是否完好	√	
		3 泄水孔是否通畅	√	
		4 水池的清洁		√
		5 寒冷地区保温防冻检查		√
电光标志*	总体	1 检查、调节 LED 集束像素管的发光亮度	√	
		2 检查显示功能是否正常	√	
		3 外观有无污染、破损、锈蚀,字迹是否清晰	√	

注:带"*"的设备为该设施中的关键设备。

5.7.2 消防设施的标志应保持完好、醒目。

5.9 机电设施技术状况评定

5.9.3 机电设施技术状况应采用设备完好率进行评定,其计算方法应符合下列规定:

2 机电设施设备完好率计算中的"设备台数"可按表5.9.3考核单位进行计算。

表 5.9.3 机电设施设备完好率考核单位

分项	设备名称	单位
供配电设施	高压断路器柜、高压互感器与避雷器柜、高压计量柜、高压隔离开关和负荷开关柜、电力变压器、箱式变电站、电力电容器柜、低压开关柜、配电箱、插座箱、控制箱、综合微机保护装置、直流电源、UPS 电源、EPS 电源、自备发电设备	台
	防雷装置、接地装置、变电所铁构件	个/处
	电力线缆、电缆桥架	条
照明设施	隧道灯具、洞外路灯	盏
	照明线路	条
通风设施	轴流风机及离心风机、射流风机	台
消防设施	双/三波长火焰探测器、视频型火灾报警装置、火灾报警控制器、电动机、气体灭火设施、消防车、消防摩托车	台
	点型感烟感温探测器、光纤光栅感温火灾探测系统、液位检测器、消火栓及灭火器、阀门、手动报警按钮、水泵接合器、水泵、消防水池、电光标志	个/处
	线型感温光纤火灾探测系统、水喷雾灭火设施、给水管	条

续表 5.9.3

分项	设备名称	单位
监控与通信设施	亮度检测器、能见度检测器、CO 检测器、风速风向检测器、车辆检测器、摄像机、编解码器、视频矩阵、监视器、硬盘录像机、视频交通事件检测器、本地控制器、横通道控制箱、光端机、路由器、交换机	台
	大屏幕投影系统、地图板、有线广播、紧急电话、横通道门、可变信息标志、可变限速标志、车道指示器、交通信号灯、监控室设备	个/处
	光缆、电缆	条

5.9.4 机电设施各分项技术状况的评定方法应符合列规定:

1 机电设施各分项技术状况评定值分为0、1、2、3。机电设施各分项技术状况评定应按表 5.9.4 执行。

表 5.9.4 机电设施分项技术状况评定表

分项	状况值			
	0	1	2	3
供配电设施	设备完好率≥98%	93%≤设备完好率<98%	85%≤设备完好率<93%	设备完好率<85%
照明设施	设备完好率≥95%	86%≤设备完好率<95%	74%≤设备完好率<86%	设备完好率<74%
通风设施	设备完好率≥98%	91%≤设备完好率<98%	82%≤设备完好率<91%	设备完好率<82%
消防设施	消防设备完好率100%	95%≤设备完好率<100%	89%≤设备完好率<95%	设备完好率<89%
监控与通信设施	设备完好率≥98%	91%≤设备完好率<98%	81%≤设备完好率<91%	设备完好率<81%

2 当机电设施各分项中任一关键设备的设备完好率为该分项各类设备完好率最低时,该分项技术状况按该关键设备的设备完好率评定。

7 安全管理

7.1 一般规定

7.1.3 隧道养护作业及处理突发事件时,应在隧道入口设置相应的提示、警告标志。

7.1.5 隧道内严禁存放易燃、易爆、剧毒、放射性等危险物品,隧道内的紧急停车带、车行(人行)横通道不得堆放杂物。

7.3 突发事件的安全管理

7.3.2 应定期检查隧道救援设备、设施,保证其处于良好的技术状态。

7.3.3 隧道管养单位应制订突发事件的应急预案并进行预案演练。特长隧道、长隧道应制订专项应急预案,其他隧道可制订通用应急预案。应急预案应包括下列内容:

1 适用范围和事件类型;
2 处置目标和原则;
3 指挥调度体系和信息报送发布规定;
4 处置方案和步骤,包括交通管制、处置队伍进场、疏散和人员救护、现场处置、损失检查与通行条件评估;
5 应急队伍的组成,包括人员和装备的来源、规模、作用和现场安全防护等要求。

7.3.4 应急预案的演练应采用答题演练、沙盘演练或实地演练等形式进行。高速公路独立长隧道或特长隧道,及其他公路的独立特长隧道,每年应进行不少于一次的实地演练。管理多座长隧道、特长隧道的管养单位,每年应选取不少于一座隧道进行实地演练。未进行实地演练的管养单位应观摩或参与其他单位组织的实地演练。

7.3.5 突发事件处理后,应分析事故原因,总结经验教训,提高应急处置能力。

8 技术管理

8.0.6 公路隧道发生火灾、交通事故、地震、坍塌等突发事件时,应掌握隧道运行状况,并按规定报送相关信息。

104.《公路路基施工技术规范》JTG/T 3610—2019

9 路基施工安全

9.2 防火、用电、照明和通风

9.2.1 施工临时用房、临时设施、生产区、办公区的防火间距应符合现行《建设工程施工现场消防安全技术规范》(GB 50720)的相关要求。施工场地和生活区域应按国家有关规定配置消防设施和器材，设置消防安全标志。

9.9 支护结构与排水设施施工

9.9.15 排水隧洞施工应符合下列安全规定：

1 应根据危险源辨识情况编制排水隧洞坍塌、突水突泥、触电、火灾、爆炸、窒息、有害气体等应急预案并应配备相应的应急资源。

105.《公路桥涵施工技术规范》JTG/T 3650—2020

5 模板、支架

5.1.2 模板和支架应符合下列规定：
6 支架不得与应急安全通道相连接。

7 预应力混凝土工程

7.10 无黏结预应力

7.10.4 无黏结预应力筋的张拉和防护应符合下列规定：
3 对不能使用细石混凝土或微膨胀砂浆封堵的部位，应将锚具全部涂以与无黏结预应力筋涂料层相同的防腐油脂，并采用具有可靠防腐和防火性能的保护罩将锚具全部密封。

17 梁式桥

17.4 移动模架逐孔现浇

17.4.8 移动模架在使用期间尚应符合下列规定：
2 模架所有操作平台的边缘处均应设置防护栏杆，必要时应挂安全网，同时应在模架的适当部位配备消防器材。

20 斜拉桥

20.4 拉 索

20.4.9 拉索安装施工期间，应及时将索塔内张拉工作面处的油污和各种杂物清理干净，并应有可靠的防火措施。

25 冬期、雨期和热期施工

25.2.2 冬期施工的工程，应预先做好冬期施工组织计划及技术准备工作。对各项设施和材料，应提前采取防雪、防冻、防火及防煤气中毒等防护措施；对钢筋的冷拉和预应力筋的张拉，应制定专门的施工工艺及安全技术方案；对处于结冰水域的结构物，应采取必要的防护措施，防止其在施工期间和完工后遭受冻胀、流冰撞击等危害。

25.2.10 采用暖棚加热法养护混凝土时，暖棚应坚固、不透风，内墙宜采用非易燃性材料，且暖棚内应有防火、防煤气中毒的安全防护措施。暖棚内的温度不得低于5℃，且宜保持一定的湿度；湿度不足时，应向混凝土表面及模板洒水。

26 安全施工与环境保护

26.2 安全施工

26.2.3 桥涵工程施工场地的规划和临时设施的设置应满足安全施工的要求，并应符合下列规定：
1 对用于工程施工的临时驻地、作业场区、临时道路等的选址，应避开容易发生自然灾害或易受施工影响诱发地质灾害的地点。设立生活和生产等设施以及塔式起重机等高耸设备时，应符合防火、防风、防爆、防震、防雷击的规定。
3 施工区域内的临时用电设施应符合现行《施工现场临时用电安全技术规范》(JGJ 46)的规定。施工区域内应设置足够的消防设备，且施工人员应熟悉设备的性能和使用方法。

26.2.7 水上作业时的施工安全应符合下列规定：
4 各种用于水上施工作业的船舶均应配备救生和消防设施。水上作业的施工人员必须穿救生衣。

26.2.8 施工现场的用电安全除应符合现行《建设工程施工现场供用电安全规范》(GB 50194)和现行《施工现场临时用电安全技术规范》(JGJ 46)的规定外，尚应符合下列规定：
7 施工照明的供电电压在一般场所应为220V；在有导电粉尘、腐蚀介质、蒸汽、高温炎热及容易触及照明线路等特殊场所，应使用安全特低电压的照明器，且其电压应不大于24V，在相对湿度长期处于95%以上的潮湿场所不大于12V。照明器具的形式和防护等级应与环境条件相适应，不得使用绝缘老化或破损的器具。使用220V碘钨灯照明时应固定安装，其安装高度应不低于3m，距易燃物应不小于500mm，并不得直接照射易燃物，220V碘钨灯不得作为移动照明使用。夜间施工对可能影响行人、车辆、船舶、飞机等安全通行的施工部位、设施及设备，应设置红色警戒照明灯。

26.2.10 工地现场的防火安全应符合下列规定：
1 工地施工现场应建立消防安全管理制度、动火作业审批制度和易燃易爆物品的管理办法，并应按不同的施工规模建立消防组织，落实监火人，配备义务消防人员，进行必要的消防知识培训，定期组织进行演习。
2 工地应按总平面布置图划分消防安全责任区，并应根据作业条件合理配备消防器材，对各类消防器材应定期检查和维护保养，保证其使用的有效性。各类气瓶应单独存放，存放的库房应通风良好，各种设施应符合防爆的规定。
3 当发生火险时，应迅速准确地向当地消防部门报警，并应及时清理通道上的障碍，组织灭火。

26.2.11 季节性施工的安全应符合下列规定：
3 冬期施工应采取防滑、防冻的安全防护措施；对采用加热法养护混凝土的现场应有防火措施；用于冬期取暖的设施应符合防火和防煤气中毒的规定。

26.3 环境保护

26.3.4 桥涵施工时对自然生态环境的保护应符合下列规定：
3 对草木、林区应严格遵守护林防火规定，防止发生火灾。

106.《公路隧道交通工程与附属设施施工技术规范》JTG/T F72—2011

2 术语和符号

2.1 术语

2.1.9 点型火灾探测器 spot fire detector
响应空间某一点周围的火灾参数的火灾探测器。

2.1.10 线型火灾探测器 line fire detector
响应空间某一连续线路周围的火灾参数的火灾探测器。

2.1.13 水成膜泡沫灭火剂 aqueous film forming extinguishing agent
能够在液体燃料表面形成一层抑制可燃液体蒸发的水膜的泡沫灭火剂。

3 基本规定

3.0.1 公路隧道交通工程与附属设施施工前应完成以下准备工作：
5 调查当地的气象及消防水源、水质情况。

4 标志、标线

4.3 隧道内标志

4.3.1 隧道内标志主要包括紧急电话指示、消防设备指示、行人横洞指示、行车横洞指示、紧急停车带指示及疏散指示标志等。

9 火灾报警设施

9.1 一般规定

9.1.1 火灾报警设施施工内容主要包括点型火灾探测器、线型火灾探测器、手动火灾报警按钮、火灾报警控制器的安装、调试与检查。

9.1.2 火灾报警设施施工应在具备以下条件时进行：
1 隧道装饰工程完毕。
2 控制室、值班室、变电所装饰工程完毕。
3 预留孔洞、槽、预埋件等满足设计要求。

9.2 设备材料检验

9.2.1 火灾探测器、手动报警按钮、火灾报警控制器进场时应检查确认其型号、规格、数量满足设计要求，外观完好，清单、使用说明书、质量合格证明文件、国家法定质检机构的检验报告等文件齐全。

9.2.2 需强制性认证的产品应有认证证书和认证标识。

9.3 点型火灾探测器

9.3.1 应根据设计要求确定探测器安装位置、高度、间距和角度，探测器的检测范围应覆盖整个检测区域，探测器周围0.5m范围内不应有遮挡物，探测器的确认灯应设置于便于检修人员观察的位置。

9.3.2 点型火灾探测器的安装应符合下列规定：
1 探测器探测范围应覆盖全部探测区域。
2 探测器与保护目标之间应无遮挡物。

9.3.3 隧道内点型火灾探测器的安装高度在同一工程中应保持一致，安装高度偏差不应大于100mm。

9.3.4 点型火灾探测器的底座应固定牢靠，其布线应符合现行《火灾自动报警系统施工及验收规范》（GB 50166）的规定。导线连接必须可靠压接或焊接，当采用焊接时不得使用带腐蚀性的助焊剂，外接导线应有150mm的余量，入端处应有明显标志。

9.3.5 安装完成后隧道内探测器防护等级应满足设计要求。

9.4 线型火灾探测器

9.4.1 应根据设计要求确定线型火灾探测器安装位置。

9.4.2 洞顶安装的线型火灾探测器可采用托架或钢索吊装，安装应符合下列规定：
1 探测器距隧道顶壁距离应符合设备技术文件要求。
2 钢制托架、吊架及附件应热镀锌，且符合现行《高速公路交通工程钢构件防腐技术条件》（GB/T 18226）的规定。
3 托架安装时，托架间距应满足设计要求，托架应固定可靠，托架与探测器应用阻燃卡具固定。
4 钢索吊装时，钢索应采用吊架固定，吊架间距应满足设计要求，且不应大于50m；吊架应固定可靠，能承受1000N拉力不松动；钢索应张紧并逐段固定，在钢索最低点吊100N重物后钢索最大垂度不应大于100mm；探测器应用阻燃卡具与钢索固定。

9.4.3 线型火灾探测器安装弯曲半径不应小于探测器允许的最小弯曲半径；无明确要求时，探测器弯曲半径不应小于探测器外径的20倍。探测器不应扭曲。

9.4.4 线型火灾探测器安装时，牵引力不应超过探测器允许张力的80%，瞬时最大牵引力不得大于探测器允许的张力。安装时不得损伤探测器护套。

9.4.5 线型火灾探测器安装完毕后应稳固，线形流畅。

9.5 手动火灾报警按钮

9.5.1 隧道内手动火灾报警按钮的安装高度在同一工程中应保持一致，安装高度偏差不应大于20mm。

9.5.2 隧道内手动火灾报警按钮防护等级不应低于IP65。

9.5.3 手动火灾报警按钮应有醒目标识。

9.5.4 手动火灾报警按钮的外接导线，应留有不小于

100mm 的余量，且在端部应有明显标志。

9.6 火灾报警控制器

9.6.1 火灾报警控制器在墙上安装时，应按照设计要求确定其底边距地面高度；落地安装时，其底部宜高出地坪 10～20mm。

9.6.2 控制室内控制器与门轴的距离不应小于 1m，正面操作空间宽度不应小于 1.2m。

9.6.3 控制器应安装牢固；安装水平偏差不应大于 2mm/m，垂直偏差不应大于 3mm/m。

9.6.4 火灾报警系统传输线路应采用铜芯绝缘导线或铜芯电缆。50V 以下供电的控制线路，其电压等级不应低于交流 250V；交流 220/380V 的供电和控制线路，其电压等级不应低于交流 500V。

9.6.5 引入火灾报警控制器的电缆或导线，应符合下列规定：
1 配线应牢固、整齐，避免交叉，端子板不应承受来自线缆的外力。
2 电缆和导线的端部，均应标明编号，并与图纸一致，字迹清晰不易褪色。
3 端子板的每个接线端，接线不得超过 2 根。
4 电缆芯线和所配导线应留有不小于 200mm 的余量。
5 导线应绑扎成束。
6 穿线后，进线管孔处应封堵。

9.6.6 火灾报警控制器的主电源引入线，应直接与消防电源连接，严禁使用电源插头。主电源应有明显标识。

9.6.7 控制器的接地应牢固，并有明显标识，工作接地电阻不应大于 4Ω。采用联合接地时，接地电阻不应大于 1Ω。

9.7 调试与检查

9.7.1 火灾报警系统设备、电缆等的绝缘电阻和接地电阻应满足设计要求。

9.7.2 火灾探测器、手动火灾报警按钮和火灾报警控制器应逐个进行试验，其性能应满足设计要求，动作应准确无误。

9.7.3 手动报警功能调试，当按下报警按钮时，控制器应立即发出声、光报警信号。

9.7.4 自动火灾报警功能调试应在隧道中实施模拟点火试验，试验应按照现行《公路隧道火灾报警系统技术条件》（JT/T 610）进行。

9.7.5 报警控制器的功能应满足现行《火灾报警控制器》（GB 4717）和设计要求，其相关功能检查测试应包括如下内容：
1 控制器自检功能；
2 消声、复位功能；
3 故障报警功能；
4 火灾优先功能；
5 报警记忆功能。

9.7.6 应按照设计要求对火灾自动报警系统的主、备用电源做如下测试：
1 主、备用电源容量测试；
2 主、备用电源欠压和过压报警功能测试；
3 主、备用电源自动切换功能测试；
4 备用电源自动充电功能测试。

9.7.7 系统调试正常后，连续运行 120h 应无故障。

10 消防与避难设施

10.1 一般规定

10.1.1 消防设施的施工内容主要包括消火栓及附件、固定式水成膜泡沫灭火装置、消防水泵、消防水池、管网等的安装、调试与检查；避难设施的施工内容主要包括行人横洞门、行车横洞门、横洞照明设施、疏散指示标志等的安装、调试与检查。

10.1.2 消防与避难设施施工应在具备以下条件时进行：
1 预留洞室、预埋管道满足设计要求。
2 供水设施焊接、试压时，其环境温度不低于 5℃。
3 水源水质符合消防用水要求。
4 消防水池设计位置无不良地质作用和地质灾害，场地稳定，地基承载力及地基变形满足设计要求。

10.2 设备材料检验

10.2.1 消防设备和材料进场检查时应检查确认其型号、规格、数量满足设计要求，外观完好，清单、使用说明书、质量合格证明文件、国家法定质检机构的检验报告等文件齐全。

10.2.2 需强制性认证或型式认可的产品尚应有认证（认可）证书和认证（认可）标识。

10.2.4 水流指示器、自动排气阀、减压阀、止回阀、水泵结合器及水位、压力、阀门限位等自动监测装置应有清晰的铭牌、安全操作指示标志；水流指示器、减压阀、止回阀尚应有水流方向的永久性标识。

10.2.5 保温材料及制品应有产品合格证及有资质的检测机构出具的检测报告，并符合环保要求。

10.3 消火栓及附件

10.3.1 隧道内消火栓的栓口出水方向及隧道外消火栓的大口径栓口出水方向应水平面向道路并与行车方向垂直。

10.3.2 消火栓应竖直安装，垂直度不应大于全长的 1%。

10.3.3 消火栓箱安装应牢固、平整、不变形，箱门开启应灵活，箱体底部与地面距离应满足设计要求，箱内设施安装位置和方式应保证取用方便，箱体应有清晰醒目的标识。

10.4 固定式水成膜泡沫灭火装置

10.4.1 泡沫液应与消防供水系统提供的水源相适应。

10.4.2 泡沫容器明显位置应有泡沫液的有效使用期标识。有效使用期应满足设计要求。

10.4.3 消防卷盘及灭火装置导向架安装后转动应灵活，无卡阻。

10.4.4 泡沫液箱连接管上的阀门应有明显启闭标志并有联动开启功能。

10.5 消防水泵

10.5.1 消防水泵安装应符合现行《机械设备安装工程施工及验收通用规范》（GB 50231）和《风机、压缩机、泵安装工程施工及验收规范》(GB 50275)的规定,其位置、标高应满足设计要求。

10.5.2 水泵配管应在水泵固定后进行,且水泵不得承受来自管道的外力。

10.5.3 消防水泵出水管安装应符合下列规定:
    1 出水管应安装止回阀、控制阀和压力表。
    2 系统的总出水管应安装压力表和泄压阀。
    3 安装压力表时应加设缓冲装置;压力表和缓冲装置之间应安装旋塞;压力表量程应为工作压力的2～2.5倍。

10.5.4 吸水管及其附件的安装应符合下列规定:
    1 吸水管应设过滤器,并应安装在控制阀后。
    2 吸水管的控制阀应在消防水泵固定于基础之上之后再进行安装,其直径不应小于消防水泵吸水口直径,且不应采用没有可靠锁定装置的蝶阀。
    3 当消防水泵和消防水池位于独立的两个基础上且相互为刚性连接时,吸水管上应加设柔性连接管。
    4 吸水管水平管段上不应有气囊和漏气现象;变径连接时,应用偏心异径管件,管顶平接。

10.6 消防水池

10.6.1 消防水池的容量、尺寸及高程应满足设计要求。

10.6.2 消防水池的施工应符合现行《给水排水构筑物工程施工及验收规范》(GB 50141)的规定。

10.6.3 管道穿过钢筋混凝土消防水池时,应加设防水套管。对有振动、有相对位移的管道尚应加设柔性接头。

10.6.4 水池施工完毕后,应将水池内部清理干净,并有防止水池内落入异物的措施。

10.6.5 水池施工完毕必须进行满水试验。试验方法应符合现行《给水排水构筑物工程施工及验收规范》(GB 50141)的有关规定。

10.6.6 液位检测器应按设备技术文件要求进行安装,其供电及信号电缆应有屏蔽保护措施。变送器应安装在溢水口高程之上的位置,进出线应有防水措施。

10.7 管 网

10.7.4 沟槽式管件接头连接时应符合下列规定:
    3 机械三通连接时,应检查机械三通与孔洞的间隙,各部位间隙应均匀;其开孔间距及支管口径应符合现行《自动喷水灭火系统施工及验收规范》(GB 50261)的规定。

10.9 避难设施

10.9.5 行车横洞门预埋钢件间距不得大于1000mm;导轨应在同一垂直的平面上,导轨平行度不应大于5mm;垂直偏差不应大于1.5mm/m,且导轨全长垂直度不应大于20mm。

10.9.6 行人横洞门和行车横洞门就位固定后,应用不燃材料将门周围的缝隙紧密填塞。

10.10 调试与检查

10.10.2 系统调试应在具备以下条件时进行:
    1 消防水池已储备设计要求的水量。
    2 系统供电正常。
    3 系统管网内已充满水,阀门均无泄漏。

10.10.3 消防水池的容积、设置高度应满足设计要求,并具有消防储水不作他用的技术措施。

10.10.4 在低水位、高水位两种水位条件下,观察液位传感器传回控制室的数据,与现场实测数值比较,相差值应在设计允许范围内。

10.10.5 消防栓的水枪充实水柱长度、栓口出水水压应满足设计要求。消火栓开启应灵活、无阻滞。

10.10.6 应对固定式水成膜泡沫灭火装置的有效喷射时间、喷射距离、灭火性能进行检查,并满足设计要求。灭火装置机构和进水管路阀门应配合准确、可靠。

10.10.7 消防水泵的手动及自动控制功能应正常。

11 供配电设施

11.6 柴油发电机组

11.6.8 柴油发电机的废气应使用外接排气管引至室外,排气管应选择较短、较直的路径;排气管的布设应符合消防安全的要求。

11.9 调试与检查

11.9.7 柴油发电机空载试运行应在具备以下条件时进行:
    2 按设计要求配置的消防器材齐全到位。

4.4 水利工程

107.《水利工程设计防火规范》GB 50987—2014

1 总则

1.0.2 本规范适用于新建、扩建、改建水利工程的大中型水力发电厂、泵站、水闸及其通航设施的防火设计。

2 术语

2.0.1 地面厂房 ground plant (powerhouse or pump house)
电机层或安装间地面能直通外部道路,且有门窗直通大气的水力发电厂厂房或泵站厂房。

2.0.2 坝内厂房 plant within dam
设置在挡水坝体空腔内的水力发电厂厂房或泵站厂房。

2.0.3 地下厂房 underground plant
设置在地下洞室内的水力发电厂厂房或泵站厂房。

2.0.4 主厂房 main plant
布置水轮发电机组或泵组及其辅助设备的主机间及安装、检修作业用的安装间的总称。

2.0.5 副厂房 auxiliary plant
除主厂房外的其他机电设备用房,以及用于运行、维护、试验和管理的工作、生活房间。

2.0.6 多层副厂房 multilayer auxiliary plant
二层及二层以上,建筑高度小于或等于24.0m的副厂房。

2.0.7 高层副厂房 high-rise auxiliary plant
二层及二层以上,建筑高度大于24.0m的副厂房。

3 火灾危险性分类和耐火等级

3.0.1 水利工程生产场所的火灾危险性类别、火灾类别及危险等级划分应符合表3.0.1的规定。

表3.0.1 生产场所的火灾危险性类别、火灾类别及危险等级

序号	生产场所	火灾危险性类别	火灾类别	危险等级
一	水力发电厂厂房、泵站厂房			
1	主厂房	丁	B、E	轻
2	油浸式变压器室、油浸式电抗器室、油浸式消弧线圈室	丙	B、E	中
3	干式变压器室	丁	E	轻
4	单台设备充油量不大于60kg的配电装置室	丁	B、E	轻

续表3.0.1

序号	生产场所	火灾危险性类别	火灾类别	危险等级
5	单台设备充油量大于60kg的配电装置室	丙	B、E	中
6	母线室、母线廊道和竖井	丁	E	中
7	控制室、继电保护屏室、通信室、计算机室、直流屏室	丁	E	中
8	防酸隔爆型铅酸蓄电池室	丙	C、E	中
9	阀控型铅酸蓄电池室	丁	C、E	轻
10	GIS室、SF$_6$贮气罐室	丁	E	轻
11	110kV及以上干式电力电缆隧道和竖井	丁	E	中
13	动力电缆室、控制电缆室、电缆隧道和竖井	丙	E	中
14	柴油发电机室及其贮油间	丙	B	中
15	空气压缩机及其贮气罐室	丁	E	轻
16	通风机室、空气调节设备室	戊	E	轻
17	供水泵室、水处理室、排水泵室	戊	E	轻
18	消防水泵室	戊	E	轻
19	油罐室及油处理室	丙	B	中
20	桥式起重机	丁	E	轻
二	室外变电站、室外开关站			
1	主变压器场	丙	B、E	中
2	开关站、配电装置构架	丁	E	中
三	通航设施、水闸			
1	控制室	丁	E	中
2	船闸闸室、升船机承船箱室	丁		中
3	油压启闭机室	丁	B、E	轻
4	卷扬启闭机室	戊	E	轻
四	辅助生产建筑物			
1	厂外油罐室及油处理室	丙	B	中
2	独立变压器检修间	丙	B	轻

续表 3.0.1

序号	生产场所	火灾危险性类别	火灾类别	危险等级
3	继电保护和自动装置试验室	丁	E	轻
4	高压试验室、仪表试验室	丁	E	轻
5	机械试验室	丁	B、E	轻
6	油化验室	丁	B	中
7	电工修理间	丁	E	轻
8	机械修配厂	丁	B、E	轻
9	水工观测仪表室	戊	E	轻
10	水处理厂	戊	E	轻
11	水化验室	戊	E	轻

3.0.2 水利工程建筑物和构筑物的耐火等级应符合下列规定：

1 水力发电厂厂房、泵站厂房、室外变电站和室外开关站构架，不应低于二级；

2 通航建筑物和水闸，除卷扬启闭机室不应低于三级外，其余的不应低于二级；

3 独立的辅助生产建筑物，除机械试验室、电工修理间、机械修配厂、水工观测仪表室、水处理室和水化验室不应低于三级外，其余的不应低于二级；

4 综合的辅助生产建筑物，不应低于二级。

3.0.3 枢纽建筑物、构筑物构件的燃烧性能和耐火极限应符合现行国家标准《建筑设计防火规范》GB 50016 的规定。

4 总体布置

4.1 防火间距

4.1.1 枢纽内相邻建筑物之间的防火间距不应小于表 4.1.1 的规定。

表 4.1.1 枢纽内相邻建筑物之间的防火间距（m）

建（构）筑物类型			丁类、戊类建筑 耐火等级		厂外油罐室或露天油罐	高层副厂房	办公、生活建筑 耐火等级	
			一级、二级	三级			一级、二级	三级
丁类、戊类建筑	耐火等级	一级、二级	10	12	12	13	10	12
		三级	12	14	15	15	12	14
厂外油罐室或露天油罐			12	15	—	15	15	20
高层副厂房			13	15	15	—	13	15
办公、生活建筑	耐火等级	一级、二级	10	12	15	13	6	7
		三级	12	14	20	15	7	8

注：1 防火间距应按相邻建筑物外墙的最近距离计算，如外墙有凸出的燃烧构件，则应从其凸出部分外缘算起。
2 两座均为一级、二级耐火等级的丁类、戊类建筑物，当相邻较低一面外墙为防火墙，且该建筑物屋盖的耐火极限不低于 1h 时，其防火间距不应小于 4.0m。
3 两座相邻建筑物当较高一面外墙为防火墙时，其防火间距不限。

4.1.2 室外主变压器场与建筑物、厂外油罐室或露天油罐的防火间距不应小于表 4.1.2 的规定。

表 4.1.2 室外主变压器场与建筑物、厂外油罐室或露天油罐的防火间距（m）

名称		枢纽建筑物 耐火等级		其他建筑 耐火等级			厂外油罐室或露天油罐 耐火等级
		一级、二级	三级	一级、二级	三级	四级	一级、二级
单台变压器油量（t）	≥5, ≤10	12	15	15	20	25	12
	>10, ≤50	15	20	20	25	30	15
	>50	20	25	25	30	35	20

注：防火间距应从距建筑物、厂外油罐室或露天油罐最近的变压器外壁算起。

4.1.3 露天油罐与电力架空线的最近水平距离不应小于杆塔高度的 1.2 倍。

4.2 消防车道和救援设施

4.2.2 消防车道应符合下列规定：

1 消防车道的宽度不应小于 4.0m，当道路上空有障碍物时，其距地面净高不应小于 4.0m；

2 尽头式消防车道应在适当位置设回车道或回车场。回车场的面积不应小于 15.0m×15.0m；

3 消防车道的均布荷载值不应低于 7.875kN/m，集中荷载值不应低于202.5kN。

4.2.3 消防车应能到达以下位置：

1 地面厂房入口处；

2 地下厂房、坝内厂房交通洞地面入口处；

3 室外主变压器场、室外开关站、厂外油罐室或露天油罐等场地的一个长边；

4 船闸的闸首、升船机的闸首；

5 水闸启闭机室的一侧；

6 地面副厂房等辅助生产建筑物、办公生活区每栋建筑物的一个长边。

5 建筑物

5.1 防火分区

5.1.2 高层副厂房的每个防火分区最大允许建筑面积不应大于4000m²；地下副厂房、坝内副厂房每个防火分区的最大允许建筑面积不应大于2000m²。

5.1.3 火灾危险性类别为丁类的厂房内布置丙类的生产场所时，应采用耐火极限不低于2.00h的不燃体隔墙和耐火极限不低于1.50h的不燃体楼板与其他部位隔开，门应采用A1.50防火门，并配置相应的消防设施。

5.1.4 其他建筑物防火分区划分应符合现行国家标准《建筑设计防火规范》GB 50016的规定。

5.2 安全疏散

5.2.1 安全出口应分散布置。每个防火分区、一个防火分区的每个楼层，其相邻两个安全出口最近边缘之间的水平距离不应小于5.0m。

5.2.2 水利工程的水力发电厂、泵站的安全出口和疏散走道应符合下列规定：

1 地面厂房的发电机层或电动机层应有不少于2个直通室外地面的安全出口；

2 地下厂房、坝内厂房的发电机层或电动机层应设2个安全出口，且至少应有1个直通室外地面。进厂交通隧道可作为直通室外地面的安全出口；

3 厂房内发电机层或电动机层以下的全厂性操作廊道的安全出口不应少于2个，且疏散距离不应超过60m；

4 发电机层或电动机层以下各层室内最远工作地点到该层最近的安全出口的距离不应超过60m；

5 多层副厂房的安全出口不应少于2个。当多层副厂房每层建筑面积不超过800m²，且同时值班人数不超过15人时，可设1个；

6 高层副厂房内最远工作地点到安全出口的距离不应超过50m，多层副厂房的安全疏散距离不限；

7 多层副厂房可设敞开楼梯间，地下副厂房、坝内副厂房、高层副厂房应设封闭楼梯间。建筑高度大于32.0m的高层副厂房应设防烟楼梯间；

8 建筑高度大于32.0m的高层副厂房，每个防火分区应设置1部消防电梯。消防电梯可与客、货梯兼用。

5.2.4 通航设施的安全出口和疏散走道应符合下列规定：

1 船闸闸室内两侧闸墙应分别设置从墙顶直达闸底的槽内疏散爬梯，其间距不宜大于50m；

2 建筑高度大于24.0m的升船机承船厢室两侧，应设封闭楼梯间；建筑高度大于32.0m的应设防烟楼梯间；

3 建筑高度大于32.0m的升船机承船厢室两侧，每侧应结合楼梯间布置设置1部消防电梯；

4 升船机承船厢室两侧应设置疏散口和水平疏散走道，并直通楼梯间、电梯间。同层单侧疏散口不宜少于2个，疏散口的间距不应超过100m。水平疏散走道之间的垂直高差不宜大于10m。

5.2.5 安全疏散用的门、走道和楼梯应符合下列规定：

1 门净宽不应小于0.9m；

2 走道净宽不应小于1.2m；

3 楼梯净宽不应小于1.1m，坡度不宜大于45°。机组段的楼梯净宽不宜小于0.8m；

4 船闸闸室爬梯净宽不应小于0.5m。

5.2.6 电缆隧道的安全出口间距不应超过120m。

6 电气设备

6.1 室外电气设备

6.1.1 油量2500kg及以上的油浸式变压器或油浸式电抗器之间的防火间距不应小于表6.1.1的规定。

表6.1.1 油浸式变压器或油浸式电抗器之间的防火间距（m）

电压等级	35kV及以下	66kV	110kV	220kV~500kV
35kV及以下	5	6	8	10
66kV	6	6	8	10
110kV	8	8	8	10
220kV~500kV	10	10	10	10

6.1.2 油量2500kg及以上的油浸式变压器或电抗器与其他充油电气设备之间的防火间距不应小于5.0m；油量2500kg以下的油浸式变压器或电抗器与其他充油电气设备之间的防火间距不应小于3.0m。

6.1.3 相邻两台油浸式变压器之间或油浸式电抗器之间、油浸式变压器与充油电气设备之间的防火间距不满足本规范第6.1.1条、第6.1.2条规定时，应设置防火墙分隔。防火墙的设置应符合下列规定：

1 高度应高于变压器油枕或油浸式电抗器油枕顶端0.3m；

2 长度不应小于贮油坑边长及两端各加1.0m之和；

3 与油坑外缘的距离不应小于0.5m。

6.1.4 厂房外墙与室外油浸式变压器外缘的距离小于本规范表4.1.2规定时，该外墙应采用防火墙，且与变压器外缘的距离不应小于0.8m。

距油浸式变压器外缘5.0m以内的防火墙，在变压器总高度加3.0m的水平线以下及两侧外缘各加3.0m的范围内，不应开设门窗和孔洞；在其范围以外需开设门窗时，应设置A1.50防火门或A1.50固定式防火窗。发电机母线或电缆穿越防火墙时，周围空隙应用不燃烧材料封堵，其耐火极限应与防火墙相同。

6.1.6 贮油坑应符合下列规定：

1 仅设置贮油坑时，贮油坑容积应按贮存单台设备100%的油量确定。设有固定式水喷雾灭火系统时，贮油坑的容积应按单台设备100%的油量与其灭火水量之和确定；

3 贮油坑应设置排水、排油设施。排油管的内径不应小于150mm，管口加装金属格栅滤网；

4 贮油坑尺寸应大于变压器外缘1.0m。贮油坑上部宜装设金属格栅，栅条净距不应大于40mm，并应在其上铺设厚度不小于250mm的卵石层，卵石粒径应为50mm～80mm。

6.1.7 集油池应符合下列规定：

1 集油池的容积应按贮存最大一台充油设备100%的油量确定。当设有固定式水喷雾灭火系统时，集油池的容积应按贮存最大一台充油设备油量与其灭火水量之和确定；

6.2 室内电气设备

6.2.1 油浸式主变压器不宜设置在厂房内。如设置时，应符合下列规定：

1 应设置在耐火等级为一级的专用房间、洞室内；

2 专用房间、洞室的墙应为防火墙；

3 专用房间、洞室的大门应采用A1.50防火门或耐火极限不低于2.0h的防火卷帘；

6 发生火警后，专用房间、洞室内送排风系统应停运；

7 应按本规范第6.1.6条、第6.1.7条的规定设置事故贮油、排油设施；

8 应配置适用的灭火设备。

6.2.2 变压器室、配电装置室、母线室、控制室、继电保护屏室、通信室、计算机室、直流屏室等电气设备室之间及其对外的管沟、孔洞，应采用不燃烧材料封堵，封堵部位的耐火极限不应低于该部位结构或构件的耐火极限。

6.3 电缆

6.3.1 电缆室、电缆隧道和穿越各机组段之间架空敷设的电力电缆、控制电缆等均应分层排列敷设。电力电缆上下层之间、电力电缆层与控制电缆层之间，应装设耐火极限不低于0.5h的隔板进行分隔。全部采用阻燃电缆时，可不设置隔板分隔。

6.3.2 电缆室、电缆隧道和电缆沟道的下列部位应进行封堵，封堵部位的耐火极限不应低于该部位结构或构件的耐火极限，且不应低于1.0h：

1 穿越（入）电气设备室等处；

2 穿越建筑物外墙处；

3 电缆室、电缆隧道和电缆沟道的进出口、分支处。

6.3.3 电缆隧道每200m处、主要电缆沟每200m处、电缆室每300m²宜采取阻火分隔措施。阻火分隔措施应符合下列规定：

1 应采用耐火极限不低于1.0h的不燃烧材料；

2 在防火分隔物两侧各1.0m的电缆区段上，应有防止串火的措施；

3 当在防火分隔物上开门时，应采用B1.00防火门。

6.3.4 厂内电缆竖（斜）井的下列部位应采用耐火极限不低于1.0h的不燃烧材料封堵：

1 电缆竖（斜）井的上、下两端；

2 进出电缆的孔口处；

3 每一楼层处。

6.3.5 电缆穿越楼板、隔墙的孔洞和进出电气设备的孔洞，以及靠近充油电气设备的电缆沟道盖板缝隙处，应采用不燃烧材料封堵，封堵部位的耐火极限不应低于1.0h。

6.3.6 电缆隧道和竖（斜）井中敷设多回路的66kV及以上高压电缆时，不同回路之间应装设耐火极限不低于1.0h的隔板进行分隔。66kV及以上高压电缆竖（斜）井的防火封堵间隔不应大于100m。

6.3.7 电缆不应通过油罐室、油处理室。

7 绝缘油和透平油系统

7.0.1 露天立式油罐之间的防火间距不应小于相邻立式油罐中较大罐直径的40%，露天卧式油罐之间的防火间距不应小于0.8m。

7.0.3 露天油罐设有防止液体流散的设施时，可不设置防火堤。油罐周围的下水道应是封闭式的，入口处应设水封设施。

7.0.4 厂外地面油罐室不设专用的事故排油、贮油设施时，应设置挡油槛；挡油槛内的有效容积不应小于最大一个油罐的容积。

当设有固定式水喷雾灭火系统时，挡油槛内的有效容积还应加上灭火水量的容积。

7.0.5 油罐室不宜设置在厂房内。如设置时，应符合下列规定：

1 油罐室、油处理室之间或与其他房间之间应采用防火墙分隔；

2 油罐室的疏散出口不应少于2个，但其面积不超过100m²时可设1个。出口的门应采用A1.50防火门；

3 单个油罐室的油罐总容积不应超过200m³；

4 设置挡油槛或专用的事故集油池，其容积不应小于最大一个油罐的容积；当设有自动水喷雾灭火系统时，还应加上灭火水量的容积；

5 油罐的事故排油阀应能在安全地带操作。

7.0.6 绝缘油和透平油管路不应和电缆敷设在同一管沟内。

7.0.7 油罐室不应装设照明开关和插座，灯具应采用防爆型。油处理室的电器应采用防爆型。

8 消防给水及灭火设施

8.1 一般规定

8.1.1 消防用水可由天然水源或消防水池供给。利用天然水源时，应确保最低水位时的消防用水量，并应设置可靠的取水设施。消防给水可采用自流供水、水泵供水等方式，当采用单一供水方式不能满足要求时，可采用混合供水方式。

8.1.2 消防用水水源可与生产、生活用水合用，当生产、生活用水达到最大小时用水量时，仍应保证全部消防用水量。

8.1.3 消防用水量应按以下两项灭火用水量的较大者确定：

1 一个设备1次灭火的最大灭火用水量；

2 一个建筑物1次灭火的最大灭火用水量。

8.1.4 消防给水可采用高压给水系统、临时高压给水系统或低压给水系统。

高压或临时高压给水系统的管道压力应保证当消防用水

量达到最大，且水枪在任何建筑物的最高处时，水枪的充实水柱不小于10m。

临时高压给水系统平时的管道压力应保证在任何建筑物最高处消火栓的栓口水压不小于0.02MPa。

低压给水系统的管道压力应保证灭火时最不利点消火栓的栓口水压不小于0.1MPa。

8.2 给水设施

8.2.1 消防给水设施应满足消防给水要求的水量与水压。

8.2.2 采用自流供水方式的高压给水系统，取水口不应少于2个。

8.2.3 采用水泵供水方式的临时高压给水系统，应设置备用水泵和消防水箱，并应符合下列规定：

1 消防备用泵，其工作能力不应小于1台主用水泵；

2 消防水泵应采用自灌式吸水。每组水泵的吸水管不应少于2条。当其中1条故障时，其余的吸水管应能通过全部用水量；

3 每组水泵应有不少于2条出水管与消防管网连接，当其中1条出水管检修时，其余的出水管应能通过全部用水量；

4 消防水箱应储存10min的消防用水量。当消防用水量小于或等于25L/s，经计算消防水箱所需消防储水量大于$12m^3$时，仍可采用$12m^3$；当消防用水量大于25L/s，经计算消防水箱所需消防储水量大于$18m^3$时，仍可采用$18m^3$；

5 消防水箱的设置高程应满足最不利点消火栓平时水压的要求；当不能满足时，应设增压设施。增压设施如采用稳压泵，则要求其出水量不应小于5L/s；如采用气压给水设备，则要求其气压水罐的调节容积不小于300L；

6 消防用水与其他用水合用的水箱，应有确保消防用水不作他用的技术措施。火警后，由消防水泵供给的消防用水不应进入消防水箱。

8.2.4 采用消防水池供水方式的高压给水系统应符合下列规定：

1 消防水池的容量应满足在火灾延续时间内本规范第8.1.3条确定的消防用水量的要求。火灾延续时间应确定为：厂房120min，水轮发电机、电动机10min，油浸式变压器、大型电缆室24min，透平油和绝缘油油罐30min，船闸及升船机60min；

2 消防水池容量超过$500m^3$时宜分成2格，超过$1000m^3$时应分成2格。消防水池应有不少于2条出水管与消防管网连接，当其中1条故障时，其余的干管应能通过全部用水量；

3 在火灾情况下能保证连续补水时，消防水池的容量可减去火灾延续时间内补充的水量；

5 消防用水与其他用水合用的水池，应有确保消防用水不作他用的技术措施；

6 寒冷地区的消防水池应有防冻措施。

8.2.5 消防给水系统应有防止杂质堵塞的措施。易受冰冻的取水口、管段和阀门应有防冻措施。

8.3 室外、室内消防给水

8.3.1 建筑物的室外消火栓灭火用水量不应小于表8.3.1的规定。

表8.3.1 建筑物的室外消火栓灭火用水量（L/s）

耐火等级	建筑物名称及类别		建筑物体积（m^3）					
			≤1500	1501～3000	3001～5000	5001～20000	20001～50000	>50000
一级、二级	厂房	丁、戊	15	15	15	15	15	20
	库房	丙	15	15	25	25	35	45
		丁、戊	15	15	15	15	15	20
	其他建筑		15	15	15	15	30	40
三级	库房	丙	15	20	30	40	45	—
		丁、戊	15	15	15	15	20	25	35
	其他建筑		15	15	20	25	30	—

注：1 室外消火栓用水量应按地面建筑物中消防需水量最大的一座计算。
2 船闸、升船机的消火栓用水量按耐火等级为一级、二级的"其他建筑"确定，建筑物体积按水面以上所通过的船体最大体积确定。

8.3.2 室内消火栓用水量应根据同时使用的水枪数量和充实水柱长度确定，但不应小于表8.3.2的规定。

表8.3.2 室内消火栓用水量

建筑物名称	高度、体积	消火栓用水量（L/s）	同时使用水枪数量（支）	每根竖管最小流量（L/s）
厂房	高度≤24.0m	10	2	10
	24.0m<高度≤50m	25	5	15

注：1 每支水枪最小流量不应少于5L/s。
2 高度大于24.0m的厂房，室内消火栓供水竖管不宜少于2根。

8.3.3 室外、室内消防给水管道的设置应符合下列规定：

1 消防给水管网应布置成环状。当室外消防水量不超过15L/s时，室外消防给水管网可布置成枝状；

2 消防给水管网干管的最小直径不应小于100mm；

3 临时高压给水系统、低压给水系统的消防管网应设消防水泵接合器。接合器的数量应按消防用水量计算，每个接合器的流量为10L/s～15L/s。

8.4 消 火 栓

8.4.1 枢纽建筑物应设置室内和室外消火栓，地面建筑物及室外电气设备应在室外消火栓的保护范围内。

8.4.2 绝缘油和透平油的露天油罐或厂外地面油罐室附近应设置室外消火栓。

8.4.3 船闸闸室两侧闸墙上、承船厢室疏散口附近均应设置消火栓。

8.4.4 高压给水系统的消火栓栓口处的静水压力不应超过1.0MPa。消火栓栓口处的出水压力超过0.5MPa时，应有减压措施。

8.4.5 水枪的充实水柱长度应经计算确定。高层副厂房、地下副厂房、坝内副厂房的消火栓水枪充实水柱不应小于13m，单层和多层副厂房的消火栓水枪充实水柱不应小于10m。

8.4.6 室外消火栓的设置应符合下列规定：

1 沿厂区主厂房及其他建筑物周围，其间距不应大于120m；
   2 沿船闸闸室两侧，其间距不应大于50m；
   3 升船机闸首两侧、闸门上下游应各设1个。
8.4.7 室内消火栓的设置应符合下列规定：
   1 主厂房内发电机或电动机层消火栓的间距不宜大于50m，并应保证有2支水枪的充实水柱能同时到达该层任何部位。发电机层或电动机层地面至厂房顶的高度大于18m时，可只保证桥式起重机轨顶以下实际需要保护的部位有2支水枪充实水柱能同时到达；
   3 高层副厂房的消火栓间距不应超过30m，其他单层和多层副厂房的消火栓间距不应超过50m；
   4 消火栓应设在明显易于取用地点。栓口离地面高度宜为1.10m，其出水方向宜向下或与设置消火栓的墙面成90°角；
   5 消火栓箱应设置启动消防泵的联动触发信号按钮。

8.5 自动灭火系统

8.5.1 下列场所应设置自动灭火系统，且宜采用水喷雾灭火系统：
   1 额定容量为12.5MVA及以上的发电机；
   2 额定功率为10MW及以上的电动机；
   3 水力发电厂布置在室外的单台容量90MVA及以上的油浸式变压器，降压变电站布置在室外的单台容量125MVA及以上的油浸式变压器。在严寒地区应采用其他自动灭火系统；
   4 布置在室内的单台容量12.5MVA及以上的油浸式变压器；
   5 面积300m²及以上的电缆室，长度150m以上或电缆数量200根以上的电缆隧道和电缆竖井。敷设66kV及以上交联聚乙烯电力电缆的可不装设；
   6 绝缘油和透平油的露天油罐或厂外地面油罐室，当其充油油罐总容积超过200m³，同时单个充油油罐的容积超过80m³的；
   7 绝缘油和透平油的厂内油罐室，当其充油油罐总容积超过100m³，同时单个充油油罐的容积超过50m³的。
8.5.3 总装机容量为1500MW及以上的水力发电厂或总装机容量为150MW及以上的泵站的控制室、计算机室、通信室以及继电保护屏室等重要用房应设置自动灭火系统，且宜采用气体灭火系统。
8.5.4 水喷雾灭火系统的设计喷雾强度应符合下列规定：
   1 发电机或电动机定子两端部线圈圆周长度上的喷雾强度不应小于10L/(min·m)；
   2 油浸式变压器的水雾保护面积应为扣除底面积以外的变压器外表面面积，且应包括油枕、冷却器的外表面面积，喷雾强度不应小于20L/(min·m²)；变压器周围集油坑上也应采用水雾保护，其喷雾强度不应小于6L/(min·m²)；
   3 电缆室、电缆隧道和电缆竖井，其喷雾强度不应小于13L/(min·m²)；
   4 绝缘油和透平油油罐，其喷雾强度不应小于13L/(min·m²)。

8.6 消防器材

8.6.1 下列场所应设置移动式泡沫灭火器及砂箱等消防器材：

   1 绝缘油和透平油的露天油罐附近；
   2 绝缘油和透平油的厂内油罐室或厂外油罐室出入口处；
   3 室内充油设备室的出入口处；
   4 室外变电站、开关站内充油设备附近。
8.6.2 下列场所应设置移动式灭火器：
   1 各类机电设备用房；
   2 主厂房各机组段和安装场；
   3 穿越各机组段之间的架空电缆通道，按每个机组段集中设置；
   4 电缆室、电缆隧道的出入口处；
   5 起重机的驾驶室。
8.6.3 电缆室、电缆隧道的出入口和分隔处应配备呼吸器，且数量不应少于2个；控制室应配备正压式呼吸器，且数量不应少于4个。
8.6.4 水利工程各生产场所灭火器的配置应符合现行国家标准《建筑灭火器配置设计规范》GB 50140的规定。

9 通风、采暖和防排烟

9.1 通风、采暖

9.1.1 油浸式变压器室、油罐室和油处理室等排风系统应独立设置，且空气不应循环使用。
9.1.2 油罐室、油处理室等应采用防爆型排风机。与油罐室、油处理室的排风机布置在同一通风机室内的送风机和排风机均应采用防爆型送风机。
9.1.3 通风管道不宜穿越防火墙，穿越时应在穿越处设置防火阀。穿越防火墙两侧各2.0m范围内的风管、保温材料应采用不燃烧材料，穿越处的空隙应采用不燃烧材料封堵。
   当通风道为混凝土或砖砌风道时，可不设防火阀，但其侧壁上的孔口宜设置防火阀。
9.1.4 通风管应采用不燃烧材料制作，其保温材料、消声材料及其粘结剂应采用不燃烧材料或难燃烧材料。
9.1.5 发电机或电动机的采暖取风口和补充空气的进风口处应设置防火阀。
9.1.6 严禁选用敞开式电热设备采暖。
9.1.7 风管内设有电热器时，电热器的开关与相应通风机的开关应与电气联锁控制。电热器两端各1.0m范围内的风管应采用不燃烧保温材料。

9.2 防排烟

9.2.1 下列部位应设置独立的机械防排烟设施：
   1 不具备自然排烟条件的防烟楼梯间、消防电梯间前室或合用前室；
   2 采用自然排烟措施的防烟楼梯间，其不具备自然排烟条件的前室。
9.2.2 防烟楼梯间采用自然排烟的，应符合下列规定：
   1 防烟楼梯间及其前室靠外墙，且可开启外窗的；
   2 防烟楼梯间前室或合用前室，有可利用的敞开阳台、凹廊或前室内有不同朝向可开启外窗的。
9.2.3 厂房内设计值班人数超过15人时，下列部位应设置机械排烟设施：
   1 地下副厂房、坝内副厂房内相对封闭的疏散走道；
   2 建筑高度大于32.0m的高层副厂房，不具备直接自然排烟条件且长度大于20m的内走道；
   3 建筑高度大于32.0m的高层副厂房，长度大于60m的疏散走道。
9.2.4 防排烟设施的面积、风量、风速、压力等要求应符合相应的现行国家标准的规定。

10 消防电气

10.1 消防供电

10.1.1 消防用电设备应按不低于二级负荷供电。
10.1.2 消防用电设备应采用独立的双回路供电，并应在其末端设置双电源自动切换装置。
10.1.3 消防应急照明、疏散指示标志，可采用直流系统或应急灯自带蓄电池作备用电源；若采用直流系统供电，其连续供电时间不应少于30min；若采用应急灯自带蓄电池供电，其连续供电时间不应少于60min。

10.2 消防应急照明、疏散指示标志

10.2.1 室内主要疏散通道、楼梯间、消防电梯及安全出口处均应设置消防应急照明及疏散指示标志。
10.2.2 疏散照明的照度应符合下列规定：
   1 疏散走道的地面最低水平照度不应低于1.0Lx；
   2 人员相对集中场所内的地面最低水平照度不应低于3.0Lx；
   3 楼梯间内的地面最低水平照度不应低于5.0Lx。
10.2.3 疏散指示标志应设置在明显部位，走道及其转角处宜设置在距地面高度1.0m以下的墙面上或走道地面，其间距不宜大于20m。

10.3 火灾自动报警系统

10.3.1 大中型水力发电厂、泵站、水闸及其通航设施等水利工程，应设置火灾自动报警系统。系统设计应符合现行国家标准《火灾自动报警系统设计规范》GB 50116的规定。
10.3.2 主要生产场所或部位应设置火灾探测器。火灾探测器类型可按表10.3.2的规定进行配置。

表10.3.2 主要生产场所或部位火灾探测器类型

序号	主要生产场所或部位	火灾探测器类型
一	水力发电厂厂房、泵站厂房	
1	额定容量为125MVA及以上的立式水轮发电机风罩内	缆式线型感温+点型感烟 或点型感烟+点型感温
2	额定容量为12.5MVA及以上的灯泡贯流式发电机泡头内	
3	额定功率为10MW及以上的电动机风罩内	
4	发电机层（电动机层）	红外光束感烟
5	水轮机层（水泵层）及以下各层	点型感烟或点型感温

续表10.3.2

序号	主要生产场所或部位	火灾探测器类型
6	电缆隧道、电缆室、电缆竖井	缆式线型感温+点型感烟
7	油浸式变压器室、油浸式电抗器室、油浸式消弧线圈室	缆式线型感温+点型感烟 或点型感烟+点型感温 或红外光束感烟
8	控制室、继电保护屏室、通信室	点型感烟或点型感温
9	计算机室、直流屏室、配电装置室	
10	蓄电池室	
11	GIS室、SF$_6$贮气罐室	点型感烟或点型感温 或红外光束感烟
12	油罐室及油处理室	点型感烟或点型感温（防爆型）
13	柴油发电机室及其储油间	
14	疏散走道、楼梯间、电梯机房	点型感烟或点型感温
15	空气压缩机及其贮气罐室	
16	消防水泵室	
二	室外变电站	
1	变压器	缆式线型感温
三	通航设施、水闸	
1	控制室	点型感烟或点型感温
2	油压启闭机室	
四	辅助生产建筑物	
1	厂外油罐室及油处理室	点型感烟或点型感温（防爆型）
2	独立变压器检修间	点型感烟或点型感温
3	继电保护和自动装置试验室	
4	高压试验室、仪表试验室	
5	油化验室	

10.3.3 采用的火灾集中报警控制装置应预留与工程计算机监控系统和视频监视系统的输出接口。
10.3.5 设备的选择应符合下列规定：
   1 根据火灾特点和使用环境选用火灾自动报警系统设备。设备在强电磁干扰、油雾或潮湿环境中应能长期正常工作；
   2 主厂房各层各机组段及副厂房的主要通道、出口处应至少设置1个手动火灾报警按钮，按钮可结合消火栓配置；
   3 手动火灾报警按钮应设置在明显和便于操作的部位，且应有明显的标志。
10.3.6 供电电源设计应符合下列规定：
   1 系统应设置主电源和备用电源；
   2 主电源应采用厂用电系统提供的交流220V专用消防电源；
   3 备用电源应采用厂内直流系统或火灾集中报警控制装置内的专用蓄电池组；

4 采用专用蓄电池组时，火灾控制器应采用单独的供电回路，并应保证在系统处于最大负载时不影响报警控制器的正常工作。

10.3.7 布线设计应符合下列规定：

1 系统的传输线路应采用阻燃型铜芯导线或铜芯电缆；

2 系统的传输线路应采用穿金属管、阻燃硬质塑料管或封闭式线槽保护；

3 火警总线应采用抗电磁干扰的导线；

4 系统传输线路应与动力电缆分开布置。

10.3.8 火灾报警系统接地应接入水利工程的公共接地网，接地电阻值应按公共接地网接地电阻值确定，且不大于4Ω。

108.《水利水电工程厂(站)用电系统设计规范》SL 485—2010

2 术 语

2.0.5 全厂(站)公用电 station (pumping station) public service power

不属于机组自用电而是全厂(站)共用的负荷用电,如渗漏排水泵、检修排水泵、空气压缩机、厂房桥式起重机、通风、空调、消防、照明等用电。

3 厂(站)用电接线

3.6 消防供电

3.6.1 消防用电设备应按二级负荷供电。

3.6.2 消防用电设备应采用专用的供电回路,当发生火灾时,应保证消防用电。

3.6.3 消防用电设备应采用双电源供电,并在其配电线路最末一级配电屏(箱)处设置双电源自动切换装置。

7 厂(站)用电系统电气设备和导体选择

7.2 低压电气设备和导体选择

7.2.19 低压厂(站)用电系统的电力电缆宜按以下条件选型:

2 消防、地下厂房通风、应急照明等重要负荷回路的电力电缆应采用铜芯阻燃型电缆。

7.3 低压电器的组合

7.3.9 对有爆炸或火灾危险环境中使用的保护电器与导体的配合,应按相应技术标准要求执行。

8 柴油发电机组的选择

8.2 容量选择

8.2.1 厂(站)用电系统中作为应急电源的柴油发电机组,其容量选择应考虑下列负荷的用电需要:

3 消防用电负荷。

9 厂(站)用电电气设备布置

9.1 变压器布置

9.1.2 厂(站)用电油浸式变压器布置应满足以下要求:

1 厂(站)用电变压器的防火应满足 SDJ 278 的有关规定。

9.2 配电装置布置

9.2.10 成排布置的高压柜或配电屏,其长度超过 6m 时,屏后的通道应有两个通向本室或其他房间的出口,并宜布置在通道的两端。当两出口之间的距离超过 15m 时,其间还应增加出口。

9.3 柴油发电机组的布置

9.3.5 柴油发电机房的建筑防火要求应满足 SDJ 278 和 JGJ 16 的有关规定。

9.3.7 机房门应采取防火、隔音措施,并应向外开启。

9.4 对土建的要求

9.4.1 厂(站)用电电气设备及布置的防火应满足 SDJ 278 的要求。

附录 A 主要厂(站)用电负荷特性

表 A 主要厂(站)用电负荷特性表

序号	负荷名称	重要性类别	运行方式	是否计入最大计算负荷	是否需要自启动	备注
二	全厂公用电					
(一)	供排水系统					
6	消防用水泵	I	不经常短时	否	是	
(五)	通风与电热设备					
14	防火排烟阀电源	I	不经常连续	否	是	

109.《水利水电工程施工通用安全技术规程》SL 398—2007

3 施工现场

3.1 基本规定

3.1.5 施工设施的设置应符合防汛、防火、防砸、防风、防雷及职业卫生等要求。

3.1.18 施工照明及线路，应遵守下列规定：

3 在存放易燃、易爆物品场所或有瓦斯的巷道内，照明设备应符合防爆要求。

3.1.19 施工生产区应按消防的有关规定，设置相应消防池、消防栓、水管等消防器材，并保持消防通道畅通。

3.1.20 施工生产中使用明火和易燃物品时应做好相应防火措施。存放和使用易燃易爆物品的场所严禁明火和吸烟。

3.2 现场布置

3.2.1 现场施工总体规划布置应遵循合理使用场地、有利施工、便于管理等基本原则。分区布置，应满足防洪、防火等安全要求及环境保护要求。

3.2.2 生产、生活、办公区和危险化学品仓库的布置，应遵守下列规定：

4 生产车间，生活、办公房屋，仓库的间距应符合防火安全要求。

3.2.5 生产区仓库、堆料场布置应符合以下要求：

2 存放易燃、易爆、有毒等危险物品的仓储场所应符合有关安全的要求。

3 应有消防通道和消防设施。

3.2.6 生产区大型施工机械与车辆停放场的布置应与施工生产相适应，要求场地平整、排水畅通、基础稳固，并应满足消防安全要求。

3.5 消 防

3.5.1 各单位应建立、健全各级消防责任制和管理制度，组建专职或义务消防队，并配备相应的消防设备，做好日常防火安全巡视检查，及时消除火灾隐患，经常开展消防宣传教育活动和灭火、应急疏散救护的演练。

3.5.2 根据施工生产防火安全需要，应配备相应的消防器材和设备，存放在明显易于取用的位置。消防器材及设备附近，严禁堆放其他物品。

3.5.3 消防用器材设备，应妥善管理，定期检验，及时更换过期器材，消防汽车、消防栓等设备器材不应挪作它用。

3.5.4 根据施工生产防火安全的需要，合理布置消防通道和各种防火标志，消防通道应保持通畅，宽度不小于3.5m。

3.5.5 宿舍、办公室、休息室内严禁存放易燃易爆物品，未经许可不得使用电炉。利用电热的车间、办公室及住室，电热设施应有专人负责管理。

3.5.6 挥发性的易燃物质，不应装在开口容器及放在普通仓库内。装过挥发油剂及易燃物质的空容器，应及时退库。

3.5.7 闪点在45℃以下的桶装、罐装易燃液体不应露天存放，存放处应有防护栅栏，通风良好。

3.5.8 施工区域需要使用明火时，应将使用区进行防火分隔，清除动火区域内的易燃、可燃物，配置消防器材，并应有专人监护。

3.5.9 油料、炸药、木材等常用的易燃易爆危险品存放使用场所、仓库，应有严格的防火措施和相应的消防设施，严禁使用明火和吸烟。

3.5.10 易燃易爆危险物品的采购、运输、储存、使用、回收、销毁应有相应的防火消防措施和管理制度。

3.5.11 施工生产作业区与建筑物之间的防火安全距离，应遵守下列规定：

1 用火作业区距所建的建筑物和其他区域不应小于25m。

2 仓库区、易燃、可燃材料堆集场距所建的建筑物和其他区域不应小于20m。

3 易燃品集中站距所建的建筑物和其他区域不应小于30m。

3.5.12 加油站、油库，应遵守下列规定：

1 独立建筑，与其他设施、建筑之间的防火安全距离不应小于50m。

2 周围应设有高度不低于2.0m的围墙、栅栏。

3 库区内道路应为环形车道，路宽不小于3.5m，应设有专门消防通道，保持畅通。

4 罐体应装有呼吸阀、阻火器等防火安全装置。

5 应安装覆盖库（站）区的避雷装置，且应定期检测，其接地电阻不应大于10Ω。

6 罐体、管道应设防静电接地装置，接地网、线用40mm×4mm扁钢或φ10圆钢埋设，且应定期检测，其接地电阻不应大于30Ω。

7 主要位置应设置醒目的禁火警示标志及安全防火规定标识。

8 应配备相应数量的泡沫、干粉灭火器和砂土等灭火器材。

9 应使用防爆型动力和照明电器设备。

10 库区内严禁一切火源，严禁吸烟及使用手机。

11 工作人员应熟悉使用灭火器材和消防常识。

12 运输使用的油罐车应密封，并有防静电设施。

3.5.13 木材加工厂（场、车间）应遵守下列规定：

1 独立建筑，与周围其他设施、建筑之间的安全防火距离不应小于20m。

2 安全消防通道保持畅通。

3 原材料、半成品、成品堆放整齐有序，并留有足够的通道，保持畅通。

4 木屑、刨花、边角料等弃物及时清除，严禁置留在场内，保持场内整洁。

5 设有10m³以上的消防水池、消防栓及相应数量的灭火器材。

6 作业场所内禁止使用明火和吸烟。

7 明显位置设置醒目的禁火警示标志及安全防火规定标识。

3.6 季节施工

3.6.1 昼夜平均气温低于5℃或最低气温低于－3℃时，应编制冬季施工作业计划，并应制定防寒、防毒、防滑、防冻、防火、防爆等安全措施。

3.6.2 冬季施工，应遵守以下基本规定：

3 爆炸物品库房，应保持一定的温度，防止炸药冻结，严禁用火烤冻结的炸药。

5 室内采用煤、木材、木炭、液化气等取暖时，应符合防火要求，火墙、烟道保持畅通，防止一氧化碳中毒。

6 进行气焊作业时，应经常检查回火安全装置、胶管、减压阀，如冻结应用温水或蒸汽解冻，严禁火烤。

3.6.3 混凝土冬季施工，应遵守下列规定：

1 进行蒸气法施工时，应有防护烫伤措施，所有管路应有防冻措施。

2 对分段浇筑的混凝土进行电气加热时，其未浇筑混凝土的钢筋与已加热部分相联系时应作接地，进行养护浇水时应切断电源。

3 采用电热法施工，应指定电工参加操作，非有关人员严禁在电热区操作。工作人员应使用绝缘防护用品。

4 电热法加热，现场周围均应设立有警示标志和防护栏杆，并有良好照明及信号。加热的线路应保证绝缘良好。

5 如采用暖棚法时，暖棚宜采用不易燃烧的材料搭设，并应制定防火措施，配备相应的消防器材，并加强防火安全检查。

3.9 文明施工

3.9.3 文明施工，应遵守以下基本规定：

6 消防器材齐全，通道畅通。

3.10 现场保卫

3.10.7 施工现场的下列场所应列为治安保卫的重点要害部位，建设单位与施工单位应按照责任分工，制定并落实防范方案和措施：

1 储存易燃易爆、放射性、剧毒等危险物品的仓库。

3.10.8 施工现场重点要害部位的治安保卫工作应具备下列基本条件：

1 制定完善的防火、防盗、防破坏、防爆炸、防止灾害事故等治安保卫措施和处置突发事件的方案，报当地公安机关审查备案。

4 施工用电、供水、供风及通信

4.1 施工用电的基本规定

4.1.12 用电场所电器灭火应选择适用于电气的灭火器材，不应使用泡沫灭火器。

4.3 变压器与配电室

4.3.3 配电室应符合以下要求：

11 配电室的建筑物和构筑物的耐火等级应不低于3级，室内应配置砂箱和适宜于扑救电气类火灾的灭火器。

4.3.5 电压为400/230V的自备发电机组，应遵守下列规定：

1 发电机组及其控制、配电、修理室等，在保证电气安全距离和满足防火要求的情况下可合并设置也可分开设置。

4.4 线路敷设

4.4.4 配电线路，应遵守下列规定：

3 经常过负荷的线路、易燃易爆物邻近的线路、照明线路，应有过负荷保护。

4.5 配电箱、开关箱与照明

4.5.9 现场照明宜采用高光效、长寿命的照明光源。对需要大面积照明的场所，宜采用高压汞灯、高压钠灯或混光用的卤钨灯。照明器具选择应遵守下列规定：

3 含有大量尘埃但无爆炸和火灾危险的场所，应采用防尘型照明器。

4 对有爆炸和火灾危险的场所，应按危险场所等级选择相应的防爆型照明器。

4.8 施工供风

4.8.2 空气压缩机站应远离散发爆炸性、腐蚀性、有毒气体、产生粉尘的场所和生活区，并做好防火、防洪、防高温等各项措施。

4.9 施工通信

4.9.1 通信站址的选择，宜尽量接近线路网中心，并应满足以下要求：

2 避开易爆、易燃的地方以及空气中粉尘含量过高，有腐蚀性气体，有腐蚀性排放物的地方，如无法避开时，宜设在上述腐蚀性气体或产生粉尘、烟雾、水汽较多厂房的全年最大频率风向上风侧。

3 避开总降压变电所以及易燃、易爆的建筑物和堆积场。

4.9.5 机房及有关走廊等地段的土建工程设计时，主要出入口的高度和宽度尺寸除应符合工艺设计要求外，还应满足消防要求。

4.9.9 消防及警卫业务中继线，应从每个电话站各引出不少于一对，接到本企业的消防哨和警卫部门。

5 安全防护设施

5.2 高处作业

5.2.10 高处作业时，应对下方易燃、易爆物品进行清理和采取相应措施后，方可进行电焊、气焊等动火作业，并应配备消防器材和专人监护。

5.4 施工走道、栈桥与梯子

5.4.14 绳梯的使用应符合以下规定：

2 绳梯的吊点应固定在牢固的承载物上,并应注意防火、防磨、防腐。

6 大型施工设备安装与运行

6.4 混凝土拌和系统

6.4.2 拌和站(楼)的布设,应遵守下列规定:

7 应设有合格的避雷装置和系统消防设施或足够的消防器材并保持良好有效,楼内严禁存放易燃易爆物品。严禁明火取暖。

6.4.6 制冷车间应遵守下列规定:

5 应配有足够有效的消防器材、专用防毒面具和急救药物,并设有人员应急清洗装置。

6.5 门座式(塔式)起重机

6.5.14 门(塔)机电气室内应配备有二氧化碳干粉灭火器。

6.6 缆 机

6.6.4 缆机安装运行,应遵守下列规定:

10 主副塔机器房、开关控制室、值班室等处地面应有绝缘措施,并应配有足量有效的灭火器材。

6.7 塔(顶)带机与供料系统

6.7.6 塔(顶)带机、供料线上应配备必要的灭火装置,机上严禁使用明火取暖,严禁吸烟和携带火种,易燃物品应及时妥善处理。

6.9 特种设备管理

6.9.14 特种设备使用应根据施工生产实际,制定并实施相应的防倾翻、防坠落、防火、防爆、防泄漏的安全措施和事故应急救援预案,配备相应的营救装备和应急物资。

7 起重与运输

7.2 起重设备与机具

7.2.4 其他类型起重机

10 起重机的电气室内应备有二氧化碳、四氯化碳灭火器。严禁使用泡沫灭火器。

7.3 道路运输

7.3.10 油罐车运输,除遵守上述有关安全规定外,还应严格遵守下列规定:

1 应有明显的防火标志,配备专用灭火器材,并装有防静电金属链条。

2 装卸油时严禁穿带有钉子的鞋上下油罐,同时应将接地线妥善接地,以防静电产生火花。

3 罐车附近严禁有明火或吸烟。

7.4 索道运输

7.4.17 主塔机房和电气房等部位,都应配备灭火器,运行

人员要熟悉其使用方法。主、副机上禁止使用明火取暖。

7.6 船 舶 运 输

7.6.2 航行船舶应保持适航状态,并配备取得合格证件的驾驶人员、轮机人员;船员人数应符合安全定额;配备消防、救生设备;执行有关客货装载和拖带的规定。

7.6.11 客船与轮渡严禁携带雷管、火药、汽油、香蕉水、油漆等易燃易爆危险品;装运易燃易爆危险品的专用船上,禁止吸烟和使用明火。

7.6.14 船舶应建立严密的消防安全制度,配备足够、有效的消防器材。发生火警、火灾时应及时组织施救,并按章悬示火警信号和利用通信设备求救。

8 爆破器材与爆破作业

8.2 爆破器材库

8.2.4 库区消防,应遵守下列规定:

1 库区应配备足够的消防设施,库区围墙内的杂草应及时清除。

2 进入库区严禁烟火,不应携带引火物。

3 进入库区不应穿带钉子的鞋和易产生静电的化纤衣服,不应使用能产生火花的工具。

4 库区的消防设备、通信设备和警报装置应定期检查。

5 在库区应设置消防水管。没有条件设置消防水管的库容量较小的库区,宜在库区修建高位消防水池;库容量小于100t时,水池容量应为50m³;库容量100~150t时,水池容量应为100m³;库容量超过500t时,应设消防水管。消防水池距库房不应大于100m。消防管路距库房不应大于50m。

6 草原和森林地区的库区周围,应修筑防火沟渠,沟渠边缘距库区围墙不小于10m,沟渠宽1~3m,深1m。

8.3 爆破器材管理

8.3.1 爆破器材库房应建立健全安全管理制度,岗位安全责任制,安全操作规程,爆破器材发放、领取、治安保卫、防火,保密等制度。

8.3.2 爆破器材装卸应遵守下列规定:

1 从事爆破器材装卸的人员,应经过有关爆破材料性能的基础教育和熟悉其安全技术知识。装卸爆破器材时,严禁吸烟和携带引火物。

2 搬运装卸作业宜在白天进行,炎热的季节宜在清晨或傍晚进行。如需在夜间装卸爆破器材时,装卸场所应有充足的照明,并只允许使用防爆安全灯照明,禁止使用油灯、电石灯、汽灯、火把等火明照明。

8.3.3 爆破器材运输应符合下列规定:

1 运输爆破器材,应遵守下列基本规定:

9)运输人员严禁吸烟和携带发火物品。

2 水路运输爆破器材,还应遵守下列规定:

4)船上应有足够的消防器材。

3 汽车运输爆破器材,还应遵守下列规定:

2)汽车的排气管宜设在车前下侧,并应设置防火罩装置。

3) 车上应配备灭火器材,并按规定配挂明显的危险标志。

8.3.4 爆破器材贮存

7 爆破材料不应直接堆放在地面上,应采用方木和垫板垫高20cm。库房内严禁火种。

9 焊接与气割

9.1 基本规定

9.1.16 风力超过5级时禁止在露天进行焊接或气割。风力5级以下、3级以上时应搭设挡风屏,以防止火星飞溅引起火灾。

9.1.18 工作结束后应拉下焊机闸刀,切断电源。对于气割(气焊)作业则应解除氧气、乙炔瓶(乙炔发生器)的工作状态。要仔细检查工作场地周围,确认无火源后方可离开现场。

9.1.21 高空焊割作业时,还应遵守下列规定:

2 焊割作业坠落点场面上,至少10m以内不应存放可燃或易燃易爆物品。

3 高空焊割作业人员应戴好符合规定的安全帽,应使用符合标准规定的防火安全带,安全带应高挂低用,固定可靠。

9.2 焊接场地与设备

9.2.1 焊接场地

2 焊接或气割场地应无火灾隐患。若需在禁火区内焊接、气割时,应办理动火审批手续,并落实安全措施后方可进行作业。

9.6 碳弧气刨

9.6.3 碳弧气刨应顺风操作,防止吹散的铁水溶渣及火星烧损衣服或伤人,并应注意周围人员和场地的防火安全。

9.7 气焊与气割

9.7.2 氧气、乙炔气瓶的使用应遵守下列规定:

1 气瓶应放置在通风良好的场所,不应靠近热源和电气设备,与其他易燃易爆物品或火源的距离一般不应小于10m(高处作业时是与垂直地面处的平行距离)。使用过程中,乙炔瓶应放置在通风良好的场所,与氧气瓶的距离不应少于5m。

2 露天使用氧气、乙炔气时,冬季应防止冻结,夏季应防止阳光直接曝晒。氧气、乙炔气瓶阀冬季冻结时,可用热水或水蒸气加热解冻,严禁用火焰烘烤和用钢材一类器具猛击,更不应猛拧减压表的调节螺丝,以防氧气、乙炔气大量冲出而造成事故。

3 氧气瓶严禁沾染油脂,检查气瓶口是否有漏气时可用肥皂水涂在瓶口上试验,严禁用烟头或明火试验。

4 氧气、乙炔气瓶如果漏气应立即搬到室外,并远离火源。搬动时手不可接触气瓶嘴。

9.7.3 回火防止器的使用应遵守下列规定:

1 应采用干式回火防止器。

2 回火防止器应垂直放置,其工作压力应与使用压力相适应。

3 干式回火防止器的阻火元件应经常清洗以保持气路畅通;多次回火后,应更换阻火元件。

4 一个回火防止器应只供一把割炬或焊炬使用,不应合用。当一个乙炔发生器向多个割炬或焊炬供气时,除应装总的回火防止器外,每个工作岗位都须安装岗位式回火防止器。

5 禁止使用无水封、漏气的、逆止阀失灵的回火防止器。

6 回火防止器应经常清除污物防止堵塞,以免失去安全作用。

7 回火器上的防爆膜(胶皮或铝合金片)被回火气体冲破后,应按原规格更换,严禁用其他非标准材料代替。

9.7.4 减压器(氧气表、乙炔表)的使用应遵守下列规定:

1 严禁使用不完整或损坏的减压器。冬季减压器易冻结,应采用热水或蒸汽解冻,严禁用火烤,每只减压器只准用于一种气体。

9.7.5 使用橡胶软管应遵守下列规定:

7 若发现胶管接头脱落或着火时,应迅速关闭供气阀,不应用手弯折胶管等待处理。

8 严禁将使用中的橡胶软管缠在身上,以防发生意外起火引起烧伤。

9.7.6 焊割炬的使用应遵守下列规定:

5 焊、割枪的内外部及送气管均不允许沾染油脂,以防止氧气遇到油类燃烧爆炸。

6 焊、割枪严禁对人点火,严禁将燃烧着的焊炬随意摆放,用毕及时灭火焰。

7 焊炬熄火时应先关闭乙炔阀,后关氧气阀;割炬则应先关高压氧气阀,后关乙炔阀和氧气阀以免回火。

8 焊、割炬点火时须先开氧气,再开乙炔,点燃后再调节火焰;遇不能点燃而出现爆声时应立即关闭阀门并进行检查和通畅嘴子后再点,严禁强行硬点以防爆炸;焊、割时间过久,枪嘴发烫出现连续爆声并有停火现象时,应立即关闭乙炔再关氧气,将枪嘴浸冷水疏通后再点燃工作,作业完毕熄火后应将枪吊挂或侧放,禁止将枪嘴对着地面摆放,以免引起阻塞而再用时发生回火爆炸。

9.8 氧气、乙炔气集中供气系统

9.8.2 氧气供气间可与乙炔供气间的布置、设置应符合下列规定:

1 氧气供气间可与乙炔供气间布置在同一座建筑物内,但应以无门、窗、洞的防火墙隔开。且不应设在地下室或半地下室内。

2 氧气、乙炔供气间应设围墙或栅栏并悬挂明显标志。围墙距离有爆炸物的库房的安全距离应符合相关规定。

3 供气间与明火或散发火花地点的距离不应小于10m,供气间内不应有地沟、暗道。供气间内严禁动用明火、电炉或照明取暖,并应备有足够的消防设备。

7 供气间内严禁存放有毒物质及易燃易爆物品;空瓶和实瓶应分开放置,并有明显标志,应设有防止气瓶倾倒的设施。

9 供气间应设专人负责管理,并建立严格的安全运行操作规程、维护保养制度、防火规程和进出登记制度等,无关人员不应随便进入。

9.8.4 氧气、乙炔气集中供气系统运行管理应遵守下列规定：

3 乙炔供气间的设施、消防器材应定期做检查。

4 供气间严禁氧气、乙炔瓶混放，并严禁存放易燃物品，照明应使用防爆灯。

6 作业人员工作时不应离开工作岗位，严禁吸烟。

8 禁止在室内用电炉或明火取暖。

10 锅炉及压力容器

10.2 锅炉安装

10.2.3 锅炉应装在单独建造的锅炉房内。在浴池、教室、餐厅、观众厅、候车室、托儿所、医院等房屋内，不应设置锅炉房。锅炉房不应与甲、乙类及使用可燃液体的丙类火灾危险性厂房相连。

10.2.4 锅炉房应为一级、二级耐火等级的建筑，但每小时总蒸发量不超过 4t，以煤为燃料的锅炉房宜采用三级耐火等级建筑。锅炉房应采用轻型屋顶或布置一定面积的天窗，并且还应遵守下列规定：

4 锅炉房至少应有两个出口，分别设在两侧。锅炉前端的总宽度不超过 12m，且面积不超过 200m² 的单层锅炉房，可只开一个出口。

10.3 锅炉运行

10.3.6 进入锅炉内检修时，应采取以下措施：

5 携带工具应装在工具袋内，进、出应核对数量。与工作无关的任何物品不应带进炉内。进入烟道、炉膛内工作前，应进行通风、防毒、防爆、防火等措施，并将检修炉与其他运行（使用）的设备、烟道、管路、阀门等全部可靠的隔开。

10.4 压力容器

10.4.2 压力容器的使用管理，应遵守下列规定：

4 压力容器内部有压力时，不应对主要受压元件进行任何修理或紧固工作，进入压力容器内工作时，要通风良好，照明电压不超过 12V，并与其他使用的设备隔开，采取防火、防毒、防爆等措施。

10.5 气　瓶

10.5.7 气瓶贮存应符合下列规定：

2 盛装有毒气体的气瓶，或所装介质互相接触后能引起燃烧爆炸的气瓶，应分室贮存，并在附近设有防毒用具或灭火器材。

10.5.8 乙炔气瓶贮存，还应遵守下列规定：

2 贮存间与明火或散发火花地点的距离，不应小于 15m，且不应设在地下室或半地下室内。

3 贮存应有良好的通风、降温等设施，要避免阳光直射，要保证运输道路畅通，应设有足够的消防栓和干粉或二氧化碳灭火器（严禁使用四氯化碳灭火器）。

6 贮存间应有专人管理，在醒目的地方应设置"乙炔危险""严禁烟火"等警示标志。

10.5.9 乙炔瓶库，可与耐火等级不低于二级的厂房毗连建造，其毗连的墙应是无门、窗和洞的防火墙，并严禁任何管线穿过。

10.5.11 气瓶的使用，应遵守下列规定：

7 瓶阀冻结时，不应用火烘烤。

8 气瓶不应靠近热源。可燃、助燃性气体气瓶，与明火的距离不应小于 10m。

11 危险物品管理

11.1 基本规定

11.1.3 危险化学品生产、储存、经营、运输和使用危险化学品的单位和个人，应遵守《中华人民共和国消防法》、《危险化学品安全管理条例》、《易燃易爆化学物品消防安全监督管理办法》的规定。

11.1.4 贮存、运输和使用危险化学品的单位，应建立健全危险化学品安全管理制度，建立事故应急救援预案，配备应急救援人员和必要的应急救援器材、设备、物资，并应定期组织演练。

11.1.5 贮存、运输和使用危险化学品的单位，应当根据消防安全要求，配备消防人员，配置消防设施以及通信、报警装置。并经公安消防监督机构审核合格，取得《易燃易爆化学物品消防安全审查意见书》、《易燃易爆化学物品消防安全许可证》和《易燃易爆化学物品准运证》。

11.1.6 危险化学品管理应有下列安全措施：

2 贮存危险化学品的仓库内严禁吸烟和使用明火，对进入库区内的机动车辆应采取防火措施。

7 使用危险化学品的单位，应根据化学危险品的种类、性质，设置相应的通风、防火、防爆、防毒、监测、报警、降温、防潮、避雷、防静电、隔离操作等安全设施。

8 危险化学品仓库四周，应有良好的排水，设置刺网或围墙，高度不小于 2m，与仓库保持规定距离，库区内严禁有其他可燃物品。

9 消防安全重点应履行下列消防安全职责：

1）建立防火档案，确定消防安全重点部位，设置防火标志，实行严格管理。

2）实行每日防火巡查，并建立巡查记录。

3）对职工进行消防安全培训。

4）制定灭火和应急疏散预案，定期组织演练。

11.1.7 贮存危险化学品，应遵守下列规定：

2 遇水、遇潮容易燃烧、爆炸或产生有毒气体的化学危险物品，不应在露天、潮湿、漏雨和低洼容易积水的地点存放；库房应有防潮、保温等措施。

3 受阳光照射容易燃烧、爆炸或产生有毒气体的化学危险物品和桶装、罐装等易燃液体、气体应存放在温度较低、通风良好的场所，设专人定时测温，必要时采取降温及隔热措施，不应在露天或高温的地方存放。

4 化学性质或防护、灭火方法相互抵触的危险化学品，不应在同一仓库内存放。

11.2 易燃物品

11.2.1 贮存易燃物品的仓库应执行审批制度的有关规定，

并遵守下列规定：

    1 库房建筑宜采用单层建筑；应采用防火材料建筑；库房应有足够的安全出口，不宜少于两个；所有门窗应向外开。

    2 库房内不宜安装电器设备，如需安装时，应根据易燃物品性质，安装防爆或密封式的电器及照明设备，并按规定设防护隔墙。

    4 不应设在人口集中的地方，与周围建筑物间，应留有足够的防火间距。

    5 应设置消防车通道和与贮存易燃物品性质相适应的消防设施；库房地面应采用不易打出火花的材料。

    6 易燃液体库房，应设置防止液体流散的设施。

    7 易燃液体的地上或半地下贮罐应按有关规定设置防火堤。

11.2.2 贮存易燃物品的库房，应按照 GBJ 16 有关建筑物的耐火等级和储存物品的火灾危险性分类的规定来确定，其层数、面积应符合表 11.2.2-1 的要求，与相邻建筑物的防火间距不应小于表 11.2.2-2 的规定。

表 11.2.2-1　库房的耐火等级层数和面积

贮存物品类别		耐火等级	最多允许层数	最大允许占地面积(m²)	
				每座库房	防火墙隔间
甲	3项、4项、5项、6项	一级	1	180	60
		一级、二级	1	750	250
乙	1项、2项、3项	一级、二级	1	1000	250
		三级	1	500	250

表 11.2.2-2　库房与相邻建筑物的防火间距　　单位：m

贮存物品类别		贮量(t)	相邻建筑物名称			
			民用建筑	其他建筑的耐火等级		
				一级、二级	三级	四级
甲	1项、2项、3项	≤5	30	15	20	25
		>5	40	20	25	30
	4项、5项、6项	≤5	25	12	15	20
		>5	30	15	20	25

    注 1：两库相邻两面的外墙为非燃烧体且无门窗、洞口、无外露的燃烧体屋檐，其防火间距可按本表减少 25%。

    注 2：甲类物品库房与明火或散发火花地点的防火间距，不应小于 30m。

    注 3：甲类物品库房之间的防火间距，不应小于 20m。

    注 4：甲类物品库房与重要公共建筑物的防火间距，不宜小于 50m。

11.2.3 易燃、可燃液体的贮罐区、堆场与建筑物的防火间距不应小于表 11.2.3 的规定。

表 11.2.3　易燃、可燃液体的贮罐区、堆场与建筑物的防火间距　　单位：m

名称	一个罐区堆场总贮量(m³)	耐火等级		
		一级、二级	三级	四级
易燃液体	1～50	12	15	20
	51～200	15	20	25
	201～1000	20	25	30
	1001～5000	25	30	40
可燃液体	5～250	12	15	20
	251～1000	15	20	25
	1001～5000	20	25	30
	5001～25000	25	30	40

    注 1：易燃、可燃液体的贮罐区设防火堤时，防火堤外侧基脚线至建筑物的距离不应小于 10m。

    注 2：易燃，可燃液体的贮罐区、堆场与甲类物品库房以及民用建筑的防火间距，应按本表的规定增加 25%，并不应小于 25m；与明火或散发火花地点的防火间距，应按本表四级建筑物的规定增加 25%。

    注 3：贮罐区之间的防火间距不应小于本表相应贮量四级建筑物的较大值。贮罐区设防火堤时，堤外侧基脚线之间的距离不应小于 10m。

    注 4：计算一个贮罐区的总贮量时，应按照 1m³ 的易燃等于 5m³ 的可燃体折量。

11.2.4 易燃、可燃液体贮罐之间的防火间距，不应小于表 11.2.4 的规定。

表 11.2.4　易燃、可燃液体贮罐之间防火间距

贮罐名称	贮罐形式		
	地上	半地下	地下
易燃液体	D	$0.75D$	$0.5D$
可燃液体	$0.75D$	$0.5D$	$0.4D$

    注 1："D"为相邻贮罐中较大罐的直径，单位为 m。

    注 2：不同液体，不同贮罐形式之间的防火间距，应采用本表规定的较大值。

11.2.5 易燃、可燃液体贮罐，如贮量不超过表 11.2.5 的规定，可成组布置。组内贮罐的布置不应超过两行，易燃液体贮罐之间的距离不应小于相邻较大罐的半径。贮罐组之间的距离，应按与贮罐组总贮量相同的单罐考虑。

表 11.2.5　易燃、可燃液体贮罐成组布置的限量　　单位：m³

名称		单罐最大贮量	一组最大贮量
易燃液体		50	300
可燃液体	闪点≤120℃	250	1500
	闪点>120℃	500	2000

11.2.6 易燃、可燃液体设置的防火堤内空间容积不应小于贮罐地上部分贮量的一半，且不小于最大罐的地上部分贮量。防火堤内侧基脚线至贮罐外壁的距离，不应小于贮罐的半径。防火堤的高度宜为1～1.6m。

11.2.7 易燃、可燃液体贮罐与其泵房、装卸设备的防火间距，不应小于表11.2.7的规定。

表11.2.7 易燃、可燃液体贮罐与其泵房、装卸设备的防火间距　　　单位：m

贮罐名称	项目		
	泵房	铁路装卸设备	汽车装卸设备
易燃液体	15	20	15
可燃液体	10	12	10

注1：泵房、装卸设备与防火堤外侧基脚线的距离不应小于5m。
注2：装卸设备与建筑物的防火间距不宜小于15m。

11.2.8 可燃、助燃气体贮罐，其防火间距应根据GBJ 16有关章程执行。

11.2.9 液化石油气贮罐或贮区与建筑物、堆场的防火间距，不应小于表11.2.9的规定。

表11.2.9 液化石油气贮罐（区）与建筑物、堆场的防火间距　　　单位：m

名称		总容积（m³）			
		1～30	31～200	201～500	>500
防火或散发火花的地点，民用建筑		40	50	60	70
易燃液体贮罐		35	45	55	65
可燃液体贮罐		30	35	45	55
易燃材料堆场		30	40	50	60
其他建筑耐火等级	一级、二级	18	20	25	20
	三级	20	25	30	40
	四级	25	30	40	50

注1：容积超过1000m³的单罐或超过5000m³的罐区，与建筑物的防火间距，应按本表的规定增加25%。
注2：贮罐之间的防火间距，不宜小于相邻较大罐的半径，单罐容积或贮罐总容积超过2500m³时，应分组布置。组与组之间的防火间距不小于20m；组内贮罐的布置不应超过两行。
注3：气瓶库的总贮量不超过10m³时，与建筑物的防火间距，不应小于10m，超过时不小于15m，其四周宜设置非燃烧体的实体围墙。
注4：气瓶库与主要道路的间距不应小于10m，与次要道路不应小于5m。

11.2.10 易燃、可燃材料的露天、半露天堆场、贮罐、库房与铁路、道路的防火间距不应小于表11.2.10的规定。

表11.2.10 堆场，贮罐、库房与铁路、道路的防火间距　　　单位：m

名称	厂外铁路（中心线）	厂内铁路（中心线）	厂外道路（路边）	厂内道路（路边）	
				主要	次要
甲类物品库房	40	30	20	10	5
易燃材料堆场	30	20	15	10	5
可燃液体贮罐	30	20	15	10	5
易燃液体贮罐	35	25	20	15	10
可燃、助燃气体贮罐	25	20	15	10	5
液化石油气贮罐	45	35	25	15	10

注1：与架空电力线的防火间距，不应小于电杆高度的1.5倍。
注2：厂内铁路装卸线与甲类物品装卸站台库房的防火间距，可不受本表规定的限制。

11.2.11 易燃物品的贮存，应符合下列规定：

1 应分类存放在专门仓库内。与一般物品以及性质互相抵触和灭火方法不同的易燃、可燃物品，应分库贮存，并标明贮存物品名称、性质和灭火方法。

2 堆存时，堆垛不应过高、过密，堆垛之间，以及堆垛与堤墙之间，应留有一定间距，通道和通风口，主要通道的宽度不应小于2m，每个仓库应规定贮存限额。

3 遇水燃烧，爆炸和怕冻、易燃、可燃的物品，不应存放在潮湿、露天、低温和容易积水的地点。库房应有防潮、保温等措施。

4 受阳光照射容易燃烧、爆炸的易燃、可燃物品，不应在露天或高温的地方存放。应存放在温度较低、通风良好的场所，并应设专人定时测温，必要时采取降温及隔热措施。

5 包装容器应当牢固、密封，发现破损、残缺、变形、渗漏和物品变质、分解等情况时，应立即进行安全处理。

6 在入库前，应有专人负责检查，对可能带有火险隐患的易燃、可燃物品，应另行存放，经检查确无危险后，方可入库。

7 性质不稳定、容易分解和变质以及混有杂质而容易引起燃烧、爆炸的易燃、可燃物品，应经常进行检查、测温、化验，防止燃烧、爆炸。

8 贮存易燃、可燃物品的库房、露天堆垛、贮罐规定的安全距离内，严禁进行试验、分装、封焊、维修、动用明火等可能引起火灾的作业和活动。

9 库房内不应设办公室、休息室，不应住人，不应用可燃材料搭建货架；仓库区应严禁烟火。

10 库房不宜采暖，如贮存物品需防冻时，可用暖气采暖；散热器与易燃、可燃物品堆垛应保持安全距离。

11 对散落的易燃、可燃物品应及时清除出库。

12 易燃、可燃液体贮罐的金属外壳应接地，防止静电效应起火，接地电阻应不大于10Ω。

11.3 有毒有害物品

11.3.1 有毒有害物品贮存，应遵守下列规定：

1 化学毒品库房设计除符合GBJ 16的规定外，还应符合下列要求：

1）化学毒品应贮存于专设的仓库内，库内严禁存放与其性能有抵触的物品。
2）库房墙壁应用防火防腐材料建筑；应有避雷接地设施，应有与毒品性质相适应的消防设施。
3）仓库应保持良好的通风，有足够的安全出口。
4）仓库内应备有防毒、消毒、人工呼吸设备和备有足够的个人防护用具。
5）仓库应与车间、办公室、居民住房等保持一定安全防护距离。安全防护距离应同当地公安局、劳动、环保等主管部门根据具体情况决定，但不宜少于100m。

11.5 油库管理

11.5.3 在油库与其周围不应使用明火；因特殊情况需要用火作业的，应当按照用火管理制度办理用火证，用火证审批人应亲自到现场检查，防火措施落实后，方可批准。危险区应指定专人防火，防火人有权根据情况变化停止用火。用火人接到用火证后，要逐项检查防火措施，全部落实后方可用火。

11.5.14 油库消防器材的配置与管理，应遵守下列规定：

1 灭火器材的配置：
1）加油站油罐库罐区，应配置石棉被、推车式泡沫灭火机、干粉灭火器及相关灭火设备。
2）各油库、加油站应根据实际情况制订应急救援预案，成立应急组织机构。消防器材摆放的位置、品名、数量应绘成平面图并加强管理，不应随便移动和挪作他用。

2 消防供水系统的管理和检修：
2）地下供水管线要常年充水，主干线阀门要常开。地下管线每隔2～3年，要局部挖开检查，每半年应冲洗一次管线。
3）消防水管线（包括消火栓），每年要作一次耐压试验，试验压力应不低于工作压力的1.5倍。
4）每天巡回检查消火栓。每月作一次消火栓出水试验。距消火栓5m范围内，严禁堆放杂物。
5）固定水泵要常年充水，每天作一次试运转，消防车要每天发动试车并按规定进行检查、养护。
6）消防水带要盘卷整齐，存放在干燥的专用箱里，防止受潮霉烂。每半年对全部水带按额定压力做一次耐压试验，持续5min，不漏水者合格。使用后的水带要晾干收好。

3 消防泡沫系统的管理和检修：
1）灭火剂的保管：空气泡沫液应储存于温度在5～40℃的室内，禁止靠近一切热源，每年检查一次泡沫液沉淀状况。化学泡沫粉应储存在干燥通风的室内，防止潮结。酸碱粉（甲、乙粉）要分别存放，堆高不应超过1.5m，每半年将储粉容器颠倒放置一次。灭火剂每半年抽验一次质量，发现问题及时处理。
2）对化学泡沫发生器的进出口，每年做一次压差测定；空气泡沫混合器，每半年做一次检查校验；化学泡沫室和空气泡沫产生器的空气滤网，应经常刷洗，保持不堵不烂，隔封玻璃要保持完好。
3）各种泡沫枪、钩管、升降架等，使用后都应擦净、加油，每季进行一次全面检查。
4）泡沫管线，每半年用清水冲洗一次；每年进行一次分段试压，试验压力应不小于1.18MPa，5min无渗漏。
5）各种灭火机，应避免曝晒、火烤，冬季应有防冻措施，应定期换药，每隔1～2年进行一次筒体耐压试验，发现问题及时维修。

110.《水利水电工程机电设备安装安全技术规程》SL 400—2016

2 术　语

2.0.6 有限空间　limited space

封闭或者部分封闭，与外界相对隔离，出入口较为狭窄，作业人员不能长时间在内工作，自然通风不良，易造成有毒有害、易燃易爆物质积聚或者氧含量不足的空间。

3 基本规定

3.1 安全管理要求

3.1.8 现场办公区、生活区应与作业区分开设置，并保持安全距离，施工现场、生产区、生活区、办公区应按规定配备满足要求且有效的消防设施和器材。

3.2 施工现场安全防护

3.2.4 现场的施工设施，应符合防洪、防火、防强风、防雷击、防砸、防坍塌以及职业健康等安全要求。

3.2.11 危险作业场所应按规定设置警戒区、事故报警装置、紧急疏散通道，并悬挂警示标志。

3.3 施工现场用电与照明

3.3.2 施工现场用电应符合下列规定：

　3　在易燃易爆场所，电气设备及线路均应满足防火、防爆要求。

3.4 施工现场消防

3.4.1 施工现场消防安全管理应符合下列规定：

　1　安装现场消防宜采用分级管理，严格落实动火申报审批制度。使用明火或进行电（气）焊作业时，应办理相应动火工作票，并采取相应的防火措施。

　2　施工现场应根据消防工作的要求，配备不同用途的消防器材和设施，并布置在明显和便于取用的地点。消防器材、设备附近不应堆放其他物品。

　3　消防器材、设备应由专人负责管理，定期检查维护，做好检查记录，保持消防器材的完整有效。

3.4.2 厂房内机电设备安装过程中搭设的防尘棚、临时工棚、设备防尘覆盖膜等，应选用防火阻燃布。

3.4.3 使用过的油布、棉纱等易燃物及使用后剩余的易燃物品应及时回收，妥善保管或处置。

3.4.4 施工现场严禁吸烟。

4 泵站主机泵安装

4.1 水泵部件拆装检查

4.1.2 拆装现场搭设的临时设施应满足防风、防雨、防尘及消防等要求；施工现场应保持清洁并有足够的照明及相应的安全防护设施。

4.1.3 主泵零件结合面的浮锈、油污及所涂保护层应清理消除。使用脱漆剂等清扫设备时，作业人员应戴口罩、防护眼镜和防护手套，严防溅落在皮肤和眼睛上；清扫现场应进行隔离，15m范围内不得动火（及打磨）作业；清扫现场应配备足够数量的灭火器。

4.7 电机设备的清扫与检查

4.7.3 安装场地应满足设备清扫组装时的防雨、防尘及消防等要求；清扫现场应配备足量的通风设施和消防器材。

4.8 电机基础埋设

4.8.3 在机坑中进行电焊、气割作业时，应有防火措施，作业前应检查机坑周边及以下是否有油污、抹布和其他易燃物，并在水泵层设专人监护，作业完成后应检查水泵层有无高温残留物，监护人员应彻底检查作业面下层，确认无隐患后，方可撤离。

4.9 电机导轴瓦、推力瓦研刮及安装

4.9.1 镜板、轴瓦开箱后，包装废弃物应堆放整齐，铁钉应拔下或打弯，所有镜板的包装布（纸）及清扫用的白布、酒精等，应集中按防火要求堆放，并远离火源。

4.9.4 轴、瓦研刮应符合下列规定：

　1　轴、瓦研刮场地应防尘、清洁干燥、通风照明良好，其上方不应进行其他作业，15m范围内不得有明火。

　2　推力瓦和导轴瓦进行研刮时，无水酒精及擦拭的白布等材料应按防火要求妥善保管，废旧材料应及时处理，不得乱堆乱放。

4.15 水泵机组整体清扫、喷漆

4.15.3 工作场地应配备充足的消防器材。施工场地应通风良好，必要时设置通风设施加强通风。

4.15.4 喷漆时15m范围内严禁有明火作业。

4.15.5 所用的溶剂、油漆取用后，容器应及时盖严。油漆、汽油、酒精、香蕉水等以及其他易燃有毒材料，应分别设储藏室密封存放，专人保管，严禁烟火。

5 水电站水轮机安装

5.1 水轮机设备的清扫与组合

5.1.2 露天场所清扫组装设备，应搭设临时工棚。工棚应满足设备清扫组装时的防雨、防尘及消防等要求。

5.2 尾水管安装

5.2.9 尾水管内支撑拆除应符合下列规定：
1 拆除前，除拆除工作所用的跳板外，其他可燃材料应全部清理出去，并确保尾水管内通风良好。
5 内支撑拆除平台应采用防火材料，并配有消防器材，平台上不得存放拆除的内支撑。以尾水管内支撑作为施工平台时，应对内支撑的强度进行验算，并对内支撑焊缝进行检查。

5.2.10 尾水管防腐涂漆应符合下列规定：
2 尾水管里衬防腐涂漆时，现场严禁有明火作业。
3 防腐涂漆现场应布置足够的消防设施。

5.9 转轮安装

5.9.1 转桨式转轮组装应符合下列规定：
7 转桨式转轮油压试验时，应符合下列规定：
　　1）叶片上和场地应清扫干净无杂物，附近不得进行动火及打磨作业。现场应配备相应消防器材。

5.10 水导轴承与主轴密封安装

5.10.2 导轴瓦进行研刮时，导轴承、轴颈磨擦面应用无水酒精擦拭干净。轴瓦研刮现场应通风良好，防尘、消防设备应齐全。

5.10.6 导轴承油槽做煤油渗漏试验时，应有防漏、防火的安全措施，不得将任何火种带入工作场所，机坑内不得进行电焊或电气试验。

6 水电站发电机安装

6.1 发电机设备清扫与检查

6.1.3 清扫连续作业时间不宜过长，应配备符合要求的通风设备和个人防护用品，密闭空间内存在可燃气体及粉尘时，应使用防爆器具，设专人监护。职业危害防护除应符合本标准规定外，尚应符合 GBZ/T 205 的规定。

6.1.4 清扫现场应配备足量的消防器材。消防器材的配备标准应符合 GB 50720 的规定。

6.1.5 露天场所清扫设备，应搭设临时工棚。工棚应满足防雨、防尘及消防等要求。

6.3 定子组装及安装

6.3.3 定子磁化试验应符合下列规定：
1 铁芯磁化试验时，现场应配备足够的消防器材；定子周围应设临时围栏，悬挂警示标志，并派专人警戒，非试验人员不得进入试验区。定子机座、测温电阻接地应可靠，接地线截面积应符合规范要求。

6.3.4 定子下线应符合下列规定：
5 易燃化学品应单独存放，并由专人保管。库房应保持通风并配有消防器材。
10 定子的端部绝缘盒灌注时应严格按照厂家规定的温度和配比调制环氧树脂，不得明火加热，并应有消防设施。多余的环氧树脂应按照化工产品防护要求专门处置，不得随意倾倒或丢弃。作业人员应佩戴防护设施。
11 喷漆作业周围严禁有明火作业，施工场地应通风良好。

6.5 转子组装

6.5.1 转子支架组装和焊接应符合下列规定：
1 转子支架组焊场地应通风良好，配备灭火器材。

6.5.2 转子轮毂热套应符合下列规定：
3 保温箱（棚）应采用钢结构制作，周围应用阻燃材料隔热，同时应配备足够数量的灭火器。一旦发生意外，应先切断电源，再进行灭火，灭火器的类型应与配备场所可能发生的火灾类型相匹配。

6.5.3 转子磁轭堆积应符合下列规定：
1 转子铁片清扫场地应地面平整，照明适宜，通风良好，并设围栏及配置消防器材。

6.5.4 磁极挂装及试验应符合下列规定：
6 磁极干燥应采用下列措施：
　　5）加温过程中，应有相应的防火措施，并配备充足的消防器材。发生意外火灾时，应先切断电源，再用相应的灭火器灭火。

6.5.5 喷漆应符合下列规定：
2 涂料存放场、喷漆场地应通风良好，并配备相应的灭火器材，设置明显的防火安全警示标志，喷漆场地应隔离。

6.7 轴瓦清扫及研刮

6.7.1 镜板、轴瓦开箱后，铁钉应拔下或打弯，包装废弃物应堆放整齐，所有镜板的包装布（纸）及清扫用的白布、酒精等，应按防火要求集中堆放，并远离火源。

6.7.5 轴瓦研刮应符合下列规定：
1 轴瓦研刮场地应防尘、干燥，通风、照明良好，其上方不得进行其他作业，周围 15m 内不得有明火。

6.8 推力轴承及导轴承安装

6.8.1 油槽做渗漏试验时，附近严禁有明火作业，作业人员应穿防静电工作服，现场应有专人值班负责监护，并配有相匹配的消防器材。

6.10 机组总装与轴线调整

6.10.9 在机组内动火应执行动火工作票制度，动火前应清除机组内的汽油、酒精、油漆及擦拭过的棉纱头、抹布等易燃物品，并做好消防措施。

6.11 机组整体清扫、喷漆

6.11.4 工作场地应配备有灭火器等消防器材，并保持通风良好，必要时应设置通风设施加强通风。

7 辅助设备安装

7.1 调速系统安装

7.1.2 透平油过滤应符合下列规定：

2 滤油场地应设置防火设备，严禁吸烟。地面应保持干净，无易燃物，滤油纸等材料应存放在小库房内，设备布置应有条理，通道应畅通。

7.2 供排气系统设备安装

7.2.1 设备安装前，应将施工部位清理干净，保证运输道路畅通和足够的施工照明以及必要的消防设施，并使施工区符合环保要求。

7.7 消防系统设备安装

7.7.1 消防系统设备安装应符合 7.2.1～7.2.6 的相关规定。

7.7.2 消防给水设备安装采用三角扒杆配合手拉葫芦进行吊装时，三角扒杆支撑夹角应符合安全吊装要求。

7.7.3 消防给水设备启动试运行前应对转动部分进行手动盘车，检查消防管路系统各控制阀门的正确性。首次启动试运行时，调试人员应至少两人，并派专人对各指示仪表、安全保护装置以及电控装置进行监护。

7.7.4 消防喷嘴等系统管路冲洗合格后方可进行安装，喷嘴安装高度高于 2.5m 以上时应搭设临时脚手架平台，脚手架平台应搭设牢固。在高凳或梯子上作业时，高凳或梯子应放稳，梯脚应有防滑装置。

7.7.5 消防给水系统通水试验应通知消防主管部门参加。试验时，应统一指挥，安排专人监护。

7.7.6 消防灭火器应按设计要求高度进行安装，移动式消防灭火器材待工程完工具备移交条件时按设计布置要求进行摆放。移交前应做好消防灭火器材设备的保管措施。

7.7.7 气体消防灭火系统设备安装时应对钢瓶、钢瓶阀组及自动控制组件进行保护。

7.7.8 气体消防灭火系统管路压力试验前应制定详细的单项安全技术措施，应对参加试验人员进行安全技术交底，做好记录，规定试验人员服从统一指挥，并通知现场监理工程师参加。压力试验过程中，试验区应用警示带与其他区域隔开，悬挂警示牌，试验区内不得站人，试压应分阶段缓慢升压。检查时检查人员严禁正对管道连接、焊缝、堵板等部位；发现渗漏应立即卸压，将试验介质排尽后进行处理。

7.7.9 管路焊缝进行射线探伤检查时，应设置警界线，作业人员应穿戴好防护用品，非工作人员不得进入射线探伤区。探伤检查除应符合本标准规定外，尚应符合 GB/T 5616 的相关规定。

7.7.10 消防系统安装前应向当地消防部门进行申请备案，安装、试验完工后，应报请现场监理和当地消防部门检查验收。

7.8 管路安装

7.8.4 管路刷漆应符合下列规定：

1 管路刷漆使用的各类油漆和其他易燃、有毒材料应存放在专用库房内，不得与其他材料混放。在施工部位的临时配料间，不得储存大量油漆及易燃、易挥发的有机溶剂。库房及配漆间应配备足量的消防器材，并悬挂"严禁烟火"的警示牌。

8 电气设备安装

8.3 主变压器和并联电抗器安装

8.3.4 主变压器、并联电抗器器身检查应符合下列规定：

11 设备检查现场，应消除一切火源，并配备相应的消防器材。

8.3.6 主变压器、并联电抗器干燥应符合下列规定：

6 干燥现场不得放置易燃物品，并应备有相应的消防器材。

8.3.7 绝缘油过滤应符合下列规定：

5 滤油现场严禁有明火作业，火源及烘箱应和滤油设备隔离，并配备相应的消防器材。

7 滤油场地应保持清洁，废弃物应及时清理。严禁吸烟及明火作业。出现漏油或其他异常现象时应及时处理。

8.8 直流系统设备安装

8.8.2 蓄电池安装应符合下列规定：

4 蓄电池安装后，任何施工均应符合防爆场所的有关安全规定。室内不得有明火作业，不得装电炉及其他可能产生火花的电器。蓄电池充电时，严禁明火。

10 消防设施应齐全，易燃、易爆物品应专人专库保管，严防烟火。

9 机组启动试运行

9.1 一般规定

9.1.3 试运行现场应干净整洁、照明充足、道路畅通。各部位通信应顺畅。应急照明应投运，方向指示清晰，区域内应备有足够的消防器材。

9.2 充水前检查

9.2.4 水轮发电机检查应符合下列规定：

4 发电机灭火管路应经压力试验无渗漏，水喷雾灭火装置应经模拟试验，动作准确。

9.2.7 消防系统检查应符合下列规定：

1 全厂消防系统应经全面检查试验合格，机旁盘、开关室、附属设备等处应备有足够的消防器材。

2 消防供水水源、气源应可靠，管道畅通，压力应满足设计要求。

9.5 负载运行

9.5.3 值班人员应注意防火，发现变压器的异常状态应及时报告值班长。未经允许不得攀登变压器。

9.5.4 冬季运行需取暖时，不得使用明火，使用电热器取暖时，应有可靠的防火措施。

10 桥式起重机安装

10.1 清扫与组装

10.1.2 清洗设备部件时,工作部位应备有消防器材,并悬挂明显防火警示标志。工作完后清洗剂、抹布等应及时回收,妥善处理。用柴油、煤油等易燃物清洗设备部件时,应有专项安全防火措施。

10.3 结构、机械和电气设备安装与调试

10.3.14 高处电焊作业时,应遵守高处作业安全技术规定,焊把线应固定牢靠。应采取措施防止火花焊渣引起火灾,并派专人监护。

10.5 使用与维护

10.5.4 桥机上不得存放易燃、易爆等危险品,操作室及电气设备安装箱梁内应配备灭火器。

11 施工用具及专用工具

11.6 机组安装专用工具

11.6.6 推力瓦研磨机的使用应符合下列规定:
  3 作业现场应保持干燥整洁,不得吸烟及明火作业,附近不应有电焊、气割作业。

11.7 机组吊装专用工具

11.7.1 清扫专用工具锈蚀和保护漆时,应戴防护眼镜和防尘眼罩。用稀释剂浸泡专用工具丝扣时,严禁烟火,作业现场应配置足量的灭火器材。

4.5 煤炭矿山工程

111. 《煤矿井下消防、洒水设计规范》GB 50383—2016

1 总 则

1.0.2 本规范适用于设计生产能力 0.09Mt/a 及以上的新建、改建及扩建煤矿的井下消防、洒水设计。
1.0.3 矿井应建立完善的井下消防、洒水系统。
1.0.5 煤矿井下消防、洒水系统的建设应与矿井建设同时设计、同时施工、同时投入使用。
1.0.6 煤矿井下消防、洒水系统设计应适应矿井的特点,并应与矿井的采煤、掘进、运输、通风、动力等系统的设计相互协调。

2 术语、符号

2.1 术 语

2.1.1 井下消防、洒水 fire protecting, sprinkling in underground coalmine
特指用于矿井井下灭火、防尘、冲洗巷道、设备冷却及混凝土施工等用途的给水系统及其功能。
2.1.2 喷雾 water spraying
压力水通过雾化喷嘴,形成颗粒直径为 10μm～200μm 的密集水雾,以一定的速度和雾化角喷出,覆盖一定的区域。常用于各种产尘场合的防尘及某些场合的防火、灭火。
2.1.6 给水栓 water outlet
由安装在供水管道上的三通和带阀门的支管组成的软管接口,用于连接用水设备或引水冲洗巷道。
2.1.10 用水点 water consuming point
需要用水的井下灭火装备、防尘设施、冲洗巷道及混凝土施工的工作地点或井下消防、洒水系统供水管道上的各种用水设备和器材的接管处。
2.1.11 用水项 water consumer
井下消防、洒水系统的水在某一用水点的某一种用途。
2.1.16 静水压力 static water pressure
洒水系统中充满不流动的水时,某管段或用水点的水压力。
2.1.17 动水压力 moving water pressure
洒水系统正常工作时用水点或管道中的压力。
2.1.18 井下水源 water resource located underground in coalmine
在井下巷道或硐室中,通过钻孔取用深部岩层的地下水或收集、取用矿井井下涌水的供水水源。
2.1.19 地面水源 surface water resource
从地面通过管道将水送入井下的水源。

3 水量、水压、水质

3.1 水 量

3.1.1 煤矿井下消防、洒水系统的最大设计日用水量应为消防水池补水量与井下洒水日用水量之和。
3.1.2 煤矿井下消防用水量计算应符合下列规定:
 1 井下同一时间的火灾次数应为一次。一次火灾消防用水量应按下式计算:

$$Q_x = \sum 3.6 q_i t_i \qquad (3.1.2)$$

式中:Q_x——井下一次火灾消防用水量(m³);
 3.6——从 L/s 换算到 m³/h 的常数;
 q_i——消防用水项的流量指标(L/s);
 t_i——用水项的火灾延续时间(h)。

 2 设计规模小于 0.3Mt/a 的矿井,井下消火栓总流量应按 5.0L/s 计算。设计规模大于或等于 0.3Mt/a 的矿井,井下消火栓总流量应按 7.5L/s 计算。每个消火栓的计算流量应按 2.5L/s 计算。火灾延续时间应按 6h 计。
 3 固定灭火装置用水量的计算应符合下列规定:
  1) 当设计为成套购置定型产品时,其用水量应采用该设备生产厂提供的用水量参数。
  2) 固定灭火装置为非标产品时,用水量应根据保护范围的面积、设计喷嘴数量和喷水强度计算。设计参数应根据试验资料选取。
  3) 水喷雾隔火装置的灭火延续时间应按 6h 计,其余装置可按 2h 计算。
 4 最小消防储备水量应按一次火灾消防用水总量计入。
 5 消防储备水池补充水的流量应按补充时间不超过 48h 计算。

3.2 水 压

3.2.2 井下灭火时,消火栓栓口水压不应低于 0.3MPa,超过 0.5MPa 时应采取减压措施。
3.2.3 井下消防、洒水管道的静水压力不宜超过 4.0MPa。水压确实需要超过 4.0MPa 时,应在管材、接头、配件和支护的强度,以及管理、检修的条件上采取与水压相适应的安全措施。

3.3 水 质

3.3.1 井下消防、洒水用水主要用水项的水质标准,可按本规范附录 B 的规定确定。

4 水源及水处理

4.1 水源选择

4.1.1 煤矿井下消防、洒水的水源应与整个矿井的水源相结合，可采用一个水源或多个水源。

4.1.2 井下消防、洒水的水源应符合下列规定：
1 水源选择应符合现行国家标准《煤炭工业给水排水设计规范》GB 50810 的有关规定。采用多个独立水源时，非主要水源的保证率要求可降低。
2 取水经处理后应能达到井下消防、洒水水质标准的要求。

4.1.4 含有生活污水的再生水不宜作为井下消防、洒水水源，特殊情况用作水源时应进行安全风险评价。

4.2 水源工程

4.2.1 地面水源工程应保证供水可靠、管理方便，并应使取水、净水、输水各个环节相互协调。

4.2.2 在具备可靠性、安全性且经济合理时，可开发井下水源。

4.3 水 处 理

4.3.1 地面水源的净水工程应根据进水水质和井下消防、洒水水质要求选择合理的工艺流程。各水处理单元的设计参数及水处理构筑物的布置，可按现行国家标准《室外给水设计规范》GB 50013、《室外排水设计规范》GB 50014 及《工业用水软化除盐设计规范》GB 50109 的有关规定执行。

5 给 水 系 统

5.2 水池、蓄水仓

5.2.1 矿井必须设置地面水池与井下消防、洒水系统相连。在特殊情况下采用其他供水设施代替地面水池时，其可靠性及供水能力均必须大于地面水池。

5.2.2 地面水池的设计应符合下列规定：
1 水池内为井下服务的容积应大于井下消防储备水量与井下洒水储备水量之和；
2 井下消防用水的储备水量计算值小于 200m³ 时，应按 200m³ 取值；
4 水池应分为两格或两座，并应在两格或两座内各存放一部分井下洒水储备水量。

5.2.3 地面水池应有确保消防储备水量不作他用的技术措施。

5.2.5 在设有井下蓄水仓的井下消防、洒水系统中，蓄水仓可储备 10min 消防水量，但地面水池的消防水储备量应按本规范第 5.2.2 条的规定确定。

5.2.6 在井下消防储备用水与地面消防储备用水合并存放时，水池提供的容积必须按井下消防储备用水与地面消防储备用水中的大者确定。

5.2.7 井下消防及洒水储备水量应能及时得到补充。

5.2.8 寒冷地区的地面水池应采取防冻措施。

5.3 加压、减压

5.3.1 供水系统应保证供水管道及每个用水设备和器具均在允许的压力范围内工作，必要时应设置加压或减压设施以满足最不利点的水压要求。

5.3.3 井下消防、洒水加压设施的设计应符合下列规定：
2 单个采、掘工作面的给水加压设施应与采、掘机组的活动喷雾泵站协调，条件合适时可合成一个泵站；

5.3.5 减压水箱设计应符合下列规定：
1 水箱容积不应小于管道计算流量的 10min 水量；
3 水箱上部应有不小于 1.4m 的检修空间，其周围至少在两个方向上应有不小于 0.6m 的操作空间；
5 水箱应装设两个浮球阀。

5.3.6 从水压高于 1.0MPa 的干管直接连接给水栓、消火栓时宜设减压阀。从静压不大于 1.0MPa 的管段接出时可采用孔板减压。减压后的动水压力不应大于 0.5MPa。

5.3.7 减压阀的设置应符合下列规定：
1 减压阀的位置及出口压力的确定，应保证对静压和计算流量下的动压均能适应，且应满足下游水压的要求。
2 减压阀前的管道应设过滤器。
3 减压阀应按产品的要求方向竖直或水平安装。
4 总干管及采区供水干管的减压阀应采用双阀并联安装。
7 减压阀应在上下两端各设同规格检修阀门。只供单个用水点的减压阀下端可不设检修阀门。
8 减压阀进、出管道上应设压力表。
9 减压阀一端管道靠近减压阀处应设承受管道推力的固定支架，另一端管道上应设相同口径的管道伸缩器。

5.4 管 网

5.4.1 井下消防、洒水系统的管道必须延伸到能够对全部用水项进行供水的所有用水点以及井下后期开拓工程的接管处。

5.4.3 管网进水口位置的选择及管网的布置应使管道中水的流向与巷道中的风向一致或在火灾时能够临时改变成一致。

5.4.4 井下消防、洒水管道的阀门设置应符合下列规定：
1 井下消防、洒水管网应在每个支管起点设控制阀；
2 在管道的直线管段应每隔一段距离设一个检修阀。两个检修阀中间的支管、给水栓或其他洒水点的总数不宜超过 10 个，且两阀中间的距离不宜超过 500m。

5.4.5 仅在灭火时动用的消防储备水池的出水口应设切换阀。切换阀门应设在便于操作的位置。有条件时应采用可兼用手动开启的电动阀门。

5.4.6 管道的规格应保证在计算流量下各用水点的水压均能满足用水点中各用水项的需要，且应在经济上合理。确定管道规格时应按本规范第 7 章规定的管道水力计算方法校核。

5.5 系统功能的扩展

5.5.1 井下消防、洒水系统应根据矿井设计，按煤炭工业相关标准的要求设置用于井下紧急供水的管道接口及配套阀件。按功能要求设置的管道接口可包括替换水源的接入口、实施紧急供水的支管接口，以及放空原有存水的泄水口。

5.5.2 井下消防、洒水系统在由正常运行转为紧急供水时需要打开和关闭的管网阀门,应设于操作方便、不易受到损害的地方,且总数不宜超过 6 个。

5.5.3 井下消防、洒水系统与紧急供水水源的连接,应按本规范第 5.1.3 条的规定采取防止交叉污染的措施。

6 用水点装置

6.1 灭火装置

6.1.1 井下的下列位置应设置消火栓:
 1 下列重点保护区域及井下交通枢纽的 15m 以内:
  1) 主、副井筒与井底车场连接处的两端;
  2) 采区各上、下山口;
  3) 变电所等机电硐室入口;
  4) 爆炸材料库硐室、检修硐室、材料库硐室入口;
  5) 掘进巷道迎头;
  6) 回采工作面进、回风巷口;
  7) 胶带输送机机头。
 2 下列有火灾危险的巷道的沿线:
  1) 斜井井筒、井底车场、胶带输送机大巷每隔 50m;
  2) 采用可燃性材料支护的巷道每隔 50m;
  3) 煤层大巷、采区上山、下山、工作面运输及回风顺槽等水平或倾斜巷道每隔 100m;
  4) 岩石大巷、石门每隔 300m。

6.1.2 在有火灾危险的巷道中,处于其他巷道已设消火栓保护半径之内的区域,可不设消火栓。在一般巷道中,消火栓的保护半径应按 50m 计;在岩石大巷、石门中可按 150m 计。

6.1.4 消火栓的设计应符合下列规定:
 1 消火栓的规格应由 DN50 带阀门的三通支管及水龙带接口组成;
 3 井下消火栓与水龙带的接口应与矿区救护队或承担井下灭火任务的消防部门配备的器材一致;
 4 消火栓设置应标志明显、使用方便,不应妨碍井下其他设备的工作,且应避免受到移动物体的碰撞;
 5 在设有专用消防加压泵或电动消防切换阀且井下条件允许时,应在消火栓附近设启动按钮。

6.1.5 井下下列部位应设存放水龙带、水枪及与消火栓的接口件等器材的存放点:
 1 入口设有消火栓的机电硐室、仓库硐室附近。如相距不到 150m 可设集中存放点。
 2 胶带输送机机头上风侧的消火栓附近。
 3 采区的上、下山口。
 4 设有消火栓的巷道内,每 500m 距离靠近联络巷的位置。

6.1.6 水龙带存放点的设置及器材的配置应符合下列规定:
 1 水龙带应采用适合于井下使用及长期存放的材质;
 2 水龙带接口应与消火栓相配,或配备与消火栓连接的专用接管件;
 3 每个水龙带存放地应至少存放 2 卷 25m 长水龙带,并宜同时存放 50m 长 d25 消防卷盘、同规格的灭火喉及消防卷盘与消火栓连接的专用连接管件等;

 4 水龙带、水枪及接管件应存放在标志明显、取用方便、靠近消火栓的地方,且不得妨碍井下其他设备的工作。当设有专用消防泵或电动消防切换阀且井下条件允许时,应在存放水龙带地点附近设消防按钮。

6.1.7 井下外因火灾问题严重的矿井应在下列位置设置相应的固定灭火装置:
 3 其他经认定火灾危险较大的井下巷道或硐室。

6.1.8 成套采用的固定灭火装置应为经相关部门鉴定的标准设备。

6.1.9 非标准的固定灭火设备设计应符合下列规定:
 1 设备自身结构强度应满足使用和运输的需要,且制造材料及配件应满足防静电和阻燃的要求;
 2 设计参数应采用试验资料;
 3 喷头及管道的布置应保证受保护的目标能得到水或其他灭火剂的良好覆盖,且平时不得妨碍其他设备的正常运行;
 4 自动开启的灭火装置必须同时配备手动开启机构。

6.1.10 固定灭火装置应采用钢管在固定的位置与系统干管相接。

6.2 给水栓

6.2.1 给水栓的设置应符合下列规定:
 1 设有供水管道的各条大巷、上下山及顺槽每隔 100m 应设置一个规格为 DN25 的给水栓;
 2 掘进巷道中岩巷每 100m,煤巷每 50m 应设置一个规格为 DN25 的给水栓;
 3 溜煤眼、翻车机、转载点等需要冲洗巷道的位置应设置给水栓。

6.2.2 湿式凿岩、湿式煤电钻及多个用水项所用分水器的引水管,注水泵、喷雾泵吸水桶的进水管宜通过软管与供水系统的给水栓相接。给水栓的规格应与用水点的最大流量匹配。

7 水力计算

7.1 计算流量

7.1.1 管网水力计算应根据各节点流量、标高及各管段的规格、长度,按管网结构进行计算。

7.1.2 管网的水力计算应按下列规定确定节点流量:
 1 纳入计算的消火栓使用数量,应按能产生本规范第 3.1.2 条规定的最大消火栓用水量的情况确定;
 2 固定灭火装置应根据需要,分别按各种最不利的情况每次取一项纳入计算;

7.3 水压计算

7.3.2 井下消防、洒水管道系统中某一点的水压值应按下式计算:

$$p = \gamma(\Delta Z - \Delta h)g \cdot 10^{-6} + P_0 \quad (7.3.2)$$

式中:p——管道系统中某计算点的计算水压值(MPa);
 γ——水的容重(1000kg/m³);
 ΔZ——从上游已知点至计算点之间的几何高差(m);
 Δh——从上游已知点至计算点之间的管道水头损失(m);

g——重力加速度,取 9.81（m/s²）;
P_0——已知点的水压,可为系统加压泵的出口压力或减压阀后的水压（MPa）。

7.3.3 环状管网或有多个进水口的管道系统的动水压力校核,宜进行平差计算。计算结果的闭合差应小于 0.005MPa。

8 管 道

8.3 管道敷设

8.3.1 立井井筒内管道敷设应符合下列规定：
　1 立井井筒中的井下消防、洒水管道,宜靠近井壁并保持检修操作所需的距离。其位置应与井筒内的其他设施相互协调。
　2 立井中的管道应每隔 100m～150m 设一个承受管道荷载的立管托座。
　3 井筒中消防、洒水管道的全部重量及水动力荷载,应通过立管托座传递到固定于井壁的承重梁上。

8.4 管道防腐

8.4.2 井下钢管道及钢制件所选防腐体系的做法应符合现行行业标准《煤矿井筒装备防腐蚀技术规范》MT/T 5017 的有关规定,或按本规范附录 F 中推荐的工艺及涂层进行防腐处理。

9 加压泵站

9.1 加 压 泵

9.1.1 加压泵的选择应符合下列规定：
　1 在根据本规范第 5.3.1 条、第 5.3.2 条的规定需要设置固定加压设施的消防、洒水系统中,应分别设置日用泵和专用消防泵,但当消防流量只占用水量的 20% 及以下时,可只设一组兼用的加压泵;
　2 分设的消防给水泵仅在灭火时启动,其流量应按消防时系统中增加的流量进行计算;
　3 加压泵站水泵的扬程在平时必须保证最不利的洒水点所需水压,在灭火时必须保证最不利的消防给水点所需水压;

9.2 泵站建筑、硐室

9.2.4 井下集水池设计应符合下列规定：
　1 集水池的蓄水容积不应小于最小调节容量与消防储备水量体积之和。最小调节容量应按最大水泵 10min 的抽水量计算,消防储备水量应按 10min 的消防用水量计算。
　2 水池超高不应小于 0.3m。

9.3 加压泵站配电

9.3.2 井下配电设备选型应采用矿用防爆型。

10 监测和自控

10.0.1 井下消防、洒水控制装置的设计应综合技术先进、灵敏、可靠和满足消防、洒水效果要求等因素。

10.0.7 井下水喷雾隔火装置宜选用烟雾传感器和温度传感器、压力传感器,并应使其信息进入井下安全监控系统分站,且宜实现装置开停的自动化控制。各种控制装置的功能,均应满足火焰蔓延至水幕区之前能够及时喷雾的要求。

10.0.8 井下消防、洒水系统的下列环节应纳入"井下安全监控系统"：
　1 消防储备水池的存水量或水位；
　2 加压泵的运行状态；
　3 井下消防、洒水管道上重要控制阀、切换阀的状态指示；
　4 固定灭火装置的运行状态和自动化控制装置的远程控制信息；
　5 井下消防、洒水最不利点的水压值；
　6 粉尘浓度传感器、用于隔火装置的烟雾传感器和温度传感器。

10.0.9 井下消防、洒水电控装置选型应选用矿用防爆型。

附录 B 井下消防、洒水水质标准

表 B 井下消防、洒水水质标准

项目	指标
浊度	≤5NTU
悬浮物粒径	<0.3mm
pH 值	6.0～9.0
大肠菌群	<3 个/L
BOD_5	<10mg/L

注：滚筒采煤机、掘进机喷雾用水的水质,除应符合表中的规定外,其碳酸盐硬度（以 $CaCO_3$ 计）不应超过 300mg/L。

112.《煤炭矿井设计防火规范》GB 51078—2015

1 总则

1.0.2 本规范适用于新建、改建和扩建煤矿咨询和设计阶段的井下防火设计。

2 术语和符号

2.1 术语

2.1.3 外因火灾 external fire

由明火、爆破、电流短路、摩擦等外部火源引起的火灾。

2.1.4 内因火灾 spontaneous fire

由煤炭或其他易燃物质自身氧化蓄热发生燃烧而引起的火灾。

3 外因火灾防治

3.1 一般规定

3.1.1 煤矿必须建立井下消防洒水系统，并应装设反风设施。

3.1.2 防火门设置应符合下列规定：

1 进风井口应装设防火铁门，防火铁门应严密并易于关闭，打开时不得妨碍提升、运输和人员通行；不设防火铁门时，应采取防止烟火进入矿井的安全措施。

2 暖风道和压入式通风的风硐应至少装设2道防火门。

3 井下机电设备硐室应设置向外开启的防火铁门。

4 井下主排水泵房与主变电所硐室之间应设置防火栅栏铁门。

3.1.3 新建矿井的永久井架和井口房、以井口为中心的联合建筑，必须采用不燃性材料建筑。

3.1.4 井巷支护材料选择应符合下列规定：

1 进风井筒、回风井筒、主要生产水平的井底车场、井下主要硐室和采区变电所、井筒与各水平的连接处、主要绞车道与主要运输巷及回风巷的连接处，以及主要巷道内带式输送机机头前后两端各20m范围内，必须采用不燃性材料支护。

2 暖风道和压入式通风的风硐必须采用不燃性材料砌筑。

3 井下机电设备硐室出口防火铁门外5m内的巷道，应砌碹或采用其他不燃性材料支护。

3.2 电气火灾预防措施

3.2.1 井下电气系统防火措施应符合下列规定：

1 矿井高压电网应采取限制单向接地电容电流不超过10A的措施。

2 配电变压器低压侧严禁采用中性点直接接地系统，地面中性点直接接地的变压器或发电机严禁直接向井下供电。

3 配电系统应装设过流、短路保护装置；应用配电系统的最大三相短路电流对开关设备的分断能力和动、热稳定性，以及电缆的热稳定性进行校验。

4 电压在36V以上和可能带有危险电压的电气设备的金属外壳、构架，以及铠装电缆的钢带或钢丝、铅皮或屏蔽护套等应设有保护接地。电气设备的保护接地装置和局部接地装置应与主接地极连成接地网。

5 采区电气设备使用3300V供电时，应制定专门的安全措施。

3.2.3 井下电缆选择应符合现行行业标准《煤矿用电缆》MT818.1~MT818.13和《煤矿用阻燃电缆 第3单：煤矿用阻燃通信电缆》MT 818.14的有关规定，并应符合下列规定：

1 在立井井筒、钻孔套管或倾角为45°及以上巷道中敷设的高压电缆，应采用聚氯乙烯、交联聚乙烯绝缘粗钢丝铠装护套电力电缆。

2 在倾角45°以下井巷中敷设的高压电缆，应采用聚氯乙烯、交联聚乙烯绝缘钢带或细钢丝铠装护套电力电缆。

3 移动变电站的电源电缆应采用高柔性和高强度的矿用监视型屏蔽橡套电缆。

3.2.5 井口防雷电装置应符合下列规定：

1 经由地面架空线路引入井下的供电线路和电机车架线，应在入井处装设防雷电装置。

2 由地面直接入井的轨道及露天架空引入（出）的管路，应在井口附近将金属体进行不少于2处的良好集中接地。

3 通信线路应在入井处装设熔断器和防雷电装置。

3.3 其他火灾预防措施

3.3.1 井下带式输送机安全要求除应符合现行国家标准《煤矿用带式输送机 安全规范》GB 22340的有关规定外，尚应符合下列规定：

1 应使用阻燃输送带。

2 非金属材料零（部）件安全性能，应符合现行行业标准《煤矿井下用聚合物制品阻燃抗静电性通用试验方法和判定规则》MT 113的有关规定。

3 矿用安全型和限矩型耦合器不应使用可燃性传动介质。调速型液力偶合器使用油介质时，应采用良好的外循环系统和完善的超温保护措施。

4 带式输送机头部宜设置清扫装置，并应配置温度、烟雾监测和自动洒水装置。

3.3.3 井下瓦斯抽采泵站应符合下列规定：

1 泵站位置应选择在稳定、坚硬的岩层中，不应受采动影响，泵站硐室应采用不燃性材料支护。

3 泵站硐室必须独立通风。

4 泵站内除应设置消防管路系统外，还应配备消防器材，出口应装设向外开启的防火铁门，铁门上应装设便于关闭的通风孔。

3.3.4 井下油品储存和使用应符合下列规定：

1 井下无轨胶轮车运输不能直达井口时，井下可设加油硐室；无轨胶轮车能直达井口时，应在地面加油。

2 除加油硐室外，井下其他地点不得存放柴油，硐室储油量不得超过井下所有车辆8h的用油量。储油量增加时，应制定专门的安全措施，并应按规定程序批准，最多不得超过井下所有车辆1d的用油量。

3 车辆应在加油硐室内加油，加油时应关闭发动机，并应使用专用防爆加油装置。

3.3.5 井下加油硐室设计应符合下列规定：

1 独立通风。

2 采用不燃性材料支护。

3 装设向外开启的防火铁门，铁门上应装设便于关闭的通风孔。

4 设置火灾监测报警装置，并应配备扑灭燃油火灾的灭火器材。

5 除防爆照明系统、防爆加油装置外，不应存放其他电气设备。

3.3.6 井下空气压缩机设置除应符合现行国家标准《煤炭工业矿井设计规范》GB 50215的有关规定外，尚应符合下列规定：

1 应选择排气温度较低的空气压缩机。

2 移动式空气压缩机应布置在进风巷道中，固定式空气压缩机硐室应有独立的回风系统，巷道（硐室）应采用不燃性材料支护，安装地点应有完备的消防设施。

3 空气压缩机至后冷却器间的管道应能方便拆卸及清除积炭。

4 压缩空气管道系统应避免死区、盲管和急剧转角。在管道的最低部位、上山等处均应设置油水分离器。管道连接的密封和衬垫材料应采用阻燃材料。

6 防灭火设施及器材

6.1 井下防灭火器材

6.1.1 硐室灭火器选择应符合下列规定：

1 可能发生固体物质火灾的硐室，应选择水型灭火器、磷酸铵盐干粉灭火器或泡沫灭火器；

2 可能发生液体火灾或可熔化固体物质火灾的硐室，应选择泡沫灭火器、碳酸氢钠干粉灭火器、磷酸铵盐干粉灭火器或二氧化碳灭火器；

3 可能发生气体火灾的硐室，应选择磷酸铵盐干粉灭火器、碳酸氢钠干粉灭火器或二氧化碳灭火器；

4 可能发生物体带电燃烧的硐室，应选择磷酸铵盐干粉灭火器、碳酸氢钠干粉灭火器或二氧化碳灭火器，不得选用装有金属喇叭喷筒的二氧化碳灭火器。

6.1.2 硐室灭火器规格应符合表6.1.2的规定。

表 6.1.2 灭火器规格

灭火器类型	水型		干粉型		泡沫型		二氧化碳	
	手提式	推车式	手提式	推车式	手提式	推车式	手提式	推车式
灭火剂充装量 容量（L）	6、9	45、60	—	—	6、9	45、60	—	—
灭火剂充装量 重量（kg）	—	—	6、8、10	50、100	—	—	5、7	20、30

6.1.3 硐室内灭火器配备应符合下列规定：

1 每个硐室应配备2具~6具灭火器，可能发生液体火灾的硐室应设置砂箱，其体积不小于0.5m³。

2 设置液压装置、贮存油类的硐室和爆破材料库，应设置不少于1具推车式灭火器。

3 同一硐室选用两种及以上类型灭火器时，应选用灭火剂相容的灭火器。

4 硐室内灭火器应设置在明显和便于取用的地点，且不得影响安全疏散。

6.2 消防材料库及器材配备

6.2.1 井上消防材料库应设置在井口附近，消防器材运输应直达井口，但不得设在井口房内。

6.2.2 井下消防材料库应设置在每个生产水平的井底车场或主要运输大巷中，并应装备消防列车。

6.2.3 井上、井下消防材料库主要器材配置应符合本规范附录A的规定。

附录A 井上、井下消防材料库主要器材配置

A.0.1 井上消防材料库主要器材配置应符合表A.0.1的规定。

表 A.0.1 井上消防材料库主要器材配置

序号	器材名称	规格	单位	配置数量 井型 小型	中型	大型	备注
1	清水泵	流量≥10m³/h	台	1	1	1	或存放于设备库中
2	泥水泵	流量≥10m³/h	台	1	2	2	或存放于设备库中
3	消火水龙带	接口与井下消火阀门立柱出口匹配	m	600	700	800	—
4	多用消火水枪	接口与消火水龙带口径匹配	支	7	8	9	直流＋喷雾
5	高倍数泡沫发生装置	发泡量≥200m³/min	套	1	1	1	或存放于设备库中
6	消防泡沫喷枪	发泡量≥1.5m³/min	套	1	2	2	或存放于设备库中
7	高倍数泡沫剂	发泡倍数≥500	t	0.3	0.4	0.5	
8	消防泡沫剂	发泡倍数≥15	t	0.1	0.2	0.2	

续表 A.0.1

序号	器材名称	规格	单位	配置数量 小型	配置数量 中型	配置数量 大型	备注
9	分流管	与井下洒水管快速接头匹配	个	2	3	4	—
10	集流管	与井下洒水管快速接头匹配	个	1	2	2	—
11	消火三通	—	个	2	3	4	根据井下不同管径分别配备
12	阀门	—	个	2	3	4	根据井下不同管径分别配备
13	快速接头及帽盖垫圈	与井下洒水管快速接头匹配	套	70	80	90	—
14	管钳子	适用于井下各种消防管路	把	4	6	8	—
15	折叠式帆布水箱	≥15L	个	2	2	2	—
16	救生绳	长 20m	根	2	3	4	—
17	伸缩梯	高度 4m	副	1	1	1	—
18	普通梯	绝缘	副	1	2	2	—
19	泡沫灭火器	9L	个	15	20	25	—
20	CO_2 灭火器	7kg	个	6	8	10	—
21	干粉灭火器	8kg	个	10	12	14	—
22	喷雾喷嘴	与井下洒水管快速接头匹配	个	2	3	4	—
23	泡沫灭火器起泡药瓶	500ml	个	15	20	25	硫酸铝溶液
23	泡沫灭火器起泡药瓶	500ml	个	15	20	25	碳酸氢钠溶液
24	灭火岩粉	粒度<0.3mm	kg	300	400	500	—
25	石棉毯	≥1m×1m	块	3	4	5	—
26	风筒布	矿用阻燃	m	300	400	500	—
27	水泥	强度等级≥42.5	t	3	4	5	—
28	水玻璃	工业级	t	1	1	1	—
29	石灰	普通石灰	t	2	3	4	—
30	速接钢管	根据井下不同管径分别配备	节	100	120	150	每节 10m
31	胶管	—	m	1000	1200	1500	根据井下不同管径分别配备
32	局扇	28kW	台	2	3	3	—
32	局扇	11kW	台	2	3	3	—
33	接管工具	KJ-20-46	套	2	3	4	—
34	单相变压器	容量≥10kV·A	台	2	3	3	—
35	电力开关	QBZ	台	2	3	3	—
36	电缆	矿用阻燃	m	300	400	500	—
37	玻璃棉	—	kg	500	800	1000	—
38	风镐	—	台	1	2	2	—
39	安全带	承载 500kg	条	3	4	5	—
40	镀锌钢丝绳	ϕ12mm	m	100	150	200	—
41	潜水泵	—	台	1	2	2	或存放于设备库中

A.0.2 井下消防材料库主要器材配置应符合表 A.0.2 的规定。

表 A.0.2 井下消防材料库主要器材配置

序号	器材名称	规格	单位	配置数量 小型	配置数量 中型	配置数量 大型	备注
1	消火阀门立柱	接口与井下洒水管快速接头匹配	个	2	3	4	—
2	消火水龙带	接口与消火阀门立柱出口匹配	m	600	700	800	—
3	多用消火水枪	接口与消火水龙带口径匹配	支	4	4	4	直流+喷雾
4	变径管节	—	个	10	12	14	根据井下不同管径逐级配备
5	喷嘴	与井下洒水管快速接头匹配	个	28	28	28	—
6	分流管	与井下洒水管快速接头匹配	个	3	3	3	—
7	集流管	与井下洒水管快速接头匹配	个	2	2	2	—
8	垫圈	—	套	50	60	70	根据井下不同管径分别配备
9	钢管	—	m	600	700	800	
10	胶管	—	m	600	700	800	
11	管钳子	适用于井下各种消防管路	把	2	4	6	管件维修安装
12	接管工具	KJ-20-46	套	2	2	2	
13	救生绳	长 20m	根	2	3	4	
14	伸缩梯	高度≥4m	副	1	1	1	
15	泡沫灭火器	9L	个	15	20	25	
16	CO_2 灭火器	7kg	个	6	8	10	
17	干粉灭火器	8kg	个	6	8	10	
18	喷雾喷嘴	与井下洒水管快速接头匹配	个	2	3	4	
19	泡沫灭火器起泡药瓶	500ml	个	15	20	25	硫酸铝溶液
19	泡沫灭火器起泡药瓶	500ml	个	15	20	25	碳酸氢钠溶液
20	灭火岩粉	粒度<0.3mm	kg	300	400	500	
21	石棉毯	≥1m×1m	块	2	3	4	—
22	风筒布	矿用阻燃	m	300	400	500	
23	水泥	强度等级≥42.5	t	1.0	1.5	2	
24	石灰	普通石灰	t	1.0	1.5	2	
25	安全带	承载 500kg	条	3	4	5	
26	绳梯	负载 100kg	副	2	2	2	
27	镀锌钢丝绳	φ12mm	m	100	150	200	
28	麻袋或塑料纺织袋	107cm×74cm	条	300	400	500	
29	砖	240mm×115mm×53mm	块	2000	3000	4500	
30	砂子	细砂	m³	2	2	3	
31	圆木	长 3m,φ10cm	m³	1.5	1.5	2	
32	木板	厚 15mm~30mm	m³	3	4	5	
33	铁钉	2″、3″、4″	kg	15	15	20	
34	斧头	防爆铜斧	把	2	2	2	
35	平板锹	铜质	把	3	4	5	
36	手动水泵	流量≥10m³/h	台	1	1	1	
37	水桶	50L	个	3	4	5	
38	矿车	1t 或 1.5t 标准矿车	辆	8	8	8	采用轨道运输的矿井配备。综采配 1.5t,普采及炮采配 1t

113.《钢筋混凝土筒仓设计标准》GB 50077—2017

3 布置原则及结构选型

3.1 一般规定

3.1.2 钢筋混凝土筒仓的耐火等级不应低于二级。

3.1.4 贮存有粉尘、含有害气体及其他易爆贮料且具有爆炸危险的筒仓，相关工艺专业应根据不同的贮料特性分别设置防爆、泄爆、防静电、防明火及防雷电等设施。

3.2 布置原则

3.2.2 筒仓的平面布置方式应符合下列规定：

3 筒仓之间的距离应符合现行国家标准《建筑设计防火规范》GB 50016 的规定。

3.2.10 筒仓安全疏散出口的设计应符合下列规定：

1 地道及其安全疏散出口的净空高度不应小于 2.2m；

2 排仓、大型圆形浅仓、群仓、仓群的地下部分、存在易燃、易爆危险的地道，其安全疏散出口的设置应不少于 2 个，地道安全疏散出口间的距离不应大于 40m，大于 40m 时应增设出口；

3 仓顶安全疏散出口的设置应符合相关工艺专业及其建筑防火的技术要求；

4 设有水幕且与仓体相连的通廊、栈桥通向地面的安全出口，可兼作筒仓的安全疏散出口；

5 无易燃、无易爆危险的筒仓仓底、仓下地道安全疏散出口的间距不应大于 100m；

7 不应在圆形筒仓的外壁上沿仓周设置地面至仓顶的螺旋环绕上升式楼梯；

8 在不影响仓壁结构安全及扩大占地面积的条件下，可选用竖向钢制外挂式电梯，作为仓上工作人员直通地面的通行设施，但不应作为仓上大型设备的运输工具。

3.2.12 筒仓主要通道的设置应符合下列规定：

1 通道的净空高度不应小于 2.2m；

2 筒仓的仓上建筑、仓下支承结构的室内主要通道的宽度不应小于 1.5m；

3 设备维护通道的宽度不应小于 0.7m。

注：本条规定不包括铁路跨线仓下穿越铁道的洞口，其洞口应符合本标准第 3.2.6 条、第 3.2.7 条的规定。

6 构　造

6.6 内　衬

6.6.4 仓壁或仓底内衬的选用应符合下列规定：

6 不应采用耐热性差、易燃、易爆及易脱落的内衬。

114.《煤炭工业露天矿设计规范》GB 50197—2015

13 信息与自动化

13.2 生产监控监测

13.2.5 露天煤矿地面各建（构）筑物火灾自动报警系统设计，应符合现行国家标准《火灾自动报警系统设计规范》GB 50116和《建筑设计防火规范》GB 50016的有关规定。

14 地面建筑、给排水与供热通风

14.1 地面建筑一般规定

14.1.2 建（构）筑物的防火设计应符合现行国家标准《建筑设计防火规范》GB 50016等的有关规定。露天煤矿地面工业建筑的耐火等级应符合表14.1.2的规定。

表14.1.2 露天煤矿地面工业建筑的耐火等级

生产或储存物品类别	建（构）筑物名称	耐火等级
甲	汽油库及其油泵房、灌油间、发油间	二级
丙	破碎站、机头站（驱动站、转载站）、分流站、运煤地道、运（卸）煤栈桥	二级
丙	柴油库及其油泵房、灌油间、发油间、润滑油库房	三级
丁	机电设备维修车间（包括卡车、工程机械、机车车辆的维修、保养厂房）	二级

注：凡表中未列的建（构）筑物按现行国家标准《建筑设计防火规范》GB 50016确定其类别和耐火等级。

14.9 消 防

14.9.1 消防给水系统设计应按现行国家标准《建筑设计防火规范》GB 50016的规定执行。

14.9.2 建筑物室内消防应符合现行国家标准《建筑设计防火规范》GB 50016、《消防给水及消火栓系统技术规范》GB 50974、《自动喷水灭火系统设计规范》GB 50084、《建筑灭火器配置设计规范》GB 50140、《煤炭工业给水排水设计规范》GB 50810的有关规定。

14.10 排 水

14.10.3 机修间、保养间、停车场等场地，在有大型矿山车辆通过的区域内，给排水系统的管道检查井、阀门井、消火栓井和水表井的结构应满足车辆通过的要求。

115.《煤炭工业矿井设计规范》GB 50215—2015

3 井田开拓

3.1 井田开拓方式

3.1.6 井筒数量及功能应符合下列规定：

3 箕斗提升井或装有带式输送机的井筒兼作风井使用时，应符合下列规定：

2）箕斗提升井或装有带式输送机的井筒兼作进风井时，箕斗提升井筒中的风速不得超过 6m/s、装有带式输送机的井筒中的风速不得超过 4m/s，并应采取防尘措施，井筒中必须装设自动报警灭火装置和敷设消防管路。

4 井筒、井底车场及硐室

4.3 主要硐室

4.3.3 井下设置的主排水泵房、管子道、水仓、主变电所、架线电机车修理间及变流室、蓄电池电机车修理间及充电变流室、推车机及翻车机硐室、自卸矿车卸载站、爆炸材料库及发放硐室、消防材料库、防水闸门硐室、井下换装硐室、车辆存放间、避难硐室等各主要硐室，其平面和空间布置、安全设防及通风要求、支护方式及水仓有效容量等应符合现行国家标准《煤矿井底车场硐室设计规范》GB 50416 的有关规定。

7 通风与安全

7.3 井下灾害防治

7.3.3 开采自燃和容易自燃的煤层，应符合下列规定：

1 开采容易自燃和自燃煤层时，必须有相应的防灭火设计，并应采取综合防灭火措施；

2 开采容易自燃或采用放顶煤开采自燃煤层的矿井，必须设计以灌浆为主的综合防灭火措施；

7.4 井下热害防治

7.4.7 制冷剂的选择应符合防火、不爆炸、无毒、冷凝温度高、冷凝压力低、环保等要求。

8 矿井主要固定设备

8.6 注氮设备

8.6.1 注氮设备选型及注氮站位置的设置应根据矿井注氮防灭火需要，经过技术经济比较后确定。

10 总平面布置

10.1 矿井地面总布置

10.1.9 防火灌浆站可布置在矿井工业场地内或风井场地内，当灌浆材料为黄土时，应同时规划取土场地。

10.2 工业场地总平面布置

10.2.4 矿井工业场地建设用地指标不应超过表 10.2.4 的规定。行政办公及生活服务设施用地面积不得超过工业项目总用地面积的 7%；绿地率不得超过 20%。不应在工业场地内建造成套住宅、专家楼、宾馆等非生产性配套设施；矿井职工培训用房宜与矿办公楼联合设置。布置在矿井工业场地内的风井场地、防火灌浆站、救护队、消防站、瓦斯抽采站、单身宿舍等其他设施，用地面积应单独列出。

10.2.9 瓦斯抽采站布置应符合下列规定：

3 地面泵房和泵房周围 20m 范围内，严禁堆积易燃物和出现明火；

4 瓦斯储罐的防火间距应符合现行国家标准《建筑设计防火规范》GB 50016 的有关规定；

10.2.16 日用消防水池应设在便于供水管道接入、环境洁净的地段。高位水池应设在工程地质良好、不因渗漏溢流引起坍塌的地段。

10.2.22 地面消防材料库应设在副井井口附近，并应有窄轨铁路或道路连接至井口，但不应设在井口房内。

10.4 场内运输

10.4.6 场内道路的布置应满足生产、运输、安装、检修、消防、救护及环境卫生的要求，并应符合下列规定：

1 场内外应联系方便、线路顺畅、短捷、工程量少；

2 应与总平面布置相协调，并应划分功能分区。副井井口场地、储煤场、洗煤厂等区域的道路宜布置成环形消防通道，其他不能成环形布置的道路尽端应设有回车场地；

3 应与竖向设计相协调；

4 应合理分散货流和人流，并应减少或避免与窄轨铁路平交，同时应符合行车安全和行人方便的要求；

5 采用汽车运煤或汽车排矸的道路宜设单独出入口。运煤汽车进出场道路宜形成环状，空、重车流应互不干扰；地磅房进车端的道路应为平坡直线段，其长度不宜小于 2 辆车长，在困难条件下，不应小于 1 辆车长，出车端的道路应有不小于 1 辆车长的平坡直线段。应适当布置空车等装场地。

10.5 管线综合布置

10.5.3 综合管沟内管线布置应符合现行国家标准《城市工程管线综合规划规范》GB 50289 的有关规定，并应符合下列规定：

3 火灾危险性属于甲、乙、丙类的液体、液化石油气、可燃气体、毒性气体和液体，以及腐蚀性介质管道，不应共沟敷设，并不应与消防水管共沟敷设；

10.5.10 架空电力线路的敷设不应跨越用可燃材料建造的屋顶和生产火灾危险性属于甲、乙类的建（筑）物，以及甲、乙、丙类液体和液化石油气及可燃气体贮罐区。引入场区内的 35kV 以上高压线采用架空形式时，应减少高压线在场区内的长度，并应沿场区边缘布置。

12 供 配 电

12.7 照 明

12.7.2 矿井下列场所应设置应急照明：

8 公共建筑中按现行国家标准《建筑设计防火规范》GB 50016 规定需设置应急照明的场所；

13 信息与自动化

13.1 一 般 规 定

13.1.4 矿井地面建（构）筑物火灾自动报警系统设计应符合现行国家标准《火灾自动报警系统设计规范》GB 50116 和《建筑设计防火规范》GB 50016 的有关规定。

14 地 面 建 筑

14.1 一 般 规 定

14.1.6 矿井地面工业建（构）筑物的火灾危险性分类与耐火等级应符合表 14.1.6 的规定。

表 14.1.6 工业建（构）筑物火灾危险性分类与耐火等级

生产或储存物品类别	建（构）筑物名称	耐火等级	适用条件
甲	汽油库、油泵房、抽采瓦斯泵房、蓄电池充电间、煤气站	二	—
丙	通风机房、主副井井房或井楼、井架、井塔、输送机栈桥和走道、翻车机房、选矸楼、筛分楼、煤仓、矸石仓、转载点、储煤场及受煤坑、干燥车间、油脂库	二	—
丙	木材加工房、器材库、棚（综合材料）	三	—
丁	锅炉房、锻工车间、铆焊车间	二	蒸汽锅炉额定蒸发量小于或等于 4t/h，热水锅炉额定出力小于或等于 2.8MW 时为三级；锻工、铆焊车间面积小于 1000m²，应为三级
丁	煤样室、化验室、内燃机车库、汽车库、消防车库、无轨胶轮车库、综采设备库	三	—

续表 14.1.6

生产或储存物品类别	建（构）筑物名称	耐火等级	适用条件
戊	主、副井提升机房	二	不包括井塔提升机大厅
戊	矿井修理车间、压缩空气站、矿灯房（不包括蓄电池充电间）、空气加热室、矿井消防水泵房、井口浴室、任务交待室	二	—
戊	电机车库、地面人行走道、水源及水处理建筑物、水塔、防火灌浆站	三	—

注：1 凡本表未列入的矿井工业建（构）筑物、行政及公共建筑、居住建筑等的类别和耐火等级，应按现行国家标准《建筑设计防火规范》GB 50016 的有关规定确定；
2 封闭式储煤场的防火设计应符合现行国家标准《建筑设计防火规范》GB 50016 中丙类厂房的有关规定。

14.1.7 地面建（构）筑物安全出口的设置应符合下列规定：

1 一般建筑物安全出口的设置应符合现行国家标准《建筑设计防火规范》GB 50016 的有关规定；

15 给水排水与供热通风

15.2 给 水 排 水

15.2.3 矿井地面与井下消防用水量应分别计算。地面室内外消防用水量、消防制度、消防给水系统、室内外消火栓设置范围与标准、建筑灭火器配置等均应符合现行国家标准《建筑设计防火规范》GB 50016、《自动喷水灭火系统设计规范》GB 50084、《煤矿井下消防、洒水设计规范》GB 50383、《建筑灭火器配置设计规范》GB 50140、《煤炭工业给水排水设计规范》GB 50810、《消防给水及消火栓系统技术规范》GB 50974 等的有关规定。

15.2.4 矿井地面建筑给水排水设计，应符合现行国家标准《室外给水设计规范》GB 50013、《室外排水设计规范》GB 50014、《建筑给水排水设计规范》GB 50015 等的有关规定。

15.3 井下消防洒水

15.3.4 井下重点保护的区域、井下交通枢纽及有火灾危险的巷道，应按现行国家标准《煤炭工业给水排水设计规范》GB 50810 的有关规定设置井下消火栓。

15.3.5 火灾危险性大的矿井井下的固定灭火装置的设置应符合下列规定：

1 输送机机头应设自动喷水灭火系统；
2 马门内侧 20m 处应设水喷雾隔火装置。

15.3.6 矿井重点保护的区域及设有消火栓的巷道每隔一定距离，应设消防器材存放点。

15.3.10 消防用水量应为消火栓用水量与固定灭火装置用水量之和，并应符合下列规定：

1 矿井井下消火栓设计总流量可按 5L/s～10L/s 计算。每个消火栓的计算流量应按 2.5L/s 计算。火灾延续时间应按

6h计算；

  2 固定灭火装置用水量应按成套设备额定流量计算，非标设计应按设计喷头数量及喷水强度计算。自动喷水灭火系统使用延续时间应按2h计算。水喷雾隔火装置延续时间应按6h计算。

15.4 供热通风

15.4.17 建筑物的防烟、排烟设计应按现行国家标准《建筑设计防火规范》GB 50016的规定执行。

116.《水煤浆工程设计规范》GB 50360—2016

12 控制及自动化

12.2 控制方式及控制室

12.2.6 当水煤浆工程分期建设时,对控制方式、控制室面积应全面规划,合理安排,并留有适当的发展空间。改扩建工程宜利用原有控制室,当原有控制室不满足要求时,可另建。控制室位置及面积还应符合下列规定:

5 控制室内应有良好的供暖、通风、照明、隔音、防火、防尘、防水等措施;

12.3 检 测

12.3.1 水煤浆工程检测应包括下列内容:

6 遇有瓦斯气等可燃气体时,应装设可燃气体报警装置。

117.《煤矿井下车场及硐室设计规范》GB 50416—2017

2 术语和符号

2.1 术 语

2.1.3 硐室 chamber

为满足某种专门用途而开凿的井下巷道。

2.1.15 井下爆炸物品库 underground magazine

按专门规定设计建造的,用以存放炸药、雷管等爆炸物品的井下硐室。

2.1.16 井下消防材料库 underground fire fighting room

用于存放消防材料和设备的井下硐室。

2.1.17 避难硐室 refuge pocket

井下发生灾害时,人员应急避难的场所。

3 基本规定

3.0.5 井下机电硐室应采用不燃性材料支护,硐室防水措施应满足机电设备要求,硐室宜铺底。

10 安全设施硐室

10.4 井下防火栅栏两用门硐室

10.4.1 井下各种机电设备硐室和有防火要求的硐室出口通道或硐室内部隔墙中应设防火栅栏两用门,并应布置在直线段巷道中。

10.4.2 防火栅栏两用门硐室布置及尺寸应符合下列规定:

1 设于机电设备硐室内部隔墙上的防火栅栏两用门,可直接砌筑于隔墙上;

2 设于机电设备硐室出口通道中的防火栅栏两用门,当硐室存在带油设备时防火门下应加设混凝土门槛;

3 有矿车通过的防火栅栏两用门硐室应铺设轨道;

4 硐室门框两端巷道断面尺寸应按防火栅栏两用门规格尺寸和管线布置要求确定,门应向外开启,当门敞开时,不应妨碍设备的进出;

5 防火栅栏两用门门框基础宜采用混凝土砌筑,防火栅栏两用门门外 5m 内巷道必须用砌碹或采用不燃性材料支护。

10.5 井下消防材料库

10.5.1 井下消防材料库应设在每一个生产水平的井底车场或主要运输巷道中,并应装备消防车辆。

10.5.2 井下消防材料库布置应符合下列规定:

1 硐室式库房应设两个出口通道,通道中应安设向外开启的栅栏门,其中一个出口通道应满足消防车辆进出;

2 加宽式库房与所在巷道之间应设隔墙,库房可设一个供消防车辆进出的出口,出口应安设向外开启的栅栏门。

118.《煤矿主要通风机站设计规范》GB 50450—2008

3 主要通风机装置选择

3.3 附属设施

3.3.4 风硐（道）设计应符合下列规定：

  12 压入式通风的风道应至少装设两道防火门，防火门应采用不燃材料制作，并应具有防腐蚀性能。

  13 风道内设置的任何物件均应防火、防锈、并应可靠固定。

3.3.5 噪声防治应符合下列规定：

  5 消声装置应采用不燃或阻燃材料制作。

3.3.6 压入式主要通风机站的进风孔应装设百叶窗，并应符合下列规定：

  1 百叶窗的有效面积不应小于进风道的面积。

  3 进风孔的百叶窗应采用不燃材料制作。

4 主要通风机站的布置与安装

4.1 一般规定

4.1.1 主要通风机站的位置应符合下列规定：

  4 通风机房及扩散器周围20m以内不得有烟火作业的建筑和设施。

6 建筑与结构

6.1 一般规定

6.1.4 通风机房的耐火等级应为二级。

8 给水和排水

8.0.3 通风机房可不设室内消防给水，但应设沙箱及干粉灭火器。

119.《煤炭工业建筑结构设计标准》GB 50583—2020

2 建筑设计

2.2 建筑防火设计

2.2.1 建（构）筑物的火灾危险性分类与耐火等级不应低于表 2.2.1 的规定。

表 2.2.1 建（构）筑物火灾危险性分类与耐火等级

生产或储存物品火灾危险性类别	建（构）筑物名称	耐火等级	适用条件
甲	瓦斯抽采泵房、煤气站	二	—
乙	氧气充填室	二	—
丙	通风机房、主副井口房或井架、井塔、翻车机房、选矸楼、筛分楼、矸石仓、油脂库、原煤输送机地道、受煤坑、原煤储存仓及原煤装车仓、原煤准备车间、原煤输送机栈桥、原煤卸煤输送机栈桥、原煤转载点、原煤半地下煤仓、原煤储煤场、干燥车间、浮选药剂库、采用油浸式变压器时的蓄电池充电间	二	—
丙	木材加工房、器材库、棚（综合材料）	三	—
丁	燃煤锅炉房、铸工车间、锻工车间、铆焊车间、蓄电池充电间、消防车库、消防材料库、露天矿卡车保养车间、露天矿卡车防寒车库	二	铸工、锻工、铆焊车间面积<1000m²，可为三级
丁	煤样室、化验室、内燃机车库、无轨胶轮车库、综采设备、选煤厂材料库	三	—
戊	主、副井提升机房	二	—
戊	矿井修理车间、压缩空气站（空压机房）、制氮站、矿灯房、空气加热室、消防水泵房	二	
戊	主厂房、压滤车间、浓缩车间、选后产品输送机栈桥、选后产品仓（场）、介质制备车间、选后矸石仓	二	当采用风选或其他干选工艺时，选后产品输送机栈桥、选后产品仓（场）的火灾危险性分类应为丙类
戊	电机车库、水源及水处理建筑物、水塔、防火灌浆站、岩粉库、沉淀塔、人行栈桥、生产生活水泵房	三	—

2.2.2 建（构）筑物安全出口的设置应符合下列规定：

1 一般建筑物安全出口的设置应符合现行国家标准《建筑设计防火规范》GB 50016 的有关规定；

2.2.3 封闭式储煤场的防火设计应符合下列规定：

1 封闭式储煤场的每个防火分区的最大允许建筑面积应符合现行国家标准《建筑设计防火规范》GB 50016 中丙类厂房的有关规定；

3 封闭式储煤场内应设置自动灭火系统；采用消防炮时，消防炮宜设置在挡煤墙顶部，挡煤墙外侧应设置爬梯，每段挡煤墙上的爬梯不宜少于 2 个，爬梯间距不宜大于 150m；当消防炮设置于屋盖结构上时，还应布置通往消防炮检修平台的马道；

4 当封闭式储煤场屋盖结构采用钢结构时，距煤堆表面 5m 范围内的屋盖钢结构承重构件应采取防火保护措施，其耐火极限不应小于 1.0h。

2.2.6 浮选药剂库（站）的安全距离、防火间距等应符合现行国家标准《石油天然气工程设计防火规范》GB 50183 的有关规定。

2.2.7 浮选药剂库（站）应设置高度不低于 2.2m 的封闭的非燃烧体实体围墙。

2.2.8 浮选药剂库（站）内的值班室应采用耐火极限大于 2.50h 非燃烧体墙体和耐火极限大于 1.00h 的楼板分隔，其出口应直通室外或疏散通道。

2.2.9 油脂库门窗应采取安全防护措施。

2.2.10 建（构）筑物内部装修的防火设计应符合现行国家标准《建筑内部装修设计防火规范》GB 50222 的有关规定。

2.2.11 坡地建筑的防火设计应符合以下规定：

1 坡地建筑其防火设计高度应按上、下段建筑高度分段进行设计。

2 当坡地建筑上、下段使用性质相同时，分段界面为坡顶层的楼板。当坡地建筑上、下段使用性质不相同时（图2.2.11-1，图2.2.11-2），分段界面为区分不同使用性质楼层的楼板，且分段界面处的楼板耐火极限不应低于2.00h；作为分段界面的楼板不应设置任何上、下连通的开口。

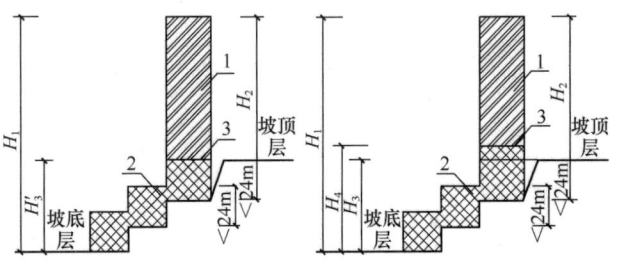

(a) 分段界面在坡顶层　　(b) 分段界面在坡顶层以上

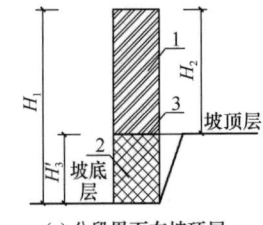

(a) 分段界面在坡顶层

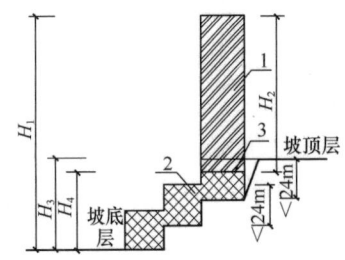

(c) 分段界面在坡顶层以下

图2.2.11-2 退台式坡地建筑上、下段使用性质
不同时高度分段示意

1—上段建筑；2—下段建筑；3—分段界面；H_1—建筑总高度；H_2—上段建筑高度（防火设计高度）；H_3—吊层建筑高度；H'_3—吊层建筑高度、下段建筑高度（防火设计高度）；H_4—下段建筑高度（防火设计高度）

(b) 分段界面在坡顶层以上　　(c) 分段界面在坡顶层以下

图2.2.11-1 直立式坡地建筑上、下段使用性质
不同时高度分段示意

1—上段建筑；2—下段建筑；3—分段界面；H_1—建筑总高度；H_2—上段建筑高度（防火设计高度）；H_3—吊层建筑高度；H'_3—吊层建筑高度、下段建筑高度（防火设计高度）；H_4—下段建筑高度（防火设计高度）

3 上、下段使用性质相同的坡地建筑，可共用疏散楼梯间。疏散楼梯间形式应按该建筑的总高度确定，当在坡顶处设置防火分隔措施时，上下段的疏散楼梯间形式可分别按各自的建筑高度确定。

4 上、下段使用性质不同的坡地建筑，疏散楼梯间应分别独立设置，上下段的疏散楼梯间形式可分别按各自的建筑高度确定，上、下段建筑的安全出口应各自独立。

5 退台式坡地建筑的疏散楼梯间可采用位于屋面的室外楼梯，但应符合现行国家标准《建筑设计防火规范》GB 50016中室外疏散楼梯的规定。

2.2.12 煤炭工业建（构）筑物的防火设计除应符合本标准的规定外，尚应符合现行国家标准《建筑设计防火规范》GB 50016的有关规定。

2.3 建筑安全设计

2.3.1 提升孔洞口、预留设备洞口及安装洞口周边，应设活动栏杆或采用活动盖板封闭。设备洞孔周边与设备之间间隙大于150mm时，应采取有效措施进行封堵。

2.3.2 厂房内栏杆及室外楼梯平台高度小于24m时，栏杆高度不得低于1050mm，且不得超过1200mm。室外楼梯平台高度大于24m时，栏杆高度不得低于1100mm，且不得超过1200mm。

2.3.3 建筑物内部的水平及垂直交通应布置合理、顺畅贯通。工业建（构）筑物室内通道净宽不应小于表2.3.3的规定。

表2.3.3 工业建（构）筑物室内通道宽度（m）

建（构）筑物名称	检修道宽度	人行道宽度		适用条件
		距设备运转部分	距设备固定部分	
原煤准备车间及煤仓、选矸楼、井塔、井架、主厂房、压滤车间	0.7	1.0	0.7	—
输送机栈桥	0.5	—	1.0	双输送机栈桥中间人行道宽度≥1.0
输送机地道	0.5	—	1.0	
矿车、箕斗栈桥、受煤坑或储煤场地道	0.7	1.2	—	—
主、副井提升机房	—	1.5	1.2	
主、副井口房	—	1.2	0.7	

续表 2.3.3

建（构）筑物名称	检修道宽度	人行道宽度		适用条件	
		距设备运转部分	距设备固定部分		
压缩空气站（单排布置）	0.8	—	1.5	空气压缩机排气量（m³/min）	<10
	1.2	—	1.5		10～40
	1.5	—	2.0		>40
通风机房	0.8	1.5	1.5	—	

注：设备运转部分与设备固定部分均为设备的外缘。

2.7 主要工业建（构）筑物

2.7.1 井口房设计应符合下列规定：

1 井口房不得兼作消防材料库；

2.7.3 提升机房内的配电室设计应符合下列规定：

4 高、低压配电室与提升机大厅间不应开窗，确需开窗时应采用乙级防火窗，连通的门应采用乙级防火门；

2.7.8 选煤厂厂房设计应符合下列规定：

3 干燥车间与其他车间联合建筑时，应设防火隔断；

2.8 行政及公共建筑

2.8.5 职工食堂的设计应符合下列规定：

8 采用煤为燃料时，应设置堆煤设施；采用瓶装液化气或甲醇等为燃料时，其使用与存放应满足防火、防爆的要求；

2.8.6 调度中心的设计应符合下列规定：

3 调度室的室内装修应结合工艺专业要求合理布置，并满足防火、防尘、吸声等要求；吊顶应采用燃烧性能不低于A级的轻质吊顶；

6 提升系统建（构）筑物

6.1 结构布置

6.1.6 井颈设计应符合下列规定：

3 井颈埋深应满足风道、防火门、安全出口及井架底框梁等布置的要求；

120.《煤矿矿井建筑结构设计规范》GB 50592—2010

3 建筑设计

3.1 一般规定

3.1.5 建（构）筑物应满足使用中对防火、节能、安全、卫生及环保的要求。

3.2 建筑构造

3.2.8 建筑物内部的水平及垂直交通应布置合理、顺畅贯通。工业建（构）筑物室内通道净宽不应小于表3.2.8的规定。

表3.2.8 工业建（构）筑物室内通道宽度（m）

建（构）筑物名称	检修道宽度	人行道宽度		适用条件	
		距设备运转部分	距设备固定部分		
筛分楼及煤仓、选矸楼、井楼	0.7	1.0	0.7	—	
带式输送机栈桥	0.5	—	1.0	—	
带式输送机地道	0.5	—	1.0	—	
矿车、箕斗栈桥	0.7	1.2	—	—	
主、副井提升机房	—	1.5	1.2	—	
井口房	—	1.2	0.7	—	
压缩空气站（单排布置）	0.8	—	1.5	空气压缩机排气量 (m^3/min)	<10
	1.2	—	1.5		10～40
	1.5	—	2.0		>40
通风机房	0.8	1.5	1.5	—	

注：设备运转部分与设备固定部分均为设备的外缘。

3.3 防火设计

3.3.1 建（构）筑物的防火设计应符合现行国家标准《建筑设计防火规范》GB 50016的有关规定。

3.3.2 矿井地面工业建（构）筑物的火灾危险性分类与耐火等级应符合表3.3.2的规定。

表3.3.2 工业建（构）筑物火灾危险性分类与耐火等级

生产或储存物品类别	建（构）筑物名称	耐火等级	适用条件
甲	汽油库、油泵房、抽采瓦斯泵房、蓄电池充电间、煤气站	二	—
丙	通风机房、主副井口房或井楼、井架、井塔、输送机栈桥和地道、翻车机房、选矸楼、筛分楼、煤仓、矸石仓、转载点、储煤场及受煤坑、干燥车间、油脂库	二	—
丙	木材加工房、器材库、棚（综合材料）	三	—
丁	锅炉房、铸工车间、锻工车间、铆焊车间	二	蒸汽锅炉额定蒸发量小于或等于4t/h，热水锅炉额定出力小于或等于2.8MW时为三级；铸工、锻工、铆焊车间面积<1000m²，可为三级
丁	煤样室、化验室、内燃机车库、汽车库、消防车库、无轨胶轮车库、综采设备库	三	—
戊	主副井提升机房	二	不包括井塔提升机大厅
戊	矿井修理车间、压缩空气站、矿灯房（不包括蓄电池充电间）、空气加热室、矿井消防水泵房、井口浴室、任务交代室	二	—
戊	电机车库、地面人行走道、水源及水处理建筑物、水塔、防火灌浆站	三	—

注：1 凡本表未列入的矿井工业建（构）筑物、行政及公共建筑、居住建筑等的类别和耐火等级，应按现行国家标准《建筑设计防火规范》GB 50016的有关规定确定；
2 封闭式储煤场的防火设计应符合现行国家标准《建筑设计防火规范》GB 50016中丙类厂房的有关规定。

3.3.3 地面建（构）筑物安全出口的设置应符合下列规定：

1 一般建筑物安全出口的设置应符合现行国家标准《建筑设计防火规范》GB 50016 的有关规定；

2 生产系统厂房安全出口的数目，不应少于2个；

3 当每层建筑面积不超过 400m²，且同一时间的生产人数不超过 15 人、总生产作业人数不超过 30 人时，生产系统厂房可设置 1 个安全出口，楼梯间可不封闭；

4 生产系统的井塔、转载站，当每层生产作业人数不超过 3 人，且总生产作业人数不超过 10 人时，可用宽度不小于 800mm、坡度不大于 60°的金属工作梯兼作疏散梯；

5 栈桥和地道内，操作点与安全出口的距离不应大于 75m。

3.3.6 建（构）筑物内部装修的防火设计应符合现行国家标准《建筑内部装修设计防火规范》GB 50222 的有关规定。

3.4 主要工业建（构）筑物

3.4.1 井口房设计应符合下列规定：

1 井口房不得兼作消防材料库；

3 井口房附近 20m 内，不得有烟火或用火炉采暖；

3.4.2 提升机房设计应符合下列规定：

6 提升机房内的配电室设计应符合下列规定：

　3）变压器室、配电装置室、电容器室的门应向外开；装有电器设备的相邻房间之间有门时，应能双向开启或向低压方向开启；

　4）高、低压配电室与提升机大厅间不应开窗，确需开窗时，应采用乙级防火窗，连通的门应采用乙级防火门；

　7）长度大于 8m 的配电装置室应设置 2 个出口，并宜布置在配电室的两端，其中 1 个出口应直接通往室外。

3.4.4 储煤场设计应符合下列规定：

5 当利用挡煤墙支承屋面结构时，宜设置消防炮，消防炮应设置在挡煤墙顶部；挡煤墙外侧应设置爬梯，每段挡煤墙上的爬梯不宜少于 2 个，爬梯间距不宜大于 150m；

6 返煤地道应设置安全出口和通风孔，安全出口不应少于 2 个，间距不应大于 150m，并应直通室外地面。

3.4.7 库房设计应符合下列规定：

2 油脂库内应存放火灾危险性分类为丙类的油脂；

3 油脂库应采取良好的通风隔热措施，门窗应采取防火措施，窗口应采取安全防护措施，库房内不应设置办公室。

4 结构设计基本规定

4.1 一般规定

4.1.3 矿井地面建筑结构型式应根据材料供应、自然条件、施工条件、维护便利和建设进度等因素综合技术经济比较后确定。结构构件材料的选用，应满足建筑防火、防爆的要求。

121.《煤炭工业半地下储仓建筑结构设计规范》GB 50874—2013

3 基本规定

3.0.8 半地下储仓结构的火灾危险性分类，存储原煤时应为丙类；存储洗后产品煤时应为戊类。上部结构采用钢结构时，堆煤高度范围内的钢结构应采取防火保护措施，其耐火极限不应小于1h。

3.0.9 半地下储仓结构耐火等级不应低于二级。

4 布置原则和结构选型

4.1 布置原则

4.1.2 半地下储仓的返煤地道宽度应根据地道中机械设备布置、安装和检修所需要的宽度确定，人行道净宽不应小于1000mm，检修道净宽不应小于700mm。返煤地道的高度应能满足设备安装和检修时吊运的需要，净高不应小于2200mm。

4.1.3 返煤地道应设安全出口和通风孔，安全出口数目不应少于两个。当设两个安全出口时宜设于地道的两端，其安全出口之间的距离不应大于150m。安全出口和通风孔可与设备检修孔道合并设置，安全出口应有楼梯间直通室外地面。

配煤栈桥纵向安全疏散距离不应大于75m。

4.1.4 半地下储仓斜壁顶部两侧应设置人行通道及相应的出入口，并应符合下列要求：

1. 人行通道净高不应低于2000mm，宽度不应小于1000mm；
2. 人行通道防护栏杆高度不应低于1100mm，栏杆离地面100mm高度内不宜留空。

122.《煤矿瓦斯发电工程设计规范》GB 51134—2015

2 术　语

2.0.2 煤矿瓦斯 coal mine gas

指煤炭开采过程中从煤层及围岩涌入采掘空间或抽采管道内的主要由甲烷和空气混合构成的天然气体，简称瓦斯。

2.0.8 箱式设备 containerized equipment

煤矿瓦斯发电工程中安装于集装箱内的设备及箱体总成，主要指无人值守的发电机组设备集装箱、瓦斯预处理设备集装箱、电气设备集装箱及其他设备集装箱等。

4 站区规划

4.2 火灾危险性分类

4.2.1 煤矿瓦斯发电工程的建（构）筑物及箱式设备的火灾危险性分类及耐火等级，不应低于表 4.2.1 的规定。

表 4.2.1 建（构）筑物及箱式设备的火灾危险性分类及耐火等级

序号	建（构）筑物名称		火灾危险性分类	耐火等级
1	瓦斯发电机房		丁	二
2	瓦斯发电机组集装箱		丁	三
3	主控制室及控制设备间		丁	二
4	控制设备集装箱		丁	三
5	油浸变压器室		丙	一
6	电气设备集装箱		丁	三
7	阻火器间		甲	二
8	配电装置楼（室）	单台设备油量60kg以上	丙	二
8		单台设备油量60kg及以下	丁	二
8		无含油电气设备	戊	二
9	屋外配电装置	单台设备油量60kg以上	丙	二
9		单台设备油量60kg及以下	丁	二
9		无含油电气设备	戊	二
10	雾化泵房		丁	二
11	水泵房		戊	二
12	瓦斯管道间		甲	二

续表 4.2.1

序号	建（构）筑物名称	火灾危险性分类	耐火等级
13	化学水处理室（间）、循环水处理室（间）	戊	二
14	余热锅炉房	丁	二
15	燃气锅炉房	丁	二
16	瓦斯加压机房	甲	二
17	瓦斯预处理集装箱	甲	三
18	瓦斯预处理间	甲	二
19	储气罐进出口阀门室（间）	甲	二
20	火炬供气装置集装箱	甲	三
21	润滑油品材料库、油泵房	丙	二
22	工器具集装箱	丁	三
23	玻璃钢冷却塔	戊	三

注：1 除本表规定的建（构）筑物外，其他建（构）筑物的火灾危险性及耐火等级应符合现行国家标准《建筑设计防火规范》GB 50016 及《城镇燃气设计规范》GB 50028 的有关规定；

2 建筑面积小于或等于 300m² 的独立甲、乙类单层厂房，可采用三级耐火等级的建筑；

3 主控制室及控制设备间，当未采取防止电缆着火延燃的措施时，火灾危险性应为丙类；

4 当瓦斯发电机房（集装箱）、燃气锅炉房未设置本规范要求的通风、瓦斯泄漏报警及联锁、消防灭火设施等安全措施时，火灾危险性分类应为丙类。

4.2.2 建（构）筑物及箱式设备构件的燃烧性能和耐火极限，应符合现行国家标准《建筑设计防火规范》GB 50016 的有关规定。

4.4 主要建筑物和构筑物的布置

4.4.3 瓦斯预处理装置、瓦斯储气罐、瓦斯加压机房，应与其他辅助建（构）筑物分开布置，并宜布置在人员集中场所及明火或散发火花地点的全年最小频率风向的上风侧。

4.4.4 发电机房（含发电机组集装箱）与瓦斯储气罐之间距离，不应小于 30m。

4.4.7 站区内的不可控放散管的位置，应符合下列规定：

1 与煤矿进风井、煤矿压缩空气站的距离不应小于 50m；

2 与煤矿提升机房、变电所的距离不应小于 30m；

3 与火炬及其他有明火或散发火花地点的水平距不小于 30m。

当发电机组排烟管消声器采用明火熄灭型时，与排烟管的距离应符合现行行业标准《煤矿瓦斯往复式内燃机发电站安全要求》AQ 1077 的有关规定。

4.4.8 发电机组排烟管、火炬的位置，应符合下列规定：

1 与瓦斯抽采泵房及其放散管的距离不应小于30m；
2 与煤矿通风机房的距离不应小于20m。

4.4.10 多个火炬并列布置时，火炬筒壁外之间的净距离不应小于5m。

4.4.11 火炬塔顶部中心距架空电力线路的水平距离不应小于15m。

4.4.12 站区内主要建（构）筑物及箱式设备之间的最小间距应符合表4.4.12的规定。

表4.4.12 主要建（构）筑物及箱式设备之间的最小间距（m）

序号	建（构）筑物名称			甲类生产建筑	丙、丁、戊类生产建筑 耐火等级		瓦斯发电机房	屋外配电装置	瓦斯发电机组集装箱	瓦斯预处理集装箱	高低压配电装置集装箱	封闭式火炬（明火）	行政生活福利建筑 耐火等级		燃气锅炉房	铁路中心线		站外道路路边	站内道路（路边）	
					一级、二级	三级							一级、二级	三级		铁路干线	铁路支线、专用线		主要	次要
1	甲类生产建筑			12	12	14	12	25	4	4	4	25	25	25	12	30	20	15	10	5
2	丙、丁、戊类生产建筑	耐火等级	一级、二级	12	10	12	10	10	4	4	4	12	10	12	10	20	有出口时6，无出口时3	无出口时1.5；有出口无引道时3；有引道时6～9		
			三级	14	12	14	12	12	4	4	4	14	12	14	12	20	—			
3	瓦斯发电机房			12	10	12	10	10	4	4	4	20	10	12	10	20	有出口时6，无出口时3	无出口时1.5；有出口无引道时3；有引道时6～9		
4	屋外配电装置			25	10	12	10	—	4	4	4	20	10	12	10	—	—	1.5		
5	瓦斯发电机组集装箱			4	4	4	4	4	4		4	4	4	4	4	8	8	3	3	3
6	瓦斯预处理集装箱			4	4	4	4	4		4		20	4	4	4	8	8	3	3	3
7	高低压配电装置集装箱			4	4	4	4	4	4	4		20	4	4	4	8	8	3	3	3
8	封闭式火炬			25	12	14	20	20	20	20	20		25	25	12	30	15	15	10	5
9	行政生活福利建筑	耐火等级	一级、二级	25	10	12	10	10	4	4	4	25	6	7	10	20	15	无出口时1.5；有出口无引道时3；有引道时6～9		
			三级	25	12	14	12	12	4	4	4	25	7	8	12	20	15			
10	燃气锅炉房			12	10	12	10	10	4	4	4	12	10	12		20	15	无出口时1.5；有出口无引道时3；有引道时6～9		
11	围墙			5	5	5	5	—	—	—	—	5	5	5	5	10	5	1.5	1	1

注：1 建（构）筑物及集装箱之间的最小间距应按相邻建（构）筑物及集装箱外墙的最近距离计算，有凸出的燃烧构件时，应从其凸出部分外缘算起；
2 当无法满足最小净距要求，采取设置防火墙等有效措施时，可减小净距；
3 围墙至建（构）筑物的间距，当条件困难时，可适当减少；当设有消防通道时，其间距不应小于6m；
4 本规范未说明的建（构）筑物的最小间距应符合现行国家标准《建筑设计防火规范》GB 50016、《城镇燃气设计规范》GB 50028、《火力发电厂与变电站设计规范》GB 50229、《工业企业总平面设计规范》GB 50187等的有关规定；
5 表中"—"表示无最小间距要求或执行有关规定；
6 有人值守的集装箱按建筑物执行；
7 除高层厂房和甲类厂房外，其他类别的数座厂房占地面积之和小于现行国家标准《建筑设计防火规范》GB 50016中规定的防火分区最大允许建筑面积时，可成组布置，其中防火分区的最大允许建筑面积不限者，不应超过10000m^2。当厂房建筑高度小于或等于7m时，组内厂房之间的防火间距不应小于4m；当厂房建筑高度大于7m时，组内厂房之间的防火间距不应小于6m；
8 储气罐与站外、站内的建（构）筑物的防火间距应符合现行国家标准《建筑设计防火规范》GB 50016、《城镇燃气设计规范》GB 50028等的有关规定。

4.5 交通运输

4.5.1 瓦斯电站宜有2个出口,并应利于消防车出入,发电机房(含发电机组集装箱)区、瓦斯储罐区应形成环形消防通道,其他消防区域应设消防道路,消防道路宽度不应小于4m,厂区内架空管道跨越道路时,其净空高度不应小于4m。当受条件限制时可设尽头式回车场,回车场的尺寸应按当地所配消防车辆车型确定,且应符合现行国家标准《建筑设计防火规范》GB 50016的有关规定。

4.5.4 站区内消防车道布置,应符合现行国家标准《建筑设计防火规范》GB 50016的有关规定。

6 瓦斯发电工艺

6.4 辅助设备及系统

6.4.22 当可控放散与不可控放散分开设置时,可控放散口与发电机组排烟管、火炬及其他有明火或散发火花地点的水平间距不宜小于5m,放散口宜高于5m半径范围内最高建(构)筑物最高点2.2m以上。放散口不得朝向邻近设备或有人通过的地方。

6.5 发电机组布置

6.5.2 集装箱内发电机组两侧应留有不小于700mm的安全巡视通道。集装箱之间的距离,除应满足防火间距外,还应满足管线布置、集装箱通风和检修维护的要求,其间距不宜小于4m。集装箱发动机端,应留有便于发动机拆装、检修空间及运输通道。

6.5.3 厂房内发电机组布置应便于机组安装,并应留出运行及检修通道。机组外缘与墙体之间的最小间距不应小于1500mm;机组外缘与柱之间的最小间距不应小于800mm;机组之间的最小间距不应小于1500mm。发电机端应留有便于发电机拆装及运输的检修空间;发动机端外接燃气及冷却管道上应留有便于机组进出的可拆卸管段。

9 电气设备及系统

9.7 照明系统

9.7.3 应急照明应包括备用照明和疏散照明,应急照明设置应符合表9.7.3的规定。

表9.7.3 应急照明设置

序号	工作场所	备用照明	疏散照明
1	瓦斯发电机房(发电机组集装箱)	√	—
2	瓦斯预处理间(预处理集装箱)	√	—
3	雾化泵房	√	—
4	集中控制室	√	—
5	电子设备间	√	—
6	屋内配电装置室	√	—
7	主要通道、主要出入口	—	√
8	主要楼梯间	—	√

10 监控及信息系统

10.4 控制、报警和保护

10.4.4 在煤矿瓦斯发电工程值班室,应在下列情况下发出声光报警信号:

6 火灾。

10.8 控制室

10.8.2 控制室的环境设施,应符合下列规定:

1 控制室内应有良好的采暖空调、照明、隔音、隔热、防火、防尘、防水、防振等措施。

11 建筑和结构

11.1 一般规定

11.1.3 结构设计除应符合承载力极限状态和正常使用极限状态的设计规定外,还应满足耐久性、防爆、防火及防腐蚀等的要求。

11.2 防火、防爆与安全疏散

11.2.1 建(构)筑物的防火设计,应符合现行国家标准《建筑设计防火规范》GB 50016、《城镇燃气设计规范》GB 50028、《火力发电厂与变电所设计防火规范》GB 50229等的有关规定。

11.2.2 瓦斯发电机房油箱及油管道连接处(焊接除外)外缘5m范围内的钢柱、钢梁,应采取防火隔热措施进行全保护,其耐火极限不应小于1h。

11.2.3 建(构)筑物的防爆设计,应符合现行国家标准《建筑设计防火规范》GB 50016等的有关规定,并应符合下列规定:

1 瓦斯加压机房、瓦斯预处理车间等有爆炸危险性的甲、乙类厂房,宜单独、单层布置,其承重结构宜采用钢筋混凝土或钢框架、排架结构。应设置泄压设施,并应设置能满足工艺要求的机械通风设施。

2 与有瓦斯爆炸危险的甲、乙类厂房毗邻的休息室、办公室、控制室、配电室等,应采用一、二级耐火等级建筑,并应采用防火墙隔开,且应至少有一个出入口应直通室外。

3 油品库的地下管沟不应与相邻厂房的管沟相通,排污沟应设隔油池。

4 有爆炸危险的厂房门窗均应向外开启,且门窗玻璃应采用安全玻璃。

11.2.4 瓦斯发电机房安全出口不应少于2个,可设为敞开式。发电机房内工作地点距安全出口的最远距离不应大于30m;控制室安全出口不应少于2个,当建筑面积小于60m²时,可只设1个;安全疏散通道净宽不应小于1m。

11.2.5 厂房的安全疏散,应符合现行国家标准《建筑设计防火规范》GB 50016、《火力发电厂与变电站设计防火规范》GB 50229等的有关规定。

11.4 建筑构造与装修

11.4.1 厂房的室外安全疏散楼梯和每层安全出口平台，均应采用不燃烧材料制作，其耐火极限不应小于0.25h，在楼梯周围2m范围内的墙面上，除安全疏散门外不应开设其他门窗洞口。

11.4.2 瓦斯发电机房及生产辅助厂房的室外安全出口，应采用不燃烧材料制作，其耐火极限不应小于0.25h。

11.4.3 变压器室、电气设备室、电缆夹层等室内安全疏散门，应为乙级防火门，房间中间隔墙上的门，可为不燃烧材料的双向弹簧门。

11.4.4 瓦斯发电机房、瓦斯预处理间、瓦斯加压机房安全门窗，应为向外开启的隔声门窗。

11.4.5 与瓦斯发电机间毗邻车间隔墙上的门，均应采用不低于乙级的防火门。

11.4.6 瓦斯发电机房安全疏散楼梯间内部，不应穿越瓦斯管道、蒸汽管道和甲、乙、丙类液体的管道。

11.4.7 电缆沟、电缆隧道在进出瓦斯发电机房、主控制室、电气设备室时，电缆沟、电缆隧道处建筑物隔墙应为防火墙。电缆隧道的防火墙上应采用甲级防火门。

11.4.8 二级耐火等级的丁、戊类厂房（库）的柱、梁，均可采用无保护层的金属结构，其中可能受到油品或可燃气体火焰影响的部位，应采用防火隔热保护措施。

11.4.9 各类建筑物的室内装修，应符合现行国家标准《建筑内部装修设计防火规范》GB 50222的有关规定。

14 给排水及消防

14.1 一般规定

14.1.1 煤矿瓦斯发电工程的生产、生活、消防给水和排水的设计，应做到节约用水、重复使用、保护环境，并应技术先进、经济合理、安全适用。

14.1.2 生产、生活、消防给水和排水的设计，应按工程规划容量选择给水和排水系统。对于扩建和改建工程，还应充分发挥原有设施的效能。

14.1.3 当煤矿瓦斯发电工程的站址与煤矿布置在一个工业场地或相邻时，宜与煤矿共用给水水源、给水系统及排水系统，并应校核给水水源、消防给水系统、生产生活给水系统及排水系统的能力。

14.2 水 源

14.2.3 在水源不能保证连续供水的地区，宜设置贮水池。贮水池的有效容积应根据生产安全贮水量、消防贮水量确定；生产安全贮水量应根据发电站供水可靠程度及对供水的保证要求确定；消防贮水量应符合现行国家标准《建筑设计防火规范》GB 50016的有关规定。

14.3 给 水

14.3.3 消防水泵的备用台数应符合现行国家标准《建筑设计防火规范》GB 50016的有关规定。

14.5 消 防

14.5.1 煤矿瓦斯发电工程的消防设计，应符合现行国家标准《建筑设计防火规范》GB 50016的有关规定。

14.5.2 建（构）筑物及箱式设备的灭火器配置，应符合现行国家标准《建筑灭火器配置设计规范》GB 50140的有关规定。

14.5.3 储气罐区灭火器配置，应符合现行国家标准《城镇燃气设计规范》GB 50028的有关规定。

14.5.4 建筑占地面积大于300m²的瓦斯发电机房，应设置室内消火栓。

14.6 火灾自动报警系统

14.6.1 煤矿瓦斯发电工程宜设置火灾自动报警系统。火灾自动报警系统的设计，应符合现行国家标准《火灾自动报警系统设计规范》GB 50116的有关规定。

14.6.3 煤矿瓦斯发电工程下列场所应设置瓦斯泄漏报警探测器：

1 瓦斯发电机房（瓦斯发电机组集装箱）；
2 阻火器间、瓦斯管道间；
3 储气罐进、出口阀室；
4 瓦斯加压机房、瓦斯预处理间（瓦斯预处理集装箱）。

17 劳动安全与职业卫生

17.2 劳动安全

17.2.1 煤矿瓦斯发电工程设计应对危险因素进行分析、对危险区域进行划分，并应采取相应的防护措施。

17.2.2 建（构）筑物及作业场所应设计防火分区、防火隔断、防火间距、安全疏散和消防通道。

17.2.3 建（构）筑物及作业场所应根据瓦斯爆炸危险性进行爆炸危险性区域划分。有爆炸危险的设备（含电气设施、工艺系统）、厂房的设计，应按不同类型的爆炸源和危险因素采取相应的防爆防护措施。

17.2.4 安全疏散设施应有充足的照明和明显的疏散指示标志。

17.2.8 在瓦斯电站进、出口应设置"禁止烟火"的明显标识。在变压器、高低压配电室、发电机组等处，应设置"高压危险"明显警示。在瓦斯放散管附近、瓦斯预处理区、瓦斯罐进出气阀室、油间等易发生火灾危险区域，应设置"禁用手机"明显标识。在发电机组排烟管、蒸汽、热水管道附近，应设置"高温危险"明显标识。

123.《矿山提升井塔设计规范》GB 51184—2016

1 总 则

1.0.6 井塔的生产类别应与提升物料种类相适应，井塔耐火等级不应低于二级。

3 布置与选型

3.1 平面布置

3.1.5 井塔内应设一个疏散楼梯，楼梯间可不封闭；可采用宽度不小于800mm，且坡度不大于60°的金属工作梯兼作疏散楼梯。

6 构 造

6.2 井塔密闭构造

6.2.2 导向轮层下层套架设防爆门时，防爆门不应正对设备及有人员区域。防爆门面积应由工艺专业确定。

124.《煤矿建设项目安全设施设计审查和竣工验收规范》AQ/T 1055—2018

4 井工矿安全设施设计审查

4.5 粉尘防治

4.5.4 防爆、隔爆措施

4.5.4.2 应提出预防火源和火花的措施，如对放炮火焰、电气火花、自然发火、切割摩擦火花、静电等预防措施。

4.6 防灭火

4.6.4 井下机电设备硐室防火措施

永久性井下中央变电所和井底车场内的其他机电设备硐室的防灭火设计要求，符合《煤矿安全规程》（2016）第四百五十六条的规定。

4.6.5 消防洒水

矿井应设地面消防水池和井下消防管路系统的防灭火设计要求，符合《煤矿安全规程》（2016）第二百四十九条的规定。

4.6.7 防灭火器材

井下爆炸物品库、机电设备硐室、检修硐室、材料库、井底车场、使用带式输送机或液力偶合器的巷道以及采掘工作面附近的巷道中，应备有灭火器材，其数量、规格和存放地点，应在设计中确定。

4.6.8 消防材料库

4.6.8.1 井上、下均须设置消防材料库。

4.6.8.2 井上消防材料库应设在井口附近，但不得设在井口房内。

4.6.8.3 井下消防材料库应设在每一个生产水平的井底车场或主要运输大巷中，并应装备消防车。消防材料库储存材料、工具的品种和数量应符合《矿井通风安全装备标准》等有关规定。

4.6.9 防止地面明火引发井下火灾的措施

防止地面明火引发井下火灾的设计要求，符合《煤矿安全规程》（2016）第二百四十七条的规定。

4.11 应急救援、安全避险、职业卫生和安全管理

4.11.1 应急救援

4.11.1.6 矿山救护队应配备救援车辆及通信、灭火、侦察、气体分析、个体防护等救援装备，建有演习训练等设施。

6 露天矿安全设施设计审查

6.7 防灭火

6.7.2 储煤场应根据储存的煤种采取相应的防灭火措施。

6.7.3 矿内的采掘、运输、排土等主要设备，应配备灭火器材。

7 露天矿安全设施竣工验收

7.7 防灭火

7.7.2 制定采场内的防火措施。

采掘、运输、排土等主要设备备有灭火器材或自动灭火装置。

125.《煤矿建设安全规范》AQ 1083—2011

4 基础管理

4.24 入井人员必须戴安全帽、随身携带自救器和矿灯，严禁携带烟草和点火物品，严禁穿化纤衣服，入井前严禁喝酒。必须建立入井检身制度和出入井人员清点制度。

6 井工部分

6.5 防灭火

6.5.1 建设单位应结合生产、生活供水，建立消防管路系统，保证足够的消防用水。消防管路系统可以与防尘供水系统共用。

6.5.2 井下严禁使用灯泡取暖和使用电炉。

6.5.3 井下和井口房内不得从事电焊、气焊和喷灯焊接等工作。如果必须在井下硐室、巷道和井口房内进行电焊、气焊和喷灯焊接等工作时，每次必须制定安全措施。项目由一家施工单位总承包的，由施工单位负责人审批，由两家及以上施工单位承包的，由建设单位负责人审批，并遵守下列规定：

a) 指定专人在场检查和监督；

b) 电焊、气焊和喷灯焊接等工作地点的前后两端各 10m 的井巷范围内，应是不燃性材料支护，并有专人负责喷水。上述工作地点应至少备有 2 个灭火器；

c) 在井口房、井筒和倾斜巷道内进行电焊、气焊和喷灯焊接等工作时，必须在工作地点的下方用不燃性材料设施接受火星；

d) 电焊、气焊和喷灯焊接等工作地点的风流中，瓦斯浓度不得超过 0.5%，只有在检查证明作业地点附近 20m 范围内巷道顶部和支护背板后无瓦斯积存时，方可进行作业；

e) 电焊、气焊和喷灯焊接等工作完毕后，工作地点应再次用水喷洒，并有专人在工作地点检查 1h，发现异状，立即处理；

f) 在有煤（岩）与瓦斯（二氧化碳）突出危险的矿井中进行电焊、气焊和喷灯焊接时，必须停止突出危险区内的一切工作。

煤层中未采用砌碹或喷浆封闭的硐室和巷道中，不得进行电焊、气焊和喷灯焊接等工作。

高瓦斯、煤（岩）与瓦斯（二氧化碳）突出矿井严禁在回风流中进行电焊、气焊和喷灯焊接等工作。

6.5.4 地面要害车间、井上下爆炸材料库、机电设备硐室、检修硐室、材料库、井底车场、使用带式输送机或液力耦合器的巷道、掘进工作面附近的巷道中，以及井下机动车和掘进设备应备有足够的灭火器材，其数量、规格和存放地点，应在应急预案中确定，并定期检查和更换。

工作人员必须熟悉灭火器材的使用方法，并熟悉本职工作区域内灭火器材的存放地点。

6.5.5 每季度应对矿井消防管路及消防器材的设置情况进行一次检查，发现问题，及时解决。

6.5.9 任何人发现井下火灾时，应视火灾性质、灾区通风和瓦斯情况，立即采取一切可能的方法直接灭火，控制火势，并迅速报告调度室。调度室在接到井下火灾报告后，应立即按应急预案通知有关人员组织抢救灾区人员和实施灭火工作。

值班调度和现场区、队、班组长应按应急预案规定，将所有可能受火灾威胁地区中的人员撤离，并组织人员灭火。电气设备着火时，应首先切断其电源；在切断电源前，只准使用不导电的灭火器材进行灭火。

抢救人员和灭火过程中，必须指定专人检查瓦斯、一氧化碳、煤尘、其他有害气体和风向、风量的变化，还必须采取防止瓦斯、煤尘爆炸和人员中毒的安全措施。

7 露天部分

7.7 电气

7.7.1 一般规定

7.7.1.5 在带电导线、电气设备及油开关附近，不得有引起电气火灾的热源。

7.7.2 变电所（站）和配电设备

7.7.2.1 地面变电所的位置选择，应符合有关标准和设计规范，并符合下列要求：

b) 应设在爆炸材料库爆炸危险区以外，距离间隔应符合有关规范要求；

7.7.2.3 采场变电亭应用不燃性材料修建，亭内变电装置与墙的距离不得小于 0.8m，距顶部不得小于 1m。变电亭的门应向外开，门口悬挂"非工作人员禁止入内"字样的警示牌。

4.6 水运工程

126.《水运工程质量检验标准》JTS 257—2008

第2篇 通用工程质量检验

2.2 钢结构工程

2.2.8 钢结构涂装

主要检验项目

2.2.8.4 防火涂料的粘结强度和抗压强度应满足设计要求,并应符合现行国家标准《建筑构件防火喷涂材料性能试验方法》(GB 9978)的有关规定。

检验数量:施工单位每使用100t或不足100t薄涂型涂料抽样检验1次,每使用500t或不足500t厚涂型涂料抽样检验1次,监理单位见证抽样检验。

检验方法:检查出厂质量证明文件和抽样检验报告。

2.2.8.7 防火涂料涂装应符合下列规定。

2.2.8.7.1 涂层厚度应满足设计要求。

检验数量:施工单位抽查构件总数的10%,且同类构件不少于3件,监理单位见证检验。

检验方法:采用涂层厚度测量仪、测针和钢尺测量。

2.2.8.7.2 涂层应均匀,不应有漏涂、涂层不闭合、脱层、空鼓和粉化松散等缺陷。

检验数量:施工单位全部检查。

检验方法:观察检查。

第7篇 设备安装工程质量检验

7.1 基本规定

表 7.1.0.1-7 消防系统分部工程和分项工程的划分

序号	分部工程	分项工程
1	火灾自动报警系统	配管、电缆支架与桥架、电缆敷设、火灾探测器、报警装置、控制柜、防雷与接地装置等
2	消火栓系统	管沟开挖与回填、基础处理、支架制作及安装、管道安装、部件安装、系统试验、设备及仪表安装、防腐与保温等
3	自动喷水灭火系统	管沟开挖与回填、基础处理、支架制作及安装、管道安装、部件安装、系统试验、设备及仪表安装、防腐与保温等
4	泡沫灭火系统	管沟开挖与回填、基础处理、支架制作及安装、管道安装、部件安装、系统试验、设备及仪表安装、防腐与保温等

续表 7.1.0.1-7

序号	分部工程	分项工程
5	气体灭火系统	管沟开挖与回填、基础处理、支架制作及安装、管道安装、部件安装、系统试验、设备及仪表安装、防腐与保温等

7.3 电气安装工程

7.3.14 危险场所电气安装

主要检验项目

7.3.14.1 危险场所电气的安装质量应符合现行国家标准《电气装置安装工程爆炸和火灾危险环境电气装置施工及验收规范》(GB 50257)和《粮食加工、储运系统粉尘防爆安全规程》(GB 17440)等的有关规定。

一般检验项目

7.3.14.4 火灾危险场所电气装置的安装质量应符合下列规定。

7.3.14.4.1 电气设备和电缆的型号和规格应满足设计要求。电气线路应用钢管或硬质塑料管配线。

7.3.14.4.2 当钢管与电器设备或接线盒连接时,进线口应啮合紧密并设锁紧螺母;当钢管与电动机和有振动的电气设备连接时,应设置金属挠性连接管;当电缆直接引入电气设备或接线盒时,进线口处应密封。

检验数量:施工单位、监理单位全部检查。

检验方法:检查产品技术文件和施工记录,并观察检查。

7.9 消防系统安装工程

7.9.1 一般规定

7.9.1.1 消防系统安装的质量检验应符合现行国家标准《火灾自动报警系统施工及验收规范》(GB 50166)、《自动喷水灭火系统施工及验收规范》(GB 50261)、《泡沫灭火系统施工及验收规范》(GB 50281)和《气体灭火系统施工及验收规范》(GB 50263)的有关规定。

7.9.1.2 消防系统主要材料、设备和元器件等的规格、型号和性能应满足设计要求。

7.9.1.3 钢结构基础处理的质量检验应符合第2.2.5.4条和第2.2.5.5条的规定。设备基础处理的质量检验应符合第7.4.7.2条的规定。

7.9.1.4 管沟开挖与回填的质量检验应符合第7.4.2节的有关规定。

7.9.1.5 防腐与保温的质量检验应符合第 7.4.6 节的有关规定。

7.9.1.6 设备及仪表安装的质量检验应符合第 7.4.7 节的有关规定。

7.9.2 火灾自动报警系统

一般检验项目

7.9.2.1 接地安装的质量检验应符合下列规定。

7.9.2.1.1 消防控制室的接地电阻值应满足设计要求。当设计无要求时，工作的接地电阻值不应大于 4Ω，联合接地的接地电阻值不应大于 1Ω。

7.9.2.1.2 接地线应采用铜芯绝缘导线或电缆，线径截面应满足设计要求。工作接地线应与保护接地线分开。

检验数量：施工单位、监理单位全数检查。
检验方法：观察和测量检查。

7.9.2.2 配管安装的质量检验应符合第 7.3.9 节的有关规定。

7.9.2.3 电缆支架与桥架安装的质量检验应符合第 7.3.10 节的有关规定。

7.9.2.4 电缆敷设的质量检验应符合第 7.3.11 节的有关规定。

7.9.2.5 布线的质量应符合下列规定。

7.9.2.5.1 不同系统、不同电压等级和不同电流类别的线路，不应穿在同一管内或线槽的同一槽孔内。导线在管内或线槽内，不应有接头或扭结。导线的接头应在接线盒内焊接或用端子连接。

7.9.2.5.2 每一回路的导线对地绝缘电阻值不应小于20MΩ。

检验数量：施工单位全数检查。
检验方法：检查施工记录并观察检查，绝缘电阻值用500V 兆欧表测量。

7.9.2.6 火灾探测器的安装质量应符合下列规定。

7.9.2.6.1 火灾探测器的安装应满足设计要求。

7.9.2.6.2 探测器的"+"线应为红色，"−"线应为蓝色，其余线应根据不同要求采用其他颜色区分，同一工程相同用途的导线颜色应一致。

7.9.2.6.3 导线连接应可靠，外接导线应留有不小于 15cm 的余量，入端处应有明显标志。

检验数量：施工单位、监理单位全部检查。
检验方法：检查施工记录并观察检查。

7.9.2.7 手动火灾报警按钮应安装在墙上距地面 1.5m 处，安装应牢固，不得倾斜，外接导线应留有不小于 100mm 的余量，端部应设有明显标识。

检验数量：施工单位、监理单位全部检查。
检验方法：观察检查。

7.9.2.8 火灾报警控制器的安装质量应符合下列规定。

7.9.2.8.1 火灾报警控制器安装高度应符合设计要求。安装应牢固，不得倾斜。当安装在轻质墙面时，应采取加固措施。

7.9.2.8.2 引入控制器的电线和电缆，配线应整齐、避免交叉且安装牢固，每个接线端子的接线不得超过 2 根。穿管进线处应封堵。

7.9.2.8.3 控制器的主电源引入线应直接与消防电源连接，严禁使用电源插头。主电源应有明显标识。

检验数量：施工单位、监理单位全部检查。
检验方法：观察检查。

7.9.2.9 控制柜安装的质量检验应符合第 7.3.2 节的有关规定。

7.9.3 消防供水系统

一般检验项目

7.9.3.1 支架制作及安装的质量检验应符合第 7.4.3 节的有关规定。

7.9.3.2 消防水泵结合器和消火栓的安装位置应满足设计要求，栓口高度的允许偏差应为±20mm。

检验数量：施工单位、监理单位全部检查。
检验方法：检查施工记录并观察检查。

7.9.3.3 地下消火栓或地下消防水泵结合器应采用有标志的铸铁井盖，并在其附近设置指示标志。消防井井盖底面与地下式消防水泵结合器或消火栓顶部栓口的距离不得大于 400mm。

检验数量：施工单位、监理单位全数检查。
检验方法：观察和测量检查。

7.9.3.4 消防炮塔安装的允许偏差、检验数量和方法应符合表 7.9.3.4 的规定。

表 7.9.3.4 消防炮塔安装的允许偏差、检验数量和方法

序号	项目	允许偏差（mm）	检验数量	单元测点	检验方法
1	立柱垂直度	L/1000且不大于15	逐座检查	2	用经纬仪或吊线测量

注：L 为消防炮立柱的高度，单位为 mm。

7.9.3.5 消防泵和稳压泵安装的质量检验除应符合第 7.4.7 节的有关规定外，尚应符合下列规定。

7.9.3.5.1 滤网安装应牢固可靠，过水面积应大于进水管截面积的 4 倍。

7.9.3.5.2 水泵吸水管水平管段不应有气囊和漏气现象。变径处应采用偏心异径管件连接，连接时应保持其管顶平直。

7.9.3.5.3 内燃机泵的排气管应采用直径相同的钢管连接，并通至室外，油码头及危险品码头排气管应设置防火装置。

检验数量：施工单位全部检查。
检验方法：检查施工记录并观察检查。

7.9.3.6 系统水压试验的试验压力应满足设计要求，当设计无要求时，系统的试验压力应为设计压力的 1.5 倍，但不得小于 0.6MPa，系统应无渗漏。

检验数量：施工单位全数检查、监理单位见证检验。
检验方法：检查施工记录并观察检查。

7.9.4 自动喷水灭火系统

一般检验项目

7.9.4.1 喷头、报警阀组、压力开关、水流指示器等主要系统组件应具有国家法定部门检测的合格证。

检验数量：施工单位、监理单位全部检查。
检验方法：检查出厂质量证明文件并观察检查。

7.9.4.2 支架安装的质量除应符合第 7.4.3 节的有关规定外，尚应符合下列规定。

7.9.4.2.1 支架的安装位置不应妨碍喷淋头的喷水效果。支架与喷头之间的距离不得小于300mm，与末端喷头之间的距离不得大于750mm。

7.9.4.2.2 当管子的公称直径大于等于50mm时，每段配水干管或配水管的防晃支架不应少于1个，管道改变方向处应有防晃支架，垂直安装的配水干管始端应有防晃支架。安装位置距地面或楼面的距离应为1.5～1.8m。

　　检验数量：施工单位全部检查。

　　检验方法：观察检查。

7.9.4.2.3 支架的间距应符合表7.9.4.2的规定。

表7.9.4.2　支架的间距

序号	管子的公称直径（mm）	间距最大允许值（m）	检验方法
1	25	3.5	
2	32	4.0	
3	40	4.5	
4	50	5.0	
5	70	6.0	观察检查，必要时抽查总数的20%，用钢尺测量
6	80	6.0	
7	100	6.5	
8	125	7.0	
9	150	8.0	
10	200	9.5	
11	250	11.0	
12	300	12.0	

7.9.4.3 消防管道安装的质量除应符合第7.4.4节的有关规定外，尚应符合下列规定。

7.9.4.3.1 管道横向安装时应设0.2%～0.5%的坡度，且应坡向排水管，局部区域难以排尽时应采取相应措施。

7.9.4.3.2 管外层应做红色或红色圈标志。

　　检验数量：施工单位全部检查。

　　检验方法：观察检查。

7.9.4.3.3 管道中心线与梁、柱、板的距离应符合表7.9.4.3的规定。

表7.9.4.3　消防管道中心线与梁、柱、板的距离

序号	管子的公称直径（mm）	距离最大允许值（m）	检验方法
1	25	40	
2	32	40	
3	40	50	
4	50	60	
5	70	70	观察检查，必要时每6m一单元，测量检查
6	80	80	
7	100	100	
8	125	125	
9	150	150	
10	200	200	

7.9.4.4 喷头的安装质量应符合下列规定。

7.9.4.4.1 喷头不应有任何装饰性涂层，易受机械损伤部位的喷头应有防护罩。

7.9.4.4.2 喷头的框架、溅水盘产生变形或释放元件损伤时，应采用规格、型号相同的喷头更换。

　　检验数量：施工单位全部检查。

　　检验方法：观察检查。

7.9.4.4.3 喷头溅水盘高于附近梁底或通风管腹面的垂直距离应符合表7.9.4.4的规定。

表7.9.4.4　喷头溅水盘高于附近梁底或通风管道腹面的垂直距离

序号	水平距离（mm）	垂直距离最大允许值（m）	检验方法
1	300≤L<600	25	
2	600≤L<750	75	
3	750≤L<900	75	
4	900≤L<1050	100	
5	1050≤L<1200	150	观察检查，必要时用钢尺测量
6	1200≤L<1350	180	
7	1350≤L<1500	230	
8	1500≤L<1680	280	
9	1680≤L<1830	360	

注：L为喷头与梁、通风管道的水平距离，单位为mm。

7.9.4.5 报警阀组及附件的安装质量应符合下列规定。

7.9.4.5.1 报警阀组的安装位置应满足设计要求。当设计无要求时，安装位置应明显、便于操作，并应距地面1200mm；两侧距墙不应小于500mm；正面距墙不应小于1200mm。安装报警阀组的室内地面应有排水设施。

7.9.4.5.2 信号阀应安装在水流指示器前的管道上，与水流指示器之间的距离不应小于300mm。

7.9.4.5.3 干式报警阀充气连接管的公称直径不应小于15mm。末端试水装置排水管的公称直径不应小于25mm。

　　检验数量：施工单位、监理单位全数检查。

　　检验方法：观察和测量检查。

7.9.4.6 管道系统试压和冲洗的质量检验应符合下列规定。

7.9.4.6.1 系统设计工作压力等于或小于1.0MPa时，水压试验压力应为设计工作压力的1.5倍，并不应低于1.4MPa；当系统设计工作压力大于1.0MPa时，水压试验压力应为该工作压力加0.4MPa。系统管网在水压强度试验压力下，稳压30min，目测管道无泄漏和无变形，且压降不应大于0.05MPa。

7.9.4.6.2 管网冲洗的水流方向应与灭火时管网的水流方向一致。管网试压和冲洗合格后，应按设计工作压力进行严密性试验，稳压24h后应无泄漏。

　　检验数量：施工单位全部检查、监理单位见证检验。

　　检验方法：检查施工记录并观察检查。

7.9.5　泡沫灭火系统

一般检验项目

7.9.5.1 支架安装的质量检验应符合第7.4.3节的有关规定。

7.9.5.2 系统试验的质量检验应符合第7.4.5节的有关规定。

7.9.5.3 泡沫比例混合器安装位置应满足设计要求，标注方向应与液流方向一致。

　　检验数量：施工单位、监理单位全部检查。

　　检验方法：检查施工记录并观察检查。

7.9.5.4 泡沫储液罐的安装质量应符合设备技术文件的规

定，室内储液罐四周应有检修通道和空间。

检验数量：施工单位全部检查。

检验方法：检查施工记录并观察检查。

7.9.6 气体灭火系统

7.9.6.1 气体灭火系统安装的质量检验应符合现行国家标准《气体灭火系统施工及验收规范》（GB 50263）的有关规定。

7.10 环保系统安装工程

7.10.2 风管及部件

主要检验项目

7.10.2.1 处于易爆、易燃环境的风管应有良好的接地。

检验数量：施工单位、监理单位全部检查。

检验方法：观察检查。

7.11 设备试运行

7.11.0.12 火灾自动报警系统调试要求应符合表7.11.0.12的规定。

7.11.0.13 消防水泵的调试要求应符合表7.11.0.13的规定。

7.11.0.14 消防报警阀的调试要求应符合表7.11.0.14的规定。

7.11.0.15 泡沫灭火系统的调试要求应符合表7.11.0.15的规定。

7.11.0.16 气体灭火系统调试应符合现行国家标准《气体灭火系统施工及验收规范》（GB 50263）的有关规定。

表7.11.0.12 火灾自动报警系统调试要求

序号	项目	检验要求	检验方法
1	消防用电设备电源	自动切换功能正常	观察检查
2	火灾报警控制器	功能满足设计要求	观察检查并检查试验记录
3	火灾探测器和手动报警按钮	模拟火灾时响应正确	观察检查
4	故障报警试验	报警正确	观察检查并检查试验记录
5	室内消火栓的工作泵和备用泵	转换运行正常	
6	控制室内操作启、停泵试验	控制功能正常和信号正确	
7	自动喷水灭火系统的工作泵与备用泵	转换运行试验正常，信号正确	
8	水流指示器、闸阀关闭和电动阀	末端放水试验时，控制功能正常、信号正确	
9	气体灭火系统功能试验，气体灭火系统与其他固定灭火设备联动控制试验	控制功能正常和信号正确	观察检查
10	电动防火门与防火卷帘的联动试验	联动正确	
11	通风空调与防排烟设备的联动试验	联动正确	
12	消防电梯试验	功能正常、信号正确	
13	火灾事故广播设备的选层广播、扬声器强行切换、备用扩音器控制试验	功能正常，语音清晰	
14	消防通信设备试验	功能正常，语音清晰	

表7.11.0.13 消防水泵调试要求

序号	项目	检验要求	检验方法
1	消防水泵	以自动或手动方式启动时，在5min内投入正常运行	检查试验记录
2	备用电源	切换至备用电源时，消防水泵在1.5min内正常运行	
3	消防稳压泵	模拟启动时，稳压泵立即自动启动，当达到系统设计压力时，稳压泵自动停止运行	

表7.11.0.14 消防报警阀调试要求

序号	项目	检验要求	检验方法
1	湿式报警阀	报警阀动作及时，警铃信号、水流指示器输出电信号正确，压力开关接通电路报警及时并自动启动消防水泵	观察检查并检查试验记录
2	干式报警阀	报警阀的启动时间、启动压力和出水时间满足设计要求	
3	干湿式报警阀	当差动型报警阀上室和管网的空气压力降至供水压力的1/8以下时试水装置处能连续出水，水力警铃发出报警信号	

表 7.11.0.15 泡沫灭系统调试要求

序号	项目	检验要求	检验方法
1	手动和自动灭火系统喷水试验	手动灭火系统喷水试验、自动灭火系统以手动和自动控制的方式各进行一次喷水试验时，各项性能指标符合设计要求	观察检查并检查试验记录
2	低、中倍数泡沫灭火系统喷泡沫试验	喷射泡沫的时间不少于1min，泡沫混合液的混合比和泡沫混合液的发泡倍数符合设计要求	
3	高倍数泡沫灭火系统喷泡沫试验	对每个防护区的喷泡沫试验，射泡沫的时间不少于30s，泡沫最小供给速率满足设计要求	

附录 B 水运工程质量检验记录

B.0.0.7 单位工程质量控制资料核查应按表 B.0.0.7 检查记录。

B.0.0.8 单位工程安全和功能检验资料核查及主要功能抽查应按表 B.0.0.8 进行检查记录。

表 B.0.0.7 单位工程质量控制资料核查记录

工程名称				施工单位			
序号	工程类别		资料名称		份数	核查意见	核查人
1	疏浚与吹填	1	测量控制点验收记录				
		2	疏浚竣工测量技术报告				
		3	吹填竣工测量技术报告				
		4	吹填土质检验资料				
		5	单位工程质量检验记录				
2	码头、防波堤、护岸、堆场、道路、船闸、船坞、航道整治建筑物、炸礁工程等	1	测量控制点验收记录				
		2	原材料出厂质量证明文件和进场验收记录				
		3	原材料试验（检验）报告				
		4	预制构件、预拌混凝土合格证				
		5	施工试验检验报告				
		6	隐蔽工程验收记录				
		7	主要结构施工及验收记录				
		8	工程质量事故及调查处理资料				
3	起重装卸、输送设备安装	1	工程定位、放线记录				
		2	设备出厂质量证明文件及进场检验记录				
		3	施工及验收记录				
		4	设备试运转记录				
4	电气、控制系统安装	1	主要设备及材料出厂质量证明文件及进场检验记录				
		2	隐蔽工程验收记录				
		3	施工及验收记录				
		4	电气设备试运转记录				
5	管道及附属设备安装	1	材料、设备出厂质量证明文件及进场检验记录				
		2	管道及阀门试验记录				
		3	隐蔽工程验收记录				
		4	系统清洗记录				
		5	管道施工及验收记录				
6	闸阀门及启闭机安装	1	闸门启闭机出厂质量证明文件及进场检验记录				
		2	隐蔽工程验收记录				
		3	施工及验收记录				
		4	设备试运转记录				

续表 B.0.0.7

工程名称			施工单位			
序号	工程类别		资料名称	份数	核查意见	核查人
7	消防、环保系统安装	1	材料、设备出厂质量证明文件及进场检验记录			
		2	管道及阀门试验记录			
		3	隐蔽工程验收记录			
		4	施工及验收记录			
		5	设备试运转记录			
8	坞门、泵房和牵引设备	1	设备及材料出厂质量证明文件及进场检验记录			
		2	隐蔽工程验收记录			
		3	施工及验收记录			
		4	设备调试与试运转记录			
9	航标	1	材料、设备出厂质量证明文件及进场检验记录			
		2	隐蔽工程验收记录			
		3	施工及验收记录			
		4	设备调试与试运转记录			
核查结论：						

项目负责人：　　　　　　　　　年　月　日　　　总监理工程师：　　　　　　　　　年　月　日

表 B.0.0.8 单位工程安全和功能检验资料核查及主要功能抽查记录

工程名称			施工单位				
序号	工程类别		安全和功能检查项目	份数	核查意见	抽查结果	检查人
1	疏浚与吹填	1	疏浚工程竣工断面及水深图				
		2	吹填工程竣工地形测量图				
2	码头、防波堤、护岸、堆场、道路、船闸、船坞、航道整治建筑物	1	工程竣工整体尺度测量报告				
		2	建筑物沉降位移观测资料				
		3	结构裂缝检查记录				
		4	防渗结构渗漏情况检查记录				
		5	工程实体质量抽查检测记录				
		6	航道整治工程实船适航试验报告				
3	起重装卸、输送设备	1	安全装置检查记录				
		2	接地、绝缘电阻测试记录				
		3	空载试运转记录				
		4	重载试运转记录				
4	电气、控制系统	1	接地电阻测试记录				
		2	绝缘电阻测试记录				
		3	安全装置检查记录				
		4	系统试运行记录				
5	管道及附属设备	1	压力管道试验记录				
		2	排水管渗漏试验记录				
		3	安全阀安装调试检验记录				
6	闸门及启闭机	1	安全装置检查记录				
		2	船闸设备运行系统联合试运行记录				

续表 B.0.0.8

序号	工程类别		安全和功能检查项目	份数	核查意见	抽查结果	检查人
工程名称			施工单位				
7	消防、环保系统	1	压力管道试验记录				
		2	安全阀安装调试检验记录				
		3	系统调试记录				
8	航标安装	1	航标助航效能测试记录				
		2	雷达应答器使用效果综合测试记录				
		3	避雷接地电阻值测试记录				

检查结论：

项目负责人：　　　　　　　　　　年　月　日　　　　总监理工程师：　　　　　　　　　　年　月　日

附录 K 水运工程质量控制资料用表统一要求

K.15 安全与主要功能项目检验与抽查资料

K.15.0.15 管道及附属设备、消防管道检验记录应采用表 K.13.0.1、K.13.0.2 和 K.13.0.3。

表 K.13.0.1 承压管道、阀门强度及严密性试验记录

工程名称		施工单位	
分部工程		试验名称		管道材质	
试验日期		试验人员	

序号	试验内容及部位	工作压力(MPa)	试验压力(MPa)	持续时间(min)	实测压降(MPa)	渗漏检查

续表 K.13.0.1

序号	试验内容及部位	工作压力(MPa)	试验压力(MPa)	持续时间(min)	实测压降(MPa)	渗漏检查

试验结果	
监理单位验收结论：	施工单位检查结果：
监理工程师：　　年　月　日	项目专业负责人：　　年　月　日

表K.13.0.2 非承压管道灌水试验记录

工程名称							
分项工程				管道材质			
试验日期				试验人员			
序号	试验部位	灌水高度	第一次灌满水持续时间(min)	第二次灌满水持续时间(min)	液面检查	渗漏检查	结论
监理单位验收结论:				施工单位检查结果:			
监理工程师: 年 月 日				项目专业负责人: 年 月 日			

表K.13.0.3 排水管道通球试验记录

工程名称				
分项工程			管道材质	
试验日期			试验人员	
序号	试验部位	主干管规格(mm)	球体直径(mm)	水、球是否畅通无阻	结论
监理单位验收结论:			施工单位检查结果:		
监理工程师: 年 月 日			项目专业负责人: 年 月 日		

K.15.0.16 消防系统调试检验记录应符合下列规定。
K.15.0.16.1 火灾自动报警系统调试检验记录应采用表K.15.0.16-1。

表K.15.0.16-1 火灾自动报警系统调试检验记录

单位工程		分部工程	
分项工程		检验部位	
序号	检验项目	检验要求	检验结果
1	消防用电设备电源	自动切换功能正常	
2	火灾报警控制器	功能满足设计要求	
3	火灾探测器和手动报警按钮	模拟火灾时响应正确	
4	故障报警试验	报警正确	
5	室内消火栓的工作泵和备用泵	转换运行正常	
6	控制室内操作启、停泵试验	控制功能和信号正确	
7	自动喷水灭火系统的工作泵与备用泵	转换运行试验正常,信号正确	

续表 K.15.0.16-1

序号	检验项目	检验要求	检验结果
8	水流指示器、闸阀关闭器和电动阀	末端放水试验时，控制功能正常、信号正确	
9	气体灭火系统功能试验，气体灭火系统与其他固定灭火设备联动控制试验	控制功能正常和信号正确	
10	电动防火门与防火卷帘的联动试验	联动正确	
11	通风空调与防排烟设备的联动试验	联动正确	
12	消防电梯试验	功能正常，信号正确	
13	火灾事故广播设备的选层广播、扬声器强行切换、备用扩音器控制试验	功能正常，语音清晰	
14	消防通信设备试验	功能正常，语音清晰	
监理单位验收结论：		施工单位检查结果：	
监理工程师： 年 月 日		项目专业负责人： 年 月 日	

K.15.0.16.2 消防报警阀调试检验记录应采用表 K.15.0.16-2。

表 K.15.0.16-2 消防报警阀调试检验记录

单位工程		分部工程	
分项工程		检验部位	
序号	检验项目	检验要求	检验结果
1	湿式报警阀	报警阀动作及时，警铃信号、水流指示器输出电信号正确，压力开关接通电路报警及时并自动启动消防水泵	
2	干式报警阀	报警阀的启动时间、启动压力和出水时间满足设计要求	
3	干湿式报警阀	当差动型报警阀上室和管网的空气压力降至供水压力的1/8以下时试水装置处能连续出水，水力警铃发出报警信号	
监理单位验收结论：		施工单位检查结果：	
监理工程师： 年 月 日		项目专业负责人： 年 月 日	

K.15.0.16.3 消防水泵调试检验记录应采用表 K.15.0.16-3。

表 K.15.0.16-3 消防水泵调试检验记录

单位工程		分部工程	
分项工程		检验部位	
序号	检验项目	检验要求	检验结果
1	消防水泵	以自动或手动方式启动时，在5min内投入正常运行	
2	备用电源	切换至备用电源时，消防水泵在1.5min内正常运行	
3	消防稳压泵	模拟启动时，稳压泵立即自动启动，当达到系统设计压力时，稳压泵自动停止运行	
监理单位验收结论：		施工单位检查结果：	
监理工程师： 年 月 日		项目专业负责人： 年 月 日	

K.15.0.16.4 泡沫灭火系统调试检验记录应采用表 K.15.0.16-4。

表 K.15.0.16-4 泡沫灭火系统调试检验记录

单位工程		分部工程	
分项工程		检验部位	
序号	检验项目	检验要求	检验结果
1	手动和自动灭火系统喷水试验	手动灭火系统喷水试验、自动灭火系统以手动和自动控制的方式各进行一次喷水试验时，各项性能指标符合设计要求	
2	低、中倍数泡沫灭火系统喷泡沫试验	喷射泡沫的时间不少于1min，泡沫混合液的混合比和泡沫混合液的发泡倍数符合设计要求	
3	高倍数泡沫灭火系统喷泡沫试验	对每个防护区的喷泡沫试验，射泡沫的时间不少于30s，泡沫最小供给速率满足设计要求	
监理单位验收结论：		施工单位检查结果：	
监理工程师： 年 月 日		项目专业负责人： 年 月 日	

127.《水运工程建设项目环境影响评价指南》JTS/T 105—2021

10 环境风险评价

10.2 评价内容和方法

10.2.2 源项分析应符合下列规定。

10.2.2.3 事故源强可按下列原则确定：

（2）水运工程火灾爆炸等伴生/次生的危险物质的发生量参照现行行业标准《建设项目环境风险评价技术导则》（HJ 169）中的推荐值确定。

128.《油气化工码头设计防火规范》JTS 158—2019

1 总 则

1.0.2 本规范适用于沿海和内河新建、改建和扩建的油气化工码头工程防火设计。不适用于装卸植物油、装卸桶装或罐装液体危险品码头和水上加油或加气站。

2 术 语

2.0.1 油品 Oil

原油、凝析油、稳定轻烃和包括汽油、石脑油、煤油、柴油、燃料油等在内的石油产品。

2.0.2 液化天然气 Liquefied Natural Gas

主要由甲烷组成的液态流体,并含有少量乙烷、丙烷、氮和其他成分。在标准大气压力下,沸腾温度通常为$-160^{\circ}\text{C} \sim -162^{\circ}\text{C}$。简称LNG。

2.0.3 液化烃 Liquefied Hydrocarbon

15°C时的蒸汽压力大于0.1MPa的烃类液体及其他类似的液体,包括液化石油气(LPG)。本规范所指液化烃不包括液化天然气。

2.0.4 液体化学品 Liquid Chemicals

除油品、液化天然气、液化烃以外的易燃和可燃液体。

2.0.5 油气化工码头 Oil & Gas and Chemical Terminals

装卸油品、液体化学品、液化天然气、液化烃在内的油气化工品码头的统称。

2.0.6 防火间距 Fire-protection Distance

发生火灾时为减少与相邻码头、船舶及陆上相关设施的相互影响和便于消防扑救而确定的间隔距离。

2.0.7 安全距离 Safe Distance

为减少周边重要设施安全风险而确定的与油气化工码头的间隔距离。

2.0.8 疏散通道 Evacuation Route

供码头作业人员在紧急情况下安全撤离的陆上或水上通道。

2.0.9 工艺管道 Process Pipeline

输送易燃及可燃液体、可燃气体、液化天然气和液化烃的管道。

2.0.16 国际通岸接头 International Shore Connection

用于将船方的消防总管与岸方消防水源相联接的国际标准接头。

2.0.17 监护 Fire Guard on Duty

在码头装卸作业时,消防船或拖消船在附近水域处于执勤戒备状态,可随时投入灭火作业。

2.0.18 值守 Fire Guard

在码头装卸作业时,消防船或拖消船处于待命状态,并具有接到警报后30min内实施救助的能力。

3 基 本 规 定

3.0.1 油气化工码头装卸液化天然气、液化烃、易燃和可燃液体的火灾危险性分类,应按表3.0.1确定。

表3.0.1 液化天然气、液化烃、易燃和可燃液体的火灾危险性分类

名称	类别		特征或液体闪点
液化天然气、液化烃	甲	A	—
易燃液体	甲	B	甲A类以外,闪点<28℃
	乙	A	28℃≤闪点<45℃
可燃液体	乙	B	45℃≤闪点<60℃
	丙	A	60℃≤闪点≤120℃
	丙	B	闪点>120℃

注:① 操作温度超过其闪点的乙类液体,应视为甲B类液体;
② 操作温度超过其闪点的丙类液体,应视为乙A类液体;
③ 操作温度超过其沸点的丙B类液体,应视为乙A类液体;操作温度超过其闪点的丙B类液体应视为乙B类液体;
④ 闪点小于60℃但不低于55℃的轻柴油,操作温度≤40℃时,可视为丙A类液体。

3.0.2 油气化工码头防火等级应按设计船型的吨级分级,按表3.0.2确定。

表3.0.2 油气化工码头防火等级

防火等级	海港		河港	
	船舶吨级 DWT(t)	船舶总吨 GT	船舶吨级 DWT(t)	船舶总吨 GT
特级	≥100000	≥10000	≥10000	≥3000
一级	≥20000 <100000	<10000	≥5000 <10000	<3000
二级	≥5000 <20000		≥1000 <5000	
三级	<5000		<1000	

注:① 液化天然气、液化烃码头以船舶总吨GT分级;
② 位于江、河入海口水域开阔的河口港可参照海港执行。

4 总 体 布 置

4.1 一般规定

4.1.1 油气化工码头选址,应充分考虑装卸货种的火灾危险

性和船舶靠离泊安全,选择在水域开阔位置。

4.1.2 油气化工码头应根据码头防火等级和装卸货种的火灾危险性设置防火、防爆、防泄漏和防止事故扩大、蔓延的安全设施。

4.1.5 油气化工码头与军事设施、水利设施、核电站等重要设施的安全距离应按有关规定执行。

4.2 总平面布置

4.2.4 油气化工泊位与其他货种泊位的防火间距应符合下列规定。

4.2.4.1 油气化工泊位与其他货种泊位的防火间距不应小于表4.2.4的规定。

表4.2.4 油气化工泊位与其他货种泊位的防火间距(m)

泊位类型	装卸液体火灾危险性	
	甲、乙类	丙类
海港客运泊位	300	
位于油气化工泊位上游河港客运泊位	300	
位于油气化工泊位下游河港客运泊位	3000	
其他货种泊位	150	50

注：① 防火间距是指油气化工泊位与其他货种泊位设计船型船舶间的最小净距；
② 500吨级以下的油气化工泊位与其他货种泊位防火间距可取表中数值的50%；
③ 液化天然气泊位、液化烃泊位与客运泊位的防火间距按本表执行，与其他货种泊位的防火间距则应按照4.2.4.2款执行。

4.2.4.2 海港液化天然气泊位、液化烃泊位与油气化工品以外的其他货种泊位的防火间距，不应小于200m。河港液化天然气泊位、液化烃泊位与油气化工品以外的其他货种泊位的防火间距，不应小于150m。

4.2.4.3 甲类油气化工泊位与工作船泊位防火间距不应小于150m，乙类油气化工泊位与工作船泊位防火间距不应小于100m，丙类油气化工泊位与工作船泊位防火间距不应小于50m。对于油气化工码头附属的工作船停靠泊位，在采取等同生产泊位和船舶防火措施的前提下，防火间距可不受限制。

4.2.5 相邻油气化工泊位的船舶净间距应符合下列规定。

4.2.5.1 两相邻的油品或液体化学品泊位之间的船舶净间距不应小于表4.2.5规定的数值。

表4.2.5 相邻油品或液体化学品泊位的船舶净间距

设计船长L (m)	L≤110	110<L≤150	150<L≤182	182<L≤235	L>235
船舶净间距 (m)	25	35	40	50	55

注：① 船舶净间距是指相邻油气化工泊位设计船型船舶间的最小净距；
② 相邻泊位设计船型不同时，其间距应按船长较大者取值。

4.2.5.2 两相邻的液化天然气、液化烃泊位或液化天然气泊位与液化烃泊位之间，其船舶净间距不应小于0.3倍最大设计船长，且不得小于35m。

4.2.5.3 液化天然气、液化烃泊位与油品或液体化学品泊位相邻布置时，其船舶净间距不应小于0.3倍最大设计船长，且不得小于45m。

4.2.5.4 码头工作平台两侧或浮码头内外档停靠船舶的船舶净间距，液化烃和液化天然气泊位间的船舶净间距不应小于60m，甲$_B$类油气化工泊位间的船舶净间距不应小于25m，乙、丙类油气化工泊位间的船舶净间距可不受限制。对于两侧装卸不同火灾危险性货物的船舶净间距，应按火灾危险性等级高的执行。

4.2.6 海港液化天然气码头与接收站储罐的防火间距不应小于150m。液化烃码头与陆上储罐的防火间距不应小于50m。其他油气化工码头与陆上储罐的防火间距不应小于表4.2.6规定的数值。

表4.2.6 其他油气化工码头与陆上储罐的防火间距(m)

储罐分类		装卸液体火灾危险性	
		甲、乙类	丙类
外浮顶储罐、内浮顶储罐、覆土立式油罐、储存丙类液体的立式固定顶储罐	V≥50000	50	35
	5000<V<50000	35	25
	1000<V≤5000	30	23
	V≤1000	26	23
储存甲$_B$、乙类液体的立式固定顶储罐	V>5000	50	35
	1000<V≤5000	40	25
	V≤1000	35	30
甲$_B$、乙类液体地上卧式储罐		25	20
覆土卧式油罐、丙类液体地上卧式储罐		20	15

注：① V指储罐单罐容量，单位为m³；
② 油气化工码头与陆上储罐的防火间距是指码头前沿线与储罐外壁的最小间距；
③ 当码头双侧靠船时，内档靠船设计船型船舶外轮廓线与陆上储罐外壁的最小间距也应满足本表要求；
④ 陆上储罐不限于本码头配套的储罐，也包含相邻的其他油气化工品储罐；
⑤ 根据码头装卸工艺需要设置的排空罐、油气回收所需设置的吸收罐和凝液罐等，不受此距离限制。

4.2.8 油气化工码头的消防控制室宜设置在建筑物的顶层，布置应符合视线开阔、便于监视和操作的要求。

4.3 工艺管道布置

4.3.1 工艺管道宜沿港区道路布置，不得穿越或跨越与其无关的易燃和可燃液体装卸设施、泵站等建(构)筑物。

4.3.2 工艺管道与消防水泵房、消防控制室、变配电间、泡沫间的间距小于15m时，朝向工艺管道一侧的外墙应采用无门窗的不燃烧体实体墙。

4.3.3 有车辆通行要求的引桥、引堤上的工艺管道和道路之间应设置隔离防护设施。

4.4 其他要求

4.4.1 油气化工码头应设置疏散通道。

5 装卸工艺

5.1 一般规定

5.1.1 油气化工码头装卸工艺系统应具有防火、防爆、防静电、防泄漏和防止事故扩大的安全措施。

5.1.2 油气化工码头船舶洗舱水、液货舱压舱水接卸管道和含有易燃、可燃液体的污水管道系统，应与相应的工艺管道防火设计标准一致。

5.2 装卸系统防火措施

5.2.1 油气化工码头应符合下列规定。

5.2.1.1 码头与装船泵站之间应有可靠的通信联络，有条件时宜设置启停联锁装置。

5.2.1.7 采用金属软管装卸作业时，应采取防止软管与码头面或甲板面摩擦碰撞产生火花的措施。

5.2.1.8 用于船舶油气回收的装卸臂、软管与码头收集管道之间应设置阻爆轰型阻火器。

5.2.2 工艺管道系统应符合下列规定。

5.2.2.7 工艺管道应在水陆域分界附近设置紧急切断阀，并宜设置在陆域侧，安装位置应满足紧急情况下人工操作要求，距离码头前沿线不应小于20m。选用的电动或气动阀门应具有远传和手动操作功能，其动力源应接入消防电源或备用气源。

5.2.2.8 工艺设备和管道保温（冷）层应采用不燃材料或难燃材料。

5.2.3 油气化工码头区域内的工艺泵站应符合下列规定。

5.2.3.2 封闭式泵房应采取强制通风措施，通风能力在工作期间不宜小于12次/h，非工作期间不宜小于5次/h。

5.2.4 码头油气回收设施的防火设计应符合现行行业标准《码头油气回收设施建设技术规范（试行）》（JTS 196—12）的相关规定。

5.4 装卸工艺系统的控制

5.4.2 工艺控制室应配备接收火灾报警、发出火灾声光报警信号的装置。

5.5 可燃气体检测

5.5.1 甲、乙类油气化工品的一级和特级码头装卸臂或软管法兰接口、阀组区、机泵密封处、油气回收装置等可能泄漏可燃气体的释放源附近，应布置固定式可燃气体检测器。

5.5.2 可燃气体检测器的安装位置应符合下列规定。

5.5.2.2 检测相对密度大于空气的可燃气体，检测器的安装高度应高出地坪面0.3m～0.6m；检测相对密度小于空气的可燃气体，安装高度应高出气体释放源0.5m～2.0m。

5.5.3 可燃气体检（探）测器的报警信号应发送至现场报警器和码头控制室或值班室的指示报警设备。

5.5.4 油气化工码头应配置便携式可燃气体检测报警器，配备数量可根据场地条件、装卸物料的危险性、操作人员的数量等综合确定。

5.5.5 可燃气体检（探）测器、报警器的选用和安装设计应符合现行国家标准《石油化工可燃气体和有毒气体检测报警设计规范》（GB 50493）的有关规定。

6 建构筑物

6.1 一般规定

6.1.1 生产及消防控制室、消防水泵房、泡沫间的耐火等级不应低于二级。

6.1.2 设置在码头工作平台或趸船上的生产管理用房不宜朝向爆炸危险区域开门，朝向爆炸危险区域的门窗应采用甲级防火门窗。

6.1.3 码头装卸设备区、工艺阀组区、机泵区、物料计量区等应设置防止液体流淌的围堰，液化天然气和低温液化烃码头还应设置紧急泄漏收集池。

6.2 材料要求

6.2.1 油气化工码头主体结构应采用不燃材料。

6.2.2 工艺管道支架或支墩等构筑物应采用不燃材料。

6.2.3 处于爆炸危险区域内的码头工艺主管廊的承重钢结构，应采取耐火保护措施。覆盖耐火层的钢构件，其耐火极限不得低于2.0h。

7 消防

7.1 一般规定

7.1.1 油气化工码头应设置消防设施。消防设施的配置应根据装卸货物的火灾危险性类别、码头防火等级、水陆域消防设施的消防协作条件等综合确定。

7.1.2 油气化工码头所配备的消防设施，应能满足扑救码头火灾和靠泊设计船型初起火灾的要求。

7.1.3 油气化工码头消防设施的设置应符合下列规定。

7.1.3.1 液化天然气和液化烃码头，应采用固定式水冷却、干粉灭火方式和高倍数泡沫灭火系统。

7.1.3.2 甲$_B$、乙类油品和液体化学品的特级、一级、二级码头，丙类油品和液体化学品的特级、一级码头，应采用固定式水冷却和泡沫灭火方式。

7.1.3.4 油气化工码头采用固定式、半固定式水冷却和泡沫灭火方式时，应设置消火栓和泡沫栓，并配备移动消防炮及灭火器。码头采用移动式水冷却和泡沫灭火方式时，应配备灭火器。

7.1.4 油气化工码头消防救援宜依托消防船或拖消船。当河港码头采用消防车进行救援时，应具备消防车通行条件和补水条件。

7.2 消防给水系统

7.2.2 消防用水应优先选择淡水，海水可作为应急水源。以海水为消防水源或应急水源时，消防设备及管路系统应采取防海水腐蚀和水生物滋生的措施。

7.2.3 取水设施应可靠。利用天然水源时，应确保极端低水位或枯水期最低水位取水的可靠性，并确保冬季消防用水的可靠性。

7.2.4 利用港区给水管网作为消防水源时,港区给水管网的进水管不应少于2条,每条进水管应能满足100%的消防用水和70%的生活、生产用水总量的要求。

7.2.5 当直接利用港区水源不能满足消防用水流量、水压和火灾延续时间内消防用水总量要求时,应配置消防水池或消防水罐,并应符合下列规定。

7.2.5.1 消防水池或消防水罐的蓄水有效容积,应满足火灾延续时间内消防用水总量的要求。当发生火灾能保证向消防水池或消防水罐连续补水时,其容量可减去火灾延续时间内的补充水量。

7.2.5.2 消防水池或消防水罐的总蓄水有效容积大于1000m³时,应设置能独立使用的两座消防水池或消防水罐。每座消防水池或消防水罐应设置独立的出水管,并应设置满足最低有效水位的连通管,出水管和连通管管径应能满足消防用水流量的要求。

7.2.5.3 消防水池或消防水罐进水管应根据其有效容积和补水时间确定,补水时间不宜大于48h,但当消防水池或消防水罐有效容积大于2000m³时,不应大于96h。消防进水管平均流速不宜大于1.5m/s。

7.2.5.4 消防水池、消防水罐与生活或生产水池、水罐合建时,应有消防用水不作它用的措施。进水管应能满足消防水池、消防水罐的补充水和100%的生活、生产用水总量的需求。

7.2.5.5 严寒、寒冷等冬季结冰地区的消防水池、消防水罐应设防冻措施。

7.2.5.6 消防水池、消防水罐应设液位检测、高低液位报警及自动补水设施。

7.2.6 码头消防用水流量,应按冷却水系统用水流量、泡沫混合液用水流量、水幕系统用水流量、水枪用水流量、泡沫枪用水流量之和确定。

7.2.7 油品和液体化学品码头靠泊船舶发生火灾时,应对船舶着火货舱周围一定范围内的甲板面进行冷却。液化天然气和液化烃码头靠泊船舶发生火灾时,应对着火舱(罐)和相邻舱(罐)进行冷却。有消防船或拖消防船监护作业时,冷却水可以由水上和陆上消防设施共同提供,且陆上消防设施所提供的冷却水量不应小于全部冷却水量的50%。

7.2.8 油船和液体化学品船冷却水量、冷却范围、冷却水供给强度及供给时间应符合下列规定。

7.2.8.1 冷却水量应按下式计算:

$$Q = 0.06FqT \quad (7.2.8\text{-}1)$$

式中 Q——冷却水量(m³);
F——冷却范围(m²);
q——冷却水供给强度[L/(min·m²)];
T——冷却水供给时间(h)。

7.2.8.2 冷却范围应按下式计算:

$$F = 3LB - f_{max} \quad (7.2.8\text{-}2)$$

式中 F——冷却范围(m²);
L——最大舱的纵向长度(m);
B——最大船宽(m);
f_{max}——最大舱面积(m²)。

7.2.8.4 冷却水供给强度不应小于2.5L/(min·m²)。

7.2.8.5 甲、乙类油气化工品的特级和一级码头,冷却水供给时间不应小于6h。甲、乙类油气化工品的二级和三级码头、丙类油气化工码头,冷却水供给时间不应小于4h。

7.2.9 液化天然气、液化烃船舶冷却水量可参照式(7.2.8-1)计算,并应符合下列规定。

7.2.9.1 冷却水量应为着火舱(罐)冷却水量和相邻舱(罐)冷却水量之和。

7.2.9.2 全冷冻式、全压力式及半冷冻式船舶冷却水量计算参数应按表7.2.9确定。

表7.2.9 液化天然气和液化烃船舶冷却水量计算参数表

船舶类型	货舱(罐)类型	冷却(保护)范围	供给强度[L/(min·m²)]	供给时间(h)
全冷冻式	着火舱(罐)	最大货舱(罐)甲板以上表面积	4.0	6.0
全冷冻式	相邻舱(罐)	相邻舱(罐)甲板以上表面积的1/2	4.0	6.0
全压力式及半冷冻式	着火舱(罐)	最大货舱(罐)甲板以上表面积	9.0	6.0
全压力式及半冷冻式	相邻舱(罐)	相邻舱(罐)甲板以上表面积的1/2	9.0	6.0

7.2.10 油气化工码头下列位置应设置水幕(雾)设施:

(1)装卸设备两端沿码头前沿各延伸5m范围内,浮码头的趸船靠船侧甲板全长范围;
(2)登船梯前侧工作区域和梯顶设有消防炮的平台区域;
(3)液化天然气码头和低温液化烃码头的操作平台区域。

7.2.11 水幕(雾)系统设计的参数应按下列要求选用。

7.2.11.1 装卸设备前沿和登船梯前侧工作区域处水幕喷水强度不应小于2L/(s·m),工作时间不应小于1h;液化天然气码头和低温液化烃码头操作平台区域处水雾喷水强度不应小于10.2L/(min·m²),工作时间不应小于30min。

7.2.11.2 消防炮塔应自带水幕保护装置,每座消防炮塔水幕的总流量不应小于10L/s;带消防炮的登船梯水幕总流量不应小于5L/s。

7.2.12 装卸设备和登船梯前沿水幕喷头宜采用扇形水幕喷头。水幕管线及喷头的安装不应影响码头作业、船舶系泊和人员通行。

7.2.13 陆域消防水泵房至码头引桥或引堤根部的消防供水主管道应采用环状。码头引桥或引堤区段消防供水主管道可采用枝状,宜在引桥或引堤根部设置切断阀。

7.2.14 消防供水管道应根据需要采用防冻措施。

7.2.16 油气化工码头引桥或引堤上应设消火栓或管牙接口,并在消火栓处配备水带和直流喷雾水枪,其间距不应大于60m。引桥或引堤总长度小于60m时,应至少设置1个消火栓或管牙接口。从消防供水管道接入确有困难时,消火栓也可由生活供水管道接入水源,但应满足消防用水要求。

7.2.17 油气化工码头应设置用于向船舶提供消防水的国际通岸接头。

7.3 泡沫灭火系统

7.3.1 油气化工码头选用泡沫灭火系统时，应选用低倍数泡沫，泡沫液额定混合比按不低于3%计算。液化天然气码头和低温液化烃码头的事故泄漏池，应采用高倍数泡沫灭火系统。

7.3.3 当采用海水作为消防水源时，应选用适用于海水的泡沫液。

7.3.4 低倍数泡沫灭火系统设计应符合下列规定。

7.3.4.1 灭火面积应为设计船型最大船舱面积。

7.3.4.2 油品或非水溶性液体化学品，泡沫混合液的供给强度不应小于 8.0L/(min·m²)。

7.3.4.3 水溶性液体化学品，泡沫混合液的供给强度不应小于 12.0L/(min·m²)。

7.3.4.4 泡沫混合液的连续供给时间，甲、乙类油品和液体化学品不应小于 60min，丙类油品和液体化学品不应小于 45min。

7.3.5 泡沫液的储量，不应少于扑救设计船型一次火灾所需要的泡沫液量、充满管道的泡沫混合液中所含泡沫液量和移动消防设备用量之和。

7.3.7 泡沫液泵的选型与配置应符合下列规定。

7.3.7.1 泡沫液泵的工作压力和流量应满足系统设计要求，同时应保证在设计流量范围内泡沫液供给压力大于配制泡沫混合液的消防水压力。

7.3.7.2 泡沫液泵的结构形式、密封或填充类型应适合输送的泡沫液，其材料应耐泡沫液腐蚀且不影响泡沫液的性能。

7.3.7.3 泡沫液泵应设置备用泵，备用泵的规格型号应与主用泵相同，且主用泵故障时应能自动或手动切换到备用泵。

7.3.7.4 泡沫液泵应能耐不低于 10min 的空载运转。

7.3.7.5 泡沫液泵的主用泵可采用水轮机拖动或电机拖动，备用泵动力源应采用水轮机拖动；水轮机拖动时，水轮机的压力损失不应大于 0.2MPa，采用向外泄水的水轮机且使用3%型泡沫液时，其泄水量不应大于泡沫用水量的20%。

7.3.8 泡沫液储罐宜采用耐腐蚀材料制作，且与泡沫液直接接触的内壁或衬里不应对泡沫液的性能产生不利影响。

7.3.10 泡沫混合液管道应具有排空和冲洗的措施。

7.3.11 泡沫混合液管道应设置泡沫栓。

7.3.12 泡沫灭火系统的设计除应执行本规范外，尚应符合现行国家标准《泡沫灭火系统设计规范》(GB 50151)的有关规定。

7.4 干粉灭火系统

7.4.1 干粉灭火剂宜采用碳酸氢钠或高聚磷酸铵。当干粉与氟蛋白泡沫灭火系统联用时，应选用硅化钠盐干粉灭火剂。

7.4.2 干粉灭火系统设计，应符合下列规定。

7.4.2.1 特级码头设置干粉储量不应小于2000kg，一级码头设置干粉储量不应小于500kg。

7.4.2.2 干粉储量应能满足规定灭火时间内的干粉炮所需干粉用量，储量应为计算用量的 1.2 倍。

7.4.2.3 干粉炮射程应满足覆盖码头工作平台装卸区范围。

7.4.2.4 干粉供给强度应根据干粉灭火剂种类按表 7.4.2 选用。

表 7.4.2 干粉供给强度选用指标

干粉灭火剂种类	供给强度（kg/m²）
碳酸氢钠	8.8
高聚磷酸铵	3.6

7.4.2.5 干粉炮连续供给时间不应小于 60s。

7.4.2.6 干粉系统应采用氮气作为驱动气体。

7.4.2.7 干粉供给管道的总长度不应大于 20m。干粉炮与干粉储罐的高差不应大于 10m。

7.4.3 干粉灭火系统的设计除应执行本规范的规定外，尚应符合现行国家标准《干粉灭火系统设计规范》(GB 50347) 和《固定消防炮灭火系统设计规范》(GB 50338) 的有关规定。

7.5 消防设施

7.5.1 消防设施的选用应符合下列规定。

7.5.1.3 消防设施及系统选用的灭火剂应和保护对象相适应。

7.5.1.4 油气化工码头固定式消防炮灭火系统宜具备远程控制方式，消防炮的操作应具备遥控功能。

7.5.2 码头固定式灭火方式的消防炮应符合下列规定。

7.5.2.1 消防炮的数量和流量应经计算确定。

7.5.2.2 消防水炮应能保证流量和射程满足设计船型的全船范围，单个泊位配置的消防水炮数量不应少于两门。

7.5.2.3 泡沫炮应能保证流量和射程满足设计船型的液货舱范围，单个泊位配置的泡沫炮数量不应少于两门。

7.5.2.5 消防炮塔的高度应能满足消防炮炮口高于设计高水位时设计船型卸空状态下甲板面以上 3.0m。

7.5.2.6 消防炮水平回转中心距码头前沿线不应小于 2.5m。消防炮塔的周围应设置检修通道。

7.5.2.7 消防炮塔和带有消防炮的登船梯应设接地装置、防护栏杆和保护水幕。

7.5.3 采用半固定式灭火方式的码头选用移动消防炮时，应符合下列规定。

7.5.3.1 消防水炮应能保证流量和射程满足设计船型的全船范围，消防水炮数量不应少于两门。

7.5.3.2 泡沫炮应能保证流量和射程满足设计船型的液货舱范围，泡沫炮数量不应少于两门。

7.5.3.3 与消防炮配套的消火栓或管牙接口的口径和数量应经计算确定。

7.5.4 油气化工码头配置移动消防设备灭火时，应符合下列规定。

7.5.4.2 水枪流量不应小于 5.0L/s，泡沫枪的流量不应小于 8.0L/s，按 2 支水枪和 1 支泡沫枪同时工作计算水量，工作时间应与各自消防系统供水时间一致。配套管牙接口宜选用 DN65 规格，出口压力大于 0.5MPa 时应有减压设施。

7.5.5 严寒、寒冷等冬季结冰地区设置的消防炮、水幕（雾）喷头和消火栓等固定消防设施应采取防冻措施。

7.5.6 油气化工码头水上消防设施的配置应符合下列规定。

7.5.6.1 水上和陆上联合提供消防保护时，消防船或拖消船的配备数量,应根据需要水上提供的消防水量和保护范围确定。

7.5.6.2 40000m³ 及以上舱容的液化天然气船舶和液化烃船舶、25万吨级及以上油品船舶在泊作业时,至少应有一艘消防船或拖消船实施监护;其他甲类特级码头,应有消防船或拖消船实施值守。

7.5.6.3 每艘消防船消防水炮的总流量不应小于120L/s,泡沫炮的总流量不应小于100L/s。每艘拖消船消防水炮的总流量不应小于100L/s,泡沫炮的总流量不应小于80L/s。每艘消防船或拖消船至少应配备5t泡沫液。

7.5.7 消防水泵站的设计应满足下列要求。

7.5.7.1 消防水泵、泡沫消防水泵启动并将水或泡沫混合液输送到最远灭火点的时间不应大于5min。

7.5.7.2 消防水泵应采用自灌式吸水。

7.5.7.3 每台消防水泵宜有独立的吸水管;两台以上成组布置时,其吸水管不应少于两条,当其中一条检修时,其余吸水管应能确保吸取全部消防用水量。

7.5.7.4 成组布置的水泵,至少应有两条出水管与消防水管道连接,两连接点间应设阀门。当一条出水管检修时,其余出水管应能输送全部消防用水量。

7.5.7.5 消防水泵的出水管道应设压力表和防止超压的安全设施。

7.5.7.6 出水管道上直径大于300mm的阀门应选用电动阀门,但应具备手动功能,阀门的启闭应有明显标志。

7.5.8 消防水泵及稳压泵、泡沫液泵应分别设置备泵,备用泵的能力应与主用泵的能力一致。

7.5.9 消防水泵应确保从接到启泵信号到水泵正常运转的自动启动时间不大于2min。

7.5.10 消防水主泵采用电机拖动时,备用泵应采用柴油机拖动。消防水主泵采用柴油机拖动时,备用泵也应采用柴油机拖动。

7.5.11 采用柴油机作为动力源时,消防水泵的柴油机油料储备量应能满足机组连续运转不小于6h的要求,泡沫消防水泵的柴油机油料储备量应能满足机组连续运转不小于1h的要求。

7.6 灭火器配置

7.6.1 灭火器应设置在位置明显和便于取用的地点,且不得影响码头作业和人员安全疏散。

7.6.4 油气化工码头装卸区内灭火器的配置,应符合下列规定。

7.6.4.1 甲、乙类码头,手提式灭火器按最大保护距离不应超过9m配置,推车式灭火器按最大保护距离不应超过18m配置。

7.6.4.2 丙类码头,手提式灭火器按最大保护距离不应超过12m配置,推车式灭火器按最大保护距离不应超过24m配置。

7.6.4.3 每一个配置点的手提式灭火器数量不应少于2具。

7.6.5 灭火器的配置除应符合本规范的规定外,尚应符合现行国家标准《建筑灭火器配置设计规范》(GB 50140)的有关规定。

8 电气及通信

8.1 消防电源及配电

8.1.1 油气化工码头的消防供电应满足下列要求。

8.1.1.1 泡沫液泵供电应符合第7.3.7.5款的规定。

8.1.1.2 消防水泵供电应符合第7.5.10条的规定。

8.1.1.3 除泡沫液泵和消防水泵以外的消防供电应满足下列要求:

(1) 甲$_A$类码头,甲$_B$和乙类的特级和一级码头,按一级负荷供电;

(2) 甲$_B$和乙类的二级和三级码头,丙类码头,按不低于二级负荷供电。

8.1.2 一级、二级负荷的供电电源应符合现行国家标准《供配电系统设计规范》(GB 50052)的有关规定。

8.1.3 消防用电设备应采用专用的供电回路,发生火灾切断生产用电时,应仍能保证消防用电,其配电设备应有明显的标志。

8.1.4 消防用电设备的两个电源,应在最末一级配电箱处自动切换。自备应急电源系统,应设有自动启动装置。

8.1.5 消防配电线路应采用耐火铜芯电线电缆,其他配电线路宜采用阻燃或耐火铜芯电线电缆。

8.1.6 油气化工码头的引桥、引堤和工作平台区域的供电电缆可与工艺管道同架敷设,但不得与工艺管道、热力管道敷设在同一管沟内。

8.1.7 电缆布置及安装应符合下列规定。

8.1.7.2 电缆和工艺管道同架敷设时,相对密度大于空气的可燃气体管道,电缆应设置在可燃气体管道上方;相对密度小于空气的可燃气体管道,电缆应设置在可燃气体管道下方;管道设计温度大于或等于40℃时,电缆与工艺管道的净距不应小于1.0m;管道设计温度低于40℃时,净距不应小于0.2m;电缆桥架或保护管与工艺管道交叉时,净距不应小于0.25m。

8.1.7.3 供配电电缆采用电缆沟敷设时,应采取防止可燃气体积聚或含有可燃液体的污水进入沟内的措施。

8.1.7.4 电缆及其保护套管、电缆沟穿过不同危险区域时,应采用阻燃材料封堵。

8.1.8 油气化工码头的平均照度不应低于15lx,其水平照度均匀度不应低于0.25。有夜间作业要求的局部照明照度宜符合表8.1.8的规定。

表8.1.8 局部照明照度表

场所或位置	参考高度或平面	照度标准值(lx)	水平照度均匀度
工艺阀组区	操作位高度	100	0.40
现场仪表	测控点高度	75	0.40
装卸设备操作位	操作位高度	75	0.40
系统操作区	地面	30	0.25

8.1.9 消防水泵房、生产及消防控制室、变配电间、泡沫间和应急电源设备间等场所应设置事故照明,其照度不应低于

正常照明的照度值。事故照明供电支线应接于消防配电线路上。

8.2 消防控制和火灾报警系统

8.2.2 消防灭火系统采用集中控制时，应设消防控制室。消防控制室应具有下列功能：

（1）接收火灾报警信号，发出火灾声光报警信号，向消防部门报警；

（2）码头消防水泵、泡沫液泵的启闭控制；

（3）消防供水管道和泡沫混合液管道上电动阀门的启闭控制；

（4）消防炮的俯仰和水平回转控制；

（5）显示消防系统工作、故障状态；

（6）需要时具有远传控制信号。

8.2.3 消防控制室的灯光报警装置或音响报警装置发生故障时不得影响另一种装置正常工作。

8.2.4 油气化工码头的手动火灾报警按钮设置应符合下列规定：

8.2.4.1 设置固定可燃气体检测器的场所应设置手动火灾报警按钮。

8.2.4.2 码头工作平台区域、引桥及引堤区段应设置手动火灾报警按钮。

8.2.4.3 码头工作平台的操作区域任意位置到邻近手动火灾报警按钮的通行距离不应大于30m，引桥及引堤区段相邻的手动火灾报警按钮距离不应大于120m。

8.2.4.4 手动火灾报警按钮的安装高度距地面宜为1.3m~1.5m，且应有明显的红色标志。

8.2.5 油气化工码头应配置火灾报警装置，火灾报警装置宜选择火灾应急广播或声光报警器、电铃和电笛等火灾报警器。设置扩音对讲的码头，其火灾报警系统的报警器可利用扩音系统的广播功能作为应急广播。

8.2.6 消防控制和火灾报警系统的线缆应选用耐火铜芯电线电缆。线缆的敷设应符合第8.1.7条的规定。

8.4 防　　爆

8.4.3 油气化工码头爆炸危险环境的消防控制和火灾报警系统的设计及设备选择，应符合现行国家标准《爆炸危险环境电力装置设计规范》(GB 50058)和《火灾自动报警系统设计规范》(GB 50116)的有关规定。

8.5 通　　信

8.5.2 油气化工码头应设置直通报警的有线电话，并应配备必要的防爆型无线电通信器材。

8.5.4 用于消防监控的工业电视系统应按消防负荷供电。

8.5.7 油气化工码头消防通信电缆或光缆应采用耐火型线缆，线缆的敷设应符合第8.1.7条的规定。

129.《水运工程设计通则》JTS 141—2011

2 基本规定

2.3 安 全

2.3.12 装卸危险品的专用码头应与其他货种码头或其他危险品码头有足够的安全距离,并应配置相应的消防和安全设施。安全距离的确定应与处理意外事故的安全措施相适应。对危险品船舶应设置专用的锚地。

2.3.13 当危险品数量较少,其装卸作业使用港区其他泊位时,应采取必要的安全措施。装载危险品的集装箱应根据危险品种类确定存放场地和存放方式,并应配置相应的消防和安全设施。

2.3.15 受粉尘浓度影响可能引起爆炸的场所,应有报警装置和防爆措施。对易燃及自燃货物应限制堆存高度和堆放时间,并应设置合适的消防设备。

2.3.16 客运缆车应设置可靠的安全装置。旅客专用的人行通道应安全畅通。

2.3.20 有危险品船舶或船队通过的通航建筑物,应设置危险品船停泊区和锚地。

3 设计条件

3.3 外部条件

3.3.2 水运工程外部配套设施状况和基本参数的调查应符合下列规定。

3.3.2.3 消防设施调查应包括工程周边的水、陆域消防站的现状及发展规划。

4 总体设计

4.1 港口工程

4.1.13 港口交通、供电、给排水、通信、污水处理、消防等应考虑与市政工程的衔接,港口生活、维修、供油等公共服务宜考虑社会化。

130.《河港总体设计规范》JTS 166—2020

4 总平面

4.2 码头水域布置

4.2.7 挖入式港池的尺度应考虑港池内布置的泊位数量、船舶安全掉头和进出港池、口门外水流情况等因素综合确定,并应符合下列规定。

4.2.7.10 布置油气化工码头的挖入式港池,其尺度尚应符合消防安全的规定。

4.2.11 相邻油气化工泊位的船舶净间距应符合下列规定。

4.2.11.4 码头装卸平台两侧或浮码头内外档停靠船舶的船舶净间距,液化烃泊位间的船舶净间距不应小于60m,甲$_B$类油气化工泊位间的船舶净间距不应小于25m,乙、丙类油气化工泊位间的船舶净间距可不受限制。对于两侧装卸不同火灾危险性货物的船舶净间距,应按火灾危险性等级高的执行。

4.2.12 油气化工泊位与其他货种泊位的防火间距应符合下列规定。

4.2.12.1 油气化工泊位与其他货种泊位的防火间距不应小于表4.2.12的规定。

表4.2.12 油气化工泊位与其他货种泊位的防火间距(m)

泊位类型	装卸液体火灾危险性	
	甲、乙类	丙类
位于油气化工泊位上游河港客运泊位	300	
位于油气化工泊位下游河港客运泊位	3000	
其他货种泊位	150	50

注:① 防火间距是指油气化工泊位与其他货种泊位设计船型船舶间的最小净距;
② 500吨级以下的油气化工泊位与其他货种泊位防火间距可取表中数值的50%;
③ 液化烃泊位与客运泊位的防火间距按本表执行,与其他货种泊位的防火间距则应按照4.2.12.2款执行。

4.2.12.2 河港液化烃泊位与油气化工品以外的其他货种泊位的防火间距,不应小于150m。

4.2.12.3 甲类油气化工泊位与工作船泊位防火间距不应小于150m,乙类油气化工泊位与工作船泊位防火间距不应小于100m,丙类油气化工泊位与工作船泊位防火间距不应小于50m。对于油气化工码头附属的工作船停靠泊位,在采取等同生产泊位和船舶防火措施的前提下,防火间距可不受限制。

4.2.12.4 油气化工泊位与除工作船泊位之外的非生产性泊位的防火间距可按照与其他货种泊位的防火间距要求执行,与海事等水上保障系统基地的防火间距可按照客运泊位要求执行。

4.2.13 油气化工码头与锚地的安全距离,不应小于表4.2.13的规定。

表4.2.13 油气化工码头与锚地的安全距离

油气化工码头位置	危险性类别	安全距离(m)
位于锚地下游	甲、乙、丙	150
位于锚地上游	甲、乙	1000
	丙	150

注:表中安全距离是指码头设计船型在泊时船舶外轮廓线与锚地范围轮廓线之间的距离。

4.7 陆域平面布置

4.7.7 散货码头陆域平面布置应符合下列规定。

4.7.7.2 可燃材料堆场布置应满足消防要求。

4.7.8 油气化工码头陆域平面布置应符合下列规定。

4.7.8.1 液化烃码头与陆上储罐的防火间距不应小于50m。其他油气化工码头与陆上储罐的防火间距不应小于表4.7.8-1规定的数值。

表4.7.8-1 其他油气化工码头与陆上储罐的防火间距(m)

储罐分类		装卸液体火灾危险性	
		甲、乙类	丙类
外浮顶储罐、内浮顶储罐、覆土立式油罐、储存丙类液体的立式固定顶储罐	$V \geqslant 50000$	50	35
	$5000 < V < 50000$	35	25
	$1000 < V \leqslant 5000$	30	23
	$V \leqslant 1000$	26	23
储存甲$_B$、乙类液体的立式固定顶储罐	$V > 5000$	50	35
	$1000 < V \leqslant 5000$	40	30
	$V \leqslant 1000$	35	30
甲$_B$、乙类液体地上卧式储罐		25	20
覆土卧式油罐、丙类液体地上卧式储罐		20	15

注:① 表中V指储罐单罐容量,单位为m³;
② 油气化工码头与陆上储罐的防火间距是指码头前沿线与储罐外壁的最小间距;
③ 当码头双侧靠泊时,内档靠泊设计船型船舶外轮廓线与陆上储罐外壁的最小间距也应满足本表要求;
④ 陆上储罐不限于本码头配套的储罐,也包含相邻的其他油气化工品储罐;
⑤ 根据码头装卸工艺需要设置的排空罐、油气回收所需设置的吸液罐和凝液罐等,不受此距离限制。

4.7.8.2 油气化工码头的建(构)筑物外墙与码头前沿线防火间距不宜小于表4.7.8-2的规定。

表 4.7.8-2 油气化工码头的建（构）筑物与码头前沿线防火间距（m）

装卸液体火灾危险性	消防控制室、消防水泵房	变配电间、泡沫间	有明火及散发火花的建（构）筑物及地点	工艺泵站
甲A类	70	30	80	15
甲B、乙类	35	15	40	15
丙类	20	10	30	15

注：① 防火间距是指船长范围内码头前沿线和建（构）筑物之间的距离；
② 内河浮码头趸船上相关建（构）筑物防火间距可按中国船级社《钢质内河船舶建造规范》相关规定执行；
③ 对于采用棚式或露天式布置的转输泵和泄空泵等工艺泵站，其间距可不受限制；
④ 当建（构）筑物内有非防爆设备时，其位置应位于爆炸危险区域之外，否则建（构）筑物应采取达到非爆炸危险环境的安全措施。

4.7.8.3 陆域设施的相关设计应符合国家现行标准《油气化工码头设计防火规范》（JTS 158）、《石油库设计规范》（GB 50074）、《石油化工企业设计防火规范》（GB 50160）等的有关规定。

4.10 生产和辅助生产建筑物

4.10.2 生产和辅助生产建筑物应综合采取防洪、抗风雪、防火、抗震和雷击等安全措施。

5 装卸工艺

5.2 件杂货码头

5.2.9 木材码头的装卸工艺设计尚应符合下列规定。
5.2.9.5 木材应按材种、材长分别堆放，堆场布置应满足装卸作业和消防要求。

5.7 油气化工码头

5.7.1 油气化工码头装卸工艺设计应符合下列规定。
5.7.1.1 油气化工码头装卸工艺设计必须满足正常生产、检修、安全和环保的要求。
5.7.1.2 装卸和储运液化烃、可燃液体介质的火灾危险性分类和管道分级应分别符合表 5.7.1-1 和表 5.7.1-2 的规定，装卸和储运毒性介质的分级应按现行国家标准《职业性接触毒物危害程度分级》（GBZ 230）执行。

表 5.7.1-1 液化烃、可燃液体的火灾危险性分类

类别		名称	特征
甲	A	液化烃	15℃时的蒸气压力大于 0.1MPa 的烃类液体和其他类似的液体
甲	B	可燃液体	甲A 类以外，闪点<28℃
乙	A	可燃液体	28℃≤闪点≤45℃
乙	B		45℃<闪点<60℃

续表 5.7.1-1

类别	名称	特征
丙	A	60℃≤闪点≤120℃
	B	闪点>120℃

注：① 操作温度高于其闪点的乙类液体，应视为甲B 类液体；
② 操作温度高于其闪点的丙类液体，应视为乙A 类液体；
③ 操作温度高于其沸点的丙类液体，应视为乙A 类液体；
④ 操作温度高于其闪点的丙B 类液体，应视为乙B 类液体；
⑤ 闪点低于 60℃但不低于 55℃的轻柴油，其储运设施的操作温度低于或等于 40℃时，可视为丙A 类液体。

表 5.7.1-2 管道分级表

序号	管道级别	输送介质	设计条件	
			设计压力 p（MPa）	设计温度 t（℃）
1	SHA1	（1）极度危害介质（苯除外）、高度危害丙烯腈、光气介质	—	—
		（2）苯介质、高度危害介质（丙烯腈、光气除外）、中度危害介质、轻度危害介质	$p≥10$	
			$4≤p<10$	$t≥400$
			—	$t<-29$
2	SHA2	（3）苯介质、高度危害介质（丙烯腈、光气除外）	$4≤p<10$	$-29≤t<400$
			$p<4$	$t≥-29$
3	SHA3	（4）中度危害介质、轻度危害介质	$4≤p<10$	$-29≤t<400$
		（5）中度危害介质	$p<4$	$t≥-29$
		（6）轻度危害介质	$p<4$	$t≥400$
4	SHA4	（7）轻度危害介质	$p<4$	$-29≤t<400$
5	SHB1	（8）甲类、乙类可燃气体介质和甲类、乙类、丙类可燃液体介质	$p≥10$	
			$4≤p<10$	$t≥400$
			—	$t<-29$
6	SHB2	（9）甲类、乙类可燃气体介质和甲A 类、甲B 类可燃液体介质	$4≤p<10$	$-29≤t<400$
		（10）甲A 类可燃液体介质	$p<4$	$t≥-29$
		（11）甲类、乙类可燃气体介质和甲B 类、乙类可燃液体介质	$p<4$	$t≥-29$
7	SHB3	（12）乙类可燃液体介质	$4≤p<10$	$-29≤t<400$
		（13）丙类可燃液体介质	$p<4$	$t≥400$
8	SHB4	（14）丙类可燃液体介质	$4≤p<10$	$-29≤t<400$

续表 5.7.1-2

序号	管道级别	输送介质	设计条件	
			设计压力 p（MPa）	设计温度 t（℃）
9	SHC1	（15）无毒、非可燃介质	$p \geqslant 10$	—
			—	$t < -29$
10	SHC2	（16）无毒、非可燃介质	$4 \leqslant p < 10$	$t \geqslant 400$
11	SHC3	（17）无毒、非可燃介质	$4 \leqslant p < 10$	$-29 \leqslant t < 400$
			$1 < p \leqslant 4$	$t \geqslant 400$
12	SHC4	（18）无毒、非可燃介质	$1 < p \leqslant 4$	$-29 \leqslant t < 400$
			$p \leqslant 1$	$t \geqslant 185$
			$p \leqslant 1$	$-29 \leqslant t < -20$
13	SHC5	（19）无毒、非可燃介质	$p \leqslant 1$	$-20 < t < 185$

5.7.1.5 油气化工码头工艺系统应具有防火、防爆、防雷、防静电、防泄漏和防止事故扩散的安全措施。

5.8 滚装码头

5.8.7 滚装码头应根据需要设置旅客服务设施、围栏、出入口、安全设施和消防设施等。

6 港内运输和港口集疏运

6.3 道 路

6.3.2 港内道路设计应符合下列规定。
6.3.2.1 港内道路布置应满足运输、消防、环境卫生和排水等要求，宜布置成环形。尽头式道路应具备回车条件。

7 给水和排水

7.1 一般规定

7.1.1 港口给水、排水设施的能力应满足生产、生活、环境保护、船舶、消防等用水和雨水、生活污水、生产废水、防洪等排放的要求。给水、排水工程设计应在满足港口总体设计的要求下，全面规划、远近结合，以近期为主并考虑扩建的可能。对扩建和改建的给水、排水工程，应充分发挥原有设施的效能。

7.2 给 水

7.2.1 港口给水系统应根据货种、水源情况、水质和水压等条件综合分析确定，也可按表 7.2.1 采用。

表 7.2.1 港口给水系统

货种	用水区域	
	码头、库场区	生产辅助区
集装箱、件杂货	（船舶+生活+生产）系统、消防系统	（生活+生产+消防）系统

续表 7.2.1

货种	用水区域	
	码头、库场区	生产辅助区
液体散货	（船舶+生活+生产）系统、消防系统	（生活+生产+消防）系统
干散货（煤、矿石）	（船舶+生活+生产）系统、（喷洒降尘+消防）系统	（生活+生产）系统、消防系统

注：① 当采用上述给水系统不能满足船舶供水要求时，可设置独立的船舶供水系统；
② 当需要消防系统和生活、生产系统分开时，可根据具体情况设置。

7.2.2 港口设计用水量应包括生产用水、生活用水、环境保护用水、船舶用水、消防用水、未预见用水和管网漏失水量。

7.2.13 调节站贮水池的有效容积应根据调节水量和消防储备水量确定。调节水量应按来水和供水曲线计算。缺乏资料时，调节水量可按下式计算：

$$Q_1 = aQ_0 \qquad (7.2.13)$$

式中 Q_1——调节水量（m³）；
a——调节系数，可采用表 7.2.13 中的数值；
Q_0——最高日用水量（m³）。

表 7.2.13 调节系数

最高日用水量 Q_0（m³）	调节系数
500～1000	0.60
1001～2000	0.50
2001～3000	0.40
3001～5000	0.30
5001～10000	0.25

注：① 最高日用水量中不包括消防用水量；
② 消防储备水量按现行国家标准《消防给水及消火栓系统技术规范》（GB 50974）的有关规定执行。

7.2.15 调节站高位水池、水箱的有效容积可按表 7.2.15 确定。

表 7.2.15 调节站高位水池、水箱的有效容积

最高日用水量（m³）	高位水池、水箱有效容积（m³）	最高日用水量（m³）	高位水池、水箱有效容积（m³）
500～1000	100	3000～5000	150～200
1000～3000	100～150	5000～10000	200

注：高位水池、水箱有效容积中已包括室内消防用水量。

7.2.16 进港给水接管点至港口调节站的输水管应按最高日平均时用水量加消防补充流量设计；无调节站时，应按最高日最高时用水量加消防流量设计；采用独立的消防水源时可不加消防补充流量或消防流量。

7.2.17 配水管网应按最高日最高时用水量和设计水压进行水力计算，并应按发生消防时的流量和消防水压进行校核。

7.2.18 港口生产、生活给水配水管网应布置成环状，停水

对生产、生活影响不大的给水配水管网可布置成枝状。消防给水管布置应符合国家现行标准的有关规定。

7.3 排 水

7.3.15 危险品集装箱堆场周围应设置独立的污水收集系统，收集地面初期雨水、作业和应急救援产生的污水。

8 消 防

8.1 一般规定

8.1.1 港口消防设计应贯彻"预防为主，防消结合"的方针，港口消防给水系统应遵循国家的有关方针政策，结合工程特点，采取有效的技术措施，做到安全可靠、技术先进、经济适用、保护环境。

8.1.2 港口总平面布置、装卸工艺、水工结构、建筑物、构筑物、供电照明、暖通空调、控制、通信和环保等设计应满足防火要求。

8.1.3 港口消防给水系统必须与港口统一规划、同步建设，消防水源应有可靠保证。

8.1.4 港口消防设计应根据工程的火灾危险性，确定灭火介质及相关参数，合理配置水上、陆域消防设施。

8.1.5 港口消防设计除应执行本规范外，尚应符合国家现行标准《建筑设计防火规范》（GB 50016）、《消防给水及消火栓系统技术规范》（GB 50974）和《油气化工码头设计防火规范》（JTS 158）等的有关规定。

8.1.6 与发电厂、石化厂等配套的码头，消防设计除应执行本规范外，尚应符合相关行业现行防火设计规范的有关规定。

8.2 火灾危险性分类

8.2.1 码头、库场、储罐区的火灾危险性分类，应根据装卸及储存物品的火灾危险性，按照国家现行标准《建筑设计防火规范》（GB 50016）、《石油库设计规范》（GB 50074）、《油气化工码头设计防火规范》（JTS 158）等执行。

8.2.3 港口生产及生产辅助建筑物的火灾危险性应根据生产中使用或产生的物质性质及数量等因素划分；港口职工休息及办公等非生产性建筑的火灾危险性可按民用建筑考虑。

8.3 消防设计流量

8.3.1 港口消防设计流量应根据码头、库场、储存区规模、装卸及储存物品的类别和数量、建筑物类别和建筑体积，按照国家现行标准《建筑设计防火规范》（GB 50016）、《消防给水及消火栓系统技术规范》（GB 50974）、《石油库设计规范》（GB 50074）和《油气化工码头设计防火规范》（JTS 158）等的规定计算确定。

8.3.2 港口消防设计流量应按同一时间内的火灾起数和1起火灾灭火所需消防设计流量确定。

8.3.3 占地面积不大于100公顷的港口，同一时间内的火灾起数应按1起确定。占地面积大于100公顷的港口，同一时间内的火灾起数应按2起确定。

8.3.4 件杂货、通用、多用途、普通货物集装箱的码头平台和设有露天带式输送机等设施的固体散货码头平台，其消防设计流量不应小于15L/s；甲、乙、丙类货种码头火灾延续时间不应小于3h，丁、戊类货种码头火灾延续时间不应小于2h。

8.3.6 油气化工码头消防设计流量应根据国家现行标准《油气化工码头设计防火规范》（JTS 158）、《泡沫灭火系统设计规范》（GB 50151）、《固定消防炮灭火系统设计规范》（GB 50338）和《消防给水及消火栓系统技术规范》（GB 50974）计算确定。油品及液体化工品船舶最大货舱面积及纵向长度应通过实船统计确定；当缺乏资料时，油品及液体化工品船舶的最大货舱面积和冷却范围可参照附录C计算。停靠不同类别货种船舶的码头，应分别按各类别货种最大设计船型进行计算，码头消防设计流量应按各类别货种船舶计算的最大值确定。

8.4 消防设计

8.4.1 港口陆上和水上消防站应满足消防要求，并宜依托附近已有城市、企业的陆上和水上消防站。

8.4.2 港口消防给水系统应根据港口分期建设的特点，按照港口消防给水规划进行设计，做到统筹兼顾、远近结合。

8.4.3 油气化工码头的消防设计应按现行行业标准《油气化工码头设计防火规范》（JTS 158）的有关规定执行。采用固定消防炮灭火时，消防设计应符合现行国家标准《固定消防炮灭火系统设计规范》（GB 50338）的有关规定；采用泡沫灭火时，消防设计应符合现行国家标准《泡沫灭火系统设计规范》（GB 50151）的有关规定；采用干粉灭火时，消防设计应符合现行国家标准《干粉灭火系统设计规范》（GB 50347）的有关规定。

8.4.4 除油气化工码头外，其他码头的消防设计应按现行国家标准《建筑设计防火规范》（GB 50016）和《消防给水及消火栓系统技术规范》（GB 50974）等执行。

8.4.5 港口自动喷水灭火系统宜采用独立给水系统。生产区内的室内消火栓系统、室外消火栓系统、自动喷水灭火系统、自动水喷雾灭火系统等消防给水系统也可合并设置。合并的给水系统中，室内消火栓系统给水管网与自动喷水灭火系统、自动水喷雾灭火系统的管网应在报警阀或雨淋阀前分开设置。

8.4.6 除另有规定和不宜用水保护或灭火仓库外，下列港口仓库应设置自动灭火系统，并宜采用自动喷水灭火系统。自动喷水灭火系统应按照现行国家标准《自动喷水灭火系统设计规范》（GB 50084）执行。

（1）每座占地面积大于$1000m^2$的棉、毛、丝、麻、化纤、毛皮及其制品的仓库；

（2）可燃、难燃物品的高架仓库和高层仓库；

（3）每座占地面积大于$1500m^2$或总建筑面积大于$3000m^2$的其他单层或多层丙类物品仓库。

8.4.7 集装箱码头堆场应根据储存货种的危险等级和规模设置相应的消防设施。专用集装箱空箱堆场可不设固定消防设施。

8.4.8 港口汽车库、停车场、滚装码头汽车待渡场的消防设计，应符合现行国家标准《汽车库、修车库、停车场设计防火规范》（GB 50067）的有关规定。

8.4.9 港口建筑物、码头、库场应根据场所危险等级、火灾的种类等进行灭火器配置，并应符合现行国家标准《建筑灭火器配置设计规范》(GB 50140)的有关规定。

9 供电和照明

9.5 防雷与接地

9.5.6 油气化工码头防雷接地应符合国家现行标准《油气化工码头设计防火规范》(JTS 158)和《石油与石油设施雷电安全规范》(GB 15599)有关规定。

10 通信和船舶交通管理

10.2 有线电通信

10.2.12 港区通信管道的管材应采用抗压性强、符合标准的塑料管。危险品港区应采用耐火性阻燃型塑料管。穿越地基沉降段道路、承载过重的道路、主干道路或铁路路基、埋深过浅或路面荷载过重、有强电干扰影响需防护的管道，应采用钢管并进行钢管防腐处理。

11 自动控制与计算机管理

11.4 油气化工码头

11.4.4 码头消防控制室的布置应符合视线开阔、便于监视和操作的要求，并应具备下列功能：
（1）接受火灾报警、发出火灾报警声光报警信号，向消防部门报警；
（2）码头消防水泵、泡沫液泵的启闭控制；
（3）消防供水管道和泡沫混合液管道上电动阀门的启闭控制；
（4）消防炮的俯仰和水平回转控制；
（5）干粉系统阀门的启闭控制；
（6）干粉炮的俯仰和水平回转控制；
（7）显示消防系统工作、故障状态；
（8）需要时具有远传控制信号。

11.4.5 油气化工码头设置的生产控制系统，应具备超限保护报警、紧急制动和防止误操作的功能。

11.4.6 油气化工码头手动火灾报警按钮的设置应符合下列规定。

11.4.6.1 设置固定可燃气检测器的场所应设置手动火灾报警按钮。

11.4.6.2 码头工作平台区域、引桥及引堤区段应设置手动火灾报警按钮。

11.4.6.3 码头工作平台的操作区域任意位置到邻近手动火灾报警按钮的距离不应大于30m，引桥及引堤区段相邻的手动火灾报警按钮距离不应大于120m。

11.4.6.4 手动火灾报警按钮安装高度距地面宜为1.3m～1.5m，且应有明显的红色标志。

11.4.7 油气化工码头应配置火灾报警装置，火灾报警装置宜选择火灾应急广播或声光报警器、电铃和电笛等。设置扩音对讲的码头，其火灾报警系统的报警器可利用扩音系统的

广播功能作为应急广播。

11.4.8 码头装卸区及附近应设置紧急切断阀的紧急关断按钮。

11.4.9 油气化工码头应设置工业电视监控系统。

11.4.10 油气化工码头的爆炸危险场所应设置固定可燃气体检测报警仪，其布置和设备选用应符合现行国家标准《石油化工可燃气体和有毒气体检测报警设计规范》(GB 50493)的有关规定，并应配备一定数量的便携式可燃气体检测报警仪。

11.4.11 油气化工码头应设置火灾自动报警系统。

11.4.12 消防控制和火灾报警系统的设计及设备选择，应符合国家现行标准《油气化工码头设计防火规范》(JTS 158)和《火灾自动报警系统设计规范》(GB 50116)的有关规定。

12 供热、通风、空调与动力

12.1 一般规定

12.1.2 供热、通风、空调与动力设计除应符合本规范的规定外，尚应符合现行国家标准《工业建筑供热通风与空气调节设计规范》(GB 50019)、《民用建筑供暖通风与空气调节设计规范》(GB 50736)、《建筑设计防火规范》(GB 50016)、《工业企业设计卫生标准》(GBZ 1)等的有关规定。

12.2 供热与采暖

12.2.2 符合下列条件之一时，供暖方式可采用电加热：
（1）供电政策支持；
（2）无集中供热和燃气源，且煤或油等燃料使用受到环保或消防严格限制的建筑；
（3）以供冷为主，采暖负荷较小且无法利用热泵提供热源的建筑；
（4）由可再生能源发电设备供电，且其发电量能够满足自身电加热量需求的建筑。

12.4 空气调节

12.4.3 港口公共浴室应设机械排风设施，并应采用机械补风或自然补风设施。北方地区应对冬季补风做加热处理。金属材质的通风管道、风机及配件应采取防潮措施，非金属材质的通风管道应符合防火要求，并保证其坚固和严密性。

13 环境保护

13.3 生产废水和生活污水

13.3.3 污水处理站宜设于港口生活区常年主导风向的下风侧，并应根据生产需要设置值班室。污水处理设施与其他辅助生产区的距离应满足防火距离要求。

13.3.4 输送含易燃、可燃液体的污水管道设计应符合现行行业标准《油气化工码头设计防火规范》(JTS 158)的有关规定，污水输送管道和工艺设备应满足防爆要求。

13.3.5 含油污水的处理应符合下列规定。

13.3.5.5 用于处理含油污水的构筑物应满足防火、防爆要求。

13.4 粉 尘

13.4.6 除尘设施应满足国家有关防爆、防火规范要求。干式除尘抑尘系统应设置静电保护技术措施。

13.4.7 煤炭、矿石码头装卸、堆存应符合下列规定。

13.4.7.4 堆场应根据防尘需要设置挡风围墙、防风抑尘网或防护林；受环境容量限制时，可采取满足防爆、防火、卫生等条件的半封闭或封闭堆存方式。

13.5 废 气

13.5.3 码头设置的油气回收处理系统应符合现行行业标准《码头油气回收设施建设技术规范》（JTS 196）的有关规定，并应满足下列要求。

13.5.3.5 油气回收系统的防火设计应满足现行行业标准《油气化工码头设计防火规范》（JTS 158）的要求。

13.5.3.7 油气处理装置和尾气排放管应设置检测采样接口、检修排气管和阻火器。排放管高度应根据尾气排放强度确定，并应满足防火间距要求。管路低点应设置泄放阀。冷凝液应收集分类回收处理。

13.10 应急措施

13.10.5 油品、液体化学品罐区和危险品集装箱堆场必须设置事故应急水池。事故泄漏物和应急救援产生的污水等应根据应急预案的规定进行处理。

14 安 全

14.2 安全要求

14.2.3 港口工程总平面布置应综合考虑功能分区、风速风向、防火间距、消防通道、安全疏散通道及安全出口等安全因素。

14.2.7 电气设备应按所在的爆炸危险区域选择保护级别。

14.2.8 货物在装卸、运输、储存过程中有可燃气体、毒气、粉尘等潜在危险时，自动控制和安全检测应根据具体情况设置紧急停车系统，安全仪表系统，可燃、有毒气体检测和报警系统，火灾报警系统，工业电视监控系统，应急广播系统等。

14.2.9 建筑的防火、防爆、抗爆、防腐、耐火保护、抗震、疏散通道与安全出口等设施应符合现行国家标准的有关规定。

14.3 安全措施

14.3.1 总平面布置应根据生产特点和火灾、爆炸危险性类别，将装卸、储存及辅助生产的设备、设施，建（构）筑物分区布置，并设置相应的交通标志、安全警示标志等。

14.3.2 工艺设计应采取正常工况与非正常工况下的联锁保护、安全泄压、紧急切断、事故排放、反应失控等安全控制措施。

14.3.3 装卸危险品的码头应采取防泄漏、防火、防爆、防毒、防腐蚀等措施。油气化工码头装卸工艺设备设施应符合现行国家标准《散装液体化工产品港口装卸技术要求》（GB/T 15626）的有关规定。

14.3.4 油气化工码头的储罐、输送管道应设置防静电接地装置和防雷设施。在爆炸危险场所的入口处，应设置消除人身静电装置。

14.3.8 在可燃气体、有毒气体的装卸作业区内，对可能发生泄漏的场所应设置可燃气体和有毒气体检（探）测器。

14.3.9 产生爆炸性粉尘的散货码头，位于粉尘易于集聚场所的工艺设备应采取防爆、泄爆措施。

14.3.11 在易燃易爆或有腐蚀性气体场所，应采用防爆或防腐蚀型的电机、电器；在潮湿或多尘的工作场所，应采用防潮或防尘封闭型电机、电器；安装在机械、车辆通行地带的配电箱、电气设备和照明灯杆，应设防冲撞设施。

14.3.12 办公室、休息室等严禁设置在甲、乙类仓库内，也不应贴邻。可燃材料仓库的配电箱及开关应设置在仓库外。

14.3.15 危险品集装箱的装卸、储运和管理应按现行行业标准《危险货物集装箱港口作业安全规程》（JT 397）的有关规定执行。危险品集装箱堆存应设置专用箱区，不同种类、性质或防护、灭火方法相抵触的危险品箱应分区存放，并配备相应的安全和应急设施。

14.3.17 港口应根据运输货种的危险性、码头安全等级设置相应的消防系统和设施。

131.《船厂水工工程设计规范》JTS 190—2018

11 动力及公用设施

11.2 给水、排水、消防

11.2.1 船坞、船台滑道和码头给水、排水、消防灭火系统设计应符合下列规定。

11.2.1.1 给水、排水系统应满足生产、生活、环境保护、消防等用水要求和雨水、生活污水、生产废水排水需要。

11.2.1.2 船坞、船台滑道和码头供水总管引入处应设水量计量设施。

11.2.1.3 给水管道的连接方式应符合现行国家标准《室外给水设计规范》(GB 50013)和《建筑给水排水设计规范》(GB 50015)中有关防止水质污染的规定。

11.2.1.4 船坞、船台滑道和码头应设置消防灭火系统,系统类型及规模应与修造和停靠的船舶等级相适应,并应综合考虑水、陆域消防依托条件。

11.2.1.5 消防供水管道不应与燃气管道共沟敷设,不宜与氧气管道共沟敷设,与氧气管道共沟敷设时,应采取有效措施防止氧气积存。

11.2.1.6 给水、排水管材管件和器材设备的选用应根据输送介质特性、自然条件、土质、地下水、管内外受力、管道变形以及施工条件等情况确定。管道设施应根据当地自然条件采取相应的防冻、防结露、防腐、抗震、防变形破坏等技术措施。

11.2.1.7 明敷的给水、排水、消防管线应有各自独立的色标或标志,并明显区别于其他管线,严防误接误用。

11.2.1.8 穿越防渗结构处的给水、排水、消防管道应设置防水套管或其他止水措施。

11.2.2 给水设计应符合下列规定。

11.2.2.1 给水水源水质应满足用水要求。生活用水、试航船舶用水应优先引自市政自来水水源,并宜充分利用管网余压;当水压不足时,宜与厂区统筹考虑加压设施。其他用水宜采用天然水源或中水。

11.2.2.3 设计用水量应包括试航船舶用水、生活用水、生产用水、环保用水、未预见用水和管网漏损水量,其中生产用水包含船舶压载用水、船舱水密试验用水、管道试压用水、冲水试验用水和焊缝处火焰表面淬火或校正冷却用水等;环保用水包含绿化用水及作业平台、船舱、甲板面的喷洒、冲洗用水等。设计用水量可参照现行行业标准《海港总体设计规范》(JTS 165)、《河港工程总体设计规范》(JTJ 212)和《港口工程环境保护设计规范》(JTS 149—1)等有关规定取值。

11.2.2.4 给水系统设计流量应满足各类用水最不利组合工况用水需要,与消防合用的给水系统还应按发生消防时的流量和消防水压进行校核。

11.2.2.5 用水项目供水时间及时变化系数、生产供水接头设施同时使用系数应按实际生产工艺需求确定,需求不明确时,可结合船厂实际生产经验确定。

11.2.2.6 供水接头设施型式应根据生产工艺要求确定,并应满足连接方便、水流顺畅、易检修、安全防护的功能要求,其外形不得妨碍生产作业。

11.2.2.7 供水接头设施布置间距应根据生产工艺用水点分布情况确定,并与电力及动力供应设施成组协调布置;供水接头设施与动力供电接头设施外轮廓应保持足够的安全净距,且不宜小于2m;与动力供气接头设施外轮廓净距应方便操作,宜取0.4m～0.8m;离吊车轨道、码头、坞室边沿的净距应满足安全操作及通行要求。

11.2.4 消防灭火设施设计应符合下列规定。

11.2.4.2 单座船坞、船台滑道或码头同一时间发生火灾次数宜按1次考虑;当船厂有多座船坞、船台滑道或码头时,同时火灾次数及消防工况组合应以全厂为单位按现行国家标准《建筑设计防火规范》(GB 50016)的有关规定确定。

11.2.4.7 船坞、船台滑道及码头灭火器材布置应符合现行国家标准《建筑灭火器配置设计规范》(GB 50140)的有关规定。

132.《船闸总体设计规范》JTJ 305—2001

7 船闸附属设施及其布置

7.7 消防和救护

7.7.1 船闸应设置必要的消防设施。

7.7.2 船闸的水工建筑物、供电照明、暖通空调、控制、通信设施和闸区房屋等设计均应满足消防和救护要求。

7.7.3 船闸消防设计应符合现行国家标准《建筑设计防火规范》(GB 50016)、《消防给水及消火栓系统技术规范》(GB 50974)等的有关规定。

7.7.4 船闸消防水源可采用市政给水或天然水源。消防水源水质应满足水灭火设施的功能要求。当消防水源采用天然水源时，应采取确保安全取水的措施。

7.7.5 消防给水设施应满足消防给水要求的水量和水压。消防给水系统应有防止杂质堵塞的措施。易受冰冻的取水口、管段和阀门应有防冻措施。

7.7.6 采用泡沫灭火介质的消防系统设计应按现行国家标准《泡沫灭火系统设计规范》(GB 50151)的有关规定执行。

7.7.7 船闸建筑物的灭火器应根据场所的危险等级、火灾种类等进行配置，并应符合现行国家标准《建筑灭火器配置设计规范》(GB 50140)的有关规定。

7.7.8 船闸应配置救生圈等救护设备。

133.《船闸电气设计规范》JTJ 310—2004

5 线 路

5.2 室内线路

5.2.6 塑料管和塑料线槽及附件，应采用氧指数大于27的难燃型制品。

5.2.7 金属管和金属线槽布线应符合下列规定。

5.2.7.1 建筑物顶棚内的布线必须采用金属管或金属线槽。

5.2.7.2 明敷于潮湿场所和埋地敷设的金属管布线，应采用水煤气管。明敷和暗敷于干燥场所的金属管布线可采用电线管。

5.3 室外线路

5.3.3 电缆明敷应符合下列规定。

5.3.3.2 架空明敷的电缆与热力管道的净距不宜小于1.0m，当净距小于或等于1.0m时，应采取隔热措施。电缆与非热力管道的净距不宜小于0.5m，当净距小于或等于0.5m时，应在与管道接近的电缆段上和该段两端向外延伸不小于0.5m以内的电缆段上，采取防止电缆受机械损伤的措施。

6 照 明

6.3 照明供电

6.3.10 靠近高温灯具的上部不应敷设线路。接入高温灯具的线路应采用耐热导线或采取其他隔热措施。

134. 《海港总体设计规范》JTS 165—2013

9 给水、排水

9.2 给水

9.2.1 港口设计用水量应按下列各项用水确定：
(1) 船舶用水；
(2) 生产用水；
(3) 生活用水；
(4) 环境保护用水；
(5) 消防用水；
(6) 未预见用水。

注：消防用水和环境保护用水采用独立水源时，应单独计算其用水量。

9.2.6 港口陆域消防用水量、水压、火灾延续时间等应按现行国家标准《建筑设计防火规范》（GB 50016）的有关规定执行。

9.2.11 给水管网的水量、水压不能满足港内最高日最高时或消防用水时，应设置调节站。调节站可包括贮水池、高位水池（箱）和泵房等。

9.2.12 调节站贮水池的有效容积应根据调节水量和消防储备水量确定。调节水量应按来水和供水曲线计算。缺乏曲线资料时，调节水量可按下式计算：

$$Q_1 = aQ_0 \quad (9.2.12)$$

式中 Q_1——调节水量（m^3）；

a——调节系数，采用表 9.2.12 中的数值；

Q_0——最高日用水量（m^3）。

表 9.2.12 调节系数

最高日用水量 Q_0（m^3）	调节系数 a
500～1000	0.60
1001～2000	0.50
2001～3000	0.40
3001～5000	0.30
5001～10000	0.25

注：① 最高日用水量中不包括消防用水量；
② 消防储备水量应按现行国家标准《建筑设计防火规范》（GB 50016）等有关规定执行。

9.2.16 泵房水泵型号及台数的选择，应根据用水量变化情况、水压、消防要求和调节建筑物容积等因素综合考虑确定。型号宜少，电机电压应一致。

9.2.17 进港给水接管点至港口调节站或自备水源至港口调节站的输水管，应按最高日平均时用水量加消防补充流量设计。无调节站时，应按最高日最高时用水量加消防流量设计。

10 消 防

10.1 一般规定

10.1.1 港口总平面布置、装卸工艺、水工结构、建筑物、构筑物、供电照明、暖通空调、控制和通信等设计应满足防火要求。

10.1.2 港口消防设计中应贯彻"预防为主，防消结合"的方针，设置消防设施，采用先进的防火技术，防止和减少火灾危害。

10.1.3 港口消防设计应根据工程的火灾危险性，确定灭火介质及相关参数，合理配置水域、陆域消防设施。

10.1.4 港口消防设计除应满足本规范要求外，尚应符合国家现行标准《建筑设计防火规范》（GB 50016）、《石油化工企业设计防火规范》（GB 50160）、《石油库设计规范》（GB 50074）和《装卸油品码头防火设计规范》（JTJ 237）等的有关规定。

10.2 火灾危险性分类及消防用水量

10.2.1 港口码头、库场、储罐区的火灾危险性分类，应根据装卸及储存物品的火灾危险性，并应按照国家现行标准《建筑设计防火规范》（GB 50016）、《石油库设计规范》（GB 50074）和《装卸油品码头防火设计规范》（JTJ 237）等的有关规定进行确定。集装箱堆场的火灾危险性可按堆存丁类物品考虑，危险品集装箱堆场的火灾危险性应根据堆存箱种的类别确定。

10.2.2 港口消防用水量应根据码头、库场、储罐区规模，装卸、储存物品的类别和数量，建筑物类别及体积等，按照国家现行标准《建筑设计防火规范》（GB 50016）、《自动喷水灭火系统设计规范》（GB 50084）、《石油库设计规范》（GB 50074）和《装卸油品码头防火设计规范》（JTJ 237）的有关规定计算确定。

10.2.3 码头、库场、储罐区等室外消防用水量应按同一时间内的火灾次数和一次灭火用水量确定。港口面积超过 1km² 时，港口同一时间内的火灾次数宜按两处确定。

10.3 消 防 设 计

10.3.1 港口应根据部颁《港口消防站布局与建设标准》要求，设置陆域和水上消防站。

10.3.2 港口消防给水系统应根据港口分步建设的特点，按照港口消防给水规划进行设计，做到统筹兼顾、经济合理。

10.3.3 采用泡沫灭火介质的消防系统设计应按现行国家标准《泡沫灭火系统设计规范》（GB 50151）、《固定消防炮灭火系统设计规范》（GB 50338）的有关规定执行。

10.3.4 液体散货码头的消防设计应按现行行业标准《装卸

油品码头防火设计规范》(JTJ 237)的有关规定执行。

10.3.5 集装箱码头堆场应根据其规模和危险等级设置相应的消防设施。专用集装箱空箱堆场可不设固定消防设施。位于消防站保护范围内的非危险品集装箱堆场，经论证后，可不设置固定消防设施。

10.3.6 港口汽车库、停车场及滚装码头汽车待渡场的消防设计，应符合现行国家标准《汽车库、修车库、停车场设计防火规范》(GB 50067)的有关规定。

10.3.7 港口建筑物的灭火器应根据场所的危险等级、火灾种类等进行配置，并应符合现行国家标准《建筑灭火器配置设计规范》(GB 50140)的有关规定。

13 自动控制、计算机管理

13.1 一般规定

13.1.4 自动控制与计算机管理系统应包括控制系统、计算机管理系统和工业电视系统。控制系统由流程控制系统、消防控制系统及照明控制系统构成。计算机管理系统由网络系统、服务器及存储系统、应用系统及外围设备构成。

13.4 液体散货码头

13.4.4 液体散货码头应设消防控制室。消防控制室设在码头上时，宜布置在建筑物的顶层。消防控制室的布置应符合视线开阔、便于监视和操作的要求。

13.4.5 液体散货码头及引桥上应设置防爆手动报警按钮和防爆声光报警器。

13.4.7 液化天然气码头应设置固定式可燃气体检测报警仪，并应配备一定数量的便携式可燃气体检测报警仪。在检测到的可燃气体或蒸气的浓度达到爆炸下限值的25%时，报警仪应能及时发出声光报警。

13.4.8 液化天然气码头应设置声光自动火灾报警系统。

13.4.9 液体散货码头的爆炸和火灾危险区域的等级与范围的划分应符合现行国家标准《石油库设计规范》(GB 50074)的有关规定。

13.4.10 液体散货码头的消防控制和火灾报警系统的设计及设备选择，应符合现行行业标准《装卸油品码头防火设计规范》(JTJ 237)的有关规定。

附录 F 港区主要生产和辅助生产建筑物参考指标

F.0.2 主要辅助生产建筑物可按以下指标确定建筑面积。

（11）消防站：参照公安部《消防站建筑设计标准》的有关规定确定。

135. 《液化天然气码头设计规范》JTS 165—5—2021

9 码头安全设施

9.1 通用设施

9.1.1 液化天然气码头应设置防火、防泄漏和防止事故扩大漫延的安全设施。

9.1.3 液化天然气码头应设置声光自动火灾报警系统。

9.1.7 液化天然气码头应设置泄漏液化天然气的收集和处置系统，且应与该系统配套设置高倍数泡沫灭火系统。高倍数泡沫灭火系统的设计应符合现行国家标准《泡沫灭火系统设计规范》(GB 50151)的有关规定。

9.2 消防设施

9.2.1 液化天然气码头应配备远控消防水炮、水幕系统、水喷雾系统、干粉灭火系统、高倍数泡沫灭火系统等固定式消防设施。

9.2.2 液化天然气码头所配备的消防设施，应能满足扑救码头火灾和辅助扑救停泊设计船型火灾的要求。

9.2.3 液化天然气码头配置的干粉灭火系统应符合下列规定。

9.2.3.1 每个泊位的干粉灭火系统至少应包括 2 门干粉炮、2 支干粉枪。

9.2.3.2 干粉炮的射程应覆盖码头工作平台装卸区范围。干粉炮的额定射程不应小于所需射程的 1.1 倍。

9.2.3.3 干粉连续供给时间不应小于 60s。

9.2.3.4 干粉储备量应符合现行国家标准《干粉灭火系统设计规范》(GB 50347)和《固定消防炮灭火系统设计规范》(GB 50338)的有关规定。

9.2.4 液化天然气码头配置的消防水炮应符合下列规定。

9.2.4.1 应配置不少于 2 台固定式远控消防水炮。

9.2.4.2 消防水炮的射程应覆盖设计船型的装卸管汇区和码头工作平台装卸区范围。消防水炮的额定射程不应小于所需射程的 1.1 倍。

9.2.4.3 码头消防水炮可与消防船或消拖两用船协同工作以满足覆盖停泊设计船型的全船范围和水量要求，码头消防炮的水量比例不应小于 50%。

9.2.4.4 起火船舶着火罐（舱）及邻罐（舱）均应喷水冷却，供给强度不宜小于 $4L/(min·m^2)$，冷却面积宜取设计船型最大储罐（舱）甲板以上部分的表面积加邻近储罐（舱）甲板以上部分的表面积的 50%。

9.2.4.5 消防水炮的工作时间不应少于 6h。

9.2.4.6 消防水炮应采用直流水雾两用喷嘴。

9.2.4.7 消防水炮应具备有线控制和无线控制功能。

9.2.5 操作平台前沿、登船梯前侧和消防炮塔应设置水幕系统。水幕系统设计应符合下列规定。

9.2.5.1 设计流量不宜小于 $2.0L/(s·m)$。

9.2.5.2 工作时间不宜小于 1h。

9.2.5.3 水平方向覆盖范围宜为装卸设备两端各延伸 5m 范围内、登船梯前侧。

9.2.6 设置于码头工作平台范围内的疏散逃生通道应设置暴露防护自动水喷雾系统，其喷水强度不宜小于 $10.2L/(min·m^2)$，工作时间不宜小于 30min。疏散通道的喷头应采用水雾型喷头。

9.2.7 消防炮覆盖不到的工艺设备应设置自动水喷雾系统，水喷雾喷水强度不宜小于 $10.2L/(min·m^2)$，工作时间不宜小于 30min。

9.2.8 液化天然气码头其他消防设施的设置应符合下列规定。

9.2.8.1 引桥、引堤、工作平台和操作平台应设置消火栓，并配备直流水雾两用水枪和水带，其间距不应大于 60m，最少设置 1 个。

9.2.8.2 码头消防供水管上应设置用于向船舶装置供给消防水的国际通岸接头，该接头的规格应当与现行国家标准《船用消防接头》(GB/T 2031) 中的国际通岸接头规格相一致。

9.2.8.3 工作平台和操作平台应设置足够的手提式干粉灭火器和推车式干粉灭火器。灭火器布设应满足下列要求：
（1）每个手提式灭火器最大保护距离不大于 9m；
（2）每台推车式灭火器最大保护距离不大于 18m。

9.2.8.4 灭火器的配置除应符合本规范的规定外，还应符合现行国家标准《建筑灭火器配置设计规范》(GB 50140) 的有关规定。

9.2.8.5 码头控制室和配电间应设置火灾自动报警系统和气体灭火系统。当采用自动气体灭火系统时，应具有转换至手动状态的功能。

9.2.9 码头消防用水量应为消防水炮、水幕、水喷雾设备和移动消防设备同时工作最大用水量的总和。

9.2.10 水上和陆上联合提供消防保护时，消防船或消拖两用船的配备数量，应根据需要水上提供的消防水量和保护范围确定，码头所配备的消防船或消拖两用船的对外消防性能应符合下列规定。

9.2.10.1 海港液化天然气码头配备的消防船或消拖两用船应满足中国船级社现行《钢质海船入级规范》所规定的第 1 类消防船的要求。

9.2.10.2 河港液化天然气码头配备的消防船或消拖两用船应满足中国船级社现行《钢质内河船舶建造规范》的规定。

9.2.10.3 河港液化天然气码头配备的消防船或消拖两用船性能应符合中国船级社现行《内河消防船补充要求》的规定，靠泊舱容 $8000m^3$ 及以下船舶装置的液化天然气码头配备消防船或消拖两用船性能应满足第 1 类消防船的要求，靠泊舱容 $8000m^3$ 以上船舶装置的液化天然气码头配备消防船或消拖两用船性能应满足第 2 类消防船的要求。

136.《游艇码头设计规范》JTS 165—7—2014

8 码头配套设施

8.2 给 水

8.2.1 游艇码头应设置生产生活给水系统、消防给水系统。

8.3 消 防

8.3.1 游艇泊位上应设置泡沫灭火器、干粉灭火器和火灾报警装置。

8.3.2 游艇泊位消防给水系统，应保证系统的最不利点工作压力不低于0.30MPa，单支水枪流量不低于5L/s；管径不应小于40mm。

8.3.3 游艇泊位消防水源宜与陆域消防系统水源一致，并应在陆域设置消防水泵接合器。与市政水源接管点处应设置倒流防止器。

8.3.4 游艇泊位上应设置消火栓箱，间距宜取40m。

8.3.5 燃料补给泊位应设置可靠的消防设施。燃料补给泊位宜设置半固定式水冷却系统和移动式泡沫灭火系统。

8.3.6 燃料补给泊位的加油点和任何可能的明火源或散发火花地点的最小距离不得小于18m。

8.3.7 艇库应按现行国家标准《建筑设计防火规范》（GB 50016）和《建筑灭火器配置设计规范》（GB 50140）设置消防给水和灭火设施。

137.《邮轮码头设计规范》JTS 170—2015

2 术 语

2.0.1 邮轮 Cruise
具有定线、定期航行的并具备生活、娱乐、购物等设施，以供游客休闲度假为主要功能的海上船舶。

2.0.6 客运中心 Terminal Building
为邮轮码头游客提供出入境、候船等综合服务的建筑物。

3 基本规定

3.0.10 邮轮码头应设置安全、消防、检验检疫、安保等应急疏散、救援系统和配置相应设施。

8 配套设施

8.4 给水、排水与消防

8.4.1 邮轮码头应设置给水、排水设施，其能力应满足船舶、生活、环境保护、消防等用水要求和雨、污水等排放的要求。

8.4.3 邮轮码头给水设计应符合下列规定。

8.4.3.1 供水水源应优先采用城镇自来水。对于有条件的港口，应优先采用分质供水的原则。对于道路洒水、消防和绿化用水，应优先采用中水或杂用水。

8.4.5 外部供水管网的水量、水压不能满足邮轮码头最高日最高时用水或消防用水时，邮轮码头应设置供水调节站。

8.4.10 邮轮码头及客运中心的消防设计应符合现行国家标准《建筑设计防火规范》(GB 50016)和《消防给水及消火栓系统技术规范》(GB 50974)等的有关规定。

138.《海上固定转载平台设计规范》JTS 171—2016

2 术 语

2.0.1 海上固定转载平台 Fixed Offshore Platform for Transshipment

在离岸海域建设的用于大、小船舶之间货物转载的固定水工建筑物及相关设施。

7 配套设施

7.9 消 防

7.9.1 消防用水量、水压及延续时间等应符合现行国家标准《建筑设计防火规范》（GB 50016）和《消防给水及消火栓系统技术规范》（GB 50974）的有关规定。

7.9.2 同一时间内的火灾次数应按一次计；一次灭火用水量应按平台上最大消防水量确定。

7.9.3 海上固定转载平台上及建筑物内均应设置室内消火栓供水系统，并应配置干粉或二氧化碳手提式灭火器。各项配置应符合现行国家标准《建筑设计防火规范》（GB 50016）、《消防给水及消火栓系统技术规范》（GB 50974）和《建筑灭火器配置设计规范》（GB 50140）的有关规定。

7.9.4 海上固定转载平台上应贮备一次灭火消防水量，当与其他用水合用贮水池时，应有保证消防水不作他用的措施。

7.9.5 海上固定转载平台最高建筑物屋顶上应设置消防水箱。

7.9.6 海上固定转载平台消防给水系统应采用临时高压给水系统。

139. 《三峡船闸设施安全检测技术规程》JTS 196—5—2009

7 附属设施安全检测

7.1 一般规定

7.1.5 消防系统安全检测对象应包括消防自动报警系统、水系统和气体灭火系统。

7.5 消防系统安全检测

7.5.1 消防系统安全检测应包括下列内容：
(1) 巡视检查；
(2) 消防自动报警系统检测；
(3) 水系统检测；
(4) 气体灭火系统检测。

7.5.2 巡视检查应符合下列规定。
7.5.2.1 巡视检查应以目测为主，并辅以必要的量测工具。
7.5.2.2 巡视检查应作好现场检查记录，记录表格式见附录R。
7.5.2.3 巡视检查应包括下列内容：
(1) 消防自动报警系统的工作情况；
(2) 水系统各组件手动与自动控制动作情况、控制阀启闭情况、管道与闸阀漏水情况和压力表显示情况等；
(3) 气体灭火系统控制器手动与自动转换情况、手动操作装置铅封情况和压力表显示情况等。

7.5.3 消防自动报警系统检测应符合下列规定。
7.5.3.1 消防自动报警系统检测应包括下列内容：
(1) 感温探测器检测；
(2) 感烟探测器检测；
(3) 火灾报警控制器基本功能试验。

7.5.3.2 感温探测器检测应符合现行国家标准《点型感温火灾探测器技术要求及试验方法》(GB 4716)的有关规定。
7.5.3.3 感烟探测器检测应符合现行国家标准《点型感烟火灾探测器技术要求及试验方法》(GB 4715)的有关规定。
7.5.3.4 火灾报警控制器基本功能试验应符合现行国家标准《火灾报警控制器通用技术条件》(GB 4717)的有关规定。

7.5.4 水系统检测应符合现行国家标准《自动喷水灭火系统施工及验收规范》(GB 50261)的有关规定。
7.5.5 气体灭火系统检测应符合现行国家标准《气体灭火系统施工及验收规范》(GB 50263)的有关规定。

7.6 附属设施安全性分析

7.6.2 附属设施安全性分析应包括下列内容：
(4) 消防系统可靠性分析。

附录R 三峡船闸消防系统巡视检查记录表格式

三峡船闸消防系统巡视检查记录表　　　　　表 R.0.1

部　　位：
检查日期：　　　　　气　温：　　　　　天　气：
检查负责人：　　　　　　　　　　　记录人：

检查项目		检查情况
1. 消防自动报警系统	(1) 报警功能	
	(2) 火灾控制器	
	(3) 其他	
2. 水系统	(1) 手动控制	
	(2) 自动控制	
	(3) 阀件启闭	
	(4) 漏水	
	(5) 压力表显示	
	(6) 其他	
3. 气体灭火系统	(1) 手动控制	
	(2) 自动控制	
	(3) 阀件启闭	
	(4) 铅封	
	(5) 压力值	
	(6) 其他	

检查人员签名：

140.《长江三峡库区港口客运缆车安全设施技术规范》JTS 196—7—2007

7 主要设施及部件

7.1 轿厢和车架

7.1.2 轿厢内必须配备灭火器。轿厢内装饰材料应采用阻燃材料。

141.《内河液化天然气加注码头设计规范》JTS 196—11—2016

6 工　艺

6.3 加注工艺

6.3.10 放散管管口不应设防雨罩等影响放散气流垂直向上的装置，放散管底部最低处应有排污措施。低温天然气放散气体应经加热器加热成比空气轻的气体后方可排入集中放散管。放散管系统设计尚应符合现行国家标准《石油天然气工程设计与防火规范》（GB 50183）的有关规定。

7 码头安全设施

7.2 消防设施

7.2.1 内河液化天然气加注码头所配备的消防设施，应能满足扑救码头火灾的要求。

7.2.2 液化天然气加注设施灭火器材的配置应符合下列规定。

7.2.2.1 每套加注设施应至少配置2具5kg手提式干粉灭火器。中心距离不大于15m的两套加注设施可共用2具手提式干粉灭火器，但灭火器放置地点距离设施中心不应大于9m。

7.2.2.2 每套加注设施应至少配置1台35kg推车式干粉灭火器。中心距离不大于30m的两套加注设施可共用1台推车式干粉灭火器，但灭火器放置地点距离设施中心不应大于18m。

7.2.3 内河液化天然气加注码头建筑物灭火器配置，应符合现行国家标准《建筑灭火器配置设计规范》（GB 50140）的有关规定。

7.2.5 内河液化天然气加注码头消防给水系统的设置应符合下列规定。

7.2.5.2 消火栓的布置应保证加注设施区的任何部位均有两支水枪的充实水柱可以到达。

7.2.5.3 消火栓设计流量不应小于15L/s，连续供水时间不应少于3h。消火栓栓口动压不应小于0.25MPa，且消防水枪充实水柱应按10m计算。

7.2.5.4 消火栓应采用室内消火栓或管牙接口，并配备水龙带和多功能水枪。

7.2.6 内河液化天然气加注码头消防系统的设计应符合现行国家标准《建筑设计防火规范》（GB 50016）和《消防给水及消火栓系统技术规范》（GB 50974）的有关规定。

142. 《码头油气回收设施建设技术规范》JTS 196—12—2017

4 设 计

4.2 总平面

4.2.2 油气回收装置宜布置在码头全年最小频率风向的上风侧,并避开人员集中场所、明火或散发火花地点。

4.2.3 油气回收装置在码头前沿区域内布置时,其与相邻建筑物的防火间距不应小于表4.2.3的规定。

表4.2.3 油气回收装置与油品码头泊位前沿线或相邻建筑物的防火间距

油品码头前沿线、建筑物		与油气回收装置距离(m)
油品码头前沿线	甲A类	30
	甲B、乙类	15
	丙类	15
消防泵房		30
变配电间		15

续表4.2.3

油品码头前沿线、建筑物	与油气回收装置距离(m)
消防控制室	30
有明火及散发火花的建筑物及地点	20
其他建筑物	12

注:表中甲A类、甲B类、乙类、丙类是指装卸货物的火灾危险性类别。

4.2.4 油气回收装置布置在码头后方陆域时,其周边宜设置围网、金属栅栏、实体围墙。靠近道路和作业通道时应设置防撞设施和反光标识。

4.2.5 油气回收装置布置在码头后方陆域时,其与相邻建筑物的防火间距,应符合现行国家标准《石油库设计规范》(GB 50074)和《油品装载系统油气回收设施设计规范》(GB 50759)的有关规定。

143.《海岸电台总体及工艺设计规范》JTJ/T 341—96

4 总体设计

4.2 总平面布置

4.2.3 台内各种建筑间距应符合现行国家标准《建筑设计防火规范》(GB 50016)的规定。

6 通信设备配置与安装

6.4 工艺对土建设计的要求

6.4.3 通信机房耐火等级应不低于二级。

9 电 源

9.5 变配电室及设备布置

9.5.3 变配电房间耐火等级应不低于二级,油浸变压器室的耐火等级应为一级。

144. 《港口地区有线电话通信系统工程设计规范》JTJ/T 343—96

8 通信站建筑

8.1 一般规定

8.1.2 通信楼的耐火等级不应低于2级。

8.2 各类机房的建筑与结构设计要求

8.2.6 蓄电池室按下列规定进行设计。

8.2.6.1 蓄电池室宜布置于底层，其下不宜设地下室。蓄电池室如有必要设于楼层时，其楼面构造必须确保酸（碱）液不致渗入结构层内。

8.2.6.2 蓄电池室的地面、墙面、顶棚面、门窗等表面均应采用耐酸（碱）腐蚀的材料。

8.3 采暖、空调、通风、消防

8.3.5 地下的电缆进线室，应有良好的防水、防火性能，并应安装通风设备。排风量应按每小时不小于5次换气计算。

8.3.7 通信机房应设置手提式卤代烷灭火器设备。

145.《甚高频海岸电台工程设计规范》JTJ/T 345—99

10 机房工艺要求

10.0.3 机房耐火等级应不低于二级。

10.0.4 甚高频海岸电台暖通、给排水、环保和消防等工程设计应符合国家现行标准的有关规定。

146. 《水运工程施工安全防护技术规范》JTS 205—1—2008

1 总 则

1.0.2 本规范适用于水运工程施工的安全防护技术工作。

2 术 语

2.0.4 四不放过

事故原因未查清不放过、责任人员未处理不放过、整改措施未落实不放过、有关人员未受到教育不放过。

2.0.6 危险源辨识

发现、识别危险源的存在，并确定其特性的过程。

2.0.7 五牌一图

五牌指工程概况牌、管理人员名单及监督电话牌、消防保卫牌、安全生产牌、文明施工牌；一图指施工现场总平面布置图。

2.0.10 沉箱近程浮运拖带

航程在 30n mile 以内且连续航行中无夜间航行的沉箱拖航。

2.0.11 沉箱远程浮运拖带

航程超过 30n mile 或连续航行中需夜间航行的沉箱拖航。

3 基本规定

3.8 消 防

3.8.1 施工单位应根据《中华人民共和国消防法》和有关规定，建立、健全消防制度，制定消防应急预案。

3.8.2 施工单位应对职工进行消防宣传教育，实行防火安全责任制，并确定区域消防安全责任人。

3.8.3 施工单位应保障施工现场的消防通道、疏散通道和安全出口畅通，并设置符合国家规定的消防安全疏散标志。

3.8.4 施工单位应按照有关法律法规的规定，在施工现场配备相应的消防设施、器材，并确保其完好、有效。

3.8.5 施工现场应根据作业环境和防火需要组建义务消防队，并定期开展消防演练。

3.8.6 在禁火区需明火作业时，必须执行动火审批和监管制度。

3.8.7 施工船舶的消防，应符合现行行业标准《船舶消防管理和检查技术要求》(JT/T 440)的有关规定。

3.9 文明施工

3.9.3 施工现场应在明显的位置设置"五牌一图"。

3.9.4 施工现场的原材料、半成品、成品、预制构件等的堆放和机械、设备的摆放应整齐、稳固、规范、标识清楚，不得侵占场内道路或影响安全。工程垃圾和废弃物应进行分类堆放，并及时清运处理。

3.11 安全检查

3.11.3 存在重大安全隐患或违反工程建设标准强制性条文的，在整改、验收未完成前，必须停止施工。

3.12 应急预案

3.12.1 施工单位必须根据工程项目施工生产的特点、作业环境和条件，制定综合应急预案、专项应急预案和现场处置方案。

3.12.2 施工单位的应急预案，应根据现行行业标准《生产经营单位安全生产事故应急预案编制导则》(AQ/T 9002)的规定编制。

3.12.3 施工单位应建立应急救援组织，配备救援人员和必要的应急救援器材、设备，并对应急预案进行演练和持续改进。

3.13 生产安全事故报告和调查处理

3.13.1 施工单位应根据各级政府和行业主管部门的有关规定，实施生产安全事故报告和调查处理。

3.13.2 在调查、处理生产安全事故时，必须坚持"四不放过"的原则。

4 施工安全技术准备

4.1 施工现场总体布置原则

4.1.5 易燃、易爆物品仓库或其他危险品仓库的布置以及与相邻建筑物的距离，必须符合国家和相关部门的规定。

4.1.7 施工现场应设置安全警示标志。

4.5 场内道路、材料堆放及加工场地

4.5.6 构件焊接、钢筋对焊或其他明火作业的场地，必须与易燃易爆或危险品的存放场所、木材加工场地等分开，并用实体墙隔离或采取其他有效隔离措施。

4.6 现场办公区和生活区

4.6.1 办公区和生活区选用的建筑材料应符合环保和防火的规定。在地震频发区宜选用轻型结构或集装箱式房屋。

5 通用作业的安全防护

5.6 电焊、气焊施工

5.6.1 焊接作业除应按规定穿戴劳动防护用品外，尚应根据不同作业环境采取防止触电、高处坠落、一氧化碳中毒和火

灾事故的安全措施。

5.6.4 氧气瓶、乙炔瓶存放或使用时，严禁靠近热源或易产生火花的电气设备。

5.6.5 电焊、气割等明火作业点 10m 范围内，严禁存放油类、木材、氧气瓶、乙炔瓶等易燃易爆物品或其他可燃危险物品。

5.6.11 承压状态下的压力容器及管道、带电设备、承载结构的受力部位或装有易燃、易爆物品的容器严禁进行焊接或切割。使用过危险化学品的容器、设备、槽桶、管道、舱室等，动火前必须进行清洗，并经测爆合格后方可进行焊接或切割，必要时应采取惰性气体置换措施。容器内部喷涂的油漆、塑料等应预先予以清除。

5.12 爆破作业

5.12.1 从事爆破工程的施工单位及爆破作业人员必须具有相应的爆破资质证书、作业许可证和资格证书。爆破工程施工必须取得有关部门批准。

10 主要施工船舶安全操作

10.1 一般规定

10.1.4 施工船舶应按规定配备有效的通信、消防、救生、堵漏设备，制定各项安全技术措施及应急预案，并定期进行演练。

10.1.5 施工船舶的梯口、应急场所等应设有醒目的安全警示标志或标识。楼梯、走廊、通道应保持畅通。

10.1.20 使用船电作业应符合下列规定。

10.1.20.2 配电板或电闸箱附近应备放扑救电气火灾的灭火器材。

10.1.21 进入施工船舶的封闭处所作业应符合下列规定。

10.1.21.5 在封闭处所内动火作业前，动火受到影响的舱室必须进行测氧、清舱、测爆。通风时，严禁输氧换气。作业时，必须将气瓶或电焊机放置在封闭处所外。

10.2 自航式施工船舶

10.2.3 交通工作船的使用应符合下列规定。

10.2.3.4 船上严禁装载或携带易燃易爆及危险有毒物品。

11 特殊条件下施工

11.1 雨 季

11.1.5 雷雨季节到来前，施工现场的烟囱、水塔、高层脚手架、易燃易爆品仓库及起重、打桩等设备的避雷装置应进行检查。

11.2 冬 季

11.2.2 办公、住宿或工作间严禁使用电炉、碘钨灯等取暖。采用煤炭炉取暖必须具有防火和防止一氧化碳中毒的措施。

11.2.5 船舶甲板上的泡沫灭火器、油水管路和救生艇的升降装置等均应采取防冻措施。

11.2.8 冬季施工时，冻结的氧气瓶、乙炔瓶、阀门、胶管等严禁使用明火烘烤或开水加热。采用热水解冻时水温应控制在40℃以下。

11.3 高温季节

11.3.5 施工现场使用和存放的易燃易爆物品应采取防晒措施。

147.《集装箱码头计算机管理控制系统设计规范》JTJ/T 282—2006

3 信息网络中心

3.3 环境条件

3.3.6 信息网络中心应设置火灾自动报警和自动灭火系统。灭火剂应采用气体灭火剂，禁止使用水喷淋装置。

3.5 消防与安全

3.5.1 信息网络中心的耐火等级应符合现行国家标准《高层民用建筑设计防火规范》（GB 50045）和《建筑设计防火规范》（GBJ 16）的有关规定。

3.5.2 信息网络中心应单独设防火分区。

3.5.3 信息网络中心的安全出口不应少于2个，并应设于中心两端。门应向疏散方向开启，走廊、楼梯间应畅通并有明显的疏散指示标志。

148. 《船舶交通管理系统工程技术规范》JTJ/T 351—96

4 系统工艺设计

4.3 站址选择

4.3.3 VTS中心、VTS分中心、交管站或雷达站应选择在环境安全的地方,不应选择在易燃、易爆的仓库和材料堆积场以及在生产过程中容易发生火灾、爆炸危险的工业企业附近。

4.6 土建要求

4.6.7 VTS中心、VTS分中心、交管站和雷达站的建筑物均应按一级防火等级设计。

4.6.8 VTS中心、VTS分中心、交管站和雷达站内机房均应安装感烟、感温火灾探测器。

149. 《危险货物港口建设项目安全验收评价规范》JTS/T 108—2—2019

8 安全设施落实情况评价

8.2 平面布置及安全评价

8.2.8 危险货物装卸、储存设施与建设项目周边相关设施的安全距离评价应包括下列内容：
（1）人员密集场所、重要公共建筑；
（2）周边港口码头泊位、库场、罐区；
（3）周边企业危险化学品生产、储存、使用、经营等作业场所；
（4）铁路、公路、城市道路、城市轨道交通及相关设施；
（5）明火和散发火花地点、爆破作业场所；
（6）变配电所、加油加气站、锅炉房；
（7）架空电力线路和通信线路；
（8）生活用水取水口；
（9）危险化学品输送管道；
（10）其他企业及相关设施。

8.4 供配电系统安全评价

8.4.3 变配电设施安全评价应包括下列内容：
（1）变配电所门窗、地坪等采取的防护措施；
（2）电缆敷设采取的安全措施；
（3）变配电装置的电气安全净距；
（4）变配电所火灾报警与消防器材、应急照明、安全操作警示标志、安全疏散指示标志、维修配件配备；
（5）事故应急电源的设置等。

150. 《危险货物港口建设项目安全预评价规范》JTS/T 108—1—2019

8 建设方案安全评价

8.2 平面布置安全评价

8.2.9 危险品仓库应按照现行国家标准《建筑设计防火规范》（GB 50016）等规定的相关内容进行评价。

建设工程消防设计审查验收标准条文摘编

专用标准分册 3

孙 旋 主编

中国建筑工业出版社

图书在版编目（CIP）数据

建设工程消防设计审查验收标准条文摘编. 6，专用标准分册. 3 / 孙旋主编. — 北京：中国建筑工业出版社，2021.12
 ISBN 978-7-112-26987-7

Ⅰ. ①建… Ⅱ. ①孙… Ⅲ. ①建筑工程－消防－工程验收－国家标准－汇编－中国 Ⅳ. ①TU892-65

中国版本图书馆 CIP 数据核字（2021）第 260434 号

目 录

5.1 民航工程 ··· 1
1. 《民用机场航站楼设计防火规范》GB 51236—2017 ··· 2
2. 《运输机场总体规划规范》MH/T 5002—2020 ··· 6
3. 《民用运输机场供油工程设计规范》MH 5008—2017 ··· 7
4. 《民用直升机场飞行场地技术标准》MH 5013—2014 ··· 12
5. 《民用航空支线机场建设标准》MH 5023—2006 ··· 13
6. 《小型民用运输机场供油工程设计规范》MH 5029—2014 ··· 14
7. 《民用运输机场航站楼公共广播系统工程设计规范》MH/T 5020—2016 ··· 15
8. 《通用航空供油工程建设规范》MH/T 5030—2014 ··· 17

5.2 航天与航空工程 ··· 19
9. 《飞机库设计防火规范》GB 50284—2008 ··· 20
10. 《航空工业理化测试中心设计规范》GB 50579—2010 ··· 25
11. 《飞机喷漆机库设计规范》GB 50671—2011 ··· 26
12. 《航空工业工程设计规范》GB 51170—2016 ··· 29
13. 《航空发动机试车台设计标准》GB 50454—2020 ··· 31
14. 《航空工业精密铸造车间设计规程》HBJ 15—2005 ··· 33
15. 《航空工业复合材料车间和金属胶接车间设计规程》HBJ 16—2006 ··· 34
16. 《航空工业特种焊接车间设计规程》HBJ 17—2006 ··· 36

5.3 兵器与船舶工程 ··· 37
17. 《火炸药及其制品工厂建筑结构设计规范》GB 51182—2016 ··· 38
18. 《火工品实验室工程技术规范》GB 51237—2017 ··· 42
19. 《纵向倾斜船台及滑道设计规范》CB/T 8502—2005 ··· 46
20. 《舾装码头设计规范》CB/T 8522—2011 ··· 47
21. 《干船坞设计规范》CB/T 8524—2011 ··· 48

5.4 农业工程 ··· 49
22. 《禽类屠宰与分割车间设计规范》GB 51219—2017 ··· 50
23. 《牛羊屠宰与分割车间设计规范》GB 51225—2017 ··· 51
24. 《大中型沼气工程技术规范》GB/T 51063—2014 ··· 52
25. 《粮食钢板筒仓施工与质量验收规范》GB/T 51239—2017 ··· 54

5.5 林业工程 ··· 55
26. 《中密度纤维板工程设计规范》GB 50822—2012 ··· 56
27. 《刨花板工程设计规范》GB 50827—2012 ··· 57
28. 《人造板工程职业安全卫生设计规范》GB 50889—2013 ··· 58

29.《饰面人造板工程设计规范》GB 50890—2013	60
30.《水源涵养林工程设计规范》GB/T 50885—2013	61
31.《用材竹林工程设计规范》GB/T 50920—2013	62
32.《速生丰产用材林工程设计规范》GB/T 50921—2013	63
33.《国家森林公园设计规范》GB/T 51046—2014	64
34.《城镇绿道工程技术标准》CJJ/T 304—2019	65
35.《防风固沙林工程设计规范》GB/T 51085—2015	66
5.6 粮食工程	**67**
36.《粮食平房仓设计规范》GB 50320—2014	68
37.《粮食钢板筒仓设计规范》GB 50322—2011	69
5.7 石油天然气工程	**71**
38.《石油天然气工程设计防火规范》GB 50183—2004	72
39.《气田集输设计规范》GB 50349—2015	89
40.《油气田集输管道施工规范》GB 50819—2013	92
41.《压缩天然气供应站设计规范》GB 51102—2016	94
42.《液化石油气供应工程设计规范》GB 51142—2015	102
43.《输气管道工程设计规范》GB 50251—2015	114
44.《输油管道工程设计规范》GB 50253—2014	120
45.《油田油气集输设计规范》GB 50350—2015	123
46.《地下水封石洞油库设计标准》GB/T 50455—2020	128
47.《石油储备库设计规范》GB 50737—2011	132
48.《油品装载系统油气回收设施设计规范》GB 50759—2012	138
49.《油气田及管道工程计算机控制系统设计规范》GB/T 50823—2013	140
50.《油气田及管道工程仪表控制系统设计规范》GB/T 50892—2013	141
51.《天然气净化厂设计规范》GB/T 51248—2017	144
52.《敞开式海上生产平台防火与消防的推荐作法》SY/T 10034—2020	147
53.《气体防护站设计规范》SY/T 6772—2009	156
54.《石油天然气工程建筑设计规范》SY/T 0021—2016	157
55.《稠油注汽系统设计规范》SY/T 0027—2014	161
56.《油气田变配电设计规范》SY/T 0033—2020	163
57.《石油天然气工程总图设计规范》SY/T 0048—2016	164
58.《滩海石油工程仪表与控制系统设计规范》SY/T 0310—2019	166
59.《滩海石油工程通信技术规范》SY/T 0311—2016	167
60.《导热油加热炉系统规范》SY/T 0524—2016	168
61.《管式加热炉规范》SY/T 0538—2012	169
62.《转运油库和储罐设施的设计、施工、操作、维护与检验》SY/T 0607—2006	171
63.《浮式生产系统规划、设计及建造的推荐作法》SY/T 10029—2016	175

64.《海上固定平台规划、设计和建造的推荐作法 工作应力设计法》
　　SY/T 10030—2018 ··· 176
65.《滩海油田油气集输设计规范》SY/T 4085—2012 ·· 177
66.《滩海结构物上管网设计与施工技术规范》SY/T 4086—2012 ······························· 178
67.《地下储气库设计规范》SY/T 6848—2012 ··· 179
68.《高含硫气田水处理及回注工程设计规范》SY/T 6881—2012 ······························· 180
69.《暖风加热和空气调节系统安装标准》SY/T 6981—2014 ····································· 181
70.《石油天然气地面建设工程供暖通风与空气调节设计规范》SY/T 7021—2014 ············ 188
71.《油气厂站钢管架结构设计规范》SY/T 7039—2016 ·· 191
72.《人工岛石油设施检验技术规范》SY/T 7051—2016 ·· 192
73.《天然气净化装置设备与管道安装工程施工技术规范》SY/T 0460—2018 ················· 200
74.《海上生产设施设计和危险性分析推荐作法》SY/T 6776—2010 ····························· 201
75.《通风空调系统的安装》SY/T 6982—2014 ··· 209
76.《滩海陆岸石油设施检验技术规范》SY/T 7050—2016 ······································· 214
77.《人工岛总图及岛体结构技术规范》SY/T 6771—2017 ······································· 220

5.8 石化工程 ·· 223

78.《储罐区防火堤设计规范》GB 50351—2014 ·· 224
79.《石油化工企业设计防火标准》GB 50160—2008（2018年版） ······························· 226
80.《石油库设计规范》GB 50074—2014 ··· 243
81.《橡胶工厂职业安全卫生设计标准》GB/T 50643—2018 ······································ 263
82.《石油化工控制室抗爆设计规范》GB 50779—2012 ··· 265
83.《石油化工建设工程施工安全技术标准》GB/T 50484—2019 ································ 266
84.《石油化工粉体料仓防静电燃爆设计规范》GB 50813—2012 ································ 267
85.《液化天然气接收站工程设计规范》GB 51156—2015 ·· 269
86.《液化天然气低温管道设计规范》GB/T 51257—2017 ·· 273
87.《石油化工可燃气体和有毒气体检测报警设计标准》GB/T 50493—2019 ··················· 274
88.《石油化工循环水场设计规范》GB/T 50746—2012 ··· 282
89.《石油化工工程防渗技术规范》GB/T 50934—2013 ·· 283
90.《炼油装置火焰加热炉工程技术规范》GB/T 51175—2016 ···································· 284
91.《石油化工液体物料铁路装卸车设施设计规范》GB/T 51246—2017 ························· 288
92.《石油化工钢结构防火保护技术规范》SH 3137—2013 ······································· 289
93.《石油化工工艺装置布置设计规范》SH 3011—2011 ·· 295
94.《石油化工金属管道布置设计规范》SH 3012—2011 ·· 297
95.《石油工业用加热炉安全规程》SY 0031—2012 ·· 299
96.《石油化工给水排水系统设计规范》SH/T 3015—2019 ······································· 300
97.《石油化工给水排水管道设计规范》SH 3034—2012 ·· 301
98.《石油化工建筑物结构设计规范》SH 3076—2013 ··· 302

99. 《石油化工电气工程施工技术规程》SH 3612—2013 ········· 303
100. 《石油化工企业职业安全卫生设计规范》SH/T 3047—2021 ········· 304
101. 《长输油气管道站场布置规范》SH/T 3169—2012 ········· 306
102. 《固体工业硫磺储存输送设计规范》SH/T 3175—2013 ········· 310
103. 《石油化工自动化立体仓库设计规范》SH/T 3186—2017 ········· 313
104. 《煤化工原（燃）料煤制备系统设计规范》SH/T 3189—2017 ········· 317
105. 《石油化工采暖通风与空气调节设计规范》SH/T 3004—2011 ········· 319
106. 《石油化工控制室设计规范》SH/T 3006—2012 ········· 321
107. 《石油化工储运系统罐区设计规范》SH/T 3007—2014 ········· 322
108. 《石油化工储运系统泵区设计规范》SH/T 3014—2012 ········· 323
109. 《石油化工生产建筑设计规范》SH/T 3017—2013 ········· 325
110. 《石油化工中心化验室设计规范》SH/T 3103—2019 ········· 330
111. 《石油化工装置电力设计规范》SH/T 3038—2017 ········· 331
112. 《石油化工装置电信设计规范》SH/T 3028—2007 ········· 334
113. 《石油化工企业供电系统设计规范》SH/T 3060—2013 ········· 335
114. 《石油化工电信设计规范》SH/T 3153—2021 ········· 336
115. 《石油化工钢结构工程施工质量验收规范》SH/T 3507—2011 ········· 349
116. 《石油化工钢结构工程施工技术规程》SH/T 3607—2011 ········· 350

5.9 化工工程 ········· 351

117. 《发生炉煤气站设计规范》GB 50195—2013 ········· 352
118. 《腈纶工厂设计标准》GB 50488—2018 ········· 354
119. 《化工企业总图运输设计规范》GB 50489—2009 ········· 359
120. 《生物液体燃料工厂设计规范》GB 50957—2013 ········· 362
121. 《化工固体物料装卸系统设计规定》HG 20535—93 ········· 366
122. 《化工厂控制室建筑设计规定》HG 20556—93 ········· 367
123. 《化工建设项目环境保护监测站设计规定》HG/T 20501—2013 ········· 368
124. 《控制室设计规范》HG/T 20508—2014 ········· 369
125. 《化工粉体物料堆场及仓库设计规范》HG/T 20568—2014 ········· 370
126. 《压缩机厂房建筑设计规定》HG/T 20673—2005 ········· 371
127. 《化工企业供电设计技术规定》HG/T 20664—1999 ········· 373

5.1 民航工程

1. 《民用机场航站楼设计防火规范》 GB 51236—2017

1 总 则

1.0.2 本规范适用于新建、扩建和改建民用机场(含军民合用机场的民用部分)航站楼的防火设计。

2 术 语

2.0.1 民用机场航站楼 civil airport terminal

民用机场内供旅客办理进出港手续并提供相应服务的建筑,包括车道边、登机桥和指廊,以下简称航站楼。

2.0.2 公共区 public area

航站楼内供旅客使用的区域,包括出发区、候机区、到达区。

2.0.3 出发区 departure area

航站楼内供旅客办理登机牌、安检等出港手续并提供相应服务的区域。

2.0.4 候机区 waiting area

航站楼内供旅客经过安检后等候登机并提供相应服务的区域。

2.0.5 到达区 arrival area

航站楼内供旅客办理进港手续并提供相应服务的区域,包括到港通道、行李提取区、迎客区。

2.0.6 行李提取区 luggage reclaim area

旅客提取随机托运行李的区域。

2.0.7 迎客区 greeting area

迎接旅客人员的等候区域。

2.0.8 行李处理用房 luggage processing room

航站楼内用于检查、分拣和传输旅客托运行李上、下飞机的房间。

2.0.9 指廊 pier

延伸出航站楼主楼并用于旅客候机和到达使用的空间。

2.0.10 登机桥 boarding bridge

延伸出航站楼建筑主体结构、供旅客上下飞机的专用廊桥,一端与航站楼的候机区和到达区连接,另一端能与飞机的舱门活动连接。

2.0.11 综合管廊 utility tunnel

敷设在同一空间内并为航站楼服务的电力、通信、暖通、给水和排水等动力、公用管道、线缆的封闭走廊。

2.0.12 潜在漏油点 potential fuel spill point

飞机及其周围、停机坪及其周围可能泄漏燃油的地点,包括油管、加油车、油箱加注口、燃油通风口、燃油倾泻阀等位置。

3 建 筑

3.1 总平面布局

3.1.1 航站楼宜布置在机场油库全年主导风向的上风侧,应根据机场规划和气象与地形等条件合理确定其位置,并应设置消防水源。

3.1.2 除加油加气站的埋地储罐外,航站楼与可燃液体和可燃、助燃气体储罐及林地的防火间距不应小于表3.1.2的规定。

表3.1.2 航站楼与可燃液体和可燃、助燃气体储罐及林地的防火间距(m)

液化石油气储罐	500.0
甲、乙类液体储罐和可燃、助燃气体储罐	300.0
丙类液体储罐	150.0
林地	300.0

注:1 直埋地下的甲、乙、丙类液体储罐与航站楼的防火间距可按本表规定值减少50%。
  2 航站楼与储罐的防火间距应为储罐外壁与相邻航站楼外墙的最近水平距离。
  3 航站楼与林地的防火间距应为林地边缘与相邻航站楼外墙的最近水平距离。
  4 当航站楼外墙上有凸出的可燃或难燃构件时,应从其凸出部分外缘算起。

3.1.3 航站楼的玻璃外窗与潜在漏油点的最近水平距离不应小于30.0m;当小于30.0m时,玻璃窗应采用耐火完整性不低于1.00h的防火窗,且其下缘距离楼地面不应小于2.0m。

3.1.4 航站楼周围应设置环形消防车道;边长大于300.0m的航站楼,应在其适当位置增设穿过航站楼的消防车道。消防车道可利用高架桥和机场的公共道路。尽头式消防车道应设置回车道或回车场,回车场不宜小于18.0m×18.0m。

3.2 建筑耐火

3.2.1 航站楼的耐火等级应符合下列规定:
  1 一层式、一层半式航站楼,不应低于二级;
  2 其他航站楼,应为一级;
  3 航站楼的地下或半地下室,应为一级。

3.2.2 建筑面积小于3000m²的航站楼,其承重构件可采用难燃性构件,但构件的耐火极限仍应满足相应耐火等级建筑的要求。

3.3 平面布置与防火分区

3.3.1 航站楼不应与地铁车站、轻轨车站和公共汽车站等城市公共交通设施贴邻或上、下组合建造；当航站楼确需与城市公共交通设施连通时，应在连通部位设置间隔不小于10.0m的分隔空间，并宜采用露天开敞的空间。当为非露天开敞的空间时，除人员通行的连通口可采用耐火极限不低于3.00h的防火卷帘或甲级防火门外，其他连通处均应采用耐火极限不低于2.00h的防火隔墙或防火玻璃墙进行分隔。

3.3.2 航站楼不应与其他使用功能的场所上、下组合建造；当贴邻建造时，应采用防火墙分隔，建筑间的连通开口处应设置甲级防火门。

3.3.4 航站楼主楼与指廊的连接处宜设置防火墙、甲级防火门或耐火极限不低于3.00h的防火卷帘。当航站楼设置自动灭火系统和火灾自动报警系统并采用不燃或难燃装修材料，且公共区内的商业服务设施、办公室和设备间等功能房间采取了防火分隔措施时，出发区、到达区、候机区等公共区可按功能划分防火分区。非公共区应独立划分防火分区。

3.3.5 行李提取区与迎客区宜独立划分防火分区，行李处理用房应独立划分防火分区。当采用人工分拣方式托运行李时，行李处理用房应按现行国家标准《建筑设计防火规范》GB 50016有关单层或多层丙类厂房的要求划分防火分区；当采用机械分拣方式托运行李且符合下列条件时，行李处理用房的防火分区大小可按工艺要求确定：

　　1 行李处理用房设置自动灭火系统和火灾自动报警系统；

　　2 行李处理用房采用不燃装修材料；

　　3 行李处理用房内的办公室、休息室、储藏间等采用耐火极限不低于2.00h的防火隔墙、乙级防火门进行分隔。

3.3.6 当行李处理用房采用多套独立的行李分拣设施时，应按每套行李分拣设施的服务区域分别划分防火分区。

3.3.7 航站楼的地下或半地下室应采取防火分隔措施与地上空间分隔。地下公共走道、无任何商业服务设施且仅供人员通行或短暂停留和自助值机的地下空间，可与地上公共区按同一个区域划分防火分区。

3.3.8 航站楼公共区内上、下层连通的开口部位，当无法采取防火分隔措施时，该开口周围5.0m范围内不应布置任何商业服务设施；其他部位布置的商业服务设施不应影响人员疏散，距离值机柜台、安检区均不应小于5.0m。公共区中的商业服务设施宜靠近航站楼的外墙布置。

3.3.9 除白酒、香水类化妆品等类似火灾危险性的商品外，航站楼内不应布置存放其他甲、乙类物品的房间。存放白酒、香水类化妆品等类似商品的房间应避开人员经常停留的区域，并应靠近航站楼的外墙布置。

3.3.10 航站楼内不应设置使用液化石油气的场所，使用天然气的场所应靠近航站楼的外墙布置，使用相对密度（与空气密度的比值）大于或等于0.75的燃气的场所不应设置在地下或半地下。燃气管道的布置应符合现行国家标准《城镇燃气设计规范》GB 50028的规定。

3.4 安全疏散

3.4.1 航站楼内每个防火分区应至少设置1个直通室外或避难走道的安全出口，或设置1部直通室外的疏散楼梯。

3.4.2 公共区内任一点均应至少有2条不同方向的疏散路径。当公共区的室内平均净高小于6.0m时，公共区内任一点至最近安全出口的直线距离不应大于40.0m；当公共区的室内平均净高大于20.0m时，可为90.0m；其他情形，不应大于60.0m。

3.4.3 行李处理用房内任一点至最近安全出口的直线距离不应大于60.0m。除行李处理用房外，非公共区内其他区域的安全疏散距离应符合现行国家标准《建筑设计防火规范》GB 50016有关公共建筑的规定。

3.4.5 公共区可利用通向登机桥的门作为安全出口，该登机桥的出口处应设置不需要任何工具即能从公共区一侧易于开启门的装置，在该出口处附近的明显位置应设置相应的使用标识。登机桥一端应与航站楼固定连接，并应设置符合下列要求的楼梯：

　　1 楼梯的倾斜角度不应大于45°，栏杆扶手的高度不应小于1.1m；

　　2 梯段和休息平台均应采用不燃材料制作；

　　3 通向楼梯的门和梯段的净宽度均不应小于0.9m；

　　4 楼梯应直通地面。

3.4.6 公共区的疏散楼梯可采用敞开楼梯（间），其他功能区的疏散楼梯应采用封闭楼梯间（包括在首层扩大的封闭楼梯间）或室外疏散楼梯。层数大于等于3层或埋深大于10.0m的地下或半地下场所，其疏散楼梯应采用防烟楼梯间。公共区的疏散楼梯净宽度不应小于1.4m；其他区域，不应小于1.1m。

3.4.8 下列区域或部位应设置疏散照明：

　　1 公共区、工作区、疏散走道；

　　2 登机桥、疏散楼梯间及其前室或合用前室、消防电梯前室或合用前室；

　　3 建筑面积大于100m²的地下或半地下房间；

　　4 避难走道、与城市公共交通设施相连通的部位。

3.4.9 疏散照明的地面最低水平照度应符合下列规定：

　　1 避难走道、疏散楼梯间及其前室或合用前室、消防电梯前室或合用前室，不应低于10.0lx；

　　2 公共区，不应低于5.0lx；

　　3 其他区域或部位，不应低于3.0lx。

3.4.10 二层式、二层半式和多层式航站楼的疏散照明系统应采用集中控制型。

3.5 防火分隔和防火构造

3.5.1 航站楼连通地下交通联系通道等地下通道的部位应采取防火分隔措施，该防火分隔的耐火极限不应低于3.00h，连通处的门应采用甲级防火门。

3.5.2 设置在地下通道两侧的设备间之间应设置耐火极限不低于2.00h的防火隔墙。

3.5.4 在公共区内布置的商店、休闲、餐饮等商业服务设施应符合下列规定：

　　1 每间商店的建筑面积不应大于200m²，并宜相隔一定距离分散布置；每间休闲、餐饮等其他场所的建筑面积不应大于500m²。当商店或休闲、餐饮等场所连续成组布置时，每组的总建筑面积不应大于2000m²，组与组的间距不应小于9.0m。

2 每间商店、休闲、餐饮等场所之间应设置耐火极限不低于2.00h的防火隔墙，且防火隔墙处两侧应设置总宽度不小于2.0m的实体墙。商店、休闲、餐饮等场所与其他场所之间应设置耐火极限不低于2.00h的防火隔墙和耐火极限不低于1.00h的顶板，设置防火隔墙确有困难的部位，应采用耐火极限不低于2.00h的防火卷帘等进行分隔。

3 当每间商店、休闲、餐饮等场所的建筑面积小于20m²且连续布置的总建筑面积小于200m²时，每间商店、休闲、餐饮等场所之间应采用耐火极限不低于1.00h的防火隔墙分隔，或间隔不应小于6.0m，与公共区内的开敞空间之间可不采取防火分隔措施，但与可燃物之间的间隔不应小于9.0m。

3.5.5 行李处理用房与公共区之间应设置防火墙。行李传送带穿越防火墙处的洞口应采用耐火极限不低于3.00h的防火卷帘等进行分隔。

3.5.6 吊顶内的行李传输通道应采用耐火极限不低于2.00h的防火板等封闭，行李传输夹层应采用耐火极限均不低于2.00h的防火隔墙和楼板与其他空间分隔。

3.5.7 下列部位应采用耐火极限不低于2.00h的防火隔墙和耐火极限不低于1.00h的顶板与其他部位分隔，防火隔墙上的门、窗和直接通向公共区的房间门应采用乙级防火门、窗：

1 有明火作业的厨房及其他热加工区；

2 库房、设备间、贵宾室或头等舱休息室、公共区内的办公室等用房。

3.5.8 公共区内未采取防火分隔措施的中庭、自动扶梯和敞开楼梯等上、下层连通的开口部位周围，应设置凸出顶棚不小于500mm且耐火极限不低于0.50h的挡烟垂壁，但挡烟垂壁距离楼地面不应小于2.2m。

3.5.9 综合管廊应采用耐火极限不低于3.00h的不燃性结构与航站楼进行分隔。综合管廊的其他防火设计应符合现行国家标准《城市综合管廊工程技术规范》GB 50838的规定。

3.5.10 航站楼内的电缆夹层应采用耐火极限不低于2.00h的防火隔墙和耐火极限不低于1.00h的楼板与其他空间分隔。

3.5.11 航站楼外墙和屋面的保温材料的燃烧性能均应为A级。

4 消防设施

4.1 消防给水

4.1.1 航站楼应设置室内外消火栓系统。室外消火栓的设计流量应符合现行国家标准《消防给水及消火栓系统技术规范》GB 50974的规定。室内消火栓的设计流量应根据水枪充实水柱长度和同时使用水枪数量经计算确定，且不应小于表4.1.1的规定。消防软管卷盘的用水量可不计。

4.1.2 室内消火栓的布置间距不应大于30.0m，并应保证有2股水柱能同时到达其保护范围内有可燃物的部位。水枪的充实水柱不应小于13.0m。消火栓箱内应设置消防软管卷盘。

表4.1.1 室内消火栓的设计流量

航站楼剖面流程形式	室内消火栓的设计流量（L/s）	同时使用水枪的数量（支）	每根竖管的最小设计流量（L/s）
一层式、一层半式	20	4	15
二层式、二层半式	25	5	15
多层式	30	6	15

4.1.3 建筑面积小于3000m²的航站楼，其室内外消火栓系统的火灾延续时间不应小于2.0h；其他航站楼，不应小于3.0h。

4.2 灭火设施

4.2.1 下列场所或部位应设置自动喷水灭火系统：

1 行李处理用房、行李提取区、行李输送廊道内；

2 有顶棚的值机柜台区；

3 柴油发电机房；

4 其他室内净高不应超过自动喷水灭火系统最大允许安装高度的部位。

4.2.2 行李处理用房内设置的自动喷水灭火系统，其设计参数应按现行国家标准《自动喷水灭火系统设计规范》GB 50084有关中危险Ⅱ级火灾危险场所的要求确定。

4.2.5 高低压配电间、变配电室、通信机房、电子计算机机房、UPS间和重要档案资料库房内应设置自动灭火系统，并宜采用气体灭火系统或细水雾灭火系统。

4.2.6 烹饪操作间的排油烟罩内及烹饪部位应设置自动灭火装置，并应在厨房内的燃气或燃油管道上设置与该自动灭火装置联动的自动切断装置。

4.3 排烟与火灾自动报警系统

4.3.1 航站楼内的下列区域或部位应设置排烟设施，并宜采用自然排烟方式：

1 出发区、候机区、到达区、行李处理用房；

2 长度大于20.0m且相对封闭的走道；

3 建筑面积大于50m²且经常有人停留或可燃物较多的房间。

4.3.2 航站楼与地铁车站、轻轨车站及公共汽车站等城市公共交通设施之间的连通空间应设置排烟或防烟设施。当采用机械排烟或防烟方式时，该连通空间的防排烟设施应独立设置；当采用自然排烟方式时，自然排烟口的总有效面积不应小于该区域地面面积的10%。

4.3.3 航站楼内应设置火灾自动报警系统，其中有可燃物的区域或部位应设置火灾探测器。不同区域或部位火灾探测器的选型宜按表4.3.3确定，并应符合现行国家标准《火灾自动报警系统设计规范》GB 50116的规定。

4.3.4 航站楼设置区域分消防控制室时，分消防控制室内的信号应直接传至主消防控制室。消防控制室应能在接收到火灾报警信号后10s内将火警信息传送至机场消防站，机场消防站应设置能接收航站楼火警信息的装置。

表 4.3.3 不同区域或部位火灾探测器的选型

区域或部位	火灾探测器的类型
公共区、行李处理用房	感烟、火焰
商店、休闲服务场所、办公室、储藏间	感烟
通风空调机房、通信机房、变配电室、电缆夹层、行李传送带	感烟
厨房、锅炉房、发电机房、吸烟室	感温
电缆桥架	缆式线型感温

5 供暖、通风、空气调节和电气

5.0.1 通风和空气调节系统位于停机坪侧的进风口和出风口均宜高出停机坪地面不小于3.0m，与可燃蒸气释放点的最小水平距离不应小于15.0m。

5.0.2 使用燃煤、燃气、燃油的设备房和使用明火装置的房间，其朝向停机坪侧的通风或排气开口应位于停机坪地面上方，与潜在漏油点及其他可燃蒸气释放点的最小水平距离不应小于15.0m；当小于15.0m时，应采取防火措施。

5.0.3 锅炉、加热炉等的烟囱口应高出航站楼屋面，与航空器、潜在漏油点及其他可燃蒸气释放点的最小水平距离不应小于30.0m，当小于30.0m时，应采取防火措施；使用固体燃料时，烟囱应设置双网筛过滤网。

5.0.4 厨房等热加工部位内的排油烟管道应独立设置，并应直通航站楼外。排油烟管道不应靠近可燃物体，非金属管道与可燃物体的距离不应小于0.25m，金属管道与可燃物体的距离不应小于0.50m。

5.0.5 二层式、二层半式和多层式航站楼的消防用电应按一级负荷供电，其他航站楼的消防用电可按二级负荷供电。消防用电设备的负荷分级应符合现行国家标准《供配电系统设计规范》GB 50052的规定。

5.0.6 二层式、二层半式和多层式航站楼的疏散照明备用电源的连续供电时间不应小于1.0h；其他航站楼，不应小于0.5h。

2. 《运输机场总体规划规范》MH/T 5002—2020

15 应急救援设施规划

15.2 消防设施规划

15.2.1 消防设施包括消防站（或消防车库及消防员值勤室）、消防供水设施等。

15.2.2 消防设施规划应依据机场消防等级，满足空侧、陆侧各种设施的消防需求，方案合理可靠。机场消防等级应依据拟使用该机场的最大机型的机身尺寸、最繁忙连续3个月内的起降架次，按表15.2.2确定。

表15.2.2 机场消防等级

机场消防等级	飞机机身全长（m）	飞机机身最大宽度（m）
1	0~<9	2
2	9~<12	2
3	12~<18	3
4	18~<24	4
5	24~<28	4
6	28~<39	5
7	39~<49	5
8	49~<61	7
9	61~<76	7
10	76~<90	8

注：1 飞机的机身全长和最大宽度不在同一等级时，应采用较高的等级。

2 最大机型在最繁忙连续3个月内的起降架次不小于700时，应采用表中对应的等级；起降架次小于700时，等级可降低1级。

15.2.3 机场消防等级为1、2级的机场应规划消防车库及消防员值勤室，3级及以上的机场应规划消防站。

15.2.4 消防站布局应满足飞机事故救援消防的需求，并兼顾机场内其他消防需求。

15.2.5 消防站的位置和数量应满足消防车辆在应答时间内服务机场全部飞机活动区的要求。消防车辆由消防站驶入跑道区域应路径短且转弯少。

15.2.6 消防供水设施包括消防水源、消防管网。消防管网规划应统筹考虑近期、远期需求。

3.《民用运输机场供油工程设计规范》MH 5008—2017

1 总 则

1.0.2 本规范适用于建设目标年年供油量大于 50000t 的新建、扩建或改建民用运输机场（含军民合用机场民用部分）供油工程设计。

建设目标年年供油量不大于 50000t（含）的新建、扩建或改建民用运输机场的供油工程设计，按《小型民用运输机场供油工程设计规范》(MH 5029) 执行。

通用航空供油工程建设按《通用航空供油工程建设规范》(MH/T 5030) 执行。

本规范不适用于自然洞油库、人工洞油库及海上平台供油。

2 术语、符号与缩略语

2.1 术 语

2.1.9 油库 oil depot

为民用运输机场提供航空油料，具有航空油料接收、储存、输转、发放（装载）及航油质量检验、计量设备检定等功能的场所，以下简称"库"，一般包括：

1 储油库（storage depot）：接收和储存铁路、水路、公路、输油管道的一种或多种方式来油，并为中转油库或机场油库输转航空油料的专用储备油库；

2 中转油库（terminal depot）：接收和储存铁路、水路、公路、输油管道的一种或多种方式来油，主要为机场油库输转航空油料的油库；

3 机场油库（airport depot）：主要直接为航空加油站或机坪加油管道等输送航空油料的油库。

3 基本规定

3.0.9 航油火灾危险性分类和油库内生产性建（构）筑物的耐火等级应符合《石油库设计规范》(GB 50074) 的规定，其他建（构）筑物的耐火等级应符合《建筑设计防火规范》(GB 50016) 的规定。

3.0.12 汽车加油站的设计应符合《汽车加油加气站设计与施工规范》(GB 50156)、《电动汽车充电站设计规范》(GB 50966) 的规定，与机场航站楼、航管楼、塔台、机库等的安全距离应按重要公共建筑物的要求确定。

4 选址与规划

4.1 选 址

4.1.1 供油工程的选址应与机场建设项目选址同步实施。选址应符合《石油库设计规范》(GB 50074)、《汽车加油加气站设计与施工规范》(GB 50156)、《输油管道工程设计规范》(GB 50253) 和城乡、机场近远期发展总体规划要求，并满足下列基本条件：

4 具备满足生产、消防、生活所需的水源和电源条件，还应具备污水排放的条件；

5 满足环境保护、防火安全和职业健康的要求。

4.1.4 航空加油站的选址应符合机场总体规划，并满足下列要求：

5 未设置地上固定油罐的航空加油站选址应符合《汽车加油加气站设计与施工规范》(GB 50156) 及《汽车库、修车库、停车场设计防火规范》(GB 50067) 的规定。

5 库（站）总图

5.1 总平面布置

5.1.1 库（站）总平面布置应符合《石油库设计规范》(GB 50074)、《汽车加油加气站设计与施工规范》(GB 50156) 及《汽车库、修车库、停车场设计防火规范》(GB 50067) 的规定。

5.2 道路布置

5.2.1 库（站）通向公路的库外道路和车辆出入口的设计，需满足下列要求：

1 应设与公路连接的库外道路，其路面宽度应不小于相应级别库（站）储罐区消防车道宽度。

2 通向库外道路的车辆出入口应不少于2处，且宜位于不同的方位。受地域、地形等条件限制时，四、五级油库可只设1处车辆出入口。

3 储罐区的车辆出入口应不少于2处，且应位于不同的方位。受地域、地形等条件限制时，四、五级油库的储罐区可只设1处车辆出入口。储罐区的车辆出入口宜直接通向库外道路，也可通向行政管理区或公路装卸区。

5.2.2 库（站）内的道路、停车位宜按功能分别设置，分别满足工作人员、一般车辆、消防车或油车的使用要求，综合道路必须满足油车和消防车等特种车辆的行驶要求，并满足下列要求：

2 一级库（站）的储罐区和装卸区消防车道的宽度应不小于9m，其中路面宽度应不小于7m，其他级别的消防车道的宽度应不小于6m，其中路面宽度应不小于4m；

4 消防车通道圆外圆直径宜不小于24m，净空高度应不小于5m。

5.3 竖向设计

5.3.4 防火堤外的消防道路宜高于储罐区内地面，并宜高于防火堤外侧地面设计标高0.5m及以上。防火堤内地面应坡向排水沟和排水出口，坡度宜为0.5%。

5.4 管道综合

5.4.3 工艺管道敷设与铁路交叉设置时应符合《铁路工程设计防火规范》(TB 10063)及《工业金属管道设计规范》(GB 50316)的规定。

5.5 围墙与围界

5.5.1 油库、装卸油站的四周应进行封闭设置，并满足下列要求：

1 油库四周应设置高度不低于2.5m的实体围墙。

2 油库行政管理区与储罐区、装卸区之间宜设置高度不高于1.5m的隔墙。当采用非实体隔墙时，隔墙下部0.5m高度以下部分应为实体墙。

4 油库围墙不应采用燃烧材料建造。围墙的实体部分的下部不应留有孔洞（集中排水口除外）。

5.6 绿 化

5.6.1 库（站）的绿化宜分区设置，并满足下列要求：

1 防火堤内不应植树。

5.6.2 绿化不应妨碍消防操作或应急处置。

7 油罐区

7.1 罐区布置

7.1.1 储存航空油料应按专罐专用的原则设计储罐，储罐应成组分区布置。储罐组的布置及储罐之间防火距离的要求应符合《石油库设计规范》(GB 50074)的规定。

7.5 防火堤、隔堤及罐区防渗

7.5.1 储罐区防火堤和隔堤的设计应符合《储罐区防火堤设计规范》(GB 50351)的规定，并满足下列要求：

1 防火堤与隔堤的耐火极限应不低于5.5h，当防火堤自身结构能够满足耐火极限要求，如砖砌厚度、钢筋混凝土厚度大于240mm，则不需要再采取在堤内侧培土或喷涂隔热防火涂料等保护措施。

2 防火堤宜采用抗渗钢筋混凝土结构，抗渗等级应不低于P6，宽度应不小于250mm。

3 每一储罐组的防火堤应设置不少于2处越堤人行踏步或设备进出坡道，其至少有一处应为设备进出坡道，并应设置在不同方位上。防火堤相邻踏步、坡道之间的距离宜不大于60m，高度大于等于1.2m的踏步或坡道应设置栏杆。

4 各类管道、电缆等通过防火堤宜采用直接跨越或埋地穿越的方式，当必须穿过防火堤时，应设置止水套管，管道与套管应采用不燃烧的材料密封严密，也可采用图16.2.5-2的密封方式。

6 防火堤内的有效容积不包含消防水量。

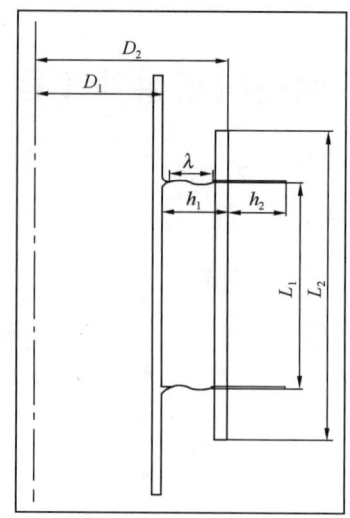

图16.2.5-2 双层波纹板防水密封结构参数标注示意图

注：D_1—管道直径，D_2—套管直径，λ—波纹管波长，h_1—有效高度，h_2—凸出高度，L_1—波纹管间距，L_2—套管长度。

10 防腐与标识

10.3 职业健康、安全与环保标识

10.3.2 库（站）出入口处标识设置需满足下列要求：

1 应在出入口外侧明显处按国家规定标识，设置"禁止烟火、车辆5km/h"限速标识。

3 入口内、外侧适宜位置应设置出入库（站）管理规定、防火防爆十大禁令、安全生产十大禁令、航空油料安全标签、职业危害告知牌、爆炸危险区划分图、消防平面图、紧急集合点等标识。

10.3.3 库（站）生产（辅助）作业区内标识设置需满足下列要求：

8 在疏散道路上应设置疏散标识与导向标识的组合标识；安全集结点（紧急集合点）标识应设置在空旷地带。

9 消防应急通道入口或转弯处应设置明显的消防通道标识牌。

10 消防水池旁显著位置应设置"当心落水"警示标识牌。

12 供配电系统

12.1 供电及供电装置

12.1.2 库（站）供电电源的设计需满足下列要求：

7 一、二、三级油库的消防泵站和泡沫站应设应急照明，应急照明可采用蓄电池作为备用电源，其连续供电时间应不少于6h。

12.2 供配电线路

12.2.1 库（站）内电缆的选型需满足下列要求：

5 穿越爆炸及火灾危险区域的直埋的供、配电及控制电缆应采用铠装电缆。

14 消防、安防与通信

14.1 消防工艺系统

14.1.1 一般要求：

1 供油工程的库（站）应根据油库等级、储罐型式、液体火灾危险性及与邻近单位的消防协作条件等因素综合考虑设置消防设施。

2 储罐的消防冷却水设置应按《石油库设计规范》（GB 50074）执行，室外消火栓设置应按《消防给水及消火栓系统技术规范》（GB 50974）执行。

3 储罐消防泡沫灭火系统设置应按《泡沫灭火系统设计规范》（GB 50151）执行。

4 库（站）建、构筑物的消防应按《建筑设计防火规范》（GB 50016）及《消防给水及消火栓系统技术规范》（GB 50974）执行。

5 库（站）内的消防用水量应按一处着火的最大用水量计算。

14.1.2 供油工程中储存甲、乙、丙类可燃液体的储罐应设消防冷却水系统。消防冷却水系统的设置需满足下列要求：

1 容量大于或等于3000m³或罐壁高度大于或等于15m的地上立式储罐应设固定式消防冷却水系统。

14.1.3 储罐的消防冷却水供水范围和供给强度需满足下列要求：

1 地上立式储罐消防冷却水供水范围和供给强度应不低于表14.1.3的要求。

2 储罐的消防冷却水供给强度应根据设计所选用的设备进行校核。

表14.1.3 地上立式储罐消防冷却水供水范围和供给强度

储罐及消防冷却型式		供水范围	供给强度	附注
移动式水枪冷却	着火罐（固定顶罐）	罐周全长	0.6（0.8）L/s·m	—
	着火罐（外浮顶罐 内浮顶罐）	罐周全长	0.45（0.6）L/s·m	除钢制单盘式、双盘式与敞口隔舱式内浮顶储罐外，其余按固定顶罐计算
	相邻罐（不保温）	罐周半长	0.35（0.5）L/s·m	—
	相邻罐（保温）		0.2L/s·m	
固定式冷却	着火罐（固定顶罐）	罐壁外表面积	2.5L/min·m²	—
	着火罐（外浮顶罐 内浮顶罐）		2.0L/min·m²	除钢制单盘式、双盘式与敞口隔舱式内浮顶储罐外，其余按固定顶罐计算
	相邻罐	罐壁外表面积的1/2	2.0L/min·m²	按实际冷却面积计算，但不应小于罐壁表面积的1/2

注：1. 移动式水枪冷却栏中，供给强度按使用Φ16mm水枪确定，括号内数据为使用Φ19mm口径水枪时的数据。
2. 着火罐单支水枪保护范围：Φ16mm口径为8m～10m，Φ19mm口径为9m～11m；邻近罐单支水枪保护范围：Φ16mm口径为14m～20m，Φ19mm口径为15m～25m。

14.1.4 装卸油场所消防冷却水供水强度需满足下列要求：

1 单股道铁路罐车装卸设施的消防水量应不小于30L/s；双股道铁路罐车装卸设施的消防水量应不小于60L/s。

2 不超过2个车位的汽车罐车装卸设施消防水量应不小于15L/s；超过2个车位的汽车罐车装卸设施消防水量应不小于30L/s。

4 装卸油码头的消防给水设计流量应根据码头分级，按着火油船泡沫灭火设计流量、冷却水系统设计流量、隔离水幕系统设计流量和码头室外消火栓设计流量之和确定。消防水量计算应按《消防给水及消火栓系统设计规范》（GB 50974）执行。

14.1.5 不同场所固定冷却水系统和消火栓系统的火灾延续时间应不低于表14.1.5的要求。

表14.1.5 不同场所的火灾延续时间

构筑物	场所	火灾延续时间（h）
甲、乙、丙类液体储罐	直径大于20m的固定顶罐和直径大于20m除钢制单盘式、双盘式与敞口隔舱式内浮顶储罐	9
	其他地上立式储罐	6
	卧式油罐、火车罐车和汽车罐车装卸设施、航空加油站装油点	2
码头装卸油站	甲、乙类可燃液体航油一级码头装卸油站	6
	甲、乙类可燃液体航油二、三级码头装卸油站丙类可燃液体航油码头装卸油站	4

14.1.6 消防管道和储罐上消防冷却水喷头需满足下列要求：

1 冷却喷水环管上宜设置水幕式喷头，喷头间距宜不大于2m，喷头的出水压力应不小于0.1MPa；安装完成后的实际喷水量宜不超出设计计算水量的20%。

2 储罐冷却水的进水立管和泡沫混合液立管下端应设清扫口；清扫口下端与储罐基础或地面的距离宜为0.3m。

3 消防冷却水管道和泡沫混合液管道上应设控制阀和放空阀。控制阀应设在防火堤外。在地面安装时控制阀的安装高度应不高于1.5m。

4 消防给水系统压力应不小于在达到设计消防水量时最不利点所需要的压力,并应保证每个消火栓出口处在达到设计消防水量时,给水压力不小于0.15MPa。

14.1.7 消防泵的设置应按《石油库设计规范》(GB 50074)和《泡沫灭火系统设计规范》(GB 50151)执行,并满足下列要求:

1 一级油库的消防冷却水泵和泡沫消防水泵应至少各设置1台备用泵;二、三级油库的消防冷却水泵和泡沫消防水泵应设置备用泵,当两者的压力、流量接近时,可共用1台备用泵;四、五级油库的消防冷却水泵和泡沫消防水泵可不设备用泵。备用泵的流量、扬程不应小于最大工作主泵的能力。

2 当一、二、三级石油库的消防水泵有2个独立电源供电或符合本规范第12.1.2条第2款要求时,主泵应采用电动泵,备用泵宜采用电动泵;只有1个电源供电时,消防水泵应采用下列方式之一:

1) 主泵和备用泵全部采用柴油机泵;
2) 主泵采用电动泵,配备规格(流量、扬程)和数量不小于主泵的柴油机泵作备用泵;
3) 主泵采用柴油机泵,备用泵采用电动泵。

3 消防水泵应采用正压启动或自吸启动。当采用自吸启动时,自吸时间宜不大于45s。

4 当几台消防冷却水泵的吸水管共用1根泵前主管道时,该管道应有不少于2条支管道接入消防水罐(池),且每条支管道应能通过全部水量。

14.1.8 消防储水设施的数量和补水时间应按《石油库设计规范》(GB 50074)执行,并满足下列要求:

1 消防储水罐(池)数量超过2个时,应用带阀门的连通管连通;

2 冬季最冷月平均气温低于0℃地区的水罐(池)应设防冻设施。

14.1.9 消防水系统管道上应设置消火栓,并满足下列要求:

1 消防水系统管道上所设置的消火栓的间距应不大于60m;

2 消火栓宜采用1.6MPa的地上消火栓;寒冷地区消防水管道上设置的消火栓应有防冻、放空措施。

14.1.10 消防水管应根据系统工作压力、管道埋深、土壤性质、管道耐腐蚀能力、管道上部荷载等条件选用管材,埋地时宜采用加强防腐的钢管、钢丝网骨架塑料复合管和球墨铸铁管等管材。地上敷设的消防水管应采用钢管。储罐上消防喷淋环管和立管宜分段预制后再内外热镀锌,沟槽式连接或法兰连接。

14.1.11 储罐的泡沫灭火系统需满足下列要求:

1 储罐的泡沫灭火系统设计应按《泡沫灭火系统设计规范》(GB 50151)执行。

2 泡沫液宜选用水成膜型泡沫液,混合比应不低于3%。

3 泡沫液储备量应在计算的基础上增加不少于100%的富裕量。

4 配置泡沫混合液用的泡沫消防水泵的设置需满足下列要求:

1) 泡沫消防水泵的压力和流量应满足泡沫站的需要;
2) 泡沫消防水泵应设置超压回流管道。

5 泡沫站的位置应满足在泡沫消防水泵启动后,将泡沫混合液输送到最远保护对象的时间不大于5min。

6 泡沫站内应设置泡沫试验装置。

14.1.12 库(站)应配置灭火器。移动式灭火器材配置需满足下列要求:

2 灭火器材配置应按《石油库设计规范》(GB 50074)、《建筑灭火器配置设计规范》(GB 50140)、《汽车加油加气站设计与施工规范》(GB 50156)执行。

3 航空加油站灭火器材除应符合《建筑灭火器配置设计规范》(GB 50140)的规定外,还应按如下配置:

1) 装油点、综合检测设施分别配置2具5kg手提式干粉灭火器、1具35kg推车式干粉灭火器、4块灭火毯、沙子2m³;
2) 油车库、管线加油车库灭火器材按《建筑灭火器配置设计规范》(GB 50140)规定的严重危险级配置。

14.1.13 库(站)的消防车辆配置、消防控制方式、火灾报警系统、消防值班室设置应按《石油库设计规范》(GB 50074)的规定执行。

14.2 消防控制系统

14.2.1 库(站)火灾自动报警系统的设计应符合《火灾自动报警系统设计规范》(GB 50116)的规定。储罐区和装卸区内,宜在四周道路设置户外手动报警设施,其间距宜不大于100m。

14.2.2 可燃气体探测器设置及可燃气体检测报警设计应符合《石油库设计规范》(GB 50074)、《石油化工可燃气体和有毒气体检测报警设计规范》(GB 50493)的规定。

14.2.3 储油罐区应设置风力、风向和环境温度等参数的监测仪器。

14.2.4 消防泵控制的设计应符合《石油库设计规范》(GB 50074)和《消防给水及消火栓系统技术规范》(GB 50974—2014)第11章的规定。

14.2.5 一级油库的消防泵等动力设备,以及消防水管道及泡沫液管道上的控制阀门除应能在现场操作外,尚应能在消防控制室进行控制和显示状态。

14.2.6 一级油库消防部分的监测、顺序控制等操作应采用以下两种方式之一:

1 采用专用监控系统,并与油库的供油控制系统进行数据通信;

2 在油库的供油控制系统中设置独立的I/O卡件和单独的显示操作站。

14.2.7 一级油库的消防控制系统需满足下列要求:

1 消防泵的启停、消防水管道及泡沫液管道上控制阀的开关均应实现远程控制;

2 应能接收手动火灾报警按钮信号、可燃气体报警、风速报警信号,记录有关信息;

3 应能自动监视系统的运行和对特定故障进行声、光报警;

4 应能显示消防泵、电动阀的状态;

5 应能显示系统的联动工作状态及故障状态;

7 消防泵出口电动阀应与消防泵联动；

8 储油罐的泡沫灭火和冷却水喷淋控制系统应采用由人工确认的自动控制方式。

16 建（构）筑物与暖通

16.1 建 筑 物

16.1.5 航油实验室可根据工程规模单独设置，也可附设于油库综合用房内。当设在油库综合用房内时，宜设置在底层，采用防火隔墙与其他部位分隔，并应至少设置一个独立的安全出口，当隔墙上需开设互相连通的门时，应采用甲级防火门。实验室的耐火等级应符合《建筑设计防火规范》（GB 50016）的规定，耐火等级应不低于二级。实验室的使用面积应根据检验（检定）项目、仪器设备配置等因素确定。实验室建筑物需满足下列要求：

8 气瓶室室内地面应有防火、防静电措施。

4. 《民用直升机场飞行场地技术标准》MH 5013—2014

7 救援和消防

7.1 一般规定

7.1.3 实施直升机事故救援应保证救援和消防人员受过训练、设备有效,以及救援和消防人员及设备能够快速投入使用。

7.2 保障水平

7.2.1 提供救援和消防保障的水平应以正常使用该直升机场的最长直升机的全长为依据,并依据表7.2.1所确定的直升机场的消防类别来确定。但直升机活动次数很少、无人照管的直升机场除外。

表7.2.1 直升机场的消防类别

类别	直升机全长(L)
H1	<15m
H2	15m~<24m
H3	24m~<35m

7.3 救援和消防设备

7.3.1 灭火剂

主要灭火剂应是满足最低性能水平B级的一种泡沫(关于灭火剂的特性参见《机场勤务手册》(Doc 9137-AN/809)第一部分 救援和消防)。

7.3.2 用水量和辅助剂

1 对产生泡沫的用水量和提供的辅助剂,应依照7.2节所确定的直升机场消防类别和相应的表7.3.2-1或表7.3.2-2来确定。

表7.3.2-1 表面直升机场,最小可用灭火剂数量

类别	满足性能B级的泡沫		辅助剂		
	水(L)	喷射率 泡沫溶液(L/min)	化学干粉(kg) 或	卤化碳(kg) 或	二氧化碳(kg)
(1)	(2)	(3)	(4)	(5)	(6)
H1	500	250	23	23	45
H2	1000	500	45	45	90
H3	1600	800	90	90	180

表7.3.2-2 高架直升机场,最小可用灭火剂数量

类别	满足性能B级的泡沫		辅助剂		
	水(L)	喷射率 泡沫溶液(L/min)	化学干粉(kg) 或	卤化碳(kg) 或	二氧化碳(kg)
(1)	(2)	(3)	(4)	(5)	(6)
H1	2500	250	45	45	90
H2	5000	500	45	45	90
H3	8000	800	45	45	90

7.3.3 喷射率

1 泡沫溶液的喷射率不应低于表7.3.2-1或表7.3.2-2中适用部分所示的喷射率。辅助剂的喷射率应按该灭火剂的最佳效果来选择。

2 在高架直升机场,应提供至少一条能以250L/min喷射形式输送泡沫的软管。此外,在H2类和H3类高架直升机场,应提供至少两个消防枪,每个消防枪都能达到所要求的喷射率,并位于直升机场周围不同的位置,以保证泡沫在任何天气条件下都能喷射到直升机场的任何部位,并使两个消防枪同时都被直升机事故损坏的可能性减至最小。

7.3.4 救援设备

救援设备配置见表7.3.4。在高架直升机场,救援设备应存放在直升机场的邻近处。

表7.3.4 直升机场的救援设备

序号	救援设备		配备数量 直升机场消防类别	
	名称	单位	H1和H2	H3
1	液压扩张剪钳	套	1	1
2	无齿切割锯	个	1	1
3	消防尖平斧	只	1	1
4	消防钩	个	1	1
5	铁皮剪	把	1	1
6	绝缘钳	把	1	1
7	撬棍(105cm)	根	1	1
8	消防梯(长度满足最大机型)	个	—	1
9	救生绳(直径5cm,长度15m)	条	1	1
10	消防手套	副	2	3
11	防火毯	张	1	1

7.3.5 应答时间

1 在表面直升机场,救援和消防勤务的工作目标是在最佳地面情况和能见度条件下,应答时间不超过两分钟。

2 表面直升机场应答时间是指从向救援和消防机构的首次呼救,到第一辆(或几辆)消防车到位并按表7.3.2-1规定的喷射率的至少50%释放灭火泡沫之间的这段时间。

3 对于高架直升机场、直升机水上平台和船上直升机场,应答时间应更短。

5.《民用航空支线机场建设标准》MH 5023—2006

3 主体工程设施

3.0.6 旅客航站区
1 站坪
 4）应设消防设施，消火栓出水口的压力不小于 0.1MPa；
 5）消防水池贮备水量应在机场供水站中安排，供水量不小于下表：

保障等级	<4	5	6
供水量（吨）	100	100	200

3 站前广场、停车场
 1）站前广场应进行一般性绿化，并要设置照明、引导标志和设施、消防设施。

3.0.9 消防、应急救援设施
1 消防站和应急救援车库的位置：要有直通跑道的消防通道，并保证消防车到达机场跑道任何部位不超过 3min。
2 消防设施
 1）消防站的保障等级根据最大设计使用机型长度、宽度和使用频率确定，若连续最繁忙的 3 个月中起降次数总计小于 700 架次，则消防保障等级可降低一级；
 2）消防站应有：车库、值班室、战斗员宿舍、盥洗室、药剂储存室、器材间；
 3）建筑面积设计指标：保障等级 3～5 级不大于 250m²，保障等级 6 级不大于 350m²；
 4）消防车库的室内温度不低于 10℃，不单独安排训练场地、训练塔。
 5）消防车最低配置标准：

序号	消防车名称	单车定员（人）	车辆数量 消防保障等级（级别）			
			3	4	5	6
1	主力泡沫车	3				1
2	重型泡沫车	6		1	1	2
3	中型泡沫车	6	1	1	1	
4	火场照明车(有夜航设备)	3	1	1	1	1
5	通信指挥车	2	1	1	1	1
合计（人）			11	17	17	20

6.《小型民用运输机场供油工程设计规范》MH 5029—2014

4 选址与规划

4.1 选 址

4.1.1 油库的选址执行以下原则：
  2 应与机场航站区的消防水池、消防泵站毗邻。

5 库区布置

5.0.2 油库收发油场地应为水泥混凝土地坪。油库道路的转弯半径应按所选用油车、机场消防车的转弯半径中的最大者确定，宜不小于12m；生产作业区消防车道的宽度应不小于6m，其中路面宽度应不小于4m；消防车道的净高应不小于5.0m。

5.0.3 油罐区防火堤内不应采用混凝土地坪。罐区地坪的防渗措施应按《石油化工工程防渗技术规范》（GB/T 50934）的规定执行，其中防渗膜上部保护层宜采用灰土。

5.0.7 油库内的绿化不应妨碍消防操作，消防道与防火堤之间不应植树。

7 电气与通信

7.0.3 油库生产及消防设备的配电应采用放射式，综合办公、照明配电宜采用链式。

7.0.5 油库爆炸危险区域内的等级范围划分应符合《石油库设计规范》（GB 50074）的规定。油库爆炸危险区域内的电气设备选型、安装、电力线路敷设应符合《爆炸和火灾危险环境电力装置设计规范》（GB 50058）的规定。油库室外非防爆电气的防护等级应不低于IP55级。

7.0.7 收发油作业区、泵棚、储罐区、油车库应设置可燃气体报警装置。可燃气体检测及报警装置的设计和安装应符合《石油化工企业可燃气体和有毒气体检测报警设计规范》（GB 50493）的规定。

7.0.10 供油工程应设计火灾报警装置，其设计和安装应符合《石油化工企业设计防火规范》（GB 50160）的规定。

8 给排水与污水处理

8.2 排 水

8.2.2 油库污水应采用管线排放，雨水可采用明沟排放，油库排水在排出油库围墙之前应设置水封井。水封井与围墙之间的排水通道应采用暗管或暗沟。

8.2.5 油罐区防火堤内应设置集水设施；连接集水设施的排水管线应在引出防火堤外设置阀门及水封井等切断措施。

9 消防与安防

9.1 消 防

9.1.1 油库应共用机场的消防设施，单独配置消防器材。

9.1.3 采用移动式消防水枪冷却时，每支消防水枪的充实水柱长度应不小于15m。

9.1.4 消火栓应沿道路布置，与道路路边的距离宜为1m～2m，与房屋外墙的距离应不小于5m，且应有明显标识。

9.1.5 采用移动式消防水枪冷却时，消火栓的设计数量应根据保护半径和消防用水量计算确定，距罐壁15m以内的消火栓不应计算在该储罐可使用的数量之内。消火栓间距应不大于60m，宜不小于10m。每个消火栓的出水量应按10L/s～15L/s计算。

9.1.6 消火栓的栓口应符合下列要求：
  1 室外地上式消火栓应有3个接合口，其中1个直径为100mm，其它两个直径为65mm；
  2 室外地下式消火栓应有直径为100mm和65mm的栓口各一个；
  3 寒冷地区设置的室外消火栓应有防冻措施。

9.1.7 油罐区的消火栓旁应设水带箱，箱内应配2盘直径65mm、长度25m的带快速接口的水带和2支接口直径为65mm且喷嘴直径为19mm的水枪。水带箱距消火栓宜不大于5m。

9.1.8 地上卧式油罐区消防冷却供水范围和供给强度应符合下列规定：
  1 着火的地上卧式油罐应冷却；距着火油罐直径与长度之和的1/2范围内的相邻油罐也应冷却。
  2 着火的地上卧式油罐消防冷却水供给强度应不小于6L/min·m²，其相邻油罐消防冷却水供给强度应不小于3L/min·m²。冷却面积应按油罐投影面积计算。当计算水量小于15L/s时，应按不小于15L/s计算。
  3 地上卧式油罐消防冷却水连续供给时间应不小于2h。

7. 《民用运输机场航站楼公共广播系统工程设计规范》MH/T 5020—2016

2 术 语

2.0.4 应急广播 emergency broadcast

航站楼内应对紧急事件进行的音频广播,包括消防、空防及突发公共事件广播。

3 公共广播系统工程设计

3.1 系统功能

3.1.1 公共广播系统根据使用需求分为业务广播、服务性广播和应急广播。

3.5 广播音源

3.5.3 广播播音室和消防控制室应设置广播呼叫站。应急指挥中心、登机口和服务台等处可根据实际需要设置广播呼叫站。

3.6 广播功率放大器

3.6.3 用于应急广播的广播功率放大器,额定输出功率应不小于其所驱动的广播扬声器额定功率总和的1.5倍;全部应急广播功率放大器的功率总容量,应满足所有广播分区同时发布应急广播的要求。

3.8 广播接口

3.8.1 公共广播系统应根据实际需求配置下列系统接口:

4 与火灾自动报警系统的接口,实现消防应急广播。

4 应急广播系统工程设计

4.1 应急广播系统控制

4.1.1 当公共广播系统有多种用途时,应急广播应具有最高优先级。

4.1.2 应急广播与业务广播、服务性广播系统宜合用一套广播设备,也可单独设置。当合用时,广播系统应具有强制切入应急广播的功能。

4.1.3 应急广播的优先级顺序为消防广播、空防广播、突发事件广播。

4.1.4 应急广播系统应具有与火灾自动报警系统联动的接口,实现消防应急广播。

4.1.5 当确认火灾后,应同时向整个航站楼进行消防广播。

4.1.6 在消防控制室应设置消防广播呼叫站。

4.1.7 在消防控制室应能手动或按照预设控制逻辑联动控制选择广播分区,启动或停止应急广播系统,并应能监听消防应急广播。在通过传声器进行应急广播时,应自动对广播内容进行录音。

4.1.8 消防应急广播系统控制及信号传输应具备不依赖于计算机网络的连接方式,并应采用铜芯绝缘导线或铜芯电缆。

4.2 应急广播技术要求

4.2.1 应急广播系统应能在手动或警报信号触发的10s内,向相关广播分区播放警示信号(含警笛)、警报语声文件或实时指挥语音,消防广播与火灾自动报警系统声光报警器交替循环播放。

4.2.2 消防应急广播的单次语音播放时间宜在10s~30s之间,应与火灾声警报器分时交替工作,可采取1次火灾声警报器播放,1或2次消防应急广播播放的交替工作方式循环播放。

4.2.3 消防控制室内应能显示消防应急广播分区的工作状态。

4.2.4 消防应急广播扬声器的设置规定如下:

1 航站楼内扬声器应设置在走道和大厅等公共场所。每个扬声器的额定功率应不小于3W,其数量应能保证从一个防火分区内的任何部位到最近一个扬声器的直线距离应不大于25m;走道末端距最近的扬声器距离应不大于12.5m。

2 在环境噪声大于60dB的场所设置的扬声器,在其播放范围内最远点的播放声压级应高于背景噪声15dB。

3 壁挂扬声器的底边距地面高度应不低于2.2m。

4.2.5 应急广播系统设备(含主机、功放)应处于热备用状态,并具有定时自检和故障自动告警功能。

4.2.6 应急广播系统应能自动调节广播音量至不小于应备声压级界定的音量。

4.2.7 当需要"手动"发布应急广播时,应设置一键到位功能,空防或突发事件应急广播可在应急指挥中心或广播控制室控制,消防应急广播应在消防控制室(中心)控制。

4.2.8 应急广播扬声器应使用阻燃材料,或具有阻燃后罩结构。

5 布 线

5.1 一般规定

5.1.3 应急广播系统的传输线路应选择不同颜色的绝缘导线。正极"+"线宜为红色,负极"一"线宜为白色。相同用途导线的颜色应一致,接线端子应有标号。

5.3 室内布线

5.3.1 应急广播系统的传输线路应采用金属管、可挠(金属)电气导管或封闭式线槽保护。

5.3.2 应急广播系统线路暗敷设时,宜采用金属管、可挠

（金属）电气导管保护，并应敷设在不燃烧体的结构层内，且保护层厚度不宜小于30mm；线路明敷设时，应采用金属管、可挠（金属）电气导管或金属封闭线槽保护。矿物绝缘类不燃性电缆可明敷。

5.3.3 应急广播系统用的电缆竖井，宜与电力、照明用的低压配电线路电缆竖井分别设置。如受条件限制必须合用时，两种电缆应分别布置在竖井的两侧。

5.3.7 应急广播系统的线缆应采用阻燃耐火铜芯电线电缆。

5.3.8 应急广播系统信号传输线路使用定压线路时，铜芯绝缘导线或铜芯电缆的截面应不小于1.5mm²。

6 广播电源

6.2 应急广播系统供电

6.2.1 应急广播设备应采用消防母线或应急母线供电，电源切换时间应不大于1s。

6.2.2 应急广播系统应设置蓄电池备用电源，蓄电池容量应满足航站楼内人员疏散时间要求。蓄电池应配置自动充电装置。

6.2.3 应急广播电源不应设置剩余电流动作保护和过负荷保护装置。

8 配套设施

8.1 设备机房

8.1.5 当公共广播系统机房与消防控制室合用时，其设备布置应首先满足消防系统的布置要求。

8.1.8 设备机房应设置消防设施。

8.《通用航空供油工程建设规范》MH/T 5030—2014

3 基本规定

3.0.5 加油站与周边建（构）筑物的安全距离、加油站内防火间距应按《汽车加油加气站设计与施工规范》(GB 50156)的规定执行，机场航站楼、塔台应按重要建筑物的要求确定安全距离。

4 选址与规划

4.0.8 加油站配套的供电、消防、交通、通信等设施应与机场相应设施统筹规划建设。

6.3 撬装装置

6.3.2 撬装装置应具有：
  3 自动消防灭火功能。

7 电气、报警与通信

7.0.2 加油站爆炸危险区域划分应符合《汽车加油加气站设计与施工规范》(GB 50156)的规定。爆炸危险区域内的电气设备选型及安装应符合《爆炸和火灾危险环境电力装置设计规范》(GB 50058)的规定。爆炸危险区域外的室外电气设备，其防护等级应不低于IP55级。

7.0.8 加油站作业区应设置手动火灾报警装置。

8 消防与安防

8.0.1 加油站应与机场共用消防设施，并应单独配置消防器材。

8.0.2 加油站应配置5块灭火毯、3m³沙子；加油机处应配置2具4kg手提式干粉灭火器；储罐区应配置1具35kg推车式干粉灭火器。

8.0.3 加油站的消防系统应按《小型民用运输机场供油工程设计规范》(MH 5029)中的规定执行。

8.0.4 加油站应配置视频监控录像系统，对加油站进出口、罐区周边、收发油作业点、固定加油点等处进行监控，视频保存时间应不少于30d。

9 建筑物、排水与暖通

9.1 建筑物

9.1.5 罩棚的设计应符合下列要求：
  1 采用阻燃材料。

9.2 排水与暖通

9.2.4 加油站宜采用自然通风。爆炸危险区域内的建筑物除进行自然通风外，还应采取可燃气体浓度测定报警及强制通风措施。强制通风措施应符合下列要求：
  1 通风设备的通风能力在工艺设备工作期间应按每小时换气12次计算，在工艺设备非工作期间应按每小时换气5次计算；
  2 通风设备应防爆，并应与可燃气体浓度测定报警仪联动；
  3 强制通风口应低位安装，最低部位宜离地面300mm～400mm，通风口外侧应采取防止外物进入的措施。

5.2 航天与航空工程

9.《飞机库设计防火规范》GB 50284—2008

1 总 则

1.0.2 本规范适用于新建、扩建和改建飞机库的防火设计。

2 术 语

2.0.1 飞机库 aircraft hangar
用于停放和维修飞机的建筑物。

2.0.2 飞机库大门 aircraft access door
为飞机进出飞机库专门设置的门。

2.0.3 飞机停放和维修区 aircraft storage and servicing area
飞机库内用于停放和维修飞机的区域。不包括与其相连的生产辅助用房和其他建筑。

2.0.4 翼下泡沫灭火系统 foam extinguishing system for area under wing
用于飞机机翼下的泡沫灭火系统。

3 防火分区和耐火等级

3.0.1 飞机库可分为Ⅰ、Ⅱ、Ⅲ类,各类飞机库内飞机停放和维修区的防火分区允许最大建筑面积应符合表 3.0.1 的规定。

表 3.0.1 飞机库分类及其停放和维修区的
防火分区允许最大建筑面积

类别	防火分区允许最大建筑面积（m²）
Ⅰ	50000
Ⅱ	5000
Ⅲ	3000

注:与飞机停放和维修区贴邻建造的生产辅助用房,其允许最多层数和防火分区允许最大建筑面积应符合现行国家标准《建筑设计防火规范》GB 50016 的有关规定。

3.0.2 Ⅰ类飞机库的耐火等级应为一级。Ⅱ、Ⅲ类飞机库的耐火等级不应低于二级。飞机库地下室的耐火等级应为一级。

3.0.3 建筑构件均应为不燃烧体材料,其耐火极限不应低于表 3.0.3 的规定。

3.0.4 在飞机停放和维修区内,支承屋顶承重构件的钢柱和柱间钢支撑应采取防火隔热保护措施,并应达到相应耐火等级建筑要求的耐火极限。

3.0.5 飞机库飞机停放和维修区屋顶金属承重构件应采取外包敷防火隔热板或喷涂防火隔热涂料等措施进行防火保护,当采用泡沫-水雨淋灭火系统或采用自动喷水灭火系统后,屋顶可采用无防火保护的金属构件。

表 3.0.3 建筑构件的耐火极限

构件名称		耐火极限（h） 耐火等级 一级	二级
墙	防火墙	3.00	3.00
	承重墙	3.00	2.50
	楼梯间、电梯井的墙	2.00	2.00
	非承重墙、疏散走道两侧的隔墙	1.00	1.00
	房间隔墙	0.75	0.50
柱	支承多层的柱	3.00	2.50
	支承单层的柱	2.50	2.00
	柱间支撑	1.50	1.00
梁		2.00	1.50
楼板、疏散楼梯、屋顶承重构件		1.50	1.00
吊顶		0.25	0.25

4 总平面布局和平面布置

4.1 一般规定

4.1.1 飞机库的总图位置、消防车道、消防水源及与其他建筑物的防火间距等应符合航空港总体规划要求。

4.1.2 飞机库与其贴邻建造的生产辅助用房之间的防火分隔措施,应根据生产辅助用房的使用性质和火灾危险性确定,并应符合下列规定:

1 飞机库应采用防火墙与办公楼、飞机部件喷漆间、飞机座椅维修间、航材库、配电室和动力站等生产辅助用房隔开,防火墙上的门窗应采用甲级防火门窗,或耐火极限不低于 3.00h 的防火卷帘。

2 飞机库与单层维修工作间、办公室、资料室和库房等辅助用房之间应采用耐火极限不低于 2.00h 的不燃烧体墙隔开,隔墙上的门窗应采用乙级防火门窗,或耐火极限不低于 2.00h 的防火卷帘。

4.1.3 在飞机库内不宜设置办公室、资料室、休息室等用房,若确需设置少量这些用房时,宜靠外墙设置,并应有直通安全出口或疏散走道的措施,与飞机停放和维修区之间应采用耐火极限不低于 2.00h 的不燃烧体墙和耐火极限不低于 1.50h 的顶板隔开,墙体上的门窗应为甲级防火门窗。

4.1.4 飞机库内的防火分区之间应采用防火墙分隔。确有困难的局部开口可采用耐火极限不低于 3.00h 的防火卷帘。防火墙上的门应采用在火灾时能自行关闭的甲级防火门。门或卷帘应与其两侧的火灾探测系统联锁关闭,但应同时具有手动和机械操作的功能。

4.1.5 甲、乙、丙类物品暂存间不应设置在飞机库内。当设置在贴邻飞机库的生产辅助用房区内时，应靠外墙设置并应设置直接通向室外的安全出口，与其他部位之间必须用防火隔墙和耐火极限不低于1.50h的不燃烧体楼板隔开。

甲、乙类物品暂存量应按不超过一昼夜的生产用量设计，并应采取防止可燃液体流淌扩散的措施。

4.1.6 甲、乙类火灾危险性的使用场所和库房不得设在地下或半地下室。

4.1.7 附设在飞机库内的消防控制室、消防泵房应采用耐火极限不低于2.00h的隔墙和耐火极限不低于1.50h的楼板与其他部位隔开。隔墙上的门应采用甲级防火门，其疏散门应直接通向安全出口或疏散楼梯、疏散走道。观察窗应采用甲级防火窗。

4.1.8 危险品库房、装有油浸电力变压器的变电所不应设置在飞机库内或与飞机库贴邻建造。

4.1.9 飞机库应设置从室外地面或附属建筑屋顶通向飞机停放和维修区屋面的室外消防梯，且数量不应少于2部。当飞机库长边长度大于250.0m时，应增设1部。

4.2 防火间距

4.2.1 除下列情况外，两座相邻飞机库之间的防火间距不应小于13.0m。

1 两座飞机库，其相邻的较高一面的外墙为防火墙时，其防火间距不限。

2 两座飞机库，其相邻的较低一面外墙为防火墙，且较低一座飞机库屋顶结构的耐火极限不低于1.00h时，其防火间距不应小于7.5m。

4.2.2 飞机库与其他建筑物之间的防火间距不应小于表4.2.2的规定。

表4.2.2 飞机库与其他建筑物之间的防火间距（m）

建筑物名称	喷漆机库	高层航材库	一、二级耐火等级的丙、丁、戊类厂房	甲类物品库房	乙、丙类物品库房	机场油库	其他民用建筑	重要的公共建筑
飞机库	15.0	13.0	10.0	20.0	14.0	100.0	25.0	50.0

注：1 当飞机库与喷漆机库贴邻建造时，应采用防火墙隔开。
2 表中未规定的防火间距，应根据现行国家标准《建筑设计防火规范》GB 50016的有关规定确定。

4.3 消防车道

4.3.1 飞机库周围应设环形消防车道，Ⅲ类飞机库可沿飞机库的两个长边设置消防车道。当设置尽头式消防车道时，尚应设置回车场。

4.3.2 飞机库的长边长度大于220.0m时，应设置进出飞机停放和维修区的消防车出入口，消防车道出入飞机库的门净宽度不应小于车宽加1.0m，门净高度不应低于车高加0.5m，且门的净宽度和净高度均不应小于4.5m。

4.3.3 消防车道的净宽度不应小于6.0m，消防车道边线距飞机库外墙不宜小于5.0m，消防车道上空4.5m以下范围内不应有障碍物。消防车道与飞机库之间不应设置妨碍消防车操作的树木、架空管线等。消防车道下的管道和暗沟应能承受大型消防车满载时的压力。

4.3.4 供消防车取水的天然水源或消防水池处，应设置消防车道或回车场。

5 建筑构造

5.0.1 防火墙应直接设置在基础上或相同耐火极限的承重构件上。

5.0.2 飞机库的外围护结构、内部隔墙和屋面保温隔热层均应采用不燃烧材料。飞机库大门及采光材料应采用不燃烧或难燃烧材料。

5.0.3 飞机库大门轨道处应采取排水措施，寒冷及易结冰地区其轨道处尚应采取融冰措施。

5.0.4 飞机停放和维修区的地面标高应高于室外地坪、停机坪和道路路面0.05m以上，并应低于与其相通房间地面0.02m以下。

5.0.5 输送可燃气体和甲、乙、丙类液体的管道严禁穿过防火墙。其他管道不宜穿过防火墙，当确需穿过时，应采用防火封堵材料将空隙紧密填实。

5.0.6 飞机停放和维修区的地面应有不小于5‰的坡度坡向排水口。设计地面坡度时应符合飞机牵引、称重、平衡检查等操作要求。

5.0.7 飞机停放和维修区的工作间壁、工作台和物品柜等均应采用不燃烧材料制作。

5.0.8 飞机停放和维修区的地面应采用不燃烧体材料。飞机库地面下的沟、坑均应采用不渗透液体的不燃烧材料建造。

6 安全疏散

6.0.1 飞机停放和维修区的每个防火分区至少应有2个直通室外的安全出口，其最远工作地点到安全出口的距离不应大于75.0m。当飞机库大门上设有供人员疏散用的小门时，小门的最小净宽不应小于0.9m。

6.0.2 在飞机停放和维修区的地面上应设置标示疏散方向和疏散通道宽度的永久性标线，并应在安全出口处设置明显指示标志。

6.0.3 飞机停放和维修区内的地下通行地沟应设不少于2个通向室外的安全出口。

6.0.4 当飞机库内供疏散用的门和供消防车辆进出的门为自控启闭时，均应有可靠的手动开启装置。飞机库大门应设置使用拖车、卷扬机等辅助动力设备开启的装置。

6.0.5 在防火分隔墙上设置的防火卷帘门应设逃生门，当同时用于人员通行时，应设疏散用的平开防火门。

7 采暖和通风

7.0.1 飞机停放和维修区及其贴邻建造的建筑物，其采暖用的热媒宜为高压蒸汽或热水。飞机停放和维修区内严禁使用明火采暖。

7.0.2 当飞机停放和维修区采用吊装式燃气辐射采暖时，应符合以下规定：

　　1 燃料可采用天然气、液化石油气、煤气等。

　　2 燃气辐射采暖设备必须经过安全认证。燃气辐射采暖系统应有安全保护自检功能，并应有防泄漏、监测、自动关闭等功能。

　　3 用于燃烧器燃烧的空气宜直接从室外引入，且燃烧后的尾气应直接排至室外。

　　4 在飞机停放和维修区内，加热器应安装在距飞机机翼或最高飞机发动机外壳的上表面以上至少 3.0m 的位置，并应按二者中距地面较高者确定安装高度。

　　6 在醒目便于操作的位置应设置能直接切断采暖系统及燃气供应系统的控制开关。

　　7 燃气输配系统及安全技术要求应符合现行国家标准《城镇燃气设计规范》GB 50028 的有关规定。

7.0.3 当飞机停放和维修区内发出火灾报警信号时，在消防控制室应能控制关闭空气再循环采暖系统的风机。在飞机停放和维修区内应放置便于工作人员关闭风机的手动按钮。

7.0.4 飞机停放和维修区内为综合管线设置的通行或半通行地沟，应设置机械通风系统，且换气次数不应少于 5 次/h。当地沟内存在可燃蒸气时，应设计每小时不少于 15 次换气的事故通风系统，可燃气体探测器报警时，火灾报警控制器联动启动排风机。

8 电　气

8.1 供　配　电

8.1.1 飞机库消防用电设备的供电电源应符合现行国家标准《供配电系统设计规范》GB 50052 的规定。Ⅰ、Ⅱ类飞机库的消防电源负荷等级应为一级，Ⅲ类飞机库消防电源等级不应低于二级。

8.1.2 当飞机库设有变电所时，消防用电的正常电源宜单独引自变电所；当飞机库远离变电所或难以取得单独的电源线路时，应接自飞机库低压电源总开关的电源侧。

8.1.3 消防用电设备的双路电源线路应分开敷设。

8.1.4 采用 TT 接地系统、TN 接地系统装设剩余电流保护器时，或上一级装设电气火灾监控系统时，低压双电源转换开关应能同时断开相线和中性线。

8.1.5 飞机库低压线路应按下列规定设置接地故障保护：

　　1 变电所低压出线处，或第二级低压配电箱内应设置能延时发出信号的电气火灾监控系统，其报警信号应引至消防控制室，对不设消防控制室的Ⅲ类飞机库，应引至值班室。

　　2 插座回路上应设置额定动作电流不大于 30mA、瞬时切断电路的漏电保护器。

8.1.6 当电线、电缆成束集中敷设时，应采用阻燃型铜芯电线、电缆。

8.1.7 飞机停放和维修区内电源插座距离地面的安装高度不应小于 1.0m。

8.1.8 飞机库内爆炸危险区域的划分应符合本规范附录 A 的规定。在爆炸危险区域内的电气设备和电气线路的选用、安装应符合现行国家标准《爆炸和火灾危险环境电力装置设计规范》GB 50058 的有关规定。

8.1.9 消防配电设备应有明显标志。

8.2 电气照明

8.2.1 飞机停放和维修区内疏散用应急照明的地面照度不应低于 1.0lx。

8.2.2 当应急照明采用蓄电池作电源时，其连续供电时间不应少于 30min。

8.2.3 安全照明用电源应采用特低电压，应由降压隔离变压器供电。特低电压回路导线和所接灯具金属外壳不得接保护地线。

8.3 防雷和接地

8.3.1 在飞机停放和维修区应设置泄放飞机静电电荷的接地端子。连接接地端子的接地导线宜就近连接至机库接地系统。

8.3.2 飞机库低压电气装置应采用 TN-S 接地系统。自备发电机组当既用于应急电源又用于备用电源时，可采用 TN-S 系统；当仅用于应急电源时宜采用 IT 系统。

8.3.3 飞机库内电气装置应实施等电位联结。

8.3.4 飞机库的防雷设计尚应符合现行国家标准《建筑物防雷设计规范》GB 50057 的有关规定。

8.4 火灾自动报警系统与控制

8.4.1 飞机库内应设火灾自动报警系统，在飞机停放和维修区内设置的火灾探测器应符合下列要求：

　　3 在地面以下的地下室和地面以下的通风地沟内有可燃气体聚集的空间、燃气进气间和燃气管道阀门附近应选用可燃气体探测器。

8.4.2 飞机停放和维修区内的火灾报警按钮、声光报警器及通讯装置距地面安装高度不应小于 1.0m。

8.4.3 消防泵的电气控制设备，应具有手动和自动启动方式，并应采取措施使消防泵逐台启动。

8.4.4 稳压泵应按灭火设备的稳压要求自动启/停。当灭火系统的压力达不到稳压要求时，控制设备应发出声、光信号。

8.4.5 泡沫-水雨淋灭火系统、翼下泡沫灭火系统、远控消防泡沫炮灭火系统和高倍数泡沫灭火系统宜由 2 个独立且不同类型的火灾信号组合控制启动，并应具有手动功能。

8.4.6 泡沫-水雨淋灭火系统启动时，应能同时联动开启相关的翼下泡沫灭火系统。

8.4.7 泡沫枪、移动式高倍数泡沫发生器和消火栓附近应设置手动启动消防泵的按钮，并应将反馈信号引至消防控制室。

8.4.8 在Ⅰ、Ⅱ类飞机库的飞机停放和维修区内，应设置手动启动泡沫灭火装置，并应将反馈信号引至消防控制室。

8.4.10 除本节规定外，尚应符合现行国家标准《火灾自动报警系统设计规范》GB 50116 的有关规定。

9 消防给水和灭火设施

9.1 消防给水和排水

9.1.1 消防水源及消防供水系统必须满足本规范规定的连续供给时间内室内外消火栓和各类灭火设备同时使用的最大用

水量。

9.1.2 消防给水必须采取可靠措施防止泡沫液回流污染公共水源和消防水池。

9.1.3 供给泡沫灭火设施的水质应符合设计采用的泡沫液产品标准的技术要求。

9.1.4 在飞机库的停放和维修区内应设排水系统，排水系统宜采用大口径地漏、排水沟等，地漏或排水沟的设置应采取防止外泄燃油流淌扩散的措施。

9.1.5 排水系统采用地下管道时，进水口的连接管处应设水封。排水管宜采用不燃材料。

9.1.6 排水系统的油水分离器应设置在飞机库室外，并应采取灭火时跨越油水分离器的旁通排水措施。

9.2 灭火设备的选择

9.2.1 Ⅰ类飞机库飞机停放和维修区内灭火系统的设置应符合下列规定之一：

1 应设置泡沫-水雨淋灭火系统和泡沫枪；当飞机机翼面积大于280m²时，尚应设置翼下泡沫灭火系统。

2 应设置屋架内自动喷水灭火系统，远控消防泡沫炮灭火系统或其他低倍数泡沫自动灭火系统，泡沫枪；当符合本规范第3.0.5条的规定时，可不设屋架内自动喷水灭火系统。

9.2.2 Ⅱ类飞机库飞机停放和维修区内灭火系统的设置应符合下列规定之一：

1 应设置远控消防泡沫炮灭火系统或其他低倍数泡沫自动灭火系统，泡沫枪。

2 应设置高倍数泡沫灭火系统和泡沫枪。

9.2.3 Ⅲ类飞机库飞机停放和维修区内应设置泡沫枪灭火系统。

9.2.4 在飞机停放和维修区内设置的消火栓宜与泡沫枪合用给水系统。消火栓的用水量应按同时使用两支水枪和充实水柱不小于13m的要求，经计算确定。消火栓箱内应设置统一规格的消火栓、水枪和水带，可设置2条长度不超过25m的消防水带。

9.2.5 飞机停放和维修区贴邻建造的建筑物，其室内消防给水和灭火器的配置以及飞机库室外消火栓的设计应符合现行国家标准《建筑设计防火规范》GB 50016和《建筑灭火器配置设计规范》GB 50140的有关规定。

9.3 泡沫-水雨淋灭火系统

9.3.1 在飞机停放和维修区内的泡沫-水雨淋灭火系统应分区设置，一个分区的最大保护地面面积不应大于1400m²，每个分区应由一套雨淋阀组控制。

9.3.2 喷头应设置在靠近屋面处，每只喷头的保护面积不应大于12.1m²，喷头的间距不应大于3.7m，喷头距墙及机库大门内侧不应大于1.8m。

9.3.3 系统的泡沫混合液的设计供给强度应符合下列规定：

1 当采用氟蛋白泡沫液和吸气式泡沫喷头时，不应小于8.0L/(min·m²)。

2 当采用水成膜泡沫液和开式喷头时，不应小于6.5L/(min·m²)。

3 经水力计算后的任意四个喷头的实际保护面积内的平均供给强度不应小于设计供给强度。

9.3.5 泡沫-水雨淋灭火系统的用水量应满足以火源点为中心，30m半径水平范围内所有分区系统的雨淋阀组同时启动时的最大用水量。

注：当屋面板最大高度小于23m时，半径可减为22m。

9.3.6 泡沫-水雨淋灭火系统的连续供水时间不应小于45min。不设翼下泡沫灭火系统时，连续供水时间不应小于60min。泡沫液的连续供给时间不应小于10min。

9.3.7 泡沫-水雨淋灭火系统的设计除执行本规范的规定外，尚应符合现行国家标准《自动喷水灭火系统设计规范》GB 50084和《低倍数泡沫灭火系统设计规范》GB 50151的有关规定。

9.4 翼下泡沫灭火系统

9.4.1 翼下泡沫灭火系统宜采用低位消防泡沫炮、地面弹射泡沫喷头或其他类型的泡沫释放装置。低位消防泡沫炮应具有自动或远控功能，并应具有手动及机械应急操作功能。

9.4.2 系统的泡沫混合液的设计供给强度应符合下列规定：

1 当采用氟蛋白泡沫液时，不应小于6.5L/(min·m²)。

2 当采用水成膜泡沫液时，不应小于4.1L/(min·m²)。

9.4.3 泡沫混合液的连续供给时间不应小于10min，连续供水时间不应小于45min。

9.4.4 翼下泡沫灭火系统的泡沫释放装置，其数量和规格应根据飞机停放位置和飞机翼下的地面面积经计算确定。

9.5 远控消防泡沫炮灭火系统

9.5.1 远控消防泡沫炮灭火系统应具有自动或远控功能，并应具有手动及机械应急操作功能。

9.5.2 泡沫混合液的设计供给强度应符合本规范第9.4.2条的规定。

9.5.3 泡沫混合液的最小供给速率为：Ⅰ类飞机库应为泡沫混合液的设计供给强度乘以5000m²；Ⅱ类飞机库应为泡沫混合液的设计供给强度乘以2800m²。

9.5.4 泡沫液的连续供给时间不应小于10min，连续供水时间Ⅰ类飞机库不应小于45min、Ⅱ类飞机库不应小于20min。

9.5.5 消防泡沫炮的配置应使不少于两股泡沫射流同时到达飞机停放和维修区内飞机机位的任一部位。

9.6 泡 沫 枪

9.6.1 一支泡沫枪的泡沫混合液流量应符合下列规定：

1 当采用氟蛋白泡沫液时，不应小于8.0L/s。

2 当采用水成膜泡沫液时，不应小于4.0L/s。

9.6.2 飞机停放和维修区内任一点应能同时得到两支泡沫枪保护，泡沫液连续供给时间不应小于20min。

9.6.3 泡沫枪宜采用室内消火栓接口，公称直径应为65mm，消防水带的总长度不宜小于40m。

9.7 高倍数泡沫灭火系统

9.7.1 高倍数泡沫灭火系统的设置应符合下列规定：

1 泡沫的最小供给速率（m³/min）应为泡沫增高速率（m/min）乘以最大一个防火分区的全部地面面积（m²），泡沫增高速率应大于0.9m/min。

2 泡沫液和水的连续供给时间应大于15min。

3 高倍数泡沫发生器的数量和设置地点应满足均匀覆盖

飞机停放和维修区地面的要求。

9.7.2 移动式高倍数泡沫灭火系统的设置应符合下列规定：

1 泡沫的最小供给速率应为泡沫增高速率乘以最大一架飞机的机翼面积，泡沫增高速率应大于 0.9m/min。

2 泡沫液和水的连续供给时间应大于 12min。

3 为每架飞机设置的移动式泡沫发生器不应少于 2 台。

9.7.3 高倍数泡沫灭火系统的设计除执行本节的规定外，尚应符合现行国家标准《高倍数、中倍数泡沫灭火系统设计规范》50196 的有关规定。

9.8 自动喷水灭火系统

9.8.2 飞机停放和维修区设置的自动喷水灭火系统，其设计喷水强度不应小于 7.0L/（min·m²），Ⅰ类飞机库作用面积不应小于 1400m²，Ⅱ类飞机库作用面积不应小于 480m²，一个报警阀控制的面积不应超过 5000m²。喷头宜采用快速响应喷头，公称动作温度宜采用 79℃，周围环境温度较高区域宜采用 93℃。Ⅱ类飞机库也可采用标准喷头，喷头公称动作温度宜为 162～190℃。

9.8.3 自动喷水灭火系统的连续供水时间不小于 45min。

9.8.4 自动喷水灭火系统的喷头布置要求应符合本规范第 9.3.3 条的规定。

9.8.5 自动喷水灭火系统的设计除执行本规范的规定外，尚应符合现行国家标准《自动喷水灭火系统设计规范》GB 50084 的有关规定。

9.9 泡沫液泵、比例混合器、泡沫液储罐、管道和阀门

9.9.1 泡沫液泵必须设置备用泵，其性能应与工作泵相同。

9.9.2 泡沫液泵应符合现行国家标准《消防泵》GB 6245 的有关规定，泵的轴承和密封件应符合泡沫液性能要求。

9.9.3 泡沫系统应采用平衡式比例混合装置、计量注入式比例混合装置或压力式比例混合装置，以正压注入方式将泡沫液注入灭火系统与水混合。

9.9.4 泡沫灭火设备的泡沫液均有备用量，备用量应与一次连续供给量相等，且必须为性能相同的泡沫液。

9.9.5 泡沫液备用储罐应与泡沫液供给系统的管道相接。

9.9.6 泡沫液储罐必须设在为泡沫液泵提供正压的位置上，泡沫液储罐应符合现行国家标准《低倍数泡沫灭火系统设计规范》GB 50151 的有关规定。

9.9.8 泡沫液储罐、泡沫液泵等宜设在靠近飞机停放和维修区的附属建筑内，其环境条件应符合所用泡沫液的技术要求。

9.9.9 控制阀、雨淋阀宜接近保护区，当设在飞机停放和维修区内时，应采取防火隔热措施。

9.9.10 常开或常闭的阀门应设锁定装置。控制阀和需要启闭的阀门均应设启闭指示器。

9.9.11 在泡沫液管和泡沫混合液管的适当位置宜设冲洗接头和排空阀。泡沫液供给管道应充满泡沫液，当长度大于 50m 时，泡沫液供给系统应设循环管路，定期对泡沫液进行循环，以防止其在管内结块，堵塞管路。

9.10 消防泵和消防泵房

9.10.1 消防水泵应采用自灌式吸水方式，泵体最高处宜设自动排气阀，并应符合现行国家标准《消防泵》GB 6245 的有关规定。

9.10.2 消防水泵的吸水口处宜设置过滤网，并应采取防止吸入空气的措施。水泵吸水管上应设置明杆式闸阀。

9.10.3 消防泵出水管上的阀门应为明杆式闸阀或带启闭指示标志的蝶阀。

9.10.4 消防泵的出水管上应设泄压阀和试验、检查用的放水阀及回流管。

9.10.5 消防水泵及泡沫液泵的出水管上应安装流量计及压力表装置。

9.10.7 消防泵房宜采用自带油箱的内燃机，其燃油料储备量不宜小于内燃机 4h 的用量，并不大于 8h 的用量。当内燃机采用集中的油箱（罐）供油时，应设置储油间，储油间应采用防火墙与水泵间隔开，当必须在防火墙上开门时应采用甲级防火门，供油管、油箱（罐）的安全措施应符合现行国家标准《建筑设计防火规范》GB 50016 的有关规定。

消防泵房可设置自动喷水灭火系统或其他灭火设施。内燃机的排气管应引至室外，并应远离可燃物。

9.10.8 消防泵房应设置消防通讯设施。

附录 A 飞机库内爆炸危险区域的划分

A.0.1 飞机库内爆炸危险区域的划分应符合下列规定：

1 1 区：飞机停放和维修区地面以下与地面相通的地沟、地坑及与其相通的地下区域。

2 2 区：

1) 飞机停放和维修区及与其相通而无隔断的地面区域，其空间高度到地面上 0.5m 处。

2) 飞机停放和维修区内距飞机发动机或飞机油箱水平距离 1.5m，并从地面向上延伸到机翼和发动机外壳表面上方 1.5m 处。

10.《航空工业理化测试中心设计规范》GB 50579—2010

3 工 艺 设 计

3.6 实验室设施和环境

3.6.11 复合材料高温力学性能实验室应设置机械排风系统,并应采取防火措施。

4 总图位置的选择

4.0.2 理化测试中心应远离有爆炸和火灾危险、散发腐蚀性和有毒气体、粉尘等有害物质的场所,并应位于全年最小风频率的下风向。

5 建筑与结构

5.5 防火及疏散

5.5.1 理化测试中心的火灾危险性类别应为丁类,建筑物耐火等级不应低于二级。
5.5.2 特殊贵重仪器、设备的实验室隔墙应采用耐火极限不低于1h的非燃烧体。
5.5.3 易发生火灾、爆炸等事故的实验室,门应向疏散方向开启,开启的门扇不应影响走道的疏散。

7 采暖、通风与空气调节

7.2 通 风

7.2.6 使用或产生易燃易爆物质的房间,应设置防爆型排风系统。

8 电 气

8.3 防爆、防雷和接地

8.3.3 输送可燃气体的金属管道,应采取防静电接地措施。突出屋面装设有阻火器的金属放散管应与屋面防雷装置相连。
8.3.4 有防爆要求的实验室电气设计,应符合现行国家标准《爆炸和火灾危险环境电力装置设计规范》GB 50058 的有关规定。

9 电 信

9.3 火灾自动报警系统

9.3.1 理化测试中心内应设置火灾自动报警系统,并根据不同性质的实验室设置相应的火灾探测器。
9.3.2 使用或产生易燃易爆气体的房间应根据可燃气体的类型,设置相应的可燃气体探测器,可燃气体浓度达到爆炸下限的25%时,控制开启排风机。采用管道供气,可燃气体浓度达到爆炸下限的25%时,联动关闭供气总阀。
9.3.3 火灾自动报警设计除应符合本规范外,尚应符合现行国家标准《火灾自动报警系统设计规范》GB 50116 的有关规定。

10 气 体 供 应

10.1 一 般 规 定

10.1.2 仪器、设备的气体供应应符合下列规定:
　4 易燃易爆气体及助燃气体的干管及支管应明敷;
　5 易燃易爆气体及助燃气体管道的放散管应引至室外并高出屋脊1.00m,放散管应设有防雷措施;
　6 易燃易爆气体管道不应和电缆、导电线路同支架敷设;
　7 易燃易爆气体及助燃气体的管道不宜穿过不使用该种气体的房间,必须穿过时,应采取相应措施;
　8 易燃易爆气体及助燃气体的汇流排间应有浓度报警和联动排风措施。
10.1.3 气体管道设计除应符合本规范外,尚应符合现行国家标准《压缩空气站设计规范》GB 50029、《氢氧站设计规范》GB 50177、《乙炔站设计规范》GB 50031 的有关规定。
10.1.4 **易燃易爆气体及助燃气体管道严禁穿过生活间、办公室。**

10.3 管 道 连 接

10.3.3 易燃易爆气体管道连接的用气设备支管应设置阻火器。

11.《飞机喷漆机库设计规范》GB 50671—2011

3 飞机喷漆机库分类和爆炸危险区域划分

3.0.1 飞机喷漆机库可分为Ⅰ、Ⅱ、Ⅲ类,各类飞机喷漆机库内飞机喷漆区允许的最大建筑面积应符合表3.0.1的规定。

表3.0.1 飞机喷漆机库分类及飞机喷漆区允许的最大建筑面积

类别	飞机喷漆区允许的最大建筑面积(m²)
Ⅰ	10000
Ⅱ	5000
Ⅲ	3000

注:当采用防火墙隔开的多个喷漆区组成1个喷漆机库时,应以单个喷漆区允许的最大建筑面积确定飞机喷漆机库类别。

3.0.2 飞机喷漆区内爆炸危险区域的划分应符合下列规定:
 1 下列区域应划分为1区:
  1)以飞机整机或飞机主要部件外形为基点,向外延伸3.0m并向下投影的空间区域;
  2)飞机喷漆区与地面相通的地沟、地坑及与其相通的其他区域。
 2 下列区域应划分为2区:
  1)与飞机喷漆区相通而无隔断的地面区域,其空间高度到地面上0.5m处;
  2)以飞机整机或飞机主要部件外形为基点,向外延伸6.0m并向下投影除1区以外的空间区域。

注:1 飞机整机喷漆时,距离飞机垂直尾翼上1.5m~3.0m的空间区域应视为2区;
  2 危险区内装有可燃气体探测器时,在爆炸性气体最易聚集的地点,可燃气体浓度达到爆炸下限值的25%时发出报警信号,并自动启动通风装置且该区域通风良好时,上列区域的级别均应降低一级。

4 工 艺

4.1 工艺布置

4.1.1 飞机喷漆机库宜单独设置。与装配厂房或维修机库等合建时,应采用防火墙隔开。
4.1.5 飞机喷漆机库内通风系统、电气系统的控制室,应设置在爆炸危险区域外,并宜集中设置。

5 建筑结构

5.1 总平面布局

5.1.1 飞机喷漆机库的总平面布局应符合机场的总体规划要求。飞机喷漆机库的建筑高度应满足机场净空限高的有关规定。
5.1.2 两座相邻飞机喷漆机库之间的防火间距不应小于15.0m。但下列情况可除外:
 1 两座飞机喷漆机库,其相邻的较高一面的外墙为防火墙时,其防火间距不限。
 2 两座飞机喷漆机库,其相邻的较低一面外墙为防火墙,且较低一座飞机喷漆机库屋顶结构的耐火极限不低于1.00h时,其防火间距不应小于7.5m。
5.1.3 飞机喷漆机库与其他建筑物之间的防火间距应符合表5.1.3的规定。

表5.1.3 飞机喷漆机库与其他建筑物之间的防火间距(m)

建筑物名称		飞机喷漆机库
飞机库		15.0
甲类厂房		15.0
单层、多层乙类厂房		12.0
单层、多层丙、丁、戊类厂房	一、二级	12.0
	三级	14.0
	四级	16.0
甲类物品库房		20.0
乙、丙类物品库房		14.0
机场油库		100.0
其他民用建筑		25.0
重要的公共建筑		50.0
高层厂房		13.0

注:1 当飞机喷漆机库与飞机库贴邻建造时,应采用防火墙隔开。
  2 建筑之间的防火间距应按相邻建筑外墙的最近距离计算,如外墙有凸出的燃烧构件,应从其凸出部分外缘算起。
  3 耐火等级低于四级的原有厂房,其耐火等级应按四级确定。
  4 表中未规定的防火间距,应符合现行国家标准《建筑设计防火规范》GB 50016的有关规定。

5.1.4 Ⅰ、Ⅱ类飞机喷漆机库周围应设环形消防车道。当Ⅲ类飞机喷漆机库设置环形消防车道有困难时,应沿飞机喷漆机库的两个长边设置消防车道。消防车道的设置应符合现行国家标准《飞机库设计防火规范》GB 50284的有关规定。当设置尽头式消防车道时,应设置回车场。
5.1.5 飞机喷漆机库的喷漆区跨度(进深)大于或等于50.0m时,应至少设置一处消防车出入口。
5.1.6 飞机喷漆机库应设置从室外地面或附属建筑屋顶通向飞机喷漆区屋面的室外消防梯,且数量不应少于2部。当飞机喷漆机库长边长度大于250.0m时,应增设1部。

5.2 平面布置与建筑防火

5.2.1 Ⅰ、Ⅱ类飞机喷漆机库的耐火等级应为一级。Ⅲ类飞机喷漆机库的耐火等级不应低于二级。地下室的耐火等级应为一级。

5.2.2 建筑构件均应为不燃烧材料，其耐火极限不应低于表5.2.2的规定。

表5.2.2 建筑构件的耐火极限

构件名称		耐火极限（h）	
		一级耐火等级	二级耐火等级
防火墙		3.00	3.00
墙	承重墙	3.00	2.50
	楼梯间、电梯井的墙	2.00	2.00
	非承重墙、疏散走道两侧的隔墙	1.00	1.00
	房间隔墙	0.75	0.50
柱	支承多层的柱	3.00	2.50
	支承单层的柱	2.50	2.00
	柱间支撑	1.50	1.00
梁		2.00	1.50
楼板、疏散楼梯、屋顶承重构件		1.50	1.00
吊顶		0.25	0.25

5.2.3 在飞机喷漆区内，支承屋顶承重构件的钢柱和柱间钢支撑应采取防火隔热保护措施，并应达到相应耐火等级建筑要求的耐火极限。

5.2.4 飞机喷漆机库喷漆区屋顶金属承重构件应采取外包敷防火隔热板或喷涂防火隔热涂料等措施进行防火保护，当采用泡沫-水雨淋灭火系统或采用自动喷水灭火系统后，屋顶可采用无防火保护的金属构件。

5.2.5 飞机喷漆区和与其贴邻建造的生产辅助用房之间的防火分隔措施，应根据生产辅助用房的使用性质和火灾危险性确定，并应符合下列规定：

　　1 飞机喷漆区应采用防火墙与附楼、零部件喷漆间、配电室和动力站等房间隔开，防火墙上的门窗应采用甲级防火门窗，或耐火极限不低于3.00h的防火卷帘。

　　2 飞机喷漆区与单层附属用房应采用耐火极限不低于2.00h的不燃烧体墙隔开，隔墙上的门窗应采用乙级防火门窗，或耐火极限不低于2.00h的防火卷帘。

5.2.6 飞机喷漆机库与飞机库合建时，飞机喷漆机库应靠端部设置。飞机喷漆机库的防火分区之间应采用防火墙分隔，防火墙上的门应采用甲级防火门，确有困难的局部开口应采用耐火极限不低于3.00h的防火卷帘，卷帘或常开防火门应与其两侧的火灾探测器联动控制，并应具有手动和机械操作的功能。

5.2.7 飞机喷漆区内不应设置办公室、资料室、休息室等用房。

5.2.8 漆料暂存间、调漆间应靠外墙设置，并应设置直接通向室外的安全出口，与其他部位之间必须用耐火极限不低于3.00h的隔墙和耐火极限不低于1.50h的不燃烧体楼板隔开。漆料暂存间、调漆间应采取防止可燃液体流淌扩散的措施。

5.2.9 与飞机喷漆作业无关的甲、乙类物品暂存间，不应设置在飞机喷漆机库内或与飞机喷漆机库贴邻建造。

5.2.10 附设在飞机喷漆机库内的消防控制室、消防水泵房，应采用耐火极限不低于2.00h的隔墙和耐火极限不低于1.50h的楼板与其他部位隔开。隔墙上的门应采用甲级防火门，其疏散门应直接通向安全出口或疏散楼梯、疏散走道。观察窗应采用甲级防火窗。

5.2.11 飞机喷漆区应至少有2个直通室外的安全出口，且应位于两个方向上。其最远工作地点到安全出口的距离不应大于75.0m。

5.2.12 在飞机喷漆区的地面上应设置标示疏散方向和疏散通道宽度的永久性标线，并应在安全出口处设置明显指示标志。

5.2.13 当飞机喷漆机库内供疏散用的门和供消防车辆进出的门为自控启闭时，应有可靠的手动开启装置。飞机喷漆机库大门应设置使用拖车、卷扬机等辅助动力设备开启的装置。

5.2.14 在防火分隔墙上设置的防火卷帘门应设逃生门，当同时用于人员通行时，应设疏散用的平开防火门。

5.2.15 调漆间、漆料暂存间应做防爆设计，并应设置泄压设施。泄压比应符合现行国家标准《建筑设计防火规范》GB 50016的有关规定。

5.3 建筑构造

5.3.1 飞机喷漆机库的外围护结构、内部隔墙和屋面保温隔热层，均应采用不燃烧材料。飞机喷漆机库大门主体结构及采光材料应采用不燃烧材料。

5.3.2 飞机喷漆区、调漆间、漆料暂存间、零部件喷漆间，应采用不发火花地面。采用绝缘材料作整体面层时，应采取防静电措施。飞机喷漆机库地面下的沟、坑均应采用不渗透液体的不燃烧材料建造。

5.3.3 飞机喷漆区内墙面应采取防潮措施，并应平整、光滑、易于清洁。

5.3.4 飞机喷漆区吊顶应采取防止结露及防止脱落细小纤维和尘粒的措施。

5.3.5 飞机喷漆区地面应平整、耐磨、防滑、易清洗。喷漆工位地面宜采取防止退漆剂等腐蚀性液体浸蚀的措施。

5.3.6 飞机喷漆区的外围护结构应采取保温、节能措施。

5.3.7 建筑构造设计除应执行本规范规定外，尚应符合现行国家标准《飞机库设计防火规范》GB 50284的有关规定。

6 给水排水及消防设施

6.1 给 水

6.1.3 当消防水源为市政供水时，清洗飞机用水可取自消防水池，但应采取保证消防用水量的技术措施。

6.2 排 水

6.2.3 飞机喷漆区应采取消防时废水不进入机库地下室重要设备间的措施，并宜设置储存消防排水的水池或其他储存措施。

6.3 消防设施

6.3.1 Ⅰ、Ⅱ、Ⅲ类飞机喷漆机库飞机喷漆区应设置灭火系统，灭火系统的设置应分别符合现行国家标准《飞机库设计防火规范》GB 50284 的有关规定。

6.3.2 飞机喷漆机库内飞机为不带油飞机时，灭火系统的设置应符合下列规定：

1 Ⅰ、Ⅱ类飞机喷漆机库的飞机喷漆区应设置泡沫枪、消火栓及屋架内自动喷水灭火系统。

2 Ⅲ类飞机喷漆机库的飞机喷漆区应设置泡沫枪及消火栓系统。

6.3.3 飞机喷漆区内的消火栓、泡沫枪及自动喷水灭火系统的设置，应符合现行国家标准《飞机库设计防火规范》GB 50284 的有关规定。

6.3.4 在飞机喷漆区内应设置不发火花的移动式建筑灭火器，且应符合下列规定：

1 应配置级别不小于 89B 的手提式灭火器 4 具、级别不小于 233B 且不发火花的推车式灭火器 3 具。

2 灭火器应按飞机喷漆具体情况临时布置在距喷漆作业面不大于 15.0m 的范围内。

6.3.5 飞机喷漆机库附楼及配套生产辅助用房的室内消防给水和灭火器的配置，以及飞机喷漆机库室外消火栓的设计，应符合现行国家标准《建筑设计防火规范》GB 50016、《自动喷水灭火系统设计规范》GB 50084 和《建筑灭火器配置设计规范》GB 50140 的有关规定。

7 供暖、通风和空气调节

7.5 防火与防爆

7.5.1 喷漆工位、调漆间、漆料暂存间、零部件喷漆间等防爆区域的送风、循环风和排风系统的风机、电机及活动部件、转轮能量交换装置，应采用防爆型。送风机设置在单独隔开的机房且送风干管上设有防倒流装置时，可采用普通型。系统中的电机及电动调节阀的执行器在非防爆区域时，可采用普通型。

7.5.2 喷漆工位的送风、排风系统及干燥工位的循环风系统的设备布置，应符合下列规定：

1 当送、排风系统未设置能量交换装置时，应符合下列规定：

  1）送、排风系统的设备应分别布置在专用的通风机房内；

  2）循环风系统的设备与全新风系统的设备不应布置在同一机房。

2 当送、排风系统已设置能量交换装置且送、排风系统的设备布置在同一机房时，其送风机应采用压入式，排风机应采用抽出式。

3 喷漆工位的排风机不应和其他房间的送、排风设备布置在同一机房。

4 防爆型排风机不应布置在建筑物的地下室或半地下室。

7.5.3 送、排风系统风管穿过机房的隔墙、楼板或防火分隔处时，应设置防火阀，并应采用防火材料封堵。

7.5.5 防爆排风系统的管道严禁穿过防火墙和有爆炸危险性房间的隔墙，并不应暗装，应直接排至室外安全处。

7.5.6 通风管与通风设备应接地。

7.5.7 通风和空调系统的风管应采用不燃烧材料制作，飞机喷漆区及防爆房间通风空调系统的保温材料、消声材料及柔性连接管，应采用不燃烧型。

9 电气

9.1 供配电

9.1.1 Ⅰ、Ⅱ类飞机喷漆机库的消防和应急照明设备用电负荷等级应为一级。Ⅲ类飞机喷漆机库的消防和应急照明设备用电负荷等级应为二级。

9.1.2 变电所不应采用油浸式变压器，且应靠机库外墙设置。当需要与甲、乙类场所贴邻建设时，应单面贴邻，并应采用无门窗洞口的实体防火墙隔开。

9.1.3 爆炸危险区域内电气设备的选型和配电线路的安装，应符合现行国家标准《爆炸和火灾危险环境电力装置设计规范》GB 50058 的有关规定。

9.5 火灾自动报警及控制

9.5.1 飞机喷漆机库应设置火灾自动报警系统，火灾探测器的选择应符合下列规定：

2 在地下室及与地面相通的地坑、地沟和其他区域内有可燃气体聚集的空间，应选用可燃气体探测器。

9.5.2 当可燃气体探测器探测到可燃气体浓度达到爆炸下限的25%时，应联动开启相应的通风设备。

9.5.3 确认火灾后，消防控制设备应能联动开启飞机喷漆机库大门。

9.5.4 易燃易爆场所火灾探测器及火灾报警器的选择，不应低于所在场所的爆炸性气体混合物的级别和组别。

9.5.6 火灾自动报警系统设计除应符合本规范的规定外，尚应符合现行国家标准《火灾自动报警系统设计规范》GB 50116 的有关规定。

9.5.7 飞机喷漆机库内灭火设备的控制应符合现行国家标准《飞机库设计防火规范》GB 50284 的有关规定。

12.《航空工业工程设计规范》GB 51170—2016

3 工艺设计

3.1 一般规定

3.1.2 工艺设计应降低产品生产成本和综合能耗,满足环境保护、职业安全卫生及消防的要求。

3.3 工艺布置

3.3.3 工艺设计应根据科研生产场所的性质确定火灾危险性分类,并应符合现行国家标准《建筑设计防火规范》GB 50016 的有关规定。

5 总图及运输

5.3 总平面布置

5.3.2 总平面布置中,厂区通道宽度应根据企业的生产特征、防火安全、交通运输、绿化景观、工程管线及合理预留发展用地等要求,综合各种因素确定。

5.3.8 供试飞使用的油库总平面布置应符合国家现行标准《石油库设计规范》GB 50074 和《民用机场供油工程建设技术规范》MH 5008 的有关规定。

5.3.9 供试飞使用的弹药库、火工品建(构)筑物应符合国家现行标准《火炸药生产厂房设计规范》GB 51009 和《小量火药、炸药及其制品危险性建筑设计安全规范》WJ 2470 的有关规定。

5.4 交通运输

5.4.4 飞机库周围的道路设计应符合现行国家标准《飞机库设计防火规范》GB 50284 的有关规定。

6 建筑

6.1 一般规定

6.1.2 根据生产对环境的要求及地区气候特点,建筑围护结构系统应满足采光、通风、保温、隔热、节能、防火、防水等需求,装饰工程的设计应满足防腐蚀、耐久、易清洁、防辐射、防静电、环保等功能要求。建筑内部隔墙、装饰材料的合理使用年限宜与建筑物的重要性、工艺生产的预期寿命匹配。

6.1.6 改、扩建工程应根据新的使用要求、新的火灾危险性特征及结构现状进行工程设计。

6.2 屋面

6.2.3 屋面绝热层应采用憎水性或吸水率低的材料,绝热层干燥有困难的卷材屋面,宜采取排汽构造措施;当卷材防水采用机械固定法施工时,设计应明确绝热层的抗压强度、容重及燃烧性能等重要性能参数,屋面基层压型钢板的基板厚度不宜小于 0.75mm。

6.4 墙体

6.4.1 采用金属压型墙板的厂房墙体应根据大气环境、室内腐蚀环境程度等因素确定涂层材料类型及厚度,墙体绝热材料的种类、厚度、导热系数、吸水率、产品燃烧性能级别和使用年限应符合相关设计要求。

6.5 门窗

6.5.2 厂房人员疏散门应为平开门,疏散门宜采用推杠装置;设置火灾自动报警系统、门禁式安全控制系统场所的疏散门,应具有火灾报警后自动解锁释放的功能。除进出飞机库门外,不应在一般厂房大门上设置小门作为疏散门使用。

6.6 防火

6.6.2 一、二级耐火等级单层丁、戊类厂房的附楼,宜与厂房共为一个防火分区。甲、乙类厂房与比邻的附楼间应以防火墙分隔,按不同的防火分区或独立建筑进行设计。

6.6.3 建筑防火设计应符合现行国家标准《建筑设计防火规范》GB 50016 的有关规定。

8 电气

8.1 一般规定

8.1.3 爆炸危险、腐蚀性环境及有静电防护要求的电气装置设计应符合国家现行标准《爆炸危险环境电力装置设计规范》GB 50058、《工业建筑防腐蚀设计规范》GB 50046、《石油库设计规范》GB 50074、《防止静电事故通用导则》GB 12158、《石油化工静电接地设计规范》SH 3097 的有关规定。

8.8 危险气体检测及报警系统

8.8.1 危险环境设置的气体浓度探测装置,应符合以下规定:

 1 建筑内可能释放可燃气体、可燃蒸气的场所,应设置可燃气体探测报警装置;

 3 建筑内可能释放氧气的场所,或可能因散发其他气体以导致缺氧环境的场所,应设置氧气浓度探测报警装置;

 4 根据生产装置或生产场所的工艺介质的易燃易爆特性及毒性,应配备便携式可燃和有毒气体检测报警器。

8.8.2 气体探测报警装置的报警信号应发送至操作人员常驻的控制室、现场操作室等处,并连锁启动有关通风及喷水设备,关闭相关的管道阀门。

8.9 火灾自动报警与消防联动系统

8.9.1 火灾自动报警系统宜根据建筑物火灾危险性、工艺设备及产品重要性、环境因素选择确定。并应符合现行国家标准《火灾自动报警系统设计规范》GB 50116、《建筑设计防火规范》GB 50016 的有关规定。

8.9.2 具有消防联动功能的火灾自动报警系统的保护对象中应设置消防控制室或消防值班室，亦可与其他系统合并设值班室，但厂区应至少设置一处消防控制室。消防控制室应设置直通室外的安全出口，设有直通消防部门或保卫部门的电话。消防控制室及设有火灾报警系统主机的值班室应能对各联动控制设备进行现场编程处理，相关联动控制要求应符合现行国家标准《火灾自动报警系统设计规范》GB 50116 的有关规定。

9 给水排水

9.1 一般规定

9.1.1 给水排水设计应满足科研生产、生活和消防的要求，并应做到技术先进、经济合理、安全可靠、保护环境。

9.2 给 水

9.2.4 给水系统应根据科研生产、生活和消防等用水对水质、水温、水压及水量的要求合理确定。制冷设备、生产设备等冷却用水应循环或重复使用，并应有保证水质稳定的水处理措施。

9.3 排 水

9.3.3 管材选用和管道敷设应符合下列规定：
    5 防爆间排水管应单独排出，并应在排出口设置水封井。

9.5 消防给水和灭火设施

9.5.1 消防设计应符合现行国家标准《建筑设计防火规范》GB 50016 的有关规定。

9.5.2 厂区敷设的室内外消火栓系统、自动喷水灭火系统及其他水灭火系统的供水干管可合并设置。

9.5.3 飞机整机燃油试验间、油箱试验和油箱清洗间应设置泡沫灭火系统。

9.5.4 表面处理厂房生产区应设置室内消火栓系统。

10 供暖、通风和空气调节

10.2 供暖及生产供热

10.2.1 供暖方式应根据职业卫生、防火、生产要求、建筑物特点等因素确定，并应符合下列规定：
    3 散发有毒物质、难闻气味物质、粉尘和甲、乙类火灾危险性的厂房不得采用室内空气循环的热风供暖；
    6 室内产生粉尘遇水或水蒸气可能产生爆炸危险或损坏设备的房间，不宜采用散热器供暖。当必须采用散热器供暖时，应采用光管散热器，且所有供暖管道应采用焊接连接，室内不得设置阀门。

10.2.9 高大厂房的辐射供暖方式应根据防火要求、生产要求、建筑物特点、热媒供应状况等因素确定，可采用低温热水辐射供暖、蒸汽辐射板供暖、地板辐射供暖、燃气辐射供暖方式等方式。

10.3 通 风

10.3.4 要求空气清洁的房间，室内应保持正压，当设有排风时，排风量宜为送风量的 80%～90%；放散粉尘、有害气体或有爆炸危险物质的房间应保持负压，当设有送风时，送风量宜为排风量的 80%～90%。

10.3.6 排风系统划分应符合下列规定：
    1 排风系统应按不同防火分区分别设置；
    3 有害物毒性相差悬殊、含甲、乙类火灾危险物质的排风应单独设置排风系统；
    4 当不同排风中含有的物质混合后可能产生粘结、燃烧、剧毒时不得共用排风系统。

10.3.11 有防爆要求时，其风机（电机）应选用防爆型。排除有爆炸或燃烧危险气体、蒸气、粉尘的排风管应采用金属管道，并应设置导除静电的接地装置。

10.3.13 防排烟系统应符合现行国家标准《建筑设计防火规范》GB 50016 的有关规定。

11 动 力

11.3 供 气

11.3.10 生产厂房内的可燃性和毒性特种气体管道应明敷。

13.《航空发动机试车台设计标准》GB 50454—2020

5 建筑结构

5.1 一般规定

5.1.2 厂房墙体及装修设计应满足使用需要和消防安全的要求。

5.1.3 厂房主要部位设计应符合表5.1.3的规定。

表5.1.3 厂房主要部位的设计要求

要求	部位				
	进气通道	试车间	引射筒间	排气消声间	操纵间和测试间
防灰屑	√	√	—	—	—
气动荷载	√	√	—	√	—
隔声	√	√	√	√	√
消声	√	—	—	√	—
吸声	√	√	√	√	√
耐高温	—	—	—	√	—
隔振	—	—	—	—	—

注:"√"表示有要求,"—"表示无要求。

5.1.4 试车台厂房应采取节能设计措施。除试车间、进气通道、引射筒间、排气通道外,试车台厂房其他部分节能设计宜按现行国家标准《工业建筑节能设计统一标准》GB 51245的有关规定执行。

5.2 厂房位置

5.2.1 试车台厂房与相邻建(构)筑物的防火间距应符合现行国家标准《建筑设计防火规范》GB 50016的有关规定。

5.2.3 试车台厂房布局应符合下列规定:
1 厂房应位于空气洁净地段和全年最小频率风向的下风侧,且不应靠近散发爆炸性、腐蚀性和有害气体及粉尘的场所;
3 水平式进气通道的进口与相邻建(构)筑物之间的距离不应小于15m;

5.3 厂房防火、防爆设计

5.3.1 试车台厂房内试车间的生产火灾危险性可按丁类确定,燃油设备间、燃油加温间的火灾危险性应按乙类确定。试车台厂房的生产火灾危险性可按丁类确定。

5.3.2 试车台厂房的耐火等级不应低于二级。

5.3.3 工艺设备间应采用耐火等级不低于2.00h的防火隔墙与其他部位分隔,墙上的门、窗应采用耐火等级不低于乙级的防火门、窗。

5.3.4 试车台厂房内的燃油设备间、燃油加温间宜布置在单层厂房贴邻建筑外墙上的泄压设施或试车间顶层贴邻外墙上的泄压设施的附近,且应采取防爆泄压措施。燃油设备间、燃油加温间的电气防爆应符合现行国家标准《爆炸危险环境电力装置设计规范》GB 50058关于爆炸危险性区域2区的有关规定。

5.3.5 试车台厂房内每个防火分区或一个防火分区内的每个楼层的安全出口数量应计算确定,且不应少于2个。当附楼设置1个直通室外的安全出口,另一个利用通向相邻场所的乙级防火门作为第二安全出口时,应同时符合下列规定:
1 二层及以上附楼的每层建筑面积不应大于500m²;
2 同一时间的作业人数不应大于30人;
3 与相邻场所间应设置耐火极限不低于2.00h的防火隔墙;
4 室内装饰材料的燃烧性能应为A级。

5.3.6 试车间的疏散门不应少于2个,通向操纵间、准备待试间等相邻场所的隔声门可作为疏散门。

5.3.7 试车台厂房除试车间、进气通道、引射筒间、排气通道可不设消防救援窗口外,其他部位消防救援窗口的设置应符合现行国家标准《建筑设计防火规范》GB 50016的有关规定。

5.4 厂房跨度和高度

5.4.1 厂房跨度和高度应按发动机类型及其布置的合理性确定,并宜符合建筑模数制和满足构件标准要求。厂房主要用房的跨度、高度不宜低于表5.4.1的规定。

表5.4.1 厂房主要用房跨度、高度(m)

名称	跨度	高度
试车间	按气动设计要求确定	按气动设计要求确定
操纵间、测试间	6.0	3.3
设备间	4.0	3.0
准备待试间	12.0	8.0

5.4.2 各房间门的宽度和高度应满足设备安装、维修和运输的需求。

5.5 围护结构选型

5.5.1 进气通道应符合下列规定:
1 进气通道应采用纵横钢筋混凝土骨架的实心砌体结构或整体钢筋混凝土结构;
2 顶盖及挑檐板应采用钢筋混凝土结构,并宜具有防雨水功能;
3 内墙面、地面及顶面应平滑、不起灰、不掉渣。

5.5.2 试车间应符合下列规定:
1 设置悬挂式试车台架的试车间应采用整体钢筋混凝土的围护结构;

2 地面面层应耐磨、耐油、平滑、不起灰，内墙面及顶棚应平滑、不掉渣；

3 试车间内有振动的混凝土设备基础、地坑等与地面的混凝土地坪之间应设置变形缝。

5.5.3 引射筒间应符合下列规定：

1 引射筒间宜选用钢筋混凝土墙体或实心砖墙体和钢筋混凝土屋盖，引射筒两端与试车间、排气消声间的变形缝应采取隔声措施，采取隔声措施后变形缝处的隔声量宜与相邻墙体的隔声量相当；

5.5.4 排气通道应符合下列规定：

1 围护结构应满足不同发动机类型的消声需要；

3 迷宫式排气通道的障板宜采用可自由伸缩的钢筋混凝土板梁，且应采取隔热措施；

4 迷宫式排气通道顶层水平障板和地面应做不小于1%的坡度，坡面应朝向排水孔或雨水集水坑。

5.5.5 操纵间、测试间应符合下列规定：

1 操纵间、测试间宜采用钢筋混凝土框架结构，结构应与试车间的结构脱开，且应采取隔声措施；

2 与试车间的通道应设置多道隔声门组成的声锁，隔声门的计权隔声量不应小于30dB；

3 楼面、地面应采取防静电措施。

5.5.6 工艺设备间应符合下列规定：

1 工艺设备间应设置计权隔声量不小于35dB的隔声门、窗；

2 楼面、地面应采取防油渗措施。

5.6 主体结构计算

5.6.1 进气通道、试车间和排气通道结构上的气动力荷载值应按本标准第3.2节的有关规定执行。结构计算时，气动力荷载的最大正值或负值应与风荷载组合。

5.6.2 悬挂式试车台架传递给试车间结构的包含发动机自重的垂直荷载、发动机推力、绕发动机轴线扭矩等载荷均应按试车时的最大值计算。

5.6.3 操纵间和测试间的楼面活荷载不应小于$5kN/m^2$。

5.6.4 排气通道温度作用的计算应符合下列规定：

1 排气通道应按结构隔热措施验算试车时产生的热气流传到钢筋混凝土构件表面的温度以及内外温度差，计算钢筋混凝土构件表面的温度应取室外基本气温最高值，计算内外温度差引起的温度应力应取室外基本气温最低值，基本气温最高值和最低值应符合现行国家标准《建筑结构荷载规范》GB 50009的有关规定；

2 当结构表面温度达到60℃以上且不高于150℃时，抗热设计应符合现行国家标准《烟囱设计规范》GB 50051的有关规定。

5.6.5 试车间、进气通道和排气通道结构宜进行地基变形计算，地基变形允许值应符合现行国家标准《建筑地基基础设计规范》GB 50007的有关规定。

14.《航空工业精密铸造车间设计规程》HBJ 15—2005

5 电 气

5.5 安全和通信

5.5.1 火灾自动报警系统的设置应符合《火灾自动报警系统设计规范》(GBJ 116—98)。

5.5.2 报警系统应和空调，通风系统联动控制。

6 给水排水

6.5 消 防

6.5.1 应根据《建筑设计防火规范》(GBJ 16—87)(2001年版)设置室内消火栓消防系统，精密铸造车间生产的火灾危险性为丁类。

 1 消火栓用水量10L/s，两股水柱，每股5L/s。

 2 消火栓水枪的充实水柱应经计算确定，但不应小于7m。

 3 消火栓栓口直径65mm，水龙带长度小于或等于25m，水枪喷咀口径19mm。

6.5.2 应根据《建筑灭火器配置规范》(GB 50140—2005)确定所需灭火器的类型、规格、数量及设置位置。

15.《航空工业复合材料车间和金属胶接车间设计规程》HBJ 16—2006

1 总 则

1.0.1 为了确保航空工业复合材料车间和金属结构件胶接车间(以下简称：复合材料车间和金属胶接车间)工程设计的质量，做到技术先进、经济合理、安全适用、符合环境保护、劳动安全、消防、节能与职业卫生等要求，特制定本《规程》。

1.0.4 根据《建筑设计防火规范》(GBJ 16)，复合材料车间和金属胶接车间的生产火灾危险性分为甲、乙、丙三类。甲类如：胶液配制间。乙类如：预浸料制备间。丙类如：预浸料剪裁与铺贴间等。车间耐火等级应为一、二级。

1.0.5 复合材料车间和金属胶接车间的设计除应符合本《规程》外，尚应符合国家现行的有关标准、规范及行业、地方有关规定。如规范、标准更新，本《规格》应执行更新后的规范、标准。

2 工 艺

2.6 对各专业设计的要求

2.6.3 复合材料车间和金属胶接车间中的特殊工作间对墙壁、地面、门窗、消防的要求见下表：

表 2.6.3 墙壁、地面、门窗及消防要求

工作间名称	墙壁	地面	门窗	备注
特殊工作间	墙壁应平整、不开裂、不起尘、易清洁	平整、不起尘、易清洁	密闭	防火防爆防火

3 建筑、结构

3.1 一般规定

3.1.2 复合材料厂房生产的火灾危险性为丙类。该厂房的耐火等级为一、二级。

4 电 气

4.2 供配电

4.2.3 储存溶剂的库房、胶液配制间、底胶喷涂干燥间及预浸料制备间等场所应划分为爆炸性气体危险环境2区。预浸料裁剪与铺贴间及其它储存或使用较多可燃材料的场所应划分为火灾危险环境23区，供电回路设计及电气装置选择应符合《爆炸和火灾危险环境电力装置设计规范》(GB 50058)的要求。

4.2.7 变电所的设置应靠近厂房热压成型区。变压器室的门窗应通向非火灾危险环境。热压罐应采用专用回路(电缆或母线)供电至成套控制柜。设计中应考虑成套控制柜与热压罐之间的电源回路及控制回路的敷设路径。

4.2.8 在火灾危险环境23区内的电动起重机可采用滑触线供电，但在滑触线下方不应堆放可燃物质。

4.2.9 厂房消防设备、火灾报警、应急照明以及可燃气体事故排风机等为二级负荷，应采用双路电源末端自动切换方式供电。

4.2.10 爆炸性气体危险环境事故排风机应设计消防联动起停控制回路，当可燃气体探测器探测到可燃气体浓度达到爆炸下限的25%时，应强制启动事故排风机；发生火灾时应将排风机电源切断。

4.2.11 室内配电装置应选择不易积聚灰尘的设备，并宜暗装。电气管线宜暗敷，管材应采用不燃烧材料。

4.2.12 厂房普通动力照明供电回路应设计消防联动切断电源的控制回路，发生火灾时可由消防控制室按防火分区强制切断。

4.2.13 普通供电线路不应穿越爆炸危险区。电缆桥架敷设穿越隔墙及楼板处应按规范要求进行防火封堵。

4.3 电气照明

4.3.3 储存溶剂的库房、胶液配制间、底胶喷涂干燥间及预浸料制备间等爆炸性气体危险场所，应选择和设计相应的防爆组别的照明灯具及其配电线路。

4.3.4 预浸料剪裁与铺贴间、下料、打磨间、火焰喷涂铝间以及有碳纤维粉尘等场所应采用尘密型照明灯具。

4.3.5 在火灾危险环境23区内的照明灯具应采用冷光源，灯具外壳的防护等级不应低于IP2X。

4.3.6 主要生产车间、设备机房、通道等处应设置应急照明及应急疏散指示，应急照明应设计消防联动控制回路，可由消防控制室强制接通。

4.4 空调控制

4.4.6 空调风机控制系统应按照消防要求设计消防联动控制回路，发生火灾或防火阀动作时应切断电源。有排烟功能的通风系统，应采用双电源供电并设计消防强制起停回路。

4.5 防雷和接地

4.5.3 爆炸危险和火灾危险环境内应按规范要求设置接地装置，电气设备的金属外壳应可靠接地。接地干线应有不少于两处与接地体连接。

4.5.4 排放可燃性气体的排风管应设置避雷针保护。

4.6 安全措施

4.6.1 厂房内应实施总等电位联结。潮湿环境以及爆炸性气体危险和火灾危险环境内应实施局部等电位联结。

4.6.2 爆炸性气体危险和火灾危险环境内必须按照《爆炸和火灾危险环境电力装置设计规范》的要求设计供电回路和选择配电装置。

4.6.3 从事具有一定危险性的作业以及人员密集的场所应设置由双路供电或带后备蓄电池的应急灯。

4.6.4 集中敷设的供电线路应采用具有不延燃型护套的电力电缆或采取阻燃措施。电缆桥架或母线穿越隔墙或楼板处应做防火封堵。

5 弱 电

5.4 火灾自动报警与消防控制系统

5.4.1 火灾自动报警系统

1 复合材料车间和金属胶接车间应设置火灾自动报警系统。应在一层设置消防值班室，消防控制、消防电话系统应遵照《火灾自动报警系统设计规范》（GB 50116）进行设计。

2 复合材料铺贴间、仪表测试间、网络间、库房、变电站、动力站、水泵间、空调机房、资料室、走廊等处应设感烟探测器。在主厂房顶部宜设红外光束感烟探测器。

3 防爆的甲类、乙类火灾危险性房间，应设可燃气体探测器、本安型光电感烟探测器，报警后应能自动控制启动有关房间的排风机。

5.5 应急广播系统

5.5.2 应急广播主机与分路控制盘应设在消防值班室，应能对有关区域进行应急广播。

5.6 其 它

5.6.1 冷库内应设呼救装置。呼救按钮可接入火灾报警系统，在报警显示盘上应显示为呼救报警。

6 给水排水

6.1 一般规定

6.1.1 复合材料车间和金属胶接车间的给水排水及消防设计应能满足生产的工艺要求，保证产品质量，以经济合理、节约能源、方便运行管理、满足国家和地方的环保要求为原则。

6.2 给 水

6.2.1 给水系统设计，宜根据生产、生活和消防等各项用水对水质、水温、水压和水量的要求，分别设置独立的给水系统。

6.4 消 防

6.4.1 厂房内应按火灾危险性、防火分隔（区）的建筑面积大小设置自动喷水灭火系统，并根据防护区的特殊要求采用相应的自喷系统。

7 采暖通风及空气调节

7.4 空气调节

7.4.4 底胶喷涂干燥间、预浸料备料间、胶膜组装间及胶液配制间应采取以下措施：

1 对于有防火防爆要求的底胶喷涂干燥间、预浸料制备间、湿法成型间及胶液配制间，应靠外墙，外窗宜朝北。

2 围护结构的传热系数 K 值应满足：墙体≤0.7W/m²℃，屋盖≤0.6W/m²℃，外窗≤3.5W/m²℃。

4 空调系统应采用可靠的自动控制系统。

7.5 消声、隔振、防火防爆及其它

7.5.2 通风、空气调节系统的送回风管及排风管在穿过机房隔墙或防火墙时应设置防火阀。用于防火防爆间的通风、空气调节系统的送风干管上同时还应设止回阀。

7.5.3 底胶喷涂干燥间、预浸料制备间、湿法成型间和胶液配制间的事故排风机应与房间内的可燃性气体浓度超限报警装置联锁。

8 供 气

8.2 供气方式

8.2.4 管道敷设

1 厂房内的气体管道宜明敷设，在穿墙或穿楼板时，应敷设在预留的套管内，套管内的管段不应有焊缝。管道与套管之间的缝隙应采用非燃烧材料封堵。

9 制 冷

9.2 材 料

9.2.4 管道保温材料应为阻燃、憎水型。

16.《航空工业特种焊接车间设计规程》HBJ 17—2006

5 电 气

5.5 安全和通信

5.5.1 火灾自动报警系统的设置应符合《火灾自动报警系统设计规范》(GB 50116—98)的要求。

6 给水排水

6.5 消 防

6.5.1 应根据《建筑设计防火规范》设计室内、外消火栓系统。

    1 焊接车间火灾危险性为丁类。

    2 室内消火栓水枪的充实水柱应经计算确定,且不应小于7m。

6.5.2 应根据《建筑灭火器配置规范》(GB 50140)确定所需灭火器的类型、规格、数量及设置位置。

5.3 兵器与船舶工程

17.《火炸药及其制品工厂建筑结构设计规范》GB 51182—2016

2 术 语

2.0.1 火炸药及其制品 explosive propellant and products
指火药、炸药、弹药、引信及火工品。

2.0.10 抗爆间室 blast resistant chamber
具有承受本室内因发生爆炸而产生破坏作用的间室,对间室外的人员、设备以及危险品起到保护作用。

2.0.11 抗爆屏院 blast resistant yard
当抗爆间室内发生爆炸事故时,为阻止爆炸冲击波或爆炸破片向四周扩散而在抗爆间室泄爆面外设置的屏障。

2.0.12 隔爆墙 dividing wall
用于阻止、减弱或延缓危险品爆炸传播的隔墙。

3 基本规定

3.0.1 火炸药及其制品工厂的建筑及结构设计,应符合下列规定:
   1 危险性建筑物建筑及结构设计,应采取预防事故发生、减少事故中人员的伤亡及减轻对本建筑物和周围建筑物的破坏影响的措施。
   2 抗爆间室、爆炸试验塔及嵌入式建筑除抗爆间室泄爆面外,在设计药量爆炸荷载作用下,不应产生爆炸飞散、爆炸震塌和爆炸破片的穿透破坏。
   3 爆炸试验塔结构设计,应使其在设计药量爆炸荷载作用后能正常使用,并应保障试验人员及相邻建筑物的安全。

3.0.2 危险性建筑物的危险等级可划分为 A、B、C、D 四级。建筑物的危险等级应根据建筑物内研制、加工、试验、拆分、销毁和存放的危险品的危险等级、工艺状态及环境条件,发生爆炸或燃烧事故的概率、危害性质及程度等因素由工艺专业确定。

3.0.3 危险品生产厂房、危险品暂存库及危险品仓库不应设置地下室及半地下室。

4 建筑布置

4.1 一般规定

4.1.2 危险性建筑物的耐火等级不应低于现行国家标准《建筑设计防火规范》GB 50016 中有关二级耐火等级的规定。

4.1.3 轻质泄压屋盖的泄压部分和轻质易碎屋盖的易碎部分的构件,可采用耐火极限不限的不燃烧体或难燃烧体。

4.1.4 危险性建筑物室内装饰材料的燃烧性能,宜符合现行国家标准《建筑内部装修设计防火规范》GB 50222 中有关 A 级的要求,不应低于 B_1 级的要求。

4.1.5 危险性建筑物内辅助用室的设置,除应符合本规范的要求外,还应符合现行国家标准《建筑设计防火规范》GB 50016 的有关规定。

4.1.6 危险性建筑物内的非危险生产间的安全出口,应根据各生产间的生产类别按现行国家标准《建筑设计防火规范》GB 50016 的有关规定执行。

4.2 危险品生产厂房、危险品暂存库及危险品仓库

4.2.1 危险品生产厂房、危险品暂存库及危险品仓库,应符合下列规定:
   3 危险品暂存库及危险品仓库应为单层建筑。

4.2.2 弹药、引信、火工品等的生产厂房宜布置成单面走道形式。当中间布置走道,两边为工作间时,对人员疏散有困难的危险性工作间应有直接通向室外的出口,通向中间走道的门不应相对设置。

4.2.3 危险品生产厂房内需设置危险品暂存间时,宜布置在建筑物的端部,并不应靠近辅助用室。弹药、引信、火工品生产厂房中的危险品暂存间可沿生产厂房外墙作凸出布置。

4.2.4 危险品生产厂房内各危险品生产工序之间,宜采取防护隔离措施或布置在单独的工作间内。生产中易发生爆炸事故的工序应布置在抗爆间室或防护设施内。

4.2.5 危险性生产工序与非危险性生产工序宜分别设置厂房。当弹药生产过程中,既有危险性生产工序又有非危险性生产工序时,应根据不同情况设置防爆墙、防火墙或其他防护隔离措施将非危险性生产工序与危险性生产工序、危险品存放区三者之间分别隔离。

4.2.6 弹药生产中,炸药熔化、注装厂房不宜与装配厂房联建。如需联建,联建时应符合本规范第 4.2.4 条的规定。

4.2.7 装药、装配厂房内的通风室、配电室、空调机室、控制室、水泵间等,应与危险品生产间隔开,且宜设置单独的出入口。

4.3 辅助用室

4.3.1 辅助用室宜为单层,不应超过两层。

4.3.2 A、C 级危险性建筑物内除更衣室和卫生间外不应设置其他辅助用室。设有防护屏障的 A 级危险性建筑物,更衣室和卫生间宜嵌入在防护屏障外侧。

4.3.4 辅助用室应布置在建筑物较安全的一端,并应与危险性工作间隔开,隔墙可采用厚度不小于 250mm 的钢筋混凝土墙或厚度不小于 370mm 的实心砌体墙。该隔墙应为防火墙,其耐火极限不应低于 3.00h,隔墙上的门应为钢制甲级防火门,开启方向应朝向危险性工作间。

5 安全疏散

5.0.1 危险品生产厂房,除应符合本规范第 5.0.2 条规定的情况外,每个危险性工作间的安全出口的数目不应少于两个。

5.0.2 危险品生产厂房及每个危险性工作间的建筑面积不大于65m²，且同一时间的生产人数不超过3人时，可设置一个安全出口。

5.0.3 危险品暂存库及危险品仓库，除应符合本规范第5.0.4条规定的情况外，安全出口的数目不应少于两个。

5.0.4 危险品暂存库及危险品仓库的建筑面积不大于220m²时，可设一个安全出口。

5.0.5 **人员疏散应直接到达安全出口，不应经过其他危险性工作间。**

5.0.6 危险品生产厂房或生产间内最远工作点至最近安全出口的疏散距离，应符合下列规定：

　　1 A级、B级、C级危险性建筑物不应超过15m，当中间有走廊两边布置工作间或内部布置连续作业流水线时，不应超过20m；

　　2 D级危险性建筑物不应超过20m。

5.0.7 危险品暂存库及危险品仓库内任意一点至安全出口的疏散距离不应超过30m，危险品覆土库的疏散距离不应超过45m。

5.0.8 危险品运输廊道应设置安全出口，其间距不宜大于30m。

5.0.9 危险性建筑物安全疏散出口处需设置门斗时，应采用外门斗，门斗的内门和外门中心应在同一直线上。门的开启方向应与疏散用门一致。

5.0.10 危险性工作间到达安全出口较困难的操作岗位附近，首层应设置安全窗，二层应设置安全滑梯、滑杆或其他疏散设施。当厂房外设有防护屏障时，应在二层设置直通防护屏障的过桥。

5.0.11 安全窗，安全滑梯、滑杆不应计入安全出口的数目内。当工艺工序布置确有困难时，安全窗、安全滑梯可作为辅助安全出口。

6 建筑构造及室内装修

6.1 墙 体

6.1.1 危险性建筑物非钢筋混凝土墙体应采用实心砖砌体或多孔砖砌体。墙体厚度不应小于240mm，且不应采用空斗墙。

6.1.2 防火墙应符合下列规定：

　　1 防火墙应直接设置在建筑的基础或框架、梁等承重结构上，框架、梁等承重结构的耐火极限不应低于防火墙的耐火极限。

　　2 防火墙应从楼地面基层隔断至梁、楼板或屋面板的底面基层；

　　3 防火墙两侧为轻型屋盖时，防火墙应高出屋面不小于0.5m。

6.1.3 建筑外墙紧靠防火墙两侧的门、窗、洞口之间最近边缘的水平距离不应小于2.0m。

6.1.4 建筑内的防火墙不宜设置在转角处，确需设置时，内转角两侧墙上的门、窗、洞口之间最近边缘的水平距离不应小于4.0m。

6.1.5 防火墙上不应开设门、窗、洞口，确需开设时，应设置不可开启或火灾时能自动关闭的甲级防火门、窗。

6.2 地（楼）面

6.2.1 危险性建筑物的地（楼）面应根据工艺条件要求采用不发生火花地（楼）面、不发生火花导（防）静电地（楼）面或不发生火花的柔性地（楼）面。

6.3 室内装修

6.3.1 有易燃易爆粉尘的危险性工作间的内墙面和顶棚应粉刷平整、光滑，墙面的阴角应抹成圆角。

6.3.3 室内有易燃、易爆粉尘燃烧爆炸危险的工作间、暂存间不应设置吊顶。

6.3.4 室内无易燃、易爆粉尘燃烧爆炸危险的工作间、暂存间不宜设置吊顶。如特殊要求需设置吊顶时，应符合下列规定：

　　1 吊顶底面应平整、不易脱落；

　　3 吊顶范围内危险性工作间的隔墙应砌至屋面板底或梁底。

6.4 门 窗

6.4.1 危险性工作间的疏散门应符合下列规定：

　　1 应采用平开门；

　　2 应向疏散方向开启，不应设门槛；

　　3 外门口处应采用防滑坡道。

6.4.3 危险品生产对火花敏感时，其危险性工作间的门窗及配件应采用不产生火花材料；对静电敏感时，其危险性工作间的门窗及配件应采取导静电措施。

6.4.4 黑火药生产的三成分混合及其以后各工序厂房的门窗，应采用木质门窗。门窗的配件应采用不发生火花的材料。

6.4.6 安全窗除应符合本规范第6.4.2条~第6.4.5条的规定外，还应符合下列规定：

　　1 可开启窗扇洞口宽度不应小于1.0m，不应设置中挺；

　　2 窗扇高度不应小于1.5m；

　　3 窗底距室内地面高度不应大于0.5m；

　　4 窗扇应向外平开，并应一推即开；

　　5 双层安全窗的窗扇应能同时向外开启。

6.4.7 抗爆门、抗爆传递窗应符合下列规定：

　　1 抗爆门、抗爆传递窗的抗爆能力应与抗爆间室的抗爆能力相匹配；

　　2 在爆炸破片作用下不应穿透；

　　3 当抗爆间室内发生爆炸时，应能防止火焰及空气冲击波泄出；

　　4 抗爆门应为单扇平开，门的开启方向在空气冲击波作用下应能转向关闭状态；

　　5 在设计药量爆炸空气冲击波的整体作用下，抗爆门结构不应产生残余变形；

　　6 抗爆传递窗的内、外窗扇不应同时开启，并应有联锁装置。

6.4.8 抗爆间室的泄压窗应设置在抗爆间室的外墙上。窗台高度不应高于室内地面0.4m，泄压窗应采用不产生尖锐破片的透光材料。

6.4.9 危险品生产厂房不宜设置天窗。如需设置时，应加强窗扇和窗框的联结。

6.4.10 危险品暂存库的门应向外平开，不应设置门槛。

6.4.11 危险品仓库的门、窗应符合下列规定：

1 门宜采用双层门，内层门应采用金属通风网门，外层门宜采用防盗防火门，两层门均应向外开启，且不应设置门槛。

6.5 安全滑梯、滑杆及室外疏散梯

6.5.1 安全滑梯、滑杆应符合下列规定：

1 通向滑梯、滑杆的出口处应设不小于 1.5m² 的装有栏杆的平台，滑梯、滑杆可与安全疏散楼梯共用一个平台，其面积不应小于 2m²；

2 滑梯的面层材料应平整光滑，坡度宜为 45°，宽度不应小于 600mm，扶手高度宜为 300mm，滑梯下端应有一段水平部分，其长度宜为 1m，离地面高度宜为 0.5m。

6.5.2 室外疏散楼梯做法应符合下列规定：

1 栏杆扶手高度不应小于 1.1m，楼梯净宽度不应小于 0.9m，倾斜角度不应大于 45°；

2 楼梯段和平台均应采用不燃材料制作，平台的耐火极限不应低于 1.00h，楼梯段的耐火极限不应低于 0.25h。

6.6 屋面及雨篷

6.6.3 危险性建筑物的屋面不应采用易造成次生伤害的保护层、架空层、隔热层。

6.6.4 A 级、B 级、C 级危险性建筑物的女儿墙、檐口挑檐，宜为现浇钢筋混凝土结构。当采用轻质易碎、轻型泄压屋盖时，其女儿墙应为钢筋混凝土结构。

6.6.5 危险性建筑物雨篷应采用无次生危害的材料，不应有多余的装饰构件，当采用钢筋混凝土结构时，挑出长度不宜大于 1.2m，檐板上翻高度不宜大于 150mm。

6.7 地沟及地坑

6.7.1 散发易燃、易爆粉尘的危险性建筑物内的建筑构配件、地沟、管线支墩、支架等的布置，应便于清扫冲洗，并应避免沟槽和死角。

6.7.2 输送易燃易爆物料的管线，不应穿过动力设施房间或与生产无直接关系的辅助房间。

7 结构选型

7.1 危险品生产厂房

7.1.1 各级危险品生产厂房除应符合本规范第 7.1.2 条、第 7.1.3 条规定的情况外，应采用钢筋混凝土框架承重结构或钢筋混凝土柱、梁承重结构。

7.1.9 当各级厂房的工作间中有火灾危险类别为甲类的易燃液体挥发并能与空气形成爆炸性混合物时，其泄压面积的计算尚应符合现行国家标准《建筑设计防火规范》GB 50016 的有关规定。

7.2 危险品暂存库及危险品仓库

7.2.1 各级危险品暂存库及危险品仓库，宜采用钢筋混凝土框架结构和钢筋混凝土柱、梁承重结构。当采取防火措施后满足二级耐火等级的耐火极限要求时，可采用钢柱、钢梁（包括钢屋架）承重结构。当跨度及横墙间距不大于 7.5m，且高度不大于 4.5m 时，可采用符合现行国家标准《砌体结构设计规范》GB 50003 中烧结普通实心砖和多孔砖砌筑的砖墙、砖壁柱承重结构，不应采用独立砌体柱及空斗墙。危险品暂存库宜采用实心砖砌体，危险品仓库可采用多孔砖砌体。

10 特种建（构）筑物

10.1 爆炸试验塔

10.1.1 爆炸试验塔设计应符合下列规定：

1 爆炸试验塔应按弹性阶段设计；

2 爆炸试验塔设计应采取减少爆炸试验产生的噪声对周围环境影响的措施；

3 爆炸试验塔设计应使爆炸试验产生的有害气体迅速排出；

4 爆炸试验塔设计应采取控制爆炸试验产生的地震波对邻近建筑物影响的措施。

10.1.3 爆炸试验塔应采用有联锁装置的内开抗爆密闭门，门宜布置在距离偏爆炸点较远处。

10.2 投掷塔爆炸防护间

10.2.5 投掷塔爆炸防护间应采用有联锁装置的内开抗爆密闭门。

10.3 发动机推力试验间及试验台

10.3.1 发动机推力试验间及试验台设计应符合下列规定：

1 试验间应能满足产品正常燃烧试验的要求及承受偶然性爆炸事故时的爆炸荷载作用；

2 承力台应能承受试验产品的最大推力的要求。

10.3.4 试验间布置应符合下列规定：

1 卧式发动机承力台的上方宜布置圆弧形的进气天窗，发动机的喷火方向应为敞开；

2 立式发动机试验间的墙顶部及下部，应分别设置泄压与进气的钢板百叶窗。

10.3.5 试验间设计应符合下列规定：

1 设计药量大于 50kg 的试验间应采用钢筋混凝土底板；

2 卧式发动机的试验间地面应全部或局部铺架空的钢板面层；

3 立式发动机的试验间顶盖处应预埋防护钢板；

4 试验间应设置抗爆门。

10.8 室外管架、廊道及隧道

10.8.3 可开启的管道保温盒盖宜采用轻质的难燃烧体。廊道围护结构应采用非燃烧体。

10.8.4 每条独立的可通行的室外管架，通向地面的钢梯不应少于两个，且两个端部均应设置。

10.8.5 廊道不宜采用地下廊道，宜采用敞开式或半敞开式。当采用封闭廊道时，应采用轻质易碎屋盖及墙体，且应设置安全出口，安全出口间距不宜大于 30m。

10.8.6 危险品成品中转库与危险品生产工房之间不应设置封闭式廊道。

10.8.7 硝化甘油、胶质炸药生产的工房采用经防火处理的木结构时，防护土围范围内的廊道可采用防火处理的木结构。

10.8.8 输送硝化甘油的廊道，当穿越防护土围时，应在防护土围的外侧设置隔断廊道的钢筋混凝土隔爆墙。隔爆墙应符合本规范第 10.8.9 条的规定。

10.8.9 廊道隔爆墙设计应符合下列规定：

　　1 隔爆墙的宽度和高度应大于廊道的横断面，每边超出廊道不宜小于 500mm；

　　2 隔爆墙厚度不宜小于 300mm，并应设置钢筋混凝土条形基础；

　　3 隔爆墙除穿管线外不应开洞；

　　4 廊道在隔爆墙两侧附近应分别设置安全出口。

10.8.11 运输起爆药的廊道内不应设置台阶。

10.8.12 穿过防护土围的安全疏散隧道及运输隧道应符合下列规定：

　　1 穿过防护土围的隧道应采用钢筋混凝土结构；

　　3 安全疏散隧道的出口应布置在防护土围内建筑物安全出口的附近；

　　4 安全疏散隧道内及口部附近不应有台阶和其他突出物。

18.《火工品实验室工程技术规范》GB 51237—2017

2 术　语

2.0.1 火工品　initiating explosive device
　　受外界一定能量刺激，在预定时间、地点产生燃烧或爆炸的元器件及装置的统称。
2.0.2 火工品试验室　initiating explosive device test building
　　用于火工品性能参数测试或试验的建（构）筑物。
2.0.3 试验间　test room
　　用于火工品性能参数测试或试验的工作间。

3 火工品试验室危险等级和试验间分类

3.1 火工品试验室危险等级和药量

3.1.3 当火工品试验室总药量小于 400g、试验间单间药量小于 20g、火工品暂存间单间药量小于 300g 且存放在抗爆容器内时，火工品试验室可为 Dx 级建筑物。
3.1.4 除本规范第 3.1.3 条规定的情况外，火工品试验室应为 Bx 级建筑物。

3.2 试验间分类

3.2.1 火工品试验可分为输出性能与威力试验、感度试验、环境试验和无损检测试验四个类别。根据火工品的试验风险特性、药量及对外部的风险影响，将火工品试验间分为 L1、L2、L3 和 L4 四类。火工品试验间的类别和安全防护措施应符合下列规定：
　　1 试验以起爆、传爆为主的试验间应为 L1 类，试验应在爆炸试验塔、抗爆间室或防爆罐、防爆箱等专用防爆装置内进行；
　　2 试验过程中发火、起爆可能性较大的试验间应为 L2 类，试验应在抗爆间室、隔爆间或装甲防护内进行；
　　3 试验过程中较少产生发火、起爆现象的试验间应为 L3 类，试验应在单独的试验间室内进行；
　　4 试验过程中一般不发生发火、起爆现象的试验间应为 L4 类。
3.2.2 火工品试验间对应的试验类别应符合表 3.2.2 的规定。

表 3.2.2　火工品试验间类别

序号	试验类别	试验项目列举	试验间类别	备注
1	输出性能与威力试验	铅板试验	L1	—
2		凹痕试验	L1	—
3		隔板试验	L1	—
4		铜柱测压试验	L1	—

续表 3.2.2

序号	试验类别	试验项目列举	试验间类别	备注
5	输出性能与威力试验	传感器测压试验	L1	—
6		冲击波压力试验	L1	—
7		飞片能量试验	L1	—
8		作用时间测试	L1	—
9		作用过程（P-T 曲线）测试	L1	—
10		同步性测试	L1	—
11	感度试验	火焰感度试验	L2	—
12		激光感度试验	L2	—
13		针刺感度试验	L2	—
14		撞击感度试验	L2	—
15		电流感度试验	L2	—
16		电压感度试验	L2	—
17		电火工品电阻测量	L3	—
18		绝缘电阻试验	L3	—
19		介质耐受电压试验	L3	—
20	环境试验	锤击试验	L2	—
21		震动试验	L2	—
22		振动试验	L2	—
23		冲击试验	L2	—
24		加速度试验	L2	—
25		坠落试验	L2	—
26		高过载试验	L2	—
27		膛内过载模拟试验	L2	—
28		静电感度试验	L2	—
29		射频感度试验	L2	—
30		杂散电流试验	L2	—
31		高温试验	L2	—
32		高温暴露试验	L2	—
33		烤爆试验	L2	—
34		温度冲击试验	L2	—
35		温度-湿度-高度试验	L3	—
36		温度-湿度试验	L3	—
37		泄漏试验	L3	—
38		电磁脉冲	L3	—
39		低温试验	L4	—
40		低温低气压试验	L4	—

续表 3.2.2

序号	试验类别	试验项目列举	试验间类别	备注
41	环境试验	霉菌试验	L4	—
42		盐雾试验	L4	—
43		淋雨试验	L4	—
44		砂尘试验	L4	—
45	无损检测试验	电热响应检测	L3	—
46		微波无损检测	L3	电磁屏蔽
47		红外热像检测	L4	—
48		射线检测	L4	射线防护
49		磁粉检测	L4	射线防护
50		渗透检测	L4	射线防护

注：1 当单次试验最大药量小于 0.1g 时，试验间类别可为 L4 类；
  2 当 L1、L2、L3 类试验间计算药量小于 20g 时，试验间类别可下调一类；
  3 当 L2、L3、L4 类试验间计算药量大于 300g 时，试验间类别宜上调一类；
  4 组合类试验宜按最高类别确定试验间类别。

4 试验仪器、设备的选择和配置

4.1 一般规定

4.1.1 火工品试验的仪器、设备应按照现行国家标准《爆炸危险环境电力装置设计规范》GB 50058、《导（防）静电地面设计规范》GB 50515 和现行行业标准《兵器工业爆炸危险环境电气安全技术条件》WJ 2566 的有关规定采取防火、防爆、导（防）静电等措施。

4.2 选择和配置

4.2.3 对有燃烧、爆炸危险的试验，其试验仪器、设备应具有隔离操作、自动监控功能，并应能对关键参数实行报警与控制。

5 火工品试验室工程技术条件

5.1 一般规定

5.1.1 暂存火工品应设置在抗爆间室、隔爆间或装甲防护内。
5.1.3 有燃烧、爆炸危险的试验应采取相应安全防护措施，实现人机隔离操作。
5.1.5 试验间应采取防粉尘积聚措施，余品、废品处理前应单独放置在抗爆间室或专用防爆装置内。

5.2 总平面布置

5.2.3 火工品试验室和道路系统的布置应避免危险品的往返和交叉转运。建筑物距主要干道的中心距离不宜小于 15m。

5.2.6 内部距离应自能发生爆炸或燃烧的房间墙壁算起，但相邻建筑物间距不应小于 12m。
5.2.7 火工品试验室的内部距离不应小于表 5.2.7 的规定。

表 5.2.7 火工品试验室的内部距离

计算药量 Q（kg）	内部距离（m）
$Q \leq 0.3$	12
$0.3 < Q \leq 0.6$	13
$0.6 < Q \leq 1.0$	14
$1.0 < Q \leq 5.0$	17
$5.0 < Q \leq 10.0$	19
$10.0 < Q \leq 20.0$	22

注：表中所列药量范围内火工品试验室与其周围建筑物，无论设防护屏障与否均采用表中所列距离。为防止低角度高速破片，对有可能飞出破片的一侧，应设置防护屏障，但表中所列距离不得减少。

5.2.9 火工品试验室的外部距离不应小于表 5.2.9 的规定。

表 5.2.9 火工品试验室外部距离

序号	项目	外部距离（m）			
		$Q \leq 1$	$1 < Q \leq 5$	$5 < Q \leq 10$	$10 < Q \leq 20$
1	学校、医院、幼儿园、加油站、煤气站、区域变电站、热电站、体育场馆、宾馆、市区公园入口处	60	95	120	150
2	市街区居住房屋、工厂企业围墙、220kV 架空输电线路、城市主干道路	50	60	75	90
3	国家铁路线、市区公园边缘、城市郊区零散住户边缘、110kV 架空输电线路	50	55	60	70
4	城市次干道路、35kV 架空输电线路	25	35	45	55

注：表中 Q 为计算药量，单位为 kg。

5.3 工艺布置及特殊要求

5.3.2 工艺布置应符合下列规定：
 1 Bx 级火工品试验室主体应为单层建筑物；
 2 Dx 级火工品试验室布置在火工生产区时，不宜超过两层；当布置在科研、行政区域时，可为多层建筑物，其中 L2 类试验间应布置在一层，且宜设置专用货运电梯；
 3 各类房间应合理布置，功能分区应明确，并应利于防护、互不干扰；
 4 危险性较大的试验间宜集中布置，且远离辅助用室；
 5 危险工序与非危险工序应采取防护隔离措施或分别布置在单独的房间内；
 6 试验准备工序应根据试验品的特性及药量采取防护

措施；

7 火工品试验室的平面布置应做到物流顺畅、疏散方便，布置成单面工作间时，可采用单面走廊形式；布置成中间有走廊、两边为工作间时，工作间通向走廊的门不应相对开启；

11 试验室内试验设备、管道和运输装置的布置以及疏散出口的设置，应便于操作人员迅速疏散；

12 与试验无直接联系的通风机室、配电室、空调机室、水泵间等，应与试验间隔开，并宜设单独的出入口。

5.3.3 试验室的药量和试验人员的数量应符合下列规定：

3 危险性房间的定员应根据试验工序所需的最少操作人员确定，单间定员应符合表5.3.3的规定；

表 5.3.3 危险性房间单间定员

序号	危险性房间类别/名称	单间定员	备注
1	L1类试验间	—	隔离操作
2	L2类试验间	≤2	人机隔离
3	L3类试验间	≤3	人机隔离
4	L4类试验间	≤4	
5	火工品暂存间	—	不应有固定操作人员
6	试验准备间	≤4	根据需要设置人员防护装置

4 火工品试验室入口处应标明计算药量和最大允许定员，各危险性房间入口处应标明房间的最大允许存药量、操作岗位名称及定员。

5.3.4 试验室应符合下列规定：

3 各试验间应具备良好的通风条件；

4 爆炸试验塔应采取排风措施；

5 抗爆间室门的开、闭应与抗爆间室内电动设备的停、开机进行联锁；

6 电火工品准备间和试验间应根据试验品的要求采取防静电和电磁屏蔽措施；

7 各试验间内所有金属设备及管道应可靠接地；

8 应根据所在房间电气危险场所级别选择防爆电气设备；

9 火工品试验室危险品操作间应设置视频监控系统。

6 建筑、结构

6.1 一般规定

6.1.1 火工品试验室的平面及造型应满足使用功能要求，宜规整简洁。外墙饰面应采用无次生危害的材料，不应有多余的装饰构件。

6.1.2 火工品试验室建筑物的耐火等级不应低于现行国家标准《建筑设计防火规范》GB 50016中规定的二级耐火等级的各项要求。

6.1.3 室内装修材料的燃烧性能宜符合现行国家标准《建筑内部装修设计防火规范》GB 50222中A级的要求，不应低于B_1级。

6.1.4 辅助用室的设置除应符合本规范第6.2节的规定外，尚应符合现行国家标准《建筑设计防火规范》GB 50016的有关规定。

6.2 辅助用室

6.2.1 辅助用室应布置在建筑物较安全的一端，并应采用厚度不小于370mm的防火墙与危险性房间隔开。隔墙上的门应为钢制甲级防火门。

6.2.2 Bx级火工品试验室的辅助用室层数不宜超过两层，且不应布置在危险性房间的楼上或楼下。

6.3 安全疏散

6.3.1 火工品试验室每层或每个危险试验间的安全出口不应少于2个。当每层或每个危险试验间的面积不超过65m²，且同一时间最大试验人数不超过3人时，可设1个安全出口。

6.3.2 火工品试验间内辅助用室内的安全出口应符合现行国家标准《建筑设计防火规范》GB 50016的有关规定。

6.3.3 人员疏散应直接到达安全出口，不应通过其他危险性房间。

6.3.5 通向火工品试验室室外疏散楼梯的门宜采用乙级防火门，并应向室外开启。疏散楼梯周围2m范围内的墙面上不宜设置门窗洞口，需设置时应采用乙级防火门窗。

6.4 建筑构造

6.4.1 楼（地）面应符合下列规定：

1 火工品暂存间、试验准备间、试验间等的楼（地）面应根据工艺条件要求，采用不发生火花楼（地）面、不发生火花导（防）静电楼（地）面或不发生火花的柔性楼（地）面；

2 导（防）静电楼（地）面应符合现行国家标准《导（防）静电地面设计规范》GB 50515的有关规定。

6.4.2 内墙、顶棚及吊顶应符合下列规定：

1 有易燃易爆粉尘的危险性房间内的内墙面和顶棚应粉刷平整、光滑，墙面的阴角应抹成圆弧。

6.4.3 门窗应符合下列规定：

1 火工品试验室及危险性房间的疏散用门应为平开门并向疏散方向开启；当外门设置门斗时，应采用外门斗，其门的开启方向应与疏散用门一致。

2 火工品试验室所有的门不应设置门槛，危险性房间的门不应与其他房间的门直对设置。

3 火工品试验室的外门口不应设置台阶，应做成防滑坡道，其坡度不宜大于1:8。

4 安全窗应符合下列规定：

1）安全窗洞口最小宽度不应小于1.0m，窗扇高度不应小于1.5m；

2）窗底距室内地面高度不应大于0.5m；

3）窗扇应向外平开，且应一推即开；

4）不应有中挺，双层安全窗的窗扇应能同时向外开启。

5 抗爆间室的泄压窗应设置在抗爆间室的外墙上，窗台高度不应高于室内地面0.4m。

7 火工品试验室门窗应采用不产生尖锐破片伤人的透光材料。

8 试验过程中不允许阳光直射在试验品上的试验间,其向阳面的门窗玻璃应采取防阳光直射措施。

6.4.4 屋面不应采用易造成次生伤害的保护层、架空层、隔热层。

6.5 结构设计

6.5.5 抗爆门、抗爆传递窗及观察窗应符合下列规定:
 4 在爆炸试验过程中应能防止火焰及空气冲击波泄出。

7 给水、排水及消防

7.1 一般规定

7.1.2 建筑物内的给水和排水管道应沿墙、柱、管道井、试验台夹腔、通风柜衬板等部位布置,不得布置在遇水会引起燃烧、爆炸或助长火势蔓延的原料、产品和贵重仪器设备的上方。

7.1.4 火工品试验室应设置消防给水系统和配置灭火器材,并应符合现行国家标准《消防给水及消火栓系统技术规范》GB 50974 和《建筑灭火器配置设计规范》GB 50140 的规定。

7.2 给 水

7.2.3 火工品试验室给水管在穿越有防护要求的钢筋混凝土结构的墙、板处时,应设置刚性防水套管,套管与管道缝隙应采取不燃材料填塞。

7.4 消 防

7.4.1 火工品试验室的消防给水水源应安全可靠,室内消防宜设置独立的给水系统。供水设施应符合消防用水需求。

7.4.2 消火栓的设置应符合下列规定:
 1 火工品试验室应设置室内外消火栓,其火灾延续时间宜按 2h 计算;
 2 室内消火栓用水量不应小于 10L/s,每只水枪水量不应小于 5L/s,水枪充实水柱不应小于 10m;消火栓的设置应保证 2 股水柱同时到达室内任何部位;
 3 当室内消火栓超过 10 个时,室内消防管道应布置成环状,并应有两条进水管与室外管道相连;
 4 火工品试验室室外消火栓用水量不应小于 20L/s。

7.4.3 对于使用或存储与水接触能引起燃烧、爆炸或助长火势蔓延物质的房间或部位,应根据需要采用其他灭火设施,不应用水消防。

7.4.4 灭火器配置应符合下列规定:
 1 火工品试验室灭火器应根据现行国家标准《建筑灭火器配置设计规范》GB 50140 中的火灾种类、危险等级和配置场所等要求配置,且应按严重危险等级配备灭火器;

9 电 气

9.1 电气危险场所划分

9.1.1 火工品试验室电气危险场所划分应符合下列规定:

 1 F1 类:在正常运行时可能形成爆炸危险的火炸药粉尘的危险场所;
 2 F2 类:在正常运行时可能形成燃烧危险,而爆炸危险性极小的火炸药粉尘的危险场所;
 3 火工品试验室电气危险场所应以试验间或工作间为单位划分。

9.1.2 火工品试验室各危险性房间的电气危险场所类别宜为 F2 类,当房间可能形成有爆炸危险的粉尘时,应将电气场所定为 F1 类。

9.2 电气设备选型

9.2.1 正常运行时可能发生火花及产生高温的电气设备应布置在危险场所外。

9.2.2 防爆电气设备的选择,应根据危险场所的级别、分区、介质的引燃温度、设备的保护级别和防爆结构的要求确定。在满足需要和安全的前提下,宜减少防爆电气设备的数量。

9.2.3 选用的防爆电气设备的级别和组别不应低于爆炸性混合物的级别和组别。当存在两种以上易爆炸物质形成的混合物时,应按危险程度较高的级别和组别选择防爆电气设备。

9.2.4 危险场所配线用接线盒选型应与该危险场所电气设备防爆等级相一致。

9.2.5 危险场所的防爆电气设备尚应符合所在场所内化学的、机械的、霉菌等不同环境的要求。

9.3 照 明

9.3.3 火工品试验室疏散通道和疏散门上应设置应急照明和疏散照明。

10 电 信

10.2 监 控

10.2.1 火工品试验室应设置视频监控系统,对危险源点或者危险工序进行监控。

10.2.4 视频监控系统设备的选择,应根据危险场所的级别、分区、介质的引燃温度、设备的保护级别和防爆结构的要求确定。

11 工程施工与验收

11.2 工程验收

11.2.2 火工品试验室在竣工验收前应获得安全设施、环保、消防、职业卫生等单项验收文件,以及安全评价部门出具的安全评价意见、工程质量监督部门出具的工程质量(建筑、安装)评定意见。

19.《纵向倾斜船台及滑道设计规范》CB/T 8502—2005

5 给水排水设计

5.2 给水设计

5.2.2 船舶压载水、船舱内水密试验灌水、冲水试验的用水,一般采用江(海)水。但对要求较高的燃油、润滑油舱用水应采用淡水。

5.4 消防给水设计

5.4.1 斜船台边应设消火栓。

5.4.3 当厂区消防给水管道水压无法满足斜船台消防需要时,应设消防泵。

20.《舾装码头设计规范》CB/T 8522—2011

6 给水排水设计

6.4 消防设计

6.4.1 舾装码头应设置室外消火栓。

6.4.3 舾装码头消防用水由厂区消防给水系统统一考虑。

6.4.4 舾装码头消防给水管及室外消火栓的布置,应符合 GB 50016 中的要求,消防水量按表 8:

表 8 舾装码头消防水量

生产类别	危险等级	船内自救设施	消防水量 L/s	
			室外	码头船舶
造船	丙类	无	20	10
修船		有		20

21.《干船坞设计规范》CB/T 8524—2011

7 坞口钢质坞门设计

7.7 浮式坞门电气

7.7.6 照明及其他

7.7.6.1 泵阀舱、操作室、电气室、通道和楼梯均应设置照明,并配有一定数量的应急照明灯,应急照明时间应不小于30min。

8 灌水排水系统设计

8.3 排水系统

8.3.1 泵站形式及设备选择

8.3.1.14 船坞泵房的室内消防应根据 GB 50016 设置室内消火栓,根据 GB 50140 设置相应灭火器,船坞泵房内以电器火灾为主要对象。

8.4 船坞给水排水

8.4.2 给水设计

8.4.2.2 船坞生产用水应利用厂区已有自来水及江(海)水供水系统。当已有供水系统水压、水量无法满足工艺要求时,应设置调节加压设施。当供水系统有消防供水内容时,调节加压设施应有两路电源供电。

8.4.4 消防设计

8.4.4.1 船坞应设置生产消防合用供水系统,其中室外消防水量由自来水(低压)管网上的室外消火栓提供,坞内消防水量由江(海)水(高压)管网上的船坞供水栓提供。

8.4.4.2 船坞消防水源,可采用自来水或江(海)水,当仅采用单一种水质供水时,应有两路进水管;当采用自来水和江(海)水同时供水时,其效果可等同于两路水源。

8.4.4.3 船坞消防水量应按 GB 50016 执行,并按表9设计。

表 9 船坞消防水量

生产类别	危险等级	船内自救设施	消防水量 L/s	
			室外	坞内船舶
修船坞	丙类	有	40	20
造船坞	丁戊类	无	20	10

8.4.4.4 船坞两侧坞顶处应按 GB 50140 设置灭火器。重量等级宜取 5kg 以上,灭火器应设在专用灭火器箱中。规范中的修正系数 K 可在 0.3~0.7 之间取值。

9 动力设计

9.1 动力气体供应

9.1.9 可燃气的品种应考虑狭小舱室内使用的安全性,应采用密度比空气轻的可燃气。

9.2 动力管道

9.2.2 动力气体管道入口总管上应设切断阀门、压力表,可燃气体管道上尚应安装防回火装置。

10 电力供应

10.2 供配电系统

10.2.1 在船坞的电力负荷中,消防泵、事故排水泵及江水泵应按Ⅱ级负荷设计。应用两路电源供电末端自切。

11 环境保护和职业安全卫生设计

11.1 污染的治理设计

11.1.3 船坞配备的给水泵、排水泵、消防泵等在设计中应设置消声装置、减振台座等降噪隔振措施。

11.2 职业安全卫生设计

11.2.1 有选择配备的压缩空气、氧气、乙炔气、燃气、二氧化碳气、蒸气、自来水、海(江)水等公用设施站房建筑物应说明防火防爆类别及等级,其间距、周围道路、通道均应按 GB 50016、GB 50057 规范要求设计。

11.2.11 船坞应设置消防设施,并应符合 GB 50140 的相关要求。

5.4 农业工程

22.《禽类屠宰与分割车间设计规范》GB 51219—2017

4 建 筑

4.7 防火与疏散

4.7.1 大型、中型禽类屠宰与分割车间耐火等级不应低于二级，小型屠宰与分割车间耐火等级不应低于三级。

4.7.2 禽类屠宰车间、分割车间和副产品加工间的火灾危险性分类应为丙类。

4.7.3 当氨压缩机房同车间贴邻时，应采用不开门窗洞口的防火墙分隔。

4.7.4 屠宰与分割车间应设置必要的疏散走道，避免复杂的逃生线路。

4.7.5 屠宰与分割车间内的办公室、更衣休息室与生产部位之间夹设参观走廊时，应进行防火分隔，防火分隔界面宜设置在参观走廊靠办公室、更衣休息室一侧。

5 结 构

5.4 涂装及防护

5.4.4 钢结构的防火应符合现行国家标准《建筑设计防火规范》GB 50016 的规定。

9 给水排水

9.1 一般规定

9.1.4 屠宰与分割车间给水排水、消防干管敷设在车间闷顶（技术夹层）时，应采取管道支吊架、防冻保温、防结露等固定及防护措施。

9.4 消防给水及灭火设备

9.4.1 屠宰与分割车间的消防给水及灭火设备的设置，应符合现行国家标准《建筑设计防火规范》GB 50016 和《消防给水及消火栓系统技术规范》GB 50974 的规定。

9.4.2 屠宰与分割车间内冷藏、冻结间穿堂及楼梯间消火栓布置，应符合现行国家标准《冷库设计规范》GB 50072 的规定。速冻装置间出入口处应设置室内消火栓。

9.4.3 屠宰与分割车间内设置自动喷水灭火系统时，应符合现行国家标准《建筑设计防火规范》GB 50016 和《自动喷水灭火系统设计规范》GB 50084 的相关规定，设计基本参数应按民用建筑和工业厂房的系统设计参数中的中危险等级执行。

10 供暖通风与空气调节

10.4 消防与排烟

10.4.1 室温不高于 0℃的房间不应设置排烟设施。

10.4.2 其他场所或部位的防烟和排烟设施应按现行国家标准《建筑设计防火规范》GB 50016 的规定执行。

10.5 蒸汽、压缩空气、空调和供暖管道

10.5.2 蒸汽管道、压缩空气管道、空调和供暖管道必须穿过防火墙时，在管道穿过处应采取防火封堵措施，并应在管道穿墙处一侧设置固定支架，使管道可向墙的两侧伸缩。

11 电 气

11.1 一般规定

11.1.3 屠宰与分割车间应设应急广播。

11.3 照 明

11.3.3 屠宰与分割车间应设置疏散照明。

23. 《牛羊屠宰与分割车间设计规范》GB 51225—2017

4 建筑

4.7 防火与疏散

4.7.1 大中型牛羊屠宰与分割车间耐火等级不应低于二级，小型屠宰与分割车间耐火等级不应低于三级。

4.7.2 牛羊屠宰车间、分割车间和副产品加工间的火灾危险性分类应为丙类。

4.7.3 当牛羊屠宰与分割车间同氨压缩机房贴邻时，应采用不开门窗洞口的防火墙分隔。

4.7.4 牛羊屠宰与分割车间应设置必要的疏散走道，避免复杂的逃生线路。

4.7.5 屠宰与分割车间内的办公室、更衣休息室与生产部位之间夹设参观走廊时，应进行防火分隔，防火分隔界面宜设置在参观走廊靠办公室、更衣休息室一侧。

5 结构

5.4 涂装及防护

5.4.4 钢结构的防火应符合现行国家标准《建筑设计防火规范》GB 50016 的规定。

9 给水排水

9.1 一般规定

9.1.4 屠宰与分割车间给水排水、消防干管敷设在车间闷顶（技术夹层）时，应采取管道支吊架、防冻保温、防结露等固定及防护措施。

9.4 消防给水及灭火设备

9.4.1 屠宰与分割车间的消防给水及灭火设备的设置应符合现行国家标准《建筑设计防火规范》GB 50016 和《消防给水及消火栓系统技术规范》GB 50974 的规定。

9.4.2 屠宰与分割车间内冷藏、冻结间穿堂及楼梯间消火栓布置应符合现行国家标准《冷库设计规范》GB 50072 的规定。以氨为制冷工质的速冻装置间出入口处应设置室内消火栓。

9.4.3 屠宰与分割车间内设置自动喷水灭火系统时，应符合现行国家标准《建筑设计防火规范》GB 50016 和《自动喷水灭火系统设计规范》GB 50084 的相关规定，设计基本参数应按民用建筑和工业厂房的系统设计参数中的中危险等级执行。

10 供暖通风与空气调节

10.4 消防与排烟

10.4.1 室温不高于0℃的房间不应设置排烟设施。

10.4.2 其他场所或部位的防烟和排烟设施应按现行国家标准《建筑设计防火规范》GB 50016 的规定执行。

10.5 蒸汽、压缩空气、空调和供暖管道

10.5.2 蒸汽管、压缩空气管、空调和供暖管道必须穿过防火墙时，在管道穿过处应采取防火封堵措施，并应在管道穿墙处一侧设置固定支架，使管道可向墙的两侧伸缩。

11 电气

11.1 一般规定

11.1.3 屠宰与分割车间应设应急广播。

11.3 照明

11.3.3 屠宰与分割车间应设置疏散照明。

24. 《大中型沼气工程技术规范》GB/T 51063—2014

4 沼气站

4.1 选址与总平面布置

4.1.1 站址的选择应符合城乡建设的总体规划,并应符合下列规定:

6 站内露天工艺装置与站外建(构)筑物的防火间距应符合现行国家标准《建筑设计防火规范》GB 50016 的有关规定。

4.1.5 湿式气柜或膜式气柜与站内主要设施的防火间距应符合表 4.1.5 的规定。

表 4.1.5 湿式气柜或膜式气柜与站内主要设施的防火间距(m)

主要设施	总容积 V (m³)	
	V≤1000	V>1000
净化间、沼气增压机房	≥10	≥12
锅炉房	≥15	≥20
发电机房、监控室、配电间、化验室、维修间等辅助生产用房	≥12	≥15
粉碎间	≥20	≥25
泵房	≥10	≥12
管理及生活设施用房	≥18	≥20
站内道路(路边) 主要道路	≥10	
站内道路(路边) 次要道路	≥5	

注:1 防火间距按相邻建(构)筑物的外墙凸出部分、厌氧消化器外壁、气柜外壁的最近距离计算;
2 气柜总容积按其几何容积(m³)和设计压力(绝对压力)的乘积计算。

4.1.6 干式气柜与站内主要设施的防火间距应按本规范表 4.1.5 的规定增加 25%;带储气膜的厌氧消化器与站内主要设施的防火间距应按表 4.1.5 的规定执行。

4.1.8 当站区沼气工艺管路及设备需设置检修用集中放散装置时,应符合下列规定:

2 火炬或放散口与站外建(构)筑物的防火间距应符合现行国家标准《城镇燃气设计规范》GB 50028 的有关规定;

3 火炬或放散口与站内主要设施的防火间距应符合表 4.1.8 的规定;

4 封闭式火炬与站内主要设施的防火间距应按表 4.1.8 的规定减少 50%。

表 4.1.8 火炬或放散口与站内主要设施的防火间距(m)

主要设施		防火间距
厌氧消化器组		≥20
湿式气柜或膜式气柜总容积 V (m³)	V≤1000	≥20
	V>1000	≥25
干式气柜总容积 V (m³)	V≤1000	≥25
	V>1000	≥32
净化间、沼气增压机房		≥20
锅炉房		≥25
发电机房、监控室、配电间、化验室、维修间等辅助生产用房		≥25
粉碎间		≥30
泵房		≥20
管理及生活设施用房		≥25
秸秆堆料场		≥30
站内道路(路边)		≥2

4.1.9 秸秆堆料场与站内主要设施的防火间距应符合表 4.1.9 的规定。

表 4.1.9 秸秆堆料场与站内主要设施的防火间距(m)

主要设施		防火间距
厌氧消化器组		≥20
湿式气柜或膜式气柜总容积 V (m³)	V≤1000	≥20
	V>1000	≥25
干式气柜总容积 V (m³)	V≤1000	≥25
	V>1000	≥32
净化间、沼气增压机房、泵房、锅炉房,辅助生产用房,管理及生活设施用房等站内建(构)筑物		≥15
站内道路(路边)	主要道路	≥10
	次要道路	≥5

4.1.11 沼气站内各类设施之间的防火间距除应符合本规范的要求外,尚应符合现行国家标准《建筑设计防火规范》GB 50016 的有关规定。

4.1.13 沼气站内应设置消防通道。占地面积大于 3000m² 的沼气站宜设置环形通道,并应设置车辆行驶方向标志。消防车道的设计应符合现行国家标准《建筑设计防火规范》GB 50016 的有关规定。

4.6 管道及附件、泵、增压机和计量装置

4.6.2 架空管道的敷设应符合下列规定:

5 架空管道宜采取保温措施,保温材料应具有良好的防

潮性和耐候性，并应采用阻燃材料。

4.6.10 阀门的选用应符合下列规定：

　　3 防火区域内使用的阀门应具有耐火性能。

4.7 消防设施及给水排水

4.7.1 沼气站消防设施的设置应符合下列规定：

　　1 沼气站在同一时间内的火灾次数应按一次考虑；气柜、建筑物和秸秆堆场一次灭火的室外消防用水量应符合表4.7.1的规定。

表 4.7.1 气柜、建筑物和秸秆堆场一次灭火的室外消防用水量

设施类型	气柜	建筑物		秸秆堆场	
		净化间、增压机房、粉碎间、发电机房、锅炉房、监控室、配电间、泵房、化验室、维修间等辅助生产厂房	管理及生活设施用房	储存量 <500t	储存量 ≥500t
消防用水量 (L/s)	≥15	≥10	≥10	≥20	≥35

注：消防用水量按最大的一座建筑物或堆场、气柜的消防用水量计算。

　　2 寒冷地区应设置地下式消火栓，其他地区宜设置地上式消火栓。

　　3 采用天然水源不能满足室内外消防用水量时应设置消防水池；由市政给水管道供水，且室内外消防用水量之和大于25L/s时，应设置消防水池。

　　4 消防水池的容量应按火灾延续时间3h计算确定；当火灾情况下能保证连续向消防水池补水时，消防水池的容量可减去火灾延续时间内的补水量。

　　5 净化间、增压机房、泵房、秸秆堆料场等灭火器的配置应符合现行国家标准《建筑灭火器配置设计规范》GB 50140的有关规定。

4.8 电气和安全系统

4.8.4 沼气站内具有爆炸危险的进料间、净化间、锅炉房、增压机房等建（构）筑物的防火、防爆设计应符合下列规定：

　　1 建筑物耐火等级不应低于二级。

4.8.5 当站内工艺系统设置放散火炬时，放散火炬的设计应符合下列规定：

　　1 放散火炬前沼气管道应设置阻火器；

　　2 放散火炬应设置自动点火、火焰检测及报警装置。

6 施工安装与验收

6.6 设备、电气及仪表安装

6.6.2 爆炸和火灾危险环境电气装置的施工应符合现行国家标准《电气装置安装工程爆炸和火灾危险环境电气装置施工及验收规范》GB 50257的有关规定。

7 运行与维护

7.1 一般规定

7.1.6 未经批准不得在生产区使用明火作业；必须使用明火作业时，应采取安全防护措施，并应在相关人员监护下操作。

7.2 沼气站

7.2.14 站内给水排水、消防设施应定期检查。

25.《粮食钢板筒仓施工与质量验收规范》GB/T 51239—2017

2 术语和符号

2.1 术 语

2.1.1 粮食钢板筒仓 grain steel silo

储存粮食散料的钢结构直立容器，平面以圆形为主。主要形式有焊接钢板、螺旋卷边钢板、装配波纹钢板、装配肋形钢板、装配肋形双壁及装配钢结构框架式等。

9 电气设备

9.2 电气设备

9.2.2 防爆电气设备的类型、级别、温度组别等应与安装区域的要求一致，并应标有防爆标志和防爆合格证号。

9.2.4 爆炸性危险区电气设备安装应符合现行国家标准《电气装置安装工程 爆炸和火灾危险环境电气装置施工及验收规范》GB 50257 的规定。

9.3 电气线路

9.3.2 穿越仓顶（壁）的电气管线洞孔及管孔应使用非燃性材料严密堵塞。

9.3.4 钢管布线时应符合下列规定：

3 线管与电气设备、线管与附件、线管间的连接应采用螺纹连接，不应采用熔焊连接。粉尘爆炸危险区，螺纹旋合不应少于5扣。

9.3.5 爆炸性粉尘危险区域，钢管配线时，应在下列各处装设防爆挠性连接管：

1 电机的进线口处；
2 钢管与电气设备直接连接有困难处；
3 通过建筑物的伸缩缝、沉降缝处。

9.4 照 明

9.4.2 防爆灯具的类型、级别、温度组别等应与安装区域的要求一致，并应标有防爆标志和防爆合格证号。

9.4.4 应急照明灯和疏散指示灯应有明显标志，并设有备用电源。

5.5 林业工程

26.《中密度纤维板工程设计规范》GB 50822—2012

6 辅助生产工程

6.4 仓 库

6.4.3 成品库内应按现行国家标准《建筑设计防火规范》GB 50016 的有关规定设置消防设施。

6.4.12 仓库宜单独设置,也可与中密度纤维板生产线合建,但应间隔合理,并应符合现行国家标准《建筑设计防火规范》GB 50016 的有关规定。

7 公用工程

7.1 总平面布置及运输工程

7.1.2 厂址选择应从地理位置、用地规划、土地面积、地形地貌、工程地质、原料供应、电源水源、防洪排涝、交通运输、消防安全、社会协作等建厂要素综合选择,并应具备建设中密度纤维板项目所要求的基本建厂条件,并应远离学校与医院。

7.1.4 总平面布置应根据生产工艺流程、建筑朝向、交通运输、消防、安全生产、职业卫生、环境保护、行政管理诸多方面的要求结合厂区特征合理安排,应保证生产过程的连续和安全,并应使生产作业线短捷、方便,同时应避免交叉干扰。

7.2 土建工程

7.2.1 土建工程设计应符合下列规定:
　　1 中密度纤维板车间的建筑工程设计应符合现行国家标准《建筑设计防火规范》GB 50016 的有关规定,并应根据生产规模、设备技术水平、自然条件及当地特殊规定等进行设计,应保证建筑工程设计适用、安全和经济。

7.2.3 辅助与生活用房设计应符合下列规定:
　　4 空压站通向室外的门应保证安全疏散,并应便于设备出入和操作管理。

7.4 给水排水工程

7.4.2 给水工程应符合下列规定:
　　5 中密度纤维板生产线与火花探测器配套的自动灭火系统,其给水设备应设置增压装置。

10 防火与防爆

10.0.1 中密度纤维板项目单项工程生产、贮存的火灾危险性类别及建(构)筑物耐火等级应符合表 10.0.1 的规定。

表 10.0.1 主要单项工程生产、贮存的火灾危险类别、耐火等级

工程名称	生产、贮存类别	耐火等级
原料堆场	丙类	—
削片间	丙类	二级
纤维制备与干燥间	丁类	二级
中密度纤维板车间	丙类	二级
化工原料库	丙类	二级
成品库	丙类	二级
机修车间	戊类	二级
供热站	丁类	二级
压缩空气站、风机间	戊类	三级

10.0.2 中密度纤维板工程的消防给水设计应符合现行国家标准《建筑设计防火规范》GB 50016 的有关规定。

10.0.3 厂区内应设置环形道路网,路网密度应满足消防通道的要求,并应设置 2 处以上的对外出入口与厂外道路衔接。

10.0.4 原料堆场的布置每隔 120m~150m 应设置一条宽度为 10m 的防火间隔带。

10.0.5 原料堆场周围应设置环形消防管网,消火栓宜设置在地下。

10.0.8 干燥旋风分离器顶部应设置高压大流量灭火系统。喷水口处的压力应大于或等于 0.2MPa。

10.0.9 干纤维料仓、成型机等设备应设置灭火等安全设施。

10.0.10 每个自动灭火喷水口处的压力应大于或等于 0.6MPa。

10.0.11 纤维干燥系统、干纤维输送系统和砂光粉输送系统应设置火花探测与自动灭火系统。

10.0.12 与自动火花探测灭火装置配套的消防水泵,应布置在接近需要消防之设备的适当位置。

27.《刨花板工程设计规范》GB 50827—2012

6 公用工程

6.1 总平面布置及运输工程

6.1.1 厂址选择应综合地理位置、用地规划、土地面积、地形地貌、工程地质、原料供应、电源水源、防洪排涝、交通运输、消防安全、社会协作等建厂要素，应具备建设刨花板项目所要求的基本条件，并应远离学校与医院。

6.1.4 总平面布置应根据生产工艺流程、建筑朝向、交通运输、消防、安全生产、职业卫生、环境保护、行政管理等要求结合厂区特征合理安排，应保证生产过程的连续和安全，并应使生产作业线短捷、方便，应避免交叉干扰。

6.3 电气工程

6.3.1 刨花板项目供电，除现行国家标准《建筑设计防火规范》GB 50016 规定的消防用电为二级负荷外，其余应为三级负荷。

8 职业安全卫生

8.1 职业安全

8.1.3 对易燃、高温、高压、易触电、易挤伤等场所，应设明显的警示标志。

8.1.5 生产工艺安全应符合下列规定：
 2 刨花干燥后应设置防火螺旋或隔离仓与后工段隔离。

8.1.7 电气安全与防雷设计应符合下列规定：
 1 原料堆场照明应采用封闭式安全灯，灯具与堆垛最近水平距离应大于 2m，下方不得堆放可燃物。
 2 生产车间应设有事故照明、疏散照明、等电位联结等装置。电气系统设计应采取过压保护、过流保护、接零保护和防静电等措施。

9 防火防爆

9.0.1 刨花板工程设计应符合现行国家标准《建筑设计防火规范》GB 50016 的有关规定。

9.0.2 刨花板项目单项工程生产的火灾危险性类别及建筑物耐火等级、贮存物品的火灾危险性类别，应符合表 9.0.2 的规定。

表 9.0.2 生产的火灾危险类别及建筑物耐火等级、贮存物品火灾危险类别

工程名称	火灾危险类别	耐火等级
原料堆场	丙类	—
削片间、刨片间、刨花干燥与分选间、刨花板车间	丙类	二级
化工原料库、成品库	丙类	二级
机修车间	戊类	二级
供热站	丁类	二级
压缩空气站、风机间	戊类	三级

9.0.3 刨花干燥设备必须配备灭火设施。

9.0.5 在易产生火花的气力输送和除尘系统中应设置火花探测及自动灭火装置。

9.0.6 采用气力输送系统输送细小、干燥物料时，应有静电接地装置。

9.0.8 原料堆场应设消防值班及工、器具室。

28.《人造板工程职业安全卫生设计规范》GB 50889—2013

3 厂址选择与总平面布置

3.2 总平面布置

3.2.1 原料堆场、生产区、生活区以及其他相关设施用地应根据生产规模、工艺流程、交通运输以及防火、安全、卫生等要求,结合地区规划、场地自然条件、周边环境进行功能分区,并应符合现行国家标准《工业企业总平面设计规范》GB 50187 的有关规定。

3.2.5 厂区内通道宽度,除应根据生产工艺、交通运输、工程管线、施工安装、竖向设计等因素确定外,还应满足防火、卫生、安全间距的要求。

3.2.6 厂区建、构筑物及堆场、储罐间的防火间距应符合表 3.2.6 的规定。

表 3.2.6 厂区建、构筑物及堆场、储罐间的防火间距 (m)

序号	项目名称		其他厂房(除甲类生产外)		其他仓库(除贮存甲类物品外)		一个木材原料堆场储量(m³)		甲醛贮罐(总储量 m³)	
			耐火等级一、二级	耐火等级三级	耐火等级一、二级	耐火等级三级	1000≤V<10000	V≥10000	200~1000	1000~5000
1	削片间、刨片间		10	12	10	12	15	20	20	25
2	人造板主车间		10	12	10	12	15	20	20	25
3	成品库		10	12	10	12	15	20	20	25
4	合成树脂车间		10	12	10	12	15	20	20	25
5	甲醛贮罐区	(200~1000) m³	20	25	20	25	30		30	40
		(1000~5000) m³	25	30	25	30	40		40	40
6	供热站		10	12	10	12	15	20	20	25
7	干煤棚	<5000t	6	8	6	8	25	30	30	40
8		≥5000t	8	10	8	10				
9	中心变(配)电站 >10t,≥50t		15	20	15	20	≥50		40	50
10	化工库、物料库		10	12	10	12	15	20	20	25

注:除满足上述防火间距要求外,尚应符合现行国家标准《建筑设计防火规范》GB 50016 的有关规定。

3.2.7 原料堆场布置应远离明火或有火花散发的地点。

3.2.9 木材原料堆场每隔 120m~150m 应设大于 10m 的中间纵、横防火通道,宜与环行消防车道相通。

5 职业安全

5.1 防火、防爆

5.1.1 建筑结构设计应符合下列规定:
 1 人造板生产线单项工程生产、贮存的火灾危险性类别及建、构筑物耐火等级应符合表 5.1.1 的规定。
 2 人造板工程建筑设计应符合现行国家标准《建筑设计防火规范》GB 50016 的有关规定。

5.1.2 安全装置设计应符合下列规定:
 1 刨花干燥设备必须配备防火和防爆装置。

表 5.1.1 人造板生产线单项工程生产、贮存的火灾危险类别及建、构筑物耐火等级

序号	工程名称	生产、贮存类别	耐火等级
1	原料堆场	丙类	—
2	削片间	丙类	二级
3	刨片间	丙类	二级
4	刨花干燥与分选间	丙类	二级
5	刨花板车间	丙类	二级
6	纤维制备与干燥间	丁类	二级
7	纤维板车间	丙类	二级
8	胶合板车间	丙类	二级
9	化工原料库	丙类	二级
10	成品库	丙类	二级
11	机修车间	戊类	二级
12	供热站	丁类	二级
13	压缩空气站、风机间	戊类	三级

2 纤维干燥系统、干纤维输送系统和砂光粉输送系统必须设置火花探测与自动灭火装置。

3 干刨花仓、干纤维料仓、砂光粉仓、干燥旋风分离器必须设置防爆设施。

5.1.3 电气装置设计应符合下列规定：

1 人造板生产车间、成品库应为丙类建筑。车间内输配电线路、灯具、火灾事故照明、疏散指示标志和火灾报警装置的设计，应符合现行国家标准《建筑设计防火规范》GB 50016 的有关规定。

2 原料堆场内宜采用电缆线路埋地敷设。需设置架空线路时，架空线路与堆垛最近水平距离不得少于杆高的 1.5 倍。

3 原料堆场内应选用带护罩、封闭式的安全灯具。灯具与堆垛最近水平距离不应小于 2m 以上，且灯具下方不得堆放可燃物。

5 电缆沟通过变配电所、电器室的部位，应设防火隔墙。电缆穿过变配电所、电器室的墙壁、顶棚、楼板或穿出配电柜时，应采用防火材料封堵。

6 成品库照明不应设置卤钨灯等高温照明器。

5.1.4 消防给水设计应符合下列规定：

1 人造板工程消防用水，可由城市给水管网、天然水源或消防水池供给。选用的水源和取水方式，应确保消防用水的可靠性。

2 厂区消防给水系统设计和灭火器配置应符合现行国家标准《建筑设计防火规范》GB 50016 和《建筑灭火器配置设计规范》GB 50140 的有关规定。

3 厂房、成品库房、原料堆场周围应设置环状给水消防管网，环状管网的输水管不应少于两条，管道应采用阀门分成若干独立段，每段内室外消火栓数量不应大于 5 个。

4 原料堆场应设消防值班及工、器具控制室。

5.2 防电气伤害

5.2.1 防触电设计应符合下列规定：

2 临时性及移动设备的配电线路，应设置剩余电流动作保护装置。

3 人造板生产线通道、设有紧急停车按钮的场所以及控制室、配电室应设应急照明，其照度值应符合现行国家标准《建筑设计防火规范》GB 50016 的规定。

7 安全色及安全标志

7.1 安全色

7.1.3 消防设备、器材、设施以及严禁人员进入或接触的危险区域的防护装置，应采用红色。

7.1.6 车间内的安全通道、太平门、工具箱、更衣箱、消防设备和其他安全防护设备的指示标志，应采用绿色。

7.2 安全标志

7.2.1 凡容易导致安全事故的场所或发生事故后需要疏散的场所，应设置安全标志，安全标志应符合国家现行标准《安全标志及其使用导则》GB 2894 的有关规定。

7.2.2 产生火灾、高温、高压、触电、意外伤害等场所应设置相应的禁止标志。

7.2.5 生产场所与作业地点的紧急通道和紧急出入口应设置醒目的提示标志。

29.《饰面人造板工程设计规范》GB 50890—2013

5 辅助生产工程

5.4 仓 库

5.4.3 成品库内消防设施应符合现行国家标准《建筑设计防火规范》GB 50016 的有关规定

5.4.5 化工原料和易燃品应独立设立贮存仓库。

5.4.12 成品库宜单独设置,也可与人造板饰面生产车间合建,但应间隔合理,并应符合现行国家标准《建筑设计防火规范》GB 50016 的设置要求。

6 公用工程

6.1 总平面布置

6.1.1 厂址选择应根据地理位置、用地规划、用地面积、地形地貌、工程地质、原料供应、供电供水、防洪排涝、交通运输、消防安全、气候条件、社会协作等因素综合确定,并应具备人造板饰面工程所要求的基本建设条件。

6.1.5 总平面应根据生产工艺流程、建筑朝向、交通运输、消防、安全生产、职业卫生、环境保护、行政管理等要求并结合厂区用地特征合理布置,应保证生产的安全和顺畅;生产作业线应短捷、方便,不应交叉干扰。

6.1.9 易燃和可燃材料及有害物的生产厂房与仓库,应布置在全厂下风位置,并应远离锅炉、烟囱等明火火源。

6.2 土建工程

6.2.1 土建工程设计应符合下列规定:
2 人造板饰面生产车间按生产线火灾危险性分类应属丙类。建筑物耐火等级不应低于二级。

6.2.3 辅助用房设计应符合下列规定:
4 压缩空气站通向室外的门,应保证安全疏散,便于设备出入和操作管理。

6.3 电气工程

6.3.1 电气负荷除应符合现行国家标准《建筑设计防火规范》GB 50016 规定的消防及可编程控制器(PLC)和计算机用电应为二级负荷外,其他均应为三级负荷。

6.4 给水排水工程

6.4.1 给水排水工程设计应符合现行国家标准《室外给水设计规范》GB 50013、《室外排水设计规范》GB 50014、《建筑给水排水设计规范》GB 50015、《建筑设计防火规范》GB 50016 的有关规定。

8 职业安全卫生

8.1 职业安全

8.1.4 安全设施的设置,应符合下列规定:
4 易燃、高温、高压、易触电、易挤伤等场所应设置的警示标志。高温设备应采取保温、隔热措施。

8.1.6 电气安全设计应符合下列规定:
1 人造板饰面车间应设应急照明。

9 防火与防爆

9.0.1 人造板饰面工程的火灾危险性类别及建(构)筑物耐火等级应符合表 9.0.1 的规定。

表 9.0.1 人造板饰面工程的火灾危险类别及建(构)筑物耐火等级

单项工程名称	生产、贮存类别	耐火等级
单板整理与干燥间	丙类	二级
人造板饰面车间	丙类	二级
化工原料库	丙类	二级
成品库	丙类	二级
机修车间	戊类	三级
供热站	丁类	二级
压缩空气站、风机间	戊类	三级

9.0.2 人造板饰面工程的消防给水设计,应符合现行国家标准《建筑设计防火规范》GB 50016 的有关规定。

9.0.3 厂区内应设置环形道路网,路网密度应满足消防通道的要求,并应设置 2 处以上的对外出入口与厂外道路衔接。

9.0.6 砂光粉输送系统应设置火花探测与自动灭火系统。

30.《水源涵养林工程设计规范》GB/T 50885—2013

4 总平面图设计

4.2 总平面图设计

4.2.3 水源涵养林工程的交通运输路网、森林防火路网、防火隔离带网、森林防火林带网布设应符合下列规定：

　　1 总平面图设计方案中连接管护用房、种子园、母树林、苗圃、防火瞭望塔、造林小班以及其他控制点的交通运输路网、森林防火路网、防火隔离带网、森林防火林带网应统筹布设，相互协调。

6 森林保护工程设计

6.1 一般规定

6.1.1 水源涵养林工程应进行森林保护工程设计，森林保护工程设计应包括森林防火工程、林业有害生物防治工程及其他灾害防治工程设计等内容。

6.2 森林防火

6.2.1 森林防火工程设计应包括森林火险预测预报工程设计、火情瞭望监测工程设计、森林防火阻隔工程设计、林火信息与指挥工程设计等内容。

7 配套工程设计

7.1 一般规定

7.1.1 水源涵养林工程中的管护用房、种子园、母树林、苗圃和其他站点涉及的建筑工程，应根据其使用功能的技术要求和交通、消防、环保、安全、绿化等要求，并结合地形、地质、气象等自然条件，经技术经济比较后合理布置。

7.4 其他工程

7.4.1 水源涵养林工程的给水工程应包括生活用水、生产用水和消防用水的供给。

31.《用材竹林工程设计规范》GB/T 50920—2013

3 综合调查

3.0.6 综合调查时，应调查交通、供电、通信、给排水、防火设施、现有营造林设备、房屋等配套工程现状，并应调查配套工程现状对用材竹林工程建设的负荷能力，以及配套工程更新、改造的可能性。

4 总平面设计

4.2 总平面设计

4.2.4 用材竹林工程的交通运输路网、森林防火路网、生物防火隔离带网、森林防火林带网，应符合下列规定：
　　1 在总平面设计方案中，连接管护用房、防火瞭望塔、造林小班、造林地，以及其他控制点的交通运输路网、森林防火路网、生物防火隔离带网、森林防火林带网，应统筹布设、相互协调。在满足生产要求和方便使用的前提下宜降低工程造价，应对原有道路充分利用并留有发展余地。

6 森林保护设计

6.2 森林防火

6.2.1 森林防火应主要包括瞭望、阻隔、预测预报、通信、道路、巡逻、检查、监测站等工程建设，应根据地区特点和实际需要，设置相应的安全防火设施。
6.2.2 瞭望塔（台）、监测站等巡视瞭望工程的设置位置，应通视良好、视野宽阔、通行方便、控制范围广、具备基本的生活条件。瞭望塔（台）的设置密度，应根据地形地势、竹林分布、观测方法和可见度等条件确定。
6.2.5 各种森林防火工程建设，应以提高防火效率，增强防火能力，有利于林火管理为准则。
6.2.6 森林防火工程设计，应符合现行行业标准《森林防火工程技术标准》LYJ 127 的有关规定。

7 配套工程设计

7.4 其他工程

7.4.1 用材竹林工程的给水工程应包括生活用水、生产用水和消防用水的供给。

9 设计文件组成

9.2 设计说明书

9.2.2 总设计说明书通用编制提纲应包括下列内容：
　　1 总论应包括下列内容：
　　　9）消防。

9.3 设计图纸与附件

9.3.6 防火工程设计图应包括生土防火隔离带断面图、生物防火林带植物配置图，以及瞭望塔基础部分平面图和剖面图、塔身剖面图。

32.《速生丰产用材林工程设计规范》GB/T 50921—2013

3 综合调查

3.0.7 综合调查应调查交通、供电、通信、给排水、防火设施、现有营造林设备、房屋等配套工程现状,并应调查配套工程现状对速生丰产用材林工程建设的负荷能力,以及配套工程更新、改造的可能性。

4 总平面图设计

4.2 总平面图设计

4.2.4 速生丰产用材林工程的交通运输路网、森林防火路网、生物防火隔离带网、森林防火林带网,应符合下列规定:
　　1 总平面图设计方案中连接管护用房、种子园、母树林、苗圃、防火瞭望塔、造林小班、造林地以及其他控制点的交通运输路网、森林防火路网、生物防火隔离带网、森林防火林带网,应统筹布设、相互协调。

6 森林保护工程设计

6.2 森林防火

6.2.1 森林防火工程设计应包括森林火险预测预报工程设计、火情瞭望监测工程设计、森林防火阻隔工程设计、林火信息和指挥工程设计等内容。

7 配套工程设计

7.1 一般规定

7.1.1 速生丰产用材林工程中的管护用房、种子园、母树林、苗圃和其他站点涉及的建筑工程,应根据其使用功能的技术要求和交通、消防、环保、安全、绿化等要求,并结合地形、地质、地貌和气象等自然条件,经技术经济比较后合理布置。

7.4 其他工程

7.4.1 速生丰产用材林工程的给水工程应包括生活用水、生产用水和消防用水的供给。

9 设计文件组成

9.2 设计说明书

9.2.2 总设计说明书通用编制提纲,应包括下列内容:
　　1 总论:
　　　9)消防。

9.3 设计图纸

9.3.6 防火工程设计图应包括森林火险预测预报站平面图、立面图;防火瞭望塔平面图、立面图;防火隔离带断面图、生物防火林带植物配置图;防火道路平面图和剖面图。

33.《国家森林公园设计规范》GB/T 51046—2014

7 保护工程设计

7.2 生物资源保护

7.2.1 生物资源保护设计应包括森林防火工程、林业有害生物防治工程设计等内容,并应符合下列规定:
  1 瞭望塔(台)、观测站等巡视瞭望工程的设置,应通视良好、视野宽阔、无盲区、控制范围广,其设置位置、结构形式、色彩和高度,均应与森林公园景观相协调。

9 基础设施工程设计

9.3 给水排水

9.3.1 森林公园给水工程应包括生活用水、景观用水、生产用水和消防用水的供给。

34.《城镇绿道工程技术标准》CJJ/T 304—2019

5 游径设计

5.1 一般规定

5.1.2 兼具消防、应急等功能的绿道游径应满足管理维护、消防、医疗、应急救助等机动车的通行要求。

7 驿站设计

7.1 一般规定

7.1.7 安全保障设施设置应符合下列规定：
    1 治安消防点、医疗急救点应结合驿站设置；
    2 当游人正常活动范围边缘临空高差大于1.0m时，应设置护栏，高度不应小于1.05m。

35.《防风固沙林工程设计规范》GB/T 51085—2015

4 总平面图设计

4.2 总平面图制图

4.2.3 防风固沙林工程的交通运输路网、森林防火路网、森林防火隔离带网、森林防火林带网等应符合下列规定：
    1 总平面图设计方案中，应包括连接种子园、母树林、苗圃、防火瞭望塔、造林地以及其他控制点的交通运输路网、森林防火路网、森林防火隔离带网、森林防火林带网，并应统筹布设、相互协调。

6 森林保护工程设计

6.2 森林防火

6.2.1 森林防火工程设计的主要内容应包括森林火险预测预报工程设计、火情瞭望监测工程设计、森林防火阻隔工程设计、林火信息和指挥工程设计等。

7 配套工程设计

7.1 一般规定

7.1.1 防风固沙林工程中的管护用房、种子园、母树林、苗圃和其他站点涉及的建筑工程，应根据其使用功能的技术要求和交通、消防、环保、安全、绿化等要求，结合地形、地质、气象等自然条件，经技术经济比较后布置。

7.4 其他工程

7.4.1 防风固沙林工程的给水工程应包括生活用水、生产用水和消防用水的供给。

5.6 粮食工程

36.《粮食平房仓设计规范》GB 50320—2014

1 总 则

1.0.6 粮食平房仓在平面及竖向布置方面与周围环境和设施的距离不得小于防火、卫生等有关标准规定的安全距离。

4 建筑设计

4.1 一般规定

4.1.3 平房仓储存物品的火灾危险性应为丙类,其占地面积及每个防火分区的最大允许建筑面积应符合表 4.1.3 的规定。平房仓防火分区之间应采用防火墙分隔,防火墙的耐火极限不得低于 4.00h。

表 4.1.3 平房仓占地面积及防火分区中最大允许建筑面积（m²）

耐火等级	每座平房仓最大允许占地面积和每个防火分区的最大允许建筑面积（m²）	
	每栋平房仓	防火分区
一、二级	12000	3000
三级	3000	1000

4.1.6 仓内各部位装修材料的燃烧性能应符合现行国家标准《建筑内部装修设计防火规范》GB 50222 的有关规定。墙面和地面不宜低于 B_1 级；顶棚不宜低于 B_1 级；吊顶材料的耐火极限与燃烧性能应符合现行国家标准《建筑设计防火规范》GB 50016 的有关规定。

4.1.7 平房仓平面尺寸及建筑高度应符合下列规定：

  5 包装平房仓主通道应满足工艺主作业要求,疏散通道宽度不宜小于 0.9m。

4.2 建筑设计及构造

4.2.6 门、窗、挡粮板、雨篷及外墙挑板设计应符合下列要求：

  2 每个廒间或每个防火分区大门的数量不应少于 2 个,且宜布置在仓房的两侧檐墙上。

7 消防设施

7.0.1 散装粮食平房仓内不应设消防给水设施,其他粮食平房仓内不宜设消防给水设施;仓外应设消防给水设施。

7.0.2 平房仓的消防用水量,应为最大一个防火分区的室外消火栓用水量。

7.0.3 平房仓应按现行国家标准《建筑灭火器配置设计规范》GB 50140 合理配置灭火器。当灭火器放置仓内有可能被粮食覆盖而无法使用时,灭火器可放置于仓外门口处。

7.0.4 散装平房仓可不设防排烟设施。

37.《粮食钢板筒仓设计规范》GB 50322—2011

1 总 则

1.0.4 粮食钢板筒仓结构的安全等级为二级,抗震设防类别应为丙类,耐火等级可按二级。

8 电 气

8.2 配电线路

8.2.1 配电线路的选择应符合下列规定:

　　3 粉尘爆炸性危险区域内配电线路的选择应符合现行国家标准《爆炸和火灾危险环境电力装置设计规范》GB 50058 的有关规定;

　　4 采用电缆桥架敷设时宜采用阻燃电缆,移动式电气设备线路应采用 YC 或 YCW 橡套电缆。

8.2.3 配电线路应采用下列敷设方式:

　　3 电气线路在穿越不同防爆或防火分区之间的墙体及楼板时,应采用非可燃性填料严密堵塞。

8.3 照明系统

8.3.3 粮食钢板筒仓应急照明的设置应符合现行国家标准《建筑设计防火规范》GB 50016 的有关规定。

9 消 防

9.0.2 封闭工作塔各层应设室内消火栓,消防给水宜采用临时高压给水系统,室内消防用水量可按 10L/s 计。

9.0.3 粮食钢板筒仓工作塔各层、筒下层应按现行国家标准《建筑灭火器配置设计规范》GB 50140 的有关规定配置灭火器。

9.0.4 严寒地区的室内消防给水系统可采用干式系统,系统最高点应设自动排气装置,并应有快速启动消防设备的措施。

9.0.5 粮食钢板筒仓的消防除应符合本规范的规定外,尚应符合现行国家标准《建筑设计防火规范》GB 50016 的有关规定。

5.7 石油天然气工程

38. 《石油天然气工程设计防火规范》GB 50183—2004

1 总 则

1.0.2 本规范适用于新建、扩建、改建的陆上油气田工程、管道站场工程和海洋油气田陆上终端工程的防火设计。

2 术 语

2.1 石油天然气及火灾危险性术语

2.1.1 油品 oil
系指原油、石油产品（汽油、煤油、柴油、石脑油等）、稳定轻烃和稳定凝析油。

2.1.2 原油 crude oil
油井采出的以烃类为主的液态混合物。

2.1.3 天然气凝液 natural gas liquids (NGL)
从天然气中回收的且未经稳定处理的液体烃类混合物的总称，一般包括乙烷、液化石油气和稳定轻烃成分。也称混合轻烃。

2.1.4 液化石油气 liquefied petroleum gas (LPG)
常温常压下为气态，经压缩或冷却后为液态的丙烷、丁烷及其混合物。

2.1.5 稳定轻烃 natural gasoline
从天然气凝液中提取的，以戊烷及更重的烃类为主要成分的油品，其终沸点不高于190℃，在规定的蒸汽压下，允许含有少量丁烷。也称天然汽油。

2.1.8 液化天然气 liquefied natural gas (LNG)
主要由甲烷组成的液态流体，并且包含少量的乙烷、丙烷、氮和其他成分。

2.3 油气生产设施术语

2.3.1 石油天然气站场 petroleum and gas station
具有石油天然气收集、净化处理、储运功能的站、库、厂、场、油气井的统称，简称油气站场或站场。

2.3.2 油品站场 oil station
具有原油收集、净化处理和储运功能的站场或天然汽油、稳定凝析油储运功能的站场以及具有成品油管输功能的站场。

2.3.3 天然气站场 natural gas station
具有天然气收集、输送、净化处理功能的站场。

2.3.4 液化石油气和天然气凝液站场 LPG and NGL station
具有液化石油气、天然气凝液和凝析油生产与储运功能的站场。

2.3.12 防火堤 dike
油罐组在油罐发生泄漏事故时防止油品外流的构筑物。

2.3.13 隔堤 dividing dike
为减少油罐发生少量泄漏（如冒顶）事故时的污染范围，而将一个油罐组的多个油罐分成若干分区的构筑物。

2.3.14 集中控制室 control center
站场中集中安装显示、打印、测控设备的房间。

2.3.15 仪表控制间 instrument control room
站场中各单元装置安装测控设备的房间。

2.3.17 天然气处理厂 natural gas treating plant
对天然气进行脱水、凝液回收和产品分馏的工厂。

2.3.18 天然气净化厂 natural gas conditioning plant
对天然气进行脱硫、脱水、硫磺回收、尾气处理的工厂。

3 基 本 规 定

3.1 石油天然气火灾危险性分类

3.1.1 石油天然气火灾危险性分类应符合下列规定：

1 石油天然气火灾危险性应按表3.1.1分类。

表3.1.1 石油天然气火灾危险性分类

类别		特 征
甲	A	37.8℃时蒸气压力＞200kPa的液态烃
	B	1. 闪点＜28℃的液体（甲A类和液化天然气除外） 2. 爆炸下限＜10%（体积百分比）的气体
乙	A	1. 闪点≥28℃至＜45℃的液体 2. 爆炸下限≥10%的气体
	B	闪点≥45℃至＜60℃的液体
丙	A	闪点≥60℃至≤120℃的液体
	B	闪点＞120℃的液体

2 操作温度超过其闪点的乙类液体应视为甲$_B$类液体。
3 操作温度超过其闪点的丙类液体应视为乙$_A$类液体。
注：石油天然气火灾危险性分类举例见附录A。

4 区 域 布 置

4.0.1 区域布置应根据石油天然气站场、相邻企业和设施的特点及火灾危险性，结合地形与风向等因素，合理布置。

4.0.4 石油天然气站场与周围居住区、相邻厂矿企业、交通线等的防火间距，不应小于表4.0.4的规定。

火炬的防火间距应经辐射热计算确定，对可能携带可燃液体的火炬的防火间距，尚不应小于表4.0.4的规定。

表4.0.4 石油天然气站场区域布置防火间距（m）

序号		1	2	3	4	5	6	7	8	9	10	11	12	13
					铁路		公路			架空电力线路		架空通信线路		
名称		100人以上的居住区、村镇、公共福利设施	100人以下的散居房屋	相邻厂矿企业	国家铁路线	工业企业铁路线	高速公路	其他公路	35kV及以上独立变电所	35kV及以上	35kV以下	国家Ⅰ、Ⅱ级	其他通信线路	爆炸作业场地(如采石场)
油品站场、天然气站场	一级	100	75	70	50	40	35	25	60	1.5倍杆高且不小于30m	1.5倍杆高	40	1.5倍杆高	300
	二级	80	60	60	45	35	30	20	50					
	三级	60	45	50	40	30	25	15	40			1.5倍杆高		
	四级	40	35	40	35	25	20	15	40					
	五级	30	30	30	30	20	20	10	30	1.5倍杆高				
液化石油气和天然气凝液站场	一级	120	90	120	60	55	40	30	80	40	1.5倍杆高	40	1.5倍杆高	300
	二级	100	75	100	60	50	40	30	80					
	三级	80	60	80	50	45	35	25	70					
	四级	60	50	60	50	40	35	25	60	1.5倍杆高且不小于30m				
	五级	50	45	50	40	35	30	20	50	1.5倍杆高				
可能携带可燃液体的火炬		120	120	120	80	80	80	60	120	80	80	80	60	300

注：1 表中数值系指石油天然气站场内甲、乙类储罐外壁与周围居住区、相邻厂矿企业、交通线等的防火间距，油气处理设备、装卸区、容器、厂房与序号1~8的防火间距可按本表减少25%。单罐容量小于或等于50m³的直埋卧式油罐与序号1~12的防火间距可减少50%，但不得小于15m（五级油品站场与其他公路的距离除外）。
2 油品站场当仅储存丙$_A$或丙$_A$和丙$_B$类油品时，序号1、2、3的距离可减少25%，当仅储存丙$_B$类油品时，可不受本表限制。
3 表中35kV及以上独立变电所系指变电所内单台变压器容量在10000kV·A及以上的变电所，小于10000kV·A的35kV变电所防火间距可按本表减少25%。
4 注1~注3所述折减不得迭加。
5 放空管可按本表中可能携带可燃液体的火炬间距减少50%。
6 当油罐区按本规范8.4.10规定采用烟雾灭火时，四级油品站场的油罐区与100人以上的居住区、村镇、公共福利设施的防火间距不应小于50m。
7 防火间距的起算点应按本规范附录B执行。

4.0.6 为钻井和采输服务的机修厂、管子站、供应站、运输站、仓库等辅助生产厂、站应按相邻厂矿企业确定防火间距。

4.0.7 油气井与周围建（构）筑物、设施的防火间距应按表4.0.7的规定执行，自喷油井应在一、二、三、四级石油天然气站场围墙以外。

表4.0.7 油气井与周围建（构）筑物、设施的防火间距（m）

名称		自喷油井、气井、注气井	机械采油井
一、二、三、四级石油天然气站场储罐及甲、乙类容器		40	20
100人以上的居住区、村镇、公共福利设施		45	25
相邻厂矿企业		40	20
铁路	国家铁路线	40	20
	工业企业铁路线	30	15
公路	高速公路	30	20
	其他公路	15	10

续表4.0.7

名称		自喷油井、气井、注气井	机械采油井
架空通信线	国家一、二级	40	20
	其他通信线	15	10
35kV及以上独立变电所		40	20
架空电力线	35kV以下	1.5倍杆高	
	35kV及以上		

注：1 当气井关井压力或注气井注气压力超过25MPa时，与100人以上的居住区、村镇、公共福利设施及相邻厂矿企业的防火间距，应按本表规定增加50%。
2 无自喷能力且井场没有储罐和工艺容器的油井按本表执行有困难时，防火间距可适当缩小，但应满足修井作业要求。

4.0.8 火炬和放空管宜位于石油天然气站场生产区最小频率风向的上风侧，且宜布置在站场外地势较高处。火炬和放空管与石油天然气站场的间距：火炬由本规范第5.2.1条确定；放空管放空量等于或小于$1.2×10^4 m^3/h$时，不应小于10m；放空量大于$1.2×10^4 m^3/h$且等于或小于$4×10^4 m^3/h$时，不应小于40m。

5 石油天然气站场总平面布置

5.1 一般规定

5.1.1 石油天然气站场总平面布置,应根据其生产工艺特点、火灾危险性等级、功能要求,结合地形、风向等条件,经技术经济比较确定。

5.1.2 石油天然气站场总平面布置应符合下列规定:

2 甲、乙类液体储罐,宜布置在站场地势较低处。当受条件限制或有特殊工艺要求时,可布置在地势较高处,但应采取有效的防止液体流散的措施。

3 当站场采用阶梯式竖向设计时,阶梯间应有防止泄漏可燃液体漫流的措施。

5.1.4 空气分离装置,应布置在空气清洁地段并位于散发油气、粉尘等场所全年最小频率风向的下风侧。

5.1.5 汽车运输油品、天然气凝液、液化石油气和硫磺的装卸车场及硫磺仓库等,应布置在站场的边缘,独立成区,并宜设单独的出入口。

5.1.7 一、二、三、四级石油天然气站场四周宜设不低于2.2m的非燃烧材料围墙或围栏。站场内变配电站(大于或等于35kV)应设不低于1.5m的围栏。

道路与围墙(栏)的间距不应小于1.5m;一、二、三级油气站场内甲、乙类设备、容器及生产建(构)筑物至围墙(栏)的间距不应小于5m。

5.1.8 石油天然气站场内的绿化,应符合下列规定:

4 液化石油气罐组防火堤或防护墙内严禁绿化。

5 站场内的绿化不应妨碍消防操作。

5.2 站场内部防火间距

5.2.1 一、二、三、四级石油天然气站场内总平面布置的防火间距除另有规定外,应不小于表5.2.1的规定。火炬的防火间距应经辐射热计算确定,对可能携带可燃液体的高架火炬还应满足表5.2.1的规定。

5.2.2 石油天然气站场内的甲、乙类工艺装置、联合工艺装置的防火间距,应符合下列规定:

1 装置与其外部的防火间距应按本规范表5.2.1中甲、乙类厂房和密闭工艺设备的规定执行。

2 装置间的防火间距应符合表5.2.2-1的规定。

3 装置内部的设备、建(构)筑物间的防火间距,应符合表5.2.2-2的规定。

5.2.3 五级石油天然气站场总平面布置的防火间距,不应小于表5.2.3的规定。

表 5.2.1 一、二、三、四级油气厂场总平面布置防火间距（m）

名 称		地上油罐单罐容量 (m³)								全压力式天然气凝液、液化石油气储罐单罐容量 (m³)				全冷冻式液化石油气储罐	天然气储罐总容量 (m³)		甲、乙类厂房和密闭工艺装置(设备)	有明火的密闭工艺设备及加热地点(含锅炉房)	有明火或散发火花地点(含锅炉房)	敞口容器和除油池 (m³)		全厂性重要设施	液化石油气灌装站	火车装卸鹤管	汽车装卸鹤管	码头装卸油管及泊位	辅助生产厂房及辅助生产设施	10kV及以下户外变压器
		甲B、乙类固定顶			浮顶或丙类固定顶						≤50	≤100	≤400	≤1000		≤10000	≤50000				≤30	>30							
		>10000	≤10000	≤1000	≤500或卧式罐	≥50000	≤50000	≤10000	≤1000	≤500或卧式罐																			
全压力式天然气凝液、液化石油气储罐单罐容量 (m³)	>1000	60	50	40	30	45	41	37	30	22																			
	≤1000	55	45	35	25	*	34	30	26	19				见6.6节															
	≤400	50	40	30	20	40	37	30	22	19																			
	≤100	40	30	25	20	35	30	22	19	15																			
	≤50	35	25	20	15	*	26	19	15	15																			
全冷冻式液化石油气储罐		30	30	20	20	30	30	30	30	30	30	30	30	30															
天然气储罐总容量 (m³)	≤10000	30	30	25	20	35	30	25	20	15	35	40	45	55	30															
	≤50000	35	35	30	25	40	35	30	25	20	45	50	55	65	40															
甲、乙类厂房和密闭工艺装置（设备）		25	20	15	15/12	25	20	15	15/12	15/12	30	40	50	60	50	25	30	20												
有明火的密闭工艺设备及加热炉		40	35	30	22	35	26	22	19	15	35	45	55	75	60	30	35	30/20	20											
有明火或散发火花地点（含锅炉房）		45	40	35	25	40	35	30	25	15	50	60	70	100	70	30	40	25/20	25/20	25										
敞口容器和除油池 (m³)	≤30	28	24	20	16	24	18	16	12	12	36	32	36	44	40	25	30	—	25	—										
	>30	35	30	25	22	35	26	22	20	20	50	40	45	55	45	20	25	20	30	25										
全厂性重要设施		40	35	30	22	40	30	22	22	20	55	45	55	85	70	25	30	25	35	—	25	30								
液化石油气灌装站		35	30	25	20	35	30	26	22	15	50	40	40	55	45	20	25	30	—	—	25	25	50							
火车装卸鹤管		30	25	20	15	30	25	20	15	12	45	30	40	55	50	15	20	20	35	30	20	20	30	30						
汽车装卸鹤管		25	20	15	15	25	22	15	15	15	40	35	40	45	40	20	25	15	15	—	20	25	25	25	20					
码头生产厂房及泊位		50	40	35	30	40	35	30	25	25	40	30	45	65	55	25	30	20	15	20	25	25	30	35	25	30				
辅助生产厂房及辅助生产设施		30	30	20	18	30	30	26	18	15	40	30	30	55	45	20	25	15	—	—	20	25	—	30	15	25	30			
10kV及以下户外变压器		30	25	20	15	30	25	20	15	15	40	25	30	55	50	20	25	20	—	—	25	20	25	35	20	25	30	20		
可燃气体分子量小于表示用A类，分母数字表示用B类、乙类物品		35	30	25	20	30	30	26	20	15	45	35	40	65	60	20	25	25	20	25	20	25	20	35	20	25	30	15		
仓库 液化石油气灌瓶、加压及其有关的附属生产设施、建、构筑物的高架火炬		30	25	20	15	30	30	25	18	15	35	25	30	50	30	15	20	15	—	15	15	20	15	30	15	20	30	15	25	
丙类物品		30	25	20	15	30	25	20	15	15	30	25	25	40	25	15	20	20	—	—	20	25	15	30	15	15	30	20	20	
可能携带可燃液体的高架火炬		90	90	90	90	90	90	90	90	90	90	90	90	90	90	90	90	90	60	90	90	90	90	90	90	90	90	90	90	90

注：
1 两个丙类液体生产设施之间的防火间距：
2 油田采出水处理设施内除油罐（沉降罐）与油罐的防火间距，可按甲B、乙类生产设施的防火间距减少25%。
3 缓冲罐与油处理装置（设备）、零位罐与零位罐泵房，污油罐与污水提升泵、塔与塔底泵、回流泵之间的防火间距不限。
4 全厂性重要设施包括：消防泵房和消防器材间、中央控制室、化验室、总变电所和35kV及以上的变电所、空压站和空分装置（或泵房）的防火间距，乙类厂房可按甲、乙类厂房的防火间距减少25%。
5 辅助生产厂房及辅助生产设施包括生产系统辅助及生产系统非防爆电气设备、自备电站、化验室、总变电所和厂办公室、压缩机与其直接相关的附属设备、泵与密封油回收容器的防火间距不限。
6 天然气污水处理设施的防火间距按本标准体积计算，大于5000m³时，防火间距不得折减。
7 可能携带可燃液体的高架火炬按液化石油气火炬设计。
8 表中数字分子表示用A类，分母数字表示用B类、乙类物品，加压及其有关的附属生产设施、建、构筑物的高架火炬
9 液化石油气灌装站系指进行液化石油气灌瓶、加压及其有关的附属生产设施、建、构筑物的高架火炬
10 事故存液池、可按敞口容器和除油池的防火间距执行
11 表中"—"表示敞口容器和除油池之间的防火间距，或表示本规范未规定或表示防火间距按《建筑设计防火规范》的规定或现行国家标准执行；表中"*"表示本规范未涉及的内容。

表 5.2.2-1 装置间的防火间距（m）

火灾危险类别	甲$_A$类	甲$_B$、乙$_A$类	乙$_B$、丙类
甲$_A$类	25		
甲$_B$、乙$_A$类	20	20	
乙$_B$、丙类	15	15	10

注：表中数字为装置相邻面工艺设备或建（构）筑物的净距，工艺装置与工艺装置的明火加热炉相邻布置时，其防火间距应按与明火的防火间距确定。

表 5.2.2-2 装置内部的防火间距（m）

名称		明火或散发火花的设备或场所	仪表控制间、10kV及以下的变配电室、化验室、办公室	可燃气体压缩机或其厂房	中间储罐		
					甲$_A$类	甲$_B$、乙$_A$类	乙$_B$、丙类
仪表控制间、10kV及以下的变配电室、化验室、办公室		15					
可燃气体压缩机或其厂房		15	15				
其他工艺设备及厂房	甲$_A$类	22.5	15	9	9	9	7.5
	甲$_B$、乙$_A$类	15	15	9	9	9	7.5
	乙$_B$、丙类	9	9	7.5	7.5	7.5	
中间储罐	甲$_A$类	22.5	22.5	15			
	甲$_B$、乙$_A$类	15	15	9			
	乙$_B$、丙类	9	9	7.5			

注：1 由燃气轮机或天然气发动机直接拖动的天然气压缩机对明火或散发火花的设备或场所、仪表控制间等的防火间距按本表可燃气体压缩机或其厂房确定；对其他工艺设备及厂房、中间储罐的防火间距按本表明火或散发火花的设备或场所确定。
2 加热炉与分离器组成的合一设备、三甘醇火焰加热再生釜、溶液脱硫的直接火焰加热重沸器等带有直接火焰加热的设备，应按明火或散发火花的设备或场所确定防火间距。
3 克劳斯硫磺回收工艺的燃烧炉、再热炉、在线燃烧器等正压燃烧炉，其防火间距按其他工艺设备和厂房确定。
4 表中的中间储罐的总容量：全压力式天然气凝液、液化石油气储罐应小于或等于100m³；甲$_B$、乙类液体储罐应小于或等于1000m³。当单个全压力式天然气凝液、液化石油气储罐小于50m³、甲$_B$、乙类液体储罐小于100m³时，可按其他工艺设备对待。
5 含可燃液体的水池、隔油池等，可按本表其他工艺设备对待。
6 缓冲罐与泵，零位罐与泵，除油池与污油提升泵，塔与塔底泵、回流泵，压缩机与其直接相关的附属设备，泵与密封漏油回收容器的防火间距可不受本表限制。

表 5.2.3 五级油气站场防火间距（m）

名称	油气井	露天油气密闭设备及阀组	可燃气体压缩机及压缩机房	天然气凝液泵、油泵及其泵房、阀组间	水套炉	加热炉、锅炉房	10kV及以下户外变压器、配电间	隔油池、事故污油池（罐）、卸油池（m³）		≤500m³油罐（除甲$_A$类外）及装卸车鹤管	天然气凝液、液化石油气储罐（m³）			计量仪表间、值班室或配水间	辅助生产厂房及辅助生产设施	硫磺仓库
								≤30	>30		单罐且罐容量<50时	总容量≤100	100<总容量≤200，单罐容量≤100			
油气井																
露天油气密闭设备及阀组	5															
可燃气体压缩机及压缩机房	20															
天然气凝液泵、油泵及其泵房、阀组间	20															
水套炉	9	5	15	15/10												
加热炉、锅炉房	20	10	15	22.5/15												
10kV及以下户外变压器、配电间	15	10	12	22.5/15	—											
隔油池、事故污油池（罐）、卸油池（m³） ≤30	20	—	9	—	15	15	15									
>30		12	15	15	22.5	22.5	15									
≤500m³油罐（除甲$_A$类外）及装卸车鹤管	15	10	15	10	15	20	15	15	15							

续表 5.2.3

名　称		油气井	露天油气密闭设备及阀组	可燃气体压缩机及压缩机房	天然气凝液泵、油泵及其泵及阀组间	水套炉	加热炉、锅炉房	10kV及以下户外变压器、配电间	隔油池、事故污油池(罐)、卸油池	≤500m³油罐(除甲A类外)及装卸车鹤管	天然气凝液、液化石油气储罐(m³)			计量仪表间、值班室或配水间	辅助生产厂房及辅助生产设施	硫磺仓库
											单罐且罐容量≤50时	总容量≤100	100<总容量≤200,单罐容量≤100			
天然气凝液、液化石油气储罐(m³)	单罐且罐容量<50时	*	—	9	—	22.5	22.5	15	15	30	25					
	总容量≤100	*		10	15	10	30	30	22.5	15	30	25					
	100<总容量≤200, 单罐容量≤100	*		30	30	30	40	40	40	30	30	30					
计量仪表间、值班室或配水间		9	5	10	10	10	10	10	10	15	22.5	22.5	40			
辅助生产厂房及辅助生产设施		20	12	15	15/10	—	—	15	22.5	15	22.5	30	40	—		
硫磺仓库		15	10	15	15	15	15	15	15	15				10	15	
污水池		5	5	5	5	5	5	5	5	5		*		10	10	5

注：1 油罐与装车鹤管之间的防火间距，当采用自流装车时不受本表的限制，当采用压力装车时不应小于15m。
2 加热炉与分离器组成的合一设备、三甘醇火焰加热再生釜、溶液脱硫的直接火焰加热再沸器等带有直接火焰加热的设备，应按水套炉确定防火间距。
3 克劳斯硫磺回收工艺的燃烧炉、再热炉、在线燃烧炉等正压燃烧炉，其防火间距可按露天油气密闭设备确定。
4 35kV及以上的变配电所应按本规范表5.2.1的规定执行。
5 辅助生产厂房系指发电机房及使用非防爆电气的厂房和设施，如：站内的维修间、化验间、工具间、供注水泵房、办公室、会议室、仪表控制间、药剂泵房、掺水泵房及掺水计量间、注汽设备、库房、空压机房、循环水泵房、空冷装置、污水泵房、卸药台等。
6 计量仪表间系指油气井分井计量用计量仪表间。
7 缓冲罐与泵、零位罐与泵、除油池与污油提升泵、压缩机与直接相关的附属设备、泵与密封漏油回收容器的防火间距不限。
8 表中数字分子表示甲A类，分母表示甲B、乙类设施的防火间距。
9 油田采出水处理设施内除油罐（沉降罐）、污油罐的防火间距（油气井外）可按≤500m³油罐及装卸车鹤管的间距减少25%，污油泵（或泵房）的防火间距可按油泵房间距减少25%，但不应小于9m。
10 表中"—"表示设施之间的防火间距应符合现行国家标准《建筑设计防火规范》的规定或者设施间距仅需满足安装、操作及维修要求；表中"*"表示本规范未涉及的内容。

5.2.4 五级油品站场和天然气站场值班休息室（宿舍、厨房、餐厅）距甲、乙类油品储罐不应小于30m，距甲、乙类工艺设备、容器、厂房、汽车装卸设施不应小于22.5m；当值班休息室朝向甲、乙类工艺设备、容器、厂房、汽车装卸设施的墙壁为耐火等级不低于二级的防火墙时，防火间距可减小（储罐除外），但不应小于15m，并应方便人员在紧急情况下安全疏散。

5.2.5 天然气密闭隔氧水罐和天然气放空管排放口与明火或散发火花地点的防火间距不应小于25m，与非防爆厂房之间的防火间距不应小于12m。

5.2.6 加热炉附属的燃料气分液包、燃料气加热器等与加热炉的防火距离不限；燃料气分液包采用开式排放时，排放口距加热炉的防火间距不应小于15m。

5.3 站场内部道路

5.3.1 一、二、三级油气站场，至少应有两个通向外部道路的出入口。

5.3.2 油气站场内消防车道布置应符合下列要求：

1 油气站场储罐组宜设环形消防车道。四、五级油气站场或受地形等条件限制的一、二、三级油气站场内的油罐组，可设有回车场的尽头式消防车道，回车场的面积应按当地所配消防车辆车型确定，但不宜小于15m×15m。

2 储罐组消防车道与防火堤的外坡脚线之间的距离不应小于3m。储罐中心与最近的消防车道之间的距离不应大于80m。

3 铁路装卸设施应设消防车道，消防车道应与站场内道路构成环形，受条件限制的，可设有回车场的尽头车道，消防车道与装卸栈桥的距离不应大于80m且不应小于15m。

4 消防车道的净空高度不应小于5m；一、二、三级油气站场消防车道转弯半径不应小于12m，纵向坡度不宜大于8%。

5 消防车道与站场内铁路平面相交时，交叉点应在铁路机车停车界限之外；平交的角度宜为90°，困难时，不应小于45°。

5.3.3 一级站场内消防车道的路面宽度不宜小于6m，若为单车道时，应有往返车辆错车通行的措施。

5.3.4 当道路高出附近地面2.5m以上，且在距道路边缘15m范围内有工艺装置或可燃气体、可燃液体储罐及管道时，应在该段道路的边缘设护墩、矮墙等防护设施。

6 石油天然气站场生产设施

6.1 一般规定

6.1.3 仪表控制间设置非防爆仪表及电气设备时，应符合下列要求：

3 当与甲、乙类生产厂房毗邻时，应采用无门窗洞口的防火墙隔开。当必须在防火墙上开窗时，应设固定甲级防火窗。

6.1.6 天然气凝液和液化石油气厂房、可燃气体压缩机厂房和其他建筑面积大于或等于150m²的甲类火灾危险性厂房内，应设可燃气体检测报警装置。天然气凝液和液化石油气罐区、天然气凝液和凝析油回收装置的工艺设备区应设可燃气体检测报警装置。其他露天或棚式布置的甲类生产设施可不设可燃气体检测报警装置。

6.1.7 甲、乙类油品储罐、容器、工艺设备和甲、乙类地面管道当需要保温时，应采用非燃烧保温材料；低温保冷可采用泡沫塑料，但其保护层外壳应采用不燃烧材料。

6.1.8 甲、乙类油品储罐、容器、工艺设备的基础；甲、乙类地面管道的支、吊架和基础应采用非燃烧材料，但储罐底板垫层可采用沥青砂。

6.2 油气处理及增压设施

6.2.1 加热炉或锅炉燃料油的供油系统应符合下列要求：

1 燃料油泵和被加热的油气进、出口阀不应布置在烧火间内；当燃料油泵与烧火间毗邻布置时，应设防火墙。

2 当燃料油储罐总容积不大于 $20m^3$ 时，与加热炉的防火间距不应小于8m；当大于 $20m^3$ 至 $30m^3$ 时，不应小于15m。燃料油储罐与燃料油泵的间距不限。

加热炉烧火口或防爆门不应直接朝向燃料油储罐。

6.2.4 甲、乙类油品泵宜露天或棚式布置。若在室内布置时，应符合下列要求：

1 液化石油气泵和天然气凝液泵超过2台时，与甲、乙类油品泵应分别布置在不同的房间内，各房间之间的隔墙应为防火墙。

6.2.5 电动往复泵、齿轮泵或螺杆泵的出口管道上应设安全阀；安全阀放空管应接至泵入口管道上，并宜设事故停车联锁装置。

6.2.6 甲、乙类油品离心泵，天然气压缩机在停电、停气或操作不正常工作情况下，介质倒流有可能造成事故时，应在出口管道上安装止回阀。

6.2.7 负压原油稳定装置的负压系统应有防止空气进入系统的措施。

6.3 天然气处理及增压设施

6.3.2 油气站场内，当使用内燃机驱动泵和天然气压缩机时，应符合下列要求：

1 内燃机排气管应有隔热层，出口处应设防火罩。当排气管穿过屋顶时，其管口应高出屋顶2m；当穿过侧墙时，排气方向应避开散发油气或有爆炸危险的场所。

2 内燃机的燃料油储罐宜露天设置。内燃机供油管道不应架空引至内燃机油箱。在靠近燃料油储罐出口和内燃机油箱进口处应分别设切断阀。

6.3.3 明火设备（不包括硫磺回收装置的主燃烧炉、再热炉等正压燃烧设备）应尽量靠近装置边缘集中布置，并应位于散发可燃气体的容器、机泵和其他设备的年最小频率风向的下风侧。

6.3.11 液体硫磺储罐四周应设闭合的不燃烧材料防护墙，墙高应为1m。墙内容积不应小于一个最大液体硫磺储罐的容量；墙内侧至罐的净距不宜小于2m。

6.3.12 液体硫磺储罐与硫磺成型厂房之间应设有消防通道。

6.3.13 固体硫磺仓库的设计应符合下列要求：

2 每座仓库的总面积不应超过 $2000m^2$，且仓库内应设防火墙隔开，防火墙间的面积不应超过 $500m^2$。

3 仓库可与硫磺成型厂房毗邻布置，但必须设置防火隔墙。

6.4 油田采出水处理设施

6.4.2 采用天然气密封工艺的采出水处理设施，区域布置应按四级站场确定防火间距。其他采出水处理设施区域布置应按五级站场确定防火间距。

6.4.8 采用天然气密封的罐应满足下列规定：

1 罐顶必须设置液压安全阀，同时配备阻火器。

2 罐顶部透光孔不得采用活动盖板，气体置换孔必须加设阀门。

3 储罐应设高、低液位报警和液位显示装置，并将报警及液位显示信号传至值班室。

4 罐上经常与大气相通的管道应设阻火器及水封装置，水封高度应根据密闭系统工作压力确定，不得小于250mm。水封装置应有补水设施。

5 多座水罐共用一条干管调压时，每座罐的支管上应设截断阀和阻火器。

6.5 油罐区

6.5.3 稳定原油、甲$_B$、乙$_A$类油品储罐宜采用浮顶油罐。不稳定原油用的作业罐应采用固定顶油罐。稳定轻烃可根据相关标准的要求，选用内浮顶罐或压力储罐。钢油罐建造应符合国家现行油罐设计规范的要求。

6.5.4 油罐组内的油罐总容量应符合下列规定：

1 固定顶油罐组不应大于 $120000m^3$。

2 浮顶油罐组不应大于 $600000m^3$。

6.5.5 油罐组内的油罐数量应符合下列要求：

1 当单罐容量不小于 $1000m^3$ 时，不应多于12座。

2 当单罐容量小于 $1000m^3$ 或者仅储存丙$_B$类油品时，数量不限。

6.5.6 地上油罐组内的布置应符合下列规定：

1 油罐不应超过两排，但单罐容量小于 $1000m^3$ 的储存丙$_B$类油品的储罐不应超过4排。

2 立式油罐排与排之间的防火距离，不应小于5m，卧式油罐的排与排之间的防火距离，不应小于3m。

6.5.7 油罐之间的防火距离不应小于表6.5.7的规定。

表 6.5.7 油罐之间的防火距离

油品类别		固定顶油罐	浮顶油罐	卧式油罐
甲、乙类		$1000m^3$ 以上的罐：0.6D $1000m^3$ 及以下的罐，当采用固定式消防冷却时：0.6D，采用移动式消防冷却时：0.75D	0.4D	0.8m
丙类	A	0.4D	—	0.8m
	B	>$1000m^3$ 的罐：5m ≤$1000m^3$ 的罐：2m	—	

注：1 浅盘式和浮舱用易熔材料制作的内浮顶油罐按固定顶油罐确定罐间距。

2 表中 D 为相邻较大罐的直径，单罐容积大于 $1000m^3$ 的油罐取直径或高度的较大值。

3 储存不同油品的油罐、不同型式的油罐之间的防火间距，应采用较大值。

4 高架（位）罐的防火距离，不应小于0.6m。

5 单罐容量不大于 $300m^3$，罐组总容量不大于 $1500m^3$ 的立式油罐间距，可按施工和操作要求确定。

6 丙$_A$类油品固定顶油罐之间的防火距离按 0.4D 计算大于 15m 时，最小可取 15m。

6.5.8 地上立式油罐组应设防火堤，位于丘陵地区的油罐组，当有可利用地形条件设置导油沟和事故存油池时可不设防火堤。卧式油罐组应设防护墙。

6.5.9 油罐组防火堤应符合下列规定：

    1 防火堤应是闭合的，能够承受所容纳油品的静压力和地震引起的破坏力，保证其坚固和稳定。

    2 防火堤应使用不燃烧材料建造，首选土堤，当土源有困难时，可用砖石、钢筋混凝土等不燃烧材料砌筑，但内侧应培土或涂抹有效的防火涂料。土筑防火堤的堤顶宽度不小于0.5m。

    3 立式油罐组防火堤的计算高度应保证堤内的有效容积需要。防火堤实际高度应比计算高度高出0.2m。防火堤实际高度不应低于1.0m，且不应高于2.2m（均以防火堤外侧路面或地坪算起）。卧式油罐组围堰高度不应低于0.5m。

    4 管道穿越防火堤处，应采用非燃烧材料封实。严禁在防火堤上开孔留洞。

    7 油罐组防火堤上的人行踏步不应少于两处，且应处于不同方位。隔堤均应设置人行踏步。

6.5.10 地上立式油罐的罐壁至防火堤内坡脚线的距离，不应小于罐壁高度的一半。卧式油罐的罐壁至围堰内坡脚线的距离，不应小于3m。建在山边的油罐，靠山的一面，罐壁至挖坡坡脚线距离不得小于3m。

6.5.11 防火堤内有效容量，应符合下列规定：

    1 对固定顶油罐组，不应小于储罐组内最大一个储罐有效容量。

    2 对浮顶油罐组，不应小于储罐组内一个最大罐有效容量的一半。

    3 当固定顶和浮顶油罐布置在同一油罐组内，防火堤内有效容量应取上两款规定的较大者。

6.5.12 立式油罐罐组内隔堤的设置，应符合国家现行防火堤设计规范的规定。

6.5.13 事故存液池的设置，应符合下列规定：

    1 设有事故存液池的油罐或罐组四周应设导油沟，使溢漏油品能顺利地流出罐并自流入事故存液池内。

    2 事故存液池距离储罐不应小于30m。

    3 事故存液池和导油沟距离明火地点不应小于30m。

    4 事故存液池应有排水设施。

    5 事故存液池的容量应符合6.5.11条的规定。

6.5.14 五级站内，小于等于500m³的丙类油罐，可不设防火堤，但应设高度不低于1.0m的防护墙。

6.5.15 油罐组之间应设置宽度不小于4m的消防车道。受地形条件限制时，两个罐组防火堤外侧坡脚线之间应留有不小于7m的空地。

6.6 天然气凝液及液化石油气罐区

6.6.1 天然气凝液和液化石油气罐区宜布置在站场常年最小频率风向的上风侧，并应避开不良通风或窝风地段。天然气凝液储罐和全压力式液化石油气储罐周围宜设置高度不低于0.6m的不燃烧体防护墙。在地广人稀地区，当条件允许时，可不设防护墙，但应有必要的导流设施，将泄漏的液化石油气集中引导到站外安全处。全冷冻式液化石油气储罐周围应设置防火堤。

6.6.2 天然气凝液和液化石油气储罐成组布置时，天然气凝液和全压力式液化石油气储罐或全冷冻式液化石油气储罐组内的储罐不应超过两排，罐组周围应设环行消防车道。

6.6.3 天然气凝液和全压力式液化石油气储罐组内的储罐个数不应超过12个，总容积不应超过20000m³；全冷冻式液化石油气储罐组内的储罐个数不应超过2个。

6.6.4 天然气凝液和全压力式液化石油气储罐组内的储罐总容量大于6000m³时，罐组内应设隔墙，单罐容量等于或大于5000m³时应每个罐一隔，隔墙高度应低于防护墙0.2m。全冷冻式液化石油气储罐组内储罐应设隔堤，且每个罐一隔，隔堤高度应低于防火堤0.2m。

6.6.5 不同储存方式的液化石油气储罐不得布置在同一个储罐组内。

6.6.6 成组布置的天然气凝液和液化石油气储罐到防火堤（或防护墙）的距离应满足如下要求：

    1 全压力式球罐到防护墙的距离应为储罐直径的一半，卧式储罐到防护墙的距离不应小于3m。

    2 全冷冻式液化石油气储罐至防火堤内堤脚线的距离，应为储罐高度与防火堤高度之差，防火堤内有效容积应为一个最大储罐的容量。

6.6.7 防护墙、防火堤及隔堤应采用不燃烧实体结构，并应能承受所容纳液体的静压及温度的影响。在防火堤或防护墙的不同方位上应设置不少于两处的人行踏步或台阶。

6.6.8 成组布置的天然气凝液和液化石油气罐区，相邻组与组之间的防火距离（罐壁至罐壁）不应小于20m。

6.6.9 天然气凝液和液化石油气储罐组储罐之间的防火距离应不小于表6.6.9的规定。

表6.6.9 储罐组内储罐之间的防火间距

防火间距 介质类别	全压力式储罐		全冷冻式储罐
	球罐	卧罐	
天然气凝液或液化石油气	1.0D	1.0D且不宜大于1.5m。两排卧罐的间距，不应小于3m	
液化石油气			0.5D

注：1 D为相邻较大罐直径。

    2 不同型式储罐之间的防火距离，应采用较大值。

6.6.10 防火堤或防护墙内地面应有由储罐基脚线向防火堤或防护墙方向的不小于1%的排水坡度，排水出口应设有可控制开启的设施。

6.6.11 天然气凝液及液化石油气罐区内应设可燃气体检测报警装置,并在四周设置手动报警按钮,探测和报警信号引入值班室。

6.6.19 压力储存的稳定轻烃储罐与全压力式液化石油气储罐同组布置时,其防火间距不应小于本规范第6.6.9条的规定。

6.7 装卸设施

6.7.1 油品的铁路装卸设施应符合下列要求:

1 装卸栈桥两端和沿栈桥每隔60~80m,应设安全斜梯。

2 顶部敞口装车的甲$_B$、乙类油品,应采用液下装车鹤管。

3 装卸泵房至铁路装卸线的距离,不应小于8m。

4 在距装车栈桥边缘10m以外的油品输入管道上,应设便于操作的紧急切断阀。

5 零位油罐不应采用敞口容器,零位罐至铁路装卸线距离,不应小于6m。

6.7.2 油品铁路装卸栈桥至站场内其他铁路、道路间距应符合下列要求:

1 至其他铁路线不应小于20m。

2 至主要道路不应小于15m。

6.7.3 油品的汽车装卸站,应符合下列要求:

1 装卸站的进出口,宜分开设置;当进、出口合用时,站内应设回车场。

3 装卸车鹤管之间的距离,不应小于4m;装卸车鹤管与缓冲罐之间的距离,不应小于5m。

4 甲$_B$、乙类液体的装卸车,严禁采用明沟(槽)卸车系统。

5 在距装卸鹤管10m以外的装卸管道上,应设便于操作的紧急切断阀。

6 甲$_B$、乙类油品装卸鹤管(受油口)与相邻生产设施的防火间距,应符合表6.7.3的规定。

表6.7.3 鹤管与相邻生产设施之间的防火距离(m)

生产设施	装卸油泵房	生产厂房及密闭工艺设备		
		液化石油气	甲$_B$、乙类	丙类
甲$_B$、乙类油品装卸鹤管	8	25	15	10

6.7.4 液化石油气铁路和汽车的装卸设施,应符合下列要求:

2 罐车装车过程中,排气管宜采用气相平衡式,也可接至低压燃料气或火炬放空系统,不得就地排放。

3 汽车装卸鹤管之间的距离不应小于4m。

4 汽车装卸车场应采用现浇混凝土地面。

5 铁路装卸设施尚应符合本规范第6.7.1条第1、4款和第6.7.2条的规定。

6.7.5 液化石油气灌装站的灌瓶间和瓶库,应符合下列要求:

1 液化石油气的灌瓶间和瓶库,宜为敞开式或半敞开式建筑物;当为封闭式或半敞开式建筑物时,应采取通风措施。

2 灌瓶间、倒瓶间、泵房的地沟不应与其他房间连通;其通风管道应单独设置。

3 灌瓶间和储瓶库的地面,应采用不发生火花的表层。

4 实瓶不得露天存放。

5 液化石油气缓冲罐与灌瓶间的距离,不应小于10m。

6 残液必须密闭回收,严禁就地排放。

8 灌瓶间与储瓶库的室内地面,应比室外地坪高0.6m。

9 灌装站应设非燃烧材料建造的,高度不低于2.5m的实体围墙。

6.7.7 液化石油气灌装站的厂房与其所属的配电间、仪表控制间的防火间距不宜小于15m。若毗邻布置时,应采用无门窗洞口防火墙隔开;当必须在防火墙上开窗时,应设甲级耐火材料的密封固定窗。

6.7.9 液化石油气灌装站内储罐与有关设施的防火间距,不应小于表6.7.9的规定。

表6.7.9 灌装站内储罐与有关设施的防火间距(m)

设施名称 \ 单罐容量(m³)	≤50	≤100	≤400	≤1000	>1000
压缩机房、灌瓶间、倒残液间	20	25	30	40	50
汽车槽车装卸接头	20	25	30	30	40
仪表控制间、10kV及以下变配电间	20	25	30	40	50

注:液化石油气储罐与其泵房的防火间距不应小于15m,露天及棚式布置的泵不受此限制,但宜布置在防护墙外。

6.8 泄压和放空设施

6.8.7 火炬设置应符合下列要求:

1 火炬的高度,应经辐射热计算确定,确保火炬下部及周围人员和设备的安全。

3 应有防止回火的措施。

4 火炬应有可靠的点火设施。

5 距火炬筒30m范围内,严禁可燃气体放空。

6 液体、低热值可燃气体、空气和惰性气体,不得排入火炬系统。

6.8.8 可燃气体放空应符合下列要求:

1 可能存在点火源的区域内不应形成爆炸性气体混合物。

4 连续排放的可燃气体排气筒或放空管口,应高出20m范围内的平台或建筑物顶2.0m以上。对位于20m以外的平台或建筑物顶,应满足图6.8.8的要求,并应高出所在地面5m。

5 间歇排放的可燃气体排气筒顶或放空管口,应高出10m范围内的平台或建筑物顶2.0m以上。对位于10m以外的平台或建筑物顶,应满足图6.8.8的要求,并应高出所在地面5m。

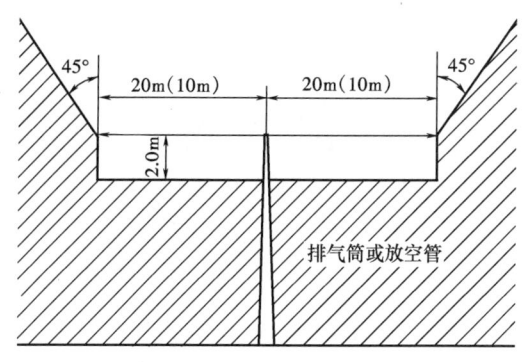

图 6.8.8 可燃气体排气筒顶或
放空管允许最低高度示意图
注：阴影部分为平台或建筑物的设置范围

6.9 建（构）筑物

6.9.1 生产和储存甲、乙类物品的建（构）筑物耐火等级不宜低于二级，生产和储存丙类物品的建（构）筑物耐火等级不宜低于三级。当甲、乙类火灾危险性的厂房采用轻质钢结构时，应符合下列要求：

1 所有的建筑构件必须采用非燃烧材料。

3 与其他厂房的防火间距应按现行国家标准《建筑设计防火规范》GBJ 16 中的三级耐火等级的建筑物确定。

6.9.2 散发油气的生产设备，宜为露天布置或棚式建筑内布置。甲、乙类火灾危险性生产厂房泄压面积、泄压措施应按现行国家标准《建筑设计防火规范》GBJ 16 的有关规定执行。

6.9.3 当不同火灾危险性类别的房间布置在同一栋建筑物内时，其隔墙应采用非燃烧材料的实体墙。天然气压缩机房或油泵房宜布置在建筑物的一端，将人员集中的房间布置在火灾危险性较小的一端。

6.9.4 甲、乙类火灾危险性生产厂房应设向外开启的门，且不宜少于两个，其中一个应能满足最大设备（或拆开最大部件）的进出要求，建筑面积小于或等于 100m² 时，可设一个向外开启的门。

6.9.5 变、配电所不应与有爆炸危险的甲、乙类厂房毗邻布置。但供上述甲、乙类生产厂房专用的 10kV 及以下的变、配电间，当采用无门窗洞口防火墙隔开时，可毗邻布置。当必须在防火墙上开窗时，应设非燃烧材料的固定甲级防火窗。变压器与配电间之间应设防火墙。

6.9.7 火车、汽车装卸油栈台、操作平台均应采用非燃烧材料建造。

6.9.8 立式圆筒油品加热炉、液化石油气和天然气凝液储罐的钢柱、梁、支撑，塔的框架钢支柱，罐组砖、石、钢筋混凝土防火堤无培土的内侧和顶部，均应涂抹保护层，其耐火极限不应小于 2h。

7 油气田内部集输管道

7.1 一般规定

7.1.5 集输管道与架空输电线路平行敷设时，安全距离应符合下列要求：

1 管道埋地敷设时，安全距离不应小于表 7.1.5 的规定。

表 7.1.5 埋地集输管道与架空输电线路安全距离

名　　称	3kV 以下	3～10kV	35～66kV	110kV	220kV
开阔地区	最高杆（塔）高				
路径受限制地区（m）	1.5	2.0	4.0	4.0	5.0

注：1 表中距离为边导线至管道任何部分的水平距离。
　　2 对路径受限制地区的最小水平距离的要求，应计及架空电力线路导线的最大风偏。

2 当管道地面敷设时，其间距不应小于本段最高杆（塔）高度。

7.2 原油、天然气凝液集输管道

7.2.1 油田内部埋地敷设的原油、稳定轻烃、20℃时饱和蒸气压力小于 0.1MPa 的天然气凝液、压力小于或等于 0.6MPa 的油田气集输管道与居民区、村镇、公共福利设施、工矿企业等的距离不宜小于 10m。当管道局部管段不能满足上述距离要求时，可降低设计系数，提高局部管道的设计强度，将距离缩短到 5m；地面敷设的上述管道与相应建（构）筑物的距离应增加 50%。

7.2.2 20℃时饱和蒸气压力大于或等于 0.1MPa、管径小于或等于 DN200 的埋地天然气凝液管道，应按现行国家标准《输油管道工程设计规范》GB 50253 中的液态液化石油气管道确定强度设计系数。管道同地面建（构）筑物的最小间距应符合下列规定：

1 与居民区、村镇、重要公共建筑物不应小于 30m；一般建（构）筑物不应小于 10m。

2 与高速公路和一、二级公路平行敷设时，其管道中心线距公路用地范围边界不应小于 10m，三级及以下公路不宜小于 5m。

3 与铁路平行敷设时，管道中心线距铁路中心线的距离不应小于 10m，并应满足本规范第 7.1.6 条的要求。

8 消防设施

8.1 一般规定

8.1.1 石油天然气站场消防设施的设置，应根据其规模、油品性质、存储方式、存储容量、存储温度、火灾危险性及所在区域消防站布局、消防站装备情况及外部协作条件等综合因素确定。

8.1.3 火灾自动报警系统的设计，应按现行国家标准《火灾自动报警系统设计规范》GB 50116 执行。当选用闭式喷头的传动管传递火灾信号时，传动管的长度不应大于 300m，公称直径宜为 15～25mm，传动管上闭式喷头的布置间距不宜大于 2.5m。

8.1.5 固定和半固定消防系统中的设备及材料应符合下列规定：

1 应选用消防专用设备。

2 油罐防火堤内冷却水和泡沫混合液管道宜采用热镀锌钢管。油罐上泡沫混合液管道设计应采取防爆炸破坏的措施。

8.1.6 钢制单盘式和双盘式内浮顶油罐的消防设施应按浮顶油罐确定,浅盘式内浮顶和浮盘用易熔材料制作的内浮顶油罐消防设施应按固定顶油罐确定。

8.2 消防站

8.2.1 消防站及消防车的设置应符合下列规定:

1 油气田消防站应根据区域规划设置,并应结合油气站场火灾危险性大小、邻近的消防协作条件和所处地理环境划分责任区。一、二、三级油气站场集中地区应设置等级不低于二级的消防站。

2 油气田三级及以上油气站场内设置固定消防系统时,可不设消防站,如果邻近消防协作力量不能在30min内到达(在人烟稀少、条件困难地区,邻近消防协作力量的到达时间可酌情延长,但不得超过消防冷却水连续供给时间),可按下列要求设置消防车:

　　1) 油田三级及以上的油气站场应配2台单车泡沫罐容量不小于3000L的消防车。

　　2) 气田三级天然气净化厂配2台重型消防车。

3 输油管道及油田储运工程的站场设置固定消防系统时,可不设消防站,如果邻近消防协作力量不能在30min内到达,可按下列要求设置消防车或消防站:

　　1) 油品储罐总容量等于或大于50000m³的二级站场中,固定顶罐单罐容量不小于5000m³或浮顶罐单罐容量不小于20000m³时,应配备1辆泡沫消防车。

　　2) 油品储罐总容量大于或等于100000m³的一级站场中,固定顶罐单罐容量不小于5000m³或浮顶油罐单罐容量不小于20000m³时,应配备2台泡沫消防车。

　　3) 油品储罐总容量大于600000m³的站场应设消防站。

5 油田三级油气站场未设置固定消防系统时,如果邻近消防协作力量不能在30min内到达,应设三级消防站或配备1台单车泡沫罐容量不小于3000L的消防车及2台重型水罐消防车。

6 消防站的设计应符合本规范第8.2.2条～第8.2.6条的要求。站内消防车可由生产岗位人员兼管,并参照消防泵房确定站内消防车库与油气生产设施的距离。

8.2.2 消防站的选址应符合下列要求:

1 消防站的选址应位于重点保护对象全年最小频率风向的下风侧,交通方便、靠近公路。与油气站场甲、乙类储罐区的距离不应小于200m。与甲、乙类生产厂房、库房的距离不应小于100m。

2 主体建筑距医院、学校、幼儿园、托儿所、影剧院、商场、娱乐活动中心等容纳人员较多的公共建筑的主要疏散口应大于50m,且便于车辆迅速出动的地段。

3 消防车库大门应朝向道路。从车库大门墙基至城镇道路规划红线的距离;二、三级消防站不应小于15m;一级消防站不应小于25m;加强消防站、特勤消防站不应小于30m。

8.2.3 消防站建筑设计应符合下列要求:

1 消防站的建筑面积,应根据所设站的类别、级别、使用功能和有利于执勤战备、方便生活、安全使用等原则合理确定。消防站建筑物的耐火等级应不小于2级。

2 消防车库应设置备用车位及修理间、检车地沟。修理间与其他房间应用防火墙隔开,且不应与火警调度室毗邻。

3 消防车库应有排除发动机废气的设施。滑杆室通向车库的出口处应有废气阻隔装置。

4 消防车库应设有供消防车补水用的室内消火栓或室外水鹤。

5 消防车库大门开启后,应有自动锁定装置。

6 消防站的供电负荷等级不宜低于二级,并应设配电室。有人员活动的场所应设紧急事故照明。

7 消防站车库门前公共道路两侧50m,应安装提醒过往车辆注意,避让消防车辆出动的警灯和警铃。

8.2.4 消防站的装备应符合下列要求:

1 消防车辆的配备,应根据被保护对象的实际需要计算确定,并按表8.2.4选配。

表8.2.4 消防站的消防车辆配置

消防站类别 种　类	普通消防站			加强消防站	特勤消防站
	一级站	二级站	三级站		
车辆配备数(台)	6～8	4～6	3～6	8～10	10～12
消防车种类 通讯指挥车	√	√		√	√
中型泡沫消防车	√	√	√	√	√
重型水罐消防车	√	√	√	√	√
重型泡沫消防车	√	√	√	√	√
泡沫运输罐车				√	√
干粉消防车	√	√		√	√
举高云梯消防车				√	√
高喷消防车	√			√	√
抢险救援工具车	√			√	√
照明车	√			√	√

注:1 表中"√"表示可选配的设备。
　　2 北方高寒地区,可根据实际需要配备解冻锅炉消防车。
　　3 为气田服务的消防站必须配备干粉消防车。

2 消防站主要消防车的技术性能应符合下列要求:

　　1) 重型消防车应为大功率、远射程炮车。

　　2) 消防车应采用双动式取力器,重型消防车应带自保系统。

　　3) 泡沫比例混合器应为3%、6%两档,或无级可调。

　　4) 泡沫罐应有防止泡沫液沉降装置。

5 消防站兼有水上责任区的,应加配消防艇或轻便实用的小型消防船、卸载式消防舟,并有供其停泊、装卸的专用码头。

6 消防站灭火器材、抢险救援器材、人员防护器材等的配备应符合国家现行有关标准的规定。

8.2.5 灭火剂配备应符合下列要求:

1 消防站一次车载灭火剂最低总量应符合表8.2.5的规定。

表8.2.5 消防站一次车载灭火剂最低总量（t）

灭火剂 \ 消防站类别	普通消防站			加强消防站	特勤消防站
	一级站	二级站	三级站		
水	32	30	26	32	36
泡沫灭火剂	7	5	2	12	18
干粉灭火剂	2	2	2	4	6

2 应按照一次车载灭火剂总量1∶1的比例保持储备量，若邻近消防协作力量不能在30min内到达，储备量应增加1倍。

8.2.6 消防站通信装备的配置，应符合现行国家标准《消防通信指挥系统设计规范》GB 50313的规定。支队级消防指挥中心，可按Ⅰ类标准配置；大队级消防指挥中心，可按Ⅱ类标准配置；其他消防站，可参照Ⅲ类标准，根据实际需要增、减配置。

8.3 消防给水

8.3.1 消防用水可由给水管道、消防水池或天然水源供给，应满足水质、水量、水压、水温要求。当利用天然水源时，应确保枯水期最低水位时消防用水量的要求，并设置可靠的取水设施。处理达标的油田采出水能满足消防水质、水温的要求时，可用于消防给水。

8.3.2 消防用水可与生产、生活给水合用一个给水系统，系统供水量应为100%消防用水量与70%生产、生活用水量之和。

8.3.3 储罐区和天然气处理厂装置区的消防给水管网应布置成环状，并应采用易识别启闭状态的阀将管网分成若干独立段，每段内消火栓的数量不宜超过5个。从消防泵房至环状管网的供水干管不应少于两条。其他部位可设支状管道。寒冷地区的消火栓井、阀井和管道等应有可靠的防冻措施。采用半固定低压制消防供水的站场，如条件允许宜设2条站外消防供水管道。

8.3.4 消防水池（罐）的设置应符合下列规定：

1 水池（罐）的容量应同时满足最大一次火灾灭火和冷却用水要求。在火灾情况下能保证连续补水时，消防水池（罐）的容量可减去灭火延续时间内补充的水量。

2 当消防水池（罐）和生产、生活用水水池（罐）合并设置时，应采取确保消防用水不作它用的技术措施，在寒冷地区专用的消防水池（罐）应采取防冻措施。

3 当水池（罐）的容量超过1000m³时应分设成两座，水池（罐）的补水时间，不应超过96h。

4 供消防车取水的消防水池（罐）的保护半径不应大于150m。

8.3.5 消火栓的设置应符合下列规定：

1 采用高压消防供水时，消火栓的出口水压应满足最不利点消防供水要求；采用低压消防供水时，消火栓的出口压力不应小于0.1MPa。

2 消火栓应沿道路布置，油罐区的消火栓应设在防火堤与消防道路之间，距路边宜为1~5m，并应有明显标志。

3 消火栓的设置数量应根据消防方式和消防用水量计算确定。每个消火栓的出水量按10~15L/s计算。当油罐采用固定式冷却系统时，在罐区四周应设置备用消火栓，其数量不应少于4个，间距不应大于60m。当采用半固定冷却系统时，消火栓的使用数量应由计算确定，但距罐壁15m以内的消火栓不应计算在该储罐可使用的数量内，2个消火栓的间距不宜小于10m。

4 消火栓的栓口应符合下列要求：

   1) 给水枪供水时，室外地上式消火栓应有3个出口，其中1个直径为150mm或100mm，其他2个直径为65mm；室外地下式消火栓应有2个直径为65mm的栓口。

   2) 给消防车供水时，室外地上式消火栓的栓口与给水枪供水时相同；室外地下式消火栓应有直径为100mm和65mm的栓口各1个。

5 给水枪供水时，消火栓旁应设水带箱，箱内应配备2~6盘直径65mm、每盘长度20m的带快速接口的水带和2支入口直径65mm、喷嘴直径19mm水枪及一把消火栓钥匙。水带箱距消火栓不宜大于5m。

6 采用固定式灭火时，泡沫栓旁应设水带箱，箱内应配备2~5盘直径65mm、每盘长度20m的带快速接口的水带和PQ8或PQ4型泡沫管枪1支及泡沫栓钥匙。水带箱距泡沫栓不宜大于5m。

8.4 油罐区消防设施

8.4.1 除本规范另有规定外，油罐区应设置灭火系统和消防冷却水系统，且灭火系统宜为低倍数泡沫灭火系统。

8.4.2 油罐区低倍数泡沫灭火系统的设置，应符合下列规定：

1 单罐容量不小于10000m³的固定顶罐、单罐容量不小于50000m³的浮顶罐、机动消防设施不能进行保护或地形复杂消防车扑救困难的储罐区，应设置固定式低倍数泡沫灭火系统。

8.4.3 单罐容量不小于20000m³的固定顶油罐，其泡沫灭火系统与消防冷却水系统应具备连锁程序操纵功能。单罐容量不小于50000m³的浮顶油罐应设置火灾自动报警系统。单罐容量不小于100000m³的浮顶油罐，其泡沫灭火系统与消防冷却水系统应具备自动操纵功能。

8.4.4 储罐区低倍数泡沫灭火系统的设计，应按现行国家标准《低倍数泡沫灭火系统设计规范》GB 50151的规定执行。

8.4.5 油罐区消防冷却水系统设置形式应符合下列规定：

1 单罐容量不小于10000m³的固定顶油罐、单罐容量不小于50000m³的浮顶油罐，应设置固定式消防冷却水系统。

8.4.6 油罐区消防水冷却范围应符合下列规定：

1 着火的地上固定顶油罐及距着火油罐罐壁1.5倍直径范围内的相邻地上油罐，应同时冷却；当相邻地上油罐超过3座时，可按3座较大的相邻油罐计算消防冷却水用量。

8.4.7 油罐的消防冷却水供给范围和供给强度应符合下列规定：

1 地上立式油罐消防冷却水供给范围和供给强度不应小于表8.4.7的规定。

2 着火的地上卧式油罐冷却水供给强度不应小于6.0L/min·m²，相邻油罐冷却水供给强度不应小于3.0L/min·m²。冷却面积应按油罐投影面积计算。总消防水量不应小于

$50m^3/h$。

    3 设置固定式消防冷却水系统时，相邻罐的冷却面积可按实际需要冷却部位的面积计算，但不得小于罐壁表面积的1/2。油罐消防冷却水供给强度应根据设计所选的设备进行校核。

表8.4.7 消防冷却水供给范围和供给强度

油罐形式		供给范围	供给强度	
			φ16mm 水枪	φ19mm 水枪
移动、半固定式冷却	着火罐	固定顶罐 罐周全长	0.6L/s·m	0.8L/s·m
		浮顶罐 罐周全长	0.45L/s·m	0.6L/s·m
	相邻罐	不保温罐 罐周半长	0.35L/s·m	0.5L/s·m
		保温罐 罐周半长	0.2L/s·m	
固定式冷却	着火罐	固定顶罐 罐壁表面	2.5L/min·m²	
		浮顶罐 罐壁表面	2.0L/min·m²	
	相邻罐	罐壁表面积的1/2	2.0L/min·m²	

注：φ16mm 水枪保护范围为 8～10m，φ19mm 水枪保护范围为 9～11m。

8.4.8 直径大于 20m 的地上固定顶油罐的消防冷却水连续供给时间，不应小于 6h；其他立式油罐的消防冷却水连续供给时间，不应小于 4h；地上卧式油罐的消防冷却水连续供给时间不应小于 1h。

8.4.9 油罐固定式消防冷却水系统的设置，应符合下列规定：

    1 应设置冷却喷头，喷头的喷水方向与罐壁的夹角应在 30°～60°。

    2 油罐抗风圈或加强圈无导流设施时，其下面应设冷却喷水圈管。

    3 当储罐上的环形冷却水管分割成两个或两个以上弧形管段时，各弧形管段间不应连通，并应分别从防火堤外连接水管；且应分别在防火堤外的进水管道上设置能识别启闭状态的控制阀。

    4 冷却水立管应用管卡固定在罐壁上，其间距不宜大于3m。立管下端应设锈渣清扫口，锈渣清扫口距罐基础顶面应大于300mm，且集锈渣的管段长度不宜小于300mm。

    5 在防火堤外消防冷却水管道的最低处应设置放空阀。

8.5 天然气凝液、液化石油气罐区消防设施

8.5.1 天然气凝液、液化石油气罐区应设置消防冷却水系统，并应配置移动式干粉等灭火设施。

8.5.2 天然气凝液、液化石油气罐区总容量大于 $50m^3$ 或单罐容量大于 $20m^3$ 时，应设置固定式水喷雾或水喷淋系统和辅助水枪（水炮）；总容量不大于 $50m^3$ 或单罐容量不大于 $20m^3$ 时，可设置半固定式消防冷却水系统。

8.5.3 天然气凝液、液化石油气罐区设置固定式消防冷却水系统时，其消防用水量应按储罐固定式消防冷却用水量与移动式水枪用水量之和计算；设置半固定式消防冷却水系统时，消防用水量不应小于 20L/s。

8.5.4 固定式消防冷却水系统的用水量计算，应符合下列规定：

    1 着火罐冷却水供给强度不应小于 0.15L/s·m²，保护面积按其表面积计算。

    2 距着火罐直径（卧式罐按罐直径和长度之和的一半）1.5倍范围内的邻近罐冷却水供给强度不应小于 0.15L/s·m²，保护面积按其表面积的一半计算。

8.5.6 辅助水枪或水炮用水量应按罐区内最大一个储罐用水量确定，且不应小于表8.5.6的规定。

表8.5.6 水枪用水量

罐区总容量（m^3）	<500	500～2500	>2500
单罐容量（m^3）	≤100	<400	≥400
水量（L/s）	20	30	45

注：水枪用水量应按本表罐区总容量和单罐容量较大者确定。

8.5.7 总容量小于 $220m^3$ 或单罐容量不大于 $50m^3$ 的储罐或储罐区，连续供水时间可为 3h；其他储罐或储罐区应为 6h。

8.5.9 固定式消防冷却水管道的设置，应符合下列规定：

    2 消防冷却水系统的控制阀应设于防火堤外且距罐壁不小于 15m 的地点。

    3 控制阀至储罐间的冷却水管道应设过滤器。

8.6 装置区及厂房消防设施

8.6.1 石油天然气生产装置区的消防用水量应根据油气、站场设计规模、火灾危险类别及固定消防设施的设置情况等综合考虑确定，但不小于表8.6.1的规定。火灾延续供水时间按3h计算。

表8.6.1 装置区的消防用水量

场站等级	消防用水量（L/s）
三级	45
四级	30
五级	20

注：五级站场专指生产规模小于 $50×10^4m^3/d$ 的天然气净化厂和五级天然气处理厂。

8.6.3 液体硫磺储罐应设置固定式蒸汽灭火系统；灭火蒸汽应从饱和蒸汽主管顶部引出，蒸汽压力宜为 0.4～1.0MPa，灭火蒸汽用量按储罐容量和灭火蒸汽供给强度计算确定，供给强度为 0.0015kg/m^3·s，灭火蒸汽控制阀应设在围堰外。

8.6.4 油气站场建筑物消防给水应符合下列规定：

    2 建筑物室内消防给水设施应符合本规范第8.6.5条的规定。

    3 建筑物室内外消防用水量应符合现行国家标准《建筑设计防火规范》GBJ 16 的规定。

8.6.5 石油天然气生产厂房、库房内消防设施的设置应根据物料性质、操作条件、火灾危险性、建筑物体积及外部消防设施的设置情况等综合考虑确定。室外设有消防给水系统且建筑物体积不超过 $5000m^3$ 的建筑物，可不设室内消防给水。

8.6.6 天然气四级压气站和注气站的压缩机厂房内宜设置气体、干粉等灭火设施，其设置数量应符合现行国家标准规范的有关规定；站内宜设置消防给水系统，其水量按本规范第8.6.1条确定。

8.6.7 石油天然气生产装置采用计算机控制的集中控制室和仪表控制间，应设置火灾报警系统和手提式、推车式气体灭火器。

8.7 装卸栈台消防设施

8.7.1 火车和一、二、三、四级站场的汽车油品装卸栈台，附近有消防车的，宜设置半固定消防给水系统，供水压力不应小于0.15MPa，消火栓间距不应大于60m。

8.7.2 火车和一、二、三、四级站场的汽车油品装卸栈台，附近有固定消防设施可利用的，宜设置消防给水及泡沫灭火设施，并应符合下列规定：

1 有顶盖的火车装卸油品栈台消防冷却水量不应小于45L/s。

2 无顶盖的火车装卸油品栈台消防冷却水量不应小于30L/s。

3 火车装卸油品栈台的泡沫混合液量不应小于30L/s。

4 有顶盖的汽车装卸油品栈台消防冷却水量不应小于20L/s。

5 无顶盖的汽车装卸油品栈台消防冷却水量不应小于16L/s。

6 汽车装卸油品栈台泡沫混合液量不应小于8L/s。

7 消防栓及泡沫栓间距不应大于60m，消防冷却水连续供给时间不应小于1h，泡沫混合液连续供给时间不应小于30min。

8.7.3 火车、汽车装卸液化石油气栈台宜设置消防给水系统和干粉灭火设施，并应符合下列规定：

1 火车装卸液化石油气栈台消防冷却水量不应小于45L/s，冷却水连续供水时间不应小于3h。

2 汽车装卸液化石油气栈台冷却水量不应小于15L/s，冷却水连续供水时间不应小于3h。

8.8 消防泵房

8.8.1 消防冷却供水泵房和泡沫供水泵房宜合建，其规模应满足所在站场一次最大火灾的需要。一、二、三级站场消防冷却供水泵和泡沫供水泵均应设备用泵，消防冷却供水泵和泡沫供水泵的备用泵性能应与各自最大一台操作泵相同。

8.8.2 消防泵房的位置应保证启泵后5min内，将泡沫混合液和冷却水送到任何一个着火点。

8.8.3 消防泵房的位置宜设在油罐区全年最小频率风向的下风侧，其地坪宜高于油罐区地坪标高，并应避开油罐破裂可能波及到的部位。

8.8.4 消防泵房应采用耐火等级不低于二级的建筑，并应设直通室外的出口。

8.8.5 消防泵组的安装应符合下列要求：

1 一组水泵的吸水管不宜少于2条，当其中一条发生故障时，其余的应能通过全部水量。

2 一组水泵宜采用自灌式引水，当采用负压上水时，每台消防泵应有单独的吸水管。

3 消防泵应设置自动回流管。

8.8.6 消防泵房值班室应设置对外联络的通信设施。

8.9 灭火器配置

8.9.1 油气站场内建（构）筑物应配置灭火器，其配置类型和数量按现行国家标准《建筑灭火器配置设计规范》GBJ 140的规定确定。

8.9.2 甲、乙、丙类液体储罐区及露天生产装置区灭火器配置，应符合下列规定：

1 油气站场的甲、乙、丙类液体储罐区当设有固定式或半固定式消防系统时，固定顶罐配置灭火器可按配置数量的10%设置，浮顶罐按配置数量的5%设置。当储罐组内储罐数量超过2座时，灭火器配置数量应按其中2个较大储罐计算确定；但每个储罐配置的数量不宜多于3个，少于1个手提式灭火器，所配灭火器应分组布置；

2 露天生产装置当设有固定式或半固定式消防系统时，按应配置数量的30%设置。手提灭火器的保护距离不宜大于9m。

8.9.3 同一场所应选用灭火剂相容的灭火器，选用灭火器时还应考虑灭火剂与当地消防车采用的灭火剂相容。

8.9.4 天然气压缩机厂房应配置推车式灭火器。

9 电 气

9.1 消防电源及配电

9.1.1 石油天然气工程一、二、三级站场消防泵房用电设备的电源，宜满足现行国家标准《供配电系统设计规范》GB 50052所规定的一级负荷供电要求。当只能采用二级负荷供电时，应设柴油机或其他内燃机直接驱动的备用消防泵，并应设蓄电池满足自控通讯要求。当条件受限制或技术、经济合理时，也可全部采用柴油机或其他内燃机直接驱动消防泵。

9.1.2 消防泵房及其配电室应设应急照明，其连续供电时间不应少于20min。

9.1.3 重要消防用电设备当采用一级负荷或二级负荷双回路供电时，应在最末一级配电装置或配电箱处实现自动切换。其配电线路宜采用耐火电缆。

9.2 防 雷

9.2.1 站场内建筑物、构筑物的防雷分类及防雷措施，应按现行国家标准《建筑物防雷设计规范》GB 50057的有关规定执行。

9.2.2 工艺装置内露天布置的塔、容器等，当顶板厚度等于或大于4mm时，可不设避雷针保护，但必须设防雷接地。

9.2.3 可燃气体、油品、液化石油气、天然气凝液的钢罐，必须设防雷接地，并应符合下列规定：

1 避雷针（线）的保护范围，应包括整个储罐。

2 装有阻火器的甲$_B$、乙类油品地上固定顶罐，当顶板厚度等于或大于4mm时，不应装设避雷针（线），但必须设防雷接地。

3 压力储罐、丙类油品钢制储罐不应装设避雷针（线），但必须设防感应雷接地。

4 浮顶罐、内浮顶罐不应装设避雷针（线），但应将浮顶与罐体用2根导线作电气连接。浮顶罐连接导线应选用截面积不小于25mm²的软铜复绞线。对于内浮顶罐，钢质浮盘的连接导线应选用截面积不小于16mm²的软铜复绞线；铝质浮盘的连接导线应选用直径不小于1.8mm的不锈钢钢丝绳。

9.2.4 钢储罐防雷接地引下线不应少于2根，并应沿罐周均匀或对称布置，其间距不宜大于30m。

9.2.5 防雷接地装置冲击接地电阻不应大于10Ω，当钢罐仅做防感应雷接地时，冲击接地电阻不应大于30Ω。

9.2.6 装于钢储罐上的信息系统装置，其金属外壳应与罐体做电气连接，配线电缆宜采用铠装屏蔽电缆，电缆外皮及所穿钢管应与罐体做电气连接。

9.2.7 甲、乙类厂房（棚）的防雷，应符合下列规定：

   1 厂房（棚）应采用避雷带（网）。其引下线不应少于2根，并应沿建筑物四周均匀对称布置，间距不应大于18m。网格不应大于10m×10m或12m×8m。

   2 进出厂房（棚）的金属管道、电缆的金属外皮、所穿钢管或架空电缆金属槽，在厂房（棚）外侧应做一处接地，接地装置应与保护接地装置及避雷带（网）接地装置合用。

9.2.8 丙类厂房（棚）的防雷，应符合下列规定：

   1 在平均雷暴日大于40d/a的地区，厂房（棚）宜装设避雷带（网）。其引下线不应少于2根，间距不应大于18m。

   2 进出厂房（棚）的金属管道、电缆的金属外皮、所穿钢管或架空电缆金属槽，在厂房（棚）外侧应做一处接地，接地装置应与保护接地装置及避雷带（网）接地装置合用。

9.2.9 装卸甲$_B$、乙类油品、液化石油气、天然气凝液的鹤管和装卸栈桥的防雷，应符合下列规定：

   2 在棚内进行装卸作业的，应装设避雷针（带）。避雷针（带）的保护范围应为爆炸危险1区。

   3 进入装卸区的油品、液化石油气、天然气凝液输送管道在进入点应接地，冲击接地电阻不应大于10Ω。

9.3 防静电

9.3.1 对爆炸、火灾危险场所内可能产生静电危险的设备和管道，均应采取防静电措施。

9.3.2 地上或管沟内敷设的石油天然气管道，在下列部位应设防静电接地装置：

   1 进出装置或设施处。

   2 爆炸危险场所的边界。

   3 管道泵及其过滤器、缓冲器等。

   4 管道分支处以及直线段每隔200～300m处。

9.3.3 油品、液化石油气、天然气凝液的装卸栈台和码头的管道、设备、建筑物与构筑物的金属构件和铁路钢轨等（做阴极保护者除外），均应做电气连接并接地。

9.3.4 汽车罐车、铁路罐车和装卸场所，应设防静电专用接地线。

9.3.5 油品装卸码头，应设置与油船跨接的防静电接地装置。此接地装置应与码头上油品装卸设备的防静电接地装置合用。

9.3.6 下列甲、乙、丙$_A$类油品（原油除外）、液化石油气、天然气凝液作业场所，应设消除人体静电装置：

   1 泵房的门外。

   2 储罐的上罐扶梯入口处。

   3 装卸作业区内操作平台的扶梯入口处。

   4 码头上下船的出入口处。

10 液化天然气站场

10.1 一般规定

10.1.2 液化天然气站场内的液化天然气、制冷剂的火灾危险性应划为甲$_A$类。

10.2 区域布置

10.2.1 站址应选在人口密度较低且受自然灾害影响小的地区。

10.2.2 站址应远离下列设施：

   1 大型危险设施（例如，化学品、炸药生产厂及仓库等）；

   2 大型机场（包括军用机场、空中实弹靶场等）；

   3 与本工程无关的输送易燃气体或其他危险流体的管线；

   4 运载危险物品的运输线路（水路、陆路和空路）。

10.2.3 液化天然气罐区邻近江河、海岸布置时，应采取措施防止泄漏液体流入水域。

10.2.4 建站地区及与站场间应有全天候的陆上通道，以确保消防车辆和人员随时进入和站内人员在必要时安全撤离。

10.2.5 液化天然气站场的区域布置应按以下原则确定：

   2 液化天然气储存总容量大于或等于30000m³时，与居住区、公共福利设施的距离应大于0.5km。

   3 液化天然气储存总容量介于第1款和第2款之间时，应根据现场条件、设施安全防护程度的评价确定，且不应小于本条第1款确定的距离。

   4 本条1～3款确定的防火间距，尚应按本规范第10.3.4条和第10.3.5条规定进行校核。

10.3 站场内部布置

10.3.1 站场总平面，应根据站的生产流程及各组成部分的生产特点和火灾危险性，结合地形、风向等条件，按功能分区集中布置。

10.3.3 液化天然气设施应设围堰，并应符合下列规定：

   1 操作压力小于或等于100kPa的储罐，当围堰与储罐分开设置时，储罐至围堰最近边沿的距离，应为储罐最高液位高度加上储罐气相空间压力的当量压头之和与围堰高度之差；当罐组内的储罐已采取了防低温或火灾的影响措施时，围堰区内的有效容积应不小于罐组内一个最大储罐的容积；当储罐未采取防低温和火灾的影响措施时，围堰区内的有效容积应为罐组内储罐的总容积。

   2 操作压力小于或等于100kPa的储罐，当混凝土外罐围堰与储罐布置在一起，组成带预应力混凝土外罐的双层罐时，从储罐罐壁至混凝土外罐围堰的距离由设计确定。

   3 在低温设备和易泄漏部位应设置液化天然气液体收集系统；其容积对于装车设施不应小于最大罐车的罐容量，其他为某单一事故泄漏源在10min内最大可能的泄漏量。

   4 除第2款之外，围堰区均应配有集液池。

   5 围堰必须能够承受所包容液化天然气的全部静压头，所圈闭液体引起的快速冷却、火灾的影响、自然力（如地震、风雨等)的影响,且不渗漏。

6 储罐与工艺设备的支架必须耐火和耐低温。

10.3.4 围堰和集液池至室外活动场所、建(构)筑物的隔热距离(作业者的设施除外),应按下列要求确定:

2 室外活动场所、建(构)筑物允许接受的热辐射量,在风速为 0 级、温度 21℃ 及相对湿度为 50% 条件下,不应大于下述规定值:

  1) 热辐射量达 4000W/m² 界线以内,不得有 50 人以上的室外活动场所;
  2) 热辐射量达 9000W/m² 界线以内,不得有活动场所、学校、医院、监狱、拘留所和居民区等在用建筑物;
  3) 热辐射量达 30000W/m² 界线以内,不得有即使是能耐火且提供热辐射保护的在用构筑物。

3 燃烧面积应分别按下列要求确定:

  1) 储罐围堰内全部容积(不包括储罐)的表面着火;
  2) 集液池内全部容积(不包括设备)的表面着火。

10.3.6 地上液化天然气储罐间距应符合下列要求:

1 储存总容量小于或等于 265m³ 时,储罐间距可按表 10.3.6 确定。储存总容量大于 265m³ 时,储罐间距可按表 10.3.6 确定,并应满足本规范第 10.3.4 条和第 10.3.5 条的规定。

表 10.3.6 储罐间距

储罐单罐容量(m³)	围堰区边沿或储罐排放系统至建筑物或建筑界线的最小距离(m)	储罐之间的最小距离(m)
0.5	0	0
0.5~1.9	3	1
1.9~7.6	4.6	1.5
7.6~56.8	7.6	1.5
56.8~114	15	1.5
114~265	23	
大于 265	容器直径的 0.7 倍,但不小于 30	相邻储罐直径之和的 1/4(最小为 1.5)

2 多台储罐并联安装时,为便于接近所有隔断阀,必须留有至少 0.9m 的净距。

3 容量超过 0.5m³ 的储罐不应设置在建筑物内。

10.3.7 气化器距建筑界线应大于 30m,整体式加热气化器距围堰区、导液沟、工艺设备应大于 15m;间接加热气化器和环境式气化器可设在按规定容量设计的围堰区内。其他设备间距可参照本规范表 5.2.1 的有关规定。

10.3.8 液化天然气放空系统的汇集总管,应经过带电热器的气液分离罐,将排放物加热成比空气轻的气体后方可排入放空系统。

禁止将液化天然气排入封闭的排水沟内。

10.4 消防及安全

10.4.1 液化天然气设施应配置防火设施。其防护程度应根据防火工程原理、现场条件、设施内的危险性,结合站界内外相邻设施综合考虑确定。

10.4.2 液化天然气储罐,应设双套带高液位报警和记录的液位计、显示和记录罐内不同液相高度的温度计、带高低压力报警和记录的压力计、安全阀和真空泄放设施。储罐必须配备一套与高液位报警联锁的进罐流体切断装置。液位计应能在储罐运行情况下进行维修或更换,选型时必须考虑密度变化因素,必要时增加密度计,监视罐内液体分层,避免罐内"翻混"现象发生。

10.4.3 火灾和气体泄漏检测装置,应按以下原则配置:

1 装置区、罐区以及其他存在潜在危险需要经常观测处,应设火焰探测报警装置。相应配置适量的现场手动报警按钮。

2 装置区、罐区以及其他存在潜在危险需要经常观测处,应设连续检测可燃气体浓度的探测报警装置。

3 装置区、罐区、集液池以及其他存在潜在危险需要经常观测处,应设连续检测液化天然气泄漏的低温检测报警装置。

4 探测器和报警器的信号盘应设置在其保护区的控制室或操作室内。

10.4.5 液化天然气站场的消防水系统,应按如下原则配置:

1 储存总容量大于或等于 265m³ 的液化天然气罐组应设固定供水系统。

2 采用混凝土外罐的双层壳罐,当管道进出口在罐顶时,应在罐顶泵平台处设置固定水喷雾系统,供水强度不小于 20.4L/min·m²。

3 固定消防水系统的消防水量应以最大可能出现单一事故设计水量,并考虑 200m³/h 余量后确定。移动式消防冷却水系统应能满足消防冷却水总用水量的要求。

4 罐区以外的其他设施的消防水和消火栓设置见本规范消防部分。

10.4.6 液化天然气站场应配有移动式高倍数泡沫灭火系统。液化天然气储罐总容量大于或等于 3000m³ 的站场,集液池应配固定式全淹没高倍数泡沫灭火系统,并应与低温探测报警装置联锁。系统的设计应符合现行国家标准《高倍数、中倍数泡沫灭火系统设计规范》GB 50196 的有关规定。

10.4.7 扑救液化天然气储罐区和工艺装置内可燃气体、可燃液体的泄漏火灾,宜采用干粉灭火。需要重点保护的液化天然气储罐通向大气的安全阀出口管应设置固定干粉灭火系统。

10.4.8 液化天然气设施应配有紧急停机系统。通过该系统可切断液化天然气、可燃液体、可燃冷却剂或可燃气体源,能停止导致事故扩大的运行设备。该系统应能手动或自动操作,当设自动操作系统时应同时具有手动操作功能。

10.4.9 站内必须有书面的应急程序,明确在不同事故情况下操作人员应采取的措施和如何应对,而且必须备有一定数量的防护服和至少 2 个手持可燃气体探测器。

附录 A 石油天然气火灾危险性分类举例

表 A　石油天然气火灾危险性分类举例

火灾危险性类别		石油天然气举例
甲	A	液化石油气、天然气凝液、未稳定凝析油、液化天然气
	B	原油、稳定轻烃、汽油、天然气、稳定凝析油、甲醇、硫化氢
乙	A	原油、氨气、煤油
	B	原油、轻柴油、硫磺
丙	A	原油、重柴油、乙醇胺、乙二醇
	B	原油、二甘醇、三甘醇

注：石油产品的火灾危险性分类应以产品标准中确定的闪点指标为依据。经过技术经济论证，有些炼厂生产的轻柴油闪点若大于或等于60℃，这种轻柴油在储运过程中的火灾危险性可视为丙类。闪点小于60℃并且大于或等于55℃的轻柴油，如果储运设施的操作温度不超过40℃，其火灾危险性可视为丙类。

附录 B　防火间距起算点的规定

1　公路从路边算起。
2　铁路从中心算起。
3　建（构）筑物从外墙壁算起。
4　油罐及各种容器从外壁算起。
5　管道从管壁外缘算起。
6　各种机泵、变压器等设备从外缘算起。
7　火车、汽车装卸油鹤管从中心线算起。
8　火炬、放空管从中心算起。
9　架空电力线、架空通信线从杆、塔的中心线算起。
10　加热炉、水套炉、锅炉从烧火口或烟囱算起。
11　油气井从井口中心算起。
12　居住区、村镇、公共福利设施和散居房屋从邻近建筑物的外壁算起。
13　相邻厂矿企业从围墙算起。

39. 《气田集输设计规范》GB 50349—2015

3 基本规定

3.0.3 气田集输工程总体布局应根据气藏构造形态、生产井分布、天然气处理要求、产品流向及自然条件等情况，并应统筹考虑气田水处理、给排水及消防、供配电、通信、道路等工程，经技术经济对比确定。各种管道、电力线、通信线等宜与道路平行敷设，形成线路走廊带。

4 集气工艺

4.7 安全截断与泄放

4.7.2 进、出站场的天然气管道上应设置截断阀，并应符合现行国家标准《石油天然气工程设计防火规范》GB 50183 的规定。

4.7.17 集输站场放空系统的设计应符合国家现行标准《石油天然气工程设计防火规范》GB 50183 和《卸压和减压系统指南》SY/T 10043 的有关规定。

5 处理工艺

5.3 天然气凝液储存

5.3.15 天然气凝液、液化石油气和稳定轻烃罐区的安全防火要求应符合现行国家标准《石油天然气工程设计防火规范》GB 50183 的有关规定。

5.4 天然气凝液装卸

5.4.7 天然气凝液及其产品装卸设施设计尚应符合现行国家标准《石油天然气工程设计防火规范》GB 50183 中的有关规定。

6 气田水转输与处理

6.2 气田水处理

6.2.6 含硫化氢气田水尾气管道设置应符合下列规定：
  1 与火炬或焚烧炉相连接的尾气管道应设阻火装置；

7 集输管道

7.1 一般规定

7.1.10 集输管道设计尚应符合现行国家标准《石油天然气工程设计防火规范》GB 50183 的有关规定。

7.6 管道组成件

7.6.20 阀门的选用应符合现行国家标准《工业金属管道设计规范》GB 50316 的有关规定。在防火区内关键部位使用的阀门应具有耐火性能。通过清管器的阀门应选用全通径阀门。

8 防腐与绝热

8.3 绝热及伴热

8.3.4 绝热材料及制品的燃烧性能等级应符合下列规定：
  1 被绝热设备或管道表面温度大于 100℃时，应采用不低于现行国家标准《建筑材料及制品燃烧性能分级》GB 8624 中的 A 级材料；
  2 被绝热设备或管道表面温度小于或等于 100℃时，应选择不低于现行国家标准《建筑材料及制品燃烧性能分级》GB 8624 中的 B_1 级材料；
  3 甲、乙类油品储罐、容器、工艺设备和甲、乙类地面管道保温应选择不低于现行国家标准《建筑材料及制品燃烧性能分级》GB 8624 中的 A 级材料，低温保冷应选择不低于现行国家标准《建筑材料及制品燃烧性能分级》GB 8624 中的 B_1 级材料。

8.3.5 对贮存或输送易燃、易爆物料的设备及管道，以及与其邻近的管道，保护层应采用不低于现行国家标准《建筑材料及制品燃烧性能分级》GB 8624 中的 A 级材料。

9 仪表与自动控制

9.1 一般规定

9.1.5 可燃气体和有毒气体检测报警装置的设置应符合现行国家标准《石油化工可燃气体和有毒气体检测报警设计规范》GB 50493 及现行行业标准《石油天然气工程可燃气体检测报警系统安全技术规范》SY 6503 的有关规定。

9.1.6 可燃气体和易燃液体的引压、取源管路严禁引入控制室内。

9.3 计算机控制系统

9.3.2 可燃气体和有毒气体检测点较少的井场、集气站等站场，可燃气体和有毒气体检测报警系统可与生产过程控制系统合并设计，但其输入/输出卡件应独立设置。

10 站场总图

10.1 站址选择

10.1.8 站场与周围设施的区域布置防火间距、噪声控制和环境保护应符合现行国家标准《石油天然气工程设计防火规范》GB 50183、《工业企业噪声控制设计规范》GB/T 50087和《工业企业设计卫生标准》GBZ 1 的有关规定。

10.3 站场总平面及竖向布置

10.3.1 站场总平面及竖向布置应符合国家现行标准《石油天然气工程设计防火规范》GB 50183、《石油天然气工程总图设计规范》SY/T 0048、《建筑设计防火规范》GB 50016 和《工业企业总平面设计规范》GB 50187 的有关规定。

10.3.7 储罐区宜布置在站场边缘，防火堤的布置应符合现行国家标准《储罐区防火堤设计规范》GB 50351 的有关规定。

10.3.9 站场内通道宽度应综合分析生产巡检、防火与安全间距、系统管道和绿化布置等因素合理确定。

10.3.10 站场设置围墙（栏）时，围墙（栏）应采用非燃烧材料建造，高度不宜低于 2.2m；场区内变配电站的围栏设置应符合现行国家标准《3～110kV 高压配电装置设计规范》GB 50060 的有关规定。

10.3.12 站场道路设计应符合国家现行标准《石油天然气工程设计防火规范》GB 50183 的有关规定。

10.4 站场管道综合布置

10.4.2 管道敷设方式应根据场区情况、输送介质特性和维护管理要求确定。站场内电缆宜架空敷设；当采用电缆沟时，应采取措施防止可燃气体沟内积聚、防止含可燃液体的污水进入沟内。

10.4.3 站内架空油气管道与建（构）筑物之间最小水平间距应符合本规范附录G的要求。

10.4.5 架空管道跨越道路、铁路时，净空高度应符合下列规定：
1 距主要道路路面从路面中心算起不应低于 5m；
2 距铁路轨顶不应低于 5.5m；
3 距人行道路面不应低于 2.5m。

11 公用工程及配套设施

11.1 通 信

11.1.7 通信系统设计应符合下列规定：
4 生产管理办公楼内综合布线、消防广播设计应符合现行国家标准《综合布线系统工程设计规范》GB 50311 和《火灾自动报警系统设计规范》GB 50116 的有关规定。

11.2 供 配 电

11.2.1 用电负荷等级应结合工艺设施的生产特点及中断供电所造成的损失和影响程度进行划分。各类站场的用电负荷等级的确定应执行现行国家标准《重要电力用户供电电源及自备应急电源配置技术规范》GB/Z 29328 的有关规定，并应符合下列规定：
4 消防设备的用电负荷等级及电源应符合现行国家标准《石油天然气工程设计防火规范》GB 50183 的有关规定。

11.2.8 站场内建筑物的防雷分类及雷电防护措施，应符合现行国家标准《建筑物防雷设计规范》GB 50057 的有关规定。工艺装置内露天布置的塔、罐和容器等的防雷、防静电设计应符合国家现行标准《石油天然气工程设计防火规范》GB 50183 和《油气田及管道工程雷电防护设计规范》SY/T 6885 的有关规定。

11.4 消 防

11.4.1 消防设施设计应符合现行国家标准《石油天然气工程设计防火规范》GB 50183 的有关规定。

11.4.3 站场内工艺装置区、建（构）筑物应配置灭火器，配置类型和数量应符合现行国家标准《建筑灭火器配置设计规范》GB 50140 的有关规定。

11.6 暖 通 空 调

11.6.9 散发易燃易爆等有害气体的厂房，当设置可燃气体检测、报警装置时，可燃气体报警信号应联锁事故通风设备的启动。

11.6.14 采暖、通风与空调的设置应满足防火、防爆要求，甲、乙类厂房中的空气不应循环使用。

11.7 建筑与结构

11.7.1 建（构）筑物设计应保证结构安全、可靠，还应满足抗震、防火、防爆、防腐蚀、防噪声、环保及节能的要求。

11.7.2 建（构）筑物防火、防爆设计应符合国家现行标准《建筑设计防火规范》GB 50016、《石油天然气工程设计防火规范》GB 50183 和《油气田和管道工程建筑设计规范》SY/T 0021 的有关规定。

11.7.3 甲、乙类火灾危险性生产厂房的耐火等级不应低于二级，其他生产厂房不宜低于三级。

11.7.5 仪表控制室、机柜间、UPS 间建（构）筑物耐火等级不应低于二级。仪表控制室、机柜间、UPS 间及变配电室、发电机房各功能用房宜组合为一个建筑单体。

11.7.7 散发较空气重的可燃气体及可燃蒸气的有爆炸危险的甲类、乙类厂房，地面应采用不发火花的面层。

11.7.11 当甲类、乙类火灾危险性的厂房（仓库）采用轻型钢结构时，所有的建筑构件应采用非燃烧材料；除天然气压缩机厂房外，宜为单层建筑；厂房之间及与其他厂房（仓库）、民用建筑之间的防火间距应按现行国家标准《建筑设计防火规范》GB 50016 的有关规定确定。厂房（仓库）的耐火等级与构件的耐火极限应按现行国家标准《建筑设计防火规范》GB 50016 的有关规定确定。工艺装置和系统单元的钢结构耐火保护应满足现行国家标准《石油天然气工程设计防火规范》GB 50183 的有关规定。

11.7.19 防火堤结构设计应符合现行国家标准《储罐区防火堤设计规范》GB 50351 的有关规定。

11.8 道 路

11.8.1 气田集输站场道路的设计应满足生产管理、维修维护和消防的通车要求。场站道路应划分为主干道、次干道、支道和人行道四级。

11.8.4 交叉口路面内缘转弯半径宜为 9m～12m，一级、二级、三级气田集输站场消防车道转弯半径不得小于 15m。四级、五级站场消防车道以及消防车必经之路,其交叉口或弯道的路面内缘转弯半径不得小于12m。站场内道路可不设超高或加宽。

11.8.11 站场道路设计的其他要求应符合现行国家标准《厂矿道路设计规范》GBJ 22、《石油天然气工程设计防火规范》GB 50183 的有关规定。

附录G 站内架空油气管道与建（构）筑物之间最小水平间距

表G 站内架空油气管道与建（构）筑物之间最小水平间距（m）

建（构）筑物		水平净距
建筑物墙壁外缘或突出部分外缘	有门窗	3.0
	无门窗	1.5
场区道路		1.0
人行道路外缘		0.5
场区围墙（中心线）		1.0
照明或电信杆柱（中心）		1.0
电缆桥架		0.5
避雷针杆、塔根部外缘		3.0
立式罐		1.6

注：1 表中尺寸均自管架、管墩及管道最突出部分算起。道路为城市型时，自路面外缘算起，为公路型时，自路肩外缘算起。
  2 架空油气管道与立式罐之间的距离，是指立式罐与其圆周切线方向平行的架空油气管道管壁的距离。

附录H 站内埋地管道与电缆、建（构）筑物平行的最小间距

表H 站内埋地管道与电缆、建（构）筑物平行的最小间距（m）

建（构）筑物名称		通信电缆及35kV以下直埋电力电缆	管架基础（或管墩）外缘	电杆中心线	建筑物基础外缘	道路	
						路面或路沿石外缘	边沟外缘
管道名称	天然气、液化石油气管道（$P>1.6$MPa）	1.5	1.0	1.0	3.0	1.5	1.0
	天然气凝液管道	2.0	1.0	1.0	2.0	1.5	1.0
	污水管道	2.0	1.5	1.5	2.0	1.5	1.0
	压缩空气管道	1.0	1.0	1.0	1.5	1.5	1.0
	热力管道	2.0	1.5	1.5	1.5	1.5	1.0
	消防水管道	1.0	1.0	1.0	1.5	1.0	1.0

注：1 表中天然气、液化石油气管道（$P>1.6$MPa）与建筑物之间的距离，是在管道强度保安基础上，与站内建筑物之间的维检修、施工距离；当$P\leqslant1.6$MPa时，应符合现行国家标准《工业企业总平面设计规范》GB 50187 的规定。
  2 当管道埋深大于邻近建（构）筑物的基础埋深时，应采用土壤安息角校正本表所列数值。
  3 表中所列间距应自管壁或防护设施外缘算起。
  4 当有可靠根据或措施时，可减小表中所列数值。
  5 本表不适用于湿陷性黄土地区及膨胀土等特殊地区。

40.《油气田集输管道施工规范》GB 50819—2013

1 总 则

1.0.2 本规范适用于设计压力不大于32MPa，设计温度为-20℃~360℃的陆上油田集输钢质管道和设计压力不大于70MPa的陆上气田集输钢质管道新建、改建和扩建工程施工。

本规范不适用于天然气中硫化氢体积含量大于或等于5%的气田集输管道工程的施工。

2 术 语

2.0.1 油气田集输 oil-gas field gathering and transportation

在油气田内，将油、气井采出的原油和天然气汇集、处理和输送的全过程。

2.0.2 采油管道 oil flow pipeline

对自井口装置节流阀至站之间油气进行收集输送的管道。

2.0.3 集油管道 crude gathering pipeline

在油田内，对自油气计量分离器至有关站和站之间输送气液两相或未经处理的液流进行收集输送的管道。

2.0.4 采气管道 gas flow pipeline

对自井口装置节流阀至一级油气分离器气体进行收集输送的管道。

2.0.5 集气管道 gas gathering pipeline

对油气田内部自一级油气分离器至天然气的商品交换点之间的气体进行输送的管道。

2.0.6 接转站 pumping stations

在油田、油气收集系统中，以液态增压为主的站，也称转油站或接收站。

2.0.7 公称压力（PN） nominal pressure

用以确定管子、管件、阀门、法兰等耐压能力的标准压力，以PN表示，单位MPa。

3 基本规定

3.0.3 油气集输管道等级分类应符合下列规定：

1 压力小于或等于1.6MPa的管道为低压管道；
2 压力大于1.6MPa且小于10MPa的管道为中压管道；
3 压力大于或等于10MPa且小于或等于70MPa的管道为高压管道。

3.0.4 油田集输应包括下列管道：

1 采油、注水、注汽井、注聚合物等的井场工艺管道；
2 井口、计量站、计量接转站（或转油站）、联合站之间的输送原油、工作压力不大于1.6MPa的石油伴生气、注水、注聚合物、动力液、稀释油、活性水、含油污水及其混合物的管道；
3 联合站与油田内油库、输油首站间的输油管道；
4 注蒸汽管道、蒸汽管道和采油伴热管道等热采系统管道及其附件安装。

3.0.5 气田集输应包括下列管道：

1 由气井采气树至天然气净化厂或外输首站之间的采气管道、集气支线、集气干线；
2 由气井直接到用户门站的管道；
3 井口回注水管道、注气管道、注醇管道、燃料气管道；
4 井场工艺管道；
5 储气库工程注采支、干线管道。

4 材料验收及保管

4.1 一般规定

4.1.1 管道组成件的验收，应按设计文件或国家现行标准的规定执行，应具有制造厂的质量证明文件。管材质量证明文件若为复印件时应加盖供货商的有效印章。当对管道组成件的质量有疑问时，应进行复验，复验不合格者不得使用。

4.4 阀门验收

4.4.3 阀门安装前，应逐个进行强度及严密性试验。不合格阀门不得使用。

4.4.4 阀门试压应符合下列规定：

1 试压用压力表精度不应低于0.4级，并应经检定合格。

2 阀门应用洁净水为介质进行强度和密封试验。强度试验压力应为公称压力的1.5倍，稳压时间应为5min，壳体、垫片、填料等不渗漏、不变形、无损坏，压力不降为合格。密封试验压力应为公称压力，稳压时间应为15min，无内漏、压力不降为合格。

3 阀门进行强度试压时，球阀应全开，其他阀门应半开半闭。阀体上的安全阀不得参与强度试压。密封试压时应在阀门关闭条件下进行。手动阀门应在单面受压条件下开启，应检查手轮的灵活性和填料处的渗漏情况；电动阀门应按要求调好限位开关，试压运转后，阀门的两面均应进行单面受压条件下的开启，开启压力不应小于设计压力。试压过程中应检查包括注脂孔、安全孔等处的阀门泄漏情况。

4 截止阀、止回阀应按流向进行严密性试验。

5 阀门试压合格后，应排除内部积水（包括中腔），密封面应涂保护层，应关闭阀门、封闭出入口，并应填写阀门试压记录。

6 应按出厂说明书检查液压球阀驱动装置，压力油面应在油标三分之二处，各部驱动应灵活。

7 安全阀应由具有检验资质的机构按设计规定的压力进行校验，并应打好铅封，出具相应的证书。

4.7 保 管

4.7.1 材料应按产品说明书的要求妥善保管,存放过程中不应出现锈蚀、变形、老化或性能下降。易燃、易爆物品的库房应配备消防器材。

4.7.2 防腐保温材料及焊接材料应存放在库房中,其中环氧粉末、焊材应存放在通风、干燥的库房。

6 施工便道修筑与作业带清理

6.1 施工便道修筑

6.1.2 便道应平坦,并应具有足够的承载能力。便道的宽度宜大于4m,并应与公路平缓接通,宜每2km设置1个会车处。弯道和会车处的路面宽度宜大于10m,弯道的转弯半径宜大于18m,并应能保证施工车辆和设备的行驶安全。

10 管道防腐保温及补口补伤

10.1 一般规定

10.1.4 固定墩与管道连接的金属构件的防腐绝缘应符合设计要求,并应进行电火花检漏。

41.《压缩天然气供应站设计规范》GB 51102—2016

1 总 则

1.0.2 本规范适用于城镇燃气工程中下列压缩天然气供应站的设计：
1 压缩天然气加气站；
2 压缩天然气储配站；
3 压缩天然气瓶组供气站。

2 术 语

2.0.1 压缩天然气 compressed natural gas (CNG)
压缩到压力不小于10MPa且不大于25MPa的气态天然气。

2.0.2 压缩天然气供应站 CNG supply station
压缩天然气加气站、压缩天然气储配站、压缩天然气瓶组供气站的统称。

2.0.3 压缩天然气加气站 CNG filling station
将由管道引入的天然气经净化、计量、压缩后形成压缩天然气，并充装至气瓶车、气瓶或瓶组内，以实现压缩天然气车载运输的站场。

2.0.4 压缩天然气储配站 CNG storage and distribution station
采用压缩天然气瓶车储气或将由管道引入的天然气经净化、压缩形成的压缩天然气作为气源，具有压缩天然气储存、调压、计量、加臭等功能，并向城镇燃气输配管道输送天然气的站场。

2.0.5 压缩天然气瓶组供气站 multiple CNG cylinder installations station
采用压缩天然气瓶组储气作为气源，具有压缩天然气储存、调压、计量、加臭等功能，并向城镇燃气输配管道输送天然气的站场。

2.0.6 压缩天然气汽车加气站 CNG refuelling station
将压缩天然气加注至汽车燃料用储气瓶内的站场。

2.0.7 压缩天然气瓶车 CNG cylinders transportation truck
将由管道连成一个整体的多个压缩天然气储气瓶固定在汽车挂车底盘上，设有压缩天然气加（卸）气接口、安全防护、安全放散等设施，用于储存和运输压缩天然气的专用车辆，简称气瓶车。

2.0.8 压缩天然气瓶组 multiple CNG cylinder installations
通过管道将多个压缩天然气储气瓶连接成一个整体并固定在瓶筐上，设有压缩天然气加（卸）气接口、安全防护、安全放散等设施，用于储存和运输压缩天然气的装置，简称储气瓶组。

3 基本规定

3.0.10 压缩天然气供应站的等级划分应符合表3.0.10的规定。

表3.0.10 压缩天然气供应站的等级划分

级别	总储气容积V (m^3)	压缩天然气储气设施总几何容积 V_1 (m^3)	压缩天然气瓶车总几何容积 V_2 (m^3)
一级	$V>200000$	$V_1>700$	$V_2\leqslant200$
二级	$30000<V\leqslant200000$	$120<V_1\leqslant700$	$V_2\leqslant200$
三级	$8500<V\leqslant30000$	$30<V_1\leqslant120$	$V_2\leqslant120$
四级	$1000<V\leqslant8500$	$4<V_1\leqslant30$	$V_2\leqslant18$
五级	$V\leqslant1000$	$V_1\leqslant4$	—

注：1 总储气容积指站内压缩天然气储气设施（包括储气井、储气瓶组、气瓶车等）的储气量之和，按储气设施的几何容积（m^3）与最高储气压力（绝对压力，10^2kPa）的乘积并除以压缩因子后的总和计算。
2 表中"—"表示该项内容不存在。

3.0.11 天然气储配站、压缩天然气汽车加气站与压缩天然气加气站、压缩天然气储配站合建时，合建站的等级应根据总储气量按本规范第3.0.10条的规定划分。

3.0.12 压缩天然气供应站内危险场所和其他相关位置应设置安全标志和专用标志，并应符合现行行业标准《城镇燃气标志标准》CJJ/T 153的有关规定。

4 站 址 选 择

4.1 一般规定

4.1.1 压缩天然气供应站选址应符合城镇总体规划和城镇燃气专项规划的要求，并应与城镇的能源规划、环保规划等相结合。

4.1.3 压缩天然气供应站选址应遵循不占或少占农田、节约用地的原则，并宜与周围环境、景观相协调。

4.1.4 压缩天然气供应站应避开山洪、滑坡等不良地质地段，且周边应具备交通、供电、给水排水及通信等条件。

4.1.6 城市中心区不应建设一级、二级、三级压缩天然气供应站及其与各级液化石油气混气站的合建站，不应建设四级、五级压缩天然气供应站与六级及以上液化石油气混气站的合建站。城市建成区不宜建设一级压缩天然气供应站及其与各级液化石油气混气站的合建站。压缩天然气供应站与液化石油气混气站合建站的设置，除应符合本规范的规定外，尚应符合现行国家标准《液化石油气供应工程设计规范》GB

51142的有关规定。

4.1.7 城市建成区内两个压缩天然气瓶组供气站的水平净距不应小于300m。当不能满足距离要求且必须设置时，站内压缩天然气瓶组与站外建（构）筑物的防火间距应按本规范表4.2.2中最大总储气容积小于等于10000m³的规定执行。

4.2 与站外设施的防火间距

4.2.1 压缩天然气加气站、压缩天然气储配站内储气井与站外建（构）筑物的防火间距不应小于表4.2.1的规定。

表4.2.1 压缩天然气加气站、压缩天然气储配站内储气井与站外建（构）筑物的防火间距

项目		储气井总储气容积 V（m³）	防火间距（m）				
			V<5000	5000≤V<50000	50000≤V<100000	100000≤V<300000	300000≤V<400000
居住区、村镇及重要公共建筑（学校、影剧院、体育馆等）			40	50	55	60	70
高层民用建筑			30	35	40	45	50
高层民用建筑裙房、民用建筑			20	25	30	35	40
明火、散发火花地点，室外变、配电站			25	30	35	40	45
甲、乙、丙类液体储罐，甲、乙类生产厂房，甲、乙类物品库房，可燃材料堆场			25	30	35	40	45
丙、丁类生产厂房，丙、丁类物品库房			20	25	30	35	40
其他建筑	耐火等级	一、二级	15	20	25	30	35
		三级	20	25	30	35	40
		四级	25	30	35	40	45
铁路（中心线）		正线	35	35	40	40	45
		其他线	25	25	30	30	35
公路、道路（路边）		高速，一、二级，城市快速	15	20	25	25	25
		其他	12	15	15	15	15
架空电力线（中心线）			1.5倍杆高				
架空通信线（中心线）			1.0倍杆高		1.5倍杆高		

注：1 储气井总储气容积按储气井几何容积（m³）与最高储气压力（绝对压力，10²kPa）乘积并除以压缩因子后的总和计算。
2 居住区、村镇指居住1000人或300户以上的地区。高层建筑达到居住区规模时，应按居住区对待。
3 室外变、配电站指电力系统电压为35kV～500kV，且每台变压器容量在10MV·A以上的室外变、配电站，以及工业企业的变压器总油量大于5t的室外降压变电站。低于上述规格的室外变、配电站或变压器可按丙类生产厂房对待。
4 铁路其他线仅指企业专用线，除此之外的线路均应按正线执行。

4.2.2 压缩天然气加气站、压缩天然气储配站内气瓶车固定车位与站外建（构）筑物的防火间距不应小于表4.2.2的规定。

表4.2.2 压缩天然气加气站、压缩天然气储配站内气瓶车固定车位与站外建（构）筑物的防火间距

项目		气瓶车在固定车位最大总储气容积 V（m³）	防火间距（m）	
			V≤10000	10000<V≤45000
居住区、村镇及重要公共建筑（学校、影剧院、体育馆等）			50	60
高层民用建筑			35	40
高层民用建筑裙房、民用建筑			25	30
明火、散发火花地点，室外变、配电站			25	30
甲、乙、丙类液体储罐，甲、乙类生产厂房，甲、乙类物品库房，可燃材料堆场			25	30
丙、丁类生产厂房，丙、丁类物品库房			20	25
其他建筑	耐火等级	一、二级	15	20
		三级	20	25
		四级	25	30
铁路（中心线）		正线	35	40
		其他线	25	30

续表4.2.2

项目	气瓶车在固定车位最大总储气容积 V (m³)	防火间距（m）	
		$V \leqslant 10000$	$10000 < V \leqslant 45000$
公路、道路（路边）	高速，一、二级，城市快速	20	20
	其他	12	15
架空电力线（中心线）		1.5倍杆高	
架空通信线（中心线）		1.5倍杆高（且与Ⅰ、Ⅱ级架空通信线距离不得少于20m）	

注：1 气瓶车在固定车位最大总储气容积按在固定车位各气瓶车的几何容积（m³）与最高储气压力（绝对压力，10²kPa）乘积并除以压缩因子后的总和计算。
2 居住区、村镇指居住1000人或300户以上的地区。高层建筑达到居住区规模时，应按居住区对待。
3 室外变、配电站指电力系统电压为35kV～500kV，且每台变压器容量在10MV·A以上的室外变、配电站，以及工业企业的变压器总油量大于5t的室外降压变电站。低于上述规格的室外变、配电站或变压器可按丙类生产厂房对待。
4 铁路其他线仅指企业专用线，除此之外的线路均应按正线执行。

4.2.3 压缩天然气加气站、压缩天然气储配站内露天设置的固定式储气瓶组总几何容积大于4m³且不大于18m³时，与站外建（构）筑物的防火间距可按本规范表4.2.2中最大总储气容积小于等于10000m³的规定执行。当储气瓶组总几何容积不大于4m³时，与站外建（构）筑物的防火间距可按本规范表4.2.6的规定执行。

4.2.4 压缩天然气加气站、压缩天然气储配站内集中放散装置的放散管口与站外建（构）筑物的防火间距不应小于表4.2.4的规定。工艺设备的操作放散、检修放散、安全放散和储气井、总几何容积不大于18m³固定式储气瓶组的检修放散、事故放散、安全放散的放散管口与站外建（构）筑物的防火间距可按本规范表4.2.6的规定执行。

表4.2.4 压缩天然气加气站、压缩天然气储配站内集中放散装置的放散管口与站外建（构）筑物的防火间距

项目	防火间距（m）
居住区、村镇及重要公共建筑（学校、影剧院、体育馆等）	50
高层民用建筑	35
高层民用建筑裙房、民用建筑	25
明火、散发火花地点，室外变配电站	30
甲、乙类液体储罐，甲、乙类生产厂房，甲、乙类物品库房，可燃材料堆场	30
丙、丁类生产厂房，丙、丁类物品库房	25

续表4.2.4

项目		防火间距（m）
其他建筑	耐火等级 一、二级	20
	三级	25
	四级	30
铁路（中心线）	正线	40
	其他线	30
公路、道路（路边）	高速，一、二级，城市快速	20
	其他	15
架空电力线（中心线）	>380V	2.0倍杆高
	≤380V	1.5倍杆高
架空通信线（中心线）		1.5倍杆高

注：1 居住区、村镇指居住1000人或300户以上的地区。高层建筑达到居住区规模时，应按居住区对待。
2 室外变、配电站指电力系统电压为35kV～500kV，且每台变压器容量在10MV·A以上的室外变、配电站，以及工业企业的变压器总油量大于5t的室外降压变电站。低于上述规格的室外变、配电站或变压器可按丙类生产厂房对待。
3 铁路其他线仅指企业专用线，除此之外的线路均应按正线执行。

4.2.5 压缩天然气加气站、压缩天然气储配站内露天的工艺装置区与站外建（构）筑物的防火间距可按现行国家标准《建筑设计防火规范》GB 50016规定的甲类生产厂房与站外建（构）筑物的防火间距执行。

4.2.6 压缩天然气瓶组供气站内的气瓶组应设置在固定地点。气瓶组、天然气放散管口及调压装置与站外建（构）筑物的防火间距不应小于表4.2.6的规定。

表4.2.6 气瓶组、天然气放散管口及调压装置与站外建（构）筑物的防火间距

项目	防火间距（m）		
	气瓶组	天然气放散管口	调压装置
重要公共建筑（学校、影剧院、体育馆等），高层民用建筑	30	30	24
高层民用建筑裙房，民用建筑	18	18	12
明火、散发火花地点，室外变配电站	25	25	25
甲、乙类液体储罐，甲、乙类生产厂房，甲、乙类物品库房，可燃材料堆场	20	25	18
丙、丁类生产厂房，丙、丁类物品库房	16	20	15

续表 4.2.6

项目	名 称		防火间距（m）		
			气瓶组	天然气放散管口	调压装置
其他建筑	耐火等级	一、二级	14	16	12
		三级	16	20	15
		四级	20	25	18
铁路（中心线）		正线	35	35	22
		其他线	25	25	15
道路（路边）		主要	10	10	10
		次要	5	5	5
架空电力线（中心线）			1.5倍杆高	1.5倍杆高	1.0倍杆高
架空通信线（中心线）		Ⅰ、Ⅱ级	1.5倍杆高	1.5倍杆高	1.0倍杆高
		其他	1.0倍杆高	1.0倍杆高	1.0倍杆高

注：1 室外变、配电站指电力系统电压为35kV～500kV，且每台变压器容量在10MV·A以上的室外变、配电站，以及工业企业的变压器总油量大于5t的室外降压变电站。低于上述规格的室外变、配电站或变压器可按丙类生产厂房对待。
2 表中气瓶组为露天环境设置。
3 铁路其他线仅指企业专用线，除此之外的线路均应按正线执行。

4.2.7 压缩天然气供应站内其他建（构）筑物与站外建（构）筑物之间的防火间距应符合现行国家标准《建筑设计防火规范》GB 50016 的有关规定。

4.2.8 压缩天然气储配站、压缩天然气瓶组供气站与液化石油气混气站合建时，应按本规范和现行国家标准《液化石油气供应工程设计规范》GB 51142 对压缩天然气储气设施、液化石油气储存设施分别进行等级划分。压缩天然气储气设施、液化石油气储存设施与站外建（构）筑物的防火间距应符合下列规定：

1 一级、二级压缩天然气供应站应按本规范规定的防火间距执行；三级、四级、五级压缩天然气供应站的储气井应按将本规范表 4.2.1 中总储气容积的划分区间提高一档的规定执行；三级、四级压缩天然气供应站的气瓶车和容积大于 4m³ 且不大于 18m³ 固定式储气瓶组应按本规范表 4.2.2 中总储气容积大于 10000m³ 且小于等于 45000m³ 的规定执行；三级、四级、五级压缩天然气供应站容积不大于 4m³ 的储气瓶组应按本规范表 4.2.2 中总储气容积小于等于 10000m³ 的规定执行。

2 液化石油气储存设施应按现行国家标准《液化石油气供应工程设计规范》GB 51142 中合建站防火间距的规定执行。

5 总平面布置

5.1 一般规定

5.1.1 压缩天然气加气站、压缩天然气储配站的总平面应按生产区和辅助区分区布置。

5.1.2 一级、二级压缩天然气供应站应设 2 个对外出入口；三级压缩天然气供应站宜设 2 个对外出入口。

5.1.3 压缩天然气加气站、压缩天然气储配站的四周边界应设置不燃烧体围墙。生产区围墙应采用高度不小于 2m 的不燃烧体实体围墙；辅助区根据安全保障情况和景观要求，可采用不燃烧体非实体围墙。生产区与辅助区之间宜采用围墙或栅栏隔开。

5.1.4 压缩天然气瓶组供气站的四周边界应设置不燃烧体围墙，当采用非实体围墙时，底部实体部分高度不应小于 0.6m。

5.1.6 压缩天然气加气站、压缩天然气储配站内应设置气瓶车固定车位。固定车位应有明显的边界线，每台气瓶车的固定车位宽度不应小于 4.5m，长度不应小于气瓶车长度。每个车位宜对应 1 个加气嘴或卸气嘴。

5.1.7 气瓶车在充气或卸气作业时应停靠在固定车位，并应采取固定措施防止气瓶车移动。

5.1.8 压缩天然气供应站内生产区应设有满足生产、运行、消防等需要的道路和回车场地。固定车位前应设有满足压缩天然气运输车辆运行的回车场地。当站内固定式压缩天然气储气设施总几何容积不小于 500m³ 时，应设环形消防车道；当站内固定式压缩天然气储气设施总几何容积小于 500m³ 时，可设置尽头式消防车道和面积不小于 12m×12m 的回车场地。消防车道宽度不应小于 4.0m。

5.1.9 压缩天然气供应站的生产区内应设置满足运行操作需要的通道、爬梯和平台。

5.1.10 当压缩天然气加气站、压缩天然气储配站与压缩天然气汽车加气站合建时，应采用围墙将压缩天然气汽车加气区、加气服务用站房与站内其他设施分隔开。

5.1.12 压缩天然气供应站的生产区内可种植草坪、植物、设置花坛，不得种植油性植物和影响生产操作、消防及设施安全的植物。

5.2 站内设施的防火间距

5.2.1 压缩天然气加气站、压缩天然气储配站内储气井与站内建（构）筑物的防火间距不应小于表 5.2.1 的规定。

表 5.2.1 压缩天然气加气站、压缩天然气储配站内储气井与站内建（构）筑物的防火间距

项目	总储气容积 V（m³）				
	V≤1000	1000<V ≤10000	10000<V ≤50000	50000<V ≤200000	200000<V ≤400000
	防火间距（m）				
明火、散发火花地点	20	25	30	35	40
压缩机室、调压室、计量室	5	10	15	20	25

续表 5.2.1

总储气容积 V (m³) / 项目	V≤1000	1000<V ≤10000	10000<V ≤50000	50000<V ≤200000	200000<V ≤400000
控制室、变配电室、汽车库、值班室等辅助建筑	12	15	20	25	30
机修间、燃气热水炉间	14	20	25	30	35
办公、生活建筑	18	20	25	30	35
消防泵房、消防水池取水口	20				
站内道路（路边）	5	5	10	10	10
围墙	5	10	15	15	18

注：1 储气井总储气容积按本规范表 4.2.1 注 1 计算。
   2 总几何容积不大于 18m³ 固定式储气瓶组与站内建（构）筑物的防火间距可按本表中总储气容积大于 1000m³ 且小于等于 10000m³ 的规定执行。
   3 燃气热水炉间指室内设置微正压室燃式燃气热水炉的建筑。

5.2.2 当压缩天然气加气站、压缩天然气储配站与天然气储配站合建时，站内天然气储罐或储气井之间的防火间距应符合下列规定：

　　1 固定容积天然气储罐之间的防火间距不应小于相邻较大罐直径的 2/3。

　　2 当固定容积天然气储罐的总储气容积大于 200000m³ 时，应分组布置。卧式储罐组与组之间的防火间距不应小于相邻较大罐长度的一半；球形储罐组与组之间的防火间距不应小于相邻较大罐的直径，且不应小于 20m。

　　3 当储气井的总储气容积大于 200000m³ 时，应分组布置。组与组之间的防火间距不应小于 20m。

　　4 天然气储罐与储气井之间的防火间距不应小于 20m。

5.2.3 压缩天然气加气站、压缩天然气储配站内储气井与气瓶车固定车位的防火间距不应小于表 5.2.3 的规定。总几何容积不大于 18m³ 固定式储气瓶组与气瓶车固定车位的防火间距不应小于 15m。

表 5.2.3 压缩天然气加气站、压缩天然气储配站内储气井与气瓶车固定车位的防火间距

气瓶车在固定车位最大总储气容积 V_2 (m³) / 储气井总储气容积 V_1 (m³)	V_1 ≤50000	50000<V_1 ≤200000	200000<V_1 ≤400000
V_2≤10000	12	15	20

续表 5.2.3

气瓶车在固定车位最大总储气容积 V_2 (m³) / 储气井总储气容积 V_1 (m³)	V_1 ≤50000	50000<V_1 ≤200000	200000<V_1 ≤400000
10000<V_2≤30000	15	20	25
30000<V_2≤45000	20	25	30

注：1 储气井总储气容积按本规范表 4.2.1 注 1 计算。
   2 气瓶车在固定车位最大总储气容积按本规范表 4.2.2 注 1 计算。
   3 压缩天然气加气站或压缩天然气储配站与天然气储配站合建时，站内固定容积天然气储罐与气瓶车固定车位的防火间距，应符合本表相同容积储气井的规定，且不应小于较大罐直径。

5.2.4 当压缩天然气加气站、压缩天然气储配站与液化石油气混气站合建时，站内储气井或气瓶车固定车位与液化石油气储罐的防火间距不应小于表 5.2.4 的规定。

表 5.2.4 站内储气井或气瓶车固定车位与液化石油气储罐的防火间距

液化石油气		储气井或气瓶车在固定车位最大总储气容积 V_1 (m³)					
总容积 V_2 (m³)	单罐容积 V_3 (m³)	V_1<1000	1000≤V_1<10000	10000≤V_1<50000	50000≤V_1<100000	100000≤V_1<300000	300000≤V_1<400000
30<V_2≤50	V_3≤20	25	25	28	28	32	32
50<V_2≤200	V_3≤50	25	25	30	30	35	35
200<V_2≤500	V_3≤100	25	30	30	35	40	40
500<V_2≤1000	V_3≤200	25	30	35	35	45	45

注：1 储气井总储气容积按本规范表 4.2.1 注 1 计算。
   2 气瓶车在固定车位最大总储气容积按本规范表 4.2.2 注 1 计算。
   3 固定式储气瓶组总几何容积不大于 18m³ 时，与液化石油气储罐的防火间距可按本表中总储气容积大于等于 1000m³ 且小于 10000m³ 的规定执行。

5.2.5 压缩天然气加气站、压缩天然气储配站内气瓶车固定车位与站内建（构）筑物的防火间距不应小于表 5.2.5 的规定。

表5.2.5 压缩天然气加气站、压缩天然气储配站内气瓶车固定车位与站内建（构）筑物的防火间距

项目	气瓶车在固定车位最大总储气容积V（m³）			
	V≤5000	5000<V≤10000	10000<V≤30000	30000<V≤45000
	防火间距（m）			
明火、散发火花地点	25	25	30	35
压缩机室、调压室、计量室	6	10	12	15
控制室、变配电室、汽车库、值班室等辅助建筑	12	15	20	25
机修间、燃气热水炉间	14	15	20	25
办公、生活建筑	18	20	25	30
消防泵房、消防水池取水口	20			
站内道路（路边） 主要	6	10	10	10
站内道路（路边） 次要	4	5	5	5
围墙	5	6	10	10

注：1 气瓶车在固定车位最大总储气容积按本规范表4.2.2注1计算。
　　2 燃气热水炉间指室内设置微正压室燃式燃气热水炉的建筑。

5.2.6 压缩天然气供应站内加气柱、卸气柱与气瓶车固定车位的距离宜为2m～3m。加气柱、卸气柱距围墙不应小于6m，距压缩机室、调压室、计量室不应小于6m，距燃气热水炉间不应小于12m。

5.2.7 压缩天然气加气站、压缩天然气储配站内集中放散装置的放散管口、露天工艺装置区与站内建（构）筑物的防火间距不应小于表5.2.7的规定。

表5.2.7 压缩天然气加气站、压缩天然气储配站内集中放散装置的放散管口、露天工艺装置区与站内建（构）筑物的防火间距

项目	防火间距（m）	
	集中放散装置的放散管口	露天工艺装置区
明火、散发火花地点	30	20
压缩机室、调压室、计量室	20	—
控制室、变配电室、汽车库、值班室等辅助建筑	25	12
机修间、燃气热水炉间	25	15
办公、生活建筑	25	18
消防泵房、消防水池取水口	20	20
站内道路（路边）	2	4
围墙	2	10
储气井、固定式储气瓶组、气瓶车固定车位	20	—

注：1 露天工艺装置区与压缩机室、调压室、计量室等生产建筑的间距可按工艺要求确定。
　　2 露天工艺装置区与储气井、固定式储气瓶组、气瓶车固定车位的间距可按工艺要求确定。
　　3 露天工艺装置区与集中放散装置的放散管口的间距不应小于20m。
　　4 燃气热水炉间指室内设置微正压室燃式燃气热水炉的建筑。

5.2.8 压缩天然气瓶组供气站的气瓶组应设置在固定地点，其与围墙的间距不应小于4.5m，与站内其他建（构）筑物的防火间距可按本规范表5.2.7中露天工艺装置区的规定执行。

5.2.9 压缩天然气瓶组供气站的气瓶组与调压计量装置之间的防火间距应按工艺要求确定。

5.2.10 当本规范未作规定时，压缩天然气供应站内建（构）筑物的防火间距应符合现行国家标准《建筑设计防火规范》GB 50016的有关规定。

6 工艺及设施

6.2 工艺及设备

6.2.6 放散装置的设置应符合下列规定：

1 压缩天然气供应站进（出）站管道事故放散、总几何容积大于18m³固定式储气瓶组事故放散、压缩天然气供应站与天然气储配站合建站内储气罐检修及事故放散应设置集中放散装置。集中放散装置的放散管口应高出距其25m范围内的建（构）筑物2m以上，且距地面高度不得小于10m。

2 压缩机、加气、卸气、脱水、脱硫、减压等工艺设备的操作放散、检修放散、安全放散的放散管口和储气井、总几何容积不大于18m³固定式储气瓶组的检修放散、事故放散、安全放散的放散管口应高出距其10m范围内的建（构）筑物或露天设备平台2m以上，且距地面高度不得小于5m。

6.3 管道及附件

6.3.8 压缩天然气供应站内架空敷设工艺管道与道路、其他管线交叉的垂直净距不应小于表6.3.8的规定。

表6.3.8 压缩天然气供应站内架空工艺管道与道路、其他管线交叉的垂直净距

道路和管线		垂直净距（m）	
		工艺管道下	工艺管道上
车行道路路面		5.00	—
人行道路路面		2.20	—
其他管道	管径≤300mm	同管道直径，但不应小于0.10	同管道直径，但不应小于0.10
	管径>300mm	0.30	0.30

注：在保证安全的情况下，架空工艺管道至车行道路路面的垂直净距可取4.50m。在车行道和人行道以外的地区，可在从地面到管底高度不小于0.35m的低支柱上敷设。

7 建（构）筑物与供暖通风换热

7.1 建（构）筑物

7.1.3 压缩天然气供应站内生产厂房及附属建筑物的耐火等级不应低于现行国家标准《建筑设计防火规范》GB 50016中"耐火等级二级"的有关规定。

7.1.4 压缩天然气供应站内有爆炸危险甲、乙类生产厂房的设计应符合现行国家标准《建筑设计防火规范》GB 50016的有关规定。建筑物的门窗应向外开启。

7.1.5 天然气压缩机室宜为单层建筑，净高不宜低于4.0m。当压缩机的控制室毗邻压缩机室设置时，控制室门窗应位于爆炸危险区范围外，控制室与压缩机室之间应采用无门窗洞口的防火墙分隔。当必须在防火墙上开窗用于观察设备运转时，应设置非燃烧材料密闭隔声的固定甲级防火窗。

7.2 供暖、通风及换热

7.2.1 压缩天然气供应站内封闭式生产建筑的供暖通风设计应符合现行国家标准《工业建筑供暖通风与空气调节设计规范》GB 50019的有关规定。

7.2.3 压缩天然气供应站内具有爆炸危险的封闭式建筑物应采取通风措施。工作通风的换气次数不应少于6次/h，事故通风的换气次数不应少于12次/h。

7.2.4 压缩天然气储配站内天然气加热装置宜采用热水或蒸汽间壁换热形式，压缩天然气瓶组供气站内天然气加热装置宜采用热水间壁换热形式，换热能力不应小于计算换热量的1.25倍。加热装置宜具有温度自动控制功能，热水和蒸汽供热系统应设超压泄放装置。

8 消防与给水排水

8.1 消 防

8.1.1 压缩天然气加气站、压缩天然气储配站在同一时间内的火灾次数应按1次考虑，室外消防用水量应按储气井、固定式储气瓶组及固定车位气瓶车的一起火灾灭火消防用水量确定。站区的消防用水量不应小于表8.1.1的规定。

表8.1.1 站区的消防用水量

总储气容积 V（m³）	500<V ≤10000	10000<V ≤50000	50000<V ≤100000	100000<V ≤200000	V> 200000
消防用水量 （L/s）	15	20	25	30	35

注：1 总储气容积为储气井、固定式储气瓶组的储气总容积与气瓶车在固定车位最大储气容积之和，按其几何容积（m³）与最高储气压力（绝对压力，10^2kPa）的乘积并除以压缩因子后的总和计算。
2 当与天然气储配站合建时，合建站的消防用水量应将天然气储罐的储气容积计入总储气容积后按本表执行。

8.1.2 压缩天然气供应站内消防设施设计和建筑物消防用水量的确定应符合现行国家标准《建筑设计防火规范》GB 50016和《消防给水及消火栓系统技术规范》GB 50974的有关规定。

8.1.3 下列压缩天然气供应站内的压缩天然气储气设施及工艺装置区可不设消防给水系统：
   1 五级压缩天然气供应站；
   2 固定式储气瓶组总几何容积不大于18m³的四级压缩天然气供应站；
   3 固定式储气瓶组总几何容积不大于18m³、气瓶车固定车位数量不大于1个且站址位于供水量不小于20L/s市政消火栓保护范围150m以内的三级压缩天然气供应站。

8.1.4 当设置消防水池时，消防水池的容量应按火灾延续时间不小于3h计算确定。当消防水池采用两路供水且在火灾情况下连续补水能满足消防要求时，消防水池的有效容积可减去火灾延续时间内补充的水量，但消防水池的有效容积不应小于100m³；当仅设有消火栓系统时，不应小于50m³。

8.1.5 压缩天然气加气站、压缩天然气储配站内消防给水管网应采用环形管网，给水干管不应少于两条，当其中一条发生故障时，其余的进水管应能满足消防用水总量的供给要求。寒冷地区的消防给水管网应采取防冻措施。

8.1.7 压缩天然气供应站内储气井应根据储气规模配置干粉灭火器，每25个储气井配置8kg干粉灭火器的数量不得少于2个；工艺装置区配置8kg干粉灭火器的数量不得少于2个；加气柱、卸气柱配置8kg干粉灭火器的数量不得少于2个。建筑物灭火器的配置应符合现行国家标准《建筑灭火器配置设计规范》GB 50140的有关规定。

9 电 气

9.1 供配电

9.1.1 压缩天然气加气站和作为可间断供气用户气源的压缩天然气储配站内生产用电、生活用电的供电系统设计应符合现行国家标准《供配电系统设计规范》GB 50052中"三级负荷"的规定，站内消防用电和自控系统用电的供电系统设计应符合现行国家标准《供配电系统设计规范》GB 50052中"二级负荷"的规定。

9.1.2 当压缩天然气储配站作为不可间断供气用户的气源时，生产用电、消防用电和自控系统用电的供电系统设计应符合现行国家标准《供配电系统设计规范》GB 50052中"二级负荷"的规定。

9.1.3 压缩天然气供应站电气防爆设计应符合下列规定：
   1 设置在爆炸危险区域电气设备的选型、安装和线路的敷设等应符合现行国家标准《爆炸危险环境电力装置设计规范》GB 50058的有关规定。
   2 爆炸危险区域等级和范围的划分应符合本规范附录A的规定。本规范附录A未规定的情况，应符合现行国家标准《爆炸危险环境电力装置设计规范》GB 50058的有关规定。

9.1.5 压缩天然气供应站内供配电及控制电缆的选择与敷设应符合现行国家标准《电力工程电缆设计规范》GB 50217的有关规定。配电电缆应采用阻燃型，控制电缆宜采用阻燃型；消防系统的配电及控制电缆宜采用耐火型。

9.1.6 压缩天然气供应站内建筑物的照明设计应符合现行国家标准《建筑照明设计标准》GB 50034的有关规定。站内消防泵房、变配电室、控制室、加气柱及卸气柱等应设置应急照明，应急照明和疏散指示标志的设置应符合现行国家标准《建筑设计防火规范》GB 50016的有关规定。

10 仪表、自控与通信

10.3 通 信

10.3.1 一级、二级、三级压缩天然气供应站应设置视频监控系统和周界入侵报警系统，四级压缩天然气供应站宜设置视频监控系统和周界入侵报警系统。

10.3.2 视频监控系统的设计应符合现行国家标准《工业电视系统工程设计规范》GB 50115 的有关规定。周界入侵报警系统的设计应符合现行国家标准《入侵报警系统工程设计规范》GB 50394 的有关规定。

10.3.3 视频监控系统和入侵报警系统的主机应设置在有人值守的控制室或值班室内。

10.3.4 压缩天然气加气站、压缩天然气储配站应至少设置 1 台直通外线的电话。一级、二级压缩天然气供应站内应至少设置 2 台直通外线的电话。

10.3.5 压缩天然气供应站内在爆炸危险区域内使用的通信设备应采用与爆炸危险环境类型相适应的防爆型产品。

附录 A 压缩天然气供应站内爆炸危险区域等级和范围划分

A.0.1 爆炸危险区域等级的定义应符合现行国家标准《爆炸危险环境电力装置设计规范》GB 50058 的有关规定。

A.0.7 站内下列场所可划分为非爆炸危险区域：

　1　没有释放源，且不可能有可燃气体侵入的区域；

　2　可燃气体可能出现的最高浓度不超过爆炸下限的 10% 的区域；

　3　燃气热水炉间等在生产过程中使用明火设备的厂房；

　4　在工艺装置区外，露天或开敞设置的通风良好的地上燃气管道及其附带的管道截断阀、止回阀的地带。

42.《液化石油气供应工程设计规范》GB 51142—2015

1 总 则

1.0.2 本规范适用于新建、扩建和改建的液态液化石油气管道输送工程和下列储存容积小于等于10000m³ 城镇液化石油气供应工程的设计：
　　1 液化石油气储存站、储配站和灌装站；
　　2 液化石油气气化站、混气站和瓶组气化站；
　　3 液化石油气瓶装供应站。

1.0.3 本规范不适用于下列液化石油气工程和装置的设计：
　　1 炼油厂、石油化工厂、油气田和天然气气体处理装置的液化石油气加工、储存、灌装及运输工程；
　　2 液化石油气全冷冻式储存、半冷冻式储存、灌装和运输工程（全冷冻式储罐和半冷冻式储罐与站外建筑物、构筑物、堆场的防火间距除外）；
　　3 海洋和内河水运的液化石油气运输设施；
　　4 轮船、铁路车辆和汽车上使用的液化石油气装置；
　　5 液化石油气汽车加气站。

2 术 语

2.0.1 液化石油气供应站　LPG supply station
　　具有储存、装卸、灌装、气化、混气、配送等功能，以储配、气化（混气）或经营液化石油气为目的的专门场所，是液化石油气厂站的总称。包括储存站、储配站、灌装站、气化站、混气站、瓶组气化站和瓶装供应站。

2.0.2 液化石油气储存站　LPG stored station
　　由储存和装卸设备组成，以储存为主，并向灌装站、气化站和混气站配送液化石油气为主要功能的专门场所。

2.0.3 液化石油气储配站　LPG stored and delivered station
　　由储存、灌装和装卸设备组成，以储存液化石油气为主要功能，兼具液化石油气灌装作业为辅助功能的专门场所。

2.0.4 液化石油气灌装站　LPG filling station
　　由灌装、储存和装卸设备组成，以液化石油气灌装作业为主要功能的专门场所。

2.0.5 液化石油气气化站　LPG vaporizing station
　　由储存和气化设备组成，以将液态液化石油气转变为气态液化石油气为主要功能，并通过管道向用户供气的专门场所。

2.0.6 液化石油气混气站　LPG-air (other fuel gas) mixing station
　　由储存、气化和混气设备组成，将液态液化石油气转换为气态液化石油气后，与空气或其他燃气按一定比例混合配制成混合气，经稳压后通过管道向用户供气的专门场所。

2.0.7 液化石油气瓶组气化站　vaporizing station of multiple cylinder installations
　　配置2个或以上液化石油气钢瓶，采用自然或强制气化方式将液态液化石油气转换为气态液化石油气后，经稳压后通过管道向用户供气的专门场所。

2.0.8 液化石油气瓶装供应站　bottled LPG delivered station
　　经营和储存瓶装液化石油气的专门场所。

2.0.9 全压力式储罐　fully pressurized storage tank
　　常温状态下盛装液化石油气的储罐，其特点是储存压力随环境温度变化。

2.0.10 半冷冻式储罐　semi-refrigerated storage tank
　　在较低温度和较低压力下盛装液化石油气的储罐。

2.0.11 全冷冻式储罐　fully refrigerated storage tank
　　在低温和常压下盛装液化石油气的储罐。

3 基 本 规 定

3.0.3 当液化石油气与空气混合气作为气源时，液化石油气的体积分数应大于其爆炸上限的2倍，混合气的露点温度应低于管道外壁温度5℃，其质量应符合国家现行标准的有关规定，且应符合下列规定：
　　1 混合气中硫化氢含量不应大于20mg/m³；
　　2 向用户供应的混合气应具有可以察觉的警示性臭味；混合气中加臭剂的添加量应使得当混合气泄漏到空气中，达到爆炸下限的20%时，嗅觉正常的人应能察觉；
　　3 加臭剂的质量、添加量及检测应符合现行行业标准《城镇燃气加臭技术规程》CJJ/T 148的有关规定。

3.0.5 液化石油气供应工程选址、选线，应遵循保护环境、节约用地的原则，且应具有给水、供电和道路等市政设施条件。大型燃气设施应远离居住区、学校、幼儿园、医院、养老院和大型商业建筑及重要公共建筑物，并应设置在城镇的边缘或相对独立的安全地带。

3.0.9 液化石油气供应工程应设置安全警示标志，安全警示标志应符合国家现行标准的有关规定。

3.0.12 液化石油气供应站按储气规模分为8级，等级划分应符合表3.0.12的规定。

表 3.0.12　液化石油气供应站等级划分

级　别	储罐容积 (m³)	
	总容积 (V)	单罐容积 (V')
一级	5000<V≤10000	—
二级	2500<V≤5000	V'≤1000
三级	1000<V≤2500	V'≤400
四级	500<V≤1000	V'≤200
五级	220<V≤500	V'≤100
六级	50<V≤220	V'≤50

续表 3.0.12

级 别	储罐容积（m³）	
	总容积（V）	单罐容积（V'）
七级	V≤50	V'≤20
八级	V≤10	—

注：当单罐容积大于相应级别的规定，应按相对应等级提高一级的规定执行。

3.0.13 二级及以上液化石油气供应站不得与其他燃气厂站及设施合建。五级及以上的液化石油气气化站和混气站、六级及以上的液化石油气储存站、储配站和灌装站，不得建在城市中心城区。

3.0.14 液化石油气供应站与压缩天然气供应站合建时，应符合下列规定：

 1 在城市中心城区内，六级及以上液化石油气供应站不得与压缩天然气供应站合建；

 2 当液化石油气供应站与压缩天然气供应站合建时，其储罐与站外建筑的防火间距应按本规范表 3.0.12 相对应等级划分提高一级的规定执行，且应符合现行国家标准《压缩天然气供应站设计规范》GB 51102 的有关规定。

3.0.15 七级及以上液化石油气供应站设置液化石油气汽车加气功能时，应符合下列规定：

 1 汽车加气区域与液化石油气供应站的工艺装置区应分开布置，中间应用实体围墙隔开；

 2 汽车加气区域平面布置及工艺设计应符合现行国家标准《汽车加油加气站设计与施工规范》GB 50156 的有关规定；

 3 汽车加气区域应设置专用的对外出入口，并应符合现行国家标准《汽车加油加气站设计与施工规范》GB 50156 的有关规定；

 4 加气机与液化石油气供应站内液化石油气储罐的防火间距不得小于本规范表 5.2.10 中汽车槽车装卸台柱（装卸口）与液化石油气储罐的防火间距；

 5 汽车加气区域独立设置的液化石油气储罐与液化石油气供应站的防火间距不应小于本规范表 5.2.8 的规定；

 6 汽车加气区域内的建筑与液化石油气供应站内液化石油气储罐的防火间距不应小于本规范表 5.2.10 中办公用房的规定。

3.0.16 液化石油气供应站不得设置在地下或半地下建筑上。

4 液态液化石油气管道输送

4.1 一般规定

4.1.1 输送液态液化石油气管道的选线应符合下列规定：

 1 应符合沿线城镇规划、公共安全和管道保护的要求，并应综合考虑地质、气象等条件。

 2 应选择地形起伏小，便于运输和施工管理的区域。

 3 不得穿过居住区和公共建筑群等人员集聚的地区及仓库区、危险物品区等；不得穿越与其无关的建筑物。

 4 不得穿过水源保护区、工厂、大型公共场所和矿产资源区等。

 5 应避开地质灾害多发区。

 6 应避免或减少穿跨越河流、铁路、公路和地铁等障碍和设施。

4.1.2 液态液化石油气管道应根据敷设形式、所处环境和运行条件，按可能同时出现的永久荷载、可变荷载和偶然荷载的组合进行设计，并应符合现行国家标准《输油管道工程设计规范》GB 50253 的有关规定。

4.1.3 敷设液态液化石油气管道地区等级划分应符合下列规定：

 1 管道地区等级应根据地区分级单元内建筑物的密集程度划分，并应符合下列规定：

   1）一级地区：供人居住的独立建筑物小于或等于 12 幢；

   2）二级地区：供人居住的独立建筑物大于 12 幢，且小于 80 幢；

   3）三级地区：供人居住的独立建筑物大于或等于 80 幢，但不够四级地区条件的地区、工业区，管道与供人居住的独立建筑物或人员聚集的运动场、露天剧场（影院）、农贸市场等室外公共场所的距离小于 90m 的区域；

   4）四级地区：4 层或 4 层以上建筑物（不计地下室层数）应普遍并占多数，交通频繁、地下设施多的城市中心城区或城镇的中心区域。

 2 确定液化石油气管道穿过的地区等级，应以城镇规划为依据。

4.3 管道敷设

4.3.1 液态液化石油气管道应采用埋地敷设；当受到条件限制时，可采用地上敷设并应考虑温度补偿。

4.3.2 液态液化石油气管道不得在城市道路、公路和高速公路路面下敷设（交叉穿越管道除外）。管道埋设深度应根据管道所经地段的冻土深度、地面载荷、地形和地质条件、地下水深度、管道稳定性要求及管线穿过地区的等级综合确定。管道埋设的最小覆土深度应符合下列规定：

 1 应埋设在土壤冰冻线以下；

 2 当埋设在机动车经过的地段时，不得小于 1.2m；

 3 当埋设在机动车不可能到达的地段时，不得小于 0.8m；

 4 当不能满足上述规定时，应采取有效的安全防护措施。

4.3.3 埋地管道沿途应设置里程桩、转角桩、交叉桩和警示牌等永久性标志，并应符合国家现行标准的有关规定。

4.3.8 埋地液态液化石油气管道与建筑或相邻管道等之间的水平净距不应小于表 4.3.8-1 的规定；埋地管道与相邻管道或道路之间的垂直净距不应小于表 4.3.8-2 的规定。

表 4.3.8-1 埋地液态液化石油气管道与建筑或相邻管道等之间的水平净距

项 目	水平净距（m）		
	管道Ⅰ级	管道Ⅱ级	管道Ⅲ级
特殊建筑（军事设施、易燃易爆物品仓库、国家重点文物保护单位、飞机场、火车站、码头、地铁及隧道出入口等）	100	100	100

续表 4.3.8-1

项 目		水平净距（m）		
		管道Ⅰ级	管道Ⅱ级	管道Ⅲ级
居住区、学校、影剧院、体育馆等重要公共建筑		50	40	25
其他民用建筑		25	15	10
给水管		2	2	2
污水、雨水排水管		2	2	2
热力管	直埋	2	2	2
	在管沟内（至外壁）	4	4	4
其他燃料管道		2	2	2
埋地电缆	电力线（中心线）	2	2	2
	通信线（中心线）	2	2	2
电杆（塔）的基础	≤35（kV）	2	2	2
	>35（kV）	5	5	5
通信照明电杆（至电杆中心）		2	2	2
公路、道路（路边）	高速、Ⅰ、Ⅱ级公路、城市快速	10	10	10
	其他	5	5	5
铁路（中心线）	国家线	25	25	25
	企业专用线	10	10	10
树木（至树中心）		2	2	2

注：1 特殊建筑的水平净距应以划定的边界线为准；
2 居住区指居住 1000 人或 300 户以上的地区，居住 1000 人或 300 户以下的地区按本表其他民用建筑执行；
3 敷设在地上的液态液化石油气管道与建筑的水平净距应按本表的规定增加 1 倍。

表 4.3.8-2 埋地液态液化石油气管道与相邻管道或道路之间的垂直净距

项 目		垂直净距（m）
给水管		0.20
污水、雨水排水管（沟）		0.50
热力管、热力管的管沟底（或顶）		0.50
其他燃料管道		0.20
通信线、电力线	直埋	0.50
	在导管内	0.25
铁路、有轨电车（轨底）		2.00
高速公路、公路（路面）	开挖	1.20
	不开挖	2.00

注：当有套管时，垂直净距的计算应以套管外壁为准。

4.3.9 采用开挖施工方式穿越时，埋地管道与铁路、有轨电车的垂直净距可适当减少，且不得小于 1.2m。

5 液化石油气储存站、储配站和灌装站

5.1 一般规定

5.1.1 液化石油气储存站、储配站和灌装站站址的选择应符合城镇总体规划和城镇燃气专项规划的要求。

5.1.2 液化石油气储存站、储配站和灌装站站址的选择应符合下列规定：

1 三级及以上的液化石油气储存站、储配站和灌装站应设置在城镇的边缘或相对独立的安全地带，并应远离居住区、学校、影剧院、体育馆等人员集聚的场所；

2 在城市中心城区和人员稠密区建设的液化石油气储存站、储配站和灌装站应符合本规范第 3 章的规定；

3 应选择地势平坦、开阔、不易积存液化石油气的地段，且应避开地质灾害多发区；

4 应具备交通、供电、给水排水和通信等条件；

5.2 平面布置

5.2.1 液化石油气储存站、储配站和灌装站站内总平面应分区布置，并应分为生产区（包括储罐区和灌装区）和辅助区。生产区宜布置在站区全年最小频率风向的上风侧或上侧风侧。

5.2.2 液化石油气储存站、储配站和灌装站边界应设置围墙。生产区应设置高度不低于 2m 的不燃烧体实体围墙，辅助区可设置不燃烧体非实体围墙。

5.2.3 液化石油气储存站、储配站和灌装站的生产区和辅助区应各至少设置 1 个对外出入口；当液化石油气储罐总容积大于 1000m³ 时，生产区应至少设置 2 个对外出入口，且其间距不应小于 50m。对外出入口的设置应便于通行和紧急事故时人员的疏散，宽度均不应小于 4m。

5.2.4 液化石油气储存站、储配站和灌装站的生产区内严禁设置地下和半地下建筑，但下列情况除外：

1 储罐区的地下排水管沟，且采取了防止液化石油气聚集措施；

2 严寒和寒冷地区的地下消火栓。

5.2.5 液化石油气储存站、储配站和灌装站的生产区应设置环形消防车道；当储罐总容积小于 500m³ 时，可设置尽头式消防车道和回车场，且回车场的面积不应小于 12m×12m。消防车道宽度不应小于 4m。

5.2.6 液化石油气储存站、储配站和灌装站应设置专用卸车或充装场地，并应配置车辆固定装置。

5.2.7 灌瓶间的钢瓶装卸平台前应设置汽车回车场。

5.2.8 全压力式储罐与站外建筑、堆场的防火间距不应小于表 5.2.8 的规定。半冷冻式储罐与站外建筑、堆场的防火间距可按表 5.2.8 的规定执行。

表 5.2.8 全压力式储罐与站外建筑、堆场的防火间距（m）

项 目	储罐总容积（V, m³）、单罐容积（V', m³）					
	$V≤50$	$50<V≤220$	$220<V≤500$	$500<V≤1000$	$1000<V≤2500$	$2500<V≤5000$	$5000<V≤10000$
	$V'≤20$	$V'≤50$	$V'≤100$	$V'≤200$	$V'≤400$	$V'≤1000$	—
居住区、学校、影剧院、体育馆等重要公共建筑（最外侧建筑物外墙）	45	50	70	90	110	130	150

续表 5.2.8

项 目			储罐总容积（V，m³）、单罐容积（V'，m³）						
			V≤50 V'≤20	50<V≤220 V'≤50	220<V≤500 V'≤100	500<V≤1000 V'≤200	1000<V≤2500 V'≤400	2500<V≤5000 V'≤1000	5000<V≤10000 —
工业企业（最外侧建筑物外墙）			27	30	35	40	50	60	75
明火、散发火花地点和室外变、配电站			45	50	55	60	70	80	120
其他民用建筑			40	45	50	55	65	75	100
甲、乙类液体储罐，甲、乙类生产厂房，甲、乙类物品仓库，易燃材料堆场			40	45	50	55	65	75	100
丙类液体储罐，可燃气体储罐，丙、丁类生产厂房，丙、丁类物品仓库			32	35	40	45	55	65	80
助燃气体储罐、可燃材料堆场			27	30	35	40	50	60	75
其他建筑	耐火等级	一、二级	18	20	22	25	30	40	50
		三级	22	25	27	30	40	50	60
		四级	27	30	35	40	50	60	75
铁路（中心线）	国家线		60	70	70	80	80	100	100
	企业专用线		25	30	30	35	35	40	40
公路、道路（路边）	高速、Ⅰ、Ⅱ级公路、城市快速		20	25	25	25	25	25	30
	其他		15	20	20	20	20	20	25
架空电力线（中心线）			1.5倍杆高				1.5倍杆高，但35kV以上架空电力线不应小于40		
架空通信线（中心线）	Ⅰ、Ⅱ级		30	30	40	40	40	40	40
	其他		1.5倍杆高						

注：1 防火间距应按本表储罐总容积或单罐容积较大者确定，间距的计算应以储罐外壁为准。
  2 居住区指居住1000人或300户以上的地区，居住1000人或300户以下的地区应按本表其他民用建筑执行。
  3 当地下储罐单罐容积小于或等于50m³，且总容积小于或等于400m³时，其防火间距可按本表减少50%执行。
  4 新建储罐与原地下液化石油气储罐的防火间距（地下储罐单罐容积小于或等于50m³，且总容积小于或等于400m³时）可按本表减少50%执行。

5.2.9 单罐容积大于5000m³，且设有防液堤的全冷冻式储罐与站外建筑、堆场的防火间距不应小于表5.2.9的规定。当单罐容积等于或小于5000m³时，防火间距可按本规范表5.2.8条中总容积相对应的全压力式液化石油气储罐的规定执行。

表5.2.9 全冷冻式储罐与站外建筑、堆场的防火间距

项 目	防火间距（m）
居住区、学校、影剧院、体育馆等重要公共建筑（最外侧建筑物外墙）	150
明火、散发火花地点和室外变配电站	120
工业企业（最外侧建筑物外墙）	75
其他民用建筑	100
甲、乙类液体储罐，甲、乙类生产厂房，甲、乙类物品仓库，易燃材料堆场	100
丙类液体储罐，可燃气体储罐，丙、丁类生产厂房，丙、丁类物品仓库	80
助燃气体储罐、可燃材料堆场	75

续表 5.2.9

项 目		防火间距（m）
其他建筑	耐火等级 一级、二级	50
	三级	60
	四级	75
铁路（中心线）	国家线	100
	企业专用线	40
公路、道路（路边）	高速、Ⅰ、Ⅱ级公路、城市快速	30
	其他	25
架空电力线（中心线）		1.5倍杆高，但35kV以上架空电力线不应小于40
架空通信线（中心线）	Ⅰ、Ⅱ级	40
	其他	1.5倍杆高

注：1 居住区指居住1000人或300户以上的地区，居住1000人或300户以下的地区按本表其他民用建筑执行。
  2 间距的计算应以储罐外壁为准。

5.2.10 储罐与站内建筑的防火间距应符合下列规定：
1 全压力式储罐与站内建筑的防火间距不应小于表 5.2.10 的规定；

表 5.2.10 全压力式储罐与站内建筑的防火间距（m）

项 目		储罐总容积（V，m³）、单罐容积（V'，m³）						
		V≤50	50<V≤220	220<V≤500	500<V≤1000	1000<V≤2500	2500<V≤5000	5000<V≤10000
		V'≤20	V'≤50	V'≤100	V'≤200	V'≤400	V'≤1000	—
明火、散发火花地点		45	50	55	60	70	80	120
天然气储罐		20	20	25	25	30	—	—
办公用房		25	30	35	40	50	60	75
汽车库、机修间		25	30	35	35	40	40	50
灌瓶间、瓶库、压缩机室、仪表间、值班室		18	20	22	25	30	35	40
汽车槽车库、汽车槽车装卸台柱（装卸口）、汽车衡及其计量室、门卫		18	20	22	25	30	30	40
铁路槽车装卸线（中心线）		—	—	20	20	20	20	30
空压机室、变配电室、柴油发电机房、新瓶库、真空泵房、备件库		18	20	22	25	30	35	40
消防泵房、消防水池（罐）取水口		40	40	40	40	50	50	60
站内道路（路边）	主要	10	15	15	15	15	15	20
	次要	5	10	10	10	10	10	15
围墙		15	20	20	20	20	20	25

注：1 防火间距应按本表总容积或单罐容积较大者确定，间距的计算应以储罐外壁为准。
2 当地下储罐单罐容积小于或等于 50m³，且总容积小于或等于 400m³ 时，其防火间距可按本表减少 50% 执行。
3 新建储罐与原地下液化石油气储罐的防火间距（地下储罐单罐容积小于或等于 50m³，且总容积小于或等于 400m³ 时）可按本表减少 50% 执行。

5.2.11 全压力式液化石油气储罐的设置不应少于 2 台，储罐区的布置应符合下列规定：
1 地上储罐之间的净距不应小于相邻较大储罐的直径。
2 当储罐总容积大于 3000m³ 时，应分组布置，组内储罐宜采用单排布置。组与组之间相邻储罐的净距不应小于 20m。
3 储罐组四周应设置高度为 1.0m 的不燃烧体实体防护堤。
5 防护堤内储罐超过 4 台时，至少应设置 2 个过梯，且应分开布置。

5.2.12 不同形式的液化石油气储罐及液化石油气储罐与其他燃气储罐应分组布置，储罐之间的防火间距应符合下列规定：
1 球形储罐组之间的防火间距不应小于相邻较大罐直径，且不应小于 20m。
2 卧式储罐组之间的防火间距不应小于相邻较大罐长度的 1/2。
3 全冷冻式与半冷冻式液化石油气储罐、全压力式液化石油气储罐之间的防火间距不应小于相邻较大罐直径，且不

应小于 35m。
4 液化石油气储罐与固定容积燃气储罐之间的防火间距不应小于相邻较大罐直径的 2/3。
5 液化石油气储罐与低压燃气储罐之间的防火间距不应小于相邻较大罐直径的 1/2。

5.2.13 液化石油气汽车槽车库与汽车槽车装卸台柱之间的距离不应小于 6m。当邻向装卸台柱一侧的汽车槽车库外墙为无门窗洞口的防火墙时，其间距可不限。

5.2.14 液化石油气灌瓶间和瓶库与站外建筑之间的防火间距，应按现行国家标准《建筑设计防火规范》GB 50016 中甲类仓库的有关规定执行。液化石油气灌瓶间和瓶库内的钢瓶应按实瓶区、空瓶区分开布置。

5.2.15 液化石油气灌瓶间和瓶库与站内建筑的防火间距应符合下列规定：
1 液化石油气灌瓶间和瓶库与站内建筑的防火间距不应小于表 5.2.15 的规定；
2 瓶库与灌瓶间之间的距离不限；
3 计算月平均日灌瓶量小于 700 瓶（10t/d）的灌瓶站，其压缩机室与灌瓶间可合建成一幢建筑物，但其间应采用无

门窗洞口的防火墙隔开；

4 当计算月平均日灌瓶量小于700瓶（10t/d）时，汽车槽车装卸台柱可附设在灌瓶间或压缩机室的外墙一侧，外墙应为无门窗洞口的防火墙。

表5.2.15 液化石油气灌瓶间和瓶库与站内建筑的防火间距（m）

项 目		总存瓶量（V_c,t）		
		$V_c \leq 10$	$10 < V_c \leq 30$	$V_c > 30$
明火、散发火花地点		25	30	40
机修间、汽车库		25	30	40
办公用房		20	25	30
铁路槽车装卸线（中心线）		20	25	30
汽车槽车库、汽车槽车装卸台柱（装卸口）、汽车衡及其计量室、门卫		15	18	20
压缩机室、仪表间、值班室		12	15	18
空压机室、变配电室、柴油发电机房		15	18	20
新瓶库、真空泵房、备件库等非明火建筑		12	15	18
消防泵房、消防水池（罐）取水口		25	30	30
站内道路（路边）	主要	10	10	10
	次要	5	5	5
围墙		10	15	15

注：总存瓶量应按实瓶存放个数和单瓶充装质量的乘积计算。

5.2.16 液化石油气供应站汽车槽车装卸台柱与站外建筑的防火间距应符合下列规定：

1 液化石油气供应站汽车槽车装卸台柱与站外建筑的防火间距不应小于表5.2.16的规定；

2 汽车槽车装卸台柱与站外民用建筑地下室、半地下室的出入口、门窗的距离，应按表5.2.16其他民用建筑的防火间距增加50%；

3 当民用建筑耐火等级为一、二级，且面向汽车槽车装卸台柱一侧的墙采用无门窗洞口实体墙时，与其他民用建筑物的防火间距可按表5.2.16规定的距离减少30%执行。

表5.2.16 液化石油气汽车槽车装卸台柱与站外建筑的防火间距（m）

项 目		七级及以下供应站	六级及以上供应站
居住区、学校、影剧院、体育场等重要公共建筑（最外侧建筑物外墙）		100	100
明火、散发火花地点和室外变配电站		25	45
其他民用建筑		25	40

续表5.2.16

项 目		七级及以下供应站	六级及以上供应站
甲、乙类液体储罐，甲、乙类生产厂房，甲、乙类物品仓库，易燃材料堆场		25	40
丙类液体储罐，可燃气体储罐，丙、丁类生产厂房，丙、丁类物品仓库		16	30
室外变配电站		22	—
铁路（中心线）		22	—
公路、道路（路边）	高速、Ⅰ、Ⅱ级公路、城市快速	8	30
	其他	6	25
架空电力线（中心线）		1倍杆高	
架空通信线（中心线）		1倍杆高	1.5倍杆高

5.2.17 液化石油气泵宜靠近储罐露天设置。当设置泵房时，泵房与储罐的间距不应小于15m。当泵房面向储罐一侧的外墙采用无门窗洞口的防火墙时，其间距不应小于6m。

5.2.18 站内埋地电缆不得在液化石油气储存站、储配站和灌装站站内穿越，距围墙不宜小于2m。

5.2.19 与各表规定以外的其他建筑的防火间距，应按现行国家标准《建筑设计防火规范》GB 50016的有关规定执行。

5.2.20 无线通信塔与储罐的间距应按各表中其他民用建筑一栏的规定执行。

5.3 工艺及设备

5.3.4 地下储罐宜设置在钢筋混凝土槽内，并应采取防止液化石油气聚集的措施。储罐罐顶与槽盖内壁净距不宜小于0.4m；各储罐之间宜设置隔墙，储罐与隔墙和槽壁之间的净距不宜小于0.9m。当采用钢筋混凝土槽时，储罐应采取防水和防漂浮的措施。

5.3.5 液化石油气储存站、储配站和灌装站应具有泵、机联合运行功能，液化石油气压缩机不宜少于2台。

5.3.6 液化石油气压缩机进、出口管段阀门及附件的设置应符合下列规定：

1 进、出口管段应设置阀门；
2 进口管段应设置过滤器；
3 出口管段应设置止回阀和安全阀（设备自带除外）；
4 进、出口管段之间应设置旁通管及旁通阀。

5.3.7 液化石油气压缩机室的布置宜符合下列规定：

3 安全阀应设置放散管。

5.3.16 铁路槽车装卸栈桥应采用不燃烧材料，栈桥长度宜为铁路槽车装卸车位数与车身长度的乘积，宽度不宜小于1.2m，两端应设置宽度不小于0.8m的斜梯。

5.3.19 站内室外液化石油气管道的设置应符合下列规定：

2 当管道跨越道路采用支架敷设时，其管底与地面的净距不应小于4.5m；
3 当采用支架敷设时，应考虑温度补偿；

4 液相管道两阀门之间应设管道安全阀，高点应设置排气阀，低点应设置排污阀；

5 管道安全阀与管道之间应设置阀门，管道安全阀的整定压力应符合现行国家标准《压力容器》GB 150.1～GB 150.4的有关规定。

6 液化石油气气化站和混气站

6.1 平面布置

6.1.1 液化石油气气化站和混气站站址的选择和平面布置应符合本规范第5.1节和第5.2节的规定。

6.1.3 液化石油气气化站和混气站储罐与站外建筑的防火间距应符合下列规定：

1 总容积小于或等于50m³且单罐容积小于或等于20m³的储罐与站外建筑的防火间距不应小于表6.1.3的规定；

2 总容积大于50m³或单罐容积大于20m³储罐与站外建筑的防火间距不应小于本规范第5.2.8条的规定；

3 气化能力不大于150kg/h的瓶组气化装置、混气站的瓶组间、气化混气间与站外建筑的防火间距可按本规范第7.0.4条的规定执行。

表6.1.3 液化石油气气化站和混气站储罐与站外建筑的防火间距（m）

项 目	储罐总容积（V，m³）、单罐容积（V'，m³）		
	V≤10	10<V≤30	30<V≤50
	—	—	V'≤20
居住区、学校、影剧院、体育馆等重要公共建筑、一类高层民用建筑（最外侧建筑外墙）	30	35	45
工业企业（最外侧建筑外墙）	22	25	27
明火、散发火花地点和室外变配电站	30	35	45
其他民用建筑	27	32	40

续表6.1.3

项 目		储罐总容积（V，m³）、单罐容积（V'，m³）		
		V≤10	10<V≤30	30<V≤50
		—	—	V'≤20
甲、乙类液体储罐，甲、乙类生产厂房，甲、乙类物品库房等，易燃材料堆场		27	32	40
丙类液体储罐，可燃气体储罐，丙、丁类生产厂房，丙、丁类物品库房		25	27	32
助燃气体储罐、可燃材料堆场		22	25	27
其他建筑	耐火等级 一、二级	12	15	18
	三级	18	20	22
	四级	22	25	27
铁路（中心线）	国家线	40	50	60
	企业专用线	25	25	25
公路，道路（路边）	高速、Ⅰ、Ⅱ级公路、城市快速	20	20	20
	其他	15	15	15
架空电力线（中心线）		1.5倍杆高		
架空通信线（中心线）		1.5倍杆高		

注：防火间距应按本表总容积或单罐容积较大者确定，间距的计算应以储罐外壁为准。

6.1.4 液化石油气气化站和混气站储罐与站内建筑的防火间距应符合下列规定：

1 液化石油气气化站和混气站储罐与站内建筑的防火间距不应小于表6.1.4的规定；

2 当设置其他燃烧方式的燃气热水炉时，与燃气热水炉间的防火间距不应小于30m；

3 与空温式气化器的防火间距不应小于4m，应从地上储罐区的防护堤或地下储罐室外侧算起。

表6.1.4 液化石油气气化站和混气站储罐与站内建筑的防火间距（m）

项 目	液化石油气气化站和混气站（储罐总容积，V，m³；单罐容积，V'，m³）						
	V≤10	10<V≤30	30<V≤50	50<V≤220	220<V≤500	500<V≤1000	V>1000
	—	—	V'≤20	V'≤50	V'≤100	V'≤200	—
明火、散发火花地点	30	35	45	50	55	60	70
天然气储罐	20	20	20	20	25	25	30
办公用房	18	20	25	30	35	40	50
气化间、混气间、压缩机室、仪表间、值班室、中控室（控制室）	12	15	18	20	22	25	30
汽车槽车库、汽车槽车装卸台柱（装卸口）、汽车衡及其计量室、门卫	15	15	18	20	22	25	30

续表 6.1.4

项　目		液化石油气气化站和混气站（储罐总容积，V，m^3；单罐容积，V'，m^3）						
		$V\leqslant10$	$10<V\leqslant30$	$30<V\leqslant50$	$50<V\leqslant220$	$220<V\leqslant500$	$500<V\leqslant1000$	$V>1000$
		—	—	$V'\leqslant20$	$V'\leqslant50$	$V'\leqslant100$	$V'\leqslant200$	
铁路槽车装卸线（中心线）		—	—	—	—	20	20	20
燃气热水炉间、空压机室、变配电室、柴油发电机房、库房		15	15	18	20	22	25	30
汽车库、机修间		25	25	25	30	35	35	40
消防泵房、消防水池（罐）取水口		30	30	40	40	40	40	50
站内道路（路边）	主要	10	10	10	15	15	15	15
	次要	5	5	5	10	10	10	10
围墙		15	15	15	20	20	20	20

注：1 防火间距应按本表总容积或单罐容积较大者确定，间距的计算应以储罐外壁为准；
　　2 燃气热水炉间指室内设置微正压室燃式燃气热水炉的建筑。

6.1.5 液化石油气储罐和储罐区的布置应符合本规范第5章的规定。

6.1.6 工业企业内液化石油气气化站储罐总容积小于或等于10m³时，可设置在独立建筑物内，并应符合下列规定：

　　1 储罐之间及储罐与外墙的净距，均不应小于相邻较大罐的半径（外径），且不应小于1m；

　　2 储罐室与相邻厂房之间的防火间距不应小于表6.1.6的规定；

　　3 储罐室与相邻厂房室外设备之间的防火间距不应小于12m；

　　4 当非直火式气化器的气化间与储罐室毗连设置时，隔墙应采用无门窗洞口的防火墙。

表6.1.6　总容积不大于10m³的储罐室与相邻厂房之间的防火间距

相邻厂房的耐火等级	一、二级	三级	四级
防火间距（m）	12	14	16

6.1.7 气化间、混气间与站外建筑的防火间距应符合现行国家标准《建筑设计防火规范》GB 50016中甲类厂房的有关规定。

6.1.8 气化间、混气间与站内建筑的防火间距应符合下列规定：

　　1 气化间、混气间与站内建筑的防火间距不应小于表6.1.8的规定；

　　2 当压缩机室与气化间、混气间采用无门窗洞口的防火墙隔开时，可合建；

　　3 燃气热水炉间的门不得面向气化间、混气间；

　　4 柴油发电机伸向室外的排烟管管口不得面向具有火灾爆炸危险的建筑一侧；

　　5 当采用其他燃烧方式的热水炉时，防火间距不应小于25m。

表6.1.8　气化间、混气间与站内建筑的防火间距

项　目		防火间距（m）
明火、散发火花地点		25
办公用房		18
铁路槽车装卸线（中心线）		20
汽车槽车库、汽车槽车装卸台柱（装卸口）、汽车衡及其计量室、门卫		15
压缩机室、仪表间、值班室		12
空压机室、燃气热水炉间、变配电室、柴油发电机房、库房		15
汽车库、机修间		20
消防泵房、消防水池（罐）取水口		25
站内道路（路边）	主要	10
	次要	5
围墙		10

6.1.9 空温式气化器与站内建筑的防火间距可按本规范表6.1.8的规定执行。

6.1.10 液化石油气气化站和混气站储罐总容积小于或等于100m³时，邻向汽车槽车装卸柱一侧的压缩机室外墙采用无门窗洞口的防火墙，其间距可不限。

6.1.11 液化石油气汽车槽车库和汽车槽车装卸台、柱之间的防火间距可按本规范第5.2.13条的规定执行。

6.1.12 液化石油气汽车槽车装卸台柱与站外建筑的防火间距可按本规范第5.2.16条的规定执行。

6.1.13 燃气热水炉间与压缩机室、汽车槽车库和汽车槽车装卸台柱之间的防火间距不应小于15m。

6.2 工艺及设备

6.2.6 当液化石油气与空气或其他燃气混气时，除应符合本

规范第3.0.4条和第3.0.5条的规定外,尚应符合下列规定:

1 混气装置应设置切断气源的安全联锁装置,当参与混合的任何一种气体突然中断或液化石油气体积分数接近爆炸上限的2倍时,应自动报警。

2 混气装置的出口总管道应设置检测混合气热值的取样管。热值仪应与混气装置联锁,并应能实时调节其混气比例。

6.2.7 热值仪应靠近取样点,且应设置在混气间内的专用隔间或附属房间内,并应符合下列规定:

1 设置热值仪的房间应设置直接通向室外的门,与混气间的隔墙应采用无门窗洞口的防火墙。

2 应配置可燃气体浓度检测、报警装置。

3 应设置事故排风装置,并应与泄漏报警装置联锁;当室内可燃气体浓度达到爆炸下限的20%时,应启动。

4 设置热值仪的房间的门窗洞口与混气间门窗洞口间的距离不应小于6m。

5 设置热值仪的房间的地面应高出室外地面0.6m。

7 液化石油气瓶组气化站

7.0.3 当采用自然气化方式供气,且瓶组气化站配置钢瓶的总容积小于1m³时,瓶组间可设置在除住宅、重要公共建筑和高层民用建筑及裙房外与用气建筑物外墙毗连的单层专用房间内,并应符合下列规定:

1 耐火等级不应低于二级;

2 应通风良好,并应设置直通室外的门;

3 与其他房间相邻的墙应采用无门窗洞口的防火墙;

4 应配置可燃气体泄漏报警装置;

5 室温不应高于45℃,且不应低于0℃;

6 当瓶组间独立设置,且邻向建筑的外墙为无门窗洞口的防火墙时,间距可不限;

7 与其他建筑的防火间距应符合本规范表7.0.4的规定。

7.0.4 当瓶组气化站配置钢瓶的总容积大于1m³或采用强制气化钢瓶的总容积小于1m³时,应将其设置在高度不低于2.2m的独立建筑内,并应符合下列规定:

1 独立瓶组间的设计应符合本规范第7.0.3条第1~5款的规定;

2 独立瓶组间与建筑的防火间距不应小于表7.0.4的规定;

3 当瓶组间的钢瓶总容积大于4m³时,宜采用储罐,防火间距应符合本规范第6.1.3条和第6.1.4条的规定;

4 瓶组间、气化间与值班室的防火间距不限;当两者毗连时,隔墙应采用无门窗洞口的防火墙,并应符合本规范附录A的规定或值班室内的用电设备采用防爆型;

5 独立瓶组间与其他民用建筑的防火间距除符合表7.0.4的规定外,还应符合本规范附录A的规定。

表7.0.4 独立瓶组间与建筑的防火间距

项 目	钢瓶总容积 (V, m³)	
	$V≤2$	$2<V≤4$
明火、散发火花地点	25	30
重要公共建筑、一类高层民用建筑	15	20

续表7.0.4

项 目		钢瓶总容积 (V, m³)	
		$V≤2$	$2<V≤4$
其他民用建筑		10	12
道路(路边)	主要	10	10
	次要	5	5

注:钢瓶总容积应按配置钢瓶个数与单瓶几何容积的乘积计算。

7.0.5 液化石油气瓶组间不得设置在地下室和半地下室内。

7.0.6 瓶组气化间与瓶组间毗连时,隔墙应采用无门窗洞口的防火墙,且隔墙的耐火极限不应低于3.00h;与建筑的防火间距应按本规范第7.0.4条的规定执行。

7.0.7 设置在露天的空温式气化器与瓶组间的防火间距可不限,与明火、散发火花地点和其他建筑的防火间距可按本规范第7.0.4条中钢瓶总容积小于或等于2m³的规定执行。

7.0.8 瓶组气化站的四周围墙上部宜设置非实体围墙,围墙下部实体部分高度不应低于0.6m。围墙应采用不燃烧材料。

7.0.10 瓶组采用自然通风时,每个自然间应设2个连通室外的下通风式百叶窗,瓶组间通风口的总有效面积不应小于该房间地面面积的3%。通风口下沿距室内地坪宜小于0.2m。当不能满足自然通风条件时,应设置独立的机械送、排风系统,并应采用防爆轴流风机,通风量应符合下列规定:

1 正常工作时,通风量应按换气次数不少于6次/h确定;

2 事故通风时,事故排风量应按换气次数不少于12次/h确定;

3 不工作时,通风量应按换气次数不少3次/h确定。

8 液化石油气瓶装供应站

8.0.1 液化石油气瓶装供应站按钢瓶总容积应分为三类,并应符合表8.0.1的规定。

表8.0.1 液化石油气瓶装供应站分类

名 称	钢瓶总容积(V, m³)
Ⅰ类站	$6<V≤20$
Ⅱ类站	$1<V≤6$
Ⅲ类站	$V≤1$

注:钢瓶总容积按钢瓶个数和单瓶几何容积的乘积计算。

8.0.2 液化石油气钢瓶不得露天存放。Ⅰ、Ⅱ类液化石油气瓶装供应站的瓶库宜采用敞开或半敞开式建筑。瓶库内的钢瓶应按实瓶区和空瓶区分区存放。

8.0.3 Ⅰ类液化石油气瓶装供应站出入口一侧可设置高度不低于2m的不燃烧体围墙,围墙下部0.6m应为实体;其余各侧应设置高度不低于2m的不燃烧体实体围墙。Ⅱ类液化石油气瓶装供应站的四周宜设置非实体围墙,围墙应采用不燃烧材料,且围墙下部0.6m应为实体。

8.0.4 Ⅰ、Ⅱ类液化石油气瓶装供应站的瓶库与站外建筑及道路的防火间距应符合下列规定:

1 Ⅰ、Ⅱ类站的瓶库与站外建筑及道路的防火间距不应小于表8.0.4的规定。

2 Ⅰ类站的瓶库与高速公路、Ⅰ、Ⅱ级公路、城市快速路、铁路、架空电力线和架空通信线的距离应符合本规范表6.1.3的规定。

3 Ⅰ类站的瓶库与修理间或办公用房的防火间距不应小于10m。当营业室可与瓶库的空瓶区毗连设置时，隔墙应采用无门窗洞口的防火墙，并应符合本规范附录A的规定。

4 当Ⅱ类站由瓶库和营业室组成时，两者可合建成一幢建筑，隔墙应采用无门窗洞口的防火墙，并应符合本规范附录A的规定。

表8.0.4 Ⅰ、Ⅱ类液化石油气瓶装供应站的瓶库与站外建筑及道路的防火间距（m）

项 目		瓶装供应站分类（V，m³）			
		Ⅰ类站		Ⅱ类站	
		10<V≤20	6<V≤10	3<V≤6	1<V≤3
明火、散发火花地点		35	30	25	20
重要公共建筑、一类高层民用建筑		25	20	15	12
其他民用建筑		15	10	8	6
道路（路边）	主要	10	10	8	8
	次要	5	5	5	5

注：钢瓶总容积按钢瓶个数与单瓶几何容积的乘积计算。

8.0.5 Ⅲ类液化石油气瓶装供应站可将瓶库设置在除住宅、重要公共建筑和高层民用建筑及裙房外的与建筑物外墙毗连的单层专用房间，隔墙应为无门窗洞口的防火墙，并应符合本规范附录A的规定。瓶库与主要道路的防火间距不应小于8m，与次要道路不应小于5m。

8.0.6 瓶库的设计应符合下列规定：

1 耐火等级不应低于二级；

2 室内通风应符合本规范第7.0.10条的规定，门窗应向外开；

3 封闭式瓶库应采取泄压措施，应符合现行国家标准《建筑设计防火规范》GB 50016的有关规定；

4 地面应采用撞击时不产生火花的面层；

5 室内照明灯具、开关及其他电气设备应采用防爆型；

6 应配置液化石油气泄漏报警装置，报警装置应集中设置在值班室，并应有泄漏报警远传系统；

7 室温不应高于45℃，且不应低于0℃；

8 灭火器的配置应符合本规范第11.3.1条的规定；

9 相邻房间应是非明火、散发火花地点；

10 瓶库内不应设置办公室、休息室等。

8.0.7 非营业时间无人值守的Ⅲ类瓶库内存有液化石油气钢瓶时，应设置远程无人值守安全防护系统。

10 建筑防火与供暖通风及绿化

10.1 建筑防火

10.1.1 具有爆炸危险场所的建筑防火、防爆设计应符合下列规定：

1 建筑物耐火等级不应低于二级；

2 门窗应向外开；

3 建筑应采取泄压措施，设计应符合现行国家标准《建筑设计防火规范》GB 50016的有关规定；

4 地面面层应采用撞击时不产生火花的材料，并应符合现行国家标准《建筑地面工程施工质量验收规范》GB 50209的有关规定。

10.1.2 灌瓶间及附属瓶库、汽车槽车库、瓶装供应站的瓶库等可采用敞开或半敞开式建筑。

10.1.3 具有爆炸危险场所的建筑，承重结构应采用钢筋混凝土或钢框架、钢排架结构。钢框架和钢排架应采用防火保护层。

10.1.4 液化石油气储罐应牢固地设置在基础上。卧式储罐应采用钢筋混凝土支座。球形储罐的钢支柱应采用不燃烧隔热材料保护层，其耐火极限不应低于2.00h。

10.2 供暖通风及绿化

10.2.3 液化石油气储存站、储配站、灌装站、气化站和混气站内的绿化应符合下列规定：

1 生产区内严禁种植易造成液化石油气积存的植物；

2 生产区四周和局部地区可种植不易造成液化石油气积存的植物；

3 生产区围墙2m以外可种植乔木，辅助区可种植各类植物。

11 消防给水、站区排水与灭火器配置

11.1 消防给水

11.1.1 液化石油气储存站、储配站、灌装站、气化站和混气站在同一时间内的火灾次数应按一次考虑，消防用水量应按储罐区一次最大消防用水量确定。

11.1.2 液化石油气储罐区消防用水量应按储罐固定喷水冷却装置和水枪用水量之和计算，并应符合下列规定：

1 储罐总容积大于50m³或单罐容积大于20m³的液化石油气储罐、储罐区和设置在储罐室内的小型储罐应设置固定喷水冷却装置。固定喷水冷却装置的用水量应按储罐的保护面积与冷却水供水强度计算确定。着火储罐的保护面积应按全表面积计算；距着火储罐直径1.5倍范围内的相邻储罐应按全表面积的1/2计算。

2 冷却水供水强度不应小于0.15L/(s·m²)。

3 水枪用水量不应小于表11.1.2的规定。

4 地下液化石油气储罐可不设置固定喷水冷却装置，消防用水量应按水枪用水量确定。

表11.1.2 水枪用水量

储罐容积（m³）		水枪用水量（L/s）
储罐总容积（V）	单罐容积（V'）	
V≤500	V'≤100	20
500<V≤2500	100<V'≤400	30
V>2500	V'>400	45

注：1 水枪用水量应按本表储罐总容积或单罐容积较大者确定；

2 储罐总容积小于或等于50m³，且单罐容积小于或等于20m³的储罐或储罐区，可单独设置固定喷水冷却装置或移动式水枪，其消防用水量应按水枪用水量计算。

11.1.3 液化石油气储存站、储配站、灌装站、气化站和混气站的消防给水系统应包括：消防水池（罐或其他水源）、消防水泵房、消防给水管网、地上式消火栓（炮）和储罐固定喷水冷却装置。

11.1.4 消防给水管网应布置成环状，向环状管网供水的干管不应少于2根。

11.1.5 消防水池容量的确定应符合现行国家标准《建筑设计防火规范》GB 50016 和《消防给水及消火栓系统技术规范》GB 50974 的有关规定；消防水池应有防止被污染的措施。

11.1.6 消防水泵房的设计应符合现行国家标准《建筑设计防火规范》GB 50016 的有关规定。

11.1.7 液化石油气球形储罐固定喷水冷却装置宜采用水雾喷头。储罐固定喷水冷却装置的水雾喷头的布置，应在喷水冷却时将储罐表面及液位计、阀门等重要部位全覆盖。卧式储罐喷水冷却装置可采用喷淋管。

11.1.8 当液化石油气储存站、储配站、灌装站、气化站和混气站设置的消防给水系统利用城市消防给水管道时，应符合现行国家标准《建筑设计防火规范》GB 50016 的有关规定。

11.1.9 储罐固定喷水冷却装置出口的供水压力不应小于0.2MPa。球形储罐，水枪出口的供水压力不应小于0.35MPa；卧式储罐，水枪出口的供水压力不应小于0.25MPa。

11.3 灭火器配置

11.3.1 液化石油气供应站内干粉灭火器或 CO_2 灭火器的配置应符合现行国家标准《建筑灭火器配置设计规范》GB 50140 的有关规定。干粉灭火器的配置数量应符合表 11.3.1 的规定。

表 11.3.1 干粉灭火器的配置数量

场　所	配置数量
铁路槽车装卸栈桥	按槽车车位数，每车位设置8kg，2具，每个设置点不宜超过5具
储罐区、地下储罐组	按储罐台数，每台设置8kg，2具，每个设置点不宜超过5具
储罐室	按储罐台数，每台设置8kg，2具
汽车槽车装卸台柱（装卸口）	8kg不应少于2具
灌瓶间及附属瓶库、压缩机室、烃泵房、汽车槽车车库、气化间、混气间、调压计量间、瓶组间和瓶装供应站的瓶库等爆炸危险性建筑	按建筑面积，每 50m² 设置8kg，1具，且每个房间不应少于2具，每个设置点不宜超过5具
其他建筑（变配电室、仪表间等）	按建筑面积，每 80m² 设置8kg，1具，且每个房间不应少于2具

注：1 表中8kg指手提式干粉型灭火器的药剂充装量；
　　2 根据场所具体情况可设置部分20kg手推式干粉灭火器。

12 电气与通信

12.1 电　气

12.1.1 液化石油气储存站、储配站和灌装站内消防水泵及消防应急照明和液化石油气气化站、混气站的供电系统设计应符合现行国家标准《供配电系统设计规范》GB 50052 中二级负荷的有关规定。液化石油气储存站、储配站和灌装站其他电气设备的供电系统可为三级负荷。

12.1.2 消防水泵房及其配电室应设置应急照明，应急照明的备用电源可采用蓄电池，且连续供电时间不应少于0.5h。重要消防用电设备的供电，应在最末一级配电装置或配电箱处实现自动切换。消防系统的配电及控制线路应采用耐火电缆。

12.1.3 液化石油气供应站具有爆炸危险场所的电力装置设计应符合现行国家标准《爆炸危险环境电力装置设计规范》GB 50058 的有关规定，爆炸危险区域等级和范围的划分宜符合本规范附录 A 的规定。

12.2 防雷及防静电

12.2.1 液化石油气供应站具有爆炸危险建筑的防雷设计应符合现行国家标准《建筑物防雷设计规范》GB 50057 中第二类防雷建筑物的有关规定。

12.2.2 液化石油气罐体应设防雷接地装置，并应符合现行国家标准《石油化工装置防雷设计规范》GB 50650 的有关规定。

12.2.4 液化石油气储罐、泵、压缩机、气化、混气和调压、计量装置及低支架和架空敷设的管道应采取静电接地。

12.2.5 液化石油气供应站静电接地设计应符合国家现行标准《石油化工企业设计防火规范》GB 50160 和《石油化工静电接地设计规范》SH 3097 的有关规定。

12.2.6 在生产区入口处应设置安全有效的人体静电消除装置。

12.3 检测仪表和报警系统

12.3.4 液化石油气供应站应设置可燃气体检测报警系统和视频监视系统。

12.3.5 液化石油气供应站爆炸危险场所应设置可燃气体泄漏报警控制系统，并应符合下列规定：

　　1 可燃气体探测器和报警控制器的选用和安装，应符合国家现行标准《石油化工可燃气体和有毒气体检测报警设计规范》GB 50493 和《城镇燃气报警控制系统技术规程》CJJ/T 146 的有关规定；

　　2 瓶组气化站和瓶装液化石油气供应站可采用手提式可燃气体泄漏报警装置，可燃气体探测器的报警设定值应按可燃气体爆炸下限的20%确定；

　　4 可燃气体报警控制系统的指示报警设备应设在值班或仪表间等有值班人员的场所。

12.4 通　信

12.4.1 液化石油气供应站内至少应设置1台直通外线的电话。在具有爆炸危险场所应使用防爆型电话。

12.4.3 三级及以上液化石油气供应站应设置安防中心控制室，并应符合下列规定：

1 视频安防监控、入侵报警（紧急报警）、出入口控制、电子巡查系统的控制，显示设备均应设置在独立的安防中心控制室，并应能实现对各子系统的操作、记录和打印；

2 应安装紧急报警装置，并应与区域报警中心联网；

3 应配置能与报警同步的终端图形显示装置，并应能准确地识别报警区域，实时显示发生警情的区域、日期、时间及报警类型等信息。

43.《输气管道工程设计规范》GB 50251—2015

1 总 则

1.0.2 本规范适用于陆上新建、扩建和改建输气管道工程设计。

1.0.3 输气管道工程设计应符合下列规定：

1 应保护环境、节约能源、节约用地，并应处理好与铁路、公路、输电线路、河流、城乡规划等的相互关系；

2 应积极采用新技术、新工艺、新设备及新材料；

3 应优化设计方案，确定经济合理的输气工艺及最佳的工艺参数；

4 扩建项目应合理地利用原有设施和条件；

5 分期建设项目应进行总体设计，并制定分期实施计划。

2 术 语

2.0.1 管道气体 pipeline gas
通过管道输送的天然气、煤层气和煤制天然气。

2.0.2 输气管道工程 gas transmission pipeline project
用管道输送天然气、煤层气和煤制天然气的工程。一般包括输气管道、输气站、管道穿（跨）越及辅助生产设施等工程内容。

2.0.3 输气站 gas transmission station
输气管道工程中各类工艺站场的总称。一般包括输气首站、输气末站、压气站、气体接收站、气体分输站、清管站等。

2.0.4 输气首站 gas transmission initial station
输气管道的起点站。一般具有分离、调压、计量、清管等功能。

2.0.5 输气末站 gas transmission terminal station
输气管道的终点站。一般具有分离、调压、计量、配气等功能。

2.0.6 气体接收站 gas receiving station
在输气管道沿线，为接收输气支线来气而设置的站，一般具有分离、调压、计量、清管等功能。

2.0.7 气体分输站 gas distributing station
在输气管道沿线，为分输气体至用户而设置的站，一般具有分离、调压、计量、清管等功能。

2.0.8 压气站 compressor station
在输气管道沿线，用压缩机对管道气体增压而设置的站。

2.0.9 地下储气库 underground gas storage
利用地下的某种密闭空间储存天然气的地质构造、气井及地面设施。地质构造类型包括盐穴型、枯竭油气藏型、含水层型等。

2.0.10 注气站 gas injection station
将天然气注入地下储气库而设置的站。

2.0.11 采气站 gas withdraw station
将天然气从地下储气库采出而设置的站。

3 输气工艺

3.2 工艺设计

3.2.9 进、出输气站的输气管道必须设置截断阀，并应符合现行国家标准《石油天然气工程设计防火规范》GB 50183 的有关规定。

3.4 输气管道的安全泄放

3.4.9 放空立管和放散管的设计应符合下列规定：

6 放空立管和放散管防火设计应符合现行国家标准《石油天然气工程设计防火规范》GB 50183 的有关规定。

4 线 路

4.1 线路选择

4.1.1 线路的选择应符合下列要求：

1 线路走向应根据工程建设目的和气源、市场分布，结合沿线城镇、交通、水利、矿产资源和环境敏感区的现状与规划，以及沿途地区的地形、地质、水文、气象、地震等自然条件，通过综合分析和多方案技术经济比较，确定线路总体走向；

2 线路宜避开环境敏感区，当路由受限需要通过环境敏感区时，应征得其主管部门同意并采取保护措施；

3 大中型穿（跨）越工程和压气站位置的选择，应符合线路总体走向。局部线路走向应根据大中型穿（跨）越工程和压气站的位置进行调整；

4 线路应避开军事禁区、飞机场、铁路及汽车客运站、海（河）港码头等区域；

5 除为管道工程专门修建的隧道、桥梁外，不应在铁路或公路的隧道内及桥梁上敷设输气管道。输气管道从铁路或公路桥下交叉通过时，不应改变桥梁下的水文条件；

6 与公路并行的管道路由宜在公路用地界 3m 以外，与铁路并行的管道路由宜在铁路用地界 3m 以外，如地形受限或其他条件限制的局部地段不满足要求时，应征得道路管理部门的同意；

7 线路宜避开城乡规划区，当受条件限制，需要在城乡规划区通过时，应征得城乡规划主管部门的同意，并采取安全保护措施；

8 石方地段的管线路由爆破挖沟时，应避免对公众及周围设施的安全造成影响；

10 埋地管道与建（构）筑物的间距应满足施工和运行管理需求，且管道中心线与建（构）筑物的最小距离不应小于5m。

4.3 管道敷设

4.3.11 埋地输气管道与其他埋地管道、电力电缆、通信光（电）缆交叉的间距应符合下列规定：

1 输气管道与其他管道交叉时，垂直净距不应小于0.3m，当小于0.3m时，两管间交叉处应设置坚固的绝缘隔离物，交叉点两侧各延伸10m以上的管段，应确保管道防腐层无缺陷。

2 输气管道与电力电缆、通信光（电）缆交叉时，垂直净距不应小于0.5m，交叉点两侧各延伸10m以上的管段，应确保管道防腐层无缺陷。

4.3.13 地面敷设的输气管道与架空交流输电线路的距离应符合表4.3.13的规定。

表 4.3.13 地面管道与架空输电线路最小距离（m）

项目		电压等级（kV）								
		3～10	35～66	110	220	330	500	750	1000	
									单回路	双回路（逆相序）
最小垂直距离		3.0	4.0	4.0	5.0	6.0	7.5	9.5	18	16
最小水平距离	开阔地区	最高杆（塔）高	最高杆（塔）高	最高杆（塔）高	最高杆（塔）高	最高杆（塔）高	最高杆（塔）高	最高杆（塔）高	最高杆（塔）高	
	路径受限地区	2.0	4.0	4.0	5.0	6.0	7.5	9.5	13	

注：表中最小水平距离为边导线至管道任何部分的水平距离。

4.3.18 埋地输气管道与民用炸药储存仓库的最小水平距离应符合下列规定：

1 埋地输气管道与民用炸药储存仓库的最小水平距离应按下式计算：

$$R = -267e^{-Q/8240} + 342 \quad (4.3.18)$$

式中：R——管道与民用炸药储存仓库的最小水平距离（m）；

e——常数，取2.718；

Q——炸药库容量（kg），$1000\text{kg} \leqslant Q \leqslant 10000\text{kg}$。

2 当炸药库与管道之间存在下列情况之一时，按本规范式（4.3.18）计算的水平距离值可折减15%～20%：

　1）炸药库地面标高大于管道的管顶标高；

　2）炸药库与管道间存在深度大于管沟深度的沟渠；

　3）炸药库与管道间存在宽度大于50m且高度大于10m的山体。

3 无论现状炸药库的库存药量有多少，本规范式（4.3.18）中的炸药库容量Q应按政府部门批准的建库规模取值。库存药量不足1000kg应按1000kg取值计算。

4.4 并行管道敷设

4.4.2 不受地形、地物或规划限制地段的并行管道，最小净距不应小于6m。

4.4.3 受地形、地物或规划限制地段的并行管道，采取安全措施后净距可小于6m，同期建设时可同沟敷设，同沟敷设的并行管道，间距应满足施工及维护需求且最小净距不应小于0.5m。

4.4.4 穿越段的并行管道，应根据建设时机和影响因素综合分析确定间距。共用隧道、跨越管桥及涵洞设施的并行管道，净距不应小于0.5m。

4.5 线路截断阀（室）的设置

4.5.1 输气管道应设置线路截断阀（室），管道沿线相邻截断阀之间的间距应符合下列规定：

5 本条第1款至第4款规定的线路截断阀间距，如因地物、土地征用、工程地质或水文地质造成选址受限的可作调增，一、二、三、四级地区调增分别不应超过4km、3km、2km、1km。

4.5.2 线路截断阀（室）应选择在交通方便、地形开阔、地势相对较高的地方，防洪设防标准不应低于重现期25年一遇。线路截断阀（室）选址受限时，应符合下列规定：

1 与电力、通信线路杆（塔）的间距不应小于杆（塔）的高度再加3m；

2 距铁路用地界外不应小于3m；

3 距公路用地界外不应小于3m；

4 与建筑物的水平距离不应小于12m。

4.6 线路管道防腐与保温

4.6.8 地面以上敷设的管道如需保温时，应采用防腐层进行防腐，保温层材料和保护层材料的性能应符合现行国家标准《工业设备及管道绝热工程设计规范》GB 50264的有关规定。

5 管道和管道附件的结构设计

5.3 管道附件

5.3.8 在防爆区内使用的阀门，应具有耐火性能。防爆区采用的设备应具有相应的防爆等级，输气站及阀室的爆炸危险区域划分应符合本规范第10.1.7条和附录J的规定。

6 输 气 站

6.1 输气站设置

6.1.2 输气站位置选择应符合下列规定：

1 应满足地形平缓、地势相对较高及近远期扩建需求；

2 应满足供电、给水、排水、生活及交通方便的需求；

3 应避开山洪、滑坡、地面沉降、风蚀沙埋等不良工程地质地段及其他不宜设站的地方；

  5 区域布置的防火距离应符合现行国家标准《石油天然气工程设计防火规范》GB 50183的有关规定。

6.1.3 输气站内平面布置、防火安全、场内道路交通与外界公路的连接应符合国家现行标准《石油天然气工程设计防火规范》GB 50183和《石油天然气工程总图设计规范》SY/T 0048的有关规定。

6.3 压缩机组的布置及厂房设计

6.3.3 压气站内建（构）筑物的防火、防爆和噪声控制应按国家现行相关标准的有关规定进行设计。

6.3.4 压缩机房的每一操作层及其高出地面3m以上的操作平台（不包括单独的发动机平台），应至少设置两个安全出口及通向地面的梯子。操作平台上的任意点沿通道中心线与安全出口之间的最大距离不得大于25m。安全出口和通往安全地带的通道，必须畅通无阻。压缩机房设置的平开门应朝外开。

6.3.6 压缩机厂房的防火设计应符合现行国家标准《石油天然气工程设计防火规范》GB 50183的有关规定。

7 地下储气库地面设施

7.1 一般规定

7.1.7 地下储气库地面站场防火间距应符合现行国家标准《石油天然气工程设计防火规范》GB 50183的有关规定。

8 仪表与自动控制

8.3 站场控制系统及远程终端装置

8.3.3 输气站紧急联锁应具备下列功能：
  1 紧急截断阀关闭；
  2 紧急放空阀打开；
  3 压气站压缩机机组停机并放空；
  4 切断除消防系统和应急电源以外的供电电源。

8.4 输气管道监控

8.4.5 火灾及可燃气体报警系统设计应符合下列规定：
  1 易积聚可燃气体的封闭区域内应对可燃气体泄漏进行检测；
  3 输气站内的建筑物火灾自动报警系统的设计应符合现行国家标准《火灾自动报警系统设计规范》GB 50116的有关规定。

9 通 信

9.0.9 站场值班室应设火警电话，火警电话宜为公网直拨电话或消防部门专用火警系统电话。

10 辅助生产设施

10.1 供 配 电

10.1.4 供电要求应符合下列规定：

  1 重要电力用户的供电电源配置应按现行国家标准《重要电力用户供电电源及自备应急电源配置技术规范》GB/Z 29328的有关规定执行；

  2 消防设备的供电应按现行国家标准《石油天然气工程设计防火规范》GB 50183的有关规定执行；

  3 输气站因突然停电会造成设备损坏或作业中断时，站内重要负荷应配置应急电源，其中控制、仪表、通信等重要负荷，应采用不间断电源供电，蓄电池后备时间不宜小于1.5h。

10.1.6 输气站及阀室照明应符合下列规定：

  2 控制室、值班室、发电房及消防等重要场所应设应急照明；

  3 人员活动场所应设置安全疏散照明，人员疏散的出口和通道应设置疏散照明。

10.1.7 输气站及阀室的爆炸危险区域划分应符合本规范附录J的规定，电气设计应符合现行国家标准《爆炸危险环境电力装置设计规范》GB 50058的有关规定，电气设备应符合现行国家标准《爆炸性环境》GB 3836系列标准的有关规定。

10.1.8 爆炸危险环境的建（构）筑物不宜以风险作为防雷分类依据，输气站及阀室的雷电防护应符合下列规定：

  1 雷电防护应符合国家现行标准《建筑物防雷设计规范》GB 50057和《油气田及管道工程雷电防护设计规范》SY/T 6885的有关规定；

  2 金属结构的放空立管及放散管上不应安装接闪杆；

  3 雷电防护接地宜与站场的保护接地、工作接地共用接地系统，接地电阻应按照电气设备的工作接地要求确定，当共用接地系统的接地电阻无法满足要求时，应有完善的均压及隔离措施。

10.2 给水排水及消防

10.2.1 输气站的给水水源应根据生产、生活、消防用水量和水质要求，结合当地水源条件及水文地质资料等因素综合比较确定。

10.2.3 安全水池（罐）的设置宜根据输气站的用水量、供水系统的可靠程度确定。当需要设安全水池（罐）时，应符合下列规定：

  3 当安全水池（罐）兼有储存消防用水功能时，应有确保消防储水不作它用的技术措施；

10.2.8 输气站消防设施的设计应符合现行国家标准《石油天然气工程设计防火规范》GB 50183、《建筑设计防火规范》GB 50016和《建筑灭火器配置设计规范》GB 50140的有关规定。

10.3 采暖通风和空气调节

10.3.1 输气站的采暖通风和空气调节设计应符合现行国家标准《采暖通风与空气调节设计规范》GB 50019的有关规定。

10.3.3 输气站内生产和辅助生产建筑物的通风设计应符合下列规定：

  1 对散发有害物质或有爆炸危险气体的部位，宜采取局部通风措施，建筑物内的有害物质浓度应符合国家现行标准《工业企业设计卫生标准》GBZ 1的有关规定，并应使气体浓度不高于爆炸下限浓度的20%。

   2 对同时散发有害物质、有爆炸危险气体和热量的建筑物，全面通风量应按消除有害物质、气体或余热所需的最大空气量计算。当建筑物内散发的有害物质、气体和热量不能确定时，全面通风的换气次数应符合下列规定：

   1）厂房的换气次数宜为8次/h，当房间高度不大于6m时，通风量应按房间实际高度计算，房间高度大于6m时，通风量应按6m高度计算；

10.3.4 散发有爆炸危险气体的压缩机厂房除应按本规范第10.3.3条设计正常换气外，还应另外设置保证每小时不小于房内容积8次换气量的事故排风设施。

10.3.5 输气站内其他可能突然散发大量有害或有爆炸危险气体的建筑物也应设事故通风系统。事故通风量应根据工艺条件和可能发生的事故状态计算确定。事故通风宜由正常使用的通风系统和事故通风系统共同承担，当事故状态难以确定时，通风总量应按每小时不小于房内容积的12次换气量确定。

10.3.6 阀室应采用自然通风。

10.3.7 设有机械排风的房间应设置有效的补风措施。

10.3.8 对于可能有气体积聚的地下、半地下建（构）筑物内，应设置固定的或移动的机械排风设施。

附录 J 输气站及阀室爆炸危险区域划分推荐做法

J.0.2 工艺阀门及设备爆炸危险区域划分应符合下列图示的规定：

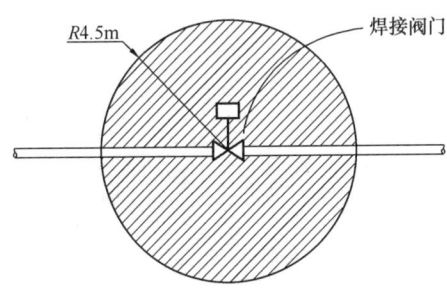

图 J.0.2-1 通风良好区域的焊接连接阀门

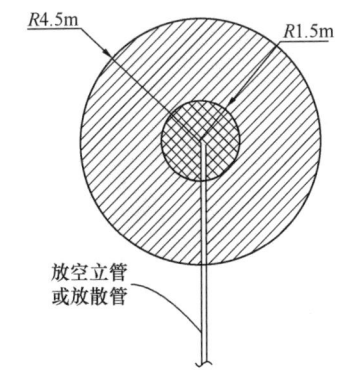

图 J.0.2-2 通风良好区域的放空立管或放散管

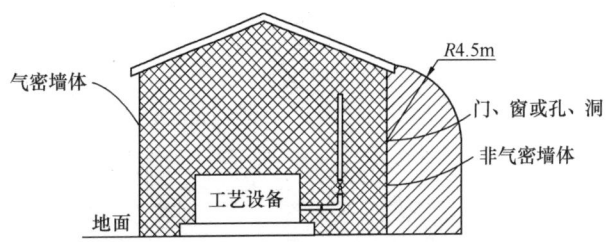

图 J.0.2-3 通风不良区域的放空设备

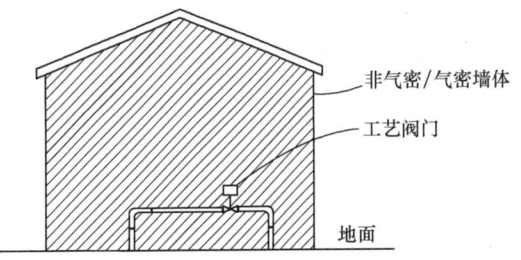

图 J.0.2-4 通风良好区域的工艺阀门

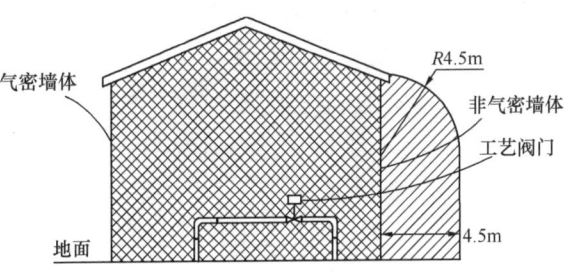

图 J.0.2-5 通风不良区域的工艺阀门

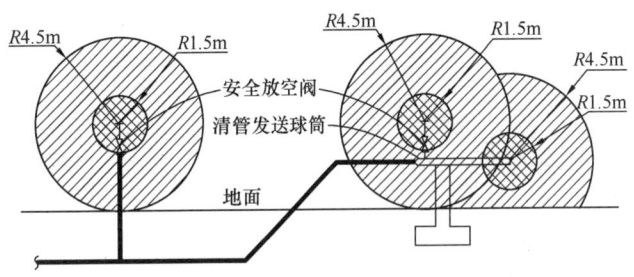

图 J.0.2-6 通风良好的户外设备

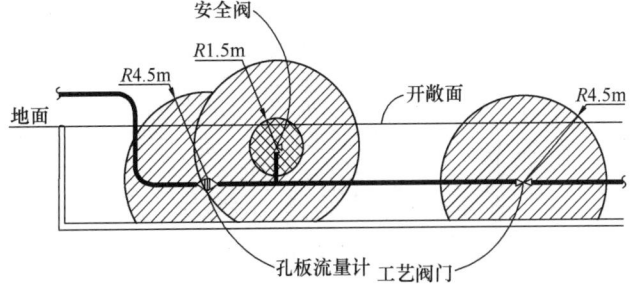

图 J.0.2-7 通风良好的封闭区域

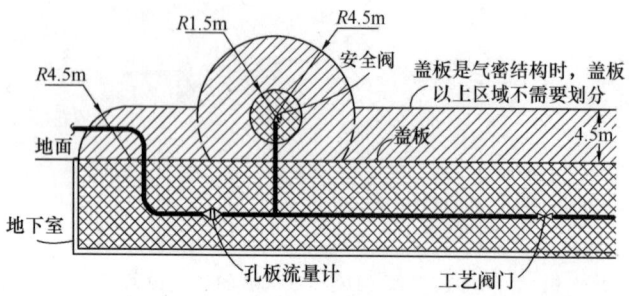

图 J.0.2-8 通风不良的封闭区域

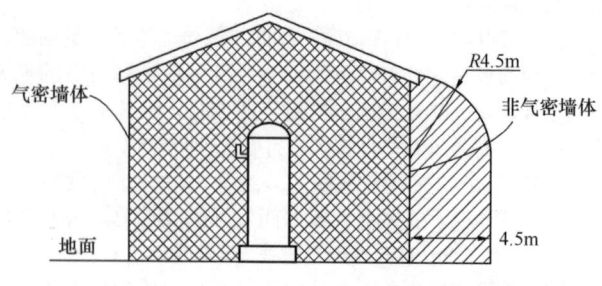

图 J.0.4-2 通风不良区域的压力容器

J.0.3 通风口爆炸危险区域划分应符合下列图示的规定：

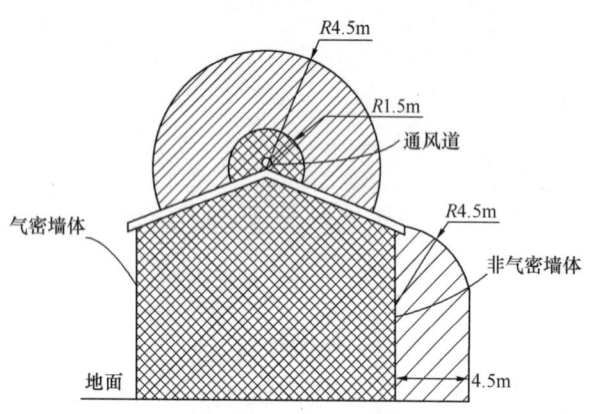

图 J.0.3-1 1区的通风口

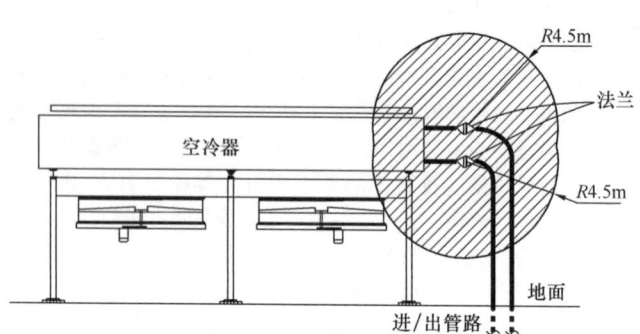

图 J.0.4-3 通风良好区域的后空冷器

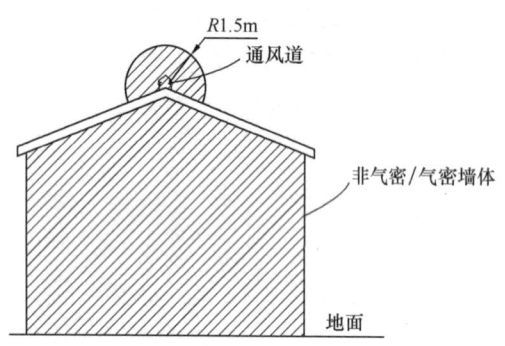

图 J.0.3-2 2区的通风口

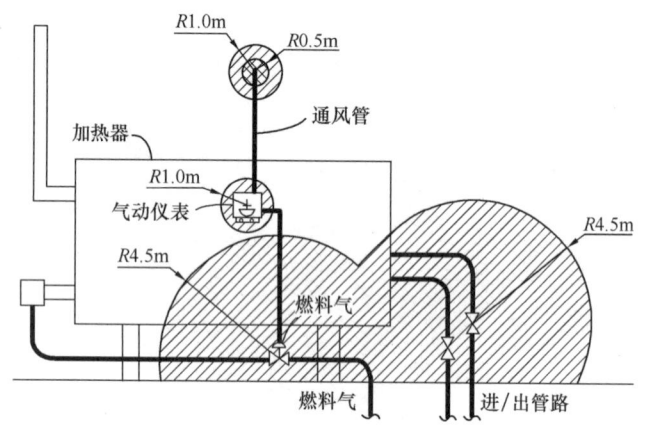

图 J.0.4-4 通风良好区域的水套炉

J.0.4 压力容器、空冷器及水套炉爆炸危险区域划分应符合下列图示的规定：

J.0.5 气液联动阀爆炸危险区域划分应符合下列图示的规定：

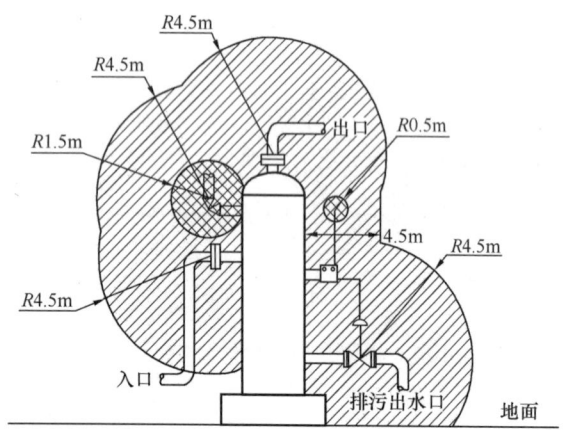

图 J.0.4-1 通风良好区域的压力容器

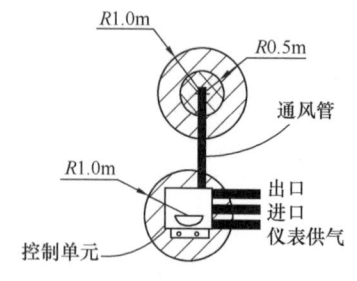

图 J.0.5-1 通风良好非封闭区域

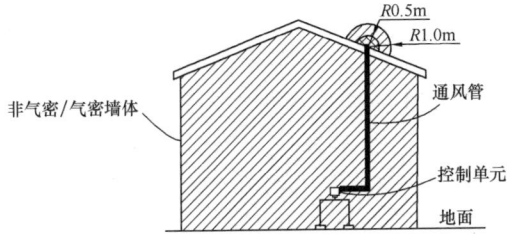

图 J.0.5-2 通风良好封闭区域

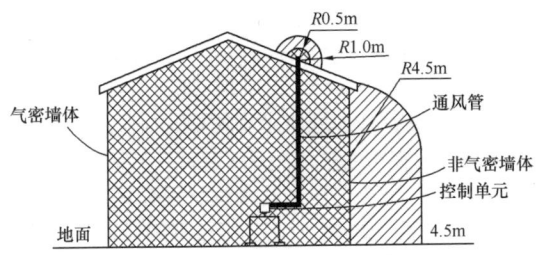

图 J.0.5-3 通风不良封闭区域

J.0.6 与爆炸危险区域相邻的建筑物，爆炸危险区域划分应符合下列图示的规定：

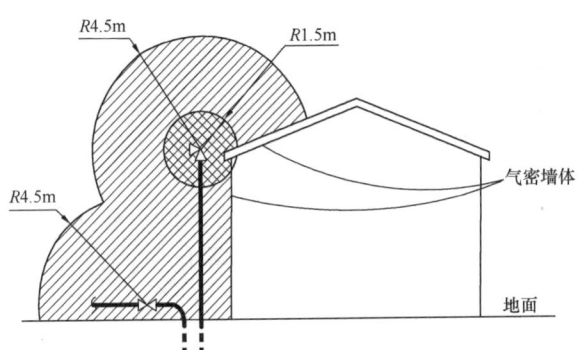

图 J.0.6-1 封闭墙体的建筑物

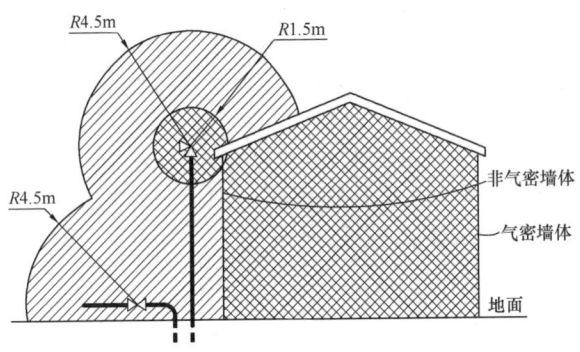

图 J.0.6-2 与1区相邻、非气密墙体的建筑物

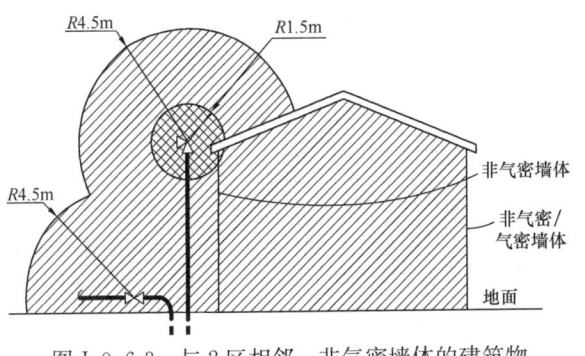

图 J.0.6-3 与2区相邻、非气密墙体的建筑物

J.0.7 压缩机组爆炸危险区域划分应符合下列图示的规定：

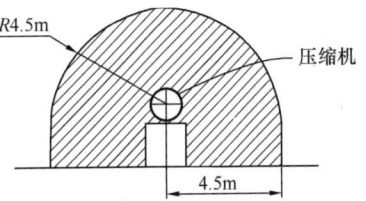

图 J.0.7-1 露天安装

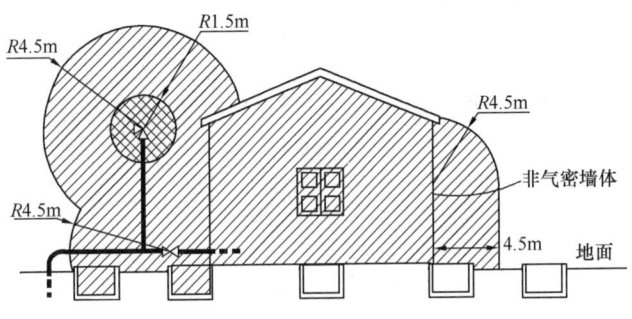

图 J.0.7-2 通风良好的厂房

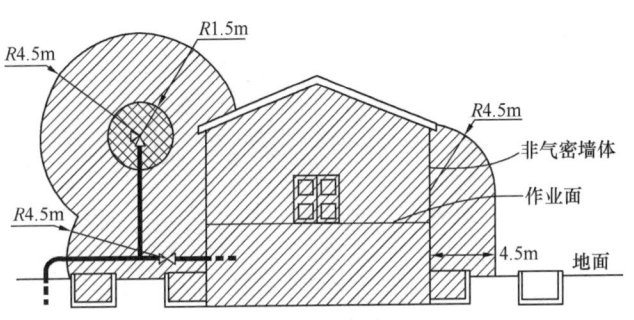

图 J.0.7-3 通风良好的厂房（半地下层布置）

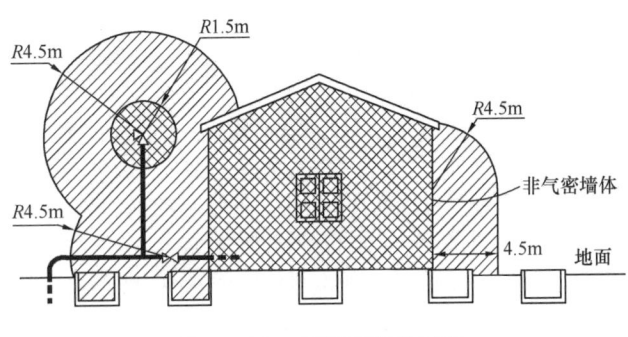

图 J.0.7-4 通风不良的厂房

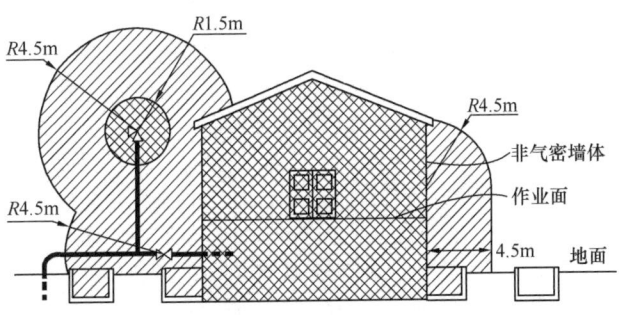

图 J.0.7-5 通风不良的厂房（半地下层布置）

注：本条的图示中，地面以下的沟槽内存在释放源时，应按图 J.0.2-7、图 J.0.2-8 划分爆炸危险区域。

44. 《输油管道工程设计规范》GB 50253—2014

1 总 则

1.0.2 本规范适用于陆上新建、扩建和改建的输送原油、成品油、液化石油气管道工程的设计。

1.0.3 输油管道工程与上下游相关企业及设施的界面划分应符合本规范附录A的规定。

2 术 语

2.0.1 输油管道工程 oil transportation pipeline engineering
用管道输送原油、成品油和液化石油气的建设工程。一般包括输油管线、输油站及辅助设施等工程内容。

4 线 路

4.1 线路选择

4.1.1 管道线路的选择,应根据工程建设的目的和资源、市场分布,结合沿线城镇、交通、水利、矿产资源和环境敏感区的现状与规划,以及沿途地区的地形、地貌、地质、水文、气象、地震自然条件,通过综合分析和多方案技术经济比较确定线路总体走向。

4.1.3 管道不应通过饮用水水源一级保护区、飞机场、火车站、海(河)港码头、军事禁区、国家重点文物保护范围、自然保护区的核心区。

4.1.4 输油管道应避开滑坡、崩塌、塌陷、泥石流、洪水严重侵蚀等地质灾害地段,宜避开矿山采空区、全新世活动断层。当受到条件限制必须通过上述区域时,应选择其危害程度较小的位置通过,并采取相应的防护措施。

4.1.6 埋地输油管道同地面建(构)筑物的最小间距应符合下列规定:

1 原油、成品油管道与城镇居民点或重要公共建筑的距离不应小于**5m**。

3 输油管道与铁路并行敷设时,管道应敷设在铁路用地范围边线3m以外,且原油、成品油管道距铁路线不应小于25m,液化石油气管道距铁路线不应小于50m。如受制于地形或其他条件限制不满足本条要求时,应征得铁路管理部门的同意。

4 输油管道与公路并行敷设时,管道应敷设在公路用地范围边线以外,距用地边线不应小于3m。如受制于地形或其他条件限制不满足本条要求时,应征得公路管理部门的同意。

5 原油、成品油管道与军工厂、军事设施、炸药库、国家重点文物保护设施的最小距离应同有关部门协商确定。液化石油气管道与军工厂、军事设施、炸药库、国家重点文物保护设施的距离不应小于100m。

6 液化石油气管道与城镇居民点、重要公共建筑和一般建(构)筑物的最小距离应符合现行国家标准《城镇燃气设计规范》GB 50028的有关规定。

注:本条规定的距离,对于城镇居民点,由边缘建筑物的外墙算起;对于单独的学校、医院、军工厂、机场、码头、港口、仓库等,应由划定的区域边界线算起。

4.1.7 管道与架空输电线路平行敷设时,其距离应符合现行国家标准《66kV及以下架空电力线路设计规范》GB 50061及《110kV~750kV架空输电线路设计规范》GB 50545的有关规定。管道与干扰源接地体的距离应符合现行国家标准《埋地钢质管道交流干扰防护技术标准》GB/T 50698的有关规定。埋地输油管道与埋地电力电缆平行敷设的最小距离,应符合现行国家标准《钢质管道外腐蚀控制规范》GB/T 21447的有关规定。

4.1.8 输油管道与已建管道并行敷设时,土方地区管道间距不宜小于6m,如受制于地形或其他条件限制不能保持6m间距时,应对已建管道采取保护措施。石方地区与已建管道并行间距小于20m时不宜进行爆破施工。

4.1.9 同期建设的输油管道,宜采用同沟方式敷设;同期建设的油、气管道,受地形限制时局部地段可采用同沟敷设,管道同沟敷设时其最小净间距不应小于0.5m。

4.1.10 管道与通信光缆同沟敷设时,其最小净距(指两断面垂直投影的净距)不应小于0.3m。

4.3 管道的外腐蚀控制和保温

4.3.9 保温层应采用导热系数小的闭孔材料,保温材料应具有一定机械强度,耐热性能好,不易燃烧和具有自熄性,且对管道无腐蚀作用。

4.3.10 保温层外部宜有保护层,保护层材料应具有足够的机械强度和韧性,化学性能稳定,且具有耐老化、防水和电绝缘的性能。

4.4 线路截断阀

4.4.3 输送液化石油气管道线路截断阀的最大间距应符合表4.4.3的规定。

表4.4.3 液化石油气管道线路截断阀的最大间距

地区等级	线路截断阀最大间距(km)
一	32
二	24
三	16
四	8

注:地区等级的划分见附录F。

4.4.5 截断阀应设置在交通便利、地形开阔、地势较高、检修方便,且不易受地质灾害及洪水影响的地方。

6 输油站

6.1 站场选址和总平面布置

6.1.1 站场选址应符合下列规定：

7 各类站场的站址选择应符合现行行业标准《石油天然气工程总图设计规范》SY/T 0048 中的相关规定。独立建设或与炼厂、油库、油品码头等石油化工企业毗邻建设的输油站场，与相邻的居民点、企业的安全间距应符合现行国家标准《石油天然气工程设计防火规范》GB 50183 的相关规定。

8 站场与油田的集中处理站、炼厂、油库等石油化工企业合并建设时，各设施与相邻石油化工企业相关设施的安全间距，应按照现行国家标准《石油天然气工程设计防火规范》GB 50183 和相关规范中企业内部各设施之间安全间距要求的较大者确定。

6.1.2 各类站场的总平面布置应符合下列规定：

1 防火间距及防火措施应符合现行国家标准《石油天然气工程设计防火规范》GB 50183 的相关规定；

2 总平面布置的防爆要求应符合现行行业标准《石油设施电气设备安装区域一级、0 区、1 区和 2 区区域划分推荐作法》SY/T 6671 的相关规定；

3 站场总平面和竖向布置应符合现行行业标准《石油天然气工程总图设计规范》SY/T 0048 的相关规定；

4 各类站场内部设施的总平面布置应根据各类设施的火灾危险性，并结合地形、风向等条件，按功能进行分区布置；

6.8 站场供、排水及消防

6.8.1 站场水源的选择应符合下列规定：

3 生活用水的水质应符合现行国家标准《生活饮用水卫生标准》GB 5749 的相关规定；生产和消防用水的水质标准，应满足生产和消防工艺要求。

6.8.2 站场及油码头的污水排放应符合下列规定：

4 雨水宜采用地面有组织排水的方式排放；油罐区的雨水排水管道穿越防火堤处，在堤内宜设置截油装置，在堤外应设置截流装置。

6.8.3 站场及油码头的消防设计应符合下列规定：

1 原油、成品油储罐区的消防设计，应符合现行国家标准《石油天然气工程设计防火规范》GB 50183 和《泡沫灭火系统设计规范》GB 50151 的相关规定；

2 液化石油气储罐区的消防设计，应符合现行国家标准《石油天然气工程设计防火规范》GB 50183 和《建筑设计防火规范》GB 50016 的相关规定；

3 装卸原油、成品油码头的消防设计，应符合国家现行标准《固定消防炮灭火系统设计规范》GB 50338 和《装卸油品码头防火设计规范》JTJ 237 的相关规定；

4 站场及油码头的建筑消防设计，应符合现行国家标准《建筑设计防火规范》GB 50016 和《建筑灭火器配置设计规范》GB 50140 的相关规定。

6.9 供热、通风及空气调节

6.9.4 化验室的通风宜采用局部排风；当采用全面换气时，其通风换气次数不宜小于 5 次/h。排风设备应采用防爆型。

6.9.6 输油泵房、计量间、阀组间等放散可燃气体的工作场所，应设置事故通风装置，其通风换气次数不宜小于 12 次/h。

6.9.7 积聚容重大于空气、并具有爆炸危险气体的建（构）筑物，应设置机械排风设施。其排风口的位置应能有效排除室内地坪最低处积聚的可燃或有害气体，其排风量应根据各类建筑物要求的换气次数或根据产生气体的性质和数量经计算确定。

6.9.8 采用热风采暖、空气调节和机械通风装置的场所，其进风口应设置在室外空气清洁区，对有防火防爆要求的通风系统，其进风口应设在不可能有火花溅落的安全地点，排风口应设在室外安全处。

6.10 仪表及控制系统

6.10.4 爆炸危险区域内安装的电动仪表、设备，其防爆结构应按表 6.10.4 确定。

表 6.10.4 电动仪表、设备防爆结构选择

分区	0 区	1 区	2 区
防爆型式	本质安全型 ia	本质安全型 ia、ib 隔爆型 d	本质安全型 ia、ib 隔爆型 d、增安型 e

注：分区应符合现行行业标准《石油设施电气设备安装区域一级、0 区、1 区和 2 区区域划分推荐作法》SY/T 6671 的相关规定。

7 管道监控系统

7.3 站控制系统

7.3.5 消防控制系统设计应符合下列规定：

2 在有储油罐的站场宜设置独立的消防控制系统；其他的站场宜设置可燃（有毒）气体检测系统和火灾自动报警系统，其报警信号应引入安全仪表系统；

5 储罐区消防控制系统启动报警信号应传送至站控制系统。

8 通 信

8.0.8 输油站消防值班室应设火警电话，火警电话宜为公网直拨电话或消防部门专用火警系统电话。

9 管道的焊接、焊接检验与试压

9.2 试 压

9.2.1 输油管道必须进行强度试压和严密性试压。

9.2.2 线路段管道在试压前应设置临时清管设施进行清管，不得使用站内清管设施。

9.2.3 穿跨越管段试压应符合现行国家标准《油气输送管道穿越工程设计规范》GB 50423 和《油气输送管道跨越工程设计规范》GB 50459 的有关规定，应合格后再同相邻管段连接。

9.2.7 试压介质应采用无腐蚀性的清洁水。

9.2.8 原油、成品油管道和输油站强度试压和严密性试压应符合下列规定：

1 输油管道一般地段的强度试验压力不应小于管道设计内压力的1.25倍，通过人口稠密区的管道强度试验压力不应小于管道设计内压力的1.5倍；管道严密性试验压力不应小于管道设计内压力。强度试验持续稳压时间不应小于4h；当无泄漏时，可降低压力进行严密性试验，持续稳压时间不小于24h。

2 输油站内管道及设备的强度试验压力不应小于管道设计内压力的1.5倍，严密性试验压力不应小于管道设计内压力。强度试验持续稳压时间不应小于4h；当无泄漏时，可降低压力进行严密性试验，持续稳压时间不应小于24h。

3 强度试压时，管线任一点的试验压力与静水压力之和所产生的环向应力不应大于钢管的最低屈服强度的90%。

45.《油田油气集输设计规范》GB 50350—2015

1 总则

1.0.2 本规范适用于陆上油田、滩海陆采油田和海上油田陆岸终端油气集输工程设计。

2 术语

2.0.1 油气集输 oil-gas gathering and transportation

在油气田内，将油气井采出的油、气、水等加以汇集、处理和输送的全过程。

4 油气收集

4.1 一般规定

4.1.1 油气集输设计应根据技术经济对比情况确定布站方式，可在一级布站、二级布站或三级布站方式中优选，根据具体情况也可采用半级布站方式。

4.5 原油加热及换热

4.5.1 当原油温度不能满足原油集输条件或处理工艺要求时，应对原油进行加热；在油气收集过程中，需要进行掺液集输和热洗清蜡时，应对回掺介质和热洗液进行加热。

4.5.2 原油加热的热源，在有条件的地方应首先采用热电结合或热动结合的余热。当没有余热可利用时，可采用直燃加热炉供热、直燃锅炉产生的蒸汽和热水供热、热媒炉供热或电加热。

4.5.3 原油加热炉的选型应满足热负荷和工艺要求，并应通过技术经济对比确定。井场宜采用水套炉，计量站、接转站宜采用水套炉或火筒炉。其他站（库）的加热炉形式，应根据具体情况确定。

4.5.4 原油加热炉的台数应符合下列规定：

1 单井井场加热炉应为1台，丛式井场加热炉台数应根据实际情况确定；

2 计量站加热炉可为1台；

3 油井热洗清蜡用加热炉可为1台；

4 当不属于本条第1～3款的其他不同用处的加热炉，设2台或2台以上时，可不设备用炉，但在低负荷下有1台加热炉检修时，其余加热炉应能维持生产。

4.5.6 在多功能合一设备中，火筒加热部分应根据介质特性采取防垢、防砂和防结焦措施。

4.5.7 管式加热炉的工艺管道安装设计应符合下列规定：

1 炉管的进出口应装温度计和截断阀；

2 应设炉管事故紧急放空和吹扫管道；

4 进口汇管应与进站油管道连通；

4.5.8 加热炉型式与参数设计，应符合现行行业标准《石油工业用加热炉型式与基本参数》SY/T 0540的有关规定。

4.5.9 加热炉综合热效率应符合现行行业标准《油田地面工程设计节能技术规范》SY/T 6420的有关规定。

4.5.10 除单井井场外，具备电力供应条件的站场加热炉应配备自动点火和断电、熄火时自动切断燃料供给的熄火保护控制系统。

4.5.11 加热炉采用自动点火时，自动燃气燃烧装置防爆等级的确定，应符合现行国家标准《爆炸危险环境电力装置设计规范》GB 50058的有关规定。

4.5.12 输出功率大于1200kW的加热炉自动燃气燃烧装置，应具备漏气检测功能。

4.5.13 火筒式加热炉的炉型选择，应符合现行行业标准《火筒式加热炉规范》SY/T 5262的有关规定。管式加热炉的炉型选择，应符合现行行业标准《管式加热炉规范》SY/T 0538的有关规定。相变加热炉的炉型选择，应符合现行国家标准《相变加热炉》GB/T 21435的有关规定。

4.5.14 换热器的形式应根据工艺条件选定，可选用管壳式换热器或套管式换热器。当需要强化传热时，也可选用螺旋板式换热器。稠油换热不宜选用螺旋板式换热器。

4.5.15 在满足工艺过程要求的条件下，宜选用传热面积较大的换热器，总数量不应少于2台。

4.5.16 当多台换热器并联安装时，其进、出口管路设计宜使介质流量对每台换热器均匀分配。

4.5.17 浮头式换热器管程、壳程中流体的选择，应能满足提高总传热系数、合理利用允许压力降、便于维护检修等要求。原油及高压流体宜走管程。

4.5.18 管壳式换热器介质温差及温差校正系数应符合下列规定：

1 单台换热器的冷热端介质温差，应通过换热量和换热面积的技术经济对比后确定；

4.5.20 管壳式换热器应采用逆流换热流程，冷流自下而上，热流自上而下地进入换热器。

5 原油处理

5.1 油气分离

5.1.1 油气分离的级数和各级分离压力应根据油气集输系统压力和油气全组分综合分析确定，分离级数可为2级～4级。

5.1.2 油气分离宜采用重力沉降分离器。重力分离器型式选择应根据分离介质的液量及相数确定，且宜符合下列规定：

1 当液量较少，液体在分离器内的停留时间较短时，宜选用立式重力分离器；

2 当液量较多，液体在分离器内的停留时间较长时，宜选用卧式重力分离器；

3 当油、气、水同时存在，并需进行分离时，宜选用三相卧式分离器。

7 原油及天然气凝液储运

7.1 原油储存

7.1.12 油罐区的安全防火要求，应符合现行国家标准《石油天然气工程设计防火规范》GB 50183的有关规定。

7.3 天然气凝液储存

7.3.14 天然气凝液及其产品罐区的安全防火要求，应符合现行国家标准《石油天然气工程设计防火规范》GB 50183的有关规定。

7.4 天然气凝液装卸

7.4.7 天然气凝液及其产品装卸设施除符合本规范第7.4.1条~第7.4.6条的规定外，还应符合现行国家标准《石油天然气工程设计防火规范》GB 50183的有关规定。

8 油气集输管道

8.1 一般规定

8.1.9 油气集输管道线路设计应符合现行国家标准《石油天然气工程设计防火规范》GB 50183的有关规定。

8.6 材料及管道组成件

8.6.16 阀门的选用，应符合现行国家标准《工业金属管道设计规范》GB 50316及其他国家现行标准的有关规定。在防火区内关键部位使用的阀门，应具有耐火性能。通过清管器的阀门，应选用全通径阀门。

9 自动控制及油气计量

9.2 仪表选择及检测控制点设置

9.2.1 油气集输站场仪表选择应符合下列规定：

4 爆炸危险区域内安装的电动仪表、电动执行机构等电气设备的防爆类型应根据现行国家标准《爆炸危险环境电力装置设计规范》GB 50058的有关规定，按照场所的爆炸危险类别和范围以及爆炸混合物的级别、组别确定；

9.2.3 生产或使用可燃气体的工艺装置或储运设施区域内，应按现行行业标准《石油天然气工程可燃气体检测报警系统安全规范》SY 6503的要求设置可燃气体检测报警装置。

9.2.4 生产或使用有毒气体的工艺装置或储运设施区域内，应按现行国家标准《石油化工可燃气体和有毒气体检测报警设计规范》GB 50493的要求设置有毒气体检测报警装置。

9.4 计算机控制系统

9.4.2 计算机控制系统的选型应符合下列规定：

7 当火灾检测报警系统和可燃/毒性气体检测系统合并设置，构成相对独立的火灾及可燃气体报警系统时，应采用经过权威机构认证的PLC系统；采用盘装可燃/毒性气体报警仪表时，报警信号应上传到站场控制系统。

10 站场总图

10.1 站场址选择

10.1.7 站场与周围设施的区域布置防火间距、噪声控制和环境保护应符合现行国家标准《石油天然气工程设计防火规范》GB 50183、《工业企业噪声控制设计规范》GB/T 50087和《工业企业设计卫生标准》GBZ 1等的有关规定。

10.3 站场总平面及竖向布置

10.3.1 站场总平面及竖向布置应符合国家现行标准《石油天然气工程设计防火规范》GB 50183、《石油天然气工程总图设计规范》SY/T 0048和《工业企业总平面设计规范》GB 50187的有关规定。

10.3.4 凡散发有害气体和易燃、易爆气体的生产设施，应布置在生活基地或明火区的全年最小频率风向的上风侧。

10.3.5 油罐区的布置应使油罐底与泵房地坪的高差满足泵的正常吸入和自流灌泵的要求。油罐区防火堤布局设计应符合现行国家标准《储罐区防火堤设计规范》GB 50351的有关规定。

10.3.6 当站场内附设变电所时，变电所应位于站场边缘，方便进出线，并宜靠近负荷中心。变配电室宜靠近主要用电设施。

10.3.8 站场应根据所在地区周围环境和规模大小确定是否设置围墙。当设置围墙时，应采用非燃烧材料建造，围墙高度不宜低于2.2m，场区内大于或等于35kV的变配电站应设高度不小于1.5m的围栏。

10.4 站场管道综合布置

10.4.2 管道敷设方式应根据场区情况、输送介质特性和维护管理等因素确定。地上管道的布置不应妨碍交通运输、消防车辆通行，且宜兼顾行人通行、建筑物采光和通风的要求。

10.4.3 站内地上管道的安装应符合下列规定：

1 架空管道管底距地面不应小于2.2m，管墩敷设的管道管底距地面不应小于0.3m；

2 当管带下面有泵或换热器时，管底距地面高度应满足机泵、换热设备安装和检修的要求；

3 地上管道和设备的涂色应符合现行行业标准《油气田地面管线和设备涂色规范》SY/T 0043的规定。

10.4.4 当架空管道跨越道路、铁路时，桁架底或管底高度应符合下列规定：

1 距道路路面中心不应低于5m；

2 距铁路轨顶不应低于5.5m；

3 距人行道路面不应低于2.2m。

10.4.5 站内架空油气管道与建（构）筑物之间最小水平间距应符合本规范附录H的要求。

10.4.6 站内埋地管道与电缆、建（构）筑物平行的最小间距应按本规范附录J确定。

10.4.7 埋地工艺管道互相交叉的垂直净距不宜小于0.15m。

当管道与电缆交叉时，其最小垂直净距应符合下列规定：
1 距35kV以下的直埋电力电缆不应小于0.5m；
2 距直埋通信电缆不应小于0.5m；

11 配套设施及公用工程

11.2 通　信

11.2.7 安装于爆炸危险区内的电话、广播、工业电视监视设备及用于爆炸危险区内的无线对讲机，应符合该危险区的防爆要求。

11.3 给排水及消防

11.3.3 给水设计供水量应为生产、生活、绿化及其他不可预见等用水量之和，且应满足消防的有关规定。无人值守站场可不设给排水设施。

11.3.13 消防设施设计应符合现行国家标准《石油天然气工程设计防火规范》GB 50183的有关规定。

11.4 建筑与结构

11.4.1 建（构）物设计应保证结构安全、可靠，符合国家现行结构设计规范的要求，还应满足抗震、防火、防爆、防腐蚀、防噪声、环保及节能的要求。

11.4.4 有爆炸危险的甲、乙类厂房不应采用地下或半地下式厂房，宜采用敞开式或半敞开式厂房。当采用封闭式厂房时，防爆泄压设施的设置应符合现行国家标准《建筑设计防火规范》GB 50016的有关规定。

11.4.6 当甲、乙类厂房采用轻型钢结构时，建筑构件应采用非燃烧材料，墙、屋面板单位质量不宜超过60kg/m²。除天然气压缩机厂房外，宜为单层。与其他厂房的防火间距应按现行国家标准《建筑设计防火规范》GB 50016中的三级耐火等级的建筑确定。当房屋耐火等级为三级时，柱及柱间支撑的耐火极限不应低于2.0h，屋面梁及屋面梁间支撑、系杆耐火极限不应低于1.0h。当房屋耐火等级为二级时，柱及柱间支撑的耐火极限不应低于2.5h，屋面梁及屋面梁间支撑、系杆耐火极限不应低于1.5h。建筑墙体及屋面板的耐火极限应按现行国家标准《建筑设计防火规范》GB 50016的有关规定执行。

11.4.7 建筑物应根据采光、保温、密闭要求采用单层或双层窗。对有爆炸危险的甲、乙类厂房计入泄压面积的门窗宜采用单层外开门窗，玻璃应采用安全玻璃。防爆与非防爆房间之间的窥视窗应采用满足甲级防火窗要求的密闭抗爆窗。

11.4.8 散发较空气重的可燃气体及可燃蒸气的有爆炸危险的甲、乙类厂房，地面应采用不发生火花的面层。当采用绝缘材料作整体面层时，应采取防静电措施。

11.7 暖通空调

11.7.6 油气化验室的通风应采用局部排风。当设置通风柜时，排风机应为防爆型。

11.7.9 站场内的天然气压缩机房、天然气凝液泵房、天然气调压间、液化石油气泵房及燃气锅炉房应设事故通风装置。

11.7.11 当采用采暖通风达不到室内温度、湿度及洁净度等要求时，应设置空气调节，且防爆区的空调装置应满足防爆要求。

11.8 站场道路

11.8.9 生产天然气凝液的工艺装置区和液化石油气的汽车装车场地，应采用不发生火花的混凝土面层。

11.8.10 站场道路设计应符合现行国家标准《石油天然气工程设计防火规范》GB 50183的有关规定。消防路以及消防车必经之路，其交叉口或弯道的路面内缘转弯半径不应小于12m。

附录 H 站内架空油气管道与建（构）筑物之间最小水平间距

表 H 站内架空油气管道与建（构）筑物之间最小水平间距（m）

建（构）筑物		最小水平净距
建筑物墙壁外缘或突出部分外缘	有门窗	3.0
	无门窗	1.5
场区道路		1.0
人行道路外缘		0.5
场区围墙(中心线)		1.0
照明或电信杆柱(中心)		1.0
电缆桥架		0.5
避雷针杆、塔根部外缘		3.0
立式罐		1.6

注：1 表中尺寸均自管架、管墩及管道最突出部分算起。道路为城市型时，自路面外缘算起；为公路型时，自路肩外缘算起。
2 架空油气管道与立式罐之间的距离，是指立式罐与其圆周切线方向平行的管架、管墩及管道最突出部分的距离。

附录 J 站内埋地管道与电缆、建（构）筑物平行的最小间距

表 J 站内埋地管道与电缆、建（构）筑物平行的最小间距(m)

建（构）筑物名称		通信电缆及35kV以下直埋电力电缆	管架基础(或管墩)外缘	电杆中心线	建筑物基础外缘	道路路面或路边石外缘	道路边沟外缘
管道名称	原油管道	2.0	1.5	1.5	2.0	1.5	1.0
	天然气凝液管道	2.0	1.5	1.5	2.0	1.5	1.0
	污油管道	2.0	1.5	1.5	2.0	1.5	1.0
	污水管道	2.0	1.5	1.5	2.0	1.5	1.0
	天然气管道（$P \leqslant 1.6$MPa）	1.0	1.5	1.5	2.0	1.5	1.0
	压缩空气管道	1.0	1.0	1.0	1.5	1.0	1.0
	热力管道	2.0	1.5	1.5	1.5	1.0	1.0
	消防水管道	1.0	1.0	1.0	1.5	1.0	1.0
	清水管道	1.0	1.0	1.0	1.5	1.0	1.0
	加药管道	1.0	1.0	1.0	1.5	1.0	1.0

注：1 表中所列净距应自管壁或防护设施外缘算起。
2 当管道埋深大于邻近建（构）筑物的基础埋深时，应采用土壤安息角校正表中所列数值。
3 当有可靠根据或措施时，可减小表中所列数值。

附录K 通信电缆管道和直埋电缆与地下管道或建(构)筑物的最小间距

表K 通信电缆管道和直埋电缆与地下管道和建(构)筑物的最小间距(m)

地下管道及建(构)筑物		最小水平净距		最小垂直净距	
		电缆管道	直埋电缆	电缆管道	直埋电缆
给水管道	75mm～150mm	0.5	0.5	0.15	0.5
	200mm～400mm	1.0	1.0	0.15	0.5
	>400mm	2.0	1.5	0.15	0.5
天然(煤)气管道	压力≤0.3MPa	1.0	1.0	0.3①	0.5
	0.3MPa<压力≤0.8MPa	2.0	1.0	0.3①	0.5
电力线	35kV以下电力电缆	0.5②			
	10kV及以下	1.0	1.5②	0.5②	0.5②
	电力线电杆				
建(构)筑物	散水外缘		1.0		
	无散水时	2.0	1.0		
	基础		1.0		
绿化	高大树木	2.0	—		
	小型绿化树	1.0			
输油管道		—	2.0		0.5
热力管道		1.0	2.0	0.25	0.5
排水管道		1.0	1.0	0.15	0.5
道路边石		1.0			
排水沟		—	0.8		0.5
广播线		—	0.1		

注：① 交越处2m之内天然(煤)气管道不得有接口，否则电缆及电缆管道应加包封。
② 电力电缆加有保护套管时，净距可减至0.15m。

附录L 通信架空线路与其他设备或建(构)筑物的最小间距

表L 通信架空线路与其他设备或建(构)筑物的最小间距(m)

序号	净距说明		最小净距
1	杆路与油(气)井或地面露天油池的水平间距		20
2	杆路与地下管道的水平距离，杆路与消火栓的水平距离		2.0
3	杆路与火车轨道的水平距离		地面杆高的1⅓
4	杆路与人行道边石的水平距离		0.6
5	导线与建筑物的最小水平距离		2.0
6	最低导线或电缆与最高农作物之间		0.6
7	与线路方向平行时	市内街道	4.5
		市内里弄(胡同)	4.0
		铁路	3.0
		公路	3.0
		土路	3.0
8	任一导线与树枝间	市区树木树枝间最近垂直距离	1.5
		郊区树木树枝间最近垂直距离	1.5
9	跨越河流	通航河流最低电缆或导线与最高洪水时船舶或船帆最高点间距	1.0
		不通航河流最低电缆或导线距最高洪水位	2.0
10	电缆或导线穿越有防雷保护装置的架空电力线路(最高线缆到电力线条)	10kV以下电力线	2.0
		35kV～110kV电力线(含110kV)	3.0
		110kV～220kV电力线(含220kV)	4.0
		220kV～330kV电力线(含330kV)	5.0
		330kV～500kV电力线(含500kV)	8.5
11	电缆或导线穿越无防雷保护装置的架空电力线路(最高线缆到电力线条)	10kV以下电力线	4.0
		35kV～110kV电力线(含110kV)	5.0
		110kV～220kV电力线(含220kV)	6.0
12	与带有绝缘层的低压电力线交越时		0.6
13	供电线接户线		0.6①
14	两通信线(或与广播线)交越最近两导线的垂直距离		0.6②
15	电缆或导线与直流电气铁道馈电线交越时		2.0③
16	与电气铁道与电车滑接线交越时		1.25④
17	电缆或导线与霓虹灯及其铁架交越时		1.6
18	跨越房屋时最低电缆或导线距房屋平顶/屋脊		1.5/0.6
19	跨越乡村大道、城市人行道和居民区胡同最低电缆或导线距路面		5.0
20	跨越公路、通卡车的大车路和城市街道最低电缆或导线距路面		5.5
21	跨越铁路最低电缆或导线距轨面		7.5
22	与同杆已有线缆间，线缆到线缆		0.4

注：① 供电线为被覆线时，光(电)缆也可以在供电线上方交越。
② 两通信线交越时，一级线路应在二级线路上面通过，且交越角不得小于30°，广播线为三级线路。
③ 通信线路与25kV交流电气铁道的馈电线不允许跨越，必要时应采用直埋电缆穿过。
④ 光(电)缆必须在上方交越时，跨越档两侧电杆及吊线安装应做加强保护装置。

附录 M 站场内建筑物的通风方式及换气次数

表 M 站场内建筑物的通风方式及换气次数

厂房名称	有害物	通风方式	换气次数（次/h）
天然气凝液泵房	有害气体	有组织的自然通风或机械排风	10(20)
液化石油气泵房	有害气体	机械排风	10
天然气压缩机房	余热、有害气体	有组织的自然通风或机械排风或联合通风	8～10
天然气调压间	有害气体	有组织的自然通风或机械排风	3～6
原油泵房、计量站操作间、原油流量计间、流量计检定间、脱水操作间（含游离水脱除操作间）、污油泵房、含油污水泵房，油气阀组间	余热、有害气体	有组织的自然通风或机械排风或联合通风	6～10 (12～15)
加药间、化药间、药品室	有害气体	机械排风	5～10
燃油锅炉间、燃气锅炉间、加热炉操作间	余热、有害气体	有组织的自然通风或机械排风	3～6
污水提升泵房	有害气体	有组织的自然通风或机械排风	3

注：1 有组织的自然通风可采用筒形风帽、旋转风帽、球形风帽或通风天窗等方式。
2 计算通风量时，房间高度大于 6m 时应按 6m 计算，事故通风应按房间实际高度计算。
3 括号内的换气次数为含硫的数据。
4 对于同时散发有害气体和余热的建筑物，室内的全面通风量应按消除有害气体或余热中所需的最大空气量计算。当建筑物内散发的有害气体或余热量不能确定时，通风量可按表中的换气次数计算。
5 当采用联合通风方式时，自然通风的换气次数取 3 次/h～6 次/h，机械排风按全部换气次数计算。

46.《地下水封石洞油库设计标准》GB/T 50455—2020

3 基本规定

3.0.2 水封洞库储存油品的火灾危险性分类，应按表3.0.2划分，并应符合下列规定：
1 操作温度超过其闪点的乙类油品应视为甲$_B$类油品；
2 操作温度超过其闪点的丙$_A$类油品应视为乙$_A$类油品；
3 操作温度超过其沸点的丙$_B$类油品应视为乙$_A$类油品；
4 操作温度超过其闪点的丙$_B$类油品应视为乙$_B$类油品；
5 闪点小于60℃但不低于55℃的轻柴油，其操作温度不高于40℃时，可视为丙$_A$类。

表3.0.2 水封洞库储存油品的火灾危险性分类

类别		油品闪点 F_t(℃)
甲	B	$F_t < 28$
乙	A	$28 \leq F_t < 45$
	B	$45 \leq F_t < 60$
丙	A	$60 \leq F_t \leq 120$
	B	$F_t > 120$

3.0.3 水封洞库内地面生产性建（构）筑物的耐火等级不得低于表3.0.3的规定。

表3.0.3 水封洞库内地面生产性建（构）筑物的耐火等级

序号	建（构）筑物	油品类别	耐火等级
1	油泵房、阀门室、竖井室	甲、乙	二级
		丙	三级
2	化验室、计量间、控制室、锅炉房、变配电间、空气压缩机房	—	二级
3	机修间、器材库、水泵房、油泵棚、阀门棚、竖井棚	—	三级

注：1 建（构）筑物构件的燃烧性能和耐火极限应符合现行国家标准《建筑设计防火规范》GB 50016的规定；
2 三级耐火等级的建（构）筑物的构件不得采用可燃材料。

4 库址选择

4.0.5 水封洞库地上设施与周围居住区、工矿企业、交通线等的防火间距不得小于表4.0.5的规定，表中未列设施与周围建（构）筑物的防火间距应按现行国家标准《石油库设计规范》GB 50074以及《石油储备库设计规范》GB 50737执行。

表4.0.5 水封洞库地上设施与周围居住区、工矿企业、交通线等的防火间距（m）

序号	名称		水封洞库地上设施	
			竖井	火炬
1	居住区及公共建筑		60	120
2	工矿企业		40	120
3	铁路	国家铁路	40	80
4		企业铁路	30	80
5	道路	高速公路和一级公路	30	80
6		其他机动车道路	15	60
7	国家Ⅰ级、Ⅱ级架空通信线路		40	80
8	架空电力线路和不属于国家Ⅰ级、Ⅱ级的架空通信线路		1.5倍杆（塔）高	80

注：1 计算间距的起讫点见附录A；
2 表中工矿企业为除水封洞库以外的企业；
3 对于电压等级大于或等于35kV的架空电力线路，其与竖井的防火间距除应满足1.5倍杆(塔)高外，且不应小于30m；
4 非水封洞库用的库外埋地电缆与水封洞库围墙的距离不应小于3m；
5 火炬为可能携带可燃液体的高架火炬，其他火炬与周围居住区、工矿企业、交通线等的防火间距应根据人或设备允许的辐射热强度计算确定。

4.0.6 水封洞库地上设施与相邻水封洞库地上设施的防火间距，应按本标准表6.2.1的规定增加50%，火炬设施应按本标准表4.0.5执行。

6 总体布置

6.2 总平面布置

6.2.1 水封洞库地上设施的防火间距不应小于表6.2.1的规定。

表6.2.1 水封洞库地上设施的防火间距(m)

序号	名称	竖井	油气回收装置	火炬
1	油罐（地上）	40	25	90
2	油泵站	20	15	60
3	油气回收装置	25	—	90
4	油品装卸车鹤管	20	30	90

续表 6.2.1

序号	名称	竖井	油气回收装置	火炬
5	隔油池	20	20	90
6	消防泵房	30	30	90
7	办公楼,中心控制室、专用消防站、倒班宿舍、食堂等人员集中的场所	40	40	90
8	有明火及可散发火花的建筑物及场所	20	30	60
9	现场机柜室、独立变配电室	20	25	90
10	其他建筑物	15	15	90
11	火炬	90	90	—
12	围墙	10	10	10

注：1 计算间距的起讫点见附录 A；
2 火炬为可能携带可燃液体的高架火炬，其他火炬与库内地上设施的防火间距应根据人或设备允许的辐射热强度计算确定；
3 焚烧炉应按明火火场所确定防火间距；
4 围墙指水封洞库地上设施外边界围墙；
5 表中未列出的地上设施防火间距应符合现行国家标准《石油库设计规范》GB 50074 的有关规定。

6.2.3 水封洞库设有地上油罐且计算总容量达到三级及以上石油库等级时，通向外部公路的车辆出入口不应少于 2 处，并宜位于不同方位；当水封洞库无地上油罐或地上油罐计算总容量仅达到四级、五级石油库等级，且受地域、地形等条件限制时，应至少设置 1 处通向外部公路的车辆出入口和 1 处人员逃生出入口，并宜位于不同方位。

6.2.5 道路的设置应符合下列规定：
1 地上竖井操作区之间应设置道路；道路宽度不小于 7m，转弯半径不应小于 12m，并应与其他道路相通；受地形限制时可设置有回车场的尽头式道路；
2 应设置通向地下水监测孔的人行通道；
3 地上油罐组和装卸区的道路设置应符合现行国家标准《石油库设计规范》GB 50074 的有关规定。

7 储 运

7.2 洞 罐

7.2.3 操作巷道设置应符合下列规定：
1 操作巷道内空间应满足设备、管道安装、操作和检修的需要；
2 操作巷道宜设不少于 2 个不同方向通向地面的安全出口；当受地形条件限制设置 2 个安全出口困难时，可设 1 个安全出口，但应按本标准第 8.2.5 条的规定设置紧急避难设施。

8 地下工程

8.2 布置及设计

8.2.9 紧急避难硐室设计应符合下列规定：

3 防护密闭门上应设观察窗，门墙应设单向排水管和单向排气管，排水管和排气管应加装手动阀门；过渡室内应设压缩空气幕和压气喷淋装置；避难硐室过渡室净面积不应小于 3.0m²；

4 生存室的宽度不得小于 2.0m，长度应根据设计额定避险人数以及内配装备情况确定；生存室内应设置不少于两趟单向排气管和一趟单向排水管，排水管和排气管应加装手动阀门；生存室净高不应低于 2.0m，每人应有不低于 1.0m² 的有效使用面积，设计额定避险人数宜为 5 人～10 人；

5 避难硐室防护密闭门抗冲击压力不应低于 0.3MPa，应有足够的气密性，密封可靠、开闭灵活；门墙周边掏槽，深度不应小于 0.2m，墙体应采用强度不低于 C30 的混凝土浇筑，并与岩体接实，保证足够的气密性；

6 采用锚喷、衬砌等支护方式，支护材料应阻燃、抗静电、耐高温、耐腐蚀，顶板和墙壁的颜色宜为浅色；硐室地面高于巷道底板不应小于 0.2m。

11 消防设施

11.1 一般规定

11.1.1 水封洞库应设置消防设施。消防设施的设置应根据洞库的洞罐数量、设施、油品火灾危险性和邻近单位的消防协作条件等因素确定。

11.1.2 水封洞库应设置独立消防给水系统，并应符合下列规定：
1 水封洞库同一时间内的火灾处数应按一处考虑，消防用水应包括室内消火栓系统、室外消火栓系统、泡沫灭火系统等水灭火系统，消防用水量应按同时作用的各种水灭火系统最大设计流量之和确定，且不应小于 45L/s，火灾延续供水时间不应小于 3h；
2 消防水泵应采用电动消防泵为主用泵，柴油机消防泵为备用泵，备用能力 100%，柴油机的油料储备量应能满足机组连续运转 6h 的要求；
3 消防给水应采用环状供水管网；
4 库区内地上生产区及污水处理设施应在其道路边布置消火栓，消火栓之间的距离不应大于 60m。

11.1.4 操作巷道消防设施设置应符合下列规定：
1 沿操作巷道应设置室内消火栓，间距不应大于 30m；
2 操作巷道出入口处应设置消防水泵接合器和室外消火栓；
3 操作巷道内竖井操作区宜设置自动灭火系统，并应符合国家现行有关标准的规定。

11.1.5 水封洞库设置有为长输管道服务的地上油罐时，消防站或消防车的设置应符合现行国家标准《石油天然气工程设计防火规范》GB 50183 的规定。

11.1.6 本标准未做规定的地上设施消防设计，应符合现行国家标准《消防给水及消火栓系统技术规范》GB 50974 和《石油库设计规范》GB 50074 的有关规定。

11.2 灭火器材配置

11.2.1 水封洞库应配置灭火器材。

11.2.2 灭火器材配置应符合现行国家标准《建筑灭火器配置设计规范》GB 50140 的有关规定，并应符合下列规定：

1 地上竖井操作区、油泵站、计量标定区和油气处理装置应配置 2 具 8kg 手提式干粉灭火器和 1 具 50kg 推车式干粉灭火器；

2 操作巷道内每隔 30m 及竖井操作区应配置 2 具 8kg 手提式干粉灭火器；

3 竖井操作区、油泵站、计量标定区和油气处理装置应配置数量不少于 4 块的灭火毯和数量不少于 2m³ 的灭火砂。

12 给水排水及污水处理

12.1 给 水

12.1.1 水封洞库用水应包括生活用水、消防用水和生产用水。

12.1.2 水封洞库给水设计应符合下列规定：

1 水源应就近选用城镇自来水、地表水或地下水，供水水质水压应分别满足生活用水、生产用水水质及压力的要求；

2 当生活给水、生产给水与消防补充水采用同一水源时，水源供水能力应按生活给水、生产给水及消防补充水量总和的 1.2 倍计算；

12.1.3 施工期给水应根据库区周边的水源、施工期用水量及水质要求等因素确定。

12.1.4 运营期和施工期给水应综合考虑，宜合并设置。

12.2 排 水

12.2.7 操作巷道内应设置排水设施，应考虑排除渗水、清洗水、消防废水等水量，并应设置防止事故时可燃液体沿巷道漫流的设施。

13 电 气

13.1 供 配 电

13.1.1 水封洞库生产用电负荷应为二级负荷。

13.1.4 变（配）电所的一级配电电压应根据潜油泵电动机的额定电压确定，宜采用 6kV 或 10kV；爆炸危险场所的低压（380/220V）配电应采用 TN-S 系统。

13.1.6 10kV 以上的变配电所应独立设置，并应设置于爆炸危险区域以外。10kV 及以下的变配电间与易燃油品泵房（棚）相毗邻时，应符合下列规定：

1 隔墙应为防火墙，与配电间无关的管道不得穿过隔墙，所有穿墙的孔洞应用不燃烧材料严密填实；

2 变配电间的门窗应向外开，门应设在泵房的爆炸危险区域以外，窗宜设在泵房的爆炸危险区域以外；窗设在爆炸危险区域以内时，应设密闭固定窗和警示标志；

3 变配电间的地坪应高于泵房室外地坪 0.6m。

13.1.9 电缆不得与油品管道、热力管道同沟敷设。电动紧急切断阀和电动消防泵的电缆均应埋地敷设。

13.1.10 消防水泵房、泡沫站、消防配电室、消防控制室应急事故照明后备电源的持续供电时间不应低于 3h，其他场所不应低于 30min。

14 电 信

14.1 一般规定

14.1.2 电信系统应设置火灾报警电话、行政电话系统、无线通信系统、计算机局域网、电视监视系统、火灾自动报警系统、周界报警系统等。可根据需要设置调度电话系统、扩音对讲系统、智能卡系统、门禁系统、电子巡更系统。

14.3 调度电话系统

14.3.3 库区应设置火灾报警直通电话，直通电话可利用调度电话系统的热线功能实现。

14.5 火灾自动报警系统

14.5.1 火灾自动报警系统的设置，除应符合现行国家标准《火灾自动报警系统设计规范》GB 50116 的规定外，尚应符合下列规定：

1 库区火灾自动报警系统应具有向所属消防站报火警的功能；

2 火灾自动报警系统应设有自动和手动两种报警触发装置；

3 探测器应根据单元建筑的特点、火灾初期燃烧特性等因素，选择点型或线型火灾自动探测器。

14.5.2 操作巷道火灾自动报警系统设置应符合下列规定：

1 操作巷道应采用线型光纤感温探测器、点型红外火焰探测器或图像型火灾探测器，或同时采用上述 2 种火灾探测器；

2 线型感温火灾探测器应设置在操作巷道顶部距顶棚 100mm～200mm 的位置；光栅光纤感温火灾探测器的光栅间距不应大于 10m；

3 点型红外火焰探测器或图像型火灾探测器应设置在操作巷道侧面墙上，高度 2.7m～3.5m，并应保证无探测盲区；探测器在两侧墙面上设置时应交错布置；

4 操作巷道出入口及巷道内每隔不大于 50m 处应设置手动报警按钮；

5 操作巷道入口前方 50m 处应设置指示巷道内发生火灾的声光警报装置；巷道内应每隔 50m 设置闪烁红光的火灾声光警报器，巷道内的声光警报器宜和手动报警按钮一起布置。

14.5.3 库区内设有扩音对讲系统时，火灾自动报警系统警报器和应急电话可利用扩音对讲系统。

14.5.4 火灾自动报警系统控制器应设置在库区消防控制室内或 24h 有人值班的房间或场所。库区不设专用的消防控制室时，宜设置在库区中心控制室。

14.6 电视监视系统

14.6.2 电视监视系统应与火灾自动报警系统、周界报警系统联动。当报警发生时，应自动联动控制相关的摄像机，按预先设置参数转向报警区域。

16 供暖、通风和空气调节

16.2 通 风

16.2.2 对可能放散爆炸危险气体的厂房、站房、泵房等场所，通风系统风机应选用防爆型，并应采用直接传动或联轴器传动。排风系统风机、风管、风阀等应用不燃烧材料。风机、风管、风阀等安装应采取静电接地措施。

16.2.6 建筑物防烟、排烟设计应符合现行国家标准《建筑防烟排烟系统技术标准》GB 51251 的规定。

17 环境保护、安全及职业卫生

17.2 安全及职业卫生

17.2.2 库区内易发生事故危及人员安全的场所和设备应按现行国家标准《安全标志及其使用导则》GB 2894 的规定设置标志。水封洞库应设置应急疏散通道及风向标。

17.2.4 操作巷道内消防设施应设置明显的发光指示标识。

附录 A 计算间距的起讫点

表 A 计算间距的起讫点

序号	建(构)筑物、设施和设备	计算间距的起讫点
1	道路	路边
2	铁路	铁路中心线
3	工矿企业、居住区	建(构)筑物外墙轴线
4	公共建筑	围墙轴线；无围墙者为建(构)筑物外墙轴线
5	架空电力和通信线路	线路中心
6	埋地电力和通信线路	电缆中心
7	地上油罐	罐外壁
8	竖井	竖井边缘
9	管道	管子中心(指明者除外)
10	设在露天(包括棚下)的各种设备	最突出外缘
11	建(构)筑物	外墙轴线
12	油品汽车装卸鹤管	鹤管中心
13	油品铁路装卸鹤管	铁路中心线
14	火炬(高架)	火炬筒中心
15	油气回收装置	最外侧的设备外缘
16	洞罐(或洞室)	洞罐(或洞室)的壁

注：本标准中的安全距离和防火间距未特殊说明的，均指平面投影距离。

47.《石油储备库设计规范》GB 50737—2011

3 基本规定

3.0.2 原油的火灾危险性类别应划分为甲类。

3.0.7 石油储备库劳动安全卫生设计应符合现行国家标准《建筑设计防火规范》GB 50016 及《爆炸和火灾危险环境电力装置设计规范》GB 50058 等有关标准及国家现行有关工业企业设计卫生标准、工作场所有害因素职业接触限值的规定。

4 库址选择

4.0.1 石油储备库的选址,应根据石油储备库所在地区的地形、地质、水文、气象、交通、消防、供水、供电、通信、可用土地和社会生活等条件,对可供选择的具体库址进行技术、经济、安全、环保、征地、拆迁、管理等方面的综合评价,选择最优建库地址。

4.0.8 石油储备库与周围居住区、工矿企业、交通线等的安全距离,不得小于表 4.0.8 的规定。

表 4.0.8 石油储备库与周围居住区、工矿企业、交通线等的安全距离

序号	名称		安全距离(m)		
			油罐区	油码头	油泵站
1	居住区及公共建筑物	≥100人或30户	120	90	90
		<100人或30户	90	75	75
2	工矿企业	大型企业	80	60	60
		中型企业	70	55	55
		小型企业	60	45	45
3	国家铁路线		200	200	200
4	工业企业铁路线		80	30	30
5	道路	公路、城市道路	100	100	100
		其他道路	35	25	25
6	码头	油码头	60	0.25L,且不小于55	45
		货运码头	150	150	110
		客运码头	300	300	225
7	国家架空通信线路和通信发射塔		150	40	40

续表 4.0.8

序号	名称	安全距离(m)		
		油罐区	油码头	油泵站
8	架空电力线路、非国家架空通信线路和通信发射塔	1.5倍杆(塔)高	1.5倍杆(塔)高	1.5倍杆(塔)高
9	河(海)岸边	30	—	15
10	露天爆破作业场地的爆破点	500		

注：1 油罐区从防火堤内顶角线算起;油泵房从泵房外墙轴线算起,露天油泵和油泵棚从泵体外缘算起;码头从所停靠设计船型的外缘算起,L 为相邻油船中较大油船的总长度;序号 10 的安全距离从储备库围墙算起。
2 工矿企业包括油库、石油化工企业和其他工业企业。毗邻的油库、石油化工企业的起算点应为明火地点、散发火花地点、油罐区的防火堤内顶角线、露天布置的易燃或可燃液体类设备、变配电设备、任何建筑物的外墙轴线;其他工矿企业的起算点应为工矿企业的围墙轴线。
3 对于电压 35kV 及以上的架空电力线路,序号 8 的距离除应满足本表要求外,且不应小于 40m。
4 如果露天爆破作业场地有限制碎石飞行距离的防护措施,序号 10 的距离可以适当减小,但不得小于 300m。

4.0.9 除本规范表 4.0.8 注 1 特殊说明的外,表 4.0.8 中其他设施或设备的计算间距起讫点应符合本规范附录 A 的规定。

5 库区布置

5.1 总平面布置

5.1.2 石油储备库内建筑物、构筑物之间的防火距离,不应小于表 5.1.2 的规定。

表 5.1.2 石油储备库内建筑物、构筑物之间的防火距离（m）

序号	建筑物和构筑物名称	油罐	油泵站	油码头	隔油池
1	油罐	应符合本规范第5.1.4条的规定	20	45	30
2	油泵站	20	12	15	20
3	油码头	45	15	0.25L,且不小于55	30

续表 5.1.2

序号	建筑物和构筑物名称	油罐	油泵站	油码头	隔油池
4	隔油池	30	20	30	—
5	消防水池(罐)	35	15	35	25
6	消防泵房	40	30	40	30
7	办公室、控制室、专用消防站、宿舍、食堂等人员集中场所	60	30	60	50
8	变电所和独立变配电间	40	30	40	40
9	罐组专用变配电间	20	15	20	20
10	有明火及散发火花的建筑物	35	20	40	40
11	围墙	25	15	—	10
12	泡沫站	20	12	20	20
13	其他建筑物、构筑物	25	15	25	15

注：1 油码头从所停靠设计船型外缘算起；油泵房从泵房外墙轴线算起，露天油泵和油泵棚从泵体外缘算起，隔油池从池壁内侧算起；

2 L 为相邻油船中较大油船的总长度；

3 隔油池包括漏油及事故污水收集池。油罐组内的隔油池与油罐的距离可不受限制。

5.1.3 除本规范表 5.1.2 注 1 特殊说明的外，表 5.1.2 中其他设施或设备的计算间距起讫点应符合本规范附录 A 的规定。

5.1.5 油罐组内油罐之间的防火距离不应小于 0.4D。两个油罐组相邻油罐之间的防火距离不应小于 0.8D。油罐总容量大于 $240×10^4 m^3$ 的石油储备库，应将储油区划分成多个油罐区，每个油罐区油罐总容量不应大于 $240×10^4 m^3$。两个油罐区相邻油罐之间的防火距离不应小于 1.0D。

注：D 为相邻油罐中较大油罐的罐壁直径。

5.1.7 消防泵房、专用消防站、变电所和独立变配电间、办公室、控制室、宿舍、食堂等人员集中场所与地上输油管道之间的距离小于 15m 时，朝向输油管道一侧的外墙应采用无门窗洞口的不燃烧体实体墙。

5.1.8 油泵和多个油罐组共用的隔油池应设置在防火堤外。

5.2 库区道路

5.2.1 每个油罐组均应设环行消防道路。

5.2.2 油罐组周边的消防道路路面标高应高于防火堤外侧地面的设计标高，其高度不宜小于 0.5m。位于地势较高处的消防道路路堤高度可适当降低，但不应小于 0.3m。

5.2.3 油罐区周边的消防道路宽度不应小于 11m，其中路面宽度不应小于 7m；油罐组之间的消防道路宽度不应小于 9m，其中路面宽度不应小于 7m；其他消防道路宽度不应小于 6m。消防道路的内边缘转弯半径不应小于 12m。

5.2.4 油罐中心与至少两条消防道路的距离均不应大于 120m。当不能满足此要求时，油罐中心与最近消防道路之间的距离不应大于 80m。消防道路与防火堤外堤脚线之间的距离不宜小于 3m。

5.2.5 储备库通向库外公路的车辆出入口不应少于两处，并宜位于不同方位。

5.2.6 两个路口间的消防道路长度大于 300m 时，该消防道路中段应设置供火灾施救时用的回车场地，回车场不宜小于 18m×18m（含道路）。

5.2.7 消防道路上方净空高度不应小于 5m，纵坡不宜大于 8%。

5.3 防 火 堤

5.3.1 油罐组应设防火堤。

5.3.2 防火堤内的有效容积，不应小于油罐组内一个最大罐的公称容积。

5.3.3 储罐至防火堤内堤脚线的距离不应小于罐壁高度的一半。

5.3.4 防火堤的计算高度应保证堤内有效容积需要。防火堤的实际高度应高于计算高度 0.2m。防火堤的高度不应低于 1m（以防火堤内侧设计地坪计），且不宜高于 3.2m（以防火堤外侧设计地坪计）。

5.3.5 油罐组内应设隔堤，隔堤内油罐的数量应为 1 座，隔堤应是采用非燃烧材料建造的实体墙，高度宜为 0.8m。

5.3.6 在占地、土质条件能满足需要的前提条件下，宜选用土筑防火堤，土筑防火堤堤顶宽度不应小于 0.5m。在土筑堤无条件或困难地区，可选用其他结构形式的防火堤，但不得采用浆砌毛石结构。

5.3.7 防火堤耐火极限不应低于 3h，若耐火极限低于 3h 时应采取在堤内侧培土或喷涂隔热防火涂料等保护措施；在耐火极限内，防火堤应能承受在计算高度范围内所容纳液体的静压力且不应泄漏。

5.3.8 管道穿越防火堤处采用不燃烧材料严密填实。管道在靠近防火堤处应设固定管墩。

5.3.9 防火堤每一个隔堤区域内均应设置对外人行台阶或坡道，相邻台阶或坡道之间的距离不宜大于 60m。台阶或坡道至地面高度大于或等于 2m 时，应设护栏。

5.4 竖向布置及其他

5.4.3 防火堤内应采用明沟排放雨水，在雨水沟穿越防火堤处应采取排水阻油措施。

5.4.4 石油储备库应设高度不低于 2.5m 的不燃烧材料的实体围墙，围墙下部 0.5m 高度范围内不应留有孔洞。行政管理区与生产区之间应用不燃烧材料建造的围墙，围墙下部 0.5m 高度范围内应为无孔洞的实体墙。行政管理区应设单独对外的出入口。

8 消 防 设 施

8.1 一 般 规 定

8.1.1 石油储备库应设消防设施。消防设施的设置，应根据储备库的具体条件与邻近单位的消防协作条件等因素确定。

8.1.2 油罐应设置固定式低倍数泡沫灭火系统。

8.1.3 油罐应设置固定式消防冷却水系统。
8.1.4 油罐的消防冷却水和泡沫系统应采用远程手动启动的程序控制系统，同时具备现场手动操作的功能。
8.1.5 石油储备库应设置火灾自动报警系统。
8.1.6 储备库消防综合能力应符合区域消防规划要求。

8.2 消防给水

8.2.1 石油储备库应设独立的自动启动消防给水系统。
8.2.2 消防给水系统压力不应小于在达到设计消防水量时最不利点所需要的压力，并应保证每个消火栓出口处在达到设计消防水量时，给水压力不应小于 0.25MPa。
8.2.3 消防给水系统应保持充水状态。
8.2.4 油罐组的消防给水管道应环状敷设；油罐组的消防水环形管道的进水管道不应少于 2 条，每条管道应能通过全部消防用水量。
8.2.5 储备库的消防用水量，应为下列用水量的总和：
　　1 扑救一个最大油罐火灾配置泡沫用水量；
　　2 冷却一个最大着火油罐用水量；
　　3 移动消防用水量 120L/s。
8.2.6 油罐的消防冷却水供水范围和强度计算应符合下列规定：
　　1 着火罐应按罐壁表面积冷却，冷却水供给强度不应小于 2.0L/(min·m²)；
　　3 应按实际的消防水管道及其他配置校核油罐实际的消防用水量。
8.2.7 安装在油罐上的固定消防冷却水管和喷头应符合下列规定：
　　1 油罐抗风圈或加强圈没有设置导流设施时，其下面应设冷却喷水环管；
　　2 冷却喷水环管上宜设置水幕式喷头，喷头布置间距不宜大于 2m，喷头的出水压力不应小于 0.2MPa；安装完成后的实际喷水量不宜超出设计计算水量的 20%；
　　3 油罐冷却水的进水立管下端应设清扫口；清扫口下端应高于罐基础顶面，其高差不应小于 0.3m；
　　5 消防水立管和水平管道连接时应设金属软管。
8.2.8 消防冷却水管道上应设控制阀和放空阀。控制阀应设在防火堤外，放空阀宜设在防火堤外。
8.2.9 消防冷却水供给时间不应小于 4h。
8.2.10 消防冷却水泵的设置应符合下列规定：
　　1 当具备双电源条件时，消防冷却水主泵应采用电动泵，备用泵应采用柴油机泵；当只有单电源条件时，宜设 1 台电动消防冷却水泵，其余消防冷却水泵应采用柴油机泵；
　　2 消防冷却水泵应采用正压启动；
　　3 消防冷却水泵应设 1 台备用泵；备用泵的流量、扬程不应小于最大工作主泵的能力；
　　4 当石油储备库油罐规格形式单一时，消防冷却水泵宜采用 2 台，备用 1 台；油罐规格不一样时，消防冷却水泵应按不同油罐的计算消防水量配置，但总数不宜超过 4 台；
　　5 消防冷却水泵应设置在泵房或泵棚内；
　　6 消防冷却水泵的启动应为自动控制；
　　7 消防水泵应设置超压回流管道。
8.2.11 每台消防冷却水泵的吸水管宜单独设置，当几台消防冷却水泵的吸水管共用 1 根泵前主管道时，该管道应有不少于 2 条支管道接入消防水罐（池），且每条支管道应能通过全部用水量。
8.2.12 石油储备库应设置消防水储备设施，并应符合下列规定：
　　1 消防水储备宜采用钢罐，补水时间不应超过 72h；
　　2 水罐数量不应少于 2 个，并应用带阀门的连通管连通。采用水池时，水池应分隔为两个池，并应用带阀门的连通管连通。
　　3 冬季最冷月平均气温低于 0℃ 地区的水罐（池）应设防冻设施。
8.2.13 消防水系统管道上应设置消火栓，并应符合下列规定：
　　1 消防水系统管道上所设置的消火栓的间距不应大于 60m；
　　2 消火栓宜采用 1.6MPa 的地上消火栓；寒冷地区消防水管道上设置的消火栓应有防冻、放空措施。
8.2.14 消防水管道应采用钢管。油罐上消防水喷淋环管和立管宜分段预制后再内外热镀锌，沟槽式连接或法兰连接。
8.2.16 埋地的消防水管道应采取防腐措施，但不宜采用石油沥青防腐方式。
8.2.17 消防水管道上用于自动控制的阀门阀体应为铸钢。

8.3 油罐的低倍数泡沫灭火系统

8.3.1 油罐的低倍数泡沫灭火系统设计，应执行现行国家标准《低倍数泡沫灭火系统设计规范》GB 50151 的有关规定，并应符合本规范第 8.3.2 条～第 8.3.17 条的规定。
8.3.3 泡沫混合液量，应满足扑救油罐区内最大单罐火灾所需泡沫混合液用量和为该油罐配置的辅助泡沫枪所需混合液用量之和的要求。油罐区泡沫站泡沫液的总储量除按规定的泡沫混合液供给强度、泡沫枪数量和连续供给时间计算外，尚应增加充满管道的需要量。
8.3.4 油罐需要的泡沫混合液流量，应按罐壁与泡沫堰板之间的环形面积计算。
8.3.5 用于扑救油罐火灾的泡沫混合液供给强度不应小于 12.5L/(min·m²)，连续供给时间不应小于 30min，单个泡沫产生器的最大保护周长按 24m 设计。
8.3.6 用于扑救液体流散火灾的辅助泡沫枪数量不应小于 3 支，每支泡沫枪的流量应按 240L/min 设计。其泡沫混合液连续供给时间应按 30min 设计。
8.3.7 油罐的泡沫产生器规格应相同，且应沿罐周均匀布置。
8.3.9 石油储备库应设置泡沫站，泡沫站位置应满足在泡沫消防水泵启动后，将泡沫混合液输送到最远保护对象的时间小于或等于 5min。
8.3.10 配置泡沫混合液用泡沫消防水泵的设置应符合下列规定：
　　1 泡沫消防水泵应单独设置，不应与消防冷却水泵共用；
　　2 泡沫消防水泵应设备用泵，宜 1 用 1 备，各设置独立的吸水管；备用泵的流量、扬程不应小于最大工作主泵的相应性能；

3 当具备双电源条件时，泡沫消防水主泵应采用电动泵，备用泵应采用柴油机泵；当只有单电源条件时，宜设1台电动泡沫消防水泵，其余泡沫消防水泵应采用柴油机泵；

4 泡沫消防水泵应正压启动；

5 泡沫消防水泵的压力和流量应满足各个泡沫站的需要；

7 泡沫消防水泵的启动应采取自动控制方式；

8 泡沫消防水泵应设置超压回流管道。

8.3.12 泡沫液储备量应在计算的基础上增加不少于50%的富裕量。泡沫液罐应使用不锈钢材料或其他符合水成膜泡沫液储存要求的材质。泡沫液罐宜采用卧式或立式圆柱形储罐，其上应设置液面计、排渣孔、进料孔、人孔、取样口、呼吸阀或带控制阀的通气管等设施。

8.3.13 泡沫站内应设置泡沫试验装置。

8.3.14 泡沫混合液管道应采用钢管。

8.3.15 泡沫混合液管道上用于自动控制的阀门阀体应为铸钢。

8.3.16 泡沫液管道应采用不锈钢管道。

8.4 灭火器材配置

8.4.2 灭火器材配置应执行现行国家标准《建筑灭火器配置设计规范》GB 50140 的有关规定，并应符合下列规定：

1 油罐组按防火堤内面积每400m²应设1具8kg手提式干粉灭火器，当计算数量超过6具时，可设6具；

2 每个罐组应配备灭火毯4块，灭火沙2m³；

3 应在管道桥涵、雨水支沟接主沟处、消防泵房、油泵站、变配电间等重要建筑物或设施以及行政管理区连接生产区的出入口等处配置灭火沙，每处不应少于2m³。

8.5 消防站设计和消防车设置

8.5.1 石油储备库应设置专用消防站。消防站的位置，应能满足接到火灾报警后，消防车到达火场的时间不超过5min的要求。

8.5.2 消防站内消防车的数量和规格，应符合表8.5.2的规定；当符合本规范第8.5.3条的依托条件时，按依托情况可减少1辆消防车。

表8.5.2 消防站内消防车的数量和规格

车型	介质	数量	人员配制	备注
泡沫消防车	水/泡沫液	2	6人/辆	单台水和泡沫液量各不少于6t
举高喷射消防车	水/泡沫液	1	6人/辆	泡沫液储量不少于3t

8.5.3 石油储备库应和邻近企业或城镇消防站协商组成联防。联防企业或城镇消防站的消防车辆符合下列要求时，可作为油库的可依托消防车辆：

1 在接到火灾报警后5min内能对着火罐进行冷却的消防车辆；

2 在接到火灾报警后10min内能对相邻油罐进行冷却的消防车辆；

3 在接到火灾报警后20min内能对着火油罐提供泡沫的消防车辆。

8.5.4 消防站除应配置消防防护设施外，还应配置移动式泡沫——消防水两用炮2门，泡沫液灌装泵、泡沫钩管、泡沫枪等。

8.6 火灾自动报警系统

8.6.1 石油储备库消防站值班室应设专用的"119"受警电话，受警电话应可同时受理2个报警，并具备录音功能。消防站应设置无线通信设备。消防站应设置可以监控储备库各处摄像机的控制操作站。消防站内应设置广播系统。消防站内应设置警铃、警灯。

8.6.2 在油罐上应设置火灾自动探测装置，并应根据消防灭火系统联动控制要求划分火灾探测器的探测区域。当采用光纤型感温探测器时，光纤感温探测器应设置在油罐浮盘二次密封圈的上面。当采用光纤光栅感温探测器时，光栅探测器的间距不应大于3m。

8.6.3 在办公楼、控制室、变配电所等火灾危险性较大或较重要的建筑物内应设火灾探测器、手动火灾报警按钮及声光警报器。在变配电所的电缆桥架上宜设线型感温探测器。在罐区周围道路旁应设手动火灾报警按钮及声光警报器。

8.6.4 火灾报警控制器宜设在有人值班的控制室、值班室内易于观察到的场所。当火灾报警控制器设置在无人值班的场所时，其全部报警信息和控制功能除在本地火灾报警控制器实现外，还应上传至该区域的消防控制室和生产控制室实现。在石油储备库的消防控制室、消防站值班室和生产控制室，应设置中心报警控制器或控制终端，监控整个石油储备库的火灾报警信息。

9 给水排水及含油污水处理

9.1 给 水

9.1.1 石油储备库的水源应就近选用地下水、地表水或城镇自来水。水源的水质应分别符合生活用水、生产用水和消防用水的水质标准。选用城镇自来水做水源时，水管进入原油储备库处的压力不宜低于0.20MPa。

9.1.3 石油储备库用水量的确定，应符合下列规定：

2 消防队员按二班考虑，按200L/(人·天)考虑用水；

3 生活用水和生产给水的小时变化系数按2.5设计。

9.1.4 消防、生产及生活用水采用同一水源时，水源供水能力应满足消防设计补充水量、生产用水量及生活用水量总和的1.2倍计算确定。

9.2 排 水

9.2.3 防火堤内的含油污水管道引出防火堤时，应在堤外采取防止油品流出罐组的切断措施。

9.2.4 含油污水管道应在下列各处设置水封井：

1 防火堤或建筑物、构筑物的排水管出口处；

2 支管与干管连接处；

3 干管每隔300m处。

9.4 漏油收集

9.4.1 应在库区内设置漏油及事故污水收集池。收集池容积不应小于一次最大消防用水量，并应采取隔油措施。

10 电 气

10.1 供配电

10.1.1 石油储备库生产用电负荷等级应为二级,并应设置供信息系统使用的应急电源。

10.1.4 10kV以上的变电所应独立设置。10kV及以下的变配电间与燃油品泵房(棚)相毗邻时,应符合下列规定:

1 隔墙应为非燃烧材料建造的实体墙;与变配电间无关的管道,不得穿过隔墙;所有穿墙的孔洞,应用非燃烧材料严密填实;

2 变配电间的门窗应向外开;其门应设在泵房的爆炸危险区域以外,如窗设在爆炸危险区以内,应设密闭固定窗并设警示标志;

3 变配电间的地坪应高于油泵房室外地坪0.6m。

10.1.6 消防泵房应设置应急(事故)照明装置,事故照明可采用蓄电池作备用电源,且其持续供电时间不应小于20min。

10.1.7 变配电所应设置于爆炸危险区域以外,生产区内的变配电设备应设在室内。

10.1.9 爆炸危险区域的等级划分及防爆措施应按现行国家标准《石油库设计规范》GB 50074 的有关规定执行。

10.1.10 石油储备库主要生产作业场所的配电电缆应采用铜芯电缆,并应埋地敷设或采用充沙电缆沟敷设,局部地方确需在地面敷设的电缆应采用阻燃电缆。

10.1.11 供电电缆不得与输油管道、热力管道同沟敷设。

10.3 防静电

10.3.1 油罐应按下列规定采取防静电措施:

1 油罐的自动通气阀、呼吸阀、阻火器、量油孔应与浮顶做电气连接;

2 油罐采用钢滑板式机械密封时,钢滑板与浮顶之间应做电气连接,沿圆周的间距不宜大于3m;

3 二次密封采用Ⅰ型橡胶刮板时,每个导电片均应与浮顶做电气连接;

4 电气连接的导线应选用一根横截面不小于10mm² 镀锡软铜复绞线;

5 在油罐的上罐盘梯入口处,应设置人体静电消除装置;

6 油罐浮顶上取样口的两侧1.5m之外应各设一组消除人体静电设施,取样绳索、检尺等工具应与该设施连接。该设施应与罐体做电气连接并接地。

10.3.2 油品装卸码头,应设跨接油船的防静电接地装置。此接地装置应与码头上的油品装卸设备的静电接地装置合用。

10.3.8 石油储备库内防雷接地、防静电接地、电气设备的工作接地、保护接地及信息系统的接地等,宜共用接地装置,其接地电阻不应大于4Ω。

11 自动控制

11.1 自动控制系统及仪表

11.1.8 油罐组、输油泵站、计量站等可燃性气体易泄漏和易积聚区域,应设置可燃性气体浓度检测器,并应将信号远传到控制室。

11.1.10 消防泵的启停、消防水管道及泡沫液管道上控制阀的开关均应在消防控制室实现程序启停控制,总控制台可显示泵运行状态和电动阀的阀位信号。

11.2 控制室

11.2.3 消防控制室应能监控火灾报警、灭火系统等各类消防设施日常工作状态和火灾时运行状态,并将有关信息发送至库区消防站。

11.2.4 消防控制室可与其他控制中心合并一处设置,但消防设备的监控和管理应相对独立。

12 电 信

12.5 无线电通信系统

12.5.2 无线通信手持机应采用防爆型。

13 建、构筑物

13.1 建 筑 物

13.1.1 石油储备库内主要建筑物的耐火等级和火灾危险分类不得低于表13.1.1的规定。

表 13.1.1 石油储备库内主要建筑物的耐火等级和火灾危险分类

建筑物名称	耐火等级	火灾危险分类
油泵房	二级	甲
变配电所	二级	丙
配电间	二级	丁、戊
计量室	二级	甲
控制室	二级	丁、戊
锅炉房	二级	丁、戊
柴油发电机间	二级	丙
空气压缩机间	二级	丁、戊
消防值班室	二级	丁、戊
综合楼	二级	丁、戊
消防泵房	二级	丁、戊
泡沫站	二级	丁、戊
消防车库	二级	戊
消防训练塔	三级	丁、戊
维修间及车库	三级	丁、戊

注:1 建筑物构件的燃烧性能和耐火极限应符合现行国家标准《建筑设计防火规范》GB 50016 的有关规定;
    2 三级耐火等级的建筑物的构件不得采用可燃材料建造。

13.1.2 建筑物装修标准应结合当地情况合理选用经济环保的建筑材料,宜与当地一般工业与民用建筑一致。位于防爆区域内的房间应采用不发火花地面。

13.1.3 建筑物屋面防水等级和设防要求应符合现行国家标准《屋面工程技术规范》GB 50345 的有关规定。但对储备库内的油泵房、消防泵房、消防车库等,其屋面防水等级宜选用不低于Ⅱ级防水标准的新型防水材料。

14 采暖、通风和空气调节

14.2 通 风

14.2.1 设置有原油设备的房间（如油泵房）应设置机械排风装置，换气次数宜为（5～6）次/h；同时应设置事故排风装置，事故排风换气次数不应小于12次/h。

14.2.8 消防站蓄电池室应设置机械排风装置，换气次数不应小于6次/h。排风机应采用防爆型。

14.2.10 设置有原油设备的房间的事故通风机宜与可燃气体检测、报警装置联锁，并应设有手动开启装置。事故排风机的手动开关应分别设置在室内和室外便于操作的地方。

14.2.12 在爆炸危险区域内，风机、电机等设备应选用防爆型。机械通风系统应采用不燃烧材料制作。风机应采用直接传动或联轴传动。风管、风机及其安装方式均应采取导静电措施。

附录A 计算间距的起讫点

A.0.1 计算间距的起讫点规定如下：

1 道路——路边；
2 铁路——铁路中心线（指明者除外）；
3 管道——管子中心；
4 油罐——罐外壁；
5 各种设备——最突出的外缘；
6 架空电力和通信线路——线路中心线；
7 埋地电力和通信电缆——电缆中心；
8 建筑物或构筑物——外墙轴线；
9 铁路油品装卸设施——铁路装卸线中心或端部的装卸油品鹤管；
10 油品装卸码头——前沿线（靠船的边缘）；
11 居民区——围墙轴线；无围墙者，建筑物或构筑物外墙轴线；
12 架空电力线杆高、架空通信线杆高和通信发射塔塔高——电线杆和通信发射塔所在地面至杆顶或塔顶的高度。

注：本规范中的防火距离未特殊说明的，均指平面投影距离。

附录B 大、中、小型企业划分标准

表B 大、中、小型企业划分标准

行业名称	指标名称	单位	大型	中型	小型
工业企业	从业人员数	人	2000及以上	300～2000	300以下
	销售额	万元	30000及以上	3000～30000	3000以下
	资产总额	万元	40000及以上	4000～40000	4000以下
建筑业企业	从业人员数	人	3000及以上	600～3000	600以下
	销售额	万元	30000及以上	3000～30000	3000以下
	资产总额	万元	40000及以上	4000～40000	4000以下
批发业企业	从业人员数	人	200及以上	100～200	100以下
	销售额	万元	30000及以上	3000～30000	3000以下
零售业企业	从业人员数	人	500及以上	100～500	100以下
	销售额	万元	15000及以上	1000～15000	1000以下
交通运输业企业	从业人员数	人	3000及以上	500～3000	500以下
	销售额	万元	30000及以上	3000～30000	3000以下
邮政业企业	从业人员数	人	1000及以上	400～1000	400以下
	销售额	万元	30000及以上	3000～30000	3000以下
住宿和餐饮业企业	从业人员数	人	800及以上	400～800	400以下
	销售额	万元	15000及以上	3000～15000	3000以下
石油化工企业、石油库及液体化工品库	从业人员数	人	100及以上	50～100	50以下
	销售额	万元	40000及以上	4000～40000	4000以下

注：1 表中的"工业企业"包括采矿业、制造业，电力和燃气及水的生产与供应业三个行业的企业。
2 工业企业的销售额以现行统计制度中的年产品销售收入代替；建筑业企业的销售额以现行统计制度中的年工程结算收入代替；批发和零售业的销售额以现行报表制度中的年销售额代替；交通运输和邮政业、住宿和餐饮业企业的销售额以现行统计制度中的年营业收入代替；资产总额以现行统计制度中的资产合计代替。
3 石油化工企业、石油库及液体化工品库以其中一项指标为划分标准，从业人员包括管理人员、生产人员、消防人员和保卫人员。其他大型和中型企业须同时满足所列各项条件的下限指标，否则下划一档。

48.《油品装载系统油气回收设施设计规范》GB 50759—2012

4 平面布置

4.0.4 油气回收装置应设有消防道路,消防道路路面宽度不应小于4m,路面上的净空高度不应小于4.5m,路面内缘转弯半径不宜小于6m。

4.0.5 吸收液储罐宜与成品储罐统一设置。当吸收液储罐总容积不大于400m³时,可与油气回收装置集中布置,吸收液储罐与油气回收装置的防火间距不应小于9m。

4.0.7 油气回收装置及吸收液储罐与装卸车设施内的设备、建筑物、构筑物的防火间距,不应小于表4.0.7的规定。

表4.0.7 油气回收装置及吸收液储罐与装卸车设施内设备、建筑物、构筑物的防火间距(m)

项目		油气回收装置	吸收液罐
装车鹤位	甲A类液体介质	8	12
	甲B、乙类液体介质	4.5	9
	丙类液体介质	—	—
集中布置的泵	甲A类液体介质	10	12
	甲B、乙类液体介质	4.5	9
	丙类液体介质	—	—
缓冲罐	甲A类液体介质	15	0.75D
	甲B、乙类液体介质	5	0.75D
	丙类液体介质	—	—
计量衡		4.5	9
变配电室、控制室、机柜间		15	15
其他建筑物、构筑物		3	9

注:1 防火间距起止点应符合本规范附录A的规定。
  2 可燃液体介质的火灾危险性分类应符合现行国家标准《石油化工企业设计防火规范》GB 50160的有关规定。
  3 表中"—"表示无防火间距要求。
  4 D为相邻较大罐的直径。

4.0.8 石油及液体化工品库的油气回收装置与石油及液体化工品库外的居民区、工矿企业、交通线等的防火间距,以及石油及液体化工品库内建筑物、构筑物的防火间距,应符合现行国家标准《石油库设计规范》GB 50074的有关规定。

4.0.9 石油化工企业的油气回收装置与石油化工企业外的相邻工厂或设施的防火间距,以及石油化工企业内相邻设施的防火间距,应符合现行国家标准《石油化工企业设计防火规范》GB 50160的有关规定。

5 工艺设计

5.1 油气收集系统

5.1.3 油气收集支管与鹤管的连接法兰处应设置阻火器。

5.1.6 油气收集系统应设置事故紧急排放管,事故紧急排放管可与油气回收装置尾气排放管合并设置,并应采取阻火措施。

5.2 油气回收装置

5.2.11 管道阻火器的选用应符合下列规定:
  1 应根据介质的火焰传播速度、介质在实际工况下的最大实验安全间隙值和安装位置,确定管道阻火器的类型和技术安全等级;
  2 管道阻火器的压降不应大于500Pa。

7 公用工程

7.1 给水排水

7.1.3 可燃气体的凝缩液不得排入含油污水系统。

8 消防

8.0.1 油气回收设施的消防给水系统应与装车设施及其他相邻设施的消防给水系统统一设置。

8.0.2 独立设置的油气回收装置的消防给水压力不应小于0.15MPa,消防用水量不应小于15L/s;火灾延续供水时间不应小于2h。

8.0.3 油气回收设施内应设置手提式干粉型灭火器,手提式干粉型灭火器的设置应符合下列规定:
  2 每一配置点的手提式灭火器数量不应少于2个;
  3 每个灭火器的重量不应小于4kg。

9 职业安全卫生与环境保护

9.1 职业安全卫生

9.1.2 油气回收装置内应设置可燃气体或有毒气体监测报警及火灾监测报警,并应与相邻设施统一设置。

9.1.3 油气回收设施的防爆设计,应符合现行国家标准《爆炸和火灾危险环境电力装置设计规范》GB 50058的有关规定。

附录 A 防火间距起止点

A.0.1 油气回收装置与下列相邻设施防火间距计算的起止点：

1 汽车装卸鹤位—鹤管立管中心线；
2 铁路装卸鹤位—铁路中心线；
3 设备—设备外缘；
4 缓冲罐、吸收液罐—储罐外壁；
5 架空通信、电力线—线路中心线；
6 油气回收装置—最外侧的设备外缘；
7 计量衡—衡器设备外缘；
8 建筑物（敞开和半敞开式厂房除外）—建（构）筑物的最外侧轴线；
9 敞开式厂房—设备外缘；
10 半敞开式厂房—根据物料特性和厂房结构型式确定。

49.《油气田及管道工程计算机控制系统设计规范》GB/T 50823—2013

2 术语和缩略语

2.1 术　语

2.1.4 火气系统　fire gas and smoke detection and protection system

用于监控火灾和可燃气、有毒气泄漏并具备报警和消防、保护功能的安全控制系统。

2.1.5 集成控制系统　integrated control system

将各自独立运行的基本过程控制系统、仪表安全系统和/或火气系统，通过通信网络链接在一起、共享操作显示的控制系统。

2.2 缩　略　语

FGS（fire gas and smoke detection and protection System）火气系统

5 安全仪表系统（SIS）和火气系统（FGS）

5.1 一般规定

5.1.2 安全仪表系统和火气系统设计应满足可靠性、可用性、可维护性、可追溯性和经济性要求。

5.1.3 安全仪表系统和火气系统的构成应使中间环节最少。

5.1.4 安全仪表系统和火气系统应通过硬线与现场仪表和设备连接。

5.1.5 安全仪表系统和火气系统应具有系统硬件和软件自诊断功能。

5.1.7 安全仪表系统和火气系统应设置 SOE。

5.4 火气系统（FGS）

5.4.3 当火气系统与安全仪表系统完全独立时，两者之间的信号应通过硬线连接。

5.4.4 探测器报警和火气逻辑重启前应先手动复位。

5.4.5 除手动报警按钮输入外，所有输入信号宜设置维护超驰开关，输出信号不应设置。

5.5 通信接口

5.5.1 安全仪表系统、火气系统与基本过程控制系统间通信接口和网络应冗余。

5.5.2 安全仪表系统和火气系统的通信负荷不应超过50%。

5.6 辅助操作设备

5.6.1 辅助操作设备应包括硬手操盘和（或）模拟显示盘（屏），安全仪表系统应配置硬手操盘；火气系统宜设置硬手操盘，可设置模拟显示盘（屏）。

5.6.4 硬手操盘应符合下列规定：

　　2 ESD和火灾、气体触发按钮应为红色带锁定按钮，相应指示灯应为红色；

5.6.5 模拟显示盘（屏）应符合下列规定：

　　1 火灾、ESD公共报警指示灯为红色；

　　3 消防释放阀释放和工厂健康状态指示灯为绿色；

9 控　制　室

9.2 建筑要求

9.2.1 控制室建筑设计应符合现行国家标准《建筑设计防火规范》GB 50016 的有关规定。

9.2.6 控制室门应符合下列规定：

　　1 大、中型控制室宜采用非燃烧型双向弹簧门，门宽应保证设备进出；

9.5 安全措施

9.5.2 控制室内可能出现可燃（有毒）气体时，应设置可燃气体检测报警器、有毒气体检测报警器。

9.5.3 控制室火灾自动报警系统的设置应符合现行国家标准《火灾自动报警系统设计规范》GB 50116 和《石油天然气工程设计防火规范》GB 50183 的有关规定。

9.5.4 控制室内应设置相应的消防设施。

9.5.6 控制室的室内装修应采用非燃烧材料或难燃烧材料。

50.《油气田及管道工程仪表控制系统设计规范》GB/T 50892—2013

3 基本规定

3.0.6 电气设备的防爆类型,应根据爆炸危险类别和范围,以及爆炸混合物的级别、组别确定,并应符合现行国家标准《爆炸和火灾危险环境电力装置设计规范》GB 50058 和《爆炸性气体环境用电气设备》GB 3836.1～GB 3836.17 的有关规定。

3.0.7 火灾自动报警和消防联动系统设计,应符合现行国家标准《火灾自动报警系统设计规范》GB 50116 和《石油天然气工程设计防火规范》GB 50183 的有关规定。

3.0.8 可燃气体报警系统设计,应符合现行行业标准《石油天然气工程可燃气体检测报警系统安全技术规范》SY 6503 的有关规定;有毒气体报警系统设计,应符合现行国家标准《石油化工可燃气体和有毒气体检测报警设计规范》GB 50493 的有关规定。

4 仪表控制系统设计

4.5 火气系统

4.5.1 站场消防控制系统应具有下列功能:
1 控制消防设备的启停,并显示工作状态。
2 消防泵的启停,除自动控制外还能在控制室手动直接控制。
3 接收火焰探测器、手报按钮及其他火灾探测设备的信号,显示火灾报警和故障报警的部位。
4 在报警、喷淋各阶段,具有相应的声、光报警信号,并能手动消音。
5 显示系统供电电源的状态。

4.5.2 站场建筑物火灾报警系统的设计应符合现行国家标准《火灾自动报警系统设计规范》GB 50116 和《建筑设计防火规范》GB 50016 的有关规定。

4.5.3 石油天然气生产装置采用计算机控制的控制室应设置火灾报警系统。

4.5.4 可燃/有毒气体报警系统应具有下列功能:
1 可燃气体报警系统应能明确显示检测值;采用无测量值显示功能的报警器时,应将信号引入计算机控制系统或其他仪表设备进行显示。
2 接收可燃气体和/或有毒气体检(探)测器及其他报警触发部件的报警信号,应发出声光报警,并予以保持。声光报警应能手动消除,再次有报警信号输入时应能发出报警。
3 同一区域可燃气体和有毒气体报警级别优先顺序的确定应按现行国家标准《石油化工可燃气体和有毒气体检测报警设计规范》GB 50493—2009 中第 3.0.2 条的规定执行。
4 应具有报警开关量输出功能。
5 应区分和识别报警位号和/或区域。
6 应具有故障报警功能,故障报警的声、光信号应与可燃气体或有毒气体浓度报警有明显区分。

4.5.5 可燃/有毒气体报警系统设计应符合下列要求:
2 可与火灾检测报警系统合并设置。与生产过程控制系统合并设置时,输入/输出卡件应独立设置。
3 报警系统应设置在有人值守的控制室或现场操作室;有毒气体还应在现场报警。

4.5.6 可燃气体和有毒气体报警设定值应符合下列规定:
1 可燃气体的一级报警(高限)设定值不应大于25%爆炸下限,二级报警(高高限)设定值不应大于50%爆炸下限。

4.5.7 可燃和/或有毒气体检(探)测器的设置原则应按现行国家标准《石油化工可燃气体和有毒气体检测报警设计规范》GB 50493—2009 中第 3.0.1 条的规定执行。

4.5.8 下列场合应设置火灾、可燃和/或有毒气体检测装置:
1 天然气、液化石油气和天然气凝液生产装置区及厂房内宜设置火灾自动报警设施,并在装置区和巡检通道及厂房出入口设置手动报警按钮。
2 浮顶油罐单罐容量不小于 50000m^3 时,应设置火灾自动报警设施。
3 天然气凝液和液化石油气罐区、天然气凝液和凝析油回收的工艺设备区内,以及其他有可燃气体存在且一旦泄漏可能超过爆炸下限的场所,应设置可燃气体检(探)测器,并宜在装置区、罐区四周设置手动报警按钮。
4 对输出功率大于 1200kW 的自动燃气燃烧装置,应设置漏气检测装置。

5 仪表选型

5.6 火灾和可燃气体及有毒气体仪表

5.6.1 火灾和可燃气体及有毒气体仪表选型应符合下列要求:
1 仪表选用应根据可燃物质的分类、可燃气体及有毒气体泄漏的危险、火灾的不同阶段、探测器的探测原理选择。
2 仪表应符合国家相关部门的强制认证的规定。
3 仪表探测器种类应根据气体的物性、检测器的适用性、稳定性、环境特性及使用寿命确定。

5.6.2 可燃气体及有毒气体检(探)测器的选型,应符合下列要求:
1 烃类可燃气体可选用催化燃烧型或红外气体检(探)测器。当使用场所的空气中含有能使催化燃烧型检测元件中毒的硫、磷、硅、铅、卤素化合物等介质时,应选用抗毒性催化燃烧型检(探)测器。

5.6.3 火灾探测器选择，应符合下列要求：

1 对火灾初期有阴燃阶段，产生大量的烟和少量的热，很少或没有火焰辐射的场所，应选择感烟探测器。

2 对火灾发展迅速，产生大量热、烟和火焰辐射的场所，可选择感温探测器、感烟探测器、火焰探测器或其组合。

3 对火灾发展迅速，有强烈的火焰辐射和少量的烟、热的场所，应选择火焰探测器。

4 对火灾形成特征不可预料的场所，可根据模拟试验的结果选择探测器。

6 仪表安装

6.6 火灾和可燃气体及有毒气体仪表

6.6.1 建筑物内的感温探测器、感烟探测器、感烟/感温复合探测器宜采用吸顶式安装，其他探测器的安装应按产品要求进行；手动报警按钮、声光报警器宜采用壁挂式安装，安装位置应符合现行国家标准《火灾自动报警系统设计规范》GB 50116 的有关规定。

6.6.2 手动报警按钮宜安装在人员巡检通道附近，距地面高度不应大于 1.5m；声光报警装置可安装在手动报警按钮附近，距地面高度宜大于 2.0m。

6.6.3 火焰探测器的安装应符合下列要求：

1 宜避开高温物体、火炬的火焰、阳光或其他光源直接或间接照射的位置，当不能避开时，应采取相应措施。

2 不应有障碍物的阻挡，对于外形横、纵尺寸不超过 0.5m 的障碍物，探测器与障碍物的距离不宜小于 2.5m；对于外形尺寸超过 0.5m 且无法避免时，应适当增加探测器的数量。

6.6.4 线型感温探测器的安装应符合下列要求：

1 靠近被保护物安装，可采用直线式、环绕式或近似正弦波方式安装。

2 接线盒和终端盒应安装在便于检查的位置，且牢固、防振。

3 应避免重物压在探测器上，也不应在传感电缆上涂刷其他物质。

4 不应安装在可能存在机械损伤的场所。最小弯曲半径宜为 150mm，不应将传感电缆锐角折弯使用。

6.6.5 点式可燃气体或有毒气体检（探）测器安装位置与周边管线或设备之间应留有不小于 0.5m 的净空和出入通道，红外对射式可燃气体检（探）测器之间不应有遮挡物。点式可燃气体探测器安装高度应符合现行行业标准《石油天然气工程可燃气体检测报警系统安全技术规范》SY 6503 的有关规定，有毒气体检（探）测器安装高度应符合现行国家标准《石油化工可燃气体和有毒气体检测报警设计规范》GB 50493 的有关规定。

8 控 制 室

8.1 控制室的位置选择

8.1.1 控制室的位置应选择在无爆炸、无火灾危险的区域内，宜接近主要工艺装置，但应远离有危险性的工艺设备场所；控制室与站场内各工艺装置的距离应符合现行国家标准《石油天然气工程设计防火规范》GB 50183 的有关规定。

8.1.2 工艺设备区设置的控制室，当受条件限制不能满足本规范第 8.1.1 条要求时，应采取正压通风的防护措施，保证室内压力不小于 25Pa。

8.1.4 对于易燃、易爆、有毒、粉尘或有腐蚀性介质的工艺装置，控制室应布置在本区域全年主导风向的上风侧。

8.1.5 控制室应远离主干道、强磁场、噪声源及振动设备。

8.3 控制室的建筑要求

8.3.1 控制室的耐火等级不应低于 2 级。当控制室的长度超过 12m 或面积大于 100m² 时，出入口不应少于 2 个。

8.3.5 控制室的门应按安装在室内设备的最大外形尺寸确定，并应向外侧开启。门、窗宜开向无爆炸、无火灾危险的场所；采用空调装置或正压通风的控制室，宜装气密性良好的固定窗或双层玻璃窗。

8.3.8 控制室内不应引入有毒气体和可燃气体，当有可能出现有毒气体和可燃气体时应设置有毒气体和可燃气体报警装置。

8.3.9 控制室应设置消防和通信设施。

8.4 控制室的进线方式和电缆管缆敷设

8.4.3 电线电缆和管线管缆进出控制室处应密封，易燃、易爆场所应符合防火、防爆规定。

9 供电和供气

9.1 供 电

9.1.1 仪表供电范围应包括控制室内的电子仪表、计算机控制系统、火气、安全仪表系统和现场仪表设备用电。

10 电线电缆和仪表管道管缆

10.1 电线电缆的选择

10.1.1 电线电缆的选择应根据传输信号类别、敷设方式、环境条件确定，并应符合下列要求：

2 重要检测、控制、安全功能回路的仪表线缆应选用阻燃型，消防系统的电线电缆宜选用耐火型；阻燃电线电缆的耐火等级应符合现行国家标准《阻燃和耐火电线电缆通则》GB/T 19666 的要求。

10.2 气动信号管道的选择

10.2.3 环境温度变化较大，高、低温设备附近或有火灾危险的场所，应选用紫铜管或不锈钢管。

10.4 电线电缆和仪表管道管缆的敷设

10.4.1 电线、电缆根据现场情况可采用架空、电缆沟或直埋等方式敷设，并应符合下列要求：

5 电线、电缆不宜平行敷设在高温工艺管道和设备的上方或有腐蚀性液体工艺管道和设备的下方；在爆炸和火灾危险场所沿工艺管架敷设时，其位置应在爆炸和火灾危险性较小的一侧。

6 汇线槽、电缆沟、保护管通过不同级别爆炸、火灾危险区域时，在分界处均应采取隔离密封措施；在有可能积聚易燃、易爆气体的电缆沟内，电缆敷设完毕，应填满砂子。

16 直埋敷设的电缆不允许平行敷设在工艺管道的上方或下方，当沿工艺管道两侧平行敷设或交叉敷设时，最小净距离应符合下列规定：

1）与易燃、易爆介质的管道平行时不应小于1000mm，交叉时不应小于500mm；

10.4.2 测量管道应架空敷设，并应符合下列要求：

3 测量管道的敷设应避免产生附加静压头、密度差和气泡；对可能产生气泡的液体或冷凝出液体的气体测量管道，应安装排气阀或排液阀；易燃、易爆、有毒介质应排放到指定地点或密闭的排放系统，不应任意排放。

6 分析取样管道应架空敷设，穿越墙壁或楼板时应加保护管，保护管两端应密封，可燃气体自动分析器的排放口应安装阻火器。

51.《天然气净化厂设计规范》GB/T 51248—2017

3 基本规定

3.0.17 天然气净化厂的等级划分、区域布置和总平面布置应符合现行国家标准《石油天然气工程设计防火规范》GB 50183 的规定。

5 总平面布置

5.1 一般规定

5.1.1 总平面布置应根据天然气净化厂的生产规模、工艺流程、交通运输、环境保护、防火、安全、卫生、施工、检修、生产、经营管理及企业发展的要求，结合当地自然条件和依托条件合理布置。

5.1.5 厂区通道宽度应符合下列规定：
  1 符合通道两侧建筑物、构筑物、露天设备对防火、消防、安全、卫生的间距要求。

5.2 生产区的布置

5.2.2 储罐区的布置应符合下列规定：
  1 液体硫黄、天然气凝液的火灾危险性类别划分，液体硫黄、天然气凝液储罐之间以及液体硫黄、天然气凝液储罐区与其周围设施之间的防火间距应符合现行国家标准《石油天然气工程设计防火规范》GB 50183 的规定；
  3 液体硫黄、天然气凝液储罐区应设置防火堤，防火堤的设计应符合现行国家标准《储罐区防火堤设计规范》GB 50351 的规定。

5.3 辅助生产区及火炬区的布置

5.3.3 空气氮气站的布置应符合下列规定：
  1 应布置在空气洁净的地段，宜位于可能散发可燃、有毒、腐蚀性气体及粉尘场所全年最小频率风向的下风侧；
  2 液氮、液氧空分设备的吸风口与散发可燃气体场所的防护距离应符合现行国家标准《氧气站设计规范》GB 50030 的规定；
  3 压缩空气设备或厂房应靠近负荷中心，与有噪声、振动防护要求场所的防护距离应符合现行国家标准《工业企业总平面设计规范》GB 50187 的规定。

5.3.5 循环水场的布置应符合下列规定：
  1 应靠近负荷中心；
  2 应远离火炬、加热炉等热源体；
  3 应避免可溶于水的化学物质和粉尘影响水质；
  6 冷却塔与相邻设施的最小水平间距应符合现行国家标准《工业企业总平面设计规范》GB 50187 的规定。

5.4 厂前区的布置

5.4.3 厂内消防站的布置应符合下列规定：
  1 应使消防车能迅速、方便地到达厂内各区域；
  2 应避开噪声源；
  4 消防站门前不应有管廊等障碍物；
  5 消防车库的大门应面向道路，且与道路边缘的距离不应小于 15m，门前地面应坡向道路。

5.5 仓库区及装卸设施的布置

5.5.3 天然气凝液铁路和汽车装卸设施应布置在空气流通条件较好的地段，应远离人员集中场所以及有明火或散发火花的地点。

5.6 围墙大门的布置

5.6.2 出入口的设置应符合下列规定：
  1 可供消防车进出的主要出入口，其设置数量应符合现行国家标准《石油天然气工程设计防火规范》GB 50183 的规定。

6 工艺装置

6.1 一般规定

6.1.16 安全阀泄放的可燃、有毒气体应密闭排放至火炬。水蒸气泄放可排入大气。

6.4 装置设备及管道布置

6.4.5 装置内部的设备及建（构）物的间距，除应符合现行国家标准《石油天然气工程设计防火规范》GB 50183 的规定，并满足设备检修所需的场地和通道外，还应符合下列规定：
  1 操作频繁或经常有人通行处，净距不应小于 1.0m。

7 辅助生产设施

7.1 硫黄成型、包装和储存

7.1.7 液硫储罐应采用钢质立式储罐，设计应符合下列规定：
  6 应设置固定式蒸汽灭火系统；灭火蒸汽应从饱和蒸汽主管顶部引出，蒸汽压力宜为 0.4MPa~1.0MPa，灭火蒸汽用量应按储罐容量和灭火蒸汽供给强度计算确定，供给强度应不小于 $0.0015kg/(m^3 \cdot s)$；灭火蒸汽控制阀应设在围堰外。

7.1.8 液硫储罐的四周应设置闭合的不燃烧材料防火堤，堤高应为1m。堤内容积不应小于一个最大液体硫黄储罐的容量；堤内侧至罐的净距不宜小于2m。

7.1.9 固体硫黄仓库的设计应符合下列规定：

2 每座仓库的总面积及每个防火分区的面积应符合现行国家标准《建筑设计防火规范》GB 50016的规定。

7.2 火炬及放空系统

7.2.1 天然气净化厂放空系统的设计应符合国家现行标准《石油天然气工程设计防火规范》GB 50183和《卸压和减压系统指南》SY/T 10043的规定。

7.2.2 火炬及放空系统的设计应能适应开、停工与不同事故条件下放空气体组成和流量的变化；且火炬对周围设备和操作维修场所的热辐射应在允许范围内。

7.2.7 火炬采用速度密封器时，火炬出口安全流速不应小于0.012m/s。

8 公用工程

8.1 给水排水及消防

8.1.3 输配水系统设计应符合下列规定：

3 调节水池（罐）设计应符合下列规定：

1）调节水池（罐）的有效容积，应根据水源供水量、用水量、调节水量、消防储备水量、抢/维修因素确定，并不宜小于天然气净化厂12h的最高日平均时用水量；当调节水池（罐）同时储存生产、生活用水和消防用水时，应有消防用水不作他用的技术措施；

8.1.4 设计用水量应根据下列各项用水量计算确定：

6 消防补充水量。

8.1.7 含可燃液体污水不应排入生产废水系统、生活污水系统、雨水系统。生产污水排放应采用暗管或覆土厚度不小于0.2m的暗沟。含甲、乙类可燃液体或液态烃的污水宜采用密闭管道系统收集。

8.1.8 下列水不得直接排入生产污水或检修污水管道：

1 排放液体与排水点管道中的污水混合后，温度超过40℃时的水；

2 混合时产生化学反应能引起火灾或爆炸的污水。

8.1.15 消防设计应符合下列规定：

1 消防设施设计应符合现行国家标准《石油天然气工程设计防火规范》GB 50183的规定；

2 工艺装置区、建（构）筑物应配置灭火器，并应符合现行国家标准《建筑灭火器配置设计规范》GB 50140的规定。

8.3 供配电

8.3.1 天然气净化厂的用电负荷等级应符合现行国家标准《供配电系统设计规范》GB 50052的规定，应考虑工艺设施运行特点、中断供电所造成的经济损失和环境影响程度等因素，并符合下列规定：

4 消防设备的用电负荷等级及电源应符合现行国家标准《石油天然气工程设计防火规范》GB 50183的规定；

8.3.13 天然气净化厂内建（构）筑物及工艺设施的防雷分类、雷电防护措施及接地，应符合国家现行标准《建筑物防雷设计规范》GB 50057、《石油天然气工程设计防火规范》GB 50183和《油气田及管道工程雷电防护设计规范》SY/T 6885的规定。

9 仪表与自动控制

9.1 一般规定

9.1.3 可燃气体和有毒气体检测报警设计应符合现行国家标准《石油化工可燃气体和有毒气体检测报警设计规范》GB 50493的规定。火灾自动报警系统的设计应符合现行国家标准《火灾自动报警系统设计规范》GB 50116的规定。

11 防腐与绝热

11.2 绝热

11.2.4 绝热材料及制品的燃烧性能等级应符合下列规定：

1 被绝热设备或管道表面温度大于100℃时，应采用不低于现行国家标准《建筑材料及制品燃烧性能分级》GB 8624中的A级材料；

2 被绝热设备或管道表面温度小于或等于100℃时，应选择不低于现行国家标准《建筑材料及制品燃烧性能分级》GB 8624中规定的B_1级材料，且氧指数不应小于30%；

3 贮存或输送甲、乙类油品的储罐、容器、工艺设备和地面管道的绝热要求应符合现行国家标准《石油天然气工程设计防火规范》GB 50183的规定。

11.2.5 对贮存或输送易燃、易爆物料的设备及管道，以及与其邻近的管道，保护层应采用不低于现行国家标准《建筑材料及制品燃烧性能分级》GB 8624中的A级材料。

12 建筑与结构

12.1 建筑

12.1.2 生产建筑的火灾危险性分类应根据生产或储存的主要介质进行确定；建筑物的耐火等级、防火分区以及安全出口的设置均应符合现行国家标准《石油天然气工程设计防火规范》GB 50183和《建筑设计防火规范》GB 50016的规定，且建筑耐火等级不宜低于三级。

12.1.9 建筑装饰装修应满足使用功能，且应符合现行国家标准《建筑内部装修设计防火规范》GB 50222的规定。

12.2 结构

12.2.23 钢结构应涂刷耐酸腐蚀的涂料；火炬塔架顶部不小于10m范围内，应同时考虑高温和腐蚀的影响。

12.2.24 构筑物的防火要求应符合现行国家标准《石油天然气工程设计防火规范》GB 50183的规定。

13 供暖通风与空气调节

13.0.10 设置可燃或有毒气体检测、报警装置的厂房，事故通风设备应与报警信号联锁启动。

13.0.11 采暖、通风、空气调节装置，应与室内火灾自动报警系统联锁，当火灾报警信号动作时，应自动切断采暖、通风、空气调节装置的电源。

14 道 路

14.0.8 厂区道路宽度应根据下列因素确定：

1 通道两侧建筑物、构筑物、露天设备对防火、消防、安全、卫生的间距要求；

14.0.9 火炬区道路路面宽度宜采用3.5m；长度超过500m的火炬区道路应设置错车道，任意相邻两个错车道间应能互相通视，间距不宜大于300m；错车道的有效长度宜为20m，错车道路段路基全宽宜为6.5m，宜在错车道前后各设长度为15m的宽度渐变段。

14.0.13 厂内道路路面上净空高度应根据其行驶的车辆确定。消防道路路面上净空高度不应小于5m。

14.0.14 道路边缘至相邻建（构）筑物的净距应符合表14.0.14的规定。

表14.0.14 道路边缘至相邻建（构）筑物的净距（m）

序号	建（构）筑物名称		最小距离
1	建筑物外墙面	当建筑物面向道路一侧无出入口时	1.50
		当建筑物面向道路一侧有出入口但不通行汽车时	3.00
		当建筑物面向道路一侧有出入口且通行汽车时	6.00～9.00（根据车型）
2	铁路（中心线）		3.75
3	各类管线及构筑物支架（外边缘）		1.00
4	照明电杆（中心线）		0.50
5	围墙（内边缘）		1.50

注：城市型道路自路面边缘起算，公路型道路自路肩外边缘起算，照明电杆自路面边缘起算。

14.0.16 当道路路面高出附近地面2.5m以上，且在距离道路边缘15m范围内，有工艺装置或可燃气体、液化烃、可燃液体的储罐及管道时，应在该段道路的边缘设护墩、矮墙等防护设施。

14.0.17 天然气净化厂道路设计还应符合国家现行标准《厂矿道路设计规范》GBJ 22、《公路路线设计规范》JTG D20和《石油天然气工程设计防火规范》GB 50183的规定。

52. 《敞开式海上生产平台防火与消防的推荐作法》SY/T 10034—2020

6 防火措施

6.2 设施设计

6.2.3 设备布置

在实际允许的范围内，平台设备的布置应使燃料和点火源及通道与人员出口保持最大的距离。生产设备的布局原则在 API RP 14J 中有介绍。对于明火加热的容器和修井、完井和建造过程中的临时设备的布置应予以特殊考虑。

6.2.4 阻火装置

自然通风部件应配备火花和火焰捕集器，以防止火花产生。对于火焰加热部件的安全推荐作法见 API RP 14C。

6.2.5 表面保护

温度超过 204℃（400°F）的表面应避免液态烃飞溅和油雾接触。表面温度超过 482℃（900°F）应避开可燃的气体和蒸气。具体可参考 API RP 14C 和 API RP 14E。

6.2.6 火墙

用防火材料制成的防火墙，在特殊情况下能有助于防止火焰蔓延并提供一个隔热屏障。防火墙的位置应仔细考虑，如果防火墙阻碍自然通风达到一定程度，会导致碳氢化合物的蒸气和可燃气体聚集。有关通风的更进一步的要求可参考 API RP 500。有关防火墙的更进一步的资料要求可参考 API RP 14J。有关防火墙的等级和构造，将在第 12 章中讨论。

6.2.7 气保护

为防止电源点火，电气设备的设计和安装应按照 API RP 14F 或 API RP 14FZ 执行，并结合应用 API RP 500B 规定的区域分级。

6.2.9 易燃/可燃液体的存储

储存易燃/可燃液体的数量应根据操作需要协调确定，并应在实际允许的范围内尽量减少。对永久的大容量存储器（原油、凝析油、甲醇、喷气燃料、柴油等）的推荐作法如下：

a) 储罐应按实际要求尽量远离点火源放置，并应防止受到损伤（如吊装操作时等）。

b) 储罐应用围油堤、集油盘或甲板排放以防止液体聚集。其排放系统应具有防止蒸气回窜的功能。

c) 储罐应具有充分的放空能力或安装压力或压力/真空释放阀，并应静电接地（可参考 API RP 14F 或 API RP 14FZ）。

d) 存储区应配置火灾探测器。

6.2.10 直升机加油设施

直升机加油设施的推荐作法如下：

a) 灭火设施应设置于易于接近直升机加油区域。

b) 在生活区上部，并有加油设施的直升机着陆区应建成既不会汇集可燃液体，又能防止可燃液体蔓延或掉落到平台的其他区域，除非在直升机甲板的防火方案设计中已经被考虑。限制排放对于木质甲板并不实际，应采取特殊的预防措施以降低木质甲板下方区域起火的风险。

c) 直升机燃油软管应用推荐的航空器加油类型，应配备固定静电接地和安全关闭式喷嘴。直升机应采用自动松脱或弹簧夹接地电缆接地（像软管一样）。

d) 燃油输送软管应以适当方式存储。燃油输送泵应能够从加油站直接关闭。

详细规定可参考 NFPA 418。

6.3 操作程序

6.3.1 概述

安全操作措施可减少平台火灾事故概率。应根据岗位和职责对操作人员进行培训，并密切注意可能导致火灾的各种情况。根据观察的情况，操作人员应采取正确处置措施和/或向上级汇报，以确保措施得当。最好有附加的操作程序，可参考 API RP 75 和 API RP 14J。作为最低要求，应采取的措施如下。

6.3.2 清洁和整理

对于脏擦布、垃圾、废油和化学品应妥善处理和储存。溅落在平台上的可燃液体和化学品应及时清除。特别是对油漆、烃类样品、焊接和切割气及其他的可燃物要慎重存放。通往逃生设备和消防设备的通道不能堵塞。

6.3.3 切割和焊接

切割、焊接操作按作业者制定的安全程序进行。制定切割和焊接程序时应参考 NFPA 51B。

6.3.4 人员吸烟

吸烟应限制在指定的平台区域，吸烟区不能设在 API RP 500 或 API RP 505 划分的危险区域内。所有人员都应遵守有关吸烟和使用火柴及打火机的规定。

6.3.5 设备维修

平台设备应保持良好的作业状态，保持外部清洁，防止脏物、油污和其他外来物质积聚。对工艺设备、集油盘、阀门、法兰、电气设备和其他在意外事故中可能成为潜在燃料或点火源的部件要特别注意。

6.3.6 直升机加油设备

在有直升机加油设施时，应制订燃油的接收、储存和分发业务所必须遵循的程序。制订这些程序时，应与直升机服务机构协商。

6.3.7 柴油燃料储存设施

在设有柴油燃料储存设施时，应制订油料接收、储存和油料分配业务必须遵循的程序。

6.3.8 临时性设备

有时候在平台上需要装一些设备作为临时使用。特别要注意的是临时性设备应保证满足所采用的安全标准和现行的区域级别划分要求。

6.3.9 化学反应

打开或再次将烃类物质导入已知含有硫化铁的容器时，予以特别注意（参见5.3.2）。

6.3.10 吹扫

在吹扫容器和其他设备时，如有使氧气和烃类蒸气混合的可能性存在，应予以特别注意（参见5.3.8）。

7 火灾探测和报警

7.2 火灾探测

7.2.3 自动火灾探测系统

7.2.3.2 易熔回路系统

易熔回路系统由气动压力回路和装在关键部位的易熔原件组成，是使用最广泛的自动火灾探测系统。该系统简单可靠，已经普遍应用于工业系统。但是，如果系统设计不合理，就无法在火灾发生早期探测到火情。对于易熔元件的数量、位置和额定温度值应予以特别注意。易熔回路系统的安装最低要求应按照 API RP 14C 的规定执行。

7.2.3.3 电探测系统

集中式（Central type）电火灾探测系统包含许多放置在重要位置的火灾探测器，这些探测器均与能够向平台发出警报的中心监测点相连。自持独立式（Self-contained）电探测系统（常用于临时建筑）则在每套独立探测组件中就包含探测报警设备和动力设备。电探测系统具有自动测试功能。快速探测是其主要优点。电探测系统的安装应参照 API RP 14 中的 API RP 14FZ。电探测系统所有组件必须兼容，并且通过国家认可的检测机构批准。

7.2.3.4 探测器类型选用

在决定选用探测器类型时，需要考虑可燃材料的类型、危险区域划分、传感器的反应速度和覆盖范围等因素。另外，设备选型时还需要考虑到由于雷电等环境因素导致的误报警的风险。所有探测器的安装都应按照 API RP 14C 进行，避免受到物理损坏。在 NFPA 72 和 NFPA 72E 中有更详细的指导。

火焰探测器在探测火情时具有很高的反应速度。火焰探测器在安装时需考虑可能的火源、探测器锥体探测范围及是否有物体阻挡。在开敞区域使用探测器时应防止因阳光引起的误报警。单一光谱探测器容易受一些假警报现象的影响，因此，有必要按照分类系统对它们进行成组的应用或者把不同类型的传感器（如 U/R）混合使用，从而最大限度地减少误报现象。

热感探测器由于其操作性质和制造简单的特性，因而比其他类型的探测器需要较少的保养维护。这些特性决定了热感探测器很少有误报现象。但是，由于热感探测器在反应速度上比其他类型的电子探测器要慢，可以把它们安装在不需要快速探测火情的场所。

燃烧产物探测器（Products of combustion detectors）推荐使用在人员比较规律或者偶尔睡觉地方，以及有热源。比如有空间加热器。烤箱或者衣服烘干机的房间，或者容易产生电气火灾的区域。生活楼的每一个卧室、通道、走廊和办公室都应安装燃烧产物探测器。

7.3 系统配置

7.3.1 概述

火灾探测系统应按照 API RP 14C 和 API RP 14F 或者 API RP 14FZ 的规定安装在工艺设备和封闭区域（危险区和未分类区）。根据以上标准，设计人员可为控制室选用一套探测系统，而为有燃气压缩机的房间选用另一套探测系统。

7.3.2 工艺设备

对工艺设备的保护通常采用易熔塞。API RP 14C 可以作为易熔塞安装的指南。因为工艺设备一般都放置在平台的开敞区域，烟感和热感探测器由于天气和风的影响效果都不好。如果需要额外的保护措施，可以选用火焰探测器（UV、IR、UV/IR）。火焰探测器的安装应按照制造厂商的推荐作法和 NFPA 72E 的规定执行。

7.3.3 未分类的封闭式永久性建筑

未分类的封闭式永久性建筑（如生活楼、控制室、办公室等）环境是人员行动很规律或者偶尔休息的区域，应装备火灾探测系统。大型、复杂或者多层生活区的火灾探测系统应明确地分区布置，以便能快速辨别出火灾发生的地点。建筑物内的任何探测器一旦被启动，应向建筑物内和平台上的其他人员自动发出声响火灾警报。火灾探测器和火灾探测系统应按制造厂商的推荐作法和 NFPA 72、NFPA 72E 进行安装。

7.3.4 危险区内的封闭式永久建筑

危险区内的封闭式永久建筑应装备火灾和可燃气体探测系统。在选择火灾探测系统时应考虑如下因素：

a) 探测器的反应时间。
b) 危害防护类型和可能发生的火灾类型。
c) 可由探测系统启动的灭火系统。
d) 探测系统启动时平台安全系统执行的动作（报警、报警并关断）。
e) 建筑物是否经常使用。

7.3.5 临时建筑

临时建筑的设置可能引起正常操作的变化。这些变化对已有设施的影响应予以特别考虑。临时（典型的使用期小于 90d）和非危险区封闭建筑至少需要安装自持独立式的由电池供电并带有声音报警的燃烧产物探测系统。该系统还需要考虑能够自动启动平台警报或其他能指示临时建筑内火情的警报。

在能够保证提供相等或更高级别的保护时，也可以使用其他火灾探测系统替代。由于热探测器的反应时间相对较长，因此不推荐作为保护系统单独使用在有人员休息的地方。

7.4 报警系统

7.4.1 概述

按照监管要求，在有人驻守平台上应安装报警系统。

7.4.2 通用报警

在有人驻守平台上应装有一个整个构筑物都能听得见的手动启动通用报警装置。另外，在高噪声区（如机械区）还应装有可视报警器装置。手动报警站应设置在撤离通道附近，还应考虑每一个紧急关断站（ESD）都能启动通用报警系统。指示紧急状况的报警和指示弃平台的报警应有明显区别。

7.4.3 报警装置

有人驻守平台的安全系统应包括声和光（用于高噪声区）

火警信号。火警信号应可以通过探测到热、火焰或烟雾的传感器而触发。火警信号应能触发平台通用报警系统。

7.4.4 紧急关断系统

紧急关断系统应能根据 API RP 14C 布置的关断站启动。自动紧急关断可以通过火灾探测器、气体探测器和/或工艺控制来启动。启动紧急关断系统时应发出声响报警。

8 消防

8.1 概述

消防策略应对平台各项操作（钻井、生产、钢丝绳作业、修井、建造等）都能提供保护。该方案应考虑火灾危险和探测、人员保护和撤离及消防措施。消防方案里面还应考虑平台上常规情况下人员数量、人员自救能力及受到培训的情况，还应包含灭火和疏散的具体指南。

设计人员和操作人员在选择设备、材料和系统时应考虑远离陆地的海上环境所带来的有害影响。选用和设计的应急设备应一直处于可用状态。本章内容是配备平台消防措施的总指南。

海上设施的灭火介质清单见表 1。

表 1 灭火介质清单

介质	火灾类型	灭火机理	使用方法	优点	缺点
水	A 或 B	将火降温到着火温度以下	消防管线（软管）；雨淋；喷水装置；便携式灭火	快速降温；不限量提供	系统维护要求高；需要 2 个或更多个人对软管进行操作；在给易燃液体灭火时，需要适当的培训；设备腐蚀；结冰
泡沫	B	漂浮在可燃液体表面形成覆盖面，隔离着火燃料与氧气	可以提前用水进行搅拌或者用喷射器注入	保持容器完整性时可以很好地阻止复燃	需要用到水；对于不同的易燃物需要不同类型的泡沫；预混合的泡沫液需要定期检测和更换
干粉	A，B 或 C	化学干扰燃烧反应	便携和半便携式灭火器；厨房罩；软管卷盘系统	快速灭火；便于使用	无法灭复燃火，对于不同的火灾类型（A，B，C 或 B，C）需要使用不同的介质；残余物可以引起腐蚀，尤其电子元件；外部应用的效果受限；剂量有限
二氧化碳（CO_2）		二氧化碳气体取代氧气而使火熄灭	固定系统；便携和半便携式灭火器	适用于封闭环境或者电火灾的情况；不损害电器元件	固定系统灭火时二氧化碳取代氧气会使灭火人员窒息；无法灭复燃火；需要灭火区域有较好的气密性
卤代烷（Halon）	B 或 C	化学干扰燃烧反应	在机械或电器设备房间或外壳的主要固定灭火系统	非常高效	由于臭氧损耗问题不再被提供使用；在已经存在的系统中有些现有介质也限制使用；在灭火使用区域对人体有微小健康风险；需要灭火区域有较好的气密性；是否可连续使用取决于灭火介质的可用性
FM-200 和 FE-13	B 或 C	化学干扰燃烧反应	环境可接受的卤代烷替代物	非常高效；臭氧损耗较少	在灭火使用区域对人体有微小健康风险；由于全球变暖，将来可能应用受限；专利产品；需要灭火区域有较好的气密性
烟烙烬气体（Inergen）	B 或 C	在受保护区间将氧气含量减小到 18% 以下，而使火熄灭	环境可接受的卤代烷替代物	没有臭氧损耗和全球变暖问题；不需要 CO_2，氩气和氮气专有混合；没有健康风险	需要灭火区域有较好的气密性
细水雾或细水喷雾（Watermist or fire waterspray）	A，B 或 C	降温；喷雾在火的表面取代氧气	灭火系统设置在机械或电气设备的房间或外壳、外橇、宿舍、储藏室	快速冷却；用水量比喷淋装置少；可由平台或专有设备提供水和压缩气体；安全适用于电气设备	需要淡水或者蒸馏水，可能导致供应受限

注：《关于在非必要场所停止再配置卤代烷灭火器的通知》[中国公通字(1994)第 94 号]对卤代烷(Halon)灭火介质的使用进行了限制。

8.2 消防水灭火系统

8.2.1 概述

消防水系统通常被设置在平台上用来进行设备外部防护、控制火情和/或灭火。该系统的设计应以良好的工程设计原则为基础，并能作用到包括压缩机、甘醇再生器、存储设施、装船和工艺泵区及井口等区域在内的全部设备。消防水泵的排量应能满足消防设计的功能需求。

以下准则描述了可供 1~2 人有效操作的消防系统。这个系统能给操作人员提供充足的消防设备，以使他们能在大火造成重大伤害前快速有效地做出反应。

消防水系统的基本设施是消防水泵、配水管网、软管和喷枪。为协助扑灭可燃液体火灾，可以加入发泡剂等添加剂。

8.2.2 消防水泵

8.2.2.1 消防水泵的性能

8.2.2.1.1 选择消防水泵时，应满足设计的手动消防系统需要的压力和流量要求（消防炮或消防炮加软管站流量）。如果安装了雨淋/水喷雾系统则也需要考虑在内。水泵必须能够对消防水量最大的区域提供充足的压力和流量。消防水泵应选择的最小排量不应低于 $11.36 dm^3/s$（180gpm）。消防水系统应根据喷头厂家推荐的压力提供消防水，或当两条水龙带同时使用时压力不低于 5.17bar（75psi）。

8.2.2.1.2 本标准范围内的消防水泵不需要符合 NFPA 20 的要求。当然，仍然推荐在消防泵的设计和安装过程时以该标准作为原则性的参考。一个符合 NFPA 20 的消防水泵要满足以下性能指标：

a) 额定的压力和流量。

b) 在总压头不低于额定压力的 65% 的情况下，水泵应能够至少提供额定排量的 150%。

c) "冲击（Churn）"或关断压力对于立式泵不能超过泵额定压力的 140%，对于卧式泵不能超过泵额定压力的 120%。

一般来说，用于提供消防水的水泵都应有类似于 NFPA 20 中泵的特性曲线。

8.2.2.1.5 暴露于海水中的消防水泵和所有附件都应采用抗海水腐蚀的材料。在有人驻守平台上应考虑设置备用消防水泵。备用消防水泵可以采用与主消防水泵不同的动力驱动（比如，一个用电另一个用柴油）。备用泵应能满足系统最小需求量（与主消防泵大小相同）。

8.2.2.2 消防水泵的位置

8.2.2.2.1 消防水泵应安装在受火灾损坏可能性最小的地方，应尽可能远离外部的燃料源和点火源。如果不只是一台消防泵，则应尽量分开放置，以便将一处着火损坏两台泵的可能性降到最低。两台泵都分布在工艺区或井口区这种布置尤其重要。

8.2.2.2.2 在实际安装中，泵的扬水管应尽可能放置在能够被平台结构保护的位置，以减小被海船损伤的可能性。

8.2.2.2.3 为了便于维修，长轴泵或潜水泵应放置在平台提升设备附近或提供其他提升措施以便将其吊起维修。

8.2.2.2.4 泵的驱动控制装置要求至少从两个方向易于靠近，而且应尽量靠近楼梯通道，以便能从其他层到达。

8.2.2.2.5 放置在室外的泵要考虑可能出现结冰温度，同时也应考虑低温可能对泵或内燃机的影响。

8.2.2.3 消防水泵的安装

8.2.2.3.1 海水扬水管应采用抗海水腐蚀的材料制成，比如玻璃钢管或内涂层钢管。

8.2.2.3.2 为避免波浪作用和机械损伤，海水扬水管外应套在钢管中得以保护，保护管必须牢固地固定在平台上，以减小波浪力作用的损害。

8.2.2.3.4 海生物生长可能会堵塞海水吸入的区域，应考虑使用防海生物涂料或其他控制措施。

8.2.2.4 消防水泵驱动装置

8.2.2.4.1 概述

适用于消防泵的驱动装置包括柴油机、燃气机和电动机。需要说明的是 NFPA 20 中只认可柴油机和电动机。消防水供给应能保证灭火或弃平台所需的时间，要与操作人员灭火原则协调一致。燃料或动力应保证在平台关闭期间消防水泵至少能运转 30min，根据操作人员弃平台和灭火的原则，也可能需要更多的时间。

8.2.2.4.2 柴油机

消防泵使用的宜是 NRTL 列出的柴油机。NFPA 20 简述了几种发动机冷却的方法。适当的冷却系统对于内燃机的运转是至关重要的。NRTL 列出的柴油机会按照马力大小确定等级。如果使用 NRTL 要求以外的柴油机，则该发动机的额定功率必须超过泵在整个操作范围内所需的最大制动功率的 10%。柴油机的启动器可以用电动、液动或气动。电启动装置应配有涡流充电器的蓄电池组启动，以保证足够的能量。电启动装置应被认证批准后再用于其安装的区域。液压启动装置通常手动充电和启动。液压启动装置的液压储能器可以手动用泵增压，也可用自动泵保持压力。如果平台在关闭期间有足够的气量供给启动，则可以采用气动系统。启动系统的能量应能使曲轴最少旋转三周。燃料罐、燃料管线和启动系统的安装位置应尽量避免受火灾和其他破坏。此外，排气管线应装备阻火器。根据有关部门的要求，可能还需要其他的安全设备，比如用于防止发动机超速的关断设备。

8.2.2.4.3 燃气机

以天然气为燃料的燃气机，其启动装置和柴油机相似。发动机燃料管线的走向应尽可能远离火焰和避免其他损坏。

8.2.2.4.4 电动机

电动机驱动装置和控制器的安装应遵从 API RP 500 进行。电动机动力电缆的敷设应尽可能避免火灾或其他损坏。有关供电布置的信息推荐参考 NFPA 20 和 NFPA 70（NEV）。

8.2.2.5 消防水泵控制器

8.2.2.5.1 控制器应装配自动和手动启动装置。可以通过开/闭式压力开关实现自动启动，也可以通过紧急关断系统、易熔回路或其他火灾探测系统的动作启动。

8.2.2.5.2 对于电动消防泵来说，适当容量的电路断路器非常重要。NFPA 20 和 NFPA 70 中包括有选择电路断路器容量的信息。在这一部分的设计中可以参考这些信息。如果电动消防泵要在主电源失效时切换到应急发电机，则应采用一个自动转换开关。

8.2.2.5.3 对于发动机驱动的消防泵，需要监控其各种报警情况。报警需要指示油压过低、缸套水温过高、发动机启动失败和由于超速而关断。报警系统在手动启动（维修）时，通常会关闭水泵，而在由关断系统、易熔回路或其他系统启动时，将不会关闭水泵。紧急关断系统（ESD）的动作也不可以关断消防水泵。

8.2.2.5.4 报警系统应发出警告以使操作和维修人员能知道。

8.2.3 管线

8.2.3.1 消防水管线应按 API RP 14E 的要求进行设计。消防水管线应设计成能够提供整个系统。软管站和可能同时操作的消防炮工作时所需要的水量和压力。设计要考虑的问题应包括但不限于以下几个方面：泵的输出及其安全因素、消防软管的直径和长度、水喷淋系统的需求、海生物或腐蚀产生后对流速的限制、消防炮和水龙带喷枪的压力要求。

8.2.3.2 消防水管线应用适当的方式支撑并安装在主要结构物的下面或后面等能防爆炸和火灾的位置。如果消防水管道和附件要安装到靠近碳氢化合物工艺设备的区域，则应考虑使用阻火绝缘材料。可参阅本标准第 12 章。管线设计还应考虑管道防冻措施。在可能由于系统其他部分的损坏而破坏整个系统的地方应考虑使用隔离阀。

8.2.3.3 管道和阀门材料的选择和正确的安装，对于消防水系统的完整性和可靠性是非常重要的。

8.2.3.4 材料的选择应考虑以下几个因素：抗腐蚀性、耐火能力、使用寿命、与系统中其他部件的兼容性及价格。在同一个消防水系统中安装不同材料的管道也是可行的。在选定一个消防水系统时，设计者和使用者应非常谨慎地评价管材的优缺点。关于消防水系统管材的选择可以参见附录 B。

8.2.4 消防水软管站

8.2.4.1 软管站的布置应考虑从其他甲板容易接近（即靠近楼梯）、受火灾损坏的可能性、同其他站的协调配合及平台其他工作的干涉等几方面因素。软管站的布置应能从两个不同方向覆盖目标区域。

8.2.4.2 消防水龙带应盘在卷盘上或存放在其他适宜的设备中，以便于快速展开又能保护水龙带。这些存放设备都应具有抗腐蚀性。

8.2.4.3 推荐用直径为 25.4mm（1in）或 38.1mm（1½in）的水龙带作为一个人能有效操作的消防水龙带。水龙带长度建议不超过 30.5m（100ft）。

8.2.4.4 消防水龙带应选用耐油、耐化学变质、防霉和防腐并能暴露在海洋环境下的材料。

8.2.4.5 水龙带试压应满足 NFPA 1961 或者 NFPA 1962 的要求。

8.2.5 消防水喷枪

大多数喷枪都采用复合型（开花角度为 90°、60°、30°和直线）或直流喷枪。复合型喷枪通常推荐的喷嘴压力为 6.89bar（100psi），直流喷嘴通常推荐的喷嘴压力为 3.45bar（50psi）。生产厂商的文献可作为实际需求的参考。喷嘴应选用耐海水腐蚀材料制成。

8.2.6 水喷雾系统和消防炮

8.2.6.2 水喷雾系统

水喷雾系统必须达到特定的设计强度，这样才能起到以上作用。要对需保护的表面产生特定的水流喷射和分配，开式水喷雾比易熔连接的喷淋效果好。在该系统设计中，喷嘴的设置方向是一个重要因素。水喷雾系统可以设计成手动启动或通过与自动探测系统相连而自动启动。NFPA 13、NFPA 15 和 API Publ 2030 可以作为系统特定密度设计和安装的推荐参考资料。保护表面一般的洒水量为 $0.00014m^3/(s \cdot m^2) \sim 0.00034m^3/(s \cdot m^2)[0.2gpm/(sq \cdot ft) \sim 0.5gpm/(sq \cdot ft)]$。这个设计密度还可以通过测试进行调整。

8.2.6.3 消防炮

消防炮喷枪是用于大水量[超过 $15.77dm^3/s(250gpm)$]的固定式喷枪。它们固定在某一位置并有可用于变换喷枪方位的连杆或齿轮。消防炮的安置可以是为了能覆盖住某个特定容器或者某块手动灭火不能到达的区域。需要考虑的设计因素有位置、供水管线的尺寸、控制阀的布置等。NFPA 24 可以作为进一步的参考指南。

消防水系统应至少从两个方向在 360°范围内向保护区供水。控制系统的设计应不容许所有的水喷淋区由于疏忽同时开启，除非这已经在消防水供应设计中考虑到。

在确定消防管网尺寸和消防泵时，应考虑设备的同时操作问题，因为当消防软管站和消防炮使用时，可能有几个雨淋系统也在工作。

8.3 泡沫灭火系统

8.3.1 概述

消防泡沫添加剂可以提高对液态烃燃烧的消防效果。消防泡沫是一种密度小于水或油的小泡沫的稳定聚合物，泡沫覆盖层无论对水平表面或倾斜表面都有很强的黏附性。它可以在燃烧的液体表面自由流动，使液体冷却，并形成一个坚韧的隔绝空气的连续覆盖层，阻止挥发性蒸气接近空气。泡沫灭火系统对带压气体着火或格栅区着火没有效果。泡沫系统的规划、设计和安装可参见 NFPA 11。

泡沫可以用于：软管站、固定式灭火系统、便携式灭火器。这些系统能手动操作。泡沫的使用可以直接将泡沫浓缩液加到消防水系统中，也可以预先把浓缩液与水混合成溶液。

泡沫可以储存在一个罐中或厂家提供的容器中。选择泡沫浓缩液或预先混合溶液的储罐位置时，应考虑在紧急状况下系统补充的难度。还应考虑周围环境的最低温度，因为泡沫浓缩液和预先混合溶液都会受冻结的影响。泡沫浓缩液必须保持充足的供应量并且不能被污染和稀释。操作人员还应按照生产厂家的建议进行试验。当干粉和泡沫灭火剂要在同一个位置使用时，对于两种产品的兼容性应向生产厂家核实。

8.3.2 浓缩液的配量

泡沫浓缩液应以固定的比例与水混合，通常 1%～6%，可以用喷射站，也可以用隔膜式储罐（Diaphragm tanks）直接将浓缩物按准确比例掺入消防水系统。

软管站使用泡沫的简单方法，是用喷射器吸入泡沫并按比例加进水流中。喷射器的主要缺点是它的压力损失大（约为 1/3），在系统设计中必须考虑这个压力损失。常规的消防软管喷嘴是适用于泡沫灭火的，它能提供足够的分散能力以产生泡沫。由于喷射器对回压敏感。固定喷嘴的额定排量与喷射器的规格必须匹配。关于软管可用的最大长度应参考厂家的资料。实际采用的水龙带长度不应超过制造厂推荐长度减去喷嘴下游管子配件等的当量长度。浓缩喷射消火栓可以采用组装式的，即所有的部件，包括浓缩物储罐都预制在一个组装件中。

8.3.3 预混合系统

若用自持式消防系统，可以采用预混合系统。考虑溶液的储存设备时需同时考虑溶液的排出方式。可以采用通用设备，但必须是满足这种特殊的用途。预混合泡沫水溶液应定期试验和更换以确保其合适的浓度和化学性能。

8.4 干粉灭火系统

8.4.4 固定式系统注意事项

8.4.4.3 数量

8.4.4.3.1 干粉灭火剂备量

远距离操作软管的干粉灭火剂最小备量应能满足每条软管同时使用 30s 的要求。

8.4.4.3.2 干粉灭火剂和泡沫复合使用

自持式双介质系统适合于干粉灭火剂和泡沫同时或顺序使用。该系统的优势是既具干粉灭火系统快速灭火的特点，又有泡沫灭火系统阻止复燃的特点。当考虑在同一地点使用干粉灭火剂和泡沫灭火剂时，对于两种产品的兼容性应向生产厂家核实。

8.4.4.3.3 干粉灭火系统代替消防水灭火系统

海水的腐蚀性和消防水系统的高维护要求会导致消防水系统不能在紧急情况下使用。考虑到工作人员不足情况或换班及其他危险因素需要使用额外的干粉灭火系统代替消防用水系统。如没有安装如 8.2 所述的消防水系统，推荐采取下列额外措施：

a) 储存碳氢化合物或其他易燃、可燃液体容量大于或等于 15.9m³（100bbl）的储罐，应由固定式系统将泡沫和／或惰性气体释放到罐内进行消防保护。

b) 存放油漆或其他易燃、可燃液体面积大于或等于 18.6m²（200ft²）的储藏室，应设固定喷淋、细水雾或气体灭火系统进行保护。在监管机构允许的情况下，灭火系统应能自动启动。

c) 当空间或封闭区域内有超过 746.3kW（1000hp）的内燃机时，应设固定喷淋、细水雾或气体灭火系统进行保护。在监管机构允许的情况下，灭火系统应能自动启动。

d) 当人员位于海上平台并且平台存在生活区和烹饪设施时，烹饪表面应由抽油烟机和干粉灭火系统保护。

e) 对于有人平台，根据平台上具体火灾风险分析、可能的火灾场景和该平台特定的灭火保护原则，将额外的便携式和半便携式灭火器放置于整个平台各位置。只要便携式灭火器数量不少于 9.2 所推荐的数量，可采用软管盘或固定式干粉灭火系统取代额外的便携式灭火器。

f) 对于有人设施，作业者应考虑一个结构性防火分界，用于生产区与生活区、集合点、弃平台逃离区域的隔离。

8.5 气体灭火系统

8.5.4 固定式系统注意事项

8.5.4.2 管道。 固定式灭火系统的管道设计至关重要并且取决于气体灭火剂种类、保护容积和距离。管道的压力降必须加以限制，以避免二氧化碳形成雪花或保证卤代烷药剂在系统中维持液态。因此，管道系统应由熟悉气体灭火系统的有经验人员来设计。

8.5.4.3 固定式系统附件。 固定式气体灭火系统保护的封闭空间在气体灭火剂排放期间和排放之后均需实现和保持其气密性。通向封闭空间的门应采用自动关闭式并能从受保护空间侧打开。灭火系统启动时应关闭通风孔和百叶窗并启动警报和时间延迟装置以警告可能在该空间的人员。当监管机构允许系统自动启动时，控制系统应也能确保已安装的警报、关闭和时间延迟装置动作的控制。

8.5.5 人员安全

气体灭火剂的排出会使人员处于噪声、紊流、高速、低温环境和窒息的危险中，以及暴露于有毒混合产物中。任何气体灭火剂排出都会有静电危险存在。因此应考虑把喷嘴和暴露在气体灭火剂下的物体接地。可参阅 ANSI/NFPA 77。在封闭空间使用二氧化碳就会使空气中缺氧，导致无法维持人类的生命。这样的环境中人员会很快眩晕、失去知觉，如果不离开这个区域，人最终会死亡。大量排出二氧化碳也会严重影响能见度，因为二氧化碳排出会形成烟雾。设计人员应考虑所使用药剂的公开毒性数据，确定在灭火的浓度下是否超过限定阈值。设计人员还应考虑设置适当的警告牌、时间延误和警报装置并咨询监管机构对安装的要求，以确定是否有附加的要求。

虽然卤代烷药剂和碳氟化合物在火灾中毒性低，但其分解产物却很危险。凡是人员可能进入的使用二氧化碳和/或其他气体的地方，或二氧化碳或其他气体可能侵入的区域，必须提供相应的安全保障。以保证人员能立即撤出，防止人员进入有毒气区域。为迅速营救被困人员提供帮助措施。除了设有释放前预报警和释放声光警报，相应的安全保障还应包括培训、警告牌和可用的逃生或救援呼吸器。

8.7 灭火控制系统

8.7.1 概述

平台应按 8.5 或 8.6 所述分别配置适当的固定式气体灭火或细水雾灭火系统，按 8.2 所述配置适当的消防水灭火系统（或按 8.4 所述配置干粉灭火系统代替消防水灭火系统），按第 9 章所述配置适当的便携式灭火器。除了按第 9 章所述配有的便携式灭火器外，在有生产设施的无人平台上的每层甲板至少应配置一个 68.04kg（150lb）的推车式干粉灭火器（不包括登船平台和夹层甲板）。考虑实用性也可以采用消防水系统代替推车式灭火器。各系统的控制取决于具体的平台布置和风险。人员情况和采用的消防策略。一般情况下，消防软管、便携式或半便携式灭火器等设备及某些固定式系统都是手动控制的，需要人员首先识别火灾或火灾风险并启动系统。自动控制系统是指由高温或烟雾等启动控制程序释放灭火剂的系统。

当人员在受保护的空间内时，自动控制系统应能防止药剂的意外释放而对人员造成伤害。当人员在受保护的空间内时，设计功能包括时间延迟和药剂释放前的警报、警告牌，或使用适当的上锁挂牌程序。某些监管机构禁止系统自动释放气体进行灭火，因此应在相应的管辖范围内加以考虑。自动灭火控制系统最适用由于快速反应能有效减少破坏扩展和/或提高人员安全性的区域。

8.7.2 海上采用的典型系统及其控制机制

8.7.2.1 井口区、工艺区和碳氢化合物储罐区

在这些区域采用消防水系统（软管、消防炮和手动雨淋系统）进行灭火是很有效的。可以使用其他介质（如泡沫）和水一起使用，来提高有收油盘和固体钢板的区域的灭火效果。自动固定式水喷淋系统可用于湿润危险表面。应特别注意井口、压力容器、关键结构部件和操作时表面有可能产生高温的设备（比如明火设备）。水喷淋范围和密度应参见 8.2.6 执行。在本区域不推荐使用干粉和气体灭火系统作为自动消防系统。

8.7.2.2 封闭的井口和工艺区

在这些区域可以使用自动固定式自动水喷淋系统或干粉灭火系统。干粉灭火系统在 8.4 已论述过。在封闭区域，灭火系统应设计成全淹没式。消防水系统应比干粉灭火系统优先选择。由于其自身的特性，干粉灭火系统只能提供有限的化学药剂，因此应用手动或自动消防水系统作为备用。在本区域不推荐使用气体灭火系统。

8.7.2.3 开敞机械区

在该区域，手动消防水系统只能用于非电驱动的压缩机和泵的灭火。可以用其他介质（如泡沫）和水一起使用，来提高有收油盘和固体钢板的区域的灭火效果。对于放置在室外的碳氢化合物输送泵，可使用自动固定式自动水喷淋系统、泡沫系统或细水雾系统。对于安装在室外橇块上或甲板上的气体压缩机或电动机，不推荐使用自动气体和干粉灭火系统。使用水介质的灭火系统在设计时应考虑将水冲击热表面所造成的危害或损坏降到最低。

8.7.2.4 封闭机械区

在该区域应使用第 9 章中所说的干粉灭火器。另外在封闭区域附近还应安装手动消防水软管和泡沫系统，或者封闭空间可以由固定气体或细水雾灭火系统保护。放置在充分通风的封闭区域内的气体压缩机、碳氢化合物输送泵和发电机可以不用自动消防系统保护，如果这些设备位于通风不充分封闭区域内时，如监管机构批准，可以使用自动水喷淋、细水雾、干粉或气体灭火系统保护。使用水介质的灭火系统在设计时应考虑将水冲击热表面所造成的危害或损坏降到最低。

8.7.2.6 生活区

像第 9 章中描述的一样，在整个生活区都应布置灭火器。消防水软管应策略地布置在生活区附近或内部，并且应从每层都易于接近。生活区也可以由水喷淋或细水雾系统保护：

a) 在有炉灶和油锅的区域，应考虑使用自动干粉、二氧化碳或湿式泡沫系统。所有系统都应包括通风管道并能自动切断炉灶和油锅的电源。干粉灭火系统的设计还应考虑关闭排风扇电源的延迟时间。

b) 在生活区的非烹饪区域应考虑采用自动水喷淋或细水雾系统。该系统设计还应考虑覆盖范围、释放方式（个别开启喷头还是全部系统同时启动）、干湿转换系统和系统管道的腐蚀。喷淋系统设计的详细资料可参阅 NFPA 13。

c) 在生活区内不推荐使用全淹没式自动气体灭火系统。

8.8 紧急减压

8.8.1 概述

设备的减压可以作为一种其他消防系统的补充方式，当容器和管道由于受热而强度降低时，它可以降低或消除由于压力引起的应力，并且减少设备中的燃料总量。设计者应注意，如果根据天然气供给量泄压，减压将导致在短时间内大量排放气体的频率增加，并导致控制系统失效。减压过程一定要注意防止空气侵入和碳氢化合物液体排入减压系统。当完全泄压后，还有空气进入碳氢化合物系统的潜在危险。另外，作业者在决定使用减压系统之前，应注意复习火灾控制原则、减压系统的设计、扩散计算等。

8.8.2 设计原则

当设计减压系统时，其设计和功能必须适合设备的整个火灾控制方案。应注意考虑其他的现有消防措施，比如雨淋系统、手持或轮式干粉灭火器、消防软管和固定式消防炮。这些保护措施的效果和它们起作用的持续时间，以及它们的特殊需求（比如消防水系统所需的燃料气）都要考虑在内。

火灾控制原则将决定减压系统的设计速度和工艺/机械设计。举例来说，一个主要依靠放空的消防原则就需要一个动作快、速度高的减压系统；而以大面积水喷淋系统进行热控制的火灾控制原则，容许设计一个低速的减压系统以避免容器损坏。

进一步的资料可见附录 C。

9 便携式灭火器

9.1 概述

尽管有其他的灭火设施可用，但仍应配置便携式灭火器，作为小范围内着火的第一道防线。化学灭火器的主要优点是它自身可以提供保护而不需外接能源。缺点是灭火剂的量有限，限制了灭火能力。推车式干粉灭火器提供了比手提便携设施更大的灭火能力和范围。在选定灭火器的大小和数量时，对这些因素和潜在火灾的性质，必须仔细考虑。低于 40-B 级的手提式便携灭火器或用于多用途的 A 级、B 级、C 级灭火器，不推荐设置在生产平台的工艺区。关于灭火器类型和规格的资料见附录 D。NFPA 10 中提供了更多的有关资料。对于外大陆架（OCS）固定平台上便携式灭火器的选取还应查阅 USCG 的规定作为额外需要考虑的信息。

9.2 灭火器的布置

9.2.1 概述

如果有足够数量和灭火能力，又有熟练的操作人员，便携式灭火器是最有效的设施。灭火器的布置应根据保护区域的实际情况而定。

9.2.2 安装

9.2.2.1 灭火器的安装，应保证一旦着火时人员易于到达和随时可用。

9.2.2.2 灭火器应安装在人员可以看得见并不得有阻碍的地方。

9.2.2.3 手提式便携灭火器应挂在吊钩上或装在托架上，或放在容易移动的架子上。

9.2.2.4 所有的手提式便携灭火器的安装，应要求灭火器底部与地面间有足够的距离，以防止盐水腐蚀。

9.2.2.5 当灭火器不用时，应放置在指定的位置。

9.2.3 位置

下面列出了特定类型灭火器的推荐使用场合。可以使用同时扑灭两种或以上火灾的灭火器。对于特定火灾要提供一种合适类型的灭火器：

a) 灭火器应设置在受火情和爆炸损坏的可能性最小的地方，并提供足够的数量，使之不被个别的火灾严重削弱了总的消防能力。

b) 从平台甲板区任何一个可能着火的点到灭火器的最大距离不得超过 15.2m（50ft）。

c) 在有潜在着火可能性的每一层甲板上，距楼梯 3.0m（10ft）内，应设置一个 B 类灭火器。

d) 安装在封闭区内的每台内燃机或燃气涡轮发动机应设置一个 B 类灭火器。

e) 装在敞开区域的每三台内燃机或燃气涡轮发动机应设置一个 B 类灭火器。

f) 每两台发电机和每两台 3.7kW（5hp）或以上的发动机应设置一个 C 类灭火器。

g) 每台烧气或烧油的锅炉或加热器应设置一个 B 类灭火器。

h) 生活模块的每个主通道应设置一个 A 类灭火器。

i) 在生活区超过四人的住房应设置一个 A 类灭火器。

j) 在无线电室或其他的电气或控制设备集中的封闭区域，应设置一个 C 类灭火器。

k) 每个厨房应设置可用于灭 A 类、B 类和 C 类火的灭火器。

l) 每个可燃物储存处应设置一个相应级别的灭火器。

m) 每个吊机或其附近应设置一个 B 类灭火器。

9.3 再次充装

应制订充装的措施以使用过的灭火器可以立即再次充装或更换新料（参见 10.7.8 的警告说明）。备用的干粉化学剂应存放在干燥地方的防潮容器中。

10 检测、测试和维护

10.1 概述

10.1.1 消防系统的维护方式包括定期设备检测、维护程序、灭火器释放后的充装及每个便携式灭火器的流体静力学测试，确保系统处于可操作状态。

10.1.2 检测：

a) 所有系统至少每年都应由专业人员通过规定的程序进行全面的检测。

b) 检测的目的是决定是否需要采取补救措施以尽可能确保被检测对象在下次检测时性能良好。

c) 当检测结果认为有必要时，可进行适当的释放测试。

d) 各个系统在一个年检周期内应采取可视化检测或由专业人员依据规定的程序进行检测。

10.1.3 维护：

a) 这些系统在任何时候都应保持在最佳状态。消防系统的使用、损坏及修复都应立即向相关负责人报告。

b) 任何故障或损坏都应立即由有经验的人员进行修复。

10.1.4 检修记录：

a) 检测报告至少应包括上次检测日期、当次检测日期、检测范围、检测内容或需求及检测人员的姓名。

b) 最新的检测报告应在指定处所保管。

10.2 消防泵

10.2.1 检测和测试

10.2.1.1 消防泵及其驱动设备至少每周应启动并运行足够长的时间以达到正常的操作温度。这些设备应可靠地启动并在额定速度和负荷下平稳地运转。

10.2.1.2 每个月至少从两个以上的排水口同时排水，以定量检验泵和供水系统的完整性。

10.2.2 维护

10.2.2.1 应确保引擎清洁、润滑并处于良好的操作状态。定期维护机油和冷却剂液位。

10.2.2.2 蓄电池在任何时候都应保持充电状态。每个季度至少对电池进行一次检验，以确定蓄电池的状况。

10.2.2.3 蓄电池充电器自动充电的特性并不能取代对蓄电池和充电器的适当保养。应对充电器做定期的检查，以确认充电器是否处于正常操作状态。

10.2.2.4 每台发动机运行后都应检查柴油燃料罐，以保证燃料供给及存量符合 8.2.2.4 中的要求。

10.2.2.5 燃气机的燃料气洗涤器应在每周运行前、运转后排液。每周运行时，应检查燃料气管道的压力读数以确认燃料气在使用中压力是否合格。

10.2.2.6 根据流动试验记录和经验，应定期取出潜水泵做腐蚀检验和/或磨损检验，以防止在应急状态下引起故障。

10.3 消防软管、喷枪和消防炮

10.3.1 所有的消防软管，至少每年应进行一次水压试验。其试验压力为消防水系统最大操作压力。

10.3.2 应至少每个月对消防软管和喷枪进行一次功能性测试。

10.3.3 每根消防软管使用后，应放回存放设施上。

10.3.4 帆布消防软管在使用后应仔细地清洁并晒干。

10.4 雨淋式和喷淋式灭火系统

10.4.1 雨淋系统易被腐蚀产物、生物污垢或其他外来物体堵塞。每个操作人员都应采取适当的措施（比如检查、试验等）来验证系统能够按照设计功能工作。建议操作人员每年都要检验系统的完整性。应特别注意在系统改造期间防止外来物体进入消防水系统。

10.5 固定式干粉灭火系统

10.5.1 所有干粉化学剂灭火系统及其附属设备，每年应至少由有资质的人员进行一次可操作性检测和检查。

10.5.2 所有驱动气储罐至少每半年应按照规定的最小值进行一次压力或重量检测。

10.5.3 所有干粉储罐至少每半年应按照规定的最小值进行一次压力和重量检测。

10.5.4 除了贮压系统外，至少每年应对存放在储存容器里的干粉化学剂取样。取样点为顶部、中央和靠罐壁处。如果取出的样品从 101.6mm（4in）高处落下不碎，就应更换药剂。

10.5.5 使用后，应清除消防软管和管道内的残余干粉药剂。

10.7 便携式灭火器

10.7.1 便携式灭火器应每月或情况需要时进行更频繁的检测，以保证它们置于指定地点，没有被触动或损坏，并探测有无明显的物理损坏、腐蚀、药剂粉末被压实或其他损坏。

10.7.2 按照 NFPA 10 中附录 E 规定的时间周期，定期对于便携式灭火器进行水压试验，以下情况除外：

a) 如果灭火器的钢瓶是按美国交通部（DOT）规范制造的，则应按 DOT 的要求进行水压试验或更换。

b) 任何时候，钢瓶只要显示出有腐蚀或机械损坏的迹象时，就应进行水压试验。然而，有些损坏情况需要的是更换钢瓶而不是试验。

10.7.3 储存惰性气体的氮气瓶及轮式灭火器的推动气应由有资格的人员进行水压试验。

10.7.4 水压试验数据应记在金属或与金属等质的标签上或者采用适宜的金属喷涂印花釉贴法（一种无热工艺）贴在通过水压试验的灭火器壳体上。标签包括如下数据：试验日期、试验压力、进行试验的人或公司名称或第一个字母。

10.7.5 按常规，时间间隔不大于一年，应对灭火器进行彻底的测试，有缺陷的灭火器应进行适当的修理、重新充装或者更换。

10.7.6 对于因保养或再充料而停止使用的灭火器，应用同等级和至少相等规格的灭火器替换。

10.7.7 每个灭火器上应牢固地贴上一个标签，其上有保养或重加料日期、进行这种业务人的第一个字母或签名。

10.7.8 警告：不同的粉末混合会形成一种腐蚀性混合物并使压力不正常，从而导致灭火器爆炸（如把多功能粉末和其他粉末混合）。因此灭火器的再充装必须用与原来相同类型的粉末。

10.8 火气探测器和常规报警设施

10.8.1 火气探测器控制盘电路接口应至少一个季度（不超过100d）检查一次，以确保探测器能通告正确的区域并能启动适当的报警或灭火系统。

10.8.2 探测器（火焰、热、烟）应至少一个季度（不超过100d）进行一次操作试验和重新校验，熔断元件（防火回路）系统应遵照 API RP 14C 进行检验。

10.8.3 常规报警设施（参见7.4.2）应至少每个月进行一次操作试验。

11 人员安全和教育

11.1 人员安全

11.1.1 概述

平台应具有使人员能安全地进行灭火以及能在需要时撤离平台的手段和方法。参阅 API RP 14J 可以得到关于人员撤离的详细资料。在美国外大陆架范围内进行的设备操作必须遵守美国海岸警卫队关于紧急撤离的要求。

11.1.2 应急和逃生计划

11.1.2.1 平台上应编制发生火情时的应急计划。这个计划中应标明职位和人员接替顺序、灭火"负责人"和各自的专门职责或岗位。

11.1.2.2 平台消防计划中应包含一个逃生计划，使之有一个安全的撤离平台方法。这个计划应规定弃离平台信号，标出主要和辅助的逃生设备地点及通道位置。

11.1.2.3 应急和逃生计划应贴在有人驻守平台上引人注目的地方。作业者应编制一个须包括不连续驻人平台的总体计划。

11.1.3 消防演习

有人驻守平台上的人员须定期地进行消防演习，应按有真实火情出现一样进行实战演习。所有人员应在各自的应急岗位上报到，并准备执行应急和逃生计划安排给他们的任务。

11.1.4 撤离平台

所有平台都应配备足以供人员能在火情发生和其他紧急情况下安全逃生的设备。

平台上的逃生设备应位于平台人员易于到达的地方。当一层甲板上设置一个以上的主要逃生设备时，至少其中的两个应互相远离。这样的布局和设置是为了将一起火情或其他紧急情况造成两个重要逃生设备堵塞的可能性降为最小。当一层甲板上只有一个主要逃生设备，并设置了一个或更多的辅助逃生设备时，至少有一个辅助逃生设备与主逃生设备离开，这样布局和设置是为了将一起火灾或意外事故封锁两个逃生设备的可能性降至最小。

11.1.5 通道

所有的平台应设置足够的通道，供人员逃离着火区或意外事故区，并顺利移向逃生设备。通道的布局应保持足够的高度和宽度。

通道的布局应使平台人员易于到达。通道应能提供两个不同的逃生方向。

11.2 人员安全教育

11.2.1 新雇员

11.2.1.1 对首次出海人员的最低限度培训应包括安全培训，参见 API RP T-1。

11.2.1.2 新雇员受雇后应接受警报识别、消防和快速逃生训练。

11.2.1.3 新雇员应接受所工作平台的应急和逃生教育。

11.2.2 平台参观人员和承包人员

平台参观人员和承包人员在刚上平台时就应接受应急和逃生的指导和训练，这是他们在紧急状况下应做到的。他们还应学习各种警报和其所代表的意义。

11.2.3 消防训练

所有操作人员和其他平台上的常驻人员都应接受消防训练。这些训练应包括对类似于平台上可能发生的油气火灾的消防演习。

11.2.4 复习训练

对海上平台人员应定期反复进行消防训练，以建立和保持其灭火信心。因为雇员对海上火灾消防的技能和信心取决于他使用消防设施的实际次数。

11.2.5 实战演习

应制订培训方案来确保让每个雇员熟悉报警信号系统、工作岗位、应急逃生计划，并了解自己的分工。应急及逃生计划将规定在紧急情况下每个人员的专门任务和工作岗位。实战演习应包括预先通知的程序，也包括不通知的内容。最好要进行弃离平台的实际练习。

11.2.6 文件编制

消防演习、培训等文件的编制应始终坚持。

注：本章人员安全和教育根据中国政府机构相关管理规定执行。

53.《气体防护站设计规范》SY/T 6772—2009

5 公用工程及辅助设施

5.1 建　筑

5.1.1 建筑物耐火等级不应低于二级。抗震设防类别不应低于重点设防类（乙类）。

5.1.2 气防站宜设有车库、物品库（兼维修间）、值班室、休息室、充气间、办公室、盥洗室（兼浴室）等。气防站车库的大门应为电动、手动两用门。

5.1.3 气防站内各种用房的建筑面积可按表5.1.3确定。

表 5.1.3　气防站各种用房建筑面积

序号	名称	建筑面积 m²	备注
1	车库	40	40m²/辆车
2	物品库	40	兼作维修间
3	值班室	10	
4	休息室	30	值班人员宿舍
5	充气间	40	
6	办公室	15	
7	盥洗室	10	兼浴室

54.《石油天然气工程建筑设计规范》SY/T 0021—2016

4 建筑设计

4.4 楼、地面

4.4.3 防静电楼、地面当无架空要求时,可采用燃烧性能等级不低于 B_1 级的防静电地板贴面或防静电涂层面层;当有架空要求时,宜采用钢质或铝质防静电架空活动地板,其架空高度不应低于200mm,活动地板面层材料的燃烧性能等级不应低于 B_1 级。防静电楼、地面的各项性能指标及安装均应符合现行行业标准《防静电活动地板通用规范》SJ/T 10796、现行国家标准《建筑内部装修设计防火规范》GB 50222 的相关要求。

4.4.4 不发火花的地面应采用不发火花材料铺设,地面铺设材料应经过不发火花检验合格后方可使用,并应符合现行国家标准《建筑地面设计规范》GB 50037 的相关要求。

4.7 门 窗

4.7.2 窗的设计应符合下列规定:
   4 防火墙上必须开设窗洞时,应按现行国家标准《建筑设计防火规范》GB 50016 的要求设置。
   7 有爆炸危险的厂房、仓库的窗,其建筑用玻璃应采用安全玻璃。

4.7.4 门的设计应符合下列规定:
   3 双面弹簧门应在可视高度部分装透明安全玻璃,落地门窗采用透明玻璃时,应采取防撞措施。
   4 开向疏散走道及楼梯间的门扇开足时,不应影响走道及楼梯平台的疏散宽度。
   5 门的开启不应跨越变形缝。
   6 安全疏散门应采用向疏散方向开启的平开门。除甲类、乙类生产车间外,人数不超过60人且每樘门的平均疏散人数不超过30人的房间,其疏散门的开启方向不限。
   8 安全疏散门不应选用推拉门、卷帘门、吊门、转门和折叠门,但丙类、丁类、戊类仓库首层靠墙的外侧可采用推拉门或卷帘门。
   9 严寒地区采暖房间的外门应采用保温门或设门斗;防风沙地区房间的外门宜设门斗。
   11 有爆炸危险的甲类、乙类厂房(仓库)的内、外门应采取防止产生火花的措施。

4.8 室内装修

4.8.1 室内装修材料的燃烧性能应满足现行国家标准《建筑内部装修设计防火规范》GB 50222 的要求,放射性及污染物含量应满足现行国家标准《民用建筑工程室内环境污染控制规范》GB 50325 的要求。

4.8.2 控制室、大中型电子计算机房以及类似建筑,其顶棚和墙面应采用A级装修材料,地面及其他装修应采用不低于 B_1 级的装修材料。

4.8.3 地上建筑的水平疏散走道和安全出口门厅,其顶棚装饰材料应采用A级装修材料,其他部位应采用不低于 B_1 级的装修材料。

4.8.4 当厂房中房间的地面为架空地板时,其地面装修材料的燃烧性能等级不应低于 B_1 级。

4.8.5 装有贵重机器、仪器的厂房或房间,其顶棚和墙面应采用A级装修材料;地面和其他部位应采用不低于 B_1 级的装修材料。

4.8.6 甲类、乙类厂房和有明火的丁类厂房,消防水泵房、配电室、变压器室、通风和空调机房以及建筑内的厨房,其室内装饰材料燃烧性能等级不应低于A级。

5 建筑室内环境

5.3 保温隔热

5.3.3 建筑用保温材料的耐火性能应满足现行国家标准《建筑设计防火规范》GB 50016 的相关规定。

6 建筑防火防爆

6.1 建筑防火

6.1.1 建筑防火设计应满足现行国家标准《建筑设计防火规范》GB 50016、《石油天然气工程设计防火规范》GB 50183 的相关要求。

6.1.2 生产和储存甲类、乙类物品的建筑耐火等级不宜低于二级,其他建筑耐火等级不宜低于三级。当甲类,乙类火灾危险性的厂房采用钢结构时,应符合下列规定:
   1 所有的建筑构件应采用不燃烧体。

6.1.3 散发油气的生产设备宜为露天布置或棚式建筑内布置。甲类、乙类火灾危险性厂房和仓库泄压面积、泄压措施、防止可燃气体蒸气积聚的措施应按现行国家标准《建筑设计防火规范》GB 50016 的有关规定执行。有爆炸危险的甲类、乙类厂房和仓库宜独立设置,当与其他房间贴邻时,应以实体防火墙与其他房间分隔,防火墙设计应满足现行国家标准《建筑设计防火规范》GB 50016 的相关要求。

6.1.4 当不同火灾危险性类别的房间布置在同一栋建筑内时,其隔墙应采用不燃烧材料的实体墙。天然气压缩机房或油泵房宜布置在建筑的端部,人员相对集中的房间应布置在建筑火灾危险性较小的端部。

6.1.5 建筑的安全疏散门应向疏散方向开启。建筑面积大于 $100m^2$ 的甲类、乙类火灾危险性房间的安全出口不应少于两个,其中一个应能满足最大设备(或最大不可拆分部件)的进出要求，建筑面积小于或等于100m²时，可设一个安全出口。

6.1.6 仪表控制间、变（配）电室不应设置在甲类、乙类厂房内或贴邻布置；但甲类、乙类厂房专用的仪表控制间、10kV及以下的变（配）电室，当采用无门、窗、洞口的实体防火墙隔开时，可一面贴邻布置，并符合现行国家标准《爆炸危险环境电力装置设计规范》GB 50058 的有关规定。

6.1.7 石油天然气工程主要建筑的耐火等级，火灾危险性分类应符合表6.1.7的规定。

表6.1.7 石油天然气工程主要建筑的耐火等级、火灾危险性分类

站场	建筑名称	耐火等级（下限）	火灾危险性分类
油田站场	转油泵房	二级	甲、乙
		二级	丙
	外输泵房	二级	甲、乙
		二级	丙
	分离器操作间	二级	甲、乙
		二级	丙
	加药间	二级	甲、乙
		三级	丙、丁、戊
	加热炉操作间 热煤炉操作间	二级	甲、乙
		三级	丙、丁
	计量间	二级	甲、乙
		二级	丙
	阀组间	二级	甲、乙
		三级	丙
	空压机房	三级	戊
	配气间	二级	甲、乙
气田站场（含天然气处理厂站）	天然气压缩机房	二级	甲
	缓蚀剂泵房	二级	乙
	输气管道阀组间	二级	甲
	阀组区防护罩	二级	甲
	监控阀室设备间	三级	丁
	调压间	二级	甲
	脱硫脱碳泵房	二级	丙
	脱水泵房	二级	丙
	再生气压缩机房	二级	甲
	丙烷制冷系统压缩机房	二级	甲
	膨胀机房	二级	甲
	主风机房	三级	丁、戊
	稳定凝析油泵房非稳定凝析油泵房	二级	甲
	液硫泵房	二级	丙
	硫黄成型机房	二级	乙
	硫黄仓库	二级	乙
	胺液净化装置厂房	二级	丙

续表6.1.7

站场	建筑名称	耐火等级（下限）	火灾危险性分类
气田站场（含天然气处理厂站）	液化气泵房	二级	甲
	丙烷及污油泵房	二级	甲
	轻油泵房	二级	甲
	乙二醇泵房	二级	丙
	空气氮气站	三级	丁、戊
燃煤注汽站	锅炉房	二级	丁
	加药间	二级	双氧水间为乙，其他房间为戊
	综合操作间	二级	配电室为丙、丁、戊，给水泵房为戊，换热间为丁
	空压机房	三级	戊
	转运站	二级	丙
	地磅房	三级	戊
	输煤廊	二级	丙
变配电站	配电室	二级	（单台设备油量60kg以上）丙
		二级	（单台设备油量60kg以下）丁
		二级	（无含油电气设备）戊
	变压器室	一级	（油浸变压器）丙
		二级	（干式变压器）丁
	电容器室（有可燃介质）	二级	丙
	干式电容器室	二级	丁
	电缆夹层	二级	丙
	变频设备间	二级	丁
水处理站	调储罐操作间	二级	乙
		二级	丙
	污油罐操作间	二级	乙
		二级	丙
	回收水池（罐）操作间	二级	乙
		二级	丙
	污泥、污油泵房	二级	乙
		二级	丙
	污水回收泵房	二级	乙
		二级	丙
	反应罐操作间	二级	乙
		二级	丙
	污泥脱水间	二级	乙
		二级	丙

续表 6.1.7

站场	建筑名称	耐火等级（下限）	火灾危险性分类
水处理站	药库、加药间	三级	丙、戊
	过滤器操作间	二级	乙
		二级	丙
	电解盐水操作间	二级	丙
		三级	戊
	净化水外输泵房过滤提升泵房	三级	戊
	清水处理间	三级	戊
	输水泵房	三级	戊
	清水储罐操作间	三级	戊
	消防泵房	二级	戊
	注水泵房	三级	戊
	水配制间	三级	戊
	水熟化罐阀室	三级	戊
	水泵间	三级	戊
	热水机组间	三级	戊
	污水罐阀室	二级	乙
		三级	戊
油气管道站场	综合值班室	二级	—
	门卫	三级	—
	综合设备间	二级	丙、丁
	分析化验室	二级	丙、丁（其中样品间为甲）
	体积管及水标定间	二级	甲
	压缩机厂房	二级	甲
	输油泵房、输油泵棚	二级	甲
油气管道维抢修站	维抢修综合楼	二级	供热间为丁
	维修厂房	二级	丁、戊
	设备库房	三级	戊
	材料棚	三级	戊

注：1 气田站场中，对于粒径大于或等于2mm的工业成型硫黄，其火灾危险性为丙类。

2 气田站场中，脱硫脱碳泵房、胺液净化装置厂房的火灾危险性类别，按工艺生产用介质为"甲基二乙醇胺（MDEA溶液）"确定；脱水泵房的火灾危险性类别，按工艺生产用介质为"三乙二醇（TEG溶液）"确定。

3 水处理站中，调储罐操作间、污油罐操作间、回收水池（罐）操作间、反应罐操作间、过滤器操作间、电解盐水操作间、污水罐阀室的火灾危险性及耐火等级根据生产房间的处理介质确定；以上建筑内如有仪表控制间，仪表控制间的火灾危险性分类应为丁类、戊类。

4 燃煤注汽站中，综合操作间包括配电室、给水泵房、值班室、换热间，如实际工程中综合操作间含有其他房间，火灾危险性分类应按实际情况确定。

6.1.8 附设在建筑内的集中控制室、仪表控制间及其机柜间、UPS间等发生火灾时需要持续工作的房间，应采用耐火极限不低于2h的防火隔墙和1.50h的楼板与其他部位分隔，隔墙上的门应采用甲级防火门。

6.1.9 建筑内的管道穿墙、穿楼板时，应在管线就位后，用防火材料封堵；电缆沟、管沟穿过外墙时，应采取防火封堵措施；电缆沟、管沟穿过内墙时，宜采取防火封堵措施。

6.2 建筑防爆

6.2.1 建筑防爆设计应满足现行国家标准《建筑设计防火规范》GB 50016、《石油天然气工程设计防火规范》GB 50183的相关要求。

6.2.2 散发较空气重的可燃气体、可燃蒸气的甲类厂房和有粉尘爆炸危险的乙类厂房，应符合下列规定：

1 应采用不发火花地面。采用绝缘材料作整体面层时，应采取防静电措施。

2 散发可燃粉尘、纤维的厂房，其内表面应平整、光滑，并易于清扫。

3 厂房内不宜设置地沟，确需设置时，其盖板应严密，地沟应采取防止可燃气体、可燃蒸气和粉尘在地沟积聚的有效措施，且应在与相邻厂房连通处采用防火材料密封。

6.2.3 泄压设施宜采用轻质屋面板、轻质墙体和易于泄压的门、窗等，应采用安全玻璃等在爆炸时不产生尖锐碎片的材料。泄压设施的设置应避开人员密集场所和主要交通道路，并宜靠近有爆炸危险的部位。作为泄压设施的轻质屋面板和墙体的质量不宜大于$60kg/m^2$。

7 主要生产建筑和辅助生产建筑

7.1 泵 房

7.1.1 甲类、乙类液体泵宜露天或棚式布置。若在室内布置时，应符合下列规定：

1 液化石油气泵和天然气凝液泵超过2台时，与甲$_B$类、乙类液体泵应分别布置在不同的房间内，房间之间的隔墙应为防火墙。

2 甲类、乙类液体泵的地面不宜设地坑或地沟。泵房内应有防止可燃气体积聚的措施，室内地面应为不发火花地面。

7.1.2 甲类、乙类泵房不应采用地下或半地下式建筑。

7.1.3 甲类、乙$_A$类泵房内不应设置有人值守的辅助房间。

7.2 压缩机房

7.2.2 散发较空气重的可燃气体压缩机厂房，沿外墙底部宜设置通风设施，其楼地面面层材料，应为不发火花和不产生静电的材料。

7.3 集中控制室

7.3.1 集中控制室应布置在爆炸危险区域以外，并宜位于可燃气体、天然气凝液、液化石油气和甲$_B$类、乙$_A$类设备全年最小频率风向的下风侧。

7.3.2 含有甲类、乙类油品和可燃气体的管道不应引入集中控制室内，集中控制室内不应安装可燃气体、液化烃和可燃液体的在线分析仪器。

7.3.3 集中控制室直接朝向有火灾爆炸危险性设备侧的外墙应为无门窗、洞口，且耐火极限不低于3.0h的不燃烧材料实体墙。

7.4 变配电室

7.4.7 配电室直接通向室外的门应采用丙级防火门。

7.5 化 验 室

7.5.2 化验室的平面布置应符合下列要求：
  4 钢瓶间应布置在主体建筑外或贴邻建造，应采取防雨、遮阳、防火、防爆等构造措施：
    1）宜设在化验室非主入口侧，并应采取遮阳防晒措施，当钢瓶间与建筑物贴邻建造时，隔墙应为防爆墙。
    2）通风良好，并具有足够的泄爆面积，室内地面应有防火花、防静电等措施。

7.6 油气管道工程综合值班室

7.6.4 当综合值班室内设置车库时，车库与其他部位之间应采用防火墙进行分隔。

7.6.9 油气管道站场仅配置消防车时，如果能满足消防及时出警的条件，消防人员办公用房可与综合值班室合建，且消防人员办公用房应自成一区，应靠近出入口。

7.6.10 使用天然气自用气、液化石油气的房间，应符合现行国家标准《城镇燃气设计规范》GB 50028 的相关规定。

7.7 油气管道工程110kV变电所及变频设备室

7.7.2 110kV变电所宜独立设置不低于2.2m高的围墙，外围墙采用实体围墙，站场内可采用铁艺围栏。变电所内为满足消防要求的主要道路宽度应为4m，主要设备运输道路的宽度可根据运输要求确定，并应具备运输车辆回转的要求。

7.7.4 屋外油浸变压器之间的最小净距应符合以下规定：35kV及以下为5m；66kV为6m；110kV为8m。不满足净距要求时，应设置防火墙。防火墙的耐火极限不宜小于4h，防火墙的高度应高于变压器油枕，其长度应大于变压器贮油池两侧各1m。

55.《稠油注汽系统设计规范》SY/T 0027—2014

4 注汽站布置

4.2 建（构）筑物和场地布置

4.2.2 燃油（气）注汽站内部的总平面布置防火间距应符合表4.2.2的规定。

4.2.3 丙B类和单罐容积小于或等于200m³的燃料油储罐周围可不设防火堤，但应设简易围堤，围堤高度不应低于0.5m。

4.2.4 燃煤注汽站内部的总平面布置防火间距应符合表4.2.4的规定。

表4.2.2 燃油（气）注汽站内部的总平面布置防火间距表（m）

名称	注汽锅炉间	注汽锅炉油气辅助设施	生产辅助用房	燃油泵房	燃油储罐	卸油槽
注汽锅炉间						
注汽锅炉油气辅助设施	—					
生产辅助用房	10	10				
燃油泵房	15ª	10ª	12ª			
燃油储罐	20ª,ᵇ,ᶜ	10	15ª	9ª	—	
热水炉	—	—		10ª	15ª	15
卸油槽	15	—	7.5	8ª	—	
露天调压装置	10	10	12		10ª	10

注1："—"为操作安装需要的距离
注2：注汽锅炉油气辅助设施指油气分离器、燃气分液包、油气加热器、污油池。
注3：生产辅助用房：单独布置的办公室、值班间、配电间、采暖泵房等。
ª 表中防火间距为燃料油的火灾危险性为甲、乙类油品时的距离，当采用丙A类油品时，与油罐和油泵房的距离可减少25%；当采用丙B类油品时，油罐与注汽锅炉间之间的距离应保持12m；其余可不受限制。
ᵇ 生水罐与站内建（构）筑物和设施的距离只需满足安装要求。
ᶜ 单罐容积小于或等于200m³的燃料油储罐与注汽锅炉间可按本表减少5m。

表4.2.4 燃煤注汽站内部的总平面布置防火间距表（m）

名称	注汽锅炉间	生产辅助用房
注汽锅炉间	—	
生产辅助用房	10	
煤场（棚）	6	5
渣场	5ª,ᵇ	5ª,ᵇ
热水炉	—	—

注1："—"为操作安装需要的距离。
ª 生水罐与站内建（构）筑物和设施的距离只需满足安装要求。
ᵇ 渣场与站内建（构）筑物和设施的距离为注汽锅炉干式除渣的距离，湿式除渣时距离不限。

4.3 注汽锅炉间、辅助间和生活间的布置

4.3.5 固定式注汽锅炉间的出入口不应少于2个，分别设在两侧；当炉前走道总长度不大于12m，且面积不大于200m²时，出入口可只设1个。

4.3.6 注汽锅炉间通向室外的门应向外开，与注汽锅炉间相邻的其他辅助间通向注汽锅炉间的门应向注汽锅炉间内开。

4.4 工艺布置

4.4.3 注汽锅炉与建筑物之间的净距，应满足操作、检修和布置辅助设施的需要，并应符合表4.4.3的规定。

表4.4.3 注汽锅炉与建筑物的净距表（m）

单台注汽锅炉容量（t/h）	炉前		锅炉两侧和后部通道
	燃煤锅炉	燃气（油）锅炉	
≤23	4.00	2.5	1.5
>23	5.00	3.5	1.8

6 燃油和燃气系统

6.4 燃气设施

6.4.1 燃气注汽站的设计应对气体燃料的易爆性、毒性和腐蚀性等采取有效措施。

6.5 燃气管道

6.5.9 燃气管道与附件严禁使用铸铁件。在防火区内使用的阀门，应具有耐火性能。

12 采暖通风与空气调节

12.2 通 风

12.2.1 注汽锅炉间应采用有组织自然通风进行全面换气。当自然通风不能满足要求时，可采用机械通风。

12.2.3 油泵房、阀组间、化验室除采用自然通风外，还应设置机械排风装置进行定期排风，换气次数宜为10次/h。油气挥发场所的通风装置应防爆。

12.2.4 燃气注汽锅炉间应设每小时换气不应低于12次的事故通风装置。通风装置应防爆。

12.2.5 事故排风的吸风口的位置应符合下列规定：
1 应设在爆炸危险性气体或有害气体、蒸气散发量可能最大的地点。
2 对于在放散温度下比空气轻的可燃气体或蒸汽，吸风口应紧贴顶棚布置，上缘距顶棚不应大于0.4m。

13 电 气

13.1 供 配 电

13.1.1 固定式注汽站的用电负荷等级应为二级，移动式注汽站的用电负荷等级可为三级。注汽站的信息系统应设置不间断供电电源，后备时间不应小于30min。

13.1.2 注汽站的配电室、值班室、炉前及蒸汽安全阀等处应设应急照明，应急照明可采用蓄电池作备用电源，连续供电时间不应小于30min。

13.1.3 注汽站主要生产作业场所的配电电缆宜采用铜芯电缆，并宜直埋敷设。直埋电缆的埋设深度不宜小于0.7m。电缆穿越行车道路部分，应采取保护措施。电缆不应与油品、天然气及热力管道同沟敷设。

13.1.4 注汽站爆炸危险区域的划分及电气装置的选择，应符合现行国家标准《爆炸危险环境电力装置设计规范》GB 50058和国家现行标准《石油设施电气设备安装区域一级、0区、1区和2区区域划分推荐作法》SY/T 6671的有关规定。

13.2 防 雷

13.2.2 站内露天布置的钢储罐、容器等的防雷设计，应符合现行国家标准《石油天然气工程设计防火规范》GB 50183的有关规定。

13.3 防 静 电

13.3.4 油罐车卸车场所，应设罐车卸车时用的防静电接地装置。

14 建筑和结构

14.1 建 筑

14.1.1 建筑物的火灾危险性分类、耐火等级和防火应符合下列要求：
1 注汽锅炉间应属于丁类生产厂房，注汽锅炉间建筑不应低于二级耐火等级。
2 轻柴油（闪点大于或等于60℃）及重油油箱间、油泵间和油加热器间应属于丙类生产厂房，其建筑不应低于二级耐火等级，上述房间布置在与注汽锅炉间相邻的辅助间内时，应设置防火墙与其他房间隔开。
3 其余建筑物的火灾危险性分类、耐火等级和防火要求应符合现行国家标准《建筑设计防火规范》GB 50016的有关规定。

14.1.2 注汽锅炉间的外墙或屋顶至少应有相当于注汽锅炉间占地面积10%的泄压面积。泄压方向不得朝向人员聚集的场所、房间和人行通道，泄压处不得与这些地方相邻。

14.1.3 燃油、燃气注汽锅炉间与相邻的辅助间之间的隔墙，应为防火墙；隔墙上开的门应为甲级防火门；朝注汽锅炉间操作面方向开设的玻璃大观察窗，应采用具有抗爆能力的固定窗。

14.2 结 构

14.2.1 有爆炸危险性的建（构）筑物应采用框架结构或排架结构，并应符合现行国家标准《建筑设计防火规范》GB 50016的有关规定采取泄压设施。没有爆炸危险性的建（构）筑物可采用砌体结构。

15 给水排水及消防

15.0.1 注汽站给水系统的选择应根据注汽站内生产、生活、消防用水对水质、水温、水压和水量的要求，结合当地水文条件及外部给水系统等综合因素，经技术经济比较后确定。

15.0.2 注汽站给水设计供水量应为生产、生活、绿化及其他不可预见水量之和，且满足消防给水的要求。

15.0.4 燃煤注汽站煤场应设置洒水和消除煤堆自燃用的给水点。煤场和灰渣场应设置防止煤屑冲走和积水的设施。

15.0.7 注汽站消防设计应符合下列规定：
1 注汽站消防设计应符合现行国家标准《建筑设计防火规范》GB 50016和《石油天然气工程设计防火规范》GB 50183的有关规定。
2 注汽站建筑灭火器配置应符合现行国家标准《建筑灭火器配置设计规范》GB 50140的有关规定。

56.《油气田变配电设计规范》SY/T 0033—2020

6 变配电站

6.2 站址选择

6.2.1 35kV~110kV变电站宜与站场联合建站。变电站的站址、布置应符合下列规定：

1 在符合防火、防爆安全距离的情况下，应靠近负荷中心。

4 便于设备运输。

6 变电站内的建、构筑物布置应紧凑合理，节约占地。

6.2.2 10（6）kV变、配电站宜设置在靠近负荷较大的装置或单元及负荷较集中的地点，应符合下列规定：

1 在符合防火、防爆安全要求的情况下，应接近负荷中心。

3 应进出线、设备搬运方便。

57.《石油天然气工程总图设计规范》SY/T 0048—2016

5 总平面布置

5.1 一般规定

5.1.1 站场总平面布置应根据其生产工艺特点、主要功能，以及安全、环境保护、防火、职业卫生、节能等要求，结合场地地形、工程地质、风向等自然条件，经多方案技术经济比较后确定。

5.1.6 油气站场（含采出水处理站场）总平面布置的防火间距应符合现行国家标准《石油天然气工程设计防火规范》GB 50183 的规定。

5.1.11 全站场的天然气放空管或火炬宜位于站区边缘，远离控制室、办公室和全站性重要设施，并应位于站场、城镇、相邻工业企业和居住区的全年最小频率风向的上风侧和地势较高处。其距离应符合现行国家标准《石油天然气工程设计防火规范》GB 50183 的规定。

5.1.12 油气站场、阀室防洪排涝应与所在区域的防洪排涝统筹考虑。当区域无防洪排涝设施时，油气站场的场区地面设计标高应比按防洪设计重现期计算的设计水位（包括壅水和风浪袭击高度）高 0.5m，在技术经济合理的条件下，也可采用提高主要设备和建筑物标高的方法。防洪设计重现期应按表 5.1.12 规定值采用。

表 5.1.12 防洪设计标准

站场名称	设计重现期（年）
采油井、采气井、注气井、注水井	5～10
计量站、接转站、放水站、集气站、配气站、增压站、配水间	10～25
油气管道阀室	25
集中处理站、原油稳定站、原油脱水站、油库、注气站、天然气处理厂、天然气净化厂	25～50
油气管道站场	50

5.2 油气田生产设施布置

5.2.1 油气生产设施布置应符合下列规定：

1 同一生产区内，在满足生产、施工、检修和防火要求的条件下，应缩小工艺设施之间的距离和道路宽度，工艺装置宜联合设置。

2 进出场站的油气管线阀组应靠近站场边缘。

3 大型油气站场的中心控制室的布置应符合下列规定：

　　1）应布置在油气生产工艺装置、储油罐区和油品装卸区全年最小频率风向的下风侧；

　　2）周围不应有造成地面产生振幅为 0.1mm、频率为 25Hz 以上的连续性振源；

　　3）控制室外墙距主干道边缘不应小于 10m；

　　4）控制室不应与高压配电室、压缩机室、鼓风机室和化学药品库毗邻布置。

5.2.2 水处理及注水设施布置应符合下列规定：

2 注水泵房、脱氧水泵房、聚合物配制注入、配注厂房和其他辅助设施，其建筑防火距离应符合现行国家标准《建筑设计防火规范》GB 50016 的规定。三元配注站采用烷基苯磺酸盐作为表活剂时，其原液储存、升压设施宜布置在站场全年最小频率风向的上风侧。

4 除油罐及过滤罐宜分组布置，过滤罐距除油罐和清水罐的净距不应小于 4m。两个过滤罐或两个除油罐共用一个阀室时，在满足管线安装要求的情况下，应缩短两罐间的净距。

5.2.3 储存设施布置应符合下列规定：

1 储罐区的平面布置应符合现行国家标准《石油天然气工程设计防火规范》GB 50183 的规定。储罐区防火堤的布置应符合现行国家标准《储罐区防火堤设计规范》GB 50351 的规定。

2 有油品灌装作业的站场，油罐区宜靠近装油设施。当有条件时，应充分利用地形高差自流灌装。

3 油罐区（组）宜布置在站场边缘地势较低处，且宜位于站场全年最小频率风向的上风侧，但不宜紧靠排洪沟布置。当受条件限制或有特殊工艺要求时，可布置在地势较高处，但应采取有效的防止液体流散的措施。

4 液化石油气储罐和天然气凝液、稳定轻烃压力储罐组，应布置在站场的边缘地带，远离人员集中的场所和明火地点，并应位于站场全年最小频率风向的上风侧，且避开窝风地段。

5 常压油品储罐不应与液化石油气、天然气凝液压力储罐同组布置。

5.2.4 装卸设施布置应符合下列规定：

1 油品和液化石油气装卸设施的平面布置应符合现行国家标准《石油天然气工程设计防火规范》GB 50183 的规定。

2 油品、天然气凝液、液化石油气和硫磺的汽车装卸车场及硫磺仓库等，应布置在站场的边缘，宜设置围墙独立成区，并宜设单独的出入门。

3 罐车装卸线中心线与无装卸栈桥一侧其他建（构）筑物的间距，在露天场所不应小于 3.5m，在非露天场所不应小于 2.44m。

4 不应在同一装卸线的两侧同时设置罐车装卸栈桥。铁路装卸线为单股道时，装卸栈桥宜与装卸泵站同侧布置。

5 罐车装卸栈桥边缘与罐车装卸线中心线的距离，自轨面算起 3m 及以下，其距离不应小于 2m；自轨面算起 3m 以上，其距离不应小于 1.85m。

6 铁路罐车装卸鹤管至铁路大门距离不应小于 20m。

5.2.5 办公室、值班室的布置应符合下列要求：

1 应靠近站场主要出入口布置。
3 应远离爆炸危险源。
4 应远离高毒泄漏源。
6 应具有明确、畅通的逃生路线。

5.3 输油输气管道生产设施布置

5.3.1 生产设施的布置应与油气管道进出站场的位置协调一致，保障进出站管道的顺畅。

5.3.2 输油管道站场的阀组区宜靠近站场边缘；泵房（区、棚）的布置应满足工艺流程要求，宜靠近动力源，又要防止噪声对操作人员及办公区的干扰。

5.3.4 天然气管道站场主要设施布置宜符合下列要求：

1 一、二、三、四级站场应设紧急截断阀。当采用手动截断阀时，应能在事故状况下易于接近且便于操作。

2 工艺设备区应布置在进出管线方便、地势平坦的位置，且位于站场全年最小频率风向的上风侧。

5.3.5 计量设备需车载式计量标准进行在线检定或校准时，应设置停车场地，并应方便标定车进出，且不应占用消防通道。

5.4 辅助生产设施布置

5.4.2 10kV及以下的变电所和配电室的布置，应符合现行国家标准《20kV及以下变电所设计规范》GB 50053及《石油天然气工程设计防火规范》GB 50183的规定。

5.4.3 热动力设施和锅炉房宜靠近负荷中心，布置在场区边部，位于散发油气生产设施的全年最小频率风向的下风侧。锅炉房的布置尚应符合现行国家标准《锅炉房设计规范》GB 50041的规定。

5.4.5 空气分离设备应布置在空气清洁地段，并宜位于散发油气、粉尘等场所全年最小频率风向的下风侧。

5.4.6 通信塔应靠近通信设备机房，并应远离变电所、发电机房、压缩机房、输油泵房等干扰源。

5.4.9 化学药剂储存及卸车作业设施宜靠近其使用地点设置；应远离人员集中的场所和重要设施，并位于其全年最小频率风向的上风侧。

5.4.10 循环水设施应布置在中心控制室、化验室、变配电所（配电室）及其他对防潮、防水要求严格设施的全年最小频率风向的上风侧，并位于酸性气体排放口全年最小频率风向的下风侧。冷却塔与相邻设施的距离应符合现行国家标准《工业企业总平面设计规范》GB 50187的规定。历年最冷月平均气温的平均值在－10℃以下的地区，冷却塔宜布置在邻近主要道路的冬季最小频率风向的上风侧。

5.4.11 办公室应位于场区主要人流出入口处且与居住区和城镇联系方便。

5.5 道路、围墙及出入口布置

5.5.1 站场道路设计应符合总平面布置的要求，道路的布置应与竖向设计及管线布置相结合，并与场外道路有顺畅方便地连接，应满足生产、运输、安装、检修、消防安全和施工的要求。

5.5.2 人流和车流较集中的主干道和消防道路，应避免与场区内部铁路交叉。

5.5.3 场区内的道路交叉时，宜采用正交，斜交时，交叉角不应小于45°。

5.5.4 消防车道净宽度不应小于4m，一、二、三级站场内不宜小于6m，若为单车道时，应有往返车辆错车通行的措施；消防车道的净空高度不应小于5m，其交叉口或弯道的路面内缘转弯半径不得小于12m，纵向坡度不宜大于8%。

5.5.5 甲、乙类液体厂房及油气密闭工艺设备距消防车道的间距不应小于5m。

5.5.6 储罐组消防车道宜环形布置。四、五级站场和受地形等条件限制的一、二、三级站场内的储罐组，可设有回车场的尽头式消防车道，回车场的面积应按当地所配消防车车型确定，面积不宜小于15m×15m，供重型消防车使用时，不宜小于18m×18m。

5.5.7 储罐组之间应设置消防车道，任何储罐中心与最近的消防车道之间的距离不应大于80m，储罐组消防车道与防火堤的外坡脚线之间的距离不应小于3m。受地形条件限制时，相邻罐组防火堤外侧坡脚线之间应留有不小于7m的空地。

5.5.8 铁路装卸设施应设消防车道，消防车道宜与站场内道路构成环形，受条件限制的，可设有回车场的尽头道路，消防车道与装卸栈桥的距离不应大于80m。

5.5.9 汽车罐车装卸设施应设置能保证消防车辆顺利接近火灾场地的消防车道。

5.5.10 道路边缘至相邻建（构）筑物的净距应符合表5.5.10的规定值。

表5.5.10 道路边缘至相邻建（构）筑物的距离

序号	建筑物、构筑物名称	最小距离（m）
1	建筑物、构筑物外面： 面向道路一侧无出入口 面向道路一侧有出入口，但不通行汽车 面向道路一侧有出入口，且通行汽车	1.50 3.00 6.00～9.00（根据车型）
2	标准轨距铁路（中心线）	3.75
3	各种管架及构筑物支架（外边缘）	1.00
4	照明电杆（中心线）	0.50
5	围墙（内边缘）	1.50

注：城市型道路自路面边缘起算，公路型道路自路肩外边缘起算，照明电杆自路面边缘起算。

5.5.12 一、二、三级石油天然气站场，至少应有两个通向外部道路的出入口。

5.5.14 一、二、三级油气站场内甲、乙类设备，容器及生产建（构）筑物至围墙或围栏的间距不应小于5m。

58. 《滩海石油工程仪表与控制系统设计规范》SY/T 0310—2019

7 控制室

7.6 报警和灭火系统

7.6.1 控制室内可能出现可燃气体或有毒气体时,应设可燃气体检测报警器和有毒气体检测报警器。

7.6.2 应按烟雾、温感报警信号自动启动或确认后人工启动灭火系统,必要时应切断空调系统进风阀和控制(室)总电源。

7.6.3 控制室应根据相关消防规范要求设置相应的消防设施。

7.7 就地控制盘

7.7.1 就地控制盘应能就地监测和控制大型设备或者整套工艺装置中的部分设备。就地控制盘应考虑有手动操作的情况。

7.7.2 陆上设施控制室设计应按 HG/T 20508 执行。

8 电线、电缆

8.1 电线、电缆的选择

8.1.1 控制、测量的电气线路应采用铜芯电线电缆,电线、电缆的选型应根据环境温度、环境腐蚀、敷设方式、环境防爆等级、环境电磁干扰情况及信号电平类别等因素按照以下原则确定:
  a) 火灾检测系统的电缆应选用耐火型。
  b) 紧急关断系统的电缆应选用阻燃型。
  d) 有抗干扰要求的线路应采用屏蔽电缆或屏蔽导线。

8.1.2 电线、电缆线芯截面积的选择,应符合下列要求:
  a) 仪表信号电线、电缆的线芯截面积应满足检测、控制回路对线路阻抗及施工机械强度的要求。一般电缆的线芯截面积不宜小于 $1.0mm^2$,盘内导线的线芯截面积不宜小于 $0.5mm^2$。
  c) 电缆明设或在电缆沟内敷设时的最小线芯截面积:1 区内不应小于 $2.5mm^2$,2 区内不应小于 $1.5mm^2$。

9 公用工程或其他

9.2 供电

9.2.1 仪表和计算机控制系统的供电要求:
  a) 供电系统设计应符合 GB/T 50892、SY 5747 的规定。
  b) 仪表和计算机控制系统电源接口应与配电系统线制匹配。
  c) 对于有特殊要求的用电设备应配备专用的电源设备。
  d) 火灾报警系统的电源设计应符合 GB 50116 的规定。

59.《滩海石油工程通信技术规范》SY/T 0311—2016

5 内部通信和通信设备配置

5.4 工业电视监控

5.4.2 应具有与火灾报警系统及其他报警系统联动的功能。

5.5 广播报警

5.5.4 广播电缆应选用耐火电缆。

5.6 通信线缆

5.6.3 除广播系统电缆外，其余通信线缆经过爆炸危险区时，应选用阻燃电缆。

6 通信设备技术要求

6.6 内部通信设备

6.6.4 海上平台或人工岛上的工业电视设备除应满足 GB 50395 和 GB 50115 的规定外，还应符合下述要求：
  c) 能与火灾等报警系统实现联动。

6.6.5 海上平台或人工岛上用的广播机应具有下列功能：
  e) 油气泄漏，火灾逃生等报警功能。

6.6.7 用于爆炸危险区的扬声器必须是防爆型。

60.《导热油加热炉系统规范》SY/T 0524—2016

6 加热炉

6.3 炉体及附件

6.3.1 一般规定

6.3.1.6 若配设防火层,从基础面到炉底的主要结构梁柱应有 50mm 厚的防火层。

附录 B(资料性附录)燃料供应单元

B.1 燃油系统

B.1.4 地上、半地下储油罐或罐组,应设置防火堤。防火堤的设计应符合 GB 50016 的规定。

B.1.18 室内油箱应装设将油排放到室外储油罐或事故储油罐的紧急排放管。排放管上应并列装设手动和自动紧急排油阀,排放管上的阀门应装设在安全和便于操作的位置。自动紧急排油阀应有就地启动、集中控制室遥控启动或消防防灾中心遥控启动的功能。

B.2 燃气系统

B.2.4 燃气管道要求如下。

B.2.4.7 燃气管道不应穿越电缆沟(井)、通风沟、风道、烟道和具有腐蚀性质的场所;当必须穿越防火墙时,其穿孔间隙应采用不燃物填实。

B.2.4.11 燃气管道与附件不应使用铸铁件。在防火区内使用的阀门,应具有耐火性能。

61. 《管式加热炉规范》SY/T 0538—2012

3 术语和定义

3.32

体积热强度 volumetric heat release

放热量与辐射段的净体积（炉管和耐火隔墙除外）之比。

3.35

空气加热器或空气预热器 air heater or air preheater

燃烧用空气通过烟气、蒸汽或其他介质加热的传热设备。

7 耐火和隔热

7.1 一般规定

7.1.1 在环境温度为27℃和无风条件下，炉体和热烟风道的外表面设计温度不应超过80℃。

7.1.2 炉衬结构的设计应允许所有部件均能适当膨胀。采用多层或复合衬里时，其接缝不应连续贯穿衬里。

7.1.3 除另有规定外，任何一层耐火材料的许用工作温度至少应高出其计算热面温度165℃。辐射和遮蔽段耐火材料的最低许用工作温度应为980℃。

7.1.4 燃烧器砖的最低使用温度应为1650℃。

7.1.5 人孔门至少应采用与周围耐火层有同样隔热性能的耐火材料进行防护，避免直接辐射。

8 钢结构

8.3 结构

8.3.6 炉管和弯头的所有荷载应由钢结构支承，不应传递到耐火材料上。

8.3.12 若配设防火层，从基础面到炉底的主要结构梁柱应有50mm厚的防火层。

8.4 平台、钢梯和栏杆

8.4.3 平台的最小净宽度应为：
a) 操作维修平台：900mm。
b) 通道：750mm。

9 钢烟囱、烟风道和尾部烟道

9.2 设计要求

9.2.8 下列情况下，钢烟囱内可以配设衬里：

a) 防火。
b) 防止结构筒体接触高温气体。
c) 防腐蚀。
d) 保持烟气温度至少比酸露点温度高出20℃。
e) 减少潜在的空气动力不稳定性。

9.2.9 对于非耐火特殊衬里的适用性应与供货商协商，并考虑其强度、柔性、热性能以及抵抗化学侵蚀的能力。

12 灭火系统

12.1 被加热介质为油气的管式炉，应配备灭火系统，灭火气体可采用蒸汽、氮气或其他灭火气体。

12.2 当采用蒸汽灭火时，灭火蒸汽量应按$1m^3$炉膛体积每小时提供32kg蒸汽，并保证事故时蒸汽的持续供应。

12.3 氮气灭火系统由氮气瓶组或氮气罐、阀组、仪表及管路组成。氮气瓶组或氮气罐应与加热炉灭火气体接口连通并保证事故时氮气的持续供应。

12.4 氮气瓶组或氮气罐储存的灭火用氮气量应保证15min内至少可充满3倍炉膛体积。

14 仪表和附件管接头

14.4 辅助管接头

14.4.1 灭火管接头

14.4.1.1 每个燃烧室至少应设置一个DN40mm或DN50mm的灭火气体管接头。

14.4.1.2 管接头焊于端部板外侧，穿过炉墙的开孔应衬奥氏体不锈钢套管。

15 控制、仪表和安全保护系统

15.3 监测及控制

应对表15所列参数进行监测及控制。

表15 监测及控制

参数	监测位置	显示	控制	报警	停炉
介质入炉温度	控制盘/就地	✓			
介质出炉温度	控制盘/就地	✓	✓	高报	高高停
介质入炉压力	控制盘/就地	✓			
介质出炉压力	控制盘/就地	✓		高报	高高停
介质入出炉压力表	控制盘/就地	✓		低报	低低停
介质流量	控制盘/就地	✓		低报	低低停
燃料压力	控制盘/就地	✓		高低报	

表 15（续）

参数	监测位置	显示	控制	报警	停炉
燃料温度[a]	控制盘/就地	√		高低报	
燃料耗量	控制盘/就地	√			
炉膛温度	控制盘/就地	√		高报	高高停
管壁温度[b]	控制盘/就地	√		高报	高高停
炉膛压力	控制盘	√		高低报	
炉膛火焰监测	控制盘	√		熄火报	熄火停
排烟温度	控制盘/就地	√		高报	高高停
烟气氧量	控制盘	√			
火焰故障	控制盘/就地	√		报警	停炉
空气储罐压力	控制盘/就地	√		低报	高高停空压机/低启空压机
灭火气体压力	控制盘/就地	√		低报	
其他报警	控制盘	√		报警	

[a] 当燃料为气体时，燃料温度报警为可选项。
[b] 管壁温度为选择项，仅当有特殊要求时列为监控参数。

16 工厂制造和安装

16.1 一般规定

16.1.8 供货商应说明耐火和隔热材料在运输、储存和安装过程中应采取的保护措施。

16.2 钢结构制造

16.2.1 一般要求

16.2.1.9 耐火材料用锚固件应用手工焊或螺柱焊焊于筒体上。采用手工焊时应全圆周焊接。

16.4 耐火和隔热材料施工

16.4.4 耐火材料施工前，钢结构表面的污物、油脂、油漆、浮锈和其他杂物应清除干净。

16.4.5 除耐火材料供货商另有规定外，耐火材料施工用水应为洁净水，且温度为7℃～32℃。

16.5 现场安装

16.5.3 装运已经浇注衬里的壁板时要防止耐火材料过度开裂或从钢结构上脱落。

16.5.4 应防止气候对耐火材料造成的损坏，避免材料被雨淋湿或浸泡。其防护措施包括加盖防雨罩和排水，将门和弯头箱关紧和密封等。

16.5.5 对耐火材料边缘露出部分应采取防护措施，以防碰裂边缘和棱角。对已衬里的炉体表面应避免冲击。

16.5.7 壁板或构件结构的连接接头，应用与其相邻耐火层等厚度的耐火材料连续覆盖。

17 检查、检测和试验

17.3 其他部件的检验

17.3.5 在施工期间应全面检查耐火衬里厚度变化和养护后可能产生的裂纹以及密实程度。厚度偏差应在－6mm～13mm之间。宽度大于或等于3mm和深度大于衬里厚度50%的裂纹应返修。返修时铲去不密实和待修的耐火材料直至背层交接面或金属表面，并至少露出三个锚固件或金属本体。密实的耐火材料之间的接头应做成至少25mm的接茬，并一直到基层（榫接结构）。然后采用喷涂、浇注或手工捣制方法进行修补。

17.5 其他试验

17.5.1 耐火层试验

浇注料施工后应做锤击试验，检查耐火层内是否有空洞。对双层衬里，应在每层养护后分别进行锤击试验。应用450g圆头机工锤沿整个表面敲击，敲击点可为下列方格交点处：
a) 炉顶为 600mm×600mm。
b) 侧墙和炉底为 900mm×900mm。

62.《转运油库和储罐设施的设计、施工、操作、维护与检验》SY/T 0607—2006

4 厂址选择和平面布置要求

4.3 平面布置要求

4.3.1 概述

4.3.1.1 4.3规定的距离是当火灾和其他事故发生时对相邻储罐、设备及重要建筑物所产生的最小火灾危险（见7.2）和爆炸危险距离。安全操作所必须的具体间距需要对相关的危险进行识别后确定（见6.2）。

4.3.2 地上储罐的布置

4.3.2.1 GB 50183和GB 50074中列出了有关地上储罐相对于用地界线、公路及重要建筑物位置的规定。地上储罐中使用的浮顶形式可影响间距要求。例如，不带密闭浮舱的浅盘式浮顶在地震或者应用消防泡沫/水溶液过程中进水并晃动。此外，没有浮筒顶板提供的边缘支撑，边缘的抗弯曲设计必须得到保证。由于SY/T 6344中的选址要求，浅盘式浮顶的储罐与固定顶罐等同考虑。

4.3.2.2 GB 50183和GB 50074中列出了任意两个相邻地上储罐之间间距（罐外壁到罐外壁）的要求。

4.3.2.3 在初始布置时应考虑防火堤及排水沟对间距要求的影响（见第9章）。

4.3.3 汽车装车栈桥的布置

易燃及可燃液体的汽车装车栈桥宜靠近进入转运油库的道路，宜用清晰的标志标示装车场的出入口，使其直接通向转运油库的出口。GB 50183和GB 50074中列出了汽车装车栈桥同地上储罐、库房及其他设施建筑物或相邻区域之间的间距或位置。其他要求见11.3。为适应双侧装车要求，可提供双行车道，但这需要更大的铺装场地。

4.3.4 火车装车栈桥的布置

易燃及可燃液体的铁路罐车装车栈桥的布置宜避免装车时堵塞道路交通。这项预防措施有助于确保消防车或其他应急车辆的通道。有关铁路设施设计的要求见GBJ 12的有关规定。同时可见GB 50074规范中铁路油品装卸设施的有关规定。有关铁路罐车装卸油的要求见11.4。

4.3.5 海上设施的布置

处理易燃及可燃液体的海上设施的间距及位置要求见SY/T 10034。有关海上装卸设施的要求见11.5。

6 转运油库及储罐的安全操作

6.4 安全工作作法

应制定适用于员工、承包商、分包商和现场卖方的书面设施安全工作作法（如动火、关闭/关断以及有限空间的进入）。安全工作作法应针对管理、操作、维修活动以及施工、拆除或者空载运行的安全行为（见14.2）。对于新建及改造装置，这些作法必须在启动或者进行其他工作之前就位。

应通过书面程序及发放许可证来处理具体事件，包括工作授权、动火、有限空间进入、关闭/关断以及承包商对业主安全规则及作法的认同。在编写这些规程时必须首先考虑员工、承包商以及公众的健康、安全、环保以及适用的条例要求。SY 6444对危险能量的控制（关闭/关断）与有限空间的进入都做出了最低限度的要求。进入并清理储罐的安全作法见SY/T 5921。安全焊接作法见SY 6516及SY/T 5858中有关规定。

6.5 应急及控制程序

针对每一设施运行中预计发生的紧急情况都应制定出符合国家规范及当地政府要求的书面应急方案及程序。必须提供急救医疗，可以在现场进行，也可以由公共或私人应急反应服务机构提供。宜事先计划出对重大医疗情况的反应。

涉及危险物质事故性排放的书面应急方案应针对员工及承包商等其他人员（如承包商及公共或私人应急反应者）为控制、减轻释放或者疏散将采取的相应具体措施。这些紧急情况包括溢油、火灾、毒性暴露、污染、不适应物质的混合以及涉及易燃及可燃物质的异常情况。火灾应急方案要素见7.6。

应急程序宜对设施管理及员工和承包商责任作出规定，包括内部通信要求以及通知或协调管理、政府、公众或者互助机构的通信要求。《应急程序》应符合GB/T 28001的要求。

7 防火及消防

7.1 概述

防火及消防是易燃或可燃液体处理装置的重要考虑因素。在"重要性层次"中，对潜在事故的识别、控制及减轻所需要的时间和资源，应根据所保护的对象如人员、公众、环境及设备来确定。

本部分所涉及的作法及程序是防火、控火及灭火的有效手段。本部分尤其侧重于储罐（见第8章）及装油活动（见第11章）的防火及消防规定。这其中的一些规定适用于新建设施或装置的设计及施工，而另外一些则适用于新建及原有设施的操作、检验及维护。这里没有涉及到海上码头、库房、办公室以及实验室等其他设施操作及构筑物的消防。这些构筑物、设备或操作的消防见现行国家标准和行业规范。

7.2 防火

7.2.2 火源控制

在可能存在易燃蒸气—空气混合物处必须控制点火源。普通点火源包括但不限于闪电、静电、杂散电流、动火、内燃机、吸烟以及分区不合理或无保护的电气设备。

石油设施电气装置场所的分区见 SY/T 10041。通过适当的设计、维护及操作来防止闪电或静电对蒸气点火，相关规范有 GB 15599 和 SH 3097。对于动火引发的点火，通过执行已经制定的动火许可证程序来控制。动火的管理要求见 SY/T 5858 和 SY 6303 中的相关规定，有关安全工作作法的讨论见 6.4。对电气设备点火的预防通过如下程序来实现：

a) 执行相应的电气标准。

b) 保证设备处于良好操作状态、安装正确，且适合于所在区域的电气危险分区。

c) 遵循合理的操作程序，尤其是在危险区域内打开电器外壳时。

d) 保证储罐正在接收时已经实施了具体的程序。

7.2.3 防止储罐过量充装

储罐的过量充装会使易燃液体从储罐内溢出，进入防火堤或者周围区域，这样可能会引发火灾。

SY/T 6517 及 SY/T 6344 推荐了从管道或者海洋油轮接收易燃液体的转运油库防止过量充装的具体作法。对操作程序的要求见 6.3，储罐的报警要求见 8.1.9，产品的输送及控制系统要求见第 11 章。此外，SY/T 6344 也涉及这些及其他同易燃及可燃液体装卸相关的事宜。

7.2.4 检验及维护计划

保持易燃或可燃液体储罐及配管系统的完整，对于储罐、转运油库内及周围区域的防火至关重要。应将储罐或配管系统正确释放蒸气或液体的状态放在首要位置。另外，有关检查、维护及测试的更多信息见 8.2，10.6，10.7，11.15，12.2.2，12.4.5，SY/T 5921 及 SY/T 6553。

7.2.5 罐区管理

应保持防火堤区域及储罐周围区域内没有可燃物质（见 9.2.11）。

7.3 消防设备

虽然设施内一般不发生火灾，但是当地管理机构或者设施业主可能要求使用消防设备。重点宜放在防火上。

7.3.1 灭火器

所有设施都应在可能发生火灾处或附近区域配备灭火器。灭火器的等级和规格应适合于可能发生的火灾性质。手提式灭火器配置及管理要求见 GBJ 140、GB 50160、GB 50183 及 GB 50074。

7.3.2 移动式及手提式消防设备

设有专业消防队的大型设施经常配有移动式和手提式专业消防设备，这些设备可包括泡沫喷射装置、大排量泵、水炮、设备拖车、泡沫拖车以及专业消防车。这些设备的性质和数量取决于有关规范要求、当地环境和应急计划。设施所在地的消防服务不充分的情况下，宜对是否需要提供消防队和消防设备进行评价，这些消防队和消防设备可现场配备或由互助团体提供。

7.4 灭火及控制

7.4.1 受控燃烧

当火灾涉及易燃和可燃液体时，迅速灭火并不总是可行或明智的。火对其他容器或设施的热量影响可以得到控制且对公众没有危险时，可以使火在受控条件下自行燃尽，这样做有时更为安全。此作法通常包括为周围可能暴露在火或火焰冲击热量下的设备或构筑物提供冷却，同时控制流量或限制卷入火灾中的物料量（例如，用泵把物料从罐中抽出）。决定选择这种火灾控制方法时宜听从有资格的火灾控制人员及管制机构的建议（称作事件指挥体系），而且宜作为一个方案列在设施的消防预案中。

7.4.2 人工控制及灭火

易燃及可燃液体火灾的人工灭火包括在火灾的初始阶段使用手提式灭火器。更大的火灾通常需用水控制和冷却，或者用泡沫灭火。对于大型火灾，尤其是涉及到储罐时，灭火需要专业技术、材料、设备和接受培训人员。

对大型火灾的人工灭火只宜在接受过适当培训且有资格人员的监督和指导下进行，例如配备接受过培训、装备完善并且有资格的消防队或者市政消防部门人员。更多信息见 SY/T 6306 和 SY/T 6556。有关工业消防队的设置要求见《企业事业单位专职消防队组织条例》及 GB 50160，GB 50183，GB 50074。

7.4.3 储罐消防系统

储罐消防系统一般采用消防泡沫作灭火剂。对这些系统的要求应同 SY/T 6344 的要求一致。系统需要 a) 供水充足，b) 正确泡沫溶液的充分供给，c) 通过比例混合器把泡沫液和水混合在一起产生泡沫溶液，以及 d) 把适当剂量及比例的泡沫在所需时间内应用于储罐。

每个泡沫系统的具体设计将根据被保护储罐的尺寸及型式、储罐上灭火系统的型式（固定或半固定或移动式）以及储罐中储存产品而有所不同。设计并安装用于储罐保护的泡沫系统时应遵循 GB 50151 与 GB 50281 的规定。全体工作人员宜接受系统操作、维护及测试培训（见 6.7）。

7.4.4 汽车/铁路装油系统

对于汽车罐车或铁路装油设施，宜基于对涉及的具体风险充分考虑后，确定对固定式火灾控制或消防系统的需求。提供的消防系统中通常都是水喷雾或者泡沫—水喷雾系统。当不能用水消防或不能提供给水时，可考虑用干粉等方案来替代水消防系统。设计考虑的内容可包括：气候、消防系统本身和消防系统操作的复杂性、长期维护、危险类型以及其他因素。这些系统和灭火剂都按照装油栈桥所装产品的类型和潜在暴露情况设计。系统喷嘴是固定的，目的是按计算水量、泡沫量或干粉量来覆盖预定区域或表面（见 11.3 及 11.4）。

装车栈桥的这些消防系统可设计为自动启动（通过探测系统）、手动启动或自动加手动启动。探测系统可包括热敏或火焰探测设施和可燃蒸气（气体）探测设施。设施全体工作人员和司机宜接受系统启动培训。设施全体工作人员宜进一步接受系统操作、维护及测试培训（见 6.7）。

这些系统设计和安装宜参考 GB 50151、GB 50281、GB 50074、GB 50183 与 GB 50219。为防止装车栈桥区域内的燃烧产品流向其他区域而使火灾扩大，正确和恰当的排水是必要的。

7.5 消防供水

易燃或可燃液体的运输和储存本身并不需要消防供水。对于消防的这种需要是由公众、员工以及环境所承受的可能风险决定的。此外,设施面临的风险、当地管理部门以及提供灭火系统或设备的具体要求可能要求消防供水。

消防供水宜根据具体风险加以考虑。许多设施将需要应急水源,但由于某些设施所在区域水源不足或无水源,具体供水需求会有所变化。

消防供水可来自任何能够在需要的压力条件下提供所需流量,且持续供给时间足以扑灭预期最大火灾或者通过对暴露设备及储罐提供冷却使火安全燃尽的水源。这些供给源包括公用工程水系统、公用供水、专用消防装置供水(如消防水池及水箱)或者附近的天然水源(如河流、湖泊及池塘)。

一次灭火所需水的实际流量和总量取决于设定所采用的火灾控制和灭火方法,以及提供的消防系统、灭火材料、设备型式、数量和规格。对于一次最大可能火灾,消防用水的流量和压力宜满足预期同时操作的设备和系统,同时还要考虑相应的平面布置及排水。

有关更多信息可以从如下标准中找到:
a) GB 50151。
b) GB 50281。
c) GB 50219。
d) GB 50074。
e) GB 50160。
f) GB 50183。
g) GB 50338。

7.5.1 水龙带和水炮

对于那些有充足供水用于人工消防用途的设施,如需要,可提供水龙带管道和水炮作为手提式灭火器的补充。供水可来自任何管输水系统(见 7.5)。供水和加压泵系统应能够为预期紧急情况提供足够流量及压力。水龙带管道和水炮只宜由受过培训且有资格的人员使用。

7.6 火灾应急方案

每一设施都应编写出一份书面应急方案,具体说明设施发生火灾时将采取的措施。该方案可作为独立方案编写,也可作为其他书面应急方案或设施消防方案的一部分编写(见 6.5)。书面应急方案应包括如下要素:
a) 员工报告火灾的措施及责任(见 6.7)。
b) 控制蒸气(见 7.2.1)和防止溢油、泄放产生蒸气点火的措施及责任(见 7.2.2)。
c) 人工灭火以及启动和关闭固定式灭火系统要采取的措施和程序(见 6.3)。
d) 希望采取的灭火方法,如在受控情况下燃尽(见 7.4.1)或者应用灭火剂。
e) 通知主管部门。
f) 如果需要,对火灾进行调查并推荐出修正措施。
g) 获得额外泡沫液的联系人姓名和电话号码。

宜对火灾应急方案定期审核,并随产品、设备和操作条件的变化而修订。应急方案的修订和存档应符合国家及地方政府的相关要求。

方案中包括外部机构(如公共消防部分互助团体)援助时,应在首次执行本方案以及此后任何重大变更之前同这些机构的协调。方案编写完成后,员工必须接受应承担的职责和采取措施的培训。按照当地政府管理要求应定期举办培训会议和实战演习。有关员工的初期消防和消防队要求见《企业事业单位专职消防组织条例》和相关规范。

如果期望外部机构、互助团体或者其他组织对紧急情况(见 6.5)做出反应并提供援助,演习宜吸收他们参加。应根据管理要求对培训会议(见 6.7)和演习的书面记录予以保存。记录宜包括员工和参与外部援助人员的姓名和职务、演习或培训会议的日期、演习目的、对于演练技能以及设备故障或不足的描述。

7.7 暴露保护

转运油库和储罐设施的暴露保护通常在原设计和施工阶段完成,一般通过 a) 为设备(见第 4 章、第 1 章)和构筑物(见 13.1)提供充分的间距,b) 为溢油或释放提供充分的排放或蓄积(见第 9 章),并且 c) 实现同相邻区域(见 4.3)隔离等措施。间距、防火堤和排放(同时见第 9 章)要求见 SY/T 6344。不推荐储罐埋地并筑堤。

虽然火灾防护在这些类型设施中的应用有限,但对那些因火灾而失效的配管或高架储罐的钢支架等暴露结构的保护仍宜考虑火灾防护。

9 防火堤

9.1 总则

本章包括罐区防火堤设计与施工,同防火堤相关的操作要求见 9.2.10 及 9.2.11。

9.2 防火堤

9.2.1 概述

防火堤和隔堤的建造应符合 GB 50351,规范中包含场地、布置、设计和储罐,同时在防火堤施工中宜考虑其中的特殊要求。

9.2.2 容量

防火堤的尺寸应容纳可能从防火堤区域内最大储罐释放出来的最大液量,考虑远距离蓄水池提供的保护后,防火堤的大小应容纳满罐的液量并提供充分的降雨余量(见 GB 50351)。

9.2.3 雨水排放

如无其他排放规定,防火堤区域内从储罐外壁开始的 15.24m(50ft)范围内或者到防火堤基础 15.24m(50ft)的范围内(取两者中的较小值)应有至少 1%的坡度。

9.2.3.2

如果现场无其他规定,不经处理系统处理的排水应通过截断阀排放,绕过装置内处理系统的排水应通过截断阀实现,该阀位于防火堤外部或可从防火堤外部安全操作。这些阀应常关并得到保护。排水系统设计宜考虑消防水负荷。

9.2.4 高度

如无从罐区安全出口正常接近或紧急接近储罐、阀和其他设备的特殊规定,防火堤平均高度应限制在外部消防道路地坪以上 2.2m 之内。

9.2.5 人行过道

高度为 1.0m(3ft)或 1.0m(3ft)以上的土堤,顶部应有宽度不小于 0.6m(2ft)的人行过道。

9.2.6 坡度

土堤堤身坡度应同防火堤材料的内摩擦角一致,同时要考虑安全维护操作。

9.2.7 衬里

应考虑防火堤材料的渗透性。在材料的渗透性不足的区域内,在确定是否需要使用衬里时,宜考虑在风险基础上进行分析,包括对受体影响、实施的设施防护体系以及其他具体现场因素。该分析宜考虑衬里的长期完整性因素。

9.2.8 操作设备

如果配备了消防使用的水龙带接头、控制器及控制阀,为在着火或溢油过程中提供保护和接近路径,应把它们设置在防火堤外部。从防火的观点希望泵的位置处在防火堤外部,但是把泵设在防火堤内是为了保护环境。规划泵、操作阀以及消防用阀的位置时,宜权衡安全和环境因素。有关管道和泵的要求见10.3~10.7。

9.2.9 管道

配管或导管穿过防火堤时应防止管道或导管因沉降而积聚过量应力。为消除防火堤的渗漏,宜尽量减少穿越防火堤(排水管除外)。穿越处应使用耐高温耐火材料密封,防止液体通过防火堤运移。穿越防火堤的配管宜使用涂层、缠绕或者二级安全壳防腐(见10.3,10.4,12.2及12.4)。穿越防火堤的导管应在离开防火堤时密封好,不漏液体。

9.2.10 恢复

如果作业储罐周围的防火堤的完整性受到破坏,如断开防火堤为重型设备提供通道,若无构成必要密封的其他规定,在结束作业离开本区域前应把防火堤恢复到保持密封系统完整性所必须的高度或宽度(见6.4及6.10)。

9.2.11 杂草控制

应采取措施保证邻近防火堤区域或防火堤内部的任何植被不会对罐区消防产生威胁(见7.2.2,7.2.4及7.2.5)。

11 装油、卸油和产品转运设施

11.4 火车装车/卸车

11.4.4 控制和安全系统

11.4.4.3 消防

如果要安装消防设施,指南见7.4.4。

13 建筑结构、公用工程和厂区

13.1 建筑结构

13.1.2 防火规范和标准

所有建筑物防火要求应符合 GBJ 16,GB 50160,GB 50183 和 GB 50222 等规范的要求,或者其他相应的国家及行业规范和标准。消防见第7章。

63. 《浮式生产系统规划、设计及建造的推荐作法》SY/T 10029—2016

7 作用和作用效应

7.4 事故作用（A）

7.4.4 火灾和爆炸

只要能满足操作条件，在浮式平台设计中应避免有气穴出现的半封闭空间。如果这种情况无法避免，如月池位置，应评估并适当测量气体累积的可能性，以将爆炸的风险降至可接受的水平。

防爆要求应与防火要求一起说明，考虑发生的可能性、爆炸安全评估、布置和区域的重要性、通风系统、逃生通道等。

火灾/爆炸情景应定义为：如先失火后爆炸再引起火灾，或爆炸后失火。应证明防火防爆墙在火灾/爆炸期间仍有效。整个结构设计应防止任何意外情况的扩大，包括可能影响应急设备、重要海事设备和（或）逃生路线的情况。

须考虑防爆墙的结构支撑和经爆炸作用传递到主结构构件上。须评估连接处的有效性和爆炸可能的后果。

64.《海上固定平台规划、设计和建造的推荐作法 工作应力设计法》SY/T 10030—2018

1 范围

本标准规定了在近海从事油气钻探、生产和贮存的新建固定平台的设计、建造和安装及现有平台的重新移位的基本要求。

本标准适用于近海固定平台。

注1：针对墨西哥湾和其他美国海域飓风工况的具体要求，由 API RP 2A-WSD 第21版第2章变更至 API RP 2MET。

注2：针对美国海域地震载荷的具体要求，由 API RP 2A-WSD 第21版第2章变更至 API RP 2EQ。

注3：针对海洋工程基础与土相互作用的具体要求，由 API RP 2A-WSD 第21版第6章变更至 API RP 2GEO。

注4：针对结构损伤评估、水面以上及水下结构检验、适用性评估、风险控制和减灾规划及平台退役过程的具体要求，在本标准中删除，相关要求变更至 API RP 2SIM。

注5：针对火灾和爆炸载荷的具体要求，由 API RP 2A-WSD 第21版第18章变更至 API RP 2FB。

注6：针对海上施工要求，以及本标准中增加的要求变更至 API RP 2MOP。如果 2MOP 与本标准要求不一致，以本标准为准。

4 规划

4.2 操作考虑

4.2.6 防火

为了保证人员的安全和防止设备的损坏，应注意防火方法。防火系统的选择取决于平台的用途。防火程序应符合现有的政府有关法规。

4.10 安全考虑

生命和财产的安全取决于平台承受其设计荷载和经受可能出现的环境条件的能力。除这个总原则外，成功的实践表明：利用平台上的一些附加结构、装置和操作程序可以使人员的伤害减至最低，火灾、爆炸和意外荷载（如船舶碰撞、落物）的风险也会降低。4.11 所述政府的有关法规和其他适用的规则也应满足。

17 意外荷载

17.1 概述

17.1.5
本章给出了评估过程，以达到下述目的：

— 初始筛选被认为属于低风险平台，因此不要求详细的结构评估；

— 对发生火灾、爆炸和意外荷载事件时从人命安全和/或失效后果角度被认为属于高风险平台的结构性能进行评价。

17.2 评估过程

17.2.2 定义

17.2.2.1 缓解

为减少一个事件的概率或后果而采取的行动（即居住区和/或逃生通道设置防火墙或防爆墙），以避免必须重新指定。

17.4 发生概率

17.4.1 概述

火灾、爆炸和意外荷载事件的发生概率与事件的起因和发展可能性相关。碳氢化合物源的类型和存在也可能是事件发起或事件发展的因素。要求考虑的重大事件及其发生的概率水平（L、M 或 H）一般通过失火和爆炸过程分析来确定。

影响事件起因的因素可包含在 17.4.2 至 17.4.8 的描述中。

17.4.2 设备类型

设备的复杂性、数量和类型是很重要的。分离和计量设备、泵和压缩设备、消防设备、发电机设备、安全设备及其管系和阀门都应予以考虑。

17.5 风险评估

17.5.1 概述如表34所示，通过采用 17.3 划分的暴露分级和 174 提出的发生概率水平，可将火灾、爆炸、意外荷载状况指定为整个平台对某个事件的风险水平，分别叙述如下：

——风险水平1：重大风险，很可能要求缓解；

——风险水平2：这类风险应进一步研究分析以便更详细地确定风险、后果及缓解的费用；

——风险水平3：不太重要或轻微的风险，经过进一步考虑防灭、防爆和防止意外荷载，则可能消除。

有些情况下，当缓解的努力和/或费用与受益不成比例时，根据 ALARP（即合理实际的低风险原则），较高的风险被认为是可接受的。

表34 平台风险矩阵

发生概率	平台暴露等级		
	L-1	L-2	L-3
H	风险水平1	风险水平1	风险水平2
M	风险水平1	风险水平2	风险水平3
L	风险水平2	风险水平3	风险水平3

注：缩写定义见 4.7 和 17.5。

17.6 火灾

根据 API RP 2FB 的内容评估火灾风险

17.7 爆炸

根据 API RP 2FB 的内容评估爆炸风险。

17.8 火灾和爆炸相互作用

根据 API RP 2FB 的内容评估火灾和爆炸相互作用。

65.《滩海油田油气集输设计规范》SY/T 4085—2012

5 总图及公用工程

5.6 给水排水及消防

5.6.1 给水水系统的选择应根据生活、生产、消防等各项用水对水质、水温、水压和水量的要求，结合水源情况，经技术经济比较后确定。

5.6.6 平台消防设施的设计应符合 SY 5747 的有关规定。

66.《滩海结构物上管网设计与施工技术规范》SY/T 4086—2012

4 管道系统安装设计要求

4.5 消防系统

4.5.1 消防总管的直径应满足消防用水总量的供给要求，且不得小于 $DN100mm$。

4.5.2 消防总管所保持的压力应满足使用要求。

4.5.3 消防总管应尽量避开危险区域。

4.5.4 消防总管应装设切断阀将管网分成若干独立段，其分布位置应在任何独立段发生故障或检修时，其余管段能够满足消防用水总量要求。

4.5.5 每座钢制固定平台的水消防系统应至少备有一支国际通岸接头，消防总管不应与消防无关的其他管道连接。

4.5.6 寒冷地区设置的湿式消防管道、消火栓、阀门等应有防冻措施。

4.5.7 消火栓的位置应便于人员操作和消防水带的连接。

4.5.8 喷淋冷却水系统应与消防总管连接，在连接管上应设切断阀。

4.5.10 喷淋冷却水系统的管道应在车间以 1.5 倍的设计压力做液压试验。安装完毕后，应做喷淋试验。

4.5.11 泡沫总管与泡沫枪之间应装设切断阀。

4.5.12 消防管道的设计、安装除执行本标准外，尚应符合国家及行业现行有关标准的规定。

67.《地下储气库设计规范》SY/T 6848—2012

7 地面设施

7.6 消防给水排水

7.6.1 给水系统的选择应根据生产、生活、消防等各项用水对水质、水温、水压和水量的要求，结合当地水文条件及外部给水系统等综合因素确定。

7.6.4 给水排水设计应符合现行行业标准《油气厂、站库给水排水设计规范》SY/T 0089 的规定。接纳消防废水的排水系统应按最大消防水量校核排水系统能力，并设有防止受污染的消防水排出储气库站场外的措施。

7.6.6 消防站和站场消防设施的设置应符合现行国家标准《石油天然气工程设计防火规范》GB 50183 和《建筑设计防火规范》GB 50016 的有关规定。

7.10 建（构）筑物

7.10.2 地下储气库工程建（构）筑物的防火设计，应符合现行国家标准《建筑设计防火规范》GB 50016 及《石油天然气工程设计防火规范》GB 50183 的规定。

7.10.3 注气压缩机房等有爆炸危险的甲类厂房宜采用敞开式或半敞开式建筑。如采用封闭式厂房，应设置泄压设施。泄压面积、泄压设施应符合现行国家标准《建筑设计防火规范》GB 50016 的规定。厂房的安全出口不应少于两处，且门应向外开启。

7.10.4 变（配）电所内部相通的门，应为丙级防火门。变（配）电所直接通向室外的门，应为丙级防火门。

7.10.5 注气压缩机房的地坪应采用不发火花地面。

7.10.6 综合楼内的厨房隔墙应采用耐火极限不低于 2h 的不燃烧体，隔墙上的门窗应为乙级防火门窗。

7.10.7 生产辅助建筑及综合楼内的控制室应采用耐火极限不低于 2h 的隔墙和耐火极限不低于 1.5h 的楼板与其他部位隔开，并应设直通室外或疏散走道的安全出口。控制室宜设置甲级防火门。

68.《高含硫气田水处理及回注工程设计规范》SY/T 6881—2012

3 基本规定

3.0.13 总平面及竖向布置应符合现行国家标准《石油天然气工程设计防火规范》GB 50183、国家现行标准《石油天然气工程总图设计规范》SY/T 0048 的有关规定；未涉及部分应符合现行国家标准《建筑设计防火规范》GB 50016 的有关规定。

5 辅助流程

5.2 排放气处置

5.2.3 当采用火炬或焚烧炉燃烧排放气田水处理过程中产生的硫化氢气体时，燃烧后的二氧化硫排放量及排放浓度应执行相关标准。

5.2.4 与火炬或焚烧炉相连接的排放气管道应设置阻火设施。

5.2.7 安全阀泄放的可燃、有毒气体应密闭排放至火炬。

8 公用工程

8.1 供配电

8.1.3 气田水处理站、回注站的防爆分区应符合国家现行标准《石油设施电气设备安装区域—级、0区、1区和2区区域划分推荐作法》SY/T 6671 的规定。

8.2 仪表及自动化控制

8.2.2 气田水处理站应设置可燃气体检测报警装置。可燃气体检测报警装置的设置应符合国家现行标准《石油天然气工程可燃气体检测报警系统安全技术规范》SY 6503 的规定。

8.2.3 气田水处理站场的装置区、污水池、污水泵房以及回注站的注水泵房内应设置固定式硫化氢检测仪器，有硫化氢检测仪器的设置应符合现行国家标准《石油化工可燃气体和有毒气体检测报警设计规范》GB 50493 的规定。

8.3 采暖与通风

8.3.2 通风方式应优先采用自然通风，当自然通风达不到卫生或生产要求时，应采用机械或自然与机械相结合的联合通风方式。

站场内建筑的通风方式及换气次数宜按表 8.3.2 的规定确定。

表 8.3.2 站场内建筑的通风方式及换气次数

厂房名称	通风要求	通风方式	换气次数（次/h）
加药间、药库	排除有害气体	机械通风	8～12
污泥泵房	排除有害气体	机械通风	12
污水泵房 污水处理间 注水泵房	排除有害气体	有组织的自然通风	5～8

8.4 建筑与结构

8.4.1 气田水处理、回注站建（构）筑物设计应满足工艺要求，并应满足抗震、防火、防爆、防腐蚀、防毒、防噪声等要求。

8.5 给水排水及消防

8.5.2 消防系统的设计，除应符合现行国家标准《石油天然气工程设计防火规范》GB 50183 的规定外，还应符合国家现行标准的相关规定。

69.《暖风加热和空气调节系统安装标准》SY/T 6981—2014

4 系统部件

4.1 送风系统

4.1.1 送风管材料

4.1.1.1 逆风管应符合以下规定：

4.1.1.1.4 通风系统的减震接头，应使用已认可的阻燃纤维材料制造，或者使用充填了不可燃材料的套管接头。

阻燃纤维材料沿空气流动方向的长度不应超过254mm（10in）。

4.1.2 风管接头

4.1.2.5 风管接头不应穿越防火等级大于或等于1h的墙体、隔板或竖井围护结构。

4.1.4 利用地板下部空间作为送风风箱

4.1.4.3 此类空间应进行密封，其内不应存有可燃材料，且不应用于储藏或居住。

4.1.4.5 地板下部空间的围护材料，包括围壁隔热材料和地面覆盖材料，其可燃性不应超过25.4mm（1in）（名义厚度）的木板。

4.1.4.6 不符合4.1.4.5要求的地面覆盖材料，应覆盖厚度不小于51mm（2in）的沙子或其他不可燃材料。

4.1.4.11 地板下部应设置不可燃的气室，并有连通口与送风风箱连通。

4.1.4.14 地板处的外墙和内舱装板应使用阻火材料。

4.1.4.18* 加热炉、锅炉或其他发热装置，不应安装在此类送风风箱中。

4.2 回风系统

4.2.1 回风管材料

4.2.1.1 回风管应使用金属板、名义厚度为25.4mm（1in）的木板或其他合适的材料制造，应使用可燃性不超过25.4mm（1in）木板。

4.2.1.2 紧邻被加热表面上方或与加热器罩壳距离小于0.61m（2ft）的回风管，应符合4.1.1中有关送风管的制造要求。

4.2.1.3 风管的某些位置，因风口或加热器处可能落下的高温颗粒而引起火灾，此类可燃风管的内衬应为不可燃材料，这些位置包括：地板上的风口正下方、垂直风管底部或带下回风的加热器正下方。

4.2.2 风管开口

在多于1层的楼房建筑中，当回风支管穿越防火墙将各层回风集中送到回风立管时，所有的回风管开口都应配置已认可的防火风闸。

4.2.3 连续风管

4.2.3.2* 地板下部空间允许被当作风箱，将地板上部的空气返回设备，只要此类空间为密封的，其内没有可燃材料，且未用于储藏或居住。

4.2.3.3 加热炉、锅炉或其他发热装置，不应安装在此类回风风箱中。

4.2.3.4 多余材料应另外储存，不应保留在该空间内。

4.2.4 公共走廊

4.2.4.2 4.2.4.1中的要求不应限制走廊的下列用途：

a) 由于厨房、电气间、浴室、卫生间内设有排风机，因此可通过门缝向厨房、电气间、浴室、卫生间进行补风。

b) 作为烟气控制系统的一部分，应由权威机构认可。

4.3 通用要求

4.3.1* 风管外表面材料和内衬

4.3.1.1 风管外表面材料、内衬以及风管所使用的胶带，其火焰蔓延指数最大不应超过25，且无明显的持续燃烧迹象，烟气扩散指数最大不应超过50。

4.3.1.2 如果外表面材料、内衬使用黏合剂，则风管试验时也应使用该种黏合剂，否则所使用的黏合剂应满足：在最终干燥状态下，火焰蔓延指数最大不应超过25，烟气扩散指数最大不应超过50。

如果风管全部安装在室外，且未穿越墙体或屋顶，也没有暴露于危险区中，则4.3.1.1和4.3.1.2的要求不适用于风管外表面材料。

4.3.1.3 按照ASTM C411的要求，并以实际使用温度作为试验温度进行试验时，风管外表面材料和内衬不应起火、炽热、阴燃或冒烟。任何情况下，试验温度均不应低于121℃（250°F）。

4.3.1.4 风管外表面材料不应穿越有防火要求或防火等级的墙体、楼板。

4.3.1.5 如果通风系统使用电加热器、明火加热器或与太阳能系统相连的换热器，则在热源区域周围，风管外表面材料和内衬不应断开，且应满足制造商要求。

如果太阳能换热器不能将工作温度维持在93℃（200°F）以上的，则不必满足4.3.1.5的要求。

4.3.1.8 未经认证的太阳能空气分配系统的部件，应提供相关资料，表明它们的火焰蔓延指数和烟气扩散指数不超过与之相连的通风系统。

4.3.2* 连接

4.3.2.4 允许使用胶带对连接进行密封。

如果胶带暴露于空气中，则它的可燃性不应大于NFPA 701要求的材料。

4.3.7 利用天花板吊顶空间作为逆风或回风风箱

4.3.7.6 风箱或吊顶空间应全部封闭，封闭材料的可燃性不应超过名义厚度为25.4mm（1in）的木板。

4.3.7.11 如果装置中包含加热元件或燃烧室而使温度高于74℃（165°F），则应采取保护措施，以避免设备运行时可燃材料产生直接的热辐射。

4.3.7.12 如果阁楼中的空气用作明火加热装置的燃烧供风，则风箱或封闭吊顶空间的送风装置不应在阁楼中产生负压。

5 建筑结构的整体防火性能

5.1 与可燃材料的间隙

5.1.1 概述

5.1.1.1 如果风管与金属石膏板或表面有其他不可燃涂层的可燃材料相邻，则应确保风管与可燃材料的间隙。

5.1.1.2 如果在炉罩或风箱或送风管上方规定小于或等于51mm（2in）的间隙，则应确保风管与石膏板表面或其他不可燃涂层的间隙。

如果风管穿越墙体，如5.1.2中所述，则5.1.1.2的要求不应限制使用不可燃材料封闭开口。

5.1.2 水平送风管与可燃材料的间隙

5.1.2.1 水平送风管与可燃材料的最小间隙，应满足5.1.2.2～5.1.2.9的要求。

5.1.2.2 在表2的A系统、C系统或G系统中，如果水平送风管与风箱的距离小于0.91m（3ft），则水平送风管与可燃材料的间隙不应小于表2中规定的在炉罩或风箱上方所留的间隙。

5.1.2.3 在表2的B系统、D系统中，如果水平送风管与风箱的距离小于1.83m（6ft），则水平送风管与可燃材料的间隙不应小于152mm（6in）。

5.1.2.4 在表2的D系统中，如果风管含有大于或等于90°的弯头，且风箱与该弯头后部的距离大于1.83m（6ft），则加热炉送风管与可燃材料的间隙不应小于25.4mm（1in）。

5.1.2.5 在表2的F系统中，加热炉送风管与可燃材料的间隙应满足下列要求：

a) 如果加热炉送风管与炉罩或风箱的距离小于0.91m（3ft），则加热炉送风管与可燃材料的间隙不应小于457mm（18in）。

b) 如果加热炉送风管与炉罩或风箱的距离为0.91m～1.83m（3ft～6ft），则加热炉送风管与可燃材料的间隙不应小于152mm（6in）。

c) 如果加热炉送风管与炉罩或风箱的距离大于1.83m（6ft），则加热炉送风管与可燃材料的间隙不应小于25.4mm（1in）。

表2 当加热炉、锅炉、太阳能加热装置、换热器安装在容积大于设备尺寸的房间内时，系统/部件与可燃材料的间隙要求

	系统/部件		最小间隙								
			炉罩或风箱上方和两侧		罩壳两侧和后方		前方[a]		凸出燃料箱或通风罩		烟囱或烟管接头	
			mm	in	mm	in	mm	in	mm	in	mm	in
A	经认证的自动点火的、强制通风系统或重力系统，温度控制最低设定值为121℃（250°F）	液体燃料	51	2[b]	152	6	610	24	457	18	457	18
		气体燃料	51	2[b]	152	6	457	18	152	6	152	6
		电动	51	2[b]	152	6	457	18	—		—	
B	未经认证的自动点火的、强制通风系统或重力系统，温度控制最高设定值为121℃（250°F）	液体燃料	152	6	152	6	610	24	457	18	457	18
		气体燃料	152	6	152	6	457	18	457	18[c]	457	18[c]
		电动	152	6	152	6	457	18				
C	蒸汽或热水换热器—蒸汽压力低于103kPa（15psi），热水温度低于121℃（250°F）		51	2	51	2	51	2				
D	自动点火的强制通风系统，温度控制最低设定值为121℃（250°F），带有气压控制[d]；	固体燃料	152	6	152	6	1219	48	457	18	457	18
E	用于集中暖风加热系统的加热锅炉—蒸汽锅炉的表压力低于103kPa（15psi），热水锅炉的水套、隔热层温度低于121℃（250°F）	液体燃料	152	6[e]	152	6	610	24	457	18	457	18
		气体燃料	152	6[e]	152	6	457	18	229	9[f]	229	9[f]
		固体燃料	152	6[e]	152	6	1219	48	457	18	457	18
		电动	152	6[e]	152	6	457	18				
F	不属于上述系统的用于集中暖风加热系统的加热炉和加热锅炉	液体燃料	457	18	457	18	1219	48	457	18	457	18
		气体燃料	457	18	457	18	457	18	457	18[c]	457	18[c]
		固体燃料	457	18	457	18	1219	48	457	18	457	18
G	太阳能换热器，温度低于121℃（250°F）		51	2[g]	51	2[g]	51	2[g]	—		—	

[a] 前部间隙应足够大，以满足燃烧器、加热炉、锅炉的维修保养要求。
[b] 对于经认证的自动点火的、强制通风系统或重力系统，如果出口温度控制最高设定值为93℃（200°F），则该值可以减小到25.4mm（1in）。
[c] 对于未经认证的系统，如果使用气体燃料，且配置已认可的通风罩，则该值可以减小到229mm（9in）。
[d] 气压控制应保证风压小于32.4Pa（0.13in）。
[e] 该值为锅炉上部间隙。
[f] 对于经认证的明火加热炉和锅炉，如果使用气体燃料，则该值可以减小到152mm（6in）。
[g] 该值也应适用于太阳能系统与换热器、蓄热系统之间的风管。

5.1.2.7 如果水平送风管穿越可燃结构的墙体，且水平送风管与风箱的距离、风向夹角小于 5.1.2.2～5.1.2.4 中的规定值，则水平送风管与可燃材料的间隙不应小于相应段落的要求。

5.1.2.8 对此类间隙形成的空间，应使用套管和衬板进行封闭，否则应使用不可燃结构材料进行充填，如金属石膏板（见图 2 和图 3）。

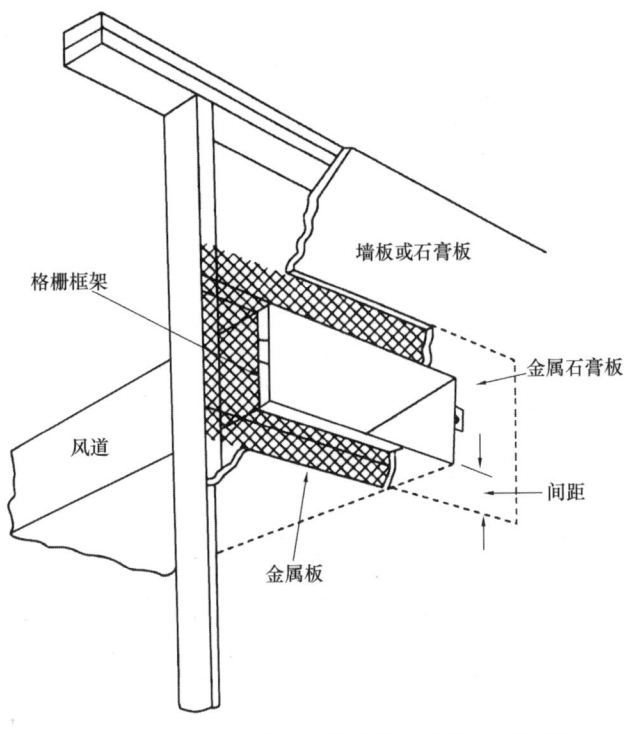

图 2 送风管两端封闭四周间隙的方法——风管穿越隔板时可以使用类似方法

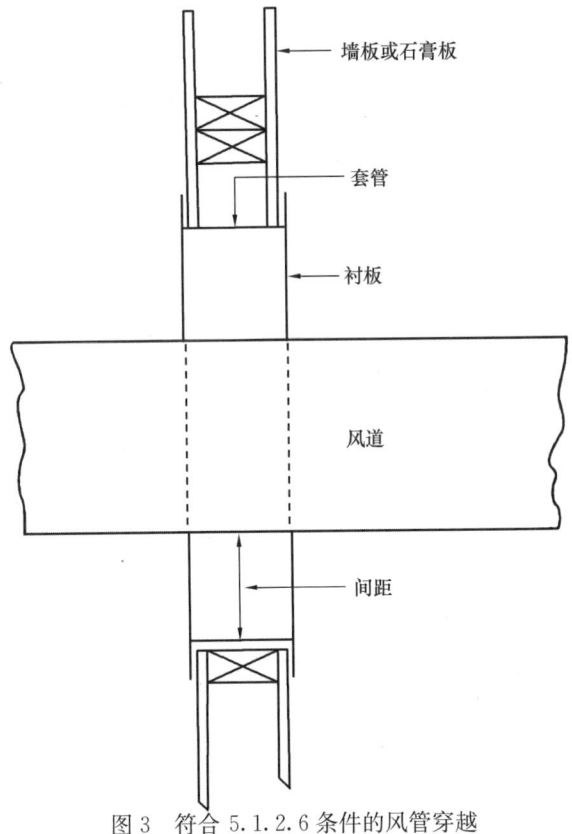

图 3 符合 5.1.2.6 条件的风管穿越可燃墙体或隔板时的间隙

5.1.2.9 在独立式风冷系统中，如果风管材料为不可燃材料以外的材料，则风冷系统风管与暖风系统风管的间隙应符合 5.1.2.2～5.1.2.4 的要求。

5.1.3 垂直风管、立管、百叶风箱与可燃材料的间隙

5.1.3.1 在一个不要求位于炉罩或送风风箱之上 457mm（18in）高度的系统中，如果垂直风管、立管、百叶风箱与可燃地板、可燃隔断结构、可燃封闭结构相连通，且与风箱的距离小于 5.1.2.2 和 5.1.2.3 的规定值，则垂直风管、立管、百叶风箱与可燃材料的间隙不应小于表 2 中所要求的高出加热炉罩或风箱的间隙。

5.1.3.1.1 另一个适用条件是，在与地板、隔断结构、封闭结构连通之前，风管应含有至少两个 90°的弯头。

5.1.3.1.2 这些要求不适用于 4.3.6 中的无管道加热炉。

5.1.3.2 如果送风管正好位于安装加热炉楼层的上一层，则风管周围应使用不可燃材料密封。

5.1.3.3 在一个要求位于炉罩或送风风箱之上 457mm（18in）高度的系统中，如果垂直风管、立管、百叶风箱与可燃地板、可燃隔断结构、可燃封闭结构相连通，且与加热炉的水平距离小于 1.83m（6ft），则风管的设计应确保暖风在进入地板、隔断结构、封闭结构之前，经过至少 1.83m（6ft）的距离并转过至少一个 90°的弯头。

5.1.3.4 在一个要求位于炉罩或送风风箱之上 457mm（18in）高度的系统中，如果垂直风管、立管、百叶风箱与地板相连通，加热炉正好位于该楼层的下一层，则垂直风管、立管、百叶风箱与地板可燃材料的间隙不应小于 4.76mm（3/16in）。

如果风管为双层结构，且两层间隙不小于 4.76mm（3/16in），则不必满足 5.1.3.4 的要求。

5.1.3.5 如果垂直风管位于送风风箱或炉罩之上大于 457mm（18in）的地方，被可燃隔断结构、可燃墙体、可燃隐蔽空间所封闭，则应满足 5.1.3.5.1 或 5.1.3.5.2 或 5.1.3.5.3 的要求。

5.1.3.5.1 风管与可燃材料的间隙不应小于 4.76mm（3/16in）。

5.1.3.5.2 如果使用厚度不小于 3.18mm（1/8in）的不可燃塑料金属石膏板作为隔断结构，则对风管与可燃材料的间隙不做任何要求。

5.1.3.5.3 风管应为双层结构，且两层间隙不应小于 4.76mm（3/16in）。

5.1.3.6 如果百叶风箱位于送风风箱或炉罩之上大于 457mm（18in）的地方，安装于可燃地板或可燃墙体上，则百叶风箱顶部及侧面与可燃材料的间隙均不应小于 4.76mm（3/16in）。

5.1.4 加热炉、锅炉、换热器、热泵、制冷装置与可燃材料的间隙

5.1.4.1 在容积大于设备尺寸的房间内，加热炉、锅炉、换热器、烟道箱、通风罩、烟囱或排风接头等与可燃材料的最小间隙，应符合 5.1.3.1 中的规定，除非另有 5.1.1 和 5.1.4.2 条件以外的说明。

5.1.4.2 如果对可燃材料采取如图 4、图 5、图 6 所示的保护措施，则供居所使用的集中暖风加热系统的加热炉、锅炉、应允许安装在容积大于设备尺寸的房间内，可以减小加热设备与可燃材料的间隙，但应符合表 3 中的规定值。

表 3 中的数据不适用于壁橱中的设备。

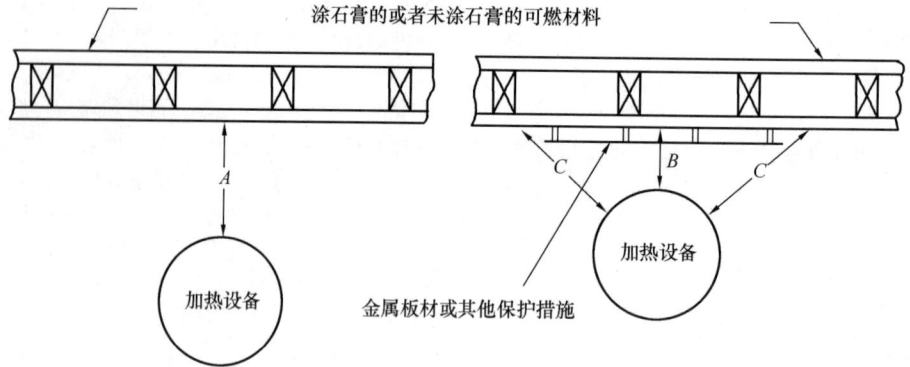

说明：
A——没有保护时的间距，见表2；
B——减小后的间距，见表3；
C——可燃材料的保护必须在所有方向足够延伸，以确保C与A相等。

图4 采用金属板或其他保护措施减小加热设备与可燃材料的间隙

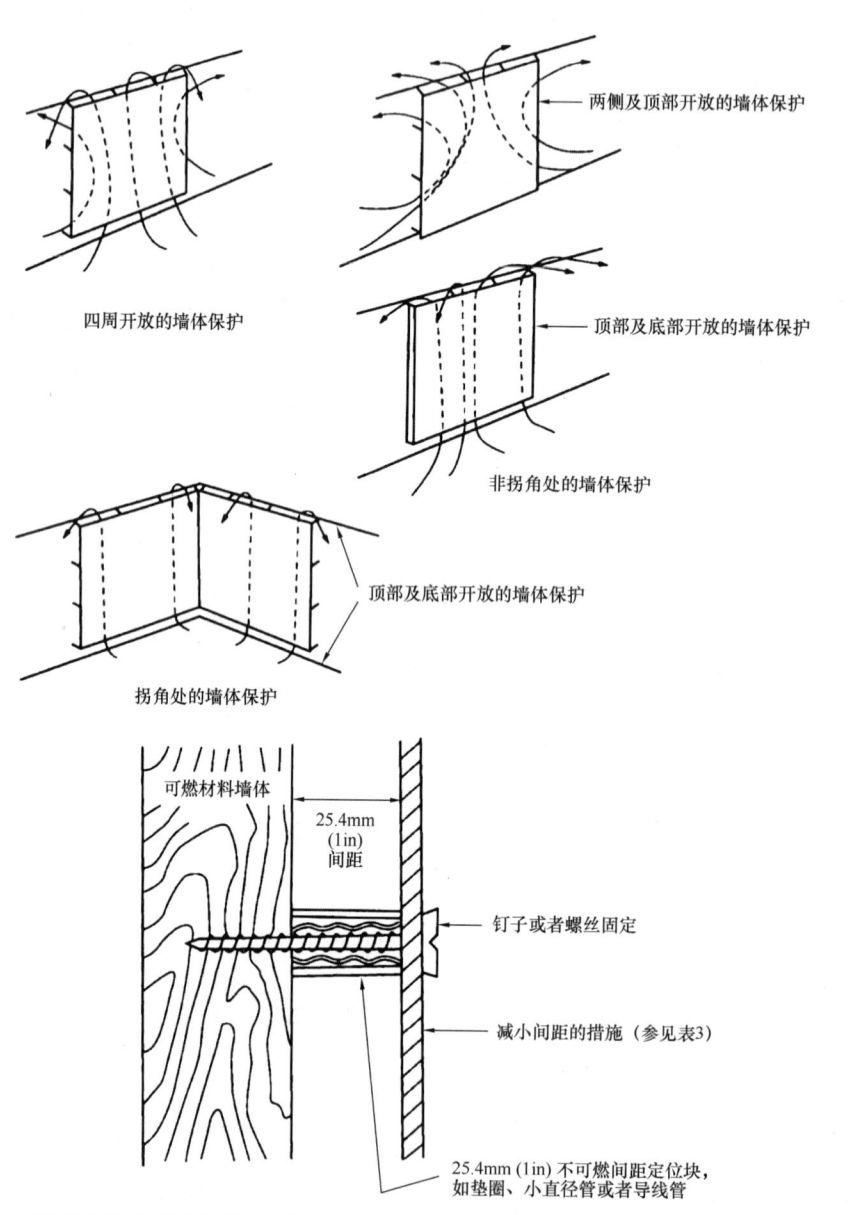

使用定位销可以将砖墙直接与可燃材料墙体连接。
定位块不得直接用于加热设备或连接件。

图5 采用墙体保护措施减小加热设备与可燃材料的间隙

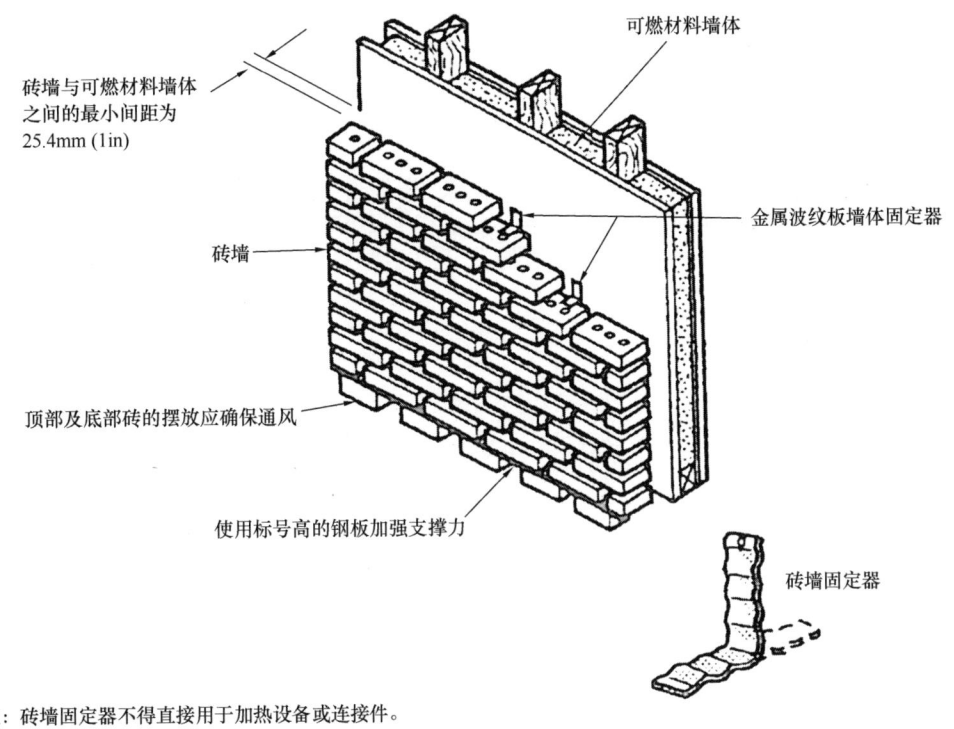

注：砖墙固定器不得直接用于加热设备或连接件。

图 6 采用砖墙减小加热设备与可燃材料的间隙

表3 采用各种保护措施时减小的间隙要求

保护措施[a]	没有保护时，设备、单层金属风管烟管弯接头与可燃材料的间隙要求									
	914mm（36in）		457mm（18in）		305mm（12in）		229mm（9in）		152mm（6in）	
	采用保护措施时的许用间隙									
	上方	两侧和后方	上方	两侧和后方	上方	两侧和后方	上方	两侧和后方	上方	两侧和后方
	mm in	mm in	mm in	mm in	mm in	mm in	mm in	mm in	mm in	mm in
厚度为89mm（3½in）的砖墙，没有空气夹层	— —	610 24	— —	305 12	— —	229 9	— —	152 6	— —	127 5
25.4mm（1in）厚的玻璃纤维或岩棉层上覆盖厚度为 12.7mm（½in）隔热板	610 24	457 18	305 12	229 9	229 9	152 6	152 6	127 5	102 4	76 3
用金属丝加固的25.4mm（1in）厚的玻璃纤维或岩棉层上覆盖厚度为0.6mm（0.024in）（24号）金属板，玻璃纤维或岩棉一侧有空气夹层	457 18	305 12	229 9	152 6	152 6	102 4	127 5	76 3	76 3	76 3
厚度为89mm（3½in）的砖墙，有空气夹层	— —	305 12	— —	152 6	— —	152 6	— —	152 6	— —	152 6
厚度为 0.6mm（0.024in）（24号）金属板，有空气夹层	457 18	305 12	229 9	152 6	152 6	102 4	127 5	76 3	76 3	51 2

表 3（续）

保护措施[a]	没有保护时，设备、单层金属风管烟管弯接头与可燃材料的间隙要求									
	914mm (36in)		457mm (18in)		305mm (12in)		229mm (9in)		152mm (6in)	
	采用保护措施时的许用间隙									
	上方	两侧和后方	上方	两侧和后方	上方	两侧和后方	上方	两侧和后方	上方	两侧和后方
	mm / in	mm / in	mm / in	mm / in	mm / in	mm / in	mm / in	mm / in	mm / in	mm / in
厚度为12.7mm（½in）隔热板，有空气夹层	457 / 18	305 / 12	229 / 9	152 / 6	152 / 6	102 / 4	127 / 5	76 / 3	76 / 3	76 / 3
有空气夹层的0.6mm（0.024in）（24号）厚的金属板上覆盖厚度为0.6mm（0.024in）（24号）金属板，有空气夹层	457 / 18	305 / 12	229 / 9	152 / 6	152 / 6	102 / 4	127 / 5	76 / 3	76 / 3	76 / 3
两层0.6mm(0.024in)（24号）厚的金属板中间是厚度为25.4mm(1in)的玻璃纤维或岩棉层，有空气夹层	457 / 18	305 / 12	229 / 9	152 / 6	152 / 6	102 / 4	127 / 5	76 / 3	76 / 3	76 / 3

[a] 保护措施的适用条件为：当没有保护的可燃材料与设备间隙满足规定要求时，将保护材料覆盖所有可燃材料表面。

需要注意：
a) 减小的间隙要求不应妨碍燃烧用空气、通风罩间隙、维修通道。
b) 所有间隙的测量应是从可燃材料外表面到设备表面的最近点，不必考虑可燃材料的保护措施。
c) 连接件应为不可燃材料，连接件不应直接用于设备或烟管接头。
d) 空气夹层是指有空气循环存在（见图5和图6）。
e) 采取保护措施时，空气夹层的厚度不应小于25.4mm (1in)。
f) 对于远离墙角的平整墙体，允许使用空气夹层，并在顶部和底部或在侧房和上方使其敞开，确保空气循环、空气夹层的厚度不应小于25.4mm (1in)。
g) 岩棉层（垫子或板）的密度不应小于128kg/m³（8lb/ft³），熔点不应低于816℃（1500°F）。
h) 用于保护的隔热材料的导热系数不应大于1.0（Btu·in）/（ft·h·°F）。
i) 保护结构与设备的间隙不应小于25.4mm (1in)。任何情况下，设备与可燃材料表面的间隙不应低于本表中的数据。
j) 本表中所有间隙、厚度均为最小值，因此允许使用更大的间隙、厚度。

5.1.4.3 供居所使用的集中暖风加热系统的加热炉、锅炉，不应安装在狭窄的空间中，如壁橱。

如果批准将加热炉、锅炉安装在上述狭窄的空间中，且它们与墙体、天花板的间隙不小于规定值，则不必满足5.1.4.3的要求。

5.1.4.4 制冷装置、热泵、加热炉、锅炉、电加热器，不应安装在阁楼或通常用作送风、回风风箱的空间中。

5.1.4.4.1 如果得到试验机构的认可和批准，则允许将制冷装置、热泵、加热设备安装在送风、回风风箱中。

5.1.4.4.2 制冷装置、热泵、加热设备应遵照所批准的条件进行安装。

5.1.4.5 加热炉、锅炉、换热器、热泵、太阳能系统部件、空调制冷装置，在安装时应为下列操作提供可能性：
   a) 清理加热表面。
   b) 移动和更换燃烧器、马达、压缩机、控制器、空气过滤器、拉力调节器、其他操作零部件。
   c) 调节、清理、润滑这类零部件。

5.2 阻火系统

5.2.1 如果风管安装在墙体、地板、隔墙上，且阻火系统应拆除时，则风管周围阻火系统被拆除的地方，应使用不可燃绝热材料进行密封。

5.2.2 如果把墙体、隔墙的部分空间当作回风管，则应使用金属板材或厚度不小于51mm (2in)（名义厚度）木板，将这些风管空间与其他未使用的空间隔开。这些风管空间不应用作为送风管使用。

6 设备、接线及控制

6.1 设备

6.1.1 散热板

6.1.1.1 有一个或多个外表面作散热板的气室应只用于下列情况：

a) 自动点火的燃气、燃油的强制通风加热系统,其系统加热炉的出口温度设定值为 93℃（200°F）。

b) 有换热器的强制通风加热系统,该系统所用蒸汽的压力不应超过 103kPa（15lb）表压,或该系统所用热水的温度不应超过 121℃（250°F）。

6.1.1.3 制造应符合以下规定。

6.1.1.3.1 如果暖风送风来自于暖风加热炉,则散热板应使用不可燃材料进行保护,或者使用符合 NFPA 255 要求的材料,其火焰蔓延指数不应超过 25。

6.1.1.3.1.3 气室内的支撑和吊架应是不可燃的。

6.1.1.3.2 如果暖风送风来自于蒸汽或热水换热器,则散热板应使用下列材料进行保护,该材料或者符合 6.1.1.3.1 的要求,或者其可燃性不大于 25.4mm（名义厚度）的木板。

6.1.2 单向系统

6.1.2.1 单向加热设备应保证出口空气温度不超过 93℃（200°F）。

对于符合 4.3.7 中要求的系统,出口空气温度不超过 74℃（165°F）。

6.1.3 空气过滤器

6.1.3.2 不应使用带有可燃材料过滤器和以类似细刨花材料作为水汽蒸发介质的蒸发冷却装置。

6.1.3.3 过滤器表面所用的液体黏性涂层材料,应符合 ASTM D93 的要求,其闪点不应低于 163℃（325°F）。

6.1.8 太阳能系统

6.1.8.2 在与太阳能系统相连的通风系统中,其换热器不应使用可燃的换热介质。

6.3 控制

6.3.2 明火加热炉的风机控制

6.3.2.1 如果配有循环风机的暖风加热炉为明火加热炉,则该加热炉还应配置自动超限控制器,当温度满足要求而停止加热炉、风机（正常运行条件）后,一旦加热炉罩或主送风管起点处的空气温度低于 93℃（200°F）时,能够自动启动循环风机。

6.3.2.2 如果在循环风机的电路中装有手动断路器,则该断路器应能够同时断开风机和加热炉。

6.3.4 恒温调节的、手动点火、固体燃料明火加热炉

配有温度控制器的手动点火、固体燃料明火加热炉应配置以下设施:

a) 如果换热器位于送风风箱中,且该风箱的顶板至少比换热器上表面高出 305mm（12in）,则应在该换热器上表面不超过 254mm（10in）处,安装故障安全型 121℃（250°F）温度控制器。

b)* 最大压力值设定为 32.4Pa（0.13in）的压力控制器。

70.《石油天然气地面建设工程供暖通风与空气调节设计规范》SY/T 7021—2014

4 供　暖

4.5 燃气红外辐射供暖

4.5.1 采用燃气红外辐射供暖时，应符合现行国家标准《采暖通风与空气调节设计规范》GB 50019 的相关技术要求，采取相应的防火、防爆和通风换气安全措施。

4.5.4 燃气红外辐射器不得用于甲、乙类火灾危险性厂房或仓库。

4.5.5 燃气红外辐射供暖系统应在便于操作的位置设置能直接切断电源及燃料气的控制开关；利用通风机供应空气时，通风机与供暖系统应设置联锁开关。

4.6 热风供暖及热空气幕

4.6.1 下列场所不得采用空气再循环热风供暖：

1　甲、乙类生产厂房，以及含有甲、乙类物质的其他厂房。

2　生产过程中散发的可燃气体、蒸气、粉尘与供暖管道或空气加热器表面接触能引起燃烧的场所。

3　生产过程中散发的粉尘受到水、水蒸气的作用能引起自燃、爆炸，以及受到水、水蒸气的作用能产生爆炸气体的场所。

4　产生粉尘多的车间、油漆间的喷漆和刷漆工部；焊接量大的焊接维修车间。

5　产生具有腐蚀性和有害气体的房间。

4.6.4 采用集中热风供暖时，集中送风装置的送风口不宜布置在频繁启闭的大门附近；对于油气防爆场所，送风口不应布置在危险气体探测器附近。

4.7 电加热供暖

4.7.4 甲、乙类厂房和甲、乙类仓库内不得采用电热散热器供暖。

5 通　风

5.1 一般规定

5.1.3 当室内产生有害物质或爆炸火灾危险性物质可能造成相邻房间的污染时，室内应保持负压。当生产对室内空气有清洁要求时，为防止周围环境的污染，室内应保持正压。

5.1.6 设计局部排风或全面排风时，宜采用自然通风，当自然通风达不到生产工艺要求时，应采用机械通风或采用自然与机械的联合通风。

5.1.12 凡属下列情况之一时，应单独设置排风系统。

1　两种或两种以上的有害物质混合后能引起燃烧或爆炸时。

2　混合后能形成毒害或腐蚀性更大的混合物、化合物时。

3　混合后易使蒸汽凝结并聚积粉尘时。

4　散发剧毒物质的房间和设备。

5　建筑物内设有储存易燃易爆物质的单独房间或有防火防爆要求的单独房间。

5.3 机械通风

5.3.2 当采用全面排风排除爆炸危险物质或有害气体，且有害气体放散点不易确定时，应合理组织送排风气流，其全面排风量的分配宜符合下列要求：

2　放散的气体密度比室内空气重，且厂房内放散的显热不足以形成稳定的上升气流或放散易挥发的液体沉积在下部区域时，宜从下部区域排出总风量的 2/3，从上部区域排出总风量的 1/3，且不应小于每小时 1 次换气次数。

注：上、下部区域的排风量中，包括该区域内的局部排风量。

5.3.3 机械送（补）风系统进风口的位置应符合下列要求：

1　应设在室外空气较清洁的地点，且应在爆炸危险区域外。

2　应设在排风口的上风侧且低于排风口。

4　应避免进风、排风短路。

5.3.4 用于甲、乙类生产厂房的送风系统，可共用一进风口，但应与丙、丁、戊类生产厂房或辅助生产厂房及其他通风系统的进风口分设；对有防火防爆要求的通风系统，其进风口应设在不可能有火花溅落的安全地点，排风口应设在室外安全处。

5.3.5 在散发易燃易爆等有害气体的厂房中，厂房内机械排风设备应与可燃气体报警信号联锁启动。

5.3.6 在可能聚积有毒或爆炸性气体的地下、半地下建（构）筑物内，应设置可供随时使用的通风换气设施，且换气次数不应小于 8 次/h。

5.3.8 化验室的通风应采用全面通风或局部排风加全面通风。当排除气体含有易燃易爆危险物质时，排风机应为防爆型。

5.3.9 燃气、燃油锅炉房（供热间）通风设计应符合现行国家标准《锅炉房设计规范》GB 50041 和《城镇燃气设计规范》GB 50028 的有关规定。

5.3.10 以燃气为燃料的厨房应设置全面通风，并设置可燃气体检测、报警装置，全面通风设备应选用防爆型。全面通风设备，燃气引入管紧急截断阀应与报警装置联锁。

5.4 事故通风

5.4.1 可能突然大量放散有害气体或爆炸危险气体的建筑物应设事故通风。

5.4.2 事故通风系统的设置应符合下列规定：

1 事故通风宜由经常使用的通风系统和事故通风系统共同保证，但在发生事故时，应保证提供足够的通风量。

2 当正常通风量已满足事故通风量时，不需要另设事故通风系统，但正常通风系统宜增设备用通风机。

3 设置事故通风的生产房间应设置可燃或有害气体检测、报警装置，事故通风系统应与其联锁启动。

5.4.3 事故排风的排风口的设置应符合下列规定：

1 不应布置在人员经常停留或经常通行的地点。

2 排风口与机械送风系统的进风口的水平距离不应小于20m；当水平距离不足20m时，排风口应高出进风口，并不宜小于6m。

3 当排风中含有可燃气体时，事故通风系统的排风口距可能火花溅落地点应大于20m。

4 排风口不得朝向室外空气动力阴影区和正压区。

5.4.4 设计事故排风时，在符合本规范第5.4.3条要求的情况下，可在外墙（或外窗）上设置轴流式通风机或设置屋顶式通风机向室外排风，但应防止气流短路。

5.4.5 一般厂房事故排风可不设置机械补风系统；对于自然补风不能满足要求的房间应设置机械补风系统，补风量应大于排风量的50%，事故排风系统应与补风系统联锁。

5.4.6 事故通风机手动电气开关应分别设置在室内和室外方便操作的地点。

5.4.7 事故通风系统供电可靠性等级应与工艺供电等级相同。

5.5 净化与除尘

5.5.11 排除有燃烧或爆炸危险气体、蒸汽和粉尘的排风管应采用明装金属管道，并应直接通到室外的安全处。

5.6 设备与风管

5.6.2 在下列条件下，应采用防爆型通风设备：

1 直接布置在爆炸危险场所中的通风设备。

2 排除含有甲、乙类物质的通风设备。

3 排除含有燃烧或爆炸危险性粉尘、纤维等丙类物质，其含尘浓度高于或等于爆炸下限的25%时的设备。

5.6.3 用于甲、乙类工业厂房的排风系统，以及排除有爆炸危险物质的局部排风系统，其风管不应暗设，亦不应布置在建筑物的地下室、半地下室内，但当生产厂房位于地下室或半地下室时除外。

5.6.4 有爆炸危险厂房的排风管道及排除有爆炸危险性物质的风管，不得穿过防火墙。其他风管不宜穿过防火墙和不燃性楼板等防火分隔物，如需穿过，应在穿过处设防火阀。在防火阀两侧2m范围内的风管及其保温材料，应采用不燃材料。风管穿过处的缝隙应用防火材料封堵。

5.6.5 通风设施应与室内火灾自动报警系统联锁，当火灾报警信号动作时，应自动切断通风设施的电源。

5.6.6 排除含有比空气轻的可燃气体与空气的混合物时，排风水平管全长应顺气流方向向上坡度敷设，坡度值不小于0.005。

5.6.9 生产及辅助建筑内的风管、防火阀的布置，应符合现行国家标准《建筑设计防火规范》GB 50016的要求。

5.6.10 对于甲、乙类生产厂房的通风，送风设备与排风设备不应设置在同一通风机房内，且排风设备不应与其他通风系统的设备设置在同一通风机房内。

5.6.11 排除易燃、易爆或有毒有害气体的排风系统，正压管段不宜过长，并不得穿越其他房间。排除有爆炸危险性物质的排风管上，各支管节点处不应设置调节阀，但应对两个管段结合点及各支管之间进行静压平衡计算。

5.6.12 通风系统的通风机房内不得有可燃气体管道和可燃液体管道穿越。

6 空气调节

6.3 空气调节系统

6.3.3 对空气中有易燃、易爆或有毒有害气体的空调区，应独立设置空调风系统。当空气调节房间无法局部排除易燃、易爆或有毒有害气体时，应采用直流式空气调节系统。

6.3.6 无窗抗爆控制室和其他有抗爆要求的无窗建筑物新风的引入口及排风系统排出口，应安装与建筑围护结构同等抗爆等级的抗爆阀，抗爆阀宜直接安装在建筑围护结构上。当生产装置设有可燃、有害气体探测器时，新风引入口应设置相应的可燃、有害气体探测器，且进风管上应设置密封性能良好的电动密闭阀，在可燃、有害气体探测器报警的同时，应关闭密闭阀及停运新风机。

7 冷热源

7.2 制冷和供热机房

7.2.4 制冷和供热机房的设置，应符合现行国家标准《民用建筑供暖通风与空气调节设计规范》GB 50736、《建筑设计防火规范》GB 50016、《锅炉房设计规范》GB 50041、《石油化工企业设计防火规范》GB 50160以及工程所在地区地方相关标准的规定。

8 防火与防爆

8.1 供暖系统的防火、防爆

8.1.1 放散可燃气体、蒸气、粉尘或纤维的生产厂房，供暖热媒温度应低于放散物质引燃温度的20%以上，且应符合下列规定：

1 放散物质为可燃粉尘或纤维时，热水不应超过130℃，蒸汽不应超过110℃。

2 放散物质为可燃气体、蒸气时，热水温度不应高于150℃，蒸汽温度不应高于130℃。

8.1.2 瓶装的压缩气体和液化气体的灌注和贮存房间，供暖散热器宜设置遮热板。遮热板应采用不燃材料制作，与散热器表面的距离不小于0.1m。

8.1.3 下列厂房应采用直流式热风供暖：

1 生产过程中放散的粉尘受到水、蒸汽的作用能引起燃烧、爆炸或能产生爆炸危险性气体的厂房。

2 生产过程中散发的可燃气体、可燃蒸气、可燃粉尘、可燃纤维与供暖管道、散热器表面接触能引起燃烧的厂房。

8.1.4 放散与供暖管道接触能引起燃烧、爆炸的气体、蒸气、粉尘或纤维的房间，供暖管道不应穿过，如必须穿过时，应用不燃材料隔热。

8.1.5 供暖管道不得与输送可燃气体、腐蚀性气体或闪点低于或等于120℃的可燃液体的管道在同一条管沟内敷设。

8.1.6 放散比室内空气重的可燃和爆炸危险性气体、蒸气的甲、乙类生产厂房或放散可燃粉尘的厂房，供暖管道不应采用地沟敷设，必须采用时，应在地沟内填满细砂，并密封沟盖板。

8.1.7 采用燃气红外线辐射供暖时，必须采取相应的防火防爆和通风换气等安全措施。

8.1.8 供暖管道穿过防火墙、楼板处应采用防火材料封堵。

8.2 通风、空调系统的防火、防爆

8.2.1 甲、乙类生产厂房和处在爆炸危险区域内的辅助建筑物的送风系统与正压室的室外进风口位置，除执行本规范第5.3.3条外，尚应符合下列要求：

1 设在无火花溅落的安全地点。

2 在厂房内所有设施均采取防爆措施后，甲、乙类生产厂房送风系统的进风口可设在爆炸危险区域2区内。

8.2.2 下列厂房不应采用循环空气：

1 甲、乙类生产厂房，以及含有甲、乙类物质的其他厂房。

2 丙类生产厂房，如空气中含有燃烧或爆炸危险的粉尘、纤维，含尘浓度大于或等于其爆炸下限的25%时。

3 对排除含尘空气的局部排风系统，当排风净化后，其含尘浓度仍大于或等于工作区允许浓度的30%时。

8.2.5 甲、乙类生产厂房的通风设备的布置应符合下列要求：

1 送风设备和排风设备不应布置在同一通风机室内。

2 当与丙、丁、戊类生产厂房的送风设备布置在同一个送风机室内时，应在每个送风机的出口处装设止回阀。

3 全面排风系统和排除空气中含有可燃物质或爆炸危险性物质的局部排风系统的设备，可布置在同一个排风机室内。

8.2.6 用于净化爆炸下限大于65g/m³的可燃粉尘、纤维和碎屑的干式除尘器，当布置在生产厂房内时，应同其排风机布置在单独房间内。用于净化及输送爆炸下限小于或等于65g/m³的爆炸危险的粉尘、纤维和碎屑的干式除尘器及风管，应设置泄压装置。必要时，干式除尘器应采用不产生火花的材料制作。

8.2.7 排除含有爆炸危险物质的局部排风系统，其干式除尘器不得布置在经常有人或短时间有大量人员停留的房间的下面。如与上述房间贴邻布置时，应用耐火极限不小于3h的实体墙和耐火极限不小于1.5h的楼板隔开。

8.2.8 甲、乙类生产厂房的通风系统和排除、输送有燃烧或爆炸危险混合物的通风设备及管道，均应采取防静电接地措施（包括法兰跨接），不应采用容易积聚静电的绝缘材料制作。

8.2.9 通风、空气调节系统的风管均应采用不燃材料制作。对接触腐蚀性介质的风管及柔性接头，可采用难燃烧材料制作。

8.2.10 通风、空气调节系统的风管有下列情况之一时，应设防火阀。

1 穿越防火分区处。

2 穿越通风、空气调节机房的隔墙和楼板处。

3 穿过重要的或火灾危险性大的房间隔墙和楼板处。

4 穿越防火分隔处的变形缝两侧。

5 垂直风管与每层水平风管交接处的水平管段上。但当建筑内每个防火分区的通风、空气调节系统均独立设置时，该防火分区内的水平风管与垂直总管的交接处可不设防火阀。

8.2.11 防火阀的设置应符合下列规定：

1 除有特殊要求外，动作温度应为70℃。

3 防火阀暗装时，应在安装部位设置方便检修的检修口。

4 在防火阀两侧各2m范围内的风管及其绝热材料应采用不燃材料。

5 防火阀应符合现行国家标准《建筑通风和排烟系统用防火阀门》GB 15930的有关规定。

8.2.12 通风与空气调节系统设备与风管的绝热材料，用于加湿器的加湿材料、消声材料及其黏结剂，宜采用不燃材料，当确有困难时，可采用燃烧产物毒性较小且烟密度等级小于或等于50的难燃材料。风管内设有电加热器时，电加热器的开关应与风机的启停联锁控制。电加热器前后各0.8m范围内的风管和穿过设置有火源等容易起火房间的风管，均应采用不燃材料。

8.2.13 甲、乙类生产厂房内的通风系统和排除空气中含有爆炸危险性物质的局部排风系统的阀门应选用防爆型。

8.2.14 排除有易燃易爆和有害物质的排风系统，不得穿过其他房间。排除有爆炸危险性物质的排风管上，各支管节点处不应设置调节阀。

9 消声与隔振

9.2 消声

9.2.2 管道穿过机房围护结构处四周的缝隙，应使用具备防火隔声能力的弹性材料填充密实。

10 绝热与防腐

10.1 绝热

10.1.3 设备与管道绝热材料应为不燃或难燃材料，绝热材料及其制品的主要性能以及厚度计算应符合现行国家标准《设备及管道绝热设计导则》GB/T 8175的规定；当选择复合型风管时，复合型风管的绝热性能应达到相关标准的要求。

71.《油气厂站钢管架结构设计规范》SY/T 7039—2016

8 管架防腐与防火

8.2 管架防火

8.2.1 钢结构设计文件中,应注明结构耐火极限、防火保护措施及材料性能要求。

8.2.2 爆炸危险区范围内的主管廊的钢管架以下部位应进行防火保护:

 1 底层支承管道的梁、柱;地面以上 4.5m 范围内的支承管道的梁、柱、纵向柱间支撑。

 2 上部设有空气冷却器及重要设备的管架,其全部的梁、柱、柱间支撑及水平支撑。

 3 下部设有液化烃或可燃液体泵的管架,地面以上 10m 内的梁、柱。

 4 疏散钢楼梯的梁、柱。

8.2.4 管架防火保护材料的选择应符合下列规定:

 1 施工方便,易于保证施工质量。

 2 防火保护材料不应对人体有毒害。

8.2.5 钢结构防火涂料的基本要求应符合下列规定:

 1 露天管架应选用室外型防火涂料。

 2 防火涂料应与防腐涂料相适应,并具有良好的结合力。

8.2.6 管架梁、柱、柱间支撑、水平支撑耐火极限不应低于 1.5h。

8.2.7 当采用防火涂料进行保护时,涂料性能应符合现行国家标准《钢结构防火涂料》GB 14907 的规定。

72.《人工岛石油设施检验技术规范》SY/T 7051—2016

6 总体布置

6.1 设计文件审查

作业者应至少提交以下设计文件：
a) 总体说明书。
b) 总体布置图。
c) 危险区划分图。
d) 防火控制图。
e) 逃生路线图。

6.2 总平面布置审查

6.2.1 一般规定：
b) 设置直升机坪时，直升机坪的布置应符合国家的有关规定。直升机坪应布置在岛体生活设施主体结构的最高点，或者岛体的边缘。
c) 应采用平坡式竖向设计，并应满足岛面雨水能迅速排除的要求。
e) 建筑物室内设计地坪标高宜高出室外场区设计整平标高 0.3m。有特殊要求的建筑物，应适当加大室内外高差。
f) 人工岛总体布局应按井口区、油气处理区、原油罐区、生活区、动力区等分开布局。不满足 GB 50183 安全距离要求的设施应采取防火墙、水幕等必要的隔离设施。
g) 平面布置应满足安全、维修及事故处理的要求。

6.2.5 有火处理区的布置应符合以下要求：
a) 有火处理区的设备必须远离井口、无火处理设备和原油储罐。
b) 有火处理设备与非防爆机械设备可安排在相邻的位置上。

6.2.6 机械区的布置应符合以下要求：
a) 非防爆机械设备应远离井口、无火处理设备、原油储罐。
b) 非防爆机械设备可与有火处理设备相邻。
c) 发电机组与其配电间宜毗邻布置，发电机组的助燃空气应从安全区吸入，排气出口应位于安全的开敞空间。

6.2.7 生活区的布置应符合以下要求：
a) 应集中布置，并远离作业场所。
b) 应最大限度地与燃料源相隔离。

6.2.8 油气处理区的布置应符合以下要求：
a) 满足防火间距要求。
b) 满足设备维修、事故处理要求。
c) 危险区内的电气设备应是防爆设备。
d) 火炬位置应处于人工岛全年最小风频风向的上风侧，距火炬 30m 范围内不应有可燃气体放空。

6.2.9 通道设置应符合以下要求：
b) 从生活区至直升机停机坪应设两个相互远离的通道，生活区至直升机停机坪不应经过生产作业区。
c) 井口区、无火处理区、原油储存区、通用机械区、生活区应设置逃生通道。每个区域宜设置两个相互远离的逃生通道。

6.3 防火控制图审查

图上应标明消防设施的布置情况，如消防泵、消防管线、消防栓、消防器材、火灾探测器、火灾报警器、火灾报警按钮、防火门、防火窗等。

8 岛上建（构）筑物

8.2 建造检验

8.2.6 钢筋混凝土建（构）筑物工程
8.2.6.3 混凝土直升机坪应至少检验以下项目：
c) 直升机坪的布置应与设计一致，包括防滑网、识别标志、埋头栓系点、安全网、着陆灯、排水口、应急通道、风速仪和风向标及应急物品、撤/离扇形区外障碍物标志。

8.3 年度检验

8.3.5 混凝土停机坪应至少检验以下项目：
b) 直升机坪降落区防滑网、识别标志、埋头栓系点、安全网、着陆灯、排水口、应急通道、风速仪和风向标、应急物品、撤/离扇形区外障碍物标志等应完好。

9 油气工艺

9.1 设计审查

9.1.3 规格书审查
9.1.3.1 海洋石油开采过程中使用的危险性较大或者对安全生产有较大影响的专用设备，包括海上结构、采油设备、海上锅炉和压力容器、钻井和修井设备、起重和升降设备、火灾和可燃气体探测、报警及控制系统、安全阀、救生设备、消防器材、钢丝绳等系物及被系物、电气仪表等均应具有相应技术规格书。

9.1.4 危险区划分审查
9.1.4.1 危险区划分应符合以下要求：
a) 0 类危险区：在正常操作条件下，连续出现达到引燃或爆炸浓度的可燃气体或蒸气的区域。
b) 1 类危险区：在正常操作条件下，断续地或周期性地出现达到引燃或爆炸浓度的可燃气体或蒸气的区域。
c) 2 类危险区：在正常操作条件下，不大可能出现达到引燃或爆炸浓度的可燃气体或蒸气的区域。

9.1.4.2 石油天然气火灾危险性应按表48分类。

表48 石油天然气火灾危险性类

类别		特征
甲	A	37.8℃时蒸气压力>200kPa的液态烃
	B	1 闪点<28℃的液体（甲A类和液化天然气除外）； 2 爆炸下限<10%（体积分数）的气体
乙	A	1 闪点≥28℃至<45℃的液体； 2 爆炸下限≥10%的气体
	B	闪点≥45℃至<60℃的液体
丙	A	闪点≥60℃至≤120℃的液体
	B	闪点>120℃的液体
注1：操作温度超过其闪点的乙类液体视为甲B类液体。 注2：操作温度超过其闪点的丙类液体视为乙A类液体。 注3：在原油储运系统中，闪点大于或等于60℃，且初馏点大于或等于180℃的原油宜划为丙类。		

9.1.5 油（气）生产工艺系统审查

9.1.5.6 火炬的防火间距应经辐射热计算确定，对可能携带可燃液体的高架火炬和放空管与油气生产设施的间距经安全分析计算后确定，并采取可靠的安全措施。

10 电气装置

10.1 设计审查

10.1.1 设计文件审查

作业者应至少提交以下设计文件：
a) 设计单位资质。
b) 设计说明书、电气设备技术规格书。
c) 主电源和应急电源电力负荷计算书。
d) 应急蓄电池组容量选择计算书。
e) 短路电流计算书。
f) 供配电系统图。
g) 变、配电所一次接线图和二次接线图。
h) 电气设备动力配电平面图。
i) 主照明和应急照明系统图。
j) 主照明、应急照明配电平面图。
k) 危险区域中电气设备布置图。
l) 主干电缆布置图。
n) 设计变更文件。
m) 防雷、接地平面图。

10.1.6 变配电所的布置审查
10.1.6.1 一般规定：
a) 变配电所、发电机房应尽可能接近负荷中心。
b) 变配电所、发电机房不应设在有剧烈振动或高温的场所。
d) 变配电所、发电机房不应设在有爆炸危险环境的区域内，变配电所采用正压通风时除外。
h) 配电室、变压器室、电容器室的门应向外开。相邻配电室之间有门时，应采用不燃材料制作的双向弹簧门。
i) 变配电所、发电机房的防火等级应满足15.1.2的要求。

10.1.6.5 变压器室应符合以下要求：
c) 安装变压器的配电室应有良好的通风，通风窗应采用非燃烧材料。

10.1.11 发电机组审查
10.1.11.3 应急柴油发电机组的特殊要求：
a) 柴油机应具有独立的冷却、燃油供给系统，其燃油的闪点（闭杯试验）不低于43℃。
c) 应急发动机组应配备能连续启动六次的能源，此外，宜配备在30min内能启动三次的第二能源，但人力启动能被证明是有效者除外。

10.1.13 应急电源装置（EPS）审查
10.1.13.1 应急供电切换时间范围应在0.1s～0.25s之间。
10.1.13.2 供电时间应根据应急负荷特性和主电源供电系统的接线方式综合考虑确定，一般为60min，90min，120min。

10.1.14 蓄电池组审查
10.1.14.3 蓄电池室通风应符合以下要求：
a) 蓄电池室、箱和柜均应通风，以避免可燃气体的危险积聚。
b) 总充电功率不大于2kW的蓄电池室可采用自然通风，其出风管应通至露天区域；总充电功率大于2kW的蓄电池间应采用机械通风，其通风装置应为防爆型。
c) 蓄电池室、箱或柜的通风系统应独立于其他通风系统，其进风口应开向安全区，其排风口应开向能安全稀释可燃气体且无点燃源之处；其出风口应设在顶部，进风口应设在底部，并有防止水和火焰进入的措施。
d) 蓄电池室、箱或柜的机械通风装置，应有防止通风叶片偶然于机壳发生摩擦产生火花的措施，非金属的通风叶片应用抗静电材料制成。
e) 除通风口外，蓄电池室的其他开孔均应作有效封闭，以防止爆炸性气体进入邻近房间。

10.1.15 电缆型式与截面选择审查
10.1.15.1 电力电缆和控制电缆应选用铜导体。
10.1.15.3 电缆绝缘材料类型应符合以下要求：
a) 电缆绝缘材料的最高工作温度应比电缆安装场所可能存在的最高温度至少高出10℃。
10.1.15.4 电缆护层类型应符合以下要求：
b) 为电气设备供电的电缆，至少应为阻燃型。在失火状况下必须维持工作的设备的电缆（包括其供电电缆），若穿过较大失火危险区时，应采用耐火型电缆。
c) 直埋地敷设的电缆宜选用金属铠装层，且金属铠装层外面应有塑料防腐蚀护套。

10.1.16 电缆敷设审查
10.1.16.1 一般规定：
b) 电缆走线应尽量远离锅炉、热管、电阻器等热源，且有免受机械损伤的保护。
e) 主干电缆和重要设备的供电和控制用电缆应远离具有较大失火危险的机械设备敷设。
10.1.16.2 电缆敷设的防火、防爆措施应符合以下要求：
a) 0类危险区内电缆与电气设备的连接应符合本质安全型（ia）设备连接的要求。

b) 在 1 类危险区内不应有接线箱；若不可避免，则除本质安全型系统外的所有电气设备的接线箱、分线盒、密封接头等都应是防爆型的。

c) 在 2 类危险区内，非铠装电缆或其金属护套不能承受机械损伤的电缆应布设在电缆托架内；离开电缆托架的电缆应用钢管、角铁、槽钢等加以机械防护。

d) 本质安全电路应具有各自的专用电缆，这些电缆应与非本质安全电路电缆分开敷设，且"ib"本质安全电路系统的电缆也应与有部分部件在 0 类危险区的"ia"本质安全电路系统的电缆分开敷设。

e) 与危险区中的设备相连的电力电缆的全部金属护套应至少在它们的两端可靠地接地。

f) 在火灾、爆炸危险环境明敷电缆穿过墙时应穿钢管保护。

g) 在火灾、爆炸危险环境采用非密闭性电缆沟时，应在电缆沟中充砂；电缆穿出地面时应穿钢管，并对管口进行防爆隔离密封处理。

h) 在电缆贯穿于各建筑物的孔洞处、电气盘柜开孔处均应做防火封堵；电缆穿入保护管时，其管口应使用柔性的有机填料做防火封堵。

10.1.17 照明审查

10.1.17.1 一般规定：

a) 照明设备的防护性能应与其安装处所的条件相适应；直接固定在木板或其他易燃材料上的灯具，应采取防火隔热措施。

b) 安装于爆炸危险区内的照明与信号设备应符合所在处所防爆等级的要求。

10.1.18 爆炸危险区域内的电气设备审查

爆炸危险区域内的电气设备应符合以下要求：

a) 爆炸危险环境电气设备选型见表 51；在正常情况下，0 类危险区内不宜设置电气设备；但为了测量、保护或控制的要求，可装设本质安全型电气设备。

表 51 爆炸危险环境电气设备选型

电气设备种类	危险区域分类		
	0 类危险区	1 类危险区	2 类危险区
电机		隔爆型、正压型	隔爆型、正压型、增安型
电器和仪表	本安型	隔爆型、本安型	隔爆型、本安型
固定式照明灯具		隔爆型	隔爆型、增安型
操作箱、柱		隔爆型、正压型	隔爆型、正压型
配电箱			隔爆型

b) 防爆电气设备最高表面温度不应超过爆炸性气体的引燃温度。

10.1.19 电伴热和电加热设备审查

10.1.19.1 电伴热设施和电热设备不应导致其附近物体过热而引起火灾或损坏。

10.1.19.2 电伴热设施和电热设备的防护和防爆等级应满足所在处所的要求。

10.1.19.5 在有电伴热的管路及阀门等配件的热绝缘层外部应有标明内有电伴热的图示，此图示在管路上以不超过 6m 的间距连续布置。

10.1.21 防静电审查

10.1.21.1 对爆炸、火灾危险场所内可能产生静电危险的设备和管道，均应采取防静电措施。

10.1.22 接地审查

10.1.22.11 易燃液体和气体输送管系的起点、终点及其分支管系都应可靠地接地。

10.1.22.12 贮存易燃液体和气体的贮罐都应接地。容积大于 50m³ 的贮罐，接地点不宜少于两处，并沿其外围均匀布置。

10.3 年度检验

10.3.2 电气设施应至少检验以下项目：

b) 防止触电、电气火灾及其他由电气引起的灾害的预防措施。

11 仪表与自动控制

11.1 设计审查

11.1.4 控制室审查

11.1.4.2 控制室报警和消防系统应符合以下要求：

a) 控制室内可能出现可燃气体和有毒气体时，应设可燃气体检测报警器和毒性气体检测报警器。

b) 应按烟雾、温感报警信号自动启动或确认后人工启动灭火系统，必要时应切断空调系统进风阀和控制总电源。

c) 灭火系统宜为自动灭火系统与手操式设备相结合，不应用水作为灭火剂。

11.1.5 井口安全控制系统审查

11.1.5.4 与井口控制盘有关的自动与手动控制装置应符合以下要求：

c) 接受生产、火灾、最终关断信号的井口控制盘接口装置（继电器或电磁阀等）。

11.1.6 应急关断系统审查

11.1.6.2 应急关断系统应包括下列部分：

d) 火灾与可燃气体探测报警装置。

11.1.6.4 应急关断系统设置的关断级别和关断内容至少应符合以下要求：

c) 火灾关断应能触发泄压和生产关断，关闭所有的井上安全阀、井下安全阀，但消防设施、通信设备、直升机甲板边界灯、障碍灯、雾笛、应急照明及发电和供电设备应保持工作状态。

d) 火灾关断可由井口易熔塞回路检测到的火灾触发，或由火灾与可燃气体探测器探测到的异常情况自动或经人工确认后触发。

e) 在发生火灾、爆炸等无法挽回的事故时，人员撤离人工岛前应执行最终关断。执行最终关断后，除标示人工岛的信号灯（包括障碍灯）和声响信号应供电 4d 外，其他运行的设备和供电应全部关断。

11.1.8 系统供电审查

11.1.8.1 仪表及控制系统、安全仪表系统、火灾与可燃气体探测报警系统供电回路应分开，应由不间断电源（UPS）供电。

11.1.8.3 不间断电源应符合以下要求：

a) 不间断电源的容量、电压和频率应满足在应急供电时仪表控制系统、火灾与可燃气体探测报警系统及安全仪表系统的供电要求,并应至少供电 30min。

b) 不间断电源应为在线型。

11.2 建造检验

11.2.9 仪表线路的敷设

仪表线路的敷设应至少检验以下项目:

c) 当线路周围环境温度超过 65℃时,应采取隔热措施。当线路附近有火源时,应采取防火措施。

11.2.11 防爆和接地

11.2.11.1 防爆设备安装应至少检验以下项目:

a) 安装在爆炸和火灾危险场所的仪表设备应有相应等级的防爆产品合格证书。

b) 电缆托架、保护管道过不同等级火灾、爆炸危险场所或危险区域时,在分界处应采取隔离措施。

c) 在爆炸和火灾危险场所安装的仪表箱、分线箱、接线盒及防爆仪表、电气设备,引入电缆时,应采用防爆密封填料函进行密封,外壳上多余的孔应做防爆密封。

d) 本安回路的电缆应单独穿管保护,不得与非本安回路共用同一根保护管或同一根电缆。

12 火灾与可燃气体探测报警系统

12.1 设计审查

12.1.1 作业者应至少提交以下设计文件:

a) 设计单位资质。
b) 设计说明书、技术规格书。
c) 火灾与可燃气体探测报警系统图。
d) 控制室端子柜布置图和接线图(设有端子柜时)。
e) 平面布置图。
f) 电缆敷设图。
g) 设计变更单。

12.1.2 火灾报警系统的设计审查应符合 GB 50116 的规定。

12.1.3 可燃气体报警系统的设计审查应符合 GB 50493 的规定。

12.2 建造检验

12.2.1 施工单位应至少提交以下资料:

a) 施工单位资质。
b) 施工组织设计/方案。
c) 制造厂提供的材料和设备的说明书、试验报告、合格证件、安装图纸、检验机构证书等文件。
d) 进口设备应提供商检证明和中文的质量合格证明文件、出厂试验报告等技术文件。
e) 工序报验材料。
f) 探测部件的安装和测试记录。
g) 电缆绝缘电阻的测试记录。
h) 接地电阻的测试记录。
i) 单体探头调试记录。
j) 探测系统调试记录。
k) 报警联锁系统试验记录。

12.2.2 一般规定:

a) 报警系统材料和设备的型号、规格应符合设计要求。
b) 设备、电缆等外观完好。
c) 设备基础验收合格。
d) 设备、电缆安装位置符合设计要求。
e) 设备的水平度、垂直度、与基础的固定符合设计要求。

12.2.3 火灾与可燃气体探测系统的安装应符合 GB 50166 的规定。

12.2.4 火灾报警系统的布线应符合 10.2.8 的要求。

12.2.5 火灾报警系统的接地应符合 10.2.9 的要求。

12.2.6 可燃气体检测报警系统应至少检验以下项目:

a) 可燃气体检测报警部分应安装在有人监视和便于操作、维护的地方,并避免受振动和高温的影响。
c) 布线应符合本标准自控部分的相关要求。
d) 系统接地应符合自控部分相关要求。

12.2.7 应急电源的安装应符合 10.2.7 的规定。

12.3 年度检验

12.3.2 火灾与可燃气体探测报警系统应至少检验以下项目:

a) 接地电阻测量。
b) 效用试验。
c) 主电源与应急电源切换试验。
d) 远传信号接口测试。

12.4 定期检验

火灾与可燃气体探测报警系统的定期检验应按 12.3 规定的项目进行。

12.5 临时检验

火灾与可燃气体探测报警系统的临时检验应符合 12.2 的规定。

15 消防

15.1 设计审查

15.1.1 设计文件审查

作业者应至少提交以下设计文件:

a) 设计单位资质。
b) 主防火区域及防火分隔图。
c) 生活区防火结构详图。
d) 通风系统布置及防火风闸控制图。
e) 氧、乙炔瓶、爆炸品、危险品的存放和布置图。
f) 消防水、泡沫、水喷淋、二氧化碳系统等灭火系统流程图、布置图。
g) 消防水储罐结构图及结构计算书。
h) 消防水量计算书。
i) 泡沫液用量计算书。
j) 二氧化碳用量计算书。

15.1.2 防火结构审查

15.1.2.1 钢结构防火的设计审查应符合《海上固定平台安全规则》(国经贸安全〔2000〕944 号)第 13 章的规定。

15.1.2.2 钢筋混凝土结构防火的设计审查应符合 SY/T 6777—2010 中 15.2 的规定。

15.1.2.3 通风系统的设计审查应符合 SY/T 6777—2010 中 10.5 的规定。

15.1.3 水消防系统审查

15.1.3.1 消防水源应符合以下要求：

a) 如消防水源直接取用海水，审查海水取水位置是否能够满足全天候取水，在潮间带区域的人工岛不能全天候为消防泵供水时应设消防储水设施，储水量应能满足人工岛最大一次火灾的灭火和冷却用水量的要求；消防水连续供给时间应符合 15.1.4.4 的规定。

b) 如设置消防水井，应设置消防水罐，水罐的容量应同时满足最大一次火灾灭火和冷却用水要求。在火灾情况下能保证连续补水时，消防水罐的容量可减去火灾延续时间内补充的水量。

c) 当消防水罐和生产、生活用水水池（罐）合并设置时，应采取确保消防用水不作他用的技术措施，在寒冷地区专用的消防水罐应采取防冻措施。

d) 当水罐的容量超过 1000m³ 时应分设成相连的两座，水罐的补水时间不应超过 96h。

15.1.3.2 消防泵应符合以下要求：

a) 至少须配备两台由不同动力源驱动的消防泵，若设置柴油机驱动的消防泵，应设柴油机的就地起动和遥控起动装置。

b) 每台泵的排量应能满足按所用规范、标准划分的消防防护区中的任何一个防护区一次火灾所需的 100% 的水量，且最小排量应满足下列要求：用两支直径 19mm 的水枪喷水时，其消火栓的出口压力不应低于 0.35MPa，出口水排量不低于 11.4L/s。

c) 若安装泡沫系统，则泵至少应使泡沫系统保持 0.7MPa。

15.1.3.3 消防水管应符合以下要求：

a) 消防水总管应能满足消防泵的压力和最大规定出水量的使用要求。

b) 消防水总管应尽量避开危险区域，其布置应能最大限度地利用人工岛上的结构所提供的任何热屏障或保护；同时消防水总管线应设成环路，并装设隔离阀，其分布位置应能在总管线的任何部位发生机械损坏时，仍得到充分的利用。

c) 应选择较安全的地点设置消火栓。消火栓的布置应确保人工岛的任一处所发生火灾时，能提供两个不同方向的消防覆盖。

15.1.3.4 其他应符合以下要求：

a) 水消防炮系统的设计应满足 GB 50338 的规定。

b) 至少配备一个国际通岸接头。

15.1.4 水喷淋系统审查

15.1.4.1 总容量不大于 200m³，且单罐容量不大于 100m³ 的油罐区，可不设固定式水喷淋系统。

15.1.4.2 水喷淋控制装置应设在需要喷淋的设备集中区域及人员易于到达的安全位置。

15.1.4.3 对水喷淋系统用水量进行核算。地上立式原油储罐、相邻原油储罐水喷淋强度不应小于 2.5L/(m²·min)；地上卧式油罐、压力容器及相邻压力容器水喷淋强度不应小于 6L/(m²·min)，冷却面积按压力容器投影面积计算。

15.1.4.4 直径大于 20m 的地上原油储罐的消防水连续供给时间不应小于 6h；其他立式原油储罐的消防水连续供给时间不应小于 4h；地上卧式油罐、压力容器的消防水连续供给时间不应小于 1h。

15.1.5 泡沫灭火系统审查

15.1.5.1 在人工岛上的石油生产、储存、处理及输送装置应设固定式泡沫灭火系统，泡沫灭火剂宜采用 6% 低倍数泡沫，主控站应布置在保护区域以外的安全地点。

15.1.5.2 混合液的储量、供给速率及供给时间等应符合以下要求：

a) 在生产、处理工艺区内混合液的供给速率应至少在 6.63L/(m²·min)，能充分供应至少 10min。

b) 对小型储罐（液面面积小于 37.2m²），混合液的供给速率至少在 6.63L/(m²·min)，能充分供应至少 10min。对大于 37.2m² 液体表面的原油储罐，供给速率应大于 6.63L/(m²·min)，能充分供应至少 65min。

c) 对人工岛上的其他区域，混合液供给速率不少于 4.2L/(m²·min)，能充分供应至少 10min。

d) 按以上计算泡沫混合液的储量，应再加 20% 的裕量。

15.1.5.3 寒冷地区使用的泡沫液储罐应有防冻措施。

15.1.5.4 泡沫灭火系统灭火面积应为所保护的危险区的最大水平面积（储罐除外）。

15.1.5.5 泡沫消防炮系统的设计应符合 GB 50338 的规定。

15.1.6 二氧化碳灭火系统审查

15.1.6.1 人工岛上的封闭电气处所、存放乙炔或油气类物品的封闭处所应设置二氧化碳灭火系统。

15.1.6.2 二氧化碳灭火系统装置应设置在被保护处所之外的安全地点。

15.1.6.3 控制装置应位于接近且不致为受保护处所的火灾所隔断的区域，且应能以自动和手动两种方式释放。

15.1.6.4 被保护处所应设有声、光报警装置及释放延时装置。报警后应延时 10s～60s（可调）启动。

15.1.6.5 灭火剂用量应符合以下要求：

a) 变压器、转动电气设备的二氧化碳灭火浓度不应小于 30%（体积比），灭火时间不应小于 2min。

b) 发电机、电动机与变频机等，其保护容积在 55m³ 以下时，起火后 2min 内二氧化碳的灭火浓度不应小于 1.6kg/m³。保护容积大于 55m³ 时，2min 内二氧化碳的灭火浓度不应小于 1.3kg/m³。

c) 存放乙炔的处所，二氧化碳的灭火浓度不应小于 66%（体积分数）。

d) 存放油气类的处所，二氧化碳的灭火浓度不应小于 40%（体积分数）。

e) 当保护空间内温度在 90℃ 以上时，每增加 3℃，二氧化碳量应增加 1%；当空间内温度在 -18℃ 以下时，每降低 0.5℃，二氧化碳量应增加 1%。

15.1.7 直升机停机坪的消防设施审查

15.1.7.1 干粉灭火器总容量不少于 45kg。

15.1.7.2 二氧化碳灭火器或等效设备总容量不少于 18kg。

15.1.7.3 在直升机坪的两侧各设置一个消火栓和水/泡沫两用炮式喷射器，以保证在任何情况下足以喷射到直升机坪任何部位。

15.1.7.4 一套固定式泡沫灭火系统其能力按不少于 6L/(m²·min) 配置。喷洒泡沫时间应至少为 5min，其防护面积为以直升机总长为直径的圆面积。

15.1.8　消防员装备审查

15.1.8.1 人工岛上配备消防员装备不应少于四套；其设置位置应易于到达，并应尽量互相远离。其中一个柜组设置在靠近直升机停机坪的地方，并应备有一根长 3m 带金属钩的钩杆。

15.1.8.2 消防员个人装备至少应包括隔热防护服、消防靴和手套、对讲机式头盔、有绝缘木柄的消防斧、安全带、安全绳、可连续使用 3h 的手提式安全灯。

15.1.9　灭火器审查

15.1.9.1 每个居住室、办公室及会议室等配备的手提式灭火器数量不应少于一个；走廊进出口处和每隔 10m 的地方应配备一个手提式灭火器。

15.1.9.2 每个厨房、餐厅、储藏室出口附近配备的手提式灭火器数量不应少于一个。

15.1.9.3 控制室及通信机房的出口附近配备的手提式灭火器数量不应少于一个。

15.1.9.4 每一锅炉间内应设置 135L 泡沫灭火装置一个，灭火装置应备有绕在卷筒上的软管，其长度足以使泡沫喷至锅炉间的任何部位。锅炉间的每一生火处所还应配置一个手提式灭火器。

15.1.9.5 合计总输出功率小于 375kW 的内燃机处所配置 2 个 50kg 推车式干粉灭火器和 2 个手提式干粉灭火器；总输出功率超过 375kW 的内燃机处所，功率每增加 100kW，应增加配置 1 个 50kg 推车式干粉灭火器和 1 个手提式干粉灭火器，并应按现行规范、标准的相关规定设置固定式灭火系统。

15.1.9.6 其他处所应配置每只容量不小于为 45L 的泡沫灭火器（或等效设备）和手提式灭火器。

15.1.9.7 甲类、乙类、丙类液体罐区及露天生产装置区应根据具体情况配置手提式和推车式灭火器，其布置应使从人工岛任何一点到达灭火器的步行距离不应大于 10m，手提式灭火器数量不应少于两个，50kg 推车式干粉灭火器数量不应少于四个。

15.2　建造检验

15.2.1　资料审查

施工单位应至少提交以下资料：
a) 施工组织设计/方案。
b) 制造厂提供的材料和设备的说明书、试验报告、合格证件、安装图纸等文件；消防泵、泡沫泵、泡沫液罐、消防炮、消防栓、消防水枪、二氧化碳灭火装置、灭火器、耐火结构等应具有发证检验机构签发的产品认可证书。
c) 进口设备应提供商检证明和中文的质量合格证明文件、出厂试验报告等技术文件。
d) 工序报验资料。
e) 单机调试大纲。

15.2.2　一般规定

应包括：
a) 材料和设备的型号、规格、功能应符合设计要求。
b) 设备、管线、电缆等的外观完好，管线壁厚达到设计要求。
c) 设备基础经验收合格。
d) 设备、管线、电缆安装位置符合设计要求。
e) 设备的水平度、垂直度、与基础的固定符合设计要求。

15.2.3　防火结构

15.2.3.1 检查防火结构的安装是否满足防火要求，防火等级是否符合设计要求。

15.2.3.2 检查用于危险区的通风设备和部件是否采用防爆型。

15.2.3.3 对通风设备的安装进行检查，应能保证封闭处所的正常通风。

15.2.3.4 对通风设备进行效用试验。

15.2.4　水消防系统

15.2.4.1 消防泵应至少检验以下项目：
a) 检查消防泵的配置数量和位置与设计的符合性。
b) 对不同动力源驱动的消防泵进行功能试验，应能即时投入使用，且排量能够满足设计要求；对柴油机驱动的消防泵进行就地和遥控启动试验，能够立即启动。
c) 水消防系统的整体试验。

15.2.4.2 消防水源应至少检验以下项目：
a) 检查消防水源的设置是否满足设计要求。
b) 对消防水罐的基础、底板、壁板的安装进行检验符合设计要求，对无损检测情况进行抽查，对消防水罐的试验项目进行检验符合设计要求。

15.2.4.3 消防水管应至少检验以下项目：
a) 检验管线的防腐是否符合设计要求；对消防水管的安装进行现场检验，检查焊缝外观无不允许缺陷、核查设计图纸的安装位置无误、无损检测报告合格。
b) 对管路的吹扫和压力试验进行检验，符合设计要求。
c) 检查消防水管线的保温。
d) 是否配备国际通岸接头。

15.2.4.4 消防炮、消防栓、消防枪应至少检验以下项目：
a) 检查消防栓的设置数量和位置是否符合设计要求；每一消防栓是否配备一条长度为 20m 的消防水带和一支直流、喷雾两用的标准口径为 13mm，16mm 或 19mm 消防水枪。
b) 消防水枪和消防水带是否共同存放在同一部位的专用箱内，该专用箱应在消防栓的旁边。
c) 检验消防炮的安装和功能试验。

15.2.5　水喷淋系统

15.2.5.1 检查喷淋系统的管路是否采用内外镀锌钢管或等效材料。

15.2.5.2 检查喷嘴是否采用耐热、耐腐蚀的材料制成，且应为单孔式，内径不小于 10mm。

15.2.5.3 检查喷头的布置是否能够在被保护的面积上均匀地喷淋。

15.2.5.4 水喷淋管路安装后做吹通，管路吹通后进行 1.5 倍设计压力下的水密试验或做 1.1 倍设计压力下的气密试验。

15.2.5.5 进行水喷淋效用试验。

15.2.6　泡沫灭火系统

15.2.6.1 泡沫液罐和泵应检验以下项目：
a) 检查泡沫液是否处在有效期内。

b) 检查压力比例混合器的安装顺序是否符合设计要求。
c) 功能试验，能够满足使用要求。

15.2.6.2 对泡沫灭火系统的管路、泡沫枪、泡沫炮等的检验参见15.2.4的相关要求执行。

15.2.7 二氧化碳灭火系统

15.2.7.1 检查安装的二氧化碳气瓶的容量是否符合设计要求。

15.2.7.2 检查管路的连接与固定。

15.2.7.3 进行管路空气吹扫试验。

15.2.7.4 进行管路气密试验。

15.2.7.5 进行瓶头阀至分配阀箱管段的液压试验。

15.2.7.6 进行手动及遥控释放箱功能试验。

15.2.7.7 检查遥控释放装置，并做释放前的报警试验，检查被保护处所是否声光报警。

15.2.8 直升机停机坪的消防设施

15.2.8.1 检查直升机坪的灭火器配置。

15.2.8.2 检查直升机坪两侧的消防栓和水/泡沫两用炮式喷射器的技术状况，消防栓应开关灵活，喷射器转动灵活。

15.2.9 消防器材

15.2.9.1 消防员装备应检验以下项目：
a) 检查消防员装备的数量和位置符合设计要求。
b) 检查消防员个人装备的完整性。

15.2.9.2 灭火器应检验以下项目：
a) 检查灭火器的数量和摆放位置符合设计要求。
b) 检查灭火器的有效性。

15.3 年度检验

15.3.1 资料审查

作业者应至少提交以下资料：
a) 设备运行记录。
b) 设备维修保养记录。
c) 上次检验的检验报告。
d) 防火控制图。

15.3.2 检验项目

15.3.2.1 防火结构和通风应至少检验以下项目：
a) 对所有防火结构进行外观检查，应完好无损。
b) 对手动和自动防火门、窗进行开关试验，能够开关自如。
c) 对通风设备进行效用试验。

15.3.2.2 水消防系统应至少检验以下项目：
a) 对所有的消防泵进行运转试验。
b) 外观检验泵及法兰的连接是否牢固，有无渗漏。
c) 检验消防总管、消防栓、管路、国际通岸接头、隔离阀、消防炮、消防水带、水枪等有无损坏。
d) 对隔离阀、消防栓进行开关试验，对消防炮进行手动和遥控转动试验，检验其灵活性。
e) 进行效用试验，选择部分水枪做喷水喷雾试验。

15.3.2.3 水喷淋系统应至少检验以下项目：
a) 对供水泵进行启动、运转试验。
b) 检查水喷淋系统的喷头是否堵塞。
c) 进行效用试验，检验水喷淋系统是否能有效覆盖被保护处所。

15.3.2.4 泡沫灭火系统应至少检验以下项目：
a) 对供水泵进行启动、运转试验。
b) 检查泡沫液的数量和质量及有效期。
c) 检查泡沫液罐的技术状况。
d) 检查管路和阀件的技术状况，对阀件进行开关试验。

15.3.2.5 二氧化碳灭火系统应至少检验以下项目：
a) 对二氧化碳灭火系统装置、管路及喷头进行外观检查。
b) 检查二氧化碳气瓶的称重记录。
c) 检查遥控释放装置，并做释放前的报警试验。

15.3.2.6 直升机停机坪的消防设施应符合15.2.8的规定。

15.3.2.7 消防器材至少检验以下项目：
a) 依据防火控制图检查各处所灭火器的配备数量和位置是否正确。
b) 检查处所内配备的灭火器的种类是否符合15.2.9.2的规定。
c) 检查灭火器的驱动压力是否合格，灭火剂是否在有效期内、外观是否良好。
d) 检查消防员装备的配备数量及配备地点是否合适。
e) 检查呼吸器的数量及压力是否合格。

15.4 定期检验

消防系统的定期检验除按15.3规定的项目进行外，还应进行以下项目的检验：
a) 对检验后的可疑容器及管段，作业者应委托专业设备检验机构对固定式灭火系统的管路及附属件进行腐蚀检查、壁厚测量或进行压力试验，必要时应进行拆检。
b) 对水喷淋系统进行喷水试验。
c) 对二氧化碳灭火系统的管路进行吹通试验。

15.5 临时检验

消防系统的临时检验应符合15.2的规定。

16 逃生与救生

16.1 设计审查

16.1.1 设计文件审查

作业者应至少提交以下设计文件：
a) 设计单位资质。
b) 救生设备布置图。
c) 逃生路线图。
d) 救生设备清单。

16.1.2 逃生通道审查

16.1.2.1 至少应设有两个尽可能远离的、便于到达露天和救生装置处的逃生通道。但在考虑到有关处所的性质和部位以及经常居住或工作的人数后，经发证检验机构同意，可免除其中一个逃生通道。

16.1.2.2 逃生通道应设有供白天和夜晚能够识别的明显指示标志。

16.1.2.3 逃生通道上和登乘地点（如救生艇筏存放处）都应有足够的照明和应急照明。

16.1.4 紧急避难所审查

在人工岛上应设置暂避恶劣天气的紧急避难所。紧急避难所应符合 SY/T 6777—2010 中 17.2.6.3 的规定。

16.2 建造检验

16.2.3 逃生通道应至少检验以下项目：

a）检验逃生通道的设置情况是否满足批准的设计要求。

b）防火门安装牢固，开关灵活，自闭功能良好，关闭严密。

c）检验逃生方向指示标志的设置，应能明确指示逃生方向。

d）对照明和应急照明进行功能试验，满足照明需求。

16.3 年度检验

16.3.2 逃生通道应至少检验以下项目：

a）畅通性。

b）防火门应向外开启，开关试验可靠，自闭功能良好，关闭严密。

c）逃生方向指示标志清晰，且在白天夜晚均清晰可见。

d）检验逃生通道和集合登艇站以及艇筏降落区域的照明能够满足正常和紧急情况下的照明需求。

73. 《天然气净化装置设备与管道安装工程施工技术规范》SY/T 0460—2018

4 设备、材料的进场验收和保管

4.6 其他材料

4.6.5 防火涂料除应具有厂家的质量证明文件外，还应送有资质的检测机构进行性能复验，其结果应符合设计文件要求。

4.6.6 耐火砖的规格、型号及性能指标，耐火混凝土所用的水、水泥、骨料、外加剂等应符合设计文件要求和国家现行有关标准的规定，现场验收合格后应送有资质的检测机构进行复验，其结果应符合设计文件要求。

6 火炬、尾气烟囱及塔架安装

6.3 涂 装

6.3.1 塔架涂装施工应在钢结构构件组装、预拼装检验合格后且吊装之前进行。塔架防火涂料涂装应在预拼装检验合格和普通涂料涂装检验合格，吊装之前进行。

6.3.6 防火涂料涂装前钢材表面除锈及防锈底漆涂装应符合设计要求和现行国家标准《涂覆涂料前钢材表面处理 表面清洁度的目视评定》GB/T 8923 的相关规定。

6.3.7 薄涂型防火涂料的涂层厚度应符合有关耐火极限的设计要求。厚型防火涂料涂层的厚度，80% 及以上面积应符合有关耐火极限的设计要求，且最薄处厚度不应低于设计要求的 85%。

6.3.8 薄涂型防火涂料涂层表面裂纹宽度不应大于 0.5mm，厚涂型防火涂料涂层表面裂纹宽度不应大于 1mm。

6.3.9 防火涂料涂装基层不应有油污、灰尘和泥沙等污垢。

6.3.10 防火涂层不应有误涂、漏涂，涂层应闭合无脱层、空鼓、明显凹陷、粉化松散和浮浆等外观缺陷，乳突已剔除。

13 健康安全与环境

13.0.7 氧气、乙炔瓶应至少相距 5m 摆放，并设有回火阻止器，与动火点距离保持 10m 以上。

13.0.10 施工现场应设立防火间距、消防通道和逃生通道，并配备消防器材。

13.0.19 动火作业符合现行国家标准《化学品生产单位特殊作业安全规范》GB 30871 的相关规定。

74.《海上生产设施设计和危险性分析推荐作法》SY/T 6776—2010

1 概述

1.2 适用范围

本推荐作法认为海上生产设施存在特别需考虑的风险因素，至少包括：

1. 由于空间限制可能导致在生产设备中或设备附近存在潜在火源；
2. 由于空间限制可能导致生活区安装在生产设备、管线或立管、燃料储存罐或其他主燃料源的附近；
3. 正常操作期间或是偶然或异常情况造成的可燃液体或蒸气的泄放是海上生产设施固有的火灾风险；
5. 作业区内或附近的高温高压流体、高温表面和旋转的机械；
6. 碳氢化合物的海上处理；
7. 输送到生产平台或通过生产平台的来自油气井/油藏和海底管线的大量碳氢化合物；
8. 危险化学物品的储存和处理；

2 简介

2.1 概述

安全设施设计和操作的主要原则是：
(1) 将碳氢化合物和其他有害物质的不可控泄放的可能性降至最低；
(2) 将起火的可能性降至最低；
(3) 防止火势蔓延和设备损坏；
(4) 为人员提供保护和逃生。

2.2 碳氢化合物的储存

2.2.5 特殊的预防措施

人员活动区域、出入通道和应急设备应按实际情况尽可能地远离含有碳氢化合物和其他危险物质的设备和管线，以避免潜在危害。应尽可能地避免由于同时进行的钻井、修井和检测作业所引起的设备和管线碰撞和落物损害。应特别注意处理有害气体和腐蚀流体的设备和系统的设计。需采取预防措施防止工艺及仪表系统因低温处理工艺、寒冷气候和水合物、蜡或沥青造成的冻堵。

2.3 防止碳氢化合物起火

当生产设备发生非正常碳氢化合物的泄放事故时，安全设施设计的作用是防止起火。冲蚀/腐蚀、振动和机械损坏造成的管线系统的破坏、法兰/接头/阀门等的泄漏、应急压力泄放和人员操作失误都可能引起碳氢化合物的非正常泄放。如果与高温、明火、静电、电弧或仪表接触，从设备中泄放的碳氢化合物有起火的危险。火灾的强度和规模可由排出的可燃气体或液体的体积和流速决定。

可燃气体的排放速度和方向以及流量会极大影响燃烧的浓度。同时还应考虑风速和风向的影响。低风速减小了可燃气体的扩散程度，增加了将可燃气体控制在燃烧集中出现的区域的可能性。应对可燃气体进行分析，以确定在各种操作条件下是否比空气重。通常可燃气体包含比空气重和比空气轻的组分。对于比空气重的组分，潜在的燃烧区域最可能出现在排放点下方。对于比空气轻的组分，燃烧区域最可能出现在排放点上方。可燃气体排放导致的爆燃和爆炸可能因压力过高损坏其他设备并导致其他可燃物的燃烧。

可燃液体的泄漏和溢出将落到物体表面后迅速扩散，对人员和设施造成威胁。可燃液体应收集到安全的地方以避免与火源接触。

2.3.1 火炬、放空和排放系统

同样，排放系统将溢流或泄漏的液体收集并引到安全的地方。为防止污染，应收集这些液体，并在被回注到生产工艺处理设备前将其引入安全的地方以防止起火。

2.3.2 燃料和火源的隔离

将潜在的火源布置在远离装有碳氢化合物设备的地方，可防止碳氢化合物起火。此外，对于潜在的火源，例如产生火花的生产部件和某些旋转机械，设计时应将排放碳氢化合物造成的引燃可能性降至最低。应采取适当的防护措施，如安装防护层、防护墙和设置冷却水系统来隔离高温物体。以防火为目的的设备布置详见第5章。

其他潜在的火源包括人员生活区内的相关用具（如热水器、炉具、空调、煎锅和衣物烘干机）。普通设备应放置在 API RP 500 所定义的非危险区内。对于通风不畅且安装有燃气设备的建筑物，应安装可燃气体探测系统，以在燃气出现蓄积时切断供应源。不推荐在生活区内使用燃气设备。

鉴于许多电器和仪表设备可成为火源，其选型和布置应重点考虑。设计时应注意将产生电弧、火花和高温的设备布置在非危险区内。如果做不到这一点，此类设备必须恰当地用于特定级别的地方。区域级别划分的原则应遵循 NEC 条款 500，API RP 500 和 ISA S 12.1。选择和安装电气设备和仪表系统的指导准则应遵循 API RP 14F、NEC（NFPA 70）和 ISA S 12.6 的规定。

API RP 500 规定了碳氢化合物的微小泄漏和排放而引起火灾的防护等级。大量非正常的排放可能使得油气形成的云状物将"危险区"外的"安全区"里的设备引燃。需要建立物理影响模型进行风险分析，并评估此类排放对安全区造成的危害。

2.3.3 充分通风

海上平台大气中可燃气体的聚积对平台的安全造成危害。平台上密闭区域可燃气体聚积的可能性更大。提高平台的安全性的措施包括提供足够的通风、安装及早报警和关断生产

设施的可燃气体探测系统和提供泄压装置。

　　API RP 500 定义了充分通风，即（自然的或人工的）足以防止大量天然气和空气混合物积聚，保证混合物的浓度大于其 25% 可燃浓度下限的通风。其他细节见 AP1 RP 500 的第四部分，其中给出了获得充足通风的推荐方法。

2.3.4 可燃气体探测

　　对于通风不足的区域，建议安装可燃气体探测器以提高其安全性。详细内容见 4.2。

2.4 防止火灾蔓延

　　安全设施设计的目的是在发生火灾时防止火灾蔓延。即使毁灭性灾害事故很少发生，所有生产设施的设计仍应考虑最恶劣的情况。通常情况下，毁灭性灾害的发生是火灾升级的结果。一起事故经常会引发另一起事故，因此，在生产操作中，如果没有事先设计规划出适当的预防措施，这些升级的事故会导致毁灭性灾害。发生在海上平台上的火灾会对人员安全和环境保护造成威胁，并造成财产损失。第 4 章讨论了火灾蔓延的防止或事故损失的减轻。

2.4.1 火灾探测

　　海上平台上应配备探测器以迅速探测到火灾。这些探测器应组成一个系统提供火灾信号来关断所有油气源（如生产井和管线等），启动报警系统和触动灭火设备。火灾探测器应安装在 API RP 500 中划分的所有区域（区域 1 或区域 2）以及人员日常或临时休息的建筑物内。用来灭火的设备（如电机驱动的消防泵等）不应由火灾探测系统自动关停。

2.4.2 减少碳氢化合物的存量

　　另一种降低火灾蔓延危险的方法是减少平台碳氢化合物的存量，为处理好的生产液体和燃料提供最小的容量，并进行相应的运输和再供应作业。另一种减小或防止火灾升级的方法是对生产系统进行减压。这是一种在紧急情况下通过减小或消除生产设施中带压燃料源含量的方法，可用做其他火灾防护系统的补充。

2.4.3 被动防火

　　被动防火的定义是任何对保护人员和财产免于因火灾造成的损失不起主动作用的火灾防护体系。被动防火通常指的是火灾防护结构物。政府法规对这一定义有特殊规定，此类防护物包括防火墙。从本质上来说，被动防护物不提供永久的保护。正常情况下，火灾发生后，它仅在一段时间内有效。一旦被动防护物在火灾中失效，被防护结构易在火灾中受损。被动防火物通常用于保护下面一些地方：关键钢结构、生活区、集合区和关键压力容器区等。

2.4.4 主动防火

　　海上结构物常配置主动防火系统用来降低火灾现场的温度，控制并扑灭火灾。主动防火系统包括消防水系统、泡沫灭火系统、气体灭火系统和干粉灭火系统。消防水系统覆盖的地域包括平台设备如主要的容器、乙二醇再生器、储存设施、气体压缩机、装船泵和工艺泵、井口等。固定水喷淋系统和固定消防栓喷水枪可以用来保护手控水龙带无法喷到的区域。在确定消防总管和消防泵的大小时，应保证至少同时运行两个消防设备。

2.5 人员保护和逃生

　　由于火灾升级的可能性不能完全消除，因此安全设施设计的另一个重要的目的是在火灾发生时为人员提供保护和逃生。消防设备的布置和正确使用及维护对人员的保护非常重要。每个平台的消防和逃生图应清楚地显示附近地方的所有逃生路线以及消防设备的位置。此图应醒目地放置在每个工作间、食堂、休息室出口和常驻人员工作区域的附近，人员岗位表应张贴在非常醒目的地方。逃生机制应能有效地保证人员有秩序地逃到海面。第 4 章对有关人员逃生的规定进行详述。

2.5.1 人员逃生通道

　　生产设备的布置应为人员逃生通道预留空间，并提供足够的灭火空间。生活区应布置在保证人员快捷地撤离到登陆艇或其他逃生设施的地方。生产设备应布置在操作人员通过逃生通道易到达逃生设施的地方。

2.5.2 消防和其他应急设备

　　消防设备应合理地布置在平台上，使其具备灭火和逃生的能力。发生火灾时，安全系统应关断所有碳氢化合物源，保证受过消防训练的人员能立即开始灭火作业。万一火灾升级，消防设备可以被用来帮助人员撤离火灾现场。为保证消防设备处于良好的操作条件，应定期对其功能进行检验和测试。

　　相关人员，包括承包商的人员，应接受正确使用布置在平台上的灭火设施和其他应急设备的训练。平台上应配备呼吸设备，尤其当生产作业涉及有毒气体时。建议在平台的附近海区配备照明系统，以保障主电源故障时为逃生通道提供照明。

2.5.3 消防和撤离程序

　　所有定期被派到某一海上设施的人员应熟悉消防和撤离程序。所有人员应接受在需要灭火和撤离时如何执行各自特定任务的培训。应定期进行防火演习，同时新来的人员应接受培训，熟悉报警，进行应急设备、消防和撤离程序的培训。有人生产平台上应配备通信系统，在紧急情况下帮助和指挥人员。在紧急情况下通信系统应能正常使用。非定期被派到海上设施的人员，在新到达平台后应接受警报识别的培训，使他们知道每种警报应采取的行动和熟悉撤离线路。

3 基础设施设计原则

3.3 机械设计

　　海上结构物的空间限制和所处的海上环境需要针对结构物上的海上生产设施的特点进行特殊考虑。其目的是：将碳氢化合物容纳在工艺设备和管线中；防止可燃碳氢化合物在设施区域内积聚，将易燃碳氢化合物混合物的起火危险降到最低；防止火灾蔓延。需要特殊考虑生活区、办公室和控制室的设计。

　　工艺设备和管道系统的材料应适应需要处理或输送的流体以及海洋的盐水环境。通常，应采用碳钢和低合金钢制造处理油气的带压设备。采用高合金钢和不锈钢制造盛装腐蚀性介质和/或处于低温环境的设备。但是，应仔细选择和确定这些材料，以防在类似海洋盐水的环境中发生点蚀。在灭火时由于水的冷却作用，铸铁会开裂，并且生产流体中的冷凝水可能导致铸铁爆裂，因此仅在其他材料不适用的情况下使用铸铁制造压缩机和泵的某些部件。应限制如黄铜、紫铜和铝等低熔点材料在碳氢化合物生产设备中的应用，因为它们在火灾中会迅速失效。由于玻璃纤维耐内外腐蚀的性能非常好，因此广泛应用于制造玻璃纤维管道和容器。但应限制玻璃纤维制造的管道和容器盛装含有碳氧化合物的流体。除非安装得当，否则玻璃纤维制品在火灾中会很快失效。

当选择设备和管道系统的设计准则时，应考虑各种环境因素（风载荷、冰、地震等）和支撑情况。通常，应采用结构部件牢固支撑各种设备，而不应将它们放置在甲板或格栅上，为防止设备的外部附属部件的腐蚀，应考虑在合适的地方进行密闭焊接。

3.3.3 常压罐

常压罐的设计、选材、制造、检验和测试应遵循已有的工程标准或推荐作法，如 API Std 650 或 API Std 620 或适用的 API Spec 12B，API Spec 12D，API Spec 12F，API Spec 12P 或 API RP 12R1。

对泵或重力流造成的真空应提供足够的真空保护，同样应分析对充装作业、带压设备的气窜和火灾或其他原因引起的压力聚积（具体内容见3.3.10）。应考虑在可燃或易燃液体且带有顶部灌注接头的常压罐内部安装引流管，降低由静电泄放引起的火灾或爆炸风险。

3.3.10 泄放阀尺寸

C. 火灾/热膨胀

工艺部件暴露于火焰的热辐射中，其内部压力随着流体的膨胀和蒸发而上升。对于常压罐和大型低压容器，放空出口或压力泄放阀的尺寸可根据闪蒸气放空的需要确定。由火灾工况确定的压力泄放阀仅允许压力升高不超过最大允许工作压力的120%。如果火灾持续时间很长，由于金属强度随着温度的升高而降低，容器将在小于最大允许工作压力的情况下也会损坏。关于压力泄放的考虑，参见第4章。

与工艺系统隔离的设备，其内部的工艺流体可能被加热。尤其对于低温工作（相对于环境温度）、受热设备（比如直燃式容器或换热器）、压缩机气缸和冷却套管。这些设备的压力泄放阀尺寸的确定，应考虑残留液体的热膨胀工况。正常情况下，这并不确定压力泄放阀的最终尺寸，除非压力泄放阀不需要考虑其他工况。

3.3.17 生活区

生活区应得到保护，免受外部火灾、爆炸、噪声的影响。位于钻井平台或生产平台的生活区，应考虑使用防火墙或者通过留出足够的空间或间隔把生活区与可能产生碳氢化合物的区域隔离开。对于新的设施而言，防火墙的防火等级应使之能承受在碳氢化合物的火焰中长达60min的考验。防火墙可能是生活区建筑中一个重要的部分。应尽量减少面朝向碳氢化合物源头的窗户以及其他的开口形式；已经安装的，其防火等级应与防火墙的防火等级相同。生活区内部，应设有足够能力的排风系统，防止烟雾和异味的积聚。应提供烟雾探测器，参考 API RP 14C 的附录 C 和 API RP 14G 可获得有关烟探测器位置的相关指导。

走道应安装路边照明以及用灯光照亮的安全出口标志。为了提供安全出口，走道要建于生活区外侧且与操作区相反的位置。

3.4 安全方面的特殊考虑

3.4.2 对有害气体的考虑

液态和气态碳氢化合物中含有大量硫化氢，可能对人员产生危害，也可能引起设备的故障。在海上生产平台中硫化氢可能聚集并达到危险区级别的地方，应安装硫化氢气体探头。

存在硫化氢的地方也可能存有二氧化硫，它是由硫化氢燃烧而产生的。明火作业可能导致人员处于危险区中，应使用二氧化硫探测设备。应认识到，硫化氢的燃点大约是甲烷的一半。在评估硫化氢产生的风险时，应考虑那些硫化氢浓度能够达到50ppm以上的工艺系统和公用系统（比如有硫化氢存在的低压或公用系统、水处理单元或生产水储罐等）。参考 API RP 14C，API RP 55，30CFR 250 和 NACE MR-01-75 可获得关于有害气体的进一步讨论。

在通风欠佳的区域，尤其是四周密闭的区域，燃气或蒸气很可能出现积聚现象。增强安全性的方法包括提供呼吸设备（呼吸保护）、提高通风能力、安装有害气体探头（OSH）系统并提供人员追踪。有害气体探测系统应使用特定的声、光报警（最适用于该区域的形式），对有害气体出现低浓度积聚的情况向人员发出警示。另外，许多有害气体都是可燃气体，如果有害气体浓度达到易燃下限（LFL），则应把各种起火源移走。探测器的设计、安装与维护应参照 API RP 14F 及 API RP 14C。参考 ISA RP 12.15 Part Ⅱ 可获得更多的指导。

3.4.3 气体的处理

在规划海上工艺设施时，需安装燃气处理设备来降低燃气碳氢化合物露点，要对这类设备带来的危险给予特殊考虑。燃气处理后产生低沸点的液体，在高于常压的环境下进行处理和储存。由于释放出的蒸气比空气重，而且难于驱散，这就增加了出现火灾或者爆炸的可能性。如果在容器周围出现火情，会导致出现所谓的"沸腾液体膨胀蒸气爆炸（BLEVE）"。这种现象在性质上通常是灾难性的。因此，应就设备的种类、数量、复杂性进行工艺安全性评估。建立驱散模型和火情/爆炸模型，对于理解蒸气释放所潜在的后果会大有帮助。

低温工艺可能需要使用特殊金属材料。应注意，在压力释放系统中，由于自动制冷作用引起极度低温的可能性会增加。

4 危险源的减少与人员撤离

4.1 概述

海上生产设施的设计、维护与作业的首要目标是降低与危险源有关的风险。风险降低即是减少危险源。安全设计的两个主要目的是防止火势蔓延和在必要时提供人员疏散。本章重申了实现这两个目标的几个关键因素。

建议在海上生产设施设备选择、布置和设计的早期阶段，应确定减少危险源与人员疏散的总体指导原则。该指导原则建议考虑的因素包括：平台是否连续有人到达、通常到达的人数、该平台与附近平台和海岸的距离、环境条件、所进行的作业种类、船舶和空中交通的可用性以及平台的尺寸和类型。该指导原则一经确定，将影响设备的选择和布置、走道的位置、逃生路线的定位以及诸多应急系统的设计。

减少危险源和人员疏散的指导原则应至少考虑：火焰和气体探测的对象、报警与通讯系统、人员逃生路线、消防与疏散程序、被动与主动防火方案以及减少碳氢化合物存量。例如防火墙和隔离等属于被动防火方案；水幕、喷射和泡沫系统、干粉灭火剂、气体灭火系统等属于主动防火方案。

4.2 火气探测、报警及通讯系统

在有人驻守或经常有人到达的平台上，人员应能通过危险源探测与报警系统迅速发现潜在紧急情况。报警应警告人员火灾与气体的泄漏或其他意外事件。当紧急情况出现时，人员之间必须能够互相通讯，以便能够制定方案去处理紧急情况或疏散。宜持续对探测、报警和通讯系统供电并提供保护，以降低因意外事件导致系统失灵的可能性。

平台可安装手动和自动火灾探测与报警系统。在快速反应可显著降低损失并提高人员安全的区域，最好采用自动火灾探测与报警系统。一种广泛采用的自动火灾探测方法是气动火灾回路系统，该系统回路中有重要部位的易熔塞元件。除了气动火灾回路系统外，能探测热、火焰（例如紫外/红外或热）和烟雾的电气系统通常用于海上生产平台。这些装置会激活报警器、触发关断动作和/或火灾扑灭系统（例如二氧化碳干粉灭火剂和消防水系统）。控制火灾的设备不宜关闭。在有作业人员日常值班的时候，宜同时使用手动火灾探测与报警系统，以便完善自动火灾探测与报警系统。参见 API RP 14C，API RP 14F，API RP 14G 以及相关法规要求，可获得关于火灾探测与报警系统类型、位置和设计方法的更多讨论。

在通风不畅或人员经常到达的区域，如生活区、办公室以及开关装置间，宜安装气体探测系统。气体探测系统要以声和/或光报警方式，警告人员有低浓度的可燃和/或有毒气体或蒸气存在，并同时触发阀门以关断气源。另外，如果浓度达到气体的易燃下限（LFL）宜考虑消除起火源。传感器位置以及可燃有毒气体探测器作业的推荐作法见 API RP 14C。有关气体探测器的选择与安装方面更多的信息，参见 API RP 500，API RP 14F，API RP 14G，API RP 55，ISA RP 12.13（Part Ⅱ），ISA RP 12.15（Part Ⅱ）以及有关的法规要求。

气动或电气报警器应能够提醒人员潜在的紧急情况。可行的情况下，明确统一的报警声响（例如表示气体、火灾和弃平台）在同一家公司的各座平台之间保持一致。

如果平台尺寸、复杂程度、人员数量或作业类型允许，在平台上各个位置之间应设置通讯系统。通常在连续有人到达的平台上应设置寻呼和本地通讯系统，在重要作业区域应设置通讯站点。通讯设备宜保证协调平台、船舶、直升机、其他附近平台和陆上基地的活动。此外，也可以考虑微波和蜂窝传输通讯系统。所有通讯系统宜配备备用电源以防主电源断电。

对于未安装永久通讯系统的平台，可以在登平台时使用便携式设备。

4.3 逃生路线

必须为在多腿结构上的人员设置至少两条可以逃生的路线。这些路线的设置宜保证当单一意外事件发生时，不至于堵塞两条路线。主逃生路线建议沿平台外舷设置，并在可行的条件下降低烟雾引起的危险。主逃生路线的设计宜降低人员在潜在热源和火源中的暴露程度。逃生路线上宜保证有充分的头上净空间、足够的宽度，此外还不应有影响快速撤离的障碍物。建议还要考虑用应急照明和/或地板标识的方法指示逃生路线。

在大型平台上的高风险设施或受环境限制难于向海上逃生的地方，疏散指导原则可考虑设置临时集合区。临时集合区是一处可供人员集中并制定应急处理或疏散方案的区域。通常的临时集合区指定在生活区、中控室或救生艇站处。集合区应提供满足平台疏散指导原则要求的足够时间的人员保护。在指定的临时集合区，应配备救生装备和救生艇、救生筏或救生舱，供所有人员应急疏散时使用。从临时集合区到海面至少应设置两条独立的路线（例如吊艇架上的救生艇和通向登船平台的梯子）。由于硫化氢比空气重，含硫化氢的设施宜设置通向直升机平台的逃生路线。

所有生活区应设置两条独立的逃生路线，其中至少一条要通向海面。如果附近有集合区，宜设置两条独立的从生活区至集合区的路线。在现有平台不可能设置两条独立路线的情况下，生活区出口宜确保有足够的安全和防护措施以保证紧急情况下的人员疏散。考虑在生活楼外侧、远离作业区的一侧设置走道。在此处设置走道有利于从生活楼安全出行。

4.4 消防与撤离程序

正常情况下，所有派驻平台设施的人员应熟悉消防和疏散程序。应培训所有人员在需要进行消防和/或疏散时，履行各自的职责。应定期进行消防演习，并向新来的人员提供培训，使其熟知他们所操作的应急设备和消防程序。所有人员应熟悉各种应急警报，并清楚其在紧急状态下代表的含义。有人驻守的生产平台应设置通讯和公共广播系统，为处于紧急状态下的人员提供帮助和指导。所有人员应熟悉各种逃生装置并清楚在平台疏散时各自的用途。应培训不经常派驻平台的人员辨认警报，告之每一种警报所要求采取的行动，并在登上平台后立即告之疏散路线。参见 API RP 14C 和 API RP 14G 可获得更多指导。

4.5 被动防火系统

被动防火技术是指当发生火灾时，为保护生命财产或预防延迟火灾蔓延，不是必须启动的火灾保护系统。在可行的情况下，根据用途被动火灾保护系统也可以包括设备隔离。总之，被动火灾保护并非火灾保护的唯一方式，而是与主动火灾保护系统共同使用的。这种与主动防火系统配合使用的方式是必要的，因为被动火灾保护系统内部和本身并不提供本质的保护，而且一般仅在有限的时间内有效。一旦被动火灾保护系统耗尽，被保护设施将很容易受到火灾的破坏。被动火灾保护系统的实例有防火墙、喷涂隔热材料以及防火材料隔热毯。被动火灾保护系统使用场合通常有：重要钢结构、生活区、集合区、重要设备、结构支撑等。参见 API RP 14G 可获得更多的指导。

4.6 主动防火系统

主动防火系统可以是水、含发泡剂的水、化学品或水、泡沫和化学品的组合。无论是否经常有人到达，在有工艺设备的所有平台上，均推荐使用主动防火系统。主动防火系统还可以包括用于封闭空间的惰性气体，可以手动或自动启动。

参见 API RP 14G 可获得更多的指导。

安装在海上平台的主动防火系统用于冷却、控制和/或扑灭平台设备（如井口、泵、分离器、罐和受火容器）和主要结构件上的火灾。消防水系统的基本组成部分包括消防水泵、分配管道、多喷嘴水龙带、固定喷嘴和监控器。多喷嘴水龙带允许一个人或两个人在100ft远范围内扑火。固定水喷淋系统和固定监控器用于保护手持水龙带（喷射的）水柱不能完全覆盖的区域。固定喷淋系统与监控系统可配合或分开使用。便携式压缩水灭火器可用于扑灭发生在生活区内的零星火灾。

发泡添加剂可提高消防水对液态碳氢化合物火灾的控制效果。泡沫可通过使用水龙带站、固定系统或便携灭火器发挥作用。发泡剂的使用的方式有：直接向消防水系统中加入浓缩泡沫；浓缩剂与水的预混合溶液。发泡剂对液态碳氢化合物的集中火灾尤其有效，但是对隔栅区域或气体火灾无效。

干式化学药剂消防系统能有效扑灭火灾；但是，干式化学药剂必须与火灾的种类和级别匹配。干式化学药剂的使用方式有便携式灭火器、手持式水龙带或固定喷嘴。干式化学药剂的主要优点是具有自给功能，可以不靠外部能源而使用。干式化学药剂可在室内或室外使用，通常应用于大多数平台设备。

气体灭火剂特别适用于封闭区域如中控室或开关间和引擎传动装置。气体灭火剂不导电，不留残余物。使用方式可以是便携式灭火器或固定系统。

5 平台设备布置

5.1 概述

设备布置规划总的规则是，在可行的前提下，尽量使潜在的燃烧源（任何可燃材料）远离点火源。设备隔离的主要目的就是为了防止碳氢化合物点燃和火势蔓延。设备布置应考虑燃料源与点火源之间的纵向和横向空间。燃料源与点火源的示例列于表3。

表3 燃料源与点火源

燃料源	点火源
井口	受火容器
管汇	内燃机
分离器和涤气器	（包括气轮机）
聚结分离器	生活区
油处理器	电气设备
气体压缩机	火炬
液体碳氢化合物泵	焊机
热交换器	打磨设备
碳氢化合物储罐	切割机械或火焰喷炬
工艺管线	废热回收设备
气体计量设备	静电
立管和管线	闪电
排气口	手动工具产生的火花
清管球发射器和接受器	便携式电脑
放空管	照相机
便携式引擎驱动设备	蜂窝电话
便携式燃料罐	非本安手电筒
化学品存储	
实验室气瓶	
样品罐	

并不总是能将燃料源与点火源彻底分隔开。例如，发动机驱动的泵和气体压缩机既是燃料源又是点火源。最终分析时，所有的设备布置必须是考虑了相关风险和可能的后果的折中方案。

平台设备可根据表4中规定的九种详细分类按组布置。下面讨论有关每一种设备的位置。

各类设备之间留有足够的空间是提高安全操作的重要因素。平台设计、水深、油藏的大小和范围、操作方法、政府法规等因素都将会影响各类设备的数量和特殊结构上的位置。

表4 设备分类

区域	区域目标	设备类型示例
井口	减少点火源和燃料供应防止机械损伤和暴露在火场	井口、阻塞（阀）、管汇、喷口（全部F）
非受火工艺区	减少点火源	管汇和喷口、分离器、售气站、清管球捕集器、热交换器、水处理设备、泵、压缩机、LACT设备（全部F）
碳氢化合物	减少点火源	存储罐、罐、Gunbarrel罐、污水罐、生产水处理罐（全部F）
受火工艺	减少燃料供应	受火处理器、管线加热器、乙二醇再沸器（全部I）
机械	减少燃料供应	发电机、A类或B类电力提升设备、A类或B类空气压缩机、引擎、涡轮机（全部I）
生活区	人员安全减少燃料源	生活区、维护区/建筑，污水处理、制水器（全部I）
立管	减少点火源	立管、清管球发射器、清管球捕集器（全部F），防护机械损失和火场
排气口	减少点火源	排放点
火炬	减少燃料源	排放点

注：（F）—燃料源；（I）—点火源；设备（A类）—手动、液体驱动、防爆电机驱动；设备（B类）—内燃机或电动马达驱动。

5.1.1 风向

设备布置应考虑主导风向的优势，减少泄漏或排放的碳氢化合物气体向平台上潜在点火源扩散的机会。这些点火源包括明火工艺设备、内燃机、生活区和直升机甲板。总之，应设置大气排放口、火炬系统和应急气体排放口，使主导风能够将热量和/或未燃烧天然气吹离平台。明火工艺设备、内燃机、空气压缩机和HAVC系统的进气口应最大程度上与可燃气体源隔离。

5.1.2 防火墙和隔离墙

隔离燃料源与点火源是一项重要的安全考虑。如必要的自然空间无法满足要求，可以考虑防火墙和隔离墙。隔离墙可以阻止泄漏的气体或液体侵入潜在点火源区域。防火墙可提供热防护屏障，保护设备，保护人员在逃生时免明火灾的辐射热。

防火墙和隔离墙通常用于隔离井口区和工艺区、工艺区和储罐、生活区和任何潜在的外部火源。

防火墙和隔离墙具有限制自然通风和阻止逃生的缺点。因此，这种方法应仅用于燃料源与点火源无法充分隔离的情况。虽然防火墙和隔离墙能够降低火灾和爆炸的后果，但是也会增加爆炸产生的过度压力，从而加剧对平台其他区域的管系和设备的破坏。如果空间距离有限，应考虑爆炸防护并特别小心，以降低爆炸冲击波对逃生通道的影响。对于穿越火灾或隔离墙的管线，应合理考虑设置关断或隔离阀，这有助于在火灾发生时隔离燃料源。

5.1.3 工艺流

有时要先划定设备区以便规划工艺流，简化管系。简化的管系有利于减少潜在的人员失误，对安全有利。降低管线长度可降低可能的泄漏。但是，本节讨论的设备隔离的其他安全方面的因素建议也要考虑。

5.1.5 安全焊接区

平台上，安全焊接区可设置在零星施工或日常维护作业区。该区域可以是地面坚实和平台起重机可以覆盖的露天场地，或是配有（小型）头顶起重机（即天车）、机床、焊接设备等的车间。安全焊接区应与燃料源隔离并保持足够的通风。小型平台上，通常使用隔离墙将安全焊接区与潜在燃料源隔离开。焊接区的排放通道宜与可能含有碳氢化合物蒸气的其他排放通道隔离开。

5.2 井口区

结构物上的井口区位置受多种因素的影响。井口应设置在钻井井架和修井设备方便接近的地方，并具备充足的结构支撑能力。井口应与点火源、其他大型燃料源、机械和坠落物隔离开或加以保护。井口区的或靠近井口区的设备和管系应加以保护，避免钻井和完井液体的不利影响。

海上平台所出现的突然异常高压力，正常情况下与井口有关。来自井口不可控流体很难得到控制。因此井口区的防护应摆在最优先位置。

井口区应保持足够的通风并与大量燃料储罐如碳氢化合物、甲醇储罐或海管立管隔离开。长时间暴露于火灾现场可能会显著降低井口的承压能力。

为了消防和人员逃生起见，应保证井口区通畅，并至少能够从井口区域两侧的井口出入。井口与生活区应尽最大可能地分隔开。

5.3 非明火工艺区

该区域的设备可能是潜在的燃料源，应受到保护，避免接触点火源。设备的安放应与燃料源和点火源有足够的横向与纵向空间。非明火工艺设备在无特别防护的情况下，不应直接安放于点火源的上方或下方。泄漏的液体可能会滴落在非明火工艺区下方的点火源上，泄漏的气体可能会位于该区域上方的点火源点燃。

位于两个区域的非明火工艺设备是潜在的燃料源而不存在点火源，因此该类设备可以布置在井口区的附近。正常的流动方式是由井口到汇管和管汇，然后再到非明火容器。把这些区域互相靠近布置简化了它们之间的管系连接，应注意在布置该设备时，采取保护措施防止在钻井和维护作业时物体坠落。

5.4 碳氢化合物储罐

碳氢化合物储罐因其内部存储的物品被认为是潜在的危险源。碳氢化合物储罐应与井口、海管立管和潜在点火源分开。不应直接放置在控制间或生活区下方。

要防范禁止溅落的碳氢化合物液体流入生产设备和人员区。

碳氢化合物储罐应与起重机吊物和机械区保持隔离，因为机械区内设备或材料的搬运可能会意外刺穿罐体。

5.5 明火工艺区

当有燃料源存在时，明火工艺区内的设备可以按照潜在点火源考虑。明火工艺容器应远离燃料源，无论燃料源是液体、气体还是蒸气，都应采取防护措施。

如果明火容器与其他工艺设备布置在同一结构物上，可安装一些 API RP 14C 中讨论的安全装置以降低潜在的点火危险。另外，应考虑采用隔离墙使明火设备和燃料源分开。

5.6 机械区

虽然可能会有一些燃料源存在，但是机械仍然可划分为潜在点火源。机械区的布置要远离其他燃料源如井口、非明火工艺设备、立管和碳氢化合物储罐，或采取防护措施。

机械、不含碳氢化合物的设备以及生活区在危险类型等级上是相似的，可全部认为是点火源，因此可以相互临近布置。

布置有燃气或燃油发动机的机械区具有相互临近的燃料源和点火源，因此出现的风险要高于非明火碳氢化合物处理设备。内燃机驱动的碳氢化合物泵或天然气压缩机具有火灾更大的风险。

所有内燃机驱动的设备应与井口、立管、碳氢化合物储罐和生活区充分隔离。如果受空间的限制不能够充分隔离，可采用将这类设备设置独立的罩壳、封闭的房间或建筑物的方法实施进一步隔绝。封闭的机械使通风减少并使可燃气体积聚，因此这些封闭的空间应设置火灾和气体探测系统，保持足够的通风，以便稀释或从封闭空间里除去危险的气体。在这些封闭的区域应考虑使用适当的灭火系统。

在封闭的机械区应考虑建立正压的空气通风，阻止可燃气体进入有点火源存在的区域。相应的通风系统应吸入未受污染的空气，减少在正常或非正常操作条件下摄入不洁净空气的可能性。通风方面的推荐作法参见 API RP 500。

除了上述应注意的事项外，进一步地采取充足的防护措施也许是必要的。这些措施包括在通风系统的进气口和被防护的封闭区使用气体探测器。在探测到有火灾发生或可燃气体高度聚集情况时，还可为这类封闭区域安装火灾探测器和自动关断发动机以及通风系统的装置。此外，安装在通风系统进排气口的自动控制节气阀和节气门能够减少可用的助燃空气量，或阻止可燃气体进入空气中。

如果电气设备的元件适合于 API RP 500，电动马达驱动的烃类泵和天然气压缩机可以安装在工艺生产区域。

5.7 生活区

为了防止人员受到碳氢化合物蒸气、外部火灾、爆炸和噪声的影响，生活区的位置应考虑主导风向，同时应考虑来自临近设备的外部火灾、爆炸和噪声的可能性。

生活区应在可行的最大程度范围内，与燃料源保持隔离，因为该区具有多种点火源。要降低气体或烟雾进入生活区的可能性。此外，除了烟雾探测，在机械区内上面提到的通风系统的气体和火灾探测相同的考虑同样适用于生活区。

如果电器设备符合 API RP 500 的区域划分，则电器开关设备、污水处理设施和空调设备之类的公用设施也可以布置在与生活区同样的区域。要考虑控制噪声和令人不愉快的气味，防止在生活区产生令人不快的生活条件。

5.8 海管和立管

紧急情况下，对于上平台海管和离开平台海管内的可能的不可控制的碳氢化合物的影响，立管可能是潜在的危险源。立管应采取防护措施或与点火源、船舶和坠落物保持隔离。在未采取适当缓解措施的情况下，不应将立管设置在生活区的临近或下部区域。

当路由和立管位置确定后，安装立管时要注意采取防护措施，避免受环境载荷和海洋船舶的影响。包括飞溅区在内的、足够的横向和纵向支撑对检验和作业需要非常重要。进一步考虑，为防止机械损伤，可安装立管保护。

正常情况，由于大量的碳氢化合物与这些系统有关，应对其进行评价，以确定：如果关断阀适合于对设施提供防护，是否会对海管造成损伤；如果关断阀适合于隔离这些大量的碳氢化合物存量，是否会对设施造成损伤。要对上平台和离开平台的集输管线进行评价，确定常规流量安全阀（如止回阀或关断阀）适合与否。

清管球发射器和接收器需要较大的空间以方便接近和维护。对于大直径的管线则需要清管球处置设备。发射器占据的空间通常小于接收器，可采用立式位置以节省平台空间，并利用重力作用将清管球插入（发射器中）。管线需要经常性地清管以防止断流、清除结蜡等。

发射器和接收器应远离潜在点火源、人员经常经过的路线以及材料搬运区，如起重机回转或高架货架。发射器和接收器的盲板应朝向平台的外边以减少对人员和平台设备的损害的可能性。

上平台立管上的自动关断阀应设置在立管登上平台的位置。要考虑对关断阀和上游阀门及管系的防护，避免长期暴露于火灾的影响。同样，离开平台立管上的止回阀和关断阀要尽可能近地设置在立管离开平台的位置，并且止回阀的下游管线也要予以防护，避免长期暴露于火灾中。

关断阀设置应方便接近，以便于维修或试验，但应与潜在危险源隔离。已证实，平台飞溅区与底层工艺甲板之间的区域是关断阀的有效安装位置。该区域应仔细选择，确保隔离管系，并根据实际情况，为检验、隔离阀、仪表和关断阀的维护提供通道。

为了免受爆炸冲击压力或火灾产生的坠落残骸的影响，立管上阀门应提供保护。要考虑消除在立管上阀门附近或者其下方的集油盘或者登乘平台中的聚集碳氢化合物的影响，这些危险源会危及立管系统的完整性。

5.9 火炬与大气放空

正常和非正常情况下的工艺蒸气排放是通过设施气体处理系统收集并排放到安全的区域。压力部件或常压罐放空的紧急泄放或正常排放均为潜在燃料源，应从点火源可能存在的区域隔开。通常用火炬或放空系统收集这些排放物并排放至远离生产设施的安全区域，以燃烧或扩散的方式对蒸气进行安全地处理。如果排放中含有液体，则火炬或放空系统将先进行除液体后再燃烧或排放到大气中。

火炬是潜在的点火源，通常延伸到主平台之外或设置在一个独立的结构物上。某些情况下在主平台上会使用立式火炬塔。

由火炬头至平台各部分区域的允许距离要根据辐射热的计算来确定，或者如果火炬已经熄灭，则应根据气体扩散的计算来确定。

API RP 521 提供这些计算的程序。所有风速和风向均应在设计时予以考虑。

火炬的设计应降低携带液体滴落平台、船舶或驳船的可能性。如果预测有液体排放，应安装液体脱除罐。

碳氢化合物放空是燃料源。它们可以在主平台上或一个独立的结构物上。从排放口至潜在点火源的最短距离应根据扩散计算的结果确定。万一排放口意外被点燃，还需要核查火炬的辐射热。后者计算可以控制排放口的位置。

多数情况下，气体处理系统（气体出口）的最终排放应是垂直向上的或是悬臂的管道。最终排放点应设置在可以安全燃烧的位置，或者设置在到达点火源之前，能够被空气稀释到低于最低可燃点（LFL）的地方。选择安全排放点时要考虑以下几个方面：

1. 人员安全。
2. 排放量和毒性。
3. 与其他设备的相对位置，尤其是明火容器或其他点火源、人员生活区、新鲜空气摄入系统、直升机停机坪和船舶靠近、钻井平台、其他高架结构和下风向的平台。
4. 主导风风向。

放空的设计应确保偶然的排放液不会滴落在热的平面或人员区。

如果放空点位置考虑了上述第1条～第4条，非工艺设备和少量排放（如储存罐排放、缓冲罐排放等）是可以接收的。

6 文件编制

6.2 安全与环境文件

API RP 75 要求要为所有设施编制和保留某些安全和环境文件。这一文件的用途是为危险性分析提供基础，为制定操作程序提供基础，为培训人员和执行安全环境管理程序中的其他程序单元提供基础。

应保留下列最低限度的安全和环境文件：简化的工艺及仪表图（P&ID）、工艺设计文件、泄放阀尺寸文件、工艺安全文件、布置图、消防与安全设备文件、危险性分析文件以及物料安全数据。如后所述，作业者可以选择编制和保留其他的文件。但是，为了符合 API RP 75 的推荐要求，不必保留这些反映设备状况的其他文件，或者不必使其容易得到。

6.2.5 布置信息

布置图纸上应标明所有主工艺设备、公用和救生设备、生活区、立管、逃生路线、撤离设备以及防火防爆墙的位置。电气设备分类的区域也应在图中标明。

6.2.6 消防与安全设备信息

在图纸中须标明消防设备和应急关断站（ESD）、火气探测系统等其他安全设备的位置。如果该设施上提供了灭火器、消防泵、喷淋区域、消防软水管、消防炮、救生衣箱、救生圈、救生筏以及逃生装置等时，其位置须在图中标明。

6.4 新设施设计文件

6.4.2 支持性计算书

可以使用不同方法对海上设施上可能存在的各种部件及管线系统进行尺寸设计。保留新设施工艺与安全部件的设计标准和尺寸计算文件可能会有利于以后的工作。这类文件往往对将来改造及进行危险性分析工作有帮助。

紧急救援系统的支持性计算书应妥善保存。为井口出油管线、汇管、压力容器、常压容器或罐、热交换器、泵、压缩机、输送管、工艺管线、控制阀、消防系统、仪控系统和电气系统等其他设备编制的支持性计算书可能也有用。

6.4.3 图纸

这类文件记录应包括工艺流程图（PFDs）、工艺及仪表图（P&IDs）、安全分析表、设备布置图、电气系统区域划分图。这些设计记录文件应相互参照，以便于明确各种工艺、安全及消防设备。

设备布置图纸应标明所有主要设备、逃生通道、撤离设施以及所有防火防爆墙的具体位置。此类图纸也应将平台上所有区域的区域划分标注清楚。在更为复杂的平台上，最好是配几套布置图纸并在一套单独的图纸上明确区域划分。生活区、直升机甲板、靠船点、吊机、立管、井口、火炬头和放空口的位置等都应在图中标明。

应编制标明消防设备具体位置的图纸，该图应可加以扩展，以便包括应急关断、易熔塞回路、感烟探测器、火气探测系统等其他安全设备。消防设备图纸应注明包括水喷淋区域、消防水管、消防炮及泡沫站在内消防水系统的位置。灭火器与自动化学品装置的位置应标注清楚。

6.5 启动前的核查

在新设施首次启动之前或者按 API RP 75 中"变更管理"规定对现有设施如改造之后，为设施能安全运转做准备，需要落实几项工作。下面列出了应核查到的一般问题：

9. 公用设施、消防及人员安全设备功能正常。

6.6 操作程序

从事安全启动、正常操作及关断等工作应编制操作程序。程序中应包括确保该设施在充分安全、环保状态下操作的行政管理措施。

6.6.1 启动程序

启动程序应包括以安全、有序的方式实现各种部件预定运转状态的规定事件顺序。该程序中也应包括有关部件启动的厂家资料。启动程序中至少应包括下列事项：

1. 在将碳氢化合物输入设施之前应尽量确保安全系统、控制系统和泄放与放空系统已投入使用。

5. 燃烧式部件的点火只能在对该单元进行扫气（避免回火）之后严格按厂商说明进行。所有安全装置都应功能正常，液面应覆盖火管。

8. 受热部件的正常预热应按照厂家建议并在操作人员的严密监控下进行。逐渐预热能够最大限度地降低部件与管线内的热应力差。监控可以及早发现热膨胀引起的泄漏。

7 危险性分析

7.4 危险性分析思想

7.4.3 应用于海上作业

与海上油气设施相关的潜在风险来自这些设施的生产井液、工艺系统（尤其是 LPG 回收或气体处理等系统）、有限空间以及使用的操作维修程序。

对于生产设施而言：

a) 基本风险是易燃、有毒物料，例如 H_2S。
b) 初始事件是泄漏。
c) 后果是火灾、爆炸、人员伤害与污染。
d) 减轻措施是指泄放、排放系统、火气探测与保护系统、应急关断系统和紧急响应程序。

海上设施危险性分析推荐重点关注存在最大风险的领域。对于低风险设施，如配有最少工艺设备的无人井口平台，评估的重点应集中在核查该设施能在发现不安全条件时将关闭这一点上。对于中度风险的设施，如无人操作的生产与处理平台，在评估时应额外关注减少意外泄漏。评估应包括火气探测与保护以及预防着火。

对于风险极高的设施，比如具有生活区的工艺或生产平台，在评估时应额外关注非可控泄漏对于人身的影响。评估应包括布置、火灾或爆炸的影响、逃生和救援以及紧急响应。

75.《通风空调系统的安装》SY/T 6982—2014

4.2 系统部件

4.2.1 室外进风口

4.2.1.1 室外进风口的位置应避免可燃物或可燃气体的吸入，并且尽量减少进风口周围建筑火灾时对进风口的影响。

4.2.1.3 设置的室外进风口应使火灾区域和危险设备火焰通过进风口进入建筑的可能性达到最小，或安装已认可的防火阀。

4.2.1.4 设置的室外进风口应使烟气进入建筑物的可能性最小，或安装已认可的防烟阀（见 4.3 关于限制入口烟气的防烟阀使用）。

4.2.2 空气净化器和空气过滤器

4.2.2.3 用于空气过滤器的液体粘合剂闪点不低于 163℃（325℉），闪点值按 ASTM D93《Pensky-Martens（闭口杯）闪点标准试验方法》测定。

4.2.2.5 可燃粘合剂涂料应依据 NFPA 30《可燃与易燃液体规范》贮存。

4.2.4 空气冷却和加热设备

4.2.4.6 蒸发式冷却器：不应使用可燃蒸发介质。

4.3 空气分布

4.3.1 风道

4.3.1.2 风道应由以下材料构成：

a）铁、钢、铝、铜、混凝土、石料或是黏土瓦。

b）0 级、1 级刚性或柔性风道应按 UL 181《制造风道和空气连接器的安全准则》进行检测，并且应按照规定认可条件安装。

注 4：0 级、1 级刚性或柔性风道不应用作高度超过 2 层的立式风道。

注 5：0 级、1 级刚性或柔性风道不应用作温度超过 121℃（250℉）的风道。

c）在正常工作条件下，输送的空气温度不超过 52℃（125℉），负压排风和回风系统的风道允许用石膏板制成。石膏板最大火焰蔓延指数应为 25 且没有连续可燃性，同时最大的烟气扩散指数为 50。

注 6：输送空气温度最高为 52℃（125℉）时，对于应急排烟系统，不应使用石膏板材料制作风道。

4.3.2 风道接头

4.3.2.1 风道接头是限定使用的柔性风管。如果满足下列要求，则不要求满足风管规定。

4.3.2.1.1 风道接头应符合 0 级或 1 级接头要求，并依据 UL 181《风道和风道接头制造安全标准》检测。

4.3.2.1.2 0 级或 1 级风道接头不应用于温度超过 121℃（250℉）的风道中。

4.3.2.1.3 风道接头长度不应超过 4.27m（14ft）。

4.3.2.1.4 风道接头不应穿过耐火等级大于或等于 1h 的墙、隔断或者封闭竖井。

4.3.2.1.5 风道接头不应穿越地板。

4.3.2.2 管道系统中的隔震接头应由已认可的阻燃织物构成，或应在接头处装有认可填料构成的套管，每种材料的最大火焰蔓延指数为 25，最大烟气扩散指数为 50。

注 7：在气流方向上，最大长度为 254mm（10in）的已认可阻燃织物可不必满足上述要求。

4.3.3 空气分布系统的辅助材料

4.3.3.1 风道系统中，使用的风道、风箱、隔板和风道消声器包括了管道的绝缘物和覆盖层，风道的覆盖层、风道内衬、防凝涂层、粘合剂、紧固件、绑带和辅助材料，其组成火焰蔓延指数应不超过 25，不连续进行燃烧，且烟气扩散指数应不超过 50。这些产品若使用粘合剂，则应在使用粘合剂的条件下对上述产品进行测试，或使用的粘合剂在干燥后，最大火焰蔓延指数为 25，最大烟气扩散指数为 50（见 4.2.4.2）。

注 8：本条不适用于不穿越墙或屋顶，也不产生暴露危险的室外风道的防风雨保护层。

注 9：烟气探测器应遵守 6.4.2 的要求。

4.3.3.2 按照 ASTM C411《高温隔热材料热表面性能试验方法》的要求，并以实际使用温度作为试验温度进行试验时，风管、面板和风箱的覆盖物、内层、管道的绝缘及覆盖物不应燃烧、炽热、闷烧或冒烟。任何情况下，试验温度不应低于 121℃（250℉）。

4.3.3.3 风道覆盖物不应穿越具有阻止火焰蔓延功能或有防火等级的墙体或地板。

注 10：满足 5.4.6.4 的覆盖物可不必满足上述要求。

4.3.3.4 * 风道的内衬应在防火阀处中断，以防止妨碍设备的运行。

4.3.3.5 风道覆盖层的安装不应阻碍风道检修口的使用。

4.3.4 风道通道和检修

4.3.4.1 * 检修口应设置在风道中临近防火阀、防烟阀和烟气探测器的地方。开口应足够大，以便于维修的设备和复位。

4.3.4.2 检修口应设有标识，以标明防火保护设施的位置，标识字体高度至少 12.7mm（½in）。

4.3.4.3 水平风道和风箱应设置检修口，用来清扫聚集的灰尘和可燃物质。应在风道立管底部设置检修口；水平风道应每隔 6.1m（20ft）设置一个检修口。

注 11：可拆卸的进风口或出风口，若尺寸适宜，可以替代检修口。

注 12：若送风预先经过空气过滤器、空气净化器或水雾化器，则送风道不要求设置检修口。

注 13：满足以下所有条件，不要求检修口：

a）不产生可燃物质如灰尘、棉绒或是油雾的处所。这样的处所包括银行、办公室、教堂、旅馆和卫生保健区（不包括厨房、洗衣房、此类设备生产区）。

b）进风口至少在地板 2.13m（7ft）以上且进风口装有 14 目（0.07in）的防腐金属网，可以避免纸屑、垃圾或其他可燃固体颗粒进入回风道。

c）特殊用户的回风道，其回风最小设计风速为 5.08m/s（1000ft/min）。

4.3.4.6 地板和天花板构件上的风道根据需要应安装检修口，检修口应依据 NFPA 251《建筑结构及材料耐火等级测试方法》进行试验和确定耐火等级。其设计和安装不应降低构件的耐火等级。

4.3.5 风道的完整性

4.3.5.3 在风道中安装了电加热器、燃料加热器、太阳能加热器等设备时，其安装应避免火灾的发生。风道应依据 UL 181《风道和风道接头制造安全标准》选用 1 级风道，其覆盖层和内衬层在这些热源直接工作区域应切断，并按设备规定条件，应满足规定的覆盖层和内衬层与热源的间隙值。

注14：与可燃物零间隙的设备应依据认证的条件进行安装。

注15：当风管表面采用适用最大温度的绝缘材料时，应允许安装在临近热源的区域。

4.3.6 出风口

4.3.6.2 出风口的结构

出风口应用不可燃材料构成，或最大火焰蔓延指数不超过 25 和最大烟气扩散指数不超过 50 的材料。

4.3.7 进风口——回风、排风或回排风

4.3.7.1 总则

含有易燃气体、飞虫或大量灰尘的空气达到危险等级的数量和浓度时不应再循环进入回风系统，它们的聚集会产生危险条件。

4.3.7.2 进风口的结构

进风口应用不可燃材料构成，或用最大火焰蔓延指数不超过 25 和最大烟气扩散指数不超过 50 的材料。

4.3.8 防火阀

应按第 5 章的要求提供已认可的防火阀，其安装满足规定的要求。

4.3.9 防烟阀

4.3.9.1 应按第 5 章的要求提供已认可的防烟阀，其安装应满足规定的要求。

4.3.9.2 风量大于 25488m³/h（15000ft³/min）系统应安装防烟阀，包括过滤器在内的空气调节设备与该系统中的其他部分应隔离，目的是用来限制烟气循环。

注18：本楼层安装的空气调节装置只用于本层时可不必满足上述要求。

注19：安装在屋顶上的空气调节装置只用于屋顶对应的楼层时可不必满足上述要求。

4.3.10 风箱

4.3.10.1 贮存

风箱不能用来居住或是贮存货物。

4.3.10.2 天花板静压箱

天花板上的空间可以用作回风、排风和回排风道，但要求满足以下条件：

a）接触通风处所的所有材料应是不可燃或是限燃材料，且具有最大烟扩散指数为 50 的特性。

注20：以下的材料允许用于天花板静压箱中，这些材料已认证的最大光密度峰值不超过 0.5，平均光密度不超过 0.15，最大火焰蔓延距离不超过 1.5m(5ft)，依据下述标准规定试验方法进行试验：

a) 电线、电缆和光缆：NFPA 262《空调处所导线和电缆的耐火和烟特性试验的标准方法》。

b) 控制系统的气压管线：UL 1820《气压输送管的火焰和烟雾特性的防火试验标准》。

c) 消防喷淋管线：UL 1887《塑料喷淋管火焰和烟气特征的安全防火试验标准》。

d) 光纤和通信通道：UL 2024《光纤和通信电缆通道的安全标准》。

注21：烟气探测器可不必满足上述要求。

注22：当依据 UL 2043《空调处所安装的分立产品和附件 热和烟气释放防火安全测试标准》进行试验时，扩音器和壁式的照明设备包括它们的组件和附件，应允许用在天花板静压箱中。这些设备和附件已认证的最大光密度峰值不超过 0.5，平均光密度不超过 0.15，热释放功率峰值不超过 100kW。

注23：其他用于空气分布系统的材料遵循 4.3.3。

b) 应保持防火分隔的完整性。

c) 轻型布风器，除了金属或玻璃制成的布风器，用于轻型空气调节的轻型布风器应认证并标识上"空气调节设备中的轻型布风器"。

d) 传送到这些风箱的空气温度应不超过 121℃（250°F）。

e) 天花板静压箱的材料应适用于在环境温湿度长期暴露的情况下。

f) 天花板耐火等级经测试、评估和设定应大于 1h，风箱是天花板或屋顶安装的一部分，安装也应遵守 5.3.3 的要求。

4.3.10.6 活动地板静压箱

在完工的地板顶部和活动地板下方间的区域，应可用于送风到通风处所，从通风处所回风、排风或回排风，并应遵守以下条件：

a) 所有与气流接触的材料应是不可燃或是限燃材料，且最大烟气扩散指数应为 50。

注24：以下的材料允许用于天花板静压箱中，这些材料已认证的最大光密度峰值不超过 0.5，平均光密度不超过 0.15，最大火焰蔓延距离不超过 1.5m(5ft)，依据下述标准规定试验方法进行试验：

a) 电线、电缆和光缆：NFPA 262《空调处所导线和电缆的耐火和烟特性试验的标准方法》。

b) 控制系统的气压管线：UL 1820《气压输送管的火焰和烟雾特性的防火试验标准》。

c) 消防喷淋管线：UL 1887《塑料喷淋管火焰和烟气特征的安全防火试验标准》。

注25：计算机/数据处理房间的活动地板、设备内部电缆、电线、通信和光缆通道及光缆，其设计和安装应符合 NFPA 75《电子计算机/数据处理设备的防护规范》的规定。

注26：烟气探测器可不必满足上述要求。

注27：其他用于空气分布系统的材料遵循 4.3.3。

b) 应保持防火分隔的完整性。

c) 传送到活动地板静压箱的空气温度应不超过 121℃（250°F）。

4.3.12 * 烟气控制

在要求烟气控制系统或排风系统的地方，应遵守权威机构关于建筑规范中的要求。

5 建筑结构中的通风和空调系统的完整性

5.1 空气调节设备机房

5.1.3 有风道且开口直接进入通风竖井的空气处理设备机房

空气调节设备机房，包括开口的保护应与通风竖井隔开，这些通风竖井的耐火等级至少应满足 5.3.4 的要求。

注1：如果空气调节设备机房的围护结构的耐火等级不低于通风竖井要求的耐火等级，该机房不应要求防火分隔。

5.2 建筑结构

5.2.1 风道的间隙

金属材料的风道与可燃材料结构装配的间隙，包括木条上的石膏在内，应不小于 12.7mm（½ in），或可燃材料应用最小厚度为 6.35mm（¼ in）、认可的绝缘材料进行保护。应保持防火和隔烟的完整性。

注2：该间隙不适用在单独作为通风、空气制冷和没有加热的空调系统中。

5.2.2 结构构件

风道的安装，包括支架的安装在内，应不降低结构构件的耐火等级。

5.2.3 天花板组件

当安装风道系统的支架穿越有耐火等级的天花板时，需切除一部分天花板，替代的材料应与认定的或切除的天花板材料有相同等级。

注3：作为修复现有的天花板一个选择，应允许新的天花板安装在风道下，它应有与原有的天花板耐火等级相同。

5.3 *穿墙件——开孔保护

5.3.1 防火墙和防火隔壁

5.3.1.1 *当墙体或隔壁具有不小于 2h 的耐火等级时，风道穿过或有开口末端装置的墙体或隔壁应设置已认证的防火阀。

注4：*在无耐火等级的墙体或隔壁上的开孔，无需设置防火阀。

5.3.1.2 有耐火等级要求的隔壁上，所有空气输送口或其他要求保护的开口应设置防火阀。

5.3.2 有耐火等级要求的地板

风道仅穿越一层地板并仅为相邻的两层楼层供风时，风道应封闭（见 5.3.4.1），或在穿越每一处地板应安装防火阀。

注5：用于地板上空调末端装置的风道，依据 NFPA 251《建筑结构和材料耐火试验的标准方法》进行耐火试验，确保地板的耐火等级。

5.3.3 *具有耐火等级的地面或屋顶天花板

在要求有耐火等级的地面或屋顶天花板的风道或风道开口用部件时，所有装置的结构材料，包括风道材料、开口的尺寸和保护等，均应遵守装置耐火等级的设计要求，并已依据 NFPA 251《建筑结构和材料耐火试验的标准方法》进行耐火试验（防火阀要求见 5.4.4）。

5.3.4 通风竖井

5.3.4.1 风道在穿过要求垂直开孔保护的建筑地板时，风道应使用隔壁或墙壁做成围护结构，隔壁或墙壁应用权威机构批准的结构材料。当建筑高度低于四层时，隔壁或墙壁应有 1h 的耐火等级（基于来自隔壁或墙壁一侧可能暴露的火焰）；当建筑高度为四层及以上时，应有 2h 的耐火等级。

注6：如果风道只穿过一层地板或一层地板和空气调节设备的顶层地板，且风管在穿越地板处设置了防火阀，则不要求风管做围护结构。

5.3.4.2 具有防火等级的围护结构用作风道，应遵守 4.3.1 和 5.3.4.1 的要求。石膏板系统应依据 GA（美国石膏协会）《防火设计手册》建造。

5.3.4.3 构成风道的通风竖井或是用于环境空气流动的风道封闭间，不包括以下内容：

a) 用作去除厨房设备产生的烟气和油雾的排气管道。
b) 用于消除可燃油气的风道。
c) 用于移动、传送、转移杂物、蒸汽或灰尘的风道。
d) 用于移除不可燃有腐蚀性的烟气及蒸汽的风道。
e) 垃圾及布质管道。
f) 金属管。
g) 易燃品贮存间。

注7：不可燃金属管输送水或其他无害或无毒的介质可不必满足上述要求。

5.3.4.4 防火阀应直接安装在风道进出围护结构的开口处，围护结构应遵守 5.3.4.1 的要求。

注8：风道系统只供应一层房间时，且仅用作向室外排风，并且安装在自己专用的通风竖井内可不必满足上述要求。

注9：如果与排风立管连接的支管满足 5.3.4.1 或 5.3.4.2 的要求，同时分支管内气流方向向上并且分支钢管长度至少 560mm（22in），此外还考虑支管产生阻力损耗确定了合适的立管尺寸，则不必设置防火阀。

5.3.5 挡烟板

5.3.5.1 防烟阀应安装在毗邻风道穿越要求的挡烟板处，且安装的防烟阀与挡烟板距离不超过 0.6m（2ft），或在风道第一入口或是出风口处，三者选最近处，无论哪个防烟阀均应靠近挡烟板。

注10：通风系统不要求安装防烟阀，除非系统有下列特定要求：

a) 具有烟控系统功能，空气处理系统具有不间断送风功能。
b) 在火灾紧急期间，为建筑其他区域提供空气。
c) 在火灾紧急期间，提供通风压差。

注11：如果在空调设备中安装了防烟阀，并挡烟板在规定范围内，不应要求安装防烟阀（见 4.3.9.2）。

注12：当风管进/出风口仅位于单一烟雾分区，不要求设置防烟阀。

注13：在火灾应急工况下，如果风道内持续通风且空气调节系统的安装布置防止回风和排风再循环，防烟阀不要求安装。

注14：*根据 NFPA 101《生命安全法规》规定，在卫生保健区不要求安装防烟阀。

5.3.5.2 如果穿过挡烟板的地方需要安装防火阀，应安装既有烟感应，又有热感应的防火防烟阀。

5.4 防火阀、防烟阀和天花板阀

5.4.1 依据 UL 555《防火阀安全标准》，当用于保护小于 3h 耐火等级的墙体、隔壁、地板上开孔的防火阀，应有 1.5h 的耐火等级的防火风闸。

5.4.2 依据 UL 555《防火阀安全标准》，当用于保护不小于 3h 耐火等级的墙体、隔壁、地板上开孔的防火阀，应用 3h 的耐火等级的防火风闸。

5.4.3 *用于保护挡烟板开口或用于设计的烟控系统的防烟阀，应依据 UL 555S《防烟阀安全标准》进行分类。

5.4.4 天花板阀或是其他等级地面或屋顶附件保护开口的方法均应遵守地面或屋顶附件试验的结构说明，或配有已认证的空气分布器或天花板阀，天花板阀应按 UL 555C《天花板阀安全标准》进行试验。

5.4.5 阀门关闭应符合以下规定。

5.4.5.1 当风道中出现不正常温升时,已认证的易熔塞回路或其他认可的热控装置应能即时动作,将所有的防火阀和天花板阀自动关闭,并保持关闭状态。

5.4.5.2 易熔塞回路设定温度大于通风系统正常操作或关断条件下最高温度28℃(50°F),但不低于71℃(160°F)。

注15：*当风道中装有防火防烟阀,且作为设计的烟控系统的一部分时,易熔塞回路或热控装置应具有高于系统最大烟控设计操作温度28℃(50°F)的温度等级,但不应超过UL 555S《防烟阀安全标准》规定的防火防烟阀的试验温度等级或177℃(350°F)的最高温度。

5.4.5.3 在需要排烟的地方,应允许配置防火防烟阀的遥控开启装置。该阀门应配备装置,以便达到阀门最大试验温度时,阀自动关闭。最大温度遵循 UL 555S《防烟阀安全标准》规定。

5.4.5.4 *系统安装防火阀,在系统达到最大计算空气流量时阀门面向所装的风道,阀门应能够关闭。防火阀应按 UL 555《防火阀安全标准》进行试验,防烟阀应按 UL 555S《防烟阀安全标准》进行试验。

注16：如果发生火灾时,系统能够自动关闭风机或切断气流可不必满足上述要求。

5.4.6 安装(见 4.3.4通道)应符合以下规定。

5.4.6.1 本标准要求的所有防火阀、防烟阀、天花板阀和类似保护方式的位置和安装布置应在风道系统图中表示出来。

5.4.6.2 *防火阀包括套管,防烟阀和天花板阀应依据其所列的条件和制造厂商的说明书进行安装。

5.4.6.3 防火阀套管的厚度不应小于 5.4 要求的额定厚度。

注17：如果 UL 555《防火阀安全标准》允许套管的厚度与风道的规格一致,则套管的厚度应不小于表 1 中的规定值。

表 1　UL 555 规定的套管最小厚度

风道直径或最大宽度		套管的最小厚度	
in	mm	in	gauge
≤12	305	0.018	26
13～30	330～762	0.024	24
31～54	787～1372	0.030	22
55～84	1397～2134	0.036	20
≥85	2159	0.047	18

5.4.6.4 在风道穿越墙体、地板或分隔的地方,且不要求防火阀但要求有一定的耐火等级时,风道周围结构的开孔应满足以下的规定：

a) 周边的平均间隙不超过 25.4mm(1in)。

b) 缝隙处采用认可的材料紧密填充,该材料防止火焰或热气通过达到足以点燃棉屑的程度,并能够承受 NFPA 251《建筑结构和材料耐火试验的标准方法》规定的耐火试验要求。

注18：在防火阀安装的地方,应有适当的膨胀间隙(见 5.4.6)。

5.4.7 维护：至少每隔 4 年,易熔塞(如使用)应更换一次。所有的阀应动作以验证它们是否能完全关闭。如果有销的话,也应检查销。所有的活动构件应润滑。

6 控　　制

6.3 *防烟阀

6.3.1 防烟阀应由自动报警触动系统控制。防烟阀应允许从控制站人工操作。

6.3.2 依据 4.3.9.2 的规定,为隔离空气调节系统安装的防烟阀,在系统不运行时应自动关闭。

6.3.3 *在风机关闭时,安装在挡烟板处的防烟阀应允许保持开启状态,条件是防烟阀相关的控制器和烟气探测器保持工作状态。

6.4 *自动控制系统的感烟

6.4.1 试验

所有的自动关断装置应至少每年试验一次。

6.4.2 *位置

认可的用于空气分布系统的烟气探测器的安装位置应符合下列要求：

a) 风量大于 944L/s(2000ft^3/min)的送风系统的空气过滤器下游或是任何分支上游。

b) 风量大于 7080L/s(15000ft^3/min)及多层系统,每层公共回风系统和任意再循环口之前,或接入回风系统的新风口。

注1：由空气分布系统供风的整个空间有区域性的感烟系统保护时,回风系统不应要求安装烟气探测器。

注2：如果风机装置的唯一功能是将室内的空气排到室外,可不必满足上述要求。

6.4.3 *功能

按照 6.4.2 要求设置的烟气探测器在检测到烟气时,应自动关闭与其联锁的风机。

注3：如果回风机作为烟控系统的一部分并且采用不同的控制模式时,可不必满足上述要求。

6.4.4 安装

6.4.4.1 烟气探测器应依据 NFPA 72《国家防火报警规程》进行安装、试验和维护。

6.4.4.2 除了 6.4.3 要求外,安装了认可的防火报警系统的建筑中,依据 6.4 要求安装的烟气探测器应按照 NFPA 72《国家防火报警规程》的要求连接到报警系统中。用于单独关闭风阀或单独关闭供热通风及空调系统的烟气探测器,并不应触发建筑物内的逃生报警系统。

6.4.4.3 满足 6.4 要求的烟气探测器安装在一个建筑中,且该建筑未设置 6.4.4.2 规定的合格的防火报警系统,应满足以下情况：

a) 满足 6.4 要求的烟气探测器在触发时应在正常区域能产生声光报警信号。

b) 故障条件下烟气探测器在正常区域应产生声或光报警信号,且判定为风管探测器故障。

6.4.4.4 烟气探测器的供电单独来自报警系统,仅用于停止风机运行,它不应要求备用电源。

7 验收试验

7.1 总则

7.1.1 * 完成验收试验的目的在于，本标准中所要求的保护措施具有限制火灾和烟气蔓延的功能。

7.1.2 验收试验的结果应有记录，并用于检查。

7.2 防火阀、防烟阀和天花板阀

所有防火阀、防烟阀和天花板阀，应在建筑物使用之前进行试验，以确保其功能满足本标准的要求。

7.3 控制和运行系统

7.3.1 * 与风机关闭和阀自动运行相关的控制应依据本标准的要求进行试验。

7.3.2 通风空调系统中的防火保护装置的验收试验，根据实际，应在正常运行的条件下进行。允许一部分控制或报警系统有备用电源或是其他应急运行模式，试验的完成应确定此条件下，系统的运行与正常条件下相同。

76.《滩海陆岸石油设施检验技术规范》SY/T 7050—2016

6 总体布置

6.1 设计文件审查

作业者应至少提交以下设计文件：
a) 总体说明书。
b) 总体布置图。
c) 危险区划分图。
d) 防火控制图。

6.2 总平面布置审查

6.2.3 原油罐区的布置应符合以下要求：
a) 单独设置的储罐区四周应设置围油堰，设开式排放系统。
b) 原油储罐的位置应远离井口及潜在的着火源。
c) 原油储罐可与无火处理区相邻。

6.2.4 油气处理区的布置应符合以下要求：
a) 满足防火间距要求。
b) 满足设备维修、事故处理要求。
c) 危险区内的电气设备应满足防爆要求。
d) 火炬位置应处于滩海陆岸石油设施全年最小风频风向的上风侧，距火炬 30m 范围内不应有可燃气体放空。

6.2.5 垂向布置应符合以下要求：
a) 油罐、油气处理设备等危险性高的设备，其上部不能布置其他设备。
b) 上下层设备之间应有适当的防火分隔结构。
c) 上部设备不能影响下部设备的事故处理、维修、消防等需要。

6.2.6 通道设置应符合以下要求：
a) 滩海陆岸平台应在与靠船装置相接处至少设置一个登平台通道，并通向生活区。
b) 通道的布置应满足生产、运输、安装、检修及消防的要求。
c) 井口区、无火处理区、原油储存区、通用机械区、生活区应设置逃生通道。每个区域宜设置两个相互远离的逃生通道。

6.3 防火控制图审查

图上应标明消防设施的布置情况，如消防泵、消防管线、消防栓、消防器材、火灾探测器、火灾报警器、火灾报警按钮、防火门、防火窗等。

10 油气工艺

10.1 设计审查

10.1.4 危险区划分审查

10.1.4.1 危险区划分审查应满足以下要求：
a) 0 类危险区：在正常操作条件下，连续出现达到引燃或爆炸浓度的可燃气体或蒸气的区域。
b) 1 类危险区：在正常操作条件下，断续地或周期性地出现达到引燃或爆炸浓度的可燃气体或蒸气的区域。
c) 2 类危险区：在正常操作条件下，不大可能出现达到引燃或爆炸浓度的可燃气体或蒸气的区域。

10.1.4.2 石油天然气火灾危险性应按表 53 分类。

表 53 石油天然气火灾危险性表

类别		特征
甲	A	37.8℃时蒸气压力≥200kPa 的液态烃
甲	B	1. 闪点＜28℃的液体（甲 A 类和液化天然气除外）； 2. 爆炸下限＜10%（体积分数）的气体
乙	A	1. 闪点≥28℃～＜45℃的液体； 2. 爆炸下限≥10%的气体
乙	B	闪点≥45℃～＜60℃的液体
丙	A	闪点≥60℃～≤120℃的液体
丙	B	闪点＞120℃的液体

注1：操作温度超过其闪点的乙类液体视为甲 B 类液体。
注2：操作温度超过其闪点的丙类液体视为乙 A 类液体。
注3：在原油储运系统中，闪点等于或大于60℃，且初馏点等于或大于180℃的原油，宜划为丙类。

10.1.5 油（气）生产工艺系统审查

10.1.5.6 火炬的防火间距应经辐射热计算确定，对可能携带可燃液体的高架火炬和放空管与油气生产设施的间距经安全分析计算后确定，并采取可靠的安全措施。

10.1.5.7 不应设置连续排放可燃气体的冷放空管，可设置间歇排放的冷放空管，其设置要求应符合 GB 50183—2004 中 6.8.8 的规定。

11 电气装置

11.1 设计审查

11.1.6 变配电所的布置审查

11.1.6.1 一般规定：
i) 变配电所、发电机房的防火等级应符合 16.1.3 的规定。

11.1.11 发电机组审查

11.1.11.3 应急柴油发电机组的特殊要求：
a) 柴油机应具有独立的冷却、燃油供给系统，其燃油的闪点（闭杯试验）不低于43℃。

11.1.15 电缆型式与截面选择审查

11.1.15.4 电缆护层类型应符合以下要求：

b) 为电气设备供电的电缆，至少应为阻燃型。在失火状况下，必须维持工作的设备的电缆（包括其供电电缆），若穿过较大失火危险区时，应采用耐火型电缆。

c) 直埋地敷设的电缆宜选用金属铠装层，且金属铠装层外面应有塑料防腐蚀护套。

11.1.16 电缆敷设审查

11.1.16.2 电缆敷设的防火、防爆措施应符合以下要求：

a) 0 类危险区内电缆与电气设备的连接应符合本质安全型（ia）设备连接的要求。

b) 在 1 类危险区内不应有接线箱；若不可避免，则除本质安全型系统外的所有电气设备的接线箱、分线盒、密封接头等都应是防爆型的。

c) 在 2 类危险区内，非铠装电缆或其金属护套不能承受机械损伤的电缆应布设在电缆托架内；离开电缆托架的电缆应用钢管、角铁、槽钢等加以机械防护。

d) 本质安全电路应具有各自的专用电缆，这些电缆应与非本质安全电路电缆分开敷设，且"ib"本质安全电路系统的电缆也应与有部分部件在 0 类危险区的"ia"本质安全电路系统的电缆分开敷设。

e) 与危险区中的设备相连的电力电缆的全部金属护套应至少在它们的两端可靠地接地。

f) 在火灾、爆炸危险环境明敷电缆穿过墙时应穿钢管保护。

g) 在火灾、爆炸危险环境采用非密闭性电缆沟时，应在电缆沟中充砂；电缆穿出地面时应穿钢管，并对管口进行防爆隔离密封处理。

h) 在电缆贯穿于各建筑物的孔洞处、电气盘柜开孔处均应做防火封堵；电缆穿入保护管时，其管口应使用柔性的有机填料做防火封堵。

11.1.17 照明审查

11.1.17.1 一般规定

a) 照明设备的防护性能应与其安装处所的条件相适应；直接固定在木板或其他易燃材料上的灯具，应采取防火隔热措施。

b) 安装于爆炸危险区内的照明与信号设备应符合所在处所防爆等级的要求。

11.1.17.2 主照明和应急照明应符合以下要求：

a) 正常由主电源供电的应急照明，可作为主照明的组成部分；但任一处所的主照明均不能由于应急设备的故障而完全失效。

b) 主照明系统的故障，不应危及应急照明的可用性。

c) 各种应急照明均应在灯具上有明显标志，或在结构上与一般照明灯不同。

11.1.17.3 供电和控制应符合以下要求：

a) 除艇筏登乘处的照明和兼作主照明的应急照明外，在应急照明电路中不得设置就地开关。

b) 插座不应和照明灯接在同一回路，插座回路开关应设漏电保护器。

11.1.18 爆炸危险区域内的电气设备审查

爆炸危险区域内的电气设备应符合以下要求：

a) 爆炸危险环境电气设备选型见表 56；在正常情况下，0 类危险区内不宜设置电气设备；但为了测量、保护或控制的要求，可装设本质安全型电气设备。

表 56 爆炸危险环境电气设备选型

电气设备种类	危险区域分类		
	0 类危险区	1 类危险区	2 类危险区
电机		隔爆型、正压型	隔爆型、正压型、增安型
电器和仪表		隔爆型、本安型	隔爆型、本安型
固定式照明灯具		隔爆型	隔爆型、增安型
操作箱、柱		隔爆型、正压型	隔爆型、正压型
配电箱			隔爆型

b) 防爆电气设备最高表面温度不应超过爆炸性气体的引燃温度。

11.1.19 电伴热和电加热设备审查

11.1.19.1 电伴热设施和电热设备不应导致其附近物体过热而引起火灾或损坏。

11.1.19.2 电伴热设施和电热设备的防护和防爆等级应满足所在处所的要求。

11.1.19.3 电伴热设施和电热设备应设有当温度达到限定值时自动断电的保护装置，配套使用的控制电气设备应具有过载保护、短路保护和漏电保护功能。

11.1.19.4 在 0 类危险区域内不应安装电伴热设施。

11.1.21 防静电审查

11.1.21.1 对爆炸、火灾危险场所内可能产生静电危险的设备和管道，均应采取防静电措施。

11.1.21.2 地上或管沟内敷设的石油天然气管道，在下列部位应设防静电接地装置：

a) 进出装置或设施处。

b) 爆炸危险场所的边界。

c) 管道泵及其过滤器、缓冲器等。

d) 管道分支处以及直线段每隔 200m～300m 处。

11.1.22 接地审查

11.1.22.12 贮存易燃液体和气体的贮罐都应接地。容积大于 50m³ 的贮罐，接地点不宜少于两处，并沿其外围均匀布置。

11.3 年度检验

11.3.2 电气设施应至少检验以下项目：

a) 对发电机组、变压器、电动机、配电柜和其他电气设备进行总体检查，如实际可行，进行运行状态下的检查。

b) 防止触电、电气火灾及其他由电气引起的灾害的预防措施。

c) 对应急电源进行效用试验，并检查应急照明的完整性；自动控制的应急电源应用自动方式进行试验。

d) 审核主要电气设备和电缆的绝缘电阻测量记录。

e) 抽查测量接地点的接地电阻。

f) 对危险区内的电气设备进行检查，确认这些设备适合于所在的处所，并处于良好的状态。

12 仪表与自动控制

12.1 设计审查

12.1.4 控制室审查
12.1.4.2 控制室报警和消防系统应符合以下要求：
a) 控制室内可能出现可燃气体和有毒气体时，应设可燃气体检测报警器和毒性气体检测报警器。
b) 应按烟雾、温感报警信号自动启动或确认后人工启动灭火系统，必要时应切断空调系统进风阀和控制总电源。
c) 灭火系统宜为自动灭火系统与手操式设备相结合，不应用水作为灭火剂。

12.1.6 应急关断系统审查
12.1.6.2 应急关断系统应包括下列部分：
a) 应急关断控制盘（设在控制室）。
b) 手动应急关断启动开关或阀门。
c) 安装在重要工艺设备或公用设备上，能发出应急关断信号的自动检测开关。
d) 火灾与可燃气体探测报警装置。
e) 信号转换及各种执行机构，如电磁阀、切断阀等。

12.1.6.4 应急关断系统设置的关断级别和关断内容应至少符合以下要求：
a) 单元关断应能关断单台设备或单列设备，并可由自动关断或手动开关实现。
b) 生产关断应能关断井口采油树的主安全阀、翼安全阀，关闭生产系统中的所有设备和输油管线。生产关断可由影响主工艺生产的故障、海底管线压力过低信号、生产管线压力过高信号以及全部井口翼安全阀关闭信号等触发。
c) 火灾关断应能触发泄压和生产关断，关闭所有的井上安全阀、井下安全阀，但消防设施、通信设备、直升机甲板边界灯、障碍灯、雾笛、应急照明及发电和供电设备应保持工作状态。
d) 火灾关断可由井口易熔塞回路检测到的火灾触发，或由火灾与可燃气体探测器探测到的异常情况自动或经人工确认后触发。
e) 在发生火灾、爆炸等无法挽回的事故时，人员撤离前应执行最终关断。执行最终关断后，除标示滩海陆岸平台的信号灯（包括障碍灯）和声响信号应供电 4d 外，其他运行的设备和供电应全部关断。

12.1.8 系统供电审查
12.1.8.3 不间断电源应符合以下要求：
a) 不间断电源的容量、电压和频率应满足在应急供电时仪表控制系统、火灾与可燃气体探测报警系统及安全仪表系统的供电要求，并应至少供电 30min。
b) 不间断电源应为在线型。

12.2 建造检验

12.2.9 仪表线路的敷设
仪表线路的敷设应至少检验以下项目：
c) 当线路周围环境温度超过 65℃时，应采取隔热措施。当线路附近有火源时，应采取防火措施。

12.2.11 防爆和接地
12.2.11.1 防爆设备安装应至少检验以下项目：
a) 安装在爆炸和火灾危险场所的仪表设备应有相应等级的防爆产品合格证书。
b) 电缆托架、保护管通过不同等级火灾、爆炸危险场所或危险区域时，在分界处应采取隔离措施。
c) 在爆炸和火灾危险场所安装的仪表箱、分线箱、接线盒及防爆仪表、电气设备，引入电缆时，应采用防爆密封填料函进行密封，外壳上多余的孔应做防爆密封。
d) 本安回路的电缆应单独穿管保护，不得与非本安回路共用同一根保护管或同一根电缆。

13 火灾与可燃气体探测报警系统

13.1 设计审查

13.1.1 作业者应至少提交以下设计文件：
a) 设计单位资质。
b) 设计说明书、技术规格书。
c) 火灾与可燃气体探测报警系统图。
d) 控制室端子柜布置图和接线图（设有端子柜时）。
e) 平面布置图。
f) 电缆敷设图。
g) 设计变更单。

13.1.2 火灾报警系统的设计审查应符合 GB 50116 的规定。
13.1.3 可燃气体报警系统的设计审查应符合 GB 50493 的规定。

13.2 建造检验

13.2.3 火灾与可燃气体探测系统的安装应符合 GB 50166 的规定。
13.2.4 火灾报警系统的布线应符合 11.2.9 的要求。
13.2.5 火灾报警系统的接地应符合 11.2.10 的要求。
13.2.6 可燃气体检测报警系统应至少检验以下项目：
a) 可燃气体检测报警部分应安装在有人监视和便于操作、维护的地方，并避免受振动和高温的影响。
c) 布线应符合本标准自控部分的相关要求。
d) 系统接地应符合自控部分相关要求。

13.4 定期检验
火灾与可燃气体探测报警系统的定期检验应按 13.3 规定的项目进行。

13.5 临时检验
火灾与可燃气体探测报警系统的临时检验应符合 13.2 的规定。

16 消防

16.1 设计审查

16.1.1 作业者应至少提交以下设计文件：

a) 防火控制图。
b) 主防火区域及防火分隔图。
c) 生活区布置详图。
d) 通风系统布置及防火风闸控制图。
e) 氧、乙炔瓶、爆炸品、危险品的存放和布置图。
f) 消防水、泡沫、水喷淋、二氧化碳系统等灭火系统流程图、布置图。
g) 消防水储罐结构、布置图及结构计算书。
h) 消防水量计算书。
i) 泡沫液用量计算书。
j) 二氧化碳用量计算书。

16.1.2 消防布置应符合以下要求：

a) 生活区的设置位置，应处于常年风的主风向的上风向，且距离井口区、油气水处理区以及原油储存区30m以上，如不足30m则面向这些区域的墙防火等级应设计A60级。
b) 危险区和非危险区的设备应有适当的距离。
c) 是否在可能发生爆炸和失火处设置了足够的灭火装置和逃生通道。
d) 消防泵、二氧化碳间等应布置在被保护处所之外的安全地点。
e) 滩海陆岸石油设施消防系统的设置应按照GB 50183的要求进行。

16.1.3 防火结构应符合以下要求：

a) 钢结构防火应符合《海上固定平台安全规则》（国经贸安全〔2000〕944号）中第13章的规定进行。
b) 钢筋混凝土结构防火应符合SY/T 6777—2010中15.2的规定。
c) 通风系统应符合SY/T 6777—2010中10.5的规定。

16.1.4 水消防系统审查：

a) 消防水源应符合以下要求：

1) 如消防水源直接取用海水，审查海水取水位置是否能够满足全天候取水；在潮间带区域的滩海陆岸石油设施不能全天候为消防泵供水时，应设消防储水设施，储水量应能满足滩海陆岸石油设施最大一次火灾的灭火和冷却用水量的要求；消防水连续供给时间应符合16.1.5中d)的规定。

2) 如设置消防水井，应设置消防水罐，水罐的容量应同时满足最大一次火灾灭火和冷却用水要求。在火灾情况下能保证连续补水时，消防水罐的容量可减去火灾延续时间内补充的水量。

3) 当消防水罐和生产、生活用水水池（罐）合并设置时，应采取确保消防用水不作他用的技术措施，在寒冷地区专用的消防水罐应采取防冻措施。

4) 当水罐的容量超过1000m³时分设成相连的两座，水罐的补水时间，不应超过96h。

b) 消防泵应符合以下要求：

1) 至少须配备两台由不同动力源驱动的消防泵，若设置柴油机驱动的消防泵，应柴油机的就地启动和遥控启动装置。

2) 每台泵的排量应能满足按所用规范、标准划分的消防防护区中的任何一个防护区一次火灾所需的100%的水量，且最小排量应满足下列要求：用两支直径19mm的水枪喷水时，其消火栓的出口压力不应低于0.35MPa、出水排量不应

低于11.4L/s。

3) 若安装泡沫系统，则泵至少应使泡沫系统保持0.7MPa。

c) 消防水管应符合以下要求：

1) 消防水总管应能满足消防泵的压力和最大规定出水量的使用要求。

2) 消防水总管应尽量避开危险区域，其布置应能最大限度地利用滩海陆岸石油设施上的结构所提供的任何热屏障或保护；同时消防水总管线应设成环路，并装设隔离阀，其分布位置应能在总管线的任何部位发生机械损坏时，仍得到充分的利用。

3) 应选择较安全的地点设置消火栓。消火栓的布置应确保滩海陆岸石油设施的任一处所发生火灾时，能提供两个不同方向的消防覆盖。

d) 其他：水消防炮系统的设计应符合GB 50338的规定。

16.1.5 水喷淋系统应符合以下要求：

a) 总容量不大于200m³、且单罐容量不大于100m³的油罐区，可不设固定式水喷淋系统。

b) 水喷淋控制装置应设在需要喷淋的设备集中区域及人员易于到达的安全位置。

c) 对水喷淋系统用水量进行核算。地上立式原油储罐、相邻原油储罐水喷淋强度不应小于2.5L/(m²·min)；地上卧式油罐、压力容器及相邻压力容器水喷淋强度不应小于6L/(m²·min)，冷却面积按压力容器投影面积计算。

d) 直径大于20m的地上原油储罐的消防水连续供给时间不应小于6h；其他立式原油储罐的消防水连续供给时间不应小于4h；地上卧式油罐、压力容器的消防水连续供给时间不应小于1h。

16.1.6 泡沫灭火系统应符合以下要求：

a) 泡沫灭火系统灭火面积，应为所保护的危险区的最大水平面积（储罐除外）。

b) 泡沫消防炮系统的设计应满足GB 50338的要求。

c) 混合液的储量、供给速率及供给时间等应符合下列原则：

1) 在生产、处理工艺区内混合液的供给速率应至少在6.63L/(m²·min)，能充分供应至少10min。

2) 对小型储罐（液面面积小于37.2m²），混合液的供给速率应至少在6.63L/(m²·min)，能充分供应至少10min。对大于37.2m²液体表面的原油储罐，供给速率应大于6.63L/(m²·min)，能充分供应至少65min。

3) 对其他区域，混合液供给速率不小于4.2L/(m²·min)，能充分供应至少10min。

4) 按以上计算泡沫混合液的储量，应再加20%的裕量。

16.1.7 二氧化碳灭火系统应符合以下要求：

a) 二氧化碳灭火系统装置应设置在被保护处所之外的安全地点。

b) 控制装置应位于接近且不致为受保护处所的火灾所隔断的区域，且应能以自动和手动两种方式释放。

c) 被保护处所设有声、光报警装置及释放延时装置。报警后应延时10s~60s（可调）启动。

d) 灭火剂用量应符合下列要求：

1) 变压器、转动电气设备的二氧化碳灭火浓度不应小于30%（体积分数），灭火时间不应小于2min。

2) 发电机、电动机、变频机等，其保护容积在 55m³ 以下时，起火后 2min 内二氧化碳的灭火浓度不应小于 1.6kg/m³。保护容积大于 55m³ 时，2min 内二氧化碳的灭火浓度不应小于 1.3kg/m³。

3) 存放乙炔的处所，二氧化碳的灭火浓度不应小于 66%（体积分数）。

4) 存放油气类的处所，二氧化碳的灭火浓度不应小于 40%（体积分数）。

5) 当保护空间内温度在 90℃ 以上时，每增加 3℃，二氧化碳量应增加 1%；当空间内温度在 −18℃ 以下时，每降低 0.5℃，二氧化碳量应增加 1%。

16.1.8 消防器材的配备应符合 SY 6634—2012 中 6.2.5.1 的规定。

16.2 建造检验

16.2.1 施工单位应至少提交以下资料：
a) 施工组织设计或方案。
b) 制造厂提供的材料和设备的说明书、试验报告、合格证件、安装图纸等文件；消防泵、泡沫泵、泡沫液罐、消防炮、消防栓、消防水枪、二氧化碳灭火装置、灭火器、耐火结构等应具有发证检验机构签发的产品认可证书。
c) 进口设备应提供商检证明和中文的质量合格证明文件、出厂试验报告等技术文件。
d) 工序报验资料。
e) 单机调试大纲。

16.2.2 一般规定：
a) 材料和设备的型号、规格、功能应符合设计要求。
b) 设备、管线、电缆等的外观完好，管线壁厚达到设计要求。
c) 设备基础经验收合格。
d) 设备、管线、电缆安装位置符合设计要求。
e) 设备的水平度、垂直度、与基础的固定符合设计要求。

16.2.3 防火结构应至少检验以下项目：
a) 检查防火结构的安装是否满足防火要求，防火等级是否符合设计要求。
b) 检查用于危险区的通风设备和部件是否采用防爆型。
c) 对通风设备的安装进行检查，应能保证封闭处所的正常通风。
d) 对通风设备进行效用试验。

16.2.4 水消防系统：
a) 消防泵应至少检验以下项目：
1) 检查消防泵的配置数量和位置与设计的符合性。
2) 功能试验。对不同动力源驱动的消防泵进行功能试验，应能即时投入使用，且排量能够达到能够满足设计要求；对柴油机驱动的消防泵进行就地和遥控启动试验，能够立即启动。
3) 水消防系统的整体试验。
b) 消防水源应至少检验以下项目：
1) 检查消防水源的设置是否满足设计要求。
2) 对设置的消防水罐的安装进行检验。对消防水罐的基础、底板、壁板的安装进行检验应符合设计要求，对无损检测情况进行抽查，对消防水罐的试验项目进行检验应符合设计要求。

c) 消防水管路应至少检验以下项目：
1) 对管线的防腐进行检验应达到设计要求；对消防水管的安装进行现场检验，检查焊缝外观无不容许缺陷、核查设计图纸的安装位置无误、无损检测报告合格。
2) 对管路的吹扫和压力试验进行检验，符合设计要求。
3) 检查消防水管线的保温。
d) 消防炮、消防栓、消防枪应至少检验以下项目：
1) 检查消防栓的设置数量和位置是否符合设计要求。
2) 检查消防水枪和消防水带是否共同存放在同一部位的专用箱内，该专用箱应在消防栓的旁边。
3) 水消防炮系统的设计应满足 GB 50338 的要求。

16.2.5 水喷淋系统应至少检验以下项目：
a) 检查喷淋系统的管路是否采用内外镀锌钢管或等效材料。
b) 检查喷嘴是否采用耐热、耐腐蚀的材料制成，且应为单孔式，内径不小于 10mm。
c) 检查喷头的布置是否能够在被保护的面积上均匀的喷淋。
d) 水喷淋管路安装后做吹通，管路吹通后进行 1.5 倍设计压力下的水密试验或做 1.1 倍设计压力下的气密试验。
e) 进行水喷淋效用试验。

16.2.6 泡沫灭火系统：
a) 泡沫液罐和泵应至少检验以下项目：
1) 检查泡沫液是否处在有效期内。
2) 检查压力比例混合器的安装顺序。
3) 功能试验，能够满足使用要求。
b) 其他：对泡沫灭火系统的管路、泡沫枪、泡沫炮等的检验参见 16.2.4 的相关要求执行。

16.2.7 二氧化碳灭火系统应至少检验以下项目：
a) 检查安装的二氧化碳气瓶的容量是否符合设计要求。
b) 检查管路的连接与固定。
c) 管路空气吹扫试验。
d) 管路气密试验。
e) 瓶头阀至分配阀箱管段的液压试验。
f) 手动及遥控释放箱功能试验。
g) 检查遥控释放装置，并作释放前的报警试验，检查被保护处所是否声光报警。

16.2.8 消防器材：
a) 消防员装备应至少检验以下项目：
1) 检查消防员装备的数量和位置。
2) 消防员个人装备的完整性。
b) 灭火器应至少检验以下项目：
1) 检查灭火器的数量和摆放位置。
2) 灭火器的有效性。

16.3 年度检验

16.3.1 作业者应至少提交以下资料：
a) 设备运行记录。
b) 设备维修保养记录。
c) 上次检验的检验报告。
d) 防火控制图。

16.3.2 检验项目：

a) 防火结构和通风应至少检验以下项目：
1) 对所有防火结构进行外观检查，应完好无损。
2) 对手动和自动防火门、窗进行开关试验，能够开关自如。
3) 对通风设备进行效用试验。

b) 水消防系统应至少检验以下项目：
1) 对所有的消防泵进行运转试验。
2) 外观检验泵及法兰的连接是否牢固，有无渗漏。
3) 检验消防总管、消防栓、管路、国际通岸接头、隔离阀、消防炮、消防水带、水枪等有无损坏。
4) 对隔离阀、消防栓进行开关试验，对消防炮进行手动和遥控转动试验，检验其灵活性。
5) 进行效用试验，选择部分水枪作喷水喷雾试验。

c) 水喷淋系统应至少检验以下项目：
1) 对供水泵进行启动、运转试验。
2) 检查水喷淋系统的喷头是否堵塞。
3) 进行效用试验，检验水喷淋系统是否能有效覆盖被保护处所。

d) 泡沫灭火系统应至少检验以下项目：
1) 对供水泵进行启动、运转试验。
2) 检查泡沫液的数量、质量及有效期。
3) 检查泡沫液罐的技术状况。
4) 检查管路和阀件的技术状况，对阀件进行开关试验。

e) 二氧化碳灭火系统应至少检验以下项目：
1) 对二氧化碳灭火系统装置、管路及喷头进行外观检查。
2) 检查二氧化碳气瓶的称重记录。
3) 检查遥控释放装置，并作释放前的报警试验。

f) 消防器材应至少检验以下项目：
1) 依据防火控制图检查各处灭火器的配备数量和位置是否正确。
2) 检查处所内配备的灭火器的种类是否符合 16.2.8 中 b) 的要求。
3) 检查灭火器的驱动压力是否合格，灭火剂是否在有效期内、外观是否良好。
4) 检查消防员装备的配备数量及位置是否合适。
5) 检查呼吸器的数量及压力是否合格。

16.4 定期检验

消防系统的定期检验除按 16.3 的规定进行外，还应检验以下项目：

a) 对检验后的可疑容器及管段，作业者应委托专业设备检验机构对固定式灭火系统的管路及附属件进行腐蚀检查、壁厚测量或进行压力试验，必要应进行拆检。
b) 对水喷淋系统进行喷水试验。
c) 对二氧化碳灭火系统的管路进行吹通试验。

16.5 临时检验

消防系统的临时检验应符合 16.2 的规定。

77.《人工岛总图及岛体结构技术规范》SY/T 6771—2017

4 总图布置

4.2 平面布置原则及设备分区

4.2.1 平面布置应符合下列原则：

1 人工岛平面应按分区布置。安全距离宜符合现行国家标准《石油天然气工程设计防火规范》GB 50183 的有关规定，安全距离不满足现行国家标准《石油天然气工程设计防火规范》GB 50183 时，应采取防火墙、水幕等必要的隔离措施。

2 有进海路与陆地连接的人工岛，平面布局应执行现行国家标准《石油天然气工程设计防火规范》GB 50183。

3 应能满足安全、防火、消防的要求。
4 生产装置的布局应使工艺流程合理。
5 区域内部、区域之间布局应紧凑合理。
7 应满足人员逃生和救生的要求。
8 工艺设备布局应兼顾结构设计的要求。
9 应满足生产维修及事故处理的要求。

4.2.2 设备分区布置应符合表 4.2.2 的规定。

表 4.2.2 设备分区

序号	区域	位置要求	布置在区内的主要设备	可布置在区内的其他设备
1	井口区	远离着火源和燃料源	（F）井口 （F）节流管汇 （F）生产、计量管汇	起重设备（A型） 消防设施 助航设施 （F）间接加热器 开式排放设施 加药设施
2	无火处理区	远离着火源	（F）分离器 （F）闭式/开式排放设施 （F）计量装置 （F）清管收发装置 （F）天然气处理装置 （F）间接加热器 （F）小型原油罐（≤16m²） 加药设施 水处理设施	（F）节流管汇 （F）生产、计量管汇 起重设备（A型） 消防设施 助航设施 泵（A型） （I）空气压缩机（A型）
3	原油存储区	远离着火源	（F）原油储罐 （F）燃料油储罐 （F）蒸汽吞吐放喷罐	（F）清管收发装置 加药设施 水处理设备 （F）天然气销售站 起重设备（A型） 泵（A型） 消防设备 助航设施
4	有火处理区	远离燃料源	（I）有火加热设备 （I）一体化橇装导热油炉、膨胀罐、低位罐装置 水处理设施 注水设施 助航设施	（I）发电机组 （F）闭式/开式排放设施 （I）火炬 消防设施 （I）海水淡化装置 （I）起重设备（A或B型） （F）清管收发装置 （I）注汽设施
5	机械区	远离燃料源	（I）压缩机（A或B型） （I）泵（A或B型） （I）发电机组 （I）起重设备（A或B型） （I）自动转输油系统（A或B型） （I）空气压缩机（A或B型） 维修间、修井设施（A或B型）	助航设施 海水淡化装置 消防设备 清管收发装置
6	生活区	人员安全	（I）海水淡化装置 化验室、中控室 生活楼、临时避难房	（I）起重设备（A或B型） 助航设施 发电机 变配电设施
7	码头区	远离着火源	消防设备 救生艇 救生筏	助航设施

注：F—燃料源；A型—手动的，液动的或防爆电动机驱动的设备；
I—着火源；B型—内燃机或电动机驱动的设备。

4.2.3 设备各分区布置应符合下列要求：

1 直升机停机坪应布置在岛体生活设施主体结构的最高点，或者岛体的边缘。

4.3 布置要求

4.3.2 无火处理区：

1 无火处理区布置应符合下列要求：

 1）无火处理区应与火源分开，或采取保护措施与火源相隔离，可应用防火墙与易散发火花的设备隔开。

 2）无火处理设备若无保护，则不应直接放在有火设备的上面或者下方。

5 泵及压缩机布置要求：

 1）压缩机、泵宜露天或棚式布置；输送甲乙类液体的泵、可燃气体压缩机不应与空气压缩机同室布置。

 2）压缩机的上方不应布置含甲、乙、丙类介质的设备，但自用的高位润滑油不受此限。

6 储水罐可布置在原油储存区，当储水罐单建时可与注水泵房分层布置。含油污水罐、储水罐可布置在原油储存区。

4.3.3 原油存储区：

2 原油储罐的位置应远离井口或者与井口相隔离，并应远离潜在的着火源。

3 原油储罐可与燃料油罐、污水处理各类罐、储水罐等共同布置，原油储罐区可与无火处理区相邻。

4 罐区应采取措施，防止原油溢流入其他生产区。原油储罐与水处理储罐间应有隔墙。

5 原油储罐区可与无火处理容器相邻。

4.3.4 有火处理区：

1 有火处理区布置应符合下列要求：

 1）有火处理区的设备应远离井口、无火处理设备和原油储罐。

 2）有火处理设备与非防爆机械设备可安排在相邻的位置上。

 3）有火处理设备与其他油气处理设备如果位于同一结构物上，应封闭或隔离。

4.3.6 生活区布局应符合下列要求：

1 生活区应处于全年最小风频风向的下风侧。

2 生活区应集中布置。

3 生活区应最大限度地与燃料源相隔离。

4 生活区与生产区毗邻并不能保证安全距离时，生活区应设防火墙，或采取其他措施与危险区隔离。防火墙作为生活区建筑物总体的一部分时，墙上不应设洞口、门窗。

6 生活区应接近救生艇或直升机停机坪。

7 通信塔应布置在生活区，其设置方式应不妨碍直升机的起降，并应靠近通信室。

8 主电源供配电设施与应急电源供配电设施应分开布置，并尽量远离；应急发电机与应急配电盘应安装在同一处所。

4.3.8 通道布置应符合下列要求：

8 井口区、无火处理区和原油存储区以及通用机械区和生活区应设置逃生通道。每个区域宜设置两个相互远离的逃生通道，考虑到区域或处所的大小和性质等因素也可仅设一个逃生通道。

9 生活区、机器处所内逃生通道的净宽度不应小于1m，其他区域逃生通道宽度不应小于1.2m。生活区不应设置长度超过7m而一端不通的走廊。

10 逃生梯宽度不应小于0.70m（生活区的梯宽不应小于0.8m），斜度不应大于50°。

11 逃生通道应能通往登艇地点或与岛相连的道路入口。

12 逃生通道应设置清楚的逃生路标。

4.3.9 安全泄放设施的布置应符合下列要求：

1 火炬宜单独设置栈桥引出人工放空，位置处在人工岛全年最小风频风向的上风侧。

2 火炬高度，应经辐射热计算确定。

3 距火炬30m范围内，不应有可燃气体冷放空。

4.5 管线综合

4.5.7 地下管道与建（构）筑物的距离应符合表4.5.7-1的要求。

地下管道间距应符合表4.5.7-2的要求。

表4.5.7-1 地下管道与建（构）筑物的最小水平净距（m）

名称	压力流给排水管道（mm）			自流排水管道（mm）			热力管线（沟）	易燃和可燃液(气)体管线	≤10kV电力电缆	电缆沟	照明、通信、仪表控制电缆
	≤150	200～400	>400	雨水<800 污水<300	雨水800～1500 污水400～600	雨水>1500 污水>600					
建（构）筑物基础外缘	1.0	2.5	3.0	1.5	2.0	2.5	1.5	5.0①	0.5	1.5	0.5
道路	0.8	1.0	1.0	0.8	1.0	1.0	1.5	1.5	1.5	0.8	0.5
管架基础外缘	0.8	1.0	1.0	0.8	1.0	1.2	1.0	1.0	1.0	0.8	0.5
照明电线杆柱	0.5	1.0	1.0	0.8	1.0	1.2	1.0	1.0	1.0	0.8	0.5
围墙基础外缘	1.0	1.0	1.0	1.0	1.0	1.0	1.0	1.0	1.0	1.0	0.5
排水沟外缘	0.8	0.8	0.8	0.8	0.8	0.8	1.0	1.0	1.0	1.0	0.5

注：1 本表中间距起算点：管线自管壁、沟壁或防护设施外缘或最外一根电缆算起；道路为城市型时，从路面边缘算起，为公路型时，从路肩边缘算起。

 2 各种管线与建（构）筑物基础外缘和管架基础外缘的净距，是指管线与基础同一标高时的间距，当管线埋深超过建（构）筑物基础底面埋深0.5m以上时，应按土壤性质进行核算。

 ① 是指管壁厚度不小于11.9mm的易燃和可燃液（气）体管线与工业建筑基础外缘的间距。其他管壁厚度的易燃和可燃液（气）体管线与工业建筑基础外缘的间距，以及易燃和可燃液（气）体管线与民用建筑基础外缘的间距尚应符合现行国家标准《城镇燃气设计规范》GB 50028和《输气管道工程设计规范》GB 50251的规定。

 ② 是指距铁路路堤坡脚线之间的距离。

 3 本表不适用于湿陷性黄土地区及膨胀土等特殊地区。

 4 注水管线距建（构）筑物的最小水平净距不应小于5m；否则，应采取相应的安全措施。

表 4.5.7-2 地下管道间距（m）

名称		压力流给排水管道（mm）			排水管道（mm）			热力管线（沟）	易燃和可燃液(气)体管线	≤10kV电力电缆	电缆沟（管）	照明、通信、仪表控制电缆
		≤150	200～400	>400	雨水<800 污水<300	雨水800～1500 污水400～600	雨水>1500 污水>600					
压力流给排水管道（mm）	≤150	—	—	—	0.8	1.0	1.2	1.0	1.5	0.8	1.0	0.5
	200～400	—	—	—	1.0	1.2	1.5	1.2	1.5	1.0	1.2	1.0
	>400	—	—	—	1.0	1.5	2.0	1.5	1.5	1.0	1.5	1.2
自流排水管道（mm）	雨水<800 污水<300	0.8	1.0	1.0	—	—	—	1.0	2.0	0.8	1.0	0.8
	雨水800～1500 污水400～600	1.0	1.2	1.5	—	—	—	1.2	2.0	1.0	1.2	1.0
	雨水>1500 污水>600	1.2	1.5	2.0	—	—	—	1.5	2.0	1.0	1.5	1.0
热力管线（沟）		1.0	1.2	1.5	1.0	1.2	1.5	—	2.0	1.0	2.0	0.8
易燃和可燃液（气）体管线		1.5	1.5	1.5	2.0	2.0	2.0	2.0	—	2.5	1.5	1.5
≤10kV电力电缆		0.8	1.0	1.0	0.8	1.0	1.0	1.0	2.5	—	0.5	0.5
电缆沟（管）		1.0	1.2	1.5	1.0	1.2	1.5	2.0	1.5	0.5	—	0.5
照明、通信、仪表控制电缆		0.5	1.0	1.2	0.8	1.0	1.0	0.8	1.5	0.5	0.5	—

注：1 本表中间距起算点：管线自管壁、沟壁或防护设施外缘或最外一根电缆算起。
2 当热力管（沟）与电力电缆间距不能满足本表规定时，应采取隔热措施，特殊情况下，可酌减但最多减少1/2。
3 局部地段电力电缆穿管保护或加隔板后与压力流给排水管道和自流排水管道的间距可减少到0.5m，与穿管通信电缆的间距可减少到0.1m。
4 表中间距是按照给水管道在污水管道的上方制定的。生活饮用水管道与生活污水管道的间距应按表中间距增加50%；生产污水管道与雨水沟（渠）和给水管之间的间距可减少20%，与通信电缆、电力电缆及电缆沟之间的间距可减少20%，但不得小于0.5m。
5 当给水管和排水管共同埋设在砂土类土壤内时，且给水管的材质为非金属或非合成塑料时，给水管与排水管的间距不应小于1.5m。
6 仅供采暖用的热力管沟与电力电缆、通信电缆的电缆沟之间的间距可减少20%，当不得小于0.5m。
7 本表中管径系指公称直径。
8 本表中"—"表示间距未作规定，可根据具体情况确定。

5.8 石化工程

78.《储罐区防火堤设计规范》GB 50351—2014

1 总 则

1.0.2 本规范适用于地上液态储罐区的新建和改建、扩建工程中的防火堤、防护墙的设计。

1.0.3 防火堤、防护墙的设计,应在满足各项技术要求的基础上,因地制宜,合理选型,达到安全耐久、经济合理的效果。

2 术 语

2.0.5 防护墙 safety wall

用于常温条件下通过加压使气态变成液态的储罐组发生泄漏事故时,防止下沉气体外溢的构筑物。

2.0.6 隔墙 dividing wall

用于减少防护墙内储罐发生少量泄漏事故时液体变成气体前的影响范围,而将一个储罐组分隔成若干个分区的构筑物。

2.0.7 防火堤内有效容积 effective capacity surrounded by dikes

一个储罐组的防火堤内可以有效利用的容积。

2.0.8 设计液面高度 design height of liquid level

计算防火堤有效容积时堤内液面的设计高度。

2.0.9 防火堤内堤脚线 inboard toe line of dike

防火堤内侧或其边坡与防火堤内设计地面的交线。

2.0.10 防火堤外堤脚线 outboard toe line of dike

防火堤外侧或其边坡与防火堤外侧设计地面的交线。

3 防火堤、防护墙的布置

3.1 一般规定

3.1.1 防火堤、防护墙的选用应根据储存液态介质的性质确定。

3.1.2 防火堤、防护墙应采用不燃烧材料建造,且必须密实、闭合、不泄漏。

3.1.3 防火堤的防火性能应符合现行国家标准《石油天然气工程设计防火规范》GB 50183、《石油储备库设计规范》GB 50737、《石油库设计规范》GB 50074、《石油化工企业设计防火规范》GB 50160 的相关规定。

3.1.4 进出储罐组的各类管线、电缆应从防火堤、防护墙顶部跨越或从地面以下穿过。当必须穿过防火堤、防护墙时,应设置套管并应采用不燃烧材料严密封闭,或采用固定短管且两端采用软管密封连接的形式。

3.1.6 防火堤、防护墙内场地设置排水明沟时应符合下列要求:

5 排水明沟宜设置格栅盖板,格栅盖板的材质应具有防火、防腐性能。

3.1.7 每一储罐组的防火堤、防护墙应设置不少于 2 处越堤人行踏步或坡道,并应设置在不同方位上。隔堤、隔墙应设置人行踏步或坡道。

3.1.8 防火堤的相邻踏步、坡道、爬梯之间的距离不宜大于 60m,高度大于或等于 1.2m 的踏步或坡道应设护栏。

3.2 油罐组防火堤的布置

3.2.1 同一防火堤内的地上油罐布置应符合下列规定:

1 在同一防火堤内,宜布置火灾危险性类别相同或相近的油品储罐(甲$_B$类、乙类和丙$_A$类油品储罐可布置在同一防火堤内,但不宜与丙$_B$类油品储罐布置在同一防火堤内),当单罐容积小于或等于 1000m^3 时,火灾危险性类别不同的常压储罐也可布置在同一防火堤内,但应设置隔堤分开;

2 沸溢性的油品储罐不应与非沸溢性油品储罐布置在同一防火堤内,单独成组布置的泄压罐除外;

3 常压油品储罐不应与液化石油气、液化天然气、天然气凝液储罐布置在同一防火堤内;

7 储存Ⅰ级和Ⅱ级毒性液体的储罐不应与其他易燃和可燃液体储罐布置在同一防火堤内。

3.2.2 同一防火堤内油罐总容量及油罐数量应符合下列规定:

1 固定顶油罐及固定顶油罐与浮顶、内浮顶油罐混合布置,其总容量不应大于 120000m^3,其中浮顶、内浮顶油罐的容积可折半计算;

2 钢浮盘内浮顶油罐总容量不应大于 360000m^3,易熔材料浮盘内浮顶油罐总容量不应大于 240000m^3;

3 外浮顶油罐总容量不应大于 600000m^3;

4 单罐容量大于或等于 1000m^3 时油罐数量不应多于 12 座,单罐容量小于 1000m^3 或仅储存丙$_B$类油品时油罐数量可不限;

5 油罐不应超过 2 排,但单罐容量小于 1000m^3 的储存丙$_B$类油品的油罐不应超过 4 排,润滑油罐的单罐容积和排数可不限。

3.2.3 立式油罐的罐壁至防火堤内堤脚线的距离,不应小于罐壁高度的一半;卧式油罐的罐壁至防火堤内堤脚线的距离不应小于 3m;建在山边的油罐,靠山的一面,罐壁至挖坡坡脚线距离不应小于 3m。

3.2.4 相邻油罐组防火堤外堤脚线之间应有消防道路或留有宽度不小于 7m 的消防空地。

3.2.5 油罐组防火堤内有效容积不小于油罐组内一个最大油罐的公称容量。

3.2.6 油罐组防火堤顶面应比计算液面高出 0.2m。立式油罐组的防火堤高于堤内设计地坪不应小于 1.0m,高于堤外设计地坪或消防道路路面(按较低者计)不应大于 3.2m。卧式油罐组的防火堤高于堤内设计地坪不应小于0.5m。

3.2.7 油罐组防火堤有效容积应按下式计算：

$$V = AH_j - (V_1 + V_2 + V_3 + V_4) \quad (3.2.7)$$

式中：V——防火堤有效容积（m^3）；

A——由防火堤中心线围成的水平投影面积（m^2）；

H_j——设计液面高度（m）；

V_1——防火堤内设计液面高度内的一个最大油罐的基础露出地面的体积（m^3）；

V_2——防火堤内除一个最大油罐以外的其他油罐在防火堤设计液面高度内的体积和油罐基础露出地面的体积之和（m^3）；

V_3——防火堤中心线以内设计液面高度内的防火堤体积和内培土体积之和（m^3）；

V_4——防火堤内设计液面高度内的隔堤、配管、设备及其他构筑物体积之和（m^3）。

3.2.12 油罐组内隔堤的布置应符合下列规定：

1 单罐容量小于5000m^3时，隔堤内油罐数量不应多于6座；

2 单罐容量等于或大于5000m^3且小于20000m^3时，隔堤内油罐数量不应多于4座；

3 单罐容量等于或大于20000m^3且小于50000m^3时，隔堤内油罐数量不应多于2座；

4 单罐容量等于或大于50000m^3时，隔堤内油罐数量不应多于1座；

5 沸溢性油品油罐，隔堤内储罐数量不应多于2座；

6 非沸溢性丙$_B$类油品油罐，隔堤内储罐数量可不受以上限制，并可根据具体情况进行设置。

3.3 液化石油气、天然气凝液、液化天然气及其他储罐组防火堤、防护墙的布置

3.3.1 防火堤、防护墙的设计高度，应符合下列规定：

1 全冷冻式液化石油气、天然气凝液及液化天然气单防罐储罐组的防火堤高度应符合下列规定：

　1）防火堤内的有效容积应容纳储罐组内一个最大罐的容量；

　2）防火堤高度应比设计液面高度高出0.2m。

3.3.2 全冷冻式液化石油气、天然气凝液及液化天然气单防罐储罐罐壁至防火堤内堤脚线的距离，不应小于储罐最高液位高度与防火堤高度之差加上液面上气相当量压头之和；当防火堤高度大于或等于储罐最高液位高度时距离可不限。全压力式或半冷冻式液化烃储罐罐壁到防护墙的距离不应小于3m。

3.3.3 相邻液化石油气、天然气凝液及液化天然气单防罐储罐组的防火堤之间，应设消防道路。

3.3.4 同一防火堤、防护墙内储罐总容量及储罐数量应符合下列规定：

1 全压力式或半冷冻式储罐数量不应多于12座且不应超过2排，沸点低于45℃甲$_B$类液体压力储罐总容积不宜大于60000m^3；

2 全冷冻式储罐总容量不应超过200000m^3，储罐数量不宜多于2座。

3.3.7 储罐组内的隔堤、隔墙的设置应符合下列规定：

1 全压力式储罐组总容积大于8000m^3时应设隔墙，隔墙内各储罐容积之和不应大于8000m^3，当单罐容量大于或等于5000m^3时应每罐一隔；

2 全冷冻式单防罐组应每罐设置一隔堤；

3 沸点低于45℃的甲$_B$类液体压力储罐隔堤内总容积不宜大于8000m^3，单罐容积大于或等于5000m^3时应每罐一隔。

4 防火堤的选型与构造

4.2 构　造

4.2.4 防火堤、防护墙、隔堤及隔墙的伸缩缝应根据建筑材料、气候特点和地质条件变化情况进行设置，并应符合下列规定：

4 伸缩缝应采用非燃烧的柔性材料填充或采取其他可靠的构造措施。

79. 《石油化工企业设计防火标准》GB 50160—2008（2018年版）

2 术　语

2.0.1　石油化工企业　petrochemical enterprise
以石油、天然气及其产品为原料，生产、储运各种石油化工产品的炼油厂、石油化工厂、石油化纤厂或其联合组成的工厂。

2.0.2　厂区　plant area
工厂围墙或边界内由生产区、公用和辅助生产设施区及生产管理区组成的区域。

2.0.3　生产区　production area
由使用、产生可燃物质和可能散发可燃气体的工艺装置或设施组成的区域。

2.0.4　公用和辅助生产设施　utility and auxiliary facility
不直接参加石油化工生产过程，在石油化工生产过程中对生产起辅助作用的必要设施。

2.0.5　全厂性重要设施　overall major facility
发生火灾时，影响全厂生产或可能造成重大人身伤亡的设施。全厂性重要设施可分为以下两类：
第一类：发生火灾时可能造成重大人身伤亡的设施。
第二类：发生火灾时影响全厂生产的设施。

2.0.6　区域性重要设施　regional major facility
发生火灾时影响部分装置生产或可能造成局部区域人身伤亡的设施。

2.0.7　明火地点　fired site
室内外有外露火焰、赤热表面的固定地点。

2.0.8　明火设备　fired equipment
燃烧室与大气连通，非正常情况下有火焰外露的加热设备和废气焚烧设备。

2.0.9　散发火花地点　sparking site
有飞火的烟囱、室外的砂轮、电焊、气焊（割）、室外非防爆的电气开关等固定地点。

2.0.10　装置区　process plant area
由一个或一个以上的独立石油化工装置或联合装置组成的区域。

2.0.11　联合装置　multiple process plants
由两个或两个以上独立装置集中紧凑布置，且装置间直接进料，无供大修设置的中间原料储罐，其开工或停工检修等均同步进行，视为一套装置。

2.0.12　装置　process plant
一个或一个以上相互关联的工艺单元的组合。

2.0.13　装置内单元　process unit
按生产流程完成一个工艺操作过程的设备、管道及仪表等的组合体。

2.0.14　工艺设备　process equipment
为实现工艺过程所需的反应器、塔、换热器、容器、加热炉、机泵等。

2.0.15　封闭式厂房（仓库）　enclosed industrial building (warehouse)
设有屋顶，建筑外围护结构全部采用封闭式墙体（含门、窗）构造的生产性（储存性）建筑物。

2.0.16　半敞开式厂房　semi-enclosed industrial building
设有屋顶，建筑外围护结构局部采用封闭式墙体，所占面积不超过该建筑外围护体表面面积的1/2（不含屋顶的面积）的生产性建筑物。

2.0.17　敞开式厂房　opened industrial building
设有屋顶，不设建筑外围护结构的生产性建筑物。

2.0.18　装置储罐（组）　storage tanks within process plant
在装置正常生产过程中，不直接参加工艺过程，但工艺要求，为了平衡生产、产品质量检测或一次投入等需要在装置内布置的储罐（组）。

2.0.19　液化烃　liquefied hydrocarbon
在15℃时，蒸气压大于0.1MPa的烃类液体及其他类似的液体。

2.0.20　液化石油气　liquefied petroleum gas (LPG)
在常温常压下为气态，经压缩或冷却后为液态的 C_3、C_4 及其混合物。

2.0.21　沸溢性液体　boil-over liquid
当罐内储存介质温度升高时，由于热传递作用，使罐底水层急速汽化，而会发生沸溢现象的黏性烃类混合物。

2.0.22　防火堤　dike
可燃液态物料储罐发生泄漏事故时，防止液体外流和火灾蔓延的构筑物。

2.0.23　隔堤　intermediate dike
用于减少防火堤内储罐发生少量泄漏事故时的影响范围，而将一个储罐组隔分成多个分区的构筑物。

2.0.24　罐组　a group of storage tanks
布置在一个防火堤内的一个或多个储罐。

2.0.25　罐区　tank farm
一个或多个罐组构成的区域。

2.0.26　浮顶罐　floating roof tank (external floating roof tank)
在敞开的储罐内安装浮舱顶的储罐，又称为外浮顶罐。

2.0.27　常压储罐　atmospheric storage tank
设计压力小于或等于6.9kPa（罐顶表压）的储罐。

2.0.28　低压储罐　low-pressure storage tank
设计压力大于6.9kPa且小于0.1MPa（罐顶表压）的储罐。

2.0.29　压力储罐　pressurized storage tank
设计压力大于或等于0.1MPa（罐顶表压）的储罐。

2.0.30　单防罐　single containment storage tank
带隔热层的单壁储罐或由内罐和外罐组成的储罐。其内罐能适应储存低温冷冻液体的要求，外罐主要是支撑和保护隔热层，并能承受气体吹扫的压力，但不能储存内罐泄漏出的低温冷冻液体。

2.0.31 双防罐 double containment storage tank

由内罐和外罐组成的储罐。其内罐和外罐都能适应储存低温冷冻液体，在正常操作条件下，内罐储存低温冷冻液体，外罐能够储存内罐泄漏出来的冷冻液体，但不能限制内罐泄漏的冷冻液体所产生的气体排放。

2.0.32 全防罐 full containment storage tank

由内罐和外罐组成的储罐。其内罐和外罐都能适应储存低温冷冻液体，内外罐之间的距离为1m～2m，罐顶由外罐支撑，在正常操作条件下内罐储存低温冷冻液体，外罐既能储存冷冻液体，又能限制内罐泄漏液体所产生的气体排放。

2.0.33 火炬系统 flare system

通过燃烧方式处理排放可燃气体的一种设施，分高架火炬、地面火炬等。由排放管道、分液设备、阻火设备、火炬燃烧器、点火系统、火炬筒及其他部件等组成。

2.0.34 稳高压消防水系统 stabilized high pressure fire water system

采用稳压泵维持管网的消防水压力大于或等于0.7MPa的消防水系统。

2.0.35 厂际管道 pipelines between the site boundary and off-site

石油化工企业、油库、油气码头等相互之间输送可燃气体、液化烃和可燃液体物料的管道（石油化工园区除外）。其特征是管道敷设在石油化工企业、油库、油气码头等围墙或用地边界线之间且通过公共区域、长度小于或等于30km。

3 火灾危险性分类

3.0.1 可燃气体的火灾危险性分类应按表3.0.1分类。

表3.0.1 可燃气体的火灾危险性分类

类别	可燃气体与空气混合物的爆炸下限
甲	<10%（体积）
乙	≥10%（体积）

3.0.2 液化烃、可燃液体的火灾危险性分类应按表3.0.2分类，并应符合下列规定：

    1 操作温度超过其闪点的乙类液体应视为甲$_B$类液体；

    2 操作温度超过其闪点的丙$_A$类液体应视为乙$_A$类液体；

    3 操作温度超过其闪点的丙$_B$类液体应视为乙$_B$类液体；操作温度超过其沸点的丙$_B$类液体应视为乙$_A$类液体。

表3.0.2 液化烃、可燃液体的火灾危险性分类

名称	类别		特征
液化烃	甲	A	15℃时的蒸汽压力>0.1MPa的烃类液体及其他类似的液体
可燃液体	甲	B	甲$_A$类以外，闪点<28℃
	乙	A	28℃≤闪点≤45℃
	乙	B	45℃<闪点<60℃
	丙	A	60℃≤闪点≤120℃
	丙	B	闪点>120℃

3.0.3 固体的火灾危险性分类应按现行国家标准《建筑设计防火规范》GB 50016的有关规定执行。

3.0.4 设备的火灾危险类别应按其处理、储存或输送介质的火灾危险性类别确定。

3.0.5 房间的火灾危险性类别应按房间内设备的火灾危险性类别确定。当同一房间内布置有不同火灾危险性类别设备时，房间的火灾危险性类别应按其中火灾危险性类别最高的设备确定。但当火灾危险类别最高的设备所占面积比例小于5%，且发生事故时，不足以蔓延到其他部位或采取防火措施能防止火灾蔓延时，可按火灾危险性类别较低的设备确定。

4 区域规划与工厂总平面布置

4.1 区域规划

4.1.1 在进行区域规划时，应根据石油化工企业及其相邻工厂或设施的特点和火灾危险性，结合地形、风向等条件，合理布置。

4.1.2 石油化工企业应远离人口密集区、饮用水源地、重要交通枢纽等区域，并宜位于邻近城镇或居民区全年最小频率风向的上风侧。

4.1.5 石油化工企业应采取防止泄漏的可燃液体和受污染的消防水排出厂外的措施。

4.1.6 公路和地区架空电力线路严禁穿越生产区。

4.1.8 地区输油（输气）管道不应穿越厂区。

4.1.9 石油化工企业与相邻工厂或设施的防火间距不应小于表4.1.9的规定。

高架火炬的防火间距应根据人或设备允许的辐射热强度计算确定，对可能携带可燃液体的高架火炬的防火间距不应小于表4.1.9的规定。

表4.1.9 石油化工企业与相邻工厂或设施的防火间距

相邻工厂或设施	防火间距（m）				
	液化烃罐组（罐外壁）	甲、乙类液体罐组（罐外壁）	可能携带可燃液体的高架火炬（火炬筒中心）	甲、乙类工艺装置或设施（最外侧设备外缘或建筑物的最外侧轴线）	全厂性或区域性重要设施（最外侧设备外缘或建筑物的最外侧轴线）
居民区、公共福利设施、村庄	300	100	120	100	25
相邻工厂（围墙或用地边界线）	120	70	120	50	70

续表 4.1.9

相邻工厂或设施		防火间距（m）				
		液化烃罐组（罐外壁）	甲、乙类液体罐组（罐外壁）	可能携带可燃液体的高架火炬（火炬筒中心）	甲、乙类工艺装置或设施（最外侧设备外缘或建筑物的最外侧轴线）	全厂性或区域性重要设施（最外侧设备外缘或建筑物的最外侧轴线）
厂外铁路	国家铁路线（中心线）	55	45	80	35	—
	厂外企业铁路线（中心线）	45	35	80	30	—
国家或工业区铁路编组站（铁路中心线或建筑物）		55	45	80	35	25
厂外公路	高速公路、一级公路（路边）	35	30	80	30	—
	其他公路（路边）	25	20	60	20	—
变配电站（围墙）		80	50	120	40	25
架空电力线路（中心线）		1.5倍塔杆高度且不小于40m	1.5倍塔杆高度	80	1.5倍塔杆高度	—
Ⅰ、Ⅱ级国家架空通信线路（中心线）		50	40	80	40	—
通航江、河、海岸边		25	25	80	20	—
地区埋地输油管道	原油及成品油（管道中心）	30	30	60	30	30
	液化烃（管道中心）	60	60	80	60	60
地区埋地输气管道（管道中心）		30	30	60	30	30
装卸油品码头（码头前沿）		70	60	120	60	60

注：1 本表中相邻工厂指除石油化工企业和油库以外的工厂；
2 括号内指防火间距起止点；
3 当相邻设施为港区陆域、重要物品仓库和堆场、军事设施、机场等，对石油化工企业的安全距离有特殊要求时，应按有关规定执行；
3A 液化烃罐组与电压等级330kV～1000kV的架空电力线路的防火间距不应小于100m；
3B 单罐容积大于等于50000m³的甲、乙类液体储罐与居民区、公共福利设施、村庄的防火间距不应小于120m；
4 丙类可燃液体罐组的防火间距，可按甲、乙类可燃液体罐组的规定减少25%；
5 丙类工艺装置或设施的防火间距，可按甲、乙类工艺装置或设施的规定减少25%；
6 地面敷设的地区输油（输气）管道的防火间距，可按地区埋地输油（输气）管道的规定增加50%；
7 当相邻工厂围墙内为非火灾危险性设施时，其与全厂性或区域性重要设施防火间距最小可为25m；
8 表中"—"表示无防火间距要求或执行相关规范。

4.1.10 石油化工企业与同类企业及油库的防火间距不应小于表4.1.10的规定。

高架火炬的防火间距应根据人或设备允许的辐射热强度计算确定，对可能携带可燃液体的高架火炬的防火间距不应小于表4.1.10的规定。

表 4.1.10 石油化工企业与同类企业及油库的防火间距

项目	防火间距（m）				
	液化烃罐组（罐外壁）	可燃液体罐组（罐外壁）	可能携带可燃液体的高架火炬（火炬筒中心）	甲、乙类工艺装置或设施（最外侧设备外缘或建筑物的最外侧轴线）	全厂性或第一类区域性重要设施（最外侧设备外缘或建筑物的最外侧轴线）
液化烃罐组（罐外壁）	60	60	90	70	90
可燃液体罐组（罐外壁）	60	1.5D（见注2）	90	50	60
可能携带可燃液体的高架火炬（火炬筒中心）	90	90	（见注4）	90	90
甲、乙类工艺装置或设施（最外侧设备外缘或建筑物的最外侧轴线）	70	50	90	40	40
全厂性或第一类区域性重要设施（最外侧设备外缘或建筑物的最外侧轴线）	90	60	90	40	20
明火地点	70	40	60	40	20

注：1 括号内指防火间距起止点；
2 表中 D 为较大罐的直径。当 1.5D 小于 30m 时，取 30m；当 1.5D 大于 60m 时，可取 60m；当丙类可燃液体罐相邻布置时，防火间距可取 30m；
3 与散发火花地点的防火间距，可按与明火地点的防火间距减少 50%，但不应小于 20m；散发火花地点应布置在火灾爆炸危险区域之外；
4 辐射热不应影响相邻火炬的检修和运行；
5 丙类工艺装置或设施的防火间距，可按甲、乙类工艺装置或设施的规定减少 10m（火炬除外），但不应小于 30m；
6 第二类区域性重要设施的防火间距，可按全厂性或第一类区域性重要设施的规定减少 25%（火炬除外），但不应小于 20m。

4.1.11 石油化工企业与石油化工园区的公用设施、铁路走行线的防火间距不应小于表 4.1.11 的规定。

高架火炬的防火间距应根据人或设备允许的辐射热强度计算确定，对可能携带可燃液体的高架火炬的防火间距不应小于表 4.1.11 的规定。

表 4.1.11 石油化工企业与石油化工园区的公用设施、铁路走行线的防火间距

项目	防火间距（m）				
	液化烃罐组（罐外壁）	可燃液体罐组（罐外壁）	可能携带可燃液体的高架火炬（火炬筒中心）	甲、乙类工艺装置或设施（最外侧设备外缘或建筑物的最外侧轴线）	全厂性或区域性重要设施（最外侧设备外缘或建筑物的最外侧轴线）
园区管理中心、消防站等人员集中的公用设施（最外侧设备外缘或建筑物的最外侧轴线）	110	80	90	80	25
变电所、热电厂、空分站、空压站等重要的公用设施（最外侧设备外缘或建筑物的最外侧轴线）	100	70	90	60	25
净水厂（最外侧设备外缘或建筑物的最外侧轴线）	60	40	90	35	25
铁路走行线（中心线）	30	25	60	20	10

注：1 括号内指防火间距起止点；
2 单罐容积大于等于 50000m³ 的可燃液体储罐与人员集中的公用设施的防火间距不应小于 100m；
3 丙类工艺装置或设施的防火间距，可按甲、乙类工艺装置或设施的规定减少 10m，但不应小于 20m；
4 铁路走行线应布置在火灾爆炸危险区域之外。

4.1.12 石油化工园区内的公用管道应布置在石油化工企业的围墙或用地边界线外，且输送可燃气体、液化烃和可燃液体的公用管道（中心）与石油化工企业内的生产区及重要设施的防火间距不应小于 10m。

4.2 工厂总平面布置

4.2.1 工厂总平面应根据工厂的生产流程及各组成部分的生产特点和火灾危险性，结合地形、风向等条件，按功能分区集中布置。

4.2.3 全厂性办公楼、中央控制室、中央化验室、总变电所等重要设施应布置在相对高处。液化烃罐组或可燃液体罐组不应毗邻布置在高于工艺装置、全厂性重要设施或人员集中场所的阶梯上。但受条件限制或有工艺要求时，可燃液体原料储罐可毗邻布置在高于工艺装置的阶梯上，但应采取防止

泄漏的可燃液体流入工艺装置、全厂性重要设施或人员集中场所的措施。

4.2.5 空分站应布置在空气清洁地段，并宜位于散发乙炔及其他可燃气体、粉尘等场所的全年最小频率风向的下风侧。

4.2.6A 2座及2座以上的高架火炬宜集中布置在同一个区域。火炬高度和火炬之间的防火间距应确保事故放空时辐射热不影响相邻火炬的检修和运行。

4.2.7 汽车装卸设施、液化烃灌装站及各类物品仓库等机动车辆频繁进出的设施应布置在厂区边缘或厂区外，并宜设围墙独立成区。

4.2.8 罐区泡沫站应布置在罐组防火堤外的非防爆区，与可燃液体罐的防火间距不宜小于20m。

4.2.8A 事故水池和雨水监测池宜布置在厂区边缘的较低处，可与污水处理场集中布置。事故水池距明火地点的防火间距不应小于25m，距可能携带可燃液体的高架火炬的防火间距不应小于60m。

4.2.8B 区域性含油污水提升设施应布置在装置及单元外，距离明火地点、重要设施及工艺装置内的变配电、机柜间等的防火间距不应小于15m，距可能携带可燃液体的高架火炬的防火间距不应小于60m。

4.2.9 采用架空电力线路进出厂区的总变电所应布置在厂区边缘。

4.2.10 消防站的位置应符合下列规定：
　　2 应便于消防车迅速通往工艺装置区和罐区；

4.2.11 厂区的绿化应符合下列规定：
　　1 生产区不应种植含油脂较多的树木，宜选择含水分较多的树种；
　　4 液化烃罐组防火堤内严禁绿化；
　　5 厂区的绿化不应妨碍消防操作。

4.2.12 石油化工企业总平面布置的防火间距除本标准另有规定外，不应小于表4.2.12的规定。工艺装置或设施（罐组除外）之间的防火间距应按相邻最近的设备、建筑物确定，其防火间距起止点应符合本标准附录A的规定。高架火炬的防火间距应根据人或设备允许的安全辐射热强度计算确定，对可能携带可燃液体的高架火炬的防火间距不应小于表4.2.12规定。

4.3 厂内道路

4.3.1 工厂主要出入口不应少于2个，并宜位于不同方位。

4.3.2 2条或2条以上的工厂主要出入口的道路应避免与同一条铁路线平交；确需平交时，其中至少有2条道路的间距不应小于所通过的最长列车的长度；若小于所通过的最长列车的长度，应另设消防车道。

4.3.4 装置或联合装置、液化烃罐组、总容积大于或等于120000m³的可燃液体罐组、总容积大于或等于120000m³的2个或2个以上可燃液体罐组应设环形消防车道。可燃液体的储罐区、可燃气体储罐区、装卸区及化学危险品仓库区应设环形消防车道，当受地形条件限制时，也可设有回车场的尽头式消防车道。消防车道的路面宽度不应小于6m，路面内缘转弯半径不宜小于12m，路面上净空高度不应低于5m；占地大于80000m²的装置或联合装置及含有单罐容积大于50000m³的可燃液体罐组，其周边消防车道的路面宽度不应

小于9m，路面内缘转弯半径不宜小于15m。

4.3.4A 装置区及储罐区的消防道路，两个路口间长度大于300m时，该消防道路中段应设置供火灾施救时用的回车场地，回车场不宜小于18m×18m（含道路）。

4.3.5 液化烃、可燃液体、可燃气体的罐区内，任何储罐的中心距至少2条消防车道的距离均不应大于120m；当不能满足此要求时，任何储罐中心与最近的消防车道之间的距离不应大于80m，且最近消防车道的路面宽度不应小于9m。

4.3.6 在液化烃、可燃液体的铁路装卸区应设与铁路线平行的消防车道，并符合下列规定：
　　1 若一侧设消防车道，车道至最远的铁路线的距离不应大于80m；
　　2 若两侧设消防车道，车道之间的距离不应大于200m，超过200m时，其间尚应增设消防车道。

4.3.7 当道路路面高出附近地面2.5m以上、且在距道路边缘15m范围内，有工艺装置或可燃气体、液化烃、可燃液体的储罐及管道时，应在该段道路的边缘设护墩、矮墙等防护设施。

4.3.8 管架支柱（边缘）、照明电杆、行道树或标志杆等距道路路面边缘不应小于0.5m。

4.4 厂内铁路

4.4.4 在液化烃、可燃液体的铁路装卸区内，内燃机车至另一栈台鹤管的距离应符合下列规定：
　　1 甲、乙类液体鹤管不应小于12m；甲$_B$、乙类液体采用密闭装卸时，其防火间距可减少25%；
　　2 丙类液体鹤管不应小于8m。

4.4.5 当液化烃、可燃液体或甲、乙类固体的铁路装卸线为尽头线时，其车档至最后车位的距离不应小于20m。

4.4.6 液化烃、可燃液体的铁路装卸线不得兼作走行线。

4.4.8 在液化烃、可燃液体的铁路装卸区内，两相邻栈台鹤管之间的距离应符合下列规定：
　　1 甲、乙类液体的栈台鹤管与相邻栈台鹤管之间的距离不应小于10m；甲$_B$、乙类液体采用密闭装卸时，其防火间距可减少25%；
　　2 丙类液体的两相邻栈台鹤管之间的距离不应小于7m。

4.4.9 当固体铁路装卸线与液化烃、可燃液体装卸栈台布置在同一装卸区时，固体铁路装卸线宜布置在装卸区的一侧，并应符合下列规定：
　　1 甲类固体铁路装卸线与相邻的甲、乙类液体的栈台鹤管之间的距离不应小于20m，与相邻的丙类液体的栈台鹤管之间的距离不应小于15m；甲$_B$、乙类液体采用密闭装卸时，其防火间距可减少25%；
　　2 其他固体铁路装卸线与相邻的甲、乙类液体的栈台鹤管之间的距离不应小于15m，与相邻的丙类液体的栈台鹤管之间的距离不应小于10m；甲$_B$、乙类液体采用密闭装卸时，其防火间距可减少25%。

4.5 厂际管道规划

4.5.2 厂际管道不应穿越村庄、居民区、公共福利设施，并应远离人员集中的建筑物和明火设施。

4.5.8 厂际管道与相邻工厂或设施的防火间距不应小于

表 4.5.8 的规定。

表 4.5.8 厂际管道与相邻工厂或设施的防火间距

相邻设施		防火间距（m）			
		可燃气体、可燃液体管道（管道中心）		液化烃管道（管道中心）	
		埋地敷设	地上架空	埋地敷设	地上架空
居民区、村庄、公共福利设施		15	25	30	40
相邻工厂（围墙或用地边界）		10	20	20	30
厂外铁路线	国家铁路线	25	50	25	50
	企业铁路线	15	25	15	25
厂外公路	高速公路、一级公路	10	20	10	20
	其他公路	7	10	7	10
架空电力、通信线路（中心线）		5	1倍杆高	5	1倍杆高
通航江、河、海岸边		10	15	10	15

注：1 厂际管道与桥梁的安全距离应按现行国家标准《油气输送管道穿越工程设计规范》GB 50423、《油气输送管道跨越工程设计标准》GB 50459 的有关规定执行；
2 厂际管道与机场、军事设施、重点文物等的安全距离应按国家现行相关标准执行。

5 工艺装置和系统单元

5.1 一般规定

5.1.1 工艺设备（以下简称设备）、管道和构件的材料应符合下列规定：

1 设备本体（不含衬里）及其基础，管道（不含衬里）及其支、吊架和基础应采用不燃烧材料，但储罐底板垫层可采用沥青砂；

2 设备和管道的保温层应采用不燃烧材料，当设备和管道的保冷层采用阻燃型泡沫塑料制品时，其氧指数不应小于30；

3 建筑物的构件耐火极限应符合现行国家标准《建筑设计防火规范》GB 50016 的有关规定。

5.1.2 设备和管道应根据其内部物料的火灾危险性和操作条件，设置相应的仪表、自动联锁保护系统或紧急停车措施。

5.1.3 在使用或产生甲类气体或甲、乙ₐ类液体的工艺装置、系统单元和储运设施区内，应按区域控制和重点控制相结合的原则，设置可燃气体报警系统。

5.2 装置内布置

5.2.1 设备、建筑物平面布置的防火间距，除本标准另有规定外，不应小于表 5.2.1 的规定。

表 5.2.1 设备、建筑物平面布置的防火间距（m）

项目			控制室、机柜间、变配电所、化验室、办公室	明火设备	操作温度低于自燃点的工艺设备									操作温度等于或高于自燃点的工艺设备	含可燃液体的污水池、隔油池、酸性污水罐、含油污水罐	丙类物品仓库、乙类物品储存间	备注
					装置储罐（总容积）						其他工艺设备或房间							
					可燃气体压缩机或压缩机房		可燃气体 200m³~1000m³		液化烃 50m³~100m³		可燃液体 100m³~1000m³		可燃气体		液化烃	可燃液体				
					甲	乙	甲	乙	甲A	甲B、乙A	乙B、丙A	甲	乙	甲A	甲B、乙A	乙B、丙A				
控制室、机柜间、变配电所、化验室、办公室			—	15	15	9	15	9	22.5	15	9	15	9	15	15	9	15	15	15	—
明火设备			15	—	22.5	9	15	9	22.5	15	9	22.5	9	15	15	9	4.5	15	15	—
操作温度低于自燃点的工艺设备	可燃气体压缩机或压缩机房	甲	15	22.5	—	—	9	7.5	15	9	7.5	9	7.5	9	9	7.5	9	9	15	注1
		乙	9	9	—	—	7.5	7.5	9	7.5	7.5	7.5	7.5	7.5	7.5	7.5	4.5	9	9	
	装置储罐（总容积）	可燃气体 200m³~1000m³ 甲	15	15	9	7.5	—	—	—	—	—	9	7.5	9	7.5	9	9	9	15	注2
		乙	9	9	7.5	7.5	—	—	—	—	—	7.5	7.5	7.5	7.5	7.5	7.5	7.5	9	
		液化烃 50m³~100m³ 甲A	22.5	22.5	15	9	—	—	—	—	—	15	9	15	9	15	9	15	15	
		可燃液体 100m³~1000m³ 甲B、乙A	15	15	7.5	7.5	—	—	—	—	—	7.5	7.5	9	7.5	9	7.5	9	15	
		乙B、丙A	9	9	7.5	7.5	—	—	—	—	—	7.5	7.5	7.5	7.5	7.5	7.5	9	9	
	其他工艺设备或房间	可燃气体 甲	15	15	9	7.5	9	7.5	15	7.5	7.5	—	—	9	7.5	9	4.5	9	15	—
		乙	9	9	7.5	7.5	7.5	7.5	9	7.5	7.5	—	—	7.5	7.5	7.5	4.5	9	9	
		液化烃 甲A	15	22.5	9	7.5	9	7.5	15	9	7.5	9	7.5	—	—	9	7.5	15	15	
		可燃液体 甲B、乙A	15	15	9	7.5	9	7.5	9	7.5	7.5	9	7.5	—	—	7.5	4.5	9	9	
		乙B、丙A	9	9	7.5	7.5	7.5	7.5	9	9	7.5	7.5	7.5	—	—	7.5	4.5	7.5	9	

— 231 —

续表 5.2.1

项　　目			控制室、机柜间、变配电所、化验室、办公室	明火设备	操作温度低于自燃点的工艺设备									操作温度等于或高于自燃点的工艺设备		含可燃液体的污水池、隔油池、酸性污水罐、含油污水罐	丙类物品仓库、乙类物品储存间	备注
					可燃气体压缩机或压缩机房	装置储罐（总容积）					其他工艺设备或房间							
						可燃气体 200m³～1000m³		液化烃 50m³～100m³	可燃液体 100m³～1000m³		可燃气体	液化烃	可燃液体		可燃气体	可燃液体			
						甲	乙	甲	甲	乙	甲、乙	甲	甲、乙	乙B、丙A	甲	甲、乙	乙B、丙A			
操作温度等于或高于自燃点的工艺设备			15	4.5	9	4.5	9	9	15	9	4.5	—	7.5	4.5	—	4.5	15	注3
含可燃液体的污水池、隔油池、酸性污水罐、含油污水罐			15	15	9	—	9	7.5	9	7.5	—	—	—	—	4.5	—	9	—
丙类物品仓库、乙类物品储存间			15	15	15	15	15	15	15	9	15	9	9	15	9	—	—	
装置储罐组（总容积）	可燃气体	＞1000m³～5000m³	甲、乙	20	20	15	15	*	15	20	15	15	15	15	15	15	15	15	注4
	液化烃	＞100m³～500m³	甲A	30	30	30	25	25	20	*	25	20	25	20	25	30	25	25	
	可燃液体	＞1000m³～5000m³	甲B、乙A	25	25	25	20	15	20	15	—	15	20	15	25	25	20	20	
			乙B、丙A	20	20	20	15	15	20	15	—	15	15	15	20	15	15		

注：1 单机驱动功率小于150kW的可燃气体压缩机，可按操作温度低于自燃点的"其他工艺设备"确定其防火间距；
2 装置储罐（组）的总容积应符合本标准第5.2.22条的规定。当装置储罐的总容积：液化烃储罐小于50m³、可燃液体储罐小于100m³、可燃气体储罐小于200m³时，可按操作温度低于自燃点的"其他工艺设备"确定其防火间距；
3 查不到自燃点时，可取250℃；
4 装置储罐组的防火设计应符合本标准第6章的有关规定；
5 丙B类液体设备的防火间距不限；
6 散发火花地点与其他设备防火间距同明火设备；
7 表中"—"表示无防火间距要求或执行相关规范，"*"表示装置储罐集中成组布置。

5.2.4 明火加热炉附属的燃料气分液罐、燃料气加热器等与炉体的防火间距不应小于6m。

5.2.5 以丙B、乙A类液体为溶剂的溶液法聚合液所用的总容积大于800m³的掺和储罐与相邻的设备、建筑物的防火间距不宜小于7.5m；总容积小于或等于800m³时，其防火间距不限。

5.2.6 可燃气体、液化烃和可燃液体的在线分析仪表间与工艺设备的防火间距不限。

5.2.7 布置在爆炸危险区的在线分析仪表间内设备为非防爆型时，在线分析仪表间应正压通风。

5.2.9 联合装置视同一个装置，其设备、建筑物的防火间距应按相邻设备、建筑物的防火间距确定，其防火间距应符合表5.2.1的规定。

5.2.10 装置内消防道路的设置应符合下列规定：
1 装置内应设贯通式道路，道路应有不少于2个出入口，且2个出入口宜位于不同方位。当装置外两侧消防道路间距不大于120m时，装置内可不设贯通式道路；
2 道路的路面宽度不应小于6m，路面上的净空高度不应小于4.5m；路面内缘转弯半径不宜小于6m。

5.2.10A 应在乙烯裂解炉及高度超过24m且长度超过50m的可燃气体、液化烃和可燃液体设备的构架附近适当位置设置不小于15m×10m（含道路）的消防扑救场地。

5.2.11 在甲、乙类装置内部的设备、建筑物区的设置应符合下列规定：

2 当大型石油化工装置的设备、建筑物区占地面积大于10000m²小于20000m²时，在设备、建筑物区四周应设环形道路，道路路面宽度不应小于6m，设备、建筑物区的宽度不应大于120m，相邻两设备、建筑物区的防火间距不应小于15m，并应加强安全措施。

5.2.11A 当一套联合装置的占地大于80000m²时，应用装置内道路分隔，分隔的每一区块面积不应大于80000m²，相邻两区块的设备、建筑物之间的防火间距不应小于25m。分隔道路应与周边道路连通形成环形道路，分隔道路路面宽度不应小于7m。

5.2.14 当在明火加热炉与露天布置的液化烃设备或甲类气体压缩机之间设置不燃烧材料实体墙时，其防火间距可小于表5.2.1的规定，但不得小于15m。实体墙的高度不宜小于3m，距加热炉不宜大于5m，实体墙的长度应满足由露天布置的液化烃设备或甲类气体压缩机经实体墙至加热炉的折线距离不小于22.5m。

当封闭式液化烃设备的厂房或甲类气体压缩机房面向明火加热炉一面为无门窗洞口的不燃烧材料实体墙时，加热炉与厂房的防火间距可小于表5.2.1的规定，但不得小于15m。

5.2.15 当同一建筑物内分隔为不同火灾危险性类别的房间时，中间隔墙应为防火墙。人员集中的房间应布置在火灾危险性较小的建筑物一端。

5.2.16 装置的控制室、机柜间、变配电所、化验室、办公室等不得与设有甲、乙A类设备的房间布置在同一建筑物内。

装置的控制室与其他建筑物合建时，应设置独立的防火分区。

5.2.18 布置在装置内的控制室、机柜间、变配电所、化验室、办公室等的布置应符合下列规定：

　　2 平面布置位于附加 2 区的办公室、化验室室内地面及控制室、机柜间、变配电所的设备层地面应高于室外地面，且高差不应小于 **0.6m**；

　　3 控制室、机柜间面向有火灾危险性设备侧的外墙应为无门窗洞口、耐火极限不低于 **3h** 的不燃烧材料实体墙；

　　4 化验室、办公室等面向有火灾危险性设备侧的外墙宜为无门窗洞口不燃烧材料实体墙。当确需设置门窗时，应采用防火门窗；

　　5 控制室或化验室的室内不得安装可燃气体、液化烃和可燃液体的在线分析仪器。

5.2.20 装置的可燃气体、液化烃和可燃液体设备采用多层构架布置时，除工艺要求外，其构架不宜超过四层。

　　<u>介质操作温度等于或高于自燃点的设备上方，不宜布置操作温度低于自燃点的甲、乙、丙类可燃液体设备；若在其上方布置，应用不燃烧材料的封闭式楼板隔离保护，且封闭式楼板应为无泄漏楼板。</u>

5.2.21 空气冷却器不宜布置在操作温度等于或高于自燃点的可燃液体设备上方；若布置在其上方，应用不燃烧材料的<u>封闭式楼板隔离保护</u>。

5.2.22 装置储罐（组）的布置应符合下列规定：

　　1 当装置储罐总容积：液化烃罐小于或等于 100m³、可燃气体或可燃液体罐小于或等于 1000m³ 时，可布置在装置内，装置储罐与设备、建筑物的防火间距不应小于表 5.2.1 的规定；

　　2 当装置储罐组总容积：液化烃罐大于 100m³ 小于或等于 500m³、可燃液体罐或可燃气体罐大于 1000m³ 小于或等于 5000m³ 时，应成组集中布置在装置边缘；但液化烃单罐容积不应大于 300m³，可燃液体单罐容积不应大于 3000m³。装置储罐组的防火设计应符合本标准第 6 章的有关规定，与储罐相关的机泵应布置在防火堤外。装置储罐组与装置内其他设备、建筑物的防火间距不应小于表 5.2.1 的规定。

5.2.23 甲、乙类物品仓库不应布置在装置内。若工艺需要，储量不大于 5t 的乙类物品储存间和丙类物品仓库可布置在装置内，并位于装置边缘。丙类物品仓库的总储量应符合本标准第 6 章的有关规定。

5.2.24 可燃气体和助燃气体的钢瓶（含实瓶和空瓶），应分别存放在位于装置边缘的敞棚内。可燃气体的钢瓶距明火或操作温度等于或高于自燃点的设备防火间距不应小于 15m。分析专用的钢瓶储存间可靠近分析室布置，钢瓶储存间的建筑设计应满足泄压要求。

5.2.25 建筑物的安全疏散门应向外开启。甲、乙、丙类房间的安全疏散门，不应少于 2 个；面积小于或等于 100m² 的房间可只设 1 个。

5.2.26 设备的构架或平台的安全疏散通道应符合下列规定：

　　1 可燃气体、液化烃和可燃液体设备的联合平台或其他设备的构架平台应设置不少于 2 个通往地面的梯子，作为安全疏散通道。下列情况可设 1 个通往地面的梯子：

　　　　1）甲类气体和甲、乙ₐ类液体设备构架平台的长度小于或等于 8m；

　　　　2）乙类气体和乙_B、丙类液体设备构架平台的长度小于或等于 15m；

　　　　3）甲类气体和甲、乙ₐ类液体设备联合平台的长度小于或等于 15m；

　　　　4）乙类气体和乙_B、丙类液体设备联合平台的长度小于或等于 25m。

　　3 相邻安全疏散通道之间的距离不应大于 50m。

5.2.27 装置内地坪竖向和排污系统的设计应减少可能泄漏的可燃液体在工艺设备附近的滞留时间和扩散范围。火灾事故状态下，受污染的消防水应有效收集和排放。

5.2.28 凡在开停工、检修过程中，可能有可燃液体泄漏、漫流的设备区周围应设置不低于 150mm 的围堰和导液设施。

5.3 泵和压缩机

5.3.1 可燃气体压缩机的布置及其厂房的设计应符合下列规定：

　　4 比空气轻的可燃气体压缩机半敞开式或封闭式厂房的顶部应采取通风措施；

　　6 比空气重的可燃气体压缩机厂房的地面不宜设地坑或地沟；厂房内应有防止可燃气体积聚的措施。

5.3.2 液化烃泵、可燃液体泵宜露天或半露天布置。液化烃、操作温度等于或高于自燃点的可燃液体的泵上方，不宜布置甲、乙、丙类工艺设备；若在其上方布置甲、乙、丙类工艺设备，应用不燃烧材料的封闭式楼板隔离保护。

若操作温度等于或高于自燃点的可燃液体泵上方，布置操作温度低于自燃点的甲、乙、丙类可燃液体设备时，封闭式楼板应为不燃烧材料的无泄漏楼板。

液化烃、操作温度等于或高于自燃点的可燃液体的泵不宜布置在管架下方。

5.3.3 液化烃泵、可燃液体泵在泵房内布置时，应符合下列规定：

　　1 液化烃泵、操作温度等于或高于自燃点的可燃液体泵、操作温度低于自燃点的可燃液体泵应分别布置在不同房间内，各房间之间的隔墙应为防火墙；

　　2 操作温度等于或高于自燃点的可燃液体泵房的门窗与操作温度低于自燃点的甲_B、乙类液体泵房的门窗或液化烃泵房的门窗的距离不应小于 **4.5m**；

　　5 液化烃泵不超过 2 台时，可与操作温度低于自燃点的可燃液体泵同房间布置。

5.3.4 气柜、半冷冻或全冷冻式液化烃储存设施的工艺设备之间的防火间距应按本标准表 5.2.1 执行；机泵区与储罐的防火间距不应小于 15m；半冷冻或全冷冻式液化烃储存设施的附属工艺设备应布置在防火堤外。

5.3.5 罐组的专用泵区应布置在防火堤外，与储罐的防火间距应符合下列规定：

　　1 距甲ₐ类储罐不应小于 15m；

　　2 距甲_B、乙类固定顶储罐不应小于 12m，距小于或等于 500m³ 的甲_B、乙类固定顶储罐不应小于 10m；

　　3 距浮顶及内浮顶储罐、丙ₐ类固定顶储罐不应小于 10m，距小于或等于 500m³ 的内浮顶储罐、丙ₐ类固定顶储罐不应小于 8m。

5.3.6 除甲$_A$类以外的可燃液体储罐的专用泵单独布置时，应布置在防火堤外，与可燃液体储罐的防火间距不限。

5.3.7 压缩机或泵等的专用控制室或不大于10kV的专用变配电所，可与该压缩机房或泵房等共用一幢建筑物，但专用控制室或变配电所的门窗应位于爆炸危险区范围之外，且专用控制室或变配电所与压缩机房或泵房等的中间隔墙应为无门窗洞口的防火墙。

5.4 污水处理场和循环水场

5.4.1 隔油池的保护高度不应小于400mm。隔油池应设难燃烧材料的盖板。

5.4.3 污水处理场内的设备、建（构）物平面布置的防火间距不应小于表5.4.3的规定。

表5.4.3 污水处理场内的设备、建（构）筑物平面布置的防火间距（m）

类别	变配电所、化验室、办公室等	含可燃液体的隔油池、污水池等	集中布置的水泵(房)	污油罐、含油污水调节罐	焚烧炉	污油泵(房)、含油污水泵(房)、污泥脱水间
变配电所、化验室、办公室等	—	15	—	15	15	15
含可燃液体的隔油池、污水池等	15	15	—	15	15	—
集中布置的水泵(房)	—	—	15	15	15	—
污油罐、含油污水调节罐	15	—	15	—	15	—
焚烧炉	15	15	15	15	—	15
污油泵(房)、含油污水泵(房)、污泥脱水间	15	—	—	—	15	—

注：表中"—"表示无防火间距要求或执行相关规范。

5.4.4 循环水场冷却塔应采用阻燃型的填料、收水器和风筒，其氧指数不应小于30。

5.5 泄压排放和火炬系统

5.5.12 有突然超压或发生瞬时分解爆炸危险物料的反应设备，如设安全阀不能满足要求时，应装爆破片或爆破片和导爆管，导爆管口必须朝向无火源的安全方向；必要时应采取防止二次爆炸、火灾的措施。

5.5.13 因物料爆聚、分解造成超温、超压，可能引起火灾、爆炸的反应设备应设报警信号和泄压排放设施，以及自动或手动遥控的紧急切断进料设施。

5.5.14 严禁将混合后可能发生化学反应并形成爆炸性混合气体的几种气体混合排放。

5.5.16 可燃气体放空管道在接入火炬前，应设置分液和阻火等设备。

5.5.17 可燃气体放空管道内的凝结液应密闭回收，不得随地排放。

5.5.17A 可燃气体排放系统中的分液罐或凝缩液罐距离明火地点、重要设施及工艺装置内的变配电、机柜间等的防火间距不应小于15m。

5.5.20 火炬应设长明灯和可靠的点火系统。

5.5.21 装置内高架火炬的设置应符合下列规定：
1 **严禁排入火炬的可燃气体携带可燃液体；**
2 **火炬的辐射热不应影响人身及设备的安全；**
3 距火炬筒30m范围内，不应设置可燃气体放空。

5.5.22 封闭式地面火炬的设置除按明火设备考虑外，还应符合下列规定：
1 排入火炬的可燃气体不应携带可燃液体；
2 火炬的辐射热不应影响人身及设备的安全；
3 火炬应采取有效的消烟措施。

5.6 钢结构耐火保护

5.6.1 下列承重钢结构，应采取耐火保护措施：
1 单个容积等于或大于5m³的甲、乙$_A$类液体设备的承重钢构架、支架、裙座；
2 在爆炸危险区范围内，且毒性为极度和高度危害的物料设备的承重钢构架、支架、裙座；
3 操作温度等于或高于自燃点的单个容积等于或大于5m³的乙$_B$、丙类液体设备承重钢构架、支架、裙座；
4 加热炉炉底钢支架；
5 在爆炸危险区范围内的钢管架；跨越装置区、罐区消防车道的钢管架；
6 在爆炸危险区范围内的高径比等于或大于8，且总重量等于或大于25t的非可燃介质设备的承重钢构架、支架和裙座。

5.6.2 本标准第5.6.1条所述的承重钢结构的下列部位应覆盖耐火层，覆盖耐火层的钢构件，其耐火极限不应低于2h：
1 支承设备钢构架：
　1）单层构架的梁、柱；
　2）多层构架的楼板为透空的钢格板时，地面以上10m范围的梁、柱；
　3）多层构架的楼板为封闭式楼板时，地面至该层楼板面及其以上10m范围的梁、柱；
　4）上部设有空气冷却器的构架的全部梁、柱及承重斜撑。
2 支承设备钢支架。
3 钢裙座外侧未保温部分及直径大于1.2m的裙座内侧。
4 钢管架：
　1）底层支承管道的梁、柱；当底层低于4.5m时，地面以上4.5m内的支承管道的梁、柱；
　2）上部设有空气冷却器的管架，其全部梁、柱及承重斜撑；
　3）下部设有液化烃或可燃液体泵的管架，地面以上10m范围的梁、柱；
5 加热炉从钢柱柱脚板到炉底板下表面50mm范围内的主要支承构件应覆盖耐火层，与炉底板连续接触的横梁不覆盖耐火层。

6 液化烃球罐支腿从地面到支腿与球体交叉处以下0.2m的部位。

5.7 其他要求

5.7.1 甲、乙、丙类设备或有爆炸危险性粉尘、可燃纤维的封闭式厂房和控制室等其他建筑物的耐火等级、内部装修及空调系统等设计均应按现行国家标准《建筑设计防火规范》GB 50016、《建筑内部装修设计防火规范》GB 50222 和《采暖通风与空气调节设计规范》GB 50019 的有关规定执行。

5.7.1A 中央控制室应根据爆炸风险评估确定是否需要抗爆设计。布置在装置区的控制室、有人值守的机柜间宜进行抗爆设计,抗爆设计应按现行国家标准《石油化工控制室抗爆设计规范》GB 50779 的规定执行。

5.7.2 散发爆炸危险性粉尘或可燃纤维的场所,其火灾危险性类别和爆炸危险区范围的划分应按现行国家标准《建筑设计防火规范》GB 50016 和《爆炸危险环境电力装置设计规范》GB 50058 的规定执行。

5.7.4 散发比空气重的甲类气体、有爆炸危险性粉尘或可燃纤维的封闭厂房应采用不发生火花的地面。

5.7.8 烧燃料气的加热炉应设长明灯,并宜设置火焰监测器。

6 储运设施

6.1 一般规定

6.1.1 可燃气体、助燃气体、液化烃和可燃液体的储罐基础、防火堤、隔堤及管架(墩)等,均应采用不燃烧材料。防火堤的耐火极限不得小于3h。

6.1.2 液化烃、可燃液体储罐的保温层应采用不燃烧材料。当保冷层采用阻燃型泡沫塑料制品时,其氧指数不应小于30。

6.1.3 储运设施内储罐与其他设备及建构筑物之间的防火间距应按本标准第5章的有关规定执行。

6.2 可燃液体的地上储罐

6.2.8 罐组内相邻可燃液体地上储罐的防火间距不应小于表6.2.8的规定。

表6.2.8 罐组内相邻可燃液体地上储罐的防火间距

液体类别	储罐型式			
	固定顶罐		浮顶、内浮顶罐	卧罐
	≤1000m³	>1000m³		
甲B、乙类	0.75D	0.6D	0.4D	0.8m
丙A类	0.4D			
丙B类	2m	5m		

注:1 表中 D 为相邻较大罐的直径,单罐容积大于1000m³的储罐取直径或高度的较大值;
 2 储存不同类别液体的或不同型式的相邻储罐的防火间距应采用本表规定的较大值;
 3 现有浅盘式内浮顶罐的防火间距同固定顶罐;
 4 可燃液体的低压储罐,其防火间距按固定顶罐考虑;
 5 储存丙B类可燃液体的浮顶、内浮顶罐,其防火间距大于15m时,可取15m。

6.2.11 罐组应设防火堤。

6.2.12 防火堤及隔堤内的有效容积应符合下列规定:
 1 防火堤内的有效容积不应小于罐组内1个最大储罐的容积,当浮顶、内浮顶罐组不能满足此要求时,应设置事故存液池储存剩余部分,但罐组防火堤内的有效容积不应小于罐组内1个最大储罐容积的一半;
 2 隔堤内有效容积不应小于隔堤内1个最大储罐容积的10%。

6.2.13 立式储罐至防火堤内堤脚线的距离不应小于罐壁高度的一半,卧式储罐至防火堤内堤脚线的距离不应小于3m。

6.2.14 相邻罐组防火堤的外堤脚线之间应留有宽度不小于7m的消防空地。

6.2.15 设有防火堤的罐组内应按下列要求设置隔堤:
 1 单罐容积大于20000m³时,应每个储罐一隔;
 2 单罐容积大于5000 m³且小于或等于20000m³时,隔堤内的储罐不应超过4个;对于甲B、乙A类可燃液体储罐,储罐之间还应设置高度不低于300mm的围堰;
 3 单罐容积小于或等于5000m³时,隔堤所分隔的储罐容积之和不应大于20000m³;
 4 隔堤所分隔的沸溢性液体储罐不应超过2个。

6.2.17 防火堤及隔堤应符合下列规定:
 1 防火堤及隔堤应能承受所容纳液体的静压,且不应渗漏;
 2 立式储罐防火堤的高度应为计算高度加0.2m,但不应低于1.0m(以堤内设计地坪标高为准),且不宜高于2.2m(以堤外3m范围内设计地坪标高为准);卧式储罐防火堤的高度不应低于0.5m(以堤内设计地坪标高为准);
 3 立式储罐组内隔堤的高度不应低于0.5m;卧式储罐组内隔堤的高度不应低于0.3m;
 4 管道穿堤处应采用不燃烧材料严密封闭;
 5 在防火堤内雨水沟穿堤处应采取防止可燃液体流出堤外的措施;
 6 在防火堤的不同方位上应设置人行台阶或坡道,同一方位上两相邻人行台阶或坡道之间距离不宜大于60m;隔堤应设置人行台阶。

6.2.18 事故存液池的设置应符合下列规定:
 1 设有事故存液池的罐组应设导液管(沟),使溢漏液体能顺利地流出罐组并自流入存液池内;
 2 事故存液池距防火堤的距离不应小于7m;
 3 事故存液池和导液沟距明火地点不应小于30m;
 4 事故存液池应有排水设施。

6.3 液化烃、可燃气体、助燃气体的地上储罐

6.3.1 液化烃储罐、可燃气体储罐和助燃气体储罐应分别成组布置。

6.3.1A 全压力式或半冷冻式液化烃储罐的单罐容积不应大于4000m³。

6.3.2 液化烃储罐成组布置时应符合下列规定:
 1 液化烃罐组内的储罐不应超过2排;
 2 每组全压力式或半冷冻式储罐的个数不应多于12个;
 4 全冷冻式储罐应单独成组布置;
 5 储罐不能适应罐组内任一介质泄漏所产生的最低温度

时，不应布置在同一罐组内。

6.3.3 液化烃、可燃气体、助燃气体的罐组内，储罐的防火间距不应小于表 6.3.3 的规定。

表 6.3.3 液化烃、可燃气体、助燃气体的
罐组内储罐的防火间距

介质	储存方式或储罐型式		球罐	卧（立）罐	全冷冻式储罐		水槽式气柜	干式气柜
					≤100m³	>100m³		
液化烃	全压力式或半冷冻式储罐	有事故排放至火炬的措施	0.5D	1.0D	*	*	*	*
		无事故排放至火炬的措施	1.0D		*	*	*	*
	全冷冻式储罐	≤100m³	*	*	1.5m	0.5D	*	*
		>100m³	*	*	0.5D	0.5D	*	*
助燃气体	球罐		0.5D	0.65D	*	*	*	*
	卧（立）罐		0.65D	0.65D	*	*	*	*
可燃气体	水槽式气柜		*	*	*	*	0.5D	0.65D
	干式气柜		*	*	*	*	0.65D	0.65D
	球罐		0.5D	*	*	*	0.65D	0.65D

注：1 D 为相邻较大储罐的直径；
  2 液氨储罐间的防火间距要求应与液化烃储罐相同；液氧储罐间的防火间距应按现行国家标准《建筑设计防火规范》GB 50016 的要求执行；
  3 沸点低于 45℃ 的甲$_B$ 类液体压力储罐，按全压力式液化烃储罐的防火间距执行；
  4 液化烃单罐容积≤200m³ 的卧（立）罐之间的防火间距超过 1.5m 时，可取 1.5m；
  5 助燃气体卧（立）罐之间的防火间距超过 1.5m 时，可取 1.5m；
  6 "＊"表示不应同组布置。

6.3.4 两排卧罐的间距不应小于 3m。
6.3.5 防火堤及隔堤的设置应符合下列规定：
 1 液化烃全压力式或半冷冻式储罐组宜设高度为 0.6m 的防火堤，防火堤内堤脚线距储罐不应小于 3m，堤内应采用现浇混凝土地面，并应坡向外侧，防火堤内的隔堤不宜高于 0.3m。
 2 全压力式或半冷冻式储罐组的总容积不应大于 40000m³，隔堤内各储罐容积之和不宜大于 8000m³。
 3 全冷冻式储罐组的总容积不应大于 200000m³，单防罐应每 1 个罐一隔，隔堤应低于防火堤 0.2m。
 5 沸点低于 45℃ 的甲$_B$ 类液体的压力储罐，防火堤内有效容积不应小于 1 个最大储罐的容积。当其与液化烃压力储罐同组布置时，防火堤及隔堤的高度尚应满足液化烃压力储罐组的要求，且二者之间应设隔堤；当其独立成组时，防火堤距储罐不应小于 3m，防火堤及隔堤的高度设置尚应符合本标准第 6.2.17 条的要求。
 6 全压力式、半冷冻式液氨储罐的防火堤和隔堤的设置同液化烃储罐的要求。
6.3.6 液化烃全冷冻式单防罐罐组应设防火堤，并应符合下列规定：
 1 防火堤内的有效容积不应小于 1 个最大储罐的容积；
 2 单防罐至防火堤内顶角线的距离 X 不应小于最高液位与防火堤堤顶的高度之差 Y 加上液面上气相当量压头的和（图 6.3.6）；当防火堤的高度等于或大于最高液位时，单防罐至防火堤内顶角线的距离不限；
 3 应在防火堤的不同方位上设置不少于 2 个人行台阶或梯子；

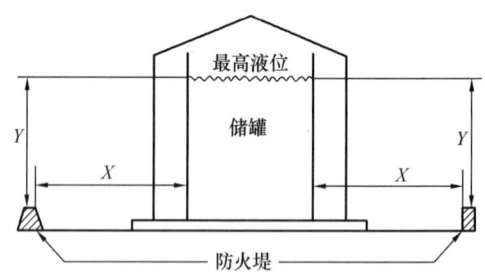

图 6.3.6 单防罐至防火堤内顶角线的距离

 4 防火堤及隔堤应为不燃烧实体防护结构，能承受所容纳液体的静压及温度变化的影响，且不渗漏。
6.3.7 液化烃和液氨的全冷冻式双防或全防罐罐组可不设防火堤。
6.3.8 全冷冻式液氨单防储罐应设防火堤，堤内有效容积不应小于 1 个最大储罐容积的 60%。
6.3.13 液化烃储罐的安全阀出口管应接至火炬系统。确有困难时，可就地放空，但其排气管口应高出 8m 范围内储罐罐顶平台 3m 以上。
6.3.17 全冷冻卧式液化烃储罐不应多层布置。

6.4 可燃液体、液化烃的装卸设施

6.4.1 可燃液体的铁路装卸设施应符合下列规定：
 1 装卸栈台两端和沿栈台每隔 60m 左右应设梯子；
 2 甲$_B$、乙、丙$_A$ 类的液体严禁采用沟槽卸车系统；
 3 顶部敞口装车的甲$_B$、乙、丙$_A$ 类的液体应采用液下装车鹤管；

4 在距装车栈台边缘10m以外的可燃液体（润滑油除外）输入管道上应设便于操作的紧急切断阀；

6 零位罐至罐车装卸线不应小于6m；

7 甲$_B$、乙$_A$类液体装卸鹤管与集中布置的泵的防火间距不应小于8m；甲$_B$、乙$_A$类液体装卸鹤管及集中布置的泵与油气回收设备的防火间距不应小于4.5m；

8 同一铁路装卸线一侧的两个装卸栈台相邻鹤位之间的距离不应小于24m。

6.4.2 可燃液体的汽车装卸站应符合下列规定：

1 装卸站的进、出口宜分开设置；当进、出口合用时，站内应设回车场；

2 装卸车场应采用现浇混凝土地面；

3 装卸车鹤位与缓冲罐之间的距离不应小于5m，高架罐之间的距离不应小于0.6m；

4 甲$_B$、乙$_A$类液体装卸鹤位与集中布置的泵的防火间距不应小于8m；甲$_B$、乙$_A$类液体装卸鹤位及集中布置的泵与油气回收设备的防火间距不应小于4.5m；

5 站内无缓冲罐时，在距装卸车鹤位10m以外的装卸管道上应设便于操作的紧急切断阀；

6 甲$_B$、乙、丙$_A$类液体的装车应采用液下装车鹤管；

7 甲$_B$、乙、丙$_A$类液体与其他类液体的两个装卸车栈台相邻鹤位之间的距离不应小于8m；

8 装卸车鹤位之间的距离不应小于4m；双侧装卸车栈台相邻鹤位之间或同一鹤位相邻鹤管之间的距离应满足鹤管正常操作和检修的要求。

6.4.3 液化烃铁路和汽车的装卸设施应符合下列规定：

1 液化烃严禁就地排放；

2 低温液化烃装卸鹤位应单独设置；

4 同一铁路装卸线一侧的两个装卸栈台相邻鹤位之间的距离不应小于24m；

5 铁路装卸栈台两端和沿栈台每隔60m左右应设梯子；

6 汽车装卸车鹤位之间的距离不应小于4m；双侧装卸车栈台相邻鹤位之间或同一鹤位相邻鹤管之间的距离应满足鹤管正常操作和检修的要求，液化烃汽车装卸栈台与可燃液体汽车装卸栈台相邻鹤位之间的距离不应小于8m；

7 在距装卸车鹤位10m以外的装卸管道上应设便于操作的紧急切断阀；

8 汽车装卸车场应采用现浇混凝土地面；

9 装卸车鹤位与集中布置的泵的距离不应小于10m。

6.4.4 可燃液体码头、液化烃码头应符合下列规定：

1 除船舶在码头泊位内外档停靠外，码头相邻泊位船舶间的防火间距不应小于表6.4.4的规定：

表6.4.4　码头相邻泊位船舶间的防火间距（m）

船长（m）	279～236	235～183	182～151	150～110	<110
防火间距	55	50	40	35	25

3 可燃液体和液化烃的码头与其他码头或建筑物、构筑物的安全距离应按有关规定执行；

4 在距泊位20m以外或岸边处的装卸船管道上应设便于操作的紧急切断阀；

5 液化烃的装卸应采用装卸臂或金属软管，并应采取安全放空措施。

6.5 灌装站

6.5.1 液化石油气的灌装站应符合下列规定：

1 液化石油气的灌瓶间和储瓶库宜为敞开式或半敞开式建筑物，半敞开式建筑物下部应采取防止油气积聚的措施；

3 灌装站应设不燃烧材料隔离墙。如采用实体围墙，其下部应设通风口；

4 灌瓶间和储瓶库的室内应采用不发生火花的地面，室内地面应高于室外地坪，其高差不应小于0.6m；

5 液化石油气缓冲罐与灌瓶间的距离不应小于10m；

6 灌装站内应设有宽度不小于4m的环形消防车道，车道内缘转弯半径不宜小于6m。

6.5.2 氢气灌瓶间的顶部应采取通风措施。

6.6 厂内仓库

6.6.1 石油化工企业应设置独立的化学品和危险品库区。甲、乙、丙类物品仓库，距其他设施的防火间距见表4.2.12，并应符合下列规定：

1 甲类物品仓库宜单独设置；当其储量小于5t时，可与乙、丙类物品仓库共用一座建筑物，但应设独立的防火分区；

3 化学品应按其化学物理特性分类储存，当物料性质不允许相互接触时，应用实体墙隔开，并各设出入口；

4 仓库应通风良好；

5 可能产生爆炸性混合气体或在空气中能形成粉尘、纤维等爆炸性混合物的仓库，应采用不发生火花的地面，需要时应设防水层。

6.6.2 单层丙类仓库跨度不应大于150m。每座尿素单层仓库的占地面积不应大于12000m²；每座合成纤维、合成橡胶、合成树脂及塑料单层仓库的占地面积不应大于24000m²。当企业设有消防站和专职消防队且仓库设有工业电视监视系统时，每座尿素单层仓库的占地面积可扩大至24000m²；每座合成树脂及塑料单层仓库的占地面积可扩大至48000m²。单层仓库的每个防火分区的建筑面积应符合下列规定：

1 合成纤维、合成橡胶、合成树脂及塑料仓库不应大于6000m²；

2 尿素散装仓库不应大于12000m²，尿素袋装仓库不应大于6000m²。

6.6.3 合成纤维、合成树脂及塑料等产品的高架仓库应符合下列规定：

1 仓库的耐火等级不应低于二级；

2 货架应采用不燃烧材料。

6.6.4 占地面积大于1000m²的丙类仓库应设置排烟设施，占地面积大于6000m²的丙类仓库宜采用自然排烟，排烟口净面积宜为仓库建筑面积的5%。

6.6.5 袋装硝酸铵仓库的耐火等级不应低于二级。仓库内严禁存放其他物品。

6.6.6 盛装甲、乙类液体的容器存放在室外时应设防晒降温设施。

6.6.7 二硫化碳的存放应符合下列规定：

2 空桶及实桶均不得露天堆放；

3 实桶应单层立放；

4 桶装库房下部应通风良好；

5 当库房采暖介质的设计温度高于100℃时，应对采暖管道、暖气片采取隔离措施；

6 二硫化碳的储罐不应露天布置，罐内应设水封，并应采取防冻措施。

7 管道布置

7.2 工艺及公用物料管道

7.2.12 加热炉燃料气调节阀前的管道压力等于或小于0.4MPa（表），且无低压自动保护仪表时，应在每个燃料气调节阀与加热炉之间设置阻火器。

7.3 含可燃液体的生产污水管道

7.3.1 含可燃液体的污水及被严重污染的雨水应排入生产污水管道，但可燃气体的凝结液和下列水不得直接排入生产污水管道：

2 混合时产生化学反应能引起火灾或爆炸的污水。

7.3.5 当建筑物用防火墙分隔成多个防火分区时，每个防火分区的生产污水管道应有独立的排出口并设水封。

7.3.6 罐组内的生产污水管道应有独立的排出口，且应在防火堤外设置水封；在防火堤与水封之间的管道上应设置易开关的隔断阀。

7.3.10 接纳消防废水的排水系统应按最大消防水量校核排水系统能力，并应设有防止受污染的消防水排出厂外的措施。

8 消 防

8.1 一般规定

8.1.1 石油化工企业应设置与生产、储存、运输的物料和操作条件相适应的消防设施，供专职消防人员和岗位操作人员使用。

8.1.2 当大型石油化工装置的设备、建筑物区占地面积大于10000m^2小于20000m^2时，应加强消防设施的设置。

8.2 消防站

8.2.1 大中型石油化工企业应设消防站。消防站的规模应根据石油化工企业的规模、火灾危险性、固定消防设施的设置情况，以及邻近单位消防协作条件等因素确定。

8.2.2 石油化工企业消防车辆的车型应根据被保护对象选择，以大型泡沫消防车为主，且应配备干粉或干粉-泡沫联用车；大型石油化工企业尚宜配备高喷车和通信指挥车。

8.2.3 消防站宜设置向消防车快速灌装泡沫液的设施，并宜设置泡沫液运输车，车上应配备向消防车输送泡沫液的设施。

8.2.3A 消防站应配置不少于2门遥控移动消防炮，遥控移动消防炮的流量不应小于30L/s。

8.2.4 消防站应由车库、通信室、办公室、值勤宿舍、药剂库、器材库、干燥室（寒冷或多雨地区）、培训学习室及训练场、训练塔及其他必要的生活设施等组成。

8.2.5 消防车库的耐火等级不应低于二级；车库室内温度不宜低于12℃，并宜设机械排风设施。

8.2.6 车库、值勤宿舍必须设置警铃，并应在车库前场地一侧安装车辆出动的警灯和警铃。通信室、车库、值勤宿舍及公共通道等处应设事故照明。

8.2.7 车库大门应面向道路，距道路边不应小于15m。车库前场地应采用混凝土或沥青地面，并应有不小于2%的坡度坡向道路。

8.3 消防水源及泵房

8.3.1 当消防用水由工厂水源直接供给时，工厂给水管网的进水管不应少于2条。当其中1条发生事故时，另1条应能满足100%的消防用水和70%的生产、生活用水总量的要求。消防用水由消防水池（罐）供给时，工厂给水管网的进水管，应能满足消防水池（罐）的补充水和100%的生产、生活用水总量的要求。

8.3.1A 当厂区面积超过2000000m^2时，消防供水系统的设置应符合下列规定：

3 每套消防供水系统应根据其保护范围，按本标准第8.4节的规定确定消防用水量；

4 分区独立设置的相邻消防供水系统管网之间应设不少于2根带切断阀的连通管，并应满足其中一个分区发生故障时，相邻分区能够提供100%消防供水量。

8.3.2 当工厂水源直接供给不能满足消防用水量、水压和火灾延续时间内消防用水总量要求时，应建消防水池（罐），并应符合下列规定：

1 水池（罐）的容量，应满足火灾延续时间内消防用水总量的要求。当发生火灾能保证向水池（罐）连续补水时，其容量可减去火灾延续时间内的补充水量；

2 水池（罐）的总容量大于1000m^3时，应分隔成2个，并设带切断阀的连通管；

4 当消防水池（罐）与生活或生产水池（罐）合建时，应有消防用水不作他用的措施；

5 寒冷地区应设防冻措施；

6 消防水池（罐）应设液位检测、高低液位报警及自动补水设施。

8.3.3 消防水泵房宜与生活或生产水泵房合建，其耐火等级不应低于二级。

8.3.4 消防水泵应采用自灌式引水系统。当消防水池处于低液位不能保证消防水泵再次自灌启动时，应设辅助引水系统。

8.3.5 消防水泵的吸水管、出水管应符合下列规定：

1 每台消防水泵宜有独立的吸水管；2台以上成组布置时，其吸水管不应少于2条，当其中1条检修时，其余吸水管应能确保吸取全部消防用水量；

2 成组布置的水泵，至少应有2条出水管与环状消防水管道连接，两连接点间应设阀门。当1条出水管检修时，其余出水管应能输送全部消防用水量；

3 泵的出水管道应设防止超压的安全设施；

4 直径大于300mm的出水管道上阀门不应选用手动阀门，阀门的启闭应有明显标志。

8.3.6 消防水泵、稳压泵应分别设置备用泵。

8.3.7 消防水泵应在接到报警后2min以内投入运行。稳高压消防给水系统的消防水泵应能依靠管网压降信号自动启动。

8.3.8 消防水泵的主泵应采用电动泵，备用泵应采用柴油机泵，且应按100%备用能力设置，柴油机的油料储备量应能满足机组连续运转6h的要求；柴油机的安装、布置、通风、散热等条件应满足柴油机组的要求。

8.4 消防用水量

8.4.1 厂区的消防用水量应按同一时间内的火灾处数和相应处的一次灭火用水量确定。

8.4.2 厂区同一时间内的火灾处数应按表8.4.2确定。

表8.4.2 厂区同一时间内的火灾处数

厂区占地面积（m^2）	同一时间内火灾处数
≤1000000	1处；厂区消防用水量最大处
>1000000	2处；一处为厂区消防用水量最大处，另一处为厂区辅助生产设施

8.4.3 工艺装置、辅助生产设施及建筑物的消防用水量计算应符合下列规定：

    1 工艺装置的消防用水量应根据其规模、火灾危险类别及消防设施的设置情况等综合考虑确定。当确定有困难时，可按表8.4.3选定；火灾延续供水时间不应小于3h；

    3 建筑物的消防用水量应根据相关国家标准规范的要求进行计算；

    4 可燃液体、液化烃的装卸栈台应设置消防给水系统，消防用水量不应小于60L/s；空分站的消防用水量宜为90L/s～120L/s，火灾延续供水时间不宜小于3h。

表8.4.3 工艺装置消防用水量表（L/s）

装置类型	装置规模	
	中型	大型
石油化工	150～300	300～600
炼油	150～230	230～450
合成氨及氨加工	90～120	120～200

8.4.4 可燃液体罐区的消防用水量计算应符合下列规定：

    1 应按火灾时消防用水量最大的罐组计算，其水量应为配置泡沫混合液用水及着火罐和邻近罐的冷却用水量之和；

    2 当着火罐为立式储罐时，距着火罐罐壁1.5倍着火罐直径范围内的邻近罐应进行冷却；当着火罐为卧式储罐时，着火罐直径与长度之和的一半范围内的邻近地上罐应进行冷却；

    3 当邻近立式储罐超过3个时，冷却水量可按3个罐的消防用水量计算；当着火罐为浮顶、内浮顶罐（浮盘用易熔材料制作的储罐除外）时，其邻近罐可不考虑冷却。

8.4.5 可燃液体地上立式储罐应设固定或移动式消防冷却水系统，其供水范围、供水强度和设置方式应符合下列规定：

    1 供水范围、供水强度不应小于表8.4.5的规定；

表8.4.5 消防冷却水的供水范围和供水强度

项目	储罐型式		供水范围	供水强度	附注
移动式水枪冷却	着火罐	固定顶罐	罐周全长	0.8L/s·m	—
		浮顶罐、内浮顶罐	罐周全长	0.6L/s·m	注1、2
	邻近罐		罐周半长	0.7L/s·m	—

续表8.4.5

项目	储罐型式		供水范围	供水强度	附注
固定式冷却	着火罐	固定顶罐	罐壁表面积	2.5L/min·m^2	—
		浮顶罐、内浮顶罐	罐壁表面积	2.0L/min·m^2	注1、2
	邻近罐		罐壁表面积的1/2	2.5L/min·m^2	注3

注：1 浮盘用易熔材料制作的内浮顶罐按固定顶罐计算；
    2 浅盘式内浮顶罐按固定顶罐计算；
    3 按实际冷却面积计算，但不得小于罐壁表面积的1/2。

    2 罐壁高于17m储罐、容积等于或大于10000m^3储罐、容积等于或大于2000m^3低压储罐应设置固定式消防冷却水系统；

    3 润滑油罐可采用移动式消防冷却水系统；

    4 储罐固定式冷却水系统应有确保达到冷却水强度的调节设施；

    5 控制阀应设在防火堤外，并距被保护罐壁不宜小于15m。控制阀后及储罐上设置的消防冷却水管道应采用镀锌钢管。

8.4.6 可燃液体地上卧式罐宜采用移动式水枪冷却。冷却面积应按罐表面积计算。供水强度：着火罐不应小于6L/min·m^2；邻近罐不应小于3L/min·m^2。

8.4.7 可燃液体储罐消防冷却用水的延续时间：直径大于20m的固定顶罐和直径大于20m浮盘用易熔材料制作的内浮顶罐应为6h；其他储罐可为4h。

8.4.8 大中型石化企业的消防用水量，应在本标准规定的基础上另外增加不小于10000m^3的储存量，当企业临近天然水源或与相邻企业具有互通的消防管网时，可减去相应的有效供水量。

8.5 消防给水管道及消火栓

8.5.1 大型石油化工企业的工艺装置区、罐区等，应设独立的稳高压消防给水系统，其压力宜为0.7MPa～1.2MPa。其他场所采用低压消防给水系统时，其压力应确保灭火时最不利点消火栓的水压不低于0.15MPa（自地面算起）。消防给水系统不应与循环冷却水系统合并，且不应用于其他用途。

8.5.2 消防给水管道应环状布置，并应符合下列规定：

    1 环状管道的进水管不应少于2条；

    2 环状管道应用阀门分成若干独立管段，每段消火栓的数量不宜超过5个；

    3 当某个环段发生事故时，独立的消防给水管道的其余环段应能满足100%的消防用水量的要求；与生产、生活合用的消防给水管道应能满足100%的消防用水和70%的生产、生活用水的总量要求；

    4 生产、生活用水量应按70%最大小时水量计算；消防用水量应按最大秒流量计算。

8.5.3 消防给水管道应保持充水状态。地下独立的消防给水管道应埋设在冰冻线以下，管顶距冰冻线不应小于150mm。

8.5.4 工艺装置区或罐区的消防给水干管的管径应经计算确定。独立的消防给水管道的流速不宜大于3.5m/s。

8.5.5 消火栓的设置应符合下列规定：

    5 地上式消火栓的大口径出水口应面向道路。当其设置场所有可能受到车辆冲撞时，应在其周围设置防护设施；

　　6　地下式消火栓应有明显标志。

8.5.6　消火栓的数量及位置，应按其保护半径及被保护对象的消防用水量等综合计算确定，并应符合下列规定：

　　1　消火栓的保护半径不应超过120m；

　　2　高压消防给水管道上消火栓的出水量应根据管道内的水压及消火栓出口要求的水压计算确定，低压消防给水管道上公称直径为100mm、150mm消火栓的出水量可分别取15L/s、30L/s。

8.5.7　罐区及工艺装置区的消火栓应在其四周道路边设置，消火栓的间距不宜超过60m。当装置内设有消防道路时，应在道路边设置消火栓。距被保护对象15m以内的消火栓不应计算在该保护对象可使用的数量之内。

8.5.8　与生产或生活合用的消防给水管道上的消火栓应设切断阀。

8.6　消防水炮、水喷淋和水喷雾

8.6.1　甲、乙类可燃气体、可燃液体设备的高大构架和设备群应设置水炮保护。

8.6.2　固定式水炮的布置应根据水炮的设计流量和有效射程确定其保护范围。消防水炮距被保护对象不宜小于15m。消防水炮的出水量宜为30 L/s～50L/s，水炮应具有直流和水雾两种喷射方式。

8.6.3　工艺装置内固定水炮不能有效保护的特殊危险设备和场所宜设水喷淋或水喷雾系统，其设计应符合下列规定：

　　1　系统供水的持续时间、响应时间及控制方式等应根据被保护对象的性质、操作需要确定；

　　3　系统的报警信号及工作状态应在控制室控制盘上显示；

　　4　本标准未作规定者，应按现行国家标准《水喷雾灭火系统设计规范》GB 50219 的有关规定执行。

8.6.5　工艺装置内的甲、乙类设备的构架平台高出其所处地面15m时，宜沿梯子敷设半固定式消防给水竖管，并应符合下列规定：

　　1　按各层需要设置带阀门的管牙接口；

　　4　若构架平台采用不燃烧材料封闭楼板时，该层应设置带消防软管卷盘的消火栓箱。

8.6.6　液化烃及操作温度等于或高于自燃点的可燃液体泵，应设置水喷雾（水喷淋）系统或固定消防水炮进行雾状冷却保护，喷淋强度不低于$9L/m^2·min$。

8.6.7　在寒冷地区设置的消防软管卷盘、消防水炮、水喷淋或水喷雾等消防设施应采取防冻措施。

8.7　低倍数泡沫灭火系统

8.7.2　下列场所应采用固定式泡沫灭火系统：

　　1　甲、乙类和闪点等于或小于90℃的丙类可燃液体的固定顶罐及浮盘为易熔材料的内浮顶罐：

　　　　1）单罐容积等于或大于$10000m^3$的非水溶性可燃液体储罐；

　　　　2）单罐容积等于或大于$500m^3$的水溶性可燃液体储罐。

　　2　甲、乙类和闪点等于或小于90℃的丙类可燃液体的浮顶罐及浮盘为非易熔材料的内浮顶罐：

　　　　1）单罐容积等于或大于$50000m^3$的非水溶性可燃液体储罐；

　　　　2）单罐容积等于或大于$1000m^3$的水溶性可燃液体储罐。

　　3　移动消防设施不能进行有效保护的可燃液体储罐。

8.7.5　泡沫灭火系统控制方式应符合下列规定：

　　1　单罐容积等于或大于$20000m^3$的固定顶罐及浮盘为易熔材料的内浮顶罐应采用远程手动启动的程序控制；

　　2　单罐容积等于或大于$100000m^3$的浮顶罐及内浮顶罐应采用远程手动启动的程序控制；

8.7.6　大中型石化企业泡沫液储存量应经计算确定，且不应少于100m^3。当该区域有依托条件时，企业内的泡沫液储存量与可依托的泡沫液量之和不小于100m^3。

8.8　蒸汽灭火系统

8.8.1　工艺装置有蒸汽供给系统时，宜设固定式或半固定式蒸汽灭火系统，但在使用蒸汽可能造成事故的部位不得采用蒸汽灭火。

8.8.2　灭火蒸汽管应从主管上方引出，蒸汽压力不宜大于1MPa。

8.8.3　半固定式灭火蒸汽快速接头（简称半固定式接头）的公称直径应为20mm；与其连接的耐热胶管长度宜为15m～20m。

8.8.4　灭火蒸汽管道的布置应符合下列规定：

　　1　炼油装置加热炉的炉膛及输送腐蚀性可燃介质的回弯头箱内应设灭火蒸汽管道接口。灭火蒸汽管道应从蒸汽分配管引出，蒸汽分配管距加热炉不宜小于7.5m，并至少应预留2个半固定式接头；

　　2　室内空间小于$500m^3$的封闭式甲、乙、丙类泵房或甲类气体压缩机房内应沿一侧墙高出地面150mm～200mm处设固定式筛孔管，固定式筛孔管蒸汽供给强度不宜小于$0.003kg/s·m^3$，并应沿另一侧墙壁适当设置半固定式接头，在其他甲、乙、丙类泵房或可燃气体压缩机房内应设半固定式接头；

　　6　固定式筛孔管或半固定式接头的阀门应安装在明显、安全和开启方便的地点。

8.9　灭火器设置

8.9.3　工艺装置内手提式干粉型灭火器的选型及配置应符合下列规定：

　　1　扑救可燃气体、可燃液体火灾宜选用钠盐干粉灭火剂，扑救可燃固体表面火灾应采用磷酸铵盐干粉灭火剂，扑救烷基铝类火灾宜采用D类干粉灭火剂；

　　3　每一配置点的灭火器数量不应少于2个，多层构架应分层配置；

8.9.4　可燃气体、液化烃和可燃液体的铁路装卸栈台应沿栈台每12m处上下各分别设置2个手提式干粉型灭火器。

8.9.6　灭火器的配置，本标准未做规定者，应按现行国家标准《建筑灭火器配置设计规范》GB 50140 的有关规定执行。

8.10　液化烃罐区消防

8.10.1　液化烃罐区应设置消防冷却水系统，并应配置移动

式干粉等灭火设施。

8.10.2 全压力式及半冷冻式液化烃储罐采用的消防设施应符合下列规定：

    1 当单罐容积等于或大于1000m³时，应采用固定式水喷雾（水喷淋）系统及移动消防冷却水系统；

    2 当单罐容积大于100m³，且小于1000m³时，<u>应采用固定式水喷雾（水喷淋）系统和移动式消防冷却系统或固定式水炮和移动式消防冷却系统</u>；当采用固定式水炮作为固定消防冷却设施时，其冷却用水量不宜小于水量计算值的1.3倍，消防水炮保护范围应覆盖每个液化烃罐；

    3 当单罐容积小于或等于100m³时，可采用移动式消防冷却水系统，其罐区消防冷却用水量不得低于100L/s。

8.10.3 液化烃罐区的消防冷却总用水量应按储罐固定式消防冷却用水量与移动消防冷却用水量之和计算。

8.10.4 全压力式及半冷冻式液化烃储罐固定式消防冷却水系统的用水量计算应符合下列规定：

    1 着火罐冷却水供给强度不应小于9L/min·m²；

    2 距着火罐罐壁1.5倍着火罐直径范围内的邻近罐冷却水供给强度不应小于9L/min·m²；

    3 着火罐冷却面积应按其罐体表面积计算；邻近罐冷却面积应按其半个罐体表面积计算；

    4 距着火罐罐壁1.5倍着火罐直径范围内的邻近罐超过3个时，冷却水量可按3个罐的用水量计算。

8.10.5 移动消防冷却用水量应按罐组内最大一个储罐用水量确定，并应符合下列规定：

    1 储罐容积小于400m³时，不应小于30L/s；大于或等于400m³小于1000m³时，不应小于45L/s；大于或等于1000m³时，不应小于80L/s；

    2 当罐组只有一个储罐时，计算用水量可减半。

8.10.6 全冷冻式液化烃储罐的固定消防冷却供水系统的设置应符合下列规定：

    1 当单防罐外壁为钢制时，其消防用水量按着火罐和距着火罐1.5倍直径范围内邻近罐的固定消防冷却用水量及移动消防用水量之和计算。罐壁冷却水供给强度不小于2.5L/min·m²，邻近罐冷却面积按半个罐壁考虑，罐顶冷却水强度不小于4L/min·m²；

    2 当双防罐、全防罐外壁为钢筋混凝土结构时，管道进出口等局部危险处应设置水喷雾系统，冷却水供给强度为20L/min·m²，罐顶和罐壁可不考虑冷却；

    3 储罐四周应设固定水炮及消火栓。

8.10.7 液化烃罐区的消防用水延续时间按6h计算。

8.10.8 全压力式、半冷冻式液化烃储罐固定式消防冷却水系统可采用水喷雾或水喷淋系统等型式；但当储罐储存的物料燃烧，在罐壁可能生成碳沉积时，应设水喷雾系统。

8.10.10 全压力式、半冷冻式液化烃储罐固定式消防冷却水管道的设置应符合下列规定：

    1 储罐容积大于400m³时，供水竖管应采用2条，并对称布置；采用固定水喷雾系统时，罐体管道设置宜分为上半球和下半球2个独立供水系统；

    2 消防冷却水系统可采用手动或遥控控制阀，当储罐容积等于或大于1000m³时，应采用遥控控制阀；

    3 控制阀应设在防火堤外，距被保护罐壁不宜小于15m；

    4 控制阀前应设置带旁通阀的过滤器，控制阀后及储罐上设置的管道，应采用镀锌管。

8.10.12 沸点低于45℃甲$_B$类液体压力球罐的消防冷却应按液化烃全压力式储罐要求设置，<u>并应有灭火措施。</u>

8.10.13 全压力式及半冷冻式液氨储罐宜采用固定式水喷雾系统和移动式消防冷却水系统，冷却水供给强度不宜小于6L/min·m²，其他消防要求与全压力式及半冷冻式液化烃储罐相同。

    全冷冻式液氨储罐的消防冷却水系统按照全冷冻式液化烃储罐外壁为钢制单防罐的要求设置。

8.11 建筑物内消防

8.11.1 建筑物内消防系统的设置应根据其火灾危险性、操作条件、建筑物特点和外部消防设施等情况，综合考虑确定。

8.11.2 室内消火栓的设置应符合下列要求：

    1 甲、乙、丙类厂房（仓库）、高层厂房及高架仓库应在各层设置室内消火栓，当单层厂房长度小于30m时可不设；

    2 甲、乙类厂房（仓库）、高层厂房及高架仓库的室内消火栓间距不应超过30m，其他建筑物的室内消火栓间距不应超过50m；

    3 多层甲、乙类厂房和高层厂房应在楼梯间设置半固定式消防竖管，各层设置消防水带接口；消防竖管的管径不小于100mm，其接口应设在室外便于操作的地点；

    4 室内消火栓给水管网与自动喷水灭火系统的管网可引自同一消防给水系统，但应在报警阀前分开设置；

    5 消火栓配置的水枪应为直流-水雾两用枪，当室内消火栓栓口处的出水压力大于0.50MPa时，<u>应设置减压设施。</u>

8.11.3 控制室、机柜间、变配电所的消防设施应符合下列规定：

    1 建筑物的耐火等级、防火分区、内部装修及空调系统设计等应符合国家相关规范的有关规定；

    2 应设置火灾自动报警系统，且报警信号盘应设在24h有人值班场所；

    3 当电缆沟进入处有可能形成可燃气体积聚时，应设可燃气体报警器；

    4 应按现行国家标准《建筑灭火器配置设计规范》GB 50140的要求设置手提式和推车式气体灭火器。

8.11.4 单层丙类仓库的消防设计应符合下列规定：

    1 <u>下列单层仓库应设自动喷水灭火系统，自动喷水灭火系统应由厂区稳高压消防给水系统供水：</u>

        1）<u>占地面积超过6000m²的合成橡胶、合成树脂及塑料的产品仓库；</u>

        2）<u>合成橡胶、合成树脂及塑料的产品仓库内，建筑面积超过3000m²的防火分区；</u>

        3）<u>占地面积超过1000m²的合成纤维仓库。</u>

    3 应设置火灾自动报警系统；<u>当每座仓库占地面积超过12000m²时尚应设置工业电视监控系统。</u>

    5 <u>应按现行国家标准《建筑灭火器配置设计规范》GB 50140的要求设置手提式和推车式灭火器。</u>

8.11.5 挤压造粒厂房的消防设计应满足下列要求：

1 各层应设置室内消火栓，并应配置消防软管卷盘或轻便消防水龙；

2 在楼梯间应设置室内消火栓系统，并在室外设置水泵结合器；

3 应设置火灾自动报警系统；

4 应按现行国家标准《建筑灭火器配置设计规范》GB 50140 的要求设置手提式和推车式干粉灭火器。

8.11.6 烷基铝类催化剂配制区的消防设计应符合下列规定：

1 储罐应设置在有钢筋混凝土隔墙的独立半敞开式建筑物内，并宜设有烷基铝泄漏的收集设施；

2 应设置火灾自动报警系统；

3 配制区宜设置局部喷射式 D 类干粉灭火系统，其控制方式应采用手动遥控启动；

4 应配置干砂等灭火设施。

8.11.7 烷基铝类储存仓库应设置火灾自动报警系统，并配置干砂、蛭石、D 类干粉灭火器等灭火设施。

8.11.8 建筑物内消防设计，本标准未做规定者，应按现行国家标准《建筑设计防火规范》GB 50016 的有关规定执行。

8.11.9 当控制室和有人值守的机柜间两个相邻安全出口的间距大于40m或疏散走道最远点距最近安全出口的距离大于20m时，疏散走道应设置排烟设施。

8.12 火灾报警系统

8.12.1 石油化工企业的生产区、公用及辅助生产设施、全厂性重要设施和区域性重要设施的火灾危险场所应设置火灾自动报警系统和火灾电话报警。

8.12.2 火灾电话报警的设计应符合下列规定：

1 消防站应设置可受理不少于2处同时报警的火灾受警录音电话，且应设置无线通信设备；

2 在生产调度中心、消防水泵站、中央控制室、总变配电所等重要场所应设置与消防站直通的专用电话。

8.12.3 火灾自动报警系统的设计应符合下列规定：

1 生产区、公用及辅助生产设施、全厂性重要设施和区域性重要设施等火灾危险性场所应设置区域性火灾自动报警系统；

3 火灾自动报警系统应设置警报装置。当生产区有扩音对讲系统时，可兼作为警报装置；当生产区无扩音对讲系统时，应设置声光警报器；

4 区域性火灾报警控制器应设置在该区域的控制室内；当该区域无控制室时，应设置在 24h 有人值班的场所，其全部信息应通过网络传输到中央控制室；

5 火灾自动报警系统可接收电视监视系统（CCTV）的报警信息，重要的火灾报警点应同时设置电视监视系统；

6 重要的火灾危险场所应设置消防应急广播。当使用扩音对讲系统作为消防应急广播时，应能切换至消防应急广播状态；

8.12.4 甲、乙类装置区周围和罐组四周道路边应设置手动火灾报警按钮，其间距不宜大于 100m。

8.12.5 单罐容积大于或等于 30000m³ 的浮顶罐密封圈处应设置火灾自动报警系统；单罐容积大于或等于 10000m³ 且小于 30000m³ 的浮顶罐密封圈处宜设置火灾自动报警系统。

8.12.6 火灾自动报警系统的 220V AC 主电源应优先选择不间断电源（UPS）供电。直流备用电源应采用火灾报警控制器的专用蓄电池，应保证在主电源事故时持续供电时间不少于 8h。

8.12.7 火灾报警系统的设计，本标准未做规定者，应按现行国家标准《火灾自动报警系统设计规范》GB 50116 的有关规定执行。

9 电 气

9.1 消防电源、配电及一般要求

9.1.1 大中型石油化工企业消防水泵房用电负荷应为一级负荷。

9.1.2 消防水泵房及其配电室应设消防应急照明，照明可采用蓄电池做备用电源，其连续供电时间不应少于3h。

9.1.3 重要消防低压用电设备的供电应在最末一级配电装置或配电箱处实现自动切换。

9.1.3A 消防配电线路应满足火灾事故时连续供电的需要，其敷设应符合下列规定：

1 不应穿越与其无关的工艺装置、系统单元和储罐组；

2 宜直埋或充砂电缆沟敷设；确需地上敷设时，应采用耐火电缆敷设在专用的电缆桥架内，且不应与可燃液体、气体管道同架敷设。

9.1.4 装置内的电缆沟应有防止可燃气体积聚或含有可燃液体的污水进入沟内的措施。电缆沟通入变配电所、控制室的墙洞处应填实、密封。

9.1.5 距散发比空气重的可燃气体设备 30m 以内的电缆沟、电缆隧道应采取防止可燃气体窜入和积聚的措施。

9.1.6 在可能散发比空气重的甲类气体装置内的电缆应采用阻燃型，并宜架空敷设。

9.3 静电接地

9.3.1 对爆炸、火灾危险场所内可能产生静电危险的设备和管道，均应采取静电接地措施。

附录 A 防火间距起止点

A.0.1 区域规划、工厂总平面布置以及工艺装置或设施内平面布置的防火间距起止点为：

设备——设备外缘；
建筑物（敞开或半敞开式厂房除外）——最外侧轴线；
敞开式厂房——设备外缘；
半敞开式厂房——根据物料特性和厂房结构型式确定；
铁路——中心线；
道路——路边；
码头——输油臂中心及泊位；
铁路装卸鹤管——铁路中心线；
汽车装卸鹤位——鹤管立管中心线；
储罐或罐组——罐外壁；
高架火炬——火炬筒中心；
架空通信、电力线——线路中心线；
工艺装置——最外侧的设备外缘或建筑物的最外侧轴线。

80. 《石油库设计规范》GB 50074—2014

1 总 则

1.0.2 本规范适用于新建、扩建和改建石油库的设计。
本规范不适用于下列易燃和可燃液体储运设施：
 1 石油化工企业厂区内的易燃和可燃液体储运设施；
 2 油气田的油品站场（库）；
 3 附属于输油管道的输油站场；
 4 地下水封石洞油库、地下盐穴石油库、自然洞石油库、人工开挖的储油洞库；
 5 独立的液化烃储存库（包括常温液化石油气储存库、低温液化烃储存库）；
 6 液化天然气储存库；
 7 储罐总容量大于或等于1200000m³，仅储存原油的石油储备库。

2 术 语

2.0.1 石油库 oil depot
收发、储存原油、成品油及其他易燃和可燃液体化学品的独立设施。
2.0.2 特级石油库 super oil depot
既储存原油，也储存非原油类易燃和可燃液体，且储罐计算总容量大于或等于1200000m³的石油库。
2.0.3 企业附属石油库 oil depot attached to an enterprise
设置在非石油化工企业界区内并为本企业生产或运行服务的石油库。
2.0.4 储罐 tank
储存易燃和可燃液体的设备。
2.0.20 罐组 a group of tanks
布置在同一个防火堤内的一组地上储罐。
2.0.22 防火堤 dike
用于储罐发生泄漏时，防止易燃、可燃液体漫流和火灾蔓延的构筑物。
2.0.23 隔堤 dividing dike
用于防火堤内储罐发生少量泄漏事故时，为了减少易燃、可燃液体漫流的影响范围，而将一个储罐组分隔成多个区域的构筑物。
2.0.25 储罐计算总容量 calculate nominal volume of tank
按照储存液体火灾危险性的不同，将储罐容量乘以一定系数折算后的储罐总容量。
2.0.30 沸溢性液体 boil-over liquid
因具有热波特性，在燃烧时会发生沸溢现象的含水黏性油品（如原油、重油、渣油等）。
2.0.31 工艺管道 process pipeline
输送易燃液体、可燃液体、可燃气体和液化烃的管道。

2.0.32 操作温度 operating temperature
易燃和可燃液体在正常储存或输送时的温度。
2.0.33 铁路罐车装卸线 railway for oil loading and unloading
用于易燃和可燃液体装卸作业的铁路线段。
2.0.34 油气回收装置 vapor recovery device
通过吸附、吸收、冷凝、膜分离、焚烧等方法，将收集来的可燃气体进行回收处理至达标浓度排放的装置。

3 基本规定

3.0.1 石油库的等级划分应符合表3.0.1的规定。

表3.0.1 石油库的等级划分

等级	石油库储罐计算总容量 TV （m³）
特级	$1200000 \leqslant TV \leqslant 3600000$
一级	$100000 \leqslant TV < 1200000$
二级	$30000 \leqslant TV < 100000$
三级	$10000 \leqslant TV < 30000$
四级	$1000 \leqslant TV < 10000$
五级	$TV < 1000$

注：1 表中 TV 不包括零位罐、中继罐和放空罐的容量。
 2 甲A类液体储罐容量、Ⅰ级和Ⅱ级毒性液体储罐容量应乘以系数2计入储罐计算总容量，丙A类液体储罐容量可乘以系数0.5计入储罐计算总容量，丙B类液体储罐容量可乘以系数0.25计入储罐计算总容量。

3.0.2 特级石油库的设计应符合下列规定：
 1 非原油类易燃和可燃液体的储罐计算总容量应小于1200000m³，其设施的设计应符合本规范一级石油库的有关规定。非原油类易燃和可燃液体设施与库外居住区、公共建筑物、工矿企业、交通线的安全距离，应符合本规范第4.0.10条注5的规定。
 2 原油设施的设计应符合现行国家标准《石油储备库设计规范》GB 50737的有关规定。
 3 原油与非原油类易燃和可燃液体共用设施或其他共用部分的设计，应执行本规范与现行国家标准《石油储备库设计规范》GB 50737要求较高者的规定。
 4 特级石油库的储罐计算总容量大于或等于2400000m³时，应按消防设置要求最高的一个原油储罐和消防设置要求最高的一个非原油储罐同时发生火灾的情况进行消防系统设计。

3.0.3 石油库储存液化烃、易燃和可燃液体的火灾危险性分类，应符合表3.0.3的规定。

表 3.0.3 石油库储存液化烃、易燃和可燃液体的火灾危险性分类

类别		特征或液体闪点 F_t（℃）
甲	A	15℃时的蒸气压力大于0.1MPa的烃类液体及其类似的液体
	B	甲A类以外，$F_t<28$
乙	A	$28≤F_t<45$
	B	$45≤F_t<60$
丙	A	$60≤F_t≤120$
	B	$F_t>120$

3.0.4 石油库储存易燃和可燃液体的火灾危险性分类除应符合本规范表3.0.3的规定外，尚应符合下列规定：

 1 操作温度超过其闪点的乙类液体应视为甲B类液体；

 2 操作温度超过其闪点的丙A类液体应视为乙A类液体；

 3 操作温度超过其沸点的丙B类液体应视为乙A类液体；

 4 操作温度超过其闪点的丙B类液体应视为乙B类液体；

 5 闪点低于60℃但不低于55℃的轻柴油，其储运设施的操作温度低于或等于40℃时，可视为丙A类液体。

3.0.5 石油库内生产性建（构）筑物的最低耐火等级应符合表3.0.5的规定。建（构）筑物构件的燃烧性能和耐火极限应符合现行国家标准《建筑设计防火规范》GB 50016的有关规定；三级耐火等级建（构）筑物的构件不得采用可燃材料；敞棚顶承重构件及顶面的耐火极限可不限，但不得采用可燃材料。

表 3.0.5 石油库内生产性建（构）筑物的最低耐火等级

序号	建（构）筑物	液体类别	耐火等级
1	易燃和可燃液体泵房、阀门室、灌油间（亭）、铁路液体装卸暖库、消防泵房	—	二级
2	桶装液体库房及敞棚	甲、乙	二级
		丙	三级
3	化验室、计量间、控制室、机柜间、锅炉房、变配电间、修洗桶间、润滑油再生间、柴油发电机间、空气压缩机间、储罐支座（架）	—	二级
4	机修间、器材库、水泵房、铁路罐车装卸栈桥及罩棚、汽车罐车装卸站台及罩棚、液体码头栈桥、泵棚、阀门棚	—	三级

3.0.6 石油库内液化烃等甲A类易燃液体设施的防火设计，应按现行国家标准《石油化工企业设计防火规范》GB 50160的有关规定执行。

3.0.7 除本规范条文中另有规定外，建（构）筑物、设备、设施计算间距的起讫点，应符合本规范附录A的规定。

3.0.8 石油库易燃液体设备、设施的爆炸危险区域划分，应符合本规范附录B的规定。

4 库址选择

4.0.1 石油库的库址选择应根据建设规模、地域环境、油库各区的功能及作业性质、重要程度，以及可能与邻近建（构）筑物、设施之间的相互影响等，综合考虑库址的具体位置，并应符合城镇规划、环境保护、防火安全和职业卫生的要求，且交通运输应方便。

4.0.2 企业附属石油库的库址，应结合该企业主体建（构）筑物及设备、设施统一考虑，并应符合城镇或工业区规划、环境保护和防火安全的要求。

4.0.9 石油库的库址应具备满足生产、消防、生活所需的水源和电源的条件，还应具备污水排放的条件。

4.0.10 石油库与库外居住区、公共建筑物、工矿企业、交通线的安全距离，不得小于表4.0.10的规定。

表 4.0.10 石油库与库外居住区、公共建筑物、工矿企业、交通线的安全距离（m）

序号	石油库设施名称	石油库等级	库外建（构）筑物和设施名称				
			居住区和公共建筑物	工矿企业	国家铁路线	工业企业铁路线	道路
1	甲B、乙类液体地上罐组；甲B、乙类覆土立式油罐；无油气回收设施的甲B、乙A类液体装卸码头	一	100(75)	60	60	35	25
		二	90(45)	50	55	30	20
		三	80(40)	40	50	25	15
		四	70(35)	35	50	25	15
		五	50(35)	30	50	25	15
2	丙类液体地上罐组；丙类覆土立式油罐；乙B、丙类和采用油气回收设施的甲B、乙A类液体装卸码头；无油气回收设施的甲B、乙A类液体铁路或公路罐车装车设施；其他甲B、乙类液体设施	一	75(50)	45	45	26	20
		二	68(45)	38	40	23	15
		三	60(40)	30	38	20	15
		四	53(35)	26	38	20	15
		五	38(35)	23	38	20	15

续表 4.0.10

序号	石油库设施名称	石油库等级	库外建(构)筑物和设施名称				
			居住区和公共建筑物	工矿企业	国家铁路线	工业企业铁路线	道路
3	覆土卧式油罐；乙B、丙类和采用油气回收设施的甲B、乙A类液体铁路或公路罐车装车设施；仅有卸车作业的铁路或公路罐车卸车设施；其他丙类液体设施	一	50(50)	30	30	18	18
		二	45(45)	25	28	15	15
		三	40(40)	20	25	15	15
		四	35(35)	18	25	15	15
		五	25(25)	15	25	15	15

注：1 表中的工矿企业指除石油化工企业、石油库、油气田的油品站场和长距离输油管道的站场以外的企业。其他设施指油气回收设施、泵站、灌桶设施等设置有易燃和可燃液体、气体设备的设施。
2 表中的安全距离，库内设施有防火堤的储罐区应从防火堤中心线算起，无防火堤的覆土立式油罐应从罐室出入口等孔口算起，无防火堤的覆土卧式油罐应从储罐外壁算起；装卸设施应从装卸车(船)时鹤管口的位置算起；其他设备布置在房间内的，应从房间外墙轴线算起；设备露天布置的(包括设在棚内)，应从设备外缘算起。
3 表中括号内数字为石油库与少于100人或30户居住区的安全距离。居住区包括石油库的生活区。
4 Ⅰ、Ⅱ级毒性液体的储罐等设施与库外居住区、公共建筑物、工矿企业、交通线的最小安全距离，应按相应火灾危险性类别和所在石油库的等级在本表规定的基础上增加30%。
5 特级石油库中，非原油类易燃和可燃液体的储罐等设施与库外居住区、公共建筑物、工矿企业、交通线的最小安全距离，应在本表规定的基础上增加20%。
6 铁路附属石油库与国家铁路线及工业企业铁路线的距离，应按本规范表5.1.3铁路机车走行线的规定执行。

4.0.11 石油库的储罐区、水运装卸码头与架空通信线路(或通信发射塔)、架空电力线路的安全距离，不应小于1.5倍杆(塔)高；石油库的铁路罐车和汽车罐车装卸设施、其他易燃可燃液体设施与架空通信线路(或通信发射塔)、架空电力线路的安全距离，不应小于1.0倍杆(塔)高；以上各设施与电压不小于35kV的架空电力线路的安全距离不应小于30m。

注：以上石油库各设施的起算点与本规范表4.0.10注2相同。

4.0.12 石油库的围墙与爆破作业场地(如采石场)的安全距离，不应小于300m。

4.0.13 非石油库用的库外埋地电缆与石油库围墙的距离不应小于3m。

4.0.14 石油库与石油化工企业之间的距离，应符合现行国家标准《石油化工企业设计防火规范》GB 50160的有关规定；石油库与石油储备库之间的距离，应符合现行国家标准《石油储备库设计规范》GB 50737的有关规定；石油库与石油天然气站场、长距离输油管道站场之间的距离，应符合现行国家标准《石油天然气工程设计防火规范》GB 50183的有关规定。

4.0.15 相邻两个石油库之间的安全距离应符合下列规定：
1 当两个石油库的相邻储罐中较大罐直径大于53m时，两个石油库的相邻储罐之间的安全距离不应小于相邻储罐中较大罐直径，且不应小于80m。
2 当两个石油库的相邻储罐直径小于或等于53m时，两个石油库的任意两个储罐之间的安全距离不应小于其中较大罐直径的1.5倍，对覆土罐且不应小于60m，对储存Ⅰ、Ⅱ级毒性液体的储罐且不应小于50m，对储存其他易燃和可燃液体的储罐且不应小于30m。
3 两个石油库除储罐之外的建(构)筑物、设施之间的安全距离应按本规范表5.1.3的规定增加50%。

4.0.16 企业附属石油库与本企业建(构)筑物、交通线等的安全距离，不得小于表4.0.16的规定。

表 4.0.16 企业附属石油库与本企业建(构)筑物、交通线等的安全距离(m)

库内建(构)筑物和设施		液体类别	企业建(构)筑物等								
			甲类生产厂房	甲类物品库房	乙、丙、丁、戊类生产厂房及物品库房耐火等级			明火或散发火花的地点	厂内铁路	厂内道路	
					一、二	三	四			主要	次要
储罐(TV为罐区总容量，m³)	TV≤50	甲B、乙	25	25	12	15	20	25	25	15	10
	50<TV≤200		25	25	15	20	25	30	25	15	10
	200<TV≤1000		25	25	20	25	30	35	25	15	10
	1000<TV≤5000		30	30	25	30	40	40	25	15	10
	TV≤250	丙	15	15	12	15	20	20	20	10	5
	250<TV≤1000		20	20	15	20	25	20	20	10	5
	1000<TV≤5000		25	25	20	25	30	20	20	10	5
	5000<TV≤25000		30	30	25	30	40	20	20	10	5
油泵房、灌油间		甲B、乙	12	12	12	14	16	30	20	10	5
		丙	12	12	10	12	14	15	12	8	5
桶装液体库房		甲B、乙	15	20	12	20	25	30	30	10	5
		丙	12	15	10	12	14	20	15	8	5

续表 4.0.16

库内建（构）筑物和设施	液体类别	甲类生产厂房	甲类物品库房	乙、丙、丁、戊类生产厂房及物品库房耐火等级 一、二	乙、丙、丁、戊类生产厂房及物品库房耐火等级 三	乙、丙、丁、戊类生产厂房及物品库房耐火等级 四	明火或散发火花的地点	厂内铁路	厂内道路 主要	厂内道路 次要
汽车罐车装卸设施	甲B、乙	14	14	15	16	18	30	20	15	15
	丙	10	10	10	12	14	20	10	8	5
其他生产性建筑物	甲B、乙	12	12	10	12	14	25	10	3	3
	丙	9	9	8	9	10	15	8	3	3

注：1 当甲B、乙类易燃和可燃液体与丙类可燃液体混存时，丙A类可燃液体可按其容量的50％折算计入储罐区总容量，丙B类可燃液体可按其容量的25％折算计入储罐区总容量。
2 对于埋地卧式储罐和储存丙B类可燃液体的储罐，本表距离（与厂内次要道路的距离除外）可减少50％，但不得小于10m。
3 表中未注明的企业建（构）筑物与库内建（构）筑物的安全距离，应按现行国家标准《建筑设计防火规范》GB 50016规定的防火距离执行。
4 企业附属石油库的甲B、乙类易燃和可燃液体储罐总容量大于5000m³，丙A类可燃液体储罐总容量大于25000m³时，企业附属石油库与本企业建（构）筑物、交通线等的安全距离，应符合本规范第4.0.10条的规定。
5 企业附属石油库仅储存丙B类可燃液体时，可不受本表限制。

4.0.17 当重要物品仓库（或堆场）、军事设施、飞机场等，对与石油库的安全距离有特殊要求时，应按有关规定执行或协商解决。

5 库区布置

5.1 总平面布置

5.1.2 行政管理区和辅助作业区内，使用性质相近的建（构）筑物，在符合生产使用和安全防火要求的前提下，可合并建设。

5.1.3 石油库内建（构）筑物、设施之间的防火距离（储罐与储罐之间的距离除外），不应小于表5.1.3的规定。

5.1.4 储罐应集中布置。当储罐区地面高于邻近居民点、工业企业或铁路线时，应加强防止事故状态下库内易燃和可燃液体外流的安全防护措施。

5.1.5 石油库的储罐应地上露天设置。山区和丘陵地区或有特殊要求的可采用覆土等非露天方式设置，但储存甲B类和乙类液体的卧式储罐不得采用罐室方式设置。地上储罐、覆土储罐应分别设置储罐区。

5.1.6 储存Ⅰ、Ⅱ级毒性液体的储罐应单独设置储罐区。储罐计算总容量大于600000m³的石油库，应设置两个或多个储罐区，每个储罐区的储罐计算总容量不应大于600000m³。特级石油库中，原油储罐与非原油储罐应分别集中设在不同的储罐区内。

5.1.7 相邻储罐区储罐之间的防火距离，应符合下列规定：
1 地上储罐区与覆土立式油罐相邻储罐之间的防火距离不应小于60m；
2 储存Ⅰ、Ⅱ级毒性液体的储罐与其他相邻储罐区之间的防火距离，不应小于相邻储罐中较大罐直径的1.5倍，且不应小于50m；
3 其他易燃、可燃液体储罐区相邻储罐之间的防火距离，不应小于相邻储罐中较大罐直径的1.0倍，且不应小于30m。

5.1.8 同一个地上储罐区内，相邻罐组储罐之间的防火距离，应符合下列规定：
1 储存甲B、乙类液体的固定顶储罐和浮顶采用易熔材料制作的内浮顶储罐与其他罐组相邻储罐之间的防火距离，不应小于相邻储罐中较大罐直径的1.0倍；
2 外浮顶储罐、采用钢制浮顶的内浮顶储罐、储存丙类液体的固定顶储罐与其他罐组相邻储罐之间的防火距离，不应小于相邻储罐中较大罐直径的0.8倍。
注：储存不同液体的储罐、不同型式的储罐之间的防火距离，应采用上述计算值的较大值。

5.1.11 公路装卸区应布置在石油库临近库外道路的一侧，并宜设围墙与其他各区隔开。

5.1.13 储罐区泡沫站应布置在罐组防火堤外的非防爆区，与储罐的防火间距不应小于20m。

5.1.14 储罐区易燃和可燃液体泵站的布置，应符合下列规定：
1 甲、乙、丙A类液体泵站应布置在地上立式储罐的防火堤外；
2 丙B类液体泵、抽底油泵、卧式储罐输送泵和储罐油品检测用泵，可与储罐露天布置在同一防火堤内；
3 当易燃和可燃液体泵站采用棚式或露天式时，其与储罐的间距可不受限制，与其他建（构）筑物或设施的间距，应以泵外缘按本规范表5.1.3中易燃和可燃液体泵房与其他建（构）筑物、设施的间距确定。

5.1.15 与储罐区无关的管道、埋地输电线不得穿越防火堤。

5.2 库区道路

5.2.1 石油库储罐区应设环行消防车道。位于山区或丘陵地带设置环形消防车道有困难的下列罐区或罐组，可设尽头式消防车道：
1 覆土油罐区；
2 储罐单排布置，且储罐单罐容量不大于5000m³的地上罐组；
3 四、五级石油库储罐区。

表5.1.3 石油库内建(构)筑物、设施之间的防火距离(m)

序号	建(构)筑物和设施名称		易燃和可燃液体罐泵房		灌桶间		汽车罐车装卸设施		铁路罐车装卸设施		液体装卸码头		桶装液体库房		隔油池		消防车库、消防泵房	露天变配电所变压器、柴油发电机间		独立变配电间	办公用房、中心控制室、宿舍、食堂等人员集中场所	铁路机车走行线	有明火及散发火花的建(构)筑物及地点	油罐车库	库区围墙	其他建(构)筑物	河(海)岸边
			甲B、乙类液体	丙类液体	甲B、乙类液体	丙类液体	甲B、乙类液体	丙类液体	甲B、乙类液体	丙类液体	甲B、乙类液体	丙类液体	甲B、乙类液体	丙类液体	150m³及以下	150m³以上		10kV及以下	10kV以上							
			10	11	12	13	14	15	16	17	18	19	20	21	22	23	24	25	26	27	28	29	30	31	32	33	34
1	外浮顶储罐、内浮顶储罐、覆土立式油罐、储存丙类液体的立式固定顶储罐	V≥50000	20	15	30	25	30/23	23	30/23	23	50	35	30	25	25	30	40	40	50	40	60	35	30	28	32	33	30
2		5000≤V<50000	15	11	19	15	20/15	15	20/15	15	35	25	20	15	19	23	26	25	30	25	38	19	26	23	11	25	30
3		1000<V≤5000	11	9	15	11	15/11	11	15/11	11	30	23	15	11	15	19	23	19	23	19	30	19	26	19	7.5	15	30
4		V≤1000	9	7.5	11	9	11/9	9	11	11	26	23	11	9	11	15	19	15	23	11	23	19	26	15	6	11	20
5	储存甲B、乙类液体的立式固定顶储罐	V>5000	20	15	25	20	25/20	20	25/20	20	50	35	25	20	25	30	35	32	39	32	50	25	35	30	15	25	30
6		1000<V≤5000	15	11	20	15	20/15	15	20/15	15	40	30	20	15	20	25	30	25	30	25	40	25	35	25	10	20	30
7		V≤1000	12	10	15	11	15/11	11	15/11	11	35	30	15	11	15	20	25	20	30	15	30	25	35	20	8	15	20
8	甲B、乙类液体地上卧式储罐		9	7.5	11	8	11/8	8	11/8	8	25	20	11	8	11	15	19	15	23	11	23	19	25	15	6	11	20
9	覆土卧式油罐、丙类液体地上卧式储罐		7	6	8	6	8/6	6	8/6	6	20	15	8	6	8	11	15	11	15	8	18	15	20	11	4.5	8	20
10	易燃和可燃液体泵房	甲B、乙类液体	12	12	12	12	15/15	11	15/15	11	15	15	12	9	10/5	20/10	30	15	30	15	30	15	20	15	10	12	10
11		丙类液体	12	9	12	9	15/11	8	15/11	8	15	11	12	9	15/7.5	15/7.5	15	10	20	10	20	12	15	12	5	10	10
12	灌桶间	甲B、乙类液体	12	12	12	12	15/11	11	15/11	11	15	15	12	12	20/10	25/12.5	12	20	30	15	40	20	30	15	10	12	10
13		丙类液体	12	9	12	9	15/11	8	15/11	11	15	11	12	9	15/7.5	20/10	10	10	10	10	25	15	20	12	5	10	10
14	汽车罐车装卸设施	甲B、乙类液体	15/15	15/11	15/11	15/11	—	—	15/11	15/11	15	15	15/11	15/11	20/15	25/19	15/15	20/15	30/23	15/11	30/23	20/15	30/23	20	15/11	15/11	10
15		丙类液体	11	8	11	8	—	—	15/11	11	15	11	11	8	15/7.5	20/10	12	10	20	10	20	15	20	15	5	11	10

— 247 —

续表 5.1.3

序号	建（构）筑物和设施名称		易燃和可燃液体泵房		灌桶间		汽车罐车装卸设施		铁路罐车装卸设施		液体装卸码头		桶装液体库房		隔油池		消防车库、消防泵房	露天变配电所变压器、柴油发电机间		独立变配电间	办公用房、控制室、中心控制室、宿舍、食堂等人员集中场所	铁路机车走行线	有明火及散发火花的建（构）筑物及地点	油罐车库	库区围墙	其他建（构）筑物	河（海）岸边
			甲B、乙类液体	丙类液体	甲B、乙类液体	丙类液体	甲B、乙类液体	丙类液体	甲B、乙类液体	丙类液体	甲B、乙类液体	丙类液体	甲B、乙类液体	丙类液体	150m³及以下	150m³以上		10kV及以下	10kV以上							
			10	11	12	13	14	15	16	17	18	19	20	21	22	23	24	25	26	27	28	29	30	31	32	33	34
16	铁路罐车装卸设施	甲B、乙类液体	8/8	8/6	15/11	15/11	15/11	15/11	见本规范第8.1节		20/20	20/15	8/8	8/8	25/19	30/23	15/15	20/15	30/23	15/11	30/23	20/15	30/23	20	15/11	15/11	10
		丙类液体	6	6	11	11	11	11			20	15	8	8	20/10	25/12.5	12	10	20	10	20	15	20	15	5	10	10
17	液体装卸码头	甲B、乙类液体	15	15	15	15	15	15	20/20	20	见本规范第8.3节		15	15	25/19	30/23	25	20	30	15	45	20	40	20	—	15	—
		丙类液体	11	11	15	15	15	15	20/15	15			12	12	20/10	25/12.5	20	10	20	10	30	15	30	15	—	12	—
20	桶装液体库房	甲B、乙类液体	12	12	12	12	15/11	11	8/8	8	15	15	12	12	15/7.5	20/10	20	15	20	10	40	15	30	10	5	12	10
21		丙类液体	12	9	12	10	15/11	8	8/8	8	15	11	10	10	10/5	15/7.5	15	10	10	10	25	10	30	10	5	10	10
22	隔油池	150m³及以下	15/7.5	10/5	20/10	15/7.5	20/15	15/7.5	25/19	20/10	25/19	20/10	20/15	15/7.5	—	—	20/15	15/11	20/15	15/11	30/23	15/7.5	30/23	15/11	10/5	15/7.5	10
23		150m³以上	20/10	15/7.5	25/12.5	20/10	25/19	20/10	30/23	25/12.5	30/23	25/12.5	25/19	20/10	—	—	25/19	20/15	30/23	20/15	40/30	20/10	40/30	20/15	10/5	15/7.5	10

注：
1. 表中V指罐单储容量，单位为m³。
2. 序号14中，分子数字为来采用油气回收设施的汽车罐车装卸设施与建（构）筑物或设施的防火距离。
3. 序号16中，分子数字为用于装车作业线的铁路线的防火距离，分母数字为采用油气回收设施的铁路车装卸设施与建（构）筑物或设施的防火距离，分母数字仅适用于卸车作业的铁路线的情况。
4. 序号14与序号16相交数字的分母，仅适用于装车设施均采用油气回收的情况。
5. 序号22、23中的隔油池，系指设置在罐组防火堤外的有盖板的密闭式隔油池。其中分母数字为无盖板的隔油池与建（构）筑物或设施的防火距离，分母数字为无盖板的隔油回收处理设备的爆炸危险区域之外。
6. 罐组专用变配电间和机柜间与石油库内各建（构）筑物或设施的防火距离，应与易燃和可燃液体泵房相同，但变配电间和机柜间的门窗应位于易燃液体设备的爆炸危险区域之外。
7. 焚烧式可燃气体回收装置应按有明火及散发火花地点执行，其他形式的防火距离，应按相应火灾危险性类别在本表规定的基础上增加30%。
8. Ⅰ、Ⅱ级毒性液体的储存、设备和设施之间的防火距离要求。
9. "—"表示没有防火距离要求。

5.2.2 地上储罐组消防车道的设置，应符合下列规定：

1 储罐总容量大于或等于120000m³的单个罐组应设环行消防车道。

2 多个罐组共用1个环行消防车道时，环行消防车道内的罐组储罐总容量不应大于120000m³。

3 同一个环行消防车道内相邻罐组防火堤外堤脚线之间应留有宽度不小于7m的消防空地。

4 总容量大于或等于120000m³的罐组，至少应有2个路口能使消防车辆进入环形消防车道，并宜设在不同的方位上。

5.2.3 除丙B类液体储罐和单罐容量小于或等于100m³的储罐外，储罐至少应与1条消防车道相邻。储罐中心至少与2条消防车道的距离均不应大于120m；条件受限时，储罐中心与最近一条消防车道之间的距离不应大于80m。

5.2.4 铁路装卸区应设消防车道，并应平行于铁路装卸线，且宜与库内道路构成环行道路。消防车道与铁路罐车装卸线的距离不应大于80m。

5.2.5 汽车罐车装卸设施和灌桶设施，应设置能保证消防车辆顺利接近火灾场地的消防车道。

5.2.7 消防车道与防火堤外堤脚线之间的距离，不应小于3m。

5.2.8 一级石油库的储罐区和装卸区消防车道的宽度不应小于9m，其中路面宽度不应小于7m；覆土立式油罐和其他级别石油库的储罐区、装卸区消防车道的宽度不应小于6m，其中路面宽度不应小于4m；单罐容积大于或等于100000m³的储罐区消防车道的宽度应按现行国家标准《石油储备库设计规范》GB 50737的有关规定执行。

5.2.9 消防车道的净空高度不应小于5.0m，转弯半径不宜小于12m。

5.2.10 尽头式消防车道应设置回车场。两个路口间的消防车道长度大于300m时，应在该消防车道的中段设置回车场。

5.2.11 石油库通向公路的库外道路和车辆出入口的设计，应符合下列规定：

1 石油库应设与公路连接的库外道路，其路面宽度不应小于相应级别石油库储罐区的消防车道。

2 石油库通向库外道路的车辆出入口不应少于2处，且宜位于不同的方位。受地域、地形等条件限制时，覆土油罐区和四、五级石油库可只设1处车辆出入口。

3 储罐区的车辆出入口不应少于2处，并应位于不同的方位。受地域、地形等条件限制时，覆土油罐区和四、五级石油库的储罐区可只设1处车辆出入口。储罐区的车辆出入口宜直接通向库外道路，也可通向行政管理区或公路装卸区。

4 行政管理区、公路装卸区应直接通往库外道路的车辆出入口。

5.2.12 运输易燃、可燃液体等危险品的道路，其纵坡不应大于6%。其他道路纵坡设计应符合现行国家标准《厂矿道路设计规范》GBJ 22的有关规定。

5.3 竖向布置及其他

5.3.3 石油库的围墙设置，应符合下列规定：

1 石油库四周应设高度不低于2.5m的实体围墙。企业附属石油库与本企业毗邻一侧的围墙高度可为1.8m。

2 山区或丘陵地带的石油库，当四周均设实体围墙有困难时，可只在漏油可能流经的低洼处设实体围墙，在地势较高处可设置镀锌铁丝网等非实体围墙。

3 石油库临海、邻水侧的围墙，其1m高度以上可为铁栅栏围墙。

4 行政管理区与储罐区、易燃和可燃液体装卸区之间应设围墙。当采用非实体围墙时，围墙下部0.5m高度以下范围内应为实体墙。

5 围墙不得采用燃烧材料建造。围墙实体部分的下部不应留有孔洞（集中排水口除外）。

5.3.4 石油库的绿化应符合下列规定：

1 防火堤内不应植树；

3 绿化不应妨碍消防作业。

6 储 罐 区

6.1 地 上 储 罐

6.1.15 地上储罐组内相邻储罐之间的防火距离不应小于表6.1.15的规定。

表6.1.15 地上储罐组内相邻储罐之间的防火距离

储存液体类别	单罐容量不大于300m³，且总容量不大于1500m³的立式储罐组	固定顶储罐（单罐容量）			外浮顶、内浮顶储罐	卧式储罐
		≤1000m³	>1000m³	≥5000m³		
甲B、乙类	2m	0.75D	0.6D	0.4D	0.4D	0.8m
丙A类	2m	0.4D	0.4D	0.4D	0.4D	0.8m
丙B类	2m	2m	5m	0.4D	0.4D与15m的较小值	0.8m

注：1 表中D为相邻储罐中较大储罐的直径。
2 储存不同类别液体的储罐、不同型式的储罐之间的防火距离，应采用较大值。

6.2 覆土立式油罐

6.2.2 覆土立式油罐应采用独立的罐室及出入通道。与管沟连接处必须设置防火、防渗密闭隔离墙。

6.2.3 覆土立式油罐之间的防火距离，应符合下列规定：

1 甲B、乙、丙A类油品覆土立式油罐之间的防火距离，不应小于相邻两罐罐室直径之和的1/2。当按相邻两罐罐室直径之和的1/2计算超过30m时，可取30m。

2 丙B类油品覆土立式油罐之间的防火距离，不应小于相邻较大罐室直径的0.4倍。

3 当丙B类油品覆土立式油罐与甲B、乙、丙A类油品覆土立式油罐相邻时，两者之间的防火距离应按本条第1款执行。

6.2.5 覆土立式油罐的罐室设计应符合下列规定：

6 罐室的出入通道口，应设置向外开启的和满足口部紧急时刻封堵强度要求的防火密闭门，其耐火极限不得低于1.5h。通道口部的设计，应有利于在紧急时刻采取封堵措施。

6.4 储罐附件

6.4.7 下列储罐的通气管上必须装设阻火器：
1 储存甲B类、乙类、丙A类液体的固定顶储罐和地上卧式储罐；
2 储存甲B类和乙类液体的覆土卧式油罐；
3 储存甲B类、乙类、丙A类液体并采用氮气密封保护系统的内浮顶储罐。

6.5 防火堤

6.5.1 地上储罐组应设防火堤。防火堤内的有效容量，不应小于罐组内一个最大储罐的容量。

6.5.2 地上立式储罐的罐壁至防火堤内堤脚线的距离，不应小于罐壁高度的一半。卧式储罐的罐壁至防火堤内堤脚线的距离，不应小于3m。依山建设的储罐，可利用山体兼作防火堤，储罐的罐壁至山体的距离最小可为1.5m。

6.5.3 地上储罐组的防火堤实高应高于计算高度0.2m，防火堤高于堤内设计地坪不应小于1.0m，高于堤外设计地坪或消防车道路面（按较低者计）不应大于3.2m。地上卧式储罐的防火堤应高于堤内设计地坪不小于0.5m。

6.5.4 防火堤宜采用土筑防火堤，其堤顶宽度不应小于0.5m。不具备采用土筑防火堤条件的地区，可选用其他结构形式的防火堤。

6.5.5 防火堤应能承受在计算高度范围内所容纳液体的静压力且不应泄漏；防火堤的耐火极限不应低于5.5h。

6.5.6 管道穿越防火堤处应采用不燃烧材料严密填实。在雨水沟（管）穿越防火堤处，应采取排水控制措施。

6.5.7 防火堤每一个隔堤区域内均应设置对外人行台阶或坡道，相邻台阶或坡道之间的距离不宜大于60m。

6.5.8 立式储罐罐组内应按下列规定设置隔堤：
1 多品种的罐组内下列储罐之间应设置隔堤：
　1）甲B、乙A类液体储罐与其他类可燃液体储罐之间；
　2）水溶性可燃液体储罐与非水溶性可燃液体储罐之间；
　3）相互接触能引起化学反应的可燃液体储罐之间；
　4）助燃剂、强氧化剂及具有腐蚀性液体储罐与可燃液体储罐之间。
2 非沸溢性甲B、乙、丙A类储罐组隔堤内的储罐数量，不应超过表6.5.8的规定。

表6.5.8 非沸溢性甲B、乙、丙A类储罐组隔堤内的储罐数量

单罐公称容量V（m³）	一个隔堤内的储罐数量（座）
V＜5000	6
5000≤V＜20000	4
20000≤V＜50000	2
V≥50000	1

注：当隔堤内的储罐公称容量不等时，隔堤内的储罐数量按其中一个较大储罐公称容量计。

3 隔堤内沸溢性液体储罐的数量不应多于2座。
5 隔堤应是采用不燃烧材料建造的实体墙，隔堤高度宜为0.5m～0.8m。

7 易燃和可燃液体泵站

7.0.1 易燃和可燃液体泵站宜采用地上式。其建筑形式应根据输送介质的特点、运行工况及当地气象条件等综合考虑确定，可采用房间式（泵房）、棚式（泵棚）或露天式。

7.0.2 易燃和可燃液体泵站的建筑设计，应符合下列规定：
1 泵房或泵棚的净空应满足设备安装、检修和操作的要求，且不应低于3.5m。
2 泵房的门应向外开，且不应少于2个，其中一个应能满足泵房内最大设备的进出需要。建筑面积小于100m² 时可只设1个外开门。
4 泵棚或露天泵站的设备平台，应高于其周围地坪不少于0.15m。
5 与甲B、乙类液体泵房（间）相毗邻建设的变配电间的设置，应符合本规范第14.1.4条的规定。
6 腐蚀性介质泵站的地面、泵基础等其他可能接触到腐蚀性液体的部位，应采取防腐措施。
7 输送液化石油气等甲A类液体的泵站，应采用不发生火花的地面。

7.0.4 输送加热液体的泵，不应与输送闪点低于45℃液体的泵设在同一个房间内。

7.0.5 输送液化烃等甲A类液体的泵，不应与输送其他易燃和可燃液体的泵设在同一个房间内。

7.0.6 Ⅰ、Ⅱ级毒性液体的输送泵应采用屏蔽泵或磁力泵。

7.0.7 易燃和可燃液体输送泵的设置，应符合下列规定：
1 输送有特殊要求的液体，应设专用泵和备用泵。

7.0.15 易燃和可燃气体排放管口的设置，应符合下列规定：
1 排放管口应设在泵房（棚）外，并应高出周围地坪4m及以上。
2 排放管口设在泵房（棚）顶面上方时，应高出泵房（棚）顶面1.5m及以上。
3 排放管口与泵房门、窗等孔洞的水平路径不应小于3.5m；与配电间门、窗及非防爆电气设备的水平路径不应小于5m。
4 排放管口应装设阻火器。

7.0.18 易燃和可燃液体装卸区不设集中泵站时，泵可设置于铁路罐车装卸栈桥或汽车罐车装卸站台之下，但应满足自然通风条件，且泵基础顶面应高于周围地坪和可能出现的最大积水高度。

8 易燃和可燃液体装卸设施

8.1 铁路罐车装卸设施

8.1.1 铁路罐车装卸线设置，应符合下列规定：
1 铁路罐车装卸线的车位数，应按液体运输量确定。
2 铁路罐车装卸线应为尽头式。
3 铁路罐车装卸线应为平直线，股道直线段的始端至装卸栈桥第一鹤管的距离,不应小于进库罐车长度的1/2。装卸线设在平直线上确有困难时,可设在半径不小于600m的曲线上。

  4 装卸线上罐车车列的始端车位车钩中心线至前方铁路道岔警冲标的安全距离,不应小于31m;终端车位车钩中心线至装卸线车挡的安全距离不应小于20m。

8.1.2 罐车装卸线中心线至石油库内非罐车铁路装卸线中心线的安全距离,应符合下列规定:
  1 装甲B、乙类液体的不应小于**20m**。
  2 卸甲B、乙类液体的不应小于**15m**。
  3 装卸丙类液体的不应小于**10m**。

8.1.3 下列易燃和可燃液体宜单独设置铁路罐车装卸线:
  1 甲A类液体;
  2 甲B类液体、乙类液体、丙A类液体;
  3 丙B类液体。

当以上液体合用一条装卸线,且同时作业时,两类液体鹤管之间的距离,不应小于24m;不同时作业时,鹤管间距可不限制。

8.1.4 桶装液体装卸车与罐车装卸车合用一条装卸线时,桶装液体车位至相邻罐车车位的净距,不应小于10m。不同时作业时可不限制。

8.1.5 罐车装卸线中心线与无装卸栈桥一侧其他建(构)筑物的距离,在露天场所不应小于3.5m,在非露天场所不应小于2.44m。

8.1.6 铁路中心线至石油库铁路大门边缘的距离,有附挂调车作业时,不应小于3.2m;无附挂调车作业时不应小于2.44m。

8.1.7 铁路中心线至装卸暖库大门边缘的距离,不应小于2m。暖库大门的净空高度(自轨面算起)不应小于5m。

8.1.8 桶装液体装卸站台的顶面应高于轨面,其高差不应大于1.1m。站台边缘至装卸线中心线的距离应符合下列规定:
  1 当装卸站台的顶面距轨面高差等于1.1m时,不应小于1.75m;
  2 当装卸站台的顶面距轨面高差大于1.1m时,不应小于1.85m。

8.1.9 从下部接卸铁路罐车的卸油系统,应采用密闭管道系统。从上部向铁路罐车灌装甲、乙、丙A类液体时,应采用插到罐车底部的鹤管。鹤管内的液体流速,在鹤管浸没于液体之前不应大于**1m/s**,浸没于液体之后不应大于**4.5m/s**。

8.1.10 不应在同一装卸线的两侧同时设置罐车装卸栈桥。铁路装卸线为单股道时,装卸栈桥宜与装卸泵站同侧布置。

8.1.11 罐车装卸栈桥的桥面,宜高于轨面3.5m。栈桥上应设安全栏杆。在栈桥的两端和沿栈桥每60m~80m处,应设上下栈桥的梯子。

8.1.12 罐车装卸栈桥边缘与罐车装卸线中心线的距离,应符合下列规定:
  1 自轨面算起3m及以下,其距离不应小于2m;
  2 自轨面算起3m以上,其距离不应小于1.85m。

8.1.13 罐车装卸鹤管至石油库围墙的铁路大门的距离,不应小于20m。

8.1.14 相邻两座罐车装卸栈桥的相邻两条罐车装卸线中心线的距离,应符合下列规定:
  1 当二者或其中之一用于装卸甲B、乙类液体时,其距离不应小于10m。
  2 当二者都用于装卸丙类液体时,其距离不应小于6m。

8.1.15 在保证装卸液体质量的情况下,性质相近的液体可共享鹤管,但航空油料的鹤管应专管专用。

8.1.16 向铁路罐车灌装甲、乙A类液体和Ⅰ、Ⅱ级毒性液体应采用密闭装车方式,并应按现行国家标准《油品装卸系统油气回收设施设计规范》GB 50759的有关规定设置油气回收设施。

8.2 汽车罐车装卸设施

8.2.2 汽车灌装棚的建筑设计,应符合下列规定:
  1 灌装棚应为单层建筑,并宜采用通过式。
  2 灌装棚的耐火等级,应符合本规范第3.0.5条的规定。
  3 灌装棚罩棚至地面的净空高度,应满足罐车灌装作业要求,且不得低于5.0m。
  4 灌装棚内的灌装通道宽度,应满足灌装作业要求,其地面应高于周围地面。
  5 当灌装设备设置在灌装台下时,台下的空间不得封闭。

8.2.4 汽车罐车的液体装卸应有计量措施,计量精度应符合国家有关规定。

8.2.6 汽车罐车向卧式储罐卸甲、乙、丙A类液体时,应采用密闭管道系统。

8.2.8 当采用上装鹤管向汽车罐车灌装甲、乙、丙A类液体时,应采用能插到罐车底部的装车鹤管。鹤管内的液体流速,在鹤管口浸没于液体之前不应大于**1m/s**,浸没于液体之后不应大于**4.5m/s**。

8.2.9 向汽车罐车灌装甲、乙A类液体和Ⅰ、Ⅱ级毒性液体应采用密闭装车方式,并应按现行国家标准《油品装卸系统油气回收设施设计规范》GB 50759的有关规定设置油气回收设施。

8.3 易燃和可燃液体装卸码头

8.3.3 易燃和可燃液体装卸码头与公路桥梁、铁路桥梁等的安全距离,不应小于表8.3.3的规定。

表8.3.3 易燃和可燃液体装卸码头与公路桥梁、铁路桥梁等的安全距离

易燃和可燃液体装卸码头位置	液体类别	安全距离(m)
公路桥梁、铁路桥梁的下游	甲B、乙	150(75)
	丙	100(50)
公路桥梁、铁路桥梁的上游	甲B、乙	300(150)
	丙	200(100)
内河大型船队锚地、固定停泊所、城市水源取水口的上游	甲B、乙、丙	1000(500)

注:表中括号内数字为停靠小于500t船舶码头的安全距离。

8.3.4 易燃和可燃液体装卸码头之间或易燃和可燃液体码头

相邻两泊位的船舶安全距离，不应小于表8.3.4的规定。

表8.3.4 易燃和可燃液体装卸码头之间或易燃和可燃液体码头相邻两泊位的船舶安全距离

停靠船舶吨级	船长L（m）	安全距离（m）
>1000t级	L≤110	25
	110<L≤150	35
	150<L≤182	40
	182<L≤235	50
	L>235	55
≤1000t级	L	0.3L

注：1 船舶安全距离系指相邻液体泊位设计船型首尾间的净距。
2 当相邻泊位设计船型不同时，其间距应按吨级较大者计算。
3 当突堤或栈桥码头两侧靠船时，对于装卸甲类液体泊位，船舷之间的安全距离不应小于25m。

8.3.5 易燃和可燃液体装卸码头与相邻货运码头的安全距离，不应小于表8.3.5的规定。

表8.3.5 易燃和可燃液体装卸码头与相邻货运码头的安全距离

液体装卸码头位置	液体类别	安全距离（m）
内河货运码头下游	甲B、乙	75
	丙	50
沿海、河口内河货运码头上游	甲B、乙	150
	丙	100

注：表中安全距离系指相邻两码头所停靠设计船型首尾间的净距。

8.3.6 易燃和可燃液体装卸码头与相邻港口客运站码头的安全距离，不应小于表8.3.6的规定。

表8.3.6 易燃和可燃液体装卸码头与相邻港口客运站码头的安全距离

液体装卸码头位置	客运站级别	液体类别	安全距离(m)
沿海	一、二、三、四	甲B、乙	300(150)
		丙	200(100)
内河客运站码头的下游	一、二	甲B、乙	300(150)
		丙	200(100)
	三、四	甲B、乙	150(75)
		丙	100(50)
内河客运站码头的上游	一	甲B、乙	3000(1500)
		丙	2000(1000)
	二	甲B、乙	2000(1000)
		丙	1500(750)
	三、四	甲B、乙	1000(500)
		丙	700(350)

注：1 易燃和可燃液体装卸码头与相邻客运码头的安全距离，系指相邻两码头所停靠设计船型首尾间的净距。
2 括号内数据为停靠小于500t级船舶码头的安全距离。
3 客运站级别划分见现行国家标准《河港工程设计规范》GB 50192。

8.3.7 装卸甲B、乙、丙A类液体和Ⅰ、Ⅱ级毒性液体的船舶应采用密闭接口形式。

8.3.8 停靠需要排放压舱水或洗舱水船舶的码头，应设置接受压舱水或洗舱水的设施。

8.3.9 易燃和可燃液体装卸码头的建造材料，应采用不燃材料（护舷设施除外）。

8.3.10 在易燃和可燃液体管道位于岸边的适当位置，应设用于紧急状况下的切断阀。

9 工艺及热力管道

9.1 库内管道

9.1.2 地上管道不应环绕罐组布置，且不应妨碍消防车的通行。设置在防火堤与消防车道之间的管道不应妨碍消防人员通行及作业。

9.1.4 地上工艺管道不宜靠近消防泵房、专用消防站、变电所和独立变配电间、办公室、控制室以及宿舍、食堂等人员集中场所敷设。当地上工艺管道与这些建筑物之间的距离小于15m时，朝向工艺管道一侧的外墙应采用无门窗的不燃烧体实体墙。

9.1.6 管道跨越道路和铁路时，应符合下列规定：
3 管道跨越消防车道时，路面以上的净空高度不应小于5m；

9.1.15 热力管道不得与甲、乙、丙A类液体管道敷设在同一条管沟内。

9.1.16 埋地敷设的热力管道与埋地敷设的甲、乙类工艺管道平行敷设时，两者之间的净距不应小于1m；与埋地敷设的甲、乙类工艺管道交叉敷设时，两者之间的净距不应小于0.25m，且工艺管道宜在其他管道和沟渠的下方。

9.1.17 管道宜沿库区道路布置。工艺管道不应穿越或跨越与其无关的易燃和可燃液体的储罐组、装卸设施及泵站等建（构）筑物。

9.1.22 当管道采用管沟方式敷设时，管沟与泵房、灌桶间、罐组防火堤、覆土油罐室的结合处，应设置密闭隔离墙。

9.1.23 当管道采用充沙封闭管沟或非充沙封闭管沟方式敷设时，除应符合本规范第9.1.22条规定外，尚应符合下列规定：
1 热力管道、加温输送的工艺管道，不得与输送甲、乙类液体的工艺管道敷设在同一条管沟内。
2 管沟内的管道布置应方便检修及更换管道组成件。

9.1.24 当管道采用埋地方式敷设时，应符合下列规定：
3 输送易燃和可燃介质的埋地管道不宜穿越电缆沟，如不可避免时应设防护套管；当管道液体温度超过60℃时，在套管内应充填隔热材料，使套管外壁温度不超过60℃。

9.2 库外管道

9.2.1 库外管道宜沿库外道路敷设。库外工艺管道不应穿越村庄、居民区、公共设施，并宜远离人员集中的建筑物和明火设施。

9.2.3 库外管道与相邻建（构）筑物或设施之间的距离不应小于表9.2.3的规定。

表 9.2.3　库外管道与相邻建（构）筑物或设施之间的距离（m）

序号	相邻建（构）筑物		液化烃等甲A类液体管道		其他易燃和可燃液体管道	
			埋地敷设	地上架空	埋地敷设	地上架空
1	城镇居民点或独立的人群密集的房屋、工矿企业人员集中场所		30	40	15	25
2	工矿企业厂内生产设施		20	30	10	15
3	库外铁路线	国家铁路线	15	25	10	15
		企业铁路线	10	15	5	10
4	库外公路	高速公路、一级公路	7.5	12	5	7.5
		其他公路	5	7.5	5	7.5
5	工业园区内道路	主要道路	5	5	5	5
		一般道路	3	3	3	3
6	架空电力、通信线路		5	1倍杆高，且不小于5m	5	1倍杆高，且不小于5m

注：1　对于城镇居民点或独立的人群密集的房屋、工矿企业人员集中场所，由边缘建（构）筑物的外墙算起；对于学校、医院、工矿企业厂内生产设施等，由区域边界线算起。
　　2　表中库外管道与库外铁路线、库外公路、工业园区内道路之间的距离系指两者平行敷设时的间距。
　　3　当情况特殊或受地形及其他条件限制时，在采取加强安全保护措施后，序号1和2的距离可减少50%。对处于地形特殊困难地段与公路平行的局部管段，在采取加强安全保护措施后，可埋设在公路路肩边线以外的公路用地范围以内。
　　4　库外管道尚应位于铁路用地范围边线和公路用地范围边线外。
　　5　库外管道尚不应穿越与其无关的工矿企业，确有困难需要穿越时，应进行安全评估。

9.2.4　库外管道采用埋地敷设方式时，在地面上应设置明显的永久标志，管道的敷设设计应符合现行国家标准《输油管道工程设计规范》GB 50253 的有关规定。

9.2.5　易燃、可燃、有毒液体库外管道沿江、河、湖、海敷设时，应有预防管道泄漏污染水域的措施。

9.2.8　埋地敷设的库外工艺管道不宜与市政管道、暗沟（渠）交叉或相邻布置，如确需交叉或相邻布置，应符合下列规定：

1　与市政管道、暗沟（渠）交叉时，库外工艺管道应位于市政管道、暗沟（渠）的下方，库外工艺管道的管顶与市政管道的管底、暗沟（渠）的沟底的垂直净距不应小于0.5m。

3　工艺管道与市政管道、暗沟（渠）平行敷设时，两者之间的净距不应小于1m，且工艺管道应位于市政热力管道热力影响范围外。

4　应进行安全风险分析，根据具体情况，采取有效可行措施，防止泄漏的易燃和可燃液体、气体进入市政管道、暗沟（渠）。

10　易燃和可燃液体灌桶设施

10.1　灌桶设施组成和平面布置

10.1.4　甲B、乙类液体的灌桶泵与灌桶栓之间应设防火墙。甲B、乙类液体的灌桶间与重桶库房合建时，两者之间应设无门、窗、孔洞的防火墙。

10.3　桶装液体库房

10.3.3　重桶应堆放在库房（棚）内。桶装液体库房（棚）的设计，应符合下列规定：

2　Ⅰ、Ⅱ级毒性液体重桶与其他液体重桶储存在同一栋库房内时，两者之间应设防火墙。

3　甲B、乙类液体的桶装液体库房，不得建地下或半地下式。

4　桶装液体库房应为单层建筑。当丙类液体的桶装液体库房采用一、二级耐火等级时，可为两层建筑。

5　桶装液体库房应设外开门。丙类液体桶装液体库房，可在墙外侧设推拉门。建筑面积大于或等于100m²的重桶堆放间，门的数量不应少于2个，门宽不应小于2m。桶装液体库房应设置斜坡式门槛，门槛应选用非燃烧材料，且应高出室内地坪0.15m。

6　桶装液体库房的单栋建筑面积不应大于表10.3.3的规定。

表 10.3.3　桶装液体库房的单栋建筑面积

液体类别	耐火等级	建筑面积（m²）	防火墙隔间面积（m²）
甲B	一、二级	750	250
乙	一、二级	2000	500
丙	一、二级	4000	1000
	三级	1200	400

10.3.4　桶的堆码应符合下列规定：

1　空桶宜卧式堆码。堆码层数宜为3层，但不得超过6层。

2　重桶应立式堆码。机械堆码时，甲B类液体和有毒液体不得超过2层，乙类和丙A类液体不得超过3层，丙B类液体不得超过4层。人工堆码时，各类液体的重桶均不得超过2层。

3　运输桶的主要通道宽度，不应小于1.8m。桶垛之间的辅助通道宽度，不应小于1.0m。桶垛与墙柱之间的距离不宜小于0.25m。

4　单层的桶装液体库房净空高度不得小于3.5m。桶多层堆码时，最上层桶与屋顶构件的净距不得小于1m。

11　车间供油站

11.0.1　设置在企业厂房内的车间供油站，应符合下列规定：

1　甲B、乙类油品的储存量，不应大于车间两昼夜的需用量，且不应大于2m³。

3　车间供油站应靠厂房外墙布置，并应设耐火极限不低于3h的非燃烧体墙和耐火极限不低于1.5h的非燃烧体屋顶。

4 储存甲B、乙类油品的车间供油站，应为单层建筑，并应设有直接向外的出入口和防止液体流散的设施。

5 存油量不大于5m³的丙类油品储罐（箱），可直接设置在丁、戊类生产厂房内。

6 储罐（箱）的通气管管口应设在室外，甲B、乙类油品储罐（箱）的通气管管口，应高出屋面1.5m，与厂房门、窗之间的距离不应小于4m。

7 储罐（箱）与油泵的距离可不受限制。

11.0.2 设置在企业厂房外的车间供油站，应符合下列规定：

1 车间供油站与本企业建（构）筑物、交通线等的安全距离，应符合本规范第4.0.16条的规定；站内布置应符合本规范第5.1.3条的规定。

2 甲B、乙类油品储罐的总容量不大于20m³且储罐为埋地卧式储罐或丙类油品储罐的总容量不大于100m³时，站内储罐、油泵站与本车间厂房、厂内道路等的防火距离以及站内储罐、油泵站之间的防火距离可适当减小，但应符合下列规定：

  1）站内储罐、油泵站与本车间厂房、厂内道路等的防火距离，不应小于表11.0.2的规定；

表 11.0.2 站内储罐、油泵站与本车间厂房、厂内道路等的防火距离（m）

名称		液体类别	一、二级耐火等级的厂房	厂房内明火或散发火花地点	站区围墙	厂内道路
储罐	埋地卧式	甲B、乙	3	18.5	3	5
		丙	3	8		
	地上式	丙	6	17.5		
油泵站		甲B、乙	3	15		
		丙	3	8		

  2）油泵房与地上储罐的防火距离不应小于5m；
  3）油泵房与埋地卧式储罐的防火距离不应小于3m；
  4）布置在露天或棚内的油泵与储罐的距离可不受限制。

3 车间供油站应设高度不低于1.6m的站区围墙。当厂房外墙兼作站区围墙时，厂房外墙地坪以上6m高度范围内，不应有门、窗、孔洞。工厂围墙兼作站区围墙时，储罐、油泵站与工厂围墙的距离应符合本规范第5.1.3条的规定。

4 当油泵房与厂房毗连建设时，油泵房应采用耐火极限不低于3h的非燃烧体墙和不低于1.5h的非燃烧体屋顶。对于甲B、乙类油品的泵房，尚应设有直接向外的出入口。

12 消防设施

12.1 一般规定

12.1.1 石油库应设消防设施。石油库的消防设施设置，应根据石油库等级、储罐型式、液体火灾危险性及与邻近单位的消防协作条件等因素综合考虑确定。

12.1.2 石油库的易燃和可燃液体储罐灭火设施的设置，应符合下列规定：

1 覆土卧式油罐和储存丙B类油品的覆土立式油罐，可不设泡沫灭火系统，但应按本规范第12.4.2条的规定配置灭火器材。

2 设置泡沫灭火系统有困难，且无消防协作条件的四、五级石油库，当立式储罐不多于5座，甲B类和乙A类液体储罐单罐容量不大于700m³，乙B和丙类液体储罐单罐容量不大于2000m³时，可采用烟雾灭火方式；当甲B类和乙A类液体储罐单罐容量不大于500m³，乙B类和丙类液体储罐单罐容量不大于1000m³时，也可采用超细干粉等灭火方式。

3 其他易燃和可燃液体储罐应设置泡沫灭火系统。

12.1.3 储罐泡沫灭火系统的设置类型，应符合下列规定：

1 地上固定顶储罐、内浮顶储罐和地上卧式储罐应设低倍数泡沫灭火系统或中倍数泡沫灭火系统。

2 外浮顶储罐、储存甲B、乙和丙A类油品的覆土立式油罐，应设低倍数泡沫灭火系统。

12.1.4 储罐的泡沫灭火系统设置方式，应符合下列规定：

1 容量大于500m³的水溶性液体地上立式储罐和容量大于1000m³的其他甲B、乙、丙A类易燃、可燃液体地上立式储罐，应采用固定式泡沫灭火系统。

2 容量小于或等于500m³的水溶性液体地上立式储罐和容量小于或等于1000m³的其他易燃、可燃液体地上立式储罐，可采用半固定式泡沫灭火系统。

3 地上卧式储罐、覆土立式油罐、丙B类液体立式储罐和容量不大于200m³的地上储罐，可采用移动式泡沫灭火系统。

12.1.5 储罐应设消防冷却水系统。消防冷却水系统的设置应符合下列规定：

1 容量大于或等于3000m³或罐壁高度大于或等于15m的地上立式储罐，应设固定式消防冷却水系统。

3 五级石油库的立式储罐采用烟雾灭火或超细干粉等灭火设施时，可不设消防给水系统。

12.1.6 火灾时需要操作的消防阀门不应设在防火堤内。消防阀门与对应的着火储罐罐壁的距离不应小于15m，如果有可靠的接近消防阀门的保护措施，可不受此限制。

12.2 消防给水

12.2.1 一、二、三、四级石油库应设独立消防给水系统。

12.2.2 五级石油库的消防给水可与生产、生活给水系统合并设置。

12.2.3 当石油库采用高压消防给水系统时，给水压力不应小于在达到设计消防水量时最不利点灭火所需要的压力；当石油库采用低压消防给水系统时，应保证每个消火栓出口处在达到设计消防水量时，给水压力不应小于0.15MPa。

12.2.4 消防给水系统应保持充水状态。严寒地区的消防给水管道，冬季可不充水。

12.2.5 一、二、三级石油库地上储罐区的消防给水管道应环状敷设；覆土罐区和四、五级石油库储罐区的消防给水管道可枝状敷设；山区石油库的单罐容量小于或等于5000m³且储罐单排布置的储罐区，其消防给水管道可枝状敷设。一、二、三级石油库地上储罐区的消防水环形管道的进水管道不应少于2条，每条管道应能通过全部消防用水量。

12.2.6 特级石油库的储罐计算总容量大于或等于

2400000m³ 时，其消防用水量应为同时扑救消防设置要求最高的一个原油储罐和扑救消防设置要求最高的一个非原油储罐火灾所需配置泡沫用水量和冷却储罐最大用水量的总和。其他级别石油库储罐区的消防用水量，应为扑救消防设置要求最高的一个储罐火灾配置泡沫用水量和冷却储罐所需最大用水量的总和。

12.2.7 储罐的消防冷却水供应范围，应符合下列规定：

1 着火的地上固定顶储罐以及距该储罐罐壁不大于 1.5D（D 为着火储罐直径）范围内相邻的地上储罐，均应冷却。当相邻的地上储罐超过 3 座时，可按其中较大的 3 座相邻储罐计算冷却水量。

2 着火的外浮顶、内浮顶储罐应冷却，其相邻储罐可不冷却。当着火的内浮顶储罐浮盘用易熔材料制作时，其相邻储罐也应冷却。

3 着火的地上卧式储罐应冷却，距着火罐直径与长度之和 1/2 范围内的相邻储罐也应冷却。

4 着火的覆土储罐及其相邻的覆土储罐可不冷却，但应考虑灭火时的保护用水量（指人身掩护和冷却地面及储罐附件的水量）。

12.2.8 储罐的消防冷却水供水范围和供给强度应符合下列规定：

1 地上立式储罐消防冷却水供水范围和供给强度，不应小于表 12.2.8 的规定。

表 12.2.8 地上立式储罐消防冷却水供水范围和供给强度

储罐及消防冷却型式			供水范围	供给强度	附注
移动式水枪冷却	着火罐	固定顶罐	罐周全长	0.6(0.8) L/(s·m)	—
		外浮顶罐 内浮顶罐	罐周全长	0.45(0.6) L/(s·m)	浮顶用易熔材料制作的内浮顶罐按固定顶罐计算
	相邻罐	不保温	罐周半长	0.35(0.5) L/(s·m)	—
		保温		0.2L/(s·m)	
固定式冷却	着火罐	固定顶罐	罐壁外表面积	2.5L/(min·m²)	—
		外浮顶罐 内浮顶罐	罐壁外表面积	2.0L/(min·m²)	浮顶用易熔材料制作的内浮顶罐按固定顶罐计算
	相邻罐		罐壁外表面积的1/2	2.0L/(min·m²)	按实际冷却面积计算，但不得小于罐壁表面积的1/2

注：1 移动式水枪冷却栏中，供给强度是按使用 φ16mm 口径水枪确定的，括号内数据为使用 φ19mm 口径水枪的数据。
 2 着火罐单支水枪保护范围：φ16mm 口径为 8m～10m，φ19mm 口径为 9m～11m；邻近罐单支水枪保护范围：φ16mm 口径为 14m～20m，φ19mm 口径为 15m～25m。

2 覆土立式油罐的保护用水供给强度不应小于 0.3L/(s·m²)，用水量计算长度应为最大储罐的周长。当计算用水量小于 15L/s 时，应按不小于 15L/s 计。

3 着火的地上卧式储罐的消防冷却水供给强度不应小于 6L/(min·m²)，其相邻储罐的消防冷却水供给强度不应小于 3L/(min·m²)。冷却面积应按储罐投影面积计算。

4 覆土卧式油罐的保护用水供给强度，应按同时使用不少于 2 支移动水枪计，且不应小于 15L/s。

5 储罐的消防冷却水供给强度应根据设计所选用的设备进行校核。

12.2.9 单股道铁路罐车装卸设施的消防水量不应小于 30L/s；双股道铁路罐车装卸设施的消防水量不应小于 60L/s。汽车罐车装卸设施的消防水量不应小于 30L/s；当汽车装卸车位不超过 2 个时，消防水量可按 15L/s 设计。

12.2.10 地上立式储罐采用固定消防冷却方式时，其冷却水管的安装应符合下列规定：

1 储罐抗风圈或加强圈不具备冷却水导流功能时，其下面应设冷却喷水环管。

2 冷却喷水环管上应设置水幕式喷头，喷头布置间距不宜大于 2m，喷头的出水压力不应小于 0.1MPa。

3 储罐冷却水的进水立管下端应设清扫口。清扫口下端应高于储罐基础顶面不小于 0.3m。

4 消防冷却水管道上应设控制阀和放空阀。消防冷却水以地面水为水源时，消防冷却水管道上宜设置过滤器。

12.2.11 消防冷却水最小供给时间应符合下列规定：

1 直径大于 20m 的地上固定顶储罐和直径大于 20m 的浮盘用易熔材料制作的内浮顶储罐不应少于 9h，其他地上立式储罐不应少于 6h。

2 覆土立式油罐不应少于 4h。

3 卧式储罐、铁路罐车和汽车罐车装卸设施不应少于 2h。

12.2.12 石油库消防水泵的设置，应符合下列规定：

1 一级石油库的消防冷却水泵和泡沫消防水泵应至少各设置 1 台备用泵。二、三级石油库的消防冷却水泵和泡沫消防水泵应设置备用泵，当两者的压力、流量接近时，可共用 1 台备用泵。四、五级石油库的消防冷却水泵和泡沫消防水泵可不设备用泵。备用泵的流量、扬程不应小于最大主泵的工作能力。

2 当一、二、三级石油库的消防水泵有 2 个独立电源供电时，主泵应采用电动泵，备用泵可采用电动泵，也可采用柴油机泵；只有 1 个电源供电时，消防水泵应采用下列方式之一：

 1）主泵和备用泵全部采用柴油机泵；
 2）主泵采用电动泵，配备规格（流量、扬程）和数量不小于主泵的柴油机泵作备用泵；
 3）主泵采用柴油机泵，备用泵采用电动泵。

3 消防水泵应采用正压启动或自吸启动。当采用自吸启动时，自吸时间不宜大于 45s。

12.2.13 当多台消防水泵的吸水管共用 1 根泵前主管道时，该管道应有 2 条支管道接入消防水池（罐），且每条支管道应能通过全部用水量。

12.2.14 石油库设有消防水池（罐）时，其补水时间不应超过 96h。需要储存的消防总水量大于 1000m³ 时，应设 2 个消防水池（罐），2个消防水池（罐）应用带阀门的连通管连通。消防水池（罐）应设供消防车取水用的取水口。

12.2.15 消防冷却水系统应设置消火栓，消火栓的设置应符合下列规定：

1 移动式消防冷却水系统的消火栓设置数量，应按储罐冷却灭火所需消防水量及消火栓保护半径确定。消火栓的保护半径不应大于 **120m**，且距着火罐罐壁 15m 内的消火栓不应计算在内。

2 储罐固定式消防冷却水系统所设置的消火栓间距不应大于 **60m**。

3 寒冷地区消防水管道上设置的消火栓应有防冻、放空措施。

12.3 储罐泡沫灭火系统

12.3.1 储罐的泡沫灭火系统设计，除应执行本规范规定外，尚应符合现行国家标准《泡沫灭火系统设计规范》GB 50151 的有关规定。

12.3.3 容量大于或等于 50000m³ 的外浮顶储罐的泡沫灭火系统，应采用自动控制方式。

12.3.4 储存甲B、乙和丙A类油品的覆土立式油罐，应配备带泡沫枪的泡沫灭火系统，并应符合下列规定：

1 油罐直径小于或等于 20m 的覆土立式油罐，同时使用的泡沫枪数不应少于 3 支。

2 油罐直径大于 20m 的覆土立式油罐，同时使用的泡沫枪数不应少于 4 支。

3 每支泡沫枪的泡沫混合液流量不应小于 240L/min，连续供给时间不应小于 1h。

12.3.5 固定式泡沫灭火系统泡沫液的选择、泡沫混合液流量、压力应满足泡沫站服务范围内所有储罐的灭火要求。

12.3.6 当储罐采用固定式泡沫灭火系统时，尚应配置泡沫钩管、泡沫枪和消防水带等移动泡沫灭火用具。

12.3.7 泡沫液储备量应在计算的基础上增加不少于 100% 的富余量。

12.4 灭火器材配置

12.4.1 石油库应配置灭火器材。

12.4.2 灭火器材配置应符合现行国家标准《建筑灭火器配置设计规范》GB 50140 的有关规定，并应符合下列规定：

1 储罐组按防火堤内面积每 400m² 应配置 1 具 8kg 手提式干粉灭火器，当计算数量超过 6 具时，可按 6 具配置。

2 铁路装车台每间隔 12m 应配置 2 具 8kg 干粉灭火器；每个公路装车台应配置 2 具 8kg 干粉灭火器。

3 石油库主要场所灭火毯、灭火沙配置数量不应少于表 12.4.2 的规定。

表 12.4.2 石油库主要场所灭火毯、灭火沙配置数量

场所	灭火毯（块）		灭火沙（m³）
	四级及以上石油库	五级石油库	
罐组	4～6	2	2
覆土储罐出入口	2～4	2～4	1
桶装液体库房	4～6	2	1

续表 12.4.2

场所	灭火毯（块）		灭火沙（m³）
	四级及以上石油库	五级石油库	
易燃和可燃液体泵站	—	—	2
灌油间	4～6	3	1
铁路罐车易燃和可燃液体装卸栈桥	4～6	2	—
汽车罐车易燃和可燃液体装卸场地	4～6	2	1
易燃和可燃液体装卸码头	4～6	—	2
消防泵房	—	—	2
变配电间	—	—	2
管道桥涵	—	—	2
雨水支沟接主沟处	—	—	2

注：埋地卧式储罐可不配置灭火沙。

12.5 消防车配备

12.5.1 当采用水罐消防车对储罐进行冷却时，水罐消防车的台数应按储罐最大需要水量进行配备。

12.5.2 当采用泡沫消防车对储罐进行灭火时，泡沫消防车的台数应按一个最大着火储罐所需的泡沫液量进行配备。

12.5.3 设有固定式消防系统的石油库，其消防车配备应符合下列规定：

1 特级石油库应配备 3 辆泡沫消防车；当特级石油库中储罐单罐容量大于或等于 100000m³ 时，还应配备 1 辆举高喷射消防车。

2 一级石油库中，当固定顶罐、浮盘用易熔材料制作的内浮顶储罐单罐容量不小于 10000m³ 或外浮顶储罐、浮盘用钢质材料制作的内浮顶储罐单罐容量不小于 20000m³ 时，应配备 2 辆泡沫消防车；当一级石油库中储罐单罐容量大于或等于 100000m³ 时，还应配备 1 辆举高喷射消防车。

3 储罐总容量大于或等于 50000m³ 的二级石油库，当固定顶罐、浮盘用易熔材料制作的内浮顶储罐单罐容量不小于 10000m³ 或外浮顶储罐、浮盘用钢质材料制作的内浮顶储罐单罐容量不小于 20000m³ 时，应配备 1 辆泡沫消防车。

12.5.4 石油库应与邻近企业或城镇消防站协商组成联防。联防企业或城镇消防站的消防车辆符合下列要求时，可作为油库的消防车辆：

1 在接到火灾报警后 5min 内能对着火罐进行冷却的消防车辆；

2 在接到火灾报警后 10min 内能对相邻储罐进行冷却的消防车辆；

3 在接到火灾报警后 20min 内能对着火储罐提供泡沫的消防车辆。

12.5.5 消防车库的位置，应满足接到火灾报警后，消防车到达最远着火的地上储罐的时间不超过 5min；到达最远着火覆土油罐的时间不宜超过 10min。

12.6 其 他

12.6.1 石油库内应设消防值班室。消防值班室内应设专用受警录音电话。

12.6.2 一、二、三级石油库的消防值班室应与消防泵房控制室或消防车库合并设置，四、五级石油库的消防值班室可与油库值班室合并设置。消防值班室与油库值班调度室、城镇消防站之间应设直通电话。储罐总容量大于或等于50000m^3的石油库的报警信号应在消防值班室显示。

12.6.3 储罐区、装卸区和辅助作业区的值班室内，应设火灾报警电话。

12.6.4 储罐区和装卸区内，宜在四周道路设置户外手动报警设施，其间距不宜大于100m。容量大于或等于50000m^3的外浮顶储罐应设置火灾自动报警系统。

12.6.5 储存甲B类和乙A类液体且容量大于或等于50000m^3的外浮顶罐，应在储罐上设置火灾自动探测装置，并应根据消防灭火系统联动控制要求划分火灾探测器的探测区域。当采用光纤型感温探测器时，探测器应设置在储罐浮盘二次密封圈的上面。当采用光纤光栅感温探测器时，光栅探测器的间距不应大于3m。

12.6.6 石油库火灾自动报警系统设计，应符合现行国家标准《火灾自动报警系统设计规范》GB 50116的规定。

12.6.7 采用烟雾或超细干粉灭火设施的四、五级石油库，其烟雾或超细干粉灭火设施的设置应符合下列规定：

  1 当1座储罐安装多个发烟器或超细干粉喷射口时，发烟器、超细干粉喷射口应联动，且宜对称布置。

  2 烟雾灭火的药剂强度及安装方式，应符合有关产品的使用要求和规定。

12.6.8 石油库内的集中控制室、变配电间、电缆夹层等场所采用气溶胶灭火装置时，气溶胶喷放出口温度不得大于80℃。

13 给排水及污水处理

13.1 给 水

13.1.1 石油库的水源应就近选用地下水、地表水或城镇自来水。水源的水质应分别符合生活用水、生产用水和消防用水的水质标准。企业附属石油库的给水，应由该企业统一考虑。石油库选用城镇自来水做水源时，水管进入石油库处的压力不应低于0.12MPa。

13.1.3 石油库水源工程供水量的确定，应符合下列规定：

  1 石油库的生产用水量和生活用水量应按最大小时用水量计算。

  2 石油库的生产用水量应根据生产过程和用水设备确定。

  4 消防、生产及生活用水采用同一水源时，水源工程的供水量应按最大消防用水量的1.2倍计算确定。采用消防水池（罐）时，应按消防水池（罐）的补充水量、生产用水量及生活用水量总和的1.2倍计算确定。

  5 当消防与生产采用同一水源，生活用水采用另一水源时，消防与生产用水的水源工程的供水量应按最大消防用水量的1.2倍计算确定。采用消防水池（罐）时，应按消防水池（罐）的补充水量与生产用水量总和的1.2倍计算确定。生活用水水源工程的供水量应按生活用水量的1.2倍计算

确定。

  6 当消防用水采用单独水源、生产与生活用水合用另一水源时，消防用水水源工程的供水量，应按最大消防用水量的1.2倍计算确定。设消防水池（罐）时，应按消防水池补充水量的1.2倍计算确定。生产与生活用水水源工程的供水量，应按生产用水量与生活用水量之和的1.2倍计算确定。

13.2 排 水

13.2.1 石油库的含油与不含油污水，应采用分流制排放。含油污水应采用管道排放。未被易燃和可燃液体污染的地面雨水和生产废水可采用明沟排放，并宜在石油库围墙处集中设置排放口。

13.2.2 储罐区防火堤内的含油污水管道引出防火堤时，应在堤外采取防止泄漏的易燃和可燃液体流出罐区的切断措施。

13.2.3 含油污水管道应在储罐组防火堤处、其他建（构）筑物的排水管出口处、支管与干管连接处、干管每隔300m处设置水封井。

13.4 漏油及事故污水收集

13.4.3 在防火堤外有易燃和可燃液体管道的地方，地面应就近坡向雨水收集系统。当雨水收集系统干道采用暗管时，暗管宜采用金属管道。

14 电 气

14.1 供配电

14.1.1 石油库生产作业的供电负荷等级宜为三级，不能中断生产作业的石油库供电负荷等级应为二级。一、二、三级石油库应设置供信息系统使用的应急电源。设置有电动阀门（易燃和可燃液体定量装车控制阀除外）的一、二级石油库宜配置可移动式应急动力电源装置。应急动力电源装置的专用切换电源装置宜设置在配电间处或罐组防火堤外。

14.1.3 一、二、三级石油库的消防泵站和泡沫站应设应急照明，应急照明可采用蓄电池作为备用电源，其连续供电时间不应少于6h。

14.1.4 10kV以上的变配电装置应独立设置。10kV及以下的变配电装置的变配电间与易燃液体泵房（棚）相毗邻时，应符合下列规定：

  1 隔墙应为不燃材料建造的实体墙。与变配电间无关的管道，不得穿过隔墙。所有穿墙的孔洞，应用不燃材料严密填实。

  2 变配电间的门窗应向外开，其门应设在泵房的爆炸危险区域以外。变配电间的窗宜设在泵房的爆炸危险区域以外；如窗设在爆炸危险区以内，应设密闭固定窗和警示标志。

  3 变配电间的地坪应高于油泵房室外地坪至少0.6m。

14.1.5 石油库主要生产作业场所的配电电缆应采用铜芯电缆，并应采用直埋或电缆沟充砂敷设，局部地段需在地面敷设的电缆应采用阻燃电缆。

14.1.6 电缆不得与易燃和可燃液体管道、热力管道同沟敷设。

14.1.7 石油库内易燃液体设备、设施爆炸危险区域的等级

及电气设备选型，应按现行国家标准《爆炸和火灾危险环境电力装置设计规范》GB 50058 执行，其爆炸危险区域划分应符合本规范附录 B 的规定。

14.3 防静电

14.3.14 下列甲、乙和丙 A 类液体作业场所应设消除人体静电装置：
1 泵房的门外；
2 储罐的上罐扶梯入口处；
3 装卸作业区内操作平台的扶梯入口处；
4 码头上下船的出入口处。

14.3.18 防雷防静电接地电阻检测断接接头、消除人体静电装置，以及汽车罐车装卸场地的固定接地装置，不得设在爆炸危险1区。

15 自动控制和电信

15.1 自动控制系统及仪表

15.1.6 容量大于或等于 50000m³ 的外浮顶储罐，其泡沫灭火系统应采用由人工确认的自动控制方式。

15.1.9 有毒气体和可燃气体检测器设置，应符合下列规定：
1 有毒液体的泵站、装卸车站、计量站、储罐的阀门集中处和排水井处等可能发生有毒气体泄漏和积聚的区域，应设置有毒气体检测器。
2 设有甲、乙 A 类易燃液体设备的房间内，应设置可燃气体浓度自动检测报警装置。
3 一级石油库的甲、乙 A 类液体的泵站、装卸车站、计量站、地上储罐的阀门集中处和排水井处等可能发生可燃气体泄漏、积聚的露天场所，应设置可燃气体检测器；覆土罐组和其他级别石油库的露天场所可配置便携式可燃气体检测器。
4 一级石油库的可燃气体和有毒气体检测报警系统设计，应符合现行国家标准《石油化工可燃气体和有毒气体检测报警设计规范》GB 50493 的有关规定。

15.1.11 一级石油库消防泵的启停、消防水管道及泡沫液管道上控制阀的开关均应在消防控制室实现远程启停控制，总控制台应显示泵运行状态和控制阀的阀位信号。

15.2 电 信

15.2.1 石油库应设置火灾报警电话、行政电话系统、无线电通信系统、电视监视系统。一级石油库尚应设置计算机局域网络、入侵报警系统和出入口控制系统。根据需要可设置调度电话系统、巡更系统。

15.2.3 室内电信线路，非防爆场所宜暗敷设，防爆场所应明敷设。

15.2.6 电视监视系统的监视范围应覆盖储罐区、易燃和可燃液体泵站、易燃和可燃液体装卸设施、易燃和可燃液体灌桶设施和主要设施出入口等处。电视监控操作站宜分别设在生产控制室、消防控制室、消防站值班室和保卫值班室等地点。当设置火灾自动报警系统时，宜与电视监视系统联动控制。

16 采暖通风

16.2 通 风

16.2.1 易燃和有毒液体泵房、灌桶间及其他有易燃和有毒液体设备的房间，应设置机械通风系统和事故排风装置。机械通风系统换气次数宜为 5 次/h～6 次/h，事故排风换气次数不应小于 12 次/h。

16.2.4 在爆炸危险区域内，风机、电机等所有活动部件应选择防爆型，其构造应能防止产生电火花。机械通风系统应采用不燃烧材料制作。风机应采用直接传动或联轴器传动。风管、风机及其安装方式均应采取防静电措施。

16.2.5 在布置有甲、乙 A 类易燃液体设备的房间内，所设置的机械通风设备应与可燃气体浓度自动检测报警系统联动，并应设有就地和远程手动开启装置。

附录 A 计算间距的起讫点

表 A 计算间距的起讫点

序号	建（构）筑物、设施和设备	计算间距的起讫点
1	道路	路边
2	铁路	铁路中心线
3	管道	管子中心（指明者除外）
4	地上立式储罐、地上和覆土卧式油罐	罐外壁
5	覆土立式油罐	罐室内墙壁及其出入口
6	设在露天（包括棚下）的各种设备	最突出的外缘
7	架空电力和通信线路	线路中心
8	埋地电力和通信电缆	电缆中心
9	建筑物或构筑物	外墙轴线
10	铁路罐车装卸设施	铁路罐车装卸线中心线，端部罐车的装卸口中心
11	汽车罐车装卸设施	汽车罐车装卸作业时鹤管或软管管口中心
12	液体装卸码头	前沿线（靠船的边缘）
13	工矿企业、居住区	建筑物或构筑物外墙轴线
14	医院、学校、养老院等公共设施	围墙轴线；无围墙者为建（构）筑物外墙轴线
15	架空电力线杆（塔）高、通信线杆（塔）高	电线杆（塔）和通信杆（塔）所在地面至杆（塔）顶的高度

注：本规范中的安全距离和防火距离未特殊说明的，均指平面投影距离。

附录 B 石油库内易燃液体设备、设施的爆炸危险区域划分

B.0.1 爆炸危险区域的等级定义应符合现行国家标准《爆炸和火灾危险环境电力装置设计规范》GB 50058 的规定。

B.0.2 易燃液体设施的爆炸危险区域内地坪以下的坑和沟应划为1区。

B.0.3 储存易燃液体的地上固定顶储罐爆炸危险区域划分（图 B.0.3），应符合下列规定：

    1 罐内未充惰性气体的液体表面以上空间应划为0区。

    2 以通气口为中心、半径为1.5m的球形空间应划为1区。

    3 距储罐外壁和顶部3m范围内及防火堤至罐外壁，其高度为堤顶高的范围应划为2区。

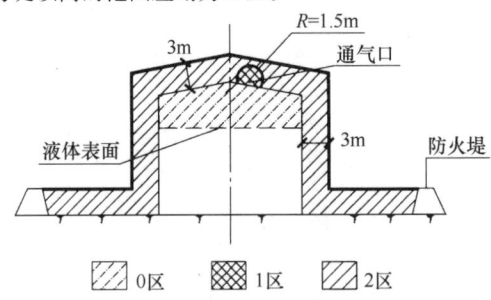

图 B.0.3 储存易燃液体的地上固定顶储罐爆炸危险区域划分

B.0.4 储存易燃液体的内浮顶储罐爆炸危险区域划分（图 B.0.4），应符合下列规定：

    1 浮盘上部空间及以通气口为中心、半径为1.5m范围内的球形空间应划为1区。

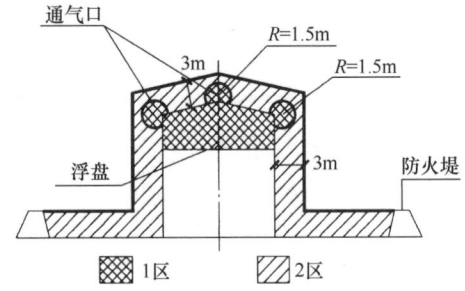

图 B.0.4 储存易燃液体的内浮顶储罐爆炸危险区域划分

    2 距储罐外壁和顶部3m范围内及防火堤至储罐外壁，其高度为堤顶高的范围应划为2区。

B.0.5 储存易燃液体的外浮顶储罐爆炸危险区域划分（图 B.0.5），应符合下列规定：

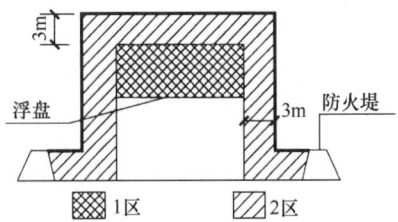

图 B.0.5 储存易燃液体的外浮顶储罐爆炸危险区域划分

    1 浮盘上部至罐壁顶部空间应划为1区。

    2 距储罐外壁和顶部3m范围内及防火堤至罐外壁，其高度为堤顶高的范围内划为2区。

B.0.6 储存易燃液体的地上卧式储罐爆炸危险区域划分（图 B.0.6），应符合下列规定：

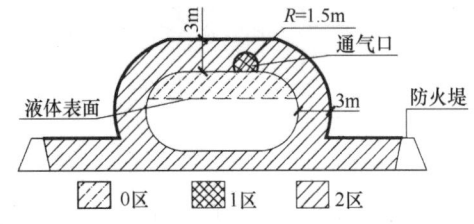

图 B.0.6 储存易燃液体的地上卧式储罐爆炸危险区域划分

    1 罐内未充惰性气体的液体表面以上的空间应划为0区。

    2 以通气口为中心、半径为1.5m的球形空间应划为1区。

    3 距罐外壁和顶部3m范围内及罐外壁至防火堤，其高度为堤顶高的范围应划为2区。

B.0.7 储存易燃液体的覆土卧式油罐爆炸危险区域划分（图 B.0.7），应符合下列规定：

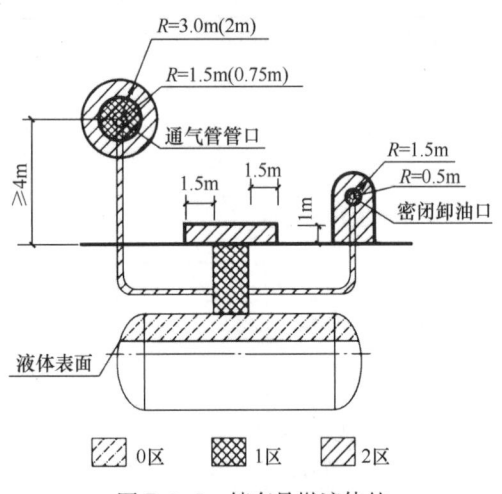

图 B.0.7 储存易燃液体的覆土卧式油罐爆炸危险区域划分

    1 罐内部液体表面以上的空间应划分为0区。

    2 人孔（阀）井内部空间，以通气管管口为中心、半径为1.5m（0.75m）的球形空间和以密闭卸油口为中心、半径为0.5m的球形空间，应划分为1区。

    3 距人孔（阀）井外边缘1.5m以内、自地面算起1m高的圆柱形空间，以通气管管口为中心、半径为3m（2m）的球形空间和以密闭卸油口为中心、半径为1.5m的球形并延至地面的空间，应划分为2区。

注：采用油气回收系统的储罐通气管管口爆炸危险区域用括号内数字。

B.0.8 易燃液体泵房、阀室的爆炸危险区域划分（图 B.0.8），应符合下列规定：

    1 易燃液体泵房和阀室内部空间应划为1区。

    2 有孔墙或开式墙外与墙等高、L_2 范围以内且不小于

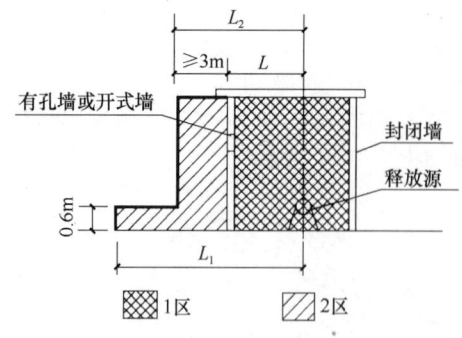

图 B.0.8 易燃液体泵房、
阀室爆炸危险区域划分

3m 的空间及距地坪 0.6m 高、L_1 范围以内的空间应划为 2 区。

3 危险区边界与释放源的距离应符合表 B.0.8 的规定。

表 B.0.8 危险区边界与释放源的距离

释放源名称		距离（m）	
		L_1	L_2
易燃液体输送泵	工作压力≤1.6MPa	$L+3$	$L+3$
	工作压力>1.6MPa	15	$L+3$，且不小于 7.5
易燃液体法兰、阀门		$L+3$	$L+3$

注：L 表示释放源至泵房外墙的距离。

B.0.9 易燃液体泵棚、露天泵站的泵和配管的阀门、法兰等为释放源的爆炸危险区域划分（图 B.0.9），应符合下列规定：

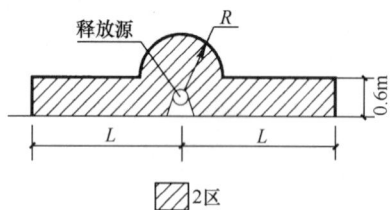

图 B.0.9 易燃液体泵棚、露天泵站的泵及配管
的阀门、法兰等为释放源的爆炸危险区域划分

1 以释放源为中心、半径为 R 的球形空间和自地面算起高为 0.6m、半径为 L 的圆柱体的范围应划为 2 区。

2 危险区边界与释放源的距离应符合表 B.0.9 的规定。

表 B.0.9 危险区边界与释放源的距离

释放源名称		距离（m）	
		L	R
易燃液体输送泵	工作压力≤1.6MPa	3	1
	工作压力>1.6MPa	15	7.5
易燃液体法兰、阀门		3	1

B.0.10 易燃液体灌桶间爆炸危险区域划分（图 B.0.10），应符合下列规定：

1 桶内液体表面以上的空间应划为 0 区。

2 灌桶间内空间应划为 1 区。

3 有孔墙或开式墙外距释放源 L_1 距离以内、与墙等高的室外空间和自地面算起 0.6m 高、距释放源 7.5m 以内的室外空间应划为 2 区。

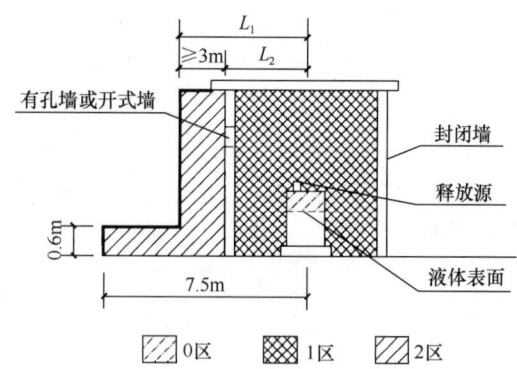

$L_2 \leqslant 1.5m$ 时，$L_1 = 4.5m$；$L_2 > 1.5m$ 时，$L_1 = L_2 + 3m$。

图 B.0.10 易燃液体灌桶间爆炸危险区域划分

B.0.11 易燃液体灌桶棚或露天灌桶场所的爆炸危险区域划分（图 B.0.11），应符合下列规定：

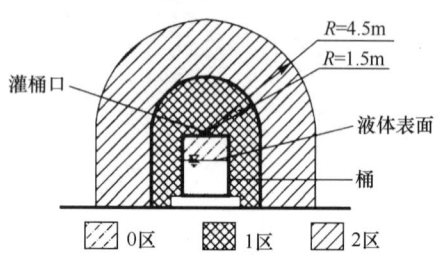

图 B.0.11 易燃液体灌桶棚或
露天灌桶场所爆炸危险区域划分

1 桶内液体表面以上空间应划为 0 区。

2 以灌桶口为中心、半径为 1.5m 的球形并延至地面的空间应划为 1 区。

3 以灌桶口为中心、半径为 4.5m 的球形并延至地面的空间应划为 2 区。

B.0.12 易燃液体重桶库房的爆炸危险区域划分（图 B.0.12），其建筑物内空间及有孔或开式墙外 1m 与建筑物等高的范围内的空间，应划为 2 区。

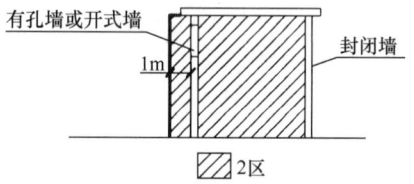

图 B.0.12 易燃液体重桶库房
爆炸危险区域划分

B.0.13 易燃液体汽车罐车棚、易燃液体重桶堆放棚的爆炸危险区域划分（图 B.0.13），其棚的内部空间应划为 2 区。

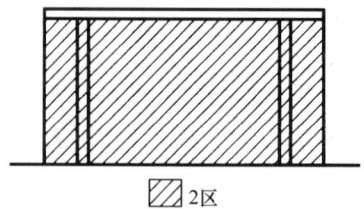

图 B.0.13 易燃液体汽车罐车棚、易燃液体
重桶堆放棚爆炸危险区域划分

B.0.14 铁路罐车、汽车罐车卸易燃液体时爆炸危险区域划分（图B.0.14），应符合下列规定：

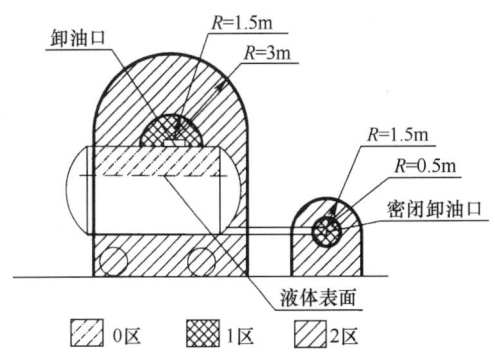

图B.0.14 铁路罐车、汽车罐车卸易燃液体时爆炸危险区域划分

1 罐车内的液体表面以上空间应划为0区。
2 以卸油口为中心、半径为1.5m的球形空间和以密闭卸油口为中心、半径为0.5m的球形空间，应划为1区。
3 以卸油口为中心、半径为3m的球形并延至地面的空间，以密闭卸油口为中心、半径为1.5m的球形并延至地面的空间，应划为2区。

B.0.15 铁路罐车、汽车罐车敞口灌装易燃液体时爆炸危险区域划分（图B.0.15），应符合下列规定：

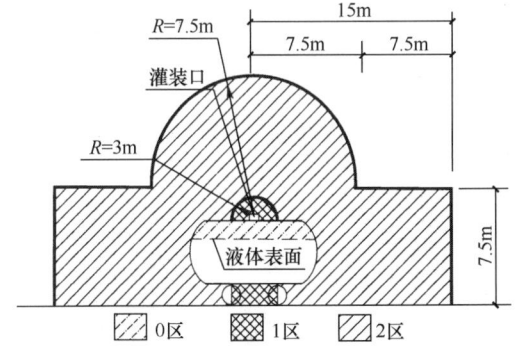

图B.0.15 铁路罐车、汽车罐车敞口灌装易燃液体时爆炸危险区域划分

1 罐车内部的液体表面以上空间应划为0区。
2 以罐车灌装口为中心、半径为3m的球形并延至地面的空间应划为1区。
3 以灌装口为中心、半径为7.5m的球形空间和以灌装口轴线为中心线、自地面算起高为7.5m、半径为15m的圆柱形空间，应划为2区。

B.0.16 铁路罐车、汽车罐车密闭灌装易燃液体时爆炸危险区域划分（图B.0.16），应符合下列规定：
1 罐车内部的液体表面以上空间应划为0区。
2 以罐车灌装口为中心、半径为1.5m的球形空间和以通气口为中心、半径为1.5m的球形空间，应划为1区。
3 以罐车灌装口为中心、半径为4.5m的球形并延至地面的空间和以通气口为中心、半径为3m的球形空间，应划为2区。

B.0.17 油船、油驳敞口灌装易燃液体时爆炸危险区域划分（图B.0.17），应符合下列规定：

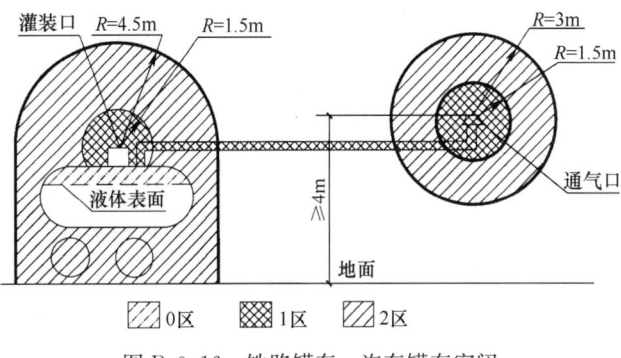

图B.0.16 铁路罐车、汽车罐车密闭灌装易燃液体时爆炸危险区域划分

1 油船、油驳内的液体表面以上空间应划为0区。
2 以油船、油驳的灌装口为中心、半径为3m的球形并延至水面的空间应划为1区。

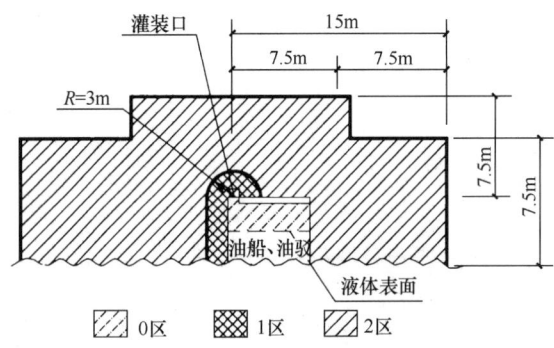

图B.0.17 油船、油驳敞口灌装易燃液体时爆炸危险区域划分

3 以油船、油驳的灌装口为中心，半径为7.5m并高于灌装口7.5m的圆柱形空间和自水面算起7.5m高，以灌装口轴线为中心线，半径为15m的圆柱形空间应划为2区。

B.0.18 油船、油驳密闭灌装易燃液体时爆炸危险区域划分（图B.0.18），应符合下列规定：

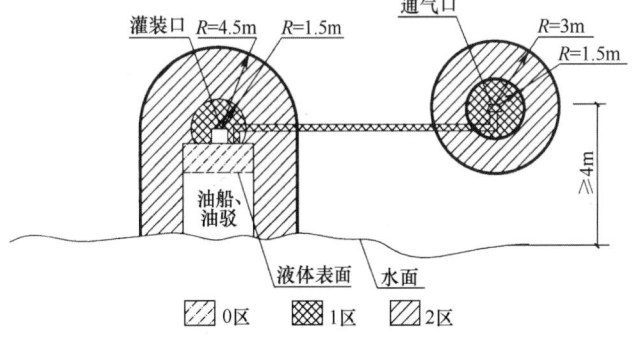

图B.0.18 油船、油驳密闭灌装易燃液体时爆炸危险区域划分

1 油船、油驳内的液体表面以上空间应划为0区。
2 以灌装口为中心、半径为1.5m的球形空间及以通气口为中心半径为1.5m球形空间应划为1区。
3 以灌装口为中心、半径为4.5m的球形并延至水面的空间和以通气口为中心、半径为3m的球形空间，应划为2区。

B.0.19 油船、油驳卸易燃液体时爆炸危险区域划分（图 B.0.19），应符合下列规定：

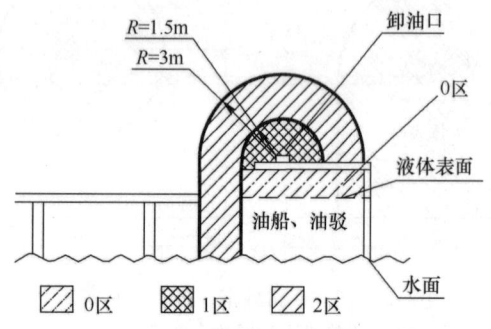

图 B.0.19 油船、油驳卸易燃液体时爆炸危险区域划分

1 油船、油驳内部的液体表面以上空间应划为0区。
2 以卸油口为中心、半径为 1.5m 的球形空间应划为1区。
3 以卸油口为中心、半径为 3m 的球形并延至水面的空间应划为2区。

B.0.20 易燃液体的隔油池、漏油及事故污水收集池爆炸危险区域划分（图 B.0.20），应符合下列规定：

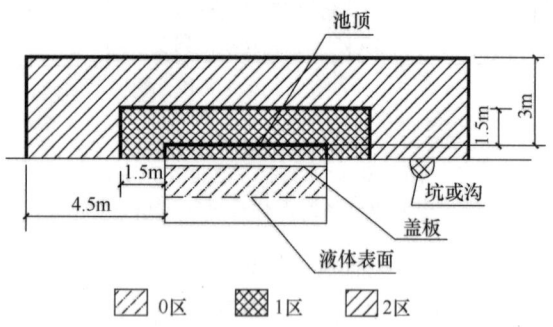

图 B.0.20 易燃液体的隔油池、漏油及事故污水收集池爆炸危险区域划分

1 有盖板的，池内液体表面以上的空间应划为0区。
2 无盖板的，池内液体表面以上空间和距隔油池内壁 1.5m、高出池顶 1.5m 至地坪范围内的空间应划为1区。
3 距池内壁 4.5m、高出池顶 3m 至地坪范围内的空间应划为2区。

B.0.21 含易燃液体的污水浮选罐爆炸危险区域划分（图 B.0.21），应符合下列规定：

1 罐内液体表面以上空间应划为0区。

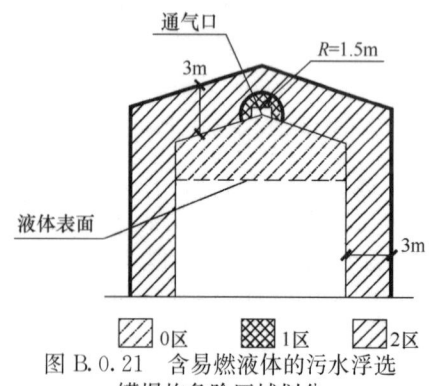

图 B.0.21 含易燃液体的污水浮选罐爆炸危险区域划分

2 以通气口为中心、半径为 1.5m 的球形空间应划为1区。
3 距罐外壁和顶部 3m 以内范围应划为2区。

B.0.22 储存易燃油品的覆土立式油罐的爆炸危险区域划分（图 B.0.22），应符合下列规定：

1 油罐内液体表面以上空间应划为0区。
2 以通气管口为中心、半径为 1.5m 的球形空间，油罐外壁与罐室护体之间的空间，通道口门以内的空间，应划为1区。
3 以通气管口为中心、半径为 4.5m 的球形空间，以采光通风口为中心、半径为 3m 的球形空间，通道口周围 3m 范围以内的空间及以通气管口为中心、半径为 15m、高 0.6m 的圆柱形空间，应划为2区。

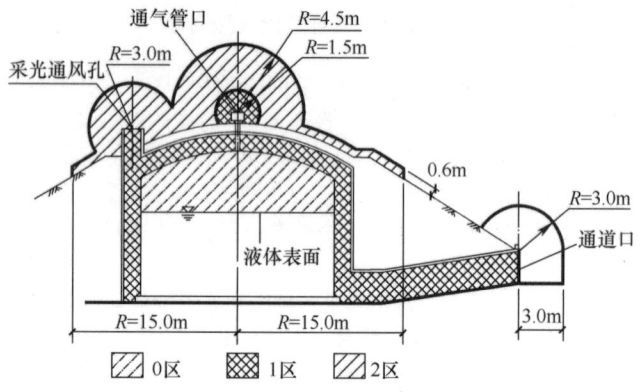

图 B.0.22 储存易燃油品的覆土立式油罐的爆炸危险区域划分

B.0.23 易燃液体阀门井的爆炸危险区域划分（图 B.0.23），应符合下列规定：

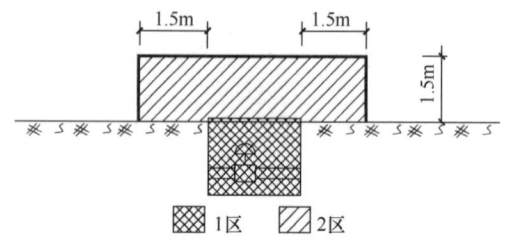

图 B.0.23 易燃液体阀门井爆炸危险区域划分

1 阀门井内部空间应划为1区。
2 距阀门井内壁 1.5m、高 1.5m 的柱形空间应划为2区。

B.0.24 易燃液体管沟爆炸危险区域划分（图 B.0.24），应符合下列规定：

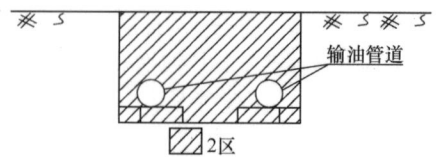

图 B.0.24 易燃液体管沟爆炸危险区域划分

1 有盖板的管沟内部空间应划为1区。
2 无盖板的管沟内部空间应划为2区。

81.《橡胶工厂职业安全卫生设计标准》GB/T 50643—2018

2 术 语

2.0.1 热胶废气 milling fume

橡胶在加工过程中，因机械剪切和挤压使橡胶温度升高，橡胶和各种配合剂中的挥发性物质和水分子以混合气（汽）的形式从胶料中逸出，形成热烟气。热胶废气的主要成分是复合恶臭和VOCs中的非甲烷总烃。

4 厂址选择及厂区总平面布置

4.1 厂址选择

4.1.2 厂址应设置卫生防护距离及防火、防爆安全距离，并应符合现行国家标准《建筑设计防火规范》GB 50016和《化工企业总图运输设计规范》GB 50489的有关规定。

4.2 厂区总平面布置

4.2.1 橡胶工厂的总平面布置，在满足生产工艺要求的条件下，应同时符合安全、卫生、防火等规定，并应全面规划，合理布局。

4.2.4 生产中产生热烟气、烟雾、粉尘、臭气的厂房，宜布置在厂区全年最小频率风向的上风侧，并应与行政办公及生活服务区、人流密集区之间留有卫生防护距离。

4.2.5 危险品库、硫黄库、胶浆房应集中布置在厂区全年最小频率风向的上风侧或人员较少接近的边缘地带，应远离火源，并应符合现行国家标准《建筑设计防火规范》GB 50016的有关规定。

4.2.8 厂区道路和厂区出入口布置应符合现行国家标准《建筑设计防火规范》GB 50016、《工业企业总平面设计规范》GB 50187、《化工企业总图运输设计规范》GB 50489、《工业企业厂内铁路、道路运输安全规程》GB 4387和《厂矿道路设计规范》GBJ 22的有关规定。

5 职 业 安 全

5.1 防火、防爆及防雷

5.1.1 厂区的防火、防爆应符合下列规定：

1 消防设计应符合现行国家标准《建筑设计防火规范》GB 50016的有关规定，并应经当地消防部门批准。消防器材应选用经国家认证的在有效期的合格产品。

2 油库和油罐区的设计应符合现行国家标准《建筑设计防火规范》GB 50016的防火要求。

3 有爆炸和火灾危险性的物料、设备及其厂房或周围区域，应设置禁火标志。

4 有爆炸危险性气体的场所应设置可燃气体自动监测、报警装置。

5 储存闪点低于60℃可燃液体的储罐应设置呼吸阀或通气孔和阻火器；储存闪点高于60℃的重柴油、重油、工艺用油和设备用油储罐应设置通气管或阻火器。

储油罐外壁和防火堤外的油管道应各设置一道切断阀。油管沟在进入建筑物处应设置防火封堵。

5.1.2 橡胶工厂危险物质固有的危险因素及使用部位见表5.1.2。厂房的防火、防爆应符合下列规定：

1 橡胶工厂各车间的生产火灾危险性类别、厂房的耐火等级、防火分区、安全疏散距离及安全出口数目，应符合现行国家标准《建筑设计防火规范》GB 50016的有关规定。

2 应控制工艺生产中产生的粉尘飞扬。室内墙面应平滑，地面应平整，不应积尘。

3 各系统设备、管道的绝热材料应采用不燃材料或难燃材料。

4 水处理加氯间应设置检测仪及报警装置，并应设置氯气中和装置。

5 有粉尘爆炸危险的通风系统，应符合现行国家标准《粉尘防爆安全规程》GB 15577的有关规定。

表5.1.2 危险物质固有的危险因素及使用部位

物质名称	火灾危险性类别	固有的危险因素		使用部位
		爆炸	火灾	
粒状炭黑	丙类固体	—	可燃。遇明火、高温有燃烧危险	炭黑库、炭黑输送装置
粉状炭黑	乙类固体	与空气可形成爆炸性混合物	易燃。遇明火、高温有燃烧危险	炭黑库、炭黑输送装置
硫黄	乙类固体	其粉尘与空气可形成爆炸性混合物，遇点火源有爆炸危险	易燃。遇明火、静电火花，有着火危险	硫黄库、配料间
天然橡胶	丙类固体	—	可燃。遇明火、高温燃烧	生产车间、原料库
合成橡胶	丙类固体	—	可燃。遇明火、高温燃烧	生产车间、原料库
再生胶	丙类固体	—	可燃。遇明火、高温燃烧	生产车间、仓库

续表 5.1.2

物质名称	火灾危险性类别	固有的危险因素 爆炸	固有的危险因素 火灾	使用部位
包装材料	丙类固体	—	可燃。遇明火、高温有着火危险	生产车间、辅料、成品库
胶粉	丙类固体	—	可燃、遇明火、高温燃烧	生产车间（打磨工段、存放工段）
正己烷（溶剂汽油）	甲类液体	蒸气与空气能形成爆炸性混合物，遇热源和明火有爆炸危险	遇点火源极易燃烧	胶浆房
含一级易燃溶剂的胶粘剂（胶浆）	甲类液体	—	易燃	胶浆房
柴油	丙类液体	挥发气与空气可形成爆炸性混合物，遇明火易燃烧爆炸	遇明火易燃烧	柴油发电机、柴油叉车及柴油库、燃油锅炉房
芳烃油	丙类液件	—	可燃。遇明火、高温燃烧	生产车间、原料库
天然气	甲类气体	挥发气与空气能形成爆炸性混合物，遇热源、明火有爆炸危险	遇点火源极易燃烧	调压站、燃气锅炉房

5.1.3 防止静电引燃引爆应符合下列规定：

2 易燃油、可燃油等储罐的罐体及罐顶、装卸油台、管道、鹤管及套筒，应设置防静电和防感应雷接地，油槽车应设置防静电的临时接地卡。储罐的扶梯入口处应设置消除人体静电装置。

3 易产生静电的场所应按照现行国家标准《橡胶工业静电安全规程》GB 4655 的有关规定，采取静电消除措施。

82.《石油化工控制室抗爆设计规范》GB 50779—2012

3 基本规定

3.0.1 抗爆控制室平面布置应符合现行国家标准《石油化工企业设计防火规范》GB 50160 的有关规定，且应布置在非爆炸危险区域内，并可根据安全分析（评估）报告的结果进行调整，同时应符合下列要求：

1 抗爆控制室宜布置在工艺装置的一侧，四周不应同时布置甲、乙类装置，且布置控制室的场地不应低于相邻装置区的地坪。

2 抗爆控制室应独立设置，不得与非抗爆建筑物合并建造。

3 抗爆控制室应至少在两个方向设置人员的安全出口，且不得直接面向甲、乙类工艺装置。

4 建筑设计

4.2 建筑门窗

4.2.1 抗爆防护门应符合下列要求：

1 控制室外门、隔离前室内门应选用抗爆防护门，其耐火完整性不应小于 1.0h。

2 人员通道抗爆门的构造及性能应符合下列规定：

 2）计算荷载与所在建筑墙面计算冲击波超压相同，隔离前室内门计算冲击波超压为外门计算冲击波超压的 50%；在计算荷载的作用下，该门应处于弹性状态，并可正常开启。

 3）门扇应向外开启，并应设置自动闭门器，配置逃生门锁及抗爆门镜；门框与门扇之间应密封。

 4）隔离前室内、外门应具备不同时开启联锁功能。

3 用于满足大型设备进出建筑物的设备通道抗爆门的构造及性能，应符合下列规定：

 1）门洞口的大小应满足设备进出的要求；

 2）计算荷载与所在建筑墙面计算冲击波超压相同，在计算荷载的作用下，该门可处于弹塑性状态；

 3）门扇应向外开启，且不应镶嵌玻璃窗；

 4）配置抗爆门锁。

4.2.2 窗应符合下列要求：

1 外窗应选用固定抗爆防护窗，计算荷载与所在建筑墙面计算冲击波超压应相同。

2 内窗及室内疏散通道两侧的玻璃隔墙应采用金属框架，并应配置夹膜玻璃或钢化玻璃。

4.3 建筑构造

4.3.1 墙体保温宜采用外墙外保温构造，保温材料燃烧性能等级应为国家标准《建筑材料及制品燃烧性能分级》GB 8624—2006 规定的 A2 级，其外层装饰面应选用整体构造形式。

4.3.2 室内装修材料的燃烧性能等级不得低于国家标准《建筑材料及制品燃烧性能分级》GB 8624—2006 规定的 C 级。

6 通风与空调设计

6.1 一般规定

6.1.3 通风空调设备宜与建筑物的火灾报警系统联锁，火灾发生时应自动关闭防火阀及空调系统的电源。

6.1.7 抗爆控制室的排烟系统设计，应符合下列规定：

1 对于总层数为一层，两个相邻疏散外门的间距大于或等于 40m 的内走道，应设置机械排烟系统。

2 对于总层数为二层的抗爆控制室，且两个相邻疏散外门的间距大于或等于 40m 的一层内走道，应设置机械排烟系统；二层走道最远点距最近疏散外门的距离大于 20m 时，二层内走道应设置机械排烟系统。

6.4 新风系统与排风系统

6.4.5 当生产装置设有可燃、有毒气体探测报警系统时，新风引入口应设置相应的可燃、有毒气体探测报警器，且进风管上应设置密闭性能良好的电动密闭阀，在可燃、有毒气体探测器报警的同时，应关闭密闭阀及新风机。

83.《石油化工建设工程施工安全技术标准》GB/T 50484—2019

3 通用规定

3.3 施工动火作业

Ⅰ 一般规定

3.3.1 施工单位应建立健全安全动火制度，定期组织防火检查，及时消除火灾隐患。

3.3.2 施工单位应对动火作业进行风险识别和风险评价，对存在危害的动火作业应制定风险控制和削减措施，并向施工作业人员交底。

3.3.3 动火作业前应办理动火作业许可证。动火作业的施工现场，应按规定配备消防器材，并保持消防道路畅通。动火时，设专人监护，并执行动火和防火的相关规定。

3.3.4 动火作业前应清除现场可燃、易燃物；动火点 30m 范围内不得排放可燃气体，15m 内不得排放可燃液体，10m 内不应同时进行可燃溶剂清洗和喷漆等交叉作业。

3.3.5 动火作业前应对动火点周围或其下方的阀门井、污水井、排污设施、地沟等进行检查，并采取气体检测分析和封堵等措施。

3.3.6 施工区域与正在运行的生产装置距离不符合安全要求时，应设置防火隔离或采取局部防火措施。

3.3.7 施工完毕，应检查清理现场，熄灭火种，切断电源。

Ⅱ 固定动火区作业

3.3.8 固定动火区设置由施工单位申请，建设单位进行审批，施工单位负责日常管理，且应遵守建设单位固定动火区的相关规定。

3.3.9 施工单位应加强固定动火区的管理，当遇下列情况时，应申请办理动火手续，由施工单位相关部门审批：
1 存在易燃施工用料及包装的场所上方或水平距离 10m 内进行明火或产生火花的作业；
2 已安装好的电气、仪表控制室内或已敷设完成的电缆槽架上方从事明火或产生火花的作业。

Ⅲ 高处动火

3.3.10 高处作业动火时，应对周围存在的易燃物进行处理，并对其下方的可燃物、机械设备、电缆、气瓶等进行清理或采取可靠的防护措施，同时应采取防止火花飞溅坠落的安全措施。

3.3.11 高处作业动火时，动火点下方不得同时进行可燃溶剂清洗和防腐喷涂等作业。

3.4 受限空间作业

3.4.2 在进入容易积聚可燃、有毒、窒息气体的设备、地沟、井、槽等受限空间作业前，应先进行吹扫、通风等气体置换，经气体检测分析合格后方可进入。在作业过程中应保持通风，必要时采取强制通风措施。

3.4.3 在受限空间进行动火作业时，应清除、隔离内部易燃物，并对火花采取遮挡等防护措施。

3.4.7 在容器内进行焊接切割时应采取通风和排除烟尘的措施，工作间歇时，切割把、电焊钳和电弧气刨把应放在或悬挂在受限空间外部干燥绝缘处。

3.4.8 在受限空间内进行刷漆、喷漆作业或使用易燃溶剂清洗等可能散发易燃气体、易燃液体的作业时，应采取强制通风措施，使用的工具、电气设备、照明灯具应符合防爆要求，受限空间内应使用可燃气体检测仪进行全面检测。

3.4.9 在受限空间内进行刷漆、喷漆作业或使用易燃溶剂清洗等可能散发易燃气体、易燃液体的作业时，不得进行明火和产生火花的作业。

3.4.10 进入已使用过的设施作业时应先消除压力，再开启人孔，经气体检测分析合格后方可进入。必要时在设备与管道连接处进行盲板隔离，不得用阀门代替盲板。

3.4.11 进入盛装过易燃、易爆介质的容器内作业时，作业人员应使用防爆电器、工具并穿防静电服装，进入受限空间不得携带手机。

3.4.12 对盛装过产生自聚物的设备容器，作业前应进行蒸煮、置换、水冲洗等工艺处理，并做聚合物加热等试验，合格后方可进入设备内作业。

9 特殊安装作业

9.4 热处理作业

9.4.2 热处理作业应配置消防器材，并应设警戒区，无关人员不得进入。

9.4.3 热处理工作结束后应检查确认无用电或火灾隐患后方可离开。

84.《石油化工粉体料仓防静电燃爆设计规范》GB 50813—2012

1 总 则

1.0.2 本规范适用于石油化工企业新建、改建、扩建装置的粉体料仓防静电燃爆工程的设计。本规范不适用于氮气保护下的密闭系统且系统的氧含量得到严格控制的粉体料仓防静电燃爆工程设计。

2 术 语

2.0.1 石油化工粉体 petro chemical powders

石油化工企业生产或作为原料使用的聚烯烃类、聚酯类等易产生静电积聚并可引起粉尘燃爆的粉粒状产品。

3 防止料仓静电积聚和放电

3.0.4 石油化工粉体料仓内部严禁有与地绝缘的金属构件和金属突出物。

3.0.9 料仓中无可燃气或可燃气体积浓度小于气体爆炸下限(LEL)20%时,应按本规范第3.0.2、3.0.4、3.0.6条的规定,防止传播型刷形放电、绝缘导体的火花放电,以及料堆上方金属突出物的火花放电等高能量放电。

3.0.10 料仓中当可燃气体积浓度大于或等于气体爆炸下限(LEL)20%或粉尘最小点火能(MIE)小于或等于10mJ时,应采用离子风静电消除器,防止料堆表面的锥形放电、空间粉尘云与金属突出物的雷状放电等。

4 防止粉尘燃爆

4.0.1 对于不同性质的石油化工粉体应根据其最小点火能确定采取相应的控制措施。当粉体的最小点火能(MIE)大于30mJ时,应防止传播型刷形放电和绝缘导体的火花放电(包括人体放电);当粉体的最小点火能(MIE)小于或等于30mJ时,除应防止传播型刷形放电和绝缘导体的火花放电外,还应采取消除粉体静电和抑制气体积聚的措施。石油化工主要粉体产品最小点火能可按本规范附录B的规定取值。

4.0.4 物料挥发分含量高、料仓内可燃气含量高于气体爆炸下限(LEL)20%时,应设净化风系统。

4.0.9 净化风系统的设计应能防止堵塞及方便检维修。净化风机入口过滤器离地面不宜小于1.5m,并应设防雨棚或防雨罩;容易发生静电燃爆的料仓,料仓进料和净化风机应采用自动联锁设计。

4.0.10 净化风机入口应设置在非爆炸危险区,附近如有可燃气体释放源或存在可燃气体泄漏风险时,应设可燃气体报警器。

4.0.17 当管道出现堵塞现象时,严禁采用含有可燃气体吹扫和排堵,严禁采用压缩空气向含有可燃气体和粉尘的储罐、容器吹扫。

附录B 主要粉体产品燃爆参数

表B 主要粉体产品燃爆参数

名称	最小着火温度(℃)	最小点火能(mJ)	爆炸下限(g/m³)	爆炸压力(kgf/cm²)	最大压力上升速度(kgf/cm²·s)
聚丙烯酰胺	240	30	40	6.0	176
聚丙烯腈	460	20	25	6.3	773
异丁酸甲酯-丙烯酸乙酯-苯乙烯共聚体	440	15	20	7.1	141
纤维素醋酸脂	340	15	35	8.5	457
乙基纤维素	320	10	20	8.4	492
甲基纤维素	340	20	30	9.4	422
尼龙聚合体	430	20	30	7.4	844
聚碳酸脂	710	25	25	6.7	330
聚乙烯,低压工艺	380	10	20	6.1	527
聚乙烯,高压工艺	420	30	20	6.0	281
聚丙烯	—	25	20	—	—
聚苯乙烯乳胶	500	40	15	5.4	352
苯酚糠醛	510	10	25	6.2	598
苯酚甲醛	580	10	15	7.7	773
木质素-水解,木式,细末	450	20	40	7.2	352
石油树脂(棕色沥青)	500	25	25	6.6	352
橡胶,粗,硬	350	50	25	5.6	267
橡胶,合成,硬(33%S)	320	30	30	6.5	218
虫胶	400	10	20	5.1	253

附录C 主要可燃气体燃爆参数

表C 主要可燃气体燃爆参数

名称	最低引燃能量(mJ)	化学计量混合物(体积百分率,%)	易燃极限值(体积百分率,%)
乙醛	0.37	7.73	4.0~57.0
丙酮	1.15@4.5%	4.97	2.6~12.8
乙炔	0.017@8.5%	7.72	2.5~100
氧内乙炔	0.0002@40%	—	—
丙烯醛	0.13	5.64	2.8~31
丙烯腈	0.16@9.0%	5.29	3.0~17.0

续表 C

名称	最低引燃能量（mJ）	化学计量混合物（体积百分率，%）	易燃极限值（体积百分率，%）
烯丙基氯（3-氯-1丙烯）	0.77	—	2.9～11.1
氨	680	21.8	15～28
苯	0.2@4.7%	2.72	1.3～8.0
1,3-丁二烯	0.13@5.2%	3.67	2.0～12
丁烷	0.25@4.7%	3.12	1.6～8.4
n-正丁基氯（1-氯丁烷）	1.24	3.37	1.8～10.1
二硫化碳	0.009@7.8%	6.53	1.0～50.0
环己烷	0.22@3.8%	2.27	1.3～7.8
环戊二烯	0.67	—	—
环戊烷	0.54	2.71	1.5～nd
环丙烷	0.17@6.3%	4.44	2.4～10.4
二氯硅烷	0.015	17.36	4.7～96
二乙醚	0.19@5.1%	3.37	1.85～36.5
氧中二乙醚	0.0012	—	2.0～80
二异戊丁烯	0.96	—	1.1～6.0
二异丙醚	1.14	—	1.4～7.9
2,2-二甲氧基甲烷	0.42	—	2.2～13.8
2,2-二甲基丁烷	0.25@3.4%	2.16	1.2～7.0
二甲基乙醚	0.29	—	3.4～27.0
2,2-二甲基丙烷	1.57	—	1.4～7.5
二甲硫化物（甲硫醚）	0.48	—	2.2～19.7
二-七-叔丁基过氧化物	0.41	—	—
乙烷	0.24@6.5%	5.64	3.0～12.5
氧中乙烷	0.0019	—	3.0～66
乙酸乙酯（醋酸乙酯）	0.46@5.2%	4.02	2.0～11.5
乙胺（氨基乙烷）	2.4	5.28	3.5～14.0
乙烯	0.07@6.25%	—	2.7～36.0
氧中乙烯	0.0009	—	3.0～80
吖丙啶	0.48	—	3.6～46
环氧乙烷（氧丙环）	0.065@10.8%	7.72	3.0～100
呋喃	0.22	4.44	2.3～14.3
庚烷	0.24@3.4%	1.87	1.05～6.7
正己烷	0.24@3.8%	2.16	1.1～7.5
氢	0.016@28%	29.5	4.0～75
氧中的氢	0.0012	—	4.0～94
硫化氢	0.068	—	4.0～44
异辛烷	1.35	—	0.95～6.0

续表 C

名称	最低引燃能量（mJ）	化学计量混合物（体积百分率，%）	易燃极限值（体积百分率，%）
异戊烷	0.21@3.8%	—	1.4～7.6
异丙醇	0.65	4.44	2.0～12.7
异丙氯	1.08	—	2.8～10.7
异丙胺	2.0	—	—
异丙硫醇	0.53	—	—
甲烷	0.21@8.5%	9.47	5.0～15.0
氧中甲醇	0.0027	—	5.1～61
甲醇	0.14@14.7%	12.24	6.0～36.0
甲基乙炔	0.11@6.5%	—	1.7～nd
二氯甲烷	>1000	—	14～22
甲基丁烷	<0.25	—	1.4～7.6
甲基环己烷	0.27@3.5%	—	1.2～6.7
甲基·乙基酮（丁酮）	0.53@5.3%	3.66	2.0～12.0
甲酸甲酯	0.4	—	4.5～23
n-戊烷	0.28@3.3%	2.55	1.5～7.8
2-戊烷	0.18@4.4%	—	—
丙烷	0.28@5.2%	4.02	2.1～9.5
氧中丙烷	0.0021	—	—
丙醛	0.32	—	2.6～17
n-丙基氯	1.08	—	2.6～11.1
丙烯	0.28	—	2.0～11.0
氧化丙烯	0.13@7.5%	—	2.3～36.0
四氢呋喃	0.54	—	2.0～11.8
四氢吡喃	0.22@4.7%	—	—
噻吩甲醇	0.39	—	—
甲苯	0.24@4.1%	2.27	1.27～7.0
三氯硅烷	0.017	—	7.0～83
三乙胺	0.75	2.10	—
2,2,3-三甲基丁烯	1.0	—	—
醋酸乙酯	0.7	4.45	2.6～13.4
乙烯基乙酸酯	0.082	—	1.7～100
乙烯基乙炔	0.2	1.96	1.0～7.0

注：1 nd——未确定数；
2 @后数据为实验时的敏感浓度。

85.《液化天然气接收站工程设计规范》GB 51156—2015

2 术 语

2.0.12 单容罐 single containment tank

只有一个自支撑式结构的储罐用于容纳低温易燃液体，该储罐可由带绝热层的单壁或双壁结构组成。

2.0.13 双容罐 double containment tank

由一个单容罐及其外罐组成的储罐，该外罐与单容罐的径向距离不大于 6m 且顶部向大气开口，用于容纳单容罐破裂后溢出的低温易燃液体。

2.0.14 全容罐 full containment tank

由内罐和外罐组成。内罐为钢制自支撑式结构，用于储存低温易燃液体；外罐为独立的自支撑式带拱顶的闭式结构，用于承受气相压力和绝热材料，并可容纳内罐溢出的低温易燃液体，其材质一般为钢质或者混凝土。

2.0.16 拦蓄堤 impounding dike/wall

液化天然气储罐发生泄漏事故时，防止液化天然气漫流或火灾蔓延的构筑物。

3 站址选择

3.0.4 液化天然气接收站应具有人员疏散条件。

3.0.11 液化天然气接收站与相邻工厂或设施的防火间距应按现行国家标准《石油天然气工程设计防火规范》GB 50183 中液化天然气站场区域布置的有关规定执行。

4 总图与运输

4.1 总平面布置

Ⅰ 一般规定

4.1.1 液化天然气接收站总平面应在码头、栈桥、陆域形成的总体布置基础上，根据接收站的规模、工艺流程、交通运输、环境保护、防火、安全、卫生、施工、生产、检修、经营管理、站容站貌及发展规划等要求，结合当地自然条件进行布置。

4.1.12 接收站通道宽度应符合下列规定：

1 应满足安全、防火间距的要求。

4.1.13 接收站绿化设计应符合下列规定：

3 应满足生产、检修、运输、安全、卫生、防火、采光、通风的要求，应避免与建筑物、构筑物及地下设施的布置相互影响；

6 公用工程及辅助生产区应根据厂房的生产性质、火灾危险性和防火、防爆、防噪声、环境卫生的要求合理确定各类植物配置方式。

4.1.15 液化天然气接收站总平面布置的防火间距应按现行国家标准《石油天然气工程设计防火规范》GB 50183 的有关规定执行。

Ⅱ 生产设施布置

4.1.17 工艺装置区应设环形消防车道，受地形限制时，应设置有回车场的尽头式消防车道，回车场的面积应按所配消防车辆的车型确定，不宜小于 15m×15m。

Ⅲ 公用工程及辅助生产设施布置

4.1.20 中央控制室布置应符合下列规定：

1 宜独立布置，当靠近生产设施布置时，应位于爆炸危险区范围以外。

4.1.23 泡沫站布置应符合下列规定：

1 应靠近被保护对象；

2 应位于非防爆，距离被保护对象不应小于 20m。

4.1.26 火炬布置应符合下列规定：

3 火炬布置的防火间距应符合现行国家标准《石油天然气工程设计防火规范》GB 50183 的有关规定。

Ⅳ 液化天然气储罐区布置

4.1.32 罐组周围应设环行消防车道；受用地的限制，不能设置环形消防车道时，应设有回车场的尽头式消防车道。

Ⅷ 消防站布置

4.1.42 消防站的位置应使消防车能迅速、方便地通往站内各街区。

4.1.44 消防站布置宜远离噪声场所，并应位于站内生产设施全年最小频率风向的下风侧；消防站的出入口与接收站的行政办公及生活服务设施等人员集中活动场所的主要疏散出口的距离，不宜小于 50m。

4.1.45 消防车库不宜与综合性建筑物或汽车库合并建筑；特殊情况下，与综合性建筑物和汽车库合建的消防车库应有独立的功能分区和不同方向的出入口。

4.1.46 消防车库的大门应面向道路，距路面边缘的距离不应小于 15m，并应避开管廊、栈桥或其他障碍物；大门前场地应用混凝土或沥青等材料铺筑，并应向道路方向设 1%~2% 的坡度。

4.2 竖向设计

4.2.5 竖向布置方式应根据场地地形、工程地质、水文地质条件、接收站用地面积、总平面布置、运输方式和消防等要求，采用平坡式或阶梯式。自然地形坡度不大于 2% 时，宜采用平坡式；大于 2% 时，宜采用阶梯式。

4.2.6 阶梯式竖向设计应符合下列规定：

3 台阶的宽度应满足建筑物、构筑物、运输线路、管线和绿化布置等要求，以及操作、检修、消防和施工等需要。

4.3 道路设计

4.3.1 道路布置在符合接收站总平面布置的前提下，尚应符合下列规定：

1 应满足生产、交通运输、消防、安全、施工、安装及检修期间大件设备的运输与吊装的要求。

5 工艺系统

5.3 储存

5.3.9 液化天然气储罐应设置安全阀及备用安全阀。安全阀的泄放量应按下列工况可能的组合进行计算，各种工况的气体排放量可按本规范附录A的方法计算：

1 火灾时的热量输入。

5.9 火炬和排放

5.9.3 液化天然气不应就地排放，严禁排至封闭的排水沟（管）内。

5.9.4 火炬系统的处理能力应满足下列工况中可能产生的最大排放量。在确定最大排放量时，不应考虑任意两种工况的叠加：

1 火灾。

8 设备布置与管道

8.1 设备布置

8.1.1 设备布置应满足工艺流程、安全生产和环境保护的要求，并应兼顾操作、维护、检修、施工和消防的需要。

8.1.3 设备平面布置的防火间距应符合现行国家标准《石油天然气工程设计防火规范》GB 50183的有关规定。

8.1.5 管廊布置应符合下列规定：

2 管廊的布置应满足道路和消防的需要，并应避开设备的检修场地；

3 工艺装置内管廊下作为消防车道时，管廊至地面的净高不应小于4.5m；

8.1.6 液化天然气储罐布置应符合下列规定：

1 罐组内储罐的数量和间距应符合现行国家标准《石油天然气工程设计防火规范》GB 50183的有关规定；

2 罐组拦蓄堤和隔堤的设置应符合现行国家标准《石油天然气工程设计防火规范》GB 50183的有关规定；

8.1.8 蒸发气压缩机布置及其厂房的设计应符合下列规定：

3 蒸发气压缩机上方不得布置可燃气体及液体工艺设备，但自用的高位润滑油箱不受此限制。

8.1.9 气化器布置及防火间距应符合现行国家标准《石油天然气工程设计防火规范》GB 50183的有关规定。

8.2 管道布置

8.2.8 液化天然气接收站内就地排放的可燃气体排气筒或放空管的高度应符合现行国家标准《石油天然气工程设计防火规范》GB 50183的有关规定以及安全要求。

9 仪表及自动控制

9.1 自动控制系统

9.1.2 液化天然气接收站内应设置分散控制系统、安全仪表系统、火灾及气体检测系统等系统。

9.1.7 火灾及气体检测系统应能监控火灾、可燃气体及液化天然气的泄漏。

9.1.8 火灾及气体检测系统应独立于分散控制系统和安全仪表系统设置。

9.3 仪表安装及防护

9.3.10 用于消防的仪表电缆应采用耐火电缆。

10 公用工程与辅助设施

10.1 给排水与污水处理

Ⅰ 给 水

10.1.2 当生活给水、生产给水与消防补充水采用同一水源时，水源的供水量不应小于生活给水、生产给水正常用水量之和的70%与消防补充水量之和。

Ⅲ 海 水

10.1.13 取水泵站设计应符合下列规定：

3 海水消防泵的设置应按本规范第11.3.2条的规定执行。

10.3 电 信

10.3.5 当使用扩音对讲系统作为消防应急广播时，消防控制中心的主控话站应有最高的控制等级。

10.5 建（构）筑物

10.5.1 生产及辅助生产建筑的设计应根据生产工艺的特点满足防火、防爆、抗爆、防腐蚀、防水、防潮、防雷、防静电、隔振、采光、通风、抗震等要求。

10.5.2 重要建筑物的耐火等级不应低于二级，一般建筑物的耐火等级不应低于三级。

10.5.3 建（构）筑物的防火设计应按现行国家标准《建筑设计防火规范》GB 50016和《石油天然气工程设计防火规范》GB 50183的有关规定执行。

10.5.8 液化天然气罐区拦蓄堤、集液池和导液沟的设计应满足液化天然气泄漏后的低温工况要求，拦蓄堤尚应满足防火要求。

11 消 防

11.1 一般规定

11.1.1 液化天然气接收站应根据接收站现场条件、火灾危险性、邻近单位或设施情况设置相适应的消防设施。

11.1.2 液化天然气接收站消防站的规模应根据接收站规模、固定消防设施设置情况以及邻近单位消防协作条件等因素确定。公共消防站距接收站在接到火灾报警后 30 分钟内应能够到达，且该消防站的装备应满足接收站消防要求，接收站可不单独设置消防站。

11.1.3 液化天然气接收站的消防设计除应符合本规范外，尚应符合现行国家标准《石油天然气工程设计防火规范》GB 50183 的规定。

11.2 消防给水系统

11.2.2 当采用海水消防时，消防给水系统应符合下列规定：

1 消防给水系统宜采用消防时用海水、平时淡水保压的方式，并设置消防后淡水冲洗及放净设施；

2 海水消防系统的管道及设备材料应能够耐受海水腐蚀；

11.2.4 液化天然气接收站码头与陆域部分宜共用一套消防给水系统，消防给水系统供水能力应满足最大消防用水量及水压要求；当码头和陆域部分分别采用独立的消防给水系统时，应分别满足码头、陆域部分的最大消防用水量及水压要求。供码头的消防给水管道可设置为一根，应保持充水状态；寒冷地区消防给水管道应设置防冻设施。

11.2.6 液化天然气接收站陆域部分的消防给水系统应为稳高压系统，其压力宜为 0.7MPa(G) ～1.2MPa(G)。

11.2.7 接收站液化天然气储罐区、工艺装置区、槽车装车区消防给水管网应为环状布置，环状管网的进水管不应少于 2 条；当某个管段发生事故时，独立的消防供水道的其余环段应能满足 100% 的消防用水量的要求；环状管道应用阀门分成若干独立管段，每段消火栓的数量不宜超过 5 个。

11.2.8 消火栓的数量及位置应按其保护半径及被保护对象的消防用水量等综合计算确定，并应符合下列规定：

1 消火栓的保护半径不应超过 120m；

2 罐区及工艺装置区的消火栓应在其四周道路边设置，消火栓的间距不宜超过 60m。

11.2.9 消防水量确定应符合下列规定：

1 接收站同一时间内的火灾处数应按一处考虑；接收站陆域部分消防用水量应为同一时间内各功能区发生单次火灾所需最大消防用水量加上 60L/s 的移动消防水量；码头部分的消防用水量应为其火灾所需最大消防用水量加上 60L/s 的移动消防水量；

2 预应力混凝土全容罐罐顶的固定水喷雾系统，检修通道处的供水强度不应小于 10.2L/min·m²，罐顶泵出口、仪表、阀门、安全阀平台的供水强度不应小于 20.4L/min·m²；

3 单容罐、双容罐和外罐为钢质的全容罐，其消防用水量应按着火罐和距着火罐 1.5 倍直径范围内邻近罐的固定消防冷却用水量之和计算；着火罐的冷却面积应为罐顶和罐壁面积，邻近罐的冷却面积应为罐顶和半个罐壁面积，罐壁冷却水供给强度不应小于 2.5L/min·m²，罐顶冷却水强度不应小于 4L/min·m²；

4 码头逃生通道的水喷雾冷却水系统冷却供水强度不宜小于 10.2L/min·m²；码头操作平台前沿的水幕系统供水强度不应小于 2.0L/s·m；

6 建筑物的消防水量计算应按现行国家标准《建筑设计防火规范》GB 50016 的有关规定执行。

11.2.10 接收站工艺装置区、槽车装车区的火灾延续供水时间不应小于 3h；液化天然气储罐区火灾延续供水时间不应小于 6h；辅助生产设施火灾延续供水时间不应小于 2h；码头火灾延续供水时间不应小于 6h。

11.3 消防设施

11.3.1 液化天然气接收站消防车辆的车型应根据被保护对象选择，宜设置高喷车和高倍数泡沫干粉联用消防车。

11.3.2 消防水泵的设计应符合下列规定：

1 消防水泵应采用自灌式引水系统；

2 消防水泵应设双动力源，消防泵不宜全部采用柴油机作为消防动力源；

4 消防水泵、稳压泵应分别设置备用泵，备用泵的能力不得小于最大一台泵的能力，消防水备用泵应选用柴油机消防泵。

11.3.3 预应力混凝土全容罐的罐顶泵出口、仪表、阀门、安全阀平台及检修通道处应设置固定水喷雾系统；单容罐、双容罐和外罐为钢质的全容罐罐顶和罐壁应设置固定消防冷却水系统，罐顶平台重要阀门和设备法兰接口应设水喷雾喷头保护，罐顶和罐壁的固定消防冷却水系统应分开设置。

11.3.4 码头高架消防水炮、水喷雾系统、水幕系统设计应符合下列规定：

1 码头应配置不少于 2 台固定式远控高架消防水炮；

2 码头逃生通道应设水喷雾冷却水系统；

3 在码头操作平台前沿应设置水幕系统，水幕系统水平方向覆盖范围应不小于工作平台长度。

11.3.5 集液池应设置固定式高倍数泡沫灭火系统，高倍数泡沫灭火系统应按现行国家标准《泡沫灭火系统设计规范》GB 50151 的有关规定执行。

11.3.6 干粉灭火系统应符合下列规定：

1 液化天然气储罐罐顶安全阀处宜设置固定式自动干粉灭火装置，罐顶固定式自动干粉灭火装置应按现行国家标准《干粉灭火系统设计规范》GB 50347 的有关规定设计；

2 码头应设置干粉炮系统，槽车装车区宜设置干粉炮系统，干粉量应经过计算确定，且喷射量不应小于 2000kg，干粉炮系统应按现行国家标准《固定消防炮灭火系统设计规范》GB 50338 的有关规定设计。

11.3.7 移动灭火器应符合下列规定：

2 接收站手提式干粉型灭火器的选型及配置应符合下列规定：

　3）每一配置点的灭火器数量不应少于 2 个，多层构架应分层配置。

3 建筑物部分应按现行国家标准《建筑灭火器配置设计规范》GB 50140 的有关规定执行。

11.4 耐火保护

11.4.1 下列承重钢结构应采取耐火保护措施：

    1 单个容积等于或大于 $5m^3$ 的液化天然气、甲、乙 A 类设备的承重钢构架、支架、裙座；

    2 工艺装置区和液化天然气储罐区的主管廊的钢管架；

    3 火灾危险性分析所明确的其他应进行耐火保护设备的承重钢构架、支架、裙座，以及管廊的钢管架。

11.4.2 承重钢结构的耐火保护部位应包括下列内容：

    1 支承设备钢构架的耐火保护部位包括下列内容：

        1）单层构架的梁、柱；

        2）多层构架的楼板为透空的钢格板时，地面以上 10m 范围的梁、柱；

        3）多层构架的楼板为封闭式楼板时，地面至该层楼板面及其以上 10m 范围的梁、柱。

    2 支承设备钢支架。

    3 钢裙座外侧未保温部分及直径大于 1.2m 的裙座内侧。

    4 钢管架的耐火保护部位应包括下列内容：

        1）底层支撑管道的梁、柱；地面以上 9m 内的支撑管道的梁、柱；

        2）上部设有空气冷却器的管架，其全部梁、柱及承重斜撑；

        3）下部设有液化烃或可燃液体泵的管架，地面以上 10m 范围的梁、柱。

11.4.3 承重钢结构的耐火防护部位应覆盖适用于烃类火灾的耐火层，覆盖耐火层的钢构件，其耐火极限不应低于 2h。

11.4.4 承重钢结构的耐火保护应符合现行行业标准《石油化工钢结构防火保护技术规范》SH 3137 的有关规定。

11.5 气体检测及火灾报警

11.5.1 液化天然气接收站应设置可燃气体检测和火灾自动报警系统，并应符合下列规定：

    1 在可能出现液化天然气泄漏形成积液的地点应设置低温检测报警装置；

    2 在工艺区、储罐区可能出现喷射火的地点应设置火焰检测报警装置；

    3 工艺设施及液化天然气储罐四周道路路边应设置手动火灾报警按钮，其间距不宜大于 100m；

    4 重要的火灾危险场所应设置电视监视系统和消防应急广播；

    5 接收站控制室、生产调度中心应设置与消防站直通的专用电话。

11.5.2 可燃气体检测报警装置的设置应符合现行国家标准《石油化工可燃气体和有毒气体检测报警设计规范》GB 50493 的有关规定。

11.5.3 火灾自动报警系统的设计应符合现行国家标准《火灾自动报警系统设计规范》GB 50116 的有关规定。

12 安全、职业卫生和环境保护

12.1 安　全

12.1.5 液化天然气接收站应设置泄漏收集系统。泄漏收集系统的设计应符合下列规定：

    5 泄漏收集系统的设计泄漏量、集液池的隔热距离和扩散隔离区的计算应符合现行国家标准《石油天然气工程设计防火规范》GB 50183 的有关规定。

12.1.9 液化天然气接收站安全标志的设置及安全色应符合下列规定：

    1 易发生火灾、爆炸、中毒、灼伤、淹溺等事故的危险场所和设备，以及需要提醒操作人员注意的地点，应按现行国家标准《安全标志及其使用导则》GB 2894 的有关规定设置安全标志。

12.1.10 液化天然气接收站应配置正压式空气呼吸器、便携式可燃气体检测报警仪和便携式低氧浓度检测报警仪。

12.1.12 液化天然气接收站应设置人员应急疏散通道和消防通道。

86.《液化天然气低温管道设计规范》GB/T 51257—2017

5 管道组成件

5.3 阀门

5.3.6 阀门应具有防火、防静电结构,整个放电路径的最大电阻值不应超过10Ω。

6 管道布置

6.2 液化天然气站场的管道布置

6.2.1 管道宜地上敷设;敷设在管沟内时,应采取防止可燃气体积聚和可燃液体溢流的措施。

6.2.2 沿地面敷设的管道不应环绕工艺装置和储罐区,且不应妨碍消防车辆的通行。

10 保冷和防腐

10.2 保冷结构材料

10.2.6 防潮层材料应具有良好的抗蒸汽渗透性、防水性、防潮性和阻燃性,其技术性能应符合本规范附录B的规定。

87.《石油化工可燃气体和有毒气体检测报警设计标准》GB/T 50493—2019

1 总 则

1.0.2 本标准适用于石油化工新建、扩建工程中可燃气体和有毒气体检测报警系统的设计。

2 术 语

2.0.1 可燃气体 flammable gas

又称易燃气体，甲类气体或甲、乙$_A$类可燃液体气化后形成的可燃气体或可燃蒸气。

2.0.9 报警设定值 alarm set point

预先设定的报警浓度值。报警设定值分为一级报警设定值和二级报警设定值。

2.0.10 响应时间 response time

在试验条件下，从探测器接触被测气体至达到稳定指示值的时间。通常达到稳定指示值90%的时间为响应时间，恢复到稳定指示值10%的时间为恢复时间。

2.0.11 安装高度 vertical height

探测器传感器吸入口到指定参照物的垂直距离。

3 基本规定

3.0.1 在生产或使用可燃气体及有毒气体的生产设施及储运设施的区域内，泄漏气体中可燃气体浓度可能达到报警设定值时，应设置可燃气体探测器；泄漏气体中有毒气体浓度可能达到报警设定值时，应设置有毒气体探测器；既属于可燃气体又属于有毒气体的单组分气体介质，应设有毒气体探测器；可燃气体与有毒气体同时存在的多组分混合气体，泄漏时可燃气体浓度和有毒气体浓度有可能同时达到报警设定值，应分别设置可燃气体探测器和有毒气体探测器。

3.0.2 可燃气体和有毒气体的检测报警应采用两级报警。同级别的有毒气体和可燃气体同时报警时，有毒气体的报警级别应优先。

3.0.3 可燃气体和有毒气体检测报警信号应送至有人值守的现场控制室、中心控制室等进行显示报警；可燃气体二级报警信号、可燃气体和有毒气体检测报警系统报警控制单元的故障信号应送至消防控制室。

3.0.4 控制室操作区应设置可燃气体和有毒气体声、光报警；现场区域警报器宜根据装置占地的面积、设备及建构筑物的布置、释放源的理化性质和现场空气流动特点进行设置，现场区域警报器应有声、光报警功能。

3.0.5 可燃气体探测器必须取得国家指定机构或其授权检验单位的计量器具型式批准证书、防爆合格证和消防产品型式检验报告；参与消防联动的报警控制单元应采用按专用可燃气体报警控制器产品标准制造并取得检测报告的专用可燃气体报警控制器；国家法规有要求的有毒气体探测器必须取得国家指定机构或其授权检验单位的计量器具型式批准证书。安装在爆炸危险场所的有毒气体探测器还应取得国家指定机构或其授权检验单位的防爆合格证。

3.0.7 进入爆炸性气体环境或有毒气体环境的现场工作人员，应配备便携式可燃气体和（或）有毒气体探测器。进入的环境同时存在爆炸性气体和有毒气体时，便携式可燃气体和有毒气体探测器可采用多传感器类型。

3.0.8 可燃气体和有毒气体检测报警系统应独立于其他系统单独设置。

3.0.9 可燃气体和有毒气体检测报警系统的气体探测器、报警控制单元、现场警报器等的供电负荷，应按一级用电负荷中特别重要的负荷考虑，宜采用UPS电源装置供电。

3.0.11 常见易燃气体、蒸气特性应按本标准附录A采用；常见有毒气体、蒸气特性应按本标准附录B采用。

4 检测点确定

4.1 一般规定

4.1.1 可燃气体和有毒气体探测器的检测点，应根据气体的理化性质、释放源的特性、生产场地布置、地理条件、环境气候、探测器的特点、检测报警可靠性要求、操作巡检路线等因素进行综合分析，选择可燃气体及有毒气体容易积聚、便于采样检测和仪表维护之处布置。

4.1.4 检测可燃气体和有毒气体时，探测器探头应靠近释放源，且在气体、蒸气易于聚集的地点。

4.1.5 当生产设施及储运设施区域内泄漏的可燃气体和有毒气体可能对周边环境安全有影响需要监测时，应沿生产设施及储运设施区域周边按适宜的间隔布置可燃气体探测器或有毒气体探测器，或沿生产设施及储运设施区域周边设置线型气体探测器。

4.1.6 在生产过程中可能导致环境氧气浓度变化，出现欠氧、过氧的有人员进入活动的场所，应设置氧气探测器。当相关气体释放源为可燃气体或有毒气体释放源时，氧气探测器可与相关的可燃气体探测器、有毒气体探测器布置在一起。

4.2 生产设施

4.2.3 比空气轻的可燃气体或有毒气体释放源处于封闭或局部通风不良的半敞开厂房内，除应在释放源上方设置探测器外，还应在厂房内最高点气体易于积聚处设置可燃气体或有毒气体探测器。

4.3 储运设施

4.3.1 液化烃、甲$_B$、乙$_A$类液体等产生可燃气体的液体储罐的防火堤内，应设探测器。可燃气体探测器距其所覆盖范围内的任一释放源的水平距离不宜大于10m,有毒气体探测器距其所覆盖范围内的任一释放源的水平距离不宜大于4m。

4.3.2 液化烃、甲$_B$、乙$_A$类液体的装卸设施,探测器的设置应符合下列规定:

1 铁路装卸栈台,在地面上每一个车位宜设一台探测器,且探测器与装卸车口的水平距离不应大于10m;

2 汽车装卸站的装卸车鹤位与探测器的水平距离不应大于10m。

4.3.6 可能散发可燃气体的装卸码头,距输油臂水平平面10m范围内,应设一台探测器。

4.3.7 其他储存、运输可燃气体、有毒气体的储运设施,可燃气体探测器和(或)有毒气体探测器应按本标准第4.2节的规定设置。

4.4 其他有可燃气体、有毒气体的扩散与积聚场所

4.4.1 明火加热炉与可燃气体释放源之间应设可燃气体探测器,探测器距加热炉炉边的水平距离宜为5m~10m。当明火加热炉与可燃气体释放源之间设有不燃烧材料实体墙时,实体墙靠近释放源的一侧应设探测器。

4.4.2 设在爆炸危险区域2区范围内的在线分析仪表间,应设可燃气体和(或)有毒气体探测器,并同时设置氧气探测器。

4.4.3 控制室、机柜间的空调新风引风口等可燃气体和有毒气体有可能进入建筑物的地方,应设置可燃气体和(或)有毒气体探测器。

4.4.4 有人进入巡检操作且可能积聚比空气重的可燃气体或有毒气体的工艺阀井、管沟等场所,应设可燃气体和(或)有毒气体探测器。

5 可燃气体和有毒气体检测报警系统设计

5.1 一般规定

5.1.1 可燃气体和有毒气体检测报警系统应由可燃气体或有毒气体探测器、现场警报器、报警控制单元等组成。

5.1.2 可燃气体的第二级报警信号和报警控制单元的故障信号,应送至消防控制室进行图形显示和报警。可燃气体探测器不能直接接入火灾报警控制器的输入回路。

5.1.3 可燃气体或有毒气体检测信号作为安全仪表系统的输入时,探测器宜独立设置,探测器输出信号应送至相应的安全仪表系统,探测器的硬件配置应符合现行国家标准《石油化工安全仪表系统设计规范》GB/T 50770有关规定。

5.1.4 可燃气体和有毒气体检测报警系统配置图见本标准附录C。

5.2 探测器选用

5.2.2 可燃气体及有毒气体探测器的选用,应根据探测器的技术性能、被测气体的理化性质、被测介质的组分种类和检测精度要求、探测器材质与现场环境的相容性、生产环境特点等确定。

5.2.3 常用可燃气体及有毒气体探测器的选用应符合下列规定:

1 轻质烃类可燃气体宜选用催化燃烧型或红外气体探测器;当使用场所的空气中含有能使催化燃烧型检测元件中毒的硫、磷、硅、铅、卤素化合物等介质时,应选用抗毒性催化燃烧型探测器、红外气体探测器或激光气体探测器;在缺氧或高腐蚀性等场所,宜选用红外气体探测器或激光气体探测器;重质烃类蒸气可选用光致电离型探测器;

9 在生产和检修过程中需要临时检测可燃气体、有毒气体的场所,应配备移动式气体探测器。

5.2.4 常用探测器的采样方式应根据使用场所按下列规定确定:

2 受安装条件和介质扩散特性的限制,不便使用扩散式探测器的场所,可采用吸入式探测器;

5.2.5 常见气体探测器的技术性能应符合本标准附录D的要求;常见气体探测器应按照本标准附录E选用。

5.3 现场警报器选用

5.3.1 可燃气体和有毒气体检测报警系统应按照生产设施及储运设施的装置或单元进行报警分区,各报警分区应分别设置现场区域警报器。区域警报器的启动信号应采用第二级报警设定值信号。区域警报器的数量宜使在该区域内任何地点的现场人员都能感知到报警。

5.3.2 区域警报器的报警信号声级应高于110dBA,且距警报器1m处总声压值不得高于120dBA。

5.3.3 有毒气体探测器宜带一体化的声、光警报器,可燃气体探测器可带一体化的声、光警报器,一体化声、光警报器的启动信号应采用第一级报警设定值信号。

5.4 报警控制单元选用

5.4.1 报警控制单元应采用独立设置的以微处理器为基础的电子产品,并应具备下列基本功能:

1 能为可燃气体探测器、有毒气体探测器及其附件供电。

2 能接收气体探测器的输出信号,显示气体浓度并发出声、光报警。

3 能手动消除声、光报警信号,再次有报警信号输入时仍能发出报警。

4 具有相对独立、互不影响的报警功能,能区分和识别报警场所位号。

5 在下列情况下,报警控制单元应能发出与可燃气体和有毒气体浓度报警信号有明显区别的声、光故障报警信号:

   1)报警控制单元与探测器之间连线断路或短路。
   2)报警控制单元主电源欠压。
   3)报警控制单元与电源之间的连线断路或短路。

6 具有以下记录、存储、显示功能:

   1)能记录可燃气体和有毒气体的报警时间,且日计时误差不应超过30s;
   2)能显示当前报警部位的总数;
   3)能区分最先报警部位,后续报警点按报警时间顺序连续显示;
   4)具有历史事件记录功能。

5.4.2 控制室内可燃气体和有毒气体声、光警报器的声压等级应满足设备前方 1m 处不小于 75dBA，声、光警报器的启动信号应采用第二级报警设定值信号。

5.4.3 可燃气体探测器参与消防联动时，探测器信号应先送至按专用可燃气体报警控制器产品标准制造并取得检测报告的专用可燃气体报警控制器，报警信号应由专用可燃气体报警控制器输出至消防控制室的火灾报警控制器。可燃气体报警信号与火灾报警信号在火灾报警控制系统中应有明显区别。

5.5 测量范围及报警值设定

5.5.1 测量范围应符合下列规定：
 1 可燃气体的测量范围应为 0～100%LEL；
 2 有毒气体的测量范围应为 0～300%OEL；当现有探测器的测量范围不能满足上述要求时，有毒气体的测量范围可为 0～30%IDLH；环境氧气的测量范围可为 0～25%VOL；
 3 线型可燃气体测量范围为 0～5LEL·m。

5.5.2 报警值设定应符合下列规定：
 1 可燃气体的一级报警设定值应小于或等于 25%LEL。
 2 可燃气体的二级报警设定值应小于或等于 50%LEL。
 3 有毒气体的一级报警设定值应小于或等于 100%OEL，有毒气体的二级报警设定值应小于或等于 200%OEL。当现有探测器的测量范围不能满足测量要求时，有毒气体的一级报警设定值不得超过 5%IDLH，有毒气体的二级报警设定值不得超过 10%IDLH。
 5 线型可燃气体测量一级报警设定值应为 1LEL·m；二级报警设定值应为 2LEL·m。

6 可燃气体和有毒气体检测报警系统安装设计

6.1 探测器安装

6.1.1 探测器应安装在无冲击、无振动、无强电磁场干扰、易于检修的场所，探测器安装地点与周边工艺管道或设备之间的净空不应小于 0.5m。

6.2 报警控制单元及现场区域警报器安装

6.2.1 可燃气体和有毒气体检测报警系统人机界面应安装在操作人员常驻的控制室等建筑物内。

6.2.2 现场区域警报器应就近安装在探测器所在的报警区域。

6.2.3 现场区域警报器的安装高度应高于现场区域地面或楼地板 2.2m，且位于工作人员易察觉的地点。

6.2.4 现场区域警报器应安装在无振动、无强电磁场干扰、易于检修的场所。

附录 A 常见易燃气体、蒸气特性

表 A 常见易燃气体、蒸气特性表

序号	物质名称	沸点（℃）	闪点（℃）	爆炸浓度（V%）下限	爆炸浓度（V%）上限	火灾危险性分类	蒸气密度（kg/m³N）	备注
1	甲烷	−161.5	气体	5.0	15.0	甲	0.77	液化后为甲A
2	乙烷	−88.9	气体	3.0	12.5	甲	1.34	液化后为甲A
3	丙烷	−42.1	气体	2.0	11.1	甲	2.07	液化后为甲A
4	丁烷	−0.5	气体	1.9	8.5	甲	2.59	液化后为甲A
5	戊烷	36.07	<−40.0	1.4	7.8	甲B	3.22	—
6	己烷	68.9	−22.8	1.1	7.5	甲B	3.88	—
7	庚烷	98.3	−3.9	1.1	6.7	甲B	4.53	—
8	辛烷	125.67	13.3	1.0	6.5	甲B	5.09	—
9	壬烷	150.77	31.0	0.7	2.9	乙A	5.73	—
10	环丙烷	−33.9	气体	2.4	10.4	甲	1.94	液化后为甲A
11	环戊烷	469.4	<−6.7	1.4	—	甲B	3.10	—
12	异丁烷	−11.7	气体	1.8	8.4	甲	2.59	液化后为甲A
13	环己烷	81.7	−20.0	1.3	8.0	甲B	3.75	—
14	异戊烷	27.8	<−51.1	1.4	7.6	甲B	3.21	—
15	异辛烷	99.24	−12.0	1.0	6.0	甲B	5.09	—
16	乙基环丁烷	71.1	<−15.6	1.2	7.7	甲B	3.75	—
17	乙基环戊烷	103.3	<21	1.1	6.7	甲B	4.40	—
18	乙基环己烷	131.7	35	0.9	6.6	乙A	5.04	—
19	甲基环己烷	101.1	−3.9	1.2	6.7	甲B	4.40	—
20	乙烯	−103.7	气体	2.7	36	甲	1.29	液化后为甲A
21	丙烯	−47.2	气体	2.0	11.1	甲	1.94	液化后为甲A
22	1-丁烯	−6.1	气体	1.6	10.0	甲	2.46	液化后为甲A
23	2-丁烯（顺）	3.7	气体	1.7	9.0	甲	2.46	液化后为甲A
24	2-丁烯（反）	1.1	气体	1.8	9.7	甲	2.46	液化后为甲A
25	丁二烯	−4.44	气体	2.0	12	甲	2.42	液化后为甲A

续表 A

序号	物质名称	沸点(℃)	闪点(℃)	爆炸浓度（V%）下限	爆炸浓度（V%）上限	火灾危险性分类	蒸气密度(kg/m^3N)	备注
26	异丁烯	-6.7	气体	1.8	9.6	甲	2.46	液化后为甲$_A$
27	乙炔	-84	气体	2.5	80	甲	1.16	液化后为甲$_A$
28	丙炔	-2.3	气体	1.7	—	甲	1.81	液化后为甲$_A$
29	苯	80.1	-11.1	1.2	7.8	甲$_B$	3.62	—
30	甲苯	110.6	4.4	1.2	7.1	甲$_B$	4.01	—
31	乙苯	136.2	21	0.8	6.7	甲$_B$	4.73	—
32	邻-二甲苯	144.4	17	1.0	6.0	甲$_B$	4.78	—
33	间-二甲苯	138.9	25	1.1	7.0	甲$_B$	4.78	—
34	对-二甲苯	138.3	25	1.1	7.0	甲$_B$	4.78	—
35	苯乙烯	146.1	32	0.9	6.8	乙$_A$	4.64	—
36	环氧乙烷	10.56	<-17.8	3.0	80	甲$_A$	1.94	爆炸极限数据按《化工过程安全理论与应用》（第二版）
37	环氧丙烷	33.9	-37.2	2.8	37	甲$_B$	2.59	—
38	甲基醚	-23.9	气体	3.4	27	甲	2.07	液化后为甲$_A$
39	乙醚	35	-45	1.9	36	甲$_B$	3.36	—
40	乙基甲基醚	10.6	-37.2	2.0	10.1	甲$_A$	2.72	—
41	二甲醚	-23.7	气体	3.4	27	甲	2.06	液化后为甲$_A$
42	二丁醚	141.1	25	1.5	7.6	甲$_B$	5.82	—
43	甲醇	63.9	11	6.0	36	甲$_B$	1.42	—
44	乙醇	78.3	12.8	3.3	19	甲$_B$	2.06	—
45	丙醇	97.2	25	2.1	13.5	甲$_B$	2.72	—
46	丁醇	117.0	28.9	1.4	11.2	乙$_A$	3.36	—
47	戊醇	138.0	32.7	1.2	10.5	乙$_A$	3.88	—
48	异丙醇	82.8	11.7	2.0	12	甲$_B$	2.72	—
49	异丁醇	108.0	31.6	1.7	19.0	乙$_A$	3.30	—
50	甲醛	-19.4	气体	7.0	73	甲	1.38	液化后为甲$_A$
51	乙醛	21.1	-37.8	4.0	60	甲$_B$	1.94	—
52	丙醛	48.9	-9.4~7.2	2.9	17	甲$_B$	2.59	—
53	丙烯醛	51.7	-26.1	2.8	31	甲$_B$	2.46	—
54	丙酮	56.7	-17.8	2.6	12.8	甲$_B$	2.59	—
55	丁醛	76	-6.7	2.5	12.5	甲$_B$	3.23	—
56	甲乙酮	79.6	-6.1	1.8	10	甲$_B$	3.23	—
57	环己酮	156.1	43.9	1.1	8.1	乙$_A$	4.40	—
58	乙酸	118.3	42.8	5.4	17	乙$_A$	2.72	—
59	甲酸甲酯	32.2	-18.9	4.5	23	甲	2.72	—
60	甲酸乙酯	54.4	-20	2.8	16	甲	3.37	—
61	醋酸甲酯	60	-10	3.1	16	甲	3.62	—
62	醋酸乙酯	77.2	-4.4	2.0	11.5	甲	3.88	—
63	醋酸丙酯	101.7	14.4	1.7	8.0	甲	4.53	—
64	醋酸丁酯	127	22	1.7	9.8	甲	5.17	—
65	醋酸丁烯酯	717.7	7.0	2.6	—	甲	3.88	—
66	丙烯酸甲酯	79.7	-2.9	2.8	25	甲	3.88	—
67	呋喃	31.1	<0	2.3	14.3	甲$_B$	2.97	—
68	四氢呋喃	66.1	-14.4	2.0	11.8	甲$_B$	3.23	—
69	氯代甲烷	-23.9	气体	8.1	17.4	甲	2.33	液化后为甲$_A$
70	氯乙烷	12.2	-50	3.8	15.4	甲$_A$	2.84	—
71	溴乙烷	37.8	<-20	6.7	8	甲$_A$	4.91	—
72	氯丙烷	46.1	<-17.8	2.6	11.1	甲$_A$	3.49	—
73	氯丁烷	76.6	-9.4	1.8	10.1	甲$_A$	4.14	液化后为甲$_A$
74	溴丁烷	102	18.9	2.6	6.6	甲$_A$	6.08	—
75	氯乙烯	-13.9	气体	3.6	33	甲	2.84	液化后为甲$_A$
76	烯丙基氯	45	-32	2.9	11.1	甲$_A$	3.36	—
77	氯苯	132.2	28.9	1.3	7.1	乙$_A$	5.04	—
78	1,2-二氯乙烷	83.9	13.3	6.2	16	甲$_B$	4.40	—

续表 A

序号	物质名称	沸点(℃)	闪点(℃)	爆炸浓度（V%）下限	爆炸浓度（V%）上限	火灾危险性分类	蒸气密度(kg/m³N)	备注
79	1,1-二氯乙烯	37.2	-17.8	7.3	16	甲B	4.40	—
80	硫化氢	-60.4	气体	4.3	45.5	甲	1.54	—
81	二硫化碳	46.2	-30	1.3	5.0	甲B	3.36	—
82	乙硫醇	35.0	<26.7	2.8	18.0	甲B	2.72	—
83	乙腈	81.6	5.6	3.0	16.0	甲B	1.81	—
84	丙烯腈	77.2	0	3.0	17.0	甲B	2.37	—
85	硝基甲烷	101.1	35.0	7.3	63	乙A	2.72	—
86	硝基乙烷	113.8	27.8	3.4	5.0	甲B	3.36	—
87	亚硝酸乙酯	17.2	-35	3.0	50	甲B	3.36	—
88	氰化氢	26.1	-17.8	5.6	40	甲B	1.16	—
89	甲胺	-6.5	气体	4.9	20.7	甲	2.72	液化后为甲A
90	二甲胺	7.2	气体	2.8	14.4	甲	2.07	—
91	吡啶	115.5	<2.8	1.7	12	甲B	3.53	—
92	氢	-253	气体	4.0	75	甲	0.09	—
93	天然气	—	气体	3.8	13	甲	—	—
94	城市煤气	<-50	气体	4.0	—	甲	0.65	—
95	液化石油气	—		1.0		甲A		气化后为甲类气体，下限按国际海协数据
96	轻石脑油	36~68	<-20.0	1.2	5.9	甲B	≥3.22	—
97	重石脑油	65~177	-22~20	0.6	—	甲B	≥3.61	—
98	汽油	50~150	<-20	1.1	5.9	甲B	4.14	—
99	喷气燃料	80~250	<28	0.6	6.5	乙A	6.47	闪点按现行行业标准《2号喷气燃料》GB 1788—79 的数据
100	煤油	150~300	≤45	0.6	6.5	乙A	6.47	—
101	原油	—	—	—	—	甲B	—	—

附录 B 常见有毒气体、蒸气特性

表 B 常见有毒气体、蒸气特性

序号	物质名称	蒸气密度(kg/cm³)	熔点(℃)	沸点(℃)	OEL (mg/m³) MAC	OEL (mg/m³) PC-TWA	OEL (mg/m³) PC-STEL	IDLH (mg/m³)
1	一氧化碳	1.17	-199.5	-191.4	—	20	30	1700
2	氯乙烯	2.60	-160	-13.9	—	10	25	—
3	硫化氢	1.44	-85.5	-60.4	10	—	—	430
4	氯	3.00	-101	-34.5	1			88
5	氰化氢	1.13	-13.2	26.1	1			56
6	丙烯腈	2.21	-83.6	77.2		1	2	1100
7	二氧化氮	3.87	-11.2	21.2		5	10	96
8	苯	3.35	5.5	80.1		6	10	9800
9	氨	0.73	-78	-33.4	—	20	30	360

续表 B

序号	物质名称	蒸气密度 (kg/cm³)	熔点 (℃)	沸点 (℃)	OEL (mg/m³) MAC	OEL (mg/m³) PC-TWA	OEL (mg/m³) PC-STEL	IDLH (mg/m³)
10	碳酰氯	4.11	−104	8.3	0.5	—	—	8
11	二氧化硫	2.73	−75.5	−10	—	5	10	270
12	甲醛	1.29	−92	−19.5	—	2	—	37
13	环氧乙烷	1.84	−112.2	10.8	—	0.6	2	1500
14	溴	8.64	−7.2	58.8	0.3	—	—	66

注：对环境大气（空气）中有毒气体浓度的表示方法有两种：质量浓度（每立方米空气中所含有毒气体的质量数，即 mg/m³）和体积浓度（一百万体积的空气中所含有毒气体的体积数，即 ppm 或 μmol/mol）。通常，大部分气体检测仪器测得的气体浓度是体积浓度（ppm）。而我们国家的标准规范采用的气体浓度为质量浓度单位（mg/m³）。

本标准中，浓度单位 ppm（μmol/mol）与 mg/m³ 的换算关系是：

$$c_{\text{ppm}} = \frac{22.4}{M_w} \cdot \frac{T}{273} \cdot \frac{1}{P} \cdot c_{\text{mg/m}^3} \quad \text{（式 B）}$$

式中：M_w——气体的分子量（g/mol）；

T——环境温度（K）；

P——环境大气压力（atm）。

附录 C 可燃气体和有毒气体检测报警系统配置图

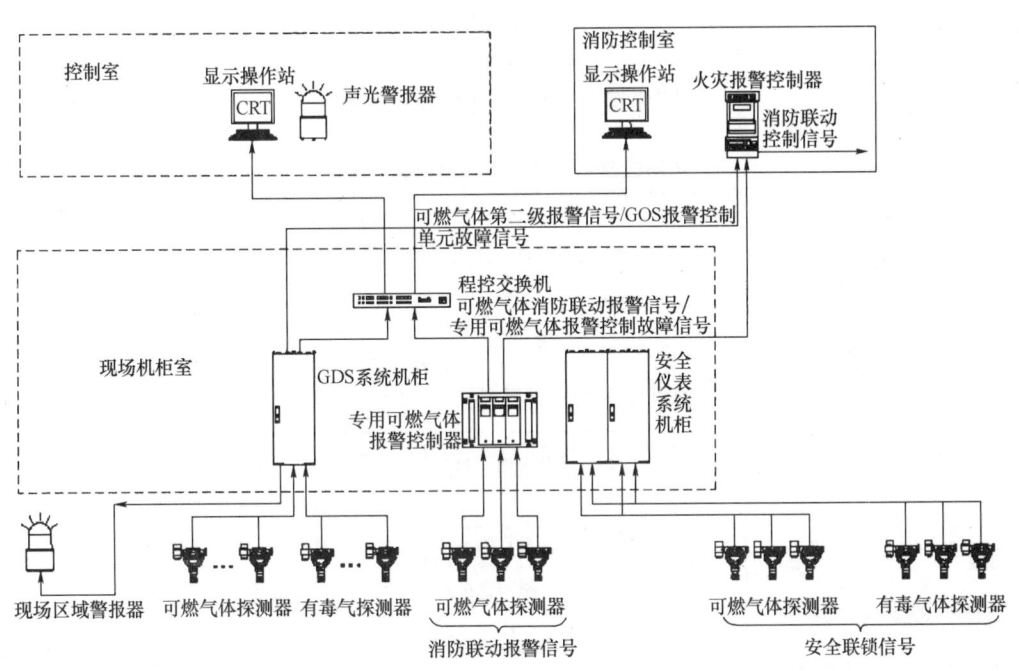

图 C 可燃气体和有毒气体检测报警系统配置图

附录 D 常见气体探测器技术性能表

表 D 常见气体探测器的技术性能表

项目	催化燃烧型检（探）测器	热传导型检（探）测器	红外气体检（探）测器 点式	红外气体检（探）测器 开路	半导体型检（探）测器	电化学型检（探）测器	光致电离型检（探）测器	顺磁型	激光型 点式	激光型 开路
被测气体的含氧要求	$O_2 > 10\%$	无	无		微量 O_2	微量	无	无		

续表D

项目	催化燃烧型检(探)测器	热传导型检(探)测器	红外气体检(探)测器		半导体型检(探)测器	电化学型检(探)测器	光致电离型检(探)测器	顺磁型	激光型	
			点式	开路					点式	开路
氧气测量范围			0～100%			0～25%（0～100%）		0～100%	0～100%	0～100%
可燃气体测量范围	≤LEL	LEL～100%	0～100%		≤LEL	≤LEL	<LEL		≤LEL	≤LEL
不适用的被测气体	大分子有机物		H_2		N_2、Cl_2	烷烃	H_2、CO、HCN、SO_2、HCl、HF、HNO_3、$CH_4$①	可燃气体		
相对响应时间	与被测介质有关	中等	较短		与被测介质有关	中等	较短	短和中等	较短	较短
检测干扰气体	无	CO_2、氟里昂	H_2O	H_2O	SO_2、NO_x、HO_2	SO_2、NO_x	②	NO、NO_2		
使检测元件中毒的介质	Si、Pb卤素、H_2S、含硅化合物、含磷化合物、硫化物、铅化物（可选用抗中毒型传感器）	无	无	无	Si、SO_2、卤素	CO_2	无			
辅助气体要求	无	无	无		无	无	无		无	无
室外环境温度 便携式	−10℃～+40℃									
室外环境温度 固定式	−25℃～+55℃									
空气相对湿度	20%RH～90%RH									
风速	<6m/s									
机械振动	10Hz～30Hz，1.0mm总位移；31Hz～100Hz，2g加速度峰值									

注：①为离子化能级高于所用紫外灯的能级的被测物；②为离子化能级低于所用紫外灯的能级的被测物；③"无"代表无要求。

附录E 常见气体探测器选用指南

表E 常见气体探测器选用指南

常见介质		催化燃烧型	热传导型	红外气体型		半导体型	电化学型	光致电离型	顺磁型	激光型	
				点式	开路					点式	开路
烃类	氢气	**	+	−	−	+	**	−	−	−	−
	轻质烃（C_4以下）	**	+	**	+	+	+	+	−	+	+
	烃蒸气（C_5以上）	**	+	+	+	+	+	+	−	+	+
	卤代烃	−	−	+	+	+	+	+	−	+	+
醇类		**	+	+	+	+	+	**	−	**	**
酯类		**	+	+	+	+	+	+	−	**	**
有毒气体	一氧化碳	+	−	**	−	+	**	**	−	+	+
	氯乙烯	−	−	+	−	+	**	**	−	+	−

续表 E

常见介质		催化燃烧型	热传导型	红外气体型		半导体型	电化学型	光致电离型	顺磁型	激光型	
				点式	开路					点式	开路
有毒气体	硫化氢	—	—	—	—	＋	＊＊	＋	—	＋	—
	氯	—	—	—	—	—	＊＊	—	—	—	—
	氰化氢	—	—	—	—	—	＊＊	—	—	—	—
	丙烯腈	＋	—	—	—	—	＊＊	＋	—	—	—
	二氧化氮	—	—	—	—	—	＊＊	＋	—	—	—
	苯	＋	—	—	—	＋	—	＊＊	—	—	—
	氨	＋	—	—	—	＋	＊＊	＋	—	＋	—
	碳酰氯	—	—	—	—	—	＊＊	＋	—	—	—
O_2		—	—	—	—	—	＊＊	—	＋	—	—

注："＊＊"表示常用；"＋"表示可用；"—"表示不用。

88.《石油化工循环水场设计规范》GB/T 50746—2012

3 总体设计

3.7 场址选择

3.7.1 循环水场位置应按下列原则,综合分析比较后确定:

2 循环水场应远离热源,并应布置在加热炉、焦炭塔、露天堆煤场、储焦场等具有污染源等场所和化学药品堆场(散装库)及污水处理场的全年最大频率风向的上风侧,空压站吸入口的最大频率风向的下风侧;

3 在寒冷地区,冷却塔应布置在邻近主要建筑物及露天配电装置的冬季最大频率风向的下风侧;

4 应便于水、电、药剂的供应;

5 通风条件应良好;

6 应符合防火、防爆、安全与噪声防护的要求。

3.7.2 循环水场宜布置在爆炸危险区域以外,当电气、仪表设备安装在爆炸危险区域时,应按现行国家标准《爆炸和火灾危险环境电力装置设计规范》GB 50058 的有关规定执行。

10 辅助建(构)筑物

10.0.4 加氯间应与其他工作间隔开,并应设置直接通向外部并向外开启的门和固定观察窗。液氯储存间应设置单独外开的大门。大门上应设置向外开启人行安全门,并应能自行关闭。

89.《石油化工工程防渗技术规范》GB/T 50934—2013

5 设 计

5.3 罐 区

5.3.6 防火堤的设计除应符合现行国家标准《储罐区防火堤设计规范》GB 50351 的要求外，尚应符合下列规定：

1 防火堤宜采用抗渗钢筋混凝土，抗渗等级不应低于 P6。

2 防火堤的变形缝应设置不锈钢板止水带，厚度不应小于 2.0mm。

3 防火堤变形缝（图 5.3.6）内应设置嵌缝板、背衬材料和嵌缝密封料。

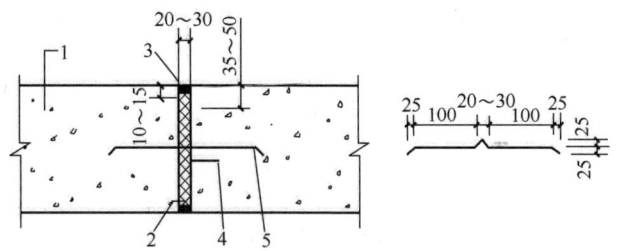

图 5.3.6 防火堤变形缝示意
1—钢筋混凝土防火堤；2—背衬材料；3—嵌缝密封料；
4—嵌缝板；5—止水带

90.《炼油装置火焰加热炉工程技术规范》GB/T 51175—2016

2 术语和符号

2.1 术 语

2.1.7 桥墙 bridgewall
将加热炉两个邻近区分开的耐火墙。

2.1.12 折流体 corbel
耐火层表面凸出的部分,用以防止烟气绕过对流排管产生短路。

2.1.29 体积放热量 volumetric heat release
总放热量(按低发热量计算的给定燃料燃烧释放的总热量)除以不包括盘管和耐火隔墙在内的辐射段净体积。

2.1.32 热面层 hot-face layer
多层或多种衬里中暴露在最高温度下的耐火层。

2.1.33 热面温度 hot-face temperature
与烟气或热风接触的耐火衬里表面温度。

2.1.39 复合衬里 multi-component lining
由两层或多层不同类型耐火材料组成的炉衬。

2.1.50 炉墙 setting
包括锚固件在内的加热炉外壳、砌体、耐火材料和隔热材料。

2.1.54 火墙 bridgewall
一侧或两侧与火焰直接接触的竖直耐火砖墙。

4 设计要求

4.3 机械设计

4.3.11 辐射炉管从中心线至耐火隔热层内表面的最小距离应为炉管公称直径的1.5倍,且净空不应小于100mm;对于水平辐射管,从炉底耐火层上表面至炉管外壁的净空不应小于300mm。

8 炉管支承件

8.1 一般规定

8.1.1 与烟气接触的炉管支承件,其设计温度的确定应符合下列规定:
1 位于辐射段、遮蔽段且暴露于耐火材料外的支承件,其设计温度等于烟气温度加100℃,且最低设计温度不应低于870℃;
2 被管排遮蔽的辐射管架设计温度可采用火墙温度;
3 位于对流段的支承件,设计温度应等于相接触的烟气温度加55℃;
4 穿过每块对流中间管板的烟气温度梯度不应超过222℃。

8.1.2 炉管导向架、水平辐射管的中间管架和垂直辐射管的顶部管架应设计成允许更换管架而无需移动炉管,且耐火层修复量最少的结构。

8.3 材 料

8.3.2 当炉管支承件设计温度超过650℃且燃料中钒和钠的总含量超过100mg/kg时,应采用下述方法之一进行设计:
1 不用任何涂料,使用稳定化的50Cr—50Ni—Nb合金;
2 对于辐射或易拆修的管架,覆盖一层厚度为50mm、密度至少为2080kg/m³的耐火浇注料。

9 耐火和隔热

9.1 一般规定

9.1.1 耐火和隔热材料应依据预期的操作温度和材料等级温度进行选择。

9.1.2 在无风、环境温度为27℃的条件下,辐射段、对流段和烟风管道的外壁温度不应超过82℃。辐射段底部外表面温度不应超过90℃。

9.1.4 耐火材料的设计温度应等于计算热面温度加设计裕量。任一层的耐火材料设计温度应高于计算热面温度165℃。辐射段和遮蔽段耐火材料的最低设计温度应为982℃。

9.1.5 炉底的热面层应采用65mm厚的高强耐火砖或75mm厚的浇注衬里,衬里的等级温度级别应达到1370℃,经110℃干燥后冷态耐压强度至少应为3450kN/m²。

9.1.6 燃烧器砖的最低等级温度应为1650℃。

9.1.7 持续受火焰直接冲击的砖墙,应采用等级温度不小于1540℃的耐火砖砌筑。

9.1.8 燃烧器耐火材料预制块、砖及预烧成型制品的周围应留有膨胀缝。

9.1.9 除运输需要外,炉底浇注料可不设置锚固件。

9.1.10 锚固件顶部的最高温度应符合表9.1.10的规定。

表 9.1.10 锚固件顶部的最高温度

锚固件材质	锚固件顶部最高温度(℃)
碳钢	455
TP 304 不锈钢	760
TP 316 不锈钢	760
TP 309 不锈钢	815
TP 310 不锈钢	927
TP 330 不锈钢 1Cr16Ni35 N08330	1038
Alloy 601 (UNSN06601)	1093
陶瓷钉和垫片	>1093

9.2 砖 结 构

9.2.2 辐射段自支承式承重墙的墙基应直接置于炉底钢结构上,不应置于其他耐火材料上。墙高不应超过 7.3m。底部的最小宽度应为墙高的 8%,高度方向上每段墙的高宽比不应超过 5:1。

9.2.3 承重墙应采用耐火泥砌筑。耐火泥的化学成分和温度等级应与相连接的耐火砖匹配。

9.2.4 承重墙端部和中间位置应设置竖向膨胀缝。

9.2.5 炉底耐火砖应干砌。

9.2.6 非持续受火焰直接冲击的砖墙,其最低等级温度应为 1430℃;对于其他暴露的砖墙,最低等级温度应为 1260℃。

9.2.7 位于竖向、平面炉壁板上的所有砖墙,应有不少于 15% 的砖被牵拉。除位于背衬层内的导管可采用碳钢外,其余的拉砖件应是奥氏体合金材料。对圆筒形壳体,当壳体的曲率半径能啮合耐火砖时可不用拉砖钩。

9.2.8 位于竖向、平面炉壁板上的所有砖墙,当高度高于 1.8m 时,宜设置托砖板,其材质应根据计算工作温度选用。托砖板间距不应大于 1.8m,托砖板应设置膨胀槽。

9.2.9 在砖墙的垂直和水平两个方向上、墙的边缘、燃烧器砖、门和接头的周围等均应留出膨胀缝。

10 钢结构和附件

10.2 结 构

10.2.1 炉管和弯头的所有荷载应由钢结构支承,不得传到耐火材料上。

10.2.5 加热炉防火层的设置应符合现行国家标准《石油化工企业设计防火规范》GB 50160 的规定。

10.4 直梯、平台和斜梯

10.4.4 每个操作平台的长度大于或等于 6m 时,应设不少于两个疏散口。

11 烟囱、烟风道和尾部烟道

11.1 一般规定

11.1.16 烟风道和尾部烟道应加强。有耐火浇注料的烟风道的变形不应超过跨度的 1/360,其他烟风道的变形不应超过跨度的 1/240。

12 燃烧器和辅助设备

12.1 燃烧器

12.1.1 燃烧器的设计、选用、间距、位置、安装和操作均应确保燃烧器在调节范围内火焰不舔炉管和管架,且火焰不能从加热炉的辐射段窜出。燃烧器的设计和操作应确保在辐射段内燃烧完全。

12.1.2 自然通风低 NOx 燃烧器的最小间距应符合表 12.1.2-1 的规定,强制通风低 NOx 燃烧器的最小间距应符合表 12.1.2-2 的规定。

表 12.1.2-1 自然通风低 NOx 燃烧器的最小间距

燃烧器类型	每台燃烧器最大放热量(MW)	最小间距(m) A 燃烧器至顶部炉管中心或耐火材料的垂直距离(仅对于垂直燃烧)	B 燃烧器中心至靠墙管中心的水平距离	C 燃烧器中心至无遮蔽耐火材料的水平距离	D 对烧燃烧器间的水平距离(水平安装时)
烧油	1.0	4.3	0.8	0.6	6.5
烧油	1.5	5.6	0.9	0.7	8.8
烧油	2.0	7.0	1.1	0.8	11.2
烧油	2.5	8.3	1.2	1.0	13.3
烧油	3.0	9.7	1.3	1.1	14.8
烧油	3.5	11.0	1.4	1.2	16.4
烧油	4.0	12.4	1.6	1.4	18.0
烧气	0.5	2.6	0.6	0.4	3.4
烧气	1.0	3.6	0.7	0.6	4.9
烧气	1.5	4.6	0.8	0.7	6.5
烧气	2.0	5.6	1.0	0.8	8.1
烧气	2.5	6.7	1.1	1.0	9.6
烧气	3.0	7.7	1.2	1.1	11.1
烧气	3.5	8.7	1.4	1.2	11.9
烧气	4.0	9.7	1.5	1.4	12.6

续表 12.1.2-1

燃烧器类型	每台燃烧器最大放热量（MW）	最小间距（m）			
		A 燃烧器至顶部炉管中心或耐火材料的垂直距离（仅对于垂直燃烧）	B 燃烧器中心至靠墙管中心的水平距离	C 燃烧器中心至无遮蔽耐火材料的水平距离	D 对烧燃烧器间的水平距离（水平安装时）
烧气	4.5	10.7	1.6	1.5	13.4
	5.0	11.7	1.8	1.6	14.2

注：1 对于水平安装的燃烧器，燃烧器中心线与顶部炉管中心或耐火材料间的距离应比 B 列的数据大 50%。
  2 对于油—气联合燃烧器，除仅在开工时烧油外，其间距应按烧油设计。
  3 对于常规气体燃烧器（非低 NOx），允许减少距离。A 列应乘以系数 0.77，D 列应乘以系数 0.67。
  4 表中所列数据的中间值可用内插法查出。
  5 对于烧天然气，过剩空气系数为 1.15 且炉膛温度为 870℃，NOx 的排放量低于 70mg/m³ 的燃烧器，A 列和 D 列的数据应增加 20%。
  6 燃料气的组成会影响火焰长度。

表 12.1.2-2 强制通风低 NOx 燃烧器的最小间距

每台燃烧器的最大放热量（MW）	燃烧器中心至靠墙炉管中心的水平距离（m）
烧油	
2.00	0.932
3.00	1.182
4.00	1.359
5.00	1.520
6.00	1.664
8.00	1.919
10.00	2.143
12.00	2.346
烧气	
2.00	0.932
3.00	1.182
4.00	1.359
5.00	1.520
6.00	1.664
8.00	1.786
10.00	1.923
12.00	2.035

注：1 水平安装的燃烧器，燃烧器中心线与顶部炉管中心或耐火材料的距离应比表中的数据大 50%。
  2 对于油—气联合燃烧器，除仅在开工时烧油外，其间距应按烧油设计。
  3 表中所列数据的中间值可用内插法查出。
  4 由于缺乏相应的数据，其他间距本表未作规定。
  5 当热强度接近允许的最高值时，可能需要增加表中所列间距。

14 仪表和辅助管接口

14.3 辅助管接口

Ⅰ 灭火蒸汽管接口

14.3.1 灭火蒸汽管接口的规格及数量应由计算确定，并应使通过的蒸汽量在 15min 内至少可充满 3 倍炉膛体积。每个燃烧室应设置数量不少于两个且规格不小于 DN40 的接口。

14.3.2 灭火蒸汽管接口的安装位置应避免冲击加热炉管排和任何陶瓷纤维衬里，且应在辐射段均匀分布。

14.3.3 灭火蒸汽管接口也可用作吹扫蒸汽管接口。

15 车间预制和现场安装

15.5 耐火和隔热

15.5.2 耐火材料施工前，所有钢材表面的污物、油脂、浮锈和其他杂物应清除干净，除锈等级应满足设计文件要求，若设计文件没有规定则应达到现行国家标准《涂覆涂料前钢材表面处理 表面清洁度的目视评定 第 1 部分：未涂覆过的钢材表面和全面清除原有涂层后的钢材表面的锈蚀等级和处理等级》GB/T 8923.1 规定的 St2 等级的要求，有涂层要求的应按设计文件要求检查及验收。

15.5.4 耐火材料施工用水应符合现行行业标准《石油化工管式炉轻质浇注料衬里工程技术条件》SH/T 3115 的规定。

15.6 装运准备

15.6.3 耐火和保温材料在装运、储存和安装过程中应根据产品技术文件要求采取有效防护措施，且应符合下列规定：
  1 车间铺衬的浇注料部分应采取通风措施，做好自然养护；
  2 车间铺衬的耐火纤维部分应对材料进行防水保护。

15.7 现场安装

15.7.7 完成衬里的部件应避免碰撞，且应在衬里养护强度达到 70% 之后装运、吊装，并应采取有效的加固或防变形措施。

15.7.8 由壁板或结构组件形成的接头应采用与其相邻的耐火层同等厚度的耐火材料连续覆盖。

16 检查、检测和试验

16.3 其他部件的检验

16.3.1 加热炉衬里施工检查及验收应符合现行行业标准

《石油化工筑炉工程施工质量验收规范》SH/T 3534 的规定。对于宽度大于 3mm 或深度超过衬里厚度 50% 的浇注料衬里裂纹应进行返修。返修时，应铲去缺陷衬里材料直至背层交接面或炉壳表面，并至少应露出 3 个锚固件或金属本体。在密实的耐火材料上应做成至少有 25mm 的接茬，并应一直到基层（榫接结构）。经检查合格后应采用喷涂、浇注或手工捣制方法进行修补。

91.《石油化工液体物料铁路装卸车设施设计规范》GB/T 51246—2017

3 基本规定

3.0.15 甲$_A$类可燃液体、极度危害及高度危害的职业性接触毒物应采用密闭装车工艺。甲$_B$、乙$_A$类可燃液体宜采用密闭装车工艺。

3.0.16 汽油、石脑油、航煤、溶剂油、芳烃或其他性质类似的液体物料装车应采用液下密闭装车鹤管,并应采取油气处理措施。

6 消防、安全卫生与环境保护

6.1 一般规定

6.1.1 石油化工及煤化工企业的铁路装卸车设施的防火设计应符合现行国家标准《石油化工企业设计防火规范》GB 50160 的有关规定,陆上油田地面工程及输油管道站场的铁路装卸车设施的防火设计应符合现行国家标准《石油天然气工程设计防火规范》GB 50183 的有关规定。

6.1.2 液化烃、可燃液体等液体物料铁路装、卸车设施应采取防静电、防杂散电流和防雷措施。

6.1.3 装卸可燃液体物料鹤管垂管不应采用碰撞产生火花的材料。

6.1.6 可燃气体和有毒气体检测报警器的设置应符合现行国家标准《石油化工可燃气体和有毒气体检测报警设计规范》GB 50493 的有关规定。

6.1.7 液化烃、可燃液体等液体物料铁路装、卸车设施的爆炸危险区域应按现行国家标准《爆炸危险环境电力装置设计规范》GB 50058 进行划分。

6.1.11 装卸车栈台及其附属建构筑物耐火极限不应低于 3h。

6.1.12 铁路装卸设施应设置安全、消防、职业卫生警示标识。

6.1.13 防火间距起止点应符合本规范附录 A 的规定。

6.2 消防

6.2.1 单侧铁路罐车装卸设施的消防水量不应小于 30L/s,双侧铁路罐车装卸设施的消防水量不应小于 60L/s,消防水最小供给时间不应少于 2h。

6.2.2 铁路装卸车设施宜设置泡沫枪灭火系统。泡沫枪灭火系统泡沫混合液量不应小于 30L/s,连续供给时间不小于 30min。泡沫灭火系统宜采用低倍数泡沫系统,泡沫液应采用环保型。

6.2.3 液化烃及可燃液体的铁路装卸栈台应沿栈台每 12m 处上、下分别设置两个手提式干粉型灭火器。

6.2.4 液化烃及可燃液体的铁路装卸栈台上应沿栈台每个鹤位配 1 条灭火毯。

6.2.5 铁路装卸车设施应设置火灾自动报警系统,并应符合现行国家标准《火灾自动报警系统设计规范》GB 50116 的有关规定。

附录 A 计算间距的起止点

设备——设备外缘;
建筑物(敞开或半敞开式厂房除外)——最外侧轴线;
敞开式厂房——设备外缘;
半敞开式厂房——根据物料特性和厂房结构形式确定;
铁路——中心线;
道路——路边;
鹤位——鹤管中心线;
泵区——露天或泵棚指设备外缘,泵房指最外侧轴线或门窗洞口的较近者。

92.《石油化工钢结构防火保护技术规范》SH 3137—2013

1 范围

本规范规定了石油化工生产区建（构）筑物钢结构的防火保护范围、材料、构造、施工及工程质量要求。

本规范适用于石油化工生产区新建、改建或扩建工程建（构）筑物钢结构防火保护的设计、施工及验收。

3 防火保护设计基本规定

3.1 石油化工生产区符合下列规定的构筑物钢结构，应进行防火保护设计：

a) 单个容积等于或大于 $5m^3$ 的甲、$乙_A$ 类液体设备的承重钢框架、钢支架；

b) 在爆炸危险区范围内，且处理、储存或输送毒性为极度危害和高度危害介质设备的承重钢框架、钢支架；

c) 操作温度等于或高于自燃点的单个容积等于或大于 $5m^3$ 的 $乙_B$、丙类液体设备的承重钢框架、钢支架；

d) 在爆炸危险区范围内的装置主管廊的钢管架；

e) 在爆炸危险区范围内的高径比等于或大于8，且总质量等于或大于25t的非可燃介质设备的承重钢框架、钢支架；

3.2 石油化工生产厂区符合下列规定的建筑物钢结构，应进行防火保护设计：

a) 生产的火灾危险性分类符合附录 A 规定的厂房；

b) 仓库储存物品的火灾危险性分类符合附录 B 规定的仓库。

4 建筑物防火保护

4.1 钢结构厂房耐火等级

4.1.1 钢结构厂房的耐火等级按附录 A 表 A.1 中的生产类别和厂房的建筑面积确定，并应符合表 4.1.1 的规定。

4.1.2 厂房内防火分区之间应采用防火墙分隔。除甲类厂房外的一、二级耐火等级厂房，当其防火分区的建筑面积大于本表规定，且设置防火墙确有困难时，可采用防火卷帘或防火分隔水幕分隔。

表 4.1.1 钢结构厂房的耐火等级

生产类别	最多允许层数	每个防火分区的最大允许建筑面积 m^2			耐火等级
		单层	多层	高层	
甲	宜采用单层	4000	3000	—	一级
	宜采用单层	3000	2000	—	二级
乙	不限	5000	4000	2000	一级
	6层	4000	3000	1500	二级
丙	不限	不限	6000	3000	一级
	不限	8000	4000	2000	二级
	2层	3000	2000	—	三级
丁	不限	不限	不限	4000	一级、二级
	3层	4000	2000	—	三级
	1层	1000	—	—	四级
戊	不限	不限	不限	6000	一级、二级
	3层	5000	3000	—	三级
	1层	1500	—	—	四级

注：表中"—"表示不允许。

4.1.4 厂房内设置自动灭火系统时，每个防火分区的最大允许建筑面积可按本表的规定增加1.0倍。当丁、戊类的地上厂房内设置自动灭火系统时，每个防火分区的最大允许建筑面积不限。厂房内局部设置自动灭水系统时，其防火分区增加面积可按该局部面积的1.0倍计算。

4.1.5 建筑面积不大于 $300m^2$ 的独立甲、乙类单层厂房，可采用三级耐火等级的建筑。

4.2 钢结构仓库耐火等级

4.2.1 钢结构仓库的耐火等级应按附录 B 表 B.1 储存物品类别和建筑面积确定，并应符合表 4.2.1 的规定。

表 4.2.1 钢结构仓库的耐火等级

仓库类别	项号	最多允许层数	每个防火分区的最大允许建筑面积 m^2						耐火等级
			单层		多层		高层		
			单座	防火分区	单座	防火分区	单座	防火分区	
甲	3、4	1层	180	60	—	—	—	—	一级
	1、2、5、6	1层	750	250	—	—	—	—	二级

续表 4.2.1

仓库类别	项号	最多允许层数	每个防火分区的最大允许建筑面积 m²						耐火等级
			单层		多层		高层		
			单座	防火分区	单座	防火分区	单座	防火分区	
乙	1、3、4	3层	2000	500	900	300	—	—	一级、二级
		1层	500	250	—	—	—	—	三级
	2、5、6	5层	2800	700	1500	500	—	—	一级、二级
		1层	900	300	—	—	—	—	三级
丙	1	5层	4000	1000	2800	700	—	—	一级、二级
		1层	1200	400	—	—	—	—	三级
	2	不限	6000	1500	4800	1200	4000	1000	一级、二级
		3层	2100	700	1200	400	—	—	三级
丁	无	不限	不限	3000	不限	1500	4800	1200	一级、二级
		3层	3000	1000	1500	500	—	—	三级
		1层	2100	700	—	—	—	—	四级
戊	无	不限	不限	不限	不限	2000	6000	1500	一级、二级
		3层	3000	1000	2100	700	—	—	三级
		1层	2100	700	—	—	—	—	四级

注1：表中"—"表示不允许。
注2：项号见本规范附录B的表B.1。

4.2.2 钢结构仓库的耐火等级应符合表4.2.1的规定外，还应符合下列规定：
  a) 仓库中的防火分区之间应采用防火墙分隔；
  b) 仓库内设置自动灭火系统时，每座仓库最大允许占地面积和每个防火分区最大允许建筑面积可按本表的规定增加1.0倍。

4.3 钢结构建筑物构件耐火极限

4.3.1 厂房和仓库钢结构建筑物构件的耐火极限不应低于表4.3.1的规定。

表 4.3.1 厂房和仓库建筑构件的耐火极限

构件名称		耐火等级			
		一级	二级	三级	四级
		耐火极限 h			
墙	防火墙	3.00	3.00	3.00	3.00
	楼梯间和电梯井的墙	2.00	2.00	1.50	0.50
	疏散走道两侧的隔墙	1.00	1.00	0.50	0.25
	非承重外墙	0.75	0.50	0.50	0.25
	房间隔墙	0.75	0.50	0.50	0.25
柱		3.00	2.50	2.00	0.50
梁		2.00	1.50	1.00	0.50
承重柱间支撑		2.00	1.50	1.00	0.50
封闭楼板		1.50	1.00	0.75	0.50

续表 4.3.1

构件名称	耐火等级			
	一级	二级	三级	四级
	耐火极限 h			
屋顶承重构件	1.50	1.00	0.50	—
疏散楼梯	1.50	1.00	0.75	—
吊顶（包括吊顶搁栅）	0.25	0.25	0.15	—

4.3.2 甲、乙类厂房及甲、乙、丙类仓库的防火墙，其耐火极限应按表4.3.1的规定提高1.00h。

4.3.3 一、二级耐火等级的单层厂房（仓库）的柱，其耐火极限可按表4.3.1的规定降低0.50h。

4.3.4 设置有自动灭火系统时，二级耐火等级的单层丙类厂房的梁、柱、屋顶承重构件及多层丙类厂房的屋顶承重构件和丁、戊类厂房（仓库）的梁、柱、屋顶承重构件可采用无防火保护的金属结构，其中能受到甲、乙、丙类液体或可燃气体火焰影响的部位，应采取外包敷不燃材料或其他防火隔热保护措施。

4.3.5 一级耐火等级的单层或多层厂房（仓库）中采用自动喷水灭火系统进行全保护时，其屋顶承重构件的耐火极限不应低于1.00h。

4.4 建筑物构件的保护范围

4.4.1 单层钢结构的防火保护范围应符合下列规定：
  a) 轻型屋盖 地面以上10m范围内的柱、屋面梁（屋架或网架）及设备支架；

b) 重型屋盖 屋面板以下的柱、承重柱间支撑、屋面梁（屋架或网架）及地面以上10m范围内的设备支架。

4.4.2 平台透空的多层钢结构的防火保护范围应符合下列规定：

a) 轻型屋盖 地面以上10m范围内的柱、承重柱间支撑、框架梁、屋面梁（屋架或网架）及设备梁、设备支座；

b) 重型屋盖 屋面板以下的柱、承重柱间支撑、屋面梁（屋架或网架）及地面以上10m范围内的框架梁、设备梁、设备支座。

4.4.3 平台封闭的多层钢结构的防火保护范围应符合下列规定：

a) 轻型屋盖 地面至有甲、乙、丙类可燃物质的平台面及其以上10m范围内的柱、承重柱间支撑、屋面梁（屋架或网架）及框架梁、设备梁、设备支座；

b) 重型屋盖 屋面板以下的柱、承重柱间支撑、屋面梁（屋架或网架）及地面至有甲、乙、丙类可燃物质的平台面及其以上10m范围内的框架梁、设备梁、设备支座。

5 构筑物防火保护

5.1 钢结构构筑物构件的耐火极限不应低于1.50h。

5.2 符合本规范3.1条的构筑物钢结构的防火保护范围应符合下列规定：

a) 支承设备的钢框架的下列构件：

1) 单层钢结构 框架的柱、承重柱间支撑、框架梁及设备梁、设备支座、空冷器支架；

2) 平台透空的多层钢结构 地面以上10m范围内的框架柱、承重柱间支撑、框架梁及设备梁、设备支座、空冷器支架；

3) 平台封闭的多层钢结构 地面至有甲、乙$_A$、乙$_B$、丙类可燃液体的平台面及其以上10m范围内的框架柱、承重柱间支撑、框架梁及设备梁、设备支座、空冷器支架。

b) 支承设备的钢支架；

c) 主管廊钢管架的下列构件：

1) 地面以上至支承底层管道的梁、柱，当底层梁低于4.5m时，耐火层应覆盖至4.5m；

2) 上部设有空冷器时，其全部框架柱、承重柱间支撑、框架梁及空冷器支撑梁、空冷器支架；

3) 下部设有液化烃或可燃液体的泵时，地面以上10m范围内的柱、承重柱间支撑、框架梁。

6 防火保护材料及保护层厚度的确定

6.1 一般规定

6.1.1 石油化工及其他易燃易爆产品在生产、储存、使用过程中采用的防火保护材料，应按GA/T 714《构件用防火保护材料；快速升温耐火试验方法》的升温曲线进行试验。

钢结构防火保护材料不应含有石棉和甲醛，不宜采用苯类溶剂。在施工干燥后不应有刺激性气味，燃烧时不应产生浓烟和有害人身健康的气体。

6.1.2 钢结构防火保护材料应有产品质量证明文件和使用说明书，并应选择经国家检测机构检测合格的不腐蚀钢材的钢结构防火涂料或其他不燃烧性隔热材料。

6.1.3 钢结构防火保护材料的耐火极限不应低于建（构）筑物钢结构构件的耐火极限。

6.1.4 用于构件表面的防腐蚀底漆及用于防火保护层外表面的防腐蚀面层，均应与防火保护材料相适应，并具有良好的结合力，并应符合下列规定：

c) 防火涂料涂装前，钢结构构件的表面不得出现返锈现象。

6.1.5 建（构）筑物室外或露天工程的钢结构不得选用室内型钢结构防火涂料。

6.2 材料

6.2.1 钢结构防火保护材料应根据使用条件、使用年限、材料性能和耐火极限等选用钢结构防火涂料、轻质耐火混凝土或水泥砂浆等。

6.2.2 用于钢结构的防火涂料的名称、代号及涂层厚度范围应符合表6.2.2规定。

表6.2.2 钢结构防火涂料的名称、代号及涂层厚度范围

单位为mm

名称	代号	涂层厚度δ范围
室内超薄型钢结构防火涂料	NCB	$\delta \leq 3$
室外超薄型钢结构防火涂料	WCB	
室内薄型钢结构防火涂料	NB	$3 < \delta \leq 7$
室外薄型钢结构防火涂料	WB	
室内厚型钢结构防火涂料	NH	$7 < \delta \leq 45$
室外厚型钢结构防火涂料	WH	

6.2.3 室内钢结构防火涂料技术性能应符合表6.2.3的规定。防火涂料技术性能试验方法及综合判定准则应符合GB 14907《钢结构防火涂料》的规定。

表6.2.3 室内防火涂料技术性能

序号	检验项目	技术指标			缺陷分类
		NCB	NB	NH	
1	在容器中的状态	经搅拌后呈均匀细腻液态、无结块	经搅拌后呈均匀液态或稠厚流体状态、无结块	经搅拌后呈均匀稠厚流体状态、无结块	C
2	表干干燥时间/h	≤8	≤12	≤24	C
3	外观与颜色	涂层干燥后，外观与颜色同样品相比应无明显差别	涂层干燥后，外观与颜色同样品相比应无明显差别	—	C

续表6.2.3

序号	检验项目		技术指标				缺陷分类
			NCB	NB		NH	
4	初期干燥抗裂性		不应出现裂纹	允许出现1条~3条裂纹，其宽度应≤0.5mm		允许出现1条~3条裂纹，其宽度应≤1mm	C
5	粘结强度/MPa		≥0.20	≥0.15		≥0.04	B
6	抗压强度/MPa		—	—		≥0.3	C
7	干密度/(kg/m³)		—	—		≤500	C
8	耐水性/h		≥24，涂层应无起层、发泡、脱落现象	≥24，涂层应无起层、发泡、脱落现象		≥24，涂层应无起层、发泡、脱落现象	B
9	耐冷热循环性/次		≥15，涂层应无开裂、剥落、起泡现象	≥15，涂层应无开裂、剥落、起泡现象		≥15，涂层应无开裂、剥落、起泡现象	B
10	耐火性能	涂层厚度/mm	2.0±0.2	5.0±0.5	6.5±0.5	18±2　　25±2	A
		耐火极限/h	≥1.0	≥1.0	≥1.5	≥1.5　　≥2.0	

注：裸露钢梁耐火极限为15min，是以I36b或I40b标准工字钢梁作基材的验证数据，作为表中0mm涂层厚度耐火极限基础数据。

6.2.4 室外钢结构防火涂料技术性能应符合表6.2.4的规定。表中的耐曝热性、耐湿热性、耐冻融循环性、耐酸性、耐碱性、耐盐雾腐蚀性等耐久性项目的技术要求，还应满足附加耐火性能的要求，方能判定该对应项性能合格。耐酸性和耐碱性仅进行其中一项测试。试验方法及综合判定准则应符合GB 14907《钢结构防火涂料》的规定。

表6.2.4 室外防火涂料技术性能

序号	检验项目	技术指标			缺陷分类
		WCB	WB	WH	
1	在容器中的状态	经搅拌后呈均匀细腻液态、无结块	经搅拌后呈均匀液态或稠厚流体状态，无结块	经搅拌后呈均匀稠厚流体状态，无结块	C
2	表干干燥时间/h	≤8	≤12	≤24	C
3	外观与颜色	涂层干燥后，外观与颜色同样品相比无明显差别	涂层干燥后，外观与颜色同样品相比应无明显差别	—	C
4	初期干燥抗裂性	不应出现裂纹	允许出现1~3条裂纹，其宽度应≤0.5mm	允许出现1~3条裂纹，其宽度应≤1mm	C
5	粘结强度/MPa	≥0.20	≥0.15	≥0.04	C
6	抗压强度/MPa	—	—	≥0.5	C
7	干密度/(kg/m³)	—	—	≤650	C
8	耐曝热性/h	≥720，涂层应无起层、脱落、空鼓、开裂现象	≥720，涂层应无起层、脱落、空鼓、开裂现象	≥720，涂层应无起层、脱落、空鼓、开裂现象	B
9	耐湿热性/h	≥504，涂层应无起层、脱落现象	≥504，涂层应无起层、脱落现象	≥504，涂层应无起层、脱落现象	B
10	耐冻融循环性/次	≥15，涂层应无开裂、脱落、起泡现象	≥15，涂层应无开裂、脱落、起泡现象	≥15，涂层应无开裂、脱落、起泡现象	B
11	耐酸性/h	≥360，涂层应无起层、脱落、开裂现象	≥360，涂层应无起层、脱落、开裂现象	≥360，涂层应无起层、脱落、开裂现象	B
12	耐碱性/h	≥360，涂层应无起层、脱落、开裂现象	≥360，涂层应无起层、脱落、开裂现象	≥360，涂层应无起层、脱落、开裂现象	B
13	耐盐雾腐蚀性/次	≥30，涂层应无起泡明显的变质、软化现象	≥30，涂层应无起泡明显的变质、软化现象	≥30，涂层应无起泡，明显的变质、软化现象	B

续表6.2.4

序号	检验项目		技术指标					缺陷分类
			WCB		WB		WH	
14	耐火性能	涂层厚度/mm	2.0±0.2	5.0±0.5	6.5±0.5	18±2	25±2	A
		耐火极限/h	≥1.0	≥1.0	≥1.5	≥1.5	≥2.0	

注：裸露钢梁耐火极限为15min，是以I36b或I40b标准工字钢梁作基材的验证数据，作为表中0mm涂层厚度耐火极限基础数据。

6.2.5 轻质耐火混凝土技术性能应符合表6.2.5的规定。轻质耐火混凝土宜采用等级为42.5矿渣水泥配制，其配合比应通过试验确定。

表6.2.5 轻质耐火混凝土技术性能

检验项目		技术性能		
导热率/(W/m·K)		0.212~0.402		
轻质耐火混凝土强度等级		C15		
干密度/(kg/m³)		≤1500		
耐火性能	保护层厚度/mm	40	50	70
	耐火极限/h	≥1.5	≥2.0	≥2.5

6.2.6 水泥砂浆技术性能应符合表6.2.6的规定。

表6.2.6 水泥砂浆技术性能

检验项目		技术性能
砂浆的强度等级		M5
干密度/(kg/m³)		≤2000
耐火性能	保护层厚度/mm	60
	耐火极限/h	≥1.5

7 防火保护层构造

7.2 厚型防火涂料保护层构造应符合下列规定：
a) 涂层构造应包括基层、防腐蚀底漆、防火涂层；
b) 对于不要求在构件表面设拉结镀锌钢丝网的涂料，当涂层厚度等于或大于25mm或其粘结强度小于0.05MPa时，在构件表面设置拉结镀锌钢丝网，钢丝网的规格采用丝径φ0.5mm~φ1.5mm，网孔20×20（mm）~50×50（mm）；
c) 若在涂层内设置镀锌钢丝网时，应将钢丝网固定在钢结构上，钢构件体量大时，采用钢丝网丝径和网孔应取大者，镀锌钢丝网与钢结构之间应留有6mm左右间隙，网片铺设要平整牢固；
d) 当处于强腐蚀环境时，应在防火保护层外表面采用耐腐蚀的聚合物水泥浆或采用耐碱的阻燃型防腐蚀涂料（不少于两遍）防腐蚀面层，并应符合本规范6.1.4a)项的规定；
e) 涂层拐角做成半径为10mm的圆弧形。

7.3 薄型和超薄型防火涂料保护层构造应符合下列规定：
a) 涂层构造应包括基层、防腐蚀底漆、防火涂层；
b) 当处于强腐蚀环境时，应选用耐腐蚀的钢结构防火涂料。

7.4 轻质耐火混凝土防火保护层或水泥砂浆防火保护层构造应符合下列规定：

a) 保护层构造应包括基层、防腐蚀底漆、拉结镀锌钢丝网、轻质耐火混凝土防火保护层或水泥砂浆防火保护层；
b) 轻质耐火混凝土防火保护层或水泥砂浆防火保护层端部接缝处，应采用防水油膏封严；
c) 当处于强腐蚀环境时，防火保护层外表面应按本规范第7.2d)项的规定采用防腐蚀面层；
d) 涂层拐角做成半径为10mm的圆弧形。

8 防火保护工程质量要求

8.1 一般规定

8.1.1 钢结构防火保护层，应在构件制作和安装工程的质量检验合格后进行。

8.1.2 防火涂料涂装工程应由经过专门培训的施工人员施工。

8.3 防火保护层

8.3.1 钢结构防火保护层不得误涂、漏涂，不应有脱层，外观应无明显凹凸，并应粘结牢固，无粉化。

8.3.2 钢结构防火保护层施工质量应符合表8.3.2的规定，并应符合下列要求：
a) 用0.5kg手锤轻轻敲击检查防火保护层密实度，声音应铿实清脆，无松散、无空鼓声；
b) 同类构件数抽查10%，且不少于3件，每件应抽查3点。

表8.3.2 钢结构防火保护层工程施工质量要求

项目	允许偏差 mm				检验方法
	超薄型防火涂料	薄型防火涂料	厚型防火涂料	轻质耐火砼或水泥砂浆	
母线直线度圆度	—	2	5		1m直尺样板、钢尺
防火保护层厚度	不得出现负偏差			≥85%设计值且厚度不足部位的连续面积的长度不大于1000，并在5000范围内不再出现类似情况	厚度测量仪
裂纹	不得出现裂纹	宽度≤0.5 间距≥1500		宽度≤1.0 间距≥1500	放大镜、钢尺

9 工程验收

9.1 钢结构防火保护工程，应进行交工验收，未经交工验收不得投入生产使用。

9.2 钢结构防火保护层施工前，应先对基层检查验收，合格后办理工序交接手续。

9.3 钢结构防火保护工程交工验收时，应提供下列资料：

a) 国家质量监督检测机构对所用产品耐火极限和理化性能的检测报告；

b) 抽检的粘结强度、抗压强度等检测报告；

c) 产品的合格证、检验证；

d) 钢结构基层处理及其他隐蔽工程等现场检查验收记录；

e) 工程变更记录和设计修改通知单。

9.4 钢结构防火保护工程交工验收，除检查有关文件记录外，还应对防火保护层厚度及外观进行抽查，其防火保护层的质量应符合本规范8.3.1条、8.3.2条的规定。

93.《石油化工工艺装置布置设计规范》SH 3011—2011

3 一般规定

3.0.1 装置布置应符合下列要求：
  e) 操作、维护、检修、施工和消防。
3.0.5 设备、建筑物平面布置的防火间距应符合现行国家标准 GB 50160 的有关规定。

4 管廊的布置

4.1 管廊的形式和位置

4.1.6 管廊的布置应满足道路和消防的需要，以及与地下管道、电缆沟、建筑物、构筑物等的间距要求，并应避开设备的检修场地。

4.2 管廊的布置要求

4.2.2 管廊下作为消防通道时，管廊至地面的最小净高不应小于 4.5m。

5 常用设备的布置

5.4 重沸器的布置

5.4.2 明火加热的重沸器与塔和其他设备的防火间距，应符合现行国家标准 GB 50160 中加热炉与塔和其他设备的防火间距的要求。

5.6 加热炉的布置

5.6.1 明火加热炉宜集中布置在装置的边缘并靠近消防通道，且位于可燃气体、液化烃、甲$_B$、乙$_A$ 类可燃液体设备的全年最小频率风向的下风侧。
5.6.7 明火加热炉附属的燃料气分液罐、燃料气加热器等与炉体的防火间距不应小于 6m。
5.6.9 明火加热炉与露天布置的液化烃设备或甲类气体压缩机间的防火间距不应小于 22.5m，当在加热炉与设备之间设置不燃烧材料的实体墙时，其防火间距可减少，但不得小于 15m。实体墙的高度不宜小于 3m，距加热炉不宜大于 5m，实体墙的长度应满足由露天布置的液化烃设备或甲类气体压缩机经实体墙至加热炉的折线距离不小于 22.5m。当封闭式液化烃设备的厂房或甲类气体压缩机房面向加热炉一面为无门窗洞口的不燃烧材料实体墙时，加热炉与厂房的防火间距可减少，但不得小于 15m。

5.8 装置储罐（组）的布置

5.8.1 液化烃储罐的总容积小于或等于 100m³、可燃气体或可燃液体储罐的总容积小于或等于 1000m³，可布置在装置内，装置储罐与设备、建筑物的防火间距不应小于现行国家标准 GB 50160 "设备、建筑物平面布置的防火间距" 表中的有关规定。
5.8.2 液化烃储罐组的总容积大于 100m³ 小于或等于 500m³，可燃液体罐或可燃气体储罐组的总容积大于 1000m³ 小于或等于 5000m³ 时，应成组集中布置在装置边缘；但液化烃单罐容积不应大于 300m³，可燃液体单罐容积不应大于 3000m³。装置储罐组的防火设计应符合现行国家标准 GB 50160 中第 6 章的有关规定，与储罐相关的机泵应布置在防火堤外，机泵与装置储罐的防火间距不限。
5.8.3 装置储罐组与装置内其他设备、建筑物的防火间距不应小于现行国家标准 GB 50160 "设备、建筑物平面布置的防火间距" 表中的有关规定。

5.9 泵的布置

5.9.2 成排布置的泵应按防火要求、操作条件和物料特性分组布置。
5.9.14 操作温度等于或高于自燃点的可燃液体泵宜集中布置，与操作温度低于自燃点的甲$_B$、乙$_A$ 可燃液体泵之间的防火间距不应小于 4.5m；与液化烃泵之间的防火间距不应小于 7.5m。

6 建筑物和构筑物的布置

6.1 建筑物的布置

6.1.1 装置的控制室、化验室、办公室等宜布置在装置外，并宜与全厂性或区域性设施统一设置。当装置的控制室、机柜间、变配电所、化验室、办公室等布置在装置内时，应布置在装置的一侧，位于爆炸危险区范围以外，并宜位于可燃气体、液化烃和甲$_B$、乙$_A$ 类设备全年最小频率风向的下风侧。
6.1.2 装置的控制室、机柜间、变配电所、化验室、办公室等不得与设有甲、乙$_A$ 类设备的房间布置在同一建筑物内。装置的控制室与其他建筑物合建时，应设置独立的防火分区。
6.1.3 布置在装置内的控制室、机柜间、变配电所、化验室、办公室等的布置应符合下列规定：
  d) 控制室、机柜间面向有火灾危险性设备侧的外墙应为无门窗洞口、耐火极限不低于 3h 的不燃烧材料实体墙；
  e) 化验室、办公室等面向有火灾危险性设备侧的外墙宜为无门窗洞口不燃烧材料实体墙。当确需设置门窗时，应采用防火门窗。
6.1.6 压缩机或泵等的专用控制室或不大于 10kV 的专用变配电所，可与该压缩机房或泵房等共用一幢建筑物，但专用控制室或变配电所的门窗应位于爆炸危险区范围之外，且专用控制室或变配电所与压缩机房或泵房等的中间隔墙应为无门窗洞口的防火墙。

6.1.8 当同一建筑物内分隔为不同火灾危险性类别的房间时，中间隔墙应为防火墙。人员集中的房间应布置在火灾危险性较小的建筑物一端。

6.1.9 建筑物的出入口布置应符合下列要求：

d) 便于事故时安全疏散；

e) 建筑物的安全疏散的门应向外开启。甲、乙、丙类房间的安全疏散门，不应少于2个；但面积小于或等于100㎡的房间可只设1个。

6.3 平台和梯子的布置

6.3.1 在需要操作和经常检修的场所应设置平台和梯子，并按安全和疏散要求设置安全疏散梯，平台和梯子的布置应符合下列规定：

a) 在设备和管道上，需要操作、检修、检查、调节和观察的地点应设置平台或梯子；

c) 设备上的平台不应妨碍设备的检修，否则应做成可拆卸的；

d) 管廊进出装置切断阀处应设置操作平台。

6.3.6 直梯作为安全疏散梯时，梯段高度不应大于15m。

7 通道的布置

7.1 一般要求

7.1.2 装置布置应满足施工、检修、操作、消防和人行等的需要，并设置必要的通道和场地。

7.1.3 装置内消防通道应与工厂道路衔接。

7.1.4 装置内的消防通道和检修通道应合并设置。

7.1.5 通道的净宽和净高应根据装置规模、通行机具的规格确定。通道的尺寸应符合表1的规定。

表1 装置内通道的最小净宽和最小净高　　单位：m

序号	通道名称	最小净宽	最小净高
1	消防通道	4[a]	4.5[a]
2	检修通道	4[a]	4.5[a]
3	管廊下泵区检修通道	2	3.2
4	操作通道	0.8	2.2

[a] 对于可能有大型消防车或大型通行机具通过的通道，通道的净宽和净高应加大。

7.2 通道的设置

7.2.2 当大型石油化工装置的设备、建筑物区占地面积大于10000㎡小于20000㎡时，在设备、建筑物区四周应设环形道路，道路路面宽度不应小于6m，设备、建筑物区的宽度不应大于120m，相邻两设备、建筑物区的防火间距不应小于15m，并应加强安全措施。

7.2.3 装置内消防通道的设置应符合下列规定：

a) 装置内应设贯通式道路，道路应有不少于2个出入口，且2个出入口宜位于不同方向。当装置外两侧消防道路间距不大于120m时，装置内可不设贯通式道路。装置内的不贯通式道路应设有回车场地；

b) 道路的路面宽度不应小于4m，管架与路面边缘的净距不应小于1m，路面内缘转弯半径不宜小于7m，路面上的净空高度不应小于4.5m。对于大型石油化工装置，道路路面宽度、净空高度及路面内缘转弯半径，可根据需要适当增加。

7.2.6 设备的构架或平台的安全疏散通道，应符合下列规定：

a) 可燃气体、液化烃和可燃液体的塔区平台、设备的构架平台或其他操作平台，应设置不少于2个通往地面的梯子，作为安全疏散通道，但长度不大于8m的甲类气体或甲、乙$_A$类液体设备的平台或长度不大于15m的乙$_B$、丙类液体设备的平台，可只设1个梯子；

c) 相邻安全疏散通道之间的距离不应大于50m，且平台上任一点距疏散口的距离不应大于25m。

94.《石油化工金属管道布置设计规范》SH 3012—2011

3 一般规定

3.1 管道布置的一般要求

3.1.4 永久性的地上、地下管道不得穿越或跨越与其无关的工艺装置、系统单元或储罐组；在跨越罐区泵房的可燃气体、液化烃和可燃液体的管道上不应设置阀门及易发生泄漏的管道附件。

3.1.8 全厂性的管道宜地上敷设；沿地面或架空敷设的管道不应环绕工艺装置、系统单元或储罐组布置，并不应妨碍消防车的通行。

3.1.20 进、出装置的可燃气体、液化烃和可燃液体的管道，在装置的边界处应设隔断阀和盲板，在隔断阀处应设平台，长度等于或大于 8m 的平台应在两个方向设梯子。

3.1.21 可燃气体、液化烃和可燃液体的管道不得穿过与其无关的建筑物。

3.2 管道的净空高度或埋设深度

3.2.1 管道跨越厂内的铁路和道路时，管道应符合下列规定：
  a) 管道跨越厂区和装置区的铁路时，可燃气体、液化烃和可燃液体的管道距轨顶的净空高度不应小于 6.0m，其他管道距轨顶的净空高度不应小于 5.5m；
  b) 管道跨越厂区和装置区的道路时，管道距路面的净空高度不应小于 5m；
  c) 管道跨越装置内的检修道路和消防道路时，管道距路面的净空高度不应小于 4.5m。

3.2.5 装置内管廊上管道的高度，除应满足设备接管和检修的需要外，应符合下列规定：
  a) 管廊下方作为消防通道时，管道距地面的净空高度不得小于 4.5m；
  b) 管廊下方作为泵区检修通道时，管道距地面的净空高度不应小于 3.2m。

3.2.11 输送可燃气体、可燃液体的埋地管道不宜穿越电缆沟，否则应设套管。当管道介质温度超过 60℃ 时，在套管内应充填隔热材料，使套管外壁温度不超过 60℃。套管伸出电缆沟外壁的距离不应小于 0.5m。

3.2.12 管沟内管道布置应符合下列规定：
  d) 管道距沟底的净空高度不应小于 0.2m；
  e) 管沟沟底应有不小于 0.003 的坡度，沟底最低点应有排水设施；
  f) 距散发比空气重的可燃气体设备 30m 以内的管沟应采取防止可燃气体窜入和积聚的措施；
  g) 可燃气体、液化烃和可燃液体的管道不宜布置在管沟内，若必须布置在管沟内时，应采取防止可燃气体和可燃液体在管沟内积聚的措施，并在进出装置及厂房处应设密封隔断；管沟内污水应经水封井排入生产污水管道。

4 管廊的管道布置

4.2 管道的布置

4.2.2 氧气管道与可燃气体、可燃液体管道共架敷设时应布置在一侧，不宜布置在可燃气体、可燃液体管道的正上方或正下方；平行布置时净距不应小于 500mm，交叉布置时净距不应小于 250mm。当管道采用焊接连接结构并无阀门时，平行布置时净距可取 250mm。两类管道之间宜用公用工程管道隔开。

7 取样管道的布置

7.2 取样管的布置

7.2.3 下列介质应采取密闭循环取样：
  a) 极度危害和高度危害的介质；
  b) 甲类可燃气体；
  c) 液化烃。

7.2.5 可燃气体、液化烃和可燃液体的取样管道不得引入化验室。

8 泄放管道的布置

8.1 放空与放净管道的布置

8.1.5 全厂性管道的放净设置宜符合下列规定：
  c) 自燃点高出操作温度不足 10℃ 的可燃液体管道的低点不得设置放净。

8.1.11 连续操作的可燃气体管道低点的放净应设置双阀，排出的液体应排放至密闭系统；可燃气体管道仅在开停工时使用的放净，可设一道阀门，并加丝堵、管帽或法兰盖。可燃液体及蒸汽管道上的放净设置一个切断阀时，应在端头加丝堵、管帽或法兰盖。

8.1.14 甲、乙类工艺装置分馏塔顶可燃气体的不凝气不应直接排入大气。

8.1.15 **可燃气体放空管道内的凝结液应密闭回收，不得随地排放。**

8.2 泄压排放管道的布置

8.2.2 受工艺条件或介质特性所限，无法排入火炬或装置处理排放系统的可燃气体，当通过排气筒、放空管直接向大气排放时，排气筒、放空管的高度应符合下列规定：

a）连续排放的排气筒顶或放空管口应高于出 20m 范围内的操作平台建筑物顶 3.5m 以上，位于 20m 以外的操作平台或建筑物，应符合图 1 的要求；

b）间歇排放的排气筒顶或放空管口应高出 10m 范围内的操作平台或建筑物顶 3.5m 以上，位于 10m 以外的操作平台或建筑物，应符合图 1 的要求。

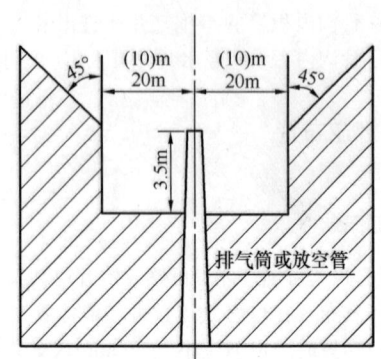

注：阴影部分为平台或建筑物的设置范围。

图 1　可燃气体排气筒或放空管高度示意图

8.2.5　设备和管道上的蒸汽及其他非可燃介质安全泄压装置向大气排放时，宜符合下列要求：

a）排放管口不得朝向邻近设备或有人通过的地区；

b）操作压力大于 4.0MPa 蒸汽管道的排放管口的高度应高出以安全泄压装置为中心，半径为 8m 范围内的操作平台或建筑物顶 3m 以上；

8.2.7　装置内高架火炬的设置应符合 GB 50160 的有关规定，可燃气体放空不应布置在距火炬筒 30m 的范围内。

10　阀门的布置

10.1　一般要求

10.1.14　可燃液体输入管道上的紧急切断阀距铁路装卸栈台边缘不应小于 10m。汽车装卸站内无缓冲罐时，装卸管道上的紧急切断阀距装卸鹤位的距离不应小于 10m。

10.1.19　灭火蒸汽管道上的阀门布置宜符合下列要求：

b）灭火蒸汽管道上的阀门应布置在安全和便于操作的地方。

11　管件和管道附件的布置

11.2　阻火器的布置

11.2.1　加热炉燃料气主管上的管道阻火器应靠近加热炉布置，并便于检修，管道阻火器与燃烧器距离不宜大于 12m。

11.2.2　储罐用的阻火器应直接安装在储罐顶的管口上。

11.4　补偿器的布置

11.4.5　可燃介质管道和有毒介质管道不得选用套管式补偿器或球形补偿器。

95.《石油工业用加热炉安全规程》SY 0031—2012

5 一般规定

5.4 改造和维修

5.4.5 加热炉改造和维修时应符合下列规定:

a) 不应在有压力或介质温度较高的情况下,对受压元件进行任何维修。

b) 动火时,应遵守动火规定。

c) 进入炉内维修前,应采取防火、防爆、防毒、防窒息等措施,并经安全部门审查批准后方可进入。当炉内有人工作时,炉外应有专人监护。

d) 当火筒、烟管、换热管系统和炉管系统进行改造或重大维修(焊补时焊补深度大于1/2厚度的)后,应按8.7进行水压试验。

7 结构

7.11 被加热介质为易燃易爆介质的管式加热炉应在辐射段设置灭火管,且应保证在15min内至少可充满3倍炉膛体积。灭火气体可采用氮气、蒸汽或其他灭火气体。

7.12 立式圆筒形管式加热炉的底部支柱应采取必要的防火措施。

10 使用管理

10.9 加热炉运行时,出现下列任一情况应立即停炉,并按规定的报告程序及时向有关部门报告。

a) 工作压力、介质温度、管式加热炉炉膛温度超过规定值,采取措施仍得不到有效控制。

b) 低液位报警,采取措施得不到有效控制,或虽未报警但液位计无指示。

c) 主要受压元件发生裂缝、变形、渗漏等危及安全的问题。

d) 安全附件失效。

e) 接管、紧固件损坏,难以保证安全运行。

f) 燃烧装置损坏、衬里烧塌等。

g) 发生火灾,且直接威胁到加热炉的安全运行。

h) 加热炉与管道发生严重振动,危及安全运行。

i) 其他异常情况危及加热炉的安全运行。

96.《石油化工给水排水系统设计规范》SH/T 3015—2019

5 给水排水系统

5.1 给水系统

5.1.1 给水系统可划分为下列系统；也可根据不同的水质和使用要求，合并和增设其他给水系统。有特殊要求的给水系统应独立设置。
   a) 生产给水系统；
   b) 生活给水系统；
   c) 消防给水系统；
   d) 循环冷却水系统；
   e) 再生水系统。

5.1.7 给水系统的供水压力应符合下列要求：
   a) 给水系统的压力应满足各系统最不利用水点的压力要求；
   b) 消防给水系统的压力应按相关规范的要求执行；
   c) 间冷开式循环冷却水系统的循环回水应采用压力回水至冷却塔。

5.1.8 给水系统的仪表设置应符合下列要求：
   a) 生产给水系统、生活给水系统、再生水系统的总管及各装置（单元）的进户管应设置流量和压力仪表；
   b) 循环冷却水系统的给水总管、回水总管及各装置（单元）的进户管应设置流量、压力、温度仪表；各装置（单元）的循环冷却水回水出户管应设置压力、温度仪表，并可设置流量、TOC 等检测仪表；
   c) 消防给水系统总管应设置压力仪表；
   d) 给水系统中的水池（罐）等应设置液位仪表；
   e) 给水系统的仪表的信号宜传至控制室，并应有就地显示功能。

6 水量计算

6.2 给水量计算

6.2.2 下列几种用水量应按"用水量指标"计算：
   e) 消防补充水量应按消防水储存设施的有效容积与补充水时间进行计算。

6.4 事故水量计算

6.4.1 事故水量应包含事故时泄漏的物料量、消防产生的消防废水量、事故时遇到的雨水量以及事故时进入系统的工艺废水量。

6.4.2 事故水量计算方式应按现行行业标准 SH/T 3024《石油化工环境保护设计规范》执行。

7 给水排水单元

7.1 水源及输水管道

7.1.7 当采用两条以上输水管道输水，任何一段发生事故时，其余输水管道的输水能力应满足生产用水量的 70% 与全部消防用水量或消防水池（罐）的补充用水量之和。

7.1.8 当只设一条输水管道时，应在厂区设置不少于两个（格）安全贮水池（罐）。水池（罐）总的安全贮水量不应小于检修期间设计生产给水量且不应小于工厂设计生产给水量的 8 倍。储存消防水时不得小于火灾延续时间内消防用水总量，并应有正常生产时不动用该储量的措施。

7.2 厂内给排水管网

7.2.2 消防水管网应环状布置，引入管不应少于两条。

97.《石油化工给水排水管道设计规范》SH 3034—2012

4 一般规定

4.7 除消防给水管道外进入装置（或单元）的压力流管道应设置计量仪表；排出装置或单元的压力流、重力流管道应设置计量仪表和取样设施，企业出水口应设置计量、检测和取样设施；计量、检测设施的设置应符合 SH 3024 的有关规定。

4.12 严禁在高压消防水管道上接出非消防用水管道。

5 管道

5.1 管道敷设与阀门设置

5.1.10 消防给水管道及其设施的设置，应符合 GB 50160 及 GB 50016 的有关规定。

6 附属构筑物

6.1 给水排水井

6.1.1 井室结构材质，应符合下列规定：

d) 给水排水井的井盖，宜采用球墨铸铁井盖、钢制井盖或复合材质井盖。寒冷地区地下式消火栓井，应设内层保温井盖。

6.1.3 地下式消火栓在井内的安装尺寸，应符合下列规定：

a) 消火栓出水接口中心至井内壁的距离不应小于 0.4m；栓口至井盖的距离宜为 0.2m～0.4m；

b) 承插管的承口边至井内壁的距离不应小于 0.4m。

6.2 水封

6.2.2 当建筑物用防火墙分隔成多个防火分区时，每个防火分区的生产污水管道应有独立的排出口并设水封。

6.2.3 工艺装置的生产污水管道独立的排出口，应在装置内设置水封；罐组内的生产污水管道独立的排出口，应在防火堤外设置水封。

6.2.11 水封井不得设在车行道上，并应远离可能产生明火的地点。

98.《石油化工建筑物结构设计规范》SH 3076—2013

4 基本规定

4.1 建筑物的结构设计，应从工程实际情况出发，合理选用材料、结构方案和构造措施，满足结构在运输、安装和使用过程中的强度、稳定性和刚度要求，并符合防火、防腐、防振、防爆、抗爆等要求。

7 结构选型

7.2 结构选型

7.2.6 钢结构建筑物，应符合现行国家、行业标准中防火、防腐的有关要求。

10 单层钢结构厂房

10.9 防火和防腐

10.9.1 钢结构厂房的耐火等级、结构构件的耐火极限以及防火保护范围，应按 SH 3137 的有关规定采用。

10.9.2 钢结构防火材料应根据使用条件、材料性能、耐火极限等选用质量符合要求的产品，并应符合 SH 3137 的有关规定。

10.9.3 钢结构厂房的防火设计应符合 GB 50160、SH 3137 等规范的有关规定。

99.《石油化工电气工程施工技术规程》SH 3612—2013

4 施工准备

4.2 施工现场准备

4.2.3 施工现场各区域应按施工总平面的消防设施布置图，配备消防器具。

6 电缆线路安装

6.6 电缆的防火和阻燃

6.6.1 电缆的防火、阻燃施工可采取下列措施：
 a）在电缆穿过竖井、墙壁、楼板或进入电气盘、柜的孔洞处，用防火堵料密实封堵；
 b）在电力电缆接头两侧及相邻电缆2m～3m长的区段施加防火涂料或防火包带。改、扩建工程施工中，对于已运行的电缆孔洞、阻火墙，应及时恢复封堵。

6.6.2 防火阻燃材料须有技术鉴定资料和产品质量证明文件。

6.6.3 防火涂料应按一定浓度稀释，搅拌均匀，并应顺电缆长度方向进行涂刷，涂刷厚度或次数、每次涂刷间隔时间应符合材料使用要求。

6.6.5 在封堵电缆孔洞时，封堵应严实可靠，不应有明显的裂缝和可见的孔隙，孔洞较大者应加耐火衬板后再进行封堵。

6.6.6 阻火墙上的防火门应严密，孔洞应封堵；阻火墙两侧电缆应施加防火包带或涂料；阻火包的堆砌应密实，外观整齐，不应透光。

7 电气照明安装

7.2 灯具安装

7.2.3 配管：
 i）爆炸和火灾性危险环境的照明配管应符合下列要求：
 4）电气管路之间不得采用倒扣连接；当连接有困难时，应采用防爆活接头，其接合面应密封；
 5）隔离密封件的内壁，应无锈蚀、灰尘、油渍；选用的管箍应使用电气防爆专用满丝管箍，不得使用水暖半丝铸钢管箍；
 6）导线在密封件内不得有接头，密封件内可选用水凝性粉剂密封填料、防爆胶泥等密封材料填充；

100. 《石油化工企业职业安全卫生设计规范》SH/T 3047—2021

5 危险和有害因素

5.2 化学性危险和有害因素分析

5.2.2 化学性危险和有害因素分类可包括下列方面：
a) 爆炸品；
b) 压缩气体和液化气体；
c) 易燃液体；
d) 易燃固体、自燃物品和遇湿易燃物品；
e) 氧化剂和有机过氧化物；
f) 有毒品；
g) 放射性物品；
h) 腐蚀品；
i) 粉尘与气溶胶；
j) 其他化学性危险和有害因素。

5.3 物理性危险和有害因素分析

5.3.2 物理性危险和有害因素可包括下列方面：
a) 设备、设施、工具、附件缺陷；
b) 防护缺陷；
c) 电伤害；
d) 噪声；
e) 振动危害；
f) 电离辐射；
g) 非电离辐射；
h) 运动物伤害；
i) 明火；
j) 高温物质；
k) 低温物质；
l) 信号缺陷；
m) 标志缺陷；
n) 有害光照；
o) 其他物理性危险和有害因素。

6 厂址选择及总平面布置

6.2 总平面布置

6.2.6 办公楼、中心化验室、消防站、气体防护站的布置应远离爆炸危险源。

7 职业安全

7.1 过程安全

7.1.3 安全泄压

7.1.4 隔离

7.1.4.1 在满足工艺系统、设备的安全性和功能性的前提下，应减少设备密封、法兰连接及管道连接等易泄漏点。

7.1.4.3 可燃及有毒液体装卸应采用密闭操作，并配置残液回收系统。具有挥发性或操作温度下可气化的可燃及有毒物料，宜设置密闭回收系统。

8 职业卫生

8.2 防毒

8.2.1 一般规定

8.2.1.7 化学药剂储罐不应与可燃液体、液化烃等储罐布置在同一罐区内。极性毒性类别1的有毒物料储罐应单独布置在一个罐区内。

8.6 电离辐射防护

8.6.3 放射源库

8.6.3.3 放射源应单独存放，不得与易燃、易爆、腐蚀性物品等危险化学品同库储存。

9 安全标志与职业病危害标识

9.1 安全色

9.1.1 石油化工企业的安全色设计应符合 GB 2893 的规定。

9.1.2 消火栓、灭火器、灭火桶、火灾报警器等消防用具应采用红色。消防安全色应符合 GB 15630 和 GB 13495.1 的规定。

9.2 安全与职业病危害标识

9.2.3 存放遇水爆炸的物质或用水灭火会对周围环境产生危险的地方应设置"禁止用水灭火"标志。

9.3 风向标

9.3.1 存在火灾、有毒有害化学品泄漏等风险的区域应设置风向标。

11 应急救援设施

11.2 检测和报警

11.2.1 检测报警信号应送至中央控制室及企业或园区的应急指挥中心，同时宜联动电视监视系统的摄像机监视报警部位。

11.2.2 设置有检测装置的区域应设置声光警报装置，声光警报装置应能区分辨识可燃气体报警、有毒气体检测报警、火灾报警。

11.3 应急通信

11.3.1 安全管理控制指挥中心应设置专用号码报警接警电话，与消防站、气体防护站、应急救治站等岗位的直通电话，以及与当地应急救援部门联系的电话。

11.3.2 应急广播系统的设计应符合 SH/T 3153 的有关规定。

11.3.3 现场操作及巡检人员应配备无线通信终端。无线通信终端宜与安全管理控制指挥中心建立通信联系。

11.4 疏散逃生通道

11.4.1 应根据工艺装置或设施的火灾、爆炸、有毒物泄漏等风险分析，结合设备平立面布置和建（构）筑物结构，以及现场气象条件等因素，规划布置安全出口及疏散逃生通道。

11.4.2 安全出口及疏散逃生通道的设计应符合下列要求：
   a) 厂区布置应符合 GB 50984、GB 50160 的有关规定；
   b) 装置、系统单元和罐区布置应符合 GB 50160 的有关规定；
   c) 建筑物内布置应符合 GB 50016 的有关规定；
   d) 框架平台、梯子布置应符合 GB 4053 的有关规定。

11.6 应急照明

11.6.1 石油化工企业的下列场所应设置应急照明：
   a) 装置区、公用工程区的操作区域；
   b) 变配电所、配电室和控制室及人员通道；
   c) 厂区安全出口和主要疏散逃生通道；
   d) 办公楼、安全管理控制中心、调度中心、中央控制室、消防站、气体防护站、救护站等重要场所。

11.6.2 应急照明设计应符合下列要求：
   a) 疏散照明的照度值应符合 SH/T 3027 的规定；
   b) 应急照明的供电要求应符合 GB 50034 的规定；
   c) 消防应急照明灯应符合 GB 50034 的规定；
   d) 消防应急指示疏散系统应符合 GB 51309 的规定。

101.《长输油气管道站场布置规范》SH/T 3169—2012

4 基本规定

4.1 火灾危险性分类

4.1.1 长输油气管道输送介质火灾危险性分类应符合下列规定：

a) 长输油气管道输送介质火灾危险性应按表 4.1.1 分类，分类示例见附录 A；
b) 操作温度超过其闪点的乙类液体应视为甲$_B$类液体；
c) 操作温度超过其闪点的丙类液体应视为乙$_A$类液体；

表 4.1.1 石油天然气火灾危险性分类

类别		特征
甲	A	15℃时的蒸汽压力>0.1MPa的烃类液体及其他类似的液体
	B	1. 闪点<28℃的液体（甲A类除外） 2. 爆炸下限<10%（体积）的气体

续表 4.1.1

类别		特征
乙	A	1. 28℃≤闪点≤45℃的液体 2. 爆炸下限≥10%（体积）的气体
	B	45℃<闪点<60℃的液体
丙	A	60℃≤闪点≤120℃的液体
	B	闪点>120℃的液体

5 站址选择与区域布置

5.1 一般规定

5.1.3 区域布置应根据站场、相邻企业和设施的特点与火灾危险性，结合地形与风向等因素，合理布置。

5.1.12 站场与周围居住区、相邻厂矿企业、交通线、电力线、通信线等的防火间距，不应小于表 5.1.12 的规定，并应符合下列规定。

表 5.1.12 长输油气管道站场区域布置防火间距 单位为 m

序号	名称		油品站场、天然气站场					可能携带可燃液体的火炬	放空立管	排污池
			一级	二级	三级	四级	五级			
1	100人以上的居住区、村镇、公共福利设施		100	80	60	40	30	120	60	50
2	100人以下的散居房屋		75	60	45	35	30	120	60	45
3	相邻厂矿企业		70	60	50	40	30	120	60	50
4	铁路	国家铁路线	50	45	40	35	30	80	40	40
5		工业企业铁路线	40	35	30	25	20	80	40	35
6	公路	高速公路	35	30	25	20	15	80	40	30
7		其他公路	25	20	15	15	10	60	30	20
8	35kV 及以上独立变电所		60	50	40	40	30	120	60	50
9	架空电力线	35kV 及以上	1.5倍杆高且不小于30m			1.5倍杆高		80	40	1.5倍杆高
10		35kV 以下	1.5倍杆高					80	40	1.5倍杆高
11	架空通信线路	国家Ⅰ、Ⅱ级	40			1.5倍杆高		80	40	40
12		其他通信线路	1.5倍杆高					60	30	1.5倍杆高
13	爆炸作业场地（如采石场）		300					300	300	300

注 1：表中数值系指站场内甲、乙类储罐外壁与周围居住区、相邻厂矿企业、交通线等的防火间距，油气储运设备、装卸区、容器、厂房与序号 1~8 的防火间距可按本表减少 25%。单罐容量小于或等于 50m³ 的直埋卧式罐与序号 1~12 的防火间距可减少 50%，但不得小于 15m（五级油品站场与其他公路的距离除外）。
注 2：当储运介质为丙$_A$或丙$_A$和丙$_B$类油品时，序号 1、2、3 的距离可减少 25%，当储运介质仅为丙$_B$类油品时，可不受本表限制。
注 3：表中 35kV 及以上独立变电所系指变电所内单台变压器容量在 10000kV·A 及以上的变电所，小于 10000kV·A 的 35kV 变电所防火间距可按表减少 25%。
注 4：站场与自喷油井、气井、注气井的防火间距不小于 40m，与机械采油井的防火间距不小于 20m。
注 5：注 1~注 3 所述折减不得迭加。
注 6：防火间距的起算点应按本规范附录 B 执行。

5.1.13 站场与相邻厂矿企业的石油天然气站（场）、库、厂等毗邻建设时，其防火间距可按表 6.2.1 和表 6.2.2 的规定执行。

5.1.16 站场的放空火炬与周围居住区、相邻厂矿企业、交通线、电力线、通信线等的防火间距应经辐射热计算确定，对可能携带可燃液体的火炬的防火间距，尚不应小于表 5.1.12 的规定。

6 平面布置

6.1 一般规定

6.1.4 平面布置应符合下列规定：

a) 根据其生产工艺特点、火灾危险性等级、功能要求，结合地形、风向等条件，经技术经济比较确定。

6.2 防火间距

6.2.1 一、二、三、四级站场内平面布置的防火间距除另有规定外，应不小于表 6.2.1 的规定。

6.2.2 五级站场平面布置的防火间距，不应小于表 6.2.2 的规定。

6.2.3 放空火炬与站场的防火间距应经辐射热计算确定，对可能携带可燃液体的高架火炬还应满足表 6.2.1 的规定。

6.2.4 放空立管与站场的防火间距：当放空量等于或小于 $1.2×10^4 m^3/h$ 时，不应小于 10m；放空量大于 $1.2×10^4 m^3/h$ 且等于或小于 $4.0×10^4 m^3/h$ 时，不应小于 40m。

表 6.2.1 一、二、三、四级站场总平面布置防火间距　　　　　单位为 m

名称	地上油罐单罐容量 m^3								天然气储罐总容量[d] m^3		甲、乙类厂房和密闭工艺设备区[a,b]	有明火的密闭工艺设备区及加热炉	有明火或散发火花地点（含锅炉房）	敞口容器、除油池、污油池(灌)、排污池(罐)[c] m^3		全厂重要设施	辅助生产厂房及辅助生产设施	10kV及以下户外变压器
	甲B、乙类固定顶				浮顶或丙类固定顶									≤30	>30			
	>10000	≤10000	≤1000	≤500 或卧式罐	≥50000	<50000	≤10000	≤1000	≤500 或卧式罐	≤10000	≤50000								
甲、乙类厂房和密闭工艺设备区[a,b]	25	20	15	15/12	25	20	15	15/12		25	30								
有明火的密闭工艺设备区及加热炉	40	35	30	25	35	30	26	22	19	30	35	20							
有明火或散发火花地点（含锅炉房）	45	40	35	30	40	35	30	26	22	30	35	25/20	20						
敞口容器、除油池、污油池(罐)、排污池(罐)[c]/m^3 ≤30	28	24	20	16	24	20	18	16	12	25	30	—	25	25					
>30	35	30	25	20	30	26	22	20	15	25	30	20	30	35					
全厂重要设施	40	35	30	25	35	30	26	22	20	35	35	25	25	—	25	30			
辅助生产厂房及辅助生产设施	30	25	20	15	30	26	22	18	15	30	30	15	15	—	20	20	—		
10kV及以下户外变压器	30	25	20	15	30	25	22	18	15	30	35	15	15	—	25	25	—		
库房 硫磺及其他甲、乙类物品	35	30	25	20	40	35	30	25	20	25	20	25	30	25	25	25	20	25
丙类物品	30	25	20	15	35	25	22	18	15	20	15	15	20	25	15	20	15	20
可能携带可燃液体的高架火炬[e]	90	90	90	90	90	90	90	90	90	90	90	90	90	60	60	90	90	90	90

注 1：全厂性重要设施系指站控室、办公室、消防泵房和消防器材间、35kV 及以上的变、配电所、发电间、化验室、总机房、空压站和空分设备。
注 2：辅助生产厂房及辅助生产设施系指维修间、机柜间、工具间、供水泵房、深井泵房、排涝泵房、仪表控制间、应急发电设施、阴极保护间、循环水泵房、给水处理与污水处理等使用非防爆电气设备的厂房和设施。
注 3：表中数字分子表示甲 A 类，分母表示甲 B、乙类厂房和密闭工艺设备防火间距。
注 4：表中"—"表示厂房或设备之间的防火间距应符合现行国家标准《建筑设计防火规范》的规定。

[a] 两个丙类液体工艺设备区之间的防火间距，可按甲、乙类工艺设备区的防火间距减少 25%。
[b] 污油泵房（或泵房）的防火间距可按甲、乙类厂房和密闭工艺设备减少 25%。
[c] 缓冲罐与泵，零位罐与泵，除油池与污油提升泵，压缩机与其直接相关的附属设备，泵与密封漏油回收容器的防火间距不限。
[d] 天然气储罐总容量按标准体积计算。大于 50000m³ 时，防火间距应按本表增加 25%。
[e] 可能携带可燃液体的高架火炬与相关设施的防火间距不得折减。

表6.2.2 五级站场总平面布置防火间距 单位为m

名称		天油气密闭设备及阀组区	可燃气体压缩机区及压缩机房	水套炉c	有明火或散发火花地点(含锅炉房)	10kV及以下户外变压器、配电间b	除油池、污油池(罐)、排污池(罐)a m³		油罐	辅助生产厂房及辅助生产设施
							≤30	>30		
水套炉		5	15							
有明火或散发火花地点(含锅炉房)		10	15							
10kV及以下户外变压器、配电间		10	12	—	—					
除油池、污油池(罐)、排污池(罐)m³	≤30	—	9	15	15	15				
	>30	12	15	22.5	22.5	15				
油罐		10	15	15	20	15	15	15		
辅助生产厂房及辅助生产设施		12	15	—	—		15	22.5	15	
污水池		5	5	5	5	5	5	5	5	10

注1：辅助生产厂房系指发电机房及使用非防爆电气的厂房和设施，如：站内的维修间、值班室、机柜间、化验间、工具间、供水泵房、仪表间、库房、空压机房、循环水泵房、空冷设备、污水泵房等。
注2：表中"—"表示设施之间的防火间距应符合现行国家标准《建筑设计防火规范》的规定。

a 缓冲罐与泵、零位罐与泵、除油池与污油提升泵、压缩机与直接相关的附属设备、泵与密封泄漏回收容器的防火间距不限。
b 35kV及以上的变配电所等全厂性重要设施应按本规范表6.2.1的规定执行。
c 加热炉与分离器组成的带有直接火焰加热的设备，应按水套炉确定防火距离。

6.2.5 五级站场内的值班休息室（包括宿舍、厨房、餐厅）距甲、乙类油品储罐不应小于30m，距甲、乙类工艺设备、容器、厂房、装卸设施不应小于22.5m，当值班休息室朝向甲、乙类工艺设备、容器、厂房、装卸设施的墙壁为耐火等级不低于二级的防火墙时，防火间距可减少（储罐除外），但不应小于15m，并应方便人员在紧急情况下安全疏散。

6.2.6 天然气放空管排放口与明火或散发火花地点的防火间距不应小于25m，与非防爆厂房之间的防火间距不应小于12m。

6.3 生产设施布置

6.3.13 加热炉附属的燃料气分液罐、燃料气加热器与炉体的防火间距不限；燃料气分液包采用开式排放时，排放口距加热炉的防火间距不应小于15m。

6.3.15 计量设备需标定车标定时，应设置停车场地，并应方便标定车进出，且不应占用消防通道。

6.4 辅助生产设施布置

6.4.3 消防泵房的位置宜设在油罐区全年最小频率风向的下风侧，其地坪宜高于油罐区地坪标高，并应避开油罐破裂可能波及到的部位。

6.7 道路、围墙及出入口布置

6.7.2 站场内消防车道布置应符合下列要求：
a) 站场储罐区宜设环形消防车道。受地形条件限制的一、二、三级油气站场内或四、五级油气站场的油罐组，可设有回车场的尽端式消防车道，回车场的面积应按当地所配有消防车辆车型确定，但不宜小于15m×15m；
b) 储罐组消防车道与防火堤的外坡脚线之间的距离不应小于3m。储罐中心与最近的消防车道之间的距离不应大于80m。两组油罐防火堤之间无消防道路时，应设净宽不小于

7m的平坦隔离空地；
d) 消防车道的净空高度不应小于5m；一、二、三级油气站场消防车道转弯半径内缘不应小于12m，纵向坡度不宜大于8%。

6.7.3 一级站场内消防车道的路面宽度不应小于6m；二、三级站场内消防车道为单车道时，应有相向车辆错车通行的措施。

6.7.4 当道路高出附近地面2.5m以上，且在距道路边缘15m范围内有工艺设备或可燃气体、可燃液体储罐及管道时，应在该段道路的边缘设护墩、矮墙等防护措施。

6.7.5 站场内道路的布置应与竖向设计及管线布置相协调，并应与厂外道路有顺畅方便的连接。在满足生产、维修、消防等通车要求的情况下，应减少场内部道路的设置，并应组织好人流和车流。

8 管线综合

8.1 一般规定

8.1.9 工艺管道、热力管线和各种电缆，不应在道路路面下纵向平行道路敷设，直埋管线不应上下平行敷设。在路肩上可设置照明电杆、消火栓和跨越道路管线的支架。

8.1.12 天然气等易燃易爆气体管道不应布置在人员常出入的通道口。

9 绿化

9.1 站场绿化应根据平面布置、竖向设计、生产特点、消防安全、环境特征等因素合理布置。

9.2 站场绿化布置，应符合下列要求：
e) 不妨碍生产操作、设备检修、消防作业和物料运输；

附录 A
（规范性附录）
输送介质火灾危险性分类示例

长输油气管道输送介质火灾危险性分类示例见表 A。

表 A 输送介质火灾危险性分类示例

火灾危险性类别		输送介质
甲	A	液化石油气、天然气凝液、液化天然气
	B	原油、稳定轻烃、汽油、天然气、硫化氢
乙	A	原油、煤油
	B	原油、轻柴油
丙	A	原油、重柴油
	B	原油

注：石油产品的火灾危险性分类系以产品标准中确定的闪点指标为依据。有些炼厂生产的轻柴油闪点若大于或等于60℃，在储运过程中可视为丙类。闪点小于60℃并且大于或等于55℃的轻柴油，如果储运设施的操作温度不超过40℃，也可视为丙类。

附录 B
（规范性附录）
防火间距起算点的规定

各类建（构）筑物、设备、设施等的防火间距起算点规定如下：

a) 城市型道路，从路面边缘算起；公路型道路，从路肩边缘算起；
b) 铁路从中心算起；
c) 建（构）筑物从外墙壁算起；
d) 有关及各种容器从外墙壁算起；
e) 管道从管壁外缘算起，管架从最外边缘算起；
f) 各种机泵、变压器等设备从外缘算起；
g) 火车、汽车装卸油鹤管从中心线算起；
h) 火炬、放空管从中心算起；
i) 架空电力线、通信线从杆、塔的中心线算起；
j) 加热炉、水套炉、锅炉从烧火口或烟囱算起；
k) 油气井从井口中心算起；
l) 居住区、村镇、公共福利设施和散居房屋从邻近建筑物的外壁算起；
m) 相邻厂矿企业从围墙算起。

附录 J
（资料性附录）
管线分类示例

管线分类示例见表 J。

表 J 管线分类示例

管道类别	示 例
工艺管道	原油、成品油、天然气、污油等管道
化学药剂管道	降黏剂等管道
消防管道	消防给水、消防泡沫混合液等管道
给水管道	生活给水、生产给水、中水等管道
循环水管道	循环冷水、循环热水、自流循环热水等管道
排水管道	雨水、生活污水、生产污水等管道
热力管道	蒸汽、热水给水、热水回水、凝结水等管道
电力线路	高压、低压、照明等线路
通信线路	控制、通信、有线电视等线路
公用管道	氮气、净化风、导热油等管道
其他管道	

102.《固体工业硫磺储存输送设计规范》SH/T 3175—2013

4 基本规定

4.1 一般规定

4.1.1 固体工业硫磺的火灾危险性按颗粒度大小分类。粉状、片状和颗粒度小于2mm的粒状硫磺为乙类，颗粒度大于或等于2mm的粒状硫磺为丙类。当含颗粒小于2mm的粒状硫磺质量小于5%时，可视为丙类。

4.1.13 建筑防烟与排烟设计应符合GB 50016的有关规定。

4.2 平面布置

4.2.1 固体工业硫磺储存输送系统的平面布置应符合工厂总体布置的要求，并应符合安全、消防、环保和职业卫生的要求。

4.2.4 占地面积大于1500m²的袋装仓库、圆形料场、矩形料场等建筑，宜设置环形消防车道，当受地形条件限制时，也可沿建筑物的两个长边设置消防车道。占地面积大于3000m²的储存设施应设置环形消防车道。消防车道的路面宽度不应小于6m，路面内缘转弯半径不宜小于12m，路面上的净空高度不应低于5m。

4.3 建筑、结构

4.3.1 固体工业硫磺储存输送系统建筑物的火灾危险性分类应按储存或使用的固体工业硫磺的火灾危险性分类确定。储存或使用乙类硫磺时，建筑物的防火设计应符合GB 50016的有关规定；储存或使用丙类硫磺时，应符合本规范的规定，本规范没有规定的应符合国家现行有关标准的规定。建筑的火灾危险性分类、耐火等级等要求见表4.3.1。

表 4.3.1 建筑特征表

名称	火灾危险性分类	耐火等级（下限）	防爆要求	防腐要求	隔（吸）声要求	清洁要求
包装厂房	乙或丙	二	有	有		
袋装仓库	乙或丙	二	有	有		
圆形料场	乙或丙	二	有	有		
矩形料场	乙或丙	二	有	有		
转运站	乙或丙	二	有	有		
装车楼	乙或丙	二	有	有		
控制室	丁	二			有	有
机柜室	丁	二			有	有
变电所	丙	二				
消防泵房	戊	二				
雨淋阀室	戊	二				
移动机械库	丁	二				

4.3.2 固体工业硫磺储存输送系统的建筑设计应符合下列要求：

a) 包装厂房、转运站、火车装车楼、汽车装车楼、栈桥等建构筑物的楼地面和楼梯、平台面层，袋装仓库、圆形料场、矩形料场、露天堆场的地面应为不发火花面层；面层材料宜采用耐磨和耐腐蚀的涂料；

d) 建筑钢结构设计应根据火灾危险性分类、耐火等级及耐火极限要求进行防火保护。

4.3.3 控制室、机柜室、变电所、消防泵房等辅助生产建筑的设计应符合SH/T 3017的有关规定。

4.3.4 包装厂房宜采用封闭式钢筋混凝土框架结构形式；安全疏散门应向外开启，且不应少于两个，其中一个应满足最大设备的进出要求。包装厂房面积小于250m²的可只设一个安全疏散门。

4.3.5 包装厂房内设置的休息室、储存间，应采用耐火极限不低于2.50h的不燃烧体隔墙和不低于1.0h的楼板与厂房隔开，并应至少设置一个直通室外的独立安全出口。如隔墙上需开设相互连通的门时，应采用乙级防火门。

4.3.6 袋装硫磺仓库宜靠近包装厂房。包装厂房与袋装仓库贴邻布置时，应采用防火墙和耐火极限不低于1.50h的楼板将厂房与仓库隔开。

4.3.7 袋装仓库宜采用单层敞开式，室内净高不应小于6m；当采用钢柱时，在其表面应设防火和防腐保护层，围护结构不宜采用轻钢类墙板。袋装仓库设有火车装车站台或汽车装车站台，并设防雨篷。火车装车站台距铁路轨顶标高的高度宜为1.00m；汽车装车站台距室外地坪标高的高度宜为1.10m。

4.3.8 每座圆形料场、矩形料场、敞开式袋装仓库的最大允许占地面积为6000m²，每个防火分区的最大允许建筑面积为3000m²。

当料场内设置自动灭火系统时，每座料场防火分区建筑面积增加1.0倍。

当仓库内设置自动灭火系统时，每座仓库最大允许占地面积和每个防火分区建筑面积均增加1.0倍。

4.3.9 圆形料场不宜采用封闭式结构，内墙直径不应大于80m，料场顶宜选用轻型网壳结构。挡墙顶与屋顶之间局部敞开，并应满足通风要求。硫磺堆积表面10.00m高范围内的钢结构应做防火保护。

4.3.10 圆形料场外墙应设至少一个直通室外的平开门，如使用电动门时，应设平开小门。料场外应设至少两座楼梯从地面到挡墙上部。

4.5 暖通、空调

4.5.1 集中采暖的热媒宜采用热水。当建筑内存在与采暖管道接触能引起燃烧、爆炸的气体、蒸汽或粉尘时，不得采用蒸汽采暖。

4.5.11 机械通风、空气调节系统的风管均应采用不燃材料制作。但对接触腐蚀性介质的风管和柔性接头，可采用难燃材料。

4.6 消防给水及灭火设施

4.6.1 固体工业硫磺储存输送系统应设消防给水及灭火设施，并应符合 GB 50160 的有关规定。消防给水系统宜与工厂消防给水系统统一规划，并与工厂消防给水系统构成环状管网。

4.6.2 下列场所应设室外消火栓，其设计流量不应小于表 4.6.2 的规定，火灾延续时间不应小于 3h。

表 4.6.2 室外消火栓设计流量

名称		设计流量/（L/s）
带式输送机栈桥、转运站、装车楼		20
包装厂房 V m³	V≤5000	20
	V>5000	40
袋装仓库 V m³	V≤3000	15
	3000<V≤20000	25
	V>20000	45
圆形料场 m	φ≤50	35
	φ>50	45
矩形料场 V m³	V≤3000	15
	3000<V≤20000	25
	V>20000	45
露天堆场 t	100<W≤5000	15
	W>5000	20
注：其余建筑室外消火栓设计流量应符合 GB 50016 的有关规定。		

4.6.3 下列建筑应设室内消火栓，其设计流量不应小于表 4.6.3 的规定，火灾延续时间不应小于 2h。

表 4.6.3 建筑室内消火栓设计流量

名称		设计流量/（L/s）
带式输送机栈桥、转运站、装车楼		10
包装厂房 V m³	V≤10000	10
	V>10000	15
袋装仓库 V m³	V≤5000	10
	V>5000	15
注：其余建筑室内消火栓设计流量应符合 GB 50016 的有关规定。		

4.6.4 圆形料场带式输送机进口、地下廊道带式输送机出口应设置防火分隔水幕；圆形料场的地下廊道应设置雨淋系统。水幕及雨淋系统的设计应符合 GB 50084 的有关规定，火灾延续时间不小于 2.00h。

4.6.5 圆形料场或占地面积超过 1500m² 的矩形料场宜沿侧墙设置手动水雾消防炮（枪），并应在外墙设置消防炮（枪）操作平台。消防炮（枪）设计流量不应小于表 4.6.5 的规定，火灾延续时间不小于 2h。

表 4.6.5 料场内消防炮（枪）设计流量

名称		设计流量 L/s
圆型料场直径 φ m	φ≤50	15
	φ>50	25
矩形料场 V m³	V≤5000	10
	V>5000	15

4.6.6 防火分区面积超过 3000m² 的圆形料场或矩形料场内应设置水基自动灭火系统，火灾延续时间不小于 2.00h。当采用固定消防炮灭火系统时，应符合下列规定：

a) 消防水炮应具有水雾喷射功能，设计流量不宜大于 30L/s；
b) 消防水炮主体材质应采用奥氏体不锈钢。

4.6.7 当消防给水系统供水压力不能满足固定消防炮系统最不利点供水压力时，应设消防水增压泵，并应符合下列规定：

a) 消防水增压泵应一用一备，消防水增压泵房宜独立布置，附设在建筑内的消防水增压泵房宜布置在首层，且应采用耐火极限不低于 3.00h 的不燃烧体墙和耐火极限不低于 1.50h 的楼板与其他部位隔开；
b) 消防水增压泵的启动宜在火灾确认后控制室远距离遥控启动，并应具有现场启动功能，且泵、控制阀等工作状态及报警信号应在控制室控制盘上显示；
c) 宜设独立吸水池（罐），其容积应满足消防水增压泵 10min 供水水量。

4.6.8 袋装仓库、包装厂房、带式输送机栈桥、移动机械库、转运站、装车楼、矩形料场、露天堆场等场所应设置灭火器，且宜配置干粉灭火器；控制室、变电所等场所应设置灭火器，且宜配置气体灭火器。

4.7 火灾报警系统

4.7.1 火灾报警系统的结构应符合企业的生产管理体制的要求，同时应纳入到全厂火灾自动报警系统中。

4.7.2 火灾报警系统包括电话专用号报警和火灾自动报警信号报警。电话专用号报警的受警终端应设置来电显示功能和录音功能，且宜配置来电位置显示终端。

4.7.3 火灾自动报警系统中的消防联动控制设备应具有现场控制、控制室和消防站等岗位远程控制及监视功能。

4.7.4 火灾自动报警系统中的探测设备应符合硫磺的特性，圆形料场或矩形料场内应采用两种及以上探测方式进行复合探测。

4.7.5 火灾自动报警系统应设声音警报装置或声光警报装置。安装在室外的声音警报装置的警音应比环境噪声高 10dB（A），最高不应超过 120dB（A）。光警报应采用红色，警报器的闪光频率应为 1Hz～2Hz。

4.7.6 火灾自动报警系统应与电视监视系统联动，当接收到火灾报警信息后，报警点附近的摄像机应自动将摄像机对向该报警区域，同时在监视终端中弹出报警区域图像。

4.7.7 当设置有扩音对讲系统时，扩音对讲系统可作为声音警报装置。

4.8 仪表、电信

4.8.13 控制室、值班室及有人办公或经常有人工作的场所应设置厂行政电话机，在控制室等重要生产岗位应设置厂调度电话机。消防泵房应设置与消防站直通的专用电话。

4.9 电气

4.9.2 区域变电所的供电电源应满足 GB 50052 所规定的不低于二级负荷供电要求。消防供电宜满足 GB 50052 所规定的一级负荷供电要求，当采用二级负荷供电时，消防泵应设置柴油机或者其他内燃机直接驱动的备用消防泵。

4.9.4 重要消防用电设备当采用一级负荷或二级负荷双回路供电时，应在最末一级配电装置或配电箱处实现自动切换。其配电线路宜采用耐火电缆。

4.9.5 电力线路电缆敷设宜采用电缆桥架或电缆沟。电缆采用桥架敷设时，宜采用阻燃电缆。电缆不得与油品、液化石油气和天然气管道、热力管道敷设在同一沟内。

4.9.7 电缆沟通入变配电所、控制室的墙洞处应防火封堵。

4.9.8 圆形料场应按第二类防雷建筑设计，可利用网壳的双层压型彩钢板作为接闪器。板间的连接应是持久的电气贯通，可采用铜锌合金焊、熔焊、卷边压接、缝接、螺钉或螺栓连接。外层彩钢板的厚度不应小于 0.50mm，双层彩钢板间填满非可燃物，圆形料场通气帽顶部应单独设立避雷针。其余建筑的防雷分类及防雷设施，应按 GB 50057 的有关规定执行。

4.9.11 对爆炸、火灾危险场所内可能产生静电危险的设备和管道，均应采取导除静电措施。

4.9.17 变电所、控制室、机柜室、消防泵房、圆形料场、矩形料场、包装厂房、袋装仓库、转运站、装车楼、地下廊道均应设应急照明，其连续供电时间不应小于 30min。

103.《石油化工自动化立体仓库设计规范》SH/T 3186—2017

4 基本规定

4.4 可能产生爆炸性混合气体或在空气中能形成粉尘、纤维等爆炸性混合物的物料不应采用自动化立体仓库储存；易破损、易潮解、腐蚀性的物料不宜采用自动化立体仓库储存。

5 仓库布置

5.1 库址选择

5.1.1 自动化立体仓库布置应符合城镇总体规划和工厂总体布置的要求，并应符合安全、消防、环保和职业卫生的要求。

5.1.4 自动化立体仓库与相邻居住区、工厂、交通线等的防火间距，不应小于表5.1.4的规定。

表 5.1.4 自动化立体仓库区与相邻区居住区、工厂、交通线等的防火间距　　单位 m

项目		丙类物料仓库	丁、戊类物料仓库
居民区、公共福利设施、村庄		50.0	25.0
相邻工厂		25.0	15.0
厂外铁路	国家铁路线	25.0	20.0
	厂外企业铁路线	20.0	15.0
国家或工业区铁路编组站		25.0	20
公路	高速公路、一级公路	20.0	15
	二、三级公路	15.0	10
Ⅰ、Ⅱ级国家架空通信线路		20.0	15.0
架空电力线路		1.0倍塔杆高度并不小于15.0	15.0
通航的海、江、河岸边		15.0	10

5.2 总平面布置

5.2.4 自动化立体仓库与所属石油化工企业内部各设施的防火间距，不应小于表5.2.4的规定。

表 5.2.4 自动化立体仓库与所属石油化工企业厂区内部各设施的防火间距　　单位 m

项目		丙类物料仓库	丁、戊类物料仓库
火灾危险性为甲类的工艺装置或厂房		22.5	15.0
火灾危险性为乙类的工艺装置或厂房		19.0	13.0
火灾危险性为丙类的工艺装置或厂房		15.0	10.0

续表 5.2.4

项目		丙类物料仓库	丁、戊类物料仓库
全厂性重要设施[a]	一类	34.0	15.0
	二类	26.5	13.0
明火或散发火花地点		22.5	15.0
液化烃储罐（全压力或半冷冻式储存）	>1000m³	45.0	30.0
	>100m³ 至≤1000m³	37.5	25.0
	≤100m³	30.0	20.0
液化烃储罐（全冷冻式储存）	>10000m³	52.5	35.0
	≤10000m³	45.0	30.0
沸点低于45℃的火灾危险性为甲B类的液体全压力式储存的储罐		22.5	15.0
可燃气体储罐	>50000m³	19.0	12.5
	>1000m³ 至≤50000m³	15.0	10.0
	≤1000m³	11.5	10.0
地上火灾危险性为甲B、乙类可燃液体固定顶储罐	>5000m³	26.5	17.5
	>1000m³ 至≤5000m³	22.5	15.0
	>500m³ 至≤1000m³	19.0	12.5
	≤500m³ 或卧式罐	15.0	10.0
地上可燃液体浮顶、内浮顶储罐或丙类固定顶储罐	>20000m³	22.5	15.0
	>5000m³ 至≤20000m³	19.0	12.5
	>1000m³ 至≤5000m³	15.0	10.0
	>500m³ 至≤1000m³	11.5	10.0
	≤500m³ 或卧式罐	10	10
罐区火灾危险性为甲、乙类泵（房）、全冷冻式液化烃储存的压缩机（包括添加剂设施及其专用变配电室、控制室）[b]		15.0	10.0
火灾危险性为甲、乙类液体[c]	码头装卸区	26.5	17.5
	铁路装卸设施、槽车洗罐站	22.5	15.0
	汽车装卸站	19.0	12.5
铁路走行线（中心线）、原料及产品运输道路		7.5	—
污水处理场（隔油池、污油罐）[d]		19.0	12.5
可能携带可燃液体的高架火炬		90.0	90.0

注1：厂内铁路装卸线与设有铁路卸站台的仓库的防火间距，不受本表限制。
注2：全厂性重要、区域性重要设施定义按 GB 50160《石油化工企业设计防火规范》执行。
注3：自动化立体仓库不应布置在爆炸危险区域范围内。

[a] 丙类物料仓库与区域性重要设施可减少 25%。
[b] 丙类泵（房）可减少 25%。
[c] 丙类液体可减少 25%。
[d] 污油泵可减少 25%。

5.2.5 自动化立体仓库与其附属建筑，仓库与仓库之间的防火间距，按现行国家标准 GB 50016《建筑设计防火规范》的有关规定执行。

5.2.6 丙类仓库及建筑长度超过 100m 的丁、戊类仓库应设置环形消防车道，确有困难时应沿两个长边设置消防车道。

5.2.7 消防车道的路面宽度不应小于 6m，路面内缘转弯半径不宜小于 12m，路面净空高度不应低于 5m。

5.2.8 环形消防车道应至少有两处与其他车道连通。消防车道不宜与铁路平交，如必平交，应设置备用车道，且两车道之间的间距不应小于一列火车长度。

9 仓储建筑

9.1 建筑

9.1.1 位于石油化工企业厂区内的自动化立体仓库，其仓库的面积及疏散应符合 GB 50160《石油化工企业设计防火规范》的有关规定。独立设置的自动化立体仓库，其面积及疏散应符合 GB 50016《建筑设计防火规范》的有关规定。

9.1.2 自动化立体仓库的耐火等级不应低于二级。

9.1.3 自动化立体仓库存储区每个防火分区至少有一个库房门洞的净高不小于 3.3m，净宽不小于 2.8m。

9.1.4 仓库每个防火分区外墙上应设置灭火救援窗口。灭火救援窗口的设置应满足下列要求：

a) 每个防火分区灭火救援窗口数量不应少于 2 个，并且宜布置在不同方向。外墙上灭火救援窗口的间距不应大于 20m；

b) 灭火救援窗口应正对货架或堆垛间的通道设置，其面积不应小于 $1.2m^2$，且其宽度不应小于 1.0m，下沿距地面不宜大于 1.2m。

9.1.6 货架结构顶面与屋盖结构底面间的净距应满足安装要求，且不应小于 300mm。

9.1.7 仓库内不应布置与仓库无关的办公室、值班室等。仓库生产管理必需的附属用房应靠外墙布置，并应采用防火墙和耐火极限不小于 1.50h 的楼板与其他部分完全分隔。附属用房门不宜直接开向仓库内，如隔墙上需开设相互连通的门时，应采用甲级防火门。

9.1.8 立体仓库内的防火墙，其耐火极限不应小于 4.00h。

9.3 采暖通风

9.3.3 自动化立体仓库的采暖通风设计应符合 GB 50019《采暖通风与空气调节设计规范》工业建筑部分、SH/T 3004《石油化工采暖通风与空气调节设计规范》、GB 50160《石油化工企业设计防火规范》及 GB 50016《建筑设计防火规范》的要求。

9.3.4 丙类自动化立体仓库应设置排烟设施，立体仓库的排烟设计应符合 GB 50160《石油化工企业设计防火规范》及 GB 50016《建筑设计防火规范》的要求。

9.4 电气

9.4.1 立体仓库的用电负荷等级和供电要求应根据现行国家标准 GB 50052《供配电系统设计规范》和生产工艺确定。立体库内作业的供电负荷等级宜为三级，不能中断作业的供电负荷应为二级，消防负荷的电源应符合现行国家标准 GB 50016《建筑设计防火规范》的有关规定。

9.4.4 立体仓库的照明应符合 GB 50034《建筑照明设计标准》的规定，并应根据 GB 50016《建筑设计防火规范》的有关规定设置消防应急照明及消防疏散指示标志。

9.4.5 丙类立体仓库内配电电缆线路应采用铜芯阻燃型电缆，与消防系统相关的配电与控制电缆、应急电源回路电缆等应采用耐火型电线电缆。

9.5 给排水

9.5.3 设有自动喷水灭火系统的立体仓库室内应设消防排水设施。

10 消防和安全

10.1 消防

10.1.1 自动化立体仓库应设置室外消火栓系统，室外消火栓系统的设置应按 GB 50016《建筑设计防火规范》及 GB 50974《消防给水及消火栓系统设计规范》的有关规定执行。

10.1.2 库房内部，库房堆垛机运行端部墙体设置室内消火栓，消火栓间距不大于 30m，其他墙体可仅在外墙的救援口旁设置室内消火栓。

10.1.3 可燃、难燃物料的自动化立体仓库应设置自动喷水灭火系统，当符合规定条件的仓库，宜优先采用早期抑制快速响应（ESFR）喷头或特殊应用控火型喷头（CMSA），设置参数见表 10.1.3-1、表 10.1.3-2，当采用早期抑制快速响应（ESFR）喷头或特殊应用控火型喷头（CMSA）时，应采用湿式系统；当不能用早期抑制快速响应（ESFR）喷头或特殊应用控火型喷头（CMSA）时，可采用普通大水滴喷头，仓库危险级Ⅲ级货架储物的系统设计基本参数见表 10.1.3-3，仓库危险级Ⅰ、Ⅱ级货架储物的系统设计基本参数见 GB 50084《自动喷水灭火系统设计规范》的相关规定。

表 10.1.3-1 仓库采用早期抑制快速响应（ESFR）喷头的系统设计基本参数

储物类别	最大净空高度 m	最大储物高度 m	喷头流量系数 K	喷头安装方式	喷头最低工作压力 MPa	喷头最大间距 m	喷头最小间距 m	作用面积内开放的喷头数
沥青制品、箱装不发泡塑料（聚乙烯、聚丙烯、聚苯乙烯）	13.5	12	363	下垂型	0.35	3.0	2.4	12
袋装不发泡塑料（聚乙烯、聚丙烯、聚苯乙烯）	12	10.5	363	下垂型	0.40	3.0	2.4	12

续表 10.1.3-1

储物类别	最大净空高度 m	最大储物高度 m	喷头流量系数 K	喷头安装方式	喷头最低工作压力 MPa	喷头最大间距 m	喷头最小间距 m	作用面积内开放的喷头数
箱装发泡塑料	12	10.5	363	下垂型	0.40	3.0	2.4	12
袋装发泡塑料	12.5	10.5	363	下垂型	0.50	3.0	2.4	12

注：对于袋装不发泡塑料及袋装发泡塑料，可采用被消防权威机构认可的立体仓库喷淋系统的新技术。

表10.1.3-2 仓库采用特殊应用控火型（CMSA）喷头的系统设计基本参数

储物类别	最大净空高度 m	最大储物高度 m	喷头流量系数 K	喷头安装方式	喷头最低工作压力 MPa	喷头最大间距 m	喷头最小间距 m	作用面积内开放的喷头数	持续喷水时间 h
Ⅰ级、Ⅱ级箱装不发泡塑料（聚乙烯、聚丙烯、聚苯乙烯）、箱装发泡塑料	12	10.5	363	下垂型	0.20	3.0	2.4	12	1.0

注：对于袋装不发泡塑料及袋装发泡塑料，可采用被消防权威机构认可的立体仓库喷淋系统的新技术。

表10.1.3-3 仓库危险级Ⅲ级货架储物的系统设计基本参数

序号	最大净空高度 m	货架类型	储物高度 m	货顶上方净空 m	顶板下喷头喷水强度 L/(min·m²)	货架内置喷头 层数	货架内置喷头 高度 m	货架内置喷头 流量系数 K
1[a]	—	单、双、多	6.0～7.5	≤1.5	18.5	1	4.5	115
2[b]	9.0	单、双、多	6.0～7.5	—	32.5	—	—	—
3	—	单、双、多	6.0～7.5	≤1.5	12.0	2	3.0、6.0	80

注：货架储物高度大于7.5m时，应设置货架内置喷头，顶板喷水强度按22.0L/(min·m²)确定。

[a] 该项货架内设置一排货架内置喷头时，喷头的间距不应大于2.4m，设置两排或多排货架内置喷头时，喷头的间距不应大于2.4m×2.4m。

[b] 该项应采用流量系数K=161，202，242，363的喷头。

10.1.4 当库房最大净空高度超过表10.1.3-1、表10.1.3-2、表10.1.3-3规定时，宜采用顶板下喷头设置特殊应用控火型（CMSA）喷头或普通大水滴喷头，同时增加货架内置喷头。火灾危险等级为Ⅰ、Ⅱ级的仓库应在自地面起每3m～4.5m设置一层货架内置喷头，火灾危险等级为Ⅲ级的仓库应在自地面起每不超过3m设置一层货架内置喷头。最高货架内置喷头与储物顶部的距离不应超过3m。当喷头流量系数$K=80$时，工作压力不应小于0.20MPa；当$K=115$时，工作压力不应小于0.100MPa。喷头间距不应大于3m，也不宜小于2m。计算喷头数量不应小于表10.1.4的规定，货架内置喷头上方的层间隔板应为实层板。

表10.1.4 货架内开放喷头数

仓库危险级	货架内置喷头的层数		
	1	2	≥2
Ⅰ	6	12	14
Ⅱ	8	14	
Ⅲ	10		

注：货架内置喷头≥2层时，计算流量应按顶层2层，每层按本表规定值的1/2确定。

10.1.6 下列部位应设置水幕系统：

a) 需设置防火墙等防火分隔物而无法设置的局部开口部位；

b) 需要防护冷却的防火卷帘、防火幕的上部。

水幕系统的设计基本参数见表10.1.6。

表10.1.6 水幕系统的设计基本参数

水幕类别	喷水点高度 m	喷水强度 L/(s·m)	喷头工作压力 MPa
防火分隔水幕	≤12	2	0.1
防护冷却水幕	≤4	0.5	

注：防护冷却水幕的喷水点高度每增加1m，喷水强度应增加0.1L/(s·m)，但超过9m时喷水强度仍采用1.0L/(s·m)。

10.1.7 对于储存润滑油的立体仓库消防设施设置如下：

a) 应设置自动喷水灭火系统或自动喷水-泡沫联用系统。喷泡沫强度与喷水喷淋强度不应低于表10.1.3-1中沥青制品、箱装不发泡塑料对应的喷水强度数值和表10.1.3-2、表10.1.3-3规定的喷水强度数值，持续喷泡沫时间不应小于10min；当库房最大净空高度超过表10.1.3-1、表10.1.3-2、表10.1.3-3规定时，应按本规范10.1.4条火灾危险等级为Ⅲ

级的仓库规定的要求设置货架内置喷头；

  c) 应设置防止液体流散的设施。

10.1.8 仓库在人员能到达的区域设置灭火器，灭火器的最大保护距离不宜超过12m，灭火器的规格、型号的选型应按现行国家标准 GB 50140《建筑灭火器配置设计规范》的有关规定执行。

10.1.9 立体仓库火灾自动报警系统的设计应符合现行国家标准 GB 50016《建筑设计防火规范》和 GB 50116《火灾自动报警系统设计规范》的规定。

10.1.10 库房内应选择具有复合判断火灾功能的探测器和火灾报警控制器。在设置线型光束感烟火灾探测器时，还应在下部空间增设探测器。探测器宜选用分布式线型光纤感温火灾探测器或图像型感烟火灾探测器。

10.1.11 电气线路应设置电气火灾监控探测器，照明线路上应设置具有探测故障电弧功能的电气火灾监控探测器。

104. 《煤化工原（燃）料煤制备系统设计规范》SH/T 3189—2017

4 基本规定

4.3 设备选型

4.3.4 易燃、易爆危险性区域的设备，应满足相应的防爆等级要求。

4.4 设备布置

4.4.4 厂房内通道、平台、梯子等处净高不宜低于 2.2m，高出地面或楼面 1m 的操作平台应设防护栏杆，楼层平面至梁底的净空高度不宜小于 2.5m。

4.4.6 有防火、防爆要求建筑物的内门应开向非防火防爆区，出入厂房的门应向外开，门的大小相比出入车辆及设备的外形尺寸不应小于 0.5m，特殊大型设备应设安装洞。

7.2 工艺设计

7.2.3 煤粉制备系统防爆的技术措施应包括以下内容：
  a）煤粉制备系统所有设备、部件、管道应采用非可燃的材料保温。室外布置的制粉设备、元件的保温应有防止雨水浸蚀表面的措施；

7.2.5 煤粉制备系统的设备和管道保温层外保护层应采用光洁易清扫的防火材料。

7.3 设备选型

7.3.3 煤粉仓的选型应符合以下要求：
  g）煤粉仓应有测量粉位、温度以及灭火、吸潮、放粉和排空等设施；
  h）应在煤粉仓的上部设置灭火或惰性介质引入管的固定接口（$DN \geq 25mm$）。惰性气体应向煤粉仓的上部以平行于煤粉仓顶盖的分散气流方式引入。

8 消防

8.1 一般规定

8.1.2 消防系统设计应与煤化工项目设计同时进行。消防给水设计应与全厂消防统一规划。

8.1.3 消防给水和灭火设施的设计应根据建筑物或场所的重要性、火灾特性和火灾危险性等综合因素进行。

8.1.4 同一时间内火灾次数按一次确定。

8.1.5 建、构筑物的耐火等级应符合表 8.1.5 的规定。未列入表中的建筑物与构筑物的耐火等级应按 GB 50016 的有关规定执行。

表 8.1.5 建、构筑物耐火等级

建筑物与构筑物名称	生产的火灾危险性类别	耐火等级
破碎筛分厂房	丙	一，二级
转运亭（站）	丙	一，二级
输煤栈桥	丙	一，二级
水煤浆制备厂房	戊	一，二，三级
煤粉制备厂房	乙	二级
采样楼	丙	一，二级

8.1.6 煤粉制备厂房防火分区的建筑面积不应超过 2000m²，其余建筑物防火分区的建筑面积应按《建筑设计防火规范》GB 50016 的有关规定。

8.1.7 各防火分区内的防火设计应按照该防火分区的相应火灾危险性类别确定，建筑物的整体火灾危险性类别应按该建筑内火灾危险性类别最高者确定。

8.1.8 建筑物的安全疏散楼梯、室外消防给水和防火间距应按照该建筑物的整体火灾危险性类别确定。

8.1.9 防火分区之间应根据防火要求采取防火分隔措施。

8.2 消防给水

8.2.1 破碎筛分厂房、水煤浆制备厂房、煤粉制备厂房等消防用水量应按同一时间内火灾次数和一次灭火用水量确定。一次灭火用水量应按一次最大室内消防用水量与室外消火栓消防用水量之和确定。

8.2.3 室外消防给水系统宜采用稳高压给水系统，其压力宜为 0.7MPa～1.2MPa。当采用低压给水系统时，火灾时水力最不利室外消火栓出流量不应小于 15L/s，且栓口处的水压从室外设计地面算起不应低于 0.1MPa。

8.2.4 建筑室外消火栓用水量应满足 GB 50974 有关规定的要求，且不应小于表 8.2.4 的规定。

表 8.2.4 室外消火栓用水量

建筑物与构筑物名称	室外消火栓用水量 L/s	火灾延续时间 h
破碎筛分厂房	25	3
转运亭（站）	20	3
输煤栈桥	25	3
水煤浆制备厂房	20	2
煤粉制备厂房	35	3
采样楼	20	3

8.2.5 室外消防给水管道应布置成环状。独立的消防给水管道的流速不宜大于 3.5m/s。

8.2.6 室内消防用水量应按建筑内同时开启的消防设施用水量之和确定。

8.2.7 下列场所应设置室内消火栓：

a) 破碎筛分厂房；
b) 水煤浆制备厂房；
c) 煤粉制备厂房；
d) 转运亭（站）。

8.2.8 室内消火栓用水量应计算确定，且不应小于表8.2.8的规定。

表8.2.8 室内消火栓用水量

名称	建筑高度 H m	室内消火栓用水量 L/s	火灾延续时间 h
破碎筛分厂房	$H\leqslant24$	20	3
	$H>24$	30	3
水煤浆制备厂房		25	2
煤粉制备厂房		30	3
转运亭（站）	$H\leqslant24$	10	3
	$H>24$	30	3
采样楼	$H\leqslant24$	10	3
	$H>24$	30	3

8.2.9 自动灭火系统的设计应按GB 50084的有关规定执行。自动灭火系统设置场所及系统选择应符合以下规定：

a) 无耐火保护的封闭式钢结构输煤栈桥及输送褐煤或易自燃、高挥发分煤种的封闭式栈桥应设置自动喷水灭火系统；

b) 封闭的运煤栈桥与转运亭（站）、筒仓、破碎筛分室、水煤浆制备厂房、煤粉制备厂房连接处的洞口应设置防火水幕系统；

c) 煤粉仓周围的煤粉泄放区应设置自动喷水灭火系统。

8.2.10 自动灭火系统设置场所火灾危险等级应为中危险Ⅱ级。

8.2.11 自动喷水灭火系统、高层建筑及超过四层多层厂房的室内消火栓系统应设置消防水泵接合器。

8.3 专用灭火设施

8.3.1 各建、构筑物应设置灭火器、控制室，机柜间宜设置气体型灭火器，其他场所宜设置磷酸铵盐干粉型灭火器。

8.3.2 煤粉仓应设置惰性气体保护措施。

8.3.3 灭火器的配置除应符合本规范外尚应符合GB 50140的有关规定。

9 劳动安全与工业卫生

9.2 防火、防爆及防尘

9.2.1 防火、防爆设计应符合GB 50160、GB 50222、GB 50229和GB 50058等有关规定。

9.2.2 煤粉仓应设有通惰化介质和灭火介质的设施，且应设置现场声光报警，惰化介质和灭火介质启动时，声光报警应同时启动。

105.《石油化工采暖通风与空气调节设计规范》SH/T 3004—2011

1 范围

本规范规定了石油化工建筑采暖通风与空气调节、防火与防爆的设计要求。

本规范适用于新建、扩建、改造的石油化工企业生产厂房与辅助建筑物的采暖通风与空调设计。

6 防火与防爆

6.1 采暖系统的防火防爆

6.1.1 放散可燃气体、蒸汽或粉尘的生产厂房，散热器采暖的热媒温度，应比放散物质的引燃温度至少低20%，且应符合下列规定：

a) 放散物质为可燃粉尘时，热水不应超过130℃，蒸汽不应超过110℃，但输煤廊的采暖蒸汽温度可不超过130℃；

b) 放散物质为可燃气体、蒸汽时，热水温度不应高于150℃，蒸汽温度不宜高于130℃。

6.1.2 瓶装的可燃或不燃压缩气体和液化气体（如乙炔、氢、氧、甲烷、液化石油气、液氨等）的灌注和贮存房间，采暖散热器宜设置遮热板。遮热板应采用不燃烧材料制作，与散热器表面的距离不小于0.1m。

6.1.3 下列厂房应采用直流式热风采暖：

a) 生产过程中放散的粉尘受到水、蒸汽的作用能引起燃烧、爆炸或能产生爆炸危险性气体的厂房；

b) 散热器采暖的热媒温度，不符合本规范6.1.1条规定的厂房。

6.1.4 放散与采暖管道接触能引起燃烧、爆炸的气体、蒸汽、粉尘或纤维的房间，采暖管道不应穿过，如必需穿过时，应用不燃烧材料隔热。

6.1.5 采暖管道不得与输送可燃气体、腐蚀性气体或闪点低于或等于120℃的可燃液体的管道在同一条管沟内敷设。

6.1.6 放散比室内空气重的可燃和爆炸危险性气体、蒸气的甲、乙类生产厂房，或放散可燃粉尘的厂房，采暖管道不应采用地沟敷设，当必需采用时，应在地沟内填满细砂，并密封沟盖板。

6.1.7 热媒温度高于110℃的供热管道不应穿过输送有爆炸危险混合物的风管，亦不得沿上述风管外壁敷设；当上述风管与热媒管道交叉敷设时，热媒温度应至少比爆炸危险的气体、蒸汽、粉尘或气溶胶等物质的自燃点低20%。

6.2 通风与空气调节系统的防火防爆

6.2.1 甲、乙类生产厂房和处在爆炸危险区域内的辅助建筑物的送风系统与正压室、电动机正压通风系统的室外进风口位置，除执行本规范4.3.15的规定外，尚应符合下列要求：

a) 设在爆炸危险区域以外；

b) 设在无火花溅落的安全地点；

c) 在厂房内所有设施均采取防爆措施后，甲、乙类生产厂房送风系统的进风口可设在爆炸危险区域2区内。爆炸危险区域的划分，应符合GB 50058的规定。

6.2.2 用于甲、乙类生产厂房的送风系统，可共用同一进风口，但应与丙、丁、戊类生产厂房和辅助建筑物及其它通风系统的进风口分设；对有防火防爆要求的通风系统，其进风口应设在不可能有火花溅落的安全地点，排风口应设在室外安全处。

6.2.3 下列厂房不应采用循环空气：

a) 甲、乙类生产厂房，以及含有甲、乙类物质的其它厂房；

b) 丙类生产厂房，如空气中含有燃烧或爆炸危险的粉尘、纤维，含尘浓度大于或等于其爆炸下限的25%时；

c) 对排除含尘空气的局部排风系统，当排风净化后，其含尘浓度仍大于或等于工作区容许浓度的30%时。

6.2.4 对于安装在甲、乙类生产厂房内的全面和局部排风系统，以及安装在其他类生产厂房内用于排除空气中含有爆炸危险性物质的局部排风系统，其排风机和电动机应采用防爆型，且排风机和电动机应直接传动。安装在排风机室的排风机和电动机，亦应采用防爆型，但允许采用三角皮带传动。

6.2.5 甲、乙类生产厂房的送风系统，其送风机和电动机的选用，应符合下列要求：

a) 当安装在爆炸危险区域内时，应用防爆型；

b) 当安装在爆炸危险区域以外，且送风干管上设有止回阀时，可用普通型。

6.2.6 正压室、电动机正压通风系统的通风机和电动机，均应为防爆型。当正压室、电动机正压通风系统的通风机和电动机安装在爆炸危险区域以外，且送风干管上设有止回阀时，可用普通型。

6.2.7 对于使用少量燃烧物质和爆炸危险性物质的化验室、分析室，其通风柜排风系统的排风机和电动机，可采用非防爆型。

6.2.8 服务于甲、乙类生产厂房的通风设备的布置，规定如下：

a) 送风设备和排风设备不应布置在同一通风机室内；

b) 当与丙、丁、戊类生产厂房的送风设备布置在同一个送风机室内时，应在每个送风机的出口处装设止回阀；

c) 全面排风系统和排除空气中含有可燃物质或爆炸危险性物质的局部排风系统的设备，可布置在同一排风机室内。

6.2.9 用于净化含有爆炸危险性粉尘空气的干式除尘器，应布置在生产厂房外，且距有门窗孔洞的外墙不应小于10m，或布置在单独的建筑物内；但符合下列条件之一时，除尘器可布置在生产厂房内的单独房间中：

a) 除尘器具有连续清灰能力；

b）定期清灰的除尘器，风量不大于 15000m³/h 且集尘斗中总贮尘量不大于 60kg。

6.2.10 用于净化爆炸下限大于 65g/m³ 的可燃粉尘、纤维和碎屑的干式除尘器，当布置在生产厂房内时，应同其排风机布置在单独房间内。

6.2.11 排除有爆炸危险物质的局部排风系统，其干式除尘器不得布置在经常有人或短时间有大量人员停留的房间（如工人休息室、会议室等）的下面；如与上述房间贴邻布置时，应用耐火极限不小于 3.00h 的实体墙和耐火极限不小于 1.50h 楼板隔开。

6.2.12 用于净化及输送爆炸下限小于或等于 65g/m³ 的有爆炸危险的粉尘、纤维和碎屑的干式除尘器及风管，应设置泄压装置。必要时，干式除尘器应采用不产生火花的材料制作。

6.2.13 排除空气中含有爆炸危险物质的排风系统和甲、乙类生产厂房的全面和局部通风系统的设备和风管，不应布置在地下室、半地下室内，但当生产厂房位于地下室或半地下室时除外。

6.2.14 甲、乙类生产厂房的通风系统和排除、输送有燃烧或爆炸危险混合物的通风设备及管道，均应采取防静电接地措施（包括法兰跨接），不应采用容易积聚静电的绝缘材料制作。

6.2.15 通风、空气调节系统的风管，均应采用非燃烧材料制作。对接触腐蚀性介质的风管及柔性接头，可采用难燃烧材料制作。

6.2.16 排除、输送有燃烧或爆炸危险气体、蒸气和粉尘的排风管应采用金属管道，并应直接通到室外安全处，不应暗设。

6.2.17 通风、空气调节系统的风管，有下列情况之一时，应设防火阀：

　　a）穿越防火分区处；
　　b）穿越通风、空气调节机房的隔墙和楼板处；
　　c）穿过重要的或火灾危险性大的房间隔墙和楼板处；
　　d）穿越防火分隔处的变形缝两侧；
　　e）垂直风管与每层水平风管交接处的水平管段上，但当建筑内每个防火分区的通风、空气调节系统均独立设置时，该防火分区内的水平风管与垂直总管的交接处可不设防火阀。

6.2.18 处理有爆炸危险粉尘和碎屑的除尘器、过滤器、管道，均应设置泄压装置。净化有爆炸危险性粉尘的干式除尘器和过滤器应布置在系统的负压段上。

6.2.19 在甲、乙类生产厂房易于放散或积聚可燃和爆炸危险性气体、蒸气的地点和正压室内，宜设置数量不少于两个能发出报警信号的可燃气体监测器，其报警浓度应不大于下列数值：

　　a）甲、乙类生产厂房为爆炸下限的 50%；
　　b）正压室为爆炸下限的 25%。

6.2.21 通风、空气调节装置，应与室内火灾自动报警系统联锁，当火灾报警信号动作时，应自动切断通风、空气调节装置的电源。

6.2.22 通风与空气调节系统设备与风管的绝热材料、用于加湿器的加湿材料、消声材料及其粘结剂等，宜采用不燃烧材料，当确有困难时，可采用燃烧产物毒性较小且烟密度等级小于等于 50 的难燃材料。

　　风管内设有电加热器时，电加热器的开关应与风机的启停联锁控制。电加热器前后各 0.8m 范围内的风管和穿过设置有火源等容易起火房间的风管，均应采用不燃烧材料。

6.2.23 甲、乙类生产厂房内的通风系统和排除空气中含有爆炸危险性物质的局部排风系统的活动部件及阀件，应采取防爆措施。

6.2.24 甲、乙、丙类生产厂房的风管，以及排除有爆炸危险性物质的局部排风系统的风管，不宜穿过其他房间。必需穿过时，应采用密实焊接、无接头、非燃烧材料制作的通过式风管。通过式风管穿过房间的防火墙、隔墙和楼板处应用防火材料封堵。

6.2.25 排除有爆炸危险性物质和含有剧毒物质的排风系统，正压段不得穿过其他房间。排除有爆炸危险性物质的排风管上，各支管节点处不应设置调节阀，但应对两个管段结合点及各支管之间进行静压平衡计算。排除含有剧毒物质的排风系统，其正压段不宜过长。

6.2.26 有爆炸危险厂房的排风管道及排除有爆炸危险性物质的风管，不应穿过防火墙，其他风管不宜穿过防火墙和不燃性楼板等防火分隔物。如应穿过时，应在穿过处设防火阀。在防火阀两侧各 2m 范围内的风管及其保温材料，应采用不燃材料。风管穿过处的缝隙应用防火材料封堵。

106.《石油化工控制室设计规范》SH/T 3006—2012

4 控制室

4.4 建筑和结构

4.4.4 控制室建筑物耐火等级应为一级。

4.7 进线方式和室内电缆敷设

4.7.1 控制室宜采用架空进线方式。电缆穿墙入口处宜采用专用的电缆穿墙密封模块,并满足抗爆、防火、防水、防尘要求。

4.9 健康、安全、环保设计要求

4.9.1 控制室内应设置火灾自动报警装置,并符合 GB 50116 的规定。

4.9.2 控制室内应设置消防设施。

107.《石油化工储运系统罐区设计规范》SH/T 3007—2014

3 基本规定

3.3 可燃液体的储存温度应按下列原则确定：
  a) 应高于可燃液体的凝固点（或结晶点），低于初馏点；
  b) 应保证可燃液体质量，减少损耗；
  c) 应保证可燃液体的正常输送；
  d) 应满足可燃液体沉降脱水的要求；
  e) 加有添加剂的可燃液体，其储存温度尚应满足添加剂的特殊要求；
  f) 应考虑热能的合理利用；
  g) 需加热储存的可燃液体储存温度应低于其自燃点，并宜低于其闪点；
  h) 对一些性质特殊的液体化工品，确定的储存温度应能避免自聚物和氧化物的产生。

3.5 可燃液体储罐的操作压力应按下述原则确定：
  a) 低压储罐和压力储罐的操作压力，应为液体在最高储存温度下的饱和蒸气压或工艺操作所需要的最高压力；

4 储罐选用

4.2 储罐选型

4.2.2 易燃和可燃液体储罐应采用钢制储罐。

4.2.3 液化烃等甲$_A$类液体常温储存应选用压力储罐。

4.2.5 储存沸点大于或等于45℃或在37.8℃时饱和蒸气压不大于88kPa的甲$_B$、乙$_A$类液体，应选用浮顶储罐或内浮顶储罐。其他甲$_B$、乙$_A$类液体化工品有特殊储存需要时，可以选用固定顶储罐、低压储罐和容量小于或等于100m³的卧式储罐，但应采取下列措施之一：
  ——设置氮气或其他惰性气体密封保护系统，密闭收集处理罐内排出的气体；
  ——设置氮气或其他惰性气体密封保护系统，控制储存温度低于液体闪点5℃及以下。

4.2.11 设置有固定式和半固定式泡沫灭火系统的固定顶储罐直径不应大于48m。

5 常压和低压储罐区

5.1 储罐附件选用

5.1.9 下列储罐通向大气的通气管或呼吸阀上应安装阻火器：
  a) 储存甲$_B$、乙、丙$_A$类液体的固定顶储罐和地上卧式储罐；
  b) 储存甲$_B$、乙类液体的覆土卧式储罐；
  c) 采用氮气或其他惰性气体密封保护系统的储罐；
  d) 内浮顶储罐罐顶中央通气管。

5.1.10 当建罐地区历年最冷月份平均温度的平均值低于或等于0℃时，呼吸阀及阻火器应有防冻功能或采取防冻措施。在环境温度下物料有结晶可能时，呼吸阀及阻火器应采取防结晶措施。

5.3 管道布置与安装

5.3.3 防火堤和隔堤不宜作为管道的支撑点。管道穿防火堤和隔堤处宜设钢制套管，套管长度不应小于防火堤和隔堤的厚度。套管两端应做防渗漏的密封处理。

5.3.13 储罐的进料管，宜从罐体下部接入；内浮顶储罐的扫线管道及温度大于或等于120℃的可燃液体进罐管道，应从罐顶或罐体上部接入储罐。从罐顶或罐体上部接入时，甲$_B$、乙、丙$_A$类液体的进料管应延伸至距罐底200mm处，丙$_B$类液体的进料管应将液体导向罐壁。

5.4 仪表选用与安装

5.4.8 甲$_B$、乙$_A$类和有毒液体罐区内阀门集中处、排水井处应设可燃气体或有毒气体检测报警器，并应符合 GB 50493 的规定。

7 储罐防腐及其他

7.2 储罐的消防、防雷和防静电接地，应符合 GB 50160、GB 50074 和现行其他有关标准的规定。

108. 《石油化工储运系统泵区设计规范》SH/T 3014—2012

4 泵区的设置

4.2 泵区的建筑要求

4.2.4 泵房的门应向外开启。输送甲、乙、丙类液体（参见附录A表A.1）泵房的安全疏散门，不应少于两个，其中一个应满足最大机泵进出的需要。但建筑面积小于等于100m²的泵房可只设一个门。

4.3 泵区的布置

4.3.3 液化烃泵与操作温度低于自燃点的可燃液体泵应分别布置在不同房间内，各房间之间的隔墙应为防火墙。

4.3.4 液化烃泵区、甲类泵房应采用不发生火花的地面。

4.3.5 甲、乙$_A$类液体泵区的地面不宜设地坑或地沟，泵区内应有防止可燃气体积聚的措施。

4.3.6 乙$_B$、丙类可燃液体的泵区内，可在泵基础的泵端及两端边设排污地沟，排污地沟低点处应设置地漏引至含油污水系统。

4.3.7 液化烃、可燃液体泵区不宜布置在管桥下方。若在泵区上方布置管桥时，应用不燃烧材料的隔板隔离保护。

5 泵的选用

5.6 泵的材质

5.6.2 输送可燃、有毒等危险性介质时，泵的材质应选用铸钢；输送酸、碱等腐蚀性介质时，泵的材质宜选用合金钢；输送洁净度要求高的介质时，泵的材质宜选用不锈钢。

7 泵机组的布置和管道设计

7.3 管道安装设计

7.3.19 泵区内设置固定式、半固定式蒸汽灭火时应符合下列要求：

a) 灭火蒸汽管应从主管上方引出，蒸汽压力不宜大于1.0MPa；

b) 在靠近泵端一侧的墙壁上，距地面150mm～200mm处，设固定式筛孔管；并沿另一侧墙壁适当位置设置DN20半固定式接头；

c) 固定式蒸汽灭火管道的直径应根据所需的蒸汽量计算，但不宜小于DN50。其管道的长度略小于泵房的长度；

d) 固定式蒸汽灭火蒸汽管道应在沿管道的轴线上、对着泵的水平方向及水平线以下钻孔2排～3排，孔径为4mm～6mm，孔中心距不大于100mm。两排孔之间的孔眼应错开均匀布置；两排孔之间的夹角宜为30°，蒸汽灭火开孔示意图见图7.3.19。孔眼面积的总和应等于管道截面积2倍～3倍。在管道尽端底部开直径为4mm～6mm的孔2个～3个。端部宜用封头封死；

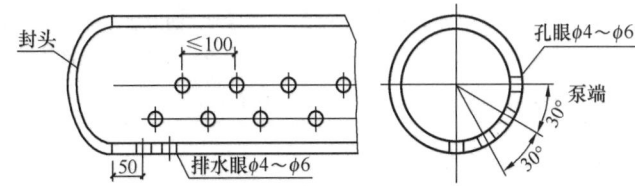

图7.3.19 蒸汽灭火开孔示意

e) 蒸汽灭火管道的控制阀门应设在泵房外明显、安全且便于操作的地方；

f) 泵房内采用半固定式蒸汽灭火系统，应设不少于2根蒸汽管道（DN20），并引至泵房两端适当位置，管端设灭火蒸汽快速接头；

8 辅助设施

8.1 自动控制

8.1.5 甲、乙$_A$类可燃液体的泵房、泵棚或露天泵区内应设置可燃气体检测报警。对可能产生有毒气体的泵房、泵棚或露天泵区应设置有毒气体检测报警。检测点的确定应符合GB 50493规定。

9 安全与其他

9.1 泵房和泵棚的防爆、防火等级应根据介质的闪点及泵的操作环境确定。

9.8 泵区灭火器材配置应符合GB 50140等有关规范的规定。

附录A
（资料性附录）
常见液体物料分类

A.1 液化烃、可燃液体的火灾危险性分类

常见液化烃、可燃液体的火灾危险性分类举例见表A.1。

表 A.1 常见液化烃、可燃液体的火灾危险性分类举例

类别		名 称
甲	A	液化石油气、液化顺式-2-丁烯，液化反式-2-丁烯，液化环丙烷，液化丙烷，液化乙烯，液化乙烷，液化丙烯，液化环丁烷，液化新戊烷，液化丁烯，液化丁烷，液化丁二烯，液化异丁烯，液化异丁烷，液化氯甲烷，液化氯乙烯，液化环氧乙烷，液化二甲胺，液化三甲胺，液化二甲基亚硫，液化甲醚（二甲醚）
	B	异戊二烯，异戊烷，汽油，戊烷，二硫化碳，异己烷，己烷，石油醚，异庚烷，环戊烷，环己烷，辛烷，异辛烷，苯，庚烷，石脑油，原油，甲苯，乙苯，邻二甲苯，间、对二甲苯，异丁醇，乙醚，乙醛，环氧丙烷，甲酸甲酯，乙胺，二乙胺，丙酮，丁醛，三乙胺，醋酸乙烯，甲乙酮，丙烯腈，醋酸乙酯，醋酸异丙酯，二氯乙烯，甲醇，异丙醇，乙醇，醋酸丙酯，丙醇，醋酸异丁酯，甲酸乙酯，吡啶，二氯乙烷，醋酸丁酯，醋酸异戊酯，甲酸戊酯，丙烯酸甲酯，甲基叔丁基醚，液态有机过氧化物
乙	A	丙苯，环氧氯丙烷，苯乙烯，喷气燃料，煤油，丁醇，氯苯，乙二胺，戊醇，环己酮，冰醋酸，异戊醇，异丙苯，液氨
	B	轻柴油，硅酸乙酯，氯乙醇，氯丙醇，二甲基甲酰胺，二乙基苯
丙	A	重柴油，苯胺，锭子油，酚，甲酚，糠醛，20号重油，苯甲醛，环己醇，甲基丙烯酸，甲酸，乙二醇丁醚，甲醛，糠醇，辛醇，单乙醇胺，丙二醇，乙二醇，二甲基乙酰胺
	B	蜡油，100号重油，渣油，变压器油，润滑油，二乙二醇醚，三乙二醇醚，邻苯二甲酸二丁酯，甘油，联苯-联苯醚混合物，二氯甲烷，二乙醇胺，三乙醇胺，二乙二醇，三乙二醇，液体沥青，液硫
注：本表摘自 GB 50160—2008《石油化工企业设计防火规范》。		

109.《石油化工生产建筑设计规范》SH/T 3017—2013

4 一般规定

4.1 建筑物火灾危险性分类、耐火等级，应按 GB 50016《建筑设计防火规范》和 GB 50160《石油化工企业设计防火规范》的有关规定执行，火灾危险性分类、耐火等级举例，见本规范附录 A。

4.2 建筑物的总平面布置及防火间距、防火分区、安全疏散，应执行 GB 50160《石油化工企业设计防火规范》的有关规定，尚应符合 GB 50016《建筑设计防火规范》的规定。

4.3 建筑物防烟与排烟，应按 GB 50016《建筑设计防火规范》及相关标准的有关规定执行。

4.4 钢结构生产厂房设计

4.4.2 建筑物耐火保护应符合 GB 50016《建筑设计防火规范》的有关规定；构筑物耐火保护可按 GB 50160《石油化工企业设计防火规范》、SH 3137《石油化工钢结构防火保护技术规范》的有关规定执行。

5 主要生产建筑物和辅助生产建筑物

5.1 控制室及现场机柜间

5.1.1 控制室总平面布置，应符合下列要求：

a）在易燃、易爆、有腐蚀、有毒、有粉尘生产装置的控制室，应布置在常年最小频率风向的下风侧。

5.1.2 控制室的建筑设计，应符合下列要求：

b）建筑面积大于 $300m^2$ 的控制室及建筑面积大于 $500m^2$ 的无人值守的现场机柜间，其安全出口不应少于 2 个，严寒、寒冷地区、风沙大的地区，设中央空气调节系统及有抗爆要求的控制室的外门，应设置门斗或前室；

c）操作室、机柜间、工程师站不应设置直接通向室外的门，外门应向疏散方向开启，应采用平开门并在门上配置闭门器，且不应开向有爆炸及有火灾危险的场所；

e）控制室应设置吊顶，其距地面的净高度不宜小于 3m，吊顶构造燃烧性能等级不应低于 A2 级。

5.2 压缩机厂房

5.2.1 压缩机厂房的总平面布置，应符合下列要求：

b）可燃气体压缩机厂房与其他建筑物的防火间距，应满足 GB 50160《石油化工企业设计防火规范》的要求。

5.2.5 当专用控制室、电压不大于 10kV 的专用配电室及其他辅助房间与可燃气体压缩机厂房毗邻设置时，其隔墙应采用耐火极限不低于 4.00h 的防爆墙，且该墙上不得设置门窗洞口。控制室、配电室的外门窗应位于爆炸危险区范围之外，且应设置直通室外的疏散楼梯及安全出口。

5.2.6 甲、乙类各层平面建筑面积大于 $150m^2$ 的封闭压缩机厂房设置安全出口不应少于二个。当疏散楼梯为室外梯时，应采用耐火极限不低于 1.00h 的隔墙与厂房进行分隔，其两端距室外梯平台外边缘长度 2m 的范围内不得开设除疏散门外的门窗洞口。

5.2.7 敞开式、半敞开式压缩机厂房安全疏散设计按 GB 50160—2008《石油化工企业设计防火规范》中 5.2.26 条的规定执行。

5.2.14 散发较空气重的可燃气体压缩机厂房，其楼地面面层材料，应为不发火花和不产生静电的面层材料。

5.3 变配电室

5.3.1 变配电室的建筑设计，应符合下列要求：

b）变配电室的功能设置应根据生产需要确定。通常由生产操作用房、辅助设备用房、辅助生产用房等组成，生产操作用房包括高压配电室、低压配电室、电容器室、变压器室、控制室、UPS电源室（蓄电池室）、柴油发电机房等。辅助设备用房包括电缆层、空调机房等。辅助生产用房包括值班室、维修间、更衣室、资料室等。房间布置及安全疏散应符合下列要求：

1）多层变配电室的变压器室应设在底层，设在二层以上的配电室应设搬运设备的通道、平台或孔洞，应至少设一个通向室外的安全出口；

2）长度大于 7m 的配电室应设两个安全出口，并宜布置在配电室的两端。长度大于 60m 时，应增加一个中间安全出口；

4）生产操作用房的门应向外开启。生产操作用房通向公共走道和其他房间的门应为乙级防火门；配电装置室中间隔墙上的门应采用由不燃材料制作的双向弹簧门，不得采用无框玻璃门；

5）变配电室与控制室（值班室）的门应直通或经过通道相通，控制室（值班室）应有直接通向户外或通向走道的疏散门；

e）室内外高差不应小于 300mm，在 GB 50058《爆炸和火灾危险环境电力装置设计规范》定义的附加二区范围内的配电室设备层地面应高于室外地面，且高差不应小于 600mm；

5.3.2 电缆层的建筑设计，应符合下列要求：

a）长度大于 7m 的电缆层应设置两个安全出口，并宜布置在电缆层两端。当长度大于 60m 时，应增设一个中间安全出口；

c）电缆层通向公共走道或其他房间的门应为向外开启的乙级防火门；

5.3.4 作为备用电源的柴油发电机房与配电室合建时，应符合下列要求：

a）柴油发电机房宜设在底层，并设单独的安全出口；

d）柴油发电机房应设储油间，储油间与其他房间的隔墙应采用防火墙。

5.4 泵房

5.4.2 按火灾危险性分类附录 A 中属甲、乙类的泵房应为单层建筑。

5.4.4 甲类泵房宜单独布置。如与乙类泵房组合布置时，应分别布置在不同的房间内，其中间隔墙应为防火墙，防火墙的设置应符合 GB 50016《建筑设计防火规范》的相关要求，其两侧的门窗距离不应小于 4.5m。

5.4.5 甲、乙$_A$ 类泵房内不得设置有人值守的辅助房间。

5.4.6 泵房的门应向外开启，甲、乙、丙类泵房的安全疏散门，不应少于两个；当面积小于等于 100m^2 时，可设一个安全疏散门。

5.5 聚合物造粒厂房

5.5.1 厂房内设置的过氧化物库应靠外墙布置，应采用耐火极限不低于 4.00h 且能抗爆的墙体和耐火极限不低于 1.50h 的钢筋混凝土楼板与其他部分隔开，并应满足《建筑设计防火规范》GB 50016 有关泄爆要求，泄压比 C 值不小于 0.11。

5.5.2 当热油单元与主厂房贴邻设置时，应采用防火墙将其与主厂房分隔。

5.5.4 厂房的安全出口应不少于两个，封闭厂房的室内疏散楼梯应设置封闭楼梯间。

5.5.5 厂房的建筑高度大于 32m 时，每个防火分区宜设置一部消防电梯。当防爆电梯与消防电梯兼用时，应采用带消防功能的防爆电梯。

注：带消防功能的防爆电梯是指满足《建筑设计防火规范》GB 50016 有关消防电梯设置要求中除运行时间外其他所有功能要求的防爆电梯。

5.6 聚合物后处理（包装）厂房

5.6.2 当防火墙上由于工艺要求需设不能封闭的洞口时，应设置消防水幕。

5.6.3 厂房与成品仓库贴邻建设时，应设防火墙分隔，墙上设置的供叉车通行的门洞，应设置防火卷帘门。

5.6.4 厂房内设置的办公室、休息室，应采用耐火极限不低于 2.50h 的不燃烧体隔墙和不低于 1.00h 的楼板与厂房隔开，并应至少设置 1 个独立的安全出口。如隔墙上需开设相互连通的门时，应采用乙级防火门。

5.6.5 厂房的安全出口不应少于两个，室内疏散楼梯应为封闭楼梯间。

5.7 合成纤维厂房

5.7.1 合成纤维厂房的火灾危险性分类参见 GB 50160《石油化工企业设计防火规范》及 GB 50565《纺织工程设计防火规范》。

5.7.3 火灾危险性为甲、乙类的工段，应采取防爆、泄压措施。

5.8 硫磺仓库

5.8.2 当需要设置水喷淋灭火系统或水幕隔火构造措施时，应同时考虑消防水收集、处理和排放的设施。

5.8.4 当采用钢屋架时，应做耐火保护层，耐火极限不应低于 1.00h。

5.9 消防站

5.9.1 石油化工生产区域内消防站的设置、规模的确定及位置，符合 GB 50160《石油化工企业设计防火规范》的相关规定。

5.9.3 消防站应设有消防车库、通讯室、值班室、值勤宿舍、药剂器材库、修理间、蓄电池室、训练场、训练塔等。

5.9.4 消防车库的设计应保障车辆停放、出动、维护保养和非常时期执勤备战的需要。

a) 消防车库应布置在建筑物正面一层便于车辆迅速出动的部位。车位的基本尺寸应符合下列要求：
  1) 车库内消防车外缘之间的净距不小于 2m；
  2) 消防车外缘至边墙、柱子表面的距离不小于 1m；
  3) 消防车外缘至后墙表面的距离不小于 2.5m；
  4) 消防车外缘至前门垛的距离不小于 1m；
  5) 车库的净高（地面至顶板突出部分）不小于车高加 0.6m；

b) 消防车库至少应设置一个车位的修理间和检修坑。修理间应采用防火墙与其他部位隔开，其位置不宜靠近通讯室；

c) 消防车库内、外沟管盖板的承载能力，应按最大吨位消防车的满载轮压进行设计。车库地面和墙面应便于清洗，车库内的墙面宜设有高度不小于 1.2m 的墙裙，且地面应有排水设施；

d) 消防车库每个车位都设有独立的大门并宜设自动开启装置，门的宽度应不小于车宽加 1m，高度应不小于车高加 0.3m，车库平开大门开启后，应有自动锁定装置。车库大门上方如不设亮窗时，应在门扇上安装采光玻璃。门上方应设置宽度不小于 1m 的防护挑檐，防护挑檐的耐火极限应不小于 1.00h。

5.9.8 消防站内的走道、楼梯等供迅速出动用的通道的净宽，单面布置房间时不应小于 1.4m，双面布置房间时不应小于 2m，楼梯净宽不应小于 1.4m。通道两侧的墙面应平整、无突出物。楼梯踏步应平缓，楼梯倾角不应大于 30°。

5.10 中心化验室及环保监测站

5.10.1 中心化验室总平面布置，应符合下列要求：

a) 中心化验室应位于非爆炸危险区域，并位于有害物散发的全年最小频率风向下风侧，建筑物宜南北向布置；

b) 中心化验室应远离振源、噪声源、粉尘、电磁干扰及其他有害介质源；

c) 中心化验室不应与甲、乙$_A$ 类建筑物布置在同一栋建筑物内。

5.10.3 中心化验室的平面布置，应符合下列要求：

d) 钢瓶间应布置在主体建筑物外或贴邻建造，应采取防雨、遮阳、防火、防爆等构造措施：
  1) 宜设在中心化验室非主入口侧，并应采取遮阳防晒措施，当钢瓶间与建筑物贴邻建造时，隔墙应为防火墙；
  2) 通风良好，并具有足够的泄爆面积，室内地面应有防火花、防静电措施；

e) 药剂间应布置在主体建筑物外，应采取防雨、遮阳、防火、防爆等构造措施。

6 建筑构造

6.1 屋面

6.1.3 甲、乙类生产装置界区内的建筑物屋面，保温材料燃烧性能等级应不低于 A2 级，防水材料燃烧性能等级不应低于 C 级。当保温材料或防水材料的燃烧性能等级不满足要求时应采用不燃材料进行覆盖。

6.2 墙体

6.2.1 防火墙、防爆防护墙、泄爆墙的构造应符合 GB 50016《建筑设计防火规范》的相关规定；防爆防护墙体宜选用钢筋混凝土墙构造。

6.2.3 采用中央空气调节系统及抗爆建筑物宜选用外墙外保温构造体系。甲、乙类生产装置界区内生产建筑物墙体保温材料的燃烧性能等级应不低于 A2 级。

6.3 楼地面

6.3.3 防静电楼地面：无架空要求，可采用燃烧性能等级不应低于 B 级的防静电地板贴面或防静电涂层面层；有架空要求的宜采用钢质或铝质防静电架空活动地板，其架空高度不应低于 200mm，活动地板面层材料的燃烧性能等级不应低于 B 级，其各项性能指标及安装均应符合 SJ/T 10796《防静电活动地板通用规范》的相关要求。

6.4 门窗

6.4.2 门：
c) 门的开启应符合下列要求：
1) 生产及辅助生产建筑的外门，应向外开启；
2) 安全疏散门应向疏散方向开启；
3) 开向疏散走道及楼梯间的门扇开足时，不应影响走道及楼梯平台的疏散宽度。

6.5 室内装修

6.5.1 室内装修材料的选择其燃烧性能等级应不低于 B 级。

6.5.2 控制类建筑顶棚和墙面的装修构造材料燃烧性能等级应不低于 A2 级，地面和其他部位的装修构造材料燃烧性能等级不应低于 B 级。

6.5.3 吊顶应采用燃烧性能等级不低于 A2 级的构造体系。

附录 A
（资料性附录）
主要生产建筑及辅助生产建筑特征表

主要生产建筑及辅助生产建筑特征表见表 A。

表 A 主要生产建筑及辅助生产建筑特征表（举例）

类别	名称		火灾危险性分类	耐火等级（下限）	防爆要求	防腐要求	隔（吸）声要求	清洁要求	附注
炼油部分	液化石油气泵房		甲$_A$	二	有				
	二硫化碳泵房		甲$_B$	二	有	有			
	原油、汽油、苯、甲苯对二甲苯及丙酮泵房		甲$_B$	二	有				
	热油泵房、溶剂油泵房		丙$_B$	二					
	硫磺仓库、硫磺成型机房	颗粒度小于2mm	乙	二	有				
		颗粒度大于等于2mm	丙						
	炼油泵房、四注泵房		乙$_A$	二	有				
	柴油泵房	轻柴油	乙$_B$	二	有				
		重柴油	丙$_A$						
	石蜡、润滑油、燃料油泵房		丙$_B$	二					
	石蜡成型、氧化、沥青氧化石蜡、沥青仓库		丙	二					
	酸碱泵房		戊	二		有			
	主风机房		丁	二			有		
石油化工部分	管式炉裂解乙烯、丙烯装置	裂解气压缩机厂房	甲	二	有		有		考虑隔噪声
		乙烯、丙烯制冷厂房	甲$_A$	二	有				
	丁烯氧化脱氢制丁二烯装置	生成气压缩机厂房	甲	二	有		有		考虑隔噪声
		分离、反应厂房	甲	二	有				

续表 A

类别	名　称		火灾危险性分类（下限）	耐火等级	防爆要求	防腐要求	隔（吸）声要求	清洁要求	附注
石油化工部分	丙烯腈装置	反应、精制泵房	甲	二	有				
		空压制冷厂房	甲	二	有				
		四效蒸发厂房	戊	二					
		废物处理间	丁	三					
		硫铵回收厂房	丙	二		有			
	苯乙烯装置	苯烃化厂房	甲	二	有				
		乙基苯脱氢厂房、精馏泵房	甲	二	有				
	丁苯橡胶乳胶	化学品配制厂房 碳氢相	甲	二	有				
		化学品配制厂房 水　相	戊	二					
		聚合及脱气厂房	甲	二	有				
		后处理（凝聚、干燥、包装）厂房、仓库	丙	二					
	丁苯橡胶（溶液）顺丁橡胶	催化剂及助剂配制厂房	甲	二	有				
		聚合厂房	甲	二	有				
		单体及溶剂回收厂房	甲	二	有				
		后处理（脱水、干燥、包装）厂房、仓库	丙	二					
	尼龙 6（己内酰胺）	苯加氢厂房	甲	二	有				
		氢气压缩机厂房	甲	二	有				考虑隔噪声
		己内酰胺厂房 环乙烷肟化厂房	乙	二					
		己内酰胺切片及包装厂房	丙	二					
		硫铵回收厂房	丙	二		有			
	聚乙烯	循环气压缩机房	甲$_A$	二	有		有		考虑隔噪声
		乙烯压缩机房	甲$_A$	二	有		有		
		聚合脱气厂房	甲$_A$	二	有				
		后处理厂房	丙	二	有				粉尘防爆
	聚丙烯	聚合厂房	甲	二	有				
		催化剂制备厂房	甲	二	有				
		聚合物后处理厂房	丙	二	有				粉尘防爆
	聚酯	甲苯岐化及混合二甲苯异构化	甲	二	有				露天框架
		分馏	甲	二	有				露天框架
		混合二甲苯分离	甲	二	有				露天框架
		氧化	甲	二	有	有			露天框架
		精制	甲	二	有	有			露天框架
		缩聚主厂房	丙	二			有		考虑隔噪声
		成品包装厂房及仓库	丙	二	有				粉尘防爆
		热油及乙二醇回收	丙	二					露天框架

续表 A

类别	名 称		火灾危险性分类	耐火等级（下限）	防爆要求	防腐要求	隔（吸）声要求	清洁要求	附注
石油化工部分	合成氨及煤焦、制氢装置	造气厂房	甲	二	有				
		脱硫、硫回收厂房	甲	二	有	有			
		氢氮气压缩机房	甲	二	有		有		考虑隔噪声
		氨库	乙	二	有	有			
	尿素装置	尿素主框架	乙	二		有			
		造粒塔及转运站	丙	二		有			
		散装仓库、包装厂房袋装库、装车站台	丙	二		有			
	硝酸装置	硝酸厂房、硝酸仓库硝酸车站台	乙	二		有			
	硝酸铵装置	硝铵车间	乙	二	有	有			
		造粒塔	甲	二	有	有			
		包装厂房、仓库	甲	二	有	有			

110. 《石油化工中心化验室设计规范》SH/T 3103—2019

4 基本规定

4.9 中心化验室应设置火灾自动报警系统、消火栓和相应灭火器,且应符合 GB 50116、GB 50974 和 GB 50140 的有关规定。

5 中心化验室的组成及布置

5.2 中心化验室的布置

5.2.1.6 剧毒、易制毒、易制爆化学品应单独存放,不得与易燃、易爆、腐蚀性等物品存放在一起;不相容试剂应隔离存放。

5.2.1.11 钢瓶宜集中布置在钢瓶间。可燃气体钢瓶与助燃气体钢瓶应布置在不同的钢瓶间。

7 工艺管道设计

7.6 不应将可燃气体、液化烃、可燃液体的采样管道引入中心化验室。

7.7 分析化验宜采用电加热,室内不应敷设燃料气管道;特殊分析方法要求可引入蒸气加热。

7.8 当气体管道穿过墙体或楼板时,应从预埋套管内穿过,经过套管的部位不应有焊缝。管道与套管之间应采用不燃材料严密封堵。

8 土建设计

8.1 中心化验室的土建设计应符合 GB 50016、GB 50160、GB 50345 和 SH/T 3017 的有关规定,属性为辅助生产建筑物,建筑物的火灾危险性类别为丙类,耐火等级不应低于二级,屋面防水等级为Ⅰ级。

8.3 分析房间的门应向外开启并设观察窗,样品贮存间、试剂间、钢瓶间门的材质应为不燃材料。

8.10 中心化验室安全出口不应少于两个,并应有明显标志。

8.12 钢瓶间的设计应满足以下要求:
a) 当钢瓶间与主建筑物贴邻布置时,隔墙应为钢筋混凝土墙;
b) 宜采用半敞开式设计,应保持良好的自然通风,并应采取遮阳防晒措施;
c) 建筑的防爆设计应符合 GB 50016 的相关规定。

9 供暖通风及空气调节设计

9.1 中心化验室的供暖通风和空气调节设计应符合 GB 50019、SH/T 3004 的有关规定。防排烟设计应符合 GB 50016 和 GB 51251 的有关规定。

9.4 局部产生有毒、异味、有腐蚀性或易爆的气体、粉尘等物质的场所,应首先采用局部排风,设置通风柜、万向排气罩、局部排气罩、排气式药品柜等局部排风设施,当局部排风装置不能保证室内工作环境卫生要求时,应辅以全面通风系统。

9.7 产生可燃性粉尘的制样间应设置机械除尘设施。

9.8 钢瓶间宜采用自然通风。当自然通风不能满足要求时,应采用机械通风或机械与自然的联合通风,通风机应与钢瓶间的气体报警信号联锁,报警时自动启动通风机。

9.14 液化烃气分析房间、钢瓶间、试剂间、样品贮存间、辛烷值和十六烷值测定机室、产生易燃易爆介质的洗涤室的排风系统应采用防爆风机,风管应采用金属材质。

9.15 光谱分析室排气罩应采用不锈钢等不燃材料。

10 给排水设计

10.6 给排水管道不得穿越变配电室;穿越分析房间的给排水管道应采取密封措施。

11 电控设计

11.1 电气设计

11.1.6 液化烃气分析房间、钢瓶间、试剂间、样品贮存间、辛烷值和十六烷值测定机室、产生易燃易爆介质的洗涤室的开关、插座、灯具应防爆,其配电线路穿越隔墙处应隔离密封。

11.3 仪表设计

11.3.2 氢气、乙炔气钢瓶间及布置氢气、乙炔气等易燃易爆气体管道的房间应设可燃气体检测报警器。

111. 《石油化工装置电力设计规范》SH/T 3038—2017

4 供配电系统

4.1 负荷分级

4.1.3 一级负荷中当生产装置工作电源突然中断时，为确保安全停车，避免引起爆炸、火灾、中毒、人员伤亡、关键设备损坏，或事故一旦发生能及时处理，防止事故扩大，保证关键设备，抢救及撤离工作人员，而不允许中断供电的负荷，应视为一级负荷中特别重要的负荷。

5 爆炸危险环境

5.3 防止爆炸的措施

5.3.5 爆炸性气体危险区域内的通风，其空气流量能使易燃物质很快稀释到爆炸下限值的 25% 以下，可定为通风良好。

5.4 爆炸性气体环境危险区域范围

5.4.1 爆炸性气体环境危险区域范围应按下列要求确定：

a) 应根据释放源的级别和位置、易燃物质的性质、通风条件、障碍物及生产条件、运行经验，经技术经济比较综合确定；

b) 建筑物内部宜以厂房为单位划定爆炸危险区域的范围。但也应根据具体情况，当厂房内空间大，释放源释放的易燃物质量少时，可按厂房内分空间划定爆炸危险的区域范围，并应符合下列规定：

1) 当厂房内具有比空气重的易燃物质时，厂房内的通风换气次数不应少于 2 次/h，且换气不受阻碍；厂房地面上高度 1m 以内容积的空气与释放至厂房内的易燃物质所形成的爆炸性气体混合物的浓度应小于爆炸下限；

2) 当厂房内具有比空气轻的易燃物质时，厂房平屋顶平面以下 1m 高度内，或圆顶、斜顶的最高点以下 2m 高度内的容积的空气与释放至厂房内的易燃物质所形成的爆炸性气体混合物的浓度应小于爆炸下限；

注1：释放至厂房内的易燃物质的最大量应按 1h 释放量的 3 倍计算，但不包括由于灾难性事故引起破裂时的释放量。

注2：相对密度小于 0.8 的爆炸性气体规定为轻于空气的气体；相对密度大于 1.2 的爆炸性气体规定为重于空气的气体，0.8～1.2 应酌情考虑。

c) 当高挥发性液体可能大量释放并扩散到 15m 以外时，爆炸危险区域的范围应划分附加 2 区；

5.4.2 爆炸性气体环境的车间采用正压或连续通风稀释措施后，不能形成爆炸性气体环境时，车间可降为非爆炸性环境。通风引入的气源应安全可靠，并应是没有可燃性物质、腐蚀介质及机械杂质，进气口应设在高出所划爆炸性危险区域范围的 1.5m 以上处。

5.4.10 爆炸性气体环境内的局部地区采用正压或连续通风措施后，可降为非爆炸危险环境，但应满足下列要求：

a) 通风引入的气源应安全可靠，且应没有易燃物质、腐蚀介质及机械杂质。对重于空气的易燃物质，进气口应高出所划爆炸危险区范围的 1.5m 以上处；

b) 送风系统应有备用风机，正压室应维持 20Pa～60Pa（2mm～6mm 水柱），当低于该值时应报警；

c) 建筑物应采用密闭非燃烧材料的实体墙，非开启难燃烧材料的密闭窗和自动关闭的难燃烧材料的门；

d) 应设置易燃气体浓度检测装置，当浓度达到爆炸性气体混合物的爆炸下限的 50% 时发出报警；

e) 室内所有通向外部的孔洞和地沟应用非燃性材料进行隔离密封。

5.7 爆炸性环境的电力装置

5.7.4 当选用正压型电气设备及通风系统时，应符合下列要求：

a) 通风系统应由用非燃性材料制成，其结构应坚固，连接应紧密，并不得有产生气体滞留的死角；

b) 电气设备应与通风系统联锁。运行前应先通风，并应在通风量大于电气设备及其通风管道容积的 5 倍时，才能接通设备的主电源；

c) 在运行中，进入电气设备及其通风系统内的气体，不应含有可燃物质气体或其他有害物质；

d) 正压型电气设备，对 px、py 或 pD 型设备，其风压不应低于 50Pa；对于 pz 型设备，其风压不应低于 25Pa。当风压低于上述值时，应自动断开设备的主电源；

e) 正压通风进入的气体应为清洁的气体，排出的气体应采取有效的防止火花和炽热颗粒吹出的措施；

f) 电气设备外壳及通风系统的门或盖子应采用联锁装置或加警告标志等安全措施。

5.7.5 爆炸性环境电气设备的安装：

a) 油浸式设备，应水平安装在无振动场所；

b) 在采用非防爆型设备作隔墙机械传动时，应符合下列要求：

1) 安装电气设备的房间，应用非燃烧体的实体墙与爆炸危险区隔开；

2) 传动轴通过隔墙处应采用填料密封函密封或采用同等效果的密封措施；

3) 安装非防爆电气设备的房间的出口，应通向非防爆区；当安装电气设备的房间不得不与防爆性环境相通时，应对爆炸性环境保持相对的正压；

c) 除本质安全电路外，爆炸性环境内的电气线路和设备应装设过载、短路和接地保护，不可能产生过载的电气设备可不装设过载保护。爆炸危险环境内的电动机按相关规范要求装设必要的保护外，均应装设断相保护。如果电气设备的自动断电可能引起比引燃危险造成更大危险时，应采用报警装置替代自动断电装置；

d) 为处理紧急情况，在危险场所外合适的地点或位置应采取一种或多种措施对危险场所设备断电。为防止附加危险产生，需要保证连续运行的设备不应包括在紧急断电回路中。

5.7.6 变、配电所和控制室的设计应符合下列规定：

a) 变、配电所（室）和控制室，应布置在爆炸危险区域以外。当布置在危险区域内时，应采用正压通风室，且室内应保持有足够的"洁净"空气，并设有报警装置，指示室内压力和气源风机的开停；

b) 对于易燃物质比空气重的爆炸性气体环境，位于爆炸危险区附加2区内的变电所、配电所（室）和控制室的地面，应高出室外地面0.6m。

5.8 爆炸性环境电气线路的设计

5.8.2 爆炸危险环境电气线路的敷设

4) 在粉尘爆炸环境，电缆应沿粉尘不易堆积并且易于粉尘清除的位置敷设；

b) 当电气线路沿输送易燃气体或液体的管道栈桥敷设时，应设置在危险程度较低的管道一侧；当易燃物质比空气重时，宜在管道上方；比空气轻时，宜在管道下方；

c) 敷设电气线路宜避开可能受到机械损伤、振动、腐蚀、紫外线照射以及可能受热的地方，不能避免时，应采取预防措施；

d) 采用架空、桥架敷设方式时，电缆应采用阻燃电缆；

e) 敷设电气线路的管、沟及桥架，在穿过不同区域之间的墙、楼板的孔洞处，应采用防火堵料严密堵塞；

f) 爆炸性气体环境内钢管配线的电气线路应做隔离密封，且应符合下列要求：

1) 在正常运行时，所有点燃源外壳的450mm范围内应做隔离密封；

2) 直径50mm以上钢管引入的接线箱450mm以内处应做隔离密封；

3) 相邻的爆炸性环境之间以及爆炸性环境与相邻非危险环境之间应进行隔离密封；

4) 供隔离密封用的连接部件，不应作为导线的连接或分线用；

g) 1区内电缆线路不得有中间接头，2区、20区、21区内电缆线路不应有中间接头；

h) 架空电力线路不得跨越爆炸危险环境，架空线路与爆炸危险性环境的水平距离不应小于杆塔高度的1.5倍。

6 变配电所

6.1 所址选择

6.1.1 变配电所可独立设置，也可与其他建筑物联合设置。所址应根据下列要求综合考虑确定：

a) 接近负荷中心；
b) 靠近电源侧；
c) 进出线方便；
d) 设备检修运输方便；
e) 应布置在装置的上风侧；
g) 防火间距应满足GB 50160《石油化工企业设计防火规范》的要求。

6.1.2 变配电所不应设置在爆炸危险区域内。当变电所局部位于爆炸危险区内时，其位于爆炸危险区内的部分，应符合下列规定：

a) 应不设门而采用密闭非燃烧的实体墙；
b) 需要设窗时，应采用不可开启、难燃烧体的密闭窗。

6.4 变配电装置的布置

6.4.4 变压器布置应符合下列要求：

a) 变电所的配电变压器，根据工程的具体环境条件，可设在室内、露天或半露天；

b) 变压器外廓与变压器室的墙壁和门的净距离，应不小于表6.4.4所列值；

表6.4.4 变压器外廓与变压器室的墙壁和门的最小净距离

单位 mm

项目	变压器容量 kVA	
	100～1000	1250及以上
变压器与后壁、侧墙的净距	600	800
变压器与门的净距	800	1000

c) 露天或半露天变压器的周围应设固定围栏。变压器外廓与围栏或建筑物的净距应不小于0.8m；变压器底部距地面不应小于0.3m；相邻变压器外廓之间的净距不应小于1.5m；但接有一级负荷时，相邻变压器的防火净距不应小于5m，当难以满足时应设防火墙；

d) 当变压器设吊芯设施时，可按芯体重量考虑。

6.5 对建筑、通风及其他的要求

6.5.4 变电所门窗设置的要求如下：

a) 控制室、配电装置室、电容器室和电缆夹层的门应设置向外开启的防火门，并应装设弹簧锁，相邻之间有门时，应采用由不燃材料制造的双向弹簧门。

6.6 防火要求

6.6.1 变配电所建筑物的防火等级，除油浸变压器室及总事故油池为一级外，其他均为二级。

6.6.2 有下列情况之一时，变压器室的门应为甲级防火门：

a) 变压器室位于车间内；
b) 变压器室位于易沉积可燃粉尘、可燃纤维的场所；
c) 变压器室位于建筑物内。

6.6.3 室外油浸变压器外廓距建筑物外墙小于5m时，在变压器总高度外廓两侧各加3m内（变压器油量为1000kg以下时，则两侧各加1.5m）的墙上，不应设门窗和通风孔。

6.6.4 有下列情况之一时，变压器应设能容纳100%变压器油量的挡油设施或能将油排放到安全处所的措施：

a) 变压器室位于易沉积可燃粉尘、可燃纤维的场所；
b) 变压器室位于建筑物的二层及以上层。

6.6.6 建构筑物中的楼板开孔部位和墙的孔洞应采用防火封堵材料进行封堵，其防火封堵组件的耐火极限不应低于被贯穿物的耐火极限，且不应低于1h。
6.6.7 变电所应设火灾报警装置。

8 电缆选择及敷设

8.1 电缆选择

8.1.2 电缆导体材质：
a) 控制电缆应选用铜导体；
b) 用于下列情况的电力电缆，应选用铜导体：
3) 耐火电缆；
4) 紧靠高温设备布置；

8.1.4 装置区宜采用阻燃型交联聚乙烯绝缘电缆，爆炸和火灾危险环境中架空敷设的电缆应采用阻燃型电缆，火灾报警电缆应选择防火电缆，移动式电气设备的供电线路，应采用橡皮绝缘电缆。

8.1.5 在外部火势作用一定时间内需维持通电的下列场所或回路，明敷的电缆应实施耐火防护或选用具有耐火性的电缆：
a) 消防、报警、应急照明、断路器操作直流电源和发电机组紧急停机的保安电源、UPS电源和UPS配电回路等重要回路；
c) 油罐区等易燃场所、其他重要公共建筑设施等需要有耐火要求的回路。

8.2 电缆敷设的一般要求

8.2.5 在隧道、沟、浅槽、竖井、夹层等封闭式电缆通道中，不得布置热力管道，不得有易燃气体或液体的管道穿越。

8.2.6 爆炸性气体危险场所敷设电缆，应符合下列规定：
a) 易燃气体比空气重时，电缆应埋地或在较高处架空敷设，且对非铠装电缆采取穿管或置于桥架中进行机械保护；
b) 易燃气体比空气轻时，电缆应敷设在较低处的管、沟内，沟内应埋沙；
c) 沿输送易燃气体或液体的管道栈桥敷设时，应沿危险程度较低的管道一侧；当易燃物质比空气重时，在管道上方；比空气轻时，在管道下方；
d) 电缆及其管、沟穿过不同区域之间的墙、板孔洞处，应采用非燃性材料严密封堵；
e) 电缆线路中不应有接头；如采用接头时，应具有防爆性。

8.3 电缆敷设方式

8.3.2 电缆在电缆沟、电缆隧道内敷设应符合下列要求：
a) 电缆隧道、工作井的净高，不得小于2000mm；与其他沟道交叉的局部段净高，不得小于1400mm；
c) 电缆支架、梯架或托盘的层间距离，应满足能方便地敷设电缆及其固定、安置接头的要求，且在多根电缆置于一层情况下，可更换或增设任一根电缆及其接头。其层间距宜符合表8.3.2-2所列数值；
d) 水平敷设情况下电缆支架的最上层、最下层布置尺寸，应符合下列规定：
1) 最上层支架距盖板、梁底的净距，应满足电缆引接至上侧盘柜时的允许弯曲半径要求，且不宜小于按表8.3.2-2所列数再加80mm～150mm的和值；
2) 最上层支架距其他设备的净距，不应小于300mm，当无法满足时应设置防护板；

表8.3.2-2 电缆支架层间距离的最小值

单位为mm

电缆电压等级和类型，敷设特征		普通支架、吊架	桥架
控制电缆明敷		120	200
电力电缆明敷	6kV以下	150	250
	6kV～10kV交联聚乙烯	200	300
	35kV单芯	250	300
	35kV三芯	300	350
电缆敷设在槽盒中		$h+80$	$h+100$

注：h表示槽盒外壳高度。

e) 电缆隧道沿隧道纵长不应少于两个安全孔，且应每隔不大于75m距离设安全孔；隧道首末段无安全门时，宜在不大于5m处设置安全孔，安全孔直径不得小于700mm，厂区内的安全孔宜设置固定式爬梯；
f) 对封闭式安全井，应在顶盖板处设置2个安全孔；
g) 电缆隧道宜采取自然通风。当有较多电缆导体工作温度持续达到70℃以上或其他影响环境温度显著升高时，可装设机械通风，但机械通风装置应在一旦出现火灾时可靠地自动关闭。长距离的隧道，宜适当分区段实行相互独立的通风；

8.3.3 电缆架空敷设应符合下列要求：
e) 1kV以上电力电缆与1kV及以下电力电缆和控制电缆应分架敷设；同架敷设时，其间应用防火隔板隔开；
i) 架空敷设的电缆与热力管道的净距不应小于1m，否则应采取隔热措施；与其他管道间的净距不应小于0.5m，否则应采取防机械损伤的措施；
j) 向同一重要负荷点供电的两回电源电缆线路以及重要的机泵电缆，其中包含有工作机泵和备用机泵的两组馈电电缆，应采用阻燃电缆分别敷设在不同的桥架内。当架设不同桥架有困难只能敷设在同一桥架内时，应加防火隔板隔开；
l) 电缆桥架在进出建筑物、穿越隔墙、楼板处，均应采取防火封堵措施。

112. 《石油化工装置电信设计规范》SH/T 3028—2007

7 火灾自动报警系统

7.1 系统组成

7.1.1 石油化工装置必须设置火灾自动报警系统。火灾自动报警系统应具备向所属消防站报火警的功能。

7.1.2 火灾自动报警系统分为两种形式：区域报警系统、集中报警系统。设计应根据不同的保护对象，选择不同的火灾自动报警系统形式。

7.1.3 火灾自动报警系统应设有自动和手动两种报警触发装置。

7.2 火灾探测器

7.2.2 火灾探测器的选择应符合下列要求：

a) 对火灾初期有阴燃阶段，产生大量的烟和少量的热，很少或没有火焰辐射的场所，应选择感烟探测器；

b) 对火灾发展迅速，可产生大量热、烟和火焰辐射的场所，可选择感温探测器、感烟探测器、火焰探测器或其组合；

c) 对火灾发展迅速，有强烈的火焰辐射和少量的烟、热的场所，应选择火焰探测器；

d) 对使用、生产或聚集可燃气体或可燃液体蒸气的场所，应选择可燃气体探测器；

e) 对火灾形成特征不可预料的场所，可根据模拟试验的结果选择探测器。

7.2.3 应根据石油化工装置不同单元的建筑特点、火灾初期的燃烧特性等因素，选择使用点型或线型自动探测器。

7.3 手动火灾报警按钮

7.3.1 手动火灾报警按钮的选择，应符合下列要求：

a) 设置自动探测器的场所，应设置手动火灾报警按钮；

b) 石油化工装置区及罐区四周应设置手动火灾报警按钮。

7.3.2 石油化工装置区内，从任何位置到最邻近的一个火灾手动报警按钮的距离，不应大于25m。

7.3.3 手动火灾报警按钮应设置在明显的和便于操作的位置。安装高度为底边距所在地面1.3m～1.5m，且应有明显的红色标志。

7.4 火灾警报器

7.4.1 火灾自动报警系统必须配置火灾警报装置。

7.4.2 火灾警报器包括：火灾应急广播、电笛、电铃、声光警报器等类型，可根据具体的使用环境、防护要求选择不同类型的火灾警报器。

7.4.3 设置有扩音对讲系统的石油化工装置，其火灾自动报警系统的警报器应利用扩音对讲系统的广播功能作为应急广播。

7.5 系统控制器

7.5.1 火灾自动报警系统控制器必须设置在昼夜有人值班的房间或场所。宜设置在石油化工装置控制室。

7.5.2 火灾自动报警系统控制器安装在墙上时，底边距地面高度宜为1.3m～1.5m，靠近门轴的侧面距墙不应小于0.5m，正面操作距离不应小于1.2m。

火警系统控制器落地式安装时，底边宜高出地坪0.1m～0.2m，控制器前的操作距离：单列布置时不应小于1.5m；双列布置时不应小于2m。在值班人员经常工作的一面，控制器至墙的距离不应小于3m。控制器后的维修距离不宜小于1m。

7.6 消防联动

7.6.1 对联动或自动灭火等可靠性要求高的场所，宜选用两种以上的火灾探测器。当选择两种以上探测器有困难时，可选择一种探测器，但探测器数量不应少于两个。

7.7 电源及接地

7.7.1 火灾自动报警系统应设有主电源和直流备用电源。

7.8 线缆

7.8.1 火灾自动报警系统的传输线路和50V以下供电的控制线路，应采用电压等级不低于交流250V的铜芯绝缘导线或铜芯电缆。采用交流220/380V的供电或控制线路应采用电压等级不低于交流500V的铜芯绝缘导线或铜芯电缆。

7.8.2 火灾自动报警系统的传输线路的线芯截面选择，除应满足自动报警装置技术条件的要求外，还应满足机械强度的要求。

7.8.4 火灾自动报警系统的传输网络不应与其他系统的传输网络合用。

10 防护

10.3 火灾危险环境的电信设备和线路，应符合周围环境内化学的、机械的、热的、霉菌以及风沙等不同环境条件对设备的要求。正常运行时有火花的和外壳表面温度较高的设备，应远离可燃物质。

113. 《石油化工企业供电系统设计规范》SH/T 3060—2013

5 总变（配）电所

5.1 所址选择和整体布置

5.1.1 总变（配）电所的所址应符合下列要求：

a）在满足防爆、防火安全间距条件下，尽可能靠近负荷中心；

5.1.2 总变（配）电所整体布置的基本原则：

g）道路的设置应便于运输、运行巡视和设备检修，且应满足火灾消防的要求。

5.8 总变（配）电所防火设计

总变（配）电所的防火设计应符合现行相关标准的规定。

7 供配电线路和厂区照明

7.1 供配电线路

7.1.4 供配电电缆线路敷设的一般规定如下：

d）向同一个一级负荷供电的双重电源电缆线路，应采用阻燃电缆分架敷设或分沟敷设；向一级负荷中特别重要负荷供电的双重电源电缆线路合用同一通道未相互隔离时，其中一回线路应实施耐火防护或选用耐火电缆。

7.1.7 电缆隧道敷设时应符合下列规定：

e）电缆隧道内应设照明，其电压不宜超过24V，照明线路应采用耐火电缆；

f）电缆隧道进出建筑物处，在变电所围墙处以及沿隧道每隔100m处，应设带门的防火隔墙，门应采用非燃性材料制作，并应装锁；电缆通过防火隔墙时应实施防火封堵；

g）电缆隧道内应设火灾报警装置，宜选择缆式线型感温探测器；

h）电缆隧道应设有通风排烟设施，并应与火灾报警系统设置电气联锁；

i）电缆隧道内以及进出口处应装设有效的灭火设施。

114. 《石油化工电信设计规范》SH/T 3153—2021

5 行政电话系统

5.2 站址选择

5.2.1 电话站的位置应满足下列要求：
　　b）应避开有较大震动或强噪声的地点；
　　c）应避开有爆炸和火灾危险、电磁干扰、腐蚀性气体以及空气中粉尘含量过高的场所；
　　d）应避开各种地下管线密集的地带；
　　f）应便于维护和管理。

5.7 电话站机房

5.7.10 电话站应设火灾自动报警设施。

6 调度电话系统

6.3 调度电话站

6.3.5 依据调度岗位需要和全厂系统配置，调度室除设置调度台外，还宜设置电视监视系统的控制和监视终端、火灾报警系统受警终端、生产过程控制系统只读操作站、工厂信息系统客户端等，调度室的设备布置应便于调度人员操作和使用。

7 无线通信系统

7.1 一般规定

7.1.9 用于救灾及消防灭火岗位的无线通信系统，应在没有固定基站或固定基站故障情况下仍能进行通信。

7.3 窄带数字集群通信系统

7.3.2 基站设计应符合下列规定：
　　d）应与调度电话系统或行政电话系统及火灾报警电话系统建立中继联系。

7.8 接口

7.8.1 常规无线通信系统可与行政电话系统、调度电话系统建立中继联系。无线集群通信系统中继接口应采用标准接口，宜与行政电话系统、调度电话系统、火灾电话报警系统建立中继联系。

8 扩音对讲系统及广播系统

8.1 一般规定

8.1.6 应急广播系统应设置自诊断功能检测与集中监视的自动化装置，系统的传输线路应具备线路故障侦测和报警功能。

8.2 扩音对讲系统

8.2.11 当扩音对讲系统用于消防广播或应急广播时，应具有符合本规范8.1.6的要求并经过专业电声检测机构认可，消防控制室或安全管理指挥中心应具备对各扩音对讲系统分区电源供电集中监测功能。

8.3 广播系统

8.3.2 应急广播

8.3.2.1 应急广播系统应根据生产、安全和企业管理的需求设置在下列场所：
　　c）应设置在设有火灾报警系统的场所；

8.3.2.2 应急广播系统应能在覆盖区内播放有关应急措施和防灾减灾广播，并应满足下列要求：
　　a）在突发或可能预计发生的危险情况下持续工作；
　　b）危险情况发生后，能至少发出一次危险提示音信号和30s有关内容的语言广播；
　　c）有防止错误广播的措施；
　　d）根据疏散过程和管理需要分区广播；
　　e）断电恢复时间小于10s。

8.3.2.3 应急广播系统宜按企业管理需要统一设置，宜采用单中心定压式功率放大器结构，不应使用就地供电的有源扬声器。

8.3.2.4 应急广播系统应根据企业生产管理需要划分成独立广播的区域，每个区域应独立分配应急信号。切换选择装置应具备分区手动与自动切换和手动一键接通所有广播分区的功能。

8.3.2.5 当系统输入报警信号时，应立即取消与应急任务无关的其他功能，保证警报信号正常传输。应急广播系统应始终保持开机热备状态，警示信息或警报语音文件应在触发后2s内向相关区域播放。

8.3.2.9 在环境噪声大于110dB（A）的信号接收区域内，应使用与应急撤离听觉信号声级一致的视觉信号补充应急撤离听觉信号。

8.4 传输路线

8.4.5 用于应急广播的扩音对讲系统，穿钢管或在电缆桥架内架空敷设的线路应采用阻燃或阻燃耐火电缆。

8.6 电源供电

8.6.3 扩音对讲系统及广播系统的供电电源应满足全负荷功率状态下120%的用电负荷需要，扩音对讲系统备用电源的后备时间不应小于0.5h，应急广播系统和用于应急广播的其他广播系统备用电源后备时间不应小于3h。

9 电视监视系统

9.1 一般规定

9.1.1 企业应设置全厂统一的电视监视系统控制管理平台。系统设计应符合企业生产管理和安全管理要求,应为生产操作监视、安全预警监察、火灾消防监督、人员安全监视、安保防范管理等提供有效的实时监视手段。

9.3 图像摄取设备

9.3.1 摄像机应按下列原则设置,具体设置部位示例参见附录D:
 a) 对生产操作影响重大的重要设备与部位;
 b) 易发生火灾的部位;
 c) 易发生有害气体、液体泄漏的部位;
 d) 存在人身伤害危险的场所;
 e) 重要物品及危化品存放区域;
 f) 无人值守的重要区域;
 g) 可造成环境影响的重要排放点;
 h) 厂区、装置进出通道及巡检通道;
 i) 人员集中场所;
 j) 需要安全防范的场所。

9.3.4 监视区域照度低于 0.01lx 的场所宜采用红外补光摄像机、热成像摄像机、低照度摄像机等,监视测量温度图场景的摄像机应采用热成像摄像机,热成像摄像机宜有独立的温度报警信号输出。

10 视频电话会议系统

10.3 视频电话会议室

10.3.1 视频电话会议室位置应满足下列要求:
 a) 应避开有较大震动或强噪声的地点;
 b) 应避开有爆炸和火灾危险、电磁干扰、腐蚀性气体、腐蚀性排放物以及空气中粉尘含量过高的场所;

12 火灾报警系统

12.1 一般规定

12.1.1 企业应设置统一的火灾报警系统。系统应包括火灾电话报警系统和火灾自动报警系统。
12.1.2 企业应设置全厂消防监控中心(全厂主消防控制室),全厂消防监控中心应与安全管理指挥中心与全厂调度中心合建;全厂消防监控中心无法满足消防控制要求或设计有特殊要求时,应设置区域消防控制室(分消防控制室),区域消防控制室宜与生产操作岗位用房合建。合建的全厂消防监控中心与区域消防控制室的火灾报警设备应集中布置,并应符合 GB 25506 的规定。
12.1.3 全厂消防监控中心应负责全厂的消防管理、监控和指挥,应有独立的火警受理、消防设施运行状态监控和联动、消防通信指挥与消防安全管理信息查询的功能,并应设置相应的设施;区域消防控制室负责本辖区的消防管理、监控和指挥,应有全厂的火灾监视和本辖区的火警受理、消防设施运行状态实时监控或联动功能,并应设置相应的设施。
12.1.4 可燃气体和有毒气体检测报警的设计应符合 GB 50493 的规定和 GB 50116 有关可燃气体报警系统规定。

12.2 火灾电话报警系统

12.2.1 火灾电话报警系统应具备电话专用号报警以及消防监控中心与消防岗位间的直通联系功能;火灾电话报警设施应符合本规范 6.2.7 的规定,消防岗位的直通联系电话应具备电话脱机侦测功能。
12.2.2 全厂消防监控中心应设置火灾电话报警系统的受警指挥终端;受警指挥终端应能同时受理不少于两处的报警,并应与区域消防控制室、消防站、消防加压泵站、泡沫站、总变配电所及其他与消防管理有关的值班岗位建立直通电话联系。受警指挥终端应有数字录音录时、报警位置自动辨识、查询报警电话号码及电话回拨功能。企业内消防站的通信指挥室可设置具备监听全厂消防监控中心接警功能的电话终端。
12.2.3 当全厂消防监控中心的火灾受警电话与具备火灾电话报警功能的直通电话之和超过 4 台时,应采用具备录音功能的按键式双手柄消防调度台作为接警和通信装置。
12.2.6 火灾电话报警设施应有接收企业内无线通信系统报警信息的功能,同时宜具备接收厂外语音通信系统报警信息的功能。
12.2.7 受警指挥终端数字录音录时记录的时间应大于或等于 2h。

12.3 火灾自动报警系统

12.3.1 一般规定

12.3.1.1 企业应设置统一管理与控制的火灾自动报警系统,不宜使用独立型火灾报警控制器。
12.3.1.2 企业的火灾自动报警系统应采用专用对等网络结构,并宜连接成环形网络结构,不同建筑物间的控制设备宜采用光纤连接。
12.3.1.3 设置火灾自动报警系统的场所应设警报装置。
12.3.1.4 企业的火灾自动报警系统应设置在以下场所:
 a) 有火灾和爆炸危险的生产区;
 b) 需要对自动消防系统或相关系统设备联动控制的场所;
 c) GB 50116、GB 50160、GB 50074 和 GB 50016 规定设置火灾自动报警系统的场所;
 d) 生产和管理需要设置火灾自动报警系统的场所。
12.3.1.5 使用非系统配套生产与检测的设备及组件在与火灾自动报警系统连接时,设备及组件的接口和通信协议应符合 GB 22134 和 GB 16806 的规定。
12.3.1.6 火灾自动报警系统应采用专用线路,探测及控制信号线路应有线路故障报警功能,线路设计应考虑连接的设备在工作时段不受应急工况影响造成中断。
12.3.1.7 火灾自动报警系统应有向电视监视系统发送报警和联动控制信号的功能,并可接收电视监视系统的报警信息。

12.3.1.8 火灾自动报警系统中火灾报警控制器、消防联动控制器、火灾显示盘、消防控制中心图形显示装置设计的技术要求应满足下列规定：

a) 火灾报警控制器：
1) 接入火灾报警探测设备的报警与故障信号；
2) 可控制少于 6 点的消防设备并进行状态监视，每一控制输出应有手动按钮；
3) 显示本火灾控制器与其他火灾报警控制器的报警与故障信号，并对本火灾控制器的报警与故障信号进行管理。

b) 消防联动控制器：
1) 接收火灾报警控制器的报警信号；
2) 对固定灭火系统实施直接连线的手动与联动控制；
3) 对其他消防设备实施手动与联动控制；
4) 监视消防设备的状态与故障信息。

c) 联动型火灾报警控制器：满足上述 a) 中 1)、3) 和 b) 的要求；

d) 消防控制中心图形显示装置：
1) 接收全部或部分火灾报警控制器、消防联动控制器、联动型火灾报警控制器的报警与故障信号，接收消防设备的联动控制与状态信息；
2) 显示以上设备的报警与故障信号和联动控制与状态信息。

e) 火灾显示盘：显示本装置、单元及独立建筑物的报警与故障信息。

12.3.1.9 全厂消防监控中心和区域消防控制室、消防站通信指挥室应设置消防信息图形显示设施，当火灾报警与消防设施信息显示屏与/或消防控制中心图形显示装置达不到完整显示信息需求时，可增设消防控制中心图形显示装置完善互补充显示信息内容。

12.3.2 系统形式选择与设计

12.3.2.1 系统应采用统一的控制中心报警系统或集中报警系统，并应符合企业的管理需要。

12.3.2.2 火灾自动报警系统的受警终端应满足企业受警岗位的需求。

12.3.2.3 火灾自动报警系统控制设备应有时钟同步功能，同时系统宜有接收外部时钟同步的功能。

12.3.2.4 消防控制中心图形显示装置应有符合附录 F 和附录 G 规定的有关信息的功能。

12.3.2.5 集中报警系统的设计应符合下列规定：
a) 包括火灾探测器、手动火灾报警按钮、火灾声光警报器、消防应急广播、消防控制中心图形显示装置、火灾报警控制器、消防联动控制器等；
b) 受警设备设置在全厂消防监控中心。

12.3.2.6 控制中心报警系统的设计应符合下列规定：
a) 全厂消防监控中心应能显示所有火灾报警信号和联动控制状态信号，并应能对固定灭火系统实施控制；区域消防控制室内消防设备之间可相互传输和显示状态信息，但不应互相控制；没有设置区域消防控制室的区域，消防设备的控制功能应由全厂消防监控中心实现。
b) 其他设计应符合本规范 12.3.2.5 的规定。

12.3.3 报警区域和探测区域划分

12.3.3.1 报警区域的划分应满足下列要求：

a) 建筑物内符合 GB 50116 报警区域划分规定；
b) 装置或系统单元按装置或单元内的贯通式道路和环形道路中心线及边界线围成的区域划分，对装置或单元内未设置贯通式道路和环形道路的区域，按装置或单元边界线进行划分；
c) 固定灭火设施服务的区域按灭火保护区进行独立划分。

12.3.3.2 建筑物内探测区域的划分应符合 GB 50116 的规定，露天装置或系统单元内探测区域的划分应符合下列原则：
a) 工艺流程中的各个火灾与爆炸危险点；
b) 安全和危害等级不同的火灾与爆炸区域；
c) 需要实施火灾探测的设备；
d) 各消防联动控制区域；
e) 不同探测类型的探测区域。

12.3.4 火灾探测器选择

12.3.4.1 火灾探测器的选型应符合下列原则：
a) 符合保护场所所燃烧物的特性参数和探测原理；
b) 符合燃烧物的燃烧持续时间、探测响应速度和灵敏度；
c) 符合使用环境；
d) 在可控的应急工况下完成有效报警；
e) 具备保持和远程消除火灾报警/故障信号的功能；
f) 便于设备安装和维护检修；
g) 当燃烧物的特性参数无法确定时，通过实验确定后选择适宜的探测设备；
h) 在爆炸危险环境中使用的探测设备，选择不低于环境防爆等级的设备。

12.3.4.3 线型感温火灾探测器的选择应符合下列规定：
a) 探测器敏感部件的标准报警长度应符合 GB 16280 规定的温度动作性能要求，并应保持连续；
b) 应使用在被保护物体或场所火灾温升能够有效探测的场所；
c) 应根据被保护物体和使用环境合理选择适宜的探测器类型；
f) 浮顶罐浮盘二次密封板密封处应采用线型光纤感温火灾探测器，线型探测器敏感部分的标准报警长度不应大于 1m 且连续。

12.3.4.5 火焰探测器应选择能够探测目标燃烧物火焰的设备，火焰探测器可具备非接触测温补偿功能。火焰探测器选择应明确探测响应时间要求。

12.3.4.6 探测非接触物体表面火灾温度值的场所应采用图像型感温探测器，图像型感温探测器应采用分布式图像型火灾探测器，分布式图像型火灾探测器应能将火灾报警信号送至火灾报警系统，并应能显示存储报警图像。图像型感温探测器可具备低温探测与报警功能。

12.3.5 模块的选择

火灾自动报警系统模块的选择应符合下列规定：
a) 输入模块具备接入信号报警和反馈功能；
b) 输出模块具有满足受控设备正常工作的电压与电流输出；
c) 中继模块具备线路所需的信号传输和电压与电流转换功能；

d) 模块与连接设备之间具备线路断线和短路的故障报警功能；

e) 符合 GB 22134 的有关规定。

12.3.6 警报装置选择

警报装置应包括消防广播系统和声光警报装置。消防广播系统的设备选择应符合本规范第 8 章应急广播的规定，声光警报装置的选择应满足下列要求：

a) 环境噪声小于 60dB 的建筑物内，声光警报装置设置应符合 GB 50116 火灾警报器设置的要求；

b) 声光警报装置的光警报装置宜采用脉冲方式，脉冲闪烁次数宜为 60 次/min～120 次/min，室外使用的声光警报装置有效发光强度应不小于 300cd，厂房内使用的光警报装置有效发光强度应不小于 150cd；

c) 室外型声光警报装置的光警报装置宜采用半球型，火灾报警应为红色；

d) 生产区、公用和辅助生产设施的声警报装置最大有效声压值应大于或等于 110dB。

12.3.7 系统设备设置

12.3.7.1 火灾自动报警系统控制设备（包括火灾报警控制器、消防联动控制器、火灾显示盘、消防控制中心图形显示装置）的设置应满足下列规定：

a) 火灾自动报警系统控制设备应设置在符合设备安装环境和便于维护的建筑物内；各装置或单元的火灾报警控制器应设置在本装置或单元的建筑物内，当本装置或单元没有适于安装的建筑物时，可将控制器设置在相邻装置或单元适宜的建筑物内。

b) 火灾报警控制器和消防联动控制器应设置在方便操作的位置，采用壁挂安装方式时，控制器主显示屏中心高度宜为 1.5m，其靠近门边及距侧墙的距离应大于或等于 0.5m，控制器的正面操作距离应大于或等于 1.2m。

12.3.7.2 火灾探测器的设置应符合 GB 50116—2013 中 6.2 的规定，探测器的具体设置部位应符合 GB 50116—2013 附录 D 的规定。火灾自动报警系统的设置场所及火灾探测器选型举例见附录 H。

12.3.7.3 线型光束感烟火灾探测器的设置应符合下列规定：

a) 安装固定在没有位移的结构上；

b) 避免接受器受日光和人工光源的影响。

12.3.7.4 线型感温火灾探测器的设置应符合下列规定：

a) 探测器敏感部件在每 1m 保护范围内有一个完整的标准报警长度。

b) 分区定位型线型感温火灾探测器的一个探测回路不应跨越两个及以上探测区域。

c) 使用在电缆桥架中的缆式线型感温火灾探测器应逐层敷设，非接触缆式线型感温火灾探测器应架空安装在水平敷设电缆上方，其距被保护电缆的高度不宜大于 0.5m。当采用接触缆式线型感温火灾探测器时应使感温探测敏感部件与被保护物体可靠接触，在电缆桥架上安装时，应采用 S 形接触安装方式。

12.3.7.5 管型吸气式感烟火灾探测器的设置应符合下列规定：

a) 设计应符合 GB 50116—2013 中 6.2.17 的规定；

b) 应对采样管网进行计算并明确表示管网结构、管径、长度、网管转弯半径和采样孔位置，以使管网整体探测灵敏度符合要求。

12.3.7.6 火焰探测器的设置应符合下列规定：

a) 探测器应布置在最有利方位，被保护物（区域）应在探测器的探测视角和距离范围内，应避免探测视角内有遮挡物或探测死角；

b) 探测器应设置在不受日光影响和正常操作没有火、弧光、人工光源直射与反射的位置；

c) 探测器的安装方式不应存在有旋转控制。

12.3.7.7 图像型感温火灾探测器的设置应符合下列规定：

a) 高温响应阈值应低于燃烧物燃点 5℃±2℃ 且高于使用环境的极端最高温度 10℃；

b) 低温响应阈值应低于使用环境的极端最低温度 5℃；

d) 探测器的安装位置应符合本规范 12.3.7.6 的规定。

12.3.7.9 手动火灾报警按钮的设置应符合下列规定：

a) 建筑物内每个防火分区应至少设置 1 只手动火灾报警按钮，且在防火分区内任何位置到最近的手动火灾报警按钮步行距离不应大于 30m；

b) 甲、乙类装置内及装置区周围和甲、乙类储罐组四周的道路边，应设置手动火灾报警按钮。甲、乙类装置内的手动火灾报警按钮宜设置在重要设备旁及巡检路线附近；

c) 甲、乙类装置区和储罐组周围道路边设置的手动火灾报警按钮间距不应大于 100m；

d) 甲、乙类装置内地面设置的手动火灾报警按钮应保证地面任何位置到最近的手动火灾报警按钮步行距离不大于 50m；

e) 在甲、乙类装置中，重要设备平台及长度大于或等于 18m 且宽度大于 2m 平台，应至少设置 1 只手动火灾报警按钮；长度大于或等于 12m 且小于 18m 宽度大于 2m 的设备平台，应隔层设置手动火灾报警按钮。设备平台上的手动火灾报警按钮宜设置在斜梯附近，并应保证设备平台任何位置至最近手动火灾报警按钮的距离不大于 30m；

f) 设置有火灾自动报警系统的地下空间应至少设置 1 只手动火灾报警按钮，手动火灾报警按钮应设置在出入口附近，并应保证任何位置至最近手动火灾报警按钮的距离不大于 30m；

h) 手动火灾报警按钮应具有与环境相符的 IP 等级，并可配有防雨防尘罩（箱），其前盖宜具备自行关闭功能；

i) 手动火灾报警按钮应安装在明显和便于操作的位置，且中心高度宜为 1.4m。当安装位置没有建（构）筑物依托时宜采用立柱安装方式，立柱型手动火灾报警按钮应设置在不妨碍工程检修、抢险车辆通过的位置。

12.3.7.10 可燃气体、液化烃和可燃液体储罐和储罐组火灾探测器的设置应符合下列规定：

a) 火灾探测器以外的火灾自动报警系统设备及手动报警按钮应设置在储罐防火堤外；

b) 浮顶储罐使用的线型光纤感温火灾探测器应安装在浮盘二次密封板密封间隙旁或上方，每只线型光纤感温火灾探测器只能保护一个储罐。罐上连接探测器的移动线缆应安装固定在金属拖链内；

c) 固定顶储罐、内浮顶储罐、液化烃压力储罐、卧式储罐应根据储存物料的火灾特性及工艺需求设置火灾探测器，火灾的探测目标应为储罐阀组区。液化烃压力储罐应设置图像型感温火灾探测器；固定顶储罐、内浮顶储罐、可燃液体卧式储罐应设置红外火焰探测器或图像型感温火灾探测器；

e) 液体硫黄罐应在罐顶通气口设置图像型感温火灾探测器。

12.3.7.11 易燃及可燃固体皮带输送设施的探测器应安装在输送带上方或输送带托轮等易过热点。设置在输送皮带上方的探测器应采用非接触式测温功能的线型感温火灾探测器，并宜安装在距输送带不大于 0.5m 且不与被传送物料接触处；设置在输送带托轮等易过热点的探测器应采用接触式测温功能的线型感温火灾探测器，其探测器敏感部件的标准报警长度应符合 GB 16280 的规定。

12.3.7.12 模块及关联设备的设置应符合下列规定：

a) 模块及关联设备宜按报警区域集中设置在室内火灾报警专用机箱（柜）内，室外安装时，应采取相应的防护及防腐措施，爆炸性环境还应满足安装场所的爆炸性环境设备选择要求；

b) 同一受控设备的模块及关联部件应设置在同一设备箱（柜）内；

c) 不同报警区域设备不应使用同一个模块及关联设备；

d) 控制固定灭火系统的设备箱安装位置应避免受该服务区出现燃烧、爆炸等工况的影响；

e) 模块及关联设备箱的设计应符合本规范 19.4 的规定。

12.3.7.13 非爆炸危险环境建筑物内声光警报装置的设置应符合 GB 50116—2013 中 4.8 的规定。生产区内声光警报装置应按报警区的划分进行设置，并满足下列要求：

a) 设在有火灾自动报警系统的场所和人员出入频繁或人员集中的露天生产场所；

b) 设在装置与系统单元的通道或周边方便观察且无遮挡的位置；

c) 生产区、公用和辅助生产区声光警报装置的声压符合本规范 8.1.2 的要求；

d) 室外安装高度不小于 2.5m。

12.4 消防联动控制

12.4.1 全厂消防联动控制应统一设置，消防设施应由火灾自动报警系统联动控制，消防控制应设置有自动/手动控制方式，并应设置自动/手动控制转换装置。

12.4.2 全厂消防监控中心应有监视与控制全厂消防联动设备的功能，区域消防控制室应有监视与控制辖区内消防联动设备的功能。当设置有区域消防控制室时，全厂消防监控中心应通过区域消防控制室对其辖区内消防设备进行控制。区域消防控制室可设有外来指令禁止功能并应在全厂消防监控中心显示。当由生产过程控制系统控制消防设施时，全厂消防监控中心和所管辖区域消防控制室的火灾自动报警设备应显示消防设施的运行状态。

12.4.3 需要控制的固定灭火系统，应由设置在全厂消防监控中心或区域消防控制室的消防联动控制器控制。消防联动控制器应有下列功能：

a) 全厂消防监控中心及区域消防控制室的消防联动控制器应设置启动和/或停止控制按钮和手动/自动控制转换装置，并应有设备运行状态显示和手动/自动控制转换状态显示；

b) 固定灭火设施应采用专用线路直接连接至辖区控制室或全厂消防监控中心消防联动控制器的手动触发装置；

c) 与受控设备之间的专用线路不应有过渡器件，专用线路的电压等级可采用直流 24V 或交流 220V；

d) 手动触发装置应能在系统失效时正常操作受控设备。

12.4.4 设计应明确消防联动的控制逻辑与信号形式，消防联动控制系统应按要求控制相关设备，并接收联动反馈信号。

12.4.5 需要火灾自动报警系统联动控制的消防设备，应由两个独立报警装置的报警信号通过"与"逻辑触发启动。

12.4.6 泡沫灭火系统的消防联动控制应符合下列规定：

a) 区域消防控制室或全厂消防监控中心应能启动泡沫消防水泵、泡沫比例混合装置、泡沫混合液输送管网分配阀，并能接收状态信息；

c) 区域消防控制室和全厂消防监控中心应监视泡沫液储罐的液位值和泡沫比例混合装置的泡沫混合液压力值。

12.4.7 自动跟踪定位射流消防系统应由辖区区域消防控制室和全厂消防监控中心实施监控。远控消防炮应能在辖区区域消防控制室和全厂消防监控中心监视下列内容：

a) 监视电动阀门的开启、关闭及故障；

b) 当远控炮系统有无线控制功能时，显示无线控制器的工作状态；

c) 当远控炮系统自带摄像机时，显示摄像机的视频图像。

12.4.9 有远程控制功能的现场控制盘（柜）应设置现场/远程切换装置，全厂消防监控中心和所辖区域消防控制室应能显示其状态。

12.4.10 火灾自动报警系统的联动控制应有启/停时间记录功能。

12.4.11 防烟排烟系统的联动控制设计应符合 GB 50116—2013 中 4.5.1、4.5.2、4.5.4 和 4.5.5 的规定，人员集中室内场所且建筑面积大于 1000m² 时，建筑物防烟排烟系统的联动控制设计应符合 GB 50116—2013 中 4.5.3 的规定，其他室内场所防烟排烟系统的联动控制可由本建筑物火灾报警控制器联动控制。全空气空调系统送回风管道中防火阀的控制应符合防火分区的要求，当两个以上探测器报警时应关闭该防火分区的防火阀。火灾状态下可切断舒适性空调系统电源，工艺性空调系统的电源应在所有防火分区送或回风管道防火阀关闭或设备工况许可条件下切断。

12.4.12 防火门及卷帘系统的联动控制设计应符合 GB 50116—2013 中 4.6 的规定。当疏散通道的防火门设置有门禁控制时，该防火门门禁控制宜采用火灾门禁控制失效模式。

12.4.13 火灾自动报警系统应有按防火分区切断电源功能，凡对消防与企业生产操作、企业直接生产管理有影响区域与设施的供电回路不应由火灾自动报警系统联动切断。

12.4.14 全厂消防监控中心和区域消防控制室、消防站通信指挥室应显示完整的消防信息。

12.5 全厂消防监控中心及区域消防控制室

12.5.1 全厂消防监控中心和区域消防控制室的位置应符合本规范附录 I 的规定。

12.5.2 全厂消防监控中心的设置应符合 GB 50016、GB 50116—2013 中 3.4、GB 25506、本规范 12.3.2、本规范 12.3.3 和本规范附表 F 和本规范附表 H.1 的规定。

12.5.4 区域消防控制室的设置应符合 GB 50116—2013 中 3.4、GB 25506、本规范 12.3.2 和本规范 12.3.3 的规定，同时还应符合附录 I 的规定。

12.5.5 全厂消防监控中心内设备布置应符合下列规定：
b) 操作台高宜为 0.7m，前后深宜大于或等于 1.0m，操作台前距墙宜大于或等于 2.5m，操作台后距墙应大于或等于 1.2m，操作台两侧应留有大于或等于 1.0m 的通道；
c) 壁挂式设备及箱体不应设置在操作台的前侧。

12.5.6 独立使用的区域消防控制室内设备采用操作台布置方式时，设备布置宜符合本规范 12.5.5 的规定；当与其他控制室合并联合布置设备时，消防设备应集中布置在独立的区域内，并宜与周边设备的布置保持一致。当区域消防控制室设备采用机柜布置方式时，应符合下列规定：
a) 设备面盘前的操作距离，单列布置时应大于或等于 1.5m，双列布置时应大于或等于 2.0m；
b) 设备面盘前距墙的距离应大于或等于 3.0m，设备面盘后的距离应大于或等于 1.0m；
c) 设备面盘的排列长度大于或等于 4.0m 时，其两端应设置宽度大于或等于 1m 的通道，设备面盘的排列长度小于 4.0m 时，可在一端设置宽度大于或等于 1.0m 的通道；
d) 设备机柜与其他弱电系统合用的区域消防控制室，消防设备应集中布置，并与其他设备间留有大于或等于 0.6m 的间距。

12.5.7 全厂消防监控中心和区域消防控制室照明应符合本规范 16.4.7 的规定。当采用控制盘（柜）操作时，控制盘（柜）前距地面 0.8m 处的照度应大于或等于 400lx。

12.6 电源供电

12.6.1 火灾电话报警系统的电源应符合本规范 5.6 的规定。

12.6.2 火灾自动报警设备的电源应符合下列规定：
a) 全厂消防监控中心、区域消防控制室及所属机柜室应设置配电柜（箱），配电柜（箱）的设置应符合本规范 23.1.3 的要求，后备时间应大于或等于 3h；
b) 自带蓄电池电源或消防设备应急电源的火灾报警控制器与消防联动控制器、火灾显示盘的供电电源应由配电终端的独立回路供电；
c) 单独直流 24V 供电的探测、传输和控制模块等设备应配备消防设备应急电源，消防设备应急电源应由配电终端的独立回路供电，消防设备应急电源应在监视状态下工作 8h 后，在火灾状态时系统负荷同时工作条件下不间断供电时间大于 30min；
d) 交流 220V 供电的消防控制中心图形显示装置、警报装置、火灾报警与消防设施信息显示屏、探测与控制模块等设备应配备备用电源系统，电源的后备时间应大于或等于 3h。

16 安全管理控制指挥系统

16.2 系统功能

16.2.1 安全管控指挥系统应具备接收与分析判断报警信息、辅助决策与事故处置、全厂性安全设施监控、应急通信与指挥、系统完整性诊断、数据存储的功能和设施。

16.2.2 系统应接收以下系统与设施的信息：
a) 火灾报警系统的报警信息；
b) 可燃气体和有毒气体报警系统的报警信息；
c) 消防及事故应急处置设施的状态信息；
d) 企业所在位置的实时风速、风向、降水量、湿度、气压等气象信息；
e) 雷电预警信息；
f) 相关系统或设施的故障侦测信息；
g) 入侵和紧急报警信息、含治安与反恐信息；
h) 其他需要实时处置的安全信息。

16.2.3 系统应设置预案管理系统，并应具备针对以下事件提供的辅助处置指导和处置流程的人工决策确认功能：
a) 工艺过程重大事故；
b) 工艺过程异常事件；
c) 火灾事故；
d) 可燃气体和有毒气体重大泄漏事故；
e) 其他重大安全事故。

16.2.4 系统应对下列全厂性安全设施实施控制，并应监视其工作状态：
a) 全厂性逃生设施；
b) 全厂性灭火设施；
c) 全厂性安全告知屏；
d) 其他涉及人身安全与事故救援的全厂性设施。

16.2.5 全厂性安全设施应具备手动控制功能，手动操作装置应具有防误操作措施。

16.2.6 系统的应急通信与指挥应有以下功能：
a) 应急状态下摘机接通或一键接通的语音通信功能；
b) 分层级和分危险等级发布应急广播和警报的功能；
c) 自动与人工发布应急语音、警报和短消息的功能。

16.3 系统配置

16.3.1 安全管控指挥系统应集成或采集下列系统或系统的信息：
a) 调度电话系统；
b) 无线通信系统；
c) 应急广播系统；
d) 电视监视系统；
e) 火灾报警系统；
f) 可燃气体和有毒气体检测报警系统的报警信息；
g) 门禁控制系统；
h) 入侵和紧急报警系统；
i) 气象信息系统；
j) 生产过程控制系统的信息；
k) 电力数据采集与监视控制系统的信息。

16.3.2 系统应对操作管理权限分级，应分为操作员、维护员、系统管理员等。当系统采用客户机/服务器（C/S）与浏览器/服务器（B/S）组合方式时，客户机/服务器（C/S）部分应有操作员与维护员权限，浏览器/服务器（B/S）部分应有维护员与系统管理员权限。系统应在保证信息空间安全的前提下实现数据互操作。

16.3.4 全厂性安全设施宜设置手动操作装置，手动操作装置宜靠近全厂消防监控岗位操作台，并应设置在明显位置且具有防误操作措施。
16.3.6 应急通信与广播系统应包括下列系统：
    a）有线广播系统；
    b）无线通信系统；
    c）调度电话系统；
    d）消息发布系统；
    e）与属地应急管理部门的通信设施。

17 企业消防站

17.1 一般规定

17.1.1 企业主管消防站应设置消防通信指挥室，其他消防站应设置消防通信值班室。当企业未设置全厂消防监控中心时，火灾受警与消防指挥功能可由消防通信指挥室承担。
17.1.3 消防车库的车位前应设置出车声光警示装置。

17.2 消防通信指挥室和消防通信值班室

17.2.2 消防通信值班室应依照消防通信指挥室指令备勤，通信值班室应具备下列功能及设施：
    a）应设置厂行政电话机、厂调度电话机、与全厂消防监控中心和消防通信指挥室的直通电话机；
    b）应设置无线通信移动终端；
    c）应设置火灾自动报警系统的报警显示设备；
    d）应设置启动本站火警电铃的设施；
    e）应设置启动和实施本站火警广播的装置；
    f）应设置电视监视系统的台式视频显示终端，视频显示终端应有火灾联动监视功能；
17.2.4 消防通信指挥室和消防通信值班室的配置应符合下列规定：
    a）消防通信指挥室应设置独立的操作室和机柜室，消防通信值班室宜设置有独立的操作室和机柜室，消防通信指挥室和消防通信值班室的机柜室应设置在操作室旁；
    b）消防通信指挥室的操作室应设置双座席操作台，操作台前后深宜大于1m，操作台前距墙宜大于2m，操作台后距墙宜大于3m，操作台两侧宜留有不小于1m的通道。消防通信值班室应设置操作台，操作台前后及两侧应留有便于操作与维护的间距；
    c）消防通信指挥室的壁挂式视频显示屏应设置在操作台正前方墙壁上，视频显示屏的画面宜能进行多画面显示；
    e）操作台照明和其他照明应分开控制，照明不应影响显示屏使用。消防通信指挥室和消防通信值班室照明应符合表17.2.4规定。

表17.2.4 消防通信指挥室和消防通信值班室照明

序号	使用场所	照度要求 lx	控制开关	备注
1	操作台	≥300	单独控制	700mm高处水平照明，遮光角>40°
2	其他区域	≥150	单独控制	

17.3 电源供电

消防通信指挥室和消防通信值班室及配套的机柜室应统一设置就地电信配电箱（柜）并配备备用电源，各系统设备应由配电箱（柜）供电。供电电源及备用电源系统应符合本规范23.1.3的规定，后备时间应大于或等于3h。

19 长输管道站场

19.1 一般规定

19.1.2 站场电信系统应与企业电信系统连通，并应共享下列信息：
    a）企业调度（行政）电话的通信；
    b）站场的入侵报警信号；
    c）站场的火灾报警信号；
    d）站场的有毒有害气体泄漏报警信号；
    e）接受企业门禁系统的控制，并发送反馈信号；
    f）站场的电视监视图像信息，并接受企业电视监视系统控制信号；
    g）接收企业的应急广播信息。

21 电信线路

21.1 一般规定

21.1.3 罐组防火堤内敷设的电缆应采用直埋或充砂电缆沟敷设方式。火灾和事故工况下需正常使用设备的控制、电源线缆及各系统的干线电缆应采用电信管道、充砂电缆沟或直埋等地下敷设方式，地下敷设方式的引上段应进行耐火和抗爆冲击防护处理。

21.2 线缆选择

21.2.8 火灾危险场所使用的线缆应满足表21.2.8的要求，当一段线缆有两种敷设方式时应按表21.2.8中最不利的方式选择线缆。

表21.2.8 线缆使用环境与阻燃和防火

线路类型	电缆敷设方式					
	室内暗配管敷设线缆	明配管敷设导线	明配管敷设电缆	明敷设电缆	直埋敷设电缆	电信管道敷设电缆
普通线路	—	Z	Z	Z	Z	Z
报警信号线路	Z	Z[a]	Z[a]	N	—	Z
重要设备非控制信号线路	Z	Z[a]	Z[a]	×	—	Z
重要设备控制与供电线路	Z[b]	×	NS[a]	MI	—	Z

注1：不包括同一机柜间内的机柜之间和柜内线路。
注2：一表示不要求；×表示不应使用；Z表示阻燃；N表示耐火；NS表示耐火加喷水；MI表示矿物绝缘类不燃性电缆。

[a] 明配管敷设线路为全程穿钢管敷设。
[b] 重要设备控制与供电线路应采用电缆连接。

21.3 系统配线

21.3.5 火灾报警系统配线
21.3.5.1 火灾报警系统的配线应满足设备对信号的工作要求及敷设方式，且不受异常工况对工作时段的影响。

21.3.5.2 线缆的电压等级和线芯截面选择应符合 GB 50116—2013 中 11.1.1 和 11.1.2 的规定。

21.3.5.3 火灾自动报警系统在建筑物内的线缆敷设应符合 GB 50116—2013 中 11.2 的规定。

21.3.5.4 火灾自动报警系统的系统总线不应进入有电磁干扰环境，当该区域需要设置火灾自动报警设备时宜采用多线连接方式。

21.3.5.5 火灾自动报警系统线路的接续应采用接线端子接续方式，设置在现场的接线端子应安装在满足现场环境要求的箱（盒）内，接线箱（盒）应符合表 21.3.5.5 的规定。

表 21.3.5.5 接线箱（盒）

线路类型及箱（盒）安装方式	报警信号线路			重要设备线路		
	壁挂式箱体	壁嵌式箱体	地下埋设箱体	壁挂式箱体	壁嵌式箱体	地下埋设箱体
接线端子	阻燃型	阻燃型	—	耐火型	耐火型	耐火型
箱体外涂层	普通型防火涂料	—	—	膨胀型防火涂料	—	—

21.7 桥架敷设电缆

21.7.1 电缆数量较多并与工艺管廊同路由敷设时，宜采用电缆桥架。但火灾与爆炸等事故发生后必须使用的设备的连接电缆不应采用电缆桥架敷设。

22 防护

22.1 爆炸危险环境防护

22.1.8 储罐上设置的火灾探测器应采用本质安全型防爆等级的探测设备。低温储罐上设置的火灾探测器可采用与环境相符的隔爆型探测设备，并应采用隔爆配线方式。

22.4 抗震加固

22.4.1 企业调度中心、全厂消防监控中心、安全管控指挥室、全厂性电信设备机房和单独建设电话站电信设备安装的抗震标准应符合 YD 5059 规定的地区级电信设备安装抗震要求。

23 电信系统供电

23.4 电源配电

23.4.11 火灾自动报警系统主电源不应设置剩余电流和过负荷保护装置。

附录 D
（资料性附录）
摄像机的设置场所及选型举例

表 D 摄像机的设置场所及选型举例

	典型设置场所	适用摄像机类型
工艺装置	加热炉炉膛，有燃烧器余热锅炉炉膛，转化炉炉膛，裂解炉炉膛等	内窥式高温摄像机
	汽包液位计	固定摄像机
	压缩机，主风机，膨胀机，干燥机等	带电动云台枪式摄像机
	热油泵，重要的进料泵、产品泵，重沸炉泵，重要的塔顶泵、重要塔底泵，焦化高压水泵等	
	重要的分液罐、进料缓冲罐、闪蒸罐、回流及产品罐等	
	焦炭塔顶盖机及塔底盖机等	
	重要反应器、空冷器、冷却器、换热器（热端）	
	聚烯烃装置烷基铝区域、树脂脱气料仓区域	
	高压聚乙烯高压反应区等抗爆及防火墙内	
	EO、PO 的氧气混合站	
	装置内化学品配料、加料站（间）、氯气间等	
	装置内钢瓶间（站）	
	装置内危险化学品库	
	清焦池	
	丙类散料卸储及转运区	
公用和辅助生产设施	污水处理	厌氧反应池及火炬，含油污水池、隔油池及污泥处理设施	球型或带电动云台枪式摄像机
	动力站/锅炉	汽包液位计，锅炉燃烧器，发电机厂房	内窥式高温摄像机，固定摄像机，带电动云台枪式摄像机
	消防水加压泵站	消防加压泵、稳压泵区	带电动云台枪式或球型摄像机
	汽车、铁路、码头装卸设施	汽车装卸区，码头装卸区，铁路装卸栈桥	带电动云台枪式或球型摄像机

续表 D

典型设置场所		适用摄像机类型
公用和辅助生产设施	球罐区 — 球罐下部及顶部阀门集中区，罐区	带电动云台枪式摄像机
	立、卧式罐区 — 立、卧式罐下部阀门集中区，呼吸阀，罐区	
	低温罐 — 罐顶操作平台	
	低温罐 — LNG单防罐、低温罐拦蓄区	热成像摄像机，带电动云台枪式摄像机
	火炬设施 — 火炬口，长明灯，分液罐	带电动云台透雾摄像机或带电动云台枪式摄像机
	包装厂房 — 固体物料包装线	带电动云台枪式或球型摄像机
	产品及原料仓库 — 出入口，易燃物品码垛（堆放）区	球型或带电动云台枪式摄像机
	危险及化学品库、危废品库 — 危险物品储存间及库区出入口	
	中控室 — 机柜间，变配电室，出入口	
	现场机柜室 — 出入口，机柜间	球型摄像机
	化验室 — 剧毒、易制毒药品储藏间，人员主要出入口	球型或带电动云台枪式摄像机
	总变电站及变配电间 — 配电间	球型或带电动云台枪式摄像机
	维修站 — 机修厂房	带电动云台枪式摄像机
	围墙及大门 — 人、车出入口及围墙	球型或带电动云台枪式摄像机

注1：重要设备与设施指在生产过程的重要设备，在各装置中由于工艺条件的变化是否为重要设施应由工艺专业确定。
注2：设备根据使用环境选择符合环境要求的防护等级。
注3：产品及原料仓库中的产品指企业生产的以包装后码垛和散装堆放物品，如乙烯、硫黄、固体石蜡、桶装润滑油等，原料指生产中大量使用的固体物品，如煤等。

附录 F
（规范性附录）
火灾自动报警、消防设施运行状态信息

表 F 火灾自动报警、消防设施运行状态信息

设备名称		内 容
火灾探测报警系统		火灾报警信息、屏蔽信息、故障信息
消防联动控制系统	消防联动控制器	动作状态、屏蔽信息、故障信息
	消防水泵控制系统	消防水泵电源工作状态、消防水泵启/停状态和故障状态、消防水罐（池）水位、管网压力报警信息
	消火栓报警系统	室内消火栓按钮报警信息
	固定（自动）消防炮	远控消防炮启/停/寻址控制和启/停/故障状态、自动寻踪定位射流炮故障和水流指示器工作状态
	自动喷淋灭火（冷却）系统、水喷雾灭火系统	雨淋阀、电动阀的启/停控制和启/停/故障状态，信号阀、报警阀、压力开关、水流指示器的正常工作状态和动作状态
	泡沫灭火系统	泡沫消防联动控制盘手动/自动工作状态和故障状态，泡沫液泵电源的工作状态、系统的手动/自动工作状态和故障状态，系统管网电动阀开启/关闭/停状态和动作状态。压力、液位
	蒸汽灭火系统	电动阀开启/关闭控制和启/停工作状态和故障状态
	气体灭火系统、细水雾灭火系统（压力容器供水方式）	系统的手动/自动工作状态及故障状态、阀驱动装置的正常工作状态和动作状态，防护区域中的防火门（窗）、防火阀、通风空调的设备的正常工作状态和动作状态、系统的启/停信息、紧急停止信号和管网压力信号
	干粉灭火系统	系统的手/自动工作状态及故障状态、阀驱动装置的正常工作状态和动作状态，系统的启/停信息、紧急停止信号和管网压力信号

续表 F

设备名称		内容
消防联动控制系统	防排烟系统	系统的手/自动工作状态机、防烟排烟风机电源的工作状态、风机、电动排烟防火阀、常闭送风门、电动排烟口、电动排烟窗、电动档烟垂壁的正常状态和动作状态
	防火门和卷帘系统	防火卷帘控制器、防火门控制器的工作状态和故障状态、卷帘门的工作状态、具有反馈信号的各类防火门、疏散门的工作状态，各故障状态等动态信息
	通风和空气调节系统	系统的手/自动控制电动防火阀的关闭，空调机组的停机控制和启/停状态显示
	消防电梯	消防电梯的停用和故障状态
	消防应急广播	消防应急广播的启动/停止和故障状态、广播分路状态
	消防应急照明和疏散指示系统	消防应急照明和疏散指示系统的故障状态和应急工作状态信息
	消防电源	消防加压泵、泡沫站、消防系统电动阀的供电电源和备用电源工作状态和欠压报警状态，第三方探测设备、传输设备的不间断消防应急电源工作状态和欠压报警状态

附录 G
（规范性附录）
消防安全管理信息表

表 G 企业消防安全管理信息表

序号	名称		内容
1	基本情况		单位名称、编号、类别、地址、联系电话、邮政编码、消防控制室电话；单位职工人数、成立时间、上级主管（或管辖）单位名称、占地面积、总建筑面积、单位总平面图（含消防车道、毗邻建筑等）；单位法人代表、消防安全责任人、消防安全管理人及专兼职消防管理人的姓名、身份证号码、电话
2	主要建、构筑物等信息	建（构）筑	建筑物名称、编号、使用性质、耐火等级、结构类型、建筑高度、地上层数及建筑面积、地下层数及建筑面积、隧道高度及长度等、建造日期、主要储存物名称及数量、建筑物内最大容纳人数、建筑立面图及消防设施平面布置图；消防控制室位置、安全出口的数量、位置及形式（指疏散楼梯）；毗邻建筑的使用性质、结构类型、建筑高度、与本建筑的间距
		堆场	堆场名称、主要堆放物品名称、总储量、最大堆高、堆场平面图（含消防车道、防火间距）
		储罐	储罐区名称、储罐类型（指地上、地下、立式、卧式、浮顶、固定顶等）、总容积、最大单罐容积及高度、储存物名称、性质和形态、储罐区平面图（含消防车道、防火间距）
		装置	装置区名称、占地面积、最大高度、设计日产量、主要原料、主要产品、装置区平面图（含消防车道、防火间距）
3	单位（场所）内消防安全重点部位信息		重点部位名称、所在位置、使用性质、建筑面积耐火等级、有无消防设施、责任人姓名、身份证号码及电话
4	室内外消防设施信息	火灾自动报警系统	设置部位、系统形式、维保单位名称、联系电话；控制器（含火灾报警、消防联动、可燃气体报警、电气火灾监控等）、探测器（含火灾探测、可燃气体探测、电气火灾探测）、手动火灾报警按钮、消防电气控制装置等的类型、型号、数量、制造商；火灾自动报警系统图
		消防水源	市政给水管网形式（指环状、支状）及管径、市政管网向建（构）筑物供水的进水管数量及管径、消防水池位置及容量、屋顶水箱位置及容量、其他水源形式及供水量、消防泵房设置位置及水泵数量、消防给水系统平面布置图
		室外消防栓	室外消火栓管网形式（指环状、支状）及管径、消火栓数量、室外消火栓平面布置图
		室内消火栓系统	室内消火栓管网形式（指指环状、支状）及管径、消火栓数量、水泵接合器位置及数量、有无与本系统相连接的屋顶消防水箱
		自动喷水灭火系统（含雨淋、水幕）	设置部位、系统形式（指湿式、干式、预作用，开式、闭式等）、报警阀位置及数量、水泵接合器位置及数量、有无与本系统相连的屋顶消防水箱自动喷水灭火系统图
		水喷雾（细水雾）灭火系统	设置部位、报警阀位置及数量、水喷雾（细水雾）灭火系统图

续表 G

序号	名称		内容
4	室内外消防设施信息	气体灭火系统	系统形式（指有管网、无管网，组合分配、独立式，高压、低压等）、系统保护的防护区数量及位置、手动控制装置的位置、钢瓶间位置、灭火剂类型、气体灭火系统图
		泡沫灭火系统	设置部位、泡沫种类（指低倍、中倍、高倍，抗溶、氟蛋白等）、系统形式（指液上、液下，固定、半固定等）、泡沫灭火系统图
		干粉灭火系统	设置部位、干粉储罐位置、干粉灭火器系统图
		防烟排烟系统	设置部位、风机安装位置、风机数量、风机类型、防烟排烟系统图
		防火阀、防火门及防火卷帘	设置部位、数量
		消防应急广播	设置部位、数量、消防应急广播系统图
		应急照明及疏散指示系统	设置部位、数量、应急照明及疏散指示系统图
		消防电源	设置部位、消防主电源在配电室是否有独立配电柜供电、备用电源形式（市电、发电机、EPS 等）
		灭火器	设置部位、配置类型（指手提式、推车式等）、数量、生产日期、更换药剂日期
5	消防设施定期检查及维护保养信息		检查人姓名、检查日期、检查类别（指日检、月检、季检、年检等）、检查内容（指各类消防设施相关技术规范规定的内容）及处理结果，维护保养日期、内容
6	日常防火巡检记录	基本信息	值班人员姓名、每日巡查次数、巡查时间、巡查部位
		用火用电	用火、用电、用气有无违章情况
		疏散通道	安全出口、疏散通道、疏散楼梯是否畅通，是否堆放可燃物；疏散走道、疏散楼梯、顶棚装修材料是否合格
		防火门、防火卷帘	常闭防火门是否处于正常工作状态，是否被锁闭；防火卷帘是否处于章程工作状态，防火卷帘下方是否堆放物品影响使用
		消防设施	疏散指示指标、应急照明是否处于正常完好状态；火灾自动报警系统探测器是否处于正常完好状态；自动喷水灭火系统喷头、末端放（试）水装置、报警阀是否处于正常完好状态；室内、室外消火栓系统是否处于正常完好状态；灭火器是否处于正常完好状态
7	灭火信息		起火时间、起火部位、起火原因、报警方式（指自动、人工等）、灭火方式（指气体、喷水、水喷雾、泡沫、干粉灭火系统、灭火器、消防队等）

附录 H
（资料性附录）
火灾自动报警系统的设置场所及火灾探测器选型举例

H.1 火灾自动报警系统的设置场所及火灾探测器选型举例见表 H.1。

表 H.1 火灾自动报警系统的设置场所及火灾探测器选型举例

火灾自动报警系统的设置场所		适用的火灾探测器类型
工艺装置	可燃气体压缩机，重要的甲乙类机泵、法兰、阀门等	点型红外火焰探测器或图像型感温探测器
	热油泵	点型红外火焰探测器
	重要的液化烃泵	图像型感温探测器
	焦炭塔顶盖机及塔底盖机等	点型红外火焰探测器
	成型机，挤压造粒机，主风机，膨胀机，干燥机，碎（磨）煤机	点型火焰探测器或图像型感温探测器或感温探测器
	烷基铝配置区和树脂脱气料仓区	点型火焰探测器或图像型感温探测器
	煤粉仓	线型感温火灾探测器或点型火焰探测器

续表 H.1

火灾自动报警系统的设置场所			适用的火灾探测器类型
公用和辅助生产设施	污水处理	含油污水池、隔油池及污泥处理设施	点型红外火焰探测器
	汽车、铁路、码头装卸设施，灌装站	甲、乙、丙类汽车装卸区、码头装卸区、铁路装卸栈桥、灌装设施	点型红外火焰探测器或图像型感温探测器
	储罐（组）区	球罐区 — 球罐下部阀门集中区	图像型感温探测器
		球罐区 — 罐组区	点型红外火焰探测器
		立、卧式罐区 — 立、卧式罐下部阀门集中区，呼吸阀，通风口	图像型感温探测器
		立、卧式罐区 — 罐组区	点型红外火焰探测器
		浮顶罐（容积不小于 10000m³）— 密封圈处	线型光纤感温火灾探测器
		低温全容罐 — 罐顶安全阀平台、罐顶低压泵操作平台、罐区集液池内、内罐及外罐夹层内、集液盘管道集中处	图像型感温探测器或点型红外火焰探测器
	仓库	甲、乙类仓库	点型火焰探测器或感烟火灾探测器或图像型感温探测器
		占地面积超过 3000m² 的丙类仓库	感烟火灾探测器或感温火灾探测器或热解粒子火灾探测器或点型火焰探测器或图像型感温探测器
		化学品库	感烟火灾探测器或感温火灾探测器或点型火焰探测器或图像型感温探测器
		自动化立体库	感烟火灾探测器或感温火灾探测器或点型火焰探测器或热解粒子火灾探测器
		煤筒仓、储煤库	感烟火灾探测器
	包装厂房	散状固体包装线	感烟火灾探测器或感温火灾探测器或点型红外火焰探测器
	建筑面积大于 15m² 控制（监控）中心（室）、电子设备机房	所有房间及活动地板下	感烟火灾探测器
	化验室	仲裁样品间、标油间、样品接收间	点型火焰探测器或感烟火灾探测器或感温火灾探测器
		其它房间	感烟火灾探测器，感温火灾探测器
	总变电站及变配电间	配电间	感烟火灾探测器或热解粒子火灾探测器
		电缆隧道、电缆夹层、电缆竖井	非接触线型感温火灾探测器或感烟火灾探测器或热解粒子火灾探测器或接触线型感温火灾探测器
		油浸变压器室	线型感温火灾探测器或点型火焰探测器
		干式变压器室	感烟火灾探测器或感温火灾探测器
		其它房间	感烟火灾探测器或感温火灾探测器
	散状固体转运设施	转运站、输送栈桥、地下廊道（封闭段）、筒仓顶部输送机通廊	非接触线型感温火灾探测器或接触线型感温火灾探测器或感烟火灾探测器或点型红外火焰探测器
	锅炉房		感温火灾探测器或点型火焰探测器
	柴油机驱动的泵房、柴油发电机室及油箱		点型火焰探测器或感温火灾探测器或图像感温探测器
	硫黄与液硫储运设施与生产场所		图像型感温探测器

注1：对于上表中未明确设置火灾探测器的生产装置、储运设施、辅助生产设施和公用工程设施场所，尚应根据火灾形成特征、保护场所可能发生火灾的部位和燃烧材料的分析，以及火灾探测器的类型、灵敏度和响应时间等选择相应的火灾探测器，对火灾形成特征不可预料的场所，可根据模拟试验的结果选择火灾探测器。
注2：对于上表中已明确的火灾探测器类型，应根据第 12.3.4 条的规定选择符合使用环境和与燃烧材料性能参数匹配的设备。
注3：表中场所的手动火灾报警按钮设置按第 12.3.8.4 条规定执行。
注4：表中位置气体探测器的设置执行 GB 50493 的规定。
注5：重要的甲乙类机泵、法兰、阀门、液化烃泵根据工艺流程的重要性与危险程度确定。

H.2 火灾自动报警系统的设置场所及火灾探测器选型举例（表 H.1）说明如下：

　　a）点式火焰探测器包括有点式红外火焰探测器和点式紫外火焰探测器；

　　b）储罐（组）区中的罐组区指每个以防火堤围成的储罐组单元，在各储罐组单元四周高位设置点型红外火焰探测器可及时发现阀门集中区、呼吸阀、通风口以外区域的火灾隐患；

　　c）仓库中的化学品库指企业集中存储的零散化学品库房；

　　d）总变电站及变配电间中的电缆夹层、电缆竖井、电缆沟和散状固体转运设施中将线型感温火灾探测器分成非接触线型感温火灾探测器和接触线型感温火灾探测器进行描述是考虑接触线型感温火灾探测器的敏感元件需要有一定的段长才能有效报警，非接触线型感温火灾探测器在原有探测功能的基础上增加多点式非接触敏感元件，使得探测器的非接触敏感元件能够实现非接触探测，而且非接触敏感元件没有长度要求，因此将两种探测器分开进行描述。

附录 I
（规范性附录）
全厂消防监控中心和区域消防控制室功能与设备配置

表 I 全厂消防监控中心和区域消防控制室功能与设备配置

功能与设备配置		全厂消防监控中心	区域消防控制室
功能与用途		对全厂消防岗位进行指挥、监督、管理； 接受全厂火灾报警与故障信号； 监控全厂消防设施； 启动固定灭火系统并监视其状态	接受全厂消防监控中心指挥； 接受全厂火灾自动报警系统报警信号及本辖区的故障信号。 控制管理本辖区消防设备，并接受状态信号
基本设施		双座席操作台； 电视监视系统视频显示终端和图像控制装置； 工厂信息系统客户端； 打印设备	双座席操作台； 电视监视系统视频显示终端和图像控制装置； ＊工厂信息系统客户端； ＊打印设备
设备配置	火灾报警与消防联动控制设备	火灾电话报警系统受警终端或火灾电话调度台； 火灾报警控制器； 消防联动控制器； 火灾报警与消防设施信息显示屏； 消防控制中心图形显示装置； 可燃气体探测报警系统报警信息的功能	火灾报警控制器； 消防联动控制器； ＊火灾报警与消防设施信息显示屏； 消防控制中心图形显示装置
	消防联动控制	手动启动固定灭火系统和/或通过区域消防控制室控制该辖区固定灭火系统并监视其状态	手动启动本辖区固定灭火系统并监视其状态
	消防应急广播与通信指挥设施	消防应急广播系统拾音器； 消防应急广播系统手动分区控制装置； 消防应急广播系统语音监听终端； 厂行政电话机； ＊厂调度电话机； 地方行政（消防）部门的电话机； 全厂及消防无线通信系统终端； 数字录音录时装置	消防应急广播系统拾音器； 消防应急广播系统语音监听终端； 与全厂消防监控中心的直电话； 厂行政电话机与厂调度电话机； 全厂及消防无线通信系统终端； 数字录音录时装置
	消防设施监视	手/自动控制转换装置状态显示； 消防水管网压力及消防水池（罐）液位显示及异常告警； 消防设施供备电电源监视及告警装置	＊本辖区手/自动控制转换装置状态显示； 本辖区消防水管网压力及消防水池（罐）液位显示及异常告警； ＊本辖区消防设施供备电电源监视及告警装置
位置要求		设置在非爆炸危险环境建筑物的一层或二层靠近安全出口处； 独立房间或与安全管控中心及厂调度中心合用房间的独立区域	设置在非爆炸危险环境建筑物的一层靠近安全出口处； 独立房间或与生产操作岗位合用房间的独立区域
注：表中标注符号"＊"的内容按"宜"执行，其他内容按"应"执行。			

115. 《石油化工钢结构工程施工质量验收规范》SH/T 3507—2011

5 材料

5.4 涂装材料

5.4.2 防火涂料的品种和技术性能应符合设计文件要求,并应经过具有资质的检测机构检测合格,检测方法应符合 GB 9978 的规定。

检验方法:检查产品的质量证明文件、标识及检验报告等。

12 涂装

12.2 防火涂料涂装

12.2.1 防火涂料涂装前钢材表面除锈及防锈底漆涂装应符合设计文件和 SH 3137 的要求。

检查数量:按构件数抽查 10%,且同类构件不应少于 3 件。

检验方法:表面除锈用 GB 8923 规定的图片对照观察检查。底漆涂装用干漆膜测厚仪检查,每个构件检测 5 点,涂层厚度检测点应随机抽检,每个检测点面积宜为 100cm²,该检测点面积范围内任意测量 5 个数据,测量结果去除 1 个最大值和 1 个最小值后取平均值作为该测点的厚度值。

12.2.2 钢结构防火涂料的粘结强度、抗压强度应符合 GB 14907 的规定。检验方法应符合 GB 14907 的规定。

检查数量:每使用 100t 或不足 100t 薄涂型防火涂料应抽检一次粘结强度;每使用 500t 或不足 500t 厚涂型防火涂料应抽检一次粘结强度和抗压强度。

检验方法:检查复检报告。

12.2.3 防火层的施工质量应符合 SH 3137 的规定。

检查数量:执行 SH 3137 的规定。

检验方法:执行 SH 3137 的规定。

13 交工技术文件

13.2 施工单位按工程合同规定的范围全部完工后,应及时向建设/监理单位办理交工验收手续,并对下列资料检查确认:

b) 钢材、连接材料和涂料等材料质量证明文件和试验、复验报告;

m) 防火层施工检查记录。

116.《石油化工钢结构工程施工技术规程》SH/T 3607—2011

5 材料验收与保存

5.5 涂装材料

5.5.2 钢结构防火涂料应符合下列要求：

b）耐火极限和理化性能应有具有资质的检测机构按照 GB 9978 的规定出具的合格检测报告。

13 钢结构涂装

13.2 钢结构防火涂装

13.2.1 钢材表面除锈及防锈底漆涂装应符合本规程 13.1.1 条规定。钢结构的防火涂装质量应符合设计文件和 SH3137 的要求。

13.2.3 钢结构防火涂料的粘结强度、抗压强度应符合 GB 14907 的规定。薄涂型防火涂料的涂层厚度应符合设计的耐火极限要求。厚涂型防火涂料的涂层厚度，80%及以上面积应符合设计的耐火极限要求，且最薄处厚度不应低于设计文件要求的85%。

13.2.4 薄涂型防火涂料涂层表面裂纹的宽度不应大于0.5mm；厚涂型防火涂料涂层表面裂纹的宽度不应大于1mm。

13.2.5 防火涂料涂装基层不应有油污、灰尘和泥砂等污垢。

13.2.6 防火涂料不应有误涂、漏涂，涂层应闭合无脱层、空鼓、明显凹陷、粉化松散和浮浆等外观缺陷，乳突应剔除。

14 施工过程技术文件

14.4 钢结构安装工程按设计文件和合同规定范围全部完成后，应及时办理工程验收，并应对下列技术资料检查确认：

o）防火层施工检查记录。

5.9 化工工程

117.《发生炉煤气站设计规范》GB 50195—2013

5 站区布置

5.0.2 煤气站区的厂房布置,其防火间距应符合现行国家标准《建筑设计防火规范》GB 50016 的有关规定。

5.0.6 煤气站区内的消防车道,应符合现行国家标准《建筑设计防火规范》GB 50016 的有关规定。

15 电 气

15.0.2 煤气站的爆炸和火灾危险环境的电力设计,应符合现行国家标准《爆炸和火灾危险环境电力装置设计规范》GB 50058 的有关规定,其爆炸和火灾危险环境的划分应符合下列规定:

    1 主厂房的贮煤层为封闭建筑,且煤气发生炉的加煤机与贮煤斗连接时,应属 2 区爆炸危险环境;当符合下列情况之一时,应属 22 区火灾危险环境:

      1)贮煤斗内不会有煤气漏入时;

      2)贮煤层为敞开或半敞开建筑时;

    2 主厂房底层及操作层应属非爆炸危险环境;

    3 煤气排送机间及煤气净化设备区应属 2 区爆炸危险环境;

    4 焦油泵房、焦油库应属 21 区火灾危险环境;

    5 煤场应属 23 区火灾危险环境;

    6 受煤斗室、破碎筛分间、运煤栈桥应属 22 区火灾危险环境;

    7 煤气管道的排水器室应属 2 区爆炸危险环境。

15.0.4 煤气站的照明设计,应符合现行国家标准《建筑照明设计标准》GB 50034 的有关规定。主厂房、煤气排送机间、空气鼓风机间、煤气净化设备和运煤系统等处,应设置检修照明。主厂房、煤气排送机间内各设备的操作岗位处和控制室,应设置应急照明。主厂房的通道处,应设置灯光疏散指示标志。

15.0.6 煤气站的加煤间、排送机间等危险场所的可燃气体和有毒气体检测报警装置的设置,应符合现行国家标准《石油化工可燃气体和有毒气体检测报警设计规范》GB 50493 的有关规定。

16 建筑和结构

16.0.1 煤气站生产的火灾危险性分类和厂房耐火等级,按现行国家标准《建筑设计防火规范》GB 50016 的有关规定,主厂房、煤气排送机间、煤气管道排水器室应属于乙类火灾危险性生产厂房,其建筑耐火等级不应低于二级。

16.0.2 加煤机与贮煤斗相连且为封闭建筑的主厂房贮煤层、煤气排送机间、煤气管道排水器室等有爆炸危险的厂房,应设置泄压设施,且应符合现行国家标准《建筑设计防火规范》GB 50016 的有关规定。

16.0.4 主厂房各层的安全出口数目不应少于 2 个。当每层建筑面积小于等于 150m², 且同一时间生产人数不超过 10 人时,可设置一个安全出口。

16.0.6 煤气站排送机间应符合下列规定:

    1 应采用通风良好的封闭建筑,并应设隔声的观察值班室;

    2 应设 2 个安全出口,当每层面积不大于 150m² 时可设一个。

16.0.11 室外净化设备联合平台的安全出口不应少于 2 个,当长度不超过 15m 的平台可设 1 个安全出口。平台通往地面的扶梯、相邻平台和厂房的走道,均可视为安全出口。平台最远处至安全出口的距离不应超过 25m。

17 煤气管道

17.0.1 厂区煤气管道应架空敷设,并应符合下列规定:

    1 应敷设在非燃烧体的支柱或栈桥上;

    2 沿建筑物的外墙或屋面上敷设时,该建筑物应为一、二级耐火等级的丁、戊类生产厂房;

    3 不应穿过存放易燃易爆物品的堆场和仓储区以及不使用煤气的建筑物;

    4 与建筑物、构筑物和管线的最小水平净距,应符合本规范附录 A 的规定;

附录 A 厂区架空煤气管道与建筑物、构筑物和管线的最小水平净距

表 A 厂区架空煤气管道与建筑物、构筑物和管线的最小水平净距(m)

建筑物、构筑物和管线名称	水平净距(m)
一、二级耐火等级建筑物,丁、戊类生产厂房	0.6
一、二级耐火等级建筑物(不包括丁、戊类生产厂房和有爆炸危险的厂房)	2
三、四级耐火等级建筑物	3

续表 A

建筑物、构筑物和管线名称	水平净距（m）
有爆炸危险的厂房	5
铁路（中心线）	3.75
道路（距路肩）	1.5
煤气管道	0.6
其他地下管道或地沟	1.5
熔化金属、熔渣出口及其他火源	10
电缆管或沟	1
小于等于110kV的架空电力线路外侧边缘	最高（杆）塔高
人行道外缘	0.5
厂区围墙（中心线）	1
电力机车	6.6

注：1 当煤气管道与其他建筑物或管道有标高差时，其水平净距应指投影至地面的净距。
　　2 安装在煤气管道上的栏杆、平台等任何凸出结构，均作为煤气管道的一部分。
　　3 架空电力线路与煤气管道的水平距离，应考虑导线的最大风偏情况。
　　4 厂区架空煤气管道与地下管、沟的水平净距，系指煤气管道支架基础与地下管道或地沟的外壁之间的距离。
　　5 当煤气管道的支架或凸出地面的基础边缘距离路面更近于煤气管道外沿时，其与道路净距应以支架或基础边缘计算。

118.《腈纶工厂设计标准》GB 50488—2018

3 工艺设计

3.3 工艺设备配置

3.3.5 通用设备配置应符合下列规定：
   1 应选用高效、节能、噪声小、运行性能稳定、故障率低、维修方便的产品；
   3 输送易燃、易爆、有毒、腐蚀性物料的设备应具有防泄漏性能。
3.3.6 罐区内的易燃、易爆物料储罐应设置阻火器和呼吸阀、氮封和冷却系统。

3.5 工艺辅助设施和布置

3.5.1 化验室设置应符合下列规定：
   2 化验室不应与甲、乙类的房间布置在同一个防火分区内，可独立设置或布置在车间附房内，并应接近生产取样点；
   3 化验室的门应向室外开启。

3.6 节 能

3.6.3 在满足输送要求和防火、防爆安全间距的前提下，应优化设备布置，缩短管线距离。
3.6.6 保温、保冷的设备和管道应选用保温性能良好的不燃绝热材料。

3.7 仓储和运输

3.7.2 腈纶生产所需物料储存的火灾危险性分类，二甲基亚砜应为丙类，其他应符合现行国家标准《纺织工程设计防火规范》GB 50565 的有关规定。
3.7.3 火灾危险类别为甲、乙、丙类的物品库房应符合下列规定：
   1 甲类物品应独立设置库房，储量不应超过30t，当储量小于3t时，可与乙、丙类物品库房共用一栋库房，但应设置独立防火分区；
   2 乙、丙类物品的储量，可按装置2d～15d产量计算确定；
   3 物品应按其化学物理特性分类储存，当物料性质不允许同库储存时，应采用实体墙隔开，并应分别设出入口；
   4 AIBN应单层存放，周期不得超过3个月；库房应设置机械通风，室温应小于28℃。
3.7.4 AN、VA、MA等原料通过铁路或汽车装运到工厂罐区内应设置装卸站，装卸站的设计应符合现行国家标准《石油化工企业设计防火规范》GB 50160 的有关规定。

3.8 主要物料火灾危险性划分

3.8.1 腈纶生产的主要物料毒性及生产火灾危险性类别应符合表 3.8.1 的规定。

表 3.8.1 主要物料毒性及生产火灾危险性类别

物料名称	毒性	生产火灾危险性类别	用 途
AN	高度	甲	第一单体
MA	轻度	甲	第二单体
VA	中度	甲	第二单体
DMAc	中度	丙	溶剂
DMSO	轻度	丙	溶剂
NaSCN	轻度	—	溶剂
DMA	中度	甲	制造DMAc原料
HAc	中度	乙	制造DMAc原料
AIBN	高度	乙	引发剂
ITA	轻度	丙	第三单体

3.8.2 腈纶工厂各生产部门的生产火灾危险性分类应符合现行国家标准《纺织工程设计防火规范》GB 50565 的有关规定。

4 工艺设备布置和管道设计

4.1 一般规定

4.1.2 腈纶工厂存在易燃、易爆和有毒物料的车间设备布置图上，应标注其危险性区域等级划分；接触易燃、易爆和有毒物料的设备宜集中布置。

4.2 设备布置

4.2.2 易燃、易爆物料的罐区应独立设置，AN、MA、VA 等可燃液体储罐应设置防火隔离堤，并应静电接地。
4.2.4 生产控制中心不应布置在防爆区内。
4.2.8 存在易燃、易爆物料的生产区域应根据释放源的级别和位置、物料性质、通风条件等综合因素确定防爆分区范围。
4.2.10 泵的布置应符合下列规定：
   1 成排布置的泵应按防火要求、操作条件和物料特性分组布置；宜将泵基础边线对齐，也可将泵端出口中心线对齐；中间应留出检修通道；
   2 室内布置的泵，两排泵净距不宜小于2.0m，泵端或泵侧与墙之间的净距应满足检修要求，不宜小于1m；除安装在联合基础上的小型泵外，两台泵之间的净距不宜小于1m。
4.2.13 容器的布置应符合下列规定：
   5 容器布置在地下坑内，应具备处理坑内的积水和有毒、易爆、可燃介质的积聚的措施，坑内的尺寸应满足操作和检修要求。

4.3 管道设计

4.3.14 管道穿过防火围堰、防火墙的空隙，应采用不燃填塞物封堵。

5 自动控制

5.2 仪表选型

5.2.5 过程分析仪表选型应符合下列规定：
1 生产过程中必须控制的溶液浓度、黏度、酸碱度、电导率等指标，应根据工艺生产要求选择测量手段；
2 丙烯腈储罐区、丙烯腈泵房、聚合反应釜等易泄漏丙烯腈气体的场所，应设置有毒气体探测器；
3 以天然气为燃料的生产场所应设置可燃气体探测器；
4 可燃气体和有毒物质的检测应符合下列规定：
   1）烃类可燃气体可选用催化燃烧型或红外气体检（探）测器，当使用场所的空气中含有能使催化燃烧型检测元件中毒的硫、磷、硅、铅、卤素化合物等介质时，应选用抗毒性催化燃烧型检测器；
   4）检测比重大于空气的可燃气体检（探）测器，其安装高度应距地坪或楼地板 0.3m～0.6m；检测比重大于空气的有毒气体检（探）测器，应靠近泄漏点，其安装高度应距地坪或楼地板 0.3m～0.6m；
   5）检（探）测器应安装在无冲击、无振动、无强电磁场干扰，易于检修的场所，安装探头的地点与周边管线或设备之间应留有不小于 0.5m 的净空和出入通道；
   6）设置专用的有毒气体指示报警器，监测报警系统不宜与集中分散控制系统混用，报警器应安装在中央控制室内；在工艺装置设有其他控制室或操作室时，报警器可安装在该控制室或操作室内；
   7）检测报警系统的设计安装应符合现行国家标准《石油化工可燃气体和有毒气体检测报警设计规范》GB 50493 的有关规定。

5.3 控制系统

5.3.3 安全联锁的设置应符合下列规定：
1 程序联锁应符合下列规定：
   1）当过程参数越限、机械设备故障、系统自身故障或电源中断时，应根据工艺要求设置程序联锁；联锁发生时，相关的通-断阀及调节阀应置于安全位置，搅拌器应停止工作，相关的工艺泵应按工艺要求启动或停止；
2 紧急停车系统应符合下列规定：
   1）腈纶生产车间应根据工艺要求设置紧急停车系统；紧急停车系统应独立于集中分散控制系统单独设置；宜采用已经认证的可编程控制器或通过继电器联锁回路实现；紧急停车系统可采用串行通信或硬接线方式向集中分散控制系统传送信号，其报警、联锁信号可同时显示；
   2）DMAc 湿纺工艺中，聚合物干燥、储存及输送系统应设置紧急停车系统；当聚合物干燥温度过高时，应报警并联锁启动消防水喷淋。

5.4 控制室

5.4.2 中心控制室应选择在非爆炸危险的安全区域内。控制室位置的设置应符合现行国家标准《石油化工企业设计防火规范》GB 50160 的有关规定。

5.4.3 控制室建筑耐火等级应符合现行国家标准《建筑设计防火规范》GB 50016 的有关规定。控制室应设置相应的消防设施。

5.7 配管配线

5.7.3 爆炸危险区域的电缆敷设应符合下列规定：
1 电缆桥架通过不同等级的爆炸危险区域的分隔间壁时，在分隔间壁处应采取充填封堵措施；
2 电缆保护管穿过防爆与非防爆区域或不同等级爆炸危险区域的分隔间壁时，分界处应采用防爆阻火器件和密封组件隔离，并应填充密封；
3 电缆保护管与仪表、检测元件、电气设备、接线箱、拉线盒连接，或进入仪表盘、柜箱时，应安装防爆密封管件，并应充填密封。全部保护管系统应密封。

6 电气

6.2 供配电

6.2.6 气体或蒸气爆炸性混合物以及爆炸性粉尘防爆区域划分，应符合现行国家标准《爆炸危险环境电力装置设计规范》GB 50058 的有关规定。

6.2.7 爆炸危险环境电气线路的选择和电气装置要求，应符合现行国家标准《爆炸危险环境电力装置设计规范》GB 50058 和《电气装置安装工程 爆炸和火灾危险环境电气装置施工及验收规范》GB 50257 的有关规定。

6.3 消防电源

6.3.1 消防用电设备的负荷等级应符合现行国家标准《建筑设计防火规范》GB 50016 的有关规定。

6.3.2 疏散照明当采用蓄电池作为备用电源，其连续供电时间不应少于 30min。

6.3.3 消防用电设备应采用专用的供电回路，备用消防电源的供电时间和容量应满足该火灾延续时间内各消防用电设备要求。

6.5 防雷、接地

6.5.4 对爆炸、火灾危险场所内可能产生静电危险的设备和管道，均应采取静电接地措施。

6.6 火灾自动报警系统

6.6.1 腈纶工厂火灾自动报警系统宜采用集中报警系统，并应设置消防控制室。

6.6.2 火灾自动报警系统设置场所应符合现行国家标准《建筑设计防火规范》GB 50016 和《纺织工程设计防火规范》GB

50565 的有关规定；火灾自动报警系统设计应符合现行国家标准《火灾自动报警系统设计规范》GB 50116 的有关规定。

7 总平面布置

7.1 一般规定

7.1.1 工厂的总平面应根据工艺流程，有利于生产的运行，在满足生产安全、消防、卫生、环保及美观的要求下，按功能分区进行布置。

7.2 总平面布置

7.2.2 生产车间布置应符合下列规定：
1 聚合、原液、纺丝等主生产车间应布置在厂内主要地块，并应靠近厂区内部的主要通道，保持生产流程的顺畅和运输便捷；
2 回收车间应接近或紧靠原液和纺丝车间；
3 腈纶工厂储罐区，生产、辅助车间的防火间距应符合现行国家标准《纺织工程设计防火规范》GB 50565 的有关规定；
4 生产车间四周应设置消防车道，消防车道兼作运输交通道路时，宽度不宜小于 6m。

7.2.3 储罐区布置应符合下列规定：
1 罐区应按物料性质分类布置，罐区位置应满足生产、储运装卸和安全防护要求，同时应留有发展用地，不宜紧靠排洪沟布置；罐区内 AN、VA 等有毒、可燃罐组，应设置防火堤隔离；同一罐组内，宜布置火灾危险性类别相近或相同的储罐；
2 生产原料中易燃易爆有毒物质，应避免往返运输和作业线交叉。与罐区无关的管线，输电线不得穿越罐区；
3 AN 罐区应接近上游原料供应点，或靠近码头或铁路装卸点，应布置在全年最小频率风向的上风侧，不得布置在人流集中地段；
4 酸碱罐应布置在全年最小频率风向的上风侧，且应防止对地下水产生不良影响；
5 储罐区与厂外居住点和本厂的办公生活设施之间应保持防护距离，并应符合现行国家职业卫生标准《工业企业设计卫生标准》GBZ 1 的有关规定；
6 罐区应设置消防道路，最小宽度宜为 6m。

8 建筑和结构

8.1 一般规定

8.1.3 厂房结构应满足工艺生产、通风、采光、消防和安全生产的要求。
8.1.8 建（构）筑物的构件应采用非燃烧材料，其耐火极限应符合现行国家标准《建筑设计防火规范》GB 50016 的有关规定。

8.2 生产厂房和辅助用房

8.2.3 库房设置应符合现行国家标准《纺织工程设计防火规范》GB 50565 的有关规定。

8.2.4 生产车间内辅助用房控制室、变配电室、化验室的布置，除了应满足工艺生产要求外，还应符合现行国家标准《纺织工程设计防火规范》GB 50565 的有关规定。

8.2.8 罐区内地坪、地沟应采取防渗漏措施；罐区围堰内地坪应采用不发生火花的地面，并应采取隔渗措施。

8.3 建筑防火、防爆、防腐蚀

8.3.1 腈纶工厂主要生产车间的火灾危险性类别应根据生产中使用和产生的物质性质特征及数量分类确定，并应符合下列规定：
1 NaSCN 湿法纺丝工艺时，聚合、单体回收应为甲类，原液应为丁类，纺丝、后处理（湿纤维）应为丁类，溶剂回收应为丁类，聚丙烯腈的干燥、输送为乙类，后处理（干纤维）、打包及中间库应为丙类；
2 DMAc 湿法纺丝工艺时，聚合、单体回收应为甲类，原液应为丙类，纺丝、后处理（湿纤维）应为丁类，后处理（干纤维）、打包及中间库应为丙类，溶剂回收应为丙类，DMAc 溶剂制造应为甲类；
3 DMSO 湿法纺丝工艺时，聚合、单体回收应为甲类，原液应为丙类，纺丝、后处理（湿纤维）应为丁类，后处理（干纤维）、卷绕（收丝）包装及中间库应为丙类，溶剂回收应为甲类。

8.3.2 生产厂房应采用不低于二级耐火等级的建筑物，厂房的耐火等级、层数与安全疏散应符合现行国家标准《纺织工程设计防火规范》GB 50565 的有关规定。

8.3.3 联合厂房内各不同火灾危险性类别的生产车间应用防火墙隔开，防爆区域内用于分隔防火分区的防火墙，应同时作为起防爆作用的防护墙，防护墙的设计应符合现行国家标准《建筑设计防火规范》GB 50016 的有关规定。

8.3.4 无爆炸危险的生产车间及附房与有爆炸危险的生产车间贴邻布置时，应采用耐火极限不低于 3h 的非燃烧体防护墙隔开，并应设置直通室外的疏散楼梯或安全出口。防护墙上不宜设置门，当防护墙上确需设门时，应在防护墙一侧设置设有甲级防火门的门斗，门斗上两门不应相对设置。

8.3.5 防爆车间的外围护结构应有保证安全和相适应的泄压面积，泄压面积应符合现行国家标准《纺织工程设计防火规范》GB 50565 的有关规定，经计算确定。泄压面宜靠近室内易发生爆炸的部位，应避免面向室外主要交通道路和人员集中场所。

8.3.6 有爆炸危险的车间地面应采用不发生火花的面层。

8.3.8 管道穿越防火墙时，应在穿墙处用非燃烧体材料填嵌密实。

8.3.9 甲、乙类火灾危险性类别的车间内，除深度不大于 0.4m 的排水沟外，地沟的凹坑处应采取防止可燃物体积聚的措施，并应符合国家标准《建筑设计防火规范》GB 50016 有关规定。

9 供暖、通风和空气调节

9.1 一般规定

9.1.3 腈纶工厂生产场所的防烟和排烟设施应符合现行国家

标准《建筑设计防火规范》GB 50016 和《纺织工程设计防火规范》GB 50565 中的有关规定。

9.2 供 暖

9.2.2 供暖方式的选择应根据所在地区气象条件、建设规模、厂区供热状况、能源政策、节能环保等要求，通过技术经济比较确定。宜利用生产余热，并宜采用热水作热媒。当厂区供热以工艺用蒸汽为主，生产车间、仓库、公用辅助建筑物可采用蒸汽作热媒，生活、行政辅助建筑物应采用热水作热媒。散发可燃气体、蒸气或粉尘的生产厂房，散热器供暖的热媒温度，应不大于散发物质的自燃点（℃）的20%。在散发可燃粉尘、纤维的厂房内，散热器表面平均温度不应大于82.5℃。

9.2.6 供暖管道不应穿过存在与供暖管道接触能引起燃烧或爆炸的气体、蒸气或粉尘的房间，确需穿过时，应采用不燃绝热材料。

9.2.7 甲、乙类厂房、仓库内供暖管道和设备的绝热材料应采用不燃材料。

9.3 通 风

9.3.3 存在易燃、易爆、有毒物料散发并易积聚的室内场所，必须采取通风措施。凡属下列情况之一时，应单独设置局部排风系统，且局部排风系统不应接入车间全面排风系统：

1 不同的有害物质混合后能引起燃烧或爆炸时；
2 不同物质混合后能形成毒害更大或腐蚀性的混合物、化合物时；
3 混合后易使蒸气凝结并聚积粉尘时；
4 散发剧毒物质的设备和房间；
5 建筑物内的甲、乙类火灾危险的单独房间或其他有防火防爆要求的单独房间；
6 甲、乙类厂房、仓库中不同的防火分区。

9.3.8 对可能突然放散大量有害气体或有爆炸危险气体的场所，应根据工艺设计要求设置事故通风系统。事故通风系统的设置应符合现行国家标准《工业建筑供暖通风与空气调节设计规范》GB 50019 的有关规定。

9.5 设备、风管和其他

9.5.1 供暖、通风和空气调节设备在下列情况下，应采用防爆型设备：

1 直接布置在有爆炸危险性区域内时；
2 排除、输送或处理甲、乙类物质，其浓度不小于爆炸下限10%时；
3 排除、输送或处理含有燃烧或爆炸危险的粉尘、纤维等物质，其含尘浓度为不小于其爆炸下限的25%时。

9.5.4 直接布置在空气中含有爆炸危险性物质场所内的通风系统和排除有爆炸危险物质的通风系统的防火阀、调节阀等部件，应符合在爆炸危险场所应用的要求。

9.5.5 排除或输送有爆炸危险或燃烧危险物质的通风设备和风管，均应采取防静电接地措施，当风管法兰密封垫料或螺栓垫圈采用非金属材料时，还应采用法兰跨接措施。

9.5.7 为甲、乙类厂房服务的送风设备与排风设备应分别布置在不同通风机房内，且排风设备不应和其他房间的送、排风设备布置在同一通风机房内。

9.5.8 甲、乙类生产厂房的送风系统共用进风口时，应与丙、丁、戊类生产厂房和辅助建筑及其他通风系统的进风口分别设置。

9.5.9 凡属下列情况之一时，送风系统严禁采用循环空气：

1 甲、乙类厂房或仓库；
2 丙类厂房或仓库，空气中含有爆炸危险性粉尘、纤维，其含尘浓度不小于其爆炸下限的25%时；
3 其他厂房或仓库，空气中含有易燃、易爆气体，且其气体浓度不小于爆炸下限的10%时；
4 建筑物内属甲、乙类火灾危险性的房间。

9.5.10 通风与空调系统的风管材料、配件及柔性接头应符合现行国家标准《建筑设计防火规范》GB 50016 的有关规定。当输送腐蚀性或潮湿气体时，应采用防腐材料或采取相应的防腐措施。

9.5.12 通风管道不宜穿过防火墙和不燃性楼板等防火分隔物。必须穿过时，应在穿过处设防火阀。在防火阀两侧各2m范围内的风管及其保温材料，应采用不燃材料，风管穿过处的缝隙应用防火材料封堵。

9.5.13 通风、空气调节系统的风管在下列部位应设置公称动作温度为70℃的防火阀：

1 穿越防火分区处；
2 穿越通风、空气调节机房的房间隔墙和楼板处；
3 穿越防火分隔处的变形缝两侧；
4 竖向风管与每层水平风管交接处的水平管道上；
5 穿越重要或火灾危险性大的场所的房间隔墙和楼板处。

9.5.14 排除或输送有燃烧或爆炸危险物质的风管，不应穿过防火墙和有爆炸危险的车间隔墙，且不应穿过人员密集或可燃物存放的房间。

9.6 制 冷

9.6.6 设备和管道采用的保冷材料应符合下列规定：

2 保冷材料应为不燃材料；

10 给 水 排 水

10.1 一般规定

10.1.1 给水排水设计应满足工厂生产、生活、消防和环境保护的要求，并应做到技术先进、经济合理、安全适用和保护环境。

10.1.6 管道必须穿越防火墙时，应采用不燃烧材料填塞密实。

10.2 给 水

10.2.1 工厂的给水系统应根据生活、生产和消防等各项用水对水质、水温、水压和水量的要求，分别设置直流、循环或重复使用的给水系统及相应的给水处理设施。

10.3 排 水

10.3.4 甲、乙类工艺装置内生产污水管道的支干管、干管的最高处检查井宜设排气管，排气管管径不宜小于100mm，排气管出口应高出地面2.5m以上。

10.3.10 工厂发生事故或火灾时，产生的污染废水不得直接排入水体或城市雨水管道，应排至应急事故池。

10.4 消防给水及灭火设施

10.4.1 消火栓给水系统、自动喷水灭火系统以及其他灭火设施应根据工厂生产及储存物品的火灾危险性类别和建筑物的耐火等级等因素进行设置。

10.4.2 室内外消防给水设计应符合现行国家标准《消防给水及消火栓系统技术规范》GB 50974和《纺织工程设计防火规范》GB 50565的有关规定。

10.4.4 稳高压消防给水管道上不得接非消防用水管道。

10.4.5 聚合物干燥机应设置自动或手动消防水喷淋灭火设施。

10.4.7 工厂各建筑物及可燃液体储罐区的灭火器配置，应符合现行国家标准《建筑灭火器配置设计规范》GB 50140和《石油化工企业设计防火规范》GB 50160的有关规定。

12 环境保护

12.2 废水收集与处理

12.2.6 全厂应设置应急事故池，其有效容积应根据事故时工艺排水量及火灾时消防排水量综合确定。

13 职业安全卫生

13.2 职业危害因素

13.2.2 氯酸钠应与可燃物、有机物、酸类、铵盐分开存放。

13.3 安全防护措施

13.3.1 储存和使用丙烯腈、醋酸乙烯、丙烯酸甲酯、二甲胺、醋酸等物料的储罐区和作业区，可燃气体和有毒气体检测报警系统设置，应符合现行国家标准《石油化工可燃气体和有毒气体检测报警设计规范》GB 50493的有关规定。

13.3.9 对爆炸和火灾危险场所内可能产生静电危险的设备和管道均应采取静电接地措施。

13.3.10 易发生事故、危及安全的设备、管道及场所，安全标志和涂刷安全色设置应符合现行国家标准《安全标志及其使用导则》GB 2894的有关规定。

119.《化工企业总图运输设计规范》GB 50489—2009

3 厂址选择

3.1 一般规定

3.1.10 事故状态泄漏或散发有毒、有害、易燃、易爆气体工厂的厂址，应远离城镇、居住区、公共设施、村庄、国家和省级干道、国家和地方铁路干线、河海港区、仓储区、军事设施、机场等人员密集场所和国家重要设施。

3.1.11 事故状态泄漏有毒、有害、易燃、易爆液体工厂的厂址，应远离江、河、湖、海、供水水源防护区。

4 化工区总体布置

4.2 交通运输

4.2.4 化工区道路的布置应有利于化工区土地合理利用和企业发展、水陆联运及疏港，并应方便各工厂、公用设施、居住区相互间的交通运输和消防。

4.2.5 化工区内经常运输易燃、易爆及有毒危险品道路的最大纵坡不应大于6%。

4.3 公用工程设施

4.3.6 液化石油气站的布置，应符合现行国家标准《建筑设计防火规范》GB 50016、《石油化工企业设计防火规范》GB 50160和《城镇燃气设计规范》GB 50028的有关规定，并应符合下列要求：

  3 应远离有明火和飞火设备的设施，并应在其全年最小频率风向的上风侧。

  4 液化石油气站的主要出入口应与化工区或当地主要道路直接相通。

  5 应远离人员集中场所，并应在其全年最小频率风向的上风侧。

4.4 仓储设施

4.4.1 化工区内的仓库、堆场、储罐区的布置，应满足国家现行有关防火、防爆、卫生及环境保护等标准的要求，宜靠近服务对象，并应有较好的运输和装卸条件。

4.4.2 临江、河、湖、海岸边布置的可燃液体、液化烃的储罐区，应位于临江、河、湖、海的城镇、居住区、工厂、船厂以及码头、重要桥梁、大型锚地等的下游，并应采取防止泄漏的液体流入水体的措施。液化烃储罐外壁距通航江、河、湖、海岸边的距离不应小于25m。可燃液体储罐距水体的距离，应满足防洪、安全卫生防护以及城镇水域岸线规划控制蓝线管理等要求。

5 总平面布置

5.1 一般规定

5.1.1 总平面布置应在总体布置的基础上，根据工厂的性质、规模、生产流程、交通运输、环境保护、防火、安全、卫生、施工、检修、生产、经营管理、厂容厂貌及发展等要求，并结合当地自然条件进行布置，经方案比较后择优确定。

5.1.5 街区外形宜为矩形。街区面积应根据生产装置、辅助生产设施、公用工程、仓储设施的组成和用地要求，结合地形等因素综合确定。甲、乙类生产装置内部的设备、建筑物区占地面积不宜大于1hm²；当占地面积为1~2hm²时，应符合现行国家标准《石油化工企业设计防火规范》GB 50160的有关规定。

5.1.6 厂区通道宽度应根据下列因素经计算确定：

  1 应符合防火、安全、卫生间距的要求。

5.1.12 口、山形的半封闭式建筑物布置，应符合下列要求：

  2 半封闭式建筑物内院的宽度不得小于内院两翼建筑物较高屋檐的高度，并应符合现行国家标准《建筑设计防火规范》GB 50016的有关规定。

5.2 生产设施

5.2.1 生产设施的布置，应根据工艺流程、生产的火灾危险性类别、安全、卫生、施工、安装、检修及生产操作等要求，以及物料输送与储存方式等条件确定；生产上有密切联系的建筑物、构筑物、露天设备、生产装置，应布置在一个街区或相邻的街区内；当采用阶梯式布置时，宜布置在同一台阶或相邻台阶上。

5.2.2 可能散发可燃气体的设施，宜布置在明火或散发火花地点的全年最小频率风向的上风侧，在山区或丘陵地区时，应避免布置在窝风地段。

5.2.7 生产装置内的布置，应符合下列要求：

  2 装置内的设备、建筑物、构筑物布置应满足防火、安全、施工安装、检修的要求。

  4 生产装置中所使用化学品的装卸和存放设施，应布置在装置边缘、便于运输和消防的地带。

  6 装置区内的可燃气体、液化烃和可燃液体的中间储罐或装置储罐的布置，宜集中并毗邻主要服务对象布置，也可布置在毗邻主要服务对象的单独地段内；宜布置在明火或散发火花地点的全年最小频率风向的上风侧，并应满足防火、防爆要求。

5.2.8 全厂性控制室的布置应符合下列要求：

  1 有爆炸危险的甲、乙类生产装置的全厂性控制室应独立布置，当靠近生产装置布置时，应位于爆炸危险区范围以外，并宜位于可燃气体、液化烃和甲、乙类设备以及可能泄漏、散发毒性气体、腐蚀性气体、粉尘及大量水雾设施的全年最小频率风向的下风侧。

5.3 公用工程及辅助生产设施

5.3.10 煤气站、天然气配气站、液化气配气站宜布置在厂区边缘地带，除应符合现行国家标准《建筑设计防火规范》GB 50016、《石油化工企业设计防火规范》GB 50160 和《城镇燃气设计规范》GB 50028 的有关规定外，并应符合下列要求：
  1 煤气站的布置应符合下列规定：
    1）煤气站的布置，应符合现行国家标准《工业企业煤气安全规程》GB 6222 的有关规定；发生炉煤气站的布置，应符合现行国家标准《发生炉煤气站设计规范》GB 50195 的有关规定；
    2）应布置在运输条件方便的地段；
    3）应避免其有害气体、烟尘和灰渣对周围环境的污染；
  2 天然气配气站布置，应符合下列规定：
    应位于有明火或散发火花地点的全年最小频率风向的上风侧。
  3 液化气配气站布置应符合下列规定：
    1）应布置在运输条件方便的地段；
    2）宜布置在人员集中活动场所、明火或散发火花地点的全年最小频率风向的上风侧，在山区或丘陵地区应避免布置在窝风地带；

5.3.14 汽车修理车间，可独立设置或与汽车库联合布置，也可邻近机修车间布置。应避免其烟尘、有害气体、噪声及污水对周围环境的影响，并应符合现行国家标准《汽车库、修车库、停车场设计防火规范》GB 50067 的有关规定。

5.3.15 工厂或装置内高架火炬的布置，应符合下列要求：
  3 火炬布置的防火间距应符合现行国家标准《石油化工企业设计防火规范》GB 50160 的有关规定。

5.4 仓储设施

5.4.1 原料、燃料、材料、成品及半成品的仓库、堆场及储罐，应根据其储存物料的性质、数量、包装及运输方式等条件，按不同类别相对集中布置，并宜靠近相关装置和运输路线，且应符合防火、防爆、安全、卫生的规定。

5.4.5 液氨储罐、实瓶库及灌装站的布置，应符合下列要求：
  3 常压低温液氨储罐应设防火堤，堤内的有效容积应为所围一个最大储罐容积的 60%，堤内应铺设地坪。

5.4.6 液氯储罐、实瓶库及灌装站的布置，应符合下列要求：
  1 应布置在厂区全年最小频率风向的上风侧及地势较低的开阔地带。
  2 应远离厂区主干道、易燃和易爆的生产、储存和装卸设施，与人员集中活动场所边缘的距离不应小于 50m。
  3 地上液氯储罐的地坪应低于周围地面 0.3～0.5m，或在储罐周围做高出地坪 0.3～0.5m 的围堰。
  4 实瓶库应有装车站台及便于运输的道路。

5.5 运输设施

5.5.1 液化烃、可燃液体的铁路装卸区及汽车装卸场，宜按品种分类，并宜集中布置在厂区全年最小频率风向的上风侧，同时应位于厂区边缘地带。

5.5.2 铁路槽车洗罐站的布置，应符合下列要求：
  3 用于洗涤液化烃及甲、乙类液体的槽车洗罐站，其防火间距应符合现行国家标准《石油化工企业设计防火规范》GB 50160 的有关规定。

5.5.5 液化烃、可燃液体的汽车装卸站的布置，应符合现行国家标准《建筑设计防火规范》GB 50016 和《石油化工企业设计防火规范》GB 50160 的有关规定，并应符合下列要求：
  1 宜位于厂区边缘或厂区外，并应避开人员集中活动的场所、明火和散发火花的地点及厂区主要人流出入口。
  2 宜设围墙独立成区，宜分设进、出口。当进、出口合用时，站内应设置回车道。

5.5.6 汽车库、停车场的布置，应符合现行国家标准《汽车库、修车库、停车场设计防火规范》GB 50067 和《厂矿道路设计规范》GBJ 22 的有关规定，并应符合下列要求：
  1 应靠近工厂主要货流出入口或仓库区布置。
  2 应避开主要生产区、储罐区、主要人流出入口和运输繁忙的铁路。
  4 汽车停车场的面积应根据车型、停放形式及数量确定。
  6 汽车加油站宜布置在车辆出库的地段。加油站的防火安全间距，应符合现行国家标准《建筑设计防火规范》GB 50016 和《汽车加油加气站设计与施工规范》GB 50156 的有关规定。

5.6 行政办公及生活服务设施

5.6.6 工厂消防站的设置及其规模，应根据企业的规模、火灾危险性、固定消防设施的设置情况，以及邻近协作单位条件等因素确定。消防站的布置应符合下列要求：
  1 消防站的位置应使消防车能迅速、方便地通往厂区内各街区，并能顺畅通往厂外有关设施和居住区。
  2 消防站的服务范围应符合下列规定：
    3）超出服务半径的场所，应设消防分站或采取其他有效的灭火措施。消防分站服务范围应与消防站相同。
  3 消防站布置宜远离噪声场所，并应位于厂区全年最小频率风向的下风侧；消防站的主体建筑与全厂性行政办公及生活服务设施等人员集中活动场所的主要疏散出口的距离，不应小于 50m，消防站布置的防火间距应符合现行国家标准《石油化工企业设计防火规范》GB 50160 的有关规定。
  4 消防车库不宜与综合性建筑物或汽车库合并建筑。特殊情况下，与综合性建筑物和汽车库合建的消防车库应有独立的功能分区和不同方向的出入口。
  5 消防站车库的大门应面向道路，距路面边缘的距离不应小于 15m；门应避开管廊、栈桥或其他障碍物，其地面应用水泥混凝土或沥青等材料铺筑，并应向道路方向设 1%～2% 的坡度。

6 竖向设计

6.2 设计标高的确定

6.2.4 建筑物室内地面与室外地面设计标高的高差确定,应符合下列规定:

3 在可能散发比空气重的可燃气体的装置内,控制室、变配电室、化验室的室内地面,应至少比室外地面高0.6m。

7 管线综合布置

7.1 一般规定

7.1.2 管线敷设方式,可根据管道内介质的性质、地形、生产安全、交通运输、施工、检修等因素综合确定,并应符合下列规定:

1 有可燃性、爆炸危险性、毒性及腐蚀性介质的管道,应采用地上敷设。

3 在散发比空气重的可燃、有毒性气体的场所,不宜采用管沟敷设,否则应采取防止气体积聚和沿沟扩散的措施。

7.1.4 具有可燃性、爆炸危险性及有毒性介质的管道,不应穿越与其无关的建筑物、构筑物、生产装置、辅助生产及仓储设施等。

7.2 地下管线

7.2.3 地下管线交叉布置时,其竖向布置应符合下列要求:

2 可燃气体管道应在除热力管道外的其他管道上面。

4 氧气管道应在可燃气体管道下面、其他管道上面。

6 热力管道应在可燃气体管道及给水管道上面。

7.3 地上管线

7.3.2 有甲、乙类火灾危险性、腐蚀性及毒性介质的管道,除使用该管线的建筑物、构筑物外,均不得采用建筑物支撑式敷设。

7.3.5 架空电力线路不应跨越用可燃性材料建造的屋顶和生产火灾危险性属于甲、乙类的建筑物、构筑物和生产装置,以及储存可燃性、爆炸性物料的罐区及仓库区。

8 绿化设计

8.1 一般规定

8.1.2 绿化设计应符合下列要求:

1 应根据化工生产的性质、火灾危险性和防火、防爆、防噪声、环境卫生及景观对绿化设计的要求,并结合当地的自然条件和周围的环境条件,因地制宜进行绿化设计,应合理地确定各类植物配置方式。

8.2 绿化布置及植物选择

8.2.5 散发液化石油气及比空气重的可燃气体的生产、储存和装卸设施附近,绿化布置应注意通风,不应种植不利于较重气体扩散的绿篱及茂密的灌木丛。

8.2.6 具有可燃、易爆特性的生产、储存和装卸设施及火灾危险性较大的区域附近,不应种植含油脂较多及易着火的树种,应选择水分较多、枝叶较密、根系深、萌蘖力强,且有利于防火、防爆的树种。其绿化布置,应保证消防通道的宽度和净空高度。

8.2.7 可燃液体、液化烃及可燃气体储罐区的绿化布置及植物选择,应符合下列要求:

1 在可燃液体储罐组防火堤内,不得种植树木,可种植生长高度不超过15cm,且含水分多的四季常青的草皮。

2 液化烃储罐组防火堤内严禁绿化。

3 可燃液体、液化烃及可燃气体储罐组与周围消防车道之间,不应种植绿篱或茂密的灌木丛。

9 运输设计

9.2 企业铁路

9.2.10 货物装卸线应设在直线上。在困难条件下,可设在半径不小于600m的曲线上;在特别困难条件下,曲线半径不应小于500m。不靠站台的装卸线(可燃、易燃、危险品的装卸线除外),可设在半径不小于300m的曲线上;如无车辆摘挂作业,可设在半径不小于200m的曲线上。

9.4 企业码头

9.4.2 可燃液体、液化烃和其他危险品码头应位于邻近城镇和居住区全年最小频率风向的上风侧,并应位于临江、河、湖、海的城镇、居住区、工厂、船厂以及重要桥梁、大型锚地等的下游。码头与其他建筑物、构筑物的安全距离应符合国家现行有关港口工程设计标准的规定。

120.《生物液体燃料工厂设计规范》GB 50957—2013

2 术 语

2.0.1 生物液体燃料 liquid biofuel

利用薯类或动植物油脂经加工后获得的、能够直接使用或与汽油或柴油等液体燃料混合后可用于发动机或直接燃烧的液体燃料。本规范中指燃料乙醇和生物柴油。

4 总平面布置

4.1 一般规定

4.1.1 总平面布置应根据工厂的建设规模、采用原料、生产工艺、交通运输、环境保护、消防、安全、卫生、施工、检修、运行与经营管理、厂容厂貌及企业发展等要求,结合当地自然和环境条件进行布置,经多方案比选后择优确定。

4.1.7 工厂内运输燃料乙醇的道路的最大纵坡不应大于6%。

4.2 建(构)筑物布置

4.2.5 中央控制室、中心化验室、计量室、仪表修理间的布置,应符合下列规定:

2 应布置在生产装置区全年最小频率风向的下风侧;
3 应位于厂区内空气洁净度较高的地段;
4 应具备良好的通风和采光条件;
5 不宜布置在有大型运货车辆通过的主干道一侧,确需沿主干道布置时,建筑物的外侧轴线与主干道中心线的距离不应小于20m。

4.2.6 空压站、冷冻站、循环水站、二氧化碳回收车间的布置,应符合下列规定:

2 应靠近生产装置并位于生产装置及其他产生可燃气体、粉尘等场所全年最小频率风向的下风侧。

4.2.8 燃料乙醇成品储罐区(包括汽油罐、混配罐)布置,除应符合本规范第7.3节的有关规定外,尚应符合下列规定:

1 应布置在厂区全年最小频率风向的上风侧和地势较低、扩散条件较好的地段。

5 工 艺

5.4 专业设备

5.4.13 储罐附件的设置应符合下列规定:

3 燃料乙醇、汽油储罐及甲醇储罐的通气管上应装设阻火器;采用氮封时应设置呼吸阀;
4 储罐应设置液位计、温度计和高液位报警器;连续出料的储罐,还应设置低液位报警器。

5.5 设备布置

5.5.16 燃料乙醇、汽油和甲醇装卸车鹤位与集中布置的泵的距离不应小于8m。在距离装卸车鹤位10m以外的装卸管道上应设置便于操作的紧急切断阀。

6 车间管道

6.1 一般规定

6.1.8 有可能被物料堵塞或腐蚀的安全阀,在安全阀前应设置爆破片等防堵措施。

6.1.10 输送易燃、易爆介质的管道应静电接地,管线上的法兰均应跨接,并应符合国家现行标准《工业金属管道工程施工规范》GB 50235 和《石油化工静电接地设计规范》SH 3097 的有关规定。

6.3 管道布置

6.3.9 可燃液体和危险化学品管道,不得穿越或跨越与其无关的装置、储罐区、建(构)筑物。跨越铁路或通道的管道上,不应设置阀门和易发生泄漏的管道附件。

7 建筑与结构

7.2 防火与安全疏散及其他

7.2.1 生物液体燃料工厂建(构)筑物的耐火等级不应低于二级,其中自行车棚应为三级。不同建筑的火灾危险性应符合表7.2.1的规定。

表7.2.1 生物液体燃料工厂内建(构)筑物的火灾危险性类别

	建(构)筑物	火灾危险性类别
燃料乙醇工厂生产车间	原料处理间	乙
	原料库	丙(袋装)、乙(散装)
	原料粉碎间	乙(干粉碎)、丙(湿粉碎)
	鲜薯处理间	丁
	液(糖)化车间	丁
	发酵车间	丁
	蒸馏脱水车间	甲
	二氧化碳回收间	丁
	分离干燥	丙
生物柴油工厂生产车间	原料接收间	丙
	前处理车间	丙
	反应车间	甲
	后处理车间	丙

续表 7.2.1

建（构）筑物		火灾危险性类别
公用工程和辅助工程	燃料乙醇罐区及装卸设施	甲
	生物柴油原料罐区及装卸设施	丙
	甲醇储罐区及装卸设施	甲
	生物柴油成品储罐区及装卸设施	丙
	锅炉房（锅炉房）	丁
	锅炉房（煤棚、输煤廊）	丙
	锅炉房（风机房）	丁
	电站	注3
	空压站	丁
	制冷站	丙
	循环水站	戊
	净水站	戊
	消防站	戊
	泡沫站	戊
	地磅房	戊
	机修、仪表、电修间	丁
	五金厂库	戊

注：1 除本表的规定外，其他建（构）物的火灾危险性应符合现行国家标准《建筑设计防火规范》GB 50016 的有关规定。
  2 全部采用气缸无油润滑或不喷油螺杆式空气压缩机的空压站，其火灾危险性类别为戊类。
  3 电站应符合现行国家标准《火力发电厂与变电站设计防火规范》GB 50229 的有关规定。

7.2.2 除本规范另有规定外，厂房（仓库）每个防火分区的最大允许建筑面积、层数、建（构）筑物构件的燃烧性能和耐火极限、防火间距和安全疏散，均应符合现行国家标准《建筑设计防火规范》GB 50016 的有关规定。

7.2.3 中央控制室宜独立设置。当设置在丙类厂房内时，应采用耐火极限不低于 3.00h 的防火墙和不低于 1.50h 的楼板与中央控制室隔开，并应设置至少一个独立的安全出口。隔墙上需开设相互连通的门时，应采用甲级防火门。中央控制室不应设置在甲、乙类厂房内。

7.2.4 甲、乙类厂房的现场操作间应靠外墙设置，应采用耐火极限不低于 3.00h 的不燃性防爆墙与厂房隔开，并应设置直通室外的独立安全出口。

7.2.5 防爆生产车间与非爆炸危险生产车间贴邻时，应采用耐火极限不低于 3.00h 的不燃性防爆墙隔开，防爆墙上不宜设置门，需相通时，应设置门斗等防护措施。门斗的隔墙应为耐火极限不低于 2.50h 的实体墙，门应采用甲级防火门，并应错位设置。

7.2.6 甲、乙类厂房应设置泄压措施，泄压面积应按现行国家标准《建筑设计防火规范》GB 50016 的有关规定并经计算确定。地面应采用不发生火花的面层。厂房内不宜设置地沟，必须设置时，其盖板应严密，并应采取防止可燃气体在地沟内积聚的措施。

7.2.10 城市消防站接到火警后 5min 内不能抵达火灾现场的工厂应设置消防站。

7.2.11 甲、乙类厂房（仓库），甲类液体储罐（罐外壁）与架空电力线的最近水平距离，不应小于电杆（塔）高度的 1.5 倍，丙类液体储罐（罐外壁）与架空电力线的最近水平距离，不应小于电杆（塔）高度的 1.2 倍。

7.2.12 变、配电所不应设置在甲、乙类厂房内或贴邻建造，且不应设置在爆炸性气体、粉尘环境的危险区域内。供甲、乙类厂房专用的 10kV 及以下的变、配电所，当采用无门窗洞口的防火墙隔开时，可一面贴邻建造，并应符合现行国家标准《爆炸和火灾危险环境电力装置设计规范》GB 50058 等的有关规定。

7.3 罐 区

7.3.1 燃料乙醇罐区、生物柴油罐区与建筑物的防火间距，不应小于表 7.3.1 的规定。

表 7.3.1 燃料乙醇罐区、生物柴油罐区与建筑物的防火间距（m）

罐区	一个罐区的总储量 V（m³）	建筑物的耐火等级		
		一、二级	三级	四级
燃料乙醇罐区	1000≤V<5000	25	30	40
	5000≤V<25000	35	40	45
	25000≤V<60000	40	45	50
生物柴油罐区	1000≤V<5000	20	25	30
	5000≤V<25000	25	30	40
	25000≤V<60000	35	40	45

注：1 生物柴油罐区当甲类液体和丙类液体储罐布置在同一储罐区时，其总储量按 1m³ 甲类液体相当于 5m³ 丙类液体折算。
  2 罐区内最近的储罐与明火或散发火花地点的防火间距，应按本表四级耐火等级建筑确定。罐区内最近的储罐与厂内重要建筑或设施的防火间距不应小于 60m。
  3 甲、乙、丙类液体的固定顶储罐区与甲类厂房、民用建筑的防火间距，应按本表的规定增加 25%。
  4 浮顶储罐区与建筑物的防火间距，按本表的规定减少 25%。
  5 当罐区内无甲、乙类液体储罐及闪点小于 120℃ 的丙类储罐时，生物柴油罐区与建筑物的防火间距按本表的规定减少 25%。
  6 同类工厂罐区的防火间距应按本表四级耐火等级建筑确定。

7.3.2 甲、丙类液体储罐之间的防火间距不应小于表 7.3.2 的规定。

表 7.3.2 甲、丙类液体储罐之间的防火间距（m）

液体类别	储罐型式		
	固定顶罐		浮顶、内浮顶罐
	≤1000m³	>1000m³	
甲类	0.75D	0.6D	0.4D
丙类	0.4D	0.4D	—

注：1 D 为相邻较大的立式储罐的直径（m）。
  2 不同液体储罐之间的防火间距不应小于本表规定的较大值。
  3 闪点大于 120℃ 的液体，当储罐容量大于 1000m³ 时，其储罐之间的防火间距不应小于 5m；当储罐容量不大于 1000m³ 时，其储罐之间的防火间距不应小于 2m。

7.3.3 燃料乙醇罐区成组布置时，应符合下列规定：

1 组内储罐的单罐储量和总储量不应大于表 7.3.3 的规定；

表 7.3.3 组内储罐的单罐储量和总储量的限量

名称	单罐最大储量（m³）	一组罐最大储量（m³）
燃料乙醇	1000	5000

2 组内储罐的布置不应超过两排；燃料乙醇储罐之间的防火间距，固定顶罐不应小于相邻较大的立式储罐直径的 0.75 倍，浮顶罐不应小于相邻较大的立式储罐直径的 0.4 倍；

3 储罐组之间的防火间距应根据组内储罐的总储量折算为相同类别的标准单罐，并应按本规范第 7.3.2 条的较大者确定。

7.3.4 罐区内的储罐布置不应超过两排。

7.3.5 罐区四周应设置不燃烧体防火堤，防火堤及隔堤设置应符合本规范第 7.3.6 条和第 7.3.7 条的规定。

7.3.6 防火堤的设置应符合下列规定：

1 防火堤的有效容积不应小于该罐区内其中一个最大储罐的容积，当浮顶、内浮顶罐不能满足时，应设置事故存液池储存剩余部分，但防火堤的有效容积不应小于其中一个最大储罐容积的 1/2；

2 防火堤内侧基脚线至立式储罐外壁的水平距离不应小于罐壁高度的 1/2；

3 防火堤的设计高度应高出计算高度 0.2m，且其高度应为 1.0m～2.2m，防火堤应设置便于消防队员进出防火堤的踏步，同一方位上两相邻踏步之间距离不宜大于 60m。

7.3.7 设置有防火堤的罐区内隔堤的设置，应符合下列规定：

1 单罐容积小于或等于 5000m³ 时，隔堤所分隔的储罐容积之和不应大于 20000m³；

2 单罐容积为 5000m³～15000m³ 时，隔堤内的储罐不应超过 4 个；

3 隔堤内有效容积不应小于隔堤内 1 个最大储罐容积的 10%；

4 甲类液体储罐与其他类可燃液体储罐之间应设置隔堤；

5 隔堤高度不应低于 0.5m，隔堤应设置人员进出的踏步。

7.3.8 罐区及装卸区应设置环形消防车道。

7.3.9 罐区泡沫站应布置在罐区防火堤以外，与储罐壁的防火间距不应小于 20m。

7.3.10 燃料乙醇罐区与厂区围墙中心线或用地边界线的防火间距不应小于 35m。生物柴油罐区与厂区围墙中心线或用地边界线的防火间距不应小于 25m。

7.5 防 爆

7.5.2 防爆墙的设计应符合下列规定：

1 防爆墙体应采用不燃材料，且不宜作为承重墙，其耐火极限不应低于 3.00h。

9 供 电

9.4 照明设计

9.4.2 甲、乙、丙类生产车间，应沿疏散通道和安全出口疏散门的正上方设置灯光疏散指示标志。

9.4.3 消防水泵房、自备发电机房、防烟与排烟机房、消防控制室、变配电所等在发生火灾紧急状态时需要继续工作的场所，以及生产车间的参观通道及疏散通道，应设置消防应急照明。

9.4.4 疏散指示标志的设置和应急照明的照度值，应符合现行国家标准《建筑设计防火规范》GB 50016 的有关规定。

9.4.5 消防应急照明应按二级负荷供电。当疏散标志灯具采用自带蓄电池的应急型灯具时，蓄电池的供电时间不应小于 30min，其主供电源可由正常照明配电箱的专用回路供电。

消防控制室、消防水泵房、自备发电机房、配电室、防烟与排烟机房，以及在火灾发生时仍需正常工作的房间，其应急照明持续供电时间不应小于 180min。

9.5 防雷及接地

9.5.6 燃料乙醇工厂的原料处理和粉碎车间、蒸馏脱水车间、成品储罐区及装卸区，生物柴油工厂的反应车间、甲醇储罐区、甲醇装卸区、污水处理的沼气部分等爆炸、火灾危险场所内有产生静电危险的设备和管道，均应采取静电接地措施。

9.5.7 可燃气体、可燃液体、可燃固体输送管道的下列部位应设置静电接地设施：

1 进出装置或设施的始端、终端、分支处、转角处或直线部分每隔 100m 处；

2 爆炸危险场所的边界；

3 管道泵及泵入口永久过滤器、缓冲器等。

11 给 水 排 水

11.1 给水系统

11.1.2 设计用水量的确定应符合下列规定：

9 消防用水量应按本规范第 7.2.1 条所确定的火灾危险类别、建筑物的规模和耐火等级，根据现行国家标准《建筑设计防火规范》GB 50016 的规定确定。

12 供暖通风与空气调节

12.1 供 暖

12.1.4 放散粉尘的房间应采用易于清扫的散热器或无循环空气的热风供暖。采用散热器时，其表面平均温度不应超过 82.5℃。

13 消 防

13.1 消防给水

13.1.1 生物液体燃料工厂应设置消防给水系统，消防水源可利用市政自来水、天然水源和消防水池，并宜采用市政自来水管网直接供给。利用天然水源时，其保证率不应小于 97%，且应设置取水设施。

13.1.2 生产车间、仓库、附属建筑物的室内外消防用水量及消防设施的配置,应符合现行国家标准《建筑设计防火规范》GB 50016 的有关规定。

13.1.3 低压室外消防给水系统宜与生产生活给水系统合用。市政自来水直接供水时,其引入管应有两条,且应来自不同的两根市政给水管网。

13.1.4 单罐容积小于 5000m³ 且罐壁高度小于 17m 的成品储罐,可设置移动式消防冷却水系统或固定式水枪(炮)与移动式水枪相结合的消防冷却水系统。单罐容积 5000m³ 及其以上或罐壁高度 17m 及其以上的成品储罐,应设置固定式消防冷却水系统。

甲、乙、丙类液体储罐消防冷却水系统的水量计算、系统设置,应符合现行国家标准《石油库设计规范》GB 50074 和《泡沫灭火系统设计规范》GB 50151 的有关规定。

13.1.5 甲、乙、丙类液体储罐围堰外应设置消火栓系统,并应符合下列规定:
 1 移动式消防冷却水系统消火栓的数量,应按冷却灭火所需消防水量及消火栓的保护半径确定,消火栓的保护半径不应大于 120m,且距罐壁 15m 以内的消火栓不应计入;
 2 固定式消防冷却水系统所设置消火栓的间距不应大于 60m。

13.1.6 设置固定式消防冷却水装置的储罐,每个储罐应设置单独控制阀,控制阀应设在围堰外安全的区域。控制阀较多时,可集中设置阀门室,控制阀后的管网应设置放空阀。

13.1.7 单罐容积大于 500m³ 的甲、乙、丙类液体储罐,应设置固定式泡沫灭火系统;单罐容积不大于 500m³ 时,可采用半固定式泡沫灭火系统;单罐容积不大于 200m³ 时,可采用移动式泡沫灭火系统。

13.1.8 储罐的泡沫灭火系统应符合下列规定:
 1 设置固定式泡沫灭火系统的储罐,其室外消火栓系统应配置泡沫枪,每支泡沫枪的泡沫混合液流量不应小于 240L/min;
 2 同一罐体上泡沫产生器的数量多于 2 个时,其管网应布置成环状;
 3 泡沫灭火系统的设计应符合现行国家标准《泡沫灭火系统设计规范》GB 50151 的有关规定。

13.1.10 罐区应配置灭火器,并应符合现行国家标准《石油库设计规范》GB 50074 和《建筑灭火器配置设计规范》GB 50140 的有关规定。

13.1.11 室内消防管道应采用热镀锌钢管、涂塑钢管,室外埋地管道可采用球墨铸铁管、钢管、塑料管,泡沫灭火系统宜采用不锈钢管、涂塑钢管。

13.2 火灾报警系统

13.2.1 生物液体燃料工厂的生产区、公用工程及辅助生产设施、全厂性重要设施和区域性重要设施等火灾危险性场所,应设置区域性火灾自动报警系统。

13.2.3 火灾自动报警系统应设置警报装置。当生产区有扩音对讲系统时,可兼作警报装置;当生产区无扩音对讲系统时,应设置声光警报器。

13.2.4 区域火灾报警控制器应设置在该区域的控制室内;当该区域无控制室时,应设置在 24h 有人值班的场所,其全部信息应通过网络传输到中央控制室。

13.2.5 使用和产生可燃气体的场所,应设置可燃气体探测器,并应将报警信号送至消防控制室。可燃气体探测器的设置,应符合现行国家标准《石油化工可燃气体和有毒气体检测报警设计规范》GB 50493 和《火灾自动报警系统设计规范》GB 50116 的有关规定。

13.2.6 企业设置业务广播或扩音对讲系统,火警时应能切换至消防应急广播状态。

13.2.7 全厂性消防控制中心宜设置在中央控制室、生产调度中心或 24h 有人值班的场所,并应配置可显示全厂消防报警位置平面图的终端。

13.2.8 甲、乙类装置区周围和罐区四周道路边,应设置手动火灾报警按钮,其间距不应大于 60m。

13.2.9 火灾自动报警系统的 220V AC 主电源应采用消防电源。直流备用电源应采用火灾报警控制器的专用蓄电池,应保证在主电源发生事故时持续供电时间不少于 8h。

13.2.10 火灾报警系统的设计,除应符合本规范的规定外,还应按现行国家标准《火灾自动报警系统设计规范》GB 50116 的有关规定执行。

14 质量检测与控制

14.3 设计要求

14.3.4 钢瓶室应远离热源、明火及可燃物仓库,与明火和热源的间距应大于 10m;与相邻房间的隔墙应采用防爆墙,其他围护结构可采用通透型或轻质材料,并应朝外开门;可燃气体、惰性气体的钢瓶室应设置事故报警装置。

14.3.5 精密仪器室、钢瓶间和药品库的电源开关、插座、灯具,应符合现行国家标准《爆炸和火灾危险环境电力装置设计规范》GB 50058 的有关规定。精密仪器室室内应设置专用接地线。

121.《化工固体物料装卸系统设计规定》HG 20535—93

1 总 则

1.0.7 对于易燃、易爆和具有毒性、放射性或强腐蚀性及易产生粉尘的化工固体物料装卸系统区域布置及系统设施设计，应符合现行的《炼油化工企业设计防火规定》和《建筑设计防火规范》、《危险品运输规则》、《化工粉体工程设计安全卫生规定》的规定。

4 水运装卸

4.1 一般规定

4.1.10 化工厂用于液体化工物料和固体货物装卸的码头应统筹规划。易燃、易爆液体及腐蚀性强的化工物料装卸码头应单独设置在其他相邻码头或建（构）筑物的下游。

7 对有关专业的设计要求

7.2 供排水与消防专业

7.2.3 具有火灾危险的装卸场所，应设消防设施。

7.3 电气专业

7.3.9 对于受粉尘浓度影响可能引起爆炸的场所，应有报警装置。所用仪表和电气设备应按《化工企业爆炸和火灾危险环境电力设计规程》（HGJ 21—89）及劳人护（1987）36号《中华人民共和国爆炸危险场所电气安全规程》确定。

122.《化工厂控制室建筑设计规定》HG 20556—93

2 总图位置

2.0.1 控制室在总图中的位置应符合下列要求：
2.0.1.1 应位于非防爆区域内，如受条件限制不能满足时，应采取安全防护措施；

3 建筑设计

3.1 一般规定

3.1.1 控制室建筑耐火等级不应低于二级，安装特殊贵重仪表、设备的控制室，其建筑耐火等级应为一级。
3.1.2 有爆炸危险的甲、乙类厂房（或联合装置）的主控制室应独立设置。当不能满足防火间距要求时，应采用钢筋混凝土柱、钢柱承重的框架或排架结构；钢柱应采用耐火极限不低于 2.50h 的防火保护层。
3.1.3 有爆炸危险的甲、乙类厂房的分控制室，可毗邻外墙设置，并应用耐火极限不低于 3.00h 的非燃烧体墙与其他部分隔开。
3.1.5 设有火灾自动报警装置和自动灭火装置的控制室，宜设消防控制室。
　　独立设置的消防控制室，其耐火等级不应低于二级。附设在建筑物内的消防控制室，宜设在底层或地下一层，应采用耐火极限不低于 3.00h 的隔墙或 2.00h 的楼板，并与其他部位隔开和设置直通室外的安全出口。
3.1.9 控制室内不得安装可燃气体、液化烃、可燃液体的在线分析一次仪表；当上述仪表安装在控制室的相邻房间内时，其中间隔墙应为防火墙。
3.1.11 大、中型控制室的安全出口数目不应少于 2 个。
3.1.13 门的设置应符合下列要求：
3.1.13.1 门应向外开启，宜朝常年最小频率风向设置，不宜开向有爆炸或火灾危险的场所；
3.1.13.3 盘后区和机柜室、计算机室、操作室，不得设置直接通向室外和相邻房间（仪表维修室除外）的门。
3.1.14 窗的设置应符合下列要求：
3.1.14.1 窗应朝无爆炸、无火灾危险的方向设置；
3.1.14.2 位于有爆炸或火灾危险场所的控制室不得设窗。

3.4 室内装修和建筑构造

3.4.1 室内装修材料和建筑构造应根据环境特征，综合考虑防火、防爆、防尘、防潮、隔声、隔热等要求。
3.4.7 吊顶应采用轻质的难燃烧体材料，其耐火极限不应小于 0.25h。
3.4.8 门窗类型和材质的选择应符合下列要求：
3.4.8.2 门窗材料的选择，应满足使用、安全和易于清洁的要求。
　　（1）位于有爆炸或火灾危险场所的控制室，外门窗应为非燃烧体，内门可为难燃烧体；
　　（2）位于有爆炸或火灾危险场所的控制室，外门窗玻璃应采用安全玻璃。

123.《化工建设项目环境保护监测站设计规定》HG/T 20501—2013

5 基本要求

5.1 建筑与结构

5.1.3 走廊：单面走廊最小净宽不应小于1.6m，双面走廊最小净宽不应小于1.8m。如果走廊上部空间要布置通风管、回风管以及其他管道，占用走廊空间较大，则走廊轴线宽度可增加到3m。

5.1.12 钢瓶间与分析室建在一起时，中间应为防爆墙。钢瓶棚设计应有防雨、遮阳措施。对有火灾爆炸危险性的气体，钢瓶间应按照防火防爆建筑物设计。

5.2 采暖通风

5.2.3 对易燃易爆气体的房间，应在外墙上安装轴流式（防爆）通风机。

5.3 给水排水

5.3.1 监测分析测试室给水管道和排水管道，应沿墙、柱、管道井、实验台夹腔、通风柜内衬板等部位布置。不应布置在遇水会迅速分解、引起燃烧、爆炸或损坏的物品旁，以及贵重仪器设备的上方。

5.4 电气与电信

5.4.4 对使用易燃、易爆气体的房间，选用符合规范要求的电器设备。

5.5 安全与卫生

5.5.1 室内、外消防设计，应符合现行有关防火规范的规定。

5.5.5 高层建筑物应设置电梯、事故照明及安全疏散梯。

124.《控制室设计规范》HG/T 20508—2014

3 控 制 室

3.4 建筑和结构

3.4.1 对于有爆炸危险的化工工厂，中心控制室建筑物的建筑、结构应根据抗爆强度计算、分析结果设计。

3.4.2 对于有爆炸危险的化工装置，控制室、现场控制室应采用抗爆结构设计。

3.4.3 控制室建筑物为抗爆结构时，不应与非抗爆建筑物合并建筑。

3.4.4 控制室建筑物为抗爆结构时宜为一层，不应超过两层。

3.4.6 现场控制室不宜与变配电所共用同一建筑。当受条件限制需共用建筑物时，应符合现行国家标准《石油化工企业设计防火规范》GB 50160 的规定，并应采取屏蔽措施。

3.5 采光和照明

3.5.6 控制室应设置应急照明系统，并应符合下列规定：
 1 应急电源应在正常供电中断时，可靠供电 20min～30min；
 2 操作室中操作站工作面的照度标准值不应低于100lx；
 3 其他区域照度标准值应为30lx～50lx。

3.9 健康、安全、环保设计要求

3.9.1 控制室内应设置火灾自动报警装置，并应符合现行国家标准《火灾自动报警系统设计规范》GB 50116 的规定。

3.9.2 控制室内应设置消防设施。

125.《化工粉体物料堆场及仓库设计规范》HG/T 20568—2014

3 堆 场

3.1 一般规定

3.1.8 堆场周围应留有堆取料设备移动的通道及消防通道。若堆场一面或相邻两面不能设通道时，则无通道一边与有通道一边跨距不宜超过45.00m。

3.1.18 储存易燃、易爆及有危险性物料的堆场应设置报警监测设施。

5 圆形料场

5.1 一般规定

5.1.3 圆形料场的消防设计应符合本规范第11.2节的规定；储存可燃性物料（如煤、硫磺）时，还应符合下列要求：
  1 挡料墙内壁应衬砌耐火砖；
  2 挡料墙顶部通道和中心立柱应设有消防水炮、水喷淋系统。

5.4 控制与检测

5.4.5 设置火灾报警仪应符合本规范第11.2.6条的规定。当火灾报警仪发出报警信号时，堆料机、取料机及带式输送机等设备应联锁停车。

7 筒 仓

7.1 一般规定

7.1.4 筒仓储存易挥发出易燃、易爆、有毒气体的物料时，应选用下列设施：
  1 设置通风排气管口及通风设备；
  2 设置有毒气体检测仪、可燃气体检测仪、温度检测仪；
  3 仓顶应设置泄压设施或爆破片；
  4 设置向仓内充入惰化保护气体的设施。

9 设备选型

9.1 一般规定

9.1.2 用于易燃、易爆危险区域的设备应具有防爆功能。

11 环境保护、安全与职业健康

11.2 消 防

11.2.1 堆场、仓库应设置与所储运物料和操作条件相适应的消防设施。

11.2.2 储存物料的火灾危险性分类应按现行国家标准《建筑设计防火规范》GB 50016中第3.1.3条的规定执行。

11.2.3 仓库与建筑物的防火间距应符合现行国家标准《建筑设计防火规范》GB 50016中第3.5节的有关规定。

11.2.4 仓库内的防火分区应符合现行国家标准《建筑设计防火规范》GB 50016中第3.3节的有关规定。

11.2.5 石油化工企业储存甲、乙、丙类物品的仓库，防火设计应按现行国家标准《石油化工企业设计防火规范》GB 50160中第6.6节的有关规定执行。

11.2.6 存放可燃性物料的仓库应设置火灾报警仪；如有可燃气体挥发逸出的，应设置可燃气体报警仪。

11.3 安 全

11.3.9 储存有甲、乙类易燃物的仓库内，不应设置办公室、生活辅助用室。

11.4 职业健康

11.4.1 堆场、仓库根据需要设置值班室、更衣室及卫生间等辅助用室的，应按下列要求执行：
  2 储存易燃物或危险品的堆场、仓库内，不应设置辅助用室。

126.《压缩机厂房建筑设计规定》HG/T 20673—2005

3 基本规定

3.0.2 在装置的布置方面，除应满足《石油化工企业设计防火规范》(GB 50160—1992)的表 4.2.1 要求外，还应考虑压缩工艺系统的噪声和振动等对周围建筑物、构筑物、人和生产设施的影响（如共振）。对防噪声或防振动等要求较高的建筑物（如集中控制室、办公楼、化验室等），在满足生产要求的前提下，应与压缩机厂房保持适当距离，或采取相应的隔振措施。

3.0.4 在满足生产、方便维修和符合环境保护的条件下，压缩机厂房推荐设计成敞开或半敞开式（半敞开式可设计成操作平台以下敞开，平台以上封闭或部分封闭的方案）。设计敞开或半敞开式厂房，应结合当地气象条件采取相应措施，根据生产的需要，可在厂房内为操作人员设置合适的值班室。

可燃气体压缩机的布置还应满足《石油化工企业设计防火规范》(GB 50160—1992)中 4.2.24 的要求。

4 建筑设计

4.1 建筑布置

4.1.7 氯气压缩机厂房应设隔离操作室。操作室应设有直接通往室外的安全出口，观察窗应采用固定的密闭窗。

4.3 厂房的防火和防爆

4.3.1 压缩机厂房的火灾危险类别，应根据现行国家标准《建筑设计防火规范》(GBJ16—1987)(2001版)的规定，按厂房内气体的性质进行划分。混合气的类别，应按混合气体中火灾危险类别较高的气体确定。

压缩机厂房火灾危险性分类举例见本规定附录 A。

4.3.2 压缩机厂房的耐火等级不应低于二级。

4.3.3 有爆炸危险的压缩机厂房，宜设计成敞开或半敞开式。因生产需要必须采用封闭式厂房时，应设置必要的泄压设施，并应符合下列要求：

2 泄压面积与厂房体积的比值（m^2/m^3），宜采用 0.05～0.22；生产类别为甲类时，不宜小于 0.08。对气体的爆炸下限较低或爆炸介质威力较强或爆炸压力上升速度较快的厂房，应尽量加大比值；

3 泄压面积的设置应均匀分布，宜靠近爆炸危险源，并避开主要道路和人员集中部位。

注：计算带有格栅板平台或一、二层局部相通的封闭厂房的泄压面积时，其体积应按上下两层厂房体积之和计算。

4.3.4 散发较空气轻的可燃气体的甲类厂房，宜采用全部或局部轻质屋盖为泄压设施。厂房上部空间应通风良好，避免死角，屋面宜设排气天窗、屋顶通风器等排气设施。

4.3.5 氯气压缩机和氢气压缩机不得布置在同一厂房内。

4.3.6 甲、乙类压缩机厂房内不应布置办公室、休息室和化验室等。如必须贴邻本厂房时，应采用一、二级耐火等级建筑，并用耐火极限不低于3h的非燃烧体防护墙隔开，通过走廊或门斗与厂房相通，并设置直通室外或疏散楼梯的安全出口。

4.3.7 高位油槽应尽量布置在室外钢支架上，不得布置在厂房的屋架部位。

4.3.8 有爆炸危险的压缩机厂房的操作平台，应铺设钢格板，以利通风。

4.3.9 压缩机厂房的安全出口不应少于两个，并应设在方便通行的位置，安全出口的门一律向疏散方向开启。

4.3.10 有爆炸危险的甲、乙类厂房内不应布置变电室、配电室，如必须设置，可用防火墙与厂房毗连设置，其要求同本规定 4.3.6 条。当厂房附近散发密度大于 0.7 的可燃气体时，变电室、配电室的地面与室外标高差应大于或等于 0.6m。

4.3.11 压缩机厂房各层的安全出口不应少于两个。但满足以下要求者可设一个：

1 甲类厂房操作平台面积不超过 100m^2，且同一时间的生产人数不超过 5 人；

2 其它类别厂房操作平台面积不超过 150m^2，且同一时间的生产人数不超过 10 人。

其中一个楼梯间应为封闭式。敞开式疏散楼梯净宽不应小于 800mm，坡度不应大于 45°。

4.3.12 厂房内最远工作岗位至楼梯口或安全出口的距离，甲类厂房不应大于 25m，乙类厂房不应大于 50m。

4.3.14 甲、乙类压缩机厂房内的管线和电缆，宜架空敷设。如必须设管沟和电缆沟时，应采取防止可燃气体沉积在沟内的措施。通往变电间、配电室和控制室的管沟或电缆沟的出口处，沟内及穿墙孔洞均应用不燃材料填塞密封。室外管沟和电缆沟与压缩机厂房相通时，从厂房外墙面算起，在 1m 长的范围内用砂子填塞。

4.3.15 压缩机厂房采用钢结构时，其承重钢柱宜外包细石混凝土防火层，钢梁以及屋顶等承重构件可采取防火涂料保护，其具体要求见《建筑设计防火规范》(GBJ 16—1987)(2001版)、《石油化工企业设计防火规范》(GB 50160)、《钢结构防火涂料应用技术规范》(CECS 24)及《化工建筑涂装设计规定》(HG/T 20587)有关规定。

4.6 厂房地面和室内装修

4.6.4 当有爆炸危险的甲、乙类压缩机厂房中，爆炸性气体的密度接近或超过空气密度时，地面或平台应采用不发火花的面层材料。

4.7 控制室

4.7.1 压缩系统的控制室应尽量布置在装置主控制室内，如必须贴邻压缩机厂房时,应按4.3.6条规定执行。
4.7.2 控制室的建筑耐火等级不应低于二级。
4.7.3 控制室内部装修应符合《建筑内部装修设计防火规范》(GB 50222)有关规定。
4.7.6 控制室一般应有两个出口,其中有一个为安全出口。控制室不得与厂房或其他辅助用室直接相通,其间应设有前室或门斗。
4.7.7 位于爆炸危险区域内的控制室,应采取正压机械送风。
4.7.8 以自然通风为主的控制室,窗的位置应避免布置在甲乙类火灾危险生产区域内,亦不应朝向高噪声源。窗的型式应为带纱平开窗。
4.7.11 由于控制室内装有贵重仪表、仪器等,其顶棚和墙面应采用A级装修材料;地面及其他部位应采用不低于B_1级的装修材料。

5.2 结构选型

5.2.6 钢结构操作平台的钢梁布置应规整,并便于吊装或检修下层设备。为防止可燃气体的积聚和利于通风要求,平台铺板应采用钢格板,局部可采用花纹钢板。

附录A 压缩机厂房火灾危险性分类举例

表A 压缩机厂房火灾危险性分类举例

序号	工艺过程名称		压缩气体主要成分	生产类别	爆炸危险性
1	空气压缩		空气	戊	无
2	氧气压缩		氧	乙	无
3	氢气压缩		氢	甲	有
4	氮气压缩		氮	戊	无
5	冷冻(氨吸收法)		氨	乙	有
6	天然气加压		甲烷	甲	有
7	天然气液化		甲烷	甲	有
8	合成氨:水煤气压缩		一氧化碳、氢	甲	有
	合成气压缩		氢氮混合气	甲	有
9	甲醇:合成气压缩		一氧化碳、氢	甲	有
10	尿素:压缩		二氧化碳	戊	无
11	稀硝酸:加压吸收和尾气处理		氮氧化物	戊	无
12	烧碱:氯气干燥		氯	乙	无
13	纯碱:压缩		二氧化碳	戊	无
14	石油液化气压缩		丙烷、丁烷	甲	有
15	乙炔提浓:压缩		乙炔	甲	有
16	乙烯	裂解气压缩	乙烯	甲	有
		乙烯、丙烯制冷	乙烯、丙烯	甲	有
17	异丁烯:压缩		丁烯	甲	有
18	丁二烯:反应气体压缩		丁二烯	甲	有
19	氯乙烯(乙烯法):乙烯循环气压缩		乙烯	甲	有
20	丁辛醇:合成气压缩		一氧化碳、氢、丙烯	甲	有
21	环氧氯丙烷:丙烯气压缩		丙烯	甲	有
22	乙二醇	循环乙烯气压缩	乙烯	甲	有
		加氧的循环乙烯气压缩	乙烯、氧	甲	有

127. 《化工企业供电设计技术规定》HG/T 20664—1999

4 负荷等级及供电

4.1 负荷等级

4.1.5 有特殊供电要求的负荷——当企业正常工作电源因故障突然中断或因火灾而人为切断正常工作电源时,为保证安全停产,避免发生爆炸及火灾蔓延、中毒及人身伤亡等事故,或一旦发生这类事故时,能及时处理事故,防止事故扩大,为抢救及撤离人员,而必须保证供电的负荷。

化工企业中有特殊供电要求的负荷,通常有以下几种类型:

1 中断供电时,将发生爆炸及有毒物质泄露的相关负荷如:

(1) 安全停车自动程序控制装置(仪表、继电器、程控器等)及其执行机构(某些进料阀、排料阀、排空阀等),以及配套的处理设施;

(2) 设备内有不能排放的爆炸危险物料,若其会发生局部聚合大量放热反应时,为避免危险后果所需的搅拌设施和中止剂投放设施或冷却水专用供应设备;

(3) 爆炸危险物料使用的大型压缩机组的安全轴封及正压通风系统等的电气设备。

2 中断供电时,现场处理事故、抢救及撤离人员所必需的事故照明、通信系统、火灾报警设备、消防系统的用电负荷等。

5 供电电源

5.3 直流电源

5.3.3 蓄电池(Ah)容量选择原则如下:

2 继电保护及自动装置、计算机系统、化工工艺程控装置、火警系统等装置、正常生产过程中运行的信号灯、继电器等为经常持续负荷,应按100%考虑。

7 总变电所、总配电装置

7.1 总变电所与总配电装置位置选择

7.1.1 总变电所与高压总配电装置系向全厂各化工装置及辅助车间等供电的变配电装置的中心或自备电站的升压与降压变配电装置中心,其位置选择应符合下列要求:

5 与爆炸危险、火灾危险、重腐蚀等场所的距离,应符合本规定7.1.2的规定。

7.1.2 总变电所与总配电装置距爆炸、火灾、重腐蚀等场所的距离应不小于表7.1.2所列的数值。

表7.1.2 总变电所与总配电装置距各种化工场所的最小防护间距表 (m)

化工场所名称		总变电所与总配电装置	
		户内式建筑物外墙	户外式建筑围墙
爆炸危险装置和建筑物		30	30
腐蚀环境	1类(中腐蚀)	30	50
	2类(强腐蚀)	50	80
火灾危险场所		25	25
液化可燃气体储罐	200m³及以上	50～90	50～90
冷却塔	自然通风 塔位于下风侧	*	30
	自然通风 塔位于上风侧	*	40
	机械通风 塔位于下风侧	*	40
	机械通风 塔位于上风侧	*	60

注:* 见本条条文说明最后一行。

7.7 建筑与暖通

7.7.2 当室内电缆沟、电缆桥架或钢管,在墙上或楼板上的孔洞与爆炸性危险场所连通时,应在配电室、控制室或车间厂房的入口处,用非燃性防火堵料严密堵塞,或用埋砂封堵。若上述孔洞是与非爆炸危险场所相通,则应在这些隔墙或楼板的孔洞处,实施阻火封堵。

7.8 防 火

7.8.1 油量为2500kg以上的屋外油浸变压器之间无防火墙时,其防火净距不应小于表7.8.1数值。

表7.8.1 油浸变压器之间的防火距

变压器电压等级(kV)	相互间最小防火净距(m)
6～10	5
35	5
63	6
110	8

当设置防火墙时,防火墙高度应不低于变压器油枕顶端高度,长度比变压器外廓两侧尺寸各大1.5m。

建筑物外墙距户外油浸变压器外廓5m以内时,在变压器总高度以上3m的水平线以下及外廓两侧各延3m的范围内,不应有门窗和通风孔;建筑物外墙距变压器外廓5～10m时,可在外墙上设防火门,并可在变压器总高度以上设非燃性的固定窗。

7.8.2 户外充油电气设备单个油箱的充油量为1000kg以上时,应设置能容纳100%油量的储油池或能容纳20%油量的储油坑等。

设有容纳20%油量的储油坑时,应有将油排到安全处的设施，且不应引起污染危害。当设有总事故储油池时，其容量应按最大一个油箱的60%油量确定。

储油坑四周应高出地面100mm。

7.8.3 户内独立安装的6~10kV或35kV的少油断路器或充油式电压互感器。宜装设在两侧有隔墙或非燃性实体板的间隔内。户内独立安装的63~110kV的断路器、油浸式电流互感器和电压互感器均应设置在有防爆墙的间隔内。

户内油浸变压器，其单台油量在100kg以下时，可安装在有非燃性隔板的间隔内。当油量超过100kg时，一般安装在单独的防爆间内，并设储油或挡油设施。

户内储油或挡油设施容积：当门开向建筑物内时，挡油设施可按20%油量考虑，但应具有能将油排至安全处的设施，否则应设置100%油量的储油设施；当门开向建筑物外时，应按容纳100%油量考虑挡油设施。

7.8.4 全厂宜设置火灾自动报警系统。当设有火灾自动报警装置时，下列部位应设置火灾探测器。

控制室、微机室、继电器室、配电室、电缆室、电缆夹层、电缆隧道等。

7.8.5 电缆敷设设计中，应按工程重要性、火灾几率和经济性等因素，对以下电缆采取防火阻燃措施：

1 重要回路的电缆；

2 易着火场所的电缆；

3 易受外部火灾影响而着火的电缆密集场所的电缆。

7.8.6 电缆的一般防火阻燃安全措施如下：

1 对电缆通道实施分段阻火分隔；

2 选用难燃（阻燃）型、耐火型或不燃（防火）型电缆；

3 对于普通型电缆，应采取防止电缆外表着火的措施；

若主电源回路电缆与其他电缆在同一通道敷设时，应将主电源回路电缆敷设在单独的耐火电缆槽盒中；

4 正确选择电缆截面和合理排列敷设电缆。

7.8.7 电缆实施分段阻火分隔的部位一般如下：

1 控制室、配电装置室、工艺主车间等重要生产场所的电缆入口；以及电缆竖井出入口处；

2 主电缆沟及电缆隧道的分支通道处；

3 电缆隧道中对应的母线分段处；

4 长距离电缆沟或隧道内，每相距约100m处；

5 电缆竖井中每隔7m处；

6 进出厂区电缆沟道的厂区围墙处。

建设工程消防设计审查验收标准条文摘编

专用标准分册 4

孙 旋 主编

中国建筑工业出版社

图书在版编目（CIP）数据

建设工程消防设计审查验收标准条文摘编. 7，专用标准分册. 4 / 孙旋主编. — 北京：中国建筑工业出版社，2021.12

ISBN 978-7-112-26987-7

Ⅰ. ①建… Ⅱ. ①孙… Ⅲ. ①建筑工程－消防－工程验收－国家标准－汇编－中国 Ⅳ. ①TU892-65

中国版本图书馆 CIP 数据核字（2021）第 260433 号

目 录

6.1 火电工程 1

1. 《火力发电厂与变电站设计防火标准》GB 50229—2019 2
2. 《小型火力发电厂设计规范》GB 50049—2011 22
3. 《大中型火力发电厂设计规范》GB 50660—2011 25
4. 《秸秆发电厂设计规范》GB 50762—2012 29
5. 《联合循环机组燃气轮机施工及质量验收规范》GB 50973—2014 32
6. 《电力设施抗震设计规范》GB 50260—2013 33
7. 《电力工程电缆设计标准》GB 50217—2018 34
8. 《电气装置安装工程 低压电器施工及验收规范》GB 50254—2014 36
9. 《电气装置安装工程 爆炸和火灾危险环境电气装置施工及验收规范》
   GB 50257—2014 37
10. 《电气装置安装工程 66kV及以下架空电力线路施工及验收规范》
    GB 50173—2014 39
11. 《20kV及以下变电所设计规范》GB 50053—2013 40
12. 《电热设备电力装置设计规范》GB 50056—1993 42
13. 《爆炸危险环境电力装置设计规范》GB 50058—2014 43
14. 《35kV～110kV变电站设计规范》GB 50059—2011 44
15. 《3～110kV高压配电装置设计规范》GB 50060—2008 45
16. 《66kV及以下架空电力线路设计规范》GB 50061—2010 46
17. 《1000kV变电站设计规范》GB 50697—2011 47
18. 《1000kV架空输电线路设计规范》GB 50665—2011 48
19. 《1000kV输变电工程竣工验收规范》GB 50993—2014 49
20. 《±800kV直流架空输电线路设计规范》GB 50790—2013（2019年版） 50
21. 《并联电容器装置设计规范》GB 50227—2017 51
22. 《柔性直流输电系统成套设计规范》GB/T 35703—2017 52
23. 《柔性直流输电换流站设计标准》GB/T 51381—2019 53
24. 《±800kV直流换流站设计规范》GB/T 50789—2012 55
25. 《330kV～750kV智能变电站设计规范》GB/T 51071—2014 59
26. 《110（66）kV～220kV智能变电站设计规范》GB/T 51072—2014 60
27. 《高压直流换流站设计规范》GB/T 51200—2016 61
28. 《电力设备典型消防规程》DL 5027—2015 64
29. 《电力建设安全工作规程 第1部分：火力发电》DL 5009.1—2014 88
30. 《电力建设安全工作规程 第2部分：电力线路》DL 5009.2—2013 89
31. 《电力建设安全工作规程 第3部分：变电站》DL 5009.3—2013 90
32. 《风力发电场设计技术规范》DL/T 5383—2007 92

3

33.《火力发电厂职业安全设计规程》DL 5053—2012 ·········· 93
34.《农村住宅电气工程技术规范》DL/T 5717—2015 ·········· 96
35.《水利水电工程施工安全防护设施技术规范》SL 714—2015 ·········· 97
36.《水电水利工程施工通用安全技术规程》DL/T 5370—2017 ·········· 99
37.《水电水利工程金属结构与机电设备安装安全技术规程》DL/T 5372—2017 ·········· 102
38.《水电水利工程施工作业人员安全操作规程》DL/T 5373—2017 ·········· 103
39.《燃气分布式供能站设计规范》DL/T 5508—2015 ·········· 104
40.《智能变电站设计技术规定》DL/T 5510—2016 ·········· 107
41.《电力工程电缆防火封堵施工工艺导则》DL/T 5707—2014 ·········· 108
42.《变电站建筑结构设计技术规程》DL/T 5457—2012 ·········· 109
43.《发电厂和变电站照明设计技术规定》DL/T 5390—2014 ·········· 110
44.《变电站总布置设计技术规程》DL/T 5056—2007 ·········· 111
45.《35kV～220kV 变电站无功补偿装置设计技术规定》DL/T 5242—2010 ·········· 113
46.《高压配电装置设计规范》DL/T 5352—2018 ·········· 114
47.《220kV～750kV 变电站设计技术规程》DL/T 5218—2012 ·········· 115
48.《35kV～220kV 无人值班变电站设计技术规程》DL/T 5103—2012 ·········· 118
49.《35kV～220kV 城市地下变电站设计规程》DL/T 5216—2017 ·········· 119
50.《串补站设计技术规程》DL/T 5453—2020 ·········· 122
51.《电力电缆隧道设计规程》DL/T 5484—2013 ·········· 123
52.《35kV～110kV 户内变电站设计规程》DL/T 5495—2015 ·········· 124
53.《220kV～500kV 户内变电站设计规程》DL/T 5496—2015 ·········· 127
54.《330kV～500kV 无人值班变电站设计技术规程》DL/T 5498—2015 ·········· 130
55.《35kV 及以下电力用户变电所建设规范》DL/T 5725—2015 ·········· 131
56.《火力发电厂建筑设计规程》DL/T 5094—2012 ·········· 132
57.《火力发电厂烟气脱硝设计技术规程》DL/T 5480—2013 ·········· 136
58.《火力发电厂运煤设计技术规程 第1部分：运煤系统》DL/T 5187.1—2016 ·········· 140
59.《火力发电厂运煤设计技术规程 第2部分：煤尘防治》DL/T 5187.2—2019 ·········· 141
60.《火力发电厂运煤设计技术规程 第3部分：运煤自动化》DL/T 5187.3—2012 ·········· 142
61.《火力发电厂建筑装修设计标准》DL/T 5029—2012 ·········· 143
62.《发电厂油气管道设计规程》DL/T 5204—2016 ·········· 144

6.2 水电工程 ·········· 147
63.《水电工程设计防火规范》GB 50872—2014 ·········· 148
64.《地热电站设计规范》GB 50791—2013 ·········· 159
65.《光伏发电站施工规范》GB 50794—2012 ·········· 160
66.《小型水力发电站设计规范》GB 50071—2014 ·········· 161
67.《小型水电站技术改造规范》GB/T 50700—2011 ·········· 162
68.《小型水电站安全检测与评价规范》GB/T 50876—2013 ·········· 163
69.《风电场设计防火规范》NB 31089—2016 ·········· 164
70.《水电站厂房设计规范》NB 35011—2016 ·········· 176

71.《高海拔风力发电机组技术导则》NB/T 31074—2015 ································ 177
72.《风电场工程建筑设计规范》NB/T 31128—2017 ································ 178
73.《水电站地下厂房设计规范》NB/T 35090—2016 ································ 180
74.《水力发电厂供暖通风与空气调节设计规范》NB/T 35040—2014 ········· 181
75.《氢冷发电机供氢系统防爆安全验收导则》NB/T 25073—2017 ············· 183

6.3 核工业工程 ·· 185

76.《核电厂常规岛设计防火规范》GB 50745—2012 ·································· 186
77.《核电厂防火设计规范》GB/T 22158—2021 ··· 196
78.《核工业铀矿冶工程设计规范》GB 50521—2009 ·································· 214
79.《核电厂常规岛设计规范》GB/T 50958—2013 ······································ 216
80.《铀转化设施设计规范》GB/T 51013—2014 ·· 218
81.《铀浓缩工厂工艺气体管道工程施工及验收规范》GB/T 51012—2014 ··· 219
82.《核电厂总平面及运输设计规范》GB/T 50294—2014 ···························· 220

6.4 建材工程 ·· 225

83.《水泥工厂设计规范》GB 50295—2016 ·· 226
84.《平板玻璃工厂设计规范》GB 50435—2016 ·· 231
85.《聚酯工厂设计规范》GB 50492—2009 ·· 233
86.《建筑卫生陶瓷工厂设计规范》GB 50560—2010 ·································· 237
87.《水泥工厂余热发电设计标准》GB 50588—2017 ·································· 241
88.《装饰石材工厂设计规范》GB 50897—2013 ·· 243
89.《水泥窑协同处置垃圾工程设计规范》GB 50954—2014 ······················· 245
90.《装饰石材矿山露天开采工程设计规范》GB 50970—2014 ··················· 246
91.《加气混凝土工厂设计规范》GB 50990—2014 ······································ 247
92.《纤维增强硅酸钙板工厂设计规范》GB 51107—2015 ··························· 250
93.《光伏压延玻璃工厂设计规范》GB 51113—2015 ·································· 252
94.《固相缩聚工厂设计规范》GB 51115—2015 ·· 256
95.《玻璃纤维工厂设计标准》GB 51258—2017 ·· 258
96.《水泥工厂职业安全卫生设计规范》GB 50577—2010 ··························· 262
97.《岩棉工厂设计标准》GB/T 51379—2019 ··· 264
98.《水泥工业劳动安全卫生设计规定》JCJ 10—1997 ································ 267

6.5 冶金工程 ·· 269

99.《钢铁冶金企业设计防火标准》GB 50414—2018 ·································· 270
100.《冶金电气设备工程安装验收规范》GB 50397—2007 ························· 284
101.《炼钢机械设备工程安装验收规范》GB 50403—2017 ························· 287
102.《烧结厂设计规范》GB 50408—2015 ·· 288
103.《型钢轧钢工程设计规范》GB 50410—2014 ·· 289
104.《高炉炼铁工程设计规范》GB 50427—2015 ·· 290
105.《炼焦工艺设计规范》GB 50432—2007 ·· 291
106.《炼钢工程设计规范》GB 50439—2015 ·· 292

107.《钢铁厂工业炉设计规范》GB 50486—2009 ·········· 294
108.《铁矿球团工程设计标准》GB/T 50491—2018 ·········· 295
109.《高炉煤气干法袋式除尘设计规范》GB 50505—2009 ·········· 296
110.《钢铁企业总图运输设计规范》GB 50603—2010 ·········· 297
111.《高炉喷吹煤粉工程设计规范》GB 50607—2010 ·········· 298
112.《钢铁企业节能设计标准》GB/T 50632—2019 ·········· 299
113.《钢铁企业给水排水设计规范》GB 50721—2011 ·········· 300
114.《挤压钢管工程设计规范》GB 50754—2012 ·········· 301
115.《冷轧带钢工厂设计规范》GB 50930—2013 ·········· 302
116.《冶金烧结球团烟气氨法脱硫设计规范》GB 50965—2014 ·········· 304
117.《工业企业干式煤气柜安全技术规范》GB 51066—2014 ·········· 305
118.《钢铁企业喷雾焙烧法盐酸废液再生工程技术规范》GB 51093—2015 ·········· 307
119.《钢铁企业煤气储存和输配系统施工及质量验收规范》GB 51164—2016 ·········· 308
120.《人工制气厂站设计规范》GB 51208—2016 ·········· 309
121.《钢铁企业煤气储存和输配系统设计规范》GB 51128—2015 ·········· 310
122.《转炉煤气净化及回收工程技术规范》GB 51135—2015 ·········· 314
123.《煤气余压发电装置技术规范》GB 50584—2010 ·········· 315
124.《冶金机械液压、润滑和气动设备工程安装验收规范》GB/T 50387—2017 ·········· 317
125.《烧结机械设备工程安装验收标准》GB/T 50402—2019 ·········· 318
126.《线材轧钢工程设计标准》GB/T 50436—2017 ·········· 319
127.《工业建筑涂装设计规范》GB/T 51082—2015 ·········· 320
128.《露天金属矿施工组织设计规范》GB/T 51111—2015 ·········· 322

6.6 有色金属工程 ·········· 323
129.《有色金属工程设计防火规范》GB 50630—2010 ·········· 324
130.《多晶硅工厂设计规范》GB 51034—2014 ·········· 339
131.《有色金属企业总图运输设计规范》GB 50544—2009 ·········· 343
132.《有色金属矿山井巷工程设计规范》GB 50915—2013 ·········· 345
133.《铅锌冶炼厂工艺设计规范》GB 50985—2014 ·········· 348
134.《有色金属矿山工程测控设计规范》GB/T 51196—2016 ·········· 349
135.《酸性烟气输送管道及设备内衬施工技术规程》YS/T 5429—2016 ·········· 351

6.7 机械工程 ·········· 353
136.《机械工业厂房建筑设计规范》GB 50681—2011 ·········· 354
137.《机械工程建设项目职业安全卫生设计规范》GB 51155—2016 ·········· 356
138.《机械工厂电力设计规范》JBJ 6—1996 ·········· 358

6.8 医药工程 ·········· 365
139.《医院洁净手术部建筑技术规范》GB 50333—2013 ·········· 366
140.《生物安全实验室建筑技术规范》GB 50346—2011 ·········· 367
141.《实验动物设施建筑技术规范》GB 50447—2008 ·········· 368
142.《传染病医院建筑施工及验收规范》GB 50686—2011 ·········· 369

143. 《传染病医院建筑设计规范》GB 50849—2014	371
144. 《疾病预防控制中心建筑技术规范》GB 50881—2013	372
145. 《综合医院建筑设计规范》GB 51039—2014	373
146. 《精神专科医院建筑设计规范》GB 51058—2014	375
147. 《医药工艺用水系统设计规范》GB 50913—2013	376
148. 《医药工程安全风险评估技术标准》GB/T 51116—2016	377

6.9 轻工工程 ... 391

149. 《酒厂设计防火规范》GB 50694—2011	392
150. 《地下及覆土火药炸药仓库设计安全规范》GB 50154—2009	401
151. 《烟花爆竹工程设计安全规范》GB 50161—2009	404
152. 《医药工业洁净厂房设计标准》GB 50457—2019	418
153. 《食品工业洁净用房建筑技术规范》GB 50687—2011	421
154. 《硅太阳能电池工厂设计规范》GB 50704—2011	422
155. 《乳制品厂设计规范》GB 50998—2014	424
156. 《制浆造纸厂设计规范》GB 51092—2015	426
157. 《硝化甘油生产废水处理设施技术规范》GB/T 51146—2015	429
158. 《硝胺类废水处理设施技术规范》GB/T 51147—2015	430

6.10 纺织工程 ... 431

159. 《纺织工程设计防火规范》GB 50565—2010	432
160. 《印染工厂设计规范》GB 50426—2016	447
161. 《非织造布工厂技术标准》GB 50514—2020	450
162. 《维纶工厂设计规范》GB 50529—2009	452
163. 《粘胶纤维工厂技术标准》GB 50620—2020	454
164. 《锦纶工厂设计标准》GB/T 50639—2019	457
165. 《服装工厂设计规范》GB 50705—2012	461
166. 《丝绸工厂设计规范》GB 50926—2013	463
167. 《氨纶工厂设计规范》GB 50929—2013	465
168. 《毛纺织工厂设计规范》GB 51052—2014	468
169. 《针织工厂设计规范》GB 51112—2015	470
170. 《纤维素纤维用浆粕工厂设计规范》GB 51139—2015	472
171. 《色织和牛仔布工厂设计规范》GB 51159—2016	475
172. 《精对苯二甲酸工厂设计规范》GB 51205—2016	477
173. 《纺织工业职业安全卫生设施设计标准》GB 50477—2017	480
174. 《麻纺织工厂设计规范》GB 50499—2009	483
175. 《棉纺织工厂设计标准》GB/T 50481—2019	485
176. 《涤纶工厂设计标准》GB/T 50508—2019	487
177. 《双向拉伸薄膜工厂设计标准》GB/T 51264—2017	490

6.11 商业与物资工程 ... 493

178. 《物流建筑设计规范》GB 51157—2016	494

7

179.《冷库设计标准》GB 50072—2021 ··· 498

6.12 电子与通信工程 ··· 503

180.《洁净室施工及验收规范》GB 50591—2010 ······················· 504
181.《特种气体系统工程技术标准》GB 50646—2020 ··················· 508
182.《光缆生产厂工艺设计规范》GB 51067—2014 ······················· 512
183.《洁净厂房施工及质量验收规范》GB 51110—2015 ················· 513
184.《集成电路封装测试厂设计规范》GB 51122—2015 ················· 516
185.《光纤器件生产厂工艺设计规范》GB 51123—2015 ················· 517
186.《印制电路板工厂设计规范》GB 51127—2015 ······················· 518
187.《薄膜晶体管液晶显示器工厂设计规范》GB 51136—2015 ········· 520
188.《发光二极管工厂设计规范》GB 51209—2016 ······················· 524
189.《共烧陶瓷混合电路基板厂设计标准》GB 51291—2018 ··········· 526
190.《数据中心设计规范》GB 50174—2017 ······························· 527
191.《电子工业洁净厂房设计规范》GB 50472—2008 ··················· 529
192.《电子工业职业安全卫生设计规范》GB 50523—2010 ·············· 533
193.《电子工厂化学品系统工程技术规范》GB 50781—2012 ············ 536
194.《城市轨道交通公共安全防范系统工程技术规范》GB 51151—2016 ··· 538
195.《电力调度通信中心工程设计规范》GB/T 50980—2014 ············ 539
196.《通信局站共建共享技术规范》GB/T 51125—2015 ················· 541
197.《微组装生产线工艺设计规范》GB/T 51198—2016 ················· 542

6.13 广播电影电视工程 ··· 543

198.《混凝土电视塔结构技术规范》GB 50342—2003 ··················· 544
199.《广播电影电视建筑设计防火标准》GY 5067—2017 ··············· 545
200.《有线广播电视网络管理中心设计规范》GY 5082—2010 ··········· 551
201.《广播电视微波站（台）工程设计规范》GY/T 5031—2013 ········ 553
202.《中、短波广播发射台设计规范》GY/T 5034—2015 ················ 554

6.1 火电工程

1. 《火力发电厂与变电站设计防火标准》GB 50229—2019

1 总 则

1.0.2 本标准适用于下列新建、改建和扩建的火力发电厂、变电站：

1 1000MW级机组及以下的燃煤火力发电厂（以下简称"燃煤电厂"）；
2 燃气轮机标准额定出力400MW级及以下的简单循环或燃气-蒸汽联合循环电厂（以下简称"燃机电厂"）；
3 电压为1000kV级及以下的变电站、换流站。

2 术 语

2.0.1 主厂房 main power house

燃煤电厂的主厂房系由汽机房、集中控制楼（机炉控制室）、除氧间、煤仓间、锅炉房等组成的厂房。

燃机电厂的主厂房系由燃气轮机房、汽机房、集中控制室及余热锅炉等组成的厂房。

2.0.2 集中控制楼 central control building

火力发电厂中对两台及以上的机组及辅助系统进行集中控制的厂房。包括集中控制室、电子设备间、电缆夹层、蓄电池室、交接班室及辅助用房等。

2.0.3 主控制楼 electrical control building

火力发电厂中在非单元制控制方式下对主要电气系统进行集中控制的建筑，变电站中对主要电气系统、设备进行集中控制的建筑。一般由主控制室、电子设备间、电缆夹层、蓄电池室、交接班室及辅助用房等组成。

2.0.4 网络控制楼 network control building

火力发电厂中对升压站的电力网络系统或设备单独进行控制的建筑。一般由电子设备间、蓄电池室及辅助用房等组成，通常为无人值守的建筑。

2.0.5 网络继电器室 switchgear control building

火力发电厂中对主开关站、辅助开关站的主要电气设备进行控制的建筑。

2.0.6 配电装置楼 power distribution building

火力发电厂中接受、分配和控制电能的建筑。一般由屋内配电装置室、高低压配电间等组成。

2.0.7 特种材料库 special warehouse

存放润滑油和氢、氧、乙炔等气瓶的库房。

2.0.8 一般材料库 general warehouse

存放精密仪器、钢材、一般器材的库房，包括一般器材库、精密器材库、钢材库及辅助用房等。

2.0.11 阀厅 valve hall

设置换流阀的建筑物，通常一个阀厅布置一个极的换流阀和相关设备。

3 燃煤电厂建（构）筑物的火灾危险性分类、耐火等级及防火分区

3.0.1 生产的火灾危险性应根据生产中使用或产生的物质性质及其数量等因素分类，储存物品的火灾危险性应根据储存物品的性质和储存物品中的可燃物数量等因素分类，并均应符合表3.0.1的规定。

表3.0.1 建（构）筑物的火灾危险性分类及其耐火等级

建（构）筑物名称	火灾危险性分类	耐火等级
主厂房（汽机房、除氧间、集中控制楼、煤仓间、锅炉房）	丁	二级
吸风机室	丁	二级
除尘构筑物	丁	二级
烟囱	丁	二级
空冷平台	戊	二级
脱硫工艺楼、石灰石制浆楼、石灰石制粉楼、石膏库	戊	二级
脱硫控制楼	丁	二级
吸收塔	戊	三级
增压风机室	戊	二级
屋内卸煤装置	丙	二级
碎煤机室、运煤转运站及配煤楼	丙	二级
封闭式运煤栈桥、运煤隧道	丙	二级
筒仓、干煤棚、解冻室、室内贮煤场	丙	二级
输送不燃烧材料的转运站	戊	二级
输送不燃烧材料的栈桥	戊	二级
供、卸油泵房及栈台（柴油、重油、渣油）	丙	二级
油处理室	丙	二级
主控制楼、网络控制楼、微波楼、网络继电器室	丙	一级
屋内配电装置楼（内有每台充油量>60kg的设备）	丙	二级
屋内配电装置楼（内有每台充油量≤60kg的设备）	丁	二级
油浸变压器室	丙	一级
岸边水泵房、循环水泵房	戊	二级
灰浆、灰渣泵房	戊	二级

续表 3.0.1

建（构）筑物名称	火灾危险性分类	耐火等级
灰库	戊	三级
生活、消防水泵房，综合水泵房	戊	二级
稳定剂室、加药设备室	戊	二级
取水建（构）筑物	戊	二级
冷却塔	戊	三级
化学水处理室、循环水处理室	戊	二级
供氢站、制氢站	甲	二级
启动锅炉房	丁	二级
空气压缩机室（无润滑油或不喷油螺杆式）	戊	二级
空气压缩机室（有润滑油）	丁	二级
热工、电气、金属试验室	丁	二级
天桥	戊	二级
变压器检修间	丙	二级
雨水、污（废）水泵房	戊	二级
检修车间	戊	二级
污（废）水处理构筑物	戊	二级
给水处理构筑物	戊	二级
电缆隧道	丙	二级
柴油发电机房	丙	二级
氨区控制室	丁	二级
卸氨压缩机室	乙	二级
液氨气化间	乙	二级
特种材料库	丙	二级
一般材料库	戊	二级
材料棚库	戊	二级
推煤机库	丁	二级

注：当特种材料库储存氢、氧、乙炔等气瓶时，火灾危险性应按储存火灾危险性较大的物品确定。

3.0.2 发电厂建筑物构件的燃烧性能和耐火极限应符合现行国家标准《建筑设计防火规范》GB 50016 的有关规定，主厂房的锅炉房可采用无防火保护的金属承重构件。

3.0.3 主厂房地上部分防火分区的最大允许建筑面积应符合下列规定：
   1 600MW 级及以下机组不应大于 6 台机组的建筑面积；
   2 600MW 级以上机组、1000MW 级机组不应大于 4 台机组的建筑面积；
   3 其地下部分不应大于 1 台机组的建筑面积。

3.0.4 当屋内卸煤装置的地下部分与地下转运站或运煤隧道连通时，其防火分区的最大允许建筑面积不应大于 3000m²。

3.0.5 每座室内贮煤场最大允许占地面积不应大于 50000m²。每个防火分区面积不宜大于 12000m²，当防火分区面积大于 12000m² 时，防火分区之间应采用宽度不小于 10m 的通道或高度大于堆煤表面高度 3m 的防火墙进行分隔。

3.0.6 承重构件为不燃烧体的主厂房及运煤栈桥，其非承重外墙为不燃烧体时，其耐火极限不限；为难燃烧体时，其耐火极限不应小于 0.50h。

3.0.7 除氧间与煤仓间或锅炉房之间应设置不燃烧体的隔墙。汽机房与合并的除氧煤仓间或锅炉房之间应设置不燃烧体的隔墙。隔墙的耐火极限不应小于 1.00h。

3.0.8 集中控制室、主控制室、网络控制室、汽机控制室、锅炉控制室和计算机房，其顶棚和墙面应采用 A 级装修材料，其他部位应采用不低于 B_1 级的装修材料。

3.0.9 发电厂建筑物内电缆夹层的内墙应采用耐火极限不小于 1.00h 的不燃烧体。

3.0.10 封闭式栈桥、转运站等运煤建筑围护结构应采用不燃性材料，当未设置自动灭火系统时，其钢结构应采取防火保护措施。

3.0.11 室内贮煤场采用钢结构时，应符合下列规定：
   1 堆煤表面距离钢结构构件小于或等于 3m 范围内的钢结构承重构件应采取防火保护措施，且耐火极限不应小于 2.50h；
   2 堆煤表面下与煤接触的混凝土挡墙应采取隔热措施。

3.0.12 其他厂房的层数和防火分区的最大允许建筑面积应符合现行国家标准《建筑设计防火规范》GB 50016 的有关规定。

4 燃煤电厂厂区总平面布置

4.0.1 厂区应划分重点防火区域。重点防火区域的划分及区域内的主要建（构）筑物宜符合表 4.0.1 的规定。

表 4.0.1 重点防火区域及区域内的主要建（构）筑物

重点防火区域	区域内主要建（构）筑物
主厂房区	主厂房、除尘器、吸风机室、烟囱、脱硫装置、靠近汽机房的各类油浸变压器
配电装置区	配电装置的带油电气设备、网络控制楼或继电器室
点火油罐区	供卸油泵房、储油罐、含油污水处理站
贮煤场区	贮煤场、转运站、卸煤装置、运煤隧道、运煤栈桥、筒仓
制氢站、供氢站区	制氢间、氢气罐
液氨区	液氨储罐、配电间
消防水泵房区	消防水泵房、蓄水池
材料库区	一般材料库、特种材料库、材料棚库

4.0.2 重点防火区域之间的电缆沟（电缆隧道）、运煤栈桥、运煤隧道及油管沟应采取防火分隔措施。

4.0.3 主厂房、点火油罐区、液氨区及贮煤场周围应设置环形消防车道，其他重点防火区域周围宜设置消防车道。对单机容量为 30MW 及以上的机组，在炉后与除尘器之间应设置单车车道。消防车道可利用交通道路。当山区及扩建燃煤电厂的主厂房、点火油罐区、液氨区及贮煤场周围设置环形消防车道有困难时，可沿长边设置尽端式消防车道，并应设回车道或回车场。回车场的面积应不小于 12m×12m；供大型消防车使用时，不应小于 18m×18m。

4.0.4 主厂房应至少在固定端和扩建端各布置一处消防车登

高操作场地，在汽机房长边墙外侧每两台机组之间应布置一处消防车登高操作场地。建筑高度大于24m的厂内其他建筑物应至少沿一个长边，或周边长度的1/4且不小于一个长边长度的底边连续布置消防车登高操作场地。消防车登高操作场地的长度和宽度分别不应小于15m和10m。

4.0.5 消防车道的净宽度不应小于4.0m，坡度不宜大于8%。道路上空遇有管架、栈桥等障碍物时，其净高不宜小于5.0m，在困难地段不应小于4.5m。

4.0.6 厂区的出入口不应少于两个，其位置应便于消防车出入。

4.0.7 厂区围墙内的建（构）筑物与围墙外其他建（构）筑物的间距，应符合现行国家标准《建筑设计防火规范》GB 50016的有关规定。

4.0.8 消防站的布置应符合下列规定：
  1 消防站应布置在厂区的适中位置，避开主要人流道路，保证消防车能方便、快速地到达火灾现场；
  2 消防站车库正门应朝向厂区道路，距厂区道路边缘不宜小于15.0m。

4.0.9 油浸变压器与汽机房、屋内配电装置楼、主控楼、集中控制楼及网控楼的间距不应小于10m；当符合本标准第5.3.10条的规定时，其间距可适当减小。

4.0.10 厂区采用阶梯式竖向布置时，可燃液体储罐区不宜毗邻布置在高于全厂重要设施或人员集中场所的台阶上。确需毗邻布置在高于上述场所的台阶上时，应采取防止火灾蔓延和可燃液体流散的措施。

4.0.11 点火油罐区的布置应符合下列规定：
  1 应单独布置；
  2 点火油罐区四周应设置1.8m高的围墙；当利用厂区围墙作为点火油罐区的围墙时，该段厂区围墙应为2.5m高的实体围墙；
  3 点火油罐区的设计应符合现行国家标准《石油库设计规范》GB 50074的有关规定。

4.0.12 制氢站、供氢站的布置应符合下列规定：
  1 宜布置为独立建（构）筑物。
  2 制氢站、供氢站四周应设置不低于2.5m高的不燃烧体实体围墙；
  3 制氢站、供氢站的设计应符合现行国家标准《氢气站设计规范》GB 50177的有关规定

4.0.13 液氨区的布置应符合下列规定：
  1 液氨区应单独布置在通风条件良好的厂区边缘地带，避开人员集中活动场所和主要人流出入口，并宜位于厂区全年最小频率风向的上风侧；
  2 液氨区应设置不低于2.2m高的不燃烧体实体围墙；当利用厂区围墙作为氨区的围墙时，该段围墙应采用2.5m高的不燃烧体实体围墙；
  3 液氨储罐应设置防火堤，防火堤的设置应符合现行国家标准《建筑设计防火规范》GB 50016及《储罐区防火堤设计规范》GB 50351的有关规定。

4.0.14 厂区管线与电力线路的综合布置应符合下列规定：
  1 甲、乙、丙类液体管道和可燃气体管道宜架空敷设；沿地面或低支架敷设的管道不应妨碍消防车的通行；
  2 甲、乙、丙类液体管道和可燃气体管道不得穿过与其无关的建筑物、构筑物、生产装置及储罐区等；
  3 架空电力线路不应跨越用可燃材料建造的屋顶及甲、乙类建（构）筑物；不应跨越甲、乙、丙类液体储罐区及可燃气体储罐区。

4.0.15 厂区内建（构）筑物、设备之间的防火间距不应小于表4.0.15的规定；高层厂房之间及与其他厂房之间的防火间距，应在表4.0.15（见书后插页）规定的基础上增加3m。

4.0.16 甲、乙类厂房与重要公共建筑的防火间距不宜小于50m。

4.0.17 当同一座主厂房呈凵形或山形布置时，相邻两翼之间的防火间距，应符合现行国家标准《建筑设计防火规范》GB 50016中厂房的防火间距的有关规定。

5 燃煤电厂建（构）筑物的安全疏散和建筑构造

5.1 主厂房的安全疏散

5.1.1 汽机房、除氧间、煤仓间、锅炉房、集中控制楼的安全出口均不应少于2个。上述安全出口可利用通向相邻车间的乙级防火门作为第二安全出口，但每个车间地面层至少必须有1个直通室外的安全出口。

5.1.2 汽机房、除氧间、煤仓间、锅炉房最远工作地点到直通室外的安全出口或疏散楼梯的距离不应大于75m；集中控制楼最远工作地点到直通室外的安全出口或楼梯间的距离不应大于50m。

5.1.3 主厂房至少应有1个能通至各层和屋面且能直接通向室外的封闭楼梯间，其他疏散楼梯可为敞开式楼梯；集中控制楼至少应设置1个通至各层的封闭楼梯间。

5.1.4 主厂房室外疏散楼梯的净宽不应小于0.9m，楼梯坡度不应大于45°，楼梯栏杆高度不应低于1.1m。主厂房室内疏散楼梯净宽不宜小于1.1m，疏散走道的净宽不宜小于1.4m，疏散门的净宽不宜小于0.9m。

5.1.5 集中控制室的房间疏散门不应少于2个，当房间位于两个安全出口之间，且建筑面积小于或等于120m²时可设置1个。

5.1.6 主厂房的带式输送机层应设置通向汽机房、除氧间屋面或锅炉平台的疏散门。

5.2 其他建（构）筑物的安全疏散

5.2.1 碎煤机室和转运站应至少设置1个通至主要各层的楼梯，该楼梯应采用不燃性隔墙与其他部分隔开，楼梯可采用钢楼梯，但其净宽不应小于0.9m，坡度不应大于45°。运煤栈桥安全出口的间距不应超过150m。

5.2.2 卸煤装置的地下室两端及运煤系统的地下建筑物尽端，应设置通至地面的安全出口。地下室安全出口的间距不应超过60m。

5.2.3 室内煤场的安全出口不应少于2个，矩形煤场的安全出口的数量尚应与防火分区相对应。

5.2.4 主控制楼、配电装置楼各层及电缆夹层的安全出口不应少于2个，其中1个安全出口可通往室外楼梯。配电装置楼内任一点到最近安全出口的最大疏散距离不应超过30m。

5.2.5 配电装置室房间内任一点到房间疏散门的直线距离不应大于15m。

5.2.6 电缆隧道两端均应设通往地面的安全出口；当其长度

超过100m时，安全出口的间距不应超过75m。

5.2.7 控制室的房间疏散门不应少于2个，当建筑面积小于120m²时可设1个。

5.3 建筑构造

5.3.1 主厂房电梯应能供消防使用并应符合消防电梯的要求。除锅炉房消防电梯外，消防电梯应设置前室。

5.3.2 主厂房及辅助厂房的室外疏散楼梯应符合下列规定：
   1 室外疏散楼梯和平台均应采用不燃性材料制作，其耐火极限不应低于0.25h；
   2 除疏散门外，楼梯周围2m内的墙面上不应设置门、窗、洞口；疏散门不应正对梯段；
   3 通向室外楼梯的疏散门应采用乙级防火门，并应向室外开启。

5.3.3 变压器室、配电装置室等室内疏散门应为甲级防火门，电子设备间、发电机出线小室、电缆夹层、电缆竖井等室内疏散门应为乙级防火门；上述房间中间隔墙上的门应采用乙级防火门。

5.3.4 主厂房各车间隔墙上的门均应采用乙级防火门。

5.3.5 主厂房煤仓间带式输送机层应采用耐火极限不小于1.00h的防火隔墙与其他部位隔开，隔墙上的门均应采用乙级防火门。

5.3.6 集中控制室应采用耐火极限分别不低于2.00h和1.50h的防火隔墙和楼板与其他部位分隔，隔墙上的门窗应采用乙级防火门窗。

5.3.7 主厂房疏散楼梯间内部不应穿越可燃气体管道，蒸汽管道，甲、乙、丙类液体的管道和电缆或电缆槽盒。

5.3.8 主厂房与天桥连接处的门洞应设置防止火势蔓延的措施，门应采用不燃性材料制作。

5.3.9 蓄电池室、充电机室以及蓄电池室前套间通向走廊的门，均应采用向外开启的乙级防火门。

5.3.10 当汽机房、屋内配电装置楼、主控制楼、集中控制楼及网络控制楼的墙外5m以内布置有变压器时，在变压器外轮廓投影范围外侧各3m内的上述建筑物外墙上不应设置门、窗、洞口和通风孔，且该区域外墙应为防火墙；当建筑物墙外5m～10m范围内布置有变压器时，在上述外墙上可设置甲级防火门，变压器高度以上可设防火窗，其耐火极限不应小于0.90h。

5.3.11 电缆沟及电缆隧道在进出主厂房、主控制楼、配电装置室时，在上述建筑物外墙处应设置防火墙。电缆隧道的防火墙上应采用甲级防火门。

5.3.12 当管道穿过防火墙时，管道与防火墙之间的缝隙应采用防火封堵材料填实。当直径大于或等于32mm的可燃或难燃管道穿过防火墙时，除填塞防火封堵材料外，还应在防火墙两侧的管道上采取阻火措施。

5.3.13 柴油发电机房宜独立设置，柴油储罐或油箱应布置在柴油发电机房外。当柴油发电机房与其他建筑物合建时，应符合下列规定：
   1 宜布置在建筑的首层，并应设置单独安全出口；
   2 应采用耐火极限不低于2.00h的防火隔墙和1.50h的不燃性楼板与其他部位分隔，门应采用甲级防火门。

5.3.14 丙类特种材料库贴邻一般材料库设置时，应采用耐火极限不低于2.00h的防火隔墙与一般材料库分隔并设置独立的安全出口。

5.3.15 火力发电厂内各类建筑物的室内装修防火设计应按现行国家标准《建筑内部装修设计防火规范》GB 50222执行。

5.3.16 运煤栈桥下方布置丁、戊类场所时，应符合下列规定：
   1 应采用耐火极限不低于2.00h的不燃性外墙和耐火极限不低于1.00h的不燃性屋顶；
   2 运煤栈桥水平投影范围内的厂房外墙开口部位上方应设置挑出长度不小于1m、耐火极限不低于1.00h的防火挑檐。

5.3.17 空冷平台下方布置变压器时，变压器水平轮廓外2m投影范围内的空冷平台承重构件的耐火极限不应低于1.00h；空冷平台下方布置空冷配电间时，空冷配电间应符合本标准第5.3.16条第1款、第2款的规定。

5.3.18 发电厂建筑物与消防车登高操作场地相对应的范围内，应设置直通室外的楼梯或直通楼梯间的入口。

5.3.19 厂房、仓库的外墙应在每层的适当位置设置可供消防救援人员进入的窗口，且每个防火分区不应少于2个，设置的位置应与消防车登高操作场地相对应。

5.3.20 供消防人员进入的窗口的净高度和净宽度均不应小于1.0m，下沿距室内地面不宜大于1.2m。窗口的玻璃应易于破碎，并应设置在室外易于识别的明显标志。

6 燃煤电厂工艺系统

6.1 运煤系统

6.1.5 用于输送容易自燃煤种的输送带和导料槽的防尘密封条应采用阻燃型。卸煤装置、筒仓、混凝土或金属煤斗、落煤管等的内衬应采用不燃材料。

6.1.6 燃用容易自燃煤种的电厂从贮煤设施取煤的第一条带式输送机上应设置明火煤监测装置。当监测到明火时，应有禁止明火进入后续运煤系统的措施。

6.2 锅炉煤粉系统

6.2.4 煤粉系统的设备保温材料、管道保温材料及在煤仓间穿过的汽、水、油管道保温材料均应采用不燃烧材料。

6.3 锅炉烟风系统

6.3.1 空气预热器系统的设计应符合下列规定：
   1 在空气预热器进出口烟道和风道上应设温度传感器，温度报警信号应上传到控制室，空气预热器应设火灾自动报警系统；
   2 回转式空气预热器应设有停转报警装置、水冲洗系统和灭火系统；
   3 锅炉空气预热器的传热元件在出厂和安装保管期间不得采用浸油防腐方式。

6.4 点火及助燃油系统

6.4.1 锅炉点火及助燃用油品火灾危险性分类应符合现行国家标准《石油库设计规范》GB 50074的有关规定。

6.4.8 油罐区卸油总管和供油总管应布置在油罐防火堤外。

油罐的进、出口管道，在靠近油罐处和防火堤外面应分别设置隔离阀。油罐区的排水管在防火堤外应设置隔离阀。

6.4.9 进出油罐防火堤的各类管道宜从防火堤顶跨越。当需要直接穿过防火堤时，管道与防火堤间的缝隙应采用防火封堵材料紧密填塞，当管道周边有可燃物时，还应在堤体两侧1m范围内的管道上采取绝热措施；当直径大于或等于32mm的可燃或难燃管道穿过防火堤时，除填塞防火封堵材料外，还应设置阻火圈或阻火带。

6.4.10 油泵房应设在油罐防火堤之外，并与防火堤有足够的防火间距。油泵房应设置必要的泄压设施，安装通风设备和可燃气体报警器。

6.4.17 油系统的设备及管道的保温材料应采用不燃烧材料。

6.5 汽轮发动机

6.5.1 汽轮机油系统的设计应符合下列规定：

14 润滑油区、调节油供油装置应设置防泄漏和防火隔离措施。

6.5.2 发电厂氢系统的设计应符合下列规定：

1 汽机房内的氢管道应布置在通风良好的区域；

2 发电机的排氢阀和气体控制站（氢置换设施），应布置在能使氢气直接排往厂房外部的安全处，排氢管必须接至厂房外安全处；排氢管的排氢能力应与汽轮机破坏真空停机的惰走时间相配合，排氢管管口应设阻火器；

3 除必须用法兰与设备和其他部件相连接外，氢气管道管段应采用焊接连接；与发电机相接的氢管道，应采用带法兰的短管连接；

4 氢管道应有防静电的接地措施；

9 发电机氢气管道应设置检漏装置。在发电机工作氢压高于冷却水压时，冷却水侧也应设置氢气监测器和报警器。

6.6 柴油发电机系统

6.6.2 柴油机排气管的室内部分，应采用不燃烧材料保温。

6.6.3 柴油机曲轴箱宜采用正压排气或离心排气；当采用负压排气时，连接通风管的导管应设置钢丝网阻火器。

6.7 变压器及其他带油电气设备

6.7.1 户外油浸变压器及户外配电装置与各建（构）筑物的防火间距应符合本标准第4.0.9条及第4.0.15条的规定。

6.7.3 油量为2500kg及以上的户外油浸变压器或油浸高压并联电抗器之间的最小间距，应符合表6.7.3的规定。

表6.7.3 户外油浸变压器或油浸高压并联电抗器之间的最小间距

电压等级	最小间距（m）	电压等级	最小间距（m）
35kV及以下	5	220kV及330kV	10
66kV	6	500kV及以上	15
110kV	8		

6.7.4 当油量为2500kg及以上的户外油浸变压器之间的防火间距不能满足表6.7.3的要求时，应设置防火墙。

防火墙的高度应高于变压器油枕，其长度不应小于变压器的贮油池两侧各1m。

6.7.5 油量为2500kg及以上的户外油浸变压器或电抗器与本回路油量为600kg以上且2500kg以下的带油电气设备之间的防火间距不应小于5m。

6.7.6 35kV及以下户内配电装置当未采用金属封闭开关设备时，其油断路器、油浸电流互感器和电压互感器，应设置在两侧有不燃烧实体墙的间隔内；35kV以上户内配电装置应安装在有不燃烧实体墙的间隔内，不燃烧实体墙的高度不应低于配电装置中带油设备的高度。

总油量超过100kg的户内油浸变压器，应设置单独的变压器室。

6.8 电缆及电缆敷设

6.8.1 容量为300MW及以上机组的主厂房、运煤、燃油及其他易燃易爆场所应选用阻燃电缆，其阻燃性能不应低于C类阻燃。

6.8.2 建（构）筑物中电缆引至电气柜、盘或控制屏、台的开孔部位，电缆贯穿隔墙、楼板的孔洞应采用电缆防火封堵材料进行封堵，其防火封堵组件的耐火极限不应低于被贯穿物的耐火极限，且不应低于1.00h。

6.8.3 当电缆竖井中只敷设阻燃电缆或具有相当阻燃性能的耐火电缆时，宜每隔约7m设置防火封堵，其他电缆应每隔7m设置防火封堵。在电缆隧道或电缆沟中的下列部位，应设置防火墙：

1 穿越汽机房、锅炉房和集中控制楼之间的隔墙处；

2 穿越汽机房、锅炉房和集中控制楼外墙处；

3 穿越建筑物的外墙及隔墙处；

4 架空敷设每间距100m处；

5 两台机组连接处；

6 电缆桥架分支处。

6.8.4 防火墙上的电缆孔洞应采用耐火极限为3.00h的电缆防火封堵材料或防火封堵组件进行封堵。

6.8.5 主厂房到网络控制楼或主控制楼的每条电缆隧道或沟道所容纳的电缆回路，应满足下列规定：

3 单机容量为100MW以下时，不宜超过3台机组的电缆。

当不能满足上述要求时，应采取防火分隔措施。

6.8.6 对直流电源、应急照明、双重化保护装置、水泵房、化学水处理及运煤系统公用重要回路的双回路电缆，宜将双回路分别布置在两个相互独立或有防火分隔的通道中。当不能满足上述要求时，应对其中一回路采取防火措施。

6.8.7 对主厂房内易受外部火灾影响的汽轮机头部、汽轮机油系统、锅炉防爆门、煤粉系统防爆门、排渣孔朝向的邻近部位的电缆区段，应采取防火措施。

6.8.8 当电缆明敷时，在电缆中间接头两侧各2m~3m长的区段以及沿该电缆并行敷设的其他电缆同一长度范围内，应采取防火措施。

6.8.10 对明敷的35kV以上的高压电缆，应采取防止着火延燃的措施，并应符合下列规定：

1 单机容量大于200MW时，全部主电源回路的电缆不宜明敷在同一条电缆通道中；当不能满足上述要求时，应对部分主电源回路的电缆采取防火措施。

6.8.11 在电缆隧道和电缆沟道中，严禁有可燃气、油管路穿越。

6.8.12 在敷设电缆的电缆夹层内，不得布置热力管道、油气管以及其他可能引起着火的管道和设备。

6.8.13 架空敷设的电缆与热力管路应保持足够的距离，控制电缆、动力电缆与热力管道平行时，两者距离分别不应小于0.5m及1m；控制电缆、动力电缆与热力管道交叉时，两者距离分别不应小于0.25m及0.5m。当不能满足要求时，应采取有效的防火隔热措施。

7 燃煤电厂消防给水、灭火设施及火灾自动报警

7.1 一般规定

7.1.1 消防给水系统应与燃煤电厂的设计同时进行。

7.1.2 单机容量125MW机组及以上的燃煤电厂消防给水应采用独立的消防给水系统。单机容量100MW机组及以下的燃煤电厂消防给水宜采用与生活用水或生产用水合用的给水系统。

7.1.3 消防给水系统应保证任一建筑物的最大消防用水量并保证其最不利点处消防设施的工作压力。消防给水系统可采用具有高位水箱或稳压泵的临时高压给水系统。

7.1.4 厂区内消防给水水量应按同一时间内发生火灾的次数及一次最大灭火用水量计算。建筑物一次灭火用水量应为室外和室内消防用水量之和。

7.1.5 厂区内应设置室内、室外消火栓系统。消火栓系统、自动喷水灭火系统、水喷雾灭火系统、泡沫灭火系统、固定消防炮灭火系统等消防给水系统可合并设置。

7.1.6 机组容量为50MW～150MW的燃煤电厂的消防设施设计应符合下列规定：

1 在电缆夹层、控制室、电缆隧道、电缆竖井及屋内配电装置处应设置火灾自动报警系统。

2 主厂房为钢结构时，应按表7.1.8配置火灾探测器和固定灭火系统；

3 封闭式运煤栈桥为钢结构时，应设置开式水灭火系统及火灾自动报警系统；

4 容量为90MV·A及以上的油浸变压器应设置火灾自动报警系统、水喷雾灭火系统或其他灭火系统。

7.1.7 机组容量为200MW及以上但小于300MW的燃煤电厂的消防设施设计应符合下列规定：

1 主要建（构）筑物、设置场所和设备应按表7.1.7设置火灾自动报警系统；

2 主厂房为钢结构时，应按表7.1.8配置火灾探测器和固定灭火系统；

3 封闭式运煤栈桥为钢结构时，应设置开式水灭火系统及火灾自动报警系统；

4 容量为90MV·A及以上的油浸变压器应设置火灾自动报警系统、水喷雾灭火系统或其他灭火系统。

表7.1.7 主要建（构）筑物、设置场所和设备的火灾探测器类型

建（构）筑物和设备	火灾探测器类型
集中控制楼（单元控制室）、网络控制楼	
1. 电缆夹层	缆式线型感温

续表7.1.7

建（构）筑物和设备	火灾探测器类型
2. 电子设备间	高灵敏型管路采样吸气式感烟（以下简称"吸气"）/点型感烟
3. 控制室	吸气/点型感烟
4. 工程师室	吸气/点型感烟
5. 继电器室	吸气/点型感烟
6. 配电装置室	感烟
微波楼和通信楼	感烟
脱硫控制楼	
1. 控制室	感烟
2. 配电装置室	感烟
3. 电缆夹层	缆式线型感温
汽机房	
1. 汽轮机油箱	缆式线型感温/火焰/光纤/空气管
2. 汽轮机调节油系统（抗燃油除外）	缆式线型感温/火焰/光纤/空气管
3. 氢密封油装置	缆式线型感温/火焰/光纤/空气管
4. 汽机轴承	感温/火焰/空气管
5. 汽机运转层下及中间层油管道	缆式线型感温/光纤/空气管
6. 给水泵油箱	缆式线型感温/光纤/空气管
7. 配电装置室	感烟
8. 氢冷发电机漏氢检测	可燃气体
锅炉房及煤仓间	
1. 锅炉本体燃烧器区	缆式线型感温/光纤/空气管
2. 磨煤机润滑油箱	缆式线型感温/光纤/空气管
3. 原煤仓、煤粉仓（易自燃煤）	缆式线型感温
4. 煤仓间带式输送机层	缆式线型感温
运煤系统	
1. 控制室与配电间	感烟
2. 转运站	缆式线型感温
3. 碎煤机室	缆式线型感温
4. 运煤栈桥	缆式线型感温
5. 室内贮煤场	感温
其他	
1. 柴油发电机室	感烟

续表 7.1.7

建（构）筑物和设备	火灾探测器类型
2. 点火油罐	光纤/缆式线型感温/空气管/火焰
3. 汽机房架空电缆处	缆式线型感温
4. 锅炉房零米以上架空电缆处	缆式线型感温
5. 汽机房至主控制楼电缆通道	缆式线型感温
6. 电缆竖井	缆式线型感温
7. 主厂房内主蒸汽管道与油管道交叉处	缆式线型感温
8. 液氨区液氨贮罐	氨气泄漏检测器
9. 柴油机驱动消防泵泵组及油箱	感温+火焰
10. 供氢站、制氢站	可燃气体

注：集中控制楼、网络控制楼室内地板下的电缆层宜采用缆式线型感温探测器。

7.1.8 机组容量为 300MW 及以上的燃煤电厂的主要建（构）筑物、场所和设备应按表 7.1.8 设置火灾自动报警系统及固定灭火系统。

表 7.1.8 主要建（构）筑物、场所和设备的火灾探测器与固定灭火系统的选型

建（构）筑物、场所和设备	火灾探测器类型	灭火系统类型
集中控制楼、网络控制楼		
1. 电缆夹层	缆式线型感温	水喷雾/细水雾/水喷淋/气体
2. 电子设备间	（吸气+点型感温）/（点型感烟+点型感温）	气体
3. 控制室	吸气/点型感烟	—
4. 工程师室	（吸气+点型感温）/（点型感烟+点型感温）	气体
5. 继电器室	（吸气+点型感温）/（点型感烟+点型感温）	气体
6. 配电装置室	感烟+感温	气体/干粉（灭火装置）
7. 微波楼	感烟/感温	
汽机房		
1. 汽轮机油箱	（缆式线型感温+火焰）/（点型感烟+火焰）/（光纤+火焰）/（空气管+火焰）	水喷雾/细水雾/水喷淋

续表 7.1.8

建（构）筑物、场所和设备	火灾探测器类型	灭火系统类型
2. 汽轮机调节油系统（抗燃油除外）	（缆式线型感温+火焰）/（点型感烟+火焰）/（光纤+火焰）/（空气管+火焰）	水喷雾/细水雾/水喷淋
3. 氢密封油装置	（缆式线型感温+火焰）/（点型感烟+火焰）/（光纤+火焰）/（空气管+火焰）	水喷雾/细水雾/水喷淋
4. 汽机轴承	感温/火焰/空气管	—
5. 汽机运转层下及中间层油管道	缆式线型感温/光纤/空气管	水喷淋/水喷雾
6. 汽动给水泵油箱（抗燃油除外）	（缆式线型感温+火焰）/（点型感烟+火焰）/（光纤+火焰）/（空气管+火焰）	水喷雾/水喷淋
7. 配电装置室	感烟	—
8. 电缆夹层	缆式线型感温	水喷雾/细水雾/水喷淋/气体
9. 汽机贮油箱（主厂房内）	（缆式线型感温+火焰）/（点型感烟+火焰）/（光纤+火焰）/（空气管+火焰）	水喷雾/细水雾/水喷淋
10. 电子设备间	（吸气+点型感温）/（点型感烟+点型感温）	气体
11. 汽机房架空电缆处	缆式线型感温	—
锅炉房及煤仓间		
1. 锅炉本体燃烧器	缆式线型感温/空气管	水喷雾/水喷淋
2. 磨煤机润滑油箱	缆式线型感温/空气管	水喷雾/细水雾/水喷淋
3. 回转式空气预热器	温度	水
4. 原煤仓、煤粉仓（易自燃煤）	缆式线型感温+一氧化碳探测器+氧气浓度监测	惰性气体
5. 锅炉房零米以上架空电缆处	缆式线型感温	
脱硫系统		
1. 脱硫控制楼控制室	感烟	

续表 7.1.8

建（构）筑物、场所和设备	火灾探测器类型	灭火系统类型
2. 脱硫控制楼配电装置室	感烟	—
3. 脱硫控制楼电缆夹层	缆式线型感温	—
变压器		
1. 主变压器	（感温＋火焰）/（感温＋感温）	水喷雾/其他介质
2. 启动/备用变压器	（感温＋火焰）/（感温＋感温）	水喷雾/其他介质
3. 联络变压器	（感温＋火焰）/（感温＋感温）	水喷雾/其他介质
4. 高压厂用变压器	（感温＋火焰）/（感温＋感温）	水喷雾/其他介质
5. 其他油浸变压器（≥90000kV·A）	（感温＋火焰）/（感温＋感温）	水喷雾/其他介质
运煤系统		
1. 控制室	感烟或感温	—
2. 配电装置室	感烟或感温	—
3. 电缆夹层	缆式线型感温	—
4. 转运站及筒仓	缆式线型感温	水幕
5. 碎煤机室	缆式线型感温	水幕
6. 易自燃煤种：封闭式运煤栈桥、运煤隧道、皮带头部及尾部	缆式线型感温＋火焰	水喷雾/自动喷水
7. 煤仓间或筒仓带式输送机层	缆式线型感温＋火焰	（水幕＋水喷雾）/（水幕＋自动喷水）
8. 室内贮煤场	感温	水炮
其他		
1. 柴油发电机室及油箱	感温＋火焰	水喷雾/细水雾/自动喷水
2. 露天柴油发电机集成装置	感温＋火焰	气体
3. 屋内高压配电装置	感烟	—

续表 7.1.8

建（构）筑物、场所和设备	火灾探测器类型	灭火系统类型
4. 汽机房至主控楼电缆通道	缆式线型感温	—
5. 主厂房电缆竖井	缆式线型感温	细水雾/自动喷水/干粉（灭火装置）
6. 主厂房内主蒸汽管道与油管道（在蒸汽管道上方）交叉处	感温＋火焰	水喷雾/细水雾/水喷淋
7. 电除尘控制室	感烟	—
8. 供氢站、制氢站	可燃气体	—
9. 点火油罐	缆式线型感温/光纤/空气管/火焰	泡沫
10. 油处理室	感温	—
11. 电缆隧道	缆式线型感温	水喷雾/细水雾
12. 柴油机驱动消防泵泵组及油箱	感温＋火焰	水喷雾/细水雾/水喷淋
13. 液氨区液氨储罐	氨气泄漏检测器	水喷雾

注：1 集中控制楼、网络控制楼地板下的电缆层，应采用缆式线型感温探测器；
2 筒仓的防火措施尚应符合本标准 6.1 节的有关规定；
3 需要火灾自动报警系统联动控制的消防设备，其联动触发信号应采用同类型或不同类型两个报警触发装置报警信号的"与"逻辑组合。

7.1.9 运煤栈桥及运煤隧道与转运站、筒仓、碎煤机室、主厂房连接处应设防火分隔水幕。

7.2 室外消防给水

7.2.1 厂区内同一时间内的火灾次数，应符合现行国家标准《消防给水及消火栓系统技术规范》GB 50974 的有关规定。

7.2.2 室外消防用水量的计算应符合下列规定：

1 建（构）筑物室外消防一次用水量不应小于表 7.2.2 的规定；

2 点火油罐区的消防用水量应符合现行国家标准《泡沫灭火系统设计规范》GB 50151、《石油库设计规范》GB 50074 及《消防给水及消火栓系统技术规范》GB 50974 的有关规定；

3 露天煤场的消防用水量应不少于 20L/s；

4 液氨区的消防冷却用水量应按储罐固定式水喷雾冷却水量与移动消防冷却水量之和计算；

5 消防用水与生活用水合并的给水系统，在生活用水达到最大小时用水时，应确保消防用水量（消防时淋浴用水可按计算淋浴水量的 15% 计算）。

表 7.2.2 建（构）筑物室外消防一次用水量

耐火等级	建筑物名称、类别		一次火灾用水量(L/s) 建（构）筑物 V（m³）	≤1500	1500<V≤3000	3000<V≤5000	5000<V≤20000	20000<V≤50000	V>50000
二级	主厂房			15	15	15	15	15	20
	特种材料库			15	15	25	25	35	—
	其他建筑	甲、乙		15	15	20	25	30	35
		丙		15	15	20	25	30	40
		丁、戊		15	15	15	15	15	20
三级	其他建筑	乙、丙		15	20	30	40	45	—
		丁、戊		15	15	15	20	25	35

注：1 成组布置的建筑物应按消火栓设计流量较大的相邻两座建筑体积之和计算；
2 变压器室外消火栓用水量不应小于15L/s；
3 空气预热器的一次灭火用水量不应小于设备内固定灭火系统的用水量。

7.2.3 主厂房、液氨区、露天贮煤场或室内贮煤场、点火油罐区周围的消防给水管网应为环状。

7.2.5 室外消防给水管道和消火栓的布置应符合现行国家标准《消防给水及消火栓系统技术规范》GB 50974 的有关规定；液氨区及露天布置的锅炉区域，消火栓的间距不宜大于60m；液氨区应配置喷雾水枪。

7.3 室内消火栓与室内消防给水量

7.3.1 下列建筑物或场所应设置室内消火栓：

1 主厂房（包括汽机房和锅炉房的底层、运转层，煤仓间各层，除氧器层，锅炉燃烧器各层平台，集中控制楼）；
2 主控制楼、网络控制楼、微波楼、屋内高压配电装置(有充油设备)、脱硫控制楼、吸收塔的检修维护平台；
3 屋内卸煤装置、碎煤机室、转运站、筒仓运煤皮带层；
4 柴油发电机房；
5 一般材料库、特殊材料库。

7.3.3 室内消火栓的用水量应根据同时使用水枪数量和充实水柱长度由计算确定，但不应小于表 7.3.3 的规定。

表 7.3.3 室内消火栓系统用量

建筑物名称	建筑高度H、体积V、火灾危险性		消火栓用水量(L/s)	同时使用水枪数量(支)	每根竖管最小流量(L/s)
主厂房	H≤24m		10	2	10
	H>50m		20	4	15
其他生产类建筑	H≤24m	甲、乙、丁、戊	10	2	10
		丙 V≤5000m³	10	2	10
		丙 V>5000m³	20	4	15
	24m<H≤50m	乙、丁、戊	15	3	15
		丙	30	6	15
	H>50m	丁、戊	20	4	15
		丙	40	8	15
一般材料库、特殊材料库		甲、乙、丁、戊	10	2	10
		丙 V≤5000m³	15	3	15
		丙 V>5000m³	25	5	15

7.4 室内消防给水管道、消火栓和消防水箱

7.4.1 室内消防给水管道设计应符合下列规定：

1 室内消防给水管道应为环状管网；室内消火栓不超过10个且室外消防用水量不大于20L/s时，可布置成枝状；室内消防给水环状管网至少应有2条进水管与室外管网连接，每条应按满足全部用水量设计；

2 主厂房内应设置水平环状管网；消防竖管应引自水平环状管网成枝状布置，竖管上装设2个及以上消火栓时，竖管与水平管道连接处应设阀门；

3 室内水平消防给水管道应采用阀门分段，对于单层厂房、库房，当某段损坏时，可关闭不相邻的5个消火栓；非单层建筑可关闭不相邻的5根竖管；

4 消防用水与其他用水合并的室内管道，当其他用水达到最大流量时，应仍能供全部消防用水量；主厂房及超过4层的建筑室内消防管网上应设置水泵接合器，水泵接合器的数量应通过室内消防用水量计算确定；

5 室内消火栓给水管及报警阀组过滤器以前的给水管道可采用经防腐处理的钢管，应根据管道材质、施工条件等因素选择沟槽、螺纹、法兰或焊接等连接方式。

7.4.2 室内消火栓布置应符合下列规定：

1 消火栓的布置应保证有2支水枪的充实水柱同时到达室内任何部位；建筑高度小于或等于24m且体积小于或等于5000m³的材料库，可采用1支水枪充实水柱到达室内任何部位；

2 水枪的充实水柱长度应由计算确定；对于高层建筑、主厂房和材料库，消火栓栓口的动压不应小于0.35MPa，消防水枪的充实水柱长度应按13m计算；对于其他建筑，消火栓栓口的动压不应小于0.25MPa，消防水枪的充实水柱长度应按10m计算；

3 消火栓栓口处静压大于1.0MPa或自动水灭火系统报警阀处的工作压力大于1.6MPa或喷头处的工作压力大于1.20MPa时，应采用分区给水系统；消火栓栓口处的出水压力不应大于0.5MPa，当超过0.7MPa时，应设置减压设施；

4 室内消火栓应设在明显易于取用的地点，栓口距地面高度宜为1.1m，其出水方向宜向下或与设置消火栓的墙面成90°角；

5 室内消火栓的间距应由计算确定，主厂房内消火栓的

间距不应超过30m；

6 应采用同一型号的配有消防软管卷盘的消火栓箱，消火栓水带直径宜为65mm，长度不应超过25m，水枪喷嘴口径不应小于19mm；

7 主厂房的煤仓间最高处应设检验用的消火栓和压力显示装置；在室内消防给水管路最高处应设自动排气阀；

8 当室内消火栓设在寒冷地区非供暖的建筑物内时，可采用干式消火栓给水系统，但在进水管上应安装快速启闭阀；

9 带电设施附近的消火栓应配备喷雾水枪。

7.4.3 当设置高位水箱时，高位水箱的设置应符合下列要求：

1 设在主厂房煤仓间最高处，且为重力自流水箱；

2 消防水箱应储存10min的消防用水量；当室内消防用水量不超过25L/s时，经计算消防储水量超过12m³时，可采用12m³；当室内消防用水量超过25L/s，经计算水箱消防储量超过18m³时，可采用18m³；

3 消防用水与其他用水合并的水箱，应采取消防用水不作他用的技术措施；

4 火灾发生时由消防水泵供给的消防用水，不应进入消防水箱。

7.5 水喷雾、细水雾、自动喷水及固定水炮灭火系统

7.5.1 水喷雾灭火设施与高压电气设备带电（裸露）部分的最小安全净距应符合国家现行标准《高压配电装置设计技术规程》DL/T 5352的规定。

7.5.2 当在寒冷地区设置室外变压器水喷雾灭火系统、氨区水喷雾灭火系统及油罐固定冷却水系统时，应设置管路放空设施。

7.5.3 设有自动喷水灭火系统或水喷雾灭火系统的建筑物与设备的设计基本参数不应低于表7.5.3的规定。

表7.5.3 自动喷水、作用面积强度及水喷雾强度

火灾类别	建（构）筑物、设备	自动喷水强度 (L/min·m²) /作用面积（m²）	水喷雾强度 (L/min·m²)
气体	液氢储罐	—	6
电气	电缆夹层，电缆隧道	12/260	13
电气	油浸变压器	—	20
电气	油浸变压器的集油坑	—	6
液体	汽轮机油箱及贮油箱、汽轮机调节油系统、氢密封油装置、汽机运转层下及中间层油管道、汽动给水泵油箱、主蒸汽管与油管道（在主蒸汽管上方）交叉处、磨煤机润滑油箱、柴油机驱动消防泵组及油箱、柴油发电机室及油箱、锅炉燃烧器	12/260	液体闪点60℃～120℃：20 液体闪点>120℃：13
固体	燃用褐煤或易自燃高挥发分煤的运煤栈桥、运煤隧道、皮带头部及尾部、煤仓间或筒仓的带式输送机层	8/160	10

注：点火油罐的冷却水供给强度应符合现行国家标准《消防给水及消火栓系统技术规范》GB 50974的规定。

7.5.5 自动喷水灭火系统、水喷雾灭火系统及细水雾灭火系统的设计应分别符合现行国家标准《自动喷水灭火系统设计规范》GB 50084、《水喷雾灭火系统设计规范》GB 50219及《细水雾灭火系统技术规范》GB 50898的有关规定。

7.5.6 设置在室内贮煤场内的固定灭火水炮，其设计应符合下列规定：

1 应保证至少一门水炮的水柱到达煤场内任意点；

3 应具有直流和水雾两种喷射方式；

5 固定水炮的系统设计尚应符合现行国家标准《固定消防炮灭火系统设计规范》GB 50338的规定。

7.6 消防水泵房与消防水池

7.6.1 消防水泵房应设直通室外的安全出口。

7.6.2 一组消防水泵的吸水管不应少于2条；当其中1条损坏时，其余的吸水管应能满足全部用水量。吸水管上应装设检修用阀门。

7.6.3 消防水泵应采用自灌式吸水。

7.6.4 消防水泵房应有不少于2条出水管与环状管网连接，当其中1条出水管检修时，其余的出水管应能满足全部用水量。消防泵组应设试验回水管，并配装检查用的放水阀门、水锤消除、安全泄压及压力、流量测量装置。

7.6.5 消防水泵应设备用泵，备用泵的流量和扬程不应小于最大一台消防泵的流量和扬程。

7.6.6 稳压泵应设备用泵。稳压泵的设计流量宜为消防给水系统设计流量的1%～3%，稳压泵启泵压力与消防泵自动启泵的压力之差宜为0.02MPa，稳压泵的启泵压力与停泵压力之差不应小于0.05MPa；系统压力控制装置所在处准工作状态时的压力与消防泵自动启泵的压力差宜为0.07MPa～0.10MPa。

气压罐的调节容积应按稳压泵启泵次数不大于15次/h计算确定，气压罐内最低水压应满足任意消防设施最不利点的工作压力需求。

7.6.7 燃煤电厂应设消防水池，当消防用水与其他用水共用时，应采取确保消防用水量不作他用的技术措施。消防水池的容积应能满足全厂同一时间内火灾次数条件下、不同场所火灾延续时间内供水的需要。容积大于500m³的消防水池应分格为两个各自独立使用的水池，二者之间应设满足水泵在最低有效水位取水的连通管。不同场所各种消防给水系统的火灾延续时间应符合表7.6.7的规定。

表 7.6.7 不同场所各种消防给水系统的火灾延续时间

消防给水系统类别	保护对象	火灾延续时间（h）
室外消火栓	直径大于20m的点火油罐	6
	直径小于或等于20m的点火油罐	4
	露天煤场	3
	液氨区	6
室内、室外消火栓	甲乙丙类厂房、仓库	3
	丁戊类厂房、仓库	2
固定水炮灭火系统	室内贮煤场	1

注：自动水灭火系统、泡沫灭火系统的火灾延续时间按相应现行国家标准确定。

7.6.8 当湿式冷却塔数量多于一座且供水有保证时，冷却塔贮水池可兼作消防水源且无需分格。

7.6.9 消防水泵房宜与生活水泵房及/或生产水泵房合建，合建后的泵房应为独立建筑。柴油消防水泵的油箱应设置在单独的房间内，泵房内应设置与消防控制室直接联络的通信设备。

7.7 消防排水

7.7.1 消防排水应与电厂排水系统统一设计。

7.7.2 油系统等设施的消防排水应按消防流量设计，在排水管道上或排水设施中宜设置水封或采取油水分隔措施。其他场所的消防排水宜排入室外雨水管道。

7.8 泡沫灭火系统

7.8.2 点火油罐的泡沫灭火系统的型式应符合下列规定：
1 单罐容量大于 200m³ 的油罐应采用固定式泡沫灭火系统；
2 单罐容量小于或等于 200m³ 的油罐应采用移动式泡沫灭火系统。

7.8.3 泡沫灭火系统的设计应符合现行国家标准《泡沫灭火系统设计规范》GB 50151 的有关规定。

7.9 气体灭火系统

7.9.1 气体灭火剂的类型、气体灭火系统型式的选择，应根据被保护对象的特点、重要性、环境要求并结合防护区的布置，经技术经济比较后确定。宜采用组合分配系统。

7.9.2 灭火剂的设计用量应按需要提供保护的最大防护区的体积计算确定。灭火剂宜设 100％ 备用。

7.9.4 固定式气体灭火系统的设计应符合现行有关国家标准的规定。

7.10 气体惰化系统

7.10.1 原煤斗应采用惰化系统，并应能确保煤斗内氧气浓度低于最大允许氧浓度，惰化气体系统设计应符合国家有关标准的规定。

7.10.2 原煤斗应采用连续氧浓度监测，氧浓度超过设计值时，控制室应有信号报警。

7.10.3 低压二氧化碳惰化系统应设气化器及稳压装置。喷头入口压力不宜大于 0.5MPa（表压），喷头应具有防撞、防堵塞功能。

7.11 灭火器

7.11.1 建（构）筑物及设备应按表 7.11.1 确定火灾类别及危险等级并配置灭火器。

表 7.11.1 建（构）筑物及设备火灾类别及危险等级

配置场所	火灾类别	危险等级
电缆夹层	E	中
高、低压配电装置室	E	中
电子设备间	E	中
控制室	E	严重
工程师室、DCS 工程师室、SIS 机房、远动工程师室	E	中
继电器室	E	中
蓄电池室	C	中
汽轮机油箱	B	严重
汽轮机调节油系统	B	中
氢密封油装置	B	中
汽机轴承	B	中
汽机运转层下及中间层油管道	B	严重
汽动给水泵油箱	B	严重
汽机贮油箱	B	严重
主厂房内主蒸汽管道与油管道交叉处	B	严重
汽机房架空电缆	E	中
电缆交叉、密集及中间接头部位	E	中
汽机房运转层	A、B	中
锅炉本体燃烧器区	B	中
磨煤机润滑油箱	B	中
磨煤机	A	严重
回转式空气预热器	A	中
煤仓间带式输送机层	A	中
锅炉房零米以上架空电缆	E	中
微波楼	E	中
屋内配电装置楼（内有充油设备）	E	中
直接空冷平台	E、A	轻
室外变压器	B	中
脱硫工艺楼	A	轻
脱硫控制楼	E	中
增压风机室	A	轻
吸风机室	A	轻
除尘构筑物	A	轻
转运站及筒仓带式输送机层	A	中
碎煤机室	A	中
运煤隧道	A	中
屋内卸煤装置	A	中

续表 7.11.1

配置场所	火灾类别	危险等级
堆取料机、装卸桥	A	轻
贮煤场、干煤棚的装卸设备	A	中
室内贮煤场的堆取料机	A	中
柴油发电机室及油箱	B	中
点火油罐	B	严重
油处理室	B	中
供、卸油泵房，栈台	B	中
化学水处理室、循环水处理室	A	轻
启动锅炉房	B	中
供氢站、制氢站	C	严重
空气压缩机室（油润滑油）	B	中
热工、电气、金属实验室	A	中
变压器检修间	B	中
检修车间	A、B	轻
生活、消防水泵房	A、B	轻
一般材料库	A	中
特种材料库	A\A、B	严重
推煤机库	B	中
消防站	B	中
液氨区	A	轻

注：1 柴油发电机房如采用了闪点低于 60℃ 的柴油，则应按严重危险级考虑；
  2 严重危险级的场所，应设推车式灭火器。

7.11.2 点火油罐区防火堤内面积每 400m² 应配置 1 具 8kg 手提式干粉灭火器，当计算数量超过 6 具时，可采用 6 具。

7.11.3 露天设置的灭火器应设置遮阳棚。

7.11.4 灭火器的配置设计应符合现行国家标准《建筑灭火器配置设计规范》GB 50140 的规定。

7.12 消防救援设施

7.12.1 单台机组容量为 300MW 及以上的大型火电厂应设置企业消防站。对于集中建设的电站群或建在工业园区的电厂，宜采用联合建设原则集中设置消防站。

7.12.2 消防车的配置宜符合下列规定：
  1 单机容量为 300MW、600MW 级机组，应不少于 2 辆消防车，其中一辆应为水罐或泡沫消防车，另一辆可为干粉或干粉泡沫联用车；
  2 单机容量为 1000MW 级机组，应不少于 3 辆消防车，其中两辆应为水罐或泡沫消防车，另一辆可为干粉或干粉泡沫联用车。

7.13 火灾自动报警、消防设备控制

7.13.1 单机容量为 50MW～150MW 的燃煤电厂，应设置集中报警系统。

7.13.2 单机容量为 200MW 及以上的燃煤电厂，应设置控制中心报警系统。

7.13.4 消防控制室应与集中控制室合并设置。

7.13.5 火灾报警控制器应设置在值长所在的集中控制室内，报警控制器的安装位置应便于操作人员监控。

7.13.6 火灾探测器的选择应符合本标准第 7.1.7 条、第 7.1.8 条的规定。

7.13.7 点火油罐区的火灾探测器及相关连接件应符合现行国家标准《爆炸危险环境电力装置设计规范》GB 50058 的有关规定。

7.13.8 运煤系统内的火灾探测器及相关连接件的 IP 防护等级不应低于 IP55。

7.13.9 变压器区域宜设置工业电视监视系统，监视画面应能在集中控制室显示。

7.13.10 室内贮煤场的挡煤墙中宜设置测温装置，其信号应能传送至集中控制室发出声光警报。

7.13.11 其他系统的音响应区别于火灾自动报警系统的警报音响。

7.13.12 当火灾确认后，火灾自动报警系统应能将生产广播切换到消防应急广播。

7.13.13 消防设施的就地启动、停止控制设备应具有明显标志，并应有防误操作保护措施。消防水泵的停运应为手动控制。消防水泵可按定期人工巡检方式设计。

7.13.14 可燃气体探测器、液氨区的氨气浓度检测报警的信号应接入火灾自动报警系统。

7.13.15 火灾自动报警系统的设计应符合现行国家标准《火灾自动报警系统设计规范》GB 50116 的有关规定。

8 燃煤电厂供暖、通风和空气调节

8.1 供 暖

8.1.2 甲、乙类厂房或甲、乙类仓库严禁采用明火和电热散热器供暖；蓄电池室、供（卸）油泵房、油处理室、汽车库及运煤（煤粉）系统等产生易燃易爆气体或物料的建筑物或房间，严禁采用明火取暖。

8.1.5 室内供暖系统的管道、管件及保温材料应采用不燃烧材料。

8.2 空气调节

8.2.1 当集中控制室、电子设备间等房间不具备自然排烟条件时，应设置火灾后的机械排风系统，排风量按房间换气次数不少于每小时 6 次计算，排风机宜采用钢制轴流风机。

8.2.2 通风、空气调节系统的送、回风管，当符合下列情况之一时，应设置防火阀，防火阀动作温度应为 70℃。
  1 穿越重要设备或火灾危险性大的房间隔墙和楼板处；
  2 穿越通风空调机房的房间隔墙和楼板处；
  3 穿越防火分区处；
  4 穿越防火分隔处的变形缝两侧；
  5 垂直风管与每层水平风管交接处的水平管段上。

8.2.3 穿过墙体或楼板的防火阀两侧各 2m 范围内的风道保温应采用不燃烧材料，穿过处的空隙应采用防火材料封堵。

8.2.4 集中空气调节系统的送风机、回风机应与消防系统联

锁,当出现火警时,应能立即停运。

8.2.7 通风空调系统的风道及其附件应采用不燃材料制作,挠性接头可采用难燃材料制作。

8.2.8 空气调节系统风道的保温材料、冷水管道的保温材料、消声材料及其粘结剂,应采用不燃烧材料。

8.3 电气设备间通风

8.3.1 油断路器室应设置事故排风系统,通风量应按换气次数不少于每小时12次计算。火灾时,通风系统电源开关应能自动切断。

8.3.2 厂用配电装置室通风系统应符合下列规定:
1 当设有火灾自动报警系统时,通风设备应与其联锁,当出现火警时应能立即停运;
2 当几个屋内配电装置室共设一个通风系统时,应在每个房间的送风支风道上设置防火阀。

8.3.3 变压器室的通风系统应与其他通风系统分开,变压器室之间的通风系统不应合并。具有火灾探测器的变压器室,当发生火灾时,火灾自动报警系统应能自动切断通风机的电源。

8.3.5 采用机械通风系统的电缆隧道和电缆夹层,当发生火灾时应立即切断通风机电源。通风系统的风机应与火灾自动报警系统联锁。

8.4 油系统通风

8.4.1 油泵房机械通风应符合下列规定:
3 排风管不应设在墙体内,并不宜穿过防火墙;当必须穿过防火墙时,应在穿墙处设置防火阀。

8.4.4 油系统的通风管道及其部件应采用不燃材料。

8.5 运煤系统通风除尘

8.5.4 当煤尘干燥无灰基挥发份大于或等于30%,采用静电除尘器或布袋除尘器时,除尘器本体及除尘风道应采取安全可靠的防煤粉自燃措施,在除尘器本体前的除尘管段上应设置防火阀。

8.5.5 运煤系统中通风除尘系统的风管和部件均应采用不燃烧材料制作,风机进出口处的挠性接头可采用难燃烧材料制作。

8.7 防烟与排烟

8.7.1 火力发电厂生产建筑和辅助生产建筑内的下列场所应设置排烟设施,其他场所可不设置排烟设施:
1 高度超过32m的厂房内长度大于20m的内走道;
2 集中控制楼、化学试验楼、检修办公楼等建筑内各层长度大于40m的疏散走道;
3 建筑面积大于50m²且无外窗的集中控制室或单元控制室。

8.7.2 火力发电厂下列场所应设置机械加压送风防烟设施:
1 不具备自然排烟条件的防烟楼梯间;
2 不具备自然排烟条件的消防电梯前室或合用前室;
3 不具备自然通风条件的封闭楼梯间。

8.7.3 配备全淹没气体灭火系统房间的通风、空调系统应符合下列规定:

1 应与消防控制系统联锁,当发生火灾时,在消防系统喷放灭火气体前,通风空调设备的防火阀、防火风口、电动风阀及百叶窗应能自动关闭;
2 应设置灭火后机械通风装置,排风口宜设在防护区的下部并应直通室外,通风换气次数应不少于每小时6次。

8.7.4 防排烟系统中的管道、风口及阀门等应采用不燃材料制作。

8.7.5 当排烟管道布置在吊顶内时,应采用不燃材料隔热,并与可燃物保持不小于150mm的距离。

8.7.6 防排烟系统中的管道,在穿越隔墙、楼板的缝隙处应采用不燃烧材料封堵。

8.7.7 设置感烟探测器区域的防火阀应选用防烟防火阀,并与消防信号连锁。

8.7.8 机械排烟系统与通风、空调系统宜分开设置。当合用时,应符合排烟系统的要求。

9 燃煤电厂消防供电及照明

9.1 消防供电

9.1.1 自动灭火系统、与消防有关的电动阀门及交流控制负荷,应按保安负荷供电。当机组无保安电源时,应按Ⅰ类负荷供电。

9.1.2 单机容量为25MW以上的发电厂,消防水泵及主厂房电梯应按Ⅰ类负荷供电。单机容量为25MW及以下的发电厂,消防水泵及主厂房电梯应按不低于Ⅱ类负荷供电。单台发电机容量为200MW及以上时,主厂房电梯应按保安负荷供电。

9.1.3 发电厂内的火灾自动报警系统,当本身带有不间断电源装置时,应由厂用电源供电。当本身不带有不间断电源装置时,应由厂内不间断电源装置供电。

9.1.4 单机容量为200MW及以上燃煤电厂的主控室或集控室及柴油发电机房的应急照明,应采用蓄电池直流系统供电。当难以从蓄电池或保安电源取得应急照明电源时,主厂房出入口、通道、楼梯间及远离主厂房的重要工作场所的应急照明,应采用自带电源的应急灯。

其他场所的应急照明,应按保安负荷供电。

9.1.5 单机容量为200MW以下燃煤电厂的应急照明,应采用蓄电池直流系统供电。

9.1.6 应急照明与正常照明可同时运行,正常时由厂用电源供电,事故时应能自动切换到蓄电池直流母线供电;主控室的应急照明,正常时可不运行。远离主厂房的重要工作场所的应急照明,可采用应急灯。

9.1.7 当消防用电设备采用双电源供电时,应在最末一级配电装置或配电箱处切换。

9.1.8 爆炸和火灾危险环境电力装置的设计应按现行国家标准《爆炸危险环境电力装置设计规范》GB 50058 的有关规定执行。

9.2 照 明

9.2.1 当正常照明因故障熄灭时,应按表9.2.1中所列的工作场所装设继续工作或人员疏散用的应急照明。

表 9.2.1 发电厂装设应急照明的工作场所

工作场所		应急照明	
		继续工作	人员疏散
锅炉房及其辅助车间	锅炉房运转层	√	
	锅炉房底层的磨煤机、送风机处	√	
	除灰间		√
	引风机室	√	
	燃油泵房	√	
	给粉机平台	√	
	锅炉本体楼梯	√	
	司水平台		√
	回转式空气预热器处	√	
	燃油控制台	√	
	给煤机处	√	
	带式输送机层		√
	除灰控制室	√	
汽机房及其辅助车间	汽机房运转层	√	
	汽机房底层的凝汽器、凝结水泵、给水泵、循环水泵、备用励磁机等处	√	
	加热器平台	√	
	发电机出线小室	√	
	除氧间除氧器层	√	
	除氧间管道层	√	
	供氢站	√	
运煤系统	碎煤机室	√	
	转运站		√
	运煤栈桥		√
	运煤隧道		√
	运煤控制室	√	
	筒仓	√	
	室内贮煤场	√	
	翻车机室	√	
供水系统	岸边水泵房、循环水泵房	√	
	生活、消防水泵房	√	
化学水处理室	化学水处理控制室	√	
电气车间	主控制室	√	
	网络控制室	√	
	集中控制室	√	
	单元控制室	√	
	继电器室及电子设备间	√	
	屋内配电装置	√	
	电气配电间	√	
	蓄电池室	√	
	工程师室	√	

续表 9.2.1

工作场所		应急照明	
		继续工作	人员疏散
电气车间	通信转接室、交换机室、载波机室、微波机室、特高频室、电源室	√	
	保安电源、不停电电源、柴油发电机房及其配电室	√	
	直流配电室	√	
脱硫系统	脱硫控制室	√	
通道楼梯及其他	控制楼至主厂房天桥		√
	生产办公楼至主厂房天桥		√
	运行总负责人值班室	√	
	汽车库、消防车库	√	
	主要楼梯间		√
	电缆夹层		√
	空冷平台		√

9.2.2 表 9.2.1 中所列工作场所的通道出入口应装设应急照明。

9.2.3 锅炉汽包水位计、就地热力控制屏、测量仪表屏及除氧器水位处应装设局部应急照明。

9.2.4 继续工作用的应急照明，其工作面上的最低照度值，不应低于正常照明照度值的 10%～15%；主控制室、集中控制室主环内的应急照明照度，按正常照明照度值的 30% 选取。

人员疏散用的应急照明，在主要通道地面上的最低照度值，不应低于 1.0lx；楼梯间、前室或合用前室、避难走道的最低照度值不应低于 5.0lx。

9.2.5 当照明灯具表面的高温部位靠近可燃物时，应采取隔热散热等防火保护措施。

配有卤钨灯和额定功率为 100W 及以上的光源的灯具（如吸顶灯、槽灯、嵌入式灯），其引入线应采用瓷管、矿物棉等不燃材料作隔热保护。

9.2.6 超过 60W 的卤钨灯、高压钠灯、金属卤化物灯和荧光高压汞灯（包括电感镇流器）不应直接设置在可燃装修材料或可燃构件上。

可燃物品库房不应设置卤钨灯等高温照明灯具。

9.2.7 主厂房、生产办公楼、脱硫电气楼、有人员值守的辅助建筑物以及电缆夹层应沿疏散走道及其转角处以及安全出口设置灯光疏散指示标志，标志的设置应满足现行国家标准《建筑设计防火规范》GB 50016 的有关规定。

9.2.8 建筑内设置的灯光疏散指示标志和火灾应急照明灯具，除应符合本标准的规定外，还应符合现行国家标准《消防安全标志》GB 13495 和国家标准《消防应急灯具》GB 17945 的有关规定。

10 燃机电厂

10.1 建（构）筑物的火灾危险性分类及其耐火等级

10.1.1 生产的火灾危险性应根据生产中使用或产生的物质

性质及其数量等因素分类，储存物品的火灾危险性应根据储存物品的性质和储存物品中的可燃物数量等因素分类，二者均应符合表10.1.1的规定。

表10.1.1 建（构）筑物的火灾危险性分类及其耐火等级

建（构）筑物名称	火灾危险性分类	耐火等级
主厂房（汽机房、燃机厂房、余热锅炉、集中控制室）	丁	二级
网络控制楼、微波楼、继电器室	丁	二级
屋内配电装置楼（内有每台充油量＞60kg的设备）	丙	二级
屋内配电装置楼（内有每台充油量≤60kg的设备）	丁	二级
屋内配电装置楼（无油）	丁	二级
屋外配电装置（内有含油设备）	丙	二级
油浸变压器室	丙	一级
柴油发电机房	丙	二级
岸边水泵房、中央水泵房	戊	二级
生活、消防水泵房	戊	二级
冷却塔	戊	三级
稳定剂室、加药设备室	戊	二级
油处理室	丙	二级
化学水处理室、循环水处理室	戊	二级
供氢站	甲	二级
天然气调压站	甲	二级
空气压缩机室（无润滑油或不喷油螺杆式）	戊	二级
空气压缩机室（有润滑油）	丁	二级
天桥	戊	二级
天桥（下面设置电缆夹层时）	丙	二级
变压器检修间	丙	二级
排水、污水泵房	戊	二级
检修间	戊	二级
取水建（构）筑物	戊	二级
给水处理构筑物	戊	二级
污水处理构筑物	戊	二级
电缆隧道	丙	二级
特种材料库	丙	二级
一般材料库	戊	二级
材料棚库	戊	三级
消防车库	丁	二级

注：1 除本表规定的建（构）筑物外，其他建（构）筑物的火灾危险性及耐火等级应符合现行国家标准《建筑设计防火规范》GB 50016的有关规定；
2 当油处理室处理重油及柴油时，火灾危险性应为丙类；当处理原油时，火灾危险性应为甲类；
3 当特种材料库储存氢、氧、乙炔等气瓶时，火灾危险性应按储存火灾危险性较大的物品确定。

10.1.2 主厂房防火分区的最大允许建筑面积不应大于6台机组的建筑面积；其他厂房（仓库）的层数和每个防火分区的允许建筑面积应符合现行国家标准《建筑设计防火规范》GB 50016的有关规定。

10.2 厂区总平面布置

10.2.1 天然气调压站、燃油处理室及供氢站应与其他辅助建筑分开布置。

10.2.2 燃气轮机或主厂房、余热锅炉、天然气调压站及燃油处理室与其他建（构）筑物之间的防火间距，应符合表10.2.2（见书后插页）的规定。

10.3 燃料系统

10.3.3 燃油系统采用柴油或重油时，应符合本标准6.4节的规定；采用原油时应采取特殊措施。

10.4 燃气轮机的防火要求

10.4.1 燃气轮机采用的燃料为天然气或其他类型气体燃料时，外壳应装设可燃气体探测器。

10.5 消防给水、固定灭火设施及火灾自动报警

10.5.1 消防给水系统应与燃机电厂的设计同时进行。消防用水应与全厂用水统一规划，水源应有可靠的保证。

10.5.2 燃机电厂的消防给水系统的设计应符合本标准第7.1.2条、第7.1.3条和第7.1.5条的规定。

10.5.3 燃机电厂同一时间的火灾次数应为1次。厂区内消防给水水量应按发生火灾时一次最大灭火用水量计算。建筑物一次灭火用水量应为室外和室内消防用水量之和。

10.5.4 联合循环燃机电厂的燃气轮发电机组设在主厂房外时，全厂火灾自动报警系统、固定灭火系统的设置，应按汽轮发电机组容量对应执行本标准第7.1节的规定；燃气轮发电机组设在主厂房内时，应按单套机组容量对应执行本标准第7.1节的规定。

10.5.5 燃气轮发电机组（包括燃气轮机、齿轮箱、发电机和控制间），宜采用全淹没气体灭火系统，并应设置火灾自动报警系统。

10.5.6 当燃气轮机整体采用全淹没气体灭火系统时，应遵循下列规定：
 1 喷放灭火剂前应使燃气轮机停机，关闭箱体门、孔口及自动停止通风机；
 2 应有保持气体浓度的足够时间。

10.5.7 燃汽轮发电机组及其附属设备的灭火及火灾自动报警系统宜随主机设备成套供货，其火灾报警控制器可布置在燃机控制间并应将火灾报警信号上传至集中报警控制器。

10.5.8 室内天然气调压站，燃气轮机与联合循环发电机组厂房应设可燃气体泄漏探测装置，其报警信号应引至集中火灾报警控制器。

10.5.9 燃机电厂的油罐区设计应符合现行国家标准《石油库设计规范》GB 50074的有关规定。

10.5.10 燃气轮机标准额定出力为300MW及以上的大型燃机电厂应设置企业消防站，并应符合本标准第7.12.2条的规定。燃油燃机电厂消防车的配备尚应符合现行国家标准《石

油库设计规范》GB 50074 的有关规定。

10.6 其 他

10.6.1 主厂房的疏散楼梯,不应少于 2 个,其中应有一个楼梯直接通向室外出入口,当另一个采用室外楼梯时,室外楼梯的设计应符合本标准第 5.1.4 条规定。

10.6.2 燃机厂房及天然气调压站,应采取通风、防爆措施。燃油和燃气电厂的通风设计应符合下列要求:

　　4 燃气电厂调压站应设置换气次数不少于每小时 12 次的事故通风系统;事故通风系统应与可燃气体泄漏探测装置连锁,当室内可燃气体浓度大于或等于其爆炸下限浓度 25% 时,事故通风系统应启动运行;

　　5 其他建筑的通风、空调系统防火设计应符合本标准第 8 章有关规定;燃气电厂建筑物的通风、空调系统防火设计同时应满足现行行业标准《燃气-蒸汽联合循环电厂设计规定》DL/T 5174 有关规定。

10.6.3 燃机电厂的电缆及电缆敷设设计应符合下列规定:

　　1 主厂房及输气、输油和其他易燃易爆场所应选用阻燃电缆;

　　2 燃机附近的电缆沟盖板应密封。

11 变 电 站

11.1 建(构)筑物火灾危险性分类、耐火等级、防火间距及消防道路

11.1.1 建(构)筑物的火灾危险性应根据生产中使用或产生的物质性质及其数量等因素分类,并应符合表 11.1.1 的规定。

表 11.1.1 建(构)筑物的火灾危险性分类及其耐火等级

建(构)筑物名称	火灾危险性分类	耐火等级
主控制楼	丁	二级
继电器室	丁	二级
阀厅	丁	二级

续表 11.1.1

建(构)筑物名称		火灾危险性分类	耐火等级
户内直流开关场	单台设备油量 60kg 以上	丙	二级
	单台设备油量 60kg 及以下	丁	二级
	无含油电气设备	戊	二级
配电装置楼(室)	单台设备油量 60kg 以上	丙	二级
	单台设备油量 60kg 及以下	丁	二级
	无含油电气设备	戊	二级
油浸变压器室		丙	一级
气体或干式变压器室		丁	二级
电容器室(有可燃介质)		丙	二级
干式电容器室		丁	二级
油浸电抗器室		丙	二级
干式电抗器室		丁	二级
柴油发电机室		丙	二级
空冷器室		戊	二级
检修备品仓库	有含油设备	丁	二级
	无含油设备	戊	二级
事故贮油池		丙	一级
生活、工业、消防水泵房		戊	二级
水处理室		戊	二级
雨淋阀室、泡沫设备室		戊	二级
污水、雨水泵房		戊	二级

11.1.2 同一建筑物或建筑物的任一防火分区布置有不同火灾危险性的房间时,建筑物或防火分区内的火灾危险性类别应按火灾危险性较大的部分确定,当火灾危险性较大的房间占本层或本防火分区建筑面积的比例小于 5%,且发生火灾事故时不足以蔓延至其他部位或火灾危险性较大的部分采取了有效的防火措施时,可按火灾危险性较小的部分确定。

11.1.3 建(构)筑物构件的燃烧性能和耐火极限,应符合现行国家标准《建筑设计防火规范》GB 50016 的有关规定。

11.1.4 变电站内的建(构)筑物与变电站外的建(构)筑物之间的防火间距应符合现行国家标准《建筑设计防火规范》GB 50016 的有关规定。

11.1.5 变电站内建(构)筑物及设备的防火间距不应小于表 11.1.5 的规定。

表 11.1.5 变电站内建(构)筑物及设备之间的防火间距(m)

建(构)筑物、设备名称		丙、丁、戊类生产建筑耐火等级		屋外配电装置每组断路器油量(t)		可燃介质电容器(棚)	事故贮油池	生活建筑耐火等级	
		一、二级	三级	<1	≥1			一、二级	三级
丙、丁、戊类生产建筑耐火等级	一、二级	10	12	—	10	10	5	10	12
	三级	12	14					12	14
屋外配电装置每组断路器油量(t)	<1	—		—		10	5	10	12
	≥1	10							
油浸变压器、油浸电抗器单台设备油量(t)	≥5,≤10	10		见第 11.1.9 条		10	5	15	20
	>10,≤50							20	25
	>50							25	30

— 17 —

续表 11.1.5

建（构）筑物、设备名称		丙、丁、戊类生产建筑耐火等级		屋外配电装置每组断路器油量（t）		可燃介质电容器（棚）	事故贮油池	生活建筑耐火等级	
		一、二级	三级	<1	≥1			一、二级	三级
可燃介质电容器（棚）		10	10	10	10	—	5	15	20
事故贮油池		5	5	5	5	5	—	10	12
生活建筑耐火等级	一、二级	10	12	10	15	10	6	7	
	三级	12	14	12	20	12	7	8	

注：1 建（构）筑物防火间距应按相邻建（构）筑物外墙的最近水平距离计算，如外墙有凸出的可燃或难燃构件时，则应从其凸出部分外缘算起；变压器之间的防火间距应为相邻变压器外壁的最近水平距离；变压器与带油电气设备的防火间距应为变压器和带油电气设备外壁的最近水平距离；变压器与建筑物的防火间距应为变压器外壁与建筑外墙的最近水平距离；
2 相邻两座建筑较高一面的外墙如为防火墙时，其防火间距不限；两座一、二级耐火等级的建筑，当相邻较低一面外墙为防火墙且较低一座厂房屋顶无天窗，屋顶耐火极限不低于1h，或相邻较高一面外墙的门、窗等开口部位设置甲级防火门、窗或防火分隔水幕时，其防火间距不应小于4m；
3 符合第11.2.1条规定的生产建筑与油浸变压器或可燃介质电容器除外；
4 屋外配电装置间距应为设备外壁的最近水平距离。

11.1.6 相邻两座建筑两面的外墙均为不燃烧墙体且无外露的可燃性屋檐，每面外墙上的门、窗、洞口面积之和各不大于外墙面积的5%，且门、窗、洞口不正对开设时，其防火间距可按本标准表11.1.5减少25%。

11.1.7 单台油量为2500kg及以上的屋外油浸变压器之间、屋外油浸电抗器之间的最小间距应符合表11.1.7的规定。

表 11.1.7 屋外油浸变压器之间、屋外油浸电抗器之间的最小间距

电压等级	最小间距（m）	电压等级	最小间距（m）
35kV及以下	5	220kV及330kV	10
66kV	6	500kV及750kV	15
110kV	8	1000kV	17

注：换流变压器的电压等级应按交流侧的电压选择。

11.1.8 当油量为2500kg及以上的屋外油浸变压器之间、屋外油浸电抗器之间的防火间距不能满足本标准表11.1.7的要求时，应设置防火墙。

防火墙的高度应高于变压器油枕，其长度超出变压器的贮油池两侧不应小于1m。

11.1.9 油量为2500kg及以上的屋外油浸变压器或高压电抗器与油量为600kg以上的带油电气设备之间的防火间距不应小于5m。

11.1.10 总油量为2500kg及以上的并联电容器组或箱式电容器，相互之间的防火间距不应小于5m，当间距不满足该要求时应设置防火墙。

11.1.11 当变电站内建筑的火灾危险性为丙类且建筑的占地面积超过3000m²时，变电站内的消防车道宜布置成环形；当为尽端式车道时，应设回车道或回车场地。消防车道宽度及回车场的面积应符合现行国家标准《建筑设计防火规范》GB 50016的有关规定。

11.2 建（构）筑物的安全疏散和建筑构造

11.2.1 生产建筑物与油浸变压器或可燃介质电容器的间距不满足11.1.5条的要求时，应符合下列规定：

1 当建筑物与油浸变压器或可燃介质电容器等电气设备间距小于5m时，在设备外轮廓投影范围外侧各3m内的建筑物外墙上不应设置门、窗、洞口和通风孔，且该区域外墙应为防火墙，当设备高于建筑物时，防火墙应高于该设备的高度；当建筑物墙外5m~10m范围内布置有变压器或可燃介质电容器等电气设备时，在上述外墙上可设置甲级防火门，设备高度以上可设防火窗，其耐火极限不应小于0.90h；

2 当工艺需要油浸变压器等电气设备有电气套管穿越防火墙时，防火墙上的电缆孔洞应采用耐火极限为3.00h的电缆防火封堵材料或防火封堵组件进行封堵。

11.2.2 设置带油电气设备的建（构）筑物与贴邻或靠近该建（构）筑物的其他建（构）筑物之间应设置防火墙。

11.2.3 控制室顶棚和墙面应采用A级装修材料，控制室其他部位应采用不低于B_1级的装修材料。

11.2.4 地上油浸变压器室的门应直通室外；地下油浸变压器室门应向公共走道方向开启，该门应采用甲级防火门；干式变压器室、电容器室门应向公共走道方向开启，该门应采用乙级防火门；蓄电池室、电缆夹层、继电器室、通信机房、配电装置室的门应向疏散方向开启，当门外为公共走道或其他房间时，该门应采用乙级防火门。配电装置室的中间隔墙上的门可采用分别向不同方向开启且宜相邻的2个乙级防火门。

11.2.6 地下变电站、地上变电站的地下室每个防火分区的建筑面积不应大于1000m²。设置自动灭火系统的防火分区，其防火分区面积可增大1.0倍；当局部设置自动灭火系统时，增加面积可按该局部面积的1.0倍计算。

11.2.7 主控制楼当每层建筑面积小于或等于400m²时，可设置1个安全出口；当每层建筑面积大于400m²时，应设置2个安全出口，其中1个安全出口可通向室外楼梯。其他建筑的安全出口设置应符合现行国家标准《建筑设计防火规范》GB 50016的有关规定。

11.2.8 地下变电站、地上变电站的地下室、半地下室安全出口数量不应少于2个。地下室与地上层不应共用楼梯间，当必须共用楼梯间时，应在地上首层采用耐火极限不低于2h的不燃烧体隔墙和乙级防火门将地下或半地下部分与地上部分的连通部分完全隔开，并应有明显标志。

11.2.9 地下变电站当地下层数为3层及3层以上或地下室

内地面与室外出入口地坪高差大于10m时，应设置防烟楼梯间，楼梯间应设乙级防火门，并向疏散方向开启。防烟楼梯间应符合现行国家标准《建筑设计防火规范》GB 50016的有关规定。

11.3 变压器及其他带油电气设备

11.3.1 35kV及以下屋内配电装置当未采用金属封闭开关设备时，其油断路器、油浸电流互感器和电压互感器，应设置在两侧有不燃烧实体墙的间隔内；35kV以上屋内配电装置应安装在有不燃烧实体墙的间隔内，不燃烧实体墙的高度不应低于配电装置中带油设备的高度。

11.3.2 总油量超过100kg的屋内油浸变压器，应设置单独的变压器室。

11.3.3 屋内单台总油量为100kg以上的电气设备，应设置挡油设施及将事故油排至安全处的设施。挡油设施的容积宜按油量的20%设计。

11.4 电缆及电缆敷设

11.4.1 长度超过100m的电缆沟或电缆隧道，应采取防止电缆火灾蔓延的阻燃或分隔措施，并应根据变电站的规模及重要性采取下列一种或数种措施：
1 采用耐火极限不低于2.00h的防火墙或隔板，并用电缆防火封堵材料封堵电缆通过的孔洞；
2 电缆局部涂防火涂料或局部采用防火带、防火槽盒。

11.4.2 电缆从室外进入室内的入口处、电缆竖井的出入口处，建（构）筑物中电缆引至电气柜、盘或控制屏、台的开孔部位、电缆贯穿隔墙、楼板的空洞应采用电缆防火封堵材料进行封堵，其防火封堵组件的耐火极限不应低于被贯穿物的耐火极限，且不低于1.00h。

11.4.4 防火墙上的电缆孔洞应采用电缆防火封堵材料或防火封堵组件进行封堵，并应采取防止火焰延燃的措施，其防火封堵组件的耐火极限应为3.00h。

11.4.5 在电缆隧道和电缆沟道中，严禁有可燃气、油管路穿越。

11.5 消防给水、灭火设施及火灾自动报警

11.5.1 变电站的规划和设计，应同时设计消防给水系统。消防水源应有可靠的保证。
注：变电站内建筑物满足耐火等级不低于二级，体积不超过3000m³，且火灾危险性为戊类时，可不设消防给水。

11.5.3 变电站建筑室外消防用水量不应小于表11.5.3的规定。

表11.5.3 室外消火栓用水量（L/s）

建筑物耐火等级	建筑物类别	建筑物体积（m³）				
		≤1500	1500<V≤3000	3000<V≤5000	5000<V≤20000	20000<V≤50000
一、二级	丙类厂房	15	20	25	30	
	丁、戊类厂房	15				
	丁、戊类仓库	15				

注：当变压器采用水喷雾灭火系统时，变压器室外消火栓用水量不应小于15L/s。

11.5.4 单台容量为125MV·A及以上的油浸变压器、200Mvar及以上的油浸电抗器应设置水喷雾灭火系统或其他固定式灭火装置。其他带油电气设备，宜配置干粉灭火器。

地下变电站的油浸变压器、油浸电抗器，宜采用固定式灭火系统。在室外专用贮存场地贮存作为备用的油浸变压器、油浸电抗器，可不设置火灾自动报警系统和固定式灭火系统。

11.5.5 油浸变压器当采用有防火墙隔离的分体式散热器时，布置在户外或半户外的分体式散热器可不设火灾自动报警系统和固定式灭火系统。

11.5.7 下列建筑应设置室内消火栓并配置喷雾水枪：
1 500kV及以上的直流换流站的主控制楼；
2 220kV及以上的高压配电装置楼（有充油设备）；
3 220kV及以上户内直流开关场（有充油设备）；
4 地下变电站。

11.5.8 变电站内下列建筑物可不设室内消火栓：
1 交流变电站的主控制楼；
2 继电器室；
3 高压配电装置楼（无充油设备）；
4 阀厅；
5 户内直流开关场（无充油设备）；
6 空冷器室；
7 生活、工业消防水泵房；
8 生活污水、雨水泵房；
9 水处理室；
10 占地面积不大于300m²的建筑。

注：上述建筑仅指变电站中独立设置的建筑物，不包含各功能组合的联合建筑物。

11.5.9 变电站建筑室内消防用水量不应小于表11.5.9的规定。

表11.5.9 室内消火栓用水量

建筑物名称	建筑高度H（m）、体积V（m³）、火灾危险性		消火栓用水量（L/s）	同时使用消防水枪数（支）	每根竖管最小流量（L/s）
控制楼、配电装置楼及其他生产类建筑	H≤24	丁、戊	10	2	10
		丙 V≤5000	10	2	10
		丙 V>5000	20	4	15
	24<H≤50	丁、戊	25	5	15
		丙	30	6	15
检修备品仓库	H≤24	丁、戊	10	2	10

11.5.10 当地下变电站室内设置水消防系统时，应设置水泵接合器。水泵接合器应设置在便于消防车使用的地点，与供消防车取水的室外消火栓或消防水池取水口距离宜为15m～40m。水泵接合器应有永久性的明显标志。

11.5.11 变电站消防给水量应按火灾时一次最大室内和室外消防用水量之和计算。

11.5.12 具有稳压装置的临时高压给水系统应符合下列规定：
1 消防泵应满足消防给水系统最大压力和流量要求；
2 稳压泵的设计流量宜为消防给水系统设计流量的

1‰～3‰，启泵压力与消防泵自动启泵的压力差宜为0.02MPa，稳压泵的启泵压力与停泵压力之差不应小于0.05MPa，系统压力控制装置所在处准工作状态时的压力与消防泵自动启泵的压力差宜为0.07MPa～0.10MPa；

   3 气压罐的调节容积应按稳压泵启泵次数不大于15次/h计算确定，气压罐的最低工作压力应满足任意最不利点的消防设施的压力需求。

11.5.13 500kV及以上的直流换流站宜设置备用柴油机消防泵，其容量应满足直流换流站的全部消防用水要求。

11.5.14 消防水泵房应设直通室外的安全出口，当消防水泵房设置在地下时，其疏散出口应靠近安全出口。

11.5.15 一组消防水泵的吸水管不应少于2条；当其中一条损坏时，其余的吸水管应能满足全部用水量。吸水管上应装设检修用阀门。

11.5.16 消防水泵应采用自灌式吸水。

11.5.17 消防水泵房应有不少于2条出水管与环状管网连接，当其中一条出水管检修时，其余的出水管应能满足全部用水量。消防泵组应设试验回水管，并配装检查用的放水阀门、水锤消除、安全泄压及压力、流量测量装置。

11.5.18 消防水泵应设置备用泵，备用泵的流量和扬程不应小于最大一台消防泵的流量和扬程。

11.5.19 消防管道、消防水池的设计应符合现行国家标准《消防给水及消火栓系统技术规范》GB 50974的有关规定。

11.5.20 水喷雾灭火系统的设计应符合现行国家标准《水喷雾灭火系统设计规范》GB 50219的有关规定。

11.5.21 对于丙类厂房、仓库，消火栓灭火系统的火灾延续时间不应小于3.00h，对于丁、戊类厂房、仓库，消火栓灭火系统的火灾延续时间不应小于2.0h。自动喷水灭火系统、水喷雾灭火系统和泡沫灭火系统火灾延续时间应符合现行国家标准《自动喷水灭火系统设计规范》GB 50084、《水喷雾灭火系统设计规范》GB 50219和《泡沫灭火系统设计规范》GB 50151的有关规定。

11.5.22 变电站应按表11.5.22设置灭火器。

表11.5.22 建筑物火灾危险类别及危险等级

名称	类别	等级
主控制室	E	严重
通信机房	E	中
阀厅	E	中
户内直流开关场（有含油电气设备）	E	中
户内直流开关场（无含油电气设备）	E	轻
配电装置楼（室）（有含油电气设备）	E	中
配电装置楼（室）（无含油电气设备）	E	轻
继电器室	E	中
油浸变压器室	B、E	中
气体或干式变压器室	E	轻
油浸电抗器室	B、E	中
干式电抗器室	E	轻
电容器室（有可燃介质）	B、E	中
干式电容器室	E	轻
蓄电池室	C	中
电缆夹层	E	中
柴油发电机室及油箱	B	中
检修备品仓库（有含油设备）	B、E	中
检修备品仓库（无含油设备）	A	轻
水处理室	A	轻
空冷器室	A	轻
生活、工业消防水泵房（有柴油发动机）	B	中
生活、工业消防水泵房（无柴油发动机）	A	轻
污水、雨水泵房	A	轻

11.5.23 灭火器的设计应符合现行国家标准《建筑灭火器配置设计规范》GB 50140的有关规定。

11.5.24 设有消防给水的地下变电站，必须设置消防排水设施。消防排水可与生产、生活排水统一设计，排水量按消防流量设计。对油浸变压器、油浸电抗器等设施的消防排水，当未设置能够容纳全部事故排油和消防排水量的事故贮油池时，应采取必要的油水分离措施。

11.5.25 下列场所和设备应设置火灾自动报警系统：

   1 控制室、配电装置室、可燃介质电容器室、继电器室、通信机房；

   2 地下变电站、无人值班变电站的控制室、配电装置室、可燃介质电容器室、继电器室、通信机房；

   3 采用固定灭火系统的油浸变压器、油浸电抗器；

   4 地下变电站的油浸变压器、油浸电抗器；

   5 敷设具有可延燃绝缘层和外护层电缆的电缆夹层及电缆竖井；

   6 地下变电站、户内无人值班的变电站的电缆夹层及电缆竖井。

11.5.27 火灾自动报警系统的设计应符合现行国家标准《火灾自动报警系统设计规范》GB 50116的有关规定。

11.5.28 有人值班的变电站的火灾报警控制器应设置在主控制室；无人值班的变电站的火灾报警控制器宜设置在变电站门厅，并应将火警信号传至集控中心。

11.6 供暖、通风和空气调节

11.6.1 地下变电站采暖、通风和空气调节设计应符合下列规定：

   1 所有采暖区域严禁采用明火取暖；

   2 电气配电装置室应设置火灾后排风设施，其他房间的排烟设计应符合国家标准《建筑设计防火规范》GB 50016的规定；

   3 当火灾发生时，送排风系统、空调系统应能自动停止运行。当采用气体灭火系统时，穿过防护区的通风或空调风道上的阻断阀应能立即自动关闭。

11.6.2 阀厅应设置火灾后排风设施。

11.7 消防供电、应急照明

11.7.1 变电站的消防供电应符合下列规定：

   1 消防水泵、自动灭火系统、与消防有关的电动阀门及交流控制负荷，户内变电站、地下变电站应按Ⅰ类负荷供电；户外变电站应按Ⅱ类负荷供电；

2 变电站内的火灾自动报警系统和消防联动控制器，当本身带有不停电电源装置时，应由站用电源供电；当本身不带有不停电电源装置时，应由站内不停电电源装置供电；当电源采用站内不停电电源装置供电时，火灾报警控制器和消防联动控制器应采用单独的供电回路，并应保证在系统处于最大负载状态下不影响报警控制器和消防联动控制器的正常工作，不停电电源的输出功率应大于火灾自动报警系统和消防联动控制器全负荷功率的120%，不停电电源的容量应保证火灾自动报警系统和消防联动控制器在火灾状态同时工作负荷条件下连续工作3h以上；

3 消防用电设备采用双电源或双回路供电时，应在最末一级配电箱处自动切换；

4 消防应急照明、疏散指示标志应采用蓄电池直流系统供电，疏散通道应急照明、疏散指示标志的连续供电时间不应少于30min，继续工作应急照明连续供电时间不应少于3h；

5 消防用电设备应采用专用的供电回路，当发生火灾切断生产、生活用电时，仍应保证消防用电，其配电设备应设置明显标志；其配电线路和控制回路宜按防火分区划分；

6 消防用电设备的配电线路应满足火灾时连续供电的需要，当暗敷时应穿管并敷设在不燃烧体结构内，其保护层厚度不应小于30mm；当明敷时（包括附设在吊顶内）应穿金属管或封闭式金属线槽，并采取防火保护措施。当采用阻燃或耐火电缆时，敷设在电缆井、电缆沟内可不穿金属导管或采用封闭式金属槽盒保护；当采用矿物绝缘类等具有耐火、抗过载和抗机械破坏性能的不燃性电缆时，可直接明敷。宜与其他配电线路分开敷设，当敷设在同一井沟内时，宜分别布置在井沟的两侧。

11.7.2 火灾应急照明和疏散标志应符合下列规定：

1 户内变电站、户外变电站的控制室、通信机房、配电装置室、消防水泵房和建筑疏散通道应设置应急照明；

2 地下变电站的控制室、通信机房、配电装置室、变压器室、继电器室、消防水泵房、建筑疏散通道和楼梯间应设置应急照明；

3 地下变电站的疏散通道和安全出口应设灯光疏散指示标志；

4 人员疏散通道应急照明的地面最低水平照度不应低于1.0lx，楼梯间的地面最低水平照度不应低于5.0lx，继续工作应急照明应保证正常照明的照度；

5 疏散通道上灯光疏散指示标志间距不应大于20m，高度宜安装在距地坪1.0m以下处；疏散照明灯具应设置在出入口的顶部或侧边墙面的上部。

2.《小型火力发电厂设计规范》GB 50049—2011

1 总 则

1.0.2 本规范适用于高温高压及以下参数、单机容量在 125MW 以下、采用直接燃烧方式、主要燃用固体化石燃料的新建、扩建和改建火力发电厂的设计。

6 总体规划

6.1 一般规定

6.1.3 发电厂的总体规划应符合下列规定：
   9 符合环境保护、消防、劳动安全和职业卫生要求。

6.1.5 发电厂的建筑物布置必须符合防火要求，各主要生产和辅助生产及附属建（构）筑物在生产过程中的火灾危险性分类及其耐火等级除应符合现行国家标准《火力发电厂与变电站设计防火规范》GB 50229 的规定外，还应符合下列规定：
   1 办公楼、食堂、招待所、值班宿舍、警卫传达室按丁类三级。
   2 液氨储存处置设施区按乙类二级，尿素贮存处置设施按丙类二级。

6.2 厂区内部规划

6.2.2 厂区主要建筑物和构筑物的布置，除应符合国家现行有关防火标准的规定及其环境保护的原则要求外，还应符合下列规定：
   6 供油、卸油泵房以及助燃油罐、液氨贮存设施应与其他生产辅助及附属建筑分开，并单独布置形成独立的区域。靠近江、河、湖、泊布置时，应有防止泄漏液体流入水域的措施。
   8 厂区对外应设置不少于 2 个出入口，其位置应方便厂内外联系，并使人流和货流分开。厂区的主要出入口宜设在厂区的固定端一侧。在施工期间，宜有施工专用的出入口。发电厂采用汽车运煤或灰渣时，宜设专用的出入口。

6.2.5 发电厂各建筑物、构筑物之间的最小间距应符合表 6.2.5 的规定。

6.2.6 厂区围墙的平面布置应在节约用地的前提下规整，除有特殊要求外，宜为实体围墙，高度不应低于 2.2m。屋外配电装置区域周围厂内部分应设有 1.8m 高的围栅，变压器厂地周围应设置 1.5m 高的围栅。液氨贮存区和助燃油罐区均应单独布置，其四周应设置高度不低于 2.0m 的非燃烧体实体围墙。当利用厂区围墙时，该段围墙应为高度不低于 2.5m 高的非燃烧体实体围墙，助燃油罐周围还应设有防火堤或防火墙。

6.2.7 采用空冷机组的发电厂，应根据空冷气象资料，结合地形、地质、铁路专用线引接、冷却塔设施用地等条件，通过技术经济比较，合理确定采用直接空冷或间接空冷系统。空冷设施布置应符合下列规定：
   2 直接空冷平台宜布置在主厂房 A 排外侧，此时变压器、电气配电间、贮油箱等宜布置在平台下方，但应保证空冷平台支柱位置不影响变压器的安装、消防和检修运输通道。

表 6.2.5 发电厂各建筑物、构筑物之间的最小间距（m）

建筑物、构筑物名称		丙、丁、戊类建筑耐火等级		屋外配电装置	自然通风冷却塔	机械通风冷却塔	露天卸煤装置或煤场	助燃油罐	厂前建筑		铁路中心线		厂外道路（路边）	厂内道路（路边）		围墙
		一、二级	三级						一、二级	三级	厂内	厂外		主要	次要	
丙、丁、戊类建筑耐火等级	一、二级	10	12	10	15~30①	15~30	15	20	10	12	有出口时为 5~6 无出口时为 3~5		无出口时为 1.5，有出口无引道时为 3，有引道时为 6			5
	三级	12	14	12				25	12	14						
屋外配电装置		10	12					25	10	12	—		1.5			
主变压器或屋外厂用变压器（油重小于 10t/台）		12	15	—	25~40②	40~60③	50	40	15	20						
自然通风冷却塔		15~30		25~40	0.4D~0.5D④	40~50	25~30	20	30		25	15	25	10	10	
机械通风冷却塔		15~30		40~60③	40~50	⑤	40~45	25	35		35	20	35	15	15	
露天卸煤装置或煤场		15		50	25~30	40~45	—	15 存贮褐煤时为 25			10	5	10	5	1.5	5

续表6.2.5

建筑物、构筑物名称		丙、丁、戊类建筑耐火等级		屋外配电装置	自然通风冷却塔	机械通风冷却塔	露天卸煤装置或煤场	助燃油罐	厂前建筑		铁路中心线		厂外道路（路边）	厂内道路（路边）		围墙
		一、二级	三级						一、二级	三级	厂内	厂外		主要	次要	
助燃油罐		20	25	25	20	25			25	32	30	20	15	10	5	5
液氨罐		12	15	30	20	25	存贮褐煤时为25	15	25	30	35	25	20	15	10	10
厂前建筑	一、二级	10	12	20	30	35			20	6	7	有出口时为5~6		有出口时为3，无出口时为1.5		5
	三级	12	14	12					25	8		无出口时为3~5				
围墙		5	5	—	10	15	5		3.5		3.5		2.0	1.0		—

注：① 自然通风冷却塔（机械通风冷却塔）与主控楼、单元控制楼、计算机室等建筑物采用30m，其余建筑物均采用15m~20m（除水工设施等采用15m外，其他均采用20m），且不小于2倍塔的进风口高度；
② 为冷却塔零米（水面）外壁至屋外配电装置构架净距，当冷却塔位于屋外配电装置冬季盛行风向的上风侧时为40m，位于冬季盛行风向的下风侧时为25m；
③ 在非严寒地区或全年主导风向下风侧采用40m，严寒地区或全年主导风向上风侧采用60m；
④ D为逆流式自然通风冷却塔进出口下缘塔筒直径（人字柱与水面交点处直径），取相邻较大塔的直径；冷却塔采用非塔群布置时，塔间距宜为0.45D，困难情况下可适当缩减，但不应小于4倍标准进风口的高度；冷却塔采用塔群布置时，塔间距宜为0.5D，有困难时可适当缩减，但不应小于0.45D；间距小于0.5D时，要求冷却塔采取减小风的负压负荷的措施；
⑤ 机力通风冷却塔之间的间距应符合现行国家标准《工业循环水冷却设计规范》GB/T 50102的规定。塔排一字形布置时，塔端净距不小于4m；塔排平行错开布置时，塔端净距不小于4倍进风口高度。

6.2.11 厂内各建筑物之间应根据生产、生活和消防的需要设置行车道路、消防车道和人行道。山区发电厂设置环形消防车道有困难时，可沿长边设置尽端式消防车道，并应设回车道或回车场。主厂房、配电装置、贮煤场、液氨贮存区和助燃油罐区周围应设环形消防车道。

6.2.19 架空管线及地下管线的布置应符合下列规定：
6 电缆沟及电缆隧道在进入建筑物处或在适当的距离及地段应设防火墙，电缆隧道的防火隔墙上应设防火门。

7 主厂房布置

7.1 一般规定

7.1.2 主厂房的布置应为安全运行和方便操作创造条件，做到巡回检查通道畅通。厂房内的空气质量、通风、采光、照明和噪声等应符合现行国家有关标准的规定。特殊设备应采取相应的防护措施，符合防火、防爆、防腐、防冻、防毒等有关要求。

7.2 主厂房布置

7.2.7 原煤仓、煤粉仓的设计应符合下列规定：
6 煤粉仓的设计应符合下列规定：
  7）煤粉仓应有测量粉位、温度以及灭火、吸潮和放粉等设施。

7.2.8 汽轮机润滑油系统的设备和管道布置应远离高温蒸汽管道。油系统应设防火措施，并应符合现行国家标准《火力发电厂与变电站设计防火规范》GB 50229的有关规定。

9 锅炉设备及系统

9.2 煤粉制备

9.2.10 除无烟煤外，制粉系统应设防爆和灭火措施，其要求应符合现行国家标准《火力发电厂与变电站设计防火规范》GB 50229和现行行业标准《火力发电厂煤和制粉系统防爆设计技术规程》DL/T 5203的有关规定。

9.4 点火及助燃油系统

9.4.4 卸油方式应根据油质特性、输送方式和油罐情况等经技术经济比较后确定。卸油泵形式、台数和流量应符合下列规定：
1 卸油泵形式应根据油质黏度、卸油方式及消防规范要求来确定。

9.4.9 油系统的设计应符合现行国家标准《石油库设计规范》GB 50074的有关规定。燃油罐、输油管道和燃油管道的防爆、防火、防静电和防雷击的设计，应符合现行国家标准《爆炸和火灾危险环境电力装置设计规范》GB 50058和《火力发电厂与变电站设计防火规范》GB 50229的有关规定。

16 仪表与控制

16.3 控制室和电子设备间布置

16.3.7 控制室和电子设备间的环境设施应符合下列规定：
1 控制室和电子设备间应有良好的空调、照明、隔热、防火、防尘、防水、防振、防噪声等措施。

16.11 电缆、仪表导管和就地设备布置

16.11.1 仪表和控制回路用的电缆、电线的线芯材质应为铜芯。电缆的敷设应有防火、防高温、防腐、防水、防震等措施。

17 电气设备及系统

17.4 高压配电装置

17.4.1 发电厂高压配电装置的设计应符合现行国家标准

《高压架空线路和发电厂、变电所环境污区分级及外绝缘选择标准》GB/T 16434、《电力设施抗震设计规范》GB 50260、《3～110kV高压配电装置设计规范》GB 50060和《火力发电厂与变电站设计防火规范》GB 50229的有关规定。

17.6 电气监测与控制

17.6.3 当采用机炉电集中控制时,下列设备或元件应在分散控制系统或PLC进行控制和监视:

　　6 消防水泵。

17.6.4 当采用主控制室控制时,下列设备或元件应在电气监控管理系统进行控制和监视:

　　6 消防水泵。

17.13 爆炸火灾危险环境的电气装置

17.13.1 发电厂爆炸火灾危险环境的电气装置设计应符合现行国家标准《爆炸和火灾危险环境电气装置设计规范》GB 50058和《火力发电厂与变电站设计防火规范》GB 50229的有关规定。

19 辅助及附属设施

19.0.3 发电厂应设有存放材料、备品和配件的库房与场地。材料库、油库的布置应符合现行的消防规范的有关规定。企业自备发电厂的材料库等可由企业统筹规划设计。

20 建筑与结构

20.1 一般规定

20.1.3 发电厂内各建(构)筑物的防火设计必须符合现行国家标准《火力发电厂与变电站设计防火规范》GB 50229及国家其他有关防火标准和规范的规定。

20.1.9 建(构)筑物变形缝的设计应符合下列规定:

　　3 变形缝不应破坏建筑物装修面层,其构造和材料应根据其部位与需要,分别采用防水、防火、保温和防腐蚀等措施。

20.8 室内外装修

20.8.1 建筑物室内外装修应符合下列规定:

　　3 室内装修应符合现行国家标准《建筑内部装修设计防火规范》GB 50222的有关规定。

20.8.2 有侵蚀性物质的房间,其内表面(包括室内外排放沟道的内表面)应采取防腐蚀措施。有可燃气体的房间,其内部构件布置应便于气体的排出。

21 采暖通风与空气调节

21.1 一般规定

21.1.5 在输送、贮存或生产过程中会产生易燃、易爆气体或物料的建筑物,严禁采用明火和电加热器采暖。

21.1.8 通风和空气调节设计应根据现行国家标准《火力发电厂与变电站设计防火规范》GB 50229及国家其他防火规范的有关规定设置防火排烟措施,并与消防控制中心联动控制。

21.1.12 对有易燃、易爆气体产生的车间,应设事故通风。事故通风量按换气次数不小于12次/h计算,事故通风宜由正常通风系统和事故通风系统共同保证。

21.3 电气建筑与电气设备

21.3.11 电气建筑和电气设备间的通风、空调系统的防火排烟措施应视消防设施的性质确定。

23 劳动安全与职业卫生

23.2 劳动安全

23.2.3 发电厂的生产车间、作业场所、辅助建筑、附属建筑、生活建筑和易爆、易燃的危险场所以及地下建筑物应设计防火分区、防火隔断、防火间距、安全疏散和消防通道。

23.2.4 发电厂的安全疏散设施应有充足的照明和明显的疏散指示标志。有爆炸危险的设备(含有关电气设施、工艺系统)、厂房的工艺设计和土建设计必须按照不同类型的爆炸源和危险因素采取相应的防爆防护措施。

24 消　防

24.0.1 发电厂的消防设计应符合现行国家标准《火力发电厂与变电站设计防火规范》GB 50229的有关规定。

3.《大中型火力发电厂设计规范》GB 50660—2011

1 总 则

1.0.2 本规范适用于蒸汽初参数为超高压及以上、单台机组容量在125MW及以上、采用直接燃烧方式、主要燃用固体化石燃料的火力发电厂工程的设计。

4 总体规划

4.1 基本规定

4.1.8 火力发电厂建(构)筑物设计应符合防火等级要求,各主要生产和辅助生产及附属建(构)筑物在生产过程中的火灾危险性分类及其耐火等级,应符合现行国家标准《火力发电厂与变电站设计防火规范》GB 50229的规定,并应符合下列规定:

1 办公楼内布置有电气、热工、金属等试验室时,应按丁类三级。
2 液氨贮存处置设施应按液体乙类二级。
3 尿素贮存处置设施应按丙类二级。

4.2 厂区外部规划

4.2.2 火力发电厂厂区与附近的核电厂、化工厂、炼油厂、石油或天然气储罐、低中放射性废物处置场、核技术利用放射性废物库等潜在危险源之间的距离,应符合下列规定:

2 与化工厂、炼油厂的距离应符合现行国家标准《石油化工企业设计防火规范》GB 50160的有关规定。
3 与石油或天然气储罐的距离应符合现行国家标准《石油天然气工程设计防火规范》GB 50183的有关规定。

4.3 厂区规划及总平面布置

4.3.2 厂区建(构)筑物的布置应符合现行国家标准《建筑设计防火规范》GB 50016和《火力发电厂与变电站设计防火规范》GB 50229的有关规定,并应符合下列要求:

6 制(供)氢站、燃油设施、液氨贮存设施应与其他生产、辅助及附属建筑分开,并应单独布置形成独立区域。
8 厂区对外出入口不应少于2个,其位置应方便厂内外联系,并应使人流与货流分开。厂区主要出入口宜设置在厂区固定端一侧。

4.3.3 火力发电厂各建(构)筑物之间的间距应符合国家现行标准《火力发电厂与变电站设计防火规范》GB 50229、《火力发电厂总图运输设计技术规程》DL/T 5032、《氢气站设计规范》GB 50177和《石油库设计规范》GB 50074的有关规定,并应符合下列要求:

1 液氨贮存设施布置间距应符合现行国家标准《建筑设计防火规范》GB 50016关于乙类液体贮罐布置的有关规定。

2 机械通风冷却塔之间的间距应符合现行国家标准《工业循环水冷却设计规范》GB/T 50102的有关规定。
3 架空高压电力线边导线在风偏影响后,与丙、丁、戊类建(构)筑物的最小水平距离,110kV应为4m,220kV应为5m,330kV应为6m,500kV应为8.5m,750kV应为11m,1000kV应为21m。高压输电线不宜跨越永久性建筑物,当必须跨越时,应满足其带电距离最小高度的要求,并应对建筑物屋顶采取相应的防火措施。

4.3.4 采用空冷机组的火力发电厂,空冷设施布置应符合下列规定:

2 直接空冷平台宜布置在主厂房A列外侧,变压器、电气配电间、贮油箱等可布置在平台下方,但应保证空冷平台支柱位置不影响变压器的安装、消防和检修运输通道。

4.3.11 厂区道路设计应符合现行国家标准《厂矿道路设计规范》GBJ 22的有关规定。厂区各建筑物之间应根据生产、运行维护、生活、消防的需要设置行车道路、消防车道和人行道,并应符合下列规定:

1 主厂房、贮煤场、制(供)氢站、液氨贮存区和燃油设施区周围,以及屋外配电装置区域应设环形消防车道。当山区火力发电厂的主厂房区、燃油设施区、液氨贮存区及贮煤场区周围设置环形消防车道有困难时,可沿长边设置尽端式消防车道,并应设回车道或回车场。回车场的面积不应小于12m×12m;供大型消防车使用时,不应小于18m×18m。
2 厂区消防车道的宽度不应小于4m,道路上空遇有管架、栈桥等障碍物时,其净高不应小于4m。
4 建有大件运输码头的火力发电厂,码头引桥至主厂房区环形道路之间的道路标准,应根据大件运输需要合理确定,其宽度宜为6m~7m,转弯半径不宜小于12m。

4.3.19 厂区管线的布置应符合下列规定:

3 当管道发生故障时不应发生次生灾害,特别应防止污水渗入生活给水管道和有害、易燃气体渗入其他沟道和地下室内。
6 电缆沟及电缆隧道在进入建筑物处或在适当的距离及地段应设防火隔墙,电缆隧道的防火墙上应设防火门。

4.3.20 厂区管线敷设方式应符合下列规定:

7 易燃易爆的管道不应敷设在无关建筑物的屋面或外墙支架上。

6 主厂房区域布置

6.1 基本规定

6.1.4 主厂房区域布置应为运行检修人员创造良好的工作环境,应符合国家现行有关劳动保护标准的规定;设备布置应符合防火、防爆、防潮、防尘、防腐、防冻等有关要求。

6.2 汽机房及除氧间布置

6.2.5 汽轮机油系统设备的布置应符合下列规定：

2 汽轮机主油箱、贮油箱、油净化装置及油系统应采取防火措施。在主厂房外侧的适当位置应设置密封的润滑油事故排油箱（坑），其布置标高和排油管道的设计应满足主油箱、贮油箱、油净化装置等事故排油畅通的需要。润滑油事故排油箱（坑）的容积不应小于一台最大机组油系统的油量。

6.3 煤仓间布置

6.3.6 煤粉仓的防火、防爆设计应符合国家现行标准《火力发电厂与变电站设计防火规范》GB 50229 和《火力发电厂煤和制粉系统防爆设计技术规程》DL/T 5203 的有关规定。

6.5 集中控制室和电子设备间

6.5.2 集中控制室和电子设备间的出入口不应少于 2 个，其净空高度分别不宜低于 3.5m 和 3.2m。集中控制室及电子设备间应有良好的空调、照明、隔热、防尘、防火、防水、防振和防噪音的措施。集中控制室和电子设备间下面可设电缆夹层，电缆夹层与主厂房相邻部分应封闭。

6.5.3 集中控制室、电子设备间及其电缆夹层内应设消防报警和信号设施，严禁汽水、油及有害气体管道穿越。集中控制和电子设备间应设整体刚性防水屋顶。

6.9 综合设施要求

6.9.3 电气用的总事故贮油设施和电气设备的贮油或挡油设施的设置应符合下列规定：

1 火力发电厂应设置电气用的总事故贮油池，其容量应按最大 1 台变压器的油量确定。总事故贮油池应设置油水分离设施。

2 电气设备的贮油或挡油设施应符合国家现行标准《火力发电厂与变电站设计防火规范》GB 50229 的有关规定。

8 锅炉设备及系统

8.2 煤粉制备

8.2.7 制粉系统的防爆和灭火设施应符合国家现行标准《火力发电厂与变电站设计防火规范》GB 50229 和《火力发电厂煤和制粉系统防爆设计技术规程》DL/T 5203 的有关规定。

8.6 点火及助燃燃料系统

8.6.6 卸油方式应根据油质特性、输送方式和油罐情况等经技术经济比较后确定。卸油泵形式、台数、流量和扬程应符合下列规定：

1 卸油泵形式应根据油质黏度、卸油方式及消防规范要求确定。

8.6.12 燃油系统的防爆、防火、防静电和防雷击的设计应符合现行国家标准《石油库设计规范》GB 50074、《爆炸和火灾危险环境电力装置设计规范》GB 50058 和《火力发电厂与变电站设计防火规范》GB 50229 的有关规定。

11 烟气脱硝系统

11.2 还原剂储存和供应系统

11.2.1 脱硝还原剂的选择应按防火、防爆、防毒以及脱硝工艺的要求，根据电厂周围环境条件、运输条件和电厂内部的场地条件，经环境影响评价、安全影响评价和技术经济比较后确定。

11.2.5 液氨储存设备的储存区外沿应设置围堰。

13 水处理系统

13.2 水的预脱盐

13.2.4 海水淡化系统设计应符合下列规定：

3 海水淡化装置的产品水作为工业、消防和饮用水等用水时，应采取合适的水质调整措施。

15 仪表与控制

15.5 报 警

15.5.8 火灾探测与报警设计应符合现行国家标准《火力发电厂与变电站设计防火规范》GB 50229 和《火灾自动报警系统设计规范》GB 50116 的有关规定。

15.12 仪表导管、电缆及就地设备布置

15.12.2 电缆的设计和选型除应符合现行国家标准《电力工程电缆设计规范》GB 50217 的有关规定外，还应符合下列规定：

3 控制电缆宜敷设在电缆桥架内。桥架通道应避免遭受机械性外力、过热、腐蚀及易燃易爆物等的危害，并应根据防火要求实施阻隔。

16 电气设备及系统

16.8 照明系统

16.8.3 火力发电厂的照明种类可分为正常照明、应急照明、警卫照明和障碍照明。应急照明应包括备用照明、安全照明和疏散照明。

16.8.4 火力发电厂的照明应有正常照明和应急照明分开的供电网络，供电方式应符合下列规定：

2 应急照明供电方式应符合下列规定：

1）125MW 级机组的火力发电厂，应急照明应由蓄电池组供电。

2）200MW 级及以上机组的火力发电厂，其单元控制室、集中控制室和柴油发电机房的应急照明，除直流长明灯外，还应包括由交流事故保安电源供电的照明和交直流切换供电的照明。

3）无人值守的高压配电装置继电器室的应急照明，对

200MW级及以上机组，应由交流事故保安电源供电；对125MW级机组可采用直流照明或应急灯。

4) 主厂房、集控楼各层的疏散通道、主要出入口、楼梯间以及远离主厂房的重要工作场所的应急照明可采用应急灯。

16.9 电缆选择与敷设

16.9.3 主厂房及辅助厂房的电缆敷设应采取有效阻燃的防火封堵措施，对主厂房内易受外部着火影响区段，如汽轮机头部或锅炉房正对防爆门与排渣孔的邻近部位等的电缆应采取防止着火的措施。

16.9.4 容量为300MW级及以上机组的主厂房、输煤、燃油及其他易燃易爆场所应选用C类阻燃电缆。

16.9.5 同一电缆通道中，全厂公用的重要负荷回路的电缆应采取耐火分隔或分别敷设在两个互相独立的电缆通道中。当未相互隔离时，其中一个回路应实施耐火防护或选用具有耐火性的电缆。

16.9.6 主厂房到升压站继电器楼或电气主控制楼的电缆应按一定的规模进行耐火分隔或敷设在独立的电缆通道中，其规模应符合下列规定：

1 单机容量125MW级的机组应为2台机组。
2 单机容量200MW级及以上的机组应为1台机组。

16.9.7 控制电缆宜敷设在电缆桥架内。桥架通道应避免遭受机械性外力、过热、腐蚀及易燃易爆物等的危害，并应根据防火要求实施阻隔。

16.15 其他电气设施

16.15.2 在有爆炸和火灾危险场所的电气装置设计应符合现行国家标准《爆炸和火灾危险环境电力装置设计规范》GB 50058和《火力发电厂与变电站设计防火规范》GB 50229的有关规定。

19 建筑与结构

19.1 基本规定

19.1.5 火力发电厂结构设计除应满足承载力、稳定、疲劳、变形、抗裂、抗震及防振等计算和验算要求外，还应满足耐久性、防爆、防火及防腐蚀等使用要求，同时尚应满足施工及安装的要求。

19.3 建筑设计

19.3.8 火力发电厂建筑的门窗应符合安全使用、建筑节能的要求，并应符合下列规定：

3 电气设备房间应采用非燃烧材料的门窗，并应采取防止小动物进入的措施。
4 供氢站电解间等有爆炸危险房间的门窗应采用不发火花材料。

19.3.10 火力发电厂建筑室内外装修应根据使用和外观需要，结合全厂环境进行设计，应符合下列规定：

1 楼地面面层材料除应符合工艺要求外，宜选用耐磨、易清洗的材料，有爆炸危险的房间地面面层应采用不发火花材料；外墙面层材料应选用耐候性好且耐污染的材料；内墙面层材料及顶棚（吊顶）材料应选用符合使用及防火要求的材料。

3 有可燃性气体的房间，其内部构件布置应便于气体的排出。

19.3.11 主厂房主要出入口、楼梯和通道布置应符合下列规定：

1 汽机房和锅炉房底层两端均应有出入口。
2 固定端应有通至各层和屋面的楼梯。当火力发电厂达到规划容量后，扩建端宜有通至各层和屋面的楼梯。
3 当厂房纵向疏散长度超过100m时，应增设中间出入口和楼梯。

19.3.13 集中控制楼根据工艺需要可设置集中控制室等工艺用房和运行人员用房；集中控制室应结合吊顶设计确定合适的净高，并应满足工艺布置对净空高度的要求，吊顶以上的空间应满足结构、空调、电气、消防等各专业的需要。

19.7 运煤建（构）筑物

19.7.5 封闭式圆形煤场可按挡煤墙结构形式分为分离式和整体式两种，应根据工艺要求，经技术经济比较确定。当采用整体式挡煤墙结构时，应进行温度效应计算。当储存褐煤或易自燃的高挥发分煤种时，内壁应采取防火保护措施。封闭式圆形煤场设计应分析计算堆煤荷载对基础的不利影响。

20 采暖、通风和空气调节

20.6 其他辅助建筑及附属建筑

20.6.4 各类泵房和柴油发电机房通风应符合下列规定：

1 循环水泵房、岸边水泵房、灰渣泵房等夏季宜采用自然通风；半地下或地下泵房应设置机械通风，其通风量应按消除余热及有害气体计算确定。
2 一般污水泵房以及含有硫化物的生产废水间（池）应设置机械通风。
3 燃油泵房应设置机械通风系统，并应符合现行国家标准《火力发电厂与变电站设计防火规范》GB 50229的有关规定。
4 柴油发电机房应设置机械排风，进风口有效面积应根据排风量与柴油机燃烧所需风量计算确定。对严寒、寒冷以及风沙较大地区，进风口应采取冬季保温和防沙尘措施。

22 消防、劳动安全与职业卫生

22.1 基本规定

22.1.1 火力发电厂设计应符合现行国家标准《火力发电厂与变电站设计防火规范》GB 50229的有关规定。

22.2 劳动安全

22.2.3 火力发电厂的生产车间、作业场所、辅助建筑、附属建筑、生活建筑和易燃易爆的危险场所以及地下建筑物应设计防火分区、防火隔断、防火间距、安全疏散和消防通道。其设计应符合现行国家标准《建筑设计防火规范》GB 50016 和《火力发电厂与变电站设计防火规范》GB 50229 的有关规定。

22.2.4 火力发电厂的安全疏散设施应有充足的照明和明显的疏散指示标志。

22.2.5 对有爆炸危险的电气设施、工艺系统及设备、厂房等应按不同类型的爆炸源和危险因素采取相应的防爆防护措施。防爆设计应符合现行国家标准《建筑设计防火规范》GB 50016 和《爆炸和火灾危险环境电力装置设计规范》GB 50058 的有关规定。

4. 《秸秆发电厂设计规范》GB 50762—2012

1 总　则

1.0.2 本规范适用于单机容量为30MW及以下的新建或扩建秸秆发电厂的设计。

4 厂区及收贮站规划

4.1 一般规定

4.1.6 建（构）筑物的火灾危险性分类及其耐火等级不应低于表4.1.6的规定。

表4.1.6 建（构）筑物在生产过程中的火灾危险性及耐火等级

序号	建（构）筑物名称	火灾危险性分类	耐火等级
1	主厂房（汽机房、除氧间、锅炉房）	丁	二级
2	吸风机室	丁	二级
3	除尘构筑物	丁	二级
4	烟囱	丁	二级
5	秸秆仓库	丙	二级
6	破碎室	丙	二级
7	转运站	丙	二级
8	运料栈桥	丙	二级
9	活底料仓	丙	二级
10	汽车卸料沟	丙	二级
11	电气控制楼（主控制楼、网络控制楼）、继电器室	戊	二级
12	屋内配电装置楼（内有每台充油量大于60kg的设备）	丙	二级
13	屋内配电装置楼（内有每台充油量小于或等于60kg的设备）	丁	二级
14	屋外配电装置	丙	二级
15	变压器室	丙	二级
16	总事故贮油池	丙	一级
17	岸边水泵房	戊	二级
18	灰浆、灰渣泵房、沉灰池	戊	二级
19	生活、消防水泵房	戊	二级

续表4.1.6

序号	建（构）筑物名称	火灾危险性分类	耐火等级
20	稳定剂室、加药设备室	戊	二级
21	进水建筑物	戊	二级
22	冷却塔	戊	三级
23	化学水处理室、循环水处理室	戊	三级
24	启动锅炉房	丁	二级
25	贮氧罐	乙	—
26	空气压缩机室（有润滑油）	丁	二级
27	热工、电气、金属实验室	丁	二级
28	天桥	戊	二级
29	天桥（下设电缆夹层时）	丙	二级
30	排水、污水泵房	戊	二级
31	各分场维护间	戊	二级
32	污水处理构筑物	戊	二级
33	原水净化构筑物	—	—
34	电缆隧道	丙	二级
35	柴油发电机房	丙	二级
36	办公楼	—	三级
37	一般材料库	戊	二级
38	材料库棚	戊	二级
39	汽车库	丁	二级
40	消防车库	丁	二级
41	警卫传达室	—	三级
42	自行车棚	—	四级

注：1 除本表规定的建（构）筑物外，其他建（构）筑物的火灾危险性及耐火等级应符合现行国家标准《建筑设计防火规范》GB 50016 的有关规定。
　　2 电气控制楼，当不采取防止电缆着火后延燃的措施时，火灾危险性应为丙类。

4.2 主要建筑物和构筑物的布置

4.2.3 秸秆仓库、露天堆场、半露天堆场的布置，应符合下列规定：
　3 露天堆场、半露天堆场宜集中布置在厂区边缘。单堆容量超过20000t时，宜分设堆场，各堆场间的防火间距不应小于相邻较大堆场与四级耐火等级建筑的间距。露天堆场、半露天堆场应有完备的消防系统和防止火灾快速蔓延的措施。

4.2.4 发电厂各建（构）筑物之间的间距，不应小于表4.2.4的规定。

表 4.2.4 发电厂各建（构）筑物的最小间距

序号	建筑物名称		丙、丁、戊类建筑耐火等级			屋外配电装置	自然通风冷却塔	机力通风冷却塔	露天卸秸秆装置或秸秆堆场 W (t)			行政生活服务建筑		厂外道路（路边）	厂内道路（路边）		围墙
			一、二级	三级	四级				10≤W<5000	5000<W<10000	W≥10000	一、二级	三级		主要	次要	
1	丙、丁、戊类建筑耐火等级	一、二级	10	12	—	10	15~30 注4	35	15	20	25	10	12	无出口时1.5，有出口无引道时3，有引道时7~9			5
2		三级	12	14	—	12			20	25	30	12	14				
		四级	—	—	—	—			25	30	40	—	—				
3	屋外配电装置		10	12	—							10	12	1.5			—
4	主变压器或屋外厂用变压器油量（t/台）	≤10	12	15	—		25~40 注5	40~60 注3	50			15	20				
5		>10.50	15	20	—							20	25				
6	自然通风冷却塔		15~30 注4			25~40 注5	0.45D~0.5D 注1	40	25~30			30		25	10		10
7	机力通风冷却塔		15~30 注4			40~60 注3	40	注2	40~45			35		35	15		15
8	露天卸秸秆装置或秸秆堆场 W (t)	10≤W<5000	15	20	25	50	25~30	40~45				25		15	10	5	5
		5000<W<10000	20	25	30							30					
		W≥10000	25	30	40							40					
9	行政生活服务建筑	一、二级	10	12	—	10	30	35				6	7	有出口时3 无出口1.5			5
10		三级	12	14	—	12						7	8				
11	围墙		5	5	—		10	15	5			5		2	1.0		—

注：1 D 为逆流式自然通风冷却塔进出口下缘塔筒直径（人字柱与水面交点处直径）。取相邻较大塔的直径。冷却塔布置，当采用非塔群布置时，塔间距宜为 $0.45D$，困难情况下可适当缩减，但不应小于 4 倍标准进风口的高度。采用塔群布置时，塔间距宜为 $0.5D$，有困难时可适当缩减，但不应小于 $0.45D$。当间距小于 $0.5D$ 时，应要求冷却塔采取减小风的负压荷载的措施。

2 机力通风冷却塔之间的间距：
当盛行风向平行于塔群长边方向时，根据塔群前后错开的情况，可取 0.5 倍~1.0 倍塔长；当盛行风垂直于塔群长边方向且两列塔呈一字形布置时，塔端净距不得小于 9m。

3 在非严寒地区采用 40m，严寒地区采用有效措施后可小于 60m。

4 自然通风冷却塔（机力通风冷却塔）与主控制楼、单元控制楼、计算机室等建筑物采用 30m，其余建（构）筑物均采用 15m~20m（除水工设施等采用 15m 外，其他均采用 20m）。

5 为冷却塔零米（水面）外壁至屋外配电装置构架边净距，当冷却塔位于屋外配电装置冬季盛行风向的上风侧时为 40m，位于冬季盛行风向的下风侧时为 25m。

6 堆场与甲类厂房（仓库）以及民用建筑的防火间距，应根据建筑物的耐火等级分别按本表的规定增加 25%，且不应小于 25m；与明火或散发火花点的防火距离，应按本表四级耐火等级建筑的相应规定增加 25%。

4.3 交通运输

4.3.2 厂区道路的布置应符合下列规定：

1 应满足生产和消防的要求，并应与竖向布置和管线布置相协调。

4.5 收贮站规划

4.5.3 收贮站的交通运输应符合下列规定：

1 站内道路应满足消防和运输的要求。

2 站内秸秆仓库、半露天堆场、露天堆场应设环形消防通道。

3 站内道路宽度应为 7m~9m，主要运输道路应为 9m。

5 主厂房布置

5.1 一般规定

5.1.2 主厂房的布置应为运行安全和方便操作创造条件，做到巡回检查通道畅通。

厂房内的空气质量、通风、采光、照明和噪声等，应符合现行国家有关标准的规定。特殊设备应采取相应的防护措施，符合防火、防爆、防腐、防冻、防毒等有关要求。

5.2 主厂房布置

5.2.7 汽轮机润滑油系统的设备和管道布置应远离高温蒸汽管道。油系统应设防火措施,并符合现行国家标准《火力发电厂与变电站设计防火规范》GB 50229 的有关规定。

5.2.9 集中控制室和电子设备间的布置应满足下列要求:
1 集中控制室和电子设备间的出入口不应少于两个,其净空高度不宜低于 3.2m。
2 集中控制室及电子设备间应有良好的空调、照明、隔热、防尘、防火、防水、防振和防噪声措施。
3 集中控制室和电子设备间下面可设电缆夹层,它与主厂房相邻部分应封闭。
4 集中控制室、电子设备间及其电缆夹层内,应设消防报警和信号设施,严禁汽水、油及有害气体管道穿越。

10 水工设施及系统

10.2 生活、消防给水和排水

10.2.3 发电厂应设置消防给水系统。厂区内同一时间内火灾次数应按一次设计。厂区内消防给水水量,应按最大一次灭火室内与室外灭火用水量之和计算。

10.2.5 消防水泵应设备用。消防水泵除应设就地启动装置外,在集控室应能远方启动并具有状态显示。

10.2.6 在主厂房、秸秆仓库、半露天堆场或露天堆场周围,应设消防水环状管网。进环状管网的输水管不应少于两条。

10.2.7 汽机房和锅炉房的底层和运转层,除氧间各层,料仓间各层,储、运秸秆的建筑物、办公楼及材料库应设置消火栓。室内消火栓箱应配置消防水喉,主厂房、办公楼、秸秆仓库及材料库等建筑(区域)内应配置移动式灭火器。

10.2.8 秸秆仓库应设置自动喷水灭火系统或自动水炮灭火系统;半露天堆场宜设置自动水炮灭火系统。秸秆仓库或半露天堆场与栈桥连接处、栈桥与主厂房或栈桥与转运站的连接处应设水幕。

10.2.10 当地消防部门的消防车在 5min 内不能到达发电厂时,应配置一辆消防车并设置消防车库。

10.3 水工建筑物

10.3.4 取水建筑物和水泵房级别应符合下列规定:
2 建筑防火等级按二级执行。

12 电气设备及系统

12.8 火灾自动报警系统

12.8.3 消防控制室应与集中控制室合并设置。

12.8.4 消防水泵的停运应为手动控制。

13 仪表与控制

13.3 控制室和电子设备间

13.3.6 控制室和电子设备间的环境设施应符合下列规定:
1 控制室和电子设备间应有良好的空调、照明、隔热、防火、防尘、防水、防振、防噪声等措施。

15 建筑和结构

15.2 防火、防爆与安全疏散

15.2.1 发电厂建(构)筑物的火灾危险性分类及其耐火等级,不应低于本规范表 4.1.6 的有关规定。

15.2.2 发电厂各建筑物的防火设计除应符合本规范外,尚应符合现行国家标准《火力发电厂与变电站设计防火规范》GB 50229 和《建筑设计防火规范》GB 50016 的有关规定。

15.2.3 有爆炸危险的甲、乙类厂房的防爆设计应符合现行国家标准《建筑设计防火规范》GB 50016 的有关规定。

15.2.4 秸秆破碎站、转运站和分料仓至少应设置一个安全出口,安全出口可采用敞开式金属梯,其净宽不应小于 0.8m,倾斜角度不应大于 45°。与其相连的栈桥不得作为安全出口。栈桥长度超过 200m 时,还应加设中间安全出口。

15.2.5 发电厂中跨越建筑物的天桥及运料栈桥,其结构构件均应采用不燃烧材料。

15.2.6 秸秆破碎站及转运站、运料栈桥等运料建筑的钢结构应采取防火保护措施。运料栈桥为敞开或半敞开结构时,其钢结构也可不采取防火保护措施。

15.2.7 厂内燃料的贮存宜采用露天堆场或半露天堆场的形式。秸秆仓库、露天堆场和半露天堆场的设计,应符合现行国家标准《建筑设计防火规范》GB 50016 的有关规定。秸秆仓库内防火墙上开设的洞口,可采用火灾时可自动关闭的防火卷帘或自动喷水的防火水幕进行分隔。

15.2.8 收贮站的建筑设计应符合现行国家标准《建筑设计防火规范》GB 50016 的有关规定。

5. 《联合循环机组燃气轮机施工及质量验收规范》GB 50973—2014

3 基本规定

3.2 设备器材

3.2.4 设备和器材应分区分类存放，并应符合下列规定：
　　1 存放区域应有明显的区界和消防通道，应具备可靠的消防设施和充足的照明。

4 燃料供应系统

4.3 管道安装

4.3.12 燃油系统进油前应进行全面检查，并应符合下列规定：
　　4 消防设施应符合设计要求，油区防火管理制度已建立并执行。

5 燃气轮机本体

5.7 燃气轮机罩壳的安装

5.7.5 罩壳安装定位后，罩壳与地面之间应密封，罩壳的接缝处应采用防火材料封堵。

7 燃气轮机及附属系统调整、启动、试运行

7.1 一般规定

7.1.4 燃气轮机及附属系统的试运现场应具备下列条件：
　　3 现场应配备足够的消防器材，消防系统应可靠投运，事故排油系统应能可靠投运。

7.4 天然气管道吹扫及系统气体置换

7.4.5 管道吹扫时，吹扫介质宜采用洁净的压缩空气，严禁采用氧气和可燃性气体。

7.4.9 天然气系统所有设备及管道在投运前必须进行气体置换。

7.4.10 天然气系统投运前的气体置换应按惰性气体置换系统内空气，天然气置换系统内惰性气体的顺序进行。

7.4.11 气体置换前除应符合本规范第7.1.5条的规定外，尚应符合下列规定：
　　1 天然气系统吹扫、压力试验、干燥等工序应完成并经验收合格；
　　2 现场天然气供应充足，气体置换用的惰性气体应备足；
　　3 天然气调压站、天然气前置模块区域及周围环境应干净，无遗留易燃物及杂物，并设置安全围栏和警示牌、标识牌。

7.4.12 气体置换设备及管道附近应设警戒区，无关人员不得入内。

7.4.13 严禁携带火种及其他可能产生静电的物件进入天然气区域。

7.4.16 天然气置换惰性气体过程中，应做好安全措施，并具有可靠的检测可燃气体泄漏的手段；安装有天然气设备的建筑物内，应经常检查通风系统运行良好。

7.5 控制油、润滑油系统冲洗及试运行

7.5.1 油系统油循环和试运行前除应具备本规范第7.1.5条的有关规定外，尚应符合下列规定：
　　2 油循环区域应配备充足的消防设施。

6.《电力设施抗震设计规范》GB 50260—2013

4 选址与总体布置

4.0.9 发电厂的主厂房、办公楼、试验楼、食堂等人员密集的建筑物，主要出入口应设置安全通道，附近应有疏散场地。

4.0.10 发电厂道路边缘至建（构）筑物的距离应满足地震时消防通道不致被散落物阻塞的要求。

7.《电力工程电缆设计标准》GB 50217—2018

2 术 语

2.0.1 阻燃电缆 flame retardant cables

具有规定的阻燃性能（如阻燃特性、烟密度、烟气毒性、耐腐蚀性）的电缆。

2.0.2 耐火电缆 fire resistive cables

具有规定的耐火性能（如线路完整性、烟密度、烟气毒性、耐腐蚀性）的电缆。

3 电缆型式与截面选择

3.1 电力电缆导体材质

3.1.1 用于下列情况的电力电缆，应采用铜导体：
3 耐火电缆；
5 人员密集场所。

3.3 电力电缆绝缘类型

3.3.1 电力电缆绝缘类型选择应符合下列规定：
3 应符合电缆耐火与阻燃的要求。

3.4 电力电缆护层类型

3.4.1 电力电缆护层选择应符合下列规定：
3 在人员密集场所或有低毒性要求的场所，应选用聚乙烯或乙丙橡皮等无卤外护层，不应选用聚氯乙烯外护层；
8 应符合电缆耐火与阻燃的要求。

3.6 电力电缆导体截面

3.6.3 除本标准第3.6.2条规定外，按100%持续工作电流确定电缆导体允许最小截面时，应经计算或测试验证，并应符合下列规定：
4 敷设于耐火电缆槽盒中的电缆应计入包含该型材质及其盒体厚度、尺寸等因素对热阻增大的影响；
5 施加在电缆上的防火涂料、阻火包带等覆盖层厚度大于1.5mm时，应计入其热阻影响。

5 电缆敷设

5.1 一般规定

5.1.3 同一通道内电缆数量较多时，若在同一侧的多层支架上敷设，应符合下列规定：
2 支架层数受通道空间限制时，35kV及以下的相邻电压级电力电缆可排列于同一层支架；少量1kV及以下电力电缆在采取防火分隔和有效抗干扰措施后，也可与强电控制、信号电缆配置在同一层支架上；
3 同一重要回路的工作与备用电缆应配置在不同层或不同侧的支架上，并应实行防火分隔。

5.1.9 在隧道、沟、浅槽、竖井、夹层等封闭式电缆通道中，不得布置热力管道，严禁有可燃气体或可燃液体的管道穿越。

5.1.10 爆炸性气体环境敷设电缆应符合下列规定：
3 电缆及其管、沟穿过不同区域之间的墙、板孔洞处，应采用防火封堵材料严密堵塞。

5.2 敷设方式选择

5.2.5 电缆沟敷设方式选择应符合下列规定：
4 处于爆炸、火灾环境中的电缆沟应充砂。

5.4 电缆保护管敷设

5.4.2 暴露在空气中的电缆保护管应符合下列规定：
1 防火或机械性要求高的场所宜采用钢管，并应采取涂漆、镀锌或包塑等适合环境耐久要求的防腐处理。

5.6 电缆隧道敷设

5.6.8 电缆隧道宜采取自然通风。当有较多电缆导体工作温度持续达到70℃以上或其他影响环境温度显著升高时，可装设机械通风，但风机的控制应与火灾自动报警系统联锁，一旦发生火灾时应可靠切断风机电源。长距离的隧道宜分区段实行相互独立的通风。

5.7 电缆夹层敷设

5.7.4 采用机械通风系统的电缆夹层，风机的控制应与火灾自动报警系统联锁，一旦发生火灾时应可靠切断风机电源。

5.9 其他公用设施中敷设

5.9.6 在厂区内电缆梯架或托盘的最下层布置尺寸应符合下列规定：
3 有车辆通过时，最下层梯架或托盘距道路路面最小净距应满足消防车辆和大件运输车辆无碍通过，且不宜小于4.5m。

6 电缆的支持与固定

6.2 电缆支架和桥架

6.2.1 电缆支架和桥架应符合下列规定：
4 应符合工程防火要求。

7 电缆防火与阻止延燃

7.0.1 对电缆可能着火蔓延导致严重事故的回路、易受外部影响波及火灾的电缆密集场所,应设置适当的防火分隔,并应按工程重要性、火灾概率及其特点和经济合理等因素,采取下列安全措施:

  1 实施防火分隔;
  2 采用阻燃电缆;
  3 采用耐火电缆;
  4 增设自动报警和/或专用消防装置。

7.0.2 防火分隔方式选择应符合下列规定:

  1 电缆构筑物中电缆引至电气柜、盘或控制屏、台的开孔部位,电缆贯穿隔墙、楼板的孔洞处,工作井中电缆管孔等均应实施防火封堵。

  3 与电力电缆同通道敷设的控制电缆、非阻燃通信光缆,应采取穿入阻燃管或耐火电缆槽盒,或采取在电力电缆和控制电缆之间设置防火封堵板材。

7.0.3 实施防火分隔的技术特性应符合下列规定:

  1 防火封堵的构成,应按电缆贯穿孔洞状况和条件,采用相适合的防火封堵材料或防火封堵组件;用于电力电缆时,宜对载流量影响较小;用在楼板孔、电缆竖井时,其结构支撑应能承受检修、巡视人员的荷载;

  2 防火墙、阻火段的构成,应采用适合电缆敷设环境条件的防火封堵材料,且应在可能经受积水浸泡或鼠害作用下具有稳固性;

  3 除通向主控室、厂区围墙或长距离隧道中按通风区段分隔的防火墙部位应设置防火门外,其他情况下,有防止窜燃措施时可不设防火门;防窜燃方式,可在防火墙紧靠两侧不少于1m区段的所有电缆上施加防火涂料、阻火包带或设置挡火板等;

  4 防火封堵、防火墙和阻火段等防火封堵组件的耐火极限不应低于贯穿部位构件(如建筑墙体、楼板等)的耐火极限,且不应低于1h,其燃烧性能、理化性能和耐火性能应符合现行国家标准《防火封堵材料》GB 23864的规定,测试工况应与实际使用工况一致。

7.0.5 在火灾概率较高、灾害影响较大的场所,明敷方式下电缆的选择应符合下列规定:

  2 地下变电站、地下客运或商业设施等人流密集环境中的回路,应选用低烟、无卤阻燃电缆;

7.0.6 阻燃电缆的选用应符合下列规定:

  1 电缆多根密集配置时的阻燃电缆,应采用符合现行行业标准《阻燃及耐火电缆 塑料绝缘阻燃及耐火电缆分级及要求 第1部分:阻燃电缆》GA 306.1规定的阻燃电缆,并应根据电缆配置情况、所需防止灾难性事故和经济合理的原则,选择适合的阻燃等级和类别;

  2 当确定该等级和类别阻燃电缆能满足工作条件下有效阻止延燃性时,可减少本标准第7.0.4条的要求;

7.0.7 在外部火势作用一定时间内需维持通电的下列场所或回路,明敷的电缆应实施防火分隔或采用耐火电缆:

  1 消防、报警、应急照明、断路器操作直流电源和发电机组紧急停机的保安电源等重要回路;

  2 计算机监控、双重化继电保护、保安电源或应急电源等双回路合用同一电缆通道又未相互隔离时的其中一个回路;

  3 火力发电厂水泵房、化学水处理、输煤系统、油泵房等重要电源的双回供电回路合用同一电缆通道又未相互隔离时的其中一个回路;

  4 油罐区、钢铁厂中可能有熔化金属溅落等易燃场所;

  5 其他重要公共建筑设施等需耐火要求的回路。

7.0.8 对同一通道中数量较多的明敷电缆实施防火分隔方式,宜敷设于耐火电缆槽盒内,也可敷设于同一侧支架的不同层或同一通道的两侧,但层间和两侧间应设置防火封堵板材,其耐火极限不应低于1h。

7.0.9 耐火电缆用于发电厂等明敷有多根电缆配置中,或位于油管、有熔化金属溅落等可能波及场所时,应采用符合现行行业标准《阻燃及耐火电缆 塑料绝缘阻燃及耐火电缆分级及要求 第2部分:耐火电缆》GA 306.2规定的A类耐火电缆(ⅠA级~ⅣA级)。除上述情况外且为少量电缆配置时,可采用符合现行行业标准《阻燃及耐火电缆 塑料绝缘阻燃及耐火电缆分级及要求 第2部分:耐火电缆》GA 306.2规定的耐火电缆(Ⅰ级~Ⅳ级)。

7.0.12 在安全性要求较高的电缆密集场所或封闭通道中,应配备适用于环境的可靠动作的火灾自动探测报警装置。明敷充油电缆的供油系统宜设置反映喷油状态的火灾自动报警和闭锁装置。

7.0.14 用于防火分隔的材料产品应符合下列规定:

  1 防火封堵材料不得对电缆有腐蚀和损害,且应符合现行国家标准《防火封堵材料》GB 23864的规定;

  2 防火涂料应符合现行国家标准《电缆防火涂料》GB 28374的规定;

  3 用于电力电缆的耐火电缆槽盒宜采用透气型,且应符合现行国家标准《耐火电缆槽盒》GB 29415的规定;

  4 采用的材料产品应适用于工程环境,并应具有耐久可靠性。

7.0.15 核电厂常规岛及其附属设施的电缆防火还应符合现行国家标准《核电厂常规岛设计防火规范》GB 50745的规定。

8.《电气装置安装工程 低压电器施工及验收规范》GB 50254—2014

3 基本规定

3.0.3 采用的低压电器设备和器材均应有合格证明文件；属于"CCC"认证范围的设备，应有认证标识及认证证书；设备应有铭牌；不应采用国家明令禁止的电器设备。

3.0.6 与低压电器安装有关的建筑工程的施工应符合下列规定：

1 与低压电器安装有关的建筑物、构筑物的建筑工程质量应符合现行国家标准《建筑工程施工质量验收统一标准》GB 50300 的有关规定。当设备或设计有特殊要求时，尚应符合其要求。

9.《电气装置安装工程 爆炸和火灾危险环境电气装置施工及验收规范》GB 50257—2014

1 总 则

1.0.2 本规范适用于在生产、加工、处理、转运或贮存过程中出现或可能出现气体、蒸气、粉尘、纤维爆炸性混合物和火灾危险物质环境的电气装置安装工程的施工及验收。

3 基本规定

3.0.6 与爆炸和火灾危险环境电气装置安装工程有关的建筑工程施工,应符合下列规定:

1 建筑物、构筑物的工程质量,应符合现行国家标准《建筑工程施工质量验收统一标准》GB 50300 的有关规定。当设备或设计有特殊要求时,尚应符合其特殊要求。

2 设备安装前,建筑工程应具备下列条件:
  1) 基础、构架应符合设计要求,并验收合格;
  2) 室内地面基础应施工完毕,并在墙上标出地面标高;
  3) 预埋件、预留孔应符合设计要求,预埋的电气管路不得遗漏、堵塞,预埋件应牢固;
  4) 有可能损坏或严重污染电气装置的抹面及装饰工程应全部结束;
  5) 场地应清理干净;
  6) 门窗应安装完毕。

3 爆炸和火灾危险环境电气装置安装完毕,投入运行前,建筑安装工程应符合下列规定:
  1) 缺陷修补及装饰工程应结束;
  2) 二次灌浆和抹面工作应结束;
  3) 防爆通风系统和易爆物泄漏控制应符合设计要求并运行合格;
  4) 受电后无法进行的和影响运行安全的工程应施工完毕,并验收合格;
  5) 建筑照明应交付使用。

3.0.8 爆炸性气体环境、爆炸性粉尘环境和火灾危险环境的分区,应符合现行国家标准《爆炸危险环境电力装置设计规范》GB 50058 和《建筑设计防火规范》GB 50016 的有关规定。

4 防爆电气设备的安装

4.2 隔爆型电气设备的安装

4.2.4 正常运行时产生火花或电弧的隔爆型电气设备,其电气联锁装置应可靠;当电源接通时壳盖不应打开,壳盖打开后电源不应接通。用螺栓紧固的外壳应检查"断电后开盖"警告牌,并应完好。

4.4 正压外壳型"p"电气设备的安装

4.4.3 通风过程排出的气体不宜排入爆炸危险环境,当排入爆炸性气体环境 2 区时,应采取防止火花和炽热颗粒从电气设备及其通风系统吹出的措施。

4.4.6 运行中的正压外壳型"p"电气设备内部的火花、电弧,不应从缝隙或出风口吹出。

4.7 粉尘防爆电气设备的安装

4.7.4 防爆电气设备的级别和组别不应低于该爆炸性气体环境内爆炸性气体混合物的级别和组别,并应符合设计文件要求。安装在爆炸粉尘环境中的电气设备应采取措施防止热表面点可燃性粉尘层引起的火灾危险。Ⅲ类电气设备的最高表面温度应按国家现行有关标准的规定进行选择。电气设备结构应满足电气设备在规定的运行条件下不降低防爆性能的要求。

5 爆炸危险环境的电气线路

5.2 爆炸危险环境内的电缆线路

5.2.2 电缆线路穿过不同危险区域或界面时,应采取下列隔离密封措施:

1 在两级区域交界处的电缆沟内,应采取充砂、填阻火堵料或加设防火隔墙。

6 火灾危险环境的电气装置

6.1 一般规定

6.1.1 根据火灾事故发生的可能性、后果以及危险程度,火灾危险环境包括以下环境:

1 具有闪点高于环境温度的可燃液体,在数量和配置上能引起火灾危险的环境。

2 具有悬浮状、堆积状的可燃粉尘或可燃纤维,虽不可能形成爆炸混合物,但在数量和配置上能引起火灾危险的环境。

3 具有固体状可燃物质,在数量和配置上能引起火灾危险的环境。

6.2 电气设备的安装

6.2.1 火灾危险环境所采用的电气设备类型,应符合设计的要求。

6.2.2 装有电气设备的箱、盒等,应采用金属制品;电气开关和正常运行时产生火花或外壳表面温度较高的电气设备，应远离可燃物质的存放地点，其最小距离不应小于3m。

6.2.3 在火灾危险环境内不宜使用电热器。当生产要求应使用电热器时，应将其安装在非燃材料的底板上，并应装设防护罩。

6.2.4 移动式和携带式照明灯具的玻璃罩，应采用金属网保护。

6.2.5 露天安装的变压器或配电装置的外廓距火灾危险环境建筑物的外墙，不宜小于10m。当小于10m时，应符合下列规定：

　1 火灾危险环境建筑物靠变压器或配电装置一侧的墙，应为非燃烧性；

　2 在高出变压器或配电装置高度3m的水平线以上或距变压器或配电装置外廓3m以外的墙壁上，可安装非燃烧的镶有铁丝玻璃的固定窗。

6.3 电气线路

6.3.1 在火灾危险环境内的电力、照明线路的绝缘导线和电缆的额定电压，不应低于线路的额定电压，且不得低于500V。

6.3.2 1kV及以下的电气线路，可采用非铠装电缆或钢管配线；在火灾危险环境具有闪点高于环境温度的可燃液体，在数量和配置上能引起火灾危险的环境，或具有固体状可燃物质，在数量和配置上能引起火灾危险的环境内，可采用硬塑料管配线；在火灾危险环境具有固体状可燃物质，在数量和配置上能引起火灾危险的环境内，远离可燃物质时，可采用绝缘导线在针式或鼓型瓷绝缘子上敷设。沿未抹灰的木质吊顶和木质墙壁等处及木质闷顶内的电气线路，应穿钢管明敷，不得采用瓷夹、瓷瓶配线。

6.3.3 在火灾危险环境内，当采用铝芯绝缘导线和电缆时，应有可靠的连接和封端。

6.3.4 在火灾危险环境具有闪点高于环境温度的可燃液体，在数量和配置上能引起火灾危险的环境或具有悬浮状、堆积状的可燃粉尘或可燃纤维，虽不可能形成爆炸混合物，但在数量和配置上能引起火灾危险的环境内，电动起重机不应采用滑触线供电；在火灾危险环境具有固体状可燃物质，在数量和配置上能引起火灾危险的环境内，电动起重机可采用滑触线供电，但在滑触线下方，不应堆放可燃物质。

6.3.5 移动式和携带式电气设备的线路，应采用移动电缆或橡套软线。

6.3.6 在火灾危险环境内安装裸铜、裸铝母线时，应符合下列规定：

　2 螺栓连接应可靠，并应有防松装置；

　3 在火灾危险环境具有闪点高于环境温度的可燃液体，在数量和配置上能引起火灾危险的环境和具有固体状可燃物质，在数量和配置上能引起火灾危险的环境内的母线宜装设金属网保护罩，其网孔直径不应大于12mm；在火灾危险环境22区内的母线应有IP5X型结构的外罩，并应符合现行国家标准《外壳防护等级（IP代码）》GB 4208的有关规定。

6.3.7 电缆引入电气设备或接线盒内，其进线口处应密封。

6.3.8 钢管与电气设备或接线盒的连接，应符合下列规定：

　1 螺纹连接的进线口应啮合紧密；非螺纹连接的进线口，钢管引入后应装设锁紧螺母；

　2 与电动机及有振动的电气设备连接时，应装设金属挠性连接管。

6.3.9 10kV及以下架空线路，不应跨越火灾危险环境；架空线路与火灾危险环境的水平距离，不应小于杆塔高度的1.5倍。

7 接　　地

7.1 保护接地

7.1.10 火灾危险环境电缆夹层中的每一层电缆桥架明显接地点不应少于两处。

10.《电气装置安装工程 66kV 及以下架空电力线路施工及验收规范》GB 50173—2014

附录 A 对地及交叉跨越安全距离要求

A.0.6 架空送电线路与甲类火灾危险性的生产厂房、甲类物品库房、易燃易爆材料堆场及可燃或易燃易爆液（气）体储罐的防火间距，不应小于铁塔高度的 1.5 倍，有特殊要求时还应满足所属特殊行业的相关规定。

11.《20kV及以下变电所设计规范》GB 50053—2013

2 所址选择

2.0.1 变电所的所址应根据下列要求，经技术经济等因素综合分析和比较后确定：

　　8 当与有爆炸或火灾危险的建筑物毗连时，变电所的所址应符合现行国家标准《爆炸和火灾危险环境电力装置设计规范》GB 50058 的有关规定。

2.0.2 油浸变压器的车间内变电所，不应设在三、四级耐火等级的建筑物内；当设在二级耐火等级的建筑物内时，建筑物应采取局部防火措施。

2.0.3 在多层建筑物或高层建筑物的裙房中，不宜设置油浸变压器的变电所，当受条件限制必须设置时，应将油浸变压器的变电所设置在建筑物首层靠外墙的部位，且不得设置在人员密集场所的正上方、正下方、贴邻处以及疏散出口的两旁。高层主体建筑内不应设置油浸变压器的变电所。

2.0.4 在多层或高层建筑物的地下层设置非充油电气设备的配电所、变电所时，应符合下列规定：

　　1 当有多层地下层时，不应设置在最底层；当只有地下一层时，应采取抬高地面和防止雨水、消防水等积水的措施。

　　2 应设置设备运输通道。

　　3 应根据工作环境要求加设机械通风、去湿设备或空气调节设备。

2.0.5 高层或超高层建筑物根据需要可以在避难层、设备层和屋顶设置配电所、变电所，但应设置设备的垂直搬运及电缆敷设的措施。

2.0.6 露天或半露天的变电所，不应设置在下列场所：

　　1 有腐蚀性气体的场所；

　　2 挑檐为燃烧体或难燃体和耐火等级为四级的建筑物旁；

　　3 附近有棉、粮及其他易燃、易爆物品集中的露天堆场；

　　4 容易沉积可燃粉尘、可燃纤维、灰尘或导电尘埃且会严重影响变压器安全运行的场所。

3 电气部分

3.3 变压器

3.3.5 高层主体建筑内变电所应选用不燃或难燃型变压器；多层建筑物内变电所和防火、防爆要求高的车间内变电所，宜选用不燃或难燃型变压器。

4 配变电装置的布置

4.1 型式与布置

4.1.3 户内变电所每台油量大于或等于100kg的油浸三相变压器，应设在单独的变压器室内，并应有储油或挡油、排油等防火设施。

4.1.7 由同一配电所供给一级负荷用电的两回电源线路的配电装置，宜分开布置在不同的配电室；当布置在同一配电室时，配电装置宜分列布置；当配电装置并排布置时，在母线分段处应设置配电装置的防火隔板或有门洞的隔墙。

4.1.8 供给一级负荷用电的两回电源线路的电缆不宜通过同一电缆沟；当无法分开时，应采用阻燃电缆，且应分别敷设在电缆沟或电缆夹层的不同侧的桥（支）架上；当敷设在同一侧的桥（支）架上时，应采用防火隔板隔开。

4.2 通道与围栏

4.2.2 露天或半露天变电所的变压器四周应设高度不低于1.8m的固定围栏或围墙，变压器外廓与围栏或围墙的净距不应小于0.8m，变压器底部距地面不应小于0.3m。油重小于1000kg的相邻油浸变压器外廓之间的净距不应小于1.5m；油重1000kg~2500kg的相邻油浸变压器外廓之间的净距不应小于3.0m；油重大于2500kg的相邻油浸变压器外廓之间的净距不应小于5m；当不能满足上述要求时，应设置防火墙。

4.2.3 当露天或半露天变压器供给一级负荷用电时，相邻油浸变压器的净距不应小于5m；当小于5m时，应设置防火墙。

6 对有关专业的要求

6.1 防火

6.1.1 变压器室、配电室和电容器室的耐火等级不应低于二级。

6.1.2 位于下列场所的油浸变压器室的门应采用甲级防火门：

　　1 有火灾危险的车间内；

　　2 容易沉积可燃粉尘、可燃纤维的场所；

　　3 附近有粮、棉及其他易燃物大量集中的露天堆场；

　　4 民用建筑物内，门通向其他相邻房间；

　　5 油浸变压器室下面有地下室。

6.1.3 民用建筑内变电所防火门的设置应符合下列规定：

　　1 变电所位于高层主体建筑或裙房内时，通向其他相邻房间的门应为甲级防火门，通向过道的门应为乙级防火门；

　　2 变电所位于多层建筑物的二层或更高层时，通向其他相邻房间的门应为甲级防火门，通向过道的门应为乙级防火门；

   3 变电所位于单层建筑物内或多层建筑物的一层时，通向其他相邻房间或过道的门应为乙级防火门；

   4 变电所位于地下层或下面有地下层时，通向其他相邻房间或过道的门应为甲级防火门；

   5 变电所附近堆有易燃物品或通向汽车库的门应为甲级防火门；

   6 变电所直接通向室外的门应为丙级防火门。

6.1.4 变压器室的通风窗应采用非燃烧材料。

6.1.5 当露天或半露天变电所安装油浸变压器，且变压器外廓与生产建筑物外墙的距离小于5m时，建筑物外墙在下列范围内不得有门、窗或通风孔：

   1 油量大于1000kg时，在变压器总高度加3m及外廓两侧各加3m的范围内；

   2 油量小于或等于1000kg时，在变压器总高度加3m及外廓两侧各加1.5m的范围内。

6.1.6 高层建筑物的裙房和多层建筑物内的附设变电所及车间内变电所的油浸变压器室，应设置容量为100%变压器油量的储油池。

6.1.7 当设置容量不低于20%变压器油量的挡油池时，应有能将油排到安全场所的设施。位于下列场所的油浸变压器室，应设置容量为100%变压器油量的储油池或挡油设施：

   1 容易沉积可燃粉尘、可燃纤维的场所；

   2 附近有粮、棉及其他易燃物大量集中的露天场所；

   3 油浸变压器室下面有地下室。

6.1.8 独立变电所、附设变电所、露天或半露天变电所中，油量大于或等于1000kg的油浸变压器，应设置储油池或挡油池，并应符合本规范第6.1.7条的有关规定。

6.1.9 在多层建筑物或高层建筑物裙房的首层布置油浸变压器的变电站时，首层外墙开口部位的上方应设置宽度不小于1.0m的不燃烧体防火挑檐或高度不小于1.2m的窗槛墙。

6.1.10 在露天或半露天的油浸变压器之间设置防火墙时，其高度应高于变压器油枕，长度应长过变压器的贮油池两侧各0.5m。

6.2 建　筑

6.2.6 长度大于7m的配电室应设两个安全出口，并宜布置在配电室的两端。当配电室的长度大于60m时，宜增加一个安全出口，相邻安全出口之间的距离不应大于40m。

   当变电所采用双层布置时，位于楼上的配电室应至少设一个通向室外的平台或通向变电所外部通道的安全出口。

12.《电热设备电力装置设计规范》GB 50056—1993

第二章 基 本 规 定

第2.0.21条 电热装置需要在距安装地面2m及以上高度进行维护的部分,应设置有保护栏和固定梯的平台,不得采用活动式梯,在维护人员可能触及装置带电部分的区域内,平台、护栏和梯应采用难燃烧材料,工作平台的走道板应有阻燃的绝缘材料的覆盖物。

13.《爆炸危险环境电力装置设计规范》GB 50058—2014

5 爆炸性环境的电力装置设计

5.3 爆炸性环境电气设备的安装

5.3.2 在采用非防爆型设备作隔墙机械传动时，应符合下列规定：

1 安装电气设备的房间应用非燃烧体的实体墙与爆炸危险区域隔开。

14. 《35kV～110kV变电站设计规范》GB 50059—2011

2 站址选择和站区布置

2.0.1 变电站站址的选择，应符合现行国家标准《工业企业总平面设计规范》GB 50187 的有关规定，并应符合下列要求：

　　6 变电站应避免与邻近设施之间的相互影响，应避开火灾、爆炸及其他敏感设施，与爆炸危险性气体区域邻近的变电站站址选择及其设计应符合现行国家标准《爆炸和火灾危险环境电力装置设计规范》GB 50058 的有关规定。

2.0.6 变电站内为满足消防要求的主要道路宽度应为 4.0m。主要设备运输道路的宽度可根据运输要求确定，并应具备回车条件。

3 电气部分

3.15 电缆敷设

3.15.2 站用电源回路的电缆不宜在同一条通道（沟、隧道、竖井）中敷设，无法避免时，应采取有效的防火阻隔措施。

4 土建部分

4.5 采暖、通风和空气调节

4.5.1 变电站采暖通风和空气调节系统的设计，应符合现行国家标准《建筑设计防火规范》GB 50016、《采暖通风与空气调节设计规范》GB 50019 和《火力发电厂与变电站设计防火规范》GB 50229 的有关规定。

4.5.3 变压器室宜采用自然通风，当自然通风不能满足排热要求时，可增设机械排风。当变压器为油浸式时，各变压器室的通风系统不应合并。

4.5.4 蓄电池室应根据设备对环境温湿度要求和当地的气象条件，设置通风或降温通风系统，并应符合下列要求：

　　2 免维护式蓄电池的通风空调设计，应符合下列要求：
　　　　2) 设置换气次数不应少于 3 次/h 的事故排风装置，事故排风装置可兼作通风用。

　　4 蓄电池室不应采用明火采暖。采用电采暖时，应采用防爆型。采用散热器采暖时，应采用焊接的光管散热器，室内不应有法兰、丝扣接头和阀门等。蓄电池室地面下不应设置采暖管道，采暖通风管道不宜穿过蓄电池室的楼板。

4.5.5 配电装置室及电抗器室等其他电气设备房间，宜设置机械通风系统，并宜维持夏季室内温度不高于 40℃。配电装置室应设置换气次数不少于 10 次/h 的事故排风机，事故排风机可兼作平时通风用。通风机和降温设备应与火灾探测系统连锁，火灾时应切断通风机的电源。

4.5.6 六氟化硫开关室应采用机械通风，室内空气不应再循环。六氟化硫电气设备室的正常通风量不应少于 2 次/h，事故时通风量不应少于 4 次/h。

5 消 防

5.0.1 变电站内建筑物、构筑物的耐火等级，应符合现行国家标准《火力发电厂与变电站设计防火规范》GB 50229 的有关规定。

5.0.2 变电站内建筑物、构筑物与站外的民用建筑物、构筑物及各类厂房、库房、堆场、储罐之间的防火净距，应符合现行国家标准《建筑设计防火规范》GB 50016 的有关规定；变电站内部的设备之间、建筑物与构筑物之间及设备与建筑物及构筑物之间的最小防火净距，应符合现行国家标准《火力发电厂与变电站设计防火规范》GB 50229 的有关规定。

5.0.3 变电站应对主变压器等各种带油电气设备及建筑物配备适当数量的移动式灭火器，主控制室等设有精密仪器、仪表设备的房间，应在房间内或附近走廊内配置灭火后不会引起污损的灭火器。移动式灭火器设计应符合现行国家标准《建筑灭火器配置设计规范》GB 50140 的有关规定。

5.0.4 屋外油浸变压器之间，当防火净距小于现行国家标准《火力发电厂与变电站设计防火规范》GB 50229 的规定值时，应设置防火隔墙，墙应高出油枕顶，墙长应大于贮油坑两侧各 1.0m，屋外油浸变压器与油量在 600kg 以上的本回路充油电气设备之间的防火净距，不应小于 5m。

5.0.5 变压器室、电容器室、蓄电池室、电缆夹层、配电装置室，以及其他有充油电气设备房间的门，应向疏散方向开启，当门外为公共走道或其他房间时，应采用乙级防火门。

5.0.6 电缆从室外进入室内的入口处与电缆竖井的出、入口处，以及控制室与电缆层之间，应采取防止电缆火灾蔓延的阻燃及分隔的措施。

5.0.7 变电站火灾探测及报警装置的设置，应符合现行国家标准《火力发电厂与变电站设计防火规范》GB 50229 的有关规定。

5.0.8 火灾探测及报警系统的设计和消防控制设备及其功能，应符合现行国家标准《火灾自动报警系统设计规范》GB 50116 的有关规定。

5.0.9 消防控制室应与变电站控制室合并设置。

7 劳动安全和职业卫生

7.0.1 变电站的生产场所、附属建筑和易燃、易爆的危险场所，以及地下建筑物的防火分区、防火隔断、防火间距、安全疏散和消防通道的设计，应符合现行国家标准《建筑设计防火规范》GB 50016 和《火力发电厂与变电站设计防火规范》GB 50229 的有关规定。

7.0.2 安全疏散处应设置照明和明显的疏散指示标志。

7.0.8 在建筑物内部配置防毒及防化学伤害的灭火器时，应设置安全防护设施。

15. 《3～110kV高压配电装置设计规范》GB 50060—2008

5 配电装置

5.5 防火与蓄油设施

5.5.1 35kV屋内敞开式配电装置的充油设备应安装在两侧有隔墙（板）的间隔内；66～110kV屋内敞开式配电装置的充油设备应安装在有防爆隔墙的间隔内。

总油量超过100kg的屋内油浸电力变压器，应安装在单独的变压器间内，并应设置灭火设施。

5.5.2 屋内单台电气设备的油量在100kg以上时，应设置贮油设施或挡油设施。挡油设施的容积应按能容纳20%油量设计，并应有将事故油排至安全处的设施；当不能满足上述要求时，应设置能容纳100%油量的贮油设施。

排油管的内径不应小于150mm，管口应加装铁栅滤网。

5.5.3 屋外单台电气设备的油量在1000kg以上时，应设置贮油或挡油设施。当设置有容纳20%油量的贮油或挡油设施时，应设置将油排到安全处所的设施，且不应引起污染危害。

当不能满足上述要求时，应设置能容纳100%油量的贮油或挡油设施。贮油和挡油设施应大于设备外廓每边各1000mm，四周应高出地面100mm。贮油设施内应铺设卵石层，卵石层厚度不应小于250mm，卵石直径为50～80mm。

5.5.4 油量为2500kg及以上的屋外油浸变压器之间的最小净距应符合表5.5.4的规定。

表5.5.4 屋外油浸变压器之间的最小净距（m）

电压等级	最小净距
35kV及以下	5
66kV	6
110kV	8

5.5.5 油量为2500kg及以上的屋外油浸变压器之间的防火间距不能满足表5.5.4的要求时，应设置防火墙。

防火墙的耐火极限不宜小于4h。防火墙的高度应高于变压器油枕，其长度应大于变压器贮油池两侧各1000mm。

5.5.6 油量在2500kg及以上的屋外油浸变压器或电抗器与本回路油量为600～2500kg的充油电气设备之间的防火间距，不应小于5000mm。

7 配电装置对建筑物及构筑物的要求

7.1 屋内配电装置对建筑物的要求

7.1.1 长度大于7000mm的配电装置室，应设置2个出口。长度大于60000mm的配电装置室，宜设置3个出口；当配电装置室有楼层时，一个出口可设置在通往屋外楼梯的平台处。

7.1.3 充油电气设备间的门开向不属配电装置范围的建筑物内时，应采用非燃烧体或难燃烧体的实体门。

7.1.4 配电装置室的门应设置向外开启的防火门，并应装弹簧锁，严禁采用门闩；相邻配电装置室之间有门时，应能双向开启。

7.1.6 配电装置室的顶棚和内墙应做耐火处理，耐火等级不应低于二级。地（楼）面应采用耐磨、防滑、高硬度地面。

7.1.8 配电装置室应按事故排烟要求装设事故通风装置。

7.1.9 配电装置屋内通道应保证畅通无阻，不得设立门槛，不应有与配电装置无关的管道通过。

7.1.11 建筑物与户外油浸变压器的外廓间距不宜小于10000mm；当其间距小于10000mm，且在5000mm以内时，在变压器外轮廓投影范围外侧各3000mm内的屋内配电装置楼、主控制楼及网络控制楼面向油浸变压器的外墙不应开设门、窗和通风孔；当其间距在5000～10000mm时，在上述外墙上可设甲级防火门。变压器高度以上可设防火窗，其耐火极限不应小于0.90h。

16.《66kV及以下架空电力线路设计规范》GB 50061—2010

3 路 径

3.0.3 架空电力线路路径的选择应符合下列要求：

4 3kV及以上至66kV及以下架空电力线路，不应跨越储存易燃、易爆危险品的仓库区域。架空电力线路与甲类生产厂房和库房、易燃易爆材料堆场以及可燃或易燃、易爆液（气）体储罐的防火间距，应符合国家有关法律法规和现行国家标准《建筑设计防火规范》GB 50016的有关规定。

5 甲类厂房、库房，易燃材料堆垛，甲、乙类液体储罐，液化石油气储罐，可燃、助燃气体储罐与架空电力线路的最近水平距离不应小于电杆（塔）高度的1.5倍；丙类液体储罐与电力架空线的最近水平距离不应小于电杆（塔）高度1.2倍。35kV以上的架空电力线路与储量超过200m³的液化石油气单罐的最近水平距离不应小于40m。

17.《1000kV 变电站设计规范》GB 50697—2011

10 二次部分

10.6 辅助系统

10.6.2 火灾探测报警系统的设计应符合现行国家标准《火灾自动报警系统设计规范》GB 50116 和《火力发电厂与变电站设计防火规范》GB 50229 的有关规定。

18.《1000kV架空输电线路设计规范》GB 50665—2011

13 对地距离及交叉跨越

13.0.4 1000kV架空输电线路不应跨越居住建筑以及屋顶为燃烧材料危及线路安全的建筑物。导线与建筑物之间的距离应符合下列规定：

1 在最大计算弧垂情况下，导线与建筑物之间的最小垂直距离应符合表13.0.4-1规定的数值。

表13.0.4-1 导线与建筑物之间的最小垂直距离

标称电压（kV）	1000
垂直距离（m）	15.5

2 在最大计算风偏情况下，1000kV架空输电线路边线与建筑物之间的最小净空距离应符合表13.0.4-2规定的数值。

表13.0.4-2 导线与建筑物之间的最小净空距离

标称电压（kV）	1000
距离（m）	15

3 无风情况下，边导线与建筑物之间的水平距离应符合表13.0.4-3规定的数值。

表13.0.4-3 边导线与建筑物之间的水平距离

标称电压（kV）	1000
距离（m）	7

13.0.7 1000kV架空输电线路与甲类火灾危险性的生产厂房、甲类物品库房、易燃、易爆材料堆场，以及可燃或易燃、易爆液（气）体储罐的防火间距，不应小于杆塔全高加3m。

15 劳动安全和工业卫生

15.0.1 输电线路设计时，应满足国家规定的有关防火、防爆、防尘、防毒及劳动安全与卫生等的要求。

19.《1000kV输变电工程竣工验收规范》GB 50993—2014

3 基本规定

3.0.4 竣工验收应包括下列内容：
   5 消防设施质量和相关资料。

3.0.6 工程应通过下列专项验收，并应取得相应的合格证明文件：
   3 消防设施验收。

4 单项工程验收

4.1 一般规定

4.1.1 单项工程验收应符合下列规定：
   2 相关的水土保持、环境保护以及消防设施应已按设计要求与主体工程同时建成。

4.2 建筑工程

4.2.8 室外照明、给排水和消防设施的功能应符合设计要求。

4.3 电气装置安装工程

4.3.9 油浸变压器及电抗器系统施工质量，应符合下列规定：
   11 事故排油设施应完好，消防设施应齐全、可靠。

4.3.18 电缆敷设施工质量应符合下列规定：
   4 防火封堵及防火涂料涂刷应符合设计要求。

5 系统调试

5.1 一般规定

5.1.1 系统调试应具备下列基本条件：
   4 生产运行人员应已培训合格，并应持证上岗；必需的生产、生活和消防设施应齐全、运行正常。

20.《±800kV 直流架空输电线路设计规范》GB 50790—2013（2019年版）

13 对地距离及交叉跨越

13.0.7 ±800kV 线路与甲类火灾危险性的生产厂房、甲类物品库房、易燃易爆材料堆场以及可燃或易燃易爆液（气）体储罐的防火间距，不应小于杆塔全高加 3m，还应符合其他的相关要求。

15 劳动安全和工业卫生

15.0.1 输电线路设计应满足有关防火、防爆、防尘，防毒及劳动安全与卫生等方面国家现行有关标准的要求。

21.《并联电容器装置设计规范》GB 50227—2017

9 防火和通风

9.1 防 火

9.1.1 屋外并联电容器装置与变电站内建（构）筑物和设备的防火间距，应符合现行国家标准《火力发电厂与变电站设计防火规范》GB 50229 和《建筑设计防火规范》GB 50016 的有关规定。

当并联电容器室与其他建筑物连接布置时，相互之间应设置防火墙，防火墙上及两侧 2m 以内的范围，不得开门窗及孔洞。电容器室的楼板、隔墙、门窗和孔洞均应满足防火要求。

9.1.2 并联电容器组的框（台）架和柜体，均应采用非燃烧或难燃烧的材料制作。

9.1.4 并联电容器室应为丙类生产建筑，其建筑物的耐火等级不应低于二级。

9.1.5 并联电容器室的长度超过 7m 时，应设两个出口。并联电容器室的门应向外开启。相邻两个并联电容器室之间的隔墙需开门时，应采用乙级防火门。并联电容器室不宜设置采光玻璃窗。

9.1.6 与并联电容器装置相关的沟道，应满足下列要求：
1 并联电容器室通向屋外的沟道，在屋内外交接处应采用防火封堵；
2 电缆沟道的边缘对并联电容器组框（台）架外廓的距离，不宜小于 2m；引至并联电容器装置处的电缆，应采用穿管敷设并进行防火封堵。

9.1.7 油浸集合式并联电容器，应设置储油池或挡油墙。电容器的浸渍剂和冷却油不得污染周围环境和地下水。

22.《柔性直流输电系统成套设计规范》GB/T 35703—2017

10 换流站控制保护系统

10.2 换流站运行人员控制系统

10.2.3 基本配置及性能要求

换流站基本配置和相关性能要求如下：

b）培训工作站

培训工作站应包括相关仿真模拟的功能和配置要求，明确站培训系统接入运行人员控制系统的实时、单相传输，以及确保安全的软件、硬件防火墙的技术要求。

10.12 接口要求

10.12.4 控制保护系统与辅助系统的接口

对换流站控制保护系统与各辅助系统的接口提出要求，包括：

a）与阀冷却控制保护系统的接口；
b）与辅助电源系统的接口；
c）与火灾探测联动系统的接口；
d）与换流站安全监视系统的接口；
e）与换流站空气调节系统的接口。

11 辅助系统

11.3 消防系统

11.3.1 火灾探测、报警、控制系统

换流站的火灾自动报警系统应满足 GB 50116 的要求。

换流站火灾探测、报警与控制、联锁系统包括燃烧生成物（离子化）检测系统、手动和自动的火警系统、早期火灾探测系统。

阀厅应配置早期火灾探测报警系统，该系统一般能灵敏的探测烟雾、电弧生成物以及空气中的燃烧生成微粒，并应包括温度、烟雾、电弧探测和燃烧生成物监测等多种报警装置。

控制室、计算机室、继电器室（含就地继电器室）、通信设备室、站用设备室等处所应配置早期火灾探测报警系统，系统一般应包括离子感烟探测器、光电感烟探测器。

应在联接变压器及油浸式平波电抗器周围安装热检测器，用以提供早期火情预测。

11.3.2 灭火系统的设置

各建筑物应根据 GB 50016 及 GB 50974 的规定设置消防给水系统，应根据 GB 50140 的规定配置手提式或推车式灭火器。

23. 《柔性直流输电换流站设计标准》GB/T 51381—2019

3 换流站站址选择

3.0.7 当VSC阀外冷却方式采用水冷却时，站址附近应有可靠水源，其水量及水质应满足换流站生产用水、消防用水及生活用水要求。当采用地表水作为供水水源时，其设计枯水流量的保证率不应低于97%，并应保证水质的稳定性。

8 换流站土建

8.1 总平面

8.1.5 建（构）筑物的火灾危险性分类及耐火等级应符合现行国家标准《火力发电厂与变电站设计防火规范》GB 50229的有关规定。

8.1.6 建（构）筑物及设备的防火最小间距应符合现行国家标准《火力发电厂与变电站设计防火规范》GB 50229的有关规定，并应符合下列规定：

    1 建（构）筑物及设备的防火间距计算方法应满足现行国家标准《建筑设计防火规范》GB 50016的有关规定；

    2 两座建筑相邻较高一面的外墙如为防火墙时，其防火间距可不限，但两座建筑物门窗之间的净距不应小于5m；

    3 建筑物外墙距屋外油浸式变压器和电抗器以及可燃介质电容器设备外廓5m以内时，该墙在设备总高度加3m的水平线以下及设备外廓两侧各3m内，不应设有门窗和洞口；建筑物外墙距设备外廓5m~10m时，在外墙可设甲级防火门，并可在设备总高度以上设防火窗，其耐火极限不应小于0.9h。

8.1.7 当联接（换流）变压器网侧接入交流电压等级为500kV时，变压器站内运输道路的宽度不宜小于5.5m，转弯半径不宜小于12.0m；当联接（换流）变压器网侧接入交流电压等级为220kV时，变压器站内运输道路的宽度不宜小于4.5m，转弯半径不宜小于9.0m；当联接（换流）变压器网侧接入交流电压等级为110kV时，变压器站内运输道路的宽度不宜小于4.0m，转弯半径不宜小于9.0m。消防车道的设置应满足现行国家标准《建筑设计防火规范》GB 50016的相关要求。其余道路宽度不宜小于3.0m，转弯半径不宜小于6.0m。

8.3 建筑

8.3.1 建筑物设计应符合现行国家标准《建筑设计防火规范》GB 50016、《高压直流换流站设计规范》GB/T 51200及《火力发电厂与变电站设计防火》GB 50229的有关规定。

8.3.4 建筑物墙、柱、梁、楼板、屋顶承重构件的燃烧性能和耐火极限应符合现行国家标准《建筑设计防火规范》GB 50016的要求。

8.3.9 阀厅出入口设置应符合下列规定：

    1 每幢阀厅零米层出入口不宜少于两个。至少有一个出入口作为运输通道，其净空尺寸应能满足最大设备的搬运和VSC阀安装检修用升降机的出入要求，出入口应通往室外并与站区主要道路相衔接。

    2 各出入口应采用向室外方向开启的、满足40dB（A）隔声性能指标要求的电磁屏蔽门。

8.3.11 阀厅与联接（换流）变压器、油浸式直流电抗器之间不满足防火间距时，应设置耐火极限不低于3.0h的防火墙进行分隔。

8.3.12 阀厅墙上设备套管、阀冷却水管、空调送/回风管、通风排烟装置、电缆及光缆等设备和管线开孔应待安装工作完毕后实施封堵，孔洞封堵应满足围护系统的整体电磁屏蔽、气密、防火、防水、隔热、隔声等性能要求。

8.3.17 控制楼的出入口、走道及楼梯设置除应符合现行国家标准《火力发电厂与变电站设计防火规范》GB 50229和《建筑设计防火规范》GB 50016的有关规定外，还应符合下列规定：

    1 联系各楼层的楼梯数量应根据楼层建筑面积确定：楼层建筑面积不大于400m²时，可设置一部楼梯；楼层建筑面积大于400m²时，应至少设置两部楼梯；

    2 当屋面布置有工艺设备时，应设置通至该屋面的楼梯；当屋面没有工艺设备时，宜设置屋面巡视检修爬梯；

    3 控制楼主出入口布置应与站区主要道路相衔接。

8.3.18 控制楼各建筑构件应符合下列规定：

    1 控制保护设备室、交流配电室、直流屏室、交流不停电电源室、电气蓄电池室、通信机房、通信蓄电池室、阀冷却设备室、阀冷却控制设备室、空调设备室、联接（换流）变压器接口屏室等设备用房和楼梯间的墙体耐火极限不应低于2.0h，楼板耐火极限不应低于1.5h，配电室、空调设备室的门应采用满足1.5h耐火极限要求的甲级防火门，其余设备用房、封闭楼梯间的门应采用向疏散方向开启的、满足1.0h耐火极限要求的乙级防火门；

    2 电缆、管道竖井在各楼层的楼板处以及与房间、走道等相连通的孔洞部位均应采用防火封堵材料封堵密实；电缆、管道竖井壁的耐火极限不应低于1.0h，井壁上的检查门应采用向竖井外侧开启的、满足0.5h耐火极限要求的丙级防火门。

8.3.19 控制楼各功能用房的内部装修材料应符合现行国家标准《建筑内部装修设计防火规范》GB 50222和《换流站建筑结构设计技术规程》DL/T 5459的有关规定。

9 换流站辅助设施

9.1 供暖通风和空气调节

9.1.17 通风和空调系统的风管及保温材料应满足建筑防火

要求，以下部位应设置防火阀：
    1 穿越防火分区处；
    2 穿过阀厅、户内直流场外墙、空调设备间的隔墙或地下风道、楼板处；
    3 通过重要或火灾危险性大的房间隔墙和楼板处；
    4 竖向风管与每层水平风管交接处的水平管段上；
    5 穿越防火分隔处的变形缝两侧。

9.4 火灾探测与灭火系统

9.4.1 全站应设置火灾探测报警系统，火灾探测报警系统应符合现行国家标准《火灾自动报警系统设计规范》GB 50116 和《火力发电厂与变电站设计防火规范》GB 50229 的有关规定。

9.4.2 灭火系统的设置应符合现行国家标准《建筑设计防火规范》GB 50016 和《火力发电厂与变电站设计防火规范》GB 50229 的有关规定。

9.4.3 灭火器的配置应符合现行国家标准《建筑灭火器配置设计规范》GB 50140 的有关规定。

9.4.4 消火栓灭火系统的设计应符合现行国家标准《消防给水及消火栓系统技术规范》GB 50974 的有关规定。

9.4.5 水喷雾灭火系统的设计应符合现行国家标准《水喷雾灭火系统设计规范》GB 50219 的有关规定。

9.4.6 泡沫喷雾灭火系统的设计应符合现行国家标准《泡沫灭火系统设计规范》GB 50151 的有关规定。

24.《±800kV直流换流站设计规范》GB/T 50789—2012

3 换流站站址选择

3.0.6 当换流阀外冷却方式采用水冷却时，站址附近应有可靠水源，其水量及水质应满足换流站生产用水、消防用水及生活用水要求。所选水源应避免或减少与其他用水发生矛盾，当采用地表水作为供水水源时，其设计枯水流量的保证率不应低于97%，并应保证所供水源质量的稳定性。

5 换流站电气设计

5.2 电气设备布置

5.2.5 换流变压器及平波电抗器的布置应符合下列规定：
　　5 换流变压器和油浸式平波电抗器的布置应满足消防要求。

8 换流站土建

8.1 总平面及竖向布置

8.1.1 总平面布置除应符合现行行业标准《变电站总布置设计技术规程》DL/T 5056、《220kV~500kV变电所设计技术规程》DL/T 5218的有关规定外，还应符合下列规定：
　　1 换流站建筑物、构筑物火灾危险性分类及耐火等级不应低于表8.1.1的规定。
　　2 换流站的油罐区设计应符合现行国家标准《石油库设计规范》GB 50074的有关规定，油泵房的设置应根据绝缘油的输送方式确定。
　　4 换流变压器的运输道路宽度不宜小于6m，转弯半径应根据运输方式确定；平波电抗器的运输道路宽度不宜小于4.5m，转弯半径不宜小于15m；环形消防道路的宽度不宜小于4m，转弯半径不宜小于9m；其余道路宽度不宜小于3m，转弯半径不宜小于7m。
　　5 进站道路的路径应根据站址周围道路现状，结合远景发展规划和站区平面、竖向布置综合确定；路面宽度和平曲线半径应满足超限运输车辆内转弯半径的要求，换流站进站道路路面宽度不宜小于6m，转弯半径不宜小于24m，最大纵坡不宜大于8%。

表8.1.1 建筑物、构筑物火灾危险性分类及耐火等级

序号		建筑物、构筑物名称		火灾危险性类别	最低耐火等级
一、主要生产建筑物、构筑物	1	阀厅（含高、低端阀厅）		丁	二级
	2	控制楼（含主、辅控制楼）		戊	二级
	3	继电器小室		戊	二级
	4	站用电室		戊	二级
	5	电缆夹层	全部采用阻燃电缆时	丁	二级
			采用非阻燃电缆时	丙	二级
	6	气体绝缘金属封闭开关设备（GIS）室、户内直流场	单台设备充油量60kg以上	丙	二级
			单台设备充油量60kg以下	丁	二级
			无含油电气设备	戊	二级
	7	屋外配电装置	单台设备充油量60kg及以上	丙	二级
			单台设备充油量60kg以下	丁	二级
			无含油电气设备	戊	二级
	8	油浸变压器室		丙	一级
	9	气体或干式变压器室		丁	二级
二、辅助生产建筑物、构筑物	1	事故油池		丙	一级
	2	综合水泵房、取水泵房、深井泵房		戊	二级
	3	露天油罐、油泵房		丙	二级
三、附属生产建筑物、构筑物	1	综合楼		戊	三级
	2	换流变压器检修车间		丁	二级

续表8.1.1

序号		建筑物、构筑物名称	火灾危险性类别	最低耐火等级
三、附属生产建筑物、构筑物	3	检修备品库	丁	二级
	4	车库	丁	二级
	5	雨淋阀间、泡沫消防间	戊	二级
	6	警卫传达室	戊	二级
	7	锅炉房	丁	二级
	8	水池	戊	二级
	9	消防小室	戊	二级

注：当控制楼、继电器小室不采取防止电缆着火后延燃的措施时，火灾危险性为丙类。

8.1.2 换流站内建筑物、构筑物及设备最小间距应符合表8.1.2的规定，并应符合下列规定：

1 两座建筑相邻两面的外墙为非燃烧体，且无门窗洞口、无外露的燃烧屋檐时，其防火间距可按表8.1.2减少25%。

2 当两座建筑相邻较高一面的外墙如为防火墙时，其防火间距可不限（包括事故油池），但两座建筑物门窗之间的净距不应小于5m。

3 建筑物外墙距屋外油浸式变压器和可燃介质电容器设备外廓5m以内，该墙在设备总高度加3m的水平线以下及设备外廓两侧各3m的范围内不应设有门窗和通风孔；当建筑物外墙距设备外廓5m～10m时，在外墙可设防火门，并可在设备总高度以上设非燃烧性的固定窗。

4 屋外配电装置与其他建筑物、构筑物的间距除注明者外，均以构架外边缘计算，屋外配电装置与道路路边的距离不宜小于1.5m，在困难条件下不应小于1m。

表8.1.2 建筑物、构筑物及设备最小间距（m）

建筑物、构筑物名称			丙、丁、戊类生产建筑（一、二级耐火等级）	屋外配电装置	换流变压器平波电抗器（油浸式）	露天油罐	事故贮油池	站内辅助、附属建筑 耐火等级 二级	站内辅助、附属建筑 耐火等级 三级	站内道路（路边）	围墙
丙、丁、戊类生产建筑（一、二级耐火等级）				10	10	12	5	10	12	无出口时1.5，有出口，但无车道时3.0；有出口，有车道时6.0～8.0	见注2
屋外配电装置			10		—	25	5	10	12	1.5	—
换流变压器平波电抗器（油浸式）			10	—		25	25	25	30	—	—
露天油罐			12	25	25		15	15	20	5	5
事故贮油池			5	5	5	15		10	12	1	1
站内辅助、附属建筑	耐火等级	二级	10	10	25	15	10	6	7	无出口时1.5，有出口时3.0	见注2
		三级	12	12	30	20	12	7	8		见注2
站内道路（路边）			无出口时1.5，有出口，但无车道时3.0；有出口，有车道时6.0～8.0	1.5	—	5	1	无出口时1.5，有出口时3.0			1
围墙			见注2	—	—	5	1	见注2	见注2	1	—

注：1 建筑物、构筑物防火间距按相邻两建筑物、构筑物外墙的最近距离计算，如外墙有凸出的燃烧构件时，则从其凸出部分外缘算起；
2 当继电器小室布置在屋外配电装置场内时，其间距由工艺确定。围墙与丙、丁、戊类生产建筑物和站内辅助、附属建筑的间距在满足消防要求的前提下不限。

8.2 建 筑

8.2.7 阀厅零米层的出入口设置应符合下列规定：

1 每极阀厅应至少设置两个出入口，一个出入口应直通室外并与站区主要道路衔接，另一个出入口宜与控制楼连通。

2 每极阀厅应有一个出入口作为运输通道，其净空尺寸应满足阀厅内最大设备的搬运和换流阀安装检修用升降机的出入要求。

3 阀厅各出入口应采用向室外或控制楼方向开启的、满足40dB隔声性能指标要求的钢质电磁屏蔽门，与控制楼连通的门还应满足1.20h耐火极限的要求。

8.2.12 阀厅与换流变压器、油浸式平波电抗器之间应采用防火墙进行分隔，防火墙的耐火极限不应低于3.00h。阀厅其他部位梁、柱和屋盖等承重构件可采用无防火保护的钢结构。

8.2.13 当设备或管线穿过阀厅墙面时，开孔部位应待安装工作完毕后实施封堵，开孔封堵除应满足围护系统的整体电磁屏蔽、气密、防水、隔热、隔声等性能要求外，还应符合下列规定：

1 阀厅防火墙上的换流变压器、油浸式平波电抗器套管开孔应待套管安装完毕后采用复合防火板进行封堵，复合防火板应满足3.00h耐火极限、防电涡流、结构强度和稳定性等要求。

2 阀厅与控制楼之间墙体上的管线开孔与管线之间的缝隙应采用满足3.00h耐火极限要求的防火封堵材料封堵密实。

8.2.15 控制楼宜采用两层或三层布置，各楼层的布置应符合下列规定：

1 交流配电室、电气蓄电池室、阀冷却设备间、换流变压器接口屏室等宜布置在首层，其中电气蓄电池室宜靠外墙布置，阀冷却设备间应靠外墙且与阀外冷却装置毗邻布置。

3 主控制室、交接班室、会议室、办公室所在的楼层应设置卫生间。

4 控制保护设备室、交流配电室、直流屏室、交流不停电电源室、换流变接口屏室、通信机房、蓄电池室等电气、通信设备用房内部不应布置给排水管道，且不应布置在卫生间及其他易积水房间的下层。

8.2.16 控制楼的出入口、走道及楼梯设置应符合现行国家标准《建筑设计防火规范》GB 50016和《火力发电厂与变电站设计防火规范》GB 50229的有关规定，且应符合下列规定：

1 首层出入口布置应满足控制楼的安全疏散要求，主出入口应与站区主要道路衔接。

2 控制楼各楼层的功能用房与楼梯之间应通过走道进行联系，走道布置应满足运行、巡视、检修、安全疏散等要求。

3 控制楼各楼层之间应通过楼梯进行联系，楼梯数量应根据各楼层建筑面积确定。建筑面积不大于500m²的楼层可设置1部楼梯，建筑面积大于500m²的楼层应设置不少于2部楼梯，楼梯间应设置外墙采光通风窗。

4 控制楼内位于相邻两部楼梯之间的功能用房的门至最近楼梯的距离不应大于35m，位于袋形走道尽端的功能用房的门至楼梯的距离不应大于20m。

5 控制楼各出入口、走道、楼梯等部位应设置灯光疏散指示标志和消防应急照明灯具。

6 布置工艺设备的屋面应设置通往该屋面的楼梯，无工艺设备的屋面宜设置带安全护笼的屋面巡视及检修钢爬梯。

8.2.17 控制楼各建筑构件的燃烧性能和耐火极限应符合现行国家标准《建筑设计防火规范》GB 50016的有关规定，各功能用房的内部装修材料应符合现行国家标准《建筑内部装修设计防火规范》GB 50222的有关规定，且应符合下列规定：

1 与阀厅相邻的控制楼墙体应为满足3.00h耐火极限要求的防火墙，该墙上的门窗应采用满足1.20h耐火极限要求的甲级防火门窗，管线开孔封堵应符合本规范第8.2.13条的相关规定。

2 控制保护设备室、交流配电室、直流屏室、交流不停电电源室、电气蓄电池室、通信机房、通信蓄电池室、阀冷却设备间、空调设备间、换流变压器接口屏室等设备用房和楼梯间的墙体耐火极限不应低于2.00h，楼板耐火极限不应低于1.50h，各设备用房的门应采用向疏散方向开启的、满足0.90h耐火极限要求的乙级防火门。

3 电缆、管道竖井在各楼层的楼板处以及与房间、走道等相连通的孔洞部位均应采用防火封堵材料封堵密实；电缆、管道竖井壁的耐火极限不应低于1.00h，井壁上的检查门应采用向竖井外侧开启的、满足0.60h耐火极限要求的丙级防火门。

4 主控制室、控制保护设备室、交流配电室、直流屏室、交流不停电电源室、电气蓄电池室、通信机房、通信蓄电池室、阀冷却设备间、空调设备间等设备用房和楼梯间的楼地面、内墙面、顶棚及其他部位均应采用A级不燃性装修材料；安全工器具间、二次备品及工作间、交接班室、会议室、办公室、资料室、门厅、走道的内墙面、顶棚应采用A级不燃性装修材料，楼地面及其他部位采用不低于B_1级的难燃性装修材料。

8.2.19 控制楼的地下电缆夹层应满足建筑防火、疏散、通风、排烟、防水、排水、防潮、防小动物等要求。

8.2.24 户内直流场出入口不应少于两个，其中应有一个出入口作为运输通道直通室外并与站区主要道路衔接，其净空尺寸应满足户内直流场内最大设备的搬运要求。

8.2.25 当户内直流场内布置有单台设备充油量60kg及以上的含油电气设备时，应设置防止火灾蔓延的阻火隔墙，局部梁、柱、屋盖和墙体等建筑构件的燃烧性能和耐火极限应符合现行国家标准《建筑设计防火规范》GB 50016的有关规定。

8.3 结 构

8.3.4 换流站主要建筑物、构筑物的结构形式应满足下列规定：

4 阀厅、换流变压器、油浸式平波电抗器之间的防火墙宜采用现浇钢筋混凝土框架填充结构，也可采用现浇钢筋混凝土墙结构。钢筋混凝土防火墙受力钢筋的混凝土保护层厚度除应满足混凝土结构的要求外，还应符合防火要求。

9 换流站辅助设施

9.1 采暖、通风和空气调节

9.1.1 阀厅降温可采用空调或通风方案，阀厅温度和相对湿度应根据换流阀的要求确定。空调或通风方案应符合下列规定：

4 风管保温材料应采用非燃烧材料，穿越防火墙的空隙应采用非燃烧材料填塞。

9.4 火灾探测与灭火系统

9.4.1 火灾探测报警系统的设置应符合下列规定：

1 阀厅内各阀塔上部周围区域，阀厅主要送、回风口，电缆沟应设置吸气式感烟探测器，阀厅内还应设置火焰探测器。

2 主控制室、计算机室、控制保护设备室、配电室、通信设备室、继电器小室、阀冷却设备室应设置感烟探测器，设置火灾探测的区域应包括天花板内以及活动地板下的空间。

3 蓄电池室应设置防爆型感烟探测器。

4 电缆隧道、夹层、竖井应设置线性感温探测器，也可采用感烟探测器或吸气式感烟探测器。

5 换流变压器和油浸式平波电抗器应设置可恢复式缆式线型差定温探测器或热探测器。

9.4.2 火灾自动报警系统应符合现行国家标准《火灾自动报警系统设计规范》GB 50116 的有关规定。

9.4.3 灭火系统的设置应符合下列规定：

1 阀厅和户内直流场室内宜配置推车式灭火器，室外应设置消火栓。

2 主控制楼应设置室外和室内消火栓，室内消火栓箱内应配置直流/水雾两用水枪，并应配置自救式消防水喉。

3 换流变压器、油浸式平波电抗器应设置水喷雾灭火系统或其他经消防主管部门审查许可的灭火系统，同时应设置室外消火栓、推车式灭火器和砂箱。

9.4.4 水喷雾灭火系统的设计应符合现行国家标准《水喷雾灭火系统设计规范》GB 50219 的有关规定。

9.4.5 消火栓灭火系统的设计应符合现行国家标准《建筑设计防火规范》GB 50016 的有关规定。

9.4.6 灭火器的设置应符合现行国家标准《建筑灭火器配置设计规范》GB 50140 的有关规定。

25.《330kV～750kV智能变电站设计规范》GB/T 51071—2014

4 电气一次

4.7 光、电缆选择及敷设

4.7.1 电缆选择与敷设设计应符合现行国家标准《电力工程电缆设计规范》GB 50217 的有关规定。电缆防火封堵设计应符合现行国家标准《火力发电厂与变电所防火规范》GB 50229 的有关规定。防火封堵材料应符合现行国家标准《防火封堵材料》GB 23864 的有关规定。

5 二次系统

5.7 辅助控制系统

5.7.1 变电站应设置辅助控制系统,实现全站图像监视及安全警卫、火灾报警、消防、照明、采暖通风、环境监测等系统的智能联动控制。

5.8 二次设备布置及组柜

5.8.4 二次设备室的设计和布置应符合变电站监控系统、继电保护设备的抗电磁干扰能力要求。二次设备室抗干扰设计应符合现行国家标准《计算机场地通用规范》GB/T 2887 和《计算机场地安全要求》GB/T 9361 的有关规定,还应考虑防尘、防潮和防噪声,并应符合国家现行的相关防火标准。

6 土建

6.2 采暖、通风和空气调节

6.2.4 SF_6 气体绝缘电气设备所在房间应设置 SF_6 气体超限报警,当 SF_6 气体浓度超限时应自动启动机械通风装置。

6.2.5 采暖、通风和空气调节系统应与火灾探测系统连锁,并应配合消防系统设置防火隔断和排烟。

6.3 给水和排水

6.3.3 消防给水设备应具备自动启停、现场控制及远方控制功能。

6.3.4 消防蓄水池应设置水位监测和传感控制,根据水位变化自动补水,并应设定报警水位。

7 消防

7.0.1 消防设计应符合现行国家标准《火力发电厂与变电站设计防火规范》GB 50229 和《建筑设计防火规范》GB 50016 的有关规定。火灾探测及报警设计应符合现行国家标准《火灾自动报警系统设计规范》GB 50116 的有关规定。建、构筑物灭火器配置应符合现行国家标准《建筑灭火器配置设计规范》GB 50140 的有关规定。

7.0.2 无人值班变电站主变压器固定式灭火系统的火灾探测及报警信号应实现远传。

26.《110（66）kV～220kV智能变电站设计规范》GB/T 51072—2014

4 电气一次

4.7 光、电缆选择及敷设

4.7.1 电缆选择与敷设设计应符合现行国家标准《电力工程电缆设计规范》GB 50217 的有关规定。电缆防火封堵的设计应符合现行国家标准《火力发电厂与变电所防火规范》GB 50229 的有关规定。防火封堵材料应符合现行国家标准《防火封堵材料》GB 23864 的有关规定。

4.7.4 光缆的选用应由其传输性能、使用的环境条件决定。除线路保护通道专用光纤外，宜采用缓变型多模光纤。室外光缆宜采用铠装非金属加强芯阻燃光缆，当采用槽盒敷设时，宜采用非金属加强芯阻燃光缆。室内光缆可采用尾缆。每根光缆宜备用2芯～4芯，光缆芯数宜选取4芯、8芯、12芯或24芯。

5 二次系统

5.7 辅助控制系统

5.7.1 变电站应设置辅助控制系统，实现全站图像监视及安全警卫、火灾报警、消防、照明、采暖通风、环境监测等系统的智能联动控制。

5.8 二次设备布置及组柜

5.8.4 二次设备室的设计和布置应符合监控系统、继电保护设备的抗电磁干扰能力要求。二次设备室抗干扰设计应符合现行国家标准《计算机场地通用规范》GB/T 2887 和《计算机场地安全要求》GB/T 9361 的有关规定，还应考虑防尘、防潮和防噪声，并应符合国家现行相关防火标准的规定。

6 土 建

6.2 采暖、通风和空气调节

6.2.4 SF_6 气体绝缘电气设备所在房间应设置 SF_6 气体超限报警，当 SF_6 气体浓度超限时应自动启动机械通风装置。

6.2.5 采暖、通风和空气调节系统应与火灾探测系统联锁，并应配合消防系统设置防火隔断和排烟设备。

6.3 给水和排水

6.3.3 消防给水设备应具备自动启停、现场控制及远方控制功能。

6.3.4 消防蓄水池应设置水位监测和传感控制，根据水位变化自动补水，并应设定报警水位。

7 消 防

7.0.1 消防设计应符合现行国家标准《火力发电厂与变电站设计防火规范》GB 50229 和《建筑设计防火规范》GB 50016 的有关规定。火灾探测及报警设计应符合现行国家标准《火灾自动报警系统设计规范》GB 50116 的有关规定。建、构筑物灭火器配置应符合现行国家标准《建筑灭火器配置设计规范》GB 50140 的有关规定。

7.0.2 无人值班变电站主变压器固定式灭火系统的火灾探测及报警信号应实现远传。

27.《高压直流换流站设计规范》GB/T 51200—2016

5 电气一次

5.5 电气设备布置

5.5.5 换流变压器及平波电抗器布置应符合下列要求：

8 换流变压器和油浸式平波电抗器布置应满足消防要求。

8 土 建

8.1 站区总平面及竖向布置

8.1.3 换流站建（构）筑物的火灾危险性分类及耐火等级不应低于表 8.1.3 的规定：

表 8.1.3 建（构）筑物火灾危险性分类及耐火等级

序号	建（构）筑物名称			火灾危险性类别	耐火等级
1	一、主要生产建（构）筑物	阀厅		丁	二级
2		控制楼		戊	二级
3		继电器小室		戊	二级
4		站用电室		戊	二级
5		屋内配电装置室（楼）、户内直流场	单台设备充油量60kg以上	丙	二级
			单台设备充油量60kg及以下	丁	二级
			无含油电气设备	戊	二级
6		屋外配电装置	单台设备充油量60kg以上	丙	二级
			单台设备充油量60kg及以下	丁	二级
			无含油电气设备	戊	二级
7		气体或干式变压器室		丁	二级
1	二、辅助生产建（构）筑物	事故油池		丙	一级
2		综合水泵房、取水泵房、深井泵房		戊	二级
3		空冷器室		戊	二级
4		水池		戊	二级
1	三、附属生产建（构）筑物	综合楼		戊	三级
2		检修备品库、专用品库		丁	二级
3		车库		丁	二级
4		雨淋阀间、泡沫消防间、消防小室		戊	二级
5		警传室		戊	二级

注：控制楼、继电器小室当不采取防止电缆着火后延燃的措施时，火灾危险性应为丙类。

8.1.4 换流站内建（构）筑物及设备的防火间距不应小于表8.1.4 的要求，并应符合下列规定：

1 建（构）筑物防火间距应按相邻两建（构）筑物外墙的最近距离计算，当外墙有凸出的燃烧构件时，应从其凸出部分外缘算起；

2 相邻两座建筑外墙均为不燃烧性墙体，无外露可燃性屋檐，每面外墙上的门、窗、洞口面积之和各不大于外墙面积的5%，且门、窗、洞口不正对开设时，其防火间距可按表 8.1.4 减少 25%；

3 相邻两座建筑较高一面的外墙为防火墙，或相邻两座高度相同的一、二级耐火等级建筑中任一侧外墙为防火墙且屋顶的耐火极限不低于 1.00h 时，其防火间距可不限；相邻较低一面建筑外墙为防火墙、屋顶无天窗、屋顶耐火极限不低于 1.00h，或较高一面外墙的门、窗等开口部位设置甲级防火门、窗时，其防火间距不应小于 4.0m；

4 建筑物外墙距屋外油浸式变压器和可燃介质电容器设备外廓 5m 以内，该墙在设备总高度加 3m 的水平线以下及设备外廓两侧各 3m 内，不应设有门窗和通风孔；

5 当继电器小室布置在屋外配电装置场内时，其与电气设备及导线的距离应由电气专业确定。

表 8.1.4 换流站内建（构）筑物及设备的防火间距（m）

建（构）筑物名称		丙、丁、戊类生产建筑（一、二级耐火等级）	屋外配电装置	换流变压器/平波电抗器（油浸式）	事故贮油池	站内辅助、附属建筑耐火等级 二级	站内辅助、附属建筑耐火等级 三级	站内道路（路边）	围墙
丙、丁、戊类生产建筑（一、二级耐火等级）		10	10	10	5	10	12	无出口1.5，有出口无车道3.0；有出口有车道6.0～8.0	见注2
屋外配电装置		10	—	10	5	10	12	1.5	1
换流变压器平波电抗器（油浸式）		10	10	—	—	25	30	—	—
事故贮油池		5	5	5	—	10	12	1	1
站内辅助、附属建筑耐火等级	二级	10	10	25	10	6	7	无出口1.5，有出口无车道3.0	见注2
	三级	12	12	30	12	7	8		见注2
站内道路（路边）		出口1.5，有出口无车道3.0；有出口有车道6.0～8.0	1.5	—	1	无出口1.5，有出口无车道3.0		—	1
围墙		见注2	1	—	1	见注2	见注2	1	—

注：1 表中未规定最小间距"—"者，该间距可根据工艺布置确定；
2 继电器小室布置在屋外配电装置场地内时，其间距由电气专业确定，围墙与丙、丁、戊类生产建筑物和站内辅助、附属建筑的间距在满足消防要求的前提下不限。

8.1.5 换流变压器的运输道路宽度不宜小于6m，道路交叉口转弯半径应满足选定的超限货物运输车辆最小转弯半径要求，平波电抗器的运输道路宽度不宜小于4.5m，转弯半径不宜小于15m；环形消防道路的宽度不应小于4m，转弯半径不宜小于9m；其余道路宽度不宜小于3m，转弯半径不宜小于7m。

8.2 建 筑

8.2.7 阀厅零米层出入口宜为两个，其中一个出入口应通往室外，另一个出入口宜与控制楼连通。

8.2.8 阀厅内部应设置架空巡视走道。巡视走道宜通至阀塔上部屋架区域，且应与控制楼相衔接。巡视走道通往控制楼的门应向控制楼方向开启，采用满足1.50h耐火性能（耐火隔热性和耐火完整性）、40dB隔声性能指标要求的电磁屏蔽门。

8.2.10 阀厅与换流变压器、油浸式平波电抗器之间应采用耐火极限不低于3.00h的防火墙进行分隔。

8.2.11 阀厅墙上开孔封堵应满足围护系统的整体电磁屏蔽、气密、防火、防水、隔热、隔声、防涡流等性能要求。

8.2.16 户内直流场零米层出入口不应少于两个，其中应有一个出入口通往室外并与站区主要道路相衔接。

8.3 结 构

8.3.4 阀厅及防火墙的结构设计应满足下列要求：
3 阀厅与换流变压器和油浸式平波电抗器之间、换流变压器之间、油浸式平波电抗器之间应设置防火墙，防火墙结构形式宜采用现浇钢筋混凝土框架填充墙结构或现浇钢筋混凝土墙结构。

9 采暖、通风和空气调节

9.2 通风和空调

9.2.1 通风和空调设计应符合国家现行标准《工业建筑供暖通风与空气调节设计规范》GB 50019、《火力发电厂与变电站设计防火规范》GB 50229、《建筑设计防火规范》GB 50016和《220kV～750kV变电站设计技术规程》DL/T 5218的有关规定。

11 消 防

11.1 火灾探测报警系统

11.1.1 高压直流换流站火灾探测报警系统应符合现行国家标准《火灾自动报警系统设计规范》GB 50116和《火力发电厂与变电站设计防火规范》GB 50229的规定。

11.1.2 高压直流换流站全站应设置火灾探测报警系统。

11.1.3 阀厅应配置吸气式感烟探测系统。

11.2 灭火系统

11.2.1 换流站消防给水系统设计应符合现行国家标准《建筑设计防火规范》GB 50016的有关规定。

11.2.2 换流变压器、油浸式平波电抗器和单台容量为125MV·A及以上的联络变压器应设置水喷雾灭火系统、泡沫喷雾灭火系统或其他经消防主管部门审查许可的固定式灭火装置，同时应设置室外消火栓、推车式灭火器和沙箱。

11.2.3 水喷雾灭火系统设计应符合现行国家标准《水喷雾灭火系统设计规范》GB 50219 的有关规定；泡沫喷雾系统设计应符合现行国家标准《泡沫灭火系统设计规范》GB 50151 的有关规定。

11.2.4 控制楼应设置室内和室外消火栓。

11.2.5 阀厅、户内直流场和屋内配电装置室（楼）应设置室外消火栓。

11.2.6 辅助建筑物如综合楼、检修备品库等，应根据火灾危险性和耐火等级按照现行国家标准《火力发电厂与变电站设计防火规范》GB 50229 和《建筑设计防火规范》GB 50016 的要求设置室内和室外消火栓。

11.2.7 各建筑物内灭火器的设置应符合现行国家标准《建筑灭火器配置设计规范》GB 50140 的规定。阀厅、户内直流场，屋内配电装置室（楼）和检修备品库等室内除配置手提式灭火器外，还宜配置推车式灭火器。

28.《电力设备典型消防规程》DL 5027—2015

1 总　则

1.0.2 本规程规定了电力设备及其相关设施的防火和灭火措施，以及消防安全管理要求，适用于发电单位、电网经营单位，以及非电力单位使用电力设备的消防安全管理。电力设计、安装、施工、调试、生产应符合本规程的有关要求。本规程不适用于核能发电单位。

6 发电厂和变电站一般消防

6.1 一般规定

6.1.1 按照国家工程建设消防标准需要进行消防设计的新建、扩建、改建（含室内外装修、建筑保温、用途变更）工程，建设单位应当依法申请建设工程消防设计审核、消防验收，依法办理消防设计和竣工验收消防备案手续并接受抽查。

6.1.2 建设工程或项目的建设、设计、施工、工程监理等单位应当遵守消防法规、建设工程质量管理法规和国家消防技术标准，应对建设工程消防设计、施工质量和安全负责。

6.1.3 建（构）筑物的火灾危险性分类、耐火等级、安全出口、防火分区和建（构）筑物之间的防火间距，应符合现行国家标准的有关规定。

6.1.4 有爆炸和火灾危险场所的电力设计，应符合现行国家标准《爆炸和火灾危险环境电力装置设计规范》GB 50058 的有关规定。

6.1.6 疏散通道、安全出口应保持畅通，并设置符合规定的消防安全疏散指示标志和应急照明设施。保持防火门、防火卷帘、消防安全疏散指示标志、应急照明、机械排烟送风、火灾事故广播等设施处于正常状态。

6.1.7 消防设施周围不得堆放其他物件。消防用砂应保持足量和干燥。灭火器箱、消防砂箱、消防桶和消防铲、斧把上应涂红色。

6.1.8 建筑构件、材料和室内装修、装饰材料的防火性能必须符合有关标准的要求。

6.1.9 寒冷地区容易冻结和可能出沉降地区的消防水系统等设施应有防冻和防沉降措施。

6.1.10 防火重点部位禁止吸烟，并应有明显标志。

6.1.11 检修等工作间断或结束时应检查和清理现场，消除火灾隐患。

6.1.12 生产现场需使用电炉必须经消防管理部门批准，且只能使用封闭式电炉，并加强管理。

6.1.15 生产现场禁止存放易燃易爆物品。生产现场禁止存放超过规定数量的油类。运行中所需的小量润滑油和日常使用的油壶、油枪等，必须存放在指定地点的储藏室内。

6.1.17 各类废油应倒入指定的容器内，并定期回收处理，严禁随意倾倒。

6.1.19 临时建筑应符合国家有关法规。临时建筑不得占用防火间距。

6.1.21 生产场所的电话机近旁和灭火器箱、消防栓箱应印有火警电话号码。

6.1.22 电缆隧道内应设置指向最近安全出口处的导向箭头，主隧道、各分支拐弯处醒目位置装设整个电缆隧道平面示意图，并在示意图上标注所处位置及各出入口位置。

6.1.23 发电厂还应符合下列要求：

1 厂区的消防通道应随时保持畅通。

2 生产现场不应漏煤粉。对热管道、电缆等部位的积粉，应制定清扫周期，定期清理积粉。

6.1.24 变电站还应符合下列要求：

1 无人值班变电站火灾自动报警系统信号的接入应符合本规程第 6.3.8 条的规定。

3 无人值班变电站应在入口处和主要通道处设置移动式灭火器。

4 地下变电站内采暖区域严禁采用明火取暖。

5 电气设备间设置的排烟设施，应符合国家标准的规定。

6 火灾发生时，送排风系统和空调系统应能自动停止运行。当采用气体灭火系统时，穿过防护区的通风或空调风道上的防火阀应能自动关闭。

7 室内消火栓应采用单栓消火栓。确有困难时可采用双栓消火栓，但必须为双阀双出口型。

6.1.25 换流站还应符合下列要求：

1 500kV 及以上换流变压器应设置火灾自动报警系统和固定自动灭火系统。其他电气设备及建筑物消防设施应符合现行国家标准《火力发电厂与变电站设计防火规范》GB 50229 的有关规定。

6.1.26 开关站还应符合下列要求：

1 开关站消防灭火设施应符合现行国家标准《火力发电厂与变电站设计防火规范》GB 50229 的有关规定。

2 有人值班或具有信号远传功能的开关站应装设火灾自动报警系统。装设火灾报警系统时，要求同变电站。

3 发生火灾时，应能自动切断空调通风系统以及与排烟无关的通风系统电源。

7 发电厂热机和水力消防

7.1 汽轮机、燃气轮机、水轮机和柴油机

7.1.4 油管道尽可能远离高温管道，油管道至蒸汽管道保温层外表距离一般应不少于 150mm。

7.1.8 事故油箱应设在主厂房外，事故油箱应密封，容积不

应小于 1 台最大机组油系统的油量。

7.1.10 汽轮机凝汽器冷却管材料用钛合金时，在汽轮机开缸检修时应采取隔离措施。

钛合金制成的凝汽器严禁接触明火，如需要进行明火作业，必须办理动火工作票，做好灌水等安全措施。

着火的钛合金制成的凝汽器严禁用水及泡沫灭火，应用干粉、干砂、石粉进行灭火。

7.1.13 燃机系统及其附近必须严禁烟火并设"严禁烟火"的警示牌。

7.1.18 燃气轮机与联合循环发电机组厂房应设可燃气体泄漏探测装置，其报警信号应传送到集中火灾报警控制器。

7.1.19 燃气轮发电机组整体，包括燃机外壳和燃气调节室、轴承室、附属模块润滑油和液压油室、液体燃料和雾化空气模块应采用全淹没气体灭火系统，并设置火灾自动报警系统。气体灭火系统应定期检查和试验，保持备用状态，一旦发生火灾能自动投入使用。

7.1.21 柴油机的油箱，应装设紧急切断油源的速闭阀及回油快关阀。油箱不应装设在柴油机上方。

7.1.22 柴油机的排气管室内部分，应用不燃烧材料保温。

7.1.23 柴油机曲轴箱宜采用负压排气或离心排气，当采用负压排气时，连接通风管的导管应装设铜丝网阻火器。

7.1.24 柴油机房应设置通风系统。

7.1.26 燃油、润滑油喷溅到排气管或其他高温物体上起火时，首先应断绝油源，启动固定灭火系统灭火。如果没有固定灭火系统或固定灭火系统故障，应用干粉、泡沫、二氧化碳等灭火器灭火，也可用石棉毯覆盖灭火。

7.1.27 低水头转桨水轮机漏油，检修时应防止桨叶上的漏油燃烧，检修前首先要清除部件上的油迹。

7.1.28 在水涡轮内进行电焊、气割或铲磨等工作时，应做好通风和防火措施，并备有必要的消防器材。

7.1.29 循环水冷却塔停用检修时，应采取防火隔离措施，防止火星溅落引起内部结构燃烧。循环水冷却塔安装施工或检修过程中进行明火作业，必须办理动火工作票。

7.2 锅 炉

7.2.2 人孔门、看火门、防爆门周围不应有其他可燃物品。

7.2.3 燃油锅炉应保证低负荷时燃油在炉内完全燃烧，严格监视排烟温度，并定期吹灰，加强预热器蒸汽吹扫。

7.2.4 停炉后，应严格监视尾部烟道各点的温度，发现异常，迅速分析，查明原因。如果温度仍急剧上升，则立即采取灭火措施。

7.2.5 燃油锅炉尾部应装设灭火装置。

7.2.6 运行中的锅炉发现尾部燃烧时，应立即停炉，停用送风机、吸风机。严密关闭烟道挡板、人孔门、看火门及热风再循环门等，防止新鲜空气和烟气漏入炉内。打开灭火装置的进汽（水）阀，送入蒸汽（水）进行灭火。

7.2.7 燃油金属软管着火时，应切断油源，用泡沫灭火器或黄砂进行灭火。

7.2.8 燃气锅炉停炉检修必须将总进气阀门关闭严密，阀门出口侧加装金属堵板，阀门应加锁。需要动火前，应分别在炉膛、烟道包括再循环烟道通风，实测炉内可燃气体含量合格，方可动火。

7.2.16 燃气锅炉管道动火检修应符合本规程第 7.1.15 条、第 7.1.16 条的规定。

7.2.17 燃（煤）气管道爆破损坏，应立即停用燃烧器，关闭燃（煤）气快关阀，开启相应的氮气吹扫门进行灭火和吹灰。

7.2.18 燃（煤）气火灾处理应符合下列要求：

1 如火势不大，可用黄泥、石棉布、湿衣服等进行扑救。

2 如火势太大须关闭燃（煤）气快关阀或母管水封时，应及时先停用燃（煤）气燃烧器，防止发生回火。

3 禁止用消防水喷射着火烧红的燃（煤）气管路。

7.2.19 静电除尘器应符合下列要求：

1 如锅炉燃烧不完全，灰粒带有炭墨粒子，则当静电除尘器短路产生电弧时就会引燃着火。着火时，应用二氧化碳或干粉灭火器进行扑救。

2 进出烟道应装有温度探测器，当温度异常时，应能向控制室报警。

7.3 脱硫装置

7.3.7 脱硫吸收塔、烟道、箱罐内部防腐施工应符合下列要求：

1 施工区域必须采取严密的全封闭措施，设置 1 个出入口，在隔离防护墙四周悬挂"衬胶施工，严禁烟火"等明显的警告标示牌。

2 施工区域必须制定出入制度，所有人员凭证出入，交出火种，关闭随身携带的无线通信设施，不准穿钉有铁掌的鞋和容易产生静电火花的化纤服装。

4 施工区域 10m 范围及其上下空间内严禁出现明火或火花。

5 玻璃钢管件胶合黏结采用加热保温方法促进固化时，严禁使用明火。

7 防腐作业及保养期间，禁止在其相通的吸收塔、烟道、管道，以及开启的人孔、通风孔附近进行动火作业。同时应做好防止火种从这些部位进入防腐施工区域的隔离措施。

8 作业全程应设专职监护人，发现火情，立即灭火并停止工作。

7.4 脱硝装置

7.4.1 储氨区应设置不低于 2.2m 高的不燃烧体实体围墙，并挂有"严禁烟火"等明显的警告标示牌。当利用厂区围墙作为储氨区的围墙时，该段厂区围墙应采用不低于 2.5m 高的不燃烧体实体围墙。入口处应设置人体静电释放器。高处应设置逃生风向标。

7.4.3 氨区应设氨气泄漏探测器。氨气泄漏探测器的报警信号应接入厂火灾自动报警系统。

7.4.4 液氨储罐应设置防火堤，防火堤应符合下列要求：

1 防火堤必须是闭合的。

2 防火堤内有效容积不应小于储罐组内一个最大储罐的容量。

3 防火堤应设置不少于两处越堤人行踏步或坡道，并应设置在不同方位上。

7.4.5 氨区内应保持清洁，无杂草、无油污，不得储存其他易燃物品和堆放杂物，不得搭建临时建筑。

7.4.13 氨区应设置完善的消防水系统，配备足够数量的灭火器材。氨罐应配置事故消防系统，定期进行检查、试验，处于良好备用状态。氨罐温度高于40℃时，喷淋降温系统应自动投入，对氨罐进行冷却。

8 发电厂燃料系统消防

8.1 运煤设备系统、贮煤场

8.1.3 露天贮煤场与建筑物、铁路防火间距应符合表8.1.3的规定。

表8.1.3 露天贮煤场与建筑物、铁路防火间距（m）

建筑物名称	丙、丁、戊类建筑 耐火等级		办公、生活建筑 耐火等级		供氢站、贮氢罐	点火油罐区、贮油罐	露天油库
	一、二级	三级	一、二级	三级			
露天卸煤装置或贮煤场	8	10	8	10	15		
						25（褐煤）	

8.1.7 输煤皮带上空附近、原煤采样装置和原煤仓格栅动火，应做好隔离措施。

8.1.8 封闭式室内贮煤场应设置通风和灭火设施。附在贮煤场内壁上的煤应定期清除。

8.2 煤粉制粉系统

8.2.17 煤粉仓应设置固定灭火系统。

8.3 燃油系统

8.3.1 发电厂内应划定油区，油区四周应设置1.8m高的围栅，并挂有"严禁烟火"等明显的警告标示牌。当利用厂区围墙作为油区的围墙时，该段厂区围墙应为2.5m高的实体围墙。油区应设置人体静电释放器。

8.3.14 地面和半地下油罐（组）周围应设防火堤，防火堤必须是闭合的。防火堤内的有效容积应不小于固定顶油罐组内一个最大油罐的容量或浮顶油罐组内一个最大油罐的容量的1/2。防火堤设置不少于两处越堤人行踏步或坡道，并应设置在不同方位上。

8.3.15 防火堤应保持坚实完整，不得挖洞、开孔，如工作需要在防火堤挖洞、开孔，应采取临时安全措施，并经批准。在工作完毕后及时修复。

8.3.16 油罐的顶部应设呼吸阀或通气管。储存甲、乙类油品的固定顶油罐应装设呼吸阀和阻火器，储存丙类液体的固定顶油罐应设置通气管，丙A类油品应装设阻火器。运行人员应定期检查，呼吸阀应保持灵活完整，阻火器金属丝网应保持清洁畅通。

8.3.21 油泵房应设在油罐防火堤外并与防火间距不小于5.0m。油泵房门窗应向外开放，室内应有通风、排气设施。油泵房操作室的门、窗应向外开，其门窗应设在泵房的爆炸危险区域以外，监视窗应设密闭的固定窗。

8.3.22 油泵房及油罐区内禁止安装临时性或不符合要求的设备和敷设临时管道，不得采用皮带传动装置，以免产生静电引起火灾。

9 新能源发电消防

9.1 风力发电场

9.1.6 机组机舱内应配置高空自救逃生装置。

9.1.7 机组机舱和塔内底部应配备灭火器。

9.1.8 机组机舱、塔筒内应选用阻燃电缆，电缆孔洞必须做好防火封堵。靠近加热器等热源的电缆应有隔热措施，靠近带油设备的电缆槽盒应密封。

9.1.9 机组机舱内的保温材料，应采用阻燃材料。

9.1.10 机组火灾处理应符合下列要求：

1 当机组发生火灾时，运行人员应立即停机并切断电源，迅速采取灭火措施，防止火势蔓延。

2 当火灾危及人员和设备时，运行人员应立即拉开着火机组线路侧的断路器。

9.1.11 与火力发电厂相同部分的防火和灭火，应符合本规程的相关规定。

9.2 光伏发电站

9.2.2 大型或无人值守光伏发电站应设置火灾自动报警系统。火灾自动报警系统信号的接入应符合本规程第6.3.8条的规定。

9.2.4 草原光伏发电站严禁吸烟、严禁明火。在出入口、周界围墙或围栏上设立醒目的防火安全标志牌和禁止烟火的警示牌。

9.2.7 与火力发电厂相同部分的防火和灭火，应符合本规程的相关规定。

9.3 生物质发电厂

9.3.2 秸秆仓库、露天堆场、半露天堆场应有完备的消防系统和防止火灾快速蔓延的措施。消火栓位置应考虑防撞击和防秸秆自燃影响使用的措施。

9.3.8 螺旋给料机头部应装有感温探测器，当温度异常时，应能向控制室报警。

9.3.9 厂外秸秆收贮站应符合下列要求：

1 收贮站应当设置警卫岗楼，其位置要便于观察警卫区域，岗楼内应安装消防专用电话或报警设备。

2 秸秆堆场内严禁吸烟，严禁使用明火，严禁焚烧物品。在出入口和适当地点必须设立醒目的防火安全标志牌和"禁止吸烟"的警示牌。门卫对入场人员和车辆要严格检查、登记并收缴火种。

9 秸秆运输船上所设生活用火炉必须安装防飞火装置。当船只停靠秸秆堆场码头时，不得生火。

12 秸秆堆场消防用电设备应当采用单独的供电回路，并在发生火灾切断生产、生活用电时仍能保证消防用电。

15 照明灯杆与堆垛最近水平距离应当不小于灯杆高的1.5倍。

16 秸秆堆场内的电源开关、插座等，必须安装在封闭式配电箱内。配电箱应当采用非燃材料制作。配电箱应设置防撞设施。

9.3.10 与火力发电厂相同部分的防火和灭火，应符合本规程的相关规定。

10 发电厂和变电站电气消防

10.1 发电机、调相机、电动机

10.1.1 水轮发电机的采暖取风口和补充空气的进口处应设置阻风门（防火阀），当发电机发生火灾时应自动关闭。

10.2 氢冷发电机和制氢设备

10.2.4 密封油系统应运行可靠，并设自动投入双电源或交直流密封油泵联动装置，备用泵（直流泵）必须处于良好备用状态，并应定期试验。两泵电源线应用埋线管或外露部分用耐燃材料外包。

10.2.12 放空管应符合下列要求：
1 放空管应设阻火器，阻火器应设在管口处。放空管应采取静电接地，并在避雷保护区内。
2 室内放空管出口，应高出屋顶 2.0m 以上；在墙外的放空管应超出地面 4.0m 以上，且避开高压电气设备，周围并设置遮栏及标志牌；室外设备的放空管应高于附近有人操作的最高设备 2.0m 以上。排放时周围应禁止一切明火作业。
4 放空阀应能在控制室远方操作或放在发生火灾时仍有可能接近的地方。

10.2.13 氢气管道应符合下列要求：
1 氢气管道宜架空敷设，其支架应为不燃烧体，架空管道不应与电缆、导电线路、高温管线敷设在同一支架上。
3 氢气管道与建（构）筑物或其他管线的最小净距应符合现行国家标准《氢气使用安全技术规程》GB 4962 的有关规定。

10.2.18 制氢站、供氢站平面布置的防火间距及厂房防爆设计应符合现行国家标准《建筑设计防火规范》GB 50016 和《氢气使用安全技术规程》GB 4962 的规定。其中泄压面积与房间容积的比例应超过上限 0.22。

10.2.20 制氢站、供氢站和其他装有氢气的设备附近均严禁烟火，严禁放置易燃易爆物品，并应设"严禁烟火"的警示牌。制氢站、供氢站应设置不燃烧体的实体围墙，其高度不应小于 2.5m。入口处应设置人体静电释放器。

10.2.22 制氢站、供氢站、贮氢罐、汇流排间和装卸平台地面应做到平整、耐磨、不发火花。

10.2.25 制氢站、供氢站应设氢气探测器。氢气探测器的报警信号应接入厂火灾自动报警系统。

10.2.26 制氢站、供氢站同一建筑物内，不同火灾危险性类别的房间，应用防火墙隔开。应将人员集中的房间布置在火灾危险性较小的一端，门应直通厂房外。

10.2.28 制氢站、供氢站有爆炸危险房间的门窗应向外开启，并应采用撞击时不产生火花的材料制作。仪表等低压设备应有可靠绝缘，电气控制盘、仪表控制盘、电话电铃布置在相邻的控制室内。

10.3 油浸式变压器

10.3.1 固定自动灭火系统，应符合下列要求：
1 变电站（换流站）单台容量为 125MVA 及以上的油浸式变压器应设置固定自动灭火系统及火灾自动报警系统；变压器排油注氮灭火装置和泡沫喷雾灭火装置的火灾报警系统宜单独设置。
2 火电厂包括燃机电厂单台容量为 90MVA 及以上的油浸式变压器应设置固定自动灭火系统及火灾自动报警系统。
3 水电厂室内油浸式主变压器和单台容量 12.5MVA 以上的厂用变压器应设置固定自动灭火系统及火灾自动报警系统；室外单台容量 90MVA 及以上的油浸式变压器应设置固定自动灭火系统及火灾自动报警系统。

10.3.2 采用水喷雾灭火系统时，水喷雾灭火系统管网应有低点放空措施，存有水喷雾灭火水量的消防水池应有定期放空及换水措施。

10.3.3 采用排油注氮灭火装置应符合下列要求：
1 排油注氮灭火系统应有防误动的措施。
2 排油管路上的检修阀处于关闭状态时，检修阀应能向消防控制柜提供检修状态的信号。消防控制柜受到的消防启动信号后，应能禁止灭火装置启动实施排油注氮动作。
3 消防控制柜面板应具有如下显示功能的指示灯或按钮：指示灯自检，消音，阀门（包括排油阀、氮气释放阀等）位置（或状态）指示，自动启动信号指示，气瓶压力报警信号指示等。
4 消防控制柜同时接收到火灾探测装置和气体继电器传输的信号后，发出声光报警信号并执行排油注氮动作。
5 火灾探测器布线应独立引线至消防端子箱。

10.3.4 采用泡沫喷雾灭火装置时，应符合现行国家标准《泡沫灭火系统设计规范》GB 50151 的有关规定。

10.3.5 户外油浸式变压器、户外配电装置之间及与各建（构）筑物的防火间距，户内外含油设备事故排油要求应符合现行国家标准《火力发电厂与变电站设计防火规范》GB 50229 的有关规定。

10.3.6 户外油浸式变压器之间设置防火墙时应符合下列要求：
1 防火墙的高度应高于变压器储油柜；防火墙的长度不应小于变压器的贮油池两侧各 1.0m。
2 防火墙与变压器散热器外廓距离不应小于 1.0m。
3 防火墙应达到一级耐火等级。

10.3.8 高层建筑内的电力变压器等设备，宜设置在高层建筑外的专用房间内。

当受条件限制需与高层建筑贴邻布置时，应设置在耐火等级不低于二级的建筑内，并应采用防火墙与高层建筑隔开，且不应贴邻人员密集场所。

受条件限制需布置在高层建筑时，不应布置在人员密集场所的上一层、下一层或贴邻。并应符合现行国家标准《高层民用建筑设计防火规范》GB 50045 的相关规定。

10.3.9 油浸式变压器、充有可燃油的高压电容器和多油断路器等用房宜独立建造。当确有困难时可贴邻民用建筑布置，但应采用防火墙隔开，且不应贴邻人员密集场所。

油浸式变压器、充有可燃油的高压电容器和多油断路器等受条件限制必须布置在民用建筑内时，不应布置在人员密集场所的上一层、下一层或贴邻，且应符合现行国家标准《建筑设计防火规范》GB 50016 的相关规定。

10.4 油浸电抗器（电容器）、消弧线圈和互感器

10.4.1 油浸电抗器、电容器装置应就近设置能灭油火的消防设施，并应设有消防通道。

10.4.2 高层建筑内的油浸式消弧线圈等设备，当油量大于 600kg 时，应布置在专用的房间内，外墙开门处上方应设置防火挑檐，挑檐的宽度不应小于 1.0m，而长度为门的宽度两侧各加 0.5m。

10.5 电 缆

10.5.1 防止电缆火灾延燃的措施应包括封、堵、涂、隔、包、水喷雾、悬挂式干粉等措施。

10.5.2 涂料、堵料应符合现行国家标准《防火封堵材料》GB 23864 的有关规定，且取得型式检验认可证书，耐火极限不低于设计要求。防火涂料在涂刷时要注意稀释液的防火。

10.5.3 凡穿越墙壁、楼板和电缆沟道而进入控制室、电缆夹层、控制柜及仪表盘、保护盘等处的电缆孔、洞、竖井和进入油区的电缆入口处必须用防火堵料严密封堵。发电厂的电缆沿一定长度可涂以耐火涂料或其他阻燃物质。靠近充油设备的电缆沟，应有防火延燃措施，盖板应封堵。防火封堵应符合现行行业标准《建筑防火封堵应用技术规程》CECS 154 的有关规定。

10.5.4 在已完成电缆防火措施的电缆孔洞等处新敷设或拆除电缆，必须及时重新做好相应的防火封堵措施。

10.5.7 汽轮机机头附近、锅炉灰渣孔、防爆门以及磨煤机冷风门的泄压喷口，不得正对着电缆，否则必须采取罩盖、封闭式槽盒等防火措施。

10.5.9 在多个电缆头并排安装的场合中，应在电缆头之间加隔板或填充阻燃材料。

10.5.11 电力电缆中间接头盒的两侧及其邻近区域，应增加防火包带等阻燃措施。

10.5.12 施工中动力电缆与控制电缆不应混放、分布不均及堆积乱放。在动力电缆与控制电缆之间，应设置层间耐火隔板。

10.5.13 火力发电厂汽轮机，锅炉房、输煤系统宜使用铠甲电缆或阻燃电缆，不适用普通塑料电缆，并应符合下列要求：

1 新建或扩建的 300MW 及以上机组应采用满足现行国家标准《电线电缆燃烧实验方法》GB 12666.5 中 A 类成束燃烧试验条件的阻燃型电缆。

2 对于重要回路（如直流油泵、消防水泵及蓄电池直流电源线路等），应采用满足现行国家标准《电线电缆燃烧实验方法》GB 12666.6 中 A 类耐火强度试验条件的耐火型电缆。

10.5.14 电缆隧道的下列部位宜设置防火分隔，采用防火墙上设置防火门的形式：

1 电缆进出隧道的出入口及隧道分支处。

2 电缆隧道位于电厂、变电站内时，间隔不大于 100m 处。

3 电缆隧道位于电厂、变电站外时，间隔不大于 200m 处。

4 长距离电缆隧道通风区段处，且间隔不大于 500m。

5 电缆交叉、密集部位，间隔不大于 60m。

防火墙耐火极限不宜低于 3.0h，防火门应采用甲级防火门（耐火极限不宜低于 1.2h）且防火门的设置应符合现行国家标准《建筑设计防火规范》GB 50016 的有关规定。

10.5.16 电缆隧道内电缆的阻燃防护和防止延燃措施应符合现行国家标准《电力工程电缆设计规程》GB 50217 的有关规定。

10.6 蓄电池室

10.6.2 其他蓄电池室（阀控式密封铅酸蓄电池室、无氢蓄电池室、锂电池室、钠硫电池、UPS 室等）应符合下列要求：

2 锂电池、钠硫电池应设置在专用房间内，建筑面积小于 200m² 时，应设置干粉灭火器和消防砂箱；建筑面积不小于 200m² 时，宜设置气体灭火系统和自动报警系统。

10.7 其他电气设备

10.7.3 户内布置的单台电力电容器油量超过 100kg 时，应有贮油设施或挡油栏。

户外布置的电力电容器与高压电气设备需保持 5.0m 及以上的距离，防止事故扩大。

10.7.6 500kV 的穿墙套管，其内部的绝缘体充有绝缘油，应作为消防的重点对象，需备有足够的消防器材和蹬高设备。

11 调度室、控制室、计算机室、通信室、档案室消防

11.0.2 各室的隔墙、顶棚内装饰，应采用难燃或不燃材料。建筑内部装修材料应符合现行国家标准《建筑内部装修设计防火规范》GB 50222 的有关规定，地下变电站宜采用防霉耐潮材料。

11.0.3 控制室、调度室应有不少于两个疏散出口。

11.0.4 各室严禁吸烟，禁止明火取暖。计算机室维修必用的各种溶剂，包括汽油、酒精、丙酮、甲苯等易燃溶剂应采用限量办法，每次带入室内不超过 100ml。

11.0.5 严禁将带有易燃、易爆、有毒、有害介质的氢压表、油压表等一次仪表装入控制室、调度室、计算机室。

11.0.7 空调系统的防火应符合下列规定：

1 设备和管道的保冷、保温宜采用不燃材料，当确有困难时，可采用燃烧产物毒性较小且烟密度等级不大于 50 的难燃材料。防火阀前后各 2.0m、电加热器前后 0.8m 范围内的管道及其绝热材料均应采用不燃材料。

2 通风管道装设防火阀应符合现行国家标准《建筑设计防火规范》GB 50016 的相关规定。防火阀既要有手动装置，同时要在关键部位装易熔片或风管式测温、感烟装置。

11.0.8 档案室收发档案材料的门洞及窗口应安装防火门窗，其耐火极限不得低于 0.75h。

11.0.9 档案室与其他建筑物直接相通的门均应做防火门，其耐火极限应不小于 2.0h；内部分隔墙上开设的门也要采取防火措施，耐火极限要求为 1.2h。

11.0.10 各室配电线路应采用阻燃措施或防延燃措施，严禁任意拉接临时电线。

12 发电厂和变电站其他消防

12.1 电焊和气焊

12.1.9 储存气瓶的仓库应具有耐火性能，门窗应向外开，装配的玻璃应用毛玻璃或涂以白漆；地面应该平坦不滑，撞击时不会发生火花。

12.1.10 储存气瓶库房与建筑物的防火间距应符合表12.1.10的规定。

表12.1.10 储存气瓶库房与建筑物的防火间距（m）

储存物品种类	防火间距 储量(t)	耐火等级 一、二级	三级	四级	民用建筑、明火或散发火花地点
乙炔	≤10	12	15	20	25
	>10	15	20	25	30
氧气		10	12	14	—

12.1.11 储存气瓶仓库周围10m以内，不得堆置可燃物品，不得进行锻造、焊接等明火工作，也不得吸烟。

12.1.14 乙炔气瓶禁止放在高温设备附近，应距离明火10m以上，使用中应与氧气瓶保持5.0m以上距离。

12.1.15 乙炔减压器与瓶阀之间必须连接可靠。严禁在漏气的情况下使用。乙炔气瓶上应有阻火器，防止回火并经常检查，以防阻火器失灵。

12.1.16 乙炔管道应装薄膜安全阀，安全阀应装在安全可靠的地点，以免伤人及引起火灾。

12.2 易燃易爆物品储存

12.2.2 易燃液体的库房，宜单独设置。当易燃液体与可燃液体储存在同一库房内时，两者之间应设防火墙。

12.2.3 易燃易爆物品不应储存在建筑物的地下室、半地下室内。

12.2.4 易燃易爆物品库房应有隔热降温及通风措施，并设置防爆型通风排气装置。

12.2.11 易燃、可燃液体库房应设置防止液体流散的设施。

12.3 绝缘油和透平油油罐、油罐室、油处理室

12.3.1 绝缘油和透平油油罐、油罐室的设计，应符合现行行业标准《水利水电工程设计防火规范》SDJ 278的有关规定。

12.3.2 油罐室内不应装设照明开关和插座，灯具应采用防爆型。油处理室内应采用防爆电器。

12.3.3 油罐室、油处理室应采用防火墙与其他房间分隔。

12.3.9 绝缘油和透平油露天油罐与建筑物等的防火间距应符合表12.3.9的规定。

表12.3.9 露天油罐与建筑物等的防火间距（m）

防火间距 油罐储量(m³)	建筑物名称 建筑物耐火等级 一、二级	三级	开关站	厂外铁路线（中心线）	厂外公路（路边）
5～200	10	12	15	30	15
200～600	12	15	20	30	15

注：电力牵引机车的厂外铁路线（中心线）防火间距不应小于20m。

13 消防设施

13.1 燃煤、燃机发电厂

13.1.1 燃煤、燃机发电厂应设置消防给水系统和室内外消火栓，并符合下列要求：

1 消防水源应有可靠保证，供水水量和水压应满足同一时间内发生火灾的次数及一次最大灭火用水，厂区占地面积不大于100ha时同一时间按1次火灾计算，面积超过时按2次火灾计算，一次灭火用水量应为室外和室内消防用水量之和。

2 125MW机组及以上的燃煤、燃机发电厂应设置独立的消防给水系统。

3 100MW机组及以下的燃煤、燃机发电厂消防给水可采用与生活或生产用水合用的给水系统，但应保证在其他用水达到最大小时用量时，能确保消防用水量。

13.1.2 燃煤、燃机发电厂应设置带消防水泵、稳压设施和消防水池的临时（稳）高压给水系统或带高位消防水池的高压给水系统。

13.1.3 消防水泵应设置备用泵，125MW机组以下发电厂的备用泵流量和扬程不应小于最大一台消防泵的流量和扬程。125MW机组及以上发电厂宜设置柴油驱动消防泵作为备用泵，其性能参数及泵的数量应满足最大消防水量、水压的需要。

13.1.4 下列建筑物或场所应设置室内消火栓：主厂房（包括汽机房和锅炉房的底层和运转层、燃机厂房的底层和运转层、煤仓间各层、除氧器层、锅炉燃烧各层平台），集中控制楼、主控制楼、网络控制楼、微波楼、脱硫控制楼、继电器室、有充油设备的屋内高压配电装置、屋内卸煤装置、碎煤机室、转运站、筒仓皮带层、室内储煤场，柴油发电机房、生产、行政办公楼，一般材料库、特殊材料库，汽车库。

13.1.5 火灾自动报警系统与固定灭火系统应符合下列规定：

1 单机容量为300MW及以上的燃煤发电厂应按现行国家标准《火力发电厂与变电站设计防火规范》GB 50229的规定，设置重点防火区域的火灾自动报警系统和固定灭火系统。

2 单机容量为200MW及以上但小于300MW的燃煤发电厂应按现行国家标准《火力发电厂与变电站设计防火规范》GB 50229的规定，设置重点防火区域的火灾自动报警系统。

3 单机容量为50MW～135MW的燃煤发电厂在控制室、电缆夹层、屋内配电装置、电缆隧道及竖井处设置火灾自动报警系统。

4 单机容量为50MW以下的燃煤发电厂以消火栓和移动式灭火器材为主要灭火手段。

5 单机容量50MW以上的燃煤发电厂运煤栈桥及隧道与转运站、筒仓、碎煤机室、主厂房连接处应设水幕；所有钢结构运煤建筑应设置自动喷水或水喷雾灭火系统；所有90MVA及以上的油浸式变压器应设置火灾自动报警系统和水喷雾、泡沫喷雾、排油注氮装置或其他灭火系统。

6 除燃气轮发电机组外，多轴配置的联合循环燃机发电厂应按汽轮发电机组容量对应燃煤发电厂等同容量设置火灾自动报警系统和固定自动灭火系统，单轴配置的燃机发电厂

应按单套机组总容量对应燃煤发电厂确定消防设施。燃气轮发电机组（包括燃气轮机、齿轮箱、发电机和控制间）应设置全淹没气体灭火系统和火灾自动报警系统，室内天然气调压站、燃机厂房应设置可燃气体泄漏探测装置。

13.1.6 单机容量为 300MW 及以上的燃煤发电厂主要建（构）筑物和设备的火灾自动报警系统与固定灭火系统在条件相符时可按本规程附录 D 表 D.0.1 的规定采用；单机容量为 200MW 及以上但小于 300MW 的燃煤发电厂主要建（构）筑物和设备的火灾自动报警系统在条件相符时可按本规程附录 D 表 D.0.2 的规定采用。

13.2 水力发电厂（抽水蓄能电厂）

13.2.1 容量 50MW 及以上的大、中型水力发电厂、抽水蓄能电厂应设置消防给水系统和室内外消火栓。消防给水可选用自流供水、水泵供水或消防水池供水等方式，供水水量和水压应满足最大一次消防灭火用水（室外和室内用水量之和）。当单一供水方式不能满足要求时，可采用混合供水方式，消防用水可与生产、生活用水结合。

13.2.2 消防给水系统应符合下列要求：

1 采用自流供水方式的高压系统时，取水口不应少于两个，必须在任何情况下保证消防给水。

2 采用水泵供水方式的临时高压系统时，应设置备用泵和消防水箱，备用泵的工作能力不应小于最大一台主泵，消防水箱应储存 10min 的消防水量，但不可超过 18m³。

3 采用消防水池供水方式时，水池容量应满足火灾延续时间内的消防用水量要求。

13.2.3 主厂房、副厂房、泵房、油罐室、升压开关站等处应设置室内消火栓，每个消火栓处应直接启动消防泵的按钮，保证在火警后 5min 内开始工作。

13.2.4 大、中型水力发电厂含抽水蓄能电厂应按《水利水电工程设计防火规范》SDJ278 的规定，设置重点防火区域的火灾自动报警系统和固定灭火系统。主要建（构）筑物和设备的火灾自动报警系统与固定灭火系统在条件相符时可按本规程附录 D 表 D.0.3 的规定采用。

13.3 风力发电场

13.3.1 大中型风力发电场建筑物应设置独立或合用消防给水系统和消火栓。消防水源应有可靠保证，供水水量和水压应满足最大一次消防灭火用水（室外和室内用水量之和）。小型风力发电场内的建筑物耐火等级不低于二级，体积不超 3000m³，且火灾危险性为戊类时，可不设消防给水。

13.3.2 设有消防给水的风力发电场变电站应设置带消防水泵、稳压设施和消防水池的临时（稳）高压给水系统，消防水泵应设置备用泵，备用泵流量和扬程不应小于最大一台消防泵的流量和扬程。

13.3.3 设有消防给水的风力发电场主控通信楼应设置室内外消火栓和移动式灭火器，其他建筑物不设室内消火栓的条件同变电站。并符合下列要求：

1 风力发电场变电站的特殊消防设施配置应符合现行国家标准《火力发电厂与变电站设计防火规范》GB 50229 的有关规定。

2 主控通信楼和配电装置室的控制室、电子设备室、配电室、电缆夹层及竖井等应设置感烟或感温型火灾探测器。

3 油浸式变压器处应设置缆式线型感温或分布式光纤探测器或其他探测方式，单台容量 125MVA 及以上的油浸式变压器应设置固定式水喷雾、合成型泡沫喷雾或排油注氮灭火装置。

13.3.4 机组及周围场地可不设置消火栓及消防给水系统，风机塔筒底部和机舱内部均应设置手提式灭火器。

13.3.5 750kW 以上的风机机舱内应设置无源型悬挂式超细干粉灭火装置或气溶胶灭火装置，采用自身热敏元件探测并自动启动；也可采用有源型悬挂式超细干粉、瓶组式高压细水雾、火探管等固定式自动灭火装置，以及火灾自动报警装置；风机内部有足够的照明措施时，还可选用视频监视装置作为辅助监控措施。

13.4 光伏发电站

13.4.1 独立建设的并网型太阳能光伏发电站应设置独立或合用消防给水系统和消火栓。消防水源应有可靠保证，供水水量和水压应满足最大一次消防灭火用水（室外和室内用水量之和）。小型光伏发电站内的建筑物耐火等级不低于二级，体积不超 3000m³，且火灾危险性为戊类时，可不设消防给水。

13.4.2 设有消防给水的光伏发电站的变电站应设置带消防水泵、稳压设施和消防水池的临时（稳）高压给水系统，消防水泵应设置备用泵，备用泵流量和扬程不应小于最大一台消防泵的流量和扬程。

13.4.3 设有消防给水的普通光伏发电站综合控制楼应设置室内外消火栓和移动式灭火器，控制室、电子设备室、配电室、电缆夹层及竖井等处应设置感烟或感温型火灾探测报警装置。光伏电池组件场地和逆变器室一般不设置消火栓及消防给水系统，仅逆变器室需设置移动式灭火器。其他建筑物不设室内消火栓的条件同变电站。

13.4.4 采用集热塔技术的太阳能集热发电站类似于小型火力发电厂，比照汽轮发电机组容量，设置消火栓、火灾自动报警系统和固定灭火系统。

13.5 生物质发电厂

13.5.1 生物质发电厂应设置独立或合用消防给水系统和室内外消火栓。消防水源应有可靠保证，供水水量和水压应满足最大一次消防灭火用水（室外和室内用水量之和）。当采用消防生活合用给水系统时，应保证在生活用水达到最大小时用量时，能确保消防用水量。

13.5.2 应设置带消防水泵、稳压设施和消防水池的临时（稳）高压给水系统或带高位消防水池的高压给水系统。消防水泵应设置备用泵，备用泵流量和扬程不应小于最大一台消防泵的流量和扬程。

13.5.3 下列建筑物或场所应设置室内消火栓：主厂房（包括汽机房和锅炉房的底层和运转层、除氧间各层）、干料棚、转运站及除铁小室、综合办公楼、食堂、检修材料库。

13.5.4 生物质发电厂属小型火力发电厂，消防措施以火灾自动报警、人工灭火为主，重点防火区域的火灾自动报警系统和固定灭火系统应符合表 13.5.4 的规定。

表 13.5.4 火灾自动报警系统与固定灭火系统

建(构)筑物和设备		火灾探测器类型	固定灭火介质及系统型式
主厂房	集控室	感烟	—
	电子设备间	感烟	—
	电气配电间	感烟	—
	电缆桥架、竖井	缆式线型感温或分布式光纤	—
	汽轮机轴承	感温或火焰	—
	汽轮机润滑油箱	缆式线型感温或分布式光纤	—
	汽机润滑油管道	缆式线型感温或分布式光纤	—
	给水泵油箱	缆式线型感温或分布式光纤	—
	锅炉本体燃烧器	缆式线型感温或分布式光纤	—
	料仓间皮带层	缆式线型感温或分布式光纤	—
	主变压器(90MVA及以上)	缆式线型感温+缆式线型感温或缆式线型感温+火焰探测器组合	水喷雾、泡沫喷雾(严寒地区)或其他介质
燃料建(构)筑物	燃料干料棚(含半露天堆场)	红外感烟或火焰	按现行规范时采用室内消火栓或消防水炮(计算确定);采用自动喷水灭火装置
	干料棚、除铁小室与栈桥连接处	缆式线型感温或分布式光纤	水幕
	除铁小室(含转运站)	缆式线型感温或分布式光纤	—
	皮带通廊	缆式线型感温或分布式光纤	封闭式设置自动喷水灭火装置
辅助建筑物	柴油机消防泵及油箱	感温	—
	空压机室	感温	—
	油泵房	感温	—
	综合办公楼	感烟	设置有风管的集中空气调节系统且建筑面积大于3000m²时采用自动喷水灭火装置
	食堂/材料库	感烟或感温	—

13.6 垃圾焚烧发电厂

13.6.1 垃圾焚烧发电厂应设置消防给水系统和室内外消火栓,消防水源应有可靠保证,供水水量和水压应满足最大一次消防灭火用水(包括室外和室内用水量之和)。全厂总焚烧能力600t/d(Ⅱ类)及以上的垃圾电厂宜采用独立的消防给水系统,此外的小型垃圾电厂可采用生产、消防合用给水系统,但应保证在其他用水达到最大小时用量时,能确保消防用水量。

13.6.2 消防水泵和消防水池的设置应符合现行国家标准《火力发电厂与变电站设计防火规范》GB 50229的规定。

13.6.3 下列建筑物或场所应设置室内消火栓:垃圾焚烧厂房和汽轮发电机厂房的地面及各层平台、飞灰固化处理车间、循环水泵房、办公楼。

13.6.4 火灾自动报警系统与固定灭火系统应符合表13.6.4的规定。

表 13.6.4 火灾自动报警系统与固定灭火系统

建筑物和设备	火灾探测器类型	固定灭火介质及系统型式
垃圾储存仓、焚烧工房及其相连部分	感温或红外感烟	消防水炮
中央控制室	点式感烟或吸气式感烟	

续表 13.6.4

建筑物和设备	火灾探测器类型	固定灭火介质及系统型式
配电室	点式感烟或吸气式感烟	—
电缆夹层、电缆竖井和电缆通廊	缆式线型感温、分布式光纤、点式感烟或吸气式感烟	

13.7 变电站(换流站、开关站)

13.7.1 变电站、换流站和开关站应设置消防给水系统和消火栓。消防水源应有可靠保证,同一时间按一次火灾考虑,供水水量和水压应满足一次最大灭火用水,用水量应为室外和室内(如有)消防用水量之和。变电站、开关站和换流站内的建筑物耐火等级不低于二级,体积不超3000m³,且火灾危险性为戊类时,可不设消防给水。

13.7.2 设有消防给水的变电站、换流站和开关站应设置带消防水泵、稳压设施和消防水池的临时(稳)高压给水系统,消防水泵应设置备用泵,备用泵流量和扬程不应小于最大一台消防泵的流量和扬程。

13.7.3 变电站、换流站和开关站的下列建筑物应设置室内消火栓:地上变电站和换流站的主控通信楼、配电装置楼、继电器室、变压器室、电容器室、电抗器室、综合楼、材料库、地下变电站。下列建筑物可不设置室内消火栓：耐火等级为一、二级且可燃物较少的丁、戊类建筑物；耐火等级为三、四级且建筑体积不超过3000m³的丁类厂房和建筑体积不超过5000m³的戊类厂房；室内没有生产、生活给水管道，室外消防用水取自储水池且建筑体积不超过5000m³的建筑物。

13.7.4 电压等级35kV或单台变压器5MVA及以上变电站、换流站和开关站的特殊消防设施配置应符合现行国家标准《火力发电厂与变电站设计防火规范》GB 50229的有关规定，换流站的消防设施还应符合现行行业标准《高压直流换流站设计技术规定》DL/T 5223的要求，地下变电站的消防设施还应符合现行行业标准《35kV～220kV城市地下变电站设计规程》DL/T 5216的要求。

1 地上变电站和换流站火灾自动报警系统和固定灭火系统应符合表13.7.4的规定。

表13.7.4 变电站和换流站火灾自动报警系统与固定灭火系统

建筑物和设备	火灾探测器类型	固定灭火介质及系统型式
主控制室	点式感烟或吸气式感烟	—
通信机房	点式感烟或吸气式感烟	—
户内直流开关场地	点式感烟或吸气式感烟	—
电缆层、电缆竖井和电缆隧道	220kV及以上变电站、所有地下变电站和无人变电站设缆式线型感温、分布式光纤、点式感烟或吸气式感烟	无人值班站可设置悬挂式超细干粉、气溶胶或火探管灭火装置
继电器室	点式感烟或吸气式感烟	—
电抗器室	点式感烟或吸气式感烟（如有含油设备，采用感温）	—
电容器室	点式感烟或吸气式感烟（如有含油设备，采用感温）	—
配电装置室	点式感烟或吸气式感烟	—
蓄电池室	防爆感烟和可燃气体	—
换流站阀厅	点式感烟或吸气式感烟+其他早期火灾探测报警装置（如紫外弧光探测器）组合	—
油浸式平波电抗器（单台容量200Mvar及以上）	缆式线型感温+缆式线型感温或缆式线型感温+火焰探测器组合	水喷雾、泡沫喷雾（缺水或严寒地区）或其他介质
油浸式变压器（单台容量125MVA及以上）	缆式线型感温+缆式线型感温或缆式线型感温+火焰探测器组合（联动排油注氮宜与瓦斯报警、压力释压阀或跳闸动作组合）	水喷雾、泡沫喷雾、排油注氮（缺水或严寒地区）或其他介质
油浸式变压器（无人变电站单台容量125MVA以下）	缆式线型感温或火焰探测器	—

2 地下变电站除满足表13.7.4规定外，还应在所有电缆层、电缆竖井和电缆隧道处设置线型感温、感烟或吸气式感烟探测器，在所有油浸式变压器和油浸式平波电抗器处设置火灾自动报警系统和细水雾、排油注氮、泡沫喷雾或固定式气体自动灭火装置。

14 消防器材

14.1 火灾类别及危险等级

14.1.1 灭火器配置场所的火灾种类应根据该场所内的物质及其燃烧特性进行分类，划分为下列类型。
 1 A类火灾：固体物质火灾。
 2 B类火灾：液体火灾或可熔化固体物质火灾。
 3 C类火灾：气体火灾。
 4 D类火灾：金属火灾。
 5 E类火灾：物体带电燃烧的火灾。

14.1.2 工业场所的灭火器配置危险等级，应根据其生产、使用、储存物品的火灾危险性，可燃物数量，火灾蔓延速度，扑救难易程度等因素，划分为三级：严重危险级、中危险级和轻危险级。

14.1.3 建（构）筑物、设备火灾类别及危险等级可按本规程附录E的规定采用。

14.2 灭 火 器

14.2.1 灭火器的选择应考虑配置场所的火灾种类和危险等级、灭火器的灭火效能和通用性、灭火剂对保护物品的污损程度、设置点的环境条件等因素。有场地条件的严重危险级场所，宜设推车式灭火器。

14.2.2 手提式和推车式灭火器的定义、分类、技术要求、性能要求、试验方法、检验规则及标志等要求应符合现行国家标准《手提式灭火器》GB 4351和《推车式灭火器》GB 8109的有关规定。

14.2.3 在同一灭火器配置场所，宜选用相同类型和操作方法的灭火器，当选用两种或两种以上类型灭火器时，应采用灭火剂相容的灭火器。当同一场所存在不同种类火灾时，应选用通用型灭火器。

14.2.4 灭火器需定位，设置点的位置应根据灭火器的最大保护距离确定，并应保证最不利点至少在1具灭火器的保护范围内。灭火器的最大保护距离应符合现行国家标准《建筑灭火器配置设计规范》GB 50140的规定。

14.2.5 实配灭火器的灭火级别不得小于最低配置基准，灭火器的最低配置基准按火灾危险等级确定，应符合现行国家标准《建筑灭火器配置设计规范》GB 50140的规定。当同一场所存在不同火灾危险等级时，应按较危险等级确定灭火器的最低配置基准。

14.2.6 灭火器的设置应符合下列要求：
 1 灭火器应设置在位置明显和便于取用的地点，且不得影响安全疏散。
 2 灭火器不得设置在超出其使用温度范围的地点，不宜设置在潮湿或强腐蚀性的地点，当必须设置时应有相应的保护措施。露天设置的灭火器应有遮阳挡水和保温隔热措施，北方寒冷地区应设置在消防小室内。

3 对有视线障碍的灭火器设置点，应设置指示其位置的发光标志。

4 手提式灭火器宜设置在灭火器箱内或挂钩、托架上，其顶部离地面高度不应大于1.50m，底部离地面高度不宜小于0.08m。

5 灭火器的摆放应稳固，其铭牌应朝外。

14.2.7 灭火器的标志应符合下列要求：

1 灭火器筒体外表应采用红色。

2 灭火器上应有发光标志，以便在黑暗中指示灭火器所处的位置。

3 灭火器应有铭牌贴在筒体上或印刷在筒体上，并应包括下列内容：灭火器的名称、型号和灭火剂种类，灭火种类和灭火级别，使用温度范围，驱动气体名称和数量或压力，水压试验压力，制造厂名称或代号，灭火器认证，生产连续序号，生产年份，灭火器的使用方法（包括一个或多个图形说明和灭火种类代码），再充装说明和日常维护说明。

4 灭火器类型、规格和灭火级别应符合现行国家标准《建筑灭火器配置设计规范》GB 50140的要求。

5 灭火器的分类、使用及原理可按本规程附录F的规定采用。

6 泡沫灭火器的标志牌应标明"不适用于电气火灾"字样。

14.2.8 灭火器箱不得上锁，灭火器箱前部应标注"灭火器箱、火警电话、厂内火警电话、编号"等信息，箱体正面和灭火器设置点附近的墙面上应设置指示灭火器位置的固定标志牌，并宜选用发光标志。

14.3 消防器材配置

14.3.1 各类发电厂和变电站的建（构）筑物、设备应按照其火灾类别及危险等级配置移动式灭火器。

14.3.2 各类发电厂和变电站的灭火器配置规格和数量应按《建筑灭火器配置设计规范》GB 50140计算确定，实配灭火器的规格和数量不得小于计算值。

14.3.3 一个计算单元内配置的灭火器不得少于2具，每个设置点的灭火器不宜多于5具。

14.3.4 手提式灭火器充装量大于3.0kg时应配有喷射软管，其长度不小于0.4m，推车式灭火器应配有喷射软管，其长度不小于4.0m。除二氧化碳灭火器外，贮压式灭火器应设有能指示其内部压力的指示器。

14.3.5 油浸式变压器、油浸式电抗器、油罐区、油泵房、油处理室、特种材料库、柴油发电机、磨煤机、给煤机、送风机、引风机和电除尘等处应设置消防砂箱或砂桶，内装干燥细黄砂。消防砂箱容积为1.0m³，并配置消防铲，每处3把~5把，消防砂桶应装满干燥黄砂。消防砂箱、砂桶和消防铲均应为大红色，砂箱的上部应有白色的"消防砂箱"字样，箱门正中应有白色的"火警119"字样，箱体侧面应标注使用说明。消防砂箱的放置位置应与带电设备保持足够的安全距离。

14.3.6 设置室外消火栓的发电厂和变电站应集中配置足够数量的消防水带、水枪和消火栓扳手，宜放置在厂内消防车库内。当厂内不设消防车库时，也可放置在重点防火区域周围的露天专用消防箱或消防小室内。根据被保护设备的性质合理配置19mm直流或喷雾或多功能水枪，水带宜配置有衬里消防水带。

14.3.7 每只室内消火栓箱内应配置65mm消火栓及隔离阀各1只、25m长DN65有衬里水龙带1根带快装接头、19mm直流或喷雾或多功能水枪1只、自救式消防水喉1套、消防按钮1只。带电设施附近的消火栓应配备带喷雾功能水枪。当室内消火栓栓口处的出水压力超过0.5MPa时，应加设减压孔板或采用减压稳压型消火栓。

14.3.8 典型工程现场灭火器和黄砂配置可按本规程附录G的规定采用。

14.4 正压式消防空气呼吸器

14.4.1 设置固定式气体灭火系统的发电厂和变电站等场所应配置正压式消防空气呼吸器，数量宜按每座有气体灭火系统的建筑物各设2套，可放置在气体保护区出入口外部、灭火剂储瓶间或同一建筑的有人值班控制室内。

14.4.2 长距离电缆隧道、长距离地下燃料皮带通廊、地下变电站的主要出入口应至少配置2套正压式消防空气呼吸器和4只防毒面具。水电厂地下厂房、封闭厂房等场所，也应根据实际情况配置正压式消防空气呼吸器。

14.4.3 正压式消防空气呼吸器应放置在专用设备柜内，柜体应为红色并固定设置标志牌。

附录D 火力发电厂和水力发电厂火灾自动报警系统与固定灭火系统

D.0.1 300MW及以上燃煤电厂主要建（构）筑物和设备火灾自动报警系统和固定灭火系统应符合表D.0.1的规定。

表D.0.1 300MW及以上燃煤电厂主要建（构）筑物和设备火灾自动报警系统和固定灭火系统

建（构）筑物和设备		火灾探测器类型	固定灭火介质及系统型式
集中控制楼、网络控制楼（继电器楼）	电缆夹层	吸气式感烟+缆式线型感温组合、点型感烟+分布式光纤组合或点型感烟+缆式线型感温组合	水喷雾、细水雾、气体或其他灭火装置
	电子设备间	吸气式感烟+点型感温组合或点型感烟+点型感温组合	固定式气体或其他介质
	控制室	吸气式感烟或点型感烟	—
	计算机房	吸气式感烟+点型感温组合或点型感烟+点型感温组合	固定式气体或其他介质

续表 D.0.1

建（构）筑物和设备		火灾探测器类型	固定灭火介质及系统型式
集中控制楼、网络控制楼（继电器楼）	继电器室	吸气式感烟+点型感温组合或点型感烟+点型感温组合	固定式气体或其他介质
	DCS工程师室	吸气式感烟+点型感温组合或点型感烟+点型感温组合	固定式气体或其他介质
	配电装置室	感烟+感温组合	固定式气体或其他介质
	蓄电池室	防爆感烟和可燃气体	—
微波楼和通信楼		感烟或感温	—
汽机房	汽轮机油箱	缆式线型感温、分布式光纤或火焰	水喷雾或细水雾
	电液装置（抗燃油除外）	缆式线型感温、分布式光纤或火焰	水喷雾或细水雾
	氢密封油装置	缆式线型感温、分布式光纤或火焰	水喷雾或细水雾
	汽轮机轴承	感温或火焰	—
	汽轮机运转层下及中间层油管道	缆式线型感温或分布式光纤	水喷雾或雨淋
	给水泵油箱（抗燃油除外）	缆式线型感温+火焰组合、分布式光纤+火焰组合或点型感烟+火焰组合	水喷雾、雨淋或细水雾
	配电装置室	感烟	—
	电缆夹层	吸气式感烟+点型感温组合、缆式线型感温+点型感温组合或分布式光纤+点型感温组合	水喷雾、细水雾、气体、悬挂式超细干粉或热气溶胶
	汽轮机贮油箱（主厂房内）	缆式线型感温+火焰组合、分布式光纤+火焰组合或点型感烟+火焰组合	水喷雾或细水雾
	电子设备间	吸气式感烟+点型感温组合或点型感烟+点型感温组合	气体或其他介质
	汽机房架空电缆处	缆式线型感温或分布式光纤	—
锅炉房及煤仓间	锅炉本体燃烧器	缆式线型感温或分布式光纤	雨淋或水喷雾
	磨煤机润滑油箱	缆式线型感温或分布式光纤	水喷雾或细水雾
	回转式空气预热器	感温（设备温度自检）	提供设备内消防水源
	原煤仓、煤粉仓（无烟煤除外）	缆式线型感温和CO探测器	惰性气体
	锅炉房零米以上架空电缆处	缆式线型感温或分布式光纤	—
脱硫系统	脱硫控制楼控制室	感烟	
	脱硫控制楼配电装置室	感烟	
	脱硫控制楼电缆夹层	感烟、缆式线型感温或分布式光纤	—
变压器	主变压器、启动/备用变压器、联络变压器、高压厂用变压器（单台容量为90MVA及以上）	缆式线型感温+缆式线型感温组合或缆式线型感温+火焰探测器组合	水喷雾、泡沫喷雾（严寒地区）或其他介质

续表 D.0.1

建（构）筑物和设备		火灾探测器类型	固定灭火介质及系统型式
运煤系统	输煤综合楼控制室	感烟	—
	输煤综合楼配电装置室	感烟	—
	输煤综合楼电缆夹层	感烟、缆式线型感温或分布式光纤	—
	转运站及筒仓	缆式线型感温或分布式光纤	水幕
	碎煤机室	缆式线型感温或分布式光纤	水幕
	易自燃煤种的封闭式运煤栈桥、运煤隧道、皮带头部及尾部	缆式线型感温或分布式光纤	水喷雾或自动喷水
	敞开式运煤栈桥	缆式线型感温或分布式光纤	—
	煤仓间带式输送机层	缆式线型感温或分布式光纤	水幕及水喷雾或自动喷水
	室内贮煤场	感温	消防水炮
其他	柴油发电机室及油箱	感烟+感温组合	水喷雾、细水雾或其他介质
	屋内高压配电装置	感烟	—
	汽机房至主控楼电缆通道	缆式线型感温或分布式光纤	—
	电缆竖井	缆式线型感温或分布式光纤	水喷雾、悬挂式超细干粉、火探管或其他介质
	主厂房内主蒸汽管道与油管道（蒸汽管道上方）交叉处	感温	水喷雾、悬挂式超细干粉或其他介质
	电除尘控制室	感烟	—
	供氢站	可燃气体	—
	点火油罐	防爆缆式线型感温或分布式光纤	单罐容量大于 200m³ 的油罐采用固定式泡沫灭火和冷却水，单罐容量小于或等于 200m³ 的油罐采用移动式泡沫灭火和冷却水
	油泵房及油处理室	防爆感温	—
	电缆隧道	缆式线型感温或分布式光纤	水喷雾、细水雾、悬挂式超细干粉、气溶胶或其他介质
	柴油机驱动消防泵组及油箱	感温+火焰组合	水喷雾、细水雾或其他介质
	氨站	氨气浓度	水喷雾
	办公楼（设置有风管的集中空气调节系统且建筑面积大于 3000m²）	感烟	自动喷水

注：1 对于设置固定自动灭火系统的场所，宜采用两种同类或不同类的探测器组合探测方式。
  2 表中不加限制条件的"感烟"或"感温"是广义的探测型式，如感烟探测器包括点式感烟探测器、吸气式感烟探测器、红外感烟探测器等类型，可任选其一。

D.0.2 200MW 及以上但小于 300MW 的燃煤电厂主要建（构）筑物和设备火灾自动报警系统应符合表 D.0.2 的规定。

表 D.0.2 200MW 及以上但小于 300MW 的燃煤电厂主要建（构）筑物和设备火灾自动报警系统

建（构）筑物和设备		火灾探测器类型
集中控制楼（单元控制室）、网络控制楼	电缆夹层	感烟、缆式线型感温或分布式光纤
	电子设备间	吸气式感烟或点型感烟
	控制室	吸气式感烟或点型感烟
	计算机房	吸气式感烟或点型感烟
	继电器室	吸气式感烟或点型感烟
	配电装置室	感烟
	蓄电池室	防爆感烟和可燃气体
微波楼和通信楼		感烟
汽机房	汽轮机油箱	缆式线型感温、分布式光纤或火焰
	电液装置	缆式线型感温、分布式光纤或火焰
	氢密封油装置	缆式线型感温、分布式光纤或火焰
	汽轮机轴承	感温或火焰
	汽轮机运转层下及中间层油管道	缆式线型感温或分布式光纤
	给水泵油箱	缆式线型感温或分布式光纤
	配电装置室	感烟
锅炉房及煤仓间	锅炉本体燃烧器区	缆式线型感温或分布式光纤
	磨煤机润滑油箱	缆式线型感温或分布式光纤

续表 D.0.2

建（构）筑物和设备		火灾探测器类型
脱硫控制楼	控制室	感烟
	配电装置室	感烟
	电缆夹层	感烟、缆式线型感温或分布式光纤
运煤系统	控制室与配电间	感烟
	转运站	缆式线型感温或分布式光纤
	碎煤机室	缆式线型感温或分布式光纤
	运煤栈桥	缆式线型感温或分布式光纤
	煤仓及煤仓层	缆式线型感温或分布式光纤
	室内贮煤场	感温
其他	柴油发电机室	感烟
	点火油罐	缆式线型感温或分布式光纤
	汽机房架空电缆处	缆式线型感温或分布式光纤
	锅炉房零米以上架空电缆处	缆式线型感温或分布式光纤
	汽机房至主控制楼电缆通道	缆式线型感温或分布式光纤
	电缆隧道、电缆竖井	缆式线型感温、分布式光纤或感烟
	主厂房内主蒸汽管道与油管道交叉处	缆式线型感温或分布式光纤
	油浸变压器（90MVA 及以上）	缆式线型感温＋缆式线型感温组合或缆式线型感温＋火焰探测器组合，水喷雾、泡沫喷雾（严寒地区）或其他固定灭火设备
	氢站	氢气浓度

D.0.3 大、中型水力发电厂含抽水蓄能电厂主要建（构）筑物和设备火灾自动报警系统与固定灭火系统应符合表 D.0.3 的规定。

表 D.0.3 大、中型水力发电厂含抽水蓄能电厂主要建（构）筑物和设备火灾自动报警系统与固定灭火系统

建筑物和设备	火灾探测器类型	固定灭火介质及系统型式
发电机层	感烟或火焰探测器（适用层高 12m 及以上）	—
水轮发电机风罩内（12.5MVA 及以上容量）	感温或感烟	水喷雾、气体或其他固定式灭火装置
主控制室	感温、点式感烟或吸气式感烟	—
大中型电子计算机房	感温、点式感烟或吸气式感烟	固定式气体灭火装置
小型电子计算机房	感温、点式感烟或吸气式感烟	—
通信室	感温、点式感烟或吸气式感烟	—
继电保护室	感温、点式感烟或吸气式感烟	—
自动化装置室	感温、点式感烟或吸气式感烟	—
控制电源及蓄电池室	防爆感烟和可燃气体	—

续表 D.0.3

建筑物和设备	火灾探测器类型	固定灭火介质及系统型式
配电装置室	感烟	—
母线室、母线廊道和竖井	感烟	—
电梯机房	感烟	—
室内开关站	感温、感烟或火焰探测器	采用充油设备时设置水喷雾、细水雾、泡沫喷雾或其他固定式灭火装置
室外油浸式变压器（90MVA及以上）	缆式线型感温+缆式线型感温或缆式线型感温+火焰探测器组合	水喷雾、泡沫喷雾（严寒地区）或其他介质
室内油浸式变压器（所有主变压器和12.5MVA及以上的厂用变压器）	缆式线型感温+缆式线型感温或缆式线型感温+火焰探测器组合	水喷雾、细水雾、泡沫喷雾、气体或其他固定式灭火装置
电缆层、电缆竖井和电缆隧道	缆式线型感温、分布式光纤、感烟或吸气式感烟	大型电缆层、大型电缆竖井和隧道应设水喷雾、气体或其他固定式灭火装置
油罐	缆式线型感温、分布式光纤或火焰探测器（室内）	露天油罐总容量超过200m³，且单罐容量大于80m³；室内透平油库总容量超过100m³，且单罐大于50m³时设置固定式水喷雾 其他油罐设移动式泡沫设备
油处理室	感温或火焰探测器	—
独立的变压器检修间	感烟	—
实验室、仪器仪表室	感烟	—
办公室、会议室	感烟	—
资料室、档案室	感烟	—

附录 E 建（构）筑物、设备火灾类别及危险等级

E.0.1 燃煤、燃机发电厂建（构）筑物、设备火灾类别及危险等级应符合表 E.0.1 的规定。

表 E.0.1 燃煤、燃机发电厂建（构）筑物、设备火灾类别及危险等级

配置场所	火灾类别	危险等级
控制室	E（A）	严重
计算机室，DCS 工程师室，SIS 机房，远动工程师室	E（A）	中
电子设备间	E（A）	中
继电器室	E（A）	中
高、低压配电装置室	E（A）	中
电缆夹层	E（A）	中
蓄电池室	C（A）	中
汽轮机油箱	B	严重
电液装置	B	中
氢密封油装置	B	中
汽轮机轴承	B	中
汽轮机运转层下及中间层油管道	B	严重

续表 E.0.1

配置场所	火灾类别	危险等级
给水泵油箱	B	严重
汽轮机贮油箱	B	严重
主厂房内主蒸汽管道与油箱道交叉处	B	严重
汽机房架空电缆处	E（A）	中
电缆交叉、密集及中间接头部位	E（A）	中
汽轮机发电机运转层	A、B	中
锅炉本体燃烧器区	B	中
润滑油箱	B	中
磨煤机	A	严重
回转式空气预热器	A	中
煤仓间带式输送机层	A	中
锅炉房零米以上架空电缆处	E（A）	中
微波楼和通信楼	E（A）	中
屋内配电装置楼（内有充油设备）	E（A）	中
直接空冷平台	E、A	轻
室外油浸式变压器	B	中
脱硫工艺楼	A	轻
脱硫控制楼	E（A）	中
增压风机室	A	轻
吸风机室	A	轻
除尘构筑物	A	轻

续表 E.0.1

配置场所	火灾类别	危险等级
转运站及筒仓皮带层	A	中
碎煤机室	A	中
运煤隧道	A	中
屋内卸煤装置	A	中
解冻室	A	中
堆取料机、装卸桥	A	轻
贮煤场、干煤棚	A	中
室内贮煤场	A	中
柴油发电机室及油箱	B	中
点火油罐	B	严重
油处理室	B	中
供、卸油泵房、栈台	B	中
油浸式变压器室	B、E	中
化学水处理室、循环水处理室	A	轻
启动锅炉房	B	中
供（制）氢站	C（A）	严重
氨站	B	严重
尿素制备及储存间	A	轻
空气压缩机室（有润滑油）	B	中
热工、电气、金属实验室	A	中
油浸式变压器检修间	B	中
检修车间	A、B	轻
消防水泵房（有柴油发动机）	B	中
消防水泵房（无柴油发动机）及其他水泵房	A	轻
生产、行政办公楼及食堂	A	中
宿舍楼	A	轻
一般材料库	混合（A）	中
特种材料库	混合（A）	严重
机车库	B	中
汽车库、推煤机库	B	中
消防车库	A（B）	中
警卫传达室	A	轻
燃机厂房	C（A）	严重
天然气调压站	C（A）	严重

注：如采用了闪点低于60℃柴油的场所应按严重危险级考虑。

E.0.2 变电站、开关站和换流站建（构）筑物、设备火灾类别及危险等级应符合表 E.0.2 的规定。

表 E.0.2 变电站、开关站和换流站建（构）筑物、设备火灾类别及危险等级

配置场所	火灾类别	危险等级
主控制室	E（A）	严重
通信机房	E（A）	中

续表 E.0.2

配置场所	火灾类别	危险等级
配电装置楼（室）（有含油电气设备）	A、B、E	中
配电装置楼（室）（无含油电气设备）	E（A）	轻
继电器室	E（A）	中
户内直流开关场地（有含油电气设备）	A、B、E	中
户内直流开关场地（无含油电气设备）	E（A）	轻
换流站阀厅	E（A）	中
油浸式变压器（室）	B、E	中
气体或干式变压器	E（A）	轻
油浸式电抗器（室）	B、E	中
干式铁芯电抗器（室）	E（A）	轻
电容器（室）（有可燃介质）	B、E	中
干式电容器（室）	E（A）	轻
蓄电池室	C	中
电缆夹层	E（A）	中
柴油发电机室及油箱	B	中
检修备品仓库（有含油设备）	B、E	中
检修备品仓库（无含油设备）	A	轻
水处理室	A	轻
空冷器室	A	轻
生活、工业、消防水泵房（有柴油发动机）	B	中
生活、工业、消防水泵房（无柴油发动机）	A	中
污水、雨水泵房	A	中
警卫传达室	A	轻

E.0.3 水力发电厂、抽水蓄能电厂建（构）筑物、设备火灾类别及危险等级应符合表 E.0.3 的规定。

表 E.0.3 水力发电厂、抽水蓄能电厂建（构）筑物、设备火灾类别及危险等级

配置场所	火灾类型	危险等级
主控制室	E（A）	严重
发电机运转层	混合（A）	中
电子计算机房	E（A）	中
自动化装置室	E（A）	中
继电保护室	E（A）	中
通信室	E（A）	中
控制电源及蓄电池室	C（A）	中
配电装置室	E（A）	中
母线室、母线廊道和竖井	E（A）	中
电缆层、电缆竖井和电缆隧道	E（A）	中
屋内开关站	E（A）	中
室外油浸式变压器	B	中
油浸式变压器室	B	中
变压器检修间	B	中

续表 E.0.3

配置场所	火灾类型	危险等级
露天油罐	B	严重
油罐室	B	严重
油处理室	B	中
消防水泵房及其他水泵房	A	轻
实验室、仪器仪表室	A	中
生产、行政办公楼及食堂	A	中
宿舍楼	A	轻
消防车库	A（B）	中
警卫传送室	A	轻

E.0.4 生物质发电厂建（构）筑物、设备火灾类别及危险等级应符合表 E.0.4 的规定。

表 E.0.4 生物质发电厂（构）筑物、设备火灾类别及危险等级

配置场所	火灾类别	危险等级
控制室	E（A）	严重
计算机室，DCS 工程师室，SIS 机房，远动工程师室	E（A）	中
电子设备间	E（A）	中
继电器室	E（A）	中
高、低压配电装置室	E（A）	中
电缆夹层	E（A）	中
蓄电池室	C（A）	中
汽轮机轴承	B	中
汽轮机润滑油箱	B	严重
汽轮机运转层下及中间层油管道	B	严重
给水泵油箱	B	严重
主厂房内主蒸汽管道与油管道交叉处	B	严重
主厂房架空电缆处	E（A）	中
汽轮机发电机运转层	混合（A）	中
料仓间皮带层	A	中
锅炉本体燃烧器区	B	中
柴油发电机室及油箱	B	中
发电机出线小室	E（A）	中
变频室	E（A）	中
室外油浸式变压器	B	中
除铁小室及转运站	A	中
埋地式储油箱	B	严重
油泵房	B	中
皮带通廊	A	中
燃料干料棚	A	严重

续表 E.0.4

配置场所	火灾类别	危险等级
燃料露天堆场	A	严重
乙炔瓶库	C	严重
空压机室（有润滑油）	B	中
检修房	A、B	轻
化学水处理室	A	轻
消防水泵房（有柴油发动机）	B	中
水泵房	A	轻
综合办公楼	A	中
食堂	A	中
材料库	混合（A）	中
汽车库	B	中
地磅房	A	轻
警卫传达室	A	轻

E.0.5 其他发电厂建（构）筑物、设备火灾类别及危险等级应符合表 E.0.5 的规定。

表 E.0.5 其他发电厂建（构）筑物、设备火灾类别及危险等级

配置场所	火灾类别	危险等级
垃圾焚烧电厂	参照小型火力电厂	参照小型火力电厂
太阳能集热电站（塔式集热技术）	参照小型火力电厂	参照小型火力电厂
光伏电站（逆变器技术）	参照中小型变电站	参照中小型变电站
风力发电场	参照中小型变电站〔风机塔筒 E（A）〕	参照中小型变电站〔风机塔筒中〕

附录 G 典型工程现场灭火器和黄砂配置

G.1 灭火器配置原则

G.1.1 发电厂同一场所存在不同种类火灾的情况较多，危险性较大，宜采用通用、高效、无毒的磷酸铵盐干粉灭火器，所需配置的灭火器数量少、重量相对较轻，便于人员操作。由于干粉灭火器使用后存在残留污染，对电气、热控设备可配合使用洁净气体灭火器或二氧化碳灭火器，但需注意所选用灭火器的灭火级别应满足《火力发电厂与变电站设计防火规范》等标准规定的有关场所火灾类别和危险等级所对应的最小配置级别。

G.2 灭火器和黄砂典型配置

G.2.1 为简化发电厂与变电站灭火器和黄砂的配置计算，主要采用磷酸铵盐干粉灭火器进行选用示例，在条件相符时典型发电厂与变电站现场灭火器和黄砂配置可按表 G.2.1-1～表 G.2.1-7 的规定采用，实际工程应根据相关规定进行计算、调整。

表 G.2.1-1 典型 2×1000MW 燃煤发电厂现场灭火器和黄砂配置表

配置部位 \ 灭火器材	水成膜泡沫		磷酸铵盐干粉					黄砂		灭火级别	保护面积(m²)	危险等级	备注
	9L	45L	2kg	3kg	4kg	5kg	50kg	桶(25L)	箱(1.0m³)				
一、集中控制楼													
1 控制室	—	—	—	—	—	2	—	—	—	E(A)	250	严重	—
2 工程师室	—	—	—	2	—	—	—	—	—	E(A)	150	中	—
3 计算机室	—	—	—	2	—	—	—	—	—	E(A)	150	中	—
4 电子设备间	—	—	—	4×2	—	—	—	—	—	E(A)	4×200	中	—
5 继电器室	—	—	—	2	—	—	—	—	—	E(A)	250	中	—
6 配电装置室	—	—	—	4×2	—	—	—	—	—	E(A)	4×200	中	—
7 蓄电池室	—	—	—	2	—	—	—	—	—	C(A)	250	中	—
8 UPS电源室	—	—	—	2	—	—	—	—	—	E(A)	300	中	—
9 电缆夹层及竖井	—	—	—	10	—	—	—	—	—	E(A)	1800	中	—
10 会议资料室	—	—	2	—	—	—	—	—	—	A	150	轻	—
11 空调机房	—	—	—	4	—	—	—	—	—	A	300	轻	—
12 暖通控制室	—	—	—	2	—	—	—	—	—	A	70	轻	—
二、柴油发电机及油箱	—	—	—	—	2	—	—	—	1	B	150	中	—
三、汽机房													
1 汽机房 0m 层	—	—	—	—	46	—	—	—	—	混合(A)	7400	中	扣除特殊设备和房间面积后
2 给水泵油箱	—	—	—	—	2×2	—	—	—	—	B	2×50	严重	0m层
3 氢密封油装置	—	—	—	2×2	—	—	—	—	—	B	2×15	中	0m层
4 配电装置室	—	—	—	2×2	—	—	—	—	—	E(A)	2×300	中	0m层
5 蓄电池室	—	—	—	2×2	—	—	—	—	—	C(A)	2×150	中	0m层
6 汽机房 8.60m 层	—	—	—	—	42	—	—	—	—	混合(A)	6930	中	扣除特殊设备和房间面积后
7 汽轮机润滑油室	2×2	—	—	—	2×4	—	—	—	—	B	2×250	严重	8.6m层，含主油箱、电液装置
8 电缆夹层	—	—	—	2×4	—	—	—	—	—	E(A)	2×500	中	8.6m层
9 汽机发电机运转层	—	—	—	—	34	—	—	2×2	—	混合(A)	8150	中	扣除特殊设备和房间面积后
10 汽机运转层下及中间层油管道	—	—	—	—	2×6	—	—	—	—	B	2×120	严重	17.0m运转层
11 汽机轴承	—	—	—	—	2×2	—	—	—	—	B	2×20	中	17.0m运转层
12 汽机行车	—	—	2	—	—	—	—	—	—	B	60	轻	—
13 汽机房 23.0m 层	—	—	—	—	12	—	—	—	—	混合(A)	1300	中	—
四、煤仓间													
1 煤仓间 0m 层	—	—	—	—	2×6	—	—	—	—	混合(A)	2×900	中	扣除特殊设备面积后
2 磨煤机	—	—	—	—	4×2	—	—	2×1	—	A	12×25	严重	0m层
3 磨煤机润滑油箱	—	—	—	—	—	—	—	—	—	B	12×5	中	0m层，共用磨煤机灭火器

续表 G.2.1-1

配置部位 \ 灭火器材	水成膜泡沫 9L	水成膜泡沫 45L	磷酸铵盐干粉 2kg	磷酸铵盐干粉 3kg	磷酸铵盐干粉 4kg	磷酸铵盐干粉 5kg	磷酸铵盐干粉 50kg	黄砂 桶(25L)	黄砂 箱(1.0m³)	灭火级别	保护面积(m²)	危险等级	备注
4 煤仓间 17.0m 层	—	—	—	2×6	—	—	—	—	—	E(A)	2×1000	中	扣除特殊设备面积后
5 给煤机	—	—	—	—	—	4×2	—	—	2×1	A	12×10	严重	17.0m 层
6 煤仓间 45.0m 层	—	—	—	20	—	—	—	—	—	E(A)	3000	中	输煤皮带机层含原煤仓
五、锅炉房													
1 锅炉本体燃烧器	—	—	—	—	2×8	—	—	—	—	B	2×8×60	中	—
2 回转式空气预热器	—	—	—	2×6	—	—	—	—	—	A	2×2×240	中	—
3 锅炉 0m 电气小室	—	—	—	2×2	—	—	—	—	—	E(A)	2×200	中	—
4 锅炉 0m 及各层平台					2×8×16				2×2	混合(A)	2×8×2400	中	砂箱设在送风机、引风机处
六、汽机房 A 排外区													
1 主变压器	—	—	—	—	—	3	—	—	2×3	B	2×3×100	中	—
2 高压厂用变压器	—	—	—	—	—	2	—	—	2×2	B	2×2×60	中	—
3 启动/备用变压器	—	—	—	—	—	1	—	—	1	B	110	中	—
4 汽机净污油箱	—	—	—	—	—	2	—	—	1	B	110	严重	—
七、配电装置区													
1 屋内配电装置楼	—	—	—	6	—	—	—	—	—	E(A)	760	中	—
2 继电器楼	—	—	—	3×4	—	—	—	—	—	E(A)	3×280	中	—
八、炉后区													
1 电气除尘器	—	—	2×16	—	—	—	—	—	2×1	A	2×1800	轻	—
2 除灰除尘控制楼	—	—	—	4×4	—	—	—	—	—	E(A)	4×260	中	—
3 除灰空压机房	—	—	—	12	—	—	—	—	—	B	660	中	有润滑油
4 脱硫控制楼	—	—	—	4×4	—	—	—	—	—	E(A)	4×420	中	—
5 氧化风机房	—	—	2×4	—	—	—	—	—	—	A	2×400	轻	—
6 增压风机房	—	—	2×2	—	—	—	—	—	—	—	2×100	轻	—
九、灰库区													
1 灰库空压机房	—	—	—	9	—	—	—	—	—	B	500	中	有润滑油
2 制粉控制楼	—	—	—	2×4	—	—	—	—	—	E(A)	2×420	中	—
3 石灰石制粉车间	—	—	6	—	—	—	—	—	—	A	600	轻	—
4 石膏脱水车间	—	—	6	—	—	—	—	—	—	A	600	轻	—
十、运煤系统													
1 输煤控制楼	—	—	—	4×4	—	—	—	—	—	E(A)	4×500	中	—
2 转运站	—	—	—	3×4	—	—	—	—	—	A	3×400	中	单座,按3层计
3 碎煤机室	—	—	—	4×4	—	—	—	—	—	A	4×320	中	—

续表 G.2.1-1

配置部位	水成膜泡沫 9L	水成膜泡沫 45L	磷酸铵盐干粉 2kg	磷酸铵盐干粉 3kg	磷酸铵盐干粉 4kg	磷酸铵盐干粉 5kg	磷酸铵盐干粉 50kg	黄砂 桶(25L)	黄砂 箱(1.0m³)	灭火级别	保护面积(m²)	危险等级	备注
4 取样间	—	—	—	2	—	—	—	—	—	A	280	中	—
5 室内煤场进出转运站	—	—	—	10×4	—	—	—	—	—	A	10×520	中	单座，露天煤场工程没有
6 运煤栈桥或隧道	—	—	—	20	—	—	—	—	—	A	1800	中	单根，按200m长计
7 室内贮煤场	—	—	—	2×40	—	—	—	—	—	A	2×11300	中	φ120m，露天煤场工程没有
8 干煤棚	—	—	—	—	—	—	18	—	—	A	12000	中	含煤场，室内煤场工程没有
9 堆取料机	—	—	2×2	—	—	—	—	—	—	A	2×100	轻	转运站及筒仓皮带层
10 推煤机库	—	—	—	—	—	6	—	—	—	B	350	中	—
11 卸煤装置	—	—	—	—	4	—	—	—	—	A	600	中	卸船机或翻车机
12 卸煤值班配电间	—	—	—	—	4	—	—	—	—	E(A)	600	中	码头或铁路
十一、油库区													
1 点火油罐	—	2	—	—	—	2	—	—	4	B	2×64	严重	2座500m³，配4块灭火毯
2 油泵房	4	—	—	—	4	—	—	—	4	B	270	中	—
3 油处理室	4	—	—	—	4	—	—	—	4	B	250	中	—
十二、水处理及泵房区													
1 循环水泵房及配电间	—	—	12	—	—	—	—	—	—	E(A)	1200	轻	
2 循环水处理间	—	—	2	—	—	—	—	—	—	A	200	轻	
3 综合水泵房	—	—	8	—	—	—	—	—	—	A	540	轻	
4 消防水泵房	—	—	—	—	4	—	—	—	—	B	210	中	
5 化学水处理车间	—	—	12	—	—	—	—	—	—	A	1100	轻	
6 化水控制楼	—	—	—	2×4	—	—	—	—	—	E(A)	2×420	中	
7 废水处理车间	—	—	6	—	—	—	—	—	—	A	600	轻	
8 雨水泵房	—	—	2	—	—	—	—	—	—	A	200	轻	
9 生活污水风机房	—	—	2	—	—	—	—	—	—	A	72	轻	
10 含煤废水加药间	—	—	2	—	—	—	—	—	—	A	160	轻	
十三、辅助生产建筑													
1 启动锅炉房（油）	—	—	—	10	—	—	—	—	—	B	550	中	—
2 供（制）氢站	—	—	—	—	4	—	—	—	—	C(A)	180	严重	
3 脱硝制氨车间	—	—	—	—	8	—	—	—	—	C	350	严重	
4 特种材料库	4	—	—	—	—	12	—	4	.1	混合(B)	600	严重	
5 一般材料库	—	—	—	12	—	—	—	—	—	混合(A)	1600	中	
6 检修车间	—	—	—	2×14	—	—	—	—	—	A(B)	2×800	轻	
十四、厂前区													
1 生产办公楼	—	—	—	4×8	—	—	—	—	—	A	4×1800	中	
2 综合办公楼及食堂	—	—	—	4×6	—	—	—	—	—	A	4×1200	中	
3 汽车库	—	—	—	—	—	10	—	—	—	A(B)	600	中	

续表 G.2.1-1

灭火器材 配置部位	水成膜泡沫 9L	水成膜泡沫 45L	磷酸铵盐干粉 2kg	磷酸铵盐干粉 3kg	磷酸铵盐干粉 4kg	磷酸铵盐干粉 5kg	磷酸铵盐干粉 50kg	黄砂 桶(25L)	黄砂 箱(1.0m³)	灭火级别	保护面积(m²)	危险等级	备注
4 消防车库	—	—	—	—	2×14	—	—	—	—	B	2×800	中	—
5 警卫传达室	—	—	2×2	—	—	—	—	—	—	A	2×40	轻	—

表 G.2.1-2　典型 1000kV 变电站现场灭火器和黄砂配置表

灭火器材 配置部位	水成膜泡沫 9L	水成膜泡沫 45L	磷酸铵盐干粉 2kg	磷酸铵盐干粉 3kg	磷酸铵盐干粉 4kg	磷酸铵盐干粉 5kg	磷酸铵盐干粉 50kg	黄砂 桶(25L)	黄砂 箱(1.0m³)	灭火级别	保护面积(m²)	危险等级	备注
一、主控通信楼													共3层
1 办公休息区	—	—	—	5	—	—	—	—	—	A	430	轻	三层
2 控制室	—	—	—	—	—	2	—	—	—	E(A)	80	严重	二层
3 通信计算机房	—	—	—	—	—	2	—	—	—	E(A)	160	严重	二层
4 二层其他区域	—	—	—	4	—	—	—	—	—	A	360	轻	办公室、会议室、资料室
5 蓄电池室	—	—	—	—	2	—	—	—	—	C(A)	50	中	一层
6 一层其他区域	—	—	—	7	—	—	—	—	—	A	650	轻	工具间、办公室、食堂、走廊
二、1000kV继电器室	—	—	—	2	—	—	—	—	—	E(A)	200	中	—
三、主变压器继电器室	—	—	—	2×2	—	—	—	—	—	E(A)	2×150	中	2座
四、站用电室	—	—	—	2	—	—	—	—	—	E(A)	230	中	—
五、检修备品备件库	—	—	—	6	—	—	—	—	—	混合(A)	750	中	—
六、消防水泵房	—	—	—	—	2	—	—	—	—	B	108	中	—
七、警卫传送室	—	—	2	—	—	—	—	—	—	A	50	轻	—
八、主变压器	—	—	—	—	—	4×2	—	—	4×3	B	12×270	中	12只变压器共用
九、室外配电装置	—	—	—	—	—	—	40	—	—				

表 G.2.1-3　典型±800kV 换流站现场灭火器和黄砂配置表

灭火器材 配置部位	水成膜泡沫 9L	水成膜泡沫 45L	磷酸铵盐干粉 2kg	磷酸铵盐干粉 3kg	磷酸铵盐干粉 4kg	磷酸铵盐干粉 5kg	磷酸铵盐干粉 50kg	黄砂 桶(25L)	黄砂 箱(1.0m³)	灭火级别	保护面积(m²)	危险等级	备注
一、主控楼													3层
1 控制室	—	—	—	—	—	2	—	—	—	E(A)	120	严重	12.0m层
2 通信机房	—	—	—	—	—	2	—	—	—	E(A)	100	严重	12.0m层
3 控制保护设备室	—	—	—	2	—	—	—	—	—	E(A)	240	中	12.0m层
4 配电装置室	—	—	—	2	—	—	—	—	—	E(A)	40	中	12.0m层
5 12.0m层其他区域	—	—	—	2	—	—	—	—	—	A	300	轻	值班室、休息室、走廊
6 5.70m层区域	—	—	12	—	—	—	—	—	—	A	1160	轻	办公室、备品间、空调机房
7 电气辅助设备室	—	—	—	—	4	—	—	—	—	E(A)	3×100	中	0m层
8 400V配电间	—	—	—	—	4	—	—	—	—	E(A)	2×100	中	0m层
9 蓄电池室	—	—	—	—	4	—	—	—	—	C(A)	120	中	0m层
10 0m层其他区域	—	—	—	—	4	—	—	—	—	A	540	轻	阀冷却设备室、工具间、走廊

续表 G.2.1-3

灭火器材 配置部位	水成膜泡沫		磷酸铵盐干粉					黄砂		灭火级别	保护面积(m²)	危险等级	备注
	9L	45L	2kg	3kg	4kg	5kg	50kg	桶(25L)	箱(1.0m³)				
二、辅控楼													2座，每座3层
1 阀组控制保护设备室	—	—	—	2×2	—	—	—	—	—	E(A)	2×130	中	12.0m层
2 蓄电池室	—	—	—	—	2×2	—	—	—	—	C(A)	2×30	中	12.0m层
3 空调设备间	—	—	2×4	—	—	—	—	—	—	A	2×360	轻	5.4m层
4 400V配电间	—	—	—	2×2	—	—	—	—	—	E(A)	2×210	中	0m层
5 阀厅冷却设备室	—	—	—	2×2	—	—	—	—	—	A	2×150	轻	0m层
三、阀厅													
1 极1高端阀厅	—	—	—	20	—	—	—	—	—	E(A)	2840	中	—
2 极2高端阀厅	—	—	—	20	—	—	—	—	—	E(A)	2840	中	—
3 极1低端阀厅	—	—	—	12	—	—	—	—	—	E(A)	1780	中	—
4 极2低端阀厅	—	—	—	12	—	—	—	—	—	E(A)	1780	中	—
四、阀外冷设备间													
1 极1高端阀外冷设备间	—	—	4	—	—	—	—	—	—	A	240	轻	—
2 极2高端阀外冷设备间	—	—	4	—	—	—	—	—	—	A	240	轻	—
3 极1低端阀外冷设备间	—	—	4	—	—	—	—	—	—	A	240	轻	—
4 极2低端阀外冷设备间	—	—	4	—	—	—	—	—	—	A	240	轻	—
五、继电器室													
1 RB1继电器室	—	—	—	2×2	—	—	—	—	—	E(A)	2×185	中	2层
2 RB2继电器室	—	—	—	2×2	—	—	—	—	—	E(A)	2×185	中	2层
六、500kV GIS室	—	—	—	16	—	—	—	—	—	E(A)	2400	中	—
七、35kV及400V配电室	—	—	—	4	—	—	—	—	—	E(A)	250	中	—
八、10kV配电室	—	—	—	2	—	—	—	—	—	E(A)	120	中	—
九、综合楼													
1 0m层区域	—	—	—	16	—	—	—	—	—	A(B)	980	中	含汽车库
2 3.6m/7.2m/10.2m层	—	—	—	3×8	—	—	—	—	—	A	3×980	中	3层
十、检修备品库													
1 检修间	—	—	—	6	—	—	—	—	—	混合(A)	760	轻	—
2 备品库	—	—	—	2×4	—	—	—	—	—	混合(A)	2×380	中	2层
十一、特种材料库	—	—	—	—	—	2	—	—	1	混合(B)	20	严重	—
十二、警卫室	—	—	2	—	—	—	—	—	—	A	30	轻	—
十三、综合水泵房	—	—	—	4	—	—	—	—	—	A	385	轻	—

续表 G.2.1-3

配置部位\灭火器材	水成膜泡沫		磷酸铵盐干粉					黄砂		灭火级别	保护面积 (m²)	危险等级	备注
	9L	45L	2kg	3kg	4kg	5kg	50kg	桶(25L)	箱(1.0m³)				
十四、消防水泵房	—	—	—	—	4	—	—	—	—	B	180	中	—
十五、换流变压器													
1 极1高端换流变压器	—	—	—	—	—	—	2×2	—	2×3	B	6×120	中	6只变压器共用，放在两端
2 极2高端换流变压器	—	—	—	—	—	—	2×2	—	2×3	B	6×120	中	6只变压器共用，放在两端
3 极1低端换流变压器	—	—	—	—	—	—	2×2	—	2×3	B	6×120	中	6只变压器共用，放在两端
4 极2低端换流变压器	—	—	—	—	—	—	2×2	—	2×3	B	6×120	中	6只变压器共用，放在两端
十六、500kV站用变压器	—	—	—	—	4	—	—	—	4	B	2×190	中	2只变压器共用
十七、室外配电装置	—	—	—	—	—	—	—	40	—	—	—	—	—

表 G.2.1-4 典型500kV变电站现场灭火器和黄砂配置表

配置部位\灭火器材	水成膜泡沫		磷酸铵盐干粉					黄砂		灭火级别	保护面积 (m²)	危险等级	备注
	9L	45L	2kg	3kg	4kg	5kg	50kg	桶(25L)	箱(1.0m³)				
一、主控通信楼													共3层
1 控制室	—	—	—	—	—	1	—	—	—	E（A）	70	严重	三层
2 通信机房	—	—	—	—	—	1	—	—	—	E（A）	70	严重	三层
3 三层其他区域	—	—	—	2	—	—	—	—	—	A	200	轻	值班室、会议室、资料室
4 控制保护设备室	—	—	—	—	4	—	—	—	—	E（A）	400	中	二层
5 蓄电池室	—	—	—	2	—	—	—	—	—	C（A）	70	中	二层
6 配电装置室	—	—	—	—	4	—	—	—	—	E（A）	400	中	二层
7 一层其他区域	—	—	—	2	—	—	—	—	—	A	140	轻	备品间、工具间、门厅、走廊
二、继电器室	—	—	—	4×2	—	—	—	—	—	E（A）	4×240	中	4座
三、站用电室	—	—	—	2	—	—	—	—	—	E（A）	144	中	—
四、检修间	—	—	2	—	—	—	—	—	—	混合（A）	160	轻	—
五、备品间	—	—	—	2	—	—	—	—	—	混合（A）	120	中	—
六、消防水泵房	—	—	—	2	—	—	—	—	—	B	108	中	—
七、警卫传达室	—	—	2	—	—	—	—	—	—	A	50	轻	—
八、主变压器	—	—	—	—	—	—	4×2	—	4×3	B	12×120	中	12只变压器共用
九、室外配电装置	—	—	—	—	—	—	—	40	—	—	—	—	—

表 G.2.1-5　典型 220kV 变电站现场灭火器和黄砂配置表

灭火器材 配置部位	磷酸铵盐干粉			黄砂		灭火级别	保护面积 (m²)	危险等级	备 注
	4kg	5kg	50kg	桶 (25L)	箱 (1.0m³)				
控制室	—	2	—	—	—	E（A）	150	严重	—
通信机房	3	—	—	—	—	E（A）	150	中	—
继电器室、继保室	3	—	—	—	—	E（A）	150	中	—
配电装置室	5	—	—	—	—	E（A）	250	中	—
室内油浸式主变压器室	6	—	2	—	—	混合	150	中	—
室内油浸式主变压器散热器室	4	—	—	—	—	混合	100	中	—
电容器室	2	—	—	—	—	混合	100	中	—
电抗器室	2	—	—	—	—	混合	100	中	—
蓄电池室	2	—	—	—	—	C	100	中	—
站用变压器室、接地变压器室	2	—	—	—	—	混合	100	中	—
电缆　夹层	16	—	—	—	—	E	800	中	—
电缆　竖井	2	—	—	—	—	E	100	中	—
室内其他区域	2	—	—	—	—	A	100	轻	办公室、资料室、会议室、安全用具室、备品间等
室外油浸式主变压器	—	—	4	—	1	B、E	—	中	砂箱为每台主变压器数，每只砂箱配备3~5把消防铲
站内公用设施	6	—	—	15	—	—	—	—	消防黄砂桶应采用铅桶，每两桶配备一把消防铲、每四桶配备一把消防斧

表 G.2.1-6　典型 110kV 变电站现场灭火器和黄砂配置表

灭火器材 配置部位	磷酸铵盐干粉			黄砂		灭火级别	保护面积 (m²)	危险等级	备 注
	4kg	5kg	50kg	桶 (25L)	箱 (1.0m³)				
控制室	—	2	—	—	—	E（A）	100	严重	—
继电器室、继保室	2	—	—	—	—	E（A）	100	中	—
配电装置室、二次设备室	4	—	—	—	—	E（A）	200	中	—
室内油浸式主变压器室	4	—	2	—	—	混合	100	中	—
室内油浸式主变压器散热器室	2	—	—	—	—	混合	50	中	—
电容器室	2	—	—	—	—	混合	100	中	—
电抗器室	2	—	—	—	—	混合	100	中	—
蓄电池室	2	—	—	—	—	C	100	中	—
站用变压器室、接地变压器室	2	—	—	—	—	混合	100	中	—
消弧线圈室	2	—	—	—	—	E	100	中	—
电缆　夹层	10	—	—	—	—	E	500	中	—
电缆　竖井	2	—	—	—	—	E	100	中	—
室内其他区域	2	—	—	—	—	A	100	轻	办公室、资料室、会议室、安全用具室、备品间等
室外油浸式主变压器	—	2	—	—	1	B、E	—	中	砂箱为每台主变压器数，每只砂箱配备3~5把消防铲
站内公用设施	4	—	—	10	—	—	—	—	消防黄砂桶应采用铅桶，每两桶配备一把消防铲、每四桶配备一把消防斧

表 G.2.1-7 典型35kV变电站现场灭火器和黄砂配置表

灭火器材 配置部位	磷酸铵盐干粉			黄砂		灭火级别	保护面积 (m²)	危险等级	备 注
	4kg	5kg	50kg	桶 (25L)	箱 (1.0m³)				
控制室	—	2	—	—	—	E（A）	100	严重	—
配电装置室、二次设备室	3	—	—	—	—	E（A）	150	中	—
室内油浸式主变压器室	4	—	2	—	—	混合	100	中	—
室内油浸式主变压器散热器室	2	—	—	—	—	混合	50	中	—
电容器室	2	—	—	—	—	混合	100	中	—
电抗器室	2	—	—	—	—	混合	100	中	—
蓄电池室	2	—	—	—	—	C	100	中	—
消弧线圈室	2	—	—	—	—	E	100	中	—
站用变压器室、接地变压器室	2	—	—	—	—	混合	100	中	—
电缆 夹层	8	—	—	—	—	E	400	中	—
电缆 竖井	2	—	—	—	—	E	100	中	—
室内其他区域	2	—	—	—	—	A	100	轻	办公室、资料室、会议室、安全用具室、备品间等
室外油浸式主变压器	—	1	—	—	1	B、E	—	中	砂箱为每台主变压器数，每只砂箱配备3~5把消防铲
站内公用设施	3	—	—	5	—	—	—	—	消防黄砂桶应采用铅桶，每两桶配备一把消防铲、每四桶配备一把消防斧

29. 《电力建设安全工作规程 第1部分：火力发电》DL 5009.1—2014

4 综合管理

4.14 防腐、防火与防爆

4.14.1 通用规定：

1 酸、碱、易燃易爆等危险物品应专库存放、专人保管，余料应及时归库。严禁在办公室、工具房、休息室、宿舍等地存放腐蚀、易燃、易爆物品。

2 易燃易爆危险品库房内应使用防爆灯具。

5 临时设施应有消防设计，应满足现场防火、灭火及人员安全疏散的要求，并符合国家现行消防技术规范和当地消防部门的规定。

8 施工现场的办公场所、员工集体宿舍与作业区应分开设置，并保持安全距离。

9 消防设施应符合国家、行业相关产品技术标准规定。

10 存放炸药、导火索、雷管，应得到当地主管部门的许可，并分别存放在专用仓库内，指派专人负责保管，严格执行领、退料制度。

11 运输易燃、易爆等危险物品，应按当地主管部门有关规定执行。

12 室内使用油漆及其有机溶剂、乙二胺、冷底子油或其他可燃、易燃易爆危险品作业时，应保持良好通风。作业场所严禁明火，并应有避免产生静电的措施。

13 蓄电池室、脱硫塔、氨区、氢区、油区等危险区域，应悬挂"严禁烟火"等警示标识，严禁带入任何火种。

4.14.3 防火应符合下列规定：

1 临时建筑及仓库的设计应符合《建筑防火设计规范》GB 50016的规定。库房应通风良好，配置足够的消防器材，设置"严禁烟火"警示牌，严禁住人。

2 装有易燃、易爆物品的各类建筑之间的防火安全距离应符合《建设工程施工现场消防安全技术规范》GB 50720的规定。

3 施工现场出入口不应少于两个，宜布置在不同方向，宽度应满足消防车通行要求。只能设置一个出入口时，应设置满足消防车通行的环形道路。

4 施工现场的疏散通道、安全出口、消防通道应保持畅通。

6 消防管道的管径及消防水的扬程应满足施工期最高消防点的需要。

7 室外消防栓应根据建（构）筑物的耐火等级和密集程度布设，一般每隔120m应设置一个。仓库、宿舍、加工场地及重要设备旁应有相应的灭火器材，一般按建筑面积每120m^2设置灭火器一具。

8 消防设施应有防雨、防冻措施，并定期进行检查、试验，确保消防水畅通、灭火器有效。

9 消防水带、灭火器、砂桶（箱、袋）、斧、锹、钩子等消防器材应放置在明显、易取处，不得任意移动或遮盖，严禁挪作他用。

10 在油库、木工间及易燃、易爆物品仓库等场所严禁吸烟，设"严禁烟火"的明显标志，并采取相应的防火措施。

11 氧气、乙炔、汽油等危险品仓库应有避雷及防静电接地设施，屋面应采用轻型结构，门、窗应向外开启，保持良好通风。

12 挥发性的易燃材料不得装在敞口容器内或存放在普通仓库内。

13 闪点在45℃以下的桶装易燃液体严禁露天存放。炎热季节应采取降温措施。

4.14.4 防爆应符合下列规定：

1 在有爆炸危险的区域内施工，应采用防爆电气设备并接地良好。电源线不应有接头。特殊情况下，应采用防爆型接线盒或分线盒连接。

2 在有爆炸危险的环境内敷设电源线应采取防爆措施，装设的所有电气设备均使用防爆型。

3 蓄电池室内照明、排风机等电器应使用防爆型，开关、熔断器、插座等宜装设在室外，装设在室内时，应采用防爆型。

4 蓄电池室内照明线路应采用耐酸导线，并采取暗线敷设。检修用的行灯应采用12V防爆灯。

7 蓄电池室及其附近严禁存放易燃易爆物品。在安装过程中应及时清理各种包装物。

10 压力容器、管道、气瓶：

　1）储装气体的压力容器、管道、气瓶及其附件应合格、完好。

　2）压力容器、管道、气瓶应远离火源，且火源不得小于10m，并应采取避免高温和防暴晒的措施。

　3）各种气瓶应保持直立状态，并采取防倾倒措施。

　4）乙炔、丙烷等气瓶严禁横躺卧放，严禁碰撞、敲打、抛掷、滚动气瓶。

　5）乙炔、丙烷等气瓶应配备回火防止器并保持完好。

　6）压力气瓶的减压器、防震圈及其他附件应完好。

　7）氧气瓶与乙炔、丙烷气瓶的工作间距不应小于5m，气瓶与明火作业点的距离不应小于10m。

　8）食堂液化气罐应单独存放，不得使用易燃材料搭建专用储存库房。

30.《电力建设安全工作规程 第 2 部分：电力线路》DL 5009.2—2013

3 通 则

3.1 基本规定

3.1.11 林区、草地施工现场，严禁吸烟及使用明火。

3.2 施工现场

3.2.2 材料及器材的存放和保管

3 临时库房的设立或建造遵守下列规定：

1）临时库房与建筑物及易燃材料堆物的防火间距应符合表 3.2.2-1 的规定。

表 3.2.2-1 临时设施与建筑物及易燃材料堆物的防火间距（m）

距离 名称	永久性 建筑	临时仓库	木料堆、 木工房	易燃物仓库 （油料库）
永久性建筑	—	15	25	20
临时仓库	15	6	15	15
木料堆、木工房	25	15	2（堆间）	25
易燃物仓库 （油料库）	20	15	25	20

2）结构应坚固、可靠。根据存放物品的特性，应采用相应的耐火等级材料建造，并配备适用的消防器材。

3）存放易燃易爆物品的门窗应向外开启或靠墙的外侧推拉。

4）不宜建在电力线下方。如必须在 110kV 及以下电力线下方建造时，应经线路运行单位同意。屋顶采用耐火材料。建筑物与导线之间的垂直距离，在导线最大计算弧垂情况下不小于表 3.2.2-2 的规定。

表 3.2.2-2 临时设施与电力线交叉时最小垂直距离

线路电压 （kV）	1～10	35	66～110
最小垂直距离 （m）	3	4	5

3.4 施工机械及工器具

3.4.8 大型机具设备的作业场所，场地应平整无障碍，设备旁应留有符合规定的作业和维修空间，作业通道应保持畅通。有防火要求的，其作业场所应符合消防安全要求。

3.5 特殊环境下作业

3.5.3 严寒地区施工时，应遵守下列规定：

3 用明火加温时，人员离场应及时熄灭火源，并应做好消防准备，配备足量的消防器材。

4 运输与装卸

4.1 机动车运输

4.1.6 氧气瓶、乙炔气瓶的运输遵守下列规定：

4 严禁与易燃易爆物品或与油脂或带有污物的物品同车运输。车上严禁烟火。

5 基础工程

5.4 混凝土基础

5.4.14 涂刷过氯乙烯塑料薄膜养护基础时，应有防火、防毒措施。

6 杆塔工程

6.2 钢筋混凝土电杆排杆与焊接

6.2.6 作业点周围 5m 内的易燃易爆物应清除干净。

6.2.11 工作结束后应切断电源，检查工作场所及其周围，确认无起火危险后方可离开。

6.2.15 瓶阀冻结时，严禁用火烘烤。

6.2.16 乙炔气管堵塞或冻结时，严禁用氧气吹通或用火烘烤。

6.2.17 焊接时，氧气瓶与乙炔气瓶的距离不得小于 5m，气瓶距离明火不得小于 10m。

9 电缆线路

9.1 一般规定

9.1.4 电缆隧道应有充足的照明，并有防火、防水、通风措施。进入电缆井、电缆隧道前，应先通风排除浊气，并用仪器检测，合格后方可进入。

9.3 电缆敷设

9.3.13 电缆头制作时应加强通风，施工人员宜配备防毒面罩。使用炉子时应采取防火措施。

9.3.14 制作环氧树脂电缆头和调配环氧树脂工作过程中，应在通风良好处进行并应采取有效的防毒、防火措施。

31.《电力建设安全工作规程 第3部分：变电站》DL 5009.3—2013

3 通 则

3.2 施工现场

Ⅳ 材料、设备堆放及保管

3.2.21 材料、设备不得紧靠围栏或建筑物的墙壁堆放，应留有 0.5m 以上的间距，并采取防止无关人员进出的措施。露天存放时应设置支垫，并做好防潮、防火措施。

3.2.27 电气设备、材料的保管与堆放应符合下列要求：
  2 绝缘材料应存放在有防火、防潮措施的库房内。

Ⅴ 施工用电

3.2.30 施工用电及照明。
  3 配电箱应坚固，金属外壳接地或接零良好，其结构应具备防火、防雨的功能，箱内的配线应采取相色配线且绝缘良好，导线进出配电柜或配电箱的线段应采取固定措施，导线端头制作规范，连接应牢固。操作部位不得有带电体裸露。

Ⅵ 防 火

3.2.33 一般规定。
  1 在施工现场、仓库及重要机械设备、配电箱旁，应配置相应的消防器材。在需要动火的施工作业前，应增设相应类型及数量的消防器材。
  2 在防火重点部位或易燃、易爆区周围动用明火或进行可能产生火花的作业时，应办理动火工作票，经有关部门批准后，采取相应措施并增设相应类型及数量的消防器材后方可进行。
  3 消防设施应有防雨、防冻措施，并定期进行检查、试验，确保有效；砂桶（箱、袋）、斧、锹、钩子等消防器材应放置在明显、易取处，不得任意移动或遮盖，不得挪作他用。
  4 施工现场禁止吸烟，施工现场应设置休息亭。
  5 严禁在办公室、工具房、休息室、宿舍等房屋内存放易燃、易爆物品。
  6 挥发性易燃材料不得装在敞口容器内或存放在普通仓库内。装过挥发性油剂及其他易燃物质的容器，应及时退库，并存放在距建筑物不小于 25m 的单独隔离场所；装过挥发性油剂及其他易燃物质的容器未与运行设备彻底隔离及采取清洗置换等措施时，不得用电焊或火焊进行焊接或切割。
  11 熬制沥青或调制冷底子油应在建筑物的下风方向进行，距易燃物不得小于 10m，不应在室内进行。

3.2.34 临时建筑及仓库防火。
  1 临时建筑及仓库的设计，应符合现行国家标准 GB 50016《建筑设计防火规范》的规定。
  2 仓库应根据储存物品的性质采用相应耐火等级的材料建成。值班室与库房之间应有防火隔离措施。
  3 临时建筑物内的火炉烟囱通过墙和屋面时，其四周应用防火材料隔离。烟囱伸出屋面的高度不得小于 500mm。不得用汽油或煤油引火。
  4 氧气、乙炔气、汽油等危险品仓库，应采取避雷及防静电接地措施，屋面应采用轻型结构，门、窗应向外开启并通风良好。
  5 各类建筑物与易燃材料堆场的防火间距应符合表 3.2.34 的规定。

表 3.2.34 各类建筑物与易燃材料堆场的防火间距　　　　　　　　　　　m

序号	建筑名称	序 号								
		1	2	3	4	5	6	7	8	9
1	正在施工中的永久性建筑物	—	20	15	20	25	20	30	25	10
2	办公室及生活性临时建筑	20	5	6	20	15	15	30	20	6
3	材料仓库及露天堆场	15	6	6	15	15	10	20	15	6
4	易燃材料（氧气、乙炔、汽油等）仓库	20	20	15	20	25	20	30	25	20
5	木材（圆木、成材、废料）堆场	25	15	15	25	垛间 2	25	30	25	15
6	锅炉房、厨房及其他固定性用火	20	15	10	20	25	15	30	25	6
7	易燃物（稻草、芦席等）堆场	30	30	20	30	30	30	垛间 2	25	6
8	主建筑物	25	20	15	25	25	25	25	25	15
9	一般性临时建筑	10	6	6	20	15	6	6	15	6

3.3 高处作业及交叉作业

3.3.1 高处作业。

  5 在气温低于-10℃进行露天高处作业时,施工场所附近宜设取暖休息室,并采取防火措施。

3.4 起重与运输

Ⅰ 起重作业

3.4.2 起重机械。

  1 一般规定

  4)起重机械应备有灭火装置。操作室内应铺绝缘胶垫,并不得存放易燃物品。

  2 流动式起重机。

  3)起重机加油时,不得吸烟或动用明火。

3.4.3 起重工器具

  1 钢丝绳。

  12)钢丝绳禁止与炽热物体或火焰接触。

3.4.4 起重作业人员。

  1 起重机的操作人员。

  14)对各种电动式起重机还应遵守下列各项规定:
  ——漏电失火时,应立即切断电源,不得用水灭火。

3.5 施工机械与机具

Ⅰ 施工机械

3.5.6 点焊机、对焊机。

  3 焊接操作时应戴防护眼镜及手套,并站在橡胶绝缘垫或干燥木板上。工作棚应用防火材料搭设,棚内不得堆放易燃易爆物品,并应备有灭火器材。

Ⅱ 施工机具

3.5.14 滤油机。

  3 滤油设备应远离火源及烤箱,并有相应的防火措施。

3.6 焊接与切割

3.6.3 气瓶

  1 气瓶在现场临时存放应遵守以下规定:

  3)不得靠近热源和电气设备,气瓶与明火的距离不得小于10m(高处作业时,此距离为地面的垂直投影距离)。

  8 乙炔气瓶应配置防回火装置,使用压力不得超过0.147MPa,输气流速不得超过$1.5m^3/h \sim 2m^3/h$。

32.《风力发电场设计技术规范》DL/T 5383—2007

4 风力发电场总体布局

4.0.2 风力发电场总体布局设计应由以下部分组成：
1 风力发电机组的布置。
2 中央监控室及场区建筑物布置。
3 升压站布置。
4 场区集电线路布置。
5 风力发电机组变电单元布置。
6 中央监控通信系统布置。
7 场区道路。
8 其他防护功能设施（防洪、防雷、防火）。

6 风力发电场电气设备及系统

6.4 电气设备布置

6.4.1 一般规定。
  2 风力发电场电气设备布置应为运行检修及施工安装人员创造良好的工作环境，场区内的电气设备布置应采取相应的防护措施，符合防触电、防火、防爆、防潮、防尘、防腐、防冻等有关要求。电气设备布置还应为便利施工创造条件。

33.《火力发电厂职业安全设计规程》DL 5053—2012

2 基本规定

2.0.3 火电厂各工艺系统的设计应以专业标准和规范为原则,并应符合本标准的要求。消防设计应符合现行国家标准《火力发电厂与变电所设计防火规范》GB 50229。

4 厂址选择、规划及厂区总平面布置

4.1 厂址选择及规划

4.1.4 厂址应避免与具有发生严重火灾、爆炸危险及泄漏的危险化学品生产、经营、储存使用的企业毗邻。当无法避免时,必须根据国家有关规定要求,保持足够的安全距离。

4.2 厂区总平面布置

4.2.1 厂区总平面布置的原则

1 厂区总平面布置应考虑防火、防爆等因素,建(构)筑物的布置,应符合现行国家标准《工业企业总平面设计规范》GB 50187、《火力发电厂与变电所设计防火规范》GB 50229、《大中型火力发电厂设计规范》GB/T 50660 和行业标准《火力发电厂总图运输设计技术规程》DL/T 5032 的规定。

如项目与具有发生严重火灾、爆炸危险及危险化学品泄漏的其他生产或贮存的企业毗邻,上述建(构)筑物及设施应布置在远离危险源的厂区边缘地带。

4.2.2 燃料油(气)设施区布置

1 火电厂燃油设施的布置应符合现行国家标准《石油库设计规范》GB 50074 及《建筑设计防火规范》GB 50016 有关规定的要求。

3 燃机电厂用或燃煤电厂点火及助燃用的天然气,其接受站、门站、调压站等燃气设施应单独布置在明火设备或散发火花设施最小频率风向的下风侧;也可布置在靠近锅炉房侧的厂区边缘地段。如为室内布置时,其泄压部位应避免对人员集中场所和主要交通道路。

4.2.3 制(供)氢站布置

1 制(供)氢站应布置在远离散发火花的地点,或位于明火、散发火花地点最小频率风向的下风侧。

2 制(供)氢站应在厂区边缘相对独立、通风良好的安全地带,远离生产行政管理区和生活服务设施及人流出入口。毗邻厂界布置的制(供)氢站,其厂界外侧应保持一定的安全距离。

3 制(供)氢站的泄压面不应面对人员集中的地方和主要交通道路。

4 制(供)氢站上空禁止架空电力线路穿越。

4.2.4 脱硝还原剂贮存及氨气制备区布置

2 液氨贮存及氨气制备区宜布置在厂区边缘相对独立、通风良好的安全地带,远离生产行政管理区和生活服务设施及人流出入口。毗邻厂界布置的液氨贮存及氨气制备区,其厂界外侧应保持一定的安全距离。

3 液氨贮罐区邻近村镇(或居住区)、工矿企业、公共建筑物、交通线、河流(含湖泊等地表水域)布置时,其设施、设备应采取防泄漏措施,并保持足够的安全距离。

4 液氨贮存及氨气制备设施的泄压面设计不应面对人员集中的地方和主要交通道路。

4.3 建(构)筑物的间距

4.3.1 火电厂建(构)筑物的布置及其间距的确定,应符合现行国家标准《建筑设计防火规范》GB 50016、《火力发电厂与变电所设计防火规范》GB 50229、《大中型火力发电厂设计规范》GB 50660 和行业标准《火力发电厂总图运输设计技术规程》DL/T 5032 等有关标准、规范的规定。

4.3.2 屋外配电装置、屋外油浸变压器、总事故储油池、A 排外储油箱等,与其他建(构)筑物之间的最小间距应符合现行国家标准《火力发电厂与变电所设计防火规范》GB 50229 的要求。

4.3.3 燃料油(气)罐区与其他建(构)筑物之间的最小间距应符合现行国家标准《火力发电厂与变电所设计防火规范》GB 50229 的要求。区内各设施、设备之间的防火间距,除应符合现行国家标准《石油库设计规范》GB 50074、《石油天然气工程设计防火规范》GB 50183 的有关要求外,还应符合现行国家标准《建筑设计防火规范》GB 50016 的规定。

4.3.4 制(供)氢站与其他建(构)筑物之间的最小间距应符合现行国家标准《火力发电厂与变电所设计防火规范》GB 50229 的规定。站内各设施、设备之间的防火间距,还应符合现行国家标准《氢气站设计规范》GB 50177 的规定。

4.3.5 脱硝还原剂贮存及氨气制备区与其他建(构)筑物之间的最小间距应符合现行国家标准《火力发电厂与变电所设计防火规范》GB 50229 的规定。区内各设施、设备之间的防火间距,应符合现行国家标准《建筑设计防火规范》GB 50016 的规定。

4.4 管线、道路、出入口及围墙

4.4.1 管线布置

1 管线可采用直埋、管沟、地面及架空等四种方式敷设。输送易燃、易爆介质的管线,应视所输送介质的特性采取相应的敷设方式。氢气管、煤气管、压缩空气管、天然气管、供油管、氨气管、热力管等宜架空敷设。各类管线布置,应遵循现行行业标准《火力发电厂总图运输设计技术规程》DL/T 5032。

2 输送具有毒性、易燃、易爆、可燃性质介质的管线和管沟,严禁穿越与其无关的建(构)筑物、生产装置及储罐区等。

4 当供油管道采用沟道敷设时，在燃油罐至燃油泵房以及燃油泵房至主厂房之间的油管沟内，应有防止火灾蔓延的隔断措施。

5 电缆沟及电缆隧道在进入建筑物外或在适当的距离及地段应设防火隔墙，电缆隧道的防火隔墙上应设防火门。电缆不应与其他管道同沟敷设。电缆沟道应防止地面水、地下水及其他管沟内的水渗入。沟（隧）道内部应设有排除积水的措施。其他沟道排水不应排入电缆沟道内。

6 架空电力线路，不应跨越爆炸危险区域。不宜跨越永久性建筑物的电力线路，当非跨越不可时，应满足带电距离最小高度要求，屋顶应采取防火措施。

4.4.2 道路、出入口及围墙

1 火电厂厂内道路的设计，应遵循国家现行标准《厂矿道路设计规范》GBJ 22、《工业企业总平面设计规范》GB 50187、《火力发电厂总图运输设计技术规程》DL/T 5032，在满足安全生产、运输、安装、检修的同时，还应满足消防的要求。

2 厂内各建筑物之间，应根据生产和消防的需要设置行车道路、消防车通道和人行道。主厂房、贮煤场、制（供）氢站、液氨贮存区和助燃油罐区周围以及屋外配电装置区应设置环形消防车道。

3 厂内交通主干道在人流、物流流量较大的区段，应划设交通标志线、设置交通标志。

4 火电厂的主要进厂道路与铁路线平交时，应设置看守道口及其他安全设施。

5 出入口应按照人流、车流分隔的原则进行设计，厂区至少应设两个出入口。

　　1）采用汽车运煤、运灰渣的火电厂，应设置专用的车辆出入口。

　　2）铁路大门不得兼作人流出入口。

6 燃油（气）区域周围宜设置非燃烧材料的实体围墙，高度不低于 2.2m，当利用厂区围墙时，该段围墙高度不应低于 2.5m。

8 脱硝还原剂贮存区周围应设置非燃烧材料的实体围墙，高度不低于 2.2m，当利用厂区围墙时，该段围墙高度应不低于 2.5m。

9 火电厂重要区域，如屋外配电装置区、变压器场地区等应按厂区内、外划分，分别设置 1.8m 或 1.5m 高的围栅。

5 建（构）筑物的安全防护设计

5.2 建（构）筑物的防火设计

5.2.1 火电厂建（构）筑物的火灾危险性分类及其耐火等级，应低于现行国家标准《火力发电厂与变电所设计防火规范》GB 50229 中表 3.0.1 的规定。建筑构件的燃烧性能和耐火极限应符合现行国家标准《建筑设计防火规范》GB 50016 中表 3.2.1 的规定。

5.2.2 火电厂各建（构）筑物的防火设计和安全疏散应符合现行国家标准《火力发电厂与变电所设计防火规范》GB 5029、《建筑设计防火规范》GB 50016 的有关规定。

5.2.3 有爆炸危险的甲、乙类厂房的防爆设计，应符合现行国家标准《建筑设计防火规范》GB 50016 的有关规定。制氢站的设计，还应符合现行国家标准《氢站设计规范》GB 50177 的有关规定。

5.2.4 主厂房中运煤皮带层、煤仓间、汽机房油系统、控制室的电缆夹层、电缆隧道、电缆竖井、配电装置室等防火的重点，其围护结构的耐火极限、安全疏散等，应符合现行国家标准《火力发电厂与变电站设计防火规范》GB 50229 的规定。

5.2.5 集中控制室（主控制室）、单元控制室、机炉控制室、网络控制室、化学控制室、运煤控制室、电子计算机室等人员集中的房间，其围护结构、装饰材料应满足耐火极限要求。楼梯、门等应满足紧急疏散要求。

5.5 建筑物室内外装修的安全设计

5.5.1 在不破坏建筑物结构的安全性的基础上，室内外装修工程应采用防火、防污染、防潮、防水和控制有害气体和射线的装修材料和辅料。并应符合国家现行标准《火力发电厂建筑设计规程》DL/T 5094，《建筑内部装修设计防火规范》GB 50222 的规定。

6 生产工艺系统安全防护设计

6.1 燃料系统

6.1.1 运煤系统

1 燃用褐煤或高挥发份易自燃煤种的火电厂，应符合现行国家标准《火力发电厂与变电所设计防火规范》GB 50229、现行行业标准《火力发电厂运煤设计技术规程　第 1 部分：运煤系统》DL/T 5187.1 及《火力发电厂煤和制粉系统防爆设计技术规程》DL/T 5203 的有关规定。

8 地下运煤隧道两端应设通往地面的安全出口，当长度超过 100m 时，中间应加设安全出口，其间距不应超过 75m；运煤栈桥长度超过 200m 时，应加设中间安全出口。

6.1.3 贮煤场及其设备和设施

1 贮煤场煤堆分堆应根据煤种确定。不同煤种分堆贮存时，相邻煤堆底边之间的距离不宜小于 10m。

2 贮煤场四周应设推煤机等地面移动设备的通道和消防设备设施。在人员和设备均需横向通过煤场带式输送机处，可在该带式输送机下设净空足够的通道。在供人员越过煤场带式输送机处，应设置带有防护栏杆的跨越梯。

6.1.4 带式输送机及其他

7 输送褐煤及高挥发分易自燃煤种的带式输送机，应采用难燃胶带，并设置消防设施。

6.2 锅炉、汽轮机系统及设备

6.2.2 煤粉制备

1 锅炉燃烧制粉系统与设备的设计，应与锅炉本体设计及锅炉炉膛安全保护监控系统相适应，并应符合现行行业标准《电站煤粉锅炉炉膛防爆规程》DL/T 435 或美国消防协会标准《锅炉与燃烧系统的危险等级标准》NFPA 85 中有关条款的规定。

2 制粉系统（全部烧无烟煤除外）必须有防爆和灭火设

施。对煤粉仓，应设有通惰化介质和灭火介质的设施。

4 在制粉系统及其相关烟、风道上的人孔、手孔和观察孔应为气密式结构，并设有闭锁装置，防止在运行或爆炸时被打开。

5 制粉系统的所有设备和其他部件应由耐燃材料制成。

6.3 除灰、渣系统及其辅助设施

6.3.1 除灰渣系统

3 地下布置的石子煤系统，其地下隧道应设置防潮通风设施和不少于2个的出入口。

6.3.2 空气压缩机站

1 压缩空气储罐应安装安全阀，宜采取遮阳措施。

2 空气压缩机站应符合现行国家标准《建筑设计防火规范》GB 50016的规定，设置人员的出入口及安全梯。

6.5 电气部分

6.5.3 电气设备、设施的防火、防爆

1 控制室下的电缆夹层、电缆隧道、电缆竖井、配电装置室等房间的围护结构耐火极限、安全疏散通道的设计应符合有关标准的规定。

2 屋外油浸变压器的防火应符合现行标准《火力发电厂与变电所设计防火规范》GB 50229以及《高压配电装置设计技术规程》DL/T 5352的规定。

3 屋内配电装置的建筑要求。包括配电间出口、墙、门、通风、通道的设置及防火、防爆措施，应符合现行标准《火力发电厂与变电所设计防火规范》GB 50229、《爆炸和火灾危险环境电力装置设计规范》GB 50058及《高压配电装置设计技术规程》DL/T 5352的规定。

4 电缆设施防火要求。包括电缆防火封堵的位置、防火堵料的性能和耐火极限、需采取电缆防火措施的部位、对电缆隧道人孔及通风要求以及火灾危险场所内电缆设施的要求，应符合现行国家标准《火力发电厂与变电所设计防火规范》GB 50229的规定。

5 在爆炸危险场所中电力装置的防护，应符合下列要求：

　　1）爆炸危险场所内电气设备和线路的布置，应使其能免受机械损伤。

　　2）在爆炸危险场所内，所采用的电气设备应符合现行国家标准《爆炸和火灾危险环境电力装置设计规范》GB 50058的规定。

　　3）在有易燃气体或蒸汽爆炸混合物的场所内，所选用的防爆电气设备的级别不应低于场所内爆炸物的级别。当场所内存在两种或两种以上的爆炸混合物时，应按危险程度高的级别选用。

6 易燃、易爆场所通风用的通风机和电动机应为防爆式，并应直接连接。

6.6 水工设施及建（构）筑物

6.6.1 水工设施

4 火电厂应设置火灾监测、自动报警及通讯广播系统，其设计应符合现行国家标准《火力发电厂与变电所设计防火规范》GB 50229的规定。

6.7 脱硫及脱硝系统

6.7.2 脱硝系统

1 液氨储存及氨气制备区应设置两个及以上安全出口。

2 液氨储罐区应设置带警告标识的围栏。区内安全设施应包括氨气泄漏检测器、紧急水喷淋系统、火灾报警信号、安全淋浴器（包括洗眼器）及逃生风向标等。

3 液氨贮存及氨气制备区应根据其生产流程、各组成部分的特点和火灾危险性，结合地形、风向等条件，按功能进行分区，使储罐区与装卸区、辅助生产区分开布置。

7 应急救援设备、设施及安全标志

7.1 应急救援设施及设备

7.1.1 火电厂应按照现行国家标准《火力发电厂与变电所设计防火规范》GB 50229的要求设置应急通讯、广播及报警系统，应急救援站等应急救援设施。

7.2 安全标志

7.2.1 火电厂安全标志应按照现行国家标准《安全色》GB 2893、《安全标志及其使用导则》GB 2894、《消防安全标志》GB 13495、《工业管道的基础识别色、识别符号和安全标识》GB 7231等有关标准的要求进行设计。

7.2.3 火电厂应根据设备设施功能、安全要求、防护及警示需要、消防规定、作业环境、制作要求等因素，结合厂内条件、厂区布置及交通运输、工艺系统及设备等配置各类安全标志。

34.《农村住宅电气工程技术规范》DL/T 5717—2015

4 电源引入

4.1 电源进线

4.1.3 电源进线采用地埋方式敷设时，导线埋深不宜小于0.8m。自导线埋设处至用户总开关装置之间应套硬质绝缘阻燃套管，导线在套管下端预埋适当裕度。

5 接地及接零保护

5.0.3 利用接地良好的地下金属管线等自然接地体时，应用不少于2根保护接地线在不同地点分别与自然接地体相连。禁止使用可燃液体或气体管道、供暖管道及自来水管道作保护接地体。

7 户内布线

7.0.1 户内布线宜选用塑料或瓷线夹、绝缘子等进行明敷设，或采用金属导管、绝缘阻燃导管进行暗敷设，金属导管应可靠接地。正常环境的室内场所和房屋挑檐下的室外场所，也可选用塑料槽板布线或直敷布线。

7.0.2 严禁任何情况下将导线直接敷设在墙体内、地面下、顶棚的抹灰层、保温层内，或将导线直接敷设在装饰面板内。建筑物顶棚内应采用金属电线保护套管或阻燃型绝缘保护套管布线，严禁采用塑料或瓷线夹、绝缘子等明敷或直敷方式布线。

35.《水利水电工程施工安全防护设施技术规范》SL 714—2015

3 基本规定

3.1 施工区域

3.1.3 施工现场的各种施工设施、管道线路等，应符合防洪、防火、防爆、防强风、防雷击、防砸、防坍塌及职业卫生等要求。

3.1.7 施工照明应符合下列要求：

6 含有大量尘埃但无爆炸和火灾危险的场所，应采用防尘型照明器。有爆炸和火灾危险的场所，应按危险场所等级选择相应的防爆型照明器。有酸碱等强腐蚀的场所，应采用耐酸碱型照明器。在振动较大的场所，应选用防震型照明器。

3.3 通 道

3.3.9 根据施工生产防火安全的需要，合理布置消防通道。施工作业区及各种建筑物处应设有宽度不小于4.00m的消防通道，并保持畅通。

3.4 临建设施

3.4.1 施工用各种库房、加工车间、临时宿舍及办公用房等临建设施，应布置在不受山洪、江洪、滑坡、塌方及危石等威胁的区域，基础坚固，稳定性好，周围排水畅通。建筑物设计应符合GB 50016的规定。

3.4.2 爆破器材仓库还必须符合GB 6722的有关规定。

3.4.3 油库、加油站还必须符合以下规定：

1 独立建筑，与其他建筑、设施之间的防火安全距离不应小于50m。

2 加油站四周应设有不低于2.00m高的实体围墙，或金属网等非燃烧体栅栏。

3 设有消防安全通道，油库内道路宜布置成环行道，车道宽应不小于4m。

4 露天的金属油罐、管道上部应设有阻燃物的防护棚。

5 库内照明、动力设备应采用防爆型，装有阻火器等防火安全装置。

6 装有保护油罐贮油安全的呼吸阀、阻火器等防火安全装置。

7 油罐区安装有避雷针等避雷装置，其接地电阻不得大于10Ω，且应定期检测。

8 金属油罐及管道应设有防静电接地装置，接地电阻应不大于30Ω，且应定期检测。

9 配备有泡沫、干粉灭火器及沙土等灭火器材。

10 设有醒目的安全防火、禁止吸烟等警告标志。

11 设有与安全保卫消防部门联系的通信设施。

3.4.4 现场值班房、移动式工具房、抽水房、空压机房、电工值班房等应符合以下规定：

1 值班房搭设应避开可能坠落物区域，特殊情况无法避开时，房顶应设置有效的隔离防护层。

2 值班房高处临边位置应设有防护栏杆。

4 配备有灭火装置或灭火器材。

3.7 施工供电

3.7.1 施工变电所（配电室）应符合以下要求：

12 施工变电所（配电室）的建筑物和构筑物的耐火等级应不低于3级，室内应配置砂箱和适宜于扑救电气类火灾的灭火器。

3.8 施工供风

3.8.1 空气压缩机站布置应符合以下要求：

4 机组之间应有足够的宽度，不宜少于2.50m～3.00m，机组与墙之间的距离不应小于2.50m。

5 配有适量的灭火器等消防器材。

3.13 季节施工

3.13.3 冬季施工前，应编制冬季防冻、防滑、防火、防爆等专项施工安全技术方案。

3.13.4 爆炸物品库、油库、危化品仓库等应制定防火、防爆专项安全措施，经审批后严格执行。

4 工地运输

4.3 缆机运输

4.3.2 缆机安装运行应符合以下规定：

9 主副塔机器房、开关控制室、值班室等处所地面应有绝缘措施，配有足量有效的灭火器材。

7 砂石料与混凝土生产

7.2 混凝土生产

7.2.1 制冷系统车间应符合以下规定：

1 车间应设为独立的建筑物，厂房建材应用二级耐火材料或阻燃材料，并设不相邻的出入口不少于2个。

7 氨压机车间还应符合以下规定：

1) 控制盘柜与氨压机应分开隔离布置,并符合防火防爆要求。
2) 所有照明、开关、取暖设施等应采用防爆电器。
3) 设有固定式氨气报警仪。
4) 配备有便携式氨气检测仪。
5) 设置应急疏散通道并明确标识。

36.《水电水利工程施工通用安全技术规程》DL/T 5370—2017

4 施工现场

4.1 一般规定

4.1.1 施工区域宜实行封闭管理。主要进出口处应设有施工警示标志和危险告知，与施工无关的人员、设备不应进入封闭作业区。在危险作业场所应设报警装置、设施及应急疏散通道。

4.1.5 施工设施的设置应符合防汛、防火、防砸、防风、防雷及职业健康等要求。

4.1.15 施工照明应符合下列规定：
  1 施工现场及作业地点应有足够的照明，通道应装设路灯。
  2 在存放易燃、易爆物品的场所或有瓦斯的巷道内，照明设施应符合防爆要求。

4.1.16 施工区应按消防标准的规定设置消防池、消防栓等设施，配备消防器材，并保持消防通道畅通。

4.1.17 施工中使用明火和易燃物品时应做好相应防火措施。存放和使用易燃易爆物品的场所不得使用烟火。

4.2 现场布置

4.2.1 生产、生活、办公区和危险化学品仓库的布置，应遵守下列规定：
  4 生产车间、生活及办公房、仓库的间距应符合防火安全要求。
  5 与危险化学品仓库的安全距离符合标准规定。
  6 与高压线、燃气管道及输油管道的安全距离符合标准规定。

4.2.3 生产区仓库、堆料场布置应符合以下要求：
  1 存放易燃、易爆、有毒等危险物品的仓储场所应符合标准规定。
  2 应有消防通道和消防设施。

4.2.4 生产区大型施工机械与车辆停放场的布置应场地平整、排水畅通、基础稳固，并满足消防安全的要求。

4.2.7 员工宿舍、办公用房、仓库采用活动板房时应符合以下规定：
  1 采用非燃性材料的金属夹芯板，其芯材的燃烧性能等级应符合A级的强制性要求。
  2 活动板房应有产品出厂合格证。
  3 对于两层的活动用房，当每层的建筑面积大于200m²时，应至少设两个安全出口或疏散楼梯；当每层的建筑面积不大于200m²且第二层使用人数不超过30人时，可只设置一个安全出口或疏散楼梯。活动房栋与栋之间的防火距离不小于3.5m。
  4 活动房搭设不宜超过两层，其耐火等级达到四级要求，超过两层时，应按《建筑设计防火规范》GB 50016执行。

4.5 消 防

4.5.2 消防设备、器材应存放在易于取用的位置，附近不得堆放其他物品。每100m²临时建筑物应至少配备两具灭火级别不低于3A的灭火器。重点消防部位应增加灭火器的数量。

4.5.4 合理布设消防通道和消防警示标志，消防通道应保持畅通，宽度不得小于4.0m，净空高度不应小于4.0m。

4.5.5 宿舍、办公室、休息室内不得存放易燃易爆物品。

4.5.6 挥发性的易燃品应存放于危险化学品仓库，不得用开口容器存放，使用过的空容器应及时退库并按规定处置。

4.5.7 闪点在45℃以下的桶装、罐装易燃液体不得露天存放，存放仓库应通风良好。

4.5.9 易燃易爆危险品仓库和使用场所应有防火措施和相应的消防设施。

4.5.10 施工生产作业区与建筑物之间的防火安全距离，应遵守下列规定：
  1 用火作业区距所建的建筑物和其他区域不得小于25m。
  2 仓库区、易燃、可燃材料堆集场距所建的建筑物和其他区域不小于20m。
  3 易燃品集中站距所建的建筑物和其他区域不小于30m。
  4 施工现场防火间距应符合表4.5.10的要求。

表4.5.10 施工现场主要临时用房、临时设施的防火间距（m）

序号	名称	办公用房、宿舍	发电机房、变配电房	可燃材料库房	厨房操作间、锅炉房	可燃材料堆场及其加工场	固定动火作业场	易燃易爆危险品库房
1	办公用房、宿舍	4	4	5	5	7	7	10
2	发电机房、变配电房	4	4	5	5	7	7	10
3	可燃材料库房	5	5	5	5	7	7	10
4	厨房操作间、锅炉房	5	5	5	5	7	7	10
5	可燃材料堆场及其加工场	7	7	7	7	7	10	10
6	固定动火作业场	7	7	7	7	10	10	12

续表 4.5.10

序号	名称	办公用房、宿舍	发电机房、变配电房	可燃材料库房	厨房操作间、锅炉房	可燃材料堆场及其加工场	固定动火作业场	易燃易爆危险品库房
7	易燃易爆危险品库房	10	10	10	10	10	12	12

注：1. 易燃易爆危险品库房与在建工程的防火间距应不小于 15m，可燃材料堆场及其加工场、固定动火作业场与在建工程的防火间距应不小于 10m，其他临时用房、临时设施与在建工程的防火间距应不小于 6m。
　　2. 当办公用房、宿舍成组布置时，其防火间距可适当减小，但应符合以下要求：
　　　1）每组临时用房的栋数不应超过 10 栋，组与组之间的防火间距应不小于 8m。
　　　2）组内临时用房之间的防火间距应不小于 3.5m；当建筑构件燃烧性能等级为 A 级时，其防火间距可减少到 3m。
　　3. 临时用房、临时设施的防火间距应按临时房外墙外边线或堆场、作业场、作业棚边线间的最小距离计算，如临时房外墙有突出可燃构件时，应从其突出可燃构件的外缘算起。
　　4. 两栋临时用房相邻较高一面的外墙为防火墙时，防火间距不限。
　　5. 本表未规定的，可按同等火灾危险性的临时用房、临时设施的防火间距确定。

4.5.11 加油站、油库的消防应符合《汽车加油站加气站设计与施工规范》GB 50156 和《加油站作业安全规范》AQ 3010 的规定。

4.5.12 木材加工厂（场、车间）应符合下列规定：
　1 独立建筑与周围其他设施、建筑之间的安全防火距离不小于 20m。
　2 原材料、半成品、成品堆放整齐有序，安全消防通道保持畅通。
　3 木屑、刨花、边角料等弃物应及时清除，消除火灾隐患。
　4 设有 10m³ 以上的消防水池、消防栓及相应数量的消防器材。
　5 作业场所内不得使用明火、通风良好。
　6 设置醒目的消防警示标志。

4.6 季节施工

4.6.1 昼夜平均气温低于 5℃ 或最低气温低于 −3℃ 时，应制定防寒、防煤气中毒、防滑、防冻、防火等安全措施。

4.6.2 低温季节施工，应遵守以下基本规定：
　4 采暖应有防火及防止一氧化碳中毒措施。
　5 进行气焊作业时，应经常检查回火安全装置、胶管、减压阀，如冻结应用温水或蒸汽解冻，不得火烤。

4.6.3 混凝土低温季节施工，应遵守下列规定：
　5 采用暖棚法时，暖棚宜采用阻燃材料搭设，并制定防火措施，配备相应的消防器材。

4.13 受限空间作业

4.13.5 通风应符合以下规定：
　4 可燃性气体浓度应符合《密闭空间作业职业危害防护规范》GBZ/T 205 的规定。如存在可燃性气体和粉尘时，所使用的器具应达到防爆的要求。

5 施工用电、供水、供风及通信

5.1 施工用电的一般规定

5.1.12 用电场所电器灭火应选择适用于电气的灭火器材，不得使用泡沫灭火器。

5.3 变压器与配电室

5.3.3 配电室应符合以下要求：
　11 配电室的建筑物和构筑物的耐火等级应不低于 3 级，室内应配置砂箱和适宜于扑救电气类火灾的灭火器。

5.4 线路敷设

5.4.4 配电线路，应遵守下列规定：
　3 经常过负荷的线路、易燃易爆物邻近的线路、照明线路，应有过负荷保护。

5.4.5 电缆线路敷设，应遵守下列规定：
　4 埋地敷设电缆的接头应设在地面上的接线盒内，接线盒应能防水、防尘、防机械损伤并应远离易燃、易腐蚀场所。

5.5 配电箱、开关箱与照明

5.5.9 现场照明宜采用高光效、长寿命、光源的显色性满足施工要求的照明光源。照明器具选择应遵守下列规定：
　3 含有大量尘埃但无爆炸和火灾危险的场所，应采用防尘型照明器。
　4 对有爆炸和火灾危险的场所，应按危险场所等级选择相应的防爆型照明器。

6 安全防护及设施

6.1 一般规定

6.1.13 危险作业场所、机动车道交叉路口、易燃易爆有毒危险物品存放场所、库房、变配电场所等应设置相应的禁止、指示、警示标志。

6.2 高处作业

6.2.7 高处进行电焊、气焊等动火作业时，应对下方易燃、易爆物品进行清除或采取相应防护及消防措施。

9 焊接与切割

9.4 氧气、乙炔集中供气系统

9.4.1 大中型生产厂区的氧气与乙炔气（液化气）宜采用汇

流排供气。集中供气站的设计应符合《建筑设计防火规范》GB 50016、《氧气站设计规范》GB 50030、《乙炔站设计规范》GB 50031 的规定。

9.4.2 氧气供气间可与乙炔供气间布置在同一座建筑物内，但应以无门、窗、洞的防火墙隔开，并遵守以下规定：

1 氧气、乙炔供气间应设围墙或栅栏并悬挂明显标志。围墙距离有爆炸物的库房的安全距离应符合相关规定。

2 供气间与明火或散发火花地点的距离不得小于 10m，且不应设在地下室或半地下室内，库房内不得有地沟、暗道；库房内不得动用明火、电炉或照明取暖，并应备有足够的消防设备。

3 氧气、乙炔汇流排应有导除静电的接地装置。

4 供气间应设置气瓶的装卸平台，平台的高度应视运输工具确定，一般高出室外地坪 0.4m～1.1m；平台的宽度不宜小于 2m。室外装卸平台应搭设雨棚。

5 供气间应有良好的自然通风、降温和除尘等设施，并要保证运输通道畅通，应设置足够的消防栓和干粉或二氧化碳灭火器。

6 供气间内不得存放有毒物质及易燃、易爆物品；空瓶和实瓶应分开放置，并有明显标志，应设防止气瓶倾倒的设施。

10 危险物品管理

10.1 一般规定

10.1.2 危险化学品系指《化学品分类和危险性公示通则》GB 13690 中规定的爆炸物、易燃气体、易燃气溶胶、氧化性气体、压力下气体、易燃液体、易燃固体、自反应物质或混合物、自燃液体、自燃固体、自热物质和混合物、遇水放出易燃气体的物质或混合物、氧化性液体、氧化性固体、有机过氧化物、金属腐蚀剂以及有资料表明其他危险的化学品。

10.1.3 危险化学品生产、储存、经营、运输和使用危险化学品的单位和个人，应遵守《中华人民共和国消防法》《危险化学品安全管理条例》的规定。

10.2 易燃物品

10.2.1 储存易燃物品的仓库，应首先满足相关规范的要求，并遵守下列规定：

1 库房建筑宜采用单层建筑；应使用防火材料建筑；库房应有足够的安全出口，不宜少于两个。所有门窗应向外开。

2 库房内应根据易燃物品的性质，安装防爆或密封式的电器及照明设备，并按规定设防护隔墙。

4 不得设在人口集中的地方，与周围建筑物间应留有足够的防火间距。

5 应设置消防车通道和与储存易燃物品性质相适应的消防设施；库房地面应采用不易打出火花的材料。

6 易燃液体库房，应设置防止液体流散的设施。

7 易燃液体的地上或半地下储罐应按有关规定设置防火堤。

10.2.2 储存易燃物品的库房、罐区等安全设计布置，应按照《建筑设计防火规范》GB 50016 的有关规定执行。

10.3 有毒有害物品

10.3.1 有毒有害物品储存，应遵守下列规定：

1 化学毒品库房设计除符合《建筑设计防火规范》GB 50016 的规定外，并应符合下列要求：

  2）库房墙壁应用防火防腐材料建筑，应有避雷接地设施，应有与毒品性质相适应的消防设施。

  3）仓库应保持良好的通风，有足够安全出口。

5 对性质不稳定，容易分解和变质以及混有杂质可引起燃烧、爆炸的化学毒品，应经常进行检查、测量、化验，防止燃烧爆炸。

10.5 加油站管理

10.5.1 加油站的设计与施工应符合《汽车加油站加气站设计与施工规范》GB 50156 的规定。

10.6 液 氨

10.6.1 储存应遵守下列规定：

1 场所设计应符合《建筑设计防火规范》GB 50016 的规定，并应设置风向标，且位置应处于人员易看到的高处，具备良好的通风条件；安装有毒气体监测及报警装置；设置至少两处防雷接地装置、接地电阻应不大于 10Ω。出入口及显著位置应设置危险告知牌、警示标志。

2 储罐应设置液位计、压力表、压力阀和温度指示仪；存储系数应不大于 0.85。

3 储罐的基础、支柱、防火堤、管架、管墩等均应采用阻燃材料，其耐火极限不应低于 30h。

4 储罐进出口管线均应设置双切断控制阀。

5 场所外部应设置消火栓，并配备移动式喷雾枪。

6 场所应远离火源，其安全出口不宜少于两个。

37.《水电水利工程金属结构与机电设备安装安全技术规程》DL/T 5372—2017

3 基 本 规 定

3.2 施工现场安全防护

3.2.1 施工现场的各种施工设施、管道、线路等均应符合防洪、防火、防强风、防雷击、防砸、防坍塌以及职业健康等安全要求。

3.3 施工现场用电与照明

3.3.1 临时用电应符合以下要求：
  2 在易燃易爆气体场所，电气设备及线路均应满足防火、防爆要求。

3.5 施工现场消防

3.5.1 施工现场及工具房内不应存放易燃物品，使用过的油布、棉纱等易燃物品应及时回收，妥善保管或处置。

3.5.2 厂房内机电设备安装过程中搭设的防尘棚、临时工棚及设备防尘覆盖膜等，应选用防火阻燃材料。

3.5.3 施工现场使用明火或进行电（气）焊时，应落实相应的防火措施，特殊部位还应办理动火工作票。

3.9 制作厂区布置

3.9.6 瓶装氧气应与能引起燃烧、爆炸的瓶装乙炔、丙烷等分开存放，并在存放点附近3m内配置灭火器材，但不得配置和使用化学泡沫灭火器。

3.9.7 永久厂房防火设计应符合《建筑设计防火规范》GB 50016中的相关规定。非永久厂房防火应符合《建设工程施工现场消防安全技术规程》GB 50720中的相关规定。

4 金属防腐涂装

4.2 材料的保管

4.2.1 存储库房的设计、施工应符合有关防火、防雷标准的规定。

4.2.2 各类防腐涂装材料的存放应符合《常用化学危险品贮存通则》GB 15603的要求。

4.3 涂装作业场所布置

4.3.8 喷漆室应按《建筑灭火器配置设计规范》GB 50140的规定配置灭火器材。喷漆区内不应设置有引起明火、火花的设备和超过喷涂涂料自燃点温度的设备。在维修喷漆室动用明火时，应履行动火审批手续，并彻底清除室内和排风管道内的可燃残留物。

4.5 涂料喷涂

4.5.2 油漆涂装现场不得焊接、切割、吸烟或点火，不得使用金属棒搅拌油漆。

4.5.7 喷涂设备应配置泡沫二氧化碳或干粉灭火器。

4.6 金属热喷涂

4.6.6 喷镀设备氧气瓶、乙炔瓶及其管道应远离火源和高温作业区。搬移时防止冲击摩擦产生火花。氧气、乙炔瓶的温度不得过高，否则应用水强制冷却。氧气和乙炔停用时应关闭瓶阀。若气瓶有污染应用四氯化碳清洗干净。

38. 《水电水利工程施工作业人员安全操作规程》DL/T 5373—2017

3 基本规定

3.1 现场作业人员

3.1.13 具有火灾、爆炸危险的场所严禁明火和吸烟。

4 施工供风、供水、用电

4.7 内线电工

4.7.3 敷设电线时,还应遵守下列规定:

2 进户线或屋内电线穿墙时应用瓷管、塑料管。在干燥的地方或竹席墙处,可用胶皮管或缠 4 层以上胶布,且与易燃物保持可靠的防火距离。

39.《燃气分布式供能站设计规范》DL/T 5508—2015

3 站址选择

3.0.2 区域式分布式供能站的站址选择应遵循以下原则：

1 站址选择应综合考虑电力规划、消防、环境保护、风景名胜和遗产保护等要求，地区自然条件、水源、交通运输、与相邻企业的关系以及建设计划等因素；

2 站址选择时应考虑燃料供应的安全性、可靠性、经济性，使燃料供应距离较短。

4 站址规划和站区主设备布置

4.2 站区总平面布置

4.2.2 区域式分布式供能站的总平面布置应符合下列要求：

3 建（构）筑物布置应考虑消防、防振及防噪声要求。

4.2.3 区域式分布式供能站的主要建（构）筑物火灾危险性及耐火等级应按表4.2.3的规定确定。其他建（构）筑物在生产过程中的火灾危险性及耐火等级应符合相关建筑防火规范的规定。

表4.2.3 建（构）筑物在生产过程中的火灾危险性及耐火等级

序号	建筑物名称	火灾危险性	耐火等级
1	原动机房	丁	二级
2	汽机房	丁	二级
3	余热锅炉房	丁	二级
4	制冷机房	丁	二级
5	制冷站、供热站	戊	二级
6	天然气增压站、调压站	甲	二级
7	材料库、检修车间	戊	二级
8	冷却塔	戊	二级

注：制冷机房为供能站内制冷机（房），不是指制冷站内的制冷机（房）。除本表规定的建（构）筑物外，其他建（构）筑物的火灾危险性及耐火等级应符合国家现行有关标准的规定。

4.2.4 原动机房、汽机房、余热锅炉房、制冷机房、天然气增压站、调压站与其他建（构）筑物的最小间距应符合表4.2.4的规定，其他各建（构）筑物之间最小间距应符合现行国家标准《小型火力发电厂设计规范》GB 50049、《火力发电厂与变电所设计防火规范》GB 50229、《建筑设计防火规范》GB 50016、《城镇燃气设计规范》GB 50028、《石油天然气工程设计防火规范》GB 50183等有关消防规范的规定。

表4.2.4 建筑物、构筑物之间的最小间距（m）

序号	建（构）筑物名称	丙、丁、戊类建筑 一级、二级	丙、丁、戊类建筑 三级	原动机房、汽机房、余热锅炉房、制冷机房	天然气增压站、调压站	变压器油量（t/台）≤10	变压器油量 >10≤50	变压器油量 >50	屋外配电装置	自然通风冷却塔	机械通风冷却塔	行政生活福利建筑 一级、二级	行政生活福利建筑 三级	线路中心线（厂外）	厂外道路（路边）	厂内道路（路边）主要	厂内道路（路边）次要	围墙
1	原动机房、汽机房、余热锅炉房、制冷机房	10	12	—	30	12	15	20	10	30	30	10	12	5	无出入口1.5，有出口无引道3，有引道7～9			5
2	天然气增压站、调压站	12	14	30	—	25	25	20	25	25	30	15	10	5				5

注：1 表列间距除注明者外，冷却塔自塔外壁算起；建筑物自最外边轴线算起；露天生产装置自最外设备的外壁算起；屋外变、配电装置自最外构架边缘算起；道路为城市型时，自路面边缘算起，为公路型时，自路肩边缘算起；

2 单个小型机械冷却塔与相邻设施的间距可适当减少；

3 生产及辅助生产建筑均为丙、丁、戊类建筑耐火等级，自然通风冷却塔、机械通风冷却塔距离水工设施为15m，其他建（构）筑物采用20m；

4 在改建、扩建工程中，当受条件限制时，表列间距可适当减少，但不得超过25%；

5 在屋外布置油浸变压器时，其与外墙净距不宜小于10m；当在靠近变压器的外墙上于变压器外廓两侧各3m、变压器总高度以上3m的水平线以下的范围内设有防火门和非燃烧性固体窗时，与变压器外廓之间的距离可为5m～10m；当在上述范围内的外墙上无门窗或无通风洞时，与变压器外廓之间的距离可在5m以内。

4.2.5 区域式分布式供能站建（构）筑物与明火或散发火化点的最小间距应符合现行国家标准《建筑设计防火规范》GB 50016 的要求。

4.2.6 区域式分布式供能站放空管布置应符合现行国家标准《石油天然气工程设计规范》GB 50183 和《城镇燃气设计规范》GB 50028 的相关规定。

4.2.7 区域式分布式供能站内道路设计应按照现行国家标准《厂矿道路设计规范》GBJ 22 和现行行业标准《城市道路工程设计规范》CJJ 37 执行，并应符合下列要求：

    1 站内各建（构）筑物之间应根据生产、消防、生活和检修维护的需要设置行车道路；

    2 主设备区、配电装置区、天然气增压站、调压站周围应设置环形道路或消防车道；

    5 室外布置的原动机、余热锅炉周围应留有检修场地和起吊运输设备进出的道路，净空高度不宜小于5m，困难时不应小于4.5m。消防车道宽度和净空高度均不应小于4m。

4.2.8 区域式分布式供能站的站区围墙应与周围环境相协调，除满足站址所在地城市（镇）规划要求外，还应符合下列规定：

    1 站区围墙高度不应低于2.2m；

    2 屋外配电装置应设有1.8m高的围栅，变压器场地周围应设有1.5m高的围栅，天然气调压站、增压站周围宜设有1.5m高的围栅。当天然气调压站、增压站利用站区围墙时，该段围墙应为高度不低于2.5m的非燃烧体实体围墙。

4.3 管线布置

4.3.5 电缆架空敷设时不宜平行敷设在热力管道和燃气管道上部。电缆与管道之间无隔板防护时的允许净距应符合表4.3.5的规定。

表 4.3.5 电缆与管道之间无隔板防护时的允许净距（mm）

电缆与管道之间走向		电力电缆	控制和信号电缆
热力管道	平行	1000	500
	交叉	500	250
燃气管道	平行	1000	500
	交叉	500	250
其他管道	平行	150	100

注：若燃气管道上方是插接式母线、悬挂干线时，最小平行净距为3000mm，最小交叉净距为1000mm。

4.4 主设备及辅助设备布置

4.4.12 带补燃的燃气溴化锂冷温水机组的机房设计应符合下列要求：

    3 机房和燃气表间应分别设置燃气浓度报警器与防爆排风机，防爆排风机应与各自的燃气浓度报警器联锁。

10 水工设施及系统

10.8 水工建筑物

10.8.1 分布式供能站水工建筑物设计应符合现行国家标准《小型火力发电厂设计规范》GB 50049 的规定。

13 仪表与控制

13.3 控制方式、控制室和电子设备间布置

13.3.3 集中控制室应有良好的空调、照明、隔热、防尘、防火、防水、防振和防噪声的措施。

13.4 测量与仪表

13.4.6 测量爆炸危险气体的一次仪表严禁引入控制室。

13.11 电缆、仪表导管和就地设备的布置

13.11.2 布置在爆炸危险区域的仪表控制设备的设计应符合现行国家标准《爆炸和火灾危险环境电力装置设计规范》GB 50058 和《爆炸性气体环境用电气设备》GB 3836 的要求。

14 电气设备及系统

14.7 其他电气设施

14.7.3 分布式供能站中爆炸火灾危险环境的电气装置的设备选型应符合现行国家标准《爆炸性气体环境用电设备》GB 3836 和《爆炸和火灾危险环境电力装置设计规范》GB 50058 的规定。

15 建筑与结构

15.1 一般规定

15.1.3 分布式供能站建筑设计应满足工艺生产流程、安全使用要求。建筑布置应包括内部交通、防火、防爆、防排水、防噪声、抗震、采光、自然通风、防腐、防冻和生活设施等设计。

15.2 建筑布置

15.2.4 原动机房、汽机房的布置应满足消防以及工艺流程需要，应保证纵向、横向走道以及垂直交通畅通。通道应满足检修和消防要求，主要人行通道宽度不宜小于1.2m。首层大门尺寸应满足大型设备的安装和检修需要。

15.4 防火防爆

15.4.1 分布式供能站的建筑设计应按现行国家标准《建筑设计防火规范》GB 50016 和《火力发电厂与变电站设计防火规范》GB 50229 的相关规定执行。其相应的建（构）筑物的火灾危险性分类及耐火等级不应低于本标准表4.2.3的规定。

15.4.2 楼宇式分布式供能站原动机房应采用耐火极限不小于2h的隔墙和1h的楼板与其他房间隔开，所用门必须采用甲级防火门。电子设备间、蓄电池间、制冷站、供热站的隔墙应采用耐火极限不小于1h的隔墙和楼板与其他房间或走廊分隔。

15.4.3 楼宇式分布式供能站的原动机房、制冷站、供热站布置在地下时，建筑面积小于或等于50m²时可设一个出口，

当建筑面积大于50m²时应设两个出口。原动机房、制冷间、供热站布置在地面上时，建筑面积小于或等于400m²时可设一个出口，当建筑面积大于400m²时应设两个出口。出口位置应设在不同疏散方向。

15.4.4 区域式分布式供能站原动机房、汽机房的安全出口不应少于两个，门的开启方向应向疏散方向开启。站房内最远工作地点到外部出口或楼梯的距离不应超过50m。

15.4.5 区域式分布式供能站原动机房、汽机房的疏散楼梯可为敞开式楼梯；至少应有1个楼梯通至各层及屋面且能直接通向室外。垂直疏散楼梯可采用钢筋混凝土楼梯或角度不大于45°的钢梯，梯段净宽不应小于1.1m。当厂房每层面积不大于400m²时，可设一部疏散楼梯。

15.4.6 区域式供能站燃气调压站建筑设计应考虑防爆、泄爆，地面应采用不发火花地面。当采用室内布置时，应该考虑建筑泄爆面积，泄爆面积应按照现行国家标准《建筑设计防火规范》GB 50016—2014 第3.6.4条的规定进行计算。燃气调压站与其他建筑的距离应满足现行国家标准《城镇燃气设计规范》GB 50028—2006 中表6.6.3的要求。

15.10 建筑装修

15.10.2 区域式分布式供能站原动机房、汽机房墙面应采用A级不燃或B_1级难燃性材料，顶棚应采用A级不燃材料。原动机房、汽机房、余热锅炉房、供热设备间、制冷设备间的±0.000m地面应耐冲击、防油污、易清洗，原动机房运行层平台应采用易清洁、防滑材料。墙面和顶棚宜采用浅色、不吸尘、反光良好的材料。原动机房顶棚不得采用吊顶。

15.10.3 燃气调压站、增压间地面、墙面、顶棚均应采用A级不燃材料。燃气调压站、增压间地面应采用耐磨、防滑、不发火花地面材料。内墙面宜平整光洁，顶棚内表面应平整，不得采用吊顶。

16 采暖通风与空气调节

16.1 一般规定

16.1.2 分布式供能站的采暖、通风与空气调节防火排烟设计应按现行国家标准《建筑设计防火规范》GB 50016、《火力发电厂与变电站设计防火规范》GB 50229有关规定执行。

16.3 通 风

16.3.2 原动机房、燃气调压间、增压间、计量间通风系统设计应符合下列要求：
 1 通风系统应独立设置；
 2 通风系统应兼顾正常通风和事故通风，事故通风机应在可燃气体体积浓度达到其爆炸下限浓度的25%时启动运行；
 3 通风设备应采用防爆型。

16.3.3 敷设燃气管道的地下室、设备层和地上密闭房间应设机械通风设施，通风设备应采用防爆型。

16.3.8 设置在站内爆炸危险区域的电气房间应设计正压通风系统，正压值宜为30Pa～50Pa。

16.3.9 电气设备间的通风、空调系统的防火排烟措施应符合现行行业标准《发电厂供暖通风与空气调节设计规范》DL 5035的规定。

16.3.10 设置事故通风的房间应设置可燃气体泄漏检测报警装置，并控制事故通风设备联锁运行。

19 消 防

19.1 一般规定

19.1.1 分布式供能站设计应符合现行国家标准《火力发电厂和变电所设计防火规范》GB 50229和《建筑设计防火规范》GB 50016的规定。

19.2 消防给水及灭火设施

19.2.2 分布式供能站消防给水和灭火设施设计应符合现行国家标准《火力发电厂和变电所设计防火规范》GB 50229和《建筑设计防火规范》GB 50016的规定。

19.2.3 分布式供能站各建筑物内灭火器的配置应符合现行国家标准《建筑灭火器配置设计规范》GB 50140的规定。

19.3 火灾自动报警装置

19.3.1 分布式供能站应设置火灾自动报警装置。火灾检测和自动报警系统的设计应符合现行国家标准《火灾自动报警系统设计规范》GB 50116、《火力发电厂和变电所设计防火规范》GB 50229及《建筑设计防火规范》GB 50016的规定。

19.3.2 分布式供能站应设置燃气泄漏报警及自动切断装置。

19.3.3 消防控制中心或集中控制室应有显示燃气泄漏报警器工作状态的装置，并能遥控操作紧急切断装置。消防控制室应与集中控制室合并设置，在控制室能够遥控操作紧急切断装置。

19.3.4 火灾自动报警装置的主控制器应设置在有人值班处。主控制器应能显示、储存、打印出相关报警及动作信号，同时发出声光报警信号，并应具有远程自动控制和就地手动操作灭火系统的功能。

19.3.5 火灾自动检测及联动控制系统和燃气泄漏报警及紧急切断装置均应由来自不同电源的双电源供电。

19.3.6 分布式供能站房应设置报警通信设施。火灾自动报警装置的警报音响应区别于其他系统的音响。

40.《智能变电站设计技术规定》DL/T 5510—2016

5 电气一次

5.8 光、电缆选择及敷设

5.8.1 电缆选择与敷设设计应符合现行国家标准《电力工程电缆设计规范》GB 50217 的规定。电缆防火封堵设计应符合现行国家标准《火力发电厂与变电站设计防火规范》GB 50229 的规定。防火封堵材料应符合现行国家标准《防火封堵材料》GB 23864 的规定。

6 二次系统

6.7 辅助控制系统

6.7.2 变电站应设置辅助控制系统，实现全站图像监视及安全警卫、火灾报警、消防、照明、采暖通风、环境监测、给排水等系统的智能联动控制。

7 土建

7.2 采暖、通风和空气调节

7.2.5 采暖、通风和空气调节系统应与火灾探测系统联锁，并配合消防系统设置防火隔断和排烟。

7.3 给水和排水

7.3.3 消防给水设备应具备自动控制、就地控制及远程监控功能。

7.3.4 消防蓄水池应设置水位监测和传感控制，根据水位变化自动补水，并设定报警水位。

8 消防

8.0.1 消防设计应符合现行国家标准《火力发电厂与变电站设计防火规范》GB 50229 和《建筑设计防火规范》GB 50016 的规定。火灾探测及报警设计应符合现行国家标准《火灾自动报警系统设计规范》GB 50116 的规定。建（构）筑物灭火器配置应符合现行国家标准《建筑灭火器配置设计规范》GB 50140 的规定。

8.0.2 无人值班变电站主变压器固定式灭火系统的火灾探测及报警信号应实现远传。

41.《电力工程电缆防火封堵施工工艺导则》DL/T 5707—2014

1 总 则

1.0.2 本导则适用于火电、水电、核电常规岛及其他类发电工程和输变电工程等电力工程的电缆防火封堵施工作业,主要包括电缆穿墙,电缆穿楼板,电缆进盘、柜、箱,电缆桥架,电缆竖井,电缆隧(沟)道,电缆穿保护管,电力电缆中间接头等部位的防火封堵施工。

3 基本规定

3.0.1 电缆防火封堵施工应按国家现行标准、设计文件及现场实际情况,编写施工作业指导书。

3.0.2 电缆穿墙、穿楼板的孔洞处,电缆进盘、柜、箱的开孔部位及电缆穿保护管的管口处应实施防火封堵。特殊部位的防火封堵应符合密封及防爆要求。

3.0.3 电缆防火封堵施工,应在土建工程施工完毕,电缆敷设基本完成后进行。尚未完成电缆敷设的拟带电部位,应采取临时防火封堵措施。

3.0.4 电缆防火封堵应按设计、工程实际选择防火封堵组件型式,并按产品技术文件要求或本导则的规定进行施工。

3.0.5 在隧道或电缆沟中的下列部位,应按设计设置阻火墙:
 1 公用沟道的分支处。
 2 多段配电装置对应的沟道分段处。
 3 长距离沟道中每间距约100m或通风区段处。
 4 至控制室或配电装置的沟道入口、厂区围墙处。

3.0.6 当电缆采用桥架架空敷设时,应按设计在下列部位采取阻火措施:
 1 每间距约100m处。
 2 电缆桥架分支处。
 3 穿越建筑物隔墙处。
 4 两台机组及母线分段处。

3.0.7 电缆竖井的防火封堵应符合下列规定:
 1 应在楼层处进行防火封堵。
 3 在同一井道内,敷设多回路110kV及以上电压等级电缆时,不同回路之间应用耐火隔板进行分隔。
 4 当高度较高时,竖井中间可每隔60m~100m设一封堵层。

3.0.9 非阻燃电缆不宜与阻燃电缆并列敷设,若在同一通道中,则应对非阻燃电缆缠绕阻燃包带或涂刷电缆防火涂料进行防火处理。

3.0.11 在潮湿、可能积水的电缆隧(沟)道内的防火封堵,应选用具有防水性能的封堵材料。

3.0.12 电缆防火封堵不应遮盖、污损电缆号牌。

3.0.13 在已封堵的电缆孔洞、阻火墙等处增减电缆,应及时恢复封堵。

3.0.14 防火封堵板材的安装应牢固、平整。采用对接施工时,接缝处宜采用柔性有机堵料或防火密封胶密封;搭接施工时,搭接宽度不应小于50mm。对于防火复合板及防火涂层板的使用应符合设计要求。

4 电缆防火封堵材料验收及保管

4.1 一般规定

4.1.1 电缆防火封堵材料的选用,应符合设计要求,并遵守下列原则:
 1 阻燃性材料的性能应符合现行国家标准《防火封堵材料》GB 23864的有关规定。
 2 防火涂料的性能应符合现行国家标准《电缆防火涂料》GB 28374的有关规定。
 3 阻燃包带的性能应符合现行行业标准《电缆用阻燃包带》GA 478的有关规定。

4.1.2 进场的防火封堵材料应有型式认可证书、产品使用说明书、本批次产品的出厂检验报告、产品合格证等出厂技术文件。

4.2 电缆防火封堵材料的现场验收

4.2.1 电缆防火封堵材料应包装完好,消防产品身份信息标识清晰。

4.2.3 当对产品质量有怀疑时,可送有资质的第三方检验机构进行复验。

4.3 电缆防火封堵材料的现场保管

4.3.2 电缆防火封堵材料在现场保管过程中,应符合下列规定:
 1 防火封堵材料应存放在通风、干燥、防止雨淋和日光直射的地方,储存温度符合产品技术文件要求。
 2 电缆防火涂料应密封完好,避免重压、碰撞、倒置。
 3 开启后的电缆防火涂料,应及时密封,防止结皮或固化。
 4 无机堵料存放时不得受潮。

42.《变电站建筑结构设计技术规程》DL/T 5457—2012

3 建筑设计

3.1 一般规定

3.1.4 变电站建筑的承重墙、隔声墙及防火墙应因地制宜，采用新型建筑墙体材料。建筑墙体设计应满足节能和环保的要求。同时应符合下列规定：

2 外墙应根据地区气候条件和建筑要求，采取保温、隔热和防潮等措施。

3.1.7 建筑物内部顶棚、墙面、楼地面和隔断等的装修材料应符合现行国家标准《建筑内部装修设计防火规范》GB 50222 的要求。

主控制室、通信机房、计算机房及继电器室等室内装修应采用不燃烧材料。

3.1.9 建筑设计防火应符合下列规定：

1 变电站各建（构）筑物在生产过程中的火灾危险性分类及其耐火等级和最小防火间距，应符合现行国家标准《火力发电厂与变电站设计防火规范》GB 50229 的有关规定。

2 防火门分甲、乙、丙三级，其耐火极限分别为 1.2h、0.9h、0.6h，应符合下列规定：

1）用于疏散的走道及楼梯间的门应采用乙级防火门并向疏散方向开启，当其门扇开足时，不应影响走道及楼梯的疏散宽度。

2）电缆井及管道井壁上的检查门应采用丙级防火门。

3 防火墙应符合下列规定：

1）防火墙应具有不少于 3.0h 耐火极限的非燃烧性墙体。

2）防火墙上不应开设门窗洞口，当必须开设时，应设置能自动关闭的甲级防火门窗。

3）防火墙上不宜通过管道，当必须通过时，应采用防火堵料将孔洞周围的空隙紧密堵塞。

4）设计防火墙时，防火墙上支撑的构架或防火墙一侧支撑的建筑物的梁、柱在遭遇火灾影响时，应确保防火墙的整体稳定不至倒塌。

4 生产建筑物侧墙外 5m 以内布置油浸变压器或可燃介质电容器等电气设备时，该墙在设备总高度以上 3m 的水平线以下及设备外廓两侧各 3m 的范围内，不应设有门窗、洞口；建筑物外墙距设备外廓 5m～10m 时，在上述范围内的外墙可设甲级防火门，设备总高度以上可设防火窗，其耐火极限不应小于 0.9h。

5 屋内配电装置室内的油断路器、油浸电流互感器和电压互感器、高压电抗器，应安装在有防火隔墙的间隔内。总油量超过 100kg 的屋内油浸变压器，应安装在单独的防火间隔内，并应有单独向外开启的甲级防火门。

6 电缆隧道两端均应设通往地面的安全出口，当其长度超过 100m 时，安全出口的间距不应超过 75m。电缆隧道（或电缆沟）与建筑物外墙相交处，应设置耐火极限不低于 3.0h 的防火墙。电缆隧道的防火墙上还应设置甲级防火门。

7 屋内配电装置室、电容器室、蓄电池室、电缆夹层及其他电气设备的房间，应采用向外开启的钢门。当门外为公共走道或其他房间时，应采用向外开启的乙级防火门。配电装置室的中间隔墙上的门应采用由不燃材料制作的双向弹簧门。

10 其他构筑物

10.1 电缆沟、电缆隧道

10.1.5 电缆沟、电缆隧道的设计应满足下列要求：

1 满足工艺要求，主要包括支架埋设、转弯半径、接地及电缆防火等的要求。

10.3 主变压器（高抗）基础及事故油池

10.3.5 当室外油浸变压器、电抗器或与其他主要的配电装置之间的距离不满防火规范要求时，应在设备之间设置耐火等级为一级的防火隔墙，墙应高出油枕顶，墙长应不小于贮油坑两侧各 1m。防火隔墙可采用钢筋混凝土板墙、砌体、框架填充墙等结构。

43.《发电厂和变电站照明设计技术规定》DL/T 5390—2014

3 照明方式与种类

3.2 照明种类

3.2.1 发电厂和变电站的照明种类可分为：正常照明、应急照明、警卫照明和障碍照明。照明种类的确定应符合下列要求：
1 工作场所均应设置正常照明。
2 工作场所下列情况应设置应急照明：
  1）当正常照明因故障熄灭后，需确保正常工作或活动继续进行的场所应设置备用照明；
  2）当正常照明因故障熄灭后，需要确保人员安全疏散的出入口和通道应设置疏散照明。

3.2.3 厂站的主控制室、网络控制室、集中控制室、单元控制室的主环内应装设直流常明方式的备用照明。

3.2.5 核电厂实物保护实行不间断视频监控的部位应设置应急照明。

5 灯具及其附属装置选择与布置

5.1 灯具选择

5.1.1 灯具的选择应符合下列要求：
7 在有爆炸和火灾危险场所使用的灯具应符合现行国家标准《爆炸危险环境电力装置设计规范》GB 50058中有关规定。

5.1.6 直接安装在可燃材料表面的灯具应采用标有▽标志的灯具。

5.3 室外照明灯具布置

5.3.6 布置照明灯杆时，应避开上下水道、管沟等地下设施，与消防栓的距离不应小于2m。灯杆（柱）到路边的距离宜为1m～1.5m。

5.5 照明灯具及其附属装置的安装

5.5.3 灯具及其镇流器等发热部位，当靠近可燃物表面时，应采取散热等防火措施。

5.6 照明开关、插座的选择和安装

5.6.2 开关和插座的选择应符合下列原则：
3 在有爆炸、火灾危险的场所不宜装设开关及插座；当需要装设时，应选用防爆型开关及插座。

8 照明网络供电及控制

8.6 导线截面选择

8.6.5 应按下列工作场所环境条件选择导线种类：
1 有爆炸与火灾危险、潮湿、振动、维护不便与重要场所应采用铜芯绝缘导线。

8.7 照明线路的敷设

8.7.2 在有爆炸危险与有可能受到机械损伤的场所，照明线路应采用铜芯绝缘导线穿厚壁钢管敷设。

潮湿的场所以及有酸、碱、盐腐蚀的场所，照明管线应采用阻燃塑料管或热镀锌钢管敷设。

44.《变电站总布置设计技术规程》DL/T 5056—2007

5 总平面布置

5.1 一般规定

5.1.6 城市地下（户内）变电站与站外相邻建筑物之间应留有消防通道。消防车道的净宽度和净高度要满足 GB 50016《建筑设计防火规范》的相关规定。

5.5 建（构）筑物间距

5.5.1 变电站建（构）筑物的火灾危险性分类及其耐火等级应符合表 5.5.1 的规定。

表 5.5.1 建(构)筑物的火灾危险性分类及其耐火等级

序号	建（构）筑物名称		火灾危险性分类	耐火等级
1	主控通信楼（室）		戊	二级
2	继电器室		戊	二级
3	电缆夹层		丙	二级
4	配电装置楼（室）	每台设备充油量 60kg 以上	丙	二级
		每台设备充油量 60kg 及以下	丁	二级
		无含油电气设备	戊	二级
5	户外配电装置	每台设备充油量 60kg 以上	丙	二级
		每台设备充油量 60kg 及以下	丁	二级
		无含油电气设备	戊	二级
6	油浸变压器室		丙	一级
7	气体或干式变压器室		丁	二级
8	电容器室（有可燃性介质）		丙	二级

续表 5.5.1

序号	建（构）筑物名称	火灾危险性分类	耐火等级
9	干式电容器室	丁	二级
10	油浸电抗器室	丙	二级
11	干式铁芯电抗器室	丁	二级
12	事故油池	丙	一级
13	生活、消防水泵房（供水设备间）	戊	二级
14	雨淋阀室、泡沫消防设备间	戊	二级
15	污水、雨水泵房	戊	二级
16	电锅炉房	丁	二级
17	安全与检修工器具间	戊	二级
18	柴油发电机室	丙	二级
19	警传室（单独设置）	戊	二级
20	电缆隧道	丙	二级

注 1：除本表规定的建（构）筑物外，其他建（构）筑物的火灾危险性及耐火等级应符合 GB 50016《建筑设计防火规范》的有关规定。
注 2：主控通信楼、继电器室，当未采取防止电缆着火后延燃的措施时，火灾危险性应为丙类。
注 3：当地下变电站、城市户内变电站将不同使用用途的变配电部分布置在一幢建筑物或联合建筑物内时，则其建筑物的火灾危险性分类及其耐火等级除另有防火隔离措施外，需按火灾危险性类别高者选用。
注 4：当电缆夹层采用 A 类阻燃电缆时，其火灾危险性可为戊类。

5.5.2 变电站内各建（构）筑物及设备的防火间距不应小于表 5.5.2 的规定。

表 5.5.2 变电站内各建（构）筑物及设备的防火间距　　　　m

建（构）筑物名称			丙、丁、戊类生产建筑		户外配电装置		可燃介质电容器室（棚）	事故油池	站内生活建筑	
			耐火等级		每组断路器油量 t				耐火等级	
			一、二级	三级	<1	≥1			一、二级	三级
丙、丁、戊类生产建筑	耐火等级	一、二级	10	12	—	10	10	5	10	12
		三级	12	14					12	14
户外配电装置	每组断路器油量 t	<1	—						10	12
		≥1	10							

111

续表 5.5.2

建（构）筑物名称			丙、丁、戊类生产建筑 耐火等级		户外配电装置 每组断路器油量 t		可燃介质电容器室（棚）	事故油池	站内生活建筑 耐火等级	
			一、二级	三级	<1	≥1			一、二级	三级
油浸变压器及电抗器	单台设备油量 t	5～10	10		根据 GB 50229 规定执行		10	5	15	20
		10～50							20	25
		>50							25	30
可燃介质电容器室（棚）			10				—		15	20
事故油池			5					—	10	12
站内生活建筑	耐火等级	一、二级	10	12	10		15	10	6	7
		三级	12	14	12		20	12	7	8

注1：建（构）筑物防火间距应按相邻两建（构）筑物外墙的最近距离计算，如外墙有凸出的燃烧构件时，则应从其凸出部分外缘算起。
注2：相邻两座建筑两面的外墙为非燃烧体且无门窗洞口、无外露的燃烧屋檐，其防火间距可按本表减少25%。
注3：相邻两座建筑较高一面的外墙如为防火墙时，其防火间距不限，但两座建筑物门窗之间的净距不小于5m。
注4：生产建（构）筑物侧墙5m以内布置油浸变压器或可燃介质电容器等电气设备时，该墙在设备总高度加3m的水平线以下及设备外廓两侧各3m的范围内，不应设有门窗、洞口；建筑物外墙距设备外廓5m～10m时，在上述范围内的外墙可设甲级防火门，设备高度以上可设防火窗，其耐火极限不应小于0.9h。
注5：当继电器室布置在户外配电装置场内时，其间距由工艺专业确定。
注6：为丙、丁、戊类厂房服务而单独设立的生活用房应按民用建筑确定，与所属厂房之间的防火间距不应小于6m。

7 地下管线（沟道）布置

7.3 地下沟（隧）道

7.3.7 电缆沟（隧）道通过站区围墙或与建筑（构）物的交接处，应设防火隔断（防火隔墙或防火门），其耐火极限不应低于4h。隔墙上穿越电缆的空隙应采用非燃烧材料密封。

45.《35kV～220kV 变电站无功补偿装置设计技术规定》DL/T 5242—2010

10 防火、通风与采暖

10.1 防 火

10.1.1 无功补偿装置的防火要求应按 GB 50229 中的相关内容执行。

10.1.2 户内布置的油浸电容器（电抗器）室属丙类生产建筑物，其耐火等级不应低于二级。其楼板、隔墙、门窗和孔洞均应满足相应的二级耐火等级的防火要求。

电容器（电抗器）装置的支架应采用不燃或难燃烧性材料制作。

10.1.3 独立布置的电容器（电抗器）室以及户外布置的油浸电容器（电抗器）与其他建筑物或主要电气设备之间的防火距离，不应小于 10m。

当不能满足上述规定时，应设防火墙；当相邻建筑物的外墙为不开门窗及洞口的防火墙时，防火距离可不受限制；当相邻建筑物的外墙为设有甲级防火门的防火墙时，防火距离不应小于 5m。当与其他建筑物联合布置时，其间应设防火墙，防火墙的长高尺寸应比设备外廓尺寸每边大 1m，并在防火墙的两侧 2m 范围内，不得开门窗及洞口。

10.1.4 电容器（电抗器）室的门应向疏散方向开启；当门外为公共走道或其他房间时，该门应采用乙级防火门。

10.1.5 电容器（电抗器）装置必须就近设置能灭油火的消防设施，并应设有消防通道。

10.1.6 连接电容器（电抗器）室的电缆沟道，应采取防止液体溢流或火势蔓延的保护设施，应在电缆敷设完毕后采用防火材料封堵沟管孔洞。

10.1.7 油浸集合式并联电容器，应设置贮油池或挡油坎。户外布置的无功补偿装置的单台充油设备油量超过 1000kg 时，宜设置大于其外廓尺寸各 100mm 的贮油池，池内应铺设厚度不小于 100mm 的卵石层或碎石层，如没有总贮油池，其贮油池应能容纳 100%油量。

10.1.8 油浸铁心电抗器下应设置事故油池。

46.《高压配电装置设计规范》DL/T 5352—2018

5 配电装置的型式与布置

5.5 防火与蓄油设施

5.5.1 当35kV及以下电压等级屋内配电装置未采用金属封闭开关设备时，其油断路器、油浸电流互感器和电压互感器应设置在两侧有不燃烧实体隔墙的间隔内；35kV以上电压等级屋内配电装置的带油设备应安装在有不燃烧实体墙的间隔内，不燃烧实体墙的高度不应低于配电装置中带油设备的高度。总油量超过100kg的屋内油浸变压器应安装在单独的变压器间，并应有灭火设施。

5.5.5 发电厂单台容量为90MV·A及以上的油浸变压器和变电站单台容量为125MV·A及以上的油浸变压器应设置水喷雾灭火系统、泡沫喷雾灭火系统或其他固定式灭火装置系统。

5.5.7 当油量在2500kg及以上的屋外油浸变压器或油浸电抗器之间的防火间距不满足本标准表5.5.6的要求时，应设置防火墙。防火墙的耐火极限不宜小于3h。防火墙的高度应高于变压器或电抗器油枕，其长度应大于变压器或电抗器储油池两侧各1000mm。

5.5.8 油量在2500kg及以上的屋外油浸变压器或油浸电抗器与本回路油量为600kg以上且2500kg以下的带油电气设备之间的防火间距不应小于5m。

5.5.10 配电装置及部分建（构）筑物生产过程中火灾危险性类别及最低耐火等级应符合现行国家标准《火力发电厂与变电站设计防火规范》GB 50229的规定。

6 配电装置对建（构）筑物的要求

6.1 屋内配电装置的建筑要求

6.1.1 主控制楼、屋内配电装置楼各层及电缆夹层的安全出口不应少于2个，其中1个安全出口可通往室外楼梯。当屋内配电装置楼长度超过60m时，应加设中间安全出口。配电装置室内任一点到房间疏散门的直线距离不应大于15m。

6.1.2 汽机房、屋内配电装置楼、主控制楼、集中控制楼及网络控制楼与油浸变压器的外廓间距不宜小于10m。当其间距小于5m时，在变压器外轮廓投影范围外侧各3m内的汽机房、屋内配电装置楼、主控制楼、集中控制楼及网络控制楼面向油浸变压器的外墙不应设置门、窗、洞口和通风孔，且该区域外墙应为防火墙；当其间距在5m~10m时，在上述外墙上可设置甲级防火门，变压器高度以上可设防火窗，其耐火极限不应小于0.9h。

6.1.4 充油电气设备间的门若开向不属配电装置范围的建筑物内时，其门应为非燃烧体或难燃烧体的实体门。

6.1.5 变压器室、配电装置室、发电机出线小室、电缆夹层、电缆竖井等室内疏散门应为乙级防火门，上述房间中间隔墙上的门可为不燃烧材料制作的门。

6.1.7 配电装置室的顶棚和内墙应作耐火处理，耐火等级不应低于二级。地（楼）面应采用耐磨、防滑、高硬度地面。

6.1.11 配电装置室内通道应保证畅通无阻，不得设立门槛，并不应有与配电装置无关的管道通过。

6.1.13 配电装置与各建（构）筑物之间的防火间距应符合现行国家标准《火力发电厂与变电站设计防火规范》GB 50229的规定。

47.《220kV～750kV变电站设计技术规程》DL/T 5218—2012

4 站区规划与总布置

4.2 总平面布置

4.2.5 变电站各建、构筑物的火灾危险类别及其最低耐火等级不应低于表4.2.5的规定。各建、构筑物整体及部件的设计，除达到使用功能外，尚应符合防火方面的有关规定。

表4.2.5 建、构筑物的火灾危险性分类及其耐火等级

序号	建（构）筑物名称		火灾危险性类别	最低耐火等级
1	主控通信楼		戊	二级
2	继电器室		戊	二级
3	电缆夹层		丙	二级
4	屋内、外配电装置	每台设备充油量60kg以上	丙	二级
		每台设备充油量60kg及以下	丁	二级
		无含油电气设备	戊	二级
5	变压器室	油浸式	丙	一级
		气体或干式	丁	二级

续表4.2.5

序号	建（构）筑物名称		火灾危险性类别	最低耐火等级
6	电容器室	可燃性介质	丙	二级
		干式	丁	二级
7	电抗器室	油浸式	丙	二级
		干式铁芯型	丁	二级
8	总事故油池		丙	一级
9	生活、消防、污水、雨水泵房		戊	二级
10	雨淋阀室、泡沫设备室		戊	二级

注：1 除本表规定的建、构筑物外，其他建、构筑物的火灾危险性及耐火等级应符合现行国家标准《建筑设计防火规范》GB 50016的有关规定。
2 主控通信楼、继电器室当不采取防止电缆着火后延燃的措施时，火灾危险性应为丙类。
3 当电缆夹层中采用A类阻燃电缆时，其火灾危险性可为丁类。
4 当地下变电站、城市户内变电站将不同使用用途的变配电部分布置在一幢建筑物或联合建筑物内时，则其建筑物的火灾危险性分类及其耐火等级除另有防火隔离措施外，应按火灾危险性类别高者选用。

4.2.6 变电站内建、构筑物的最小间距不应小于表4.2.6的规定。

表4.2.6 变电站建、构筑物的最小间距（m）

建、构筑物名称			丙、丁、戊类生产建筑 耐火等级		有含油设备的屋外配电装置 单台设备油量（t）		可燃介质电容器室（棚）	总事故油池	生活建筑 耐火等级		站内道路（路边）	围墙
			一、二级	三级	<1	≥1			一、二级	三级		
丙、丁、戊类生产建筑	耐火等级	一、二级	10	12	—	10			10	—	无出口时1.5；有出口，但无车道时3.0；有出口，有引道时6~8	—
		三级	12	14					12	14		
有含油设备的屋外配电装置	单台设备油量t	<1	—	—			10	5	10	12	1	
		≥1	10									
油浸式变压器及电抗器、集合式电容器	单台设备油量t	5~10	10		根据GB 50229规定执行				15	20		
		10~50							20	25		
		>50							25	30		

续表 4.2.6

建、构筑物名称		丙、丁、戊类生产建筑		有含油设备的屋外配电装置		可燃介质电容器室（棚）	总事故油池	生活建筑		站内道路（路边）	围墙
		耐火等级		单台设备油量（t）				耐火等级			
		一、二级	三级	<1	≥1			一、二级	三级		
可燃介质电容器室（棚）		10		—			5	15	20	—	
总事故油池		5				—		10	12	1	1
生活建筑	耐火等级 一、二级	10	12	10		15	10	6	7	无出口时1.5；有出口时3.0	
	三级	12	14	12		20	12	7	8		
围墙		—					1			1	

注：1 建、构筑物防火间距应按相邻两建、构筑物外墙的最近距离计算，如外墙有凸出的燃烧构件时，则应从其凸出部分外缘算起。
2 两座建筑相邻两面的外墙为非燃烧体且无门窗洞口、无外露的燃烧屋檐，其防火间距可按本表减少25%。
3 两座建筑相邻且较高一面的外墙如为防火墙时，其防火间距不限，但两座建筑门窗之间的净距不应小于5m。
4 生产建、构筑物墙外5m以内布置油浸变压器及电抗器、集合式或可燃介质电容器等电气设备时，该墙在设备总高度加3m的水平线以下及设备外廓两侧各3m的范围内，不应设有门窗、洞口；建筑物外墙距设备外廓5m～10m时，在上述范围内的外墙可设甲级防火门，设备高度以上可设防火窗，其耐火极限不应小于0.9h。
5 屋外配电装置与其他建、构筑物的间距除注明者外，均以架构计算。当继电器室布置在屋外配电装置场内时，其间距由工艺确定。
6 屋外配电装置与道路路边的距离不宜小于1.5m，在困难条件下不应小于1m。
7 屋外油浸变压器、油浸电抗器、集合式电容器之间无防火墙时，其防火净距不应小于下列数值：35kV为5m；66kV为6m；110kV为8m；220kV及以上为10m。
8 表中未规定最小间距的以"—"表示，该间距可根据工艺布置需要确定。围墙与丙、丁、戊类生产建筑或与站内生活建筑的间距，在满足消防要求的前提下可不限。
9 无油设备不考虑间距。

4.5 道 路

4.5.8 变电站站内道路宽度按下述原则确定：
2 站内主要环形道路应满足消防要求，路面宽度一般为4m。

5 电气一次

5.8 电缆选择与敷设

5.8.1 变电站电缆选择与敷设的设计，应符合现行国家标准《电力工程电缆设计规范》GB 50217的规定；电缆防火封堵的设计还应符合现行国家标准《火力发电厂与变电所防火规范》GB 50229和《建筑设计防火规范》GB 50016的规定，防火封堵材料应符合现行国家标准《防火封堵材料》GB 23864的规定。

7 土建部分

7.3 建筑物

7.3.8 当主控通信楼单层面积大于400m²时应设第二个出口。楼层的第二出口可设在通向有固定楼梯的室外平台处。
7.3.9 当主控室、继电器室、配电装置室、电容器室、电缆夹层建筑面积超过250m²时，其安全出口不应少于两个。

7.3.10 屋内配电装置室及电容器室等建筑不宜用开启式窗，配电装置室的中间门应采用双向开启门。配电装置室内通道应畅通无阻，不应有与配电装置无关的管道通过。墙上开孔洞的部位，应采取防止雨、雪、小动物及风沙进入的措施。
7.3.11 变压器室、电容器室、蓄电池室、油处理室、电缆夹层、配电装置室的门应向疏散方向开启，当门外为公共走道或其他建筑物的房间时，应采用非燃烧体或难燃烧体的实体门。

8 采暖、通风和空调

8.2 通 风

8.2.8 通风机应与火灾探测系统连锁，火灾时应切断通风机的电源。

10 消 防

10.1 一般规定

10.1.2 变电站消防系统的设计应符合现行国家标准《建筑设计防火规范》GB 50016和《火力发电厂与变电所设计防火规范》GB 50229的规定。

10.2 消防设施

10.2.1 变电站同一时间可能发生的火灾次数按一次设计,变电站消防用水量按发生火灾时一次最大消防用水量计算。

10.2.2 变电站内建筑物满足耐火等级不低于二级,火灾危险性为戊类,且体积不超过 3000m³ 时,可不设消防给水系统。

10.2.3 单台容量在 125000kV·A 及以上的可燃油油浸变压器应设置水喷雾灭火系统、合成型泡沫喷雾灭火系统或其他固定灭火装置。水喷雾灭火装置的设计应符合现行国家标准《水喷雾灭火系统设计规范》GB 50219 的规定。

10.2.4 各建构筑物应配备适当数量的移动式灭火器,移动式灭火器设计应符合现行国家标准《建筑灭火器配置设计规范》GB 50140 和《火力发电厂与变电所设计防火规范》GB 50229 的规定。

10.2.5 单台油量大于 100kg 的屋内含油电气设备,应设置贮油坑,贮油坑的容积宜按单台设备油量的 20%,并应设置能将事故油排至安全处的设施。当不能满足上述要求时,应设置能容纳全部油量的贮油坑。

10.2.6 单台油量大于 1000kg 的屋外含油电气设备,应设贮油坑及总事故油池,贮油坑的容积宜按油量的 20% 设计,贮油坑的长宽尺寸宜较设备外廓尺寸每边大 1m。总事故油池应有油水分离的功能,其容积宜按最大一台设备油量的 60% 确定。

10.3 火灾探测及消防报警

10.3.1 变电站火灾探测及报警装置的设置应符合现行国家标准《火力发电厂与变电所设计防火规范》GB 50229 的规定。

10.3.2 火灾探测及报警系统的设计和消防控制设备及其功能应符合现行国家标准《火灾自动报警系统设计规范》GB 50116 的规定。

12 劳动安全和职业卫生

12.2 劳动安全

12.2.1 变电站的生产场所和附属建筑、生活建筑和易燃、易爆的危险场所以及地下建筑物的防火分区、防火隔断、防火间距、安全疏散和消防通道的设计,应符合现行国家标准《建筑设计防火规范》GB 50016 和《火力发电厂与变电所设计防火规范》GB 50229 的规定。

12.2.2 变电站的安全疏散设施应有充足的照明和明显的疏散指示标志。

48.《35kV～220kV 无人值班变电站设计技术规程》DL/T 5103—2012

3 站址选择和站区布置

3.2 站区布置

3.2.7 变电站的建筑物与相邻建筑物之间的消防通道和防火间距，应满足现行国家标准《建筑设计防火规范》GB 50016 的有关规定。

6 消防

6.0.1 变电站消防设计应符合现行国家标准《建筑设计防火规范》GB 50016、《火力发电厂与变电所设计防火规范》GB 50229 和现行行业标准《电力设备典型消防规程》DL/T 5027 的规定。

6.0.2 变电站火灾探测及报警装置的设置应符合现行国家标准《火力发电厂与变电所设计防火规范》GB 50229 的规定。

6.0.3 火灾探测及报警系统的设计和消防控制设备及其功能应符合现行国家标准《火灾自动报警系统设计规范》GB 50116 的规定。

49.《35kV～220kV 城市地下变电站设计规程》DL/T 5216—2017

3 站址选择和站区布置

3.2 站区布置

3.2.1 地下变电站的地上建（构）筑物、道路及地下管线的布置应与城市规划相协调，宜充分利用就近的交通、给排水、消防及防洪等公用设施。

3.2.3 地下变电站的站区布置在满足工艺要求的前提下，应力求布局紧凑，并兼顾设备运输、通风、消防、安装检修、运行维护及人员疏散等因素综合确定。当变电站与其他建（构）筑物合建时，还应充分利用其建（构）筑物的相关条件，统筹设计。

3.2.4 地下变电站的地上建筑物（含与其他建筑结合建设的地上建筑物）与相邻建筑物之间的消防通道和防火间距，应符合现行国家标准《建筑设计防火规范》GB 50016 及《火力发电厂与变电站设计防火规范》GB 50229 的有关规定。

3.2.8 站内道路路面宽度不应小于3m，转弯半径不宜小于7m；当用于消防道路时，道路路面宽度不应小于4m，转弯半径不宜小于9m。站内道路纵坡不宜大于6%。

4 电气一次

4.10 建筑电气

4.10.5 二次设备室、主变压器室、配电装置室、站用变压器室、蓄电池室、消防控制室、消防设备间、主要通道、楼梯间等人员活动场所，应装设应急照明；应急照明包括疏散照明和备用照明。

4.10.7 人员安全疏散的疏散门和疏散走道应设置疏散照明和灯光疏散指示标志。疏散照明和疏散指示标志宜采用自带蓄电池的应急灯；蓄电池放电时间应不低于120min。

4.10.8 采用非密封蓄电池的蓄电池室照明应采用防爆型照明电器；开关、插座等可能产生电火花的电器，应装在蓄电池室外。

6 土建部分

6.1 建 筑

6.1.3 独立建设的地下变电站地上建筑与相邻建筑之间的防火间距，不应小于表 6.1.3 的规定。

6.1.4 地下变电站的建筑设计应根据工艺布置要求，设置主变压器室、配电装置室、二次设备室、电容器室等电气设备房间以及消防设备间、通风机房、工具间、吊装间、运输通道等。地下变电站各设备房间火灾危险性分类及其耐火等级应符合表6.1.4规定。

表 6.1.3 独立建设的地下变电站地上建筑与相邻建筑之间的防火间距（m）

名称	甲类厂房 单、多层	乙类厂房（仓库） 单、多层	丙、丁、戊类厂房（仓库） 单、多层		丙、丁、戊类厂房（仓库） 高层		民用建筑 裙房，单、多层			民用建筑 高层	
	一、二级	一、二级	一、二级	三级	一、二级	三级	一、二级	三级	四级	一类	二类
变电站丙类地上建筑 一、二级	12	10	12	13	10	12	14	13	10	12	14	20	15
变电站丁类地上建筑 一、二级	12	10	12	13	10	12	14	13	10	12	14	13

注：
1. 表中的一级～四级为耐火等级，一类、二类为高层民用建筑的分类。
2. 防火间距按变电站地上建筑的外墙与相邻建筑外墙的最近距离计算，如外墙有凸出的燃烧构件，应从其凸出部分外缘算起。
3. 两座厂房相邻较高一面外墙为防火墙，或相邻两座高度相同的一、二级耐火等级建筑中相邻任一侧外墙为防火墙且屋顶的耐火极限不低于1.00h时，其防火间距不限。两座丙、丁、戊类厂房相邻两面外墙均为不燃性墙体，当无外露的可燃性屋檐，每面外墙上的门、窗、洞口面积之和各不大于外墙面积的5%，且门、窗、洞口不正对开设时，其防火间距可按本表的规定减少25%。
4. 两座一、二级耐火等级的厂房，当相邻较低一面外墙为防火墙且较低一座厂房的屋顶无天窗，屋顶的耐火极限不低于1.00h，或相邻较高一面外墙的门、窗等开口部位设置甲级防火门、窗或防火分隔水幕或防火卷帘时，丙、丁、戊类厂房之间的防火间距不应小于4m。

表 6.1.4 地下变电站各设备房间的火灾危险性分类及其耐火等级

设备房间名称		火灾危险性分类	耐火等级
二次设备室		戊	二级
配电装置室	单台设备充油量 60kg 以上	丙	二级
	单台设备充油量 60kg 及以下	丁	二级
	无含油电气设备	戊	二级

续表6.1.4

设备房间名称	火灾危险性分类	耐火等级
油浸变压器室	丙	一级
干式变压器、电抗器、电容器室	丁	二级
油浸电抗器、电容器室	丙	二级
事故油池	丙	一级
消防设备间、通风机房	戊	二级
备品间、工具间	戊	二级

注：干式变压器包括SF_6气体变压器、环氧树脂浇注变压器等。

6.1.6 地下变电站与其他建筑合建时，应采用防火分区等隔离措施。

6.1.7 地下变电站每个防火分区的建筑面积不应大于1000m^2。设置自动灭火系统的防火分区，其防火分区面积可增大1.0倍；当局部设置自动灭火系统时，增加面积可按该局部面积的1.0倍计算。

6.1.8 地下变电站的安全出口数量不应少于2个。地下室与地上层不应共用楼梯间。当必须共用楼梯间时，应在地上首层采用耐火极限不低于2h的不燃烧体隔墙和乙级防火门将地下部分与地上部分的连通部分完全隔开，并应有明显标志。

6.1.9 地下变电站内任一点到最近安全出口的距离应符合下列规定：
   1 当地下变电站火灾危险性分类为丙类时，不应大于30m；
   2 当地下变电站火灾危险性分类为丁类时，不应大于45m；
   3 当地下变电站火灾危险性分类为戊类时，不应大于60m。

6.1.10 地下变电站直通地面的疏散门最小净宽度不宜小于0.90m；疏散楼梯最小净宽度不宜小于1.10m；疏散走道最小净宽度不宜小于1.40m。同时，电气设备房间门、楼梯及走道的宽度应满足设备运输要求。

6.1.11 地下变电站楼梯的数量、位置和楼梯间形式应符合现行国家标准《建筑设计防火规范》GB 50016的相关规定。地下建筑疏散楼梯应满足下列要求：
   1 疏散楼梯应采用封闭楼梯间；当封闭楼梯间不能自然通风或自然通风不能满足要求时，应设置机械加压送风系统或采用防烟楼梯间；
   2 地下建筑室内地面与室外出入口地坪高差大于10m或3层及以上时，其疏散楼梯采用防烟楼梯间；
   3 楼梯间应设乙级防火门，并向疏散方向开启。

6.1.12 变压器室、配电装置室、电抗器室、电容器室、蓄电池室的门应向疏散方向开启。当门外为公共走道或其他房间时，该门应采用防火门。

6.1.13 地下变电站中电缆隧道入口处、电缆竖井的出入口处、电缆头连接处、二次设备室与电缆夹层之间，均应采取防止电缆火灾蔓延的阻燃或分隔措施。

6.1.14 地下变电站的变压器应设置能贮存最大一台变压器油量的事故油池。当地下变电站采用水喷雾或细水雾消防时，油浸主变压器事故油池容量应能容纳最大一台变压器的事故排油量以及消防水量。

6.1.17 地下变电站建筑内装修应安全、实用，装修风格宜简洁。各部位内装修材料燃烧性能等级应符合现行国家标准《建筑内部装修设计防火规范》GB 50222的规定。

7 采暖、通风与空气调节

7.2 通风

7.2.9 通风风管在下列部位应设置公称动作温度为70℃的防火阀：
   1 穿越防火分区处；
   2 穿越通风机房的房间隔墙和楼板处；
   3 穿越防火分隔处的变形缝两侧。

7.2.10 通风风机应与火灾自动报警系统联动，火灾时应切断与消防排烟无关的通风风机电源。

7.4 防烟、排烟

7.4.1 地下变电站的防烟、排烟设计应符合现行国家标准《建筑设计防火规范》GB 50016的规定。

7.4.2 地下变电站防烟楼梯间及其前室应设置防烟设施。

7.4.3 地下变电站内长度大于40m的内走道应设置排烟设施。

8 给水与排水

8.2 排水

8.2.3 地下变电站应在变电站最底层设置废水池，废水池设计容量应根据室内消火栓设计流量、消防灭火时间、排水泵排水能力等因素综合考虑确定。

9 消防

9.1 消防设施

9.1.1 消防给水和消防设施的设置应根据火灾危险性、火灾特性和环境条件等因素综合确定。

9.1.2 地下变电站应设置室外消火栓系统。

9.1.3 地下变电站的下列场所应设置室内消火栓系统：
   1 楼梯间及其前室、消防电梯间及其前室或合用前室；
   2 走廊及各类疏散走道；
   3 电缆夹层。

9.1.4 电气设备间不应设置室内消火栓系统。

9.1.5 设置在严寒及寒冷地区非采暖房间内的室内消火栓系统，应有可靠的防冻措施。

9.1.6 地下变电站下列场所应设置自动灭火系统，并宜采用水喷雾、高压细水雾或其他固定式灭火装置：
   1 地上布置的单台主变压器容量为125MV·A及以上的油浸变压器室；
   2 地下布置的油浸变压器室。

9.1.7 消防供电应符合现行国家标准《火力发电厂与变电站设计防火规范》GB 50229的规定。

9.1.8 各房间应配备适当数量的移动式灭火器，移动式灭火器设计应符合现行国家标准《建筑灭火器配置设计规范》GB 50140、《火力发电厂与变电站设计防火规范》GB 50229 和现行行业标准《电力设备典型消防规程》DL 5027 的规定。

9.2 火灾探测和消防报警

9.2.1 地下变电站火灾探测及报警装置的设计和设置应符合现行国家标准《火力发电厂与变电站设计防火规范》GB 50229 的规定。

9.2.2 火灾探测及报警系统的设计和消防控制设备及其功能应符合现行国家标准《火灾自动报警系统设计规范》GB 50116 的规定。

9.2.3 火灾自动报警系统应联锁控制电采暖、通风、空调系统，火灾时应切断上述设备电源，同时联动防火分隔卷帘门、排烟及正压送风系统。

50.《串补站设计技术规程》DL/T 5453—2020

1 总 则

1.0.2 本标准适用于电压等级为 220kV～1000kV 串补站工程的设计。

9 站区规划与总布置

9.0.3 串补站总布置应符合下列规定：

　　4 串补平台与站内建、构筑物的防火间距应符合现行国家标准《火力发电厂与变电站设计防火标准》GB 50229 的规定；

　　5 串补站应设置满足消防车车辆通行的环行道路，消防车道路面宽度不小于 4m，转弯半径不小于 9m。

10 建（构）筑物及辅助设施

10.5 消 防

10.5.1 串补站消防设计应符合国家现行标准《火力发电厂与变电站设计防火标准》GB 50229、《建筑设计防火规范》GB 50016、《建筑灭火器配置设计规范》GB 50140、《电力设备典型消防规程》DL 502 及其他相关消防规范及标准的规定。

10.5.2 串补平台附近宜配置适当数量的移动式灭火器，灭火器应根据平台高度选择灭火效能高、使用方便、有效期长、喷射距离远的类型。

51.《电力电缆隧道设计规程》DL/T 5484—2013

9 通风及消防

9.2 隧道消防

9.2.2 当采用阻燃电缆时，电缆隧道的火灾危险性类别为戊类，最低耐火等级为二级；当采用一般电缆时，电缆隧道的火灾危险性类别为丙类，最低耐火等级为二级。

9.2.4 电缆贯穿隔墙、竖井的孔洞处、电缆引至控制设施处等均应实施具有足够机械强度的防火封堵。防火封堵材料应密实无气孔，封堵材料厚度不应小于100mm。

9.2.5 弱电、控制电缆等低压电缆及光缆应与电缆隧道内其他设施分隔，可采用耐火槽盒或穿管敷设。耐火槽盒接缝处和两端应用防火封堵材料或防火包带密封。耐火槽盒应同时确定电缆载流能力或相关参数。

9.2.6 采用的防火阻燃材料、产品应适用于电缆隧道工程环境，并具有耐久可靠性。

9.2.7 电缆隧道内电缆的阻燃防护和防止延燃措施应同时符合现行国家标准《电力工程电缆设计规范》GB 50217的相关规定。

9.2.10 火灾监控报警系统宜采用线型感温探测器。探测器应具有联动报警功能，火灾时可联动主机，及时把信息发至值班室，联动关闭风机。

9.2.11 火灾监控报警系统的电源回路应选用耐火电缆。

11 照明、动力及监控

11.1 一般规定

11.1.8 照明、插座、风机、水泵及消防控制箱回路均应接自不同路。

11.2 照 明

11.2.1 隧道应设置正常照明、应急照明和过渡照明。应急照明主要是疏散照明。

11.2.4 隧道内正常照明灯具的布置宜采用沿隧道顶棚中线均匀布置。疏散照明应由安全出口标志灯和疏散标志灯组成。安全出口标志灯宜安装在隧道出入口上方，疏散标志灯宜设置在隧道内人行通道两侧距地面高度为1.0m~1.2m的电缆支架外侧。

11.2.5 应急照明电源除正常电源外，宜选用另一路供电线路与自带电源型应急灯相结合的供电方式。正常电源故障后，应急电自投入的转换时间应不大于15s。应急照明电源的持续工作时间应不少于30min。

11.2.7 每个防火分区应有独立的应急照明回路，穿越不同防火分区的线路应有防火措施。

11.2.10 电缆隧道内控制系统应满足下列要求：
 1 电缆隧道通风系统应具备就地控制和远程控制；
 2 电缆隧道内宜设置温度和火灾探测器，当隧道内发生异常情况时，应能及时把信息发送至值班室；
 3 由温度监测器发出的信号应能自动启动风机。风机及辅助降温设施应能在隧道内发生火灾时自动关闭。

11.3 动 力

11.3.4 隧道内通风和火灾自动报警系统的供电系统应符合现行国家标准《火灾自动报警系统设计规范》GB 50116、《建筑设计防火规范》GB 50016、《火力发电厂与变电站设计防火规范》GB 50229的有关规定，同时满足以下要求：
 1 电缆隧道的消防用电应按二级负荷要求供电；
 2 火灾自动报警系统主电源的保护开关不应采用漏电保护开关；
 3 通风配电箱进线主开关回路中应串入消防联动控制模块。

11.4 监视与控制

11.4.3 电缆隧道内的通信系统宜为固定式通信系统，电话应与值班室接通，信号应与通信网络接通。另外，隧道人员进出口或每防火分区内应设置一个通信点。

12 其他设施

12.1 电缆支架

12.1.7 电缆支架的材料选型应符合下列规定：
 4 禁止采用易燃材料制作。

12.3 出 入 口

12.3.4 通风口的设置应满足下列要求：
 2 通风口的尺寸应满足隧道正常运行及消防通风的要求。

12.3.5 人员出入（检修）口的设置应符合下列规定：
 2 人员出入（检修）口的门应为乙级防火门，并向疏散方向开启；
 5 人员出入（检修）口的设置应满足火灾时人员疏散以及平时检查、维修的需要。

14 劳动安全及卫生

14.0.2 隧道应根据其可能发生的火灾危险性进行消防设计。

52.《35kV～110kV户内变电站设计规程》DL/T 5495—2015

2 术 语

2.0.1 户内变电站 indoor substation

主变压器和高压侧电气设备其中之一或全部装设于建筑物内的变电站。

3 站址选择与站区总布置

3.1 站址选择

3.1.2 户内变电站宜独立建设，也可与其他建（构）筑物结合建设。当与大型人员密集场所建筑结合建设时应报相应的消防主管部门审核。

3.2 站区规划

3.2.3 沿城市道路、河道、绿化、铁路两侧建设的变电站建筑，其退让距离除应符合消防、防汛和交通安全等方面的规定外，尚应符合城市建设用地的有关规定。

3.3 总平面及竖向设计

3.3.3 变电站内建（构）筑物的消防间距应符合现行国家标准《火力发电厂与变电站设计防火规范》GB 50229 及《建筑设计防火规范》GB 50016 的有关规定。

3.3.4 变电站内建（构）筑物与变电站外相邻地面建筑之间的防火间距，不应小于表 3.3.4 的规定。

表 3.3.4 变电站地上建筑与相邻地上建筑的防火间距（m）

名称	单层、多层民用建筑丙、丁、戊类厂房、库房			高层民用建筑				甲、乙类厂房、库房
	一、二级	三级	四级	一类		二类		一、二级
				主体	裙房	主体	裙房	
一、二级丙类生产建筑	10	12	14	20	15	15	13	25
一、二级丁、戊类生产建筑				15	13	13	10	

注：
1. 防火间距按变电站地上建筑的外墙与相邻地上建筑外墙的最近距离计算，如外墙有凸出的燃烧构件应从其凸出部分外缘算起；
2. 相邻两座建筑较高一面的外墙为防火墙时其防火间距不限，但两座建筑物门窗之间的净距不应小于 5m；
3. 相邻两座建筑两面的外墙为非燃烧体且无门窗洞口、无外露的燃烧屋檐，其防火间距可按本表减少 25%；
4. 生产建（构）筑物侧墙外 5m 以内布置油浸变压器或可燃介质电容器等电气设备时，该墙在设备总高度加 3m 的水平线以下及设备外廓两侧各 3m 的范围内，不应设有门窗、洞口；建筑物外墙距设备外廓 5m～10m 时，在上述范围内的外墙可设甲级防火门，设备高度以上可设防火窗，其耐火极限不应小于 0.90h。

4 电气一次

4.9 建筑电气

4.9.4 主控制室、继电器室、主变压器室、配电装置室、站用变压器室、消防设备间、主要通道、楼梯间应装设应急照明。无人值班变电站宜在变电站的入口处内侧或警卫室内装设备用照明手动和自动转换开关，并应设有明显标志。

4.9.5 变电站生产场所平均照度值，不应低于表 4.9.5 所规定的数值。主通道的疏散照明照度值不应低于 0.5lx。

表 4.9.5 变电站工作场所工作面上的照度标准值

	生产车间和工作场所	参考平面及其高度	照度标准值（lx）	UGR	Ra	备注
屋内电气	控制盘	0.75m水平面	300	19	80	
	继电器室、电子设备间	0.75m水平面	300	22	80	
	高、低压站用配电装置间	地面	200	—	60	
	6kV～110kV屋内配电装置、电容器室	地面	100	—	60	
	变压器室	地面	100	—	60	
	蓄电池室、通风配电室	地面	100	—	60	
	电缆夹层	地面	30	—	60	
	电缆隧道	地面	15	—	60	
	通信蓄电池室	0.75m水平面	100	—	60	
水工	消防水泵房	地面	100	—	60	
	办公室、会议室	0.75m水平面	300	19	60	
	宿舍	0.75m水平面	200	22	80	
	浴室、厕所	地面	75	—	60	
	楼梯间	地面	30	—	60	
	门厅	地面	100	—	60	
	有屏幕显示的办公室	0.75m水平面	300	19	80	防光幕反射
	主干道	地面	3	—	—	
	次干道	地面	3	—	—	
	站前区	地面	10	—	—	

4.9.6 采用非密封蓄电池的蓄电池室照明应采用防爆型照明电器，开关、熔断器和插座等可能产生电火花的电器应装在蓄电池室外。

4.9.7 应急照明可采用蓄电池直流供电或通过逆变器交流供电，蓄电池容量应能保证应急照明用电。应急照明应分区控制。当交流失电时，有人值班变电站应急照明应能自动投入；无人值班变电站应急照明则应待人员到达时手动投入。

4.9.8 疏散走道和疏散门应设灯光疏散指示标志。

6 土建部分

6.2 建 筑

6.2.10 变电站厂房装修风格宜简洁、实用。建筑内装修宜采用耐久、易清洁的环保材料，并应便于施工和维修。内装修材料应符合现行国家标准《建筑内部装修设计防火规范》GB 50222 的有关规定。

6.2.13 变电站各设备房间的火灾危险性分类及其耐火等级应符合表 6.2.13 的规定，当户内变电站将不同使用用途的变配电设备布置在一幢建筑物或联合建筑物内时，则其建筑物的火灾危险性分类及其耐火等级除另有防火隔离措施外，应按火灾危险性类别高者选用。

表 6.2.13 变电站各设备房间的火灾
危险性分类及其耐火等级

设备房间名称		火灾危险性	耐火等级
二次设备室		戊	二级
配电装置室	单台设备油量 60kg 以上	丙	二级
	单台设备油量 60kg 及以下	丁	二级
	无含油电气设备	戊	二级
油浸变压器室		丙	一级
干式变压器、干式电抗器、干式电容器室		丁	二级
油浸电抗器、电容器室（有可燃介质）		丙	二级
总事故油池		丙	一级
生活、消防水泵房、通风机房		戊	二级
备品间、工具间		戊	二级

注：干式变压器包括 SF_6 气体变压器、环氧树脂浇铸变压器等。

6.2.14 厂房的安全疏散应符合现行国家标准《建筑设计防火规范》GB 50016 的有关规定。建筑面积超过 250m² 的二次设备室、配电装置室、电容器室、电缆夹层，其疏散出口不宜少于 2 个，楼层的第二个出口可设在固定楼梯的室外平台处。当配电装置室的长度超过 60m 时，应增设一个中间疏散出口。

6.2.15 油浸变压器采用户内布置时应符合以下规定：

1 每间变压器室的疏散出口不宜少于 2 个，且必须有 1 个疏散出口直通室外；

2 变压器室疏散门不得开向相邻的变压器室或其他室内房间，当散热器与主变压器本体分开布置时，变压器室第二个疏散门可开向对应的散热器室，且该门应采用甲级防火门；

3 变压器室四周所有隔墙均应采用耐火等级不低于 3.00h 的防火墙。

6.2.16 变压器室、配电装置室、电容器室、蓄电池室、电缆夹层，以及其他有充油电气设备房间的门，应向疏散方向开启，当门外为公共走道或其他房间时，应采用乙级防火门。

6.2.17 户内变电站疏散楼梯间在各层的平面位置不应改变。高层厂房和丙类多层厂房应设置封闭楼梯间或室外楼梯，楼梯间应能天然采光和自然通风，并宜靠外墙设置。

6.2.18 地下室、半地下室与地上层不应共用楼梯间，当必须共用楼梯间时，在首层应采用耐火极限不低于 2.00h 的不燃烧体隔墙和乙级防火门将地下、半地下部分与地上部分的连通部位完全隔开，并应有明显标志。

6.4 采暖、通风与空气调节

6.4.2 采暖、通风与空气调节设计应符合现行国家标准《采暖通风与空气调节设计规范》GB 50019、《建筑设计防火规范》GB 50016 及《火力发电厂与变电站设计防火规范》GB 50229 的有关规定。

6.4.8 设置在地下、半地下的电缆夹层应设置机械排烟系统，机械排烟系统的排烟量及其他要求应满足现行国家标准《建筑设计防火规范》GB 50016 的要求。

6.4.9 设置机械排烟系统的区域应同时设置补风系统，当自然补风风量不能满足要求时，应采用机械补风。机械补风风机和排烟风机应采用双路电源。

7 消 防

7.1 一般规定

7.1.2 变电站消防系统的设计应符合现行国家标准《火力发电厂与变电站设计防火规范》GB 50229 和《建筑设计防火规范》GB 50016 的规定。

7.2 消防设施

7.2.1 户内变电站应设置消防给水系统。

注：变电站内建筑物满足耐火等级不低于二级，体积小于或等于 3000m³，且火灾危险性为戊类时，可不设消防给水。

7.2.2 变电站同一时间内的火灾次数按一次确定，一次灭火的室外消火栓用水量不应小于表 7.2.2 的规定。

表 7.2.2 变电站一次灭火的室外消火栓用水量（L/s）

耐火等级	建筑物类别	建筑物体积 V（m³）					
		V≤1500	1500<V≤3000	3000<V≤5000	5000<V≤20000	20000<V≤50000	V>50000
一级	丙类	10	15	20	25	30	40
二级	丁、戊类	10	10	10	15	15	20

注：室外消火栓用水量应按消防用水量最大的一座建筑物计算，成组布置的建筑物应按消防用水量较大的相邻两座计算。

7.2.3 建筑占地面积超过 300m² 的变电站需设置室内消火栓灭火系统。

7.2.4 符合下列情形之一的，应设置消防水池：

1 市政给水管道为枝状或只有 1 条进水管，且室内外消防用水量之和大于 25L/s；

2 当生产、生活用水量达到最大时,市政给水管道和进水管不能满足室内外消防用水量及水压。

7.2.5 室内消火栓用水量根据水枪充实水柱长度和同时使用水枪数量经过计算确定,且不应小于表7.2.5的规定。

表 7.2.5 室内消火栓用水量

建筑物名称	高度h(m)、体积V(m³)		消火栓用水量(L/s)	同时使用水枪数量(支)	每根竖管最小流量(L/s)
厂房	$h \leq 24$	$V \leq 10000$	5	2	5
		$V > 10000$	10	2	10
	$24 < h \leq 50$		25	5	15
	$h > 50$		30	6	15

7.2.6 除电缆夹层外的电气设备房间不应设置消防给水管道及消火栓箱。

7.2.8 设置在严寒和寒冷地区非采暖的厂房及其他建筑物的室内消火栓系统,应有可靠的防冻措施。

7.2.9 消防水泵应保证在火灾后15s内启动。

7.3 火灾探测及消防报警

7.3.1 户内变电站应设置火灾自动报警系统,且宜具有火灾信号远传功能。

7.3.2 火灾自动报警系统设计应符合现行国家标准《火灾自动报警系统设计规范》GB 50116的有关规定。火灾自动报警系统保护对象为二级,其系统形式为区域报警系统。

7.3.3 户内变电站应在火灾易发生部位根据安装部位的特点设置火灾探测器,并应符合现行国家标准《火力发电厂与变电站设计防火规范》GB 50229的有关规定。

7.3.4 采暖、通风及空调设备应与火灾探测系统联锁,火灾时应切断通风风机电源。

9 劳动安全和职业卫生

9.0.2 户内变电站建筑物的防火分区、防火隔断的设计应符合现行国家标准《火力发电厂与变电站设计防火规范》GB 50229和《建筑设计防火规范》GB 50016的规定;防火间距应符合本标准。户内变电站的安全疏散通道应有充足的照明和明显的疏散指示标志。

53. 《220kV～500kV户内变电站设计规程》DL/T 5496—2015

2 术 语

2.0.1 户内变电站 indoor substation

主变压器和高压侧电气设备其中之一或全部装设于建筑物内的变电站。

3 站址选择与站区总布置

3.1 站址选择

3.1.3 户内变电站宜独立建设，也可与其他建（构）筑物结合建设。当与大型人员密集场所建筑结合建设时应报相应的消防主管部门审核。

3.2 站区规划

3.2.1 户内变电站的总体规划应与当地的区域总体规划相协调，宜充分利用就近的交通、给水排水、消防及防洪等公用设施。

3.3 总平面及竖向设计

3.3.3 变电站内建（构）筑物的消防间距应符合现行国家标准《火力发电厂与变电站设计防火规范》GB 50229 和《建筑设计防火规范》GB 50016 的有关规定。

3.3.4 变电站内建（构）筑物与变电站外相邻地面建筑之间的防火间距，不应小于表 3.3.4 的规定。

表 3.3.4 变电站地上建筑与相邻地上建筑的防火间距（m）

名称	单层、多层民用建筑丙、丁、戊类厂房、库房			高层民用建筑				甲、乙类厂房、库房
	一、二级	三级	四级	一类		二类		一、二级
				主体	裙房	主体	裙房	
一、二级丙类生产建筑	10	12	14	20	15	15	13	25
一、二级丁、戊类生产建筑				15	13	13	10	

注：
1. 防火间距按变电站地上建筑的外墙与相邻地上建筑外墙的最近距离计算，如外墙有凸出的燃烧构件应从其凸出部分外缘算起。
2. 相邻两座建筑较高一面的外墙为防火墙时其防火间距不限，但两座建筑物门窗之间的净距不应小于 5m。
3. 相邻两座建筑两面的外墙为非燃烧体且无门窗洞口、无外露的燃烧屋檐，其防火间距可按本表减少 25%。
4. 生产建（构）筑物侧墙外 5m 以内布置油浸变压器或可燃介质电容器等电气设备时，该墙在设备总高度加 3m 的水平线以下及设备外廓两侧各 3m 的范围内，不应设有门窗、洞口；建筑物外墙设备外廓 5m～10m 时，在上述范围内的外墙可设甲级防火门，设备高度以上可设防火窗，其耐火极限不应小于 0.90h。

3.3.15 站内道路路面宽度不应小于 3.0m，转弯半径不宜小于 7.0m；当用于消防道路时，道路路面宽度不应小于 4.0m，转弯半径不宜小于 9.0m。站内道路纵坡不宜大于 6%，路面宜采用混凝土路面。

4 电气一次

4.9 建筑电气

4.9.4 主控制室、继电器室、主变压器室、配电装置室、站用变压器室、消防设备间、主要通道、楼梯间应装设应急照明。无人值班变电站宜在变电站的入口处内侧或警卫室内装设备用照明手动和自动转换开关，并应设有明显标志。

4.9.5 变电站生产场所平均照度值，不应低于表 4.9.5 所规定的数值。主要通道的疏散照明照度值不应低于 0.5lx。

表 4.9.5 变电站工作场所工作面上的照度标准值

生产车间和工作场所		参考平面及其高度	照度标准值（lx）	统一眩光值 UGR	一般显色指数 R_a	备注
屋内电气	控制盘	0.75m 水平面	300	19	80	
	继电器室、电子设备间	0.75m 水平面	300	22	80	
	高、低压站用配电装置间	地面	200	—	60	
	6kV～500kV 屋内配电装置、电容器室	地面	100	—	60	
	变压器室	地面	100	—	60	
	蓄电池室、通风配电室	地面	100	—	60	
	电缆夹层	地面	30	—	60	
	电缆隧道	地面	15	—	60	
	通信蓄电池室	0.75m 水平面	100	—	60	
水工	消防水泵房	地面	100	—	60	
辅助生产场所	继电器间	0.75m 水平面	300	19	60	
	办公室、会议室	0.75m 水平面	300	19	60	
	宿舍	0.75m 水平面	200	22	80	
	浴室、厕所	地面	75	—	60	
	楼梯间	地面	30	—	60	
	门厅	地面	100	—	60	
	有屏幕显示的办公室	0.75m 水平面	300	19	80	防光幕反射
	主干道	地面	3	—	—	
	次干道	地面	3	—	—	
	站前区	地面	10	—	—	

4.9.6 采用非密封蓄电池的蓄电池室照明应采用防爆型照明电器，开关、熔断器和插座等可能产生电火花的电器应装在蓄电池室外。

4.9.7 应急照明可采用蓄电池直流供电或通过逆变器交流供电，蓄电池容量应能保证应急照明用电。应急照明应分区控制。当交流失电时，有人值班变电站应急照明应能自动投入；无人值班变电站应急照明则应待人员到达时手动投入。

4.9.8 需确保人员安全疏散的疏散走道和疏散门应设灯光疏散指示标志。

6 土建部分

6.2 建 筑

6.2.13 室内外装修应符合以下规定：

4 外墙外保温材料应采用燃烧性能为 A 级的材料。室内装修材料的燃烧性能等级应符合现行国家标准《建筑内部装修设计防火规范》GB 50222 的有关规定，主控制室、继电器室、通信机房室内装修应采用不燃材料。

6.2.14 户内变电站建筑物的火灾危险性分类及其耐火等级应符合表 6.2.14 的规定。当户内变电站将不同使用用途的变配电设备布置在一幢建筑物或联合建筑物内时，则其建筑物的火灾危险性分类及其耐火等级除另有防火隔离措施外，应按火灾危险性类别高者选用。

表 6.2.14 户内变电站建筑物的火灾危险性分类及其耐火等级

建筑物名称		火灾危险性分类	耐火等级
配电装置楼（室）	单台设备油量 60kg 以上	丙	二级
	单台设备油量 60kg 及以下	丁	二级
	无含油电气设备	戊	二级
油浸变压器室		丙	一级
气体或干式变压器室		丁	二级
电容器室（有可燃介质）		丙	二级
干式电容器室		丁	二级
油浸电抗器室		丙	二级
铁芯电抗器室		丁	二级
事故贮油池		丙	一级
生活、消防水泵房		戊	二级
雨淋阀室、泡沫设备室		戊	二级

6.2.15 户内变电站建筑每个防火分区的最大允许建筑面积应符合现行国家标准《建筑设计防火规范》GB 50016 的有关规定。每个防火分区、一个防火分区的每个楼层，其安全出口不应少于 2 个。符合以下条件时可设置 1 个安全出口：

1 丙类建筑，每层建筑面积小于或等于 250m²，且同一时间的生产人数不超过 20 人；

2 丁类、戊类建筑，每层建筑面积小于或等于 400m²，且同一时间的生产人数不超过 30 人；

3 地下室、半地下室，其建筑面积小于或等于 50m²，且经常停留人数不超过 15 人。

6.2.16 户内变电站建筑物内任一点到最近安全出口的距离不应大于表 6.2.16 的规定。

表 6.2.16 建筑物内任一点到最近安全出口的距离（m）

火灾危险性分类	耐火等级	单层建筑	多层建筑	高层建筑	建筑内的地下室、半地下室
丙	一、二级	80	60	40	30
丁	一、二级	不限	不限	50	45
戊	一、二级	不限	不限	75	60

6.2.17 户内变电站建筑物内的疏散通道应便捷畅通，房间的疏散出口应能直通或通过疏散走道通往至少 1 个安全出口。

6.2.18 变压器户内布置时应符合下列规定：

1 每间变压器室的疏散出口不应少于 2 个，且必须有 1 个疏散出口直通室外；

2 变压器室疏散门应向疏散方向开启，不得开向相邻的变压器室或其他室内房间、走廊；当散热器与主变压器本体分开布置时，变压器室第二个疏散门可开向对应的散热器室，且该门应采用甲级防火门；

3 变压器室四周所有隔墙均应为耐火等级不低于 3.00h 的防火墙。

6.2.19 地下室与地上层不应共用楼梯间，当必须共用楼梯间时，应在地上首层采用耐火极限不低于 2.00h 的不燃烧体隔墙和乙级防火门将地下或半地下部分与地上部分的连通部分完全隔开，并应有明显标志。

6.2.20 户内变电站的地下室、半地下室，相邻防火分区之间应采用防火墙分隔，每个防火分区可利用防火墙上通向相邻防火分区的甲级防火门作为第二安全出口，但每个防火分区必须至少有 1 个直通室外的安全出口。

6.2.21 户内变电站的电缆井、管道井、通风井等竖向管道井应分别独立布置，其井壁应为耐火极限不低于 1.00h 的不燃烧体，井壁上的检查门采用丙级防火门。电缆井、管道井应在每层楼板处采用防火封堵材料封堵。

7 采暖、通风与空气调节

7.3 通 风

7.3.6 设置在地下、半地下的电缆夹层应设置机械排烟系统，机械排烟系统的排烟量及其他要求应符合现行国家标准《建筑设计防火规范》GB 50016 的有关规定。

7.3.7 设置机械排烟系统的区域应同时设置补风系统，当自然补风风量不能满足要求时，应采用机械补风。机械补风风机和排烟风机应采用双路电源。

9 消 防

9.1 一般规定

9.1.2 变电站消防系统的设计应符合现行国家标准《火力发电厂与变电站设计防火规范》GB 50229 和《建筑设计防火规

范》GB 50016 的有关规定。

9.2 消防设施

9.2.1 户内变电站应设置消防给水系统，消防水源应有可靠保证。

注：变电站内建筑物满足耐火等级不低于二级，体积小于或等于 3000m³，且火灾危险性为戊类时，可不设消防给水。

9.2.2 变电站同一时间内的火灾次数按一次确定，一次灭火的室外消火栓用水量不应小于表 9.2.2 的规定。

表 9.2.2 变电站一次灭火的室外消火栓用水量（L/s）

耐火等级	建筑物类别	建筑物体积 V（m³）				
		V≤1500	1500<V≤3000	3000<V≤5000	5000<V≤20000	20000<V≤50000	V>50000
一级、二级	丙类	10	15	20	25	30	40

注：室外消火栓用水量应按消防用水量最大的一座建筑物计算，成组布置的建筑物应按消防用水量较大的相邻两座计算。

9.2.3 当市政供水满足需求时室外消火栓应由市政供水管道直接供水。

9.2.4 户外布置的变压器设置水喷雾灭火系统时应配套设置室外消火栓，室外消火栓水量不应小于 10L/s，火灾延续时间为 2h。

9.2.5 除电缆夹层外的电气设备房间不应设置消防给水管道及消火栓箱。

9.2.6 室内消火栓用水量根据水枪充实水柱长度和同时使用水枪数量经过计算确定，且不应小于表 9.2.6 的规定。

表 9.2.6 室内消火栓用水量

建筑物名称	高度 h（m）、体积 V（m³）		消火栓用水量（L/s）	同时使用水枪数量（支）	每根竖管最小流量（L/s）
厂房	h≤24	V≤10000	5	2	5
		V>10000	10	2	10
	24<h≤50		25	5	15
	h>50		30	6	15

9.2.8 设置在严寒和寒冷地区非采暖的厂房及其他建筑物的室内消火栓系统，应有可靠的防冻措施。

9.2.9 单台容量为 125MV·A 及以上的油浸式主变压器应设置水喷雾灭火系统、泡沫喷雾灭火系统或其他固定式灭火装置。

9.2.10 水喷雾灭火系统的设计应符合现行国家标准《水喷雾灭火系统技术规范》GB 50219 的有关规定，泡沫喷淋灭火系统的设计应符合现行国家标准《泡沫灭火系统设计规范》GB 50151 的有关规定。

9.2.11 各消防给水系统宜各自独立设置，并独立配置消防给水泵，消防水泵应保证在火灾后 15s 内启动。

9.2.12 户内变电站消防给水量应按火灾时最大一次室内和室外消防用水量之和计算。消防水池有效容量应满足最大一次用水量火灾时由消防水池供水部分的容量。

9.2.13 户内变电站灭火器的设计应符合现行国家标准《建筑灭火器配置设计规范》GB 50140 的有关规定。灭火器配置场所的火灾类别及危险等级应符合现行国家标准《火力发电厂与变电站设计防火规范》GB 50229 的有关规定。

9.3 火灾探测及消防报警

9.3.1 户内变电站应设置火灾自动报警系统，且宜具有火灾信号远传功能。

9.3.2 火灾自动报警系统设计应符合现行国家标准《火灾自动报警系统设计规范》GB 50116 的有关规定。火灾自动报警系统保护对象为二级，其系统形式为区域报警系统。

9.3.3 户内变电站应在火灾易发生部位根据安装部位的特点设置火灾探测器，并应符合现行国家标准《火力发电厂与变电站设计防火规范》GB 50229 的有关规定。

9.3.4 采暖、通风及空调设备应与火灾探测系统联锁，火灾时应切断通风风机电源。

11 劳动安全和职业卫生

11.2 劳动安全

11.2.1 户内变电站建筑物的防火分区、防火隔断的设计应符合现行国家标准《火力发电厂与变电站设计防火规范》GB 50229 和《建筑设计防火规范》GB 50016 的有关规定；防火间距应符合本标准的规定。

11.2.2 变电站的安全疏散通道应有充足的照明和明显的疏散指示标志。

11.2.8 在建筑物内部配置防毒及防化学伤害的灭火器时应有安全防护设施。

54.《330kV～500kV 无人值班变电站设计技术规程》DL/T 5498—2015

7 消 防

7.0.1 消防设计应符合现行国家标准《火力发电厂与变电站设计防火规范》GB 50229 和《建筑设计防火规范》GB 50016 的规定。

7.0.2 主变压器固定灭火系统应具备自动、手动和监控中心远方控制功能。

55. 《35kV及以下电力用户变电所建设规范》DL/T 5725—2015

15 土 建 部 分

15.1 一 般 规 定

15.1.3 变电所建筑物应满足防雨雪、防汛、防火、防小动物、通风良好（简称"四防一通"）的要求，并应装设门禁措施。

15.3 建 筑 物

15.3.5 变电所的防火应满足国家有关规定的要求，防汛应满足当地设防要求。

15.4 通风和照明

15.4.2 变电所内电气照明应符合下列规定：

　　3 在控制室、室内配电装置室及室内主要通道等处，应设置供电时间不小于1h的应急照明。

56.《火力发电厂建筑设计规程》DL/T 5094—2012

1 总 则

1.0.2 本规程适用于单机容量 125MW 及以上燃用固体化石燃料，采用直接燃烧方式的新建及扩建发电厂的建筑设计。

3 基本规定

3.2 防火防爆

3.2.1 主厂房的地上部分，防火分区的允许建筑面积不宜大于 6 台机组的建筑面积；其地下部分不应大于 1 台机组的建筑面积。

3.2.2 当屋内卸煤装置的地下部分与地下转运站或运煤隧道连通时，其防火分区的允许建筑面积不应大于 $3000m^2$。

3.2.3 配电装置室内最远点到疏散出口的直线距离不应大于 15m。电缆隧道两端均应设通往地面的安全出口；当其长度超过 100m 时，安全出口的间距不应超过 75m。卸煤装置的地下室两端及运煤系统的地下建筑物尽端，应设置通至地面的安全出口。当地下室的长度超过 200m 时，安全出口的间距不应超过 100m。

3.2.4 当管道穿过防火墙时，管道与防火墙之间的缝隙应采用防火材料填塞。当直径大于或等于 32mm 的可燃或难燃管道穿过防火墙时，除填塞防火材料外，还应采取阻火措施。

3.2.5 建（构）筑物中电缆引至电气柜、盘或控制屏、台的开孔部位，电缆贯穿隔墙、楼板的空洞应采用电缆防火封堵材料进行封堵，其防火封堵组件的耐火极限不应低于被贯穿物的耐火极限，且不低于 1h。

3.2.6 电缆沟及电缆隧道在进出主厂房、控制楼、配电装置室时，应在建筑物外墙处设置防火墙。电缆隧道的防火墙上应设甲级防火门。

3.2.7 变压器室、配电装置室、发电机出线小室、电缆夹层、电缆竖井等室内疏散门应为乙级防火门，但上述房间中间隔墙上的门可为不燃烧材料制作的双向弹簧门。

3.2.8 碎煤机室、转运站及筒仓带式输送机室可设置一个净宽不小于 800mm、坡度不大于 45°的钢梯作为安全出口。与其相连的运煤栈桥不应作为安全出口。运煤栈桥长度超过 200m 时，应加设中间安全出口。

3.2.10 当干煤棚采用钢结构时，钢结构根部以上 5m 范围内的钢结构应采取防火保护措施，其耐火极限不应小于 1h。

3.2.11 材料库中特种材料库与一般材料库之间应设置防火墙。

3.2.12 装修材料燃烧性能等级划分应符合现行国家标准《建筑材料及制品燃烧性能分级》GB 8624 的有关规定。常用建筑内部装修材料燃烧性能等级可按附录 B 划分。

3.2.13 主厂房集中控制楼内的集中（单元）控制室、电子计算机室、通信室的顶棚、墙面装修应使用 A 级材料，地面及其他装修应采用不低于 B_1 级材料。

3.2.14 房间采用气体灭火时，应根据所采用气体种类的相关规范的规定，使房间的墙体、吊顶和门窗满足密闭性、耐火极限和抗压强度等方面的要求。

3.2.15 制氢站和供氢站宜采用敞开式或半敞开式。有爆炸危险房间与无爆炸危险房间之间，应采用耐火极限不低于 3h 的不燃烧体防爆防护墙隔开，并设置通向室外的安全出口。

3.2.16 有爆炸危险的甲、乙类厂房泄压面积的计算应符合现行国家标准《建筑设计防火规范》GB 50016 的规定。泄压设施宜采用轻质屋面板、轻质墙体和易于泄压的门、窗等，不应采用普通玻璃。

泄压设施的设置应避开人员密集场所和主要交通道路，并宜靠近有爆炸危险的部位。作为泄压设施的轻质屋面板和轻质墙体的单位质量不宜超过 $60kg/m^2$。

3.2.17 修车部位有使用有机溶剂清洗和喷漆的工段或储存其他易燃材料，停车部位与修车部位应设防火隔墙。防火隔墙的设置和要求应按现行国家标准《汽车库、修车库、停车场设计防火规范》GB 50067 执行。

3.2.18 发电厂内各建筑物的防火设计除执行本规程外，尚应符合现行国家标准《火力发电厂与变电站设计防火规范》GB 50229、《建筑设计防火规范》GB 50016 和《建筑内部装修设计防火规范》GB 50222 的有关规定。

各建筑物在生产过程中的火灾危险性及耐火等级应符合现行国家标准《火力发电厂与变电站设计防火规范》GB 50229 的规定。

3.6 建筑构造

3.6.2 墙体构造及设计应符合下列要求：

3 采用玻璃、石材及金属幕墙时应满足刚度、稳定性、气密性、色彩、防火、隔声、节能、安全和防水要求。

4 主厂房建筑

4.1 主 厂 房

4.1.9 主厂房应按生产需要和防火要求组织垂直交通：

1 主厂房内最远工作地点到外部出口或楼梯的距离不应超过 50m。

2 主厂房的疏散楼梯不应少于 2 个，其位置、宽度应满足安全疏散和使用方便的要求。

3 主厂房的疏散楼梯可为敞开式楼梯间；至少应有一个楼梯通至各层、屋面且能直接通向室外，另一个可为室外楼梯。

4 主厂房空冷岛应设置不少于 2 个通至地面的疏散楼梯，疏散楼梯宜设置在空冷岛外沿，其间距宜不超过两台机汽机房的长度。

 5 主厂房室内第二安全出口的楼梯可采用金属梯，但其净宽度不应小于900mm，倾斜角度不应大于45°。

 主厂房室外疏散楼梯的净宽不应小于800mm，楼梯坡度不应大于45°，楼梯栏杆高度不应低于1100m。

 7 主厂房至室外疏散楼梯的疏散门不应正对梯段。室外疏散楼梯和每层出口平台，均应采用不燃烧材料制作，其耐火极限不应小于0.25h。在楼梯周围2m范围内的墙面上，除疏散门外，不应开设其他门窗洞口。

 8 主厂房锅炉房的电梯应能供消防使用。该电梯应符合现行国家标准《火力发电厂与变电站设计防火规范》GB 50229的有关规定。

4.1.10 主厂房应按生产需要和防火要求，组织水平交通：

 1 主厂房各车间（汽机房、除氧间、煤仓间、锅炉房、集中控制楼）的安全出口均不应少于2个。上述安全出口可利用通向相邻车间的门作为第二安全出口，但每个车间地面层必须有一个直通室外的出口。

 3 主厂房的带式输送机层应设置通向汽机房、除氧间屋面或锅炉平台的疏散出口。

 4 厂房长度每隔100m左右，在运转层和底层应增设中间横向通道。

4.1.11 主厂房疏散楼梯范围内不应穿越有可燃气体、蒸汽和甲、乙、丙类液体的管道。

4.1.12 主厂房与天桥连接处的门应采用不燃烧材料制作。

4.1.13 当主厂房呈凵形或凵凵形布置时，相邻两翼之间的防火间距，应符合现行国家标准《建筑设计防火规范》GB 50016的有关规定。

4.1.14 主厂房电缆夹层的内墙应采用耐火极限不小于1h的不燃烧体。电缆夹层的承重构件，其耐火极限不应小于1h。

4.1.15 汽轮机头部主油箱及油管道阀门外缘水平5m范围内的钢梁、钢柱应采取防火隔热措施进行全保护，其耐火极限不应小于1h。

 汽轮发电机为岛式布置或主油箱对应的运转层楼板开孔时，应采取防火隔热措施保护其对应的屋面钢结构；采用防火涂料防护屋面钢结构时，主油箱上方楼板开孔水平外缘5m范围所对应的屋面钢结构承重构件的耐火极限不应小于0.5h。

 汽机房内金属梯应尽可能远离主油箱和油管道、阀门布置。

4.1.16 除氧间与煤仓间或锅炉房之间的隔墙应采用不燃烧体。汽机房与合并的除氧煤仓间或锅炉房之间的隔墙应采用不燃烧体。隔墙的耐火极限不应小于1h。主厂房各车间隔墙上的门均应采用乙级防火门。

4.1.17 当汽机房侧墙外5m以内布置有变压器时，在变压器外轮廓投影范围外侧各3m内的汽机房外墙上不应设置门、窗和通风孔；当汽机房侧墙外5m~10m范围内布置有变压器时，在上述外墙上可设甲级防火门。变压器高度以上可设防火窗，其耐火极限不应小于0.9h。

4.1.18 当汽机房外10m范围内布置有变压器时，在变压器外轮廓投影范围外侧各3m内的汽机房外墙的耐火极限不应低于3h。

4.2 集中控制楼

4.2.3 集中控制楼至少应设置一座通至各层的封闭楼梯间。集中控制楼任何部位至安全出口或封闭楼梯间的距离，不应超过50m。

4.2.4 集中控制楼各建筑构件应满足以下耐火极限：

 1 与锅炉房、煤仓间、除氧间和汽机房相邻之间的隔墙耐火极限不小于1h。

 2 楼梯间和电梯井的墙2h。

 3 其他非承重内隔墙1h。

 4 电缆夹层的内墙应采用耐火极限不小于1h的不燃烧体。电缆夹层的承重构件，其耐火极限不应小于1h。

4.2.5 集中控制楼内的电缆夹层、配电间及其他电气设备室均应设两个出入口，且配电装置室内最远点到疏散出口的直线距离不应大于15m。

4.2.6 集中（单元）控制室净空高度宜为3.00m~3.60m，吊顶以上的空间应充分满足结构、空调、电气、消防等各专业的需要。

4.2.7 集中（单元）控制室应设有燃烧性能不低于A级的轻质吊顶，并应满足对刚度、稳定性和上人检修等的要求。

4.2.10 集中（单元）控制室的室内装修应考虑防火、防尘、吸声、保温、隔热等的要求，结合工艺专业要求合理布置和设计，创造安静的工作环境。

4.2.11 集中（单元）控制室的疏散出口不应少于2个，但建筑面积小于60mm²时可设一个。

4.2.12 计算机房可与集中（单元）控制室毗邻布置，净高3.00m~3.60m。其建筑要求如采光、噪声控制、保温隔热、防火及室内装修等均与集中控制室相同。

 计算机房可采用防静电活动地板，其架空高度可为300mm左右。

5 电气建筑

5.1 一般规定

5.1.1 蓄电池室、电缆夹层、配电间等电气设备房间的建筑设计要求，如防火、疏散、蓄电池室防酸等应与集中控制楼章节所述要求相同。

5.2 网络继电器楼

5.2.2 网络继电器楼各层及电缆夹层的安全出口不应少于2个。其中一个安全出口可通往室外楼梯。当采用室外楼梯时，楼梯净宽不应小于900mm，倾斜角度不应大于45°。

5.2.5 网络继电器室的建筑设计要求，如采光、噪声控制标准、隔热保温、防火及室内装修等均应与集中控制室相同。

5.3 通 信 室

5.3.6 通信机房、交换机房应采用防静电活动地板，架空高度宜为300mm左右。以上房间的建筑要求如采光、噪声、隔热、保温、防火及室内装修等均与集中控制室相同。

5.5 屋内配电装置楼

5.5.1 屋内配电装置楼各层的安全出口不应少于2个。当屋内配电装置楼长度超过60m时，应设中间安全出口。

5.5.2 室内主楼梯应采用钢筋混凝土楼梯，室外楼梯可采用钢梯。至少有一个楼梯直通屋顶。

5.5.4 屋内配电装置间室内横向隔断墙应采用不燃性材料，隔断墙上的门应采用不燃烧材料的双向弹簧门。屋内配电装置间与充油电气设备间的门应为乙级防火门。

6 运煤和除灰建筑

6.1 缝式煤槽

6.1.2 缝式煤槽两端应设置安全出口，安全出口可采用敞开式钢楼梯。当煤槽长度超过200m时，安全出口间距不应超过100m。主要运行通道净宽不应小于1500mm，检修通道净宽不应小于700mm。

8 脱硫建筑

8.5 脱硫电控楼

8.5.2 脱硫电控楼各层及电缆夹层的安全出口不应少于2个，其中一个安全出口可通往室外楼梯。室内主要楼梯应采用钢筋混凝土楼梯，室外楼梯可采用钢梯。

8.5.5 脱硫电控楼内的蓄电池室、电缆夹层、配电间等电气设备房间的建筑设计要求，如防火、疏散、防水、蓄电池室防酸等应与集中控制楼和电气建筑中同类房间的要求相同。

8.5.6 脱硫控制室的建筑设计要求，如采光、噪声控制标准、隔热保温、防火及室内装修等均应与集中控制室的要求相同。

10 附属建筑

10.1 生产行政楼

10.1.3 办公建筑的开放式、半开放式办公室，其室内任何一点至最近的安全出口的直线距离不应超过30m。

10.1.11 教室的净高不宜低于3.30m，仿真机房的层高根据工艺要求确定，模拟设施室净高宜为3.00m～3.30m，顶棚以上空间应满足电气照明、空调、消防设施布置等的要求。

10.1.14 档案室、重要库房等隔墙的耐火极限不应小于2h，楼板不应小于1.5h，并应采用甲级防火门。

10.3 材料库

10.3.2 根据储存物品的类别、建筑耐火等级和层数，多层材料库最大允许占地面积和每个防火分区的最大允许建筑面积应符合现行国家标准《建筑设计防火规范》GB 50016的规定。

10.3.3 一座材料库的安全出口不应少于2个，当一座仓库的占地面积小于或等于300m²时，可设置1个安全出口。仓库内每个防火分区通向疏散走道、楼梯或室外的出口不宜少于2个，当防火分区的建筑面积小于或等于100m²时，可设置1个。通向疏散走道或楼梯的门应为乙级防火门。

10.3.8 特种材料库应根据材料特征性分库。当与其他库房毗连时，各库房必须用防火墙隔开，有各自的出入口。防火墙两侧门窗间的最小水平距离不应小于2m。门必须向外开启，一般采用平开门，应有通风设施并防止阳光直射。

10.4 汽车库

10.4.5 汽车库的设计除执行本规程外，还应符合现行国家标准《汽车库、修车库、停车场设计防火规范》GB 50067和《汽车库建筑设计规范》JGJ 100的有关规定。

10.5 消防车库

10.5.2 消防车库室内净高不应小于消防车总高加600mm，净宽不应小于消防车总宽加2.00m，进深不应小于消防车总长加3.50m。

10.5.3 消防车库大门必须采用向外开启的平开门，并装设自动开启装置和定门器，设有可供人通行的小门。大门净高不小于消防车总高加0.30mm，净宽不小于消防车总宽加1.0m。

10.5.4 消防车库应设置检修坑，其位置不宜靠近值班室。

10.5.5 值班室应靠车库出口方向的右侧，门不宜开向车库，与车库设小窗联系。

10.5.6 宿舍至车库应有直通走廊，走廊净宽不宜小于1500mm；宿舍位于楼层时，宜设有金属滑竿直通车库内，楼梯扶手应为光滑的木料。

10.5.7 消防车库的设计除执行本规程外，还应符合国家现行标准《消防站建筑设计标准》GNJ 1的有关规定。

10.6 食 堂

10.6.4 餐厅、厨房应满足采光、通风要求。热加工间宜采用机械排风，也可设置出屋面的排风竖井或设有挡风板的天窗等有效自然通风措施。厨房有燃气罐时，其使用、存放等均应符合相关规范的规定，满足防火、防爆的要求。

10.6.5 厨房与餐厅之间的隔墙应采用耐火极限不低于2h的不燃烧体，隔墙上的门窗应为乙级防火门窗。

附录B 常用建筑内部装修材料燃烧性能等级划分

B.0.1 规程中常用建筑内部装修材料燃烧性能等级划分见表B.0.1。

表B.0.1 常用建筑内部装修材料燃烧性能等级划分

材料类型	级别	材料举例
各部位材料	A	花岗石、大理石、水磨石、水泥制品、混凝土制品、石膏板、石灰制品、黏土制品、玻璃、瓷砖、马赛克、钢铁、铜铝合金、安装在钢龙骨上的纸面石膏板、施于基材上的无机装修涂料

续表 B.0.1

材料类型	级别	材料举例
顶棚材料	B_1	纸面石膏板、纤维石膏板、水泥刨花板、矿棉板、玻璃棉装饰吸声板、珍珠岩板装饰吸声板、难燃胶合板、难燃中密度纤维板、岩棉装饰板、难燃木材、难燃酚醛胶合板、表面涂一级饰面型防火涂料的胶合板
墙面材料	B_1	纸面石膏板、纤维石膏板、水泥刨花板、矿棉板、玻璃面板、珍珠岩板、难燃胶合板、难燃中密度纤维板、防火塑料装饰板、难燃双面刨花板、多彩涂料、难燃墙纸、难燃墙布、难燃仿花岗岩装饰板、难燃玻璃钢平板、PVC塑料护墙板、轻质高强复合墙板、阻燃模压木质复合板
墙面材料	B_2	各类天然木材、木质人造板、纸质装饰板、装饰微薄木贴面板、塑料贴面装饰板、聚酯装饰板、覆塑装饰板、塑纤板、胶合板、塑料壁纸、无纺贴墙布、墙布、复合壁纸、天然材料纸、人造革
地面材料	B_1	硬PVC塑料地板、水泥刨花板、水泥木丝板、氯丁橡胶地板等
地面材料	B_2	半硬质PVC塑料地板、PVC卷材地板、木地板氯纶地毯等

57.《火力发电厂烟气脱硝设计技术规程》DL/T 5480—2013

1 总 则

1.0.7 脱硝还原剂的选择应按防火、防爆、防毒以及脱硝工艺的要求,根据电厂周围环境条件、运输条件和电厂内部的场地条件,经环境影响评价、安全影响评价和技术经济比较后确定。

1.0.9 液氨的储存和输送应按照火灾危险性乙类相关标准要求设计。

3 总图运输

3.1 一般规定

3.1.1 液氨区布置应满足全厂总体规划的要求,宜统一集中布置,分期实施,且宜布置在厂区边缘和场地地势较低的区域。布置在厂区边缘的液氨区应充分考虑与周边环境的相互影响,根据厂外邻近居住区或村镇和学校、公共建筑、相邻工业企业或设施、交通线等的特点和火灾危险性及其耐火等级,结合当地风向、地形等自然条件,合理布置。

3.1.2 液氨区布置位置应符合下列要求:
  1 液氨区宜位于邻近居住区或村镇和学校、公共建筑全年最小频率风向的上风侧,并应远离人员密集场所和国家重要设施。

3.2 总平面布置

3.2.1 电厂尿素区、氨区在厂区总平面中的布置要求应符合下列规定:
  2 液氨区应单独布置,满足防火、防爆要求;宜布置在通风条件良好、人员活动较少且运输方便的安全地带;不宜布置在厂前建筑区和主厂房区内。

3.2.2 液氨区应避开人员集中的活动场所,并应布置在该场所及其他主要生产设备区全年最小频率风向的上风侧。液氨区宜布置在明火或散发火花地点的全年最小频率风向的上风侧,对位于在山区或丘陵地区的电厂,液氨区不应布置在窝风地段。

3.2.4 液氨区与邻近居住区或村镇和学校、公共建筑、相邻工业企业或设施、交通线、临近江河湖泊岸边以及临近明火、散发火花地点和液氨区外建(构)筑物或设施等之间的防火间距不应小于表3.2.4的规定。

表3.2.4 液氨区与相邻建(构)筑物或设施等之间的防火间距(m)

项目	总几何容积V (m³) 单罐几何容积V (m³)	液氨储罐 30<V≤50 V≤20	50<V≤200 V≤50	200<V≤500 V≤100	500<V≤1000 V≤200	卸氨区
居住区、村镇和学校、影剧院、体育馆等重要公共建筑(最外侧建筑物外墙)		34.0	37.0	52.0	67.0	30.0
工业企业(最外侧建筑物外墙)		20.0	22.0	26.0	30.0	15.0
明火或散发火花地点,室外变、配电站(围墙)		34.0	37.0	41.0	45.0	25.0
民用建筑,甲、乙类液体储罐,甲乙类仓库(厂房)、稻草、麦秸、芦苇、打包废纸等材料堆场		30.0	34.0	37.0	41.0	25.0
丙类液体储罐、可燃气体储罐、丙、丁类厂房(仓库)		24.0	26.0	30.0	34.0	15.0
助燃气体储罐、木材等材料堆场		20.0	22.0	26.0	30.0	15.0
其他建筑	耐火等级 一、二级	13.0	15.0	16.0	19.0	10.0
	三级	16.0	19.0	20.0	22.0	12.0
	四级	20.0	22.0	26.0	30.0	14.0
厂外公路、道路(路边)	高速、Ⅰ、Ⅱ级、城市快速	20.0		25.0		15.0
	Ⅲ、Ⅳ级	20.0				15.0
架空电力线(中心线)		1.5倍杆高				
架空通信线(中心线)	Ⅰ、Ⅱ级	22.0		30.0		15.0
	Ⅲ、Ⅳ级	1.5倍杆高				

续表 3.2.4

项目	总几何容积 V (m³) / 单罐几何容积 V (m³)		液氨储罐 30<V≤50 / V≤20	液氨储罐 50<V≤200 / V≤50	液氨储罐 200<V≤500 / V≤100	液氨储罐 500<V≤1000 / V≤200	卸氨区
厂外铁路（中心线）	国家铁路线		45.0	52.0	60.0	60.0	40.0
	厂外企业铁路专用线		25.0	30.0	35.0	35.0	25.0
国家或工业区铁路编组站（铁路中心线或建筑物）			45.0	52.0	60.0	60.0	40.0
通航江、河、海岸边			25.0				20.0
装卸油品码头（码头前沿）			52.0				45.0
地区输气管道（管道中心）		埋地	22.0				
		地面	34.0				
地区输油管道	原油及成品油（管道中心）	埋地	22.0				
		地面	34.0				
	液化烃（管道中心）	埋地	45.0				
		地面	67.0				

注：1 防火间距应按本表液氨储罐总几何容积或单罐几何容积较大者确定，并应从距建筑物外墙最近的储罐外壁、堆垛外缘算，括号内指防火间距起止点；
2 居住区、村镇系指1000人或300户以上者，以下者按本表民用建筑执行；
3 当相邻设施为港口陆域、重要物品仓库和堆场、军事设施、机场、火药或炸药及其制品厂房（仓库）、花炮厂房（仓库）等，对电厂液氨区的安全距离有特殊要求时，应按有关规定执行；
4 室外变、配电站指电压为35kV～500kV且每台变压器容量在10MVA以上的室外变、配电站以及工业企业的变压器总油量大于5t的室外降压变电站；
5 表中甲、乙类液体储罐（固定顶）按总储量大于或等于200m³、小于1000m³考虑，丙类液体储罐按总储量大于或等于1000m³、小于5000m³考虑；
6 表中可燃气体储罐（固定容积）按总储量小于1000m³考虑，助燃气体储罐（固定容积）按总储量小于或等于1000m³考虑，总储量等于储罐实际几何容积（m³）和设计储存压力（绝对压力，10^5Pa）的乘积；
7 表中稻草、麦秸、芦苇、打包废纸等材料堆场按总储量小于或等于10000t考虑，木材等材料堆场按总储量小于或等于10000m³考虑；
8 高层厂房（仓库）与电厂液氨区的防火间距符合本表规定，且不应小于13m；
9 液氨区与厂内铁路专用线的防火间距可按本表中规定的液氨区与厂外企业铁路专用线的防火间距相应减少5m。

3.2.5 液氨区与厂内屋外配电装置之间的防火间距可按表3.2.4中有关与室外变、配电站防火间距的规定执行。

3.2.6 液氨区与厂内露天卸煤装置外缘或贮煤场边缘之间的防火间距可按表3.2.4中有关与稻草、麦秸、芦苇、打包废纸等材料堆场防火间距的40%确定，且不应小于15m；贮存褐煤时可按表3.2.4中有关与稻草、麦秸、芦苇、打包废纸等材料堆场防火间距的65%确定，且不应小于25m。

3.2.8 液氨区与循环冷却水系统冷却塔相邻布置时，液氨储罐与循环冷却水系统冷却塔的防火间距不应小于30m。液氨储罐与辅机冷却水系统冷却塔的防火间距不应小于25m。

3.2.9 液氨储罐与厂内消防泵房（外墙）、消防水池（罐）取水口之间的防火间距不应小于30m。

3.2.12 液氨区内的布置应符合下列规定：

1 液氨区在厂外独立布置时，应根据其生产流程和各组成部分的特点及火灾危险性，结合自然地形、风向等条件，按功能分区布置；生产区和辅助区应至少各设置1个对外出入口。

2 生产区宜布置在液氨区全年最小频率风向的上风侧，辅助区宜布置在液氨区外，并宜全厂性或区域性统一布置。液氨区内控制室与其他建筑物合建时，应设置独立的防火分区。

3 生产区宜设围墙使之独立成区，宜分设进、出口，以保证火灾危险情况下生产运行人员的安全疏散。当进、出口合用时，生产区内应设置回车道。

4 位于发电厂外独立布置的液氨区，其生产区四周应设高度不低于2.5m的不燃烧体实体围墙。位于发电厂内的液氨区，其生产区四周应设高度不低于2.2m的不燃烧体非实体围墙，其底部实体部分高度不应低于0.6m；当位于发电厂内的液氨区围墙利用厂区围墙时，应采用高度不低于2.5m的不燃烧体实体围墙。

5 辅助区控制室、值班室不得与生产区各设施或房间布置在同一建筑物内，应布置在液氨储罐的同一侧，并应位于爆炸危险区范围以外，且宜位于生产区全年最小频率风向的下风侧。控制室、值班室与生产区各设施的防火间距应按本标准表4.1.9的规定执行。

6 卸氨区应采用现浇混凝土地面。

7 液氨储罐应设置防火堤，防火堤及隔堤的设置应符合下列规定：

1) 液氨储罐四周应设高度为 1.0m 的不燃烧体实体防火堤（以堤内设计地坪标高为准）；
2) 防火堤必须采用不燃烧材料建造，且必须密实、闭合，应能承受所容纳液体的静压及温度变化的影响，且不应渗漏；储罐基础应采用不燃烧材料；
3) 防火堤（土堤除外）应采取在堤内培土或喷涂隔热防火涂料等保护措施；
4) 沿防火堤修建排水沟，沟壁的外侧与防火堤内堤脚线的距离不应小于 0.5m；
5) 防火堤内地面应采用现浇混凝土地面，并应坡向四周。设置坡度不宜小于 0.5%；当储罐泄漏物有可能污染地下水或附近环境时，防火堤内地面应采取防渗漏措施；
6) 每一储罐组的防火堤应设置不少于 2 处越堤人行踏步或坡道，并应设置在不同方位上；
7) 防火堤的选型与构造应符合现行国家标准《储罐区防火堤设计规范》GB 50351 的有关规定。

8 液氨储罐分组布置时，组与组之间相邻储罐的净距不应小于 20m，相邻罐组防火堤外堤脚线之间，应留有宽度不小于 7m 的消防空地。

3.2.13 液氨区内各设施与围墙、道路之间的防火间距不应小于表 3.2.13 的规定。

表 3.2.13 液氨区内各设施与围墙、道路之间防火间距（m）

项目			液氨区内各设施						备注
			汽车卸氨鹤管	卸氨压缩机	液氨储罐	液氨输送泵	液氨蒸发器	氨气缓冲罐	
围墙	液氨区围墙		10	10	10	5	5	5	—
	厂区围墙（中心线）或用地边界线		15	15	20	15	15	15	—
道路（路边）	液氨区内道路				12	5	5	5	—
	液氨区外道路	主要	15	15	15	15	15	10	注 2
		次要	10	10	10	10	10	5	

注：1 防火间距应从距建筑物外墙最近的储罐外壁算，括号内指防火间距起止点；
2 液氨区外道路特指位于发电厂内的道路。当液氨区外道路指位于发电厂外的道路时，其内生产区与区外道路的防火间距不小于本标准表 3.2.4 的规定；
3 当液氨储罐总几何容积不大于 1000m³ 时，按本表规定执行。当液氨储罐总几何容积大于 1000m³ 时，防火间距按现行国家标准《石油化工企业设计防火规范》GB 50160 的相关规定执行；
4 表中"—"表示无防火间距要求。

3.2.14 尿素区内建（构）筑物的火灾危险性分类及其耐火等级应按丙类二级，防火间距应符合现行国家标准《火力发电厂与变电站设计防火规范》GB 50229 的相关规定。

3.2.15 氨水区氨水储罐的火灾危险性分类宜按丙类液体，防火间距应符合现行国家标准《建筑设计防火规范》GB 50016 的相关规定。

3.3 竖向布置

3.3.2 液氨区储罐场地高程应满足生产、运输的要求，宜与其他相邻区域的场地高程相协调，且有利于交通联系、场地排水和减少土石方工程量；液氨区内地坪竖向高程和排污系统的设计应能满足减少泄漏的氨液在工艺设备附近的滞留时间和扩散范围的要求，并应满足火灾事故状态下受污染消防水的有效收集和排放要求。

3.4 交通运输

3.4.1 氨区宜设环形消防车道与厂区道路形成路网，道路横断面类型可采用公路型或混合型。消防车道可利用交通道路。当受地形条件限制时，可沿长边设置宽度不应小于 6m 的尽头式消防车道，并应设有回车场。液氨储罐总容积大于 500m³ 时，氨区应设置环形消防车道。道路路面内缘转弯半径不宜小于 12m。

3.4.4 氨区内道路应采用现浇混凝土地面，并宜采用不产生火花的路面材料。

3.4.5 氨区道路布置除应符合本标准规定外，还应符合现行国家标准《厂矿道路设计规范》GBJ 22、《建筑设计防火规范》GB 50016、《石油化工企业设计防火规范》GB 50160 和《化工企业总图运输设计规范》GB 50489 的有关规定。

4 还原剂储存及制备

4.1 液氨储存及氨气制备

4.1.9 系统内的设备布置应顺工艺流程合理布置。液氨系统设备布置的防火间距宜符合表 4.1.9 的规定。设备间距未作规定时，其布置应满足设备运行、维护及检修的需要，设备之间的净空应确保大于 1.5m。

表 4.1.9 液氨系统设备布置防火间距（m）

项目	控制室、值班室	汽车卸氨鹤管	卸氨压缩机	液氨储罐	液氨输送泵	液氨蒸发器	氨气缓冲罐
控制室、值班室	—	—	—	—	—	—	—
汽车卸氨鹤管	15.0	—	—	—	—	—	—
卸氨压缩机	9.0	—	—	—	—	—	—
液氨储罐	15.0	9.0	7.5	注1	—	—	—
液氨输送泵	9.0	—	—	—	—	—	—
液氨蒸发器	15.0	9.0	—	—	—	—	—
氨气缓冲罐	9.0	9.0	—	—	—	—	—

注：1 液氨储罐的间距不应小于相邻较大罐的直径，单罐容积不大于200m³的储罐的间距超过1.3m时，可取1.5m；
2 系统设备的防火间距基于半露天布置，且系指设备外壁；
3 本表适用的液氨储罐总几何容积小于或等于1000m³，当液氨储罐总几何容积大于1000m³时，防火间距按照现行国家标准《石油化工企业设计防火规范》GB 50160执行；
4 表中"—"表示无防火间距要求，未作规定部分按照现行国家标准《石油化工企业设计防火规范》GB 50160执行。

4.1.10 全压力式液氨储罐应布置在防火堤内，堤内有效容积不应小于最大的一个储罐的容积，与液氨储罐相关的其他设备应布置在防火堤外。堤内液氨储罐的防火间距应符合以下规定：

1 组内液氨储罐不应超过2排，两排卧罐间的净距不应小于3.0m，组内液氨储罐数量不应多于12个；

2 防火堤内堤脚线距储罐不应小于3m，防火堤外堤脚线距卸氨鹤管不应小于5m。

4.1.12 废水池若用作收集防火堤内的废水，其与各设备的防火间距应按现行国家标准《石油化工企业设计防火规范》GB 50160中有关事故存液池的相关要求执行。

8 建筑、结构及采暖通风

8.1 建 筑

8.1.1 发电厂脱硝建筑设计应遵循安全、适用、经济、美观的方针，并符合以下规定：

3 发电厂脱硝建（构）筑物的防火、防爆设计应符合现行国家标准《建筑设计防火规范》GB 50016、《火力发电厂与变电站设计防火规范》GB 50229及其他防火有关规范、标准的要求。

8.1.6 建筑室内外装修应根据使用和外观需要，结合全厂建筑风格进行设计，并满足以下要求：

1 楼地面面层材料除工艺要求外，宜选用耐磨、易清洗的材料，有爆炸危险房间的地面面层材料应采用不发火材料。

2 外墙面层材料应选用耐候性好且耐污染的材料，内墙面层材料及顶棚（吊顶）材料应选用符合使用要求及防火要求的材料。

9 劳动安全与职业卫生

9.0.3 氨区的总平面布置应满足安全生产和防火安全间距的规定，并符合全厂总体规划的要求。

9.0.4 电厂内各建、构筑物与液氨储罐防火间距应符合本标准第3.2.5条~第3.2.9条的规定。

9.0.5 氨区和尿素区应设置室外消火栓灭火系统，液氨储罐应设置喷淋冷却水系统和水喷雾消防系统。

9.0.6 氨区应设有氨气泄漏检测器。

10 消防及冷却水系统

10.0.1 液氨储罐区应设置室外消火栓灭火系统，室外消火栓应布置在防护堤外，消火栓的间距应根据保护范围计算确定，不宜超过60m。消火栓数量不少于两只，每只室外消火栓应有两个DN65内扣式接口。

10.0.3 液氨储罐区室外消防水量应符合现行国家标准《建筑设计防火规范》GB 50016的规定。

10.0.4 氨水、尿素车间的消火栓设计应符合现行国家标准《建筑设计防火规范》GB 50016的规定。

10.0.5 液氨储罐应设置喷淋冷却水系统和水喷雾消防系统，喷淋冷却水宜采用电厂的工业水，水喷雾消防水应采用电厂的消防水。

10.0.6 液氨储罐水喷雾消防系统的喷雾强度，着火罐不应小于$6L/(min \cdot m^2)$。着火储罐的保护面积按其全表面积计算。距着火罐直径（卧式罐按罐直径和长度之和的一半）1.5倍围内的储罐的保护面积按其表面积的一半计算。

10.0.7 液氨蒸发设备及管道上应设水喷雾消防系统，水喷雾强度不应小于$6L/(min \cdot m^2)$，保护面积按包容保护对象的最小规则外表面积计算。

10.0.8 水喷雾消防系统的持续喷雾时间不应小于4h。

10.0.9 水喷雾消防系统设计应符合现行国家标准《水喷雾灭火系统设计规范》GB 50219的规定。

10.0.10 储罐区及车间应按现行国家标准《建筑灭火器配置设计规范》GB 50140的规定配置移动式灭火器。

58.《火力发电厂运煤设计技术规程 第1部分：运煤系统》DL/T 5187.1—2016

5 贮煤设施

5.4 筒仓

5.4.9 筒仓有关温度监测、烟气、可燃气体浓度监测、惰化、通风等装置的设置应符合现行国家标准《火力发电厂与变电站设计防火规范》GB 50229—2006 第 6.1.3 条和现行行业标准《火力发电厂煤和制粉系统防爆设计技术规定》DL/T 5203—2005 第 4.4.1 条的规定。检测装置的显示器应集中安装于运煤系统集中控制室或筒仓控制室。

5.4.10 筒仓应设置防爆门。防爆门的技术要求、材料、制作和试验应符合现行行业标准《火力发电厂烟风煤粉管道设计技术规程》DL/T 5121—2000 第 8.8.2 条～第 8.8.6 条的规定。

6 输送系统

6.2 带式输送机

6.2.16 输送褐煤及高挥发分、易自燃煤种时，应采用阻燃输送带。

59.《火力发电厂运煤设计技术规程 第2部分:煤尘防治》DL/T 5187.2—2019

7 通风除尘

7.2 机械除尘设备选择

7.2.2 运煤除尘系统不应采用产生火花的除尘器。

60. 《火力发电厂运煤设计技术规程 第3部分:运煤自动化》DL/T 5187.3—2012

12 场地与环境

12.0.2 远程 I/O 站布置应符合以下要求:

3 建筑应防尘、防水、防噪声,并符合防火标准要求。

15 消 防

15.0.1 运煤系统消防报警应符合现行国家标准《火灾自动报警系统设计规范》GB 50116、《火力发电厂与变电站设计防火规范》GB 50229 的有关规定。

61.《火力发电厂建筑装修设计标准》DL/T 5029—2012

1 总 则

1.0.7 发电厂建筑装修的防火、防水、防爆、防尘及防静电设计，应符合国家现行标准《建筑设计防火规范》GB 50016、《火力发电厂与变电站设计防火规范》GB 50229、《大中型火力发电厂设计规范》GB 50660、《火力发电厂建筑设计规程》DL/T 5094 的规定。

4 主厂房建筑装修

4.1 主厂房

4.1.3 主要生产车间和用房的装修应满足使用、防火、环保、安全文明生产、建筑节能等要求，其使用功能上主要应满足下列要求：

3 内墙面：各车间和用房内墙面均应抹灰（压型钢板除外），煤仓间有水冲洗要求的楼层采用耐擦洗材料饰面，汽机房、除氧间、煤仓间皮带层、锅炉房（露天除外）、化学水用房等宜设置满足使用要求的墙裙。

4 顶棚面：汽机房、除氧间、煤仓间、锅炉房等室内空间较高大的生产车间以及电缆夹层可不抹灰，整平后罩面处理；化学水用房、运行值班室等低矮的房间宜做抹灰并罩面；厂用配电装置室不应抹灰。

5 电气建筑装修

5.1 网络继电器楼

5.1.3 控制室、通信室室内装修的楼地面根据工艺需要可做防静电地板，内墙面和顶棚的饰面材料选择应满足防噪声、防火、防尘等要求。

5.4 配电装置楼

5.4.2 配电装置间内装修应考虑防火、防小动物的措施，楼地面应采用防尘和耐磨的饰面材料。

7 化学建筑装修

7.6 制氢站

7.6.2 电解间、氢气罐间和空气罐间应满足防火、防爆要求，地面应采用不发火花材料。

7.7 供氢站

7.7.2 实瓶间、空瓶间、氢气汇流排间应满足防火、防爆要求，地面应采用不发火花材料。

11 附属建筑装修

11.3 材料库

11.3.2 库房和卸货间的楼地面应耐压、耐磨、易清洁、不起尘，内墙面应平整、不积尘。乙炔库、气瓶库和油库等应做不发火花的楼地面。棚库应采用可承受较大堆积荷载作用的块料地面。

62.《发电厂油气管道设计规程》DL/T 5204—2016

1 总　则

1.0.4 油气管道和设备的安全防火设计应同工程的消防设计相结合,并应符合国家有关的消防规定。

3 燃油系统及管道

3.5 油罐和燃油加热器

3.5.13 地面和半地下油罐（组）周围应设防火堤。防火堤的设计应符合现行国家标准《石油库设计规范》GB 50074和《石油化工企业设计防火规范》GB 50160的有关规定,还应符合下列规定：
　　2 油罐组所设防火堤应是闭合的,隔堤与防火堤也应闭合；
　　3 防火堤内的排水沟穿越防火堤时应采用管道连接,并且该管道在堤外应设置隔离阀和阻火措施。

3.5.16 油罐、油罐区和油泵房的消防设施应满足《火力发电厂与变电站设计防火规范》GB 50229、《石油化工企业设计防火规范》GB 50160、《石油天然气工程设计防火规范》GB 50183、《核电厂常规岛设计防火规范》GB 50745等国家现行消防、防火标准的有关规定。

3.5.17 核电厂常规部分油罐区应单独布置,油罐区的防火设计应符合现行国家标准《核电厂常规岛设计防火规范》GB 50745的有关规定。

3.11 柴油发电机组油管道

3.11.2 柴油发电机组宜设高位油箱,也可同时设低位油箱。油箱的有效容积宜满足机组连续满载运行8h的用油量。柴油发电机组油箱不应安装在柴油机的上方。油箱容积及布置应符合现行国家标准《建筑设计防火规范》GB 50016的有关规定。

5 天然气管道

5.6 天然气管道附件选择

5.6.3 输气管道上的阀门设置应符合下列要求：
　　1 输气管道干线上应设切断阀,并具有紧急关闭功能；
　　3 在防火区内关键部位使用的阀门应具有耐火性能；
　　4 在燃气轮机天然气供气管道靠燃机侧应设管道阻火器；
　　5 需要通过清管器的阀门应选用全通径阀门。

7 其他气体管道

7.1 一般规定

7.1.8 可燃气体管道的各连接点处应进行泄漏检查,可采用肥皂水或合格的携带式可燃气体防爆检测仪,严禁使用明火。在可燃气体管道泄漏源附近可装设探测器,探测器宜安装在泄漏源上面的下风向处。

7.2 氢气管道

7.2.1 氢气管道的设计应符合现行国家标准《氢气站设计规范》GB 50177的有关规定,防火设计应符合现行国家标准《火力发电厂与变电所设计防火规范》GB 50229及《核电厂常规岛设计防火规范》GB 50745的有关规定。

7.3 氧气管道

7.3.1 氧气管道的设计应符合现行国家标准《氧气站设计规范》GB 50030的有关规定,防火设计应符合现行国家标准《火力发电厂与变电所设计防火规范》GB 50229及《核电厂常规岛设计防火规范》GB 50745的有关规定。

7.5 二氧化碳管道

7.5.1 发电厂二氧化碳灭火系统设计应符合现行国家标准《二氧化碳灭火系统设计规范》GB 50193、《火力发电厂与变电所设计防火规范》GB 50229及《核电厂常规岛设计防火规范》GB 50745的有关规定。

9 油气管道安全防护

9.2 防火间距

9.2.1 油气系统设施的设计防火间距应符合现行国家标准《火力发电厂与变电所设计防火规范》GB 50229、《核电厂常规岛设计防火规范》GB 50745及《石油化工企业设计防火规范》GB 50160的有关规定。

9.2.2 油罐区内地上油罐之间的防火间距及建筑物、构筑物之间的防火间距应符合现行国家标准《石油化工企业设计防火规范》GB 50160的有关规定。

9.2.3 在油罐区内预留将来扩建增设油罐的位置时,已建油罐与预留油罐之间的防火间距应比新建油罐之间的防火间距增加0.15倍～0.25倍油罐直径,并满足预留油罐施工防火隔离的要求。

9.3 防火防爆

9.3.1 油罐区贮存油品的火灾危险性分类应符合现行国家标

准《石油化工企业设计防火规范》GB 50160的有关规定。

9.3.2 油罐区域的电气设施均应选用防爆型,电力线路必须采用电缆或暗敷,不得采用架空线。

9.3.3 油罐区周围应设有环形消防通道,应设置满足要求的消防设施。油罐区域应设置隔离围墙或栅栏。

9.3.4 油泵房应设置泄压设施,且应安装通风设备和可燃气体报警装置。

9.3.5 油气系统及管道的防火防爆设计应符合现行国家标准《火力发电厂与变电所设计防火规范》GB 50229、《核电厂常规岛设计防火规范》GB 50745、《石油化工企业设计防火规范》GB 50160、《爆炸危险环境电力装置设计规范》GB 50058及其他相关设计标准的有关规定。

6.2 水电工程

63.《水电工程设计防火规范》GB 50872—2014

1 总 则

1.0.2 本规范适用于新建、改建和扩建的大、中型水电站和抽水蓄能电站工程（以下统称水电工程）的防火设计。

1.0.3 枢纽外的远程控制室、调度机房的防火设计应按现行国家标准《建筑设计防火规范》GB 50016 的有关规定执行。

1.0.4 水电工程防火设计除应符合本规范规定外，尚应符合国家现行有关标准的规定。

2 术 语

2.0.1 水电工程建（构）筑物 hydropower engineering buildings and structures

用于挡水、泄水、进水、调压、通航的建（构）筑物，以及安装发电设备和辅助设备的主副厂房、主变压器场、开关站等。

2.0.2 主厂房 power house

装置水轮发电机组及其辅助设备的主机室及安装间的厂房。

2.0.3 副厂房 auxiliary power house

装置配电、控制操作、通信等设备，为电站的运行、控制、管理服务而设的用房。

2.0.10 一个设备一次灭火的最大灭火水量 the maximum volume of a device for a fire-fighting

一次灭火时设备本身的自动灭火系统用水量和需要同时开启的消火栓用水量之和。

2.0.11 一个建筑物一次灭火的最大灭火水量 the maximum volume of a structural fire fighting

一次灭火时最大一座建筑物所需的室内、外消火栓消防用水量之和。

3 生产的火灾危险性分类和耐火等级

3.0.1 水电工程生产的火灾危险性分类应符合现行国家标准《建筑设计防火规范》GB 50016 的有关规定。建（构）筑物的火灾危险性类别应符合表 3.0.1 的规定。

表 3.0.1 建（构）筑物的火灾危险性类别

序号	建（构）筑物名称	火灾危险性类别
一	主要生产建（构）筑物	
1	主厂房、副厂房、屋内开关站	丁
2	油浸式变压器室、油浸式电抗器室、油浸式消弧线圈室	丙
3	干式变压器室	丁

续表 3.0.1

序号	建（构）筑物名称	火灾危险性类别
4	配电装置室	
	内有单台充油量大于 60kg 的设备	丙
	内有单台充油量小于等于 60kg 的设备	丁
5	母线室、母线廊道（洞）和竖井	丁
6	中央控制室（含照明夹层）	丁
7	继电保护盘室、辅助盘室、机旁盘室、自动和远动装置室、电子计算机房、通信室（楼）	丙
8	室外油浸式主变压器场	丙
9	室外开关站、配电装置构架	丁
10	SF₆ 封闭式组合电器开关站、SF₆ 贮气罐室	丁
11	高压、超高压干式电力电缆廊道和竖井	丁
12	电力电缆廊道和竖井	丁
13	动力电缆、控制电缆电缆室、电缆廊道和竖井	丙
14	蓄电池室及其配套房间	
	防酸隔爆式蓄电池室	丙
	碱性蓄电池、阀控式蓄电池室	丁
15	充放电盘室	丁
16	柴油发电机室及其储油间	丙
17	空气压缩机及其贮气罐室	丁
18	通风机房、空气调节机房	戊
19	给排水泵室	戊
20	消防水泵室	戊
21	水内冷水轮发电机的水处理室	戊
22	液压启闭机室	丁
23	卷扬启闭机室	戊
24	非地面厂房尾水闸门室	戊
25	非地面厂房通风和安全洞	戊
二	辅助生产建（构）筑物	
1	绝缘油、透平油的油处理室，烘箱室及油罐室	丙
2	独立变压器检修间	丙
3	继电保护和自动装置试验室	丁
4	高压试验室、仪表试验室	丁
5	机械试验室	丁
6	油化验室	丙
7	水化验室	戊
8	电工修理间	丁

续表3.0.1

序号	建（构）筑物名称	火灾危险性类别
9	机械修配厂	丁
10	水工观测仪表室	丁

3.0.2 水电工程建（构）筑物的耐火等级分为一级和二级，建（构）筑物构件的燃烧性能和耐火极限不应低于表3.0.2的规定。

表3.0.2 建（构）筑物构件的燃烧性能和耐火极限（h）

构件名称		耐火等级	
		一级	二级
墙和柱	防火墙	不燃烧体 3.00	不燃烧体 3.00
	柱、承重墙	不燃烧体 3.00	不燃烧体 2.50
	楼梯间和电梯井的墙	不燃烧体 2.00	不燃烧体 2.00
	疏散走道两侧的隔墙	不燃烧体 1.00	不燃烧体 1.00
	非承重外墙	不燃烧体 0.75	不燃烧体 0.50
	房间隔墙	不燃烧体 0.75	不燃烧体 0.50
梁		不燃烧体 2.00	不燃烧体 1.50
楼板		不燃烧体 1.50	不燃烧体 1.00
屋顶承重构件		不燃烧体 1.50	不燃烧体 1.00
疏散楼梯		不燃烧体 1.50	不燃烧体 1.00
吊顶（包括吊顶搁栅）		不燃烧体 0.25	难燃烧体 0.25

注：水电工程厂房的屋顶承重结构采用金属构件，如其距地面净空高度大于或等于13m时，屋顶金属承重结构构件可不进行防火保护。

3.0.3 地面厂房中油浸式变压器室、油浸式电抗器室、油浸式消弧线圈室、绝缘油油罐室、透平油油罐室及油处理室、柴油发电机室及其储油间耐火等级应为一级，其他建筑的耐火等级均不应低于二级。厂房外地面绝缘油、透平油油罐室的耐火等级不应低于二级。

非地面厂房及封闭厂房耐火等级应为一级。

3.0.4 水电工程内部装修防火设计应符合现行国家标准《建筑内部装修设计防火规范》GB 50222 的有关规定。

4 厂区规划

4.0.1 在进行水电工程的厂区规划设计时，厂房、开关站和室外油浸式变压器场等布置应满足防火间距及消防车道的要求。

4.0.2 厂区内厂房之间及与厂外建筑之间的防火间距，应符合现行国家标准《建筑设计防火规范》GB 50016 的有关规定。

4.0.3 室外油浸式变压器与厂区建筑物、绝缘油和透平油露天油罐的防火间距不应小于表4.0.3的规定。当室外油浸式变压器与厂房的间距不满足本条规定时，可按本规范7.0.5条规定执行。

表4.0.3 室外油浸式变压器与厂区建筑物、绝缘油和透平油露天油罐的防火间距（m）

建筑物、储罐名称	耐火等级	总储油量 V	变压器油量		
			<10t	10t~50t	>50t
主厂房、副厂房、厂房外油罐室	一、二级	—	12	15	20
厂区内办公楼、宿舍楼等非厂房及库房类建筑	一、二级	—	15	20	25
	三级	—	20	25	30
	四级	—	25	30	35
绝缘油、透平油露天油罐	—	$5m^3 \leq V<250m^3$	18		
	—	$250m^3 \leq V<1000m^3$	21		

注：1 防火间距应从距建筑物、绝缘油或透平油露天油罐最近的变压器外壁算起。
2 水电工程内的油浸式变压器的总储油量可按单台确定。

4.0.4 绝缘油或透平油露天油罐与建（构）筑物、开关站、厂外铁路、厂外公路的防火间距不应小于表4.0.4的规定。

表4.0.4 绝缘油或透平油露天油罐与建（构）筑物、开关站、厂外铁路、厂外公路的防火间距（m）

名称	耐火等级	油罐储量 V	
		$5m^3 \leq V<250m^3$	$250m^3 \leq V<1000m^3$
主、副厂房	一、二级	9	12
厂区内办公楼、宿舍楼等非厂房及库房类建筑	一、二级	12	15
	三级	15	20
	四级	20	25
开关站	—	15	20
厂外铁路线（中心线）	30		
厂外公路（路边）	15		

注：防火间距应从距建（构）筑物最近的储罐外壁算起。

4.0.5 厂房外地面绝缘油、透平油油罐室与厂区建（构）筑物的防火间距不应小于表4.0.5的规定。

表4.0.5 厂房外地面绝缘油、透平油油罐室与厂区建（构）筑物的防火间距（m）

名称	耐火等级	变压器单台油量	油罐形式
			厂房外地面油罐室
主、副厂房	一、二级		10

续表 4.0.5

名称	耐火等级	变压器单台油量	油罐形式 厂房外地面油罐室
厂区内办公楼、宿舍楼等非厂房及库房类建筑	一、二级	—	10
	三级	—	12
	四级	—	14
室外油浸式变压器场	—	<10t	12
	—	10t~50t	15
	—	>50t	20
厂外铁路线（中心线）	—	—	20
厂外道路（路边）	—	—	10

注：当设有自动灭火系统时，主、副厂房及其他建筑的防火间距可较表中间距减少2m。

4.0.6 绝缘油和透平油露天油罐与电力架空线的最近水平距离不应小于电杆高度的1.2倍。

4.0.7 绝缘油和透平油露天油罐以及厂房外地面油罐室与厂区内铁路装卸线中心线的距离不应小于10m，与厂区内主要道路路边的距离不应小于5m。

4.0.8 厂区地面建筑物及室外油浸式变压器周围应设置室外消火栓，开关站的室外配电装置区域可不设室外消火栓。

4.0.9 水电工程消防车配备应符合下列要求：
    2 距离水电工程指定消防地点15km范围内，有城镇或其他企业消防车可以利用时，消防车设置的数量可以减少。
    3 配备消防车的水电工程，应设置相应的消防车库及其附属设施。

4.0.10 厂区内应设置消防车道。消防车应能到达室外油浸式主变压器场、开关站、露天油罐或厂房外地面油罐室以及厂房入口处。对于地面厂房，至少沿一条长边应设置消防车道；对于非地面厂房，当进厂交通洞长度不超过40m时，消防车可只到达进厂交通洞的地面入口处。

4.0.11 厂区消防车道的设置应符合下列要求：
    1 厂区消防车道的宽度不应小于4m。当消防车道仅沿地面厂房一条长边设置时，其宽度不应小于6m。
    2 当道路上空有障碍物时，其距地面净高不应小于4m。
    3 尽头式消防车通道应在适当位置设回车道或面积不小于15m×15m的回车场。
    4 消防车道可利用交通道路，但应满足消防车通行与停靠的要求。

5 厂区建（构）筑物

5.1 防火构造

5.1.1 设在主、副厂房及屋内开关站中的丙类生产场所应做局部分隔，并应配置相应的消防设施。

5.1.2 水电工程中丙类生产场所局部分隔应符合下列要求：
    1 油浸式变压器室、油浸式电抗器室、油浸式消弧线圈室、绝缘油油罐室、透平油油罐室及油处理室、柴油发电机室及其储油间等场所应采用耐火极限不低于3.00h的防火墙和不低于1.50h的楼板与其他部位隔开，防火隔墙上的门应为甲级防火门。柴油发电机室的储油间门应能自动关闭。
    2 继电保护盘室、辅助盘室、自动和远动装置室、电子计算机房、通信室等场所应采用耐火极限不低于2.00h的防火隔墙和不低于1.00h的楼板与其他部位隔开，防火隔墙上的门应为甲级防火门。
    3 其他丙类生产场所应采用耐火极限不低于2.00h的防火隔墙和不低于1.00h的楼板与其他场所分隔，防火隔墙上的门应为乙级防火门。

5.1.3 水电工程中部分其他类别生产场所局部分隔应符合下列要求：
    1 中央控制室应采用耐火极限不低于2.00h的防火隔墙和不低于1.00h的楼板与其他部位隔开。防火隔墙上的门应为甲级防火门，窗应为固定式甲级防火窗。
    2 消防控制室、固定灭火装置室应采用耐火极限不低于2.00h的防火隔墙和不低于1.50h的楼板与其他部位隔开。防火隔墙上的门应为乙级防火门。
    3 消防水泵房采用耐火极限不低于2.00h的防火隔墙和不低于1.50h的楼板与其他部位隔开。防火隔墙上的门应为甲级防火门。
    4 通风空调机房应采用耐火极限不低于1.00h的防火隔墙和不低于0.50h的楼板与其他部位隔开。防火隔墙上的门应为乙级防火门。

5.1.4 当水电工程厂房为地面厂房时，主厂房和建筑高度在24m以下的副厂房的防火分区建筑面积不限。高层副厂房防火分区最大允许建筑面积为4000m²。非地面副厂房及封闭副厂房的防火分区最大允许建筑面积为2000m²。

5.1.5 当出线或通风用的廊（隧）道、竖井出口兼作安全出口时，应采用耐火极限不低于1.00h的墙体与出线、通风管道隔开，出口宽度、高度应满足安全疏散要求。

5.1.6 消防疏散电梯参照消防电梯要求进行设计，底站到顶站时间可根据井道高度确定。其前室或合用前室与主厂房或疏散廊道之间应增设防火隔间。该防火隔间的墙应为实体防火墙，在隔间通往两个相邻区域隔墙上的门应是火灾时能自行关闭的甲级防火门。

5.2 安全疏散

5.2.1 主厂房发电机层的安全出口不应少于两个，且必须有一个直通室外地面。

5.2.2 非地面厂房进厂交通洞的出口可作为直通室外地面的安全出口。厂房通至室外的出线或通风用的廊道、竖井及疏散楼梯出口可作为通到室外地面的安全出口。

5.2.3 当地下厂房安装间地面标高低于进厂交通洞洞口地面标高，且高差大于或等于32m，或作为疏散出口的楼梯间的高度超过100m时，可设消防疏散电梯作为安全出口。

5.2.4 地下厂房通往室外的疏散楼梯间，当高度超过100m

时，其最下一段楼梯段应与其上楼梯段采取分隔措施。在该段的楼梯间应是防烟楼梯间，该段高度为6m～24m。其上一段不得与其他生产场所相通。

5.2.6 副厂房的安全疏散出口不应少于两个，当满足下列条件时可设置一个安全出口：
　　1 当地面副厂房每层建筑面积不超过800m²，且同时值班人数不超过15人时；
　　2 当非地面副厂房和封闭副厂房每层建筑面积不超过500m²，且同时值班人数不超过10人时。

5.2.7 发电机层以下各层，室内最远工作地点到该层最近的安全出口时距离不应超过60m。

5.2.8 副厂房安全疏散距离不限，但高层副厂房及非地面副厂房、封闭副厂房中的丙类场所最远工作地点到安全疏散出口的距离不应超过50m。

5.2.9 建筑高度大于或等于32m且经常有人停留的高层副厂房应设防烟楼梯间。建筑高度大于或等于32m但不经常有人停留的高层副厂房及建筑高度小于32m的高层副厂房应设封闭楼梯间。

经常有人停留的非地面副厂房和封闭副厂房应设防烟楼梯间，不经常有人停留的非地面副厂房和封闭副厂房应设封闭楼梯间。

封闭楼梯间、防烟楼梯间应符合现行国家标准《建筑设计防火规范》GB 50016的有关规定。

5.2.10 建筑高度大于或等于32m并设置电梯的高层副厂房，每个防火分区内宜设一部消防电梯（可与客、货梯兼用）。非地面副厂房和封闭副厂房，当从最低一层地面到最顶层屋面高度超过32m并设置电梯时，每个防火分区宜设一台消防电梯。

消防电梯应符合现行国家标准《建筑设计防火规范》GB 50016的有关规定。

5.2.11 安全疏散用的门、走道和楼梯应符合下列要求：
　　1 门净宽不应小于0.9m；
　　2 防火门应向疏散方向开启，并不应通过丙类生产场所进行疏散；
　　3 走道净宽不应小于1.2m；
　　4 主厂房机组之间的楼梯净宽不应小于0.9m，其他处楼梯净宽不应小于1.1m，楼梯坡度不宜大于45°。

5.3 消防设施

5.3.1 主、副厂房及屋内开关站应设置室内消火栓。厂房外独立设置的油罐室，体积不超过3000m³的丁、戊类设备用房（闸门启闭室、闸室、水泵房、水处理室等）、器材库、机修间等，可不设置室内消火栓。

5.3.2 厂房内的桥式起重机司机室应设置手提式灭火器。

6 大坝与通航建筑物

6.1 一般规定

6.1.1 大坝与通航建筑物各部位的火灾危险性类别应按表6.1.1的规定确定。

表6.1.1 大坝与通航建筑物各部位火灾危险性类别

序号	部位	火灾危险性类别
1	船厢室、船闸室	丙
2	总调度室、控制室、通信室	丙
3	油浸式变压器室	丙
4	干式变压器室	丁
5	卷扬启闭机房	戊
6	油压启闭机房	丁
7	配电装置室、辅助盘室	丁
8	防酸隔爆型铅酸蓄电池室	丙
9	碱性蓄电池、阀控式蓄电池室	丁
10	电梯机房	丙
11	电缆夹层、电缆廊道	丙

6.1.2 油浸式变压器室、船厢室、船闸室、坝体内部、非地面以上或封闭部位的耐火等级应为一级，其余部位耐火等级不应低于二级。

大坝与通航建筑物各部位构件燃烧性能和耐火极限应符合现行国家标准《建筑设计防火规范》GB 50016的有关规定。

6.1.3 大坝与通航建筑物（不包括船厢室和船闸室）各部位的防火分区应符合下列规定：
　　1 坝面或地面以上丁、戊类建筑物的防火分区允许建筑面积不限，丙类建筑物防火分区最大允许建筑面积为4000m²；
　　2 坝体内部、非地面以上或封闭的部位，其防火分区最大允许建筑面积为2000m²。

6.1.4 大坝与通航建筑物安全出口及疏散距离应符合下列规定：
　　1 坝面或地面以上各建筑物安全出口及疏散距离的设置应按本规范第5.2.6条及第5.2.8条的规定执行；
　　2 船厢室、闸室、坝体内部、非地面以上或封闭的部位的安全出口及疏散距离的设置应按本规范第6.2节～第6.4节的规定执行。

6.1.5 大坝与通航建筑物的控制室、调度室、电气盘柜室等部位应设置相应的灭火设施。

6.2 大 坝

6.2.1 坝体内的楼梯间、电梯间应在与大坝电缆廊道连接处设置前室，前室通往电缆廊道和楼梯间的门应为向疏散方向开启的乙级防火门；与大坝一般廊道连接处应设置向疏散方向开启的丙级防火门。

6.2.2 承担疏散功能的大型水电工程坝体内楼梯间、电梯间应按现行国家标准《建筑设计防火规范》GB 50016的有关规定设置防烟楼梯间及前室。

6.2.3 坝面上建筑物应按本规范第11.5节的有关规定设置灭火器材。当坝面上布置有单体体积大于3000m³的丙类建筑物时，应按本规范第11.3节的有关规定设置室内、室外消火栓。

6.3 船　闸

6.3.1 不通过油轮（驳）、危险化学品船只的单级船闸，宜在闸室两侧闸墙顶部布置室外消火栓。室外消火栓应对侧交叉布置，同侧室外消火栓的间距不应大于120m。

室外消火栓一次灭火用水量不应小于20L/s，火灾延续时间应为2.00h。

6.3.2 不通过油轮（驳）、危险化学品船只的二级及二级以上的连续船闸，除应在每级闸室两侧闸墙顶部按本规范第6.3.1条的要求布置室外消火栓外，还宜根据船闸的规模和级数多少设置一定数量的移动式消防水炮（枪）等辅助灭火工具。

一次灭火用水量应按室外消火栓用水量和移动式消防水炮（枪）用水量叠加计算，不应小于40L/s，火灾延续时间应为2.00h。

6.3.3 通过油轮（驳）、危险化学品船只的船闸，消防设计应符合下列要求：

1 船闸应设置固定式或移动式泡沫炮（枪），灭火面积应为设计过闸船只最大舱的面积。泡沫混合液供给强度不应小于8L/(min·m²)，连续供给时间不应小于40min。

2 应在闸室两侧闸墙顶部布置室外消火栓，对着火船只周围一定范围内的甲板面及相邻船只冷却，室外消火栓的布置间距及要求应符合本规范第6.3.1条的要求，冷却水量应按下式计算：

$$W = 0.06(3BL - F_{max})qt \quad (6.3.3)$$

式中：W——冷却水量（m³）；

B——最大船宽（m）；

L——最大舱的纵向长度（m）；

F_{max}——最大舱面积（m²）；

q——冷却水供给强度，应按2.5L/(min·m²)计算；

t——冷却水供给时间，应按4.0h计算。

3 室外消火栓与闸墙距离小于5m时，应在每只室外消火栓两侧3m范围内靠闸室侧地面设置防火分隔水幕，水幕的水量不应小于1L/(m·s)，水幕的工作时间应为1.0h。喷头间距应小于1m，喷射高度应高出闸墙顶面2m。

4 单级船闸的钢质闸室门应采用移动式或固定式水炮（枪）、消火栓等设施进行喷水保护；二级或二级以上连续船闸的钢质闸室门应设置正、反两面水幕保护装置。闸室门的喷水及水幕用水量不应小于2L/(m·s)，供水时间应为4.0h。

5 闸室门启闭机房推拉洞口应采取措施防止火苗窜入。当采用水幕喷水保护时，水幕喷水强度不应小于2L/(m·s)，喷水时间应为1.0h。

6 对不能采用水或泡沫等灭火介质进行灭火的特殊危险品船只，应限制通行或在临时特殊保护措施条件下通行。

6.3.4 闸室两侧闸墙上应分别设置从闸室底直达闸墙顶的疏散爬梯，同侧间距不应大于50m。

6.4 升　船　机

6.4.1 在船厢室上、下闸首两侧沿混凝土塔（筒）体高度方向，每隔6m~10m应各设置一条水平疏散廊道，疏散廊道靠船厢室一端应设置向疏散方向开启的甲级防火门，防火门附近应设置室内消火栓及手提式灭火器。疏散廊道的另一端应设置疏散楼梯通往室外安全区。

每个室内消火栓的用水量应按5L/s计算，一次灭火用水量不应小于20L/s，火灾延续时间为2.00h。灭火器应配置磷酸铵盐干粉灭火器，数量不应少于两具。

6.4.2 高度超过32m的塔（筒）体内应按现行国家标准《建筑设计防火规范》GB 50016的有关规定设置防烟楼梯间及前室。

6.4.3 升船机的船厢上应设置消火栓、固定式水成膜及移动式灭火器等灭火装置，消防用水量应按所配置的灭火装置通过计算确定。

6.4.4 船厢上的灭火装置可直接从船厢取水，当船厢上的灭火装置取水量之和超过船厢水量的1/3时，应采用其他的供水措施。

6.4.5 多级升船机的中间渠道及渡槽两侧均应设置室外消火栓，同侧室外消火栓间距不应大于120m。

每个消火栓的用水量应为10L/s，一次灭火用水量不应小于20L/s，火灾延续时间为2.00h。

7 室外电气设备

7.0.1 油量在2500kg及以上的油浸式变压器之间或油浸式电抗器之间的最小防火间距应符合表7.0.1的规定。

表7.0.1 油浸式变压器之间或油浸式电抗器之间的最小防火间距

电压等级	最小间距（m）
35kV及以下	5
63kV	6
110kV	8
220kV~330kV	10
500kV及以上	12

7.0.2 油量在2500kg及以上的油浸式变压器及油浸式电抗器与其他充油式电气设备之间的防火间距不应小于5m；油量在2500kg以下的油浸式变压器及油浸式电抗器与其他充油式电气设备之间的防火间距不应小于3m。

7.0.3 当油浸式变压器、油浸式电抗器各自之间及与其他充油式电气设备之间的防火间距不能满足本规范第7.0.1条、第7.0.2条要求时，应设置防火隔墙。当防火隔墙高度不能满足要求时，应在防火隔墙顶部加设防火分隔水幕。

7.0.4 油浸式变压器的防火隔墙设置应满足下列要求：

1 高度应高于变压器油枕顶部0.3m；

2 长度应超出贮油池（坑）两端各0.5m；

3 当防火隔墙顶部设置防火分隔水幕时，水幕高度应比变压器顶面高出0.5m；

4 防火隔墙的耐火极限不应低于2.00h。

7.0.5 当厂房外墙与室外油浸式变压器外缘的距离小于本规范表4.0.3规定时，厂房外墙应采用耐火极限不低于3.00h的防火隔墙，且厂房外墙与变压器外缘的距离不应小于0.8m。

当厂房外墙与油浸式变压器外缘距离小于5m时，在变压器高度加 3m 的高度以下、设备两侧外缘各加 3m 的范围内，厂房外墙不应开设门窗或孔洞，在此范围以外的厂房外墙上的门和固定式窗的耐火极限不应小于 0.90h。

7.0.6 单台容量在单相 50MVA 及以上、3 相 90MVA 及以上的油浸式变压器应设置固定式灭火设施。

单台容量在单相 50MVA 以下、3 相 90MVA 以下的油浸式变压器应在附近设置移动式灭火器材或室外消火栓。

7.0.7 当发电机母线或设备电缆穿越防火墙时，电缆穿越处的空隙应用不燃材料封堵，不燃材料耐火极限应与防火墙相同。

7.0.9 贮油池（坑）容积（不含卵石层的缝隙容积）应按贮存单台设备 100% 的油量确定。当设有固定式水喷雾、细水雾灭火装置时，贮油池（坑）的容积应按单台设备 100% 的油量与灭火水量之和确定。

当贮油池（坑）设有至公共事故油池的排油管时，贮油池（坑）容积应按单台设备 20% 的油量确定。排油管的直径不应小于 150mm，管口应设阻堵、防腐的金属格栅或滤网。

7.0.12 公共事故油池应设置排油、排水设施。

7.0.13 升压站、开关站的出入口及主要电气设备附近应按现行国家标准《建筑灭火器配置设计规范》GB 50140 的有关规定配备灭火器材。

8 室内电气设备

8.0.1 额定容量为 25MW 及以上的水轮发电机组（含抽水蓄能机组）应设置自动灭火系统。

8.0.2 单台设备油量在 100kg 及以上的油浸式厂用变压器和其他充油电气设备应设置贮油池（坑）或挡油槛。

贮油池（坑）应能贮存单台设备 100% 的油量；当设有将油排至安全场所的设施时，可在防火门内侧设置贮存 20% 油量的挡油槛。

8.0.3 油浸式主变压器应设置在专用的房间、洞室内，专用的房间、洞室应满足下列要求：

  1 专用房间、洞室应设向外开启的甲级防火门或耐火极限不低于 3.00h 的防火卷帘，通风口处应设防火阀；

  2 专用房间、洞室的大门不得直接开向主厂房或正对进厂交通道；

  3 专用房间、洞室外墙开口部位上方应设置宽度不小于 1.0m 的防火挑檐或高度不低于 1.2m 的窗槛墙。

8.0.4 单台容量在单相 50MVA 及以上、3 相 90MVA 及以上的油浸式变压器应设置固定式灭火设施。单台容量在单相 50MVA 以下、3 相 90MVA 以下的油浸式主变压器应在主变压器附近设置移动式灭火器或室内消火栓。

8.0.5 油浸式变压器的事故排油阀应设在房间外安全处。

8.0.6 六氟化硫（SF_6）封闭式组合电器开关站疏散距离不限。当开关站面积超过 250m^2 时，应在房间的两端各设一个出口。

8.0.7 中央控制室、继电保护盘室、辅助盘室、配电装置室、通信设备室、计算机室等房间应满足下列要求：

  1 房间的面积超过 250m^2 时应设两个出口，并布置在房间的两端，当房间的长度大于 60m 时宜在房间中部再增加一个出口；

  2 当设备房间为双层或多层布置时，楼上各房间应至少有一个通向该层走廊或室外的安全出口；

  3 配电装置室的门应为向疏散方向开启的乙级防火门，相邻房间相通的门应为不燃材料的双向弹簧门。

8.0.9 电气设备室之间及对外的管沟、孔、洞等应采用不燃烧材料封堵。

9 电 缆

9.0.2 电缆室、电缆通（廊、沟）道和穿越各机组段之间架空敷设的动力电缆、控制电缆、通信电缆及光缆等均应分类、分层排列敷设。动力电缆的上下层之间应装设耐火隔板，其耐火极限不应低于 0.50h。

9.0.4 电力电缆中间接头盒的两侧及其邻近区域应采取防火涂料、防火包带等阻燃措施。多个电缆接头并排安装时，应在电缆接头之间增设耐火隔板或填充阻燃材料。

9.0.5 电缆通（廊、沟）道的下列部位应设防火封堵：

  1 穿越电气设备房间处；

  2 穿越厂房外墙处；

  3 电缆通（廊、沟）道的进出口、分支处。

9.0.6 防火分隔的设置应符合下列要求：

  2 防火分隔应采用耐火极限不低于 1.00h 的不燃材料；

  3 设在防火分隔上的门应为丙级防火门。当不设防火门时，在防火分隔两侧各 1m 的电缆区段上，应有防止串火的措施。

9.0.7 电缆竖井应按下列要求进行防火封堵：

  1 应在竖井的上、下两端，进出电缆的孔口处及竖井的每一楼层处进行防火封堵；

  2 敷设 110kV 及以上电缆的竖井，在同一井道内敷设 2 回路及以上电缆时，不同回路之间应用防火隔板进行分隔；

  3 当竖井内设有水喷雾、细水雾等固定式灭火设施时，竖井内的防火封堵可不受上述要求的限制；

  4 电缆竖井封堵应采用耐火极限不低于 1.00h 的防火封堵材料。封堵层应能承受巡检人员的荷载。活动人孔可采用承重型防火隔板制作。

9.0.8 电缆穿越楼板、墙体的孔洞和进出控制室、电缆夹层、开关柜、配电盘、控制盘、自动装置盘和保护盘等电缆孔洞，以及靠近充油电气设备的电缆沟道盖板缝隙处，应用耐火极限不低于 1.00h 的不燃材料封堵。

9.0.9 穿越各机组之间架空敷设的电缆，应在每个机组段集中设置手提式干粉灭火器。

电缆室、电缆通（廊）道、电缆竖井的出入口处应设置手提式干粉灭火器，并至少配备两套防毒面具。

10 绝缘油和透平油系统

10.0.1 露天立式油罐之间的防火间距不应小于相邻立式油罐中较大直径的 0.4 倍，且不得小于 2m。卧式油罐之间的防火间距不应小于 0.8m。

10.0.3 露天油罐四周应设置不燃烧体防火堤，防火堤的设置应符合现行国家标准《建筑设计防火规范》GB 50016 的有关规定。当露天油罐设有防止液体流散的设施时，可不设置防火堤。油罐周围的下水道应是封闭式的，入口处应设水封设施。

10.0.4 厂房外地面油罐室应设专用的事故油池或挡油槛，并应符合下列要求：

1 事故油池应符合下列规定：
  1) 设有事故油池的罐组四周应设导油沟，使溢漏液体能顺利地流出罐组并自流入池内；
  2) 事故油池距油罐不应小于30m；
  3) 事故油池和导油沟距明火地点不应小于30m；
  4) 事故油池应有排水措施；
  5) 事故油池的有效容积不应小于最大一个油罐的容积；当设有水喷雾灭火系统时，其有效容积还应加上灭火水量的容积。

2 挡油槛内的有效容积不应小于最大一个油罐的容积。当设有水喷雾灭火系统时，挡油槛内的有效容积还应加上灭火水量的容积。

10.0.5 露天油罐或厂房外地面油罐室应设置室外消火栓，并应配置砂箱及灭火器等消防器材。当充油油罐总容积超过100m³，或单个充油油罐的容积超过50m³时，应设置水喷雾灭火系统或泡沫灭火系统。

10.0.6 厂房内设置油罐室时，应满足下列防火要求：

1 油罐室、油处理室应采用耐火极限不低于3.00h的防火隔墙与其他房间分隔；
2 油罐室的安全疏散出口不宜少于两个，油罐室面积不超过100m²时可设一个；出口的门应为向外开的甲级防火门；
3 单个油罐室的油罐总容积不应超过200m³，且单个油罐的容积不宜超过100m³；
4 设置挡油槛或专用的事故集油池，其容积不应小于最大一个油罐的容积，当设有水喷雾灭火系统时，还应加上灭火水量的容积；
5 油罐的事故排油阀应能在安全地带操作；
6 厂房内油罐室出入口附近应设置砂箱及灭火器等消防器材；当其单个充油油罐容积超过50m³时，应设置水喷雾灭火系统或泡沫灭火系统。

10.0.7 油处理系统使用的烘箱、滤纸应设在专用的小间内，烘箱的电源开关和插座不应在该小间内；灯具应采用防爆型；油处理室内应采用防爆电器。

10.0.8 钢制油罐应装设防感应雷接地和防静电接地。防感应雷接地的接地点不应少于两处，两接地点间距离不宜大于30m，接地电阻不宜大于10Ω。防感应雷接地可兼作防静电接地。

10.0.9 绝缘油和透平油管路不应和电缆敷设在同一管沟内。

10.0.10 电缆通道不应穿过油罐室、油处理室。

11 消防给水和灭火设施

11.1 一般规定

11.1.1 在进行水电工程的设计时，应同时设计消防给水系统和灭火设施。

11.1.3 水电工程同一时间内的火灾次数为一次，消防给水量应按下列两项灭火水量的较大者确定：

1 一个设备一次灭火的最大灭火水量；
2 一个建筑物一次灭火的最大灭火水量。

11.1.4 室外消防给水可采用高压或临时高压给水系统或低压给水系统，并应符合下列要求：

1 室外高压或临时高压给水系统的管道压力应保证当消防用水量达到最大，且水枪在任何建筑物的最高处时水枪的充实水柱不小于10m；
2 室外临时高压给水系统应保证在消防水泵启动前最不利点室外消火栓的水压不小于0.02MPa；
3 室外低压给水系统的管道压力应保证灭火时最不利点消火栓的水压不小于0.1MPa。

11.1.5 室内消防给水可采用高压或临时高压给水系统。室内高压或临时高压给水系统应保证灭火时室内最不利点消防设备水量和水压的要求。

11.2 给水设施

11.2.1 给水设施应满足消防给水要求的水量与水压。

11.2.2 由水库直接供水时取水口不应少于两个；从蜗壳或压力钢管取水时，应至少在两个蜗壳或压力钢管上取水口，且应结合机组或压力钢管检修时的供水措施。每个取水口均应满足消防用水要求。

11.2.3 消防水泵应符合下列要求：

1 消防水泵应设置备用泵，其工作能力不应小于一台主要水泵的能力。
2 消防水泵应保证在火警后30s内启动。
3 一组消防水泵的吸水管不应少于两条。当其中一条关闭时，其余的吸水管应仍能通过全部用水量。消防水泵应采用自灌式吸水，并应在吸水管上设置检修阀门。
4 当消防给水管道为环状布置时，消防水泵房应有不少于两条的出水管直接与环状消防给水管网连接。当其中一条出水管关闭时，其余的出水管应仍能通过全部用水量。出水管上应设置试验和检查用的压力表和DN65的放水阀门。当存在超压可能时，出水管上应设置防超压设施。

11.2.4 室内临时高压给水系统应在厂房最高部位设置重力自流的消防水箱。消防水箱应储存10min的消防用水量。当室内消防用水量不超过25L/s时，经计算水箱消防储水量超过12m³时，仍可采用12m³；当室内消防用水量超过25L/s时，经计算水箱消防储水量超过18m³时，仍可采用18m³。

11.2.5 消防水池的容量应满足在火灾延续时间内消防给水量的要求，且应符合下列要求：

1 厂房及用于设备灭火的室内、室外消火栓系统的火灾延续时间应按2.00h计算；水轮发电机水喷雾灭火系统的火灾延续时间应按10min计算；油浸式变压器及其集油坑、电缆室、电缆隧道和电缆竖井等的水喷雾灭火系统的火灾延续时间应按0.40h计算；油罐水喷雾灭火系统的火灾延续时间应按0.50h计算。

泡沫灭火系统和防火分隔水幕的火灾延续时间应按现行国家标准《高倍数、中倍数泡沫灭火系统设计规范》GB 50196、《低倍数泡沫灭火系统设计规范》GB 50151和《自动喷水灭火系统设计规范》GB 50084的有关规定确定。

2 补水量应经计算确定，且补水管的设计流速不应大于2.5m/s。
3 消防水池的补水时间不应超过48h。

4 容量大于 500m³ 的消防水池，应分成两个能独立使用的消防水池。

5 供消防车取水的消防水池应设置取水口或取水井，且吸水高度不应大于 6m；取水口与建筑物（水泵房除外）的距离不应小于 15m，与绝缘油和透平油油罐的距离不应小于 40m。

6 供消防车取水的消防水池的保护半径不应大于 150m。

7 消防用水与生产、生活用水合并的水池，应采取确保消防用水不作他用的技术措施。

8 严寒和寒冷地区的消防水池应采取防冻保护设施。

11.2.6 消防给水系统应有防止杂质堵塞的措施。易受冰冻的取水口、管段和阀门应有防冻措施。

11.3 室内、室外消防给水

11.3.1 室外消火栓用水量应符合下列要求：

1 建筑物的室外消火栓用水量不应小于表 11.3.1 的规定；

表 11.3.1 建筑物的室外消火栓用水量（L/s）

耐火等级	建筑物名称及类别	建筑物体积 V (m³) V≤1500	1500<V≤3000	3000<V≤5000	5000<V≤20000	20000<V≤50000	V>500000
一、二级	主厂房、副厂房、屋内开关站	10	10	10	15	15	20
	厂房外油罐室	15	15	25	25	35	45
	器材库，丁、戊类辅助设备用房	10	10	10	15	15	20

注：室外消火栓用水量应按最大的一座地面建筑物的消防需水量计算。

2 设置自动灭火系统的露天油罐的室外消火栓用水量不应小于 15L/s，未设置自动灭火系统的露天油罐的室外消火栓用水量不应小于 20L/s；

3 室外油浸式变压器的室外消火栓用水量不应小于 10L/s。

11.3.2 室内消火栓用水量应根据同时使用的水枪数量和充实水柱长度经计算确定，不应小于表 11.3.2 的规定。

表 11.3.2 室内消火栓用水量

建筑物名称		高度 h、体积 V	消火栓用水量 (L/s)	同时使用水枪数 (支)	每根竖管最小流量 (L/s)
主厂房、副厂房、屋内开关站	地面	h≤24m、V≤10000m³	5	2	5
		h≤24m、V>10000m³	10	2	10
		24m<h≤50m	15	4	10
		h>50m	20	4	15
	非地面、封闭	—	20	4	15

11.3.3 室外消火栓应沿厂区道路设置，保护半径不应超过 150m，间距应保证设置范围内任何地点均处于两个室外消火栓的保护范围之内。

11.3.4 室内消火栓设置应符合下列要求：

1 室内消火栓的布置应保证有两支水枪的充实水柱同时到达室内任何部位；

2 室内消火栓不应设置在主变压器室、电缆室、电缆廊道或厂内油罐室内，可仅在其出入口附近设置室内消火栓；

3 当发电机层地面至厂房顶的高度大于 18m 时，可只保证 18m 及以下部位有两支水枪充实水柱能同时到达；

4 主厂房内消火栓的间距不宜大于 30m，并应保证每个机组段不少于一个消火栓；

5 高层副厂房、非地面副厂房和封闭副厂房的消火栓间距不应超过 30m，其他副厂房的消火栓间距不应超过 50m；

6 对于室内临时高压给水系统，每个室内消火栓处应设直接启动消防水泵的按钮，并应有保护措施；

7 室内消火栓的充实水柱长度应符合现行国家标准《建筑设计防火规范》GB 50016 的有关规定。

11.3.5 室外消防给水管道的设置应符合下列要求：

1 室外消防给水管网应布置成环状，当室外消防用水量不超过 15L/s 时，可布置成枝状；

2 环状管网的输水干管及向环状管网输水的输水管均不应少于两条，当其中一条发生故障时，其余的干管应仍能满足消防用水总量的要求。

11.3.6 室内消防给水管道的设置应符合下列要求：

1 当室内消火栓超过 10 个且室外消防水量大于 15L/s 时，室内消防给水管道至少应有两条进水管与室外环状管网连接，并应将室内管道连成环状或将进水管与室外管道连成环状。当环状管网的一条进水管发生事故时，其余的进水管应仍能供应全部用水量。

2 室内消火栓给水管网与自动喷水灭火系统、水喷雾灭火系统的管网宜分开设置；如合用管道，应在报警阀或雨淋阀前分开设置。

3 当室内、室外消防管网分开设置时，室内消防管网宜设消防水泵接合器；接合器的数量应按室内消防用水量计算确定，每个接合器的流量可按 10L/s～15L/s 计算。

11.3.7 进厂交通洞的消防给水设计应符合下列要求：

1 在厂房入口处 40m 范围内设置室外消火栓，消火栓的设置应便于消防车取水且不得影响交通；

2 在进厂交通洞两侧设置灭火器，每个设置点不应少于两具，设置间距不应大于 100m。

11.4 自动灭火系统的设置

11.4.1 在水轮发电机定子上下端部线圈圆周长度上的设计喷雾强度不应小于 10L/(min·m)。

11.4.2 当油浸式变压器设置水喷雾灭火系统时，设计喷雾强度应为 20L/(min·m^2)；保护面积应按扣除底面面积的变压器外表面面积及油枕、冷却器的外表面面积和集油坑的投影面积确定。变压器周围集油坑上应采用水雾保护，设计喷雾强度为 6L/(min·m^2)。

11.4.3 当大型电缆室、电缆廊道和电缆竖井设置水喷雾灭火系统时，设计喷雾强度应为 13L/(min·m^2)，分层敷设的电缆的保护面积应按整体包容的最小规则形体的外表面面积确定。

11.4.4 当绝缘油和透平油油罐设置水喷雾灭火系统时，设计喷雾强度应为 13L/(min·m^2)，油罐的保护面积应为储罐顶部和侧面面积之和。

11.4.5 油浸式变压器等电器设备，当采用防火水幕系统隔断时，用水量应按水幕的长度和高度确定，单位长度乘以单位高度上的水量不应小于 10L/(min·m^2)。

11.4.6 水喷雾系统的喷头、配管与电气设备带电部件的距离应满足电气安全距离的要求，管路系统应接地，并应与全厂接地网连接。

11.4.7 水喷雾灭火系统应设有自动控制、手动控制和应急操作三种控制方式。当响应时间大于 60s 时，可采用手动控制和应急操作两种控制方式。

11.5 建筑灭火器、防毒面具及砂箱的设置

11.5.1 灭火器的设置应符合现行国家标准《建筑灭火器配置设计规范》GB 50140 的有关规定。各主要生产场所及设备的火灾类别及危险等级应符合表 11.5.1 的规定。

表 11.5.1 主要生产场所及设备火灾类别及危险等级

序号	配置场所	火灾类别	危险等级
1	主、副厂房	A	轻
2	进厂交通洞	A、B	轻
3	桥式起重机	B、E	轻
4	油浸式变压器室、油浸式电抗器室、油浸式消弧线圈室	B、E	中
5	干式变压器室	E	轻
6	单台设备充油油量>60kg 的配电装置室	B、E	中
7	单台设备充油油量≤60kg 的配电装置室	B、E	轻
8	母线室、母线廊道	B	中
9	中央控制室（含照明夹层）、继电保护盘室、自动和远动装置室、电子计算机房、通信室（楼）	E	中
10	室外油浸式变压器	B、E	中
11	室外干式变压器	E	轻
12	室外开关站的配电装置（有含油电气设备）	E	中

续表 11.5.1

序号	配置场所	火灾类别	危险等级
13	室外开关站的配电装置（无含油电气设备）	E	轻
14	SF$_6$ 封闭式组合电器开关站、SF$_6$ 贮气罐室	E	轻
15	干式电缆室、电缆廊道	E	中
16	充油电缆室、电缆廊道	B、E	中
17	蓄电池室	C	轻
18	贮酸室、套间及其通风机室	C	轻
19	充放电盘室	E	轻
20	柴油发电机室及其储油间	B	中
21	空气压缩机及其贮气罐室	E	轻
22	油压启闭机室	B、E	轻
23	卷扬启闭机室	E	轻
24	绝缘油及透平油的油处理室、油再生室及油罐室	B	中
25	绝缘油及透平油的露天油罐	B	中
26	独立油浸式变压器检修间	B	中
27	厂房内调速器油压装置	B、E	中

11.5.2 防毒面具的设置应符合国家现行有关标准的规定，每个设置点处应不少于两具。

11.5.3 砂箱的设置应符合下列要求：
1 每个设置点处的砂箱不应少于两个；
2 每个砂箱储砂容积不应小于 0.5m^3；
3 每个设置点处应配备消防铲两把；
4 露天设置的砂箱应有防雨措施。

12 防烟排烟、采暖、通风和空气调节

12.1 防烟排烟

12.1.1 经常有人停留的非地面副厂房、封闭副厂房和建筑高度大于 32m 的高层副厂房的下列场所应设置机械加压送风防烟设施：

1 不具备自然排烟条件的防烟楼梯间；
2 不具备自然排烟条件的消防电梯间前室或合用前室；
3 不具备自然排烟条件的消防疏散电梯间前室或合用前室；
4 设置自然排烟设施的防烟楼梯间的不具备自然排烟条件的前室。

12.1.3 下列场所应设置机械排烟设施：

1 非地面厂房、封闭厂房的发电机层及其厂内主变压器搬运道；
2 经常有人停留的非地面副厂房、封闭副厂房的疏散走道；
3 建筑高度大于 32m 的高层副厂房中长度大于 20m 但不具备自然排烟条件的疏散走道。

12.1.4 防烟楼梯间及其前室、消防电梯间前室或合用前室的防烟系统设计应按现行国家标准《建筑设计防火规范》GB 50016 的有关规定执行。

12.1.6 设置机械排烟设施的场所，其排烟量按下列要求确定：

3 疏散走道的排烟量，当担负一个排烟系统时，应按不小于 60m³/(h·m²) 计算；当竖向担负两个或两个以上排烟系统时，应按最大排烟系统不小于 120m³/(h·m²) 计算。

12.1.7 当设置机械排烟系统时，应同时设置补风系统。当设置机械补风系统时，补风量不宜小于排烟量的 50%。

12.1.8 机械排烟系统的设置应符合下列要求：

2 穿越防火分区的排烟管道应在穿越处设置排烟防火阀。

12.1.9 排烟风机可采用离心或轴流排烟风机。在排烟风机入口总管上应设置与风机联锁的排烟防火阀。当该防火阀关闭时，风机应能停止运转。

排烟风机和烟气流经的管道附件，如风阀、柔性接头等，应保证在 280℃ 的温度下连续有效工作不小于 30min。

12.1.10 加压送风机、排烟风机和排烟补风用送风机应在便于操作的地方设置紧急启动按钮，并应具有明显的标志和防止误操作的保护装置。

12.1.11 防烟与排烟系统的管道、风口及阀门等必须采用不燃材料制作。排烟管道应采取隔热防火措施或与可燃物保持不小于 0.15m 的距离。

12.2 采暖

12.2.1 所有工作场所严禁采用明火采暖，防酸隔爆式蓄电池室、酸室、油罐室、油处理室严禁使用敞开式电热器采暖。

12.2.2 主厂房采用发电机放热风采暖时，发电机放热风口和补风口处应设置防火阀。

12.3 通风和空气调节

12.3.1 空气调节系统的电加热器应符合下列要求：

1 电加热器应与送风机电气联锁，并应设无风断电、超温断电保护装置；

2 电加热器的金属风管应接地；

3 电加热器前后两端各 0.8m 范围内的风管及其绝热层应为不燃材料。

12.3.2 防酸隔爆式蓄电池室、酸室、油罐室、油处理室、厂内油浸式变压器室等房间应符合下列要求：

1 防酸隔爆式蓄电池室、酸室、油罐室、油处理室、厂内油浸式变压器室等房间应设专用的通风、空气调节系统，室内空气不允许再循环；

2 排风应直接排至厂外，地下厂房的排风可排至主排风道，且应符合本规范第 12.3.5 条的要求；

4 通风机及其电动机应为防爆型，并应直接连接；当送风机设在单独隔开的通风、空气调节机房内且送风干管上设有止回阀时，送风机及其电动机可采用普通型；

5 通风系统的设备和风管均应采取防静电接地措施（包括法兰跨接），不应采用容易积聚静电的绝缘材料制作；

6 通风管不宜穿过其他房间。如必须穿过时，应采用密实焊接、不燃材料制作的通过式风管。通过式风管穿过房间的防火墙、隔墙和楼板处的空隙，应采用与所通过房间相同耐火等级的防火材料封堵。

12.3.4 通风、空气调节系统的风管不宜穿越防火墙、防火隔墙。如必须穿越时，应在穿越处设置防火阀。穿越防火墙、防火隔墙两侧各 2m 范围内的风管、绝热材料应采用不燃材料，穿越处的空隙应采用和墙体耐火极限相同的不燃材料封堵。

当通风道为混凝土或砖砌风道时可不设防火阀，但其侧壁上的孔口宜设防火阀。

12.3.6 通风、空气调节系统的风管应采用不燃材料制作；通风、空气调节系统的设备和风管、水管的绝热、消声、加湿材料及其粘结剂宜采用不燃材料，当确有困难时，可采用难燃材料；防酸隔爆式蓄电池室、酸室的风管和柔性接头可采用难燃材料。

13 电 气

13.1 消防供电

13.1.1 消防用电设备的电源应按二级负荷供电。

13.1.2 消防用电设备的供电应在配电线路的最末一级配电装置处设置双电源自动切换装置。当发生火灾时，仍应保证消防用电。消防配电设备应有明显标志。

13.1.3 消防应急照明、疏散指示标志可采用直流电源、EPS电源或应急灯自带蓄电池作备用电源，其连续供电时间不应少于 30min。

13.1.4 消防用电设备的配电线路应穿管保护。当暗敷时应敷设在非燃烧体结构内，保护层厚度不应小于 30mm，明敷时必须穿金属管，并采取防火保护措施。当采用耐火电缆时，可不采取防火保护措施。

13.2 消防应急照明、疏散指示标志和灯具

13.2.1 室内主要疏散通道、楼梯间、消防（疏散）电梯、安全出口处和厂房内重要部位，均应设置消防应急照明及疏散指示标志。

13.2.2 在主要通道地面上用于人员疏散的消防应急照明的最低照度不应低于 1.0Lx。

13.2.4 建筑物内设置的疏散指示标志和应急照明灯具除应符合本规范的规定外，还应符合现行国家标准《消防安全标志》GB 13495 和《消防应急照明和疏散指示系统》GB 17945 的有关规定。

13.3 火灾自动报警系统

13.3.1 大、中型水电工程应设置火灾自动报警系统，宜采用集中报警系统。

13.3.2 火灾报警区域应按防火分区或机组划分。一个报警区域宜由一个或同层相邻的几个防火分区组成，或由一台或几台机组的主厂房、副厂房各层组成，大坝宜为一个报警区域。船闸、升船机宜按闸首划分报警区域。

13.3.3 下列场所应设置火灾探测器：

1 中央控制室、继电保护盘室、辅助盘室、配电盘室（洞）、配电装置室（洞）；

2 计算机房、通信设备室、蓄电池室和办公室；

3 单机容量为25MW及以上的立式水轮发电机风罩内；

4 单机容量为25MW及以上的贯流式水轮发电机内；

5 设置在室内和地下的油浸式变压器室，设置在屋外装有固定式自动灭火系统的油浸式变压器；

6 设置在室内和地下的110kV及以上敞开式开关站；

7 电缆室（夹层）、大型电缆通道（廊道）和大型电缆竖（斜）井；

8 油罐室、油处理室、柴油发电机室；

9 防烟楼梯间前室、消防（疏散）电梯前室及合用前室；

10 电梯机房；

11 主厂房水轮机层、出线层；

12 大坝的启闭机室、油泵房、集中控制室；

13 船闸和升船机的启闭机室、油泵房、集中控制室；

13.3.5 应根据水电工程安装部位的特点选用不同类型的火灾探测器。对油浸式主变压器和水轮发电机，应选用抗工频电磁场的火灾探测器。

13.3.6 火灾自动报警系统应设有主电源和直流备用电源。

13.3.7 火灾自动报警系统应接入水电工程公共接地网，并用专用接地干线引至接地网。专用接地干线应采用截面积不小于 $25mm^2$ 的铜导体。

13.3.8 消防专用电话可与水电工程调度电话合用，功能及布线应满足消防专用电话要求。

13.3.9 消防水泵、防烟和排烟风机的控制设备，当采用总线编码模块控制时，应在中控室设置手动直接控制装置，或所选用的火灾报警控制器应具有满足手动直接控制的功能。

13.3.10 大、中型水电工程应设置火灾应急广播。

64.《地热电站设计规范》GB 50791—2013

5 站址总体规划

5.2 总平面布置

5.2.6 地热电站站区建（构）筑物的布置应符合以下规定：
 1 各生产建筑物在生产过程中的火灾危险性及其最低耐火等级应按现行国家标准《小型火力发电厂设计规范》GB 50049 的有关规定执行；
 2 建（构）筑物的间距应按现行国家标准《小型火力发电厂设计规范》GB 50049 的有关规定执行。

5.3 竖向布置

5.3.1 站区竖向布置的形式和设计标高应符合现行国家标准《小型火力发电厂设计规范》GB 50049 的有关规定。

15 采暖通风与空气调节

15.1 一般规定

15.1.7 通风与空气调节设计应按现行国家标准《火力发电厂与变电所设计防火规范》GB 50229 及国家其他现行防火规范的有关规定设置防火排烟设施，并与消防系统连锁。
15.1.8 输送、储存或生产过程中产生易燃易爆气体或物料的建筑物，严禁采用明火采暖。

16 建筑与结构

16.1 一般规定

16.1.2 设计中应贯彻节约用地、建筑节能等国家政策，综合采取防火、抗震、防爆、防洪和防雷击等防灾措施，合理解决房屋内部交通、防腐蚀、防潮、防噪声、隔振、保温、隔热、日照、采光、自然通风和生活设施等问题，做到安全适用、技术先进、经济合理，并满足可持续发展的要求。
16.1.3 地热电站内各建筑物的防火设计应符合现行国家标准《建筑设计防火规范》GB 50016 的有关规定
16.1.4 建筑室内装修设计应符合现行国家标准《建筑内部装修设计防火规范》GB 50222 的有关规定。
16.1.10 在有防火、防爆和跌落危险的重点区域，应采取安全防护措施。

16.2 防火防爆

16.2.1 地热电站内各建（构）筑物在生产过程中的火灾危险性、耐火等级、允许层数和每个防火分区的最大允许建筑面积，应符合现行国家标准《建筑设计防火规范》GB 50016 的有关规定。
16.2.6 变压器室、配电装置室、蓄电池室、电缆夹层、电缆竖井的门应向疏散方向开启，并应采用乙级防火门。

16.4 建筑构造

16.4.13 室内装修应考虑防火、防尘、吸声、保温隔热等的要求。

18 劳动安全与职业卫生

18.2 劳动安全

18.2.3 地热电站的生产车间、作业场所、辅助建筑、附属建筑、生活建筑和易爆、易燃的危险场所以及地下建筑物应设计防火分区、防火隔断、防火间距、安全疏散和消防通道。

19 消防

19.1 一般规定

19.1.2 地热电站必须设有消防给水系统，并配置灭火器。
19.1.3 地热电站建（构）筑物及工艺系统消防设计应按现行国家标准《火力发电厂与变电站设计防火规范》GB 50229 的有关要求执行，同时尚应符合现行国家标准《建筑设计防火规范》GB 50016 的有关规定。
19.1.4 设有消防车的地热电站，应设置消防车库。

19.2 消防给水

19.2.3 消防水池的容量应满足在火灾延续时间内室内外消防用水总量的需要。当与生活或工业水池合并时，应有确保消防用水的可靠措施。
19.2.5 在主厂房区周围，应设环状消防水管网。进环状管网的输水管，不应少于两条。当其中一条发生故障时，其余输水管应能通过100%的消防水总量。
19.2.6 地热电站应在主厂房、生产行政办公楼内设置室内消火栓。其余建筑物的室内消火栓设置，应按现行的有关国家防火标准和规范执行。

19.3 消防水泵房

19.3.1 消防水泵应有备用泵，其出力不应小于最大一台消防主泵的出力。
19.3.2 消防水泵宜采用正压进水方式。一组消防水泵的吸水管不应少于两条，当其中一条损坏时，其余吸水管应仍能通过全部用水量。
19.3.3 消防水泵应有不少于两条的出水管直接与环状管网连接，当其中一条检修时，其余出水管应能供应全部用水量。
19.3.4 消防水泵应有防止结冰的措施。

65.《光伏发电站施工规范》GB 50794—2012

5 安 装 工 程

5.5 逆变器安装

5.5.5 电缆接引完毕后,逆变器本体的预留孔洞及电缆管口应进行防火封堵。

6 设备和系统调试

6.5 二次系统调试

6.5.7 二次系统安全防护调试应符合下列要求:
　　1 二次系统安全防护应主要由站控层物理隔离装置和防火墙构成,应能够实现自动化系统网络安全防护功能。

7 消 防 工 程

7.1 一 般 规 定

7.1.1 消防工程应由具备相应等级的消防设施工程施工资质的单位承担,项目负责人及其主要的技术负责人应具备相应的管理或技术等级资格。

7.1.2 消防工程施工前应具备下列条件:
　　1 施工图纸应报当地消防部门审查通过。
　　2 工程中使用的消防设备和器材的生产厂家应通过相关部门认证。设备和器材的合格证及检测报告应齐全,且通过设备、材料报验工作。

7.1.3 消防部门验收前,建设单位应组织施工、监理、设计和使用单位进行消防自验;安装调试完工后,应由当地专业消防检测单位进行检测并出具相应检测报告。

7.2 火灾自动报警系统

7.2.1 火灾自动报警系统施工应符合现行国家标准《火灾自动报警系统施工及验收规范》GB 50166 的相关规定。

7.2.2 火灾报警系统的布管和穿线工作,应与土建施工密切配合。

7.2.3 火灾自动报警系统调试,应先分别对探测器、区域报警控制器、集中报警控制器、火灾报警装置和消防控制设备等逐个进行单机通电检查,正常后方可进行系统调试。

7.2.4 火灾自动报警系统通电后,应按照现行国家标准《火灾报警控制器》GB 4717 的相关规定进行检测,对报警控制器主要应进行下列功能检查:
　　1 火灾报警自检功能应完好。
　　2 消音、复位功能应完好。
　　3 故障报警功能应完好。
　　4 火灾优先功能应完好。
　　5 报警记忆功能应完好。
　　6 电源自动转换和备用电源的自动充电功能应完好。
　　7 备用电源的欠压和过压报警功能应完好。

7.2.5 在火灾自动报警系统与照明回路有联动功能时,联动功能应正常、可靠。

7.2.6 火灾自动报警系统竣工时,施工单位应根据当地消防部门的要求提供必要的竣工资料。

7.3 灭 火 系 统

7.3.1 消火栓系统的施工应符合现行国家标准《建筑给水排水及采暖工程施工质量验收规范》GB 50242 的相关规定,其灭火系统的施工还应符合下列规定:
　　1 消防水池、消防水箱的施工应符合现行国家标准《给水排水构筑物工程施工及验收规范》GB 50141 的相关规定和设计要求。
　　2 消防水泵、消防气压给水设备、水泵接合器应经国家消防产品质量监督检验中心检测合格,并应有产品出厂检测报告或中文产品合格证及完整的安装使用说明。
　　3 消防水泵、消防水箱、消防水池、消防气压给水设备、消防水泵接合器等供水设施及其附属管道的安装,应清除其内部污垢和杂物。安装中断时,其敞口处应封闭。
　　4 消防供水设施应采取安全可靠的防护措施,其安装位置应便于日常操作和维护管理。
　　5 消防供水管直接与市政供水管、生活供水管连接时,连接处应安装倒流防止器。
　　6 供水设施安装时,环境温度不应低于5℃;当环境温度低于5℃时,应采取防冻措施。
　　7 消防水池和消防水箱的满水试验或水压试验应符合设计要求。
　　8 消火栓水泵接合器的各项安装尺寸,应符合设计要求;接口安装高度允许偏差为20mm。

7.3.2 气体灭火系统的施工应符合现行国家标准《气体灭火系统施工及验收规范》GB 50263 的相关规定。

7.3.3 自动喷水灭火系统的施工应符合现行国家标准《自动喷水灭火系统施工及验收规范》GB 50261 的相关规定。

7.3.4 泡沫灭火系统的施工应符合现行国家标准《泡沫灭火系统施工及验收规范》GB 50281 的相关规定。

9 安全和职业健康

9.5 应 急 处 理

9.5.1 在光伏发电站开工前,应根据项目特点编制防触电、防火等应急预案。

66.《小型水力发电站设计规范》GB 50071—2014

1 总 则

1.0.2 本规范适用于新建、扩建和改建的装机容量为0.5MW~50MW的小型水电站(以下简称电站)设计。

7 电 气

7.5 照 明

7.5.1 电站正常照明和应急照明的供电网络应分开设置。正常照明应由厂用电系统供电。当交流电源全部消失后,应急照明可由蓄电池组或其他电源供电。

7.5.2 正常照明发生故障中断后仍需继续工作的场所和主要通道应装设应急照明。室外配电装置可不装设应急照明。

7.5.3 电站正常照明和应急照明最低的照度标准及照明安全措施应按现行行业标准《水力发电厂照明设计规范》DL/T 5140的规定执行。

7.7 电缆选型及敷设

7.7.1 电力电缆宜选用阻燃电缆。高压电力电缆宜选用阻燃交联聚乙烯绝缘电力电缆。易受机械损伤的场所应采用阻燃铠装电缆。

7.7.2 控制电缆应采用铜芯全塑阻燃电缆。有抗电磁干扰要求时,应采用屏蔽阻燃电缆。

7.7.5 电缆竖井的上、下两端以及电缆穿越墙体、屏柜和楼板等孔洞处,应采用非燃烧材料封堵。

7.12 视频监控系统

7.12.1 电站宜设置视频监控系统。监控点应根据生产运行、消防监控和必要的安全警卫需要确定。

9 消 防

9.0.1 电站应按现行国家标准《建筑设计防火规范》GB 50016及《水利水电工程设计防火规范》GB 50872的规定,划分建筑物、构筑物的火灾危险性分类及耐火等级。

9.0.2 厂区内消防车道宽不应小于4.0m,并宜与厂内交通道路合用。尽头式消防车道应设置回车场。

9.0.3 电站防火分区的最大允许面积应根据建筑火灾危险性分类和耐火等级确定。

9.0.4 电站厂房的安全疏散出口不应少于两个。当副厂房每层建筑面积不超过800m²,且同时值班人数不超过15人时,可设一个。发电机层及以下各层,室内最远工作地点到该层最近的安全疏散出口的距离不应超过60m。

9.0.5 单台油容量超过1000kg的油浸主变压器及其他充油设备应设100%贮油坑,或20%贮油坑和公共贮油池。

9.0.6 电力电缆及控制电缆应分层敷设。分层敷设的电缆层间应采用耐火极限不小于0.5h的隔板分隔。

9.0.7 电缆隧道及沟道应采取封堵和分隔措施。

9.0.8 单机容量不小于12.5MV·A的水轮发电机组和单台容量不小于12.5MV·A的室内油浸主变压器,应设置水喷雾等自动灭火系统。

9.0.9 厂房应设排烟设施,并应与厂内通风系统结合。

9.0.10 厂区消防给水水源可采用天然水源自流、专用消防水池、消防水泵取水等,消防给水可与生活、生产供水系统合并。供水水质、水压、水量应满足消防给水的要求。

9.0.11 主厂房、副厂房及油罐室应设置消火栓。耐火等级为一级、二级,可燃物较少且建筑体积不超过3000m³的丁类、戊类建筑物可不设室内、室外消防给水。

9.0.12 消防设备应按二级负荷供电,并采用单独的供电回路。

9.0.13 厂房的疏散通道、楼梯间、出口、消防水泵房等部位应设置应急照明及疏散指示标志。

9.0.14 消防控制设备应设在中央控制室内。采用消防水泵供水时,宜在消火栓箱中设置消防水泵启动装置。

9.0.16 电站应按现行国家标准《建筑灭火器配置设计规范》GB 50140的规定,配置灭火器等消防器材。

10 施工组织设计

10.6 施工工厂设施

10.6.1 施工工厂布置应符合下列要求:
 4 应满足防火、安全、卫生和环境保护要求。

67.《小型水电站技术改造规范》GB/T 50700—2011

5 改造内容与要求

5.5 发电机及其他电气设备

5.5.9 小型水电站应配备事故照明。

5.7 暖通与消防

5.7.2 小型水电站的消防,应符合现行行业标准《水利水电工程设计防火规范》SDJ 278 的有关规定,并应完备各项消防设施及火灾自动报警系统。

5.7.3 可能危及人身安全的场所应设有明显的安全标志和防护设施。

5.7.4 配电装置室长度大于7m,且只有一个出口时,应增设安全疏散出口。

5.7.5 机组旋转部分应采取安全防护措施,并应设置明显的安全警示标志。

68.《小型水电站安全检测与评价规范》GB/T 50876—2013

5 水轮机及其附属设备和电站辅助设备

5.4 电站辅助设备

5.4.1 电站辅助设备应包括：油、气、水系统以及起重设备、压力容器、暖通与消防设备。

69.《风电场设计防火规范》NB 31089—2016

1 总 则

1.0.2 本规范适用于新建、改建和扩建的陆上风电场。

1.0.4 风电场防火设计应以预防为主、防消结合、立足自救为原则,在加强火灾监测报警的基础上,统筹考虑风电场内风电机组机舱与塔架、机组变压器、电缆、主变压器、配电装置室、中控室、继电保护室、直流盘室、蓄电池室、档案室及各类仓库等防火重点部位的消防措施。

2 术 语

2.0.1 生产建筑 production building

升压站内,完成供配电、变电功能的工艺设备房。

2.0.2 办公生活建筑 office and life building

升压站内,服务于风电场运行管理的建筑。

2.0.3 风电机组 wind turbine generator

由风轮机叶片、机舱、塔架及控制系统组成的连续将风能转换成电能的装置。

2.0.4 机舱 nacelle

以塔架为支撑的由机舱罩围成的封闭空间。内有主轴总成、润滑散热系统、齿轮箱、刹车系统、联轴器、发电机、提升机、风向标、风速仪、偏航轴承、偏航驱动、机舱底座、照明系统、传输电缆、控制柜等部件。

2.0.5 塔架 tower

支撑风轮机叶片和机舱的结构,一般为中空圆柱形,内有爬梯、照明系统和传输电缆。

3 风电机组及机组变压器

3.0.1 材料的使用应符合以下规定:

1 液压系统及润滑系统应采用不易燃烧或者燃点(闪点)高于风电机组运行温度的油品。

2 风电机组内的易燃物,应加防火防护层并使其尽可能远离火源。

3 风电机组应选择具有阻燃性或低烟、低毒、耐腐蚀的阻燃电缆。

3.0.2 火灾探测及灭火系统的配置应符合以下规定:

1 风电机组的机舱及机舱平台底板下部、塔架及竖向电缆桥架、塔架底部设备层、各类电气柜应设置火灾自动探测报警系统。

3 风电机组的机舱及机舱平台底板下部、轮毂、塔架底部设备层、各类电气柜应配置自动灭火装置。

4 自动灭火装置应带有报警及联动触点,并传输报警信号至监控系统。

5 火灾探测报警器和灭火装置应考虑机组特点以及内部环境因素,如温度、湿度、振动、灰尘等。灭火剂应根据易燃物的类型选择。

6 风电机组机舱和塔架底部应各配置不少于2具手提式灭火器。

3.0.3 机组变压器的配置应符合以下规定:

1 布置在塔架内的机组变压器宜采用干式变压器,应布置于独立的隔离室内,设置耐火隔板,并应配置自动灭火装置。耐火隔板的耐火极限不小于1.00h。

2 布置在机舱内的机组变压器宜采用干式变压器,设置耐火隔板,并应配置自动灭火装置。耐火隔板的耐火极限不小于1.00h。

3 塔架外独立布置的机组变压器与塔架之间的距离不应小于10m。当距离不能满足时,应选用干式变压器。对于贴挂在塔架外壁上的机组变压器,应选用干式变压器并配置自动灭火装置。

3.0.4 风电机组与机组变压器单元之间及风电机组内的电缆应采用阻燃电缆,电缆穿越的孔洞应用耐火极限不低于1.00h的不燃材料进行封堵。

4 集电线路

4.0.1 风电场架空线路,不应跨越储存易燃、易爆危险品的仓库区域。架空线路与甲类厂房、库房,易燃材料堆垛,甲、乙类液体储罐,液化石油气储罐,可燃、助燃气体储罐的最近水平距离不应小于电杆(塔)高度的1.5倍;架空线路与丙类液体储罐的最近水平距离不应小于电杆(塔)高度的1.2倍。35kV以上的架空线路与储量超过200m³或总容积超过1000m³的液化石油气单罐的最近水平距离不应小于40m。

5 升 压 站

5.1 建 筑 消 防

Ⅰ 建(构)筑物的火灾危险性分类及其耐火性能

5.1.1 升压站内建(构)筑物的火灾危险性分类及其耐火等级应符合表5.1.1的规定。

表5.1.1 升压站内建(构)筑物的火灾危险性分类及其耐火等级

建(构)筑物名称	火灾危险性分类	耐火等级
中控室、通信室	戊	二级
继电保护室(包括蓄电池室、直流盘室)	戊	二级
电缆夹层、电缆隧道	丙	二级

续表5.1.1

建（构）筑物名称		火灾危险性分类	耐火等级
配电装置楼（室）	单台设备油量60kg以上	丙	二级
	单台设备油量60kg及以下	丁	二级
	无含油电气设备	戊	二级
屋外配电装置	单台设备油量60kg以上	丙	二级
	单台设备油量60kg及以下	丁	二级
	无含油电气设备	戊	二级
油浸变压器室		丙	一级
干式变压器室		丁	二级
电容器室（有可燃介质）		丙	二级
干式电容器室		丁	二级
油浸电抗器室		丙	二级
干式铁芯电抗器室		丁	二级
总事故储油池		丙	一级
生活、消防水泵房，水处理室，消防水池		戊	二级
雨淋阀室，泡沫设备室		戊	二级
污水、雨水泵房		戊	二级
材料库、工具间	有可燃物	丙	二级
	无可燃物	戊	二级
锅炉房		丁	二级
柴油发电机室及其储油间		丙	二级
汽车库，检修间		丁	二级
办公室、警传室		—	二级
宿舍，厨房，餐厅		—	二级

注：1 将户内升压站不同使用用途的变配电部分布置在一幢建筑物或联合建筑物内时，则其建筑物的火灾危险性分类及其耐火等级除另有防火隔离措施外，需按火灾危险性类别高者选用。
   2 当电缆夹层采用A类阻燃电缆时，其火灾危险性可为丁类。
   3 生产和存储物品的火灾危险性分类，应符合本规范附录A的有关规定。

5.1.2 建（构）筑物的燃烧性能和耐火极限，除本规范另有规定外，不同耐火等级的建（构）筑物，其构件的燃烧性能和耐火极限不应低于表5.1.2的规定。

表5.1.2 建（构）筑物建筑构件的燃烧性能和耐火极限

构件名称		耐火极限（h）	
		一级	二级
墙	防火墙	不燃性3.00	不燃性3.00
	承重墙	不燃性3.00	不燃性2.50
	楼梯间和电梯井的墙	不燃性2.00	不燃性2.00
	疏散走道两侧的隔墙	不燃性1.00	不燃性1.00
	非承重外墙	不燃性1.00	不燃性1.00
	房间隔墙	不燃性0.75	不燃性0.50
柱		不燃性3.00	不燃性2.50
梁		不燃性2.00	不燃性1.50
楼板		不燃性1.50	不燃性1.00
屋顶承重构件		不燃性1.50	不燃性1.00
疏散楼梯		不燃性1.50	不燃性1.00
吊顶（包括吊顶搁栅）		不燃性0.25	难燃性0.25

注：二级耐火等级建筑的吊顶采用不燃性材料时，其耐火极限不限。

5.1.3 一、二级耐火等级的单层建筑的柱，其耐火极限可按本规范表5.1.2的规定降低0.50h。

5.1.4 一、二级耐火等级建筑的上人平屋顶，其屋面板的耐火极限分别不应低于1.50h和1.00h。

5.1.5 预制钢筋混凝土构件的节点外露部位，应采取防火保护措施，且该节点的耐火极限不应低于相应构件的规定。

Ⅱ 建（构）筑物及设备的防火间距、防火分区与防火分隔

5.1.6 升压站内的建（构）筑物与升压站外的民用建筑及各类厂房、库房、堆场、储罐之间的防火间距应符合表5.1.6-1和表5.1.6-2的规定。

表5.1.6-1 升压站内建（构）筑物与站外建筑的防火间距（m）

名称		甲类厂房	甲类库房	单层、多层乙类厂房（仓库）	单层、多层丙、丁、戊类厂房（仓库）			丙、丁、戊类高层厂房（仓库）	单、多层民用建筑		
					耐火等级				耐火等级		
					一、二级	三级	四级		一、二级	三级	四级
户外站主变压器油量（t）	≥5,≤10	25	40	25	12	15	20	12	15	20	25
	>10,≤50				15	20	25	15	20	25	30
	>50				20	25	30	20	25	30	35

注：1 建筑之间的防火间距应按相邻建筑外墙的最近距离计算，如外墙有凸出的燃烧构件，应从其凸出部分外缘算起。
   2 变压器与建筑之间的防火间距应从距建筑最近的变压器外壁算起。主变压器其油量按单台确定。
   3 耐火等级低于四级的原有厂房，其耐火等级应按四级确定。
   4 站内外相邻两座建筑较高一面的外墙为防火墙时，其防火间距可适当减小，但不应小于4m。当相邻较低一面外墙为防火墙且较低一座建筑的屋顶耐火极限不低于1.00h，或相邻较高一面外墙的门窗等开口部位设置甲级防火窗时，其间的防火间距不应小于6.0m。

表 5.1.6-2 升压站内建（构）筑物与站外堆场、储罐之间防火间距（m）

项目			升压站建（构）筑物	项目		升压站建（构）筑物
甲、乙类液体	一个罐区或堆场的总储量 V (m³)	1≤V<50	30	湿式可燃气体储罐的总容积 V (m³)	V<1000	20
		50≤V<200	35		1000≤V<10000	25
		200≤V<1000	40		100000≤V<50000	30
		1000≤V<5000	50		50000≤V<100000	35
丙类液体		5≤V<250	24	湿式氧化储罐的总容积 V (m³)	V≤1000	20
		250≤V<1000	28		1000≤V<50000	25
		1000≤V<5000	32		V>50000	30
		5000≤V<25000	40	液化石油气储罐	V_1≤20	30<V_2≤50	45
露天、半露天可燃材料堆场	粮食席穴囤	10≤m<20000	20		V_1≤50	50<V_2≤200	50
	粮食土圆仓	500≤m<20000	15		V_1≤100	200<V_2≤500	55
	棉麻毛化纤百货	100≤m<5000	20		V_1≤200	500<V_2≤1000	60
	稻草、芦苇废纸等	m>10	50		V_1≤400	1000<V_2≤2500	70
	木材等	V>50	10~20		V_1≤1000	2500<V_2≤5000	80
	煤和焦炭等	m>100	25		V_1>1000	5000<V_2≤10000	120

注：1 表中 m 表示质量，单位为 t；V 表示体积，单位为 m³。
  2 当甲、乙类液体和丙类液体储罐布置在同一储罐区时，其总储量可按 1m³ 甲、乙类液体相当于 5m³ 丙类液体折算。
  3 液化石油气储罐为全压式和半冷冻式储罐（区），其指标中 V_1 为单罐容积，V_2 为总容积，防火间距应按较大者确定。
  4 对于密度比空气大的干式可燃气体，应按本表规定增加 25%。
  5 液氧与气态氧的换算关系：1m³ 液氧折合标准状态下 800m³ 气态氧。
  6 防火间距应从距建筑物最近的储罐、堆垛外缘算起。

5.1.7 升压站内各建（构）筑物及设备的防火间距不应小于表 5.1.7 的规定。

表 5.1.7 升压站内建（构）筑物及设备的防火间距（m）

建（构）筑物名称			丙、丁、戊类生产建筑		屋外配电装置	可燃介质电容器（室、棚）	总事故储油池	办公生活建筑	
			耐火等级		每组断路器油量（t）			耐火等级	
			一、二级	三级	<1			一、二级	三级
丙、丁、戊类生产建筑	耐火等级	一、二级	10	12	10	10	5	10	12
		三级	12	14	10	10	5	12	14
屋外配电装置	每组断路器油量（t）	<1	—	—		10	5	10	12
油浸变压器和电抗器	单台设备油量（t）	5~10	10		本规范另行规定	10	5	15	20
		>10~50						20	25
		>50						25	30
可燃介质电容器（室、棚）			10	10			5	15	20
总事故储油池			5	5	5		—	10	12

续表5.1.7

建（构）筑物名称			丙、丁、戊类生产建筑		屋外配电装置 每组断路器油量（t）	可燃介质电容器（室、棚）	总事故储油池	办公生活建筑	
			耐火等级					耐火等级	
			一、二级	三级	<1			一、二级	三级
办公生活建筑	耐火等级	一、二级	10	12	10	15	10	6	7
		三级	12	14	12	20	12	7	8

注：1 建（构）筑物防火间距应按相邻两建（构）筑物外墙的最近距离计算，如外墙有凸出的燃烧构件时，则应从其凸出部分外缘算起。
2 相邻两座建筑两面的外墙为非燃烧体且无门窗洞口、无外露的燃烧屋檐，其防火间距可按本表规定减少25%。
3 相邻两座建筑较高一面的外墙如为防火墙时，其防火间距可不限。
4 生产建（构）筑物侧墙外5m以内布置油浸变压器或可燃介质电容器等电气设备时，该墙在设备总高度加3m的水平线以下及设备外廓两侧各3m的范围内，不应设有门窗、洞口；建筑物外墙距设备外廓5m～10m时，在上述范围内的外墙可设甲级防火门，设备高度以上可设防火窗，其耐火极限不应小于0.90h。
5 屋外配电装置与其他建（构）筑物的间距，除注明者外，均以架构计算。
6 生产建筑和办公生活建筑宜各自单独设置，若场地受限或其他原因生产建筑和办公生活建筑需相邻设置时，两幢建筑之间应设置防火墙，防火墙上若需设门，需采用能自动关闭的甲级防火门。两幢建筑均需按独立的防火分区设置出入口，两侧建筑物门窗之间的净距不应小于5m。
7 设置带油电气设备的建（构）筑物与贴邻或靠近该建（构）筑物的其他建（构）筑物之间应设置防火墙。

5.1.8 升压站建筑物按其性质和功能划分防火分区，相同性质的建筑物按其最大允许建筑面积确定防火分区面积，生产建筑应符合表5.1.8-1的规定，办公生活建筑应符合表5.1.8-2的规定。

表5.1.8-1 生产建筑防火分区的最大允许建筑面积

危险类别	建筑物的耐火等级	最多允许层数	防火分区的最大允许建筑面积（m²）		
			单层	多层	高层
丙	一级	不限	不限	6000	3000
	二级	不限	8000	4000	2000
	三级	2层	3000	2000	—
丁	一级、二级	不限	不限	不限	4000
	三级	3层	4000	2000	—
戊	一级、二级	不限	不限	不限	6000
	三级	3层	5000	3000	—

注：1 防火分区之间应采用防火墙分隔。
2 本表中"—"表示不允许。
3 设置自动灭火系统时，每个防火分区的最大允许建筑面积可按本表的规定增加1.0倍。局部设置自动灭火系统时，其防火分区增加面积可按该局部面积的1.0倍计算。当危险类别为丁、戊类的地上建筑内设置自动灭火系统时，每个防火分区的最大允许建筑面积不限。

表5.1.8-2 办公生活建筑防火分区的最大允许建筑面积

建筑物的耐火等级	允许建筑高度或层数	防火分区的最大允许建筑面积（m²）
一级、二级	建筑高度小于等于24m，或虽高度大于24m，但建筑只有一层	2500
三级	5层	1200

续表5.1.8-2

建筑物的耐火等级	允许建筑高度或层数	防火分区的最大允许建筑面积（m²）
地下、半地下	—	500

注：1 防火分区之间应采用防火墙分隔。
2 设置自动灭火系统时，每个防火分区的最大允许建筑面积可按本表的规定增加1.0倍。局部设置自动灭火系统时，其防火分区增加面积可按该局部面积的1.0倍计算。
3 当多层建筑物内设置敞开楼梯、中庭等上下层相连通的开口时，其防火分区面积应按上下层相连通的面积叠加计算；当其建筑面积之和大于本表的规定时，应划分防火分区。

5.1.9 升压站建筑物的防火分隔措施应主要考虑以下几方面：

1 油浸变压器室应设于首层靠外墙部位，变压器室的门应直通室外；外墙开口部位的上方应设置宽度不小于1m的不燃性防火挑檐或高度不小于1.2m的窗槛墙；变压器室与其他部位之间应采用耐火极限不低于2.00h的不燃性隔墙和1.50h的不燃性楼板隔开。在隔墙和楼板上不应开设洞口，当必须在隔墙上开设门窗时，应设置甲级防火门窗。

2 汽车库、修车库贴邻其他建筑时，应采用防火墙隔开。设在其他建筑内的汽车库、修车库与其他部分应采用防火墙和耐火极限不低于2.00h的不燃性楼板分隔。汽车库、修车库的外墙门、窗、洞口的上方应设不燃性防火挑檐。外墙的上下窗间墙高度不应小于1.2m。防火挑檐的宽度不应小于1m，耐火极限不应低于1.00h。汽车库内设置修理车位时，停车部位与修车部位之间应采用防火墙和耐火极限不低于2.00h的不燃性楼板分隔。

3 办公生活建筑内设置厨房时，隔墙应采用耐火极限不小于2.00h的不燃性材料，隔墙上的门窗应为乙级防火门窗，位置应远离辅助生产用房。厨房上层有其他用房时，其外墙开口上方应设宽度不小于1m的防火挑檐。

4 柴油发电机房宜布置在建筑的首层及地下一层，应采用耐火极限不低于2.00h的不燃性隔墙和1.50h的不燃性楼板与其他部位隔开，门应采用甲级防火门；机房内应设置储油间时，其总储存量不应大于1m³，储油间的油箱应密闭且应设置通向室外的通气管，通气管应设置带阻火器的呼吸阀。油箱的下部应设置防止油品流散的设施，且储油间应采用防火墙与发电机间隔开。当必须在防火墙上开门时，应设置甲级防火门。

5 在丙类生产建筑内设置办公室、休息室时，应采用耐火极限不低于2.50h的防火隔墙和1.00h的楼板与工艺设备房隔开，并应至少设置1个独立的安全出口。如隔墙上需开设相互连通的门时，应采用乙级防火门。

6 生产建筑内设置丙类仓库时，应采用防火墙和耐火极限不低于1.50h的楼板与之隔开，设置丁、戊类仓库时，应采用耐火极限不低于2.50h的不燃性隔墙和1.00h的楼板与之隔开。

7 电缆从室外进入室内的入口处、电缆竖井的出入口处、电缆接头处、主控制室与电缆层之间以及长度超过100m的电缆沟或电缆隧道等其他类似情况，应采取防止电缆火灾蔓延的阻燃及分隔措施。

8 设置在建筑内的消防控制室、灭火设备室、消防水泵房和通风空气调节机房、变配电室等，应采用耐火极限不低于2.00h的防火隔墙和1.50h楼板与其他部位隔开。隔墙上的门，通风、空气调节机房和变配电室的门应采用甲级防火门，其余应采用乙级防火门。

Ⅲ 安 全 疏 散

5.1.10 建筑安全出口应分散布置。每个防火分区、一个防火分区的每个楼层，其相邻两个安全出口边缘之间的水平距离不应小于5m。

5.1.11 每个防火分区、一个防火分区内的每个楼层，其安全出口的数量应经计算确定，且不应少于2个。当符合下列条件时，可设置1个安全出口：

1 丙类生产建筑，每层建筑面积小于等于250m²，且同一时间的生产人数不超过20人。

2 丁、戊类生产建筑，每层建筑面积小于等于400m²，且同一时间的生产人数不超过30人。

3 办公生活建筑，建筑物最多层数不超过3层，每层最大建筑面积小于等于200m²，且第二层和第三层的人数之和不超过50人。

4 地下、半地下室，其建筑面积小于等于50m³，经常停人数不超过15人。

5.1.12 地下室与地上层不应共用楼梯间，当必须共用楼梯间时，应在地上首层采用耐火极限不低于2.00h的不燃性隔墙和乙级防火门，将地下或半地下部分与地上部分的连通部分完全隔开，并应有明显标志。当地下室有多个防火分区相邻布置，并采用防火墙分隔时，每个防火分区可利用防火墙上通向相邻防火分区的甲级防火门作为第二安全出口，但每个防火分区必须至少有1个直通室外的安全出口。

5.1.13 升压站内生产、办公生活建筑疏散距离应符合表5.1.13-1和表5.1.13-2的规定。

表5.1.13-1 生产建筑内任一点到最近安全出口的直线距离（m）

危险类别	建筑物的耐火等级	单层	多层	高层
丙	一级、二级	80	60	40
	三级	60	40	—
丁	一级、二级	不限	不限	50
	三级	60	50	—
戊	一级、二级	不限	不限	75
	三级	100	75	—

5.1.14 除本规范另有规定外，升压站内的建筑物疏散楼梯、疏散走道的最小净宽度不宜小于1.1m，门的最小净宽度不宜小于0.9m。首层外门的最小总净宽度不应小于1.2m。

5.1.15 升压站内建筑物的疏散楼梯设计应符合下列规定：

1 高层、丙类多层生产建筑及超过5层的办公生活建筑应设置封闭楼梯间（包括首层扩大封闭楼梯间）或室外楼梯。

2 建筑高度大于32m且任一层人数超过10人的高层生产建筑，应设置防烟楼梯间或室外楼梯。

表5.1.13-2 办公生活建筑直接通向疏散走道的房间疏散门至最近安全出口的直线距离（m）

名称	楼梯间	位于两个安全出口之间的疏散门		位于袋形走道两侧或尽端的疏散门	
		耐火等级		耐火等级	
		一级、二级	三级	一级、二级	三级
办公生活建筑	封闭楼梯间	40	35	22	20
	非封闭楼梯间	35	30	20	18

注：1 敞开式外廊建筑的房间疏散门至安全出口的最大距离可按本表封闭楼梯间数值增加5.0m。
2 建筑物内全部设置自动喷水灭火系统时，其安全疏散距离可按本表规定增加25%。
3 房间内任一点到该房间直接通向疏散走道的疏散门的距离，不应大于本表中规定的袋形走道两侧或尽端的疏散门至安全出口的最大距离。
4 楼梯间的首层应设置直通室外的安全出口或在首层采用扩大封闭楼梯间。当层数不超过4层时，可将直通室外的安全出口设置在离楼梯间小于等于15.0m处。

4 局部建筑高度大于32m，且升起部分的每层建筑面积小于等于50m²的丁、戊类建筑，可不设置消防电梯。

5.1.16 配电装置室、变压器室、电容器室、电缆夹层、中控室、继电保护室、通信室、直流盘室和蓄电池室等工艺设备房间，其门外为公共走道或其他房间时，除本规范另有规定外，该门应采用乙级防火门，并应向疏散方向开启；直接通向室外的门应为丙级防火门；配电装置室的中间隔墙上的门应采用由不燃材料制作的双向弹簧门。

5.1.17 建筑面积超过250m²的中控室、通信、继电保护室、配电装置室、无功补偿装置室、电缆夹层，其疏散出口不宜少于2个，楼层的第二个出口可设在固定楼梯的室外平台处。当继电保护室、配电装置室、无功补偿装置室的长度大于7m时，应在房间两端各设1个出口，长度超过60m时，应增设1个中间疏散出口。

5.1.18 办公生活建筑中的宿舍及办公等用房，各房间疏散门的数量应经计算确定，且不应少于2个，该房间相邻两个疏散门最近边缘之间的水平距离不应小于5m。当符合下列条件之一时，可设置1个：

1 位于两个安全出口之间的房间，且建筑面积小于等于120m²，疏散门的净宽度不小于0.9m。

2 位于走道尽端的房间，建筑面积小于50m²且疏散门的净宽度不小于0.9m，或由房间内任一点到疏散门的直线距离小于等于15m、建筑面积不大于200m²且疏散门的净宽度不小于1.4m。

Ⅳ 建筑物的室内装修

5.1.19 配电装置室、变压器室、电容器室、中控室、继电保护室、通信室、直流盘室和蓄电池室等工艺设备房间，以及消防水泵房、通风空调机房，其室内装修应采用A级不燃材料。

注：装修材料的燃烧性能等级划分同现行国家标准《建筑内部装修设计防火规范》GB 50222。

5.1.20 图书室、资料室和档案室，其顶棚、墙面应采用A级装修材料，地面应采用不低于B_1级的装修材料。

5.1.21 建筑物内的厨房，其顶棚、墙面、地面均应采用A级装修材料。

5.1.22 建筑内部的沉降缝、伸缩缝、抗震缝等变形缝，两侧的基层应采用A级材料，表面装修应采用不低于B_1级的装修材料。

5.1.23 地上建筑的水平疏散走道和安全出口的门厅，其顶棚装饰材料应采用A级装修材料，其他部位应不低于B_1级的装修材料。

5.1.24 无自然采光楼梯间、封闭楼梯间和防烟楼梯间及其前室的顶棚、墙面和地面均应采用A级装修材料。

5.1.25 建筑内部消火栓的门不应被装饰物遮掩，消火栓门四周的装修材料颜色应与消火栓门的颜色有明显区别。建筑内部装修不应遮挡消防设施疏散指示标志及安全出口，并不应妨碍消防设施和疏散走道的正常使用。因特殊要求做改动时，应符合国家有关消防规范和法规的规定。建筑内部装修不应减少安全出口、疏散出口和疏散走道的设计所需的净宽度和数量。

5.1.26 其他一般房间顶棚、墙面装饰材料采用不低于B_1级的装修材料，地面、隔断装饰材料采用不低于B_2级的装修材料。

Ⅴ 消防车道

5.1.27 升压站内应设置消防车道。当升压站内建筑的火灾危险性为丙类，且建筑物的占地面积超过3000m²时，或升压站电压等级为220kV及以上时，站内的消防车道宜布置成环形。当成环有困难，布设尽端式车道时，应设回车场或回车道。回车场的面积不应小于12m×12m；供大型消防车使用时，不宜小于18m×18m。

5.1.28 有封闭内院或天井的建筑物，当其短边长度大于24m时，宜设置进入内院或天井的消防车道。在穿过建筑物或进入建筑物内院的消防车道两侧，不应设置影响消防车通行或人员安全疏散的设施。

5.1.29 消防车道的净宽度和净空高度均不应小于4m。供消防车停留的空地，其坡度不宜大于3%。消防车道与建筑之间不应设置妨碍消防车作业的障碍物。供消防车取水的天然水源和消防水池应设置消防车道。

5.1.30 消防车道可利用交通道路，但应满足消防车通行与停靠的要求。消防车道路面、扑救作业场地及其下面的管道和暗沟等应能承受大型消防车的压力。

Ⅵ 建筑构造

5.1.31 防火墙和防火隔墙的构造设计应符合下列规定：

1 防火墙应直接设置在建筑物的基础或钢筋混凝土框架、梁等承重结构上，并应砌至屋面结构层的底面。防火墙横截面中心线距天窗端面的水平距离小于4m，且天窗端面为燃烧体时，应采取防止火势蔓延的措施。紧靠防火墙两侧的门、窗洞口之间最近边缘的水平距离不应小于2m；但装有固定窗扇或火灾时可自动关闭的乙级防火窗时，该距离可不限。建筑物内的防火墙不宜设置在转角处。防火墙如设置在转角附近，内转角两侧墙上的门、窗洞口之间最近边缘的水平距离不应小于4m。

2 防火墙上不应开设门窗洞口，当必须开设时，应设置固定的或火灾时能自动关闭的甲级防火门窗。可燃气体和甲、乙、丙类液体的管道严禁穿过防火墙。其他管道不宜穿过防火墙，当必须穿过时，应采用防火封堵材料将墙与管道之间的空隙紧密填实；当管道为难燃及可燃材质时，应在防火墙两侧的管道上采取防火措施。防火墙内不应设置排气道。

3 防火墙的构造应使防火墙任意一侧的屋架、梁、楼板等受到火灾的影响而破坏时，不致使防火墙倒塌。

4 同一防火分区内，火灾危险性不同或功能显著不同的房间之间，应采用防火隔墙，防火隔墙上的门窗应为防火门窗。

5.1.32 楼梯间、楼梯和门的构造设计应符合下列规定：

1 疏散用的楼梯间应符合下列规定：

　1）楼梯间应能天然采光和自然通风，并宜靠外墙设置。靠外墙设置时，楼梯间的窗与两侧的门、窗洞口之间的水平距离不应小于1m。

　2）楼梯间内不应设置烧水间、可燃材料储藏室、垃圾道。

　3）楼梯间内不应有影响疏散的凸出物或其他障碍物。

　4）楼梯间内不应敷设甲、乙、丙类液体管道。

　5）楼梯间内不应敷设可燃气体管道。

2 封闭楼梯间除应符合本规范本条第1款的规定外，尚应符合下列规定：

　1）当不能天然采光和自然通风时，应按防烟楼梯间的要求设置。

　2）楼梯间的首层可将走道和门厅等包括在楼梯间内，形成扩大的封闭楼梯间，但应采用乙级防火门等措施与其他走道和房间隔开。

　3）除楼梯间的门之外，楼梯间的内墙上不应开设其他门窗洞口。

　4）楼梯间的门应采用乙级防火门，并应向疏散方向开启。

3 防烟楼梯间除应符合本规范本条第1款的规定外，尚应符合下列规定：
　　1）不能天然采光和自然通风的楼梯间，应设置防烟或排烟设施和消防应急照明设施。
　　2）在楼梯间入口处应设置防烟前室、开敞式阳台或凹廊等。防烟前室可与消防电梯前室合用。
　　3）前室的使用面积不应小于 $6m^2$，并考虑设备通行要求。
　　4）疏散走道通向前室、开敞式阳台、凹廊以及前室通向楼梯间的门应采用乙级防火门。
　　5）除楼梯间门和前室门外，防烟楼梯间及其前室的内墙上不应开设其他门窗洞口。
　　6）楼梯间的首层可将走道和门厅等包括在楼梯间前室内，形成扩大的防烟前室，但应采用乙级防火门等措施与其他走道和房间隔开。
　　4 升压站内建筑中的疏散楼梯间在各层的平面位置不应改变。
　　5 室外楼梯符合下列规定时可作为疏散楼梯，并可替代本规范规定的封闭楼梯间或防烟楼梯间：
　　1）栏杆扶手的高度不应小于 1.1m，楼梯的净宽度不应小于 0.9m。
　　2）倾斜角度不应大于 45°。
　　3）楼梯段和平台均应采取不燃材料制作。平台的耐火极限不应低于 1.00h，楼梯段的耐火极限不应低于 0.25h。
　　4）通向室外楼梯的门应采用乙级防火门，并应向室外开启。门开启时，不得减少楼梯平台的有效宽度。
　　5）除疏散门外，楼梯周围 2m 内的墙面上不应设置门窗洞口。疏散门不应正对楼梯段。
　　6 用作丁、戊类生产建筑内第二安全出口的楼梯可采用金属梯，但其净宽度不应小于 0.9m，倾斜角度不应大于 45°。
　　7 疏散用楼梯和疏散通道上的阶梯不宜采用螺旋楼梯和扇形踏步。当必须采用时，踏步上下两级所形成的平面角度不应大于 10°，且每级离扶手 250mm 处的踏步深度不应小于 220mm。
　　9 高度大于 10.0m 的三级耐火等级建筑宜设置通至屋顶的室外消防梯。室外消防梯不应面对老虎窗，宽度不应小于 0.6m，且宜从离地面 3.0m 高处设置。
　　10 建筑物中的封闭楼梯间、防烟楼梯间、消防电梯间前室及合用前室，不应设置卷帘门。疏散走道在防火分区处应设置甲级常开防火门。
　　11 站内各建筑物的疏散用门应符合下列要求：
　　1）疏散用门应采用平开门，不应采用推拉门、卷帘门、吊门、转门，且疏散用门应向疏散方向开启，当人数不超过 60 人的房间且每樘门的平均疏散人数不超过 30 人时，其门的开启方向不限。
　　2）丙、丁、戊类库房首层靠墙的外侧可采用推拉门或卷帘门。
　　3）疏散楼梯的门或开向疏散楼梯的门开启时，不应减少楼梯段平台的有效宽度。
　　4）站内平时需要控制人员随意出入的疏散用门，设置有门禁系统时，应保证火灾时不需使用钥匙等任何工具即能从内部易于打开，并应在显著位置设置标

识和使用提示。
5.1.33 防火门和防火卷帘设置应符合下列规定：
　1 防火门的设置应符合下列规定：
　　1）设置在建筑内经常有人通行处的防火门宜采用常开防火门，除本规范另有规定外，其他位置的防火门均应采用常闭防火门。常开防火门应能在火灾时自行关闭，并应有信号反馈的功能；常闭防火门应在其明显位置设置保持门关闭的提示性标志。
　　2）除管井检修门外，应具有自闭功能。双扇防火门应具有按顺序关闭的功能。
　　3）除本规范另有规定外，防火门应能内外两侧手动开启。
　　4）设置在变形缝附近时，防火门开启后，其门扇不应跨越变形缝，并应设置在楼层较多的一侧。
　2 防火分区间采用防火卷帘分隔时，应符合现行国家标准《建筑设计防火规范》GB 50016 中的相关规定。
5.1.34 建筑幕墙的防火设计应符合现行国家标准《建筑设计防火规范》GB 50016 中的相关规定。
5.1.35 建筑内的电缆井、管道井、排烟道、排气道等竖向管道井，应分别独立设置。其井壁应为耐火极限不低于 1.00h 的不燃性材料，井壁上的检查门应采用丙级防火门。电缆井、管道井应在每层楼板处采用不低于楼板耐火极限的不燃烧体或防火封堵材料封堵；与房间、走道等相连通的孔洞应采用防火封堵材料封堵。
5.1.36 电线电缆、可燃气体和甲、乙、丙类液体的管道不宜穿过建筑内的变形缝，当必须穿过时，应在穿过处加设不燃材料制作的套管或采取其他防变形措施，并应采用防火封堵材料封堵。
5.1.37 连接两座建筑物的天桥，当天桥采用不燃性材料且通向天桥的出口符合安全出口的设置要求时，该出口可作为建筑物的安全出口。
5.1.38 建筑内的隔墙应从楼地面基层隔断至顶板底面基层。
5.1.39 建筑节能设计时，保温材料的选择应考虑防火要求。

5.2 消防给水

Ⅰ 一般规定

5.2.1 升压站设计时，应设计消防给水系统和消防设施。升压站内建筑物满足耐火等级不低于二级、体积不超过 $3000m^3$，且火灾危险性为戊类时，可不设消防给水，但宜设置消防软管卷盘或轻便消防水龙。
5.2.2 升压站消防给水系统的设计，应符合现行国家标准《建筑设计防火规范》GB 50016 和《消防给水及消火栓系统技术规范》GB 50974 的规定。
5.2.3 升压站消防给水系统宜独立设置，消防水源应有可靠的保证。
5.2.4 升压站同一时间内的火灾次数按一次考虑。消防用水量按室内和室外消防用水量之和确定。室内消防用水量包含室内消火栓系统、自动喷水灭火系统、水喷雾系统、泡沫灭火系统和固定消防炮灭火系统的消防用水量。室内消防用水量应按需要同时开启的上述系统用水量之和计算；当上述多种消防系统需要同时开启时，室内消火栓用水量可减少

50%，但不得小于10L/s。

5.2.5 消防用水可由城市给水管网、天然水源或站内消防水池供给。利用天然水源时，其保证率不应小于97%，且应设置可靠的取水设施。当天然水源不能保证时，应设置消防水池蓄水设施。

Ⅱ 室外消火栓

5.2.6 升压站建筑物的室外消火栓用水量不应小于表5.2.6的规定。

表5.2.6 室外消火栓用水量（L/s）

建筑物耐火等级	建筑物火灾危险性类别	建筑物体积（m³）				
		≤1500	1501～3000	3001～5000	5001～20000	20001～50000
一、二级	丙类	15	15	20	25	30
	丁、戊类	15	15	15	15	15

注：当变压器采用水喷雾灭火系统时，变压器室外消火栓用水量不应小于15L/s；室外消火栓用水量，应按最大的一座地面建筑物的消防需水量计算。

5.2.7 室外消防给水可采用高压或临时高压给水系统，也可采用低压给水系统，其设置应符合下列要求：

1 室外高压或临时高压给水系统的管道压力，应保证当消防用水量达到最大，且水枪在任何建筑物的最高处时，水枪的充实水柱不小于10m。

2 室外低压给水系统的管道压力，应保证灭火时最不利点消火栓的水压不小于0.1MPa，水压应从该消火栓的地面算起。

5.2.8 室外消防给水管道的设置应符合下列要求：

1 室外消防给水管网应布置成环状，当室外消防用水量小于等于15L/s时，可布置成枝状。

2 环状管网的输水干管及向环状管网输水的输水干管均不应少于两条，当其中一条发生故障时，其余的干管应能通过消防用水总量。

3 环状管道应采用阀门分成若干独立段，阀门应根据管网的要求设置。

4 室外消防给水管道的直径不应小于DN100。

5 室外消防给水管道设置的其他要求应符合现行国家标准《室外给水设计规范》GB 50013的有关规定。

5.2.9 室外消火栓应沿站区道路设置，室外消火栓的间距不应大于120m。

Ⅲ 室内消火栓

5.2.11 升压站内建筑物满足下列条件之一时可不设室内消火栓：

1 耐火等级为一、二级且可燃物较少的单、多层丁、戊类生产建筑物。

2 耐火等级为三、四级且建筑体积不超过3000m³的丁类生产建筑物和建筑体积不超过5000m³的戊类建筑物。

3 室内没有生产、生活给水管道，室外消防用水取自消防水池且建筑体积不超过5000m³的建筑物。

5.2.12 升压站建筑室内消防用水量应根据水枪充实水柱长度和同时使用水枪数量经计算确定，且不应小于表5.2.12的规定。

表5.2.12 室内消火栓用水量

建筑物名称	高度、层数、体积	消火栓用水量（L/s）	同时使用水枪数量（支）	每支水枪最小流量（L/s）	每根竖管最小流量（L/s）
生产建筑	高度不大于24m，体积不大于5000m³	10.0	2	5.0	10.0
	高度不大于24m，体积大于5000m³	20.0	2	10.0	15.0
	高度24m～50m	25.0	5	5.0	15.0
办公生活建筑	高度不小于6层或体积大于10000m³	15.0	3	5.0	10.0

5.2.13 室内消火栓布置应符合下列要求：

1 室内消火栓的布置，应保证有两支水枪的充实水柱同时到达室内任何部位。

3 对于室内临时高压给水系统，每个室内消火栓处应设直接启动消防水泵的按钮，并应有保护措施。

5.2.14 室内消防给水管道的布置应符合下列要求：

1 室内消火栓超过10个且室外消防水量大于15L/s时，其消防给水管道应连成环状，室内消防给水管道至少应有两条进水管与室外环状管网连接。当环状管网的一条进水管发生事故时，其余的进水管仍能供应全部用水量。

2 室内消火栓给水管网与自动喷水灭火系统、水喷雾灭火系统的管网宜分开设置。如合用消防泵时，供水管路应在报警阀或雨淋阀前分开设置。

5.2.15 设置常高压给水系统并能保证最不利点消火栓和自动喷水灭火系统等的水量和水压的站内建筑物，或设置干式消防竖管的站内建筑物，可不设置消防水箱。设置临时高压给水系统的站内建筑物应设置消防水箱，消防水箱包括气压水罐、水塔、分区给水系统的分区水箱。消防水箱的设置应符合下列规定：

1 重力自流的消防水箱应设置在建筑的最高部位。

2 消防水箱的有效容积应满足初期火灾消防用水量的要求。办公生活建筑不应小于18m³；生产建筑室内消防给水设计流量不大于25L/s时不小于12m³，大于25L/s时不应小于18m³。

3 消防用水与其他用水合用的水箱应采取消防用水不作他用的技术措施。

4 发生火灾后，由消防水泵供给的消防用水不应进入消防水箱。

Ⅳ 水喷雾灭火系统

5.2.16 单台容量在125MVA及以上的油浸变压器需要设置水喷雾灭火装置时，应符合现行国家标准《水喷雾灭火系统设计规范》GB 50219的相关规定。

Ⅴ 消防水池及消防水泵房

5.2.17 供水水源不能满足升压站消防用水要求时，应设置消防水池。

5.2.18 消防水池的容量，除应满足在火灾延续时间内按本规范第5.2.4条、第5.2.6条、第5.2.12条确定的消防给水量的要求外，尚应符合下列规定：

　　1 升压站室内、外消火栓系统的火灾延续时间应按2.00h计算。

　　2 当室外给水管网供水充足且在火灾情况下能够连续补水时，消防水池的容量可减去火灾延续时间内补充的水量，补水量应经计算确定，且补水管的平均流速不应大于1.5m/s。

　　3 消防水池的补水时间不应超过48h，对于缺水地区不应超过96h。

　　4 供消防车取水的消防水池应设置取水口或取水井，且吸水高度不应大于6m；取水口与除水泵房外的其他建筑物的距离不应小于15m，与绝缘油油罐的距离不应小于40m。

　　5 供消防车取水的消防水池，其保护半径不应大于150m。

　　6 消防用水与生产、生活用水合并的水池，应采取确保消防用水不作他用的技术措施。

　　7 严寒和寒冷地区的消防水池应采取防冻保护设施。

5.2.19 消防水泵应设置备用泵，其工作能力不应小于一台主要水泵。当建筑的室外消防用水量小于等于25L/s或建筑的室内消防用水量小于等于10L/s时，可不设置备用泵。

5.2.20 消防水泵应保证在火警后30s内启动。消防水泵与动力机械应直接连接。

5.2.21 一组消防水泵的吸水管不应少于2条；当其中一条关闭时，其余的吸水管应仍能通过全部用水量。消防水泵应采用自灌式吸水，并应在吸水管上设置检修阀门。

5.2.22 当消防给水管道为环状布置时，消防水泵房应有不少于两条的出水管直接与环状消防给水管网连接。当其中有一条出水管关闭时，其余的出水管应仍能通过全部用水量。出水管上应设置试验和检查用的压力表和DN65的放水阀门。当存在超压可能时，出水管上应设置防超压设施。

5.2.23 独立建造的消防水泵房，其耐火等级不应低于二级。附设在建筑中的消防水泵房的门应采用甲级防火门。

5.3 采暖、通风、空气调节及防烟排烟

Ⅰ 建筑物采暖

5.3.1 所有工作场所严禁采用明火采暖。

5.3.2 室内采暖系统非暗埋的管道、管件及保温材料应采用不燃烧材料。

Ⅱ 通风和空气调节

5.3.5 空气调节系统的送风机、回风机应与火灾自动报警系统联锁，当发生火灾时，应能立即停止运行。

5.3.7 通风、空气调节系统的风管不宜穿越防火墙、防火隔墙。如必须穿越时，应在穿越处设置防火阀。穿越防火墙、防火隔墙两侧各2m范围内的风管、绝热材料应采用不燃材料，穿越处的空隙应用和墙体耐火极限相同的不燃材料封堵。当通风道为混凝土或砖砌风道时可不设防火阀，但其侧壁上的孔口宜设防火阀。

5.3.8 通风、空气调节系统的风管应采用不燃材料制作；其设备和风管、水管的绝热、消声、加湿材料及其黏接剂宜采用不燃材料，当确有困难时，可采用难燃材料。

5.3.9 空气调节系统的电加热器应与送风机联锁，并应设无风断电、超温断电保护装置，电加热器的金属风管应接地。

5.3.10 配电装置室应设置事故排风机，其电源开关应设在发生火灾时能安全方便切断的位置。

5.3.11 多个屋内配电装置室共设一个通风系统时，应在每个房间的送风支风道上设置防火阀。

5.3.12 每个变压器室的通风系统应单独设置，火灾发生时，应能自动切断通风机的电源，停止运行。

5.3.13 配电装置事故排风量不应少于12次/h，事故风机可兼作通风机用。

5.3.14 防酸隔爆蓄电池室通风应采用机械通风，使室内保持负压，通风量按空气中的最大含氢量（体积比）不超过0.7%计算，且换气次数不应小于6次/h，室内空气不允许再循环。通风机与电动机应为防腐防爆型，吸风口应靠近顶棚。

5.3.15 免维护式蓄电池应设置事故排风装置，换气次数不小于3次/h，可兼作通风用。

5.3.16 六氟化硫电气设备室应采用机械通风，室内空气不允许再循环。室内空气中六氟化硫的含量不超过6000mg/m³。六氟化硫电气设备室的正常通风量不少于2次/h，设置在室内下部，排气口距地面高度应小于0.3m；事故时通风量不小于4次/h，由设置在下部的正常通风系统和上部的事故排风系统共同保证。通风设备、风管及其附件应考虑防腐措施。

5.3.17 配电装置室发生火灾时，应能自动切断通风机的电源。当采用气体灭火时，百叶窗应有电动关闭的功能。

5.3.18 采用机械通风系统的电缆隧道和电缆夹层，当发生火灾时，应立即切断通风机电源。通风系统的通风机应与火灾自动报警系统联锁。

Ⅲ 防烟排烟

5.3.19 升压站建筑中的防烟可采用机械加压送风防烟或可开启外窗的自然排烟方式。

5.3.20 升压站建筑中排烟可采用机械排烟方式或可开启的外窗自然排烟方式。

5.3.21 防烟楼梯间及其前室应设置防烟设施。

5.3.22 设置自然排烟设施的场所，其自然排烟口的净面积应符合下列规定：

　　1 防烟楼梯间前室不应小于2.0m²。

　　2 靠外墙的防烟楼梯间，每5层内可开启排烟窗的总面积不应小于2.0m²。

　　3 中庭不应小于该中庭楼地面面积的5%。

5.3.23 防烟楼梯间及其前室的防烟系统设计，应按现行国家标准《建筑设计防火规范》GB 50016的有关规定执行。

5.3.24 下列场所应设置机械加压送风防烟设施：

　　1 不具备自然排烟条件的防烟楼梯间。

　　2 设置自然排烟设施的防烟楼梯间，其不具备自然排烟条件的前室。

5.3.25 设置机械排烟设施的场所，单台风机排烟量不应小于7200m³/h，且应符合下列规定：

　　1 当排烟系统担负一个防烟分区时，应按每平方米排烟

面积不小于60m³/h计算。

2 当担负两个或两个以上防烟分区时，应按其中最大防烟分区每平方米排烟面积不小于120m³/h计算。

5.3.26 机械排烟系统的设置应符合下列规定：

2 穿越防火分区的排烟管道应在穿越处设置排烟防火阀。

5.3.27 排烟风机可采用离心或轴流排烟风机。在排烟风机入口总管上应设置与排烟风机联锁的排烟防火阀。当该防火阀关闭时，排烟风机应能停止运转。排烟风机和烟气流管道附件，如风阀、柔性接头等，应保证在280℃的温度下连续有效工作不小于30min。

5.3.29 防烟与排烟系统的管道、风口及阀门等必须采用不燃材料制作。排烟管道应采取隔热防火措施或与可燃物保持不小于**150mm**的距离。

5.4 灭火器及砂箱的设置

5.4.1 灭火器的设置应符合现行国家标准《建筑灭火器配置设计规范》GB 50140的有关规定。

5.4.2 升压站建筑物、构筑物应按表5.4.2确定火灾危险类别及危险等级，并配置灭火器。

表5.4.2 建筑物火灾危险类别及危险等级

建筑物名称	火灾危险类别	危险等级
中控室	A、E	严重
屋内配电装置室	A、E	中
通信室	A、E	严重
继电保护室	A、E	中
油浸变压器（室）	混合	中
电抗器（室）	混合	中
电容器（室）	混合	中
蓄电池室	C	中
电缆夹层	E	中
生活水泵房、消防水泵房	A	轻

5.4.3 每台室外主变压器、电抗器的砂箱设置应符合下列要求：

1 每个设置点处的砂箱数量不应少于1个。

2 每个砂箱储砂容积不应小于1.0m³。

4 露天设置的砂箱应有防雨措施。

5.5 电气消防

Ⅰ 电 缆

5.5.1 动力电缆和控制电缆应采用阻燃或耐火电缆。应采用耐火电缆的回路有应急照明、火灾自动报警、自动灭火装置、防排烟设施、消防水泵、联动系统等。

5.5.2 电缆在其敷设通道、构筑物及设备电缆引接孔等处应采取以下防火措施：

1 电缆室、电缆夹层、电缆竖井、电缆通（沟、隧）道中及在电缆桥架上架空敷设的动力电缆、控制电缆、通信电缆及光缆等均应分类、分层排列敷设。动力电缆的上下层之间和电缆竖井内的动力电缆左右列之间，应装设耐火隔板，其耐火极限不应低于1.00h。

2 以下部位应用耐火极限不低于1.00h的不燃材料进行封堵：

1）电缆穿越楼板、墙体、电缆室、电缆夹层的孔洞。其中电缆竖井封堵应采用除耐火极限不低于1.00h的防火封堵材料之外，还应用耐火隔板等防火材料组合封堵。封堵层应能承受巡检人员的荷载，活动人孔可采用承重型耐火隔板制作。

2）电缆引接至所有的屏、柜、箱等中的电缆孔洞。

3）电缆保护管的两端。

3 在电缆通（沟、隧）道中的下列部位，宜设置阻火墙或防火墙，阻火墙紧靠两侧不少于1m区段所有电缆上应施加防火涂料、包带或设置挡火板等措施：

1）主沟道的分支电缆沟引接处。

2）室外进入室内电缆沟道处。

3）不同电压配电装置交界处。

4）长距离电缆通道中每相隔约100m处。

5）电缆沟道与围墙的交叉处。

5.5.3 阻燃或耐火电缆当其敷设在电缆室、电缆夹层、电缆竖井、电缆通（沟、隧）道中时，可不设层间耐火隔板、不刷防火涂料。

Ⅱ 油浸式变压器及其他带油电气设备

5.5.4 单台容量为125MVA及以上的油浸式变压器应设置水喷雾灭火系统、合成泡沫喷淋系统、排油充氮系统或者其他固定式灭火装置，系统设置应满足相关规范和标准。水喷雾、泡沫喷淋系统应具备定期试喷的条件。单台容量在125MVA以下的油浸式变压器，应在其附近设置移动式灭火器材或室外消火栓。

5.5.5 屋外油浸变压器之间及与其他带油设备之间的距离应满足下列要求：

1 油量在2500kg及以上的油浸式变压器之间或油浸式电抗器之间，防火间距不应小于表5.5.5的规定。

表5.5.5 屋外油浸式变压器或电抗器之间的最小间距

电压等级	最小间距（m）
35kV及以下	5
66kV	6
110kV	8
220kV及以上	10

注：油式消弧线圈也属于油浸设备，故也应采用本条规定的防火净距。

2 油量在2500kg及以上的油浸式变压器及油浸式电抗器与其他充油式电气设备之间，防火间距不应小于5m；油量在2500kg以下的油浸式变压器及油浸式电抗器与其他充油式电气设备之间，其防火间距不应小于3m。

3 当油浸式变压器、油浸式电抗器各自之间及与其他充油式电气设备之间防火间距不能满足本条第1款和第2款要求时，应设置防火墙。防火墙的高度应高于变压器、电抗器储油柜，其长度不应小于变压器、电抗器的储油池两侧各 0.5m。

5.5.8 35kV 及以下屋内配电装置当未采用金属封闭开关设备时，其油浸式电流互感器和电压互感器应设置在两侧有不燃烧实体墙的间隔内；35kV 以上屋内配电装置应安装在有不燃烧实体墙的间隔内，不燃烧实体墙的高度不应低于配电装置中带油设备的高度。

Ⅲ 消防供电、应急照明及疏散指示标志

5.5.9 消防供电应符合以下要求：

1 消防水泵、火灾报警系统、灭火系统、防排烟设施与应急照明电源应按Ⅱ类负荷供电。

2 消防用电设备采用双电源或双回路供电时，应在最末一级配电箱处设置双电源自动切换装置。当发生火灾时，仍应保证消防用电。消防配电设备应有明显标志。

3 应急照明、疏散指示标志，可采用直流电源、应急电源或应急灯自带蓄电池作备用电源，其连续供电时间不应少于 30min。

4 消防用电设备的配电线路应穿管保护。当暗敷时应敷设在非燃烧体结构内，其保护层厚度不应小于 30mm；当明敷或在吊顶内敷设时，应穿金属管或封闭式金属线槽，并采取防火保护措施。

5.5.10 火灾应急照明和疏散指示标志应按以下原则设置：

1 建筑物主要疏散通道、楼梯间、配电装置室、站用变压器室、消防水泵房、无功补偿装置室、中控室、继电保护室、通信室、直流盘室、蓄电池室、主变压器室、GIS 设备室等重要部位，均应设置应急照明。

2 在主要通道地面上用于人员疏散的应急照明，其最低照度不应低于 1.0lx。

3 建筑物主要疏散通道、楼梯间、安全出口应设置发光疏散指示标志。

Ⅳ 火灾自动报警系统

5.5.11 升压站应设置火灾自动报警系统。其中无人值班的风电场升压站的火灾报警和消防联动信号应远传至远方监控中心。

5.5.12 报警区域和探测区域应按以下原则划分：

2 探测区域应按独立房间划分。一个探测区域的面积不宜超过 500m²；从主要入口能看清其内部，且面积不超过 1000m² 的房间，也可划为一个探测区域。

5.5.13 火灾自动报警及消防联动系统设计应符合以下要求：

1 火灾自动报警系统应设有自动和手动两种触发装置。

3 火灾报警控制器应能显示火灾报警部位信号和控制信号，也可进行联动控制。

4 集中火灾报警控制器应设置在运行值班负责人所在的单元控制室或中控室内，区域报警控制器应设置在对应的火灾报警区域内。报警控制器的安装位置应便于操作人员监控。

5 消防控制中心应设置在升压站中控室。无人值班的风电场升压站消防控制中心应设置在远方集控中心中控室。

6 火灾自动报警系统应设置交流电源和蓄电池备用电源。

7 消防专用电话可与风电场调度电话合用，其功能及布线应满足消防专用电话要求。

8 火灾自动报警系统的警报音响应区别于其他系统的音响。

9 消防控制、通信和警报线路采用暗敷设时，应采用金属管、可挠（金属）电气导管或 B₁ 级以上的刚性塑料管保护，并应敷设在不燃性材料的结构层内，且保护层厚度不宜小于 30mm。当采用明敷设时，应采用金属管、可挠（金属）电气导管或金属封闭线槽保护。矿物绝缘类不燃性电缆可直接明敷，并应在金属管或金属线槽上采取防火保护措施。

10 火灾自动报警系统应接入升压站公共接地网，并用专用接地干线引至接地网。专用接地干线应用铜导体，其截面积不应小于 25mm²。

11 火灾自动报警系统设备，应选择符合国家有关标准和有关准入制度的产品。

5.5.15 升压站点型火灾探测器设置应符合以下要求：

1 探测区域内的每个房间至少应设置一只火灾探测器。

2 一个探测区域内所需设置探测器的最少数量按下式计算：

$$N = S/(KA) \qquad (5.5.15)$$

式中：N——探测器数量（只），N 应取整数；
　　　S——探测区域面积（m²）；
　　　A——探测器的保护面积（m²）；
　　　K——修正系数，按现行国家标准《火灾自动报警系统设计规范》GB 50116 规定确定。

3 在有梁的顶棚上设置点型感烟探测器、感温探测器时，应符合下列要求：当梁突出顶棚的高度小于 200mm 时，可不计梁对探测器保护面积的影响；当梁突出顶棚的高度为 200mm～600mm 时，应先确定梁对探测器保护面积的影响和一只探测器能够保护的梁间区域的个数；当梁突出顶棚的高度超过 600mm 时，被梁隔断的每个梁间区域至少应设置一只探测器；当梁内隔断的区域面积超过一只探测器的保护面积时，被隔断的区域应按本条第 2 款的规定计算探测器的设置数量；当梁间净距小于 1m 时，可不计梁对探测器保护面积的影响。

4 在宽度小于 3m 的内走道顶棚上设置点型探测器时，宜居中布置。感温探测器的安装间距不应超过 10m；感烟探测器的安装间距不应超过 15m；探测器至端墙的距离，不应大于探测器安装间距的一半。

5 点型探测器至墙壁、梁边的水平距离，不应小于 0.5m。探测器周围 0.5m 内不应有遮挡物。

6 房间被书架、设备或隔断等分隔时，其顶部至顶棚或梁的距离小于房间净高的 5% 时，每个被隔开的部分至少安装一只点型探测器。

7 探测器至空调送风口边的水平距离不应小于 1.5m，并宜接近回风口安装。探测器至多孔送风顶棚孔口的水平距离不应小于 0.5m。

8 点型探测器宜水平安装。当倾斜安装时，倾斜角不应大于 45°。

5.5.16 升压站线型光束感烟火灾探测器设置部位应符合以下要求：

2 相邻两组探测器的水平距离不应大于14m。探测器至侧墙水平距离不应大于7m，且不应小于0.5m。探测器的发射器和接收器之间的距离不宜超过100m。

3 缆式感温探测器宜采用直接接触安装方式。在电缆桥架或支架上设置时，选用定温型探测器。

5.5.17 手动火灾报警按钮的设置应符合以下要求：

1 每个防火分区应至少设置一个手动火灾报警按钮。从一个防火分区内的任何位置到最邻近的一个手动火灾报警按钮的步行距离不应大于30m。

2 手动火灾报警按钮应设置在明显的和便于操作的部位。当采用壁挂方式安装时，其底边距地高度宜为1.3m～1.5m，且应有明显的标志。

Ⅴ 消防联动控制系统

5.5.18 升压站内火灾自动报警系统应具备与消防水泵、排烟系统等的控制与联动功能。消防系统宜与视频监控系统建立联动功能。

5.5.19 消防水泵控制与联动应符合以下要求：

1 消防水泵应设有自动和手动两种触发装置。消防水泵停运应采用手动控制方式。当消防水泵的控制设备采用总线编码模块控制时，应在报警控制中心设置手动直接控制装置，火灾报警控制器应实现手动直接控制消防水泵的功能。

2 消防水泵可通过火灾报警控制器、消火栓按钮或消防联动模块进行启动。

3 消防控制设备对室内消火栓系统应具有下列控制、显示功能：

1）控制消防水泵的启、停。
2）显示消防水泵的工作、故障状态。
3）显示启泵按钮的位置。

5.5.20 排烟风机控制与联动应符合以下要求：

1 排烟风机应设有自动和手动两种触发装置。

2 排烟风机控制系统采用总线编码模块控制时，应在报警控制中心设置手动直接控制装置，火灾报警控制器应具有满足手动直接控制的功能。

3 火灾报警后，消防控制设备对防烟、排烟设施应具有下列控制、显示功能：

1）停止有关部位的空调送风，关闭电动防火阀，并接收其反馈信号。
2）启动有关部位的防烟和排烟风机、排烟阀等，并接收其反馈信号。

5.5.21 火灾自动报警系统应与视频监控系统采用标准通信规约进行通信，发生火灾时，火灾自动报警系统能够与火灾发生地点最近的摄像机联动。

5.5.22 确认火灾发生后，消防控制设备应能切断有关部位的非消防电源。

Ⅵ 其他电气设备

5.5.23 气体绝缘金属封闭开关（GIS）设备的气体绝缘管型导体、共箱母线与绝缘母线在通过设备室墙壁时的孔洞，应采用防火封堵材料进行封堵。

5.5.24 电气设备室之间及对外的管沟、孔洞等应采用防火封堵材料进行封堵。

5.5.25 蓄电池室应采用防爆型灯具、通风电动机，室内照明线应采用穿管暗敷，室内不得装设开关和插座。

70.《水电站厂房设计规范》NB 35011—2016

1 总则

1.0.6 厂区规划和厂房内部布置应结合工程的具体情况，按 GB 50016《建筑设计防火规范》和 SDJ 278《水利水电工程设计防火规范》的有关规定进行消防设计。

3 地面厂房布置

3.1 厂区布置

3.1.6 主变压器场及开关站位置宜结合地形地质条件和安装检修、运输通道、进出线、通风散热、防火防爆以及防洪等要求确定：

2 主变压器场地的防火、防爆、通风散热要求应符合 SDJ 278 等有关标准规定；

5 开关站应有交通联系，满足消防要求。

3.2 厂房内部布置

3.2.4 主厂房内设备及建筑的控制应根据 DL/T 5186《水力发电厂机电设计规范》的规定，并满足机组及附属设备布置、安装检修、结构尺寸及建筑空间等要求。

4 发电机层以下可设电缆夹层，其空间应满足安装、维护、防火、交通的要求。

3.2.7 厂内交通包括楼梯、转梯、爬梯、水平通道、廊道、吊物孔等，应便于运行管理、检修和迅速处理故障，并满足消防、通风和安全要求。

1 厂内对外出口应设两个及以上通道。

2 主要通道尺寸、楼梯宽度、坡度、安全出口设置应符合 DL/T 5186 和 SDJ 278 等标准的要求。

3 发电机层及水轮机层应有贯穿全厂的水平通道。

4 各层之间应设置垂直交通。1、2 级厂房的发电机层与水轮机层之间每台机组宜设一个楼梯，机组间距小于 15m 时可两台机组设置一个楼梯，全厂不应少于两个楼梯。

3.2.9 中央控制室位置应综合考虑电站运行（操作、维护、监视）方便、消除故障迅速、控制电缆短和分期发电等因素，按下述原则确定：

5 至少应设置两个疏散门和可靠的消防安全设施。

7 地下厂房设计

7.1 地下厂房布置

7.1.10 主变压器室及开关站可布置于地下或地面，应根据地形地质条件、大坝泄洪雨雾影响、交通运输、洞室群规模、设备布置、消防等综合比较选定。

7.1.13 地下厂房至少应有 2 个独立通至山外地面的安全出口，并应符合 SDJ 278 的规定。当出线或通风用的廊（隧）道、竖井兼作安全通道时，其宽度、高度应满足安全疏散要求，同时应将安全通道与出线或通风道隔开，分隔物的耐火时间应满足安全疏散要求。

7.1.17 地下厂房通风设计应遵循以下原则：

2 通风系统设计应与地下厂房建筑消防设计相协调。

7.2 地下厂房结构设计

7.2.18 厂房顶部可视需要设置顶棚，顶棚设计应结合通风、消防、防水、防潮、照明及装饰的需要综合考虑。

9 建筑设计

9.1 厂区规划

9.1.3 厂区的给水水源应卫生、安全，除保证生产用水外，还应满足生活用水和消防用水的需要。

9.2 厂房建筑设计

9.2.1 水电站厂房建筑设计应考虑下列原则：

5 应满足交通、防火、防爆、卫生、保温、隔热、通风、采光、照明、防噪声、防腐蚀、防水、防潮、防辐射和防静电等要求。

9.2.6 主副厂房门窗设计按下述原则进行：

4 有防火要求的室内，门窗材料应满足相应的耐火极限要求。

9.2.7 主机间、中控室和其他重要的建筑部位宜根据防水、防潮、通风、照明、吸声减噪和美观等需要设置顶棚，吊顶结构宜采用轻型结构，应满足安全、耐久、防火、防潮等要求。

71.《高海拔风力发电机组技术导则》NB/T 31074—2015

5 附属系统

5.3 灭火系统

5.3.1 高海拔风力发电机组应设置手提式灭火装置,宜装设自动灭火系统。

5.3.2 自动灭火系统应满足以下要求

1 自动灭火系统应设有自动控制、手动控制和应急操作三种控制方式。

2 灭火介质可采用二氧化碳或对绝缘无损害、对环境无污染的介质。

3 当采用二氧化碳灭火等气体灭火系统时,应按照全淹没系统进行设计,设计应符合现行国家标准《低压二氧化碳灭火系统及部件》GB 19572 的有关规定。

4 灭火系统设计时应考虑工作环境极限温度、振动及高空雷电对设备安全运行的影响。

72.《风电场工程建筑设计规范》NB/T 31128—2017

1 总 则

1.0.5 风电场工程建筑设计应满足防火、抗震、防爆、雷击等防灾要求，合理解决防腐蚀、防潮、防噪声、防冻、防风沙、隔振、保温、隔热、日照、采光、自然通风和生活设施等问题。

3 基本规定

3.2 防火防爆

3.2.1 风电场工程建筑火灾危险性分类、耐火等级和防火间距应符合现行行业标准《风电场设计防火规范》NB 31089 的相关要求。

3.2.2 电缆隧道两端应设通往地面的安全出口，当长度超过 100m 时，中间应加设安全出口，其间距不应超过 75m。

3.2.3 当管道穿过防火墙时，管道与防火隔墙之间的缝隙应采用防火封堵材料填塞。

3.2.4 主控制室与电缆夹层、电缆竖井之间围护构件上的孔洞其空隙应采用防火封堵材料堵塞严密。电缆竖井、管道井应在每层楼板处进行封堵，封堵材料的耐火极限不应低于楼板耐火极限。

3.2.5 电缆沟及电缆隧道在进出主控制楼、屋内配电装置室时，应在建筑物外墙处设置防火墙，电缆隧道的防火墙上应设甲级防火门。

3.2.6 车库与建筑物联合布置时，车库与其他部分应采用耐火极限不低于 3.0h 的不燃烧体隔墙和不低于 2.0h 的不燃烧体楼板分隔，车库的外墙门、窗、洞口的上方应设置不燃烧体的防火挑檐。车库外墙的上、下窗间墙高度不应小于 1.20m。防火挑檐的宽度不应小于 1.00m，耐火极限不应低于 1.0h。

3.2.7 外墙外保温材料的燃烧性能应符合现行国家标准《建筑设计防火规范》GB 50016 的相关规定。

3.2.8 建筑内部装修的防火设计应包括对室内顶棚、墙面、楼地面、隔断等的防火设计。

3.2.9 装修材料的燃烧性能等级划分应符合现行国家标准《建筑材料及制品燃烧性能分级》GB 8624 的有关规定。主控制室的顶棚、墙面、地面及其他装修均应采用 A 级材料。办公建筑内的档案室、资料室、阅览室的顶棚、墙面的装修应采用 A 级材料，地面及其他装修采用材料不应低于 B_1 级。具有安全疏散功能的楼梯间，其墙面、顶棚、楼地面应采用 A 级材料。

3.2.10 常用建筑内部装修材料燃烧性能等级划分，可按本规范附录 A 确定。

3.6 建筑构造

3.6.2 墙体构造及设计应符合下列要求：

3.6.3 楼梯的设计应符合下列要求：
1 钢筋混凝土主要楼梯的宽度不应小于 1.20m，每梯段踏步数目不宜小于 3 级，且不宜大于 18 级。主要楼梯的坡度不宜超过 33°，次要楼梯的坡度不宜超过 43°。
2 楼梯平台深度不应小于梯段的宽度，且不应小于 1.20m；不改变行进方向的平台，其深度不应小于 3 步踏步的宽度。
4 楼梯扶手高度自踏步前缘线量起不宜小于 0.90m；靠楼梯井一侧水平扶手长度超过 0.50m 时，其高度不应小于 1.05m。
6 作业梯、检修梯等金属斜梯，其梯段宽度不应小于 0.70m，坡度不宜大于 60°。室外疏散金属斜梯净宽不应小于 0.90m，倾斜角不应大于 45°。
7 楼梯应设有防滑措施。钢筋混凝土梯段应设防滑条；钢梯踏步板宜采用花纹钢板；露天地段宜采用栅格式踏步。

3.6.5 门的设计应符合下列要求：
4 主控制室、站用电室、蓄电池室、屋内配电装置室等有防火要求的电气设备用房应采用防火门。

3.6.7 变形缝的设计应符合下列要求：
2 屋面、楼地面和墙身的变形缝构造应采取防渗、防漏、保温、防腐、防老化和防火的有效构造措施。

4 生产建筑

4.1 主控制楼

4.1.4 主控制楼的交通组织应满足生产和防火疏散要求。
4 作为疏散出入口的室外楼梯平台，其耐火极限不应低于 1.0h，且在楼梯附近 2.00m 内的墙面上不应开设疏散门以外的其他洞口。

4.1.10 主控制室的室内装修应考虑防火、防尘、吸声等要求，结合工艺专业要求合理布置，创造良好的工作环境。

4.1.12 蓄电池室应满足以下要求：
2 蓄电池室通向走廊的门应为乙级防火门；蓄电池室的外窗宜防止太阳光直射室内。

5 辅助生产建筑

5.2 库 房

5.2.4 存放可燃性材料的库房应用防火墙与其他库房隔开，并单独设置出入口。防火墙两侧门窗间的最小水平距离不应小于 2.00m，门应向外开启。应避免阳光直射。

6 附属建筑

6.1 办公建筑

6.1.6 办公建筑的走道净宽应满足防火疏散要求，走道最小净宽应符合表6.1.6的规定。

表6.1.6 走道最小净宽（m）

走道长度	走道净宽	
	单面布房	双面布房
≤40	1.30	1.50
>40	1.50	1.80

6.5 车 库

6.5.3 车库的设计应符合国家现行标准《车库建筑设计规范》JGJ 100和《汽车库、修车库、停车场设计防火规范》GB 50067的相关规定。

6.7 锅 炉 房

6.7.2 燃煤、燃油、燃气锅炉房及电锅炉房宜独立建造。当确有困难时可贴邻其他建筑布置，但应采用防火墙隔开，且不应贴邻人员密集场所。

73.《水电站地下厂房设计规范》NB/T 35090—2016

3 地下厂房布置

3.1 厂区枢纽布置

3.1.2 地下厂房的布置应遵循下列原则：

10 应重视洞室的安全和防灾设计。地质条件复杂，或至地面安全出口的通道较长，不能快速疏散的地下洞室群，宜在洞室群内适当位置设置应急避难场所。

3.1.17 主变压器及开关站场地的布置应根据地形地质条件、气象条件、泄洪雨雾影响、交通运输、电气设计、消防等因素，经技术经济比较确定。

3.1.18 地下主变压器的布置，宜使主变压器与机组连接母线线路短并便于维护，主变压器之间应设置防火隔墙。

3.1.22 地下厂房独立通至山外地面的安全出口设置，应符合《水电工程设计防火规范》GB 50872 和《水电站厂房设计规范》NB 35011 的有关规定。当出线或通风用的廊（隧）道、竖井兼作安全通道时，其宽度、高度应满足安全疏散要求，同时应将安全通道与出线或通风道隔开，分隔物的耐火时间应满足安全疏散要求。

3.1.23 主变压器洞、开关站的安全出口不应少于 2 个。

3.2 厂房内部布置

3.2.3 主厂房安装间的安装和布置应按下列原则确定：

4 通风系统设计应与地下厂房建筑消防设计相协调。

3.2.5 厂内交通应符合下列规定：

2 全厂不应少于两个通至底层的楼梯。楼梯间距应满足消防和运行巡视要求。

3 发电机层、水轮机层等主要楼层应设置贯穿全厂的水平通道。

4 主要通道的宽度、坡度、安全出口设置等应符合机电、建筑、消防设计规范的要求。安全出口应与对外附属洞室连通。

3.2.6 地下厂房顶部可视需要设置顶棚。顶棚设计可结合通风、排水防潮、防火、照明、运行维护、耐久性等要求综合考虑。顶棚拱脚上部空间应满足检修、维护要求。

7 地下厂房结构设计

7.3 构造设计

7.3.6 主变压器之间的防火隔墙设计应符合《水电工程设计防火规范》GB 50872 的有关规定。

74.《水力发电厂供暖通风与空气调节设计规范》NB/T 35040—2014

5 通 风

5.3 机械通风

5.3.12 通风机房的设置，应符合下列规定：

1 用于油罐及油处理室、蓄电池室、SF_6全封闭组合电器室等房间的通风机房，其送、排风机房通风量应分别按不小于2次/h、1次/h的换气次数确定；

3 油罐及油处理室、蓄电池室的通风机不应与其他通风机合设机房。

5.3.13 设有全淹没气体灭火系统的中央控制室、计算机房、继电保护盘室等房间，其事故排风量应按换气次数不小于5次/h确定。

5.3.14 气体灭火系统的储瓶间应采用机械通风。其事故排风量可按换气次数不小于12次/h确定。

5.3.15 事故排风的吸风口，应设在有害气体或爆炸危险的物质放散量可能最大或聚集最多的地点。对事故排风的死角处，应采取导流措施。

5.3.16 事故排风的排风口，应符合下列规定：

1 应设置在室外安全处，尽可能避免对人员的影响，不应设置在人员经常停留或通行的地点或邻近门、窗、进风口等设施的位置；

2 排风口与机械送风系统进风口的水平距离不应小于20m，当水平距离不足20m时，排风口应高出进风口，并不宜小于6m；

3 排风口不应朝向室外空气动力阴影区，不宜朝向空气正压区。

5.3.18 密闭房间的事故排风应设置补风系统。补风量直大于排风量的50%。

7 防火与防烟排烟

7.1 防 火

7.1.1 水力发电厂所有工作场所严禁采用明火供暖，蓄电池室、油处理室严禁采用开敞式电加热器供暖。

7.1.2 设在风管型密闭式电加热器前后两端各0.8m范围内的风管、绝热层，应为不燃材料。

7.1.3 下列情况之一的通风、空气调节系统的风口或风管上应设置防火阀：

1 穿越防火分区或防火分隔处；

2 穿越防火分隔处的变形缝两侧；

3 穿越通风、空气调节机房的房间隔墙和楼板处；

4 主厂房采用发电机组放热风供暖时，发电机组放热风口和补风口处；

5 垂直风管与每层水平风管交接处的水平管段上；

6 大型通风、空气调节机房墙上设无风管的回风口处。

7.1.5 通风和空气调节系统的新风口应远离废气和烟气出口。

7.1.6 防酸隔爆式蓄电池室应符合以下规定：

1 蓄电池室应设专用的通风系统、单独的通风机房，当送、排风风机布置在同一个通风机房内时，送风机与风管应是封闭系统，送风机的进风口应设在风机室外；

2 室内空气不允许再循环，室内应保持负压，污染空气应排至厂外，地下厂房可排至厂房总排风道，并应有防止空气回流的措施；

3 通风机和电机应为防爆型，并应直接连接；

4 蓄电池室通风装置应有消除静电的接地，室内不得装设开关和插座。

7.1.7 阀控式密封蓄电池室可根据室内换气要求设置通风装置，不受本规范第7.1.6条规定的限制。

7.1.8 厂内油浸式变压器室的排风必须与其他通风系统分开，并应将空气（或烟气）直接排至厂外。地下厂房也可排至主排风道，并必须符合本规范第7.1.11条的要求。

7.1.9 油罐室、油处理室宜设专用的通风系统、专用通风机房，机房门应直通走道，通风机与电动机应为防爆型，并应直接连接。油罐室、油处理室的室内空气不允许再循环，并保持室内负压。

7.1.10 除混凝土或砖砌风道外，一般风管不宜穿过防火墙、楼板，当必须穿过时，应在穿过处设防火阀。穿过防火墙两侧各2m范围内的风道应采用不燃材料保温，穿过处风管周边的空隙应采用不燃材料封堵。

7.2 防烟排烟

7.2.1 水力发电厂人员经常停留的封闭副厂房和建筑高度大于32m的高层副厂房的下列场所，应设置机械加压送风设施：

1 不具备自然排烟条件的防烟楼梯间；

2 不具备自然排烟条件的消防电梯间前室或合用前空；

3 设置自然排烟设施的防烟楼梯间，其不具备自然排烟条件的前室。

7.2.3 下列场所应设置机械排烟设施：

1 地下、封闭厂房的发电机层及其厂内主变压器搬运道；

2 人员经常停留的封闭副厂房的疏散走道；

3 建筑高度大于32m的高层副厂房中长度大于20m但不具备自然排烟条件的疏散走道。

7.2.4 防烟楼梯间及其前室、消防电梯间前室或合用前室的防烟系统设计，应按现行国家标准的有关规定执行。

7.2.6 设置机械排烟设施的场所，其排烟量可按下列规定取值：

3 疏散走道的排烟量,当担负一个排烟系统时,应按不小于 $60m^3/(h·m^2)$ 计算;当竖向担负两个或两个以上排烟系统时,应按最大排烟系统每平方米排烟面积不小于 $120m^3/h$ 计算。每个系统风机排烟量不小于 $7200m^3/h$。

7.2.7 设置机械排烟系统时,应同时设置补风系统。当设置机械补风系统时,其补风量不宜小于排烟量的50%。

7.2.8 机械排烟系统的设置应符合下列规定:
　　2 穿越防火分区的排烟管道应在穿越处设置排烟防火阀;
　　3 在排烟风机入口总管上应设置排烟防火阀。

9 监测与控制

9.1 一般规定

9.1.5 水力发电厂涉及防火、防烟排烟系统的监测与控制,应执行有关国家现行标准的规定;与防烟排烟系统合用的通风与空气调节系统应按消防设施的要求供电,并在火灾时转入火灾控制状态。

9.2 供暖、通风系统

9.2.6 事故排风及其补风系统的通风机、加压送风机、排烟风机和排烟补风用送风机,宜分别在中央控制室和厂房内便于操作的地点设置电器开关或紧急启动按钮,并应具有明显的标志和防止误操作的保护装置。

9.2.7 当可燃、易爆或有毒气体场所事故排风系统设置可燃、易爆或有毒气体检测、报警及控制装置时,事故排风应与其联锁启动,同时应保证事故排风电源的可靠性。

9.2.9 机械排烟系统中,当任一排烟口或排烟阀开启时,排烟风机应能自动启动。

10 设备材料、绝热防腐、消声隔振和抗震

10.1 设备材料

10.1.17 厂房内油管道、电缆和给排水管道等,不得穿过风管内,也不得沿风管外壁敷设。油管道不应穿过通风机房。

10.1.19 通风、空气调节系统的风管,应采用不燃材料制作;其绝热材料、消声材料及其粘结剂应采用不燃或难燃材料,风管的柔性接头可采用难燃材料制作。

10.1.20 排烟风机可采用离心或轴流排烟风机。在排烟风机入口总管上设置的排烟防火阀应与风机联锁。当该防火阀关闭时,风机应能停止运转。

　　排烟风机和烟气流管道附件,如风阀、柔性接头等,应保证在280℃的温度下连续有效工作不少于30min。

10.1.21 排烟风机的全压应满足排烟系统最不利支路的要求,其排烟量应考虑10%~20%的漏风量。排烟风机和用于排烟补风的送风机宜设在通风机房内。

10.1.22 防火阀的动作温度应为70℃。防火阀在其易熔片及其他控制元件一经作用时,应能顺气流方向自行严密关闭,并应有防止风管变形而影响关闭的措施。

10.1.23 防烟与排烟系统的管道、风口及阀门等必须采用不燃材料制作。排烟管道应与可燃物保持不小于0.15m的距离或采取可靠的隔热防火措施。

75.《氢冷发电机供氢系统防爆安全验收导则》NB/T 25073—2017

1 范 围

本标准规定了核电厂氢冷发电机供氢系统安装竣工时的防爆安全验收准则。

本标准适用于核电厂氢冷发电机投运前供氢系统及氢气相关系统（不包括制氢和储氢系统设备）的防爆安全验收。

常规电站氢冷发电机可参考本标准进行验收。

3 术语和定义

3.1 氢冷发电机 hydrogen-cooled generator

发电机有效部分采用氢气进行冷却的发电机。

3.2 供氢系统 hydrogen gas supply system

汽轮发电机厂房内给发电机供应氢气，具备气体置换以及在线监测功能的系统，主要包括氢气控制装置、氢气纯度检测装置、漏氢检测装置、循环风机、氢气干燥器、漏液监测装置、CO_2供应装置以及相应的管路等。

3.3 阻火器 fire arrestor

防止氢气回火的一种安全装置。

4 防爆技术要求

4.4 供氢系统防爆功能设计

4.4.2.5 氢气的排空管在厂房顶的排气口处应设置阻火器。

4.4.2.9 当氢气排放管路上采用联动紧急排氢阀时，宜采用防火电磁阀和供氢隔离电磁阀，防火电磁阀的联锁控制要求应满足：

a) 当防火电磁阀被紧急打开时，自动关闭供氢电磁阀。

b) 当发电机内部的氢气压力降低到略高于大气压力的设定值时，防火电磁阀自动关闭，防止空气进入发电机。

c) 防火电磁阀关闭后，供氢电磁阀应仍保持关闭，直到需要充氢时才可通过手动打开。

4.7 通风和消防

4.7.1 对于防爆区域应考虑防止氢气积聚的通风措施，在必要的设备处设置消防设施，密封油集成装置四周需安装自动喷淋灭火装置，在氢气区域设置必要的移动消防器材。

6.3 核工业工程

76.《核电厂常规岛设计防火规范》GB 50745—2012

1 总 则

1.0.2 本规范适用于汽轮发电机组单机发电容量百万千瓦级及以下的压水堆核电厂常规岛的防火设计。

2 术 语

2.0.1 常规岛 conventional island
  汽轮发电机组及其配套设施、建（构）筑物的统称。

2.0.2 汽轮发电机厂房 turbine building
  由汽机房、除氧间、凝结水精处理间、润滑油转运间等组成的综合性建筑物。

2.0.3 主开关站 main switchgear station
  向电网输送电能并向机组提供正常启动电源的高压电气装置及建（构）筑物。

2.0.4 辅助开关站 auxiliary switchgear station
  向厂用电系统提供正常备用和检修电源的高压电气装置及建（构）筑物。

2.0.5 网络继电器室 switchgear control building
  对主开关站、辅助开关站的主要电气设备进行控制的建筑物。

2.0.6 辅助锅炉房 auxiliary boiler house
  为汽轮发电机组启动或停机提供辅助蒸汽，以辅助锅炉间为主的综合性建筑。

3 建（构）筑物的火灾危险性分类及耐火等级

3.0.1 建（构）筑物的火灾危险性分类及耐火等级不应低于表3.0.1的规定。

表3.0.1 建（构）筑物的火灾危险性分类及其耐火等级

类别	建（构）筑物名称	火灾危险性	耐火等级
汽轮发电机厂房	汽轮发电机厂房地上部分	丁	二级
	汽轮发电机厂房地下部分	丁	一级
常规岛配套设施	除盐水生产厂房	戊	二级
	海水淡化厂房	戊	二级
	非放射性检修厂房	丁	二级
	空压机房	丁	二级
	备品备件库	丁	二级
	工具库	戊	二级
	机电仪器仪表库	丁	一级
	橡胶制品库	丙	二级

续表3.0.1

类别	建（构）筑物名称	火灾危险性	耐火等级
常规岛配套设施	危险品库	甲	二级
	酸碱库	丁	二级
	油脂库	丙	二级
	油处理室	丙	二级
	网络继电器室（采取防止电缆着火后延燃的措施时）	丁	二级
	网络继电器室（未采取防止电缆着火后延燃的措施时）	丙	二级
	主开关站	丁	二级
	辅助开关站	丁	二级
	电缆隧道	丙	一级
	实验室	丁	二级
	供氢站	甲	二级
	化学加药间（含制氯站）	丁	二级
	辅助锅炉房	丁	二级
	油泵房	丙	二级
	循环水泵房	戊	二级
	取水构筑物	戊	二级
	非放射性污水处理构筑物	戊	二级
	冷却塔	戊	三级

3.0.2 汽轮发电机厂房的屋面承重构件的耐火极限不应低于0.50h。

3.0.3 当汽轮发电机厂房的非承重外墙采用不燃烧体时，其耐火极限不应低于0.25h；当非承重外墙采用难燃烧体的轻质复合墙体时，其表面材料应为不燃材料，内填充材料的燃烧性能不应低于现行国家标准《建筑内部装修设计防火规范》GB 50222中规定的B_1级。

3.0.4 当汽轮发电机厂房的屋面板采用不燃烧体时，其屋面防水层和绝热层可采用可燃材料；当屋面材料采用难燃烧体的轻质复合屋面板时，其表面材料应为不燃烧体，内填充材料的燃烧性能不应低于B_1级。

3.0.5 电缆夹层的隔墙应采用耐火极限不低于2.00h的不燃烧体。电缆夹层的承重构件，其耐火极限不应低于1.00h。

3.0.6 其他厂（库）房内的电缆竖井及管道竖井的围护墙及承重构件应采用耐火极限不低于2.00h的不燃烧体。

3.0.7 建（构）筑物构件的燃烧性能和耐火极限，除应符合本规范的规定外，尚应符合现行国家标准《建筑设计防火规范》GB 50016的有关规定。

4 总平面布置

4.0.1 总平面布置应结合工艺系统要求划分防火区域。防火区域宜相对独立布置，生产过程中有易燃或爆炸危险的建（构）筑物宜布置在厂区的边缘地带。

4.0.2 室外油浸变压器与厂房之间的距离应满足表4.0.5防火间距要求，当符合本规范5.3.6条时其间距可适当减小。

4.0.3 油罐区应单独布置，其四周应设置1.8m高的围栏。油罐区的其他防火设计应符合现行国家标准《建筑设计防火规范》GB 50016的有关规定。

4.0.4 供氢站应独立设置，周围宜设置不燃烧体的实体围墙，其高度不应小于2.5m。供氢站宜布置在厂区边缘且不窝风的地段，远离散发火花的地点或位于明火、散发火花地点最小频率风向的下风侧；泄压面不应面对人员集中的地方和主要交通道路。供氢站的其他防火设计应符合现行国家标准《氢气站设计规范》GB 50177的有关规定。

4.0.5 常规岛建（构）筑物之间的防火间距不应小于表4.0.5的规定。当不符合本表规定时，应采取可靠的防火隔离措施。

表 4.0.5 常规岛建（构）筑物之间的防火间距（m）

序号	建筑物名称			危险品库	丙、丁类建(构)筑物 耐火等级		戊类建(构)筑物 耐火等级		屋外开关站	供氢站	贮氢罐	厂内道路（路边）	
					一、二级	三级	一、二级	三级				主要	次要
1	危险品库			—	15	20	15	20	30	20	20	10	5
2	丙、丁类建(构)筑物	耐火等级	一、二级	15	10	12	10	12	10	12	12	无出口时1.5，有出口无引道时3，有引道时6	
3			三级	20	12	14	12	14	12	14	15		
4	戊类建(构)筑物	耐火等级	一、二级	15	10	12	8	10	10	12	12		
5			三级	20	12	14	12	14	12	14	15		
6	屋外开关站			30	10	12	10	12	—	25	25		
7	屋外变压器油量(t/台)		≤10		12	15	12	15					
8			10～50		15	20	15	20					
9			>50		20	25	20	25					
10	供氢站			20	12	14	12	14	25	—	12	10	5
11	贮氢罐			20	12	15	12	15	25	12	见注3	10	5
12	围墙			5	5	5	5	5	—	5	5	1	

注：1 防火间距应按相邻两建（构）筑物外墙的最近距离计算，当外墙有凸出的可燃构件时，则应从其凸出部分外缘算起。建（构）筑物与屋外开关站的最小间距应从构架上部的边缘算起；屋外油浸变压器之间的间距由工艺确定。
2 表中间距为变压器外轮廓与建（构）筑物外表面之间的防火间距。
3 贮氢罐的防火间距应为相邻较大贮氢罐的直径。当氢气罐总容量小于或等于1000m³时，贮氢罐与耐火等级为一、二级和三级的丙、丁类建（构）筑物及戊类建（构）筑物之间的距离分别为12m、15m。当贮氢罐总容量大于1000m³时，间距应按现行国家标准《氢气站设计规范》GB 50177的有关规定执行。
4 两座建筑物，如相邻较高的一侧外墙为防火墙时，其最小间距不限，但甲类建筑物之间不应小于4m。
5 两座丙、丁类建（构）筑物及戊类建（构）筑物相邻两面的外墙均为不燃烧体且无外露的燃烧体屋檐，当两面外墙上的门窗洞口面积之和各不超过该外墙面积的5%且门窗洞口不正对开设时，其防火间距可减少25%。
6 两座一、二级耐火等级厂房，当相邻较低一面外墙为防火墙，且较低一座厂房的屋盖耐火极限不低于1h时，其防火间距可适当减少，但甲、乙类厂房不应小于6m，丙、丁类厂房不应小于4m。
7 两座一、二级耐火等级厂房，当相邻较高一面外墙的门窗等开口部分设有防火门卷帘和水幕时，其防火间距可适当减少，但甲、乙类厂房不应小于6m；丙、丁及戊类厂房不应小于4m。
8 数座耐火等级不低于二级的厂房（本规范另有规定者除外），其火灾危险性为丙类，占地面积总和不超过8000m²（单层）或4000m²（多层），或丁、戊类不超过10000m²（单、多层）的建（构）筑物，可成组布置，组内建（构）筑物之间的距离：当建（构）筑物高度不超过7m时，其间距不应小于4m；建筑物高度超过7m时，间距不应小于6m。
9 事故贮油池至火灾危险性为丙、丁及戊类生产建（构）筑物（一、二级耐火等级）的距离不应小于5m。
10 本表中未提到的建（构）筑物之间间距，按现行国家标准《建筑设计防火规范》GB 50016的有关规定执行。

4.0.6 汽轮发电机厂房（含核岛）、开关站、油罐区周围应设置环形消防车道，其他建（构）筑物周围宜设置环形消防车道。消防车道可利用厂内交通道路。

4.0.7 厂区消防道路设计除应满足总体规划的要求及现行国家标准《厂矿道路设计规范》GBJ 22的有关规定外，尚应符合下列规定：

 1 核电厂厂区应设置不少于两个不同方向的入口，其位置应便于消防车辆行驶；

 2 道路转弯半径应符合消防车辆通行的需要，且不应小于9m。

5 建（构）筑物的防火分区、安全疏散和建筑构造

5.1 建（构）筑物的防火分区

5.1.1 汽轮发电机厂房内的下列场所应进行防火分隔：
1 电缆竖井、电缆夹层；
2 电子设备间、配电间、蓄电池室；
3 通风设备间；
4 润滑油间、润滑油转运间；
5 疏散楼梯。

5.1.3 电缆沟道、电缆隧道以及含有油管道或电缆的综合廊道内每个防火分区的长度不应大于200m，且每隔50m应采取防火分隔措施。

5.1.4 丙类库房宜单独布置。当丁、戊类厂（库）房内设置丙类库房时应符合下列规定：
1 丙类库房的建筑面积应小于一个防火分区的允许建筑面积；
2 丙类库房采用防火墙和耐火极限不低于1.50h的楼板与其他部分隔开，防火墙上的门为甲级防火门；
3 应设置自动灭火系统。

5.1.5 甲、乙类库房应单独布置。当需与其他库房合并布置时，应符合下列规定：
1 库房应为单层建筑；
2 存放甲、乙类物品部分应采取防爆措施和设置泄压设施；
3 存放甲、乙类物品部分应采用抗爆防护墙与其他部分分隔，相互间的承重结构应各自独立。

5.2 厂房（库房）的安全疏散

5.2.1 厂房内地上部分最远工作地点到外部出口或疏散楼梯的距离不宜大于75m；厂房内地下部分最远工作地点到疏散楼梯的距离不应大于45m。

5.2.2 汽轮发电机厂房的疏散楼梯应采用封闭楼梯间或室外楼梯。

5.2.3 厂（库）房、电缆隧道等可利用通向相邻防火分区的防火墙上的甲级防火门作为第二安全出口。

5.2.4 主、辅开关站各层的安全出口不应少于两个，室内最远工作地点到最近安全出口的直线距离不应大于30m。

5.2.5 厂房内配电间室内最远点到疏散出口的直线距离不应大于15m；当其长度大于7m时疏散出口的数量不应少于2个。

5.3 建筑构造

5.3.1 丁、戊厂（库）房的封闭楼梯间应符合下列规定：
1 楼梯间宜天然采光和自然通风，并宜靠外墙设置；当不能天然采光和自然通风时，可不设置前室，但应设置防烟设施；
2 楼梯间内不应设置可燃材料储藏室、垃圾道；
3 楼梯间内不应有影响疏散的凸出物或其他障碍物；
4 楼梯间的首层可包括走道和门厅，形成扩大的封闭楼梯间，但应采用乙级防火门等措施将楼梯间与其他走道和房间隔开；
5 除楼梯间的门之外，楼梯间的内墙上不应开设其他门窗洞口。

5.3.2 疏散楼梯间内部不应穿越可燃气体管道、蒸汽管道、甲、乙、丙类液体管道。

5.3.3 防火分隔墙的耐火极限不应低于2.00h，分隔楼板、梁的耐火极限不应低于1.00h。防火分隔墙上设置的门、窗，应为甲级防火门、窗。

5.3.4 当油管道采用沟道敷设时，在油罐至油泵房以及油泵房至辅助锅炉房之间的油管沟内，应有防止火灾蔓延的隔断措施。

5.3.5 地下电缆沟、电缆隧道以及综合管廊在进出厂房时，在建筑物外墙1.0m处应设置防火墙。防火墙上的门应采用甲级防火门。

5.3.6 当汽轮机发电机厂房墙外5m范围内布置有变压器时，不应在变压器外轮廓投影范围外侧各3m内的汽轮机发电厂房外墙上设置门、窗和通风孔，且该区域外墙应为防火墙；当汽轮机发电机厂房墙外5m~10m范围内布置有变压器时，汽轮发电机厂房的外墙可设甲级防火门，变压器高度以上应设防火窗，其耐火极限不应低于0.90h。

5.3.7 当管道或电缆穿过防火墙或防火分隔墙时所形成的孔洞或缝隙应采取防火封堵措施。

5.3.8 油系统的储油设施四周应设置可贮存全部油量的防火挡沿，其耐火极限不应低于1.50h。

5.3.9 甲、乙、丙类厂房的墙面、地面、顶棚和隔断应采用A级装修材料；丁、戊类厂房的顶棚和墙面应采用A级装修材料，其他部位应采用不低于B_1级的装修材料。常规岛其他建筑物的内部装修设计应符合现行国家标准《建筑内部装修设计防火规范》GB 50222的有关规定。

6 工艺系统

6.1 汽轮发电机组

6.1.1 氢气系统设计应符合下列规定：
1 发电机的排氢阀和气体控制站，应布置在能使氢气安全排至厂房外没有火源的地方。在氢气管道上适当位置应设置氢气放散管，放散管应引至厂房外没有火源的地方并高出周围建筑物4m。放散管应采用不锈钢管，其管口应设阻火器，排氢能力应与汽轮机破坏真空停机的惰走时间相配合。

6.1.2 汽机润滑油箱、油净化装置及冷油器应布置在同一个房间，房间内应设置防火堤，高度应能储存最大储油设备的漏油量。

6.1.6 汽动给水泵油箱宜布置在房间内，并应设置可容纳最大储油设备漏油量的防火堤。

6.2 油罐区和油泵房

6.2.1 油罐区和油泵房的油品火灾危险性分类应符合现行国家标准《石油库设计规范》GB 50074的有关规定。

6.2.4 油罐的出油管道，应在靠近防火堤外面设置隔离阀。

6.2.6 油罐区的排水管应在防火堤外设置隔离阀。

6.2.7 管道不宜穿过防火堤。当必须穿过时，管道与防火堤间的缝隙应采用防火封堵材料紧密填塞，当管道周边有可燃

物时，还应在防火堤两侧 1m 范围内的管道上采取防火保护措施；当直径大于或等于 32mm 的燃油管道穿过防火堤时，除填塞防火封堵材料外，还应设置阻火圈或阻火带。

6.2.9 油管道宜架空敷设。当油管道与热力管道敷设在同一地沟时，油管道应布置在热力管道的下方，必要时应采取隔热措施。

6.2.13 油系统的设备及管道的保温材料，应采用不燃烧材料。

6.3 变压器

6.3.1 屋外油浸变压器与各建（构）筑物的最小间距应符合本规范第 4.0.5 条的规定。

6.3.2 油量为 2500kg 及以上屋外油浸变压器之间的最小间距应符合表 6.3.2 的规定。

表 6.3.2 屋外油浸变压器之间的最小间距（m）

电压等级	最小间距
35kV 及以下	5
66kV	6
110kV	8
220kV 及以上	10

6.3.3 当油量为 2500kg 及以上屋外油浸变压器之间的最小间距不满足表 6.3.2 中的规定时，变压器之间应设置防火墙，防火墙的长度不应小于变压器储油池两侧各 1m，高度不小于变压器油枕高度的 0.5m，防火墙的耐火极限不应低于 3.00h。

6.4 电缆及电缆敷设

6.4.1 下列场所或回路的明敷电缆应为耐火电缆或采取防火防护措施，其他电缆可采用阻燃电缆：
 1 消防、报警、应急照明和直流电源等重要回路；
 2 计算机监控、应急电源、不停电电源等双回路合用同一电缆通道且未相互隔离时的其中一个回路；
 3 油脂库、危险品库、供氢站、油泵房、气体储存区等易燃、易爆场所；
 4 循环水泵房、除盐水生产厂房等重要电源的双回供电回路合用同一电缆通道未相互隔离时的其中一个回路。

6.4.2 建（构）筑物中电缆引至电气盘、柜或控制屏、台的开孔部位，电缆贯穿隔墙、楼板的孔洞处应采用防火封堵材料进行封堵，封堵组件的耐火极限不应低于被贯穿物的耐火极限且不应低于 1.00h。防火封堵材料不应含卤素，对电缆不得有腐蚀和损害。

6.4.3 在电缆竖井中，每间隔 6m 应进行防火封堵；每间隔 12m 应设置 1 个电缆竖井出入口，最上端的出入口应位于距电缆竖井顶部 6m 范围内。金属材料的电缆竖井外表面应涂敷防火涂料或防火漆，其耐火极限不应低于 2.00h。

6.4.5 在电缆隧道或电缆沟的下列部位，应设置防火墙：

 1 公用主隧道或电缆沟的分支处；
 2 长距离电缆隧道或电缆沟每间隔 50m 处；
 3 通向建筑物的入口处；
 4 厂区围墙处。

6.4.6 可燃气、油管路以及其他可能引起火灾的管道严禁穿越电缆隧道和电缆沟道。

6.4.7 电缆架空敷设应符合下列规定：
 1 正常运行系统相互备用的重要电缆宜敷设在不同的电缆通道内，当敷设在同一电缆通道内时，应符合本规定第 6.4.1 的规定；
 2 除通信、照明和信号电缆外，其余电缆均不得敷设在疏散通道内。敷设在疏散通道内的电缆应穿管敷设，穿越疏散通道的电缆贯穿件，其耐火极限应符合现行国家标准《建筑设计防火规范》GB 50016 的有关规定；
 3 测量和控制电缆应敷设在封闭金属线槽内或穿管敷设；
 4 电缆桥架分支处、直线段每间隔 50m 处应设置阻火措施。

6.4.8 临近汽轮机头部、汽轮机油系统等易受外部火灾影响部位的电缆区段，应采取阻火措施或采用耐火电缆。

6.4.9 架空敷设的电缆应与热力管路保持足够的距离，控制电缆、动力电缆与热力管道平行时，两者间的距离分别不应小于 0.5m 和 1.0m；控制电缆、动力电缆与热力管道交叉时，两者间的距离分别不应小于 0.25m 和 0.5m。当不能满足要求时，应采取有效的防火隔热措施。

7 消防给水、灭火设施及火灾自动报警

7.1 一般规定

7.1.1 常规岛的消防用水应与核电厂的全厂消防用水统一规划。

7.1.2 消防给水系统应满足常规岛最大一次灭火用水量、流量及最大压力要求。

 注：1 在计算水压时，应采用喷嘴口径 19mm 的水枪和直径 65mm、长度 25m 的有衬里消防水带，每支水枪的计算流量不应小于 5L/s。
 2 消火栓给水管道设计流速不宜大于 2.5m/s，消火栓与水喷雾灭火系统或自动喷水灭火系统合用管道的流速不宜超过 5m/s。

7.1.3 常规岛的最大一次灭火用水流量应为建筑物或设备需要同时开启的室外消火栓、室内消火栓、自动喷水、水喷雾及泡沫灭火系统等系统流量之和中的最大值。消防给水系统的火灾延续时间不应少于 2.00h。

7.1.5 常规岛的火灾自动报警系统和固定灭火系统的设置要求，可按表 7.1.5 的规定确定。

表 7.1.5 常规岛的火灾自动报警系统和固定灭火系统的设置

建（构）筑物和设备		可选的火灾探测器类型	可选的灭火介质及系统形式
汽车发电机厂房	控制设备间	（高灵敏型管路采样吸气式感烟＋感温）/（感烟＋感温）	气体

续表 7.1.5

建（构）筑物和设备		可选的火灾探测器类型	可选的灭火介质及系统形式
汽轮发电机厂房	电子设备间	（高灵敏型管路采样吸气式感烟＋感温）/（感烟＋感温）	气体
	计算机室	（高灵敏型管路采样吸气式感烟＋感温）/（感烟＋感温）	气体
	润滑油设备间	（感温＋火焰）/（感烟＋火焰）	水喷雾/自动喷水/泡沫-喷淋
	电液装置（抗燃油除外）	（感温＋火焰）/（感烟＋火焰）	水喷雾/自动喷水/泡沫-喷淋
	氢密封油装置	（感温＋火焰）/（感烟＋火焰）	水喷雾/自动喷水/泡沫-喷淋
	汽轮发电机组轴承	（感温＋火焰）/（感烟＋火焰）	水喷雾，参见注1
	运转层下各层	感烟/感温	自动喷水/泡沫-水喷淋/泡沫-水喷雾/泡沫
	给水泵油箱（抗燃油除外）	（感温＋火焰）/（感烟＋火焰）	水喷雾/自动喷水/泡沫-喷淋
	配电间	感烟＋感温	干粉（灭火装置）或气体
	电缆夹层	（高灵敏型管路采样吸气式感烟＋感温）/（缆式线型感温＋点型感烟）/（光纤感温＋点型感烟）	自动喷水/水喷雾/气体
	电缆桥架	缆式线型感温/光纤感温	见第7.5.3条
	电缆竖井	感烟/缆式线型感温/光纤感温/接头温度监测	自动喷水/干粉（灭火装置）
	蓄电池间	防爆感烟/可燃气体探测	—
	通风设备间	感烟	—
	汽轮发电机厂房至电气厂房或网络继电器室电缆通道	缆式线型感温/光纤感温/感烟	—
	主蒸汽管道与油管道（在蒸汽管道上方）交叉处	感温/感烟	干粉
变压器	主变压器	（感温＋火焰）/（感温＋感温）	水喷雾
	辅助变压器	（感温＋火焰）/（感温＋感温）	水喷雾
	联络变压器	（感温＋火焰）/（感温＋感温）	水喷雾
	高压厂用变压器	（感温＋火焰）/（感温＋感温）	水喷雾
其他	屋内主开关站、辅助开关站	感烟/火焰	—
	空压机房	感烟	—
	油罐区	感温＋火焰	泡沫
	化学加药间、制氯间	氢气探测	—
	海水淡化厂房的控制室、配电间	感烟	—
	供氢站	氢气探测	—
	燃油辅助锅炉燃烧器	（感烟＋火焰）/（感温＋火焰）	水喷雾/自动喷水/泡沫-喷淋
	非放射性高架仓库（戊类除外）	感烟	自动喷水

续表 7.1.5

建（构）筑物和设备		可选的火灾探测器类型	可选的灭火介质及系统形式
其他	机电仪器仪表库	（高灵敏型管路采样吸气式感烟＋感温）/（感烟＋感温）	气体
	危险品库	感烟/可燃气体	见注3
	非放射性检修厂房	感烟	—
	网络继电器室	（高灵敏型管路采样吸气式感烟＋感温）/（感烟＋感温）	气体
	电缆隧道	缆式线型感温/光纤感温	水喷雾/干粉（灭火装置）

注：1 汽轮发电机组轴承采用水喷雾灭火系统时应为手动控制。
2 电子设备间、计算机室、网络继电器室、控制设备间的闷顶内如有可燃物且净高超过 0.8m 时，宜装设线型感温探测器。
3 危险品库的灭火介质及系统形式应根据储存的物品种类结合现行国家标准《常用化学危险品贮存通则》GB 15603 的要求综合确定。
4 开式自动水灭火系统宜设置同类型多回路或两种类型组合的火灾自动报警系统。
5 表中未列出的建筑物或设备，其火灾探测器的选择应符合现行国家标准《火灾自动报警系统设计规范》GB 50116 的规定。
6 表中"—"表示无要求，"/"表示或的关系。

7.1.7 在常规岛范围内设置消防给水的稳压装置时，应符合下列规定：

2 稳压装置的供水压力不应低于消防给水系统所需的最高工作压力；

3 当有需要时，补水泵及补气泵均为1用1备。

7.2 室外消防给水

7.2.1 建（构）筑物室外消火栓设计流量的计算应符合表7.2.1的规定：

表 7.2.1 建（构）筑物室外消火栓设计流量（L/s）

耐火等级	建（构）筑物名称及类别		建（构）筑物体积（m³）					
			≤1500	1501～3000	3001～5000	5001～20000	20001～50000	＞50000
一、二级	厂房	甲、乙类	10	15	20	25	30	35
		丙类						40
		丁、戊类	10			15		20
	仓库	甲、乙类	15	15	25	25	—	—
		丙类	15	15	25	25	35	45
		丁、戊类	10			15		20
三级	厂房、仓库	乙、丙类	15	20	30	40	45	—
		丁、戊类	10		15	20	25	35

注：1 消防设计流量应按消火栓设计流量最大的一座建筑物计算，成组布置的建筑物应按消火栓设计流量较大的相邻两座建筑物的体积之和计算。
2 室外油浸变压器的消火栓用水量不应小于 10L/s。

7.2.3 室外消防管道的布置应符合下列规定：

1 汽轮发电机厂房周围的消防给水管道应环状布置，环状管道的进水管不应少于2条；当其中1条故障时，其余进水管应能满足汽轮发电机厂房最大消防进水量的要求；

3 消防给水干管的管径应经计算确定且应满足服务区域最大消防流量的要求，管径不应小于 DN100；

5 消防给水管道应保持充水状态，寒冷地区消火栓应有防冻措施，阀门井应采取防冻措施；

6 地下消防给水管道应埋设在冰冻线以下，管顶距冰冻线不应小于 300mm。

7.2.4 室外消火栓的布置应符合下列规定：

1 宜采用具有调压功能的消火栓；地上式消火栓应有 DN150 或 DN100 吸水口和 DN80 或 DN65 的水龙带出口；当采用地下式消火栓时，应有明显标志，消火栓应有 DN100 和 DN65 栓口；

2 室外消火栓应沿道路设置；

6 当消火栓设置场所有可能受到车辆冲撞时，应在其周围设置防护设施。

7.3 室内消火栓设置场所与室内消防给水量

7.3.1 下列建（构）筑物或场所应设置室内消火栓：

1 汽轮发电机厂房（包括底层、运转层及除氧器层）；

2 屋内有充油设备的主开关站、辅助开关站、网络继电器室；

3 仓库类建筑（不适用水灭火的除外）；

4 燃油辅助锅炉房；

5 循环水泵房。

7.3.3 室内消火栓的设计流量应根据同时使用水枪数量和充实水柱长度由计算确定，但不应小于表 7.3.3 的规定。

表7.3.3 室内消火栓系统设计流量

建筑物名称	高度H、体积V	消火栓设计流量(L/s)	同时使用水枪数量(支)	每根竖管最小流量(L/s)
汽轮发电机厂房	H≤24m	10	2	10
	24m<H≤50m	25	5	15
	H>50m	30	6	15
其他工业建筑	H≤24m，V≤10000m³	10	2	10
	H≤24m，V>10000m³	15	3	
仓库	H≤24m	10	2	10
	24m<H≤50m	30	6	15
	H>50m	40	8	15

注：消防软管卷盘的消防用水量可不计入室内消防用水量。

7.4 室内消防给水管道与消火栓

7.4.1 室内消防给水管道设计应符合下列规定：

1 室内消火栓超过10个且室外消火栓设计流量大于15L/s时，室内消防给水管道至少应有两条进水管与室外管网连接，室内消防给水管道应连接成环状管网，每条与室外管网连接的进水管道应按满足全部设计流量设计；室内消防管道的管径应经计算确定且应满足室内最大消防流量的要求，干管的管径不应小于$DN100$；

2 汽轮发电机厂房内应设置消防给水水平环状管网；消防竖管宜引自水平环状管网成枝状布置；

4 室内消火栓给水管网与自动喷水灭火系统、水喷雾灭火系统的管网应在报警阀或雨淋阀前分开设置。

7.4.2 室内消火栓布置应符合下列规定：

1 汽轮发电机厂房内消火栓的布置应保证有两支水枪的充实水柱同时到达室内任何部位；

3 消防给水系统的静水压力不应超过1.2MPa，超过1.2MPa时，应采用分区给水系统；消火栓栓口处的出水压力不宜超过0.5MPa，超过时应采取减压措施；

4 室内消火栓应设在楼梯或楼梯间休息平台、走道等明显易于取用及便于火灾扑救的地点，栓口距地面高度宜为1.1m，其出水方向宜与设置消火栓的墙面成90°角或向下；

5 室内消火栓的间距应由计算确定；汽轮发电机厂房及高架仓库内消火栓的间距不应超过30m；

6 应采用同一型号且配有自救式消防水喉的消火栓箱，消火栓水带直径宜为65mm，长度不应超过25m，水枪喷嘴口径不应小于19mm；消防软管卷盘宜配长为20m或25m、内径为19mm的消防软管及直流喷雾混合型水枪；

7 当室内消火栓设在寒冷地区非采暖的建筑物内时，可采用干式消火栓给水系统，但在进水管上应安装快速启闭装置，在室内消防给水管路最高处应设自动排气阀；

8 汽轮发电机厂房应配备具有喷雾功能的水枪，其他建（构）筑物内的带电设施附近的消火栓应配备喷雾水枪。

7.5 水喷雾与自动喷水灭火系统

7.5.1 水喷雾灭火设施与高压电气设备带电（裸露）部分的最小安全净距应符合现行行业标准《高压配电装置设计技术规程》DL/T 5352的有关规定。

7.5.2 保护汽轮发电机厂房内的油箱、油设施的水雾喷头宜设置在油箱或油设施四周的上方，水雾必须直接喷向被保护对象并完全覆盖油箱的表面或包络保护对象。

7.5.3 符合下列条件的敞开式电缆桥架应设置水喷雾灭火系统：

1 单摞超过4层；

2 水平相邻的两摞，相互净距不足1.5m，每摞超过3层；

3 一摞超过3层，另一摞超过2层，两摞之间的净距不足1.0m。

7.5.4 用于变压器的水喷雾灭火系统，应在雨淋阀前设管道过滤器。

7.5.5 设有自动喷水灭火系统或水喷雾灭火系统的建（构）筑物、设备的灭火强度及作用面积不应低于表7.5.5的规定。

7.5.6 自动喷水灭火系统、水喷雾灭火系统的设计应符合现行国家标准《自动喷水灭火系统设计规范》GB 50084或《水喷雾灭火系统设计规范》GB 50219的有关规定。

表7.5.5 建（构）筑物、设备的灭火强度及作用面积

火灾类别	建（构）筑物、设备	自动喷水强度(L/min·m²)/作用面积(m²)	水喷雾强度(L/min·m²)	闭式泡沫-水喷淋强度(L/min·m²)/作用面积(m²)
液体	汽轮发电机运转层下	12/260	液体闪点60℃～120℃：20 液体闪点>120℃：13	≥6.5/465
	润滑油设备间			
	给水泵油箱			
	汽轮机、发电机及励磁机轴承			
	电液装置（抗燃油除外）			
	氢密封油装置			
	燃油辅助锅炉房			

续表7.5.5

火灾类别	建（构）筑物、设备	自动喷水强度 (L/min·m²) / 作用面积 (m²)	水喷雾强度 (L/min·m²)	闭式泡沫-水喷淋强度 (L/min·m²) / 作用面积 (m²)
固体与液体	危险品库	15/260	15	—
电气	电缆夹层	12/260	13	—
电气	油浸变压器	—	20	—
电气	油浸变压器的集油坑	—	6	—

注：仓库类的自动喷水灭火强度应符合现行国家标准《自动喷水灭火系统设计规范》GB 50084的有关规定。

7.6 消防排水

7.6.1 设有消防给水系统的建（构）筑物应设置消防排水设施。

7.6.2 变压器的消防排水流量，不应小于消防水设计流量与在20min内排放60%变压器油的排油流量之和；汽轮发电机润滑油箱所在房间和设有消防给水设施的仓库应设地面排水设施，其排水能力不宜小于最大消防给水设计流量。

7.6.3 易燃或可燃液体区域的排水管道应设置水封等限制火灾向外蔓延的措施。

7.7 泡沫灭火系统

7.7.2 单罐容量大于200m³的油罐应采用固定式泡沫灭火系统；单罐容量小于或等于200m³的油罐可采用半固定式泡沫灭火系统。

7.7.3 泡沫灭火系统的设计应符合现行国家标准《泡沫灭火系统设计规范》GB 50151的有关规定。

7.8 气体灭火系统

7.8.1 气体灭火剂的类型与气体灭火系统形式应根据被保护对象的特点、重要性、环境要求并结合防护区的布置，经技术经济比较后确定。有条件时宜采用组合分配系统。

7.8.3 固定式气体灭火系统的设计应符合现行国家标准《气体灭火系统设计规范》GB 50370、《二氧化碳灭火系统设计规范》GB 50193的规定。

7.9 灭火器

7.9.1 建（构）筑物及设备应配置灭火器并宜按表7.9.1确定其火灾类别及危险等级。

表7.9.1 建（构）筑物及设备的火灾类别及危险等级

配置场所	火灾类别	危险等级
电缆夹层	E	中
配电间	E	中
电子设备间、控制设备间	E	中
网络继电器室、继电器室	E	中
蓄电池室	C	中
润滑油设备间	B	严重
电液装置	B	中
氢密封油装置	B	中
汽轮发电机组轴承	B	中

续表7.9.1

配置场所	火灾类别	危险等级
汽机运转层下各层	B	中
给水泵及油箱	B	严重
汽轮发电机厂房内主蒸汽管道与油管道交叉处	B	严重
汽轮发电机厂房电缆桥架附近	E	中
汽机发电机运转层	A、B	中
主、辅开关站（屋内，有充油设备）	A、B、E	中
室外油浸变压器	B	中
除盐水生产厂房	A	轻
海水淡化厂房	A	轻
辅助锅炉房	B	中
供氢站	C	严重
空压机房（有润滑油）	B	中
实验室	A	中
非放射性检修厂房	A、B	轻
循环水泵房及其他给水、排水泵房	A	轻
油脂库	B	中
机电仪器仪表库	A	中
备品备件库	A	中
工具库	A	中
危险品库	A、B、C	严重

7.9.3 露天设置的灭火器应设置在灭火器箱内或置于遮阳棚下。

7.9.5 灭火器应布置在便于人员接近的通道处，宜靠近消火栓。灭火器附近应设置便于人员识别的指示牌。

7.9.6 灭火器的配置设计，应符合现行国家标准《建筑灭火器配置设计规范》GB 50140的有关规定。

7.10 火灾自动报警与消防设备控制

7.10.1 常规岛应设置火灾自动报警系统。常规岛的火灾自动报警系统应与核岛火灾自动报警系统联网。汽轮发电机厂房、油浸变压器、油罐区及网络继电器室的灭火系统应能在核岛主控室手动控制。

7.10.3 火灾探测器的选择及设计，除宜执行本规范第7.1.5条的规定外，尚应符合现行国家标准《火灾自动报警系统设计规范》GB 50116的有关规定。

7.10.7 可燃气体的报警信号应接入火灾自动报警系统。

7.10.8 消防设施的就地启动、停止控制设备应具有明显标志,并应有防误操作保护措施。

7.10.9 汽轮发电机厂房的火灾自动报警系统宜符合下列规定:

1 具有联动功能的火灾报警控制器应设置在安全且便于操作的位置;区域显示盘宜设置在汽轮发电机厂房内便于监控并易于操作的位置;

2 配电间、通风机房、灭火控制系统操作装置处宜设置带有隔音室的消防专用电话,其选型应与核岛统一;

3 声警报器的声压级应高于背景噪声 15dB 且应区别于全厂其他报警信号。

7.10.12 汽轮发电机组及变压器区域宜设置摄像监视装置,图像应能传送至核岛主控室。

7.10.13 火灾自动报警系统的设计,应符合现行国家标准《火灾自动报警系统设计规范》GB 50116 的有关规定。

8 采暖、通风和空调

8.1 采 暖

8.1.1 供氢站、危险品库、橡胶制品库、油脂库、蓄电池室、油泵房等,室内严禁采用明火和易引发火灾的电热散热器采暖。

8.1.2 当危险品库储存易燃易爆化学品时,其房间内采暖热媒温度不应超过 95℃。

8.1.3 采暖管道与可燃物之间应保持一定距离。当热媒温度大于 100℃时,二者距离不应小于 100mm 或应采用不燃材料隔热;当热媒温度小于或等于 100℃时,二者距离不应小于 50mm。

8.1.6 室内采暖系统的管道、管件及保温材料应采用不燃材料。

8.1.8 危险品库、供氢站内设备的绝热材料应采用不燃材料。

8.2 通 风

8.2.9 辅助锅炉房中的油泵房、通行和半通行的油管沟通风,室内空气不应循环使用,当采用机械通风时,通风设备应采用防爆型。油泵房排风道不应设在墙体内,并不宜穿越防火墙;当必须穿越防火墙时,应在穿墙处设置防火阀。

8.2.10 油系统所在房间的通风系统的风管及其部件均应采用不燃材料并设置导除静电的接地装置。

8.2.11 通风系统所采用的材料、防火阀的设置应符合本规范第 8.4 节中的相关规定。

8.2.12 危险品库应根据储存危险品的性质确定通风方式及防火安全措施。当储存甲、乙类液体时,室内空气不应循环使用,送风机与排风机不应布置在同一通风机房内,排风机不应和其他房间的送、排风机布置在同一通风机房内。

8.2.15 燃油辅助锅炉房应设置自然通风或机械通风设施。当设置机械通风设施时,应采用防爆型并设置导除静电的接地装置。燃油辅助锅炉房的正常通风量应按换气次数不少于 3 次/h 确定。

8.2.19 每个防火分区或防火分隔宜设独立的通风系统,当该防火分区或防火分隔设有火灾自动报警系统时,通风系统应与其连锁,发生火灾时,应能自动切断通风机的电源。

8.2.20 火灾危险性较大的房间或设置气体灭火的房间,当发生火灾时,其通风系统应能自动关闭,并应设置火灾后排风系统。

8.2.21 火灾后排风系统的设置应符合下列规定:

2 机械通风系统在系统服务区以外方便处,应设控制开关;

4 采用机械排风时,排风量可按房间换气次数不少于 6 次/h 计算;

5 排风口应远离通风、空调系统的新风口,离开的程度必须足以防止新风口吸入烟气或燃烧产物。排风口的风速不宜大于 10.0m/s;

7 排风机的全压应满足排风系统最不利环路的要求。其排风量应考虑 10%～20%的漏风量;

9 设备、阀门、风管、风口等必须采用不燃材料制作。

8.3 防、排烟

8.3.1 采用自然排烟的封闭楼梯间,每 5 层内可开启排烟窗的总面积不应小于 2.0m²。

8.3.2 作为自然排烟的窗口宜设置在房间的外墙上方或屋顶上,顶部距室内地面不应小于 2m,并应有方便开启的装置。

8.3.3 不具备自然排烟条件的封闭楼梯间应设置机械加压送风防烟设施。

8.3.4 封闭楼梯间内机械加压送风防烟系统维持的正压值为 40Pa～50Pa。加压送风口宜每隔 2 层～3 层设置 1 个。送风口的风速不宜大于 7.0m/s。防烟楼梯间应符合现行国家标准《建筑设计防火规范》GB 50016 有关防烟楼梯间的规定。

8.3.6 防烟系统设备、阀门、风管、风口等必须采用不燃材料制作。

8.3.7 经常有人操作的控制室应考虑排烟,当自然排烟的条件无法满足要求时,应设置机械排烟设施,机械排烟系统的排烟量可按房间换气次数不少于 6 次/h 计算,室内排烟口宜设置在能有效地排除有害气体的位置。

8.4 空 调

8.4.1 凡设有火灾自动报警系统的厂房,空调系统的设备应与火灾自动报警系统连锁,并应具有火灾时能立即停运的功能。

8.4.2 空调系统的新风口应远离废气口和其他火灾危险区的排烟口和排风口。

8.4.3 当系统中设置电加热器时,电加热器的开关应与通风机的启停连锁控制,并应设置超温断电保护信号、欠流保护信号等,温控器设定值应在 90℃以下。电加热器前、后 800mm 范围内,风管及保温材料应采用不燃材料,不应设置消声器、过滤器等设备。

8.4.4 下列情况之一的通风、空调系统的风管上应设置防火阀:

1 穿越防火分隔、防火分区处;

2 穿越通风、空调机房的房间隔墙和楼板处;

3 穿越重要的设备房间或火灾危险性大的房间隔墙和楼板处;

4 穿越变形缝处的两侧;
5 每层水平干管同垂直总管交接处的水平管段上;
6 穿越管道竖井（防火）的水平管段上。

8.4.5 防火阀的设置应符合下列规定:

1 防火阀的易熔片和其他感温、感烟等控制设备一经作用,防火阀应能顺气流方向自行严密关闭,并应采取设置单独支吊架等防止风管变形影响关闭的措施;

3 防火阀暗装时,应在安装部位设置检修口;

4 在防火阀两侧各 2.0m 范围内的风管应为加厚至 2mm 的钢板,风管的保温材料应采用不燃材料,穿越处的空隙应采用防火封堵材料封堵。

8.4.6 通风、空调系统的风管及其附件应采用不燃材料,接触腐蚀性介质的风管和柔性接头可采用难燃材料,设备和风管的绝热材料应采用不燃材料。

8.4.8 冷水管的绝热材料应采用不燃材料或 B_1 级难燃材料。

9 消防供电及照明

9.1 消防供电

9.1.1 消防供电电源应能满足设计火灾持续时间内消防用电设备可靠供电的要求。

9.1.2 火灾自动报警系统的消防供电应符合下列规定:

1 应设有主电源和备用直流电源,保证在消防系统处于最大负载状态下不影响火灾自动报警系统的正常工作及机组大修期间火灾自动报警系统的继续供电;

2 常规岛火灾自动报警系统正常运行方式下由 UPS 主电源 220V 交流供电;事故状态下由本身带有的蓄电池供电,其连续工作时间不应低于 8h。

9.1.3 常规岛内的消防稳压泵、排烟风机及加压风机应按Ⅰ类负荷供电。

9.2 照 明

9.2.1 工作场所应按表 9.2.1 的规定设置备用照明或疏散照明。

表 9.2.1 需装设应急照明的场所

工作场所		应急照明	
		备用照明	疏散照明
汽轮发电机厂房	运转层	√	—
	凝汽器、凝结水泵、闭式冷却泵、电动给水泵、润滑油主油泵	√	—
	润滑油转运间	√	—
	通风厂房	√	—
	树脂再生间	√	—
	发电机出线小室	√	—
	除氧间除氧器层	√	—
	除氧间管道层	√	—
化学车间	除盐水生产厂房控制室	√	—
	化学加药间控制室	√	—
	供氢站	√	—

续表 9.2.1

工作场所		应急照明	
		备用照明	疏散照明
电气车间	配电间	√	—
	蓄电池室	√	—
	直流配电室	√	—
	主开关站	√	—
	辅助开关站	√	—
	网络继电器室	√	—
	不停电电源配电室	√	—
给排水系统	泵房控制室	√	—
	取水构筑物	√	—
	非放射性污水处理构筑物	√	—
通道楼梯及其他	地下室疏散通道	—	√
	主要楼梯间	—	√
	辅助锅炉房（含油泵房）	√	—

注:"√"表示应设置。

9.2.2 汽轮发电机厂房内应设置备用照明系统和疏散照明系统,备用照明系统应由应急母线供电,疏散照明系统应采用蓄电池直流供电。

9.2.3 辅助建筑物技术类厂房内应设置备用照明系统和疏散照明系统,备用照明系统应由应急照明柜供电,疏散照明系统应采用蓄电池直流供电;非技术类厂房应设置自带电源的应急灯疏散照明系统。

9.2.4 表 9.2.1 中所列工作场所的通道出入口处应装设疏散照明。

9.2.5 疏散通道和安全出口应设置消防应急照明和疏散指示标志。

9.2.6 当备用照明或疏散照明采用直流供电时,应采用能瞬时可靠点燃的光源,当采用交流供电时,宜采用荧光灯。

9.2.7 应急灯的选择应根据不同环境的要求分别选用开启式、防水防尘式、隔爆式;其放电时间不应小于 1.0h。

9.2.8 备用照明工作面上的最低照度值不应低于正常照明照度值的 10%。在主要通道地面上的疏散照明的最低照度值不应低于 1lx。

9.2.9 当照明灯具表面的高温部位靠近可燃物时,应采取隔热及散热等防火保护措施。配有卤钨灯光源的灯具,其引入线应采用瓷管、矿物棉等不燃材料作隔热保护。

9.2.10 超过 60W 的白炽灯、卤钨灯、高压钠灯、金属卤化物灯和荧光高压汞灯（包括电感镇流器）,不应直接安装在可燃装饰材料上。可燃物品库房不应设置高温照明灯具。

9.2.11 建筑物内设置的应急照明灯具、安全出口标志灯及安全疏散安全标志,除应符合本规范的规定外,尚应满足现行国家标准《消防安全标志》GB 13495 和《消防应急照明和疏散指示系统》GB 17945 的有关规定。

77.《核电厂防火设计规范》GB/T 22158—2021

1 范围

本文件规定了核电厂内部防火和防爆设计的基本要求，主要包括防火设计总要求、总平面布置的防火设计、火灾预防和限制火灾蔓延、消防疏散、火灾自动报警系统、消防供水及灭火系统、通风防火与防排烟、火灾安全分析、内部防爆设计，以及重点区域和设备的防火设计要求等。

本文件适用于国内新建陆上固定式热中子反应堆核电厂，其他类型核动力厂和核设施可参考本规范进行设计。

本文件主要针对核安全重要建（构）筑物（如：核岛厂房、重要厂用水系统泵房和廊道等）的内部防火和防爆设计，常规岛和配套设施厂房的消防设计在满足本文件第4章、第5章和第13章中的要求（专门特指核安全重要建（构）筑物的要求除外）基础上，遵照国内其他相关设计标准要求。

3 术语和定义

下列术语和定义适用于本文件。

3.1
阻燃 fire retardant

物体对某些物料的燃烧起熄灭、减少或显著阻滞作用的性质。

3.2
防火区 fire area

为防止火灾在规定的时间内蔓延而构筑的厂房或部分厂房，防火区可由一个或多个房间组成，其边界全部用防火屏障包围。

3.3
防火小区 fire zone

设置防火设施（如限制可燃物料的数量、空间分隔、固定灭火系统、防火涂层或其他设施）以隔离火灾的区域，通过该设置使被隔离的系统不会受到显著损坏。

3.4
火灾荷载 fire load

空间内所有可燃物全部燃烧可能释放的热量总和。

注：单位为兆焦（MJ）。

3.5
火灾荷载密度 fire load density

设定空间内按地面的单位面积计算出的火灾荷载。

注：以兆焦每平方米（MJ/m^2）表示。

3.6
火灾持续时间 fire duration time

设定空间内可燃物全部燃尽，且过程中无任何灭火干预行动的燃烧时间。

注：以分（min）或小时（h）为单位。

3.7
防火阀 fire damper

安装在通风与空气调节系统的送、回风管道上或防火边界上，平时呈开启状态，火灾时当管道内或防火边界上的烟气温度达到设定温度时关闭，或由消防控制系统关闭，并在一定时间内满足漏风量和耐火完整性要求，起隔烟阻火作用的阀门。

3.8
防火屏障 fire barrier

防止火灾蔓延至相邻区域且具有一定耐火极限的屏障，包括墙壁、地板、天花板、防火风管或者在门洞、贯穿件和通风系统等通道的封堵装置（防火门、防火阀、防火封堵、防火贯穿件等）。

3.9
火灾共模失效 fire-related common mode failure

由于火灾而导致执行同一核安全功能的系统、部件、电缆的多个系列同时丧失的后果。

3.10
疏散通道 evacuation passageway

主要用于火灾情况下人员疏散的走廊、通道、楼梯间、出口等主要疏散路线。

3.11
防烟楼梯间 smoke-proof staircase

在楼梯间内设置有加压送风系统或在楼梯间入口处设置有防烟的前室、开敞式阳台、凹廊，且通向前室和楼梯间的门均为防火门，为防止火灾的烟和热气进入的楼梯间。

3.12
受保护的疏散通道 protected evacuation passageway

为了防止火灾和烟气侵入并确保火灾情况下的人员疏散安全，划分为独立的防火区/防火小区的封闭楼梯间或防烟楼梯间及主要疏散通道。

注：厂房室外区域也视为受保护的疏散通道。

3.13
核安全重要建（构）筑物 nuclear safety important building and structure

容纳核安全重要物项（系统和部件）的建（构）筑物。

3.14
非能动防火保护装置 passive fire resistant protection structure

为确保火灾情况下机组的安全功能，火灾安全分析后认为需要对部分设备或电缆进行补充防火保护所设置的装置，包括电缆托盘段防火包覆、防火箱体、隔热屏障等。

3.15
火灾就地模拟盘 fire local mimic panel

就地火灾报警控制盘

安装于核安全相关厂房入口或各层，带有模拟平面图和指示灯,用于操作和控制区域内消防系统设备,并能进行火灾报警的就地控制盘柜装置。

3.16
火灾安全停堆部件 post-fire safe-shutdown components
火灾后达到和维持安全停堆状态所需要的设备及电缆。

3.17
火灾危害性分 fire hazard analysis;FHA
评价每个防火区/防火小区假想火灾对安全重要物项的潜在影响,验证防火设计满足核安全三大目标要求的分析工作,包括防火屏障耐火极限可靠性、灭火系统和自动报警系统设计充分性等。

3.18
火灾薄弱环节分析 fire vulnerability analysis;FVA
为全面、系统地解决和处理火灾共模失效,针对每一防火区/防火小区开展共模点识别,然后对共模点进行功能分析和火灾风险分析,并对分析后确认无法接受的共模点采取补充防火措施,确保火灾情况下不会引起共模失效而导致机组所必需的安全功能丧失,保证实现核安全目标。

3.19
火灾安全停堆分析 post-fire safe-shutdown analysis;FSSA
评价每个防火区假想火灾的潜在影响,验证防火设计保障工艺及相关系统实现和维持安全停堆功能的分析工作。

3.20
火灾安全分析 fire safety analysis
为确保火灾后的核安全功能、验证防火设计充分性而进行的分析工作,包括FHA、FVA、FSSA。

3.21
实体隔离 solid separation
物项之间采用具有一定耐火极限防火屏障进行隔离的方式,以避免火灾蔓延。

3.22
空间隔离 geographical separation
物项之间采用距离相隔且隔离空间内不设置任何可燃物的方式,以避免火灾蔓延。

4 防火设计总要求

4.1 概述

4.1.1 核电厂的消防设计,应充分贯彻"预防为主、防消结合"的方针。核安全重要建(构)筑物的消防设计应遵守"纵深防御"的原则,以实现下述目标:
——防止火灾发生;
——快速探测并扑灭确已发生的火灾,从而限制火灾的损害;
——防止尚未扑灭的火灾蔓延,使其对执行重要安全功能系统的影响减至最小。

4.1.2 核电厂的建(构)筑物、系统和部件的设计、布置,尽可能降低内、外部事件引发内部火灾的可能性,并缓解其后果。

4.2 基本目的

4.2.1 应在火灾发生时和发生后确保如下核安全功能的有效性:
——控制反应性;
——排出堆芯余热,导出乏燃料贮存设施所贮存燃料的热量;
——包容放射性物质、屏蔽辐射、控制放射性的计划排放,以及限制事故的放射性释放。

4.2.2 应在火灾发生时和发生后确保对核电厂状态进行监测的能力,以保证实现所要求的安全功能。

4.2.3 限制并尽早扑灭可能导致核电厂长期不可用的火灾。

4.2.4 确保工作人员的人身安全,采取一定措施在发生火灾时能使工作人员安全疏散,并且为火灾干预人员创造灭火救援条件。

4.3 基本假设

4.3.6 火灾安全分析中,鉴于设计扩展工况或地震后核电厂工况的复杂性,仅考虑设计扩展工况或地震后长期阶段发生独立火灾的可能性。长期阶段的具体时间应根据设计扩展工况或地震被完全缓解、机组达到最终安全状态的保守假设时间进行确定,宜为15天。

4.4 核安全重要建(构)筑物防止共模失效

4.4.2 在设计后期,应当运用成熟的、经过验证的准则和方法,对每个防火区/防火小区开展专门的火灾薄弱环节分析或火灾安全停堆分析。根据分析结果,在必要的情况下补充设置防火保护措施,确保火灾情况下核安全功能的有效性。

4.5 其他要求

4.5.1 在设计过程中应采取必要措施以确保火灾不会引起设计基准事故或设计扩展工况的发生,并在火灾引起的预计运行事件下确保核电厂达到并维持安全停堆状态。

4.5.2 在设计过程中应采取必要措施,确保4.3所述事故或地震后发生的火灾不会对维持机组安全状态所需的核安全功能造成影响。

4.5.3 为核安全重要建(构)筑物提供保护的消防相关系统和设备应满足附录A规定的抗震要求,否则应证明地震后火灾不会对核安全功能造成影响。同时,应具有一定的质量保证要求,并按照附录B的要求进行定期试验以确保其有效性。

4.5.4 消防相关系统和设备的误动作或失效不应影响核安全功能的执行。

4.5.5 当采用消防水进行灭火时(无论是固定灭火系统还是消火栓),应在必要时采取措施防止由消防水引起的共模失效风险。

4.5.6 消防供电电源应能满足设计火灾持续时间内消防用电设备可靠供电的要求。

5 总平面布置的防火设计

5.1 建(构)筑物之间的防火设计

5.1.1 核岛建(构)筑物成组布置,相邻厂房之间采用耐火极限不小于2h的防火屏障进行隔离,并按6.2要求进行防护。

5.1.2 核岛与常规岛之间应在符合核安全、工艺运行要求基础上保持合理的防火间距，并且核岛厂房与常规岛厂房之间设置耐火极限不小于2h的防火屏障，该防火屏障上所有开口应安装耐火极限不小于2h的防火门、防火阀，工艺管道和电缆通道贯穿的孔洞应进行防火封堵，耐火极限不小于2h。由于工艺特殊要求无法进行防火封堵的孔洞，应在孔洞处设置水幕系统，且系统作用时间不小于2h。

5.1.3 其他核安全重要建（构）筑物与非核安全重要建（构）筑物之间的最小间距应符合 GB/T 50294 的相关要求。

5.1.4 非核安全重要建（构）筑物之间的最小间距，应符合 GB/T 50294 的相关要求。

5.2 消防车道

5.2.1 核电厂厂区内应设置消防车道。

5.2.2 消防车道的净宽度不应小于4.0m，道路上空遇有管架、栈桥等障碍物时，其净高不宜小于5.0m，困难地段不应小于4.5m。

5.2.3 转弯半径应满足消防车转弯的要求，不宜小于9m。

5.2.4 消防车道与建筑之间不应设置妨碍消防车操作的树木、架空管线等障碍物。

5.2.5 消防车道的路面以及下面的管道和暗沟应能够承受重型消防车的压力。

6 火灾预防和限制火灾蔓延

6.1 材料选择

为避免火灾潜在危险，核电厂建筑构件、系统设备宜选用不燃材料，并应限制可燃和易燃材料的数量。

材料选用要求：

——保证厂房稳定性的建筑物承重构件（墙体、柱、梁、楼板等），应采用不燃材料；

——构成防火区/防火小区边界的建筑物构件，应采用不燃材料；

——设备用材料应采用不燃、难燃材料，因工艺或其他特殊原因无法采用不燃和难燃材料时，允许使用少量的可燃材料或易燃材料；

——塑料应经燃烧性能分级测试后使用；

——禁止使用石棉制品，以及含有石棉纤维的制品。

6.2 防火区/防火小区划分

6.2.1 一般要求

核安全重要建（构）筑物的防火区/防火小区划分应按本文件要求进行设计，非核安全重要建（构）筑物的防火分区应按照国家现行有效的其他标准进行设计。

6.2.2 分区要求

6.2.2.2 厂房的所有房间（结构空间除外）应划分为防火区/防火小区，每个防火区/防火小区应具有唯一编码，且宜在现场清楚标明。

6.2.2.3 每个厂房应采用耐火极限不低于2h的防火边界部件与其他厂房进行实体隔离。某些因工艺或布置所限无法在厂房边界处实施实体隔离措施，或厂房之间无可燃物的情况除外。

6.2.2.7 主控制室、远程停堆工作站应分别划分为独立的防火区，并采取措施防止一场火灾对两者同时造成影响。

6.2.2.8 用于人员疏散的楼梯间和受保护的疏散通道应划分为独立的防火区/防火小区。该防火区/防火小区边界应满足实体隔离要求。

6.2.2.9 因工艺布置、限制事故后氢气聚集及事故后泄压等要求，安全壳内无法按实体隔离要求划分防火区时，应划分为防火小区。

6.2.3 边界要求

6.2.3.1 防火区/防火小区的实体隔离屏障（墙、门、楼板、嵌缝、通风管道防火阀、机械和电气贯穿件封堵等）的耐火极限应满足火灾危害性分析结果且不应低于1h，用于确保核安全功能的防火区耐火极限不低于2h，并满足4.5.3要求的抗震、定期试验及质保要求，确保防火屏障的完整性，避免一个防火区/防火小区内发生的火灾蔓延到其他防火区/防火小区。

6.2.3.2 防火区与其他防火区/防火小区的边界应满足实体隔离要求，保持完整性，开口或孔洞应采用防火封堵材料封堵。

6.2.3.3 防火小区与其他防火小区的边界应满足实体隔离要求或空间隔离要求，其实体的防火屏障耐火极限不低于1h。当因工艺或其他原因确实无法进行防火封堵的，应确保火灾不会蔓延至该防火小区外，或火灾蔓延不会影响核安全。

6.2.3.4 边界防火部件（防火墙、防火门、防火阀、防火风管等）耐火性能均不应低于其所在的防火区/防火小区耐火极限要求。

6.3 电气设置与管道布置防火要求

6.3.1 电气设备和电缆选型

6.3.1.1 应选用绝缘符合标准的电气设备，采用无油化设备，尽量减少使用可燃性物质；中压配电装置宜选用真空开关，在特殊场合使用的电气设备还要选用符合环境要求的产品。

6.3.1.2 核安全重要建（构）筑物内所有电缆应为阻燃或耐火电缆，应符合 GB/T 18380（所有部分）中规定的至少一项阻燃试验要求或 GB/T 19216（所有部分）规定的至少一项耐火试验要求。

6.3.2 电气设备布置和电缆敷设

6.3.2.1 安全相关电气设备和电缆的冗余系列之间应采取实体隔离或空间隔离措施，并尽量设置在不同的防火区/防火小区内，以避免一场火灾引起的共模失效。

6.3.2.2 主控制室内部应将安全相关电气设备和电缆的冗余系列进行隔离，将其布置在不同机柜或控制盘内。当由于运行或操作要求必须设置在同一个机柜或控制盘内时，冗余系列之间应保持如下的合理间距

a) 当盘台为阻燃材料时，则其最小水平分隔距离为2.5cm，最小垂直分隔距离为15cm。如果接线能经受下列最坏瞬态情况，最小垂直分隔距离可减少

到 2.5cm；
- 非安全级电线受热将不会导致电线下垂并碰触到安全级电线或元件；
- 安全级电线受热将不会导致电线下垂并碰触到冗余通道的安全级电线或元件。

b) 当不能满足上述要求时，应采用如金属板、金属罩、金属套管、金属线槽或其他不燃材料等手段对其中一个冗余系列进行有效的实体隔离。

6.3.2.3 反应堆安全壳电气贯穿件的位置应远离机械贯穿件。

6.3.2.4 电缆应与外表面温度大于100℃或介质为易燃流体的管道和设备之间保持至少1.0m的距离，除非这些电缆是上述管道或设备的供电、控制或测量电缆。如果无法满足该项规定，则应采取有效的隔热或隔离措施，以保证电缆与上述管道和设备的隔离。

6.3.2.6 对于距顶板小于1m且未由固定自动灭火系统保护的多层水平电缆桥架，应至少每隔25m设置不燃材料制作的防火隔断，以防止火灾蔓延。

6.3.2.8 如果可燃或易燃液体可能侵入电缆沟时（例如辅助锅炉房、柴油发电机和电源间等），则该电缆沟内禁止敷设与核安全相关的电缆。当不能避免时，应在电缆沟覆盖防护盖板前用砂土填塞或衬上矿物吸收材料。

6.3.3 管道布置

6.3.3.1 尽量避免使用能吸附可燃液体的保温材料。当必须使用时，保温材料外应加金属密封保护层以防止保温材料吸附可燃液体。禁止任何沥青类材料作为密封保护层使用。

6.3.3.2 当高温管道或设备附近可能存在挥发性可燃液体的泄漏而引起火灾风险时，应对这些高温管道或设备采取适当的保护措施，如：蒸汽排放阀应采用密封套进行隔热处理。

6.3.3.3 为了限制可燃流体管路上的泄漏，管道连接应采取焊接方式。当不得不用法兰连接时，应采用承插焊式法兰，所有螺母应锁紧。宜尽可能减少管道的接头数量，不宜使用软管连接，当必须使用时应选择具有良好耐火性能的软管。

6.3.3.4 对防火屏障的管道贯穿孔应根据贯穿孔的具体情况（如：一根或多根管道贯穿、管道直径或截面积、管道温度、是否有保温层、墙的壁厚及特性、环形间隙大小等）按下列要求执行：

——防火屏障上的所有贯穿孔应进行防火封堵。但反应堆厂房某些区域由于要考虑事故工况下的卸压要求，允许有未封堵的孔洞，宜采取有效的防护措施。

——贯穿相邻两个不同厂房的管道，应使用柔性耐火材料进行孔洞封堵或采用柔性耐火接头，以承受建筑物的不均匀沉降引起的位移。

6.4 特殊区域防火与非能动防火设施

6.4.1 建筑物构件

构成防火区/防火小区边界的墙体、柱、梁、楼板、屋顶承重构件等应为不燃烧体。

6.4.2 架空地板

若不得不使用架空地板时，宜采用不燃材料。楼板和架空地板之间高度大于0.8m且设置有可燃物时，则应设置火灾自动报警系统。

6.4.3 管沟

若核安全重要建（构）筑物内不得不使用管沟、且存在可燃液体流入风险时，应在沟槽内装完管道后，在沟内填砂子或不燃性矿物纤维，然后盖上防护盖板，避免可燃液体意外流入发生火灾。当上述管沟穿越防火区/防火小区边界时，应在该处设置允许水流通过但防止火灾蔓延的油水分离器或其他措施。

6.4.4 吊顶

吊顶（包括吊顶格栅）应为不燃烧体。
应限制天花板与吊顶空间内的可燃物数量。
上述空间内应最远每25m用不燃烧体隔开。如果吊顶内设有自动灭火系统设施时，可不受本条规定限制。

6.4.5 防火嵌缝

核安全重要建（构）筑物各种类型嵌缝（包括但不仅限于：伸缩缝、变形缝、沉降缝、构造缝、预制缝等），当设置在防火屏障处时应满足该防火屏障耐火极限要求；当设置在厂房边界处时，应满足不低于2.0h的耐火极限要求。

6.4.6 防火封堵

核安全重要建（构）筑物的防火封堵，当设置在防火屏障处时应满足其耐火极限要求；当设置在厂房边界处时，应满足不低于2.0h的耐火极限要求。

6.4.7 防火门

6.4.7.1 具有耐火极限要求的防火区/防火小区边界处应设置防火门，其耐火极限应满足相应边界耐火极限要求。

6.4.7.2 常开防火门应在火灾情况下自动关闭，且与火灾自动报警信号联动，防止火灾蔓延，其状态信号应反馈至主控制室。

6.4.7.3 疏散通道上的防火门应为平开门，不应采用推拉门、卷帘门、吊门、转门和折叠门，其门扇开启力不应大于80N。

6.4.7.4 防火门应具备20万次启闭内保持正常使用功能的能力，即不发生影响正常使用的变形、故障和损坏。

6.4.7.5 对人员经常通行的防火门可设置开关状态指示装置反馈至主控制室。

6.4.8 防火盖板

6.4.8.1 防火盖板的耐火极限应不低于所在防火屏障的耐火极限要求。

6.4.8.2 人员通行用（带助力）防火盖板的开启力应适于手动开启并配置助力开启推杆，其正常开启角度不小于90°。

6.4.8.3 位于疏散通道的防火盖板应具备防冷烟性能并配置闭锁装置。

6.4.9 电缆防火包覆

6.4.9.1 电缆防火包覆应具有一定的耐火性能。

6.4.9.2 对散热量较大的动力电缆，不宜采取电缆防火包覆措施，可采用设计变更或路径修改的方式防止发生共模失效。如需要采取电缆防火包覆措施时，应考虑防火包覆内温度上升对电缆的影响。

6.4.9.4 当反应堆厂房外的低压动力电缆（不连续供电的阀门低压动力电缆除外）需要采取电缆防火包覆措施时，应考虑防火包覆内温度上升的影响，宜参考附录C确定防火包覆型式或对电缆承载电流及其启动相应设备的能力进行测定。

6.4.10 非能动实体防火保护装置

6.4.10.1 非能动实体防火保护装置应具有一定的耐火性能。

6.4.10.2 非能动实体防火保护装置的设计应便于受保护设备的维修和定期检查，其拆装操作不应降低其耐火极限和稳定性。

6.4.10.4 封闭防火箱体上的开孔（用于通风散热、卸压、窥视检查等功能）应具备防火膨胀密封功能，当周围发生火灾时可膨胀并封闭，避免火灾或烟气对箱体内的设备造成损坏。

7 消防疏散

7.1 一般要求

7.1.2 核安全重要建（构）筑物内应设置疏散通道，以确保任何可达房间内的所有人员都能够在火灾情况下及时疏散至室内外安全区域。

7.1.3 每个厂房疏散出口的设置应在满足核电厂实物保护要求的基础上同时响应防火的需求。

7.1.4 受保护的疏散通道应采取措施保护其不受外部火灾和烟气的影响。该区域不应作为电缆敷设通道且不得存放其他可燃物，该区域不应有影响疏散的凸出物或其他障碍物。

7.1.5 疏散通道应设置清晰的永久性疏散指示标识、应急照明、消防广播，以及必要的消火栓、移动式灭火器。疏散通道内的火灾就地模拟盘、灭火控制系统操作装置处应设置报警设施和通信设施。

7.1.6 主要用于人员通行的走廊、通道、封闭楼梯间或防烟楼梯间的疏散门应向疏散方向开启。

7.1.8 电梯不能用作火灾情况下的人员疏散通道。

7.1.9 主控制室至远程停堆工作站应设置至少两个独立的疏散通道，确保发生火灾时，在必要情况下主控室操纵员能安全疏散至远程停堆工作站。

7.2 疏散出口

7.2.1 一般情况下，每个厂房设置至少两个不同方向的疏散出口通向安全区域。当厂房功能单一且火灾风险小同时厂房每层建筑面积不大于250m²时，可设置一个疏散出口通向安全区域。

7.2.2 人员经常使用的面积大于180m²的房间应设置两个不同方向的疏散门。

7.3 疏散距离

7.3.1 人员工作地点到室外出口、受保护的疏散通道、其他防火区或另一厂房的距离不应大于40m。鉴于反应堆厂房内的特殊情况，当存在第二个疏散路线时，房间内任一点至人员闸门等疏散出口的距离可大于40m，但应采取有效措施限制人员闸门等疏散出口附近的火灾荷载。

7.3.2 除反应堆厂房外，首层楼梯间应直通室外或另一厂房，否则应在其与室外或另一厂房之间设置受保护的疏散通道。

7.3.3 疏散通道不应设置超过15m的袋形走道。

7.4 疏散宽度和高度

7.4.1 厂房内疏散通道、楼梯和门的各自总净宽度，应根据疏散人数按每100人不小于1.00m计算确定，并满足7.4.2～7.4.4要求。

7.4.2 主要疏散通道净宽度不应小于1.40m，净高度不应低于2.20m。当满足上述要求确有困难时，其净宽度不应小于0.90m，净高度不应低于1.80m。不得降低首层主要疏散通道净宽度要求。

7.4.3 每层楼梯净宽度应按其上层（地下楼梯按其下层）疏散人数最多的一层经计算确定，且最小净宽度不应小于1.10m。对于因工艺原因确有困难且运行期间一般情况下很少有人进入的厂房（如：反应堆厂房等），其楼梯最小净宽度不应小于0.90m。

7.4.4 疏散门的净宽度不应小于0.90m，净高度不应小于2.10m。对于不经常使用的房间和局部通道上的门，当满足上述要求确有困难时，其疏散门净宽度不应小于0.60m，净高度不应低于1.80m。首层主要疏散外门的净宽度不应小于1.20m。

7.5 消防疏散照明和备用照明

7.5.1 厂房的如下区域应设置消防疏散照明。
——划分为独立防火区/防火小区的疏散通道、楼梯间及其前室，照度不低于5.0lx。
——其他疏散通道，照度不低于1.0lx。

7.5.2 消防疏散照明除正常供电作为主电源外，还应设置可靠的应急电源。疏散照明自带蓄电池，其应急电源的转换时间不应大于5s，高危险区域使用的系统的应急转换时间不应大于0.25s，工作时间不应小于90min。

7.5.3 厂房的如下区域应设置备用照明。
——主控制室、消防控制室、远程停堆工作站、消防水泵房、防排烟机房、自备发电机房、配电间以及发生火灾时仍需正常工作的消防设备间。其作业面最低照度不应低于正常照明的照度。
——主控制室通向远程停堆工作站的通道。

7.5.4 备用照明除正常主电源外，还应设置可靠的应急电源。其应急电源宜采用自备发电机组。

8 火灾自动报警系统

8.1 一般规定

8.1.1 火灾自动报警系统应设置于核电厂各厂房和建筑物中存在火灾危险的房间或区域内。

8.1.2 火灾自动报警系统应设有自动和手动两种触发装置。

8.1.3 为了综合考虑火灾情况下的灭火救援和确保核安全功能，核安全重要建（构）筑物的消防控制室应与机组主控室合并设置。

8.1.4 火灾自动报警系统设备应选择符合国家有关标准和有关市场准入制度的产品。

8.1.5 核安全重要建（构）筑物的火灾自动报警系统设备应经过抗震鉴定并能承受安全停堆地震力引发的极限地震条件。

8.1.6 核安全重要建（构）筑物的火灾自动报警系统设备部件应满足其对应安全分级下的质保分级要求，其设计阶段需满足质保等级要求并且系统在运行阶段要接受定期试验检查。

8.1.7 核安全重要建（构）筑物的火灾自动报警系统软件部分应满足其对应安全分级下对软件的相关要求。

8.1.8 核安全重要建（构）筑物的火灾自动报警系统设备应按照相应标准进行电磁兼容试验。

8.1.9 运行管理所辖厂房和区域的火灾自动报警系统信号及消防联动控制功能应设置在机组主消防控制室，非运行管理所辖厂房和区域的火灾自动报警系统信号及消防联动控制功能应设置在配套设施厂房消防控制室。

8.2 系统设计要求

8.2.1 总体要求

8.2.1.1 核电厂火灾自动报警系统宜包括：核岛火灾自动报警系统、常规岛火灾自动报警系统及配套设施厂房火灾自动报警系统，系统结构应为网络型架构。每个火灾报警控制器作为火灾报警网络的一个节点，网络中任何一个节点的故障不应影响其他节点的正常运行和通信。

8.2.1.2 消防控制室的功能和配置应满足核电厂消防响应要求。核电厂应设置核岛消防控制室、配套设施厂房消防控制室，常规岛可单独设置消防控制室或与核岛消防控制室合用，可根据需要设置厂房消防控制室或消防值班室。核岛消防控制室应与机组主控室合并设置。配套设施厂房消防控制室宜设置在控制区主出入口或生产办公楼。

8.2.1.3 核岛消防控制室应能显示机组相关区域的火灾报警信号和联动控制状态信号，其他消防控制室和消防值班室根据核电厂消防程序管理要求显示各自管理范围内的火灾报警信号和联动控制状态信号。多机组共用运行管理所辖厂房和区域的火灾自动报警系统信号应至少送至其中一台机组核岛消防控制室，远程手动消防联动控制功能由其中一台机组核岛消防控制室实现。

8.2.1.4 核岛消防控制室应设置火灾自动报警系统工作站及执行核安全重要建（构）筑物消防联动控制功能的分布式控制系统操纵员工作站。火灾自动报警系统工作站宜包括图形显示装置、消防电话主机、总线和多线控制盘等。

8.2.2 消防联动控制要求

8.2.2.1 核安全重要建（构）筑物的消防联动控制功能由核岛分布式控制系统或火灾自动报警系统实现，火灾报警信号应经过确认后再启动相关消防设备。确认火灾的方式可有以下几种：同一报警区域或探测区域内 2 只及以上独立的火灾探测器同时发出报警；现场人工确认或通过工业电视系统的视频图像人工确认。

8.2.2.2 核安全重要建（构）筑物防火区/防火小区边界的电控防火阀应由火灾自动报警信号联动控制，其联动触发信号应采用两个独立的报警触发装置报警信号的"与"逻辑组合。

8.2.2.3 核安全重要建（构）筑物的电控防火阀、防排烟系统应在主控室或就地实现手动控制。

8.2.2.4 需要火灾自动报警系统联动控制的自动灭火系统，其联动触发信号应采用两个独立的不同类型的火灾探测信号的"与"逻辑组合。

8.2.2.5 需人工确认火灾后启动的固定灭火系统，应在主控室或就地实现手动控制。

8.2.2.6 具有消防功能的安全级设备（灭火系统安全壳隔离阀、连锁安全级风机的防火阀），应由主控室操纵员确认火灾后，根据系统设置和规程要求通过分布式控制系统设备对其进行远程手动控制。

8.2.2.7 固定灭火设备、防火阀、排烟阀、防排烟风机的开启和关闭状态信号应反馈至主控制室或就地设备。

8.2.2.9 常规岛及其他运行管理所辖厂房和区域的重要消防设备（如变压器、主油箱、电动给水泵灭火系统启动按钮等）应在消防控制室直接手动控制。

8.2.3 系统布置要求

8.2.3.2 火灾探测器的选择要求

在任何存在火灾危险的区域（除水池、通风竖井、没有火灾风险的密闭空间、卫生间以及其他特殊场合外），均应安装可寻址的火灾探测器，应根据场所的火灾危险性及探测地点的环境（温度、湿度、电离辐射、腐蚀性气体、房间压力；爆炸危险；辐射剂量等环境）对火灾探测设备的影响，确定火灾探测器类型的选择，以保证其探测的及时性与有效性。

a) 对火灾初期有阴燃阶段，产生大量的烟和少量的热，很少或没有火焰辐射的场所，应选择感烟火灾探测器。
b) 对火灾发展迅速，可产生大量热、烟和火焰辐射的场所，宜选择感温火灾探测器、感烟火灾探测器、火焰探测器或其组合。
c) 对火灾发展迅速，有强烈的火焰辐射和少量烟、热的场所，应选择火焰探测器。
d) 因放射性而不易进入的强辐照场所以及反应堆主泵区域，安全重要电气柜、仪控柜等区域宜选择管路吸气式感烟火灾探测器。
f) 在易燃易爆区域，应采用本安防爆型火灾探测器。
g) 对使用、生产可燃气体或可燃蒸汽的场所，应选择可燃气体探测器。

8.2.3.4 火灾就地模拟盘的设置

火灾就地模拟盘应设置模拟平面图和报警指示灯装置，可快速识别着火的区域。报警指示灯宜按探测区域设置。

火灾就地模拟盘宜设置防火区/防火小区报警按钮及现场操作员用于控制的按钮，应设防止误碰的措施。

8.2.3.5 火灾自动报警系统工作站的设置

消防控制室内应设置火灾自动报警系统工作站,工作站与火灾报警控制器之间应采用专用线路连接。

常规岛重要区域灭火系统(包括预作用系统、雨淋系统、水喷雾系统、自动控制的水幕系统)应能在主控室区域手动控制,手动按钮的控制采用硬接线控制方式。

设置在主控室的火灾自动报警系统工作站应满足主控室噪声条件要求。

8.2.3.7 电源要求

蓄电池组的容量应保证火灾自动报警及联动控制系统在火灾状态同时工作负荷条件下连续工作3h以上。

当主电源断电,备用电源不能保证控制器正常工作时,火灾报警控制器应发出故障声信号并能保持1h以上。

8.2.3.8 布线要求

火灾自动报警系统应采用低烟、无卤、阻燃电缆,供电线路、消防联动控制线路应满足消防设备在火灾持续时间内的功能要求。电线电缆的截面积除应满足自动报警装置技术条件及传输距离的要求外,还应满足机械强度的要求。

8.4 消防专用电话

8.4.1 核电厂消防专用电话网络应为独立的消防通信系统。

8.4.2 主消防控制室应设置消防专用电话总机。火灾就地模拟盘附近、火灾报警控制器附近、灭火控制系统操作装置处应设置消防专用电话分机或电话插孔。

8.4.3 消防专用电话的通信电缆应采用阻燃电缆或耐火电缆。

8.4.4 主消防控制室、配套设施厂房消防控制室及消防站应设置能直接报警的外线电话。

9 消防供水及灭火系统

9.1 一般要求

9.1.1 消防供水系统设计要求

9.1.1.2 为常规岛、配套设施厂房和厂前区提供消防保护的消防供水系统,在遵照本文件中适用于全厂的总体原则要求基础上,其系统设置应满足国家现行的普通工业和民用建筑设计防火规范,其中常规岛厂房还应满足GB 50745的相关要求。

9.1.1.3 为核安全重要建(构)筑物提供消防保护的消防供水系统如因厂址布置或其他原因,确需与其他系统合用一座建筑物时,应确保其满足消防供水系统的抗震、布置等设置要求。

9.1.2 灭火系统设计要求

9.1.2.1 灭火剂

灭火剂的化学、物理性能(如活化性或临界反应条件等)应不致加速火情和危害核电厂及人员安全。

当灭火系统设置在放射性区域内时,应采取有效措施避免放射性污染的扩散,在灭火剂排放前对其进行收集和处理,经监测达标后才允许排放。

9.1.2.2 系统设置

在不影响核安全前提下,应对如下设备和区域设置自动灭火系统。

——含有100L及以上的燃油、润滑油等液体可燃物的储罐。

——含有100L及以上的燃油、润滑油等液体可燃物的泵、电动机等运转机械。

——含有45kg及以上的活性炭等快速燃烧固体的碘吸附器。

——火灾危害性分析确定火灾持续时间超过边界耐火极限要求的防火区/防火小区。

——火灾危害性分析确定应设置固定灭火系统的其他设备和区域,即:火灾荷载密度大于400MJ/m^{2}的防火小区内的火灾风险集中区域,火灾荷载密度大于900MJ/m^{2}的防火区内的火灾风险集中区域。

对固定灭火系统进行选型和布置时,应考虑保护对象类型、火灾风险大小和类型、分布情况、区域可达性以及环境条件等,确保及时有效地扑灭火灾。

9.1.2.3 控制方式

对于机组安全和运行特别重要的设备,如反应堆冷却剂泵、仪控机柜等,自动灭火系统的启动需经操纵员确认,采用手动启动方式。

9.1.2.4 其他要求

核安全重要建(构)筑物内设置有水基型灭火系统的场所,应考虑其水淹风险。

9.2 消防用水量及水压

9.2.1 核安全重要建(构)筑物的最大消防用水量应按需要同时作用的室内外消防用水量之和计算,包括但不仅限于自动喷水灭火系统、水喷雾灭火系统、泡沫灭火系统、室内外消火栓用水量。室内消火栓设计流量为10L/s,室外消火栓设计流量为20L/s。当核安全重要建(构)筑物单独设置消防供水系统时,室外消防用水量应根据室外消防设计计入其供水来源相关系统。

9.2.2 非核安全重要建(构)筑物的室内消防用水量、水压、火灾延续时间,以及生产区室外消防用水量、水压、火灾延续时间,应根据GB 50974、GB 50745确定。

9.3 消防水源

9.3.1 为核安全重要建(构)筑物提供消防保护的消防供水系统应设置至少两个100%容量的独立的消防水池作为核安全相关区域的消防水源,消防水池按抗极限安全停堆地震动(SL-2)荷载设计。

9.3.2 为核安全重要建(构)筑物提供消防保护的消防供水系统的每个消防水池的有效容积应满足所保护范围火灾延续

时间（2h）内室内最大消防用水总量的要求。若室内外消防给水由同一系统供水，其有效容积需考虑室外消防用水量。每个消防水池的有效容积不应小于1200m³。必要情况下，消防水源可作为核安全事故缓解系统的备用或应急补水水源。

9.3.4 每个消防水池应设置独立的出水管，并应设置连通管，以便消防水泵能从任一水池或同时从两个水池吸水。出水管管径应满足消防给水设计流量的要求。也可将所有消防水泵的吸水管道由装有隔离阀的连接管相互连通，以满足消防水池连通的功能。

9.3.5 消防水池应设置就地水位显示装置，并在主控制室等地点显示水池水位，同时应有最高和最低水位报警。

9.3.6 消防水池应设溢流水管和通气管，并采取防止虫鼠等进入消防水池的技术措施。溢流水管应采用间接排水。

9.3.7 消防水池应考虑检修时排水。

9.3.8 消防水源的水质应满足水灭火设施的功能要求。

9.3.9 冬季结冰地区的消防水池应采取防冻措施。

9.3.10 消防水池应设置用于消防车取水的接口或设施，以保证在消防水泵失去动力源或故障时，由消防车从消防水池取水。吸水高度不应大于6m。

9.3.11 当消防供水系统和最终热阱共用同一高位水源时，应确保消防水源不作他用，且消防供水不应影响最终热阱的用水需求。消防水源的容积、标高、抗震要求等参数应满足被保护安全重要物项的灭火需求。

9.3.12 仅服务于常规岛和配套设施厂房的消防供水系统，消防水池的有效容积应满足所保护范围火灾延续时间内最大消防用水量的要求。

9.4 消防水泵及稳压装置

9.4.1 固定消防水泵应设置备用泵。备用泵的流量和扬程应不小于最大一台消防水泵的流量和扬程。

9.4.2 消防水泵的性能应满足所保护区域内所需流量和压力要求，在SL-2荷载时应仍能保持运行。

9.4.4 消防泵驱动机构可采用电动机或柴油机等直接驱动，不应采用双电动机或基于柴油机等组成的双动力驱动。并应符合下列要求。

——采用多台电动机驱动的消防水泵组合时，除了正常供电电源之外，应分别由不同系列的满足相应消防供水设备分级要求的柴油发电机组提供备用电源。

——采用电动机和柴油机驱动的消防水泵组合时，若备用泵为柴油机驱动消防水泵且其性能无法满足被保护核安全重要建（构）筑物的消防用水流量和压力要求时，电动消防水泵除了正常供电电源之外，应分别由不同系列满足相应消防供水设备分级要求的柴油发电机组提供备用电源。

9.4.5 当发生火灾时，消防水泵应能根据消防水系统的管网压力值自动启动。消防水泵也应能由就地手动或由主控制室远程控制手动启动。由主控制室远程控制手动停止。

9.4.6 当控制线路等控制系统发生故障时，电动消防水泵应能通过配电柜或者控制柜应急启动。应急启动时，应由有权限的操作人员根据规程要求进行手动操作。

9.4.7 消防水泵不应自动停泵，应由有权限的操作人员确认火灾扑灭后人工停泵。

9.4.9 一组消防水泵的吸水管和出水管分别不应少于两根，当其中一条损坏或检修时，其余管道应仍能提供全部消防用水量。每台工作水泵均应有独立的吸水管。吸水管布置应避免形成气囊。

9.4.10 消防水泵应采取自灌式吸水，以保证安全启动。

9.4.11 当厂址地形条件允许时可建造高位消防水池，此时可不配置消防泵，但应符合下列全部规定：
——高位消防水池的最低有效水位应满足其所服务的水灭火系统所需流量和压力要求；
——应设置至少两个100%容量的高位消防水池，每个高位消防水池的有效容积应满足9.3.2消防水池容积要求；
——高位消防水池在SL-2地震时仍能保持其完整性。

9.4.12 为了保持整个消防管网的稳高压状态，并在发生管网泄漏时提供补水，系统应设置稳压装置。稳压装置可仅设置稳压泵，也可采用气压水罐和高位消防水箱等。

9.4.13 当采用稳压泵时，应符合下列要求。
——应设置备用泵。
——稳压泵的设计流量不应小于管网的正常泄漏量和系统自动启动流量。当没有管网泄漏量数据时，宜按5L/s计。
——稳压泵的设计压力应确保系统自动启泵压力设置点处的压力在准工作状态时大于系统设置的自动启泵压力值，且增加值不宜小于0.04MPa。

9.4.16 当核岛、常规岛和配套设施厂房共用稳压装置时，稳压装置可按非抗震设计，设计参数按9.4.15进行设计，且稳压装置参数应包络核安全重要建（构）筑物水灭火系统所需的流量、压力等要求。

9.5 消防供水管网

9.5.1 当核安全重要建（构）筑物消防供水管网与其他区域消防供水管网相互连通时，应在管网上设置抗震阀门等隔离措施，以确保核安全重要建（构）筑物的消防用水。

9.5.2 管网设计应保证在消防泵投运后向管网上最不利点提供其需要的压力和流量。此外，管网应能承受消防水泵零流量时泵的压力与水泵吸水口最大静水压力之和。当水锤压力值超过管道试验压力值时，应采取相应的防水锤措施。

9.5.3 核岛厂房外的消防供水管网应采用环状管网，环状管网进水管不应少于两条，当其中一条故障时，其余进水管应能满足全部设计流量；环状管网上应采用阀门分成若干独立管段，每段室外消火栓的数量不宜超过5个。管网直径应根据流量、压力和流速要求经计算确定，但不应小于DN100。

9.5.5 核岛厂房内消防水分配主管网应至少设置两条进水管，并形成闭合环路，采用阀门将环路分成若干独立段，该阀门的布置应能满足维修要求且不会中断任一区域的消防供水。

9.5.6 核安全相关厂房内消防竖管与室内闭合环路连接处应设阀门。

9.5.7 室内消火栓竖管与自动喷水灭火系统、水喷雾灭火系统等其他水灭火系统合用一套供水管时，供水管路应沿水流方向在报警阀等控制阀前分开设置。室内消火栓竖管管径应根据最低流量经计算确定，但不应小于DN100。

9.5.8 消防管网设置一定数量的消防水泵接合器或其他消防

203

供水接口,以保证在消防水泵失去动力源或故障时,由消防车或移动设备,通过消防水泵接合器或其他消防供水接口向管网供水。消防水泵接合器或其他消防供水接口的设置数量应按系统设计流量经计算确定,当数量超过3个时,可根据消防车的现场停放等情况适当减少。

9.6 水基自动灭火系统

9.6.1 设计要求

自动启动系统的控制装置下游管道应设置水流报警装置,将系统启动信号传至主控室。

9.6.2 自动喷水灭火系统

a) 湿式系统

一旦喷头的热敏元件受热,达到预定温度,喷头爆破,系统即投入运行。通过手动关闭相应系统隔离阀停止喷淋。系统隔离阀在正常运行情况下,处于开启位置。

系统控制阀、水流报警装置及系统隔离阀等控制设备应设置在被保护的防火区/防火小区以外。

当采用常开手动阀门作为控制阀时,应在水流报警装置后设置试验喷头,用于水流报警装置定期试验及排水,在系统隔离阀与控制阀之间设置定期试验接口,检测系统压力。为保证试验时防护区内的操作安全,试验喷头可不位于末端,可与水流报警装置放置于被保护的防火区/或防火小区外。

b) 干式系统

控制阀及手动隔离阀应设置在被保护的防火区/防火小区以外。

c) 预作用系统

控制阀及手动隔离阀应设置在被保护的防火区/防火小区以外。

d) 雨淋系统

感温雨淋报警阀(如熔断阀)应设置在被保护的防火区/防火小区内。雨淋报警阀组设置在被保护的防火区/防火小区以外。

e) 水幕系统

喷头的布置应保证喷头洒水宽度不小于孔洞宽度。若孔洞内有穿越物,喷头布置应保证不留有洒水空白区。

9.6.3 水喷雾灭火系统

系统供水压力应满足其选用喷头的正常使用压力要求。喷头布置和保护面积应按GB 50219进行设计。

9.6.4 泡沫灭火系统

9.6.4.3 禁止使用泡沫灭火系统扑救PVC火灾(如电缆火灾)。

9.6.4.5 泡沫-水喷淋系统泡沫混合液与水的连续供给时间,应符合下列规定:泡沫混合液连续供给时间不应小于10min;泡沫混合液与水的连续供给时间之和不应小于60min。

9.6.4.6 泡沫-水喷淋系统的报警阀组、水流报警装置的设置,应符合自动喷水灭火系统的有关规定。并应设置系统试验接口。

9.6.4.7 闭式泡沫-水喷淋系统和泡沫-水雨淋系统的作用面积及喷头的选用和布置应按GB 50151进行设计。

9.6.4.8 泡沫-水雨淋系统与泡沫-水预作用系统的控制,应符合下列规定:系统应同时具备自动、手动和应急机械手动启动功能;应设置故障监视与报警装置,且在消防报警控制盘上显示。

9.6.5 典型区域水基自动灭火系统的喷淋强度及作用面积

核安全重要建(构)筑物设有水基自动灭火系统的典型区域内的灭火喷淋强度及作用面积不应低于表1的规定。

表1 固定灭火系统类型、喷淋强度和作用面积

保护对象	可选系统类型	喷淋强度 L/(min·m^2)	作用面积 m^2
电缆间、电缆廊道、电缆竖井等	开式水喷雾	10	被保护面积
	雨淋系统	10	被保护面积
	闭式自喷	10	房间面积/260[a]
柴油发电机	闭式泡沫-水喷淋	10[c]	房间面积/465[b]
燃油储罐	开式泡沫-水雨淋	6.5[c]	被保护面积
仪控机柜	闭式自喷	10	房间面积/260[a]
带有润滑油的运转机械设备(如泵、压缩机等)	开式水喷雾	15	被保护面积
	闭式自喷	15	房间面积/260[d]

[a] 对于设置闭式自喷系统的场所,所在防火区(防火小区)面积小于260m^{2}时,作用面积按防火区/防火小区相应房间面积;所在防火区/防火小区面积大于260m^{2}时,作用面积最小取260m^2。

[b] 对于设置闭式泡沫-水喷淋系统的场所,所在防火区(防火小区)面积小于465m^{2}时,作用面积防火区/防火小区相应房间面积,所在防火区/防火小区面积大于465m^{2}时,作用面积最小取465m^2,另外也可采用试验值。

[c] 此数值为灭火剂中添加有乳化剂的喷淋强度。若灭火剂中未含乳化剂,按15L/(mm·m^2)计。

[d] 对于运转机械设备设置闭式自喷系统保护时,作用面积按设备所在房间面积;设备所在房间面积大于260m^{2}时,作用面积最小取260m^2。

9.7 消火栓

9.7.1 室内消火栓

9.7.1.1 除地下廊道（如电缆廊道、综合廊道等）、不可通行或进入的区域外，厂房内各层均需要设置室内消火栓。

9.7.1.2 室内消火栓的布置应确保至少2支水枪的有效射程能到达室内任何部位。对于只有一条疏散路线且火灾风险较低的区域，应确保至少1支水枪的有效射程能到达室内任何部位。

9.7.1.3 室内消火栓应设在楼梯间、前室、走道等明显易于取用以及便于火灾扑救的位置。

9.7.1.4 室内消火栓栓口的安装高度应便于消防水带（软管）的连接，其距地面高度宜为0.7m~1.5m。

9.7.1.5 室内消火栓栓口压力应满足灭火人员使用要求，且每个消火栓最小流量在0.45MPa时至少为120L/min。

9.7.2 室外消火栓

9.7.2.1 核岛厂房室外消火栓的间距不应大于75m。

9.7.2.2 核岛厂房室外消火栓数量应根据室外消火栓设计流量、间距和保护半径经计算确定，保护半径不应大于150m，每个室外消火栓出水流量宜按10L/s~15L/s计。

9.7.2.6 当采用地下式室外消火栓时，应有直径为DN100和DN65的栓口各一个，且应有明显的永久性标志。

9.7.2.7 室外消火栓应避免设置在机械易撞击的地方，确有困难时，应采取防护措施。

9.8 灭火器

9.8.1 建（构）筑物内，应设置足够数量和适当规格的灭火器，保证有效地扑灭初期火灾。灭火器的类型应适用于配置场所的火灾种类。

9.8.6 当同一水平防火区/防火小区内的各个房间或场所的火灾种类相同，危险等级不同时，可将其作为同一计算单元，但系统设计应按照危险等级高的考虑。

9.8.7 应对核安全重要建（构）筑物内的灭火器采取有效的固定措施，防止灭火器倾倒或者移位。影响核安全相关物项处的灭火器的固定措施（如灭火器的固定支架、灭火器箱的固定措施）经抗震分析确定，以保证安全停堆地震工况下其不会影响安全物项。

10 通风防火与防排烟

10.1 通风防火

10.1.1 一般要求

10.1.1.2 通风、空气调节系统的风管在下列部位应设置公称动作温度为70℃的防火阀。

  a) 穿越防火区/防火小区的实体边界处，除非该边界无耐火极限要求。
  b) 穿越防火分隔处的变形缝两侧。
  c) 通风系统室外进风口避免布置在易受外部火灾影响处，若无法避免，室外进风口处需设置防火阀。

10.1.1.3 公称动作温度为70℃的防火阀设置应符合下列规定。

  a) 防火阀应靠近防火分隔处设置，与墙体/楼板组成完整的防火边界，且耐火极限不应低于该防火边界的耐火极限。
  b) 绝热型防火阀执行机构需考虑防热保护措施，否则应在阀体外靠近执行机构位置安装公称动作温度为70℃的感温元件。
  c) 防火阀应至少设置一个"关闭"位置信号反馈，正常运行处于"开启"位置，且状态信号应反馈至主控制室或就地。
  d) 电控防火阀应与火灾自动报警系统联动关闭，且应在主控制室或就地实现手动控制，就地控制应安装在该防火区/防火小区外，便于操作处。

10.1.1.4 防火阀和风管穿过防火边界墙体/楼板处的缝隙宜使用防火材料封堵，耐火极限不应低于该防火边界的耐火极限要求。

10.1.1.6 采用气体灭火系统的房间，应设置通风系统。与该房间连通的通风管道应设置电控风阀，由火灾自动报警信号联动关闭。气体消防后，手动启动风机，按要求进行通风换气。

10.1.1.7 通风和空气调节系统的电加热器应与送风机联锁，并应设置无风断电、超温断电保护装置。

10.1.1.8 通风管道防火设计要求。

  a) 通风管道穿越不同安全系列防火区/防火小区，若防火边界处不便设置防火阀，此防火区/防火小区内的通风管道及其支吊架应采取防火保护措施，满足该防火区/防火小区边界耐火极限要求。
  b) 可燃气体管道、可燃液体管道不应穿过通风机房和风管道，且不应紧贴通风管道的外壁敷设。
  c) 风管内设有电加热器时，电加热器前、后各800mm范围内的风管及其保温材料应采用不燃材料。
  d) 通风管道及保温材料应采用不燃材料。柔性风管、柔性接头、用于加湿器的加湿材料、消声材料、过滤材料及粘结剂，宜采用不燃材料，确有困难时，可采用难燃材料。
  e) 排除和输送温度超过80℃的空气或气体混合物的风管，与可燃或难燃物体之间的间隙不应小于150mm，或采用厚度不小于50mm的不燃材料隔热，当管道上下布置时，表面温度较高者应布置在上面。
  f) 容易积尘的通风管件处应设置清扫口。

10.1.1.9 碘吸附器应符合下列规定。

  a) 碘吸附器所在房间应划分为独立的防火区/防火小区，否则碘吸附器箱体耐火完整性应为2h。
  b) 碘吸附器附近不应布置可燃物，如有，距离宜大于4m，为碘吸附器辅助服务的电缆除外。
  c) 碘吸附器活性炭的着火点不应低于330℃。
  d) 若碘吸附器前设置有电加热器，则应在电加热器下游设置温度传感器，温度超过设定值，应自动停运电加热器，且核安全重要建（构）筑物应向主控室报警。
  e) 碘吸附器上游安装温度传感器，下游安装感烟探测器或温度传感器，核安全重要建（构）筑物应向主控室报警。

　　f) 碘吸附器上、下游应分别安装耐火极限 2h 的隔离阀或耐火极限 2h 的防火阀，布置在相同防火区/防火小区内且便于快速关闭的位置。

　　g) 防火阀应至少设置一个"关闭"位置信号反馈，正常运行处于"开启"位置，且状态信号应反馈至主控制室或就地，非核安全重要建（构）筑物应反馈至就地（消防）控制室或就地模拟盘。

　　h) 活性炭容量大于或等于 45kg 的碘吸附器，应设置固定灭火设施。

　　i) 人员可快速到达的房间，碘吸附器不宜与消防水系统直接连通，消火栓应设置在消防人员快速到达的区域，且满足栓口与碘吸附器连接的距离要求。

　　j) 设置固定灭火设施的碘吸附器箱体和所在房间应设置排水措施，宜排放至放射性废水排放系统。

10.1.2 氢气危险区的通风系统

10.1.2.1 氢气危险区的排风系统宜单独设置，不得采用循环方式。运行中可能产生氢气的蓄电池间应设置独立的排风系统。

10.1.2.2 蓄电池室应维持一定的负压。

10.1.2.3 蓄电池室的排风机及电动机应为防爆式，并应直接连接。排风管线上的防火阀、调节阀等部件应符合防爆场合应用的要求。布置在蓄电池室内的通风设备应为防爆式。当送风机布置在通风机房内且送风干管上设置防止回流设施时，可采用普通型的通风设备。

10.1.2.5 不应将空气从存在大量氢气释放危险的房间输送到无氢气危险的房间。

10.1.2.6 核安全重要建（构）筑物氢气危险区通风系统的丧失应向主控室报警。

10.1.3 其他配套设施厂房的通风系统

10.1.3.1 除盐水厂房、制氢站等站房中有易燃易爆气体产生的区域，机械排风风机及电机应为防爆型，并应直接连接。

10.1.3.2 柴油发电机间和燃油储存罐间通风机及其电机宜为防爆型，并应直接连接。

10.2 防排烟系统

10.2.1 一般要求

10.2.1.1 防排烟系统设计应根据建筑高度、使用性质等因素，采用自然通风系统或机械加压送风系统，及自然排烟或机械排烟系统。

10.2.1.3 放射性风险区域和非放射性风险区域的防排烟系统应各自独立。

10.2.1.5 核安全重要建（构）筑物的防排烟系统应在主控制室或就地实现手动控制。

10.2.1.6 电气厂房、安全厂房、辅助/附属厂房、燃料厂房、反应堆厂房等厂房的防排烟风机应由其保护区域之外的配电盘供电。防排烟风机正常供电电源之外，应采用柴油发电机作为备用电源。

10.2.1.8 防排烟系统的设备、阀门、风管、支吊架等不应影响核安全相关系统的功能。

10.2.1.10 主控室区域应有独立的通风系统，正常运行时保持正压。主控室外部发生火灾时，主控室相对着火房间应保持正压；主控室内部发生火灾时，主控室与相邻房间应保持负压。

10.2.2 防烟系统

10.2.2.2 机械加压送风量应满足走道至前室至楼梯间的压力呈递增分布，余压值应符合下列规定。

　　a) 前室与走道之间的压差应为 25Pa～30Pa。

　　b) 楼梯间与走道之间的压差应为 40Pa～50Pa。

　　c) 当系统余压值超过最大允许压力差时应采取压差控制措施。

10.2.2.3 火灾时，对于有放射性污染的厂房，其受保护的疏散通道和疏散楼梯间及前室相对于相邻房间处于正压，且应采取设计措施限制放射性物质释放量在合理范围内。

10.2.3 排烟系统

10.2.3.1 应优先考虑自然排烟系统，在自然排烟系统不能满足要求时，设置机械排烟系统。排烟系统与通风、空气调节系统宜分开设置；当确有困难时可以合用，应符合排烟系统的要求。

10.2.3.2 主控室区域应设置机械排烟系统。

10.2.3.5 放射性风险区域的烟气应符合监测标准后排放。

10.2.3.7 用于防烟分隔的门、隔墙、突出底板不小于 500mm 的梁、挡烟垂壁等应具有阻烟性能。

10.2.3.9 机械排烟风机设置应符合下列要求。

　　a) 排烟风机宜设置在排烟系统最高处，排烟出口与加压送风机进风口不宜布置在同一面上。当确有困难时，应分开布置，且竖向布置时，排烟出口应设置在加压送风机进风口上方，其两者边缘最小垂直距离不应小于 6.0m；水平布置时，两者边缘最小水平距离不应小于 20.0m。

　　b) 排烟风机应设置在专用机房内。

　　c) 排烟风机应满足 280℃时连续工作 30min 的要求。

10.2.3.10 排烟口或排烟阀设置应符合下列要求。

　　b) 排烟口或排烟阀平时为常闭。

　　c) 不同防火区/防火小区的排烟口或排烟阀不允许同时打开。

10.2.3.11 排烟系统金属管道设计风速不大于 20m/s，非金属管道为不大于 15m/s。

11 火灾安全分析

11.2 火灾危害性分析

11.2.1 应在初步设计阶段针对核安全重要建（构）筑物开展初步的火灾危害性分析，并在反应堆首次装料前完成详细的火灾危害性分析。验证设计所采取的非能动和能动防火措施能满足核电厂总体防火安全目标。

11.2.2 火灾危害性分析应包括如下内容：

a) 确定安全重要物项；
b) 分析预计的火灾发展过程和火灾对安全重要物项造成的后果；
c) 确定防火屏障所需耐火极限；
d) 确定要设置的火灾探测的类型和采用的防火手段；
e) 就各种因素特别是共模故障确定需设置附加火灾分隔或防火设施的场所，以确保安全重要物项在可信火灾期间及以后仍能保持其功能；
f) 验证已满足所采取的措施能够防止火灾对停堆、排出余热和包容放射性物质所需的安全系统的影响，以便在火灾情况下，这些系统仍能执行其安全功能。

11.3 火灾薄弱环节分析

11.3.1 应在施工设计后期开展火灾薄弱环节分析，证明火灾共模风险不存在或是可接受，确保火灾情况下核安全功能的有效性。

11.3.2 应针对核安全重要建（构）筑物每个防火区/防火小区开展火灾薄弱环节分析。

11.4 火灾安全停堆分析

11.4.1 分析准则

火灾安全停堆分析应满足如下准则。
a) 火灾安全停堆分析应对达到和维持火灾后安全停堆状态所需的安全停堆部件进行分析，识别火灾对这些部件的破坏效应，确保核电厂在火灾后能够达到和维持安全停堆状态。
b) 火灾安全停堆分析应假设核电厂只发生一起火灾。火灾会发生在任何一个防火小区内。
c) 受火灾破坏的安全停堆部件在火灾发生后立即失去正常功能。
d) 不考虑与火灾无关的随机失效或其他灾害与火灾同时发生。

11.4.2 分析步骤

根据11.4.1的准则，应对包含火灾安全停堆部件的防火区/防火小区按照以下步骤开展分析。
a) 识别所有的火灾安全停堆部件及其位置。
b) 确定火灾对火灾安全停堆部件的影响后果。
c) 确认是否有冗余的火灾安全停堆部件能够执行被火灾破坏的安全停堆功能。如果相互冗余的火灾安全停堆部件会被同一起火灾破坏，则需要修改防火设计或提供替代的停堆措施以实现相应的安全停堆功能。
d) 论证火灾不会妨碍安全停堆功能的实现。
e) 评估必需的人员操作有效性，确保相应的人员操作能够执行。人员操作应配备充足的合格人员。人员操作需要有明确的规程指导。应评估人员操作行进路线的通达性、场所应急照明的有效性、应急通信设施的有效性、防护装备的可用性、特定设备的可用性。
f) 给出火灾安全停堆分析结论及建议，如电厂无法在火灾情况下实现基本安全功能，则需要设计优化或补充防火保护措施以实现相应的安全停堆功能。

11.5 火灾模拟分析

11.5.1 一般规定

11.5.1.2 火灾模拟分析应采用经工程经验验证的成熟方法，或经过充分论证并获得专家认可。

11.5.2 火灾模拟分析的应用

11.5.2.1 防火区/防火小区边界验证

通过火灾数值模拟计算法能够模拟某一个房间或区域发生火灾时，火灾的持续时间、房间或区域最高温度、房间上层烟气层温度随时间变化的曲线。而核电厂防火屏障的耐火部件应在规定的时间期限内满足性能要求，该要求由边界耐火性能曲线体现。根据模拟得出的房间火灾温升曲线，与边界耐火性能曲线进行比对，如果火灾温升曲线能够被边界耐火性能曲线所包络，则认为防火屏障边界有效，不存在蔓延的风险。反之，则认为防火屏障边界失效，需要采取相应的措施，如消除一定的可燃物（对电缆进行防火包裹），然后进行迭代分析，或者增设固定灭火系统。

12 内部防爆设计

12.1 一般要求

12.1.2 应通过设计尽可能消除爆炸灾害。应优先考虑防止或限制产生爆炸性气体的设计措施。

12.1.3 针对爆炸的防护，应按优先级来执行以下步骤：
a) 防止爆炸发生；
b) 如果不可避免出现爆炸条件，应将爆炸的风险降至最低；
c) 采取设计措施以限制爆炸的后果。
只有在a)、b)都不能实现的情况下才需采用c)。

12.2 具体规定

12.2.1 应把可以产生或有助于产生爆炸性混合气体的可燃气体、液体或可燃物料排除在防火区/防火小区及其附近的或通过通风系统与之相连的区域之外。如不能实现，应严格限制这些材料的数量和提供足够的贮存设施，并相互隔离活性物质、氧化剂和可燃物料。可燃压缩气体钢瓶应安全地存放在远离核电厂主厂房的专用围场中，且根据局部环境条件提供适当的保护。

12.2.2 应针对防火区/防火小区和其他对这些区域有明显爆炸危害的位置确定爆炸危害。应该考虑化学爆炸（气体混合物爆炸、装满油的变压器爆炸）、明火导致的爆炸（沸腾液体膨胀汽化爆炸）和物理爆炸（通过高能电弧引起的快速空气膨胀）。

12.2.3 应通过选择适当的电气部件（如断路器）和通过设计限制电弧可能出现的概率、大小和持续时间，把物理爆炸（通过高能电弧引起的快速空气膨胀）的危害减至最小。

12.2.4 如果不能避免产生爆炸性气体，应进行恰当的设计或执行运行规程把相关风险减至最小，如：限制爆炸性气体的体积、消除点燃源、足够的通风量、设计中恰当选择爆炸性气体中所使用的电气设备、使用惰性气体爆炸威力的释放消除（如爆破膜或其他压力释放装置）以及与安全重要物项的隔离。

12.2.5 对于明火导致的爆炸（沸腾液体膨胀汽化爆炸），应通过隔离潜在明火与潜在爆炸性液体及气体，或通过主动性方法（如设计用来提供冷却和蒸汽扩散的固定式水基灭火系统）把爆炸风险减至最小。应考虑爆炸产生的冲击波超压和飞射物，以及在远离释放点位置点燃可燃气体导致气云爆炸的可能性。

12.2.6 空气中含有爆炸危险物质的房间应设置通风系统，其空气不应循环使用，通风系统的有效性应能确保环境中可燃气体的浓度始终低于爆炸下限。存在爆炸风险的区域应设置可燃气体探测器。

13 重点区域和设备的防火设计要求

13.1 内层安全壳（反应堆厂房）

13.1.1 一般要求

内层安全壳（反应堆厂房）应设置为独立的防火区，其内部执行核安全功能的设备、电缆的冗余系列宜尽可能设置在不同的防火区/防火小区内。

13.1.3 灭火

13.1.3.1 安全壳内应设置若干消防竖管，竖管上应每层设置消火栓。该竖管可为反应堆厂房内其他固定喷水灭火系统（如保护反应堆冷却剂泵的灭火系统）提供消防用水。

13.1.3.3 位于安全壳内的止回阀及安装在反应堆厂房外的阀门应满足安全壳隔离准则要求。

13.2 双层安全壳环形空间

13.2.1 一般要求

双层安全壳环形空间应设置为独立的防火区/防火小区，当内部存在火灾风险时，其执行核安全功能的设备、电缆的冗余系列宜尽可能设置在不同的防火区/防火小区内。

13.2.3 灭火要求

双层安全壳环形空间的消防管网宜为湿式管网。双层安全壳环形空间内的电缆和电气贯穿件应设置固定喷水灭火系统。

13.3 反应堆冷却剂泵

13.3.1 一般要求

对于采用油润滑的反应堆冷却剂泵，应为其设置集油系统。该系统应能收集泵本体上泄漏和排放的油，并将其排放到收集容器或其他安全场所。

13.3.2 探测要求

每台反应堆冷却剂泵宜配备两套相互备用的管型吸气式感烟火灾探测器。多点感烟探测装置应围绕设置在反应堆冷却剂泵在各个标高处。为防止高辐射引起设备损坏，管型吸气式感烟火灾探测器及其电气装置应设置在该区域外，并通过采样管网将采集的烟气送至管型吸气式感烟火灾探测器。

每台反应堆冷却剂泵应配备固定的摄像监视系统，主控制室操纵员可通过该系统对反应堆冷却剂泵的火灾报警进行确认。

13.3.3 灭火要求

13.3.3.3 水雾喷头的设置应保证水雾直接喷向被保护对象并且包络被保护对象。

13.4 核安全重要建（构）筑物碘吸附器

13.4.1 一般要求

碘吸附器应设置在独立的防火区/防火小区内。

13.4.2 探测要求

应在碘吸附器上游和下游的风管内安装火灾探测器或传感器。其中燃烧产物探测器宜设置在碘吸附器的下游，温度探测器/传感器宜设置在碘吸附器上游。

13.4.3 灭火要求

13.4.3.1 碘吸附器含炭量大于或等于45kg时应设置固定灭火系统。

13.4.3.2 箱体式碘吸附器宜采用喷淋淹没装置。为了避免喷淋误动作，该喷淋淹没装置不应与消防水系统直接连通。在需要时，由消防人员使用消防软管接至消火栓上。消火栓的位置应保证消防软管与碘吸附器的连接满足其长度要求。

13.5 核安全重要建（构）筑物含油泵（反应堆冷却剂泵除外）

13.5.2 探测要求

需要火灾自动报警信号自动联动灭火系统的泵应设置两种类型火灾探测器，如火焰探测器、点式感烟火灾探测器或图像型火灾探测器。

13.5.3 灭火要求

含有润滑油量超过100L的泵应设置固定喷水灭火系统。可采用自动喷水灭火系统、水喷雾灭火系统等进行保护。系统由消防水管网供水，确保受保护面积具有 $15L/(min \cdot m^2)$ 的喷淋强度。

该泵所属房间外易于操作的地点处应布置消火栓和移动式灭火器。

13.6 柴油发电机厂房

13.6.1 一般要求

执行核安全功能的柴油发电机的冗余系列应设置在不同的厂房内。其中，燃油储存罐间、柴油发电机间等宜尽可能设置在独立的防火区/防火小区内。

13.6.2 探测要求

柴油发电机间及燃油储存罐间应设置两种类型火灾探测器，可采用火焰探测器、点式感烟探测器或图像型火灾探测器。

13.6.3 灭火要求

13.6.3.5 系统应设置报警阀组，正常情况下关闭，由火灾自动报警系统联动启动，也可由操纵员在主控制室或就地模拟盘远程手动启动，也可在现场通过机械装置紧急启动。

13.6.3.6 厂房内易于操作的地点处应布置消火栓和移动式灭火器。

13.7 核安全重要建（构）筑物电缆廊道、电缆竖井

13.7.3 灭火要求

根据火灾危害性分析结果，电缆廊道、电缆竖井应设置自动灭火系统时可采用水喷雾灭火系统、自动喷水灭火系统、细水雾灭火系统等进行保护。当采用开式系统时，喷头采用开式洒水喷头，可根据情况配置雾化喷头；系统控制阀可采用熔断阀或雨淋阀组。

电缆廊道、电缆竖井外应布置易于操作的消火栓和移动式灭火器。

13.8 核安全重要建（构）筑物仪控机柜间

13.8.2 探测要求

仪控机柜间内应设置感烟探测器，机柜内宜设置管型吸气式感烟火灾探测器。

13.8.3 灭火要求

13.8.3.1 根据火灾危害性分析结果，仪控机柜间应设置自动灭火系统时可设置闭式喷水灭火系统，并设置双重常闭隔离阀，隔离阀下游管道为干式管网。

13.8.3.2 仪控机柜间附近应布置易于操作的消火栓和移动式灭火器。

13.9 核安全重要建（构）筑物配电间

13.9.1 一般要求

配电间宜设置在独立的防火区/防火小区内，执行核安全功能的配电间的冗余系列宜尽可能设置在不同的防火区/防火小区内，否则应在必要情况下采取措施确保核安全。

13.9.2 探测要求

配电间应设置感烟探测器。

13.9.3 灭火要求

配电间外应设置便于取用的消火栓和灭火器。

13.10 主控制室

13.10.1 一般要求

13.10.1.1 主控制室应划分为独立的防火区，防止火灾情况下热气流、火焰和烟气侵入主控制室。

13.10.1.2 核安全相关电缆在进入主控制室前，应当按不同系列分别汇集至不同的防火区/防火小区，与主控制室无关的电缆不得在主控制室内穿行。

13.10.1.3 主控制室应按照可合理达到的尽量低的原则限制可燃物量。

13.10.2 探测要求

主控制室内应设置感烟探测器，机柜内宜设置管型吸气式感烟火灾探测器。

13.10.3 灭火要求

主控室内应设置移动式灭火器，主控制室外应设置消火栓。

13.11 氢气危险区

13.11.1 一般要求

氢气危险区应保持一定的通风换气次数，以确保空气中氢气体积浓度低于爆炸下限。

13.11.2 探测要求

氢气危险区应设置可燃气体探测器。

13.11.3 灭火要求

应在房间外易于操作的地点设置消火栓和移动式灭火器。

13.12 设置有核安全相关物项的管廊、冷却塔及联合泵房

13.12.1 设置有核安全相关物项的管廊

13.12.1.1 一般要求

设置有核安全相关管道和电缆的管廊，应将其冗余系列设置在实体隔离的廊道内。适用于核安全重要建（构）筑物的消防相关的所有规定都适用于该廊道。

结合管廊的工艺和建筑结构布置特点，将管廊的每个系列划分为一个独立的防火区。

13.12.2 冷却塔

13.12.2.1 一般要求

13.12.2.1.3 在逆流自然通风的冷却塔内，配水系统上部应设置内部人行通道，以便在停运阶段，维修人员可以通行，必要时消防人员也可以通行。人行通道应为消防队员提供撤离条件，应通向两个门，两门之间应有足够的距离，并设置能直达地面的通道。

13.12.3 联合泵房

13.12.3.1 一般要求

联合泵房的防火和疏散设计应符合下列规定。

a) 联合泵房内的核安全及设备和电缆的冗余系列,宜尽可能设置在不同防火区/防火小区内。
b) 非安全级的联合泵房火灾危险性分类参照 GB 50016 中的戊类,整个厂房(包括地上和地下部分)划分为一个防火分区,地上部分耐火等级为二级,地下部分耐火等级为一级。对火灾危险性较高区域和重要的设备用房设置防火屏障,墙体的耐火极限不低于2h,楼板的耐火极限不低于1.5h,开向厂房内的门应采用甲级防火门。
c) 联合泵房地下的每个独立空间应至少设置一部净宽度不小于0.9m的钢筋混凝土楼梯作为疏散通道。
d) 地上部分应设置不少于两个对外的安全出口。
e) 厂房内地下部分最远工作地点到疏散楼梯的距离不应大于45m。

13.13.3 灭火要求

根据9.1.2.2要求设置固定灭火措施(水喷雾灭火系统、自动喷水灭火系统、超细干粉灭火系统等)。廊道内应设置灭火器。

13.14 汽轮机厂房

13.14.1 基本要求

防火的基本要求。

c) 汽轮发电机厂房应设置室内外消火栓给水系统和移动式灭火器,局部区域应综合火灾类别、火灾危险性、火灾特性和环境条件等因素设置自动喷水、水喷雾、气体消防等固定灭火设施。

13.14.2 汽轮发电机组

13.14.2.1 一般要求

汽轮机厂房内部大部分火灾是由汽轮发电机组造成,一个原因是油的泄漏,造成管道或壁面保温材料被油浸透;另一个原因是在通风不良场所,使油蒸汽聚积在高温的表面上或最终由氢泄漏造成火灾。基于上述情况,采用如下防火措施。

a) 汽机润滑油箱、油净化装置及冷油器应布置在同一个房间,房间内应设置防火堤,防火堤的高度应能储存最大储油设备的漏油量。润滑油间应设两个独立出口。
b) 汽轮发电机厂房外应设置事故油箱(坑),其容积应能容纳机组油系统排放的全部油量。
c) 汽轮机润滑油总管宜采用套装油管。
d) 汽轮机油系统的布置和阀门选型应符合下列规定:
——油管不应安装在蒸汽管附近;当必须安装在蒸汽管附近时,应在油管和蒸汽管之间设置保温隔热垫层,并将油管布置在蒸汽管的下方;当不符合上述要求时,应在蒸汽管保温材料上设置金属密封保护套;
——除与设备连接处采用法兰连接外,其余管道应采用焊接;

——严禁在距油管道外壁小于1m范围内布置电缆,与设备成一体化的电源和控制电缆除外;
——在油管道与汽轮发电机组接口法兰处应设置防护槽及将漏油引至安全处的排油管道;
——应采用钢制阀门,禁止使用铸铁阀门。
e) 液压调节系统应采用抗燃油,其供油装置应与润滑油箱分开布置。
f) 油箱间应设通风系统,以维持辅助设备或控制设备正常运行的温度。油箱间应设一套装置,在发生火灾时,可以将热气和烟雾排向不会对设备造成损坏的室外区域。
g) 通风系统管道穿越防火分隔处,应设防火阀。

13.14.2.2 探测要求

汽机润滑油箱、油净化装置及冷油器、液压调节系统、汽机轴承处应设置火灾探测器,火灾探测器可选用感温探测器和火焰探测器的组合、或感烟探测器和火焰探测器的组合。

13.14.2.3 灭火要求

13.14.2.3.1 下述设备或场所可采用下列固定灭火系统。
——汽轮发电机组轴承可设置水喷雾灭火系统灭火,采用水喷雾灭火系统时应为手动控制。

13.14.2.3.2 上述设备或场所设置固定灭火系统时,应符合下列规定。
——采用自动喷水灭火系统时,喷水强度不应小于12L/(min·m^2),作用面积不应小于260m^2。
——采用水喷雾灭火系统时,喷雾强度规定为:液体闪点为60℃~120℃时,不应小于20L/(min·m^2);液体闪点大于120℃时,不应小于13L/(min·m^2)。
——采用泡沫-水喷淋灭火系统时,喷水强度不应小于6.5L/(min·m^2),作用面积宜为465m^2。

13.14.3 发电机组

13.14.3.1 一般要求

发电机的排氢阀和气体控制站(氢气置换装置),应布置在能使氢气直接安全排至厂房外没有火源的位置。排氢阀后的管道应引至厂房外没有火源的位置并不低于周围建筑物4m,其管口应设阻火器。

除必须用法兰与设备和其他部件相连接外,氢气管道管段应采用焊接连接;与发电机相接的氢气管道应采用带法兰的短管连接;氢气管道应设置防静电的接地措施;布置氢气管道的区域应有良好的通风。

13.14.3.2 探测要求

氢密封油装置及轴承处应设置火灾探测器,火灾探测可选用感温探测器和火焰探测器的组合或感烟探测器和火焰探测器的组合。

发电机氢气管道应设置检漏装置。在发电机工作氢压高于冷却水压时,冷却水侧应设置氢气探测器和报警器。

13.14.3.3 灭火要求

氢密封油装置可设置水喷雾灭火系统、自动喷水灭火系统或泡沫-水喷淋灭火系统,当设置固定灭火系统时,应符合下列规定。

——采用自动喷水灭火系统时,喷水强度不应小于12L/(min·m²),作用面积不应小于260m²。

——采用水喷雾灭火系统时,喷水强度规定为:液体闪点为60℃～120℃时,不应小于20L/(min·m²);液体闪点大于120℃时,不应小于13L/(min·m²)。

——采用泡沫-水喷淋灭火系统时,喷水强度不应小于6.5L/(min·m²),作用面积宜为465m²。

13.14.4 主给水泵

13.14.4.2 探测要求

给水泵油箱处应设置火灾探测器,火灾探测可选用感温探测器和火焰探测器的组合或感烟探测器和火焰探测器的组合。

13.14.4.3 灭火要求

给水泵油箱可设置水喷雾灭火系统、自动喷水灭火系统或泡沫-水喷淋灭火系统,当设置固定灭火系统时,应符合下列规定。

——采用自动喷水灭火系统时,喷水强度不应小于12L/(min·m²),作用面积不应小于260m²。

——采用水喷雾灭火系统时,喷水强度规定为:液体闪点为60℃～120℃时,不应小于20L/(min·m²);液体闪点大于120℃时,不应小于13L/(min·m²)。

——采用泡沫-水喷淋灭火系统时,喷水强度不应小于6.5L/(min·m²),作用面积宜为465m²。

13.15 变压器

13.15.1 一般要求

13.15.1.1 油的包容

油的包容措施宜与变压器的防火措施结合考虑,并应同时考虑变压器通风与降温措施。

该掩体有一面是可拆卸的,用于可能的维修。掩体的耐火稳定性应大于或等于将油排向废油系统所需的时间。

同时,所有的贯穿孔及开口处(电缆沟、通风格栅、门等)应密封,或应设置在高于漏油收集坑上油位以上的标高处。

13.15.2 探测要求

变压器本体、油箱及其相连的油管路周围应设置火灾探测器,可选用感温探测器和火焰探测器的组合、或双路感温探测器的组合。

13.15.3 灭火要求

13.15.3.1 固定灭火设施

在变压器油箱的上部和下部、油枕、散热器、集油坑等油设施的四周均应设置水雾喷头保护,水雾喷头应完全覆盖油或油设施的表面或包络被保护对象。

当变压器相位分开布置时,每个相位的消防系统应独立设置。

油浸变压器的喷雾强度不应小于20L/(min·m²),油浸变压器的集油坑喷雾强度不应小于6L/(min·m²)。

13.15.3.2 移动式灭火装置

在变压器起火后,可以使用消防车作为固定消防系统的补充,移动式灭火装置应使用乳化液(喷沫枪、泡沫枪等)。使用淡水的移动式灭火装置应保持变压器外部设备的冷却。

13.16.4 通风防火及防排烟

应急指挥中心的通风防火及防排烟设计应满足下列要求:

a) 通风系统穿越防火边界时设置防火阀。

b) 根据电厂事故与火灾事故不叠加的原则,进行通风防排烟系统设计。通风防排烟系统只考虑非电厂事故工况下投入运行。

c) 为非电厂事故而设置的疏散楼梯宜优先采用自然排烟设施,采用自然排烟设施的疏散楼梯应设置防辐射密闭门将疏散楼梯与可居留区分隔开,以保证电厂事故时可居留区屏蔽密闭要求;为满足电厂事故工况时不同楼层间人员内部联络需求,应设内部联络梯进行内部联通,不叠加火灾事故,内部联络梯无需设置加压送风系统。

d) 如果疏散楼梯设置加压送风系统,则加压送风系统穿越可居留区边界时应设置密闭阀。

e) 内走道超过40m时应设置机械排烟系统,机械排烟系统穿越可居留区边界时应设置密闭阀。原则上不设置补风系统,如果必须设置补风系统,其穿越可居留区边界时应设置密闭阀。

f) 通风防排烟系统及配套设置的送风系统(如有)管道上设置的密闭阀,在电厂事故时均应处于关闭状态。

13.17 放射性废物贮存、处理及附属类厂房

13.17.1 一般要求

放射性废物贮存、处理及附属类厂房的建筑防火和消防疏散设计应满足下列要求。

a) 贮槽间、水槽间、监测槽间等人员较少且检修频次较低的工艺用房,可设置通向其他楼层的竖向直爬梯(高度应不大于5m)作为疏散路径;地下部分面积大于50m²时应设置两部竖向直爬梯,爬梯间距不小于5m。疏散距离应从房间最远点计算到本层最近安全出口(疏散楼梯间),包括水平和垂直距离,疏散距离不应大于表3的规定。

211

表3 厂房内任一点至最近安全出口的距离

单位为米

生产的火灾危险性类型	耐火等级	单层厂房	多层厂房	高层厂房	地下或半地下厂房（包括地下或半地下室）
甲	一、二级	30	25	—	—
乙	一、二级	75	50	30	—
丙	一、二级	80	60	40	30
丙	三级	80	40	—	—
丁	一、二级	不限	不限	50	45
丁	三级	60	50	—	—
丁	四级	50	—	—	—
戊	一、二级	不限	不限	75	60
戊	三级	100	75	—	—
戊	四级	60	—	—	—

  b) 特殊工艺房间需要经过其他房间疏散时，疏散距离应从房间最远点计算到本层最近安全出口（疏散楼梯间），并不大于表3的规定。
  c) 控制室、主要工艺设备开关柜间应采用耐火极限不低于2h的防火隔墙和1.5h的楼板与其他部位分隔，其开向厂房内的门应采用乙级防火门；可燃物存放间、衣物收集间等有较大火灾危险性和火荷载的房间，应采用耐火极限不低于2h的防火隔墙和1.5h的楼板与其他部位分隔，其开向厂房内的门应采用甲级防火门。
  d) 其他建筑防火设计内容按照GB 50016执行。

13.17.4 通风防火及防排烟

放射性废物贮存、处理及附属类厂房的通风防火及防排烟设计应满足下列要求。
  a) 通风系统穿越防火边界应设置防火阀。
  b) 监督区疏散楼梯间防烟系统采用自然通风系统，控制区疏散楼梯间防烟系统采用机械加压送风系统。
  c) 设置有排风过滤装置的通风系统服务的房间，由于房间内有气溶胶释放风险，一般情况下，工作人员较少，如果可燃物较低（不高于$400MJ/m^2$）时，可不设置固定排烟系统。如果可燃物较多时，宜设置固定排烟系统进行过滤排烟。
  d) 系统设计符合第10章通风防火及防排烟规定。

13.18 消防泵房

13.18.1 一般要求

13.18.1.1 为核安全重要建（构）筑物提供消防供水的消防水泵的冗余系列应设置在不同的防火区/防火小区内。

13.18.1.2 附设在其他厂房内的消防泵房应与其他部位之间采用有效的实体隔离，并具备2h耐火极限要求。

13.18.1.3 设置独立消防泵房时，应设直通室外的安全出口。当按不同系列分别进行设置时，每个系列厂房每层建筑面积不大于$400m^2$（水池面积可不计入），且同时定期试验或检修作业人数不超过5人时，每个系列厂房可设一个安全出口。

13.18.3 灭火要求

13.18.3.3 泵房内应设置消火栓和灭火器等灭火措施。

14 质量保证

14.1 总体要求

应制定防火质量保证大纲，对如下活动的质量控制做出规定：
  a) 应建立一个有明文规定的组织结构并明确规定其职责、权限等级及内外联络渠道；
  b) 应对文件的编制、审核、批准和发放进行控制；
  c) 应制定控制措施并形成文件，以保证把规定的相应设计要求都正确地体现在技术规格书、图纸、程序或细则中；
  d) 应制定措施并形成文件，以保证在采购物项和服务的文件中包括了或引用了国家和安全部门有关的要求、设计基准、标准、技术规格书以及为保证质量所必需的其他要求；
  e) 应制定措施并形成文件，以控制装卸、贮存和运输；
  f) 应按照规定的要求，对核电厂的设计、制造、建造、试验、调试和运行中所使用的影响质量的工艺过程予以控制；
  g) 应制定措施控制不满足要求的物项，以防止误用或误装；
  h) 应制定措施，以便鉴别和纠正可能损害质量的不符合项；
  i) 应建立并执行质量保证记录制度。

14.2 目的

从核电厂设计开始，在核电厂整个建造、调试、运行和退役期间都应执行防火质量保证大纲，从而保证。
  a) 设计能满足防火要求。
  b) 各种防火材料和设备均能满足核电厂防火设计所提出

的采购技术文件的要求。应对火灾探测和灭火设备进行鉴定，确认它们能完成其预期功能。火灾探测和灭火设备应采用成熟的型号，新研制的设备和灭火剂应经过试验鉴定。

c) 所有火灾自动报警系统和灭火系统的材料、设备应按照有关标准要求进行设计、制造和安装，并且能按程序完成投入使用前的试验和启动试验。

d) 在建造、调试和运行期间，如发生影响安全重要物项的火灾，应评价该火灾所造成的影响，以保证该安全重要物项能达到设计所要求的性能。

e) 实施各种防火规程，按核电厂运行要求试验火灾自动报警系统和灭火系统，并且保证这些系统和设备是可靠的。应对消防系统和设备的操作及其使用人员进行培训。

14.3 行政管理

对于行政管理有以下要求。

a) 反应堆装料之前，应对所有防火区/防火小区进行全面检查。所有与正常运行无关的杂物及其他临时可燃物都应清理出各防火区/防火小区。

b) 对所有可能危及消防系统运行及防火区/防火小区完整性的工程应进行监督。

c) 有火灾潜在危险的工作应在监控下进行施工，相关的消防设备应能随时投入使用，消防人员应时刻准备灭火。

防火区/防火小区隔离部件、火灾自动报警系统、灭火系统以及通风防火和防排烟系统的设备应按附录B的规定进行定期试验和检查。

78.《核工业铀矿冶工程设计规范》GB 50521—2009

5 采 矿

5.4 矿井通风

5.4.5 矿井主要通风装置,可不设反风装置,但对于有瓦斯和自燃发火危险的矿井,应按《煤矿安全规程》和现行国家标准《煤炭工业矿井设计规范》GB 50215 的有关规定执行。有条件的矿井,主要通风装置可设在井下。

6 矿 建

6.3 井底车场及硐室

6.3.2 各类硐室应满足下列要求:
   1 井底车场的硐室应根据设备安装尺寸进行布置,并应便于操作、检修和设备更换,符合防水、防火等安全要求;
   4 井下主变电所与主排水泵房应联合布置,并应靠近敷设排水管路的井筒;与井底车场巷道连接的通道中应设栅栏门和易于关闭的防水门,主变电所与主排水泵房之间应设置防火门。

7 矿山机械及地表工艺设施

7.2 通风装置及设施

7.2.8 对于有瓦斯和自燃发火危险等的矿井应按《煤矿安全规程》和现行国家标准《煤炭工业矿井设计规范》GB 50215 的有关规定执行。

9 自动化控制

9.5 仪表用电缆、管路和就地设备布置

9.5.2 电缆宜敷设在电缆桥架内。桥架通道应避免遭受机械外力、过热、腐蚀等方面的危害,并应根据防火要求实施阻隔。

11 总图运输

11.2 总体规划

11.2.1 铀矿冶设施总体规划应满足生产、运输、防火、防爆、防洪、卫生、防护、环境保护等要求,在选定厂址的基础上应对铀矿冶设施进行总体规划,并应符合下列要求:
   1 应满足主要生产设施和辅助生产设施用地要求;
   3 应按规划要求留扩建余地,宜近期远期结合、统筹兼顾;
   4 应充分利用自然条件,因地制宜,减少土石方工程量,减少基建费用;
   5 应综合规划建(构)筑物场地、管线、运输线路等安排,布置合理、运营费用少、经济效益好;
   6 应满足与相邻村镇设施、卫生、环境等要求;
   7 应节约用地,并应合理规划生产、生活区用地面积;
   8 铀矿露天开采时,工业场地应选在露天采场附近。铀矿地下开采时,应结合坑、井口位置,选择地表工业场地;
   9 铀选冶厂、污水处理车间宜设厂区围墙,其平面位置与入风坑、井口的间距应满足入风风质要求;
   10 应根据地形、地质条件,综合设置工业场地排水系统;山区、丘陵区台阶式布置时,场地每个台阶应有排水设施,在厂区边界处应有防止山洪流入厂区的设施。

11.3 总平面布置

11.3.1 厂(场)区总平面布置应在总体规划基础上根据生产、运输、防火、防洪、施工等要求,结合厂(场)址地形、地质条件,经技术经济比较后确定,并应符合下列要求:
   1 厂(场)区总平面布置应符合生产工艺要求,厂房之间管线连接应短捷,物料流向应顺畅合理,并应避免交叉和往返;
   2 应按生产功能和厂前区、主要生产设施、辅助生产设施布置,分区应明确或相对集中,辅助生产设施宜在常年最小风频的下风侧;
   3 厂区通道宽度应满足下列要求:
      1)道路两侧建(构)筑物、露天设备对防火的要求;
      2)道路布置;
      3)管线、管沟布置;
      4)施工、安装、检修等要求。
   4 应根据规划要求预留发展用地;
   5 应结合当地气象条件,使建筑物有良好的朝向、采光和自然通风条件;
   6 应注意建(构)筑物的空间组织,建筑群体的空间及平面位置应整体协调;
   7 应避免酸类物品、粉状物品对附近建(构)筑物的污染和腐蚀;
   9 在山区、丘陵区,应防止雨季时边坡塌方危及建(构)筑物安全。

12 机修、汽修及仓库设施

12.2 仓库设施

12.2.1 大型露天采矿设备的大、中修的总拆装宜在露天作

业，零部件的修理与组装应设置厂房。井下矿用设备的修理设施宜布置在地面，井下宜只做小修维护。

12.2.2 厂矿联合企业或矿井分散的矿山，应设总仓库和分库；独立的选冶厂或矿井比较集中的矿山宜设总仓库。

12.2.3 除油品及危险品外，其他各类仓库宜集中布置，库房宜采用单层建筑。油品仓库和危险仓库，应与其他仓库分开设置，且应符合防火、防爆要求。

在同一建筑物存放的油品仓库和危险仓库必须用墙分开。

12.2.4 氧气瓶和电石等，应设独立建筑物存放。若存放量很少，可存放在同一建筑物内，但应采用墙隔开。

13 电气及通信

13.2 通信

13.2.3 厂矿企业产品库放射源库应根据现行国家标准《安全防范工程技术规范》GB 50348 的有关规定设置安全防范系统。

13.2.4 大、中型矿山，提升系统和其他重要生产岗位应设置工业电视系统。大、中型选冶厂重要生产车间的主要生产设备及岗位宜设置工业电视系统。

13.2.5 厂矿企业设置火灾自动报警系统应符合现行国家标准《火灾自动报警系统设计规范》GB 50116 的有关规定。

15 给排水

15.2 用水量指标

15.2.7 消防用水应按现行国家标准《建筑设计防火规范》GB 50016 的有关规定执行。

15.3 输配水系统

15.3.5 室外消防给水管道，应根据本地区消防条件确定采用低压或高压给水系统；附近有消防站且消防车能从接警起在 5min 内到达失火地点时，可采用低压给水系统。

15.5 室内给排水

15.5.4 建筑物室内消防给水应按现行国家标准《建筑设计防火规范》GB 50016 的有关规定执行；室内消防给水管道应单独设置，当室内消防管道从室外生活饮用水管道接出时，应有防止生活饮用水污染的措施。

79.《核电厂常规岛设计规范》GB/T 50958—2013

1 总 则

1.0.5 核电厂常规岛及其配套设施的防火设计，应符合现行国家标准《核电厂常规岛设计防火规范》GB 50745 和《核电厂防火设计规范》GB/T 22158 的规定。

4 常规岛建厂条件

4.0.5 常规岛的交通运输应与全厂相协调，并应符合下列规定：
  1 应满足人员交通、货运、大件设备、消防对道路设施和作业场地的要求。

5 总图运输

5.0.5 常规岛及其配套设施布置应满足人货分流的要求，厂区应有两个不同方向的出入口。

5.0.7 常规岛及其配套设施各建筑物、构筑物最小间距，应符合现行国家标准《核电厂总平面及运输设计规范》GB/T 50294 的规定。

5.0.15 建筑物室内、外地坪高差宜为 0.3m～0.5m。可燃、易燃、易爆和腐蚀性液体仓库入口处宜设置门槛，液体不应外溢。

7 汽轮发电机厂房布置

7.1 一般规定

7.1.4 汽轮发电机厂房布置应为运行检修人员创造良好的工作环境，并应符合国家现行有关劳动保护标准的规定，设备布置应符合防火、防爆、防潮、防尘、防腐、防冻等要求。

7.4 综合设施

7.4.3 汽轮发电机厂房外应设置变压器事故贮油池，其容量不应小于最大一组主变压器的排油量和 30min 的消防喷淋水量。事故油贮油池宜靠近主变压器设置，且在事故后应便于对含油废水进行油水分离处理。

11 电气系统及设备

11.5 照明系统

11.5.2 照明应包括正常照明、应急照明、警卫照明和障碍照明。应急照明应包括备用照明、安全照明和疏散照明。

11.7 电缆选择与敷设

11.7.2 常规岛及其配套设施进入核岛的电缆应选用核级 K3 类低烟无卤阻燃电缆，并应符合现行行业标准《核电厂电缆系统设计及安装准则》EJ/T 649 的规定。

11.7.3 消防系统及应急回路的电缆应采用 A 类耐火电缆，其他电缆宜选用低烟无卤阻燃电缆，并应通过 B 类成束燃烧试验。

11.7.4 机组重要负荷回路的电缆应分别敷设在两个互相独立的电缆通道中。

11.7.5 不同机组的常规岛到电气厂房的电缆应敷设在两个互相独立的电缆通道中。

11.7.6 多台机组公用的重要负荷回路电缆应分别敷设在两个互相独立的电缆通道中，确实无法分开时，同一通道中的全厂公用重要负荷回路电缆应采取耐火分隔。

11.12 通 信

11.12.1 系统通信应符合下列规定：
  9 核电厂应设置专用系统通信机房和通信蓄电池室。通信机房和蓄电池室的布局及面积应满足中远期需求。互为备用的蓄电池组间应做防火隔离。

14 辅助及附属设施

14.2 化学试验室

14.2.4 当全厂设置集中化学试验室时，其设计应符合下列规定：
  3 控制区的实验排水、场地排水和消防废水，应回收和集中储存，并应送至核岛放射性废水回收系统。

15 建筑与结构

15.1 一般规定

15.1.4 常规岛结构除应满足强度、稳定、疲劳、变形、抗裂、抗震及防振等设计要求外，还应满足耐久性、防爆、防火、防水和防腐蚀的要求。

15.2 汽轮发电机厂房建筑设计

15.2.1 汽轮发电机厂房建筑布置应根据生产工艺流程要求，合理确定水平、垂直交通流线，应满足运行巡检、设备检修及安全疏散等要求。

15.2.2 汽轮发电机厂房内应根据需要合理布置办公用房、控制值班用房和生活设施，办公用房、控制值班用房的围护结构应满足隔声、防火设计要求；宜在主要楼层设公共卫生间及洗涤池。

15.2.11 汽轮发电机厂房的外围护结构宜采用轻质材料，并应具有良好的防火、防雨和耐久性。

15.4 其他生产与辅助、附属建筑

15.4.1 其他生产与辅助附属建筑应根据生产工艺流程要求，合理确定水平、垂直交通流线，满足疏散、工作巡检、设备检修要求；附属建筑应结合生产配套服务的特点，确定各建筑使用功能并合理布置，并应满足生产、检修、生活、保卫等要求。

15.4.4 其他生产与辅助、附属建筑，应根据工艺特点和建筑使用要求设计，并应满足防水、排水、采光、通风、防火、防腐蚀、防噪声、防尘、防小动物、隔振、保温、隔热等要求。

15.4.11 其他生产与辅助、附属建筑的门窗应符合安全使用和建筑节能要求，并应符合下列规定：

　　3 电气设备用房应采用非燃烧材料的门窗，并应有防止小动物进入的措施。

　　4 化学品库等贮存有爆炸危险品房间的门窗及配件，应采用不发火材料。

15.4.12 其他生产与辅助、附属建筑装修应根据使用和外观需要，结合全厂环境进行设计。楼地面面层材料除工艺要求外，宜选用耐磨、易清洗的材料；有爆炸危险的房间地面面层应采用不发火材料；外墙面层材料应选用耐候性好且耐污染的材料；内墙面层材料、顶棚及吊顶材料，应选用符合使用及防火要求的材料。

16 供暖通风与空气调节

16.1 一般规定

16.1.4 在输送、贮存或生产过程中会产生易燃、易爆气体或物料的建筑物，不得采用明火供暖。

16.1.5 各类建筑物的通风设计应符合下列规定：

　　2 对以排除余热为主的房间，当设有事故通风时，其排风设备的风量应按排除余热和事故通风所需空气量较大值确定。

　　3 对可能散发有毒、有害气体或爆炸性物质的车间，应根据满足工作场所化学物质容许浓度或满足工作场所空气中爆炸性气体浓度小于其爆炸下限的要求确定通风量，室内空气不得再循环。

　　4 事故通风量应按换气次数不小于12次/h计算，事故通风可兼作正常通风使用。

16.1.7 消防用的排烟风机及加压风机应配置应急电源供电。

16.2 汽轮发电机厂房

16.2.3 电气房间的通风设计应符合下列规定：

　　3 蓄电池室通风系统设计应符合下列规定：

　　　1) 防酸隔爆式蓄电池室应采用机械通风。进风宜过滤，室内空气不得再循环。蓄电池室及调酸室的通风系统应与其他通风系统分开。

　　　2) 阀控式密封铅酸蓄电池室夏季室内温度不宜超过30℃；冬季室内温度不宜低于20℃。阀控密封式蓄电池室内设有带报警功能的氢气浓度检测仪，且空气中氢气浓度超过允许限值时，应能自动开启排风机。阀控密封式蓄电池室排风机的运行状态和故障报警、氢气浓度检测仪的报警，宜纳入消防控制系统。

　　　3) 蓄电池室的通风机和空气调节装置的选型，应符合现行国家标准《爆炸和火灾危险环境电力装置设计规范》GB 50058的规定，且防爆等级不应低于氢气爆炸混合物的类别、级别、组别。

18 职业安全与职业卫生

18.2 职业安全

18.2.8 操纵间、监控室、设备维修间等作业人员经常使用的设备和空间，应按人类工效学要求进行设计。安全疏散设施应有充足的照明和明显的疏散指示标志。

80.《铀转化设施设计规范》GB/T 51013—2014

3 基本规定

3.0.6 铀转化生产厂房的火灾危险性类别应按照现行国家标准《建筑设计防火规范》GB 50016 的有关规定确定,采取相应防范措施。

5 设计要求

5.8 防火和防爆

5.8.1 建(构)筑物、系统和设备设计和布置,应进行火灾危险性分析及火灾和爆炸可引起辐射事故的危险性分析,并应采取预防措施,使引起火灾和爆炸的可能性和后果减到最小。

5.8.2 铀转化设施主生产系统的设计,应采用非燃烧、难燃烧和耐热的材料。管道和设备的保温隔热材料、消声材料及其黏合剂应选用非燃烧或难燃烧材料,并应按照现行国家标准《建筑设计防火规范》GB 50016 的有关规定进行设计。

5.8.3 有火灾和爆炸危险的厂房内,应设置火灾探测、报警和灭火系统,并应采取实体分隔、泄压、防爆抗爆措施。

5.12 通风设计

5.12.2 通风系统设计应保证每个生产操作房间有适当的通风换气次数,以使生产房间空气中的放射性水平和爆炸性气体含量保持在规定限值以下。

5.12.5 通风系统应采用非燃烧或难燃烧材料制造。送排风系统应按规定设防火阀,火灾状态时应能有效关闭。

5.12.6 具有爆炸性混合气体、可能发生爆炸危险的厂房,通风系统设计应按现行国家标准《建筑设计防火规范》GB 50016 的有关规定设计。

5.13 动力系统及辅助设施设计

5.13.2 供电设计应符合下列规定:
  3 当正常照明系统因故障断电时,为供人员疏散、保障安全或继续工作,应急照明应按现行国家标准《建筑设计防火规范》GB 50016 有关规定设计。

5.14 建筑结构设计

5.14.4 放射性工作场所的建筑物内部结构、门窗应简单,控制区的地面、墙面和顶棚应用防腐、防火及易去污的材料覆盖。

5.14.5 安全第一级建(构)筑物在设计基准火灾事故和设计基准地震事件的条件下,应保持主体结构完整。

5.14.6 放射性工作区的控制区和监督区之间应有实体隔断,并应按防火分区设置防火墙。

5.14.7 建(构)筑物的防爆设计应按现行国家标准《建筑设计防火规范》GB 50016 的有关规定执行。

5.15 监测和报警系统

5.15.2 铀转化设施的临界安全监测报警系统、火灾监测报警系统以及实物保护监测报警系统应集中设置。其他监测报警系统可分散就地设置。

81.《铀浓缩工厂工艺气体管道工程施工及验收规范》GB/T 51012—2014

7 管道安装

7.1 一般规定

7.1.2 主机大厅工艺气体管道安装应具备下列条件：
  3 采暖、通风管道、消防水管、雨水管、生活上下水管等一般用途的公用工程管网已安装，全面通风系统试运转合格。

10 管道涂漆及标识

10.0.7 涂漆施工环境温度宜为15℃～30℃、相对湿度不宜超过85%，并应有相应的防火措施。

82.《核电厂总平面及运输设计规范》GB/T 50294—2014

3 厂址选择

3.2 核安全准则

3.2.10 厂址应处在下列设施的筛选距离以外：

1 大型危险设施如化学品、炸药生产厂和贮存仓库、炼油厂、油和天然气贮存设施；
3 输送易燃气体或其他危险物质的管线；
4 运载危险物品的运输线路包括水路、陆路和航线。

5 总平面布置

5.1 一般规定

5.1.10 厂区总平面布置应满足为实施应急措施对厂区人员的集合场所和撤离路线要求。

5.1.12 厂区通道宽度，应符合下列要求：

1 应满足建筑物、构筑物、露天设备对防火、防爆、卫生间距的要求；
2 应满足管线、管廊、道路等布置要求和施工、拼装作用、检修、大件设备和大型模块的运输与吊装等要求；
3 应满足场地竖向设计台阶布置场地要求；
4 应满足扩建工程应预留的场地要求。

5.1.13 核岛和重要厂用水泵房等安全重要建筑物、构筑物的火灾荷载密度及其耐火极限，应根据相关核安全法规和规范确定。

5.1.14 非安全重要建筑物、构筑物，在生产过程中的火灾危险性及其最低耐火等级应符合下列规定。

1 主要生产和辅助建筑物、构筑物的火灾危险性分类及其最低耐火等级，应符合表5.1.14-1的规定。

表 5.1.14-1 主要生产和辅助建筑物、构筑物的火灾危险性分类及其最低耐火等级

序号	建筑物、构筑物名称	火灾危险性	耐火等级
1	汽轮发电机厂房	丁	二级
2	电气控制楼（网络控制楼、继电器控制楼）	丁	二级
3	屋内配电装置楼（内有每台充油量大于60kg的设备）	丙	二级
4	屋内配电装置楼（内有每台充油量不大于60kg的设备）	丁	二级
5	屋外配电装置	丙	二级
6	含油生产废水油水分离池（总事故贮油池）	丙	二级

续表 5.1.14-1

序号	建筑物、构筑物名称	火灾危险性	耐火等级
7	化水处理车间	戊	二级
8	海水淡化厂房	戊	二级
9	化学试剂库	甲	二级
10	公共气体储存区	戊	二级
11	制氢站和贮存厂房	甲	二级
12	润滑油和油脂库	丙	二级
13	辅助锅炉房	丁	二级
14	压缩空气站（有润滑油）	丁	二级
15	第五台柴油发电机厂房	丙	二级
16	实验室（厂区实验楼、性能实验室）	戊	二级
17	冷却水泵房	戊	二级
18	冷却塔	戊	三级
19	制氯站	丁	二级
20	放射性厂房（放射性机修及去污车间、特种汽车库、放射性固体废物处理辅助厂房、固体废物暂存库、放射源库、废液排放厂房等）	戊	二级
21	非放射性仓库（机、电、仪库，备品备件库）	丁	二级
22	大件仓库（工具库）	戊	二级
23	材料棚	戊	三级
24	机、电、仪修车间	丁	二级
25	铆焊车间	丁	二级
26	保卫控制中心	戊	二级
27	洗衣房	戊	二级
28	控制区大门	—	二级
29	保护区大门	—	二级

注：1 除本表规定的建筑物、构筑物外，其他建筑物、构筑物的火灾危险性分类及其最低耐火等级，应符合现行国家标准《建筑设计防火规范》GB 50016的有关规定。

2 电气控制楼（网络控制楼、继电器控制楼），当不采取防止电缆着火后延燃的措施时，火灾危险性应为丙类。

2 附属建筑物、构筑物的火灾危险性分类及其最低耐火等级应符合表5.1.14-2的规定。

表 5.1.14-2 附属建筑物、构筑物的火灾危险性分类及其最低耐火等级

序号	建筑物、构筑物名称	火灾危险性	耐火等级
1	生产检修办公楼	—	二级
2	综合办公楼	—	二级
3	档案馆	—	二级
4	餐厅	—	二级
5	培训中心	—	二级
6	宣传展览中心	—	二级
7	应急控制中心	—	二级
8	武警营房	—	二级
9	消防站	—	二级
10	警卫楼	—	二级
11	车队管理楼	—	二级
12	停车场和候车廊	—	二级

注：除本表规定的建筑物、构筑物外，其他建筑物、构筑物的火灾危险性分类及其最低耐火等级应符合现行国家标准《建筑设计防火规范》GB 50016 的有关规定。

5.1.15 核电厂各建筑物、构筑物的最小间距应符合表 5.1.15 的规定，还应符合下列规定：

1 当安全重要建筑物、构筑物与工艺相关建筑物、构筑物成组布置时，并采用耐火极限不小于 3h 的防火屏障分隔时，可不限最小间距，与其他建筑物、构筑物间距不应小于表 5.1.15 的规定。

2 两座建筑物，如相邻较高的一面外墙为防火墙时，可不限最小间距，但甲类建筑物之间不应小于 4m。

3 两座丙、丁、戊类建筑物相邻两面的外墙均为非燃烧体且无外露的燃烧体屋檐，当每面外墙上的门窗洞口面积之和各不超过该外墙面积的 5% 且门窗洞口不正对开设时，其防火间距可减少 25%。

4 戊类厂房之间的防火间距，可按表 5.1.15 减少 2m。

5 两座一、二级耐火等级厂房，当相邻较低一面外墙为防火墙，且较低一座厂房的屋盖耐火极限不低于 1h 时，可适当减少防火间距，但甲、乙类厂房不应小于 6m，丙、丁、戊类厂房不应小于 4m。

6 两座一、二级耐火等级厂房，当相邻较高一面外墙的门窗等开口部分设有防火门卷帘和水幕时，可适当减少防火间距，但甲、乙类厂房不应小于 6m；丙、丁、戊类厂房不应小于 4m。

表 5.1.15 核电厂各建筑物、构筑物的最小间距 (m)

序号	建筑物名称		甲类建筑	乙类建筑	丙、丁、戊类建筑耐火等级		核岛	常规岛	屋外配电装置	自然通风冷却塔	机力通风冷却塔		放射性厂房	重要厂用水泵房	行政生活服务建筑		铁路中心线		厂外道路(路边)	厂内道路(路边)		围栏
					一、二级	三级					安全级	非安全级			一、二级	三级	厂外	厂内	主要	次要	
1	甲类建筑		12	12	12	14	25	13	25	20	25		12	25	25	25	30	20	15	10	5	6
2	乙类建筑		12	12	10	12	25	13	20	20	25		10	25	25	25						
3	丙、丁、戊类建筑耐火等级	一、二级	12	10	12	14	15	13	15	15~30①	15~30①		10	10	10	12	有出口时 5~6，无出口时 3~5		无出口时 1.5，有出口时 3，有引道时 7			6
		三级	14	12	14	12	15	15	12				12	12	12	14						
4	核岛		25	25	15	15		15				50	15	15	15	15	—	—	—	—	—	—
5	常规岛		13	13	13	15	15		13	50	50		13	13	13	15						
6	屋外配电装置		25	25	15	12	15	13					10	20						1.5			
7	主变压器或屋外厂用变压器油量(t/台)	≤10			12	15	15	12		25~40②	40~60③		12	12	15	20						
		>10, ≤50	25	25	15	15	15	12					15	15	20	20						
		>50			20	25	20	20					20	20	20	20						
8	自然通风冷却塔		20	20	15~30①	—	50	25~40②	0.45~0.50D④		40~50		20	30	30	25	15	25	10	10		
9	机力通风冷却塔	安全级			15~30①	—	50	40~60③		⑤		20	1.0H⑥	35	35	35	20	35	15	15		
		非安全级	25	25		50		40~50														
10	放射性厂房		12	10	10	12	15	13	20	20	20			10	15	25	有出口时 5~6，有出口无引道时 3~5		无出口时 1.5，有出口无引道时 3，有引道时 7			6
11	重要厂用水泵房		25	25	10	12	15	13	10	—	—	1.0H⑥	10		10	12						

续表 5.1.15

序号	建筑物名称	甲类建筑	乙类建筑	丙、丁、戊类建筑耐火等级 一、二级	丙、丁、戊类建筑耐火等级 三级	核岛	常规岛	屋外配电装置	自然通风冷却塔	机力通风冷却塔 安全级	机力通风冷却塔 非安全级	放射性厂房	重要厂用水泵房	行政生活服务建筑 一、二级	行政生活服务建筑 三级	铁路中心线 厂外	铁路中心线 厂内	厂外道路（路边）	厂内道路（路边） 主要	厂内道路（路边） 次要	围栏
12	行政生活服务建筑 一、二级	25	25	10	12	25	13	10	30	35		25	10	6	7	有出口时5~6，无出口时3~5		无出口时1.5，有出口时3			6
	三级	25	25	12	14	25	15	12	30	35		25	12	7	8						

注：1 自然通风冷却塔（机力通风冷却塔）与主控制楼、单元控制楼、计算机室等建筑物采用 30m，其余建筑物、构筑物均采用 15m～20m（除水工设施等采用 15m 外，其他均采用 20m）。

2 为冷却塔零米（水面）外壁至屋外配电装置构架边净距，当冷却塔位于屋外配电装置冬季盛行风向的上风侧时为 40m，位于冬季盛行风向的下风侧时为 25m。

3 在非严寒地区采用 40m，严寒地区采用有效措施后可小于 60m。

4 D 为逆流式自然通风冷却塔进出口下缘塔筒直径（人字柱与水面交点处直径），取相邻较大塔的直径。冷却塔布置，当采用非塔群布置时，塔间距宜为 0.45D，困难情况下可适当缩减，但不应小于 4 倍标准进风口的高度。采用塔群布置时，塔间距宜为 0.50D，有困难时可适当缩减，但不应小于 0.45D。当间距小于 0.50D 时，应要求冷却塔采取减小风的负压荷载的措施。

5 机力通风冷却塔之间的间距：当盛行风向平行于塔群长边方向时，根据塔群前后错开的情况，可取 0.5～1.0 倍塔长；当盛行风垂直于塔群长边方向且两列塔呈一字形布置时，塔端净距不得小于 9m。

6 H 为机力通风冷却塔进风口高度。

7 除本规范另有规定外，数座耐火等级不低于二级的厂房，其火灾危险性为丙类，占地面积总和不超过 8000m² （单层）或 4000m²（多层），或丁、戊类不超过 10000m²（单、多层）的建筑物，可成组布置。当高度不超过 7m 时，组内建筑物之间的距离不应小于 4m；当高度超过 7m 时，组内建筑物之间的距离不应小于 6m。

8 屋外布置油浸变压器时，其最小间距不宜小于 10m；当在靠近变压器的外墙上于变压器外廓两侧各 3m、变压器总高度以上 3m 的水平线以下的范围内设有防火门和非燃烧性固定窗时，与变压器外廓之间的距离可为 5m～10m；当在上述范围内的外墙上无门窗或无通风洞时，与变压器外廓之间的距离可在 5m 之内。屋外油浸变压器之间的间距应由安装工艺确定。

9 与屋外配电装置的最小间距应从构架上部的边缘算起；自然通风冷却塔应算至零米外壁；高压输电线不宜跨越永久性建筑物，当非跨越不可时，应满足其带电距离最小高度要求，建筑物屋顶并应采取相应的防火措施。

10 架空高压电力线边导线与丁、戊类建筑物、构筑物的最小水平距离应符合下列规定：

 1）110kV 最小水平距离应为 4m；
 2）220kV 最小水平距离应为 5m；
 3）330kV 最小水平距离应为 6m；
 4）500kV 最小水平距离应为 8.5m。

11 自然通风冷却塔与机力通风冷却塔之间的距离，当冷却塔淋水面积大于 3000m² 时，应采用大值；冷却塔淋水面积小于或等于 3000m² 时，应采用小值。

12 当冷却塔和核岛（包括安全重要建筑物、构筑物）的净距小于 1.0H（H 为冷却塔高度）时，应进行倒塔影响的论证。

13 冷却塔与汽轮发电机厂房之间的距离不宜小于 50m。在改、扩建厂及场地困难时可适当缩减，当冷却塔淋水面积小于等于 3000m² 时，不应小于 24m，当冷却塔淋水面积大于 3000m² 时，不应小于 35m。

14 管道支架柱或单柱与道路边的净距不应小于 1m。

15 厂内道路边缘至厂内铁路中心线间距不应小于 3.75m。

16 含油生产废水油水分离池（总事故贮油池）至火灾危险性为丙、丁、戊类生产建筑物、构筑物（一、二级耐火等级）的距离不应小于 5m，至行政生活服务建筑物（一、二级耐火等级）的距离不应小于 10m。

17 汽轮发电机厂房外侧贮油箱防火间距应按变压器防火间距考虑。

5.3 辅助生产设施布置

5.3.4 冷却塔布置应符合下列要求：

1 冷却塔应与安全重要建筑物、构筑物保持安全距离，并应符合本规范第 5.1.15 条的规定；

5.3.13 制氢站及氢气储供车间布置应符合下列要求：

1 应单独布置，并应布置在常年最小风频的下风侧；

2 应远离明火或散发火花的地点；

3 宜布置在厂区边缘且不窝风的地段，泄压面不应面对人员集中的地方和主要交通道路；

5.5 其他设施布置

5.5.4 核电厂应独立设置消防站，消防站规模宜按照普通消防站设置。

5.5.5 消防站布置应符合下列规定：

1 消防站宜设在厂前区边缘、通往厂区主厂房建筑群最短捷的出入口附近，或布置在责任区的适中位置，并能顺利通往责任区内各个地段，应保证在接到报警后 5min 内消防队可以到达责任区边缘。

2 消防站主体建筑距办公楼、食堂、展览厅等容纳人员较多的建筑的主要疏散出口不宜小于 50m；消防站边界距有生产、贮存易燃易爆化学危险品的车间不宜小于 200m，并应设置在常年盛行风向的上风或侧风处。

3 消防站车库门应朝向主要道路，至道路边缘的距离不宜小于 15m。门前地坪应为水泥混凝土或沥青等材料铺筑，并应向道路边缘有 1‰～2‰ 的下坡。

6 竖向布置

6.2 设计标高的确定

6.2.5 建筑物室内、外地坪高差应符合下列规定：

3 易燃、可燃、腐蚀性液体仓库室内地坪宜低于仓库门口的地坪，或入口处设置门槛，应确保液体无外流的可能。

7 管线综合布置

7.1 一般规定

7.1.4 管线综合布置应符合下列要求：

2 一般管线不宜穿越与其无关的建筑物、构筑物，必须穿越时应采取相应措施来确保建筑物和管线的安全及正常使用功能；管道内的介质具有毒性、可燃、易燃、易爆性质时，严禁穿越与其无关的建筑物、构筑物。

7.2 地下管线

7.2.2 地下管线交叉布置时，应符合下列规定：

2 可燃气体管道，应在除热力管道外的其他管道上面；
3 电力电缆应在热力管道下面，在其他管道的上面；
4 氧气管道应在可燃气体管道下面，在其他管道上面；
6 热力管道应在可燃气体管道和给水管道的上面。

7.2.7 地下综合廊道应符合下列规定：

2 应设永久性照明和火灾报警器。
3 应设置安全出口指示标记（含距离）。
5 应保持通风。
6 通道范围内不应有设备、管线、支架侵入，通道两侧不应有尖物或突出的硬体。
7 通向担架出口的通道不应有直角转弯。
8 应设置正常出入口与紧急出入口。
9 敷设有放射性、易燃、易爆、有毒物料管线的综合廊道，应有抗震、抗辐射效应和防止地下水渗入的功能。
10 正常出入口应设在最安全并可以通过担架的地段，当有几个正常出入口时，允许只有一个能通过担架，但应满足本条第 7 款的要求。

12 在可能出现水淹、火灾、高温、高压管线破裂等事故的综合廊道中应设置紧急出口，其间距不应大于 70m。在尽端式廊道地段，紧急出口间距端头不应大于 10m，在危险性较小地段，上述两间距可扩大 5 倍，但高温、高压管线地段不应扩大。

7.3 架空管线

7.3.1 架空管线布置，应符合下列要求：

1 不应影响交通运输、人流及消防车通行，满足实物保护要求，并应注意对厂容的影响。
3 燃油管与可燃气体管，不应在与其无生产联系的建筑物外墙或屋顶敷设；不应在存放易燃、可燃物料的堆场和仓库区通过。
4 架空电力线路不应跨越核岛及安全重要建筑物、构筑物、放射性厂房及仓库、屋顶为可燃材料的建筑物和火灾危险性为甲类的厂房、仓库，以及储存易燃、可燃液体和气体的储罐；且不宜跨越永久性建筑物，当必须跨越时，应满足其带电距离最小高度要求，建筑物屋顶应采取相关防护措施。500kV 及以上线路不应跨越长期住人的建筑物。

8 运 输

8.4 道 路

8.4.4 厂内道路布置应符合下列要求：

1 应满足生产、运输、安装、检修、消防及环境等要求；
5 主厂房建筑群四周应设环形道路，其他区道路设置应符合现行国家标准《建筑设计防火规范》GB 50016 的有关规定。

8.4.11 消防车道的布置应符合下列规定：

1 应与厂区道路连通，且距离短捷；
2 应避免与铁路平交。当必须平交时，应设备用车道；两车道之间的距离，不应小于进入厂内最长列车的长度；
3 车道的宽度，不应小于 4.0m。

9 绿 化

9.3 树种选择

9.3.1 核电厂绿化树种的选择应根据树木所处环境和自然条件确定，并应符合下列要求：

1 应符合安全、防火和卫生要求。

6.4 建材工程

83.《水泥工厂设计规范》GB 50295—2016

5 原料与燃料

5.9 废弃物的利用

5.9.1 水泥工厂可利用的废弃物应分为作为替代原料的废弃物、作为替代燃料的可燃废弃物及无害化处置的废弃物。三种废弃物的划分应符合下列规定：
 1 作为替代原料的废弃物组分应符合下列规定：
  2）氧化钾（K_2O）、氧化钠（Na_2O）、三氧化硫（SO_3）、氯离子（Cl^-）等有害成分的含量应满足水泥熟料生产线控制要求。

6 生产工艺

6.7 煤粉制备

6.7.4 煤粉制备系统的安全防爆设计应符合下列规定：
 1 煤磨、收尘器、煤粉仓应装设泄压阀；
 3 泄压阀前的短管长度不应大于10倍的短管当量直径；
 4 泄压阀前的短管应采用直管，且与水平面夹角不应小于60°；
 5 磨机进、出口管道上的泄压阀面积不应小于管道截面积；
 6 煤粉仓上的泄压阀总面积计算应符合现行国家标准《粉尘爆炸泄压指南》GB/T 15605中的有关规定；
 7 泄压阀应设置检查和维修平台；
 8 煤磨进出口应设置温度监测装置；在煤粉仓、收尘器上应设温度和一氧化碳监测及自动报警装置；
 9 系统收尘器进出口管道应设置停电状态下自动关闭的快速截断阀；
 10 煤磨、煤粉仓、煤磨收尘器应设置气体灭火系统；
 11 煤粉制备车间所有工艺设备、风管、煤粉仓及溜子等设施均应有接地措施。

6.7.5 煤粉制备利用烧成系统余热作为烘干热源时，应在入煤磨前设置降尘设施。

6.7.6 煤粉制备系统的收尘设计应符合下列规定：
 1 收尘设备应选用煤磨专用收尘器，收尘设备应有防燃、防爆及防静电等措施。

6.12 水泥包装、成品堆存及水泥散装

6.12.9 包装袋库设计应采取防潮及防火措施。

7 总图运输

7.1 总平面设计

7.1.4 总平面设计应符合现行国家标准《工业企业总平面设计规范》GB 50187和《建筑设计防火规范》GB 50016等的有关规定。在抗震设防烈度六度及以上地震区、湿陷性黄土地区、膨胀土地区、软土地区和冻土地区等特殊自然条件地区建设工厂，还应符合现行国家标准《建筑抗震设计规范》GB 50011、《湿陷性黄土地区建筑规范》GB 50025和《膨胀土地区建筑技术规范》GB 50112等的有关规定。

7.1.6 厂区的通道宽度应符合下列规定：
 1 应满足通道两侧建（构）筑物及露天设施对防火、防尘、防振动、防噪声及安全卫生间距的要求。

7.1.10 生产设施的布置应符合下列规定：
 3 氧气瓶库、乙炔气瓶库、汽车库及煤粉制备等厂房的布置应满足防火防爆的要求，建（构）筑物的防火间距应符合本规范附录A的规定。

7.1.12 厂区动力、公用设施的布置应符合下列规定：
 2 总降压变电站的总平面布置应紧凑合理，并宜留有扩建余地；站区场地应满足主要设备运输及消防要求，站区场地内主要道路宽度不应小于4m；

7.1.13 机械修理设施及仓库宜组成机修仓库区，并应布置在生产区与厂前区间。机修仓库区布置除应满足生产管理和环保卫生等方面的要求外，还应符合下列规定：
 2 氧气瓶库、乙炔气瓶库应布置在厂区和机修仓库区的边缘安全地带，并应符合现行国家标准《建筑防火设计规范》GB 50016的有关规定，气瓶库周围应设置消防道路；

7.1.14 运输及计量设施应符合下列规定：
 4 生产汽车库的布置应符合现行国家标准《汽车库、修车库、停车场设计防火规范》GB 50067的有关规定：
  1）应布置在货运出入口附近；
  3）应避开人流出入口和厂内铁路。
 5 汽车加油站的布置应符合现行国家标准《汽车加油加气站设计与施工规范》GB 50156的有关规定，并应设置开阔的场地和回车道路。

7.2 交通运输

7.2.4 厂内道路设计应符合下列规定：
 2 厂内道路的布置应满足交通运输安装检修、防火灭火、安全卫生、管线和绿化布置等要求，与厂外道路连接应平顺简捷，路型、路面结构应协调一致。

7.7 管线综合布置

7.7.6 消防给水管道与道路边的距离不应大于2m，可与生产、生活给水管合用。雨水暗管或明沟应布置在路肩外侧。照明及电信杆柱可设在路肩上。

8 电气及自动化

8.2 供配电系统

8.2.2 电力负荷分级应符合下列规定：
  1 回转窑的润滑装置及辅助传动、高温风机的润滑装置及辅助传动、篦式冷却机的保安风机、管磨机稀油站的高压油泵、回转窑燃烧器的事故风机、中央控制室重要设备电源、保证生产安全的循环水泵、重要或危险场所的应急照明、工艺要求的其他重要设备应作为一级负荷；
  2 消防用电的负荷分级应符合现行国家标准《建筑设计防火规范》GB 50016 的有关规定。

8.6 车间配电及拖动控制

8.6.8 车间配电线路及敷设应符合下列规定：
  4 导线穿钢管不应敷设在有喷火和热熟料危险的场所，当无法避开时，应采取隔热措施，并应选用阻燃电缆。采用桥架敷设时，应加设盖板。

8.9 电气系统接地

8.9.9 共同接地装置宜利用自然接地体，但不得利用输送易燃易爆物质的管道。自然接地体能够满足要求时，除变电所外，可不设人工接地体，但应校验自然接地体的热稳定。

8.11 控制室

8.11.2 控制室的设置应符合下列规定：
  1 控制室应有防尘、防火、隔声、隔热和通风等措施。

8.13 电缆及抗干扰

8.13.2 电缆抗干扰措施应符合下列规定：
  4 线路沿温度超过 65℃ 的设备表面敷设时，应采取隔热措施，宜采用耐高温电缆；在火源场所敷设时，应采用阻燃电缆，并应采取防火措施。

8.15 建筑智能化及消防报警系统

8.15.2 消防报警系统设计应符合现行国家标准《火灾自动报警系统设计规范》GB 50116 的有关规定。

9 建筑结构

9.1 一般规定

9.1.7 水泥工厂建（构）筑物生产的防火设计应符合现行国家标准《建筑设计防火规范》GB 50016 的有关规定。主要生产车间及建（构）筑物的火灾危险性类别和建筑耐火等级应符合本规范附录 A 的规定。

9.4 建筑构造设计

9.4.5 有隔声及防火要求的门窗应采用相应等级的门窗配件。
9.4.6 楼梯及防护栏杆的设计应符合下列规定：
  1 生产车间可采用金属梯作为工作平台交通梯，楼层间疏散梯的设置应符合现行国家标准《建筑设计防火规范》GB 50016 的有关规定，且主梯宽度不应小于 0.9m。

10 给水与排水

10.1 一般规定

10.1.1 给水排水设计应满足生产、生活、消防和环境保护的要求，并应符合下列规定：
  1 给排水设计应根据地区水资源利用和保护的总体规划综合利用；
  2 给排水设计应采取循环用水、一水多用、中水回用等措施；
  3 给排水设计应合理利用水资源和保护水体，排水设计应符合现行国家标准《污水综合排放标准》GB 8978 的有关规定。

10.2 给 水

10.2.5 给水水源的选择应根据水资源勘察资料和总体规划的要求、通过技术经济比较后确定，并应符合下列规定：
  1 水资源应丰富可靠，并应满足生产、生活和消防的用水量要求；
10.2.10 给水处理厂的生产能力应根据工厂总体规划的要求确定，并应满足生产、生活最高日供水量加消防补充水量和自用水量。
10.2.14 生活和消防给水系统应设置水量调节储存设施宜选择高位储水池。

10.5 消防及消防用水

10.5.1 水泥工厂应设计消防给水，并应按建筑物类别及使用功能，设置固定灭火装置和火灾自动报警装置。消防设计应符合现行国家标准《建筑设计防火规范》GB 50016 的有关规定。
10.5.3 消防用水量应符合现行国家标准《消防给水及消火栓系统技术规范》GB 50974 的有关规定。
10.5.4 当工厂设置消防车、移动式消防泵或由附近的消防站协作来满足消防灭火时，室外消防给水宜采用低压给水系统，管道的压力应保证最不利点消火栓的水压不小于 0.10MPa。
10.5.6 室外消防给水管网应采用环状布置。居住区及小型厂厂区，其室外消防用水量不超过 20L/s 时，可采用枝状布置。
10.5.7 下列车间和建筑物应设置室内消防给水：
  1 煤粉制备车间；
  2 煤预均化堆场；
  3 原煤堆场；
  4 包装纸袋库；
  5 中央控制室；
  6 超过 2 个车位的修车库；
  7 停车数量超过 5 辆的汽车库和停车场；
  8 建筑高度大于 15m 或体积超过 10000m³ 的办公楼、倒班宿舍、招待所及工厂其他辅助用建筑。

10.5.8 煤粉制备车间，在确保消防用水量和水压时，可不设置屋顶水箱。

10.5.9 寒冷地区水泥工厂非采暖车间内的消防管道应采取放空防冻的措施，在总进口处宜设置快速启闭装置。

10.5.10 耐火等级为一、二级，无明火及可燃物较少的丁、戊类高层厂房，每层工作平台工人少于2人，且各层平台人数总和不超过10人时，可不设置室内消防给水。

10.5.11 固定灭火装置的设置应符合下列规定：

　　1 A、B级电子信息系统机房内的主机房和基本工作间的已记录磁（纸）介质库，应设置固定灭火装置；特殊重要设备室宜设置气体灭火设备；

　　2 单台容量为40MV·A及以上的油浸电力变压器水喷雾装置或其他固定灭火装置的设置，应符合现行国家标准《建筑设计防火规范》GB 50016和《水喷雾灭火系统技术规范》GB 50219的有关规定；

　　3 储油系统的油罐区应采用固定式空气泡沫灭火装置和喷水冷却装置；容量小于200m³的地上油罐及半地下、地下、覆土和卧式油罐，可采用移动式泡沫灭火装置；

　　4 煤磨系统的磨机、袋收尘器、煤粉仓应设置灭火装置，并应在煤磨和煤粉仓附近设置干粉灭火器和消防给水装置；

　　5 设有送回风道（管）的集中空气调节系统且总建筑面积大于3000m²的办公楼，应设置闭式自动喷水灭火设备。

10.5.12 下列场所或部位应设置火灾检测与自动报警装置：

　　1 中央控制室及电子信息系统机房；

　　2 总降压变电站、配电站及车间变电所；

　　3 火灾危险性大的机器、仪器、仪表设备室；

　　4 设置自动喷水灭火系统、气体灭火系统需与火灾自动报警系统连锁动作的场所或部位。

10.5.13 水泥工厂的建筑物灭火器设置应符合现行国家标准《建筑灭火器配置设计规范》GB 50140的有关规定。

10.5.14 设有火灾自动报警装置和自动灭火装置的建筑物应设消防控制室，并应符合现行国家标准《建筑设计防火规范》GB 50016的有关规定。

11 供热、通风与空气调节

11.2 供 热

11.2.1 供暖设计应符合下列规定：

　　6 储存或生产过程中产生易燃、易爆气体或物料的建筑物，严禁采用明火供暖；采用电热方式采暖时，应使用防爆型电暖器及插座。

11.2.2 供热热源的设计应符合下列规定：

　　8 锅炉房的设置和设计应符合现行国家标准《锅炉房设计规范》GB 50041、《建筑设计防火规范》GB 50016的有关规定。

11.3 通 风

11.3.2 生产与辅助生产建筑的机械通风设计应符合下列规定：

　　7 设有二氧化碳或其他气体固定灭火装置的中央控制室及其他建筑物，应按消防要求设置局部排风系统。

11.3.3 事故通风的设计应符合下列规定：

　　1 总降压变电站、配电站的高压开关柜室、电容器室、氧气瓶库、乙炔气瓶库等辅助生产厂房，应设置事故排风装置。当事故排风与排热、排湿系统合用时，通风量应根据计算确定，且换气次数不应小于12次/h。

　　2 **事故通风应根据放散物的种类，设置相应的检测报警及控制系统。事故通风设备的手动控制装置应在室内外便于操作的地点分别设置。**

　　3 事故排风机的室内吸风口应设在有害气体或爆炸危险性物质放散量最大或聚集最多的地点。对事故排风的死角，应采取导流措施。

　　4 排除有爆炸危险物质的局部排风系统，通风机的电机应采用防爆型。

　　5 电缆隧道应设置事故排风，排风量应按隧道断面风速0.5m/s～0.7m/s计算，并应采用自然补风。风口距室外地面的高度，进风口不应低于2.0m，排风口不应低于2.5m。

11.4 空气调节

11.4.5 空气调节系统的风管设计应符合下列规定：

　　1 集中空气调节系统送、回风总管，以及新风系统的送风管道上，均应设置防火装置。

　　2 除下列规定外，通风、空气调节系统的风管应采用不燃材料。

　　　1）接触腐蚀性介质的风管和柔性接头可采用难燃材料；

　　　2）办公楼和丙、丁、戊类厂房内的通风、空气调节系统的风管，当不跨越防火分区且在穿越房间隔墙处设置防火阀时，可采用难燃材料；

　　　3）应注意控制材料的燃烧性能、发烟性能和热解产物的毒性。

14 职业安全与职业健康

14.2 厂区道路安全

14.2.5 厂区道路的转弯半径应便于车辆通行，转弯处不得有妨碍驾驶员视线的障碍物。主、次干道的纵坡坡度不宜大于8%，经常运送易燃、易爆危险物品专用车道的纵坡坡度不宜大于6%。

14.3 生产和设备安全

14.3.1 有爆炸危险的工艺系统及设备、厂房应按不同类型的爆炸源和危险因素采取相应的防爆防护措施。防火、防爆设计应符合现行国家标准《建筑设计防火规范》GB 50016的有关规定。

14.3.11 煤粉制备车间内不应设置与生产无关的附属房间，当附属房间贴近煤粉制备车间修建时，应加防火墙与煤粉制备车间隔开。

14.4 建筑安全

14.4.1 主要生产场所的火灾危险性分类及建（构）筑物防

火最小安全间距应符合现行国家标准《建筑设计防火规范》GB 50016的有关规定。

14.4.3 氧气瓶、乙炔气瓶应分库存放，并应存放在气瓶专用库中，气瓶库房应符合现行国家标准《建筑设计防火规范》GB 50016的有关规定。

14.5 电气设备安全

14.5.3 变配电室、中央控制室、主电缆隧道和电缆夹层的防火设计应符合现行国家标准《火灾自动报警系统设计规范》GB 50116的有关规定。

14.5.7 主要通道及主要出入口、通道楼梯、变配电室、发电机室、车间控制室、中央控制室、消防水泵房等场所应设置应急照明。

14.5.8 危险场所和其他特定场所，照明器材的选用应符合下列规定：

  1 有爆炸和火灾危险的场所应按危险等级选用相应的照明器材。

14.7 安全警示标志

14.7.1 存在危险因素的作业场所或设备上，安全警示标志应设置符合现行国家标准《安全标志及其使用导则》GB 2894和《图形符号 安全色和安全标志》GB/T 2893的有关规定；消防设施、重要防火部位应设有明显的消防安全标志，并应符合现行国家标准《消防安全标志 第1部分：标志》GB 13495.1、《消防安全标志设置要求》GB 15630的有关规定。

附录 A 水泥工厂建（构）筑物生产的火灾危险性类别、耐火等级及防火间距

表 A 水泥工厂建（构）筑物生产的火灾危险性类别、耐火等级及防火间距（m）

注：
1. 煤粉输送天桥的生产火灾危险性类别为乙类，原煤输送天桥、其他非燃烧材料输送天桥均为戊类；物料输送天桥类别为丙类，耐火等级为三级；
2. 综合材料库车油漆油脂储存部分的火灾危险性类别储存部分为丁类，其他金属材料储存部分为戊类，机械、备品备件储存部分的耐火等级，应按照最低耐火等级来分类；
3. 整个一座厂房或一座厂房内各部分的耐火等级同，其中火灾危险性最大的部分来确定。

84.《平板玻璃工厂设计规范》GB 50435—2016

5 总图运输

5.1 一般规定

5.1.3 厂区总平面布置应符合下列规定：
4 建（构）筑物之间的最小间距及消防通道设置应符合现行国家标准《建筑设计防火规范》GB 50016 的有关规定。

5.2 总平面布置

5.2.3 燃油储罐区布置应符合现行国家标准《建筑设计防火规范》GB 50016 和《石油库设计规范》GB 50074 的有关规定。

5.3 交通运输

5.3.3 厂内道路布置应满足生产、交通、货运、消防、环境卫生等要求，并应与厂区竖向设计和管线布置相协调。

5.4 竖向设计

5.4.5 阶梯式竖向设计应符合下列规定：
4 台阶宽度应满足建（构）筑物、运输线路、管线、绿化等布置，以及操作、检修、消防和施工等要求。

7 浮法联合车间

7.8 车间工艺布置

7.8.3 成形工段工艺布置应符合下列规定：
6 氮氢保护气体配气室的建筑耐火等级不应低于现行国家标准《建筑设计防火规范》GB 50016 中的二级，用电要求应为防爆 1 区。

8 燃料

8.1 一般规定

8.1.4 燃气站，燃气、燃油管道工艺设计应符合现行国家标准《建筑设计防火规范》GB 50016、《城镇燃气设计规范》GB 50028、《工业金属管道设计规范》GB 50316 和《压力管道规范 工业管道》GB/T 20801 的有关规定。

8.2 重油

8.2.1 油站设计应符合现行国家标准《石油库设计规范》GB 50074 和《储罐区防火堤设计规范》GB 50351 的有关规定。

8.3 天然气

8.3.4 天然气站工艺布置应符合下列规定：

2 厂区调压配气站内应设过滤、调压、计量、旁通、安全放散及泄漏报警等装置；
3 厂区调压配气站内通道宽度不应小于 2m，厂区调压配气站外应设消防通道；
8.3.5 浮法联合车间的天然气系统应符合下列规定：
1 进车间天然气干管应设过滤器、安全切断和安全阀。
2 车间应设天然气配气室和流量调节装置。
4 车间天然气配气室的建筑耐火等级不应低于现行国家标准《建筑设计防火规范》GB 50016 规定的二级，用电要求应为防爆 1 区。

8.5 焦炉煤气

8.5.5 浮法联合车间的焦炉煤气系统应符合下列规定：
1 进车间焦炉煤气干管应设过滤器、紧急切断阀和安全放散阀等装置。
2 车间应设焦炉煤气配气室和流量调节装置。
4 车间焦炉煤气配气室的建筑耐火等级不应低于现行国家标准《建筑设计防火规范》GB 50016 规定的二级，用电要求应为防爆 1 区。

10 电气

10.4 电气照明

10.4.3 有爆炸、火灾危险场所的灯具、开关和照明配线选型和设计应按环境危险级别确定。

10.5 电力线路敷设

10.5.3 供给一级负荷的两路电力电缆不应在同一电缆沟内敷设，当无法分开时，该电缆沟内的两路电缆应采用阻燃型电缆，且应分别敷设在电缆沟两侧的支架上。

11 生产过程检测和控制

11.9 控制室

11.9.5 控制室应有防尘、防火、防水、隔声、隔热和通风等设施。控制室面积应满足设备安装、操作和检修等要求，室内不应有无关的管道通过，并应根据设备要求设计空气调节装置。

12 给水与排水

12.1 一般规定

12.1.1 供水水源应结合生产、生活及消防要求综合确定，宜采用多水源供水。

12.2 给 水

12.2.3 给水管网设计应符合下列规定：

3 厂区消防给水的设计应符合现行国家标准《建筑设计防火规范》GB 50016 和《消防给水及消火栓系统技术规范》GB 50974 的有关规定。

14 采暖、通风、除尘、空气调节

14.1 一般规定

14.1.3 高温生产及含易燃、易爆气体的作业区，应根据各专业要求，采取节能的通风降温措施。

15 建筑与结构

15.1 一般规定

15.1.2 建筑与结构设计应处理好车间高温、防火、设备振动、防尘、防腐蚀、地下防水及地基不均匀沉降等要求。

15.1.3 建筑与结构布置应符合现行国家标准《建筑设计防火规范》GB 50016 的有关规定。

18 节 能

18.3 电气及自动控制节能

18.3.3 照明节能设计应符合下列规定：

5 疏散指示灯、走廊灯等低照度灯具应采用 LED 光源。

19 职业健康安全

19.1 一般规定

19.1.4 工厂消防设施、可燃气体报警装置、紧急切断按钮、安全通道、太平门等安全设施的着色应符合现行国家标准《安全色》GB 2893 的有关规定。

19.2 防火、防爆

19.2.1 各车间、储罐区（易燃油品或可燃气体）等附属设施布置和防火间距，应符合现行国家标准《建筑设计防火规范》GB 50016 的有关规定。

19.2.2 发生炉煤气站设备安全应符合现行国家标准《发生炉煤气站设计规范》GB 50195 的有关规定。

19.2.3 制氢系统各建筑物防火防爆设计，应符合现行国家标准《建筑设计防火规范》GB 50016、《氢气站设计规范》GB 50177 和《氢气使用安全技术规程》GB 4962 的有关规定。

19.2.4 氮氢保护气体配气室、燃气配气室应紧靠浮法联合车间的外墙毗邻布置，并应采取防火及防爆的分隔措施。

19.2.5 储油罐、储气罐应根据油、气的特性设置温度、压力、限位报警及紧急切断（放空）装置。

19.2.6 燃油、燃气储罐及输送管道均应有良好的接地，并应符合现行国家标准《氢气站设计规范》GB 50177 和《液体石油产品静电安全规程》GB 13348 的有关规定。

19.2.7 电力装置的防火防爆设计应符合现行国家标准《爆炸危险环境电力装置设计规范》GB 50058 的有关规定。

19.2.8 建（构）筑物消防设计应符合现行国家标准《建筑设计防火规范》GB 50016 和《建筑灭火器配置设计规范》GB 50140 的有关规定。

19.2.9 有爆炸危险性气体的场所，应设置可爆气体的监测、报警装置及防爆泄压设施。

19.3 防电、防雷

19.3.2 户外天然气管道、燃油输送管道、煤气管道和氢气管道等可燃介质管道，应在管道的始端、终端、分支处、转角处及直线部分每隔 25m 处设置接地装置，每处接地电阻不应大于 10Ω。弯头、阀门、法兰盘等管道的连接点应用金属线跨接。

85.《聚酯工厂设计规范》GB 50492—2009

3 工艺设计

3.5 危险、危害因素

3.5.1 聚酯工厂主要物料的火灾危险性的划分，应符合下列规定：

1 对苯二甲酸、间苯二甲酸、对苯二甲酸二甲酯，应划为可燃性非导电粉尘。

2 操作温度高于或等于111℃的乙二醇，应划为乙类A项可燃液体；操作温度低于111℃的乙二醇，应划为丙类A项可燃液体。

3 操作温度下的联苯和联苯醚混合物，应划为乙类B项可燃液体。

4 操作温度下的氢化三联苯、二芳基烷，应划为乙类B项可燃液体。

5 聚酯应划为丙类可燃固体。

6 操作温度低于其闪点的燃料油，应划为丙类可燃液体；操作温度高于其闪点的燃料油，应划为乙类可燃液体。

7 天然气应划为甲类可燃性气体。

8 乙醛含量超过其爆炸下限的工艺尾气，应划为甲类B项可燃气体。

9 甲醇应划为甲类B项可燃液体。

10 操作温度高于或等于177℃的三甘醇，应划为乙类B项可燃液体。

11 异丙醇应划为甲类B项可燃液体。

12 二甘醇应划为丙类B项可燃液体。

3.5.2 对可燃性气体或蒸气的释放源及其等级的划分，除应符合现行国家标准《爆炸性气体环境用电气设备 第14部分：危险场所分类》GB 3836.14 的有关规定外，还应符合下列规定：

1 采用填料密封或机械密封输送本规范第3.5.1条所列甲、乙类可燃液体的离心泵密封处，应划为1级释放源。

2 采用填料密封或机械密封用于本规范第3.5.1条所列甲、乙类可燃液体的搅拌器密封处，应划为1级释放源。

3 本规范第3.5.1条所列甲、乙类可燃流体设备上和管道上的阀门（包括取样阀），应划为1级释放源。

4 本规范第3.5.1条所列甲、乙类可燃流体设备上和管道上的法兰，应划为2级释放源。

5 酯化水储罐的通气管管口应划为1级释放源。

6 异丙醇液槽应划为1级释放源。

7 事故下乙二醇蒸气、联苯和联苯醚的排放口，应划为2级释放源。

8 三甘醇清洗炉的炉盖密封处，应划为2级释放源。

9 当工艺尾气中的乙醛含量超过其爆炸下限时，其输送风机密封处，应划为1级释放源。

3.5.3 对可燃性粉尘释放源及其等级的划分，除应符合现行国家标准《可燃性粉尘环境用电气设备 第3部分：存在或可能存在可燃性粉尘的场所分类》GB 12476.3 的有关规定外，还应符合下列规定：

1 对苯二甲酸（间苯二甲酸）料仓和人工开包方式卸料的卸料斗内，应划为有连续存在粉尘云的场所。

2 采用人工开包方式卸料，当对苯二甲酸（间苯二甲酸）的接收槽未设抽气除尘设施时，其卸料口应划为1级释放；当对苯二甲酸（间苯二甲酸）的接收槽设有抽气除尘设施时，其卸料口应划为2级释放。

3 袋装对苯二甲酸（间苯二甲酸）的仓库、堆放对苯二甲酸（间苯二甲酸）包装袋的位置、采用气力输送对苯二甲酸时的输送站和卸料站的位置、对苯二甲酸（间苯二甲酸）称量设备的位置，应划为2级释放。

5 工艺设备布置

5.1 布置原则

5.1.5 当含甲类可燃物的设备、管道放置在生产装置厂房时，应露天或敞开布置。

5.2 布置规定

5.2.12 在可能有少量可燃液体泄漏的设备周围，应设置高度不低于150mm的围堰。

5.2.13 工艺设备的布置除应符合本章规定以外，还应符合国家现行标准《石油化工企业设计防火规范》GB 50160 和《石油化工工艺装置布置设计通则》SH 3011 的有关规定。

6 管道设计

6.1 工艺管道

6.1.1 本规范第3.5.1条所列甲、乙类可燃流体的管道设计，应符合下列规定：

1 不得穿过与其无关的建筑物。

2 除需要而采用法兰连接外，均应采用焊接连接。

4 应对玻璃液位计、视镜等采取安全防护措施。

5 本条所列管道与仪表及电气的电缆相邻敷设时，平行净距不宜小于1m。电缆在下方敷设时，交叉净距不应小于0.5m。当管道采用焊接连接结构并无阀门时，其净距可分别取平行、交叉净距的50%。

6.2 给排水管道

6.2.6 室内生活、生产和消防给水管道宜明敷。生产给水管道宜与工艺管道共架布置。消防给水管道宜单独敷设，并应符合国家现行有关纺织工业企业防火标准的规定。

9 电气和电信

9.1 供配电

9.1.1 聚酯工厂生产装置和主要辅助生产设施的生产用电负荷应为二级负荷,消防用电负荷应为二级负荷,其他用电负荷应为三级负荷。

9.1.3 聚酯工厂的配变电所、电动机控制中心、不间断电源应设置在安全区。

9.1.6 聚酯工厂爆炸危险环境的电气设计,应符合下列规定:

 1 聚酯工厂中主要的可燃性气体分级、分组,可按下列规定采用:
  1) 乙二醇的分级、分组为ⅡAT2。
  2) 联苯、联苯醚的分级、分组为ⅡAT1。
  3) 乙醛的分级、分组为ⅡAT4。
  4) 三甘醇的分级、分组为ⅡAT2。
  5) 异丙醇的分级、分组为ⅡAT2。
  6) 甲醇的分级、分组为ⅡAT1。
  7) 对苯二甲酸的引燃温度组别为T11。

 2 爆炸危险环境电气装置的设计,应符合现行国家标准《爆炸和火灾危险环境电力装置设计规范》GB 50058 的有关规定。

9.2 照明

9.2.1 聚酯工厂的疏散照明、安全照明、备用照明等应急照明系统,应由专用的馈电线路供电。

9.5 电信

9.5.1 火灾自动报警与联动系统的设置应符合现行国家标准《火灾自动报警系统设计规范》GB 50116 和纺织工业企业有关防火标准的规定。

9.5.2 聚酯工厂爆炸危险环境的电信系统,应符合国家现行标准《爆炸和火灾危险环境电力装置设计规范》GB 50058、《建筑物电气装置第 4 部分:安全防护 第 42 章:热效应保护》GB 16895.2 以及纺织工业企业有关防火标准的规定。

10 总平面布置

10.0.2 总平面布置应符合现行国家标准《工业企业总平面设计规范》GB 50187 和纺织工业企业有关防火标准的规定。

10.0.5 生产装置厂房与辅助生产设施之间除应满足防火间距、消防通道、生产运输、地上与地下综合管线布置及厂区绿化要求外,尚应布置紧凑。

10.0.7 厂内道路应环状布置,消防车道应符合纺织工业企业有关防火标准的规定。

11 土建

11.1 一般规定

11.1.2 建筑设计在满足生产要求的基础上,应符合纺织工业企业有关防火标准的规定。

11.2 建筑、结构设计

11.2.4 生产装置厂房生产火灾危险性应为丙类,当生产中产生甲醇时,存在甲醇部分生产的火灾危险性应为甲类。

11.2.5 火灾危险性为甲类的生产设施宜独立设置。当不能独立建造时,与其他生产厂房之间应采用防爆墙分隔,其外侧应开敞,地面应采用不发火花的材料。

11.2.6 生产厂房的防火分区及安全疏散应符合纺织工业企业有关防火标准的规定。

11.2.7 管道、风道及电缆桥架等不宜穿过防火墙,当确需穿过时,应在防火墙两侧采取阻火措施,并应用非燃烧材料将缝隙做有效防火封堵。

11.2.8 生产装置厂房内的沟道不应和相邻厂房的沟道相通。采用管链式输送机输送对苯二甲酸时,连接生产装置厂房与对苯二甲酸库房的管链输送沟道内,应设防火分隔设施。

11.2.9 化验室宜靠厂房的外墙布置,化验室的外窗不应采用有色玻璃。控制室、配电室及电动机控制中心应设在安全区,并应在其两端各设 1 个出口。当控制室、配电室及电动机控制中心的长度小于 7.0m 时,可设 1 个出口。

11.2.10 袋装对苯二甲酸投料间宜设置外窗,其楼面应采用不发火花的材料。

11.2.11 生产装置厂房内的地坑面层,应采用不发火花的材料。

11.2.12 采用高压水和超声波清洗过滤器时,过滤器清洗间宜靠外墙布置。三甘醇清洗炉和异丙醇液槽所在的房间应靠外墙布置。

11.2.13 生产装置厂房中设置电梯时,电梯间宜设置前室,前室与生产装置厂房其他部分之间,宜设耐火极限不低于 2.50h 的不燃烧体隔墙分隔,隔墙上的门应为乙级防火门。

11.2.15 罐区宜邻近生产装置厂房设置。罐区应设防火堤,乙二醇储罐与燃料油储罐间应设防火隔堤。储罐间距、防火堤高度及防火堤内有效容积等均应符合纺织工业企业有关防火标准的规定。罐区地坪应做防渗漏处理。

11.2.16 成品仓库和原料仓库可采用轻型钢结构库房。库房应满足运输车辆的使用要求,地面应采用耐压、耐磨及易于清洁的材料。库房的建筑设计除应满足工艺生产要求外,还应符合纺织工业企业有关防火标准的规定。

11.2.17 存放袋装对苯二甲酸的原料仓库的地面,应采用不发火花的材料。当链管输送机的投料间设置在原料仓库内时,投料间与库房之间宜设隔墙分隔。投料间地面和链管输送机地坑内均应采用不发火花的材料。

11.2.18 气力输送对苯二甲酸的输送站和卸料站宜独立设置,并宜采用露天或开敞式建筑。在气力输送对苯二甲酸的输送站和卸料站以及对苯二甲酸称量设备周围地面,应采用不发火花的材料。

12 给水排水

12.1 给水

12.1.1 聚酯工厂应根据生产、生活和消防等各项用水对水质、水温、水压和水量的要求，分别设置直流、循环或重复利用的给水系统。

12.1.4 各给水系统的管道设计流量应按最高日最大小时用水量确定。管道设计压力应按设计流量及最不利点所需压力，并结合管网布置，经计算确定。当采用生产、消防合用给水系统时，尚应按消防时的流量、压力进行复核。

12.2 排　水

12.2.5 水封井的设置应符合纺织工业企业有关防火标准的规定。

12.2.7 聚酯工厂的厂区排水管线应采取防止受污染的消防事故排水直接排出厂区的应急措施。消防事故排水应处理后排放。

12.3 消防设施

12.3.1 消火栓给水系统、自动喷水灭火系统、泡沫灭火系统以及其他灭火设施，应根据聚酯工厂生产和储存物品的火灾危险性分类和建筑物的耐火等级等因素设置。

12.3.2 室内消火栓给水系统、自动喷水灭火给水系统、储罐区的泡沫消防给水系统和消防冷却水给水系统，可采用临时高压制或稳高压制。采用临时高压制时，应在生产装置厂房屋顶上设置消防水箱。

12.3.3 室内消火栓设置及用水量应符合纺织工业企业有关防火标准的规定。

12.3.4 乙二醇和燃料油储罐区，应根据罐区内各储罐的容积设置固定式或移动式的低倍数泡沫灭火系统和消防冷却水给水系统。低倍数泡沫灭火系统的设计应符合现行国家标准《低倍数泡沫灭火系统设计规范》GB 50151 的有关规定，消防冷却水给水系统的设计应符合纺织工业企业有关防火标准的规定。

12.3.5 聚酯工厂各建筑物室内，手提式干粉或二氧化碳灭火器的配置应符合现行国家标准《建筑灭火器配置设计规范》GB 50140 的有关规定；热媒站内应配置推车式干粉灭火器。

13 暖通和空气调节

13.1 一般规定

13.1.1 采暖通风和空气调节设计除应执行本规范的规定外，尚应符合现行国家标准《采暖通风与空气调节设计规范》GB 50019 和纺织工业企业有关防火标准的规定。

13.1.2 防烟排烟设计应符合纺织工业企业有关防火标准的规定。

13.2 通风与采暖

13.2.1 生产装置厂房通风应符合下列规定：

1 应充分利用自然通风。当自然通风条件不良时，可采用机械通风。

2 当厂房内存在爆炸性气体的释放源，利用自然通风不能满足爆炸性气体危险区域划分所需的通风条件时，应采用机械通风，宜在爆炸性气体的释放源处设置局部排风。局部排风系统应采取防爆安全措施，并应符合纺织工业企业有关防火标准的规定。

3 严寒或寒冷地区的封闭式厂房宜设置机械排风。当利用外门、外窗分散补风不能满足防冻要求时，应设置机械送

风，并应配置空气加热器。

4 应设置用于突发事故的通风设施。用于突发事故的通风设备和风管系统应采取防爆安全措施，并应符合纺织工业企业有关防火标准的规定。

5 切片干燥器应设置局部排风。

6 袋装对苯二甲酸的卸料间采用机械排风时，应避免扬起积尘，排风系统应采取防爆安全措施，并应符合纺织工业企业有关防火标准的规定。

13.2.2 辅助生产设施通风应符合下列规定：

1 熔体过滤器清洗间应设置机械排风，严寒或寒冷地区尚应设置机械送风，并应配置空气加热器。当自然通风条件不良时，高压水清洗间和超声波清洗间宜设置机械通风。

采用三甘醇清洗熔体过滤器时，排风系统和送风系统应采取防爆安全措施，并应符合纺织工业企业及国家现行有关防火标准的规定。

采用异丙醇检验滤芯时，异丙醇液槽的上方应设置局部排风。局部排风系统应采取防爆安全措施，防爆安全措施应符合纺织工业企业有关防火标准的规定。

附录 B 聚酯工厂爆炸危险区域范围划分举例

B.0.1 聚酯工厂爆炸危险区域范围的划分应符合现行国家标准《爆炸性气体环境用电气设备　第 14 部分：危险场所分类》GB 3836.14 和《可燃性粉尘环境用电气设备　第 3 部分：存在或可能存在可燃性粉尘的场所分类》GB 12476.3 的有关规定。

B.0.2 安装在室内采用填料密封或机械密封输送甲、乙类可燃液体的离心泵，在通风等级为中级、有效性为一般的条件下，以泵的密封处为中心，其爆炸危险区域的范围应符合下列规定（图 B.0.2）：

1 半径 2m，地坪上的高度 1m 范围内的区域，应划为 1 区。

2 半径 3m，地坪上的高度 1m，且在 1 区以外的区域，应划为 2 区。

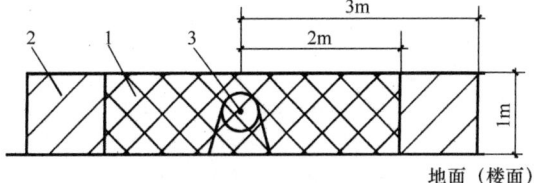

图 B.0.2　室内采用填料或机械密封输送甲、乙类
可燃液体离心泵的爆炸危险区域划分
1—1 区；2—2 区；3—释放源（泵密封）

B.0.3 安装在室外采用填料密封或机械密封输送甲、乙类可燃液体的离心泵，在通风类型为自然、等级为中级、有效性为一般的条件下，以泵密封处为中心，半径 3m、地坪上的高度 1m 范围内的区域，应划为爆炸危险区域 2 区（图 B.0.3）。

B.0.4 采用填料密封或机械密封用于甲、乙类可燃液体的搅拌器，在通风等级为中级、有效性为一般的条件下，其爆炸危险区域的范围应符合下列规定（图 B.0.4）：

1 水平方向距搅拌槽外沿 1m，从释放源上方到地面、地面上方 1m 且水平方向距搅拌槽外沿 2m 范围内的区

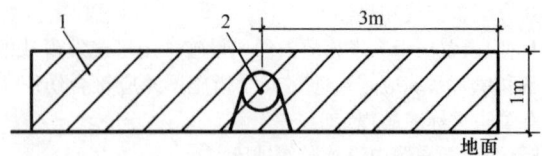

图 B.0.3 室内采用填料或机械密封输送甲、乙类
可燃液体离心泵的爆炸危险区域范围
1—2区；2—释放源（泵密封）

域，应划为1区。

2 地面上方1m且水平方向距搅拌槽外沿4m范围内并在1区以外的区域，应划为2区。

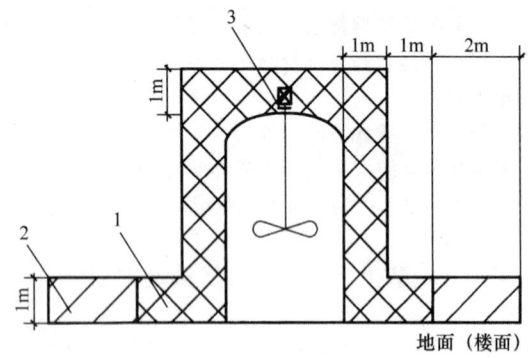

图 B.0.4 采用填料或机械密封用于甲、乙类可燃液体
搅拌器的爆炸危险区域范围
1—1区；2—2区；3—释放源（轴密封）

B.0.5 甲类可燃流体设备、管道上的阀门，在通风管级为中级、有效性为一般的条件下，以阀门密封处为中心，其爆炸危险区域的范围应符合下列规定（图B.0.5）：

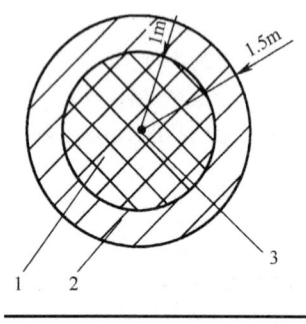

图 B.0.5 甲类可燃流体阀门的
爆炸危险区域范围划分
1—1区；2—2区；3—释放源（阀门）

1 半径1m空间范围内的区域，应划为1区。
2 半径1.5m，且在1区以外的区域，应划为2区。

B.0.7 当厂房中的地坑不具备机械通风条件时，其爆炸危险区域的范围应符合下列规定：
2 2区范围内的地坑，应划为1区。

B.0.8 乙类可燃流体的事故排放口，在通风类型为自然、等级为中级、有效性为一般的条件下，以排放口为中心，半径5m的空间范围内的空间，应划为爆炸危险区域2区。

B.0.9 酯化水储罐通气管排放口，在通风类型为自然、等级为中级、有效性为一般的条件下，以排放口为中心，其爆炸危险区域的范围应符合下列规定（图B.0.9）：
1 半径3m的空间范围内的空间，应划为1区。
2 半径5m的空间，且在1区以外的区域，应划为2区。

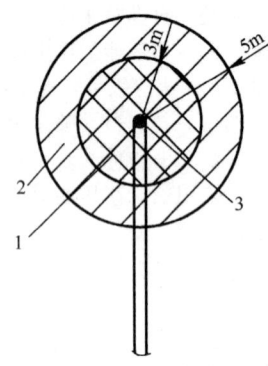

图 B.0.9 酯化水储罐通气管排放口
的爆炸危险区域范围划分
1—1区；2—2区；3—释放源（排放口）

86.《建筑卫生陶瓷工厂设计规范》GB 50560—2010

5 总图运输

5.2 总平面布置

5.2.7 压缩空气站的布置应符合下列规定：
　　1 压缩空气站应位于空气洁净的地段，避免靠近散发爆炸性、腐蚀性和有害气体及粉尘等的场所，并应位于上述场所全年最小频率风向的下风侧。

5.2.8 煤气站、石油液化气站、油库和天然气配气站的布置应符合下列要求：
　　2 煤气站、石油液化气站、油库和天然气配气站应位于有明火或散发火花地点的全年最小频率风向的上风侧。

5.2.9 锅炉房的布置应符合下列规定：
　　3 锅炉房附近应有能存放5d～10d用煤的煤堆场和3d～5d灰渣堆场。堆场的位置应方便运输、有利防尘、符合防火要求。当锅炉房采用联合上煤、联合除渣时，还应有运煤、除渣设施用地。
　　4 锅炉房与邻近建筑物或构筑物之间的距离，应符合现行国家标准《建筑设计防火规范》GB 50016 及本规范附录 A 的规定。

5.2.17 围墙至建筑物、道路和排水明沟的最小间距应符合表 5.2.17 的规定。

表 5.2.17 围墙至建筑物、道路和排水明沟的最小间距表

名称	至围墙最小间距（m）
建筑物	5.00
道路	1.00
排水明沟边缘	1.50

注：1 表中间距除注明者外，围墙自中心线算起；建筑物自最外边轴线算起；道路为城市型时，自路面边缘算起；为公路型时，自路肩边缘算起。
　　2 围墙至建筑物的间距，当条件困难时，可适当减少；当设有消防通道时，其间距不应小于6m。

5.3 交通运输

5.3.1 厂内道路的布置应符合下列规定：
　　1 厂内道路应满足生产、运输、安装、检修、消防及环境卫生的要求。

5.3.5 厂内道路交叉口路面内缘转弯半径应根据其行驶车辆的类别确定，并应符合表 5.3.5 的规定。

5.3.9 消防车道的布置应符合下列规定：
　　1 消防车道应与厂区道路连通，且距离短捷。
　　2 消防车道的宽度不应小于3.5m。

表 5.3.5 厂内道路交叉口路面内边缘转弯半径表

道路类别	路面内边缘转弯半径（m）		
	主干道	次干道	支道
主干道	12～15	9～12	6～9
次干道	9～12	9～12	6～9
支道及车间引道	6～9	6～9	6～9

注：1 当场地受限制时，表列数值（6m半径除外）可适当减少。
　　2 供消防车通行单车道路面内缘转弯半径不得小于9m。

5.4 竖向设计

5.4.8 工业企业场地自然坡度大于5%时，厂区竖向宜采用阶梯式布置，阶梯的划分应符合下列规定：
　　4 台阶的宽度应满足建筑物或构筑物、运输线路、管线和绿化等布置要求，以及操作、检修、消防和施工等需要。

5.8 管线综合布置

5.8.13 管线共沟敷设应符合下列规定：
　　3 可燃液体、可燃气体管道不应共沟敷设，并应与消防水管共沟敷设。

5.8.18 管架的布置应符合下列规定：
　　1 管架的净空高度及基础位置不应影响交通运输、消防及检修。
　　3 敷设有可燃性、爆炸危险性介质管道的管架与下列设施的安全距离应符合相应规范的要求：
　　　　1）生产、储存和装卸甲、乙类火灾危险性物料的设施；
　　　　2）明火作业的设施。

5.8.19 有甲、乙类火灾危险性介质的管道除使用该管线的建筑物或构筑物外，均不得采用建筑物或构筑物支撑式敷设。

5.9 绿化设计

5.9.2 绿化布置应符合下列规定：
　　3 绿化布置应满足生产、检修、运输、安全、卫生及防火要求，不应与建筑物或构筑物及地下设施相互影响。

5.9.5 具有易燃、易爆的生产、储存及装卸设施附近宜种置大乔木及灌木，不宜种植含油脂较多的树种。绿化布置应保证消防通道的宽度和净空高度。

7.3 天然气

7.3.3 调压配气室建筑耐火等级不应低于现行国家标准《建筑设计防火规范》GB 50016 第 3.2.1 条规定中的二级。用电要求应为防爆1区。

8 生产工艺

8.1 一般规定

8.1.3 工艺布置应符合下列规定：

　　4 生产线工艺布置必须符合环境保护、劳动安全、职业卫生和消防等现行国家标准的有关规定，并应与相关专业的要求相协调。

9 供配电

9.6 照 明

9.6.3 需要连续照明的工作场所应装设照明用装备；危险场所应设置安全照明；需要疏散人员的场所应设置疏散照明。

9.6.6 应急照明、疏散照明、警卫照明等应使用即开即亮无需启动时间的灯种。

10 自动化

10.1 生产过程自动化

10.1.2 煤气站、配气站及调压站系统检测与控制应符合下列规定：

　　1 火灾危险场所自动化设计应符合现行国家标准《爆炸和火灾危险环境电力装置设计规范》GB 50058 的有关规定。

　　3 检测与控制系统应能对有火灾、爆炸、有害气体泄漏等危险场所的通风状况进行检测及报警。

10.1.3 控制室设计应符合下列规定：

　　3 控制室应有防尘、防火、隔声、隔热和通风等设施，并铺设防静电活动地板，设置空气调节系统。

10.2 通 信

10.2.2 调度电话应符合下列规定：

　　4 各车间办公室、值班室、控制室等主要生产岗位均应设调度分机。调度电话分机宜选用同一制式的分机。在有火灾、爆炸危险的场所应采用防爆型分机。

11 建筑结构

11.1 一般规定

11.1.5 建筑物或构筑物的防火设计应符合现行国家标准《建筑设计防火规范》GB 50016 的有关规定。主要生产车间及建筑物或构筑物的火灾危险性类别、建筑耐火等级应符合本规范附录 A 的规定。

11.5 建筑构造设计

11.5.5 有隔声及防火要求的门窗应采用相应的配件。

11.5.7 楼面、地面、散水的设计应符合下列规定：

　　3 有洁净、耐酸碱、不发火花等要求及布设电线的地面、楼面应采用水磨石、地砖、防火花地面及抗静电活动地板。

12 给水与排水

12.1 一般规定

12.1.1 给水排水设计应满足生产、生活和消防用水的要求。

12.2 给 水

12.2.5 给水水源的选择应根据水资源勘察资料和总体规划的要求，并符合下列规定：

　　1 水资源应丰富可靠，满足生产、生活和消防的用水量。

12.2.15 消防给水系统应设置水量调节储存设施，有条件时应优先选择高位储水池。

12.2.19 生产车间内的给水管道宜采用枝状布置。工艺要求不间断供气的压缩空气站、设消防用水的车间等的给水管道应设两条引入管，在室内连成环状或贯通枝状双向供水。

12.4 消防及其用水

12.4.1 建筑卫生陶瓷工厂应设计消防给水，并按建筑物类别和使用功能设置固定灭火装置和火灾自动报警装置。

12.4.3 消防用水量应按现行国家标准《建筑设计防火规范》GB 50016 的有关规定执行。

12.4.4 消防给水系统可与生活给水系统或生产给水系统合并，但不宜与压力流回水的生产循环给水系统合并。当设有储油系统时，油库区应采用独立的消防给水系统。

12.4.5 室外消防给水管网应布置成环状。小型厂厂区的室外消防用水量不超过 15L/s 时可布置成枝状。

12.4.6 纸箱库及包装车间的纸箱储存间、体积超过 5000m³ 的办公楼应设室内消防给水，其他车间和建筑物应按国家现行有关防火标准的规定执行。

12.4.7 大型油浸电力变压器应按现行国家标准《建筑设计防火规范》GB 50016、《水喷雾灭火系统设计规范》GB 50219 的有关规定设置水喷雾或其他固定灭火装置。

12.4.8 储油系统的油罐区应采用固定式低倍数空气泡沫灭火装置和喷水冷却装置。对于容量小于 200m³ 的地上油罐，及半地下、地下、覆土和卧式油罐，喷雾干燥器、窑炉可采用移动式泡沫灭火装置。

12.4.9 设有集中空气调节系统的综合办公楼内的走道、办公室、餐厅和库房应设置闭式自动喷水灭火设备。

12.4.10 贵重的仪器、仪表设备室，办公楼内的重要档案、资料库，以及设有二氧化碳及其他气体固定灭火装置的房间应设火灾检测与自动报警装置。

12.4.11 建筑卫生陶瓷工厂的建筑物应设置灭火器，并应符合现行国家标准《建筑灭火器配置设计规范》GB 50140 的有关规定。

13 采暖、通风与除尘

13.2 采 暖

13.2.1 建筑卫生陶瓷工厂的采暖设计应符合下列规定：

7 储存或产生易燃、易爆气体的场所内严禁使用明火采暖。当采用电热采暖时必须选用防爆型电暖器及插座。

13.3 通 风

13.3.2 机械通风设计应符合下列规定：

5 设有二氧化碳或其他气体等固定灭火装置的控制室及其他建筑物应按消防要求设置局部排风系统。

13.3.3 事故通风的设计应符合下列规定：

3 事故排风机应设在有害气体或有爆炸危险物质散发量最大的地点，并应采取防止气流短路措施。

4 排除有爆炸危险物质的局部排风系统，通风机应采用防爆型电机。

14 其他生产设施

14.3 机电设备及仪表维修

14.3.1 机械修理配置应符合下列规定：

1 机修工段的装备应根据工厂的生产规模和当地协作条件确定。大、中型厂不具备协作条件时，应具备中修能力；否则可按小修设置。

5 机修工段各工段建筑最低耐火等级应符合本规范附录 A 及现行国家标准《建筑设计防火规范》GB 50016 的相关规定。

14.3.2 电气设备修理配置应符合下列规定：

5 电气试验的高压区应设置栏杆和信号。浸漆干燥及油处理间应满足防火要求。检修含六氟化硫（SF_6）的高压断路器的场所应设置机械通风装置。

14.3.3 仪表维修配置应符合下列规定：

2 仪表维修室应有良好的采光、防火、防尘、防振等设施，室内应设置空调。

15 节 能

15.3 节 电

15.3.3 照明节能设计应符合下列规定：

3 疏散指示灯、走廊灯、庭院灯及应急照明等小照度环境可使用发光二极管（LED）光源。

17 职业安全卫生

17.2 防火防爆

17.2.1 建筑卫生陶瓷工厂生产车间的火灾危险性类别、厂房的最低耐火等级均应符合本规范附录 A 的规定。

17.2.2 建筑卫生陶瓷工厂各生产车间的防火距离、可燃油品（或可燃气体）储罐区及其附属设施的布置和防火间距，应符合现行国家标准《建筑设计防火规范》GB 50016 的有关规定。

17.2.3 建筑卫生陶瓷工厂电力装置的防火防燃设计应符合现行国家标准《爆炸和火灾危险环境电力装置设计规范》GB 50058 的有关规定。

17.2.4 压力容器、压力管道设计应符合现行国家标准《钢制压力容器》GB 150 的有关规定。

附录 A 建筑卫生陶瓷工厂建筑物（或构筑物）生产的火灾危险性类别、最低耐火等级及防火间距

表 A 建筑卫生陶瓷工厂建筑物或构筑物生产的火灾危险性类别、最低耐火等级及防火间距表

序号			1	2	3	4	5	6	7	8	9	10	11	12	13	14	15	16	17	18	19	20	21	22
生产火灾危险性类别			戊	戊	戊	戊	丁	丁	丙	戊	丙	丁	丙	丙	戊	戊	丙	甲	丁	戊	—	—	—	—
最低耐火等级			三	三	三	三	三	三	三	三	三	三	三	三	三	三	三	一	三	三	—	—	—	—
间距 (m)		建筑物（或构筑物）名称	主要生产厂房												辅助生产厂房						生产管理、生活建筑			
			原料破碎车间	原料车间	石膏模型车间	成型干燥施釉车间	制粉车间	烧成车间	包装成品库	冷加工车间	材料库	压缩空气站	变电所	车间变电所	循环水、雨水、污水泵站	机修车间	生产汽车、装载机库	煤气站、配气站、液化气站	锅炉房	汽车衡	工厂办公楼	车间办公室	单身、倒班宿舍	厂区食堂
22	三	厂区食堂	7	7	7	7	12	7	12	8	12	14	12	12	7	8	14	25	12	8	7	8	7	—
21	三	单身、倒班宿舍	6	6	6	6	10	10	10	12	10	12	10	10	10	12	12	25	10	12	6	6	—	
20	三	车间办公室	6	6	6	6	12	10	10	12	10	12	10	10	10	12	12	25	10	10	6	—		
19	三	工厂办公楼	6	6	6	6	12	10	10	12	10	12	10	10	10	12	12	25	10	10	—			
18	三	汽车衡	12	12	12	12	12	12	12	14	12	14	12	12	12	14	14	14	12	—				
17	三	锅炉房	10	10	10	10	10	10	10	12	10	12	10	10	10	12	12	12	—					
16	一	煤气站、配气站、液化气站	12	12	12	12	12	12	12	14	12	14	12	12	12	14	14	—						
15	三	生产汽车、装载机库	12	12	12	12	12	12	12	14	12	14	12	12	12	14	—							
14	三	机修车间	12	12	12	12	12	12	12	14	12	14	12	12	12	—								
13	三	循环水、雨水、污水泵站	12	12	12	12	10	10	10	12	10	12	10	10	—									
12	三	车间变电所	12	12	12	12	12	12	12	14	12	14	12	—										
11	三	变电所	10	10	10	10	10	10	10	12	10	12	—											
10	三	压缩空气站	12	12	12	12	12	12	12	14	12	—												
9	三	材料库	10	10	10	10	10	10	10	12	—													
8	三	冷加工车间	12	12	12	12	14	12	12	—														
7	三	包装成品库	12	12	12	12	10	12	—															
6	三	烧成车间	12	12	12	12	10	—																
5	三	制粉车间	12	12	12	10	—																	
4	三	成型干燥施釉车间	10	10	10	—																		
3	三	石膏模型车间	10	10	—																			
2	三	原料车间	10	—																				
1	三	原料破碎车间	—																					

注：1 防火间距应按相邻建筑物外墙的最近距离计算，如外墙有凸出的燃烧构件，则应从其凸出部分外缘算起。
2 甲类厂房之间及其与其他厂房之间的防火间距，应按本表增加 2m；戊类厂房之间的防火间距，应按本表增加 3m。
3 高层厂房之间及其与其他厂房之间的防火间距，应按本表增加 3m。
4 两座厂房相邻较高一面的外墙为防火墙时，其防火间距不限，但甲类厂房之间不应小于 4m。

87.《水泥工厂余热发电设计标准》GB 50588—2017

3 基本规定

3.0.5 余热发电系统消防设计应符合现行国家标准《火力发电厂与变电站设计防火规范》GB 50229 的有关规定。

5 总平面布置

5.1 一般规定

5.1.5 建(构)筑物的耐火等级及最小防火间距应根据生产过程中的火灾危险性确定,各建(构)筑物之间的最小防火间距应符合现行国家标准《建筑设计防火规范》GB 50016、《水泥工厂设计规范》GB 50295 的有关规定,并应满足本标准附录 A 的规定。

5.3 站区道路

5.3.1 站区道路布置应符合下列规定:
  1 站区道路应满足生产、安装检修和消防要求,并应与绿化、管线、竖向布置相协调,应与厂内道路平顺简捷连接,路型、路面结构应与厂区协调一致;
  2 消防车道设置应符合现行国家标准《建筑设计防火规范》GB 50016 的有关规定。

9 给水排水及设施

9.1 一般规定

9.1.3 余热发电生产、生活、消防、给水和排水管网,应与水泥生产线对应的管网相接。

9.1.4 水工建(构)筑物及生产、生活、消防的给排水设计,应符合现行国家标准《水泥工厂设计规范》GB 50295 的有关规定。

13 电气设备及系统

13.3 站用电力室与主控制室布置

13.3.3 主控制室环境设施应符合下列规定:
  2 主控制室内应有采暖(制冷)、通风、照明、隔声、隔热、防火、防尘、防水等设施。

13.5 电气测量仪表、继电保护装置

13.5.8 爆炸火灾危险环境电气装置设计应符合现行国家标准《爆炸危险环境电力装置设计规范》GB 50058 的有关规定。

16 建筑结构

16.1 一般规定

16.1.2 建筑结构设计应根据环境保护、地区气候特点,满足采光、通风、防寒、隔热、节能、防水、防雨、隔声等要求,并应符合现行国家标准《建筑模数协调标准》GB/T 50002、《厂房建筑模数协调标准》GB/T 50006、《建筑设计防火规范》GB 50016、《水泥工厂设计规范》GB 50295 和《水泥工厂节能设计规范》GB 50443 的有关规定。

16.2 防火、防爆与安全疏散

16.2.1 建(构)筑物构件的燃烧性能和耐火极限,应符合现行国家标准《建筑设计防火规范》GB 50016 的有关规定。

16.2.2 汽轮机头部主油箱及油管道阀门外缘水平 5m 范围内的钢梁、钢柱,应采取防火隔热措施,耐火极限不应低于 1h;主油箱上方的楼板开孔时,开孔水平边缘 5m 范围所对应的屋面钢结构承重构件应采取防火隔热保护措施,承重构件耐火极限不应低于 0.5h。

16.2.3 配电室、主控制室等电气间的室内装修应采用不燃烧材料。

16.2.4 厂房安全出口的设计应符合现行国家标准《建筑设计防火规范》GB 50016 的有关规定。

16.2.5 主厂房内工作地点与最近外部出口或楼梯的距离不应超过 50m。

16.2.6 主厂房至少应设 2 部楼梯,其中至少 1 部楼梯应通至各层平面和楼梯所处位置的屋面。主厂房疏散楼梯可为敞开式。

16.2.7 配电室内最远点与疏散出口的直线距离应符合现行国家标准《火力发电厂与变电站设计防火规范》GB 50229 的有关规定。

16.2.8 控制室、电缆夹层的安全出口不应少于 2 个,当建筑面积小于 60m² 时可设 1 个。

16.2.9 配电室、电缆夹层、控制室门的设计应符合现行国家标准《火力发电厂与变电站设计防火规范》GB 50229 的有关规定。

16.2.11 主控制室内装修应符合现行国家标准《建筑内部装修设计防火规范》GB 50222 的有关规定。

16.2.12 余热发电系统的其他防火设计应符合现行国家标准《建筑设计防火规范》GB 50016 和《火力发电厂与变电站设计防火规范》GB 50229 的有关规定。

附录A 余热发电和水泥生产线建（构）筑物的火灾危险性类别、耐火等级及最小防火间距

表A 余热发电和水泥生产线建（构）筑物的火灾危险性类别、耐火等级及最小防火间距

序号				1	2	3	4	5	6	7	8	9	10	11	12	13	14	15	16	17	18	19	20	21
生产火灾危险性类别				丁	丙	戊	戊	戊	丁	丁	丁	戊	戊	戊	乙	丙	丁	丙	丙	丙	—	—	—
最低耐火等级				二	二	二	二	二	二	二	二	二	二	二	一	二	二	二	二	一	二	一	一
			建（构）筑物名称	余热发电系统								水泥生产线						辅助生产设施					
序号	生产火灾危险性类别	最低耐火等级	间距(m) 建（构）筑物名称	主厂房	站用电力室	自然通风冷却塔	机力通风冷却塔	循环水泵房	化学水处理车间	窑头余热锅炉	窑尾余热锅炉	旁路放风余热锅炉	原料预均化堆场	钢筋混凝土圆库	原料、水泥粉磨	煤粉制备	窑头点火油库	熟料储存库	总降压变电站	车间变电所	中央控制室	车间办公室	厂内道路	厂内铁路
1	丁	二	旁路放风余热锅炉	10	12	25	20	10	10	10	10	—	10	10	10	13	12	10	15	10	10	10	6	9
2	丁	二	窑尾余热锅炉	10	12	25	20	10	10	10	—	10	10	10	10	13	12	10	15	10	10	10	6	9
3	丁	二	窑头余热锅炉	10	12	25	20	10	10	—	10	10	10	10	10	13	12	10	15	10	10	10	6	9
4	戊	二	化学水处理车间	10	10	20	25	10	—	10	10	10	10	10	10	10	10	10	15	10	10	10	6	9
5	戊	二	循环水泵房	10	10	20	25	—	10	10	10	10	10	10	10	10	10	10	15	10	10	10	6	9
6	戊	二	自然通风冷却塔	20	20	15	—	20	20	20	20	20	20	20	20	20	20	20	20	20	20	20	10	15
7	戊	二	机力通风冷却塔	25	25	—	15	25	25	25	25	25	25	25	25	25	25	25	25	25	25	25	15	25
8	丙	二	站用电力室	10	—	25	20	10	10	12	12	12	10	10	10	12	12	12	15	12	10	12	6	6
9	丁	二	主厂房	—	10	25	25	10	10	10	10	10	10	10	10	10	12	10	15	12	10	12	6	9

注：1 防火间距应按相邻两建（构）筑物外墙的最近距离计算；
2 建（构）筑物与厂内道路的防火间距，应按建（构）筑物外墙至道路近端边缘计算；
3 建（构）筑物与厂内铁路的防火间距，应按建（构）筑物外墙至铁路中心线计算；
4 最小防火间距应按其中火灾危险性最大的部分确定；
5 主厂房应含电站主控制室，主控制室的生产火灾危险性类别应为戊类；
6 当采暖室外计算温度为−20℃以下地区时，冷却设施与建（构）筑物的间距，应按表列数值增加25%；
7 天桥的生产火灾危险性类别：煤粉应为乙类，煤输送应为丙类，桥下设有电缆桥架的应为丙类，其他应为戊类；物料输送天桥的最低耐火等级应为三级，行人天桥的最低耐火等级应为二级；
8 当改建、扩建工程的车间防火间距不符合本表规定时，应按现行国家标准《建筑设计防火规范》GB 50016的有关要求采取相应措施；
9 喷水池距总降户外变压器应为50m~80m，距露天煤堆场应为50m，距其他建（构）筑物应为30m。

88.《装饰石材工厂设计规范》GB 50897—2013

5 总图运输

5.2 总平面布置

5.2.14 围墙至建筑物、道路和排水明沟的最小间距应符合表5.2.14的规定。

表 5.2.14 围墙至建筑物、道路和排水明沟的最小间距

名称	至围墙最小间距（m）
建筑物	5.00
道路	1.00
排水明沟	1.50

注：2 围墙至建筑物的间距，当条件困难时可适当减少；当设有消防通道时，间距不得小于6m。

5.2.15 在严寒及寒冷地区建厂时宜设置采暖锅炉房。锅炉房的布置应符合下列规定：

3 燃煤锅炉房附近应有能存放5d～10d用煤的煤堆场和3d～5d的灰渣堆场；堆场的位置应方便运输、有利防尘、符合防火要求；当锅炉房采用联合上煤、联合除渣时，还应有运煤、除渣设施用地；

4 锅炉房与邻近建筑物（或构筑物）之间的距离，应符合现行国家标准《建筑设计防火规范》GB 50016及本规范附录A的规定。

5.3 竖向设计

5.3.8 当工业企业场地的自然坡度大于5%时，厂区竖向宜采用阶梯式布置，阶梯的划分应符合下列规定：

4 台阶的宽度应满足建筑物（或构筑物）、运输线路、管线和绿化等布置要求，以及操作、检修、消防和施工等需要。

5.4 交通运输

5.4.1 厂内道路的布置应符合下列规定：

1 厂内道路应满足生产、运输、安装、检修、消防及环境卫生的要求。

5.4.4 厂内道路交叉口路面内缘转弯半径应根据其行驶车辆的类别确定，并应符合表5.4.4的规定。

表 5.4.4 厂内道路交叉口路面内边缘转弯半径表

道路类别	路面内边缘转弯半径（m）		
	主干道	次干道	支道
主干道	12～15	9～12	6～9
次干道	9～12	9～12	6～9
支道及车间引道	6～9	6～9	6～9

注：2 供消防车通行单车道路面内缘转弯半径不得小于9m。

5.4.7 消防车道的布置应符合下列规定：

1 消防车道应与厂区道路连通，且距离短捷；

2 消防车道的宽度不应小于4m。

5.5 管线综合布置

5.5.19 管架的布置应符合下列规定：

3 敷设有可燃性、爆炸危险性介质管道的管架与下列设施的安全距离应符合相应规范的规定：

1) 生产、储存和装卸甲、乙类火灾危险性物料的设施；

2) 明火作业的设施。

5.5.20 有甲、乙类火灾危险性介质的管道除使用该管线的建筑物（或构筑物）外，均不得采用建筑物（或构筑物）支撑式敷设。

5.6 绿化设计

5.6.2 绿化布置应符合下列规定：

3 绿化布置应满足生产、检修、运输、安全、卫生及防火要求，不应与建筑物（或构筑物）及地下设施相互影响。

8 建筑与结构

8.4 建筑构造设计

8.4.7 有隔声及防火要求的门窗应采用相应的配件。

10 公用辅助工程

10.1 给水与排水

10.1.1 工厂的给水系统应分别设计生产循环给水系统和生活、消防给水系统。

10.2 采暖、通风和空气调节

10.2.3 通风和空气调节的设计，应有防火排烟的措施，并应符合现行的国家标准《建筑设计防火规范》GB 50016的有关规定。

11 节 能

11.4 公用设施节能

11.4.1 装饰石材工厂的节水设计应符合下列规定：

5 雨水和中水等水源可用于景观、绿化浇洒、汽车冲洗、路面冲洗、冲厕、消防等非与人身接触的生活用水；

9 给水调节水池或水箱、消防水池或水箱应设溢流信号

管和溢流报警装置。

13 职业安全卫生

13.1 防火、防爆

13.1.1 生产车间的火灾危险性类别、厂房的最低耐火等级均应符合本规范附录A的规定。

13.1.2 石油液化气作为烘干炉能源时，操作场地应保证通风良好、周围无易燃物，场地周边的环境温度不得超过45℃。

13.1.3 使用燃油作为烘干炉能源时，储油桶应放置在通风良好、周围无易燃物及明火的地方，油桶周围环境温度不得超过45℃，并应设置灭火设施。

13.1.4 使用石油液化气、乙炔作为火烧板加工设备能源时，储气钢瓶应放在易搬动、通风良好、周围无易燃物的地方。钢瓶距热源不得小于2m，钢瓶周围环境温度不得超过45℃。

13.1.6 背网、补胶生产线旁严禁明火。

附录A 装饰石材工厂建筑物（或构筑物）生产火灾危险性类别、耐火等级及防火间距

表A 装饰石材工厂建筑物（或构筑物）生产火灾危险性类别、最低耐火等级及防火间距表

序号				1	2	3	4	5	6	7	8	9	10	11	12	13	14	15	16	17
生产火灾危险性类别				戊	戊	丙	戊	丁	丁	丁	丙	戊	戊	甲	丁	戊	—	—	—	—
最低耐火等级				二	二	二	二	二	二	三	二	二	三	一	二	三	二	三	二	三
			建筑物（或构筑物）名称	主要生产厂房						辅助生产厂房							生产管理、生活建筑			
序号	生产火灾危险性类别	最低耐火等级	防火间距(m) 建筑物（或构筑物）名称	荒料堆场	荒料锯切车间	背网、补胶车间	板材锯切、磨抛车间	异型制品加工车间	成品库	压缩空气站	变电所	循环水、雨水、污水泵站	维修车间	危险品储存室	锅炉房	地磅房	工厂办公楼	车间办公室	倒班宿舍	厂区食堂
17	—	三	生产管理、生活建筑	厂区食堂	7	7	7	7	7	12	14	12	7	8	25	12	8	7	8	7	—
16	—	二		倒班宿舍	6	6	6	6	10	10	12	10	10	12	25	10	12	6	6	—	
15	—	三		车间办公室	6	6	6	6	10	10	12	10	10	12	25	10	6	—			
14	—	二		工厂办公楼	6	6	6	6	10	10	12	10	10	12	25	10					
13	戊	三	辅助生产厂房	地磅房	12	12	12	12	12	12	12	12	12	12	14	14					
12	丁	二		锅炉房	10	10	10	10	10	10	10	10	10	10	12						
11	甲	一		危险品储存室	12	12	12	12	12	12	12	12	12	14							
10	戊	三		维修车间	10	10	10	10	10	10	14	14	14								
9	戊	二		循环水、雨水、水泵站	12	12	12	12	12	12	12	12									
8	丙	二		变电所	10	10	10	10	10	10	10										
7	丁	三		压缩空气站	12	12	12	12	12	12											
6	丁	二	主要生产厂房	成品库	12	12	12	12	12												
5	丁	二		异型制品加工车间	10	10	10	10													
4	戊	二		板材锯切、磨抛车间	10	10	10														
3	丙	二		背网、补胶车间	10	10	—														
2	戊	二		荒料锯切车间	10																
1	戊	二		荒料堆场	—																

注：1 防火间距应按相邻建筑物外墙的最近距离计算，如外墙有凸出的燃烧构件，则应从其凸出部分外缘算起。
2 甲类厂房之间及其与其他厂房之间的防火间距，应按本表增加2m，戊类厂房之间的防火间距，可按本表减小2m。
3 两座厂房相邻较高一面的外墙为防火墙时，其防火间距不限，但甲类厂房之间不应小于4m。
4 两座一、二级最低耐火等级厂房，当相邻较低一面外墙为防火墙且较低一座厂房的屋盖耐火极限不低于1h时，其防火间距可减少，但甲、乙类厂房不应小于6m；丙、丁、戊类厂房不应小于4m。
5 两座一、二级最低耐火等级厂房，当相邻较高一面外墙的门窗等开口部位设有防火门窗或防火卷帘和水幕时，其防火间距可减少，但甲、乙类厂房不应小于6m；丙、丁、戊类厂房不应小于4m。
6 两座丙、丁、戊类厂房相邻两面的外墙均为非燃烧体，如无外露的燃烧体屋檐，当每面外墙上的门墙洞口面积之和各不超过该外墙面积的5%，且门窗洞口不正对开设时，其防火间距可按本表减少25%。
7 最低耐火等级低于四级的原有厂房，其防火间距可按四级确定。

89.《水泥窑协同处置垃圾工程设计规范》GB 50954—2014

4 总体设计

4.2 主要设计内容

4.2.1 水泥窑协同处置生活垃圾公共工程建设应包括下列内容:
   2 电气系统、自动化控制系统、在线监测系统、供配电、压缩空气、消防、通信、暖通空调、机械维修等设施。

4.3 技术装备要求

4.3.2 水泥窑协同处置生活垃圾电气系统、仪表与自动化控制系统及消防系统应符合国家现行行业标准《生活垃圾焚烧处理工程技术规范》CJJ 90 的有关规定。

5 总平面布置

5.3 厂区道路设计

5.3.1 厂区道路应根据工厂规模、运输要求、管线布置等合理确定,厂区道路应满足交通运输、消防及管线铺设要求。

5.3.2 厂区主要道路的行车路面宽度不宜小于6m,车行道宜设环形道路。生活垃圾预处理车间及接收储存设施处应设消防道路,道路宽度不应小于4m。路面宜采用水泥混凝土或沥青混凝土铺设,道路荷载等级应符合现行国家标准《厂矿道路设计规范》GBJ 22 中的有关规定。

7 生活垃圾的接收、储存与输送

7.3 生活垃圾的储存与输送

7.3.2 生活垃圾卸料储池应符合下列规定:
   2 储池应处于负压状态,并应设照明、消防、事故排烟、通风除异味系统。

10 劳动安全与职业卫生

10.2 安全生产

10.2.2 生活垃圾的储存、预处理、处置车间或场所应采取防雷、避雷措施,同时应配置消防设施。通风设备、电气设备、灯具应采用防腐、防爆设备。

10.2.3 处理、处置生活垃圾车间安全出口不宜少于2个。安全出口的设置应符合现行国家标准《建筑设计防火规范》GB 50016 的有关规定。车间内应设应急疏散通道;疏散通道及主要通道处应设置安全应急灯。

90.《装饰石材矿山露天开采工程设计规范》GB 50970—2014

9 矿山总图及辅助设施

9.2 矿山工业场地

9.2.3 矿山工业场地内建（构）筑物的平面布置应满足建筑物的防火间距，并应符合现行国家标准《建筑设计防火规范》GB 50016 的有关规定。

9.2.7 汽车库的布置应符合现行国家标准《汽车库、修车库、停车场设计防火规范》GB 50067 的有关规定。

9.2.10 矿山工业场地内的道路设计应符合现行国家标准《厂矿道路设计规范》GBJ 22 的有关规定；场内道路的设置及道路宽度应满足生产运输车辆、消防车辆和行人通行条件的要求，路面宽度不小于 4.0m。道路通行净空高度不应小于 4.5m。道路路面宜采用水泥混凝土路面。

9.2.11 矿山工业场地内生产运输道路可兼作消防通道，消防通道应全场贯通无障碍。断头路在道路尽头处应设置回车场地。

9.4 油 库

9.4.2 油库与周围的建（构）筑物距离、消防设施设计应符合现行国家标准《汽车加油加气站设计与施工规范》GB 50156 的有关规定。

9.4.4 润滑油、保养及其他生产用油、小储量燃油，宜采用桶装储存。库内应设防止液体流散的设施。总储油量小于 1m³ 的油库可与汽车库、汽修间贴邻建造，但应采用防火墙隔开，并应设置直通室外的安全出口。

10 公用工程

10.1 电 气

10.1.1 装饰石材矿山的电力负荷分级应符合下列规定：
　1 因停电有淹没危险的凹陷露天采矿场的排水设备，以及消防水泵，应配置一级负荷。

10.2 建筑与结构

10.2.4 建筑物防火设计应符合现行国家标准《建筑设计防火规范》GB 50016 的有关规定，矿山主要生产车间（建筑物）的火灾危险性类别、建筑耐火等级应符合表 10.2.4 的规定。

表 10.2.4 主要生产车间（建筑物）
火灾危险性类别、建筑耐火等级

火灾危险性类别	建筑耐火等级	建筑物名称
甲	一	火工材料库、油库
丙	二	车库、锅炉房、材料库
丁	二	维修车间
戊	二	工具房、堆棚

10.3 给水与排水

10.3.1 装饰石材矿山给水排水设计应满足生产、生活和消防用水要求。

10.3.3 矿山给水水源的选择应丰富可靠，并应满足生产、生活和消防的用水量要求。

10.3.4 矿山给水能力，应以生产、生活最高日供水量加消防补充水量和自用水量确定。

10.3.7 矿山生活和消防给水系统应设置水量调节储存设施，有条件时应选择高位储水池。

10.3.10 矿山消防设计应符合现行国家标准《建筑设计防火规范》GB 50016 的有关规定：
　2 矿山火工材料库消防用水，应根据库容量大小设置消防水池或消防水管，并应符合现行国家标准《爆破安全规程》GB 6722 的有关规定；
　3 矿山建筑物应配置灭火器，并应符合现行国家标准《建筑灭火器配置设计规范》GB 50140 的有关规定。

91.《加气混凝土工厂设计规范》GB 50990—2014

5 总图运输

5.2 总平面布置

5.2.6 锅炉房布置应符合下列规定：
  2 锅炉房与邻近建筑物、构筑物之间的距离应符合现行国家标准《建筑设计防火规范》GB 50016 及本规范附录 A 的有关规定。

5.2.13 围墙至建筑物、道路和排水明沟的最小间距应符合表 5.2.13 的规定。

表 5.2.13 围墙至建筑物、道路和排水明沟的最小间距

名称	至围墙最小间距（m）
建筑物	5.00
道路	1.00
排水明沟	1.50

注：1 围墙自中心线算起；建筑物自最外墙突出边缘算起；道路为城市型时，自路面边缘算起；为公路型时，自路肩边缘算起；排水明沟自边缘算起；
2 当设有消防通道时，围墙至建筑物的间距不应小于 6m。

5.3 交通运输

5.3.1 厂内道路布置应符合下列规定：
  1 厂内道路应满足生产、运输、安装、检修、消防、安全及环境卫生的要求；
  2 厂内道路应与厂区内主要建筑物轴线平行或垂直，且呈环形布置；
  3 厂内道路在个别边缘地段尽头式布置时，应设回车场或回车道；

5.3.4 厂内道路交叉口路面内缘转弯半径应根据行驶车辆的类别确定，并应符合表 5.3.4 的规定。

表 5.3.4 厂内道路交叉口路面内边缘转弯半径

道路类别	路面内边缘转弯半径（m）		
	主干道	次干道	支道
主干道	12～15	9～12	6～9
次干道	9～12	9～12	6～9
支道及车间引道	6～9	6～9	6～9

注：1 当场地受限制时，表列数值（6m 半径除外）可适当减少；
2 供消防车通行单车道路面内缘转弯半径不得小于 9m。

5.3.7 消防车道的布置应符合下列规定：
  1 消防车道应与厂区道路连通，且距离应短捷；
  2 消防车道的宽度不应小于 4m。

5.6 管线综合布置

5.6.4 管架的布置应符合下列规定：
  1 管架的净空高度及基础位置不应影响交通运输、消防及检修。

5.7 绿化设计

5.7.2 绿化布置应符合下列规定：
  3 绿化布置应满足生产、检修、运输、安全、卫生及防火要求，不应与建筑物、构筑物及地下设施相互影响。

7 生产工艺

7.3 配料浇注

7.3.6 制备铝粉液时应采取防火、防爆措施。

8 电气及自动化

8.3 变电所

8.3.4 含可燃性油的变压器应设置变压器室，做到一器一室。

8.5 车间配电

8.5.6 车间配电线路敷设应符合下列规定：
  1 配电线路采用电缆沟或电缆桥架敷设时，应加盖板；
  2 导线穿钢管敷设在高温区时，应采取隔热措施，选用阻燃电缆，不应敷设在热源附近。

8.8 生产过程自动化

8.8.3 中控室设计应符合下列规定：
  2 中控室应避开电磁干扰源、尘源和振源等，应有防尘、防火、隔声、隔热和通风等设施，并宜铺设防静电活动地板、设置空气调节系统。

9 建筑与结构

9.1 一般规定

9.1.5 建筑物、构筑物的防火设计应符合现行国家标准《建筑设计防火规范》GB 50016 的有关规定。主要生产车间及建筑物、构筑物的火灾危险性类别、最低耐火等级及防火间距应符合本规范附录 A 的规定。

9.5 建筑构造设计

9.5.5 有隔声及防火要求的门窗应采用相应的配件。

9.5.6 楼梯及防护栏杆的设计应符合下列规定：
 1 车间疏散楼梯宽度不应小于1.1m；
 2 车间疏散走道宽度不应小于1.4m。

10 给水与排水

10.1 一般规定

10.1.1 给水与排水设计应满足生产、生活和消防用水的要求。

10.2 给 水

10.2.1 给水系统应分别设置生产循环给水系统和生活、消防给水系统。

10.2.6 给水水源选择应根据水资源勘察资料和总体规划要求确定，并应符合下列规定：
 1 水资源应可靠，满足生产、生活和消防的用水量。

10.2.16 生活和消防给水系统宜设置水量调节储存设施，有条件时应优先选用高位储水池。

10.2.21 消防给水设计应符合现行国家标准《建筑设计防火规范》GB 50016的有关规定。

12 采暖、通风与空气调节

12.1 一般规定

12.1.3 通风和空气调节设计应有防火排烟的措施，并应符合现行国家标准《建筑设计防火规范》GB 50016的有关规定。

12.2 采 暖

12.2.1 采暖设计应符合下列规定：
 7 储存或生产过程中能产生易燃、易爆气体或物料的建筑物，不得用明火采暖；当采用电热采暖时，应采用防爆型电暖器及插座。

13 辅助生产设施

13.5 铝粉（或铝粉膏）库

13.5.1 铝粉（或铝粉膏）库应具有防爆、防火、防潮、通风功能。

13.5.2 铝粉（或铝粉膏）库应满足安全、消防的要求，并应设置安全警示标志。

13.6 脱模剂储存间

13.6.1 脱模剂储存间应具有防火、防潮、通风功能。

13.6.2 脱模剂储存间应满足安全、消防的要求，并应设置安全警示标志。

16 职业安全卫生

16.2 防火与防爆

16.2.1 车间的火灾危险性类别、厂房的最低耐火等级应符合本规范附录A的规定。

16.2.2 各车间的防火距离、可燃油品（或可燃气体）储罐区及附属设施的布置和防火间距应符合现行国家标准《建筑设计防火规范》GB 50016的有关规定。

16.2.3 电力装置的防火、防燃设计应符合现行国家标准《爆炸危险环境电力装置设计规范》GB 50058的有关规定。

16.2.4 压力容器、压力管道设计应符合现行国家标准《压力容器》GB 150、《压力管道规范　工业管道》GB/T 20801的有关规定。

16.2.5 建筑物灭火器设置应符合现行国家标准《建筑灭火器配置设计规范》GB 50140的有关规定。

附录A 加气混凝土工厂建筑物、构筑物的火灾危险性类别、最低耐火等级及防火间距

表A 加气混凝土工厂建筑物、构筑物的火灾危险性类别、最低耐火等级及防火间距表

序号				1	2	3	4	5	6	7	8	9	10	11	12	13	14
生产火灾危险性类别				戊	戊	丁	丙	丙	戊	戊	乙	丁	戊	—	—	—	—
最低耐火等级				二	二	三	二	二	二	二	二	三	二	三	二	二	二
				主要生产厂房		辅助生产厂房								生产管理、生活建筑			
序号	生产火灾危险性类别	最低耐火等级	防火间距(m) 建筑物、构筑物名称 \\ 建筑物、构筑物名称	主生产车间	成品堆场	压缩空气站	变电所	脱模剂储存间	循环水泵站	机电维修车间	铝粉（或铝粉膏）库	锅炉房	地磅站	工厂办公室	车间办公室	倒班宿舍	食堂
14	—	二	生产管理、生活建筑	食堂	10	10	12	10	10	10	10	12	30	10	12	10	10	
13	—	二	生产管理、生活建筑	倒班宿舍	10	10	12	10	10	10	10	12	30	10	12	10		
12	—	三	生产管理、生活建筑	车间办公室	12	12	14	12	12	12	12	14	30	12	14			
11	—	二	生产管理、生活建筑	工厂办公室	10	10	12	10	10	10	10	12	30	10				

续表

序号	生产火灾危险性类别	最低耐火等级	防火间距(m) 建筑物、构筑物名称	建筑物、构筑物名称	主要生产厂房		辅助生产厂房								生产管理、生活建筑			
					主生产车间	成品堆场	压缩空气站	变电所	脱模剂储存间	循环水泵站	机电维修车间	铝粉(或铝粉膏)库	锅炉房	地磅站	工厂办公室	车间办公室	倒班宿舍	食堂
10	戊	三	辅助生产厂房	地磅站	12	12	14	12	12	12	14	12	12					
9	丁	二		锅炉房	10	10	12	10	10	10	12	10						
8	乙	二		铝粉(或铝粉膏)库	10	10	12	10	10	10	12							
7	戊	三		机电维修车间	12	12	14	12	12	12								
6	戊	二		循环水泵站	10	10	12	10	10									
5	丙	二		脱模剂储存间	10	10	12	12										
4	丙	二		变电所	10	10	12											
3	丁	三		压缩空气站	12	12												
2	戊	二	主要生产厂房	成品堆场	10													
1	戊	二		主生产车间														

注：1 防火间距应按相邻建筑物外墙的最近距离计算，当外墙有凸出的燃烧构件时，则应从凸出部分外缘算起；
    2 两座厂房相邻较高一面的外墙为防火墙时，防火间距不限。

92.《纤维增强硅酸钙板工厂设计规范》GB 51107—2015

5 总图运输

5.2 总平面布置

5.2.5 锅炉房布置应符合下列规定：
2 锅炉房与邻近建（构）筑物之间的距离应符合现行国家标准《建筑设计防火规范》GB 50016 及本规范附录 A 的有关规定。

5.2.12 围墙至建筑物、道路和排水明沟的最小间距应符合表 5.2.12 的规定。

表 5.2.12 围墙至建筑物、道路和排水明沟的最小间距

名称	至围墙最小间距（m）
建筑物	5.00
道路	1.00
排水明沟	1.50

注：1 围墙自中心线算起；建筑物自最外墙突出边缘算起；道路为城市型时，自路面边缘算起；道路为公路型时，自路肩边缘算起；排水明沟自边缘算起。
2 当设有消防通道时，围墙至建筑物的间距不应小于 6m。

5.3 交通运输

5.3.4 厂内道路交叉口路面内缘转弯半径应根据行驶车辆的类别确定，并应符合表 5.3.4 的规定。

表 5.3.4 厂内道路交叉口路面内边缘转弯半径

道路类别	路面内边缘转弯半径（m）		
	主干道	次干道	支道
主干道	12～15	9～12	6～9
次干道	9～12	9～12	6～9
支道及车间引道	6～9	6～9	6～9

注：1 当场地受限制时，表列数值（6m 半径除外）可适当减少；
2 供消防车通行单车道路面内缘转弯半径不得小于 9m。

5.3.7 消防车道布置应符合下列规定：
1 消防车道应与厂区道路连通，且距离应短捷；
2 消防车道的宽度不应小于 4m。

5.6 管线综合布置

5.6.4 管架的布置应符合下列规定：
1 管架的净空高度及基础位置不应影响交通运输、消防及检修。

5.7 绿化设计

5.7.2 绿化布置应符合下列规定：
3 绿化布置应满足生产、检修、运输、安全、卫生及防火要求，不应与建（构）筑物及地下设施相互影响。

8 电气及自动化

8.2 供配电

8.2.2 供电电源应根据工厂规模、供电距离、工厂发展规划和当地电网现状等条件，经过技术经济比较后确定，并应符合下列规定：
1 条件允许时，应采用一路工作电源和一路备用电源的供电方案；
2 备用电源应能满足生产线上主要设备的用电以及重要区域的照明和消防用电。

8.5 车间配电

8.5.9 车间配电线路的敷设应符合下列规定：
4 导线穿钢管敷设在高温区时应采取隔热措施，并应选用阻燃电缆，不应敷设在热源附近。

8.8 生产过程自动化

8.8.2 控制室设计应符合下列规定：
3 控制室应有防尘、防火、隔声、保温、隔热和通风等设施，并宜铺设防静电活动地板、设置空气调节系统。
7 控制室消防设施的设置应符合现行国家标准《建筑设计防火规范》GB 50016 的有关规定。

9 建筑与结构

9.1 一般规定

9.1.5 建（构）筑物的防火设计应符合现行国家标准《建筑设计防火规范》GB 50016 的有关规定。主要生产车间及建（构）筑物的火灾危险性类别、最低耐火等级及防火间距应符合本规范附录 A 的规定。

9.5 建筑构造设计

9.5.5 有隔声及防火要求的门窗应采用相应的配件。

10 给水与排水

10.1 一般规定

10.1.1 给水与排水设计应满足生产、生活和消防用水的要求。

10.2 给 水

10.2.1 给水系统应分别设置生产循环给水系统和生活、消防给水系统。

10.2.6 给水水源选择应根据水资源勘察资料和总体规划要求确定，并应符合下列规定：

　　1 水资源应可靠，满足生产、生活和消防的用水量。

10.2.21 消防给水设计应符合现行国家标准《建筑设计防火规范》GB 50016 的有关规定。

12 采暖、通风与空气调节

12.1 一般规定

12.1.3 通风和空气调节设计应有防火排烟的措施，并应符合现行国家标准《建筑设计防火规范》GB 50016 的有关规定。

93.《光伏压延玻璃工厂设计规范》GB 51113—2015

5 总图运输

5.1 一般规定

5.1.1 光伏压延玻璃工厂总平面布置及总平面设计应符合现行国家标准《工业企业总平面设计规范》GB 50187 的有关规定及当地总体规划的要求,并应在总体规划或可行性研究报告的基础上,根据生产规模、工艺流程、交通运输、环境保护及节能、安全、防火、施工、检修、厂区发展等要求,结合自然条件,经技术经济比较后择优确定。

5.1.5 厂区的通道宽度,应满足使用功能、交通运输、管线敷设、绿化布置及防火、安全、卫生、预留发展用地等的要求,厂内主要通道的宽度宜为20m~30m。

5.1.10 厂区建(构)筑物之间及建(构)筑物与道路之间的防火间距,以及消防通道的设置,应符合现行国家标准《建筑设计防火规范》GB 50016 的有关规定。

5.2 总平面布置

5.2.8 燃油储罐区的布置应符合现行国家标准《建筑设计防火规范》GB 50016、《石油库设计规范》GB 50074 及《储罐区防火堤设计规范》GB 50351 的有关规定。

5.2.9 天然气配气站应布置在靠近天然气总管进厂方向和至各用户支管较短的地点,并宜靠近联合车间的熔化工段。天然气配气站的布置应符合现行国家标准《建筑设计防火规范》GB 50016 及《城镇燃气设计规范》GB 50028 的有关规定。

5.2.10 压缩空气站的布置应符合下列规定:
　　4 压缩空气站的布置应符合现行国家标准《建筑设计防火规范》GB 50016 和《压缩空气站设计规范》GB 50029 的有关规定。

5.2.18 工厂应设置厂区围墙。围墙定位、高度、结构形式,应满足生产安全和当地规划的要求,并应与周围环境相协调。围墙至建筑物、道路、铁路和排水明沟的最小间距,应符合现行国家标准《工业企业总平面设计规范》GB 50187 和《建筑设计防火规范》GB 50016 的有关规定。

5.3 交通运输

5.3.3 厂内道路的布置,应满足生产、运输、安装、检修、消防及环境卫生等要求,并应与厂区竖向设计和管线布置相协调。

5.3.4 沿厂区、储油罐区周围、联合车间、原料车间、天然气配气站厂房周围、木板堆场周围等均应设置环形道路。条件不允许时,可按现行国家标准《建筑设计防火规范》GB 50016 的要求在场地(或车间)的两侧设置道路,并应设置可供消防车作业的回车场地。

5.4 竖向设计

5.4.6 当工业场地的自然坡度大于5%时,厂区竖向宜采用阶梯式布置,阶梯的划分应符合下列规定:
　　4 台阶的宽度应满足建(构)筑物、运输线路、管线和绿化等布置要求,以及操作、检修、消防和施工等的需要。

5.6 绿化设计

5.6.2 绿化布置应符合下列规定:
　　3 应满足生产、检修、运输、安全、卫生及防火要求,不应与建(构)筑物及地下设施相互影响。

7 联合车间

7.8 联合车间工艺布置

7.8.2 熔化工段工艺布置应符合下列规定:
　　1 熔化底层或地下室的布置应符合下列规定:
　　　　2)熔窑窑底和蓄热室周围的操作净距及地面工艺布置,应满足设备安装、检修及消防的需要。

8 燃 料

8.3 天然气

8.3.1 天然气站、天然气管道应按现行国家标准《建筑设计防火规范》GB 50016、《城镇燃气设计规范》GB 50028、《压力管道规范工业管道》GB/T 20801 和《工业金属管道设计规范》GB 50316 的有关规定进行工程设计。天然气站宜独立设置,宜采用调压计量橇,也可采用敞开式或半敞开式建筑结构。

8.3.3 配气站的工艺布置应符合下列规定:
　　2 厂区调压配气站内应设过滤、计量、调压、旁通、安全放散及泄漏报警等装置;
　　3 厂区调压配气站内通道宽度不应小于2m,厂区调压配气站外应设消防通道;

8.3.5 天然气调压配气室的建筑耐火等级不应低于现行国家标准《建筑设计防火规范》GB 50016 规定的二级,用电要求应为防爆1区。

8.4 焦炉煤气

8.4.6 焦炉煤气调压配气室的建筑耐火等级不应低于现行国家标准《建筑设计防火规范》GB 50016 中规定的二级。用电要求应为防爆1区。

9 建筑与结构

9.1 一般规定

9.1.4 建（构）筑物的防火设计应符合现行国家标准《建筑设计防火规范》GB 50016 的有关规定。主要生产车间及建（构）筑物的生产的火灾危险性类别、建筑最低耐火等级应符合本规范附录 E 的规定。

9.2 生产车间与辅助车间

9.2.3 厂房内通道宽度应按人行、配件的搬运及车辆运行等要求确定，并应满足现行国家标准《建筑设计防火规范》GB 50016 中关于疏散宽度的相关规定。

9.2.5 生产过程中有可能突然散发大量爆炸气体的场所应设置防爆泄压设施，并应符合现行国家标准《建筑设计防火规范》GB 50016 中关于厂房或仓库的防爆的有关规定。

9.4 建筑构造设计

9.4.1 屋面设计应符合下列规定：
3 各类屋面的结构层及保温层或隔热层应采用非燃烧体材料。设保温层的屋面，应采取防止结露的措施。

9.4.7 有隔声及防火要求的门窗应采用相应的配件。

10 公用辅助工程

10.1 给水与排水

10.1.1 光伏压延玻璃工厂的水源应结合生产、生活及消防的要求综合确定，宜采用城镇自来水，并应有两个以上的进口或采用多水源供水。

10.1.6 给水管网设计应符合下列规定：
3 厂区消防给水管的设置应符合现行国家标准《建筑设计防火规范》GB 50016 的有关规定。

10.2 电 气

10.2.19 电气照明设计应符合下列规定：
3 有夜班工作的重要操作区、中央控制室、配电室、发电机房、水泵房等和重要通道应设应急照明；
4 有爆炸和火灾危险的场所，灯具、开关和照明配线应按环境的危险级别进行选型和设计。

10.4 采暖、通风、收尘、空气调节

10.4.3 通风、收尘和空气调节的设计应符合现行国家标准《建筑设计防火规范》GB 50016 的有关规定。

10.4.4 高温生产及含易燃易爆气体的作业区，应采取节能的通风、降温措施。

11 生产过程检测和控制

11.9 控制室

11.9.1 控制室的设置应符合下列规定：

2 熔窑、压延机、退火窑宜设置中央控制室，中央控制室设计应符合下列规定：
　　4）中央控制室应有防尘、防火、防水、隔声、隔热和通风等设施。

13 节 能

13.4 电气及自动化控制节能

13.4.3 照明节能设计应符合下列规定：
6 疏散指示灯、走廊灯等低照度灯具应采用交流发光二极管（LED）光源。

13.5 辅助设施节能

13.5.1 光伏压延玻璃工厂的给水与排水节能设计应符合下列规定：
3 给水调节水池（或水箱）、消防水池（或水箱）应设溢流信号管和溢流报警装置。

14 职业安全卫生

14.2 防火与防爆

14.2.1 光伏压延玻璃工厂的火灾危险性类别、耐火等级、防火分区最大允许建筑面积、安全疏散距离及安全出口数目应符合本规范附录 E 的规定。

14.2.2 各生产车间的防火间距、易燃油品（或可燃气体）储罐区及附属设施的布置和防火间距，应符合现行国家标准《建筑设计防火规范》GB 50016 的有关规定。

14.2.3 联合车间的燃气配气室，应紧靠联合车间熔化工段的外墙毗邻布置，并应采取防火及防爆的分隔措施。

14.2.4 光伏压延玻璃工厂应根据燃油、燃气的特性，设定储油罐、储气罐的温度及压力参数，并应设置限位报警及紧急切断（或放空）装置。

14.2.5 燃油、燃气的储罐及输送管道均应有良好的接地，并应符合现行国家标准《液体石油产品静电安全规程》GB 13348 的有关规定。

14.2.6 对可能聚集有爆炸危险性气体的场所应安装可燃气体的监测、报警装置。

14.2.7 光伏压延玻璃工厂电力装置的防爆设计应符合现行国家标准《爆炸危险环境电力装置设计规范》GB 50058 的有关规定。

14.2.8 光伏压延玻璃工厂的事故通风设计应符合下列规定：
1 对生产过程中有可能突然散发大量有爆炸危险性气体的场所应设置事故通风装置；
2 事故排风的风机吸风口应设在爆炸危险物质可能最大散发量的地点，事故排风的排风口，不应布置在人员经常停留或经常通行的地点；
3 事故通风的防爆风机应与爆炸危险性气体的报警装置联动，并应分别在室内及室外便于操作的位置设置防爆风机的开关；
4 事故通风的部位和要求应符合本规范附录 H 中表

H.0.2的规定。

14.2.9 光伏压延玻璃工厂的消防设计，应符合现行国家标准《建筑设计防火规范》GB 50016、《建筑灭火器配置设计规范》GB 50140 的有关规定。

14.2.10 压力容器和压力管道的设计应符合现行国家标准《压力管道规范 工业管道》GB/T 20801、《工业金属管道设计规范》GB 50316、《钢制压力容器》GB 150 的有关规定。

14.3 防电与防雷

14.3.3 可燃介质输送管道防静电设计应符合现行国家标准《防止静电事故通用导则》GB 12158 的有关规定。

附录 E 光伏压延玻璃工厂的火灾危险性类别、耐火等级、防火分区最大允许建筑面积、安全疏散距离及安全出口数目

表 E 光伏压延玻璃工厂的火灾危险性类别、耐火等级、防火分区最大允许建筑面积、安全疏散距离及安全出口数目

车间名称		生产（储存物品）的火灾危险性类别	耐火等级下限	防火分区最大允许占地面积（m²）	安全疏散距离（m）	安全出口数目
原料车间		戊	二级	单层、多层不限；高层 6000	单层、多层不限；高层 75	不少于2个（每层建筑面积不超过400m²，且同一时间的生产人数不超过30人时，可设1个）
联合车间	熔化工段	丁	二级	单层、多层不限	单层，多层不限	
	成形退火工段					
	切载工段	戊	二级	单层、多层不限	单层、多层不限	
	成品工段					
造箱车间		丙	二级	单层 8000；多层 4000	单层 80；多层 60	不少于2个（每层建筑面积不超过250m²，且同一时间的生产人数不超过20人时，可设1个）
水泵房		戊	二级	单层，多层不限	单层，多层不限	不少于2个（每层建筑面积不超过400m²，且同一时间的生产人数不超过30人时，可设1个）
锅炉房		丁	二级	单层，多层不限	单层，多层不限	
油站	油泵房	丙	二级	单层 8000；多层 4000	单层 80；多层 60	不少于2个（每层建筑面积不超过250m²，且同一时间的生产人数不超过20人时，可设1个）
	卸油设施储罐区	丙	二级	—	—	设防护堤台阶两处
天然气站		甲	一级	单层 4000；多层 3000	单层 30；多层 25	不少于2个（每层建筑面积不超过100m²，且同一时间的生产人数不超过5人时，可设1个）
液化石油气供配站		甲	二级	单层 3000；多层 2000	单层 30；多层 25	
焦炉煤气站		甲	二级	单层 3000；多层 2000	单层 30；多层 25	不少于2个（每层建筑面积不超过100m²，且同一时间的生产人数不超过5人时，可设1个）
压缩空气站		丁	二级	单层，多层不限	单层，多层不限	不少于2个（每层建筑面积不超过400m²，且同一时间的生产人数不超过30人时，可设1个）
维修车间		戊	二级	单层，多层不限	单层，多层不限	

续表 E

车间名称	生产（储存物品）的火灾危险性类别	耐火等级下限	防火分区最大允许占地面积（m²）	安全疏散距离（m）	安全出口数目
木材库	丙2项	二级	单层1500（每座库房6000）	—	不少于2个（当防火分区的建筑面积不超过100 m²时，可设1个）
耐火材料加工	戊	二级	单层、多层不限	单层，多层不限	不少于2个（每层建筑面积不超过400m²，且同一时间的生产人数不超过30人时，可设1个）
原料储库	戊	二级	单层不限	—	不少于2个（每层建筑面积不超过400m²，且同一时间的生产人数不超过30人时，可设1个）
耐火材料库					
成品库					
变（配）电所	丙	二级	单层8000；多层4000	单层80；多层60	不少于2个（每层建筑面积不超过250m²，且同一时间的生产人数不超过20人时，可设1个）

94.《固相缩聚工厂设计规范》GB 51115—2015

3 工艺设计

3.1 一般规定

3.1.12 设备和管道系统设置安全阀，应符合现行国家标准《石油化工企业设计防火规范》GB 50160 和《工业金属管道设计规范》GB 50316 的相关规定。

3.5 危险和危害因素

3.5.1 固相缩聚生产装置内的火灾危险性应为丙类。
3.5.2 氢气瓶放置间的火灾危险性应为甲类。与固相缩聚装置外墙毗连的实瓶数不超过 60 瓶的单层氢气瓶放置间的设置，应符合现行国家标准《氢气站设计规范》GB 50177 中有关供氢站的规定。
3.5.3 固相缩聚工厂主要物料的火灾危险性的划分，应符合下列规定：
  1 乙二醇应划为丙类可燃液体；
  2 联苯和联苯醚混合物应划为丙类可燃液体；
  3 氢化三联苯应划为丙类可燃液体；
  4 PET 切片应划为丙类可燃固体；
  5 操作温度低于其闪点的燃料油，应划为丙类可燃液体，操作温度高于其闪点的燃料油，应划为乙类可燃液体；
  6 乙醛含量超过其爆炸下限的工艺排放尾气，应划为甲类可燃气体。

4 工艺设备和布置

4.4 设备布置

4.4.7 设备布置应留有检修通道和安全疏散通道。

6 辅助生产设施

6.3 原料库和成品库

6.3.3 仓库设计应符合现行国家标准《纺织工程设计防火规范》GB 50565 的有关规定。

7 自动控制和仪表

7.1 一般规定

7.1.4 爆炸和火灾危险场所的自控设计，应符合现行国家标准《爆炸危险环境电力装置设计规范》GB 50058 的有关规定。

8 电气

8.2 供配电

8.2.1 固相缩聚工厂连续生产装置和制氮装置生产用电负荷、消防用电负荷应为二级负荷，其他用电负荷应为三级负荷。过程控制系统和工艺有特殊要求的电动阀门、仪表控制电源，应设置不间断电源供电。

8.3 照明

8.3.2 工厂的疏散照明、安全照明、备用照明等应急照明系统，应设置专用的馈电线路供电。

8.6 火灾报警

8.6.1 固相缩聚生产装置火灾自动报警系统的设置，应符合现行国家标准《建筑设计防火规范》GB 50016 和《纺织工程设计防火规范》GB 50565 的有关规定。
8.6.2 保护对象应按现行国家标准《火灾自动报警系统设计规范》GB 50116 的有关规定进行分级和设计火灾自动报警系统。
8.6.3 固相缩聚工厂火灾自动报警与联动系统的设计，应符合现行国家标准《建筑设计防火规范》GB 50016 和《火灾自动报警系统设计规范》GB 50116 的有关规定。
8.6.4 爆炸危险环境的火灾报警系统的设计，应符合现行国家标准《爆炸危险环境电力装置设计规范》GB 50058 的有关规定。

9 总平面布置

9.1 一般规定

9.1.1 工厂总平面布置应符合现行国家标准《工业企业总平面设计规范》GB 50187 和《纺织工程设计防火规范》GB 50565 的有关规定。
9.1.4 厂区总平面布置应满足生产工艺流程的要求，功能分区应明确、合理，并应根据消防要求等因素确定通道宽度。功能相近的建筑物和构筑物宜采用联合布置。

9.2 总平面布置

9.2.4 厂区总平面布置应合理组织人流与货流。厂区出入口不应少于 2 个，并宜人、货分流。
9.2.5 厂区通道宽度应根据建筑物或构筑物的防火间距、消防车道、货物运输与装卸、地上与地下工程管线、大型设备吊装与检修、挡土墙与护坡，以及厂区绿化等要求合理确定。
9.2.6 厂区道路宜为城市型、环状布置，应符合现行国家标准《纺织工程设计防火规范》GB 50565 有关消防车道的规定。道路的路面结构、道路宽度、道路纵坡及路口转弯半径等，均应满足所使用车辆的行驶要求。

10 建筑、结构

10.1 一般规定

10.1.1 建筑、结构设计应满足生产工艺要求，并应符合现行国家标准《纺织工程设计防火规范》GB 50565 的有关规定。

10.5 建筑防火

10.5.1 固相缩聚生产的火灾危险性应为丙类，原料仓库和成品仓库储存物品的火灾危险性应为丙类。高层生产厂房的耐火等级应为一级。

10.5.2 固相缩聚生产厂房、附房及全部辅助生产设施的建筑防火设计，均应符合现行国家标准《纺织工程设计防火规范》GB 50565 的有关规定。

10.5.3 固相缩聚生产厂房的安全疏散，应符合现行国家标准《纺织工程设计防火规范》GB 50565 的有关规定。

10.5.4 设在生产厂房内的热媒间应靠外墙布置，并应与生产厂房其他部分用耐火极限不低于 2.50h 的不燃烧体隔墙和耐火极限不低于 1.50h 的楼板隔开，隔墙上的门应为甲级防火门。

11 给水排水

11.1 一般规定

11.1.1 固相缩聚工厂给水排水设计应满足工厂生产、消防和生活的要求。

11.2 给水

11.2.6 非金属给水管道不宜穿过防火墙，如需穿过时，应采取防火隔断措施。

11.4 消防设施

11.4.1 固相缩聚工厂应设置室内、室外消火栓给水系统。消防给水设施的设置范围、用水量以及安装等，应符合现行国家标准《纺织工程设计防火规范》GB 50565 的有关规定。

11.4.2 丙类原料库、成品库等需设置自动喷水灭火系统的场所，应符合现行国家标准《自动喷水灭火系统设计规范》GB 50084 和《纺织工程设计防火规范》GB 50565 的有关规定。

11.4.3 建筑物和构筑物的各层及各房间的灭火器配置，应符合现行国家标准《建筑灭火器配置设计规范》GB 50140 的有关规定。

12 采暖、通风和空气调节

12.1 一般规定

12.1.2 生产厂房的防烟、排烟设计，应符合现行国家标准《纺织工程设计防火规范》GB 50565 的有关规定。

95.《玻璃纤维工厂设计标准》GB 51258—2017

3 基本规定

3.0.2 设计基础资料应包括下列内容：
　12 消防的有关要求。

5 总图运输

5.1 一般规定

5.1.2 工厂总平面布置应符合下列规定：
　5 建（构）筑物之间的防火间距应符合现行国家标准《建筑设计防火规范》GB 50016 的有关规定。
5.1.3 厂区通道宽度应满足交通运输、管线敷设、土建施工和设备安装的使用需求，并应满足通道两侧建（构）筑物对防火、安全、卫生间距的要求。

5.2 总平面布置

5.2.3 公用设施宜靠近负荷中心，并应符合下列规定：
　4 氧气站宜位于通风条件好和明火排放源的上风侧，宜避开人流密集区及主要交通通道，宜设置墙高为 1.6m～2.0m 的非燃烧体实体围墙，并应符合现行国家标准《建筑设计防火规范》GB 50016 和《氧气站设计规范》GB 50030 的有关规定。

5.3 厂区道路

5.3.1 厂内道路的布置应满足生产、交通、物流、消防、环境卫生等要求，并应与厂区竖向设计和管线布置相协调。
5.3.3 联合厂房、天然气站、重油站、液化石油气站等周围宜设置环形消防车道，设置条件有困难时，可在联合厂房、天然气站长边的两侧设置消防车道，两侧的消防车道应设置供消防车作业的回车场。

9 自动控制

9.6 公用站房自动控制

9.6.3 天然气站、燃油站、液化石油气站、氧气站等易燃、易爆站房的自控设计应符合现行国家标准《爆炸危险环境电力装置设计规范》GB 50058、《爆炸性环境 第 1 部分：设备通用要求》GB 3836.1、《城镇燃气设计规范》GB 50028、《石油库设计规范》GB 50074、《深度冷冻法生产氧气及相关气体安全技术规程》GB 16912 的有关规定。

9.7 控制室设置

9.7.4 控制室应有防尘、防火、防水、隔声、隔热和通风等设施。控制室面积应满足设备安装、操作和检修等要求，室内不应有无关的管道通过，并应根据设备要求设空气调节装置，控制室温度宜为 20℃～26℃。

10 建筑与结构

10.1 一般规定

10.1.2 建筑立面设计应简洁、明快。围护结构的材料选型应满足保温、隔热、隔声、防火、防潮、环保、易清洁等要求。
10.1.12 窑炉钢平台、拉丝钢平台、设备检修平台及室外楼梯等临空处应设置防护栏杆，并应符合下列规定：
　1 防护栏杆应采用不燃材料制作，并应能承受相应的水平荷载。

10.5 建筑防火

10.5.1 玻璃纤维工厂的建筑防火分区的划分、建（构）筑物之间的防火间距及消防通道等建（构）筑物的防火设计，应符合现行国家标准《建筑设计防火规范》GB 50016 的有关规定。
10.5.2 生产车间及存储库房的火灾危险性类别、耐火等级、防火分区最大允许建筑（占地）面积、安全疏散距离，应符合本标准附录 F 的规定。
10.5.3 联合厂房的耐火等级不应低于二级。
10.5.4 安全出口的设置应符合下列规定：
　1 玻璃纤维工厂的每个防火分区或防火分区每一层安全出口的数量，厂房内任一点至安全出口的距离，厂房内疏散楼梯、走道、门的各自净宽度，应符合现行国家标准《建筑设计防火规范》GB 50016 的有关规定；
　2 厂房的安全出口应分散布置，相邻两个安全出口最近边缘之间的水平距离不应小于 5.0m，并应设置明显的疏散标志；
　3 各疏散门应向疏散方向开启，并宜直通室外或安全出口。
10.5.5 联合厂房内存放玻璃纤维中间产品、待加工产品的区域，应采用耐火极限不低于 2.0h 的防火隔墙和耐火极限不低于 1.00h 的不燃性楼板与其他区域隔开，隔墙上的门、窗应采用乙级防火门、窗；耐火等级和防火分区面积，应符合本标准附录 F 的规定。
10.5.6 联合厂房内窑炉车间的熔制工段、拉丝车间的成形工段、制品车间的烘干车间等高温区域，应采用耐火极限不低于 2.00h 的防火隔墙与其他部分隔开，隔墙上的门、窗应采用乙级防火门、窗。
10.5.7 通风空气调节机房、变配电站、电助熔变压器室、消防水泵房、防排烟机房及锅炉房开向建筑的门应采用甲级防火门，消防控制室和其他设备房开向建筑的门应采用乙级防火门。

10.5.8 附设在建筑物内的变配电站、通风空气调节机房、消防水泵房、防排烟机房及锅炉房等设备用房，应采用耐火极限不低于2.00h的防火隔墙和耐火极限不低于1.50h的不燃性楼板与其他部位隔开。

10.5.9 玻璃纤维工厂及仓库的外墙应在每层设置可供消防救援人员进入的窗口，窗口的设计应符合现行国家标准《建筑设计防火规范》GB 50016的有关规定。

10.5.10 联合厂房地下建筑物的防火要求应符合现行国家标准《建筑设计防火规范》GB 50016的有关规定。

10.6 室内外装修

10.6.1 玻璃纤维工厂及仓库的建筑墙体材料及室内外装修材料，宜选用保温性能好，且在温度和湿度变化时变形小的材料。材料的燃烧性能应符合现行国家标准《建筑内部装修设计防火规范》GB 50222的有关规定。

11 给水与排水

11.1 一般规定

11.1.1 给水排水设计应满足生产、生活、消防、节能和环境保护的要求。

11.4 消防及消防用水

11.4.1 消防设计应按建筑物类别及使用功能确定，并应符合现行国家标准《建筑设计防火规范》GB 50016的有关规定，消防用水量应符合现行国家标准《消防给水及消火栓系统技术规范》GB 50974的有关规定。

11.4.3 下列建筑物或场所应设置室内消火栓系统：
 1 液化天然气站、压缩天然气站、液化石油气站、重油站及氧气站；
 2 停车数量超过5辆的汽车库和停车场；
 3 联合厂房窑炉车间、拉丝车间和制品车间；
 4 成品库；
 5 建筑高度大于15m或体积超过10000m³的办公建筑、宿舍、招待所及其他辅助用建筑。

11.4.5 下列建筑或场所宜设置自动灭火系统，并应符合现行国家标准《建筑设计防火规范》GB 50016和《水喷雾灭火系统技术规范》GB 50219的有关规定：
 3 储油系统的油罐区应采用固定式空气泡沫灭火装置和喷水冷却装置，容量小于200m³的地上油罐和半地上、地下、覆上和卧式油罐，可采用移动式泡沫灭火装置；
 4 设有送回风道（管）的集中空气调节系统且总建筑面积大于3000m²的办公楼，应设置闭式自动喷水灭火装置。

11.4.6 玻璃纤维工厂的建筑物或场所应设置灭火器，并应符合现行国家标准《建筑灭火器配置设计规范》GB 50140的有关规定。

12 供热、通风与空气调节

12.3 通风

12.3.2 机械通风设计应符合下列规定：

 4 燃气调压配气站、油泵房等空气中含有易燃、易爆物质的场所，应设置防爆型机械通风装置。

12.3.4 通风系统风管的设计、防火阀与排烟阀的设置应符合现行国家标准《建筑设计防火规范》GB 50016和《工业建筑供暖通风与空气调节设计规范》GB 50019的有关规定。

12.3.5 拉丝车间的纤维成形区及卷绕区应设排烟装置。

14 电 气

14.5 车间电气设备

14.5.3 可能火灾危险环境，火灾危险性分类、包含范围和电力设计应符合现行国家标准《建筑设计防火规范》GB 50016的有关规定。

14.6 照 明

14.6.2 在有夜班工作的重要操作区、控制室、配电站、发电机房、水泵房等场所和重要通道应设应急照明。

14.6.3 在有爆炸和火灾危险的场所，灯具、开关和照明配线应按环境的危险级别选型和设计。

14.7 电力线路敷设

14.7.2 厂区电力线路的走向、路径应协同总平面布置统一规划。

14.7.3 同一路径供给一级负荷的两路电力电缆，不应在同一层桥架上或同一电缆沟内敷设；当无法分开时，在同一层桥架敷设时，应用防火隔板分开。在电缆沟内的两路电缆应采用阻燃型电缆，且应分别敷设在电缆沟两侧的支架上。

14.9 建筑智能化及消防报警系统

14.9.2 消防报警系统设计应符合现行国家标准《火灾自动报警系统设计规范》GB 50116的有关规定。

17 劳动安全与职业健康

17.1 一般规定

17.1.4 消防系统、火灾报警装置、紧急切断系统按钮、安全通道、安全门等安全设施的着色应符合现行国家标准《安全色》GB 2893的规定。

17.2 防火、防爆

17.2.1 生产车间及存储库房的火灾危险性类别、耐火等级、防火分区最大允许占地面积、安全疏散距离应符合本标准附录F的规定。

17.2.2 各生产车间的防火间距、易燃油品或可燃气体的储罐区及罐区附属设施的布置和防火间距应符合现行国家标准《建筑设计防火规范》GB 50016的有关规定。

17.2.3 氧气站的防火、防爆设计应符合现行国家标准《氧气站设计规范》GB 50030和《深度冷冻法生产氧气及相关气体安全技术规程》GB 16912的有关规定。

17.2.4 燃气站的防火、防爆设计应符合现行国家标准《城镇燃气设计规范》GB 50028 的有关规定。

17.2.5 厂内易燃、易爆的储油罐、储气罐应根据油、气的特性，设置温度监测、压力监测、限位报警及紧急切断（放空）装置。

17.2.6 厂内易燃、易爆的储油罐、储气罐及输送管道均应接地，并应符合现行国家标准《深度冷冻法生产氧气及相关气体安全技术规程》GB 16912 和《液体石油产品静电安全规程》GB 13348 的有关规定。

17.2.7 电力装置的防火、防爆设计应符合现行国家标准《爆炸危险环境电力装置设计规范》GB 50058 的有关规定。

17.2.8 消防设计应符合现行国家标准《建筑设计防火规范》GB 50016 和《建筑灭火器配置设计规范》GB 50140 的有关规定。

17.2.9 天然气站、窑炉及通路燃气调节设备区等有爆炸危险性气体场所的监测、报警装置，应符合现行国家标准《石油化工可燃气体和有毒气体检测报警设计规范》GB 50493 的有关规定；监测、报警信号宜送入集散型控制系统（DCS）。

附录 F 玻璃纤维生产车间及存储库房火灾危险性分类

F.0.1 生产车间的火灾危险性类别、耐火等级、防火分区最大允许建筑面积、安全疏散距离应符合表 F.0.1 的规定。

表 F.0.1 生产车间的火灾危险性类别、耐火等级、防火分区最大允许建筑面积、安全疏散距离

车间名称		火灾危险性类别	耐火等级	每个防火分区的最大允许建筑面积（m²）				安全疏散距离（m）			
				单层	多层	高层	地下或半地下	单层	多层	高层	地下或半地下
原料车间		戊	二级	不限	不限	6000	1000	不限	不限	75	60
联合厂房	窑炉车间	丁	二级	不限	不限	4000	1000	不限	不限	50	45
	拉丝车间	丁	二级	不限	不限	4000	1000	不限	不限	50	45
	拉丝辅房	戊	二级	不限	不限	6000	1000	不限	不限	75	50
	烘干车间	丁	二级	不限	不限	4000	1000	不限	不限	50	45
	制品车间（不含定型工段）	戊	二级	不限	不限	60000	1000	不限	不限	75	60
短切原丝毡车间		丁	二级	不限	不限	4000	1000	不限	不限	50	45
湿法毡车间		丁	二级	不限	不限	4000	1000	不限	不限	50	45
压缩空气站		丁	二级	不限	不限	4000	1000	不限	不限	50	45
锅炉房		丁	二级	不限	不限	4000	1000	不限	不限	50	45
变电站	可燃油浸变压器	丙	一级	不限	6000	3000	500	80	60	40	30
			二级	8000	4000	2000					
	干式变压器	丁	二级	不限	不限	4000	1000	不限	不限	50	45
配电站		丁	二级	不限	不限	4000	1000	不限	不限	50	45
柴油发电机房		丙	二级	8000	4000	2000	500	80	60	40	30
重油站		丙	二级	8000	4000	2000	500	80	60	40	30
制冷站		丁	二级	不限	不限	4000	1000	不限	不限	50	45
循环水站		戊	二级	不限	不限	6000	1000	不限	不限	75	60
污水处理站		戊	二级	不限	不限	6000	1000	不限	不限	75	60
废丝处理站		戊	二级	不限	不限	6000	1000	不限	不限	75	60
废气处理站		戊	二级	不限	不限	6000	1000	不限	不限	75	60
空气调节机房		戊	二级	不限	不限	6000	1000	不限	不限	75	60
热力站		戊	二级	不限	不限	6000	1000	不限	不限	75	60
氧气站		乙	二级	4000	3000	1500	—	75	50	30	—
天然气站		甲	二级	3000	2000	—	—	30	25	—	—
液化石油气站		甲	二级	3000	2000	—	—	30	25	—	—

注：1 当配电站的设备每台装油量大于 60kg 时，应按丙类确定；
  2 当制冷站采用氨制冷的氨压缩机房时，应按乙类确定；
  3 表中所列的"安全疏散距离"为厂房内任一点至最近安全出口的直线距离；
  4 厂房内设自动灭火系统时防火分区面积及安全疏散距离应按相关标准执行；
  5 制品车间包括：络纱工段、捻线工段、定型工段、织物加工工段、包装工段，其中定型工段火灾危险性类别为丁类。

F.0.2 存储库房的火灾危险性类别、耐火等级、防火分区最大允许占地（建筑）面积应符合表F.0.2的规定。

表 F.0.2 存储库房的火灾危险性类别、耐火等级、防火分区最大允许占地（建筑）面积（m²）

存储库房名称	火灾危险性类别	耐火等级	每座仓库最大允许占地面积			每个防火分区最大允许建筑面积			
			单层	多层	高层	单层	多层	高层	地下或半地下
机油库房	丙	二级	4000	2800	—	1000	700	—	150
变压器油罐间	丙	二级	4000	2800	—	1000	700	—	150
原料库	戊	二级	不限	不限	6000	不限	2000	1500	1000
待加工库	戊	二级	不限	不限	6000	不限	2000	1500	1000
包装材料库	戊	二级	不限	不限	6000	不限	2000	1500	1000
成品库	戊	二级	不限	不限	6000	不限	2000	1500	1000

注：1 表中所标出的库房火灾危险性类别，当可燃包装重量大于物品本身重量1/4或可燃包装体积大于物品本身体积的1/2时，应按丙类确定；
  2 浸润剂原料库的火灾危险性类别应根据工艺的实际情况，按现行国家标准《建筑设计防火规范》GB 50016 的有关规定执行；
  3 仓库内设自动灭火系统防火分区面积按相关规范执行。

96.《水泥工厂职业安全卫生设计规范》GB 50577—2010

3 基本规定

3.0.4 劳动安全、职业卫生设施的设置应符合下列规定:
  2 应设置防火、防爆、防电、防雷、防坠落、防机械伤害等设施。
  3 应设置监测装置和设施、安全教育设施以及事故应急设施。

5 厂区安全

5.3 建筑安全

5.3.2 厂房安全出口和通道应符合现行国家标准《建筑设计防火规范》GB 50016 的有关规定。

5.4 防火、防爆

5.4.1 主要生产厂房、储库及辅助建筑的防火设计,应符合现行国家标准《建筑设计防火规范》GB 50016 的有关规定。
5.4.2 主要生产车间及辅助车间生产火灾危险性类别应按表5.4.2执行。

表 5.4.2 主要生产车间及辅助车间生产火灾危险性类别

序号	厂房名称	生产火灾危险性类别	备注
1	破碎车间（石灰石、黏土、混合材、石膏）	戊	—
2	原料粉磨车间	戊	—
3	烧成、烘干车间	丁	燃油时为丙类,燃气时为乙类
4	原料配料车间	戊	—
5	水泥粉磨车间	戊	—
6	水泥包装车间	戊	—
7	煤粉制备车间	乙	—
8	煤破碎车间	丙	—
9	熟料破碎车间	丁	—
10	物料输送（石灰石、黏土、铁粉、石膏、混合材）	戊	—
11	原煤输送	丙	煤粉输送时为乙类
12	熟料输送	戊	—
13	原料储存库（石灰石、黏土、混合材、石膏、铁粉）	戊	—
14	石灰石、黏土、预均化库（原料、辅助原料）	戊	—
15	煤预均化库	丙	—
16	熟料储存库	丁	—
17	原料联合储库（石灰石、黏土、铁粉）	戊	—
18	原料联合储库（熟料、混合材、煤）	丁	煤堆存为丙类生产厂房
19	水泥储存库	戊	—
20	水泥成品堆存库	戊	—
21	纸袋库	丙	—
22	压缩空气站	丁	—
23	机电修理工段	戊	—
24	热处理、铆、煅、焊工段	丁	—
25	锅炉房	丙、丁	锅炉房中油箱油泵油加热器间属丙类生产厂房
26	配电站变电所	丙	配电站每台设备充油量≤60kg时为丁类生产厂房
27	计算机房及中央控制室	丙	—
28	化验室	丙	—
29	大型备品备件库	戊、丁	机械备品备件库为丁类
30	综合材料库	丙、丁、戊	油漆油脂类为丙类,机械材料类为戊类
31	耐火砖库	戊	—
32	油库（汽油罐装）、加油站	甲	—
33	油库（润滑油、原油、重油）	丙	—
34	电石库、乙炔瓶库	甲	—
35	氧气瓶库	乙	—
36	危险废弃物储库	甲	—

5.4.3 消防车道与厂区道路的设计可合并，并应符合下列规定：

1 消防车道应与厂区道路连通，且连通距离应短捷。

2 消防车道应避免与铁路平交。当必须平交时，应设置备用车道；两车道之间的距离，不应小于进入厂内最长列车的长度。

3 消防车道的宽度不应小于 4m。

5.4.5 加油站设计应符合现行国家标准《汽车加油加气站设计与施工规范》GB 50156 的有关规定。

5.4.6 有爆炸危险的甲、乙类物品仓库应为单层建筑物。有爆炸危险的甲、乙类厂房宜采用易于泄压的门、窗和轻质墙体及屋盖，泄压面积与厂房体积之比值宜采用 0.05～0.22。厂房体积超过 1000m³ 时，泄压面积与厂房体积之比值不应小于 0.03。

5.4.7 煤粉制备车间内不应设置与生产无关的附属房间。当附属房间靠近煤粉制备车间修建时，中间应加设防火墙。

5.4.8 煤粉仓的锥体斜度应大于 70°。

5.4.9 **煤粉仓应设置一氧化碳和温度监测仪表及报警、灭火设施。**

5.4.10 煤粉制备系统应设置防爆装置，并应符合下列规定：

1 防爆阀应布置在需要保护的设备附近，并应布置在便于检查和维修的管段上。

2 防爆阀的布置应避免爆炸后的喷出物喷向电气控制室的门、窗、电缆桥架，且不应喷向车间内其他电气设备、楼梯口和主要通道。

3 煤磨系统防爆阀设计应符合现行国家标准《水泥工厂设计规范》GB 50295 的有关规定。

5.4.11 **煤粉制备车间的煤磨和煤粉仓旁，应设置干粉灭火装置和消防给水装置；煤磨收尘器入口处及煤粉仓应设置气体灭火装置；煤预均化库必须在消防安全门的外墙上设置消防给水装置。**

5.4.12 电缆桥架、墙壁死角等处应采取防止煤粉积存的措施。

5.4.13 煤粉制备车间的所有设备和管道均应可靠接地。

5.4.14 窑尾收尘器和煤磨收尘器气体进口处应设置一氧化碳监测报警装置。

5.4.17 油浸电力变压器室应设置滞油、储油及灭火防爆设施。

5.4.18 易燃易爆设备、容器和管道，应设置仪表、信号、超限报警、防爆泄压等保护、控制装置，并应采取消除静电的措施。

5.4.19 水泥工厂消防用水量、管道布置和消火栓的设置，应符合现行国家标准《建筑设计防火规范》GB 50016 的有关规定。

5.4.20 中央控制室、计算机机房和仪表间的消防，应设置火灾自动报警系统及全自动灭火装置，并宜采用二氧化碳或其他气体灭火设施。

5.4.21 包装纸袋库应设置室内给水消火栓。

5.4.22 5 个以上车位的汽车库应设置室内给水消火栓，消防水量应符合现行国家标准《汽车库、修车库、停车场设计防火规范》GB 50067 的有关规定。

5.5 防电伤

5.5.2 设置于易燃、易爆场所的电机、电器，应按火灾和爆炸危险的不同，分别选用密闭型、防水防尘型及防爆型设备。

6 厂区职业卫生

6.3 采暖通风与空气调节

6.3.10 **水泥工厂储存或生产过程中产生易燃、易爆气体或物料的场所，严禁采用明火采暖。当采用电暖气采暖时，电暖气的电器元件必须满足防爆要求。**

6.3.11 集中空气调节系统送风、回风总管，以及新风系统的送风管道上，应设置防火装置。所有风道及保温材料均应采用非燃烧材料或难燃烧材料。

97.《岩棉工厂设计标准》GB/T 51379—2019

5 总图运输

5.1 总平面布置

5.1.2 工厂总平面布置应符合下列规定：
   5 建（构）筑物之间的防火间距应符合现行国家标准《建筑设计防火规范》GB 50016 的有关规定。
5.1.6 公用设施宜靠近负荷中心，并应符合下列规定：
   2 液氧站宜布置在空气洁净的地方，宜避开人流密集区及主要交通通道，宜设置 1.6m～2.0m 高的非燃烧体实体围墙，并应符合现行国家标准《建筑设计防火规范》GB 50016 和《氧气站设计规范》GB 50030 的有关规定。

5.2 厂区道路

5.2.1 厂内道路的布置应满足生产、交通、物流、消防、环境卫生等要求，并应与厂区竖向设计和管线布置相协调。
5.2.2 厂区通道宽度应满足交通运输、管线敷设、土建施工和设备安装的使用要求，并应满足通道两侧建（构）筑物对消防、安全、卫生防护间距的要求。

7 燃料

7.3 天然气

7.3.1 天然气站设计应符合现行国家标准《建筑设计防火规范》GB 50016 和《城镇燃气设计规范》GB 50028 的有关规定。

8 生产工艺

8.2 熔制

8.2.6 冲天炉设计应符合下列规定：
   10 冲天炉底门、流料口周边应设置防火挡板。

10 建筑与结构

10.1 一般规定

10.1.2 建筑围护结构材料选型应满足保温、隔热、隔声、防火、防潮、环保、易清洁等要求。

10.5 建筑防火

10.5.1 建（构）筑物之间的火灾危险性应符合现行国家标准《建筑设计防火规范》GB 50016 的有关规定。联合厂房及存储库房的火灾危险性类别、耐火等级、防火分区最大允许建筑（占地）面积、安全疏散距离应符合本标准附录 D 的规定。
10.5.2 建（构）筑物之间的防火间距及消防通道应符合现行国家标准《建筑设计防火规范》GB 50016 的有关规定。
10.5.4 建筑防火分区的划分应符合现行国家标准《建筑设计防火规范》GB 50016 的有关规定。
10.5.5 安全出口的设置应符合下列规定：
   1 每个防火分区和防火分区每层的安全出口的数量应符合现行国家标准《建筑设计防火规范》GB 50016 的有关规定；
   2 安全疏散口应分散布置，并应设有明显的疏散标志；
   3 安全疏散口距离应符合现行国家标准《建筑设计防火规范》GB 50016 的有关规定；
   4 安全疏散门应向疏散方向开启，并宜直通室外或安全出口；
   5 联合厂房内疏散楼梯、走道、门的总净宽应符合现行国家标准《建筑设计防火规范》GB 50016 的有关规定。
10.5.6 熔制车间内的明火或高温区域不应采用耐火极限低于 2.0h 的防火隔墙与其他部分隔开，墙上的门、窗应采用乙级防火门、窗。隔墙设置条件不满足时，可采用防火卷帘分隔。
10.5.7 厂房地下部分的防火要求应符合现行国家标准《建筑设计防火规范》GB 50016 的有关规定。
10.5.8 设在厂房内的变配电室、消防水泵房、消防控制室不应采用耐火极限低于 2.0h 的防火隔墙和 1.5h 的楼板与其他部位隔开。
10.5.9 油浸式变压器室、消防水泵房开向厂房内的门应采用甲级防火门；消防控制室和其他设备房开向厂房内的门应采用乙级防火门。
10.5.10 联合厂房及仓库的外墙，应在每层设置可供消防救援人员进入的窗口，窗口的净高度和净宽度均不应小于 1.0m，下沿距室内地面不宜大于 1.2m，间距不宜大于 20m；每个防火分区窗口不应少于 2 个，并应在室外设置易于识别的标志。

10.6 室内外装修

10.6.1 厂房的建筑围护结构和室内装修，宜选用气密性好，且在温度和湿度变化时变形小的材料。装修材料的燃烧性能应符合现行国家标准《建筑内部装修设计防火规范》GB 50222 的有关规定。
10.6.2 厂房楼地面设计应符合下列规定：
   5 熔制工段渣坑地面应采用耐火材料，并宜设置防撞设施。

11 给水与排水

11.4 消防用水

11.4.1 消防给水和消防设施的设置应根据建筑的用途及重要性、火灾危险性、火灾特性和环境条件等因素综合确定，并应符合现行国家标准《建筑设计防火规范》GB 50016 和《消防给水及消火栓系统技术规范》GB 50974 的有关规定。

11.4.4 建筑物室内应采用高压或临时高压消防给水系统，不得与生产生活给水系统合用。

11.4.5 厂区的建筑物或场所应设置灭火器，并应符合现行国家标准《建筑灭火器配置设计规范》GB 50140 的有关规定。

12 供热、通风与空气调节

12.3 通风、排烟与空气调节

12.3.4 排烟设计应符合下列规定：

1 建筑物有条件时应采用自然排烟方式，当设置排烟设施的场所不具备自然排烟条件时，应设置机械排烟设施；

2 排烟系统风管设计及防火阀与排烟阀的设置应符合现行国家标准《建筑设计防火规范》GB 50016 和《工业建筑供暖通风与空气调节设计规范》GB 50019 的有关规定。

14 电 气

14.1 一般规定

14.1.3 供配电设计应符合现行国家标准《供配电系统设计规范》GB 50052 和《建筑设计防火规范》GB 50016 的有关规定。

14.2 供配电系统

14.2.1 生产用电负荷应为三级负荷，消防用电负荷分级应符合现行国家标准《建筑设计防火规范》GB 50016 的有关规定。

14.3 照 明

14.3.3 在控制室、配电室和有夜间工作的操作区及疏散通道应设置应急照明，应急照明和疏散指示标志的设置应符合现行国家标准《建筑设计防火规范》GB 50016 的有关规定。

14.5 通信和火灾报警

14.5.2 火灾自动报警系统和消防控制室的设置应符合现行国家标准《建筑设计防火规范》GB 50016 和《火灾自动报警系统设计规范》GB 50116 的有关规定。

17 职业健康安全

17.1 一般规定

17.1.4 消防系统、火气报警装置、紧急切断系统按钮、安全通道、安全门等安全设施的着色应符合现行国家标准《安全色》GB 2893 的有关规定。

17.2 防火与防爆

17.2.1 车间火灾危险性类别、厂房耐火等级、防火分区最大允许占地面积、安全疏散距离，应符合本标准附录 D 的规定。

17.2.2 生产车间防火间距、可燃气体储罐区及附属设施布置和防火间距应符合现行国家标准《建筑设计防火规范》GB 50016 的有关规定。

17.2.3 氧气站防火防爆设计应符合现行国家标准《建筑设计防火规范》GB 50016、《氧气站设计规范》GB 50030 和《深度冷冻法生产氧气及相关气体安全技术规程》GB 16912 的有关规定。

17.2.4 厂内易燃、易爆储气罐应设置温度、压力、限位报警及紧急切断或放空装置。

17.2.5 厂内易燃、易爆储气罐及输送管道均应接地，并应符合现行国家标准《氧气站设计规范》GB 50030 和《液体石油产品静电安全规程》GB 13348 的有关规定。

17.2.6 工厂电力装置防火防爆设计应符合现行国家标准《爆炸危险环境电力装置设计规范》GB 50058 的有关规定。

17.2.7 工厂消防设计应符合现行国家标准《建筑设计防火规范》GB 50016 和《建筑灭火器配置设计规范》GB 50140 的有关规定。

17.2.8 天然气站、熔制及固化用燃气的调节设备区等有爆炸危险性气体的场所应安装可爆气体的监测、报警装置，并应将报警信号送入中心控制室。

附录 D 岩棉生产车间及存储库房火灾危险性分类

D.0.1 车间生产的火灾危险性类别、耐火等级、防火分区最大允许建筑面积、安全疏散距离应符合表 D.0.1 的规定。

表 D.0.1 车间生产的火灾危险性类别、耐火等级、防火分区最大允许建筑面积、安全疏散距离

车间名称	生产的火灾危险性类别	耐火等级下限	每个防火分区的最大允许建筑面积（m²）				安全疏散距离（m）			
			单层	多层	高层	地下或半地下	单层	多层	高层	地下或半地下
原料车间	戊	二级	不限	不限	6000	1000	不限	不限	75	60
熔制车间	丁	二级	不限	不限	4000	1000	不限	不限	50	45

续表 D.0.1

车间名称		生产的火灾危险性类别	耐火等级下限	每个防火分区的最大允许建筑面积（m²）				安全疏散距离（m）			
				单层	多层	高层	地下或半地下	单层	多层	高层	地下或半地下
车间辅房		戊	二级	不限	不限	6000	1000	不限	不限	75	60
制品车间		戊	二级	不限	不限	6000	1000	不限	不限	75	60
变电站	可燃油浸变压器	丙	一级	不限	6000	3000	500	80	60	40	30
			二级	8000	4000	2000					
	干式变压器	丁	二级	不限	不限	4000	1000	不限	不限	50	45
配电室		丁	二级	不限	不限	4000	1000	不限	不限	50	45
水泵房		戊	二级	不限	不限	6000	1000	不限	不限	75	60
压缩空气站		丁	二级	不限	不限	4000	1000	不限	不限	50	45
废渣处理车间		戊	二级	不限	不限	6000	1000	不限	不限	75	60

注：1 当配电室的设备每台装油量大于60kg时，应按丙类确定；
2 表中所列的"安全疏散距离"为厂房内任一点至最近安全出口的直线距离；
3 厂房内设有自动灭火系统的防火分区面积应按相关规范执行。

D.0.2 车间存储的火灾危险性类别、耐火等级、防火分区最大允许占地（建筑）面积应符合表 D.0.2 的规定。

表 D.0.2 车间存储的火灾危险性类别、耐火等级、防火分区最大允许占地（建筑）面积

车间名称	存储的火灾危险性类别	耐火等级下限	每座仓库的最大允许占地面积和每个防火分区的最大允许建筑面积（m²）						
			单层		多层		高层		地下或半地下
			每座仓库	防火分区	每座仓库	防火分区	每座仓库	防火分区	防火分区
原料库	戊	二级	不限	不限	不限	2000	6000	1500	1000
焦炭库	丙	二级	4000	1000	2800	700	—	—	150
成品库	戊	二级	不限	不限	不限	2000	6000	1500	1000

注：1 表中所标出的库房火灾危险性类别，当可燃包装重量大于物品本身重量1/4或可燃包装体积大于物品本身体积的1/2时，应按丙类确定；
2 仓库内设自动灭火系统防火分区面积按相关规范执行。

98.《水泥工业劳动安全卫生设计规定》JCJ 10—1997

2 劳动安全

2.2 厂区劳动安全

2.2.3 建筑安全设计应符合下列规定：

1 厂房安全出口的数目，不应少于两个，设一个安全出口时应符合国家现行的《建筑设计防火规范》的相应规定。

3 厂房中疏散楼梯的宽度，应按照其使用人数按国家现行的《建筑设计防火规范》的规定计算确定。

3 防火、防爆

3.0.1 主要生产厂房、储库及辅助建筑的防火设计，应符合国家现行的《建筑设计防火规范》的有关规定及公安部关于《水泥厂建筑防火设计的几个具体做法的规定》。

3.0.2 主要生产厂房、物品仓库及辅助建筑的生产火灾危险性类别可按表3.0.2的规定。

表3.0.2 主要生产厂房、物品仓库及辅助建筑的生产火灾危险性类别表

序号	厂房名称	生产火灾危险性类别	备注
1	破碎车间（石灰石、粘土、混合材、石膏）	戊	
2	原料粉磨车间	戊	
3	烧成、烘干车间	丁	燃油时为丙类，燃气时为乙类
4	原料调配站	戊	
5	水泥粉磨车间	戊	
6	水泥包装车间	戊	
7	煤粉制备车间	乙	
8	煤破碎车间	丙	
9	熟料破碎车间	丁	
10	物料输送（石灰石、粘土、铁粉、石膏、混合材）	戊	
11	原煤输送	丙	
12	熟料输送	丁	
13	原料储存（石灰石、粘土、混合材、石膏、铁粉）	戊	
14	石灰石、粘土、预均化库（原料、辅助原料）	戊	

续表3.0.2

序号	厂房名称	生产火灾危险性类别	备注
15	煤预均化库	丙	
16	熟料储存库	丁	
17	原料联合储库（石灰石、粘土、铁粉）	戊	
18	原料联合储库（熟料、混合材、煤）	丁	煤堆存为丙类生产厂房
19	水泥储存库	戊	
20	水泥成品堆存库	戊	
21	纸袋库	丙	
22	纸袋加工车间	丙	
23	压缩空气站	丁	
24	机钳工段	戊	
25	铆、锻、焊、铸造、热处理工段	丁	
26	电气修理工段、木模及建筑修理工段	丙	
27	锅炉房	丁	锅炉房中油箱、油泵、油加热器间属丙类生产厂房
28	配电站变电所	丙	配电站每台设备充油量≤60kg时为丁类生产厂房
29	计算机房	丙	
30	中央控制室	丙	
31	总化验室	丙	
32	大型备品备件库	戊	
33	综合材料库	丙、丁、戊	
34	耐火砖库	戊	
35	油库（汽油罐装）、加油站	甲	
36	油库（桶装润滑油、原油、重油）	丙	
37	油库（燃料、罐装原油、重油）	丙	
38	电石库、乙炔瓶库	甲	
39	氧气瓶库	乙	
40	炸药库（包括雷管库）	甲	
41	火药加工	甲	

注：生产厂房或物品仓库成组布置时，应按其耐火等级最低，火灾危险性最大的厂房或物品仓库，确定其防火墙间允许占地面积和层数。

3.0.3 炸药库的位置选择、库房间距、防火、防雷等各项要求，必须符合国家现行的《爆破安全规程》的有关规定。

3.0.4 加油站设计必须符合国家现行的《小型石油库及汽车加油站设计规范》的规定；必须设防雷、防静电及消防设施，地下油罐透气管端应有防火或堵火装置。

3.0.5 石灰石矿山炸药（雷管）库区，应按照库容量大小，设置高位消防水池，水池容积应符合表3.0.5的规定，水池距库房的距离应不大于100m。

表3.0.5 石灰石矿山炸药（雷管）库区消防水池容积表

炸药（雷管）库有效库容量（t）	消防水池容积（m^3）
<100	50
100～500	100
>500	（设消防水管）

3.0.6 水泥厂消防用水量应按国家现行的《建筑设计放火规范》及其它消防规范确定。

3.0.8 有爆炸危险的甲、乙类物品仓库或爆破器材仓库，应为单层建筑物，可采用砖墙承重。有爆炸危险的甲、乙类厂房，宜采用易于泄压的轻质屋盖，易于泄压的门、窗、轻质墙体，泄压面积与厂房体积之比值（m^2/m^3），宜采用0.05～0.22。厂房体积超过1000m^3的建筑，采用上述比值有困难时，可适当降低，但其比值不应小于0.03。

3.0.9 煤粉制备车间，宜采用独立布置的方式，如与窑头厂房合并时，采用耐火极限不低于3h的非燃烧体隔墙。

3.0.10 煤粉制备车间内不应设置与生产无关的附属房间，如附属房间贴近车间修建时，应加防火墙与车间隔开。

3.0.11 煤粉仓的锥体斜度应大于70°，并宜采用双曲线仓。煤粉仓应装设一氧化碳和温度监测仪表及报警、灭火装置。

3.0.12 采用烟煤的煤粉制备系统应设防爆装置。并应符合下列要求：

1 防爆阀应布置在需要保护的设备附近，并应布置在便于检查和维修的管段上，膜板前的短管长度应不大于10倍的短管当量直径。

短管宜垂直布置，当倾斜布置时，与其水平面的倾斜角不应小于70°。

室外防爆阀的膜板面应与水平面成45°夹角，否则应有防雨雪的措施。

防爆阀的布置应防止爆炸后喷出物喷向电气控制室的门、窗、电缆桥架及车间内其它电气设备上，也不应喷向楼梯口和主要通道。

2 煤磨系统应装设防爆阀。装设部位及防爆阀大小应符合下列规定：

1) 在磨机出口管道上，防爆阀的截面积不应小于管道截面积的70%。

4) 在煤粉仓上，防爆阀的总截面积可按煤粉仓每立方米容积0.01m^2计算，但应不少于0.5m^2。

3 防爆阀的模板可采用厚度为1.0～2.0mm的退火铝板，每个防爆阀的有效截面积不应大于0.8m^2；当模板采用厚度不超过1.5mm的镀锌或镀锡薄钢板时，其每个防爆阀的有效截面积不应大于0.3m^2。

4 在防爆阀的内侧应设置支撑格栅，格栅承载能力不应小于200kg。

3.0.13 窑尾冷烟室应设置两个防爆阀，其总截面积可按冷烟室容积每立方米取0.04～0.05m^2进行计算，确定防爆阀位置时，应防止爆炸时伤人。

3.0.14 窑尾及煤粉制备电除尘器气体进口处，应设一氧化碳监测报警装置。

3.0.15 锅炉房设计应符合《热水锅炉安全技术规程》及《蒸汽锅炉安全技术监察规程》的要求。

3.0.16 压力容器的设计及选用应符合国家现行的《压力容器安全技术监察规程》的要求。

3.0.17 油浸电力变压器室，应设有滞油、储油及灭火防爆设施。电力电容器宜选用干式电容器。断路器宜选用无油或少油断路器。

3.0.19 生产车间和辅助生产车间的室内消防，应符合下列规定：

1 煤粉制备车间的煤磨和煤粉仓附近，应设置干粉灭火装置和消防给水装置。

2 煤预均化库必须在消防安全门附近的外墙上设有消防给水装置，消防水量按建筑体积取用。

3 汽车库存车数在25辆以上或设有维修车位时，应设置室内消防给水，消防水量按国家现行的《汽车库设计防火规范》的要求确定。

4 纸袋加工车间应设室内消防给水，消防水量按国家现行的《建筑设计防火规范》的要求确定。

5 纸袋库应设置室内给水消火栓，消防水量宜为5L/s。

6 生产火灾类别为丁、戊类，而其建筑耐火等级为一级和二级的车间，均不设置室内消防给水。

7 单台容量在40MVA及以上的可燃油油浸电力变压器，应设水喷雾灭火系统，并符合国家现行的《水喷雾灭火系统设计规范》的有关规定。

3.0.20 易燃易爆设备、容器和管道，应设必要的仪表、信号、越限报警、防爆泄压等保护、控制装置，以及消除静电的措施。

4 防电伤与防雷

4.1 防 电 伤

4.1.1 设于多尘潮湿场所的电机、电器和人员容易接触到的电机、电器，应选用相应防护等级的设备。

设于易燃易爆场所的电机、电器，应按照火灾和爆炸危险的不同分别选用密闭型、防水防尘型及防爆型。

6.5 冶金工程

99.《钢铁冶金企业设计防火标准》GB 50414—2018

1 总　则

1.0.2 本标准适用于钢铁冶金企业新建、扩建和改建工程的防火设计，不适用于钢铁冶金企业内加工、储存、分发、使用炸药或爆破器材的场所。

2 术　语

2.0.1 主厂房　main workshop
包容主要生产工艺设备的厂房，如炼钢主厂房、热轧主厂房等。

2.0.2 工艺厂区　process plant
相对独立的生产单元区域，如炼钢厂、自备电厂等。

2.0.3 主电室　main electrical room
设置服务于轧钢系统中的轧机主电机、变流装置、变（配）电设备、自动控制设备等的建筑。

2.0.4 主控楼（室）　main control building
设置服务于除轧钢系统外的其他生产的自动控制设备、变（配）电设备等的建筑。

2.0.5 总降压变电所　general step-down transformer substation
单独设置，对外从电力系统受电，并经变压器降低电压后向全厂供、配电的场所。

2.0.8 硐室　chamber
在地下矿井内各生产部位开凿的独立空间。

3 火灾危险性分类、耐火等级及防火分区

3.0.1 建（构）筑物的火灾危险性分类应符合表 3.0.1 的规定。表中未规定的，应符合现行国家标准《建筑设计防火规范》GB 50016 的有关规定。

表 3.0.1　建（构）筑物的火灾危险性分类

工艺（设施）名称		建（构）筑物名称	火灾危险性分类
采矿	地面	木材加工间及木材堆场	丙
		井塔、井口房、提升机房	丁
		通风机房、钢（混凝土）井架、架空索道站房及支架	戊
	井下硐室	铲运机修理室、凿岩设备修理室、电机车（矿车）修理室、装卸矿设备硐室、井下带式输送机驱动站、提升机室	丁
		破碎室、通风机硐室等其他辅助生产硐室	戊
选矿		药剂库、药剂制备厂房	丙
		焙烧厂房	丁
		磨矿选别厂房（或称主厂房）、破碎厂房、中间矿仓、磨矿矿仓、筛分厂房、干选厂房、洗矿厂房、过滤厂房及精矿仓、浓缩池、尾矿输送泵站及尾矿库	戊
带式输送设施		运送煤、焦炭等可燃物料的地上和地下的转运站、带式输送机通廊和带式输送机驱动站	丙
		运送矿石等不燃物料的地上和地下的转运站、带式输送机通廊和带式输送机驱动站	戊
综合原料场	原料储存及配备	火车受料槽、火车装卸槽、汽车受料槽、汽车装卸槽、矿槽（含返矿槽）、制取样机房、翻车机室、解冻库（室）、破碎机室、筛分机室、原料仓库、堆场、混匀配矿、原料检验站、矿石库、推土机室、装载机室	戊
	固体燃料储存及配备	煤、焦炭的运输、贮存及处理系统的建（构）筑物，如贮槽、室内堆场、破碎机室、贮焦室、原煤仓（间）、干煤棚、受煤槽、翻车机室、破冻块室、配煤室（槽）、室内煤库、贮煤塔顶、成型机室	丙
		煤解冻库（室）、煤制样室等	丁
烧结		燃料库、燃料粗破和细破室	丙
		烧结冷却室	丁
		精矿仓、熔剂破碎筛分室、熔剂一燃料缓冲仓、冷返矿槽、余热利用、混合制粒室、一（二、三）次成品筛分室、成品取样检验室、成品矿槽、除尘系统风机房、主抽风机室、粉尘处理室、粉尘受料槽、粉尘加湿室、配汽室、热交换站、配料槽、受料槽	戊

续表 3.0.1

工艺（设施）名称		建（构）筑物名称	火灾危险性分类
球团		封闭式煤粉制备室	乙
		链篦机—回转窑室、精矿干燥室	丁
		受矿槽、精矿缓冲仓、高压辊磨机室、强力混合室、造球、配料槽、球磨机室	戊
焦化	炼焦车间	焦炉煤气管沟和地沟、焦炉集气管直接式仪表室、侧入式焦炉烟道走廊	甲
		高炉煤气及发生炉煤气的管沟和地沟	乙
		干熄焦构架	丁
	筛焦工段	焦台、切焦机室、筛焦楼	丙
		焦制样室	丁
	煤气净化	焦炉煤气鼓风机室	甲
		轻吡啶生产厂房、粗苯产品回流泵房、溶剂泵房（轻苯/粗苯作萃取剂）、苯类产品泵房（分开布置）	甲B
		硫黄包装设施及硫黄库、硫黄切片机室、硫黄仓库、硫浆离心和过滤及熔硫厂房、硫黄排放冷却厂房、硫泡沫槽和浆液离心机废液浓缩厂房	乙
		氨硫系统尾气洗涤泵房、蒸氨脱酸泵房	乙A
		冷凝泵房、粗苯洗涤泵房、煤气中间冷却油泵房、洗萘油泵房、溶剂泵房（重苯溶剂油作萃取剂）、焦油洗油泵房（分开布置）、含水焦油输送泵房、焦油氨水输送泵房	丙A
		硫酸铵干燥燃烧炉及风机房	丁
		硫酸铵制造厂房、硫酸铵包装设施仓库、试剂仓库及酸泵房、冷凝鼓风循环水泵房、氨—硫洗涤泵房、氨水蒸馏泵房、煤气中间冷却水泵房、黄血盐主厂房及仓库、制酸泵房、硫氰化钠盐类提取厂房、脱硫液洗涤泵房、脱硫液槽及泵房、酸碱泵房、磷铵溶液泵房、烟道气加压机房、制氮机房	戊
	苯精制	油水分离器厂房、精苯蒸馏泵房、精苯硫酸洗涤泵房、精苯油库泵房、苯类产品装桶间、油槽车清洗泵房、加氢泵房、循环气体压缩机房	甲B
	古马隆树脂制造	树脂馏分蒸馏闪蒸厂房	甲B
		树脂馏分油洗涤厂房、树脂聚合装置厂房	乙B
		树脂制片包装厂房	乙
	焦油加工	吡啶精制泵房、吡啶产品装桶和仓库、吡啶蒸馏真空泵房	甲B
		焦油蒸馏泵房（含轻油系）、氨气法硫酸砒啶分解厂房、工业萘蒸馏泵房、萘结晶室、酚蒸馏真空泵房、萘精制泵房、萘洗涤室	乙A
		酚产品泵房、酚产品装桶和仓库、精蒽洗涤厂房、溶剂蒸馏法蒽精馏泵房、蒽醌主厂房、萘酐冷却成型、改质沥青泵房	乙B
		工业萘包装和仓库、萘制片包装室、精制萘仓库、精蒽包装间、精蒽仓库、蒽醌包装间及仓库、萘酐仓库	乙
		连续或馏分脱酚厂房、馏分脱酚泵房、碳酸钠法硫酸砒啶分解厂房、沥青烟捕集装置泵房、蒸馏溶剂法蒽精馏泵房、洗油精制厂房	丙A
		精蒽油库泵房、粗蒽结晶、分离室及泵房、沥青焦油类泵房	丙B
		固体粗蒽仓库和装车、固体沥青仓库和装车	丙
		固体碱库	戊

续表 3.0.1

工艺（设施）名称	建（构）筑物名称	火灾危险性分类
耐火材料和冶金石灰	乙醇仓库及泵房	甲
	煤粉间、木模间、焦油沥青间、导热油系统及库房	丙
	干燥厂房、竖窑厂房、回转窑厂房、烧成厂房、白云石砂加热厂房、添加铝粉、硅粉、镁铝合金粉等易燃易爆物（含量占混合物量5%～12%）的混合厂房	丁
	破粉碎厂房、筛分厂房、火泥厂房、混合成型厂房、困泥厂房、石灰乳厂房、添加铝粉、硅粉、镁铝合金粉等易燃易爆物（含量占混合物量≤5%）的混合厂房	戊
炼铁	封闭式喷煤制粉站和喷吹站	乙
	敞开式或半敞开式喷煤制粉站和喷吹站	丙
	风口平台及出铁场，矿焦槽，汽动、电动鼓风机站，鱼雷罐车检修及倒渣间，铸铁机及烤罐间等	丁
	出铁场及矿、焦槽除尘风机房	戊
炼钢	易燃易爆粉料与直接还原铁（DRI）贮存间、转炉一次除尘风机房	乙
	转炉炼钢主厂房、电炉主厂房、精炼车间主厂房、连铸车间主厂房、废钢配料间、汽化冷却间、修罐间、炉渣间、转炉二次除尘风机房	丁
	电炉除尘风机房	丙
	废钢处理设施（废钢切割、剪切打包、落锤、铁皮干燥）	戊
铁合金	铝粉及硅钙粉工作间、电炉一次除尘风机房	乙
	主厂房	丁
热轧及热加工	渗碳介质（甲烷、丙烯等）储存库、氢保护气体站房	甲
	热处理车间、热轧车间	丁
	精整车间、板坯库、成品库、磨辊间	戊
冷轧及冷加工	使用闪点<28℃的液体作为原料的彩涂混合间、成品喷涂（涂层）间、溶剂室、硅钢片涂层间、氢保护气体站房	甲
	使用闪点≥28℃至<60℃的液体作为原料的彩涂混合间、成品喷涂（涂层）间、溶剂室、硅钢片涂层间	乙
	成品涂油间、油封包装间	丙
	冷轧乳化液站、焊管高频室、热处理车间、有热处理的管加工车间、酸再生、酸再生焙烧间	丁
	冷轧车间、冷拔车间、无热处理的管加工车间、钢材精整车间、拉丝车间、磨辊间	戊
金属加工、机修设施	使用和贮存闪点<28℃的油料及溶剂间、清洗间	甲
	使用和贮存闪点≥28℃至<60℃的油料及溶剂间、清洗间、油介质淬火间、喷漆（沥青）车间	乙
	石墨型加工车间、喷锌处理间、树脂间、木模间、聚苯乙烯造型间、地下循环油冷却库、液氮深冷处理间	丙
	锻造（锻钎）车间，铸造车间，铆焊车间，机加工车间，金属制品车间，电镀车间，热处理车间，制芯车间，试样加工车间，汽车、机车及重型柴油机械保养及维修间，特种车辆维修间，汽（机）车电瓶充电间	丁
	酸洗车间	戊
检化验设施	助燃、可燃气体分析室	丙
	理化分析中心、化学实验室、物理实验室、炉前快速分析室、油分析室	丁
电气设施	电缆夹层、电缆隧道（沟）、电缆竖井、电缆通廊（吊廊）、电气地下室	丙
	操作室、电气室、控制室、计算中心、信号楼、通讯中心等	丁
	室内配电室（单台设备油重60kg以上）、室外配电装置、油浸变压器室、总事故储油池、有可燃介质的电容器室	丙
	室内配电室（单台设备油重60kg及以下）、干式变压器室	丁
	继电器室、全密封免维护蓄电池室	戊

续表 3.0.1

工艺（设施）名称	建（构）筑物名称	火灾危险性分类
液压润滑系统	润滑油站（系统）、桶装润滑油站、液压站（库）等	丙
动力设施 - 煤气系统	焦炉煤气加压机厂房、混合煤气（热值>3000×4.18kJ/m³，爆炸下限<10%）加压机厂房、水煤气生产厂房及加压机厂房、天然气压缩机厂房、天然气调压站、制氢站	甲
动力设施 - 煤气系统	发生炉生产厂房及加压机厂房，半水煤气生产厂房及加压机厂房，高炉煤气、转炉煤气、混合煤气（热值≤3000×4.18kJ/m³，爆炸下限≥10%）的加压机厂房，高炉煤气余压发电/鼓风（TRT/BPRT）厂房	乙
动力设施 - 煤气系统	干式煤气柜密封油泵房	丙
动力设施 - 煤气系统	煤气净化控制、调度、值班室	丁
动力设施 - 液化石油气系统	压缩机间、储瓶库、气化间、调压阀室、液化石油气调压间、瓶装供应站、瓶组间	甲
动力设施 - 液化石油气系统	独立控制室	丁
动力设施 - 燃气—蒸汽联合循环发电系统（CCPP）	轻柴油泵房（闪点≥60℃）	丙
动力设施 - 燃气—蒸汽联合循环发电系统（CCPP）	燃气轮机主厂房、蒸汽轮机主厂房	丁
动力设施 - 燃气—蒸汽联合循环发电系统（CCPP）	氮气压缩机室	戊
动力设施 - 燃油库	柴油泵房、柴油库（闪点<60℃）	乙
动力设施 - 燃油库	重油泵房、柴油库（闪点≥60℃）、重油库、井下桶装油库	丙
动力设施 - 锅炉房	天然气调压间、焦炉煤气调压间	甲
动力设施 - 锅炉房	油箱间、油泵间、油加热器间	丙
动力设施 - 锅炉房	锅炉间、独立控制室	丁
动力设施 - 柴油发电机房		丙
动力设施 - 给排水系统	给（排）水泵房、过滤池（间）、冷轧废水处理站房、其他水处理站房、化水间、污泥脱水间、加药间、贮酸间、冷却塔	戊
材料仓库	铝粉（镁铝合金粉）仓库、硅粉仓库、电石库	乙
材料仓库	包装材料库、劳保用品库、橡胶制品库、电气材料库、锯末仓库、有机纤维仓库、油脂库	丙
材料仓库	工具保管室、酚醛树脂仓库	丁
材料仓库	金属材料库、耐火材料库、铁合金库、镁砂仓库、耐火原料库、机械备品库	戊
运输设施	站房、制动检查所、电务室、扳道房、道口房、道岔清扫房、轨道车库	戊

注：除上表所列工艺设施，钢铁冶金企业尚有为其服务的生产配套设施，如急救站、卫生站、中心试验室、门卫室、办公楼、综合楼、档案室、食堂、浴室、调度楼、能源中心、倒班宿舍等建（构）筑物的耐火等级分类按现行国家标准《建筑设计防火规范》GB 50016 执行。

3.0.2 下列二级耐火等级建筑在生产中或火灾发生时，其表面热辐射温度低于200℃的金属承重构件，可不采用防火保护隔热措施，火焰直接影响的部位或热辐射温度高于200℃的部位，应采取外包敷不燃材料或其他防火隔热保护措施：

  1 设置自动灭火系统的单层丙类厂房；
  2 丁、戊类厂房。

3.0.3 地下液压站、地下润滑油站（库）宜采用钢筋混凝土结构或砖混结构，其耐火等级不应低于二级。

3.0.4 当干煤棚或室内贮煤场采用钢结构时，设计最大煤堆轮廓线外1.5m范围内的钢结构承重构件应采取耐火极限不低于1.00h有效的防火保护措施。

3.0.5 建（构）筑物的防火分区最大允许建筑面积应符合下列规定：

  1 地下润滑油站和液压站不应大于500m²，当设置自动灭火系统时，可扩大1.0倍；

  2 主厂房符合本标准第3.0.2条和第3.0.8条的规定时，其防火分区面积不限；

  3 受煤坑的防火分区不应大于3000m²；

  4 其他建筑物防火分区最大允许建筑面积应符合现行国家标准《建筑设计防火规范》GB 50016 的有关规定。

3.0.6 钢铁冶金企业的炼铁的高炉及煤粉制备、炼钢的转炉及电炉区域、轧钢的镀锌及连续退火机组区域、煤气发电机主厂房等，厂房是单层，且不高于24m，但局部操作平台、烟囱、设备等高于24m，可以按单层确定防火设计。

3.0.7 封闭贮煤场建筑面积和防火分区面积不宜超过12000m²，当超过12000m²时，应按下列要求采取措施：

  1 煤采用分堆放置，煤堆底边间距不应小于10m或煤堆间设置不低于2m的隔墙；

  2 应设置消防炮灭火设施。

3.0.8 设置在丁、戊类主厂房内的甲、乙、丙类辅助生产房间应单独划分防火分区,并应采用耐火极限不低于3.00h的不燃烧体墙和1.50h的不燃烧体楼板与其他部位隔开。

4 总平面布置

4.1 一般规定

4.1.1 在进行厂区规划时,应同时进行消防规划,并应根据企业及其相邻建(构)筑物、工厂或设施的特点和火灾危险性,结合地形、风向、交通、水源等条件,合理布置。

4.1.3 矿山厂区的平面布置应符合下列规定:
 1 地下矿井井口和平硐口必须置于安全地带;
 2 地下矿井的提升竖井作为安全出口时,井口地面应平整通达;
 3 地下矿井井口周围200.0m内不应布置易燃易爆物品堆场及仓库,距井口20.0m内不应布置锻造、铆焊等有明火或散发火花的工序;
 4 木材堆场、有自燃火灾危险的排土场、炉渣场应布置在进风井常年最小频率风向的上风侧,且距进风井口距离不应小于80.0m;
 5 戊类建(构)筑物距矿井及进风井口的距离不应小于15.0m。

4.1.4 带式输送机通廊与高压线交叉或平行布置时,其间距应符合现行国家标准《城市电力规划规范》GB/T 50293的有关规定。

4.1.5 厂区的绿化应符合下列规定:
 3 厂区绿化不应妨碍消防操作,不应在室外消火栓及水泵结合器四周1.0m以内种植乔木、灌木、花卉及绿篱;
 4 液化烃储罐的防火堤内严禁绿化。

4.1.6 企业消防站宜独立建造,且距甲、乙、丙类液体储罐(区)、可燃、助燃气体储罐(区)的距离不宜小于200.0m,并应布置在交通方便、利于消防车迅速出动的主要道路边。消防车库的布置应符合下列规定:
 1 消防车库宜单独布置,当与汽车库毗连布置时,出入口应分开布置;
 2 消防车库出入口的布置应使消防车驶出时不与主要车流、人流交叉,且便于进入厂区主要干道;并距道路最近边缘线不宜小于10.0m。

4.1.7 钢铁冶金企业内的消防车道,当与生产、生活道路合用时,应满足消防车道的要求。消防车道的设置应符合现行国家标准《建筑设计防火规范》GB 50016的有关规定。

4.2 防火间距

4.2.1 钢铁冶金企业内建(构)筑物之间的防火间距应符合现行国家标准《建筑设计防火规范》GB 50016的有关规定。

4.2.2 浮选药剂库、油脂库距进风井、通风井扩散器的防火间距不应小于表4.2.2的规定。

表4.2.2 浮选药剂库、油脂库距进风井、通风井扩散器的防火间距

贮药、油容积V (m³)	V<10	10≤V<50	50≤V<100	V≥100
间距(m)	20.0	30.0	50.0	80.0

4.2.3 甲、乙、丙类液体储罐(区)或堆场与明火或散发火花的地点的防火间距不应小于表4.2.3的规定。

表4.2.3 甲、乙、丙类液体储罐(区)或堆场与明火或散发火花的地点的防火间距

项目	一个罐(区)或堆场的总储量V (m³)	与明火或散发火花地点的防火距离(m)
地上甲、乙类液体固定顶储罐(区)或堆场	1≤V<500或卧式罐	25.0
	500≤V<1000	30.0
	1000≤V<5000	35.0
地上浮顶及丙类可燃液体固定顶储罐(区)或堆场	5≤V<500或卧式罐	15.0
	500≤V<1000	20.0
	1000≤V<5000	25.0
	5000≤V<25000	30.0

4.2.4 湿式可燃气体储罐与建筑物、储罐、堆场的防火间距不应小于表4.2.4的规定。

表4.2.4 湿式可燃气体储罐与建筑物、储罐、堆场的防火间距(m)

名称		湿式可燃气体储罐的总容积V (m³)				
		V≤1000	1000<V≤10000	10000<V≤50000	50000<V≤100000	100000<V≤300000
甲类物品仓库,明火或散发火花的地点,甲、乙、丙类液体储罐,可燃材料堆场,室外变、配电站		20.0	25.0	30.0	35.0	40.0
单层民用建筑		18.0	20.0	25.0	30.0	35.0
其他建筑	耐火等级 一、二级	12.0	15.0	20.0	25.0	25.0
	三级	15.0	20.0	25.0	30.0	35.0
	四级	20.0	25.0	30.0	35.0	40.0

注:1 固定容积可燃气体储罐的总容积按储罐几何容积(m³)和设计储存压力(绝对压力,10^5Pa)的乘积计算。
 2 干式可燃气体储罐与建筑物、储罐、堆场的防火间距,当可燃气体的密度比空气大时,应按本表规定增加25%;当可燃气体的密度比空气小时,应按本表的规定执行。
 3 湿式可燃气体储罐与高层建筑的防火间距按国家标准《建筑设计防火规范》GB 50016执行。

4.2.5 煤气柜区四周应设置围墙,当总容积小于等于200000m³时,柜体外壁与围墙的间距不宜小于15.0m;当总容积大于200000m³时,不宜小于18.0m。

4.2.6 容积不超过20m³的可燃气体储罐和容积不超过50m³的氧气储罐与所属使用厂房的防火间距不限。

4.2.7 烧结厂的主厂房与电气楼、炼铁的矿槽与焦槽、配料槽与贮料厂房之间的防火间距可按工艺要求确定,但不应小于6.0m。

4.2.8 为同一厂房、仓库输入(出)物料的两个及以上的带式输送机通廊之间的防火间距可按工艺要求确定。

4.2.9 露天布置的可燃气体与不可燃气体固定容积储罐之间

的净距，氧气固定容积储罐与不可燃气体固定容积储罐之间的净距，及不可燃气体固定容积储罐之间的净距应满足施工和检修的要求且不宜小于 2.0m。

4.2.10 露天布置的液氧储罐与不可燃的液化气体储罐之间的净距，不可燃的液化气体储罐之间的净距应满足施工和检修的要求且不宜小于 2.0m。

4.2.11 液氧储罐与建筑物、储罐、堆场的防火间距，车间供油站与其他建筑物的防火间距均应符合现行国家标准《建筑设计防火规范》GB 50016 的有关规定，但距氧气槽车停放场地的间距可按工艺要求确定。

4.2.12 液化石油气储配站、液化石油气瓶组供气站的布置及站内（外）设施的防火间距应符合现行国家标准《城镇燃气设计规范》GB 50028 的有关规定。

4.2.13 自备电厂及变（配）电所的防火间距应符合现行国家标准《火力发电厂与变电站设计防火规范》GB 50229 的有关规定。

4.3 管线布置

4.3.2 甲、乙、丙类液体管道和可燃气体管道不得穿过与其无关的建（构）筑物、生产装置及储罐区等。

4.3.3 高炉煤气、发生炉煤气、转炉煤气和铁合金电炉煤气的管道不应埋地敷设。

4.3.4 氧气管道不应与燃油管道、腐蚀性介质管道和电缆、电线同沟敷设，动力电缆不应与可燃、助燃气体和燃油管道同沟敷设。

5 安全疏散和建筑构造

5.1 安全疏散

5.1.1 厂房、仓库、办公楼、食堂等建筑物的安全疏散，应符合现行国家标准《建筑设计防火规范》GB 50016 的有关规定。

5.1.2 建筑面积不大于 100m² 且无人值守的地下液压站、地下润滑油站（库）、地下转运站等地下室、半地下室，可设置 1 个安全出口。

5.2 建筑构造

5.2.1 甲、乙类液体管道和可燃气体管道严禁穿过防火墙。

5.2.2 丙类液体管道不应穿过防火墙，丁戊类液体管道不宜穿过防火墙，因工艺需要，必须穿越的，应符合下列规定：

  1 丙类液体闪点大于 120℃的输送管道应采用钢管，丁戊类管道材料应采用不燃烧材料，穿过防火墙处应采用防火封堵材料紧密填塞缝隙，防火封堵部位的耐火极限应不低于墙体；

  2 当穿过防火墙的管道周边有可燃物时，应在墙体两侧 1.0m 范围内的管道上采用不燃性绝热材料保护。

5.2.3 防火分隔构件的建筑缝隙应采用防火材料封堵，且该防火封堵部位的耐火极限应不低于相应防火分隔构件的耐火极限。

5.2.4 建（构）筑物有可能被铁水、钢水或熔渣喷溅造成危害的建筑构件，应采取隔热保护措施。运载铁水罐、钢水罐、渣罐、红锭、红（热）坯等高温物品的过跨车、底盘铸车、（空）钢锭模车和（热）铸锭车等车辆及运载物的外表面距楼板和厂房（平台）柱的外表面不应小于 0.8m，且楼板和柱应采取隔热保护措施。

5.2.5 封闭式液压站和润滑站（库）直接开向疏散方向的门，应采用常闭式甲级防火门或火灾时能自动关闭的常开式甲级防火门。当上述场所设置在建筑的首层，且其直接开向厂房外的门不采用防火门时，门的上方应设置宽度不小于 1.0m 的防火挑檐或高度不小于 1.2m 的窗槛墙。

5.2.6 柴油发电机房宜单独设置，当柴油发电机房设置在建筑物内时，应符合现行国家标准《建筑设计防火规范》GB 50016 的有关规定。

5.3 建（构）筑物防爆

5.3.1 存放、运输液体金属和熔渣的场所，不应设置积水的沟、坑等。当生产确需设置地面沟或坑等时，应有严密的防渗漏措施，且车间地面标高应高出厂区地面标高 0.3m 及以上。

5.3.2 电气室、控制室宜独立设置，当与甲乙类厂房贴邻设置时，应采用耐火极限不低于 3.00h 的防火墙与其他部位分隔。门窗应采用甲级防火门窗。

5.3.3 电力装置设计的爆炸危险环境区域划分应符合本标准附录 B 的规定。

6 工艺系统

6.1 采矿和选矿

6.1.1 井（坑）口处的建（构）筑物构件宜采用不燃烧体，且应符合下列规定：

  1 井塔（井架）、提升机房和井口配电室的耐火等级不应低于二级；

  2 空压机室、机修间、井口仓库和办公室等的耐火等级不应低于三级。

6.1.2 地下矿井（含露天矿平硐溜井系统和井下带式运输系统）应设置 2 个及以上的出口。

6.1.3 矿井井筒、巷道及硐室需要支护时，宜采用混凝土锚杆、锚网及钢材支架。当采用木材支架时，木材支护段应采取防火措施。

6.1.4 井下桶装油库应布置在井底车场 15.0m 以外，且其储量不应超过一昼夜的需要量。井下油库与主运输通道的连接处应设置甲级防火门，且不应与易燃材料共用一个硐室。

6.1.6 选矿焙烧厂房应符合下列规定：

  1 焙烧竖炉进料口及两侧排料口附近应设置固定式一氧化碳监测报警装置；

  2 输送冷却后焙烧产品的带式输送机，当焙烧产品高于 80℃、低于 150℃时，应选用耐热型输送带；焙烧产品高于 150℃、低于 200℃时，应选用耐灼烧型输送带；

  3 还原窑排烟管路应设置在线烟气成分分析装置和一氧化碳超限报警装置，电除尘器应设置防爆装置。

6.2 综合原料场

6.2.1 带式输送机系统应符合下列规定：

1 带式输送机地下通廊出地面处应设一个安全出口；
2 带式输送机通廊应采用不燃材料；
4 漏斗溜槽宜采用密闭结构，并便于清理洒落物料，其倾角应适应物料特性，且不宜小于50°；漏斗溜槽应根据物料磨损性设置衬板；当输送物料为煤或焦炭时，衬板应为不燃材料或难燃材料。

6.3 焦 化

6.3.1 焦化设施的布置应符合下列规定：

1 煤气净化装置应布置在焦炉的机侧或一端，其建（构）筑物最外边缘距大型焦炉炉体边缘不应小于40.0m，距中、小型焦炉不应小于30.0m；当采用捣固炼焦工艺，煤气净化装置布置在焦侧时，其建（构）筑物最外边缘距焦炉熄焦车外侧轨道边缘不应小于45.0m（当焦侧同时布置有干熄焦装置时，该距离为距干熄炉外壁边缘的距离）；

2 精苯车间不宜布置在厂区中心地带，与焦炉炉体的净距不应小于50.0m；

6.3.3 焦炉应符合下列规定：

5 拦焦机、电机车的液压站和电气室内受高温烘烤的墙壁与地板均应衬有不燃烧绝热材料。

6.3.4 在熄焦车运行范围内，与熄焦车轨道邻近的建筑物不得采用可燃材料。

6.3.6 地下室焦炉煤气管道应在末端设置泄爆装置或煤气低压自动充氮保护设施。煤气主管末端设置泄爆装置时，应设置将泄压气体直接引至室外的管道。

6.3.7 煤气净化及化工产品精制应符合下列规定：

1 工艺装置、泵类及槽罐等宜露天布置，或布置在敞开、半敞开的建（构）筑物内；

2 甲、乙类火灾危险生产场所的设备和管道，其绝热材料应采用不燃或难燃材料，并应采取防止可燃物渗入绝热层的措施；

4 固定顶式甲、乙类液体贮槽，其槽顶排气口或呼吸阀或放散管之间应设置阻火器；

5 固定顶式甲类液体贮槽应采取减少日晒升温的措施；

6 初馏分贮槽应布置在油槽（库）区的边缘，其四周应设置防火堤，防火堤内的地面和堤脚均应做防水层。

6.3.8 化验室应符合下列规定：

1 煤气净化区、化工产品精制区的现场化验室应独立设置；当必须与有爆炸危险的甲、乙类厂房毗邻时，应采用耐火极限不低于3.00h的不燃烧性墙体与其他部位隔开，其门窗应设置在非防爆区；化验室与油槽（罐）的间距应符合本标准第4.2.3条表4.2.3的规定；

2 存在易燃、易爆和有毒物质的化验室应设置通风设施，宜采用机械通风装置。

6.4 耐火材料和冶金石灰

6.4.1 生产中使用的易燃、易爆类添加剂应符合下列规定：

1 储存铝粉、硅粉、铝镁粉等易燃类添加剂的房间，应设置单独的机械通风装置，换气次数应大于8次/h；混合设备必须密闭操作并应设置与混合设备电气联锁的机械通风除尘装置；

6.4.2 油系统中的油品加热宜采用罐底管式加热器，油罐内油品的最高加热温度必须低于油闪点10℃，用于脱水的油罐油品的加热温度不应高于95℃。下列油罐的通气管必须设置阻火器：

1 储存闪点小于60℃油品的卧式罐；
2 储存闪点大于等于60℃且小于等于120℃油品的地上卧式罐；
3 储存闪点大于等于120℃油品的固定顶罐。

6.5 烧结和球团

6.5.3 球团焙烧和风流系统应符合下列规定：

1 风流系统电除尘器应根据烟气和粉尘性质设置防爆和降温装置。

6.5.5 煤粉制备与输送系统应符合下列规定：

2 磨煤室室外应设置消防车道；

5 磨煤机进出口必须设置温度监测装置，煤粉仓和除尘器必须设置温度、压力和一氧化碳浓度、氧浓度监控设施及报警装置；

7 除尘器、煤粉仓等设备应设置灭火装置。

6.6 炼 铁

6.6.4 煤粉制备及喷吹设施应符合下列规定：

1 制粉、喷吹设施应通风良好，采用敞开式钢结构且无人值守时，钢结构可不做防火保护；对封闭式的制粉、喷吹设施应防止粉尘积聚；

8 氧煤喷枪与氧气支管相接处应设置一段阻火管。

6.6.5 热风炉烟气余热回收装置采用可燃介质的热管式的热管换热器时，其设备、配管和贮槽等应采取防静电接地措施，热媒体应设置温度监控报警及自动洒水（降温）装置。

6.7 炼 钢

6.7.1 铁水、钢水、液态炉渣作业和运行区域的工艺和设施应符合下列规定：

1 铁水、钢水、液态炉渣、红热固体炉渣和铸坯等高温物质运输线上方的可燃介质管道和电线电缆，必须采取隔热防护措施；

3 在铁水、钢水、液态炉渣作业或运行区域内的地表及地下不应设置水管、氧气管道、燃气管道、燃油管道和电线电缆等，必须设置时，应采取隔热防护措施。

6.7.2 主体工艺系统应符合下列规定：

7 电炉炉下炉渣热泼区的地面与周围应采用铸铁板设置防火围挡结构，其上方电炉工作平台应采取隔热防护措施，热泼区的地面应避免积水；

6.7.5 直接还原铁、镁粉、镁粒等具有自燃特性的材料贮仓应设置氮气保护设施。

6.8 铁 合 金

6.8.4 原料及粉料系统应符合下列规定：

2 铝、镁、钙、硅和碳化钙等易燃粉料的加工间必须设置通风和粉尘收集净化设施；

3 铝粉操作间的装置和工具必须采用不产生火花的材料制作；硅钙合金及其他易燃易爆粉料等必须在惰化气体的保护下制备，并应设置空气含尘量、含氧量、可燃气体浓度的检测装置和超限自动停车装置；门窗和墙等应符合防爆、泄爆要求，电器设备应采用防爆型。

6.9 热轧及热加工

6.9.1 横跨轧机辊道的主操作室、经常受热坯烘烤的操作室和有氧化铁皮飞溅环境的操作室，均应设置不燃烧绝热设施。

6.9.3 可燃介质管道或电线电缆下方，严禁停留红钢坯等高温物体，当有高温物体经过时，必须采取隔热防护措施。

6.10 冷轧及冷加工

6.10.3 退火炉（含罩式退火炉）地坑应设可燃气体浓度监测报警装置。

6.10.7 保护气体站应独立建造，并应设置防护围墙。

6.12 液压润滑系统

6.12.2 液压站、润滑油站（库）不宜与电缆隧道、电气室地下室连通，确需连通时，必须设置防火墙和甲级防火门。

6.12.4 桶装丙类油库应符合下列规定：

1 桶装丙类油品库应采用耐火等级不低于二级的单层建筑，净空高度不得小于 3.5m，与库区围墙的间距不得小于 5.0m；丙类桶装油品与甲、乙类桶装油品储存在同一个仓库内时，应采用防火墙隔开；

2 桶装丙类油品库建筑面积大于或等于 100m² 的防火隔间，疏散门的数量不应少于 2 个；面积小于 100m² 的防火隔间，可设置 1 个疏散门；门的净宽度不应小于 2.0m，并应设置高出室内地坪 150mm 的斜坡式门槛，门槛应采用不燃烧材料。

6.13 助燃气体和燃气、燃油设施

6.13.1 煤气加压站应在地面上建造，站房下方禁止设置地下室或半地下室。

6.13.3 助燃气体和燃气、燃油设施的工艺布置应符合下列规定：

5 液化石油气储配站、乙炔站、电石库和供气站的防火设计应符合现行国家标准《城镇燃气设计规范》GB 50028 和《建筑设计防火规范》GB 50016 等的有关规定；

6 高炉煤气调压放散、焦炉煤气调压放散、转炉和封闭铁合金电炉煤气回收切换放散应设置燃烧放散装置及防回火设施，在燃烧放散器 30.0m 以内不应有可燃气体的放空设施；煤气燃烧放散管管口高度应高于周围建筑物，且不应低于 50.0m；放散时，应设置火焰监测装置和蒸汽或氮气灭火设施。

7 散发比空气重的可燃气体的制气、供气、调压阀间，应在房间底部设置可燃气体泄漏报警装置；散发比空气轻的可燃气体的制气、供气、调压阀间，应在房间上部设置可燃气体泄漏报警装置，房间应设置机械排风系统，排风口位置应符合现行国家标准《工业建筑供暖通风与空气调节设计规范》GB 50019 的有关规定；

9 液化石油气球罐的钢支柱应采取防火保护措施，其耐火极限不应低于 2.00h。

6.13.5 使用燃气的设施和装置应符合下列规定：

4 钢材切割点采用乙炔气体时，应设置岗位回火防止器；采用其他燃气介质时，宜设置岗位回火防止器。

6.13.6 车间供油站应符合下列规定：

1 设置在厂房内的车间供油站应靠厂房外墙布置，并应采用耐火极限不低于 3.00h 的不燃性墙体和耐火极限不低于 1.50h 的不燃性屋顶与厂房隔开，车间供油站的存油量：对于甲、乙类油品，不应大于车间一昼夜的需用量，且不宜大于 2m³；对于闪点不低于 60℃ 的柴油，不宜大于 10m³；重油的存油量不应大于 30m³；

2 储存甲、乙类油品的车间供油站应为不低于二级耐火等级的单层建筑，并应设有直通室外的出口和防止油品流散的设施；

3 地上重油泵房和地上重柴油泵房的正常通风换气量应按换气次数不少于 5 次/h 和 6 次/h 计算，地下油泵房的正常通风换气量应按换气次数不少于 10 次/h 计算；

4 车间供油站的其他防火要求应符合现行国家标准《石油库设计规范》GB 50074 的有关规定。

6.14 其他辅助设施

6.14.2 液氯（氨）间应符合下列规定：

1 必须与其他工作间隔开，设有观察窗和直通室外的外开门；

3 加氯间不应采用明火取暖；

4 通风设备和照明灯具的开关应设置在室外。

6.14.3 厂房内动力管线的布置应符合下列规定：

7 氧气、乙炔、煤气、燃油管道支架应采用不燃烧体，当沿厂房的外墙或屋顶敷设时，该厂房的耐火等级不应低于二级；

8 氧气、乙炔管道靠近热源敷设时，应采取隔热措施，并应确保管壁温度不超过 70℃。

6.14.4 机械和运输设备的保养、维修设施应符合下列规定：

1 重型柴油机械的保养车间宜单独建造，车位在 10 个及以下时，可与采矿（选矿）机械维修间厂房及仓库合建或与其贴邻建造，合建时应靠外墙布置，但不得与甲、乙类生产厂房或仓库组合或贴邻建造；

2 面积不大于 60m² 的充电间可与停车库、修车库、充电机房及厂房贴邻建造，但应采用防火墙分隔，并应设置直通室外的安全出口，充电间应采取防爆和设置机械通风措施；

3 汽车及重型柴油机械保养车间内的喷油泵试验间，应靠车间外墙布置，且应采取防爆和机械通风措施。

7 火灾自动报警系统

7.0.1 下列场所应设置火灾自动报警系统：

1 主控楼（室）、主电室、通信中心（含交换机室、总配线室等）、配电室、主操作室、调度指挥中心等；计算（信息）中心、区域管理计算站及各主要生产车间的计算机主机房、不间断电源室、记录介质库；特殊贵重或火灾危险性大的机器、仪表、仪器设备室、实验室，贵重物品库房，重要科研楼的资料室；

2 单台设备油量 100kg 及以上或开关柜的数量大于 15 台的配电室，有可燃介质的电容器室，单台容量在 8MV·A 及以上的油浸变压器（室）、油浸电抗器室；

3 柴油发电机房；

4 电缆夹层，电气地下室，厂房内的电缆隧（廊）道，连接总降压变电所的电缆隧道，厂房外长度大于100.0m且电缆桥架层数大于4层的电缆隧（廊）道，液压站、润滑油站（库）内的电缆桥（支）架，与电缆夹层、电气地下室、电缆隧（廊）道连通的或穿越三个及以上防火分区的电缆竖井；

5 地下液压站、地下润滑油站（库）、地下油管廊、地下储油间，距地坪标高大于24.0m且油箱总容积大于等于$2m^3$的平台上的封闭液压站房、距地坪标高24.0m以下且油箱总容积大于等于$10m^3$的地上封闭液压站和润滑油站（库）；

6 油质淬火间、地下循环油冷却库、成品涂油间、燃油泵房、桶装油库、油箱间、油加热器间、油泵房（间）；

7 苯精制装置区、古马隆树脂制造装置区、焦油加工装置区；

8 不锈钢冷轧机区、大于6000t的油压机区（含机舱、机坑、附属地下油库和烟气排放系统）；

9 彩涂车间涂料库、涂层室（地坑）、涂料预混间、彩涂混合间、成品喷涂间、溶剂室、硅钢片涂层间；

10 乙醇仓库、酚醛树脂仓库、铝粉（镁铝合金粉）仓库、硅粉仓库、甲、乙类物品贮存仓库、纸张等丙类物品储存仓库；

11 设置机械排烟、防烟系统，雨淋或预作用自动喷水灭火系统，固定消防水泡灭火系统、气体灭火系统等需与火灾自动报警系统联锁动作的场所或部位。

7.0.3 可能散发可燃气体、可燃蒸气的煤气净化系统的鼓冷、脱硫、粗苯、油库，苯精制，焦炉地下室、煤气烧嘴操作平台等工艺装置区和储运区等，在其爆炸危险环境2区内以及附加2区内，应设置可燃气体探测报警系统。

7.0.5 具有3个及以上工艺厂区的企业应设置企业消防安全监控中心，并应有消防安全系统实时监视、消防安全信息管理、火警受理与网络通信功能。各工艺厂区内的火灾报警控制器可设置在报警区域内的主控制室、主操作室或调度室内。

7.0.6 火灾自动报警系统的设计应符合现行国家标准《火灾自动报警系统设计规范》GB 50116和本标准附录A的规定。

8 消防给水和灭火设施

8.1 一般规定

8.1.1 钢铁冶金企业消防用水应统一规划，水源应有可靠保证。

8.1.2 钢铁冶金企业厂区消防给水可与生活、生产给水管道系统合并。合并的给水管道系统，当生活、生产用水达到最大小时用水量时，应仍能保证全部消防用水量。

8.1.3 设计占地面积大于等于100hm²的钢铁冶金企业，应按同一时间不少于2次火灾设计；设计占地面积小于100hm²的钢铁冶金企业，可按同一时间1次火灾设计。

8.1.4 厂区内消防给水量应按同一时间内的火灾次数和1次灭火的最大消防用水量确定。当火灾次数为2次时，消防用水量应按需水量最大的两座建筑物（或堆场、储罐）之和计算；当火灾次数为1次时，消防用水量应按需水量最大的一座建筑物（或堆场、储罐）计算。建筑物的1次灭火用水量应为室内和室外消防用水量之和。

8.1.5 储存锌粉、碳化钙、低亚硫酸钠等遇水燃烧物品的仓库不得设置室内、外消防给水。

8.1.6 生产、使用、储存可燃物品的厂房、仓库等应设置建筑灭火器。建筑灭火器的配置应符合现行国家标准《建筑灭火器配置设计规范》GB 50140的有关规定。

8.2 室内和室外消防给水

8.2.2 下列建（构）筑物或场所应设置室内消火栓系统：

1 储存甲、乙类物品的建（构）筑物；

2 储存丙类物品且建筑占地面积大于300m²的建（构）筑物；

3 焦化厂的煤和焦炭的粉碎机室、破碎机室、出焦台的第1个焦转站，运输或处理煤调湿后的煤或干熄后焦炭的建筑物；

4 矿山的井下主运输通道。

8.2.3 矿山井下主运输通道上设置的室内消火栓应符合下列规定：

1 矿山井下消防给水系统宜与生产给水管道系统合并，合并的给水管道系统，当生产用水达到最大小时用水量时，应仍能保证全部消防用水量；

2 消防用水量应按火灾延续时间和井下同一时间内发生1次火灾经计算确定，火灾延续时间不应小于3.00h；

3 消火栓的用水量应根据水枪充实水柱长度和同时使用水枪数量经计算确定，且不应小于5L/s；最不利点水枪充实水柱不应小于10.0m，同时使用水枪的数量不应少于2支；

4 消火栓的布置应保证每个防火分区同层有2支水枪的充实水柱同时到达任何部位。间距不应大于50.0m；

5 在矿井的出入口处设置消防水泵接合器及室外消火栓；

6 给水管道应沿主运输通道敷设，且管径不应小于100mm。

8.2.6 封闭式煤粉喷吹装置的框架平台高于15.0m时宜沿梯子敷设半固定式消防给水竖管，并应符合下列规定：

1 应按各层需要设置带阀门的管牙接口。

8.3 自动灭火系统的设置场所

8.3.1 钢铁冶金企业自动灭火系统的设置应符合表8.3.1的规定。

表8.3.1 自动灭火系统的设置要求

设置场所		设置要求	宜选用的系统类型
大、中型钢铁企业通信中心（含交换机室、总配线室等）		宜设	气体、气溶胶、细水雾等
大、中型钢铁企业的计算（信息）中心、区域管理计算站的主机房、不间断电源室、记录介质库等		宜设	气体、气溶胶、细水雾等
变配电系统	单台容量大于等于40MV·A的非总降压变电所油浸电力变压器	应设	水喷雾、细水雾、气体
	单台容量大于等于125MV·A的总降压变电所油浸电力变压器	应设	细水雾、水喷雾等

续表 8.3.1

设置场所		设置要求	宜选用的系统类型
柴油发电机房	安装在车间内,且总装机容量大于 400kW	应设	水喷雾、细水雾、气体等
	安装在车间内,且总装机容量小于等于 40kW;安装在厂房外附近或独立房间内总装机容量大于 400kW	宜设	
厂房内长度大于 50.0m 的电缆隧(廊)道、厂房外连接总降压变电所或其他变(配)电所的电缆隧(廊)道;建筑面积大于 500m² 的电气地下室;建筑面积大于 1000m² 的地上电缆夹层		应设	细水雾、水喷雾等
厂房外长度大于 100.0m 的非连接总降压变电所或其他变(配)电所且电缆桥架层数大于等于 4 层的电缆隧(廊)道;建筑面积小于等于 1000m² 的电缆夹层;建筑面积小于等于 500m² 电气地下室;与电缆夹层、电气地下室、电缆隧(廊)道连通或穿越 3 个及以上防火分区的电缆竖井		宜设	细水雾、水喷雾等
高层丙类厂房,或每座占地面积大于 1500m² 或总建筑面积大于 3000m² 的其他单层或多层丙类物品仓库		应设	细水雾、水喷雾等
采用可燃油品的液压站、润滑油站(库)、轧制油系统、集中供油系统、储油间、油管廊	油箱总容积大于 10m³ 的地下液压站、润滑油站(库)和储油间	应设	细水雾、水喷雾、气体等
	距地坪标高 24.0m 以上且储油总容积不小于 2m³ 的平台封闭液压站房;距地坪标高 24.0m 以下且储油总容积不小于 10m³ 的地上封闭液压站和润滑油站(库)	宜设	细水雾、水喷雾、气体、干粉等
油质淬火间		宜设	泡沫、细水雾、干等
不锈钢冷轧机组、大于 6000t 的油压机(含机舱、机坑、附属地下油库和烟气排放系统)		应设	气体、干粉等
热连轧高速带钢轧机机架(未设油雾抑制系统)		宜设	细水雾、水喷雾等
燃气—蒸汽联合循环发电系统(CCPP)的罩内		宜设	气体等
涂层室、涂料预混间、防锈油存储间		应设	气体、泡沫等
特殊贵重的设备室		宜设	气体、气溶胶等

注:1 本表未列的建(构)筑物或工艺设施的自动灭火系统的设计,应符合现行国家标准《建筑设计防火规范》GB 50016 的有关规定。
    2 气体或气溶胶仅用于室内场所。
    3 表中宜选用的系统类型中的"等"是指有关的国家标准所规定的自动灭火系统。

8.3.2 水喷雾灭火系统的设计应符合现行国家标准《水喷雾灭火系统技术规范》GB 50219 的有关规定。

8.3.3 细水雾灭火系统的设计应符合现行国家标准《细水雾灭火系统技术规范》GB 50898 的有关规定。

8.3.4 设置细水雾灭火系统的计算中心、通信中心等场所应采用高压细水雾灭火系统;设置细水雾灭火系统的液压站、润滑油站(库)、电缆隧(廊)道、电缆夹层、电气地下室、室外油浸变压器和柴油发电机房等场所宜采用中、低压细水雾灭火系统。

8.3.5 细水雾、水喷雾灭火系统应采取分区控制阀或雨淋报警阀误动作时,系统不发生误喷的措施,防误喷措施不应降低系统的可靠性。

8.3.6 气体灭火系统的设计应符合现行国家标准《气体灭火系统设计规范》GB 50370 和《二氧化碳灭火系统设计规范》GB 50193 等的规定。

8.3.7 泡沫灭火系统应符合下列规定:
  1 焦化厂泡沫灭火系统的设置应符合现行国家标准《石油化工企业设计防火规范》GB 50160 的有关规定;
  2 泡沫灭火系统的设计应符合现行国家标准《泡沫灭火系统设计规范》GB 50151 的有关规定。

8.3.8 干粉灭火系统应符合现行国家标准《干粉灭火系统设计规范》GB 50347 的有关规定。

8.4 消防水池、消防水泵房和消防水箱

8.4.1 符合下列情况之一者应设消防水池:
  1 当生产、生活用水达到最大小时用水量时,厂区给水干管、引入管不能满足室内外消防水量;
  2 厂区给水干管为枝状或只有 1 条引入管,且室内、外消防用水量之和超过 25L/s。

8.4.2 自动喷水灭火系统、水喷雾灭火系统、细水雾灭火系统的水源可采用工厂新水、净循环水,但应设置过滤装置。

8.4.3 消防水泵房宜与生活或生产的水泵房合建。消防水泵、稳压泵应分别设置备用泵。备用泵的流量和扬程不应小于最大 1 台消防泵(稳压泵)的流量和扬程。

8.4.4 钢铁冶金企业宜设置高位消防水箱,并应符合下列规定:
  1 消防水箱应储存 10min 的消防用水量。当室内消防用水量不超过 25L/s 时,经计算消防储水量超过 12m³ 时,可采用 12m³;当室内消防用水量超过 25L/s,经计算水消防储水量超过 18m³ 时,可采用 18m³。
  2 消防用水与其他用水合并的水箱应采用消防用水不作他用的技术措施。
  3 火灾发生时,由消防水泵供给的消防用水不应进入消防水箱。

8.4.5 消防水池及供水设施的设置应符合现行国家标准《消

防给水及消火栓系统技术规范》GB 50974 的相关规定。当工厂的生产用水水池具有保证消防用水的技术手段时，也可作为消防水池使用。

8.6 消防站

8.6.1 本地年产 1000 万 t 以上的特大型钢铁联合企业应当建立消防站，消防车的类型和数量应当与企业的火灾危险性相适应，满足扑救控制初起火灾的需要。

9 采暖、通风、空气调节和防烟排烟

9.0.3 采暖管道不得与输送可燃气体和闪点不高于120℃的可燃液体管道在同一条管沟内平行或交叉敷设。

9.0.4 采暖管道不应穿过变压器室，不宜穿过无关的电气设备间，若必须穿过时，应采用焊接连接方式，并应有保温和隔热措施。

9.0.5 建筑物内设有储存易燃易爆物品的单独房间或有防火防爆要求的单独房间应设置独立排风系统。

9.0.6 可能突然放散大量爆炸危险气体的建筑物，应设置事故通风装置。事故通风的通风机应分别在室内、外便于操作的地点设置启停开关。事故通风设计应符合现行国家标准《工业建筑供暖通风与空气调节设计规范》GB 50019 和《民用建筑供暖通风与空气调节设计规范》GB 50736 的有关规定。

9.0.8 防火阀的设置应符合现行国家标准《建筑设计防火规范》GB 50016 的有关规定，并宜与通风、空气调节系统的通风机、空调设备联锁；应采用带位置反馈的防火阀，其位置信号应接入消防控制室。

9.0.9 排除爆炸危险物质的排风系统应在现场设置通风机启、停状态的显示信号，并将该信号反馈至消防控制室。

9.0.10 处理有燃烧爆炸危险的气体或粉尘的除尘器和过滤器可露天布置，其与主厂房的距离不宜小于 10.0m；当小于 10.0m 时，毗邻的主厂房外墙的耐火极限不应低于 3.00h，严禁小于 2.0h。当布置于厂房外的独立建筑物内且与所属的厂房贴邻建造时，应采用耐火极限不低于 3.00h 的隔墙和 1.50h 的楼板与主厂房分隔。

9.0.12 主电室、主控楼（室）、检化验楼长度大于40m 的内走廊，在不具备自然排烟条件时，应设置机械排烟设施。

9.0.13 钢铁冶金企业的采暖、通风及防烟排烟的设计应符合现行国家标准《建筑设计防火规范》GB 50016 的有关规定。

10 电 气

10.1 消防供配电

10.1.1 建筑高度大于50m 的乙、丙类厂房和丙类仓库，应按一级负荷供电。

10.1.2 下列建筑物、储罐（区）和堆场的消防用电应按二级负荷供电：

1 室外消防用水量大于30L/s 的厂房（仓库）；
2 室外消防用水量大于35L/s 的可燃材料堆场、可燃气体储罐（区）和甲、乙类液体储罐（区）。

10.1.4 消防控制室、消防水泵房、消防电梯、防烟风机、排烟风机等消防用电设备的供电，应在最末一级配电装置处实现自动切换，其供电线路应采用耐火电缆或经耐火保护的阻燃电缆。

10.1.5 消防用电设备应采用单独供电回路，其配电设备应有明显标志。

10.1.6 消防供电线路的敷设应符合现行国家标准《建筑设计防火规范》GB 50016 的有关规定。

10.2 变（配）电系统

10.2.2 当油量为 2500kg 及以上的室外油浸变压器之间的防火间距小于表 10.2.2 中的规定值时，应设置防火隔墙，防火隔墙的设置应符合下列规定：

1 高度应高于变压器油枕；
2 当电压为 35kV～110kV 时，长度应大于贮油坑两侧各 0.5m；当电压为 220kV 时，长度应大于贮油坑两侧各 1.0m；

表 10.2.2 室外油浸变压器间的防火间距（m）

等级	35kV 及以下	110kV	220kV
防火间距	5.0	8.0	10.0

10.2.3 20kV 及以下车间内可燃油油浸变压器室，应设置容量为 100%变压器油量的储油池。附设变电所、露天或半露天变电所中，20kV 及以下可燃油量 1000kg 及以上的变压器，应设置容量为 100%油量的挡油设施。

10.2.4 总降充油电气设备应符合下列规定：

1 单个油箱的充油量在 1000kg 以上时，应设置贮油或挡油设施；当设置容纳油量 20%的贮油或挡油设施时，应设置将油排至安全处的设施；不能满足上述要求时，应设置能容纳全部油量的贮油或挡油设施；

3 贮油或挡油设施应大于充油电气设备外廓每边各 1.0m。

10.2.5 变（配）电所内的主控制室、配电室、变压器室、电容器室以及电缆夹层，不应有与其无关的管道和线路通过。当采用集中通风系统时，不宜在配电装置等电气设备的正上方敷设风管。

10.3 电气设施建（构）筑物耐火等级及防火分区

10.3.1 油浸变压器室、高压配电室的耐火等级不应低于二级。

10.3.2 电缆夹层、电气地下室宜采用钢筋混凝土结构或砖混结构，其耐火等级不应低于二级。当电缆夹层采用钢结构时，应对各建筑构件进行防火保护，并应达到二级耐火等级的要求。

10.3.3 建（构）筑物的防火分区最大允许建筑面积（长度）应符合下列规定：

1 地上电缆夹层不应大于1000m²，当设置自动灭火系统时，可扩大 1.0 倍；
2 电气地下室不应大于500m²，当设置自动灭火系统时，可扩大 1.0 倍；
3 电缆隧道应设防火墙和防火门进行防火分隔，其间距不应大于100.0m；当设置自动灭火设施时，防火分隔的间距可扩大到150.0m。

10.4 电气设施建（构）筑物的安全疏散和建筑构造

10.4.1 主控楼（室）、主电室、配电室等房间的建筑面积小于60m²时，可设置1个疏散门。

10.4.2 建筑面积不大于250m²的地上电缆夹层，建筑面积不大于100m²且无人值守的电气地下室，可设置1个安全出口。

10.4.3 长度不大于50.0m的电缆隧道可设置1个安全出口。长度大于50.0m的电缆隧道的两端部应设置安全出口（根据电缆隧道的长度确定中间是否设置出口），安全出口的间距不应大于100.0m，安全出口距隧道端部的距离不宜大于5.0m。

10.4.4 其他疏散设计要求应符合现行国家标准《建筑设计防火规范》GB 50016的规定。

10.4.5 当油浸变压器室设置在建筑物的首层且其开向厂房外的门不采用防火门时，门的上方应设置宽度不小于1.0m的防火挑檐或高度不小于1.2m的窗槛墙。

10.4.6 在电缆隧道进出主厂房、主电室、电气地下室等建（构）筑物的部位应设置防火分隔，其出入口应设置常闭式甲级防火门，且应朝向主厂房、主电室、电气地下室等建（构）筑物的方向开启。电缆竖井的门应采用甲级防火门。

10.4.7 电缆隧道内的防火门应采用常闭式或火灾时能自行关闭的常开式甲级防火门。

10.5 电缆和电缆敷设

10.5.2 电缆夹层、电缆隧道应保持通风良好，宜采取自然通风。当有较多电缆缆芯工作温度持续达到70℃以上或其他因素导致环境温度显著升高时，应设机械通风；长距离的隧道，宜分区段设置相互独立的通风。机械通风装置应在火灾发生时可靠地自动关闭。地面以上大型电缆夹层的外墙上宜设置通风装置。

10.5.4 可燃气体管道、可燃液体管道严禁穿越和敷设于电缆隧道或电缆沟。

10.5.5 密集敷设电缆的电气地下室、电缆夹层等，不应布置油、气管或其他可能引起火灾的管道和设备，且不宜布置热力管道。

10.5.6 对有重要负荷的10kV及以上变（配）电所，两回及以上的主电源回路电缆，应分别设在电缆隧道两侧的电缆桥架上；对于只有单侧电缆桥架的隧道，电缆应分层敷设。

10.5.7 电缆明敷且无自动灭火设施保护时，电缆中间接头两侧2.0m～3.0m长的区段及沿该电缆并行敷设的其他电缆同一长度范围内，应采取防火涂料或防火包带等防火措施。

10.5.8 变（配）电所内通向电缆隧道或电缆沟的接口处，控制室、配电室与电缆夹层和电缆隧道等之间的电缆孔洞、电缆夹层、电气地下室和电缆竖井等电缆敷设区，应采用下列一种或数种防止火灾蔓延的分隔措施：

1 电缆隧道、电缆夹层、电气地下室应按本标准第10.3.3条的规定进行防火分区，电缆竖井每隔7.0m或按建（构）筑物楼层设置防火分隔；

2 电缆、电缆桥架穿过建（构）筑物或电气盘（柜）处的孔洞，应采用耐火极限不小于1.00h的防火材料进行封堵；

3 电缆局部应涂刷防火涂料或局部采用防火带、防火槽盒。

10.5.10 高温车间的特殊区域或部位，其电缆选择和敷设应符合下列规定：

1 电气管线的敷设应避开出铁口、出渣口和热风管等高温部位。

2 穿越或临近高温辐射区的电缆应选用耐高温电缆并采取隔热措施，必要时，应采取防喷铁水、铁渣的措施。

3 下列场所或部位不宜敷设电缆，如确需敷设时应选用耐高温电缆并应有隔热保护：

  1) 炼铁车间的高炉本体、出铁场、热风炉的地下；
  2) 炼钢车间的浇铸区地下；
  3) 铁水罐车和渣罐车的走行线下方；
  4) 焦化车间的焦炉炉顶栏杆等高温场所；
  5) 耐火材料车间内的隧道窑之间、窑顶上方。

4 热装钢锭或钢坯的场所附近不宜设置电缆沟，如需设置时，沟内不应明敷电缆。

5 钢水罐车和渣罐车采用软电缆供电时，应装设拉紧装置，并应有防止喷溅及隔热措施。

6 电弧炉、钢包精炼炉的短网在穿过钢筋混凝土墙时，短网周围的墙体应采取防磁措施。

7 电炉水冷电缆应远离磁性钢梁或采用非磁性钢梁。

8 横穿热轧车间铁皮沟的电缆管线应敷设在铁皮沟的过梁内，或在管线外部加隔热层及钢板保护。

10.5.11 氧气、乙炔、煤气、燃油管道上不得敷设动力电缆、电线（供自身专用者除外）。

10.5.12 矿区电缆的选择和敷设应符合下列规定：

1 入坑电缆的选择和敷设应符合现行国家标准《金属非金属矿山安全规程》GB 16423的有关规定；

3 木支架的进风竖井筒中必须敷设电缆时，应采用耐火电缆；

4 溜井中禁止敷设电缆；

5 地面至井下变电所不同回路的电源电缆线路，其电缆间距不应小于0.3m，在竖井中不应敷设在同一层电缆桥架上；

6 竖井井筒中的电缆不应有中间接头；

7 巷道个别地段地面必须敷设电缆时，应采用铁质或其他不燃烧材料将电缆覆盖。

10.5.13 爆炸危险场所电气线路的设计应符合现行国家标准《爆炸危险环境电力装置设计规范》GB 50058的有关规定。

10.6 防雷和防静电

10.6.4 露天可燃气体、可燃液体钢质储罐的防雷接地应符合下列规定：

2 装有阻火器的甲、乙类液体地上固定顶罐，当顶板厚度等于或大于4mm时，不应装设避雷针、线。

10.6.8 下列处所应有防静电的接地措施：

1 易燃、可燃物的生产装置、设备、储罐、管线及其放散管；

2 易燃、可燃油品装卸站及其相连的管线、鹤管等；

3 易燃、可燃油品装卸站的铁道；

4 易爆的粉尘金属仓（罐）、设备、管道；

5 爆炸、火灾危险场所内可能产生静电危险的设备和管道。

10.7 消防应急照明和消防疏散指示标志

10.7.1 下列部位应设置消防应急照明：
1 疏散楼梯、疏散走道、消防电梯间及其前室；
2 消防控制室、自备电源室（包括发电机房、UPS室和蓄电池室等）、消防配电室、消防水泵房、防烟排烟机房等；
3 通讯中心、大中型电子计算中心、主操作室、中控室等电气控制室和仪表室；
4 电气地下室、地下液压润滑油站（库）等火灾危险性较大的场所。

10.7.2 消防控制室、消防水泵房、自备发电机房、消防配电室、防烟排烟机房以及发生火灾时仍需正常工作的其他房间的消防应急照明，当发生火灾时仍应保证正常照明的照度。

10.7.3 电气地下室和地下液压站、地下润滑油站（库）等地下空间的疏散走道和主要疏散路线的地面或靠近地面的墙面上，应设置疏散指示标志。

附录 A 钢铁冶金企业火灾探测器选型举例和电缆区域火灾报警系统设计

A.0.1 火灾探测器的选型应符合表 A.0.1 执行。

表 A.0.1 钢铁冶金企业火灾探测器的选型举例

设置场所			适用的火灾探测器类型
控制楼（室）、主电室、通信中心（含交换机室、总配线室等）、配电室、调度指挥中心、计算（信息）中心、区域管理计算站及各主要生产车间的计算机主机房、不间断电源室、记录介质库等			感烟探测器
变（配）电系统	油浸电抗器室、有可燃介质的电容器室、主控制室、蓄电池室、高、低压配电室		感烟探测器
	干式变压器室、干式电容器室、干式空（铁）芯电抗器室		点型感烟探测器
	油浸变压器	室内场所	缆式线型感温探测器、红外火焰探测器
		室外或半室外	缆式线型感温探测器
柴油发电机房			红外火焰探测器、缆式线型感温探测器
电缆夹层、电缆隧（廊）道、电缆沟、电缆竖井、电缆桥（支）架			缆式线型差定温探测器
液压润滑系统	液压站、润滑油站（库）、储油间、油管廊等 油质淬火间、地下循环油冷却库、成品涂油间、桶装油库、油箱间、油加热器间、油泵房（间）等		红外火焰探测器、缆式线型感温探测器。地上的建筑可采用感烟、感温探测器
煤、焦炭的转运站，破碎机室等运输、储存及处理系统的建（构）筑物			感烟探测器、缆式线型感温探测器
苯精制装置区、古马隆树脂制造装置区、焦油加工装置区			缆式线型感温探测器、点型感烟探测器、点型感温探测器
石墨型加工车间、喷漆（沥青）车间、喷锌处理间、树脂间、木模间、聚苯乙烯造型间、液氮深冷处理间			红外火焰探测器、缆式线型感温探测器
不锈钢冷轧机区、大于 6000t 的油压机（含机舱、机坑、附属地下油库和烟气排放系统）			感温探测器、红外火焰探测器
彩涂车间涂料库、涂层室（地坑）、涂料预混间、彩涂混合间、成品喷涂间、溶剂室、硅钢片涂层间			缆式线型感温探测器、红外火焰探测器
高炉煤气余压发电/鼓风（TRT/BPRT）和燃气—蒸汽联合循环发电系统（CCPP）的煤气压缩机及鼓风机等的罩内			感烟、感温探测器
检化验设施	理化分析中心、化学实验室、炉前快速分析室、氧气化验室、氢气化验室、燃气化验室、油分析室		感烟、感温探测器
材料仓库	乙醇仓库、酚醛树脂仓库、铝粉（镁铝合金粉）仓库、硅粉仓库、化工材料等甲、乙类物品储存仓库		线型光束感烟探测器、缆式线型差定温探测器、红外火焰探测器
	纸张等丙类仓库		感烟探测器
特殊贵重的仪器、仪表和设备室；重要科研楼的资料室、火灾危险性较大的实验室等辅助生产设施			感烟探测器
散发可燃气体、可燃蒸气的煤气净化系统的鼓冷、脱硫、粗苯、油库等工段，苯精制、焦炉地下室、煤气烧嘴操作平台等工艺装置区和储运区			可燃气体探测器

A.0.2 电缆区域火灾探测应采用缆式线型差定温探测器;设置自动灭火系统时,应采用双回路缆式线型差定温探测器组合探测。

A.0.3 线型火灾探测器的一个探测回路不应跨越2个及以上探测区域。

A.0.4 线型差定温探测器的敷设应符合下列规定:

1 应用于电缆区域时,应逐层并应采用"S"形接触式敷设;

100. 《冶金电气设备工程安装验收规范》GB 50397—2007

2 基本规定

2.1 一般规定

2.1.8 爆炸危险场所电气线路敷设、电气设备安装仅适用于冶金工厂范围内的生产、加工、处理、转运或贮存过程中出现或可能出现气体、蒸汽、粉尘、纤维爆炸性混合物和火灾危险物质环境的电气安装工程。不适用于矿井井下及使用、贮存火药、炸药、起爆药等爆炸物质的环境。

2.1.9 火灾危险场所电气装置安装仅适用于冶金工厂范围内生产、加工、处理、转运或贮存过程中出现或可能出现火灾危险物质环境的电气安装工程。

13 电缆线路

13.2 一般项目

13.2.8 电缆线路的防火与阻燃应符合下列规定:
1 对电缆线路有防火和阻燃要求时,必须按设计要求的防火阻燃措施施工。
2 设计要求采用耐火或阻燃型电缆,施工时应在电缆接头两侧及相邻电缆2~3m长的区段施加防火涂料或防火包带。
3 对重要回路的电缆,设计多敷设于专门的沟道中和耐火封闭槽内,应按设计规定施工。
4 在重要的电缆沟和隧道中,按要求分段或用软质耐火材料设置耐火墙。
5 在电缆穿过竖井、墙壁、楼板或进入电气盘、柜的孔洞处,用耐火堵料密实封堵。

20 配管、配线

20.2 一般项目

20.2.3 阻燃塑料管敷设应符合下列规定:
1 管与管、管与盒(箱)等器件应采用插接法连接,连接处结合面应涂专用PVC胶合剂,接口应牢固密封。
2 沿建筑、构筑物表面敷设时,应按设计装设补偿装置;埋于建筑物、构筑结构内,距抹灰层表面的距离不应小于15mm。
3 阻燃塑料管在下列情况下易受到机械损伤,应加保护措施:
 1)配管在露出地面高度500mm以上的一段。
 2)明配管在穿过楼板的地方。
 3)埋在需捣固的混凝土内的。

4 塑料管不应敷设于高温和易受机械损伤的场所。

21 电气照明装置安装

21.2 一般项目

21.2.4 应急灯(自带电源型的)的安装应符合下列规定:
1 电源转换时间:疏散照明≤15s,备用照明≤15s,安全照明≤0.5s。
2 应急灯在运行中温度大于60℃,当靠近可燃物体时,应采取隔热、散热等防火措施。

21.2.15 火灾危险环境,移动式和携带式照明灯具的玻璃罩,应采用金属网保护。

23 避雷针(网)及接地装置安装

23.2 一般项目

23.2.18 在爆炸危险环境内,生产、贮存和装卸液化石油气、可燃气体、易燃液体的设备、贮罐、管道、机组和利用空气干燥、掺和、输送易产生静电的粉状、粒状的可燃固体物料的设备、管道以及可燃粉尘的袋式集尘设备,应按设计要求进行防静电接地的安装。

24 爆炸危险场所电气线路敷设

24.2 一般项目

24.2.1 电气线路的敷设方式和路径应按设计规定。当设计无明确规定时,应符合下列要求:
1 电气线路应在爆炸危险性较小的环境或远离释放源的地方敷设。
2 当易燃物质比空气重时,电气线路应在较高处敷设;当易燃物质比空气轻时,电气线路宜在较低处或电缆沟内敷设。
3 当电气线路沿输送可燃气体或易燃液体的管道栈桥敷设时,若管道内的易燃物质比空气重,电气线路应敷设在管道的上方;若管道内的易燃物质比空气轻,电气线路则应敷设在管道正下方的两侧。

24.2.4 电缆线路穿过不同危险区域或界壁时,应采取下列隔离密封措施:
1 在两级区域交界处的电缆沟内,采取充砂、填阻火堵料或加设防火隔墙。
3 电缆保护管两端管口,应采用非燃性纤维将电缆周围堵塞严密,再填塞密封胶泥,其填入深度不小于管子内径,且不小于40mm。

25 爆炸危险场所电气设备安装

25.2 一般项目

25.2.1 防爆电气设备接线盒内部接线紧固后,裸露带电部分之间及与金属外壳之间的电气间隙和爬电距离不应小于现行国家标准《电气装置安装工程爆炸和火灾危险环境电气装置施工及验收规范》GB 50257 的规定。

25.2.3 隔爆型电气设备的安装应符合下列要求:

5 正常运行时产生火花或电弧的隔爆型电气设备,其电气联锁装置必须可靠;当通电时壳盖不能打开,壳盖打开后电源不能接通,且"断电后开盖"警告牌完好。

25.2.5 正压型电气设备的安装要求,应符合下列规定:

1 进入通风、充气系统及电气设备内的气体或空气应清洁,不得含有爆炸性混合物及其他有害物质。

2 通风过程排出的气体,不宜排入爆炸危险环境,当排入爆炸性环境 2 区时,必须采取防止火花和炽热颗粒从电气设备及其通风系统吹出的有效措施。

5 运行中的正压型电气设备内部的火花、电弧,不应从缝隙或出风口吹出。

26 火灾危险场所电气装置安装

26.1 主控项目

26.1.1 电气设备的类型应符合设计规定。

26.1.2 火灾危险场所内装有电气设备的柜、箱及接线盒、拉线箱等均必须是金属制品。

26.1.3 火灾危险场所内的电热设备的安装底板必须采用非燃性材料。

26.1.4 用于火灾危险场所照明线路的电缆、绝缘导线的额定电压不得低于 750V,用于电力线路的电缆、绝缘导线的额定电压不得低于线路的额定电压,且不得低于 500V。

26.1.5 严禁架空线路跨越火灾危险场所,架空线路与火灾危险场所的水平距离不得小于杆塔高度的 1.5 倍。

26.2 一般项目

26.2.1 火灾危险场所电气设备安装的要求,应符合下列规定:

1 电气开关和正常运行产生火花或外壳表面温度较高的电气设备,其安装位置应远离可燃物质,最小距离不应小于 3m。

2 当露天安装的变压器或配电装置与火灾危险场所建筑物的外墙之间的距离小于 10m 时,应符合下列规定:

  1) 变压器或配电装置一侧的火灾危险场所建筑物的外墙,应为非燃烧体。
  2) 高出变压器或配电装置水平线 3m 以上或距变压器或配电装置外廓 3m 以外的墙壁上,可安装非燃烧的、镶有玻璃的固定窗。

26.2.2 火灾危险场所电气线路施工,应符合下列要求:

1 1000V 及以下的电气线路,可采用非铠装电缆或钢导管配线;在火灾危险 21 区或 23 区内,可采用阻燃型硬质 PVC 管配线;在 23 区内,当远离可燃物质时,可采用绝缘导线在瓷绝缘子上敷设。

2 在 23 区内,沿未抹灰的木质吊顶、木质墙壁等处及木质闷顶内的电气线路,应穿钢导管明敷,不得采用瓷夹、瓷珠配线。

3 当采用铝芯绝缘导线或铝芯电缆时,其连接应可靠、封端应严密。

4 在 21 区或 22 区内,电动起重机不得采用滑触线供电。

5 移动式和携带式电气设备的线路,应采用移动电缆或橡套绝缘软线。

6 在火灾危险场所安装裸铜、裸铝母线,应符合下列要求:

  2) 螺栓连接应可靠,并应有防松装置,
  3) 在 21 区、23 区内的母线宜装设金属网保护罩,其网孔直径不应大于 12mm;在 22 区内的母线应有 IP5X 型结构的外罩。

7 当电缆引入电气设备或接线盒、分线盒时,其进线口应密封。

8 钢导管与电气设备或接线盒、分线盒的连接,应符合下列要求:

  1) 以螺纹连接的进线口螺纹的啮合应紧密;非螺纹连接的进线口,在钢导管引入后应以锁紧螺母锁紧。
  2) 与电动机及有振动的电气设备连接时,应装设金属柔性导管。

附录 F 爆炸与火灾环境危险区域划分

F.0.1 爆炸性气体环境危险区域划分:

爆炸性气体环境应根据爆炸性气体混合物出现的频繁程度和持续时间,按下列规定进行分区:

1 0 区:连续出现或长期出现爆炸性气体的环境。

2 1 区:在正常运行时可能出现爆炸性气体的环境。

3 2 区:在正常运行时不可能出现爆炸性气体的环境,或即使出现也仅是短时存在的爆炸性气体的环境。

注:正常运行是指正常的开车、运转、停车,易燃物质产品的装卸,密闭容器盖的开闭,安全阀、排放阀以及所有工厂设备都在其设计参数范围内工作的状态。

F.0.2 爆炸性粉尘环境危险区域划分:

爆炸性粉尘环境应根据爆炸性粉尘混合物出现的频繁程度和持续时间,按下列规定进行分区:

1 10 区:连续出现或长期出现爆炸性粉尘的环境。

2 11 区:有时会将积留下的粉尘扬起而偶然出现爆炸性粉尘混合物的环境。

F.0.3 火灾危险区域划分:

火灾危险环境应根据火灾事故发生的可能性和后果,以及危险程度及物质状态的不同,按下列规定进行分区:

1 21 区:具有闪点高于环境温度的可燃液体,在数量和配置上能引起火灾危险的环境。

2 22区：具有悬浮状、堆积状的可燃粉尘或可燃纤维，虽不可能形成爆炸混合物，但在数量和配置上能引起火灾危险的环境。

3 23区：具有固体可燃物质，在数量和配置上能引起火灾危险的环境。

101.《炼钢机械设备工程安装验收规范》GB 50403—2017

3 基本规定

3.0.11 设备试运转应符合下列规定:

6 试运转区域消防道路应畅通,消防设施的配置应符合技术要求。

21 安全和环保

21.1 安 全

21.1.1 施工安全和职业健康措施应根据火灾、爆炸、机械伤害、起重伤害、触电、物体打击、车辆伤害、高处坠落、淹溺、灼烫、坍塌、中毒和窒息等危险因素确定,并应符合现行行业标准《炼钢安全规程》AQ 2001 的有关规定。

21.1.2 施工现场和仓库应配备消防设施,定期检查、维护,施工作业人员应穿戴劳动防护用品,并应有健全的应急救援机制。

21.1.3 易燃、易爆和有毒材料应分类存放在专用仓库内,库内应设置明显标志,并应设专人管理。在易燃、易爆区域内使用明火时,应采取防范措施。

21.1.6 在有煤气、烟尘等有害气体的区域应采取防护措施,并应设专人检测有害气体和氧含量的浓度,进入人员应配备便携式一氧化碳检测仪和氧含量检测仪。

102.《烧结厂设计规范》GB 50408—2015

8 电气与自动化

8.2 自动化

8.2.2 烧结厂应设置行政电话、生产调度电话，并宜采用指令对讲扩音通信、无线对讲通信。对火灾自动报警装置宜采用区域型报警系统，且火灾报警系统应与主要消防设备联动。对重要的工艺过程环节，应采用工业电视系统进行监控。

9 辅助设施

9.1 总图运输

9.1.2 烧结厂总平面布置应在满足工艺流程和防火、防爆要求的前提下，做到物流顺捷、布置紧凑、功能明确。

9.1.6 厂区管线宜采用共沟、共架方式综合布置，并应满足防火、防爆的要求。

9.1.8 厂区内应设置通畅的道路系统，道路系统应满足运输、消防、卫生、安全、管线敷设要求。厂内道路宜采用环形布置，并宜与车间轴线平行布置，不能形成环形布置的尽头道路应设置回车场地。

9.3 给水、排水

9.3.1 烧结厂设计应有工业和生活给水、排水设施和消防给水设施。

9.3.5 烧结厂应设置室内、室外消防给水系统，系统的设置应符合现行国家标准《钢铁冶金企业设计防火规范》GB 50414 的有关规定。

9.5 建筑、结构

9.5.2 钢梯和栏杆的设计应符合下列规定：
  1 生产车间采用的钢梯除应符合现行国家标准《建筑设计防火规范》GB 50016 的有关规定外，钢梯的角度不宜大于45°，室外钢梯宜采用钢格栅板踏步。

12 安全、工业卫生与消防

12.0.1 烧结厂设计应包括烧结厂安全、工业卫生与消防设计。在初步设计时应单独成篇，其内容要满足国家规定的相关标准和编制要求。

12.0.2 烧结厂设计必须有防火、防爆、防雷电、防洪设施。其中点火保温炉用煤气应有自动切断保护措施，在烧嘴上方的空气总管末端采取防爆措施；机头电除尘器应根据烟气和粉尘性质设置防爆防腐设施。

12.0.7 烧结厂安全、工业卫生与消防设施应与主体工程同时设计、同时施工、同时投产。

12.0.10 烧结厂的防火设计，应符合现行国家标准《建筑设计防火规范》GB 50016 和《钢铁冶金企业设计防火规范》GB 50414 的有关规定。

103.《型钢轧钢工程设计规范》GB 50410—2014

3 基本规定

3.0.8 型钢轧钢工程消防设计应符合现行国家标准《建筑设计防火规范》GB 50016 和《钢铁冶金企业设计防火规范》GB 50414 的有关规定。

12 公辅设施

12.6 采暖、通风与空调设施

12.6.5 通风设计应符合下列要求：

3 无空调或无特殊室温要求的电气室、电缆层、电缆隧道可采用自然通风、机械通风或两者相结合的通风方式。地下电缆层、电缆隧道通风的进排风管口处应设有能自动关闭并带返回信号的防火阀。

5 地下液压站、润滑站等应设置机械通风装置，在送排风管穿过防火隔断处应设置防火阀。

7 通风系统的风机应与火灾自动报警系统连锁，当有火灾报警信号时，应能自动关闭通风机。

12.6.6 空气调节设计应符合下列要求：

3 空调设施应与火灾自动报警系统连锁，当有火灾报警信号时，自动关闭空调系统。

13 建筑与结构

13.1 一般规定

13.1.4 建筑、结构防火设计应符合现行国家标准《建筑设计防火规范》GB 50016 及《钢铁冶金企业设计防火规范》GB 50414 的有关规定。

13.2 主厂房

13.2.1 主厂房火灾危险性分类为丁类，耐火等级及构件的燃烧性能、耐火极限应符合现行国家标准《建筑设计防火规范》GB 50016 的有关规定。

14 安全、卫生与环保

14.2 安全

14.2.1 防火、防爆设计应符合国家现行标准《建筑设计防火规范》GB 50016、《钢铁冶金企业设计防火规范》GB 50414、《工业企业煤气安全规程》GB 6222 及《轧钢安全规程》AQ 2003 的有关规定。

104.《高炉炼铁工程设计规范》GB 50427—2015

5 总图运输

5.0.1 炼铁车间宜靠近原料场、焦化、烧结、球团、炼钢等车间。设施的布置应符合现行国家标准《钢铁企业总图运输设计规范》GB 50603、《钢铁冶金企业设计防火规范》GB 50414 及《建筑设计防火规范》GB 50016 的有关规定。

15 电气及自动化

15.1 电气

15.1.1 供电系统设计应符合下列规定：

2 高炉炼铁系统主体生产设施负荷应按一级和二级负荷供电。当一级负荷中在断电时可能造成重大损失的消防设备、安全保护设备、自动化控制设备等特别重要设备，还应增设UPS电源、柴油发电机等应急电源。设备供电电源切换时间应满足设备允许中断供电要求。电源中断不会对生产产生影响的辅助生产设施、生活辅助设施、检修设施等应按三级负荷供电。

15.1.6 电气工程设计应符合下列规定：

1 防火设计应符合现行国家标准《建筑设计防火规范》GB 50016 和《钢铁冶金企业设计防火规范》GB 50414 的有关规定。

15.4 电信

15.4.1 高炉炼铁车间电信系统设计应符合下列规定：

5 电气室、计算机室、主控楼、液压站、变电所和电缆隧道等场所的火灾自动报警系统设计，应符合现行国家标准《钢铁冶金企业设计防火规范》GB 50414 的有关规定。

15.4.2 高炉炼铁车间电信系统供电应符合下列规定：

1 火灾自动报警系统供电应符合现行国家标准《火灾自动报警系统设计规范》GB 50116 和《钢铁冶金企业设计防火规范》GB 50414 的有关规定。

16 给水排水

16.0.3 高炉炼铁工程应设置工业和生活给水、排水设施、消防给水设施。

19 建筑和结构

19.1 一般规定

19.1.3 建筑防火设计应符合现行国家标准《建筑设计防火规范》GB 50016 和《钢铁冶金企业设计防火规范》GB 50414 的有关规定。建筑防腐设计应符合现行国家标准《工业建筑防腐蚀设计规范》GB 50046 的有关规定。

21 安全与环保

21.3 消防

21.3.1 高炉炼铁工程应设置消防系统，并应与主体工程同时设计。

21.3.2 建筑消防设计应确定建筑物耐火等级、防火间距、消防通道和建筑物防雷保护措施。

21.3.3 电气消防设计应采取电气设备接地、接零，电动机短路、过负荷保护，电缆防火、堵火措施，并应设置火灾自动报警系统等措施。

21.3.4 炼铁区域消防系统设计应符合现行国家标准《建筑设计防火规范》GB 50016、《建筑灭火器配置设计规范》GB 50140 和《钢铁冶金企业设计防火规范》GB 50414 的有关规定。

105.《炼焦工艺设计规范》GB 50432—2007

7 烟尘治理

7.1 装煤烟尘治理

7.1.3 干式除尘地面站式的焦炉装煤烟尘治理系统的设计应符合下列规定：

1 装煤车上的烟尘捕集设施，应具备防止可燃气体发生爆炸的功能，并应设置安全泄爆装置。

3 应设置阻断烟尘中高温明火颗粒的设施。

7.2 出焦烟尘治理

7.2.3 干式除尘地面站式的焦炉出焦烟尘治理系统的设计应符合下列规定：

1 应设置阻断烟尘中高温明火颗粒的设施。

7.3 干熄焦烟尘治理

7.3.3 干熄焦环境烟尘治理系统的干式除尘地面站设计应符合下列规定：

1 应对干熄炉顶装入装置和预存室事故放散口收集的烟尘，设置高温明火颗粒阻断处理设施。

8 电气与自动化

8.1 炼焦电气与自动化

8.1.7 焦炉交换机室、控制室和配电室等场所必须设置火灾检测及报警装置。

8.2 干熄焦电气与自动化

8.2.8 干熄焦综合电气室必须设置火灾检测及报警装置。

106.《炼钢工程设计规范》GB 50439—2015

3 基本规定

3.0.11 炼钢工程选址和总平面布置应符合国家现行标准《工业企业总平面设计规范》GB 50187、《钢铁企业总图运输设计规范》GB 50603、《建筑设计防火规范》GB 50016、《钢铁冶金企业设计防火规范》GB 50414、《炼钢安全规程》AQ 2001 的有关规定和国家现行有关黑色金属冶炼及压延加工业职业卫生防护技术规范。

4 铁水预处理

4.2 粉剂

4.2.4 采用碳化钙、炭粉、镁粉作脱硫剂时，其贮存、运输与使用，应采取防火、防爆、防潮等安全措施。

10 电力

10.4 变（配）电所及电气室

10.4.2 在爆炸危险环境设置的电气室应符合现行国家标准《爆炸危险环境电力装置设计规范》GB 50058 的有关规定。

10.4.7 当电弧炉及钢包精炼炉变压器容量大于或等于 40MV·A 时，变压器室应设置自动灭火系统。

10.6 电气工程

10.6.1 防火设计应符合现行国家标准《建筑设计防火规范》GB 50016 及《钢铁冶金企业设计防火规范》GB 50414 的有关规定。

11 仪表

11.1 仪表选型设计

11.1.5 有毒、易燃、易爆气体成分监测仪表应带就地声光报警，并可在有关控制室及必经道路入口处设显示及声光报警。

11.4 仪表防护与安全

11.4.6 在大型电缆通廊内应选用阻燃电缆。

12 电信

12.0.1 炼钢车间电信系统设计应符合下列规定：
　　4 电气室、过程计算机室、主控楼、变电所和电缆隧道等场所应设置火灾自动报警系统，其设计应符合现行国家标准《钢铁冶金企业设计防火规范》GB 50414 的有关规定。

12.0.2 炼钢车间电信系统供电应符合下列规定：
　　1 火灾自动报警系统供电应符合现行国家标准《火灾自动报警系统设计规范》GB 50116 和《钢铁冶金企业设计防火规范》GB 50414 的有关规定。

14 给水排水

14.1 一般规定

14.1.6 炼钢工程给水排水工程设计应符合现行国家标准《钢铁企业给水排水设计规范》GB 50721、《钢铁企业节水设计规范》GB 50506、《钢铁冶金企业设计防火规范》GB 50414、《工业循环冷却水处理设计规范》GB 50050 的有关规定。

16 采暖通风空调及除尘

16.4 空调

16.4.2 炼钢系统空调机组应与火灾报警装置联锁，有火灾发生时，空调机组自动停机。

17 燃气

17.2 转炉煤气净化回收系统

17.2.8 系统布置应符合下列规定：
　　6 转炉煤气风机房的操作室和配电室不应设置在风机房主车间内，贴邻风机房主车间时，应采用无门窗洞口的防火墙隔开，若必须在防火墙上开观察窗时，应设置密封固定的甲级防火隔音窗。

17.3 燃气介质阀站和管网

17.3.3 氧气管道设计应符合下列规定：
　　2 进炼钢车间氧气主管切断阀门后和转炉氧枪金属软管前应设铜管阻火器。
　　6 供切焊用氧气支管及切焊工具或设备用软管连接时，供氧阀门及切断阀应设在用不燃烧体材料制作的保护箱内。
　　7 氧气管道应敷设在不燃烧体支架上。

18 建筑与结构

18.1 一般规定

18.1.3 建筑防火设计应符合现行国家标准《建筑设计防火

规范》GB 50016及《钢铁冶金企业设计防火规范》GB 50414的有关规定。

19 总图运输

19.2 厂区平面布置

19.2.3 值班室不应设置在氧气、煤气管道上方。值班室距氧气、煤气管道及其他易燃易爆气体、液体管道的水平净距和垂直净距应符合氧气、煤气等设计安全规定。

19.2.4 炼钢生产配套的氧气站、煤气柜应为独立区域并满足相应的规范要求。

19.2.13 厂内建筑物、构筑物之间的安全间距应符合现行国家标准《建筑设计防火规范》GB 50016、《钢铁企业总图运输设计规范》GB 50603的有关规定。

20 安全与环保

20.1 安 全

20.1.3 炼钢工程针对火灾、爆炸、机械伤害、起重伤害、触电、物体打击、车辆伤害、高处坠落、淹溺、灼烫、坍塌、中毒和窒息等的安全设计应符合现行行业标准《炼钢安全规程》AQ 2001的有关规定。

20.2 消 防

20.2.3 炼钢工程消防设计应符合现行国家标准《建筑设计防火规范》GB 50016、《钢铁冶金企业设计防火规范》GB 50414的有关规定。

20.2.4 工程设计应按建设项目消防审查意见进行优化完善。

107.《钢铁厂工业炉设计规范》GB 50486—2009

3 轧钢加热炉

3.4 不锈钢和硅钢板坯加热炉

3.4.5 炉底步进机械的设计应符合下列要求：

5 液压站应设置通风、消防和火灾自动报警系统。

4 轧钢热处理炉

4.2 冷轧宽带钢热处理作业线

4.2.8 罩式退火炉退火过程的检测和控制应自动进行，中间可进行人工干预，自动检测控制系统应符合下列要求：

4 应设置区域防火、防爆的监控、报警系统。

8 安全卫生与环境保护

8.1 安全卫生

8.1.1 工业炉设计应符合现行国家标准《建筑设计防火规范》GB 50016 和《钢铁冶金企业设计防火规范》GB 50414 的有关规定。

8.1.2 工业炉的防爆应符合下列要求：

1 燃煤气的工业炉设计必须符合现行国家标准《工业企业煤气安全规程》GB 6222 的有关规定。

2 燃煤气的工业炉，空气管道上应设防爆阀，煤气管道上也可设防爆阀。

3 空气、煤气双蓄热式工业炉必须设置双烟囱排烟系统。

4 炉内气氛与空气达到一定混合比后，在一定温度下有爆炸可能的工业炉，在炉体的相应部位必须设有防爆装置。

108.《铁矿球团工程设计标准》GB/T 50491—2018

3 基本规定

3.0.2 铁矿球团厂总图应布置合理、流程顺畅、利用地形、节约用地,且总图运输设计应符合下列规定:

2 总平面布置应在满足工艺流程和消防、防洪的前提下,做到物流短捷、布置紧凑、功能分区明确。建筑物宜布置在土质均匀和地基承载力高的区域,易产生扬尘的生产设施应布置在主导风向的下风向。

4 厂区道路应满足运输、消防、安全、检修要求。大型设备和物件场地应满足运输、安装和检修要求。主干道路宜采用环形布置并与车间轴线平行。厂区内道路设计应符合现行国家标准《钢铁企业总图运输设计规范》GB 50603 的规定。

6 厂区管线布置宜采用共沟或共架方式,并应满足防火、防爆以及维护检修的要求。

5 球团工艺

5.3 燃料的准备和处理

5.3.2 使用液体燃料时,燃油系统设计应符合下列规定:

7 在燃油装卸和储存区域应设置隔离措施,并应满足防火、防爆、防雷、防静电要求。

7 电气与自动化

7.1 电 气

7.1.11 室外电缆宜采用架空桥架、电缆沟或电缆隧道等方式敷设,室内电缆宜采用桥架或电缆沟、穿钢管直埋或吊挂等方式敷设,高温区及其附近应采用耐高温、防火电缆,并应做隔热防护。

7.2 自 动 化

7.2.6 火灾自动报警装置应采用区域型报警系统,并应与主要消防设备联动。

8 辅助设施

8.1 除尘、通风、采暖、空调

8.1.4 有易燃易爆环境的建筑物或有防火防爆要求的单独房间应单独设置机械通风;放散大量有害气体或有爆炸危险气体的建筑物应设置事故通风装置;地下通廊等地下建筑物应设置机械通风,机械通风换气次数宜 3 次/h～5 次/h。对生产中产生蒸汽的封闭或半封闭区域宜单独设置屋顶机械通风。

8.2 给水、排水

8.2.1 铁矿球团厂应设置生产和生活给水及排水设施和消防给水设施。给水、排水管路的布置应方便检查、维护和检修。

8.2.5 消防给水设施和室内外消防给水系统设置应符合现行国家标准《建筑设计防火规范》GB 50016 和《钢铁冶金企业设计防火规范》GB 50414 的有关规定。

8.4 建筑与结构

8.4.2 建筑防火设计应符合现行国家标准《建筑设计防火规范》GB 50016 的有关规定。

12 安全、职业卫生与消防

12.1 一般规定

12.1.1 铁矿球团工程设计应包括安全、职业卫生与消防设计,并在初步设计时单独成篇,其内容应符合国家相关技术要求。

12.1.2 安全、工业卫生与消防设施应与主体工程同时设计、同时施工、同时投产使用。

12.2 安 全

12.2.2 铁矿球团工程设计应采用抗震、防火、防爆、防雷电、防洪设施。燃气应有自动切断保护措施,燃烧装置应有防止回火和熄火保护装置并设置固定式及便携式监测装置,工艺烟气系统防爆措施应根据烟气和粉尘性质确定。

12.4 消 防

12.4.1 防火设计应符合现行国家标准《建筑设计防火规范》GB 50016 和《钢铁冶金企业防火设计规范》GB 50414 的有关规定。

12.4.2 消防系统应包括气体消防、室内外消防给水、火灾监测与自动报警系统。

12.4.3 建筑消防设计应包括建筑物火灾危险性分类、耐火等级和防火间距、消防通道和建筑物防雷保护以及防火设施设计。

12.4.4 电气消防设计应包括电器设备的接地、接零,电动机的短路、过负荷保护,电缆的防火、堵火措施以及火灾自动报警装置。电气室应设气体或超干细粉等固定消防设施。

12.4.5 厂区及电气室应设置消防监控装置。

109.《高炉煤气干法袋式除尘设计规范》GB 50505—2009

7 电气、自动化检测与控制

7.2 电 气

7.2.2 干法袋式除尘属煤气区,危险区域应为2区。电气设计应符合现行国家标准《爆炸和火灾危险环境电力装置设计规范》GB 50058的有关规定。

7.2.6 干法袋式除尘的电气自动化装置、设施、管道的接地应符合现行国家标准《爆炸和火灾危险环境电力装置设计规范》GB 50058 和《交流电气装置的接地》DL/T 621 的规定。

8 安全与环保

8.0.10 干法袋式除尘布置应设有消防通道和消防水源。

110.《钢铁企业总图运输设计规范》GB 50603—2010

5 总平面布置

5.1 一般规定

5.1.10 钢铁企业建筑物、构筑物之间及其与铁路、道路之间的防火间距,以及消防通道的设置应执行国家现行有关标准的规定。

5.13 动力设施

5.13.8 天然气配气站应布置在天然气总管进厂方向且至各用户支管短捷的地点,并应位于有明火生产车间和散发火花地点常年最小频率风向的下风侧。天然气配气站点火放空管的位置必须会同消防等有关部门联合选定。

5.16 仓库及堆场

5.16.2 木材堆场应布置在明火生产及散发火花地点常年最小频率风向的下风侧。

5.16.3 燃油贮罐、贮气罐应按下列规定布置:
 2 贮气罐应布置在靠近气源且与用户管道联系便捷、通风良好的地段。
 3 燃气及燃油贮罐的布置应符合现行国家标准《工业企业煤气安全规程》GB 6222 及《石油库设计规范》GB 50074 中的相关规定,其周围应设有围墙及消防车道。

5.17 消防站

5.17.1 当企业单独设置消防站时,消防站的设计应符合国家现行有关法规和标准的规定。

5.17.2 企业消防站宜设在生产管理区或主要保护对象附近便于消防车迅速出动的地点。消防站的服务半径应以消防站接到出动指令后 5 分钟内消防车可到达辖区边缘为原则。

5.19 厂区出入口及围墙

5.19.1 厂(场)区出入口的布置应符合下列规定:
 1 应满足人流、物流、安全和消防要求。

7 管线综合布置

7.1 一般规定

7.1.4 甲、乙、丙类液体以及可燃、有毒气体管道应采用管廊(架)敷设;当采用管廊(架)敷设困难时,可埋地敷设。但发生炉煤气、水煤气、半水煤气、高炉煤气和转炉煤气等一氧化碳(CO)含量较高气体的管道不应埋地敷设。

7.1.6 管线输送的介质具有毒性、可燃、易燃、易爆性质时,严禁穿越与该管线无关的建筑物、构筑物、工艺装置、生产单元及贮罐区等。

7.3 地上管线

7.3.1 地上管线布置应符合下列规定:
 1 管线、管线附属设施、管线支架(墩)及支架(墩)基础的布置不应影响交通运输和消防安全。
 4 甲、乙、丙类液体管道及燃气管道不应穿过与该管道无生产联系的建筑物、生产装置及贮罐区。
 5 甲、乙、丙类液体管道及燃气管道不应在存放易燃、易爆物品的堆场和仓库区内敷设,并应避开腐蚀性较强的生产、贮存和装卸设施。
 6 架空电力线路严禁跨越爆炸性气体环境,严禁跨越火灾危险区域;不应跨越储存易燃、易爆物品的仓库区。

7.3.3 建筑物、构筑物墙面支撑式敷设的管线应符合下列规定:
 2 有火灾危险,有腐蚀或有毒介质的管道除使用该管道的建筑物外,不得沿建筑物墙面支撑敷设。

8 绿 化

8.2 绿化布置

8.2.1 厂区绿化布置应符合下列规定:
 3 不得妨碍生产操作、水冷却设施的自然通风、物料运输、设备检修和消防作业。

12 矿山道路运输

12.5 道路养护及辅助运输设备

12.5.2 专用辅助运输设备数量宜符合表 12.5.2 的规定,并应符合下列要求:
 2 消防车的配置应与当地消防部门协商确定。

13 钢铁厂道路运输

13.1 一般规定

13.1.2 厂内道路运输设计应符合下列基本要求:
 9 应满足消防要求。

111.《高炉喷吹煤粉工程设计规范》GB 50607—2010

5 建筑物、构筑物

5.0.1 高炉喷吹煤粉工程的建筑物、构筑物应符合下列规定:

　　3 煤的储运、制粉和喷吹系统的建筑物、构筑物的火灾危险性分类、耐火等级及其构件的燃烧性能、耐火极限应符合现行国家标准《钢铁冶金企业设计防火规范》GB 50414 和《建筑设计防火规范》GB 50016 的有关规定。

8 防火、安全、环保

8.0.1 高炉喷吹煤粉工程中的烟气炉、储运、制粉和喷吹系统的建筑物、构筑物的火灾危险性分类应符合下列规定:
　　1 敞开式和半敞开式厂房应为丙类。
　　2 封闭式厂房应为乙类。

8.0.2 干煤棚采用钢结构时,煤堆设计高度及以上1.5m范围内的钢结构应采取有效的防火保护措施,其耐火极限不应低于1.0h。

8.0.3 烟气炉、制粉和喷吹系统厂房的疏散出口不应少于2个,应设置双安全通道。厂房内应设置足够的走梯和平台,并在平台地坪应设置水冲洗设施或其他清扫煤粉设施。

8.0.4 烟气炉、制粉和喷吹系统厂房周围应设消防车通道,厂房内应设消防水系统以及与消防站直通的报警电话。

8.0.5 高炉喷吹煤粉系统应设置高压或临时高压消防设施,其供水流量及水压应满足各层平台消防要求。

112.《钢铁企业节能设计标准》GB/T 50632—2019

4 主体工艺流程

4.3 球团

4.3.11 链箅机—回转窑—环冷机、带式焙烧机炉体应完善耐火材料构成,并应加强绝热和保温性能。

6 配套生产工艺

6.4 耐火材料

6.4.1 耐火材料设计应根据生产品种要求简化流程、紧凑布置。

6.4.3 煅烧耐火原料应采用回转窑、机械化竖窑。

6.4.4 烧成耐火制品应采用隧道窑、梭式窑。

113.《钢铁企业给水排水设计规范》GB 50721—2011

12 给水排水管道

12.1 一般规定

12.1.4 厂区生产新水、消防水的配水管网主干管道应布置成环状,管网分期建设时应按规划要求预留环状管道接口。回用水、软水、除盐水、生活水等管网可布置成枝状。管网输水能力设计应按现行国家标准《室外给水设计规范》GB 50013 的有关规定执行。

12.4 管材及附属构件

12.4.1 建筑物内生活、消防给水排水管道的选材,应符合现行国家标准《建筑给水排水设计规范》GB 50015 的有关规定。

12.4.3 给水管道阀门设置应符合下列要求:

3 环状管网供水干管段检修阀门的设置,不应同时关闭多于 3 个供水支管或 5 个室外消火栓。

114. 《挤压钢管工程设计规范》GB 50754—2012

9 电气自动化

9.3 电信系统

9.3.1 挤压车间电信系统设计应符合下列规定:

5 电气室、过程计算机室、电缆隧道以及油压泵房及须防火的地下室等场所,应设置火灾自动报警系统。系统设计应符合现行国家标准《钢铁冶金企业设计防火规范》GB 50414 的有关规定。

9.3.2 电信系统供电应符合下列规定:

1 火灾自动报警系统供电,应符合现行国家标准《火灾自动报警系统设计规范》GB 50116 和《钢铁冶金企业设计防火规范》GB 50414 的有关规定。

12 安全与环保

12.1 安 全

12.1.2 挤压钢管工程的消防应符合现行国家标准《钢铁冶金企业设计防火规范》GB 50414 的有关规定。

115.《冷轧带钢工厂设计规范》GB 50930—2013

4 工艺及设备

4.4 车间布置

4.4.5 设备之间、设备与建（构）筑物之间的空间应满足生产、操作、安装、检修及消防的要求。

5 总平面布置

5.0.4 冷轧带钢工厂的建（构）筑物之间及建（构）筑物与铁路、道路、管线之间的安全防护间距以及防振、防噪声间距应符合现行国家规范《钢铁企业总图运输设计规范》GB 50603、《钢铁冶金企业设计防火规范》GB 50414 和《建筑设计防火规范》GB 50016 的有关规定。

7 电气传动及电气工程

7.1 低压供配电系统

7.1.2 消防设备用电负荷等级，应符合现行国家标准《建筑设计防火规范》GB 50016 的有关规定。

7.3 电气工程

7.3.7 防火设计应符合现行国家标准《建筑设计防火规范》GB 50016 和《钢铁冶金企业设计防火规范》GB 50414 的有关规定。

7.3.11 爆炸和火灾危险环境设计应符合现行国家标准《爆炸和火灾危险环境电力装置设计规范》GB 50058 的有关规定。

11 公辅设施

11.6 暖通设施

11.6.3 通风设计应符合下列规定：
   3 无空调或无特殊室温要求的电气室、电缆层、电缆隧道可采用自然通风、机械通风或两者相结合的通风方式。地下电缆层、电缆隧道通风的排风管穿过防火隔断、楼板等处应设有能自动关闭并带返回信号的防火阀。
   4 地下液压站、锌锅地下室等应设置机械通风装置，在送排风管穿过防火隔断处应设有能自动关闭并带返回信号的防火阀。

11.6.4 空气调节设计应符合下列规定：
   4 在设置火灾报警系统区域，空调设施应与火灾报警系统连锁控制并反馈执行状态信号。

11.7 管道布置

11.7.8 给排水管道设计应符合下列规定：
   2 厂区的生产、消防给水管道应环状布置；生活给水管道可支状布置。

12 建筑与结构

12.1 一般规定

12.1.3 建筑防火设计应符合现行国家标准《建筑设计防火规范》GB 50016 和《钢铁冶金企业设计防火规范》GB 50414 的有关规定。

14 安全与消防

14.1 安全与工业卫生

14.1.2 安全设计应符合下列规定：
   1 防火、防爆设计应符合国家现行标准《建筑设计防火规范》GB 50016、《钢铁冶金企业设计防火规范》GB 50414、《工业企业煤气安全规程》GB 6222 和《轧钢安全规程》AQ 2003 的有关规定；
   2 电气安全设计应符合国家现行标准《建筑设计防火规范》GB 50016、《钢铁冶金企业设计防火规范》GB 50414、《建筑物防雷设计规范》GB 50057、《爆炸和火灾危险环境电力装置设计规范》GB 50058、《建筑照明设计标准》GB 50034 和《轧钢安全规程》AQ 2003 的有关规定；
   3 燃气安全设计应符合现行国家标准《工业企业煤气安全规程》GB 6222、《城镇燃气设计规范》GB 50028、《深度冷冻法生产氧气及相关气体安全技术规程》GB 16912 和《氢气站设计规范》GB 50177 的有关规定。

14.2 消防

14.2.1 冷轧带钢工厂主要建（构）筑火灾危险性分类、耐火等级应符合表 14.2.1 的规定。

表 14.2.1 冷轧带钢工厂主要建（构）筑物火灾危险性分类、耐火等级

序号	车间及项目名称	生产类别	耐火等级	常用结构形式举例
1	主厂房	丁/戊	二级	钢结构
2	主厂房内操作室	丁	二级	轻钢结构

续表 14.2.1

序号	车间及项目名称	生产类别	耐火等级	常用结构形式举例
3	主厂房内小房	戊	二级	轻钢结构/砖混结构
4	机组电气室	丁	二级	钢筋混凝土框架结构
5	变电所、开关站	丙	二级	钢筋混凝土框架结构
6	电缆夹层	丙	二级	钢筋混凝土框架结构
7	电气室地下室	丙	二级	钢筋混凝土框架结构
8	胶辊剪刃修磨间、包装材料加工间	戊	二级	钢结构
9	循环水泵房	丁	二级	钢筋混凝土框架结构
10	废水处理站	戊	二级	钢筋混凝土框架结构
11	酸再生站（ARP）	丁	二级	钢筋混凝土框架结构，钢结构
12	调度楼	戊	二级	钢筋混凝土框架结构
13	压缩空气站	丁	二级	钢筋混凝土框架结构
14	锅炉房	丁	二级	钢筋混凝土框架、排架结构
15	蒸汽减温减压站	戊	二级	钢筋混凝土框架、排架结构
16	脱盐水站	戊	二级	钢筋混凝土框架、排架结构
17	煤气、氮气加压站	甲	二级	钢筋混凝土框架结构
18	制冷站	丁	二级	钢筋混凝土框架结构
19	办公楼	—	二级	钢筋混凝土框架结构
20	职工食堂、浴室	—	二级	钢筋混凝土框架结构

14.2.2 主要建（构）筑物的层数和防火分区的最大允许建筑面积、防火间距应符合现行国家标准《建筑设计防火规范》GB 50016 和《钢铁冶金企业设计防火规范》GB 50414 的有关规定。

14.2.3 消防车道的布置应符合现行国家标准《建筑设计防火规范》GB 50016 和《钢铁冶金企业设计防火规范》GB 50414 的有关规定。

14.2.4 建（构）筑物安全出口的设置应符合现行国家标准《建筑设计防火规范》GB 50016 和《钢铁冶金企业设计防火规范》GB 50414 的有关规定。

14.2.5 消防给水和灭火设施的设计应符合现行国家标准《建筑设计防火规范》GB 50016 和《钢铁冶金企业设计防火规范》GB 50414 的有关规定。

14.2.6 自动灭火系统的设置场所应符合现行国家标准《钢铁冶金企业设计防火规范》GB 50414 的有关规定。轧机地下室宜设置细水雾或气体自动灭火系统。

14.2.7 水喷雾灭火系统设计应符合现行国家标准《水喷雾灭火系统设计规范》GB 50219 的有关规定。

14.2.8 气体灭火系统设计应符合现行国家标准《气体灭火系统设计规范》GB 50370 和《二氧化碳灭火系统设计规范》GB 50193 的有关规定。

14.2.9 泡沫气体灭火系统设计应符合现行国家标准《泡沫灭火系统设计规范》GB 50151 的有关规定。

14.2.10 灭火器的配置应符合现行国家标准《建筑设计防火规范》GB 50016 和《建筑灭火器配置设计规范》GB 50140 的有关规定。

14.2.11 原料库、成品库、轧后库可不设置室内消火栓。

14.2.12 火灾自动报警系统的设计应符合现行国家标准《钢铁冶金企业设计防火规范》GB 50414 和《火灾自动报警系统设计规范》GB 50116 的有关规定。

14.2.13 电气消防设计应符合现行国家标准《钢铁冶金企业设计防火规范》GB 50414、《建筑设计防火规范》GB 50016 和《电力工程电缆设计规范》GB 50217 的有关规定。

14.2.14 建（筑）物的采暖、通风、空气调节和防烟排烟的设计应符合现行国家标准《建筑设计防火规范》GB 50016 和《钢铁冶金企业设计防火规范》GB 50414 的有关规定。

14.2.15 轧机排油雾管道应设置防火阀，与火灾自动报警系统联锁，并可自动关闭风机。

14.2.16 地下液压站、润滑站通风系统应设置防火阀，与火灾自动报警系统联锁，并可自动关闭风机。

14.2.17 消防设计应符合现行国家标准《钢铁企业总图运输设计规范》GB 50603 和《工业企业煤气安全规程》GB 6222 的有关规定。

116.《冶金烧结球团烟气氨法脱硫设计规范》GB 50965—2014

3 基本规定

3.0.5 脱硫系统应设置安全、消防、卫生设施。

5 总图布置

5.0.2 脱硫剂储存供给系统应布置在人流相对集中设施区的常年最小频率风向的上风侧。当脱硫剂为液氨时可用槽罐车或管道输送，总图布置应符合现行行业标准《火电厂烟气脱硝工程技术规范 选择性催化还原法》HJ 562 的有关规定，防火设计应符合现行国家标准《石油化工企业设计防火规范》GB 50160 的有关规定。

7 供配电与自动化

7.1 供配电

7.1.2 烟道挡板门为一级负荷，应设置应急电源装置。除烟道挡板门外，其余用电设备均为二级负荷，宜按两路电源供电。

7.1.5 电气系统的消防设计，应符合现行国家标准《建筑设计防火规范》GB 50016 和《钢铁冶金企业设计防火规范》GB 50414 的有关规定。

7.1.6 在液氨及高浓度氨水罐区装设的电气设备，应符合现行国家标准《爆炸和火灾危险环境电力装置设计规范》GB 50058 的有关规定。

7.1.7 照明系统的设计应符合现行国家标准《建筑照明设计标准》GB 50034 的有关规定。硫酸铵系统车间内应采用防腐灯具。

7.1.8 电缆选择与敷设应符合现行国家标准《电力工程电缆设计规范》GB 50217 的有关规定。电缆敷设应采取阻燃、防火封堵措施，并宜采用阻燃电缆，硫酸铵车间的电缆宜选用交联聚乙烯绝缘电缆，脱硫系统的电缆桥架宜采用玻璃钢材质。

7.2 自动化

7.2.6 在危险场所装设的仪表、控制装置，应符合现行国家标准《爆炸和火灾危险环境电力装置设计规范》GB 50058 的有关规定。

7.2.7 火灾报警及联动装置应符合现行国家标准《钢铁冶金企业设计防火规范》GB 50414 的有关规定。设备选型应与主体工程一致。

7.2.8 氨（氨水）罐区应设置固定式氨含量检测仪表，并可声光报警。氨泄漏检测报警仪的设置数量应符合现行国家标准《火灾自动报警系统设计规范》GB 50116 的有关规定。液氨及高浓度氨水罐区属于 2 区爆炸危险场所，所有现场检测仪表防爆等级不应低于 ExdⅡBT4。

10 安全、环保与节能

10.0.4 防火、防爆设计应符合现行国家标准《建筑设计防火规范》GB 50016、《石油化工企业设计防火规范》GB 50160、《建筑内部装修设计防火规范》GB 50222 和《火力发电厂与变电站设计防火规范》GB 50229 的有关规定。

10.0.7 氨罐和氨管道的防火防爆措施应符合下列要求：

1 应设置可靠的防火防爆措施和火灾报警系统，合理选择和配备消防设施；

2 贮罐和管线在安装投用前、检修前、检修后的投用前应使用氮、蒸汽等介质置换或保护，经检测合格后方可使用或检修；

3 在氨罐区敷设电缆时，应采取阻燃措施或采用阻燃电缆；

4 应有消除静电和防雷击等措施，设备、管线应接地。

117.《工业企业干式煤气柜安全技术规范》GB 51066—2014

1 总 则

1.0.2 本规范适用于工业企业储存发生炉、高炉、焦炉、转炉、铁合金等人工煤气和主要可燃组分为甲烷的天然气、煤层气、矿井气等天然可燃气体,工作表压力小于20kPa,有效容积不大于600000m³的干式煤气柜工程设计、施工和运行管理中的安全要求。

2 术 语

2.0.9 柜区 gasholder area

干式柜围墙(含栅栏)以内的区域,柜区内包含柜体、围墙、大门、消防车道及消防设施、公用介质管道及计量、配电室和控制室等干式柜附属设施。

3 基 本 规 定

3.0.10 进入投运后的干式柜活塞上部工作的人员应携带煤气浓度测定仪和防爆型无线对讲机,穿戴好劳动保护用品,不应穿易产生火花的鞋、袜,不得携带手机、火种及易燃、易爆物品,在活塞上宜使用不发火花的工具。

3.0.11 柜区内严禁烟火。干式柜侧板外侧6m范围内不应有障碍物、腐蚀性物质和易燃物。

3.0.12 运行中的干式柜柜体侧板外侧40m范围内的动火作业应执行动火审批制度。

4 设 计

4.1 柜址选择和防火防爆要求

4.1.2 干式柜与其他建、构筑物的防火间距应符合下列规定:

  1 干式柜与建筑物,可燃液体储罐,堆场和室外变、配电站之间的防火间距应符合下列规定:

   1) 干式柜与建筑物,可燃液体储罐、堆场和室外变、配电站之间的防火间距不应小于表4.1.2的规定。
   2) 当煤气的相对密度比空气大时,干式柜与建筑物、可燃液体储罐、堆场的防火间距,应按表4.1.2规定增加25%;当煤气的相对密度比空气小时,应按表4.1.2的规定执行。
   3) 当一、二级耐火等级的厂区建筑物内无人值守时,可仍按表4.1.2的规定执行。
   4) 煤气进出口管地下室、油泵站房和外部电梯间等附属设施与干式柜的防火间距,可按工艺要求布置。

  2 干式柜与电捕焦油器、电除尘器和加压机等露天燃气工艺装置的防火间距应符合下列规定:

表4.1.2 干式柜与建筑物、可燃液体储罐、堆场和室外变、配电站的防火间距(m)

名称	干式柜的有效容积V(m³)					
	V<1000	1000≤V<10000	10000≤V<50000	50000≤V<100000	100000≤V<300000	300000<V≤600000
甲类物品仓库,明火地点或散发火花的地点,甲、乙、丙类液体储罐,可燃材料堆场,室外变、配电站	20.0	25.0	30.0	35.0	40.0	45.0
高层民用建筑	25.0	30.0	35.0	40.0	45.0	50.0
裙房、单层或多层民用建筑	18.0	20.0	25.0	30.0	35.0	40.0
其他建筑 耐火等级 一、二级	12.0	15.0	20.0	25.0	25.0	30.0
其他建筑 耐火等级 三级	15.0	20.0	25.0	30.0	35.0	40.0
其他建筑 耐火等级 四级	20.0	25.0	30.0	35.0	40.0	45.0

注:1 干式柜的有效容积(V)指单柜有效容积;
　　2 防火间距以干式柜的侧板外壁计;
　　3 明火地点是指室内外有外露火焰或赤热表面的固定地点。散发火花的地点是指有飞火的烟囱或室外的砂轮、电焊、气焊等固定地点。

   1) 在柜区围墙外与干式柜无关的露天燃气工艺装置可按一、二级耐火等级的建筑物确定其与干式柜的防火间距。
   3) 在柜区围墙内不与干式柜配套运行的露天燃气工艺装置与干式柜的防火间距应按以下原则确定:燃气密度轻于空气时不宜小于15m;燃气密度重于空气时不宜小于18m。
   4) 确定防火间距时应方便施工。

注:在计算防火间距时,室外电捕焦油器、电除尘器和加压机等露天燃气工艺装置以设备本体水平投影的外缘为准。

  3 干式柜与不燃气体储罐之间的防火间距不宜小于6m,且不应妨碍消防作业。

  4 干式柜与可燃气体储罐之间、助燃气体储罐之间或干式柜与铁路、道路的防火间距,干式柜与架空电力线的最近水平距离均应按现行国家标准《建筑设计防火规范》GB 50016 的有关规定执行。

  5 干式柜侧板外壁与实体围墙的间距，应按现行国家标准《钢铁冶金企业设计防火规范》GB 50414 的有关规定执行。在采用栅栏围墙时，栅栏围墙与柜体侧板外壁的净距不宜小于 6m，且栅栏围墙与外部电梯机房或油泵站房等的净距不宜小于 5m。

4.1.3 干式柜的消防水设计应符合下列要求：

  3 柜区的消防水量应按有效容积最大的 1 座干式柜的消防水量确定；

  4 需设置环状消防给水管网的干式柜，当只有 1 条给水管道时，应设置消防水池及消防水泵房；

  5 干式柜的消防水设计还应符合现行国家标准《建筑设计防火规范》GB 50016 的有关规定。

4.1.4 干式柜建筑灭火器的配置应符合现行国家标准《建筑灭火器配置设计规范》GB 50140 的有关规定。

4.1.6 干式柜防爆分区应符合下列规定：

  1 干式柜活塞与柜顶间的空间和煤气进出口管地下室应为防爆 1 区；

  2 干式柜侧板外 3.0m 范围内，柜顶上 4.5m 范围内和油泵站内应为防爆 2 区；

  3 干式柜外部电梯机房和井道内的电气装置应按防爆 2 区配置。

4.5 柜体工艺配置的其他要求

4.5.2 活塞走行系统设计应符合下列要求：

  4 稀油柜必须设防回转装置，防回转装置的接触面应有防止撞击产生火花的措施。

4.5.7 供电、照明和防雷设计应符合下列规定：

  2 柜区消防用电应符合现行国家标准《建筑设计防火规范》GB 50016 的有关规定。

  3 照明设计应符合下列要求：

    4）柜区的消防应急照明和消防疏散指示标志应符合现行国家标准《建筑设计防火规范》GB 50016 的有关规定。

4.5.9 通信设计应符合下列要求：

  3 控制室火灾自动报警系统的设计应符合现行国家标准《火灾自动报警系统设计规范》GB 50116 的有关规定。

5 施工和验收

5.2 施 工

5.2.4 柜体施工期间下列部位应设置建筑灭火器：

  1 基础周边、活塞表面、柜顶和外部悬挂操作平台；

  2 油漆储存间、氧气储存间、乙炔储存间和储存可燃物的库房；

  3 密封装置的组装区域。

5.2.8 密封橡胶制品及兜底帆布等非金属件安装过程中应采取可靠的防火措施。

118.《钢铁企业喷雾焙烧法盐酸废液再生工程技术规范》GB 51093—2015

4 工艺设计

4.2 工艺配置

4.2.10 盐酸再生站房内必须设置固定式危险气体泄漏检测及报警装置。

7 站房设计

7.2 总图布置

7.2.3 盐酸再生站房外宜设计氧化铁粉、新酸运输、大型设备检修通道,应设计消防通道。

7.8 建筑与结构

7.8.1 建筑设计应符合下列规定:

3 门窗的设计在满足自然通风、采光等要求的前提下,其材质应满足防火、防腐蚀、保温隔热等要求。

12 安全与消防

12.0.3 盐酸再生站的建筑物、消防设施等的设计应符合现行国家标准《建筑设计防火规范》GB 50016 和《钢铁冶金企业设计防火规范》GB 50414 的有关规定。

12.0.4 灭火器的配置应符合现行国家标准《建筑灭火器配置设计规范》GB 50140 的有关规定。

12.0.5 火灾自动报警系统的设计应符合现行国家标准《火灾自动报警系统设计规范》GB 50116 的有关规定。

119.《钢铁企业煤气储存和输配系统施工及质量验收规范》GB 51164—2016

1 总　则

1.0.2 本规范适用于高炉煤气、转炉煤气、焦炉煤气或主要可燃成分为甲烷的可燃性气体，工作压力小于或等于 20kPa，有效容积小于或等于 300000m³ 干式煤气储存和输配系统的施工及质量验收。

8 辅助设施

8.2 自动化仪表

8.2.1 安装在爆炸和火灾危险环境的仪表、仪表线路、电气设备及材料，应符合技术文件的规定。防爆设备应有铭牌和防爆标志，并在铭牌上标明国家授权的部门所发给的防爆合格证编号。

检查数量：全数检查。
检查方法：对照技术文件检查。

8.3 火灾报警

8.3.1 火灾自动报警系统的布线，应符合现行国家标准《火灾自动报警系统施工及验收规范》GB 50166 的有关规定，对导线的种类、电压等级进行检查。

检查数量：全数检查。
检查方法：观察检查、对照技术文件检查。

8.3.2 不同系统、电压等级、电流类别的线路，不应穿在同一管内或线槽的同一槽孔内。

检查数量：全数检查。
检查方法：观察检查。

8.3.3 导线在管内或线槽内，不应有接头或扭结。导线的接头，应在接线盒内焊接或用端子连接。

检查数量：全数检查。
检查方法：观察检查。

8.3.4 线型火灾探测器和可燃气体探测器等有特殊安装要求的探测器，应符合现行国家标准《火灾自动报警系统施工及验收规范》GB 50166 的有关规定。

检查数量：全数检查。
检查方法：观察检查。

8.3.5 探测器的底座应固定牢靠，其导线连接应可靠压接或焊接。当采用焊接时，不得使用带腐蚀性的助焊剂。

检查数量：全数检查。
检查方法：观察检查。

8.3.6 系统调试应符合下列规定：

1 火灾自动报警系统调试，应先分别对探测器、区域报警控制器，集中报警控制器、火灾警报装置和消防控制设备等逐个进行单机通电检查，合格后进行系统调试。

2 火灾自动报警系统的主电源和备用电源各项控制功能和联动功能及容量应符合现行国家标准《火灾自动报警系统设计规范》GB 50116 的有关规定。

3 探测器应采用专用的检查仪器逐个进行试验，结果应符合技术文件要求。

4 火灾自动报警系统应在连续运行 120 小时无故障后，填写调试报告。

8.4 消防与给排水

8.4.1 消防与给排水设施的安装应符合现行国家标准《建筑给水排水及采暖工程施工质量验收规范》GB 50242 和《工业金属管道工程施工质量验收规范》GB 50184 的有关规定。

10 调　试

10.5 辅助设施

10.5.3 火灾报警和通信设施应符合下列规定：

1 火灾报警器应经过检测合格。
检查数量：全数检查。
检查方法：检查出厂检测报告。

2 通信系统应畅通。
检查数量：全数检查。
检查方法：模拟检查法。

10.5.4 消防与给排水设施应符合下列规定：

1 消防系统与火灾报警信号应符合设计要求。
检查数量：全数检查。
检查方法：模拟检查法。

2 水泵的电缆线路绝缘性能应满足电气设备调试要求，电流应在额定电流范围之内。
检查数量：全数检查。
检查方法：测量绝缘性能和电机运行电流，结果应符合设计要求。

3 水泵进水口与出水口压力、流量等测量值应符合设计要求。
检查数量：全数检查。
检查方法：与设计对照检查。

120.《人工制气厂站设计规范》GB 51208—2016

8 厂址选择和厂区布置

8.1 一般规定

8.1.3 厂区布置的防火间距应符合现行国家标准《建筑设计防火规范》GB 50016 和《石油化工企业设计防火规范》GB 50160 的有关规定，并应符合下列规定：

1 煤的干馏制气应符合现行国家标准《焦化安全规程》GB 12710 的有关规定；

2 油（气）低压循环催化改质制气应符合现行国家标准《石油天然气工程设计防火规范》GB 50183 的有关规定。

8.1.12 工厂消防站的设置，应根据企业的规模、火灾危险性及周边区域协作条件等因素确定。

10 辅助设施

10.1 电气与仪表自动化

10.1.3 煤的干馏制气，电气与仪表自动化设计应符合下列规定：

9 焦炉应设置下列检测装置：

 6）可燃（有毒）气体检测报警系统。

10.1.4 干馏煤气的净化，电气与仪表自动化设计应符合下列规定：

7 煤气鼓风机室、煤气加压机室应设置可燃（有毒）气体检测报警系统。

10.1.5 煤的压力气化制气，电气与仪表自动化设计应符合下列规定：

3 压力气化的制气装置和煤气净化装置应设置可燃（有毒）气体检测报警系统；

10.2 给排水与消防

10.2.1 人工制气厂站给水系统设计应符合下列规定：

2 宜采用生产、生活、消防合并的给水管网进行供水；水源水质不能满足生活用水标准的，生活给水管网与生产消防给水管网应单独设立；生活给水管网可按枝状管网布置，生产消防给水管网应按环状管网布置；

10.2.3 人工制气厂站宜设生产事故贮水池，且应与厂区消防贮水池合并考虑。生产事故贮水量不应小于 8h 生产用水量。当水源水能连续补水时，应减去期间补充的水量。

10.2.4 消防给水及灭火器配置设计应符合下列规定：

1 室外消防给水管网应采用环状管网，其输水干管不应少于 2 条，但室外消防用水量不超过 15L/s 的建（构）筑物可采用枝状管网；

2 人工制气厂站灭火器的类型及配置数量，应符合现行国家标准《建筑灭火器配置设计规范》GB 50140 的有关规定；

3 人工制气厂站的煤和焦炭的粉碎机室、破碎机室、出焦台的第一个焦转运站应设置室内消火栓；

4 人工制气厂站应设置消防水收集池，利用化工装置区域内酚氰废水排水系统收集消防水，消防水收集池容积应按油库区最大一处火灾消防水量的 1.1 倍计；

5 室内、室外消防水用量及消防设施的设置，应符合现行国家标准《建筑设计防火规范》GB 50016 的有关规定。

121.《钢铁企业煤气储存和输配系统设计规范》GB 51128—2015

3 总平面布置

3.1 煤气柜

3.1.1 煤气柜的布置应兼顾气源点和主要用户区域,应布置在全年最小频率风向的上风侧。煤气柜应与大型建筑、仓库、通信和交通枢纽等重要设施之间保持防火间距,并应布置在通风良好的地区,不应建设在居民稠密区。

3.1.2 煤气柜(罐)与建(构)筑物、储罐和堆场的防火间距应符合现行国家标准《建筑设计防火规范》GB 50016 的有关规定,并应符合下列规定:

2 在柜区围墙内与干式柜配套运行的电捕焦油器、电除尘器和加压机等露天燃气工艺装置与该干式柜的防火间距不宜小于 6m。

3 煤气柜与烟囱的最小水平距离不应小于烟囱高度的 1.1 倍。

3.1.3 煤气柜、固定容积煤气储罐和助燃气体储罐之间的防火间距,应符合现行国家标准《建筑设计防火规范》GB 50016 的有关规定。

3.1.4 煤气柜与铁路、道路的防火间距,应符合现行国家标准《建筑设计防火规范》GB 50016 的有关规定。

3.1.5 煤气柜区周围应设围墙,围墙高度不应小于 2.2m。围墙形式可采用实体围墙或金属栅栏。当煤气柜容积小于或等于 200000m^3 时,柜体外壁与围墙的间距不宜小于 15.0m;当煤气柜容积大于 200000m^3 时,柜体外壁与围墙的间距不宜小于 18.0m。

3.1.6 煤气柜与架空电力线的最小水平距离不应小于电杆(塔)高度的 1.5 倍。

3.1.7 容积大于 30000m^3 的煤气柜周围宜设环行消防车道,消防车道的宽度不应小于 4m。特殊情况下,可将柜区外的道路作为煤气柜消防车道,但应满足消防车道的要求。

3.1.10 煤气柜区的绿化应符合现行国家标准《钢铁冶金企业设计防火规范》GB 50414 的有关规定。

3.2 煤气净化站

3.2.4 煤气净化站区域应设检修和消防车道。

3.4 煤气加压站

3.4.1 煤气加压站布置应符合下列规定:

4 煤气加压站应设消防和检修通道;

5 煤气加压站内严禁设置地下室或半地下室;

6 煤气加压站厂房应设两个独立的进出口。

3.4.2 煤气加压站与铁路、道路和建(构)筑物的防火间距不应小于表 3.4.2 的规定。

表 3.4.2 煤气加压站与铁路、道路和建(构)筑物的防火间距(m)

名称		煤气加压站与建(构)筑物的防火间距
企业外铁路中心线		25
企业内铁路中心线		20
企业外道路路边		15
企业内主要道路路边		10
企业内次要道路路边		5
明火或散发火花地点		30
室外变配电站		25
架空电力线		1.0 倍电杆高
民用建筑		25
其他建筑	耐火等级	一、二级	10
	三级	12
	四级	14

注:1 明火地点指室外有外露火焰或赤热表面的固定地点。散发火花地点指有飞火的烟囱或室外的砂轮、电焊、气焊(割)、电气开关等固定地点。

2 本表中煤气加压站内的建(构)筑物不含煤气管道和管廊。

3 当煤气加压站为甲类厂房时,与企业外铁路中心线的防火间距为 30m。

4 当煤气加压站为甲类厂房时,与架空电力线的防火间距为电杆高的 1.5 倍。

5 煤气净化

5.1 一般规定

5.1.9 煤气净化区域内宜设煤气泄漏报警装置,煤气泄漏报警装置的设计应符合现行国家标准《石油化工可燃气体和有毒气体检测报警设计规范》GB 50493 的有关规定。

7 煤气加压站

7.0.25 加压机房或压缩机房毗邻而建的控制室隔墙应为防火墙,且隔墙上不得开设门窗和孔洞,防火墙的耐火极限不应低于 3.00h。

8 煤气管道

8.1 一般规定

8.1.6 架空煤气管道的支架应采用混凝土或钢质等非燃烧体

材料制造。

8.1.16 架空煤气管道穿过与其相关的建筑物的墙壁或楼板时，应设套管。管道与套管间应采用不燃材料填塞。套管伸出长度不应小于100mm。

8.1.17 地下煤气管道在穿越铁路、公路、隧道及综合管沟时，应设套管，并应符合下列规定：

  2 套管两端应采用柔性的防腐、防水和非燃烧体材料密封；

8.2 管道布置

8.2.9 架空煤气管道不应跨越燃料或木材仓库、民用建筑、重要公共建筑以及与煤气生产、使用无关的工业建筑，并不应在输电线路下方平行敷设。当车间建筑物耐火等级不低于二级时，与其生产或使用有关的煤气管道可沿该建筑物外墙或屋顶上敷设。

8.2.10 煤气管道不应敷设在存放易燃、易爆物品的堆场和仓库区内，并应避开腐蚀性较强的生产、贮存和装卸设施，不得穿过与其无关的建（构）筑物、生产装置及储罐区等。

8.2.13 架空煤气管道与建（构）筑物、铁路、道路和相邻管道的最小水平净距，应符合表8.2.13的规定，并应符合下列规定：

  1 与煤气管道配套的阀门液压站（室）、煤气分析仪室和煤气冷却喷雾泵房等附属设施可根据工艺要求进行布置。

  2 煤气管道和支架上不应敷设动力电缆和电线，但供煤气管道使用的动力电缆（380V及以下）和信号电缆除外。煤气管道专用电缆应避开煤气管道法兰、盲板和盲板阀等易泄漏煤气的部位。

  3 架空电力线路与煤气管道的水平距离，应计及导线的最大风偏。

  4 焦化厂内的煤气管道与电缆桥架的净距应符合现行国家标准《焦化安全规程》GB 12710的有关规定。

表8.2.13 架空煤气管道与建（构）筑物、铁路、道路和相邻管道的最小水平净距

名　　称		最小水平净距（m）	
		一般情况	特殊情况
房屋建筑		5.0	3.0
铁路（距最近边轨外侧）		3.0	2.0
道路（距路肩）		1.5	0.5
架空电力线路外侧边缘	1kV以下	1.5	—
	1kV~20kV	3.0	—
	35~110kV	4.0	—
绝缘电缆（无套管）		1.2	—
电缆套管、桥架或电缆沟		1.0	—
其他埋地敷设管道		1.5	—
熔化金属，熔渣出口及其他火源		10.0	5.0
熔化金属铁路运输线			

续表8.2.13

名　　称	最小水平净距（m）	
	一般情况	特殊情况
煤气管道	0.6	0.3
皮带通廊边缘	3.0	—

注：1 房屋建筑系指与煤气无关的建筑物。但当同时满足下列条件时，煤气管道可沿建筑物外墙敷设：
   1）建筑物（办公楼、食堂、浴室和高低压配电房除外）火灾类别为丁、戊类；
   2）建筑物耐火等级不低于二级；
   3）建筑物外缘2m范围以内的管道焊缝100%射线检测；
   4）无煤气管道附属设施等可能的泄漏点。
  2 特殊情况下的数值指受地形限制，经与有关部门协商，已采取有效防护措施后采用的数值。
  3 表中架空煤气管道指有落地支架支撑的室外架空煤气管道。
  4 架空煤气管道与建（构）筑物、铁路、道路和相邻管道间的最小水平净距指煤气管道外壁或煤气管道法兰的外缘。
  5 埋地管道、埋地电缆（套管）、沟指其外壁与煤气管道支架基础外缘间的距离。

8.2.15 地下煤气管道不得从堆积易燃、易爆材料和具有腐蚀性液体的场地及建筑物和大型构筑物（不包括架空的建筑物和大型构筑物）的下方穿越，且不应与其他管道或电缆同沟敷设。

8.4 管道附属设施

8.4.1 剩余煤气放散装置的布置应符合下列规定：

  6 剩余煤气放散装置应设置隔断装置、调压设施、自动点火设施、燃烧设施、防回火设施和灭火设施等。

  7 剩余煤气放散装置的燃烧器30m范围内，不应有可燃气体的放空设施。

  8 剩余煤气放散装置与周围建（构）筑物的防火间距应根据人或设备允许的辐射热强度计算确定。

9 辅助设施

9.1 电气设施

9.1.1 煤气储存和输配系统应采用两路独立电源供电，每路电源均应能承担100%设计负荷，并应能自动切换。计算机系统应配置UPS电源，当断电后UPS电源持续供电时间不宜小于30min。煤气储存和输配系统生产供电和消防用电均应按一级负荷供电。

9.1.3 煤气储存和输配系统的照明应符合下列规定：

  3 主厂房、操作值班室的出入口、通道和楼梯间的事故照明，可采用应急灯。煤气储配站的消防应急照明和消防疏散指示标志，应符合现行国家标准《建筑设计防火规范》GB 50016的有关规定。

9.1.7 煤气储配站内煤气设施电缆和电线应穿管敷设，导线接头应采用密封接线盒。控制柜柜体、灯具、开关盒和接线盒等外壳应可靠接地。煤气区域内所用电缆与导线应采用阻燃型。电缆选型和敷设的设计,还应符合现行国家标准《爆炸危险环境电力装置设计规范》GB 50058 及《电力工程电缆设计规范》GB 50217 的有关规定。

9.1.8 露天布置的电气设备其机壳防护等级不应低于 IP54,爆炸和火灾危险环境的电气设施还应符合防爆和防火要求。

9.3 火灾报警和通信

9.3.1 火灾自动报警系统的设计应符合现行国家标准《火灾自动报警系统设计规范》GB 50116 的有关规定。

9.4 消防和给排水设施

9.4.1 煤气储配站内建构(筑)物消防车道的设置应符合现行国家标准《建筑设计防火规范》GB 50016 的有关规定。

9.4.2 煤气柜消防车道的设置应符合本规范第 3.1.7 条和第 3.1.8 条的规定。

9.4.3 煤气储配站的火灾自动报警系统的设置应符合现行国家标准《建筑设计防火规范》GB 50016 和《钢铁冶金企业设计防火规范》GB 50414 的有关规定。

9.4.4 煤气储配站的建(构)筑物应配备适当种类和数量的灭火器材。灭火器材的配置应符合现行国家标准《建筑灭火器配置设计规范》GB 50140 的有关规定。

9.4.5 给排水设施应符合下列规定:

1 生产给水系统可与消防给水系统合并。当用水达到最大小时用水量时,合并的给水系统应保证全部消防水量。

9.4.6 煤气储配站消防给水及消火栓系统的设计,应符合现行国家标准《消防给水及消火栓系统技术规范》GB 50974 的有关规定。

9.5 采暖与通风

9.5.4 煤气加压机房、油泵房和外部电梯机房及其他与煤气接触的密闭空间,应设强制通风装置,通风换气次数不宜小于 7 次/h。煤气加压机房的事故通风换气次数不应小于 12 次/h。通风装置宜与一氧化碳监测装置及火灾自动报警装置联锁。

9.5.5 煤气储配站的采暖与通风设计,还应符合现行国家标准《建筑设计防火规范》GB 50016 及《工业建筑供暖通风与空气调节设计规范》GB 50019 的有关规定。

9.6 建筑与结构

9.6.1 煤气储配站厂房火灾危险性分类及建筑物的耐火等级不应低于表 9.6.1 中的规定。

表 9.6.1 煤气储配站厂房火灾危险性分类及建筑物的耐火等级

名称	火灾危险性分类	耐火等级
焦炉煤气加压机房	甲	二级
高炉煤气加压机房	乙	二级
转炉煤气加压机房	乙	二级
混合煤气加压机房	乙	二级
煤气管道排水器室	乙	二级

续表 9.6.1

名称	火灾危险性分类	耐火等级
油泵房	丙	二级
油浸电力变压器室、润滑油储藏间	丙	二级
操作控制室	丁	二级
热值仪室、煤气取样分析室	丁	二级
煤气检化验室	丁	二级
煤气防护站	丁	二级
高配室、低配室	丁	二级
湿式电除尘器整流器室	丁	二级
电梯机房	丁	二级

注:当混合煤气爆炸下限小于 10% 时,混合煤气加压机房按甲类生产厂房设计。

10 安全与环保

10.2 安 全

10.2.1 煤气储存设施的安全防护应符合下列规定:

1 煤气柜的总图布置要求和防火间距要求应符合本规范第 3.1 节的规定。

2 煤气柜应设高位、低位和高压、低压声光报警及联动保护。

3 煤气柜应设活塞运行速度报警及联动保护。

5 外部电梯应设最终位置极限开关、升降异常灯。电梯内部应设安全开关、安全扣和联络电话。当相邻二层门出口走台板间距离大于 11m 时,其间应设置井道安全门。

7 煤气柜区电气设备的选择、电缆选型和敷设,应符合现行国家标准《爆炸危险环境电力装置设计规范》GB 50058 的有关规定。

8 生产、供应和使用煤气的钢铁企业宜设煤气防护站。煤气防护站应配备人员、救援设施及特种作业器具。防护站的设计应符合现行国家标准《工业企业煤气安全规程》GB 6222 的有关规定。

10.2.2 煤气净化设施的安全防护应符合下列规定:

1 煤气净化设施的总图布置要求和防火间距要求,应符合本规范第 3.2 节的规定;

2 煤气净化区域内宜设煤气泄漏报警装置,煤气泄漏报警装置的设计,应符合现行国家标准《石油化工可燃气体和有毒气体检测报警设计规范》GB 50493 的有关规定;

3 电除尘器进口应设氧含量连续检测装置,当转炉煤气氧含量达到 1% 时,应能自动切断高压电源。

10.2.3 煤气混合站的安全防护应符合下列规定:

1 煤气混合站的总图布置要求应符合本规范第 3.3 节的规定;

2 煤气混合站的防雷防静电设计应符合本规范第 9.1.5 条的有关规定。

10.2.4 煤气加压站的安全防护应符合下列规定:

1 煤气加压站的总图布置要求应符合本规范第3.4节的有关规定；

2 煤气加压站主厂房应设泄压设施，并应符合现行国家标准《建筑设计防火规范》GB 50016的有关规定；

4 煤气加压区域电气设备的选择、电缆选型和敷设，应符合现行国家标准《爆炸危险环境电力装置设计规范》GB 50058的有关规定；

122.《转炉煤气净化及回收工程技术规范》GB 51135—2015

3 基本规定

3.0.1 净化及回收工程的室外设备区域，宜布置在主厂房主要建（构）筑物常年最小频率风向的上风侧，并应与周围建（构）筑物之间保持防火间距。

4 工艺系统设计

4.2 工艺流程

4.2.3 风机房设计应符合下列规定：
1 火灾危险性分类应为乙类，耐火等级应为二级；
3 风机房应设有不少于12次/h换气的事故排风；
4 风机房应设置固定式CO含量监测报警装置。

7 辅助设施

7.4 消防与通信

7.4.1 建（构）筑物与相邻建（构）筑物之间的防火间距，应符合现行国家标准《建筑设计防火规范》GB 50016的有关规定。

7.4.2 风机房、煤气净化及回收设备平台应设置固定式一氧化碳含量检测报警仪，报警仪应自带现场声光报警。

7.4.3 电气室、操作室、电缆室的火灾自动报警系统设置应符合现行国家标准《火灾自动报警系统设计规范》GB 50116和《钢铁冶金企业设计防火规范》GB 50414的有关规定。

7.7 建筑与结构

7.7.1 建（构）筑物应符合下列规定：

3 电气室、风机房等建（构）筑物的火灾危险性分类及耐火等级应符合现行国家标准《建筑设计防火规范》GB 50016和《钢铁冶金企业设计防火规范》GB 50414的有关规定。

9 安全与环保

9.2 安 全

9.2.1 安全防护应符合下列规定：
1 室外净化设施总图布置和防火间距，应符合现行国家标准《工业企业煤气安全规程》GB 6222和《钢铁冶金企业设计防火规范》GB 50414的有关规定；
2 人员经常逗留的区域应设固定式一氧化碳含量检测报警装置；
3 煤气检测报警装置设计，应符合现行国家标准《石油化工可燃气体和有毒气体检测报警设计规范》GB 50493的有关规定；

9.2.2 风机房安全防护应符合下列规定：
1 风机房总图布置要求应符合本规范第3.0.2条的有关规定；
2 风机房应设置泄压设施，并应符合现行国家标准《建筑设计防火规范》GB 50016的有关规定；
3 风机房区域电气设备的选择、电缆选型和敷设，应符合现行国家标准《爆炸危险环境电力装置设计规范》GB 50058的有关规定。

123. 《煤气余压发电装置技术规范》GB 50584—2010

3 总平面布置

3.1 一般规定

3.1.1 TRT装置不应布置在人员密集地段和主要交通要道邻近处。

3.1.2 TRT装置应布置在有良好自然通风且远离有明火的区域。

3.1.3 TRT装置应尽量靠近煤气净化系统，宜与煤气净化系统布置在同一个区域内。

3.1.4 室内布置的TRT装置，其生产厂房（主厂房）属乙类厂房（煤气爆炸限大于或等于10%），宜布置为独立的建筑物。

3.1.5 室外布置的TRT装置，其构筑物可视为乙类厂房，宜布置为独立的构筑物。

3.2 防火间距

3.2.1 TRT装置与其他建筑物、构筑物的防火间距不应小于表3.2.1的规定。

表3.2.1 TRT装置与其他建筑物、仓库、储罐及堆场的防火间距（m）

名 称			TRT装置	
火灾危险性			乙 类	
透平膨胀机铭牌额定功率（kW）			$N \leqslant 10000$	$N > 10000$
室外变、配电站			25	
民用建筑			25	
重要的公共建筑			50	
其他建筑	耐火等级	一、二级	8	10
		三级	10	12
		四级	12	14
明火或散发火花的地点			25	25
甲类物品仓库			按现行国家标准《钢铁冶金企业设计防火规范》GB 50414有关规定执行	
甲、乙、丙类液体储罐			按现行国家标准《建筑设计防火规范》GB 50016有关规定执行	
可燃、助燃气体储罐				
可燃材料堆场				

注：1 TRT装置外缘与相邻或毗连建造的本装置生产辅助用房间外墙最小水平净距不应小于3m。
2 多台TRT装置合建在一起时，按各台中最大单机功率计算。
3 室外变、配电站是指电力系统电压为35kV～500kV，且每台变压器容量在10000kV·A以上的室外变、配电站，以及工业企业的变压器总油量大于5t的总降压站。
4 重要的公共建筑是指大型的体育场、体育馆、电影院、会议中心及商业楼等人员聚集场所。

3.2.2 TRT装置与铁路、道路的防火间距不应小于表3.2.2的规定。

表3.2.2 TRT装置与铁路、道路的防火间距（m）

名 称		TRT装置			
透平膨胀机功率（kW）		$N \leqslant 10000$		$N > 10000$	
厂外铁路线（中心线）		非电力机车	电力机车	非电力机车	电力机车
		25	20	25	20
厂内铁路线（中心线）		非电力机车	电力机车	非电力机车	电力机车
		20	15	20	15
厂外道路（路边）		15		15	
厂内道路（路边）	主要道路	8		10	
	次要道路	3		5	

3.2.3 TRT装置与管道、架空电力线的最小水平净距，应符合表3.2.3的规定。

表3.2.3 TRT装置与管道、架空电力线的最小水平净距（m）

名 称	TRT装置	
透平膨胀机功率（kW）	$N \leqslant 10000$	$N > 10000$
甲、乙、丙类液体、可燃气体及助燃气体管道	3	5
架空电力线	1.5倍电杆（塔）高度	

注：1 与TRT装置无关的可燃、助燃气体管道；甲、乙、丙类液体管道均严禁穿过或跨越其生产厂房或装置。
2 与TRT装置无关的架空电力线；严禁穿过或跨越其生产厂房或装置。
3 与TRT装置自身相关的各种介质管道及电力线均不受表3.2.3的限制。
4 助燃气体指氧气。

3.3 道路及绿化

3.3.1 TRT装置区域应有设备安全、检修维护及消防用车道。当设备安全、检修维护用车道与消防用车道合用时，应满足消防车道的要求。消防车道的设置应符合现行国家标准《建筑设计防火规范》GB 50016的有关规定。

3.4 围 墙

3.4.1 TRT装置区域不宜设围墙，如需设置时，应设非实体围墙或栅栏。煤气余压回收透平装置与围墙间的防火间距不宜小于5m。

3.4.2 TRT装置生产厂房室内地坪标高，应高出周围室外地坪0.3m以上。其毗连建造的控制室、变配电室室内地坪标高,不应低于生产厂房室内地坪标高。

4 工艺设施

4.2 工艺布置

4.2.1 TRT装置应采用地上布置,严禁地下或半地下布置。
4.2.2 TRT装置可采用室内布置或室外(露天)布置。
4.2.3 TRT装置应根据噪声情况采取降噪措施。密闭主厂房内的煤气余压透平膨胀机可不设置隔声罩。
4.2.4 TRT装置进、出口煤气管道与相关建筑的最小净距不应小于表4.2.4的规定。

表4.2.4 TRT装置进、出口煤气管道与相关建筑的最小净距(m)

名 称	TRT装置(kW)			
	N≤10000		N>10000	
	并行净距	垂直净距	并行净距	垂直净距
TRT装置主厂房	—	0.8	—	1.0
相邻或毗连辅助建筑	0.5	0.8	0.8	1.0

注:1 相关建筑应是TRT装置生产厂房(主厂房)及相邻或毗连的辅助建筑。
　 2 相邻或毗连的辅助建筑应是与TRT装置自身相关的控制室、高压配电室、低压配电室、操作室等生产辅助用房间。在煤气管道与这些建筑物经过的区域,管道上不应设置阀门、法兰,建筑物不应设置门窗。
　 3 余压发电装置进、出口煤气管道与主厂房的垂直净距应是该煤气管道底部与主厂房室内地坪或楼板间的最小间距。
　 4 余压发电装置进、出口煤气管道与相邻或毗连辅助建筑的垂直净距应是该煤气管道底部与辅助建筑的屋面间的最小间距。
　 5 余压发电装置进、出口煤气管道与相邻或毗连辅助建筑的并行净距是该煤气管道外缘与辅助建筑的外墙间的最小间距。

4.2.7 主机平台安全出口不应少于两个。

4.7 给排水系统

4.7.3 工程设计中应根据TRT装置的发电机要求,在发电机附近配置消防介质快速接头。

6 电力设施

6.2 电气设备

6.2.12 当有发电机出线小室时,应与空气冷却器隔离,单独设置。发电机出线小室的门应为乙级防火门。
6.2.17 安装在主厂房的电气设备应按现行国家标准《爆炸和火灾危险环境电力装置设计规范》GB 50058的规定选型。
6.2.18 置于露天的电气设备其机壳防护等级不小于IP54,但属爆炸和火灾危险环境的电气设施需同时满足防爆和防火要求。

6.3 防雷及接地

6.3.4 输送可燃或助燃气体、液体的管道应按现行国家标准《钢铁企业设计防火规范》GB 50414的有关规定进行防静电设计。

8 辅助设施

8.1 建筑结构

8.1.1 TRT装置主厂房生产的火灾危险性为乙类,其辅助建筑中的控制室生产的火灾危险性为丁类,室内配电室生产的火灾危险性为丙类或者丁类。所有建筑物的耐火极限均不应低于二级。
8.1.2 厂房的耐火等级、层数、面积和平面布置应符合现行国家标准《建筑设计防火规范》GB 50016关于厂房(仓库)的耐火等级、层数、面积和平面布置的有关规定。
8.1.3 厂房的防爆设计应符合现行国家标准《建筑设计防火规范》GB 50016关于厂房(仓库)的防爆的有关规定。当辅助建筑与TRT装置主厂房贴邻建造时,应采用耐火极限不低于3.00h的不燃烧体墙体隔开。隔墙上不宜开设门、窗洞口。如确需开设门及观察窗时,开设的观察窗应为固定的甲级防火窗。
8.1.4 厂房的安全疏散应符合现行国家标准《建筑设计防火规范》GB 50016中关于厂房安全疏散的有关规定。

8.2 给 排 水

8.2.1 给水应符合下列规定:
　 4 TRT装置如设置在室内,应设置室内消火栓;

8.3 采暖通风

8.3.1 TRT装置设施如果设置在封闭的厂房内,封闭厂房应根据透平装置运行介质的不同按照现行国家标准《建筑设计防火规范》GB 50016划分防火、防爆等级。封闭厂房应选用防爆型通风设备,其换气次数事故时12次/h。
8.3.2 TRT装置透平机配置的隔声罩,应按照封闭厂房的要求进行通风系统的设计,隔声罩内应有带连锁的通风机,其防火、防爆等级与封闭厂房相同,并应设置温度及煤气泄漏报警装置。

8.4 火灾报警和通信

8.4.1 TRT装置的操作控制室、润滑油站、液压站、变压器室等应按现行国家标准《火灾自动报警系统设计规范》GB 50116和《钢铁冶金企业设计防火规范》GB 50414的有关规定设置火灾自动报警系统。

9 安全与环保

9.1 安 全

9.1.1 有关TRT装置的布置、建筑、电气等防火间距、消防、防爆防火灾危险的要求应遵守现行国家标准《建筑设计防火规范》GB 50016的规定,并尚需符合本规范第3.1、3.2、4.2、8.1节的有关规定。

124. 《冶金机械液压、润滑和气动设备工程安装验收规范》GB/T 50387—2017

9 安全和环保

9.1 安 全

9.1.1 根据火灾、爆炸、机械伤害、起重伤害、触电、物体打击、车辆伤害、高处坠落、淹溺、灼烫、坍塌、中毒和窒息等危险因素,应采取施工安全和职业健康措施。

9.1.2 施工现场和仓库应配备消防设施,定期检查、维护,施工作业人员应穿戴劳动防护用品,并应有健全的应急救援机制。

9.1.3 易燃、易爆和有毒材料应分类存放在专用仓库内,库内应设置明显标志,并应设专人管理。在易燃、易爆区域内使用明火时,应采取防范措施。

125.《烧结机械设备工程安装验收标准》GB/T 50402—2019

13 安全与环保

13.2 安 全

13.2.3 施工现场和仓库应配备消防设施,并应定期检查、维护,施工作业人员应穿戴劳动防护用品,并应有健全的应急救援机制。

13.2.5 易燃、易爆和有毒、有害材料应分类存放在专用仓库内,库内应设置明显标志,并应设专人管理。在易燃、易爆区域内使用明火时,应采取防范措施。

13.2.10 电气设备应接地。金属容器内、管道内、烟道内等部位施工采用照明设备时,照明电压不得超过36V。

126.《线材轧钢工程设计标准》GB/T 50436—2017

11 电气及自动化

11.3 仪表系统

11.3.3 检测仪表设备应符合下列规定：

7 在加热炉使用燃气的生产区域，应设置可燃气体和有毒气体实时监测和浓度超限报警装置。

11.5 电信系统

11.5.5 火灾自动报警系统设计应符合现行国家标准《钢铁冶金企业设计防火规范》GB 50414 的有关规定。

12 公辅设施

12.3 燃气设施

12.3.1 工业炉窑燃料供应设施设计应符合下列规定：

8 存在燃气泄漏的场所内应按现行国家标准《石油化工可燃气体和有毒气体检测报警设计规范》GB 50493 的有关规定设置燃气泄漏报警装置；

12.5 给排水设施

12.5.12 线材消防系统的设置应符合现行国家标准《建筑设计防火规范》GB 50016、《消防给水及消火栓系统技术规范》GB 50974 及《钢铁冶金企业设计防火规范》GB 50414 的有关规定。

12.6 采暖、通风与空调设施

12.6.5 通风设计应符合下列规定：

3 电气室、电缆夹层、电缆隧道可采用自然通风、机械通风或两者相结合的通风方式，在通风系统进排风管口处均应设有能自动关闭并带返回信号的防火阀，当通风方式不能满足室温要求时应采用空调；

4 封闭的液压站、润滑站、高压水泵站应设置机械通风装置，在送排风管穿过防火隔断处应设置防火阀；

6 通风系统的风机应与火灾自动报警系统连锁，当有火灾报警信号时，应自动关闭通风机。

12.6.6 空气调节设计应符合下列规定：

3 采用风管集中送风的空调系统应与火灾自动报警系统连锁，当有火灾报警信号时，应自动关闭空调系统，电气室内柜式空调宜与火灾报警系统连锁；

13 建筑与结构

13.1 一般规定

13.1.3 建筑防火设计应符合现行国家标准《建筑设计防火规范》GB 50016 及《钢铁冶金企业设计防火规范》GB 50414 的有关规定。

13.2 主厂房

13.2.2 主厂房火灾危险性分类应为丁类，耐火等级及构件的燃烧性能、耐火极限应符合现行国家标准《建筑设计防火规范》GB 50016 及《钢铁冶金企业设计防火规范》GB 50414 的有关规定。

14 安全、卫生与环保

14.2 安全

14.2.1 防火、防爆、安全疏散设计应符合国家现行标准《建筑设计防火规范》GB 50016、《钢铁冶金企业设计防火规范》GB 50414、《工业企业煤气安全规程》GB 6222 和《轧钢安全规程》AQ 2003 的有关规定，灭火器材配置应符合现行国家标准《建筑灭火器配置设计规范》GB 50140 的有关规定。

14.2.3 电力负荷分级、供配电系统及保安电源的设计应符合现行国家标准《供配电系统设计规范》GB 50052 及《爆炸危险环境电力装置设计规范》GB 50058 的有关规定。

127.《工业建筑涂装设计规范》GB/T 51082—2015

1 总 则

1.0.2 本规范适用于新建、改建、扩建的工业建（构）筑物防火、防腐蚀、洁净的涂装设计。

3 基本规定

3.2 涂层构造和涂料使用要求

3.2.2 钢结构在腐蚀环境下，防火涂层应按下列顺序涂装：
  1 先在构件表面涂覆防腐蚀底涂料及防腐蚀中间层涂料；
  2 待防腐涂层干燥固化后再涂刷防火涂层；
  3 防火涂层干燥固化后再涂刷防腐蚀面层涂料。

3.2.3 膨胀型防火涂层表面的防护面涂层厚度不应大于100μm。

4 防火涂装

4.1 一般规定

4.1.1 生产和储存物品场所的火灾危险性分类应符合现行国家标准《建筑设计防火规范》GB 50016和《石油化工企业设计防火规范》GB 50160的有关规定；建（构）筑物的耐火等级和构件的耐火极限应按现行国家标准《建筑设计防火规范》GB 50016和《石油化工企业设计防火规范》GB 50160及相关专业规范的有关规定执行；建（构）筑物装修材料的燃烧性能等级应符合现行国家标准《建筑内部装修设计防火规范》GB 50222的有关规定；当构配件耐火极限需要采用防火涂层进行提高时，应符合本章的规定。

4.1.2 构件的防火保护涂装应根据使用环境、材料性能和耐火极限等要求选用防火涂料。

4.1.3 防火涂料的选用应符合下列规定：
  1 防火涂料不应含有石棉和甲醛，不宜采用苯类溶剂。在施工干燥后不应有刺激性气味，火灾发生时不应产生浓烟和危害生命安全的气体；
  2 防火涂料应符合国家现行有关标准的技术规定；
  3 防火涂料应与防腐蚀涂料具有相容性；
  4 膨胀型防火涂料与基层的粘结强度不应低于0.15MPa，非膨胀型防火涂料与基层的粘结强度不应低于0.04MPa；
  5 防火涂料应与使用环境相适应。

4.1.4 石油化工烃类及其他易燃易爆产品在生产、储存和使用过程中的建（构）筑物采用的防火涂料，应按现行行业标准《构件用防火保护材料 快速升温耐火试验方法》GA/T 714的试验方法进行试验；其他火灾类别环境采用的防火涂料应按现行国家标准《建筑构件耐火试验方法 第1部分：通用要求》GB/T 9978.1中适用于建筑纤维类火灾的试验方法进行试验。

4.1.7 室外钢结构或室内潮湿部位应选用户外型钢结构防火涂料。

4.1.8 预应力钢筋混凝土构件和其他混凝土构件应采用混凝土结构的防火涂料，其技术性能应符合现行国家标准《混凝土结构防火涂料》GB 28375的有关规定。

4.1.9 防火涂层的耐火极限不应小于构件要求的耐火极限。

4.2 防火涂装保护范围和构件的耐火极限

4.2.1 建筑物的耐火等级及其构件的耐火极限应符合现行国家标准《建筑设计防火规范》GB 50016的有关规定。

4.2.2 室外钢结构和易燃、易爆液（气）体设备支撑结构的耐火极限及保护范围应符合现行国家标准《石油化工企业设计防火规范》GB 50160和现行行业标准《石油化工钢结构防火保护技术规范》SH/T 3137的有关规定。

4.3 防火保护涂料及保护层厚度

4.3.1 防火涂料分为膨胀型和非膨胀型，名称、代号及涂层厚度和适用范围应符合现行国家标准《钢结构防火涂料》GB 14907、《混凝土结构防火涂料》GB 28375和《饰面型防火涂料》GB 12441的有关规定。

4.3.2 构件采用膨胀型防火涂料保护时，防火保护层厚度可根据标准耐火试验检测数据，并应考虑其老化作用对耐火时间的影响确定。

4.3.3 构件采用非膨胀型防火涂料保护时，防火保护层厚度可根据标准耐火试验检测数据，按本规范附录A的计算方法确定。

4.3.4 采用膨胀型防火涂料或非膨胀型防火涂料实施保护时，构件的防火涂料涂层厚度、耐火时间的设计和验收均应采用国家检验测试部门的防火保护系统耐火性能评估报告数据作为依据。

4.4 防火保护涂层构造

4.4.1 钢结构采用膨胀型防火涂层的配套体系，应包含防腐蚀底涂层、防腐蚀中间涂层、防火涂层和防腐蚀面涂层。在弱、微腐蚀环境下，如防火涂层能够满足耐久性要求，可不设防腐蚀面涂层。

4.4.2 当钢结构采用非膨胀型防火涂层时，其配套体系应包含防腐蚀底涂层、防腐蚀中间涂层、防火涂层，在强、中腐蚀环境下，尚应设置防腐蚀面涂层。

4.4.3 非膨胀型防火涂层有下列情况之一时，应在构件表面设置拉结镀锌钢丝网：
  1 厚度大于20mm；
  2 表面尺寸大于500mm×500mm；

3 粘结强度小于 0.05MPa。

4.4.5 预应力混凝土构件应采用预应力混凝土楼板防火涂层；在强、中腐蚀环境下，尚应设置防腐蚀面涂层。

4.4.6 钢结构和钢筋混凝土构件的防火涂层构造，应根据耐火极限、使用条件、涂层性能等综合确定。防火涂层的配套可按本规范表 A.0.2 选用。

4.4.7 木材、塑料等可燃性装饰材料需要提高其耐火性能时，宜采用饰面型防火涂料进行保护；饰面型防火涂料的技术性能应符合现行国家标准《饰面型防火涂料》GB 12441 的有关规定。

5 防腐蚀涂装

5.3 防腐涂料的选择和涂层配套

5.3.5 在防火涂料、轻质耐火混凝土、耐火水泥砂浆上涂覆的防腐蚀面涂层，应符合下列规定：

1 面涂料应满足耐腐蚀性、阻燃型和耐久性的要求，使用年限宜为 10a～15a；

2 在耐火混凝土、耐火水泥砂浆和非膨胀厚型防火涂料上，应采用耐碱的面涂料；

3 在膨胀型防火涂料上，不应采用对防火涂料膨胀性能有不良影响的面涂料；

附录 A 非膨胀（厚涂）型防火涂层厚度计算方法和防火涂层配套

A.0.1 在设计钢结构构件非膨胀（厚涂）型防火涂料涂层厚度时，可根据标准耐火试验得出的某一耐火极限的涂层厚度，推算不同构件达到相同耐火极限所需的同种防火涂料的涂层厚度。当 $g/\mu \geq 22$、$a_s \geq 9mm$ 和耐火极限 $\geq 1.0h$ 时，涂层厚度应按下式计算：

$$a = \frac{g_s/\mu_s}{g/\mu} a_s k \quad (A.0.1)$$

式中 a——待涂构件防火涂层厚度（mm）；

g_s——标准耐火试验时钢梁每延米质量（kg/m）；

μ_s——标准耐火试验构件防火涂层接触面周长（m）；

g——待涂构件每延米质量（kg/m）；

μ——待涂构件防火涂层接触面周长（m）；

a_s——标准耐火试验得出的构件防火涂料涂层厚度（mm）；

k——系数，对于钢柱取 1.25，对于钢梁及其他构件取 1.0。

128.《露天金属矿施工组织设计规范》GB/T 51111—2015

5 总体施工部署

5.2 施工总体安排

5.2.5 施工总平面布置应符合下列规定：

3 施工用临时油库、爆破器材库的位置，应符合现行国家标准《汽车加油加气站设计与施工规范》GB 50165 和《民用爆破器材工厂设计安全规范》GB 50089 的规定；消防要求应符合现行国家标准《建筑设计防火规范》GB 50016 的规定。

7 施工方案

7.7 安全技术措施

7.7.7 辅助设施安全技术措施应符合下列规定：

1 油库施工专项方案中的安全技术措施，应符合现行国家标准《石油化工建设工程施工安全技术规范》GB 50484 和有关专业施工技术安全规程的相关规定。

2 维修设施中气瓶的储存和使用应符合防火建筑Ⅱ级要求，其仓库和周边建筑物的距离应为 50m，并应远离休息室或办公室；仓库与有人的建筑物距离应为 15m；应禁止使用没有减压阀的气瓶。

3 爆破器材库消防、电气、自动控制等安全设施，应符合现行国家标准《民用爆破器材工程设计安全规范》GB 50089 相关规定。爆破器材储存、运输、使用、检验和销毁，应按现行国家标准《爆破安全规程》GB 6722 相关规定执行。

4 爆破施工企业、爆破作业人员的施工要求，应符合现行国家标准《爆破安全规程》GB 6722 中的相关规定。

7.7.8 安全技术措施中宜编制消防章节，并应符合现行国家标准《建设工程施工现场消防安全技术规范》GB 50720 的相关规定。

8 施工管理

8.1 职业健康安全管理

8.1.2 职业健康安全管理措施应包括组织管理措施、安全技术措施、职业卫生措施、安全宣传教育措施及现场消防、防火措施。

8.7 特殊条件下施工

8.7.2 严寒季节施工措施应符合下列规定：

1 制订防火、防煤气中毒、防冻和防滑等技术措施；

6.6 有色金属工程

129.《有色金属工程设计防火规范》GB 50630—2010

1 总　则

1.0.2 本规范适用于有色金属工业新建、扩建和改建工程的防火设计，不适用于有色金属工程中加工、存贮、使用炸药或爆破器材项目的防火设计。

2 术　语

2.0.1 工艺类型　process type

按有色金属生产流程或生产方法加以归纳和分类，含采矿、选矿、火法冶金、湿法冶金、熔盐电解、金属及合金的加工等类别，以及焙烧、精炼、萃取等分支。

2.0.2 主厂房　main workshop

在某一工艺类型中用于包容主要生产工艺设备、装置的厂房。

2.0.3 总变（配）电所　general substation

用于全厂或大区域生产供、配电的设施及场所［其中用于某个车间或小区供、配电设施及场所称为车间或小区变（配）电所］。

2.0.4 车间生活间　service room of workshop

为车间生产员工提供更衣、沐浴、管理、如厕等日常服务性用房。

2.0.5 控制室　control room

设有工艺自动调节和生产优化控制装置的专用房间，其中用于工艺类型（含分支）主生产线的调节、控制用房称为主控制室。

2.0.7 巷道与硐室　roadway and chamber

为地质勘探、采掘、通风和其他用途并按一定规格在矿岩中开凿的通道称为巷道；在矿岩内开凿，用于安置设备或存放材料等专门用途的地下构筑物称为硐室。

2.0.8 开敞式建筑　open building

外墙体（含窗、采光带、防雨板等）面积小于建筑物外围护结构总面积50%的建筑物。

3 火灾危险性分类、耐火等级及防火分区

3.0.1 有色金属工程设计应结合实际使用、存储或产生介质的火灾危险特性及其数量以及环境条件等因素，确定其所在厂房（仓库）或区域（部位）生产（储存）的火灾危险性分类，并应符合现行国家标准《建筑设计防火规范》GB 50016 的有关规定。

3.0.2 有色金属厂房（仓库）的耐火等级不宜低于二级，其构件的燃烧性能和耐火极限应符合现行国家标准《建筑设计防火规范》GB 50016 的有关规定。

3.0.3 丁、戊类二级耐火等级厂房（仓库），其主要承重构件可采用无防火保护的金属结构。但其中可能受到甲、乙、丙类液体或可燃气体火焰直接影响，以及受到热辐射且表面温度高于200℃的金属承重构件，应采取防火隔热保护措施或进行结构耐火性能的验算。

3.0.4 电缆夹层及设在地下或半地下的电气室、液压站、润滑油站，其耐火等级不应低于二级；当电缆夹层采用钢结构时，应对钢构件进行防火保护，且应达到二级耐火等级的要求。

3.0.5 丁、戊类一、二级耐火等级厂房中，设置的开敞式半地下设备间（地坑），可与所属地上厂房划为同一个防火分区。当该地下设备间使用、存储丙类油品时，应采取有效的防火分隔措施，严禁存储甲、乙类可燃物。

3.0.6 连通两个防火分区的带式输送机通廊，对采用防火墙等实体防火分隔物难以封闭的局部开口部位，应设置其他的防火分隔设施。当采用水幕系统时，应符合本规范第 7.5.3 条的相关规定。

3.0.7 厂房（仓库）每个防火分区的最大允许建筑面积应符合现行国家标准《建筑设计防火规范》GB 50016 的有关规定。但对于丁、戊类一、二级耐火等级的熔炼、焙烧及其余热锅炉等整套装置的有色金属高层厂房，当生产工艺有特定要求且厂房无法实施防火分隔时，厂房每个防火分区的最大允许建筑面积，可按现行国家标准《建筑设计防火规范》GB 50016 的相关规定增加 1.0 倍。

3.0.8 地下电气室、液压站、润滑油站每个防火分区的最大允许建筑面积不应大于 500m²；电缆夹层每个防火分区的最大允许建筑面积应符合下列要求：

1 地上不应大于 1200m²；
2 地下不应大于 300m²；
3 当设置自动灭火系统时，上述各防火分区最大允许建筑面积可分别增加 1.0 倍。

4 生产工艺的基本防火要求

4.1 一般规定

4.1.1 有色金属工程的防火设计应依据工艺类型和生产介质火灾危险性特征以及环境等条件，按本规范有关规定采取相应的防火措施。对于火灾危险性类别高且防火设计难度大的工艺和装置，宜通过专项防火安全论证。

4.1.2 腐蚀性环境中的有色金属厂房（仓库）的防火设计尚应符合现行国家标准《工业建筑防腐蚀设计规范》GB 50046 的有关规定。

4.1.3 具有爆炸和火灾危险环境区域内的电力装置设计，应符合现行国家标准《爆炸和火灾危险环境电力装置设计规范》GB 50058 的有关规定。

4.1.4 使用、生产及储存易燃、易爆介质等具有较高火灾

（爆炸）危险性的厂房（仓库），其建筑工程抗震设防应划为重点设防类（乙类），应符合现行国家标准《建筑工程抗震设防分类标准》GB 50223的有关规定。

4.2 采 矿

4.2.1 采矿工程的防火设计除应符合现行国家标准《金属非金属矿山安全规程》GB 16423的有关规定外，尚应符合本规范的相关规定。

4.2.2 露天开采矿山工程的防火设计应符合下列规定：

　　3 地处植被茂密的矿区，应有避免山林火灾波及的措施。

4.2.3 地下开采矿山工程的防火设计应符合下列规定：

　　1 有自燃倾向的高硫等矿床，应对采矿方法、通风系统进行专项的评估、论证，并应采取有效的技术措施；

　　2 采用燃油为动力的凿岩、装载、运输机械（含油压装置）等移动设备，应配备车载式灭火装置；工作现场应有良好通风和减少环境中粉尘的技术措施；

　　3 不得采用未经有效防火处理的竹、木等燃烧体作为矿井的支护结构；

　　4 井下各种油品应单独存放于安全地点；储存动力油的硐室应有独立的回风道，当条件不具备时，也可设置于回风巷道的安全区域；储油硐室与通道相连接处应设置甲级防火门；

　　5 进风巷道（井筒）、扇风机房，井口建筑物，井下电机室、变配电所、设备间、维修间等硐室（建、构筑物），均应采用不燃材料建造，并应在其室内或邻近区位配置灭火器材；当安全防护必要时，井下应设置避难硐室（避险舱）；

4.3 选 矿

4.3.1 易燃、易爆药剂（介质）使用、存储的防火设计，应符合现行国家标准《选矿安全规程》GB 18152的有关规定。

4.3.2 设置在腐蚀性区域中的消防器材，应采取相应有效的防护措施。

4.3.4 涉及物料输送、焙烧、收尘及浸出等相关生产工艺的防火设计，应符合本规范第4.4、4.5、4.6节的有关规定。

4.4 原 料 场

4.4.1 带式输送机通廊的防火设计应符合下列规定：

　　1 通廊的净高不应小于2.2m，通廊内至少在一侧应设置人行通道，其净宽不应小于0.8m；通廊内当具有两条及以上输送机并列时，相邻两条输送机之间的人行通道，其净宽不宜小于1.0m，且宜在通廊的出口处设置跨越输送机的通行梯；

　　2 通廊内的人行通道应依据其坡度设置踏步或防滑条；

　　5 连接甲、乙、丙类厂房（仓库）的通廊，或者输送丙类以上物料的通廊，其耐火等级不应低于二级。

4.4.2 煤、焦堆场设施的防火设计应符合下列规定：

　　2 煤、焦的卸车、转运等作业场所，宜选用自然通风；在粉尘集中区域应设置机械除尘装置；

　　3 储槽、漏斗内的衬板应采用难燃或不燃材料制作；

　　5 带式输送机通廊、转运站及相关联的厂房（仓库）的墙面和地坪，应通过材质选用、构造设计等措施避免积灰，并宜设置冲水清扫设施。

4.4.3 当储煤棚或室内贮煤（焦）场采用钢结构时，应对物料设计堆存高度及以上1.5m范围内的钢结构构件采取防火保护措施，采取防火保护构件的耐火极限不应低于1.00h。

4.4.4 用于露天机械设备的电机，其防护等级应选用防水、防尘型（IP 54级）；用于室内煤、焦破碎及筛分设备的电机，其防护等级应选用防爆型。

4.5 火法冶金

4.5.1 冶金生产的各类炉窑（反应装置）当使用煤粉时，其防火设计应符合下列规定：

　　2 当喷吹烟煤及混合煤粉时，应在喷吹系统的关键部位设置温度、压力和一氧化碳浓度、氧浓度等的监控、报警装置。

　　4 煤粉输送和喷吹系统中的充压、流化、喷吹等供气管道均应设置逆止阀；

　　6 煤粉仓的仓体结构应能使煤粉顺畅自流，当喷煤系统停止喷吹且需要及时排出时，有利于煤粉排空；

　　7 厂房应作好通风设计，宜采用开敞式建筑。室内装修应简洁，应有避免粉尘积聚的措施；

　　8 当采用直吹式制粉系统时，尚应符合本规范第4.11节的有关规定。

4.5.2 冶金生产的各类炉窑（反应装置），当使用燃气时，其防火设计应符合下列规定：

　　1 煤气使用装置的防火设计应符合现行国家标准《工业企业煤气安全规程》GB 6222、《城镇燃气设计规范》GB 50028的有关规定；液化石油气、天然气使用装置的防火设计应符合现行国家标准《石油天然气工程设计防火规范》GB 50183的有关规定；

　　2 当炉窑的燃烧装置采用强制送风的烧嘴时，在空气管道上应设置泄爆阀；

　　3 使用燃气的炉窑点火器，应设置火焰监测装置；

　　4 在可燃气体使用区域的适当位置，应设置可燃气体浓度监测、报警和相应的机械通风装置；

　　5 燃气管道进入厂房之前适当位置处，应设置切断总管的阀门；厂房内的燃气管道应架空敷设；

　　6 连铸工序用于切割的乙炔、煤气、液化石油气以及氧气的管道上，应设置紧急切断阀。

4.5.3 冶金生产的各类炉窑（反应装置），当使用燃油时，其防火设计应符合下列规定：

　　1 车间供油站宜靠外墙设置，应采用不燃烧体隔墙和不燃烧体楼板（屋顶）与厂房分隔，并应符合本规范第6.2.4条的有关规定；

　　2 车间供油站的储存油量，应以该车间2d的需求量为限，并应符合下列规定：

　　　1）甲类油品不应大于0.1m³；

　　　2）乙类油品不应大于2.0m³；

　　3 油罐内的油品加热宜选用罐底管式加热器，油品的加热温度应控制在油品闪点温度以下不小于10℃；

　　4 输送燃油的管路应设置快速切断阀门；

　　5 燃油储存、输送设备及管道应有防雷、防静电设施，设备及管道的保温层应采用不燃烧材料；

6 室内油泵间应设置机械通风装置（防爆型），通风换气量应根据：地上布置不少于 7 次/h、地下布置不少于 10 次/h 的换气次数，经计算确定。

4.5.4 冶金物料准备（含干燥、煅烧、焙烧、烧结等类型）生产工艺的防火设计应符合下列规定：

1 炉窑及其排烟、收尘系统应设置封闭的隔热层，其密封性能、外表面温度等均应符合现行国家标准《工业炉窑保温技术通则》GB/T 16618 的有关规定；

2 输送热物料时，应选用与之温度相匹配且由难燃烧或不燃烧材料制作的装置；

3 烧结机点火器应设置空气、煤气低压报警装置和指示信号以及煤气低压自动切断的装置；

4 烧结机点火器烧嘴的空气支管应采取防爆措施，煤气管道应设置紧急事故快速切断阀；

5 炉窑主抽风系统出口电除尘器，应根据烟气和粉尘性质设置防爆和降温装置；

6 输送可燃介质的管道不宜通过高温、明火作业区的上方，必须通过时应采取安全防护措施；

7 对于具有间歇性操作的炉窑，应有防止发生燃烧爆炸事故的技术措施。

4.5.5 冶炼（含熔炼、吹炼、精炼等类型）生产工艺的防火设计应符合下列规定：

1 冶炼炉及其排烟、热回收系统的外壳及其隔热层，其密封性能、外表面温度等应符合现行国家标准《工业炉窑保温技术通则》GB/T 16618 的有关规定；

2 冶炼生产工艺使用氧气时，其防火要求除应符合现行国家标准《氧气及相关气体安全技术规程》GB 16912 的有关规定外，尚应符合下列的规定：

　　1) 炉窑前使用的氧气管道应严格脱脂清理；

　　2) 氧枪的氧气阀站及由阀站至氧枪软管的氧气管线，应采用不锈钢管；当难以避免而采用碳素钢管时，应在连接软管之前加设阻火铜管；

　　3) 使用氧气的在线仪表控制室和氧气化验等场所，应设置氧浓度监测和富氧报警装置；

3 当炉窑装置使用氢气时，其防火设计应符合本规范第 4.6.1 条、第 4.8.6 条的有关规定；

4 当炉窑装置产生（逸出）一氧化碳、煤气时，应设置相应的收集处理装置；其防火安全设计应符合本规范第 4.5.2 条的有关规定；

5 使用或产生易燃、易爆金属（非金属）粉料（尘）时，其防火安全设计应符合本规范第 4.6.1 条的有关规定；

6 冶炼炉及其配套设施的密闭冷却水系统，应设置温度、压力、流量等检测以及事故报警信号和联锁控制装置，并宜独立设置循环水系统和应急供水装置；

7 冶炼（喷吹）炉应在工程设计（含生产操作）中采取防止泡沫渣溢出事故的技术措施；对冶炼（喷吹）炉的控制（操作、值班）室和炉体周围设施，应采取有效的安全防范措施，并应符合本规范第 **4.5.6** 条、第 **6.2.2** 条的有关规定；

8 根据工艺配置要求，在冶炼炉熔体放出口邻近区位处，当设置容纳漏淌熔体的应急事故坑时，事故坑距离厂房结构柱的净距不应小于 0.5m，邻近事故坑的厂房钢结构柱应按本规范附录 A 的有关规定，进行耐火稳定性的验算和耐火防护；

9 用于吊运熔融体或进行浇铸作业的厂房起重机（吊车）应采用冶金专用的铸造桥式起重机；

10 各类冶炼炉（窑）的控制（操作、值班）室应避开加料、排料（渣）等炽热、喷溅区域，控制（操作、值班）室应采取防火安全措施，其出口应设在安全区位内，并应符合本规范第 6.2.2 条的有关规定；

11 运输熔融体物料（含金属或炉渣）装置出入厂房，应采用专用的铁路运输线；如采用无轨运输时，应设置安全专用通道；

12 在铜锍、镍锍等熔融介质水淬池的两侧，应设置混凝土的防爆（防火）墙；

13 在使用或产生易燃、易爆介质、粉末（尘）的区域内，相关装置及管道应有导除静电的有效措施，楼、地面应采用不发生火花的面层；

14 对部分有色金属冶炼（钛、锂等）生产工艺及其使用介质，遇水会发生燃烧或次生灾害的厂房（场所），不应设置消火栓，也不宜设置冲洗用水装置，禁止地面积水。

4.5.6 冶炼生产厂房内具有熔融体作业区的防火设计应符合下列规定：

1 作业区范围内（含地下、上空）严禁设置车间生活间；

2 应采取防止雨雪飘淋室内的措施，严禁地面积水；不应在场地内设置水沟和给、排水管道，当必需设置时，应有避免水沟中积存水和防止渗漏的可靠构造措施；

3 作业区不宜设置各类电缆、可燃介质管线，当必需设置时，应采取可靠的隔热保护措施；

4 厂房的耐火等级不应低于二级，受到热作用的结构构件宜采取有效、合理的隔热防护，钢结构构件可按本规范附录 A 进行耐火稳定性验算或采取防火保护措施。

4.5.7 冶金炉窑的烟气处理、余热回收工艺的防火设计应符合下列规定：

1 各类工艺装置应选用不燃烧体或难燃烧体，并确保工艺装置的密闭性；

2 应有防止烟气收尘系统中的装置发生燃烧或爆炸的技术措施；

3 余热回收利用中的高压设施及其管线、阀门，应符合现行国家标准《钢制压力容器》GB 150 和相关安全监督标准的有关规定。

4.6 湿法冶金

4.6.1 湿法冶金生产中使用或产生易燃（助燃）气体、金属（非金属）粉料（尘）以及腐蚀性介质时，其生产工艺的防火设计应符合下列规定：

1 使用（或产生）氢气的反应装置，应配置氢气与氧气分析仪、氢气自动切断放散装置和相应显示以及事故报警装置，并应符合现行国家标准《氢气使用安全技术规程》GB 4962 的有关规定；

2 使用氧气等助燃气体时，防火设计应符合本规范第 4.5.5 条的有关规定；

3 使用或产生易燃、易爆的金属（非金属）粉料（尘）时，应选用相应的防爆型设备；应设置温度、压力和氧浓度等参数的监测和报警装置，并应符合现行国家标准《铝镁粉加工粉尘防爆安全规程》GB 17269和《粉尘防爆安全规程》GB 15577的有关规定；

4 使用硫酸、硝酸等强酸或者氢氧化钠强碱等腐蚀性介质时，必须充分满足各类设施、装置腐蚀防护的相关技术要求。

4.6.2 工艺装置的基础、管道的支架（含基础、支座、吊架、支撑）应采用不燃烧体。工艺装置、生产管道及其保温层宜采用不燃材料，当确有困难时，应采用难燃材料制作。

4.6.3 厂房（仓库）的建筑构件应采用不燃烧体。当生产厂房（仓库）内可能散发（落）密度大于同一状态空气密度的可燃气体以及易燃爆的粉料（尘）时，应采用不发火花的楼、地面，且不宜设置地坑及地沟。厂房（仓库）的墙面应平整、光滑，厂房（仓库）内裸露金属构件（含管道）应采取导除静电的可靠措施。

处于腐蚀性区域的厂房（仓库）应做好应对腐蚀的防护设计，应符合现行国家标准《工业建筑防腐蚀设计规范》GB 50046的有关规定。

4.6.4 湿法冶金工艺中采用高温、高压的生产装置（高压釜、闪蒸器、溶出器）应设置温度、压力监测、报警和泄压排放以及应急切换等联锁装置，并应符合现行国家标准《钢制压力容器》GB 150的有关规定。

4.6.5 使用（产生）硫化氢、氨气（液氨）、液氯等介质的厂房（场所），其防火设计应符合下列规定：

1 必须设置气体浓度监测及报警装置；

2 使用的生产设备及电气应选择防爆型；

3 应有良好的通风条件；

5 控制（操作、值班）室应远离有害介质操作区。

4.6.6 溶剂萃取工艺生产的防火设计应符合下列规定：

2 主厂房内存储可燃剂液的总量应予控制：乙类不应大于2.0m³；丙类不宜大于10.0m³，储存间与厂房应实施防火分隔；

3 溶剂制备、储存、使用区域不得设置高温、明火的加热装置；

5 厂房内电缆应采取防潮、防油、防腐蚀的相关措施，防止作业区内电气短路电弧发生；

6 萃取作业（含储存、制备、使用）区的地（楼）面应形坡，其排污和管沟的设置应符合本规范第6.2.8条的有关规定。

4.7 熔盐电解

4.7.1 熔盐电解（含铝、镁电解等类型）生产工艺的防火设计应符合下列规定：

1 供、配电应符合现行国家标准《供配电系统设计规范》GB 50052中的相应负荷等级和相关供电规定，并应符合本规范第10章的有关规定；

2 电解生产工艺必须设置通风与烟气净化装置，并应符合国家现行行业标准《铝电解厂通风与烟气净化设计规范》YS 5025的有关规定；

3 严禁雨水、地表水、地下水进入电解厂房，不得在电解厂房内设置上、下水管道；

4 铸造厂房的起重机应选用工作级别高且具有双抱闸式的桥式起重机，起重机的容量应按吊运满载的金属液抬包或吊运产品最大件重量确定；

5 厂房（仓库）的耐火等级不应低于二级，位于炽热、熔融体作业区的控制（操作、值班）室的防火设计应符合本规范第6.2.2条的有关规定。

4.7.2 氟化盐生产中使用、存储硫酸时，应具有防腐蚀、防泄漏及防火等技术措施。

4.7.3 炭素制品生产工艺的防火设计应符合现行国家标准《炭素生产安全卫生规程》GB 15600的有关规定，并应符合下列规定：

1 原料存储、转运应符合本规范第4.4节的有关规定，工艺生产及相关装置应符合本规范第4.5节的有关规定；

2 散发易爆粉尘的封闭厂房，其通风、收尘设计应符合本规范第8章的有关规定。

4.8 有色金属及合金的加工

4.8.1 受到金属坯、锭经常性飞溅火星、炽热烘烤作用的控制（值班）室以及架于轧机辊道上的操作室，其防火安全设计应符合本规范第6.2.2条的有关规定。

4.8.2 厂房内可燃介质管道及电线、电缆，不应通过热坯、热锭上方高温区域。当不可避免时，应采取有效的隔热防护措施。

4.8.3 输送重（柴）油的管道在进入厂房处，应设置快速切断的专用阀门。

4.8.4 油质淬火间和轧机轴承清洗间的电加热油槽（油箱）应设置油温控制、机械通风及报警装置。

4.8.5 用于各类加热、铸造工业炉窑保温（隔热）的防火安全设计，应符合现行国家标准《工业炉窑保温技术通则》GB/T 16618的有关规定。

4.8.6 使用保护性气体的炉窑装置，其防火设计应符合下列规定：

1 使用氢气时，应配置氢气与氧气分析仪、氢气自动切断放散装置以及相关显示和报警装置，并应符合现行国家标准《氢气使用安全技术规程》GB 4962的有关规定；

2 使用各类易燃（爆）气体（介质）时，应设置压力、浓度的监测和机械通风以及报警、紧急切断装置；

3 保护性气体站宜独立设置，并应设置防护（隔离）围栏。

4.8.7 冷轧及冷加工系统的防火设计应符合下列规定：

1 用于涂层、着色的溶剂及黏合剂配制间，应设置机械通风净化装置，并严禁设置明火装置；

2 应对涂着设备设置消除静电聚集的装置。

4.8.8 当制备、使用及储运铝、镁等金属粉料（尘）时，其防火、防爆设计应符合现行国家标准《铝镁粉加工粉尘防爆安全规程》GB 17269和《粉尘防爆安全规程》GB 15577的有关规定。

4.8.9 配置在所属设备（机组）旁的地下、半地下室液压站、润滑油站，不宜与电气地下室、电缆隧道（通廊）等连通。当不可避免时，应设置耐火极限不低于3.00h的不燃烧体和甲级防火门窗加以分隔。

4.9 烟气制酸

4.9.1 工艺装置的基础、管道的支架（含基础、支座、吊架、支撑）均应采用不燃烧体；工艺装置、管道及其保温层宜采用不燃材料，当确有困难时，应采用难燃材料制作。

4.9.2 厂房（仓库）的建筑构件应采用不燃烧体；建筑防腐蚀构造层宜采用难燃材料、不燃材料，当确有困难时，应采取相应的防火保护措施。

4.9.3 硫酸的生产、存储及输送，应采取严格的防腐蚀、防泄漏以及防火等技术防护措施。应符合现行国家标准《工业建筑防腐蚀设计规范》GB 50046等的有关规定。

4.10 燃气、助燃气体设施和燃油设施

4.10.1 天然气、液化石油气储配与供应的防火安全设计应符合现行国家标准《石油天然气工程设计防火规范》GB 50183的有关规定；乙炔生产、输配的防火安全设计应符合现行国家标准《乙炔站设计规范》GB 50031的有关规定。

4.10.2 煤气的生产、输配设施的防火设计应符合现行国家标准《发生炉煤气站设计规范》GB 50195、《工业企业煤气安全规程》GB 6222和《城镇燃气设计规范》GB 50028的有关规定。

4.10.3 燃气的调压放散作业，应设置燃烧放散装置及防回火设施。在放散管顶部以燃烧器为中心、半径为30.0m的球体范围内，严禁其他可燃气体放空。

4.10.4 氧气、氢气生产及输配的防火设计应符合现行国家标准《氧气站设计规范》GB 50030、《氢气站设计规范》GB 50177以及《氧气及相关气体安全技术规程》GB 16912、《氢气使用安全技术规程》GB 4962等的有关规定。

4.10.6 煤气柜应设置低压和高压报警及放散装置。

4.10.7 桶装丙类油品库宜独立建造，并应采用耐火等级不低于二级的单层建筑；门应采用外开门或推拉门，门的净宽度应大于2.0m。应设置高于室内地坪的斜坡式门槛，采用不燃材料制作。库房内应有良好的通风、防爆、防雷设施。

燃油储存其他装置的防火设计应符合现行国家标准《建筑设计防火规范》GB 50016、《石油库设计规范》GB 50074的有关规定。

4.11 煤粉制备

4.11.1 煤粉制备系统的启动、切换、暂停和正常运行等所有工况下均应处于惰性气氛之中。惰性气氛的最高允许氧含量（氧的体积份额%）应根据所选用的煤种、所在的区域环境等条件，按国家现行行业标准《火力发电厂煤和制粉系统防爆技术规程》DL/T 5203的有关要求加以确定。

4.11.2 按惰性气氛设计的制粉系统，应设置监测和控制氧或惰性介质含量的装置，以及温度、压力、一氧化碳的在线监测、报警和应急切换装置。

4.11.3 磨制煤粉系统的防火设计应符合下列规定：

1 烘干煤粉的干燥介质宜采用烟气，磨煤机（或系统末端）的最高允许氧含量（氧的体积份额%）：烟煤应小于14%，褐煤应小于12%；

2 入磨煤机的烟气应先经过火花捕集器，并应在磨煤机的入口处设置上限温度的监控装置；

3 对磨煤机出口气粉混合物的上、下限温度应设置监控装置，其上、下限值应按不同煤种、干燥介质以及磨机类型等因素加以确定；当磨制混合品种煤粉时，其上限温度值应按其中最易爆的煤种确定；

4 制粉系统末端介质的最低温度，应保证无水分凝结和煤粉粘附，对于直吹式系统，其最低温度应比其露点高2℃；对于贮仓式系统，其最低温度应比其露点高5℃。

4.11.4 煤粉制备系统中除压力容器外，所有煤粉容器、与容器连接的管道端部和拐弯处，均应设置泄爆装置（泄爆孔或泄爆阀），泄爆装置的位置及朝向应确保泄爆时不得危及人身和设备安全。泄爆设计尚应符合现行国家标准《粉尘爆炸泄压指南》GB/T 15605的有关规定。

4.11.5 煤粉制备系统的装置、管道及其连接应平整、光滑，避免煤粉积聚，宜对煤粉管道等的清理配备吹扫系统。

4.11.6 煤粉输送管道应避免水平方式敷设，水平夹角不应小于45°，其最小负荷工况设计流速不应小于15m/s；当管道水平夹角不可避免小于45°布置时，其额定负荷工况设计流速不应小于25m/s。

4.11.7 煤粉输送管道及储罐应采用抗静电材料，所有设备和管道均需接地，法兰间应避免出现绝缘，布袋收尘器应采用抗静电滤袋。

4.11.9 煤粉制备各类装置、设备的供配电防火设计，应符合现行国家标准《爆炸和火灾危险环境电力装置设计规范》GB 50058的有关规定。

4.11.10 煤粉制备系统应设置自动灭火系统，应符合本规范第7.5节有关规定。

4.12 锅炉房及热电站

4.12.1 锅炉房及热电站的防火设计应符合现行国家标准《锅炉房设计规范》GB 50041、《小型火力发电厂设计规范》GB 50049及《火力发电厂与变电站设计防火规范》GB 50229的有关规定。

4.12.2 燃煤储运的防火设计应符合本规范第4.4节的有关规定。

4.12.3 热力管线敷设的防火设计应符合现行国家标准《锅炉房设计规范》GB 50041等标准的有关规定。

4.13 其他辅助设施

4.13.1 水处理系统的防火设计应符合下列规定：

1 使用氯气（液氯）的工作间应独立设置，应设置直通室外的门，并应设置氯气浓度监测及报警装置；室内通风设备应为防爆型；设备和照明的开关应设置在室外；

2 工业废水、污泥的处理、存储，应依据其介质的火灾危险特性，采取防火、防爆措施。

4.13.2 化验（试验）室的防火设计应符合下列规定：

1 具有易燃、易爆介质的化验（试验）室应设置机械通风装置，并应采用防爆型电器和采用不发火花的地面；

2 设置于甲、乙类厂房内或与之毗邻设置的化验（试验）室应符合本规范第6.2.3条的有关规定。

4.13.3 机械修理、汽车维修保养设施的防火设计应符合现行国家标准《汽车库、修车库、停车场设计防火规范》GB 50067的有关规定，并应符合下列规定：

1 柴油动力机械的保养车间，当车位不超过10个时，可与机械维修间厂房合建或贴邻建造，但应靠外墙布置；

2 汽车及柴油机械保养车间内的喷油泵试验间，应靠车

间的外墙布置，室内应采取机械通风和防爆措施；

3 对于建筑面积不大于 60m² 的充电间，可与停车库、维修间等贴邻建造，但应采用防火墙将其隔开，并应设置直通室外的安全出口；充电间应有防爆、防腐蚀和机械通风等措施；

4 中小型的锻、铆、焊、机加工等各类机械修理厂房宜合建（贴建），其防火安全应符合现行国家标准《建筑设计防火规范》GB 50016 的有关规定。

5 总平面设计

5.1 总平面布置

5.1.1 有色金属工程的总平面设计，应根据企业厂区的总体规划，按照功能明确、流向合理、交通方便、管线简捷、满足消防、确保安全的原则进行，并应符合现行国家标准《工业企业总平面设计规范》GB 50187、《有色金属企业总图运输设计规范》GB 50544 的有关规定。

5.1.2 具有明火、散发火花、产生高温、烟尘的厂房以及使用（贮存）较多量甲、乙、丙类液体、可燃气体的厂房（仓库），在满足生产流程的前提下，宜布置在厂区的边缘处，或者厂区及生活区全年最小频率风向的上风侧；易燃、可燃材料堆场必须远离明火及散发火花的场所，且宜设置在厂区边缘或相对封闭的区域。

5.1.3 带式输送机通廊、管网支架等设施当穿越（或临近）架空高压电力线时，最小净距应符合现行国家标准《城市电力规划规范》GB 50293 的相关规定。

5.1.4 企业的消防队建制及其设施，宜根据工程建设的规模、火灾危险性及所在地区的消防资源等因素确定。当需要设置达标的消防站（含独立或合建）时，应符合现行国家建设标准《城市消防站建设标准》的有关规定。

5.1.5 矿区的总平面布置设计应符合下列规定：

1 矿山工业场地与草原、森林接壤时，应设置防火隔离带；

2 矿井井口、平硐口必须布置在安全地带，与丙类建（构）筑物的防火间距不应小于 80.0m，与锻造、铆焊等有火花车间的防火间距宜大于 20.0m，与丁类建（构）筑物（其中井架、井塔、提升机房除外）的防火间距不应小于 15.0m，且洞口周围 200.0m 范围内不应布置甲、乙类设施和易燃、易爆物品仓库；矿井井口、平硐口作为安全出口时，其周围应设置通畅的道路；

3 有自燃、发火危险的排土场、炉渣堆场，不应设在矿井进风口常年最大频率风向的上风侧，矿井进风口的距离应大于 80.0m；

4 浮选药剂库、油脂库到进风井、通风井扩散器的防火间距不应小于表 5.1.5 的规定。

表 5.1.5 浮选药剂库、油脂库距进风井、通风井扩散器的防火间距

贮药、油脂容积 V (m³)	V<10	10≤V<50	50≤V<100	V>100
间距 (m)	20.0	30.0	50.0	80.0

5.1.6 矿山炸药库的布置应充分利用地形，注重与周边环境的协调，并应符合现行国家标准《爆破安全规程》GB 6722 等的有关规定。

5.2 厂区道路和消防车道

5.2.1 厂区道路和消防车道布置应充分满足生产调运、物料输送以及消防安全的要求，通过工艺流程和管线布置的统筹协调，保障消防车道通畅。厂区道路和消防车道的设计应符合现行国家标准《厂矿道路设计规范》GBJ 22 和《建筑设计防火规范》GB 50016 的有关规定。

5.2.2 当消防车道设置（通行）在地下建、构筑物的上部时，地下建、构筑物的结构承载能力应满足厂区最大消防车满载通行时的安全要求。

5.2.3 厂区道路的出入口位置和数量，应根据企业规模、总体规划等综合确定。出入口数量不应少于 2 个，且应位于厂区的不同方位。

5.2.4 厂区两个主要出入口处的道路，应避免与同一条铁路平交；当难以避免时，两个出入口的间距应大于所通过的最长列车的长度；当仍不能满足要求时，应采取其他有效的技术措施。

5.3 管线布置

5.3.1 甲、乙类液体管道和可燃气体管道，不应穿越（含地上、下）与该管道无关的厂房（仓库）、贮罐区以及可燃材料堆场，并严禁穿越控制室、配电室、车间生活间等场所。

5.3.2 敷设甲、乙、丙类液体管道、可燃气体管道，应避开火灾危险性大或明火作业场所（区域）。并且宜躲避或绕开腐蚀性区域，当确有困难时，管道应采用相应的防腐蚀措施。

5.3.3 管道穿越甲、乙、丙类液体贮罐区的防火堤时，应对缝隙进行防火封堵。禁止无关管线穿越防火堤。

5.3.4 可燃、助燃气体管道、可燃液体管道宜架空敷设，当架空敷设确有困难时，可采用管沟敷设且应符合下列规定：

1 该类管道宜独立敷设，当确有困难时，可与不燃气体、供水等管道（消防供水管道除外）共同敷设在用不燃烧体作盖板的地沟内；也可与使用目的相同的可燃气体管道同沟敷设，但沟内应充填细砂，且不应与其他地沟相通；

2 氧气管道不应与电缆、电线和可燃液体管道以及腐蚀性介质管道共沟敷设；

3 管道应采取防雷击和导除静电的措施；

4 应采取有效措施防止含甲、乙、丙类液体的污水漏入地沟内；

5 当其他管道横穿地沟时，其穿过地沟部分应套以不燃烧体的密闭套管，且套管伸出地沟两壁的长度各不少于 0.2m。

5.3.5 架空电力（含弱电）线路的设计应符合现行国家标准《66kV 及以下架空电力线路设计规范》GB 50061 的有关规定，并应符合下列规定：

1 架空电力线路不应跨越具有爆炸危险性的仓库、堆场，不宜跨越建筑群体；

2 架空电力线路和架空煤气管道之间的距离应符合表 5.3.5 的规定。

表 5.3.5 架空电力线路和架空煤气管道之间的距离

架空电力线路电压等级	最小水平净距 (m)（导线最大风偏时）	最小垂直净距 (m)	
		管道下	管道上
1kV 以下	1.5	1.5	3.0
1kV～20kV	3.0	3.0	3.5
35kV～110kV	4.0	不允许	4.0

注：最小垂直净距是指线路最大弧垂时的净距。

5.3.6 矿山电力线路架（敷）设应符合现行国家标准《矿山电力设计规范》GB 50070 和本规范第 10.3 节的有关规定。线路架设区位，不得贴近或跨越爆破危险境界线，架设的高度，应满足相关车辆、装置安全通行的最小净空。

5.3.7 铁路电力机车接触网正线线、旁架线支柱与铁路中心线的距离以及接触网的轨面悬挂高度应符合现行国家标准《工业企业标准轨距铁路设计规范》GBJ 12 等标准的有关规定。

6 安全疏散和建筑构造

6.1 安全疏散

6.1.1 厂房（仓库）以及办公、计控等生产辅助建筑的安全疏散，应符合现行国家标准《建筑设计防火规范》GB 50016 等规范的有关规定。

6.1.2 丁、戊类输送机通廊的高层转运站、矿山竖井提升的高层井塔（井架），可采用敞开楼梯或金属梯作为疏散楼梯，金属梯的倾斜角不应大于 60°，净宽度不应小于 0.8m，栏杆高度不应小于 1.1m。

6.1.3 丁、戊类生产厂房操作平台的疏散楼梯，可采用倾斜角小于等于 45°，净宽度不小于 0.8m 的金属梯，栏杆高度不应小于 1.1m；当仅用于生产检修时，金属梯的倾斜角可为 60°，净宽度不小于 0.6m。

6.1.4 建筑面积不超过 250m² 的电缆夹层、无人值守且建筑面积不超过 100m² 的电气地下室、地下液压站、地下设备用房，可设一个安全出口。

6.1.5 长度大于 50.0m 的电缆隧道，应分别在距其两端不大于 5.0m 处设置安全出口；当电缆隧道长度超过 200.0m 时，中间应增设安全出口，其间距不应超过 100.0m。

6.1.6 一、二级耐火等级的丁、戊类厂房内无人值守的液压站、润滑站等设备地下室（设有自动灭火系统），其安全出口直通室外确有困难时，可直通厂房内相对安全的区域，但地下室出口处应设置乙级防火门。疏散梯可采用倾斜角不应大于 45°，净宽度不小于 0.8m 的金属梯；当建筑面积大于 100m² 时，应增设第二安全出口，第二安全出口疏散梯可采用金属垂直梯。

6.2 建筑构造

6.2.1 厂房（仓库）建筑构造的防火设计应符合现行国家标准《建筑设计防火规范》GB 50016 的有关规定。厂房（仓库）建筑内部装饰应符合现行国家标准《建筑内部装修设计防火规范》GB 50222 的有关规定，且装饰材质宜采用不燃材料。

6.2.2 受炽热烘烤、熔体喷溅、明火作用的区域，不应设置控制（操作、值班）室，当确需设置时，其构件应采用不燃烧体，并应对门、窗和结构构件采取防火保护措施；当具有爆炸危险时，尚应设置有效的防爆设施。

控制（操作、值班）室的安全出口（含通道）应便捷通畅，避开炽热、喷溅、明火直接作用的区域；对于疏散难度较大或者建筑面积大于 60m² 的控制（操作、值班）室，其安全出口不应少于 2 个。

6.2.3 甲、乙类生产厂房中的控制（分析、化验）室宜独立设置，当贴邻外墙设置时，控制（分析、化验）室的耐火等级不应低于二级，且应以耐火极限不低于 3.00h 的不燃烧体隔墙和耐火极限不低于 1.50h 的不燃烧体楼板与其他部分隔开，并设置独立的安全出口；当具有爆炸危险时，尚应设置有效的防爆设施。

6.2.4 在丁、戊类厂房内，当设置甲、乙、丙类辅助生产设施时，应采用耐火极限不低于 3.00h 的不燃烧体墙和耐火极限不低于 1.50h 的不燃烧体楼板与其他部分隔开。当具有爆炸危险时，尚应设置必要的防爆设施。

6.2.5 设置在主厂房内的可燃油油浸变压器室，应设置直通厂房外的大门。当门的上方设置宽度不小于 1.0m 的防火挑檐时，直通室外的门可不采用防火门。对油浸变压器室通向厂房内的大门，应采用甲级防火门（常闭）；当确有困难时，应采用防火卷帘等防火分隔措施。

6.2.6 电气（配电、电气装置）室、变压器室、电缆夹层等室内疏散门应向疏散方向开启；当连接公共走道或其他房间时，该门应采用乙级防火门。电气室等房间的中间隔墙上的门可采用不燃烧体的双向弹簧门。

6.2.7 电缆隧道在进入主厂房、变（配）电所时，应采用耐火极限不低于 3.00h 的防火分隔体分隔，其出入口应设常闭的甲级防火门并向厂房侧开启；电缆隧道内的防火门应向疏散方向侧开启，并应采用火灾时能自动关闭的常开式防火门。

6.2.8 生产工艺使用（产生）可燃液体介质的作业区内，其地面（或楼面）应设置坡度及排液沟（明沟），且地面坡度不宜小于 2%（楼面不宜小于 1%）；作业区范围内不宜设置地下管沟，当必须设置时，应有避免可燃液体污水渗入地下管沟的可靠措施。

6.2.9 厂房（仓库）的防火封堵除应符合现行国家相关标准《建筑防火封堵应用技术规程》CECS 154 的规定外，尚应符合下列规定：

　　1 生产工艺中可能使用或产生有毒、有害气体的车间（工段）以及采用气体灭火系统的场所，与相邻车间（工段）以及有人值守区域之间的防火封堵组件，应采用密烟效果良好的封堵组件；

　　2 电缆和无绝热金属管道贯穿的防火封堵组件应采用无卤型防火封堵材料；

　　4 防火分隔构件未能密封的缝隙（孔洞），应采用防火封堵材料封堵，所采用防火封堵组件的耐火极限，不应低于防火分隔构件相应的耐火极限；

　　5 腐蚀性区域内的防火封堵组件，必须满足腐蚀性介质以及高湿度环境条件的使用要求。

6.3 厂房（仓库）防爆

6.3.1 具有熔融状态的粗金属（熔渣）作业区，其厂房屋面防水等级不应低于二级，应有防止天窗、水沟、水落管等雨水飘落、渗漏的可靠措施；作业区地坪标高应高出室外地面标高。

6.3.2 对可能放散爆炸危险介质的厂房（仓库），应采取避免爆炸危险性介质积聚的构造措施，宜具有良好的自然通风环境。当厂房（仓库）使用或产生氢气时，对厂房（仓库）顶部可能聚集氢气的封闭区域，应有可靠的导流、排放措施。

6.3.3 厂房（仓库）的防爆及泄压设计应符合现行国家标准

《建筑设计防火规范》GB 50016的有关规定。

7 消防给水、排水和灭火设施

7.1 一般规定

7.1.1 有色金属工程的消防用水应与厂区生产、生活用水统一规划，水源必须有十分可靠的保证。

7.1.2 当工程项目的设计占地面积小于等于$100×10^4m^2$（$100hm^2$，下同略）时，应按同一时间内1次火灾设计；当大于$100×10^4m^2$时，应按同一时间2次火灾设计。

7.1.3 厂区内的消防给水量应按同一时间内的火灾次数和一次灭火的最大消防用水量确定。一次灭火用水量应按需水量最大的一座厂房（仓库）或储罐计算，且厂房（仓库）的消防用水量应是室内全部消防水量与室外消火栓用水量之和；储罐的消防用水量应是消防冷却用水量与灭火用水量之和。

7.1.4 消防给水系统可与生产、生活给水管道系统合并。合并的给水管道系统，当生产、生活用水达到最大小时用水量时，仍应能保证全部消防用水量。

7.1.5 对于可能引起环境污染区域的消防污水，应设置消防排水设施。其他设有消防给水的场所可设置消防排水设施。

7.1.6 敷设于腐蚀性厂区的消防管道，应根据实际条件采用特殊材质的管道或采取可靠的防腐蚀措施。

7.1.7 有色金属工程的自备发电厂、总变电（站）所；氢气站、氧气站、乙炔站等的消防设计除应符合本规范要求外，尚应符合国家现行标准的规定。

7.1.8 对钛、锂类有色金属冶炼生产及镁粉等若干介质的加工贮运作业中，凡遇水会发生燃烧或可导致严重次生灾害的场所，不得设置室内消火栓。

7.1.9 厂房（仓库）、堆场以及厂区内各类建筑应根据生产、使用、储存物品的火灾危险性、可燃物数量等因素选择配置灭火器材，应符合现行国家标准《建筑灭火器配置设计规范》GB 50014的有关规定。

7.1.10 在寒冷及严寒地区设置的消火栓应有可靠的防冻措施。

7.2 厂区室外消防给水

7.2.1 厂区内的厂房（仓库）、可燃材料堆场、可燃气体储罐（区）等的室外消防用水量（L/s）及火灾延续时间，甲、乙、丙类液体储罐消防用水和冷却水量及火灾延续时间，应符合现行国家标准《建筑设计防火规范》GB 50016的有关规定。

7.2.2 室外消防管网设计除应符合现行国家标准《建筑设计防火规范》GB 50016和《室外给水设计规范》GB 50013的规定外，尚应符合下列规定：

  1 向环状管网输水的输水管不应少于两条，当其中一条发生故障时，其余进水管应能满足消防用水总量。管网中设有加压装置时，低压进水管接点处应设止回阀；

  2 采用生产循环水作为消防水源时，不应影响冷却设备（装置）的安全使用。

7.2.3 室外消火栓的设置应符合现行国家标准《建筑设计防火规范》GB 50016的有关规定；当消火栓可能受到外力损伤时，应设置相应的防护设施，且不得影响消火栓的正常使用。

7.3 室内消防给水

7.3.1 下列厂房（仓库）或场所应设置室内消火栓：

  1 火法冶金、熔盐电解、金属加工、辅助生产等类型的丁、戊类一、二级耐火等级的厂房（仓库）中，使用、产生或储存甲、乙、丙类可燃物（介质、物料）且较集中的场所；

  2 建筑占地面积大于$300m^2$的甲、乙、丙类厂房（仓库）；耐火等级为三、四级且建筑体积超过$3000m^3$的丁类、建筑体积超过$5000m^3$的戊类厂房（仓库）；

  3 输送丙类及以上物料且封闭式的通廊及转运站等；

  4 五层以上或建筑体积大于$10000m^3$的化验（试验）楼、计控楼、综合办公楼。

7.3.2 下列厂房（仓库）或场所可不设置室内消火栓：

  1 丁、戊类一、二级耐火等级且可燃物较少的单层、多层厂房（仓库）；

  2 设置有自动灭火设施的电缆隧道（通廊）和电气、设备地下室。

7.3.4 厂房（仓库）及工艺装置区的室内消防给水系统宜采用常高压给水系统。当消防与生产共用给水系统且室内消火栓栓口处的出水压力不能保证要求时，应设置临时高压给水装置。

7.3.6 生产、使用甲、乙类介质的工艺装置，当其框架平台高于15m时，宜沿平台的梯子敷设半固定式消防给水竖管，并应符合下列规定：

  1 按各层需要设置带阀门的快速（管牙）接口；

7.3.7 室内消防给水管道及消火栓的布置除应符合现行国家标准《建筑设计防火规范》GB 50016的相关规定外，尚应符合下列要求：

  1 室内消火栓应设置在厂房（仓库）的出入口附近、通行走道邻近处等明显易于取用的地点；

7.4 矿山消防给水

7.4.1 矿山工程应结合生活供水系统或生产供水系统设置消防给水系统。

7.4.2 消防给水系统应能满足最不利点处火灾延续时间内全部消防用水量及水压的要求；当给水不能满足要求时，应设置消防水池、消防给水装置。

7.4.3 矿井的出入口邻近处应设置消防水泵接合器和室外消火栓。

7.4.4 地下开采矿山工程中，对采用竹、木等燃烧体支护的矿井、斜坡道、运输巷道、井底车场以及硐室等场所应设置消火栓。

7.4.5 地下开采矿山当设置消防给水时，应符合下列规定：

  1 消防给水管道宜与生产供水管道合并（含水源供水），合并的给水管道系统除应保证生产用水的需要外，尚应确保全部消防用水需求；

  2 消防用水量应按井下同一时间发生1次火灾，火灾延续时间不小于3.00h计算确定；

  3 消火栓栓口处出水压力不小于0.35MPa；当出水压力超过0.5MPa时，宜采取减压措施；

  4 消火栓的用水量应根据水枪充实水柱长度和同时使用

水枪数量经计算确定,且不应小于5L/s;最不利点水枪充实水柱不应小于7m;同时使用水枪数量不应少于2支;

5 消火栓的间距宜为50m,应保证同层有2支水枪的充实水柱同时达到任何部位;同一项目中应采用统一规格的消火栓、水枪和水带;

6 供水管道系统可采用枝状管网,给水管道应沿巷道的一侧敷设,管径不应小于DN80,消火栓宜靠近可通行的联络巷布置;

7 消防水池的容积应按井下1次火灾的全部用水量确定,且不应小于200m³。

7.4.6 矿山工程中的各个生产场所均应配置灭火器材,并应符合现行国家标准《建筑灭火器配置设计规范》GB 50140、《金属非金属矿山安全规程》GB 16423的有关规定。

7.5 自动灭火系统的设置

7.5.1 有色金属工程自动灭火系统的设置,应符合现行国家标准《建筑设计防火规范》GB 50016的有关规定和本规范表7.5.1的规定。

表7.5.1 主要厂房(仓库)、工艺装置自动灭火系统设置要求

设置场所名称		可选用的系统类型	设置要求
主控制室、中央调度室、通讯中心(含交换机室、总配线室、电力室等的程控电话站)、主操作室		气体、细水雾、自动喷水	宜设①
变配电系统	变(配)电所 配电装置室(单台设备油量100kg以上)	气体、干粉、细水雾	宜设
	有可燃介质的电容器室		
	油浸变压器室(单台小于40MV·A且大于8MV·A)		
	油浸电抗器室、油浸电抗器		
	单台容量在40MV·A及以上的油浸电力变压器	水喷雾、细水雾	应设
	单台容量125MV·A及以上的总变电所油浸电力变压器	水喷雾等	应设
计算机(信息)中心、区域管理计算站及各主要生产车间的计算机主机房、硬软件开发维护室、不间断电源室、缓冲室、纸库、光或磁记录材料等		气体等	宜设
柴油发电机房	总装机容量>400kV·A	水喷雾、细水雾	应设
	总装机容量≤400kV·A		宜设
电缆夹层	大于等于防火分区面积时	水喷雾、干粉、细水雾等	应设
	小于防火分区面积时		宜设
电气地下设备间		水喷雾、细水雾	应设
电缆隧(廊)道	主厂房以外区域且电缆隧道长度>150m时	水喷雾、干粉、细水雾等	应设
	主厂房以及重要的公辅设施区域		应设
主控楼、主电楼等重要且火灾危险性大场所的电缆竖井		气体、干粉、细水雾	应设
冷轧机组、修磨机组(含机舱及烟气排放等系统)		气体或其他自动灭火系统	应设
热连轧高速轧机机架(当未设油雾抑制系统时)		水喷雾、细水雾	宜设
润滑油库、轧制油系统、集中供油系统、储油间、油管廊	地下润滑油站、地下液压站(储油总量大于2m³)	气体、泡沫、水喷雾、S型气溶胶	应设②
	地上封闭式液压站、润滑油库等(储油总量大于10m³);高层(标高大于24m)封闭润滑油站储油量大于2m³		应设
建筑面积大于150m²的甲、乙类生产区域和乙炔、氧气瓶、化工材料(物品)贮存仓库		自动喷水、水喷雾或其他自动灭火系统	应设
燃油泵房、桶装油库、油箱间、油加热装置间、油泵房等丙类油用房		泡沫、细水雾或其他自动灭火系统	宜设
彩涂车间涂料库、涂层室、涂料预混间		气体、泡沫或其他自动灭火系统	应设
特殊贵重的仪器、仪表设备室;重要科研楼的资料室、贵重设备室、可燃物较多或火灾危险性较大的实验室等辅助生产设施		气体、细水雾	应设
办公楼、检验楼、化验楼等[设置有风道(管)的集中空调系统且建筑面积大于4500m²]		自动喷水	应设
激光焊机室等重要或贵重设备的其他房间		气体、细水雾等	宜设

续表 7.5.1

设置场所名称	可选用的系统类型	设置要求
运送易自燃高挥发分煤种的胶带运输机且长度超过200m	细水雾、水喷雾、自动喷水	应设
运煤隧道（易自燃高挥发分煤种）	自动喷水、水喷雾	应设
有色金属生产中的萃取/反萃取工艺及萃取剂配制、储存（以可燃溶剂为介质）、使用	泡沫、细水雾	宜设
在整体防火分隔物无法设置的局部开口部位	水幕、细水雾	应设
表面处理使用甲、乙类液体的工序及储存间	气体、细水雾	应设
粉煤制备系统的煤仓及除尘器	气体等	应设
矿山竖井提升系统机房	气体、细水雾	宜设
火灾危险性大的井下变配电、储油、维修硐室等场所	泡沫、细水雾、自动喷水	宜设
经生产工艺认定的具有火灾危险性的工段、场所、硐室、巷道	泡沫、细水雾、自动喷水	宜设
厂房（仓库）距度＞30m、高度＞8m且无法采用自动喷水，以及需要设置自动灭火系统其他特殊环境	自动消防炮	宜设

注：1 主控制室等长期有人值守的场所可不设自动式灭火系统，按规定配备手提式灭火器；
2 气体灭火系统仅用于室内场所；
3 在有色金属板带箔材加工的轧机（包括油地下室）等场所当采用细水雾、水喷雾灭火系统时，应避免水液进入油系统中，导致产品质量出现问题。

7.5.2 自动喷水灭火系统、水喷雾灭火系统、气体灭火系统以及泡沫灭火系统的设计应符合各类现行国家标准的有关规定。当泡沫灭火系统用于各类可燃液体储罐（容器）等设施灭火时，尚应符合现行国家标准《石油库设计规范》GB 50074 和《石油化工企业设计防火规范》GB 50160 的有关规定。

7.5.3 细水雾灭火系统设计应符合现行国家相关标准，在有色金属工程中选用细水雾灭火系统时，尚应符合下列规定：

　　1 在工业建筑腐蚀性分级的"中腐蚀""强腐蚀"等级环境，或者烟尘较大的场所中，当设置细水雾全淹没系统时，应有可靠的防腐蚀、防堵塞等的技术措施。当确有困难时，应结合实际，选用细水雾局部应用系统，以及细水雾瓶组式系统等灭火装置；在油浸变压器间、电气设备间、柴油发电机房等宜设置高压细水雾开式灭火系统；

7.6 消防水池、消防水箱和消防水泵房

7.6.1 符合下列条件之一者应设置消防水池，消防水池应符合现行国家标准《建筑设计防火规范》GB 50016 的有关规定：

　　1 当生产、生活用水达到最大小时用水量时，水源供水及引入管不能满足室内外消防水量；

　　2 厂区给水干管为枝状或只有一条引入管，且消防用水量之和超过25L/s。

7.6.2 当厂区的生产用水水池符合消防水池的技术要求时，生产用水水池可兼做消防水池使用。

7.6.3 当厂区室内消火栓给水采用临时高压给水系统时，厂房（仓库）应设置高位消防水箱，并应符合现行国家标准《建筑设计防火规范》GB 50016 的有关要求。

7.6.4 工程中当设置高位消防水箱确有困难时，临时高压给水系统的设置应符合下列要求：

　　1 系统应由消防水泵、稳压装置、压力监测及控制装置等构成；

　　2 由稳压装置维持系统压力，出现火情时，压力控制装置应能自动启动消防水泵；

　　3 稳压泵应设置备用泵。稳压泵的工作压力应高于消防泵工作压力，其流量不宜小于5L/s。

7.6.5 消防水泵房宜与生活或生产水泵房合建。消防水泵、稳压泵应分别设置备用泵。备用泵的流量和扬程不应小于最大一台消防泵（稳压泵）的流量和扬程。

7.7 消防排水

7.7.2 油浸变压器以及其他用油系统的消防排水应设置油水分隔设施。

8 采暖、通风、除尘和空气调节

8.1 一般规定

8.1.1 采暖、通风、除尘和空气调节防火设计，应依据有色金属各类生产工艺和装置的特点，密切配合主体专业的要求，并应符合现行国家标准《采暖通风与空气调节设计规范》GB 50019、《建筑设计防火规范》GB 50016 等有关规定。

8.1.2 厂房（仓库）的防烟与排烟设计应符合现行国家标准《建筑设计防火规范》GB 50016 的有关规定。

8.1.3 矿山井下工程的通风与除尘设计，应符合现行国家标准《金属非金属矿山安全规程》GB 16432 等规范、法规的有关规定。

8.2 采 暖

8.2.1 氧气站、氢气站、天然气站、氨压缩机室、油库、蓄电池室、化学品库及煤粉制备（封闭式）车间等甲、乙类厂房（仓库），严禁采用电散热器或明火采暖。

8.2.2 在散发可燃粉尘、纤维的厂房（仓库）内应采用表面光滑易清扫的散热器，散热器采暖的热媒温度应符合下列规定：

　　1 热媒为热水时，不应超过130℃；

2 热媒为蒸汽时，不应超过110℃；
3 煤焦输送通廊，不应超过160℃。

8.2.3 变（配）电室采暖管道的设置应符合下列规定：

1 采暖管道不应穿越变压器室，不宜穿过无关的电气设备间，当确需穿过时采暖管道应采用焊接连接，且应采取隔热措施；

2 当配电室、蓄电池室需要采暖时，应采用可焊接的散热器，室内采暖管道应焊接连接，不应设置法兰、丝扣接头和阀门。

8.2.4 采暖管道不得与可燃气体管道及闪点小于或等于120℃的可燃液体管道在同一条管沟内平行或交叉敷设。

8.2.5 厂房（仓库）内采暖管道、构件及保温材料应采用不燃材料。

8.2.6 采用燃气红外线辐射采暖或电采暖时，应符合现行国家标准《采暖通风与空气调节设计规范》GB 50019的有关规定。

8.3 通 风

8.3.1 可能放散爆炸危险性介质的厂房（仓库）或场所，应设置事故通风装置并应符合下列规定：

1 设计通风量应根据生产工艺要求并通过计算确定，且通风换气次数不应小于12次/h；

2 通风机的启停开关应按配置要求设置，并应设置在室内（外）便于操作且安全的位置；

3 应采用防爆型风机。

8.3.2 甲、乙类厂房（仓库）的通风装置设计应符合下列规定：

1 当设置在甲、乙类厂房（仓库）内时，通风机和电动机均应采用防爆型，且应采用直连；

2 当单独设置在风机房内时，通风机和电动机均应采用防爆型，宜采用直连，也可采用三角皮带传动；

3 当单独设置在室外安全场所时，通风机应采用防爆型，电动机可采用封闭型。

8.3.3 通风、空调风管穿越防火分区时，应设置防火阀。主风管的防火阀应与风机联锁，且宜采用带位置反馈的防火阀，其信号应接入消防控制室。

8.3.4 设置机械通风的电缆隧道，通风机应与火灾自动报警系统联锁。当发生火灾时，应能立即切断通风机电源。

8.3.5 通风、空调系统的风管和保温材料应符合下列规定：

1 在甲、乙类厂房（仓库）中，应采用不燃材料；

8.3.6 输送或排除有爆炸危险性气体或粉尘的通风（空调及除尘）设备及管道，应有防静电接地措施，法兰应跨接，且不应采用易产生静电聚集的绝缘材料。

8.3.7 使用或产生氢气的厂房（仓库），对顶部各类死角，应采取避免可能聚集氢气的相关技术措施。

8.4 除 尘

8.4.1 处理有爆炸危险粉尘的干式除尘器可露天布置，应符合下列规定：

1 与厂房（仓库）的距离必须大于2m且不宜小于10m，当距离小于10m时，毗邻的厂房（仓库）外墙的耐火极限不应低于3.00h；

2 当布置在厂房（仓库）贴邻建造的建筑内时，应采用耐火极限不低于3.00h的隔墙和耐火极限不低于1.50h的楼板与厂房（仓库）分隔；

3 布置在厂房（仓库）屋面上时，应采用耐火极限不低于1.50h的屋面结构（或楼板）与厂房（仓库）分隔。

8.4.2 处理有爆炸危险性粉尘的干式除尘器应设置在负压段，并应符合下列规定：

1 应采用防爆型布袋除尘器，且应采用抗静电并阻燃滤料；

2 应设置泄压装置；

3 应设置安全联锁装置或遥控装置，当发生爆炸危险时应切断所有电机的电源。

8.4.3 输送有爆炸危险性粉尘的管道应竖向或倾斜敷设，其水平夹角不应小于45°；当管道确需在小于45°水平夹角敷设时，额定负荷工况设计流速不应小于25m/s。

8.4.4 除尘风管及其隔热（保温）构造层应采用不燃材料制作。

8.5 空气调节

8.5.1 空气中含有爆炸危险性介质的厂房应独立设置空调系统，并应采用直流式（全新风）空调系统。

8.5.2 空调系统的新风口应远离爆炸危险环境区域。

8.5.3 用于计算中心、主控制室、电气等室的空调机，宜布置在单独的机房内，并不应与其他无关的电缆布置在一起。

9 火灾自动报警系统

9.0.1 下列场所应设置火灾自动报警系统：

1 生产指挥中心（含调度、信息汇集）、通信中心（含交换机室、配线室）；

2 企业计算（控制、数据）中心、主控制室；

3 单台容量在40MV·A及以上的油浸变压器室、油浸电抗器室、可燃介质的电容器室，单台设备油量100kg及以上或开关柜（盘）的数量大于15台的配电室；

4 高档、精细的仪表及监测、控制设备室；

5 柴油发电机房；

6 室内电缆夹层、电缆竖井和电缆隧道；

7 设于地下的液压站、润滑站、储油间；

8 冷轧及冷加工的着色、涂层、溶剂配制间；

9 封闭式的甲、乙类火灾危险性厂房和甲、乙、丙类火灾危险性的仓库；

10 其他设有自动灭火系统的封闭式场所。

9.0.3 封闭式厂房（仓库）内可能散发可燃气体、可燃蒸气的场所，应设置可燃气体检测、报警装置。

9.0.4 火灾探测器应根据被保护场所的环境和可能发生的火灾特征，选择可靠、适用的型号（产品），并应符合现行国家标准《火灾自动报警系统设计规范》GB 50116等标准的有关规定。

9.0.5 可燃气体报警信号和自动灭火系统的报警、控制信号应接入火灾自动报警系统。

9.0.7 主厂房内每个防火分区应至少设置一个手动火灾报警按钮。在一个防火分区内的任何位置，到最近的一个手动火灾报警按钮的实际通行距离不应大于50m。

9.0.8 大、中型有色金属工程应设置消防控制中心，消防控制中心宜设于企业总调度室毗邻房间；小型有色金属工程中的消防控制室可与总调度室、主控制室合建。消防控制中心（消防控制室）的设计要求应符合现行国家标准《建筑设计防火规范》GB 50016等规范的有关规定。

9.0.9 火灾自动报警系统的设计除应符合本规范规定外尚应符合现行国家标准《火灾自动报警系统设计规范》GB 50116、国家行业标准《冶金企业火灾自动报警系统设计》YB/T 4125和国家标准《消防联动控制系统》GB 16806的有关规定。

10 电 气

10.1 消防供配电

10.1.1 消防控制室、消防电梯、火灾自动报警系统、自动灭火系统、防烟与排烟设施、应急照明、疏散指示标志和电动防火门（窗、卷帘）、阀门等消防用电设备，其供电电源负荷等级不应低于二级，应符合现行国家标准《供配电系统设计规范》GB 50052的有关规定。

10.1.2 消防水泵的供电应满足现行国家标准《供配电系统设计规范》GB 50052所规定的一级负荷供电要求。当只具备二级负荷供电时，应设置柴油机驱动的备用消防水泵。

10.1.3 消防控制室、消防电梯、防烟与排烟设施、消防水泵房等消防用电设备的供电，应在最末一级配电装置处实现自动切换。其供电线路宜采用耐火电缆或经耐火处理的阻燃电缆。

10.1.4 消防用电设备应采用单独供电回路，其配电设备和线路应有明显标志。消防供电线路的敷设应符合现行国家标准《建筑设计防火规范》GB 50016的有关规定。

10.1.5 爆炸危险场所的电气设备选择和线路设计，应符合现行国家标准《爆炸和火灾危险环境电力装置设计规范》GB 50058的有关规定。

10.2 变（配）电系统

10.2.1 电抗器的磁矩范围内不应有导磁性金属体，无功补偿（含滤波装置FC和静态无功补偿装置SVC）的空心电抗器安装在室内时，应设强迫散热系统。

10.2.2 当油量为2500kg及以上的室外油浸变压器，其外廓之间的防火间距小于表10.2.2中的规定值时，应设置防火隔墙并应符合下列规定：
1 高度应大于变压器油枕；
2 当电压为35kV～110kV时，长度应大于贮油坑两侧各0.5m；当电压为220kV时，长度应大于贮油坑两侧各1.0m；
3 耐火极限不应低于3.00h。

表10.2.2 室外油浸变压器外廓之间的防火间距（m）

电压等级	35kV	110kV	220kV
变压器外廓之间的防火间距	5.0	8.0	10.0

10.2.3 室内配置有单台油量为100kg以上的电气设备时，应设置贮油或挡油设施，其容积宜按油量的20%设计，并应设置将事故油排至安全处的设施。当不能满足上述要求时，应设置能容纳100%油量的贮油设施。

10.2.4 室外充油电气设备应符合下列规定：
1 单个油箱的充油量在1000kg以上时，应设置贮油或挡油设施。当设置容纳油量20%的贮油或挡油设施时，还应设置将油排至安全处的设施。不能满足上述要求时，应设置能容纳全部油量的贮油或挡油设施；
3 贮油或挡油设施的平面尺寸，应大于充油电气设备外廓每边各1.0m。

10.2.5 变（配）电所内的控制室、配电室、变压器室、电容器室以及电缆夹层，不应通过与其功能要求无关的管道和线路。当采用集中通风系统时，不宜在配电装置等电气设备的正上方敷设风管。

10.2.6 变（配）电所内通向电缆隧（廊）道或电缆沟的接口处，控制室、配电室与电缆夹层和电缆隧（廊）道等之间的电缆孔洞、电缆夹层、电气地下室和电缆竖井等电缆敷设区，应采用防火分隔及封堵措施，应符合本规范第6.2.9条的要求并应符合以下规定：
2 电缆、电缆桥架在穿过建（构）筑物或电气盘（柜）的孔洞处，应采用耐火极限不低于1.00h的防火封堵材料进行封堵；
3 电缆局部涂刷防火涂料或局部采用防火包（带）、防火槽盒进行封堵。

10.2.7 10kV及以下变（配）电所或电气室建（构）筑物的防火间距及电缆防火等要求，应符合现行国家标准《10kV及以下变电所设计规范》GB 50053的有关规定。

10.3 电缆及其敷设

10.3.1 主电缆隧（廊）道内空间尺寸，应满足人员的检修、维护和事故状态下施救的要求。当电缆隧（廊）道两侧设有支架时，支架间通道的净宽不宜小于0.9m；当一侧设有支架时，通道的净宽不宜小于0.8m；隧（廊）道的净高不宜于1.9m。

10.3.2 电缆隧（廊）道与其他沟道交叉时，其局部段的净空高度不得小于1.4m。

10.3.3 电缆夹层、电缆隧（廊）道应做好通风设计，宜采取自然通风；当敷设电缆数量较多且有较多电缆缆芯的工作温度达到70℃以上，或因其他因素导致环境温度显著升高时，应设置机械通风设施；长距离的隧（廊）道，宜分区段设置相互独立的通风系统，并应符合本规范第8.3节的有关规定；地面以上建筑物电缆夹层宜在外墙上设置通风设施，并应在火灾发生时能自动关闭。

10.3.4 电缆隧（廊）道每隔70.0m~100.0m应设置一道防火墙和防火门进行防火分隔；当电缆隧（廊）道内设置自动灭火系统时，防火分隔的间隔长度不应大于180.0m。

10.3.5 电缆隧（廊）道内应设排水设施，并应采取防渗水、防渗油和防倒灌的措施。

10.3.6 在电缆隧（廊）道或电缆沟内，严禁穿越和敷设可燃、助燃气（液）体管道。

10.3.7 电气室、电缆夹层内，不应敷设和安装可燃液（气或其他可能引起火灾的管道和设备，且不宜敷设与本室（层）无关的热力管道。

10.3.8 电缆的选择、敷设和电缆隧（廊）道、电缆沟等的设计，应符合现行国家标准《电力工程电缆设计规范》GB 50217 的有关规定。

10.3.9 对带有重要负荷的 10kV 及以上的变（配）电所，其两回路及以上的主电源回路电缆不宜在同一条电缆隧（廊）道内敷设。当难以满足要求时，应分别在隧（廊）道两侧的电缆架上敷设；对于只有单侧电缆架的隧（廊）道，不同回路的主电源电缆应分层敷设，并应采取下列的一种或多种组合：涂防火涂料、加防火隔板、加装防火槽盒或阻燃包带等，对主电源回路电缆实施防护。

10.3.10 电缆明敷且无自动灭火系统保护时，电缆中间接头两侧 2.0m～3.0m 的区段及与其并行敷设的其他电缆在此范围内，均应采取涂防火涂料或包防火包带等防火措施。

10.3.11 架空敷设的电缆与热力管道的间距，应符合表 10.3.11 的规定；当不能满足要求时，应采取有效的防火隔热措施。

表 10.3.11 架空敷设的电缆与热力管道的净间距（m）

敷设方式 \ 电缆类别	控制电缆	动力电缆
平行敷设	≥0.5	≥1.0
交叉敷设	≥0.3	≥0.5

10.3.12 车间的高温特殊区段或部位，其电缆选择和敷设应符合下列规定：

1 电气管线的敷设应避开炉口、出渣口和热风管等高温部位；

2 穿越或邻近高温辐射区的电缆，应选用耐高温电缆并应采取隔热措施，必要时，应采取防止金属熔体高温及渣液喷溅的措施；

3 下列场所或部位不宜敷设电缆，如需敷设时，应选用耐高温电缆并应有隔热保护措施：

  1）加热炉和冶炼炉本体、包子房、热风炉的地下；

  2）熔炼车间的浇铸区地下；

  3）金属熔液罐和渣罐车运行线的下方；

  4）冶炼炉、余热锅炉炉顶等高温场所；

  5）供热锅炉房的炉体及其炉顶栏杆区段；

  6）高温及热力管线的上方等。

4 存放热锭、坯极板、浇铸包及铸锭缓冷区的场所附近不宜设置电缆沟；必须设置时，电缆应穿钢管埋设并采取相应的隔热措施；

5 金属熔液车和渣罐车采用软电缆供电时，应装设拉紧装置，并应有防止喷溅及隔热防护措施；

6 熔炼炉（含电弧炉、矿热炉等）的短网母线在穿越钢筋混凝土墙时，短网周围的墙体和穿墙隔板应采用非导磁性材料；

7 电炉的水冷母线（电缆）应远离磁性钢梁，或采取水冷母线（电缆）传输路径的断面周围金属构件不构成磁性回路的措施；

8 热轧车间横穿冲渣沟的电缆管线，应敷设在沟的过梁内或采用穿钢管外加隔热保护层敷设。

10.3.13 矿山井下电缆的选择和敷设除应符合现行国家标准《矿山电力设计规范》GB 50070 和《金属非金属矿山安全规程》GB 16423 的有关规定外，尚应符合下列规定：

1 在有竹、木材质支护的进风竖井井筒中必须敷设电缆时，应采用耐火电缆；

2 禁止在生产运行期内的溜井中敷设电缆；

3 地面引至井下变电所不同回路的电源电缆线路，其电缆间距不应小于 0.3m，在竖井中不应敷设在同一层电缆架上；

4 竖井井筒中的电缆不应有中间接头；

5 巷道个别地段的地面必须敷设电缆时，应穿钢管、加扣角（槽）钢或用其他刚性不燃体做固定覆盖保护。

10.4 防雷和防静电

10.4.1 各类厂房（仓库）、构筑物的防雷接地引下线不应少于 2 根，接地引下线的间距和接地引下线的冲击接地电阻值的设计，应符合现行国家标准《建筑物防雷设计规范》GB 50057 的有关规定。

10.4.2 工艺装置区内露天布置贮存非可燃气（液）体的金属塔、罐等容器，当顶板的钢板厚度大于等于 4mm 时，可不另设避雷针保护，但必须设防雷接地装置。

10.4.3 露天设置的可燃气（液）体的钢质储罐，必须设置防雷接地装置，并应符合下列规定：

1 避雷针、线的保护范围应包括整个罐体；

2 装有阻火器的甲、乙类液体地上固定顶罐，当顶板厚度小于 4mm 时，应装设避雷针、线；

3 可燃气体储罐、丙类液体储罐可不另设避雷针、线，但必须设防感应雷接地设施；

4 罐顶设有放散管的可燃气体储罐应设避雷针。

10.4.4 室外钢质储罐的防雷接地不应少于 2 处，应沿其四周均匀布置，接地的设置应符合下列规定：

1 储罐直径大于等于 20.0m 时，不应少于 3 处接地，其相邻间距不应大于 30.0m；

2 储罐直径大于等于 5.0m 且小于等于 20.0m 时，应 2～3 处接地；

3 当储罐直径小于 5.0m 时，应 1～2 处接地。

10.4.5 装设于钢质储罐上的信息、消防报警等弱电系统装置，其金属外壳（皮）应与罐体做电气连接，配线（电缆）宜采用金属铠装屏蔽线（缆），线（缆）金属外层及所穿金属管均应与罐体做电气连接。

10.4.6 下列场所应有导除静电的接地措施：

1 具有易燃、可燃物的生产装置、设备、储罐、管线及其放散管；

2 易燃、可燃油品装卸站与其相连的管线、鹤管等；

3 易燃、可燃油品装卸站处的铁路钢轨；

4 易爆的金属粉尘储仓（罐）及其相关设备、管道；

5 在爆炸、火灾危险场所内，可能产生静电危险的设备和管道。

10.4.7 管线接地的设置应符合下列规定：

1 需要接地的管线，其两端都必须接地；

2 接地管线的法兰两侧应用导线可靠跨接；

3 轻质油品管线每隔200.0m～300.0m应设1个接地栓，并应与重复接地装置可靠连接。

10.4.8 甲、乙、丙（其中闪点小于等于120℃）类油品（原油除外）、液化石油气、天然气凝液作业场所等的下列部位，应设有消除人体静电的装置：

1 泵房的入口处；

2 上储罐的金属扶梯入口处；

3 装卸作业区内上操作平台的金属扶梯入口处；

4 码头上下船的出入口处的金属构件。

10.4.10 输送氧气、乙炔、煤气、燃油等可燃或助燃的气（液）体的管道应设置防静电装置，其接地电阻不应大于10Ω，法兰间的总跨接电阻值应小于0.03Ω。每隔80.0m～100.0m应作重复接地1次，进车间的分支法兰处也应接地，接地电阻值均不应大于10Ω。

10.4.12 铁路进出化工品生产区和油品装卸站区的前、后两端，应与外部铁路各设1道绝缘。两道绝缘之间的距离不得小于一列车皮的长度。站区内的铁路应每隔100.0m做1次重复接地。

10.5 消防应急照明和消防疏散指示标志

10.5.1 厂区下列部位应设置消防应急照明：

1 疏散楼梯、疏散走道（廊）、楼梯间及其前室、消防电梯及其前室；

2 消防控制室、自备电源室（含发电机房、UPS室和蓄电池室等）、配电室、消防水泵房、防烟排烟机房等；

3 调度中心、通信机房、大中型电子计算机房、主操作室、中控室等电气控制室和仪表室；

4 电气地下室、地下液压、润滑油站（库）等场所。

10.5.2 电气、液压、润滑油等地下室的疏散走道（廊）及其相关的主要疏散线路，应在地面或靠近地面的墙面上，设置疏散指示标志。

10.5.3 人员疏散用的消防应急照明在主要通道地面上的最低照度值不应低于1lx。同时应保证火灾发生时仍需照明场所的正常照度。

10.5.4 消防应急照明和消防疏散指示标志的设置除应符合本规定外，尚应符合现行国家标准《建筑设计防火规范》GB 50016的有关规定；矿山工程尚应符合现行国家标准《金属非金属矿山安全规程》GB 16423的有关规定。

附录A 有色金属冶炼炉事故坑邻近钢柱的耐火稳定性验算

A.1 判别规定

A.1.1 当满足式（A.1.1）时，被验算的钢柱（简称验算钢柱，下同）可不进行防火保护。

$$T_{smax} \leq T_c \quad (A.1.1)$$

式中：T_{smax}——验算钢柱在炉料热作用下的最高温度，按A.2.1条确定；

T_c——验算钢柱的临界温度，按A.2.2条确定。

A.1.2 如果不满足式（A.1.1）时，验算钢柱应采取技术措施或进行防火保护。防火保护措施可采用混凝土、轻骨料混凝土、砌块或其他材料进行表面包覆，防火保护高度（从厂房地面起）应不小于表A.1.2数值。包覆材料厚度不宜小于120mm。

表A.1.2 钢柱的保护高度（m）

W	L			L			L			L		
	≤6	9	≥12	≤6	9	≥12	≤6	9	≥12	≤6	9	≥12
≤3	1.5	1.5	2.0	2.0	2.0	2.0	2.5	2.5	2.5	2.5	3.0	3.0
4.2	2.0	2.0	2.0	2.0	2.0	2.5	2.5	2.5	2.5	3.0	3.0	3.0
5.4	2.0	2.0	2.0	2.0	2.5	2.5	2.5	2.5	3.0	3.0	3.0	3.5
6.6	2.0	2.0	2.5	2.0	2.5	2.5	2.5	2.5	3.0	3.0	3.0	3.5
7.8	2.0	2.0	2.5	2.5	2.5	2.5	2.5	3.0	3.0	3.0	3.0	3.5
≥9	2.0	2.0	2.5	2.5	2.5	3.0	2.5	3.0	3.0	3.0	3.0	3.5
s	0.5			1.0			1.5			2.0		

注：W为事故坑宽度，L为事故坑长度，s为验算钢柱表面到事故坑边缘的距离。

A.2 温度计算

A.2.1 验算钢柱在炉料热作用下的最高温度T_{smax}按下式确定：

$$T_{smax} = \gamma_1 \gamma_2 (T_1 + T_2) \quad (A.2.1)$$

式中：T_1——验算钢柱翼缘厚度$d=25mm$，外表面与事故坑边缘距离为s时的最高温度，按表A.2.1-1取值；涉及事故坑与验算钢柱方位的有关参数，详见图A.1；

T_2——验算钢柱最高温度随翼缘厚度d变化的温度调整值，按表A.2.1-2取值；

γ_1——冶炼炉内冶炼的金属熔点（T_0）的调整系数，取$(T_0-30)/1250$；

γ_2——冶炼炉所冶炼的金属炉渣的辐射黑度（ε）的调整系数，取$\varepsilon/0.66$。

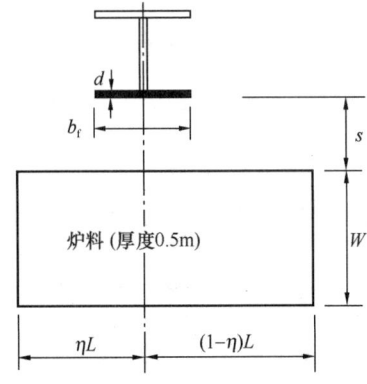

图A.1 事故坑与验算钢柱相对位置

表A.2.1-1 验算钢柱最高温度T_1（℃）$d=25mm$

s (m)	0.5			1.0			1.5			2.0			W (m)
L (m) / η	≤6	9	≥12	≤6	9	≥12	≤6	9	≥12	≤6	9	≥12	
0.5	504	518	526	435	459	471	371	405	420	318	356	376	≤3
	527	550	558	465	492	502	405	442	457	352	398	418	4.2
	542	568	578	480	510	527	424	463	485	374	422	446	5.4
	549	579	589	487	524	540	433	477	498	385	438	461	6.6
	557	584	598	495	532	551	442	486	511	396	447	475	7.8
	560	590	602	498	539	557	447	495	518	401	456	484	≥9

续表 A.2.1-1

s (m) η \ L (m)	0.5			1.0			1.5			2.0			W (m)
	≤6	9	≥12	≤6	9	≥12	≤6	9	≥12	≤6	9	≥12	
0.3	494	513	522	420	450	464	354	393	411	302	343	365	≤3
	516	541	552	449	482	495	388	430	447	335	384	405	4.2
	528	558	573	464	499	517	407	450	472	356	408	433	5.4
	535	569	582	472	512	530	416	464	485	368	424	448	6.6
	542	575	590	479	519	540	425	472	498	378	433	461	7.8
	545	581	594	482	527	546	430	481	505	384	442	469	≥9
0.0	358	365	369	310	318	322	267	278	282	232	245	251	≤3
	390	398	400	340	351	354	301	314	317	267	283	288	4.2
	407	417	421	361	374	380	321	338	345	289	307	316	5.4
	416	429	432	373	389	393	335	355	362	302	326	334	6.6
	425	436	441	383	398	405	346	366	375	314	339	350	7.8
	429	443	446	388	407	412	363	376	384	322	349	359	≥9

注：1 表中数值可线性内插。
2 η 为柱一侧事故坑长度较小值与总长度之比，取值为 0~0.5。当 $L>12m$ 时，计算 η 时取 $L=12m$。验算钢柱位置在事故坑长度以外 3m 内时按 $\eta=0$ 确定其温度。
3 验算钢柱与事故坑距离 $2.0m<s\leq 5m$ 时按 $s=2.0m$ 确定其温度。
4 当验算钢柱翼缘垂直于事故坑边长以及箱形截面钢柱也可参照本表确定其温度。

表 A.2.1-2 验算钢柱温度调整值 T_2（℃）

d (mm) η \	16	20	25	30	32	36	40	s (m)
0.5	32	18	0	−18	−24	−38	−52	0.5
	33	18	0	−18	−26	−42	−58	1.0
	35	19	0	−20	−29	−46	−63	1.5
	37	21	0	−20	−31	−48	−66	2.0
0.3	33	19	0	−18	−25	−39	−54	0.5
	34	19	0	−18	−26	−43	−59	1.0
	36	20	0	−21	−30	−47	−64	1.5
	38	21	0	−23	−31	−49	−66	2.0
0.0	36	20	0	−21	−30	−48	−65	0.5
	38	22	0	−23	−32	−49	−65	1.0
	40	23	0	−23	−32	−48	−64	1.5
	42	24	0	−23	−31	−48	−61	2.0

注：表中数值可线性内插。

A.3 作用效应

A.3.1 验算钢柱柱底截面的最大正应力水平 k 应按下式确定：

$$k=k_0k_1+k_2 \quad (A.3.1)$$

式中：k_0——常温设计下验算钢柱底截面的最大正应力（不计地震作用）设计值与强度设计值 f 之比；
k_1——考虑偶然组合的系数，取 0.8；
k_2——温度应力水平，按 A.3.2、A.3.3 条确定；
f——钢材常温强度设计值，按《钢结构设计规范》GB 50017 取值。

当 $k\leq 0.3$ 时取 $k=0.3$。

A.3.2 当与验算钢柱在本层及上一层相连的梁均为两端铰接或悬臂时，则取 $k_2=0$。

A.3.4 温度应力应按下式计算：

$$\sigma_T=N_T/(A\varphi) \quad (A.3.4)$$

式中：A——验算钢柱的毛截面面积（mm^2）；
N_T——验算钢柱在框架梁约束下的温度轴力，按 A.3.5 条确定；
φ——验算钢柱的稳定系数，按现行国家标准《钢结构设计规范》GB 50017 取值，当 k_0 由强度控制时取 $\varphi=1.0$，当 k_0 由强轴稳定控制时取 $\varphi=\varphi_x$，当 k_0 由弱轴稳定控制时取 $\varphi=\varphi_y$。

A.3.5 验算钢柱在框架梁约束下的温度轴力应按下式计算：

$$N_T=N_{T1}+N_{T2} \quad (A.3.5)$$

式中：N_{T1}——验算钢柱在本层框架梁约束下的温度轴力，按 A.3.6、A.3.7 条确定（N）；
N_{T2}——验算钢柱在上一层框架梁约束下的温度轴力，按 A.3.6、A.3.9 条确定（N）。

A.3.6 验算钢柱在本层和上一层框架梁约束下的温度轴力不应超过式（A.3.6-1）、（A.3.6-2）计算值。

$$N_{T1max}=\sum_{n_1}\frac{1.75k_nA_whk_sf_y}{l_1}-0.8Q_1 \quad (A.3.6-1)$$

$$N_{T2max}=\sum_{n_2}\frac{1.75k_nA_whf_y}{l_2}-0.8Q_2 \quad (A.3.6-2)$$

式中：n_1——与验算钢柱相连的本层两端支承梁数目；
n_2——与验算钢柱相连的上一层两端支承梁数目；
k_n——系数，梁与柱两端刚接取 2；一端铰接，一端刚接取 1，两端铰接取 0；当梁远端支承在梁上时，视为铰接；
l_1——与验算钢柱相连的本层两端支承梁的净跨度，当梁与柱设有斜撑时，取斜撑节点之间的距离（mm）；
l_2——与验算钢柱相连的上一层两端支承梁的净跨度，当梁与柱设有斜撑时，取斜撑节点之间的距离（mm）；
h——与验算钢柱相连的本层或上一层两端支承梁的截面高度（mm）；
A_w——与验算钢柱相连的本层或上一层两端支承梁的腹板面积（mm^2）；
k_s——与验算钢柱相连的本层两端支承梁钢材的屈服强度降低系数，按 A.3.11 条确定；
f_y——钢材常温的屈服强度（或屈服点），按现行国家标准《钢结构设计规范》GB 50017 取值；
Q_1——与验算钢柱相连的本层两端支承梁在常温设计下（不计地震作用），在验算钢柱一侧的梁端剪力（N）；
Q_2——与验算钢柱相连的上一层两端支承梁在常温设计下（不计地震作用），在验算钢柱一侧的梁端剪力（N）；
0.8——考虑偶然组合的系数。

A.3.8 与验算钢柱相连的本层两端支承梁的抗剪刚度按下式计算：

$$k_{T1}=k_p\frac{E_{Tb}I}{l_1^3} \quad (A.3.8)$$

式中：k_p——梁的节点约束系数，梁与柱两端刚接取 12；一端铰接，一端刚接取 3，两端铰接取 0；当梁远端支承在梁上时，视为铰接；
E_{Tb}——本层两端支承梁在温度 T 时的弹性模量，按 A.3.11 条确定；
I——梁截面对其水平形心轴的惯性矩（mm^4）。

A.3.12 计算梁弹性模量和屈服强度降低系数时其温度取值：当梁在事故坑上方并设置保护取 400℃，不保护取 500℃；不在事故坑上方时取 30℃。

130.《多晶硅工厂设计规范》GB 51034—2014

3 基本规定

3.0.3 多晶硅工厂设计应符合现行国家标准《多晶硅企业单位产品能源消耗限额》GB 29447等有关安全、环保、节能、消防以及劳动卫生的规定。

4 厂址选择及厂区规划

4.2 厂区规划

4.2.1 厂区近期规划应与企业长远发展、区域规划相一致,宜利用城市或园区已有的水、电、汽、消防、污水处理等公用设施;分期建设的工厂,近远期工程应统一规划,近期工程应集中、紧凑、合理布置,并应与远期工程合理衔接。

4.2.2 厂区应根据工厂规模、生产工艺流程、运输、环保、防火、安全、卫生等要求,并结合当地自然条件规划。

4.2.4 厂区应按功能分区规划,可分为生产区、公用工程及辅助设施区、储运区、行政办公及生活服务区。可能散发可燃气体的工艺装置、罐组、装卸区或全厂性污水处理场等设施,宜布置在人员集中场所、明火或散发火花地点的全年最小频率风向的上风侧;行政办公及生活服务区宜布置在厂区全年最小频率风向的下风侧,且环境洁净的地段;公用工程及辅助设施区宜布置在生产区与行政办公及生活服务区之间。

4.2.5 厂区总平面设计应满足生产要求,应根据场地和气象条件布置;厂区总平面布置应满足节能环保的要求,并应保持生产系统流程和人流、物流的顺畅。车间布置应符合下列规定:

    4 液氯库、氯硅烷罐区、氢气罐区等宜靠近厂区一侧布置,并应设置安全的装卸场地、装卸通道和装卸设施;构成重大危险源的装置与厂外周边区域的防火间距应符合现行国家标准《建筑设计防火规范》GB 50016、《石油化工企业设计防火规范》GB 50160的有关规定。

    10 各生产单元宜采用集中控制,控制室应布置于爆炸危险区域外,应满足相关安全要求。

    11 生产区域内的生活设施宜独立布置或紧邻布置在一侧,并应位于甲类设施全年最小频率风向的下风侧,生活设施的设计应满足防火防爆的要求。

4.2.6 厂区道路布置除应满足生产和消防的要求外,还应符合下列规定:

    1 应满足通道两侧建(构)筑物及露天设施对防火、安全、卫生间距的要求;

4.2.7 厂区绿化应符合下列规定:

    3 不应妨碍生产操作、设备检修、消防作业和物料运输;

5 工艺设计

5.1 一般规定

5.1.3 工艺流程选择、设备选型及工艺布置,应根据多晶硅生产主要物料的易燃、易爆、有毒及火灾危险等危害特性确定。

5.7 分析检测

5.7.2 分析检测室不应与甲、乙类房间布置在同一防火分区内,可独立设置于一侧。

6 电气及自动化

6.1 电 气

6.1.2 负荷分级及供电要求应符合下列规定:

    3 还原装置中还原炉电极、炉体及底盘冷却循环水泵、冷氢化装置的洗涤塔循环泵、整理装置的废气洗涤系统、工艺废气洗涤循环泵、消防系统等用电负荷应属于一级负荷中的特别重要负荷;工艺采取其他措施时,可按现行国家标准《供配电系统设计规范》GB 50052的规定确定负荷等级。

6.1.3 电源电压选择及供电系统应符合下列规定:

    8 消防负荷供配电设计应按现行国家标准《建筑设计防火规范》GB 50016和《石油化工企业设计防火规范》GB 50160的规定执行。

    9 **应急电源与正常电源之间必须采取防止并列运行的措施。**

6.1.6 防雷及接地系统可由电气系统工作接地、设备接地、静电接地、防雷保护接地组成,应符合下列规定:

    3 对爆炸、火灾危险场所内可能产生静电危险的设备和管道应采取静电接地措施,每组专设的静电接地体的接地电阻值应小于100Ω。

6.2 自动化

6.2.8 可燃、有毒气体检测仪表设计及选型应符合现行国家标准《石油化工可燃气体和有毒气体检测报警设计规范》GB 50493的有关规定,并应符合下列规定:

    3 **报警信号必须发送至现场报警器和有人值守的控制室或现场操作室的指示报警设备,并必须进行声光报警;**

    4 便携式可燃气体或有毒气体检测报警器的配备,应根据生产装置的场地条件、工艺介质的易燃易爆及毒性和操作人员数量等确定。

8 建筑结构

8.1 一般规定

8.1.1 建（构）筑物的火灾危险性分类、耐火等级不应低于表 8.1.1 的规定。

表 8.1.1 建（构）筑物的火灾危险性分类、耐火等级

建（构）筑物名称	火灾危险性分类	耐火等级
制氢站	甲	二级
氢化厂房	甲	二级
三氯氢硅合成厂房	甲	二级
精馏装置	甲	二级
还原厂房	甲	二级
整理厂房	丙	二级
还原尾气干法回收装置	甲	二级
工艺废料废液处理	甲	二级
综合维修厂房	丁	二级
综合仓库	丙、丁	二级
压缩空气站	戊	二级
制氮站	戊	二级
冷冻站	戊	二级
脱盐水站	戊	二级
变电所	丙	二级
浸油变压器室	丙	二级
生产、生活水加压站	戊	二级
中央控制室	丁	一级
循环水站	戊	二级
污水处理站	戊	二级
硅粉库	丙	二级
化学品库	甲、乙、丙	二级
三氯氢硅罐区	甲	二级
泡沫站	戊	二级
锅炉房	丁	二级

8.1.2 多晶硅工厂建（构）筑物之间的最小间距应符合现行国家标准《建筑设计防火规范》GB 50016 的有关规定，露天工艺装置与建（构）筑物之间的最小间距应符合现行国家标准《石油化工企业设计防火规范》GB 50160 的有关规定。

8.1.3 有爆炸危险的甲、乙类火险设备宜露天或半露天布置，但有工艺洁净要求或有防冻、防风沙限制的设备可设在厂房建筑内，爆炸危险区范围的划分应按现行国家标准《爆炸危险环境电力装置设计规范》GB 50058 的有关规定执行。有爆炸危险的甲、乙类厂房泄压面积的设置应按现行国家标准《建筑设计防火规范》GB 50016 的有关规定执行，并应对人员安全疏散采取防护措施。

8.1.4 厂房、仓库的防火分区应符合下列规定：
1 厂房、仓库的防火分区应符合现行国家标准《建筑设计防火规范》GB 50016 的规定。
2 甲、乙、丙类多层厂房内各层由不同功能房间组成时，宜按层划分防火分区，疏散楼梯应采用封闭楼梯间或室外楼梯。封闭楼梯间的设计应按现行国家标准《建筑设计防火规范》GB 50016 的规定执行，封闭楼梯间的门应为乙级防火门，门应向疏散方向开启，双扇门应具备顺序启闭功能；室外楼梯的设计应按现行国家标准《建筑设计防火规范》GB 50016 的有关规定执行。

8.1.6 厂房、辅助用房、公用工程等建筑内装修设计应按现行国家标准《建筑内部装修设计防火规范》GB 50222 的有关规定执行。

8.2 主要生产厂房和辅助用房

8.2.1 还原厂房及辅助设施的布置应符合下列规定：
1 还原厂房及辅助设施宜采用钢筋混凝土结构或钢结构，耐火等级不应低于二级。
2 还原炉室为甲类火险且有防爆要求时，厂房内不应设置办公室、休息室。其他辅助房及卫生间等需要布置时，必须布置在还原炉室端墙贴邻一侧。并应采用耐火极限不低于 3.0h 的不燃体防爆防护墙与还原炉室分隔。当防爆防护墙兼作防火墙时，耐火极限应为 4.0h。
3 变压器室、调功器室、高压启动室、炉体清洗检修间、炉体冷却水系统等辅助房间，应与还原炉室布置在不同的隔间或防火分区内，并必须用防火墙、防爆防护墙、防火楼板分隔，平面布置应符合现行国家标准《建筑设计防火规范》GB 50016 的有关规定；还原炉室墙外侧有汇流排等易燃易爆设施时，应设置具有防爆防护功能的半高隔墙。
4 人员进入还原厂房宜经过净化室。人员净化室布置在厂房山墙一侧时，应用防爆防护墙与还原炉室分隔。
5 还原厂房应采用封闭楼梯间，直通还原炉室的封闭楼梯间应设置具有防爆防护功能的前室。
6 还原厂房的楼梯间布置及疏散距离应符合现行国家标准《建筑设计防火规范》GB 50016 的有关规定。疏散梯设为室外楼梯时，应按现行国家标准《建筑设计防火规范》GB 50016 的有关规定执行。

8.2.2 整理厂房布置应符合下列规定：
1 整理厂房宜采用钢筋混凝土结构或钢框架结构，耐火等级不应低于二级，防火分区、安全疏散口布置及疏散距离均应符合现行国家标准《建筑设计防火规范》GB 50016 的有关规定。

8.2.3 还原厂房与整理厂房连廊布置应遵循合理、方便、安全的原则，并应符合现行国家标准《建筑设计防火规范》GB 50016 的规定。连廊的空气洁净度要求应符合本规范第 8.4.1 条第 1 款的规定。

8.2.5 辅助用房设计应符合下列规定：
1 变电所设计应符合现行国家标准《建筑设计防火规范》GB 50016 和《火力发电厂与变电站设计防火规范》GB 50229 的有关规定。
2 全厂性的中央控制室宜独立设置，与其他建（构）筑物的防火间距应符合现行国家标准《建筑设计防火规范》GB

50016 的有关规定。

3 中央控制室同其他建筑合建时应划分成独立的防火分区。当合建的建筑位于爆炸危险区内时，应采取防爆防护措施，建筑的安全出口不应直接面对有爆炸危险的装置。

8.2.6 装置框架、构筑物设计应符合下列规定：

1 氢化厂房、精馏装置、还原尾气干法回收装置等甲类火险等级的装置框架，宜采用钢筋混凝土框架结构；在受施工等条件限制时，可采用钢结构框架，耐火等级不应低于二级，钢结构应采取耐火保护和防腐蚀处理。

2 露天装置的钢结构框架耐火保护应符合现行国家标准《石油化工企业设计防火规范》GB 50160 的有关规定。

3 甲类原料罐区防火堤设计应符合现行国家标准《储罐区防火堤设计规范》GB 50351 的有关规定。储存有毒性液体罐区应按现行行业标准《石油化工企业职业安全卫生设计规范》SH 3047 的要求对堤内地坪、排水沟、集水坑等采取防漏措施。

8.3 防火、防爆

8.3.1 还原、整理厂房的防火、防爆设计应符合下列规定：

1 厂房防火分区及疏散口布置及疏散距离应符合现行国家标准《建筑设计防火规范》GB 50016 的有关规定。

2 还原炉室应采用泄爆墙及带有通风设施的泄压屋面，在外墙设置泄压面时应对室外贴邻的汇流排等易燃易爆设施设置保护性的防爆防护半高隔墙。外墙与屋面泄压面积应符合下列规定：

　　1）泄压面积的计算应符合现行国家标准《建筑设计防火规范》**GB 50016** 的有关规定。

　　2）泄压设施应采用易于脱落的轻质屋盖、易于泄压的门和窗及轻质墙体作为泄压面积。作为泄压面积的轻质墙体及轻质屋面板自重不得超过 **60kg/m²**，材料的燃烧性能应为 **A** 级。

3 还原炉室防爆防护墙上开的门应为防爆门，防爆门的耐火极限不应低于 **0.90h**，当防爆墙兼作防火墙时，防爆门的耐火极限不应低于 **1.20h**，通向疏散通道和疏散楼梯的防爆门开启方向应朝向疏散方向。

4 厂房洁净区的防火设计应符合现行国家标准《洁净厂房设计规范》GB 50073 的有关规定。

8.3.2 制氢站防火、防爆设计应符合下列规定：

1 制氢站防火分区及疏散口布置及疏散距离应符合现行国家标准《建筑设计防火规范》GB 50016 的有关规定；

2 制氢装置房间与其他辅助房间应用防爆防护墙分隔，制氢装置房间的屋面或墙面应设置泄压面积；

3 泄压面积计算和设置要求应符合现行国家标准《建筑设计防火规范》GB 50016 的有关规定；

4 建筑结构设计应按现行国家标准《氢气站设计规范》GB 50177 的有关规定执行。

8.3.3 装置变电所防火分区、疏散口布置及疏散距离等应符合现行国家标准《建筑设计防火规范》GB 50016 和《火力发电厂与变电站设计防火规范》GB 50229 的有关规定。

8.3.4 氢化、精馏等露天装置及构筑物的防火、防爆设计应符合下列规定：

1 露天装置框架设计应符合现行国家标准《石油化工企业设计防火规范》GB 50160 的有关规定；

2 当装置框架为钢结构时，钢结构的耐火保护应符合现行国家标准《石油化工企业设计防火规范》GB 50160 的有关规定。

8.3.5 罐区的防火、防爆设计应符合下列规定：

1 甲、乙类可燃液体地上储罐的罐区设置，应符合现行国家标准《石油化工企业设计防火规范》GB 50160 的有关规定；

2 防火堤的设计应符合现行国家标准《储罐区防火堤设计规范》GB 50351 的有关规定。

8.3.6 辅助用房及公用工程的建筑防火设计应符合现行国家标准《建筑设计防火规范》GB 50016 的有关规定。

8.4 洁净设计及装修

8.4.2 其他建（构）筑物的地面及装修应符合下列规定：

4 普通区辅助房间地面应根据使用性质和要求选用，室内装修应符合现行国家标准《建筑内部装修设计防火规范》GB 50222 的有关规定。

8.6 结构设计

8.6.12 构造要求应符合下列规定：

1 混凝土结构梁、板、柱钢筋保护层厚度应按现行国家标准《混凝土结构设计规范》GB 50010 的相应环境类别取值。对腐蚀环境，应符合现行国家标准《工业建筑防腐蚀设计规范》GB 50046 的规定。构件的混凝土保护层厚度应满足厂房相应防火等级的耐火极限要求。

4 支撑工艺及供热外管的管架、管廊应根据电气专业划分的爆炸危险区范围确定防火区域，并应采取防火措施。

9 给水、排水和消防

9.2 排 水

9.2.5 厂区应设事故收集池，其容积应包括装置区露天部分雨水、事故泄漏量及事故时消防用水量。

9.5 消 防

9.5.1 多晶硅工厂应设置消防设施，并应符合现行国家标准《建筑设计防火规范》GB 50016、《石油化工企业设计防火规范》GB 50160 和《建筑灭火器配置设计规范》GB 50140 的有关规定。

9.5.2 多晶硅工厂装置区、储罐区必须设置独立的稳高压消防给水系统，其压力应为 **0.5MPa～1.2MPa**。其他场所应设置低压消防给水系统。

9.5.3 装置区、储罐区应设置固定式消防水炮，并应符合现行国家标准《固定消防炮灭火系统设计规范》GB 50338 的有关规定。

9.5.4 储罐区应配置灭火毯及灭火砂，灭火毯的数量不应少于 2 块，灭火砂的数量不应少于 2m³。

9.5.5 全厂分散型控制系统（DCS）机柜室应设置气体灭火系统，并应符合现行国家标准《气体灭火系统设计规范》GB 50370 的有关规定。

10 采暖、通风与空气调节

10.3 空气调节与净化

10.3.2 存在下列情况之一时,空调系统应分开设置:
2 空气中含有易燃、易爆物质;

10.4 防排烟

10.4.1 多晶硅厂房防排烟系统的设计应符合现行国家标准《建筑设计防火规范》GB 50016 的有关规定。

10.4.3 机械排烟系统应符合下列规定:
1 排烟系统的密闭空间应设置补风系统,补风量不宜小于排烟量的50%,且房间内疏散门内外的压差不宜大于30Pa;
2 发生火情时应能手动和自动开启对应防烟分区的排烟口、排烟防火阀,应同时启动排烟风机和补风机。

10.5 空调冷热源

10.5.7 冷热水系统的设计应符合下列规定:

4 保冷、保温材料的主要技术性能应按现行国家标准《设备及管道绝热设计导则》GB/T 8175 的要求确定,并宜选用导热系数小、吸水率低、湿阻因子大、密度小的不燃或难燃的保冷、保温材料。

11 环境保护、安全和卫生

11.2 安 全

11.2.2 多晶硅工厂防火、防爆、消防等内容设计均应符合现行国家标准《建筑设计防火规范》GB 50016 和《石油化工企业设计防火规范》GB 50160 的有关规定,防爆设计还应符合现行国家标准《爆炸危险环境电力装置设计规范》GB 50058 的有关规定。

11.2.3 三氯氢硅合成、还原、四氯化硅氢化、还原尾气干法回收、制氢站、氯硅烷罐区等装置区内,必须根据物料的危害特性和工况条件设置仪表检测报警、自动连锁保护系统、消防应急联动系统和紧急停车装置。

131. 《有色金属企业总图运输设计规范》GB 50544—2009

4 总体布置

4.1 一般规定

4.1.1 企业总体布置应符合城乡总体规划的要求,应结合企业所在区域的技术经济、自然条件,应满足生产、运输、防震、防洪、防火、安全、卫生、环境保护、水土保持和职工生活设施的需要,并应经多方案技术经济比较后确定。

4.3 辅助工业场地

4.3.6 总仓库区应靠近主要用户或外部运输转运站。油库及加油站宜布置在地势较低地段,与其他建(构)筑物的安全防护间距应按现行国家标准《建筑设计防火规范》GB 50016、《石油库设计规范》GB 50074、《汽车加油加气站设计与施工规范》GB 50156 的有关规定执行。

4.3.7 爆破材料库和爆破材料加工厂的位置应符合现行国家标准《爆破安全规程》GB 6722 和《民用爆破器材工程设计安全规范》GB 50089 的有关规定。

5 总平面布置

5.1 一般规定

5.1.3 厂区通道宽度可按表 5.1.3 中的数值确定,并应符合下列规定:
1 满足通道两侧建(构)筑物和露天装置对安全、防火、通风、采光、卫生等的要求。
5 满足抗灾救灾主要人流疏散要求。

5.7 有色金属加工厂

5.7.3 箔材车间和线材车间应远离产生烟尘、水雾或有害气体的设施,并应符合现行国家标准《建筑设计防火规范》GB 50016 和本规范表 5.1.8-1 防振间距的有关规定。

5.7.5 铝粉、镁粉车间应位于厂区边缘地带或厂外独立区域内,并应单独成区,设置围墙。铝粉、镁粉车间应位于厂区常年最小频率风向的上风侧。铝粉、镁粉车间的防爆安全泄压面不应面对主要运输线路、车间、重要设施或人员集中场所。

5.7.6 铝粉、镁粉车间总平面布置时应满足以下要求:
1 铝粉、镁粉加工厂与居民区、重要公路、非本厂专用铁路、高压输电线路等之间的距离应大于 100m。
2 厂房的布置应便于房内人员疏散,不应布置成封闭或半封闭的"口"字形或"门"字形等。
3 不同的生产工序应分别布置在至少相距 15m 的单独厂房中。当两厂房的间距小于 15m 时,其相向墙面中至少应有一面墙能承受表压 14kPa 的爆炸压力,且墙壁不得承重,不得有开口。
4 电动机、操作盘(台)等应安装在无粉尘爆炸危险的单独房间内。
5 库房布置应远离生产厂房。库房与生产厂房之间应有隔离带或隔离墙。隔离带宽度不应小于 30m,并应用走廊连接;隔离墙应采用耐侧压、不承重结构。
6 厂(库)两侧应设有宽度不小于 4m 的消防车道。当厂(库)房两侧无车道时,应沿厂(库)房两侧保留宽度不小于 6m 的平坦空地。尽头式消防车道应设不小于 12m×12m 的回车场。穿过建筑物的消防车道路面净宽及距建筑物的净高均不应小于 4m。

5.8 修理设施

5.8.2 铸造和锻铆焊工段应位于清洁车间及易燃、可燃材料仓库常年最小频率风向的上风侧,不宜靠近厂前区的人流干道布置。在炎热地区,铸造、锻工和热处理工段应有良好的自然通风条件。当铸造工段的地下构筑物较多或设备基础较深时,宜布置在地下水位较低或填方地段。

5.9 动力设施

5.9.2 变电所布置应符合下列规定:
1 总降压变电所应单独设围墙。不应与产生水雾、有害气体、有剧烈振动的建(构)筑物靠近。
2 高压配电线路不应跨越屋顶为燃烧材料的建筑物。
3 室外变、配电装置应位于产生粉尘的排土场、堆煤场、散装物料装卸场等常年最小频率风向的下风侧。防护距离应大于 30m。当在常年盛行风向的下风侧时,防护距离应大于 50m。

5.9.4 压缩空气站布置应符合下列规定:
1 压缩空气站应位于空气洁净地带,并应布置在粉尘源的常年最小频率风向的下风侧,其防护距离应大于 30m。当在常年盛行风向的下风侧时,防护距离应大于 50m。
2 压缩空气站的机器间应有良好的通风条件。储气罐宜布置在厂房北面或阴凉处,且不宜紧靠主要人流道路。
3 压缩空气站的布置应符合现行国家标准《压缩空气站设计规范》GB 50029 的有关规定。

5.9.5 氢氧站应有单独场地,并应设围墙或栅栏。储气罐的位置应便于操作人员观察。

5.9.6 液化石油气站应位于厂区常年最小频率风向上风侧的独立地段内,并应符合现行国家标准《建筑设计防火规范》GB 50016 和《城镇燃气设计规范》GB 50028 的有关规定。

5.9.7 氧气站和乙炔站的布置应符合现行国家标准《氧气站设计规范》GB 50030 和《乙炔站设计规范》GB 50031 的有关规定。

5.11 仓库与堆场

5.11.2 易燃及可燃液体仓库的布置应符合现行国家标准《建筑设计防火规范》GB 50016 的有关规定。

5.11.4 液氯储罐、液氨储罐、实瓶库及灌装站的布置应符合下列规定：

 1 大型液氨储罐、实瓶库、灌装站与人员集中场所的间距不得小于 50m，小型的不得小于 25m。常压低温液氨储罐宜设防护堤，堤内的有效容积应为所围储罐容积的 75%。实瓶库应设有装车站台。

 2 液氯储罐、液氨储罐、实瓶库及灌装站应布置在厂区常年最小频率风向的上风侧及地势较低的开阔地带，自成一区、设围墙，并应远离厂区主要道路、易燃易爆生产车间、储存或装卸设施的距离不得小于 50m。

 3 地上液氯储罐的地坪应低于周围地坪 0.3m～0.5m，或可在储罐周围筑起高于地坪 0.3m～0.5m 的挡水墙。

 4 液氯储罐、实瓶库及灌装站的布置，除应满足本条第 1～3 款的规定外，还应符合现行国家标准《建筑设计防火规范》GB 50016 和《化工企业总图运输设计规范》GB 50489 的有关规定。

5.11.5 储煤场的布置应符合下列规定：

 1 储煤场应布置在厂区边缘地带和厂区常年最小频率风向的上风侧，与要求洁净的厂房的距离不得小于 30m。当位于洁净厂房常年盛行风向的上风侧时，则防护距离不得小于 50m。

5.12 其他设施

5.12.6 企业靠近城镇或工业区时，应与当地协作建立消防机构。当企业单独设消防站时，应符合国家现行标准《消防站建筑设计标准》GNJ 1—81 和《城镇消防站布局与技术装备配备标准》GNJ 1—82。

6 竖向设计

6.3 台阶式布置

6.3.1 台阶的划分应符合下列规定：

 4 台阶的宽度应满足建（构）筑物、运输线路、管线和绿化等布置要求，以及操作、检修、消防和施工等需要。

7 管线综合

7.1 一般规定

7.1.11 管道内的介质具有毒性、易燃、易爆性质时，严禁穿越与管道无关的建筑物、生产装置或贮罐等。

7.2 地下管线

7.2.4 下列管线严禁共沟敷设：

 1 可燃气体管、易燃液体管及易爆、有毒、有腐蚀性介质的管道。

 2 氧气管与易燃、可燃液体管。

 3 消防水管与火灾危险性属于甲、乙、丙类的液体、易燃易爆气体、可燃气体、助燃气体、毒性气体和液体以及腐蚀性介质管道。

 4 电力电缆、通信电缆与可燃气体管。

7.3 地上管线

7.3.2 管架的布置应符合下列规定：

 1 管架的净空高度及基础位置不得影响交通运输、消防及检修。

7.3.3 架空电力线路不应跨越生产火灾危险性属于甲、乙类的建（构）筑物及甲、乙、丙类液体及可燃、易燃气体储罐区。

8 运 输

8.4 道路运输

8.4.6 冶炼厂、加工厂的道路网应与建筑物的轴线相平行或垂直，并宜成环形布置，其路幅宽度应满足消防车行驶要求。

10 绿 化

10.3 绿化植物的选择

10.3.1 绿化植物的选择应符合下列规定：

 3 储存及装卸易燃、可燃液体与气体的设施附近严禁种植含油脂及易着火的树木，宜种植水分较多、枝叶茂密、有防火作用的树木。在防护堤内，不得种植任何植物。

132. 《有色金属矿山井巷工程设计规范》GB 50915—2013

4 竖 井

4.1 一般规定

4.1.7 装备一套罐笼提升、有人员上下的竖井,应设置梯子间;装有两部在动力上互不依赖的罐笼设备,且提升机均为双回路供电的竖井,可不设梯子间;其他竖井作为安全出口时,应设置梯子间。

4.8 盲竖井

4.8.7 塔式布置的多绳提升机硐室应有与阶段平巷相通的大件道,并应兼作安全出口。大件道至卷扬机硐室内应铺设轨道。

4.8.14 提升机硐室通道应设置向外开启的铁栅栏门,在有火灾危险的矿井,还应设防火门。防火门全部敞开时,不应妨碍运输最大部件的通过。

4.9 风 井

4.9.1 风井作为安全出口时应设梯子间;井深超过 300m 时,应结合马头门,每隔 200m 左右设一休息硐室。休息硐室应避开破碎的不稳定岩层和含水层。

4.9.6 风井安全出口设计应符合下列规定:

1 风井的安全出口应布置在梯子间一侧,与风道宜成 90°。采用暗风道时,出口应位于风道口以上不小于 2m 处,风道内应设置风门。采用明风道时,应用栏杆把梯子出口及行人通道与风道隔开,栏杆高度小应小于 1.5m;通向外面的出口应设置向外开启的密闭门。

2 安全出口与风井连接处应有 4m~6m 的一段平巷,平巷标高与风井内梯子平台标高应相适应。

3 安全出口应采用非可燃性材料砌筑,出口宽不应小于 1.2m,高不应小于 2m。通到地表的斜道部分应设人行踏步。

4 无提升设备的主风井井口,当不作为安全出口时,可在风道口以上采用永久性密封井盖。

5 斜 井

5.1 一般规定

5.1.5 作为安全出口的斜井井筒,当倾角大于 45°时,应设置梯子间。梯子应分段错开设置,每段斜长不得大于 10m。

5.1.16 井颈设计应符合下列规定:

1 在斜井井口设置井门时,其设计要求应符合本规范第 7.4 节的有关规定。

2 在井颈部位设防火门时,在防火门侧面应留有人员安全出口和通风道,在寒冷地区进风井应留有暖风道。

5.2 有轨运输斜井

5.2.5 箕斗斜井装矿硐室的结构尺寸应根据装矿闸门的类型及其配置形式确定。硐室内应设置安全出口及通风除尘设施。

5.2.9 盲箕斗斜井卸矿硐室内应设置人行道及安全出口,人行道宽度不应小于 1m,并应安设高度不小于 1.2m 的安全栏杆。硐室内应设置喷雾除尘及通信、信号设施。

5.3 胶带斜井

5.3.7 带式输送机盲斜井的胶带硫化装置硐室宜设在驱动装置硐室附近,硐室尺寸应根据设备的外形和起吊系统的布置要求确定,硐室内工作台的两侧应留有 0.7m 以上的操作通道。硐室应采用非燃烧材料支护,并应设防火及通风设施。

5.3.10 带式输送机斜井内应设消防设施。

10 硐 室

10.3 中央变配电硐室

10.3.1 中央变配电硐室长度超过 6m 时,应在两端各设一个出口;当硐室长度大于 30m 时,应在中间增设一个出口;各出口处均应装有向外开的铁栅栏门,潜在淹没、火灾、爆炸危险的矿井,还应设置防火门或防水门。

10.3.2 中央变配电硐室的地面标高应高出其入口处巷道底板标高 0.5m;与水泵房毗邻时,应高出水泵房地面 0.3m;潜没式水泵房的变配电硐室应高出其入口处巷道底板标高 0.8m。

10.3.3 中央变配电硐室与水泵房毗邻时,应设置向水泵房开启的防火栅栏两用门。

10.5 井下爆破器材库及发放硐室

10.5.2 井下爆破器材库除应设专门贮存炸药和爆破器材的硐室或壁槽外,还应设连通硐室或壁槽的巷道和辅助硐室。辅助硐室中应有雷管检选、发放炸药、放炮工具存放、管理人员室等专用硐室。硐室内应配备干粉灭火器、消防水桶、消防软管等,不应挪用。

10.5.4 井下爆破器材库的位置选择应符合下列规定:

2 炸药库距井筒、井底车场和主要巷道的距离,硐室式库不应小于 100m,壁槽式库不应小于 60m。

3 炸药库距经常行人巷道的距离,硐室式库不应小于 25m,壁槽式库不应小于 20m。

4 炸药库距地面或上下巷道的距离,硐室式库不应小于 30m,壁槽式库不应小于 15m。

10.5.5 爆破器材库应设置单独的通风风流,并应保证每小时有 4 倍于爆破器材库总容积的风量。回风风流应直接进入矿山的回风巷道内。

10.5.6 井下爆破器材库的容量及爆破材料的存放应符合下列规定：
 1 库容量不应超过炸药 3 昼夜的生产用量和起爆器材 10 昼夜的生产用量。
 2 单个硐室贮存的炸药不应超过 2t。
 3 单个壁槽贮存的炸药不应超过 0.4t。

10.5.7 井下爆破器材库的布置应符合下列规定：
 1 井下爆破器材库不应在一个硐室内既设硐室式又设壁槽式。
 2 壁槽式库房的壁槽宜设在库房的一侧，壁槽设在库房两侧时，两侧壁槽应相互错开。
 3 贮存爆破器材的各硐室、壁槽的间距应大于殉爆安全距离。
 4 爆破器材库应设防爆门，防爆门在发生意外爆炸事故时应可自动关闭，且应能限制大量爆炸气体外溢和缓冲井下空气冲击波。
 5 井下爆破器材库应设 2 个出口，其中一个出口应用作发放爆破材料及人员出入，另一个出口应布置在爆破器材库回风侧；出口均应设防爆门、甲级防火门和栅栏门。
 6 贮存雷管和硝化甘油类炸药的硐室或壁槽应设金属丝网门。
 7 井下爆破器材库地面高于外部巷道地面不应小于 0.1m，与外部巷道之间的联络巷道坡度应能满足排水要求，联络巷道应设置水沟。
 8 井下爆破器材库应采用混凝土铺底，并应在其上铺设木地板或胶板；库房、发放炸药室、发放台、电雷管检查室、操作台应加橡胶垫层。

10.5.8 井下爆破器材库的支护应符合下列规定：
 1 井下爆破器材库和距库房 15m 以内的连通巷道，需要支护时应用非可燃材料支护。

10.5.9 多中段开采的矿山，井下爆破器材库距采区工作面超过 2.5km 或井下不设爆破器材库时，可在各中段设置井下爆破器材发放硐室。

10.5.10 发放硐室设计应符合下列规定：
 1 发放硐室应有专用通风巷道。
 2 发放硐室存药室距经常行人的巷道不应小于 25m。
 3 发放硐室存放的炸药不得超过 500kg，雷管不应超过 1000 发；炸药与雷管应分开存放，并应用砖或混凝土隔墙隔开，墙厚度不应小于 250mm。
 4 发放硐室通道入口处应设置防火门和栅栏门，回风道处应设置调节风门，硐室内应配备必要的消防器材。
 5 发放硐室支护应符合本规范第 10.5.8 条的规定。

10.7 电机车修理硐室

10.7.7 对有淋水的围岩，修理间、变流室和充电硐室的支护应有防水措施。当变流室变流设备为整流变压器时，变流室的进出口应增设向外开的防火门。各硐室内应备有灭火器材。

10.8 无轨设备修理硐室

10.8.5 硐室应有贯穿风流或通风设施。硐室内应设消防设施。

10.8.6 油脂室宜设在维修硐室的下风向部位，并应设严禁烟火标志及防火门。

10.10 避灾硐室

10.10.1 避灾硐室应按防水防火类和防火类设置。防水防火类避灾硐室的设置除应符合本规范的规定外，尚应符合现行行业标准《金属非金属地下矿山紧急避险系统建设规范》AQ 2033 的有关规定。

10.10.2 防水防火类硐室的设置应符合下列规定：
 1 水文地质条件中等及复杂或有透水风险的地下矿山，应至少在最低生产中段设置防水防火类硐室或其他避险设施。
 2 生产中段在地面最低安全出口以下垂直距离超过 300m 的矿山，应在最低生产中段设置防水防火类硐室或其他避险设施。
 3 距中段安全出口实际距离超过 2000m 的生产中段，应设置防水防火类硐室或其他避险设施。

10.10.4 防水防火类硐室应符合下列规定：
 1 避灾硐室净高度不应低于 2m，长度、深度应根据同时避灾最多人数以及避灾硐室内配置的各种装备确定，每人应有不少于 1.0m² 的有效使用面积。
 2 避灾硐室进出口应有 2 道隔离门，隔离门应向外开启；避灾硐室的设防水头高度应在矿山设计中总体确定。
 3 紧急避灾额定防护时间不应低于 96h。
 5 避灾硐室的设置应满足本中段最多同时作业人员避灾需要，单个避灾硐室的额定人数不应大于 100 人。
 6 避灾硐室外应有清晰、醒目的标识牌，标识牌中应明确标注避灾硐室的位置和规格。
 7 在井下通往紧急避灾硐室的入口处，应设有"紧急避险设施"的反光显示标志。
 8 矿山井下压风自救系统、供水施救系统、通信联络系统、供电系统的管道、线缆以及监测监控系统的视频监控设备应接入避灾硐室内，各种管线在接入避灾硐室时，应采取密封等防护措施。

10.10.5 防水防火类硐室内的配备应包括下列内容：
 1 不少于额定人数的自救器。
 2 一氧化碳、二氧化碳、氧气、温度、湿度和大气压的检测报警装置。
 3 额定时间不少于 96h 的备用电源。
 4 额定人数生存不少于 96h 所需的食品和饮用水。
 5 逃生用矿灯的数量不少于额定人数。
 6 空气净化及制氧或供氧装置。
 7 急救箱、工具箱和人体排泄物收集处理装置等设施设备。

10.10.6 防火类硐室应符合下列规定：
 1 避灾硐室净高度不应低于 2m，长度、深度应根据同时避灾最多人数以及避灾硐室内配置的各种装备确定，每人应有不少于 1.0m² 的有效使用面积。
 2 避灾硐室进出口应有 2 道防火隔离门，防火隔离门应向外开启。
 3 紧急避灾额定防护时间不应低于 8h。
 4 避灾硐室内应具备对有毒有害气体的处理能力，室内环境参数应满足人员生存要求。

5 避灾硐室的设置应满足本中段最多同时作业人员的避灾需要,单个避灾硐室的额定人数不应大于100人。

6 避灾硐室外应有清晰、醒目的标识牌,标识牌中应明确标注避灾硐室的位置和规格。

7 在井下通往紧急避灾硐室的入口处,应设有"紧急避险设施"的反光显示标志。

8 矿山井下压风自救系统、供水施救系统、通信联络系统、供电系统的管道、线缆应接入避灾硐室内,各种管线在接入避灾硐室时,应采取密封等防护措施。

10.11 储油硐室

10.11.1 储油硐室布置应符合下列规定:

1 储油硐室宜单独布置,各种油类应分开存放。

2 动力油储油量不应超过3昼夜的需用量。

5 储存动力油的硐室应有独立回风道,并应设可调节风门。

6 出口应安装防火栅栏两用门。

10.11.5 储油硐室应采用非燃烧材料支护,底板应采用混凝土浇筑,并应在硐室内设集油坑。

10.11.6 储油硐室应设消防设施及严禁烟火等安全警示标志,硐室内应设置防爆开关及防爆照明。

10.11.7 储油硐室应远离车辆维修硐室、井底车场,直线距离不应小于15m。与主运输巷通道相连处应设置甲级防火门,其他位置不应低于乙级防火门。

10.12 其他硐室

10.12.3 采区变配电硐室应符合下列规定:

1 应采用非可燃材料支护。

2 长度超过6m的变配电硐室,在两端各设1个出口;当硐室长度大于30m时,应在中间增设一个出口;各出口处均应装有向外开的铁栅栏门。

3 硐室的电缆进、出线或穿过墙壁部分应采用金属管保护。

4 硐室底板应高出其入口处的巷道底板0.5m。

10.12.4 井下消防器材硐室设计应符合下列规定:

2 硐室内应设有消防器材存放设施。

15 消 防

15.0.1 有自燃发火危险的矿山,主要运输巷道、进风巷道、总回风道应布置在无自燃发火危险的围岩中,主要运输巷道、进风巷道、总回风道不可避开有自燃发火危险的围岩中时,应采取预防性灌浆或其他防止自燃发火的措施。

15.0.2 消防给水系统应结合生产或生活供水系统设置,井下消防系统和设施的设置应符合现行国家标准《有色金属工程设计防火规范》GB 50630的有关规定。

15.0.3 井巷工程的消防给水系统应符合下列规定:

1 消防给水系统宜与生产或生活供水管道系统一并设计,并应能满足消防给水要求;共用的供水管道系统应能在生产用水达到最大用水量时,仍可保证全部消防给水量。

2 消防用水量应按井下同一时间内发生1次火灾,火灾的延续时间大于或等于3.0h的条件,通过计算确定。

3 井下灭火时,消防栓栓口水压不应低于0.35MPa,且不应超过1.0MPa,出水压力超过0.5MPa时应采取减压措施。

4 消火栓的用水量应根据水枪充实水柱长度和同时使用水枪数量、水量经计算确定,最不利点水枪充实水柱长度不应小于7.0m;水量不应小于5L/s;同时使用水枪数量不应少于2支。

5 消火栓的最大间距应保证每个防火分区至少有2支水枪的充实水柱同时达到任何部位,在一般巷道内宜为50m。

6 管道系统可采用枝状管网,给水管道应沿巷道一侧铺设,管径不应小于DN80,消火栓宜靠近可通行的联络巷布置。

15.0.4 采用可燃材料支护的矿井、斜坡道、运输巷道、井底车场以及硐室等场所应设置消火栓。

15.0.6 井下变配电硐室、电器设备硐室或其他可能引起电类火灾的硐室应配备可用于带电设备类火灾的灭火器材,燃油库及其他油类硐室应配备可用于B类火灾的消防器材。

15.0.7 主要斜坡道和带式输送机运输巷道一侧应设置磷酸铵盐干粉灭火器或卤代烷灭火器,每个设置点应设置不少于2具、规格不小于5kg的灭火器,设置点的间距不应大于300m。

15.0.8 斜坡道口值班室应配备灭火器材。

15.0.9 主要进风巷道、进风井筒及其井架和井口建筑物,主要扇风机房和压入式辅助扇风机房,风硐及暖风道,井下电机室、机修室、变压器室、变配电硐室、电机车库、爆破器材库和油库等均应用不燃材料建造,室内应有醒目的防火标志和防火注意事项,并应配备相应的灭火器材。

133.《铅锌冶炼厂工艺设计规范》GB 50985—2014

1 总则

1.0.6 环保、消防、职业安全卫生设施必须与主体工程同时设计、同时施工、同时投入生产和使用。

3 物料的贮存与准备

3.1 贮存

3.1.6 化学品贮存应符合现行国家标准《常用化学危险品贮存通则》GB 15603 和国家关于危险化学品安全管理的有关规定。

8 总平面和车间配置

8.1 一般规定

8.1.2 厂区建筑物、构筑物布置、道路布置应符合国家现行有关消防、排水、物流和人流方向等法规、规范的规定。

8.1.5 铅锌冶炼厂各车间的主厂房应根据需要采用钢筋混凝土结构或钢结构厂房,并应符合国家现行有关抗震、防腐、抗高温热辐射和消防等标准的规定。

9 辅助生产设施

9.0.4 锌粉制备及粉煤制备车间的设计应符合国家安全、防火有关标准的规定。大型粉煤车间、电炉锌粉制备车间的贮仓及管道宜采用氮气加压充气防护措施。

134.《有色金属矿山工程测控设计规范》GB/T 51196—2016

3 基本规定

3.3 安全与环保监测

Ⅰ 火灾与爆炸危险环境仪表

3.3.1 防爆类型和防爆等级,应根据火灾、爆炸危险环境的分区分类、自控设备的种类及使用条件选择。

3.3.2 单一可燃气体可选用单介质检测报警器;多种可燃气体或多点可燃气体,可选用多介质检测报警器或多点组合式检测报警器。

3.5 控制室

Ⅰ 一般规定

3.5.1 控制室位置的选择,应符合下列规定:

1 对于易燃、易爆、有毒、粉尘、水雾或有腐蚀性介质的工作环境,控制室应布置在本地区全年主导风向的上风侧或全年最小频率风向的下风侧。

3.5.2 控制室建筑与结构应符合下列规定:

1 邻近爆炸、火灾危险的控制室,建筑物应采用抗爆结构设计,面向工艺装置一侧的墙应采用防爆墙、防火墙等。

2 控制室的基础地面,应高出室外地面300mm以上,当控制室与爆炸、火灾危险场所相邻时,基础地面应高出室外地面600mm以上。

4 控制室宜设吊顶,吊顶距地面的净高不应低于3.0m;吊顶上方的净空应满足敷设风管、电缆、管线的要求;吊顶应采用轻质石膏板或其他非燃烧体材料,其耐火极限不应小于0.25h。

5 控制室的门、窗应朝向既无爆炸又无火灾危险的场所。

6 控制室门的大小,宜根据所安装设备的最大尺寸确定;面积超过60m²的控制室应设置2个通向安全出口的门;采用空调的控制室应设置门斗作为缓冲区。

3.5.4 进线方式应符合下列规定:

3 进线入口处和墙上的孔洞,应进行防火封堵处理。

3.5.6 安全保护应符合下列规定:

1 中心控制室应设置火灾自动报警装置,现场控制室宜设置火灾自动报警装置;

2 对可燃气体、有毒气体有可能渗入的控制室,应设置相应的检测报警器。

3.8 接地

Ⅱ 接地方法

3.8.9 保护接地应符合下列规定:

3 仪表汇线桥架、电缆保护金属管做保护接地,可直接焊接或用接地线连接在附近已接地的金属构件或金属管道上,并应保证接地的连续可靠,但不得接至输送可燃物质的金属管道上。

3.9 配管配线

Ⅲ 电线、电缆

3.9.9 电线、电缆的类型应符合下列规定:

6 热电偶的补偿导线,应选用与热电偶分度号相匹配的型号,并应根据补偿导线使用场所选用普通型、耐高温型、阻燃型或本安型。

Ⅴ 电缆敷设

3.9.21 电缆沟敷设应符合下列规定:

1 电缆沟的坡度不应小于0.5%,室内沟底坡度应坡向室外,在沟底的最低点应采取排水措施,在可能积聚易燃、易爆气体的电缆沟内应填充砂子。

3.9.22 电缆直埋敷设应符合下列规定:

5 直埋敷设的电缆,不应沿任何地下管道的上方或下方平行敷设,当沿地下管道两侧平行敷设或与其交叉时,最小净距离应符合下列规定:

1)与易燃、易爆介质的管道平行时应为1000mm,交叉时应为500mm。

3.10 测控设备维护车间

3.10.3 测控设备维护车间的工作间设计应符合下列规定:

7 车间厂房应配置消防设施。

5 露天开采

5.3 采装及运输

5.3.4 长度大于500m的隧道中设有运输装置时,应设置火灾报警系统。

5.3.5 矿山调度楼、变电所等应设置消防系统,消防设计应符合现行国家标准《有色金属工程设计防火规范》GB 50630的有关规定。

6 地下开采

6.7 消防及工业电视系统

6.7.1 消防系统应符合下列规定:

3 消防设计应符合现行国家标准《有色金属工程设计防火规范》GB 50630的有关规定。

9 公辅设施

9.1 油库及加油站

9.1.1 储油区、加油区检测与控制应包括下列内容:

    3 储油区、加油区可燃气体浓度检测。

135.《酸性烟气输送管道及设备内衬施工技术规程》YS/T 5429—2016

9 安全技术要求

9.0.2 施工现场应制定火灾、爆炸、中毒、窒息应急预案，必须落实通风、消防措施，并应保持消防通道畅通。

9.0.3 管道内衬施工期间应设置施工孔洞，施工孔洞设置应符合下列规定：
1 任一作业点距离施工孔洞距离应小于25m；
2 施工孔洞直径不应小于600mm；
3 施工孔洞数量不应少于2个；
4 施工孔洞处应设操作平台和安全通道。

9.0.7 内衬作业防火安全管理应符合下列规定：
1 内衬作业区、配料区、材料存放区应设置20m范围的防火警示隔离，并应配有警示隔离标志，隔离区内不得进行动火作业；
2 防火隔离区内应使用防爆电器；
4 防火隔离区内应通风良好；
5 每个作业点应配备不少于两只手提式灭火器。

9.0.9 内衬用防腐蚀材料在运输、储存、使用、废弃物处置过程中应严格遵守国家现行安全、环保、职业健康方面的规定，并应设专用库房专人保管。

6.7 机械工程

136.《机械工业厂房建筑设计规范》GB 50681—2011

3 基本规定

3.0.3 建、构筑物地面标高,应按下列规定确定:
  4 易燃、可燃液体仓库的室内地面标高,应低于仓库门口的标高 0.15m。

3.0.6 有爆炸危险的甲、乙类生产部位、仓库,宜设在单层厂房靠外墙处或多层厂房的顶层靠外墙处,其泄压面积与泄压设施,应符合现行国家标准《建筑设计防火规范》GB 50016 的有关规定。屋顶上的泄压设施应采取防冰雪积聚措施。

4 屋 面

4.7 屋面排水

4.7.1 屋面排水应符合下列规定:
  3 除金属压型板屋面外,屋面的排水天沟、檐沟纵向坡度不应小于 1‰;沟底水落差不得超过 200mm。天沟、檐沟排水不得流经变形缝和防火墙;当沟内纵坡坡向变形缝、防火墙时,应在两侧设置雨水口。

5 墙 体

5.0.1 砌筑墙体材料的选用,应符合下列规定:
  4 轻质砖和砌块墙体材料,应满足防火、防潮等要求。

5.0.2 砌筑墙体的构造,应符合下列规定:
  5 砌筑墙上的孔洞宜预留,不应随意打凿。孔洞周边应做好密封处理;在靠近门、窗洞口处设置配电箱或消火栓箱时,其洞口间的端墙净宽不得小于 360mm。

6 地面和楼面

6.1 面 层

6.1.1 厂房地面面层应选用平整、耐磨、不起尘、防滑、防腐、易清洗的材料,并应符合下列规定:
  5 有爆炸危险的房间或区域地面面层,应选用不发火面层。

7 门 窗

7.1 门

7.1.6 有易爆、易燃等危险品房间的门及锅炉房门,应采用平开门,平开门必须向疏散方向开启。

8 楼梯、钢梯、电梯与起重机梁走道板

8.1 楼 梯

8.1.1 疏散楼梯总净宽度应按上层楼层人数最多层的疏散人数计算确定,且疏散楼梯梯段最小净宽度不宜小于 1.1m;楼梯踏步宽度宜为 260mm~300mm,楼梯踏步高度宜为 150mm~175mm。

8.1.3 室外疏散楼梯,应符合下列规定:
  1 栏杆扶手的高度不应小于 1.1m,栏杆离楼面 0.10m 高度内不宜留空;楼梯梯段的净宽度不应小于 0.9m;
  2 楼梯的倾斜角度不应大于 45°;
  3 楼梯梯段和平台均应采用不燃材料制作,平台的耐火极限不应低于 1.00h,梯段的耐火极限不应低于 0.25h;
  4 通向室外楼梯的门,宜采用乙级防火门,并应向室外开启;
  5 除疏散门外,楼梯周围 2m 内的墙面上不应设置门、窗洞口,疏散门不应正对楼梯段。

8.1.10 高层厂(库)房和甲、乙、丙类多层厂房,应设置封闭楼梯间或室外疏散楼梯。建筑高度超过 32m 且任一层人数超过 10 人的高层厂房,应设置防烟楼梯间或室外楼梯。

8.2 钢 梯

8.2.1 丁、戊类厂房的第二安全出口疏散楼梯及附属建筑的室外疏散楼梯,可采用钢梯。

8.3 电 梯

8.3.5 除耐火等级为一、二级的多层戊类仓库外,其他仓库中供垂直运输物品的提升设施宜设置在仓库外;当需设置在仓库内时,应设置在井壁的耐火极限不低于 2.00h 的井筒内。室内外提升设施通向仓库入口的门,应采用乙级防火门或防火卷帘。

9 装饰工程

9.2 内墙装饰

9.2.5 有防爆要求的厂房及站房内墙应粉刷。室内阴阳角应做成圆角。

9.3 顶棚及吊顶

9.3.5 可燃气体管道不得封闭在吊顶内。

14 噪声控制

14.3 吸 声

14.3.5 吸声设计应符合防火、防潮、防腐、防尘、通风、采光、照明及装修的有关要求。

14.4 消 声

14.4.3 消声坑的设计，宜符合下列规定：

2 坑内结构型式应便于维修，吸声材料应满足防水、防潮、防火、耐高温、防腐蚀、耐油污等要求。

14.4.5 消声道设计，宜符合下列规定：

3 吸声材料应采用阻燃或不燃、防水、防腐蚀材料。

137.《机械工程建设项目职业安全卫生设计规范》GB 51155—2016

1 总 则

1.0.3 机械工程建设项目职业安全卫生设计,应符合下列规定:

　　3 在高温、高压、易燃易爆和毒害严重的生产场所,应设置预警、报警或监控装置。

3 厂址选择及厂区总平面布置

3.2 厂区总平面布置

3.2.2 各建(构)筑物之间的防火间距应符合现行国家标准《建筑设计防火规范》GB 50016 的有关规定。

3.2.7 原料、成品、危险化学品、油库、木材库和包装材料等库房,宜分类集中布置。储存易燃、易爆、有毒物品的库房、储罐和堆场宜布置在厂区全年最小频率风向的上风侧及边缘地区,并应远离火源、主要建(构)筑物和人员集中的地带。

3.2.8 甲、乙、丙类和腐蚀性液体的储罐四周应根据介质特性设置防火堤,并应符合现行国家标准《建筑设计防火规范》GB 50016 的有关规定。

3.2.9 氧气站、液化石油气站、煤气站、压缩天然气站和液化天然气站,应设置围墙和专用出入口。

4 职 业 安 全

4.1 防火与防爆

4.1.1 使用和产生易燃易爆物质的工作场所,其防火防爆设计应符合下列规定:

　　1 厂房的火灾危险性分类、耐火等级、防火间距、安全疏散、防爆和防排烟设施等,应符合现行国家标准《建筑设计防火规范》GB 50016 的有关规定;

　　2 爆炸危险分区的划分,应符合现行国家标准《爆炸危险环境电力装置设计规范》GB 50058 的有关规定;

　　3 火灾自动报警系统设计,应符合现行国家标准《火灾自动报警系统设计规范》GB 50116 的有关规定;

　　4 应设置局部排风系统或全面排风系统;

　　5 应设置事故报警装置及与之联锁的事故通风系统。事故通风的设置,应符合现行国家标准《工业建筑供暖通风与空气调节设计规范》GB 50019 的有关规定;

　　6 工作间内的设备、管道以及易产生静电的其他设施的防静电措施,应符合现行国家标准《防止静电事故通用导则》GB 12158 的有关规定。

4.1.2 易燃易爆物品的贮存和养护,应符合现行国家标准《常用化学危险品贮存通则》GB 15603 和《易燃易爆性商品储藏养护技术条件》GB 17914 的有关规定。

4.1.3 热处理厂房防火防爆的设计,应符合下列规定:

　　1 热处理厂房浸淬油槽应设置事故回油池,灭火器的配置应符合现行国家标准《建筑灭火器配置设计规范》GB 50140 的有关规定;

　　2 供回油系统的设计,应符合现行国家标准《石油库设计规范》GB 50074 的有关规定;

　　3 气体分配站、液氨、液化石油气、甲醇、丙烷和丙酮储罐,应放在厂房外部的专用房间内,专用房间的设计应符合国家现行有关标准的规定;

　　4 加热装置和淬火油槽布置在同一地坑时,应彼此隔开,且地坑应做防渗处理;

　　5 使用液体或气体燃料的炉窑或场所,应设报警显示;其氧气、丙烷、煤气、天然气和燃油管路,应设放散管、止回阀、阻火器、安全阀、压力报警及自动切断装置;

　　6 可控气氛炉前室顶部应设安全防爆阀,防爆阀的截面积不应小于 $0.05m^2$,其动作压力不应超过 500Pa;

　　7 通水冷却的电阻炉应安装水温、水压和流量监控装置,并应配备失水时的电源切断和报警装置;

　　8 煤气炉和重油炉在燃烧器前应设有火焰逆止器,吸热型、放热型和氨制备气体发生炉的管路应安装火焰逆止器;

　　9 气体燃料和制备气氛在空气中的浓度不得介于规定燃烧温度下的爆炸范围内;

　　10 硝盐炉应用金属坩埚或黏土砖砌筑炉衬,并应配备自动温控仪表和超过 580℃ 报警装置以及仪表失控时的主回路电源切断装置。

4.1.4 锻造厂房的防火防爆设计,应符合现行国家标准《锻造生产安全与环保通则》GB 13318 的有关规定。锻造油压机、油泵房及油循环冷却系统宜设泡沫灭火装置。

4.1.5 木工厂房防火防爆的设计,应符合现行国家标准《木工(材)车间安全生产通则》GB 15606 的有关规定。

4.1.7 储存和使用易燃易爆物质场所的通风系统,应符合下列规定:

　　1 当两种及两种以上有害物质混合后能引起燃烧或爆炸时,应设置独立的排风系统;

　　2 进排风口应分开设置并设在不可能有火花溅落的安全地点;排风口与机械送风系统的进风口的水平距离不应小于 20m;当水平距离小于 20m 时,排风口应高于进风口并不得小于 6m;

　　3 甲、乙类厂房中空气不应循环使用。含有燃烧或爆炸危险粉尘、纤维的丙类厂房中的空气,在循环使用前应经净化处理,并应使空气中的含尘浓度低于其爆炸下限的 25%;

　　4 应采用防爆型设备通风,风道宜按楼层分别设置;不同火灾危险类别的生产厂房送排风设备不应设在同一机房内。

4.1.8 输送易燃、易爆和助燃介质的管道设计,应符合下列规定：
  1 不应穿越生活间、办公室、配电室和控制室；
  2 不应穿越不使用该类介质的工作间（区）；
  3 管道与管件、阀门和泵等连接处应严密，管道系统应采取防静电接地措施；
  4 竖井或管沟应为不燃烧体，安全、防火和防爆等互有影响的管道不应敷设在同一竖井或管沟内；
  5 室外安装的管道，应采取防雷接地措施。

4.1.9 输送高温气体以及排出有爆炸危险的气体和蒸气混合物的风管设计，应符合下列规定：
  1 输送高温气体的风管，当其外表面温度大于或等于80℃时，其与建筑物的易燃结构和设备的距离不应小于0.5m，距不燃结构和设备的距离不应小于0.25m；
  2 管壁温度大于或等于80℃的排风管与输送易燃易爆气体、蒸气粉尘的管道之间的水平距离不应小于1m，输送热气体的风管应敷设在输送较低温度的气体的风管上面，输送大于或等于80℃气体或易燃易爆气体的管道应用不燃烧体制成；
  3 当风管穿过易燃材料的屋顶和墙壁时，在风管穿过处应采用不燃材料封堵或使风管周围脱空；
  4 排出有爆炸危险的气体和蒸气混合物的局部排风系统，其正压段风管不应通过其他房间；
  5 排除有爆炸或燃烧危险气体、蒸气和粉尘的排风管应采用金属管道，并应直接通到室外的安全处；
  6 有爆炸危险的厂房内的排风管道，严禁穿过防火墙和有爆炸危险的车间隔墙；
  7 排除、输送有燃烧或爆炸危险气体、蒸气和粉尘的排风系统均应设置导除静电的接地装置。

4.1.10 放置易燃易爆物质的库房和产生易燃、易爆危险因素的设备及工艺作业场地的消防设施，应符合现行国家标准《建筑设计防火规范》GB 50016 的有关规定。

4.3 防电伤害

4.3.4 易燃易爆场所、露天或多尘、潮湿场所的电机和电器，应分别选用防爆型、密闭型、防尘和防水型等相应防护等级的设备。

4.6 防起重伤害

4.6.4 特殊生产作业和生产环境所用起重机的选型，应符合下列规定：
  6 易燃易爆场所，应选用防爆起重机。

5 职业卫生

5.1 防噪声与振动

5.1.2 生产工艺、设备、隔声材料的选择，应符合下列规定：
  3 选用噪声控制设备和材料时，应满足防火、防潮、防尘、无毒等安全卫生要求。

5.2 防尘与防毒

5.2.24 可能突然产生大量有毒和有害气体或有爆炸危险的工作场所，应在其作业区设置有毒有害气体浓度探测报警及事故通风联锁装置。

5.2.25 柴油和汽油发动机试验台废气排出口，应设置专用的排风系统，并应采取防火及防爆措施。

5.4 非电离辐射防护

5.4.20 易燃及易爆品，应远离激光设备。

138.《机械工厂电力设计规范》JBJ 6—1996

1 总 则

1.0.2 本规范适用于机械工厂下列工程项目的设计:
(2) 新建、扩建和改建的有爆炸和火灾危险的工程项目。

2 术语、符号与代号

2.1 术 语

2.1.1 一级负荷中特别重要负荷（special important load in first class）

中断供电将发生中毒、爆炸和火灾等情况的负荷,以及特别重要场所的不允许中断供电的负荷。

3 供配电系统

3.2 负荷分级与供电要求

3.2.1 电力负荷应按生产过程中的重要性和中断供电在政治、经济上所造成的损失或影响的程度进行分级,并应符合下列规定。

3.2.1.1 符合下列情况之一时应为一级负荷:
(1) 中断供电将造成人身伤亡时;
(2) 中断供电将在政治、经济上造成重大损失时;
(3) 中断供电将影响有重大政治、经济意义的用电单位的正常工作时。

在一级负荷中,当中断供电将发生中毒、爆炸和火灾等情况的负荷,以及特别重要场所的不允许中断供电的负荷,应视为特别重要的负荷。

4 35~110kV 变电所

4.2 所址选择与所区布置

4.2.6 变电所内为满足消防要求和运输主变压器的道路宽度不应小于 3.5m,此道路应具备回车条件,并应与变电所外部的道路连接。

4.10 防 火

4.10.1 变电所内建筑物、构筑物的耐火等级,不应低于表 4.10.1 的要求。

4.10.2 变电所与所外的建筑物、堆场、储罐之间的防火净距,应符合现行国家标准《建筑设计防火规范》的规定。变电所内部的设备之间、建筑物之间及设备与建筑物、构筑物之间的最小防火净距,应符合表 4.10.2 的规定。

表 4.10.1 变电所建筑物、构筑物的最低耐火等级

序号	建、构筑物名称		火灾危险性类别	最低耐火等级
1	主控制室、继电器室（包括蓄电池室)		戊	二级
2	配电装置室	每台设备油量 60kg 以上	丙	二级
		每台设备油量 60kg 及以下	丁	
3	油浸变压器室		丙	一级
4	有可燃介质的电容器室		丙	二级
5	材料库、工具间（仅贮藏非燃烧器材)		戊	三级
6	电缆沟及电缆隧道	用阻燃电缆	戊	二级
		用一般电缆	丙	

注:序号 1 之戊类需采取防止电缆着火延燃的安全措施。

表 4.10.2 建筑物、构筑物及设备的最小防火净距（m）

建、构筑物及设备名称		丙、丁、戊类生产建筑耐火等级		变压器(油浸)电压等级			屋外可燃介质电容器	总事故油池	所内生活建筑耐火等级	
		一、二级	三级	35kV	63kV	110kV			一、二级	三级
丙、丁、戊类生产建筑	耐火等级 一、二级	10	12	—	—	—	10	5	10	12
	三级	12	14	—	—	—	10	5	12	14
变压器(油浸)	电压等级 35kV	10	10	5	—	—	10	5		
	63kV	10	10	—	6	—	10	5		
	110kV	10	10	—	—	8	10	5		
屋外可燃介质电容器		10	10	10	10	10	—	5	15	20
总事故油池		5	5	5	5	5	5	—	10	12
所内生活建筑	耐火等级 一、二级	10	12	—	—	—	15	10	6	7
	三级	12	11	—	—	—	20	12	7	8

注:① 如相邻两建筑物的面对面外墙其较高一边为防火墙时,其防火净距可不限,但两座建筑物侧面门窗之间的最小净距应不小于 5m。

② 耐火等级为一、二级建筑物,其面对变压器、可燃介质电容器等电器设备的外墙的材料及厚度符合防火墙的要求且该墙在设备总高加 3m 及两侧各 3m 的范围内不设门窗不开孔洞时,则该墙与设备之间的防火净距可不受限制;如在上述范围内虽不开一般门窗但设有防火门时,则该墙与设备之间的防火净距应等于或大于 5m。

③ 所内生活建筑与油浸变压器之间的最小防火净距,应根据最大单台设备的油量及建筑物的耐火等级确定:当油量为 5t~10t 时为 15m（对一、二级）或 20m（对三级）;当油量大于 10t 时为 20m（对一、二级）或 25m（对三级）。

4.10.3 变电所应根据容量大小及其重要性,对主变压器等各种带油电气设备及建筑物,配备适当数量的手提式及推车式化学灭火器。对主控制室等设有精密仪器、仪表设备的房间,应在房间内或附近走廊内配置灭火后不会引起污损的灭火器。

4.10.4 油重均为 2500kg 及以上的屋外油浸变压器之间,当

防火净距小于表 4.10.2 的规定值时，应设置防火隔墙，墙应高出油枕顶，墙长应大于贮油坑两侧各 0.5m，防火墙与变压器外廓的距离不应小于 1m。屋外油浸变压器与油量在 600kg 以上的本回路充油电气设备之间的防火净距不应小于 5m。

4.10.6 当建筑物外墙距屋外油浸变压器外廓 5m 以内时，在变压器总高度以上 3m 的水平线以下及外廓两侧各 3m 的范围内，不应有门、窗和通风孔。当建筑物外墙距变压器外廓为 5～10m 时，可在外墙上设防火门，并可在变压器总高度以上设非燃性的固定窗。

4.10.8 充油电气设备间的总油量在 100kg 及以上且门开向室内公共走道或其他建筑物的房间时，应采用非燃烧或难燃烧的实体门。

4.10.9 电缆从室外进入室内的入口处、电缆竖井的出入口处及主控制室与电缆层之间，应采取防止电缆火灾蔓延的阻燃及分隔措施。

电缆隧道在进入建筑物处和变电所围墙处，应设带门的防火墙。

5 6～10kV 变电所与配电所

5.1 所址选择

5.1.1 配电所、变电所位置的选择，应根据下列要求综合考虑确定：

（8）不应设在有爆炸危险场所的正上方或正下方，也不宜设在有火灾危险场所的正上方或正下方。当与有爆炸或火灾危险场所的建筑物毗连时，应符合现行国家标准《爆炸和火灾危险环境电力装置设计规范》的规定。

5.1.2 露天或半露天变电所，不应设置在下列场所：

（2）挑檐为燃烧体或难燃烧体和耐火等级为四级的建筑物旁；

（4）容易沉积可燃粉尘、可燃纤维、灰尘或导电尘埃且严重影响变压器安全运行的场所。

5.3 型式与布置

5.3.10 可燃油油浸变压器外廓与变压器室墙壁和门的最小净距，不应小于表 5.3.10 所列数值。

表 5.3.10 可燃油油浸变压器外廓与变压器室墙壁和门的最小净距（mm）

项目\变压器容量	100～1000kVA	1250kVA 及以上
变压器外廓与后壁侧壁净距	600	800
变压器外廓与门净距	800	1000

5.5 建筑与防火

5.5.1 可燃油油浸电力变压器室的耐火等级应为一级。高压配电室和非燃性介质的电力变压器室的耐火等级不应低于二级。低压配电室的耐火等级不应低于三级。屋顶承重构件应为二级。

5.5.2 装设可燃性介质高压电容器的电容器室，其耐火等级不应低于二级。装设非燃性介质的高压电容器室和低压电容器室，其耐火等级不应低于三级。

5.5.3 变压器室的通风窗，应采用非燃性材料。

5.5.4 车间内变电所的油浸变压器不应设在三、四级耐火等级或火灾危险性为甲、乙类的生产厂房内，如设在二级耐火等级的厂房内时，厂房应采取局部防火措施。

5.5.5 有下列情况之一时，油浸变压器室的门应为甲级防火门：

（1）变压器室位于车间内；

（2）变压器室位于容易沉积可燃粉尘、可燃纤维的场所；

（3）变压器室附近有粮、棉及其他易燃物大量集中的露天堆场；

（4）变压器室位于建筑物内；

（5）变压器室下面有地下室。

5.5.6 附设变电所、露天或半露天变电所中，当装设油量大于 1000kg 的变压器时，应设置容量为 100% 或 20% 油量的挡油设施，超出的油量应排到安全场所。

5.5.7 油浸变压器室位于建筑物的二层或更高层时，应设置能将油排到安全处所的设施。

5.5.8 室内变电所的每台油量 100kg 及以上的三相变压器，应设在单独的变压器室内。

5.5.9 民用主体建筑内的附设变电所和车间内变电所的油浸变压器室，应设置容量为 100% 变压器油量的贮油池。

5.5.10 当露天或半露天变电所采用油浸变压器时，其变压器外廓距建筑物外墙大于 5m，当小于 5m 时，建筑物外墙在下列范围内不应有门、窗或通风孔：

（1）油量大于 1000kg 时，变压器总高度加 3m 及外廓两侧各加 3m；

（2）油量在 1000kg 以下时，变压器总高度加 3m 及外廓两侧各加 1.5m。

5.5.11 高压配电室宜设不能开启的自然采光窗，窗台距室外地坪不宜低于 1.8m；低压配电室、电容器室可设能开启的自然采光通风窗。值班室应有自然采光，并宜朝南，其面积不宜小于 12m²。

5.5.12 变压器室、配电室、电容器室的门应向外开启。相邻配电室之间有门时，此门应能双向开启。

5.5.13 配电室、电容器室和变压器室的内墙面应抹灰刷白，其顶棚层应牢固不脱落。地面宜采用高标号水泥抹面压光，值班室可采用水磨石地面。

5.6 采暖、通风与其他

5.6.4 变压器室、电容器室当装设机械通风管道时，应采用非燃烧材料制作。如周围环境污秽时，宜加空气过滤器。

6 3～110kV 配电装置

6.4 配电装置的布置

Ⅳ 防火与蓄油设施

6.4.19 安装在屋内的 35kV 及以下断路器、油浸电流互感器和电压互感器，宜装设在两侧有隔墙（板）的间隔内；

63～110kV 的断路器、油浸电流互感器和电压互感器，则应安装在有防爆隔墙的间隔内。

总油量超过 100kg 的屋内油浸电力变压器，应装设在单独的变压器室内，并应设置消防设施。

6.4.20 屋内单台电气设备总油量在 100kg 以上应设置贮油设施或挡油设施。挡油设施宜按容纳 20%油量设计，并应将事故油排至安全处的设施，或设置能容纳 100%油量的贮油设施。

排油管内径不应小于 100mm。

6.5 建　　筑

6.5.1 配电装置室的建筑，应符合下列要求：

（3）充油电气设备间的门若开向不属配电装置范围的建筑物内时，其门应为非燃烧体或难燃烧体的防火门。

（4）配电装置室的门应为向外开的防火门，应装弹簧锁，严禁用门闩。相邻配电装置室之间有门时，应能向两个方向开启。

（6）配电装置室的耐火等级，不应低于二级。

7　1kV 以下配电装置

7.2　配电设备的布置

Ⅰ　一般规定

7.2.5 同一配电室内并列的两段母线，当任一段母线有一级负荷时，母线分段处应设防火隔断措施。

Ⅱ　建　筑

7.2.20 配电室屋顶承重物件的耐火等级，不应低于二级，配电室其他部分不应低于三级。

7.2.21 配电室长度超过 7m 时，应设两个出口，并宜布置在配电室的两端，当配电室为楼上楼下两部分布置时，楼上部分的出口中至少应有一个通向该层走廊或室外的安全出口。

配电室的门向外开，但通向高压配电室的门应为双向开启门。

10　通用用电设备配电

10.2　起重运输设备

Ⅲ　电　梯

10.2.36 向电梯供电的电源线路，不应敷设在电梯井道内。除电梯的专用线路外，其他线路不得沿电梯井道敷设。

在电梯井道内的明敷电缆以及穿线的管、槽，应采用难燃型的。

10.5　蓄电池充电

10.5.12 充电间应符合下列要求：

（4）防酸式铅酸蓄电池充电间内的电气照明应采用增安型照明器，充电间内不应装设开关、熔断器或插座等可能产生火花的电器。

10.6　静电滤清器电源

10.6.3 户内式整流设备宜装设在靠近电滤器的单独房间内，并应按现行国家标准《建筑灭火器配置设计规范》的有关规定设置灭火设施。每套整流设备的高压整流器、变压器和转换开关应装设在单独的隔间内。

11　电热装置

11.1　一般规定

11.1.23 电热装置需要在距安装地面 2m 及以上高度进行维护的部分，应设置有保护栏和固定梯的平台。在维护人员可能触及装置带电部分的区域内，平台、护栏和梯应采用难燃烧材料，工作平台的走道板应有阻燃的绝缘材料的覆盖物。

12　照　明

12.1　照明方式与照明种类

12.1.2 照明种类可分为：正常照明、应急照明、值班照明、警卫照明和障碍照明。应急照明包括备用照明、安全照明和疏散照明。

12.1.2.1 当正常照明因故障熄灭后，对需要确保正常工作或活动继续进行的场所（如不及时操作将造成爆炸、火灾、人身伤亡等严重事故的场所），应装设备用照明。

12.1.2.3 当正常照明因故障熄灭后，对需要确保人员安全疏散的出口和通道，应装设疏散照明。

12.2　照度标准

12.2.10 备用照明的照度标准值，除消防控制室、消防水泵房、配电室和自备发电机房等场所外，不应低于表 12.2.2 中一般照明的 10%，安全照明的照度标准值，不应低于表 12.2.2 中一般照明的 5%。主要通道上的疏散照明照度标准值，不应低于 0.5lx。

12.6　照　明　供　电

Ⅱ　供电方式

12.6.7 应急照明电源应区别于正常照明电源。应急照明的供电方式宜根据不同的切换时间和连续供电时间按下列方式选用：

（1）独立于正常电源的发电机组。

（2）蓄电池。

（3）供电网络中，有效地独立于正常电源的馈电线路。

（4）自带直流逆变器的应急照明灯。

（8）按《高层民用建筑防火设计规范》的规定属于二类及以上防火要求的建筑物及其它一些重要场所的应急照明供电方式，应按本条（1）至（4）项之一选用。

12.6.8 不同用途的应急照明电源的切换时间和连续供电时间应符合下列规定：

（3）疏散照明电源的连续供电时间不应小于 30min，安全照明和备用照明电源的连续供电时间应按工作特点和实际

13 架空线路

13.1 一般规定

13.1.2 架空线路路径和杆位的选择应符合下列要求：

(4) 与有爆炸物、易燃物和可燃液（气）体的生产厂房、仓库、贮罐等接近时，应符合本规范第19章的有关规定。

14 电缆线路

14.5 电缆在电缆沟及隧道内敷设

14.5.14 在有可燃气体或易燃、可燃液体管道的隧道或沟道内不应敷设电缆。

14.6 电缆在桥架内敷设

14.6.14 桥架穿墙安装时，应符合下列要求：

(1) 从正常环境进入防火防爆环境时，墙上应安装相应的密封装置。

14.9 防止电缆着火延燃

14.9.1 根据工程的重要性、着火几率等因素，对电缆密集的场所应采取防止电缆着火延燃措施。防止电缆着火延燃措施，宜选用不延燃电缆、离开热源和火源、隔离易燃易爆物、封堵电缆孔洞、设置防火隔墙和阻火段、使电缆具有耐火性、设置消防报警和灭火装置等。

14.9.2 明敷在厂房内或电缆沟、电缆隧道内的电缆，不应带黄麻或其它可延燃的外被层。

14.9.5 电缆沟、电缆隧道或电缆竖井的下列部位应作阻火封堵：

(1) 穿越不同车间隔墙及穿越楼板处；
(2) 通向控制室、配电装置室的所有墙孔和竖井开孔处。
(3) 与电气柜、盘、箱、屏底部相通，有10根以上电缆出入的开孔处。

14.9.6 实施电缆贯穿孔洞的阻火封堵，可采用耐火隔板、耐火堵料、耐火涂料、耐火封堵包、耐火包带等。

楼板封堵处应满足巡视人员的荷重。

14.9.7 有3层以上支架的电缆沟或电缆隧道的下列部位，应设置防火隔板：

(1) 主沟道的分支处。
(2) 长距离沟道每隔200m或通风区段处。
(3) 不同厂房或车间的交界处。
(4) 室内外交界处。
(5) 配电装置分段母线的分段对应处。
(6) 不同电压配电装置的交界处。

14.9.8 电缆隧道的下列部位，应设置带防火门的防火隔墙，防火门应装锁。

(1) 控制室、配电装置室的入口；
(2) 厂区围墙处。

14.9.9 防火隔墙可用矿渣棉等软质耐火材料制作，耐火极限不应小于1h，夯实封顶；沟道底部应留出排水小孔；在电缆隧道防火隔墙两侧各1m长的电缆段可涂刷耐火涂料或包扎耐火包带。

14.9.10 电缆的下列部位应设置阻火段。

(1) 电缆竖井开孔处上下两侧各1m长的电缆段，应涂刷耐火涂料或包扎耐火包带。
(2) 电缆沟或电缆隧道以及车间内用支架敷设的电缆，在其中间接头两侧的3m长的电缆段以及与该电缆平行敷设的其它电缆相应段，宜涂刷耐火涂料或包扎耐火包带。

当采用难燃电缆时，可不涂刷耐火涂料或包扎耐火包带的措施。

14.9.11 电缆涂刷耐火涂料，应分层进行，涂层总厚度不应小于2mm。电缆包扎耐火包带，应以搭接方式绕包进行。

14.9.12 下列情况的电缆应作耐火处理或选用耐火电缆：

(1) 向消防水泵、消防电梯、应急照明灯一级负荷供电的明敷在电缆沟、电缆隧道或竖井内的电缆。
(2) 向重要负荷供电的两回电缆，当明敷在同一电缆沟、电缆隧道或竖井内时，应使其中一回电缆具有耐火性。

14.9.13 耐火处理的方法宜采用将电缆敷设与耐火槽盒，或在沟道内用耐火隔板分隔，或采用桥架埋砂敷设。

电缆作耐火处理时，有关钢制桥架表面应涂耐火涂料。

15 1kV以下配电线路

15.3 配电线路的保护

Ⅳ 保护电器的装设位置

15.3.21 保护电器应装设在被保护线路与电源线路的连接处，但为了操作与维护方便亦可设置在离开连接点的地方，但应符合下列规定：

(3) 不靠近可燃物。

15.3.22 从高处的干线向下引接分支线路，当分支线路的保护电器装设在距连接点大于3m的地方时，应满足下列要求：

(2) 装设保护电器前的分支线应敷设于不燃或耐燃材料的管、槽内。

15.4 配电线路敷设

Ⅰ 绝缘导线布线

15.4.3 金属或塑料管、金属或塑料线槽布线，应遵守下列要求：

15.4.3.6 布线用塑料管、塑料线槽，应用难燃性材料制成，其氧指数应大于27。

Ⅲ 封闭式母线布线

15.4.17 封闭式母线在穿过防火墙及防火楼板时，应采取防火隔离措施。

Ⅳ 竖井内布线

15.4.22 竖井的井壁应是耐火极限不低于1h的非燃烧体，竖井在每层楼应设维护检修门并应开向公共走廊，其耐火等级不应低于三级。楼层间应采用下列措施做防火密封隔离：

(1) 封闭式母线、电缆桥架及金属线槽在穿过楼板处采用防火隔板及防火涂料隔离。

(2) 电缆和绝缘线穿钢管布线时，应在楼层间预埋钢管，布线后两端管口空隙应做隔离密封。

19 爆炸与火灾危险环境电力装置

19.1 一般规定

19.1.2 本章适用于在生产、加工、处理、转运或贮存过程中出现或可能出现爆炸和火灾危险环境的新建，扩建和改建工程的电力设计。

本章不适用于下列环境：

(1) 矿井井下；

(2) 制造、使用或贮存火药、炸药和起爆药等的环境；

(3) 利用电能进行生产并与生产工艺过程直接关联的电解、电镀等电气装置区域；

(4) 蓄电池室；

(5) 使用强氧化剂以及不用外来点火源就能自行起火的物质的环境；

(6) 水、陆、空交通运输工具及海上油井平台。

19.1.3 爆炸和火灾危险环境的电力设计，除应符合本章的规定外，还应符合本规范中本章未作特殊规定的各项要求。

19.4 火灾危险环境

Ⅰ 一般规定

19.4.1 在生产、加工、处理、转运或贮存过程中出现或可能出现下列火灾危险物之一时，应按火灾危险环境的电力装置设计。

(1) 闪点高于环境温度的可燃液体；在物料操作温度高于可燃液体闪点的情况下，有可能泄漏但不能形成爆炸性气体混合物的可燃液体。

(2) 不可能形成爆炸性粉尘混合物的悬浮状、堆积状可燃粉尘或可燃纤维以及其他固体状可燃物质。

19.4.2 在火灾危险环境中能引起火灾危险的可燃物质，应按下列分类：

(1) 可燃液体：柴油、润滑油、变压器油等。

(2) 可燃粉尘：铝粉、焦炭粉、煤粉、面粉、合成树脂粉等。

(3) 固体状可燃物质：煤、焦炭、木等。

(4) 可燃纤维：棉花纤维、麻纤维、丝纤维、毛纤维、木质纤维、合成纤维等。

Ⅱ 火灾危险区域划分

19.4.3 火灾危险环境应根据火灾事故发生的可能性和后果，以及按危险程度及物质状态的不同，按下列规定进行分区：

(1) 21区：具有闪点高于环境温度的可燃液体，在数量和配置上能引起火灾危险的环境。

(2) 22区：具有悬浮状、堆积状的可燃粉尘或可燃纤维，虽不能形成爆炸性混合物，但在数量和配置上能引起火灾危险的环境。

(3) 23区：具有固体状可燃物质，在数量和配置上能引起火灾危险的环境。

Ⅲ 火灾危险环境的电气装置

19.4.4 火灾危险环境的电气设备和线路，应符合周围环境内化学的、机械的、热的、霉菌及风沙等环境条件对电气设备的要求。

19.4.5 在火灾危险环境内，正常运行时有火花的和外壳表面温度较高的电气设备，应远离可燃物质。

19.4.6 在火灾危险环境内，不宜使用电热器。当生产要求必须使用电热器时，应将其安装在非燃材料的底板上。

19.4.7 在火灾危险环境内，电气设备防护结构，应根据区域等级和使用条件，按表19.4.7的规定选择。

表 19.4.7 电气设备防护结构

电气设备		火灾危险区域		
		21区	22区	23区
电机	固定安装	IP44	IP54	IP21
	移动式、携式	IP54		IP54
电器和仪表	固定安装	充油型、IP54、IP44	IP54	IP44
	移动式和携带式	IP54		IP44
照明灯具	固定安装	IP2X	IP5X	IP2X
	移动式和携带式			
配电装置		IP5X		
接线盒				

注：① 在21区内固定安装的IP44型电机正常运行时有火花的部分（如滑环），应装在全封闭的罩子内。

② 在23区内固定安装的正常运行时有火花（如滑环电机）的电机，不应采用IP21型，而应采用IP44型。

③ 在21区内固定安装的电器和仪器，在正常运行有火花时，不宜采用IP44型。

④ 移动式和携带式照明灯具的玻璃罩，应有金属网保护。

⑤ 表中防护等级的标志应按现行国家标准《外壳防护等级的分类》的规定。

19.4.8 电压为10kV及以下的变电所、配电所，不宜设在有火灾危险区域的正上面或正下面。若与火灾危险区域的建筑物毗连时，应符合下列要求：

(1) 电压为1～10kV配电所可通过走廊或套间与火灾危险环境的建筑物相通，通向走廊或套间的门应是难燃烧体的。

(2) 变电所与火灾危险环境建筑物共用的隔墙应是密实的非燃烧体。管道和沟道穿过墙和楼板处，应采用非燃烧性材料严密堵塞。

(3) 变压器室的门窗应通向非火灾危险环境。

19.4.9 在易沉积可燃粉尘或可燃纤维的露天环境，设置变压器或配电装置时应采用密闭型的。

19.4.10 露天安装的变压器或配电装置的外廓距火灾危险环境建筑物的外墙在10m以内时，应符合下列要求：

(1) 火灾危险环境靠变压器或配电装置一侧的墙应为非燃烧体的。

(2) 在变压器或配电装置高度加3m及外廓两侧各加3m范围内的墙上，不应有门、窗或孔洞。

(3) 在变压器或配电装置高度加3m的水平线以上，其宽度为变压器或配电装置外廓两侧各加3m的墙上，可安装非燃烧体的装有铁丝玻璃的固定窗。

19.4.11 火灾危险环境电气线路的设计和安装，应符合下列规定：

（1）在火灾危险环境内，可采用铠装电缆或钢管配线明敷设，在火灾危险环境 21 区或 23 区内，可采用阻燃塑料管配线。在火灾危险环境 23 区内，当远离可燃物质时，可采用绝缘导线在针式或鼓形瓷绝缘子上敷设。

在沿未抹灰的木质吊顶和木质墙壁以及木质闷顶内敷设的电气线路，应穿钢管明设。

（2）在火灾危险环境内，电力、照明线路的绝缘导线和电缆的额定电压，不应低于线路的额定电压，且不低于 500V。

（3）在火灾危险环境内，当采用铝芯绝缘导线和电缆时，应有可靠的连接和封端。

（4）在火灾危险环境 21 区或 22 区内，电动起重机不应采用滑触线供电；在火灾危险环境 23 区内，电动起重机可采用滑触线供电，但在滑触线下方不应堆置可燃物质。

（5）移动式或携带式电气设备的线路，应采用移动电缆或橡套软线。

（6）在火灾危险环境内，当需采用裸铝、裸铜母线时，应符合下列要求：

① 不需拆卸检修的母线连接处，应采用熔焊或纤焊。

② 母线与电气设备的螺栓连接应可靠，并应防止自动松脱。

③ 在火灾危险环境 21 区和 23 区内，母线宜装设保护罩，当采用金属网保护罩时，应采用 IP2X 结构；在火灾危险环境 22 区内母线应有 IP5X 结构的外罩。

④ 当露天安装时，应有防雨、雪措施。

（7）10kV 及以下架空线路严禁跨越火灾危险区域。

19.4.12 火灾危险环境接地设计应符合下列要求：

（1）在火灾危险环境内的电气设备的金属外壳应可靠接地。

（2）接地干线应有不少于两处与接地体连接。

6.8 医药工程

139.《医院洁净手术部建筑技术规范》GB 50333—2013

7 建 筑

7.3 建筑装饰

7.3.1 洁净手术部的建筑装饰应遵循不产尘、不易积尘、耐腐蚀、耐碰撞、不开裂、防潮防霉、容易清洁、环保节能和符合防火要求的总原则。

9 医用气体

9.2 气体终端

9.2.4 气体终端接头应选用插拔式自封快速接头，接头应耐腐蚀、无毒、不燃、安全可靠、使用方便，寿命不宜少于20000次。

11 电 气

11.2 配 电

11.2.7 洁净手术部配电管线应采用金属管敷设。穿过墙和楼板电线管应加套管，并应用不燃材料密封。进入手术室内的电线管管口不得有毛刺，电线管在穿线后应采用无腐蚀和不燃材料密封。

11.2.8 洁净手术部的电源线缆应采用阻燃产品，有条件的宜采用相应的低烟无卤型或矿物绝缘型。

12 消 防

12.0.1 设置洁净手术部的建筑，其耐火等级不应低于二级。

12.0.2 洁净手术部宜划分为单独的防火分区。当与其他部门处于同一防火分区时，应采取有效的防火防烟分隔措施，并应采用耐火极限不低于2.00h的防火隔墙与其他部位隔开；除直接通向敞开式外走廊或直接对外的门外，与非洁净区域相连通的门应采用耐火极限不低于乙级的防火门，或在相连通的开口部位应采取其他防止火灾蔓延的措施。

12.0.3 当洁净手术部内每层或一个防火分区的建筑面积大于2000m^{2}时，宜采用耐火极限不低于2.00h的防火隔墙分隔成不同的单元，相邻单元连通处应采用常开甲级防火门，不得采用卷帘。

12.0.4 当洁净手术部所在楼层高度大于24m时，每个防火分区内应设置一间避难间。

12.0.5 与手术室、辅助用房等相连通的吊顶技术夹层部位应采取防火防烟措施，分隔体的耐火极限不应低于1.00h。

12.0.7 洁净手术部应设置自动灭火消防设施。洁净手术室内不宜布置洒水喷头。

12.0.8 当洁净手术部需设置消火栓系统时，洁净手术室不应设置室内消火栓，但设置在手术室外的消火栓应能保证2支水枪的充实水柱同时到达手术室内的任何部位。当洁净手术部不需设置室内消火栓时，应设置消防软管卷盘等灭火设施。洁净手术部应按现行国家标准《建筑灭火器配置设计规范》GB 50140的规定配置气体灭火器。

12.0.9 洁净手术部的设备层应设置火灾自动报警系统。

12.0.10 洁净手术部应对无窗建筑或建筑物内无窗房间设置防排烟系统。

12.0.11 洁净区内的排烟口应采取防倒灌措施，排烟口应采用板式排烟口。洁净区内的排烟阀应采用嵌入式安装方式，排烟阀表面应易于清洗、消毒。

12.0.12 洁净手术室内的装修材料应采用不燃材料或难燃材料，手术部其他部位的内部装修材料应采用难燃材料。

140. 《生物安全实验室建筑技术规范》GB 50346—2011

3 生物安全实验室的分级、分类和技术指标

3.1 生物安全实验室的分级

3.1.2 根据实验室所处理对象的生物危害程度和采取的防护措施,生物安全实验室分为四级。微生物生物安全实验室可采用 BSL-1、BSL-2、BSL-3、BSL-4 表示相应级别的实验室;动物生物安全实验室可采用 ABSL-1、ABSL-2、ABSL-3、ABSL-4 表示相应级别的实验室。生物安全实验室应按表 3.1.1 进行分级。

表 3.1.1 生物安全实验室的分级

分级	生物危险程度	操作对象
一级	低个体危害,低群体危害	对人体、动植物或环境危害较低,不具有对健康成人、动植物致病的致病因子
二级	中等个体危害,有限群体危害	对人体、动植物或环境具有中等危害或具有潜在危险的致病因子,对健康成人、动物和环境不会造成严重危害。有有效的预防和治疗措施
三级	高个体危害,低群体危害	对人体、动植物或环境具有高度危害性,通过直接接触或气溶胶使人感染上严重的甚至是致命疾病,或对动植物和环境具有高度危害的致病因子。通常有预防和治疗措施
四级	高个体危害,高群体危害	对人体、动植物或环境具有高度危害性,通过气溶胶途径传播或传播途径不明,或未知的、高度危险的致病因子。没有预防和治疗措施

4 建筑、装修和结构

4.1 建筑要求

4.1.11 三级和四级生物安全实验室的防护区应设置安全通道和紧急出口,并有明显的标志。

6 给水排水与气体供应

6.1 一般规定

6.1.4 生物安全实验室使用的高压气体或可燃气体,应有相应的安全措施。

7 电 气

7.1 配 电

7.1.6 管线密封措施应满足生物安全实验室严密性要求。三级和四级生物安全实验室配电管线应采用金属管敷设,穿过墙和楼板的电线管应加套管或采用专用电缆穿墙装置,套管内用不收缩、不燃材料密封。

7.2 照 明

7.2.2 三级和四级生物安全实验室应设置不少于 30min 的应急照明及紧急发光疏散指示标志。

8 消 防

8.0.2 三级生物安全实验室的耐火等级不应低于二级。四级生物安全实验室的耐火等级应为一级。

8.0.3 四级生物安全实验室应为独立防火分区。三级和四级生物安全实验室共用一个防火分区时,其耐火等级应为一级。

8.0.4 生物安全实验室的所有疏散出口都应有消防疏散指示标志和消防应急照明措施。

8.0.5 三级和四级生物安全实验室吊顶材料的燃烧性能和耐火极限不应低于所在区域隔墙的要求。三级和四级生物安全实验室与其他部位隔开的防火门应为甲级防火门。

8.0.6 生物安全实验室应设置火灾自动报警装置和合适的灭火器材。

8.0.7 三级和四级生物安全实验室防护区不应设置自动喷水灭火系统和机械排烟系统,但应根据需要采取其他灭火措施。

8.0.9 三级和四级生物安全实验室的防火设计应以保证人员能尽快安全疏散、防止病原微生物扩散为原则,火灾必须能从实验室的外部进行控制,使之不会蔓延。

141.《实验动物设施建筑技术规范》GB 50447—2008

4 建筑和结构

4.1 选址和总平面

4.1.1 实验动物设施的选址应符合下列要求：
　　4 应远离易燃、易爆物品的生产和储存区，并远离高压线路及其设施。

7 电气和自控

7.1 配　电

7.1.5 实验动物设施的配电管线宜采用金属管，穿过墙和楼板的电线管应加套管，套管内应采用不收缩、不燃烧的材料密封。

7.3 自　控

7.3.8 电加热器的金属风管应接地。电加热器前后各800mm范围内的风管和穿过设有火源等容易起火部位的管道和保温材料。必须采用不燃材料。

8 消　防

8.0.1 新建实验动物设施的周边宜设置环行消防车道，或应沿建筑的两个长边设置消防车道。

8.0.2 屏障环境设施的耐火等级不应低于二级，或设置在不低于二级耐火等级的建筑中。

8.0.3 具有防火分隔作用且要求耐火极限值大于0.75h的隔墙，应砌至梁板底部，且不留缝隙。

8.0.4 屏障环境设施生产区（实验区）的吊顶空间较大的区域，其顶棚装修材料应为不燃材料且吊顶的耐火极限不应低于0.5h。

8.0.6 屏障环境设施应设置火灾事故照明。屏障环境设施的疏散走道和疏散门。应设置灯光疏散指示标志。当火灾事故照明和疏散指示标志采用蓄电池作备用电源时，蓄电池的连续供电时间不应少于20min。

8.0.7 面积大于$50m^2$的屏障环境设施净化区的安全出口的数目不应少于2个，其中1个安全出口可采用固定的钢化玻璃密闭。

8.0.9 屏障环境设施宜设火灾自动报警装置。

8.0.10 屏障环境设施净化区内不应设置自动喷水灭火系统，应根据需要采取其他灭火措施。

8.0.11 实验动物设施内应设置消火栓系统且应保证两个水枪的充实水柱同时到达任何部位。

142.《传染病医院建筑施工及验收规范》GB 50686—2011

3 基本规定

3.1 材料和设备要求

3.1.5 所用的材料应按设计要求及相关标准要求进行防火、防腐和防虫处理。

3.2 施工要求

3.2.5 施工单位应遵守有关施工安全、劳动保护、防火和防毒的法律法规,应建立相应的管理制度,并应配备必要的设备、器具和标识。

4 建筑

4.1 一般规定

4.1.2 传染病医院建筑应满足隔热、隔声、防振、防虫、防腐、防火和防静电等要求。

4.2 材料要求

4.2.4 经常使用各种化学试剂的检验台台面、通风柜台面、血库的配血室和洗涤室的操作台台面、病理科的染色台台面等,均应采用耐腐蚀、易冲洗、不燃或难燃的面层;相关的洗涤池和排水管应采用耐腐蚀材料。

7 电气与智能化

7.2 材料和设备要求

7.2.4 当出现紧急情况时,所有设置互锁功能的门都必须能处于可开启状态。

8 医用气体

8.3 施工要求

8.3.7 进入污染区和半污染区气体管道,应设套管,套管内管材不应有焊缝与接头,管材与套管间应用不燃材料填充并密封,套管两端应有封盖。

9 消防

9.1 一般规定

9.1.1 传染病医院建筑消防用电设备应采用专用回路供电,并应设应急电源,火灾时应急电源应能自动切换。
9.1.2 消防供水管道和气体灭火剂输送管道应进行强度试验和严密性试验。

9.2 材料和设备要求

9.2.1 防排烟系统风管、风口、风阀及支吊架的材料、密封材料应为不燃材料。
9.2.3 传染病医院建筑消防水泵备用泵的工作能力不应小于其中最大一台消防工作泵的工作能力。
9.2.4 污染区和半污染区的排烟口应采用常闭排烟口。
9.2.5 应急照明灯具和疏散标志的备用电源连续供电时间不应小于30min。

9.3 施工要求

9.3.1 穿污染区和半污染区墙和楼板的消防管道应做套管,套管与墙和楼板之间、套管与管道之间应使用不燃的密封材料进行密封。
9.3.2 防火门、防火窗与墙壁间的安装缝隙应使用不燃的密封材料进行密封。
9.3.3 应急照明灯具与疏散标志宜为嵌入式,周边安装缝隙应使用不燃的密封材料进行密封。
9.3.4 负压隔离病房内不应安装各类灭火用喷头。
9.3.5 非负压隔离病房区消防管道应避开负压隔离病房区,不能避开时,应采取防护措施。非负压隔离病房区消防管道的阀门不应设置在负压隔离病房区。

9.4 分项工程验收

9.4.1 围护结构的密封应符合本规范第9.3.1、9.3.2和9.3.3条的规定。
  检验方法:目测观察。
  检验数量:全部围护结构。
9.4.2 排烟口的安装应符合设计和本规范第9.2.4条的要求。
  检验方法:检查产品资料、目测观察。
  检验数量:全部排烟口。
9.4.3 消防管道的安装应符合设计和本规范第9.3.4和9.3.5条的要求。
  检验方法:目测观察。
  检验数量:全部消防管道。

附录A 传染病医院建筑工程综合性能评定

A.0.1 传染病医院建筑工程综合性能评定,应按表A.0.1规定的现场检查项目和评价方法进行。

表 A.0.1 传染病医院建筑工程综合性能评定现场检查项目和评价方法

分项	序号	检查出的问题	评价 严重缺陷	评价 一般缺陷	适用范围 清洁区	适用范围 半污染区	适用范围 污染区	适用范围 负压隔离病房
消防	101	消防用电设备未采用专用回路供电或未设应急电源或应急电源火灾时不能自动切换	√		√	√	√	√
消防	102	消防供水管道和气体灭火剂输送管道未进行强度试验和严密性试验	√		√	√	√	√
消防	103	防排烟系统风管及支吊架的材料、密封材料为非不燃材料	√		√	√	√	√
消防	104	未采用隐蔽型喷洒头		√	√	√	√	√
消防	105	消防水泵备用泵的工作能力小于其中最大一台消防工作泵的工作能力	√		√	√	√	√
消防	106	未采用常闭排烟口		√		√	√	√
消防	107	应急照明灯具和疏散标志的备用电源连续供电时间小于30min	√		√	√	√	√
消防	108	穿墙和楼板的消防管道未做套管或套管与墙和楼板之间、套管与管道之间未用不燃材料密封		√	√	√	√	√
消防	109	防火门、防火窗与墙壁间的安装缝隙未使用不燃的填充材料进行密封		√	√	√	√	√
消防	110	应急照明灯具与疏散标志为非嵌入式或其周边安装缝隙未使用不燃的密封材料进行密封		√	√	√	√	√
消防	111	病房内安装各类灭火用喷头	√					√
消防	112	非负压隔离病房区消防管道穿过负压隔离病房区,未采取防护措施或非负压隔离病房区消防管道的阀门设置在负压隔离病房区		√				√

注：凡对工程质量有影响的项目有缺陷，属一般缺陷，其中对安全和工程质量有重大影响的项目有缺陷，属严重缺陷。

143.《传染病医院建筑设计规范》GB 50849—2014

4 选址与总平面

4.1 选 址

4.1.2 基地选择应符合下列要求：

5 应远离易燃、易爆产品生产、储存区域及存在卫生污染风险的生产加工区域。

5 建筑设计

5.1 一般规定

5.1.6 楼梯的位置应同时符合防火疏散和功能分区的要求。主楼梯宽度不得小于1.65m，踏步宽度不得小于0.28m，高度不得大于0.16m。

5.8 室内装修和其他要求

5.8.5 生化检验室和中心实验室的部分化验台台面、通风柜台面、血库的配血室和洗涤室的操作台台面，以及病理科的染色台台面，均应采用耐腐蚀、易冲洗、耐燃烧的面层，相关的洗涤池和排水管亦应采用耐腐蚀材料。

8 电 气

8.2 照明设计

8.2.5 应急照明系统配电应符合现行国家标准《高层民用建筑设计防火规范》GB 50045 及《建筑设计防火规范》GB 50016 的有关规定。疏散照明及出口指示应采用蓄电池供电，且持续供电时间不应小于30min。2类医疗场所应急照明的照度不应低于50%正常情况下的照度。

8.3 线路选型及敷设

8.3.1 电线电缆的选型宜采用低烟无卤型。消防负荷的配电线路或电缆的选型和敷设，还应符合现行国家标准《高层民用建筑设计防火规范》GB 50045 和《建筑设计防火规范》GB 50016 的有关规定。

9 智能化

9.1 一般规定

9.1.1 医院智能化系统的设计内容应至少包括火灾自动报警及消防联动控制系统、紧急广播及公共广播系统、建筑设备监控系统、安全防范系统、综合布线系统、计算机网络系统、有线电视系统、信息显示系统、医护对讲系统、病房视频监视及探视系统等。

9.1.2 火灾自动报警及消防联动系统的设计应符合现行国家标准《火灾自动报警系统设计规范》GB 50116 的有关规定。

144.《疾病预防控制中心建筑技术规范》GB 50881—2013

8 电 气

8.2 供配电

8.2.1 疾控中心的电力负荷分级除应满足现行国家标准《供配电系统设计规范》GB 50052 的有关规定外,尚应符合下列规定:
 1 符合下列情况之一时,应视为一级负荷:
  5) 数据网络中心、通信中心、应急处理中心等场所的用电;上述用电场所的备用照明、疏散指示照明等。
 4 疾控中心的电梯用电、消防用电等其他用电的负荷等级应满足现行行业标准《民用建筑电气设计规范》JGJ 16 的有关规定。

9 防火与疏散

9.0.1 疾控中心建筑的防火设计应符合现行国家标准《建筑设计防火规范》GB 50016、《高层民用建筑设计防火规范》GB 50045、《自动喷水灭火系统设计规范》GB 50084、《气体灭火系统设计规范》GB 50370 和《建筑灭火器配置设计规范》GB 50140 等的有关规定。

9.0.2 实验室应设在耐火等级不低于二级的建筑物内。

9.0.3 易发生火灾、爆炸、化学品伤害等事故的实验室的门应向疏散方向开启。

9.0.4 疾控中心建筑室内消火栓的布置应符合下列规定:
 1 每一防火分区同层应有两支水枪的充实水柱同时到达任何部位,消火栓应布置在明显且易于操作的地点。

9.0.6 三级及以上生物安全实验室、放射性实验室、动物实验室屏障环境设施不应设置自动灭火系统,但应根据需要采取设置灭火器等其他灭火措施。

9.0.7 疾控中心的贵重设备用房、档案室、信息中心、网络机房等特殊重要设备室应设置气体灭火系统。

9.0.8 当排风中含有异嗅、刺激性、腐蚀性、爆炸危险性或生物安全危险性气体时,排风系统不应与消防排烟系统合用管道和设备。

9.0.9 火灾自动报警的设计应满足现行国家标准《火灾自动报警系统设计规范》GB 50116 的有关要求。

9.0.10 实验区域内走廊及出口应设置疏散指示标志和应急照明。

9.0.11 当实验过程有生物安全危险或实验工艺有严格正负压要求时,在火灾确认后,消防控制中心不应直接联动切断非火灾区域内的实验室正常电源和正常照明。

145.《综合医院建筑设计规范》GB 51039—2014

5 建筑设计

5.1 一般规定

5.1.5 楼梯的设置应符合下列要求：
1 楼梯的位置应同时符合防火、疏散和功能分区的要求；
2 主楼梯宽度不得小于1.65m，踏步宽度不应小于0.28m，高度不应大于0.16m。

5.24 防火与疏散

5.24.1 医院建筑耐火等级不应低于二级。
5.24.2 防火分区应符合下列要求：
1 医院建筑的防火分区应结合建筑布局和功能分区划分。
2 防火分区的面积除应按建筑物的耐火等级和建筑高度确定外，病房部分每层防火分区内，尚应根据面积大小和疏散路线进行再分隔。同层有2个及2个以上护理单元时，通向公共走道的单元入口处应设乙级防火门。
3 高层建筑内的门诊大厅，设有火灾自动报警系统和自动灭火系统并采用不燃或难燃材料装修时，地上部分防火分区的允许最大建筑面积应为4000m²。
4 医院建筑内的手术部，当设有火灾自动报警系统，并采用不燃烧或难燃烧材料装修时，地上部分防火分区的允许最大建筑面积应为4000m²。
5 防火分区内的病房、产房、手术部、精密贵重医疗设备用房等，均应采用耐火极限不低于2.00h的不燃烧体与其他部分隔开。

5.24.3 安全出口应符合下列要求：
1 每个护理单元应有2个不同方向的安全出口；
2 尽端式护理单元，或自成一区的治疗用房，其最远一个房间门至外部安全出口的距离和房间内最远一点到房门的距离，均未超过建筑设计防火规范规定时，可设1个安全出口。

5.24.4 医疗用房应设疏散指示标识，疏散走道及楼梯间均应设应急照明。
5.24.5 中心供氧用房应远离热源、火源和易燃易爆源。

6 给水排水、消防和污水处理

6.7 消防

6.7.1 室内消火栓的布置应符合下列要求：
1 消火栓的布置应保证2股水柱同时到达任何位置，消火栓宜布置在楼梯口附近。

6.7.2 设置自动喷水灭火系统，应符合下列要求：
1 建筑物内除与水发生剧烈反应或不宜用水扑救的场所外，均应根据其发生火灾所造成的危险程度，及其扑救难度等实际情况设置洒水喷头；
2 病房应采用快速反应喷头。

6.7.3 医院的贵重设备用房、病案室和信息中心（网络）机房，应设置气体灭火装置。
6.7.4 血液病房、手术室和有创检查的设备机房，不应设置自动灭火系统。

8 电气

8.4 电气设备的选择与安装

8.4.7 医院消防设计应符合下列要求：
2 防火漏电保护应采用信号报警。

8.5 安全电源系统

8.5.2 当主电源故障时，下列场所应由安全电源提供最低照度的照明用电。安全照明系统切换时间不应超过15s：
1 疏散通道以及出口指示照明；

9 智能化系统

9.2 信息设施系统

9.2.8 医院应设置紧急广播系统。当设置公共广播系统时，宜与紧急广播系统共用一套线路及末端设备（扬声器），末端设备宜设在公共场所，并宜在门诊、医技的候诊厅服务台以及病房护士站安装音量调节装置。当消防报警时应自动切至紧急广播。

9.4 公共安全系统

9.4.1 公共安全系统应设置火灾自动报警及消防联动控制系统，火灾自动报警系统的设计，应符合现行国家标准《火灾自动报警系统设计规范》GB 50116的有关规定。
9.4.3 公共安全系统应设置安全技术防范系统，并应符合下列要求：
3 当设置出入口管理系统时，可在信息中心、贵重药品库等重要场所，以及手术部、病房护理单元的主要出入口设置门禁控制装置。对于有医患分流要求的通道门应设置门禁控制装置。当火灾报警时应通过消防系统联动控制相应区域的出入门处于开启状态。

10 医用气体系统

10.2 气源设备

10.2.8 设置分子筛制氧机组制氧站，应符合下列要求：
 2 氧气汇流排间与机器间的隔墙耐火极限不应低于1.5h，氧气汇流排间与机器间之间的联络门应采用甲级防火门；
 3 氧气储罐与机器间的隔墙耐火极限不应低于1.5h，氧气储罐与机器间之间的联络门应采用甲级防火门。

10.2.9 采用液氧供氧方式时，大于500L的液氧罐应放在室外。室外液氧罐与办公室、病房、公共场所及繁华道路的距离应大于7.50m。

146.《精神专科医院建筑设计规范》GB 51058—2014

5 给水排水和消防

5.0.1 给水排水、消防给水与灭火系统的管道,应在管道井、吊顶和墙内隐蔽安装。

5.0.4 室内消火栓、灭火器等灭火设施应设置于便于医护人员监管的区域,当所在位置不便于医护人员监管时,应采取安全防护措施。

147.《医药工艺用水系统设计规范》GB 50913—2013

7 建筑与结构

7.1 建 筑

7.1.1 站房应为戊类火灾危险性生产场所,站房的耐火等级不应低于二级。非独立的站房耐火等级不应低于主体建筑耐火等级。

7.1.5 站房通向室外的门应满足安全疏散、便于设备出入的要求。

8 公用工程

8.2 给水排水

8.2.5 站房内应设包括消防给水系统及必要的固定灭火装置等消防设施,并应符合现行国家标准《建筑设计防火规范》GB 50016 的有关规定。

148.《医药工程安全风险评估技术标准》GB/T 51116—2016

5 风险评估

5.2 危险、有害因素辨识

5.2.2 生产过程的危险源辨识应根据总平面布置图、工艺流程图、设备布置图等相关图纸,危险化学品基础安全数据以及物料危险源分析的结果确定,并应符合下列要求:

2 应辨识生产设施发生火灾、爆炸、泄漏等危险和危害的可能性及严重程度;

附录 B 安全检查表

B.0.1 选址、总平面布置安全检查表应按表 B.0.1 编制。

表 B.0.1 选址、总平面布置安全检查表

序号	检查内容及要求	依据标准	检查结果	备注
1	厂址选择应符合国家工业布局和当地城镇总体规划及土地利用总体规划的要求。厂址选择应执行国家建设前期工作的有关规定	现行国家标准《化工企业总图运输设计规范》GB 50489		
2	厂址选择应同时满足交通运输设施、能源和动力设施、防洪设施、环境保护工程及生活等配套建设用地的要求			
3	厂址应位于城镇或居住区的全年最小频率风向的上风侧			
4	厂址应具有建设必需的场地面积和适于建厂的地形,并应根据工厂发展规划的需要,留有适当的发展用地			
5	厂址应具有满足建设工程需要的工程地质条件和水文地质条件,在地质灾害易发区应进行地质灾害危险性评估			

续表 B.0.1

序号	检查内容及要求	依据标准	检查结果	备注
6	企业之间、企业与其他工矿企业、交通线站、港埠之间的距离,应符合安全卫生、防火规定	现行行业标准《化工企业安全卫生设计规范》HG 20571		
7	厂址应符合当地城乡规划,按工厂生产类型及安全卫生要求与城镇、村庄和工厂居住区保持足够的间距			
8	不宜在有山谷风、泥石流、滑坡、断层、流沙层、溶洞等地段建厂	现行国家标准《生产过程安全卫生要求总则》GB/T 12081		
9	根据企业人流、物流状况,确定厂内交通运输通道和人行道及其安全设施			
10	工厂总平面布置,应根据工厂的生产流程及各组成部分的生产特点和火灾危险性,结合地形、风向等条件,按功能分区集中布置	现行国家标准《石油化工企业设计防火规范》GB 50460		
11	厂区总平面应根据厂内各生产系统及安全卫生要求进行功能明确合理分区布置,分区内部和相互之间保持一定的通道和间距	现行行业标准《化工企业安全卫生设计规范》HG 20571		
12	工艺装置是否与火灾危险性、毒性相同或相近的装置分区集中布置	国家现行有关工企业设置卫生标准		
13	厂房之间及与库房、民用建筑之间的防火间距符合现行国家标准《建筑设计防火规范》GB 50016 的要求	现行国家标准《建筑设计防火规范》GB 50016		
14	设备、建筑物平面布置的防火间距,除本规范另有规定外,不应小于现行国家标准《石油化工企业设计防火规范》GB 50160 的规定			

续表 B.0.1

序号	检查内容及要求	依据标准	检查结果	备注
15	装置内消防道路的设置应符合下列规定： 1. 装置内应设贯通式道路，道路应有不少于两个出入口，且两个出入口宜位于不同方位。当装置外两侧消防道路间距不大于120m时，装置内可不设贯通式道路； 2. 道路的路面宽度不应小于4m，路面上的净空高度不应小于4.5m；路面内缘转弯半径不宜小于6m	现行国家标准《建筑设计防火规范》GB 50016		
16	污水处理场，大型物料堆场、仓库应分别布置在厂区边缘地带	现行行业标准《化工企业安全卫生设计规范》HG 20571		
17	具有或能产生危险和有害因素的车间、装置和设施与控制室、变配电室、办公室等公用设施的距离，应符合防火、防爆、防尘、防毒、防震、防触电和防噪声规定	现行国家标准《生产过程安全卫生要求总则》GB/T 12801		
18	受污染消防水收集池，宜布置在邻近污水处理厂及厂区边缘排雨水管出口地段			
19	管线敷设方式，可根据管道内介质的性质、地形、生产安全、交通运输、施工、检修等因素综合确定，并应符合下列规定： 1. 有可燃性、爆炸危险性、毒性及腐蚀性介质的管道，应采用地上敷设； 2. 有条件的管线宜采用架空或共沟敷设； 3. 在散发比空气重的可燃、有毒性气体的场所，不宜采用管沟敷设。若采用管沟敷设应采取防止气体积聚和沿沟扩散的措施	现行国家标准《化工企业总图运输设计规范》GB 50489		

续表 B.0.1

序号	检查内容及要求	依据标准	检查结果	备注
20	易燃、易爆危险品生产设施的布置，应保证生产人员的安全操作及疏散方便，并应符合现行国家标准《建筑设计防火规范》GB 50016 的规定			
21	循环水设施的布置，应位于所服务的生产设施附近，并应使回水具有自流条件，或能减少扬程的地段。沉淀池附近，应有相应的淤泥堆积、排水设施和运输线路的场地			
22	仓库与堆场，应根据贮存物料的性质、货流出入方向、供应对象、贮存面积、运输方式等因素，按不同类别相对集中布置，并为运输、装卸、管理创造有利条件，且应符合国家现行有关防火、防爆、安全、卫生等工程设计标准的规定	现行国家标准《工业企业总平面设计规范》GB 50187		
23	火灾危险性属于甲、乙、丙类液体罐区的布置应符合下列要求： 1. 宜位于企业边缘的安全地带，且地势较低而不窝风的独立地段； 2. 应远离明火或散发火花的地点； 3. 架空供电线严禁跨越罐区； 4. 不应布置在高于相邻装置、车间、全厂性重要设施及人员集中场所的场地，无法避免时，应采取防止液体漫流的安全措施			

注：一般医药企业要求的防火间距应符合现行国家标准《建筑设计防火规范》GB 50016 的要求；具有爆炸危险性的建设项目，其防火间距应符合现行国家标准《石油化工企业设计防火规范》GB 50160 的要求。

B.0.3 建筑安全检查表应按表 B.0.3 编制。

表 B.0.3 建筑安全检查表

序号	检查内容及要求	依据标准	检查结果	备注
一	建筑			
1	厂房、仓库的耐火等级、层数和每个防火分区的最大允许建筑面积，应符合现行国家标准《建筑设计防火规范》GB 50016 的规定	现行国家标准《建筑设计防火规范》GB 50016		

续表 B.0.3

序号	检查内容及要求	依据标准	检查结果	备注
2	仓库的耐火等级、层数和每个防火分区的最大允许建筑面积,应符合现行国家标准《建筑设计防火规范》GB 50016的规定			
3	厂房内不应设置员工宿舍。办公室、休息室等不应设置在甲、乙类厂房内,当必须与本厂房贴邻建造时,其耐火等级不应低于二级,并采用耐火极限不低于3h的不燃烧体防爆墙隔开和设置独立的安全出品。在丙类厂房内设置的办公室、休息室,应采用耐火极限不低于2.5h的不燃烧体隔墙和1h的楼板与厂房隔开,并应至少设置1个独立的安全出口。如隔墙上需开设相互连通的门时,应采用乙级防火门	现行国家标准《建筑设计防火规范》GB 50016		
4	仓库内不应设置员工宿舍。甲、乙类仓库内不应设置办公室、休息室等,并不应贴邻建造。在丙、丁类仓库内设置的办公室、休息室,应采用耐火极限不低于2.5h的不燃烧体隔墙和1h的楼板与库房隔开,并应设置独立的安全出口。如隔墙上需开设相互连通的门时,应采用乙级防火门			
5	变、配电所不应设置在甲、乙类厂房内或贴邻建造,且不应设置在爆炸性气体、粉尘环境的危险区域。供甲、乙类厂房专用的10kV及以下的变、配电所,当采用无门窗洞口的防火墙隔开时,可一面贴邻建造,并应符合现行国家标准《爆炸危险环境电力装置设计规范》GB 50058的有关规定			
6	厂房的安全出口应分散布置。每个防火分区、一个防火分区的每个楼层,其相邻2个安全出口最近边缘之间的水平距离不应小于5m			
7	仓库的安全出口应分散布置。每个防火分区、一个防火分区的每个楼层,其相邻2个安全出口最近边缘之间的水平距离不应小于5m。每座仓库的安全出口不应少于2个,当一座仓库的占地面积小于或等于300m²时,可设置1个安全出口。仓库内每个防火分区通向疏散走道、楼梯或室外的出口不宜少于2个,当防火分区的建筑面积小于或等于100m²时,可设置1个。通向疏散走道或楼梯的门应为乙级防火门	现行国家标准《建筑设计防火规范》GB 50016		
8	厂房内任一点到最近安全出口的距离,应符合现行国家标准《建筑设计防火规范》GB 50016的规定			
9	厂房内的疏散楼梯、走道、门的各自总净宽度应根据疏散人数计算确定,并应符合现行国家标准《建筑设计防火规范》GB 50016的规定。但疏散楼梯的最小净宽度不宜小于1.1m,疏散走道的最小净宽度不宜小于1.4m,门的最小宽度不宜小于0.9m。当每层人数不相等时,疏散楼梯的总宽度应分层计算,下层楼梯总净宽度应按该层或该层以上人数最多的一层计算。首层外门的总净宽度应按该层或该层以上人数最多的一层计算,且门的最小净宽度不应小于1.2m			
10	有爆炸危险的甲、乙类厂房应设置泄压设施			
11	散发较空气重的可燃气体、可燃蒸气的甲类厂房以及有粉尘、纤维爆炸危险的乙类厂房,应采用不发火花的地面。采用绝缘材料作整体面层时,应采取防静电措施。散发可燃粉尘、纤维的厂房内表面应平整、光滑,并易于清扫。厂房内不宜设置地沟,必须设置时,其盖板应严密,地沟应采取防止可燃气体、可燃蒸气及粉尘、纤维在地沟积聚的措施,且与相邻厂房连通处应采用防火材料密封			

续表 B.0.3

序号	检查内容及要求	依据标准	检查结果	备注
12	使用和生产甲、乙、丙类液体厂房的管、沟不应和相邻厂房的管、沟相通，该厂房的下水道应设置隔油设施	现行国家标准《建筑设计防火规范》GB 50016		
13	具有酸、碱性腐蚀的作业区中的建（构）筑物的地面、墙壁、设备基础应进行防腐处理	现行行业标准《化工企业安全卫生设计规范》HG 20571		
14	产生毒物的工作场所应有冲洗地面、墙壁的设施。车间地面应平整防滑，易于清扫。经常有积液的地面不应透水，并坡向排水系统，其废水应纳入工业废水处理系统	国家现行有关工业企业设计卫生标准		
二	通风			
1	下列场所应设置排烟设施： 1. 丙类厂房中建筑面积大于300m²的地上房间；人员、可燃物较多的丙类厂房或高度大于32m的高层厂房中长度大于20m的内走道；任一层建筑面积大于5000m²的丁类厂房； 2. 占地面积大于1000m²的丙类仓库； 3. 公共建筑中经常有人停留或可燃物较多，且建筑面积大于300m²的地上房间；公共建筑中长度大于20m的内走道； 4. 总建筑面积大于200m²或一个房间建筑面积大于50m²且经常有人停留或可燃物较多的地下、半地下建筑或地下室、半地下室； 5. 其他建筑中长度大于40m的疏散走道	现行国家标准《建筑设计防火规范》GB 50016		
2	甲、乙类厂房中的空气不应循环使用			
3	甲、乙类厂房用的送风设备与排风设备不应布置在同一通风机房内，且排风设备不应和其他房间的送、排风设备布置在同一通风机房内			

续表 B.0.3

序号	检查内容及要求	依据标准	检查结果	备注
4	有可燃气体和粉尘泄露的封闭作业场所应设计良好的通风系统，保证作业场所中的危险物质的浓度不超过有关规定，并设计必要的检测和自动报警装置	现行行业标准《化工企业安全卫生设计规范》HG 20571		
5	青霉素类药品产尘量大的操作区域应保持相对负压，排至室外的废气应经过净化处理并符合要求，排风口应远离其他空气净化系统的进风口	—		
6	有菌（毒）操作区应有独立的空气净化系统。来自病原体操作区的空气不得循环使用；来自危险度为二类以上病原体操作区的空气应通过除菌过滤器排放，滤器的性能应定期检查	—		
7	设置有效的通风装置；可能突然泄漏大量有毒物品或者易造成急性中毒的作业场所，设置自动报警装置和事故通风设施	—		

B.0.4 储存设施安全检查表应按表 B.0.4 编制。

表 B.0.4 储存设施安全检查表

序号	检查内容及要求	依据标准	检查结果	备注
1	可燃气体、助燃气体、液化烃和可燃液体的储罐基础、防火堤、隔堤及管架（墩）等，均应采用不燃烧材料。防火堤的耐火极限不得小于3h	现行国家标准《石油化工企业设计防火规范》GB 50160		
2	液化烃、可燃液体储罐的保温层应采用不燃烧材料。当保冷层采用阻燃型泡沫塑料制品时，其氧指数不应少于30			
3	可燃液体地上储罐应采用钢罐			
4	储存甲$_B$、甲$_A$类的液体应选用金属浮仓式的浮顶或内浮顶罐，对于有特殊要求的物料，可选用其他型式的储罐			
5	储存沸点低于45℃的甲$_B$类液体宜选用压力或低压储罐			

续表 B.0.4

序号	检查内容及要求	依据标准	检查结果	备注
6	甲$_B$类液体固定顶罐或低压罐应采取减少日晒升温的措施			
7	可燃液体地上储罐应成组布置，并应符合下列规定： 1. 在同一罐组内，宜布置火灾危险性类别相同或相近的储罐；当单罐容积小于或等于1000m³时，火灾危险性类别不同的储罐也可同组布置； 2. 沸溢性液体的储罐不应与非沸溢性液体储罐同组布置； 3. 可燃液体的压力储罐可与液化烃的全压力储罐同组布置； 4. 可燃液体的低压储罐可与常压储罐同组布置	现行国家标准《石油化工企业设计防火规范》GB 50160		
8	可燃液体地上储罐罐组内相邻可燃液体地上储罐的防火间距，应符合现行国家标准《石油化工企业设计防火规范》GB 50160的规定			
9	可燃液体地上储罐罐组内的储罐不应超过两排；但单罐容积小于或等于1000m³的丙$_B$类的储罐不应超过4排，其中润滑油罐的单罐容积和排数不限			
10	两排立式可燃液体地上储罐的间距，应符合现行国家标准《石油化工企业设计防火规范》GB 50160的规定，且不应小于5m；两排直径小于5m的立式储罐及卧式储罐的间距不应小于3m			
11	可燃液体地上储罐罐组应设防火堤			
12	可燃液体地上储罐防火堤及隔堤内的有效容积应符合下列规定： 1. 防火堤内的有效容积不应小于罐组内1个最大储罐的容积。当浮顶、内浮顶罐组不能满足要求时，应设事故存液池储存剩余部分，但罐组防火堤内的有效容积不应小于罐组内1个最大储罐容积的1/2； 2. 隔堤内的有效容积不应小于隔堤内1个最大储罐容积的10%			

续表 B.0.4

序号	检查内容及要求	依据标准	检查结果	备注
13	可燃液体地上立式储罐至防火堤内堤脚线的距离，不应小于罐壁高度的一半；卧式储罐至防火堤内堤脚线的距离，不应小于3m			
14	相邻可燃液体地上储罐罐组防火堤的外堤脚线之间应留有宽度不小于7m的消防空地			
15	设有防火堤的可燃液体地上储罐罐组内应按下列要求设置隔堤： 1. 单罐容积小于或等于5000m³时，隔堤所分隔的储罐容积之和不应大于20000m³； 2. 隔堤所分隔的沸溢性液体储罐不应超过2个	现行国家标准《石油化工企业设计防火规范》GB 50160		
16	多品种的液体罐组内应按下列要求设置隔堤： 1. 甲$_B$、乙$_A$类液体与其他类可燃液体储罐之间； 2. 水溶性与非水溶性可燃液体储罐之间； 3. 相互接触能引起化学反应的可燃液体储罐之间； 4. 助燃剂、强氧化剂及具有腐蚀性液体储罐与可燃液体储罐之间			
17	危险化学品储存设计应根据化学品性质、危害程度和储存量，设置专业仓库、罐区储存场（所）。并根据生产需要和储存物品火灾危险特征，确定储存方式、仓库结构和选址	现行行业标准《化工企业安全卫生设计规范》HG 20571		
18	化学危险品库区设计，应符合危险物品配置规定。应根据化学性质、火灾危险性分类储存，性质相抵触或消防要求不同的化学危险品应分开储存			
19	桶装、瓶装甲类液体不应露天存放			
20	占地面积大于1000m²的丙类仓库应设置排烟设施，占地面积大于6000m²的丙类仓库宜采用自然排烟。排烟口净面积宜为仓库建筑面积的5%	现行国家标准《建筑设计防火规范》GB 50016、《石油化工企业设计防火规范》GB 50160		

续表 B.0.4

序号	检查内容及要求	依据标准	检查结果	备注
21	袋装硝酸铵仓库的耐火等级不应低于二级,仓库内严禁存放其他物品	现行国家标准《建筑设计防火规范》GB 50016、《石油化工企业设计防火规范》GB 50160		
22	盛装甲、乙类液体的容器存放在室外时,应设防晒降温设施			

B.0.5 电气部分安全检查表应按表 B.0.5 编制。

表 B.0.5 电气部分安全检查表

序号		检查项目	依据	检查结果	备注
1	供配电系统	一级负荷应由双重电源供电	现行国家标准《供配电系统设计规范》GB 50052		
		二级负荷宜由两回线路供电			
		应急电源与正常电源之间,应采取防止并列运行的措施			
		同时供电的两回及以上供配电线路中,当有一回路中断供电时,其余线路应能满足全部一级负荷及二级负荷			
		消防用电设备应采用专用供电回路,其配电设备应有明显标志	现行国家标准《建筑设计防火规范》GB 50016		
		装有两台及以上变压器的变电所,当其中任一台变压器断开时,其变压器的容量应满足一级负荷及二级负荷的用电	现行国家标准《供配电系统设计规范》GB 50052		
2	变配电室	变电所位置不应设在厕所、浴室、盥洗室或其他经常积水场所的正下方,也不宜设在与上述场所相贴邻的地方			
		值班室应与配电室直通或经过通道相通,且值班室应有直接通向户外或通向变电所外走道的门	现行国家标准《20kV 及以下变电所设计规范》GB 50053		
		高层建筑的裙房和多层建筑物内的附设变电所及车间内变电所的油浸变压器室,应设置容量为100%变压器油量的贮油池或挡油设施			
		变压器室、配电室、电容器室的门应向外开启。相邻配电室之间有门时,应采用不燃材料制作的双向弹簧门			
2	变配电室	长度大于7m的配电室应设两个安全出口,并宜布置在配电室的两端。当配电室的长度大于60m时,宜增加一个安全出口。当变电所采用双层布置时,位于楼上的配电室应至少设一个通向室外的平台或通向变电所外部通道的安全出口	现行国家标准《20kV 及以下变电所设计规范》GB 50053		
		高低压配电室、变压器室、电容器室、控制室内不应有与其无关的管道和线路通过			
		变电所、配电所(包括配电室,下同)和控制室应布置在爆炸性环境以外,当为正压室时,可布置在1区、2区内	现行国家标准《爆炸危险环境电力装置设计规范》GB 50058		
		对于可燃物质比空气重的爆炸性气体环境,位于爆炸危险区附加2区的变电所、配电所和控制室的电气和仪表的设备层地面应高出室外地面0.6m			
3	配电装置	室内、室外配电装置的最小电气安全净距,应符合现行国家标准《20kV 及以下变电所设计规范》GB 50053 的规定	现行国家标准《20kV 及以下变电所设计规范》GB 50053		
		配电装置的长度大于6m时,其柜(屏)后通道应设两个出口,当低压配电装置两个出口间的距离超过15m时应增加出口			
		配电室内除本室需用的管道外,不应有其他的管道通过			
		当高压及低压配电设备设在同一室内时,且两者有一侧柜顶有裸露的母线时,高压及低压配电设备之间的净距不应小于2m	现行国家标准《低压配电设计规范》GB 50054		
		配电室通道上方裸带电体距地面的高度不应低于2.5m,应设置不低于现行国家标准《外壳防护等级(IP 代码)》GB 4208 的规定的IPXXB级或IPX2级的遮栏或外护物,遮栏或外护物底部距地面的高度不应低于2.2m			

续表 B.0.5

序号	检查项目		依据	检查结果	备注
3	配电装置	防爆电气设备的级别和组别不应低于该爆炸性气体环境内爆炸性气体混合物的级别和组别	现行国家标准《爆炸危险环境电力装置设计规范》GB 50058		
		在1区内单相网络中的相线及中性线均应装设短路保护,并采用适当开关同时断开相线和中性线			
		当存在有两种以上可燃性物质形成的爆炸性混合物时,应按照混合后的爆炸性混合物的级别和组别选用防爆设备,无据可查又不能进行试验时,可按危险程度较高的级别和组别选用防爆电气设备			
4	应急照明	正常照明电源失效后,需确保人员安全疏散的出口和通道,应设置疏散照明	现行国家标准《建筑照明设计标准》GB 50034		
		疏散照明的应急电源宜采用蓄电池(或干电池)装置,或蓄电池(或干电池)与供电系统中有效独立于正常照明电源的专用馈电线路的组合,或采用蓄电池(或干电池)装置与自备发电机组组合的方式			
		屏障环境设施应设置火灾事故照明。屏障环境设施的疏散走道和疏散门,应设置灯光疏散指示标志	《实验动物设施建筑技术规范》GB 50447		
		安全出口应分散设置,从生产地点至安全出口不应经过曲折的人员净化路线,并应设置疏散标志			
		医药工业洁净厂房内应设置应急照明。在安全出口和疏散通道及转角处设置的疏散标志,应符合现行标准《建筑设计防火规范》GB 50016 的有关规定。在消防救援窗处应设置红色应急照明灯	现行国家标准《医药工业洁净厂房设计规范》GB 50457		
		消防应急照明灯具和灯光疏散指示标志的备用电源的连续供电时间不应少于30min	现行国家标准《建筑设计防火规范》GB 50016		

续表 B.0.5

序号	检查项目		依据	检查结果	备注
4	应急照明	厂房和丙类仓库的下列部位,应设置消防应急照明灯具: 1. 封闭楼梯间、防烟楼梯间及其前室、消防电梯间的前室或其合用前室; 2. 消防控制室、消防水泵房、自备发电机房、配电室、防烟与排烟机房以及发生火灾时仍需正常工作的其他房间; 3. 建筑面积大于300m²的地下、半地下建筑或地下室、半地下室中的公共活动房间; 4. 公共建筑中的疏散走道	现行国家标准《建筑设计防火规范》GB 50016		
		高层厂房(仓库)及甲、乙、丙类厂房应沿疏散走道和在安全出口、人员密集场所的疏散门的正上方设置灯光疏散指示标志,并应符合下列规定: 1. 安全出口和疏散门的正上方应采用"安全出口"作为指示标志; 2. 沿疏散走道设置的灯光疏散指示标志,应设置在疏散走道及其转角处距地面高度1m以下的墙面上,且灯光疏散指示标志间距不应大于20m; 3. 对于袋形走道,不应大于10m; 4. 在走道转角区,不应大于1m			
5	管线敷设	布线系统通过地板、墙壁、屋顶、天花板、隔墙等建筑构件时,其孔隙应按等同建筑构件耐火等级的规定封堵	现行国家标准《低压配电设计规范》GB 50054		
		除配电室外,无遮栏的裸导体至地面的距离,不应小于3.5m;网状遮栏与裸导体的间距,不应小于100mm;板状遮栏与裸导体的间距,不应小于50mm			
		无铠装的电缆在屋内明敷,除敷设在电气专用房间外,水平敷设时,与地面的距离不应小于2.5m;垂直敷设时,与地面的距离不应小于1.8m;当不能满足要求时,应采取防止电缆机械损伤的措施			

续表 B.0.5

序号	检查项目		依据	检查结果	备注
5	管线敷设	电缆在屋外直接埋地敷设的深度不应小于700mm	现行国家标准《低压配电设计规范》GB 50054		
		同一电气竖井内的高压、低压和应急电源的电气线路，其间距不应小于300mm或采取隔离措施。高压线路应设有明显标志			
		在隧道、沟、浅槽、竖井、夹层等封闭式电缆通道中，不得布置热力管道，严禁有易燃气体或易燃液体的管道穿越	现行国家标准《电力工程电缆设计规范》GB 50217		
		在有爆炸危险场所明敷的电缆，露出地坪上需加以保护的电缆，以及地下电缆与公路、铁路交叉时，应采用穿管			
		直埋敷设的电缆，严禁位于地下管道的正上方或正下方			
		在外部火势作用一定时间内需维持通电的消防、报警、应急照明、断路器操作直流电源和发电机组紧急停机的保安电源等回路，明敷的电缆应实施耐火防护或选用具有耐火性的电缆			
		敷设电气线路的沟道、电缆桥架或导管，所穿过的不同区域之间墙或楼板处的孔洞应采用非燃性材料严密堵塞	现行国家标准《爆炸危险环境电力装置设计规范》GB 50058		
		在1区内电缆线路严禁有中间接头，在2区、20区、21区内不应有中间接头			
6	防雷及接地	遇下列情况之一时，应划为第一类防雷建筑物： 1. 具有0区或20区爆炸危险场所的建筑物； 2. 具有1区或21区爆炸危险场所的建筑物，因电火花而引起爆炸，会造成巨大破坏和人身伤亡者	现行国家标准《建筑物防雷设计规范》GB 50057		
		遇下列情况之一时，应划为第二类防雷建筑物： 1. 具有1区或21区爆炸危险场所的建筑物，且电火花不易引起爆炸或不致造成巨大破坏和人身伤亡者； 2. 具有2区或22区爆炸危险场所的建筑物； 3. 有爆炸危险的露天钢质封闭气罐；预计雷击次数大于0.05次/a的部、省级办公建筑物和其他重要或人员密集的公共建筑物以及火灾危险场所； 4. 预计雷击次数大于0.25次/a的住宅、办公楼等一般性民用建筑物或一般性工业建筑物			
		遇下列情况之一时，应划为第三类防雷建筑物： 1. 预计雷击次数大于或等于0.01次/a，且小于0.05次/a的部、省级办公建筑物和其他重要或人员密集的公共建筑物，以及火灾危险场所； 2. 预计雷击次数大于或等于0.05次/a，且小于或等于0.25次/a的住宅、办公楼等一般性民用建筑物或一般性工业建筑物； 3. 在平均雷暴日大于15d/a的地区，高度在15m及以上的烟囱、水塔等孤立的高耸建筑物； 4. 在平均雷暴日小于或等于15d/a的地区，高度在20m及以上的烟囱、水塔等孤立的高耸建筑物	现行国家标准《建筑物防雷设计规范》GB 50057		
		在建筑物的地下室或地面层处，下列物体应与防雷装置做防雷等电位连接： 1. 建筑物金属体； 2. 金属装置； 3. 建筑物内系统； 4. 进出建筑物的金属管线			
		第一类防雷建筑物防直击雷的措施应符合下列规定： 1. 应装设独立接闪杆或架空接闪线或网； 2. 架空接闪网的网格尺寸不应大于5m×5m或6m×4m			

续表 B.0.5

序号	检查项目	依据	检查结果	备注
6 防雷及接地	第二类防雷建筑物外部防雷的措施,宜采用装设在建筑物上的接闪网、接闪带或接闪杆,也可采用由接闪网、接闪带或接闪杆混合组成的接闪器。并应在整个屋面组成不大于10m×10m或12m×8m的网格,接闪器之间应互相相连接	现行国家标准《建筑物防雷设计规范》GB 50057		
	第三类防雷建筑物外部防雷的措施宜采用装设在建筑物上的接闪网、接闪带或接闪杆,也可采用由接闪网、接闪带或接闪杆混合组成的接闪器。并应在整个屋面组成不大于20m×20m或24m×16m的网格,接闪器之间应互相连接			
	在独立接闪杆、架空接闪线、架空接闪网的支柱上,严禁悬挂电话线、广播线、电视接收天线及低压架空线等			
	金属线槽应接地可靠,且不得作为其他设备接地的接续导体,线槽全长不应少于2处与接地保护干线相连接。全长大于30m时,应每隔20m~30m增加与接地保护干线的连接点;线槽的起始端和终点端均应可靠接地	现行国家标准《1kV及以下配线工程施工与验收规范》GB 50577		
	医药洁净室(区)的净化空气调节系统,应采取防静电接地措施	现行国家标准《医药工业洁净厂房设计规范》GB 50457		
	医药洁净室(区)内产生静电危害的设备、流动液体、气体或粉体管道,应采取防静电接地措施			
	接地干线应在不同的两点及以上与接地网相连接,自然接地体应在不同的两点及以上与接地干线或接地网相连接	现行国家标准《电气装置安装工程接地装置施工及验收规范》GB 50169		
	每个电气装置的接地应以单独的接地线与接地汇流排或接地干线相连接,严禁在一个接地线中串接几个需要接地的电气装置			

续表 B.0.5

序号	检查项目	依据	检查结果	备注
6 防雷及接地	不间断电源输出端的中性线(N极),应与由接地装置直接引来的接地干线相连接,并应做重复接地			
	金属电缆桥架及其支架和引入或引出的金属电缆导管应接地(PE)或接零(PEN)可靠	现行国家标准《建筑电气工程施工质量验收规范》GB 50303		
	金属电缆支架、电缆导管接地(PE)或接零(PEN)可靠			
	测试接地装置的接地电阻值应符合设计要求			
	变压器室、高低压开关室内的接地干线应有不少于两处与接地装置引出干线连接			
	在爆炸危险环境内,设备的外露可导电部分应可靠接地。爆炸性环境1区、20区、21区内的所有电气设备以及爆炸性环境2区、22区内除照明灯具外的其他设备应采用专用的接地线	现行国家标准《爆炸危险环境电力装置设计规范》GB 50058		
	在爆炸危险区域不同方向,接地干线应不少于两处与接地体连接			
	每个建筑物中的下列可导电部分,应做总等电位联结: 1. 总保护导体(保护导体、保护接地中性导体); 2. 电气装置总接地导体或总接地端子排; 3. 建筑物内的水管、煤气管、采暖和空调管道等各种金属干管; 4. 可接用的建筑物金属结构部分	现行国家标准《低压配电设计规范》GB 50054		
	存放及使用易燃、易爆、有毒介质设备的放散管应引至室外,并应设置相应的阻火装置、过滤装置和防雷保护设施	现行国家标准《医药工业洁净厂房设计规范》GB 50457		
	输送易燃介质的管道,应设置导出静电的接地设施			

— 385 —

续表 B.0.5

序号	检查项目		依据	检查结果	备注
6	防雷及接地	消防控制室内的电气和电子设备的金属外壳、机柜、机架和金属管、槽等，应采用等电位连接	现行国家标准《火灾自动报警系统设计规范》GB 50116		
		塔、容器、机泵、换热器、过滤器等固定设备的外壳，应进行静电接地			
		与地绝缘的法兰、胶管接头、喷嘴等金属部件，应采用铜芯软绞线跨接引出接地			
		储罐内搅拌器、升降器、仪表管道、金属浮体等金属构件，应与罐体等电位连接并接地			
		管道在进出装置区（含生产车间厂房）处、分岔处应进行接地。长距离无分支管道应每隔100m接地一次	现行行业标准《石油化工静电接地设计规范》SH 3097		
		平行管道净距小于100mm时，应每隔20m加跨接线。当管道交叉且净距小于100mm时，应加跨接线			
		工艺管道的加热伴管，应在伴管进汽口、回水口处与工艺管道等电位连接			
		站台区域内的金属管道、设备、构筑物等应进行等电位连接并接地			
		储罐汽车在装卸作业前，应采用专用接地线及接地夹将汽车、储罐与装卸设备等电位连接。应在作业完毕封闭储罐盖后再拆除。接地设备宜与装卸泵联锁			
		在人体带电易产生静电危害的场所，应采取下列措施： 1. 工作台面应敷设导电橡胶板，凳子的座面应用导电材料制作； 2. 应敷设导静电地面			

续表 B.0.5

序号	检查项目	依据	检查结果	备注
7	消防报警	火灾报警控制器应设置在有人值班的场所	现行国家标准《火灾自动报警系统设计规范》GB 50116		
		火灾自动报警系统应设置火灾声光警报器，并应在确认火灾后启动建筑内的所有火灾声光警报器			
		消防控制室应设置消防专用电话总机			
		电话分机或电话插孔的设置，应符合下列规定： 1. 消防水泵房、发电机房、配变电室、计算机网络机房、主要通风和空调机房、防排烟机房、灭火控制系统操作装置处或控制室、消防控制室、消防电梯机房及其他与消防联动控制有关的且经常有人值班的机房应设置消防电话分机； 2. 设有手动火灾报警按钮或消火栓按钮等处，宜设置电话插孔			
		每个防火分区至少设置一只手动火灾报警按钮。从一个防火分区内的任何位置到最邻近的一个手动火灾报警按钮的步行距离不应大于30m。手动火灾报警按钮宜设置在疏散通道或出入口处			
		消防控制室、消防值班室或企业消防站等处，应设置可直接报警的外线电话			
		火灾自动报警系统应设置交流电源和蓄电池备用电源			
		火灾自动报警系统的施工，应按批准的工程设计文件和施工技术标准进行施工。不得随意更改。确需更改设计时，应由原设计单位负责更改	现行国家标准《火灾自动报警系统施工及验收规范》GB 50166		
		医药工业洁净厂房的生产区（包括技术夹层）等应设置火灾探测器。医药工业洁净厂房生产区及走廊应设置手动火灾报警按钮	现行国家标准《医药工业洁净厂房设计规范》GB 50457		
		医药工业洁净厂房应设置消防值班室或控制室。消防值班室或控制室应设置消防专用电话总机			

续表 B.0.5

序号	检查项目		依据	检查结果	备注
7	消防报警	紧急报警装置应设置为不可撤防状态，应有防误触发措施，被触发后应自锁	现行国家标准《入侵报警系统工程设计规范》GB 50394		
		监控中心宜设置视频监控装置和出入口控制装置	现行国家标准《视频安防监控系统工程设计规范》GB 50395		
		医药工业洁净厂房中易燃、易爆气体的储存、使用场所、管道入口室及管道阀门等易泄漏的地方，应设置可燃气体探测器。有毒气体的储存和使用场所应设置气体探测器。报警信号应联动启动或手动启动相应的事故排风机，并应将报警信号送至控制室	现行国家标准《医药工业洁净厂房设计规范》GB 50457		
		净高大于2.6m且可燃物较多的技术夹层，以及净高大于0.8m且有可燃物的闷顶或吊顶内，应设置火灾自动报警系统			
		建筑内可能散发可燃气体、可燃蒸气的场所，应设置可燃气体报警装置	现行国家标准《建筑设计防火规范》GB 50016		
		消防控制室的设置应符合下列规定：1. 附设在建筑物内的消防控制室，宜设置在建筑物内首层的靠外墙部位，亦可设置在建筑物的地下一层，并应设置直通室外的安全出口；2. 严禁与消防控制室无关的电气线路和管线穿过			
		下列部位应设置易燃、易爆介质报警装置和事故排风装置，报警装置应与相应的事故排风装置相连锁：1. 甲、乙类火灾危险生产的介质入口室；2. 管廊、技术夹层或技术夹道内有易燃、易爆介质管道的易积聚处；3. 医药洁净室（区）内使用易燃、易爆介质处	现行国家标准《医药工业洁净厂房设计规范》GB 50457		
8	电气安全	各类电气设备应可靠地固定在基础或支座上	现行国家标准《工业企业电气设备抗震设计规范》GB 50556		
		在TN-C系统中不应将保护接地中性导体隔离，严禁将保护接地中性导体接入开关电器	现行国家标准《低压配电设计规范》GB 50054		
		隔离器、熔断器和连接片，严禁作为功能性开关电器			
		采用剩余电流动作保护电器作为间接接触防护电器的回路时，必须装设保护导体			
		装置外可导电部分严禁作为保护接地中性导体的一部分			
		标称电压超过交流方均根值25V易被触及的裸带电体，应设置遮栏或外护物			
		当裸带电体采用遮栏或外护物防护有困难时，在电气专用房间或区域宜采用栏杆或网状屏障等阻挡物进行防护			
		在电气专用房间或区域，不采用防护等级等于高于现行国家标准《外壳防护等级（IP代码）》GB 4208 规定的IPXXB或IP2X级的遮栏、外护物或阻挡物时，应将人可能无意识同时触及的不同电位的可导电部分置于伸臂范围之外			
		在易受机械损伤、光源自行脱落可能造成人员伤害或财物损失的场所使用的灯具，应有防护措施	现行国家标准《建筑照明设计标准》GB 50034		
		当照明装置采用安全特低电压供电时，应采用安全隔离变压器，且二次侧不应接地			
		放散大量有害气体或有爆炸气体的医药洁净室（区）应设置事故排风装置，事故排风系统应设置自动和手动控制开关，手动控制开关应分别设置在洁净室（区）内和洁净室（区）外便于操作的地点	现行国家标准《医药工业洁净厂房设计规范》GB 50457		

续表 B.0.5

序号	检查项目		依据	检查结果	备注
8	电气安全	净化空气调节系统的电加热及电加湿应与送风机连锁，并应设置无风和超温断电保护。采用电加湿时应设置无水保护。加热器的金属风管应接地	现行国家标准《医药工业洁净厂房设计规范》GB 50457		
		当出现紧急情况时，所有设置互锁功能的门应处于可开启状态			
		空气调节系统的电加热器应与送风机连锁，并应设无风断电、超温断电保护及报警装置	现行国家标准《实验动物设施建筑技术规范》GB 50447		
		电加热器的金属风管应接地。电加热器前后各800mm范围内的风管和穿过设有火源等容易起火部位的管道和保温材料，必须采用不燃材料			
		屏障环境设施生产区（实验区）内宜设摄像监控装置			
		建筑内的电缆井与房间、走道等相连通的孔洞应采用防火封堵材料封堵	现行国家标准《建筑设计防火规范》GB 50016		
		配线工程用的塑料绝缘导管、塑料线槽及其配件必须由阻燃材料制成，导管和线槽表面应有明显的阻燃标识和制造厂厂标	现行国家标准《1kV及以下配线工程施工与验收规范》GB 50575		

B.0.6 生产（安全）管理单元安全检查表应按表 B.0.6 编制。

表 B.0.6 生产（安全）管理单元安全检查表

序号	检查内容及要求	依据	检查结果	备注
一	企业应依法设置安全生产管理机构，配备专职安全生产管理人员。配备的专职安全生产管理人员应能满足安全生产的需要			
1	设置安全生产管理机构			
2	配备专职安全管理人员，专职安全生产管理人员不应少于企业员工总数的2%；不足50人的企业应至少配备1人			

续表 B.0.6

序号	检查内容及要求	依据	检查结果	备注
二	企业应当建立全员安全生产责任制，保证每位从业人员的安全生产责任与职务、岗位相匹配			
三	企业应根据工艺、装置、设施等实际情况，制定完善下列主要安全生产规章制度			
1	安全生产例会等安全生产会议制度			
2	安全投入保障制度			
3	安全生产奖惩制度			
4	安全培训教育制度			
5	领域干部轮流现场带班制度			
6	特种作业人员管理制度			
7	安全检查和隐患排查治理制度			
8	重大危险源评估和安全管理制度			
9	变更管理制度			
10	应急管理制度			
11	生产安全事故或者重大事件管理制度			
12	防火、防爆、防中毒、防泄漏管理制度			
13	工艺、设备、电气仪表、公用工程安全管理制度			
14	动火、进入受限空间、吊装、高处、盲板抽堵、动土、断路、设备检维修等作业安全管理制度			
15	危险化学品安全管理制度			
16	职业健康相关管理制度			
17	劳动防护用品使用维护管理制度			
18	承包商管理制度			
19	安全管理制度及操作规程定期修订制度			
四	医药企业应根据医药产品的生产工艺、技术、设备特点和原辅料、产品的危险性编制岗位操作安全规程			
1	产品生产的操作规程			
2	各生产岗位的安全操作规程（包括开车、正常运行、停车、紧急停车等）			
3	生产设备、装置安全检修规程			

续表 B.0.6

序号	检查内容及要求	依据	检查结果	备注
4	压力容器及其他特种设备安全管理规程			
5	危险化学品装卸安全操作规程			
五	企业主要负责人、分管安全负责人和安全生产管理人员应具备与其从事的生产经营活动相适应的安全生产知识和管理能力，依法参加安全生产培训，并经考核合格，取得安全资格证书			
六	企业分管安全负责人、分管生产负责人、分管技术负责人应具有化工专业知识或者相应的专业学历，专职安全生产管理人员应具备国民教育化工化学类（或安全工程）中等职业教育以上学历或化工化学中级以上专业技术职称，或具备危险物品安全类注册安全工程师资格			
七	特种作业人员应经专门的安全技术培训并考核合格，取得特种作业操作证书			
八	其他从业人员应经安全教育培训合格			
九	企业应按国家规定提取与安全生产有关的费用，并保证安全生产所必需的资金投入			
1	安全技术措施项目投入应编入年度投入计划			
2	年度安全投入应满足改善安全生产条件的需要			
3	事故隐患整改投入应能满足整改方案的需要			
十	企业应依法参加工伤保险，为从业人员缴纳保险费			

续表 B.0.6

序号	检查内容及要求	依据	检查结果	备注
十一	医药企业中若涉及产品是危险化学品时，企业应有相应的职业危害防护设施，并为从业人员配备符合有关国家标准或行业标准规定的劳动防护用品			
十二	医药企业中若涉及产品是危险化学品时，企业应按国家有关标准，辨识、确定本企业的重大危险源。对已确定为重大危险源的生产和储存设施，应执行国家有关危险化学品重大危险源监督管理的规定			
十三	医药企业中若涉及产品是危险化学品时，企业应依法委托具备国家规定资质的安全评价机构进行安全评价，并按安全评价报告的意见对存在的安全生产问题进行整改			
十四	医药企业中若涉及产品是危险化学品时，企业应依法进行危险化学品登记，为用户提供化学品安全技术说明书，并在危险化学品包装（包括外包装件）上粘贴或者拴挂与包装内危险化学品相符的化学品安全标签			
十五	医药企业应符合下列应急管理要求			
1	按照国家有关规定编制危险化学品事故应急预案并报有关部门备案			
2	建立应急救援组织或者明确应急救援人员，配备必要的应急救援器材、设备设施，并定期进行演练			

注：1 安全检查表的内容根据原料药企业的情况编写，制剂类或其他医药企业可根据其具体情况做相应的增减；
2 检查结果以"符合"或"不符合"表示。

6.9 轻工工程

149. 《酒厂设计防火规范》GB 50694—2011

1 总 则

1.0.2 本规范适用于白酒、葡萄酒、白兰地、黄酒、啤酒等酒厂和食用酒精厂的新建、改建和扩建工程的防火设计，不适用于酒厂自然洞酒库的防火设计。

2 术 语

2.0.1 酒厂 alcoholic beverages factory
生产饮料酒的工厂。包括生产白酒、葡萄酒、白兰地酒、黄酒和啤酒等各类饮料酒的工厂，主要有原料库、原料粉碎车间、酿酒车间、酒库、勾兑车间、灌装包装车间、成品库等生产、储存设施。

2.0.2 酒精度 alcohol percentage
乙醇在饮料酒中的体积百分比。

2.0.3 酒库 alcoholic beverages warehouse
采用陶坛、橡木桶或金属储罐等容器存放饮料酒的室内场所。

2.0.4 人工洞白酒库 man-made cave Chinese spirits depot
在人工开挖洞内采用陶坛等陶制容器储存白酒的场所。

2.0.5 半敞开式酒库 semi-enclosed alcoholic beverages warehouse
设有屋顶，外围护封闭式墙体面积不超过该建筑外围护墙体外表面面积1/2的酒库。

2.0.7 常储量 steady reserves
酒厂保持相对稳定的储酒量，一般为酒库、储罐区和成品库的储存容量之和。

3 火灾危险性分类、耐火等级和防火分区

3.0.1 酒厂生产、储存的火灾危险性分类及建（构）筑物的最低耐火等级应符合表3.0.1的规定。本规范未作规定者，应符合现行国家标准《建筑设计防火规范》GB 50016的有关规定。

3.0.2 同一座厂房、仓库或厂房、仓库的任一防火分区内有不同火灾危险性生产、物品储存时，其生产、储存的火灾危险性分类应按现行国家标准《建筑设计防火规范》GB 50016的有关规定执行。

3.0.3 除本规范另有规定者外，厂房、仓库的耐火等级、允许层数和每个防火分区的最大允许建筑面积应符合现行国家标准《建筑设计防火规范》GB 50016的有关规定。

3.0.4 白酒、白兰地生产联合厂房内的勾兑、灌装、包装、成品暂存等生产用房应采取防火分隔措施与其他部位进行防火分隔，当工艺条件许可时，应采用防火墙进行分隔。当生产联合厂房内设置有自动灭火系统和火灾自动报警系统时，其每个防火分区的最大允许建筑面积可按现行国家标准《建筑设计防火规范》GB 50016规定的面积增加至2.5倍。

表3.0.1 生产、储存的火灾危险性分类及建（构）筑物的最低耐火等级

火灾危险性分类	最低耐火等级	白酒厂、食用酒精厂	葡萄酒厂、白兰地酒厂	黄酒厂	啤酒厂	其他建（构）筑物
甲	二级	液态法酿酒车间、酒精蒸馏塔、勾兑车间、灌装车间、酒泵房、酒精度大于或等于38度的白酒库、人工洞白酒库、食用酒精库，白酒储罐区、食用酒精储罐区	白兰地蒸馏车间、白兰地勾兑车间、白兰地酒泵房、白兰地陈酿库	采用白酒、高等级酒替代烧酒的发酵车间	—	燃气调压站、乙炔间
乙	二级	粮食筒仓的工作塔、制酒原料粉碎车间、制曲原料粉碎车间	白兰地灌装车间、葡萄酒灌装车间、葡萄酒泵房、葡萄酒陈酿车间、葡萄酒储罐区	粮食筒仓的工作塔、制曲原料粉碎车间、原料压榨车间、煎酒车间、储罐区	粮食筒仓的工作塔、大选车间、麦芽粉碎车间	氨压缩机房
丙	二级	固态制曲车间、包装车间、成品库、粮食仓库	白兰地包装车间；白兰地成品库	原料筛选车间、制曲车间、粮食仓库	粮食仓库	自备发电机房；包装材料库、塑料瓶库
丁	三级	蒸煮、糖化、发酵车间，固态法、半固态法酿酒车间、制酒母车间，液态制曲车间，酒糟利用车间	原料分选、破碎除梗、浸提压榨车间，发酵车间、SO_2储瓶间、葡萄酒包装车间、陶坛等陶制容器酒库、葡萄酒成品库	制酒母车间、原料浸渍、蒸煮发酵、酒糟利用车间、陶坛等陶制容器酒库、成品库	大麦浸渍车间、发芽车间、麦芽干燥车间、原料糊化、糖化、过滤、煮沸、冷却、灌装、包装车间、成品库	排水、污水泵房，空压机房、洗瓶间、仪修车间、电修车间、玻璃瓶库、陶瓷瓶库

注：1 采用增湿粉碎、湿法粉碎的原料粉碎车间，其火灾危险性可划分为丁类；采用密闭型粉碎设备的原料粉碎车间，其火灾危险性可划分为丙类。
2 黄酒厂采用黄酒糟生产白酒时，其生产、储存的火灾危险性分类及建（构）筑物的耐火等级应按白酒厂的要求确定。

4 总平面布局和平面布置

4.1 一般规定

4.1.1 酒厂选址应符合城乡规划要求，并宜设置在规划区的边缘或相对独立的安全地带。酒厂应根据其生产工艺、火灾危险性和功能要求，结合地形、气象等条件，合理确定不同功能区的布局，设置消防车道和消防水源。

4.1.2 白酒储罐区、食用酒精储罐区宜设置在厂区相对独立的安全地带，并宜设置在厂区全年最小频率风向的上风侧。人工洞白酒库的库址应具备良好的地质条件，不得选择在有地质灾害隐患的地区。

4.1.3 白酒库、人工洞白酒库、食用酒精库、白酒储罐区、食用酒精储罐区、白兰地陈酿库应与其他生产区及办公、科研、生活区分开布置。

4.1.4 除人工洞白酒库、葡萄酒陈酿库外，酒厂的其他甲、乙类生产、储存场所不应设置在地下或半地下。

4.1.5 厂房内严禁设置员工宿舍，并应符合下列规定：
1 甲、乙类厂房内不应设置办公室、休息室等用房。当必须与厂房贴邻建造时，其耐火等级不应低于二级，应采用耐火极限不低于 3.00h 的不燃烧体防爆墙隔开，并应设置独立的安全出口。
2 丙类厂房内设置的办公室、休息室，应采用耐火极限不低于 2.50h 的不燃烧体隔墙和不低于 1.00h 的楼板与厂房隔开，并应至少设置 1 个独立的安全出口。当隔墙上需要开设门窗时，应采用乙级防火门窗。

4.1.6 仓库内严禁设置员工宿舍，并应符合下列规定：
1 甲、乙类仓库内严禁设置办公室、休息室等用房，并不应贴邻建造。
2 丙、丁类仓库内设置的办公室、休息室以及贴邻建造的管理用房，应采用耐火极限不低于 2.50h 的不燃烧体隔墙和不低于 1.00h 的楼板与库房隔开，并应设置独立的安全出口。如隔墙上需要开设门窗时，应采用乙级防火门窗。

4.1.7 白酒、白兰地灌装车间应符合下列规定：
1 应采用耐火极限不低于 3.00h 的不燃烧体隔墙与勾兑车间、洗瓶车间、包装车间隔开。
2 每条生产线之间应留有宽度不小于 3m 的通道。
3 每条生产线设置的成品酒灌装罐，其容量不应大于 3m³。
4 当每条生产线的成品酒灌装罐的单罐容量大于 3m³ 但小于或等于 20m³，且总容量小于或等于 100m³ 时，其灌装罐可设置在建筑物的首层或二层靠外墙部位，并应采用耐火极限不低于 3.00h 的不燃烧体隔墙和不低于 1.50h 的楼板与灌装车间、勾兑车间、包装车间、洗瓶车间等隔开，且设置灌装罐的部位应设置独立的安全出口。
5 当每条生产线的成品酒灌装罐的单罐容量大于 20m³ 或者总容量大于 100m³ 时，其灌装罐应在建筑物外独立设置。

4.1.8 当白酒勾兑车间与其酒库、白兰地勾兑车间与其陈酿库设置在同一建筑物内时，勾兑车间应设置在建筑物的首层靠外墙部位，并应划分为独立的防火分区和设置独立的安全出口，防火墙上不得开设任何门窗洞口。

4.1.9 消防控制室、消防水泵房、自备发电机房和变、配电房等不应设置在白酒储罐区、食用酒精储罐区、白酒库、人工洞白酒库、食用酒精库、葡萄酒陈酿库、白兰地陈酿库内或贴邻建造。设置在其他建筑物内时，应采用耐火极限不低于 2.00h 的不燃烧体隔墙和不低于 1.50h 的楼板与其他部位隔开，隔墙上的门应采用甲级防火门。消防控制室应设置直通室外的安全出口，门上应有明显标识。消防水泵房的疏散门应直通室外或靠近安全出口。

4.1.10 供白酒库、食用酒精库、白兰地陈酿库、酒泵房专用的 10kV 及以下的变、配电房，当采用无门窗洞口的防火墙隔开并符合下列条件时，可一面贴邻建造。
1 仅有与变、配电房直接相关的管线穿过隔墙，且所有穿墙的孔洞均应采用防火封堵材料紧密填实。
2 室内地坪高于白酒库、食用酒精库、白兰地陈酿库、酒泵房室外地坪 0.6m。
3 门、窗设置在白酒库、食用酒精库、白兰地陈酿库、酒泵房的爆炸危险区域外。
4 屋面板的耐火极限不低于 1.50h。

4.1.11 供白酒库、人工洞白酒库、白兰地陈酿库专用的酒泵房和空气压缩机房贴邻仓库建造时，应设置独立的安全出口，与仓库间应采用无门窗洞口且耐火极限不低于 3.00h 的不燃烧体隔墙分隔。

4.1.12 氨压缩机房的自动控制室或操作人员值班室应与设备间隔开，观察窗应采用固定的密封窗。供其专用的 10kV 及以下的变、配电房与氨压缩机房贴邻时，应采用防火墙分隔，该墙不得穿过与变、配电房无关的管线，所有穿墙的孔洞均应采用防火封堵材料紧密填实。当需在防火墙上开窗时，应设置固定的甲级防火窗。氨压缩机房和变、配电房的门应向外开启。

4.1.13 厂房、仓库的安全疏散应符合现行国家标准《建筑设计防火规范》GB 50016 的有关规定。

4.2 防火间距

4.2.1 白酒库、食用酒精库、白兰地陈酿库之间及其与其他建筑、明火或散发火花地点、道路等之间的防火间距不应小于表 4.2.1 的规定。

表 4.2.1 白酒库、食用酒精库、白兰地陈酿库之间及其与其他建筑物、明火或散发火花地点、道路等之间的防火间距（m）

名　　称	白酒库、食用酒精库、白兰地陈酿库
重要公共建筑	50
白酒库、食用酒精库、白兰地陈酿库及其他甲类仓库	20
高层仓库	13
民用建筑、明火或散发火花地点	30

续表 4.2.1

名 称		白酒库、食用酒精库、白兰地陈酿库
其他建筑	一、二级耐火等级	15
	三级耐火等级	20
	四级耐火等级	25
室外变、配电站以及工业企业的变压器总油量大于5t的室外变电站		30
厂外道路路边		20
厂内道路	主要道路路边	10
	次要道路路边	5

注：设置在山地的白酒库、白兰地陈酿库，当相邻较高一面外墙为防火墙时，防火间距可按本表的规定减少25%。

4.2.2 白酒储罐区、食用酒精储罐区与建筑物、变配电站之间的防火间距不应小于表4.2.2的规定。

表4.2.2 白酒储罐区、食用酒精储罐区与建筑物、变配电站之间的防火间距（m）

项 目		建筑物的耐火等级			室外变配电站以及工业企业的变压器总油量大于5t的室外变电站
		一、二级	三级	四级	
一个储罐区的总储量 V（m³）	50≤V<200	15	20	25	35
	200≤V<1000	20	25	30	40
	1000≤V<5000	25	30	40	50
	5000≤V≤10000	30	35	50	60

注：1 防火间距应从距建筑物最近的储罐外壁算起，但储罐防火堤外侧基脚线至建筑物的距离不应小于10m。
   2 固定顶储罐区与甲类厂房（仓库）、民用建筑的防火间距，应按本表的规定增加25%，且不应小于25m。
   3 储罐区与明火或散发火花地点的防火间距，应按本表四级耐火等级建筑的规定增加25%。
   4 浮顶储罐区与建筑物的防火间距，可按本表的规定减少25%。
   5 数个储罐区布置在同一库区内时，储罐区之间的防火间距不应小于本表相应储量的储罐区与四级耐火等级建筑之间防火间距的较大值。
   6 设置在山地的储罐，当设置事故存液池和自动灭火系统时，防火间距可按本表的规定减少25%。

4.2.3 白酒储罐区、食用酒精储罐区储罐与厂外道路路边之间的防火间距不应小于20m，与厂内主要道路路边之间的防火间距不应小于15m，与厂内次要道路路边之间的防火间距不应小于10m。

4.2.4 供白酒储罐区、食用酒精储罐区专用的酒泵房或酒泵区应布置在防火堤外。白酒储罐、食用酒精储罐与其酒泵房或酒泵区之间的防火间距不应小于表4.2.4的规定。

表4.2.4 白酒储罐、食用酒精储罐与其酒泵房或酒泵区之间的防火间距（m）

储罐形式	酒泵房或酒泵区
固定顶储罐	15
浮顶储罐	12

注：总储量小于或等于1000m³时，其防火间距可减少25%。

4.2.5 事故存液池与相邻建筑、储罐区、明火或散发火花地点、道路等之间的防火间距按其有效容积对应白酒储罐区、食用酒精储罐区固定顶储罐的要求执行。

4.2.6 厂区围墙与厂区内建（构）之间的间距不宜小于5m，围墙两侧的建（构）筑物之间应满足相应的防火间距要求。

4.2.7 除本规范另有规定者外，酒厂内不同厂房、仓库之间的防火间距应符合现行国家标准《建筑设计防火规范》GB 50016的有关规定。

4.3 厂内道路

4.3.1 常储量大于或等于1000m³的白酒厂、年产量大于或等于5000m³的葡萄酒厂、年产量大于或等于10000m³的黄酒厂、年产量大于或等于100000m³的啤酒厂，其通向厂外的消防车出入口不应少于2个，并宜位于不同方位。

4.3.3 生产区、仓库区和白酒储罐区、食用酒精储罐区应设置环形消防车道。当受地形条件限制时，应设置有回车场的尽头式消防车道。白酒储罐区、食用酒精储罐区相邻防火堤的外堤脚线之间，应留有净宽不小于7m的消防通道。

4.3.4 消防车道净宽不应小于4m，净空高度不应小于5m，坡度不宜大于8%，路面内缘转弯半径不宜小于12m。消防车道距建筑物的外墙宜大于5m。供消防车停留的作业场地，其坡度不宜大于3%。消防车道与厂房、仓库、储罐区之间不应设置妨碍消防车作业的障碍物。

4.4 消防站

4.4.1 下列白酒厂应建消防站：
  1 常储量大于或等于10000m³的白酒厂。
  2 城市消防站接到火警后5min内不能抵达火灾现场且常储量大于或等于1000m³的白酒厂。

4.4.2 白酒厂消防站的设置要求及消防车、泡沫液的配备标准应符合表4.4.2的规定。

表4.4.2 消防站的设置要求及消防车、泡沫液的配备标准

常储量V（m³）	消防站设置要求	消防车配备标准	泡沫液配备标准
V≥50000m³	应设置一级普通消防站或特勤消防站	不应少于5辆，其中泡沫消防车不应少于2辆	≥30m³
10000m³≤V<50000m³	应设置二级普通消防站	不应少于3辆，其中泡沫消防车不应少于1辆	≥20m³

续表 4.4.2

常储量 V (m³)	消防站设置要求	消防车配备标准	泡沫液配备标准
5000m³≤V<10000m³	宜设置二级普通消防站	不应少于 2 辆,其中泡沫消防车不应少于 1 辆	≥10m³
1000m³≤V<5000m³	—	不宜少于 2 辆,至少应配备泡沫消防车 1 辆	≥5m³

4.4.3 冷却白酒储罐、食用酒精储罐用水罐消防车的数量和技术性能,应按冷却白酒储罐、食用酒精储罐最大需水量配备;扑救白酒储罐、食用酒精储罐火灾用泡沫消防车的数量和技术性能,应按着火白酒储罐、食用酒精储罐最大需用泡沫液量配备。

4.4.4 消防站的分级应符合国家现行有关标准的规定,消防站的设计、其他装备和人员配备可按照有关标准和现行国家标准《消防通信指挥系统设计规范》GB 50313 的有关规定执行。

5 生产工艺防火防爆

5.0.1 酒厂具有爆炸危险性的甲、乙类生产、储存场所应进行防爆设计。

5.0.2 泄压面积的计算应符合现行国家标准《建筑设计防火规范》GB 50016 的有关规定。爆炸危险物质为乙醇时,其泄压比 C 值不应小于 $0.110m^2/m^3$;爆炸危险物质为氨以及 $K_尘$ <10MPa·m·s^{-1} 的粮食粉尘时,其泄压比 C 值不应小于 $0.030m^2/m^3$。

5.0.3 厂房、仓库内不应使用敞开式粮食溜管(槽)等设备。具有粉尘爆炸危险性的机械设备,宜设置在单层建筑靠近外墙或多层建筑顶层靠近外墙部位。

5.0.4 输送具有粉尘爆炸危险性的原料时,其机械输送设备应符合下列规定:

1 带式输送机、螺旋输送机、斗式提升机等输送设备,应在适当的位置设置磁选装置及其他清理装置,应在输送设备运转进入筒仓前的适当位置设置防火、防爆阀门。

2 斗式提升机应设置在单独的工作塔内或筒仓外。提升机入口处应单独设置负压抽风除尘系统。提升机的外壳、机头、机座和连接溜管应具有良好的密封性能,机壳的垂直段上应设置泄爆口,机座处应设置清料口,机头处应设置检查口。提升机应设置速度监控、故障报警停机等装置。

3 螺旋输送机全部机体应由金属材料包封,并应具有良好的密封性能。卸料口应采取措施防止堵塞,并应设置堵塞停机装置。

4 带式输送机应设置拉线保护、输送带打滑检测和防跑偏装置,必须采用阻燃输送带且不得采用金属扣连接,设备的进料口和卸料口处应设置吸风口。

5 输送栈桥应采用不燃材料制作。

5.0.5 输送具有粉尘爆炸危险性的原料时,其气流输送设备应符合下列规定:

1 从多个不同的进料点向一个卸料点输送原料时,应采用真空输送系统,卸料器应具有良好的密封性能。

2 从一个进料点向多个不同的卸料点输送原料时,可采用压力输送系统,加料器应具有良好的密封性能。

3 多个气流输送系统并联时,每个系统应设置截止阀。各粮仓间的气流输送系统不应相互连通,如确需连通时,应设置截止阀。

5.0.6 原料清选、粉碎和制曲设备应具有良好的密封性能,内部构件应连接牢固。原料粉碎设备应设置便于操作的检修孔、清理孔。原料粉碎车间不宜设置非生产性电气设备。

5.0.8 蒸馏应符合下列规定:

2 蒸馏宜采用蒸汽加热,采用明火加热时应有安全防护措施。采用地锅蒸酒的车间,地锅火门及储煤场地必须设于车间外。

3 蒸馏设备及其管道、附件等应具有良好的密封性能。

4 采用塔式蒸馏设备生产酒精,各塔的排醛系统中应设置酒精捕集器,并应有足够的容积。排醛管出口宜接至室外,且不宜安装阀门。

5 酿酒车间的中转储罐容量不得超过车间日产量的 2 倍且储存时间不宜超过 24h。

5.0.9 白酒储罐、食用酒精储罐、白兰地陈酿储罐应符合下列规定:

1 进、出输酒管道必须固定并应采用柔性连接。输酒管入口距储罐底部的高度不宜大于 0.15m;确有困难时,输酒管出口标高应大于入口标高,高差不应小于 0.1m。

2 每根输酒管道至少应设置两个阀门,阀门应采用密封性良好的快开阀,快速接口处应设置防漏装置。

3 储罐应设置液位计和高液位报警装置,必要时可设自动联锁启闭进液装置或远距离遥控启闭装置。储罐不宜采用玻璃管(板)等易碎材料液位计。

4 应急储罐的容量不应小于库内单个最大储罐容量。

5 酒取样器、罐盖及现场工具等严禁使用碰撞易产生火花的材料制作。

5.0.10 白酒、白兰地的加浆、勾兑、灌装生产过程应符合下列规定:

1 加浆、勾兑作业时,严禁采用纯氧搅拌工艺,可采用压缩空气作搅拌介质,但加浆、勾兑作业场所应有良好的通风,必要时宜采用负压抽风系统。

2 真空灌装机灌装口排出的酒蒸气应采用负压抽风系统回收,并应直接排至室外。

3 封盖机应采用缓冲柔性封盖机构。

5.0.11 甲、乙类生产、储存场所应采用不发火花地面。采用绝缘材料作整体面层时,应采取防静电措施。粮食仓库、原料粉碎车间的内表面应平整、光滑,并易于清扫。

5.0.12 采用糟烧白酒、高粱酒等代替酿造用水发酵时,发酵罐的输酒管入口距罐内搭窝原料底部的高度不应大于 0.15m。黄酒煎酒设备采用薄板式热交换器时,灌酒桶上方的酒蒸气应回流入薄板式热交换器预热段,酒汗出口应设置回收装置,其管道应具有良好的密封性能。

5.0.13 氨制冷系统应设置安全保护装置,且应符合下列规定:

1 氨压缩机应在机组控制台上设事故紧急停机按钮。

2 氨泵应设断液自动停泵装置，排液管上应设压力表和止逆阀，排液总管上应设旁通泄压阀。

3 低压循环储液器、氨液分离器和中间冷却器应设超高液位报警装置及正常液位自控装置；低压储液器应设超高液位报警装置。

4 压力容器（设备）应按产品标准要求设安全阀；安全阀应设置泄压管，泄压管出口应高于周围50m内最高建筑物的屋脊5m。

5 应设置紧急泄氨装置。

6 管道应采用无缝钢管，其质量应符合现行国家标准《流体输送用无缝钢管》GB 8163的要求，应根据管内的最低工作温度选用材质，设计压力应采用2.5MPa（表压）。

7 应采用氨专用阀门和配件，其公称压力不应小于2.5MPa（表压），并不得有铜质和镀锌的零配件。

5.0.14 储罐、容器和工艺设备需要保温隔热时，其绝热材料应选用不燃材料。低温保冷可采用阻燃型泡沫，但其保护层外壳应采用不燃材料。

5.0.15 输酒管道的设计应符合现行国家标准《工业金属管道设计规范》GB 50316的有关规定。输送白酒、食用酒精、葡萄酒、白兰地、黄酒的管道设置应符合下列规定：

1 输酒管道宜架空或沿地敷设。必须采用管沟敷设时，应采取防止酒液在管沟内积聚的措施，并应在进出厂房、仓库、酒泵房、储罐区防火堤处密封隔断。输酒管道严禁与热力管道敷设在同一管沟内，不应与电力电缆敷设在同一管沟内。

2 输酒管道不得穿过与其无关的建筑物。跨越道路的输酒管道上不应设置阀门及易发生泄漏的管道附件。输酒管道穿越道路时，应敷设在管涵或套管内。

3 输酒管道严禁穿过防火墙和不同防火分区的楼板。

4 输酒管道除需要采用螺纹、法兰连接外，均应采用焊接连接。

5.0.16 输酒管道应采用食品用不锈钢管，输酒软管宜采用不锈钢软管。各种物料管线应有明显区别标识，阀门应有明显启闭标识。处置紧急事故的阀门，应设于安全和方便操作的地方，并应有保证其可靠启闭的措施。

5.0.17 其他管道必须穿过防火墙和楼板时，应采用防火封堵材料紧密填实空隙。受高温或火焰作用下易变形的管道，在其穿越墙体和楼板的两侧应采取防火措施。严禁在防火墙和不同防火分区的楼板上留置孔洞。采样管道不应引入化验室。

6 储 存

6.1 酒 库

6.1.1 白酒库、食用酒精库的耐火等级、层数和面积应符合表6.1.1的规定。

6.1.2 全部采用陶坛等陶制容器存放白酒的白酒库，其耐火等级、层数和面积应符合表6.1.2的规定。

6.1.3 白兰地陈酿库、葡萄酒陈酿库的耐火等级、层数和面积应符合表6.1.3的规定。

表6.1.1 白酒库、食用酒精库的耐火等级、层数和面积（m²）

储存类别	耐火等级	允许层数（层）	每座仓库的最大允许占地面积和每个防火分区的最大允许建筑面积					
			单层		多层		地下、半地下	
			每座仓库	防火分区	每座仓库	防火分区	每座仓库	防火分区
酒精度大于或等于60度的白酒库、食用酒精库	一、二级	1	750	250	—	—	—	—
酒精度大于或等于38度、小于60度的白酒库	一、二级	3	2000	250	900	150	—	—

注：半敞开式的白酒库、食用酒精库的最大允许占地面积和每个防火分区的最大允许建筑面积可增加至本表规定的1.5倍。

表6.1.2 陶坛等陶制容器白酒库的耐火等级、层数和面积（m²）

储存类别	耐火等级	允许层数（层）	每座仓库的最大允许占地面积和每个防火分区的最大允许建筑面积					
			单层		多层		地下、半地下	
			每座仓库	防火分区	每座仓库	防火分区	每座仓库	防火分区
酒精度大于或等于60度	一、二级	3	4000	250	1800	150	—	—
酒精度大于或等于52度、小于60度	一、二级	5	4000	350	1800	200	—	—

表6.1.3 白兰地陈酿库、葡萄酒陈酿库的耐火等级、层数和面积（m²）

储存类别	耐火等级	允许层数（层）	每座仓库的最大允许占地面积和每个防火分区的最大允许建筑面积					
			单层		多层		地下、半地下	
			每座仓库	防火分区	每座仓库	防火分区	每座仓库	防火分区
白兰地	一、二级	3	2000	250	900	150	—	—
葡萄酒	一、二级	3	4000	250	1800	150	—	250

6.1.4 白酒库、食用酒精库、白兰地陈酿库、葡萄酒陈酿库及白酒、白兰地的成品库严禁设置在高层建筑内。

6.1.5 白酒库、食用酒精库、白兰地陈酿库、葡萄酒陈酿库内设置自动灭火系统时，每座仓库最大允许占地面积可分别按表6.1.1、表6.1.2、表6.1.3的规定增加至3.0倍，每个防火分区最大允许建筑面积可分别按表6.1.1、表

6.1.3 的规定增加至 2.0 倍。

6.1.6 白酒库、食用酒精库内的储罐，单罐容量不应大于 1000m³，储罐之间的防火间距不应小于相邻较大立式储罐直径的 50%；单罐容量小于或等于 100m³、一组罐容量小于或等于 500m³ 时，储罐可成组布置，储罐之间的防火间距不应小于 0.5m，储罐组之间的防火间距不应小于 2m。当白酒库、食用酒精库内的储罐总容量大于 5000m³ 时，应采用不开设门窗洞口的防火墙分隔。

6.1.7 当采用陶坛、酒海、酒篓、酒箱、储酒池等容器储存白酒时，白酒库内的储酒容器应分组存放，每组总储量不宜大于 250m³，组与组之间应设置不燃烧体隔堤。若防火分区之间采用防火门分隔时，门前应采取加设挡坎等挡液措施。地震烈度大于 6 度以上的地区，陶坛等陶制容器应采取防震防撞措施。

6.1.8 人工洞白酒库的设置应符合下列规定：
1 人工洞白酒库应由巷道和洞室构成。
2 一个人工洞白酒库总储量不应大于 5000m³，每个洞室的净面积不应大于 500m²。
3 巷道直通洞外的安全出口不应少于两个。每个洞室通向巷道的出口不应少于两个，相邻出口最近边缘之间的水平距离不应小于 5m。洞室内最远点距出口的距离不超过 30m 时可只设一个出口。
4 巷道的净宽不应小于 3m，净高不应小于 2.2m。相邻洞室通向巷道的出口最近边缘之间的水平距离不应小于 10m。
5 当两个洞室相通时，洞室之间应设置防火隔间。隔间的墙应为防火墙，隔间的净面积不应小于 6m²，其短边长度不应小于 2m。
6 巷道与洞室之间、洞室与防火隔间之间应设置不燃烧体隔堤和甲级防火门。防火门应满足防锈、防腐的要求，且应具有火灾时能自动关闭和洞外控制关闭的功能。
7 巷道地面坡向洞口和边沟的坡度均不应小于 0.5%。

6.1.9 人工洞白酒库陶坛等陶制容器的存放应符合下列规定：
1 陶坛等陶制容器应分区存放，每区总储量不宜大于 200m³，区与区之间应设置不燃烧体隔堤或利用地形设置事故存液池。
2 每个分区内的陶坛等陶制容器应分组存放，每组的总储量不宜大于 50m³，组与组之间的防火间距不应小于 1.2m。

6.1.10 白酒库、食用酒精库、白兰地陈酿库的承重结构不应采用钢结构、预应力钢筋混凝土结构。

6.1.11 白酒库、人工洞白酒库、食用酒精库、白兰地陈酿库应设置防止液体流散的设施。

6.1.12 多层白酒库、食用酒精库、白兰地陈酿库外墙窗户上方应设置宽度不小于 0.5m 的不燃烧体防火挑檐。

6.1.13 事故排酒设施应符合下列规定：
1 多层白酒库、食用酒精库、白兰地陈酿库的每个防火分区宜设置事故排酒口及阀门，库外应设置垂直导液管（道），并应用混凝土管道连接排酒口和导液管（道）至室外事故存液池。
2 人工洞白酒库的每个分区应设置事故排酒口及阀门，洞内应设置导液管（暗沟）至室外事故存液池，导液管（暗沟）通过分区的隔断处应设置阀门或防火挡板。

3 多层白酒库、食用酒精库、白兰地陈酿库、人工洞白酒库地面向事故排酒方向的坡度不应小于 0.5%。

6.1.14 白酒库、人工洞白酒库不燃烧体隔堤的设置应符合下列规定：
1 隔堤的高度、厚度均不应小于 0.2m。
2 隔堤应能承受所容纳液体的静压，且不应渗漏。
3 管道穿堤处应采用不燃材料密封。

6.2 储 罐 区

6.2.1 白酒储罐区、食用酒精储罐区内储罐之间的防火间距不应小于表 6.2.1 的规定。

表 6.2.1 白酒储罐区、食用酒精储罐区储罐之间的防火间距

类 别		储罐形式			
		固定顶罐		浮顶罐	卧式罐
		地上式	半地下式		
单罐容量 V（m³）	V≤1000	0.75D	0.5D	0.4D	≥0.8m
	V>1000	0.6D			

注：1 D 为相邻较大立式储罐的直径（m）。
　　2 不同形式储罐之间的防火间距不应小于本表规定的较大值。
　　3 两排卧式储罐之间的防火间距不应小于 3m。
　　4 单罐容量小于或等于 1000m³ 且采用固定式消防冷却水系统时，地上式固定顶罐之间的防火间距可为 0.6D。

6.2.2 白酒储罐区、食用酒精储罐区单罐容量小于或等于 200m³、一组罐容量小于或等于 1000m³ 时，储罐可成组布置。但组内储罐的布置不应超过两排，立式储罐之间的防火间距不应小于 2m，卧式储罐之间的防火间距不应小于 0.8m。储罐组之间的防火间距应根据组内储罐的形式和总储量折算为相同类别的标准单罐，并应按本规范第 6.2.1 条的规定确定。

6.2.3 白酒储罐区、食用酒精储罐区的四周应设置不燃烧体防火堤等防止液体流散的设施。

6.2.4 白酒储罐区、食用酒精储罐区防火堤的设置应符合下列规定：
1 防火堤内白酒、食用酒精总储量不应大于 10000m³。防火堤内的有效容积不应小于其中最大储罐的容量；对于浮顶储罐，防火堤内的有效容积可为其中最大储罐容量的一半。
2 防火堤高度应比计算高度高出 0.2m。立式储罐的防火堤内侧距堤内地面高度不应小于 1.0m，且外侧距堤外地面高度不应大于 2.2m；卧式储罐的防火堤内、外侧高度均不应小于 0.5m。防火堤应在不同方位设置两个及以上进出防火堤的人行台阶或坡道。
3 立式储罐的罐壁至防火堤内堤脚线的距离，不应小于罐壁高度的一半。卧式储罐的罐壁至防火堤内堤脚线的距离，不应小于 3m。依山建设的储罐，可利用山体兼作防火堤，储罐的罐壁至山体的距离不应小于 1.5m。
4 雨水排水管（渠）应在防火堤出口处设置水封装置，水封高度不应小于 0.25m，水封装置应采用金属管道排出堤外，并在管道出口处设置易于开关的隔断阀门。

5 防火堤应能承受所容纳液体的静压,且不应渗漏。

6 进出储罐区的各类管线、电缆宜从防火堤顶部跨越或从地面以下穿过。当必须穿过防火堤时,应设置套管并应采取有效的密封措施,也可采用固定短管且两端采用软管密封连接。

7 防火堤内的储罐布置、防火堤的选型与构造应符合现行国家标准《建筑设计防火规范》GB 50016 和《储罐区防火堤设计规范》GB 50351 的有关规定。

7 消防给水、灭火设施和排水

7.1 消防给水和灭火器

7.1.1 酒厂应设计消防给水系统。厂房、仓库、储罐区应设置室外消火栓系统。

7.1.2 酒厂消防用水应和生产、生活用水统一规划,水源应有可靠保证。消防用水由酒厂自备水源给水管网供给时,其给水工程和给水管网应符合现行国家标准《室外给水设计规范》GB 50013 和《建筑设计防火规范》GB 50016 等标准的有关规定。

7.1.3 除下列耐火等级不低于二级的建筑可不设置室内消火栓外,酒厂的其他厂房、仓库均应设置室内消火栓系统:

1 白酒厂的蒸煮、糖化、发酵车间,固态、半固态法酿酒车间,制酒母车间,液态制曲车间,酒糟利用车间。

2 葡萄酒厂的原料库房、原料分选、破碎除梗、浸提压榨车间、发酵车间,SO_2 装瓶间。

3 黄酒厂的原料浸渍、蒸煮车间、制酒母车间、酒糟利用车间。

4 啤酒厂的大麦浸渍、发芽车间、麦芽干燥车间、原料糊化、糖化、过滤、煮沸、冷却车间、发酵车间。

5 粮食仓库、玻璃瓶库、陶瓷瓶库、洗瓶车间、机修车间、仪表、电修车间、空气压缩机房。

7.1.4 白酒库、人工洞白酒库、食用酒精库、白兰地陈酿库的室内消火栓箱内应配备喷雾水枪。人工洞白酒库的消防用水量不应小于 20L/s,室内消火栓宜布置在巷道靠近洞室出口处。

7.1.5 消防给水必须采取可靠措施防止泡沫液等灭火剂回流污染生活、生产水源和消防水池。供给泡沫灭火设备的水质应符合有关泡沫液的产品标准及技术要求。

7.1.6 厂房、仓库、白酒储罐区、食用酒精储罐区、酒精蒸馏塔、办公及生活建筑应按现行国家标准《建筑灭火器配置设计规范》GB 50140 的有关规定配置灭火器,其中白酒库、人工洞白酒库、食用酒精库、白酒储罐区、食用酒精储罐区、液态法酿酒车间、酒精蒸馏塔、白兰地蒸馏车间、陈酿库、白酒、白兰地勾兑、灌装车间的灭火器配置场所危险等级应为严重危险级。

7.1.7 除本规范另有规定者外,其他室内外消防给水设计应符合现行国家标准《建筑设计防火规范》GB 50016 的有关规定。

7.2 灭火系统和消防冷却水系统

7.2.1 下列场所应设置自动喷水灭火系统:

1 高层原料筛选车间、原料制曲车间。

2 白酒、白兰地灌装、包装车间。

3 白酒、白兰地成品库。

4 建筑面积大于 500m² 的地下白酒、白兰地成品库。

7.2.2 下列场所应设置水喷雾灭火系统或泡沫灭火系统:

1 白酒勾兑车间、白兰地勾兑车间。

2 液态法酿酒车间、酒精蒸馏塔。

3 人工洞白酒库。

4 占地面积大于 750m² 的白酒库、食用酒精库、白兰地陈酿库。

5 地下、半地下葡萄酒陈酿库。

6 白酒储罐区、食用酒精储罐区。

7.2.3 白酒库、食用酒精库、白酒储罐区、食用酒精储罐区的泡沫灭火系统设置应符合下列规定:

1 单罐容量大于或等于 500m³ 的储罐,移动式消防设施不能进行保护或地形复杂、消防车扑救困难的储罐区,应采用固定式泡沫灭火系统。

7.2.4 白酒、食用酒精金属储罐应设置消防冷却水系统,并应符合下列规定:

1 白酒库、食用酒精库的储罐应采用固定式消防冷却水系统。当储罐设有水喷雾灭火系统时,水喷雾灭火系统可兼作消防冷却水系统,但该储罐的消防用水量应按水喷雾灭火系统灭火和防护冷却的最大者确定。

2 白酒储罐区、食用酒精储罐区的储罐多排布置或储罐高度大于 15m 或单罐容量大于 1000m³ 时,应采用固定式消防冷却水系统。

3 白酒储罐区、食用酒精储罐区的储罐高度小于或等于 15m 且单罐容量小于或等于 1000m³ 时,可采用移动式消防冷却水系统或固定式水枪与移动式水枪相结合的消防冷却系统。

7.2.5 自动喷水灭火系统的设计,应符合现行国家标准《自动喷水灭火系统设计规范》GB 50084 的有关规定。

7.2.6 水喷雾灭火系统的设计除应符合现行国家标准《水喷雾灭火系统设计规范》GB 50219 的有关规定外,尚应符合下列规定:

1 设计喷雾强度和持续喷雾时间不应小于表 7.2.6 的规定。

表 7.2.6 设计喷雾强度和持续喷雾时间

防护目的	设计喷雾强度 (L/min·m²)	持续喷雾时间 (h)
灭火	20	0.5
防护冷却	6	4

2 水雾喷头的工作压力,当用于灭火时,不应小于 0.4MPa;当用于防护冷却时,不应小于 0.2MPa。

3 系统的响应时间,当用于灭火时,不应大于 45s;当用于防护冷却时,不应大于 180s。

4 保护面积应按每个独立防火分区的建筑面积确定。

7.2.7 泡沫灭火系统必须选用抗溶性泡沫液,固定顶、浮顶白酒储罐、食用酒精储罐应选用液上喷射泡沫灭火系统,系统设计应符合现行国家标准《泡沫灭火系统设计规范》GB 50151 的有关规定。

7.2.8 白酒库、食用酒精库或白酒储罐区、食用酒精储罐区的固定式泡沫灭火系统采用手动操作不能保证5min内将泡沫送入着火罐时，泡沫混合液管道控制阀能远程控制开启。

7.2.9 消防系统的启动、停止控制设备应具有明显的标识，并应有防误操作保护措施。供水装置停止运行应为手动控制方式。

7.3 排 水

7.3.1 酒厂应采取防止泄漏的酒液和消防废水排出厂外的措施，并不得排向库区。

7.3.2 事故存液池的设置应符合下列规定：

    1 设有事故存液池的储罐区四周应设导液管（沟），使溢漏酒液能顺利地流出罐区并自流入存液池内。

    2 导液管（沟、道）距明火或散发火花地点不应小于30m。

    3 事故存液池的有效容积不应小于其中最大储罐的容量。对于浮顶罐，事故存液池的有效容积可为其中最大储罐容量的一半。人工洞白酒库和多层白酒库、食用酒精库、白兰地陈酿库设置的事故存液池的有效容积不宜小于50m³。

    4 事故存液池应有符合防火要求的排水措施。

7.3.3 含酒液的污水排放应符合下列规定：

    1 含酒液的污水应采用管道单独排放，不得与其他污水混排。

    2 排放出口应设置水封装置，水封装置与围墙之间的排水通道必须采用暗渠或暗管。水封井的水封高度不应小于0.25m。水封井应设沉泥段，沉泥段自最低的管底算起，其深度不应小于0.25m。水封装置出口应设易于开关的隔断阀门。

8 采暖、通风、空气调节和排烟

8.0.1 甲、乙类生产、储存场所不应采用循环热风采暖，严禁采用明火采暖和电热散热器采暖。原料粉碎车间采暖散热器表面温度不应超过82℃。

8.0.2 甲、乙类生产、储存场所应有良好的自然通风或独立的负压机械通风设施。机械通风的空气不应循环使用。

8.0.3 白酒库、人工洞白酒库、食用酒精库、白兰地陈酿库、氨压缩机房及白酒、白兰地酒泵房应设置事故排风设施，其事故排风量宜根据计算确定，但换气次数不应小于12次/h。人工洞白酒库事故排风量应根据最大一个洞室的净空间进行计算确定。事故排风系统宜与机械通风系统合用，应分别在室内、外便于操作的地点设置开关。

8.0.5 甲、乙类生产、储存场所的通风管道及设备应符合下列规定：

    1 排风管道严禁穿越防火墙和有爆炸危险场所的隔墙。

    2 排风管道应采用金属管道，并应直接通往室外或洞外的安全处，不应暗设。

    3 通风管道及设备均应采取防静电接地措施。

    4 送风机及排风机应选用防爆型。

    5 送风机及排风机不应布置在地下、半地下，且不应布置在同一通风机房内。

8.0.6 输送白酒、食用酒精、葡萄酒、白兰地、黄酒的管道，不应穿过通风机房和通风管道，且不应沿通风管道的外壁敷设。

8.0.7 下列情况之一的通风、空气调节系统的风管上应设置防火阀：

    1 穿越防火分区处。

    2 穿越通风、空气调节机房的房间隔墙和楼板处。

    3 穿越防火分隔处的变形缝两侧。

8.0.8 机械排烟系统与机械通风、空气调节系统宜分开设置。当合用时必须采取可靠的防火措施，并应符合机械排烟系统的有关要求。

8.0.9 厂房、仓库采用自然排烟设施时，排烟口宜设置在外墙上方或屋面上，并应有方便开启的装置或火灾时自动开启的装置。

8.0.10 需要排烟的厂房、仓库不具备自然排烟条件时，应设置机械排烟设施。当排烟风管竖向穿越防火分区时，垂直排烟风管宜设置在管井内。

8.0.11 采暖、通风、空气调节系统的防火、防爆设计和建筑排烟设计的其他防火要求应符合现行国家标准《采暖通风与空气调节设计规范》GB 50019和《建筑设计防火规范》GB 50016等标准的有关规定。

9 电 气

9.1 供配电及电器装置

9.1.1 酒厂的消防用电负荷等级不应低于现行国家标准《供配电系统设计规范》GB 50052规定的二级负荷。

9.1.2 甲、乙类生产、储存场所设置的机械通风设施应按二级负荷供电，其事故排风机的过载保护不应直接停排风机。

9.1.3 消防用电设备应采用专用供电回路，其配电设备应有明显标识。当生产、生活用电被切断时，仍应保证消防用电。

9.1.4 消防控制室、消防水泵房、消防电梯等重要消防用电设备的供电应在最末一级配电装置或配电箱处实现自动切换，其配电线路宜采用铜芯耐火电缆。

9.1.5 甲、乙类生产、储存场所与架空电力线的最近水平距离不应小于电杆（塔）高度的1.5倍。

9.1.6 白酒储罐区、食用酒精储罐区、酒精蒸馏塔的供配电电缆宜直接埋地敷设。直埋深度不应小于0.7m，在岩石地段不应小于0.5m。

9.1.7 厂房和仓库的下列部位，应设置消防应急照明，且疏散应急照明的地面水平照度不应小于5.0 lx：

    1 封闭楼梯间、防烟楼梯间及其前室、消防电梯间的前室或合用前室。

    2 消防控制室、消防水泵房、自备发电机房、变、配电房以及发生火灾时仍需正常工作的其他房间。

    3 人工洞白酒库内的巷道。

    4 参观走道、疏散走道。

9.1.8 液态法酿酒车间、酒精蒸馏塔、白兰地蒸馏车间、酒精度大于或等于38度的白酒库、人工洞白酒库、食用酒精库、白兰地陈酿库，白酒、白兰地勾兑车间、灌装车间、酒泵房，采用糟烧白酒、高粱酒等代替酿造用水的黄酒发酵车间的电气设计应符合爆炸性气体环境2区的有关规定；机械化程度高、年周转量较大的散装粮房式仓，粮食筒仓及工作塔，原料粉碎车间的电气设计应符合可燃性非导电粉尘11区的有关规定。

9.1.9 甲、乙类生产、储存场所的其他电气设计应符合现行国家标准《爆炸和火灾危险环境电力装置设计规范》GB 50058的有关规定。

9.2 防雷及防静电接地

9.2.1 酒厂应按现行国家标准《建筑物防雷设计规范》GB 50057和《建筑物电子信息系统防雷技术规范》GB 50343的有关规定进行防雷设计。

9.2.2 甲、乙类生产、储存场所和生产工艺的中心控制室应按第二类防雷建筑物进行防雷设计。

9.2.3 金属储罐必须设防雷接地，其接地点不应少于两处，接地点沿储罐周长的间距不宜大于30m。当储罐顶装有避雷针或利用罐体作接闪器时，防雷接地装置冲击接地电阻不宜大于10Ω。

9.2.4 金属储罐的防雷设计应符合下列规定：

 1 装阻火器的地上固定顶储罐应装设避雷针（线），避雷针（线）的保护范围，应包括整个储罐。当储罐顶板厚度大于或等于4mm时，可利用罐体作接闪器。

 2 浮顶储罐可不装设避雷针（线），但应将浮顶与罐体用两根截面不小于25mm²的软铜复绞线做电气连接。

9.2.5 金属储罐上的信息装置，其金属外壳应与罐体做电气连接，配线电缆宜采用铠装屏蔽电缆，电缆外皮及所穿钢管应与罐体做电气连接。铠装电缆的埋地长度不应小于15m。

9.2.6 防静电接地应符合下列规定：

 1 金属储罐、酒泵、过滤机、输酒管道、真空灌装机和本规范第8.0.5条规定的通风管道及设备等应作防静电接地。

 2 白酒库、人工洞白酒库、食用酒精库、白酒储罐区、食用酒精储罐区、白兰地陈酿库的收酒区，应设置与酒罐车和酒桶跨接的防静电接地装置，其出入口处宜设防静电接地装置。

9.2.7 地上和管沟敷设的输酒管道的下列部位应设置防静电和防感应雷的接地装置：

 1 始端、末端、分支处以及直线段每隔200m～300m处。

 2 爆炸危险场所的边界。

 3 管道泵、过滤器、缓冲器等。

9.2.8 酒库、储罐区的防雷接地、防静电接地、电气设备的工作接地、保护接地及信息系统的接地等，宜共用接地装置，其接地电阻应按接入设备中要求的最小值确定。

9.3 火灾自动报警系统

9.3.1 下列场所应设置火灾自动报警系统：

 1 白酒、白兰地成品库。

 2 有消防联动控制的厂房、仓库和其他场所。

9.3.2 甲、乙类生产、储存场所的火灾探测器宜采用感温、感光、图像型探测器或其组合，火灾自动报警系统设计应符合现行国家标准《爆炸和火灾危险环境电力装置设计规范》GB 50058的有关规定。

9.3.3 生产区、仓库区和储罐区的值班室应设火灾报警电话。白酒储罐区、食用酒精储罐区应设置室外手动报警设施。

9.3.4 下列场所应设置乙醇蒸气浓度检测报警装置：

 1 液态法酿酒车间、酒精蒸馏塔、白酒勾兑车间、灌装车间、酒泵房，酒精度大于或等于38度的白酒库、人工洞白酒库、食用酒精库。

 2 白兰地蒸馏车间、勾兑车间、灌装车间、酒泵房、陈酿库。

 3 葡萄酒灌装车间、酒泵房、陈酿库。

 4 采用糟烧白酒、高粱酒等代替酿造用水的黄酒发酵车间、黄酒压榨车间、煎酒车间、灌装车间。

9.3.5 乙醇蒸气浓度检测报警装置的报警设定值不应大于乙醇蒸气爆炸下限浓度值的25%。乙醇蒸气浓度检测器宜设置在检测场所的低洼处，距楼（地）面高度宜为0.3m～0.6m。

9.3.6 氨压缩机房应设置氨气浓度检测报警装置。

9.3.7 当氨压缩机房内空气中的氨气浓度达到100ppm～150ppm时，氨气浓度检测报警装置应能自动发出声光报警信号，并自动联动开启事故排风机。氨气浓度检测器应设置在氨制冷机组、氨泵及液氨储罐上方的机房顶板上。

9.3.8 乙醇蒸气浓度检测报警装置应与机械通风设施或事故排风设施联动，且机械通风设施或事故排风设施应手动开启装置。

9.3.9 设有火灾自动报警系统和自动灭火系统的酒厂应设消防控制室。消防控制室宜独立设置或与其他控制室、值班室组合设置。消防控制室的设置应符合现行国家标准《建筑设计防火规范》GB 50016的有关规定。

150.《地下及覆土火药炸药仓库设计安全规范》GB 50154—2009

1 总则

1.0.2 本规范适用于地下及覆土火药、炸药仓库,以及转运站、站台库的新建、改建、扩建和技术改造的工程设计。

本规范不适用于储存火药、炸药的天然地下仓库、地面仓库及火药、炸药厂生产区内覆土工序转手库的工程设计。

2 术语

2.0.1 地下火药、炸药仓库 underground magazine of powders and explosives

由山体表面向山体内水平掘进的用于储存火药、炸药的洞室。主要由引洞、主洞室组成,部分包括排风竖井、进风地沟,简称洞库。

2.0.2 覆土火药、炸药仓库 earth covered magazine of powders and explosives

分两种形式,一种是仓库后侧长边紧贴山丘,顶部覆土,在前侧长边覆土至顶部,两侧山墙为仓库出入口及装卸站台;另一种是其顶部覆土至仓库两侧及背后,前墙设有仓库出入口及装卸站台,简称覆土库。

4 总体布置

4.2 布置原则

4.2.1 库区、转运站和烧毁场危险区与非危险区必须严格分开,不应混杂布置。烧毁场应单独布置。
4.2.2 本库区的行政生活区和居民点的人流不应通过危险区,运送火药、炸药的专用道路不应通过本库区的行政生活区。

6 建筑结构

6.2 岩石洞库建筑结构

6.2.5 离壁式衬砌应采用不燃烧体,并应符合下列规定:

1 直墙拱顶离壁式衬砌的顶盖两侧应做挑檐板,挑檐长度不应小于0.35m,挑檐板应坡向围岩,坡度不应小于1:6。
3 排水沟应坡向洞外,坡度不应小于0.8%。

6.4 覆土库建筑结构

6.4.7 覆土库主体结构为波纹钢板拱时,钢拱及其连接件应采取防火、防腐措施。

6.6 取样间建筑结构

6.6.1 取样间应为单层、矩形建筑物,并应采用实心砌体承重结构或钢筋混凝土框架结构,耐火等级不应低于二级。建筑面积小于或等于65m²,且同一时间作业人员不超过3人时,安全出口的数量不应少于1个。建筑面积大于65m²时,安全出口的数量不应少于2个。
6.6.2 取样间应设置向疏散方向开启的平开门,不应采用吊门、侧拉门或弹簧门等。门口应设置装卸台或坡道,不应设置门槛。取样间应采用不发生火花的地面。取样间内任一点至安全出口的疏散距离不应大于15m。

7 电气

7.1 危险场所分类

7.1.1 危险场所应以工作间或建筑物为单位分类,并应符合下列规定:

1 长期存在能形成爆炸危险且危险程度大的火药、炸药及其粉尘的危险场所应为F0类。
2 短时存在能形成爆炸危险的火药、炸药及其粉尘的危险场所应为F1类。
3 危险场所分类和防雷类别应符合表7.1.1的规定。

表7.1.1 危险场所分类和防雷类别

序号	工作间(或建筑物)	危险场所分类	防雷类别
1	主洞室	F0	—
2	引洞	F1	—
3	覆土库	F0	一类
4	覆土库门斗	F1	一类
5	站台库	F0	一类
6	取样间	F1	一类

注:洞库伸出库外的排风竖井及其他突出物体的防雷类别应为二类。

7.2 10kV及以下变电所和配电室

7.2.1 库区、转运站供电负荷等级应为三级。消防系统、安全防范系统供电负荷等级应为二级。
7.2.2 库区10kV及以下变电所应为独立变电所。转运站10kV及以下变电所宜为独立变电所,当采用附建形式时,不应与危险性建筑物合建,可与非危险性建筑物贴建。

7.3 电气设备及电气照明

7.3.1 F0类危险场所不应安装电气设备和敷设电气线路。
7.3.2 F1类危险场所电气设备应符合下列规定:

1 危险场所电气设备应采用可燃性粉尘环境用电气设备的防粉尘点燃型(DIP 21),IP65级,以及用于爆炸性气体环境用电气设备的隔爆型(dIIB)、本质安全型(i),IP54级。
2 门灯及安装在外墙外侧的开关、控制箱等应采用可燃性粉尘环境用电气设备的防粉尘点燃型(DIP 22),IP54级。

3 防爆电气设备必须采用符合现行国家标准并由国家指定检验部门鉴定合格的产品。

4 电气设备最高表面温度不应大于 T4 组。

5 防爆接线盒、防爆挠性连接管等选型应与危险场所内防爆电气设备的防爆等级相一致。

7.3.3 主洞室可利用安装在引洞投光灯室的密闭投光灯通过透光窗照明，也可利用安装在引洞内、符合 F1 类危险场所要求的防爆灯具通过透光窗照明。离壁式洞库主洞室可利用安装在主洞室衬砌外侧、符合 F1 类危险场所要求的防爆灯具通过透光窗照明。

7.3.4 主洞室照度不宜低于 5lx。当照度不能满足要求时，主洞室可采用自备蓄电池便携式防爆灯具照明，其灯具选型应符合 F1 类危险场所要求，且灯具最高表面温度不应超过 100℃。

7.4 室内线路

7.4.1 F1 类危险场所电气线路应符合下列规定：

3 电气线路应采用阻燃铜芯聚氯乙烯绝缘电线或阻燃铜芯聚氯乙烯金属铠装电缆。电线或电缆芯线截面积不应小于 2.5mm^2。

7.4.2 F1 类危险场所电气线路，当采用电线穿钢管敷设时，应符合下列规定：

2 线路进入防爆电气设备时，应装设隔离密封装置。

7.4.3 F1 类危险场所电气线路，当采用电缆敷设时，应符合下列规定：

2 电缆穿过隔墙处应设隔板，并应对孔洞严密堵塞。

3 电缆与防爆电气设备连接处应采用铠装电缆密封接头。

8 安全防范系统

8.1 一般规定

8.1.5 库区警卫岗哨、警卫值班室、库区门卫、行政区值班室、转运站值班室等应设置电话通信系统，并应与火灾报警信号兼容。

8.4 室内线路

8.4.1 F1 类危险场所安全防范系统线路，应符合下列要求：

1 信号线路、保安通信线路等应采用交流额定电压不低于 300/500V 的阻燃铜芯绝缘电线或电缆，其芯线截面不宜小于 1.5mm^2。当采用多芯电缆时，其芯线截面不应小于 0.75mm^2。线路的敷设方式应符合本规范第 7.4 节的规定。

9 采暖、通风和空气调节

9.0.1 洞库、覆土库宜采用自然通风，当采用自然通风不能满足要求时，可采用机械通风。机械通风系统的设置应符合下列要求：

1 通风系统应采用直流式，通风设备应设在单独的通风机室内，通风机室不应有门窗与主洞室相通。严禁采用机械排风系统。

2 通风管道宜采用圆形截面，通风管道及阀门应采用不燃烧体。

10 消 防

10.0.1 洞口周围宜设不小于 15m 宽的隔火带，覆土库周围应设不小于 15m 宽的隔火带，隔火带范围内应清除杂草树木。

10.0.2 库区、转运站应设泡沫灭火机、风力灭火机、消防水桶等移动式消防器材，并应采取防冻措施。取样间在作业时应配备灭火器，库房门口宜配备灭火器。灭火器配备应按现行国家标准《建筑灭火器配置设计规范》GB 50140 中严重危险级执行。

10.0.3 取样间内应设应急消防水池，水池的尺寸和水量应能将火药、炸药包装箱全部淹没，池顶不应高于工作台。

10.0.4 消防用水可采用给水管网、天然水源、消防蓄水池或高位水池供给，并应符合下列要求：

1 消防用水量不应小于 20L/s，消防延续时间应按 3h 计算。应采取保证消防用水平时不被动用的措施。

3 覆土库区和转运站供消防车使用的消防蓄水池，保护半径不应大于 150m。

10.0.6 消防给水系统的压力、室外消火栓布置、消防水泵房应符合现行国家标准《建筑设计防火规范》GB 50016 的有关规定。

10.0.7 消防水泵的设置应符合下列要求：

1 消防水泵应有备用泵，备用泵工作能力不应小于 1 台主泵的工作能力。

2 消防水泵应保证在火警 30s 内开始工作。

3 消防水泵应有备用动力源。

10.0.8 覆土库区和转运站应设消防给水系统或消防蓄水池。

10.0.10 设有消防水源的库区应根据需要设机动消防泵或消防车。

11 运输和转运站

11.1 铁路运输

11.1.1 运送火药、炸药的铁路专用线，与有明火和散发火星的建筑物（或场所）边缘之间的距离不应小于 35m。

11.2 公路运输

11.2.1 库区和转运站内运送火药、炸药的道路干线，与有明火和散发火星的建筑物（或场所）边缘之间的距离不应小于 35m。

11.3 转运站

11.3.3 站台库应符合下列规定：

1 站台库应为单层、矩形建筑，耐火等级不应低于二级。

2 当采用的防火保护层满足相应耐火等级的耐火极限要求时，可采用钢结构承重的结构体系。

3 建筑面积小于 220m^2 时，安全出口的数量不应少于 1

个；建筑面积大于或等于220m²时，安全出口的数量不应少于2个。应设置向疏散方向开启的平开门，并不得设置门槛，门洞宽不应小于1.5m，不应采用吊门、侧拉门或弹簧门等。站台库内任一点至安全出口的疏散距离不应大于30m。站台库宜采用轻质围护结构和轻质屋盖。

12 烧毁场

12.0.2 烧毁场作业场地短边长度不宜小于25m，作业场地表面应为不带石块的土质地面。作业场地边缘周围30m范围内应为防火带，防火带内不应有树木杂草及其他易燃物。

13 理化中心

13.0.5 理化中心建筑结构应符合下列要求：
1 理化实验室应符合下列要求：
   1）耐火等级不应低于二级。
   2）辅助用室应布置在建筑物较为安全的一端，不应与危险性工作间混杂布置。辅助用室应用防火墙与危险性工作间隔开。
   3）危险性工作间建筑面积小于65m²，且实验人员不超过3人时，安全出口的数量不应少于1个；建筑面积大于或等于65m²时，安全出口的数量不应少于2个。危险性工作间的门应采用平开门并向疏散方向开启，不应设置门槛，不应与其他工作间的门直对设置，危险性工作间内任一点至安全出口的疏散距离不应大于20m。
   4）危险性工作间内墙面和顶棚应平整、光滑，所有墙面的凹角应抹成圆弧角。经常清洗的危险性工作间墙面宜涂刷油漆。有可能撒落火药、炸药的危险性工作间应采用不发生火花的地面。实验过程有腐蚀性介质时，尚应符合现行国家标准《工业建筑物防腐蚀设计规范》GB 50046的有关规定。
   5）危险性工作间门、窗扇及五金件应采取导静电措施。
   6）应采用现浇钢筋混凝土框架承重结构。
2 样品库应符合下列要求：
   1）应为单层、矩形建筑物，耐火等级不应低于二级。
   2）建筑面积小于220m²时，安全出口的数量不应少于1个；建筑面积大于或等于220m²时，安全出口的数量不应少于2个。应采用平开门并向外开启，不应设置门槛，样品库内任一点至安全出口的疏散距离不应大于30m。
   3）应采用不发生火花的地面，不得附建其他辅助用室。

13.0.6 理化中心采暖、通风和空气调节系统应符合下列要求：

4 散发有火药、炸药粉尘或燃烧爆炸危险气体的工作间，其通风和空气调节系统应采用直流式。

5 散发有火药、炸药粉尘或燃烧爆炸危险气体的工作间，通风和空气调节设备的选用应符合下列规定：
   1）通风机室和空气调节机室应单独设置，不应有门、窗与危险工作间相通，当送风干管上设置止回阀时，送风系统的送风机和直流式空气调节系统的空调机可采用非防爆型。
   2）散发有火药、炸药粉尘或燃烧爆炸危险气体的排风系统，风机及电机均应采用防爆型，且风机和电机应直联。
   3）管道和设备上的阀门等活动件应采用摩擦和撞击时不发火的材料。

13.0.7 消防应符合下列要求：

1 理化实验室应设室内和室外消火栓给水系统。消防给水系统的设计应按现行国家标准《建筑设计防火规范》**GB 50016**中甲类厂房执行。

2 理化中心各建筑物灭火器的配备应符合现行国家标准《建筑灭火器配置设计规范》GB 50140的有关规定，危险性工作间应按严重危险级配备灭火器。

13.0.8 电气应符合下列要求：

2 理化实验室应设置专用配电室，配电室应符合下列规定：
   1）配电室与危险场所相毗邻的隔墙应为不燃烧体的密实墙，且隔墙上不应设门、窗与危险场所相通，门应向室外开启或通向非危险场所。
   2）当理化实验室为多层建筑时，配电室应设在一层。
   3）与配电室无关的管线不应通过配电室。

151.《烟花爆竹工程设计安全规范》GB 50161—2009

2 术 语

2.0.1 烟花爆竹生产项目 fireworks and firecracker project

指生产烟花、爆竹及生产用于烟花、爆竹产品的黑火药、烟火药、引火线、电点火头等的厂房、场所及配套的仓库。

2.0.2 危险品 hazardous goods

指本规范范围内的烟火药、黑火药、引火线、氧化剂等，以及用以上物品制成的烟花、爆竹在制品、半成品、成品。

2.0.10 计算药量 explosive quantity

能形成同时爆炸或燃烧的危险品最大药量。

2.0.11 摩擦类药剂 friction ignited powder

含氯酸钾、硫化锑、雷酸银等药剂，经摩擦能产生引燃（爆）作用的药剂。

2.0.12 笛音剂 whistling powder

含高氯酸钾、苯甲酸氢钾、苯二甲酸氢钾等药剂，能产生哨音效果的药剂。

2.0.13 爆炸音剂 powder with detonation sound

含高氯酸盐、硝酸盐、硫磺、硫化锑、铝粉等药剂，能产生爆炸音响效果的药剂。

2.0.14 外部最小允许距离 external separation distance

指危险性建筑物与外部各类目标之间，在规定的破坏标准下所允许的最小距离。它是按建筑物的危险等级和计算药量确定的。

2.0.15 内部最小允许距离 internal separation distance

指危险品厂房、库房与相邻建筑物之间，在规定的破坏标准下所允许的最小距离。它是按建筑物的危险等级和计算药量确定的。

2.0.16 防护屏障 protecting barrier

有天然屏障和人工屏障，其形式、强度均能按规定方式限制爆炸冲击波、碎片、火焰对附近建筑物及设施的影响。

2.0.21 抗爆屏院 blast resistant shield yard

当抗爆间室内发生爆炸事故时，为阻止爆炸碎片和减弱爆炸冲击波向泄爆方向扩散而在抗爆间室轻型窗外设置的屏院。

2.0.22 装甲防护装置 armor protective device

装于特定场所或设于单个特定设备或操作岗位的装置，以防止装置外的人员、物资或设备受到可能发生的局部火灾或爆炸侵害的金属防护体。

3 建筑物危险等级和计算药量

3.1 建筑物危险等级

3.1.1 危险性建筑物的危险等级，应按下列规定划分为1.1、1.3级：

1　1.1级建筑物为建筑物内的危险品在制造、储存、运输中具有整体爆炸危险或有迸射危险，其破坏效应将波及周围。根据破坏能力划分为1.1^{-1}、1.1^{-2}级。

1.1^{-1}级建筑物为建筑物内的危险品发生爆炸事故时，其破坏能力相当于TNT的厂房和仓库；

1.1^{-2}级建筑物为建筑物内的危险品发生爆炸事故时，其破坏能力相当于黑火药的厂房和仓库。

2　1.3级建筑物为建筑物内的危险品在制造、储存、运输中具有燃烧危险，偶尔有较小爆炸或较小迸射危险，或两者兼有，但无整体爆炸危险，其破坏效应局限于本建筑物内，对周围建筑物影响较小。

3.1.2 厂房的危险等级应由其中最危险的生产工序确定。仓库的危险等级应由其中所储存最危险的物品确定。

3.1.3 危险品生产工序的危险等级分类应符合表3.1.3-1的规定。危险品仓库的危险等级分类应符合表3.1.3-2的规定。

表3.1.3-1　危险品生产工序的危险等级分类

序号	危险品名称	危险等级	生产工序
1	黑火药	1.1^{-2}	药物混合（硝酸钾与碳、硫球磨），潮药装模（或潮药包片），压药，拆模（撕片），碎片，造粒，抛光，浆药，干燥，散热，筛选，计量包装
		1.3	单料粉碎、筛选、干燥、称料，硫、碳二成分混合
2	烟火药	1.1^{-1}	药物混合，造粒，筛选，制开球药，压药，浆药，干燥，散热，计量包装
		1.1^{-2}	猜药柱（药块），湿药调制，烟雾剂干燥，散热，计量包装
		1.3	氧化剂、可燃物的粉碎与筛选，称料（单料）
3	引火线	1.1^{-2}	制引，浆引，漆引，干燥，散热，绕引，定型裁割，捆扎，切引，包装
4	爆竹类	1.1^{-1}	装药
		1.1^{-2}	黑火药装药
		1.3	插引（含机械插引、手工插引和空筒插引），挤引，封口，点药，结鞭，包装
5	组合烟花类、内筒型小礼花类	1.1^{-1}	装药，筑（压）药，内筒封口（压纸片、装封口剂）
		1.1^{-2}	装发射药，黑火药装（压）药，已装药部件钻孔，装单个裸药件，单筒药量≥25g非裸药件组装，外筒封口（压纸片）
		1.3	蘸药，安引，组盆串引（空筒），单筒药量<25g非裸药件组装，包装
6	礼花弹类	1.1^{-1}	装球
		1.1^{-2}	包药，组装（含安引、装发射药包、串球），剖引（引线钻孔）球干燥，散热，包装
		1.3	空壳安引，糊球

续表 3.1.3-1

序号	危险品名称	危险等级	生产工序
7	吐珠类	1.1^{-2}	装（筑）药
		1.3	安引（空筒），组装，包装
8	升空类（含双响炮）	1.1^{-1}	装药，筑（压）药
		1.1^{-2}	黑火药装（筑、压）药，包药，装裸药效果件（含效果药包），单个药量≥30g非裸药件组装
		1.3	安引，单个药量<30g非裸药效果件组装（含安稳定杆），包装
9	旋转类（旋转升空类）	1.1^{-1}	装药，筑（压）药
		1.1^{-2}	黑火药装、筑（压）药，已装药部件钻孔
		1.3	安引，组装（含引线、配件、旋转轴、架），包装
10	喷花类和架子烟花	1.1^{-2}	装药，筑（压）药，已装药部件的钻孔
		1.3	安引，组装，包装
11	线香类	1.1^{-1}	装药
		1.3	粘药，干燥，散热，包装
12	摩擦类	1.1^{-1}	雷酸银药物配制，拌药砂，发令纸干燥
		1.1^{-2}	机械蘸药
		1.3	包药砂，手工蘸药，分装，包装
13	烟雾类	1.1^{-2}	装药，筑（压）药
		1.3	糊球，安引，球干燥，散热，组装，包装
14	造型玩具类	1.1^{-1}	装药，筑（压）药
		1.1^{-2}	已装药部件钻孔
		1.3	安引，组装，包装
15	电点火头	1.3	蘸药，干燥（晾干），检测，包装

注：表中未列品种、加工工序，其危险等级可依照本规范第 3.1.1 条并对本表确定。

表 3.1.3-2 危险品仓库的危险等级分类

贮存的危险品名称	危险等级
烟火药（包括裸药效果件），开球药	1.1^{-1}
黑火药，引火线，未封口含药半成品，单个装药量在 40g 及以上已封口的烟花半成品及含爆炸音剂、笛音剂的半成品，已封口的 B 级爆竹半成品，A、B 级成品（喷花类除外），单筒药量 25g 及以上的 C 级组合烟花类成品	1.1^{-2}
电点火头，单个装药量在 40g 以下已封口的烟花半成品（不含爆炸音剂、笛音剂），已封口的 C 级爆竹半成品，C、D 级成品（其中，组合烟花类成品单筒药量在 25g 以下），喷花类成品	1.3

注：表中 A、B、C、D 级为现行国家标准《烟花爆竹 安全与质量》GB 10631 规定的产品分级。

3.1.4 氧化剂、可燃物及其他化工原材料的火灾危险性分类应符合现行国家标准《建筑设计防火规范》GB 50016 的有关规定。

3.2 计算药量

3.2.1 危险性建筑物的计算药量应为该建筑物内（含生产设备、运输设备和器具里）所存放的黑火药、烟火药、在制品、半成品、成品等能形成同时爆炸或燃烧的危险品最大药量。

3.2.2 防护屏障内的危险品药量应计入该屏障内的危险性建筑物的计算药量。

3.2.3 危险性建筑物中抗爆间室的危险品药量可不计入危险性建筑物的计算药量。

3.2.4 危险性建筑物内采取了分隔防护措施，危险品相互间不会引起同时爆炸或燃烧的药量可分别计算，取其最大值为危险性建筑物的计算药量。

4 工程规划和外部最小允许距离

4.1 工程规划

4.1.1 烟花爆竹生产项目和经营批发仓库的选址应符合城乡规划的要求，并避开居民点、学校、工业区、旅游区、铁路和公路运输线、高压输电线等。

4.1.2 烟花爆竹生产项目应根据所生产的产品种类、工艺特性、生产能力、危险程度进行分区规划，分别设置非危险品生产区、危险品生产区、危险品总仓库区、燃放试验场区和销毁场、行政区。

4.1.3 烟花爆竹生产项目规划应符合下列要求：
    3 无关人流和货流不应通过危险品生产区和危险品总仓库区。危险品货物运输不宜通过住宅区。

4.1.4 当烟花爆竹生产项目建在山区时，应合理利用地形，将危险品生产区、危险品总仓库区、燃放试验场或销毁场区布置在有自然屏障的偏僻地带。不应将危险品生产区布置在山坡陡峭的狭窄沟谷中。

4.1.5 烟花爆竹经营批发企业设置危险品仓库时，应符合本规范第 4.3 节危险品总仓库区外部最小允许距离和第 5.3 节危险品总仓库区内部最小允许距离的规定。

4.2 危险品生产区外部最小允许距离

4.2.1 危险品生产区内的危险性建筑物与其周围零散住户、村庄、公路、铁路、城镇和本企业总仓库区等外部最小允许距离，应分别按建筑物的危险等级和计算药量计算后取其最大值。外部最小允许距离应自危险性建筑物的外墙算起，晒场自晒场边缘算起。

4.2.2 危险品生产区1.1级建筑物、构筑物的外部最小允许距离不应小于表4.2.2的规定。

表4.2.2 危险品生产区1.1级建筑物、构筑物的外部最小允许距离（m）

项目	计算药量（kg）								
	≤10	>10 ≤20	>20 ≤30	>30 ≤50	>50 ≤100	>100 ≤200	>200 ≤300	>300 ≤500	>500 ≤800	>800 ≤1000
10户或50人以下的零散住户，50人以下的企业围墙，本企业独立的总仓库区建筑物边缘，无摘挂作业铁路中间站站界及建筑物边缘，110kV架空输电线路	50	60	65	70	80	110	120	140	170	190
村庄边缘，学校、职工人数在50人及以上的企业围墙，有摘挂作业的铁路车站站界及建筑物边缘，220kV以下的区域变电站围墙，220kV架空输电线路	60	70	80	100	120	160	180	210	250	270
城镇规划边缘，220kV及以上的区域变电站围墙，220kV以上的架空输电线路	110	130	150	180	220	290	330	370	450	490
铁路线、二级及以上公路路边、通航的河流航道边缘	35	40	50	60	70	95	110	120	150	160
三级公路路边、35kV架空输电线路	35	35	40	50	60	80	90	110	130	140

4.2.3 危险品生产区1.3级建筑物、构筑物的外部最小允许距离不应小于表4.2.3的规定。

表4.2.3 危险品生产区1.3级建筑物、构筑物的外部最小允许距离（m）

项目	计算药量（kg）					
	≤100	>100 ≤200	>200 ≤400	>400 ≤600	>600 ≤800	>800 ≤1000
10户或50人以下的零散住户，50人以下的企业围墙，本企业独立的总仓库区建筑物边缘，无摘挂作业铁路中间站站界及建筑物边缘，110kV架空输电线路	35	35	35	35	35	35
村庄边缘，学校、职工人数在50人及以上的企业围墙，有摘挂作业的铁路车站站界及建筑物边缘，220kV以下的区域变电站围墙，220kV架空输电线路	40	42	44	46	48	50
城镇规划边缘，220kV及以上的区域变电站围墙，220kV以上的架空输电线路	60	65	70	75	80	90
铁路线、二级及以上公路路边、通航的河流航道边缘	35	35	40	40	40	40
三级公路路边、35kV架空输电线路	35	35	35	35	35	35

4.3 危险品总仓库区外部最小允许距离

4.3.1 危险品总仓库区内的危险性建筑物与其周围零散住户、村庄、公路、铁路、城镇和本企业生产区等外部最小允许距离，应分别按建筑物的危险等级和计算药量计算后取其最大值。外部最小允许距离应自危险性建筑物的外墙算起。

4.3.2 危险品总仓库区1.1级仓库的外部最小允许距离不应小于表4.3.2的规定。

4.3.3 危险品总仓库区1.3级仓库的外部最小允许距离不应小于表4.3.3的规定。

表4.3.2 危险品总仓库区1.1级仓库的外部最小允许距离（m）

项目	计算药量（kg）									
	≤500	>500 ≤1000	>1000 ≤2000	>2000 ≤3000	>3000 ≤4000	>4000 ≤5000	>5000 ≤6000	>6000 ≤7000	>7000 ≤8000	>8000 ≤9000	>9000 ≤10000
10户或50人以下的零散住户，50人以下的企业围墙，本企业生产区建筑物边缘，无摘挂作业铁路中间站站界及建筑物边缘，110kV架空输电线路	115	145	185	210	230	250	260	275	290	300	310
村庄边缘，学校、职工人数在50人及以上的企业围墙，有摘挂作业的铁路车站站界及建筑物边缘，220kV以下的区域变电站围墙，220kV架空输电线路	175	220	280	320	350	380	400	420	440	460	480

续表 4.3.2

项目	计算药量（kg）										
	≤500	>500 ≤1000	>1000 ≤2000	>2000 ≤3000	>3000 ≤4000	>4000 ≤5000	>5000 ≤6000	>6000 ≤7000	>7000 ≤8000	>8000 ≤9000	>9000 ≤10000
城镇规划边缘，220kV及以上的区域变电站围墙，220kV以上的架空输电线路	315	400	510	580	630	690	720	760	800	830	860
铁路线、二级及以上公路路边、通航的河流航道边缘	100	125	155	180	195	210	220	235	245	255	270
三级公路路边、35kV架空输电线路	80	90	110	120	130	140	150	160	170	180	190

表 4.3.3 危险品总仓库区 1.3 级仓库的外部最小允许距离（m）

项目	计算药量（kg）										
	≤500	>500 ≤2000	>2000 ≤3000	>3000 ≤4000	>4000 ≤5000	>5000 ≤6000	>6000 ≤7000	>7000 ≤8000	>8000 ≤9000	>9000 ≤10000	>10000 ≤20000
10户或50人以下的零散住户，50人以下的企业围墙，本企业生产区建筑物边缘，无摘挂作业铁路中间站站界及建筑物边缘，110kV架空输电线路	35	40	45	48	50	55	57	60	65	78	85
村庄边缘，学校、职工人数在50人及以上的企业围墙，有摘挂作业的铁路车站站界及建筑物边缘，220kV以下的区域变电站围墙，220kV架空输电线路	40	65	75	80	85	90	95	100	105	110	140
城镇规划边缘，220kV及以上的区域变电站围墙，220kV以上的架空输电线路	70	110	120	130	140	150	160	170	180	190	250
铁路线、二级及以上公路路边、通航的河流航道边缘	40	50	50	50	50	50	50	50	53	55	70
三级公路路边、35kV架空输电线路	35	35	38	40	43	45	48	50	53	55	70

4.3.4 若将总仓库区和生产区相邻或相连时，两者之间距离应按照各自外部最小允许距离要求计算，取大值。

4.4 燃放试验场和销毁场外部最小允许距离

4.4.1 燃放试验场的外部最小允许距离不应小于表 4.4.1 的规定。

表 4.4.1 燃放试验场的外部最小允许距离（m）

项目	燃放试验场类别				
	地面烟花	升空烟花	≤4号礼花弹	≥5号礼花弹 <10号礼花弹	≥10号礼花弹
危险品生产区及危险品仓库易燃易爆液体库	50	200	300	600	800
居民住宅	30	100	150	300	400

注：外部最小允许距离自燃放试验场边缘算起。

4.4.2 烟花爆竹企业的危险品销毁场边缘距场外建筑物的外部最小允许距离不应小于 65m，一次烧毁药量不应超过 20kg。

5 总平面布置和内部最小允许距离

5.1 总平面布置

5.1.1 危险品生产区的总平面布置应符合下列规定：
　　3 危险性建筑物之间、危险性建筑物与其他建筑物之间的距离应符合内部最小允许距离的要求。
　　6 危险品生产厂房靠山布置时，距山脚不宜太近。当危险品生产厂房布置在山凹中时，应考虑人员的安全疏散和有害气体的扩散。

5.1.2 危险品总仓库区的总平面布置应符合下列规定：
　　1 应根据仓库的危险等级和计算药量结合地形布置。
　　3 危险品运输道路不应在其他防护屏障内穿行通过。
　　4 不同类别仓库应考虑分区布置，同一危险等级的仓库宜集中布置，计算药量大或危险性大的仓库宜布置在总仓库区的边缘或其他有利于安全的地形处。

5.1.3 危险品生产区和危险品总仓库区的围墙设置应符合下列规定：
　　1 危险品生产区和危险品总仓库区应设置高度不低于 2m 的围墙。

2 围墙与危险性建筑物、构筑物之间的距离宜为12m，且不得小于5m。

3 围墙应为密砌墙，特殊地形设置密砌围墙有困难时，局部地段可设置刺丝网围墙。

5.2 危险品生产区内部最小允许距离

5.2.1 危险品生产区内各建筑物之间的内部最小允许距离，应分别按照各危险性建筑物的危险等级及其计算药量所确定的距离和本节各条所规定的距离，取其最大值。内部最小允许距离应自建筑物的外墙算起，晒场自晒场边缘算起。

5.2.2 危险品生产区内 1.1^{-1} 级建筑物与邻近建筑物的内部最小允许距离，应符合表5.2.2的规定。

表5.2.2 危险品生产区内 1.1^{-1} 级建筑物与邻近建筑物的内部最小允许距离（m）

计算药量（kg）	双有屏障	单有屏障	因屏障开口形成双方无屏障
≤5	12(7)	12(7)	14
10	12(7)	12(8)	16
20	12(7)	12(10)	20
30	12(7)	12	24
40	12(8)	14	28
60	12(9)	15	30
80	12(10)	16	32
100	12	18	36
200	14	22	44
300	16	25	50
400	18	28	55
500	20	30	60
800	23	35	70
1000	25	38	76

注：当两座相邻厂房相对的外墙均为防火墙时，可采用括号内数字。

5.2.3 危险品生产区内 1.1^{-2} 级建筑物与邻近建筑物的内部最小允许距离，应符合表5.2.2中的数字乘以0.8，但不得小于表中相应列的最小值。

5.2.4 1.1级建筑物有敞开面时，该敞开面方向的内部最小允许距离应按本规范表5.2.2的要求计算后再增加20%。

5.2.5 在一条山沟中，当1.1级建筑物镶嵌在山坡陡峻的山体中时，与其正前方建筑物的内部最小允许距离应按本规范第5.2.2条或第5.2.3条的要求计算后再增加50%。

5.2.6 危险品生产区内布置有进射危险产品的生产线时，该生产线有进射危险品的建筑物与其他生产线建筑物的内部最小允许距离，应分别按各自的危险等级和计算药量计算后再增加50%。

5.2.7 危险品生产区内1.1级建筑物与公用建筑物、构筑物的内部最小允许距离应符合下列规定：

1 与锅炉房、独立变电所、水塔、高位水池（包括地上、地下或半地下）及消防蓄水池、有明火或散发火星的建筑物的内部最小允许距离，应按本规范表5.2.2的要求计算后再增加50%，并不应小于50m。

2 与厂区内办公室、食堂、汽车库的内部最小允许距离，应按本规范表5.2.2的要求计算后再增加50%，并不应小于65m。

5.2.8 危险品生产区内1.3级建筑物与邻近建筑物的内部最小允许距离应符合表5.2.8的规定。

表5.2.8 危险品生产区内1.3级建筑物与邻近建筑物的内部最小允许距离（m）

计算药量（kg）	内部最小允许距离
≤50	12
100	14
200	16
400	18
600	20
800	22
1000	25

注：当两座相邻厂房相对的外墙均为防火墙时，表中距离可乘以0.8，但不得小于12m。

5.2.9 危险品生产区内1.3级建筑物与公用建筑物、构筑物的内部最小允许距离应符合下列规定：

1 与锅炉房、有明火或散发火星的建筑物的内部最小允许距离不应小于50m。

2 与独立变电所、水塔、高位水池（包括地上、地下或半地下）及消防蓄水池的内部最小允许距离不应小于35m。

3 与厂区内办公室、食堂、汽车库的内部最小允许距离不应小于50m。

5.2.10 在山区建厂利用山体设置临时存药洞时，临时存药洞洞口相对位置不应布置建筑物，临时存药洞外壁与相邻建筑物之间的内部最小允许距离应符合表5.2.10的规定。

表5.2.10 临时存药洞外壁与邻近建筑物之间的内部最小允许距离（m）

计算药量（kg）	内部最小允许距离
≤5	4
10	5

5.3 危险品总仓库区内部最小允许距离

5.3.1 危险品总仓库区内各建筑物之间的内部最小允许距离，应按各仓库的危险等级和计算药量分别计算后取其最大值。内部最小允许距离应自建筑物的外墙算起。

5.3.2 危险品总仓库区内 1.1^{-1} 级仓库与邻近危险品仓库的内部最小允许距离应符合表5.3.2的规定。

表 5.3.2 危险品总仓库区内 1.1⁻¹ 级仓库与邻近
危险品仓库的内部最小允许距离（m）

计算药量（kg）	单有屏障	双有屏障
≤100	20	12
>100 ≤500	25	15
>500 ≤1000	30	20
>1000 ≤3000	40	25
>3000 ≤5000	50	30
>5000 ≤7000	56	33
>7000 ≤9000	62	37
>9000 ≤10000	65	40

5.3.3 危险品总仓库区内 1.1⁻² 级仓库与邻近危险品仓库的内部最小允许距离应符合表 5.3.2 中规定的距离乘以 0.8，但不得小于表中相应列的最小值。

5.3.4 危险品总仓库区内 1.3 级仓库与邻近危险品仓库的内部最小允许距离应符合表 5.3.4 的规定。

表 5.3.4 危险品总仓库区内 1.3 级仓库与邻近危险品
仓库的内部最小允许距离（m）

计算药量（kg）	内部最小允许距离
≤500	15
>500 ≤1000	20
>1000 ≤5000	25
>5000 ≤10000	30
>10000 ≤15000	35
>15000 ≤20000	40

5.3.5 危险品总仓库区 10kV 及以下变电所与危险品仓库的内部最小允许距离应符合下列规定：
  1 与 1.1⁻¹ 级、1.1⁻² 级仓库的内部最小允许距离应分别符合本规范第 5.3.2 条和第 5.3.3 条的规定，并不应小于 50m。
  2 与 1.3 级仓库的内部最小允许距离应符合表 5.3.4 的规定，并不应小于 25m。

5.3.6 危险品总仓库区值班室宜结合地形布置在有自然屏障处，与危险品仓库的内部最小允许距离应符合下列规定：
  1 与 1.1⁻¹ 级仓库的内部最小允许距离应符合表 5.3.6-1 的规定。
  2 与 1.1⁻² 级仓库的内部最小允许距离按表 5.3.6-1 的要求乘以 0.8，但不得小于表中相应列的最小值。
  3 与 1.3 级仓库的内部最小允许距离应符合表 5.3.6-2 的规定。
  4 当值班室采取抗爆结构时，其与各级仓库的内部最小允许距离按设计确定。

表 5.3.6-1 1.1⁻¹ 级仓库与库区值班室的内部
最小允许距离（m）

计算药量（kg）	值班室无防护屏障	值班室有防护屏障
≤500	50	35
>500 ≤1000	65	50
>1000 ≤5000	110	80
>5000 ≤10000	140	100

表 5.3.6-2 1.3 级仓库与库区值班室的内部
最小允许距离（m）

计算药量（kg）	内部最小允许距离
≤500	25
>500 ≤1000	30
>1000 ≤5000	35
>5000 ≤10000	40
>10000 ≤20000	50

5.3.8 当采用洞库或覆土库储存危险品时，洞库或覆土库应符合现行国家标准《地下及覆土火药炸药仓库设计安全规范》GB 50154 中的有关规定。

5.4 防 护 屏 障

5.4.1 防护屏障的形式应根据总平面布置、运输方式、地形条件、建筑物内计算药量等因素确定。防护屏障可采用防护土堤、钢筋混凝土防护屏障或夯土防护墙等形式。防护屏障的设置，应能对本建筑物及邻近建筑物起到防护作用。防护屏障的防护范围应按本规范附录 A 确定。

5.4.2 危险品生产区和危险品总仓库区防护屏障的设置应符合下列规定：
  1 1.1 级建筑物应设置防护屏障。
  2 1.1 级建筑物内计算药量小于 100kg 时，可采用夯土防护墙。

5.4.3 防护屏障内坡脚与建筑物外墙之间的水平距离应符合下列规定：
  1 有运输或特殊要求的地段，其距离应按最小使用要求确定，但不应大于 9m，并适当增加防护屏障高度。
  2 无运输或特殊要求时，其距离不应大于 3m，且不宜小于 1.5m。

5.4.4 防护屏障的高度不应低于防护屏障内危险性建筑物侧墙顶部与被保护建筑物屋檐或道路中心线上 **3.7m** 处之间连线的高度，并应符合本规范附录 A 的规定。

5.4.5 防护屏障的设置应满足生产运输及安全疏散的要求，并应符合下列规定：

1 当防护屏障采用防护土堤时，应设置运输通道或运输隧道，并应符合下列规定：

  1) 运输通道和运输隧道应满足运输要求，并应使其防护土堤的无防护作用区为最小。汽车运输通道净宽度不宜大于 5m。汽车运输隧道净宽度宜为 3.5m，净高度不宜小于 3.0m，其结构应符合本规范第 8.7.2 条的规定。

2 当在危险品生产厂房的防护土堤内设置安全疏散隧道时，应符合下列规定：

  1) 安全疏散隧道应设置在危险品生产厂房安全出口附近。

  3) 安全疏散隧道的净高度不宜小于 2.2m，净宽度宜为 1.5m，其结构应符合本规范第 8.7.2 条的规定。

  4) 安全疏散隧道不得兼作运输用。

3 当防护屏障采用其他形式时，生产运输及安全疏散的要求由抗爆设计确定。

5.4.6 防护土堤的构造应符合下列规定：

1 **防护土堤的顶宽不应小于 1.0m，底宽应根据不同土质材料确定，但不应小于防护土堤高度的 1.5 倍。防护土堤的边坡应稳定。**

2 在取土困难地区可在防护土堤内坡脚处砌筑高度不大于 1.0m 的挡土墙，外坡脚处砌筑高度不大于 2.0m 的挡土墙；在特殊困难情况下，允许在防护土堤底部距建筑物地面标高 1.0m 范围内填筑块状材料。

5.4.7 夯土防护墙的顶宽不应小于 0.7m，墙高不应大于 4.5m，边坡度宜为 1∶0.2～1∶0.25，应采用灰土为填料，地面至地面以上 0.5m 范围内墙体应采用砌体或石块砌护墙。

5.4.8 钢筋混凝土防护屏障应根据防护屏障内危险性建筑物的计算药量由抗爆设计确定，并应满足抗爆炸空气冲击波及爆炸碎片的作用。当建筑物外墙为钢筋混凝土墙，且满足抗爆设计要求时，该外墙可作为防护屏障。

6 工艺与布置

6.0.1 烟花爆竹的生产工艺宜采用机械化、自动化、自动监控等可靠的先进技术。对有燃烧、爆炸危险的作业宜采取隔离操作，并应坚持减少厂房内存药量和作业人员的原则，做到小型、分散。

6.0.3 有燃烧、爆炸危险的作业场所使用的设备、仪器、工器具应满足使用环境的安全要求。

6.0.4 有易燃易爆粉尘散落的工作场所应设置清洗设施，并应有充足的清洗用水。

6.0.5 在危险品生产区内，危险品生产厂房允许最大存药量应符合现行国家标准《烟花爆竹劳动安全技术规程》GB 11652 的有关规定；危险品中转库最大存药量不应超过两天生产需要量，且单库不应超过本规范第 7.1.2 条的规定；临时存药间或临时存药洞的最大存药量不应超过单人半天的生产需要量，且不应超过 **10kg**。

6.0.6 1.1 级、1.3 级厂房和库房（仓库）应为单层建筑，其平面宜为矩形。

6.0.7 1.1 级厂房应单机单栋或单人单机独立设置，当采取抗爆间室、隔离操作时可以联建。引火线制造厂房应单间单机布置，每栋厂房联建间数不超过 4 间。

6.0.8 1.3 级厂房设置应符合下列规定：

1 工作间联建时应采用密实砌体墙隔开，且联建间数不应超过 6 间，当厂房建筑耐火等级为三级时，联建间数不应超过 4 间。

2 机械插引厂房工作间联建间数不应超过 4 间，且每个工作间应为单人、单机布置。

3 原料称量、氧化剂的粉碎和筛选、可燃物的粉碎和筛选，应独立设置厂房。

6.0.9 不同危险等级的中转库应独立设置，且不得和生产厂房联建。

6.0.10 有固定作业人员的非危险品生产厂房不得和危险品生产厂房联建。

6.0.11 1.1 级厂房内不应设置除更衣室外的辅助用室，1.3 级厂房内可设置生产辅助用室（如工器具室等）。

6.0.12 危险品生产厂房内设置临时存药间或在厂房附近设置临时存药洞时，临时存药间与操作间应采用钢筋混凝土墙或不小于 370mm 的密实砌体墙隔开，临时存药洞的设置应符合本规范第 5.2.10 条和第 8.1.6 条的规定。

6.0.13 危险品生产厂房内的工艺布置应便于作业人员操作、维修以及发生事故时迅速疏散。

6.0.14 对危险品进行直接加工的岗位宜设置防护装甲、防护板或采取人机隔离、远距离操作。对于作业人员与药物直接接触的混药、造粒、装药等工序应设置防护隔离罩、隔离板或其他个体防护装置。对有升空迸射危险的生产岗位宜设置防迸射措施。

6.0.16 有升空迸射危险的生产厂房与相邻厂房的门、窗不宜正对设置。若正对设置时，在门、窗前不大于 3.0m 处设置拦截装置，拦截装置的宽度应大于门窗宽 0.5m（每侧），高度应超出门窗高 1.5m，高出的 1.5m 应斜向本建筑物，倾斜角度 30°～45°。

6.0.17 烟花爆竹成品、有药半成品和药剂的干燥，宜采用热水、低压蒸汽或利用日光干燥，严禁采用明火烘干。干燥场所应符合下列规定：

1 干燥厂房内应设置排湿装置、感温报警装置及通风凉药设施。

2 热水、低压蒸汽干燥厂房内的温度应符合现行国家标准《烟花爆竹劳动安全技术规程》GB 11652 的有关规定。

3 热风干燥厂房可对没有裸露药剂的成品、半成品及无药半成品进行干燥；当对药剂和带裸露药剂的半成品采用热风干燥时，应有防止药物产生扬尘的措施。烘干温度应符合现行国家标准《烟花爆竹劳动安全技术规程》GB 11652 的有关规定。

4 日光干燥应在专门的晒场进行，晒场场地要求平整。危险品晒场周围应设置防护堤，防护堤顶面应高出产品面 1m。

6.0.19 运输危险品的廊道应采用敞开式或半敞开式，不宜与危险品生产厂房直接相连。

6.0.20 产品陈列室应陈列产品模型，不应陈列危险品。陈列实物时应单独建设陈列场所，并应满足本规范中的有关条款规定。

7 危险品储存和运输

7.1 危险品储存

7.1.1 危险品的储存应符合现行国家标准《烟花爆竹劳动安全技术规程》GB 11652 中有关储存的规定。

7.1.2 库房（仓库）危险品的存药量和建设规模应符合下列规定：

1 危险品生产区内，1.1 级中转库单库存药量不应超过 500kg，1.3 级中转库单库存药量不应超过 1000kg。

7.1.3 库房（仓库）内危险品的堆放应符合下列规定：

1 危险品堆垛间应留有检查、清点、装运的通道。堆垛之间的距离不宜小于 0.7m，堆垛距内墙壁距离不宜少于 0.45m；搬运通道的宽度不宜小于 1.5m。

2 烟火药、黑火药堆垛的高度不应超过 1.0m，半成品与未成箱成品堆垛的高度不应超过 1.5m，成箱成品堆垛的高度不应超过 2.5m。

7.2 危险品运输

7.2.2 危险品生产区运输危险品的主干道中心线与各级危险性建筑物的距离应符合下列规定：

3 运输裸露危险品的道路中心线距有明火或散发火星的建筑物不应小于 35m。

7.2.3 危险品总仓库区运输危险品的主干道中心线与各级危险性建筑物的距离不应小于 10m。

7.2.6 人工提送危险品时，宜设专用人行道，道路纵坡不宜大于 8%，路面应平整，且不应设有台阶。

8 建筑结构

8.1 一般规定

8.1.1 各级危险性建筑物的耐火等级和化学原料仓库的耐火等级除本规范第 8.1.2 条规定者外，均不应低于现行国家标准《建筑设计防火规范》GB 50016 中二级耐火等级的规定。

8.1.2 建筑面积小于 20m² 的 1.1 级建筑物或建筑面积不超过 300m² 的 1.3 级建筑物的耐火等级可为三级。

8.1.5 危险品生产区的办公用室和生活辅助用室宜独立设置或布置在非危险性建筑物内。当危险品生产厂房附设办公用室和生活辅助用室时，应符合下列规定：

2 1.3 级厂房除可附设更衣室外，还可附设其他生活辅助用房和车间办公用室，但应布置在厂房较安全的一端，并应采用防火墙与生产工作间隔开。

车间办公用室和生活辅助用室应为单层建筑，其门窗不宜面向相邻厂房危险性工作间的泄爆面。

8.1.6 在危险品生产区内，当在两个危险性建筑物之间设置临时存药洞时，应符合下列规定：

1 临时存药洞应镶嵌在天然山体内。存药洞门应离山体前坡脚不小于 800mm。

2 临时存药洞的净空尺寸宽不大于 800mm，高不大于 1000mm，存药洞净深不大于 600mm，存药洞底宜高出存药洞外人行地面 600mm。

5 临时存药洞上部覆土厚度不应小于 500mm，两侧墙顶覆土宽度不应小于 1500mm。

6 临时存药洞内应用水泥砂浆抹面，四周有土处应采取防水及隔潮措施。存药洞上部应有良好的排水措施。

8.1.7 距离本厂围墙小于 12m 的危险性建筑物，危险性建筑物面向围墙方向的外墙宜为实体墙；如设有门、窗或洞口，应采取防火措施。

8.2 危险品生产区危险性建筑物的结构选型和构造

8.2.1 1.1 级建筑物的结构形式应符合下列规定：

1 除本规范第 8.2.1 条第 2 款规定以外的 1.1 级建筑物，均应采用现浇钢筋混凝土框架结构。

2 当符合下列条件之一者，可采用钢筋混凝土柱、梁承重结构或砌体承重结构：

  1）建筑面积小于 20m²，且操作人员不超过 2 人的厂房。

  2）远距离控制而室内无人操作的厂房。

8.2.2 1.3 级建筑物的结构形式应符合下列规定：

1 除本规范第 8.2.2 条第 2 款规定以外的 1.3 级建筑物，均应采用现浇钢筋混凝土框架结构。

2 当符合下列条件之一者，可采用钢筋混凝土柱、梁承重结构或砌体承重结构：

  1）同时满足跨度不大于 7.5m、长度不大于 30m、室内净高不大于 4m，且横隔墙间距不大于 15m 的厂房。

  2）横隔墙较密且间距不大于 6m 的厂房。

8.2.3 采用砌体承重结构的 1.1 级、1.3 级建筑物不得采用独立砖柱承重。危险性建筑物的砌体厚度不应小于 240mm，并不得采用空斗墙和毛石墙。

8.2.5 有易燃、易爆粉尘的厂房，应采用外形平整、不易积尘的结构构件和构造。

8.2.6 1.1 级、1.3 级厂房结构构造应符合下列规定：

1 在梁底标高处，沿外墙和内横墙应设置现浇钢筋混凝土闭合圈梁。

2 梁与墙或柱应锚固可靠，梁与圈梁应连成整体。

3 围护砌体和钢筋混凝土柱之间应加强联结，纵横砌体之间也应加强联结。

4 门窗洞口应采用钢筋混凝土过梁，过梁的支承长度不应小于 250mm。当门洞口大于 2700mm 时宜设置钢筋混凝土门框架或门楣。

5 砌体承重结构的外墙四角及单元内外墙交接处应设构造柱。

8.3 抗爆间室和抗爆屏院

8.3.1 抗爆间室墙厚及屋盖应根据设计药量计算后确定，并应符合下列规定：

1 当设计药量大于1kg时，抗爆间室的墙及屋盖应采用现浇钢筋混凝土结构，墙厚不宜小于300mm。

2 当设计药量不大于1kg时，抗爆间室的墙及屋盖宜采用现浇钢筋混凝土结构，墙厚不应小于200mm。

3 当设计药量不大于1kg时，抗爆间室的墙及屋盖可用钢板或组合钢板结构。

8.3.2 抗爆间室的墙（不包括轻型窗所在墙）和屋盖计算应符合下列规定：

1 在设计药量爆炸空气冲击波和破片的局部作用下，不应产生震塌、飞散和穿透。

2 在设计药量爆炸空气冲击波的整体作用下，允许产生一定的残余变形。按使用要求，抗爆间室的墙和屋盖按弹性或弹塑性理论设计。

8.3.3 抗爆间室朝室外的一面应设置轻型窗。窗台的高度不应高于室内地面0.4m。

8.3.4 在抗爆间室轻型窗的外面应设置现浇钢筋混凝土抗爆屏院，并应符合下列规定：

1 抗爆屏院的平面形式和最小进深应符合表8.3.4的规定。

表8.3.4 抗爆屏院的平面形式和最小进深（m）

设计药量（kg）	小于3	大于等于3并小于15	大于等于15并小于30	大于等于30并小于50
平面形式				
最小进深（m）	3	4	5	6

2 抗爆屏院的高度不应低于抗爆间室的檐口高度。当抗爆屏院的进深超过4m时，抗爆屏院中墙高度应增高，增加的高度不应小于进深超过量的1/2，抗爆屏院边墙由抗爆间室的檐口高度逐渐增加至屏院中墙高度。

8.3.5 危险品生产厂房中，采用抗爆间室时应符合下列规定：

1 抗爆间室之间或抗爆间室与相邻工作间之间不应设地沟相通。

2 输送有燃烧爆炸危险物料的管道，在未设隔火隔爆措施的条件下，不应通过或进出抗爆间室。

3 当输送没有燃烧爆炸危险物料的管道必须通过或进出抗爆间室时，应在穿墙处采取密封措施。

4 抗爆间室的门、操作口、观察孔和传递窗的结构应能满足抗爆及不传爆的要求。

5 抗爆间室门的开启应与室内设备动力系统的启停进行联锁。

6 抗爆间室的墙高出厂房相邻屋面应不小于0.5m。

8.4 危险品生产区危险性建筑物的安全疏散

8.4.1 危险品生产厂房安全出口的设置应符合下列规定：

1 **1.1级、1.3级厂房每一危险性工作间的建筑面积大于18m²时，安全出口的数目不应少于2个。**

2 1.1级、1.3级厂房每一危险性工作间的建筑面积小于18m²，且同一时间内的作业人员不超过3人时，可设1个安全出口，但必须设置安全窗。当建筑面积为9m²，且同一时间内的作业人员不超过2人时，可设1个安全出口。

3 安全出口应布置在建筑物室外有安全通道的一侧。

4 须穿过另一危险性工作间才能到达室外的出口，不应作为本工作间的安全出口。

5 防护屏障内的危险性厂房的安全出口，应布置在防护屏障的开口方向或安全疏散隧道的附近。

8.4.2 1.1级、1.3级厂房外墙上宜设置安全窗。安全窗可作为安全出口，但不计入安全出口的数目。

8.4.3 1.1级、1.3级厂房每一危险工作间内由最远工作点至外部出口的距离，应符合下列规定：

1 1.1级厂房不应超过5m。

2 1.3级厂房不应超过8m。

8.4.4 厂房内的主通道宽度不应小于1.2m，每排操作岗位之间的通道宽度和工作间内的通道宽度不应小于1.0m。

8.4.5 疏散门的设置应符合下列规定：

1 应为向外开启的平开门，室内不得装插销。

2 当设置门斗时，应采用外门斗，门的开启方向应与疏散方向一致。

3 危险性工作间的外门口不应设置台阶，应做成防滑坡道。

8.5 危险品生产区危险性建筑物的建筑构造

8.5.1 1.1级、1.3级厂房的门应采用向外开启的平开门，外门宽度不应小于1.2m。危险性工作间的门不应与其他房间的门直对设置，内门宽度不应小于1.0m。内、外门均不得设置门槛。外门口不应设置影响疏散的明沟和管线等。

8.5.3 黑火药和烟火药生产厂房应采用木门窗。门窗的小五金应采用在相互碰撞或摩擦时不产生火花的材料。

8.5.4 安全窗应符合下列规定：

1 窗洞口的宽度不应小于1.0m。

2 窗扇的高度不应小于1.5m。

3 窗台的高度不应高出室内地面0.5m。

4 窗扇应向外平开，不得设置中梃。

5 窗扇不宜设插销，应利于快速开启。

6 双层安全窗的窗扇，应能同时向外开启。

8.5.5 危险性工作间的地面应符合现行国家标准《建筑地面设计规范》GB 50037的有关要求，并应符合下列规定：

1 对火花能引起危险品燃烧、爆炸的工作间，应采用不发生火花的地面。

2 当工作间内的危险品对撞击、摩擦特别敏感时，应采用不发生火花的柔性地面。

3 当工作间内的危险品对静电作用特别敏感时，应采用不发生火花的防静电地面。

8.5.6 有易燃易爆粉尘的工作间不宜设置吊顶，当设置吊顶时，应符合下列规定：

1 吊顶上不应有孔洞。

2 墙体应砌至屋面板或梁的底部。

8.5.7 危险性工作间的内墙应抹灰。有易燃易爆粉尘的工作间，其地面、内墙面、顶棚面应平整、光滑，不得有裂缝，所有凹角宜抹成圆弧。易燃易爆粉尘较少的工作间内墙面应刷1.5m～2.0m高油漆墙裙；经常冲洗的工作间，其顶棚及内墙面应刷油漆，油漆颜色与危险品颜色应有所区别。收集冲洗废水的排水沟，其内壁宜平整、光滑，所有凹角宜抹成圆弧，不得有裂缝，排水沟的坡度不宜小于1％。

8.6 危险品总仓库区危险品仓库的建筑结构

8.6.1 危险品仓库应根据当地气候和存放物品的要求，采取防潮、隔热、通风、防小动物等措施。

8.6.3 危险品仓库安全出口的设置应符合下列规定：

1 当仓库（或储存隔间）的建筑面积大于100m²（或长度大于18m）时，安全出口不应少于2个。

3 仓库内任一点至安全出口的距离不应大于15m。

8.6.4 危险品仓库门的设计应符合下列规定：

1 仓库的门应向外平开，门洞的宽度不宜小于1.5m，不得设门槛。

2 当仓库设计门斗时，应采用外门斗，且内、外两层门均应向外开启。

3 总仓库的门宜为双层，内层门为通风用门，通风用门应有防小动物进入的措施。外层门为防火门，两层门均应向外开启。

8.6.5 危险品总仓库的窗宜设可开启的高窗，并应配置铁栅和金属网。在勒脚处宜设置可开关的活动百叶窗或带活动防护板的固定百叶窗。窗应有防小动物进入的措施。

8.6.6 危险品仓库的地面应符合本规范第8.5.5条的规定。当危险品已装箱并不在库内开箱时，可采用一般地面。

8.7 通廊和隧道

8.7.1 危险品运输通廊设计应符合下列规定：

3 运输中有可能撒落药粉的通廊，其地面面层应与连接的危险性建筑物地面面层相一致。

8.7.2 防护屏障的隧道应采用钢筋混凝土结构。运输中有可能撒落药粉的隧道地面，应为不发生火花地面，且不应设置台阶。

9 消 防

9.0.1 烟花爆竹生产项目和经营批发仓库必须设置消防给水设施。消防给水可采用消火栓、手抬机动消防泵等不同形式的给水系统。

9.0.2 消防给水的水源必须充足可靠。当利用天然水源时，在枯水期应有可靠的取水设施；当水源来自市政给水管网而厂区内无消防蓄水设施时，消防给水管网应设计成环状，并有两条输水干管接自市政给水管网；当采用自备水源井时，应设置消防蓄水设施。

9.0.3 当厂区内设置蓄水池或有天然河、湖、池塘可利用时，应设有固定式消防泵或手抬机动消防泵。消防泵宜设备用泵。

9.0.4 危险品生产厂房和中转库的室外消防用水量，应按现行国家标准《建筑设计防火规范》GB 50016中甲类建筑物的规定执行。当单个建筑物的体积均不超过300m³时，室外消防用水量可按10L/s计算，消防延续时间可按2h计算。

9.0.5 1.3级厂房宜设室内消火栓系统，室内消火栓系统的设置应符合现行国家标准《建筑设计防火规范》GB 50016中对甲类建筑物的规定。

9.0.6 易发生燃烧事故的工作间宜设置雨淋灭火系统，并应符合下列规定：

1 存药量大于1kg且为单人作业的工作间内，宜在工作台上方设置手动控制的雨淋灭火系统或翻斗水箱等相应灭火设施。翻斗水箱容积应根据工作台面积，按16L/m²计算确定。

9.0.7 对产品或原料与水接触能引起燃烧、爆炸或助长火势蔓延的厂房，不应设置以水为灭火剂的消防设施，应根据产品和原料的特性选择灭火剂和消防设施。

9.0.8 危险品总仓库区根据当地消防供水条件，可设消防蓄水池、高位水池、室外消火栓或利用天然河、塘。室外消防用水量应按现行国家标准《建筑设计防火规范》GB 50016中甲类仓库的规定执行，消防延续时间按3h计算。供消防车或手抬机动消防泵取水的消防蓄水池的保护半径不应大于150m。

9.0.9 消防储备水应有平时不被动用的措施。使用后的补给恢复时间不宜超过48h。

10 废 水 处 理

10.0.2 有易燃易爆粉尘散落的工作间宜用水冲洗，并应设排水沟。排水沟的设计应符合国家现行有关标准的规定。

11 采暖通风与空气调节

11.1 采 暖

11.1.2 危险性建筑物散热器采暖系统的设计应符合下列规定：

1 散发燃烧爆炸危险性粉尘的厂房，散热器应采用光面管或其他易于擦洗的散热器，不应采用带肋片或柱形散热器。散热器和采暖管道外表面油漆颜色与燃烧爆炸危险性粉尘的颜色应有所区别。

2 散热器外表面距墙内表面不应小于60mm，距地面不宜小于100mm，散热器不应设在壁龛内。

3 抗爆间室的散热器不应设在轻型面。采暖干管不应穿过抗爆间室的墙，抗爆间室内散热器支管上的阀门应设在操作走廊内。

4 采暖管道不应设在地沟内。当必须设在过门地沟时，应对地沟采取密闭措施。

5 蒸汽或高温水管道的入口装置和换热装置不应设在危险工作间内。

11.2 通风和空气调节

11.2.2 危险品生产厂房的通风和空气调节系统设计应符合下列规定：

1 散发燃烧爆炸危险性粉尘或气体厂房的通风和空气调节系统应采用直流式，其送风机的出口应装止回阀。

2 散发燃烧爆炸危险性粉尘或气体的厂房内，通风和空气调节系统风管上的调节阀应采用防爆型。

3 黑火药生产厂房内不得设计机械通风。

11.2.3 空气中含有燃烧爆炸危险性粉尘或气体的厂房中，

机械排风系统的设计应符合下列要求：

1 排除燃烧爆炸危险性粉尘或气体的风机及电机应采用防爆型，且电机和风机应直联。

2 含有燃烧爆炸危险性粉尘的空气应经过除尘处理后再排入大气，除尘处理宜采用湿法方式。当粉尘与水接触能引起爆炸或燃烧时，不应采用湿法除尘。除尘装置应置于排风系统的负压段上，且排风机应采用防爆型。

3 水平风管内的风速应按燃烧爆炸危险性粉尘不在风管内沉积的原则确定。水平风管应设有不小于1%的坡度。

11.2.4 危险品生产厂房的通风和空气调节机室应单独设置，不应与危险性工作间相通，且应设置单独的外门。

11.2.5 各抗爆间室之间、抗爆间室与其他工作间及操作走廊之间不应有风管、风口相连通。

11.2.7 危险性建筑物中，送、排风管道宜采用圆形截面风管，风管上应设置检查孔，并架空敷设；风管应采用不燃烧材料制作，且风管和设备的保温材料也应采用不燃烧材料。风管涂漆颜色与燃烧爆炸危险性粉尘的颜色应易于分辨。

12 危险场所的电气

12.1 危险场所类别的划分

12.1.1 危险场所划分为F0、F1、F2三类，并应符合下列规定：

1 F0类：经常或长期存在能形成爆炸危险的黑火药、烟火药及其粉尘的危险场所。

2 F1类：在正常运行时可能形成爆炸危险的黑火药、烟火药及其粉尘的危险场所。

3 F2类：在正常运行时能形成火灾危险，而爆炸危险性极小的危险品及粉尘的危险场所。

4 各类危险场所均以工作间（或建筑物）为单位。

5 生产、加工、研制危险品的工作间（或建筑物）危险场所分类和防雷类别应符合表12.1.1-1的规定。储存危险品的场所、中转库和仓库危险场所分类和防雷类别应符合表12.1.1-2的规定。

表12.1.1-1 生产、加工、研制危险品的工作间（或建筑物）危险场所分类和防雷类别

序号	危险品名称	工作间（或建筑物）名称	危险场所分类	防雷类别
1	黑火药	药物混合（硝酸钾与碳、硫球磨），潮药装模（或潮药包片），压药，拆模（撕片），碎片，造粒，抛光，浆药，干燥，散热，筛选，计量包装	F0	一
		单料粉碎、筛选、干燥、称料，硫、碳二成分混合	F2	二

续表12.1.1-1

序号	危险品名称	工作间（或建筑物）名称	危险场所分类	防雷类别
2	烟火药	药物混合，造粒，筛选，制开球药，压药，浆药，干燥，散热，计量包装。褙药柱（药块），湿药调制，烟雾剂干燥、散热、包装	F0	一
		氧化剂、可燃物的粉碎与筛选，称料（单料）	F2	二
3	引火线	制引，浆引，漆引，干燥，散热，绕引，定型裁割，捆扎，切引，包装	F1	二
4	爆竹类	装药	F0	一
		插引（含机械插引、手工插引和空筒插引），挤引，封口，点药，结鞭	F1	二
		包装	F2	二
5	组合烟花类、内筒型小礼花类	装药，筑（压）药，内筒封口（压纸片、装封口剂）	F0	一
		已装药部件钻孔，装单个裸药件，单发药量≥25g非裸药件组装，外筒封口（压纸片）	F1	一
		蘸药，安引，组盆串引（空筒），单筒药量<25g非裸药件组装，包装	F2	二
6	礼花弹类	装球，包药	F0	一
		组装（含安引、装发射药包、串药）；剖引（引线钻孔），球干燥，散热，包装	F1	一
		空壳安引，糊球	F2	二
7	吐珠类	装（筑）药	F0	一
		安引（空筒），组装，包装	F2	二
8	升空类（含双响炮）	装药，筑（压）药	F0	一
		包药，装裸药效果件（含效果药包），单个药量≥30g非裸药件组装	F1	一
		安引，单个药量<30g非裸药效果件组装（含安稳定杆），包装	F2	二
9	旋转类（旋转升空类）	装药、筑（压）药	F0	一
		已装药部件钻孔	F1	一
		安引，组装（含引线、配件、旋转轴、架），包装	F2	二

续表 12.1.1-1

序号	危险品名称	工作间（或建筑物）名称	危险场所分类	防雷类别
10	喷花类和架子烟花	装药、筑（压）药	F0	一
		已装药部件的钻孔	F1	一
		安引，组装，包装	F2	二
11	线香类	装药	F0	一
		干燥，散热	F1	二
		粘药，包装	F2	二
12	摩擦类	雷酸银药物配制，拌药砂，发令纸干燥	F0	一
		机械蘸药	F1	一
		包药砂，手工蘸药，分装，包装	F2	二
13	烟雾类	装药，筑（压）药	F0	一
		球干燥，散热	F1	二
		糊球，安引，组装，包装	F2	二
14	造型玩具类	装药，筑（压）药	F0	一
		已装药部件钻孔	F1	一
		安引，组装，包装	F2	二
15	电点火头	蘸药，干燥（晾干），检测，包装	F2	二

注：1 表中装药、筑（压）药包括烟火药、黑火药的装药、筑（压）药；
    2 当本规范表 3.1.3-1 生产工序危险等级分类为 1.1 级建筑物同时满足存药量小于 10kg、单人操作、建筑面积小于 12m² 时，其防雷类别可划为二类；
    3 表中未列品种、加工工序，其危险场所分类和防雷类别划分可参照本表确定。

表 12.1.1-2 储存危险品的场所、中转库和仓库危险场所的分类与防雷类别

场所（或建筑物）名称	危险场所分类	防雷类别
烟火药（包括裸药效果件），刨球药，黑火药，引火线，未封药含药半成品，单个装药量在 40g 及以上已封口的烟花半成品及含爆炸音剂、笛音剂的半成品，已封口的 B 级爆竹成品，A、B 级成品（喷花类除外），单筒药量 25g 及以上的 C 级组合烟花类成品	F0	一
电点火头，单个装药量在 40g 以下已封口的烟花半成品（不含爆炸音剂、笛音剂），已封口的 C 级爆竹半成品，C、D 级成品（其中，组合烟花类成品单筒药量在 25g 以下），喷花类产品	F1	二

12.1.2 当危险场所既存在黑火药、烟火药，又存在易燃液体时，危险场所类别的划分除应符合本规范的规定外，还应符合现行国家标准《爆炸和火灾危险环境电力装置设计规范》GB 50058 中有关爆炸性气体环境危险区域划分的规定。

12.1.3 危险场所与相毗邻场所采取不燃烧体密实墙隔开且隔墙上设有相通的门，当门经常处于关闭状态（除有人出入外）时，与危险场所相毗邻的场所类别可按表 12.1.3 确定；当门经常处于敞开状态时，与危险场所相毗邻的场所类别应与危险场所类别相同。

表 12.1.3 与危险场所相毗邻的场所类别

危险场所类别	用一道门的密实墙隔开的工作间危险场所类别	用两道有门的密实墙通过走廊隔开的工作间危险场所类别
F0	F1	非危险场所
F1	F2	
F2	非危险场所	

注：1 本条不适用于配电室（电机室、控制室、仪表室等）；
    2 密实墙应为不燃烧体的实体墙，墙上除门外无其他孔洞。

12.1.4 排风室的危险场所类别应按下列规定分类：

    1 为 F0 类危险场所（黑火药除外）服务的排风室划为 F1 类危险场所。

    2 为 F1 类、F2 类危险场所服务的排风室与所服务的危险场所类别相同。

    3 为各类危险场所服务的排风室，当采用湿式净化装置时，可划为 F2 类危险场所（黑火药除外）。

12.1.6 运输危险品的敞开式或半敞开式通廊，其危险场所类别应划为 F2 类，防雷类别宜为二类。

12.2 电气设备

12.2.1 危险场所的电气设备应符合下列规定：

    1 正常运行和操作时，可能产生电火花或高温的电气设备应安装在无危险或危险性较小的场所。

    2 危险场所采用的防爆电气设备必须是按照现行国家标准生产的合格产品。

    3 危险场所电气设备允许最高表面温度为 T4（135℃）。

    4 危险场所采用的接线盒、挠性连接等选型，应与该场所电气设备防爆等级相一致。

    5 危险场所电动机的电气设计应符合现行国家标准《通用用电设备配电设计规范》GB 50055 中第二章电动机的规定。

    6 生产时严禁工作人员入内的工作间，其用电设备的控制按钮应安装在工作间外，并应将用电设备的启停与门连锁，门关闭后用电设备才能启动。

12.2.2 危险场所采用非防爆电气设备隔墙传动时，应符合下列规定：

    1 安装电气设备的工作间应采用不燃烧体密实墙与危险场所隔开，隔墙上不应设门、窗、洞口。

    2 传动轴通过隔墙处的孔洞必须采用填料函封堵或有同等效果的密封措施。

    3 安装电气设备工作间的门应设在外墙上或通向非危险场所，且门应向室外或非危险场所开启。

12.2.3 F0 类危险场所不应安装电气设备。当确有必要时，可设置检测仪表（黑火药除外），检测仪表选型应符合本规范第 12.2.5 条的规定。

12.2.5 F1类危险场所电气设备的选型应符合下列规定：

1 电气设备应采用可燃性粉尘环境用电气设备21区DIP21、IP65，爆炸性气体环境用电气设备Ⅱ类B级隔爆型、本质安全型（IP54），灯具及控制按钮可采用增安型。

2 门灯及安装在外墙外侧的开关应采用可燃性粉尘环境用电气设备不低于22区DIP22、IP54。

12.2.6 F2类危险场所电气设备、门灯及安装在外墙外侧的开关应采用可燃性粉尘环境用电气设备22区DIP22、IP54。

12.3 室内电气线路

12.3.1 危险场所电气线路应符合下列规定：

1 危险性建筑物低压配电线路的保护应符合现行国家标准《低压配电设计规范》GB 50054的有关规定。

2 电气线路严禁采用绝缘电线明敷或穿塑料管敷设。

3 电气线路应采用铜芯阻燃绝缘电线或铜芯阻燃电缆。

4 电气线路的电线和电缆的额定电压不得低于450V/750V。保护线的额定电压应与相线相同，并应在同一钢管或护套内敷设。电话线路电线的额定电压不应低于300V/500V。

5 插座回路应设置额定动作电流不大于30mA、瞬时切断电路的剩余电流保护器。

7 危险场所电气线路绝缘电线或电缆线芯的材质和最小截面应符合表12.3.1的规定。

表12.3.1 危险场所电气线路绝缘电线或电缆线芯的材质和最小截面

危险场所类别	绝缘电线或电缆线芯最小截面（mm²）		
	电力	照明	控制按钮
F0	—	—	铜芯1.5
F1	铜芯2.5	铜芯2.5	铜芯1.5
F2	铜芯1.5	铜芯1.5	铜芯1.5

12.3.2 危险场所电气线路穿钢管敷设应符合下列规定：

1 穿电线的钢管应采用公称口径不小于15mm的镀锌焊接钢管，钢管间应采用螺纹连接，且连接螺纹不应少于6扣。在有剧烈振动的场所应设防松装置。

2 电气线路与防爆电气设备连接处必须作隔离密封。

12.3.3 危险场所电气线路采用电缆敷设应符合下列规定：

1 电缆明敷时，应采用金属铠装电缆。

2 电缆沿桥架敷设时，宜采用绝缘护套电缆；桥架应采用金属槽式结构。

3 电缆不宜敷设在电缆沟内。当必须敷设在电缆沟内时，应设置防止水及危险物质进入沟内的措施，电缆沟在过墙处应设隔板，并对孔洞严密封堵。

4 电力电缆不应有分支或中间接头。照明线路的分支接头应设在接线盒内。

5 在有机械损伤可能的部位应穿钢管保护。

12.3.4 F0类危险场所电气线路应符合下列规定：

1 危险场所不应敷设电力和照明线路，可敷设本工作间的控制按钮及检测仪表线路。灯具安装在固定窗外的电气线路应采用线芯截面不小于2.5mm²的铜芯绝缘电线穿镀锌焊接钢管敷设，亦可采用线芯截面不小于2.5mm²的铜芯金属铠装电缆明敷。

2 当采用穿钢管敷设时，接线盒的选型应与防爆电气设备的等级相一致。当采用铠装电缆时，与设备连接处应采用铠装电缆密封接头。

3 控制按钮线路线芯截面选择应符合本规范表12.3.1的规定。

12.3.5 F1类危险场所电气线路应符合下列规定：

1 电线或电缆线芯截面选择应符合本规范表12.3.1的规定。

2 引至1kV以下的单台鼠笼型感应电动机供电回路，电线或电缆线芯截面长期允许载流量不应小于电动机额定电流的1.25倍。

3 移动电缆应采用线芯截面不小于2.5mm²的重型橡套电缆。

12.3.6 F2类危险场所的电气线路应符合下列规定：

1 电气线路采用的绝缘电线或电缆的线芯截面选择应符合本规范表12.3.1的规定。

2 引至1kV以下的单台鼠笼型感应电动机供电回路，绝缘电线或电缆线芯截面长期允许载流量不应小于电动机的额定电流。当电动机经常接近满载运行时，线芯的载流量应留有适当裕量。

3 移动电缆应采用线芯截面不小于1.5mm²的中型橡套电缆。

12.4 照 明

12.4.1 烟花爆竹生产厂房主要工作间的照度标准宜为200lx，且主要生产的工作间出入口应设置应急照明，其照度值应不低于该场所正常照明照度值的10%，应急时间宜为30min。

12.5 10kV及以下变（配）电所和厂房配电室

12.5.2 烟花爆竹生产过程中因突然中断供电有可能导致燃爆事故发生的用电设备，以及企业设置的视频监控系统、安全防范系统均应设置应急电源。消防系统宜设置应急电源。

12.5.3 危险品生产区10kV及以下变电所应为独立变电所。危险品总仓库区10kV及以下变电所宜为独立变电所。

12.5.4 变电所设计除执行本规范外，尚应符合现行国家标准《10kV及以下变电所设计规范》GB 50053的有关规定。

12.5.5 变压器低压侧中心点接地电阻不应大于4Ω。

12.5.6 厂房配电室、电机间、控制室可附建于各类危险性建筑物内，但应符合下列规定：

1 与危险场所相毗邻的隔墙应为不燃烧体密实墙，且不应设门、窗与危险场所相通。

2 门、窗应设在建筑物的外墙上，且门应向外开启。

3 与配电室、电机间、控制室无关的管线不应通过配电室、电机间、控制室。

4 设在黑火药生产厂房内的配电室、电机间、控制室除应满足上述要求外，配电室、电机间、控制室的门、窗与黑火药生产工作间的门、窗之间的距离不宜小于3m。

12.6 室外电气线路

12.6.1 引入危险性建筑物的1kV以下低压线路的敷设应符合下列规定：

1 从配电端到受电端宜全长采用金属铠装电缆埋地敷设,在入户端应将电缆的金属外皮、钢管接到防雷电感应的接地装置上。

2 当全线采用电缆埋地有困难时,可采用钢筋混凝土杆和铁横担的架空线,并应使用一段金属铠装电缆或护套电缆穿钢管直接埋地引入,其埋地长度应符合下式的要求,但不应小于15m。

$$L \geqslant 2\sqrt{\rho} \qquad (12.6.1)$$

式中:L——金属铠装电缆或护套电缆穿钢管埋于地中的长度(m);

ρ——埋电缆处的土壤电阻率($\Omega \cdot m$)。

3 在电缆与架空线换接处尚应装设避雷器。避雷器、电缆金属外皮、钢管和绝缘子的铁脚、金属器具等应连在一起接地,其冲击接地电阻不应大于10Ω。

12.6.2 引入黑火药生产工房的1kV以下低压线路,从配电端到受电端应全长采用铜芯金属铠装电缆埋地敷设。

12.6.3 与烟花爆竹企业无关的电气线路和通信线路严禁穿越、跨越危险品生产区和危险品总仓库区。当在危险品生产区或危险品总仓库区围墙外敷设时,10kV及以下电力架空线路和通信架空线路与危险性建筑物外墙的水平距离不应小于35m。

12.6.4 危险品生产区和危险品总仓库区10kV及以下的高压线路宜采用埋地敷设。当采用架空敷设时,其轴线与危险性建筑物的距离应符合下列规定:

1 距1.1级厂房外墙不应小于35m,距1.1级仓库外墙不应小于50m。

2 距1.3级建筑物外墙不应小于电杆高度的1.5倍。

12.6.5 当危险品生产区和危险品总仓库区架空敷设1kV以下的电气线路和通信线路时,其轴线与1.1级、1.3级建筑物外墙的距离不应小于电杆高度的1.5倍,与生产烟火药和干法生产黑火药建筑物外墙的距离不应小于35m。

12.6.6 危险品生产区和危险品总仓库区不应设置无线通信塔。当无线通信塔设置在危险品生产区和危险品总仓库区围墙外时,无线通信塔与围墙的距离不应小于100m。

12.7 防雷与接地

12.7.2 变电所引至危险性建筑物的低压供电系统宜采用TN-C-S接地形式,从建筑物内总配电箱开始引出的配电线路和分支线路必须采用TN-S系统。

12.7.3 危险性建筑物内电气设备的工作接地、保护接地、防雷电感应等接地、防静电接地、信息系统接地等应共用接地装置,接地电阻值应取其中最小值。

12.7.4 危险性建筑物内穿电线的钢管、电缆的金属外皮、除输送危险物质外的金属管道、建筑物钢筋等设施均应等电位联结。

12.7.5 危险性建筑物总配电箱内应设置电涌保护器。

12.7.6 当危险场所设有多台需要接地的设备且位置分散时,工作间内应设置构成闭合回路的接地干线。接地体宜沿建筑物墙外埋地敷设,并应构成闭合回路,且每隔18m~24m室内与室外连接一次,每个建筑物的连接不应少于两处。

12.7.7 架空敷设的金属管道应在进出建筑物处与防雷电感应的接地装置相连接。距建筑物100m内的金属管道应每隔25m左右接地一次,其冲击接地电阻不应大于20Ω。埋地或地沟内敷设的金属管道在进出建筑物处亦应与防雷电感应的接地装置相连。

12.7.8 平行敷设的金属管道,当其净距小于100mm时,应每隔25m左右用金属线跨接一次;当交叉净距小于100mm时,其交叉处亦应跨接。

12.8 防静电

12.8.1 危险场所中可导电的金属设备、金属管道、金属支架及金属导体均应进行直接静电接地。

12.8.2 静电接地系统应与电气设备的保护接地共用同一接地装置。

12.8.3 危险场所中不能或不宜直接接地的金属设备、装置等,应通过防静电材料间接接地。

12.8.4 当危险场所采用防静电地面及工作台面时,其静电泄漏电阻值应控制在0.05MΩ~1.0MΩ。

12.8.5 危险场所需要采用空气增湿方法泄漏静电时,其室内空气相对湿度宜为60%。黑火药生产的危险场所空气相对湿度应为65%。当工艺有特殊要求时应按工艺要求确定。

12.8.6 危险场所不应使用静电非导体材料制作的工装器具。当必须使用静电非导体材料制作的工装器具时,应对其进行导静电处理,使其静电泄漏电阻值符合要求。

12.8.7 黑火药、烟火药生产危险场所入口处的外墙外侧应设置人体综合电阻监测仪和人体静电指示及释放仪,在其附近宜设置备用接地端子。

12.11 火灾报警系统

12.11.2 危险场所火灾自动报警设计,电气设备选型、线路技术要求及敷设方式、防雷接地均应符合本规范的规定。

12.13 控制室

12.13.2 1.1级建筑物内不应附建有人值班的控制室。1.3级建筑物内可附建控制室,但应符合本规范第12.5.6条的规定。

12.13.3 当1.1级建筑物需要设置有人值班的控制室时,应将控制室嵌入防护土堤外侧或布置在防护土堤外符合安全要求的位置。

152.《医药工业洁净厂房设计标准》GB 50457—2019

4 厂址选择和总平面布置

4.2 总平面布置

4.2.5 多条生产线、多个生产车间组合布置的联合厂房,应合理组织人流、物流的走向,同时满足生产工艺流程的要求和消防安全的要求。

4.2.7 厂区内应设置消防车道。消防车道的设置应符合现行国家标准《建筑设计防火规范》GB 50016 的有关规定。

6 工艺管道

6.1 一般规定

6.1.1 工艺管道的干管应敷设在技术夹层或技术夹道中。需要拆洗和消毒的管道应明敷。可燃、易爆、有毒、有腐蚀性的物料管道应明敷,当需穿越技术夹层时,应采取可靠的安全措施。

6.1.7 输送可燃、易爆、有毒、有腐蚀性介质的工艺管道,应根据介质的理化性质控制物料的流速,并应符合本标准第6.4节的有关规定。

6.4 安全技术

6.4.1 存放及使用可燃、易爆、有毒、有腐蚀性介质设备的放散管应引至室外,并应设置相应的阻火装置、过滤装置和防雷保护设施。放散管的设置应符合有关规定。

6.4.2 可燃气体和氧气管道的末端或最高点应设置放散管。可燃气体放散管的设置应符合现行国家标准《石油化工企业设计防火标准》(2018年版)GB 50160 的有关规定,氧气管道放散管的设置应符合现行国家标准《氧气站设计规范》GB 50030 的有关规定。引至室外的放散管应采取防雨和防异物侵入的措施。

6.4.3 输送甲类、乙类可燃、易爆介质的管道应设置导除静电的接地设施。

6.4.4 下列部位应设置可燃、易爆介质报警装置和事故排风装置,报警装置应与相应的事故排风装置连锁:
  1 甲类、乙类介质的入口室;
  2 管廊、技术夹层或技术夹道内有甲类、乙类介质的易积聚处;
  3 医药工业洁净厂房内使用甲类、乙类介质的场所。

6.4.5 医药工业洁净厂房内不得使用压缩空气输送可燃、易爆介质。

6.4.6 各种气瓶应集中设置在医药洁净室外。当日用气量不超过一瓶时,气瓶可设置在医药洁净室内,但应有气体泄漏报警和消防等安全措施。

7 工艺设备

7.2 设计和选用

7.2.8 甲类、乙类火灾危险场所的制药设备应符合现行国家标准《爆炸危险环境电力装置设计规范》GB 50058 的有关规定。压力容器尚应符合现行国家标准《压力容器》GB 150 的有关规定。

8 建筑设计

8.1 一般规定

8.1.2 医药工业洁净厂房主体结构的耐久性应与室内装备和装修水平相适应,并应具有一定的耐火、抵抗温度变形及不均匀沉降的性能。建筑变形缝不宜穿越洁净室;当必须穿越时应采取保证洁净室气密性的措施。洁净度级别为A级、B级、C级时,变形缝不应穿越洁净室。

8.1.3 建筑围护结构的材料应满足保温、隔热、耐火、防潮等要求。

8.1.4 医药洁净室应设置技术夹层或技术夹道。穿越楼层的竖向管线需暗敷时,宜设置技术竖井。技术夹层、技术夹道和技术竖井的形式、尺寸和构造,应满足风管、动力管线、工艺管道及辅助设备的安装、检修和防火要求。

8.1.5 医药洁净室内的通道宽度应满足物流运输、设备搬运及人员疏散的要求,物流通道宜设置防撞构件。

8.2 防火和疏散

8.2.1 医药工业洁净厂房的耐火等级不应低于二级。

8.2.2 医药工业洁净厂房的火灾危险性类别及防火分区划分,应符合现行国家标准《建筑设计防火规范》GB 50016 的有关规定,并应满足下列要求:
  2 当厂房的一个防火分区内存在不同火灾危险性生产时,应按现行国家标准《建筑设计防火规范》GB 50016 确定该防火分区的火灾危险性。
  3 同一防火分区内不同类别的生产区之间应做防火分隔,甲类、乙类生产区和其他生产区之间应采用防火、防爆隔墙完全分隔。当必须与其他生产区连通时,连通处应设门斗。

8.2.3 厂房内每一防火分区的最大允许建筑面积,应符合现行国家标准《建筑设计防火规范》GB 50016 的有关规定。

8.2.4 医药生产区的顶棚和墙板及其夹芯材料应为不燃烧体,且不应采用有机复合材料。顶棚和墙板的耐火极限不应低于0.5h,疏散走道顶棚和墙板的耐火极限不应低于1.0h。疏散走道上窗的耐火极限不宜低于0.5h。

8.2.5 技术竖井井壁应为不燃烧体,其耐火极限不应低于1.0h,井壁上的检查门应采用丙级防火门。竖井内各层楼板处,应采用相当于楼板耐火极限的不燃烧体作防火封堵。穿越防火分隔墙的管线周围空隙,应采用耐火材料封堵。

8.2.6 同一厂房内,按本标准第5.1.7条必须严格分开的药品生产区之间的隔墙宜采用实体墙分隔至上层楼板底,隔墙的耐火极限不应低于2.0h。

8.2.7 医药工业洁净厂房安全出口、安全疏散门的设置应符合下列规定:

1 厂房的每个防火分区、一个防火分区内的每个楼层以及每个相对独立的洁净生产区的安全出口或安全疏散门的数量应符合现行国家标准《建筑设计防火规范》GB 50016的有关规定。

2 安全出口或安全疏散门应分散布置,并应设明显的疏散标志。从生产地点至安全出口不应经过曲折的人员净化路线。安全疏散距离应符合现行国家标准《建筑设计防火规范》GB 50016的有关规定。

3 除甲类、乙类生产区外,当洁净区的面积不大于100m²,且同一时间的生产人数不超过5人时,人员净化路线可兼做疏散路线,净化路线上连锁门的连锁装置应同时解除。

4 甲类、乙类生产区的安全疏散门应采用平开门,并应向疏散方向开启。洁净度级别为A级、B级的医药洁净室,安全疏散门中的一个可采用钢化玻璃固定门。

8.2.8 有爆炸危险的甲类、乙类生产区应布置在靠建筑外墙或建筑顶层,并应采取防爆泄压措施。

8.2.9 医药工业洁净厂房应在每层外墙设置可供消防救援人员进入的窗口。窗口的设置应符合现行国家标准《建筑设计防火规范》GB 50016的有关规定。

8.2.10 医药工业洁净厂房内应设置防排烟设施。当采用自然排烟时,排烟窗宜同时设置手动和电动开启设施,电动开启设施应与火灾报警系统联动。

8.3 室内装修

8.3.3 医药洁净室的楼面、地面应符合下列规定:

4 有爆炸危险的甲类、乙类生产区,地面应有不发火、防静电措施。

8.3.5 医药洁净室的门应符合下列规定:

1 门的尺寸应满足生产运输、设备安装维修、人员消防疏散的要求。

2 门扇及其夹芯材料应采用不燃烧体。

3 门应设闭门器。无窗生产洁净室的门宜设视窗,视窗宜采用双层玻璃,玻璃表面与门扇齐平。

5 不同洁净级别房间之间的门应具有良好的气密性。洁净室的门不应设置门槛。

8.3.9 室内装修材料的燃烧性能应符合现行国家标准《建筑内部装修设计防火规范》GB 50222的有关规定。

9 空气净化

9.2 净化空气调节系统

9.2.3 净化空气调节系统的设置应符合下列规定:

3 含有可燃、易爆或有害物质的生产区应独立设置;

9.2.4 净化空气调节系统在下列生产场所中的空气不应循环使用:

1 生产中使用有机溶媒,且因气体积聚可构成爆炸或火灾危险的工序;

9.2.7 净化含有爆炸危险性粉尘的除尘系统,应采用有泄爆和防静电装置的防爆除尘器。防爆除尘器应设置在排尘系统的负压段,并应设置在独立的机房内或室外。

9.2.8 医药洁净室的排风系统应符合下列规定:

1 对于甲类、乙类生产区的排风系统,应采取防火、防爆措施;

9.2.12 下列情况的排风系统应单独设置:

2 排放介质混合后会加剧腐蚀、增加毒性、产生燃烧和爆炸危险性或发生交叉污染的区域;

3 排放可燃、易爆介质的甲类、乙类生产区域。

9.2.16 医药洁净厂房中散发各类可燃、易爆气体的甲类、乙类生产工序的通风和净化空气调节系统设计应符合现行国家标准《建筑设计防火规范》GB 50016、《工业建筑供暖通风与空气调节设计规范》GB 50019的有关规定。

9.2.17 散发有害气体或有爆炸危险气体的医药洁净室应设置事故排风装置,并应符合下列规定:

1 事故排风区域的换气次数不应小于12次/h;

2 事故排风系统的通风构件和设备应满足相应的防腐或防爆要求;

3 事故通风机的电器开关应分别设置在洁净室内和洁净室外便于操作的地点,当设置有害或可燃气体检测、报警装置时,事故排风系统宜与其联动,并保证事故通风系统电源可靠性;

4 设有事故排风的场所不具备自然进风条件时,应同时设置补风系统,补风量应为排风量的50%~80%,补风机应与事故排风机连锁。

9.2.18 医药工业洁净厂房防排烟设计应符合下列规定:

1 高度大于32m的高层厂房(仓库)内长度大于20m的疏散走道,其他厂房(仓库)内长度大于40m的疏散走道应设置排烟设施。排烟风量应按走道面积计算;

2 丙类厂房内建筑面积超过300m²的房间应设置排烟设施;

3 厂房设置机械排烟时,应同时设置补风系统,补风量不应小于排烟量的50%,补风空气应直接从室外引入,且机械送风口或自然补风口应设在储烟仓之下;

4 医药洁净室内的排烟口及补风口应有防泄漏措施,与其相连通的排烟及补风系统的进出风口处应设防止昆虫进入的措施。

9.4 风管和附件

9.4.2 净化空气调节系统应按需要设置电动密闭阀、风量调节阀、防火阀、止回阀等附件。各医药洁净室的送风、回风管段应设置风量调节装置。

9.4.3 下列情况的通风、净化空气调节系统的风管应设置温度为70℃的防火阀:

1 穿越防火分区处;

2 穿越通风、空气调节机房的房间隔墙和楼板处;

3 穿越重要或火灾危险性大的场所的房间隔墙和楼板处；

4 穿越防火分隔处的变形缝两侧；

5 竖向风管与每层水平风管交接处的水平管段上。

9.4.4 服务于爆炸危险场所的风管穿越甲类、乙类生产区的隔墙或防爆隔墙时，应设置防火阀和止回阀。厂房内用于有爆炸危险场所的排风管道，严禁穿过防火墙和有爆炸危险的房间隔墙。

9.4.9 风管、附件及辅助材料的耐火性能，应符合现行国家标准《洁净厂房设计规范》GB 50073 的有关规定。

9.5 监测与控制

9.5.9 防排烟系统的检测、监视与控制应符合国家现行有关防火规范的规定；与防排烟系统合用的通风空气调节系统应按消防设施的要求供电，并在火灾时能切换到消防控制状态；风道上的防火阀宜具有位置反馈功能。医药洁净室的净化空气调节系统不宜兼作机械排烟系统。

10 给水排水

10.2 给 水

10.2.1 医药工业洁净厂房应根据生产、生活和消防等各项用水对水质、水温、水压和水量的要求，分别设置直流、循环或重复利用的给水系统。

10.4 消防设施

10.4.1 医药工业洁净厂房消防设计应符合现行国家标准《建筑设计防火规范》GB 50016 和《消防给水及消火栓系统技术规范》GB 50974 的有关规定。

10.4.2 医药工业洁净厂房消防设施的设置应根据生产的火灾危险性分类、建筑耐火等级、建筑物体积以及生产特点等确定。

10.4.3 医药工业洁净厂房消火栓的设置应符合下列规定：

1 消火栓宜设置在非洁净区域或空气洁净度级别低的区域。设置在医药洁净区域的消火栓应嵌入安装。

2 消火栓的栓口直径应为 65mm，配备的水带长度不应大于 25m，水枪喷嘴口径不应小于 19mm。

10.4.5 医药工业洁净厂房的设备层及可通行的技术夹层和技术夹道内应设置消火栓和灭火器。

10.4.6 医药工业洁净厂房配置的灭火器应符合现行国家标准《建筑灭火器配置设计规范》GB 50140 的有关规定。

10.4.7 医药工业洁净厂房内放置贵重设备仪器、物料的场所设置固定灭火设施时，除应符合现行国家标准《建筑设计防火规范》GB 50016 的有关规定外，尚应符合下列规定：

1 当设置气体灭火系统时，不应采用卤代烷以及能导致人员窒息的灭火剂；

10.4.8 消防给水管道材料的选择应符合下列规定：

1 消火栓系统应采用热浸锌镀锌钢管等金属管材及相应的管件。

2 自动喷水灭火系统应采用内外热镀锌钢管，也可采用铜管、不锈钢管和相应的管件。

11 电气设计

11.1 配 电

11.1.3 医药工业洁净厂房的消防用电设备的供配电设计应符合现行国家标准《建筑设计防火规范》GB 50016 的有关规定。

11.1.7 医药洁净室内的电气管线宜敷设在技术夹层或技术夹道内，管材应采用非燃烧体。医药洁净室内连接至设备的电线管线和接地线宜暗敷。明敷时，则电气线路保护管应采用不锈钢或其他不污染环境的材料，接地线应采用不锈钢材料。

11.2 照 明

11.2.6 有爆炸危险的医药洁净室，照明灯具的选用和安装除满足洁净室的要求外，尚应符合现行国家标准《爆炸危险环境电力装置设计规范》GB 50058 的有关规定。

11.2.8 医药工业洁净厂房内应设置消防应急照明。在安全出口和疏散通道及转角处设置的疏散标志，应符合现行国家标准《建筑设计防火规范》GB 50016 的有关规定。在消防救援窗处应设置红色应急照明灯。

11.3 通 信

11.3.3 医药工业洁净厂房的生产区（包括技术夹层）等应设置火灾探测器。医药工业洁净厂房生产区及走廊应设置手动火灾报警按钮和火灾声光报警器。

11.3.4 医药工业洁净厂房应设置消防应急广播。

11.3.5 医药工业洁净厂房应设置消防控制室。消防控制室不应设置在医药洁净室内。消防控制室应设置消防专用电话总机。

11.3.6 医药工业洁净厂房的消防控制设备及线路连接、控制设备的控制及显示功能应符合现行国家标准《建筑设计防火规范》GB 50016、《火灾自动报警系统设计规范》GB 50116 和《火灾自动报警系统施工及验收规范》GB 50166 等的有关规定。医药洁净室内火灾报警联动控制消防设备，应采用两个独立报警触发装置报警信号的"与"逻辑组合实施联动触发。

11.3.7 医药工业洁净厂房中可燃、助燃气体和可燃液体的储存、使用场所、管道入口室及管道阀门等易泄漏的地方，应设置可燃气体探测器。有毒气体的储存和使用场所应设置气体检测器。报警信号应联动启动或手动启动相应的事故排风机，并应将报警信号送至控制室。

11.4 静电防护及接地

11.4.4 医药工业洁净厂房内产生静电危害的设备、流动液体、气体或粉体管道应采取防静电接地措施，其中有爆炸和火灾危险的设备和管道应符合现行国家标准《爆炸危险环境电力装置设计规范》GB 50058 的有关规定。

153.《食品工业洁净用房建筑技术规范》GB 50687—2011

5 对工艺设计的要求

5.2 工艺设备与工艺管道

5.2.5 穿过围护结构进入洁净用房的工艺管道应设套管,套管内管材不应有焊缝与接头,管材与套管间应用不燃材料填充并密封。

6 建筑

6.1 一般规定

6.1.1 食品工业洁净用房的建筑设计除应满足生产工艺需求外,尚应满足不产尘、不积尘、耐腐蚀、防潮、防霉、易清洁的要求,并应符合防火、环保规定。

8 给水排水

8.2 给水

8.2.3 洁净用房内的给水系统应根据生产、生活和消防等各项用水对水质、水温、水压和水量的要求分别设置独立的系统,其管路应有颜色区别。

8.4 消防给水和灭火设备

8.4.1 洁净用房的消防给水和固定灭火设备的设置应符合现行国家标准《建筑设计防火规范》GB 50016 的有关规定。

8.4.2 洁净用房的生产层及上下技术夹层(不含不通行的技术夹层),应设置室内消火栓。消火栓的用水量不应小于10L/s,同时使用水枪数不应少于2支,水枪充实水柱长度不应小于10m,每只水枪的出水量应按不小于5L/s计算。

9 电气

9.1 配电

9.1.4 洁净用房内的电气管线宜敷设在技术夹层或技术夹道内,穿线导管应采用不燃烧体。洁净用房内连接至设备的电气管线和接地线宜暗敷。

154.《硅太阳能电池工厂设计规范》GB 50704—2011

1 总 则

1.0.3 硅太阳能电池工厂的设计,应符合下列规定:
　　4 应满足建筑消防的要求

3 总体设计

3.2 总平面布置

3.2.4 工厂装卸货区应设置足够的货车进出场地,并不得占用消防通道。

3.2.5 甲乙类物品库和甲乙类气体站应独立设置。

4 建筑与结构

4.1 一般规定

4.1.4 厂房围护结构的材料及造型,应符合节能保温、防火、防潮、产尘量少等要求。

4.1.5 厂房主体结构的耐久性应与室内装备和装修水平相协调,主体结构应具有防火、控制温度变形和减小不均匀沉降的性能。

4.1.11 厂区内的化学品库房和罐区设计,应符合现行国家标准《建筑设计防火规范》GB 50016 的有关规定。

4.1.12 厂房内化学品中间库的设置,应符合下列规定:
　　1 化学品中间库应设置在单独房间内,且储存甲、乙、丙类化学品的中间库,应采用防火墙和耐火极限不低于1.5h的不燃烧体楼板与厂房分隔开,并应靠外墙布置。

4.2 建筑防火

4.2.1 硅太阳能电池生产厂房的火灾危险性类别应为丙类,厂房的耐火等级不宜低于二级。

4.2.2 厂房内洁净区的顶棚和壁板及夹芯材料应为不燃烧体。顶棚和壁板的耐火极限不应低于0.5h,但疏散走道隔墙的耐火极限不应低于1.0h。

4.2.3 在一个防火分区内的洁净生产区与一般生产区之间,应设置不燃烧体的隔墙或顶棚,其耐火极限不应低于1.0h。穿过墙或顶棚的管线周围空隙,应采用防火封堵材料紧密填堵。

4.2.4 洁净区内部隔墙可隔断至吊顶板底。

4.2.5 技术竖井井壁应为不燃烧体,其耐火极限不应低于1.0h。井壁上检查门的耐火极限不应低于0.5h;竖井内在各层楼板处,应采用相当于楼板耐火极限的不燃烧体作水平防火分隔;穿过水平防火分隔的管线周围空隙,应采用防火封堵材料紧密填堵。

4.2.6 安全出口应分散布置,不应采用吹淋等净化入口,安全出口应设置明显的疏散标志。

4.2.7 安全疏散距离应结合工艺设备布置确定,并应符合现行国家标准《建筑设计防火规范》GB 50016 的有关规定。

4.3 室内装修

4.3.6 设计选用的装修材料的燃烧性能,应符合现行国家标准《建筑内部装修设计防火规范》GB 50222 的有关规定。

5 采暖通风、空气调节与净化

5.2 通 风

5.2.3 符合下列情况之一时,应单独设置局部排风系统:
　　1 排风介质混合后能产生或加剧腐蚀性、毒性、燃烧爆炸危险性和发生交叉污染。

5.2.5 含有易燃易爆物质的排风系统应与一般排风分开设置,并应采取防火防爆和安全排放措施。

5.2.22 排出有燃烧或爆炸危险物质的设备和风管,应采取防静电措施。

5.4 防排烟

5.4.1 防排烟系统的设计应符合现行国家标准《建筑设计防火规范》GB 50016 的有关规定。

5.4.3 机械排烟系统应符合下列规定:
　　2 发生火情时,应能手动和自动开启对应防烟分区的排烟口、排烟防火阀,并应同时切断非消防电源。排烟风机和补风机应在排烟口、排烟阀完全打开后开启。

5.5 风管与附件

5.5.1 通风、空调系统风管设置防火阀时,应符合现行国家标准《建筑设计防火规范》GB 50016 的有关规定。

5.5.2 风管、附件的选择应符合下列规定:
　　1 空调系统、非腐蚀性通风系统的风管应采用不燃材料。
　　2 排除腐蚀性气体的风管应采用耐腐蚀的不燃或难燃材料,宜采用焊接或熔接连接。
　　4 附件、保温材料、消声材料和黏结剂等,均应采用不燃材料或难燃材料。

6 给水排水

6.1 一般规定

6.1.1 给排水系统的设计应符合生产、生活、消防以及环保的要求。

6.6 消防给水与灭火器配置

6.6.1 硅太阳能电池工厂应设置室内外消火栓给水系统,并应符合现行国家标准《建筑设计防火规范》GB 50016 的有关规定。

6.6.2 硅太阳能电池工厂应设置灭火器，并应符合现行国家标准《建筑灭火器配置设计规范》GB 50140 的有关规定。

6.6.4 占地面积大于 1500m² 或总建筑面积大于 3000m² 的硅太阳能电池厂房，应设置自动喷水灭火系统，并应符合现行国家标准《自动喷水灭火系统设计规范》GB 50084 的有关规定。

6.6.5 设置自动喷水灭火系统的厂房内，净空高度大于 800mm 或总高度大于 1800mm 的闷顶和技术夹层内有可燃物时，应设置喷头。

7 气体动力与化学品输送

7.2 特种气体系统

7.2.5 特种气体分配系统应按附录 B 的规定设置。可燃或有毒的特种气体分配系统的设置，还应符合下列规定：

1 气瓶应放置在具有连续机械通风的特种气体柜中，气柜应配有气体检测报警器、自动切断输出气体措施。气体检测报警器应与机械通风机连锁。

2 在特种气体分配系统可能泄漏的场所和设有阀门、配件等区域，应设置机械排风装置和气体检测报警器；当检测到有毒或可燃气体时，应进行报警、切断气体供应和启动相应的机械排风。

3 事故排风机、检测报警、切断阀等均应设置备用电源。

4 当一个特种气体分配系统供多台生产设备使用时，应设置多管阀门箱。

7.2.11 可燃和有毒特种气体管道不得穿过不使用该气体的房间。

8 电气设计

8.1 供电系统

8.1.4 消防负荷的供配电设计，应符合现行国家标准《建筑设计防火规范》GB 50016 的有关规定。

8.2 电力照明

8.2.3 技术夹层内的电气配管宜采用金属管。洁净区的电气管线宜暗敷，穿线导管应采用不燃材料。

8.2.8 厂房内应设置供人员疏散用的应急照明。在安全出入口、疏散通道或疏散通道转角处，应按现行国家标准《建筑设计防火规范》GB 50016 的有关规定设置疏散标志。

8.3 信息与自控

8.3.2 厂房应设置火灾自动报警系统，其防护对象的等级不应低于二级。

8.3.3 厂房应设置火灾自动报警及消防联动控制，火灾自动报警及消防联动控制及显示功能，应符合现行国家标准《火灾自动报警系统设计规范》GB 50116 的有关规定。

8.3.4 消防控制室不应设置在洁净区内。

8.3.5 下列区域应设置火灾探测器：

1 清净生产区。
2 技术夹层。
3 变配电室。
4 空调机房。
5 气体站房、冷冻站房。
6 特种气体间。

8.3.7 下列场所应设置气体报警装置：

1 易燃、易爆、有毒气体的使用场所及气体管道入口室的管道阀门或接头等易泄漏处。
2 易燃、易爆、有毒气体的储存、分配场所。
3 易燃、易爆，有毒气体气瓶柜和分配阀门箱内。

8.3.8 气体报警系统在现场应设置泄漏声光报警，泄漏声光报警应有别于现场的火灾报警。

8.3.9 气体报警的联动控制，应符合下列规定：

1 应自动启动相应的事故排风装置，并应接受反馈信号。
2 应自动关闭相关部位的进气气体切断阀，并应接受反馈信号。
3 应启动泄漏现场的声光报警装置。

8.3.10 气体报警及控制系统的供电可靠要求，不应低于同期工程的火灾报警系统供电可靠要求。

8.4 接 地

8.4.2 下列设备、流动液体或气体管道，应采取防静电接地措施：

4 排除有燃烧或爆炸危险物质的设备和风管。

9 节能与资源利用

9.2 空调系统节能

9.2.3 空调系统的风管绝热层，应采用不燃或难燃材料，且绝热层的热阻不应小于 0.74m²·K/W。绝热层外应设置隔气层和保护层。

155.《乳制品厂设计规范》GB 50998—2014

3 厂址选择及总平面布置

3.2 总平面布置

3.2.1 总平面布置应满足生产、防火、卫生、安全、施工等要求，并应结合地形、地质、气象等自然条件布置厂区建筑物、构筑物、露天堆场、运输路线、管线、绿化及美化设施。

5 建筑结构

5.1 一般规定

5.1.2 生产厂房的布置应满足设备布局、工艺操作、设备维修、内部物流、清洁隔离、安全防火、防水、防虫、防鼠、防腐蚀、防尘、防霉、防潮、隔震、防噪声、保温、隔热、通风和采光等功能要求。

5.2 安全防火与疏散

5.2.1 乳制品厂各生产工序的火灾危险性分类与建构筑物的最低耐火等级应符合表5.2.1的规定。未作规定的，应符合现行国家标准《建筑设计防火规范》GB 50016 的有关规定。

表 5.2.1 生产工序的火灾危险性分类与建构筑物的最低耐火等级

序号	工序名称	生产火灾危险性分类	最低耐火等级
一	乳粉		
1	收乳与预处理工序	戊	三
2	杀菌工序	戊	三
3	湿配工序	戊	三
4	浓缩工序	戊	三
5	干燥工序	丙	三
6	干混工序	丙	三
7	乳粉内包装工序	丙	三
8	包装工序	丙	三
二	液体乳		
1	收乳与预处理工序	戊	三
2	配料工序	戊	三
3	杀菌工序	戊	三
4	灌装工序	戊	三
5	包装工序	戊	三
三	发酵乳		
1	收乳与预处理工序	戊	三
2	配料工序	戊	三
3	杀菌工序	戊	三
4	发酵工序	戊	三
5	灌装工序	戊	三
6	包装工序	丁	三
7	后发酵工序	戊	三
四	冰淇淋		
1	配料工序	戊	三
2	杀菌工序	戊	三
3	老化工序	戊	三
4	凝冻工序	戊	三
5	包装工序	丁	三

注：1 当配料工序设置干粉配料间（化料间）时，该配料间的火灾危险性应划分为丙类。
2 包装工序的火灾危险性分类按本表设置时，本工序的外包材暂存区域面积不得超过该区域面积的5%，且包材暂存量不得大于当班的用量。

5.2.2 车间的安全疏散应符合现行国家标准《建筑设计防火规范》GB 50016 的有关规定。清洁作业区与非清洁作业区、清洁区与室外相通的安全疏散门应向疏散方向开启，并应加设闭门器。安全疏散门不应采用吊门、转门、侧拉门、卷帘门以及电控自动门。

5.2.3 与工艺生产相联系的折箱间应符合现行国家标准《建筑设计防火规范》GB 50016 的有关规定。当折箱间与其他区域采用防火墙等防火设施分隔，且设有直通室外的安全出口时，车间其他区域的生产火灾危险性分类可按其自身火灾危险性确定。

5.2.4 当同一座厂房、仓库或厂房、仓库的任一防火分区内有不同火灾危险性生产、物品贮存时，生产、贮存的火灾危险性分类应按现行国家标准《建筑设计防火规范》GB 50016 的有关规定执行。

6 给水排水

6.2 给 水

6.2.1 乳制品厂各车间的生产用水量应根据生产工艺条件计算确定。生活用水量和消防水量应按现行国家标准《建筑给水排水设计规范》GB 50015 和《建筑设计防火规范》GB 50016 的相关规定计算。

6.2.3 厂区给水压力可取 0.25MPa～0.3MPa；对要求有更高给水压力的生产用水，可采取局部增压措施。消防用水压力的计算应符合现行国家标准《建筑设计防火规范》GB 50016 和《自动喷水灭火系统设计规范》GB 50084 的有关规定。

6.4 消 防

6.4.1 乳制品厂应设置消防给水系统，设计应按火灾特性、火灾危险性、建筑物耐火等级等因素确定。乳制品厂的消防用水量、水压及延续时间应符合现行国家标准《建筑设计防火规范》GB 50016、《自动喷水灭火系统设计规范》GB 50084 的有关规定。

6.4.2 乳制品厂各场所应配置灭火器，配置设计应符合现行国家标准《建筑灭火器配置设计规范》GB 50140 的有关规定。

6.4.3 一、二级耐火等级的干燥工序厂房，当干燥塔设备自带喷水灭火系统和泄爆装置时，该厂房可不设自动喷水灭火系统。

6.4.4 当采用消防贮水池为厂区消防水源时，消防贮水池的容量，应符合厂区火灾延续时间内消防总水量的要求。消防贮水池宜与厂区生产、生活用水的贮水池分开设置，当厂区生产、生活贮水量大于消防水量时，厂区的生产、生活用水贮水池与消防用贮水池可合并设置，当合并设置贮水池时，水池有效容积的贮水更新周期不得大于 48 小时。

6.4.5 建筑的室外低压消防给水系统设计应符合现行国家标准《建筑设计防火规范》GB 50016 的有关规定。

7 电 气

7.1 供 电

7.1.3 备用柴油发电机的容量应按收乳、制冷、消防等重要用电负荷的容量确定，并应满足其中最大一台电动机的启动要求。

7.2 电力和照明

7.2.6 乳制品厂中易燃、易爆气体的储存、使用场所的事故排风机应按二级负荷供电。事故排风机的过载保护应作用于信号报警装置，而不应直接关停风机。

7.3 弱 电

7.3.4 火灾报警及消防联动系统的设置，应符合现行国家标准《建筑设计防火规范》GB 50016 和《火灾自动报警系统设计规范》GB 50116 的有关规定。

7.3.5 乳制品厂中易燃、易爆气体的储存、使用场所，应设置可燃气体探测器。报警信号应联动启动或手动启动相应的事故排风机，并应将报警信号送至消防控制室。

10 采暖通风与空气调节

10.6 防烟与排烟

10.6.3 当排烟设计采用易熔材料制作的采光窗、采光带时，应符合下列要求：

1 采光窗、采光带的材料熔点不应大于 80℃，且在高温条件下自行熔化时不应产生熔滴。

2 固定的采光窗、采光带面积应为可开启外窗面积的 2.5 倍。当厂房、仓库同时设置可开启外窗和固定采光窗、采光带时，可开启外窗面积与 40% 的固定采光窗、采光带面积之和应达到排烟区域所需的可开启外窗面积。

3 固定采光窗、采光带应在屋面均匀布置，每 400m² 的建筑面积应安装 1 组固定采光窗或采光带。

10.6.4 乳制品厂防烟与排烟的设计除应执行本规范外，尚应符合现行国家标准《建筑设计防火规范》GB 50016 的有关规定。当有洁净疏散走廊时应设置排烟设施。

12 辅 助 设 施

12.2 维 修 间

12.2.2 维修车间布置应以工种为依据进行分隔，对易燃易爆区的工作场所，应单独设置，并应设置相应的安全措施。

15 安全及工业卫生

15.0.6 乳制品厂设置的消防灭火设备、建筑物间的消防通道等消防设施，应符合现行国家标准《建筑设计防火规范》GB 50016 中的有关规定。

156.《制浆造纸厂设计规范》GB 51092—2015

3 工 艺

3.3 工艺设备布置

3.3.5 当布置设备时,主要设备之间、设备与建筑物之间的最小距离应符合现行国家标准《石油化工企业设计防火规范》GB 50160 的有关规定。非防火设计因素规定的间距宜符合表 3.3.5 的规定。当设有通道时,应增加 1.5~2.5m。

表 3.3.5 主要设备布置最小间距（m）

项目	操作面	非操作面
设备与设备	≥1.0	≥0.6
设备与柱或墙	≥0.8	≥0.6

3.4 工艺管道

3.4.17 跨越人行通道的室内工艺管道净空高度不应小于 2.2m。当跨越车间内运输设备通道时,管道高度应满足设备运输的要求。室外工艺管道跨越运输线路的高度应符合现行国家标准《建筑设计防火规范》GB 50016 的有关规定。

3.5 中心检验分析室

3.5.9 中心检验分析室的窗应能开启,门应向外开,通道宽度宜为 2m,宜少拐角,药品库应采取耐腐蚀及防火防爆措施。

3.6 机修车间

3.6.4 机修车间各工段的生产火灾危险性类别及建筑最低耐火等级应符合现行国家标准《建筑设计防火规范》GB 50016 的有关规定。

3.6.14 钣焊工段的氧气、乙炔瓶库与有爆炸危险的房间距离应大于 30m,25m 以内的建筑物不得用明火取暖,室内应设有通风和消防设施;氧气、乙炔瓶应采用防爆型照明灯具,在卷板机、剪板机等设备附近应设置动力插座。

3.7 仓 库

3.7.4 仓库的耐火等级、层数和建筑面积应符合现行国家标准《建筑设计防火规范》GB 50016 的有关规定。

4 厂址与总体规划

4.2 总体规划

4.2.2 防护间距应符合下列规定:

2 原料储存场、危险品仓库应远离城镇居民区,架空高压输电线路的防火、防爆、卫生及环境保护应符合现行国家标准《建筑设计防火规范》GB 50016、《工业企业总平面设计规范》GB 50187、《110kV~750kV 架空输电线路设计规范》GB 50545 的有关规定。

6 总平面与运输

6.2 总平面布置

6.2.2 厂区通道宽度应符合下列规定:

1 应符合通道两侧建(构)筑物及露天设施对防火、防尘、防爆、防振动、防噪声、安全及卫生防护间距的要求。

6.2.3 主要生产设施应符合下列规定:

1 主要生产设施应露天化、联合化、集中化布置。其他辅助生产设施宜合并建造;当采用大型联合厂房(仓库)形式布置时,建筑占地面积、防火分区面积、安全疏散、防火间距及消防通道等应符合现行国家标准《建筑设计防火规范》GB 50016 的有关规定。

6.2.4 露天堆场布置应符合下列规定:

1 原料储存场宜布置在厂区边缘地带,远离明火及散发火花的地点,且位于厂区全年最小频率风向的上风侧。露天堆场布置场地应具有良好的排水条件,并应与厂区总体竖向布置相协调。

5 露天堆场的储存期,应根据原料生长和收获周期、工厂规模、货物运距及运量等条件确定。露天及半露天堆场的安全防护要求应满足现行国家标准《建筑设计防火规范》GB 50016 的有关规定。

6.2.5 动力、公用辅助设施及各类仓库等的布置,宜靠近负荷中心、主要用户或物流出入便捷之处,应符合现行国家标准《工业企业总平面设计规范》GB 50187 的有关规定,并应符合下列规定:

6 化学品制备设施、桶装油库、乙炔、氧气瓶间、煤粉制备、汽车库及加油站火灾危险性较大的公用设施,宜布置在厂区全年最小频率风向的上风侧的边缘地带。建(构)筑物的防火间距应符合现行国家标准《建筑设计防火规范》GB 50016、《石油化工企业设计防火规范》GB 50160、《汽车库、修车库、停车场设计防火规范》GB 50067 和《汽车加油加气站设计与施工规范》GB 50156 的有关规定。

6.2.6 生产管理及生活设施的布置应符合下列规定:

3 消防站应根据工厂规模、火灾危险程度以及所在地区消防协作条件等因素设置,并应符合现行国家标准《工业企业总平面设计规范》GB 50187 的有关规定。消防站位置应满足消防车能快速到达火灾现场的要求。消防站还应设有消防练习场地。有条件与城镇或邻近工业企业消防设施协作的,应在区域内统一布设消防站。

6.3 物流运输

6.3.1 物流运输方式及选择应符合下列规定：
4 工厂的物流运输设施及维修宜社会化。当工厂单独设立货运汽车库、修车库、停车场时，应符合现行国家标准《汽车库、修车库、停车场设计防火规范》GB 50067 的有关规定，并应避开主要人流出入口，靠近仓库区或主要货流出入口布置。

6.3.2 道路及回车场应符合下列规定：
1 工厂内部的道路路网布置，应根据工厂交通量及发展需求，统一规划，分期实施，并应符合下列要求：
  1）应符合生产、运输、消防、安全、施工、安装、检修及环境卫生的要求。
3 工厂内道路可兼作消防通道。消防车道布置应符合现行国家标准《工业企业总平面设计规范》GB 50187 和《建筑设计防火规范》GB 50016 的有关规定。

7 电气系统

7.2 供 电

7.2.2 供电电源应符合下列规定：
4 当仅有一个供电电源，或虽有两个电源但其中之一的电源为背压式汽轮发电机时，宜自厂外取得备用电源或配置一定数量的柴油发电机，容量应确保工厂检修时必要的照明、生活用水、消防水泵以及电源故障时不宜较长时间停电的设备的需要。

7.2.6 变配电所应符合下列规定：
7 所有变配电所的进出线孔洞，应采用阻燃的密封材料严密封堵。设计时宜避免有垂直进出变配电所的孔洞，当不能避免时，应采取防水措施。

7.3 车间配电

7.3.7 电力配线及电缆敷设应符合下列规定：
9 电缆从电缆沟、电缆夹层、电缆隧道、电缆井等引至电气柜、盘或控制屏、台的开孔部位，电缆贯穿隔墙、楼板的孔洞处，电缆井中电缆管孔应采用适宜的电缆防火封堵材料或组件进行严密封堵。
10 防火封堵材料或组件的耐火极限应符合下列规定：
  1）防火封堵材料或组件的耐火极限不应低于被贯穿物的耐火极限，且不应低于1h。
  2）防火墙上的电缆孔洞，防火封堵材料或组件的耐火极限不应低于3h，并应采取防止火焰蹿燃的措施。
  3）当用于甲、乙类厂房或甲、乙、丙类仓库的防火墙上的电缆孔洞封堵时，防火封堵材料或组件的耐火极限不应低于4h。

7.3.8 特殊环境的配电设计应符合下列规定：
1 爆炸和火灾危险环境的电力设计，应满足现行国家标准《爆炸和火灾危险环境电力装置设计规范》GB 50058 的有关规定。

7.4 电气照明

7.4.2 光源与照度应符合下列规定：

3 在有爆炸和火灾危险和振动较大的场所，不应采用卤钨灯等高温光源。

7.4.3 照明种类和装设地点应符合下列规定：
2 消防应急照明和疏散指示标志的设置应符合现行国家标准《建筑设计防火规范》GB 50016 的有关规定。

7.5 防雷及接地

7.5.1 防雷应符合下列规定：
1 爆炸和火灾危险场所应符合现行国家标准《爆炸和火灾危险环境电力装置设计规范》GB 50058 的有关规定。

7.6 电 修

7.6.3 电修的设备选择与布置应符合下列规定：
7 电修车间（工段）应有消防设施；对于会产生爆炸源并含有害气体和油类的车间应放在单独房间内。浸漆、干燥间应有通风措施。

8 自控仪表

8.6 控制室与机柜室

8.6.2 控制室和机柜室的位置应选择在非爆炸、无火灾危险的区域内，对易燃、易爆、有毒、粉尘或有腐蚀性介质的场合，应采取防止这些介质进入机柜室和控制室的有效措施。

8.6.10 机柜室和控制室宜做吊顶，并应符合下列要求：
2 吊顶应采用难燃烧体材料时，耐火极限不应小于0.25h。

8.9 安装及材料

8.9.3 配管配线应符合下列规定：
1 配管、配线设计，有火灾及爆炸危险、灰尘、腐蚀、高温、潮湿、振动、静电、雷击和电磁场干扰环境，应采取防护措施。

9 建 筑

9.1 一般规定

9.1.2 建筑设计应满足建筑防火、防爆、防雨、防水、防结露、防寒、保温、隔热、防腐蚀、防噪声、隔声、防振、防尘以及室内卫生等要求。

9.3 防 火

9.3.1 主要建筑物火灾危险性分类应符合本规范附录C的有关规定。

9.3.2 防火分区面积应符合现行国家标准《建筑设计防火规范》GB 50016 的有关规定。

9.3.4 占地面积较大的纸加工（完成）车间，对外疏散困难时，可在车间中央设置疏散通道，疏散通道净宽应不小于6m，疏散通道对外出口不应少于2个，并应设置在不同方向，疏散通道两侧隔墙应采用耐火时间不小于3h的防火墙，疏散通道的防排烟应符合现行国家标准《建筑设计防火规范》

GB 50016 的有关规定，面向疏散通道设置的疏散门应设置不小于 6m² 的防烟前室。

9.4 建筑安全

9.4.1 除本规范另有说明外，安全通道、楼梯、出入口的设置，安全疏散应符合现行国家标准《建筑设计防火规范》GB 50016 的有关规定。

9.4.4 吊物孔下方不应设置人员的主要疏散通道和安全走道。

11 给水排水

11.4 消防给水

11.4.1 室外消火栓给水管道宜与生产给水管道合并，采用低压消防制，其他消防给水系统应与生产供水系统分开设置。

11.4.2 原料储存场应以室外消火栓系统为主。当堆场、堆垛储量超过有关消防规范的限定时，应增设固定消防水炮，消防水量宜为100L/s。一、二级耐火等级的湿式造纸联合厂房内，应设置自动喷水灭火系统的区域宜采用自动消防水炮系统，消防水量宜为60L/s。消防水炮应具有直流及水雾两种喷射方式，设置应符合现行国家标准《固定消防炮灭火系统设计火规范》GB 50338 的有关规定。

11.4.3 地廊内及地面以上完全封闭的原料皮带输送栈桥，应设置自动喷水灭火系统；所有栈桥及转运站两端宜设置防止火灾蔓延的水幕系统。

11.4.4 消防水泵宜按照消防系统分别设置，采用自灌式吸水。消防水泵房宜与生产水泵房合建。消防水泵应设置备用泵，性能参数及泵的数量应满足最大消防水量、水压的需要。

12 采暖通风与空气调节

12.1 一般规定

12.1.3 除本章节提及的暖通系统外，其他暖通系统应符合现行国家标准《采暖通风和空气调节设计规范》GB 50019、《建筑设计防火规范》GB 50016 和《民用建筑供暖通风与空气调节设计规范》GB 50736 的有关规定。

13 清洁生产、节能减排和环境保护

13.9 其他

13.9.5 化学品仓库消防排水应纳入废水处理系统。

14 职业安全卫生

14.2 防火防爆

14.2.1 防火防爆措施应符合下列规定：
  1 厂区总平面布置应保证消防通道通畅、消防水管网的合理布置和消防用水的水量。车间内外消火栓的设置、给水设施和固定灭火装置等设计，应符合现行国家标准《建筑设计防火规范》GB 50016 的有关规定。
  2 在易燃易爆的罐区、车间、作业区和储存库，应设置专用的灭火设施及室内外消火栓。
  3 原材料和生产成品应存放在堆场或仓库内，原料、成品仓库或堆场与烟囱、明火作业场所的距离不得小于30m；当烟囱高度超过30m时，间距应按烟囱高度计算。
  4 危险品库的安全防护距离及房屋设计应符合现行国家标准《建筑设计防火规范》GB 50016 的有关规定。
  5 封闭的油泵房内应设置机械排风。

14.2.2 当多台造纸机布置在同一联合厂房中或因气候原因全部生产设备需布置在同一联合厂房中以及制浆生产中木片堆场单垛超过 20000m³ 时，设计中应加强监控、火灾报警、喷淋及经过认证的特种消防设施等措施。

14.2.3 火灾报警系统应符合下列规定：
  1 制浆造纸厂应在浆板仓库、成品仓库、车间上料区和完成工段区域设置火灾自动报警系统，并应符合现行国家标准《建筑设计防火规范》GB 50016 的有关规定。
  2 自备热电站应设置火灾自动报警系统的区域，应符合现行国家标准《火力发电厂与变电所设计防火规范》GB 50229 的有关规定。

14.3 防雷、电气安全

14.3.1 建筑物、储罐（区）和堆场的消防用电设备，电源应符合下列规定：
  1 建筑高度大于50m的乙、丙类厂房和丙类仓库的消防用电应按一级负荷供电。
  2 符合下列条件的建筑物、储罐（区）和堆场的消防用电应按二级负荷供电：
    1）室外消防用水量大于30L/s的工厂、仓库。
    2）室外消防用水量大于35L/s的原料堆场、可燃气体储罐（区）和甲、乙类液体储罐（区）。
    3）室外消防用水量大于25L/s的公共建筑。

14.3.3 消防应急照明灯具和灯光疏散指示标志的备用电源连续供电时间不应少于30min。

14.3.4 消防用电设备应采用专用的供电回路，当生产、生活用电被切除时，应仍能保证消防用电。配电设施应有明显标志。

14.3.5 当确认火灾时，应根据负荷实际情况采用手动或自动切除相关区域非消防电源。

14.3.6 消防控制室、消防水泵房、防烟与排烟风机房的消防用电设备及消防电梯等的供电，应在配电线路的最末一级配电箱处设置自动切换装置。

14.3.7 消防用电设备的配电线路应满足火灾时连续供电的需要，敷设应符合下列规定：
  1 暗敷时，应穿管并敷设在不燃烧体结构内且保护层厚度不应小于30mm；明敷时，应穿金属管或封闭式金属线槽，并应采取防火保护措施。

14.3.8 浆板库、成品仓库等可燃材料仓库内宜使用低温照明灯具，并应对灯具的发热部件采取隔热防火保护措施；不应设置卤钨灯等高温照明灯具。

157.《硝化甘油生产废水处理设施技术规范》GB/T 51146—2015

5 二次污染控制措施

5.1 污泥处理

5.1.4 清理含硝化甘油污泥的设备、管道应采用不发火材料工具，不应采用气割、电气焊操作，需搅拌时，应采用压缩空气进行搅拌。

6 总体要求

6.1 一般规定

6.1.3 废水处理工程在建设和运行中应满足消防管理要求。

6.2 场址选择及平面布置

6.2.9 废水处理站应留有设备、药剂运输和消防通道，并应留有美化和绿化用地。

7 主要辅助工程

7.2 给水排水与消防

7.2.1 给水排水和消防系统应与生产过程统筹确定。

7.2.2 生活用水、生产用水及消防设施应符合现行国家标准《建筑给水排水设计规范》GB 50015 和《建筑设计防火规范》GB 50016 的有关规定。

7.4 建筑与结构

7.4.2 厂房建筑的防腐、采光和结构应符合现行国家标准《工业建筑防腐蚀设计规范》GB 50046、《建筑采光设计标准》GB 50033、《建筑结构荷载规范》GB 50009、《构筑物抗震设计规范》GB 50191 和《建筑设计防火规范》GB 50016 的有关规定，调节池、中和池等处理构筑物应采取防腐蚀、防渗漏措施。

8 劳动安全与职业卫生

8.1 劳动安全

8.1.2 废水处理站应建立劳动安全管理制度，并应符合下列规定：
  2 应制定易燃、爆炸、自然灾害等意外事件的应急预警预案。

158.《硝胺类废水处理设施技术规范》GB/T 51147—2015

6 总体要求

6.1 一般规定

6.1.3 废水处理工程在建设和运行中应满足消防管理要求。

6.2 场址选择及平面布置

6.2.9 废水处理站应留有设备、药剂运输和消防通道,并应留有美化和绿化用地。

7 主要辅助工程

7.2 给水排水与消防

7.2.1 给水排水和消防系统应与生产过程统筹确定,生活用水、生产用水及消防设施,应符合现行国家标准《建筑给水排水设计规范》GB 50015 和《建筑设计防火规范》GB 50016 的有关规定。

7.2.2 厌氧单元的火灾危险性应为甲类,防火等级应按一级耐火等级设计,并应安装沼气泄露报警装置。

8 劳动安全与职业卫生

8.1 劳动安全

8.1.1 废水处理站应配备安全防护措施和报警装置,并应符合下列规定:
    1 应在调节池、UASB 反应器、污泥池等可能产生沼气的区域设置禁烟、防火标志。

8.1.2 废水处理站应建立劳动安全管理制度,并应符合下列规定:
    2 应制定易燃、爆炸、自然灾害等意外事件的应急预警预案。

6.10 纺织工程

159.《纺织工程设计防火规范》GB 50565—2010

1 总 则

1.0.2 本规范适用于新建、扩建和改建的纺织工程防火设计,其中纺织服装加工厂的防火设计还应符合现行国家标准《建筑设计防火规范》GB 50016 的有关规定。

3 火灾危险性分类

3.0.1 生产的火灾危险性应根据生产中使用或产生的物质性质及其数量等因素,分为甲、乙、丙、丁、戊类,并应符合现行国家标准《建筑设计防火规范》GB 50016 的有关规定。

3.0.2 纺织工业生产的火灾危险性类别应符合本规范附录 A 的规定。

3.0.3 纺织工业物品储存的火灾危险性类别应符合本规范附录 B 的规定。

3.0.4 当一座厂房内存在不同火灾危险性生产时,宜按其火灾危险性将厂房分隔为不同的防火分区,各防火分区内可按各自的火灾危险性进行防火设计。

当厂房的一个防火分区内存在不同火灾危险性生产时,应按现行国家标准《建筑设计防火规范》GB 50016 和本规范的有关规定确定该防火分区生产的火灾危险性。

3.0.5 当一座仓库或仓库的任一防火分区内储存不同火灾危险性的物品时,应按现行国家标准《建筑设计防火规范》GB 50016 确定该仓库或防火分区物品储存的火灾危险性。

4 总体规划和工厂总平面布置

4.1 总体规划

4.1.1 纺织工程的厂址应符合国家工业布局和地区规划的要求,符合环境保护和安全卫生的要求,并应根据所建纺织工程及相邻工厂或设施的特点和火灾危险性,结合地形与风向等因素,合理确定。

4.1.4 化纤厂和化纤原料厂的厂区、可燃液体罐区邻近江、河、湖、海岸布置时,应采取防止泄漏的可燃液体和灭火时含有可燃液体或粉尘(包括纤维和飞絮等固体微小颗粒)的污水流入水域的措施。

4.1.5 在山区或丘陵地区建厂时,排洪沟不宜通过厂区。可燃液体罐区及装卸区不宜紧靠排洪沟。当排洪沟确需通过厂区或可燃液体罐区及装卸区确需靠近排洪沟布置时,应采取防止泄漏的可燃液体和灭火时含有可燃液体或粉尘(包括纤维和飞絮等固体微小颗粒)的污水流入排洪沟的措施。

4.1.6 公路、非本厂使用的架空电力线路及输油(输气)管道不应穿越厂区。

4.1.7 纺织工程中的设施与厂外建筑物或其他设施的防火间距,不应小于表 4.1.7 的规定。

表 4.1.7 纺织工程中的设施与厂外建筑物或其他设施的防火间距

防火间距(m) 厂外建筑物或其他设施	纺织工程中的设施		生产、辅助生产设施及公用工程站(建筑物或露天装置)		
	可燃液体罐区				
	甲、乙类 (总储量≤5000m³)	丙类(总储量≤25000m³)	甲、乙类仓库	甲、乙类 (甲、乙类仓库除外)	丙类
1. 厂外民用建筑	注1	注1	25		17
2. 厂外铁路	35	30	40	30	25
3. 高速公路、一级公路	30	22	30		22
4. 厂外其他公路	20	15	20	15	12
5. 室外变、配电站(变压器总油量>10t,≤50t)	50	40	25		15
6. 架空电力线路	1.5倍杆(塔)高度	1.2倍杆(塔)高度	1.5倍杆(塔)高度		—
7. Ⅰ、Ⅱ级国家架空通信线路	40	30	40		30

续表 4.1.7

防火间距（m） 厂外建筑物或其他设施 \ 纺织工程中的设施	可燃液体罐区		生产、辅助生产设施及公用工程站（建筑物或露天装置）		
	甲、乙类（总储量≤5000m³）	丙类（总储量≤25000m³）	甲、乙类仓库	甲、乙类（甲、乙类仓库除外）	丙类
8. 通航江、河、海岸边	25	20	20	20	15
9. 地区地面敷设输油（气）管道（管道中心）	45	34	45	45	34
10. 地区埋地敷设输油（气）管道（管道中心）	30	22	30	30	22

注：1 标明"注1"栏中的防火间距应符合现行国家标准《建筑设计防火规范》GB 50016 的有关规定；
2 纺织工程中的建筑物、构筑物与相邻工厂内建筑物、构筑物之间的防火间距应符合本规范表 4.2.10 的规定；
3 露天或有棚的可燃材料堆场与厂外建筑物、构筑物、厂外铁路、厂外公路等设施之间的防火间距应符合本规范表 4.2.9 的规定；
4 当纺织工程中甲、乙类可燃液体罐区的总储量大于 5000m³ 或丙类可燃液体罐区的总储量大于 25000m³ 时，与厂外建筑物或其他设施之间的防火间距应符合现行国家标准《石油化工企业设计防火规范》GB 50160 的规定；
5 当甲、乙类液体和丙类液体储罐布置在同一罐区时，其总量可按 1m³ 甲、乙类液体相当于 5m³ 丙类液体折算；
6 表中甲类仓库的储存物品为现行国家标准《建筑设计防火规范》GB 50016 中储存物品的火灾危险性分类表内甲类 1、2、5、6 项。一座甲类仓库中物品的储量小于或等于 10t；
7 纺织工程中的甲、乙类厂房及甲、乙类仓库与重要公共建筑的防火间距不应小于 50m；
8 当一座建筑物内存在不同火灾危险性的防火分区时，应依据其中火灾危险性最大防火分区的类别确定该座建筑物与相邻建筑物或其他设施的防火间距；
9 当相邻公路为高架路时，以高架路水平投影的边线计算防火间距；
10 表中"一"表示执行相关规范；
11 表中防火间距按本规范附录 C 所规定的起止点计算。

4.2 工厂总平面布置

4.2.1 工厂总平面应根据生产流程及各组成部分的功能要求、生产特点、火灾危险性，结合厂址地形、风向等条件，按功能分区布置。

4.2.2 一个厂至少应有 2 个供消防车进出的出入口。出入口的位置宜分别设在厂区不同的方向，当只能设在同一方向时，2 个出入口的间距不宜小于 50m。

4.2.5 厂区采用阶梯式竖向布置时，可燃液体罐区不宜毗邻布置在高于生产厂房、露天生产装置、主要辅助生产设施、主要公用工程站或行政生活设施的台阶上。当确需毗邻布置在高于上述场所的台阶上时，应采取防止火灾蔓延和可燃液体流散的措施。

4.2.7 接入 35kV 以上外部电源的总变电所、配电站应独立设置。

4.2.8 厂区绿化不应妨碍消防车通行及消防操作。厂区绿化树种应适应工厂生产特点，当厂房、仓库、露天装置区的火灾危险性为甲、乙类时，附近不宜种植含油脂较多的植物，宜选择含水分较多的树种。散发可燃气体、可燃蒸气设施的周围不宜种植茂密的连续式绿化带。

4.2.9 可燃材料的露天堆场（含有棚的堆场）与厂内、外建筑物、构筑物、铁路、道路等设施之间的防火间距不应小于表 4.2.9 的规定。

表 4.2.9 可燃材料堆场（含有棚的堆场）与其他设施的防火间距

序号	材料名称	一个堆场的总储量	防火间距（m）								
			建筑物、构筑物				铁路		道路		
			甲类厂房及仓库	其他类别厂房及仓库	明火或散发火花地点	厂内、外民用建筑	厂外铁路	厂内铁路	厂外道路	厂内主要道路	厂内次要道路
1	经压实包装的可燃材料：原棉、棉短绒、毛、浆粕、化学纤维等	10t～500t	13	10	25	13	25	12	12	10	5
		501t～1000t	19	15	31	19	25	15	15		
		1001t～5000t	25	20	37	25					

续表4.2.9

序号	材料名称	一个堆场的总储量	防火间距（m）								
			建筑物、构筑物				铁路		道路		
			甲类厂房及仓库	其他类别厂房及仓库	明火或散发火花地点	厂内、外民用建筑	厂外铁路	厂内铁路	厂外道路	厂内主要道路	厂内次要道路
2	松散的可燃材料：棉、毛、麻、化学纤维、泡沫塑料等	10t～500t	25	15	31	25	30	20	15	10	5
3	原麻	10t～500t	16	13	28	16	25	15	12	10	5
		501t～5000t	19	15	31	19	30	18	15		
		5001t～10000t	25	20	37	25					
4	去枝桠木材	50m³～1000m³	13	10	25	13	25	12	12	10	5
		1001m³～10000m³	19	15	31	19	30	20	15		
		10001m³～25000m³	25	20	37	25					
5	煤	100t～5000t	8	6	12	8	25	12	12	10	5
		＞5000t	10	8	15	10	—	—	—	—	—

注：1 可燃材料堆场（含有棚的堆场）与甲、乙、丙类可燃液体储罐的防火间距应符合现行国家标准《建筑设计防火规范》GB 50016的有关规定；
  2 表中建筑物的耐火等级不低于二级。当建筑物的耐火等级为三级时，与可燃材料堆场之间的防火间距按本表规定增加30％，当厂外建筑物耐火等级为四级时，与可燃材料堆场之间的防火间距按本表规定增加60％，"明火或散发火花地点"一栏除外；
  3 当一座建筑物内存在不同火灾危险性的防火分区时，应依据其中火灾危险性最大防火分区的类别确定该座建筑物与可燃材料堆场的防火间距；
  4 当一个堆场的总储量大于表中规定的最大堆场储量时，宜分设堆场；
  5 两个堆场之间的防火间距不应小于较大堆场与四级耐火等级建筑物之间的防火间距；
  6 表中防火间距按本规范附录C所规定的起止点计算。

4.2.10 工厂总平面布置的防火间距不应小于表4.2.10的规定。

表4.2.10 纺织工业工厂总平面布置的防火间距（m）

项目名称				生产厂房、辅助生产建筑（甲类仓库除外）、公用工程站					行政、生活建筑		明火及散发火花地点	甲类仓库（储量≤10t）	罐区甲、乙类泵或泵房	甲、乙类液体			厂内铁路（中心线）	厂内主要道路
				耐火等级					耐火等级					码头装卸区	汽车装卸站	铁路装卸设施、槽车洗罐站		
				一、二级				三级	一、二级	三级								
				甲类	乙类	丙类	丁、戊类	丁、戊类										
生产厂房、辅助生产建筑（甲类仓库除外）、公用工程站	耐火等级	一、二级	甲类	12	12	12	12	14	25	25	30	12	20	35	25	30	20	10
			乙类	12	10	10	10	12	25	25	30	12	15	30	20	25	20	10
			丙类	12	10	10	10	12	10	12	20	12	12	25	12	20	20	—
			丁、戊类	12	10	10	10	10	10	12	15	12	12	20	12	15	20	—
		三级	丁、戊类	14	12	12	10	14	12	14	20	15	14	25	15	20	20	—

续表 4.2.10

项目名称			生产厂房、辅助生产建筑(甲类仓库除外)、公用工程站					行政、生活建筑		明火及散发火花地点	甲类仓库(储量≤10t)	罐区甲、乙类泵或泵房	甲、乙类液体			厂内铁路(中心线)	厂内主要道路
			耐火等级					耐火等级					码头装卸区	汽车装卸站	铁路装卸设施、槽车洗罐站		
			一、二级				三级	一、二级	三级								
			甲类	乙类	丙类	丁、戊类	丁、戊类										
行政、生活建筑	耐火等级	一、二级	25	25	10	10	12	6	7	15	25	25	40	30	35	—	—
		三级	25	25	12	12	14	7	8	20	25	25	40	30	35	—	—
明火及散发火花地点			30	30	20	15	20	15	20	—	30	30	35	25	30	20	10
甲类仓库(储量≤10t)			12	12	12	12	15	25	25	30	—	20	35	25	30	30	10
罐区甲、乙类泵或泵房			20	15	12	12	14	25	25	30	20	—	15	10	12	20	10
地上可燃液体储罐	甲、乙类固定顶罐	$1000m^3<V≤5000m^3$	40	35	30	25	30	30	38	35	30	15	40	20	20	15	15
		$500m^3<V≤1000m^3$	30	25	20	15	20	25	30	30	25	12	35	15	15	12	12
		$V≤500m^3$或卧式罐	25	20	15	12	15	20	25	25	20	10	30	10	10	10	10
	浮顶、内浮顶或丙类(闪点60℃~120℃)固定顶罐	$5000m^3<V≤25000m^3$	35	30	25	20	25	30	38	30	25	15	40	20	20	15	15
		$1000m^3<V≤5000m^3$	30	25	20	15	20	25	30	25	20	12	35	15	15	12	12
		$500m^3<V≤1000m^3$	25	20	15	12	15	20	25	20	15	10	30	12	12	10	10
		$V≤500m^3$或卧式罐	20	15	10	10	10	15	20	15	10	8	25	10	10	10	10

注：
1. 表中生产厂房、辅助生产建筑、公用工程站、行政生活建筑均指单层或多层建筑。高层建筑之间或高层与其他建筑之间的防火间距，按本表规定增加3m；
2. 两座建筑物相邻较高一面的外墙为防火墙或比相邻较低一座建筑屋面高15m及以下范围内的外墙为防火墙时，其防火间距不限，但甲类厂房之间不应小于4m。两座丁、戊类生产厂房，当符合以下各项条件时其防火间距可按本表规定减少25%：相邻两面的外墙均为不燃烧体；无外露的燃烧体屋檐；每面外墙上的门窗洞口面积之和不大于该外墙面积的5%，且门窗洞口不正对开设；
3. 两座一、二级耐火等级的厂房，当相邻较低一面外墙为防火墙，且较低一座厂房的屋顶耐火极限不低于1.00h时，其防火间距可减少为：甲、乙类生产厂房之间不应小于6m；丙、丁、戊类生产厂房之间不应小于4m；
4. 当一座建筑物内存在不同火灾危险性的防火分区时，应依据其中火灾危险性最大防火分区的类别确定该座建筑物与相邻建筑物或其他设施的防火间距；
5. 丙类泵或泵房，防火间距可按本表中甲、乙类泵或泵房与其他设施的防火间距减少25%，但不应小于8m。丙类闪点大于120℃可燃液体储罐与其他设施之间的防火间距可按表中丙类（闪点60℃~120℃）固定顶罐减少25%，但不应小于8m；
6. 表中"V"为储罐公称容积；
7. 罐区与其他设施的防火间距按相邻最大罐容积确定，埋地储罐可减少50%；
8. 当纺织工程中甲、乙类可燃液体罐区的储量大于表中数字时，与相邻设施之间的防火间距应符合现行国家标准《石油化工企业设计防火规范》GB 50160的规定；
9. 除甲类仓库外，其余类别的仓库包含在辅助生产建筑中。甲类仓库中的储存物品为现行国家标准《建筑设计防火规范》GB 50016储存物品的火灾危险性分类表内甲类1、2、5、6项；
10. 厂区围墙与厂内建筑物之间的防火间距不应小于5m，且围墙两侧的建筑物或其他设施之间还应满足相应的防火间距要求；
11. 表中"—"表示无防火间距要求或执行相关规范；
12. 表中防火间距按本规范附录C所规定的起止点计算。

4.3 厂内消防车道

4.3.1 厂区内消防车道的设置应符合现行国家标准《建筑设计防火规范》GB 50016 的有关规定，并应确保消防车能到达任何需要灭火的区域。

需沿厂区围墙内侧设置消防车道时，当厂区围墙外侧已设有消防车道，且该处围墙采用通透栏杆时，可利用厂区围墙外侧的消防车道，但应与厂区内消防车道相连接，形成环状。兼有消防扑救功能的消防车道与建筑物之间的距离应满足消防扑救的要求。

4.3.2 消防车道的路面边缘与管架支柱（边缘）、照明电杆、行道树或标志杆等的最近距离，双车道不应小于0.5m，单车道不应小于1.0m。

4.3.3 当"匚"形或"巨"形建筑物的总长度及总宽度均大于150m时，应在其两翼之间设置贯通的消防车道，消防车道两侧不应设置影响消防车通行或人员安全疏散的设施。

4.3.4 消防车道的净宽度不应小于4m，路面上方净空高度不应低于4m，路面内侧转弯半径宜为9m，不应小于6m；供大型消防车使用时，消防车道的净宽不应小于6m，路面上方净空高度不应低于5m，路面内侧转弯半径宜为12m，不应小于9m。

5 生产和储存设施

5.1 一般规定

5.1.1 生产和储存设施应根据生产和物品储存的火灾危险性，采取相应的报警、自动联锁保护、紧急处理等防范措施。

5.1.3 丙、丁、戊类厂房中具有甲、乙类火灾危险性的生产部位，应设置在单独房间内，且应靠外墙或在顶层布置。

5.1.4 控制室、变配电室、电动机控制中心、化验室、物检室、办公室、休息室不得设置在爆炸性气体环境、爆炸性粉尘环境的危险区域内。

5.1.5 对生产中使用或产生甲、乙类可燃物而出现爆炸性气体环境的场所，应采取有效的通风措施。

5.1.6 对存在爆炸性粉尘环境的场所，应采取防止产生粉尘云的措施。

5.1.7 对处于爆炸性粉尘环境中的设备外部和它的储存场所，应采取现场清理以控制粉尘层厚度的措施，并应根据粉尘层厚度选定用电设备。

5.1.8 存在爆炸性气体环境或爆炸性粉尘环境的厂房、露天装置和仓库，应根据现行国家标准《爆炸性气体环境用电气设备 第14部分：危险场所分类》GB 3836.14、《可燃性粉尘环境用电气设备 第3部分：存在或可能存在可燃性粉尘的场所分类》GB 12476.3 等相关标准划分爆炸危险区域。

5.1.9 存在可燃液体的设备和管道系统，应采取能把设备、管道中可燃液体紧急排空的措施。

5.1.10 输送甲类、闪点小于45℃的乙类可燃液体泵的地面不应设地沟或地坑。

5.1.11 外表面温度大于100℃的设备和管道，其绝热材料应采用不燃烧材料。

5.1.12 对生产中易产生静电的设备和管道，应采取消除静电的措施。

5.2 生产设施

5.2.1 操作压力大于0.1MPa的甲、乙类可燃物质和丙类可燃液体的设备，应设安全阀。安全阀出口的泄放管应接入储槽或其他容器。

5.2.2 甲、乙类可燃物质和闪点小于120℃的丙类可燃液体设备上的视镜，必须采用能承受设计温度、压力的材料。

5.2.3 厂房内输送甲类液体的泵，应选用屏蔽泵等无泄漏泵。

5.2.4 厂房内甲类液体设备搅拌装置，应采用带密封液罐的双端面机械密封。

5.2.5 化纤厂采用湿法、干法纺丝工艺时，对溶液或溶剂中有甲、乙类可燃物质和闪点小于120℃丙类可燃液体的蒸气逸出的设备，应采取有效的排气、通风措施。

5.2.6 化纤原料厂、化纤厂中接收可燃性粉尘的设备应采取有效的抽气、除尘措施。

5.2.7 化纤厂、非织造布厂处理纤维或可燃性粉料的干燥机内，应设置着火监测设施和喷水或喷蒸汽等灭火设施。

5.2.8 化纤厂粘胶纤维纺练二浴槽及切断工序排出的气体应进行处理，并应采取防火措施。

5.2.9 棉纺厂开清棉和废棉处理的输棉管道系统中应安装火星探除器。

5.2.10 采用梳理成网法的非织造布厂原料喂入系统上应配置金属排除装置。

5.2.11 纺织工程中工艺设备有滤尘要求的应设置滤尘设施。滤尘室宜设置在靠外墙的独立房间内，不应设置在地下室或半地下场所。

5.2.12 印染厂、毛纺织厂、麻纺织厂等放置液化石油气钢瓶的房间应远离明火设备。

5.2.13 苎麻原料脱胶烘干后，在把精干麻存放到仓库之前，应采取措施将其冷却到40℃以下。

5.3 储存设施

5.3.1 化纤厂及化纤原料厂的化工原料、燃料罐区设计，应符合现行国家标准《石油化工企业设计防火规范》GB 50160 的有关规定。

5.3.3 当汽车槽车卸料时，甲类可燃液体不宜采用软管直接卸料；乙类可燃液体采用软管直接卸料时，槽车车位与泵的距离不应小于5m。

5.3.5 属于甲、乙类氧化剂的物品应设置独立仓库，并应采取通风措施。

5.4 管道布置

5.4.1 厂区综合管线、厂房和露天装置区内工艺和公用工程的管道布置应符合现行国家标准《石油化工企业设计防火规范》GB 50160 的相关规定。

5.4.2 可燃气体和甲、乙类液体的管道严禁穿过防火墙。

5.4.3 丙类液体的管道不应穿过防火墙，当工艺条件限制必须穿过防火墙时，应采用不燃材质的管道，并应采用防火封堵材料将墙与管道之间的空隙紧密填实，且在防火墙两侧的管道上应分别设置阀门。当穿过防火墙的管道周围有可燃物时，在墙体两侧1.0m范围内的管道上应采用不燃烧材料保护。

6 建筑和结构

6.1 一般规定

6.1.1 甲、乙类生产和甲、乙类物品储存，丙类麻原料储存不应设置在地下或半地下场所。

6.1.2 生产中散发可燃气体、可燃蒸气的厂房，当生产要求及气候条件允许时，宜采用敞开或半敞开式厂房。半敞开式厂房的敞开面宜朝向全年最大频率风向的迎风面，并组织良好的自然通风。自然通风不能满足相应要求的部位，应采用机械通风。

6.1.3 纺织工程中粘胶纤维的黄化、腈纶纤维的聚合、阳离子可染聚酯用第三单体制备的甲类生产部位可设置在高层厂房内，并应符合本规范第6.4节的有关规定。

6.1.4 当少量甲、乙类物品必须靠近或贴邻厂房的外墙设置钢瓶间时，钢瓶间应采用敞开或半敞开式建筑，生产厂房与钢瓶间之间应采用耐火极限不低于3.00h的不燃烧实体墙隔开。

6.1.5 厂房的层数应根据生产工艺要求确定，并应按其层数及高度采取相应的防火措施。

6.1.7 建筑物的内部装修应符合现行国家标准《建筑内部装修设计防火规范》GB 50222的规定。无窗厂房或固定窗扇厂房的内部装修不应采用在燃烧时产生大量浓烟和有毒气体的材料。

6.1.8 化纤厂及化纤原料厂露天装置区内建筑、结构的防火设计除本规范已有规定外，应符合现行国家标准《石油化工企业设计防火规范》GB 50160的有关规定。

6.2 耐火等级

6.2.1 甲、乙、丙类厂房及仓库的耐火等级不应低于二级，其他建筑物的耐火等级不应低于三级。

6.2.2 在生产厂房中，下列支承设备的钢结构应采取防火保护措施：

 1 爆炸危险区范围内支承设备的钢构架（钢支架）、钢裙座；

 2 支承单个容积等于或大于$5m^3$甲类物质设备及闪点小于或等于45℃乙类物质设备的钢构架（钢支架）、钢裙座；

 3 支承操作温度等于或大于自燃点且单个容积等于或大于$5m^3$的闪点在45℃～60℃之间的乙类可燃液体设备及丙类可燃液体设备的钢构架（钢支架）、钢裙座。

当上述钢结构设置在厂房的梁、楼板上时，其耐火极限不应低于所在厂房梁的耐火极限；当上述钢结构独立设置在地面上时，其耐火极限不应低于所在厂房柱的耐火极限。

6.3 防火分区

6.3.1 厂房中任一防火分区的最大允许建筑面积、每座仓库和仓库中任一防火分区的最大允许建筑面积，除本规范另有规定外，应符合现行国家标准《建筑设计防火规范》GB 50016的有关规定。

6.3.2 除麻纺厂和服装厂外，生产的火灾危险性为丙类可燃固体的厂房，每个防火分区的最大允许建筑面积应符合下列规定：

 1 当厂房的耐火等级为一级时，每个防火分区的建筑面积：单层厂房面积不限，多层厂房不应大于$9000m^2$，高层厂房不应大于$3000m^2$。

 2 当厂房的耐火等级为二级时，每个防火分区的建筑面积：单层厂房不应大于$12000m^2$，多层厂房不应大于$6000m^2$，高层厂房不应大于$2000m^2$。

 3 一、二级耐火等级厂房的地下室、半地下室，每个防火分区的最大允许建筑面积不应大于$500m^2$。

6.3.3 变配电室，棉纺厂的分级室、回花室、开清棉间，毛纺织厂、麻纺织厂、印染厂的烧毛间与其他部位之间应采用耐火极限不低于2.50h的不燃烧墙体分隔，当墙上需开门时，应采用甲级防火门。

6.3.4 敞开或半敞开式厂房的上、下层为不同防火分区时，两层之间梁及不燃烧实体窗槛墙的高度之和不应小于2.0m，或在敞开部分的上方设置宽度不小于1.2m的不燃烧体防火挑檐。窗槛墙及防火挑檐的耐火极限不应低于相应耐火等级楼板的耐火极限。

敞开式厂房、半敞开式或封闭式厂房的敞开部分设置挡雨板或通风百叶时，挡雨板或通风百叶应采用不燃烧材料制作。

6.3.5 当建筑物的上、下层为不同的防火分区时，楼板上的设备安装孔或孔洞应采取防火分隔措施。当设备或管道穿过建筑物的楼板时，与楼板之间的缝隙应采用防火封堵材料紧密填实。

6.3.6 化纤原料生产中的聚合物制备区、化学纤维生产中的长丝及短纤维纺丝区，当建筑物上、下层为不同的防火分区而楼板上有生产中不可封闭的孔洞时，应采取以下措施：

 1 建筑物的耐火等级应为一级。

 2 生产区域与相邻附房之间应设置防火墙或耐火极限不低于2.50h的不燃烧体隔墙，当墙上必须开门时，应采用甲级防火门。

6.3.7 丙、丁、戊类单层厂房与多层附房同属一个防火分区，且多层部分的楼层建筑面积占该防火分区建筑面积的比例小于5%时，该防火分区的最大允许建筑面积可按单层厂房的规定确定。但多层部分的安全疏散应符合现行国家标准《建筑设计防火规范》GB 50016中有关多层厂房安全疏散的规定。

6.3.8 单层厂房内部设置架空夹层（不包括总风道）时，其建筑面积应合并计入所在防火分区的面积。当架空夹层的建筑面积占该防火分区建筑面积的比例小于5%时，该防火分区可按单层厂房进行防火设计。

6.3.9 合成纤维原料厂及化纤厂中一、二级耐火等级的单层原料库及成品库，当设置自动灭火系统时，每座仓库的最大允许占地面积不应大于$24000m^2$，每个防火分区的最大允许建筑面积不应大于$6000m^2$。

6.4 防 爆

6.4.1 当有爆炸危险的甲、乙类生产部位必须与其他类别的厂房贴邻布置或设置在其他类别的厂房内时，该部位与相邻部位之间应采用防爆墙分隔，该部位所在的房间应设置泄压设施，且应采用不发生火花的楼地面。

6.4.2 设置泄压设施的厂房，其泄压面积宜根据现行国家标准《建筑设计防火规范》GB 50016 的规定，经计算确定。当缺少计算泄压面积的参数时，化纤厂、化纤原料厂可按泄压面积与厂房体积的比值（m^2/m^3）不小于 0.07 确定。当粘胶纤维厂的原液车间中应设泄压设施的区域，其体积超过 1000m^3，且采用上述比值有困难时，可适当降低，但不应小于 0.05。

6.4.3 有爆炸危险的设备宜避开厂房的梁、柱等主要承重构件布置，当不能避开时，工艺和设备设计应采取防爆、泄压措施，厂房的梁、柱等主要承重构件应采取防止倒塌的加强措施。

6.4.4 存在可燃粉尘的厂房或仓库应采用不发火花的楼地面，不宜设置地沟、地坑，当确需设置时，地坑应采用不发火花的材料制作，并应采取防止粉尘进入地沟或在地沟、地坑内积聚的措施。当地沟与相邻厂房或仓库相连时，应在地沟内设防火分隔设施。

6.4.5 存在较空气重的可燃气体、可燃蒸气的厂房及仓库楼地面及地沟的防火设计，应符合现行国家标准《建筑设计防火规范》GB 50016 及本规范的有关规定。当上述场所必须设置地坑或排水明沟时，地坑应采用不发火花的材料制作；排水明沟的深度不应大于 0.4m，需设沟盖板的部位应采用不发火花的镂空沟盖板。

6.5 安 全 疏 散

6.5.1 生产的火灾危险性为丙类的棉、毛、麻纺织厂中的前纺区、后纺区、织布区，化纤厂长丝、短纤维生产中的纺丝、后加工区，帘子布生产中的捻织区，当有 2 个或 2 个以上防火分区相邻布置，且每个防火分区已至少设有 2 个安全出口时，每个防火分区可利用防火墙上通向相邻防火分区的甲级防火门作为安全出口，但其疏散总净宽度计算值不大于该防火分区安全出口最小总净宽度计算值的 30%。

6.5.2 一座多层或高层厂房中，疏散楼梯的形式应按其中火灾危险性最大防火分区的要求确定。

6.5.3 当粘胶厂中无人值守的黄化间为独立防火分区时，其直通室外或疏散楼梯的安全出口的数量不应少于 1 个。可利用相邻防火分区的安全出口作黄化间的第二安全出口。

6.5.5 厂房的疏散门宜采用平开门。自动下滑式防火门、自动门、厂房的推拉门不应作为疏散门，当采用时，宜在附近另设疏散门或采用其他措施。

6.6 建 筑 构 造

6.6.1 防爆墙设计应符合下列规定：

1 防爆墙应设置在需要防护爆炸的非爆炸区域的一侧，其耐火极限不应低于 3.00h。

防爆墙应与地面、楼（屋）面及其他墙体一起，将存在爆炸危险的工艺装置与非爆炸区域完全隔开。

防爆墙应为自承重墙。

2 防爆墙下部应直接设置在基础上或钢筋混凝土梁上，周边应与钢筋混凝土梁、柱进行连接。

3 防爆墙的设计可只进行承载能力极限状态计算。设计荷载应采用等效静荷载，或根据爆炸力计算出的等效静荷载。

4 防爆墙可采用钢筋轻骨料混凝土墙，轻骨料混凝土强度等级不应低于 LC15。

钢筋轻骨料混凝土墙的墙厚不应小于 150mm，配筋应计算确定，应采用双层配筋方式，并应满足国家现行标准《轻骨料混凝土结构技术规程》JGJ 12 的构造要求。

6.6.2 防火墙设计应按现行国家标准《建筑设计防火规范》GB 50016 执行，并应符合下列规定：

1 敞开式厂房、半敞开式或封闭式厂房的敞开部分设置防火墙时，防火墙应凸出厂房外侧柱的外表面 1m，或在防火墙两侧设置总宽度不小于 4m、耐火极限不低于 2.00h 的不燃烧体外墙。

2 屋面板为无防火保护层金属构件的厂房或仓库中设置防火墙时，防火墙高出屋面确有困难的部位，当对防火墙两侧各 3m 范围内的屋面板采取防火保护措施使其耐火极限不低于 1.00h 时，防火墙可设至屋面结构层的底部，缝隙处应采用防火封堵材料封堵。

3 当防火墙上有不可封闭的孔洞时，孔洞处应采用能承受火灾延续时间不小于 3.00h 的防火卷帘或防火分隔水幕分隔。防火分隔水幕应符合现行国家标准《自动喷水灭火系统设计规范》GB 50084 的有关规定。

6.6.3 钢疏散梯设计应按现行国家标准《建筑设计防火规范》GB 50016 执行，并应符合下列规定：

1 室外钢疏散梯的平台应采用不燃烧材料制作，其耐火极限应符合以下规定：设在安全出口处的平台，耐火极限不应低于 1.00h；当平台设在两楼层之间，且无通往平台的门时，该平台的耐火极限不应低于 0.25h。

2 露天装置中仅用于巡回检查的钢操作台及钢梯，其耐火极限不应低于 0.25h。钢梯宽度不宜小于 0.8m，倾斜角度不宜大于 60°。

7 消防给水排水和灭火设施

7.1 一 般 规 定

7.1.1 纺织工程设计必须按国家现行有关标准、规范要求配置消防给水排水与灭火设施。

7.1.2 纺织工程消防用水宜采用市政给水管网供给。当远离城镇或市政给水管网，供水能力不能满足消防要求时，应自建消防水池或给水厂。

7.1.3 纺织工程的循环冷却水塔塔底水池和水泵吸水池不应兼作消防水池。

7.1.4 消防用水与生产用水宜合建水池。合建水池应有确保消防用水不作他用的技术措施。

消防水池不应与生活水池合建。

7.1.5 纺织工程宜设置高位消防水箱，并应符合下列规定：

2 消防用水与其他用水合并的水箱应采用消防用水不作他用的措施。

3 火灾发生时，由消防水泵供给的消防用水不应进入消防水箱。

7.1.6 纺织工程建筑物消防用水量应符合现行国家标准《建筑设计防火规范》GB 50016 的有关规定；化纤厂和化学原料

厂的露天装置区消防用水量应符合现行国家标准《石油化工企业设计防火规范》GB 50160 的有关规定。

7.1.7 纺织工程消火栓的布置应符合本规范第 7.2 节、第 7.3 节的规定，同时应符合现行国家标准《建筑设计防火规范》GB 50016 的有关规定。

7.2 室外消火栓

7.2.1 合成纤维工厂室外工艺装置内的甲、乙类设备的框架平台高于 15m 时，宜沿梯子敷设半固定式消防给水竖管，并应符合下列规定：

1 按各层需要设置带阀门的管牙接口。

7.3 室内消火栓

7.3.1 下列纺织工程建筑物应设置室内消火栓：

1 甲、乙、丙类厂房、仓库；
2 丁、戊类高层厂房、仓库；
3 耐火等级为三级且建筑体积大于或等于 3000m³ 的丁类厂房、仓库和建筑体积大于或等于 5000m³ 的戊类厂房、仓库。

注：棉纺厂的开包、清花车间及麻纺厂的分级、梳麻车间，服装加工厂、针织服装工厂的生产车间及纺织厂的除尘室，除设置消火栓外，还应在消火栓箱内设置消防软管盘。

7.3.2 下列纺织工程建筑物可不设置室内消火栓：

1 单层厂房占地面积小于 300m² 时（服装加工厂、针织服装工厂或人员密集的厂房除外）；
2 耐火等级为一、二级的单层、多层丁、戊类厂房（仓库）；
3 耐火等级为三级且建筑体积小于 3000m³ 的丁类厂房、仓库和建筑体积小于 5000m³ 的戊类厂房、仓库。

7.3.3 消火栓的布置应符合下列规定：

1 室内消火栓的间距应经计算确定，且不宜大于 30m。
2 棉纺厂的开包、清花车间及麻纺厂的分级、梳麻车间，服装加工厂、针织服装工厂的生产车间和纺织厂的除尘室，当室内消火栓间距大于 20m 时，除在消火栓箱内设有消防软管卷盘外，还宜在其中间增设消防软管卷盘或轻便消防水龙。
3 消防电梯前室应设置室内消火栓，该消火栓可不计入设计要求的消火栓总数内。
5 室内消火栓不得采用单阀双口消火栓。在固相缩聚、聚酯厂房等高层工业建筑顶部面积不大，设置多根消防竖管和布置多个消火栓确有困难的场所，可采用双阀双口消火栓。
6 同一建筑物内应采用统一规格的消火栓、水枪和水带。每条水带的长度不应超过 25m。
8 甲、乙类厂房应在楼梯间增室内消火栓。
9 室内消火栓栓口处的出水压力大于 0.5MPa 时，应设置减压设施；静水压力大于 1.0MPa 时，宜采用分区给水系统。当采用减压阀减压时，减压阀前宜设置 Y 形过滤器，阀前、阀后宜设置压力表。

7.3.4 室内消防给水管道的布置应符合下列规定：

1 多层建筑的室内消防给水管道底层和顶层宜采用环状布置。检修阀门的布置应保证检修管道时关闭的竖管不超过一根，但设置的竖管超过三根时，可关闭不相邻的两根。
2 消防给水管道设置在严寒和寒冷地区的非采暖厂房和仓库内时，管道系统宜采用电伴热保温。当采用干式系统时，在进水管上应设置快速启闭装置，管道最高处应设置自动排气阀，快速启闭装置上部应设置排空设施。

7.4 固定灭火设施

7.4.1 下列场所应设置闭式自动喷水灭火系统：

1 大于或等于 50000 纱锭棉纺厂的开包、清花车间及除尘器室；
2 大于或等于 5000 锭麻纺厂的分级、梳麻车间；
3 亚麻纺织厂的除尘器室；
4 占地面积大于 1500m² 或总建筑面积大于 3000m² 的服装加工厂和针织服装工厂生产厂房；
5 甲、乙类生产厂房，高层丙类厂房；
6 每座占地面积大于 1000m² 的棉、毛、麻、丝、化纤、毛皮及其制品仓库；
7 建筑面积大于 500m² 的棉、毛、丝、化纤、毛皮及制品和麻制品的地下仓库；
8 合成纤维厂中建筑面积大于 3000m² 的丙类原料仓库和切片仓库，化纤厂中建筑面积大于 1000m² 的成品库、中间库；
9 化纤厂的可燃、难燃物品高架仓库和高层仓库。

自动喷水灭火系统的设计应符合现行国家标准《自动喷水灭火系统设计规范》GB 50084 的有关规定。

7.4.2 下列化纤厂中的高层丙类厂房可不设置自动喷水灭火系统：

1 粘胶纤维厂的原液车间；
2 聚酯厂的聚酯车间、固相缩聚；
3 锦纶纤维厂的聚合车间。

7.4.3 可燃液体储罐泡沫灭火系统设置应符合下列规定：

2 单罐储量大于或等于 500m³ 的水溶性可燃液体储罐、单罐储量大于或等于 10000m³ 的非水溶性可燃液体储罐以及移动消防设施不足或地形复杂，消防车扑救困难的可燃液体储罐区应设置泡沫灭火系统。
3 泡沫灭火系统的设计应符合现行国家标准《低倍数泡沫灭火系统设计规范》GB 50151 等标准的有关规定。

7.5 污水排水

7.5.1 下列部位应设置消防排水设施：

1 消防电梯井底应设置专用排水井，有效容积不应小于 2m³，排水泵的排水量不应小于 10L/s。
2 设有自动喷水灭火系统的厂房和库房，其火灾事故排水受到有机物污染的应设置排水收集设施。自动喷水灭火系统的报警阀及末端试水装置或末端试水阀应设置排水设施，其排水管不应与地下排水管道系统直接相连。
3 消防水泵房。
4 纺织工程的生产装置区、化工物料仓库、储罐区应有火灾事故排水收集措施。火灾事故排水系统的排水能力应按事故排水流量校核。火灾事故排水流量至少应包括物料泄漏量和消防水量。厂区排水管线设有防止受污染的火灾事故排水直接排出厂区的应急措施。火灾事故排水处理后排放。

7.5.2 纺织工程含可燃液体的生产污水和被可燃液体严重污染的雨水管道系统的下列部位应设置水封，且水封高度不得小于250mm。

　　1　工艺装置内的塔、炉、泵、冷换设备等围堰的排水管（渠）出口处。

　　2　工艺装置、储罐组或其他设施及建筑物、构筑物、管沟等的排水出口处。

　　3　全厂性的支干管与主干管交汇处的支干管上。

　　4　全厂性干管、主干管的管段长度超过300m时。

　　5　建筑物用防火墙分隔成多个房间，每个房间的生产污水管道应有独立的排出口，并应设置水封井。

7.5.3　可燃液体储罐区的生产污水管道应有独立的排出口，并应在防火堤与水封井之间的管道上设置易启闭的隔断阀。防火堤内雨水沟排出管道出防火堤后应设置易启闭的隔断阀，将初期污染雨水与未受到污染的清洁雨水分开，分别排入生产污水系统和雨水系统。

　　含油污水应在防火堤外隔油处理后再排入生产污水系统。

8　防烟和排烟

8.0.1　建筑物中的防、排烟设计除本规范另有规定外，应符合《建筑设计防火规范》GB 50016等国家现行标准的有关规定。

8.0.3　纺织工程的下列场所应设置排烟设施：

　　1　服装加工厂的裁剪、缝纫、整烫、包装间；

　　2　棉纺织厂的分级室、开清棉间、废棉处理间；

　　3　毛纺织厂的选毛间；

　　4　缫丝厂的干茧堆放间；

　　5　丝绸织造厂的坯绸检验间、坯绸修理间及其他纺织工厂的坯布整理间、检验间；

　　6　绢纺织厂的精干绵选别间、落绵堆放间、开清绵间；

　　7　麻纺织厂的梳前准备间（含软麻、给油加湿、分束、分磅、堆仓、初梳工序）、梳麻间；

　　8　针织厂的成衣间。

8.0.4　纺织工程的下列场所可不设置排烟设施：

　　1　化纤原料厂连续聚合厂房、化纤厂熔体直纺的熔体输送和熔体分配间以及切片纺的切片干燥和螺杆挤压间。

　　2　化纤厂原液制备厂房、化纤厂的纺丝间、化纤厂熔融纺的卷绕间、化纤厂后加工和加弹厂房以及生产非织造布的厂房。

　　3　纺织工厂的络并捻、织布准备、缫丝、亚麻湿纺细纱区域。

9　采暖通风和空气调节

9.1　采　暖

9.1.1　散发可燃气体、蒸气或粉尘的厂房，散热器采暖热媒温度应符合下列规定：

　　1　必须低于散发物质的引燃温度。

　　2　散发物质为可燃粉尘、纤维时，热水不应超过130℃，蒸汽不应超过110℃。输煤廊的采暖蒸汽温度不应超过130℃。

　　3　散发物质为可燃气体、蒸气时，热水不应超过150℃，蒸汽不应超过130℃。

9.1.2　散发比室内空气重的可燃气体、蒸气或粉尘的厂房，采暖管道不应采用地沟敷设。必须采用时，应密封沟盖，并在地沟内填满黄砂。

9.1.3　采暖管道不得与输送可燃气体或闪点低于或等于120℃的可燃液体的管道在同一条管沟内敷设。

9.1.4　散发可燃粉尘、纤维的厂房，应采用不易积聚灰尘、便于清扫的散热器。

9.2　通风、空气调节

9.2.2　甲、乙类厂房送风系统的室外进风口，应设在无火花溅落的安全处，并不得与其他房间的进风口共用。

9.2.3　排除、输送有爆炸危险物质的风管，不应穿过防火墙，且不应穿过人员密集或可燃物较多的房间。

9.2.4　下列情况之一，应采用防爆型设备：

　　1　甲、乙类厂房或其他厂房爆炸危险区域内的通风、空气调节或热风采暖设备。

　　2　排除、输送有燃烧或爆炸危险物质的通风设备。

9.2.5　甲、乙类厂房的送风系统应采用防爆型通风设备。当通风设备设置在爆炸危险区域外，且送风干管上设置了止回阀时，可采用普通型通风设备。

9.2.6　防爆型通风设备应配用防爆型电动机。防爆型电动机应按现行国家标准《爆炸和火灾危险环境电力装置设计规范》GB 50058的有关规定选型。

　　防爆型通风设备露天布置在爆炸危险区域外，且电动机位于排风气流之外时，可采用密闭型电动机。

9.2.7　排除有燃烧或爆炸危险物质的排风设备，应靠近系统排出端设置。

9.2.8　当甲、乙类厂房送风设备与其他房间的送风设备布置在同一个送风机房内时，甲、乙类厂房送风设备的出口处应设置止回阀。

9.2.9　棉、毛、麻纺织工厂处理可燃粉尘的除尘系统，当排风机必须布置在除尘器之前时，应采用防缠绕、防堵塞的排风机。

9.2.10　棉、毛、麻纺织工厂处理可燃粉尘的干式除尘器应符合下列规定：

　　1　应能连续过滤、连续排杂。严禁采用沉降室。

9.2.11　通风、空气调节系统的风管上，应按现行国家标准《建筑设计防火规范》GB 50016的有关规定设置防火阀。

　　棉、毛、麻纺织工厂，当空气调节机房、除尘器室与其所辖区域设置在同一防火分区内时，风管穿越机房的隔墙和楼板处，可不设置防火阀。

9.2.12　防火阀的动作温度应符合现行国家标准《建筑设计防火规范》GB 50016的有关规定。

　　风管内空气温度接近或高于70℃时，防火阀的动作温度应高于空气温度约25℃。

9.2.13　甲、乙类厂房或其他厂房爆炸危险区域内的通风、空气调节或热风采暖系统，以及排除、输送有燃烧或爆炸危险的气体、蒸气或粉尘的通风系统，其设备和风管均应设置导除静电的接地装置，并应采用金属或其他不易积聚静电的材料制作；其防火阀、调节阀等活动部件均应采用防爆型。

10 电 气

10.1 消防用电设备的供配电

10.1.1 纺织工程消防设备用电负荷应按照现行国家标准《建筑设计防火规范》GB 50016 的规定分类，相应的供电系统应符合现行国家标准《供配电系统设计规范》GB 50052 的规定。

10.1.2 预期公用电力网不能满足消防设备供电要求时，应设置柴油发电机组或其他低压发电设备。当技术经济合理时，也可采用柴油泵等由其他动力源拖动的消防泵。

10.1.3 当应急照明采用蓄电池组作为备用电源时，其连续供电时间应符合下列规定：

1 疏散通道、安全出口设置的标志灯具及疏散指示标志灯具不应少于 30min。

2 厂房内部与消防疏散兼用的运输、操作、检修等通道，其应急照明不应少于 30min。

3 暂时继续工作房间的应急照明时间不应少于现行国家标准《建筑设计防火规范》GB 50016 规定的火灾延续时间。

10.1.4 消防泵房、消防控制室、消防值班室、中央控制室、变配电所及空调机房应设置应急照明。操作点所需应急照明的照度不应低于现行国家标准规定的照度标准。

10.1.5 安全出口、疏散通道的疏散照明的照度值不应低于 5lx。

10.1.6 存放可燃物品库房的配电系统应符合下列规定：

1 总电源箱应布置在库外。

2 存放可燃物品的库房，其总电源箱的进线应设置剩余电流保护器。保护器的额定剩余电流动作值不应超过 500mA。

3 馈电线路应有过载保护、短路保护和电击保护，保护电器应设在总电源箱内。

10.1.7 存放可燃物品库房，其照明设备的防护等级应满足 IP4X。库房内不应设置卤钨灯等高温照明器，灯泡不应大于 60W。当确需选用大于 60W 的灯泡时，应采取隔离、隔热、加大灯具的散热面积等措施确保灯的表面温度不可能引燃附近物质。

10.1.8 服装加工、开棉、并条等易燃生产场所及存放可燃物品的库房严禁采用 TN—C 接地系统及有 PEN 线。其电气线路严禁直敷布线，应穿金属导管或可挠金属电线保护管敷设，也可采用封闭式金属线槽敷设。

10.1.9 存放可燃物品的库房及易积聚可燃性粉尘的场所，吊车应采用橡套电缆等移动电缆供电，不应采用滑导线、滑触线等裸导体。

10.2 火灾自动报警系统

10.2.1 下列场所应设置火灾自动报警系统：

1 任一层建筑面积超过 1500m² 或总建筑面积大于 3000m² 的制衣、棉针织品、印染厂成品等生产厂房；

2 棉花、棉短绒开包等厂房；

3 麻纺粗加工厂房；

4 选毛厂房；

5 纺织、印染、化纤生产的电加热及电烘干部位；

6 每座占地面积超过 1000m² 的棉、毛、麻、丝、化纤及其织物的库房；

7 丙类厂房中的变配电室、电动机控制中心、中央控制室；

8 需火灾自动报警系统联动启动自动灭火系统的场所。

10.2.2 火灾自动报警系统的选择应符合下列规定：

2 纺织化纤工厂应根据所设置火灾报警装置的容量选择集中报警系统、区域报警系统。集中报警系统的消防值班室宜设在生产装置的中央控制室或生产调度室，区域报警系统的火灾报警控制器宜设在生产装置的中央控制室、生产调度室等有人值班的房间或场所。

10.2.3 火灾探测器、火灾报警按钮的选择应符合下列规定：

2 丙类物品的原料库、成品库、废料库、纺部、加工部、织部（湿加工除外）、化纤后加工车间、印染后整理、服装加工、成品检验及打包等部位应根据现行国家标准《火灾自动报警系统设计规范》GB 50116 的要求，针对可燃物的初期燃烧特性、空间高度和设备遮挡等环境条件选择点型感烟探测器、红外光束感烟探测器。在精对苯二甲酸仓库等粉尘爆炸环境设置探测器有困难的场所，应设置火灾报警按钮和声光报警装置。

10.2.4 涤纶、锦纶、干纺腈纶、丙纶、氨纶等纺丝、卷绕等设置火灾探测器有困难的部位及湿纺腈纶、粘胶纤维、印染等湿加工车间，应设置火灾报警按钮和声光报警装置。

10.2.5 亚麻栉梳车间、精对苯二甲酸仓库、聚酯装置精对苯二甲酸投料等粉尘爆炸危险环境及以有机溶剂制备原液的腈纶原液车间、醋酸纤维原液车间、聚酯生产等存在爆炸性气体的危险环境，其火灾自动报警设备应符合现行国家标准《爆炸和火灾危险环境电力装置设计规范》GB 50058 的规定。

10.2.6 火灾自动报警系统的设计尚应符合现行国家标准《火灾自动报警系统设计规范》GB 50116 的规定。

10.3 防雷与防静电接地

10.3.1 纺织工程的建筑物、构筑物应按照现行国家标准《建筑物防雷设计规范》GB 50057 的规定划分防雷类别，并采取相应的防雷措施。

10.3.2 纺织工程的户外燃料油、润滑油储罐应按照现行国家标准《石油库设计规范》GB 50074 采取相应的防雷措施。

10.3.3 化工原料罐、可燃气体罐应按照现行国家标准《石油化工企业设计防火规范》GB 50160 采取相应的防雷措施。

10.3.4 纺织工程中存在静电引燃、引爆的危险场所，应设置静电防护措施。

附录 A 纺织工业生产的火灾危险性分类举例

表 A 纺织工业生产的火灾危险性分类举例

工厂	生产部位	危险物	火灾危险性	备注
聚酯	浆料调配、酯化、缩聚、熔体输送、添加剂调配	乙二醇、氢化三联苯、联苯和联苯醚	丙	—

续表 A

工厂	生产部位	危险物	火灾危险性	备注
聚酯	铸带、造粒、称量打包	聚酯熔体和切片	丙	—
	阳离子可染聚酯第三单体制备	甲醇	甲	—
	酯交换、甲醇回收	甲醇	甲	—
	对苯二甲酸开包卸料	对苯二甲酸	丙	注1
	固相聚合	氢化三联苯	丙	—
	固相聚合的氢气瓶放置	氢气	甲	—
腈纶	丙烯腈聚合、单体回收	丙烯腈、醋酸乙烯、丙烯酸甲酯	甲	—
	聚丙烯腈的干燥、输送	聚丙烯腈粉末	乙	—
	硫氰酸钠为溶剂的原液、溶剂回收	硫氰酸钠	丁	—
	硫氰酸钠为溶剂的纺丝、后处理	湿腈纶纤维	丁	—
	硫氰酸钠为溶剂的纺丝组件清洗	硫氰酸钠	丁	—
	二甲基乙酰胺为溶剂的原液制备	二甲基乙酰胺	丙	—
	二甲基乙酰胺为溶剂的纺丝	湿腈纶纤维、二甲基乙酰胺	丁	注2
	二甲基乙酰胺为溶剂的后处理	干腈纶纤维	丙	—
	二甲基乙酰胺的回收	二甲基乙酰胺	丙	—
	二甲基乙酰胺的制备	二甲胺、醋酸	甲	—
	二甲基乙酰胺为溶剂纺丝组件清洗	二甲基乙酰胺	丙	—
	二甲基甲酰胺为溶剂的原液、溶剂回收	二甲基甲酰胺	乙	—

续表 A

工厂	生产部位	危险物	火灾危险性	备注
腈纶	二甲基甲酰胺为溶剂的纺丝	二甲基甲酰胺	丙	注2
	二甲基甲酰胺为溶剂的纤维后处理	干腈纶纤维	丙	—
	二甲基甲酰胺为溶剂纺丝组件清洗	硝酸	乙	—
	打包、毛条	干腈纶纤维	丙	—
涤纶	切片输送、结晶、干燥	聚酯切片	丙	—
	切片熔融、熔体输送	联苯和联苯醚、氢化三联苯	丙	—
	长丝生产：纺丝到成品包装	涤纶纤维	丙	—
	短纤维生产：纺丝到打包	涤纶纤维	丙	—
	涤纶丝束生产	涤纶纤维	丙	—
	涤纶毛条生产	涤纶纤维	丙	—
	工业丝生产	涤纶纤维	丙	—
	帘子布生产：捻线、织布、包装	涤纶纤维	丙	—
	帘子布浸胶	甲醛	丙	注2
	胶料调配	甲醛	丙	注2
	甲醛溶液储存	甲醛	丙	注2
粘胶纤维	浸压粉、老成	浆粕	丙	—
	黄化、二硫化碳计量和回收	二硫化碳	甲	—
	原液：溶解到纺前过滤	二硫化碳	丙	注2
	短纤维：纺丝到打包	硫化氢	丙	注2
	长丝：离心纺丝、精练	硫化氢	丙	注2
	长丝：连续纺丝	硫化氢	丙	注2
	酸站	硫化氢	丁	注2
	精密室	重铬酸钾、浓硫酸	乙	—
	废气处理	二硫化碳、硫化氢	甲	—
	污水处理	二硫化碳、硫化氢	甲	—

续表 A

工厂	生产部位	危险物	火灾危险性	备注
锦纶	己内酰胺、尼龙66盐的开包卸料	己内酰胺、尼龙66盐	丙	注1
	己内酰胺聚合	联苯、联苯醚、氢化三联苯	丙	—
	尼龙66缩聚	联苯、联苯醚、氢化三联苯	丙	—
	切片生产、萃取、干燥	锦纶切片	丙	—
	切片熔融、熔体输送、纺丝	联苯、联苯醚、氢化三联苯	丙	—
	卷绕	锦纶纤维	丙	—
	后加工（短纤维、长丝、毛条）	锦纶纤维	丙	—
	帘子布：捻线、织布	锦纶纤维	丙	—
	帘子布浸胶	甲醛	丙	注2
	胶料调配	甲醛	丙	注2
	甲醛溶液储存	甲醛	丙	注2
	己内酰胺回收	己内酰胺	丙	注1
氨纶	聚合	4,4二苯基甲烷二异氰酸酯等	丙	—
	二甲基乙酰胺为溶剂的干法纺丝	二甲基乙酰胺	丙	—
	二甲基乙酰胺为溶剂的湿法纺丝	二甲基乙酰胺	丙	—
	胺调配	二乙胺	甲	—
	分级包装	氨纶纤维	丙	—
	二甲基乙酰胺的回收	二甲基乙酰胺	丙	—
丙纶	切片输送、干燥、熔融	聚丙烯切片	丙	—
	纺丝	联苯和联苯醚、氢化三联苯	丙	—
	后加工	丙纶纤维	丙	—

续表 A

工厂	生产部位	危险物	火灾危险性	备注
维纶	聚乙烯醇卸料	聚乙烯醇粉	丙	注1
	原液制备	聚乙烯醇溶液	丁	—
	纺丝、湿热拉伸	湿的维纶纤维	丁	—
	整理：干燥到卷绕	干的维纶纤维	丙	—
	整理：缩醛化、水洗	甲醛	丙	注2
	整理：干燥到打包	干的维纶纤维	丙	—
	凝固浴循环	硫酸钠	戊	—
	醛化液循环	甲醛	丙	注2
	酸碱站	稀硫酸、氢氧化钠	丁	—
	精密室	蒸汽	戊	—
印染	原布、白布、印花、整理、整装	干布	丙	—
	练漂、染色、皂洗、水洗	湿布	丁	—
	烧毛	干布	丙	—
	涂层、气相整理	甲苯、二甲基甲酰胺	甲	—
	涂层的溶剂调配	甲苯、二甲基甲酰胺	甲	—
	染化液调配	活性染料、分散染料	丙	—
	印花调浆	糊料（海藻酸钠）	丙	—
	汽油气化室	汽油	甲	—
	碱回收站	碱液	戊	—
	液氨整理	氨气	丙	注2
	氨回收	氨气	乙	—
棉纺织	纺纱（清梳联到成纱）、加工（络筒到成包）、织布（络筒包装）	棉层、棉条、纱线、布	丙	—
	开清棉、回花、废棉处理、滤尘室	棉粉尘	丙	注1

— 443 —

续表 A

工厂	生产部位	危险物	火灾危险性	备注
毛纺织	选毛、前纺、后纺、坯布、干整理	毛球、条、纱、线、织物	丙	—
	染色、煮呢、缩呢、洗呢	湿毛呢	丁	—
	滤尘室	毛粉尘	丙	注1
	汽油气化室	汽油	甲	—
	放置液化气钢瓶、液化石油气罐	液化石油气	甲	—
麻纺织	亚麻的制麻、纺纱、织造	麻、麻纱、麻布	丙	—
	苎麻的纺纱、织造	软麻、麻纱、麻布	丙	—
	黄麻的纺纱、织造	原麻、麻纱、麻布	丙	—
	亚麻的漂染、苎麻的脱胶、黄麻的脱胶	湿麻	丁	—
	亚麻的梳麻、并条、粗纱；黄麻、苎麻的梳麻	麻粉尘	丙	注1
	除尘室	麻粉尘	乙	—
	染化液调配	染料	丙	—
	汽油气化室	汽油	甲	—
	液化石油气钢瓶间	液化石油气	甲	—
丝绸	丝整理、绢丝、纺纱、织造	干茧、生丝、锦条、绢丝绸	丙	—
	缫丝	湿茧、湿丝	丁	—
针织	原料、编织、检验修补、烘干、起绒、轧光整理、剪裁、成衣	纱线、针织物、羊毛衫、成衣、袜子	丙	—
	漂染、印花	湿的针织物	丁	—
非织造布	梳理成网到成品包装	纤维网、非织造布	丙	—
	给棉、开松	棉粉尘	丙	注1
	切片结晶、干燥、输送	丙纶、涤纶切片	丙	—
	切片熔融、过滤、纺丝	联苯、联苯醚	丙	—
	纺丝冷却成形到成品包装	丙纶、涤纶纤维、非织造布	丙	—
	黏合剂调配	氨气	丙	注2

续表 A

工厂	生产部位	危险物	火灾危险性	备注
辅助生产设施	油剂调配	油剂及油剂单体	丙	—
	熔融纺丝的过滤器清洗	三甘醇	丙	—
	熔融纺丝的组件清洗	三甘醇	丙	—
	化验室	化学试剂	丙	—
	物理检验室	纤维样品	丙	—
	热媒站	联苯、联苯醚、氢化三联苯	丙	—

注：表中注1：粉尘在释放源周围爆炸危险区域范围内空气中的浓度应小于其爆炸下限的25%；
表中注2：相应危险物在释放源周围爆炸危险区域范围内空气中的浓度应小于其爆炸下限的10%。

附录 B 纺织工业物品储存的火灾危险性分类举例

表 B 纺织工业物品储存的火灾危险性分类举例

工厂	物品储存场所	危险物	火灾危险性	备注
聚酯	切片库	聚酯切片	丙	—
	乙二醇储罐	乙二醇	丙	—
	燃料油储罐	燃料油	丙	—
	对苯二甲酸库	对苯二甲酸粉尘	丙	注1
腈纶	纤维成品库	腈纶纤维	丙	—
	丙烯腈罐	丙烯腈	甲	—
	二甲基乙酰胺罐	二甲基乙酰胺	丙	—
	二甲基甲酰胺罐	二甲基甲酰胺	乙	—
	二甲胺罐	二甲胺	甲	—
	醋酸乙烯罐	醋酸乙烯	甲	—
	二氧化硫罐	二氧化硫	乙	—
	丙烯酸甲酯罐	丙烯酸甲酯	甲	—
	酸罐	醋酸、硝酸	乙	—

续表 B

工厂	物品储存场所	危险物	火灾危险性	备注
腈纶	硫氰酸钠库	硫氰酸钠	丁	—
腈纶	化学品库	甲基丙烯酸甲酯	甲	—
腈纶	化学品库	氯酸钠	甲	—
腈纶	化学品库	过硫酸铵	乙	—
腈纶	化学品库	焦亚硫酸钠、硫酸亚铁	丁	还原剂
涤纶	成品库	涤纶纤维	丙	—
涤纶	切片库	聚酯切片	丙	—
涤纶	甲醛溶液库	甲醛	丙	注2
涤纶	化学品库	间苯二酚	丙	—
涤纶	化学品库	三甘醇	丙	—
粘胶纤维	二硫化碳库	二硫化碳	甲	—
粘胶纤维	纤维成品库、浆粕库	粘胶纤维、浆粕	丙	—
粘胶纤维	芒硝库	硫酸钠	戊	—
粘胶纤维	碱液罐	氢氧化钠	戊	—
粘胶纤维	硫酸罐	浓硫酸	乙	—
粘胶纤维	化学品库	重铬酸钾	乙	—
粘胶纤维	化学品库	过氧化氢	甲	—
粘胶纤维	化学品库	硫酸锌	戊	—
锦纶	己内酰胺库	己内酰胺	丙	注1
锦纶	尼龙66盐库	尼龙66盐	丙	注1
锦纶	切片库	锦纶切片	丙	—
锦纶	成品库	锦纶纤维、帘子布	丙	—
锦纶	甲醛溶液库	甲醛	丙	注2
锦纶	化学品库	三甘醇、间苯二酚	丙	—
锦纶	燃料油储罐	燃料油	丙	—
氨纶	成品库	氨纶	丙	—
氨纶	原料库	4,4二苯基甲烷二异氰酸酯、聚四亚甲基醚二醇	丙	—
氨纶	化学品库	二乙胺	甲	—
丙纶	成品库	丙纶纤维	丙	—
丙纶	聚丙烯切片库	聚丙烯切片	丙	—
维纶	原料库	聚乙烯醇粉	丙	注1
维纶	成品库	干的维纶	丙	—
维纶	酸罐	醋酸	乙	—
维纶	酸罐	浓硫酸	乙	—
维纶	碱罐	氢氧化钠	戊	—
维纶	燃料油储罐	燃料油	丙	—
维纶	芒硝库	硫酸钠	戊	—
印染	坯布库、成品库	干布	丙	—
印染	染化料库	活性染料、分散染料	丙	—
印染	油品库	汽油	甲	—
印染	化学品库	重铬酸钠(钾)、次氯酸钙	乙	—
印染	化学品库	过氧化氢、氯酸钾、氯酸钠	甲	—
印染	化学品库	硫酸	乙	—
印染	化学品库	甲苯	甲	—
印染	化学品库	二甲基甲酰胺	乙	—
印染	液氨储存	氨气	丙	注2
棉纺织	原棉库	原棉	丙	—
棉纺织	成品库	纱、布	丙	—
棉纺织	废棉库	棉粉尘	丙	注1
棉纺织	浆料库	聚丙烯酸酯	丙	—
麻纺织	麻原料库	麻	丙	—
麻纺织	麻屑库	麻粉尘	丙	注1
麻纺织	成品库	麻纱、麻布	丙	—
麻纺织	废品库	麻纱、麻布	丙	—
麻纺织	油品库	汽油	甲	—
麻纺织	化学品库	过氧化氢	甲	—
麻纺织	化学品库	次氯酸钠	乙	—
麻纺织	化学品库	浓硫酸	乙	—
麻纺织	氯气瓶存放	氯气	乙	—

续表 B

工厂	物品储存场所	危险物	火灾危险性	备注
毛纺织	原料库	毛、化学纤维	丙	—
	成品库	毛织物	丙	—
	油品库	汽油	甲	—
	化学品库	醋酸	乙	—
	液氨储存	氨气	丙	注2
	化学品库	重铬酸钠、硫酸、硝酸	乙	—
非织造布	原料库	涤纶、丙纶、棉	丙	—
	切片库	涤纶、丙纶切片	丙	—
	成品库	非织造布	丙	—
	液氨储存	氨气	丙	注2

注：表中注1：粉尘在释放源周围爆炸危险区域范围内空气中的浓度应小于其爆炸下限的25%；
表中注2：相应危险物在释放源周围爆炸危险区域范围内空气中的浓度应小于其爆炸下限的10%。

附录 C　防火间距起止点

总体规划、工厂总平面布置、露天装置区内平面布置的防火间距起止点为：

设备——设备外缘；

建筑物——外墙外侧结构面。如建筑物的外墙有凸出的燃烧构件，应从其凸出部分外缘算起；

敞开及半敞开式厂房——最外柱外侧结构面；

铁路——中心线；

道路——路边；

码头——输油臂中心及泊位；

铁路装卸鹤管——铁路中心线；

汽车装卸鹤位——鹤管立管中心线；

储罐或罐区——罐外壁；

架空通信、电力线——线路中心线；

露天装置——最外侧的设备外缘；

堆场——材料堆的外缘；

有棚的堆场——最外柱外侧结构面（当外侧有柱时）；

有棚的堆场——棚外缘投影线（当外侧无柱时）。

160.《印染工厂设计规范》GB 50426—2016

3 工艺设计

3.1 一般规定

3.1.2 车间的工艺布置应根据工艺流程和设备选型综合确定,应满足施工、安装、操作、维修、通行、消防、安全生产和技术改造的要求。

3.7 生产辅助设施

3.7.6 松香回收间宜单独设置,并应采取防火措施。

4 总图运输

4.1 一般规定

4.1.3 总图和运输布置应满足下列规定:
   1 总图布置应符合现行国家标准《工业企业总平面设计规范》GB 50187 和《纺织工程设计防火规范》GB 50565 的有关规定;

4.2 建(构)筑物布置

4.2.6 仓库布置应符合下列规定:
   3 危险化学品库、储罐等应设置于厂区全年最小频率风向的上风侧,并应符合现行国家标准《纺织工程设计防火规范》GB 50565 的有关规定。

4.3 道路运输

4.3.1 厂内道路的布置应满足生产运输、消防救援、安装检修、安全卫生、管线和绿化布置等要求,与厂外道路连接应平顺便捷。

5 建筑

5.1 一般规定

5.1.2 建筑防火设计应符合现行国家标准《纺织工程设计防火规范》GB 50565 的有关规定。

5.3 建筑防火、防爆

5.3.1 生产厂房的原布间、白布间、印花车间、整理车间、整装车间等干燥性生产车间的火灾危险性应为丙类;练漂、染色、皂洗等潮湿性生产车间的火灾危险性应为丁类。上述两类生产车间安排在同一防火分区时,火灾危险性应按丙类生产确定。烧毛间火灾危险性应为丙类,宜采用隔墙与相邻车间分隔。生产厂房建筑耐火等级不应低于二级。

5.3.2 涂层车间、气相整理车间应采用防火墙分隔为独立工段,涂层车间的溶剂调配间与相邻车间应采用防爆墙分隔,并应靠外墙布置,室内应有通风措施,对外应设有泄压的门窗或轻型泄压屋面。

5.3.3 泄压面积的计算应按现行国家标准《纺织工程设计防火规范》GB 50565 的规定执行。

5.4 生产辅助用房

5.4.5 设置汽油气化室应符合下列规定:
   1 汽油气化室应设置在烧毛机附近;
   2 其泄压设施应采用易于泄压的门、窗。
   3 其与相邻车间的隔墙应采用防爆墙;
   4 防爆墙上不宜开设门、窗,确需开设时,应采用防爆门、窗。当需设置内门时,则应采用门斗并应在不同方位布置甲级防火门。

6 结构

6.1 一般规定

6.1.1 印染工厂的结构设计应符合现行国家标准《建筑抗震设计规范》GB 50011、《建筑设计防火规范》GB 50016、《混凝土结构设计规范》GB 50010、《混凝土结构耐久性设计规范》GB/T 50476、《纺织工程设计防火规范》GB 50565、《工业建筑防腐蚀设计规范》GB 50046 的有关规定。

6.2 结构选型

6.2.3 练漂、染色车间,应采用钢筋混凝土结构,印花、整理、整装车间,当采用有效的防腐蚀、防火措施后,可采用单层轻钢结构或钢筋混凝土柱与轻钢屋盖组合的结构形式。

6.2.7 单层厂房中的印花、整理、整装车间,当采取有效防腐蚀、防火措施后,可采用带气楼的单层轻钢门式刚架结构(图 6.2.7-1)和带排气楼的单层轻钢排架结构(图 6.2.7-2)。也可采用带顶侧窗的单层轻钢排架结构(梁柱铰接)(图 6.2.7-3)。设计时应符合下列规定:

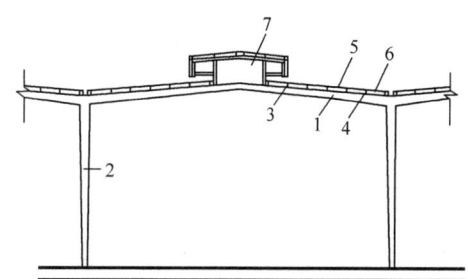

图 6.2.7-1 带气楼的单层轻钢门式刚架结构

1—门刚梁;2—门刚柱;3—檩条;4—屋面底层压型钢板;
5—屋面面层压型钢板;6—屋面保温材料;7—气楼

2 屋面梁应采用斜坡式,屋面坡度不宜小于5%。檩条下宜采用有较好防腐蚀性能的底层镀铝锌钢板。

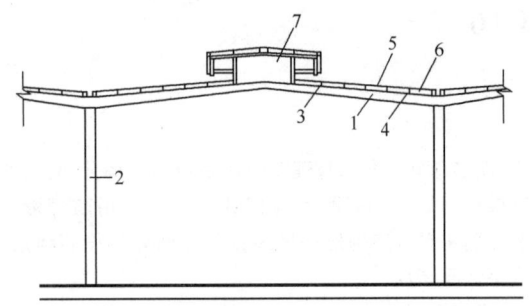

图 6.2.7-2 带气楼的单层轻钢排架结构
1—轻钢梁；2—钢筋混凝土柱；3—檩条；4—屋面底层压型钢板；
5—屋面面层压型钢板；6—屋面保温材料；7—气楼

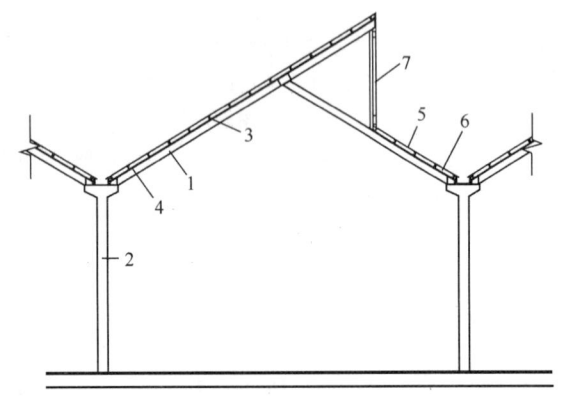

图 6.2.7-3 带顶侧窗的单层轻钢排架结构（梁柱铰接）
1—轻钢梁；2—钢筋混凝土柱；3—檩条；4—屋面底层压型钢板；
5—屋面面层压型钢板；6—屋面保温材料；7—顶侧窗

7 给水排水

7.1 一般规定

7.1.1 给水排水设计应满足生产、生活和消防的要求,做到安全适用、技术先进、经济合理、保护环境。

7.2 用水量、水质和水压

7.2.1 用水量的确定应符合下列规定：

9 应考虑消防用水量,其供水管网为消防、生产合用时应进行消防时的流量、压力校核。

7.2.3 给水压力应根据车间布置、生产设备及消防要求通过计算确定。单层厂房的车间进口工艺给水压力宜为0.2MPa～0.25MPa,当部分设备水压要求较高时,宜采取局部加压措施。

7.4 给水系统和管道布置

7.4.3 给水管道材质和布置应符合下列规定：

1 厂区消防给水应环状布置,生产、生活给水管道宜环状布置,环状管道应设置阀门分成若干可以检修的独立段。

6 给水管道不宜穿过防火墙,当必须穿过时,应采用防火封堵材料将墙与管道之间的空隙紧密填实,穿过防火墙处的管道保温材料,应采用不燃材料；当管道为难燃及可燃材料时,应在防火墙两侧的管道上采取防火措施。

7.5 消防给水和灭火设施

7.5.1 印染工厂应设室内、室外消火栓给水系统。消防体制、消防设施的设置、消防用水量、水压及火灾延续时间等应符合现行国家标准《建筑设计防火规范》GB 50016、《消防给水及消火栓系统技术规范》GB 50974和《纺织工程设计防火规范》GB 50565的有关规定。

7.5.2 棉、毛、丝、麻、化纤、毛皮及其制品的仓库设置自动灭火系统应符合现行国家标准《建筑设计防火规范》GB 50016的有关规定,并宜采用自动喷水灭火系统,自动喷水灭火系统的设计应符合现行国家标准《自动喷水灭火系统设计规范》GB 50084的有关规定。

7.5.3 灭火器配置应符合现行国家标准《建筑灭火器配置设计规范》GB 50140的有关规定。

7.5.4 消火栓应处于明显易于取用和便于火灾扑救的位置,当处于运输通道等容易遭到破坏的位置时应采取保护措施。

8 供暖通风与空调

8.1 一般规定

8.1.4 印染工厂的防排烟设计应符合现行国家标准《建筑设计防火规范》GB 50016的有关规定。

8.3 生产车间的供暖通风与空调

8.3.8 通风设备、风道、风管及配件等应根据其所处的环境和输送的介质温度、腐蚀性等因素,采用防腐材料制作并采取相应的防火措施。

8.3.9 车间的通风和空调系统风管应采用不燃材料制作。接触腐蚀性气体的风管及柔性接管,可采用难燃材料制作。

9 电 气

9.2 供配电系统

9.2.1 印染工厂的普通用电负荷应为三级负荷,液氨整理工段中涉及安全生产的工艺设备用电应为二级负荷。印染工厂的消防设备用电负荷等级,应符合现行国家标准《建筑设计防火规范》GB 50016的有关规定。

9.5 电气消防和报警

9.5.1 每座占地面积超过1000m²的坯布、成品仓库,应设火灾自动报警装置。

9.5.2 印染工厂其他需设置火灾自动报警系统的场所,应符合现行国家标准《建筑设计防火规范》GB 50016和《纺织工程设计防火规范》GB 50565的有关规定。

9.5.3 在使用煤气、天然气等可燃气体的烧毛工段、热定型工段,在使用甲苯、二甲基甲酰胺等散发爆炸性气体的涂层工段和调配间,应设置可燃气体检测报警系统。在使用液氨等可能散发爆炸性气体和有毒气体的场所,应设置可燃气体检测报警系统和有毒气体检测报警系统。

9.5.4 可燃气体检测报警系统设计和有毒气体检测报警系统设计，应符合现行国家标准《石油化工可燃气体和有毒气体检测报警设计规范》GB 50493 和《火灾自动报警系统设计规范》GB 50116 有关规定。

9.5.5 火灾自动报警系统设计和消防控制室设置，应符合现行国家标准《建筑设计防火规范》GB 50016 和《火灾自动报警系统设计规范》GB 50116 的有关规定。

9.5.6 车间内应设置供疏散用的应急照明。车间应急和疏散照明设置场所要求，应符合现行国家标准《建筑设计防火规范》GB 50016 和《纺织工程防火设计规范》GB 50565 的有关规定。

9.5.7 建筑内消防应急照明和疏散指示标志灯可采用蓄电池作备用电源，其连续供电时间应符合现行国家标准《建筑设计防火规范》GB 50016 和《纺织工程设计防火规范》GB 50565 的有关规定。

11 仓 储

11.4 危险化学品库

11.4.2 危险品库应防止太阳直晒，库内应干燥、阴凉、通风，消防设施设置应符合现行国家标准《建筑设计防火规范》GB 50016 的有关规定。

161.《非织造布工厂技术标准》GB 50514—2020

8 电气设计

8.3 照 明

8.3.1 非织造布工厂的疏散照明、安全照明、备用照明等应急照明系统，应符合现行国家标准《消防应急照明和疏散指示系统技术标准》GB 51309 的有关规定。

8.5 火灾自动报警系统

8.5.1 非织造布生产装置火灾自动报警系统的设置，应符合现行国家标准《建筑设计防火规范》GB 50016 和《纺织工程设计防火规范》GB 50565 的有关规定。

9 总平面布置

9.2 总平面布置

9.2.3 厂区道路应做环状布置，应能满足消防通道和运输要求。

10 建筑设计

10.2 生产厂房

10.2.1 建筑设计应满足设备和生产工艺要求，并应满足防火、防水、防腐蚀、保温、隔热和洁净生产要求。

10.4 建筑防火

10.4.1 非织造布工厂的生产厂房含附房及全部辅助生产设施的建筑防火设计均应符合现行国家标准《纺织工程设计防火规范》GB 50565 和《建筑设计防火规范》GB 50016 的有关规定。

10.4.2 非织造布生产的火灾危险性分级应符合表 10.4.2 的规定。

表 10.4.2 非织造布生产的火灾危险性分级

生产场所		危险物	火灾危险性
生产	浸胶工艺	甲醛	丙
	涂层工艺	甲苯、二甲基甲酰胺	丙
辅助生产	热媒站	联苯、联苯醚、氢化三联苯	甲
	汽油气化室	汽油	甲
	液化石油气钢瓶间	液化石油气	甲
	液氨储存	氨气	丙

10.4.3 非织造布储存的火灾危险性分级应符合表 10.4.3 的规定。

表 10.4.3 非织造布储存的火灾危险性分级

储存场所	危险物	火灾危险性
原料仓库	天然纤维、化学纤维、无机纤维	丙
成品仓库	产业用纺织品	丙
化学品库	絮凝剂：聚合氯化铝、聚丙烯酰胺 杀菌剂：次氯酸钠（NaClO）、双氧水、异噻唑啉酮胍类（双胍、单胍）、无机盐类（季鏻盐、季铵盐） 亲水剂 涂层剂：丙烯酸酯类、聚氨酯类、聚氯乙烯类、合成橡胶类、硅酮弹性体类 甲醛	丙
	甲苯、二甲基甲酰胺	甲

12 给水排水设计

12.1 一般规定

12.1.1 给水排水设计应符合生产、生活和消防的要求，并应为施工安装、操作管理等提供便利条件。

12.2 给 水

12.2.1 给水系统应根据生活、生产和消防等各项用水对水质、水压及水量的要求，分别设置直流、循环或重复利用的给水系统。

12.4 消防给水和灭火设施

12.4.1 消火栓灭火系统及其他灭火设施应根据非织造布工厂生产车间、仓库的火灾危险性及耐火等级等因素设置，并应符合现行国家标准《建筑设计防火规范》GB 50016 及《纺织工程设计防火规范》GB 50065 的有关规定。

12.4.2 全厂消防给水可采用临时高压给水系统或高压给水系统。消防用水量应符合现行国家标准《建筑设计防火规范》GB 50016 和《纺织工程设计防火规范》GB 50565 的有关规定。

12.4.3 全厂各建筑物室内灭火器配置，应符合现行国家标准《建筑灭火器配置设计规范》GB 50140 的有关规定。

14 动力设计

14.4 制 冷

14.4.4 设备和管道的绝热材料选择,应符合下列规定:

3 绝热材料的燃烧等级应符合现行国家标准《建筑材料及制品燃烧性能分级》GB 8624 的有关规定。

15 仓 储

15.1 一 般 规 定

15.1.1 仓储库房宜独立设置,所在位置应满足生产、储运、装卸的要求,仓库的设计应符合现行国家标准《建筑设计防火规范》GB 50016 及《纺织工程设计防火规范》GB 50565 的有关规定。

162. 《维纶工厂设计规范》GB 50529—2009

3 工 艺

3.1 一般规定

3.1.4 工艺设计应根据维纶生产中所采用物料的毒性、腐蚀性及火灾危险性，采取切实有效的安全及劳动防护措施。

3.7 工艺管道布置

3.7.7 管道布置应留有转动设备维修、操作和设备内填充物装卸及消防车道等所需空间。

3.10 仓储和运输

3.10.6 化学危险品库应根据化学危险品的品种、性质采取必要的防火、防爆、防腐蚀等措施。

3.10.7 仓库的设计应符合现行国家标准《建筑设计防火规范》GB 50016 和《石油化工企业设计防火规范》GB 50160 的有关规定。

4 总平面设计

4.2 总平面设计

4.2.4 公用工程设施布置应符合下列规定：
1 锅炉房、煤场、灰渣场应集中布置在厂区全年最小频率风向的上风侧，并宜靠近生产车间的热负荷中心；燃料采用重油或柴油时，总平面布置应设置储罐区，储油罐与建筑物的防火间距应符合现行国家标准《建筑设计防火规范》GB 50016 和《石油化工企业设计防火规范》GB 50160 的有关规定。

4.2.5 厂区道路运输应符合下列规定：
2 厂区道路的布置应满足交通运输、安装检修、消防、安全卫生、管线和绿化布置等要求，且应与厂外道路有平顺简捷的连接条件。

5 建筑、结构

5.1 一般规定

5.1.1 维纶工厂的建筑、结构设计应满足生产工艺、操作、检修、安全、采光、通风、排雾、保温、隔热、防结露、防腐蚀、防火、抗震、节能等要求。

5.1.3 维纶工厂的防火设计应按现行国家标准《建筑设计防火规范》GB 50016 和《石油化工企业设计防火规范》GB 50160 的有关规定执行。

5.2 生产厂房和辅助用房

5.2.11 永久性的楼面设备吊装孔应翻边，并安装总高度不应小于1050mm的安全栏杆；临时性的楼面设备吊装孔应待设备安装后用非燃烧材料封堵。

5.3 建筑防火、防爆、防腐蚀

5.3.1 生产车间的火灾危险性类别应按现行国家标准《建筑设计防火规范》GB 50016 的有关规定执行。具体分类可按表5.3.1确定。

表 5.3.1 厂房、仓库的火灾危险性分类

厂房、仓库名称		火灾危险性
原液车间		戊类
纺丝车间	纺丝工段	丁类
	热处理工段	丙类
整理车间		丙类
凝固浴循环站		戊类
PVA原料库		丙类
成品库		丙类
甲醛贮存库		甲类

注：若纺丝工段与热处理工段处于同一防火分区内，则其火灾危险性统一按丙类。

5.3.2 建筑物、构筑物的构件应采用非燃烧材料，耐火等级不应低于二级，耐火极限应符合现行国家标准《建筑设计防火规范》GB 50016 的有关规定。

5.3.3 由生产火灾危险性为丙类和戊类组成的联合厂房应按丙类确定。

5.3.4 甲醛贮存库的设计应按现行国家标准《石油化工企业设计防火规范》GB 50160 的有关规定执行。

6 给水排水

6.1 一般规定

6.1.1 维纶工厂给水排水设计应执行国家的有关方针、政策，并应满足生产、生活和消防用水的要求。

6.2 水源与水处理

6.2.1 水源选择应符合下列规定：
3 选择地下水水源的取水构筑物数量应能满足耗水量最大季节的生产、生活、空调和消防用水要求。

6.3 用水量、水质、水压

6.3.2 维纶工厂用水水质应符合下列规定：

2 消防用水水质应按消防给水系统确定。

6.4 给水系统和管道敷设

6.4.1 维纶工厂给水系统设计应符合下列规定：

1 厂区给水系统应根据水源及生产、生活、消防给水等用水量、水质、水压的要求，分别设置直流循环或重复利用的给水系统及其相应的给水处理设施。

6.5 消防给水系统与灭火器配置

6.5.1 维纶工厂消防给水系统宜采用临时高压消防给水系统，并根据企业规模应分别设置消火栓给水系统。

6.5.2 采用临时高压消防制，厂区应设消防用水蓄水池；消防水池容量应按火灾延续时间内消防用水量确定；室外给水管网供水充足且在火灾情况下能保证持续补水时，消防水池的容量可减去火灾延续时间内的补水量。

6.5.3 维纶工厂消防给水系统设计除执行本规范外，尚应符合现行国家标准《建筑设计防火规范》GB 50016 和《石油化工企业设计防火规范》GB 50160 的有关规定。

6.5.4 维纶工厂的灭火器配置应按现行国家标准《建筑灭火器配置设计规范》GB 50140 的有关规定执行。

6.6 排水系统和管道敷设

6.6.9 维纶工厂发生火灾事故时，消防产生的污染水严禁直接排入河道或市政管网，设计时应采取事故排放措施。

7 电 气

7.2 供配电系统

7.2.1 维纶工厂的生产用电负荷应为三级负荷，消防设备用电的负荷等级应按现行国家标准《建筑设计防火规范》GB 50016 的规定执行。

7.2.6 爆炸和火灾危险环境电气线路的选择和装置要求应符合现行国家标准《爆炸和火灾危险环境电力装置设计规范》GB 50058 的有关规定。

7.3 照 明

7.3.3 纺丝车间和整理车间应设置疏散照明，在主通道、转弯处和安全出口处应按现行国家标准《建筑设计防火规范》GB 50016 的规定设灯光疏散指示标志，疏散指示标志照明宜利用蓄电池作为备用电源。

7.5 火灾自动报警系统和通讯

7.5.1 每座占地面积大于 1000m² 的原料库房、成品库房应设置火灾自动报警系统。

7.5.2 维纶工厂的火灾自动报警系统和消防控制室设置应按现行国家标准《建筑设计防火规范》GB 50016 和《火灾自动报警系统设计规范》GB 50116 的有关规定执行。

8 自动控制和仪表

8.1 一般规定

8.1.3 爆炸和火灾危险场所的自控设计应符合现行国家标准《爆炸和火灾危险环境电力装置设计规范》GB 50058 的有关规定。

8.5 参数报警、联锁

8.5.5 检测报警系统的设计应符合国家现行标准《石油化工企业可燃气体和有毒气体检测报警设计规范》SH 3063 的要求。

8.8 控 制 室

8.8.2 控制室位置的设置应符合现行国家标准《石油化工企业设计防火规范》GB 50160 的有关规定。

9 采暖和通风

9.3 生产车间的采暖通风

9.3.5 整理车间缩醛化工序甲醛气体排放系统设计应符合下列要求：

1 风机应采用防爆防腐风机，通风系统的风管、活动部件及阀件应采取防爆防腐措施。

2 通风设备和风管应采取防静电接地保护措施。

3 风管不宜穿过其他房间；必须穿过时，应采用密实焊接、无接头、非燃烧材料制作的通过式风管；通过式风管穿过房间的防火墙、隔墙和楼板处应采用防火材料封堵。

9.3.11 车间的通风管道应采用不燃材料制作，接触腐蚀性气体的风管及柔性接管可采用难燃防腐材料制作。

9.3.12 用于维纶工厂的通风机应根据所输送介质的特性选用，并应符合下列要求：

3 输送易燃易爆介质时，应选用防爆风机。

11 节 约 能 源

11.0.2 在满足生产要求和安全防火、防爆的条件下，工艺管线、原辅材料及产成品的运输线路应短捷方便。

163.《粘胶纤维工厂技术标准》GB 50620—2020

4 工艺设备

4.1 一般规定

4.1.3 二硫化碳、硫酸、烧碱等易燃、易爆、有毒、腐蚀性物料的输送设备应具有防泄漏性能。

4.1.4 纤维烘干机应设置灭火设施。

4.3 工艺设备布置

4.3.1 设备布置应符合下列规定：
1 设备布置应根据生产需要、流程合理、方便操作与检修要求确定，并应符合现行国家标准《纺织工程设计防火规范》GB 50565 的有关规定。

5 管 道

5.2 管道布置和选材

5.2.6 输送硫酸、烧碱、二硫化碳、纺丝浴、废气等腐蚀性及易燃易爆介质的管道不得穿越自控室、电机控制中心、办公室和生活设施。

7 自动控制和仪表

7.1 一般规定

7.1.4 有毒气体的检测报警、安全报警系统设计应符合现行国家标准《石油化工可燃气体和有毒气体检测报警设计标准》GB/T 50493 的有关规定。

7.1.5 有爆炸、火灾等危险环境的自动控制设计应符合现行国家标准《爆炸危险环境电力装置设计规范》GB 50058 的有关规定。

7.5 特殊仪表的选择

7.5.6 爆炸和火灾危险环境仪表选型应满足车间防爆等级要求。

8 电 气

8.2 负荷分级及供电要求

8.2.1 电力负荷分级应符合下列规定：
2 电力负荷及消防用电负荷分级应符合现行国家标准《供配电系统设计规范》GB 50052、《建筑设计防火规范》GB 50016 和《纺织工程设计防火规范》GB 50565 的有关规定。

8.3 供配电系统

8.3.12 消防用电设备配电设计应符合现行国家标准《供配电系统设计规范》GB 50052 和《建筑设计防火规范》GB 50016 的有关规定。

8.4 照 明

8.4.3 爆炸危险环境内的电气照明设计应符合现行国家标准《爆炸危险环境电力装置设计规范》GB 50058 的有关规定。

8.6 火灾自动报警系统

8.6.1 火灾自动报警系统设置场所应符合现行国家标准《建筑设计防火规范》GB 50016 和《纺织工程设计防火规范》GB 50565 的有关规定，火灾自动报警系统设计应符合现行国家标准《火灾自动报警系统设计规范》GB 50116 的有关规定。

8.6.2 丙类车间内的湿加工场所应设置手动火灾报警按钮和声光报警装置。

8.6.3 火灾探测器选型应符合现行国家标准《火灾自动报警系统设计规范》GB 50116 的有关规定。

9 总图、运输

9.1 一般规定

9.1.1 厂址选择应符合产业布局和区域规划要求，应合理利用已有的水、电、汽、消防、废水处理等公用设施；并应符合现行国家标准《工业企业总平面设计规范》GB 50187 的有关规定。

9.2 总平面设计

9.2.3 厂区建（构）筑物布置应符合现行国家标准《建筑设计防火规范》GB 50016 和《纺织工程设计防火规范》GB 50565 的有关规定，并应符合道路、工程管线、卫生间距及绿化布置等要求。

9.2.9 厂区道路宜采用城市型道路；主干道、次干道宽不宜小于 6m，转弯半径不应小于 9m；消防车道宽不应小于 4m，转弯半径不应小于 9m。

10 建筑、结构

10.1.2 建筑物防火设计应符合现行国家标准《建筑设计防火规范》GB 50016 和《纺织工程设计防火规范》GB 50565 的有关规定。

10.2 生产车间和辅助用房

10.2.3 连接两座建筑物的连廊、管廊应采取防止火灾在两座建筑间蔓延的措施。连廊、管廊内不宜布置房间，布置用房时连廊应有至少一处独立安全出口。

10.3 建筑防火、防爆、防腐蚀

10.3.1 主要生产车间火灾危险性应按本标准附录E的规定执行。

10.3.2 主要生产车间建筑物耐火等级不应低于二级。

10.3.3 原液车间的黄化间，当设备配备防爆泄爆装置，房间保持负压、设置有毒气体探测报警系统或自动抑爆系统，且占本层建筑面积的比例不大于10%时，原液车间生产火灾危险性类别可按火灾危险性较小的部分确定。

10.3.4 穿越不同防火分区的设备及管道安装孔，待设备及管道安装完毕后，空隙部分应用防火封堵材料封堵。

10.3.5 有爆炸危险的区域与无爆炸危险的区域贴邻布置时，应采用防爆墙分隔，并应采用不发火花的楼地面，顶棚宜平整。两区域连通处应设置门斗等防护措施，并应符合现行国家标准《建筑设计防火规范》GB 50016的有关规定。

10.3.6 有爆炸危险的厂房或厂房内有爆炸危险的部位，应设置泄压设施。泄压设施宜靠近易发生爆炸的部位，并应避开室外主要交通通道和人员集中场所。

10.3.7 有防火要求的钢结构建筑和钢结构构件应采取相应的防火措施，并应符合现行国家标准《建筑钢结构防火技术规范》GB 51249和《工业建筑涂装设计规范》GB/T 51082的有关规定。

11 给水排水

11.1 给 水

11.1.1 给水设计应符合下列规定：

1 给水设计应符合生产、生活和消防对水量、水质、水压的要求。

3 给水系统可分为工业用水给水系统，生活给水系统，消防给水系统，软化除盐给水系统，工业循环冷却水系统和冷水、载冷剂给水系统。给水系统划分及管网设置应根据用水设施和部门水质、水量、水压和水温要求确定。

11.3 消 防

11.3.1 消防给水设计应符合现行国家标准《建筑设计防火规范》GB 50016、《消防给水及消火栓系统技术规范》GB 50974、《自动喷水灭火系统设计规范》GB 50084和《纺织工程设计防火规范》GB 50565的有关规定。

11.3.2 消防排水设计应符合现行国家标准《建筑设计防火规范》GB 50016、《消防给水及消火栓系统技术规范》GB 50974和《纺织工程设计防火规范》GB 50565的有关规定。

12 供暖、通风和空气调节

12.2 供 暖

12.2.2 供暖方式选择应根据气象条件、建筑规模、厂区供热情况，通过技术经济比较，并应按下列规定确定：

3 散发可燃气体或蒸气的生产厂房，散热器供暖的热媒温度应至少比散发物质的自燃点低20%。

12.5 设备选择及其他

12.5.2 通风、空气调节系统风管及配件、风管保温材料应采用防腐且难燃材料。

12.5.3 送排风系统风管不宜穿过防火墙和非燃烧体楼板等防火分隔物。当必须穿过时，应在穿过处设防火阀，防火阀两侧各2.0m内的风管应采用耐火风管或风管外壁，并应采取防火保护措施，且耐火极限不应低于该防火分隔体的耐火极限。

12.5.4 建筑物防排烟设计应符合现行国家标准《建筑设计防火规范》GB 50016、《纺织工程设计防火规范》GB 50565和《建筑防烟排烟系统技术标准》GB 51251的有关规定。

16 仓 储

16.1 一般规定

16.1.4 仓储设施设计应符合现行国家标准《建筑设计防火规范》GB 50016的有关规定。

16.3 二硫化碳储罐区

16.3.4 二硫化碳储罐区应采取下列防范措施：

3 二硫化碳储罐区应设置在隔离区内，并应按现行国家标准《消防安全标志 第1部分：标志》GB 13495.1的有关规定设置标志。

17 机修、仪电修

17.3 其 他

17.3.1 氧气瓶、乙炔瓶储存间宜独立设置，当设置在维修厂房内时，应布置在靠外墙处，并应采用防火墙及不燃烧顶棚隔离，距明火或散发火花地点应不大于30m。

附录E 粘胶纤维工厂火灾危险性类别

表E 粘胶纤维工厂火灾危险性类别

	生产部位	火灾危险性物品	危险性类别	备注
主生产车间和设施	浸压粉、老成	浆粕、湿碱纤	丙	—
	称量	湿碱纤	戊	—
	黄化	二硫化碳	甲	—
	熟成	二硫化碳、粘胶	丁	—
	粘胶过滤	二硫化碳	丙	注1
	短纤维纺丝	二硫化碳、硫化氢	丙	注1
	长丝连续纺丝	硫化氢、粘胶纤维	丙	注1
	长丝纺丝、短纤维精练	湿粘胶纤维	丁	—

续表 E

生产部位		火灾危险性物品	危险性类别	备注
主生产车间和设施	长丝丝饼洗涤、漂白	湿粘胶纤维	丁	—
	短纤维干燥、切断，打包，长丝丝饼干燥、络筒、检验	粘胶纤维	丙	—
	酸站	硫化氢	丁	注1
辅助生产设施及公用工程	化验室	化学试剂	丙	—
	物理检验室	纤维样品	丙	—
	电子信息系统机房	机柜、电源系统	丙	—
	变配电站 油浸变压器室	变压器油	丙	—
	变配电站 配电装置室	内有单台充油量大于60kg的设备	丙	—
	变配电站 配电装置室	内有单台充油量小于或等于60kg的设备	丁	—
	压缩空气站 有油润滑压缩机	润滑油	丁	—
	压缩空气站 无油润滑压缩机	—	戊	—
	冷冻站 蒸汽型溴化锂吸收式制冷装置、其他制冷机	溴化锂等制冷剂	戊	注2
	热力站	蒸汽	戊	—
	循环冷却水站	冷却塔内湿填料	戊	—
	软化除盐水站	湿交换树脂	戊	—
	废水处理	湿填料	戊	—

注：1 相应危险物在空气中浓度应小于爆炸下限的10%；
2 如采用氨制冷，另按相关规范执行。

164.《锦纶工厂设计标准》GB/T 50639—2019

3 工艺设计

3.2 设计原则

3.2.8 热媒站、热媒存放（收集）间、氨分解制氢装置、氢气钢瓶、锦纶工业丝浸胶用化学品库、胶料调配间等有可燃、可爆、有毒、腐蚀性介质存储和使用的场所，应采取可靠的防范措施。锦纶工厂可燃和有毒物质参数可采用本标准附录A的数据。

3.5 可燃物和爆炸危险区

3.5.1 锦纶工厂主要物料的火灾危险性划分应符合下列规定：
1 己内酰胺、对苯二甲酸、苯甲酸、AH盐的粉尘，聚酰胺56盐的粉尘，应划为可燃性粉尘；
2 液态己内酰胺应划为丙类可燃液体；
3 醋酸应划为可形成可燃性气体或蒸气的乙类可燃液体；
4 联苯和联苯醚混合物应划为丙类可燃液体；
5 氢化三联苯应划为丙类可燃液体；
6 锦纶聚合物和纤维应划为丙类可燃固体；
7 操作温度低于其闪点的燃料油应划为丙类可燃液体；
8 天然气应划为甲类可燃性气体；
9 氢气应划为甲类可燃性气体；
10 三甘醇应划为丙类可燃液体；
11 己二胺应划为可形成可燃性气体或蒸气的丙类可燃液体；
12 戊二胺应划为可形成可燃性气体或蒸气的丙类可燃液体；
13 甲醛水溶液应划为可形成可燃性气体或蒸气的丙类可燃液体；
14 液氨应划为乙类可燃性液体；
15 异丙醇应划为甲类可燃液体。

3.7 其他规定

3.7.15 锦纶工厂使用甲类、乙类可燃物质场所的火灾危险性类别的划分，应根据所使用甲类、乙类可燃物质的用量和采取的安全措施确定。

3.7.16 锦纶长丝及BCF、锦纶单丝、锦纶短纤维、锦纶工业丝及其捻织、浸胶产品生产火灾危险性应为丙类，原料仓库和成品仓库储存物品的火灾危险性应为丙类。

4 聚合设备及布置

4.1 一般规定

4.1.6 设备布置应留出检修通道和安全疏散通道。

4.4 设备布置

4.4.1 聚酰胺6聚合设备布置应符合下列规定：
5 己内酰胺供料罐、熔融己内酰胺储罐的防火间距应符合现行国家标准《纺织工程设计防火规范》GB 50565的有关规定；容积小于100m³的液态CPL储罐可布置在室内，容积大于或等于100m³的液态CPL储罐宜布置在聚合车间外，并应靠近聚合车间；
7 氨分解制氢装置应独立布置在通风良好处或厂房的顶部，液氨钢瓶宜布置在地面且阴凉处；当氨分解制氢装置布置在聚合车间内时，应靠车间外墙布置，并应符合防火、防爆的要求；
8 当采用氢气钢瓶供氢气时，氢气钢瓶应独立布置在通风良好且阴凉处，并应符合防火、防爆的要求；

4.4.4 液态CPL、液态AH盐和液态聚酰胺56盐的卸料、输送和储罐的布置应符合国家现行标准《石油化工储运系统罐区设计规范》SH/T 3007和《纺织工程设计防火规范》GB 50565的有关规定。

6 工艺管道设计

6.1 一般规定

6.1.11 输送可燃介质、有爆炸危险性介质、易产生静电的粉粒料介质的管道应采取防止静电措施，并应符合现行国家标准《防静电事故通用导则》GB 12158的有关规定。

8 自动控制和仪表

8.1 一般规定

8.1.6 可能出现可燃和有毒有害危险气体场所的自动控制设计应符合现行国家标准《石油化工可燃气体和有毒气体检测报警设计规范》GB 50493的有关规定。

9 电气、电信

9.1 一般规定

9.1.4 爆炸危险环境的电气、电信、火灾自动报警系统设计应符合现行国家标准《爆炸危险环境电力装置设计规范》GB 50058的有关规定。

9.2 供配电

9.2.1 连续聚合装置、纺丝连续生产装置和纺丝冷却风等生产用电负荷应为二级负荷；爆炸性气体环境中用于稀释爆炸介质浓度的通风设施的用电负荷应为二级负荷；爆炸性粉尘环境中用于捕集收尘、除尘的通风设施的用电负荷应为二级负荷；用于有毒、腐蚀性介质环境的通风设施的用电负荷应为二级负荷；消防用电负荷应为二级负荷；其他用电负荷应为三级负荷。

9.3 照　　明

9.3.2 疏散照明、安全照明、备用照明等应急照明系统应由专用的馈电线路供电。

9.3.4 消防应急照明和疏散指示系统的联动控制设计应符合现行国家标准《火灾自动报警系统设计规范》GB 50116 的有关规定。

9.6 火灾自动报警

9.6.1 生产装置厂房火灾自动报警系统应按现行国家标准《建筑设计防火规范》GB 50016 和《纺织工程设计防火规范》GB 50565 的有关规定设置。

9.6.2 火灾自动报警系统形式选择和设计要求应符合现行国家标准《火灾自动报警系统设计规范》GB 50116 的有关规定。

9.6.3 消防联动控制设计应符合现行国家标准《建筑设计防火规范》GB 50016 和《火灾自动报警系统设计规范》GB 50116 的有关规定。

9.7 电　　信

9.7.3 工业电视、视频安防和扩音对讲系统可与火灾自动报警系统联动控制，当火灾确认后应能切换至消防电视监视和消防应急广播状态。

10 总 图 运 输

10.1 一 般 规 定

10.1.2 厂区总平面布置应符合现行国家标准《工业企业总平面设计规范》GB 50187 和《纺织工程设计防火规范》GB 50565 的有关规定，并应满足其他有关安全、卫生防护、环境保护、抗震及防洪的要求。

10.2 总平面布置

10.2.6 厂区通道宽度应根据建筑物、构筑物防火间距、消防车道、货物运输与装卸、地上与地下工程管线、大型设备吊装与检修、挡土墙与护坡及厂区绿化等要求合理确定，并宜紧凑布置。

10.2.7 厂区道路宜采用城市型，呈环状布置。消防车道应符合现行国家标准《纺织工程设计防火规范》GB 50565 的有关规定。道路的路面结构、道路宽度、道路纵坡及路口转弯半径等均应满足所使用车辆的行驶要求。仓库区域宜设置停车场或装卸区。

10.2.8 厂区系统管线的管架宜采用纵梁式管架，也可采用独立式管架。架空管线、管廊穿过道路，或从建筑救援场地一侧通过时，应符合现行国家标准《建筑设计防火规范》GB 50016 的有关规定。

11 建筑、结构

11.1 一 般 规 定

11.1.2 建筑、结构设计应满足生产工艺要求，并应符合现行国家标准《纺织工程设计防火规范》GB 50565、《纺织工业职业安全卫生设施设计标准》GB 50477、《工业建筑防腐蚀设计标准》GB/T 50046 和《工业建筑节能设计统一标准》GB 51245 等的有关规定。

11.5 建筑防火、防爆、防腐蚀

11.5.1 生产厂房、附房及辅助生产设施的建筑防火设计均应符合现行国家标准《纺织工程设计防火规范》GB 50565 的有关规定。室内装修防火设计应符合现行国家标准《建筑内部装修设计规范》GB 50222 的有关规定。

11.5.2 生产厂房内附设原料中间库或成品中间库时，应采用防火墙和耐火极限不低于 1.50h 的楼板与生产车间隔开，防火墙上的门应为甲级防火门。原料中间库或成品中间库的防火设计应符合现行国家标准《纺织工程设计防火规范》GB 50565 的有关规定。

11.5.3 生产厂房防火分区最大允许建筑面积应符合现行国家标准《纺织工程设计防火规范》GB 50565 的有关规定。锦纶长丝及 BCF、锦纶短纤维、锦纶工业丝纺丝车间上下楼层为不同的防火分区时，被纺丝箱体和纺丝甬道贯穿的楼板在其贯穿处可不做防火封堵。但应同时符合下列规定：

  1 生产厂房的建筑耐火等级应为一级；

  2 生产厂房与附房之间应用耐火极限不低于 2.50h 的防火隔墙隔开，隔墙上的门应为甲级防火门。

11.5.4 生产厂房安全疏散应符合现行国家标准《纺织工程设计防火规范》GB 50565 的有关规定。当锦纶纺丝车间有多个防火分区相邻布置，且每个防火分区至少设有两个安全出口时，每个防火分区可利用防火墙上通向相邻防火分区的甲级防火门作为辅助安全出口。

11.5.5 设在生产厂房内的热媒间、热媒储收集间、熔过滤芯异丙醇检验间、锦纶工业丝浸胶车间的胶料调配间及甲醛水溶液储存间应靠外墙布置，并应将其与生产厂房其他部分之间用耐火极限不低于 2.50h 的防火隔墙和耐火极限不低于 1.00h 的楼板隔开，隔墙上的门应为甲级防火门。地面应采用不发生火花的材料。

11.5.6 设置电梯的聚合车间、锦纶长丝及 BCF、锦纶短纤维、锦纶工业丝纺丝车间，电梯宜设在附房内。当确需设在生产车间内时，宜设置电梯前室，前室应采用耐火极限不低于 2.00h 的防火隔墙和耐火极限不低于 1.00h 的楼板与生产车间隔开，前室门应为乙级防火门或防火卷帘。

11.5.7 厂房、仓库的外墙应在每层的适当位置设置可供消防救援人员进入的窗口。窗口的设计应符合现行国家标准《建筑设计防火规范》GB 50016 的有关规定。

12 给水排水

12.1 一般规定

12.1.7 生产给水管道宜与工艺管道共架布置，消防给水管道宜单独敷设。室内给排水及消防管道的布置应符合现行国家标准《建筑给水排水设计规范》GB 50015、《纺织工程设计防火规范》GB 50565 及《消防给水及消火栓系统技术规范》GB 50974 的有关规定。

12.4 消防设施

12.4.1 消防设施应根据生产和储存物品火灾危险性分类及建筑物耐火等级等因素，设置消火栓给水系统、自动喷水灭火系统。

12.4.2 室内外消防给水系统应符合现行国家标准《纺织工程设计防火规范》GB 50565、《建筑设计防火规范》GB 50016 和《消防给水及消火栓系统技术规范》GB 50974 的有关规定，自动喷水灭火系统应符合现行国家标准《自动喷水灭火系统设计规范》GB 50084 的有关规定。

12.4.4 建筑物灭火器配置应符合现行国家标准《建筑灭火器配置设计规范》GB 50140 的有关规定。

13 供暖、通风和空气调节

13.1 一般规定

13.1.3 防烟排烟设计应符合现行国家标准《纺织工程设计防火规范》GB 50565 的有关规定。

13.1.4 供暖、通风和空气调节设计应符合现行国家标准《工业建筑供暖通风与空气调节设计规范》GB 50019 和《纺织工程设计防火规范》GB 50565 的有关规定。

13.2 供暖

13.2.3 下列情况应采用热风采暖：
 1 由于防火、防爆和卫生要求必须采用全新风的热风供暖时。

13.5 设备、风管及其他规定

13.5.3 风管的绝热材料应采用不燃材料。

15 职业安全卫生

15.1 一般规定

15.1.8 厂房紧急疏散口应设置醒目的"紧急出口"指示标志，紧急疏散通道应设置明显的指示标志，并应设置应急照明。

15.1.10 可燃气体和有毒气体检测报警仪的设置应符合现行国家标准《石油化工可燃气体和有毒气体检测报警设计规范》GB 50493 的有关规定。

15.2 职业危害因素

15.2.5 锦纶工厂使用的可燃、可爆、有毒物质数据见本标准附录 A。

15.3 安全防护措施

15.3.1 下列区域应设置可燃气体报警仪：
 1 室内液氨钢瓶贮存和计量处；
 2 室内布置的氨分解制氢气装置的氮气和氢气混合气体储罐上方或使用氢气钢瓶的上方；
 3 帘子布浸胶车间采用天然气作为烘干加热燃料时，在天然气点火装置和调压站阀组的上方；
 4 聚合装置干燥单元氮气循环系统的除氧器（加氢纯化器）上方；
 5 布置在聚酰胺 56 聚合车间成盐装置可能有戊二胺泄漏的设备上方；
 6 聚酰胺 56 聚合车间助剂调配区可能有戊二胺泄漏的设备上方；
 7 需要加氢纯化氮气的纯化装置上方；
 8 采用天然气作为燃料的热媒炉燃烧器点火处。

15.3.5 锦纶短纤维卷曲机上应设置触感式止停设施。

15.4 职业卫生措施

15.4.4 下列生产区域应设置机械排风设施：
 10 存放或使用有毒有害、易燃化学品的房间。

附录 A 锦纶工厂可燃和有毒物质数据

表 A 锦纶工厂可燃和有毒物质数据表

序号	中文名称	英文名称	沸点（℃）	闪点（℃）	引燃温度（℃）	爆炸极限（v%）		毒性级别	空气中允许浓度（mg/m³）		
						下限	上限		最高允许浓度	时间加权平均	短时间接触
1	己内酰胺①	caprolactam	270	110	375	1.4	8	Ⅲ级（中度危害）	—	5	
2	联苯	diphenyl	254	113	540	0.6	5.8	Ⅲ级（中度危害）	—	1.5	3.75
3	联苯醚	diphenyl ether	258	111	618	0.8	1.5	Ⅲ级（中度危害）	5.0③	—	

续表A

序号	中文名称	英文名称	沸点(℃)	闪点(℃)	引燃温度(℃)	爆炸极限(v%) 下限	爆炸极限(v%) 上限	毒性级别	空气中允许浓度(mg/m³) 最高允许浓度	空气中允许浓度(mg/m³) 时间加权平均	空气中允许浓度(mg/m³) 短时间接触
4	联苯+联苯醚②	diphenyl+diphenyl ether	257	113~124	599~615	1.0	2.0~3.4	Ⅲ级(中度危害)	7.0	—	—
5	氢化三联苯	modified polyphenyl	359	184	374	—	—	Ⅲ级(中度危害)		4.9	
6	己二胺	hexamethylene diamine	205	81	—	0.7	6.3	Ⅲ级(中度危害)	1.0	—	—
7	戊二胺④	1,5-pentanediamine	178~180	75	—	—	—	Ⅲ级(中度危害)	—	—	—
8	对苯二甲酸	terephthalic acid	—	>110	678	0.05g/L		Ⅳ级(轻度危害)		8	15
9	苯甲酸	benzoic Acid	249	121~123	—			Ⅳ级(轻度危害)			
10	醋酸	acetic acid	117.9	39	463	4	17	Ⅲ级(中度危害)		10	
11	硫酸	sulfuric acid	330					Ⅲ级(中度危害)		1	2
12	三甘醇	triethylene glycol	285	165	371	0.9	9.2	Ⅳ级(轻度危害)			
13	甲醛⑤	formaldehyde	−19.5	85⑥	430	7.0	73.0	Ⅱ级(高度危害)	0.5		
14	间苯二酚⑤	1,3-benzenediol	276.5	127	608	1.4		Ⅲ级(中度危害)		20	40
15	氢氧化钠	Sodium hydroxide	1388	176~178	—			Ⅳ级(轻度危害)	2		
16	氢气⑦	hydrogen	−252.9	—	500	4.0	74.2	—			
17	异丙醇	Isopropyl alcohol	82.3	12	425	2.0	12.7	Ⅳ级(轻度危害)		350	700
18	氨	ammonia	−33.5	651	630	15	30.2	Ⅳ级(轻度危害)		20	30
19	天然气	natural gas	−160	630	537	5	14	Ⅳ级(轻度危害)		20	30

注：① 己内酰胺粉尘在空气中的爆炸下限为20g/m³；
② 联苯+联苯醚的组分为联苯26.5%(wt)，联苯醚73.5%(wt)；该混合物的物性参数因供货商不同有差异；
③ 联苯醚的车间空气中最高容许浓度为苏联标准。本品有毒，可燃，具刺激性，急性毒性：LD_{50}为3990mg/kg（大鼠经口）；
④ 目前戊二胺的引燃温度、爆炸上下限、接触限值等无资料或未制定标准；自燃温度380℃；闪点（闭口）75℃；
⑤ 为锦纶工业丝后加工生产帘子布、帆布用浸渍液原料；
⑥ 闪点指37%甲醛水溶液（甲醇含量低于2%）；
⑦ 高浓度氢气有窒息性。

165. 《服装工厂设计规范》GB 50705—2012

3 工艺

3.5 工艺设备的布置

3.5.2 设备布置应便于各工序间的相互联系；排列间距应满足人员操作、成品与半成品运输、设备维修和人员安全疏散的要求，并应紧凑布置。

4 总平面设计

4.1 一般规定

4.1.6 总平面设计应符合现行国家标准《工业企业总平面设计规范》GB 50187 和《纺织工程设计防火规范》GB 50565 的有关规定。

4.2 总平面布置

4.2.1 主厂房应布置在地形、地质条件较好的地段，主厂房与其他建（构）筑物的防火间距应符合现行国家标准《建筑设计防火规范》GB 50016 的有关规定，并应综合交通运输、工程管线敷设等各方面要求布置。

4.2.6 仓库布置应符合下列要求：

2 储油罐、危险品库布置应按现行国家标准《建筑设计防火规范》GB 50016 的有关规定执行，并应设置在厂区常年最小频率风向的上风侧。

4.2.7 动力设施和辅助建（构）筑物布置，应符合下列要求：

1 锅炉房、煤场、灰渣场应布置在厂区边缘，且应位于常年最小频率风向的上风侧，燃油、燃气锅炉的储罐区应符合现行国家标准《建筑设计防火规范》GB 50016 的有关规定；

3 变配电室（站）宜布置在高压进线方向的地段，并应接近厂区用电负荷中心，也可建在车间附房内；当厂房为多高层时宜布置于底层，有地下层时可布置在地下一层，并应符合现行国家标准《建筑设计防火规范》GB 50016 的有关规定。

4.3 道路运输

4.3.1 厂区道路路网布置应满足交通运输、消防、管线与绿化等要求，应合理组织物流人流，应避免相互干扰，并应与厂外道路有平顺简捷的连接。

4.3.2 厂内道路宜与主要建筑物轴线平行或垂直，并应成环状布置。厂区道路等级应综合工厂规模、道路类型、使用要求及交通流量等因素确定。主要车行道宽度不宜小于 6m，单车道宽度不宜小于 4m。厂区道路应满足消防车通行的要求。

4.3.4 消防车道的设置应符合现行国家标准《建筑设计防火规范》GB 50016 的有关规定。

5 建筑、结构

5.1 一般规定

5.1.3 建筑物的防火设计，应符合现行国家标准《建筑设计防火规范》GB 50016 和《纺织工程设计防火规范》GB 50565 的有关规定。

5.2 生产厂房及仓库

5.2.4 高层厂房应符合现行国家标准《建筑设计防火规范》GB 50016 的有关规定。多、高层厂房楼板为防火分区分隔时，上、下两层之间的窗槛墙高度，多层厂房不应小于 0.8m，高层厂房不应小于 1.0m；当无窗槛墙或窗槛墙高度小于 0.8m（高层）时，下窗的上方或每层楼板处应设置宽度大于或等于 0.8m（多层）和 1.0m（高层）的不燃烧体防火挑檐或高度高于或等于 0.8m（多层）和 1.0m（高层）的不燃烧体裙墙；窗槛墙及防火挑檐的耐火极限在耐火等级为一级时不应低于 1.50h，二级时不应低于 1.00h。

5.2.10 服装工厂仓库的安全疏散，应符合现行国家标准《建筑设计防火规范》GB 50016 的有关规定。

5.2.11 服装生产厂房及仓库应设置排烟设施，宜采用自然排烟方式。厂房及仓库外窗的可开启面积，不应低于车间地面面积的 2%～5%。当自然排烟条件无法满足时，应设置机械排烟设施。

5.2.12 服装厂房及仓库的机械排烟设计，应符合现行国家标准《建筑设计防火规范》GB 50016 的有关规定。

5.2.14 多层及高层服装工厂厂房应设置垂直运输电梯，电梯选型应根据厂房层数、建筑高度与员工人数计算选择，载货梯宜选择额定载重量 1t～2t，额定速度 1.0m/s～1.75m/s 的电梯。高层厂房消防电梯的设置应符合现行国家标准《建筑设计防火规范》GB 50016 的有关规定。客梯与货梯可合用，并应根据上、下班人数确定速度与载重量。高层服装厂房货梯可根据运输频繁程度及物流量大小分低、高区设置。

6 给水、排水

6.1 一般规定

6.1.1 服装工厂的给水、排水设计应贯彻国家节约水资源、一水多用的原则，并应满足生产、生活和消防给水及厂区排水的要求。

6.2 给 水

6.2.2 厂区宜采用生产、生活、消防合并管网的给水系统；

车间内消防和生产、生活给水管网应分别设置。

6.4 消防给水和灭火设备

6.4.1 室内消火栓给水系统、自动喷水灭火给水系统以及其他灭火设施，应根据服装工厂生产和储存物品的火灾危险性分类和建筑物的耐火等级等因素设置，且应符合现行国家标准《纺织工程设计防火规范》GB 50565、《建筑设计防火规范》GB 50016 和《自动喷水灭火系统设计规范》GB 50084 的有关规定。

6.4.2 室内消火栓、自动喷水灭火系统采用临时高压给水系统时，应设置消防水箱，消防水箱应设置在厂区最高房屋顶上，消防水箱的容量及设置要求应符合现行国家标准《纺织工程设计防火规范》GB 50565 的有关规定。

6.4.3 室内消火栓系统及自动喷水灭火系统用水量、消火栓布置、喷头布置等应符合现行国家标准《纺织工程设计防火规范》GB 50565 的有关规定。

6.4.4 服装工厂各建筑物内应配置灭火器，且应按现行国家标准《建筑灭火器配置设计规范》GB 50140 的有关规定执行。

7 采暖、通风、空调与动力

7.1 一般规定

7.1.5 采暖、通风、空调与动力系统以及建筑防排烟的设计，应符合现行国家标准《建筑设计防火规范》GB 50016 和《纺织工程设计防火规范》GB 50565 的有关规定。

8 电 气

8.2 供配电系统

8.2.1 服装工厂的生产用电负荷可为三级负荷。消防设备用电负荷等级，应按现行国家标准《建筑设计防火规范》GB 50016 的有关规定执行。

8.3 照 明

8.3.6 车间内应设应急照明灯。在安全出口、疏散通道及转角处，应按现行国家标准《建筑设计防火规范》GB 50016 的有关规定设置疏散标志灯。

8.5 火灾报警及通信

8.5.1 火灾自动报警系统和消防控制室的设置，应按现行国家标准《建筑设计防火规范》GB 50016 和《火灾自动报警系统设计规范》GB 50116 的有关规定执行。

166.《丝绸工厂设计规范》GB 50926—2013

3 基本规定

3.4 厂房柱网与设备排列

3.4.1 厂房柱网应根据采用的工艺流程、生产设备及厂房结构形式确定,并应满足生产操作、设备维修、车间运输、结构合理、节约面积和人员安全疏散的要求。

3.6 车间运输

3.6.2 车间运输设备应安全可靠,坚固耐用,且应便于装卸及维修,并应符合下列规定:
3 电动运输设备易产生火花的部位应封闭。

8 总图设计

8.1 一般规定

8.1.1 丝绸工厂的总图运输设计应根据工业布局和区域总体规划,围绕节约用地、节省投资、技术先进、环境保护、节能减排以及防火、安全、卫生等方面统一筹划合理布置。

8.2 总平面布置

8.2.1 总平面布置应符合下列规定:
4 货运交通、人员疏散、建(构)筑物间距等除应满足生产工艺要求外,还应符合现行国家标准《工业企业总平面设计规范》GB 50187、《建筑设计防火规范》GB 50016 及《纺织工程设计防火规范》GB 50565 的有关规定。

8.2.2 主厂房布置应符合下列要求:
1 主厂房应布置在厂区地形、地质条件相对较好的地段,并应满足与其他建(构)筑物的防火间距、交通运输、工程管线布置等要求。

8.2.4 动力设施和辅助建(构)筑物布置应符合下列规定:
1 锅炉房、煤场、渣场应布置在厂区边缘,并应布置在厂区常年最小频率风向的上风侧。燃油、燃气锅炉储罐区的布置,应符合现行国家标准《建筑设计防火规范》GB 50016 的有关规定。
7 汽车库、停车场的布置应符合现行国家标准《汽车库、修车库、停车场设计防火规范》GB 50067 的有关规定。

8.5 厂区道路

8.5.1 厂区道路布置应满足交通运输、安装检修、消防、安全卫生、管线和绿化布置等要求,应与厂外道路有便捷的连接条件。

8.5.2 厂区道路宜与主要建筑物轴线平行或垂直成环状布置,且应符合现行国家标准《纺织工程设计防火规范》GB 50565 的有关规定。当个别地段做尽头式布置时,应设置回车场或回车道,回车场或回车道的形式及各部尺寸应按通过的车型确定,且应符合现行国家标准《建筑设计防火规范》GB 50016 的有关规定。

9 建筑、结构

9.1 一般规定

9.1.1 建筑设计应满足生产工艺的要求,并应满足采光、通风、排汽、保温、隔热、防结露、防腐蚀、消防、防水等要求。

9.3 建筑防火

9.3.1 丝绸工厂的防火设计应符合现行国家标准《建筑设计防火规范》GB 50016 和《纺织工程设计防火规范》GB 50565 的有关规定。生产车间宜根据生产的火灾危险性划分防火分区。

9.3.2 丝绸印染工厂原料间、坯绸间、印花车间、整理车间、成品检验间等干燥性车间生产的火灾危险性应为丙类;练漂、染色、皂洗等潮湿性车间应为丁类。生产厂房建筑耐火等级不应低于二级。

9.3.3 滤尘室应布置在直接对外开门、窗的附房内或独立建筑物内。滤尘室不得兼作他用,滤尘室上部不应布置生产车间、辅助车间或生活间。当粉尘在滤尘室内空气中的浓度小于其爆炸下限的25%时,应按丙类防火要求设计。

9.4 生产辅助用房

9.4.3 染化液调配间应靠近染色间,并应设置通风排气装置。室内地面,墙裙应采取防酸碱腐蚀的措施。易燃、有毒的溶剂不得储存在大空间开敞式的车间内。地面应耐洗刷、防滑并应设置排水坡度。

9.5 生产厂房的主要建筑构造

9.5.1 生产厂房的屋面设计应符合下列要求:
3 厂房屋面构造应设置隔汽层,并应设保温隔热层,屋面保温隔热应符合热工和现行国家标准《建筑设计防火规范》GB 50016 的有关规定。

10 给水排水

10.1 一般规定

10.1.1 给水排水工程设计应遵循国家节约水资源、一水多用的原则,并应满足生产、生活和消防给水及厂区排水要求。

10.3 水量、水质、水压

10.3.1 用水量计算应符合下列规定：

　　5 消防用水量、水压及延续时间应符合现行国家标准《建筑设计防火规范》GB 50016 的有关规定。

10.4 给水系统和管道敷设

10.4.1 给水系统应符合下列规定：

　　1 给水系统设置应综合水源和生产、生活、空调、消防用水量及其水质、水压等要求确定。

10.5 消防给水系统

10.5.1 消防给水系统应根据企业规模、水源和水源供水能力等因素确定。当水源供水能力能保证消防用水的水压、水量时，可采用高压给水系统。

10.5.2 生产和消防共用蓄水池，应采取保证消防用水量不被挪用的措施。

10.5.3 消防给水系统除应符合本规范外，尚应符合现行国家标准《建筑设计防火规范》GB 50016、《自动喷水灭火系统设计规范》GB 50084、《建筑灭火器配置设计规范》GB 50140，以及《纺织工程设计防火规范》GB 50565 的有关规定。

10.6 排水系统和管道敷设

10.6.2 排水管道的选择，应满足排放介质、建筑高度、抗震防火以及当地管道供应条件的要求，经技术经济比较后，因地制宜合理选用。排水管道敷设应符合下列规定：

　　2 当室外排水管采用混凝土管或钢筋混凝土管时，应有不污染地下水的充分的措施保证；当厂区有污水处理设施时，应采用塑料管；当排水温度大于40℃时，应采用耐热排水管。

　　3 室内排水管（沟）与室外排水管的连接处应设水封装置，水封高度不应小于250mm。

11 采暖通风与空调滤尘

11.1 一般规定

11.1.5 空调滤尘系统防火设计除应符合本规范外，尚应符合现行国家标准《建筑设计防火规范》GB 50016 和《纺织工程设计防火规范》GB 50565 的有关规定。

11.4 空气调节

11.4.18 通风设备、风道、风管及配件等应根据其所处的环境和输送的介质温度、腐蚀性等，采用防腐蚀材料制作，并应采取相应的防火措施。

11.4.19 车间的通风管应采用不燃材料制作。接触腐蚀性气体的风管及柔性接管，可采用难燃材料制作。

12 电　　气

12.2 供配电系统

12.2.1 丝绸工厂生产用电负荷应为三级负荷。消防设备用电负荷等级，应符合现行国家标准《建筑设计防火规范》GB 50016 的有关规定。

12.3 照　　明

12.3.4 车间内应设疏散用的应急照明。安全出口标志等宜设置在安全出口的上部；疏散走道的疏散指示标志灯可明装，距地不宜大于2.5m。应急照明照度应符合现行国家标准《建筑设计防火规范》GB 50016 的有关规定。

12.5 通信和火灾报警

12.5.2 火灾自动报警系统应符合现行国家标准《建筑设计防火规范》GB 50016、《纺织工程设计防火规范》GB 50565 及《火灾自动报警系统设计规范》GB 50116 的有关规定。

12.5.3 火灾自动报警系统应设有主电源和直流备用电源。

13 动　　力

13.1 蒸汽供热系统

13.1.2 锅炉房宜为独立的建筑物，当锅炉房和其他建筑物相连或设置在其内部时，应设置在建筑物靠外墙部位，严禁设置在人员密集场所和重要部门的上一层、下一层、贴邻位置以及主要通道、疏散口的两旁。

13.1.3 锅炉房的建筑物、构筑物、场地的布置，锅炉间、辅助间和生活间的布置，应符合现行国家标准《锅炉房设计规范》GB 50041、《建筑物设计防火规范》GB 50016 和《城镇燃气设计规范》GB 50028 的有关规定，并应满足安装、运行和检修的要求。

13.3 导热油供热系统

13.3.2 导热油种类的选择应根据加热系统的类型确定，并满足以下要求：

　　5 导热油应无毒、无腐蚀、不易燃易爆并应达到环境保护要求。

13.3.5 导热油供热系统的管路应采取保温措施，保温材料应为不燃或难燃材料，且允许使用温度应高于导热油的最高温度。

14 仓　　储

14.1 一般规定

14.1.2 仓库的类别和建筑形式应根据储存物质的性质来选择，各类仓库设计应符合现行国家标准《纺织工程设计防火规范》GB 50565 的有关规定。

14.5 危险品库

14.5.1 易燃、易爆、有毒及有刺激性气味的物品应贮存于危险品库内。

14.5.3 危险品库内应干燥、通风、阴凉，且应配置可靠的消防设施及防爆设施。

14.5.6 储油罐等应按现行国家标准《建筑设计防火规范》GB 50016 和《纺织工程设计防火规范》GB 50565 的有关规定单独布置，并应设置于厂区全年最小频率风向的上风侧。

167. 《氨纶工厂设计规范》GB 50929—2013

3 工艺设计

3.1 一般规定

3.1.7 氨纶生产的主要物料毒性及生产火灾危险性分类应按表 3.1.7 确定。

表 3.1.7 主要物料毒性及生产火灾危险性分类

物料代号	毒性	生产火灾危险性分类	用途
DEA	中度	甲	链终止剂
DMAc	中度	丙	溶剂
EDA	中度	乙	链增长剂
MDI	轻度	丙	主要原料
PDA	中度	乙	链增长剂
PTMEG	无毒性	丙	主要原料
DETA	中度	丙	链增长剂

3.5 工艺辅助单元

3.5.1 全厂宜设置统一化验室。化验室设计应符合下列规定:
  2 化验室不应与甲类、乙类的车间布置在同一个防火分区内,宜独立设置或布置在车间辅房内,化验室的门宜向外开启。

3.6 节能

3.6.4 工厂设计时,应在满足输送、安全防火、防爆间距要求的前提下,优化工艺流程,缩短管线距离。

3.7 仓储

3.7.3 甲类物品应独立设置库房,单个库房储量不应超过 30t,当储量小于 5t 时,可与乙类、丙类物品共用一个库房,且应设置独立防火分区。

4 工艺设备布置和管道设计

4.1 一般规定

4.1.2 设备布置设计应符合下列规定:
  1 应满足工艺流程、安全生产、环境保护和消防工程的要求。

4.2 工艺设备布置

4.2.4 泵的布置应符合下列规定:
  1 成排布置的泵应按防火要求、操作条件和物料特性分组布置,宜将泵端基础边线对齐或将泵出口中心线对齐,泵端应留出检修位置。

4.2.5 容器的布置应符合下列规定:
  3 容器在地下坑内布置时,应防止积水和有毒、易爆、可燃介质在坑内积聚,坑的尺寸应能满足操作和检修要求;
  7 室外布置的大型原料储罐之间,以及大型原料储罐与设备、建筑物之间的防火间距,应符合现行国家标准《建筑设计防火规范》GB 50016 和《纺织工程设计防火规范》GB 50565 的有关规定。

4.3 工艺管道设计

4.3.7 管道防静电设计应符合下列规定:
  2 输送易燃、易爆介质的管道应静电接地,管线所有法兰均应跨接,并应符合现行国家标准《工业金属管道设计规范》GB 50316 和《工业金属管道工程施工规范》GB 50235 的有关规定。

4.3.17 可燃液体管道布置应符合下列规定:
  2 管道不应布置在可通行沟内,当采用管沟敷设时,应采取防止气体或液体在管沟内积聚的措施,并应在进、出厂房处密封隔断;管沟内的污水,应经水封井排入生产污水管道;
  3 管道应采用焊接连接或法兰连接;
  4 管道穿过防火围堰、防火墙的空隙应采用不燃填塞物封堵。

4.3.20 有毒、易燃、有腐蚀性介质或高温高压的管道不得穿过生活室、控制室、化验室、物检室等人员密集的场所。

4.3.21 有毒、易燃、有腐蚀性介质或高温高压管道与热力管道和电缆平行敷设或交叉敷设时,应在热力管道或电缆的下方通过。

5 自动控制和仪表

5.1 一般规定

5.1.3 爆炸和火灾危险场所的自控设计,应符合现行国家标准《爆炸和火灾危险环境电力装置设计规范》GB 50058 和《纺织工程设计防火规范》GB 50565 的有关规定。

5.4 仪表选型

5.4.6 过程分析仪表设计选型应符合下列规定:
  3 测量报警系统的设计应符合现行国家标准《石油化工可燃气体和有毒气体检测报警设计规范》GB 50493 的有关规定。

5.6 控制室

5.6.2 控制室的设置应符合现行国家标准《纺织工程设计防火规范》GB 50565 的有关规定。

6 电 气

6.3 电气防爆

6.3.2 爆炸和火灾危险环境电气线路和电气装置的选择应符合现行国家标准《爆炸和火灾危险环境电力装置设计规范》GB 50058 和《电气装置安装工程爆炸和火灾危险环境电气装置施工及验收规范》GB 50257 的有关规定。

6.4 消防和火灾报警

6.4.1 消防用电设备的供电电源应符合现行国家标准《供配电系统设计规范》GB 50052 的有关规定。

6.4.2 应急电源与正常电源之间必须采取防止并列运行的措施。当采用蓄电池作为消防应急照明灯具和灯光疏散指示标志的备用电源时，其连续供电时间不应小于30min。

6.4.3 消防用电设备的供电应在其配电线路的末端配电箱处设置自动切换装置，且配电线路宜采用阻燃电缆或耐火电缆。

6.4.4 生产装置火灾自动报警系统应符合现行国家标准《建筑设计防火规范》GB 50016 和《纺织工程设计防火规范》GB 50565 的有关规定。

6.4.5 爆炸危险环境的火灾自动报警系统设计应符合现行国家标准《爆炸和火灾危险环境电力装置设计规范》GB 50058 的有关规定。

6.5 接地和防雷

6.5.3 燃气罐、可燃液体的钢罐应设防雷接地，并应符合下列规定：

3 丙类液体储罐可不设避雷针、线保护，但应设防雷电感应的接地措施；

4 压力储罐可不设避雷针、线保护，但应设接地。

6.6 照明

6.6.2 爆炸和火灾危险环境内的电气照明设计应按现行国家标准《爆炸和火灾危险环境电力装置设计规范》GB 50058 的有关规定执行。

7 总平面布置

7.2 总平面布置

7.2.1 生产车间布置应符合下列规定：

4 生产、辅助车间以及储罐区的防火间距应符合现行国家标准《建筑设计防火规范》GB 50016 和《纺织工程设计防火规范》GB 50565 的有关规定；

5 生产车间四周应设置消防车道，可兼作运输交通道路，净宽度不宜小于6m。

7.2.2 储存及使用易燃、易爆等危险物品的场所距铁路线路两侧应大于200m，且距路堤坡脚、路堑坡顶、铁路桥梁外侧不得小于200m，距铁路车站及周围不得小于200m，距铁路隧道上方中心线两侧各不得小于200m。

7.2.3 储罐区布置应符合下列规定：

1 罐区应按物料性质分类布置，罐区位置应满足生产、储运、装卸和安全防护等要求，同时应留有发展用地，不宜紧靠排洪沟布置，同一罐组内宜布置火灾危险性类别相近或相同的储罐；

4 罐区应设置消防通道，净宽度不宜小于6m。

8 建筑结构

8.1 一般规定

8.1.1 建筑结构设计应满足工艺生产要求，并应符合现行国家标准《建筑设计防火规范》GB 50016、《纺织工程设计防火规范》GB 50565 和《建筑抗震设计规范》GB 50011 的有关规定。

8.1.4 生产厂房应满足工艺生产、通风、采光、消防和安全生产的要求。

8.2 生产厂房和辅助用房

8.2.3 厂区中的库房、生产车间内的辅助用房、控制室、总配（变）电室、化验室的布置，应符合现行国家标准《纺织工程设计防火规范》GB 50565 的有关规定。

8.2.6 楼面的设备吊装孔应翻边，并应采取安全措施。穿越不同防火分区楼面的设备安装孔，待设备安装完毕后，空隙部分应采用非燃烧体材料进行封堵。

8.2.7 有可能被油品、腐蚀性介质或有毒有害物料污染的区域和室外布置的大型原料储罐区域，应设围堰。槽罐围堰应符合下列规定：

1 围堰高度应按现行国家标准《纺织工程设计防火规范》GB 50565 的有关规定执行。

8.3 建筑防火、防爆、防腐蚀

8.3.1 生产厂房（包括控制室、附房）及全部辅助生产设施的防火设计，均应符合现行国家标准《建筑设计防火规范》GB 50016 和《纺织工程设计防火规范》GB 50565 的有关规定，生产火灾危险性分类应符合本规范表 3.1.7 的规定，生产厂房（含附房）应采用不低于二级耐火等级的建筑物。

8.3.2 散发爆炸危险物的场所，火灾危险性类别和爆炸危险区范围的划分应根据生产物料的特性确定，且应符合现行国家标准《建筑设计防火规范》GB 50016 和《爆炸和火灾危险环境电力装置设计规范》GB 50058 的有关规定。

8.3.3 生产控制中心不应布置在防爆区内。

8.3.4 聚合车间的胺投料间应靠外墙布置，并应用防爆墙与车间的其他区域隔开，同时应采取防爆泄爆措施。防爆区域内用于分隔防火分区的防火墙，应同时作为起防爆作用的防护墙。

8.3.5 无爆炸危险的生产车间（含附房）与防爆区域贴邻布置时，应采用耐火极限不低于3h的非燃烧体防护墙隔开，并应设置直通室外的疏散楼梯或安全出口。防护墙上不宜设置门，当生产需要，必须在防护墙上开门时，应在防护墙一侧设置安全门斗，门斗上的门应为乙级防火门，门斗上的两个门不应相对设置。

8.3.6 防爆区域的外围护结构应有足够的泄压面积，泄压面积应符合现行国家标准《纺织工程设计防火规范》GB 50565

的有关规定。泄压面宜靠近室内易发生爆炸的部位，但应避开室外的主要交通道路和人员集中场所。

8.3.7 危险品储罐应设置防火堤隔离，并应采取隔渗措施。

8.3.8 有爆炸危险区域的地面应采用不发生火花的面层。

8.3.9 各建筑物、储罐（区）应配置灭火器，灭火器的配置应按现行国家标准《建筑灭火器配置设计规范》GB 50140 的有关规定执行。

9 采暖、通风和空气调节

9.3 通 风

9.3.3 凡属下列情况之一时，应单独设置局部排风系统，且局部排风不应接入车间全面排风系统：

　　2 建筑物内设有储存易燃、易爆物质的单独房间或有防火防爆要求的单独房间。

9.3.8 建筑物中的防、排烟设计应符合现行国家标准《建筑设计防火规范》GB 50016 和《纺织工程设计防火规范》GB 50565 的有关规定。

9.5 设备、风管和其他

9.5.1 下列设备应采用防爆型设备：

　　1 直接布置在有甲、乙类物质产生的场所中的设备；

　　2 用于排除甲、乙类物质的通风设备。

9.5.4 输送、排除易燃易爆危险物质的通风设备和风管，应采用非绝缘材料制作，并应采取防静电接地措施。

9.5.5 用于排除甲、乙类物质的排风设备，严禁与其他系统的通风设备布置在同一通风机室内。

9.5.6 通风、空气调节系统的风管，应采用不燃材料制作。

9.5.8 送、排风系统的风管上防火阀的设置，应符合现行国家标准《建筑设计防火规范》GB 50016 的有关规定。

9.5.9 有爆炸危险厂房的排风管，以及排除有爆炸危险物质的风管，不应穿过防火墙和防火分隔物。排除有爆炸危险物质和含有有害物质的排风系统，其正压段不应穿过其他房间。

10 给水排水

10.1 一般规定

10.1.1 给水排水设计应满足工厂生产、生活和消防的要求，并应做到技术先进、经济合理、安全可靠和保护环境。

10.1.3 给排水管道管材的选择，应根据使用性质、防火要求、抗震要求及当地的规定选用。

10.1.7 管道不宜穿过防火墙，必须穿过时，应设套管，且穿墙管道及其套管应采用非燃烧材料，管道与套管之间应用非燃烧材料填塞密实。

10.1.8 管道穿过隔墙、楼板时，应采用非燃烧材料或阻燃保温材料将其周围的缝隙填塞密实。

10.2 给 水

10.2.1 工厂的给水系统应根据生活、生产和消防等用水对水质、水温、水压和水量的要求，分别设置直流、循环或重复使用的给水系统及相应的给水处理设施。

10.2.8 消防给水管道设计应符合现行国家标准《建筑设计防火规范》GB 50016 和《纺织工程设计防火规范》GB 50565 的有关规定。

10.3 排 水

10.3.6 可燃液体罐区、溶剂精制区的生产废水管道应设置独立的排出口，并应在围堰与水封井之间的管道上设置隔断阀。区域内的雨水排水应设置独立管道系统，并应在围堰外的排水管道上设置隔断阀。

10.3.9 工厂的可燃液体罐区、精制区应设置事故排水收集池。收集池的容积应根据物料泄漏量、事故消防水量和可能进入收集池的降雨量等因素综合确定。

10.4 消 防

10.4.1 消火栓给水系统、自动喷水灭火系统以及其他灭火设施，应根据工厂生产和储存物品的火灾危险性分类和建筑物的耐火等级等因素设置。

10.4.2 工厂内生产、生活设施的消防给水排水与灭火设施的设置，应符合现行国家标准《建筑设计防火规范》GB 50016、《纺织工程设计防火规范》GB 50565 和《自动喷水灭火系统设计规范》GB 50084 的有关规定。

10.4.3 在甲类、乙类、丙类液体储罐区，以及装卸、储存和使用甲类、乙类、丙类液体的场所，泡沫灭火系统以及冷却水供水系统的设置，应符合现行国家标准《纺织工程设计防火规范》GB 50565 的有关规定。

11 动 力

11.1 一般规定

11.1.5 设备和管道采用的绝热材料，应采用导热系数小、湿阻因子大、吸水率低、密度小、综合经济效益高的材料。绝热材料应为不燃或难燃材料。

12 环境保护、职业安全与卫生

12.0.2 安全卫生措施应符合下列规定：

　　1 易燃、易爆、有毒物料散发并易积聚的工作场所，应设置通风设备；

　　3 储存、使用 DEA、PDA、EDA、DMAc 等物料的储罐区和作业区应设置相应的安全和消防设施；

　　4 甲、乙类液体的固定顶罐应设置阻火器和呼吸阀，并应采用惰性气体保护。

168.《毛纺织工厂设计规范》GB 51052—2014

3 工艺设计

3.1 一般规定

3.1.4 车间布置除应满足工艺生产的要求，还应满足土建、电气、暖通、空调、动力、给排水，以及其他辅助设施设计的经济合理性的要求，同时应符合消防、环保、节能、安全生产的要求。

3.4 生产车间布置和设备排列

3.4.4 车间面积及厂房长度、宽度、高度应合理确定，车间布置应符合现行国家标准《纺织工程设计防火规范》GB 50565 的有关规定。

4 总图布置

4.1 一般规定

4.1.1 总图设计应根据工厂的生产流程、各组成部分的生产特点，在满足各项技术要求的基础上，综合节地、节能、节材、节水及环保、防火、安全卫生等因素确定经济合理的设计方案。

4.1.3 给水排水、供电、供热、道路、消防、环境卫生等厂外配套设施，应结合建厂地区条件，并与相关部门协调后确定方案。

4.5 厂区道路

4.5.1 厂内道路布置应与厂外道路衔接方便，并应满足生产工艺、交通运输、安装检修、管线布置、消防及环境卫生等要求。

5 建筑结构

5.1 一般规定

5.1.1 建筑、结构设计应满足生产工艺的要求，并应满足采光、通风、保温、防水、隔热、防结露、防腐蚀等要求。

5.1.2 建筑物的防火和防爆设计，应符合现行国家标准《纺织工程设计防火规范》GB 50565 的有关规定。

5.4 建筑防火、防爆

5.4.1 当不同火灾危险性的生产工序位于同一防火分区时，该分区的火灾危险性应符合现行国家标准《纺织工程设计防火规范》GB 50565 的有关规定。生产厂房的建筑耐火等级不应低于二级。

5.4.2 支撑设备的钢结构，应符合现行国家标准《纺织工程设计防火规范》GB 50565 的有关规定。

5.4.3 储存火灾危险性为甲、乙类油料，化学油剂的危险品库与其他建筑物之间的防火间距，应符合现行国家标准《纺织工程设计防火规范》GB 50565 的有关规定。

5.4.4 气化室与相邻部位之间应采用防爆墙分隔，其耐火极限不应低于 3.0h，隔墙上应设置甲级防火门，外墙应有泄压设施，且应采用不发生火花地面。

5.4.5 烧毛间应采用耐火极限不低于 2.50h 的不燃烧体隔墙与其他部分隔开。

6 给水、排水

6.1 一般规定

6.1.1 给水排水设计应符合节约水资源、一水多用的原则，并应满足生产、生活和消防的要求。

6.1.3 给水排水管道管材的选择，应根据使用性质、防火要求、抗震要求及当地条件因地制宜选用，并应符合产品标准的要求。

6.3 水量、水质、水压

6.3.1 给水用水量应根据工厂工艺用水量、软化水用水量、空调用水量、生活用水量、浇洒道路和绿化用水量、水景用水量、汽车冲洗用水量、管网漏失水量及未预见水量、消防用水量等确定，并应符合下列规定：

    6 消防用水量及水压、供水延续时间等，应符合国家现行有关消防标准的规定。

6.3.2 给水水压应根据生产、生活、消防用水最不利点压力及管网损失等通过计算确定。工艺机台用水压力应根据机台技术参数确定。

6.5 消防给水系统

6.5.1 室内外消防给水系统的设置，应符合现行国家标准《建筑设计防火规范》GB 50016、《纺织工程设计防火规范》GB 50565 和《自动喷水灭火系统设计规范》GB 50084 的有关规定。

6.5.2 灭火器的配置应符合现行国家标准《建筑灭火器配置设计规范》GB 50140 的有关规定。

7 采暖通风和空调滤尘

7.1 一般规定

7.1.3 空调通风系统消防设计应符合现行国家标准《纺织工程设计防火规范》GB 50565 的有关规定。

7.4 空气调节

7.4.5 空调送回风管道布置应符合下列要求：
   2 吊装风管宜采用镀锌薄钢板或其他轻质材料，其主辅材均应符合消防要求。

8 电 气

8.2 负荷分级

8.2.3 毛纺织工厂下列场所的消防用电应按二级负荷供电：
   1 室外消防用水量大于30L/s的厂房、仓库；
   2 室外消防用水量大于35L/s的可燃材料堆场。

8.2.4 除本规范第8.2.3条规定的建筑物和堆场等的消防用电外，其他可采用三级负荷供电。

8.4 照 明

8.4.1 毛纺织工厂的车间照明宜采用一般照明，选毛、穿综穿筘、验布和修布等工段可采用混合照明。车间一般照明应采用高光效光源、高效灯具和节能器材；混合照明可根据用途及环境采用适用的光源。和毛仓应采用密封性能优良的防火专用灯具。

8.4.5 毛纺织工厂消防应急照明和消防疏散指示标志的设置，应符合现行国家标准《建筑设计防火规范》GB 50016的有关规定。

8.5 火灾自动报警系统

8.5.1 火灾自动报警系统的设置应符合现行国家标准《纺织工程设计防火规范》GB 50565的有关规定。

8.5.2 火灾自动报警系统的设计应符合现行国家标准《纺织工程设计防火规范》GB 50565和《火灾自动报警系统设计规范》GB 50116的有关规定。

8.6 防雷与接地

8.6.3 化工原料罐、可燃气体罐应采取相应的防雷措施，且应符合现行国家标准《石油化工企业设计防火规范》GB 50160的有关规定。

8.6.4 存在静电引燃、引爆危险的场所应设置静电防护措施，且应符合现行国家标准《防止静电事故通用导则》GB 12158等的有关规定。

9 动 力

9.4 导热油供热系统

9.4.4 当建有油罐区时，油罐区的设计应符合现行国家标准《纺织工程设计防火规范》GB 50565的有关规定。

10 仓 储

10.4 危险品库

10.4.2 危险品库应防止太阳直晒，库内应保持干燥、阴凉、通风，并应配置消防设施。

169.《针织工厂设计规范》GB 51112—2015

4 总图运输

4.1 一般规定

4.1.1 总图布置应符合当地的城镇总体规划要求,应满足生产工艺和运输需要,并应符合国家节约土地、环境保护、安全、卫生、防火的规定。

4.2 总平面布置

4.2.1 总平面布置应符合下列规定:
   7 总平面布置除应符合本规定外,尚应符合现行国家标准《纺织工程设计防火规范》GB 50565、《工业企业总平面设计规范》GB 50187、《纺织工业企业职业安全卫生设计规范》GB 50477、《纺织工业企业环境保护设计规范》GB 50425 和《纺织业卫生防护距离 第1部分:棉、化纤纺织及印染精加工业》GB 18080.1 的有关规定。

4.2.3 仓库布置应符合下列规定:
   4 危险品库、燃料储罐等的布置应位于厂区全年最小频率风向的上风侧,并应符合现行国家标准《建筑设计防火规范》GB 50016 和《工业企业总平面设计规范》GB 50187 的有关规定。

4.5 厂区道路

4.5.1 厂区道路布置应满足生产、运输、安装检修、消防及绿化等要求,并应与场外道路连接方便、短捷。

4.5.7 厂区道路除应符合本规定外,尚应符合现行国家标准《厂矿道路设计规范》GBJ 22、《工业企业总平面设计规范》GB 50187 和《纺织工程设计防火规范》GB 50565 的有关规定。

4.6 厂区绿化

4.6.1 厂区绿化设计应根据针织厂特点及环境保护、安全、卫生、防火、采光、厂容景观等要求确定。

5 建 筑

5.3 建筑防火、防腐

5.3.1 生产车间的火灾危险性类别和耐火等级应符合下列规定:
   1 火灾危险性应符合现行国家标准《纺织工程设计防火规范》GB 50565 的有关规定;
   2 编织车间、成衣车间、织袜车间、羊毛衫车间、印花车间、整理车间、整装车间、烧毛间等干加工车间火灾危险性应为丙类;
   3 漂练车间、染色车间等湿加工车间火灾危险性应为丁类;
   4 生产厂房的耐火等级不应低于二级。

5.3.2 拉毛、磨毛、剪毛车间的除尘室应靠外墙布置。

5.3.3 建筑防火设计应符合现行国家标准《纺织工程设计防火规范》GB 50565 的有关规定。

7 给水排水

7.1 一般规定

7.1.1 给水排水设计应贯彻节约水资源、一水多用的原则,满足生产、生活和消防要求,并应做到技术先进、经济合理、安全可靠和保护环境。

7.3 用水量、水压和水质

7.3.1 生产、生活用水量应符合下列规定:
   6 建筑物室内、外消防用水量,供水延续时间,供水水压,应符合现行国家标准《纺织工程设计防火规范》GB 50565 的有关规定。

7.3.2 厂区给水水压应根据车间布置和生产设备及消防要求通过计算确定。单层厂房车间进口压力宜大于 0.2MPa,当生产、生活、消防合并管网时,压力不宜小于 0.35MPa。部分设备水压要求较高时宜采取局部加压措施。

7.4 给水系统和管道布置

7.4.1 给水系统应符合下列规定:
   1 给水系统设置应综合水源和生产、生活、空调、消防用水量及其水质、水压等要求确定。

7.4.2 给水管布置应符合下列规定:
   1 厂区给水与消防水合设的给水管网应呈环状布置,并应用阀门分成若干独立段,向环状管网输水的干管不应少于2条;
   5 给水管道穿越防火墙、变形缝等部位时,应采取防护措施。

7.4.3 埋地给水管应具有耐腐蚀性和能承受地面荷载的能力,可采用塑料给水管、带衬里的铸铁给水管或内外涂塑复合钢管;生产、空调、消防给水管可采用经防腐处理的焊接钢管、热镀锌钢管或内涂塑钢管。自动喷水灭火系统应采用内外壁热镀锌钢管。

7.5 消防给水和灭火设施

7.5.1 消防给水系统应根据企业规模、水源和水源供水能力等因素确定。

7.5.2 生产和消防共用蓄水池应采取保证消防用水量不被挪用的措施。

7.5.3 厂区内灭火设施的设置应符合现行国家标准《纺织工程设计防火规范》GB 50565、《建筑设计防火规范》GB 50016、《建筑灭火器配置设计规范》GB 50140 和《消防给水及消火栓系统技术规范》GB 50974 的有关规定。

8 供暖通风与空调除尘

8.1 一般规定

8.1.1 针织工厂供暖、通风、空调与除尘设计,除执行本规范外,还应符合现行国家标准《工业建筑供暖通风与空气调节设计规范》GB 50019、《纺织工程设计防火规范》GB 50565 和《纺织工业企业职业安全卫生设计规范》GB 50477 的有关规定。

8.1.2 针织工厂防排烟设计应符合现行国家标准《纺织工程设计防火规范》GB 50565 的有关规定。

8.3 通风

8.3.6 车间通风系统风管应采用不燃材料制作,接触腐蚀性气体的风管及柔性接管可采用难燃材料制作。通风设备及配件应根据环境和输送介质温度、腐蚀性等因素,采用防腐蚀材料制作并采取相应的防火措施。

8.3.7 车间通风、空调系统防火阀的设置应符合现行国家标准《纺织工程设计防火规范》GB 50565 的有关规定。

8.4 空调

8.4.10 空调送风管及绝热材料应符合现行国家标准《建筑设计防火规范》GB 50016 的有关规定。

9 电 气

9.2 供配电系统

9.2.1 针织工厂工艺用电负荷应为三级负荷。消防设备用电负荷等级应符合现行国家标准《建筑设计防火规范》GB 50016 的有关规定。

9.2.5 车间变配电室应符合下列规定:
   2 变配电室不应设在成衣车间、丙类物品库房的正上方或正下方。与车间的隔墙应为密实的不燃烧体。电线管道和电缆管道穿过墙和楼板处,应采用防火封堵材料严密封堵。

9.2.8 可燃物品库房、成衣车间等火灾危险性大的场所的电源进线配电箱应设置剩余电流保护器。保护器动作电流不应大于 500mA。

9.3 照 明

9.3.1 车间照明应根据工艺要求及工作环境选用高效光源及灯具,并应符合下列要求:
   3 可燃物品库房灯具应适合 BE2 场所,其防护等级不应低于 IP4X,光源大于 60W 时,灯具引入线应采取隔热保护措施。

9.3.6 生产厂房应设应急照明,并应符合现行国家标准《建筑设计防火规范》GB 50016 及《纺织工程设计防火规范》GB 50565 的有关规定。

9.5 火灾自动报警

9.5.1 下列建筑或场所应设置火灾自动报警系统:
   1 每座占地面积大于 1000m² 的棉、毛、丝、麻、化纤及其制品的仓库;
   2 任一层建筑面积大于 1500m² 或总建筑面积大于 3000m² 的棉针织品生产厂房;
   3 丙类厂房中的变配电室、电动机控制中心、中央控制室;
   4 设置机械排烟、防烟系统、雨淋或预作用自动喷水灭火系统等需与火灾自动报警系统联锁动作的场所;
   5 包含有电加热及电烘干部位的场所。

9.5.2 设有机械排烟的车间、库房应设置火灾自动报警系统。

9.5.3 火灾探测器选择应符合下列规定:
   2 丙类物品库房,纬编、经编、织袜、羊毛衫、成衣、包装等车间应根据可燃物燃烧特性、空间高度、设备遮挡等环境条件,确定探测器类型。

9.5.5 火灾自动报警系统设计应符合现行国家标准《火灾自动报警系统设计规范》GB 50116 和《纺织工程设计防火规范》GB 50565 的有关规定。

11 仓 储

11.5 危险品库

11.5.2 存放的危险品应防止太阳直晒,库内应保持干燥、阴凉、通风,并应配置消防设施。

170.《纤维素纤维用浆粕工厂设计规范》GB 51139—2015

3 工艺设计

3.1 一般规定

3.1.5 设备和管道系统安全阀设置应符合现行国家标准《石油化工企业设计防火规范》GB 50160、《工业金属管道设计规范》GB 50316 及《压力管道规范 工业管道 第6部分 安全防护》GB/T 20801.6 的有关规定。

3.5 节能降耗

3.5.4 在满足生产要求和安全防火、防爆的条件下，设备布置应做到辅助装置或设施与主装置就近布置，缩短管线距离。

4 工艺设备

4.1 一般规定

4.1.3 易燃、易爆、有毒及腐蚀性物料的输送设备应保证运行的安全性。

4.3 设备选型和配置

4.3.10 竹浆粕工厂的设备选型和配置除应符合本规范第4.3.1条～第4.3.7条规定外，尚应符合下列规定：
　　8 浆粕干燥设备内应设置自动灭火设施。

5 管道

5.3 管道布置

5.3.2 管道布置应符合下列规定：
　　3 可燃气体和甲、乙、丙类液体的管道严禁穿过防火墙；
　　4 输送有毒、易燃、易爆、腐蚀性介质的管道不得穿越办公区、休息区、控制室、机柜间、化验室及变配电等区域。

5.3.5 跨越人行通道的室内工艺管道其净空高度不宜小于2.2m。跨越车间内运输设备通道的，管道高度应满足设备运输的要求。室外工艺管道跨越运输线路的高度应符合现行国家标准《纺织工程设计防火规范》GB 50565 的有关规定。

7 仪表和自动控制

7.1 一般规定

7.1.6 可燃气体和有毒气体检测报警系统的设计，应符合现行国家标准《石油化工可燃气体和有毒气体检测报警设计规范》GB 50493 的有关规定。

8 电 气

8.2 供配电

8.2.1 下列场所的用电负荷应为二级负荷：
　　1 室外消防用水量大于30L/s的厂房、仓库，用水量大于35L/s原料堆场的消防用电负荷；
　　2 数据处理中心、控制室和消防控制室用电负荷；
　　4 疏散指示和应急照明负荷；
　　5 控制室、消防泵房和变配电所的备用照明负荷。

8.2.3 二级用电负荷场所宜采用双回路供电。在供电条件困难时，可由一回路6kV及以上专用架空线路或电缆供电。当采用电缆线路时，应采用两根电缆组成的线路供电，其每根电缆应能承受全部二级计算负荷。

8.3 照 明

8.3.3 照明应按生产车间、工段或防火分区设置照明配电箱。照明配电箱应设置在无可燃物、无腐蚀物、便于操作维护的位置。

8.3.4 应急照明和消防疏散指示标志的设置应符合现行国家标准《建筑设计防火规范》GB 50016 的有关规定。

8.5 火灾报警和控制

8.5.1 工厂应设置手动火灾报警系统，当消火栓采用临时高压给水系统时，消火栓箱处应设启泵按钮。手动火灾报警按钮和消火栓按钮应能直接起动消防水泵和声光警报装置，消火栓按钮并应能显示泵的状态。

8.5.2 每座建筑面积超过1000m²的成品仓库应设置火灾自动报警系统。

8.5.3 切片机出料口和出料传送带廊宜设置感烟探测器和联动系统。感烟探测器的信号应能分别停止切片机和传送带的运行并发出报警信号。

8.5.4 火灾自动报警系统除应符合本规范外，还应符合现行国家标准《火灾自动报警系统设计规范》GB 50116 和《纺织工程设计防火规范》GB 50565 的有关规定。

9 总平面设计

9.1 一般规定

9.1.1 总平面布置和总图运输应与区域规划相协调，合理利用已有的水、电、汽、消防及污水处理等公用设施，统筹规划，合理布局。

9.2 总平面布置

9.2.3 厂区的建（构）筑物布置应符合现行国家标准《纺织工程设计防火规范》GB 50565 的有关规定，并应兼顾道路、综合管线、卫生防护距离及绿化等的要求。

9.2.4 生产、公用及辅助设施布置应符合下列规定：
　　11 各功能区和主要生产设施四周应设运输车行道，且路宽、净高、坡度均应满足消防车道的要求。

9.2.5 储罐区布置应符合下列规定：
　　5 储罐区四周应设置运输车行道，且路宽、净高、坡度均应满足消防车道的要求。

9.2.6 仓库及原料储存区布置应符合下列规定：
　　2 原料储存区宜设置在厂区、居民居住地全年最小频率风向的上风侧，并应设有消防水源和消防环道；
　　5 仓库及原料储存区四周应设置运输车行道和消防环道；
　　6 氯酸钠储存库、甲醇库应为甲类仓库，与最近建筑物的距离应符合现行国家标准《纺织工程设计防火规范》GB 50565 的有关规定。

9.2.8 厂区道路宜采用城市道路，主干道、次干道宽度不宜小于 6m，路面上方净空高度不宜小于 4m，道路转弯半径不宜小于 9m；支道路宽不应小于 4m，路面上方净空高度不宜小于 3m，道路转弯半径不宜小于 6m；消防车道的净宽度不应小于 4m，路面上方净空高度不应低于 4m，道路转弯半径宜为 9m，不应小于 6m，供大型消防车使用时，消防车道的净宽不应小于 6m。

9.4 综合管线

9.4.4 输送腐蚀性、有毒及可燃介质的管线不得穿越与其无关的建（构）筑物、生产装置及储库区。

10 建筑、结构

10.1 一般规定

10.1.1 建筑设计应符合现行国家标准《建筑设计防火规范》GB 50016 和《纺织工程设计防火规范》GB 50565 的有关规定。

10.2 生产车间和仓储设施

10.2.1 原料储存区宜远离生活区。原料储存区与建筑物的间距应符合现行国家标准《建筑设计防火规范》GB 50016 的有关规定。原料储存区宜平坦、不积水，垛基应比自然地面高出 300mm。

10.3 建筑防火、防爆、防腐蚀

10.3.1 主要生产车间和仓储的火灾危险性类别应按本规范附录 B 执行。

10.3.2 主要生产车间应采用不低于二级耐火等级的建筑物。厂房的耐火等级及安全疏散应符合现行国家标准《纺织工程设计防火规范》GB 50565 的有关规定。

10.3.3 厂房内火灾危险性类别不同的车间应用防火墙隔开；防爆区域内用于分隔防火分区的防火墙，应同时为防爆防护墙。

10.3.4 散发可燃粉尘、纤维的厂房，内表面应平整、光滑，并易于清扫。

10.3.5 氯气计量间应采取防爆措施、设置泄压设施。次氯酸钠制备间及其控制室宜独立设置，或设置在单层厂房靠外墙的泄压设施附近。

11 给水排水

11.1 一般规定

11.1.1 给水排水工程设计应满足生产、生活、消防和环境保护的要求，做到安全适用、技术先进、经济合理及保护环境。

11.2 给 水

11.2.1 给水设计应符合下列规定：
　　1 给水设计应满足工厂生产、生活和消防对水量、水质、水压的要求；
　　6 给水水压应根据工艺要求、厂区布置及消防要求通过计算确定。

11.4 消 防

11.4.1 厂区内消防设施应根据生产和储存物品的火灾危险性分类和建筑物的耐火等级等因素确定。

11.4.2 厂区内消防给水设计应符合现行国家标准《建筑设计防火规范》GB 50016、《自动喷水灭火系统设计规范》GB 50084、《消防给水及消火栓系统技术规范》GB 50974 及《纺织工程设计防火规范》GB 50565 的有关规定。

11.4.3 厂区内各建筑物、堆场灭火器配置应符合现行国家标准《建筑灭火器配置设计规范》GB 50140 的有关规定。

11.4.4 木片（竹片）原料储存区应设置室外消火栓。当增设固定消防炮时应符合现行国家标准《固定消防炮灭火系统设计规范》GB 50338 的有关规定。

11.4.5 地廊内及地面以上封闭的木片（竹片）胶带输送栈桥，应设置自动喷水灭火系统；所有栈桥及转运站两端宜设置水幕系统。

12 暖 通

12.3 通 风

12.3.3 散发有毒、有害、易燃、易爆气体或粉尘的生产车间及辅房，室内空气不应循环使用。

15 职业安全卫生

15.1 一般规定

15.1.1 职业安全卫生设计应根据使用有毒、有害、腐蚀性、放射性及易燃、易爆等物料的特性，采取相应防护措施。

15.3 安全防护措施

15.3.3 易燃、易爆场所的设备应采取防静电措施且可靠接地。

15.3.4 设备布置应留有安全疏散通道,工作场所及安全通道应设应急照明和疏散指示。

15.3.5 原料库、成品库等仓库内应使用低温照明灯具,并应对灯具的发热部件采取隔热等防火保护措施。

15.3.7 易燃、易爆场所应进行防爆设计。

15.3.18 木浆粕和竹浆粕工厂除应符合本规范第15.3.1条~第15.3.16条规定外,尚应采取下列安全措施:

　　5　碱回收炉各主要操作层应设直达室外的安全疏散楼梯。

16　仓　　储

16.1　一般规定

16.1.3 仓储设施设计应符合现行国家标准《纺织工程设计防火规范》GB 50565的有关规定;危险化学品的储存应符合现行国家标准《常用化学危险品贮存通则》GB 15603的有关规定。

16.2　原料库与成品库

16.2.2 库房内使用电动车辆运输时,主通道宽度宜为3.50m,不使用电动车辆运输时,主通道宽度宜为3.00m。露天库消防车通道应符合现行国家标准《建筑设计防火规范》GB 50016的有关规定。

16.3　辅材库与危险化学品库

16.3.4 氯酸钠应储存在干燥耐火区域、远离热源和火点、减少摩擦和挤压及防止阳光直接照晒的仓库内。

16.3.5 氯酸钠储存库内氯酸钠的储存方式应符合下列规定:

　　4　木板、木质构筑物、纸张或沥青等易燃物应远离氯酸钠。

附录B　纤维素纤维用浆粕工厂火灾危险性类别

表B　纤维素纤维用浆粕工厂火灾危险性类别

生产车间或设施名称	火灾危险性	备注
备料车间	丙类	—
制浆车间	戊类	—
浆板车间	丙类	—
成品库	丙类	—
碱回收车间	丙类	—
氯酸钠仓库、甲醇仓库或罐区、二氧化氯储存区	甲类	—
氧气站、液氯储存区、氯气计量间、松节油储存区	乙类	—

附录C　纤维素纤维用浆粕工厂可燃、可爆、有毒、腐蚀性物质数据表

表C　纤维素纤维用浆粕工厂可燃、可爆、有毒、腐蚀性物质数据表

序号	中文名称	英文名称	沸点(℃)	闪点(℃)	引燃温度(℃)	爆炸极限(%)下限	爆炸极限(%)上限	毒性级别	空气中允许浓度(mg/m³)最高允许浓度	空气中允许浓度(mg/m³)时间加权平均	空气中允许浓度(mg/m³)短时间接触
2	甲醇	Methanol	64.8	11	385	5.5	44	Ⅲ级(中度危害)	—	25	50
10	双氧水	Hydrogen peroxide	108	107	—	—	—	Ⅳ级(轻度危害)	—	—	—
12	松节油	Turpentine	154~170	35	253	0.8	—	Ⅳ级(轻度危害)	—	300	—

171.《色织和牛仔布工厂设计规范》GB 51159—2016

3 总图布置

3.1 一般规定

3.1.1 总图布置应符合工艺流程和当地城镇总体规划的要求，以及节约用地，节省投资，技术先进、节能环保、安全卫生和防火的规定。

3.1.3 总图布置应与城镇给水排水、供电、供热、交通运输、消防、环境保护等设施相结合。

3.1.4 总平面布置除应符合本规定外，尚应符合现行国家标准《工业企业总平面设计规范》GB 50187、《纺织工业企业环境保护设计规范》GB 50425、《纺织工业企业职业安全卫生设计规范》GB 50477 和《纺织工程设计防火规范》GB 50565 的有关规定。

3.2 总平面布置

3.2.3 仓库布置应符合下列规定：
  4 危险品库、燃料储罐等应符合现行国家标准《纺织工程设计防火规范》GB 50565 和《工业企业总平面设计规范》GB 50187 的有关规定，并应布置在厂区全年最小频率风向的下风侧。

3.2.4 动力区建（构）筑物布置应符合下列规定：
  2 燃油、燃气锅炉房的储罐区布置应符合现行国家标准《纺织工程设计防火规范》GB 50565 的有关规定。
  8 汽车库、停车场的布置应符合现行国家标准《汽车库、修车库、停车场设计防火规范》GB 50067 的有关规定。

3.5 厂区道路

3.5.1 厂区道路的布置应满足生产、交通运输、安装检修、消防及环境保护、综合管线和绿化布置等要求，并应与厂外道路连接方便、短捷。

3.5.3 尽端式道路应设置回车场，回车场面积应根据所通过的最大汽车车型的最小转弯半径和路面宽度确定，并应符合现行国家标准《建筑设计防火规范》GB 50016 的有关规定。

3.5.5 道路标高和坡度应与厂区竖向设计、土方工程量相协调，并应满足运输和消防要求。

3.5.8 厂区道路除应符合本规定外，尚应符合现行国家标准《厂矿道路设计规范》GBJ 22、《工业企业总平面设计规范》GB 50187 和《纺织工程设计防火规范》GB 50565 的有关规定。

4 工艺设计

4.4 车间运输

4.4.2 车间运输工具应符合下列规定：
  2 电动运输设备易产生火花的部位应封闭。

7 建筑、结构

7.4 建筑防火

7.4.1 生产厂房和仓库的火灾危险性、耐火等级应符合现行国家标准《纺织工程设计防火规范》GB 50565 的有关规定。甲、乙、丙类厂房及仓库的耐火等级不应低于二级。

7.4.2 色织和牛仔布工厂的后整、浆纱、织布厂房火灾危险性应为丙类，后整理的烧毛间应为丙类，与其他部位应采用耐火极限不低于 2.5h 的防火墙分隔，染纱、退浆及丝光、水洗、预缩应为丁类，其他干燥部位应是丙类。

7.4.3 液氨整理厂房的火灾危险性应为丙类，液氨回收厂房的火灾危险性应为乙类，应符合现行国家标准《纺织工程设计防火规范》GB 50565 的有关规定，厂房内应有送、排风系统。

7.4.4 汽油气化室的火灾危险性应为甲类，并应符合现行国家标准《纺织工程设计防火规范》GB 50565 的有关规定。

7.4.5 厂房结构形式为钢结构时，应对钢结构采取防火保护措施，耐火极限应符合现行国家标准《建筑设计防火规范》GB 50016 的有关规定。当采用耐火涂料时，应符合现行国家标准《钢结构防火涂料通用技术条件》GB 14907 的有关规定。

7 建筑、结构

7.6 结构形式与构造

7.6.9 构造设计应符合下列规定：
  4 钢结构厂房屋面的隔热保温材料厚度应经热工计算确定，厚度不应小于 100mm。屋面的防冷桥系统和隔热保温材料应采用非燃烧体。

8 电 气

8.2 负荷分级和电源

8.2.1 下列厂房、堆场的消防用电应按二级负荷供电：
  1 室外消防用水量大于 30L/s 的厂房、仓库；
  2 室外消防用水量大于 35L/s 的可燃材料堆场。

8.2.4 厂房、发电机房、变配电室、消防设备用房、数据机房、监控中心等应设有应急照明。其电源可采用蓄电池作为备用电源，且连续供电时间不应少于 30min。

8.3 供配电系统

8.3.9 车间负荷计算宜采用需要系数法，需要系数可通过计算或设备参数确定。消防设备遇火灾时必然切除的设备应取其大者计入总设备容量。

8.3.10 室内配电干线敷设方式宜采用电缆桥架明敷设,消防设备配电干线应采用封闭槽式桥架,在有腐蚀和特别潮湿的场所,所采用的电缆桥架应根据腐蚀介质的不同采取相应的防腐措施。室外宜采用电缆沟或直接埋地敷设。

8.6 火灾自动报警系统

8.6.1 下列建筑或场所应设置火灾自动报警系统:
1 任一层建筑面积超过 1500m² 或总建筑面积大于 3000m² 的色织布和牛仔布前织准备车间、坯布车间、整装车间生产厂房;
2 每座占地面积大于 1000m² 的原料和成品库房;
3 丙类厂房中的变配电室、中央控制室;
4 包括有后整理生产的电加热及电烘干部位的场所;
5 设置机械排烟、防烟系统,雨淋或预作用自动喷水灭火系统,固定消防水泡灭火系统、气体灭火系统等需与火灾自动报警系统联锁动作的场所或部位。

8.6.2 火灾报警系统设计应符合现行国家标准《火灾自动报警系统设计规范》GB 50116 和《纺织工程设计防火规范》GB 50565 的有关规定。

9 供暖、通风、空调和滤尘

9.1 一般规定

9.1.4 供暖、通风、空调和滤尘系统的设计应符合现行国家标准《纺织工程设计防火规范》GB 50565 的有关规定。

9.4 空调

9.4.5 空调管道应符合下列规定:
3 管道的绝热材料应符合现行国家标准《建筑设计防火规范》GB 50016 的有关规定。

9.6 滤尘

9.6.1 滤尘系统设计应满足生产工艺和安全卫生的要求,并应符合现行国家标准《棉纺织工厂设计规范》GB 50481 和《纺织工程设计防火规范》GB 50565 的有关规定。

10 给水、排水

10.1 一般规定

10.1.1 给水排水工程设计应满足厂区生产、生活和消防的要求,并应做到安全可靠、经济合理、保护资源、综合利用的原则,应节约用水,提高水的重复利用,降低废水的排放量。

10.3 水量、水质、水压

10.3.1 用水量计算应根据下列要求确定:
6 消防用水量、水压及延续时间应符合现行国家标准《纺织工程设计防火规范》GB 50565 的有关规定。消防用水量应用于校核水管网计算,不应计入正常用水量。

10.4 给水系统和管道敷设

10.4.1 给水系统应符合下列规定:
1 给水系统设置应综合考虑水源情况和生产、生活、消防用水量及水质、水压等要求,合理确定。

10.5 消防给水系统和消防设施

10.5.1 消防给水系统设计应符合现行国家标准《纺织工程设计防火规范》GB 50565 的有关规定。

10.5.2 消防给水系统的选择应根据火灾危险等级、企业规模、水源情况、周边公用消防设施等因素确定。

172.《精对苯二甲酸工厂设计规范》GB 51205—2016

3 工艺设计

3.4 危险、危害因素

3.4.1 PTA工厂主要物料的火灾危险性、危险性类别、危害程度划分应符合下列规定：

1 CTA和PTA粉料应为丙类可燃固体、轻度危害毒性；
2 对二甲苯应为甲$_B$类可燃液体、中度危害毒性；
3 操作温度超过其闪点的乙酸应为甲$_B$类可燃液体，操作温度不高于其闪点的乙酸应为乙$_A$类可燃液体、中度危害毒性；
4 乙酸甲酯应为甲$_B$类可燃液体、轻度危害毒性；
5 共沸剂应为甲$_B$类可燃液体、轻度危害毒性；
6 碱液应为腐蚀性液体、轻度危害毒性；
7 氢溴酸应为腐蚀性液体、轻度危害毒性；
8 氢气应为甲类可燃气体。

3.5 安全泄放系统

3.5.1 对二甲苯、乙酸、乙酸甲酯及共沸剂等可燃物料的安全阀出口泄放管应接入储罐或洗涤塔。

5 总平面设计

5.0.1 总平面布置应符合现行国家标准《工业企业总平面设计规范》GB 50187、《化工企业总图运输设计规范》GB 50489和《石油化工企业设计防火规范》GB 50160的有关规定。

5.0.6 罐区泡沫站应布置在罐组防火堤外的非防爆区，与可燃液体储罐的防火间距不宜小于20m。

5.0.7 生产装置、成品仓库和罐区四周应设置消防车道。消防车道的设置应符合现行国家标准《建筑设计防火规范》GB 50016和《石油化工企业设计防火规范》GB 50160的有关规定。

5.0.8 生产装置内消防车道的设置应符合现行国家标准《石油化工企业设计防火规范》GB 50160的有关规定。

5.0.9 生产装置内消防车道、可燃液体的汽车装卸车场应采用现浇混凝土地面。

6 设备布置

6.1 布置原则

6.1.1 设备布置应符合现行国家标准《石油化工企业设计防火规范》GB 50160的有关规定，并应满足防火、防爆、安全、环保和操作、维护的要求。

6.1.2 工艺设备应按照工艺流程顺序、火灾危险性类别和同类设备适当集中相结合的原则分区布置。

7 工艺管道设计

7.1 管道布置

7.1.2 管道放空口及安全阀排放口与周边平台或建筑物的距离应符合现行国家标准《石油化工企业设计防火规范》GB 50160的有关规定。

8 辅助生产设施

8.2 罐 区

8.2.1 罐区设计应符合国家现行标准《石油化工企业设计防火规范》GB 50160和《石油化工储运系统罐区设计规范》SH/T 3007的有关规定。

8.2.7 管道在穿过防火堤或隔堤处应设钢制套管，套管两端应采用不燃烧材料严密封闭。

8.2.8 电缆桥架不应穿过防火堤和隔堤。

8.2.10 对二甲苯、乙酸和碱液罐组防火堤、储罐基础及地面应进行防渗设计，乙酸、碱液罐组还应进行防腐蚀设计。

8.2.11 罐区防火堤进口处应设置人体静电接地装置。

9 自动控制和仪表

9.1 自动化水平

9.1.6 生产装置、罐区及其他存在可燃液体和气体的区域应设置可燃气体检测器，并应在控制室设置可燃气体报警系统。可燃气体检测器和报警系统的设计应符合现行国家标准《石油化工可燃气体和有毒气体检测报警设计规范》GB 50493的有关规定。

9.3 仪表及控制阀选型

9.3.12 氧化反应器、氧化结晶器进出口以及用于切断氢气、对二甲苯、乙酸、乙酸甲酯和共沸剂等可燃介质的开关阀，应选用火灾安全型。

9.5 控 制 室

9.5.6 控制室的进线宜采用架空进线方式。当受条件限制穿越抗爆结构时，宜采用电缆沟进线方式。穿墙和穿楼板的孔洞应采用不燃材料密封严密。

10 电气和电信

10.1.2 爆炸危险环境的电气、电信、火灾自动报警系统设计应符合现行国家标准《爆炸危险环境电力装置设计规范》GB 50058 的有关规定。

10.2 供 配 电

10.2.5 安全仪表系统和分散型控制系统的应急电源应采用蓄电池静止型不间断电源。火灾自动报警系统、消防应急照明疏散指示系统和障碍照明的应急电源应采用蓄电池静止型供电装置。

10.2.13 主要可燃性物质的分级、分组应符合下列规定：
 1 CTA 和 PTA 粉料的分级、分组应为ⅢBT1；
 2 对二甲苯的分级、分组应为ⅡAT1；
 3 乙酸的分级、分组应为ⅡAT1；
 4 乙酸甲酯的分级、分组应为ⅡAT1；
 5 共沸剂的分级、分组应为ⅡAT2；
 6 氢气的分级、分组应为ⅡCT1。

10.6 火灾自动报警

10.6.1 PTA 工厂应设置火灾自动报警系统。

10.6.2 火灾自动报警系统设计应符合现行国家标准《火灾自动报警系统设计规范》GB 50116 的有关规定。

10.7 电 信

10.7.3 工业电视、视频安防和扩音对讲系统可与火灾自动报警系统联动控制，当火灾确认后应能切换至消防电视监视和消防应急广播状态。

11 建 筑

11.1 一 般 规 定

11.1.1 建筑设计应满足工艺生产的要求，并应符合现行国家标准《建筑设计防火规范》GB 50016 及《石油化工企业设计防火规范》GB 50160 的有关规定。

11.2 建 筑 设 计

11.2.1 生产装置内控制室的建筑设计应符合下列规定：
 3 机柜室、计算机室、操作室不应设置直接通向室外的门；
 4 安全出口不应少于两个，严寒地区及设空调的控制室和面向噪声源开启的门，应设置门斗或前室；
 5 门应向外开启，不应开向有爆炸及火灾危险的场所。

11.3 防火、防爆、防腐蚀

11.3.1 建筑物耐火等级不应低于二级。

11.3.2 生产装置的火灾危险性应为甲类，其中空气压缩机厂房的火灾危险性应为戊类。对二甲苯罐组储存物品的火灾危险性应为甲$_B$类，乙酸罐组储存物品的火灾危险性应为乙$_A$类，成品仓库储存物品的火灾危险性应为丙类。

11.3.3 建筑物钢结构耐火保护应符合现行国家标准《建筑设计防火规范》GB 50016 的有关规定，构筑物钢结构耐火保护应符合现行行业标准《石油化工钢结构防火保护技术规范》SH/T 3137 的有关规定。

11.3.4 生产装置内控制室应背对有爆炸危险性的甲、乙$_A$类装置，当面向装置一侧时，应采取防爆措施。控制室、机柜室面向有火灾危险性设备侧的外墙应为无门窗洞口、耐火极限不低于 3h 的不燃烧材料实体墙。

11.3.5 有抗爆要求的控制室和现场机柜室设计应符合现行国家标准《石油化工控制室抗爆设计规范》GB 50779 的有关规定。

11.3.6 单层 PTA 成品库跨度不应大于 150m，每座仓库的最大允许占地面积不应大于 24000m²，每个防火分区最大允许建筑面积不应大于 6000m²。

11.3.7 PTA 包装间与成品仓库贴邻布置时，两者之间应采用防火墙分隔，当生产需要必须在防火墙上开设门、洞时，应设置固定或火灾时能自动关闭的甲级防火门或防火水幕保护。PTA 包装间和成品仓库地面应采用不发火花地面。

13 给 水 排 水

13.1 给 水

13.1.4 生产、生活给水系统的管道设计流量应按最高日最大小时用水量确定。管道设计压力应按设计流量及最不利点所需压力，并应结合管网布置，经计算确定。消防给水系统管道应按消防时的最大设计流量、压力进行复核。

13.2 排 水

13.2.3 生产装置各分区间歇排放的生产污水宜采用地沟收集，并应设置生产污水泵站。地沟和污水收集池应根据污水性质进行防腐蚀处理。当污水中含有可燃介质时，应设置可燃气体检测报警器。

14 消 防

14.0.1 PTA 工厂的消防设计应符合现行国家标准《建筑设计防火规范》GB 50016、《石油化工企业设计防火规范》GB 50160 和《消防给水及消火栓系统设计规范》GB 50974 的有关规定。

14.0.2 消防用水量应符合现行国家标准《石油化工企业设计防火规范》GB 50160 的有关规定。

14.0.3 PTA 工厂应采用临时高压消防给水系统。消防水泵应设双动力源。

14.0.4 消火栓给水系统、消防水炮系统、自动喷水灭火系统、泡沫灭火系统以及其他灭火设施，应根据生产和储存物品火灾危险性分类和建筑物耐火等级确定。

14.0.6 生产装置区内部和周围消防通道应设置固定式消防水炮系统。固定式消防水炮保护范围应根据水炮设计流量和有效射程确定。

14.0.7 生产装置区内的设备钢构架和料仓平台宜沿梯子敷设固定式或半固定式消防给水竖管，应符合现行国家标准《石油化工企业设计防火规范》GB 50160 的有关规定。

14.0.8 对二甲苯、乙酸、共沸剂原料储罐及氧化母液储罐应设置低倍数泡沫灭火系统和消防冷却水系统。泡沫灭火系统的设计应符合现行国家标准《泡沫灭火系统设计规范》GB

50151 的有关规定，消防冷却水系统的设计应符合现行国家标准《石油化工企业设计防火规范》GB 50160 的有关规定。

14.0.9 PTA 工厂装置和建筑物室内灭火器配置应符合现行国家标准《建筑灭火器配置设计规范》GB 50140 的有关规定。

15 职业卫生及安全

15.2 防火灾、防爆炸

15.2.1 在使用或产生甲类气体或甲、乙$_A$类液体的工艺装置、系统单元和储运设施区内，应按区域控制和重点控制相结合的原则，设置可燃气体报警系统。

15.5 安全标志及安全色

15.5.6 紧急疏散通道、紧急疏散口应设置醒目的安全指示标识。

16 环境保护

16.6 水污染事故防控措施

16.6.1 存在对二甲苯、乙酸、共沸剂、碱及其他可燃液体或腐蚀性液体泄漏可能的设备或装置，周围应设围堰。

16.6.2 罐区应设防火堤、防火堤内的有效容积应符合现行国家标准《石油化工企业设计防火规范》GB 50160 的有关规定。

173.《纺织工业职业安全卫生设施设计标准》GB 50477—2017

3 基本规定

3.1 一般规定

3.1.2 建设项目初步设计阶段应编制消防设计专篇、安全设施设计专篇、职业病防护设施设计专篇,并应依据职业安全卫生预评价报告要求编制初步设计相关内容。

3.1.13 危险化学品的贮存和使用场所应根据危险化学品的性质设计相应的防火、防爆、防腐蚀、防渗漏、防雨、防晒、防盗、防飞扬、通风、空调等安全防护设施。

3.1.14 通信报警设施、可燃气体检测仪、有毒气体检测仪、应急喷淋洗眼器、专用药剂箱、个人防护用品柜等设施应根据危险化学品的危害程度和使用量大小,在其贮存和使用场所的安全位置进行设置。

3.2 厂址选择

3.2.5 设计采用天然水源作为消防给水水源时,应保证常年满足消防取水的水量,并应保证枯水期在最低水位时满足消防取水要求;在寒冷地区的冰冻期内仍能供应满足设计要求的消防用水。

3.3 总平面设计

3.3.1 建设项目的生产区、动力区、仓储区、废渣堆放场、办公生活区、饮用水水源、工业废水及生活污水的排放点、污水处理站区域等应统一规划,合理布局。各建筑物的防火间距应符合现行国家标准《建筑设计防火规范》GB 50016 和《纺织工程设计防火规范》GB 50565 的有关规定。建筑间距和相对关系应满足生产工艺使用要求。

3.3.2 总平面设计应有明确的功能分区,厂区内生产区、仓储区、办公生活区应分区明确。辅助设施宜靠近其服务的生产区;有污染的生产设施和储存易燃易爆有毒物品的堆场、储罐、库房应远离办公生活区,并宜布置在厂区全年最小频率风向的上风侧;仓储区中原料、成品、化学品、包装材料库等宜做到分类集中布置。

3.3.4 易燃、有毒及腐蚀性介质的储罐区,不应毗邻布置在高于生产厂房、全厂性重要设施和人员集中场所的台地上;当受条件限制时,应采取防止事故发生漫流的措施。

3.3.6 厂区道路宜为城市型,环状布置,应满足工艺生产要求和消防车救援要求,并应保证厂区内运输组织、人流、车流、物流线路合理,减少互相干扰。

3.3.10 改、扩建工程应对缓解厂区内建筑物的拥挤状况和易燃物品的堆放位置做出规定,并应满足相关防火、防爆的技术要求。

3.4 建(构)筑物设计

3.4.3 单体建筑设计时,应根据建筑性质、类别等设置相应的安全出口、疏散通道;多层或高层建筑应保证楼梯设置满足疏散要求。

3.4.4 厂房内装修材料选用和使用应符合现行国家标准《建筑内部装修设计防火规范》GB 50222 的有关规定。

3.5 车间布置及设备选型

3.5.2 车间内疏散通道、安全出口、疏散楼梯的设计应符合现行国家标准《纺织工程设计防火规范》GB 50565 的有关规定。

3.5.3 车间内原料、半成品、成品、大宗辅料、废丝、废料应分类堆放,并应满足生产操作、维修、车间内运输、消防和人员疏散的要求。

3.5.8 易燃、有毒溶剂不得储存在大空间开敞式的车间内。化工原料库、燃料罐区设计应符合现行国家标准《石油化工企业设计防火规范》GB 50160 的有关规定。

3.6 危险源、危险和有害因素

3.6.1 纺织工业使用的危险化学品划分介质的危险性类别应符合现行国家标准《危险货物品名表》GB 12268 的有关规定,确定介质的火灾危险性分类应符合现行国家标准《纺织工程设计防火规范》GB 50565 的有关规定,划分介质的危害程度等级应符合现行国家职业卫生标准《职业性接触毒物危害程度分级》GBZ 230 的有关规定。

3.6.3 纺织工业生产和储存的火灾危险性类别应符合现行国家标准《纺织工程设计防火规范》GB 50565 的有关规定。

4 职业安全设施

4.1 防火、防爆

4.1.1 生产和储运过程中的防火、防爆设计应符合现行国家标准《纺织工程设计防火规范》GB 50565、《建筑设计防火规范》GB 50016 和《爆炸危险环境电力装置设计规范》GB 50058 的有关规定。

4.1.2 纺织工业企业划分爆炸和火灾危险区域应符合现行国家标准《爆炸性环境 第14部分:场所分类 爆炸性气体环境》GB 3836.14、《可燃性粉尘环境用电气设备 第3部分:存在或可能存在可燃性粉尘的场所分类》GB/T 12476.3 的有关规定,并应设计和选用相应的电气和仪表设备。

4.1.3 纺织工业企业应在使用或产生甲类气体或甲类液体、闪点小于 60℃的乙类液体的工艺装置和储运设施区内,设置可燃气体报警系统。可燃气体报警系统的设计应符合现行国家标准《石油化工可燃气体和有毒气体检测报警设计规范》GB 50493 的有关规定。

4.1.4 工作场所的防火设施设计应符合下列规定:

    1 疏散出口应直接对外,疏散通道应保持安全顺畅。

2 生产不同类别的火灾危险性物质的场所宜分开设置；当必须位于同一防火分区时，并当危险性较大的类别所占建筑面积超过防火分区建筑面积 5% 时，应按危险性较大的类别确定建（构）筑物的防火要求。

3 平面布置时，应将人员集中场所安排在火灾危险性较小的区域，当人员活动或工作的场所与有火灾爆炸危险性场所相邻或相连时，建筑设计应符合现行国家标准《建筑设计防火规范》GB 50016 的有关规定。

4 存在可燃液体的设备和管道系统应有可燃液体紧急排空的措施。

4.1.5 室内外消防设施设计应满足使用时方便快捷、容易取用的要求。

4.1.6 工艺系统设计应符合下列规定：

1 危险化学品的生产、储存、输送应采用密闭方式，设备以及管线之间的连接应采取相应的密封措施。

2 设备和管道应根据其内部物料的火灾危险性和操作条件，设置相应的液位、温度、压力、流量等仪表、自动连锁保护系统或紧急停车系统。

3 具有超压危险的压力容器和压力管道应设计安全阀、爆破片等泄压系统。泄放含可燃液体和有毒液体的安全阀出口管应接入密闭储罐或其他容器。泄放含可燃气体和有毒气体的安全阀出口管应接入处理系统。

4 输送可燃性物料并有可能产生火焰蔓延的放空管和管道间应设置阻火器、水封等阻火设施。

5 储存和输送甲、乙$_A$类物资的设备和管道应有惰性气体置换设施。

6 输送可燃液体泵应在其出口管道上安装止回阀。

7 进、出装置的可燃气体和可燃液体的管道，在装置的边界处应设隔断阀和 8 字盲板。

8 对产生粉尘的工艺，应优先采用自动化或密闭隔离操作；在开洁棉和梳棉、梳麻等易产生粉尘的环境宜设置在线粉尘浓度超标监测报警装置。

9 对于易燃易爆的纤维或粉尘，根据工艺特点应设置有效的防火检测或灭火设施。

10 散发爆炸性粉尘或可燃纤维的场所和设备应采取防止粉尘、纤维扩散、飞扬和积聚的措施。

11 熔融法纺丝的化纤生产车间气相热媒联苯-联苯醚混合物的容许浓度不得大于 $7mg/m^3$。

4.1.7 对具有抗爆要求的场所应进行抗爆设计；对具有防爆要求的场所，应满足防爆、泄爆和隔离的要求。

4.1.8 设备及管道设计应符合下列规定：

1 生产设备、管道的设计应根据生产过程的特点和物料的性质选择合适的材料。设备和管道的设计、制造、安装和验收应符合相关技术要求。

3 可燃气体和可燃液体的管道不得穿越与其无关的建筑物。可燃气体和甲、乙类可燃液体的管道不得穿越防火墙。

4 设备和管道的保温层应采用不燃材料，设备和管道的保冷层应采用难燃 B_1 级材料。

5 设备和管道防腐设计应符合国家现行标准《化工设备、管道外防腐设计规范》HG/T 20679 和《石油化工设备和管道涂料防腐蚀设计规范》SH/T 3022 的有关规定。

4.1.9 建（构）筑物设计应符合下列规定：

2 甲、乙类生产及物品储存、麻原料的储存不应设置在地下或半地下场所。

3 甲、乙、丙类厂房及仓库的耐火等级不应低于二级，其他建筑物的耐火等级不应低于三级。

4 建筑物内部的防火分区分隔，防火要求不同或灭火方法不同的部位之间应按防火等级较高一侧的要求设置防火墙。

5 有爆炸危险的厂房或厂房内有爆炸危险的部位应设置泄压设施，其泄压面积应符合现行国家标准《纺织工程设计防火规范》GB 50565 和《建筑设计防火规范》GB 50016 的有关规定。

6 有抗爆要求的控制室和现场机柜室设计应符合现行国家标准《石油化工控制室抗爆设计规范》GB 50779 的有关规定。

7 人员集中的房间应布置在火灾危险性较小的建筑物一端。

8 一座多层或高层厂房中，疏散楼梯间的形式应按其中火灾危险性较大的防火分区的要求确定。

9 支承设备的钢结构防火保护应符合现行国家标准《纺织工程设计防火规范》GB 50565 的有关规定。

10 有火灾爆炸危险场所的建（构）筑物的结构形式以及选用的材料，应符合现行国家标准《建筑设计防火规范》GB 50016、《纺织工程设计防火规范》GB 50565 的有关规定。

4.1.10 消防系统设计应符合下列规定：

1 消防设计应根据工艺特点及火灾危险性、物料性质、建筑结构确定相应的消防设计方案；

2 消防设计应根据物料性质、生产过程特点和火灾危险性质采用相应的水消防、泡沫消防、干粉消防、砂土消防、气体消防等设施；

3 水消防设计应根据设备布置、厂房面积及火灾危险性类别采用消火栓、水幕、水炮、自动灭火等设施，以及消防供水系统；

4 自动喷水灭火系统的设置应符合现行国家标准《建筑设计防火规范》GB 50016 和《纺织工程设计防火规范》GB 50565 的有关规定，自动喷水灭火系统的设计应符合现行国家标准《自动喷水灭火系统设计规范》GB 50084 的有关规定；

5 火灾自动报警系统的设置应符合现行国家标准《建筑设计防火规范》GB 50016 和《纺织工程设计防火规范》GB 50565 的有关规定，火灾自动报警系统的设计应符合现行国家标准《火灾自动报警系统设计规范》GB 50116 的有关规定；

6 防排烟设施的设置应符合现行国家标准《纺织工程设计防火规范》GB 50565 的有关规定。

4.1.11 供暖、通风和空气调节设计应符合下列规定：

2 散热器供暖的热媒温度应低于散发物质的引燃温度；散发可燃粉尘、纤维的生产厂房，热水温度不得高于 130℃，蒸汽温度不得高于 110℃；散发可燃气体、蒸汽的厂房，热水温度不得高于 150℃，蒸汽温度不得高于 130℃。

3 在生产过程中可能突然大量散发有害物质的车间，应满足生产安全的要求，设计控制污染的局部机械通风；当无条件设计局部机械通风时，应设计自然通风或全面通风。可能突然大量释放有害气体或爆炸危险性气体的生产房间应设计事故通风系统。

4 甲、乙类厂房内的空气不宜循环使用;丙类厂房内含有燃烧或爆炸危险粉尘、纤维的空气,在循环使用前应经净化处理,并应使空气中的含尘浓度低于其爆炸下限值的 25%。

6 通风、空气调节系统的防火阀设置应符合现行国家标准《纺织工程设计防火规范》GB 50565 的有关规定。

7 设有火灾自动报警系统场所的通风、空气调节装置应与室内火灾自动报警系统连锁,当火灾报警信号动作时,应联动切断通风、空气调节装置的电源。

4.6 防 静 电

4.6.1 防静电设计应符合国家现行标准《石油化工企业设计防火规范》GB 50160 和《石油化工静电接地设计规范》SH 3097 的有关规定。

4.6.2 纺织工业中存在静电引燃、引爆的危险场所应设置静电防护措施,静电防护措施应符合现行国家标准《防止静电事故通用导则》GB 12158 的有关规定。

4.6.3 生产中储存、使用、输送、产生可燃性粉料、粒料和纤维、可燃液体、可燃气体的金属设备应采取防静电接地措施。

4.6.4 输送可燃性粉粒料、纤维、甲类可燃液体和可燃气体管道的法兰之间、管道与设备连接之间应做防静电跨接。

4.6.5 在可燃液体储罐区的入口处应设置人体静电消除设施,在爆炸危险区内的人体静电消除设施应采用防爆型。

4.8 安全色、安全标志

4.8.3 生产中储存、使用、产生可燃粉料、可燃液体、可燃气体、窒息性气体、有毒物质、腐蚀性物料等的车间入口或使用区域应设置警示标志,并应按危害类别和要求设置岗位安全操作规程、应急处置卡、作业风险告示牌、职业危害告知卡、重大危险源安全警示牌等安全标志。

4.8.7 在进入易燃、易爆、有毒介质存在的溶剂回收、废气处理、化学反应装置、危险化学品仓库的入口处应设置警示标志。

4.9 建筑设施安全防护

4.9.2 生产设备的运动零部件、过冷或过热部位、可能飞甩或喷射出固、液、气态物质的部位应具有防护装置或相应的防火措施。

4.9.3 生产、储存过程中存在易燃易爆气体、液体、蒸气、粉尘的场所应采取密闭防泄漏、防爆泄压、消除电火花和防撞击等相应建筑措施。

5 职业卫生设施

5.2 防毒、防腐蚀、防辐射

5.2.8 事故排风的吸风口应设在有毒有害物质散发量可能最大的地点。当有毒有害物质释放出密度比空气大的气体和蒸汽时,吸风口应设在地面以上 0.3m～1.0m 处;当释放出密度比空气小的气体和蒸汽时,吸风口应设在放散设备的上部,且对于密度比空气小的可燃气体和蒸汽,吸风口应紧贴屋顶布置。

5.2.18 当多种有毒、有害的废弃物混合可能引起爆炸、燃烧或形成更有害的混合物、化合物时,其通风装置不得共用一个系统。

5.5 采光、照明

5.5.8 纺织工业企业在下列车间或场所应设置应急照明:

1 自备电站,变电所,工艺控制室,消防控制室,消防泵间,防排烟机房,电话机房,总值班室;

2 车间疏散通道处。

174.《麻纺织工厂设计规范》GB 50499—2009

3 亚麻纺织工艺设计

3.6 车间运输

3.6.2 车间运输设备应符合下列规定:
3 电动运输设备易产生火花的部位应封闭。

6 总图运输

6.2 总平面布置

6.2.1 主厂房布置应符合下列要求:
1 应布置在厂区地形、地质条件相对较好的地段,并应满足与其他建(构)筑物的防火间距、交通运输、工程管线布置等要求。

6.2.2 仓库布置应符合下列要求:
3 储油库等应单独布置,并应符合现行国家标准《建筑设计防火规范》GB 50016 和纺织工业有关防火标准的规定。

6.2.3 锅炉房布置应符合下列要求:
2 当燃料采用重油或柴油时,总图布置应设置储罐区。储油罐与建筑物的防火间距应符合现行国家标准《建筑设计防火规范》GB 50016 和纺织工业有关防火标准的规定。

6.2.9 汽车库、停车场的布置应符合现行国家标准《汽车库、修车库、停车场设计防火规范》GB 50067 的有关规定。

6.5 厂区道路

6.5.1 厂区道路布置应满足交通运输、安装检修、消防、安全卫生、管线和绿化布置等要求,与厂外道路应有平顺简捷的连接条件。

6.5.2 厂区道路宜与主要建筑物轴线平行或垂直成环状布置。个别边缘地段作尽头式布置时,应设置回车场(道),其形式及各部尺寸应按通过的车型确定,并应符合现行国家标准《建筑设计防火规范》GB 50016 的有关规定。

7 建筑、结构

7.1 一般规定

7.1.2 麻纺织工厂设计应符合现行国家标准《建筑设计防火规范》GB 50016、《建筑抗震设计规范》GB 50011、《工业建筑防腐蚀设计规范》GB 50046 和纺织工业有关防火标准的规定。

7.3 建筑防火、防爆

7.3.1 生产车间的火灾危险性,应按现行国家标准《建筑设计防火规范》GB 50016 和纺织工业有关防火标准的规定执行。

7.3.2 麻纺织厂生产的火灾危险性应为丙类,滤尘室应按乙类防火要求设计。

7.3.3 漂染车间原布间、白布间、整理车间、整装车间等干燥性车间生产的火灾危险性应为丙类;练漂、染色、皂洗等潮湿性车间生产的火灾危险性应为丁类。当丙类、丁类生产车间安排在同一防火分区时,应按丙类生产确定。

烧毛间应采用耐火极限不低于 2.5h 的不燃烧实体墙与相邻车间隔开。生产厂房建筑耐火等级不应低于二级。

7.3.4 亚麻原料厂和亚麻纺织厂的梳麻、前纺车间与其他车间之间,应采用耐火极限不低于 2.5h 的不燃烧实体墙隔开。

7.3.5 麻库不应设置在地下。

7.3.6 滤尘室应布置在直接对外开门的附房内或独立建筑物内。滤尘室不得兼作他用,其上部严禁布置生产车间、辅助车间或生活间。

7.4 生产辅助用房

7.4.3 染化液调配间应靠近染色间,并设通风排气装置。室内地面、墙裙应采取防酸碱腐蚀的措施。易燃、有毒的溶剂严禁储存在大空间开敞式的车间内。地面应耐洗刷、防滑,并设有排水坡度。

7.4.4 汽油气化室应符合下列要求:
1 应设置在烧毛机附近。
2 泄压设施应采用易于泄压的门、窗。
3 泄压面积应按纺织工业企业有关防火标准的规定计算。
4 与汽油气化室相邻车间的隔墙应采用防爆墙。
5 防爆墙上不应开设门窗,需设门时,可采用门斗,并应在不同方位布置甲级防火门。

8 给水排水

8.1 一般规定

8.1.1 麻纺织工厂给水排水设计应满足生产、生活和消防用水的要求,并应做到安全适用、技术先进、经济合理、保护环境。

8.2 用水量、水质、水压

8.2.3 麻纺织厂给水水压应根据车间布置和生产设备及消防要求通过计算确定。单层厂房车间进口压力宜大于 0.2MPa。生产、消防用水合用压力宜大于 0.35MPa。部分设备水压要求较高时宜局部加压解决。

8.4 给水系统与管道布置

8.4.2 给水管道材质和布置应符合下列要求:

1 厂区消防给水管道应环状布置，生产、生活给水管道宜环状布置，环状管道应分成若干独立段。

9 非金属给水管道不宜穿过防火墙，当需穿过时，应采取防火隔断措施。

8.5 消防给水与灭火器配置

8.5.1 车间应设室内、室外消火栓给水系统。消防体制、消防设施的设置、水量和水压应符合现行国家标准《建筑设计防火规范》GB 50016 和纺织工业有关防火标准的规定。

8.5.2 麻纺织厂应按现行国家标准《建筑灭火器配置设计规范》GB 50140 的有关规定配置灭火器。

9 采暖、通风、空调、滤尘

9.1 一般规定

9.1.4 麻纺织工厂的防排烟设计应符合纺织工业有关防火标准的规定。

9.1.5 空调系统防火措施应符合现行国家标准《建筑设计防火规范》GB 50016 和纺织工业有关防火标准的规定。

9.4 通 风

9.4.10 通风设备、风道、风管及配件等，应根据其所处的环境和输送的介质温度、腐蚀性等，采用防腐蚀材料制作或采取相应的防火措施。

9.4.11 车间的通风管道应采用不燃材料制作。接触腐蚀性气体的风管及柔性接管，可采用难燃材料制作。

9.6 滤 尘

9.6.3 滤尘器应采用不产生火花、连续过滤、集尘和排除的组合除尘设备，严禁采用沉降室除尘。

10 电 气

10.1 供配电系统

10.1.1 麻纺织工厂生产的用电负荷应为三级负荷。消防设备用电负荷等级，应按现行国家标准《建筑设计防火规范》GB 50016 的有关规定执行。

10.2 照 明

10.2.4 车间内应设供疏散用的应急照明。在安全出口、疏散通道与转角处应设置疏散标志。出口标志灯和指向标志灯宜用蓄电池作备用电源。

10.4 消防和火灾报警

10.4.1 火灾自动报警系统和消防控制室设置，应按现行国家标准《建筑设计防火规范》GB 50016、《火灾自动报警系统设计规范》GB 50116 及纺织工业有关防火标准的规定执行。

10.4.2 火灾自动报警系统应设有主电源和直流备用电源。

175.《棉纺织工厂设计标准》GB/T 50481—2019

3 总图布置

3.1 一般规定

3.1.1 总图布置应贯彻国家节约集约用地、保护环境、安全卫生和防火的有关规定,并应符合工厂所在地的城乡规划要求。

3.2 总平面布置

3.2.2 厂房布置应符合下列规定:

1 厂房应布置在地势平坦、地质均匀的地段,应综合与其他建(构)筑物的防火间距、交通运输和工程设备管线敷设等因素确定,并应避免对厂区外临近建筑物产生不利影响。

3.2.3 仓储建筑物布置应符合下列规定:

1 原棉、废棉仓库宜靠近纺部车间分级室,成品库宜靠近车间成品出口处。根据工厂规模,原棉仓库、成品仓库可合建。原棉库附近宜有固定堆场。布置堆场时堆垛与动力线的防火间距应符合防火规范要求。

3.2.4 动力设施和辅助建(构)筑物布置应符合下列规定:

1 燃煤锅炉房应布置在厂区边缘,并应位于场区常年最小频率风向的上风侧。采用燃油、燃气锅炉的储罐区布置,应符合现行国家标准《建筑设计防火规范》GB 50016 的有关规定。

7 汽车库、停车场的布置应符合现行国家标准《汽车库、修车库、停车场设计防火规范》GB 50067 的有关规定。

3.5 厂区道路和绿化

3.5.1 厂区道路布置应满足生产、交通运输、消防、管线和绿化布置等要求。人行道应结合人流路线和厂区道路统一进行布置。

4 工艺设计

4.4 车间运输

4.4.2 车间运输工具应符合下列规定:

3 电动运输设备易产生火花的部位应封闭。

5 工艺设备

5.1 一般规定

5.1.3 清棉车间的首道开松抓棉设备与其后连接的混、开棉机之间的输棉管道中应安装金属、火花探除器。

5.1.4 清梳联的输棉风机与梳棉机喂棉箱之间的输棉管道中应安装火花探除器。

8 电 气

8.2 负荷分级

8.2.1 棉纺织工厂的下列场所用电负荷应为二级负荷:

1 室外消防用水量大于 30L/s 的厂房、仓库的消防用电负荷;

2 消防用水量大于 35L/s 的原棉堆场的消防用电负荷;

4 消防控制室、消防泵房、备用电源机房和变配电所的备用照明。

8.4 照 明

8.4.7 棉纺织工厂宜采用自带电源非集中控制型的应急照明和疏散指示标志系统,由消防联动控制器联动消防应急照明箱实现,疏散照明和灯光疏散指示标志宜选用 LED 光源的消防应急照明标志复合灯具,其自带电源连续供电时间不应小于 30min。

1 厂房及仓库的楼梯间应设置疏散照明,疏散照明应设置在出口的顶部、墙面的上部或顶棚上。地面水平照度不应低于 5.0lx。

2 安全出口灯光指示标志应设置于安全出口门和疏散门的正上方,灯下边框距门上沿 0.15m~0.20m 处。

3 灯光疏散指示标志宜沿厂房内疏散通道及其转角处,距地面 1.0m 以下墙面暗装或邻近疏散通道的建筑立柱、设备机头(尾)箱的不可开启门或不可移动的部位,面向疏散通道的侧面处,距地 1.0m 以下明装,两灯间距不应大于 10.0m,在转角处间距不应大于 1.0m;也可沿车间疏散通道地面暗装,灯具正面应与地面同一高度,两灯间距不应大于 3.0m,在转角处间距不应大于 1.0m;疏散通道地面水平照度不应低于 1.0lx。

8.5 防雷与接地

8.5.3 厂房内电力系统接地、电气装置保护接地、防静电接地、电子信息化设备信号接地、防雷接地、火灾自动报警系统及联动控制系统接地等,应采用 TN-S 系统的共用接地系统;不同接地系统共用接地装置时,接地电阻应按最小值确定。

8.7 火灾报警

8.7.1 工厂应根据工厂类型、规模和场所,设置火灾报警系统。工厂的下列场所或部位应设置火灾自动报警系统:

1 每座占地面积大于 1000m² 的原料及其制品的仓库;

2 设置机械排烟、防烟系统,雨淋或预作用自动喷水灭火系统等需与火灾自动报警系统联锁动作的车间或部位。

8.7.2 工厂的火灾自动报警系统宜采用集中报警系统,可只设一个消防控制室；各独立厂房宜采用火灾区域报警系统，火灾区域报警应设在有人值班的房间。

8.7.3 消防控制室可与工厂的数据监控室合用；合用的消防控制室、值班室、数据监控室内，消防设备应集中设置，与其他设备的间距宜大于或等于0.8m。

9 建筑、结构

9.1 一般规定

9.1.1 建筑、结构设计应满足生产工艺的要求，应符合国家现行有关建筑、结构、防火安全、节能环保等技术要求，并应满足采光、通风、保温、隔热、防水、防结露、防腐蚀等要求。

9.4 建筑防火、防腐蚀

9.4.1 当不同火灾危险性的生产工序位于同一防火分区时，该分区的火灾危险性应符合现行国家标准《建筑设计防火规范》GB 50016和《纺织工程设计防火规范》GB 50565的有关规定。生产厂房、原料库和成品库的建筑耐火等级不应低于二级。

9.4.2 原棉分级室、回花室和开清棉车间应采用耐火极限不低于2.50h的墙体同其他车间分隔，隔墙上应设置甲级防火门。

9.4.3 支撑设备的钢结构，应符合现行国家标准《建筑设计防火规范》GB 50016和《纺织工程设计防火规范》GB 50565的有关规定。

9.4.4 建筑防火设计应符合现行国家标准《建筑设计防火规范》GB 50016和《纺织工程设计防火规范》GB 50565的有关规定。建筑防腐蚀设计应符合现行国家标准《工业建筑防腐蚀设计标准》GB/T 50046的有关规定，钢结构防腐蚀设计应符合现行行业标准《建筑钢结构防腐蚀技术规程》JGJ/T 251的有关规定。

10 给水排水

10.1 一般规定

10.1.1 给水排水工程设计应贯彻国家节约水资源、一水多用的原则，并应满足生产、生活和消防给水及厂区排水的要求。

10.2 水源与给水处理

10.2.1 水源选择应符合下列规定：
1 水源水量应稳定可靠，水质应满足生产、生活及消防等用水要求；
4 以地表水为水源的设计枯水流量保证率应根据工厂规模和项目的重要性、火灾危险性和经济合理性等综合因素确定，宜为90%～97%。

10.2.2 水源水质达不到生产、生活及消防用水要求时，应采取给水处理措施；水处理设施和工艺应能满足用水量和水质要求。

10.3 水量、水质、水压

10.3.1 用水量应符合下列规定：
5 消防用水量及水压应符合现行国家标准《建筑设计防火规范》GB 50016、《消防给水及消火栓系统技术规范》GB 50974及《自动喷水灭火系统设计规范》GB 50084的有关规定。

10.3.3 给水水压应满足生产、生活及消防和辅助工程用水需要。

10.4 给水系统和管道敷设

10.4.1 给水系统应符合下列规定：
1 给水系统设置应综合水源及生产、生活和消防用水量及其水质和水压等要求确定；

10.4.2 给水管网敷设应符合下列规定：
1 厂区生产或生活给水与室外消防用水合用的给水管网应呈环状布置，并用阀门分成若干独立段，向环状管网输水的干管不应少于两条；
5 给水管穿越防火墙、变形缝等部位时，应采取防护措施。

10.4.4 消防给水管埋地部分宜采用球墨铸铁管、钢丝网骨架塑料复合管和加强防腐处理的钢管等管材；地上部分应采用热浸锌镀锌钢管等金属管材。

10.5 消防给水系统

10.5.1 消防给水系统应根据工厂规模、水源条件、公用消防设施、工厂生产和储存物品的火灾危险性分类和建筑物的耐火等级等因素设置。

10.5.2 每座厂房生产规模5万纱锭及以上的纺部分级室、开清棉车间及滤尘室和每座占地面积大于1000m²的原料、成品仓库，应设置自动喷水灭火系统，其中单层占地面积不大于2000m²的原棉库房，可不设置自动喷水灭火系统。

10.5.3 消防用水与生产、生活用水共用的水池，应采取确保消防用水量不作他用的技术措施。

10.5.4 消防给水系统应符合现行国家标准《建筑设计防火规范》GB 50016、《消防给水及消火栓系统技术规范》GB 50974、《自动喷水灭火系统设计规范》GB 50084及《纺织工程设计防火规范》GB 50565的有关规定。

11 供暖通风与空调滤尘

11.1 一般规定

11.1.6 建筑防烟和排烟设施、供暖、通风和空气调节防火措施，应符合现行国家标准《建筑设计防火规范》GB 50016、《建筑防烟排烟系统技术标准》GB 51251、《纺织工程设计防火规范》GB 50565的有关规定。

12 动 力

12.3 供 热

12.3.5 供热系统管道应做保温处理，保温材料、厚度和结构应符合有关防火、节能要求。

176.《涤纶工厂设计标准》GB/T 50508—2019

3 工艺设计

3.6 其他规定

3.6.1 短纤维车间内设置盛丝桶电瓶搬运叉车的充电间应符合下列规定：
   1 充电间应设在靠外墙且有窗户的区域，并应采用防火隔墙和防火楼板与厂房其他部位分隔；
   4 充电间内不得有高温、明火、产生静电的设备。

3.6.5 涤纶长丝、涤纶短纤维、涤纶工业丝、涤纶复合纤维及其他涤纶产品的火灾危险性应为丙类，原料仓库、成品仓库储存物品的火灾危险性应为丙类，化学品库的火灾危险性应根据储存化学品的物性划分。

6 辅助生产设施

6.6 仓库

6.6.3 仓库设计应符合现行国家标准《纺织工程设计防火规范》GB 50565的有关规定。

7 自动控制和仪表

7.6 控制室

7.6.3 控制室应设置在无爆炸和低火灾危险的安全区域内，并应方便操作和管理。

7.7 仪表安全措施

7.7.12 在存在泄漏氢气、氨气、甲醛、天然气等可燃气体和有毒气体隐患的场所，应设置可燃气体或有毒气体的检测、报警系统，并应符合现行国家标准《石油化工可燃气体和有毒气体检测报警设计规范》GB 50493和《火灾自动报警系统设计规范》GB 50116的有关规定。

8 电气、电信

8.1 一般规定

8.1.3 爆炸危险环境的电气、电信、火灾自动报警系统设计尚应符合现行国家标准《爆炸危险环境电力装置设计规范》GB 50058的有关规定。

8.2 供配电

8.2.1 纺丝连续生产装置和纺丝冷却风等生产用电负荷应为二级负荷。爆炸性气体环境中用于稀释可燃性物质浓度的通风设施的用电负荷应为二级负荷，用于有毒、腐蚀性介质环境的通风设施的用电负荷应为二级负荷，消防用电负荷应为二级负荷，其他用电负荷应为三级负荷。

8.3 照明

8.3.1 疏散照明、安全照明、备用照明等应急照明系统应由专用的馈电线路供电。

8.3.4 消防应急照明和疏散指示系统的联动控制设计应符合现行国家标准《火灾自动报警系统设计规范》GB 50116的有关规定。

8.5 接地

8.5.5 电气设备接地装置施工与验收应符合现行国家标准《电气装置安装工程 接地装置施工及验收规范》GB 50169和《电气装置安装工程 爆炸和火灾危险环境电气装置施工及验收规范》GB 50257的有关规定。

8.6 火灾自动报警

8.6.1 生产装置厂房火灾自动报警系统设置应符合现行国家标准《建筑设计防火规范》GB 50016和《纺织工程设计防火规范》GB 50565的有关规定。

8.6.2 火灾自动报警系统形式的选择和设计要求应符合现行国家标准《火灾自动报警系统设计规范》GB 50116的有关规定。

8.6.3 消防联动控制设计应符合现行国家标准《**建筑设计防火规范》GB 50016和《火灾自动报警系统设计规范》GB 50116**的有关规定。

8.7 电信

8.7.3 工业电视、视频安防和扩音对讲系统可与火灾自动报警系统联动控制，当火灾确认后应能切换至消防电视监视和消防应急广播状态。

9 总平面布置

9.1 一般规定

9.1.1 总平面布置应符合现行国家标准《工业企业总平面设计规范》GB 50187和《纺织工程设计防火规范》GB 50565的有关规定，并应满足消防、安全、卫生防护、环境保护以及防洪的要求。

9.2 总平面布置

9.2.2 采用切片纺丝工艺时，切片库宜靠近生产厂房的干燥、纺丝车间。采用熔体直接纺丝时，纺丝车间应靠近聚酯车间布置，两车间相邻外墙之间净距不应小于6m，并应采取以下措施：

  1 两车间相邻较高一面外墙应为防火墙；

  2 两车间之间应设置消防车道，并与其他道路相接，在聚酯车间周围形成环形消防车道；

  3 与纺丝车间相邻的聚酯车间外应设置消防车登高操作场地。

9.2.6 厂区通道宽度应根据建筑物、构筑物防火间距、消防车道、货物运输与装卸、地上与地下工程管线、大型设备吊装与检修、挡土墙与护坡以及厂区绿化等要求合理确定，并宜紧凑布置。

9.2.7 厂区道路宜为城市型、环状布置，消防车道应符合现行国家标准《纺织工程设计防火规范》GB 50565的有关规定。道路的路面结构、道路宽度、道路纵坡及路口转弯半径均应满足所使用车辆的行驶要求。仓库区域宜设置停车场或装卸区。

10 建筑、结构

10.2 生产厂房

10.2.4 生产厂房与辅助生产设施宜紧凑布置或组成联合厂房。组成联合厂房时，应妥善处理好防火、采光、屋面排水、振动和建筑结构构造的设计问题。

10.2.8 对于涤纶工业丝捻线和织布等噪声较大且操作人员较多的车间，宜采取吸声减噪措施，并应符合现行国家标准《工业企业噪声控制设计规范》GB/T 50087和现行国家职业卫生标准《工业企业设计卫生标准》的有关规定。吸声材料的燃烧性能等级应符合现行国家标准《建筑内部装修设计防火规范》GB 50222的有关规定。

10.3 生产厂房附房

10.3.3 车间办公室、休息室、饮水室、餐室、更衣室、厕所等管理及生活用房应符合现行国家职业卫生标准《工业企业设计卫生标准》和现行国家标准《建筑设计防火规范》GB 50016的有关规定，并应根据工厂实际需要设置。

10.3.6 化验室外窗不应采用有色玻璃，门应向人员疏散方向开启，楼地面和墙面应采用易于清洁的材料，楼地面应采取排水和防水措施。

10.3.9 纺丝车间热媒收集槽间应至少设1个直通室外的安全出口。

10.4 厂区工程

10.4.2 厂区辅助生产设施的建筑结构形式可采用钢筋混凝土框架、钢筋混凝土排架、砌体结构或钢结构。其平面设计应紧凑、规整、柱网简单。建筑物耐火等级不应低于二级。屋面防水等级不应低于Ⅱ级。

10.5 建筑防火、防爆、防腐蚀

10.5.1 生产厂房和附房以及全部辅助生产设施的建筑防火设计应符合现行国家标准《纺织工程设计防火规范》GB 50565的有关规定。室内装修防火设计应符合现行国家标准《建筑内部装修设计防火规范》GB 50222的有关规定。

10.5.2 生产厂房内附设中间库时，应采用防火墙和耐火极限不低于1.50h的楼板与生产车间隔开，防火墙上的门应为甲级防火门。中间库的耐火等级和面积应符合现行国家标准《建筑设计防火规范》GB 50016的有关规定。

10.5.3 生产火灾危险性为丙类可燃液体的车间或附房应采用耐火极限不低于2.50h的防火隔墙和1.00h的楼板与生产车间隔开，隔墙上的门应为乙级防火门。

10.5.4 生产厂房防火分区最大允许建筑面积应符合现行国家标准《纺织工程设计防火规范》GB 50565的有关规定，涤纶长丝、涤纶短纤维、涤纶工业丝纺丝车间上下楼层为不同的防火分区时，被纺丝甬道贯穿的楼板可不做防火封堵，但应同时符合下列规定：

  1 纺丝车间的建筑耐火等级应为一级；

  2 生产厂房与附房之间应用耐火极限不低于2.50h的防火墙和1.50h的楼板隔开，隔墙上的门应为甲级防火门。

10.5.5 生产厂房安全疏散应符合现行国家标准《纺织工程设计防火规范》GB 50565的有关规定。涤纶长丝、涤纶短纤维、涤纶工业丝、加弹车间当有多个防火分区相邻布置，且每个防火分区均有2个或2个以上的安全出口时，每个防火分区可利用防火墙上通向相邻防火分区的甲级防火门作为辅助安全出口。

10.5.6 涤纶生产厂房的热媒收集间、三甘醇清洗间、三甘醇储存间，涤纶工业丝浸胶车间的胶料调配间等应靠外墙布置，并应采用耐火极限不低于2.50h的防火隔墙和1.50h的楼板与厂房其他部位分隔，隔墙上的门应为乙级防火门。地面应采用不发生火花的材料。涤纶工业丝浸胶车间的甲醛储存间应靠外墙布置，外墙应设泄压设施，泄压面积应符合现行国家标准《纺织工程设计防火规范》GB 50565的有关规定。甲醛储存间与车间之间的隔墙应用防爆墙和耐火极限不低于1.50h的楼板隔开，地面应采用不发生火花的材料。

10.5.7 短纤维生产车间内的充电间应在靠外墙且有窗户的区域布置，并应采用耐火极限不低于2.50h的防火隔墙和1.50h的楼板与厂房其他部位分隔，隔墙上的门应为防火卷帘门。

10.5.8 厂房、仓库的外墙应在每层的适当位置设置可供消防救援人员进入的窗口。窗口的设计应符合现行国家标准《建筑设计防火规范》GB 50016的有关规定。

11 给水排水

11.2 给水

11.2.1 给水系统应根据生产、生活和消防等各项用水对水质、水温、水压和水量的要求划分。

11.4 消防设施

11.4.1 涤纶工厂的消防应根据其生产和储存物品的火灾危险性分类以及建筑物的耐火等级等因素，设置消火栓给水系统、自动喷水灭火系统等设施。涤纶短纤维车间不得采用大跨度水幕代替防火隔墙。

11.4.2 室内外消防给水系统的设置应符合现行国家标准《纺织工程设计防火规范》GB 50565、《建筑设计防火规范》GB 50016 和《消防给水及消火栓系统技术规范》GB 50974 的有关规定，自动喷水灭火系统的设置应符合现行国家标准《自动喷水灭火系统设计规范》GB 50084 的有关规定。

11.4.4 涤纶工厂各建筑物灭火器配置应符合现行国家标准《建筑灭火器配置设计规范》GB 50140 的有关规定。

12 供暖、通风和空气调节

12.1 一般规定

12.1.3 防烟排烟设计应符合现行国家标准《纺织工程设计防火规范》GB 50565 的有关规定。

12.1.4 采暖、通风和空气调节设计应符合现行国家标准《工业建筑供暖通风与空气调节设计规范》GB 50019 和《纺织工程设计防火规范》GB 50565 的有关规定。

12.2 供 暖

12.2.3 存在下列情况时，应采用热风供暖：
  1 由于防火、防爆和卫生要求必须采用全新风的热风供暖时。

12.3 通 风

12.3.4 爆炸性气体危险场所应符合爆炸性气体危险区域划分所需的通风条件。服务于爆炸性气体危险场所的与安装或穿过其间的通风系统，采取的防爆安全措施应符合现行国家标准《纺织工程设计防火规范》GB 50565 和《工业建筑供暖通风与空气调节设计规范》GB 50019 的有关规定。

14 职业安全卫生

14.1 一般规定

14.1.8 厂房紧急疏散口应设置醒目的"紧急出口"指示标志，紧急疏散通道应设置明显的指示箭头，并应设置应急照明。

14.3 安全防护措施

14.3.4 涤纶工业丝工厂的浸胶车间采用天然气作为加热燃料时，在天然气的调压站上方、浸胶烘干机的天然气点火装置处上方应设置可燃气体报警仪，报警信号应设置在控制室或操作人员值班室。

14.3.8 热媒泵区、纺丝油剂贮槽宜设围堰，热媒泵区应设置消防器材。

14.3.11 生产车间应设置合理的疏散通道及疏散标志。

14.3.14 涤纶工厂使用天然气或汽油等易燃易爆物的罐区和阀组区应设置消除人体静电设施。

14.3.15 车间可燃气体检测仪的设置应符合现行国家标准《石油化工可燃气体和有毒气体检测报警设计规范》GB 50493 的有关规定。

177.《双向拉伸薄膜工厂设计标准》GB/T 51264—2017

4 总 图

4.1 一般规定

4.1.1 厂址选择应满足当地城市总体规划或区域规划的要求,并应满足抗震、防火、防洪、防涝、安全卫生、环保的要求。

4.1.5 总平面布置应符合现行国家标准《工业企业总平面设计规范》GB 50187及《建筑设计防火规范》GB 50016的有关规定。

4.2 总平面布置

4.2.8 厂区通道宽度应根据建筑物防火间距、消防车道、货物运输及装卸、管线布置、挡土墙及护坡、绿化等要求合理确定,紧凑布置。

4.2.10 厂区内消防车道的设置应确保消防车能到达厂区任何需要灭火的区域。占地面积大于3000m²的生产厂房或占地面积大1500m²的丙类仓库应设置环形消防车道。确有困难时,应沿建筑物的两个长边设置消防车道。当一座生产厂房的长边大于150m,而设置穿过厂房的消防车道确有困难时,可不设穿过厂房的消防车道,但应在厂房周围设置环形消防车道,并应符合下列规定:
  1 厂房的短边不应超过80m;
  2 厂房周围应具有满足消防扑救操作的场地。

4.2.11 厂区建(构)筑物之间的防火间距及与厂外建筑物或其他设施的防火间距应符合现行国家标准《建筑设计防火规范》GB 50016的有关规定。

5 建 筑

5.1 一般规定

5.1.1 生产厂房和辅助生产设施建筑设计应遵循健康、简约的绿色建筑设计理念,并应满足生产工艺、操作、检修、安全卫生、采光、通风、保温、隔热、防结露、防腐蚀、防火、防水、抗震、节能等要求。

5.1.3 生产厂房和辅助生产设施的建筑防火设计应符合现行国家标准《建筑设计防火规范》GB 50016的有关规定。

5.2 生产厂房

5.2.2 采用联合厂房形式时,应满足生产工艺要求,并应符合防火、采光、通风、屋面防排水、振动等技术规定。

5.4 建筑防火、防爆

5.4.1 生产厂房生产的火灾危险性为丙类,耐火等级应为一级、二级。生产及储存物品的火灾危险性分类举例见表5.4.1。

表5.4.1 生产及储存物品的火灾危险性分类举例

物品名称	状态	沸点(℃)	闪点(℃)	燃点(℃)	爆炸极限 下限(%)	爆炸极限 上限(%)	火灾危险性类别	生产过程	备注
均聚聚丙烯树脂粒子(PP)	固态	—	—	—	—	—	丙类2项	物理变化	生产原料
共聚聚丙烯树脂粒子(PP)	固态	—	—	—	—	—	丙类2项	物理变化	生产原料
聚酯切片(PET)	固态	—	—	—	—	—	丙类2项	物理变化	生产原料
聚己内酰胺切片(PA6)	固态	—	—	—	—	—	丙类2项	物理变化	生产原料
三甘醇	液态	285	165	371	0.9	9.2	丙类1项	物理变化	辅助材料
聚丙烯薄膜(BOPP)	固态	—	—	—	—	—	丙类2项	—	成品
聚酯薄膜(BOPET)	固态	—	—	—	—	—	丙类2项	—	成品
聚己内酰胺薄膜(BOPA)	固态	—	—	—	—	—	丙类2项	—	成品

5.4.2 生产厂房最多允许层数及每个防火分区的最大允许建筑面积应符合表 5.4.2 的规定。

表 5.4.2 厂房的耐火等级、层数和防火分区的最大允许建筑面积

厂房的耐火等级	最多允许层数	每个防火分区的最大允许建筑面积(m²)			
		单层厂房	多层厂房	高层厂房	厂房的地下室、半地下室
一级	不限	不限	9000	3000	500
二级	不限	不限	12000	6000	2000	500

注：1 当厂房内设置自动灭火系统时，每个防火分区的最大允许面积可按表 5.4.2 的规定增加 1.0 倍；
　　2 厂房内局部设置自动灭火系统时，其防火分区的增加面积可按该局部面积的 1.0 倍计算。

5.4.3 同一座厂房内存在不同火灾危险性生产时，可按不同火灾危险性划分防火分区，每个防火分区可按各自火灾危险性进行防火设计。

同一座厂房内存在单层、多层、高层或其中两种情况时，每层可按其实际所在层数进行防火设计，但应同时满足下列条件：

1 每层各自划分防火分区；
2 上下防火分区间应用耐火极限不低于 1.50h 的楼板分隔。

5.4.4 建筑物上、下层为不同的防火分区时，楼板上的孔洞应采取防火分隔措施。当设备、管道穿过建筑物楼板时，与楼板之间的缝隙应采用防火材料封堵。

5.4.5 生产厂房有 2 个及以上的防火分区相邻布置，且每个防火分区至少有 1 个直接对外的安全出口时，每个防火分区可利用防火墙上通向相邻防火分区的甲级防火门作为安全出口，但应同时符合下列规定：

1 每个防火分区的疏散出口应分散布置；
2 每个防火分区最远疏散距离应符合现行国家标准《建筑设计防火规范》GB 50016 的有关规定。

5.4.6 生产厂房的涂布液配制间及过滤器清洗间应靠外墙布置，并应设机械通风，与生产厂房其他部分应采用耐火极限不低于 2.50h 的不燃烧体隔墙和 1.00h 的楼板与车间其他相邻区域隔开，隔墙上的门应为乙级防火门，应采用不易产生火花的地面。

5.6 建筑洁净设计

5.6.3 生产厂房的洁净区内除下列情况外，应少设隔间：
1 有防火分隔要求的空间。

5.6.10 洁净生产区的顶棚、净化壁板及隔断应采用不燃烧材料。

6 结 构

6.1 一般规定

6.1.1 双向拉伸薄膜工厂的结构设计应符合现行国家标准《建筑抗震设计规范》GB 50011、《建筑结构荷载规范》GB 50009、《工业建筑防腐蚀设计规范》GB 50046 和《建筑设计防火规范》GB 50016 的有关规定。

7 给水排水

7.1 一般规定

7.1.1 双向拉伸薄膜工厂给水排水设计应满足生产、生活和消防用水的要求。

7.1.4 室内给排水管道不得穿过变配电室、控制室。室内生活、生产和消防给水管道宜明铺敷设。室内生产给水管道宜与工艺管道共架布置。室内消防给水管道宜单独布设，应符合现行国家标准《消防给水及消火栓系统技术规范》GB 50974 的有关规定。

7.2 水量、水质、水压

7.2.2 生产用水水质应符合表 7.2.2 的规定，消防用水水质应按消防系统确定，生活用水水质应符合现行国家标准《生活饮用水卫生标准》GB 5749 的有关规定。

7.4 消防给水系统

7.4.1 生产厂房的消防设施应根据其生产和储存物品的火灾危险性分类以及建筑物的耐火等级等因素综合确定。

7.4.2 建筑占地面积大于 300m² 的厂房和仓库应设置室内消火栓系统。

7.4.3 除本标准另有规定和不宜用水保护或灭火的场所外，下列厂房或生产部位应设置自动灭火系统，并宜采用自动喷水灭火系统：

1 高层丙类厂房；
2 每座占地面积大于 1500m² 或总建筑面积大于 3000m² 的其他单层或多层丙类物品仓库。

7.4.4 生产厂房的消防设施应符合现行国家标准《建筑设计防火规范》GB 50016 的有关规定。

8 供暖通风和空调、净化

8.4 空调、净化系统

8.4.3 净化空调系统新风的室外吸入口位置，应远离本建筑或其他建筑物排放有害物质或可燃物的排气口。

8.5 供暖、通风

8.5.3 在下列情况下，局部排风应单独设置：
2 排风介质含有易燃、易爆气体；
3 排风介质混合后能产生或加剧腐蚀性、有毒性、燃烧爆炸危险性和发生交叉污染。

8.5.4 排风系统设计应符合下列规定：
2 含有易燃、易爆物质的局部系统应按其物理化学性质采取相应防火防爆措施；
5 排风介质中含易燃、易爆等危险物质或工艺可靠性要求较高时，应设置备用排风机，并应设置应急电源。

8.6 排 烟

8.6.1 洁净厂房中的疏散走廊应设置机械排烟设施。

8.6.2 生产厂房的排烟设施应符合现行国家标准《建筑设计防火规范》GB 50016 的有关规定。

8.6.3 机械排烟系统宜与通风、空调系统分开设置；当合用时，应采取防火安全措施，并应符合现行国家标准《建筑设计防火规范》GB 50016 的有关规定。

8.6.4 机械排烟系统的风量、排烟口的位置、风机的设置应符合现行国家标准《建筑设计防火规范》GB 50016 及《建筑防烟排烟系统技术标准》GB 51251 的有关规定。

8.7 设备、风管及附件

8.7.1 空气过滤器的选用、布置和安装应符合下列规定：

　7 高效（亚高效、超高效）空气过滤器应采用不燃或难燃材料制作。

9 电 气

9.3 照 明

9.3.1 双向拉伸薄膜工厂的疏散照明、安全照明、备用照明等应急照明系统供电应符合下列规定：

　2 安全照明的应急电源应和该场所的供电线路分别接自不同变压器或不同馈电干线，必要时可采用蓄电池组供电；

　4 当应急照明灯具自带蓄电池作应急电源时，应急供电时间不应小于 90min，其供电电源可由本防火区内附近的普通照明箱内独立回路供电。

9.5 火灾自动报警和通信

9.5.1 双向拉伸薄膜工厂的火灾报警系统的设置应符合现行国家标准《建筑设计防火规范》GB 50016 和《洁净厂房设计规范》GB 50073 的有关规定。

9.5.2 火灾自动报警系统设计应按现行国家标准《建筑设计防火规范》GB 50016 和《火灾自动报警系统设计规范》GB 50116 的有关规定执行。

9.5.3 爆炸危险环境的火灾报警系统设计应符合现行国家标准《爆炸危险环境电力装置设计规范》GB 50058 和《石油化工可燃气体和有毒气体检测报警设计规范》GB 50493 的有关规定。

11 动 力

11.1 一般规定

11.1.5 设备和管道的绝热应采用导热系数小、湿阻因子大、吸水率低、密度小的不燃或难燃材料，其厚度应根据介质温度计算确定。

12 仓 贮

12.1 一般规定

12.1.5 原材料仓库、成品仓库的储存物品火灾危险性为丙类，防火设计应符合现行国家标准《建筑设计防火规范》GB 50016 的有关规定。

6.11 商业与物资工程

178. 《物流建筑设计规范》GB 51157—2016

3 物流建筑分类

3.0.1 物流建筑按其使用功能特性，可分为作业型物流建筑、存储型物流建筑、综合型物流建筑，并应符合下列规定：
    1 作业型物流建筑应同时满足下列条件：
        4) 建筑内存储区的占地面积总和不大于现行国家标准《建筑设计防火规范》GB 50016 规定的每座仓库的最大允许占地面积。
    2 存储型物流建筑应满足下列条件之一：
        1) 建筑内存储区的面积与该建筑的物流生产面积之比大于 65%；
        2) 建筑内存储区的容积与该建筑的物流生产区容积之比大于 65%。
    3 除作业型物流建筑、存储型物流建筑之外的物流建筑应为综合型物流建筑。

3.0.2 物流建筑按建筑内处理物品的特性，可分为普通物流建筑、特殊物流建筑、危险品物流建筑，并应符合下列规定：
    1 普通物流建筑内处理的物品应对操作及保管环境、包装、运输条件、保安无特殊要求，且火灾危险性类别应属于现行国家标准《建筑设计防火规范》GB 50016 规定的丙、丁、戊类。

7 总 平 面

7.1 总平面布置

7.1.1 物流建筑的总平面布置应符合下列规定：
    2 建筑间距应符合现行国家标准《工业企业总平面设计规范》GB 50187 和《建筑设计防火规范》GB 50016 的规定。

7.2 场区设施

7.2.3 杂货和散货堆场应符合下列规定：
    1 堆场的分区、堆垛规格等应满足物品安全储存的要求，堆场面积及其与建筑的距离应符合现行国家标准《建筑设计防火规范》GB 50016 的规定。

8 交通与停车

8.1 交通组织

8.1.2 物流建筑场区内的道路布置应符合下列规定：
    1 应满足物流生产、运输、消防要求；
    6 消防车道应结合道路布置；
    7 当用道路划分功能区时，宜与区内主要建筑物轴线平行或垂直，并宜呈环形布置；当为尽端路时，应设置尽端回车场，回车场应满足现行国家标准《建筑设计防火规范》GB 50016 的规定。

9 建 筑

9.4 屋面、墙体、门窗

9.4.9 物流建筑作业大门的设置应满足物流操作、人流以及安全、防火和疏散等要求。

9.4.12 危险品及普通化学品库的房门应向疏散方向开启。

9.6 建筑地面

9.6.7 对于物流建筑中储存有易爆和易燃危险品的房间，其地面应采用不发火地面。

9.8 特种物流建筑要求

（Ⅳ）除害熏蒸处理房

9.8.28 施药室的建筑面积不应小于 6m²，并应满足防爆、防火、防盗要求。控制室面积不应小于 15m²。

（Ⅴ）危险品库

9.8.31 危险品库应按现行国家标准《危险货物分类和品名编号》GB 6944 划分的九类危险品进行建筑分隔。化学性质不同或防护、灭火方法要求不同的危险品，不得在同一物流建筑房间内储存。

9.8.33 火灾危险性属于丙类、丁类、戊类的杂类危险品库可与甲类、乙类物品库组建，但应采用防火墙分隔。甲类、乙类物品库的建筑面积应符合现行国家标准《建筑设计防火规范》GB 50016的规定。

9.8.34 航空货运站的危险品库同时符合下列条件时，可建在主体站房内：
    1 不储存现行国家标准《建筑设计防火规范》GB 50016 中规定的甲类物品中的第 3、4 项及航空货物禁止运输的物品；
    4 靠外墙布置并采用防火墙分隔，设有直通室外的独立出口；
    5 储存有甲类、乙类物品的隔间采取泄爆措施。

9.9 搬运车辆充电间（区）要求

9.9.2 充电间（区）应符合下列规定：
    9 物流建筑内的充电间应采用防火墙和楼板与其他区域隔开，通向物流建筑的门应采用甲级防火门。

12 供暖通风与空气调节

12.1 一般规定

12.1.2 通风、空气调节系统的风管穿越物流建筑重要房间的外墙处，应设70℃熔断的防火阀。

12.2 供 暖

12.2.1 当物流建筑采用集中供暖系统时，室内设计温度应符合下列规定：

　　2 当存储区采用湿式自动喷水灭火系统时，室内计算温度不应低于5℃。

13 电 气

13.1 供配电系统

13.1.1 物流建筑用电负荷分级应符合现行国家标准《供配电系统设计规范》GB 50052 的规定，并应符合下列规定：

　　4 消防电源的负荷分级应符合现行国家标准《建筑设计防火规范》GB 50016 的有关规定。

13.2 照 明

13.2.4 照明灯具不应布置在货架的正上方，其垂直下方与储存物品水平间距不得小于0.5m。照明灯具、镇流器等靠近可燃物时，应采取隔热、散热措施。

13.2.7 消防应急照明及疏散指示标识除应符合现行国家标准《建筑设计防火规范》GB 50016 的有关规定外，还应符合下列规定：

　　1 办公区的公共走道、营业场所、楼梯间、作业区、存储区、多层货架的各层通道等场所，应设消防应急照明及疏散指示标识；楼梯间地面最低水平照度不应低于5lx，其他区域地面最低水平照度不应低于1lx；

　　2 应在疏散门的正上方设置安全出口灯光指示标识；疏散走道应设置安全疏散灯光指示标识，安装高度不宜超过1m，间距不宜大于20m。

13.4 电气设备安装及电缆敷设

13.4.4 对于安装在爆炸危险环境区域的事故风机，其控制设备应与相应的气体探测器联动。当事故风机启动时，室外应有声光报警装置，事故风机应有手动及自动两种控制方式。

15 消 防

15.1 一 般 规 定

15.1.1 物流建筑的消防设计除应符合本规范外，尚应按下列要求执行现行国家标准《建筑设计防火规范》GB 50016 的规定：

　　1 作业型物流建筑应执行有关厂房的规定；

　　2 存储型物流建筑应执行有关仓库的规定；

　　3 综合型物流建筑的作业区、存储区应分别执行有关厂房和仓库的规定。

15.1.2 物流建筑的办公、生活服务等配套建筑的消防设计，应按现行国家标准《建筑设计防火规范》GB 50016 中有关办公、生活服务用房等的规定执行。

15.2 物流建筑构件的耐火等级

15.2.1 一级耐火等级的单、多层物流建筑当采用自动喷水灭火系统全保护时，其屋顶承重构件的耐火极限不应低于1.00h。对于布置自动分拣系统设备等有特殊要求的区域，可通过消防性能化设计确定屋顶承重构件的保护措施。

15.2.2 用于物流作业或货物存储的平台，其耐火等级不应低于二级。

15.3 物流建筑的耐火等级、层数、面积和平面布置

15.3.1 除高层物流建筑外，用于物品自动分拣的作业型物流建筑内，布置密集自动分拣系统设备的区域的最大允许防火分区建筑面积可按表15.3.1执行。

15.3.2 当多座多层或高层物流建筑由楼层货物运输通道连通时，其防火设计应符合下列规定：

表15.3.1 布置密集自动分拣系统设备的区域的最大允许防火分区建筑面积

建筑类型	耐火等级	每个防火分区最大允许建筑面积（m²）
单层	一级	不限
	二级	16000
多层	一级	12000
	二级	8000

注：当建筑设自动灭火系统时，最大允许防火分区面积可以按本表增加1.0倍。

　　1 每座物流建筑的占地面积、防火分区面积及防火间距应符合现行国家标准《建筑设计防火规范》GB 50016 的规定；

　　2 每座建筑及楼层货物运输通道的耐火等级不应低于二级；通道的顶棚材料应采用不燃或难燃材料，其屋顶承重构件的耐火极限不应低于1.0h；

　　3 汽车通道两侧进行装卸作业时，通道的最小净宽不应小于30m；楼层货物运输通道仅作为车辆通行时，多层物流建筑之间不应小于10m，高层物流建筑之间不应小于13m；

　　4 每个防火分区应设2个安全出口，当在楼层货物运输通道上设置直通首层的疏散楼梯时，人员可以疏散到楼层货物运输通道；当通道两侧布置物流建筑时，通道上的任一点至直通首层的疏散楼梯的距离不应大于60m；

　　5 顶层的楼层货物运输通道向室外敞开面积不应小于该层通道面积的20%；其他楼层自然排烟面积不应小于该层通道面积的6%；当通道高度大于6m时，通道内与自然排烟口距离大于40m的区域，应设机械排烟设施；

　　6 楼层货物运输通道内应设置消火栓和自动灭火设施；

　　7 楼层货物运输通道应设应急照明和疏散指示标识。

15.3.3 对于多层或高层综合型物流建筑，当存储区、作业区分层布置或在同一楼层内混合布置时，应符合下列规定：

　　1 各层应根据作业性质分别执行现行国家标准《建筑设

计防火规范》GB 50016 关于多层或高层厂房（仓库）的规定；

  2 作业型楼层与存储型楼层之间应设置耐火极限不低于1.0h、高度不小于1.2m 的不燃烧体窗槛墙，或沿外墙设置耐火极限不低于1.0h、宽度不小于1.5m 的防火挑檐。

15.3.4 当作业型物流建筑和综合型物流建筑的作业区内布置存储区时，存储区应符合现行国家标准《建筑设计防火规范》GB 50016 中间仓库的规定，但当存储区面积符合下列规定时，储区与作业区之间可不采用墙分隔，但应设置宽度不小于8m 的室内防火隔离带，防火隔离带内不应布置影响人员疏散和导致火灾蔓延的物品和设施：

  1 丙类物品存储区面积不大于1500m²；

  2 丁类、戊类物品存储区面积不大于3000m²。

15.3.5 储存除可燃液体、棉、麻、丝、毛及其他纺织品、泡沫塑料等物品外的一级耐火等级单层丙类存储型物流建筑，当其占地面积超过现行国家标准《建筑设计防火规范》GB 50016 对仓库的占地面积规定时，建筑内可采用防火通道分隔，使每个存储区的占地面积不大于24000m²，消防通道应符合下列规定：

  1 通道之间的距离不宜大于220m；

  2 通道宽度不应小于6m；

  3 通道两侧的分隔墙应为防火墙，且宜高出屋面0.5m，或通道处采用独立的屋面结构体系；防火墙上不宜开设门洞；当开设门洞时，应采用甲级防火门或防火卷帘门；

  4 通道两端应直通室外，通道内不得堆放物品；

  5 通道内应设排烟设施，当采用自然排烟时，排烟面积不应小于通道地面面积的2%；

  6 通道内应设消火栓、自动喷水灭火系统以及应急照明设施。

15.3.6 用于物流作业及货物存储的平台、建筑夹层应计入防火分区面积。当建筑夹层面积小于多、高层厂房或仓库防火分区面积的30%时，可不计入建筑层数；当超过多、高层厂房或仓库防火分区面积的30%时，应在单层与多、高层之间划分不同的防火分区，且仓库的占地面积不应超过一座仓库的最大允许占地面积。

15.3.7 利用地形高差建设的物流建筑，当不同楼层能够到达不同高程地坪，且满足下列条件时，可按不同高程地坪分别计算建筑层数：

  1 不同高程地坪上应沿建筑长边设置消防车道，当为高层建筑时，应沿长边设置灭火救援场地；

  2 位于分层计算的上下层之间窗槛墙高度不小于1.2m，或沿外墙设置宽度不小于1.5m 的防火挑檐；

  3 有直通不同高程地坪的安全出口。

15.3.8 当物流建筑之间设货物运输连廊时，连廊的一端应采取防止火灾在相邻建筑间蔓延的分隔措施。

15.3.9 对于只有一个巷道的高货架存储区，当面积超过一个防火分区最大允许建筑面积时，若同时满足下列条件，其防火分区之间可不设防火墙：

  2 货架内设置自动灭火系统；

  3 各防火分区的货架独立，相邻的货架区的间距不小于10m。

15.3.10 存放可燃物品的货棚应按现行国家标准《建筑设计防火规范》GB 50016 对可燃材料堆场的储量的规定，确定与相邻建筑的防火间距。

15.3.11 为物流建筑服务的办公建筑与丙类物流建筑贴邻建造时，其耐火等级不应低于二级，并应采用耐火极限不低于2.0h 的不燃烧体墙与物流建筑分隔，并应设置独立的安全出口。当隔墙上需开设相互连通的门时，应采用乙级防火门。

15.3.12 办公楼与丙类作业型物流建筑合建时，其耐火等级不应低于二级，丙类作业型物流建筑与办公楼之间应采用耐火极限不低于2.0h 的楼板分隔，丙类物流建筑与办公楼的安全出口和疏散楼梯应分别独立设置。办公楼与物流建筑外墙上、下层开口之间的墙体高度不应小于1.2m 或设置挑出宽度不小于1.0m、长度不小于开口宽度的防火挑檐。

15.3.13 在丙类物流建筑内设置的办公室、休息室，应采用耐火极限不低于2.5h 的不燃烧体隔墙和不低于1.0h 的楼板与其他部位分隔，隔墙上的门应为乙级防火门；当办公室、休息室面积大于200m² 时，应至少设置1 个独立的安全出口。

15.4 安 全 疏 散

15.4.1 物流建筑的安全疏散应按其使用功能分别执行现行国家标准《建筑设计防火规范》GB 50016 中有关厂房和仓库疏散的规定。当丙2 类作业型物流建筑层高超过6m，且设有自动喷水灭火系统时，其任一点至安全出口的最大疏散距离不应超过规定值的1.25 倍。分拣、输送设备的布置应满足人员疏散通行要求。

15.4.2 对于一级、二级耐火等级的作业型物流建筑，当受到用地和工艺布置限制，疏散距离难以满足规定时，可采用疏散通道进行疏散。疏散通道应符合下列规定：

  1 可设置在楼地面或建筑上部空间；当设在建筑上部时，应采取封闭形式，其承重构件和围护材料应为不燃材料，且耐火极限不应低于0.5h；

  2 由建筑内任一点至疏散通道的入口水平距离不应大于25m，由疏散通道任一点至安全出口的水平距离不超过本规范第15.4.1 条的规定；

  3 疏散通道内应设自动喷水灭火设施。

15.4.3 物流建筑的疏散门应为平开门，不应采用提升门、卷帘门、推拉门。

15.5 灭 火 救 援

15.5.1 建筑面积大于1500m² 且高度大于24m 的单层高架仓库应靠外墙布置，并应有周边长度的1/4 作为消防救援面，消防救援面应设消防救援窗口以及直通室外的安全出口，该范围内不应布置进深大于4m 的裙房，并应设置消防救援场地。消防救援窗口处宜设救援平台，救援窗口之间的竖向距离不宜大于5m。消防救援窗口的设置、救援平台的尺寸及水平间距应分别符合现行国家标准《建筑设计防火规范》GB 50016 及本规范第15.5.3 条的规定。

15.5.2 物流建筑的外墙上应设置灭火救援窗口或室外楼梯，并应符合现行国家标准《建筑设计防火规范》GB 50016 的规定。

15.5.3 除存储型冷链物流建筑外，大型、超大型丙类存储型物流建筑的二层及以上各层应沿建筑长边设置灭火救援平台，平台的长度和宽度分别不应小于3m 和1.5m，平台之间的水平间距不应大于40m，平台宜与室内楼面连通，并应设置消防救援窗口或乙级防火门。
15.5.4 对于车辆进入物流建筑各楼层作业的运输车辆引道，其宽度、坡度、转弯半径应满足消防车通行的要求。

15.6 消防给水

15.6.2 物流建筑的一个防火分区内有 2 个及 2 个以上不同危险等级区域时，较高危险等级区域建筑顶部的喷淋保护应向外延伸 4.6m。

15.6.3 物流建筑的存储区采用快速响应早期抑制喷头保护时，应符合下列规定：

    1 快速响应早期抑制喷头应采用湿式系统；

    2 在障碍物上或下安装快速响应早期抑制喷头时，水力计算包含的喷头总数不宜超过 14 只。

15.6.4 储存或装卸可燃物品的货棚棚顶下应安装喷头；宽度超过 1.2m 的室外挑檐下，当堆放货物时应设置喷头；当仅供货物装卸等作业使用时可不设置喷头。喷头宜选用快速响应喷头。屋顶下设置的喷头应避开屋顶排烟窗。

15.6.5 大型及以下规模等级的物流建筑群可共用一套消防泵房、消防水池等设施，且消防系统应按最不利点设计。

15.6.6 物流建筑内设置的室内消火栓箱内应设置消防软管卷盘。

15.6.7 危险品库的消防措施，应根据储存危险品的种类及存放形式确定。

15.7 排 烟

15.7.1 下列物流建筑和场所应设置排烟设施：

    1 任一层建筑面积大于 1500m² 或总建筑面积大于 3000m² 的丙类作业区，建筑面积大于 300m² 的丙类作业区的地上房间；

    2 占地面积大于 1000m² 的丙类存储型物流建筑；

    3 建筑面积大于 5000m² 的丁类作业型物流建筑。

15.7.2 物流建筑宜采用自然排烟方式。当用自然排烟时，可开启外窗的面积应符合下列规定：

    1 采用自动开启方式时，作业区、存储区的排烟面积应分别不小于排烟区建筑面积的 2%、4%；

    2 采用手动开启方式时，作业区、存储区的排烟面积应分别不小于排烟区建筑面积的 3%、6%；

    3 仓库采用设置在顶部的易熔采光带（窗）进行自然排烟时，采光带（窗）应采用可熔材料制作，采光带（窗）的面积应达到本条第 1 款规定的可开启外窗面积的 2.5 倍。

15.7.3 当物流建筑室内净高度超过 6m 时，建筑室内净高度每增加 1m，排烟面积可减少 5%，但不应小于排烟区建筑面积的 1%，且存储区的排烟面积不应小于存储区建筑面积的 1.5%。

15.7.4 当采用高侧窗自然排烟时，应采用下悬外开的开启方式，且应沿建筑物的两条对边均匀设置。当存储型物流建筑采用固定采光带时，应在屋面均匀设置，且每 400m² 的建筑面积应设置一组。

15.7.5 当物流建筑净高大于 6m 时，可不划分防烟分区，且排烟口距最远点的水平距离可不大于 40m。

15.7.6 每个防烟分区的排烟量应符合下列规定：

    1 建筑面积不大于 500m² 的物流建筑房间，其排烟量可按 60m³/(h·m²) 计算，或设置不小于室内面积 2% 的排烟窗；

    2 有自动喷水灭火系统且建筑面积不大于 2000m² 的物流建筑房间，其排烟量可按 6 次/h 换气计算且不应小于 30000m³/h，或设置不小于室内面积 2% 的排烟窗。

15.7.7 当物流建筑室内净高大于 12m，采用自然排烟时，宜设置自动排烟窗。自动排烟窗应现场开启装置。

15.7.8 消防排烟补风宜采用外墙大门和进风百叶窗自然进风方式，自动控制的大门应与火灾自动报警系统联动。当自然进风无法保证时，应采取机械补风。机械补风量不宜小于排烟量的 50%。

15.7.9 防烟分区可采用挡烟垂壁分隔，其高度应由计算确定，且不应小于 500mm。活动挡烟垂壁应与火灾自动报警系统联动。

15.8 火灾探测与报警

15.8.1 下列物流建筑或场所应设置火灾自动报警系统，火灾自动报警系统的设计应符合《火灾自动报警系统设计规范》GB 50116 的规定：

    1 每座占地面积大于 1000m² 的丙类存储型建筑；

    2 任一层建筑面积大于 1500m² 或总建筑面积大于 3000m² 的丙类作业型建筑；

    3 存储贵重物品、易燃易爆物品的库房；

    4 物流建筑内的搬运车辆充电间（区）。

15.8.2 搬运车辆充电间（区）应设置氢气探测器。

15.8.3 物流建筑高度大于 12m 的室内空间、低温场所及需要进行火灾早期探测的场所，宜设置吸气式感烟火灾探测器。在货架内部的垂直方向上，每隔 12m 应至少设一层采样管网。

179. 《冷库设计标准》GB 50072—2021

4 建 筑

4.1 库址选择与总平面布置

4.1.6 两座一、二级耐火等级的库房贴邻布置时，贴邻布置的库房总长度不应大于150m，两座库房冷藏间总占地面积不应大于10000m²，并应设置环形消防车道。相互贴邻的库房外墙均应为防火墙，屋顶承重构件和屋面板的耐火极限不应低于1.00h。

4.1.7 建筑高度超过24m的装配式冷库之间及与其他高层建筑的防火间距均不应小于15m。

4.1.8 库房占地面积大于1500m²时，应至少沿库房两个长边设置消防车道。

高层冷库应至少沿一个长边或在周边长度的1/4且不小于一个长边长度的底边布置至少2块消防车登高操作场地，消防车登高操作场地对应范围的每层外墙面应设置可供消防救援人员进入的楼梯间入口或消防救援口。

库房的外墙应在每层的适当位置设置可供消防救援人员进入的消防救援口，且每个防火分区设置消防救援口的数量不应少于2个。

消防救援口应易于开启或破拆，并应设置易于识别的明显标志。

4.1.9 制冷机房宜靠近冷却设备负荷最大的区域，并应有良好的自然通风条件。

4.1.10 变配电所应靠近制冷机房布置。

4.1.11 库房与氨制冷机房及其控制室或变配电所贴邻布置时，相邻侧的墙体应至少有一面为防火墙，且较低一侧建筑屋顶耐火极限不应低于1.00h。

4.2 库房的布置

4.2.2 每座冷库库房耐火等级、层数和冷藏间建筑面积应符合表4.2.2的规定。

表4.2.2 每座冷库库房耐火等级、层数和冷藏间建筑面积

冷库库房耐火等级	最多允许层数	冷库库房的冷藏最大允许总占地面积和每个防火分区内冷藏间最大允许建筑面积（m²）			
		单层、多层		高层	
		总占地面积	防火分区内面积	总占地面积	防火分区内面积
一、二级	不限	7000	3500	5000	2500
三级	3	1200	400	—	—

注：1 当设地下室时，冷藏间应设在地下一层且冷藏间地面与室外出入口地坪的高差不应大于10m，地下冷藏间总占地面积不应大于地上冷藏间建筑的最大允许占地面积，每个防火分区建筑面积不应大于1500m²。
2 本表中"—"表示不允许。

4.2.3 冷藏间与穿堂或封闭站台之间的隔墙应为防火隔墙，且防火隔墙的耐火极限不应低于3.00h。防火隔墙上的冷库门表面应为不燃材料，芯材的燃烧性能等级不应低于B_1级。当防火隔墙上冷库门洞口的净宽度大于2.1m，净高度大于2.7m时，冷库门的耐火完整性不应小于0.50h。

4.2.4 装配式冷库不设置本标准第4.2.3条规定的防火隔墙时，耐火等级、层数和面积应符合表4.2.4的规定。

表4.2.4 每座装配式冷库耐火等级、层数和面积

冷库库房耐火等级	最多允许层数	冷库库房的最大允许总占地面积和每个防火分区最大允许建筑面积（m²）			
		单层、多层		高层	
		总占地面积	防火分区面积	总占地面积	防火分区面积
一、二级	不限	7000	3500	5000	2500
三级	3	1200	400	—	—

注：本表中"—"表示不允许。

4.2.5 库房内设置自动灭火系统时，每座库房冷藏间的最大允许总占地面积或装配式冷库库房的最大允许总占地面积可按本标准表4.2.2或表4.2.4的规定增加1倍，但表4.2.2中每个防火分区内冷藏间最大允许建筑面积或表4.2.4中每个防火分区最大允许建筑面积的规定值不可增加。

4.2.6 单层和多层库房每层穿堂或封闭站台的建筑面积不应大于1500m²，高层库房每层穿堂或封闭站台的建筑面积不应大于1200m²。

4.2.7 当库房的穿堂或封闭站台设置自动灭火系统和火灾自动报警系统时，穿堂或封闭站台每层最大允许建筑面积可按本标准第4.2.6条的规定增加1倍。

4.2.8 库房每个防火分区的安全出口不应少于2个，整座库房占地面积不超过300m²时，可只设1个直通室外的安全出口。对于安全出口全部直通室外确有困难的防火分区，可利用通向相邻防火分区的甲级防火门作为安全出口，但应符合下列规定：

1 相邻防火分区之间应采用防火墙分隔，作为安全出口的防火门应设醒目的警示标识；该防火墙确需设置物流开口时，开口部位宽度不应大于6.0m、高度不宜大于4.0m，且应采用与防火墙等效的措施进行分隔；

2 每个防火分区内的独立穿堂应至少设置1个直通室外的安全出口；

3 被借用的相邻防火分区应符合本标准第4.2.3条的规定。

4.2.13 多层、高层库房应设置电梯等垂直运输设备。电梯或其他运输设备的轿厢选择应充分利用其运载能力。

4.2.14 电梯等垂直运输设备应分别独立设置井道，井壁的

耐火极限不应低于 2.00h，开口部位应设置耐火极限不低于 1.00h 的电梯层门或防火卷帘。

4.2.16 冷库库房的楼梯间应设在穿堂附近，并应采用不燃材料建造，通向穿堂的门应为乙级防火门；楼梯间应在首层直通室外，当层数不超过 4 层且建筑高度不大于 24m 时，直通室外的门与楼梯间出口之间的距离不应大于 15m。

4.2.17 冷藏间不应与带水作业的加工间及温度高、湿度大的房间相邻布置。

4.2.18 建筑面积大于 1000m² 的冷藏间应至少设 2 个冷库门，建筑面积不大于 1000m² 的冷藏间应至少设 1 个冷库门。

4.2.21 库房附属的办公室、值班室、更衣室、休息室等与库房生产、管理直接有关的辅助房间可布置于穿堂附近，应采用耐火极限不低于 2.50h 的防火隔墙和 1.00h 的楼板与其他部位分隔，并应至少设置 1 个独立的安全出口。隔墙上开设的连通门应采用乙级防火门。

4.3 库房的保温隔热

4.3.2 保温隔热材料的燃烧性能应符合下列规定：

1 冷库库房采用金属面绝热夹芯板等轻质复合夹芯板做保温隔热围护时，夹芯板芯材的燃烧性能不应低于 B_1 级，且 B_1 级芯材应为热固性材料。

2 建筑外围护结构的外墙及顶棚采用内保温隔热系统时，保温隔热材料的燃烧性能不应低于 B_1 级。隔热材料表面应采用不燃性材料做保护层。

4.5 库房的构造要求

4.5.9 库房内管道井、楼梯间的建筑构造应符合现行国家标准《建筑设计防火规范》GB 50016 的有关规定。

4.6 制冷机房、变配电所和控制室

4.6.1 制冷机房、变配电所和控制室应符合下列规定：

2 制冷机房、变配电所和控制室均应有直通室外的安全出口，门应采用平开门并向外开启。

4.6.2 氨制冷机房除应符合本标准第 4.6.1 条的规定外，还应符合下列规定：

1 氨制冷机房的控制室应采用耐火极限不低于 3.00h 的防火隔墙隔开，隔墙上的观察窗应采用固定甲级防火窗，连通门应采用开向制冷机房的甲级防火门；

2 变配电所与氨制冷机房或控制室贴邻共用的隔墙应采用防火墙，该墙上应只穿过与配电有关的管道、沟道，穿过部位周围应防火封堵。

4.6.3 氨制冷机房应至少有 1 个建筑长边不与其他建筑贴邻，并开设可满足自然通风的外门窗。

5 结　　构

5.4 防护及涂装

5.4.6 建筑结构构件的设计耐火极限应符合现行国家标准《建筑设计防火规范》GB 50016 的有关规定。

5.4.7 在钢结构设计文件中，应注明结构的设计耐火等级、构件的设计耐火极限、所需要的防火保护措施及其防火保护材料的性能要求，并应符合现行国家标准《建筑钢结构防火技术规范》GB 51249 的有关规定。

6 制　　冷

6.6 制冷管道和设备的保冷、保温和防腐

6.6.6 保冷和保温、防潮层、保护层材料的选择应符合现行国家标准《工业设备及管道绝热工程设计规范》GB 50264 的有关规定，并应符合下列规定：

3 保护层应采用不燃材料。

7 电　　气

7.2 制冷机房

7.2.1 氨制冷机房应设控制室。制冷压缩机组、制冷剂泵、冷凝器水泵及风机等制冷设备控制箱（柜），机房排风机控制箱（柜），机房照明配电箱和制冷剂泄漏指示报警设备不应布置在氨制冷机房内，宜集中布置在制冷机房控制室中。

7.2.4 制冷机房事故排风机应采用专用的供电回路，且配电控制箱宜独立设置。当制冷机房内的供电被切断时，应能保证事故排风机的用电。事故排风机的过载保护应作用于信号报警而不是直接停止排风机。制冷剂泄漏指示报警设备应设有备用电源。

7.2.5 制冷机房事故排风机应能手动启停和通过制冷剂泄漏指示报警设备发出的信号强制开启。事故排风机应在制冷机房室内外便于操作的位置分别设置手动启动按钮或开关。氨制冷机房事故排风机的室内手动启动按钮或开关应布置在制冷机房控制室内。

7.2.6 采用卤代烃及其混合物和二氧化碳为制冷剂、二氧化碳为载冷剂的制冷机房内，动力配线不应敷设在电缆沟内，当确有需要时，可采用充沙电缆沟。

7.2.7 氨制冷机房正常照明可按正常环境设计，照明方式宜为一般照明，设计照度不应低于 150lx。

7.2.8 氨制冷机房的应急照明应按爆炸性气体环境进行设计。

7.2.9 氨制冷机房应进行紧急切断机房除事故排风机和应急照明供电电源外其他供电电源的控制设计，并应符合下列规定：

1 当采用自动切断方式时，应由氨气泄漏指示报警设备发出紧急切断信号，并应能切断制冷机房供电电源；

2 当采用手动控制方式时，应由制冷机房控制室内和制冷机房外便于操作位置安装的手动按钮或开关发出紧急切断信号，并应能切断制冷机房的供电电源；

3 切断制冷机房的供电电源后，应能手动进行复位；

4 制冷机房外的手动切断电源按钮或开关应设置警示标识。

7.3 库　　房

7.3.4 冷间内照明灯具的布置应避开吊顶式空气冷却器和顶排管，在冷间内通道处应重点布灯，在货位内可均匀布置。

7.3.5 建筑面积大于100m²的冷间内，照明灯具宜分成数路单独控制，冷间外宜集中设置照明配电箱，各照明支路应设信号灯。当不集中设置照明配电箱，各冷间照明控制开关分散布置在冷间外时，应选用带指示灯的防潮型开关或气密式开关。

7.3.6 冷间内照明支路宜采用AC220V单相配电，照明灯具的金属外壳应接PE线，各照明支路应设置剩余电流保护装置。

7.3.8 穿越冷间保温材料敷设的电气线路应采取防火和防止产生冷桥的措施。

7.3.9 冷藏间内宜在门口附近设置呼唤按钮，呼唤信息应传送到制冷机房控制室或有人值班的房间，并应在冷藏间外设有呼唤信号显示。设有呼唤信号按钮的冷藏间，应在冷藏间内门的上方设置常明灯。设有专用疏散门的冷藏间，应在冷藏间内疏散门的上方设置常明灯。

7.3.10 当冷间内空气冷却器下水管防冻用电伴热带、冷库门用加热电缆采用AC220V配电时，应采用带有PE线的加热电缆，或采用具有双层绝缘的加热电缆，配电线路应设置过载、短路及剩余电流保护装置。

7.3.12 盐水池制冰间的照明开关及动力配电箱应集中布置在通风、干燥的场所。制冰间照明、动力线路宜穿金属管暗敷，照明应采用具有防腐（盐雾）功能的密封型节能灯具。

7.3.13 冷间内同一台空气冷却器的数台电动机可共用一块电流表，共用一组控制电器及短路保护电器，每台电动机应单独设置配电线路、断相保护及过载保护。当空气冷却器电动机绕组中设有温度保护开关时，每台电机可不再设置断相保护及过载保护，同一台空气冷却器的多台电动机可共用配电线路。

7.3.14 库房内制冷设备间和制冷阀站间的事故排风机应采用专用的供电回路，事故排风机的过载保护应作用于信号报警而不是直接停止排风机。事故排风机应能手动启停和通过制冷剂泄漏指示报警设备发出的信号强制开启。事故排风机应在制冷设备间和制冷阀站间室内外便于操作的位置分别设置手动启动按钮或开关。制冷剂泄漏指示报警设备应设有备用电源。

7.3.15 冷间应设置室内温度的测量、显示和记录系统（装置）。冷间内用于测量室内空气温度的温度传感（变送）器不应设置在靠近门口处及空气冷却器或送风道出风口附近，宜设置在靠近外墙处和冷间的中部。冻结间和冷却间内温度传感（变送）器宜设置在空气冷却器回风口一侧。温度传感（变送）器安装高度不宜低于1.8m。建筑面积大于100m²的冷间，温度传感（变送）器数量不宜少于2个。

7.3.16 除应满足现行国家标准《建筑设计防火规范》GB 50016的有关规定外，冷库中的下列场所宜设置火灾自动报警系统：

1 建筑面积大于1500m²且高度大于24m的单层高架冷库的库房；

2 设在地下或半地下室的库房。

7.3.17 冷间内宜采用管路采样式吸气感烟火灾探测器，探测器主机应布置在冷间内。

7.4 制冷剂泄漏探测报警系统

7.4.1 氨制冷机房应设置由氨气指示报警设备、氨气浓度探（检）测器和声光警报装置等组成的氨气泄漏探测报警系统，并应符合下列规定：

1 当制冷机房空气中氨气浓度达到1.5×10^{-4}时，氨气指示报警设备发出的报警信号应能启动声光警报装置对机房室内外都发出警报，还应作为制冷机房事故排风机强制开启的信号。氨气浓度探（检）测器宜设置在包括氨制冷机组、氨泵及贮氨容器被保护空间的上部。

2 当制冷机房空气中氨气浓度达到其爆炸下限的25%时，氨气指示报警设备发出的报警信号，应启动声光警报装置对机房室内外都发出警报，还应作为制冷机房事故排风机强制开启的信号和紧急切断制冷机房供电电源的联动信号。氨气浓度探（检）测器宜安装在机房事故排风机的吸入口附近或机房内最高点气体易于积聚处。

3 安装在制冷机房的声光警报装置应按爆炸性气体环境进行设计。

7.4.2 采用卤代烃及其混合物、二氧化碳为制冷剂，二氧化碳为载冷剂的制冷机房应设置相应气体浓度指示报警设备，当空气中泄漏制冷剂的气体浓度达到设定值时，应自动发出报警信号，还应强制启动事故排风机。卤代烃及其混合物、二氧化碳探测器宜设置在制冷机房被保护空间的下部。

7.4.3 库房内制冷设备间和制冷阀站间应设制冷剂泄漏探测指示报警设备，并应符合下列规定：

1 采用氨为制冷剂时，当空气中氨气浓度达到1.5×10^{-4}时，氨气指示报警设备发出的报警信号应能自动启动制冷设备间或制冷阀站间的事故排风机，并应将报警信息传送至相关制冷机房的控制室进行显示和报警。氨气浓度探（检）测器宜设置在制冷设备间和制冷阀站间被保护空间的顶部。

2 采用卤代烃及其混合物、二氧化碳为制冷剂，二氧化碳为载冷剂时，应设置相应的气体泄漏探测指示报警设备，当空气中泄漏制冷剂的气体浓度达到设定值时，应能自动启动制冷设备间或制冷阀站间的事故排风机，并应将报警信息传送至相关制冷机房或有人值班的场所显示和报警。卤代烃及其混合物、二氧化碳探测器宜设置在制冷设备间和制冷阀站间被保护空间的下部。

8 给水排水

8.4 消防给水与安全防护

8.4.1 冷库库区应按现行国家标准《建筑设计防火规范》GB 50016、《消防给水及消火栓系统技术规范》GB 50974的有关要求设置室外消防给水系统，并按设计要求设置室外消火栓，保护半径不应小于150m。冷库制冷机房处应设置室外消火栓，室外消火栓与制冷机房门口处的距离不宜小于5m，并不应大于15m。

8.4.2 冷库及制冷机房应按现行国家标准《建筑设计防火规范》GB 50016、《消防给水及消火栓系统技术规范》GB 50974的有关要求设置室内消防给水系统，冷库氨压缩机进出口处的室内消火栓宜配置开花直流水枪，并应按现行国家标准《建筑灭火器配置设计规范》GB 50140的要求配备适当种类、数量的灭火器。

8.4.3 冷库的消火栓应设置在穿堂或楼梯间内，当环境温度低于4℃时，室内消火栓系统可采用干式系统，但应在首层入口处设置快速接口和止回阀，管道最高处应设置自动排气阀。

8.4.4 冷库的氨制冷机房贮氨器上方宜设置局部水喷淋系统，水喷淋系统宜选用开式喷头，开式喷头保护面积应按贮氨器占地面积确定。开式喷头的水源可由库区消防给水系统供给，操作可为手动或电动方式。

8.4.6 冷库自动灭火系统设计应符合下列规定：

1 设计温度高于0℃的高架冷库、设计温度高于0℃且其中一个防火分区建筑面积大于1500m²的非高架冷库，应设置自动灭火系统；

2 自动灭火系统宜采用自动喷水灭火系统，当冷藏间内设计温度不低于4℃时，应采用湿式自动喷水灭火系统；当冷藏间内设计温度低于4℃时，应采用干式自动喷水灭火系统或预作用自动喷水灭火系统。

9 供暖、通风、空调和地面防冻

9.2 供暖与空调

9.2.1 制冷机房的供暖设计应符合下列规定：

1 制冷机房内严禁采用燃气红外线辐射设备、电热管辐射设备和电热散热器供暖。

9.3 通 风

9.3.1 制冷机房的通风设计应符合下列规定：

1 制冷机房日常运行时应保持通风良好，通风量应通过计算确定，通风换气次数不应小于4次/h。当自然通风无法满足要求时应设置日常排风装置。

2 采用卤代烃及其混合物、二氧化碳为制冷剂，二氧化碳为载冷剂的制冷机房应设置事故排风装置，排风换气次数不应小于12次/h，排风机数量不应少于2台。

3 氨制冷机房应设置事故排风装置，事故排风量应按每平方米建筑面积每小时不小于183m³进行计算，且最小排风量不应小于34000m³/h。氨制冷机房的事故排风机应选用防爆型，排风机数量不应少于2台。

4 当采用复叠式制冷系统时，制冷机房应根据本条第2款和第3款的要求，设置可以同时排除泄漏的制冷剂和载冷剂气体的事故排风装置，制冷剂采用氨时，制冷机房的排风机均应选用防爆型。

5 用于排除密度大于空气的制冷剂气体时，机房内的事故排风口下缘距室内地坪的距离不宜大于0.3m；用于排除密度小于空气的制冷剂气体时，排风口应位于侧墙高处或屋顶。

9.3.2 库房内的制冷设备间和阀站间应设置事故排风装置，排风换气次数不应小于12次/h。

9.3.4 冷却物冷藏间的通风系统应符合下列规定：

8 通风管道穿越冷间防火隔墙时，应设置70℃防火阀及防止产生冷桥的措施。

9.5 防烟与排烟

9.5.1 建筑面积大于或等于300m²的穿堂和封闭站台应设置排烟设施。穿堂、封闭站台、楼梯间、附属用房的防烟和排烟设施应符合现行国家标准《建筑防烟排烟系统技术标准》GB 51251的有关规定。

6.12 电子与通信工程

180.《洁净室施工及验收规范》GB 50591—2010

3 建筑结构

3.2 结构施工要求

3.2.7 高大洁净空间内的钢结构施工应严格控制构件的尺寸偏差，对设计不要求留缝的节点，应在钢结构主体验收合格后用密封材料堵严。钢结构表面的防腐、防火涂料不得漏涂。

3.3 分项验收

3.3.3 结构施工分项验收应包括以下主控项目：
4 暴露在洁净区内的钢结构防火涂料应抽检粘结强度、抗压强度，并应符合有关钢结构防火涂料应用技术规程的规定。
检验方法：检查复检报告或按现行国家标准《建筑构件防火喷涂材料性能试验方法》GB 9978 的规定抽测。
检验数量：查阅全部测试报告或抽测不少于 2 次。

4 建筑装饰

4.1 一般规定

4.1.3 洁净室的建筑装饰材料除应满足隔热、隔声、防振、防虫、防腐、防火、防静电等要求外，尚应保证洁净室的气密性和装饰表面不产尘、不吸尘、不积尘，并应易清洗。

4.1.4 洁净室不应使用木材和石膏板作为表面装饰材料。隐蔽使用的木材应经充分干燥并作防潮防腐和防火处理，石膏板应为防水石膏板。

4.3 墙面

4.3.4 金属夹心板墙面施工应符合下列规定：
2 金属夹心板墙面的内部充填材料应使用难燃或不燃材料，不得使用有机材料。

4.3.6 非金属面板墙面施工应符合下列规定：
1 非金属面板应符合建筑防火要求，材质的物理和化学性能必须符合现行国家标准《民用建筑工程室内环境污染控制规范》GB 50325 的规定。

4.6 门 窗

4.6.5 安全疏散门如设有关闭件，应安在方便打开的明显位置。安全门如为需要临时破开的结构，破门工具必须设于明显位置，并应牢靠放置、取用方便。

4.6.11 产生化学、放射、微生物等有害气溶胶或易燃、易爆场合的观察窗，应采用不易破碎爆裂的材料制作。

4.8 分项验收

4.8.2 建筑装饰的分项验收应包括以下主控项目：
1 有防火、防腐、强度安全等要求的材料、构件、部件和处理方法均应严格符合设计要求。
检验方法：检查构件清单和检验报告。
检验数量：全部。

5 风系统

5.2.3 以成品供货的风管应包装运输，并应具有材质、强度和严密性的合格证明，非金属风管应提供防火及卫生检测合格证明。

5.2.4 风系统的末级过滤器（高效过滤器）之前的风管材料应选用镀锌钢板或不覆油镀锌钢板。末级过滤器之后的风管材料宜用防腐性能更好的金属板材或不锈钢板。有防腐要求的排风管道应采用不产尘的、不低于难燃 B1 级的非金属板材制作，若有面层，面层应为不燃材料。

5.3 风管安装

5.3.5 柔性短管应选用柔性好、表面光滑、不产尘、不透气、不产生静电和有稳定强度的难燃材料制作，安装应松紧适度、无扭曲。安装在负压段的柔性短管应处于绷紧状态，不应出现扁瘪现象。柔性短管的长度宜为 150mm～300mm，设于结构变形缝处的柔性短管，其长度宜为变形缝的宽度加 100mm 以上。不得以柔性短管作为找平找正的连接管或变径管。

5.3.8 风管在穿过防火、防爆墙或楼板等分隔物时，应设预埋管或防护套管。预埋管或防护套管钢板壁厚不应小于 1.6mm，风管与套管之间空隙处应用对人无害的不燃柔性材料封堵，然后用密封胶封死，表面最后进行装饰处理。

5.4 部件和配件安装

5.4.4 防火阀的阀门调节装置应设置在便于操作及检修的部位，并应单独设支、吊架。安装后必须检查易熔件固定状况。必要时易熔件也可在各项安装工作完毕后再安装。阀门在吊顶内安装时，应在易检查阀门开闭状态和进行手动复位的位置开检查口。

5.4.11 风管及部件绝热材料应采用有检验合格证明的不燃或难燃材料，宜用板材粘贴形式，并宜加防潮层。

5.7 分项验收

5.7.2 风管制作的分项验收应包括以下主控项目：
1 风管及其绝热材料的厚度及燃烧性能和耐腐蚀性能应满足防火要求。
2 输送含有易燃易爆气体或安装在易燃易爆环境中的风管应有良好的接地，法兰间应有跨接导线。输送含有对人体有致病危险生物气溶胶空气的风管，不得有开口，必须的开口或连接口应设在负压污染区。

3 风管穿墙和穿过防火防爆构件时的预埋管或防护套管以及填充材料，应符合本规范第5.3.8条的规定。

检验方法：验证检验机构提供的风管性能检测报告；用对比法观察检查或点燃有关材料试验；测量预埋管的壁厚；风管壁厚应在离两端管口法兰边内侧10mm～20mm处测量4点，取平均值。

检验数量：按检验批抽查20%。

6 气体系统

6.1 一般规定

6.1.1 洁净室气体系统施工包含工作压力一般不高于1MPa洁净的和高纯的永久气体、特种气体、医用气体、可燃气体、惰性气体输送管道以及真空吸引管道等的施工与验收。

6.3 管道系统安装

6.3.5 穿过围护结构进入洁净室的气体管道，应设套管，套管内管材不应有焊缝与接头，管材与套管间应用不燃材料填充并密封，套管两端应有不锈钢盘型封盖。

6.4 管道系统的强度试验

6.4.1 可燃气体和高纯气体等特殊气体阀门安装前应逐个进行强度和严密性试验。管路系统安装完毕后应对系统进行强度试验。强度试验应采用气压试验，并应采取严格的安全措施，不得采用水压试验。当管道的设计压力大于0.6MPa时，应按设计文件规定进行气压试验。

6.4.4 当管道输送的介质为有毒气体、腐蚀性气体、可燃气体时，应进行最高工作压力下的泄漏试验。对管段之间焊接接头、管路的分支接头、阀门的填料、法兰或螺纹的连接处，包括全部金属隔膜阀、波纹管阀、调节阀、放空阀、排气阀等，应以发泡剂检验不泄漏为合格。

经过气压试验合格的系统，试验后未经拆卸，该管路系统可不再进行泄漏试验。

6.5 管道系统的吹除

6.5.2 管道吹除合格后，应再以实际输送的气体，在工作压力下，对管道系统进行吹除，应无异常声音和振动为合格。输送可燃气体的管道在启用之前，应用惰性气体将管内原有气体置换。

6.6 气体供给装置

6.6.1 瓶装气体供给装置应安装在使用洁净室之外的房间，两室之间穿墙的管道应加套管，并应在管道与套管间隙填满不燃材料并加密封。

6.7 分项验收

6.7.2 气体系统的分项验收应包括以下主控项目：

4 对输送压力大于等于0.5MPa的可燃气体、有毒气体的管道焊接处应进行抽样射线照相检查，并应符合设计的焊缝等级要求。

检验方法：X射线无破损检测。

检验数量：全部。

7 水系统

7.3 排水

7.3.7 致病微生物严重污染的排水管道穿墙的地方，应采用不收缩、不燃烧、不起尘的材料密封。

8 化学物料供应系统

8.1 一般规定

8.1.1 本章适用于洁净室中使用的具有爆炸性、易燃性、剧毒性和腐蚀性的酸、碱、有机溶剂等化学物料储存供应设备、输送系统管路的安装施工及验收。

8.2 储存设施

8.2.4 储存和分配间设置的隔堤，堤内容积应大于最大储罐的容积，高度不低于500mm，堤必须密实不漏，管道穿堤处应采用不燃材料密封。

8.3 管道与部件

8.3.3 在非金属管道中输送有腐蚀性、易燃性的化学物料时，必须采用保护套管，保护套管可用透明的聚氯乙烯（PVC）管；输送易燃性的化学物料时，可用熔点高于1100℃的金属套管。

9 配电系统

9.2 线路

9.2.2 穿过围护结构的电线管应加设套管，并用不收缩、不燃烧材料将套管密封。进入洁净室的穿线管口应采用无腐蚀、不起尘和不燃材料封闭。有易燃易爆气体的环境，应使用矿物绝缘电缆，并应独立敷设。

9.3 电气设备与装置

9.3.6 洁净室内安装的火灾检测器、空调温度和湿度敏感元件及其他电气装置，在净化空调系统试运转前，应清洁无尘。在需经常用水清洗或消毒的环境中，这些部件、装置应采取防水、防腐蚀措施。

11 设备安装

11.3 设备层中的空调及冷热源设备安装

11.3.15 系统中的电加热器安装必须与不耐燃部件保持安装距离，电加热器与其他构件接触处应垫以不燃材料的绝热层；与风管的连接法兰，应采用耐热不燃材料。电加热器的外壳应有良好接地，外露接线应有安全防护罩。

12 消防系统

12.1 一般规定

12.1.1 消防系统施工使用的设备、组件和原材料应符合设计要求,并采用符合法定机构检测确认合格的产品。

12.1.2 消防系统工程施工中采用的工程技术文件、承包合同文件对施工及质量验收的要求不得低于本规范的规定。

12.1.3 自动喷水灭火系统、气体灭火系统和火灾自动报警系统的工程施工及验收应符合相应的国家现行有关标准的规定。

12.2 防排烟系统

12.2.1 排烟管道的安装试验应符合本规范第5章的有关规定。

12.2.2 排烟管道的隔热层应采用厚度不小于40mm的不燃绝热材料。

12.2.3 砖、混凝土风道的制作应保证管道的气密性,灰缝应饱满,内表面水泥砂浆面层应平整。

12.2.4 送风口、排烟口的固定应可靠,表面应平整、无变形、调节灵活。排烟口距可燃物或可燃构件的距离不应小于1.5m。排烟口安装时不应影响防倒灌设施正常发挥作用。排烟口应安装板式排烟口,不应漏风。

12.2.5 排烟风机的安装应符合下列规定:

1 当独立排烟风机设在混凝土或钢架基础上时可不设减振装置;若需设置减振装置,则不应使用橡胶减振装置。

2 排烟风机宜安装在该系统最高排烟口之上,并宜安在机房内,机房与相邻部位隔墙应符合防火要求。

12.3 防火卷帘、防火门和防火窗

12.3.1 防火卷帘安装应符合下列规定:

1 防火卷帘洞口上端至顶棚之间应采用防火墙、不燃或难燃材料封堵。当采用不燃或难燃材料封堵时,其耐火极限应不低于防火卷帘的耐火极限。如防火卷帘采用水幕保护,其封堵材料亦应采用水幕保护。

2 钢质卷帘的帘板应平直,装配成卷帘后,不应存在孔洞或缝隙。

3 防火防烟卷帘的导轨内设置的防烟装置的材料应为不燃或难燃材料。防烟装置与帘面应均匀紧密贴合,其贴合面长度不应小于导轨长度的80%。

4 用于疏散通道上的防火卷帘,其两侧应安装由感烟、感温火灾探测器组成的火灾探测器组合。

12.3.2 防火门和防火窗的安装应符合下列规定:

1 安装在防火门和防火窗上的合页、插销等五金配件应是经相关检测机构检验合格的产品。

2 防火门的开启角度不应小于90°,并应具有在发生火灾时能迅速关闭的功能。

3 门框和钢质防火窗窗框内应设有密封槽,密封槽内应嵌装由不燃材料制成的密封条。

4 活动式钢质防火窗上应设有自动关闭装置。

12.4 应急照明及疏散指示标志

12.4.1 消防应急疏散指示标志灯(以下简称标志灯)的安装应符合下列规定:

1 带有疏散方向指示箭头的标志灯在安装时,应保证箭头指向与疏散方向相同。

2 洁净区内的标志灯宜为嵌入式,周边应密闭。

3 标志灯安装在疏散走道出口、楼梯出口、安全出口处时,应安装在出口里侧的顶部,不得安装在可移动的门上。顶棚高度低于2.2m时,宜安装在门的两侧,但不应被门遮挡。

4 标志灯安装在疏散走道及其转角处时,应安装在距地面(楼面)1m以下的墙上;直型疏散走道内安装标志灯时,两个标志灯间距离不应大于10m。

5 标志灯安装后不应对人员正常通行产生影响。标志灯周围应保证无其他遮挡物或其他标志灯、牌。

12.4.2 消防应急照明灯(以下简称照明灯)的安装应符合下列规定:

1 当照明灯安装在墙上时,照明灯光线不应正面迎向人员疏散方向。

2 照明灯不得安装在地面上,或1m~2.2m之间的侧面墙上。照明灯宜采用嵌入式安装并与安装面平齐,四周密封。

3 疏散走道上安装的照明灯应均匀布置,并保证其地面平均照度不低于5 lx。

12.4.3 蓄光型疏散指示标志牌(以下简称标志牌)的安装应符合下列规定:

1 标志牌安装在疏散走道和主要疏散路线的地面或靠近地面的墙上时,其箭头应指向最近的疏散出口或安全出口。

2 标志牌安装在墙上时,其下边缘距地面距离不应大于1m;安装在地面上时,应采用粘贴、镶嵌式工艺安装,其安装后应平整、牢固。

12.5 分项验收

12.5.1 消防系统分项验收应符合下列规定:

1 消防系统工程验收应由建设单位组织消防主管部门、监理、设计、施工等单位共同进行。

2 消防系统工程验收时,应提供下列文件资料:

1)验收申请报告;

2)经法定机构审批认可的施工图、设计说明书及其设计变更通知单等设计文件;

3)系统及其主要组件的使用、维护说明书;

4)系统组件的产品出厂合格证和市场准入制度要求的法定机构出具的有效证明文件;管道及管道连接件的出厂检验报告与合格证;

5)竣工图。

12.5.2 消防系统的分项验收应包括:防、排烟系统设备观感质量综合验收,防、排烟系统设备功能验收,防火卷帘、防火门、防火窗验收,应急照明及疏散指示标志验收。

12.5.3 防、排烟系统设备观感质量综合验收应包括下列项目:

1 风管表面应平整、无损坏;接管合理,风管的连接以

及风管与风机的连接，应无缺陷。

2 风口表面应平整，颜色一致，安装位置正确，风口可调节部件应能正常动作。

3 各类调节装置的制作和安装，应正确牢固、调节灵活、操作方便。

4 风管、部件及管道的支、吊架形式、位置及间距应符合要求。

5 风机的安装应正确牢固。

检查方法：观察并动作检查。

检查数量：抽查30%，不少于1个支系统。

12.5.4 防、排烟系统设备功能验收应包括下列项目：

1 送风机、排烟风机应能正常手动开启和关闭。

2 应对送风口、排烟口、自动排烟窗进行手动开启和复位功能检查。

3 活动挡烟垂壁应作手动开启、复位功能检查。

4 火灾报警后，根据设计模式，相应系统的送风机开启、排烟风机开启、排烟口开启、自动排烟窗开启、活动挡烟垂壁下垂。

检查方法：观察并动作检查。

检查数量：抽查30%，不少于1个支系统。

12.5.5 防火卷帘、防火门、防火窗验收应包括下列项目：

1 本规范第12.1.3条要求的技术文件。

2 防火卷帘、防火门、防火窗及相关设备的安装位置、施工质量等。

3 防火卷帘、防火门、防火窗及相关设备的基本功能、系统控制功能。

12.5.6 应急照明及疏散指示标志验收应包括下列项目：

1 应急灯具类别、型号、适用场所、安装高度、间距等。

2 消防应急照明和疏散标志系统的主电源、备用电源、自动切换装置等安装位置及施工质量。

检查方法：观察并动作检查，转换试进行3次，每次均应正常。

检查数量：全部。

15 施工组织与管理

15.4 安全措施

15.4.1 平面复杂的洁净室的施工，应在施工现场入口明示紧急疏散线路图。

15.4.2 搬运大型设备的洞口，平时应采用不燃材料封闭。

181.《特种气体系统工程技术标准》GB 50646—2020

2 术 语

2.0.1 特种气体 specialty gas

电子产品生产外延、化学气相沉积、刻蚀、掺杂等工艺中使用的自燃性、易燃性、剧毒性、毒性、腐蚀性、氧化性、惰性等特殊气体。

2.0.2 自燃性气体 pyrophoric gas

也称作发火气体,是指在空气中等于或低于54℃时可能自燃的易燃气体。

2.0.3 易燃性气体 flammable gas

一种在20℃和标准压力101.3kPa状态时空气混合有一定易燃范围的气体。

2.0.7 氧化性气体 oxidizing gas

一般通过提供氧气,比空气更能导致和促使其他物质燃烧的任何气体。

2.0.27 尾气处理装置 local scrubber

自燃性、易燃性、剧毒性、腐蚀性等气体的排气与吹扫气体的现场处理装置,处理后的尾气达到规定排放浓度,并排入用气车间的排气管道。

3 特种气体站房

3.1.4 布置在生产区的特种气体设备应符合下列规定:

1 特种气体的最大允许使用储存量应符合表3.1.4的规定;

3 生产区应设置自动消防喷淋系统,并应用防火隔墙与其他区域相互隔离。

表 3.1.4 生产厂房生产区最大允许使用储存量

序号	气体种类	气体总量(m³)
1	易燃性气体	56.0
2	毒性气体	92.0
3	剧毒性气体	1.1
4	自燃性气体	2.8
5	氧化性气体	170.0
6	腐蚀性气体	92.0

注:气体总量为标准状态下的气体体积量。

3.1.5 特种气体间的设计应符合下列规定:

1 特种气体间应设置排风系统,并应按负压设计;

2 特种气体间应采用防火隔墙相互隔离;

3 特种气体间的设计应符合现行国家标准《建筑设计防火规范》GB 50016的有关规定。

3.1.6 当生产厂房内的自燃性特种气体的储存量超过57m³时,应设置独立的特种气体站。

3.2 特种气体站房布置

3.2.2 特种气体站房的生产的火灾危险性类别应符合现行国家标准《建筑设计防火规范》GB 50016的有关规定。

3.2.6 硅烷站内大宗容器之间以及容器与工艺气体盘之间的距离小于9m时,应设置2h以上的防火隔断。

3.3 特种气体设备布置

3.3.2 同时具有易燃性和毒性气体的设备应放在易燃性气体间。

3.3.10 特种气体系统的电气控制室的设计应符合下列规定:

2 电气控制室应以耐火极限不小于3.00h的隔墙和不低于1.50h的楼板与特种气体间隔开,穿越隔墙的管道孔隙应以防火材料填堵。

4 特种气体工艺系统

4.2 特种气体输送系统

4.2.1 特种气体系统的气瓶柜、气瓶架的设置应符合下列规定:

6 自燃性、易燃性、毒性、腐蚀性气瓶柜应在排风出口设置固定式气体泄漏探测器;

10 当气瓶柜放置在有爆炸和火灾危险环境时,其设计应符合现行国家标准《爆炸危险环境电力装置设计规范》GB 50058的有关规定。

4.2.2 特种气体的气瓶柜、气瓶架的气体面板设置应符合下列规定:

1 自燃性、易燃性、腐蚀性气体面板应设有紧急关断阀门,并应为常闭气动阀门,位置应靠近气瓶;

2 气瓶压力大于0.1MPa的自燃性、易燃性、毒性、腐蚀性气体面板应设有过流开关;

3 自燃性、易燃性、毒性、腐蚀性气体面板应设有惰性气体吹扫、辅助抽真空装置,真空管路应设止回阀。

4.2.3 可燃和自燃性特种气体的气瓶柜应符合下列规定:

1 当硅烷气瓶使用直径0.25mm限流孔时,气瓶柜的排风换气次数不得低于1200次/h,当使用直径0.15mm限流孔时,气瓶柜的排风换气次数不得低于400次/h,且气瓶柜的负压应连续监控;

2 自燃性特种气体的气瓶柜应设置紫外、红外火焰探测器;

3 易燃性特种气体的气瓶柜应设置水喷淋系统;

4 自燃性特种气体的气瓶柜应在气瓶之间设置隔离钢板。

4.2.5 液态特种气体系统的设置应符合下列规定:

5 具有自燃性和遇水反应性的金属有机物前驱体液体,

供应柜应设置相应灭火系统；底部应设置收集槽，并应放置吸附材料。

4.2.6 自燃性、易燃性、毒性、腐蚀性特种气体系统的阀门箱设置应符合下列规定：

1 应设置进气管路隔离阀及压力指示装置；
2 气体支路应设有独立的压力控制调节阀、过滤器；
3 气体支路应设有独立的出口隔离阀；
4 气体分支路应设置独立的吹扫气体装置。

4.3 吹扫和排气系统

4.3.1 特种气体系统吹扫气体的设置应符合下列规定：

1 自燃性、易燃性、毒性、腐蚀性特种气体系统的吹扫气体应与独立的气源连接，不得与公用气源或工艺气源系统相连；
2 不相容性特种气体系统的吹扫气体不得共用同一气源；
3 吹扫气体管线应设置止回阀。

4.3.4 特种气体排气与废气处理的设置应符合下列规定：

2 自燃性、易燃性、毒性、腐蚀性特种气体的排空气体应经过尾气处理装置处理，处理后的气体应符合现行国家废气排放要求。

5 生命安全系统

5.1 特种气体管理系统

5.1.2 特种气体管理系统应设在全厂动力控制中心，在消防控制室和应急处理中心宜设特种气体报警显示单元和集中应急阀门切断控制盘。

5.2 特种气体探测系统

5.2.1 储存、输送、使用特种气体的下列区域或场所应设置特种气体探测装置：

1 自燃性、易燃性、剧毒性、毒性、腐蚀性气体气瓶柜和阀门箱的排风管口处；
2 生产工艺设备的自燃性、易燃性、剧毒性、毒性、腐蚀性气体阀门箱的排风管口处，工艺设备的排风管口处；
3 生产工艺设备的特种气体的废气处理装置排风出口处；
4 惰性气体间可能产生窒息的区域；
5 自燃性、易燃性、剧毒性、毒性、腐蚀性气体设备间；
6 其他可能发生泄漏的自燃性、易燃性、剧毒性、毒性、腐蚀性气体的环境。

5.2.2 易燃性、自燃性特种气体探测系统、有毒气体检测装置应设置一级报警或二级报警。

5.2.3 自燃性、易燃性、剧毒性、毒性气体、氧气检测装置报警设定值应符合下列规定：

1 自燃性、易燃性气体的一级报警设定值不应大于25%易燃性气体爆炸浓度下限值，二级报警设定值不应大于50%易燃性气体爆炸浓度下限值。

5.2.4 自燃性、易燃性、剧毒性、毒性气体、氧气检测装置的检测报警响应时间应符合下列规定：

1 自燃性、易燃性气体检测报警采用扩散式应小于20s，

吸入式应小于15s。

5.2.7 有机金属前驱体材料应设置相应的侦测及火灾报警装置，当无对应侦测器时，应根据其分解物选择侦测器。

5.3 其他安全设施

5.3.1 自燃性、易燃性、剧毒性、毒性气体的储存、分配及使用场所的安全设施应符合下列规定：

1 应设置数字式视频监控摄像机和门禁；
3 使用场所内及相关建筑主入口、内通道等处应设置灯光闪烁报警装置，灯光颜色应与其他灯光报警装置相区别；
4 入口处应设紧急手动按钮，应急处理中心室也应设紧急手动按钮；
5 用于自燃性、易燃性、剧毒性、毒性气体的储存、分配及使用场所的监控视频图像宜预留通过网络接入政府安全监督、管理部门的接口，且监控视频图像存储时间不应低于30d。

5.4 特种气体报警的联动控制

5.4.2 特种气体探测系统确认气体泄漏时，应自动启动泄漏现场的声光报警装置，该声光报警应有别于火灾报警装置，并应自动启动应急广播系统。

5.4.3 特种气体探测系统确认气体泄漏后，应关闭有关部位的电动防火门、防火卷帘门，自动释放门禁，可联动闭路电视监控系统，应启动相应区域的摄像机，并应自动录像。

5.4.5 室外大宗硅烷系统的钢瓶区域内必须设置紫外、红外火焰探测器；室内硅烷输送系统应采用火焰探测器或感温探测器。

6 特种气体管道输送系统

6.1 一般规定

6.1.3 生产厂房洁净室内的自燃性、易燃性和毒性特种气体管道应明敷，并应采用焊接。

6.1.4 特种气体穿过生产区墙壁与楼板处的管段应设置套管，套管内的管道不得有焊缝，套管与管道之间应采用密封措施。易燃性、毒性、腐蚀性特种气体管道的机械连接处，应置于排风罩内。

6.1.5 自燃性、易燃性、毒性特种气体管道应避免穿过不使用此类气体的房间，当必须穿过时应设套管或使用双层管。

6.1.7 易燃性、氧化性特种气体管道，应设置防静电接地。

6.4 管道标识

6.4.2 特种气体管道应以不同颜色、字体等标识气体名称、主要危险特性和流向，并应符合表6.4.2的规定。

表6.4.2 特种气体管路标识要求

底色	意义	内容物特性	内容物举例	字体色	箭头色
红色	危险	易燃性、剧毒性	AsH_3、SiH_4、CH_2F_2、PH_3、WF_6、ClF_3、CO、CCl_4、SiH_2Cl_2	白色	白色

续表 6.4.2

底色	意义	内容物特性	内容物举例	字体色	箭头色
黄色	警告	毒性、腐蚀性、对人体有危害	HBr、HCl、HF、NH_3	黑色	黑色
蓝色/绿色	安全	危害性较小或无危害	SF_6，Kr/Ne，Xe	白色	白色

7 建筑结构

7.1 一般规定

7.1.1 特种气体站的平面布置应符合下列规定：

1 特种气体站应布置在辅助生产区，且远离有明火或散发火花的地点；

3 特种气体站的设置应方便运输车辆和消防车辆的进出；

5 大宗硅烷站宜设置不燃烧体的实体围墙，其高度不应小于2.0m。

7.1.2 有爆炸危险的特种气体站房的承重结构宜采用钢筋混凝土或钢框架、排架结构。钢框架、排架结构应采用防火保护措施，腐蚀性特种气体间的钢结构、排架结构应采用防腐蚀保护措施。

7.1.3 有爆炸危险的特种气体站房间应设置泄压设施，并应符合现行国家标准《建筑设计防火规范》GB 50016 的有关规定。

7.2 建筑防火

7.2.1 甲类特种气体站与工厂建（构）筑物的防火间距，不得小于表 7.2.1 的规定。

表 7.2.1 甲类特种气体站与工厂建（构）筑物的防火间距（m）

名称		甲类特种气体站	
		甲类物品第3、4项	甲类物品第1、2、5、6项
高层民用建筑、重要公共建筑		50	50
裙房、其他民用建筑、明火或散发火花地点		40	30
甲类仓库		20	20
其他建筑	一、二级耐火建筑	20	15
	三级耐火建筑	25	20
	四级耐火建筑	30	25
电力系统电压为 35kV～500kV 且每台变压器容量在 10MV·A 以上的室外变、配电站工业企业的变压器总油量大于5t的室外降压变电站		40	30
厂外铁路线中心线		40	40
厂内铁路线中心线		30	30
厂外道路路边		20	20
厂内道路路边	主要	10	10
	次要	5	5

注：1 防火间距应按相邻建（构）筑物的外墙、凸出部分外缘、气瓶集装格外缘的最近距离计算。
2 甲类特种气体站与甲类仓库之间的防火间距，当第3、4项物品使用储量不大于2t，第1、2、5、6项物品使用储量不大于5t时，不应小于12m。

7.2.2 布置于生产厂房的甲、乙类特种气体间的耐火等级不应低于二级，结构构件的耐火极限应该符合现行国家标准《建筑设计防火规范》GB 50016 的有关规定。

7.2.3 特种气体站内的装修材料应符合现行国家标准《建筑内部装修设计防火规范》GB 50222 的有关规定。

7.2.4 有爆炸危险的特种气体间与无爆炸危险房间之间，应采用耐火极限不低于 4.00h 的不燃烧体防爆墙分隔，防爆墙上不应开设门窗洞口；设置双门斗相通时，门应错位布置，门应为甲级防火门。

7.2.5 特种气体站的电气控制室应设置在独立的房间内；与硅烷气瓶间等有爆炸危险的房间相邻时，相邻的隔墙不得有门窗、洞口，隔墙的耐火极限不得低于 3.00h。

7.2.6 当自燃性、易燃性特种气体管道穿越防火隔断时，应采用不燃材料将管道与防火隔断之间的缝隙填实封堵，封堵材料的耐火等级与防火隔断应相同。

7.2.7 有爆炸危险的特种气体房间的设计应符合下列规定：

1 安全出口不应少于2个，并应分散布置；

2 相邻2个安全出口最近边缘之间的水平距离不应小于5m，其中1个应直通室外；爆炸危险的特种气体房间通向疏散走道处应设置门斗等防护措施，门斗隔墙为耐火极限不应低于 2.00h 防火隔墙，门应采用甲级防火门；

3 爆炸危险特种气体的房间面积小于或等于$100m^2$且同一时间的生产人数不超过5人时，可设置一个直接通往室外的出口。

7.2.8 毒性、腐蚀性、惰性气体间的设计应符合下列规定：

1 安全出口不应少于2个，并应分散布置；

2 相邻2个安全出口最近边缘之间的水平距离不应小于5m，其中1个应直通室外；毒性、腐蚀性、惰性气体间通向疏散走道的门应为乙级防火门；

3 毒性、腐蚀性、惰性气体间的面积小于或等于$150m^2$，且同一时间的作业人员不超过10人时，可设置一个直接通往室外的出口。

7.2.9 硅烷站安全出口的设置应符合下列规定：

1 硅烷站的建筑面积大于或等于$19m^2$时，不得少于两个安全出口；建筑面积小于$19m^2$时，不得少于一个安全出口；

2 硅烷站内任何地点到最近安全出口的距离不得大于23m。

7.3 建筑构造措施

7.3.2 特种气体房间的疏散门应采用平开门，并应向疏散方向开启，疏散门应采用快开式推杆锁，不得采用其他形式的锁具。有爆炸危险房间的门窗应采用撞击时不产生火花的材料制作。

7.3.3 易燃性特种气体相对密度小于或等于 0.75 时，特种气体间上部应采取防止气体集聚的措施。

7.3.4 易燃性种气体相对密度大于 0.75 时，特种气体间应符合下列规定：

1 应采用不产生火花的地面，并应平整、耐磨、防滑；

2 采用绝缘材料作整体面层时，应采取防静电措施。

9 公用工程

9.2 消 防

9.2.1 特种气体站、特种气体间室内外消防的设计应符合现行国家标准《消防给水及消火栓系统技术规范》GB 50974 和《自动喷水灭火系统设计规范》GB 50081 的有关规定。

9.2.2 特种气体站、特种气体间应配置手提灭火器，配置应满足现行国家标准《建筑灭火器配置设计规范》GB 50140 的有关规定。

9.2.3 特种气体站、特种气体间应设置自动喷水灭火系统，喷水强度不应小于 8L/(min·m²)，保护面积不应小于 160m²，当实际站房面积小于 160m² 时，可按实际面积计算。

9.2.4 特种气体柜带有自动喷水冷却装置时，在厂房内设置的自动喷水灭火系统应为该系统预留管道和信号阀。

9.2.5 特种气体站、特种气体间内存储的特种气体与水可能发生剧烈反应时，该特种气体间不得采用水消防系统。

9.2.6 硅烷站的消防系统应符合下列规定：

1 发生硅烷火灾时，应紧急切断硅烷气源，在未切断气源的情况下，严禁扑灭硅烷火焰；

2 发生硅烷火灾时，应使用水对钢瓶、储罐等进行冷却；

3 不应使用卤代烷类及二氧化碳灭火器；

4 硅烷站应设置室外消火栓，室外消火栓应设置在距大宗钢瓶 46m 之内。

9.2.7 硅烷站的自动喷水系统应符合下列规定：

1 硅烷的输送系统应设置雨淋系统，雨淋系统可采用手动启动方式，也可采用自动启动方式，启动装置的位置应远离存储硅烷的设备；

2 雨淋系统设计的喷水强度不应小于 12L/(min·m²)，火灾延续时间不应小于 2h；雨淋系统保护部位应包括硅烷钢瓶瓶身、大宗硅烷储罐本体；

3 切断硅烷供应系统的同时，启动雨淋系统；

4 当硅烷站设有屋顶等防雨措施时，建筑物本身可采用自动喷水灭火系统进行保护。设计喷水强度不应小于 16L/(min·m²)，保护面积不应小于 260m²，当实际站房面积小于 260m² 时，可按实际面积计算；

5 闭式喷淋系统、雨淋系统应独立设置报警阀。

9.2.8 存储、分配和使用硅烷的房间应设置自动喷水灭火系统。设计喷水强度不应小于 12L/(min·m²)，保护面积不应小于 260m²，当实际房间面积小于 260m² 时，可按实际面积计算。

9.3 采暖通风与空气调节

9.3.3 凡属下列情况之一时，特种气体站房应分别设置排风系统：

1 两种或两种以上的特种气体混合后能引起燃烧或爆炸时；

2 特种气体混合后发生化学反应，形成更大危害性或腐蚀性的混合物、化合物时；

3 混合后形成粉尘。

9.3.7 易燃性、毒性、腐蚀性气瓶柜、阀门箱的排风口与主排风管道连接的支管应采用刚性风管。气瓶柜、阀门箱的排风管路上不应设置防火阀。大宗有毒性气体容器出口阀门部位应设置抽风罩。

9.3.15 特种气体设备及站房排风管道及空调风管应采用不燃材料制作，保温应采用不燃或难燃材料，腐蚀性特种气体的排风管道应采用耐腐蚀材料制作。

9.3.17 特种气体站房排风系统不得与火灾报警系统联动控制；火灾发生时，严禁关闭排风系统。

10 特种气体系统工程施工

10.6 特种气体管道安装

10.6.2 特种气体管道配管应符合下列规定：

8 特种气体管道与用气生产工艺设备之间的连接应采用不锈钢管道面密封接头或自动轨道氩弧焊机焊接，不得采用非金属软管；

9 管道穿墙部位应设套管，并应以难燃材料填充套管与管道之间的间隙；同时应对穿墙部位加以密封。

182.《光缆生产厂工艺设计规范》GB 51067—2014

4 光缆生产厂工艺设计

4.1 一般规定

4.1.5 光缆生产厂房的火灾危险性类别应为丁类。

4.3 工艺区划

4.3.5 光缆生产厂房的平面区划应合理安排生产区、辅助生产区和动力区,并应符合下列要求:
  6 光缆生产车间布局在满足生产工艺要求同时,应符合有关防火、消防等要求。

4.4 仓储及物流

4.4.1 原材料库房应符合下列规定:
  2 化工产品库房应干燥、通风、清洁,远离烟、水和热源,并防止阳光直射,应有消防设施。

4.4.2 成品或半成品库房应符合下列规定:
  3 缆芯半成品库房应干燥、通风、清洁,并应远离烟、水和热源及有害气体和粉尘源,应有消防设施。

6 公用设施及环境要求

6.1 一般规定

6.1.4 生产厂房四周宜设置环行消防车道,若有困难时可沿厂房的两长边侧设消防车道。消防车道的设置应符合现行国家标准《建筑设计防火规范》GB 50016 的有关规定。

6.3 公用设施

6.3.5 在厂房出入口、疏散通道或疏散通道转角处应按现行国家标准《安全标志及其使用导则》GB 2894 设置通行标识及不宜通行或站立的地方设置警告标志。

6.3.11 光缆生产厂应设火灾自动报警及消防联动控制系统。

6.3.13 厂房内应设置供人员疏散用的应急照明。

183. 《洁净厂房施工及质量验收规范》GB 51110—2015

4 建筑装饰装修

4.1 一般规定

4.1.2 洁净厂房装修工程还应符合现行国家标准《建筑内部装修防火施工及验收规范》GB 50354、《建筑装饰装修工程质量验收规范》GB 50210 的有关规定。

4.1.3 洁净厂房装饰装修工程的材料选择应符合下列规定：
  2 应满足防火、保温、隔热、防静电、隔振、降噪等要求。

4.4 高架地板

4.4.3 高架地板的面层和支承件应平整、坚实，并应具有耐磨、防霉变、防潮、难燃或不燃、耐污染、耐老化、导静电、耐酸碱等性能。

4.5 吊顶工程

4.5.1 吊顶工程施工前应对下列隐蔽工程进行验收、交接：
  2 龙骨、吊杆和预埋件等的安装，包括防火、防腐、防霉变、防尘处理。

Ⅰ 主控项目

4.5.7 空气过滤器、灯具、烟感探测器、扬声器和各类管线穿吊顶处的洞口周围应平整、严密、清洁，并应用不燃材料封堵。隐蔽工程的检修口周边应采用密封垫密封。
  检查数量：全数检查。
  检验方法：观察检查。

4.6 墙体工程

4.6.2 墙体工程施工前应进行下列验收和交接：
  2 龙骨、预埋件等的防火、防腐、防尘、防霉变处理。

4.6.8 墙体面板上的电气接线盒、控制面板和管线穿越处的各种洞口应位置正确、边缘整齐、严密、清洁、不产尘，并应以不燃材料封堵。
  检查数量：全数检查。
  检验方法：观察检查。

5 净化空调系统

5.2 风管及部件

5.2.3 净化空调系统风管的材质应按工程设计文件的要求选择，工程设计无要求时，宜采用镀锌钢板。当产品生产工艺要求或环境条件必须采用非金属风管时，应采用不燃材料或 B_1 级难燃材料，并应表面光滑、平整、不产尘、不霉变。

5.3 风管系统安装

Ⅰ 主控项目

5.3.8 净化空调系统的风管均应绝热、保温，并应符合下列规定：
  1 风管及其部件的绝热、保温应采用不燃或难燃材料，其材质、密度、规格和厚度应符合工程设计文件要求。
  检查数量：全数检查。
  检验方法：观察检查，尺量，样品送检或查验产品合格证和进场记录。

5.4 净化空调设备安装

Ⅰ 主控项目

5.4.9 净化空调系统中电加热器的安装应符合下列规定：
  2 电加热器前后 800mm 的绝热保温层应采用不燃材料，风管与电加热器连接法兰垫片应采用耐热不燃材料。
  检查数量：全数检查。
  检验方法：观察检查，查验产品合格证和进场验收记录。

6 排风及废气处理

6.1 一般规定

6.1.4 排风系统应按管内排风类型及其介质种类、不同浓度进行管道涂色标志，对可燃、有毒的排风应做特殊标志。管路应标明流向。

6.2 风管、附件

6.2.5 洁净厂房中排风管道的制作应符合下列规定：
  1 可燃、有毒的排风风管的密封垫料、固定材料应采用不燃材料；
  检查数量：全数检查。
  检验方法：尺量、观察检查。

6.2.6 风管进行内外表面清洁后，应以漏光法进行风管制作质量检查。风管漏光检查宜在夜间进行；应按现行国家标准《通风与空调工程施工质量验收规范》GB 50243 的有关规定执行。
  检查数量：易燃、易爆及有毒排风系统全数检查，其余按风管规格批抽查 20%。
  检验方法：观察检查，无漏光为合格。

6.2.7 排风风管的强度试验压力应低于工作压力 500Pa，但不得低于 −1500Pa。接缝处应无开裂。
  检查数量：易燃、易爆及有毒排风系统全数检查，其余按风管规格批抽查 20%。
  检验方法：仪器检查、观察检查。

6.2.9 防爆、可燃、有毒排风系统的风阀制作材料必须符合设计要求。

检查数量：全数检查。

检验方法：核验材料品种、规格，观察检查。

6.2.10 防排烟阀、柔性短管应符合下列规定：

1 防排烟阀、排烟口应符合国家现行有关消防产品标准的规定，并应具有相应的产品合格证明文件；

2 防排烟系统柔性短管的制作材料必须为不燃材料。

检查数量：全数检查。

检验方法：核验产品、材料品种和合格证明，观察检查。

6.3 排风系统安装

Ⅰ 主控项目

6.3.4 排风风管穿过防火、防爆的墙体、顶棚或楼板时，应设防护套管，其套管钢板厚度不应小于1.6mm。防护套管应事先预埋，并应固定；风管与防护套管之间的间隙应采用不燃隔热材料封堵。

检查数量：全数检查。

检验方法：尺量、观察检查。

6.3.5 排风风管安装应符合下列规定：

1 输送含有可燃、易爆介质的排风风管或安装在有爆炸危险环境的风管应设有可靠接地；

2 排风风管穿越洁净室（区）的墙体、顶棚和地面时应设套管，并应做气密构造；

3 排风风管内严禁其他管线穿越；

4 室外排风立管的固定拉索严禁与避雷针或避雷网连接。

检查数量：全数检查。

检验方法：尺量、观察检查。

6.5 系统调试

Ⅰ 主控项目

6.5.7 防排烟系统联合试运转与调试应符合现行国家标准《通风与空调工程施工质量验收规范》GB 50243 的规定。

检查数量：分系统抽查40%，且不得少于2个系统。

检验方法：观察检查，仪器仪表检测，核查调试记录。

7 配管工程

7.1 一般规定

7.1.3 阀门安装前，应对下列管道的阀门逐个进行压力试验和严密性试验，不合格者不得使用：

1 输送可燃流体、有毒流体管道的阀门；

7.1.5 管道穿越洁净室（区）墙体、吊顶、楼板和特殊构造时应符合下列规定：

2 管道穿越墙体、吊顶、楼板时应设置套管，套管与管道之间的间隙应采用不易产尘的不燃材料密封填实。

7.1.7 配管上的阀门、法兰、焊缝和各种连接件的设置应便于检修，并不得紧贴墙体、吊顶、地面、楼板或管架。对易燃、易爆、有毒、有害流体管道、高纯介质管道和有特殊要求管道的阀门、连接件，应按设计图纸设置。

7.7 PVC管道安装

7.7.3 管道粘接作业场所严禁烟火；通风应良好，集中作业场所应设排风设施。

8 消防、安全设施安装

8.1 一般规定

8.1.1 消防、安全设施的安装施工单位应具有规定的资质和安装施工许可证。

8.1.2 消防、安全设施的安装施工应符合下列规定：

1 相关的土建工程应已施工验收合格，并应办理交接手续；

2 应按工程设计文件和相关产品出厂技术说明文件的要求进行安装；

3 安装前，应认真核查消防、安全产品制造单位的资质、制造许可证的真实性，并应符合相关规定，同时应做好检查记录；

4 安装前，应对所有设备、材料进行现场检查、检验，均应符合工程设计文件和合约的要求，并应进行记录。

8.2 管线安装

8.2.1 洁净厂房中的消防给水管道应安装在技术夹层内，接至洁净室（区）的立管位置应符合工程设计文件要求或与工艺设备布置、土建构造协调后确定。其外露部分应以装饰板包裹，表面应平整、光滑。

8.2.2 消防安全设施的电气线路应符合工程设计文件要求。

Ⅰ 主控项目

8.2.3 穿越洁净室（区）的墙体、顶棚的消防给水管、自动喷水系统的喷头短管等处，应以防火填料进行密封处理。

检查数量：全数检查。

检验方法：观察检查。

8.2.4 洁净室（区）采用高灵敏度早期报警装置的采样管道的安装应符合下列规定：

1 采样管道应采用不漏气并能承受一定压力的刚性管道；

2 管道连接、弯头、堵头等管件应密封良好。

检查数量：全数检查。

检验方法：观察检查。

8.2.5 消防、安全设施的各类火灾报警装置、气体报警装置、广播通信设施及其控制系统的电气线路的施工安装应符合下列规定：

1 接至洁净室（区）内的电气线路穿墙、顶棚时，应以防火填料进行密封处理；

2 电气线路应采用阻燃型或耐火型线缆。

检查数量：全数检查。

检验方法：观察检查。

Ⅱ 一般项目

8.2.6 消防安全设施的管线、喷头短管等敷设时均应可靠固定，不得晃动。
检查数量：全数检查。
检验方法：观察检查。

8.3 消防、安全设备安装

8.3.1 消防安全设备的安装和安装位置、数量应按工程设计文件要求确定。

8.3.2 高灵敏度早期报警装置等火警报警装置的试验、试运转应符合下列规定：

    1 试验、试运转应在洁净室（区）内各专业施工安装完成，并应已进行彻底的清洁、空吹达到规定的要求后进行；

    2 调试前，应检查核对设备的规格；

    3 试验、试运转应按产品说明书要求进行。

8.3.3 消防安全设施联动试运转应符合下列规定：

    1 应按工程设计文件的相关要求进行调试，并应达到相关技术指标；

    2 联动试运转应在各子系统试车验收合格后进行；

    3 联动试运转应包括事故排风装置、气体自动切断装置等安全设施；

    4 应在洁净室内各专业验收合格后进行。

Ⅰ 主控项目

8.3.4 洁净室（区）内的消火栓安装应符合下列规定：

    1 消火栓宜暗装，但安装处的墙体不得穿透；

    2 当消火栓安装确需穿透时，所有接缝均应采用气密构造；

    3 消火栓外露表面应平整、光滑，安装后应擦拭洁净；

    4 消火栓内表面宜平整、光滑、易清洁，其箱内的管件、水龙带等应擦拭，并应洁净无尘。

检查数量：全数检查。
检验方法：观察检查。

8.3.5 高灵敏度早期烟雾探测装置的安装应符合下列规定：

    1 烟雾探测装置的灵敏度应符合工程设计文件的要求。

    2 安装应牢固，不得倾斜。安装在轻质墙上时，应采取加固措施。

    3 应安装在不会导致采样管道和探测器本身损坏的环境中。

检查数量：全数检查。
检验方法：观察检查。

8.3.6 洁净室（区）内的火灾探测器的安装应符合下列规定：

    1 规格型号、数量应按工程设计文件的要求确定；

    2 探测器与顶棚的接缝应采用密封处理。

检查数量：全数检查。
检验方法：观察检查。

8.3.7 洁净室（区）内的气体报警探测器的安装应符合下列规定：

    1 报警器的规格型号、数量应按工程设计文件的要求确定；

    2 探测器与墙体、顶棚的接缝或安装支撑固定处等均应采取密封处理。

检查数量：全数检查。
检验方法：观察检查。

Ⅱ 一般项目

8.3.8 洁净厂房内的二氧化碳灭火装置的安装应符合下列规定：

    1 容量应按工程设计文件的要求确定；

    2 气瓶、管道应可靠固定，不得晃动；

    3 管道安装后，应进行试压和调试。

检查数量：全数检查。
检验方法：观察检查。

8.3.9 洁净室（区）内的火警手动按钮的安装应符合下列规定：

    1 安装方式宜明装，外表面应平整、光滑、易清洁；与墙体的接缝处应密封处理。

    2 安装高度宜为1.0～1.2m，并应有明显标识。

检查数量：分区抽查30%，且不得少于每区3个。
检验方法：观察检查、尺量。

184. 《集成电路封装测试厂设计规范》GB 51122—2015

5 建筑与结构

5.1 建 筑

5.1.6 装修和密封材料应符合现行国家标准《电子工业洁净厂房设计规范》GB 50472 和《建筑内部装修设计防火规范》GB 50222 的有关规定。

5.1.7 装修材料的烟密度等级应符合现行国家标准《建筑材料燃烧或分解的烟密度试验方法》GB/T 8627 的有关规定。

5.3 防火与疏散

5.3.1 生产厂房的耐火等级不应低于二级。

5.3.2 生产厂房的火灾危险性分类应为丙类,防火分区的划分应满足工艺生产的要求,并应符合现行国家标准《电子工业洁净厂房设计规范》GB 50472 的有关规定。

5.3.3 每一生产层、每个防火分区或每一洁净区的安全出口设计应符合下列规定:

  1 安全出口数量应符合现行国家标准《洁净厂房设计规范》GB 50073 的有关规定;

  2 安全出口应分散布置,并应设有明显的疏散标志;

  3 安全疏散距离可根据生产工艺确定,应符合现行国家标准《电子工业洁净厂房设计规范》GB 50472 的有关规定。

6 给排水与消防

6.1 给 排 水

6.1.1 给排水系统应满足生产、生活、消防以及环保等要求,并应根据水质、水压、水温的要求分别设置。

6.3 消防给水和灭火设备

6.3.1 消防水泵及给水系统应符合现行国家标准《建筑设计防火规范》GB 50016 的有关规定。

6.3.2 厂房应设置下列灭火系统:

  1 室内消火栓系统;

  2 自动喷水灭火系统;

  3 灭火器系统。

6.3.4 洁净室内自动喷水灭火系统当采用干式自动喷水灭火系统或预作用自动喷水灭火系统时,管网容积及充水时间应符合现行国家标准《自动喷水灭火系统设计规范》GB 50084 有关规定,且系统计算作用面积应放大 30%。

6.3.5 在洁净区内各场所应配置灭火器,并应符合现行国家标准《建筑灭火器配置设计规范》GB 50140 的有关规定。

7 电 气

7.2 照 明

7.2.1 生产厂房内应设置供人员疏散用的应急照明,照度不应低于 5.0lx。疏散标志应设置在安全出入口、疏散通道和疏散通道转角处。

7.5 通信与安全保护

7.5.2 生产厂房应设置火灾自动报警及消防联动控制系统。

7.5.3 火灾自动报警系统应采用控制中心报警系统,防护对象的等级不应低于二级,并应符合下列规定:

  1 火灾自动报警系统应设有消防值班室,并应符合现行国家标准《建筑设计防火规范》GB 50016 的有关规定;

  2 控制设备的控制及显示功能应符合现行国家标准《火灾自动报警系统设计规范》GB 50116 的有关规定;

  3 生产厂房内火灾探测应采用智能型探测器。当在封闭房间内使用可燃气体及有机溶剂时,房间内应设置可燃气体探测器及火焰探测器。

7.5.4 生产厂房内使用氮氢混合气体的区域应设置气体浓度监测报警装置。

7.5.5 生产厂房应设置广播系统,洁净区内的扬声器宜采用洁净室型。当广播系统兼事故应急广播系统时应符合现行国家标准《火灾自动报警系统设计规范》GB 50116 的有关规定。

8 净化空调及工艺排风

8.1 净 化 空 调

8.1.6 空气过滤器的选用和布置应符合下列规定:

  7 安装在洁净厂房洁净区内的高效空气过滤器应采用不燃材料制作。

8.3 工 艺 排 风

8.3.3 工艺排风管道穿越防火墙或楼板处应设置防火阀。

8.3.4 工艺排风管道应采用不燃材料,腐蚀性排风管道可采用难燃材料。

8.3.5 排烟系统应符合现行国家标准《电子洁净厂房设计规范》GB 50472 的有关规定。

185.《光纤器件生产厂工艺设计规范》GB 51123—2015

3 光纤器件生产工艺

3.1 一般规定

3.1.3 光纤器件生产过程中使用易燃易爆气体时应设置警示标志及泄漏报警装置并应采取防护措施。

4 光纤器件生产与仓储环境要求

4.1 生产环境要求

4.1.4 熔融拉锥和光纤载氢场所应设氢气浓度报警装置和事故排风系统。

5 光纤器件生产厂房总体设计

5.4 建筑结构

5.4.6 化学品存储间（区）应设在单独房间内，且储存甲、乙、丙类化学品的房间应采用耐火极限不低于4.0h的隔墙和耐火极限不低于1.5h的不燃烧体楼板与厂房其他区域分隔开，并应靠外墙布置。

5.4.7 生产厂房的耐火等级不应低于二级。

5.4.8 厂房生产的火灾危险性分类应符合现行国家标准《建筑设计防火规范》GB 50016 的有关规定。

5.4.9 厂房内洁净区的顶棚和壁板及其夹芯材料应为不燃烧体，且不得采用有机复合材料。顶棚的耐火极限不应低于0.4h，壁板的耐火极限不应低于0.5h，疏散走道的顶棚和壁板的耐火极限不应低于1.0h。

5.4.10 在一个防火分区内的洁净生产区域与一般生产区域之间应设置不燃烧体的隔墙或顶棚，其耐火极限不应低于1h。穿隔墙或顶棚的管线周围空隙应采用防火或耐火材料紧密填堵。

5.4.11 管道竖井井壁应为不燃烧体，其耐火极限不应低于1h，井壁上检查门的耐火极限不应低于0.6h。竖井与各层楼板交会处应采用等同于楼板耐火极限的不燃烧体作水平防火分隔；穿过水平防火分区的管线周围空隙应采用防火或耐火材料紧密填堵。

5.4.12 安全出口应分散设置，从生产地点到安全出口疏散路线应便捷，并应设有明显的疏散标志。安全疏散距离应结合生产和检验设备布置确定，并应符合现行国家标准《建筑设计防火规范》GB 50016 的有关规定。

7 公用设施

7.4 给水排水

7.4.5 厂房内、外应分别设置室内消火栓箱和室外消火栓。

7.4.6 光纤器件生产厂房内、外消火栓用水量、水枪布置应符合现行国家标准《建筑设计防火规范》GB 50016 的有关规定。

7.4.7 室外消火栓宜采用地上式消火栓，距房屋外墙不宜小于5m，地上式消火栓间距不应大于120m，保护半径不应大于150m。

7.4.8 室内消火栓应保证可采用两支水枪充实水柱到达室内任何部位，并应布置在位置明显且易于操作的位置。

7.5 供电及照明

7.5.7 室内照明宜采用高效节能灯，灯具选择与布置应符合下列规定：

　　4 氢气等可燃气体使用场所应使用防爆照明灯具或自然采光。

7.5.10 厂房内应设置供人员疏散用的应急照明，其照度不应低于5.0lx。在专用消防口应设置红色应急照明指示灯。

7.5.11 生产厂房的消防用电设备配电设计应符合现行国家标准《建筑设计防火规范》GB 50016 的有关规定。

7.6 通信信息

7.6.2 生产厂房内应设置公共广播系统，当公共广播系统兼事故应急广播系统时，其设计应符合现行国家标准《火灾自动报警系统设计规范》GB 50116 的有关规定。

7.6.3 生产厂房，动力站等公共场所均应设置火灾自动报警及消防联动控制系统，并应符合现行国家标准《建筑设计防火规范》GB 50016 和《电子工业洁净厂房设计规范》GB 50472 的有关规定。

7.6.4 氢气的使用场所、设备、气体管道阀门或接头等易泄漏处，应设防爆型气体探测器。

7.6.5 氢气气体泄漏探测信号应与相应的事故排气装置联锁控制，并应将报警信号送至消防值班室。

7.6.6 氢气浓度报警装置应在启动排风机的同时关闭氢气供气系统。

7.6.7 厂房应设置消防值班室或控制室，其位置应设在非洁净区内。

186.《印制电路板工厂设计规范》GB 51127—2015

3 基本规定

3.0.1 印制电路板工厂设计应符合下列要求:
　　3 应保证消防、环保、节能和职业病危害预防技术措施的实现,并应符合现行国家标准《电子工业职业安全卫生设计规范》GB 50523、《电子工程节能设计规范》GB 50710 及《电子工程环境保护设计规范》GB 50814 的有关规定。

5 总 图

5.1 一般规定

5.1.1 印制电路板工厂的总体规划应根据工厂的规模、生产流程、交通运输、环境保护、消防、安全卫生等要求,结合场地自然条件、用地周边环境确定。

5.2 总平面布置

5.2.1 印制电路板工厂的总平面布置应符合下列要求:
　　2 厂区功能分区应明确,道路宽度应满足消防、运输、安全间距等要求。
5.2.2 各建筑物间距应满足消防、运输、安全、卫生等要求,并应符合各种工程管线的布置、绿化布置、施工安装与检修、竖向设计的要求。
5.2.9 建筑物之间的防火间距应符合现行国家标准《建筑设计防火规范》GB 50016 的有关规定。
5.2.10 消防车道设置应符合现行国家标准《建筑设计防火规范》GB 50016 和《电子工业洁净厂房设计规范》GB 50472 的有关规定。

6 建 筑

6.1 一般规定

6.1.4 厂房围护结构的材料选型应满足保温、隔热、防火、防潮等要求。
6.1.7 厂房内通道宽度应满足消防疏散、人员操作、物料运输、设备安装和维修的要求,物流通道两侧及周边宜设置防撞构件。
6.1.8 厂房内洁净生产区域的设计应符合现行国家标准《建筑设计防火规范》GB 50016 和《电子工业洁净厂房设计规范》GB 50472 的有关规定。

6.2 防火设计

6.2.1 印制电路板厂房的耐火等级不应低于二级。
6.2.2 印制电路板厂房生产的火灾危险性分类应符合现行国家标准《建筑设计防火规范》GB 50016 和《电子工业洁净厂房设计规范》GB 50472 的有关规定。
6.2.3 厂房内洁净区的顶棚和壁板及其夹芯材料应为不燃烧体,且不得采用有机复合材料。顶棚的耐火极限不应低于 0.4h,壁板的耐火等级不应低于 0.5h,疏散走道的顶棚和壁板的耐火极限不应低于 1.0h。
6.2.4 在一个防火分区内的洁净生产区域与一般生产区域之间应设置不燃烧体的隔墙或顶棚,其耐火极限不应低于 1.0h。穿隔墙或顶棚的管线周围空隙应采用防火或耐火材料紧密填堵。
6.2.5 管道竖井井壁应为不燃烧体,其耐火极限不应低于 1.0h,井壁上检查门耐火极限不应低于 0.6h。竖井内在各层楼板处,应采用相当于楼板耐火极限的不燃烧体作水平防火分隔;穿过水平防火分隔的管线周围空隙,应采用防火或耐火材料紧密填堵。
6.2.6 安全出口应当分散布置,从生产地点到安全出口疏散路线应便捷,并应设有明显的疏散标志。安全疏散距离应结合工艺设备布置确定,并应符合现行国家标准《建筑设计防火规范》GB 50016 的有关规定。
6.2.7 厂房内化学品存储间(区)的设置应符合下列规定:
　　1 化学品存储间(区)应设在单独房间内,且储存甲、乙、丙类化学品的房间,应采用耐火时间不低于 4.0h 的隔墙和耐火极限不低于 1.5h 的不燃烧体楼板,与厂房其他区域分隔开,并应靠外墙布置;
　　2 化学品存储间(区)应按化学品的物理化学性质分类区划;当物料性质不允许同房间储存时,应用实体墙隔开,并各设出入口;
　　3 甲、乙类的化学品存储间(区)的储量不应超过 1d 的需用量,且丙类液体中间罐的容积不应大于 $1m^3$。
6.2.8 热媒油间的设置除应符合现行国家标准《锅炉房设计规范》GB 50041 的有关规定外,还应符合下列要求:
　　1 可毗邻厂房贴建。当必须位于厂房内时,应靠厂房外墙布置;
　　2 内墙应采用实体墙与其他区域分隔开;围护构件的耐火极限不应低于二级耐火等级建筑的相应要求;
　　3 房间门应采用甲级防火门,并应设置门槛;门槛的高度应满足热媒油间的最大泄漏容积。

8 动 力

8.1 冷热源

8.1.8 冷热水系统的设计应符合下列要求:
　　4 保冷、保温材料的主要技术性能应按现行国家标准《设备及管道绝热设计导则》GB/T 8175 的要求确定,并应优先选用导热系数小、吸水率低、湿阻因子大、密度小的不燃或难燃的保冷、保温材料。

9 供暖通风与空气净化

9.2 通风与废气处理

9.2.8 厂房排风系统风管材料应符合下列要求：
   1 排出普通废气、有机废气、含尘废气的风管材料应采用不燃材料。
   2 排出酸性废气、碱性废气的风管应采用耐腐蚀的难燃型材料。

9.4 防排烟

9.4.1 印制电路板厂房防排烟系统的设计应符合现行国家标准《建筑设计防火规范》GB 50016 的有关规定。

9.4.2 机械排烟系统宜与排风、空调系统分开设置。排烟补风系统宜与通风、空调系统合用，且合用时应满足排烟和补风的要求。

10 给水排水

10.1 一般规定

10.1.6 管道不宜穿过防火墙，当必须穿过时，应设非燃烧材料的套管，管道与套管之间应采用耐火材料封堵；当穿过防火墙的管道为可燃材料时，应在防火墙两侧的管道上采取防火措施。

10.6 消防给水与灭火器配置

10.6.1 印制电路板工厂应设置室内外消火栓给水系统，设计应符合现行国家标准《建筑设计防火规范》GB 50016 的有关规定。

10.6.2 印制电路板工厂应配置灭火器，设计应符合现行国家标准《建筑灭火器配置设计规范》GB 50140 的有关规定。

10.6.4 占地面积大于 1500m² 或总建筑面积大于 3000m² 的印制电路板厂房应设置自动喷水灭火系统；洁净区内应采用快速响应喷头。

10.6.5 自动喷水灭火系统设计应符合现行国家标准《自动喷水灭火系统设计规范》GB 50084 的有关规定。

11 电 气

11.1 一般规定

11.1.2 化学品储存间、可燃气体或液体储存间的电气设计应根据气体或液体特性确定设计要求，并应符合现行国家标准《爆炸危险环境电力装置设计规范》GB 50058 的有关规定。

11.3 电力照明

11.3.2 技术夹层内的电气配管宜采用金属管。洁净区的电气管线宜暗敷，穿线导管应采用不燃材料。

11.3.6 厂房内应设置供人员疏散用的应急照明。在安全出入口、疏散通道或疏散通道转角处应设置疏散指示标志。

11.5 通信与自控

11.5.3 厂房应设置火灾自动报警及消防联动控制系统，并应符合现行国家标准《建筑设计防火规范》GB 50016 及《火灾自动报警系统设计规范》GB 50116 的有关规定。

11.5.4 厂区应设置消防值班室或控制室，其位置不应设在洁净区内。

11.6 防静电

11.6.3 生产过程产生静电危害的设备、管道应采取防静电接地措施。有爆炸或火灾危险的设备、管道设计应符合现行国家标准《爆炸危险环境电力装置设计规范》GB 50058 及《电子工程防静电设计规范》GB 50611 的有关规定。

12 化 学 品

12.1 一般规定

12.1.4 化学品库的设置应符合现行国家标准《建筑设计防火规范》GB 50016 和《储罐区防火堤设计规范》GB 50351 的有关规定，同时宜符合现行行业标准《化工粉体物料堆场及仓库设计规范》HG/T 20568 的有关规定。

12.1.5 化学品站的设置应符合现行国家标准《建筑设计防火规范》GB 50016 的有关规定及化学品运输的安全卫生、环境保护要求，并应设置监控设施。

12.2 化学品储存

12.2.6 厂房内各种化学品储存间（区）的设置应符合下列要求：
   2 易燃易爆化学品储存间（区）、分配间应靠外墙布置；
   3 危险化学品储存间（区）、分配间不应设置在办公区等人员密集房间和疏散走廊的上方、下方或贴邻；
   4 易燃易爆化学品储存间（区）、分配间，应采用不发生火花的防静电地面；腐蚀性化学品应采用防腐蚀地面。

12.2.7 液态危险化学品的储存间（区）、分配间应设置溢出保护设施，并应符合下列要求：
   1 当储存间（区）、分配间未设水消防灭火系统时，储存罐或罐组应设置防护堤，防护堤有效容积应大于最大储罐的容积；当设水消防灭火系统时，防护堤有效容积应大于 20min 消防水量加上最大储罐的容积；防护堤有效容积的设计高度应比计算高度高出 0.2m，防护堤的最小高度不得低于 0.5m。

14 节 能

14.1 一般规定

14.1.2 空调系统节能设计应满足下列要求：
   3 风管绝热层应采用不燃或难燃材料，其最小热阻应符合现行国家标准《公共建筑节能设计标准》GB 50189 的有关规定；绝热层外宜设置隔气层和保护层。

187.《薄膜晶体管液晶显示器工厂设计规范》GB 51136—2015

3 基本规定

3.0.2 薄膜晶体管液晶显示器工厂设计应符合下列规定：
  3 应采取措施满足消防安全的要求。

4 工 艺

4.3 工艺区划

4.3.2 生产区设置参观设施时，参观区域及其通道的环境应与生产环境隔离，并应保证生产区域物流和人员疏散通道的通畅。

5 厂址选择及总体规划

5.2 总体规划

5.2.5 储存易燃、易爆、有毒物品的库房、储罐、堆场宜布置在场区全年最小频率风向的上风侧，并应远离火源、主要建（构）筑物和人员集中的地带。储存液态介质的储罐四周应按现行国家标准《建筑设计防火规范》GB 50016 的有关规定设置防止事故泄漏的防火堤、防护墙或围堰。储存区宜设置围墙和专用出入口。

5.2.6 储存易燃、易爆、有毒物品的库房、储罐、堆场与建筑及道路的间距应符合现行国家标准《建筑设计防火规范》GB 50016 的有关规定。

6 建 筑

6.1 一般规定

6.1.4 生产厂房围护结构材料的选择应满足生产对环境的气密、保温、隔热、防火、防潮、防尘、耐久、易清洗的要求。

6.1.9 厂房室内装修应符合现行国家标准《建筑内部装修设计防火规范》GB 50222 和《电子工业洁净厂房设计规范》GB 50472 的有关规定。

6.2 防火及安全疏散

6.2.1 薄膜晶体管液晶显示器工厂厂房的耐火等级不应低于二级。

6.2.2 厂房各工作间生产的火灾危险性分类应符合现行国家标准《建筑设计防火规范》GB 50016 和《电子工业洁净厂房设计规范》GB 50472 的有关规定。

6.2.3 厂房内防火分区的划分应符合现行国家标准《建筑设计防火规范》GB 50016 和《电子工业洁净厂房设计规范》GB 50472 的有关规定。阵列、成盒、彩膜、模组厂房的洁净室，在关键工艺设备自带火灾报警和灭火装置以及在回风气流中设有灵敏度严于 0.01%obs/m 的早期烟雾探测系统后，其每个防火分区的最大允许建筑面积可按生产工艺要求确定。

6.2.4 厂房安全出口的设置应符合下列规定：
  1 安全出口数目应符合现行国家标准《建筑设计防火规范》GB 50016 和《电子工业洁净厂房设计规范》GB 50472 中的有关规定。
  2 厂房内任一点到最近安全出口的距离应符合现行国家标准《建筑设计防火规范》GB 50016 和《电子工业洁净厂房设计规范》GB 50472 的有关规定。
  3 阵列、成盒、彩膜、模组厂房，在关键工艺设备自带火灾报警和灭火装置以及回风气流中设有灵敏度严于 0.01%obs/m 的高灵敏度早期火灾报警探测系统后，安全疏散距离不得大于本条第 2 款规定的安全疏散距离的 1.5 倍。当洁净生产区人员密度小于 0.02 人/m² 时，安全疏散距离不得大于 120m。
  4 阵列、成盒、彩膜、模组厂房，当洁净生产区人员密度小于 0.02 人/m²，且洁净生产区与技术支持区位于不同的防火分区时，可共用安全出口，安全出口应设置共用前室或安全通道。

6.2.5 当洁净厂房的洁净区各层靠外墙布置时，应设可供消防人员通往厂房洁净区的门窗，其洞口间距大于 80m 时，应在该段外墙的适当部位设置专用消防口。专用消防口的设计应符合现行国家标准《洁净厂房设计规范》GB 50073 的有关规定。

6.2.6 穿过不同生产楼层的自动化垂直搬运系统除物料进、出口外，应采用耐火时间不低于 0.4h 的不燃材料封闭，物料进、出口防火措施应按本规范第 10.6.6 条的有关规定执行。

6.2.7 易燃、易爆化学品及气体的配送间应靠外墙布置，房间泄压面积应符合现行国家标准《建筑设计防火规范》GB 50016 的有关规定，不得设置在人员密集房间和疏散走道的上方、下方或贴邻。

6.2.8 易燃、易爆化学品储存间、配送间应采用不发生火花的防静电地面，腐蚀性化学品储存间、配送间应采用防腐蚀地面。

8 气体动力

8.2 大宗气体供应

8.2.1 大宗气体输送系统设计应符合下列规定：
  3 氢气、氧气管道的终端或最高点应设置放散管，放散管应引至室外并应高出建筑的屋脊 1m，氢气放散管道上应设置阻火器。

8.2.3 大宗气体纯化间或气体入口室内设有氢气等可燃气体装置时，其火灾危险性应按甲类确定，并应符合下列规定：
  1 可燃气体装置应靠外墙设置，并应设置防爆泄压设施；

2 氢气等可燃气体引入管道上应设置自动切断阀；

3 应具有良好的自然通风，并应设置事故排风装置；

4 应设置气体泄漏报警装置，并应与事故排风装置连锁。

8.3 特种气体供应

8.3.3 布置在独立的建（构）筑物内或区域的特种气体设备的火灾危险性的确定应符合现行国家标准《建筑设计防火规范》GB 50016 的有关规定。

8.3.4 布置在生产厂房内的自燃、可燃特种气体设备分配间的火灾危险性应按甲类确定。

8.3.7 可燃特种气体的气瓶柜应符合下列规定：

1 硅烷气瓶柜的排风换气次数不得低于 1200 次/h，且气瓶柜的负压应连续监控；

2 自燃特种气体的气瓶柜应设置紫外、红外火焰探测器及自动灭火系统；

3 可燃特种气体的气瓶柜应设置自动灭火系统；

4 自燃、可燃特种气体的气瓶柜应在气瓶之间设置隔离钢板。

8.3.9 特种气体排气与废气处理的设置应符合下列规定：

3 自燃、可燃、毒性、腐蚀性特种气体的排气应经过尾气处理装置进行处理，确保达到国家规定的允许排放标准。

8.3.10 生产厂房内的可燃和毒性特种气体管道应明敷，穿过生产区墙壁与楼板处的管段应设置套管，套管内的管道不得有焊缝，套管与管道之间应采用密封措施。可燃、毒性、腐蚀性气体管道的机械连接处应置于排风罩内。

8.3.12 可燃、氧化性特种气体管道应设置静电泄导的接地设施。

9 供暖、通风、空气调节与净化

9.2 采暖、通风与废气处理

9.2.4 排风系统的设计应符合下列规定：

7 酸、碱、有毒和有机排风系统的风管不应穿过防火墙或防火分隔物。若必须穿过时，不得设置熔片式防火阀。

9.3 空气调节与净化

9.3.1 净化空气调节系统的新风应集中进行热、湿、净化处理，新风处理机组的设置应符合下列规定：

5 新风的吸入口位置应远离排放有害物或可燃物的排气口。

9.3.5 风机过滤器机组的设置应符合下列规定：

3 机组应采取消音措施，消音装置不得采用产尘材料，且其燃烧性能等级应达到 B 级。

9.4 防排烟

9.4.1 洁净厂房中防烟楼梯间、前室或合用前室宜设置自然排烟设施，当不能满足自然排烟要求时，应设置机械防烟系统。机械防烟系统的设置应符合现行国家标准《建筑设计防火规范》GB 50016 的有关规定。

9.4.2 洁净厂房中不具备自然排烟的疏散走道应设置机械排烟系统。

9.4.3 洁净厂房机械排烟系统的设置应符合现行国家标准《建筑设计防火规范》GB 50016 的有关规定。洁净室人员密度小于 0.02 人/m²，且其安全疏散距离不大于 80m 时，该洁净室可不设机械排烟系统。

9.4.4 洁净室（区）的排烟系统应有防止室外气流倒灌的措施，并应设置用于平时巡检的旁通管路。

9.4.5 洁净室（区）内的排烟风管使用产尘的保温材料进行隔热时，应为具有双层金属板夹保温材料构造的成品保温风管，保温材料应满足现行国家标准《建筑设计防火规范》GB 50016 的有关规定，内层金属板的厚度应按现行国家标准《通风与空调工程施工质量验收规范》GB 50243 的有关规定执行。

9.4.6 排烟系统的设置尚应符合现行国家标准《建筑设计防火规范》GB 50016 和《电子工业洁净厂房设计规范》GB 50472 的有关规定。

10 给 水 排 水

10.6 消防给水及灭火设施

10.6.1 厂房的消防设计应符合现行国家标准《建筑设计防火规范》GB 50016 的有关规定。

10.6.2 厂房消火栓系统的设计应符合下列规定：

1 可通行检修的洁净室（区）的生产层及下技术夹层应设置室内消火栓；

2 室内外消火栓用水量应符合现行国家标准《电子工业洁净厂房设计规范》GB 50472 的有关规定。

10.6.3 厂房内设置的自动喷水灭火系统应符合下列规定：

1 设置的自动喷水灭火系统应符合现行国家标准《自动喷水灭火系统设计规范》GB 50084 的有关规定。

2 洁净生产区及上、下技术夹层应设置自动喷水灭火系统。喷水强度不应小于 8L/(min·m²)，作用面积不应小于 160m²。

3 特种气体站（间）内存储的特种气体与水不发生反应时，该特种气体间应设置湿式自动喷水灭火系统。喷水强度不应小于 8L/(min·m²)，作用面积不应小于 160m²。

4 设置在室外的硅烷站，应设置雨淋系统。保护部位包括硅烷钢瓶、大宗硅烷储罐及相关的工艺气柜。雨淋系统的设计喷水强度不应小于 12L/(min·m²)，火灾延续时间不应小于 2h。

5 存储和使用硅烷的房间应设置湿式自动喷水灭火系统。设计喷水强度不低于严重危险级Ⅰ级，设计喷水强度不应小于 12L/(min·m²)，作用面积不应小于 260m²。

10.6.4 厂房内设置的气体灭火系统应符合现行国家标准《气体灭火系统设计规范》GB 50370 和《二氧化碳灭火系统设计规范》GB 50193 及《建筑灭火器配置设计规范》GB 50140 的有关规定。

10.6.5 厂房内设置的灭火器应符合下列规定：

2 洁净区以外区域的灭火器设置应符合现行国家标准《建筑灭火器配置设计规范》GB 50140 的有关规定。

10.6.6 化学品存储、分配、回收间的灭火系统应符合下列规定：

1 存储的化学品遇水可发生剧烈反应，产生不良后果的，该房间严禁采用水消防系统。

11 电 气

11.1 供配电与照明

11.1.4 消防用电设备的供配电设计应符合现行国家标准《建筑设计防火规范》GB 50016 的有关规定。

11.1.6 生产厂房内的电气管线宜敷设在技术夹层或技术夹道内，洁净室（区）内的电气管线宜暗敷，穿线导管应采用不燃材料。洁净室（区）内的电气管线管口及安装于墙上的各种电器设备与墙体接缝处应采取可靠的密封措施。

11.1.12 生产厂房内应设置供人员疏散用的应急照明。在安全出口、疏散口和疏散通道转角处应按现行国家标准《建筑设计防火规范》GB 50016 设置疏散标志。在专用消防口处应设置红色应急照明灯。

11.3 火灾报警及消防联动

11.3.1 根据生产工艺布置和公用动力系统的装设情况，火灾探测器的设置应符合下列规定：

1 洁净生产区、技术夹层、技术夹道、机房、站房均应设火灾探测器；

2 当洁净室（区）采用上送下（下侧）回气流组织时，在回风气流中应设置早期报警空气采样火灾探测器；

3 在净化空调系统的新风或循环风的空气处理设备的出口处应设火灾探测器。

11.3.2 洁净生产区及其走道、技术夹层应设置手动火灾报警按钮。

11.3.3 气体报警装置的设置应符合下列规定：

1 可燃/有毒气体或液体的储存、分配场所应设气体探测器；

2 惰性气体环境应设氧气探测器；

3 可燃/有毒气体或液体的使用场所或设备、气体管道入口室及管道阀门或接头等易泄漏处，应设探测器；

4 设有可燃/有毒气体设施/管线的洁净室的技术夹层或技术夹道内，应设气体探测器；

5 气体探测信号应与相应的事故排气装置连锁控制，并应将报警信号送至消防值班室；

6 气体报警装置应在启动排风机的同时自动启动可燃/有毒气体切断阀；

7 排风系统应设有应急电源。

11.3.4 工厂应设置消防值班室/控制室，消防控制室应设有消防专用电话总机。

11.3.5 消防控制系统的控制、显示、报警功能应符合现行国家标准《建筑设计防火规范》GB 50016 和《火灾自动报警系统设计规范》GB 50116 的有关规定。

11.3.6 安防系统对洁净室（区）火灾报警应进行核实，并应进行下列联动控制：

1 应启动室内消防水泵，接受反馈信号。除自动控制外，还应在消防值班/控制室设置手动直接控制装置。

2 应关闭有关部位的电动防火阀，停止相应的净化空调系统，并应接收其反馈信号。

3 应关闭有关部位的电动防火门、防火卷帘门。

4 应启动备用应急照明灯。

5 在消防值班/控制室或低压配电室，应手动/自动切断有关部位的非消防电源。

6 应启动火灾应急扩音机，进行人工或自动播音。

7 应控制电梯降至首层，并应接收其反馈信号。

11.3.7 安防系统应对洁净室（区）气体报警进行核实，并应进行下列联动控制：

1 应启动相应的排风装置，接受反馈信号；

2 应启动相关部位的气体自动切断阀，接受反馈信号。

12 防静电

12.3 防静电接地

12.3.4 易燃、易爆环境以及各种液体或气体管道采取的防静电措施尚应符合现行国家标准《工业金属管道设计规范》GB 50316 的有关规定。

13 化学品

13.2 化学品储存和配送

13.2.1 物化性质不允许储存在同一区域或房间的化学品储存，应采用实体墙分隔；相邻房间隔墙耐火极限不应小于 2.0h。

13.2.2 化学品原料库房、厂房内的化学品储存间（区）、配送间的设计应符合现行国家标准《建筑设计防火规范》GB 50016 的有关规定。

13.2.4 厂房内化学品储存间（区）、配送间的设置应符合下列规定：

2 易燃、易爆化学品储存间（区）、配送间应靠外墙独立布置，房间泄压面积应符合现行国家标准《建筑设计防火规范》GB 50016 的有关规定；

3 危险化学品储存区域（间）和配送区（间）不得设置在人员密集房间和疏散走道的上方、下方或贴邻；

4 化学品储存、配送间应设置机械排风，机械排风系统应设置应急电源；

5 易燃、易爆化学品储存间、配送间应采用不发生火花的防静电地面。

13.2.5 液态危险化学品的储存、配送间应设置溢出保护设施，并应符合下列规定：

1 桶装化学品存放区域、储存罐（组）应设置防护堤，防护堤有效容积应符合下列规定：

1）当桶装化学品存放区域、储罐区没有设置水消防灭火系统时，防护堤有效容积应大于最大桶、储罐的容积；

2）当桶装化学品存放区域、储罐区设有水消防灭火系统时，应结合废液收集系统和厂区内临时事故收集池的容量统一考虑，防护堤、废液收集系统和临时事故收集池总有效容积不宜小于20min消防用水量与最大桶、储罐的容积之和；

  3）防护堤有效容积的设计高度应比本款第1项和第2项的计算高度高出0.2m。

13.2.8 当设置集中化学品配送间通过管道输送化学品时，应符合下列规定：

 3 采用大型槽车输送酸、碱化学品配送间应靠外墙独立布置。

 9 输送易燃、易爆化学品的设备和管道应设置防静电接地设施。

 10 输送易燃、易爆、腐蚀性化学品的总管上应设自动和手动切断阀。

13.4 化学品废液收集回收

13.4.1 化学品废液系统的设置应符合下列规定：

 5 集中收集系统的化学品废液储存罐、外运加压泵等相关设备应靠外墙独立设置在化学品废液收集间内。易燃、易爆化学品废液收集间应采用实体墙与其他房间隔开。

14 空间管理

14.1 一般规定

14.1.1 空间管理设计应符合下列规定：

 2 一般给水排水、纯水、工艺冷却循环水、废水处理、消防等设备外形尺寸、平面布置、运行、维修及主要配管应满足最小安全距离及占用标高。

188. 《发光二极管工厂设计规范》GB 51209—2016

4 工 艺

4.4 设备布置

4.4.4 气瓶柜、尾气处理设备、气体纯化柜等金属有机化学气相沉积设备的辅助设备的布置方式,应符合现行国家标准《建筑设计防火规范》GB 50016 和《特种气体系统工程技术规范》GB 50646 的有关规定。

5 总 图

5.2 总平面布置

5.2.3 厂区给水、排水、循环水及动力电缆等管线宜选用地下敷设方式;厂区易燃可燃液体、燃气、热力、压缩空气及保护气体、通信信号电缆等管线宜选用地上管架敷设方式;地上、地下管线的布置应符合现行国家标准《工业企业总平面设计规范》GB 50187 的有关规定。

6 建 筑

6.1 一般规定

6.1.3 生产厂房围护结构材料的选择应满足生产对环境的气密、保温、隔热、防火、防潮、防尘、耐久、易清洗等要求。外围护结构及节点部位的内表面温度不应低于室内空气露点温度。

6.1.4 技术夹层、技术夹道应满足各种风管和各种动力管线安装、维修要求。穿越楼层的竖向管线需暗敷时,宜设置技术竖井,其形式、尺寸和构造应满足风管、管线的安装、检修和防火要求。

6.1.7 厂房室内装修应符合现行国家标准《建筑内部装修设计防火规范》GB 50222 和《电子工业洁净厂房设计规范》GB 50472 的有关规定。

6.2 防火及安全疏散

6.2.1 发光二极管工厂建筑的耐火等级不应低于二级。

6.2.2 金属有机化合物化学气相沉积间的火灾危险性分类在满足下列条件时应按丙类,否则应按甲类设防:
1 设备密闭性良好;
2 设有气体或可燃蒸汽报警装置和灭火装置。

6.2.3 其他生产区的火灾危险性分类,应符合现行国家标准《建筑设计防火规范》GB 50016 和《电子工业洁净厂房设计规范》GB 50472 的有关规定。

6.2.4 厂房内防火分区的划分,应符合现行国家标准《建筑设计防火规范》GB 50016 和《电子工业洁净厂房设计规范》GB 50472 的有关规定。

6.2.5 厂房安全出口的设置、安全疏散距离应符合现行国家标准《建筑设计防火规范》GB 50016 和《电子工业洁净厂房设计规范》GB 50472 的有关规定。

6.2.6 危险化学品储存区域和分配区不得设置在人员密集房间和疏散走廊的上方、下方或贴邻;特气间、气体纯化间等有爆炸危险性房间应靠外墙布置,房间泄压面积应符合现行国家标准《建筑设计防火规范》GB 50016 的有关规定。

6.2.7 易燃易爆化学品储存间、分配间,应采用不发生火花的防静电地面;腐蚀性化学品储存间、分配间应采用防腐蚀地面。

8 动力及气体工程

8.2 大宗气体供应

8.2.1 大宗气体管道系统设计应符合下列规定:
2 氢气、氧气管道的终端或最高点应设置放散管,放散管应引至室外并高出建筑的屋脊 1m,氢气放散管道上应设置阻火器。

8.2.3 设有氢气等可燃气体装置的气体纯化间或气体入口室的火灾危险性应按甲类确定,并应符合下列规定:
1 应靠外墙设置,并应设置防爆泄压设施;
2 氢气等可燃气体引入管道上应设置自动切断阀;
3 应具有机械通风装置,并应设置事故排风装置;
4 应设置气体泄漏报警装置,并应与事故排风装置联锁。

8.3 特种气体供应

8.3.3 特种气体系统的气瓶柜、气瓶架的设置应符合下列规定:
4 自燃、可燃、毒性、腐蚀性气瓶柜应在排风出口设置气体泄漏探测器。

8.3.4 可燃、自燃特种气体的气瓶柜应符合下列规定:
1 硅烷气瓶柜闭门时的排风换气次数不得低于1200 次/h,且应连续监控气瓶柜的负压;
2 自燃特种气体的气瓶柜应设置紫外、红外火焰探测器及水喷淋系统;
3 可燃特种气体的气瓶柜应设置水喷淋系统;
4 自燃、可燃特种气体的气瓶柜应在气瓶之间设置隔离钢板。

8.3.6 特种气体排气与废气处理的设置应符合下列规定:
3 自燃、可燃、毒性、腐蚀性特种气体的排气应经过尾气处理装置进行处理,排放应符合现行国家标准《大气污染物综合排放标准》GB 16297 的有关规定。

8.3.7 生产厂房内的可燃和毒性特种气体管道应明敷,穿过生产区墙壁与楼板处的管段应设置套管，套管内的管道不得有焊缝，套管与管道之间应采用密封措施。可燃、毒性、腐蚀性气体管道的机械连接处，应置于排风罩内。

8.3.9 自燃、可燃、氧化性特种气体管道，应设置静电泄放的接地设施。

9 供暖、通风、空气调节与净化

9.2 供暖、通风与废气处理

9.2.5 排风系统的设计应符合下列规定：
  5 金属有机化合物化学气相沉积设备的排风系统应采取防火、防爆措施；
  6 酸、碱、硅烷排风系统的风管不应穿越防火墙或通风、空气调节机房的隔墙和楼板，当必须穿越时，不得设置熔片式防火阀。

9.4 防 排 烟

9.4.1 生产厂房中防烟楼梯间、前室或合用前室宜设置自然排烟设施，当不能满足自然排烟要求时，应设置机械排烟系统。机械排烟系统的设置应符合现行国家标准《建筑设计防火规范》GB 50016 的有关规定。

9.4.2 生产厂房中不具备自然排烟的疏散走廊，应设置机械排烟系统。

9.4.3 金属有机化合物化学气相沉积设备车间内应设置机械排烟系统，其他车间排烟系统的设置应符合现行国家标准《建筑设计防火规范》GB 50016 和《电子工业洁净厂房设计规范》GB 50472 的有关规定。

9.4.4 洁净室（区）的排烟系统应有防止室外气流倒灌的措施，并应设置旁通管路用于平时巡检。

9.4.5 洁净室（区）内的排烟风管当使用产尘的保温材料进行隔热时，应为具有双层金属板夹保温材料构造的成品保温风管，保温材料应符合现行国家标准《建筑设计防火规范》GB 50016 的有关规定，内层金属板的厚度应符合现行国家标准《通风与空调工程施工质量验收规范》GB 50243 的有关规定。

10 给 水 排 水

10.6 消 防

10.6.1 发光二极管工厂应设置消防给水系统。

10.6.2 消防给水系统的设置应符合现行国家标准《建筑设计防火规范》GB 50016 及《自动喷水灭火系统设计规范》GB 50084 的有关规定，并应符合下列规定：
  1 洁净室生产区应设置室内消火栓；
  2 洁净生产区应设置自动喷水灭火系统，喷水强度不应小于 8L/min·m²，作用面积不应小于 160m²；洁净室或洁净区内向下气流区域内应采用快速反应喷头；
  3 特种气体站、硅烷站的消防设计应符合现行国家标准《特种气体系统工程技术规范》GB 50646 的有关规定。

10.6.3 设置固定灭火装置的仓库，应按现行国家标准《自动喷水灭火系统设计规范》GB 50084 的有关规定执行。

10.6.4 洁净区内宜配置的手提二氧化碳灭火器不应对洁净环境产生破坏，厂房内其余场所配置的灭火器应符合现行国家标准《建筑灭火器配置设计规范》GB 50140 的有关规定。

11 电 气

11.1 供配电与照明

11.1.4 发光二极管工厂的消防用电负荷分级及供电要求，应符合现行国家标准《建筑设计防火规范》GB 50016 的有关规定。

11.1.6 发光二极管厂房的电气管线敷设在洁净室内时宜暗敷。穿线导管应采用不燃材料。洁净区内的电气管线管口及安装在墙上的各种电器设备与墙体接缝处应有可靠的密封措施。

11.1.7 发光二极管厂房内易燃、易爆气体或液体的入口室、辅助间的电气设计应根据易燃、易爆气体或液体的特性确定，并应符合现行国家标准《爆炸危险环境电力装置设计规范》GB 50058 的有关规定。

11.1.11 厂房内应设置供人员疏散用的应急照明。在安全出口、疏散口和疏散通道转角处设置疏散标志应符合现行国家标准《建筑设计防火规范》GB 50016 的有关规定。在专用消防口处应设置红色应急照明灯。

11.5 安全防护

11.5.1 发光二极管工厂应设火灾自动报警及消防联动控制系统，系统的设置应符合现行国家标准《火灾自动报警系统设计规范》GB 50116 的有关规定，并应符合下列规定：
  1 洁净厂房的洁净室（区）及辅助建筑均应设智能型火灾探测器；
  3 洁净室（区）出入口内外均应设置手动火灾报警按钮；
  4 洁净室（区）内主入口应设消防专用电话分机；
  5 洁净室（区）的消防联动控制应符合现行国家标准《电子工业洁净厂房设计规范》GB 50472 的有关规定；
  6 洁净室（区）的空调及排烟系统联动控制应在火灾核实并确认后，控制室或现场手动控制。

12 防 静 电

12.3 防静电接地

12.3.5 爆炸危险和火灾危险环境的各种流动液体、气体或粉体管道安装的防静电措施应符合现行国家标准《工业金属管道设计规范》GB 50316 的有关规定。

189.《共烧陶瓷混合电路基板厂设计标准》GB 51291—2018

3 总体设计

3.1 一般规定

3.1.2 共烧陶瓷混合电路基板厂总体设计的设计输入应包括下列内容：

7 项目所在地对环保、消防、安全、节能和水源保护的地方性法规等。

5 工艺设备配置

5.2 配料工艺设备

5.2.2 配料工艺设备应符合下列规定：

5 防爆储存柜应为全金属封闭结构，应具有防爆、避光、阻燃能力。

7 建筑与结构

7.1 建 筑

7.1.5 共烧陶瓷混合电路基板生产厂房建筑耐火等级应为二级。

7.1.6 共烧陶瓷混合电路基板生产厂房内、安全出口、疏散标志等消防设计应符合现行国家标准《电子工业洁净厂房设计规范》GB 50472 的有关规定。

7.1.9 室内装修材料的选择应符合现行国家标准《电子工业洁净厂房设计规范》GB 50472 和《建筑内部装修设计防火规范》GB 50222 的有关规定。

8 公用设施及动力

8.2 给水排水

8.2.1 共烧陶瓷混合电路基板生产厂给水设计应符合下列规定：

2 与洁净区内无关的给水管道不应穿过洁净区，当必须穿过时，应采取保温隔热防尘防火措施。

8.2.4 消防给水和灭火设备的设计应符合现行国家标准《建筑设计防火规范》GB 50016 的有关规定，消防给水系统设计应符合现行国家标准《消防给水及消火栓系统技术规范》GB 50974 的有关规定。

8.2.5 在洁净区内通道上宜设置推车式二氧化碳气体灭火器，不应采用干粉灭火器。

8.2.6 厂房内应设置消火栓箱，室内消火栓应保证采用两支水枪充实水柱到达室内任何部位，并应布置在位置明显、易于操作的位置。

9 电气设计

9.2 照明、配电和自动控制

9.2.5 生产厂房内应设置供人员疏散用应急照明，其照度不应低于5lx。

9.3 通信、信息

9.3.2 共烧陶瓷混合电路基板生产厂应设置火灾自动报警及消防联动控制系统，防护对象的等级不应低于一级。

9.3.3 共烧陶瓷混合电路基板生产厂火灾自动报警及消防联动控制系统的控制及显示功能应符合现行国家标准《火灾自动报警系统设计规范》GB 50116 的有关规定。

9.3.4 共烧陶瓷混合电路基板生产厂应设事故应急广播系统。

9.3.5 使用氢气的高温共烧陶瓷基板烧结间内必须设置火焰探测器，厂房必须安装氢气浓度探测器。

9.3.6 洁净区内门禁读卡器宜采用非接触型，当发生火灾时，门禁系统应释放。

10 环境保护和安全

10.1 环境保护

10.1.5 排风系统应符合下列规定：

2 有毒和有机排风应采取防火、防爆措施。

10.2 安 全

10.2.3 共烧陶瓷混合电路基板生产厂消防系统设计应符合下列规定：

1 消防值班室应设置火灾报警控制器及联动控制盘，与厂区监控中心互连，接收报警信号后启动相应的消防设备；

2 生产厂房内应设置火灾及烟雾探测器，并应与监控中心互连；

3 生产厂房内应设置消火栓箱和手动报警按钮；

4 使用氢气的房间，氢气体报警装置和事故排风装置应连锁；

5 灭火器配置应符合现行国家标准《建筑灭火器配置设计规范》GB 50140 的有关规定，除洁净区、变电站等区域应配置二氧化碳灭火器外，其他区域宜配置磷铵盐干粉灭火器。

190. 《数据中心设计规范》GB 50174—2017

1 总则

1.0.2 本规范适用于新建、改建和扩建的数据中心的设计。

2 术语和符号

2.1 术语

2.1.4 支持区 support area

为主机房、辅助区提供动力支持和安全保障的区域,包括变配电室、柴油发电机房、电池室、空调机房、动力站房、不间断电源系统用房、消防设施用房等。

4 选址及设备布置

4.2 组成

4.2.5 在灾难发生时,仍需保证电子信息业务连续性的单位,应建立灾备数据中心。灾备数据中心的组成应根据安全需求、使用功能和人员类别划分为限制区、普通区和专用区。

6 建筑与结构

6.3 围护结构热工设计和节能措施

6.3.2 数据中心围护结构的材料选型应满足保温、隔热、防火、防潮、少产尘等要求。外墙、屋面热桥部位的内表面温度不应低于室内空气露点温度。

8 电气

8.1 供配电

8.1.11 电子信息设备的电源连接点应与其他设备的电源连接点严格区别,并应有明显标识。

8.1.12 A级数据中心应由双重电源供电,并应设置备用电源。备用电源宜采用独立于正常电源的柴油发电机组,也可采用供电网络中独立于正常电源的专用馈电线路。当正常电源发生故障时,备用电源应能承担数据中心正常运行所需要的用电负荷。

8.1.13 B级数据中心宜由双重电源供电,当只有一路电源时,应设置柴油发电机组作为备用电源。

8.2 照明

8.2.5 主机房和辅助区应设置备用照明,备用照明的照度值不应低于一般照明照度值的10%;有人值守的房间,备用照明的照度值不应低于一般照明照度值的50%;备用照明可为一般照明的一部分。

8.2.6 数据中心应设置通道疏散照明及疏散指示标志灯,主机房通道疏散照明的照度值不应低于5lx,其他区域通道疏散照明的照度值不应低于1lx。

11 智能化系统

11.1 一般规定

11.1.1 数据中心应设置总控中心、环境和设备监控系统、安全防范系统、火灾自动报警系统、数据中心基础设施管理系统等智能化系统,各系统的设计应根据机房的等级,按本规范附录A执行,并应符合现行国家标准《智能建筑设计标准》GB 50314、《安全防范工程技术规范》GB 50348、《火灾自动报警系统设计规范》GB 50116、《视频显示系统工程技术规范》GB 50464的有关规定。

11.3 安全防范系统

11.3.2 火灾等紧急情况时,出入口控制系统应能接受相关系统的联动控制信号,自动打开疏散通道上的门禁系统。

12 给水排水

12.1 一般规定

12.1.2 数据中心内安装有自动喷水灭火设施、空调机和加湿器的房间,地面应设置挡水和排水设施。

12.2 管道敷设

12.2.4 数据中心内的给排水管道及其保温材料应采用不低于B_1级的材料。

13 消防与安全

13.1 一般规定

13.1.1 数据中心防火和灭火系统设计应符合现行国家标准《建筑设计防火规范》GB 50016、《气体灭火系统设计规范》GB 50370、《细水雾灭火系统技术规范》GB 50898和《自动喷水灭火系统设计规范》GB 50084的规定,并应按本规范附录A执行。

13.1.4 总控中心等长期有人工作的区域应设置自动喷水灭火系统。

13.1.5 数据中心应设置火灾自动报警系统,并应符合现行国家标准《火灾自动报警系统设计规范》GB 50116 的有关规定。

13.1.6 数据中心应设置室内消火栓系统和建筑灭火器，室内消火栓系统宜配置消防软管卷盘。

13.2 防火与疏散

13.2.1 数据中心的耐火等级不应低于二级。

13.2.2 当数据中心按照厂房进行设计时，数据中心的火灾危险性分类应为丙类，数据中心内任一点到最近安全出口的直线距离不应大于表 13.2.2 的规定。当主机房设有高灵敏度的吸气式烟雾探测火灾报警系统时，主机房内任一点到最近安全出口的直线距离可增加 50%。

表 13.2.2 数据中心内任一点到最近安全出口的最大直线距离（m）

单层	多层	高层	地下室、半地下室
80	60	40	30

13.2.3 当数据中心按照民用建筑设计时，直通疏散走道的房间疏散门至最近安全出口的直线距离不应大于表 13.2.3-1 的规定。各房间内任一点至房间直通疏散走道的疏散门的直线距离不应大于表 13.2.3-2 的规定。建筑内全部采用自动灭火系统时，采用自动喷水灭火系统的区域，安全疏散距离可增加 25%。

表 13.2.3-1 直通疏散走道的房间疏散门至最近安全出口的最大直线距离（m）

疏散门的位置	单层、多层	高层
位于两个安全出口之间的疏散门	40	40
位于袋形走道两侧或尽端的疏散门	22	20

表 13.2.3-2 房间内任一点至房间直通疏散走道的疏散门的最大直线距离（m）

单层、多层	高层
22	20

13.2.4 当数据中心与其他功能用房在同一个建筑内时，数据中心与建筑内其他功能用房之间应采用耐火极限不低于 2.0h 的防火隔墙和 1.5h 的楼板隔开，隔墙上开门应采用甲级防火门。

13.2.5 建筑面积大于 120m² 的主机房，疏散门不应少于两个，并应分散布置。建筑面积不大于 120m² 的主机房，或位于袋形走道尽端、建筑面积不大于 200m² 的主机房，且机房内任一点至疏散门的直线距离不大于 15m，可设置一个疏散门，疏散门的净宽度不应小于 1.4m。主机房的疏散门应向疏散方向开启，应自动关闭，并应保证在任何情况下均能从机房内开启。走廊、楼梯间应畅通，并应有明显的疏散指示标志。

13.2.6 主机房的顶棚、壁板和隔断应为不燃烧体，且不得采用有机复合材料。地面及其他装修应采用不低于 B_1 级的装修材料。

13.2.7 当单罐柴油容量不大于 50m³，总柴油储量不大于 200m³ 时，直埋地下的卧式柴油储罐与建筑物和园区道路之间的最小防火间距除应符合表 13.2.7 的规定外，并应符合现行国家标准《建筑设计防火规范》GB 50016、《汽车加油加气站设计与施工规范》GB 50156 和《石油化工企业设计防火规范》GB 50160 的有关规定。

表 13.2.7 直埋地下的柴油卧式储罐与建筑物和园区道路之间的最小防火间距

柴油种类及储量 V（m³）	防火间距（m）					从储油罐边沿到园区道路边沿	
	建筑物						
	一、二级			三级	四级	主要道路	次要道路
	高层民用建筑	高层厂房	裙房及其他建筑				
闪点≥45℃ 1≤V<50	20	13	6	7.5	10	3	3
闪点≥45℃ 50≤V<200	25	13	7.5	10	12.5	3	3
闪点≥55℃ 5≤V<200	20	13	6	7.5	10	3	3

13.3 消防设施

13.3.1 采用管网式气体灭火系统或细水雾灭火系统的主机房，应同时设置两组独立的火灾探测器，火灾报警系统应与灭火系统和视频监控系统联动。

13.3.2 采用全淹没方式灭火的区域，灭火系统控制器应在灭火设备动作之前，联动控制关闭房间内的风门、风阀，并应停止空调机、排风机，切断非消防电源。

13.3.3 采用全淹没方式灭火的区域应设置火灾警报装置，防护区外门口上方应设置灭火显示灯。灭火系统的控制箱（柜）应设置在房间外便于操作的地方，并应有保护装置防止误操作。

13.3.4 当数据中心与其他功能用房合建时，数据中心内的自动喷水灭火系统应设置单独的报警阀组。

13.3.5 数据中心内，建筑灭火器的设置应符合现行国家标准《建筑灭火器配置设计规范》GB 50140 的有关规定。

13.4 安全措施

13.4.1 设置气体灭火系统的主机房，应配置专用空气呼吸器或氧气呼吸器。

191.《电子工业洁净厂房设计规范》GB 50472—2008

4 总体设计

4.1 位置选择和总平面布置

4.1.7 洁净厂房宜设置环行消防车道,若有困难时可沿厂房的两长边侧设消防车道。消防车道的设置应符合现行国家标准《建筑设计防火规范》GB 50016 的有关规定。

4.3 洁净室布置和综合协调

4.3.1 洁净厂房的平面布置应合理安排洁净生产区、辅助区和动力区,并应符合下列要求:

　7 应符合有关防爆、防火、消防等要求。

4.3.3 洁净室(区)内应少分隔,但下列情况应予分隔:

　1 按火灾危险性分类,甲、乙类的房间与相邻的生产区段或房间之间,或有防火分隔要求时,应设隔墙。

5 工艺设计

5.5 设备及工器具

5.5.1 洁净室(区)内应采用具有防尘、防污染的生产设备和辅助生产设备,并应符合下列要求:

　3 对生产中发尘、排热量大或排出有毒、可燃气体的设备,应采取防扩散措施;

5.5.6 洁净室(区)内设置真空泵时,应符合下列规定:

　1 使用油润滑的真空泵应设置除油装置,除油后尾气应排入排气系统;

　2 对传输含有可燃气体的真空泵,可燃气体浓度超过爆炸下限的20%时,应设尾气处理装置,在排入排气系统前应去除或稀释可燃气体组分;

　3 传输易燃、自燃化学品或高浓度氧气的真空泵,应采用不燃泵油,并应配置氮气吹扫。氮气吹扫控制阀应与生产工艺设备操作系统联锁。

6 洁净建筑设计

6.1 一般规定

6.1.3 洁净厂房的立面设计应简洁、明快,并应适应洁净室(区)的布置要求。洁净厂房围护结构的材料选型应满足保温、隔热、防火、防潮、少产尘、易清洁等要求。

6.1.4 洁净厂房主体结构的耐久性应与电子产品生产线设备、生产环境控制设施协调,并应具有防火、控制温度变形和不均匀沉陷性能。厂房变形缝不宜穿越洁净区。

6.1.6 设有技术夹层、技术夹道的洁净厂房,技术夹层、技术夹道的建筑设计应满足各种风管和各种动力管线安装和维修的要求。穿越楼层的竖向管线需暗敷时,宜设置技术竖井。技术竖井的形式、尺寸和构造应满足风管、管线的安装、检修和防火要求。

6.2 防火和疏散

6.2.1 洁净厂房的耐火等级不应低于二级。

6.2.2 洁净厂房内生产工作间的火灾危险性,应符合现行国家标准《建筑设计防火规范》GB 50016 的有关规定。火灾危险性分类举例见本规范附录 B。

6.2.3 洁净厂房内防火分区的划分,应符合现行国家标准《建筑设计防火规范》GB 50016 的有关规定。

　丙类生产的电子工业洁净厂房的洁净室(区),在关键生产设备设有火灾报警和灭火装置以及回风气流中设有灵敏度严于 0.01%obs/m 的高灵敏度早期火灾报警探测系统后,其每个防火分区的最大允许建筑面积可按生产工艺要求确定。

6.2.4 洁净室的上技术夹层、下技术夹层和洁净生产层,当按其构造特点和用途作为同一防火分区时,上下技术夹层的面积可不计入防火分区的建筑面积,但应分别采取相应的消防措施。

6.2.5 洁净室的顶棚和墙板、技术竖井井壁的材质选择,应符合现行国家标准《洁净厂房设计规范》GB 50073 的有关规定。

6.2.6 在综合性厂房的一个防火分区内,洁净生产区域与一般生产区域之间应设置不燃烧体隔断设施。不燃烧体隔断设施应符合现行国家标准《洁净厂房设计规范》GB 50073 的有关规定。

6.2.7 洁净厂房的安全出口的设置,应符合下列规定:

　1 每一生产层、每个防火分区或每一洁净室的安全出口数目,应符合现行国家标准《洁净厂房设计规范》GB 50073 的有关规定;

　2 安全出口应分散布置,并应设有明显的疏散标志;安全疏散距离应符合现行国家标准《建筑设计防火规范》GB 50016 的有关规定。安全疏散用门应向疏散方向开启,并应设观察玻璃窗;

　3 丙类生产的电子工业洁净厂房,在关键生产设备自带火灾报警和灭火装置以及回风气流中设有灵敏度严于 0.01%obs/m 的高灵敏度早期火灾报警探测系统后,安全疏散距离可按工艺需要确定,但不得大于本条第 2 款规定的安全疏散距离的 1.5 倍。

注:对于玻璃基板尺寸大于 1500mm×1850mm 的 TFT-LCD 厂房,且洁净生产区人员密度小于 0.02 人/m² ,其疏散距离应按工艺需要确定,但不得大于120m。

6.2.8 洁净厂房的洁净区各层外墙应设置专用消防口,并应符合下列规定:

　1 洁净区各层专用消防口的设计,应符合现行国家标准

《洁净厂房设计规范》GB 50073的有关规定；

2 洁净厂房外墙上的吊门、电控自动门以及装有栅栏的窗，均不应作为专用消防口。

6.2.9 洁净厂房内有爆炸危险的房间应靠建筑外墙布置，且不得与疏散安全口（楼梯间）贴邻。有爆炸危险的房间的防爆措施、泄爆面积等应符合现行国家标准《建筑设计防火规范》GB 50016的有关规定。

6.3 室内装修

6.3.1 洁净厂房的建筑围护结构和室内装修，应选用气密性良好，且在温度和湿度变化时变形小的材料。洁净室装饰材料及其密封材料不得采用释放对电子产品品质有影响物质的材料。装修材料的燃烧性能应符合现行国家标准《建筑内部装修设计防火规范》GB 50222的有关规定。装修材料的烟密度等级不应大于50，材料的烟密度等级应符合现行国家标准《建筑材料燃烧或分解的烟密度试验方法》GB/T 8627的有关规定。

7 空气净化和空调通风设计

7.3 净化空调系统

7.3.3 净化空调系统新风的室外吸入口位置，应远离本建筑或其他建筑物排放有害物质或可燃物的排气口。

7.4 空气净化设备

7.4.1 空气过滤器的选用和布置应符合下列要求：

8 高效（亚高效、超高效）空气过滤器应采用不燃或难燃材料制作。

7.5 采暖、通风

7.5.3 洁净室（区）的排风系统设计，应符合下列要求：

2 含有易燃、易爆物质的局部排风系统应按其物理化学性质采取相应防火防爆措施；

6 排风介质中含易燃、易爆等危险物质或工艺可靠性要求较高时，应设置备用排风机，并应设置应急电源。

7.6 排烟

7.6.1 洁净厂房中的疏散走廊，应设置机械排烟设施。

7.6.2 洁净厂房排烟设施的设置应符合现行国家标准《建筑设计防火规范》GB 50016的有关规定。当同一防火分区的丙类洁净室（区）人员密度小于0.02人/m²，且安全疏散距离小于80m时，洁净室（区）可不设机械排烟设施。

7.6.3 机械排烟系统宜与通风、净化空调系统分开设置；当合用时，应采取防火安全措施，并应符合现行国家标准《建筑设计防火规范》GB 50016的有关规定。

7.6.4 机械排烟系统的风量、排烟口位置、风机的设置，应符合现行国家标准《建筑设计防火规范》GB 50016的有关规定。

7.7 风管、附件

7.7.2 净化空调系统风管的防火阀的设置，应符合现行国家标准《洁净厂房设计规范》GB 50073的有关规定。

含有可燃、有毒气体或化学品的排风管道，不得设置熔片式防火阀。

7.7.7 风管附件及辅助材料的防火性能，应符合下列规定：

1 净化空调系统、排风系统的风管应采用不燃材料制作，但接触腐蚀性介质的风管和柔性接头可采用难燃防腐材料制作；

2 排烟系统的风管应采用不燃材料制作；

3 附件、保温材料和消声材料等均应采用不燃材料或难燃材料。

8 给水排水设计

8.2 给水

8.2.1 洁净厂房内的给水系统应根据各种用途（包括工艺冷却水）对水质、水温、水压、水量的要求确定，宜按生产、生活、消防分别设置独立的给水系统。

8.5 消防给水和灭火设备

8.5.1 洁净厂房必须设置消防给水系统。消防给水系统的设置应符合现行国家标准《建筑设计防火规范》GB 50016的有关规定。

8.5.2 洁净厂房消火栓的设置应符合下列规定：

1 洁净室（区）的生产层及上下技术夹层（不含不通行的技术夹层），应设置室内消火栓；

2 室内消火栓的用水量不应小于10L/s，同时使用水枪数不应少于2支，水枪充实水柱不应小于10m，每只水枪的出水量不应小于5L/s；

3 洁净厂房室外消火栓的用水量不应小于15L/s。

8.5.3 洁净室（区）设置的固定灭火设施，应符合下列规定：

1 设置的自动喷水灭火系统，应符合现行国家标准《自动喷水灭火系统设计规范》GB 50084的有关规定。喷水强度不应小于8L/min·m²，作用面积不应小于160m²；

2 设置的气体灭火系统，应符合现行国家标准《气体灭火系统设计规范》GB 50370和《二氧化碳灭火系统设计规范》GB 50193的有关规定；

3 存放可燃气体钢瓶的特气柜中应设置自动灭火设施。

8.5.4 洁净厂房内各场所应配置灭火器，并应符合现行国家标准《建筑灭火器配置设计规范》GB 50140的有关规定。

10 气体供应

10.1 一般规定

10.1.3 洁净厂房常用气体、特种气体的制备、储存、分配系统，除应符合本规范外，还应符合现行国家标准《建筑设计防火规范》GB 50016、《氢气站设计规范》GB 50177和《氧气站设计规范》GB 50030等的有关规定。

10.1.5 洁净室（区）内的可燃气体管道和有毒气体管道应明敷，穿过洁净室（区）的墙壁或楼板处的管段应设置套管，套管内的管道不得有焊缝，套管与管道之间应采取密封措施。

10.1.6 可燃气体管道和有毒气体管道不得穿过不使用此类气体的房间；当必须穿过时应设套管或双层管。

10.1.8 洁净厂房的可燃气体管道系统应设置下列安全设施：

    1 可燃气体管道设置阀门时应设置阀门箱，阀门箱应设置气体泄漏报警和事故排风装置，报警装置应与相应的事故排风机联锁；

    3 引至室外的放散管，应设置防雷保护设施；

    4 应设置导除静电的接地设施。

10.2 常用气体系统

10.2.2 氢气、氧气管道的终端或最高点应设置放散管。氢气放散管口应设置阻火器。放散管引至室外，应高出本建筑的屋脊1m，并应采取防雨、防杂物侵入的措施。

10.2.5 气体纯化间（站）或气体入口室内，设有氢气等可燃气体纯化装置或管道时，气体纯化间（站）或气体入口室的火灾危险性应按甲类确定，并应符合下列规定：

    1 应靠外墙设置，并应设置防爆泄压设施；

    2 氢气等可燃气体引入管道上应设置自动切断阀；

    3 应具有良好的自然通风，并应设置事故排风装置；

    4 应设置气体泄漏报警装置，并应与事故排风装置联锁；

    5 应设置导除静电的接地设施。

10.4 特种气体系统

10.4.2 洁净厂房内特种气体的储存分配间应采用耐火极限不低于2.0h不燃烧体的隔墙与洁净室（区）分隔，隔墙上的门窗应为甲级防火门窗。

10.4.3 洁净室（区）内可燃或有毒的特种气体分配系统的设置，应符合下列规定：

    1 特种气体钢瓶（含硅烷或硅烷混合物）应设置在具有连续机械排风的特气柜中；

    2 排风机、泄漏报警、自动切断阀均应设置应急电源；

    3 一个特气分配系统供多台生产设备使用时，应设置多路阀门箱；

    4 可燃性、氧化性特种气体管道的设置应符合本规范第10.1和10.2节的有关规定。

11 化学品供应

11.2 化学品储存、输送

11.2.1 洁净厂房内各种化学品储存间（区）的设置，应符合下列规定：

    3 危险化学品应储存在单独的储存间或储存分配间内，与相邻房间应采用耐火极限大于1.5h的隔墙分隔；

    6 易爆化学品储存、分配间，应采用不发生火花的防静电地面；

    7 输送易燃、易爆化学品的管道，应设置导除静电的接地设施；

    8 接至用户的输送易燃、易爆化学品的总管上，应设置自动和手动切断阀。

11.2.2 洁净厂房内采用容器传送危险化学品时，应符合下列规定：

    1 严禁在出入口、疏散走廊储存和分配危险化学品。洁净厂房内运送易燃化学品的走廊应设置自动灭火系统。

11.2.4 危险化学品的储存、分配间应设置排水系统，并应符合下列规定：

    1 含可燃液体的排水，应排入相关的生产排水管道，不得排入易产生化学反应以及引起火灾或爆炸的排水管道。

11.2.5 液态危险化学品的储存、分配间，应设置溢出保护设施，并应符合下列规定：

    1 储存罐或罐组应设置保护堤，保护堤内容积应大于最大储罐的容积或20min消防用水量；保护堤的高度不应低于500mm；

    2 化学品相互接触引起化学反应的可燃液体储罐或罐组之间，应设置隔堤，隔堤不得渗漏；管道穿过隔堤时应采用不燃材料密封。隔堤高度不应低于400mm；

    3 应设置液体泄露报警装置。

12 电气设计

12.1 配 电

12.1.7 洁净厂房的电气管线宜敷设在技术夹层或技术夹道内，宜采用低烟、无卤型电缆，穿线导管应采用不燃材料。洁净生产区的电气管线宜暗敷，电气管线管口及安装于墙上的各种电器设备与墙面接缝处应采取密封措施。

12.1.8 洁净厂房内，可燃气体或液体的储存、分配间的电气设计，应根据可燃气体或液体的特性确定，并应符合现行国家标准《爆炸和火灾危险环境电力装置设计规范》GB 50058的有关规定。

12.2 照 明

12.2.4 洁净厂房内应设置供人员疏散用的应急照明，其照度不应低于5.0lx。在安全出入口、疏散通道或疏散通道转角处应设置疏散标志。在专用消防口应设置红色应急照明指示灯。

12.3 通信与安全保护装置

12.3.2 洁净厂房应设置火灾自动报警系统，其防护等级应符合现行国家标准《火灾自动报警系统设计规范》GB 50116的有关规定。当防火分区面积超过现行国家标准《建筑设计防火规范》GB 50016规定的最大建筑面积允许值时，保护等级应为一级。

12.3.3 洁净厂房的消防控制室不应设在洁净室（区）内。消防专用电话总机的设置应符合现行国家标准《火灾自动报警系统设计规范》GB 50116的有关规定，并应在下列场所设置消防专用电话：

    1 洁净室（区）的入口处；

    2 应急处理中心；

    3 中央控制室；

    4 特种气体管理室。

12.3.4 洁净厂房内火灾探测器的设置应符合下列规定：

1 洁净生产区、技术夹层、机房、站房等均应设置火灾探测器,其中洁净生产区、技术夹层应设智能型探测器;

2 当洁净厂房防火分区面积超过现行国家标准《建筑设计防火规范》GB 50016 的规定时或顶部安装点式探测器不能满足现行规范设计要求时,在洁净室(区)内净化空调系统混入新风前的回风气流中应设置灵敏度严于 0.01%obs/m 的早期烟雾报警探测器;

3 硅烷储存、分配间(区),应设置红外线-紫外线火焰探测器;

4 洁净生产区、走道和技术夹层(不包括不通行的技术夹层)应设置手动报警按钮和声光报警装置。

12.3.5 洁净厂房应设置火灾自动报警及消防联动控制。控制设备的控制及显示功能应符合现行国家标准《火灾自动报警系统设计规范》GB 50116 的有关规定,洁净室(区)火灾报警应进行核实,当确认火灾后,在消防控制室应对下列各项进行手动控制:

1 关闭有关部位的电动防火阀,停止相应的净化空调系统的送风机、排风机和新风机,并接收其反馈信号;

2 启动排烟风机,并接收其反馈信号;

3 在消防控制室或低压配电室,手动切断有关部位的非消防电源。

12.3.6 洁净厂房内下列场所应设置气体泄漏报警装置:

1 易燃、易爆、有毒气体的储存分配间(区);

2 易燃、易爆、有毒气体的气瓶柜和分配阀门箱内。

12.3.7 洁净厂房内气体报警装置的联动控制,应符合下列规定:

1 应自动启动相应的事故排风装置;

2 应自动关闭相关部位的进气阀;

3 应自动关闭相关部位的电动防火门、防火卷帘门;

4 报警信号应发送至消防控制室和气体控制室。应自动启动泄漏现场的声光警报装置和应急广播。

12.3.8 洁净厂房内易燃、易爆、有毒气体泄漏报警值应为其爆炸下限值或允许浓度值的 20%。

12.3.9 洁净厂房设置的事故应急广播系统应符合现行国家标准《火灾自动报警系统设计规范》GB 50116 的有关规定。洁净室(区)内应采用不影响空气洁净度等级的扬声器。

12.3.11 洁净室(区)火灾报警、气体泄漏报警系统的控制、通讯和警报线路应采用阻燃型电缆,电缆敷设应符合现行国家标准《火灾自动报警系统设计规范》GB 50116 的有关规定。

12.3.12 洁净厂房内的各类安全保护系统均应可靠接地,系统接地应符合现行国家标准《火灾自动报警系统设计规范》GB 50116 的有关规定。

13 防静电与接地设计

13.3 防静电接地

13.3.4 对电子产品生产过程中产生静电危害的设备、流动液体、气体或粉体管道,应采取防静电接地措施,其中有爆炸和火灾危险的设备、管道应符合现行国家标准《爆炸和火灾危险环境电力装置设计规范》GB 50058 的有关规定。

附录 B 电子产品生产间/工序的火灾危险性分类举例

表 B 电子产品生产间/工序的火灾危险性分类举例

生产类别	举例
甲	磁带涂布烘干工段 有丁酮、丙酮、异丙醇等易燃化学品的储存、分配间 有可燃/有毒气体的储存、分配间
乙	印制线路板厂的贴膜曝光间、检验修版间 彩色荧光粉的蓝粉着色间
丙	半导体器件、集成电路工厂的外延间①、化学气相沉积间①、清洗间① 液晶显示器件工厂的 CVD 间①、显影、刻蚀间,模块装配间,彩膜生产间 计算机房记录数据的磁盘储存间 彩色荧光粉厂的生粉制造间 荫罩厂(制版)的曝光间、显影间、涂胶间 磁带装配工段 集成电路工厂的氧化、扩散间,光刻间,离子注入间,封装间
丁	电真空显示器件工厂的装配车间、涂屏车间、荫罩加工车间、屏锥加工车间② 半导体器件、集成电路工厂的拉单晶间、蒸发、溅射间,芯片贴片间 液晶显示器件工厂的溅射间、彩膜检验间 光纤预制棒工厂的 MCVD、OVD 沉积,火抛光、芯棒烧缩及拉伸间、光纤拉丝区 彩色荧光粉厂的蓝粉、绿粉、红粉制造间
戊	半导体器件、集成电路工厂的切片间、磨片间、抛光间 光纤、光缆工厂的光纤筛选、检验区,光缆生产线③

注:① 表中房间在设备密闭性良好,并设有气体或可燃蒸气报警装置和灭火装置时,应按丙类设防;否则仍应按甲类设防。

② 屏锥加工车间中低熔点玻璃配制和低熔点玻璃涂复面积超过本层或防火分区总面积 5% 时,生产类别应为乙类设防。

③ 光缆外皮采用发泡塑料时,该生产线应为丙类。

192.《电子工业职业安全卫生设计规范》GB 50523—2010

3 一般规定

3.3 总平面布置

3.3.2 建设项目各建（构）筑物在场区内的布局，应符合下列规定：

6 汽（叉）车库宜布置在场区的边缘地带并避开人流密集处。有条件时，可设专用出入口或利用货运出入口。其总平面布置应符合现行国家标准《汽车库、修车库、停车场设计防火规范》GB 50067 的有关规定。

7 汽（叉）车加油站宜布置在场区全年最小频率风向的上风侧，并应位于远离火源、主要建（构）筑物和人员集中的场区边缘地段。其总平面布置应符合现行国家标准《汽车加油加气站设计与施工规范》GB 50156 的有关规定。

8 储存易燃、易爆、有毒物品的库房、储罐、堆场宜布置在场区全年最小频率风向的上风侧，并应远离火源、主要建（构）筑物和人员集中的地带。储存液态介质的储罐四周，应按现行国家标准《建筑设计防火规范》GB 50016 的有关规定设置防止事故泄漏的防火堤、防护墙或围堰。储存区宜设置围墙和专用出入口。

使用槽车输送储存介质的储罐区，还应设置卸车泊位及储罐防撞安全设施。

9 氢气站、氧气站、燃气储配站、油库、锅炉房等火灾、爆炸危险性较大的动力站房，宜布置在场区全年最小频率风向的上风侧，并应远离明火、散发火花的地点、主要建（构）筑物和人员集中的地段。

各类气罐、气柜、气瓶库，应布置于场区全年最小频率风向的上风侧和锅炉烟囱的全年最小频率风向的下风侧。

10 配（变）电所宜布置在场区用电负荷中心，且高低压线路进出方便及远离人流密集的地方，不应设于存在火灾和爆炸危险、剧烈振动及高温的场所，亦不宜设在多尘或有腐蚀性气体的场所。对于大容量的总降压站、开闭所，尚应在其周围加设围墙。

3.3.3 场区内的建（构）筑物及露天的作业场、物料堆场、设备、贮罐等设施，彼此之间以及与场区内外的铁路、道路之间应设置必要的间距。间距应符合下列规定：

3 应符合现行国家标准《建筑设计防火规范》GB 50016、《高层民用建筑设计防火规范》GB 50045 和《工业企业总平面设计规范》GB 50187 对防火间距所作的有关规定。

3.3.6 室外管线的布置设计应符合现行国家标准《工业企业总平面设计规范》GB 50187 的有关规定。

火灾危险性属于甲、乙、丙类的液体、液化石油气、可燃气体、毒性气体和液体以及腐蚀性介质等的管道布置设计，尚应符合国家现行标准的有关规定。

3.3.8 道路和铁路专线的设计应符合现行国家标准《工业企业标准轨距铁路设计规范》GBJ 12、《厂矿道路设计规范》GBJ 22 和《工业企业厂内铁路、道路运输安全规程》GB 4387 的有关规定。

道路和铁路专线在场区内的线路布局还应符合现行国家标准《建筑设计防火规范》GB 50016、《高层民用建筑设计防火规范》GB 50045、《工业企业总平面设计规范》GB 50187 对消防车道、交通安全所作的有关规定。同时，还应满足危险源发生事故时紧急救援和紧急疏散的需要。

3.4 建（构）筑物设计

3.4.1 改建、扩建项目拟利用的旧有建（构）筑物，应根据其现状及新的使用要求和新的火灾危险性特征合理使用。必要时应进行安全性复核，并采取相应的改造、加固措施。

3.4.7 厂房（建筑）技术夹层的设计，应确保安装、检修的方便和安全，并采取必要的通风、采光和防火措施。

3.4.12 建筑材料的选用应符合下列规定：

2 建筑构件和建筑材料的燃烧性能和耐火极限应符合现行国家标准《建筑设计防火规范》GB 50016、《高层民用建筑设计防火规范》GB 50045 的有关规定。所使用的不燃、难燃材料必须选用依照产品质量法的规定确定的检验机构检验合格的产品。

3 建筑内部装修材料的选用应符合现行国家标准《建筑内部装修设计防火规范》GB 50222 的有关规定。

3.5 工作场所的布置及工作环境的卫生要求

3.5.2 工作场所布置设计应符合下列要求：

3 具有火灾、爆炸危险的工序或工作间（区），宜布置在单层厂房内靠外墙侧或多层厂房内最上一层的靠外墙侧，其具体位置的确定应利于采取防火、防爆措施。且其防爆泄压面应避开下列场所：

1) 人员集中的场所。
2) 厂房（建筑）的出入口或其他工作间的出入口。
3) 主要通道或人流集中的主要道路。
4) 危险源。

9 生产的火灾危险性为甲、乙类的生产场所，以及储存物品的火灾危险性为甲、乙类的仓库不应设置在地下室或半地下室内。

3.5.4 工作场所的布置设计应符合现行国家标准《建筑设计防火规范》GB 50016、《高层民用建筑设计防火规范》GB 50045 对防火分区的有关规定。

3.5.5 厂房（或建筑）出入口，楼梯、电梯和通道的布置，除应满足正常活动时人流、物流需要外，尚应符合现行国家标准《建筑设计防火规范》GB 50016、《高层民用建筑设计防火规范》GB 50045 对安全疏散所作的有关规定。

危险性作业场所应设置安全通道。出入口不应少于两个，门、窗应向外开启，且在应急时应能便捷打开。通道和出入口应保持畅通。

3.6 工艺及设备

3.6.7 建设项目所选用的设备应符合下列要求：

2 生产、使用、贮存或运输过程中存在易燃易爆气体、液体、蒸汽、粉尘的生产设备，应采取密闭（或严防跑、冒、滴、漏）、监测报警、防爆泄压、避免摩擦撞击、消除电火花和静电积聚等相应防范措施及应急处理装置。

4 职业安全

4.3 防火、防爆

4.3.1 建设项目的防火、防爆设计，应符合现行国家标准《建筑设计防火规范》GB 50016 和《高层民用建筑设计防火规范》GB 50045 的有关规定。

4.3.2 生产或储存物品的火灾危险性分类、建筑物的耐火等级、最多允许层数及防火分区最大允许占地面积的确定，应符合下列规定：

1 厂房或仓库其生产或储存物品的火灾危险性分类、建筑的耐火等级、最多允许层数、防火分区最大允许建筑面积的确定，应符合现行国家标准《建筑设计防火规范》GB 50016 的有关规定。

2 教学楼、办公楼、科研楼、档案楼等公共建筑，建筑高度不超过 24m 时，其耐火等级、最多允许层数、防火分区最大允许建筑面积的确定，应符合现行国家标准《建筑设计防火规范》GB 50016 的有关规定；建筑高度超过 24m 时，其建筑类别的划分、建筑的耐火等级、防火分区最大允许建筑面积的确定，则应符合现行国家标准《高层民用建筑设计防火规范》GB 50045 的有关规定。

3 洁净厂房的火灾危险性分类、建筑的耐火等级、防火分区最大允许建筑面积的确定，应符合现行国家标准《电子工业洁净厂房设计规范》GB 50472 的有关规定。

洁净厂房如因生产工艺要求需扩大防火分区时，应在设置火灾自动报警系统、自动喷水灭火系统等防范设施的基础上，并经消防监管部门批准后再实施。

4 改建、扩建建设项目利用的原有建筑物，应根据新的使用要求和新的火灾危险性特征按本条第 1～3 款的规定执行。

4.3.3 使用、产生易燃易爆物质的建筑（或工作间），应采取下列防火、防爆措施：

1 所选用的工艺设备和公用工程设备应具有相应的防火、防爆性能。

2 应设置局部排风系统或全室排风系统。

3 应按现行国家标准《建筑设计防火规范》GB 50016、《高层民用建筑设计防火规范》GB 50045、《电子工业洁净厂房设计规范》GB 50472 的有关规定，设置防烟、排烟设施。

4 应设置火灾自动报警装置。

5 对可能突然放散大量有爆炸危险物质的建筑（或工作间），应设置事故报警装置及其与之联锁的事故通风系统。

6 应按现行国家标准《爆炸和火灾危险环境电力装置设计规范》GB 50058 的有关规定，划分爆炸危险分区及火灾危险分区，并进行电气工程设计。

7 工作间内的设备、管道以及易产生静电的其他设施应按现行国家标准《防止静电事故通用导则》GB 12158 的有关规定采取防静电措施。

8 应按现行国家标准《建筑设计防火规范》GB 50016、《高层民用建筑设计防火规范》GB 50045、《建筑内部装修设计防火规范》GB 50222 和《电子工业洁净厂房设计规范》GB 50472 的有关规定，在防火间距、安全疏散、建筑防爆、材料选用、防静电、防雷击、防火花等方面对建（构）筑物采取相应的防火、防爆措施。

4.3.4 储存易燃、易爆物品的房间、库房，除应符合本规范第 4.3.3 条的规定外，尚应符合下列规定：

1 易燃、易爆物品的储存条件、储存方式、储存安排、储存限量及混存禁忌，应符合现行国家标准《常用化学危险品贮存通则》GB 15603、《易燃易爆性商品储藏养护技术条件》GB 17914 的有关规定。

2 应按储存物品的危险性特征，分别或综合采取通风、调温、防晒、防潮、防水、防漏、防静电、防火花等措施。

4.3.5 储存易燃、易爆物品的露天储罐（或储罐区），应采取下列防范措施：

1 储罐之间，储罐与其配套设备之间，储罐与各类建（构）筑物、明火地点或散发火花地点之间，储罐与道路、铁路之间，应根据现行国家标准《建筑设计防火规范》GB 50016 的有关规定，设置足够的防火（安全）间距。

2 甲、乙、丙类液体储罐和液化石油气储罐，应按现行国家标准《建筑设计防火规范》GB 50016 的有关规定设置防火墙、防火堤及冷却水设施。

3 储罐区内的卸车泊位，应设置相应的收纳事故泄漏的设施。

4 储罐及储罐区应按现行国家标准《建筑物防雷设计规范》GB 50057、《防止静电事故通用导则》GB 12158 的有关规定采取防雷、防静电措施。

4.3.6 硼烷、磷烷、硅烷、砷烷、二氯二氢硅等易燃、易爆特种气体的储存、配送，应按现行国家标准《电子工业洁净厂房设计规范》GB 50472 的有关规定执行。

4.3.7 具有火灾、爆炸危险的动力站房，除符合本规范第 4.3.3 条外，尚应采取下列防范措施：

1 有爆炸危险的房间与无爆炸危险的房间之间应以防爆墙隔开。需连通时，其间应以具有密封双门的连廊或门斗相连。

2 有爆炸危险的房间其安全出入口不应少于两个。其中一个应直通室外或疏散楼梯的安全出口。不超过 100m² 的房间可设一个安全出口，单层锅炉间炉前走道总长度不大于 12m 且面积不大于 200m² 时，其安全出口可设置一个。

3 锅炉房的设计应符合现行国家标准《锅炉房设计规范》GB 50041 的有关规定。锅炉间的建筑外墙应采取泄压措施。锅炉排烟系统的烟道应装设防爆装置。

4 具有火灾、爆炸危险的常用气体、特种气体和燃料气体的供气管道，应在其适当部位装设放散管、取样口、吹扫口和阻火器，放散管应引至室外排放或接入专用设备处理后排放。

5 高压气体钢瓶灌瓶台或汇流排钢瓶组供气台，应设高度不低于 2m 的钢筋混凝土防护墙。

4.3.8 易燃、易爆危险化学品，在洁净厂房内的运输、储存、分配应符合现行国家标准《电子工业洁净厂房设计规范》

GB 50472 的有关规定。

4.3.9 室内管道的布置设计应符合下列要求：

1 输送易燃、易烟、助燃介质的管道严禁穿越生活间、办公室、配电室、控制室。

2 输送易燃、易爆、助燃介质的管道不应穿越不使用该类介质的工作间（区），必须穿越时，应对这段管道加设套管。

3 输送易燃、易爆、助燃介质的管道、管件、阀门、泵等连接处应严密，管道系统应采取防静电接地措施。

4 输送易燃、易爆、助燃介质管道的竖井或管沟应为不燃烧体。在安全、防火、防爆等方面互有影响的管道不应敷设在同一竖井内或管沟内。

5 输水或可能产生水滴的管道不应布置在遇水将引起燃烧、爆炸或损坏的原料、产品及设备上空。

6 管道的保温及保冷应选用不燃或难燃材料。

7 金属管道的布置设计应符合现行国家标准《工业金属管道设计规范》GB 50316 对管道系统的安全所做的有关规定。

4.3.10 建设项目应设置消防设施和器材，其配置和设计应符合现行国家标准《建筑设计防火规范》GB 50016、《高层民用建筑设计防火》GB 50045、《电子工业洁净厂房设计规范》GB 50472、《建筑灭火器配置设计规范》GB 50140、《自动喷水灭火系统设计规范》GB 50084 和《火灾自动报警系统设计规范》GB 50116 的有关规定。

危险化学品的灭火方法、消防措施尚应符合现行国家标准《常用化学危险品贮存通则》GB 15603、《易燃易爆性商品储藏养护技术条件》GB 17914、《腐蚀性商品储藏养护技术条件》GB 17915 和《毒害性商品储藏养护技术条件》GB 17916 的有关规定。

4.3.11 消防设施其灭火剂的选择除应与火灾种类相适应外，还应避免灭火剂致使人员遭受窒息、毒害和贵重设备、物品遭受损坏、污染。

4.3.12 生产、使用、储存随消防水扩散将严重污染环境的物质的工作场所、仓库、储罐，应设置汇集、收纳消防废水的设施，或选用除水以外的其他灭火剂。

4.4 防 雷

4.4.4 储存可燃气体、液化烃、可燃液体的钢罐应按现行国家标准《石油化工企业设计防火规范》GB 50160 的有关规定采取相应防雷措施。

4.5 防触电及用电安全

4.5.1 建设项目应根据其对供电可靠性要求以及供电中断在政治、经济、安全上所造成的损失、影响和危害的严重程度，按现行国家标准《供配电系统设计规范》GB 50052 的有关规定，确定其用电负荷等级。

消防电源的用电负荷等级应按现行国家标准《建筑设计防火规范》GB 50016 和《高层民用建筑设计防火规范》GB 50045 的有关规定确定。

4.5.4 配（变）电所的设计应按现行国家标准《10kV 及以下变电所设计规范》GB 50053、《低压配电设计规范》GB 50054、《35～110kV 变电所设计规范》GB 50059 及《3～110kV 高压配电装置设计规范》GB 50060 的有关规定，在设备、电器、导体的选择及其布置设计中，以及在建筑、采暖通风等相关专业设计中，采取相应的防火、防爆及其他安全措施。

4.5.5 低压配电及线路设计应按现行国家标准《低压配电设计规范》GB 50054、《建筑设计防火规范》GB 50016 和《高层民用建筑设计防火规范》GB 50045 的有关规定，在导体及配电设备的选择、线路敷设和设备布置设计中，以及建筑、采暖通风等相关专业设计中，采取相应的防火、防爆及其他安全措施。

4.6 防 静 电

4.6.5 室外氢气、天然气等易燃、易爆气体输送管道，在进出建筑物处、不同爆炸危险环境的边界、管道分支处以及直线段每隔 80～100m 处，均应采取静电接地措施。每处接地电阻不应大于 100Ω。

4.7 安全信息、信号及安全标志

4.7.2 建设项目应按现行国家标准《消防安全标志设置要求》GB 15630 的有关规定，设置符合现行国家标准《消防安全标志》GB 13495 的消防安全标志。

4.7.8 建设项目应根据现行国家标准《火灾自动报警系统设计规范》GB 50116 的有关规定，结合建设项目具体情况，合理确定保护对象的级别、需设置火灾自动报警系统予以保护的区域（场所）或对象，并进行相应的报警系统设计。

洁净厂房火灾自动报警系统的设计尚应符合现行国家标准《电子工业洁净厂房设计规范》GB 50472 的有关规定。

4.7.9 建设项目应设置火灾应急广播系统，或兼有此功能的一般广播系统。

5 职业卫生

5.6 激光辐射防护

5.6.10 易燃及易爆物品必须远离激光设备。

5.10 采光及照明

5.10.9 建设项目中需设置消防应急照明和消防疏散指示标志的场合，其设置要求应符合现行国家标准《建筑设计防火规范》GB 50016、《高层民用建筑设计防火规范》GB 50045 和《电子工业洁净厂房设计规范》GB 50472 的有关规定。

5.11 辅助用室

5.11.3 辅助用室的设计应符合下列要求：

1 辅助用室设置的位置应符合下列要求：

1）宜靠近服务对象相对集中的地方，并应避开有害物质、病原体、高温等有害因素的影响。

2）当需要在厂房内或仓库内设置辅助用室时，应按现行国家标准《建筑设计防火规范》GB 50016 的有关规定执行。

193.《电子工厂化学品系统工程技术规范》GB 50781—2012

3 化学品供应系统

3.1 一般规定

3.1.3 危险性化学品储存在单独的储存间或储存分配间时，与相邻房间隔墙的耐火极限不应小于2.0h，并应布置在生产厂房一层靠外墙的房间内。

3.2 化学品供应设备

3.2.1 化学品供应单元的设计应符合下列规定：
5 可燃溶剂化学品供应单元应设防静电接地，补充化学品时，静电接地线应与化学品桶或槽车连接。
3.2.6 可燃溶剂化学品单元应设有热感应及火焰探测器，探测器信号应与消防系统连接。
3.2.8 化学品的储存、分配间的液体储罐，应设置溢出保护设施，并应符合下列规定：
1 可燃溶剂储罐区应设置防火堤，防火堤容积应大于堤内最大储罐的单罐容积；
3 氧化性、腐蚀性化学品液体与可燃溶剂储罐之间、相互接触会引起化学反应的可燃溶剂储罐之间应设置隔堤，隔堤容积应大于隔墙内最大储罐单罐容积的10%；
4 防火堤及隔堤应能存受所容纳液体的静压，且不应渗漏；卧式储罐防火堤的高度不应低于500mm，并应在防火堤适当位置设置人员进出的踏步；
5 防火堤、防护堤、隔堤四周应设置泄漏收集沟，沟内应设置泄漏收集坑，不同性质的化学品泄漏收集沟不应连通。

3.3 化学品供应管道系统

3.3.6 管道穿过墙壁或楼板时，应敷设在套管内，套管内的管段不应有焊缝。管道与套管间应采用不燃材料填塞。

4 化学品回收系统

4.1 一般规定

4.2 化学品回收设备

4.2.2 化学品废液集中回收储罐的设置应符合下列规定：
3 废液通过泵外运时，回收系统在室外应有与外运槽车相连的快速接头，可燃溶剂回收系统应设计防静电装置。

5 化学品监控及安全系统

5.3 监控与安全系统

5.3.1 化学品监控系统的设置应符合下列要求：

2 宜为独立的系统，并应与工厂设备管理控制系统和消防报警控制系统相连；
3 应设在主厂房独立房间或全厂动力控制中心，在消防控制室和应急处理中心宜设化学品报警显示。
5.3.2 化学品系统的探测装置应符合下列要求：
1 储存、输送、使用化学品的下列区域或场所应设置化学品液体或气体泄漏探测器，并应在发生泄露时发出声光报警；
4) 化学品储罐的防火堤、隔堤。
3 化学品监控系统报警设定值应符合下列规定：
1) 易燃易爆溶剂气体一级报警设定值应小于或等于可燃性化学品爆炸浓度下限值的25%，二级报警设定值应小于或等于可燃性化学品爆炸浓度下限值的50%。

6 相关专业设计

6.1 建筑结构

6.1.1 布置于生产厂房内的甲、乙类化学品间的耐火等级不应低于二级，结构构件的耐火极限应符合现行国家标准《建筑设计防火规范》GB 50016 的有关规定。
6.1.2 易燃易爆溶剂化学品间应设置泄压设施，其设计应符合现行国家标准《建筑设计防火规范》GB 50016 的有关规定。
6.1.3 易燃易爆溶剂化学品间的设计应符合下列规定：
1 安全出口不应少于两个，且应布置在不同方向，门应向疏散方向开启；
2 相邻两个安全出口最近边缘之间的水平距离不应小于5.0m，其中一个应直通室外，通向疏散走道的门应满足防火及防爆要求；
3 房间面积小于或等于100m²、且同一时间的生产人数不超过5人时，可设置一个直接通往室外的出口；
4 溶剂房间的门窗应采用撞击时不产生火花的材料制作；
5 溶剂房间应采用不发生火花的地面。
6.1.4 易燃易爆溶剂化学品和氧化性化学品储存、分配间与其他房间之间，应采用3.0h实体防火墙和耐火极限不低于1.5h的不燃烧体楼板与其他部分隔开，实体防火墙上不得开设门窗洞口；当设置双门斗相通时，门应错位布置，应采用甲级防火门。
6.1.5 化学品监控及安全系统集中控制室应设置在独立的房间内；当与易燃易爆溶剂化学品储存、分配间、回收间等相邻时，控制室的设计应符合现行国家标准《爆炸和火灾危险环境电力装置设计规范》GB 50058 的有关规定。
6.1.8 化学品间内的装修材料应符合现行国家标准《建筑内

部装修设计防火规范》GB 50222 的有关规定。

6.2 电气与仪表控制

6.2.1 配电与照明应符合下列规定：

2 易燃易爆溶剂化学品间的爆炸性气体环境内的电气设施应按 2 区设防，并应符合现行国家标准《爆炸和火灾危险环境电力装置设计规范》GB 50058 的有关规定。

6.2.2 防雷与接地设计应符合下列规定：

1 排放易燃易爆溶剂化学品气体的排风管的管口应处于接闪器的保护范围内，并应符合现行国家标准《建筑物防雷设计规范》GB 50057 的有关规定；

2 架空敷设的易燃易爆溶剂化学品管道，在进出建筑物处应与防雷电感应的接地装置相连；距建筑物 100m 内的化学品管道，宜每隔 25m 接地一次，其接地电阻不应大于 20Ω；

3 易燃易爆溶剂化学品、氧化性化学品设备与管道应采取防静电接地措施，应在进出建筑物处、不同分区的环境边界、管道分岔处及直管段每隔 50m～80m 处防静电接地一次。

6.3 给水排水及消防

6.3.2 消防设计应符合下列规定：

1 化学品储存、分配间室内外消火栓的设计应符合现行国家标准《建筑设计防火规范》GB 50016 的有关规定；

2 化学品储存、分配间应配置灭火器，配置应符合现行国家标准《建筑灭火器配置规范》GB 50140 的有关规定；

3 易燃易爆溶剂化学品储存、分配间应设置固定式灭火系统，其喷淋强度不应小于 8.0L/(min·m^2)，保护面积不应小于 160m^2，并应符合现行国家标准《自动喷水灭火系统设计规范》GB 50084 的有关规定；

4 化学品储存、分配间存储的化学品与水可发生剧烈反应时，该化学品储存、分配间不得采用水消防系统。

6.4 通风与空气调节

6.4.1 通风设计应符合下列规定：

3 凡属下列情况之一时，化学品间应分别设置排风系统：

　　1) 两种或两种以上的化学品挥发气体混合后能引起燃烧或爆炸时。

5 化学品间的排风管道应采用不燃材料制作。

9 易燃易爆溶剂化学品和氧化性化学品的排风管应设置防静电接地装置。

10 化学品间排风系统不得与火灾报警系统联动控制，火灾发生时，严禁关闭排风系统。

6.4.2 空调设计应符合下列规定：

2 空调风管不应穿越化学品间之间的分隔墙；必须穿越时，应安装防火阀；

5 化学品间空调风管采用不燃材料制作，保温应采用不燃或难燃材料；

7 易燃易爆溶剂化学品间不得采用循环空气空调系统。

7 工程施工及验收

7.1 一般规定

7.1.5 易燃易爆溶剂化学品供应室内安装的设备、管道、电气工程，应符合现行国家标准《工业自动化仪表工程施工及验收规范》GB 50093 有关电气防爆和接地的规定，且静电接地的材料或零件在安装前不得涂漆。

7.10 管路与系统检测

7.10.7 易燃易爆溶剂化学品管道防静电接地电阻值检测不得大于 100Ω。

7.11 改建工程的施工

7.11.3 改建工程施工前应对输送易燃、助燃、毒性或者腐蚀性介质的系统进行置换、中和、消毒、清洗，并应达到施工要求。

7.11.6 进行焊接等明火产烟作业时，应取得建设单位签发的动火许可证。

194.《城市轨道交通公共安全防范系统工程技术规范》GB 51151—2016

3 基本规定

3.1 一般规定

3.1.4 城市轨道交通公共安全防范系统工程设计应根据应急救援进行空间安排和疏散通道安排,并应设计乘客疏散区域、紧急救护区域、救援指挥区域、物资集散区域及临时堆放安置区。

3.2 总体规划设计

3.2.1 城市轨道交通公共安全防范系统工程的总体规划设计应包括总体的安全防范设计和防护对象的安全防范设计,以及相应的应急响应区域设计,应分别确定安防策略和安全措施,规划安全通道和空间,并应形成疏散空间。当配套实施安防控制中心时,应按相应的标准和规定建设。

3.2.2 公共安全防范系统工程方案设计应采用下列策略和措施:

4 救援和恢复措施,包括优化疏散通道及其标志设置,设置城市轨道交通站外临时避难场所、救援场所、相应的救援设施和设备。

4 技术防范系统设计

4.5 安全检查及探测系统

4.5.3 安全检查及探测系统设计应符合下列规定:

2 系统不应对人体或物品产生伤害,不应引爆爆炸物或引燃易燃气体,不应引发次生灾害。

4.6 出入口控制系统

4.6.3 对于城市轨道交通区域需要控制的各类出入口,出入口控制系统应具有按不同的通行对象及其准入级别,对其进出实施实时控制和管理的功能。系统功能应符合下列规定:

4 应满足紧急逃生时人员疏散的要求。

5 实体防范系统设计

5.1 一般规定

5.1.6 系统设计不应妨碍或干扰消防和救援设施及设备。

8 工程施工和系统调试

8.2 管线敷设

8.2.1 管线敷设应符合下列规定:

3 动力电缆、控制电缆、通信电缆、光缆的防火和防毒性能及芯线备用余量应符合现行国家标准《地铁设计规范》GB 50157 的规定。

195.《电力调度通信中心工程设计规范》GB/T 50980—2014

2 术 语

2.0.4 支持区 support area

支持并保障完成信息处理过程和必要技术作业的场所，包括变配电室、柴油发电机房、不间断电源（UPS）室、通信电源室、蓄电池室、空调机房、消防设施用房、消防和安防控制室等。

3 专业用房布置

3.1 总体布局

3.1.1 专业用房所在建筑物的楼层位置应根据电力调度通信中心生产工艺流程、占用面积、设备运输、管线敷设、结构荷载、消防、安全等因素，通过技术经济比较后确定。

3.4 支 持 区

3.4.3 柴油发电机房的布置应符合下列规定：

1 当需设置柴油发电机房时，宜设置在首层；若设置在地下层，应满足通风、防潮、机组的排烟、消音和减振等要求；有条件时，调度大厅与柴油发电机房宜在不同建筑区域；

2 当设置柴油发电机房时，应满足消防、环保要求；

3.4.8 当采用气体消防时，消防设施用房宜靠近专业用房，并应有防爆隔离措施。

4 土建工艺配合要求

4.1 建 筑

4.1.1 电力调度通信中心应选择电力供给稳定可靠、交通便捷、自然环境良好，且远离水灾火灾隐患的地方，避免选择低洼、潮湿的地方。

4.1.2 电力调度通信中心应选择远离强振源和强噪声源，远离落雷区、地震多发带，远离产生粉尘、油烟、有害气体以及生产或贮存具有腐蚀性、易燃、易爆物品的场所。

4.1.5 耐火等级应符合下列规定：

1 省、自治区、直辖市级及以上的电力调度通信中心耐火等级应为一级，地下机房的耐火等级应为一级，省辖市级电力调度机构的电力调度通信中心耐火等级不应低于二级；

2 电力调度通信中心的建筑防火设计除应符合本规范的规定外，尚应符合现行国家标准《建筑设计防火规范》GB 50016和《高层民用建筑设计防火规范》GB 50045 的有关规定。

4.1.8 室内装饰应符合下列规定：

3 工艺机房的装饰应选用防静电、气密性好、不起尘、易清洁、防火或非燃烧、避免眩光、温湿度变化作用下变形小、具有表面静电耗散性能的材料，不得使用强吸湿性材料及未经表面改性处理的高分子绝缘材料作为面层；

5 室内装饰选用材料除应符合本规范的规定外，尚应符合现行国家标准《建筑内部装修设计防火规范》GB 50222 和《民用建筑工程室内环境污染控制规范》GB 50325 的有关规定。

4.1.10 门窗、墙壁、地或楼面应符合下列规定：

3 工艺机房应采用向疏散方向开启的防火门。

4.4 采暖通风与空气调节

4.4.8 采暖通风与空气调节的设计应采取防火排烟的措施，并应与消防系统联动。

4.4.9 采暖通风与空气调节的设计，除应符合本规范的规定外，尚应符合现行国家标准《采暖通风和空气调节设计规范》GB 50019、《电子信息系统机房设计规范》GB 50174、《建筑设计防火规范》GB 50016 的有关规定。

4.5 给 水 排 水

4.5.1 工艺机房内的消防及空调给排水管应采取保温措施，接口处应确保严密，防止出现结露现象，并在易渗漏的地方设置漏水报警装置。

4.5.2 工艺机房内的消防及空调给排水管应有防渗漏措施。管道穿过工艺机房墙壁和楼板处，应设置套管，管道与套管之间应采取密封措施。

4.5.5 工艺机房给排水管道及其保温材料均应采用阻燃材料。

4.5.6 除消防及空调用的水管，工艺机房内不应有其他水管穿越。

4.6 消防与安全

4.6.1 消防措施应符合下列规定：

1 工艺机房应设置火灾自动报警系统，并应按照现行国家标准《建筑设计防火规范》GB 50016 的有关规定执行；

2 工艺机房应设置气体消防系统；

3 工艺机房应采用阻燃型线缆，同时应对线缆进出口进行相应的防火封堵。

4.6.2 安防措施应符合下列规定：

5 凡设置了气体灭火系统的场所，均应配置专用空气呼吸器或氧气呼吸器；

6 工艺机房门应向疏散方向开启且能自动关闭，火灾发生时门禁系统应自动解锁。

4.6.3 电力调度通信中心消防与安全的设计，尚应符合现行国家标准《高层民用建筑设计防火规范》GB 50045、《建筑设计防火规范》GB 50016、《气体灭火系统设计规范》GB 50370 及《计算机场地安全要求》GB/T 9361 的有关规定。

5 系统配置要求

5.1 综合部分

5.1.3 工艺布线应符合下列规定：

　　4 工艺机房内线缆应采用线槽或开放式桥架敷设，线槽或桥架高度不宜大于150mm；弱电线槽或桥架应结合建筑装修、消防、空调送风方式等因素选择合理的安装方式；弱电线缆不得与强电线缆敷设在同一线槽或桥架内。

5.1.5 室内照明应符合下列规定：

　　2 有人运行值班场所，各专业工艺机房应设置疏散照明、备用照明等应急照明系统，各照度值应符合下列规定：

　　　　3）各专业工艺机房通道疏散照明的照度值不应低于5lx；

　　　　4）其他区域通道疏散照明的照度值不应低于0.5lx。

6 节能减排

6.1 建筑布局节能要求

6.1.1 电力调度通信中心选址的确定应在满足生产安全、防火、防噪声、防电磁辐射、卫生、绿化、日照和施工等条件下，力求紧凑合理，节约用地。

6.2 专业用房布局节能要求

6.2.3 PUE值应纳入工艺机房集中运行监控系统中，工艺机房总耗能的测量点应选择在低压配电主电缆总市电柜处，负荷应包括工艺机房设备负荷、制冷及通风负荷、照明负荷、消防负荷；当制冷系统与大楼共用，应将工艺机房所用能耗分离出来计入总负荷中。PUE值不宜大于2.0。

6.3 专业用房装修节能要求

6.3.2 门窗设计节能应符合下列规定：

　　2 对常年无人值守的机房不宜设窗，必要时可采用设双层窗、中空玻璃窗等高效节能门窗；机房门宜选用具有保温性能的防火门，并宜安装闭门器；外窗应具有较好的防尘、防水、防火、抗风、隔热的性能，且应满足洁净度要求；

196.《通信局站共建共享技术规范》GB/T 51125—2015

3 基本规定

3.3 设计要求

3.3.5 共建共享局站的防火设计应符合现行国家标准《建筑设计防火规范》GB 50016 的有关规定。共建时,建筑的耐火等级不应低于 2 级;一类局站共享时,建筑的耐火等级不宜低于 2 级。

3.3.6 改建局站内部装修应符合现行国家标准《建筑内部装修设计防火规范》GB 50222 的有关规定。共建共享方装修标准应统一。

3.3.7 孔洞封堵应符合现行行业标准《通信机房防火封堵安全技术要求》YD/T 2199 的有关规定。

3.3.12 当已有局站共享时,应按各方确认的工艺对土建要求,对工艺、建筑、结构、消防、给排水、暖通、电气、电源、防雷接地等原有设施进行评估。当不满足要求时,应对相应的部分进行改造。

4 一类局站共建共享设计

4.3 建筑设备

4.3.1 当局站共享时,应按各方需求对原有消防设施进行评估。当不满足要求时,应进行改造。

4.3.4 局站共建时,暖通设计应符合下列规定:
 5 防排烟系统应共建。

4.3.5 局站共建共享时,电气设计应符合下列规定:
 4 火灾自动报警及消防联动控制系统和安全防范系统应共建共享。报警信息应能上报至共建共享各方的网管监控中心。

5 二类局站共建共享设计

5.2 建筑、结构

5.2.2 局站共建共享时,建筑设计应符合下列规定:
 1 入口、道路、停车位、消防水池、化粪池、电力管道、通信管道等公共设施应共建共享。
 2 机房平面应按通信工艺要求布置,满足各方的工艺规模容量及新技术发展的要求。各方的设备空间宜相对独立。高低压配电房、油机房、疏散走道、楼梯间、电梯、卫生间、消防控制室、建筑设备用房、电气间、上线间、室外机平台、屋面等公共设施应共建共享。

5.2.3 局站共享时,不应在疏散走道设置隔墙或门。当对原有机房进行分隔和扩大时,不应改变原有气体灭火防护区。当不能满足以上要求时,应重新设计气体灭火系统。

5.3 建筑设备

5.3.1 局站共享时,应按各方需求对原有消防设施评估。当不满足要求时,应进行改造。

5.3.2 局站的给水排水系统、消防灭火系统应共建共享;气体灭火系统的钢瓶间应共建共享,并应按最大保护区的设计用量配置。

5.3.4 局站共建时,暖通设计应符合下列规定:
 5 防排烟系统应共建。

5.3.5 局站共建共享时,电气设计应符合下列规定:
 3 局站共建时,火灾自动报警及消防联动控制应共用一套系统。当局站共享时,火灾自动报警及消防联动控制宜共用一套系统。消防报警信息应能上报至各方的网管监控中心。
 4 局站共享时,应对原设置的火灾自动报警及消防联动控制系统进行评估;当不满足要求时,应进行扩容和改造。

6 局站共建共享验收

6.4 建筑设备

6.4.1 建筑设备共建共享项目的验收应包括消防设施、空调设备、电气的验收。

6.4.3 设置管网式气体灭火系统时,应对气体灭火系统和钢瓶间的共建共享进行检查。

6.4.4 空调设备的验收应符合下列规定:
 4 防排烟系统应满足设计要求。

6.4.5 电气的验收应符合下列规定:
 2 火灾自动报警、消防联动控制系统和安全防范系统应满足设计要求。报警信息应能上报至各方的监控中心。

197.《微组装生产线工艺设计规范》GB/T 51198—2016

6 厂房设施及环境

6.2 厂房土建

6.2.1 微组装生产线厂房的火灾危险性类别应为丁类,厂房的耐火等级应达到2级。

6.2.4 微组装生产线布置在多层厂房楼层时,应符合下列规定:

1 应有两个及以上直通地面楼层的疏散通道。

6.2.6 厂房四周宜设环形消防通道,当有困难时可沿厂房长边的两侧设消防通道。消防通道的设置应符合现行国家标准《建筑设计防火规范》GB 50016的有关规定。

6.3 消防给水及灭火设施

6.3.1 厂房内、外应设置消火栓箱和地上式消火栓。

6.3.2 微组装生产线厂房内、外消火栓用水量、水枪布置应符合现行国家标准《建筑设计防火规范》GB 50016的有关规定。

6.3.3 室外消火栓宜采用地上式消火栓,距房屋外墙不宜小于5m,地上式消火栓间距不应大于120m,保护半径不应大于150m。

6.3.4 室内消火栓应保证可采用两支水枪充实水柱到达室内任何部位,应布置在位置明显且易于操作的位置。

6.4 供配电系统

6.4.4 厂房消防用电设备供配电设计应符合现行国家标准《建筑设计防火规范》GB 50016的有关规定。

6.4.6 洁净室区内的电气管线宜暗敷,穿线导管应采用不燃材料。洁净区的电气管线管口及安装于墙上的各种电器设备与墙体接缝处应有密封措施。

6.5 照明

6.5.4 洁净厂房内应设置供人员疏散用的应急照明,其照度不应低于5lx。

6.7 信息与安全保护

6.7.2 厂房生产区、站房等均应设置火灾自动报警及消防联动控制系统,并应符合现行国家标准《建筑设计防火规范》GB 50016和《电子工业洁净厂房设计规范》GB 50472的有关规定。

6.7.3 消防值班室或控制室应设在洁净区外。

6.13 广播电影电视工程

198.《混凝土电视塔结构技术规范》GB 50342—2003

10 其他

10.1 防火

10.1.1 电视塔的耐火等级，对安全等级为一级的电视塔，应按耐火等级一级采用，其他电视塔按耐火等级不低于二级采用。

电视塔建筑构件的燃烧性能和耐火极限，应按现行的国家标准《高层民用建筑设计防火规范》GB 50045 和行业标准《广播电视建筑设计防火规范》GY 5067 的规定采用。

10.1.2 塔楼的建筑构件、设备管线及保温隔热、消声粘结剂、电缆隔离等辅助材料，均应采用不燃烧材料。

10.1.3 塔筒及筒内各类井道应沿高度每 15~30m 设分隔的水平防火检修平台。

11 工程施工

11.6 施工安全

11.6.14 电视塔施工，除应遵守现行国家或地方的消防安全标准、规范和有关规定外，尚符合以下规定：

1 施工现场应按消防要求设置防火消防栓，场内道路畅通，保证消防车顺利通行；

2 塔上施工，应有消防水管跟在操作平台附近。尚应备有足够数量的灭火器（含干粉灭火器）。

199.《广播电影电视建筑设计防火标准》GY 5067—2017

1 总 则

1.0.2 本标准适用于新建、改建和扩建的广播电影电视建筑的防火设计。

2 术 语

2.0.1 广播电影电视建筑 radio film and television buildings
用于生产、存储、监测、分发广播电影电视节目的建筑。

2.0.2 广播电视台 radio and television station
用于采集、收录、制作、存储、播出、传输广播电视节目的建筑或场所。

2.0.3 传输网络中心 transmission network center
用于集成、交换传输广播电视节目及数据的建筑或场所。

3 建筑分类及耐火等级

3.0.1 广播电影电视建筑应根据其重要程度、建筑高度、服务范围、火灾危险性、疏散和扑救难度等因素,分为A类和B类,并应符合表3.0.1的规定。

表3.0.1 广播电影电视建筑分类

名称	A类	B类
广播电视台、传输网络中心	省级及以上的广播电视台、传输网络中心; 建筑高度超过50m的广播电视台、传输网络中心	除A类外的广播电影电视建筑
中波、短波广播发射台	省级及以上中波、短波广播发射台; 总发射功率不小于100kW的中波、短波发射台	
电视、调频广播发射台	省级及以上的电视、调频广播发射台; 总发射功率不小于10kW的电视、调频广播发射台	
广播电视监测台(站)	省级及以上的广播电视监测台(站)	

续表3.0.1

名称	A类	B类
广播电视发射塔	省级及以上的广播电视发射塔: 主塔楼屋顶离室外设计地面高度不小于100m的广播电视发射塔或塔下建筑高度不小于24m的广播电视发射塔	除A类外的广播电影电视建筑
广播电视卫星地球站	广播电视卫星地球站	
广播电视微波站	省级及以上广播电视微波站	
摄影棚	建筑面积不小于2000m²的摄影棚	

注:表中未列入的广播电影电视建筑,其类别应根据本表类比确定。

3.0.2 A类广播电影电视建筑的耐火等级应为一级,B类广播电影电视建筑的耐火等级不应低于二级,除本标准另有规定外,建筑构件的燃烧性能和耐火极限应符合现行国家标准《建筑设计防火规范》GB 50016 的规定。

4 总平面布局、平面布置与建筑构造

4.1 一般规定

4.1.1 当同一建筑物内设置有多种使用功能场所时,广播电视区域、电影制作区域与其他区域之间应采用耐火极限不低于2.00h的防火隔墙和1.00h的楼板进行防火分隔,防火隔墙上必须设置的门、窗应采用乙级防火门、窗。

4.1.2 塔下建筑超过24m或占地面积超过1500m²的广播电视发射塔,应设置环形消防车道。

4.1.3 塔下建筑超过24m的广播电视发射塔应设置消防车登高操作场地。登高操作场地相对应的范围内应设置直通室外的楼梯或直通楼梯间的入口。登高操作场地的设置应符合现行国家标准《建筑设计防火规范》GB 50016 的规定。

4.1.4 广播电视发射塔塔下建筑应设置可供消防救援人员进入的窗口,窗口的设置应符合现行国家标准《建筑设计防火规范》GB 50016 的规定。

4.1.5 广播电影电视建筑的电梯井、电缆井、管道井、排烟井、排气井等竖向井道,以及管道穿越防火墙、防火隔墙的防火要求,应符合现行国家标准《建筑设计防火规范》GB 50016 的规定。

4.1.6 除广播电视发射塔外的其他广播电影电视建筑的消防车道、登高操作场地、消防救援人员进入窗口的设置应符合现行国家标准《建筑设计防火规范》GB 50016 的规定。

4.2 广播电视发射塔

4.2.1 塔楼内应采用耐火极限不低于 3.00h 的防火隔墙分隔成建筑面积不大于 1000m² 的区域。

4.2.2 塔楼内不应设置歌舞娱乐放映游艺等场所。

4.2.3 塔楼、塔体及塔下建筑内严禁存放易燃易爆危险品。

4.2.4 燃油或燃气锅炉房和柴油发电机房严禁设置在塔楼、塔体内，当设置在塔下建筑内时，应符合现行国家标准《建筑设计防火规范》GB 50016 的有关规定，且不应设置在塔下建筑的屋顶，与塔体的水平间距不应小于 9m。

4.2.5 使用燃油、燃气的厨房严禁设置在塔楼、塔体内，当设置在塔下建筑内时，应采用管道供应燃油、燃气，并应靠外墙设置，且应符合现行国家标准《城镇燃气设计规范》GB 50028 的规定。

4.2.6 塔下建筑屋顶的耐火极限不应低于 2.00h，屋面保温材料应采用不燃材料。塔下建筑屋顶严禁开设天窗。

4.2.7 广播电视发射塔塔下建筑的防火分区应符合下列规定：

1 对于与塔体不相连的塔下建筑，当塔下建筑的建筑高度不大于 24m 时，其防火分区及安全疏散可按单、多层民用建筑的要求确定；当塔下建筑的建筑高度大于 24m 时，其防火分区及安全疏散应按高层民用建筑的要求确定；

2 对于与塔体相连的塔下建筑，其防火分区应按高层民用建筑的要求确定，当塔下建筑与塔体之间设置防火墙完全分隔且塔下建筑的建筑高度不大于 24m 时，塔下建筑的防火分区可按多层建筑的要求确定。

4.2.8 塔下建筑与塔体不相连的钢结构广播电视发射塔，塔架的耐火极限不限，但应符合下列规定：

1 当塔下建筑的建筑高度不大于 24m 时，塔下建筑与塔体钢结构承重塔架的间距不应小于 9m；

2 当塔下建筑的建筑高度大于 24m 时，塔下建筑与塔体钢结构承重塔架的间距不应小于 13m；

3 当塔下建筑与塔体钢结构承重塔架的间距不符合上述规定时，与塔体钢结构承重塔架相邻的塔下建筑外墙应为防火墙，且距钢结构承重塔架 6m 范围内不应开设除电视、调频发射机和微波收发射机馈线穿墙孔外的任何门窗洞口。

4.2.9 塔下建筑与塔体相连的钢结构广播电视发射塔，塔下建筑内及距塔下建筑屋顶 15m 范围内的承重塔架的耐火极限：A 类广播电视发射塔，不应低于 3.00h；B 类广播电视发射塔，不应低于 2.50h。

4.2.10 建于建筑屋顶上的钢结构广播电视发射塔应符合下列规定：

1 屋顶的耐火极限不应低于 2.00h；

2 屋顶上设有建筑物时，应符合本标准第 4.2.7 条和第 4.2.8 条的要求。

4.2.11 钢结构广播电视发射塔的疏散楼梯、电缆桥架和管道等可采用支架露天安装在钢塔架上。电缆桥架、管道支架的固定构件和露天疏散楼梯的下列部位的耐火极限不应低于 1.00h：

1 自地面至塔下建筑屋顶上 15m 范围内；

2 塔楼上下 15m 范围内。

4.2.12 钢结构广播电视发射塔塔架电梯井壁的耐火极限不应低于 1.00h，钢结构广播电视发射塔的塔架、电梯、疏散楼梯在塔下建筑或塔楼内穿行时，塔架、电梯井壁、楼梯间及其前室的墙的耐火极限不应低于塔下建筑或塔楼中相应构件的耐火极限要求。

4.2.13 广播电视发射塔的防火分隔应符合下列规定：

1 塔楼技术区和游览区之间应设置耐火极限不低于 3.00h 的防火隔墙，防火隔墙上需开设的门、窗应采用火灾时能自动关闭的甲级防火门、窗；

2 塔体内的电梯应设置前室；

3 塔体通向塔体外的门应采用甲级防火门；塔体内的电梯前室、防烟楼梯间前室或合用前室的门应采用甲级防火门；

4 钢结构广播电视发射塔塔下建筑屋顶设置出口时，该出口应设置甲级防火门；塔楼通向露天疏散楼梯的门，应为对外开启、能自动关闭的乙级防火门，入口处应设置门斗；

5 塔楼上各技术房间、办公室等的门应采用乙级防火门。

4.2.15 广播电视发射塔塔体横隔平台空间不应设置储物间和人员长期滞留等用途的房间。

4.3 摄 影 棚

4.3.1 摄影棚应独立设置，当确有困难需与其他建筑合建时，应划分独立的防火分区，防火分区的最大允许建筑面积应符合现行国家标准《建筑设计防火规范》GB 50016 的要求。

4.3.2 摄影棚宜为单层，且不应超过三层，当与其他建筑合建确需设置在三层及三层以上时，应符合本标准第 4.4.2 条的要求。

4.3.3 摄影棚与配套用房之间应采用耐火极限不低于 3.00h 的防火隔墙分隔，连通门应采用甲级防火门，且配套用房不应通过摄影棚进行疏散。

4.3.4 当摄影棚符合下列条件时，每个防火分区的最大允许建筑面积不应大于 10000m²：

1 独立设置的一级耐火等级的单层建筑；

2 设置雨淋灭火系统且雨淋系统的作用面积在相关标准规定的基础上增加一倍；

3 设置自然排烟设施，且自然排烟口的有效面积不小于摄影棚地面面积的 5%；

4 摄影棚内顶棚、墙面装修材料燃烧性能为 A 级，地面、固定家具及其他装修材料燃烧性能不低于 B_1 级。

4.3.5 摄影棚构造应符合下列规定：

1 摄影棚的外围结构、内部隔墙、道具门和管道保温层应采用不燃材料；

2 摄影棚内的侧天桥、工作天桥层、电机轨道及天桥通道板应采用不燃材料；

3 摄影棚吊顶内的吸声、隔热、保温材料应采用不燃材料。

4.4 其他建筑

4.4.1 下列建筑或场所应设置不燃性围墙，围墙高度不应低于 1.6m，围墙与建筑物外墙的水平距离不宜小于 10m：

1 中波、短波广播发射台；

2 电视、调频广播发射台；

3 广播电视卫星地球站；
4 广播电视微波站。

4.4.2 大型演播室、文艺录音室等人员密集的场所宜布置在建筑的首层、二层或三层。确需布置在其他楼层时，应符合下列规定：

1 一个厅、室的疏散门不应少于 2 个，且建筑面积不宜大于 400m²；
2 应设置火灾自动报警系统和自动灭火系统；
3 幕布的燃烧性能不应低于 B_1 级。

4.4.4 中波、短波广播发射台发射机房中采用金属材料的顶棚龙骨、门窗等，应采取电气接地措施。

4.4.5 电视演播室内的灯栅架、中间天桥、天桥通道板应采用不燃材料。

5 安全疏散与避难

5.0.1 广播电影电视建筑的安全疏散与避难设施的设置除应符合本标准的规定外，尚应符合现行国家标准《建筑设计防火规范》GB 50016 的相关规定。

5.0.2 广播电影电视建筑中的新闻演播室、专题演播室、综艺演播室、摄影棚等技术房间的安全出口和疏散门的数量应经计算确定，且不应少于 2 个。安全出口和疏散门应分散设置，最小净宽度不应小于 0.9m。当符合下列条件时，上述场所可设置 1 个安全出口或疏散门：

1 位于两个安全出口之间或袋形走道两侧的房间，建筑面积不大于 120m²；
2 位于走道尽端的房间，建筑面积小于 50m² 且疏散门的净宽度不小于 0.9m；
3 位于走道尽端的房间，由房间任一点至疏散门的直线距离不大于 15m、建筑面积不大于 200m² 且疏散门的净宽度不小于 1.4m。

5.0.3 新闻演播室、专题演播室、综艺演播室、摄影棚等技术房间的疏散人数应根据其建筑面积和相应的人员密度计算确定，不同场所的人员密度应符合下列规定：

1 新闻演播室、专题演播室的人员密度不应小于 0.2 人/m²；
2 综艺演播室的人员密度不应小于 0.6 人/m²；
3 面积不大于 3000m² 的摄影棚的人员密度不应小于 0.25 人/m²；
4 面积大于 3000m² 且不大于 5000m² 的摄影棚的人员密度不应小于 0.2 人/m²；
5 面积大于 5000m² 的摄影棚的人员密度不应小于 0.15 人/m²。

5.0.4 演播室和摄影棚每 100 人所需要的最小疏散净宽度应符合下列规定：

1 演播室位于建筑首层或二、三层时，每 100 人所需要的最小疏散净宽不应小于 0.8m；
2 演播室位于建筑三层以上时，每 100 人所需要的最小疏散净宽不应小于 1.0m；
3 摄影棚每 100 人所需要的最小疏散净宽不应小于 1.0m。

5.0.5 广播电视发射塔塔体与塔下建筑之间应采取不开门窗洞口的防火墙进行分隔；塔体内的电梯和疏散楼梯与塔下建筑各层不应连通，在首层应直通室外或设置扩大前室直通室外，扩大前室与其他空间之间应采用耐火极限不低于 2.00h 的防火隔墙和甲级防火门进行分隔。

5.0.6 当露天疏散楼梯由塔楼通至塔下建筑屋顶时，应在屋顶适当部位设置通向地面的疏散楼梯，且塔下建筑屋顶不应设置影响疏散的障碍物和可燃物。

5.0.7 广播电视发射塔塔楼的安全疏散设施应符合下列规定：

1 塔楼设置游览业务且每小时设计游览人数小于等于 200 人的广播电视发射塔，无游览业务仅有电视、调频广播或（和）微波发射设备值班人员的发射塔，应设置一座消防电梯和一座疏散楼梯，疏散楼梯的梯段净宽不应小于 0.9m；
2 每小时设计游览人数为 201 人～300 人的广播电视发射塔，所有电梯均应符合消防电梯的要求；设置一座疏散楼梯时，楼梯梯段的净宽不应小于 1.4m；设置两座疏散楼梯时，每座楼梯的梯段净宽不应小于 0.9m；
3 每小时设计游览人数为 301 人～400 人的广播电视发射塔，所有电梯均应符合消防电梯的要求，并应设置两座疏散楼梯，每座楼梯的梯段净宽不应小于 1.2m；
4 疏散楼梯应符合防烟楼梯间的要求；
5 楼梯的倾斜角度不应大于 38°，栏杆扶手高度不应低于 1.1m。

5.0.8 塔楼顶部高度不小于 100m 的广播电视发射塔，或塔楼同一时间容纳人数大于 200 人的广播电视发射塔塔楼应设置避难层。避难层可利用广播电视发射塔的露天平台或设备层；兼做设备层的避难层应采取有效的防火分隔，且设备管道应集中布置。

5.0.10 塔楼疏散楼梯通向露天平台的门应设置门斗，并应为对外开启、能在火灾时自动关闭的乙级防火门；电梯机房、水箱间通向疏散楼梯的门应采用甲级防火门。

5.0.11 钢结构广播电视发射塔的露天疏散楼梯不应采用螺旋楼梯，楼梯梯段宽度不应小于 1.2m，楼梯应设置连续扶手，扶手高度和倾斜角度应符合本标准第 5.0.7 条的规定，踏步宽度不应小于 0.25m 并应采取防滑措施，楼梯的休息平台长度不应小于楼梯的宽度。

5.0.12 摄影棚的侧天桥、工作天桥层应设置不少于两部直通地面的楼梯，侧天桥、工作天桥层上最远点至楼梯距离不应大于 40m，楼梯可采用开放式的金属梯或钢筋混凝土梯，坡度不应大于 60°，宽度不应小于 0.6m，并设坚固、连续的扶手。

5.0.13 建筑面积大于 5000m² 的摄影棚，其工作天桥应设置与其相连的室外楼梯或室外避难平台，避难平台的使用面积不应小于 6m²，耐火极限不应低于 1.00h，与室外楼梯或平台连通的门应为乙级防火门。

6 建筑内部装修

6.0.1 中波、短波广播发射台机房及电视、调频广播发射台发射机房的顶棚、墙面、地面、隔断及其他装修材料的燃烧性能均应为 A 级。

6.0.2 广播电视卫星地球站及广播电视微波站的室内装修顶棚、墙面装修材料的燃烧性能均应为 A 级，其余材料的燃烧

性能不应低于 B_1 级。

6.0.3 无人值守机房的室内顶棚、墙面、地面、隔断、固定家具及其他装饰材料的燃烧性能均应为 A 级。

6.0.4 电视演播室顶棚的声学构造等装修材料的燃烧性能应为 A 级，地面及其他装修材料的燃烧性能不应低于 B_1 级。

6.0.5 电视演播室、摄影棚内用于演出使用的热光源灯具，其安装或吊挂位置距离装修完成面及布景设备等的距离应大于 0.5m。

6.0.6 用于语言、音乐、音效等的录制、播出、审听和评价且音质要求高的房间，其顶棚、墙面声学构造、地面及其他装修材料的燃烧性能均不应低于 B_1 级。

6.0.7 塔楼内部顶棚、墙面、地面、隔断及其他装修材料的燃烧性能均应为 A 级。

6.0.8 与塔体为一个整体或贴邻的塔下建筑，其顶棚、墙面、隔断装修材料的燃烧性能均应为 A 级，地面、固定家具及其他装修材料的燃烧性能不应低于 B_1 级。

7 消防给水和灭火设备

7.1 一般规定

7.1.1 广播电视发射塔塔楼的室内消火栓和自动喷水灭火系统应分开设置；有困难时，可合用供水立管，但在自动喷水灭火系统的报警阀前分开，且合用供水立管不应少于 2 根，当其中一根发生故障时，其余的供水立管应能保证消防用水量和水压的要求。

7.1.2 广播电影电视建筑设置的消火栓系统、自动喷水灭火系统水泵接合器的设置应满足《消防给水及消火栓系统技术规范》GB 50974 的要求。

7.1.3 临时高压消防给水系统的高位消防水箱，其有效容积应满足初期火灾消防水量的要求，A 类广播电视发射塔不应小于 $36m^3$，B 类广播电视发射塔不应小于 $18m^3$。

7.1.4 严寒及寒冷地区的广播电视发射塔，对消防供水系统中可能遭受冰冻影响的部分，应设有防冻措施。

7.2 消火栓系统

7.2.1 下列广播电影电视建筑或场所应设置室内消火栓系统：

 1 电影摄影棚；

 2 塔楼；

 3 体积大于 $5000m^3$ 的塔下建筑及其他广播电影电视建筑。

7.2.2 广播电视发射塔室内消火栓设计流量应符合下列规定：

 1 塔楼直径不大于 20m 时，室内消火栓设计流量应为 20L/s；

 2 塔楼直径大于 20m 时，室内消火栓设计流量应为 30L/s。

7.2.3 A 类电影摄影棚的室内消火栓设计流量应为 40L/s，B 类电影摄影棚的室内消火栓设计流量应为 25L/s。

7.2.4 电影摄影棚消火栓系统的火灾延续时间应按 3.00h 计算；塔楼消火栓系统的火灾延续时间应按 2.00h 计算。

7.2.5 下列建筑应设置室外消火栓系统，且应配置 Φ19 的水枪 2 只和 DN65mm 的水带 6 条：

 1 中波、短波广播发射台；

 2 电视、调频广播发射台；

 3 广播电视监测台（站）；

 4 广播电视卫星地球站；

 5 广播电视微波站。

7.2.6 其他广播电影电视建筑室内、外消火栓系统的设置应符合现行国家标准《建筑设计防火规范》GB 50016 及《消防给水及消火栓系统技术规范》GB 50974 的有关规定。

7.3 自动灭火系统

7.3.1 除本标准另有规定和不宜用水保护或灭火的场所外，下列广播电影电视建筑或场所应设置自动灭火系统，并宜设置自动喷水灭火系统：

 1 高层广播电影电视建筑；

 2 塔楼；

 3 任一层建筑面积大于 $1500m^2$ 或总建筑面积大于 $3000m^2$ 的其他广播电影电视建筑。

7.3.3 建筑面积不小于 $400m^2$ 的演播室和建筑面积不小于 $500m^2$ 的摄影棚应设置雨淋系统。雨淋系统的报警阀组应设置在阀门室内，且阀门室应靠近演播室或摄影棚的主入口等便于操作的位置，并应符合下列要求：

 1 设有雨淋系统的演播室、摄影棚，应设置排水设施；

 2 当一室、厅、棚设有两个及两个以上雨淋系统分区时，其手动启动箱处应用不同颜色绘出雨淋系统分区的平面图和相应的启动按钮分区号；

 3 建筑面积不小于 $2000m^2$ 的摄影棚应在摄影棚内预留自动喷水灭火系统的接口。

7.3.4 广播电影电视建筑的下列部位应设置自动灭火系统，且宜采用气体灭火系统：

 1 广播电视台、传输网络中心内建筑面积不小于 $120m^2$ 的录音胶带库房、录像带库房、光盘库房、重要的资料档案库；

 2 重要的工艺系统设备机房和基本工作间的已记录磁、纸介质库；

 3 塔楼及 A 类或人口超过 100 万的城市广播电视发射塔塔下建筑内的微波机房、调频发射机房、电视发射机房、变配电室和不间断电源（UPS）室等。

7.4 灭 火 器

7.4.1 广播电影电视建筑应配置灭火器，并应符合现行国家标准《建筑灭火器配置设计规范》GB 50140 的规定。

7.4.2 对不宜用水扑救的下列广播电视设备部位和机房，应选用气体灭火器：

 1 电视、调频广播发射台的调频广播发射机房、调频广播控制室、电视发射机房、电视控制室、传输机房、变配电室、不间断电源（UPS）室等；

 2 中波、短波广播发射台的发射机室、控制室、节目交换室、天线交换开关室、天线调配室、变配电室、不间断电源（UPS）室等；

 3 广播电视卫星地球站的高功放室、小信号室、监控室、变配电室、不间断电源（UPS）室等；

4 广播电视微波站的微波机房、监控室、变配电室、不间断电源（UPS）室等。

8 防烟排烟

8.0.1 除本标准另有规定的场所外，广播电影电视建筑防烟排烟设施的设置应符合现行国家标准《建筑设计防火规范》GB 50016 等的有关规定。

8.0.2 总建筑面积大于 200m² 或一个房间建筑面积大于 50m² 的电视演播室、导演室、录音室、配音室、直播室、控制室等无窗或设置固定窗的房间，应设置机械排烟设施。

房间建筑面积大于 50m² 且不大于 200m² 的电视演播室、导演室、录音室、配音室、直播室、控制室，因受工艺限制，设置机械排烟设施确有困难时，可不设置机械排烟设施，但应满足下列要求：

1 顶棚、墙面的装修材料采用不燃材料，地面的装修材料采用不燃或难燃 B_1 级材料，其他装修材料的燃烧性能不低于 B_1 级；

2 房间之间隔墙应采用耐火极限不低于 2.00h 的防火隔墙，房间门应采用乙级防火门。

8.0.3 广播电视发射塔下列部位应设置排烟设施：

1 塔楼内的公共区及办公室；

2 塔下建筑的中庭、展览厅、商业用房、餐厅、休息厅、会议室等公共场所，经常有人员停留或可燃物较多的房间；

3 除设置气体灭火系统以外的其他技术用房。

8.0.5 广播电视发射塔下列部位应设置独立的机械加压送风的防烟设施：

1 不具备自然排烟条件的防烟楼梯间、消防电梯间前室或合用前室；

2 采用自然排烟措施的防烟楼梯间，其不具备自然排烟条件的前室；

3 封闭避难层（间）。

8.0.6 摄影棚应设置排烟设施。

9 电 气

9.1 消防电源及其配电

9.1.1 广播电影电视建筑消防用电负荷等级应符合下列规定：

1 A 类广播电影电视建筑应按一级负荷要求供电；

2 B 类广播电视发射塔宜按一级负荷要求供电，其他 B 类广播电影电视建筑应按二级负荷要求供电。

9.1.2 消防用电设备应采用专用的供电回路，消防控制室、消防水泵房、防烟和排烟风机房的消防用电设备及消防电梯等的供电应在其最末一级配电箱处设置自动切换装置。其配电设备应设置明显标志。

9.1.3 当采用自备发电设备作备用电源时，应设置自动和手动启动装置，且自动启动方式应能在 30s 内供电。

9.1.4 应急照明和灯光疏散指示标志的备用电源应符合下列规定：

1 广播电视发射塔应采用集中供电方式，且备用电源连续供电时间不应少于 1.50h；

2 单体建筑面积大于 100000m² 的广播电影电视建筑宜采用集中供电方式，且备用电源连续供电时间不应少于 1.00h；

3 其他广播电影电视建筑备用电源连续供电时间不应少于 0.50h。

9.2 导线的选择与敷设

9.2.1 消防用电设备线路的导线选择及其敷设，应满足火灾时连续供电或传输信号的需要。

9.2.2 设备供电及控制线路的选择，应符合下列规定：

1 广播电视发射塔内的消防设备供电干线及分支干线、天线桅杆筒体内的电缆（线）应采用矿物绝缘类不燃性电缆；

2 其他广播电影电视建筑的消防设备配电线路宜与其他配电线路分开敷设在不同的电缆井、沟内；确有困难需敷设在同一电缆井、沟内时，应分别布置在电缆井、沟的两侧，且消防配电线路应采用矿物绝缘类不燃性电缆；

3 广播电视发射塔内及 A 类广播电影电视建筑非消防设备的配电线路应采用阻燃低烟无卤或无烟无卤电力电缆、电线；

4 其他广播电影电视建筑非消防设备的配电线路应符合国家现行标准的有关规定。

9.2.3 广播电视发射塔内，由塔下建筑引至塔楼的所有配电缆（线）均应采取有效的抗拉措施。

9.2.4 广播电影电视建筑消防设备供电线路的敷设应符合现行国家标准《建筑设计防火规范》GB 50016 等的有关规定。

9.3 消防应急照明和疏散指示标志

9.3.1 消防控制室、消防水泵房、自备发电机房、配电室、防排烟机房以及发生火灾时仍需要正常工作的消防设备房和工艺设备控制室应设置备用照明，其作业面的最低照度不应低于正常照明的照度。

9.3.2 下列部位应设置应急疏散照明：

1 综艺演播室、摄影棚；

2 建筑面积不小于 200m² 的新闻、专题演播室；

3 建筑面积大于 120m² 的录音室及录音棚；

4 建筑面积大于 50m² 的化妆室；

5 候播区；

6 广播电视发射塔塔楼内的餐厅、商业营业厅、观光厅等人员密集场所。

9.3.3 广播电影电视建筑内演播室、摄影棚、候播区、录音室、录音棚、化妆室及发射塔塔楼内的餐厅、商业营业厅、观光厅等场所疏散照明的地面最低水平照度不应低于 3.0lx。

9.3.4 下列部位应设置应急疏散指示标志：

1 综艺演播室、摄影棚及建筑面积不小于 120m² 的新闻、专题演播室；

2 建筑面积不小于 80m² 的录音室及录音棚；

3 建筑面积大于 50m² 的化妆室；

4 候播区；

5 广播电视发射塔塔楼内的餐厅、商业营业厅、观光厅等人员密集场所。

9.3.5 下列部位应在其内疏散走道和主要疏散路线的地面上增设能保持视觉连续的灯光疏散指示标志或蓄光疏散指示标志：

1 建筑面积大于3000m²的摄影棚；
2 建筑面积大于2000m²的综艺演播室。

9.3.6 封闭楼梯间、防烟楼梯间及前室、疏散走道、消防电梯间及前室、合用前室等位置和房间内的应急照明设置应符合现行国家标准《建筑设计防火规范》GB 50016 及《民用建筑电气设计规范》JGJ 16 的有关规定。

9.4 火灾自动报警系统

9.4.1 广播电影电视建筑应设置火灾自动报警系统，除卫生间、泳池等火灾危险性小的房间外，均应设置火灾探测器，火灾自动报警系统的设计应符合现行国家标准《火灾自动报警系统设计规范》GB 50116 的规定。

9.4.2 发射总功率大于300kW的短波发射台，在电磁场干扰较强且难以克服的情况下，可采用其他等效的火灾报警方式。

9.4.3 火灾探测器和手动报警按钮的选择与设置应符合下列规定：

1 广播电视发射塔内输出功率大于20kW的高频同轴馈线（馈管），应沿馈线（馈管）轴向敷设带地址码的缆式感温探测器；

2 广播电影电视建筑的电缆井和敷设在广播电视发射塔塔体内的电缆，应设置预防电缆异常温升的报警探测器；

3 综艺演播室及摄影棚内应选择适合高大空间、高灵敏度、抗干扰强的探测器组合方式，该部分报警系统应具有自动和手动启动方式，且切换到手动状态时应有警示标志。

9.4.4 广播电视发射塔塔楼的火灾自动报警系统应由塔下建筑消防控制室集中控制管理。

9.4.5 广播电影电视建筑的配电线路应设置电气火灾监控系统。

200.《有线广播电视网络管理中心设计规范》GY 5082—2010

3 一般规定

3.0.1 按照覆盖范围的行政等级和用户数量,有线广播电视网络管理中心分为特级、甲级和乙级。国家有线广播电视网络管理中心为特级;服务于省、自治区、直辖市、单列市,或者网络覆盖用户在100万及以上的为甲级;服务于地(市)级,或者网络覆盖用户在100万以下的为乙级。

3.0.2 不同等级的有线广播电视网络管理中心的建筑耐火等级、设计使用年限、结构安全等级应符合表3.0.2的规定。

表3.0.2 不同等级的耐火等级、设计使用年限、结构安全等级

等级	特级	甲级	乙级
耐火等级	一级	一级	一级
设计使用年限	50~100年	50年	50年
结构安全等级	一级	一级	一级

注:不同等级室内环境标准及系统设计要求应符合本规范有关章节的相应规定。

4 工艺系统设计

4.4 设备布置

4.4.4 机房设备布置要求:
  3 设备排列应满足消防安全疏散的要求。

5 基地和总平面

5.1 基 地

5.1.1 基地选址应符合当地广播电视总体规划和广播电视网络技术要求,并应满足当地城镇规划的要求,还应符合下列规定:
  3 应远离产生粉尘、油烟、有害气体以及生产或储存具有腐蚀性、易燃、易爆物品的有火灾隐患场所等。

5.2 总平面

5.2.1 总平面布置应符合下列要求:
  1 各建筑物的功能分区应合理,应满足系统安全、防火、防噪声、防电磁辐射、卫生、绿化、日照和施工等的要求;建筑布局应紧凑合理。
  3 建筑布局应力求紧凑合理,交通便捷,管理方便;应使场地内人流、车流合理分流,并应有利于消防、停车和人员集散。

5.2.8 场地内道路设计应符合下列要求:
  5 消防道路的设置应符合《建筑设计防火规范》GB 50016及《高层民用建筑设计防火规范》GB 50045的相关规定;

5.2.12 停车场设计应符合下列要求:
  1 场地内停车场设计应符合《汽车库、修车库、停车场设计防火规范》GB 50067的相关规定;
  4 停车场布置不应影响集散空地或消防车道路的使用。

6 建筑设计

6.1 一般规定

6.1.1 有线广播电视网络管理中心建筑设计应根据不同等级、不同规模和职能,配置各类用房,可由网管系统设备机房、监控及调度用房、公共区域用房、业务及技术用房和其他用房组成。各类用房可增减或合并。主要用房的分区设置应符合下列要求:
  3 平面设计应满足系统工艺要求。充分考虑网络设备安装及维护的要求,从建筑构造、层高、内部交通、消防、楼面荷载、设备运输等方面为远期设备用房的扩充与调整创造条件。各层平面应具有通用性和兼容性。

6.1.8 网管系统设备机房、监控及调度用房的建筑布置应符合下列规定:
  6 应减少外墙面积,围护结构的构造和材料选型应满足使用要求、保温、隔热、防火、防潮、少产尘等要求。

6.2 网管系统设备机房

6.2.3 网管系统设备机房内近期只安装现用设备,未装机部分可进行临时性分隔,但应采取措施,保证这些临时分隔在后期改建拆除时不影响设备的正常运行,并应按照《建筑设计防火规范》GB 50016、《高层民用建筑设计防火规范》GB 50045、《广播电视建筑设计防火规范》GY 5067及《建筑内部装修设计防火规范》GB 50222的规定,采取必要的防火措施,以满足近远期的要求。

6.7 室内装修

6.7.1 网管系统设备机房、监控及调度用房室内装修,应选用气密性良好,且在温度和湿度变化时变形小的环保材料。并应符合下列要求:
  3 网管系统设备机房不宜采用砌筑墙抹灰墙面,当必须采用时宜干燥作业,抹灰应采用高级抹灰标准。墙面抹灰后应刷涂料面层,并应选用难燃、不开裂、耐清洗、表面光滑、不易吸水变质发霉的涂料。

7 防火设计

7.1 建筑防火

7.1.1 建筑防火设计应符合现行国家标准《建筑设计防火规

范》GB 50016 及《高层民用建筑设计防火规范》GB 50045 的规定，还应符合《广播电视建筑设计防火规范》GY 5067 及《建筑内部设计防火规范》GB 50222 的相关规定。

7.1.2 网管系统设备机房、监控及调度用房应采用耐火极限不低于 2.0h 的隔墙和 1.5h 的楼板与其他部位隔开。

7.1.4 对需要固定式气体灭火装置的网管系统设备机房，其门窗的耐火极限及允许强度应按《气体灭火系统设计规范》GB 50370 的相关规定执行。

7.1.5 网管系统设备机房、监控及调度用房和疏散通道内的顶棚、墙面材料应采用 A 级装修材料，地面材料不应低于 B_1 级。

7.2 消防设施

7.2.1 应设置火灾自动报警系统，并应按《火灾自动报警系统设计规范》GB 50116 的相关规定执行。

7.2.2 应设置室内消火栓。室内消火栓用水量应根据建筑规模，按《建筑设计防火规范》GB 50016 及《高层民用建筑设计防火规范》GB 50045 的相关规定确定。

7.2.3 网管系统设备机房应设固定式洁净气体灭火系统，并应按《气体灭火系统设计规范》GB 50370 的相关规定执行。

7.2.4 24 小时有人值守的监控及调度用房应设移动式灭火器，建筑灭火器配置应按《建筑灭火器配置设计规范》GB 50140 的相关规定执行。

7.2.5 建筑设置自动喷水系统时，应按《自动喷水灭火系统设计规范》GB 50084 的相关规定设计系统及水量。

7.2.6 设有固定式洁净气体灭火系统的网管系统设备机房应配置专用的空气呼吸器或氧气呼吸器。

7.3 疏 散

7.3.1 建筑应合理组织交通路线，均匀布置安全出口，内部和外部的通道；并应分区明确、路线短捷合理。安全出口不应少于两个，且应分散设置。

7.3.2 网管系统设备机房、监控及调度用房的门应符合下列规定：

　　1 网管系统设备机房、监控及调度用房出入口应设置向疏散方向开启且能自动关闭的门，并应保证在任何情况下都能从机房内打开；

　　2 门的净宽度应按现行国家标准《建筑设计防火规范》GB 50016 及《高层民用建筑设计防火规范》GB 50045 的相关规定执行，并不应小于 1.0m，应采用甲级防火门。

7.3.3 疏散外门、楼梯和走道宽度应符合《建筑设计防火规范》GB 50016 及《高层民用建筑设计防火规范》GB 50045 的相关规定。

7.3.4 网管系统设备机房内的疏散楼梯，应设计为封闭楼梯间或防烟楼梯间，宜在机房门外邻近设置。

7.3.5 疏散指示标志应符合《消防安全标志》GB 13495 和《消防应急灯具》GB 17945 的相关规定。

8 建 筑 设 备

8.1 给 水 排 水

8.1.2 网管系统设备机房、监控及调度用房的给水排水设施应符合下列要求：

　　4 上述用房内的给、排水管道应采取防结露措施，给排水管道及其保温材料应采用难燃烧材料。

8.2 采暖通风和空气调节

8.2.12 网管系统设备机房、监控及调度用房的风管及其他管道的保温、消声材料及其粘结剂，应选用不燃或难燃 B_1 级材料。

　　3 应远离产生粉尘、油烟、有害气体以及生产或储存具有腐蚀性、易燃、易爆物品的有火灾隐患场所等。

8.3 电 气

8.3.3 网管系统设备机房、监控及调度用房照明设计应满足下列要求：

　　1 照明分正常照明和应急照明（安全照明、疏散照明、备用照明）。

8.3.4 主要通道及相关房间依据需要应设应急照明，其照度不应低于正常照度的 10%。

201.《广播电视微波站(台)工程设计规范》GY/T 5031—2013

4 站型分类及业务能力

4.0.4 微波站设备由传输系统设备和辅助配套设备构成。传输系统设备主要包括：天线与馈线、微波收发信、信号源处理、监控等系统；辅助配套设备主要包括：变配电设备、防雷接地、给水及排水、暖通与空调，安防、通信网络、消防等设施。

6 场地选择和总平面布局

6.2 总平面布局

6.2.4 微波站发电机应建独立储油室，储油室的储油量，应根据当地供电情况，满足微波机房用电的需求。储油室的设计应满足消防安全规范。

10 给排水和暖通空调

10.0.1 微波站的给水应采用集中式供水系统，应首选当地市政供水系统；系统的水量、水压应满足站内生活、工艺和消防等用途的要求。

10.0.2 若微波站远离市政供水管网，则应在站内设置引水系统或自备水源，并装备水处理设施，使水质指标符合《生活饮用水卫生标准》GB 5749中规定的小型集中式供水系统的相关要求。自备水源的水量、水压不满足微波站工艺、生活和消防等用水要求时，应设贮水、供水设施。

12 消防及安全防范

12.0.1 微波站的防火设计应符合《建筑设计防火规范》GB 50016和《广播电视建筑设计防火规范》GY 5067的相关规定。

12.0.2 微波站值机房的内部装修应符合现行国家标准《建筑内部装修设计防火规范》GB 50222的有关规定。

12.0.3 微波站站址若设在林区，应增加防火隔离措施，并增加防火消防用水储备。

12.0.5 微波站的技术用房应安装防火、防烟、防水自动报警和显示系统，并配置消防灭火器材。

202.《中、短波广播发射台设计规范》GY/T 5034—2015

7 建筑与结构

7.1 建筑

7.1.19 发射机大厅、发射机室、控制室、弱电设备间、节目交换室、机房变电站及与其相通的走廊、楼梯和房间等,均应采用便于清扫、不起尘的材料做地面,墙面应采用绝燃、防静电、可擦拭的涂料,并应符合国家的相关规定。

8.2 照明

8.2.3 发射机房、机房大厅、控制室、变配电室、消防水泵房等重要房间的照明负荷,宜在末端照明配电箱处采用自动切换电源的方式供电;主要通道及人员集中的房间应设置应急疏散照明,照度不小于0.5lx,其供电时间不低于30min。

10 给排水

10.1 给水

10.1.1 发射台给水设计用水量,应根据下列用水量确定:

1. 技术区建筑用水量;
2. 综合业务区建筑用水量
3. 生产辅助区建筑用水量
4. 武警营房区建筑用水量
5. 工艺设备用水量
6. 空调用水量
7. 汽车冲洗用水量
8. 场区用水量
9. 未预见用水量
10. 消防用水量

10.1.6 消防用水量,按现行国家、行业有关消防规范和标准执行。

12 消防

12.0.1 中短波发射台的防火设计应按现行国家规范《建筑设计防火规范》GB 50016和行业标准《广播电视建筑设计防火规范》GY 5067的相关规定执行。

12.0.2 中短波发射台应设置火灾自动报警系统,并应按《火灾自动报警系统设计规范》GB 50116的相关规定执行;消防报警设备应采用抗干扰型。